BIOLOGIE DER SÜSSWASSERTIERE

WIRBELLOSE TIERE

VON

DR. C. WESENBERG-LUND

PROFESSOR AN DER UNIVERSITÄT KOPENHAGEN

DEUTSCHE AUSGABE BESORGT

VON

O. STORCH

O. UNIVERSITÄTSPROFESSOR I. R.

MIT 1138 ABBILDUNGEN IM TEXT UND AUF 24 TAFELN

WIEN

VERLAG VON JULIUS SPRINGER

1939

ISBN-13:978-3-7091-9563-5 e-ISBN-13:978-3-7091-9810-0
DOI: 10.1007/978-3-7091-9810-0

Vorwort.

Im Jahre 1915 hatte ich ein halb populäres Werk, „Insektlivet i ferske Vande" („Das Insektenleben im Süßwasser"), herausgegeben. In diesem Werke waren hauptsächlich die Ergebnisse meiner eigenen Untersuchungen über Wasserinsekten gesammelt, Ergebnisse, die damals schon fast alle in einer Reihe von Arbeiten in ausländischen Zeitschriften veröffentlicht waren; im übrigen war das Buch auf der gesamten, den Gegenstand betreffenden Literatur aufgebaut.

In der Zeit von 1900 bis 1915 sind ferner noch Arbeiten über verschiedene andere Süßwasserorganismen, in erster Linie über Süßwasserplanctonten, erschienen. Die Hauptpuplikation war „Planctoninvestigations of the Danish Lakes" 1904 bis 1908, zwei Quartbände mit zahlreichen Tafeln. Später wurden zum Teil von Ausländern, die in meinem Laboratorium als Assistenten gearbeitet hatten, zum Teil von anderen, aber auch von mir selbst eine Reihe monographischer Untersuchungen über verschiedene Tiergruppen des Süßwassers, über Culiciden, Infusorien, Trematoden, Rotiferen, Nematoden, Cladoceren, Hydrachniden, ferner zusammenfassende Seeuntersuchungen (Furesee, Frederiksborger Schloßteich, Esromsee) publiziert, und zwar sämtlich in den „Kgl. Danske Videnskabernes Selskabs Skrifter".

Ein großer Teil meiner Untersuchungen, so über Wasserspinnen und Schnekken, ist aber nicht veröffentlicht worden. Das gleiche gilt von Beobachtungen über das Leben der Süßwasserorganismen, die ich auf meinen zahlreichen Exkursionen machen konnte und die nur in meinen Notizen verzeichnet sind.

Es war daher seit langem mein Wunsch, dieses umfangreiche und auch das nach 1915 publizierte Material in einem größeren Handbuch über die gesamte wirbellose Fauna des Süßwassers zu sammeln, genau wie es seinerzeit mit meinen insektenbiologischen Untersuchungen in den „Wasserinsekten" geschehen ist. Zusammen sollten sie ein Handbuch der Biologie der niederen Süßwassertiere bilden. Von den Protozoen mußte dabei allerdings abgesehen werden, da diese notwendigerweise eine besondere Behandlung verlangen.

Es brauchte lange Zeit, ehe ich mich an die große Arbeit machen konnte. Die Grundlage des Werkes bilden die aus meinem Laboratorium hervorgegangenen Arbeiten, ergänzt durch die zahlreichen, noch nicht veröffentlichten Beobachtungen, wozu außerdem die zu Gebote stehende Literatur herangezogen wurde, um eine möglichst erschöpfende Vorstellung von der Lebensweise der einzelnen Gruppen von Süßwassertieren zu vermitteln. Hierbei habe ich überall dort, wo es möglich war, sowohl die Übereinstimmung zwischen Organisation und Milieu als auch die mit Veränderungen im Milieu Hand in Hand gehenden Veränderungen in der Organisation nachzuweisen versucht. Naturgemäß befaßt sich das Werk vorwiegend mit der Süßwasserfauna der gemäßigten Zone, doch ist auch, soweit wie möglich die Süßwasserfauna der arktischen und tropischen Regionen mit berücksichtigt worden.

Die Systematik wurde auf das geringstmögliche Maß beschränkt und in dieser Hinsicht das Werk BRAUER, „Die Süßwasserfauna Deutschlands" und das „Handbuch der Zoologie" von KÜCHENTHAL zum Vorbild genommen, wie auch die Nomenklatur in der Regel der in dem ersteren Werk angewandten folgt. In einem Schlußkapitel habe ich unter Zuhilfenahme meiner „Planctoninvestigations" und „Fureseestudien" in sehr gedrängter Form eine Darstellung der Limnologie in ihrer Gesamtheit zu geben versucht, wobei, soweit es mit der Sachlichkeit des Stoffes vereinbar war, meine persönliche Naturauffassung zum Ausdruck gebracht wird.

In der Auswahl der Abbildungen bin ich andere Wege gegangen als die meisten. In meinem Bestreben, vor allem das lebende Tier darzustellen, habe ich auf die Werke der großen Biologen des 18. und des Beginns des 19. Jahrhunderts zurückgegriffen; ihre Darstellungen der Tiere sind, was Naturtreue und Schönheit anbelangt, trotz oder möglicherweise gerade infolge der enormen Technik, der Massenproduktion und des Arbeitstempos unserer Zeit bisher nicht übertroffen worden. Diese Naturforscher, die vielfach mehrere Jahre ihres Lebens daran verwendeten, einen einzigen Organismus zu studieren, haben diesen zeitweise oft mit größerer Naturtreue dargestellt, als wir es mit unseren modernen technischen Mitteln heute vermögen; eine recht erhebliche Anzahl von Abbildungen stammt aus meinen eigenen wissenschaftlichen Veröffentlichungen oder ist nach eigenen Präparaten hergestellt. Das Handbuch ist mit 24 Tafeln ausgestattet, die eine Übersicht über die gesamte niedere Süßwasserfauna in ihren Hauptgruppen bieten sollen. Die Textabbildungen zeigen nicht nur das im Text Gesagte, sondern bieten oft darüber hinaus, so vor allem bei den Organisationsbildern, mehr, indem sie wichtige anatomische Einzelheiten bringen; weitaus die meisten stammen aus der Separatensammlung meiner Bibliothek.

Ich will nun noch das Verfahren in Kürze erwähnen, das ich bei meinen biologischen Studien immer verfolgt habe.

Ich habe stets das Studium einer Tiergruppe oder eines Problems mit so geringfügigem literarischem Ballast begonnen wie überhaupt möglich. Je weniger Wissen, desto größerer Friede bei den Studien, desto mehr Zeit, desto mehr Souveränität über Beobachtungen und Gedanken. Das literarische Studium wurde immer erst gegen Ende der Untersuchung eingesetzt. Weil die biologischen Beobachtungen sich gewöhnlich nicht so greifbar dokumentieren lassen wie die anatomischen, müssen sie, um als gangbare Münzen in die Schatzkammer der Wissenschaft einbezogen zu werden, immer und immer wiederholt werden. Ob andere vor uns sie schon angestellt haben, ist wissenschaftlich ganz ohne alle Bedeutung.

In einem Umkreis von bis zu etwa 20 km ist die Gegend, in der mein Laboratorium liegt, durch viele Jahre, gewöhnlich zu Fuß durchstreift worden. Wurden Stellen gefunden, die sich für das Studium einer Tiergruppe oder besonderer Probleme eigneten, so wurde der Fundort in regelmäßigen Zwischenräumen, z. B. alle acht bis vierzehn Tage besucht und es wurden die Tiere an Ort und Stelle, d. h. in der Natur untersucht. Die Laboratoriumsstudien an Hand des in das Laboratorium gebrachten Materials setzten zu einem so späten Zeitpunkt wie überhaupt nur möglich ein.

Ich war immer der Meinung, daß zwischen den von den biologischen Stationen und den von den großen Laboratorien der Großstädte betriebenen Studien eine scharfe Grenze gezogen werden sollte. Tiefgehende anatomisch-morphologische Studien und Erblichkeitsstudien lassen sich gewöhnlich nicht in den erstgenannten Instituten durchführen; dasselbe dürfte gewöhnlich auch für eingehendere experimentelle physiologische Studien gelten. Die Existenzberechtigung der biologischen Stationen beruht in erster Linie auf der biologischen Beobachtung, auf dem Studium des lebenden Organismus, besonders in der Natur selbst. Und dies um so mehr, als die biologischen Beobachtungen, die in den Laboratorien der Großstädte angestellt worden sind, besonders alle jene über Fortpflanzungsverhältnisse, Nahrung und Wachstum notwendigerweise — da sie sich nur schwer mit regelmäßigen Beobachtungen in der Natur vergleichen lassen — in sich selbst viele Fehlerquellen bergen, und daher auch Anlaß sowohl zu schiefen Problemstellungen wie zu schiefen Endresultaten geben.

Wie aus dem Voranstehenden hervorgeht, war das Werk in seinem Plan nicht als internationales Handbuch angelegt. Um meinen Landsleuten zu zeigen, was die Süßwasserbiologie erreicht hatte, und besonders welcher Anteil dem dänischen süßwasserbiologischen Laboratorium, das von der Universität und den großen Fonds hoch dotiert gewesen ist, an den Fortschritten zukommt, mußte das Hauptgewicht in der Darstellung ganz besonders auf die Arbeiten unseres Laboratoriums gelegt werden.

Als ich daher kurz nach dem Erscheinen der dänischen Auflage von mehreren Seiten aufgefordert wurde, das Buch in einer Weltsprache erscheinen zu lassen, wies ich vorerst den Gedanken zurück. Erst als verschiedene meiner Freunde mich von der Unhaltbarkeit meiner Bedenken überzeugten, nahm der Gedanke festere Form an. Als dann noch der damalige Professor an der Universität Graz, Dr. O. Storch, der Verfasser der vorzüglichen Untersuchungen über Fortpflanzung der Rädertiere und über die Nahrungsaufnahme der niederen Krebse, Arbeiten, die ich sehr hoch schätze, mir eine Übersetzung des dänischen Buches ins Deutsche vorschlug, und der Verlag Julius Springer sich bereit erklärte, diese deutsche Ausgabe zu veranstalten, stand der Verwirklichung des Gedankens nichts mehr im Wege.

Eine allgemeine Umarbeitung des Buches zu einem limnologischen Handbuch der niederen Süßwasserfauna war nicht möglich. Dies wäre eine zu schwierige und zeitraubende Arbeit gewesen. Um aber das Buch in seiner deutschen Ausgabe einem solchen zu nähern, ist es von mir mit zahlreichen Zusätzen versehen worden, und sind namentlich in den allgemeinen Bemerkungen größere Abschnitte umgeschrieben oder hinzugefügt worden. Auch einige neue Abbildungen wurden aufgenommen. Ich sage Professor Storch meinen aufrichtigen Dank dafür, daß er die Übersetzung übernommen und trotz großer Schwierigkeiten durchgeführt hat. Bei der Bearbeitung des Buches hat mich in sprachlicher Hinsicht Frau Lina Johnson wesentlich unterstützt und mir vor allem bei den Korrekturen unentbehrliche Dienste erwiesen, was ich mit herzlichem Dank anerkenne.

Es ist selbstverständlich, daß man, selbst wenn man sein ganzes Leben einer bestimmten wissenschaftlichen Aufgabe gewidmet hat, nicht überall zu Hause sein kann. Ich habe mich daher bei der Durchführung meiner Aufgaben von einer Anzahl von Forschern beraten lassen. Es sind dies Dr. H. Bröndsted, Kopenhagen, Dr. P. Bovien, Kopenhagen, Dr. P. Kramp, Kopenhagen, Prof. Dr. L. Steenberg, Kopenhagen, und Prof. Dr. H. Steinböck, Innsbruck, die ihnen nahestehende Kapitel der dänischen Ausgabe durchgelesen und die jeder für sich zahlreiche Ratschläge gegeben und positive Fehler berichtigt haben. Ich bin ihnen für ihre Hilfe, ohne die ich es kaum gewagt hätte, die Verantwortung für eine Veröffentlichung des Buches zu übernehmen, besonders verpflichtet.

Ich danke sodann Herrn Prof. Dr. E. Ankel, Gießen, Dr. W. Arndt, Berlin, Dr. H. Damas, Liége, Prof. Dr. S. Ekman, Uppsala, Prof. Dr. E. Hesse, Berlin, Prof. Dr. O. Lundblad, Stockholm, Dr. Th. Mortensen, Kopenhagen, Prof. Dr. P. Schulze, Rostock, Prof. Dr. O. Storch, Graz, Prof. Dr. A. Thienemann, Köln und anderen für Bemerkungen, Rat und Berichtigungen.

Ich schulde ferner verschiedenen Verfassern Dank, die mir erlaubten, aus ihren Handbüchern und Darstellungen im „Handbuch der Zoologie", in der „Biologie der Tiere Deutschlands" oder andernorts eine Anzahl von Übersichtsbildern vorzugsweise anatomischer Art zu benutzen. Er gilt vor allem Prof. E. REISINGER, Köln, Prof. H. STEINBÖCK, Innsbruck, Prof. C. FAUST, New Orleans, Prof. I. SCRIBAN †, Cluj, Prof. L. HESSE, Berlin, und Prof. L. SZIDAT, Rositten, und nicht zuletzt meinem Nachfolger, Prof. Dr. K. BERG, meinem damaligen Assistenten, für sorgfältige photographische Wiedergaben und für verschiedenen Beistand.

Ich empfinde es als selbstverständliche Pflicht, an dieser Stelle mit Dankbarkeit des Carlsbergfonds zu gedenken, der meine Untersuchungen in jeder erdenklichen Weise gefördert hat, und ferner des Rask-Örsted-Fonds, der die Übersetzungskosten bestritten hat. Auch bitte ich den Verlag Julius Springer in Wien, der trotz der Ungunst der Zeiten weder Kosten noch Mühen gescheut hat, das Buch in der bei ihm gewohnten Ausstattung herauszubringen, und in jeder Hinsicht meinen persönlichen Wünschen entsprochen hat, meinen herzlichsten Dank entgegenzunehmen.

Zuletzt, nicht zumindest, richte ich meinen Dank an meine Frau, der ich das Werk gewidmet habe, weil sie mir bei den Korrekturen geholfen, und auf mannigfache Weise in der täglichen Arbeit Beistand geleistet hat; ohne ihre Hilfe hätte die Fertigstellung des Buches trotz aller Hilfe von anderer Seite unmöglich im Verlauf von verhältnismäßig kurzer Zeit durchgeführt werden können.

In diesem Werk fehlen die Insekten gänzlich; sie wurden, wie bereits oben gesagt, 1915 in einem großen dänischen Handbuch über das Leben der Insekten im Süßwasser, das auch im Ausland ziemlich viel benutzt worden ist, behandelt. Es ist mein Wunsch, daß dieses Handbuch, bedeutend erweitert, dem vorliegenden Werke bald in deutscher Ausgabe folgen möge. Die Vorbereitungen hierzu sind bereits recht weit fortgeschritten.

Hillerød, im September 1939. C. WESENBERG-LUND.

Inhaltsverzeichnis.

PARAZOA (= Porifera, Spongiae).

Die Schwämme *(Parazoa* oder *Porifera)* sind vielzellige Organismen *(Metazoa)* ohne echtes Gewebe und ohne echte Organe. Die Larve hat zwei ursprüngliche Gewebsschichten, aber während der Entwicklung vertauschen diese ihren Platz und werden zur Dermal- und Gastralschicht beim erwachsenen Tiere. Die Homologie dieser Schichten mit dem Ectoderm und Entoderm der Gastrula ist ungewiß, ebenso ob die zweischichtige Larve als richtige Gastrula angesehen werden kann. Früher wurden sie zu den Cölenteraten gerechnet, mit welchen sie sehr wenig Gemeinsames besitzen; man faßt sie gegenwärtig als eine besondere Abteilung des Tierreiches auf, die als *Parazoa* bezeichnet wird, im Gegensatz zu allen übrigen Metazoen, die man als *Eumetazoa* bezeichnet.

Die Schwämme oder Spongien *(Porifera)* sind im erwachsenen Zustande festsitzende Tiere; die Larven führen ein pelagisches Leben. Der Körper ist nur aus zwei Gewebsarten aufgebaut: der Dermalschicht und der Gastralschicht; ob diese dem Ecto- und Entoderm der höheren Tiere entsprechen, weiß man nicht. Die Gastralschicht wird nur von Kragengeißelzellen gebildet. Die Dermalschicht hat mesenchymatischen Charakter; ihr Hauptbestandteil ist gallertartig; darin finden sich Zellen mit sehr verschiedener Funktion. Nerven- und Sinneszellen fehlen. Nach außen gegen die Umwelt zu und in den Kanalwänden haben die Zellen epithelartiges Aussehen, aber sie sind von jenen innerhalb der Dermalschicht nicht scharf gesondert, sondern stehen mit ihnen in mannigfacher Weise in Verbindung. Man kann am Schwammkörper drei Organsysteme unterscheiden: die Haut, das Skeletsystem und das Kanalsystem. Die Haut besteht gewöhnlich aus einer Lage von Plattenzellen, das Skelet aus kohlensaurem Kalk, Kieselsäure oder einer hornartigen Substanz, Spongin. Kalk und Kieselsäure treten in Form von Nadeln der verschiedenartigsten Gestalt auf (Spicula). Das Kanalsystem zeigt sehr verschiedene Ausbildung. Es läßt sich nicht mit dem Darmkanal der höheren Tiere vergleichen, teils weil die Verdauung selbst hier nicht stattfindet, teils weil es verschiedene andere Funktionen besitzt; es beginnt mit Poren, die mittels Kanälen in die Geißelkammern führen, deren abführende Kanäle sich zu größeren vereinigen, die an der Oberfläche mit größeren Öffnungen ausmünden, den sog. Oscula.

Die Schwämme sind eine fast ausschließlich marine Tiergruppe; sie werden in fünf Ordnungen geteilt, von denen nur eine, die *Cornacuspongia,* mit einer einzigen Familie *(Spongillidae)* sich im Süßwasser findet. Es sind Schwämme mit hochentwickeltem Kanalsystem; das Skelet wird von Spongin gebildet, das in verschiedenartiger Anordnung entwickelt ist, mit eingelagerten Spicula aus Kieselsäure.

Spongillidae (Süßwasserschwämme).

Zur Sommerzeit kann man oft auf Zweigen und Steinen, auf Schilf und Rohr, sowohl im stillstehenden als auch im fließenden Wasser grüne Beläge von sehr verschiedener Form antreffen. Bald ist die Unterlage mit einer gleichartigen, recht dünnen Schicht überzogen, bald bildet diese auf Zweigen große Klumpen, die eine Länge von 1 dm und eine ungefähr gleich große Dicke erreichen können;

zuzeiten sind die Zweige mit zirka 5 bis 6 cm dicken Krusten überzogen, die in Form merkwürdiger Klumpen auswachsen, oder es gehen von der Schicht lange, fingerförmige Körper aus, die sich verzweigen, aber auch wieder zusammenwachsen können (Abb. 1); manchmal besteht die ganze Masse aus solchen langen, schlaffen, fingerförmigen Körpern. Es sind Geschöpfe, die sich durch einen fast vollkommenen Mangel an typischem Formgepräge auszeichnen und denen fast jede Individualität und Symmetrie zu fehlen scheint. Sie sind bald grün, bald gelb, aber charakteristisch für sie alle ist stets ein widerwärtiger, eigenartiger Geruch, der auf die meisten Menschen abschreckend wirkt.

Es sind Süßwasserschwämme oder Spongilliden, die wir vor uns haben, lebende Wesen, Tiere und keine Pflanzen, aber Tiere ohne feste Form, Tiere, deren Form durch die Unterlage bestimmt wird. Ihre festsitzende Lebensweise und ihre Farbe, die oft grün ist, bewirkten, daß man sie lange Zeit für Pflanzen hielt. Erst zu Beginn des vorigen Jahrhunderts wurden sie dem Tierreiche zugewiesen; aber vielen Orts werden sie jetzt noch von den Fischern als „Moos" bezeichnet. Sie sind über den größten Teil der Erde verbreitet, mit Ausnahme der Polargegenden; sie sind im Süßwasser die einzigen Vertreter einer Tiergruppe, die im Meer eine überaus große Rolle spielt. Ihr Vorkommen im Süßwasser ist an und für sich eine große Merkwürdigkeit, weil die Meeresschwämme zu ihrem Gedeihen einen bedeutenden Salzgehalt benötigen und in Süßwasser gar nicht, und nur selten und in geringem Grade in Wasser mit niedrigem Salzgehalt fortkommen können.

Wir sehen in diesem Werke ab vom Bau der Meeresschwämme und halten uns nur an die Süßwasserschwämme. Sie gehören zur großen Abteilung der *Cornacuspongia*, zu der auch der uns allen bekannte Badeschwamm gehört. Innerhalb dieser großen Abteilung bilden diese Süßwasserschwämme eine Familie für sich: die *Spongillidae*. Ihr widerwärtiger Geruch, ihre schleimige Oberfläche, die Wuchsformen, die niemals die schönen Gestalten aufweisen, wie sie so vielen der Meeresschwämme, vor allem den Glasschwämmen, zukommen, bewirken, daß man wohl Zoologe sein muß, um sich für sie zu interessieren.

Für uns Menschen bildet es wohl ein großes Rätsel, daß große Körper aufgebaut sein und sich erhalten können, ohne irgendein Organ zur Wahrnehmung der Umgebung, ohne Organe, weder Nerven noch Muskeln, um auf Außenreize zu reagieren. — Fußt auch die folgende Schilderung im wesentlichen auf dem Bau der Süßwasserschwämme, so hat doch auch vieles davon Gültigkeit für die große Gruppe der Hornkieselschwämme, der *Cornacuspongiae*, die also, abgesehen von den Spongillen, nur im Meer angetroffen werden. Als Filtrierer der Ozeane vom Anbeginn der Zeiten her bis in unsere Tage, mit ihrer Fähigkeit, dem Meer Kieselsäure zu entnehmen und daraus ihre Skelete aufzubauen, als Bildner des Feuersteines, gehören die Meeresschwämme zu jenen Geschöpfen, die der Menschheit das Feuer brachten. Sie haben mitgeholfen, das Material zu beschaffen, aus dem in fernen Vorzeiten die Menschen ihre Steinwerkzeuge herstellten, und von dem sie lernten, aus dem Steine Feuer zu schlagen. Weit bis ins Mittelalter hinein, bis in die Zeit der Feuersteinwaffe, lieferte der Feuerstein das Material, mit dem zum weitaus größten Teil die Kriege jener Zeit geführt wurden, und das wegen seiner Stärke und Unvergänglichkeit noch heute in Anwendung ist. Ein Einblick in den Körperbau dieser Schwämme, eine der wundervollen Werkstätten der Natur, dem ein Material entstammt, das so tief in die Geschichte der Menschheit eingegriffen, und nach dem man Abschnitte ihrer Entwicklung zu rechnen sich gewöhnt hat, wird wohl kaum ein überflüssiges Beginnen sein.

Nehmen wir einen solchen Süßwasserschwamm in die Hand, so haben wir vor allen Dingen den Eindruck einer weichen, schwammigen Masse, von der wir

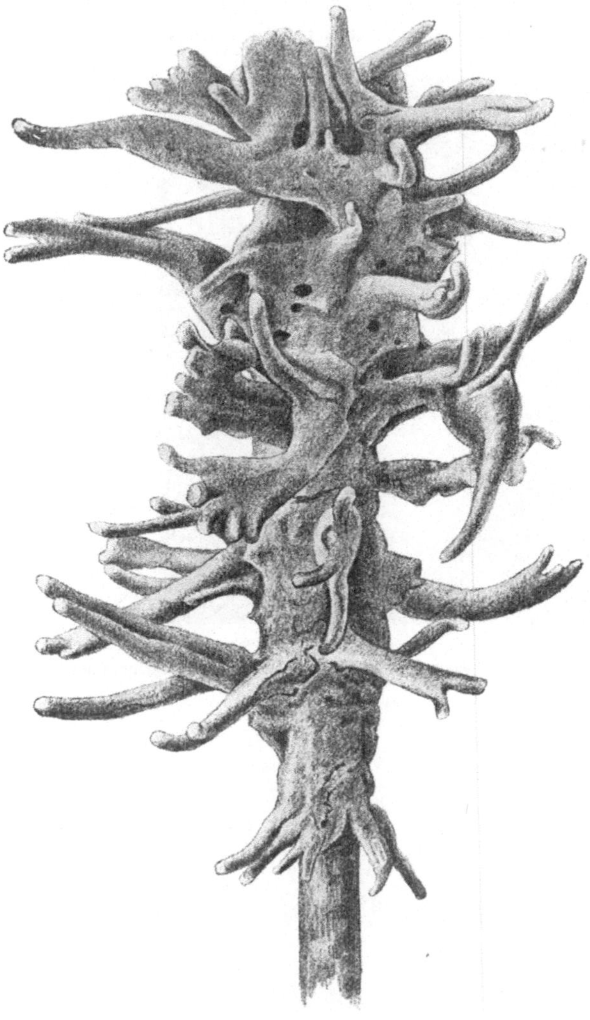

Abb. 1.

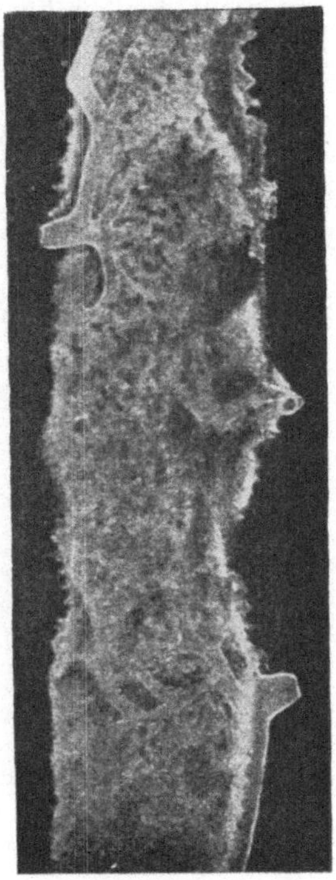

Abb. 2.

Abb. 3.

Abb. 1 bis 4. *Euspongilla lacustris* (L.).

Abb. 1. Stark verzweigtes Exemplar. $^1/_1\times$. (WELTNER 1896.)

Abb. 2. Lebend photographiert. Man sieht deutlich die Hautschicht, die in zwei wohlabgesetzte Oscula übergeht. $^1/_1\times$. (ARNDT.)

Abb. 3. Klumpenartige Kolonie. $^1/_4\times$. (ANNANDALE 1916.)

Abb. 4. Stark verzweigte Kolonie, einige Zweige wie in Abb. 1 zusammengewachsen. $^1/_4\times$. (ANNANDALE 1916.)

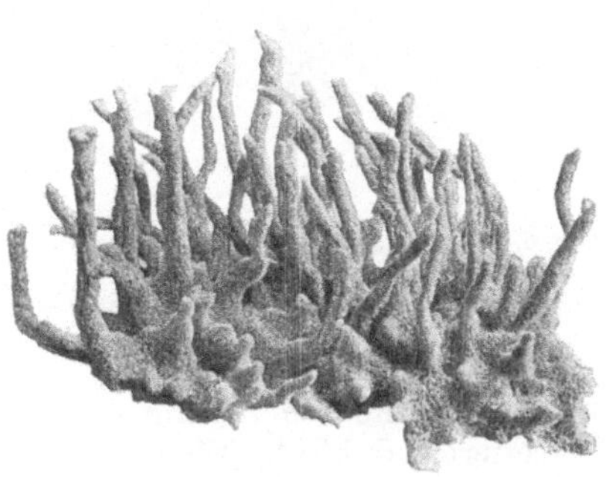

Abb. 4.

uns nicht denken können, daß sich darin in namhafter Art Skeletteile finden
könnten. Es greift sich alles so an, daß man für das Ganze das Wort Weichteile

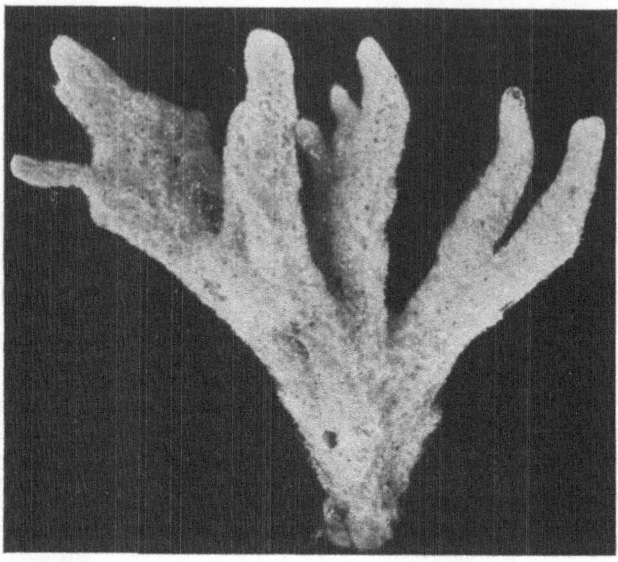

Abb. 5. *Euspongilla lacustris* (L.). Verzweigtes Exemplar mit deutlichen Poren. (ARNDT phot.)

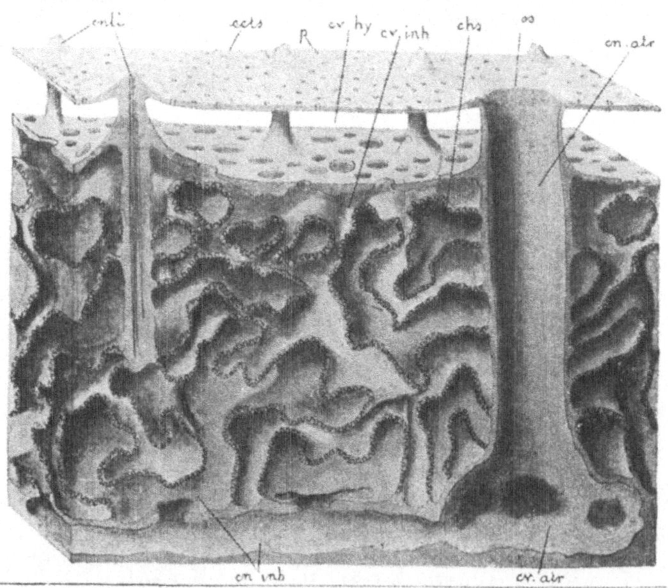

Abb. 6. Schnitt durch eine *Spongilla*, senkrecht zur Oberfläche. *cnli* Pfeiler, die die Hautschicht tragen;
ects Hautschicht; *p* Poren; *cv hy* Hohlraum zwischen der Hautschicht und dem übrigen Körper; *cv inh* Kanäle
für die einführenden Wasserströmungen; *chs* Geißelkammern; *os* Osculum; *cv. atr* einer der Sammelkanäle für
den ausführenden Wasserstrom. (DELAGE und HÉROUARD 1899.)

verwenden möchte. Wenn man aber diese Masse ausglüht oder den Schwamm
macerieren, d. h. alle Weichteile wegfaulen läßt, dann tritt uns ein überaus deutliches, glasklares Skelet von zahllosen, ineinandergeflochtenen Zweigen entgegen,

die bei den verschiedenen Arten aus Nadeln verschiedenen Baues und oft bei einer Art aus Nadeln mehrerer Typen zusammengesetzt sind. Um diesen zweiten Teil des Schwammkörpers, um die festen Teile, das Skelet, sind die Weichteile herumgelagert.

Der lebende Schwamm zeigt, wenn man ihn aus dem Wasser herausnimmt (Abb. 2 bis 6), eine äußere grünliche oder gelbliche Hautschicht, die von den Stützpfeilern des Skelets getragen wird. Dadurch entsteht ein Hohlraum (Subdermalraum) zwischen der Hautschicht und dem eigentlichen Schwammgewebe. Die Haut ist durchbohrt von zahllosen unendlich feinen Poren, aber zwischen ihnen finden sich gewöhnlich, etwas über die übrige Oberfläche erhoben, viel größere Öffnungen, die man als Oscula bezeichnet; bei einer bestimmten Art, *Euspongilla lacustris* (L.), können die Oscularröhren ungefähr 1 cm

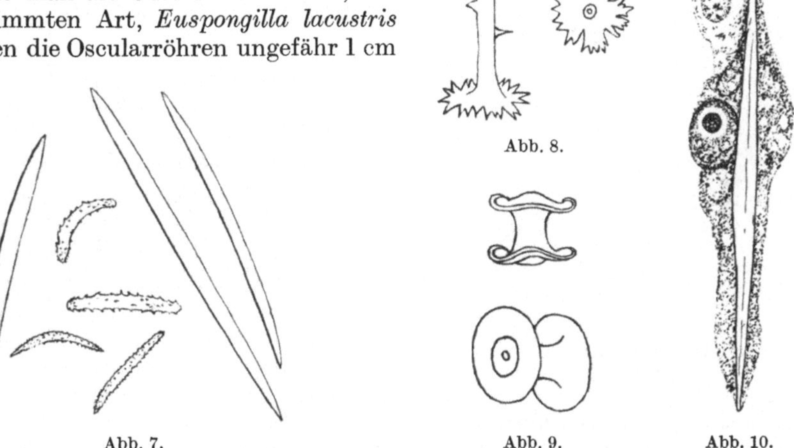

Abb. 8.

Abb. 7.   Abb. 9.   Abb. 10.

Abb. 7. *Euspongilla lacustris* (L.), Nadeln. Die langen zugespitzten: Macroscleren, die beiden mittleren unten: Microscleren (Fleischnadeln). Die beiden oberen Nadeln, die um die Gemmulae liegen.

Abb. 8. *Ephydatia Mülleri* (LIEBK.). Amphidisken.

Abb. 9. *Trochospongilla horrida* WELTNER. Amphidisken.

Abb. 10. Nadelbildender Amöbocyt, ein sog. Spiculiblast mit seiner Hilfszelle. Es scheinen zur Nadelbildung zwei Zellen notwendig zu sein. Die eine ist der eigentliche Nadelbildner, die andere, die durch Teilung aus der ersten hervorgeht, besorgt das Dickenwachstum. 600×. (P. SCHULZE.)

hoch werden; ihre Anzahl auf dem Schwammkörper ist verschieden. Die Haut wird von plattenartigen Epithelzellen gebildet. Zufolge neuester Untersuchungen (BRÖNDSTED 1936) finden sich hier keine individualisierten Zellen, sondern nur ein syncytiales Zellhäutchen. Wenn wir oben sagten, daß die Schwämme keine Spur einer Fähigkeit besitzen, auf Einwirkungen der Außenwelt zu antworten, so ist das nicht ganz richtig, weil die Zellen, die um die Oscularöffnungen liegen, ein gewisses Kontraktionsvermögen besitzen, welches ein Schließen und Öffnen derselben gestattet.

Das Skelet wird von Nadeln oder Spicula gebildet, die aus Kieselsäure bestehen; sie fügen sich mit Hilfe einer Kittsubstanz von hornartiger Beschaffenheit, Spongin, zu einem Balkenwerke zusammen; besonders die Ordnung, zu der die Süßwasserschwämme gehören, zeichnet sich durch eine sehr starke Entwicklung des Spongins aus. Bei einigen Formen finden sich überdies in die Weichteile ohne besondere Ordnung die sog. Fleischnadeln eingelagert, die im Gegensatz zu den ersterwähnten, den *Macrosclerae*, als *Microsclerae* bezeichnet werden (Abb. 7 bis 10).

Die Macroscleren können sehr verschiedene Formen besitzen und führen deshalb auch verschiedene Namen; bei den allermeisten in Europa vorkommenden

Formen der Süßwasserschwämme sind die Nadeln an beiden Enden zugespitzt
(Oxe). Man findet in ihnen einen sog. Achsenkanal, der einen feinkörnigen Zentral-
faden einschließt, um welchen abwechselnd Lagen von Spongin und Kieselsäure
abgelagert sind.

Diese Nadeln liegen in Bündeln beisammen und werden durch Sponginsubstanz zusammengehalten; dadurch entstehen balkenförmige Stränge, die
wieder durch Querbalken zusammengehalten werden; die letzteren werden oft
nur von einer Nadel gebildet. Auf diese Weise entsteht ein Skelet mit Maschen
der verschiedenartigsten Weiten; das Skelet ruht auf Songinplatten auf, die
auf der Unterlage fest angedrückt liegen.
Das Skelet bildet einen beträchtlichen Teil
des ganzen Schwammkörpers.

Eine lebende *Ephydatia fluviatilis* (L.)
wog z. B. 112,9 g, das getrocknete und gereinigte Skelet 8,54 g; ungefähr $^1/_{13}$ des Lebend-
gewichtes des Schwammes besteht also aus
Kieselsäure.

Man hat bisher die meisten systematischen
Charaktere von den Spicula hergenommen.
JEWEL (1935) hat durch Freilandversuche
gezeigt, daß das Skelet der Spongilliden sehr
stark von den mineralischen Bestandteilen
des Wassers, besonders SiO_2, beeinflußt wird.
Beträgt der Kieselsäuregehalt des Wassers
unter 0,4 mg pro Liter und ist das Leitungs-
vermögen gering, so findet bei *Euspongilla*

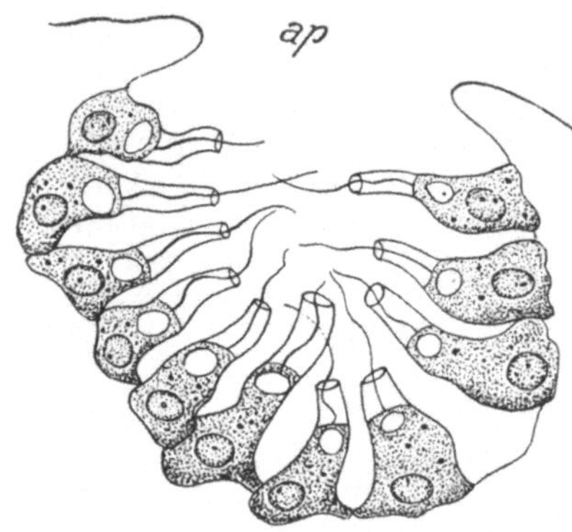

Abb. 11. Schnitt durch eine Geißelkammer
von *Spongilla*. *ap* Apopyle. 1600×. Nach
VOSMAER und PEKELHARING aus VAN TRIGT.
(STORCH gez.)

lacustris (L.) eine Reduktion der Spicula statt, ja die bedornten Dermalspicula
können ganz verschwinden. Die starke Variation der Spicula, in Größe und Form,
wie sie bei verschiedenen Spongilliden (z. B. *S. lacustris*) bekannt ist, ist so zu beur-
teilen, daß es sich hier um bloße somatische, vom Milieu hervorgerufene Modifikationen handelt. Man hat es nicht mit „entstehenden Arten" zu tun. Damit hängt
auch zusammen, daß man nicht von typischen normalen und von abnormen Spicula
sprechen kann. Weil die meisten Gewässer mäßige Härte aufweisen, sind die Spicula-
Typen, die sie produzieren, eben die gewöhnlichsten; sie sind aber an sich nicht
normaler als andere. Die systematische Definition einer Species muß daher auch
so umfassend sein, daß sie die vom Milieu bedingten Variationen einschließt.

Das Skelet trägt die Weichteile (Parenchym), das wir zum besseren Verständnis des Schwammkörpers jetzt genauer betrachten wollen.

Wir wollen zuerst das sog. Kanalsystem besprechen. Man wird es vielleicht
am besten verstehen bei Betrachtung eines lebenden Schwammes, nachdem man
etwas Karminpulver in das Wasser gegeben hat, in dem der Schwamm liegt. Man
sieht dann, daß die Karminpartikelchen über den Oscula immerzu fortgeschleudert
werden, d. h., daß hier ein Wasserstrom aus ihnen austritt. Durch die oben erwähnten feinen Poren strömt Wasser unaufhörlich ein und durch die großen
Öffnungen, die Oscula, wieder aus. Solange das Schwammgewebe lebt und kräftig
ist, geht ein unaufhörlicher Wasserstrom durch die Kolonie. Nur in den Tropen
hat man nachweisen können, daß in des Tages heißester Mittagszeit dieser Wasserstrom recht bedeutend nachläßt. Um die treibende Kraft dieses Wasserstromes
kennenzulernen, müssen wir den Kanälen folgen, die von den Poren in den
Schwammkörper hineinführen.

Es zeigt sich bald, daß diese Kanäle, die mit flachen Zellen ausgekleidet sind,
zu sehr kleinen, bläschenförmigen Hohlräumen führen; diese Hohlräume oder

Geißelkammern sind mit einer anderen Zelltype ausgestattet, den sog. Kragengeißelzellen (Abb. 11 bis 13), die nach der Seite gegen den Hohlraum hin einen hohen
Plasmakragen tragen; innerhalb dieses
ragt ein langes Flagellum oder Geißelfaden
über den Kragen hinaus in den Hohlraum
hinein. Am lebenden Schwamm befinden
sich diese Geißelhaare in unaufhörlicher
schwingender Bewegung. Jeder Hohlraum
ist ausgestattet mit mehreren zuführenden und einem abführenden Kanal; dieser
ist viel weiter als jene. Diese Geißelkammern finden sich überall in sehr großer
Anzahl im Schwammkörper verteilt. Die
Kragenzellen mit ihren Geißelhaaren sind
die treibende Kraft, die die Wassermassen
durch die zahllosen, unendlich feinen
Poren auf dem Wege der zuführenden
Kanäle in die Kammern und von hier
weiter durch die stets weiter und weiter
werdenden Kanäle hinaus in die Hauptkanäle oder Oscularräume und zum
Schlusse durch die großen Öffnungen, die
Oscula, nach außen führt.

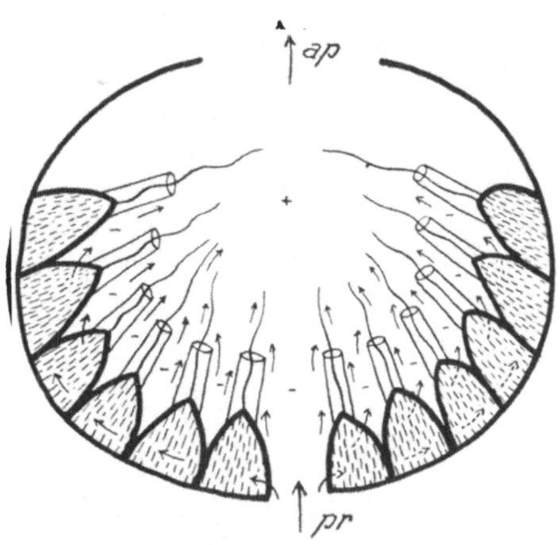

Abb. 12. Schematische Darstellung der Wasserströmung durch eine Geißelkammer von *Spongilla*.
ap Apopyle; *pr* Prosopyle. +, — bedeuten den
durch den Geißelschlag hervorgerufenen Wasser-
überdruck bzw. -unterdruck. Nach VAN TRIGT.
(STORCH gez.)

 Man hatte früher die Auffassung, daß die Bewegung der Geißelhaare vollkommen unregelmäßig sei. Neuere Untersuchungen haben erwiesen, daß das
nicht richtig ist (VAN TRIGT
1919). Die Bewegung ist
regelmäßig schraubenför-
mig oder wellenförmig, ganz
entsprechend jener, die wir
bei einer Gruppe von ein-
zelligen Organismen, den
Choanoflagellaten, antreffen, welche noch in manch
anderer Hinsicht sich mit
den Schwämmen als ver-
wandt erweisen. Folge da-
von ist, daß der Wasser-
strom in den Geißelkam-
mern, in dem alle Geißel-
haare gleichzeitig und auf
gleiche Weise schlagen,
ganz bestimmten Bahnen
folgt; die Richtung und die
Schnelligkeit der Wasser-
strömung ist die Resultie-
rende der Schwingungen
aller Geißelhaare. Man kann
das ganze Kanalsystem auch

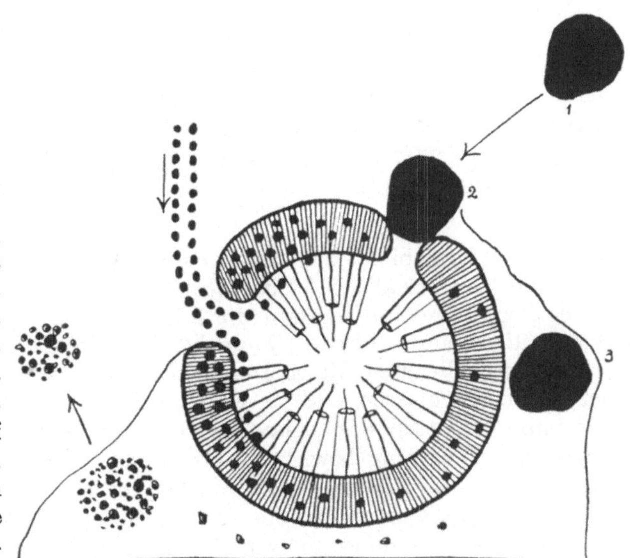

Abb. 13. Nahrungsaufnahme in einer Geißelkammer von *Spongilla
lacustris*. 1000:1. Nach VAN TRIGT (zusammengelegt). *1* bis *3* sich
folgende Stadien. Aus ARNDT.

so beschreiben, daß die Geißelkammern zwischen den zu- und den abführenden
Kanälen eingeschaltet liegen. An kleinen, flachen Kolonien sieht man oft Furchen,
die sternförmig angeordnet sind; die Hautschicht zieht sich über sie hinüber. Am

Grunde dieser Furchen befinden sich Löcher, die die Öffnungen der abführenden
Kanäle darstellen und sich oft kraterförmig erheben. In jedem Ast des Sternes
findet man zumeist ein bis zwei Öffnungen (Abb. 37). Man kann sich vielleicht
am besten einen Begriff von der außerordentlich starken Wasserströmung machen,
die durch einen Schwammkörper hindurchgeht, wenn man hört, daß die großen
Schwämme der Tropenmeere mit der ihren Körper durchziehenden Wasserströmung imstande sind, das Aussehen der Meeresoberfläche zu beeinflussen, genau
auf die gleiche Weise, wie das eine Quelle bei einem stehenden Wasser tun kann. Ein
Meeresschwamm, der aus zirka 20 fingerartigen Fortsätzen besteht, von denen jeder
ungefähr 10 cm lang und 2 cm breit ist und wo an der Spitze eines jeden Fingers

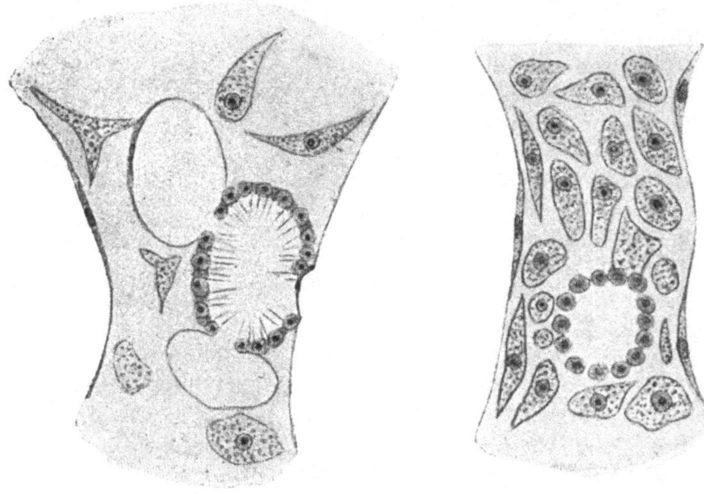

Abb. 14.   Abb. 15.

Abb. 14 u. 15. Stücke eines Schwammgewebes; links im Sommerstadium, rechts im Winterstadium (Januar).
Im Sommer ist die Grundsubstanz viel mächtiger als im Winter. Im Stück vom Sommer, links, sieht man sechs
Amöbocyten und eine funktionierende Kragengeißelkammer mit ihren zu- und abführenden Kanälen; im Stück
vom Winterhalbjahr (rechts) zirka 20 Amöbocyten sowie Reste einer nicht mehr funktionierenden Geißelkammer 350×. (WELTNER 1907.)

ein Osculum ausgebildet ist, treibt nach genauen Messungen im Verlaufe eines
Tages nicht weniger als 1575 Liter Seewasser durch seinen Körper (PARKER 1914).
    Alle Poren, und am meisten die Einfuhrporen, sind vergängliche Bildungen,
die sich öffnen und schließen, je nachdem sie benötigt werden; sie entstehen als
Löcher innerhalb einer Epithelzelle, aber auch die großen Oscula können an
einer Stelle geschlossen und an einer anderen neu gebildet werden; geänderte
Licht- und Schattenverhältnisse, niederfallende Zweige, Benagen durch Tiere
können ihre Verlegung bewirken. Ganz ohne Reaktionsvermögen sind also die
Schwämme nicht. Besonders Schwämme, die in der Gezeitenzone sich befinden,
schließen bei Ebbe, wenn sie der Luft ausgesetzt sind, ihre Oscula. Es hat sich
weiter gezeigt, daß junge Schwämme kurz nach der Festheftung sich langsam
kriechend fortzubewegen vermögen. Wachstum des Schwammes verursacht die
Entwicklung mehrerer Oscula; große Individuen haben in der Regel mehrere von
verschiedener Weite; die alte Annahme, daß man aus der Anzahl der Oscula auf
die Zahl der zu einer Kolonie verschmolzenen Einzelindividuen schließen kann,
hat sich nicht als stichhältig erwiesen. Man hat nämlich zeigen können, daß ein
einziger junger Schwamm, der auf geschlechtlichem oder ungeschlechtlichem
Wege entstanden ist, sofort von Anbeginn an zwei Oscula auszubilden vermag.

Zwischen dem Kanalsystem, den Skeletteilen und der Haut ist die sog. Grundsubstanz entwickelt, welche die übrigen Elemente zusammenhält. Sie ist zumeist von sehr beträchtlicher Mächtigkeit, hyalin oder körnig, bei den Süßwasserschwämmen im Sommer stärker ausgebildet als im Winter (Abb. 14 u. 15). In dieser Grundsubstanz befindet sich eine große Menge von Zellen, die sehr verschieden aussehen und die jede bestimmte Funktionen zu verrichten haben; sie lassen sich aber alle auf ein und dasselbe Zellelement zurückführen, welches daher in gewissem Sinne als das wichtigste des Schwammkörpers betrachtet werden muß, nämlich die Amöbocyten (Abb. 16). Einer der besten Kenner der Süßwasserschwämme hat von ihnen gesagt, daß alle anderen Zellelemente aus ihnen hervorgehen können; und ohne sie kann der Schwamm nicht leben (WELTNER 1907). Spätere Untersucher haben diese Aussage im großen und ganzen nur bestätigen können. Sie bilden überall ein in der Grundsubstanz verteiltes Reservematerial von embryonalen Zellen (Urzellen, Archäocyten), aus welchen der Schwamm nach seinem Bedarf die übrigen Elemente bilden kann und welchen alle wichtigen Funktionen der Kolonie anvertraut sind. Ausgestattet mit Bewegungsfähigkeit, wandern die Amöbocyten dorthin, wo sie vonnöten sind, und bilden sich zu jenen Elementen um, die gebraucht werden. Sie bauen ab und bauen auf; sie nehmen die zugeführten Nahrungsstoffe entgegen, stoßen die un-

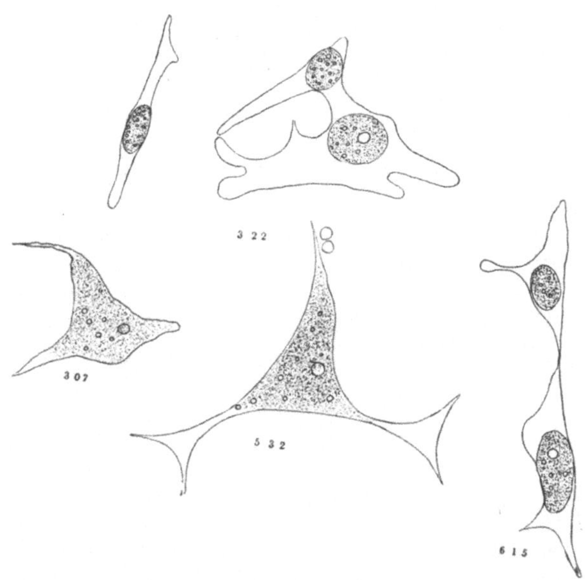

Abb. 16. Amöbocyten, die voneinandergehen und wieder zusammenschmelzen. Beobachtet im Mikroaquarium in 48 Stunden. Die Zahlen geben die Observationszeit an. 216×. (GALTSOFF 1925.)

brauchbaren Stoffe in die Oscularräume aus, dienen als Material für Reservenahrung; sie sind endlich diejenigen, welche unter ungünstigen Verhältnissen, geschützt hinter dicken Membranen, die Lebenskraft der Kolonie für bessere Zeiten bewahren. Bevor diese Zellen sich zu ihren Endstadien ausdifferenzieren, gehen sie durch ein Stadium, das erkennen läßt, was aus ihnen in jedem einzelnen Falle werden soll; diejenigen, die Spicula und Spongin bilden sollen, sehen anders aus als solche, die zu Kragengeißelzellen werden sollen, ebenso wie diejenigen, welche die Nahrungsstoffe aufnehmen, verschieden sind von denen, welche als Reservestoffmagazine dienen sollen, und auch verschieden von denen, welche als Belagzellen in den Kanälen Verwendung finden sollen usw. Man hat diesen Zwischenstadien verschiedene Bezeichnungen gegeben: Silicoblasten, Spongoblasten, Pinacocyten, Trophocyten u. a. Es würde zu weit führen, auf die spezifischen Eigentümlichkeiten dieser Stadien näher einzugehen.

Die Amöbocyten sorgen auch für die Erzeugung der Geschlechtselemente. Die Süßwasserschwämme sind getrenntgeschlechtlich, Männchen und Weibchen sind bei den meisten Arten ungefähr gleich häufig. Äußere Geschlechtsunterschiede sind nicht nachgewiesen. Die männlichen Geschlechtsprodukte werden zumeist Anfang Mai ausgebildet; ihre Erzeugung wird jedoch den ganzen Sommer hin-

durch fortgesetzt. Die Eibildung geht beinahe das ganze Jahr vor sich, selbst
im Winter, am lebhaftesten wohl im April-Mai. Die männlichen Geschlechtsprodukte findet man zumeist in der Nähe der Oberfläche; die Eier liegen in den
tieferen Schichten. Beide Geschlechtszellen entstehen durch Umbildung von
Amöbocyten. Die Samenzellen werden durch die Kanäle ins Wasser befördert
und mit dem Wasser hin zu den Eiern eingesaugt, welche im Schwammkörper
befruchtet werden.

Die hier gegebene Darstellung der Bedeutung der Amöbocyten war die bis
1937 allgemeine Auffassung darüber. 1937 hat BRIEN geltend gemacht, daß die
Bedeutung der Amöbocyten während der Restitutionsprozesse nicht so groß ist,
wie man früher geglaubt hat. Die Aggregation kommt dadurch zustande, daß die
verschiedenen Zellelemente, die sich in Berührung miteinander befinden und zur
selben Kategorie gehören, mittels ihrer Pseudopodien auf den hyaloplastischen
Ausbreitungen der Archäocyten in Kontakt miteinander treten. Was die Gemmulae anbelangt, so bestehen sie ausschließlich aus Archäocyten. Wenn ein
neuer Schwammkörper aus einer Gemmula entsteht, wird er daher allein von
Archäocyten aufgebaut, die in einer ganz bestimmten Reihenfolge sich zu den
verschiedenen Zellelementen umbilden.

Das Wasser, das in den Schwammkörper einströmt, ist mit Partikelchen der
verschiedensten Art beladen: Plancton, faulendes organisches Material usw.
Wenn es den Schwamm verläßt, ist es filtriert; die Partikelchen sind im Schwamm
verblieben. Von den Einfuhrporen gelangen sie in die Geißelkammern hinein, wo
sie mit den Geißelhaaren in Berührung geraten und von diesen gegen die Basis der
Protoplasmakrägen geschleudert werden; die von den Kragengeißelzellen durch
Pseudopodien aufgenommenen Partikelchen werden von den amöboiden Zellen
unverdaut übernommen und werden, je nach der Beschaffenheit, dem Zustande
der Kolonie und der Jahreszeit, verdaut oder unverdaut, entweder als Exkremente zu den Oscularräumen befördert und dort ausgestoßen oder als Reservenahrung (Fett, Kohlehydrate) aufgestapelt. Die ganze Verdauung geht in den
Amöbocyten vor sich, und zwar auf dem Wege der Phagocytose, d. h. sie spielt
sich intracellulär ab. Größere Partikelchen gelangen nicht in die Geißelkammern,
sondern werden außerhalb dieser von den amöboiden Zellen ergriffen und finden
entweder Verwendung oder werden ausgestoßen. Gibt man Karminpulver ins
Wasser, so sieht man, daß die Partikelchen nach einiger Zeit durch die Oscularräume den Schwamm verlassen, doch hat sich gleichzeitig der ganze Schwamm
rot gefärbt; nur langsam, bis alle Karminpartikelchen ausgestoßen sind, geht die
Entfärbung vor sich.

Ein ganz merkwürdiges, fremdes Element in den Schwämmen — sowohl den
marinen als auch den Süßwasserschwämmen — sind eigenartige, winzig kleine,
grüne Körner, die mit der Wasserströmung in den Schwammkörper eingeführt
werden und ihnen ihre gelbe, im Süßwasser überwiegend grüne Farbe verleihen.
Es gibt über diesen Gegenstand eine ziemlich umfangreiche Literatur; mannig-
fach sind die Auslegungen, die man versucht hat, namentlich mit Bezug auf das
gegenseitige Verhalten dieser grünen Körner zu den Schwämmen. Man fand
diese grünen Körner stets in Zellen des Schwammes eingelagert, immer in amöboiden Zellen und besonders in einer bestimmten Art von diesen. Chlorophyll
in tierischen Zellen ist jedoch ein unbekanntes Phänomen; den tierischen Zellen
kommen ja, im Gegensatz zu den pflanzlichen, keine Chlorophyllkörner zu. Eine
nähere Untersuchung erwies denn auch, daß diese sog. grünen Körner tatsächlich
Algen sind und vorwiegend zu der sehr großen Gruppe gehören, die man als
Chlorellen zu bezeichnen pflegt. Neuere Untersuchungen (VAN TRIGT 1919) ergaben, daß es sich um Pleurococcaceen handelt. Diese Algen scheinen sich in den

Schwämmen anzusiedeln; lange glaubte man, daß zwischen Alge und Schwamm ein Gegenseitigkeitsverhältnis von vollständig „freundschaftlicher" Form (Symbiose) bestünde: Beide Partner sollten auf ein Zusammenleben eingestellt sein. Die grünen Pflanzen sollten von der geschützten Aufenthaltsgelegenheit profitieren und gleichzeitig vom tierischen Organismus verschiedene notwendige Salze und Kohlensäure erhalten; umgekehrt sollte der Schwamm aus der Kohlensäureassimilation der Algen Nutzen ziehen, durch die Sauerstoff freigesetzt wird. Neuere Untersuchungen (VAN TRIGT) scheinen all dies nicht ganz zu bestätigen. Man meint nun, daß der Schwamm den weit überwiegenden Anteil am Nutzen hat; auf jeden Fall steht fest, daß eine große Menge Algen zugrunde geht; sie werden einfach von den amöboiden Zellen verdaut. Anderseits besteht kein Zweifel, daß sie lange im Schwamm gedeihen können und nur verdaut werden, wenn ihrer allzu viele vorhanden sind. Man sollte ja glauben, daß sie als Stärkeproduzenten ein sehr wertvolles Ernährungsmaterial für den Schwamm darstellen. Das ist wohl möglich, aber auf jeden Fall ist es Tatsache, daß sie für den Schwamm nicht unentbehrlich sind; das ist experimentell nachgewiesen. Wie bekannt, haben die grünen Pflanzen zum Zwecke der Kohlensäureassimilation Licht nötig; da die Anwesenheit der Algen die Farbe des Schwammes bedingt, sieht man oft, daß die Schwämme auf der dem Licht zugewendeten Seite grün sind, auf der dem Licht abgewendeten gelb. Schon in den Entwicklungsstadien, welcher Art immer sie sein mögen, findet man sie. Sie wandern nämlich mit den Amöbocyten in die jungen Larven und die Dauerstadien ein; wenn der junge Schwamm sein festsitzendes Leben beginnt, führt er schon Algen in sich. Es ist eine sehr merkwürdige Erscheinung, daß von den zahlreichen Planctonalgen sich in der Regel nur eine ganz bestimmte Gruppe in den Schwämmen

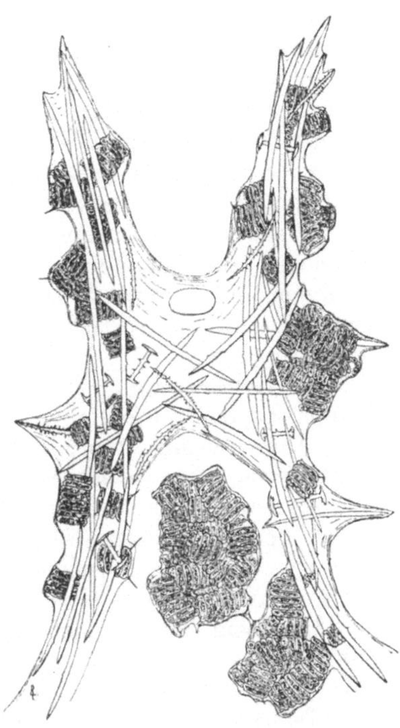

Abb. 17. *Carterius Stepanowi* (DYB.).
Weichteile mit Spiculen und eingelagerte Algen, *Scenedesmus quadricauda* BRÉB. Deutschland. (LAUTERBORN 1902.)

ansiedelt, und noch merkwürdiger ist es, daß bestimmte Arten von Schwämmen nur ganz bestimmte Arten von Algen aufzunehmen scheinen. So ist, wie es scheint, in *Carterius Stepanowi* LAUTERB. ausschließlich nur *Scenedesmus* zu finden, wieder ein Verhalten, das wir außerstande sind, zu erklären (Abb. 17).

Das Wasser verläßt den Schwamm nicht nur in filtriertem Zustande; auch vom chemischen Standpunkt aus ist es verändert. Wie das vor sich geht, wissen wir nicht, aber es besteht doch kein Zweifel, daß während der Passage durch den Schwamm eine Entkieselung stattfindet. In den spiculabildenden Amöbocyten wird um den aus organischem Material bestehenden Achsenfaden Lamelle um Lamelle von amorpher Kieselsäure abgelagert, jeweils abwechselnd mit Sponginsubstanz. Querschnitte durch die Nadeln zeigen das ganz deutlich.

Das durchströmende Wasser dient also nicht allein der Ernährung des Schwammkörpers, es wird auch zum Aufbau desselben benutzt. Doch dient dieses Wasser gleichzeitig noch einer dritten Funktion, über welchen Vorgang wir aber keine genauere Kenntnis haben; es dient auch der Respiration. Wir wissen nur, daß die Schwämme zu ihrem Gedeihen auf jeden Fall einigermaßen frisches, reines Wasser nötig haben. Nur wenige Formen kommen in verunreinigtem Wasser vor; wenn sie so schwer in Aquarien zu halten sind, dürfte daran zum großen Teil der Umstand schuld sein, daß wir ihnen keine hinreichend guten Respirationsverhältnisse bieten können. Sie können in unseren größeren Seen ganz große, zusammenhängende Überzüge bilden, die den Fischern wohlbekannt sind; man sieht oft, daß sie gegen Ausgang des Sommers die Steine der Quellen und Bäche mit einer dicken Lage bedecken und in unseren reinen, klaren, humussäurereichen, braunen Moorwässern bilden sie einen dichten Überzug auf den Zweigen usw.; sie sind im großen und ganzen recht indifferent gegen größere Schwankungen der Temperatur, des Kalkgehaltes, Säuregehaltes u. ä.; nur in schmutzigem, an organischen Substanzen reichem Wasser findet man sie nicht; das ist offenbar auch der Grund, warum sie im Süßwasser regelmäßig Schlammboden scheuen; findet man sie doch da, so ist die im Schlamm sitzende Partie tot.

Im Gegensatz zu den Bryozoen, die ja auch festsitzende Tiere sind und oft zusammen mit ihnen vorkommen, findet man sie vorzugsweise auf totem Material, auf Schalen abgestorbener Muscheln eher auf als solchen lebender, selten auf Schnecken; sie überwachsen hier und da Bryozoen, die auf den gleichen Ästen wie sie sitzen, und zwingen diese zu stärkerem Wachstum. Die Äste werden von der grünen Schwammasse zusammengehalten und nur die Lophophore ragen aus ihr heraus.

Wie schon erwähnt, sind die Süßwasserschwämme, wie überhaupt die ganze Gruppe, zu der sie gehören, soviel man weiß, überwiegend getrenntgeschlechtlich. Die Geschlechtsprodukte entstehen aus undifferenzierten, amöboiden Amöbocyten, aber sie gleichen sonst vollkommen den Eiern und Samenzellen, wie man sie bei anderen vielzelligen Tieren findet.

Aus dem Ei geht eine kleine, flimmernde Larve hervor (Abb. 18 bis 20) (MAAS 1890, EVANS 1898); sie ist eiförmig und hat eine äußere Bedeckung von Flimmerzellen. Innen befindet sich ein Hohlraum, der mit flachen Zellen ausgekleidet ist. An einem Ende findet sich eine Anhäufung von Amöbocyten, aus denen später Kragengeißelzellen, Nadeln, Epithelzellen usw. hervorgehen. Hält man sich im Frühsommer in Aquarien Schwammkolonien, so wird man gewöhnlich eines Tages zahlreiche kleine, schwebende, langsam rotierende Kugeln entdecken, die im Wasser herumtreiben. Sie sind außerordentlich lichtscheu, entfernen sich nicht weit von den Kolonien, bilden kein Plancton und haben nur eine sehr kurze Lebensdauer von kaum über 12 Stunden. Sie treten vorzugsweise im Sommerhalbjahr auf. Sie schwimmen in Schraubenlinien herum, stets die hellere Partie (den Hohlraum) nach vorne gewendet. Bald setzen sie sich fest und breiten sich plattenförmig aus. Aus solchen Larven entstehen im Verlaufe des Sommers zahlreiche, winzig kleine Kolonien. Untersucht man von der Sonnwendzeit ab bis gegen den Herbst hin die Unterseite von Seerosenblättern, so kann man auf jedem Blatt oft bis zu 50 kleine, knapp 1 cm² große Schwammkolonien finden; andere sitzen tiefer an den Stengeln. Erst zur Sonnwendzeit zeigen sie sich; es kann kein Zweifel darüber bestehen, daß sie von Larven stammen, die sich hier festgesetzt haben.

Die freischwimmende Larve hat ein von Cilien bedecktes „Ectoderm". Wenn die Festheftung erfolgt ist, geht das Cilienkleid verloren und die Ectodermzellen wandern ins Innere ein, wo sie von den Amöbocyten aufgenommen werden; diese verdauen sie aber nicht, sondern geben sie wieder ab, indem sie sie am richtigen Ort ablagern (BRÖNDSTED). Da die Amöbocyten „entodermalen" Ursprungs sind, kann man sagen, daß der junge Schwamm im wesentlichen aus „Entoderm" aufgebaut wird (NÖLDEKE 1894).

Indem die Larve sich abflacht (Abb. 20), entstehen aus den Amöbocyten als dem Bildungsmaterial die verschiedenen Zellelemente. Die Kragengeißelzellen ordnen sich zu den Geißelkammern; sie sind übrigens schon in den freischwimmenden Larven nachgewiesen worden; sehr bald erweist sich die Oberfläche als stachelig, ein Zeichen dafür, daß die Skeletbildung in vollem Gang ist. Gleichzeitig entstehen zahlreiche kleine Poren und kurz nachher, in der Regel in der

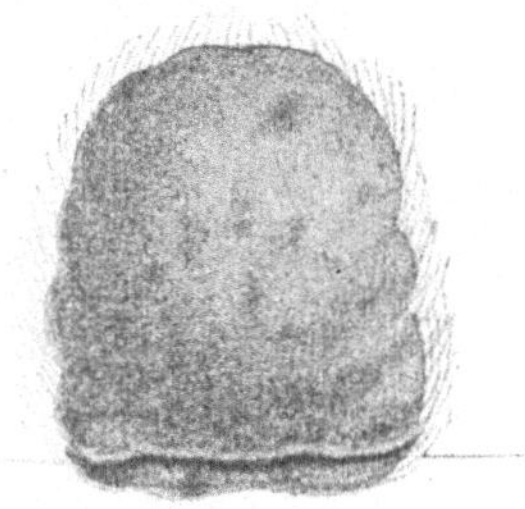

Abb. 18.

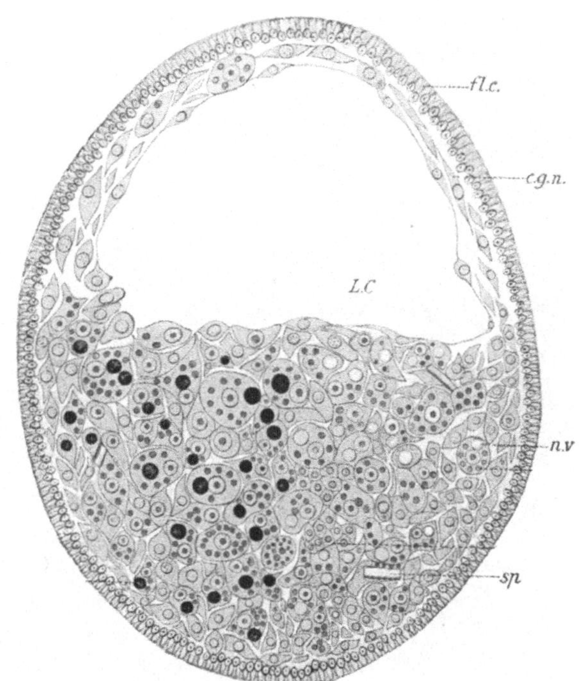

Abb. 18. Eine *Spongilla*-Larve, die sich soeben festgesetzt hat, noch bewimpert. 100×, (MAAS 1890.)

Abb. 19. Längsschnitt durch eine Larve. *fl.c.* Epithel, das Cilien trägt; *c.g.n.* Schicht von Amöbocyten; *L.C* Furchungshöhle; *sp* Spicula; *n.v* Nahrungsvakuole. 350×. (EVANS 1898.)

Abb. 20. Larve, die sich festgesetzt, das Cilienkleid verloren und sich nun abgeflacht hat. *ep* Dermalschicht; *am′* Amöbocyten. Einige haben sich zur Bildung einer Geißelkammer *gk* zusammengeschlossen. In der Grundsubstanz zahlreiche Spicula. 100×. (NÖLDEKE 1894.)

Abb. 19.

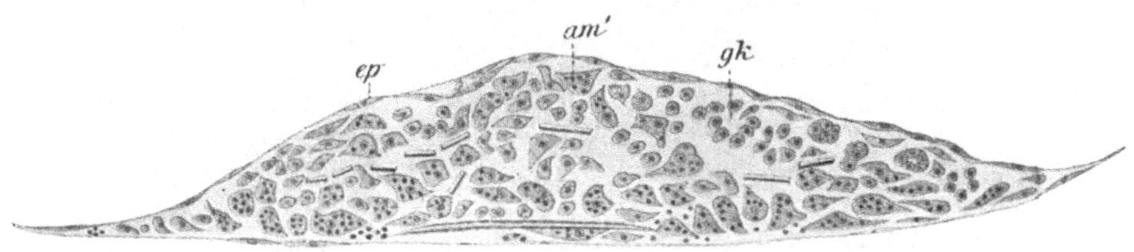

Abb. 20.

Mitte, ein einem Schornstein gleichendes Osculum; zur gleichen Zeit kann man dann gewöhnlich auch schon die Hautschicht sehen, die von Nadeln gestützt wird und den darunterliegenden Subdermalraum begrenzt.

Vom Osculum gehen zumeist strahlenförmig angeordnete Furchen aus, die bis zum Rande der Scheibe reichen.

Auf jeden Fall in unseren Klimaverhältnissen und weiter nach Norden zu dürfte die Vermehrung durch Ei und Samenzelle eine recht untergeordnete Rolle spielen; die Produktion von Eiern und Samenzellen ist wahrscheinlich reichlich genug, aber es ist doch recht fraglich, ob die Lebenstüchtigkeit jener Kolonien, welche aus Larven, die sich festsetzen, entstanden sind, besonders groß ist. Es dürfte auf alle Fälle sicher sein, daß alle jene Kolonien, die sich auf Pflanzenteilen festheften, die, wenn der Herbst kommt, abfaulen, sterben müssen; im Oktober findet man sie mit Diatomeen überwachsen; wenn die Kolonien abfallen, erscheinen im Algenbelag auf der Blattunterseite, dort, wo die Kolonien gewesen sind, helle Flecke; zu Beginn des Winters haben nur recht wenige eine Größe von ein paar Quadratzentimetern erreicht, die, soweit ich es beobachten konnte, in der Regel nicht die Kraft zur Ausbildung von Dauerstadien besitzen. Andere Beobachter haben Dauerstadien andernorts wohl gefunden, aber für diesen Fall nur in recht geringer Anzahl, nur 1 bis 3 (WELTNER).

Aber unsere Süßwasserschwämme verfügen noch über andere Arten der Fortpflanzung wie nur die geschlechtliche. Im Gegensatz zu den Meeresschwämmen leben die Süßwasserformen in einem Milieu, das in gewisser Hinsicht überaus unbeständig ist. In Trockenperioden kann das Wasser vollständig verschwinden; in solchen Fällen werden die Kolonien oft gänzlich trockengelegt; im Winter kann es ihnen passieren, daß sie im Eis einfrieren; in beiden Fällen würde ein Absterben die sichere Folge sein, wenn die Kolonien nicht über besondere Schutzeinrichtungen verfügten. Gegen den Herbst zu sieht man

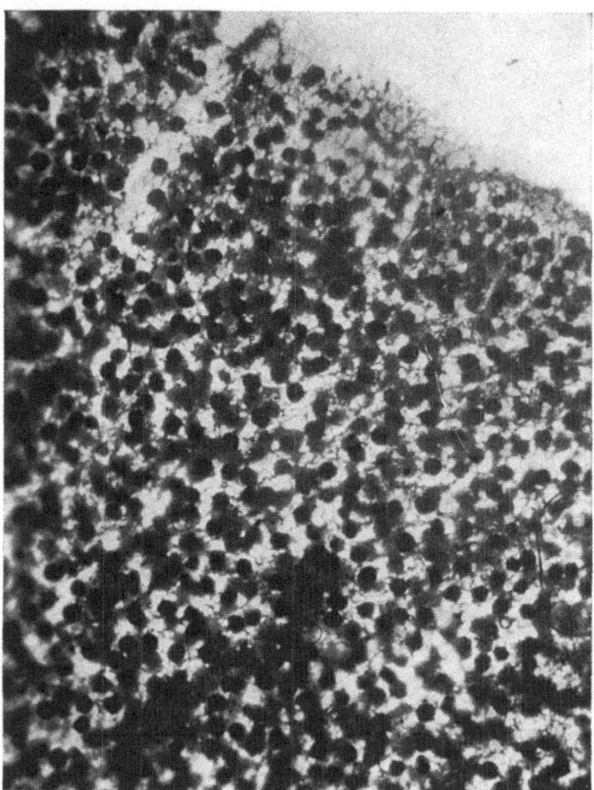

Abb. 21. *Euspongilla lacustris* (L.) Winterstadium. Teil eines plattenförmigen Belages auf einem Balken; alle Zweige sind abgefallen. Man sieht das Skelet und die vielen Tausende von Gemmulae, in welche sich alle Weichteile zurückgezogen haben. W.-L. (BERG phot.)

in der Regel, daß die in mancher Hinsicht recht komplizierten Strukturen der Schwämme abgebaut werden. Die Oscula schließen sich, die Geißelkammern und die Kragengeißelzellen verschwinden; die Skeletmasse tritt immer mehr hervor. Die einzigen zurückbleibenden Zellelemente sind die Amöbocyten, die ins Innere des Schwammkörpers wandern und sich hier zu winzig kleinen Kugeln zusammenschließen (Abb. 21); besondere Amöbocyten, die sog. Trophocyten, schaffen Nahrungsmaterial herbei und wandern wieder weg. Außen um die kugelförmige Ansammlung von amöboiden Zellen entsteht eine Schale von oft recht kompliziertem Bau, die innerste Schicht ist eine Haut, die als innere Kutikularmembran bezeichnet wird. Eine dritte Art von Zellen, nadelbildende Amöbocyten, versehen die Hautschicht nun mit zahlreichen Nadeln; diese Nadeln haben bei den verschiedenen Arten ein sehr verschiedenes Aussehen; man bezeichnet sie mit besonderen Namen: Belagnadeln, Amphidisken, Doppelanker. Außerhalb dieser

Lage kann noch eine dritte Schicht gebildet werden, eine äußere Kutikula. Als Resultat entsteht so eine durch Nadeln verstärkte Membran, welche oft mit Luftkammern versehen ist und welche ein dichtes Paket von lebenstüchtigen, amöboiden Zellen umschließt, aus welchen, wenn wieder günstige Vegetationsbedingungen eintreten, neue Schwammkörper entstehen werden. Diese Überwinterungsorgane, die sog. Gemmulae, sind überaus charakteristisch für die Süßwasserschwämme, fehlen aber doch auch bei den marinen Schwämmen nicht ganz, besonders nicht bei solchen Formen, die in sehr seichtem Wasser leben.

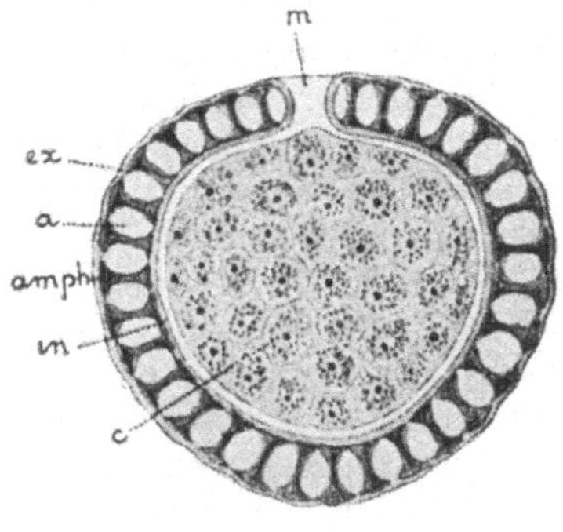

Abb. 22.

Abb. 23.

Abb. 24.

Abb. 22. Schnitt durch eine Gemmula (*Ephydatia fluviatilis* L.). *m* Porus; *ex* äußere Schicht; *a* Schicht der Luftkammern; *amph* Amphidiscen; *in* innere Kapsel; *c* die dicht gedrängt liegenden Amöbocyten. (VEJDOVSKY 1883.)

Abb. 23. *Carterius Stepanowi* (DYB.). Porusregion einer Gemmula mit der Scheibe, die in Lappen ausläuft. Amphidisken. (WELTNER 1909.)

Abb. 24. *Spongilla fragilis* LEIDY. Gemmulagruppe in ihrer Kammer. Man beachte die hohen Porusröhren. (VEJDOVSKY 1884.)

Abb. 25. Keimende Gemmulae. Die Amöbocyten sind im Begriff, aus den Gemmulae auszukriechen (die grauen Partien). 12×. (MORGAN 1929.)

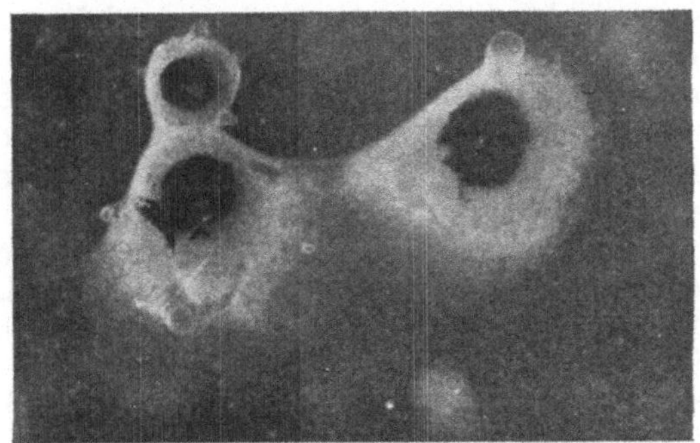

Abb. 25.

Betrachtet man im Oktober-November die Spongillenkrusten an Zweigen, Steinen u. dgl. näher, so findet man eine Skeletmasse mit ungeheuren Mengen dieser kleinen, kugelförmigen, in der Regel gelblichen Gebilde. Die lebende Zellmasse des ganzen Schwammes ist zu solchen Gebilden zusammengeschrumpft, die die Größe eines Senfkornes besitzen; sie liegen eingebettet in den Hohlräumen zwischen den aus Nadeln bestehenden Skeletteilen. Die im Sommer ausgebildeten fingerförmigen Fortsätze werden zu Beginn des Winters gewöhnlich abgeworfen; zurück bleiben nur die Krusten, die mit zahllosen Gemmulae überfüllt sind. Untersucht man diese genauer, so entdeckt man auf ihrer Oberfläche eine kleine Öffnung, die bei einigen Arten schornsteinförmig emporgehoben liegt. Von der dicken Schale eingeschlossen, leben nun die Amöbocyten ein latentes Leben. Bevor sie ganz in Ruhe übergehen, werden sie zumeist zweikernig; schon im April beginnen sie sich wieder auszudifferenzieren. Innerhalb der Gemmulae entstehen Nadeln, ja sogar Geißelkammern; durch die früher erwähnte Öffnung wandern sie dann bei geeigneter Temperatur, gewöhnlich einzeln, Zelle für Zelle, wieder aus (Abb. 25). Die Schalen der Gemmulae werden leer, das alte Skeletgerüst, in dem die Gemmulae eingebettet lagen, wird, indem der Inhalt der zahlreichen Gemmulae sich miteinander verbindet, wieder mit lebenstüchtigem Zellmaterial überdeckt, das nun den neuen Schwamm aufbaut. Jahr für Jahr können so an den gleichen Stellen die Schwämme entstehen, aber wohlgemerkt, nur wenn eine Anzahl von Gemmulae zurückgeblieben war. Sehr oft werden die alten Schwammkörper durch Wellen und Eis in Stücke zerrissen, Insekten nagen daran und tragen zu ihrer Auflösung bei; solche Trümmer und Stücke, reich beladen mit Gemmulae, können weit verschleppt werden und begründen neue Wachstumsplätze.

Außer den beiden Fortpflanzungsformen durch Larven und Gemmulation kann noch eine dritte Art der Fortpflanzung bestehen. Diese ist besonders häufig bei gewissen Formen, die zu der rein marinen Ordnung der *Tetraxonida* gehören. Sie geht in der Weise vor sich, daß gewisse Teile aus den äußeren Partien des Schwammkörpers sich längs der Nadelbündel nach außen schieben, mittels eines Stieles eine Zeitlang am Mutterschwamm festsitzen, um zuletzt abzufallen und dann ein selbständiges Dasein zu beginnen (SELENKA 1879). Diese Fortpflanzungsweise ist hier erwähnt worden, weil ein einziger Süßwasserschwamm, die indische *Spongilla proliferens* ANN. (ANNANDALE 1907), sich auf ähnliche Weise fortpflanzt. Die abgetrennten Knospen sollen sich teils schwebend erhalten können (infolge der Sauerstoffproduktion der Grünalgen im Sonnenlicht), teils gleich zu Boden sinken. Das Leben des Schwammes soll nur von sehr kurzer Dauer sein, nur einige wenige Wochen währen. Es sei erwähnt, daß man übrigens auch bei den *europäischen* Süßwasserschwämmen nicht näher untersuchte Knospungsvorgänge nachgewiesen hat (LAWRENT 1841). — Doch nicht an allen Lokalitäten und unter allen Lebensverhältnissen bildet sich der Schwammkörper in Gemmulae und Skeletnadeln um. Unter gewissen Umständen, die wir im übrigen nicht ganz klar übersehen, die aber wohl zum Teil dadurch bedingt sind, daß die Schwämme an Örtlichkeiten leben, wo sie weder einem Einfrieren noch einem Austrocknen ausgesetzt sind, kommt es zu keiner Gemmulabildung; immerhin bewirken niedrigere Temperaturen, daß das aktive Leben eingestellt wird; die gleichen Erscheinungen wurden in Aquarien beobachtet, selbst im Sommer, wahrscheinlich, wenn Verhältnisse herrschen, die für das Gedeihen der Kolonien nicht günstig sind. Man bemerkt an solchen Formen, daß die Skeletbildung immer mehr und mehr hervortritt (MÜLLER 1911); alle Weichteile des Schwammes ziehen sich zurück ins Innere gegen die Anheftungsfläche; es kommt also zu einer starken Volumenverminderung; Schnitte zeigen, daß die Intercellularsubstanz im Schwammkörper sehr stark reduziert worden ist und daß die Zellelemente viel dichter aneinandergepreßt liegen, als es bei einem Schwamm der Fall ist, der in voller Kraft steht (Abb. 26). Die Anzahl der Geißelkammern wird immer stärker vermindert, die Kragengeißelzellen verlieren ihre Geißeln, die Oscularröhren verschwinden; es fließt keine Wasserströmung mehr durch den Schwamm; zum Schlusse findet man alle Weichteile zusammengepreßt in Form einer kompakten Zellmasse, die man als Reduktionskörper bezeichnet hat; diese sind von recht unregelmäßiger Form, rund, oval, oft etwas kantig, die Gewebspartien stützen sich auf das Skeletgerüst; sie sind von einer Hautschicht umgeben. Ein Schnitt durch sie zeigt nur geringe Reste des Kanalsystems, zahlreiche Nadeln, aber zumeist nur Reste von Nadeln; das Zellmaterial wird ganz überwiegend von Amöbocyten gebildet, die mit Nahrungsmaterial vollgepfropft sind; es finden sich noch Epithelzellen, aber die Kragengeißelzellen fehlen vollständig; man nimmt an, daß diese von den Amöbocyten einfach aufgezehrt worden sind.

Dieser Vorgang, der ursprünglich an Aquarienkolonien beobachtet worden ist, gleicht in vieler Hinsicht dem Gemmulationsprozeß, weicht aber in entscheidenden Punkten davon ab; das Endprodukt hat nicht die charakteristische Kugelform der Gemmulae, die einzelnen Kugeln sind von sehr verschiedener Größe; nicht der ganze Schwammkörper geht über in den Reduktionszustand; die Gebilde umgeben sich nicht mit einer Chitinmembran, die durch Ablagerung von Nadeln verstärkt wird. Es sind keine echten Dauerstadien, sie entstehen,

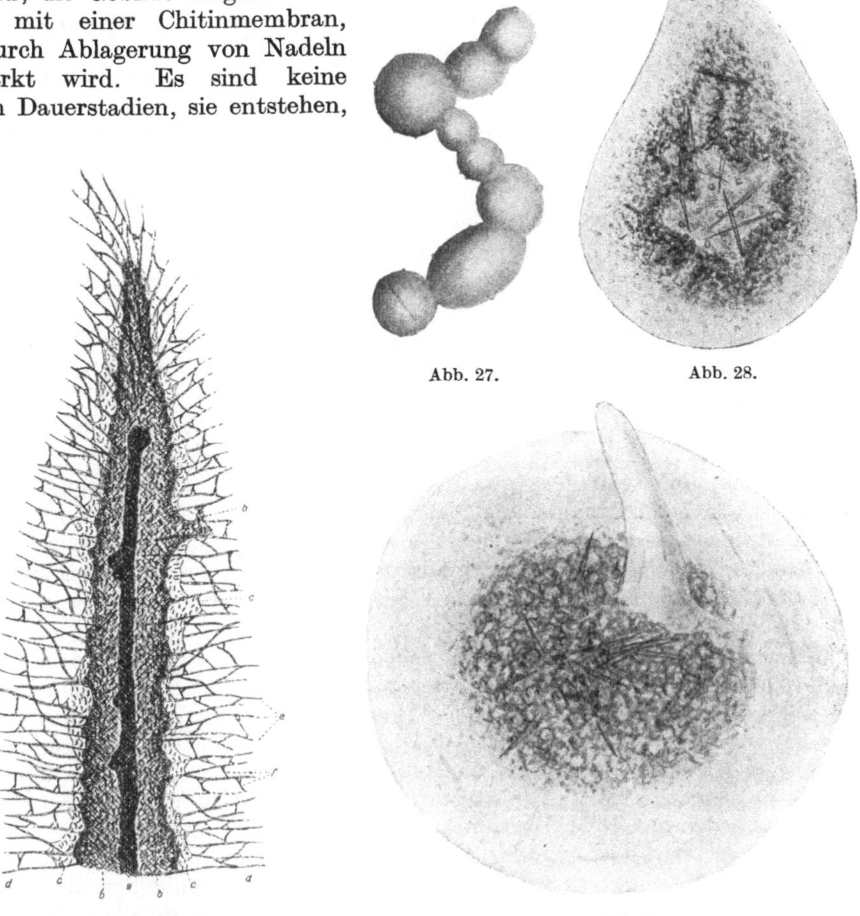

Abb. 27.   Abb. 28.

Abb. 26.   Abb. 29.

Abb. 26. *Euspongilla lacustris* (L.) in Reduktion. *a* Zweig, auf dem der Schwamm sitzt; *b* Weichteile, auf ungefähr $^1/_3$ reduziert; *c* Dermalschicht mit zahlreichen Mikroskleren; *d* das Skelet, das jetzt der Weichteile entblößt ist; *e* Hauptstränge von Kieselnadeln; *f* verbindende Querbalken. 8×.

Abb. 27. *Euspongilla lacustris* (L.) Kugelförmige Aggregate eines Schwammes, nachdem er durch Müllergaze gepreßt worden ist. 40×.

Abb. 28. Fünf Tage später. Eine Zellkugel ist im Begriff, sich abzuflachen und ein neues Individuum zu bilden. Die Zellmasse besitzt eine lichte Randzone; in der dunkleren, zentralen Partie ein Hohlraum, der von der Oberhaut bedeckt ist. Hier entsteht später das erste Osculum; von hier ausgehend hellere Streifen, die Kanalanlagen; Nadeln treten auf.

Abb. 29. Desgleichen am siebenten Tag. Es ist nun ein Oscularrohr gebildet worden, zahlreiche, verteilt liegende Nadeln. 105×.

Alle nach MÜLLER 1911.

wenn die Verhältnisse im allgemeinen schlecht werden; dauern derartige ungünstige Vegetationsbedingungen längere Zeit an, so degenerieren die Kolonien vollständig; kommen diese dagegen wieder unter günstige Verhältnisse, so regenerieren sie den Schwammkörper. Man hat endlich beobachtet, daß an

Örtlichkeiten, wo die Lebensbedingungen Sommer und Winter gleichmäßig verlaufen, keine Gemmulae gebildet werden und auch keine besonderen Reduktionserscheinungen auftreten. Etwas Ähnliches soll übrigens auch der Fall sein bei einem bei uns allgemein verbreiteten Schwamm, *Ephydatia fluviatilis* (L.), selbst bei niedrigem Wasser. Es sei hinzugefügt, daß ich bei den Exemplaren von *Spongilla fragilis* Leidy, die aus dem Furesee stammten und die ich in 9 bis 11 m tiefem Wasser gehalten habe, niemals Gemmulabildung beobachten konnte.

Aus obiger Darstellung ist zu erkennen, welche alles überragende Bedeutung sowohl in Hinsicht auf den Aufbau des normalen Schwammkörpers als auch bei der Gemmulation und den Reduktionsvorgängen jenes Zellelement besitzt, das wir mit einem gemeinsamen Namen als Amöbocyten bezeichnet haben. Ausgestattet mit amöboider Beweglichkeit, wandern sie dorthin, wo die Kolonie nach ihnen Bedarf hat, zerstören Zellelemente, deren Zeit abgelaufen ist oder die auf Grund des Wechsels der äußeren Umstände nicht länger zweckdienlich sind; sie propfen sich mit Nahrungsstoffen voll. Sie bilden sich, wenn die Zeit gekommen ist, zu neuen Elementen um, zu Dermalzellen, Kragengeißelzellen, verwandeln sich in Geschlechtszellen, in Skeletzellen, nehmen in der normal arbeitenden Kolonie die Nahrungsstoffe auf; sie bilden, kurz gesagt, das undifferenzierte Material der Kolonie, aus dem alle Zelltypen gebildet werden können und dem alle Lebensfunktionen anvertraut sind. Wir werden, wenn auch unter anderem Namen, dem gleichen Zelltypus bei anderen Tiergruppen begegnen. Das Merkwürdige ist, daß eine Kolonie oder Staatenbildung zustande kommen kann bei Organismen, denen durchaus jede Andeutung eines Nerven- und Muskelsystems fehlt und die doch einen Gemeinschaftskörper aufzubauen vermögen, in welchem eine durchaus gesetzgebundene Ordnung herrscht. Aber das Erstaunen, das uns unwillkürlich dafür ergreift, wird noch größer, wenn man folgendes erfährt:

Als junger Magister, zu einer Zeit, als ich an einer Preisaufgabe der Universität über Spongillen arbeitete, hatte ich eines Abends in einer Schale einen grünen Bodensatz zurückgelassen, der zirka $1/_2$ cm hoch den ganzen Boden der Schale bedeckte. Er rührte von Spongillen her, die ich geteilt hatte, um Gemmulae zu suchen. Als ich am nächsten Morgen die Schale reinigen wollte, sah ich zu meinem großen Erstaunen, daß dieser gleichmäßige Bodenbelag sich zu Kugeln von sehr verschiedener Größe zusammengezogen hatte, einige so groß wie eine Erbse, andere nicht viel größer als Gemmulae. Betrachtete man diese Gebilde unter dem Mikroskop, so zeigte es sich, daß sie fast ausschließlich aus Wanderzellen bestanden, nur wenige Nadeln und wenige Kragengeißelzellen waren darunter. Die Erscheinung verwunderte mich höchlich, aber sie wurde nicht weiter verfolgt.

Im Jahre 1911 erschienen nun K. Müllers schöne Untersuchungen über Regenerations- und Reduktionserscheinungen bei den Schwämmen (Abb. 27 bis 29). Er hatte ganz die gleiche Beobachtung gemacht wie ich; sie war übrigens schon vier Jahre früher von Wilson (1907) angestellt worden, aber Müller führte nun die Beobachtung weiter. Er nahm Schwammstücke und preßte sie durch feine Gaze, d. h. er löste so den Schwammkörper in seine Zellelemente auf; die einzelnen Zellen waren vollständig voneinander getrennt. Das Resultat war ganz dasselbe. Die Amöbocyten krochen zusammen und bildeten kleine geschlossene Zellaggregate. Darüber hinaus zeigte es sich, daß solche kleine Zellanhäufungen nach Verlauf von drei Stunden sich in flache, unregelmäßige Gebilde ausbreiteten, die außen heller und innen dunkler waren. Am fünften Tage entstanden in den mittleren Partien teils Nadeln, teils hellere Stränge, die den ersten Beginn von sich bildenden Kanälen darstellen; am siebenten Tage wurde

ein großes, röhrenförmiges Osculum gebildet und am zwölften Tage hatte das
Gebilde die Form eines normalen jungen Schwammes angenommen mit regelmäßig angeordneten Zellen. Die Zellansammlungen bestanden anfänglich nur
aus Amöbocyten und Dermalzellen; die ersteren bauten den Schwammkörper auf.
Es ist einleuchtend, daß diese Beobachtungen, als sie bekannt wurden, großes
Aufsehen weckten. Es erscheint auch ganz unfaßbar, daß man einen Organismus
vollständig in seine Zellelemente auflösen kann, und daß sich diese Zellen dann
wieder zusammenschließen und ein neues Individuum bilden. Die Möglichkeit
dazu ist ja auch nur dadurch gegeben, daß der Schwamm in seinen Amöbocyten
ein Zellmaterial besitzt, dem erstens Beweglichkeit zukommt und das überdies

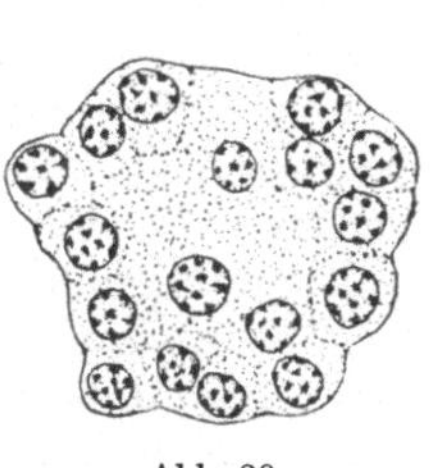

Abb. 30.

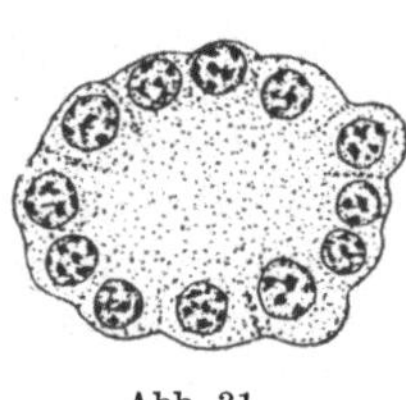

Abb. 31.

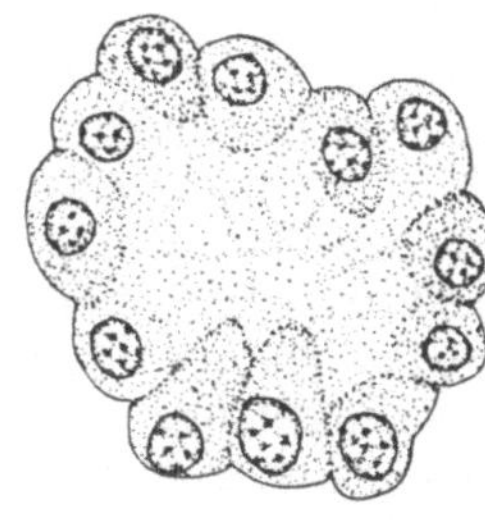

Abb. 32.

Abb. 30 bis 33 zeigt die Bildungsweise der Geißelkammer.
Abb. 30. Eine vielkernige Zelle mit unregelmäßig gelagerten Kernen.
Abb. 31. Die Kerne sind an die Peripherie hinausgerückt.
Abb. 32. Um die peripher gelagerten Kerne beginnen sich Zellen
abzugrenzen.
Abb. 33. Die Zellen haben sich schärfer abgegrenzt und konturiert
und bilden sich in Kragengeißelzellen um. Einzelne Geißeln sind
sichtbar, Plasmakrägen haben sich noch keine gebildet.
Alle nach MÜLLER 1911.

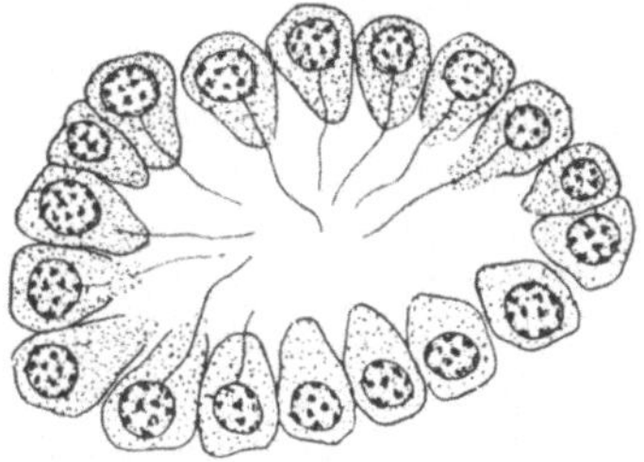

Abb. 33.

imstande ist, in all die verschiedenen differenzierten Zelltypen sich umzuwandeln,
aus dem der Schwammkörper besteht.

MÜLLERs Untersuchungen wurden dann von GALTSOFF (1925) weiter fortgesetzt. Er wies, gleich MÜLLER, u. a. nach, daß die Amöbocyten, wenn sie dis-
soziiert worden sind, wegkriechen und zusammen mit anderen wandern, denen
sie zufällig auf ihrem Wege begegnet sind; sie legen einen Weg von ungefähr
$^1/_2$ bis $3^1/_2$ μ im Verlaufe einer Minute zurück.

GALTSOFF wies nach, daß schon am fünften Tage in einem solchen Aggregat
Geißelkammern, Kanäle und Spiculen gebildet werden (Abb. 30 bis 33). Eine
Regeneration erfordert, wenn sie glücken soll, nicht gerade wenige Zellen, an
die 2000. Sind nur 400 bis 500 da, glückt sie nicht. Die Aggregate kommen so
zustande, daß Zellen, die von gleicher Beschaffenheit sind, wenn sie einander
begegnen, beisammenbleiben und zusammen die einzelnen Bestandteile des
Schwammes bilden.

Die Amöbocyten wandeln sich hierauf unter Aufbau des Schwammkörpers,
ganz so wie im großen, voll entwickelten Schwamm, in die einzelnen Zelltypen
um, die recht leicht voneinander unterschieden werden können; die einen bilden
Nadeln, die anderen Eier oder Samen, wieder andere sorgen für die Ernährung usw.
Diese Typen haben die verschiedenen Namen erhalten, aber der Ursprung ist
bei allen gleich: es ist die kriechende, amöboide Zelle.

2*

Man könnte sich nun denken, daß, vermengte man dissoziierte Zellen zweier verschiedener Schwammarten miteinander, in einem solchen Falle vielleicht auch ein neuartiger Schwammkörper aufgebaut werden würde. Dies ist jedoch nicht der Fall; treffen die amöboiden Zellen zweier Schwammarten zusammen, so bleiben die Zellen der beiden Arten getrennt und jede Zellart für sich bildet Aggregate ihrer Art.

Die Schwämme sind außerordentlich festsitzende Lebewesen, nur im Larvenstadium besitzen sie aktive Beweglichkeit, aber namentlich bei den Süßwasserschwämmen ist die Lebensdauer der Larven sehr kurz. Im Gemmulastadium können die Schwämme durch Wind und Wellen passiv vertragen werden; es ist dasjenige Stadium, in dem die Ausbreitung hauptsächlich vor sich geht; doch nicht nur als einzelne Gemmulae, sondern auch als losgerissene Schwammstücke, die massenhaft Gemmulae enthalten.

Es ist recht schwer, das Alter eines Süßwasserschwammes anzugeben. Rechnet man es von dem Zeitpunkt, da die Gemmulae zu keimen beginnen, und bis zur vollen Entfaltung aller Weichteile im Herbst, so kann die normale Lebensdauer mit ungefähr sieben Monaten angenommen werden. Aber in den wenigen Fällen, in denen es gelang, einen Schwamm für längere Zeit in einem Aquarium am Leben zu erhalten, gediehen sie durch eineinhalb bis zwei Jahre ohne Gemmulabildung; die Lebensdauer der großen Meeresschwämme ist sehr viel länger, mindestens etwa 50 Jahre; mit Recht wurde darauf aufmerksam gemacht, daß das Fehlen von Nervenzellen, jenes Zellelements, dessen Verfall vor allem einen Schwächezustand mit nachfolgendem Tode herbeiführt, zu einer verlängerten Lebensdauer beitragen kann. Die Gemmulae erhalten sich jedenfalls durch zwei Jahre lebensfähig; Keimungsversuche, die mit Gemmulae angestellt wurden, welche durch 30 Jahre gelegen waren, ergaben ein negatives Resultat. Verhält es sich aber so, daß die Gemmulae in den alten Nadelskeleten liegen bleiben und, wenn das Frühjahr kommt, darin zu keimen beginnen, was Jahr für Jahr geschieht, und trägt ferner ein und derselbe Stein jeden Winter nur Kieselskelet und Gemmulae, überzieht sich aber das gleiche Skelet jedes Frühjahr wieder mit neuen, aus den Amöbocyten gebildeten Weichteilen, so muß man sich die Frage stellen, ob man dann hier nicht von perennierenden Arten sprechen kann, Arten jedenfalls mit sehr langer Lebensdauer. Der Vorgang, der sich hier abspielt, erinnert ja tatsächlich im großen und ganzen an die perennierenden Pflanzen, die auch im Winter nur mit ihrem Skeletgerüst dastehen, welches im Innern die Elemente birgt, die dem Baum das nächste Jahr eine neue Krone verleihen werden. Der Prozentsatz der Keimung bei dem Einfrieren ausgesetzt gewesenen Gemmulae ist geringer, falls der Keimungsvorgang vor dem Einfrieren begonnen hat (BRÖNDSTED 1936).

Bei uns ist es vor allem der Winter, der die Süßwasserschwämme bedroht. Schwämme, die nahe der Oberfläche oder nur ein paar Meter darunter sich befinden, werden bei Eintritt des Winters fast immer mit der Gemmulation beginnen; in nicht gerade seltenen Fällen ist sie übrigens schon im Sommer beobachtet worden. Im Gemmulastadium ertragen es jedenfalls gewisse Schwämme, daß sie im Eis einfrieren. Die Gemmulae von *Euspongilla lacustris* (L.) ertragen es z. B. durch ungefähr zwei Monate und dessen ungeachtet keimen sie alle.

In den Tropen ist es besonders die Trockenheit mit ihrer enormen Dürre, der sengenden Sonne und dem austrocknenden Wasser, welche dem aktiven Leben der Schwämme Einhalt gebietet. Manchenorts ist dieses tatsächlich außerordentlich kurz und die Ruheperiode überwiegt weitaus. Man hat das z. B. von gewissen südamerikanischen Süßwasserschwämmen berichtet (*Parmula Browni* BWK.) (ARNDT 1930), großen Wesen mit einem Durchmesser von zirka 13 cm, die außerordentlich stachelig sind; man findet sie zahlreich auf Zweigen, die über die Flußbette herüberhängen. Sie werden an Örtlichkeiten angetroffen, wo die Schwämme normalerweise nur einmal im Jahre, in der Regenzeit, wenn die Flüsse steigen, unter Wasser kommen und wo dann das Leben unter Wasser doch nur einige wenige Wochen andauert. Schneidet man sie entzwei, so findet man Gemmulae in ungeheuren Mengen, und zwar in eigenartigen Gürteln angeordnet. Bei größeren Exemplaren findet man zwei Gemmulagürtel, was die Annahme nahelegt, daß die Schwämme mehrere Regenzeiten überlebt haben; diese großen, braunschwarzen Knollen, die wie Birnen von den Zweigen herabhängen, können eine Unterlage abgeben für Wespen, die auf ihnen ihre Lehmnester errichten (Abb. 34). Wenn ein Leben unter solchen Verhältnissen möglich ist, ist das nur dem Umstande zuzuschreiben, daß das Wachstum in den Tropen in der Regenzeit überaus rasch vor sich geht. In Bombay hat man z. B. Spongillen beobachtet, die im Laufe von drei Monaten einen Durchmesserzuwachs von über 7 cm erreichten (ARNDT 1930).

Von Schwämmen aus dem Kongo (*Potamolepis*-Arten; ARNDT 1928) wird berichtet, daß sie in der Trockenzeit normal durch dreieinhalb Monate im Latenzstadium sich befinden; von verschiedenen Stellen aus Amerika, daß das Gemmulastadium acht bis zehn Monate dauert. Nicht selten sieht man — namentlich in Aquarien, aber auch draußen in der Natur —, daß Schwämme ohne Gemmulabildung absterben. Ein sicheres Zeichen, daß ein Schwamm nahe dem Absterben sich befindet, ist es, wenn die Wasserströmung durch den Schwamm aufhört. Die Kragengeißelzellen fungieren dann nicht mehr; die Oscularröhren werden eingezogen und die Öffnungen geschlossen. Zumeist stirbt nicht der ganze Schwamm auf einmal ab, häufig nur Stücke davon, die als braune oder schwarze Partien scharf gegen die gelbliche oder hellere Färbung der übrigen Teile abstechen. Die absterbenden Partien liegen gewöhnlich der Unterlage am nächsten; es kommt dann vor, daß der Schwamm sich loslöst und abfällt, mit noch lebenden grünen Partien in der sonst toten Masse. Was in hohem Grade zum Verfall der Schwämme beiträgt, ist die große Anzahl verschiedenartiger Lebewesen, die sich in und auf ihnen aufhält. In unserem Klima dürften gewisse Köcherfliegenlarven zu den schädlichsten gehören. Namentlich eine Art, *Leptocerus fulvus* (Abb. 35), die eine eigentümlich braune, schwach gewölbte, aber recht breite Röhre besitzt, ist einer der gefährlichsten Feinde der Spongillen. An den Ufern unserer größeren Seen haust sie normalerweise in allen Spongillenklumpen und sie scheint fast ausschließlich hier vorzukommen. Sie frißt breite Gänge in das weiche Gewebe und bohrt sich nicht selten in diese ein; auch andere Köcherfliegenlarven, sowohl derjenigen Gruppe, die in Gehäusen leben, als auch solche, die ein loses Gespinst bilden, sind hier zu nennen. Während Bryozoenklumpen sehr oft in allen Richtungen durchsetzt sind von Chironomidengängen mit lebenden Chironomiden, trifft man Chironomiden wenigstens bei uns nur ausnahmsweise in Spongillen, es handelt sich dann vorwiegend nur um *Tanypus*. Dagegen enthalten die Schwämme, namentlich oberflächlich, verschiedene Süßwasseroligochäten in ungeheuren Mengen. Sie können in so großer Zahl zugegen sein, daß die ganze Oberfläche zu leben scheint. Es handelt sich dabei in erster Linie um Arten der Gattung *Nais*; ARNDT teilt mit, daß er auf 5 g Trockengewicht einer *Spongilla carteri* BOWERBANK vom Plattensee über 2000 Stück (*Stylaria lacustris*) fand. Untersucht man weiterhin das Bodenmaterial unter einer *Spongilla*, so kann man oft große Mengen von Rädertieren finden (*Philodinidae, Brachionus* u. a.), ferner *Entomostraca*, in erster Linie Harpacticiden, aber auch Ostrakoden, besonders der Gattung *Candona*; die letzteren zumeist im Stadium des Absterbens der Spongillen. Überdies findet sich auf den Spongillenkolonien eine reichliche, wenn auch noch wenig untersuchte Fauna von

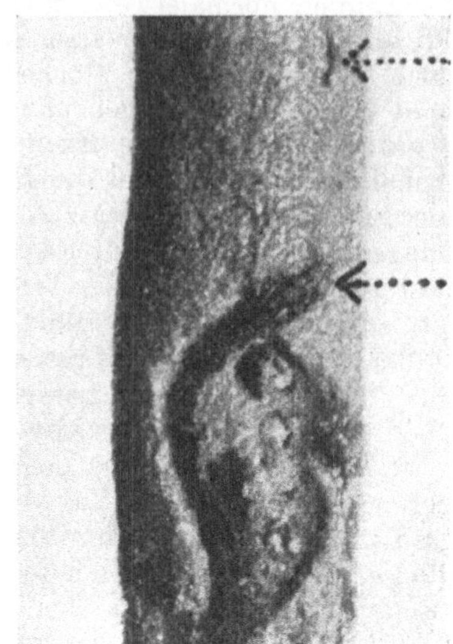

Abb. 34.   Abb. 35.

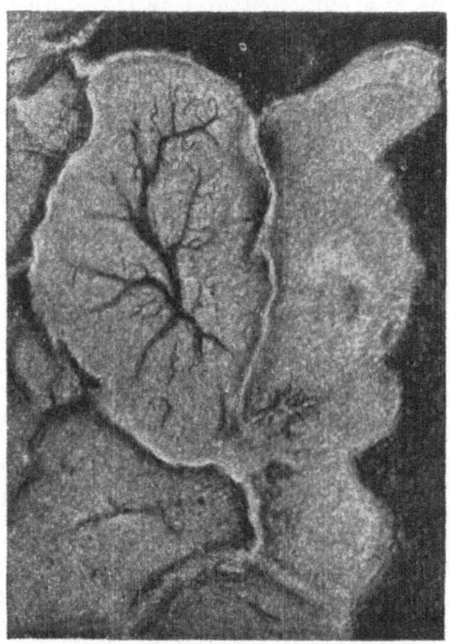

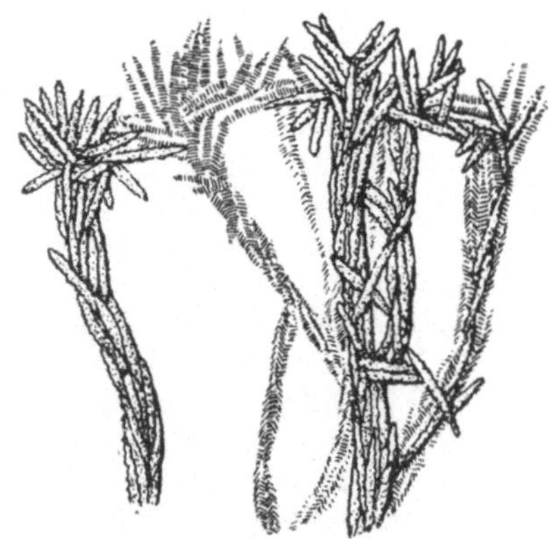

Abb. 36.   Abb. 37.

Abb. 34. *Parmula Brownii* BWK. Brasilien. Sehr stacheliger Schwamm, der die meiste Zeit des Jahres frei in der Luft über den ausgetrockneten Flußbetten hängt, dabei aber ständig lebt. Eine Wespe hat darauf ihr Nest gebaut (der weiße Lehmklumpen auf dem Schwamm). Zirka $^1/_2 \times$. (ARNDT 1930.)

Abb. 35. *Ephydatia fluviatilis* (L.) mit Gängen, die von der Larve der Köcherfliege *Leptocerus fulvus* genagt worden sind. $2\times$. (ARNDT 1930.)

Abb. 36. *Spongilla fragilis* LEIDY. Kolonien auf Steinen. Plattensee. Die Kolonien wachsen an den Berührungs-linien nicht zusammen, sondern bilden niedrige Kämme. Man sieht deutlich die zentralgerichteten Kanäle, in denen zahlreiche Oscula ausmünden. $^2/_3 \times$. Photographiert, während die Kolonie unter Wasser lag. (V. GELEI 1929.)

Abb. 37. *Lubomirska baicalensis* (PALL.). Baikalschwamm. Die Nadelbündel vom Spongin befreit. $300\times$. (ARNDT 1929.)

Infusorien, von welchen besonders eine Acinete, *Podophyra fixa*, sehr oft in den Kanälen angetroffen wird.

Tiere, die ganz besonders eng mit den Spongillen verbunden scheinen, sind die merkwürdigen Netzflügler, *Sisyra* und *Climacia*. Die erstgenannten, von welcher Gattung bei uns mehrere Arten vorkommen, sind kleine, braune Insekten, die im Sommer über dem Wasser fliegend angetroffen werden, wo sie ihre Eier ablegen; ob sie unter Wasser gehen, um sie auf den Spongillen abzusetzen, oder ob sie ein besonderes Larvenstadium besitzen, das die Spongillen aufsucht, wissen wir nicht. Wir wissen nur, daß diese grünen Larven mit ihren zwei langen, merkwürdigen, von Ober- und Unterkiefer gebildeten Saugröhren überall auf den Spongillen herumstelzen. Man meint, daß sie hauptsächlich von den Grünalgen der Schwämme leben. Im Vorsommer verläßt die Larve die Kolonie, kriecht hinauf auf Rohr und Schilf und spinnt hier ihren kleinen, braunschwarzen Kokon ein Stückchen über dem Wasserspiegel.

Die nordamerikanische Gattung *Climacia* spinnt außerordentlich elegante Puppenhüllen mit hexagonalen Maschen über dem Wasserspiegel.

Irgendeinen größeren Schaden richten die Tiere an den Kolonien kaum an; ihre Anzahl selbst auf größeren Kolonien ist nicht groß, von *Sisyra* kaum über 10 bis 15 Individuen.

Aus anderen Weltteilen wird von Krebsen, besonders Ringelkrebsen, berichtet, die auf und von Spongillen leben sollen; so sollen *Gammarus*-Arten, wie *G. parasiticus*, normalerweise auf Spongillen vorkommen. Von Fischen haben die Spongillen gewöhnlich nichts zu befürchten. Doch wird hie und da angegeben, daß die Karpfenfische in gewissen Seen Spongillen fressen und daß dann ihre Mägen von diesen vollgepfropft angetroffen werden.

Man pflegt gewöhnlich die Schwämme als Kolonietiere zu bezeichnen; in vielen Fällen hat man es jedoch mit Einzelindividuen zu tun. Bei den Süßwasserschwämmen ist es oft unmöglich, zu sagen, was sie wirklich sind. Heftet sich eine Anzahl Larven Seite an Seite fest, so werden die amöboiden Zellen der einzelnen Individuen bald zusammenkommen und wir haben es dann mit einer Kolonie zu tun. Das gleiche trifft zu, wenn treibende Gemmulae Seite an Seite zum Keimen kommen. Entsteht dagegen ein Schwamm aus einer einzelnen Larve oder einer einzelnen Gemmula, so haben wir es mit einem Einzelindividuum zu tun; es wird auch dann nicht immer zu einer Koloniebildung kommen, wenn eine Anzahl Gemmulae, die im Herbst im Skelet abgelagert worden sind, wieder zur Keimung gelangen und das Skelet in Besitz nehmen; die Individuen wachsen nämlich nicht immer zusammen. Bei plattenartigen Wuchsformen, die auf dem gleichen Stein wachsen, sieht man oft die einzelnen Individuen sich übereinanderschieben. Eine von v. GELEI (1929) aufgenommene Photographie von *Spongilla fragilis* LEIDY vom Plattensee zeigt das sehr deutlich (Abb. 36). Was für die Annahme spricht, daß man es in der Regel mit einzelnen Individuen zu tun hat, ist der Umstand, daß die Spongillen getrenntgeschlechtlich sind. Wären die großen Kolonien aus vielen Larven oder vielen verschiedenen Gemmulae entstanden, so wäre es recht unverständlich, daß die Kolonien nicht zweigeschlechtlich sind. Man müßte in einem solchen Falle annehmen, daß das eine Geschlecht aus uns unbekannten und nicht sehr wahrscheinlichen Gründen unterdrückt worden sei; aber über diesen Punkt herrscht noch reichlich Unklarheit.

Während die Meeresschwämme durch den Badeschwamm uns schon seit alten Zeiten und bis auf den heutigen Tag ein Material geliefert haben, das eine wichtige und stets gleich unersetzliche Rolle für den Menschen gespielt hat, ist dergleichen bei den Süßwasserschwämmen nicht der Fall. Die Bedeutung des Badeschwammes liegt darin, daß sein Skelet nur aus Spongin aufgebaut ist und die Nadeln fehlen.

Versucht man es, sich mit einem Süßwasserschwamm zu waschen, so wird man das bald bereuen. Interessanterweise beruhte der Gebrauch, den man von den Süßwasserschwämmen gelegentlich machte, gerade auf dem Vorhandensein der Kieselnadeln. Von den Badeschwämmen ist schon bei ARISTOTELES die Rede; die athenischen Künstler bildeten oft auf den Terrakottavasen und -gefäßen den Gebrauch des Badeschwammes ab; es geht daraus hervor, daß er in Kampf- und Gladiatorschulen, zum Reinigen der Schuhe usw. verwendet wurde (ARNDT 1931). In früheren Tagen spielte das sog. Badiagapulver, das aus getrockneten und gut gereinigten Spongillen hergestellt wurde, eine nicht unbedeutende Rolle; es wurde in die Haut eingerieben, erzeugte dabei Wärme und sollte dadurch bei rheumatischen Leiden Hilfe leisten. In Rußland wird das Mittel heute noch von Frauen verwendet, um sich „rote Wangen" zu machen. Bis vor dem Weltkrieg wurden Spongillen an homöopathische Apotheken geliefert, weil das Badiagapulver gegen Skrofulose und Neuralgien Verwendung fand (ARNDT 1923).

Als Poliermittel und Schleifpulver haben die Kieselnadeln der Süßwasserschwämme immerhin in einem Fall Anwendung gefunden. Im Baikalsee bildet ein eigenartiger Schwamm, *Lubomirska baicalensis* (PALL.) (erwähnt u. a. bei DYBOWSKI 1880 u. a.; Abb. 37), in seichtem Wasser ausgebreitete Überzüge, von welchen sich bis meterlange, 2,5 cm dicke Zweige im Wasser erheben. Der Schwamm ist in getrocknetem Zustande ungewöhnlich hart; die Nadeln sind sehr rauh und werden durch das Spongin in dicken Bündeln zusammengehalten. Dieses Material, sog. „Morskaja Guba" („Seeschwamm"), wird in Irkutsk von Silberschmieden zum Polieren von Kupfer, Messing und Silbergegenständen verwendet, überdies auch zum Polieren von Heiligenbildern. Die Spongiennadelschicht, die in einer Stärke von ungefähr 27 cm im unteren Miocän bei Bilin in Nordböhmen gefunden wird, soll im wesentlichen ebenfalls aus Nadeln von Süßwasserschwämmen bestehen. Dieser Polierschiefer — Tripelerde — hat als Poliermittel eine bedeutende Rolle gespielt. Er ist übrigens von mehreren Stellen der Erde bekannt; schon EHRENBERG (1854) hat darin Nadeln sowohl von marinen Schwämmen als auch von Süßwasserschwämmen nachgewiesen (ARNDT 1929).

Alle Süßwasserschwämme gehören zu einer einzigen Familie: den *Spongillidae* der Unterordnung *Phtinorhabdina*, die wie die anderen Unterordnungen an den Spiculen erkenntlich ist.

Es ist in der Regel ganz unmöglich, an Hand von Form und Farbe allein Spongilliden zu bestimmen. Dazu ist eine genauere Untersuchung der Nadeln und Gemmulae notwendig, und da letztere nicht immer ausgebildet sind, bringt man oft Material nach Hause, das sich nicht bestimmen läßt.

Die Spongilliden werden in zwei Unterfamilien eingeteilt: die *Spongillinae* und die *Meyeninae*. Bei den ersteren sind die Gemmulae mit an beiden Enden zugespitzten Nadeln ausgestattet, die gewöhnlich überdies mit Dornen versehen sind; bei letzteren mit Amphidisken; die Gemmulae sind fast immer mit einer Schicht von Luftkammern umgeben.

Zu den Spongillinae gehören zwei Gattungen: *Euspongilla* mit einzelliegenden Gemmulae und *Spongilla* mit Nestern von Gemmulae (2 bis 30), die in einer Schicht von Luftkammern liegen.

Euspongilla lacustris (L.) dürfte wohl in Europa die am häufigsten vorkommende Art sein und zugleich jene, die im entwickelten Zustande zufolge der zahlreich emporragenden oder niederhängenden, gespaltenen, oft geweihartigen Äste am leichtesten zu erkennen ist; im fließenden Wasser kommen solche Äste nicht oder doch nur schwach zur Entwicklung und es entstehen dann mehr oder minder dicke, plattenförmige Überzüge. Die Farbe ist gewöhnlich grasgrün, doch auch (namentlich in fließendem Wasser und an beschatteten Stellen) gelblich. Diese Art soll sich von anderen Spongillen dadurch unterscheiden, daß die Sponginsubstanz in Kalilauge unlöslich ist.

Viel weniger häufig und weit kleinere Kolonien bildend ist *Spongilla fragilis* LEIDY, die nur selten lange, fingerartige Fortsätze bildet, zumeist in Form von recht dünnen flachen Überzügen an Schilf, Rohr und auf Steinen, oder in Form kleiner Klumpen in tieferem Wasser vorkommt, auf Characeen usw. Die Farbe ist fast immer gelb oder grau. Wenn Gemmulae vorhanden sind, sind diese daran kenntlich, daß die Öffnung auf einer deutlichen Röhre (Porusrohr) sitzt und daß die Gemmulae in Luftkammern liegen. Die Sponginsubstanz ist sehr schwach entwickelt und der ganze Schwamm in Übereinstimmung mit seinem Namen sehr zerbrechlich; er scheint an zahlreichen Örtlichkeiten keine Gemmulae zu bilden.

Von der Unterfamilie der *Meyeninae* seien hier nur die drei Gattungen *Ephydatia*, *Trochospongilla* und *Carterius* genannt.

Nach *Euspongilla lacustris* (L.) dürfte wohl *Ephydatia Mülleri* (LIEBK.) einer der in Europa am häufigsten vorkommenden Süßwasserschwämme sein. Diese Form bildet oft Überzüge mit flacher, unverästelter Oberfläche, läuft jedoch häufig in eine Reihe breiter, kurzer Zapfen aus, beginnende Astbildungen, ohne daß richtige Äste ausgebildet werden. Im plattenförmigen Stadium lassen sich unsere beiden Hauptformen *Euspongilla lacustris* (L.) und *Ephydatia Mülleri* (LIEBK.) gewöhnlich dadurch voneinander unterscheiden, daß die letztere große Blasenzellen besitzt, d. s. Zellen, die eine große, flüssigkeitsgefüllte Vacuole enthalten; sind Gemmulae vorhanden, so lassen sich diese dadurch voneinander unterscheiden, daß die Gattung *Ephydatia* Amphidisken, *Euspongilla* beiderseits zugespitzte Nadeln besitzt. *Ephydatia fluviatilis* (L.) ist von der vorherigen Art dadurch unterschieden, daß der Schaft der Amphidisken bedeutend länger ist als bei *E. Mülleri* (LIEBK.), und zwar doppelt so lang als der Durchmesser der Amphidiskenscheiben. Sie soll weiter im Süden sehr gewöhnlich sein, dürfte jedoch in Nordeuropa und in Dänemark kaum so häufig vorkommen wie *Eusp. lacustris* (L.) und *Ephydatia Mülleri* (LIEBK.).

Die beiden Formen *Trochospongilla horrida* WELTNER und *Carterius Stepanowi* (DYB.) sind bisher in Nordeuropa und Dänemark nicht nachgewiesen worden. Sie scheinen überhaupt selten zu sein. *Trochospongilla horrida* WELTNER bildet kleinere Kolonien; die Skeletnadeln sind stark zugespitzt und mit kräftigen Dornen versehen. Die Sponginsubstanz ist sehr stark entwickelt und der ganze Schwamm deshalb von ungemein fester und stacheliger Beschaffenheit. Die Amphidisken gleichen Zwirnspulen; die Scheiben sind ganzrandig, nicht tief gezackt wie bei den beiden anderen Formen. Die Art soll vorzugsweise in fließendem Wasser vorkommen und ist an verschiedenen Stellen in Deutschland nachgewiesen.

Carterius Stepanowi (DYB.) ist noch seltener und nur an einzelnen Stellen in Deutschland gefunden worden; diese Art bildet nur kleine, schwach verzweigte Kolonien; sie ist leicht daran kenntlich, daß die Gemmulae eine lange, gerade Porusröhre besitzen, die sich an der Spitze in eine lappige, stark eingeschnittene Scheibe verbreitert.

Bezüglich der geographischen Verbreitung kann nur gesagt werden, daß wenige Formen über den Polarkreis hinausreichen [*Euspongilla lacustris* (L.) und *Ephydatia Mülleri* (LIEBK.)]. In ganz Europa übersteigt die Artenzahl kaum acht bis zehn. Es scheint, daß die Zahl der Gattungen und Arten gegen Süden zunimmt. Eigentliche Entwicklungszentren finden sich in Indien (Asien 58 Arten) und in Amerika (60 Arten). Im ganzen waren 1936 157 Arten beschrieben (ARNDT 1936). Einzelne Seen, wie der Biwasee in Japan, sind durch großen Artenreichtum ausgezeichnet. Im Baikalsee findet sich die eigenartige *Lubomirskaja baicalensis* PALL.

Südamerika ist besonders charakterisiert durch das Vorkommen der Gattung *Parmula*, doch sind im großen und ganzen unsere Kenntnisse der tropischen Süßwasserschwämme nur gering. Es scheint, als ob die Süßwasserschwämme im allgemeinen nicht in größere Tiefen hinabsteigen, im Genfersee werden sie unterhalb 15 m nicht mehr angetroffen; in den Alpenseen scheinen sie in der profunden Region zu fehlen (ZSCHOKKE 1915), aber in den norddeutschen Seen kommen sie bis in eine Tiefe von etwa 40 m vor. Sie können in den Alpen nicht zur charakteristischen alpinen Süßwasserfauna gerechnet werden, doch werden sie in den Rocky Mountains noch in einer Höhe von 2500 m gefunden (ZSCHOKKE 1900); sie sind auch nicht in nennenswerter Weise aus Höhlen bekannt. Dagegen spielen sie eine recht bedeutende und recht unangenehme Rolle in den Wasserleitungen gewisser Städte, z. B. in der Hamburger Wasserleitung.

EUMETAZOA

sind Metazoa mit echtem Gewebe und echten Organen. In ihrer Entwicklung durchlaufen sie das typische Gastrulastadium. Der Körper wird durch die typischen Keimblätter Ectoderm und Entoderm aufgebaut.

Stamm

Coelenterata.

Die Cölenteraten sind teils festsitzende, teils freischwimmende Tiere, mit fast ausschließlich radiärem Bau. Der Körper wird von zwei Keimblättern aufgebaut: Ectoderm und Entoderm; dazwischen liegt eine strukturlose, gallertige Schichte, die Mittelschicht, Mesosark oder Mesogloea, genannt wird; das charakteristische mittlere Keimblatt, das Mesoderm der höheren Tiere, fehlt; es ist nur ein einziger großer Körperhohlraum, die Gastralhöhle, vorhanden. Fortpflanzung sowohl geschlechtlich als auch ungeschlechtlich, in Form von Teilung oder Knospung. Oft Kolonienbildung, indem die Teilungs- oder Knospungsprodukte sich nicht vollständig vom Mutterorganismus ablösen.

Die Cölenteraten werden in zwei Unterstämme geteilt: die *Cnidaria* und die *Acnidaria (= Ctenophora)*. Diese, die Rippenquallen, sind ausschließlich marin.

Unterstamm

Cnidaria.

Die *Cnidaria* sind Cölenteraten mit überwiegend radiärem Bau; sie treten teils in Form von Polypen, teils von Medusen auf. Die Polypen sind gewöhnlich mit einer Fußscheibe festgeheftet; am entgegengesetzten Ende findet sich die Mundöffnung vor, die häufig von Tentakeln umgeben ist. Die Medusenformen sind gewöhnlich freischwimmend, glockenförmig, mit starker Entwicklung der Gallertschicht. Das auffallendste Bauelement der *Cnidaria* sind die Nesselkapseln, die in besonderen Zellen (Cnidoblasten) gebildet werden. Bei keiner anderen Tiergruppe findet sich etwas Ähnliches; Näheres darüber weiter unten.

Die *Cnidaria* werden in drei Klassen geteilt: *Hydrozoa, Scyphozoa* und *Anthozoa.* Die letzten sind ausschließlich marin; einige Actiniarien kommen jedoch in brackischem Wasser vor: *Phytocoetes gangeticus* Annandale (Chilka-Lake, Ganges-Delta u. a. O.;

Tafel 1. Hydra.

Fig. 1. Zur Naturgeschichte der *Hydra.* Eine *Hydrocharis morsus ranae* mit *Hydra*-Kolonien. Fig. 3. Dichter Hydrenbewuchs mit lang ausgestreckten Tentakeln. Fig. 4. Aufrechtstehendes Individuum mit herabhängenden, teilweise eingezogenen Fangarmen; der eine nach einem Wurm *a* ausgestreckt. Fig. 5. Individuum mit herabhängenden Armen. Fig. 6. Hängendes, Fig. 7a, b, c kriechende Individuen. Fig. 8a bis d desgleichen. Fig. 10 u. 12. Exkremente abgebend. Fig. 11. Umgestülpt. Fig. 15. Sehr verbreitet, eine Mückenlarve aufnehmend, der eine Fangarm hat eine Daphnie ergriffen. Fig. 16. Magen mit Daphnien vollgepfropft; die Fangarme haben drei gefangen. Fig. 17. Das Tier hat einen *Cyclops* gefangen und ist im Begriff, ihn in den Mund zu befördern. Fig. 2. Zwei Hydren, die eine *Stylaria lacustris* umschlungen haben. — Fig. 1 nach SCHÄFFER 1754. Fig. 2 nach RÖSEL V. ROSENHOF: Insektenbelustigungen, 1755.

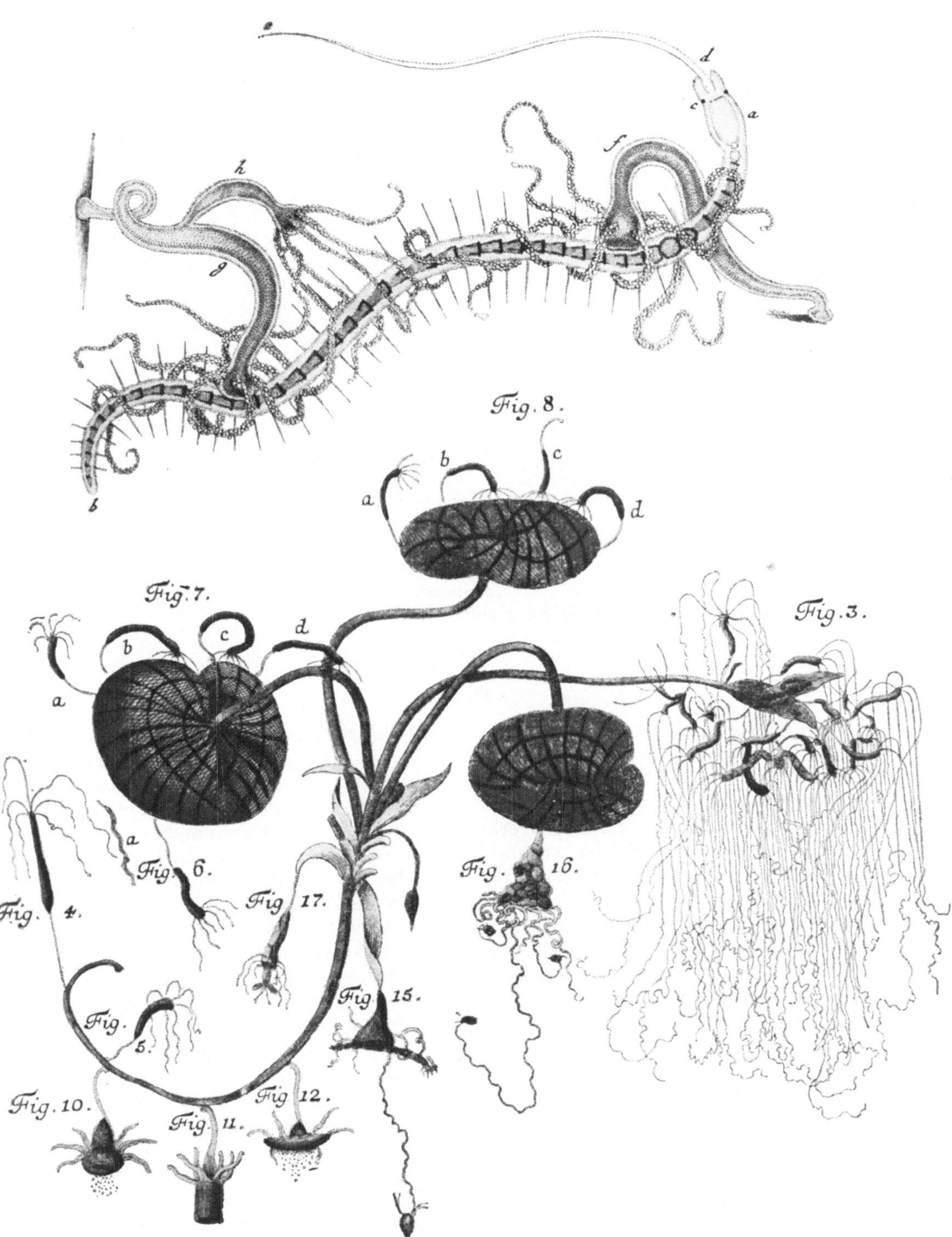
d
c a
f
h
g
b
Fig. 8.
b c
a
d
Fig. 7.
b c
a d
Fig. 3.
a
Fig. 6.
Fig. 4.
Fig. 17.
Fig. 16.
Fig.
5.
Fig. 15.
Fig. 10.
Fig. 11.
Fig. 12.

PANNIKAR 1937). Von den Scyphozoen können einige Formen weit hinauf in die
großen tropischen Flußsysteme steigen. Unter den Hydrozoen finden sich einige
ausgesprochene Süßwasserformen, weiter einzelne, die allerdings erst in der allerletzten Zeit sich an das Leben im Süßwasser angepaßt haben oder gegenwärtig daran
sind, sich anzupassen.

Klasse

Hydrozoa.

Die *Hydrozoa* sind *Cnidaria*, deren Körper aus den zwei fast unverändert ge-
bliebenen primären Keimblättern sich aufbaut: Ectoderm und Entoderm; dazwischen
befindet sich eine strukturlose Lamelle oder Stützmembran, manchmal eine stark
entwickelte Gallertschicht. Ist ein Skelet ausgebildet, so ist es ein ectodermales
Ausscheidungsprodukt, eine Kutikula, das sog. Perisark: selten kommen ectodermale
Kalkausscheidungen vor. Die *Hydrozoa* werden in drei Ordnungen untergeteilt:
Hydroida, Trachylina und *Siphonophora*. Davon sind die letzten nur marin.

Ordnung: **Hydroida.**

Die *Hydroida* besitzen in der Regel Generationswechsel, indem die Polypen mittels
ungeschlechtlicher Fortpflanzung auf dem Wege der Knospung Medusen hervorbringen, die wieder auf geschlechtlichem Wege die Polypen bilden. Der Generationswechsel kann durch Reduktion sowohl der einen als auch der anderen Generation
vollständig wegfallen. Die *Hydroida* werden in zwei Gruppen untergeteilt: *Athecata*
und *Thecaphora*, je nachdem, ob die Polypengeneration eine feste becherförmige Hülle
(Hydrotheca) besitzt, in welche die Polypen sich zurückziehen können oder nicht.
Sie fehlt bei den *Athecata*, wohin die Süßwasserpolypen mit der Hauptgattung *Hydra*
als eine eigene Abteilung *(Simplicia)* gehören.

Fam. *Hydridae (Süßwasserpolypen)*.

(Tafel 1.)

Schon recht frühzeitig, am Schlusse des 18. Jahrhunderts, zogen die Hydren,
die Süßwasserpolypen, die Aufmerksamkeit der Naturforscher auf sich. SCHÄF-
FER, ROESEL und TREMBLEY widmeten ihnen einen großen Teil ihres Lebens;
der letztere gab über sie ein Werk heraus, das nicht weniger als 325 Seiten und
13 Tafeln umfaßte. Aus ihren Werken habe ich einige Abbildungen wiedergegeben, die also aus 150 bis 175 Jahre alten Werken stammen. In bezug auf
Naturtreue und in bezug auf das Vermögen, das Tier darzustellen, wie es lebt,
dürften sie wohl alles übertreffen, was die spätere Zeit erreichte. Die wunderbare
Regenerationsfähigkeit dieser Geschöpfe, ihr in gewisser Hinsicht außerordentlich
einfacher Bau und ihre gleichzeitig in manchen Punkten hohe Organisation haben
bewirkt, daß eine Reihe von Forschern von jenen fernen Zeiten an bis in unsere
Tage die Hydren zur Aufklärung von Problemen allgemeinzoologischer Bedeutung verwendet und Ergebnisse erzielt haben, die für Schwestergebiete, für die
Physiologie und die Erblichkeitslehre, von großer Bedeutung waren.

Die Süßwasserpolypen oder *Hydridae* stehen wohl auf einer wesentlich
höheren Organisationsstufe als die Schwämme; sie besitzen sowohl Nervensystem als auch Muskelelemente, überdies einen Darmkanal und, wie alle
Cnidarier, ein sehr wirksames Zellelement, die Nesselkapseln, mit denen sie ihre
Beute einfangen und lähmen. Dank ihrer Muskelelemente können sie ihre Gestalt in hohem Grade verändern und sie verfügen über eine gewisse Beweglichkeit. Trotzdem gehören sie unter den vielzelligen Organismen zu den am niedrigsten stehenden; sie besitzen kein Herz, kein Blutgefäßsystem, keine Sinnesorgane, auch kein eigentliches Muskelsystem; der Körper selbst ist, wie erwähnt,

nicht wie bei den höheren Tieren aus drei Zellschichten aufgebaut, sondern nur aus zwei: Ectoderm und Entoderm; das Mesoderm fehlt.

Der Körper ist eigentlich nur ein Sack (Abb. 39), der am Hinterende, das geschlossen ist, festgeheftet ist. Das Vorderende läuft in eine rüsselartige Partie aus, die gewöhnlich Proboscis genannt wird (Abb. 38). Deren Öffnung, die geöffnet und geschlossen werden kann, führt in den großen Hohlraum des Sackes, der den Verdauungskanal des Tieres darstellt. Durch diese Öffnung, die sowohl als Mund als auch als After

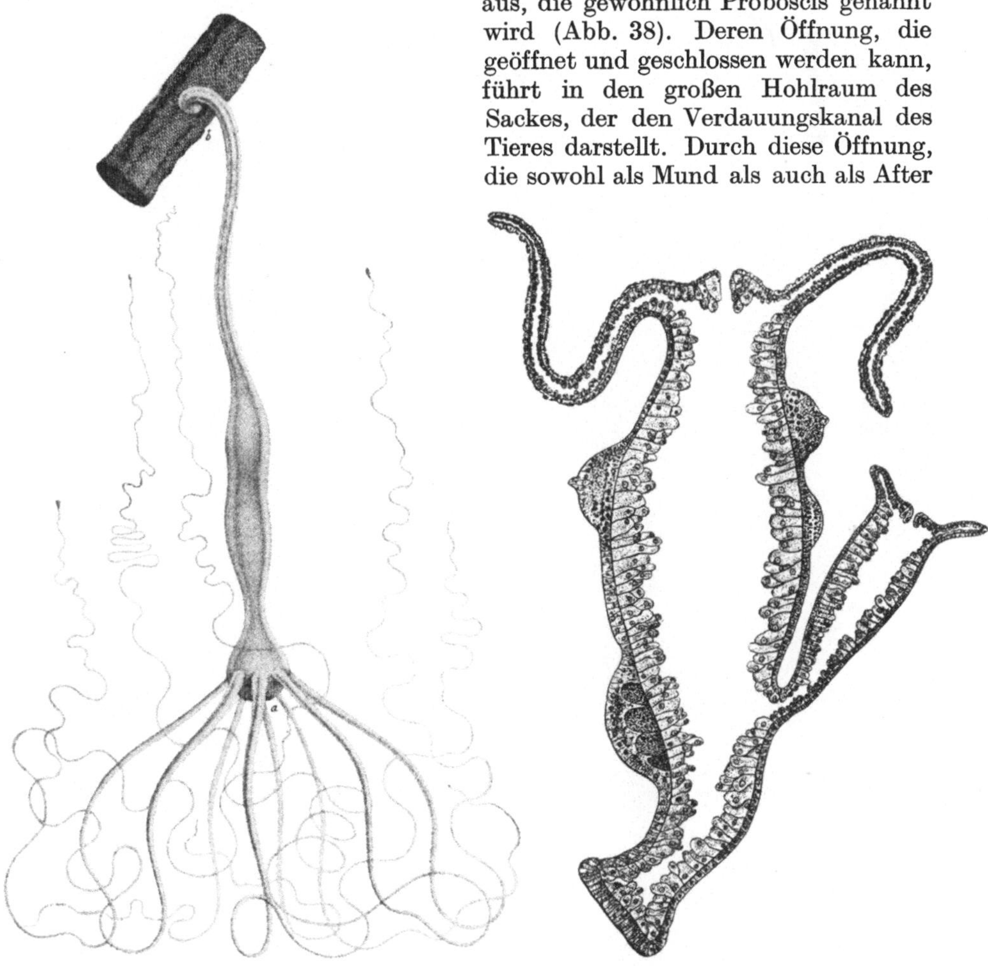

Abb. 38.   Abb. 39.

Abb. 38. Eine *Hydra*, von einem Zweig herabhängend. *a* Mundöffnung; *b* Fußscheibe. (TREMBLEY 1744).

Abb. 39. Längsschnitt durch eine *Hydra*; die Abbildung zeigt die große Darmhöhle mit der Mundöffnung oben und zwei Armen; rechts eine Knospe, deren Darmhohlraum mit dem des Muttertieres in Verbindung steht; die beiden Epithelschichten, im Ectoderm die Geschlechtsdrüsen: Hoden und unten links ein Ovar. (ADERS aus KORSCHELT und HEIDER 1890 bis 1893.)

dient, wird die Nahrung aufgenommen; die Exkremente werden durch die gleiche Öffnung entfernt. Um die Mundöffnung gruppiert, findet sich eine verschieden große Anzahl (4 bis 20) Tentakel, in die hinein sich der große Hohlraum des Sackes fortsetzt. Die Tentakel ordnen sich kronen- oder glockenförmig um das Vorderende und geben den Tieren ein strahliges Aussehen. Die Tiere sind außerordentlich kontraktil und von äußerst wechselnder Gestalt. Den größten Teil ihres Lebens sind die Tiere festsitzend, auf der Unterlage mit der sog. Fußscheibe festgeklebt, die von der etwas umgebildeten Wand des hinteren Teiles des Sackes gebildet wird.

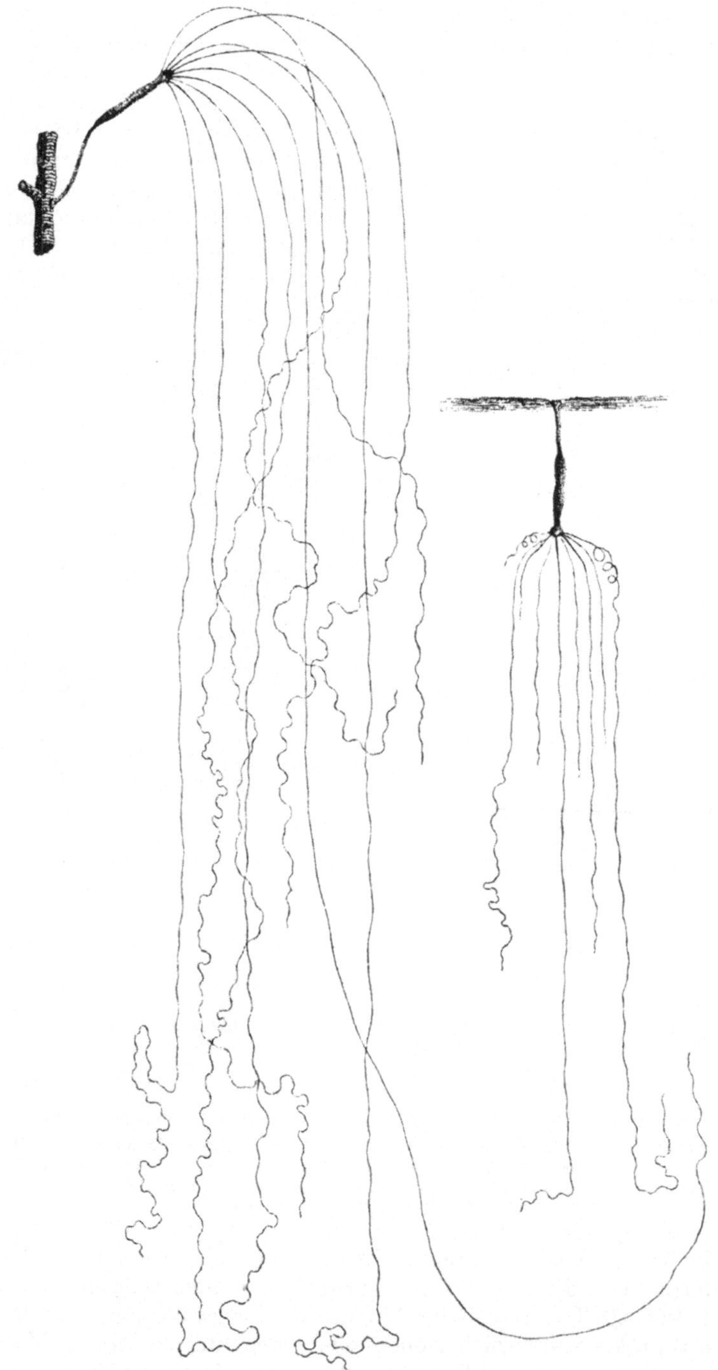

Abb. 40. *Hydra oligactis* PALL. Die Abbildung zeigt, in welchem Grad sich die Tentakel zu langen, äußerst dünnen Fäden verlängern können. Ungefähr natürliche Größe. (TREMBLEY 1744.)

Die Hydren sind kleine Tiere, ungefähr 1 bis 2 cm lang, die Tentakel abgerechnet; bei gewissen Formen können diese in ausgestrecktem Zustande als äußerst feine, kaum sichtbare Fäden eine Länge bis zu 25 cm erreichen (Abb. 40). Von den beiden Schichten, Ectoderm und Entoderm, hat jede ihre besonderen Funktionen; sie können nicht, wie man früher glaubte, ausgetauscht werden, noch sich in ihren Funktionen vertreten. Zwischen ihnen liegt eine von beiden Blättern gebildete, außerordentlich dünne, gallertige Stützmembran, die das ganze Skelet darstellt, über das das kleine Geschöpf verfügt. Auf dieser Membran ausgebreitet liegt ein feines Netz von Nervenzellen, die untereinander mit ihren Ausläufern verbunden sind; es ist nichts vorhanden, was dem Gehirn der höheren Tiere entsprechen würde; nur sind die oben erwähnten Nervenzellen am stärksten um den Mund herum gruppiert. Besondere Sinnesorgane sind nicht nachgewiesen, doch ist experimentell festgestellt, daß die Tiere Licht und Dunkelheit unterscheiden können. Werden sie einseitiger Beleuchtung ausgesetzt, so neigen sie sich der

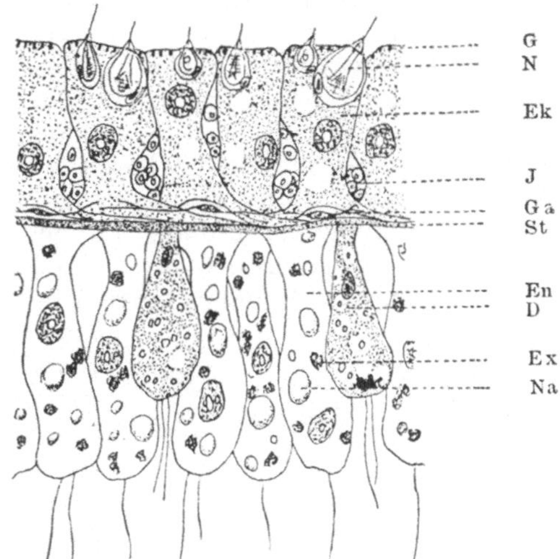

Abb. 41. *Hydra.* Schematischer Längsschnitt durch die Körperwand. *G* Kutikularkörper; *N* Nesselkapseln; *Ek* ectodermale Epithelmuskelzelle; *J* interstitielle Zellen; *Ga* Ganglienzelle; *St* Stützlamelle; *En* entodermale Nährzelle; *D* entodermale Drüsenzelle; *Ex* Exkretkorn; *Na* aufgenommener Nahrungskörper. (P. SCHULZE 1918.)

Lichtquelle zu. Man vermutet, daß es insbesondere die Partie um die Mundöffnung (Proboscis) ist, die lichtempfindlich ist (HADŽI 1909, SCHLÜNSEN 1935).

Wir wollen uns nun etwas genauer mit dem Bau des Ectoderms und Entoderms beschäftigen. Die Untersuchung der beiden Zellschichten hat gezeigt, wie niedrig in der Entwicklung die Süßwasserpolypen noch stehen. Das Ectoderm wird von einer einzigen Zellage gebildet, den sog. Epithelmuskelzellen (Abb. 43), die nach außen gegen die Umwelt sich zusammenschließen, so daß sie ein Epithel bilden; nach innen gegen die Stützlamelle zu weichen sie jedoch auseinander und lösen sich hier in Muskel

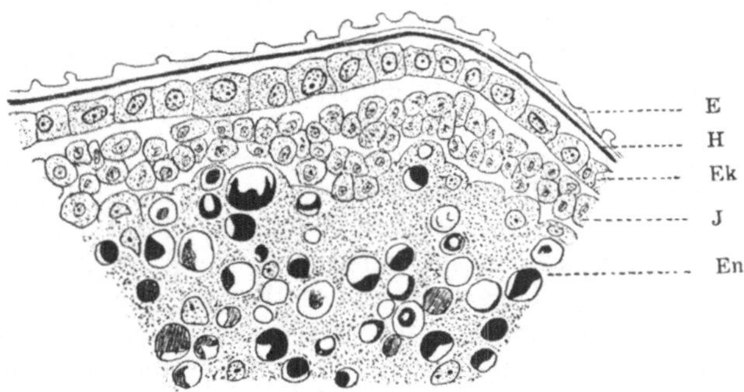

Abb. 42. *Hydra oligactis* PALL. Embryo. Bildung der interstitiellen Zellen. *E, H* äußere Hüllen; *Ek* Ectoderm; *J* interstitielle Zellen; *En* Entoderm. (BRAUER 1891.)

fibrillen auf. Das Epithel scheidet keine Kutikula ab, die Haut ist nackt, aber schleimig. Der Schleim stammt von Drüsenzellen, die besonders in der Fußscheibe reichlich vorhanden sind. Dieser Bau des Ectoderms beweist die niedrige Entwicklungsstufe der Hydren gegenüber den übrigen Cnidariern; bei diesen sind die Epithelmuskelzellen geteilt in Epithelzellen und Muskelzellen, hier bei *Hydra* muß ein und dieselbe Zelle mit ihren äußeren Teilen

den Körper gegen die Umwelt begrenzen und mit seiner tiefer liegenden Partie
für die Kontraktion und Dilatation des Körpers Sorge tragen. Weiter sondert
das Epithel bei den übrigen Hydrozoen vielfach ein Chitinskelet, eine Kutikula,
ab, die bei *Hydra* nicht vorkommt. Indem die Epithelmuskelzellen an der Basis
auseinander weichen, entstehen hier Hohlräume, der von den interstitiellen
Zellen ausgefüllt werden (Abb. 41), einem Zellmaterial, das den amöboiden Zellen
der Spongien entspricht. Sie besitzen wie diese aktive Beweglichkeit und wandern
dorthin, wo nach ihnen Bedarf ist. Sie sind Ersatzzellen, die neue Zellelemente
auszubilden vermögen, wo alte verlorengegangen oder verbraucht worden sind.

Die interstitiellen Zellen liegen zumeist als eine zweischichtige Zellmasse
zwischen Ectoderm und Entoderm (Abb. 42); sie sind undifferenziert, fehlen in
den Tentakeln und bei gestielten Formen im Stiele vollständig, finden sich jedoch
sonst überall zwischen den beiden Zellagen; aus ihnen entstehen die Epithelzellen; sie sind das Bildungsmaterial bei der Knospenbildung und bei der Erzeugung von Eiern und Samenzellen, auch bei der
Wundheilung jedweder Art; ihrem Vorhandensein ist das große Regenerationsvermögen der
Hydren zu verdanken. An jenen Stellen, wo
der Körper beschädigt, z. B. ein Tentakel verlorengegangen ist, sammeln sich die interstitiellen Zellen und bilden hier einen neuen
Tentakel, wobei sie sich zu Epithelzellen, zu
den verschiedenartigen Nesselzellen der Batterien umformen.

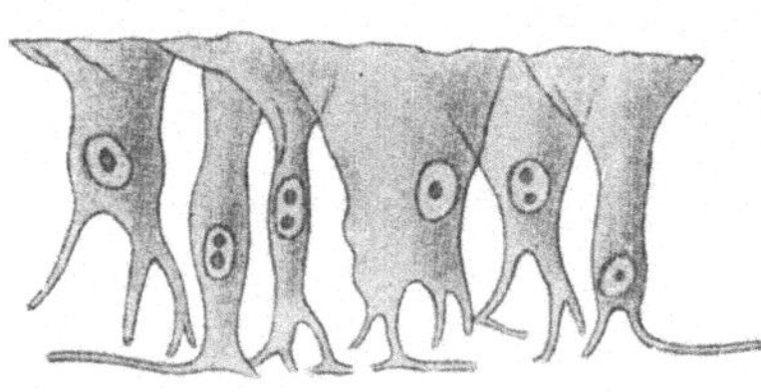

Abb. 43. Epithelmuskelzellen, die nach
außen den Körper gegen die Außenwelt
abgrenzen und nach innen in „Muskelfäden" auslaufen. (KLEINENBERG 1872.)

Im Ectoderm trifft man noch ein Element
an, die Nesselkapseln, die gewöhnlich als eine
besondere Form von Drüsensekret betrachtet werden; die Berechtigung
dafür ist darin gegeben, daß sie innerhalb von Zellen, den Cnidoblasten,
entstehen und gewissermaßen von diesen als geformte Sekrete derselben ausgestoßen werden; sie sind die hauptsächlichen Angriffswaffen der Cnidarier. Sie
sind es, die wir zu fühlen bekommen, wenn wir beim Baden im Meer mit Quallen
in Berührung kommen. Die tropischen Meere enthalten Formen, deren Brenn-
vermögen so stark ist, daß es lebensgefährlich sein kann, wenn man von ihnen
gebrannt wird. Auf unsere Haut üben die Nesselzellenbatterien der *Hydra* keine
Wirkung aus, aber wenn man Daphnien in ein Glas mit *Hydra* bringt, so sieht
man sehr bald, wie diese von ihnen festgehalten und gelähmt werden; selbst
wenn sie sich losreißen können, sterben sie in der Regel, und man sieht sie kurze
Zeit später in sterbendem Zustande oder tot am Boden liegen. Diese Nesselkapseln sind hoch spezialisiert; ja man findet von ihnen nicht weniger als vier
verschiedene Typen, die alle auf besondere Weise verwendet werden. Die Nesselzellen (Cnidoblasten) mit ihren Nesselkapseln (Nematocysten) entstehen aus
den interstitiellen Zellen (Abb. 49), welche in das Epithel ausgewandert sind,
vor allem in die Arme, wo sie sich zu Batterien vereinigen (Abb. 49), die man
schon mit einer Lupe gut erkennen kann. Die größten unter den Nesselkapseln
sind die sog. Penetranten (Durchschlagskapseln) (Abb. 44 bis 46), das sind kleine,
kapselförmige, hochdifferenzierte Gebilde, die eine ätzende Flüssigkeit enthalten,
welche bei Berührung mit der Haut Brennen und Lähmung verursacht. Die
dicke Wand setzt sich in einen langen, hohlen Faden fort, der in der Ruhe in
der Kapsel aufgerollt liegt. Die Cnidoblasten tragen an ihrer freien Seite einen
vorstehenden Zapfen, eine steife Borste (Cnidocil). Der Nesselfaden ist bei den
Penetranten hoch differenziert; an seinem proximalen Teil trägt er auf einer
halsförmigen Partie drei große, kräftige Stacheln (Stilette) und anschließend an

diese drei Dörnchenreihen. Auch der Vorgang der Ausschleuderung des Nesselfadens, die Explosion, ist sehr kompliziert. Ursprünglich hat man sich hierüber
folgende Vorstellung gemacht (SCHULZE 1922 u. a.): Innerhalb der Kapsel
herrscht ein Überdruck, der u. a. durch die Elastizität der Kapselwand bedingt

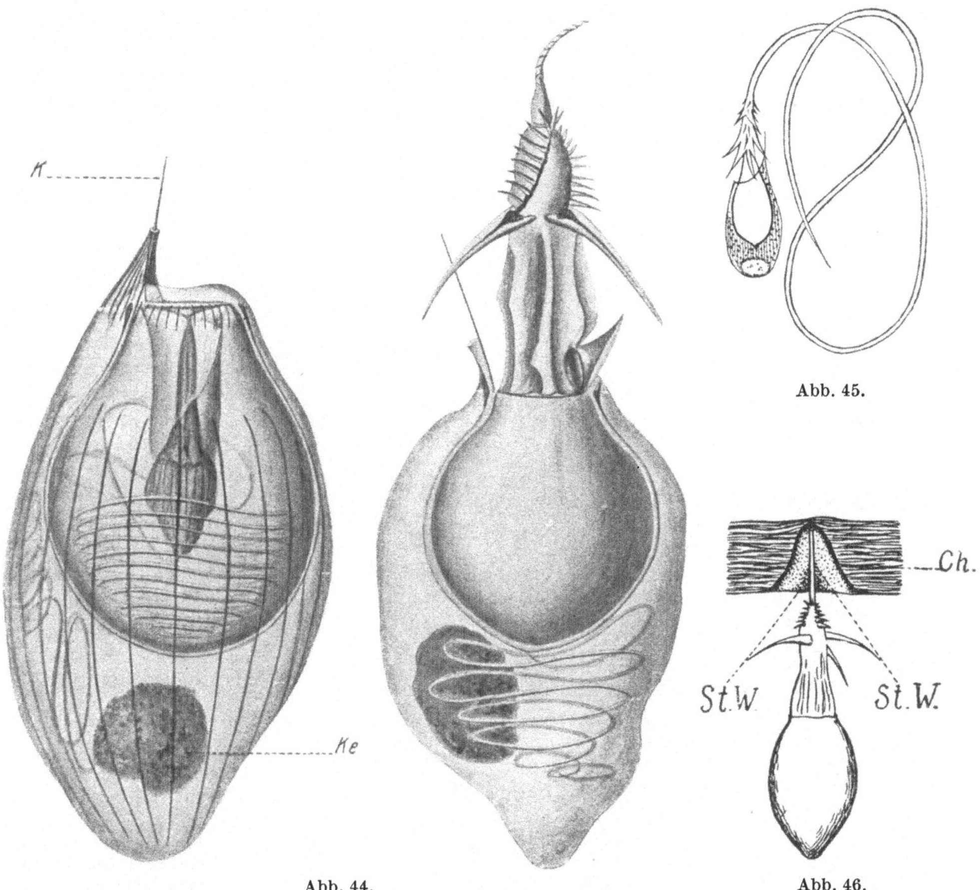

Abb. 45.

Abb. 44.   Abb. 46.

Abb. 44. Zwei Cnidoblasten (Penetranten), die linke vor, die rechte nach der Explosion. *K* Cnidocil, bei dessen
Berührung die Explosion erfolgt; *Ke* Kern. Bei Berührung des Cnidocils öffnet sich die Kapsel und der lange
Nesselfaden mit seinen Widerhaken wird gegen das Opfer geschleudert. Im linken Bild sieht man auf der linken
Seite, in dem rechten unterhalb der Kapsel einen langen, aufgerollten Faden, das sog. Lasso, dessen Bedeutung
unbekannt ist. (P. SCHULZE 1922.)

Abb. 45. Eine Penetrante mit ausgestoßenem Fangfaden, um dessen Länge zu zeigen. (F. E. SCHULZE 1871.)

Abb. 46. Die Wirkung einer Penetrante auf die Haut einer Mückenlarve. *Ch* Chitin; *St.W.* die von den Stiletten
hervorgerufene Wunde. (TOPPE 1909.)

ist. Im Augenblick, wo das Cnidocil berührt wird, schnellt der Faden, der im
Kapselinnern aufgerollt gelegen war, heraus; der Vorgang wird dadurch unter-
stützt, daß einerseits die in der Kapsel vorhandene Flüssigkeit, anderseits
Leisten in der Kapselwand bei Berührung mit Wasser quellen.

Kürzlich hat REISINGER (1937) auf Grund von Aufnahmen mit der Zeitlupe
mit optischem Ausgleich von Zeiß-Ikon gezeigt, daß der gesamte Entladungsvorgang der Penetranten bei *Hydra* nach einer Latenzperiode von 0,04 bis
0,06 Sekunden in der ungeahnt kurzen Zeitspanne von 0,003 bis 0,005 Sekunden
abläuft. Da Quellungsvorgänge, die mit einer derartigen Geschwindigkeit vor

sich gehen, uns nicht bekannt sind, spricht dieser Befund entschieden gegen die
Quellungshypothese. Man vermutet darum jetzt, daß der Entladungsvorgang
auf einer spontanen Kontraktionsfähigkeit der Cnidoblasten beruht, die vielleicht
dem Stäbchenkorb und dem Lasso zukommt.

Eine zweite Form von Nesselkapseln sind die sog. Volventen (Wickelkapseln)
(Abb. 47), den erstgenannten in der Form ziemlich ähnlich, nur sind die Kapseln
kleiner und mehr rundlich; der kurze Faden dieser Kapseln wickelt sich um die
Borsten des Opfers. Außerdem finden sich noch zwei weitere Formen, die die
gemeinsame Bezeichnung Glutinanten (Klebkapseln) führen, über deren Bedeu-

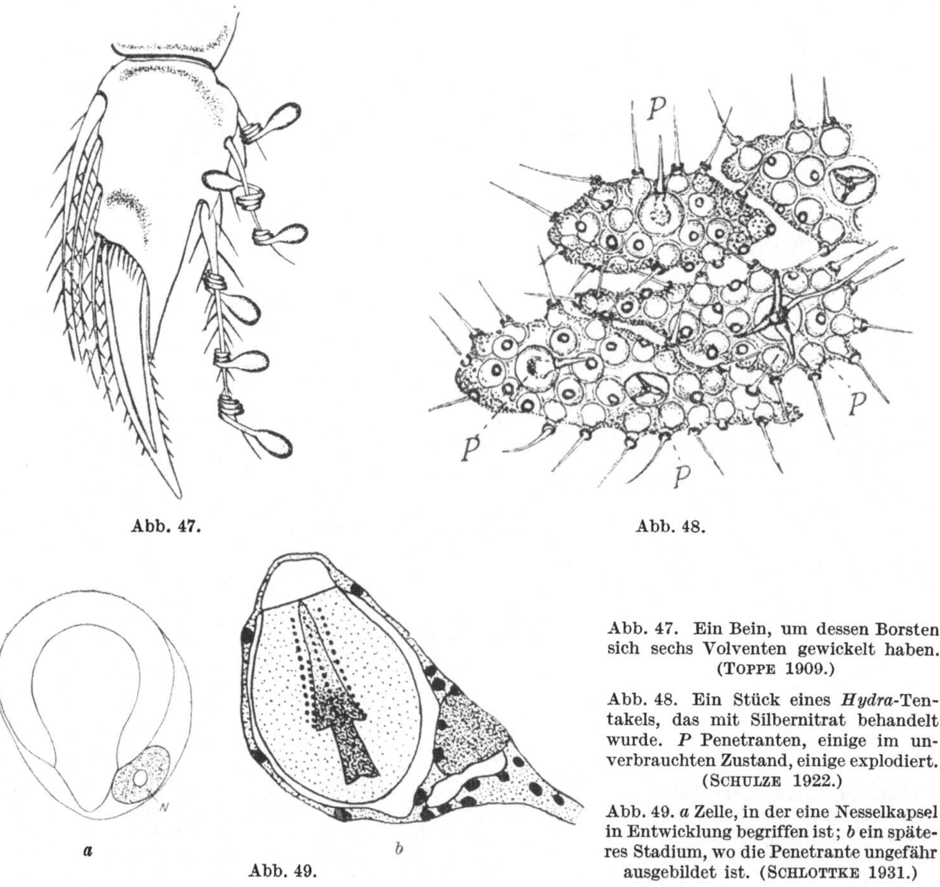

Abb. 47.

Abb. 48.

Abb. 49.

Abb. 47. Ein Bein, um dessen Borsten
sich sechs Volventen gewickelt haben.
(TOPPE 1909.)

Abb. 48. Ein Stück eines *Hydra*-Ten-
takels, das mit Silbernitrat behandelt
wurde. *P* Penetranten, einige im un-
verbrauchten Zustand, einige explodiert.
(SCHULZE 1922.)

Abb. 49. *a* Zelle, in der eine Nesselkapsel
in Entwicklung begriffen ist; *b* ein späte-
res Stadium, wo die Penetrante ungefähr
ausgebildet ist. (SCHLOTTKE 1931.)

tung man sich noch nicht ganz klar ist; sie enthalten ebenfalls einen Faden, der
bei Berührung ausgeschleudert wird: er scheint vor allem eine klebrige Beschaffenheit zu haben, wodurch das Opfer festgehalten wird. Die vier verschiedenen Formen schließen sich zu Batterien zusammen; jede davon besteht
aus einer bis zwei Durchschlagskapseln, deren lange, steife Sinnesstifte nach
verschiedenen Seiten herausragen; sie sind selbst bei schwacher Vergrößerung
zu sehen. Um sie herum sind die Wickelkapseln gruppiert und zwischen ihnen
liegen einige Klebkapseln. Jeder einzelne Polypenarm trägt viele Hunderte von
Batterien (P. SCHULZE 1922).

Bezüglich der Anordnung und Funktion der Volventen in einer Batterie hat
v. GELEI (1927) folgende interessante Feststellungen mitgeteilt: Sie sind am Rande

einer Batterie kreisförmig angeordnet, ihre Zahl beträgt 14 bis 28, während nur eine bis zwei Durchschlagskapseln (im Zentrum) und zwei bis drei Haftkapseln (Glutinanten) vorhanden sind. Nun sind die Volventen alle gesetzmäßig gerichtet in einer Batterie angeordnet, derart, daß im explodierten Zustande ihre Nesselfäden in Form von engen, konischen Spiralen alle gleichsinnig tangential in bezug zur Batterie stehen, und zwar verläuft ihre Richtung, unter dem Mikroskop betrachtet, in umgekehrtem Sinne des Uhrzeigers. Dadurch wird bewirkt, daß die explodierten Spiralfäden alle möglichen Richtungen einnehmen. Nun ist der explodierte Nesselfaden einer Wickelkapsel ein Greifapparat, er wickelt sich um eine Borste des Beutetieres, kann das aber nur dann tun, wenn die Richtung der Borste und die Richtung der Spirale des Nesselfadens zusammenfallen, gerade so, wie die menschliche Hand nur dann einen Stab zu umklammern vermag, wenn die Stabrichtung quer zur Längsachse des Armes steht. Durch die geordnete Lagerung der Volventen in der Batterie wird nicht auf den Zufall vertraut, daß gerade die richtig liegenden Kapseln explodieren, sondern es ist gleichgültig, wie das Opfer momentan liegt, denn immer explodieren unter anderen auch richtig eingestellte Kapseln, und so werden die Borsten des Beutetieres mit Sicherheit erfaßt (STORCH). Kommt eine Daphnie in die Reichweite der Arme und damit in Berührung mit den Batterien, so werden im gleichen Augenblick die Volventen abgeschossen. Die Schnur schlingt sich um die Borsten des Opfers und wirkt mit, daß es gelähmt wird (Abb. 47). Gleichzeitig treten die großen Penetranten in Funktion. Die Stilette, die zuerst bei der Explosion hervorgestoßen werden, schlagen in die Kutikula des Opfers ein Loch, wobei auch ein chitinlösendes Sekret mithilft; der hierauf sich ausrollende Nesselfaden kann so durch dieses Loch in die Weichteile des Opfers eindringen. Durch feine Poren des eingedrungenen Fadens wird ein das Beutetier lähmendes Sekret abgegeben (Abb. 46). In dem Moment, in dem eine Daphnie eine Batterie berührt hat, zieht sich der Arm einer hungernden *Hydra* zusammen, und überdies helfen die Fluchtbewegungen der Daphnie mit, so daß das Beuteobjekt mit immer mehr Nesselbatterien in Kontakt gerät, die nun Projektil auf Projektil ausschießen. Befreit man eine solche Daphnie, so findet man die Volventen um ihre Borsten herumgewickelt und die Penetranten sitzen mit ihren Haken und dem Nesselfaden in der Kutikula der Daphnie fest; es ist eine Wunde geschlagen, durch die das Gift in den Körper eindringen kann. Will man die Nesselzellen zum Funktionieren bringen, so braucht man nur etwas Essigsäure dem Wasser mit lebenden Hydren zuzusetzen; im gleichen Augenblick sieht man die Penetranten ihren zirka 1 cm langen Faden und die Volventen ihren recht kurzen ausschnellen; da ihnen kein Tier zur Verfügung steht, an dem sie sich festheften können, bleiben die Nesselkapseln in diesem Fall in der *Hydra* sitzen. Wenn die Nesselkapseln ausgeschleudert sind, gehen die Zellen, die sie gebildet haben, zugrunde und interstitielle Zellen bauen neue Penetranten usw. auf. Wenn wir auch durch die Untersuchungen P. SCHULZES ein besseres Verständnis für die Wirkungsweise der Nesselkapseln gewonnen haben, ist doch die Tatsache, daß diese Zellelemente, winzig klein wie sie sind, ein Loch in einen Krebspanzer, z. B. in die verhältnismäßig dicke Kutikula einer Daphnie, zu schlagen vermögen, noch ziemlich unverständlich geblieben. Sowohl auf Grund ihrer Organisation als auch nicht minder von wegen ihrer großen Explosionskraft und Wirkung stellen die Nesselkapseln eines der merkwürdigsten Zellsekrete dar, das wir kennen. Wir sind hier länger bei diesen merkwürdigen Zellelementen verweilt; insbesondere die beigefügten Abbildungen, die auch Bauverhältnisse erkennen lassen, die hier übergangen worden sind, zeigen, wie hochorganisiert sie in Wirklichkeit sind, und das bei einem so niedrig organisierten Geschöpf wie die Hydren. Sie verdienen auch aus dem Grunde eine nähere Beschreibung, weil wir ohne diese Kenntnisse ganz außerstande wären, zu verstehen, wie eine *Hydra* imstande sein sollte, ihre Beute einzufangen. Wir haben es ja hier mit einem Wesen zu tun, das keine Sinnesorgane besitzt und das also ein Beuteobjekt nicht wahrnehmen kann, wenn es sich ihm nähert. Nur durch Berührung der Cnidocile, in vollkommener Finsternis, ohne Sinneseindrücke irgendwelcher Art, werden die Beuteobjekte eingefangen und gelähmt. Merkwürdig und wenig begriffen ist noch die Tatsache, daß eine Daphnie sich einer satten Hydra ohne weiteres nähern kann; die Batterien treten nur in Funktion, wenn das Tier hungrig ist; nähere Untersuchungen fehlen. Eine ungefähr 30- bis 50fache Vergrößerung ist hinreichend, um den ganzen Vorgang beobachten zu können.

Das Entoderm, das die Innenwand des Magensackes auskleidet, besteht nur aus einer Zellage; auch hier finden sich Epithelmuskelzellen, die in Verbindung mit jenen des Ectoderms stehen, so daß sie zusammen mit diesen die Kontraktion des ganzen Körpers bewirken. Ist der Magensack mit Nahrung gefüllt, so hat man den Eindruck, als wäre er innen mit Pilzen ausgestattet. Die Entodermzellen sind nämlich tatsächlich imstande, sehr lange, äußerst dünne Protoplasmafortsätze auszusenden, die sich schwingend bewegen können und dazu beitragen, daß der Nahrungsbrei im Magensack in Zirkulation versetzt wird. Bei einer fastenden *Hydra* sind sie in der Regel mehr oder weniger stark eingezogen; sowohl das Ectoderm als auch das Entoderm, vor allem aber dieses letztere birgt Drüsenzellen, die im Entoderm Sekretkörner enthalten; sie sind besonders an der Mundscheibe zahlreich und schütten ihre Sekrete in den Magenhohlraum aus. In beiden Epithelien trifft man Ganglienzellen an, die durch ein Netz von Nervenfasern, das sich auf der Stützlamelle ausbreitet, miteinander in Verbindung stehen.

Die Hydren sind außerordentlich gefräßige Tiere. Sie können lange Zeit hungern, aber sie besitzen ein sonst nicht leicht im gleichen Ausmaße wiederzufindendes Vermögen, Nahrungsmaterial in sich aufzunehmen, wenn sich ihnen solches bietet. Handelt es sich um ein größeres Beuteobjekt, so legen sich alle Tentakel an dieses an; wenn es gelähmt ist, wird es durch die Mundöffnung in den Magensack befördert. Infolge der außerordentlichen Fähigkeit des Tieres zu Formveränderungen kann die Nahrung während des Verdauungsvorganges die Körpergestalt bestimmen (s. Tafel 1). Handelt es sich um eine Mückenlarve, so kann die *Hydra* sehr rasch tellerförmig werden; hat sie 10 bis 12 Daphnien verschluckt, so wird sie knotenförmig aufgetrieben. Ist das Beutetier sehr groß, etwa eine große Mückenlarve oder ein Jungfisch, so kann man sehen, wie die Entodermzellen amöbenartig sich über die Beute schieben. Solange die Verdauung währt, ist das Tier stark zusammengezogen und die Tentakel sind kurz. Die Verdauung findet in doppelter Weise statt. Sie beginnt damit, daß die Entodermzellen ein Sekret absondern, das auf die Beute auflösend wirkt und den Erfolg hat, daß sie in Stücke zerfällt (extracelluläre Verdauung). Die eigentliche Verdauung geht jedoch in den Entodermzellen selbst vor sich (intracelluläre Verdauung); diese nehmen mit Hilfe von amöboiden Fortsätzen die kleinen, durch den ersten Verdauungsakt entstandenen Partikelchen in ihren Zellkörper auf (Phagocytose) und umgeben sie mit Nahrungsvakuolen. Bei einer einzigen Art, *Hydra viridissima* PALL., findet man, wie wir das auch bei den Spongillen kennengelernt haben, eine Menge grüner Körperchen, die auch hier nichts anderes sind als einzellige Algen, sog. Zoochlorellen, die in den Entodermzellen eingelagert sind und ebenfalls verschiedene Produkte der *Hydra* ausnützen; sie gelangen auf dem Wege über interstitielle Zellen in das Ei und erhalten sich so durch die aufeinanderfolgenden Generationen in dieser Hydrenart. Wieweit das Tier aus ihnen

Nutzen zieht, mit anderen Worten, ob wir es hier mit Parasitismus oder Symbiose zu tun haben, weiß man nicht mit Sicherheit. Ist letzteres der Fall, so dürfte in erster Linie der von den Algen bei der Kohlensäureassimilation abgegebene Sauerstoff für die Atmung der Hydren von Bedeutung sein. Es wird übrigens betont, daß *H. viridissima* PALL. sich in fauligem Wasser nicht besser hält als andere Arten, dagegen treffen wir auf die interessante Tatsache, daß *H. viridissima* PALL. im Gegensatze zu den anderen Arten mit Vorliebe das Licht aufsucht, also positiv heliotropisch ist, was mit den Erfordernissen der grünen Algen übereinstimmt. Merkwürdig ist noch, daß von den anderen Arten die Zoochlorellen einfach verdaut werden; sie können sich nur in *H. viridissima* PALL. am Leben erhalten.

Die Hydren besitzen zwei Arten von Vermehrung, die ungeschlechtliche und die geschlechtliche. Einige Arten sind hermaphroditisch, andere getrenntgeschlechtlich, aber die Geschlechtsverhältnisse scheinen sich in Kulturen offenbar nicht konstant zu erhalten. Bei Hermaphroditen entwickeln sich zuerst die männlichen Geschlechtsorgane. Man hat Männchen und Weibchen derselben Art je in zwei Teile geteilt und die verschiedenen Teile zusammengefügt, die auch zusammengewachsen sind, und hat auf diesem Wege aus zwei getrenntgeschlechtlichen Individuen einen Zwitterorganismus gebildet. Aber das Zwittertum erhielt sich nicht. Schon in der nächsten Generation waren es wieder reine Männchen oder reine Weibchen.

Hydra gehört zu den wenigen Tieren, bei denen definitiv ausgebildete Geschlechtsorgane nicht vorhanden sind. Dieses eigentümliche Verhalten ist durch die interstitiellen Zellen ermöglicht. Wenn eine Geschlechtsperiode einzusetzen beginnt, bilden die interstitiellen Zellen beide Geschlechtsstoffe aus. Bei den getrenntgeschlechtlichen Formen entstehen die Hoden entlang einer an der Seitenwand des Körpers verlaufenden Spirallinie, bei den zwitterigen bilden sie sich oben knapp unterhalb der Tentakelkrone, die Eier dagegen an der mittleren Körperpartie. Die Hoden (Abb. 50) sehen aus wie krankhafte, weißliche, flache Gebilde, die sich an den Seiten des Körpers vorfinden. Bei gewissen Formen sind sie halbkugelig. Von älteren Beobachtern wurden sie für krankhafte Bildungen gehalten. Wenn die Epithelzellen mit Spermatozoen gefüllt und dadurch stark gespannt sind, werden sie gesprengt und die Samenzellen gelangen in das freie Wasser. Hierauf zieht sich das Ectoderm zusammen, interstitielle Zellen finden sich ein und bald ist jedes Anzeichen verschwunden, daß es hier zu einem Bersten der Wand gekommen ist.

Die Eibildung ist bei weitem komplizierter, aber auch hier spielen die interstitiellen Zellen eine Rolle; sie vermehren sich an der Stelle, wo ein Ei entstehen soll, lebhaft. Die fertige Eizelle hat amöbenähnliche Gestalt, indem der Rand in zahlreiche, zungenförmige Lappen ausläuft. Die Eier haben eine bedeutende Größe, zirka $1^1/_2$ mm im Durchmesser. Sie verdanken ihre Größe dem Umstande, daß eine große Anzahl von Zellen, die ursprünglich genau so wie sie beschaffen waren, zur Ernährung der einen Zelle herangezogen wird, ein Verhalten, das des öfteren im Tierreiche festgestellt werden kann. Im Anfang kann man dem Tier äußerlich nicht ansehen, daß weibliche Geschlechtselemente in Bildung begriffen sind. Das erste, was man beobachten kann, sind halbmondförmige Verdickungen im Ectoderm; sie werden später scheibenförmig, wölben sich auf und nehmen endlich Kugelgestalt an. Zuletzt wird das Epithel gesprengt und die Eizelle schiebt sich dann in den kugelförmigen Körper hinaus. Vom Ectoderm umgeben, mit breitem Stiele am Körper des Muttertieres befestigt, sitzt nun das nackte Ei und steht am freien Ende durch eine Öffnung des Ectoderms mit dem freien Wasser in Verbindung. Wenn es seine Richtungskörperchen ausgestoßen hat, ist es zur Befruchtung reif; diese findet statt, wenn das Wasser Spermatozoen enthält und eines von diesen durch die Öffnung, die eine ähnliche Rolle spielt wie die Mikropyle bei anderen Eiern, in die Eizelle eindringt. Hierauf schließt sich die Ectodermöffnung und die Furchung kann beginnen. Da wir bei *Hydra* keine lokalisierten Geschlechtsorgane vor uns haben (diffuse Gonadenbildung), besitzt *Hydra* auch nicht wie die meisten anderen Tiere besondere Drüsen, die das Ei mit einem Material zur Eischalenbildung versorgen. Die Ei-

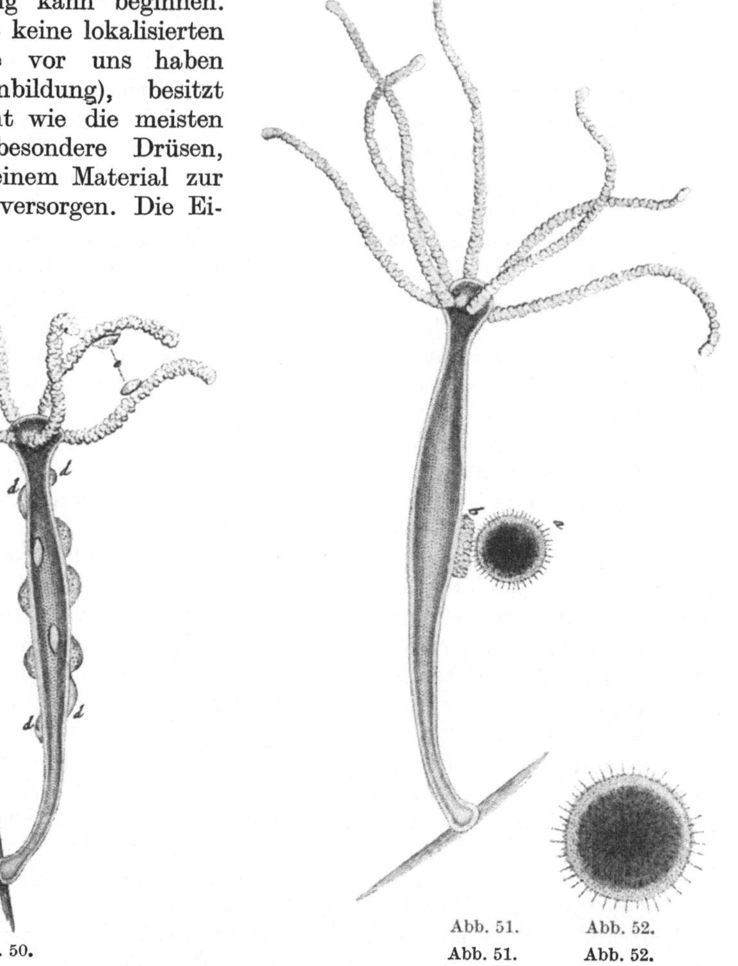

Abb. 50.

Abb. 51.   Abb. 52.

Abb. 50. *Hydra* mit Hoden (*d*) an der Körperwand; *c* Polypenläuse: *Trichodina pediculus*; *g* ein Organismus, von einem Nesselfaden eingefangen. (Rösel 1755.)

Abb. 51. *Hydra* mit eben abgestoßenem Ei (*a*); *b* Rest der Knospe, in der das Ei gebildet worden ist. (Rösel 1755.)

Abb. 52. Das Ei, stärker vergrößert. (Rösel 1755.)

schale ist denn hier auch das Produkt des Ectoderms. Sie besteht aus einem inneren, sehr feinen Häutchen und einer äußeren, mit Dornen und Zacken versehenen Schichte (Abb. 51 u. 52). Diese Eikutikula hat bei den verschiedenen Arten ein verschiedenes Aussehen und besitzt deshalb systematische Bedeutung. Die Eier sitzen lange Zeit am Körper des Muttertieres; zuletzt fallen sie ab. Das Tier zieht sich zuweilen zusammen, und zwar so stark, daß allmählich alle Eier mit der Unterlage in Berührung kommen, wobei sie hier festgeklebt werden. Schon Rösel (1755) hat die beiden Arten von Geschlechtsorganen, die Hoden und Eier, beobachtet und ausgezeichnete Bilder von ihnen geliefert, aber die Hoden hat er nicht als solche erkannt und von den Eiern dachte er wohl, daß es solche waren, aber da er die Eier nicht zur Entwicklung bringen konnte, mußte er diesen Gedanken wieder aufgeben.

Während bei den marinen Nesseltieren aus dem Ei eine kleine, flimmernde Larve, die sog. Planula, hervorgeht, ist *Hydra* dem gleichen Gesetze wie sehr viele aus dem Meere in das Süßwasser eingewanderte Organismen unterworfen. Das freie Larvenstadium ist verlorengegangen, die ganze Entwicklung wird im Ei durchlaufen. Wenn das Junge aus dem Ei auskriecht, ist es ein vollständig fertiger kleiner Süßwasserpolyp. Die Geschlechtsperiode ist an bestimmte Zeiten des Jahres gebunden: bei den beiden Arten *H. viridissima* PALL. und *H. vulgaris* PALL. tritt die Geschlechtsreife im Frühjahre, bei *H. oligactis* PALL. im Herbst und Winter ein. Nach der Geschlechtsperiode kommt es häufig zu Depressionszuständen, die zum Tode führen können. Doch ist das nicht unbedingt nötig. Reichliche Ernährung während der Fortpflanzungsperiode kann die Tiere am Leben erhalten; ja man hat sogar beobachtet, daß ein Männchen siebenmal und ein Weibchen sechsmal hintereinander Geschlechtsprodukte erzeugten. *H. oligactis* PALL. erhält sich vielfach während des ganzen Winters lebenskräftig. Material, das aus unseren Seen im November-Dezember nach Hause gebracht wurde, war jedenfalls reichlich mit *H. oligactis* PALL. besetzt. Das gleiche war der Fall mit Zweigen und abgestorbenen Bryozoenkolonien, die von einer Stelle nahe unter der Oberfläche stammten, jedenfalls bis zum Zufrieren des Sees. Dagegen sind *H. viridissima* PALL. und *H. vulgaris* PALL. Sommerformen, die wahrscheinlich als Eier unter der schützenden Eischale überwintern und erst im nächsten Frühjahr auskriechen, wenn die Temperatur steigt. *H. oligactis* PALL. wurde zu Anfang Oktober in großen Mengen gefunden und bildete da einen schleimigen Belag auf *Myriophyllum* mitten im Bagsvaerd-See; sie waren alle merkwürdig dünn, sahen sehr ausgehungert aus und hatten wenige Knospen.

Während die geschlechtliche Vermehrung nur zu bestimmten Jahreszeiten vor sich geht, spielt sich die ungeschlechtliche Vermehrung auf dem Wege der Knospung das ganze Jahr hindurch ab. Es ist dies die häufigste Form der Fortpflanzung. Die Knospen lösen sich vom Muttertier ab und die jungen Tiere entfernen sich etwas von diesem. Auf solche Weise entstehen die dichten Bewüchse mit *Hydra*, die man im Herbst, besonders bei *H. oligactis* PALL., antrifft, im Sommer auch bei *H. viridissima* PALL. Sind die Ernährungsverhältnisse günstig, so geht die Knospenbildung außerordentlich lebhaft vor sich. Es ist experimentell nachgewiesen, daß im Verlaufe von zwölf Tagen aus zirka 225 Hydren durch Knospung fast achtmal so viele werden können.

Der Beginn einer Knospenbildung ist dadurch gekennzeichnet, daß sich auch hier an einer Stelle im Ectoderm die interstitiellen Zellen sammeln, und es entsteht eine kleine Vortreibung, die größer und größer wird. Die Beule ist kompakt und wird von Ectoderm- und Entodermzellen gebildet, die voneinander durch die Stützlamelle getrennt sind. Der kleine Auswuchs streckt sich, es entsteht in seiner Mitte ein Hohlraum, der später mit dem Gastralraum des Muttertieres in Verbindung tritt (Abb. 39). An der dem Muttertier abgewendeten Seite entstehen Knöpfe, die zu Tentakeln auswachsen; hierauf wird die Mundöffnung gebildet. Die Knospe ist nun imstande, durch Beutefang sich selbst zu ernähren. Wir haben für eine kurze Zeit eine Kolonie vor uns, in der Muttertier und Tochterorganismus sich gegenseitig in der Ernährung unterstützen. Allmählich löst sich die Knospe los, fällt ab und es beginnt das junge Tier ein selbständiges Leben. Die Mutter und das Junge haben gleiches Aussehen, nur ist bei diesem die Zahl der Arme geringer. Im allgemeinen entstehen die Knospen an der unteren Partie des Körpers, bei *H. oligactis* PALL. in einer Schraubenlinie, aber oberhalb des

Stieles. Je reichlicher die Ernährung, desto kürzer sind die Schraubenwindungen. Eine Knospe kann in zwei Tagen fertiggestellt sein. Die Knospenbildung hängt hauptsächlich von der Ernährung ab, je reichlicher sie ist, desto mehr Knospen. Manchmal, besonders bei älteren Individuen, lösen sich die Knospen nicht ab, sondern bleiben am Muttertier sitzen und lassen selbst wieder Knospen hervorsprossen, die ebenfalls wieder solche bilden können. Auf diese Weise kann eine reich verzweigte Kolonie entstehen. Die Knospen können auch, wenn sie mit der Mutter in Verbindung stehen, in normaler Weise Geschlechtsorgane ausbilden, zumeist Hoden. Man hat überdies beobachtet, daß ein Hoden des Muttertieres, das ursprünglich sieben gebildet hat, auf die Knospe überwanderte, so daß die Mutter nur mehr sechs besaß. Hierüber siehe Näheres bei SCHULZE 1918. Die Vermehrung durch Knospen kann außerordentlich rasch vor sich gehen. TREMBLEY teilt mit, daß ein Polyp im Sommer pro Monat 20 Junge produzierte; nach SCHÄFFER bringt ein Tier innerhalb der fünf Sommermonate 30 Generationen hervor, die zusammen 25.467 Individuen bildeten.

Ungeschlechtliche Vermehrung durch Knospung kommt bei weitem am häufigsten vor und ist in der Natur jedenfalls die normale Form der ungeschlechtlichen Fortpflanzung. Im Laboratorium hat man hie und da Querteilung beobachtet, Längsteilung dagegen nur in ganz vereinzelten Fällen; sie spielt für die Vermehrung kaum eine nennenswerte Rolle.

Wie schon erwähnt, besitzen die Hydren weder besondere Respirationsorgane noch Blutkreislauforgane. Es kommt ihnen Hautatmung zu. Man kann hie und da bei *Hydra* Kontraktionsbewegungen bemerken (HASE 1909), die ganz regelmäßig von der Basis gegen das Mundende verlaufen; man hält sie mit einiger Wahrscheinlichkeit für Atmungsbewegungen.

Die Süßwasserpolypen scheinen auf den ersten Blick ausgesprochen festsitzende Tiere zu sein; sie sind ja mit ihrer Fußscheibe festgeheftet und andere Bewegungen als starke Kontraktionen und Dilatationen scheinen nicht stattzufinden. Man sieht wohl *Hydra* ihren Körper hin und her schwingen, die Tentakel ausstrecken und wieder zusammenziehen, dies alles, um den Fangraum für die Beute zu erweitern. Eine hungernde *Hydra* ist imstande, ihren Körper außerordentlich zu verlängern. Besonders eine Art, *H. oligactis* PALL., vermag ihre Fangarme sehr ausgiebig zu strecken, so daß sie bis 25 cm lang werden, und sie kann sie mit einem Ruck auf 3 bis 4 mm verkürzen. Im ausgestreckten Zustande sind sie dünn wie die Fäden eines Spinngewebes und nur schwer mit dem bloßen Auge wahrzunehmen (Abb. 40). Immerhin sind die Hydren auch imstande, Ortsveränderungen durchzuführen. Ändert man die Richtung des Lichteinfalles, so kann man am nächsten Tage feststellen, daß sie sich von ihren alten Plätzen wegbegeben haben. Die häufigste Bewegungsart ist ähnlich der der Spannerraupe (Tafel 1, Fig. 7). Das Tier befestigt die Tentakelkrone auf der Unterlage, läßt die Fußscheibe los und nähert sie den Tentakeln; hierauf heben sich die Tentakel von der Unterlage ab und das Tier streckt sich. Auf diese Weise kriechen sie wie Spannerraupen auf der Unterlage (Tafel 1, Fig. 8). Mehr als 2 cm Weges sollen sie aber auch an Sommertagen nicht zurücklegen können, bei niedrigen Temperaturen ist der Weg weit kürzer. Die stärkste Beweglichkeit zeigt *H. viridissima* PALL., die die hellsten Partien des Aquariums aufsucht, während andere Arten die dunklen Teile bevorzugen.

Ältere Beobachter haben behauptet, daß die Fußscheibe von *Hydra* mit einem Aboralporus oder einer Fußöffnung ausgestattet sei. Dann scheint es, als ob das Vorhandensein dieses Porus völlig in Vergessenheit geraten sei. Erst 1927 bis 1928 wurde er wieder von KANAJEW beobachtet, später auch von FRANZ (1937), der deutlich sah, daß Schleim durch die Mitte der Fußscheibe ausgespritzt wurde; ferner gab er von dem Prozeß instruktive Zeichnungen. Ein Porus findet sich aber nur, wenn Schleim abgegeben werden soll.

Die Hydren sind Kosmopoliten. Sie leben in Grönland und in den antarktischen Gebieten, man findet sie auf der ganzen Erde verbreitet. In den Alpenseen gehen sie in Höhen bis mindestens 2400 m hinauf und im Genfersee sind sie in einer Tiefe von 300 m nachgewiesen. In stark strömendem Wasser kommen sie nicht vor, aber man trifft sie oft auf Zweigen und welken Blättern in unseren langsam fließenden Waldbächen an, vielfach als zusammenhängender schleimiger Überzug (*H. oligactis* PALL. zu Beginn des Winters). Sie setzen sich auf allem Möglichen fest: auf grünen Blättern, Zweigen, Schneckenschalen, Bryozoen und den Röhren der Köcherfliegenlarven. Nicht selten trifft man sie mit einem Schleimfaden an der Wasseroberfläche befestigt an. In der Fußscheibe, mit der sie auf der Unterlage befestigt sind, sollen in bestimmten Zellen Luftblasen entstehen. Indem die Fußscheibe sich ablöst, steigen die Tiere, mit dieser voran, an die Oberfläche, wo sie mit Hilfe eines Klebstoffes sich befestigen. Man hat sie auch freischwimmend im Wasser angetroffen, fortgerissen durch Wasserströmungen.

Die Hydren spielen in manchen Kapiteln der Zoologie und Physiologie eine bedeutende Rolle. Denn man hat sie vielfach verwendet, um bestimmte Probleme einer Aufklärung zuzuführen zu versuchen. Das gilt besonders für die zwei großen Gebiete der Regeneration und der Geschlechtsbestimmung einerseits und Untersuchungen der Ursachen der Geschlechtszellenbildung anderseits. Daß die Hydren beim Studium der Regenerationserscheinungen eine so bedeutende Rolle spielen, ist sehr natürlich. In den oben erwähnten interstitiellen Zellen, die am ehesten als embryonale Zellen aufgefaßt werden können, verfügen die Hydren über ein Heer von Reservezellen, bei denen nicht voraus bestimmt ist, was aus ihnen werden wird. Je nach den Anforderungen, die an das Tier gestellt werden, kann dieses sein ganzes Leben hindurch alle seine Zellen aus ihnen aufbauen, Nesselzellen, Nervenzellen, Geschlechtszellen, Drüsenzellen, Knospen ausbilden usw. Man hat mit gutem Grunde hervorgehoben, daß die Hydren eigentlich unsterbliche Organismen seien. Indem jede hinsiechende Zelle durch die unsterblichen interstitiellen Zellen ersetzt werden kann (SCHLOTTKE 1931), ist es schwer zu sagen, wo das Leben aufhört und wo es beginnt. Es ist weiter klar, daß ein Organismus, der über ein Zellmaterial verfügt, das im großen und ganzen hinwandern kann, wohin immer es sei, und sich fast zu allem umwandeln kann, was immer es sei, der also kaum ein Prinzip der Arbeitsteilung kennt, in weit höherem Grade als andere Tiere in Stücke zerlegt werden und doch weiter wachsen kann. Man kann mit einer *Hydra* ungefähr machen, was man will. Teilen wir sie in zwei Stücke, so bewirken wir nur, daß daraus zwei Tiere werden. Überall wo bei einem Organismus das Prinzip der Arbeitsteilung Geltung hat, wo eine Reihe von Organen jedes seine Aufgabe besitzt, die von einem anderen Organ nicht übernommen werden kann, ist die Möglichkeit für etwas Derartiges in viel geringerem Ausmaße gegeben. Man kann die Hydren wohl nicht, wie das bei den Spongillen der Fall ist, ganz auflösen und durch Gaze pressen, aber man kann sich mit ihnen doch mancherlei erlauben, was nicht minder merkwürdig ist. RÖSEL (1755) nahm eine Anzahl Tiere (*H. oligactis* PALL.) und verwandelte sie, wie er sagt, zu einem Brei. Am fünften Tage hatten sich aus dem Brei so viele Tiere gebildet, als ursprünglich Einzeltiere vorhanden waren. Selbst draußen unter natürlichen Verhältnissen sieht man, wie die Hydren ihr einzigartiges Regenerationsvermögen ausnützen. Unter ungünstigen Umständen und selbst unter normalen, unmittelbar nach einer Sexualperiode, kann man oft feststellen, daß die Hydren Reduktionserscheinungen unterworfen sind; sie gehen in ein

Depressionsstadium über, das bewirkt, daß sie nicht allein kleiner werden, sondern auch ihre Arme einen nach dem andern abwerfen. Ja es wird mitgeteilt, daß diese Arme in den Magen eingebracht werden und als Nahrungsmittel für den übrigen Körper dienen. Bessern sich die Zeiten und steht dem Tier wieder Nahrung zur Verfügung, so sprossen die Arme, dank den interstitiellen Zellen, wieder hervor.

Man hat mit Hilfe von Experimenten diese Regenerationserscheinungen näher untersucht. Man hat nachgewiesen, daß eine *Hydra* in 100 Teile zerlegt werden kann. Aus jedem dieser 100 Teile kann sich ein neuer Polyp bilden. Jedes Stück ist nur $^1/_5$ mm groß. Wenn man es mit Knospen zu tun hat, die ja im wesentlichen aus interstitiellen Zellen bestehen, so kann schon ein Stück von $^1/_9$ mm ein neues Tier ergeben. Man hat nur konstatiert, daß Arme allein kein neues Tier zu erzeugen vermögen, der Stiel allein bei *H. oligactis* PALL. gewöhnlich auch nicht. Es ist stets notwendig, daß dem Armstück ein kleiner Teil der Mundscheibe anhaftet. Am allermerkwürdigsten ist es wohl, wie eine Mundscheibe mit ihren acht Tentakeln zu einem neuen Polypen wird. Einer von den Tentakeln wächst stärker als die anderen, er wird zum Körper und bildet den Magensack (Abb. 55). Schon RÖSEL (1755) hat dasselbe beobachtet. Dieser umgewandelte Tentakel trägt die übrigen sieben Arme, von denen zwei resorbiert werden, so daß der neue Polyp nur fünf Arme besitzt. Ist die Ernährung günstig, so wird die Zahl der Arme wieder vermehrt. Die Anzahl der Arme variiert innerhalb der gleichen Art ziemlich stark, je nach den verschiedenen Fundstätten, am meisten wohl bei *H. viridissima* PALL.; je größer die Individuen sind, desto größer ist in der Regel die Anzahl der Arme. An Knospen ist, gleich nachdem sie sich abgelöst haben, die Tentakelzahl geringer als beim Muttertier.

Die Untersuchungen über das Regenerationsvermögen der Hydren gehen bis auf 1740 zurück, wo der alte TREMBLEY, der Zeitgenosse O. F. MÜLLERs, eine *Hydra* in zwei Teile teilte und dann sah, wie jeder davon ein neues Individuum bildete. Auf einer Reihe von Tafeln stellte er dar, was man sich mit diesen Tieren alles erlauben kann. Später, und als die Technik Fortschritte gemacht hatte, wurde es immer unglaublicher, was man sich alles erlauben durfte. Keiner von TREMBLEYS Versuchen ist jedoch besser bekannt geworden als folgender: Er nahm eine *Hydra*, führte durch die Mundöffnung eine Schweinsborste ein und stülpte auf diese Weise das Tier um, so daß das Ectoderm den Innenraum begrenzte und das Entoderm die Wand gegen außen bildete. Und trotzdem lebte das Tier weiter (Abb. 56). Das Experiment ist später oftmals wiederholt worden. Nicht immer, doch in vielen Fällen gelingt es. Der Gedanke, daß es Tiere gibt, die sich so sehr vom Prinzip der Arbeitsteilung losgelöst haben, daß sie mit dem Ectodermepithel verdauen und das Entoderm als Abschlußwand gegen außen verwenden können, scheint allen physiologischen Vorstellungen zu widersprechen. Nähere Untersuchungen zeigten, daß TREMBLEYS Beobachtungen wohl richtig waren, doch hat erst die neuere mikroskopische Technik klarmachen können, was dabei eigentlich vorgeht. Betrachtet man eine solche umgestülpte *Hydra* unter dem Mikroskop, so sieht man, wie das Innenepithel, das ja nun die Außenseite des Tieres bildet, sich mit einem grauen Schleier überzieht. Es ist die ursprüngliche Außenlage, die jetzt auf alle erdenkliche Weise nach außen wandert, indem sie sich ihren Weg durch die Innenschicht bahnt, diese überdeckt und ihre alte Aufgabe wieder aufnimmt. Es ist auch möglich, daß interstitielle Zellen hinauswandern. Haben wir auch auf diese Weise das Phänomen verstehen gelernt, so bleibt es darum doch nicht weniger merkwürdig.

Auf Grund des Regenerations- und Restitutionsvermögens hat man sich noch manches andere Unglaubliche erlaubt. Spaltet man eine *Hydra* der Länge nach, so daß aber die beiden Teile durch ein Gewebsstück vereinigt bleiben, und wiederholt man diese Art des Spaltens, so kann man die merkwürdigsten Kuriositäten hervorbringen, wie Abb. 53 es zeigt. Es ist dies eine Zeichnung von RÖSEL (1755).

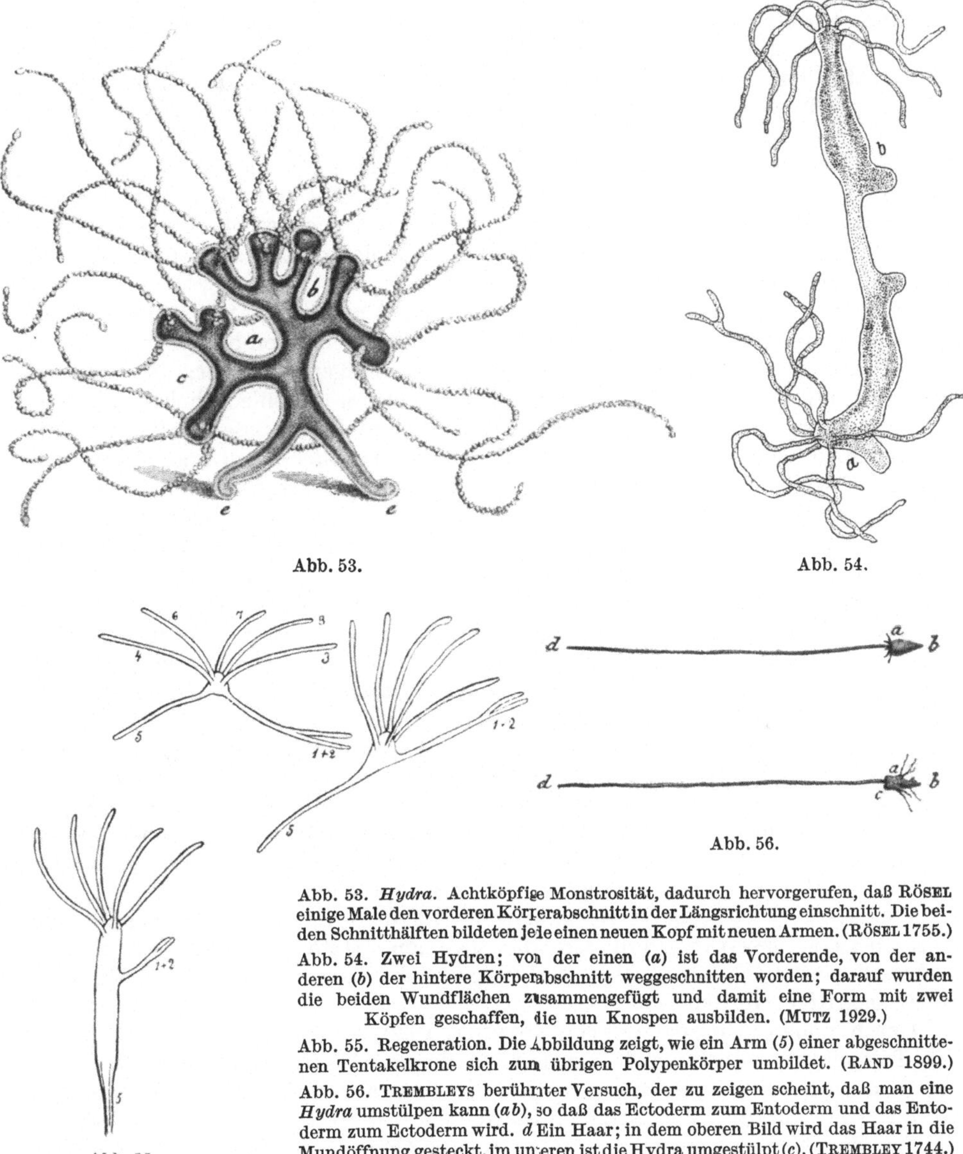

Abb. 53.

Abb. 54.

Abb. 56.

Abb. 55.

Abb. 53. *Hydra.* Achtköpfige Monstrosität, dadurch hervorgerufen, daß RÖSEL einige Male den vorderen Körperabschnitt in der Längsrichtung einschnitt. Die beiden Schnitthälften bildeten jede einen neuen Kopf mit neuen Armen. (RÖSEL 1755.)

Abb. 54. Zwei Hydren; von der einen (*a*) ist das Vorderende, von der anderen (*b*) der hintere Körperabschnitt weggeschnitten worden; darauf wurden die beiden Wundflächen zusammengefügt und damit eine Form mit zwei Köpfen geschaffen, die nun Knospen ausbilden. (MUTZ 1929.)

Abb. 55. Regeneration. Die Abbildung zeigt, wie ein Arm (*5*) einer abgeschnittenen Tentakelkrone sich zum übrigen Polypenkörper umbildet. (RAND 1899.)

Abb. 56. TREMBLEYs berühmter Versuch, der zu zeigen scheint, daß man eine *Hydra* umstülpen kann (*ab*), so daß das Ectoderm zum Entoderm und das Entoderm zum Ectoderm wird. *d* Ein Haar; in dem oberen Bild wird das Haar in die Mundöffnung gesteckt, im unteren ist die Hydra umgestülpt (*c*). (TREMBLEY 1744.)

Noch merkwürdiger ist es, daß man, wenn man zwei Hydren je in zwei Hälften teilt, die beiden vorderen Abschnitte zur Verwachsung bringen kann (Abb. 54). Man erhält dann eine *Hydra*, die an den beiden Polen Tentakel trägt. Man kann auch eine *Hydra* in die Seite einer andern einsetzen, und dieses Monstrum lebt weiter.

Ein ganz ähnliches Verhalten werden wir übrigens bei gewissen Planarien wiederfinden.

Nur eines ist nicht gelungen: zwei Arten lassen sich nicht aufeinanderpfropfen; sie können zusammenwachsen, aber eine Naht bleibt stets zurück und kurze Zeit später gehen die Tiere auseinander.

Die beiden Fortpflanzungsformen der Hydren sind Gegenstand sehr eingehender Untersuchungen gewesen. Es besteht kein Zweifel, daß reichliche Ernährung und eine Temperatur, die für die betreffende Art normal ist (niedrige Temperatur bei *H. oligactis* PALL., hohe Sommertemperatur bei *H. viridissima* PALL.), wichtige Faktoren darstellen, die erstens die Knospenbildung fördern und zweitens bewirken, daß die Knospen rasch sich vom Muttertier lösen. Nimmt die Nahrung ab, so werden die Knospen, namentlich bei älteren Individuen, sich vom Muttertier nicht trennen. Sie werden selbst Knospen hervorsprossen lassen und diese wieder, so daß, wie man es oft sehen kann, auf diese Weise ein Gebilde entsteht, das man als Kolonie zu bezeichnen pflegt, die oft reich verzweigt sein kann.

Viel schwieriger ist es, sich darüber Klarheit zu verschaffen, was die Entwicklung der Geschlechtszellen bedingt. Die Untersuchungen haben gegenwärtig, wie es scheint, wenigstens nach der Meinung einiger Forscher, das Ergebnis gezeitigt, daß die einzelnen Arten sowohl in getrenntgeschlechtlichem als auch in hermaphroditischem Zustande auftreten können. In gewissen Fällen hat man feststellen können, daß ein Individuum zuerst männliche und später weibliche Geschlechtszellen produziert. So war die Möglichkeit gegeben, daß der Hermaphroditismus die normale Geschlechtsausbildung sei; doch liegen anderseits Untersuchungen vor, nach denen man ganze Serien von Individuen erhalten kann, die konstant entweder nur Samenzellen oder nur Eizellen, niemals aber beide Geschlechtselemente erzeugen. Daß ein und dieselbe Art normalerweise in Hermaphroditen und in getrenntgeschlechtliche Formen gespalten sein sollte, das ist sehr unwahrscheinlich. Es dürfte wohl das natürlichste sein, die Verhältnisse bei *Hydra* so aufzufassen, daß sie wirklich Hermaphroditen sind, daß die Bildung der männlichen Geschlechtsprodukte häufiger und leichter vor sich geht als die der weiblichen und daß für die Produktion der letzteren sowohl gewisse innere als auch äußere Bedingungen erforderlich sind, die sich jedoch gegenwärtig unserer Kenntnis entziehen. Wenn die Anschauung richtig ist, die annimmt, daß bei den sog. getrenntgeschlechtlichen Arten das aus einer Knospe entstandene Individuum stets das gleiche Geschlecht wie die Mutter besitzt, würde das allerdings gegen obige Auffassung sprechen.

Wie überall, wo man herauszubringen versucht hat, was den Eintritt der Sexualperiode bewirkt, muß auf die gleichen, stets wiederkehrenden Faktoren, Variationen von Licht, Nahrung, Wärme und Atmungsverhältnissen, zurückgegriffen werden.

Durch neuere Untersuchungen (STOLTE 1929) wurde folgendes festgestellt: Die Temperatur selbst übt keinen entscheidenden Einfluß auf die Entwicklung der Geschlechtszellen aus, dagegen wirkt sie stark auf die Länge der Geschlechtsperiode und auf die Menge der produzierten Ei- und Samenzellen. Dagegen scheint die Nahrungsmenge entscheidenden Einfluß zu besitzen. Reichliche Nahrung ruft vor allem vermehrte Knospenbildung hervor und ändert gleichzeitig die Farbe der Tiere; die Farbe von *H. attenuata* PALL. geht von Grau in Rot über. Einige Zeit später beginnt die Ausbildung der Sexualzellen. Im Sommer findet man überwiegend männliche Tiere mit reichlicher Hodenentwicklung, im Herbst überwiegend Weibchen mit Eiproduktion. Die weiblichen Herbsttiere bringen nur wenige Knospen hervor, die männlichen Sommertiere dagegen viele. Während der Ausbildung der Geschlechtszellen und namentlich nach einer ergiebigen Sexualperiode gehen die Tiere in einen Depressionszustand

über. Die rote Farbe schlägt wieder in Grau zurück. Der Übergang von reichlicher ungeschlechtlicher Vermehrung zu überwiegend geschlechtlicher ist sowohl
inneren Faktoren als auch Änderungen in den äußeren Verhältnissen zuzuschreiben. Übrigens kommen die meisten Forscher zu einem ähnlichen Resultat, mit
welchen Tieren immer sie gearbeitet haben mögen.

Die Hydren haben zahlreiche Feinde. In den Aquarien findet man sie oft
mit einem Wimperinfusor, *Trichodina pediculus* L., reichlich besetzt, einem
flachen, scheibenförmigen, flimmernden Tier, das sich auf Körper und Armen
auf und ab bewegt. Weder sie noch ein anderer Ciliat, *Kerona pediculus* O.F.M.,
wird in irgendeiner Weise durch die Nesselkapseln angegriffen. Beide werden
zumeist als Polypenläuse bezeichnet. Auch andere Wimperinfusorien und weiter
gewisse Amöben, wie z. B. *Hydramoeba hydroxena*, finden sich mit den Süßwasserpolypen vergesellschaftet.

Sehr merkwürdig ist das Verhalten eines Turbellars *(Microstoma)* zu den
Hydren. Man fand in der Haut dieses Tieres zahlreiche Nesselkapseln eingelagert, was in hohem Grade Verwunderung erwecken mußte, da Nesselkapseln
bei den Turbellarien und überhaupt bei den Würmern nicht vorkommen. Es
zeigte sich, daß sie die Nesselkapseln aufnahmen, wenn sie an den Hydren entlang
glitten oder sie verzehrten. Das Gift hatte gar keinen Einfluß auf sie. Nähere
Untersuchung hat gelehrt, daß *Microstoma*, wenn die Nesselkapseln an ihr wieder
verschwunden sind, die Hydren aufsucht, und weiter, daß, wenn man *Microstoma* durch 22 Generationen hält, ohne daß sie mit *Hydra* zusammenkommt,
das Turbellar in der 23. Generation sofort direkt auf *Hydra* losgeht, wenn man
sie ihm darbietet. Ob die Nesselkapseln wirklich zur Verteidigung verwendet
werden, das ist noch nicht klargestellt. Wie bekannt, findet man ganz analoge
Verhältnisse bei einigen nackten Kiemenschnecken des Meeres, den Äolidiern,
die auch die Nesselkapseln von Hydrozoen und Aktinien aufnehmen und diese
in den Rückenpapillen ablagern.

Vor kurzem (BORG 1935) wurde die merkwürdige Beobachtung gemacht, daß
eine Daphnie, *Anchistropus emarginatus* SARS, die als seltene Art gilt, eng mit
Hydroidkolonien vergesellschaftet und, wie es scheint, an diese gut angepaßt ist.
(Weiteres unter Daphnien.)

Auch *Corethra* und *Chironomus*-Larven sollen Hydren einfangen und verzehren.
Fische scheuen sie in der Regel, Jungfische von Forellen werden häufig ihre Beute.

Es sind sehr viele Arten beschrieben worden, und zwar aus den meisten Gebieten der Erde. Einigermaßen gut untersucht sind jedoch nur die europäischen
Arten. Nur im Hinblick auf diese kann man sich eine Übersicht über die Arten
und Artcharaktere machen. Dies ist in erster Linie P. SCHULZE (1917) zu danken.
Die alte Gattung *Hydra* wird nun in drei Gattungen untergeteilt: *Chlorohydra,
Hydra* und *Pelmatohydra*, die leicht voneinander zu unterscheiden sind. *Chlorohydra* ist durch Zoochlorellen grün; ihre Eischale hat keine Stacheln, sondern ist
ausgestattet mit fünf- bis sechsseitigen prismatischen Säulen. Bei den Eiern
der beiden anderen Genera sind die Schalen mit Stacheln versehen, *Pelmatohydra*
weicht aber von *Hydra* dadurch ab, daß sie einen deutlich abgesetzten, langen
Stiel besitzt, der histologisch einen anderen Bau aufweist als der übrige Körper.
Übrigens unterscheiden sich die beiden Genera voneinander auch in der gesetzmäßigen Art der Knospenbildung und in der Art und Weise, wie die Tentakel
an den Knospen entstehen. Als Artcharaktere werden verwendet in erster Linie
Bau und Form der Nesselkapseln: der Penetranten und Glutinanten, weiter
die Form der Eier und der Hoden und die Geschlechtsverhältnisse. In der vorangehenden Darstellung sind alle Formen unter dem Gattungsnamen *Hydra* angeführt worden.

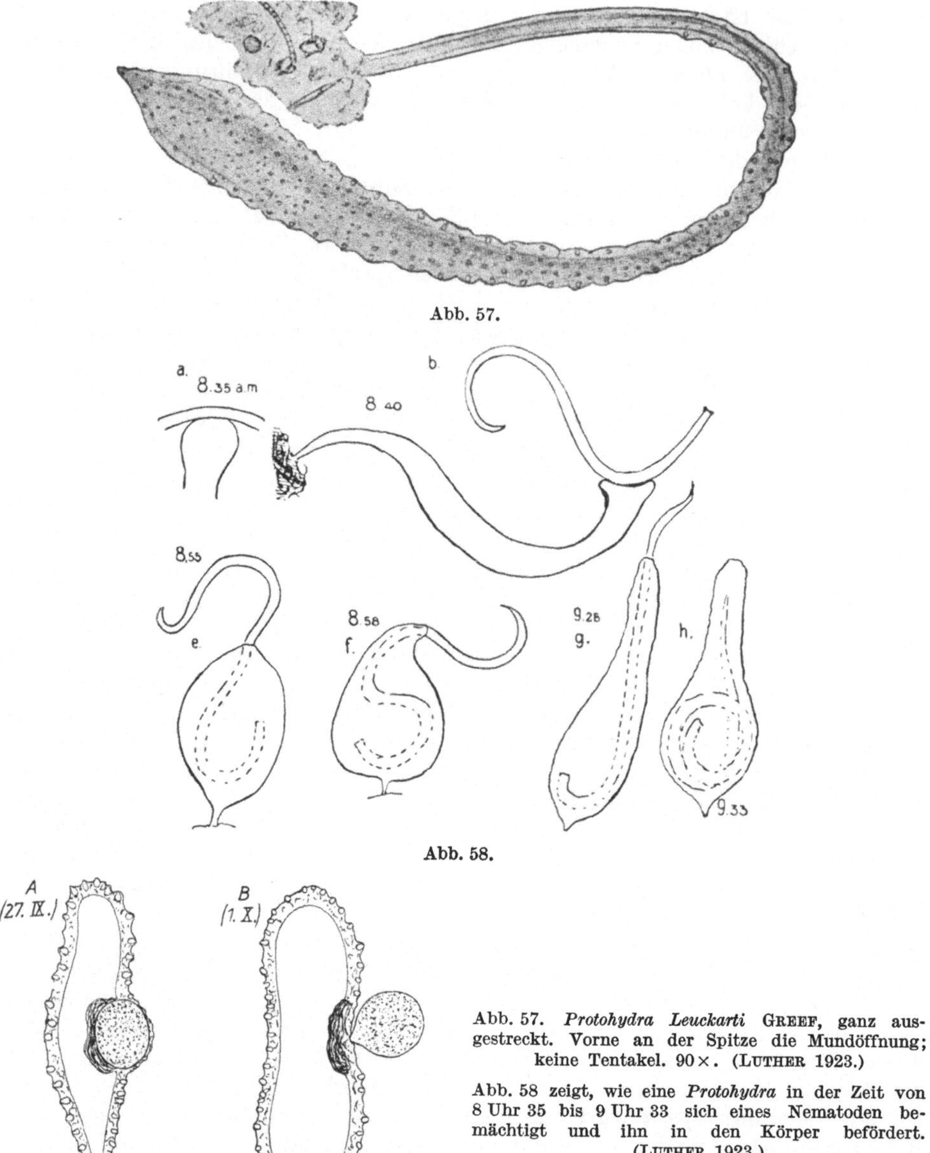

Abb. 57.

Abb. 58.

Abb. 59.

Abb. 57. *Protohydra Leuckarti* GREEF, ganz ausgestreckt. Vorne an der Spitze die Mundöffnung; keine Tentakel. 90×. (LUTHER 1923.)

Abb. 58 zeigt, wie eine *Protohydra* in der Zeit von 8 Uhr 35 bis 9 Uhr 33 sich eines Nematoden bemächtigt und ihn in den Körper befördert. (LUTHER 1923.)

Abb. 59. *Protohydra Leuckarti* GREEF bei der Eiablage. Das gleiche Tier am 27. IX. und 1. X. gezeichnet; in *B* das Ei ausgestoßen. (WESTBLAD 1935.)

Aus Europa sind bisher beschrieben eine Art von *Chlorohydra (C. viridissima* (PALL) = *Hydra viridis* L.*)*, zwei Arten von *Pelmatohydra (P. oligactis* (PALL) = *Hydra fusca* L.*)* und *P. Braueri* (BEDOT), aber fünf Gattungen von *Hydra*. Von diesen ist *Hydra vulgaris* PALLAS (= *H. grisea* L.) die am häufigsten vorkommende.

Möglicherweise mit *Hydra* verwandt, aber doch viel primitiver ist die Brackwasserform *Protohydra Leuckarti* (Abb. 57 bis 59), die GREEF 1868 bei Ostende entdeckt hat. Später wurde sie in einer Hafenbucht bei der finnischen biologischen Station Tvärmine bei einem Salzgehalt von $5^0/_{00}$ gefunden. Sie ist auch in Südengland und bei Kiel festgestellt worden. In den letzten Jahren wurde sie auch an den Küsten Dänemarks mehrmals gefunden. Von Luther 1923 wurde sie näher beschrieben. Das Tier ist außerordentlich formwechselnd, sehr klein, höchstens $1^1/_2$ mm lang. Im kontrahierten Zustande ist es birn- oder eiförmig mit rauher Oberfläche. Das Hinterende ist im Schlamm befestigt. Dem Vorderende fehlen die Tentakel vollkommen. Vom Hinterende gehen lange Schleimfäden aus, mit denen sich das Tier festheftet. Läßt man das Tier in Ruhe, so streckt es sich zu einem langen, sehr dünnen Sack aus, der sich auf sich selbst zurückbiegen kann. Das Vorderende kann in den verschiedensten Richtungen be-

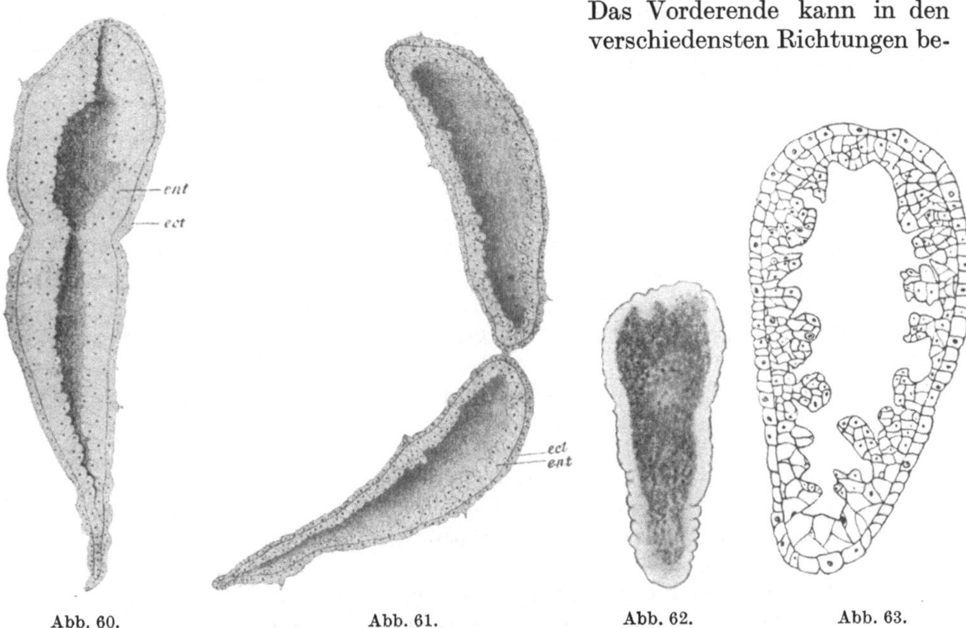

Abb. 60.   Abb. 61.   Abb. 62.   Abb. 63.

Abb. 60 u. 61. *Protohydra* in Teilung. *ect* Ectoderm; *ent* Entoderm. (Aders 1903.)
Abb. 62. Eine *Hydra*, die vier Wochen gehungert hat; sie hat die Tentakel verloren und gleicht sehr einer *Protohydra*.
Abb. 63. Schnitt durch eine solche ausgehungerte *Hydra*. (Berninger 1910.)

wegt werden und wird oft in eine dünne Spitze ausgezogen, auf der sich die Mundöffnung befindet. Diese kann wieder eingezogen werden, wodurch das Vorderende wieder abgerundet wird. Indem es sich vor- und zurückkrümmt und durch Pumpbewegungen das Vorderende aus- und einzieht, sucht das Tier die Umgebung ab. Kommt ein Objekt in seine Nähe, so wird dieses von den Nesselzellen gelähmt. Das Vorderende paßt sich der Form des Opfers an. Der Mund öffnet sich und langsam gleitet das Tier gleichsam über das Opfer hinüber, das immer mehr und mehr in die Körperhöhle hinabsinkt. Oft löst sich *Protohydra* dabei von der Unterlage los und liegt dann unbeweglich am Boden. In dieser Stellung wird die Beute verdaut und der unverdauliche Rest findet sich später als ein Klumpen vor dem Tier liegend.

Das Tier hat einen schwachen, bläulichgrünen Ton, der auf eine Alge, *Aphanothece*, zurückzuführen ist, die häufig seine Oberfläche bedeckt; auch farblose und rötliche Formen sind gesehen worden. Knospenbildung ist beobachtet worden. An den untersuchten Örtlichkeiten verschwindet die Art im Winter; wie die Überwinterung erfolgt, weiß man nicht.

In histologischer Hinsicht stimmt *Protohydra* in hohem Grade mit *Hydra* überein. Sie ist aus den beiden gleichen Schichten aufgebaut, die durch eine Stützlamelle getrennt sind. Auch die Zellformen sind dieselben, Nesselzellen finden sich über den ganzen Körper verstreut; nur am Fußende fehlen sie. *Protohydra* ist ein in jeder Hinsicht interessanter Organismus. Er scheint der *Hydra* außerordentlich nahezustehen, nicht zum wenigsten, weil man, wenn man Hydren 13 bis 14 Wochen hungern läßt, dieselben in einen sackförmigen Körper ohne Spur von Tentakeln verwandeln kann, die dann sowohl im Äußern wie auch im Schnittbild in erstaunlichem Grade einer *Protohydra* ähnlich sehen (BERNINGER 1910; Abb. 62 bis 63). Anderseits unterscheidet sie sich von *Hydra* sehr wesentlich. Es scheint nämlich, daß sie sich n o r m a l e r w e i s e nicht durch Knospenbildung, sondern durch Querteilung vermehrt, was bei *Hydra* normal nicht vorkommt. ADERS 1903 (Abb. 60 u. 61) hat sie näher untersucht. Man hat oftmals den Gedanken erwogen, ob *Protohydra* keine selbständige Form, sondern nur eine ungeschlechtliche Entwicklungsform eines Hydroidpolypen sei, dessen Medusengeneration uns unbekannt ist. Die normale Fortpflanzung durch Querteilung ist jedenfalls merkwürdig, weil die ungeschlechtliche Fortpflanzung bei den Hydroidpolypen nicht durch Querteilung, sondern auf dem Wege von Seitenknospen erfolgt, während die Querteilung der charakteristische Vermehrungsmodus der Scyphopolypen ist (siehe übrigens ABONYI 1929). Von anderer Seite (HADZI 1928) wird hervorgehoben, daß *Protohydra* den Coryniden sehr nahestehe und mit *Hydra* nichts zu tun habe. Geschlechtliche Fortpflanzung ist neuerdings von WESTBLAD 1935 (Abb. 59) nachgewiesen worden.

Fam. *Clavidae*.

Cordylophora lacustris ALLM. (Abb. 64 bis 67). Im Süßwasser findet man noch eine Form von Hydroiden: *Cordylophora lacustris* ALLM., die in einer Reihe entscheidender Punkte von *Hydra* stark abweicht.

Es ist eine marine Form, die vermutlich in einer nicht allzu fernen Vorzeit ins Süßwasser einzuwandern begonnen hat, noch stark dem Brackwasser angehört, sich in Fjordmündungen und Binnenhäfen findet, aber schon so weit in die Flüsse hinaufgeht, daß sie dann in vollkommenem Süßwasser lebt. Sie wurde schon zu Beginn des vorigen Jahrhunderts bei Stockholm beobachtet, aber erst 1843 in einer schönen Monographie von ALLMAN (1843) beschrieben, später eingehender von F. E. SCHULZE (1871). Sie wird gegenwärtig weit entfernt vom Meer in verschiedenen Seen gefunden, z. B. im Müggelsee bei Berlin, in der Saale bei Halle; sie ist sehr häufig im Ringköbing-Fjord (W.-L. 1895), in Hjälmar und an anderen Stellen.

Während es schwerfällt, die marinen Vorfahren von *Hydra* anzugeben, verursacht dies bei *Cordylophora* keine Schwierigkeiten. Sie gehört zu der im übrigen typisch marinen Familie der *Clavidae*, die zur Gruppe der *Athecata* zu rechnen ist, d. h. zu jener, bei der kein becherförmiges Gehäuse vorkommt, in das sich die Einzelindividuen zurückziehen können.

Während die einzelnen Knospen bei *Hydra* eine nach der anderen abfallen und wir deshalb in der Regel keine Koloniebildung vorfinden, verbleiben die Knospen bei *Cordylophora* in stetem Zusammenhang mit dem Mutterindividuum. Es entstehen so große Kolonien, zahlreiche dicht beieinandersitzende Zweige, die aus einer wurzelförmigen Grundpartie aufragen, welche an einer Unterlage, zumeist an Steinen, Pfählen, Muscheln, Schnecken usw., festgeklebt ist. *Cordylophora* kann große Flächen mit einem 4 bis 5 cm hohen, sehr dichten Rasen bedecken und ist den Fischern der deutschen Binnenhäfen wohlbekannt; sie nennen sie Moos („Prickmoss").

Die einzelnen Stöcke, die von der wurzelförmigen, zumeist schwarzen Grundpartie sich senkrecht in das Wasser vorstrecken, sind reich verzweigt. Neue

Abb. 64. *Cordylophora lacustris* ALLM. Ein Teil einer Kolonie mit drei Nährpolypen und acht weiblichen Gonophoren in fortschreitender Entwicklung von *1* bis *8*. *8* mit fast vollständig entwickelten Larven. 30×. (F. E. SCHULZE 1871.)

Individuen erster bis vierter Ordnung entstehen an den älteren und sprossen aus den Haupt- und Nebenzweigen hervor. Alle Teile der Kolonie stehen untereinander in Verbindung. Die ganze Kolonie ist mit einem chitinartigen Perisark bekleidet bis hinauf zur Basis der Einzelindividuen. Das Einzeltier ist keulenförmig und hat eine vordere, vorstehende Partie, die sog. Proboscis, an deren Spitze sich die Mundöffnung befindet. Unterhalb dieses Vorderabschnittes entspringen die Tentakel, deren Anzahl größer ist als bei *Hydra*; gewöhnlich sind es über 20. Diese Tentakel sind nicht wie bei dieser hohl. Der Zentralteil ist nämlich ausgefüllt von einer einzigen Reihe von Entodermzellen, die scheibenförmig übereinanderliegen. Auf den Tentakeln finden sich die Nesselkapseln, aber nur in zwei Formen, Penetranten und Volventen. Die erstgenannten sind überdies kleiner und von weniger kompliziertem Bau als bei *Hydra*. Der histo-

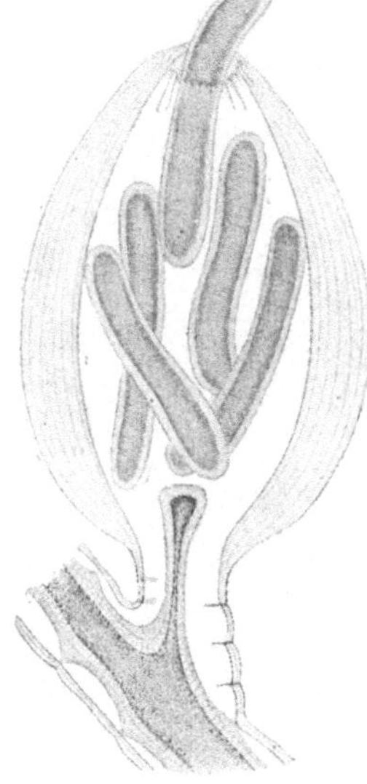

Abb. 65.

Abb. 66.

Abb. 65. *Cordylophora lacustris* ALLM. Larven im Begriff, durch eine Öffnung an der Spitze der Gonophore auszuschlüpfen. 50×. (F. E. SCHULZE 1871.)

Abb. 66. *Cordylophora lacustris*. Kolonie mit ihrem Wurzelwerk. 2×. (PAULY 1901.)

Abb. 67. Nährpolyp, der eine Mückenlarve geschluckt hat. 20×. (PAULY 1901.)

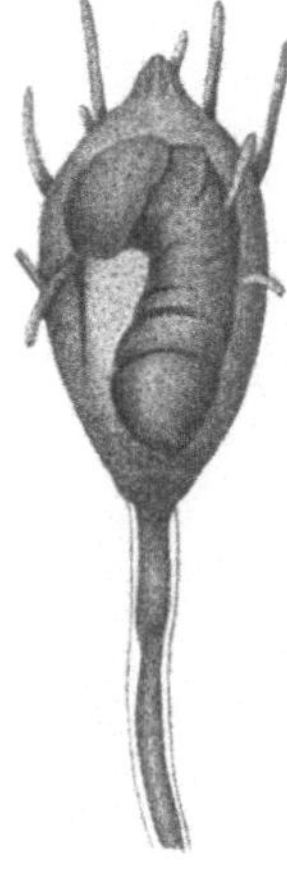

Abb. 67.

logische Bau ist in seinen Grundzügen nicht sehr verschieden von dem der *Hydra*; auch hier finden sich interstitielle Zellen, doch dürfte deren Bedeutung kaum so groß sein, aber darüber weiß man nichts Näheres. Sehr abweichend sind die Fortpflanzungsverhältnisse. Eine freilebende Medusengeneration findet sich auch hier nicht. Dagegen reifen die Geschlechtsprodukte in besonderen, großen, birnförmigen Behältern, den sog. Gonophoren, die wohl nichts anderes sind als umgewandelte Ernährungsindividuen, denen die Tentakel fehlen. Die beiden Geschlechter sind auf verschiedene Kolonien verteilt, die männlichen und weiblichen Gonophoren haben ein recht verschiedenes Aussehen. Die männlichen sind mehr langgestreckt als die weiblichen, die männlichen Geschlechtszellen entstehen und reifen in ihnen, wobei sich die Gonophoren mit ungeheuren Mengen von Spermatozoen füllen. Die weiblichen Geschlechtszellen dagegen entstehen außerhalb der Gonophoren in der Keimzone des Ectoderms, worauf sie in die weiblichen Gonophoren einwandern. Hier machen sie nach der Befruchtung eine Reihe von Teilungen durch und es entsteht eine kleine, cilienbedeckte, wurstförmige Larve (Abb. 65). Der weibliche Gonophor öffnet sich und die Larve (Planula) schlüpft aus und führt, ehe sie sich festsetzt, eine pelagische Lebensweise. Man weiß nicht, wo die Befruchtung vor sich geht, wahrscheinlich im Innern der Kolonie. Das Planulastadium dauert kaum mehr als 24 Stunden.

Im Winter sterben die meisten der aufgerichteten Zweige ab, zurück bleibt nur das horizontale, schwarze Wurzelgewebe, von dem sich kurze, dunkle Zweige erheben. Alle Köpfe sind abgefallen, die Tentakel verschwunden und alle Weichteile in das Wurzelgewebe zurückgezogen, hinter dessen dicker, schützender Chitinschicht sie überwintern, um im nächsten Frühjahr neue Individuen hervorsprossen zu lassen.

Wenn die Kolonien im Sommer voll entwickelt sind, bieten sie mit ihrer großen Schar von Tentakelkronen einen prächtigen Anblick. Die Einzelindividuen sind durch äußere Eingriffe wenig beeinflußbar. Stört man ein Individuum, so wirkt das, wie es scheint, auf die anderen nicht ein. Ihr Regenerationsvermögen ist groß. Schneidet man ein Individuum ab — einen Ernährungspolypen oder einen Gonophor —, so wächst ein neues nach, ein Ernährungspolyp im Verlaufe von ungefähr fünf Tagen.

Cordylophora lacustris ALLM. ist zweifellos eine marine Form, die sich langsam an das Leben im Süßwasser angepaßt hat. Sie hat wie einige andere aus dem Meer eingewanderte Formen das freischwimmende Larvenstadium nicht verloren, aber sie ist doch durch das Leben im Süßwasser beeinflußt, an das sie, wie es scheint, noch nicht voll angepaßt ist. Im Brackwasser z. B. bildet sie oft fünf Gonophoren an einem Seitenzweig aus, im Süßwasser nur drei bis einen. Im Brackwasser enthalten die weiblichen Gonophoren 6 bis 20 Eier, im Süßwasser in der Regel nur drei bis sechs (P. SCHULZE).

Die größten Feinde der *Cordylophora*-Bewüchse scheinen die Schnecken zu sein, im Meer eine kleine nackte Kiemenschnecke, *Aeolis exigua*, im Süßwasser besonders *Limnaea ovata*.

Ordnung: **Trachylina.**

Die Ordnung *Trachylina* umfaßt einzellebende, medusoide Hydrozoen, die gewöhnlich keine Polypengeneration und keinen Generationswechsel besitzen. Zu dieser Ordnung gehört auf jeden Fall eine Süßwassermeduse, die im Tanganyikasee gefunden wird, die in mancher Hinsicht merkwürdige *Limnocnida Tanganyicae* GÜNTHER; sie ist von MOORE (1903) (Abb. 68) ausführlich beschrieben worden. Es ist eine ausgesprochen pelagische Form, die in den großen Tiefen des freien Sees lebt. Sie erreicht eine Größe von „a two shilling-piece". Das Tier ist fast scheibenförmig, der Magenschlauch äußerst kurz, aber sehr breit. Sie ist außerordentlich hyalin, die Tentakel sind, wie die Abbildung zeigt, von sehr verschiedener Länge. Am Magenschlauch

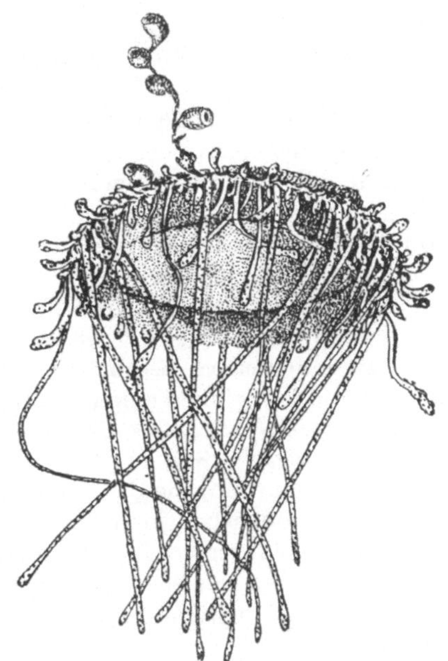

Abb. 68. *Limnocnida Tanganyicae* GÜNTHER. $1^1/_3 \times$. (MOORE 1903.)

werden durch Knospung neue Individuen gebildet und später entstehen hier bei Männchen und Weibchen die Geschlechtsprodukte. Es ist schwer, sich an Hand des Berichtes von MOORE eine klare Vorstellung über den Lebenszyklus dieser merwürdigen Form zu bilden, ebenso wie man auch vom anatomischen Bau des Tieres kaum sagen kann, daß er klargestellt ist. Soviel scheint sicher zu sein, daß die Qualle sich eine Zeitlang durch Knospung vermehrt und junge, in Trauben herabhängende Quallen bildet; hierauf entstehen die Geschlechtstiere, aus deren befruchteten Eiern die freischwimmenden Larven, die Planulae, hervorgehen, die heranwachsen und zu neuen Quallen werden.

Den Eingeborenen sind die Quallen des Tanganyikasees wohlbekannt. Die Eingeborenen sagen, daß alle die anderen Seen „blinde" Seen seien, daß sie „schlafen". Der Tanganyika ist der einzige See, der Augen hat und sehend ist. „Wenn die Wolken sich auflösen, wenn der Nachtwind vor Tagesanbruch stirbt, dann erwacht Tanganyika, um auf Mond und Sterne zu schauen, der See ist dann voll Augen." (Das sind die Medusen.) MOORE bestätigt das. Im März, zu Ende der Regenzeit, findet man am Südende des Tanganyika nur sehr wenige Medusen; sie haben aber dicke, gut ausgebildete Magenschläuche, die mit zahlreichen Knospen bedeckt sind, welche sich zu Medusen entwickeln. Dieser Vorgang wiederholt sich durch mehrere Generationen mit dem Erfolg, daß der See im Juni-Juli enorme Mengen von Medusen enthält, die alle aus den Knospen der Magenschläuche hervorgegangen sind. Gegen Sommerende zu werden Individuen gebildet, die Geschlechtsprodukte erzeugen, und im Herbst gehen daraus zahlreiche Larven und kleine Medusen hervor. In welchem Verhältnis diese zu den großen, knospenbildenden Medusen des zeitigen Frühjahrs stehen, ist nicht bekannt, aber es wird behauptet, daß keine Polypengeneration existiert. Varietäten von *Limnocnida* oder ihr nahestehende Arten werden im Victoria Nyansa und im Niggerfluß und seinen Verzweigungen gefunden.

Vor 1893, in welchem Jahre *Limnocnida Tanganyicae* beschrieben wurde, hatte man an verschiedenen Stellen Süßwassermedusen gefunden. Den Süßwasserpolypen, die *Hydra*, hat man ja schon seit ein paar Jahrhunderten gekannt. Nach den zahlreichen Untersuchungen, die an ihr durchgeführt worden waren, war für sie mit voller Sicherheit festgestellt, daß die Medusengeneration, die geschlechtliche, freischwimmende Generation, die sich bei der Mehrzahl der Medusen-Polypen des Meeres findet, bei ihr vollkommen unterdrückt ist. Die Geschlechtsprodukte werden am Polypen gebildet, und aus den Eiern geht wieder direkt der ungeschlechtlich sich fortpflanzende, allen wohlbekannte Süßwasserpolyp hervor.

Es rief daher großes Aufsehen hervor, als man im Jahre 1880 kleine Medusen in den Aquarien im Regent Park, London, entdeckte; sie wurden gleichzeitig von zwei Forschern beschrieben: von RAY LANKESTER (1880) und von ALLMAN (1880), die jeder ihnen einen Namen gaben. RAY LANKESTER nannte sie *Craspedacusta Sowerbii*, ALLMAN *Limnocodium victoria*. Der erste Name besitzt nun Prioritätsrecht. 1885 fand man sowohl in Amerika als auch in London die Polypengeneration, die den Namen *Microhydra Ryderi* POTTS. erhielt. Rund um die Erde, namentlich in Asien, im Yangtsekiang, in Japan, überall tauchten nun Süßwassermedusen auf, die überall als besondere Arten beschrieben wurden, die jedoch vom neuesten Bearbeiter, DEJDAR (1934), wieder auf die gleiche Art zurückgeführt worden sind. Aus seiner schönen Arbeit stammen die folgenden Angaben:

Craspedacusta Sowerbii LANK. (Abb. 69 u. 71) ist gegenwärtig sowohl als Meduse als auch als Polyp an verschiedenen Stellen in Europa gefunden worden. Die Polypengeneration, die in der Literatur auch als *Microhydra* beschrieben worden ist, ist ein kleines, sehr unansehnliches Geschöpf von außerordentlich einfachem Bau. Sie besitzt einen flaschen- oder keulenförmigen Körper, der an dem einen Ende an der Unterlage befestigt ist, während das andere frei in das Wasser hineinragt. Der Körper ist überall ungefähr gleich dick, in der Mitte eher dicker, überdies ist eine ziemlich deutliche Halspartie abgesetzt. Diese endet mit einer flachen Mundscheibe, mit einer Mundöffnung in der Mitte. Keine Spur von Tentakeln ist vorhanden. Der Körper ist klebrig, Sandkörner und Detritus kleben an ihm fest. Das Tier ist oft bis zur Mundscheibe in den Boden eingebohrt und wird deshalb schwer entdeckt. Die Polypengeneration (Abb. 70) tritt bald in Form von Einzeltieren, bald in Form von Kolonien auf, aber die Kolonien sind klein und bestehen nur aus zwei bis drei Individuen. Über den histologischen Bau sei nur bemerkt, daß er im großen und ganzen wenig von dem der *Hydra* abweicht. Oben an der Mundscheibe findet sich eine Anhäufung von Nesselzellen, die jede die Ectodermzellen vorwölben und sie mit ihrem Cnidocilapparat durchbohren. Setzt man frisches Wasser dem Aquarium zu, in dem die Polypen sich befinden, so sieht man sie, nach Nah-

Abb. 69. *Craspedacusta Sowerbii* LANKESTER. Erwachsen und geschlechtsreif. Glockendurchmesser 12 mm. (DEJDAR 1934.)

Abb. 70. Die Polypengeneration: *Microhydra Ryderi* POTTS mit den Nesselkapseln am Vorderende. Zirka 1 mm. (DEJDAR 1934.)

Abb. 71. Die Abbildung zeigt einen eigentümlichen, ungeschlechtlichen Vermehrungsvorgang, bei dem an den Seiten des Polyps Stücke abgeschnürt werden, die frei beweglich sind und später wegkriechen. (DEJDAR 1934.)

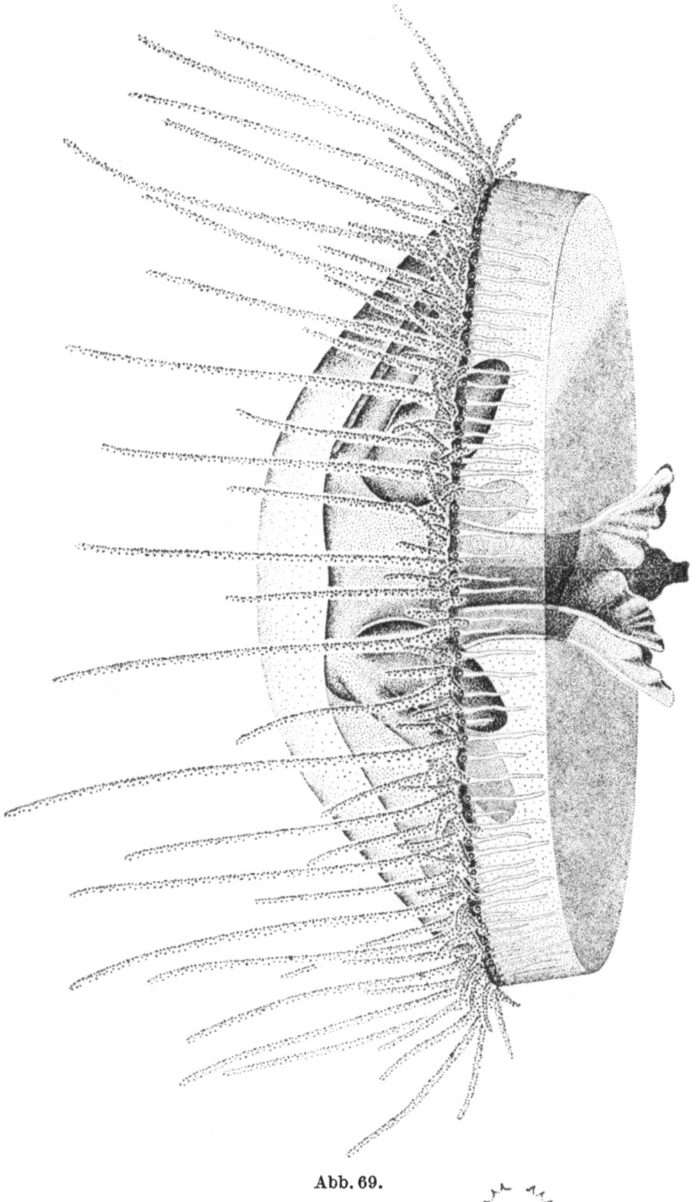

Abb. 69.

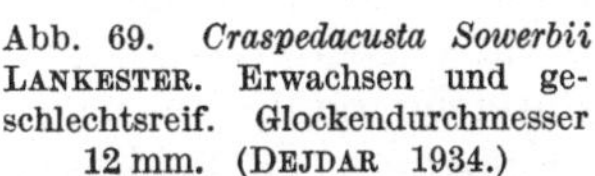

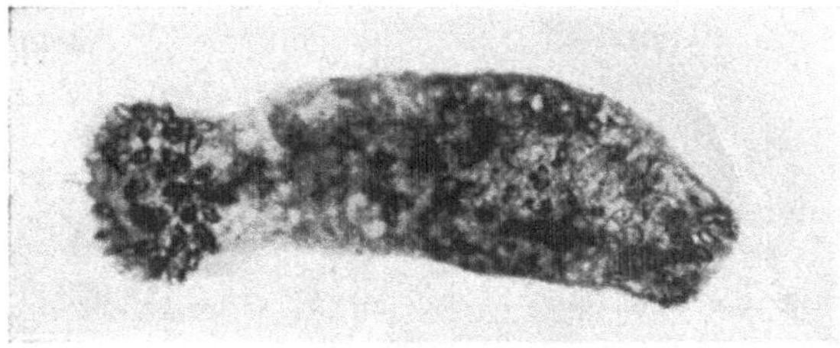

Abb 70.

Abb. 71.

rung suchend, sich schwach hin und her schwingen. Der Kopf des Polypen wird vorgestreckt, die Mundöffnung mit ihrem Drüsenepithel wird sichtbar. Kommt eine Mückenlarve oder ein Oligochät in seine Nähe, so werden sie durch Abschießen von Nesselkapseln gelähmt und von Schleim umgeben, worauf das Vorderende sich zusammenschließt und die Beute langsam in den Magenraum hineingeschoben wird.

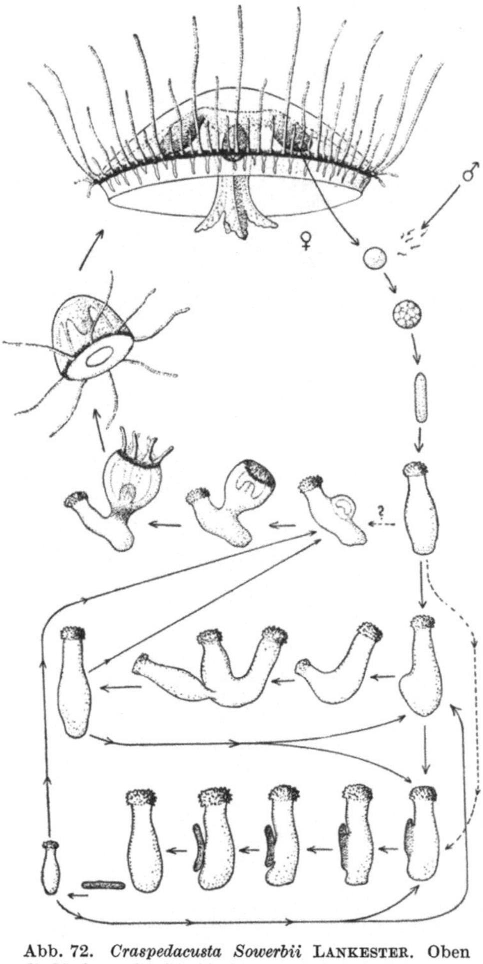

Das Tier vermehrt sich auf ungeschlechtlichem Wege durch Knospung, auf die gleiche Weise wie *Hydra*, aber außerdem kommt Querteilung als normale und häufige Vermehrungsart vor. Es ist beobachtet worden, daß ein Individuum in nicht weniger als fünf kugelförmige Einzelindividuen zerfallen kann. Endlich hat das Tier noch eine merkwürdige Form der ungeschlechtlichen Fortpflanzung, die sog. Frustelbildung (Abb. 71). An irgendeiner Stelle des Körpers bildet sich eine Einschnürung, etwas weiter unten eine ähnliche in entgegengesetzter Richtung. Die zwei Einschnürungen wachsen zusammen und so wird an der Seite ein Stück Gewebe abgetrennt, das abfällt und amöboide Beweglichkeit besitzt. Es kriecht eine Strecke weit weg, indem es eine Schleimspur hinterläßt, und setzt sich hierauf mit dem einen Ende fest (PAYNE 1924, DEJDAR 1934).

Eine etwas abweichende Form ist als *Microhydra germanica* ROCH beschrieben worden (PERCH 1933). Besonders die Frustelbildung ist hier sehr genau untersucht.

Geschlechtstiere sind die freischwimmenden Medusen, die durch Knospung entstehen und später zu geschlechtsreifen Tieren werden. Die jungen Medusen, die mancherorts gefunden worden waren, haben acht Tentakeln und gingen unter dem Namen *Microhydra Ryderi* POTTS. Sie entwickeln sich weiter zu einem

Abb. 72. *Craspedacusta Sowerbii* LANKESTER. Oben die Meduse, die Geschlechtsgeneration, die die Eier und Samen abgibt. Aus dem Ei entwickelt sich eine Larve (drittes Bild rechts), die die ungeschlechtliche Generation, den Polypen, ausbildet *(Microhydra)*, welcher teils durch Knospung (vorletzte Reihe), teils durch Abstoßen von Seitenteilen (letzte Reihe) neue Polypengenerationen bildet. Früher oder später entstehen aus diesen Knospen, die zur geschlechtlichen Generation werden, die Medusen. (Die Meduse im Verhältnis zum Polypen zu klein gezeichnet.) (REISINGER 1934.)

Stadium mit 16 Armen, das als *Germanica*-Stadium bezeichnet wird. An vielen Örtlichkeiten gehen die Medusen zugrunde, ohne daß sie Geschlechtsprodukte erzeugen.

Bei richtiger Ernährung und hoher Temperatur, 25 bis 30° C, entwickeln sie sich zu — im Verhältnis zur Polypengeneration — merkwürdig großen Medusen. Sie können im Aquarium einen Durchmesser von 12, im Freien von 19 mm erreichen.

Die Geschlechtsreife kann schon bei Tieren mit einem Durchmesser von nur 9 mm eintreten. Wir beschränken uns hier in bezug auf den Bau darauf, auf die beigegebenen Abbildungen zu verweisen. Die Zahl der Tentakel kann sehr groß werden, 200 bis 400, am größten bei Freilandexemplaren. Es finden sich Statocysten (Sinnesorgane) längs des Velums. Die männlichen und weiblichen Geschlechtsorgane sind einander ähnlich. Bei beiden Geschlechtern hängen sie als flache, längliche, oft dreieckige Taschen in die Subumbrellarhöhle hinein und gehen von den Radiärkanälen aus. Das reife Ei wird ins Wasser ausgestoßen, wo die Befruchtung vor sich geht. Aus dem Ei entwickelt sich eine Flimmerlarve, die, nachdem sie kurze Zeit herumgeschwommen ist, sich mit dem einen Ende festsetzt, worauf das Polypendasein beginnt. Die Meduse bewegt sich langsam weiter. Die Zahl der Pulsationen hängt insbesondere von der Temperatur ab; bei 18,3° C beträgt sie acht in der Minute. Die Tiere vertragen auffällig hohe Temperatur, bis zu 37° C. Infolge ihres großen Formwiderstandes sinken sie, wenn sie sich in Ruhe befinden, nur äußerst langsam ab, es wird angegeben, daß es viele Minuten dauert, bis sie um nur 25 cm sinken.

Freischwimmende Medusen sind nun von ungefähr 75 Stellen der Erde nachgewiesen. Sie sind am besten in Nordamerika, Deutschland und Böhmen untersucht. Namentlich hier hat DEJDAR viele, wertvolle Beobachtungen angestellt. Eine auffallend große Anzahl von Funden stammt aus Aquarien, was darauf hindeutet, daß die Art weit häufiger sein muß, als man glaubt. Im Freien scheint sie vor allem in fließendem Wasser vorzukommen. Die Polypengeneration findet sich festgeheftet an Stellen, wo die Strömung stark ist. In der Moldau werden Medusen vom 30. Juni ab gefunden. Sie erreichen ihr Maximum zu Beginn des August, worauf ihre Zahl wieder abnimmt, und im September verschwinden sie ganz. Zur Zeit des Maximums ist ihre Anzahl sehr groß. Auf einer Strecke von 1000 m wurden mit dem Planctonnetz etwa 200 Medusen gefangen. Man beachte Abb. 72 samt Erklärung.

Die systematische Stellung der Meduse ist recht unsicher; sie wird in der Regel zu den Trachymedusen, einer Unterordnung der *Trachylina*, und speziell zur Familie *Olindiidae* gerechnet. Wenn das richtig ist, hätte man es mit einer Trachyline zu tun, die eine echte Polypengeneration besitzt, was sonst nicht der Fall ist; man hat jedoch auch bei anderen hierhergehörigen Formen ein solches Verhalten festgestellt.

Eine ganz eigenartige Form ist der in den Eiern des Sterlets schmarotzende Polyp *Polypodium hydriforme* Uss. (Abb. 73), den man aus russischen Flüssen kennt. Über sein Verwandtschaftsverhältnis zu anderen Cnidariern weiß man nichts, und auch seine Entwicklung ist noch nicht in allen Phasen bekannt.

Im Wolgaschlamm fand man ein merkwürdiges Lebewesen, 2 bis 5 mm groß, mit 24 Tentakeln ausgestattet (Abb. 73$_{10}$), von denen 16 fadenförmig sind und zum Fixieren des Tieres dienen, während die übrigen acht keulenförmig und mit zahlreichen Nesselkapseln ausgestattet sind. Das Tier kriecht auf dem Boden herum und lebt von den Mikroorganismen des Bodens, die mit Hilfe der Nesselzellen gelähmt werden. Ein solches Tier teilt sich dann zweimal, so daß solche mit zuerst zwölf und dann mit sechs Tentakeln entstehen. Einige dieser Formen haben ganz kurze, andere lange Tentakel. Solche Formen können unter Nahrungsaufnahme wieder wachsen, ihre Tentakelzahl verdoppeln und sich wieder teilen. Geschlechtsorgane sind noch keine nachgewiesen und man weiß auch nicht, was aus diesen Geschöpfen wird und ob eine echte Medusengeneration vorkommt. Man findet das merkwürdige Tier wieder als nichtflimmernde Larve, als Planula, im Ei des Sterlets. Hier wächst es heran und bildet sich um zu einer zusammenhängenden Kette, einem sog. Stolo, der eine Länge von zirka 15 bis 17 mm er-

reicht. Es ist ein Schlauch, der aus Ecto- und Entoderm besteht, welche voneinander durch eine Muskellage geschieden sind. Der Stolo liegt in der Dottermasse des Eies und ernährt sich davon. Es entstehen an ihm 16 abgeschnürte

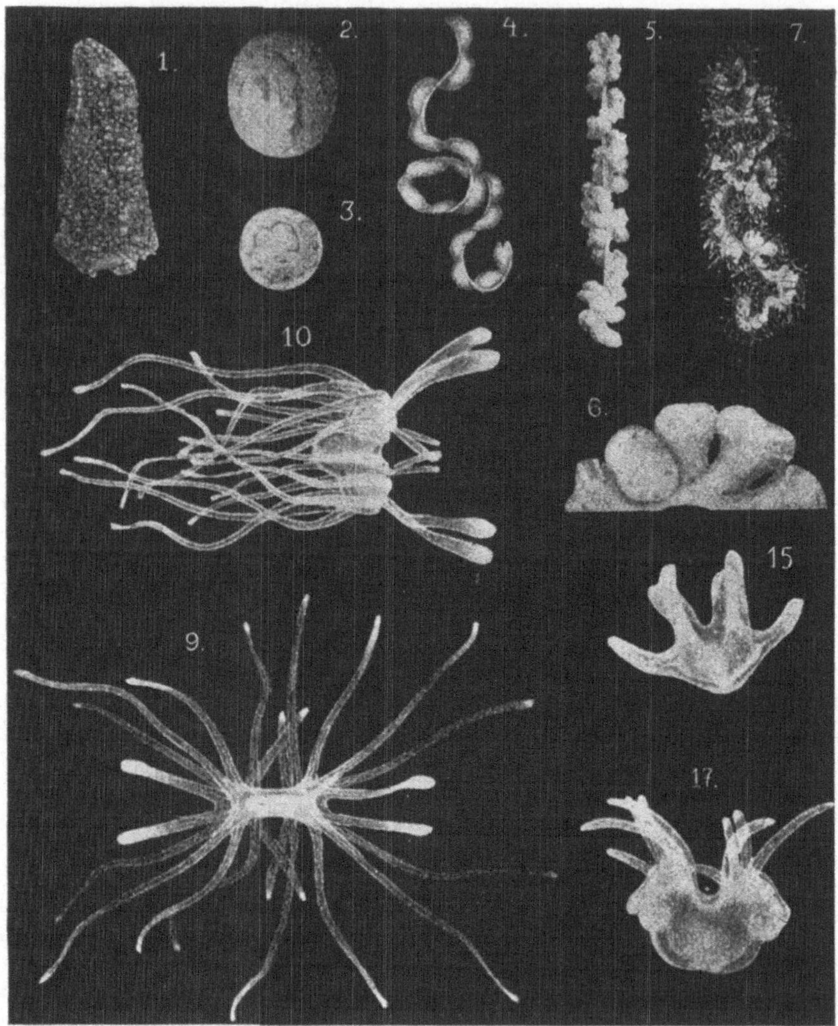

Abb. 73. *Polypodium hydriforme* Uss. Parasitiert im Ei des Sterletts. *1* rechter Eierstock des Sterletts mit
Polypodium infiziert; *2, 3* infizierte Eier, die den aufgerollten Stolo enthalten; *4* der aus dem Ei entnommene
Stolo; *5* ein solcher mit neugebildeten Knospen; *6* eine Gruppe von sekundären Knospen; *7* ein Stolo mit 32 ausgebildeten, mit Tentakeln versehenen Knospen; *9, 10* das kriechende Stadium mit 24 Tentakeln, das bei der
Teilung das in *17* abgebildete Stadium ergibt, welches bei nochmaliger Teilung *15* ergibt. Wie diese Form in
das Ei des Sterletts gelangt, weiß man nicht. Die Geschlechtsform, die die Planula im Sterlett-Ei hervorbringt,
ist unbekannt. (Ussov 1885 aus Behning 1928.)

Partien, die sich teilen und 32 Knospen hervorbringen, von denen jede 24 Tentakel ausbildet. Die Entwicklung braucht vier bis fünf Monate. Ist der Stolo entwickelt, so enthält das Sterletei nur diesen. Die ganze Dottermasse ist aufgezehrt
worden; zuletzt sprengt der Stolo das Ei. Die 32 Knospen lösen sich ab und wir haben
dann jenes Stadium vor uns, von dem wir ausgegangen sind. Das geschlechts-

reife Stadium ist unbekannt. Auch wissen wir nicht, wie die Tiere in die Eier gelangen.

Es soll noch erwähnt werden, daß die merkwürdige Familie der *Moerisiidae* mit drei Brackwasserrepräsentanten (Qurunsee in Ägypten, Kaspisches Meer und Schwarzes Meer) am ehesten als Hydrozoen aufgefaßt werden kann, die sich gegenwärtig an ein Leben im Süßwasser anpassen und als Süßwasserformen in Statu nascendi betrachtet werden können (HADŽI 1928).

Coelomata (Cölomtiere).

Eumetazoen, bei denen außer Ectoderm und Entoderm noch ein mittleres Keimblatt (Mesoderm) ausgebildet ist, das in Form von Epithelwänden die paarige, echte Leibeshöhle (Cölom) umschließt und von dem aus auch Mesenchym entsteht. Im Prinzip bilateralsymmetrische Tiere *(Bilateria)*.

Stamm

Vermes (Würmer).

Als man einmal einen bekannten Zoologen befragte, wie er den Begriff Vermes definieren würde, antwortete er: „Des Wurmes Länge ist verschieden", ein ausgezeichneter Ausdruck dafür, daß dieser Begriff vom zoologischen Standpunkt aus sich kaum definieren läßt. Man ist weder imstande, diesen Begriff gegenüber den übrigen Tiergruppen genau abzugrenzen, noch auch die einzelnen Abteilungen in einem natürlichen System einzuordnen. Die Schwierigkeiten sind in dieser Hinsicht bei den Würmern noch größer als bei den anderen großen Abteilungen, in die das Tierreich geteilt wird. Im folgenden findet diejenige Einteilung Anwendung, die im Handbuch der Zoologie, II. Band, 1928 bis 1933, verwendet wurde.

Die Würmer werden in drei sog. Unterstämme geteilt: *Amera, Oligomera* und *Polymera*. Von diesen sind nur die *Amera* und *Polymera* natürliche Gruppen; von den *Oligomera* kann das kaum behauptet werden, was schon daraus hervorgeht, daß diese Abteilung bei der weiteren Ausarbeitung des Werkes nicht aufrechterhalten bleiben konnte.

Die *Amera* werden wieder in zwei Abteilungen geteilt: *Plathelminthes* (Plattwürmer) und *Nemathelminthes* (Rundwürmer). Als dritte Abteilung werden gegenwärtig die *Kamptozoa* aufgestellt, die entoprokten Bryozoen mit einer einzigen Süßwasserform: *Urnatella*.

Die Plattwürmer umfassen vier Klassen: 1. *Turbellaria* (Strudelwürmer), 2. *Trematoda* (Saugwürmer), 3. *Cestoda* (Bandwürmer) und 4. *Nemertina*. Die letzteren sind fast ausschließlich marin. Die *Nemathelminthes* umfassen sechs Klassen: 1. *Rotatoria* (Rädertiere), 2. *Gastrotricha*, 3. *Kinorhyncha*, 4. *Nematoda* (Spulwürmer), 5. *Nematomorpha* oder *Gordiida*, 6. *Acanthocephala* oder Kratzer; von diesen sind die *Kinorhyncha* marin.

Die *Polymera* enthalten drei Klassen: 1. *Archiannelida*, 2. *Polychaeta*, 3. *Clitellata*. Die *Archiannelida* sind marin, die *Polychaeta* fast ausschließlich marin. Die *Clitellata* zerfallen in zwei Ordnungen: *Oligochaeta* (Regenwürmer) und *Hirudinea* (Egel).

Zu den *Oligomera* gehören ganz überwiegend marine Formen. Die einzige Gruppe, die hier behandelt wird, sind die Moostierchen *(Bryozoa)*, die jedoch im Süßwasser mit verhältnismäßig nur wenigen Formen vorkommen. Die neuesten Untersuchungen scheinen zu erweisen, daß die eine der beiden Gruppen, in die die Bryozoen untergeteilt werden, die entoprokten Bryozoen, am richtigsten den *Amera* zugezählt werden sollten. Da sie jedoch im Süßwasser nur durch eine Art vertreten sind und diese wenig bekannt ist, soll diese doch unter den *Oligomera* behandelt werden.

Unterstamm

Amera.

1. Abteilung der Amera

Plathelminthes.

Die *Plathelminthes* oder Plattwürmer sind zumeist dorsoventral abgeflachte Würmer, entweder mit wimpernder Oberfläche (Strudelwürmer) oder mit von einer Kutikula bedeckter Haut (Saug- und Bandwürmer) ohne Flimmerhaare. Ist ein Darmkanal ausgebildet, so ist er in einen vorderen und einen hinteren (verdauenden) Abschnitt gesondert. Bei den Plattwürmern des Süßwassers fehlt der After fast immer.

Eine Leibeshöhle fehlt, der Raum zwischen Darm und Haut ist von einer bindegewebigen Masse, einem Parenchym, erfüllt, in dem alle Organe eingebettet liegen. Die Exkretstoffe werden mit Hilfe eines Röhrensystems oder Wasserkanalsystems (Protonephridium) entfernt. Die Kanäle sind nach einwärts geschlossen, an ihnen sitzen Zellen mit ständig schlagenden Wimperflammen; die Kanäle vereinigen sich zu Hauptkanälen, die oft mit einer kontraktilen Blase enden, durch die die Flüssigkeit aus dem Körper entfernt wird.

Fast alle Plattwürmer des Süßwassers sind Hermaphroditen. Durch eine Metamorphose, die oft mit Generationswechsel verbunden ist, sind die digenen Trematoden und die meisten Bandwürmer charakterisiert. Die Strudelwürmer sind fast ausschließlich freilebende Formen, Saug- und Bandwürmer sind Parasiten.

Klasse

Turbellaria (Strudelwürmer).

(Tafel 2 und 3.)

Die *Turbellaria* oder Strudelwürmer sind fast ausschließlich freilebende, nicht parasitierende Plattwürmer, die ihren Namen dem Umstande verdanken, daß ihr Körper ganz oder teilweise mit Flimmerhaaren bedeckt ist. Der Körper, der ungegliedert ist, ist von einem Parenchym erfüllt, das bei den primitivsten Formen die Rolle eines Ernährungsorgans übernommen hat. Die übrigen besitzen einen röhrenförmigen oder verzweigten Darm mit nur einer Öffnung gegen die Außenwelt. Diese fungiert sowohl als Mund- als auch als Afteröffnung. Die Tiere sind Hermaphroditen. Die Entwicklung ist, abgesehen von einigen Formen — verschiedenen *Polycladida* und einzelnen *Rhabdocoela* —, direkt; eine Metamorphose kommt nicht vor.

Tafel 2. **Turbellaria.**

Fig. 1. *Mesostoma Ehrenbergii* FOCKE. Schema mit Auslassung des Nierensystems, der Augen und Drüsen. Das Tier in Bauchansicht. Gewicht ist auf die Darstellung der Geschlechtsorgane gelegt. Diese sind links in Sommertracht, rechts in Wintertracht gezeichnet. *bc* Paarungstasche; *co* Unterschlundkommissur des Bauchnervenstranges; *da, da₁* Umriß des Darmes; *dln* dorsaler Längsnerv; *dn* dorsaler Gehirnnerv; *g* Gehirn; *gö* Geschlechtsöffnung; *k* Keimstock; *lnv* linker Längsnerv; *nr* Schlundring; *pe* Penis; *ph* Pharynx; *rs* Samenbehälter; *te, te₁* Hoden; *u, u₁* Uterus; *us* dessen Ausführungsgang; *vd* Samenleiter; *ven* ventraler Gehirnnerv; *vi, vi₁* Dotterstock; *vid* Dotterstockgang; *vn₁, vn₂* die beiden vorderen Gehirnnervenpaare; *rs* Samenbehälter; *wgc* weiblicher Geschlechtskanal; *x* Nervenkreuzung vorne. Fig. 2. *Mesostoma Ehrenbergii* FOCKE; Sommerstadium. Die Jungen sind im Begriff, die Sommer-Eier zu verlassen; einige liegen frei, im Muttertier herumkriechend, bereit, überall durchzubrechen. Fig. 3. *Macrostoma hystrix* OERST. *ge* Haare; *st* Rhabditen; *nc* Gehirn mit Augen; *ph* Pharynx; *d* Darm; *te* Hoden; *ov* Ovar; *ei* Eier; ♀ weibliche Geschlechtsöffnung; *pe* Penis; ♂ männliche Geschlechtsöffnung; Hinterende mit Haftpapillen ausgestattet; *in* Haut. Fig. 4. *Rhynchomesostoma rostratum* O. F. M. Exkretionsorgan. Fig. 5. *Stenostomum Langi* KELLER. Kette mit fünf Individuen. *wgr* Wimpergruben; *ph* Pharynx; *oe* Oesophagus; *da* Darm; *f, f₁* Ringfurchen zwischen den Individuen. Fig. 6. *Derostoma balticum* BRAUN. Fig. 7. *Rhynchoscolex Vejdovskyi* SEKERA. *mm* Muskeln; *esch* Exkretionsorgan; *R* Rüssel; *g* Gehirn; *m* Mund; *ph* Pharynx; *oe* Ösophagus; *dd* Darm; *dak* Kerne im Mesenchym; *eö* Exkretionsöffnung. Fig. 8. *Bothromesostoma personatum* O. SCHM. — Fig. 1 nach v. GRAFF 1909. Fig. 2 u. 8 nach SCHMIDT 1848. Fig. 3 nach v. GRAFF 1882 bis 1899. Fig. 4 nach REISINGER 1923. Fig. 5 nach KELLER. Fig. 6 nach BRAUN 1885. Fig. 7 nach SEKERA 1911. — Fig. 1 zirka 15 mm; die übrigen 2 bis 5 mm.

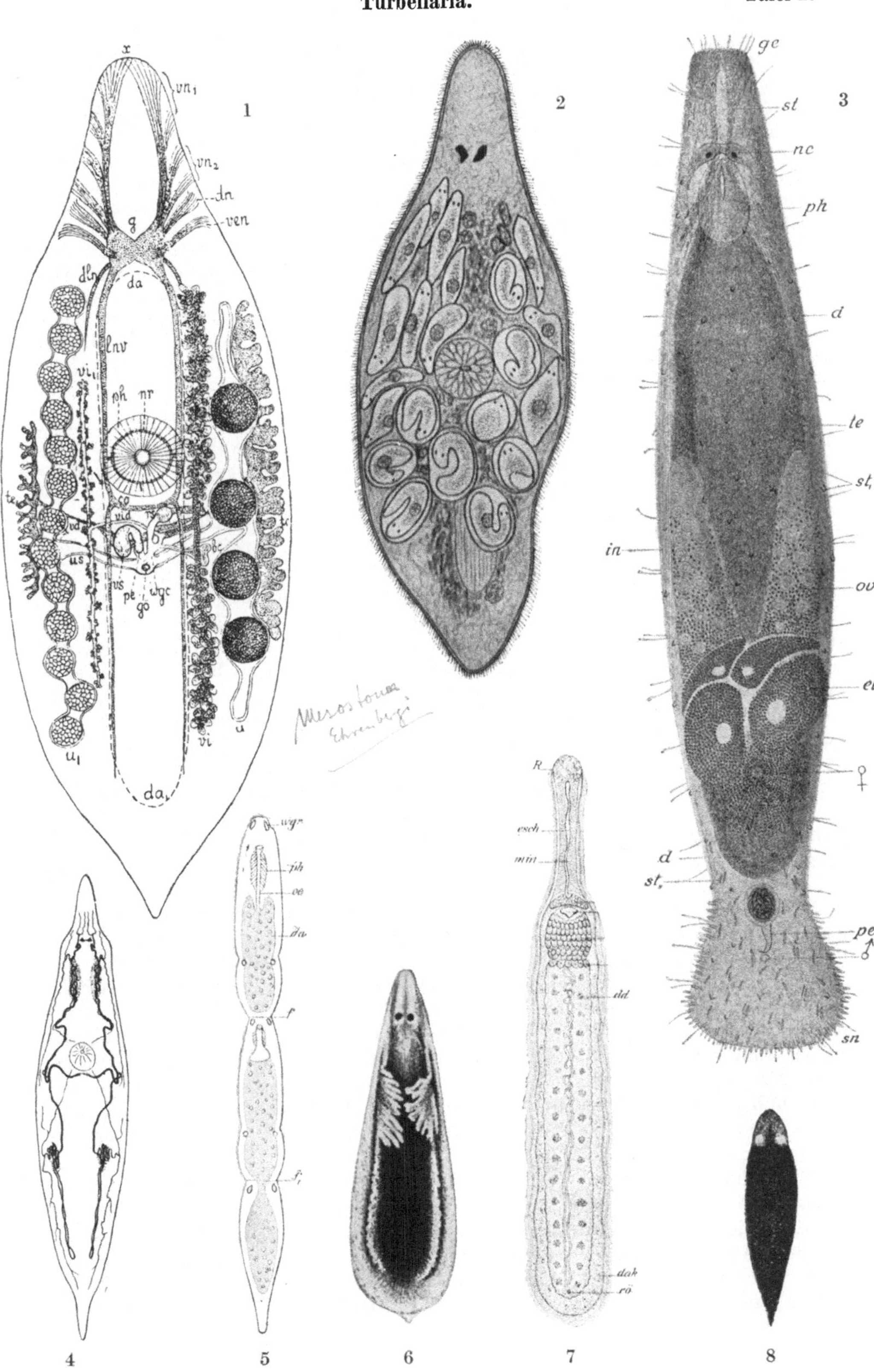

1
2
3
4
5
6
7
8
Mesostoma Ehrenbergi

Die *Turbellaria* werden in sechs Ordnungen eingeteilt: *Acoela*, *Rhabdocoela*, *Alloeocoela*, *Tricladida*, *Polycladida* und *Temnocephalida*. Für die *Tricladida* und *Polycladida* wurde früher oft die gemeinsame Bezeichnung *Dendrocoela* verwendet. Von den sechs Ordnungen sind die *Acoela* und *Polycladida* marin, die also für uns nicht in Betracht kommen. Die *Polycladida* besitzen nur eine Art im Süßwasser *(Limnostylochus)*. Die Rhabdocoelen sind überwiegend Süßwasserformen, einzelne sind Landbewohner (Reisinger 1924). Die *Alloeocoela* sind vorwiegend marin; neuere Untersuchungen haben jedoch unter ihnen eine ganz stattliche Anzahl von Familien oder Unterfamilien nachgewiesen, die nur im Süßwasser und nur mit einer Gattung oder einer oder einigen Arten vertreten sind. Zu den *Tricladida* gehören sowohl Meeres- und Landformen (Landplanarien) als auch Süßwasserformen. Die letzteren, die die beiden Familien *Planariidae* und *Dendrocoelidae* umfassen, werden oft unter der Bezeichnung *Paludicola* zusammengefaßt. Der Bau des Darmes hat diesen Gruppen den Namen gegeben. Die *Acoela* sind Strudelwürmer ohne Darm, die *Rhabdocoela* Formen mit stabförmigem Darm; die *Tricladida* haben einen dreiästigen und die *Polycladida* einen vielästigen Darm.

Jeder, der sich mit unserer Süßwasserfauna abgibt, wird unweigerlich auch auf Süßwasserturbellarien stoßen. In Zentraleuropa sind wahrscheinlich nicht viel weniger als ungefähr 150 Arten vertreten. Die Grundlage für die Kenntnis der ganzen Gruppe wurde von O. F. Müller gelegt.

Während die Süßwassertricladen hauptsächlich in fließendem Wasser oder in der Uferregion von Seen mit starkem Wellenschlag angetroffen werden, ziehen die Rhabdocölen stehendes Wasser mit reicher Vegetation vor. Es gibt Formen, wie die große, schöne, kirschrote *Mesostoma Craci* (Schmidt) (Tafel 3, Fig. 4), die in austrocknenden Pfützen zu Hause ist und die schon im Mai verschwindet, indem sie den übrigen Teil des Jahres im ausgetrockneten Schlamm oder in der gefrorenen Erde verweilt. Oft treten die einzelnen Arten zu bestimmten, recht begrenzten Zeiten auf, aber stets im Sommerhalbjahr und vor allem im Vorsommer in sehr großen Mengen. Mehrere Rhabdocölen suchen das Licht auf; der Lichtrand in den Schalen kann in solchem Falle von einer ganzen Schicht von grünen, braunen, weißen oder schwarzen Planarien bedeckt sein. Verfolgt man das Leben der Tiere in kleinen Wasseransammlungen regelmäßig und durch mehrere Jahre ununterbrochen, so wird man sehen, daß die gleiche Art Jahr für Jahr ungefähr zur selben Zeit auftaucht, sich stark entwickelt und hierauf verschwindet. Oft ist das Vorkommen im gleichen Wasser auf ganz bestimmte Stellen beschränkt.

Die großen Formen *Mesostoma Ehrenbergi* (Focke) (Tafel 2, Fig. 1 u. 2), leicht kenntlich an ihrer großen Durchsichtigkeit, und *M. tetragonum* (O. F. M.) (Tafel 3, Fig. 7), die durch eine vierkantige Form und zitronengelbe Farbe ausgezeichnet ist, werden im Frühsommer im Vegetationsgürtel unserer kleinen Seen angetroffen; keine von beiden ist jedoch besonders häufig. Während viele Meeresformen infolge ihrer Größe und den schönen Farben die Aufmerksamkeit auf sich ziehen, sind es bei den Süßwasserplanarien besonders gewisse Züge in der Lebensweise, ihr Regenerationsvermögen und ihre Fortpflanzungsverhältnisse, die bewirkt haben, daß sie Gegenstand für zahlreiche Untersuchungen geworden sind. Ohne Zweifel wissen wir gegenwärtig wesentlich mehr über die Lebensweise der Süßwasserplanarien als über Meeres- und Landformen.

Wie schon erwähnt, ist der Körper mit Cilien bekleidet (Abb. 76), die zumeist an der Ventralseite stärker entwickelt und hier in feinen Längsstreifen angeordnet sind. Auf der Rückenseite verschwindet vielfach die Cilienbekleidung mit dem Alter. Bei allen Süßwasserformen ist der Körper mehrmals länger als breit, vorne manchmal am breitesten und gelegentlich in Hörner oder in kleine Zapfen ausgezogen, hinten in eine Spitze auslaufend, bei *Microstoma* spatel-

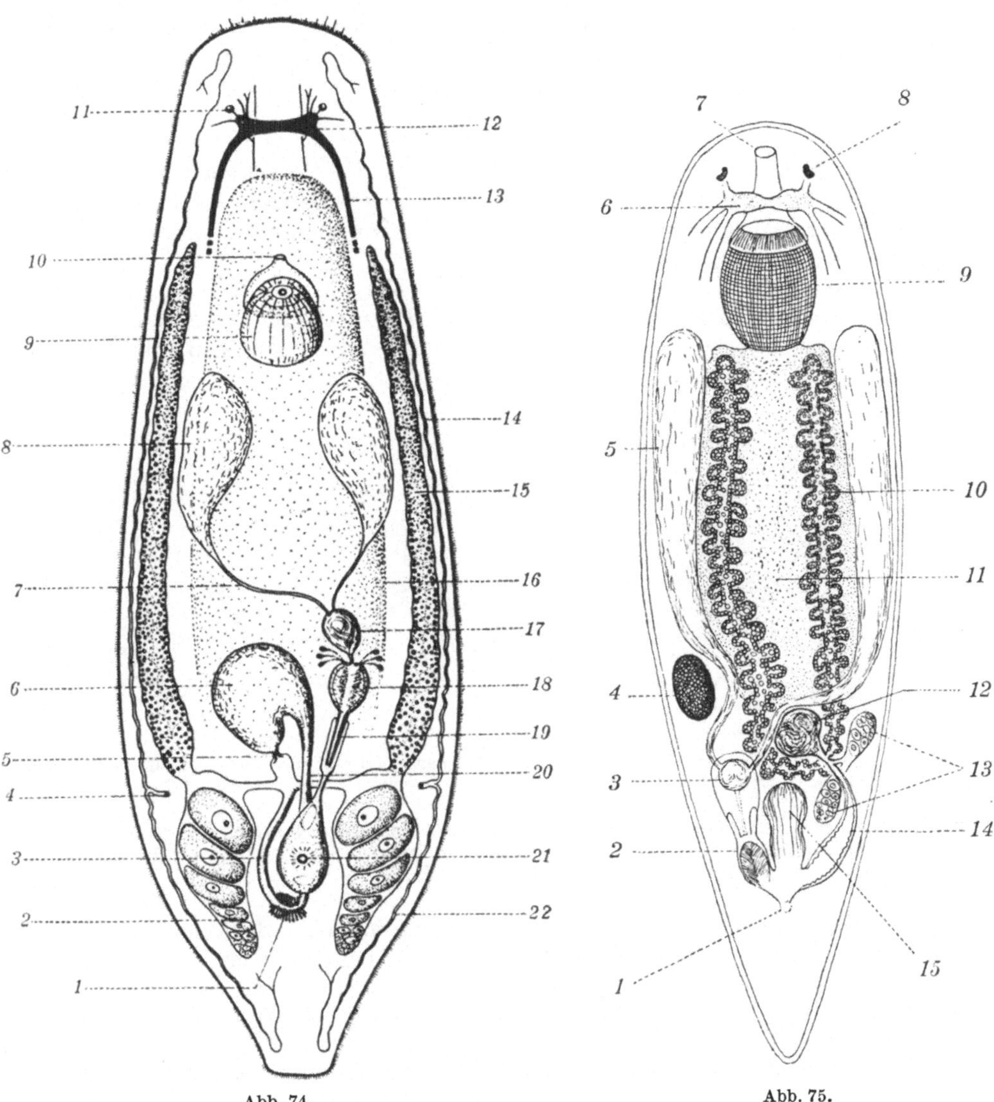

Abb. 74.   Abb. 75.

Abb. 74. Schema der Organisation einer rhabdocölen Planarie aus der Familie *Proxenetidae*. *1* Schalendrüse; *2* Keimstock; *3* weiblicher Genitalkanal; *4* Exkretionsporus; *5* Ductus spermaticus; *6* Bursa; *7* Vas deferens; *8* Hoden; *9* Pharynx; *10* Mundöffnung; *11* Augen; *12* Gehirn; *13* vorderer Teil der ventralen Längsnerven; *14* Exkretionskanal; *15* Dotterstock; *16* Darm; *17* Vesicula seminalis; *18* Vesicula granulorum; *19* Begattungsorgan; *20* Vagina; *21* Geschlechtsöffnung; *22* Exkretionskanal. Länge des Tieres 1,5 mm. (REISINGER 1928.)

Abb. 75. *Dalyella viridis* (SHAW). Schema der Organisation einer rhabdocölen Planarie aus der Familie *Dalyellidae*. Nach einem lebenden Objekt. Dorsalansicht. *1* Geschlechtsöffnung; *2* Kopulationsorgan; *3* Vesicula seminalis; *4* Ei im Parenchym; *5* Hoden; *6* Gehirn; *7* Mundöffnung; *8* Auge; *9* Pharynx doliiformis; *10* Dotterstöcke; *11* Darm; *12* Receptaculum seminis; *13* Keimstöcke; *14* erweiterter Teil des weiblichen Genitalkanales, in dem die Bildung der zusammengesetzten Eier statthat und von wo aus sie nach Durchbrechen der Wand in das Körperparenchym austreten; *15* Bursa copulatrix. Länge des Tieres 5 mm. (MAX SCHULZE 1851 aus BRESSLAU 1933.)

förmig. Die Länge überschreitet selten 2 cm, zumeist nicht ein paar Millimeter. Die Cilien werden von einem gleichartigen einschichtigen Epithel getragen, das keine feste Kutikula ausbildet. In besonderen Epithelzellen oder in besonderen

Drüsenzellen ist eine wechselnd große Anzahl länglicher Gebilde eingelagert, die mit einer gemeinsamen Bezeichnung Rhabditen genannt werden (Abb. 76 u. 77). Sie stellen ein festes Sekret dar, das, sobald es mit Wasser in Berührung kommt, zu Schleim verquillt. Die Rhabditen können auch im Parenchym gebildet werden. Sie sind oft in bestimmten Bahnen gelagert, besonders deutlich im vorderen Körperabschnitt. Die Tiere verwenden diese Rhabditen in verschiedener Weise, bald als Verteidigungswaffen, bald um Beutetiere zu fangen und zu lähmen, bald um Wunden beizubringen, dann wieder um unter ungünstigen Verhältnissen sich allmählich verfestigende Schleimmassen zu bilden, in die sie sich in Trockenzeiten zurückziehen.

Die Haut enthält überdies zahlreiche Klebzellen, die vor allem auf der Bauchseite und längs der Ränder ausgebildet sind. Der Klebstoff wird zum Teil verwendet, um sich festzuheften, zum Teil ist er zusammen mit den Cilien bei der

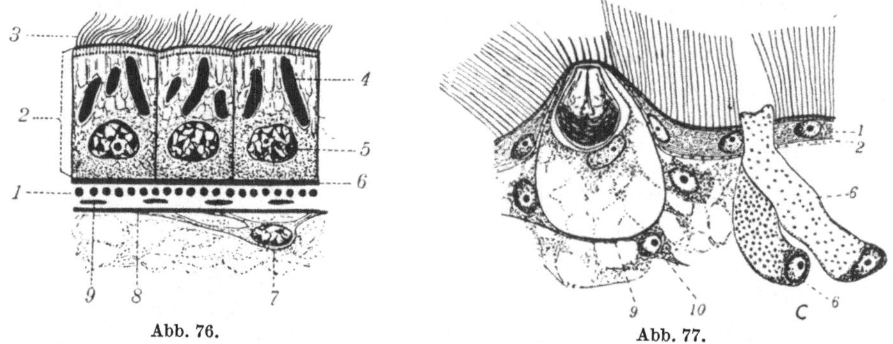

Abb. 76.   Abb. 77.

Abb. 76. Epithel und Hautmuskelschlauch, Schema. *1* Ringmuskulatur; *2* Epithelzellen; *3* Cilien; *4* dermale Rhabditen; *5* Kerne der Epithelzellen; *6* Basalmembran; *7* Myoblast; *8* Längsmuskeln; *9* Diagonalmuskeln. (REISINGER 1933.)

Abb. 77. Ein unter dem Körperepithel gelegener, von *Hydra* stammender Penetrant am definitiven Orte. *1* Körperepithel; *2* Hautmuskelschlauch; *6* Drüsenzellen; *9* Cyste; *10* die cystenbildende Parenchymzelle. (MEIXNER 1922.)

Bewegung von Bedeutung. Außer der Bewegung mit Hilfe der Cilien spielt auch Muskelbewegung eine Rolle. Die Form der Fortbewegung ist im großen und ganzen bei den verschiedenen Arten sehr verschieden. Die häufigste ist ein gleichmäßiges Vorwärtsgleiten, das durch den wellenförmigen Schlag des Cilienkleides bewerkstelligt und vom Hautmuskelschlauch unterstützt wird. Auch der Schleim der Schleimdrüsen wirkt dabei mit. Die Planarien hinterlassen überall, wo sie kriechen, eine Schleimspur, die durch Farbstoffe nachgewiesen werden kann. Manche Tiere verstehen es, auf der Unterseite der Wasseroberfläche zu gleiten. Die Kontraktionswellen sind besonders bei den paludicolen Tricladen auffällig; die Bewegung erinnert sehr an die der Schnecken. Manche können sich nach Art der Spannerraupen bewegen. Die kleineren Formen mit einer Maximalgröße bis zu 2,5 mm und die Jugendstadien der größeren Arten können schwimmen, indem sie den Körper wellenförmig auf und ab biegen. Einige bewegen sich in Spiralen *(Stenostoma)*. Typische Planctonorganismen gibt es im Süßwasser sehr wenige: Von *Mesostoma productum* (O. SCHM.) wird mitgeteilt, daß es in lotrechter Stellung schweben kann; *Strongylostoma radiatum* (O. F. M.) (ZACHARIAS 1897, APSTEIN 1896) wurde als ausgesprochen pelagischer Organismus in größeren Seen angetroffen. Die Form trat im Hald-See im August 1901 in großen Mengen, weit entfernt vom Lande über Tiefen von 35 m, auf (W.-L. 1904). Ähnlich *Stenostoma leucops* (DUG.) (MEIXNER 1915). Mehrere Rhabdocölen verstehen es, von der Wasseroberfläche oder von Pflanzen weg mit Hilfe von Schleim lange Fäden zu spinnen, an denen sie auf der Lauer hängen, um vorbeischwimmende Kleinorganismen zu ergreifen (Abb. 83); selbst die Paarung kann in dieser Stellung vor sich gehen. Wo mehrere Tiere beisammen sind, kann dann aus den Fäden ein kleines Fangnetz sich bilden, in dem die Beute gefangen wird. Sind in einem mit den großen *Mesostoma*-Arten reich besetzten Aquarium gleichzeitig Daphnien, so hat man fast immer Gelegenheit, diese Erscheinung zu beobachten. Die Turbellarien sind im allgemeinen keineswegs so langsame Tiere, als man glauben sollte. Die großen paludicolen Turbellarien, wie die Dendrocöliden und *Planaria*-Arten, können in einer Minute einen Weg von 13 bis 15 cm zurücklegen; *Mesostoma*-Arten 12 bis 16 cm in der Minute; gewisse Rhabdocölen, wie *Prorhynchus stagnalis* M. SCHULTZE, schwimmen und kriechen mit großer Schnelligkeit.

Seltsamerweise findet man bei mehreren Formen in der Haut normalerweise die gleichen Nesselzellen (Abb. 77), die für *Hydra* so charakteristisch sind und dort näher beschrieben wurden. Dieser Befund erweckte großes Aufsehen; denn diese Nesselzellen werden sonst nirgends anders als bei den *Cnidaria* gefunden. Ihr Vorkommen hier bei den Turbellarien war deshalb jedenfalls im Süßwasser ein ganz einzigartiges Phänomen. Es hat sich nun gezeigt, daß diese Nesselzellen in der Haut der Planarien tatsächlich fremde Körper sind, die von den Cnidariern des Süßwassers, vor allem von *Hydra* und *Cordylophora*, herstammen, über welche die Planarien entweder gekrochen waren oder die sie überwältigt und zu ihrer Beute gemacht hatten. Es hat sich weiter gezeigt, daß diese Fremdkörper, nachdem sie in den Darm gelangt waren, aktiv in die Haut gewandert waren und sich hier, mit dem Entladungspol nach außen gerichtet, eingelagert hatten. Später werden sie in eine Cyste eingeschlossen, deren Wand vom Wirte gebildet wird. Es ist noch immer eine Frage, ob sie für die Turbellarien tatsächlich eine Bedeutung haben; sie finden sich bei bestimmten *Microstoma*-Arten.

Es gibt gewisse Turbellarien, die ebenso wie *Hydra* und die Spongillen in ihrem Inneren Grünalgen oder Zoochlorellen beherbergen. Diese Erscheinung ist in bezug auf die Süßwasserturbellarien am besten bei *Vortex = Dalyellia viridis* (G. SHAW) untersucht und erst neuerdings durch v. HAFFNER (1925). Schon früher war nachgewiesen worden, daß diese Form bald farblos, d. h. ohne Algen, bald grün, d. h. mit Algen, vorkommen kann, weiter, daß ein Tier, das man aus dem Ei aufzog, farblos war. Die Eizellen werden also im Gegensatz zu *Hydra* nicht infiziert. Noch fünf Wochen später, nachdem das Tier aus dem Ei geschlüpft ist, ist es farblos; hierauf beginnt die grüne Farbe sich zu zeigen. v. HAFFNER stellte fest, daß die grünen Algen in die Darmzellen gelangen; einige werden verdaut, andere nicht, und diese letzteren werden von amöboiden, freibeweglichen Bindegewebszellen hinaus an die Körperperipherie befördert. Die Algen vermehren sich zuerst in diesen Zellen, später, wenn diese absterben, in der periviszeralen Flüssigkeit, die von den Bindegewebszellen gebildet wird und die die Hohlräume im Parenchym erfüllt. Hier handelt es sich um eine richtige Symbiose. Solange die Tiere jung sind, sind die amöboiden Zellen zu klein, um die Algen zu beherbergen. Da nicht alle Individuen jederzeit Algen aufnehmen, trifft man bald gefärbte, bald farblose Tiere. Die Algen sind für die Tiere nicht unbedingt notwendig, doch ist es sicher, daß sie sich in den amöboiden Zellen ebenso lebhaft vermehren wie in der periviszeralen Flüssigkeit. In der Haut finden sich auch Sinneszellen, besonders im vordersten Körperabschnitt, und auch Pigmente, denen die Tiere oft ihre schöne Färbung verdanken. Alle die erwähnten Elemente sitzen einer sog. Basalmembran auf, die bei den verschiedenen Süßwasserarten ungleich entwickelt ist. Bei verschiedenen Rhabdocölen (Tafel 2, Fig. 4; Abb. 92) ist vorne ein Rüssel differenziert, auf dem sich besondere Drüsen befinden können; er dient dem Tasten und dem Fange. (Über spezifische Sinnesorgane s. Müller 1936.) Bei den paludicolen Tricladen findet man besondere Sauggruben ausgebildet, sie spielen bei der Bewegung eine Rolle.

Unter der Haut liegt die Muskulatur mit einer äußeren Ring- und einer inneren Längsmuskelschicht, dazwischen finden sich manchmal Diagonalmuskeln und endlich Muskeln, die durch den Körper ziehen, namentlich von der Rücken- zur Bauchseite verlaufen. Besondere Organe wie der Rüssel haben ihre spezielle Muskulatur. Mit Hilfe besonderer Muskeln werden bei manchen Formen mannigfaltige Festheftungseinrichtungen gebildet: Saugscheiben bei gewissen Rhabdocölen, Sauggruben bei gewissen Dendrocöliden, ausgesprochene Saugnäpfe bei gewissen Tricladen des Baikalsees. Zwischen Darm und Körperwand befindet sich ein parenchymatöses Gewebe, in der Regel ein feinmaschiges Netzwerk.

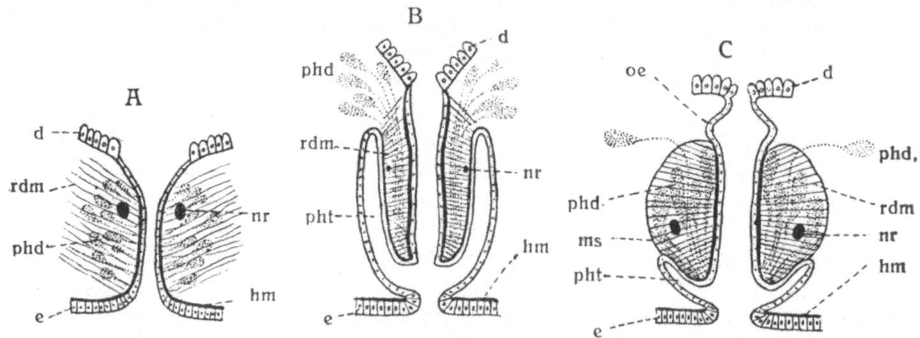

Abb. 78. Schematische Längsschnitte durch drei Schlundkopftypen der Turbellarien. *A* Pharynx simplex; *B* Ph. plicatus; *C* Ph. bulbosus; *d* Darm; *e* Darmepithel; *hm* Hautmuskelschlauch; *ms* Muskelseptum; *nr* Nervenring; *oe* Ösophagus; *phd, phd₁* Pharyngealdrüsen; *pht* Pharyngealtasche; *rdm* radiäre Muskeln. (Steinmann und Bresslau 1913.,

Bei den am niedrigsten organisierten Formen, den *Acoela*, findet sich nur eine Mundöffnung, aber kein Darm; die ganze Verdauung geht im Parenchym vor sich. Bei anderen Acölen setzt sich die Mundöffnung, die gewöhnlich in der Mitte der Bauchseite des Tieres liegt, in einen Schlund fort, aber ein Darm ist weder scharf gegen das Parenchym abgesetzt, noch ist ein deutliches Lumen vorhanden. Es sind mit anderen Worten Übergänge ausgebildet zwischen dem verdauenden Parenchym der Acölen und dem typischen Darm der Rhabdocölen. Bei diesen führt der Mund in einen Schlund, der bei den verschiedenen Abteilungen sehr verschiedenen Bau besitzt (*Pharynx simplex, plicatus, bulbosus*, Abb. 78). Ein *Pharynx simplex* findet sich nur bei den primitiven Formen. Der *Ph. simplex* und der *Ph. plicatus* liegen als Röhren von verschiedener Länge

---

Tafel 3. **Turbellaria.**

Fig. 1. *Microstoma lineare* O. F. M. Kette von 16 Individuen. Fig. 2. *Vortex* (= *Dalyella*) *viridis* Shaw. Fig. 3. *Gyrathrix hermaphroditus* Ehrbg. Schema. Bauchansicht. Das Exkretionsorgan ist auf der linken Seite nur teilweise gezeichnet. *bm* Ausmündung der Paarungstasche *bs* auf der Rückenseite; *vg* Kornsekretbehälter; *kd* Drüse, die das Kornsekret liefert; ♀ weibliche Geschlechtsöffnung; *Ec* Eikapsel im Eibehälter; *ph* Pharynx; *vi* Dotterstock; *da* Darm; *ln* hinterer, ventraler Längsnerv; *g* Gehirn; *Rlm* Anheftungsstelle des Rüsselretraktors; *Rö* Öffnung der Rüsselscheide *Rs*; *nsch* Exkretionsorgan; *ek* vorderer Teil des Rüssels; *Rm* Rüsselmuskulatur; *au* Auge; *te* Hoden; *vd* Samenleiter; *vs* Samenblase; *ge* Eierstock; *no* Nierenöffnung; *chst* Chitinstift; *ch* Chitinrohr; *chg* Chitinstilett; ♂ männliche Geschlechtsöffnung. Fig. 4. *Mesostoma Craci* O. Schm. Fig. 5. *Catenula lemnae* Dug. Kette von zwei Individuen mit ihren Kopflappen *kl₁, kl₂*. Fig. 6. *Opistoma Schultzeanum* Vejd. *eg* Gehirn; *v* Hoden; *tz* Dotterstock; *rj* Pharynx; *p* Penis; *gl* Drüsen; *vs* Samenblase; *op* Geschlechtsöffnung; *ove* Keimstock; *oj* Mund; *ut* Uterus mit Eiern. Fig. 7. *Mesostoma tetragonum* O. F. M. Fig. 8. *Tetracelis marmorata* O. F. M. *au* Augen; *d* Darm; *ut* Uterus mit einem Ei; *bc* Bursa copulatrix; *rs* Receptaculum seminis; *do* Dotterstock; *ks* Keimstock; *pe* Penis; *ph* Pharynx. — Fig. 1 u. 8 nach v. Graff 1875 u. 1882 bis 1899. Fig. 2 nach Schulze 1851. Fig. 3 nach v. Graff 1882 bis 1899. Fig. 4 u. 7 nach Braun 1885. Fig. 5 nach Mrazek. Fig. 6 nach Vejdovsky 1894. — Fig. 4 u. 7 zirka 12 bis 15 mm; die übrigen 2 bis 4 mm.

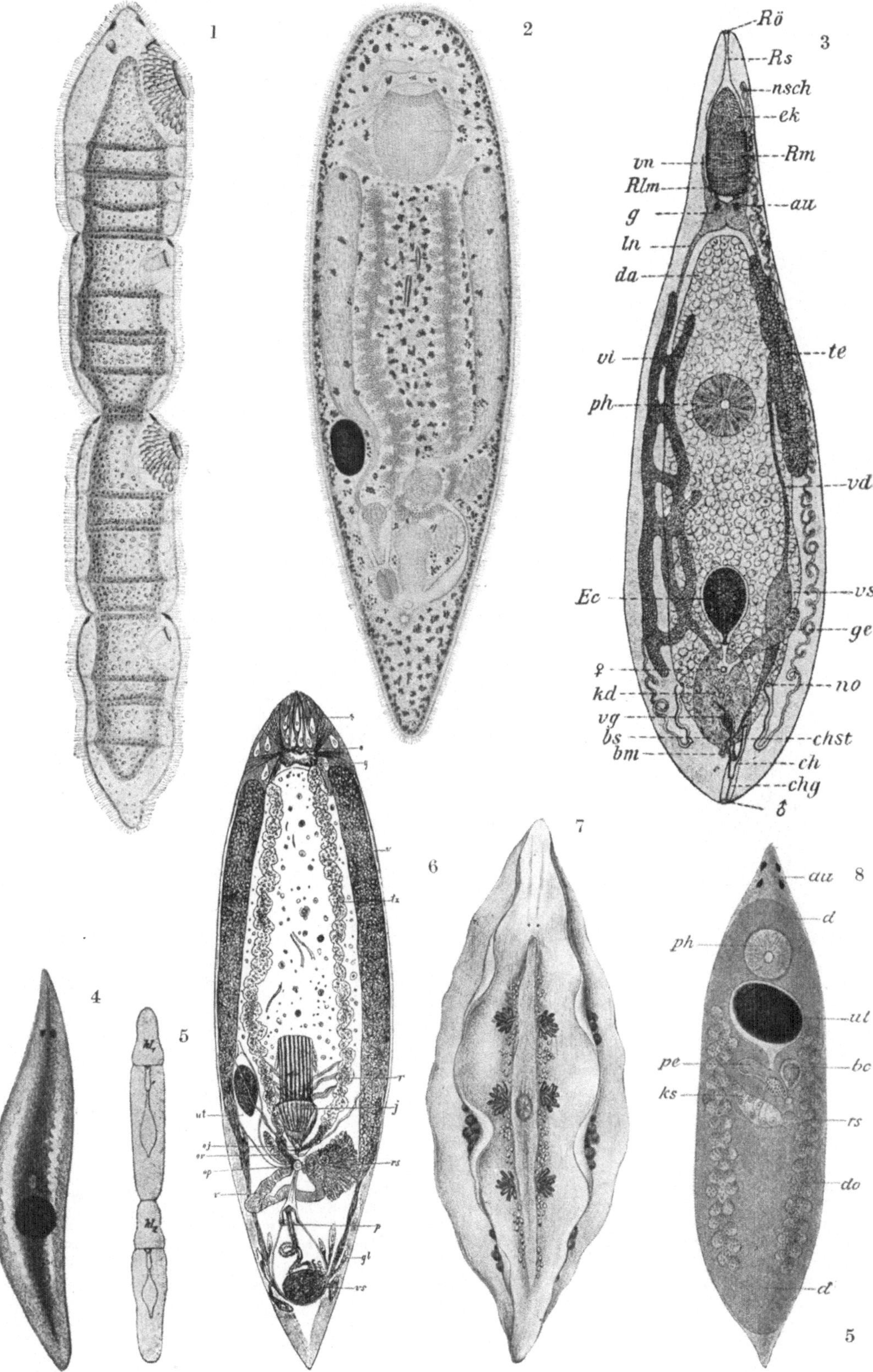

parallel zur Bauchfläche des Körpers. Der *Ph. bulbosus* tritt in verschiedenen Modifikationen auf, als *Ph. rosulatus, doliiformis* und *variabilis*. Der *Ph. dolii-formis*, charakteristisch für die Dalyelliden, liegt auch parallel zur Bauchfläche. Dagegen steht der *Ph. rosulatus* (Rosettenpharynx) senkrecht zur Bauchfläche. Er ist für die ganze Gruppe *Typhloplanidae* charakteristisch. Mit ihm in Verbindung stehen stets Drüsen, vor allem Gift-drüsen. Der Schlund führt in den Darm, der, wie früher erwähnt, in den verschiedenen Abteilungen einen ganz verschiedenen Bau besitzt: stabförmig bei den Rhabdocölen (Tafel 2, Fig. 1 da, da₁); bei den Tricladen ist er in seinen Hauptverzweigungen wie eine Stimmgabel ausgebildet mit reichen Seitenästen bis an die beiden Seiten (Abb. 96). Die Afteröffnung fehlt, die unverdaulichen Reste werden durch den Mund entleert. Die Turbellarien sind außer-ordentlich gefräßige Tiere, nur einzelne sind Pflanzen-fresser (Algen). Sie sind in erster Linie Fleischfresser (Rädertiere, Würmer, Krebse). Die Beute wird gefangen, in Schleim eingehüllt und zugleich mit Gift gelähmt. Bei den meisten Rhabdocölen wird die Beute häufig mit dem Schlund ergriffen; bei vielen wird sie gelähmt und durch einen raschen Stoß des vordersten Körperteiles ergriffen, der sich blitzschnell zuspitzt und vorgestreckt wird.

Bei einigen Turbellarien finden sich Verteidigungs-waffen ganz besonderer Art, die wohl auch zum Nahrungs-erwerb verwendet werden. Bei *Gyrathrix hermaphroditus* EHRBG. (Tafel 3, Fig. 3) findet sich am Hinterende ein Stilettapparat, der blitzschnell vorgestoßen werden kann; er steht in Verbindung mit einigen Drüsen, die als Gift-drüsen ausgebildet sind. Es handelt sich dabei um einen Teil

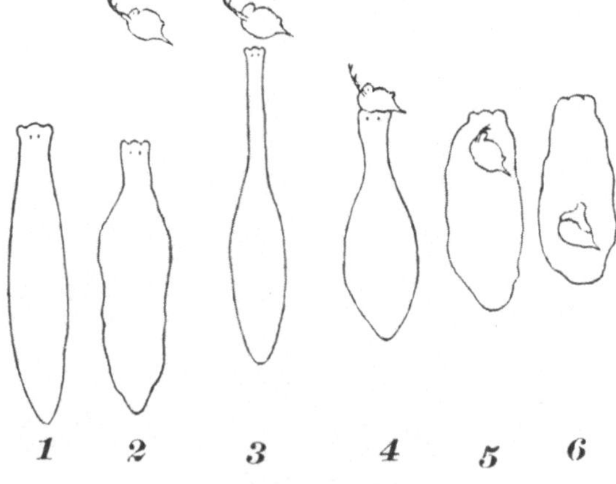

Abb. 79.   Abb. 80.

Abb. 79. Allöocöles Turbellar: *Prorhynchus stagnalis* M. SCHULZE. Sagittaler Längsschnitt. *mr* Mundrohr; *ph* Pharynx; *d* Darm; *od* Ovidukt; *kl* Keimlager; *dz* Dotterzellen; *kz* Keimzelle; *dgi* Ductus genito-intestinalis; ♀ weibliche Geschlechtsöffnung; *af* weiblicher Vorraum; *sdr* Schalendrüsen; *sb* Samenblase; *dea, dep* Ductus ejaculatorius; *vgr* Vesicula granulorum; *kdr* Körnerdrüse; *sa* Stilettapparat und die männliche Geschlechts-öffnung ♂. (STEINBÖCK 1927.)

Abb. 80. *Dendrocoelum lacteum* (O. F. M.), eine Daphnie einfangend und aussaugend. (WILHELMI 1915.)

des männlichen Geschlechtsapparates. Setzt man Chemikalien zu, so sieht man, daß das Stilett mehrmals ausgestoßen und eingezogen werden kann. Etwas Ähnliches treffen wir bei der Gattung *Prorhynchus* an (Abb. 79). Der Penis ist hier mit einem Stilett aus Chitin ausgestattet, das zum Teil als Waffe dient, zum Teil zum Einfangen der Beute. In diesem Falle mündet der Stilettapparat vorne nahe der Mundöffnung aus. Wir treffen hier auf ein, mir bekannt, im Tierreich einzig dastehendes Verhalten, daß nämlich chitinige Bestandteile des männlichen Geschlechtsapparates als Waffe gebraucht werden, mit denen das Tier seine Opfer überwältigt.

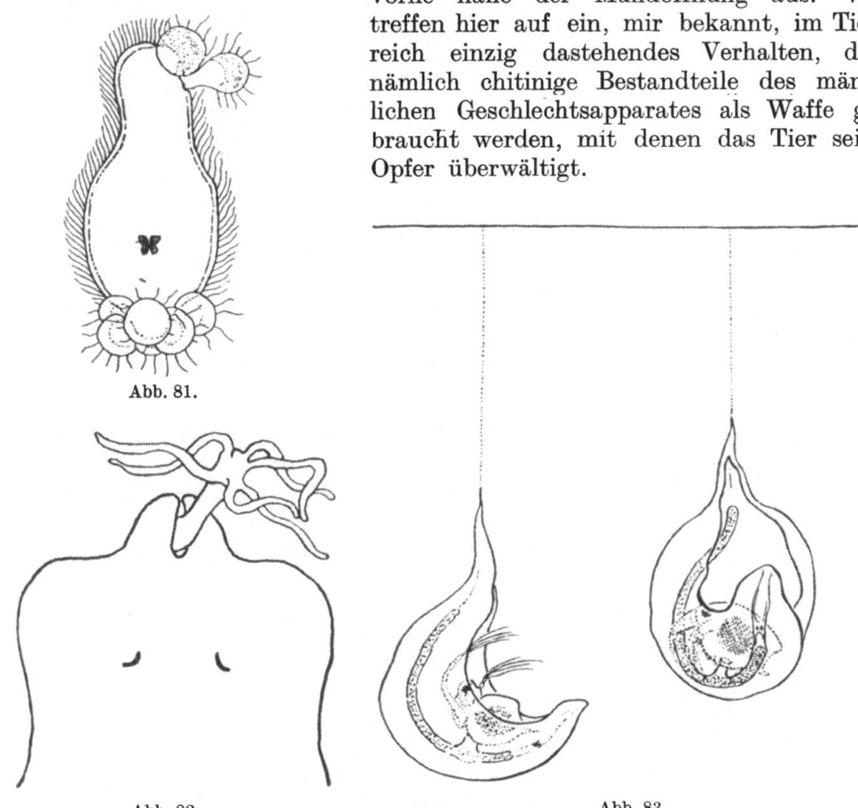

Abb. 81.

Abb. 82.

Abb. 83.

Abb. 81. Ein Miracidium mit schwachen Schädigungen an den Stellen, die in unmittelbare Berührung mit dem Planarienepithel gekommen sind. (MATTES 1931.)

Abb. 82. *Dendrocoelum lacteum* (O. F. M.). Greiforgan, mit dem das Tier eine *Hydra* eingefangen hat. (REDFIELD 1915.)

Abb. 83. Zwei Exemplare von *Mesostoma Ehrenbergi* (FOCKE), an ihren Spinnfäden von der Wasseroberfläche herunterhängend; beide Tiere haben eine Daphnie eingefangen. (STEINMANN und BRESSLAU 1913.)

Bei den paludicolen Tricladen spielt der Pharynx beim Beutefang eine große Rolle. Das Tier gleitet über das Objekt hinüber, der Schlund wird vorgestreckt und heftet sich daran fest, worauf die Beute in das Tier hineingezogen wird (Abb. 80). Obwohl die Turbellarien keine beißenden Mundteile besitzen, sind es oft erstaunlich große Stücke, die sie vom Opfer loszureißen vermögen. Das Stück wird in das Darmepithel aufgenommen und in Nahrungsvakuolen verdaut (intracelluläre Verdauung), wobei die unverdaulichen Teile wieder in den Darm ausgestoßen werden. Bei einer unserer gewöhnlichsten Formen, *Dendrocoelum lacteum* (O. F. M.), hat man beobachtet, daß sie, wenn die Beute, z. B. eine *Hydra*, ergriffen werden soll, eine zangenähnliche Greifvorrichtung ausstoßen kann, mit der die Beute gepackt und in den Mund befördert wird; sobald die Beute eingefangen ist, wird der Apparat wieder eingezogen (REDFIELD 1915, Abb. 82).

5*

Viele der kleinen Rhabdocölen sind Aasfresser; eine der besten Methoden, diese Tiere zu fangen, ist es, kleine Aasstücke auszulegen. Die kleinen Rhabdocölen gehen zum Teil auf Jagd nach toten Daphnien u. a. (HIGLEY 1918). Pflanzennahrung spielt wohl durchgehend eine recht untergeordnete Rolle. Nach einer reichlichen Mahlzeit schwellen die Darmdivertikel stark an, im Hungerzustande engt sich ihr Lumen sehr bedeutend ein, bis auf ein Fünftel der normalen Größe.

Neuere Untersuchungen haben uns einen näheren Einblick in den Verdauungsvorgang gewährt, aber vieles ist auf diesem Gebiete noch zweifelhaft. Die Art und Weise, wie der Inhalt eines Opfers, in das der lange Rüssel eingebohrt ist, in die Planarien eingepumpt wird, deutet darauf hin, daß vom Rüssel Stoffe ausgeschieden werden, die das Innere des Opfers auflösen, oder, mit anderen Worten, daß es sich hier um einen Vorgang handelt, den man extraorale Verdauung nennt. Wenn die Nahrung in den Darm gelangt, findet in seinem Lumen der Verdauungsvorgang wohl seine Fortsetzung; er gilt hier wahrscheinlich den Fettstoffen, aber der überwiegende Teil spielt sich in den Darmzellen selbst ab, indem diese die Nahrungspartikelchen mit Pseudopodien fassen und in Nahrungsvakuolen aufnehmen. Es handelt sich um eine richtige Phagocytose, die hier stattfindet. Das brauchbare Material wird an das Parenchym abgegeben, das unbrauchbare wird aus den Vakuolen wieder in den Darm entleert. Man hat die eigenartige Erscheinung beobachtet, daß die Darmzellen nicht allein an der gegen den Darm gewendeten Seite Material aufnehmen können, sondern auch an der gegen das Körperinnere gerichteten; es handelt sich dabei in erster Linie um überflüssige Geschlechtsstoffe, um Eier und Samenzellen aus dem

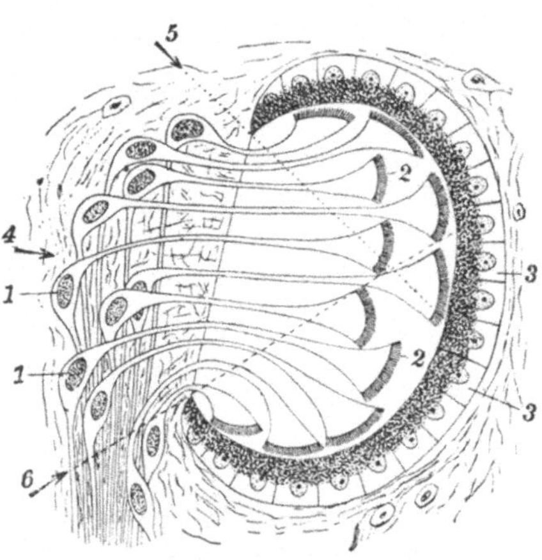

Abb. 84. *Planaria gonocephala* DUGÈS. Punktauge. *1* Kerne der Sehzellen; *2* Stiftchensaum; *3* Pigmentzellen. Licht, das in Richtung des Pfeiles *4* in das Auge einfällt, trifft alle Stiftchensäume, Licht von der Richtung des Pfeiles *5* nur diejenigen, die nach unten von der punktierten Linie liegen, solche, aus der Richtung *6* nur die Stiftchensäume oberhalb derselben. (HESSE 1897.)

Körperinneren und um Schleim und Drüsenzellen, die ausgedient haben. Sie werden von den Darmzellen aufgenommen, in den Darmhohlraum ausgeschieden und dann aus dem Körper entfernt. Was in den Darm gelangt und nicht dem Tier als Nahrung dienlich ist, wird von den Darmzellen nicht aufgenommen. Fäkalmassen werden im Darm angesammelt und gelegentlich ausgespült. Die Planarien pumpen nämlich Wasser ein und spritzen dann die angesammelten Kotmassen aus. Man hat beobachtet, daß sie, nachdem der Darm entleert ist, mit neuerdings durch den Mund aufgenommenem Wasser „nachspülen".

Die Planarien vertragen es, lange zu hungern. Das gilt ganz besonders für die *Paludicola*; man hat sie durch ein ganzes Jahr hungern lassen, und das hatte zur Folge, daß ihre Länge bis auf $1/_{12}$ und ihr Volumen bis auf $1/_{300}$ zurückging. Das rhabdocöle Turbellar *Mesostoma Ehrenbergii* (FOCKE) war nach einer vierwöchentlichen Hungerperiode aus einem 12 mm langen Tiere zu einem nur 3 mm langen geworden. Ob sie sich wieder erholen können, weiß man nicht. In Hungerperioden werden insbesondere die Geschlechtsorgane und die Rhabditen stark reduziert.

Die Exkretionsorgane, die bei den Acölen fehlen, sind nach dem gleichen Typus gebaut wie bei den meisten niederen Würmern: zwei bis vier Kanäle oder

Röhren, die seitliche Verzweigungen besitzen und in sogenannte Terminalorgane enden. Diese sind mit einem undulierenden Bande, das aus zusammengeklebten Cilien besteht, ausgestattet (Tafel 2, Fig. 4). Die Kanäle öffnen sich nach außen mit einer Anzahl Poren oder nur mit zwei oder sie laufen endlich zu einem gemeinsamen Gange zusammen, der mit einer einzigen Öffnung nach außen mündet. Die zwei Hauptkanäle können durch Quergänge miteinander verbunden sein und der gemeinsame Ausführungsgang kann sich zu einer pulsierenden Blase erweitern, die in regelmäßigen Zwischenräumen entleert wird. Eine solche findet sich, soweit man weiß, bei den Turbellarien nur äußerst selten, jedoch wenn, dann nur bei Süßwasserformen. Sie findet sich bei ihren Verwandten, den Trematoden, wieder. Die Zahl der Exkretionsporen steigt bei den Tricladen mit dem Alter und ist bei den verschiedenen Gattungen sehr verschieden; bei *Planaria (Crenobia) alpina* (DANA) nur 30, aber bei *Planaria torva* O. F. M. soll sie zirka 500 betragen. In den Hauptkanälen finden sich auch oft Wimperflammen, die dabei mithelfen, die Flüssigkeit in Bewegung zu setzen. Man glaubte früher, daß die Protonephridien, die sich bei den Saugwürmern, Bandwürmern, Rädertieren und anderen Gruppen wiederfinden, vor allem Nierenorgane seien, deren Hauptaufgabe darin bestünde, die im Stoffwechsel entstandenen schädlichen Stoffe zu entfernen. Das ist wohl auch richtig, aber in noch viel höherem Grade dürfte ihre Rolle darin liegen, die Druckverhältnisse der Leibesflüssigkeit zu regulieren, als darin, nur die Exkretstoffe zu entfernen und die Flüssigkeit in Bewegung zu versetzen (s. unter Rotifera).

Das Nervensystem (Tafel 2, Fig. 1; Abb. 96) besteht aus den Gehirnganglien im vorderen Körperabschnitt; von hier geht eine Anzahl Nerven nach vorne und höchstens drei Paar Längsnervenstämme nach hinten ab, die durch Querstämme verbunden sind. Die ventralen sind die stärksten, alle besitzen Querverbindungen. Als Sinnesorgane sind vor allem Sinneszellen vorhanden, die über den ganzen Körper verstreut, aber vorne am zahlreichsten entwickelt sind. Gewisse Sinneszellen dürften am ehesten als Geruchsorgane aufzufassen sein, als Zellen, mit deren Hilfe die Tiere durch chemische Einwirkung ihre Beute aufzuspüren vermögen. Zu diesen Organen gehören auch die sogenannten Flimmergruben, die bei manchen Süßwasserplanarien gefunden werden. Als besondere Sinnesorgane müssen wohl auch die Tentakel und Kopflappen aufgefaßt werden, wo solche, mehr oder weniger gut abgesetzt, vorkommen.

Die meisten Turbellarien sind mit Augen ausgestattet, Pigmentbechern, in die ein oder mehrere Sinneszellen eintreten; ihr innerster Teil ist verbreitert und hier mit einem lichtperzipierenden Stäbchensaume versehen (Abb. 84). Die Augen sind gewöhnlich in einem Paare vorhanden, doch findet sich bei einer Gattung der Paludicolen, bei *Polycelis*, entlang des Körperrandes eine ganze Reihe von solchen Augen. Es ist durch Versuche nachgewiesen, daß die Tiere imstande sind, auf Lichtmengen verschiedener Stärke zu reagieren; wird die Beleuchtung zu stark, so suchen sie dunklere Stellen auf. Sehr häufig ziehen sie tiefsten Schatten vor (*Paludicolae*). Sie sind auch imstande, zu unterscheiden, woher das Licht kommt, und streben, wenn ein Lichtstrahl parallel zu den Rhabdomen einfällt, insofern die Lichtquelle zu stark ist, davon weg. Man hat übrigens konstatiert, daß, selbst wenn die Augen entfernt sind, die Tiere doch bei starkem Lichte von der Lichtquelle fortstreben (WALKER 1907, TALLIAFERRO 1920). Im großen und ganzen sind die Paludicolen recht lichtscheu, wogegen manche Rhabdocölen zerstreutes Tageslicht vorziehen. Irgendeine Bildwahrnehmung findet im Auge des oben geschilderten Baues nicht statt. Statische Organe, die bei Meeresformen sehr verbreitet sind, findet man bei den Süßwasserformen nur ausnahmsweise vor [bei *Otomesostoma auditivum* (DU PLESS) (Abb. 93), die marinen Ursprungs sind, und bei der Familie der *Catenulidae*] (Tafel 3, Fig. 5).

Alle Süßwasserturbellarien sind Hermaphroditen, aber die männlichen und weiblichen Geschlechtsorgane sind strenge voneinander getrennt. Die männlichen Geschlechtsdrüsen reifen zuerst; ihre Ausführungsgänge sind oft mit mehr oder weniger kompliziert gebauten Paarungsorganen ausgestattet (Abb. 87 u. 88). Der Bau der Geschlechtsorgane und alle die Verhältnisse, welche das Ei betreffen, bieten bei den beiden Hauptgruppen der Süßwasserturbellarien, den *Rhabdo-*

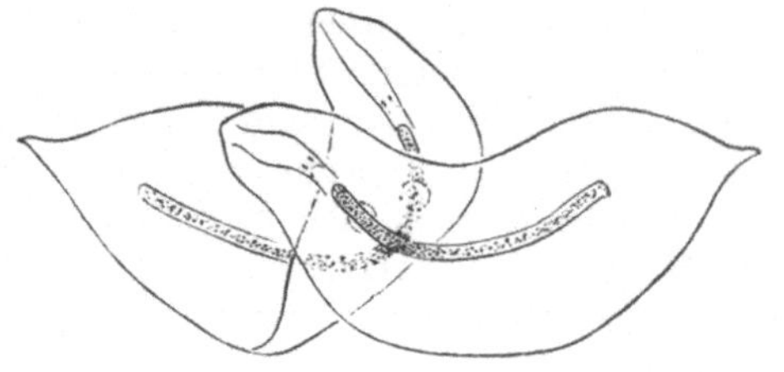
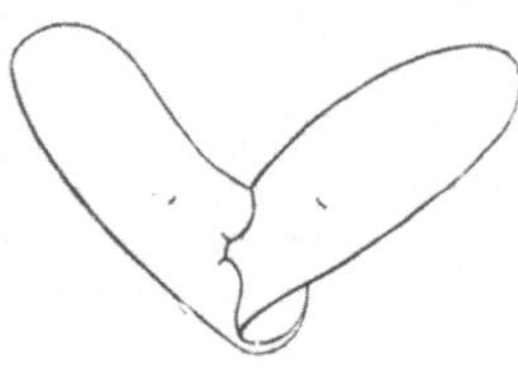

Abb. 85.   Abb. 86.

Abb. 85. *Mesostoma Ehrenbergi* (FOCKE). Paarung. (STEINMANN und BRESSLAU 1913.)

Abb. 86. *Planaria lugubris* O. SCHMIDT. Paarung. (BURR 1912.)

Abb. 87 u. 88. Chitinpenis von zwei *Dalyellia-* (= *Vortex-*) Arten. (v. HOFSTEN und V. GRAFF aus V. GRAFF 1909.)

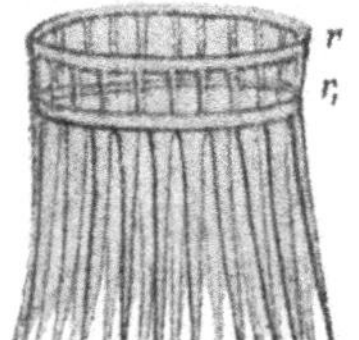

Abb. 87.

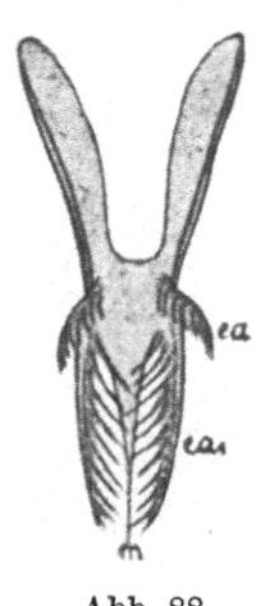

Abb. 88.

coelae und den *Paludicolae*, so große Unterschiede, daß sie am besten getrennt behandelt werden. Die Paarung geht bei den Turbellarien auf sehr verschiedene Weise vor sich; ausnahmsweise bei einzelnen Süßwasserformen in der Art, daß das Tier sein Paarungsorgan an irgendeiner Stelle, gleichgültig welcher, einbohrt. In den meisten Fällen findet eine richtige Paarung statt, die damit eingeleitet wird, daß die beiden Tiere einander jagen, übereinander hinkriechen und eigentümliche Stellungen einnehmen (Abb. 85 u. 86). Die Paarung ist gegenseitig; jedes Tier fungiert gleichzeitig als Männchen und als Weibchen. In nicht wenigen Fällen wird der Samen in Form von Spermatophoren, oder zu Klumpen verklebt, übertragen. Die Übertragungsorgane haben sehr verschiedenen Ursprung und werden in sehr mannigfaltiger Weise verwendet. Man hat in gewissen Fällen die Beobachtung gemacht, daß der Samen, wenn er übertragen wird, nicht vollkommen reif ist, sondern noch im Körper desjenigen Tieres ernährt werden muß, in das er eingeführt wurde. Diese Ernährung kann auf verschiedene Weise vor sich gehen, u. a. dadurch, daß die Samenzellen in die Epithelzellen eindringen und von diesen ernährt werden.

Zuweilen kommt Selbstbefruchtung vor; sie wird als normal angegeben bei der Bildung der sog. Sommer-Eier von *Mesostoma Ehrenbergii* (FOCKE) und anderen *Mesostoma*-Arten.

Bei manchen *Paludicolae* sind bestimmte Teile des Geschlechtsapparates so ausgebildet, daß eine Selbstbefruchtung nicht stattfinden kann (ULLYOTT und R. BEAUCHAMP 1931).

Schon 1814 erklärte DALYELL, daß die Planarien „unter dem Messer unsterblich" seien. Später hat man das gewissermaßen bestätigen können. Teilt man die Paludicole *Planaria polychroa* O. SCHM. in der Quer- oder in der Längsrichtung auseinander oder schneidet man Dreiecke aus ihr heraus, so kann jedes einzelne Stück zu einer neuen Planaria auswachsen. Bei der verwandten *Planaria maculata* (LEIDY) hat man das so weit getrieben, daß $^1/_{1000}$, ja selbst $^1/_{1500}$ Teil, indem man die Teilung immer weiter fortgesetzt hat, nachdem die Teilstücke zu regenerieren begonnen hatten, ohne weiteres imstande war, den fehlenden Teil zu regenerieren. Nur gerade das Stück vor den Augen und die äußerste Schwanzspitze erlauben keine Regeneration. Man kann die merkwürdigsten Monstrositäten hervorrufen.

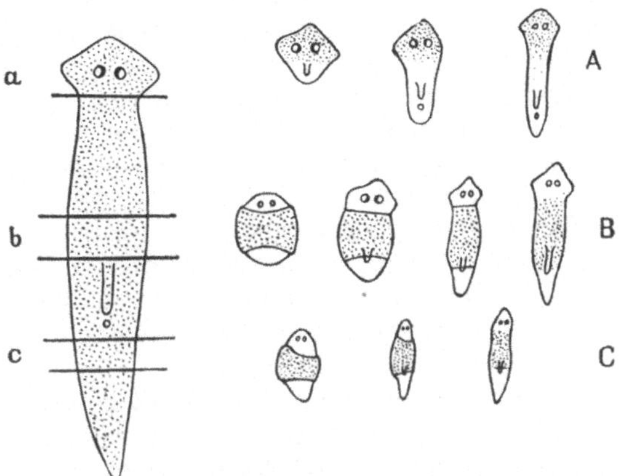

Abb. 89.

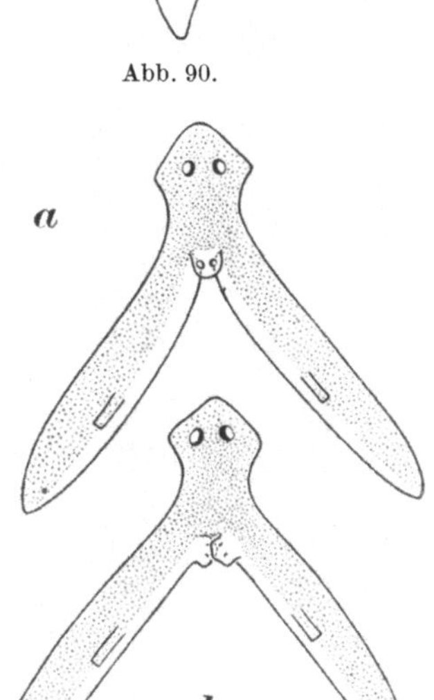

Abb. 90.

Abb. 89. *Euplanaria maculata* (LEIDY). Regeneration nach künstlicher Querteilung. Sowohl das Kopfende *A* als auch vor und hinter dem Pharynx durchtrennte Stücke regenerieren und wachsen zu neuen Individuen aus. (MORGAN 1898.)

Abb. 90. *Dendrocoelum lacteum* (O. F. M.) mit zehn durch fortgesetzte Spaltung des Vorderendes erzeugten Köpfen. (LUS 1924.)

Abb. 91. *Euplanaria maculata* (LEIDY). Zwei Individuen *a* und *b*, die nach Längsspaltung Doppelschwänze und *b* auch zwei neue Köpfe gebildet haben. (MORGAN 1900.)

Man kann den Kopf eines Individuums an den verschiedensten Stellen eines anderen implantieren. Man kann die Schwanzabschnitte zweier Individuen abschneiden, die Vorderkörper zusammenfügen und so ein Tier erzeugen mit Köpfen an beiden Enden oder eines, das nur aus zwei zusammengewachsenen Schwanzabschnitten besteht (Abb. 89 bis 91). Es zeigte sich, daß steigende Temperatur auf das Regenerationsvermögen fördernd wirkt; im gleichen Sinne wirkt Licht und erhöhte Sauerstoffmenge. Das Tier, das bei solchen Versuchen verwendet wird, muß sich in gutem Ernährungszustande befinden. Denjenigen, die vielleicht glauben, daß diese ganze Vorgangsweise unter den Begriff der Tierquälerei und der wissenschaftlichen Geschichtenmacherei fällt, mag gesagt sein, daß die Tiere in der Natur draußen selbst sich dieser Vorgangsweise bedienen. Man findet draußen in der Natur und sieht sehr oft in Kulturschalen Tiere, die sich selbst verstümmeln, sich von selber teilen und die fehlenden Partien regenerieren. Namentlich sieht man oft bei unseren Paludicolen, z. B. bei *Bdellocephala punctata* (PALL.), daß sie, wenn sie ihre große Kapsel abgelegt haben, an der Seite einen weit klaffenden Ausschnitt besitzen, worauf der hintere Teil abgeschnürt wird.

Abb. 91.

Das große Regenerationsvermögen bei den Paludicolen hängt nach der übereinstimmenden Auffassung vieler Autoren mit der großen Menge Parenchym zusammen, dessen freie Bindegewebszellen als eine Art embryonales Gewebe mit aktivem Bewegungsvermögen aufzufassen sind; wie bei den Spongilliden und bei *Hydra* können sie wandern und sich zu denjenigen Organen umbilden, die gerade vonnöten sind. Einige Autoren (STEINMANN 1925, 1927) gehen so weit, zu vermuten, daß ausdifferenzierte Organe, wie der Darm, die Dotterstöcke usw., imstande sind, ihre Zellen zu demjenigen Embryonalgewebe zurückzuverwandeln, aus dem sie entstanden sind, worauf sie in diesem Falle zu Neubildungen verwendet werden können. Das Regenerationsvermögen ist bei den Paludicolen weit stärker entwickelt als bei den Rhabdocölen. Das soll darauf beruhen (HEIN 1928), daß das Parenchymgewebe, dessen Aufgabe es ist, zu restituieren und wieder aufzubauen, bei den Rhabdocölen sehr viel geringer ausgebildet ist als bei den Paludicolen.

Außer der geschlechtlichen Fortpflanzung durch Ei- und Samenzellen findet sich bei den Turbellarien auch eine ungeschlechtliche Vermehrung durch Teilung, die innerhalb der verschiedenen Gruppen sehr verschieden ausgebildet ist; sie spielt bei den Süßwasserplanarien eine größere Rolle und ist hier gut untersucht. Sie ist besonders bei den Rhabdocölen häufig, namentlich bei den Familien *Microstomidae* und *Catenulidae*. Sie ist bei *Microstoma lineare* (O. F. M.) sehr genau untersucht (HALLEZ 1879, v. GRAFF 1882 u. a.). Normal wird dieses Tier, das schon O. F. MÜLLER bekannt war, nicht in Form von Einzelindividuen gefunden, sondern in Ketten bis zu 16 Individuen, die alle zusammenhängen (Tafel 3, Fig. 1), aber voneinander durch Querwände getrennt sind, welche immer tiefer und tiefer einschneiden und zuletzt die Ablösung der einzelnen Individuen herbeiführen. Das Einzeltier ist 1,8 mm, die Kette oft 8 mm lang. Die Septen entstehen nach ganz bestimmten Gesetzen. Ein Einzeltier wächst bis zu ungefähr 1,2 mm; hierauf wird ein hinteres Stück durch eine Querwand abgegliedert. Dadurch entsteht eine Kette von zwei Individuen; das vordere mißt 0,8 mm, das hintere ungefähr 0,4 mm.

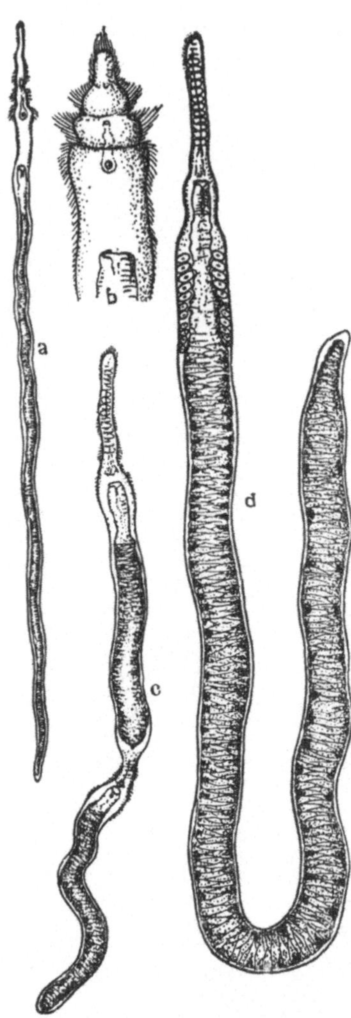

Abb. 92. Metamorphose von *Rhynchoscolex simplex* LEIDY. *a* LUTHERsche Larve; *b* Vorderende der Larve mit zusammengezogenem Rüssel; *c* älteres Stadium in ungeschlechtlicher Vermehrung; *d* geschlechtsreifes, älteres Tier. (REISINGER in Biol. d. Tiere Deutschlands.)

Bald ist das hintere Stück ebenso groß wie das vordere. Hierauf schnüren beide wieder eine hintere Partie ab und es entsteht eine Kette von vier Individuen. Auf diese Weise können Ketten bis zu 32 Individuen sich bilden. Die beiden Stücke haben nicht den gleichen Wert. Erzeugt man sich in Kulturen Linien, die ausschließlich aus den vordersten Stücken bestehen, so zeigen sie mehrere charakteristische Züge, aus welchen unter anderem hervorzugehen scheint, daß man am richtigsten tut, das vorderste Individuum als dasjenige zu betrachten, das an seinem Hinterende neue Individuen produziert (SONNEBORN 1930). Die Teilungsprodukte zeigen nämlich Eigenschaften, die das Einzelindividuum bei dieser Entstehung in bezug auf Wachstum, Altern und bis zu seinem Tode als älteres Tier charakterisieren. Linien von den hinteren Stücken dagegen zeigen Eigentümlichkeiten, wie sie frisch erzeugte, junge Tiere charakterisieren. Wo normale ungeschlechtliche Vermehrung durch Zweiteilung vorkommt, geht diese stets der geschlechtlichen voraus; das Normale ist, daß ungeschlechtliche Fortpflanzung im Sommer, geschlechtliche im Herbst stattfindet. Wo das der Fall ist, kann man sehr wohl diese Art der Fortpflanzung als Generationswechsel bezeichnen. Scharf sind diese Arten der Fortpflanzung jedoch nicht voneinander gesondert, da das Glied, das sich noch nicht von der Kette abgelöst hat, auf alle Fälle entwickelte männliche Geschlechtsorgane hat (*Stenostoma*).

Ein echter Generationswechsel ist bisher nur bei einer Form, bei *Rhynchoscolex simplex* LEIDY (Abb. 92) gefunden worden, wo eine geschlechtliche Generation mit einer ungeschlechtlichen abwechselt. Die Kette besteht nur aus zwei Gliedern. Es ist dies übrigens die einzige Süßwasserform, bei welcher man von einem Larvenstadium sprechen kann. Das aus dem Ei auskriechende Tier ist eine fadendünne Larve mit reichlicher Cilienbekleidung und mit Statocyste. Es ist fast ein Planctonorganismus, der in senkrechter Stellung schwimmt. Später wird es zu einer kriechenden Bodenform und verliert den größten Teil des Cilienkleides und die Statocyste; es bildet nun Ketten mit zwei Individuen. In diesem Stadium werden die Geschlechtsorgane entwickelt. Auch bei den *Paludicolae* (VANDEL 1922) ist Vermehrung durch Teilung eine sehr häufige Erscheinung. Doch scheint sie vornehmlich bei nichteuropäischen Formen vorzukommen. Innerhalb der europäischen ist sie bei Bachformen [*Polycelis cornuta* (JOHNSON) und *Planaria alpina* (DANA)] nicht selten sowie bei *Planaria vitta* DUGÈS und *P. subtentaculata* DRAPARN. Die Teilung geht sehr rasch vor sich. Sie kann bald vorne stattfinden, bald hinter dem Schlund. Sie ist eine ganz normale Erscheinung, aber keine Vermehrungsart, die absolut fixiert ist, kein Glied in einem Generationswechsel. Sie kann nicht auf äußere Faktoren zurückgeführt werden; man kann höchstens sagen, daß die Temperatur sie fördert. Es ist, als ob uns hier eine Erscheinung entgegentritt, die für die paludicolen Tricladen eigentümlich ist und sich mit nichts anderem im Tierreiche leicht vergleichen läßt.

Zuweilen kommt bei *Planaria gonocephala* DUGÈS, die ich in Dänemark nur aus einem Bache kenne, der in den Gudenaa nahe Laven einmündet, eine Selbstverstümmelung unter Verhältnissen vor, die für die Art ungünstig zu sein scheinen. Sie zeigt sich zumeist, wenn die Tiere plötzlich niederen Temperaturen ausgesetzt werden; man kann dann geradezu Teilungsepidemien beobachten. Zumeist handelt es sich nur um Abstoßung des hintersten Körperabschnittes. Bei verschiedenen Arten gehen beide Teilungsstücke zugrunde, aber bei *Polycelis cornuta* JOHNSON regenerieren beide Stücke die fehlenden Teile und leben weiter. Bei *Planaria vitta* DUGÈS wird eine geradezu regelmäßige Vermehrung durch Teilung beschrieben, in der Form, daß die geschlechtliche Fortpflanzung im Winter stattfindet, während die ungeschlechtliche im Sommerhalbjahr vor sich geht (P. DE BEAUCHAMP 1931).

Feinde haben die Planarien nicht viele. Der Schleim, der ihren Körper umgibt und der bei drohender Gefahr vermehrt werden kann, ist augenscheinlich für zahlreiche Organismen, die sonst von niederen Tieren des Süßwassers leben, widerlich. Von Fröschen, Salamandern und Insektenlarven werden sie gewöhnlich nicht als Nahrung verwendet, aber die Angaben in dieser Hinsicht sind widersprechend. Aus Versuchen mit Miracidien, die in sie einzudringen versuchen, um sich in ihnen zu encystieren, scheint hervorzugehen, daß der Schleim imstande ist, eine lähmende Wirkung auszuüben (Mattes 1931, Abb. 81). Durch Extrakte von Tricladen, die in das Lymph- und Blutgefäßsystem von Fröschen und Kaninchen injiziert worden sind, werden diese Tiere im Verlaufe von wenigen Minuten unter Herzkrampf getötet. Das Gift hat seinen Sitz zum Teil im Rüssel, zum Teil in den Sekreten der Haut. Diese Planariensekrete spielen eine gewisse Rolle u. a. in Süd-Chile, wo erzählt wird, daß Pferde plötzlich sterben, wenn sie mit dem Grase die großen Tricladen in den Magen mit aufgenommen haben. Das Merkwürdige ist aber, daß, wenn das Gift durch künstliche Eingabe in den Magen solcher Tiere kommt, diese dann an ihm nicht sterben; auch daß dieses Gift die Tiere lähmen könnte, hat man nicht nachweisen können (Arndt und Manteufel 1925). Gewisse Rhabdocölen haben einen richtigen Giftstachel, einen Bestandteil des Paarungsorgans, der zur Lähmung der Beute Verwendung findet (s. S. 66). Für *Mesostoma Ehrenbergii* (Focke) wird angegeben, daß vom Körpervorderende eine Giftwirkung ausgeht und daß diese möglicherweise auf die Rhabditen zurückgeführt werden kann. Die Tiere lähmen die Beute durch einen Stoß mit dem Vorderende (Arndt 1925). Das merkwürdige Verhalten, daß die früher erwähnten Nesselkapseln, die die Planarien bei Erbeutung von Cnidariern oder wenigstens beim Versuche dazu in sich aufgenommen haben, nicht zerstört werden, sondern vielleicht als verwendungsfähige Waffen im Ectoderm der Planarien verbleiben, eröffnet die Möglichkeit, daß auch sie beim Angriff auf Feinde Bedeutung haben können.

Da die Trematoden, und sicher mit Recht, als nächste Verwandte der Turbellarien angesehen werden, ist es von großer Bedeutung, daß sich innerhalb dieser eine Anzahl ausgesprochener Schmarotzertiere findet. Diese gehören so gut wie ausschließlich alle dem Meere an und werden daher hier nicht erwähnt. Nur ganz wenige Süßwasserformen sind Halbparasiten (s. S. 78).

Schon S. 60 wurde eine Anzahl von Örtlichkeiten im Süßwasser erwähnt, wo sich die Planarien finden. Im Hinblick auf die Anforderungen, die die Turbellarien an das Leben stellen, besteht im wesentlichen ein großer Unterschied zwischen den Rhabdocölen und den Süßwassertricladen. Obwohl die Rhabdocölen bei niederer Temperatur sehr wohl gedeihen können, was durch das Vorkommen von 42 Arten im Süßwasser Grönlands erwiesen ist (Steinböck und Reisinger 1926) (in Sibirien finden sie sich an Lokalitäten, wo sie Temperaturen von —40 bis —50° ausgesetzt sind), sind sie doch vorzugsweise an Wasser mit recht hohen Temperaturen gebunden: kleine seichte Pfützen mit hohen Frühjahrstemperaturen, warme Teiche, die vegetationsreiche Litoralzone der Seen, die submersen Wiesen unserer Seen usw. Es sind das gleichzeitig Örtlichkeiten, die stark belichtet sind. Wenn auch die Rhabdocölen intensives Sonnenlicht nicht vertragen, so sind die Lokalitäten, wo sich die meisten Rhabdocölen aufhalten, doch überwiegend solche mit starkem oder schwach gedämpftem Tageslicht. Überall in unseren Seen findet man während des Tages das milchweiße *Bothromesostoma Essenii* Braun unter den Seerosenblättern. Des Nachts sind sie an der Wasseroberfläche anzutreffen. Sie enthalten oft 12 bis 15 Dauereier oder bis zu 20 Subitan-Eier oder Embryonen. In den Kulturschalen suchen sehr viele, besonders wenn gleichzeitig die Sauerstoffmenge abnimmt, den Lichtrand auf. Mehrere der *Prorhynchus*-Arten leben in feuchter Erde und unter abgefallenem Laub. In allen diesen Beziehungen verhalten sich die paludicolen Tricladen ganz anders. Dabei ist es recht merkwürdig, daß sie in Grönland nicht gefunden werden. Die schwach entwickelte Steinflora und die damit in Zusammenhang stehende gering entwickelte, mikroskopische Fauna dürfte einer der Gründe dafür sein. Ansonsten werden die meisten von ihnen an Örtlichkeiten angetroffen, die am ehesten als kalt bezeichnet werden können: kalte Quellen, tiefe Brunnen, Höhlen, größere Seetiefen. Mehrere dieser Formen, die oft durch das Fehlen von Augen ausgezeichnet sind, können sowohl in großen Seetiefen als auch in tiefen Brunnen gefunden werden (*Dendrocoelum cavaticum*, ENSLIN 1906) und in sehr kalten Quellen. Oft findet man Übergangsformen mit stark reduzierten Augen, wie z. B. Übergangsformen zwischen *Dendrocoelum cavaticum* ohne Augen und *D. lacteum* mit Augen. In diesem Falle verhält es sich so, daß hier Pigmentbecher ausgebildet werden mit einer einzigen Sinneszelle. Sie sind ferner auch in hohem Grade lichtscheue Tiere. Trifft man sie draußen in der Vegetation in sonnenbeschienenen Teichen an, so kriechen sie nicht auf den unterseeischen Wiesen herum, sondern halten sich an der Unterseite der Seerosenblätter oder zwischen den Blättern von *Sparganium, Iris* usw. auf. Aber den weitaus überwiegenden Teil der Tricladen eines Sees wird man in der Regel auf der Unterseite der Steine am Seeufer, oft im unruhigen Wellenschlag, häufig tief drinnen in den Löchern der Steine oder in Ritzen auf Zweigen und Planken finden.

Unter ungünstigen Verhältnissen können sich viele in Schleim einhüllen oder Cysten oder Schleimkapseln bilden; solche können auch nach sehr reichlicher Mahlzeit gebildet werden.

Nur ganz wenige Formen (*Geocentrophora sphyrocephala* DE MAN) werden in feuchter Erde und unter Laub gefunden.

Ordnung: **Rhabdocoela.**

Die Rhabdocölen sind Turbellarien von geringer Größe, mit einem stab- oder sackförmigen Darm. Der Pharynx ist ein Ph. simplex oder bulbosus. Das Parenchym ist locker, mit großen, flüssigkeitserfüllten Hohlräumen. Die Exkretionsorgane haben nur ein bis zwei Exkretionsporen. Über die Geschlechtsorgane siehe unter *Mesostoma Ehrenbergii* (FOCKE). Die Eier enthalten nur eine Eizelle und eine nicht besonders große Anzahl von Dotterzellen. Sie sind teils marin, teils Süßwasserformen; einige leben in feuchter Erde, in Moos und unter Laub. Im Meer finden sich Formen, die in wirbellosen Tieren parasitieren, im Süßwasser dagegen gibt es keine ausgesprochenen Parasiten.

Die Rhabdocölen des Süßwassers, insgesamt zirka 300 Arten, besitzen, was die Gestalt anbelangt, ein sehr uneinheitliches Gepräge. Sie können alle möglichen Formen aufweisen: breit, flach, bandförmig, blattförmig, rund, im Querschnitt viereckig, lang, dünn, fadenförmig usw. Während die Süßwassertricladen

wenigstens die europäischen Formen — gewöhnlich eine düstere, dunkle oder milchweiße Farbe besitzen, sind die Rhabdocölen oft grün oder gelb und sind häufig schön gezeichnet. Dazu sind sie nicht selten sehr durchsichtig und überdies in der Regel viel lebhaftere Tiere als die Tricladen. Nur wenige Arten sind mit „Ohren" oder Tentakeln ausgestattet, wie man sie bei den Tricladen findet, dagegen ist der Vorderrand oft stark zugespitzt und kann in einen langen Führüssel ausgezogen sein, der eingezogen werden kann. Wenn er nicht gebraucht wird, wird er in einer großen Scheide geborgen. Saugnapfe finden sich nicht. Will das Tier sich an einer Unterlage befestigen, so geschieht dies mit Hilfe von Schleim aus den Klebdrüsen.

Die grüne oder gelbe Farbe rührt oft von chlorophyllhaltigen Algen her, die in Symbiose mit den Turbellarien leben.

Die stabförmigen Gebilde in den Epithelzellen sind bei den Rhabdocölen gewöhnlich glasartig und vermindern deshalb die Durchsichtigkeit der Tiere nicht; sie treten in verschiedenen Formen auf und sind oft in bestimmten Bahnen angeordnet. Sie können auch in Häufchen von meist zwei bis acht Stück über die Oberfläche der Haut vorragen (*Macrostoma*-Arten). Bei gewissen Rhabdocölen [*Microstoma lineare* (O. F. M.); Tafel 3, Fig. 1] und *M. giganteum* HALLEZ finden sich die früher erwähnten Nesselkapseln der Cnidarier in der Haut. Sie leben zum Teil auf und von *Hydra*. Man hat *Microstoma* mit *Hydra* gefüttert und die Ablagerung der Nesselkapseln in der Haut nachgewiesen. Schleimdrüsen finden sich in großer Menge; bei denjenigen Formen, die Spinnvermögen besitzen, sind die Spinndrüsen in einer mittleren Zone längs der Bauchseite entwickelt.

Vom inneren Bau sollen hier nur der Darmkanal und die Geschlechtsdrüsen behandelt werden. Nur sehr selten im Tierreich zeigt die Stellung des Mundes so große Verschiedenheiten wie bei den Rhabdocölen; er kann ganz vorne liegen, in der Mitte und weit hinten. Er führt in einen Schlund, dessen Bau und Form große systematische Bedeutung besitzt. Einmal ist er ein einfaches Rohr *(Pharynx simplex)*, dann wieder tonnenförmig, endlich kugelförmig *(Ph. bulbosus)*. Diese verschiedenen Typen können wieder, jeder für sich, mannigfaltiges Aussehen annehmen (s. oben). Der Darm selbst ist ein stabförmiges Rohr, das blind endet. Sind die Tiere wohlgenährt, so können an den Seiten kleine Ausbuchtungen entstehen, die den Verzweigungen des Tricladendarmes entsprechen, die aber bei diesen weit besser entwickelt und konstant sind.

In bezug auf die geschlechtliche Fortpflanzung bieten die Rhabdocölen sehr interessante Verhältnisse, die jedoch nicht verstanden werden können ohne etwas eingehendere Kenntnisse des Baues der Geschlechtsorgane. In den Hauptzügen ist der Bau des Geschlechtsapparates der Turbellarien sehr ähnlich jenem, den wir bei den Saugwürmern und Bandwürmern finden, aber in bezug auf minder wesentliche Punkte bietet er auch innerhalb der Turbellarien selbst recht große Verschiedenheiten dar. Gerade der Bau dieser Organe gibt wichtige Unterschiedsmerkmale für die Familien, Gattungen und Arten ab.

Als Beispiel wählen wir am besten *Mesostoma Ehrenbergii* (FOCKE), dessen Geschlechtsapparat auf Tafel 2, Fig. 1 u. 2, abgebildet ist. Man vergleiche übrigens Abb. 79.

Es fällt sogleich auf, daß das Bild (Tafel 2, Fig. 1) rechts und links verschieden aussieht. Auf der linken Seite ist das Tier dargestellt in einem Zustande, in dem es die dünnschaligen Eier produziert, auf der rechten Seite zu der Zeit, wo es die dickschaligen hervorbringt. Das sehr durchsichtige Tier gestattet es, alle Einzelheiten zu sehen. In der Mitte, gleich hinter der großen Mundöffnung, liegt die Geschlechtsöffnung, in der alle die verschiedenen Gänge des männlichen und des weiblichen Geschlechtsapparates zusammenlaufen. Haben wir ein Tier vor uns, das dünnschalige Eier bildet, so sind nur recht kleine Hoden vorhanden. Sie liegen außen an den Seiten und stehen durch einen langen Ausführungsgang in Verbindung mit dem zu dieser Zeit schwach entwickelten Paarungsglied, dessen hintere Partie als Behälter für die männlichen Geschlechtszellen dient. In der Nähe der Geschlechtsöffnung liegt der unpaare Eierstock, der an ein Receptaculum seminis grenzt, in das der Samen bei der Paarung aufgenommen, wo er verwahrt wird und von wo aus beim Vorbeiwandern der Eier die Befruchtung stattfindet. Die Eier gehen vom Receptaculum seminis in den Eileiter über und von hier in einen Gang, der ihn mit dem Uterus verbindet, wo die Eier aufbewahrt werden. Zuvor haben sie jedoch Dottermaterial aus den Dotterstöcken aufgenommen, die als ein drittes Band zwischen Uterus und Darm liegen. Solange das Tier nur dünnschalige Sommer-Eier produziert, sind die Dotterstöcke nur schwach entwickelt. Der Uterus ist mit hellen, dünnschaligen Eiern erfüllt, oft sind es 20 und mehr. In den meisten von ihnen sieht man Embryonen, die sich rasch entwickeln. Die jungen Tiere sprengen die Eischale, bohren sich durch die Wand des Uterus durch und kommen frei in der Leibeshöhle zu liegen (Tafel 2, Fig. 2), worauf sie sich irgendwo durch die Haut der Mutter hindurchbohren und auf diese Weise das Freie erreichen. Dieser Vorgang scheint das Muttertier in keiner Weise zu irritieren. Wenn jedoch die Mutter im Begriff steht, dickschalige Eier zu erzeugen, dann findet man die Hoden, die Dotterstöcke und das Paarungsorgan viel weiter entwickelt. Der Uterus enthält dann nur eine kleine Zahl dickschaliger Eier, nicht mehr als vier bis sechs, die dunkelbraun sind. Nach und nach sammeln sich diese Eier im Uterus an. Soweit man weiß, werden diese Eier nicht abgelegt, sondern gelangen erst nach dem Absterben des Tieres ins Freie. Ob die Rhabdocölen Sommer- oder ob sie Winter-Eier erzeugen, so gilt für beide Eiarten, daß sie nur eine einzige Eizelle enthalten und eine verschieden große Anzahl von Dotterzellen, oft bis zu einigen Hunderten. Die Schale um das Ei wird von den Dotterzellen gebildet. In Übereinstimmung damit, was man bei sehr vielen Süßwasserorganismen gefunden hat, neigte man eine Zeitlang der Anschauung zu, in den dickschaligen Eiern eine besondere Anpassung an die klimatischen Verhältnisse zu sehen, und hat sie deshalb als Winter-Eier bezeichnet, im Gegensatz zu den dünnschaligen Sommer-Eiern, die die normale Eitype der Rhabdocölen darstellen sollten. Weiter nahm man an, daß die Sommer-Eier nicht befruchtet werden.

Genauere Untersuchungen (BRINKMANN 1905 u. a.) haben gezeigt, wie vorsichtig man mit dem Schlüsseziehen sein muß. Die dickschaligen Eier haben sich nämlich als die normale Eitype der Turbellarien herausgestellt; es wird ihnen zu ihrer Entwicklung eine große Menge Dotterzellen beigegeben. Die sog. Sommereier stellen eine Ausnahme dar; sie finden sich nur bei einzelnen Gattungen der Familie der *Typhloplanidae*, besonders bei der Gattung *Mesostoma* und nahestehenden Gattungen. Diese Verhältnisse sind bei *Mesostoma Ehrenbergii* (FOCKE) am besten untersucht. Wenn die dickschaligen Eier sich im Frühjahr öffnen und die Jungen auskriechen, beginnen diese Tiere, bevor ihr Geschlechtsapparat voll entwickelt ist, Eier zu produzieren. Die Dotterstöcke sind dann noch schwach entwickelt. Jedes Ei erhält nur zirka 40 Dotterzellen. Diese Eier sind deshalb klein, aber ihre Zahl ist groß, ungefähr 470. Es ist noch kein Penis entwickelt, eine Paarung findet also nicht statt, dagegen aber Selbstbefruchtung mit eigenem Sperma, das in die Eier eindringt. Diese entwickeln sich im Verlaufe von zwei bis vier Wochen. Es können sich im Laufe des Sommers ungefähr vier Generationen dieser Art entwickeln. Unter Laboratoriumsbedingungen hat man die Tiere gezwungen, sich nur auf diese Weise zu vermehren, und hat 23 Generationen erreicht, die aufeinanderfolgend nur Sommer-Eier produziert haben (P. DE BEAUCHAMP 1926/27). Es sind das die sog. Sommer-Ei-Jungen, die sich überall durch die Haut des Muttertieres hindurchbohren, meist auf der Bauchseite. Draußen in der Natur wachsen früher oder später im Laufe des Sommers die Dotterstöcke zu voller Größe heran, die Paarungsorgane entwickeln sich und die die Eischalen bildenden Drüsen werden funktionstüchtig. Es werden von nun an die weit weniger zahlreichen, aber sehr dickschaligen und viel größeren Eier gebildet, die in der Regel nach der Paarung mit einem anderen Tiere befruchtet werden und die erst nach dem Tode des Muttertieres frei werden. Bei *Dalyellia viridis* (G. SHAW) ist nachgewiesen worden, daß ihre Zahl bis zu 100 steigen kann, die nach und nach im Verlaufe eines recht langen Zeitraumes sich ansammeln und die vom Muttertiere bis zum Tode getragen werden (HEIN 1928). Die Eier können in eingetrocknetem Schlamm übersommern. Der Vorteil dieser Vermehrungsart liegt darin, daß eine große Menge junger Tiere erzeugt wird, die alle früher oder später zur Produktion von Dauereiern übergehen, von welchen natürlich ebenfalls viel mehr entstehen, als wenn nur die einzige Vorsommergeneration solche produziert hätte. Man hat nachgewiesen (SEKERA 1906), daß ein aus einem Dauerei hervorgegangenes Tier im Laufe eines Jahres im ganzen zirka 500 Dauereier auf diese Weise hervorbringen kann. Man findet sehr häufig in der Natur Individuen, die gleichzeitig dünn- und dickschalige Eier erzeugen und die also im Begriff stehen, zur Produktion der letztgenannten überzugehen. An einer Örtlichkeit (Suserup, Sorö) waren die Pflanzen zur Mittsommerzeit voll von zahlreichen jungen Tieren, alle mit Sommer-Eiern; im September hatte ihre Zahl sehr stark abgenommen und alle trugen bloß die dickschaligen Eier. Ob ein Individuum öfter als einmal von der Erzeugung dünnschaliger zu der dickschaliger übergehen kann, steht noch dahin; bei uns scheinen die Tiere — um einen von den Rädertieren und Cladoceren entlehnten Ausdruck zu verwenden — monocyclisch, nicht, wie von anderen Orten behauptet wird, polycyclisch zu sein. Bei einer nahestehenden Form, *M. tetragonum* (O. F. M.) (Tafel 3, Fig. 7) findet man, soweit ich das bisher beobachten konnte, nur dickschalige Eier. Merkwürdig ist dabei, daß diejenigen Formen, bei denen eine derartige Entwicklung vorkommt, eigentlich nicht vor allem als Pfützenbewohner bezeichnet werden können. Ihr Wohnort scheinen eher seichte, vegetationsreiche, kleinere Wasseransammlungen zu sein, deren Randzone sehr früh trockengelegt wird. Da die Planarien ein recht geringes Bewegungsvermögen besitzen, können sie nicht so leicht wie viele andere Formen an solchen Lokalitäten sich bei plötzlich zurückgehendem Wasser in dieses hinausbegeben.

Vor allem BRINKMANN hat 1905 auf den großen Unterschied aufmerksam gemacht, der zwischen der Fauna austrocknender Tümpel und der Seefauna besteht, wenn man unter Seefauna im allgemeinen diejenigen Wasseransammlungen versteht, die nicht austrocknen. Zu der ersterwähnten gehören Formen wie *Mesostoma Craci* (O. SCHM.), *M. nigrirostrum* M. BRAUN, *M. lingua* (ABILD.), *Dalyellia*-Arten, *Opistomum pallidum* O. SCHMIDT, *Phaenocora baltica* (M. BRAUN), *Rhynchomesostoma rostratum* (O. F. M.). Die Beschaffenheit des Bodens, faulendes Laub, weicher Boden, Gras bestimmen das Auftreten der einzelnen Arten. Die Tiere kommen sehr zeitlich zur Entwicklung, schon im Februar; sie bilden keine Subitan-Eier, nur dickschalige. Die Seefauna besteht überwiegend aus anderen, und zwar zahlreicheren Arten der Gattungen: *Strongylostoma*, *Microstoma*, *Macrostoma*, *Typhloplana*, *Bothromesostoma*, *Mesostoma Ehrenbergii* (FOCKE), *M. tetragonum* (O. F. M.).

Sie entwickeln sich viel später im Jahre als die Tümpelformen; viele Arten bilden Subitan-Eier. Die meisten von ihnen sind in der Vegetationszone oder am Boden zu Hause. Gewisse Formen sind ausgesprochene Schlammbewohner. Nur eine einzige Art, *Strongylostoma radiatum* (O. F. M.), scheint zu gewissen Zeiten als Planctonorganismus aufzutreten. Als echte Bewohner großer Seen, die sowohl in der Litoralregion als auch in der Tiefe vorkommen, führt v. HOFSTEN (1911) für den Genfersee an: *Castrada*-Arten und zwei Allöocölen: *Plagiostoma Lemani* (PLESS.) und *Otomesostoma auditivum* (PLESS.), aber außerdem trifft man auf verschiedene zufällig hinausgewanderte Litoralformen; die oben erwähnten zwei Arten werden auch in fließendem Wasser (Rhein) und in kleinen Seen angetroffen, die sich nicht zu stark erwärmen (STEINBÖCK).

Gewisse Rhabdocölen kann man in ganz kleinen Wasseransammlungen finden. Zusammen mit Landplanarien sind sie nachgewiesen in den Wasseransammlungen der Bromeliaceen (P. DE BEAUCHAMP 1913).

Echte Parasiten kennt man kaum, aber aus der Brutkammer von *Asellus aquaticus* ist eine *Castradella granea* BRAUN nachgewiesen, die später zum Gegenstand eingehender Untersuchungen gemacht wurde (GIEYSZTOR und CHMIELEWSKA 1929). Es ist eine Frühjahrsform, deren Eier im Freien sich entwickeln. Die jungen Tiere suchen *Asellus* mit ausgebildeter Brutkammer auf und dringen in sie ein. Sie können die Tiere wechseln und eine Zeitlang im Freien leben. Wovon sie in der Brutkammer leben, weiß man nicht; es scheinen das nicht die Eier zu sein. Es scheint sich bei ihnen um Raumparasiten zu handeln (Abb. 105).

Systematik.

Man pflegt die Rhabdocölen in drei Unterordnungen zu teilen: *Notandropora, Opisthandropora* und *Lecithophora.*

Notandropora.

Rhabdocölen mit Pharynx simplex; der unpaare Hauptstamm des Exkretionssystems verläuft median auf der Rückenseite. Männliche Geschlechtsöffnung dorsal im Vorderkörper. Die weiblichen Geschlechtsorgane als Ovarien ausgebildet. Nur Süßwasserformen.

Nur eine Familie: *Catenulidae.* Süßwasserformen: Hauptgattungen *Catenula* und *Rhynchoscolex. Catenula* mit Hauptart *C. lemnae* DUG. ist fadenförmig, vorne mit abgesetztem Kopflappen. Sie wird gewöhnlich in Ketten gefunden (Tafel 3, Fig. 5). *Stenostomum.*

Rhynchoscolex leicht kenntlich an dem vor dem Munde gelegenen, keulenförmigen Rüssel (Tafel 2, Fig. 7).

Opisthandropora.

Rhabdocölen mit Pharynx simplex und einem hinteren Längsnervenpaar. Hauptstämme des Exkretionssystems paarig. Die Hoden kompakt. Penis mit einfachem Kutikularrohr; die weiblichen Geschlechtsorgane als Ovarien ausgebildet, mit besonderem Ausführungsgang. Im Süßwasser und im Meer.

Macrostomidae. Hinterende scheibenförmig verbreitert. Paarige Ovarien. Nur geschlechtliche Vermehrung. *Macrostoma hystrix* OERST. (Tafel 2, Fig. 3).

Microstomidae. Körper hinten nicht haftscheibenförmig, sondern nur zugespitzt. Unpaares Ovar. Mit geschlechtlicher und ungeschlechtlicher Vermehrung.

Microstoma lineare (O. F. M.) (Tafel 3, Fig. 1).

Lecithophora.

Rhabdocölen mit Pharynx bulbosus. Darm häufig sackförmig. Exkretionsorgan mit paarigen Hauptstämmen. Die weiblichen Geschlechtsorgane als Keim-Dotterstöcke ausgebildet oder in Keim- und Dotterstock gesondert. Sehr komplizierte Ausführungsgänge der Geschlechtsapparate, besonders der männlichen. Nur geschlechtliche Vermehrung.

Dalyellidae können leicht an ihrem Kopulationsorgan erkannt werden, das ein sehr kompliziert gebauter Chitinapparat ist.

Dalyellia (= *Vortex*) (Tafel 3, Fig. 2; Abb. 74), artenreiche Gattung; mehrere Arten durch ins Parenchym eingelagerte Zoochlorellen grün (*D. viridis* G. SHAW).

Castrella mit *C. truncata* (ABILD.).

Typhloplanidae. Die artenreichste Familie der Rhabdocölen. Mit paarigen Hoden, Keimstock und lappigen oder follikelförmigen Dotterstöcken. Mit einer einzigen, gewöhnlich hinter der Körpermitte gelegenen Geschlechtsöffnung. Überwiegend Süßwasserformen; einige sind Landformen, eine einzige im Meere (grönländisches Fahrwasser, STEINBÖCK). Hauptgattungen: *Strongylostoma, Rhynchomesostoma* (Tafel 2, Fig. 4), *Typhloplana, Castrada, Tetracelis* (Tafel 3, Fig. 8), *Mesostoma, Bothromesostoma* (Tafel 2, Fig. 8). *Opistomum* mit *O. Schultzeanum* (DIES.) (Tafel 3, Fig. 6). *Mesostoma* und *Bothromesostoma* sind vorwiegend größere Formen (bis 15 mm); beide Exkretionsstämme münden in einen mit dem Mund verbundenen Exkretionsbecher.

Zur Gattung *Mesostoma* gehören einige unserer größten und auffälligsten Rhabdocölen, *Mesostoma Ehrenbergii* (FOCKE) (Tafel 2, Fig. 1 u. 2), *M. tetragonum* (O. F. M.) (Tafel 3, Fig. 7), *M. lingua* (ABILD.), *M. Craci* (SCHM.) (Tafel 3, Fig. 4).

Familie *Gyratricidae.* Der Dotterstock ist netzartig; nur ein kompakter Hoden vorhanden, der auf der linken Seite liegt. Bei der Gattung *Gyratrix* mit *G. hermaphroditus* EHRBG. (Tafel 3, Fig. 3) findet sich am Hinterende, zum männlichen Geschlechtsapparat gehörig, ein hohles, scharfes, zugespitztes Stilett mit zugehörigem Giftapparat. Es wird nur zum Lähmen oder Töten der Beute verwendet.

Ordnung: **Alloeocoela.**

Alloeocoela, die zuweilen als Unterabteilung der Rhabdocölen angeführt werden, sind gekennzeichnet durch den Besitz eines *Pharynx simplex variabilis* oder *plicatus*. Der Darm ist bald sackförmig, bald trägt er an den Seiten Ausbuchtungen. Das Parenchym ist viel stärker entwickelt als bei den Rhabdocölen; das Exkretionssystem hat oft zahlreiche Poren. Die Geschlechtsorgane sind sehr kompliziert.

Die *Alloeocoela* sind überwiegend marin, aber in mehreren Familien finden sich ganz vereinzelte Arten, die im Süßwasser vorkommen, oder es finden sich im Süßwasser einzelne Arten, die zu Familien gehören, die nur eine einzige Gattung, zuweilen mit einer einzigen Art, enthalten. Es handelt sich oft um Arten, die nur an ganz bestimmten Örtlichkeiten anzutreffen sind: am Boden tiefer Seen *Plagiostomum*

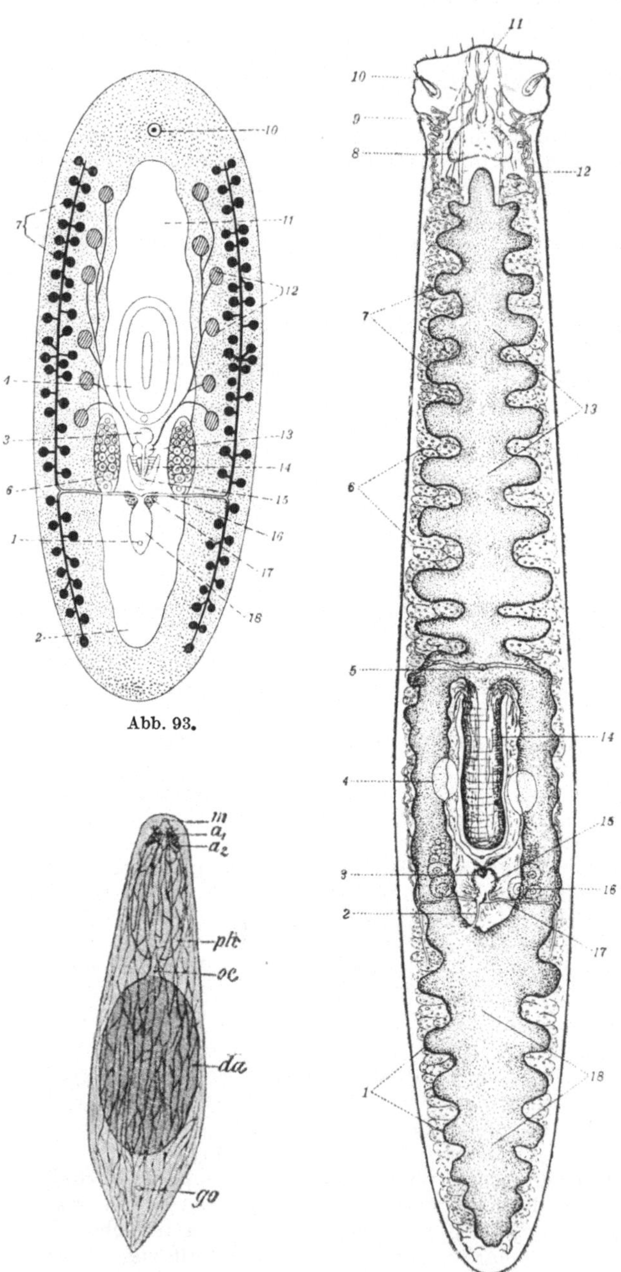

Abb. 93.

Abb. 94.   Abb. 95.

Abb. 93. *Otomesostoma auditivum* (DU PLESSIS). Eine allöocöle Planarie. *1* weibliche Geschlechtsöffnug; *2* hinterer, unpaarer Darmabschnitt; *3* Vesicula granulorum; *4* Pharynx; *6* Eierstock; *7* Dotterstockfollikel; *10* Statocyste; *11* vorderer, unpaariger Darmabschnitt; *12* Hoden; *13* Vesicula seminalis; *14* Begattungsorgan; *15* männliche Geschlechtsöffnung; *16* gemeinsamer Ausführungsgang für Dotterzellen und Keimzellen; *17* Schalendrüse; *18* weiblicher Vorhof. Zirka 5 mm. (V. HOFSTEN 1907 aus BRESSLAU in Handb. der Zool.)

Abb. 94. *Plagiostomum Lemani* (DU PLESSIS). Eine allöocöle Planarie. a_1, a_2 die beiden Augenpaare; *da* Darm; *go* Geschlechtsöffnung; *m* Mund; *oe* Ösophagus; *ph* Pharynx. Nach DU PLESSIS. Tiefwasserform im Furesee. Zirka 15 mm.

Abb. 95. *Bothrioplana Semperi* BRAUN. Organisationsbild nach dem lebenden Tier. *1* Aussackungen des unpaarigen, hinteren Darmabschnittes; *2* Ductus genito-intestinalis; *3* Penis; *4* Hoden; *5* Exkretionsporus; *6* Dotterstockfollikel; *7* Aussackungen des vorderen, unpaarigen Darmabschnittes; *8* Gehirn; *9* hinteres Wimpergrübchen; *10* vorderes Wimpergrübchen; *11* Frontalorgan; *12* Exkretionskanäle; *13* vorderer, unpaariger Darmabschnitt; *14* Pharynx; *15* Atriumgenitale; *16* Germarium; *17* Ovidukt; *18* hinterer, unpaarer Darmabschnitt. Länge 7,5 mm. (REISINGER in Handb. der Zool.)

Lemani (PLESS.) (Abb. 94), in tiefen Brunnen *Bothrioplana Semperi* (M. BRAUN) (Abb. 95), in Quellen, im Schlamm unter Steinen von Grönland an über ganz Europa und Asien verbreitet. *Otomesostoma auditivum* (PLESS.) (Abb. 93) im Koppenteich im Riesengebirge. *Baicalartica* im Baikalsee (s. auch S. 86) (STEINBÖCK 1932). Es sind Formen mit Vorliebe für kaltes Wasser. Man neigt dazu, in ihnen Formen mit Reliktcharakter zu sehen, aber Glazialrelikte sind es sicher nicht. In Dänemark sind nur wenige Arten gefunden worden: *Plagiostomum Lemani* (PLESS.), ein zirka 10 mm langer, weißer, überaus träger Schlammbewohner, den ich in den tiefsten Teilen des Furesees im weichen Boden fand, wo er zusammen mit einem anderen Relikt, *Pontoporeia affinis*, lebt. BERG (1938) hat das Tier auch im Esromsee gefunden und, wie früher schon v. HOFSTEN (1912), festgestellt, daß es nicht allein in der profunden Region vorkommt, sondern auch allgemein in der Litoralregion. Er hat ferner gezeigt, daß *P. lemani* gestielte Kokons abgibt und daß der Stiel mit einer plattenförmigen Erweiterung ausgestattet ist. Aus jedem Kokon gehen neun bis elf Junge hervor. BRINKMANN fand sie auch als Uferform ebenso wie auf den Bänken mitten im Furesee, wo sie zusammen mit einem anderen Allöocölen, *Automolos morgiensis*, lebt.

Bothrioplana Semperi M. BRAUN (Abb. 95) ist eine sehr merkwürdige Form. Die zwei hinteren Blindsäcke sind hinten vereinigt, so daß diese mit dem vorderen unpaaren Darmteil zusammen einen Ring um den Schlund bilden. Es sind keine Augen vorhanden, sondern vier Flimmergruben. Das Exkretionsorgan öffnet sich bei den jüngeren Tieren mit vier Öffnungen, zwei auf dem Rücken und zwei auf der Bauchseite; bei den erwachsenen nur mit zwei auf der Bauchseite, eine weiter vorne, eine hinten. Der Eiablagekanal (Ductus genito-intestinalis) steht mit dem Darm in Verbindung, ein Verhalten, das man hier und da bei den Turbellarien findet und das uns bei den Trematoden wieder begegnen wird. Dadurch wird es möglich, daß überschüssige Dotterzellen durch den Darm abgehen. Das Tier vermehrt sich parthenogenetisch, die Hoden produzieren nur nichtausgereifte Spermatozoen. Die Kokons enthalten nur zwei Eier, deren Furchungszellen sich untereinander vermengen und die zusammen nur einen Embryo bilden.

Zufolge neuerer Untersuchungen (STEINBÖCK 1927) muß *Prorhynchus* (Abb. 80), der früher zu den Rhabdocölen gerechnet wurde, in die Allöocölen eingereiht und für diese Form eine eigene Familie der *Prorhynchidae* gebildet werden, die u. a. durch einen sehr langen *Pharynx bulbosus* charakterisiert ist. Der männliche Geschlechtsapparat mündet auf der Bauchseite in die Pharyngealtasche aus. Der Penis ist mit einem Stilett ausgestattet, das vorgestoßen und als Angriffswaffe verwendet werden kann. Rhabditen fehlen, doch sind zahlreiche Schleimdrüsen vorhanden. Die Paarung erfolgt durch die Haut. *Prorhynchus*-Arten finden sich außer in Teichen und im Schlamm kleiner Seen auch oft in bedeutender Tiefe in größeren Seen, im Genfersee in 80 m Tiefe, in Brunnen, aber auch in Moospolstern zwischen Laub, also nähern sie sich dann schon der Lebensweise von Landplanarien. Es sind ausgesprochene Raubtiere, die von kleinen Oligochäten, Entomostraken und Turbellarien leben. Sie können eine Länge von 2 cm (*P. putealis*) erreichen. In Trockenzeiten bilden sie Schleimcysten, und es wird auch angegeben, daß sie nach reichlichen Mahlzeiten Verdauungscysten bilden (SEKERA 1898, 1913, STEINBÖCK 1927).

Ordnung: **Tricladida. Tricladida paludicola.**

Die Tricladen (Abb. 96) sind vornehmlich größere Formen, in der Regel mit einem abgeflachten Körper. *Pharynx plicatus*, Darm gabelig verzweigt, der oft zahlreiche Queräste abgibt, welche miteinander in Verbindung stehen können. Parenchym sehr dicht. Exkretionssystem häufig mit zahlreichen Exkretionsporen. Die Hoden blasenförmig, in der Regel mit zahlreichen Follikeln. Der weibliche, sehr komplizierte Geschlechtsapparat stets in Keim- und Dotterstock gesondert; Geschlechtsöffnung liegt hinter dem Munde. Die Eier werden in Eikapseln abgelegt. Die Tricladen sind teils marin, teils Süßwasser-, teils Landformen, die letzteren überwiegend tropisch. Hier interessieren uns nur die Süßwassertricladen oder *Tricladida paludicola*.

Während die Rhabdocölen überwiegend in stehendem, ruhigem Wasser zu finden sind, haben die Tricladen hauptsächlich in fließendem Wasser, sehr häufig in reißenden Gebirgsbächen oder in der Brandungszone größerer Seen ihr Zuhause; einzelne, wie *Dendrocoelum lacteum* (O. F. M.) (Abb. 100), trifft man aber auch in kleinen, seichten Tümpeln und in Sümpfen an. Während die Rhabdocölen vor allem im Sommer bei hohen Temperaturen angetroffen werden, sind die *Paludicola* hauptsächlich Kaltwasserformen und haben oft ihre stärkste Vermehrungsperiode bei ziemlich niederer Temperatur. Es sind ferner Formen, die weit lichtscheuer sind als die Rhabdocölen. Sie finden sich fast immer auf der Unterseite von Steinen und Baumstämmen, selten zwischen Pflanzenwuchs, und in diesem Falle wie *Dendrocoelum lacteum* (O. F. M.) auf der schattigen Unterseite der Seerosenblätter. Sie sind gewöhnlich größere Formen als die Mehrzahl der Rhabdocölen. *Bdellocephala punctata* (PALL.) ist in Nord- und Mitteleuropa der Riese unter den heimischen Turbellarien. Man glaubt, daß die Heimat dieses Tieres das aralokaspische Gebiet sei, von wo es zusammen mit *Dreissensia* sich gegen Norden verbreitet hat. Die Farben sind unansehnlich, braun, schwarz, gelb, oft mit einer braunen Mittellinie, schmutzig weiß. Die Form ist stets die gleiche, flach, bandförmig; die Gestalt des Vorderendes gibt wichtige systematische Merkmale ab.

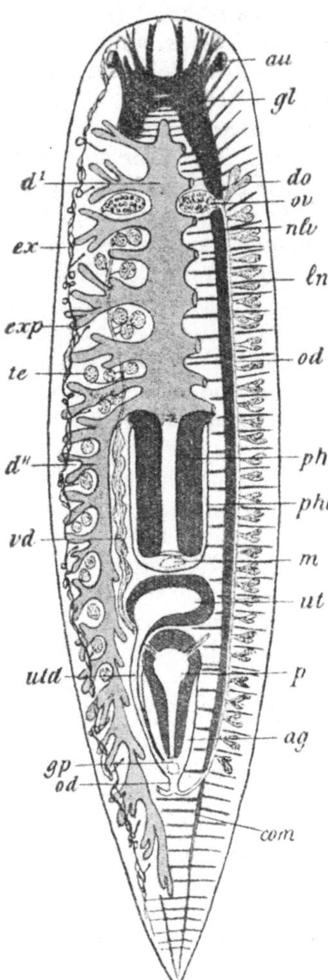

Abb. 96. Schema einer dendrocölen Planarie. *od* Ovidukt; *gp* Geschlechtsöffnung; *utd* Uterusgang; *vd* Samenleiter; *d′, d′′* vorderer und hinterer Teil des Darmes; *te* Hoden; *exp* Exkretionsporus; *ex* Exkretionskanal; *au* Augen; *gl* Ganglien; *do* Dottersack; *ov* Eierstock; *nlv, ln, com* Nervensystem; *ph* Pharynx; *pht* Pharynxtasche; *m* Mund; *ut* Uterus; *p* Penis; *ag* Atrium genitale, in das die beiden Geschlechtsorgane ausmünden. (BÖHMIG 1909.)

Die Arten werden u. a. daran erkannt, ob die vorderen Ecken in tentakelartige Fortsätze auslaufen, ob sie abgerundet sind, ob der Vorderrand quer abgeschnitten oder ob der Körper zugespitzt ist mit nach hinten gerichteten Hörnern, womit der Körper ein pfeilförmiges Aussehen gewinnt. Es sind vorne oft, besonders bei *Bdellocephala punctata* (PALL.), Festheftungsorgane in Form von Saugschalen oder Saugnäpfen vorhanden; eine der Baikalarten, *Polycotylus validus* KOROTNEFF (Abb. 103), hat eine ganze Reihe von ihnen entlang der Seiten. Das Parenchym, das den Raum zwischen den einzelnen Organen ausfüllt, ist viel stärker entwickelt als bei den Rhabdocölen; es ist die Reserve von indifferentem Zellmaterial, aus dem verbrauchte Gewebsbestandteile ersetzt werden, woher der Ersatz von verlorenen oder beschädigten Körperteilen erfolgt, woher die Geschlechtsorgane sich entwickeln usw. Der Mund, der sehr groß ist, liegt gewöhnlich in der Mitte oder ein wenig dahinter. Eine Afteröffnung ist nicht vorhanden. Der Mund führt in eine sog. Rüsselscheide, in der der weit vorstreckbare Saugrüssel liegt (s. Abb. 99), welcher nach hinten gerichtet ist. Er nimmt die Nahrung auf, worauf sie in den gabelförmigen Darm befördert wird. Von seiner Seitenwand gehen unregelmäßige Querdivertikel an die Körperseiten ab. Diese verbreitern sich an ihrem äußersten Ende, können sich auch verzweigen und miteinander zusammenwachsen. Sie bilden ein großes Reservoir für die Nahrung. Bei vielen Formen schimmern sie bei gut genährten Individuen deutlich durch die Haut (Abb. 100). Ihre Zahl wächst mit dem Alter, aber innerhalb der verschiedenen Arten ist ihre Maximalzahl ziemlich konstant. Das dunkle Gebilde, das man immer mitten am Tiere hinter der Mundöffnung bemerken kann, ist der Rüssel. Vom Exkretionsorgan sei hervorgehoben, daß es vier Exkretionskanäle besitzt, zwei längs der Bauchseite, zwei längs der Rückenseite; die ventralen können fehlen. Es ist eine große Anzahl von Exkretionsporen vorhanden, die vorwiegend entlang des Rückens liegen; die Zahl ist bei den verschiedenen Arten ziemlich konstant, acht bis neun bei *Dendrocoelum lacteum* (O. F. M.), 30 bei *Planaria alpina* (DANA), aber nicht weniger als 143 bei *Planaria gonocephala* DUGÈS und zirka 500 bei *Planaria polychroa* O. SCHM.

Die *Paludicola* sind in erster Linie Raubtiere, die mit ihrem Schleim die Beute überwältigen und dann aussaugen oder verschiedene Kleinorganismen des Süßwassers in sich aufnehmen; sie leben auch von Aas.

Ihre vorne gelegenen Flimmergruben sind aller Wahrscheinlichkeit nach Geruchsorgane. Sie besitzen gewöhnlich zwei Augen, in diesem Falle ist es zu einer Vermehrung der Retinaelemente gekommen. Die Augen sind Pigmentbecher, in die eine verschieden große Zahl von Sinneszellen hineinragt, bei einigen wie bei *P. torva* M. SCHULZE mit nur zwei bis vier Sinneszellen, bei *P. gonocephala* DUGÈS mit über 150. In anderen Fällen (*Polycelis*) kommt eine große Anzahl von Augen vor, aber diese besitzen dann nur je ein Retinaelement. Die Augen sind nur befähigt, Licht und Schatten zu unterscheiden, und spielen beim Aufsuchen der Nahrung keine Rolle. Selbst wenn sie ihrer Augen beraubt werden, suchen sie doch das Dunkel auf, nur reagieren sie in diesem Falle etwas langsamer. Überaus lichtscheu, wie diese Tiere sind, suchen sie die Beute hauptsächlich in der Nacht auf und paaren sich nur bei sehr schwachem Licht. Gesättigte Tiere mit vollem Darmkanal können sich durch Wochen ruhig verhalten; nur das hungrige Tier verläßt nächtlicherweile seinen Platz unter den Steinen (WALTER 1907). *Bd. punctata* (PALL.), die in unseren Aquarien überwinterte, hielt sich den Tag über unter den Steinen verborgen; zündete man aber abends das elektrische Licht an, so traf man viele von ihnen heraußen, sie krochen an den Aquarienwänden und auf den Steinen herum. Alle *Paludicola* sind Hermaphroditen. Die Geschlechtsorgane (Abb. 96) sind wohl nach dem gleichen Plan wie bei den Rhabdocölen gebaut, doch gibt es immerhin deutliche Unterschiede zwischen ihnen. Es sind zwei runde Keimstöcke vorhanden, die gleich hinter dem Gehirn liegen; die langen Eileiter münden hinten in eine Paarungskammer *(Atrium genitale)* aus, deren Öffnung weit hinter der Mundöffnung liegt. Bevor sie die Paarungskammer erreichen, vereinigen sie sich mit den Ausführungsgängen der Dotterstöcke, die gut entwickelt sind und große Teile des Körpers einnehmen. Ein Uterus gleich dem, wie wir ihn bei *Mesostoma Ehrenbergii* (FOCKE) beschrieben haben, findet sich nicht, dagegen ein birnförmiges Gebilde gleich hinter der Mundöffnung; es ist durch einen Gang mit der Paarungskammer verbunden; es dient wahrscheinlich als Samenbehälter. Dessen Wände sind mit

Drüsen ausgestattet, die wohl bei der Bildung der Kokonschalen eine Rolle spielen. Die männlichen Geschlechtsorgane gleichen mehr denen der Rhabdocölen; längs den Seiten ist eine ganze Reihe von Hoden verteilt, die durch Samenleiter miteinander verbunden sind. Diese münden in einen großen, oft weit vorstreckbaren Penis aus. Bei Konservierung mit bestimmten Flüssigkeiten wird er bei einigen Formen als ein langes, weißes Rohr vorgestreckt. Er fehlt bei *Bdellocephala punctata* (PALL.). Es ist möglich, daß bei dieser Art Selbstbefruchtung vorkommt, doch ist das nicht sicher, und es kann sein, daß andere Teile des Geschlechtsapparates die Rolle des Penis übernommen haben. Die Eier werden schon im gemeinsamen Ausführungsgang des Keim- und Dotterstockes befruchtet. Die Dotterzellen kriechen mit Hilfe amöboider Bewegung selbst in diesem hinab und sammeln sich mit den Eizellen im Atrium. Ist eine hinreichend große Anzahl von Ei- und Dotterzellen zur Stelle, so beginnt um sie herum die Schalenbildung.

Die Embryonalentwicklung, wie sie in den Kokons der paludicolen Tricladen vor sich geht, ist sehr merkwürdig. Wenn sie abgelegt werden, enthalten die Kokons gegen 40 Eizellen und mehrere hundert Dotterzellen. Einige Zeit nach der Ablage der Kapseln beginnen die Eizellen sich zu furchen. Und nun geschieht etwas sehr Sonderbares. Diese Furchungszellen (Blastomeren) bleiben nur kurze Zeit beisammen; dann sondern sie sich voneinander und jede von ihnen geht sozusagen auf Raub aus, zwischen die Dotterzellen hinein, und ernährt sich von ihnen. Die Dotterzellen selbst schieben sich hinein zwischen die Blastomeren, fließen zusammen und bilden ein Syncytium. Nachdem die Furchungszellen einige Zeit, jede für sich, in dieser Dottermasse, wenn man will in diesem Nährkuchen, gelebt haben, schließen sie sich wieder zusammen, worauf die Entwicklung weiter fortschreitet; in dieser kann man weder Keimblätter noch Gastrulabildung nachweisen. Es entsteht ein provisorisches Ectoderm, das später eine Öffnung, einen Embryonalpharynx, ausbildet, welcher in einen großen Hohlraum, einen Darm, führt. Der Embryo ändert nun die Art sich zu ernähren; er begnügt sich nicht mehr mit dem ihn umgebenden Syncytium allein, sondern schluckt außerdem alle in der Nähe befindlichen Dotterzellen ein, die nach und nach in dem provisorischen Darm aufgenommen werden. Erst wenn dieser vollgepfropft ist, beginnt die Entwicklung der endgültigen Organe des Tieres. Innerhalb eines jeden Kokons kommt eine größere Anzahl von Individuen, oft ungefähr 15 bis 20, zur Entwicklung, bei *D. lacteum* (O. F. M.) bis zu 40. Die Schale der Kokons wird aus Material von Dotterzellen und von Schalendrüsen gebildet, welch letztere das Material der Dotterzellen bearbeiten, so daß es zur Kokonbildung verwendbar wird (TOEDTMANN 1913, BURR 1912). Die Ablage eines Kokons kann am lebenden Tier bei der großen *Bdellocephala punctata* (PALL.) am besten beobachtet werden. Das Tier liegt bei diesem Vorgang ruhig auf der Unterseite eines Steines. Man sieht die Mitte der Rückenseite sich emporwölben. Bald zeigt sich ein weißer Höcker, er wird immer größer und größer und wird lichtbraun. Die Haut darüber wird dünner und dünner, endlich zerreißt sie und das Tier zeigt hernach oft eine große klaffende Wunde auf der einen Seite. Gewöhnlich schließt sie sich wieder. Jedes Individuum legt eine Anzahl Kokons ab, wie viele, weiß man nicht mit Sicherheit. Sie werden an den Steinen befestigt mit Hilfe eines Kranzes von sich erhärtendem Schleim. Das Aussehen der Kokons ist bei den verschiedenen Arten verschieden, kugelrund bei *Bdellocephala punctata* (PALL.), gestielt bei *P. lugubris* O. SCHM. (Abb. 98) und länglich bei *P. torva* M. SCHULZE. Die Schalen der Kokons sind sehr widerstandsfähig gegen alle äußeren Einwirkungen. Diesem Umstande ist es zuzuschreiben, daß man diese Kokons in zusammengeschrumpfter Form in unseren Torfschichten in großer

Anzahl findet. Selbst in diesem Zustande sind die großen, zusammengeknitterten Kokons von *Bd. punctata* leicht von den übrigen, bedeutend kleineren zu unterscheiden.

Der Kokonbildung geht eine Paarung voraus; sie ist nicht leicht zu beobachten, weil sie zumeist bei sehr schwachem Licht vor sich geht, wahrscheinlich besonders zur Nachtzeit (BURR 1912). Sie soll für zwei bis drei Kokons reichen. Bei der Paarung ist jedes Tier gleichzeitig aktiv und passiv, d. h. beide betätigen sich als Männchen und Weibchen. Die Paarungsstellungen sind bei den verschiedenen Arten verschieden. Das Sekret aus Zellen der Umgebung der Geschlechtsöffnungen klebt die Tiere zusammen.

Die Periode, in der die Geschlechtszellen reifen, ist stets sehr kurz und fällt zumeist in Zeiten niederer Temperatur; höhere Temperatur bewirkt, daß sie nicht zur Entwicklung kommen. Planarien, die sich sowohl in der Uferregion als auch in der Tiefe von Seen aufhalten (Ochridasee), entwickeln nur an letztgenannter Stätte Geschlechtszellen.

Die Beobachtungen an unseren heimischen Seeformen stehen damit in Übereinstimmung. Die geschlechtliche Fortpflanzung geht hauptsächlich im Winter vor sich, zum Teile gleich nach dem Schmelzen des Eises. Was unsere Seeformen anbetrifft, so werden diese während großer Teile des Sommers im wesentlichen nur in Form von Kokons angetroffen; das gilt vor allem für *Bdellocephala punctata* (PALL.). Die Individuen, die man zu der Zeit findet, sind alle merkwürdig klein. Erst gegen den Winter hin oder im späten Herbst entwickelt sich die individuenreiche Tricladenfauna unserer Seen. Dann können sich an einem Stein, besonders in Seen mit stark kalkhaltigem Wasser, von den kleineren Formen oft gegen 20 Individuen aufhalten, und dann ist der Stein mit Unmengen brauner oder schwarzer Kokons der verschiedensten Arten besetzt. Kokons von *Bdellocephala punctata* (PALL.) findet man schon im Winter; in unseren Aquarien bilden sie sich im Februar. Die Jungen kriechen nicht vor dem Vorsommer aus, ein Verhalten, auf das schon BRINKMANN (1905) aufmerksam gemacht hat und das ich oft zu beobachten Gelegenheit hatte. Bei unseren Seeformen spielt, soweit man vorläufig darüber orientiert ist, ungeschlechtliche Vermehrung kaum eine größere Rolle und findet sich jedenfalls im nördlichen Teile der gemäßigten Zone wahrscheinlich überhaupt nicht. Anders verhält es sich mit den Bachformen. Darüber s. S. 73.

Weiter gegen Süden wird das Verhalten auch bei Seeformen möglicherweise ein anderes sein. Im Hinblick auf Teilungserscheinungen mag von dem eigenartigen Phänomen berichtet werden, daß ein einzelnes Organ, in diesem Fall der Pharynx, sich derart teilt, daß das Tier, ohne im übrigen Teilungstendenzen aufzuweisen, in seinem Inneren eine ganze Anzahl dieses Organs birgt; durch Teilung entsteht nämlich am Darmkanal eine ganze Anzahl von Schlundköpfen, nicht weniger als 20 bis 30 (Abb. 101). Es gibt sogar eine Landplanarie, die 100 Schlundköpfe und 63 Mundöffnungen besitzt. Man nennt solche Formen polypharyngeale Turbellarien. Diese Erscheinung kennt man von einer Anzahl von Planarienarten. Das Merkwürdige dabei ist, daß das Phänomen geographisch begrenzt und vor allem in den Balkanländern, zum Teil in Italien zuhause ist. Die Erscheinung macht einen pathologischen Eindruck, da das Tier in keiner Weise von dieser großen Anzahl von Schlundköpfen und Mundöffnungen Gebrauch machen kann. Es wird nicht mehr Nahrung aufgenommen, weil die Anzahl der Schlundköpfe gewachsen ist. Das Phänomen kann wohl am besten als eine unvollständige ungeschlechtliche Vermehrung aufgefaßt werden, möglicherweise als eine geographisch umgrenzte, erbliche Monstrosität.

In bezug auf die geographische Verbreitung gilt die gleiche Regel wie für so viele andere Süßwasserorganismen, daß nämlich viele von ihnen ausgesprochene Kosmopoliten sind; die Turbellarien sind das jedoch nicht in so hohem Grade wie die meisten anderen. Wenn auch die Fauna der Tropen recht wenig bekannt ist, so scheint es doch, als ob die gemäßigte Zone bei weitem reicher an ihnen ist. Besonders reich scheinen die Donauländer zu sein, wo eine große Anzahl von Paludicolen gefunden worden ist. Gerade im Hinblick auf diese Gebiete zeigt

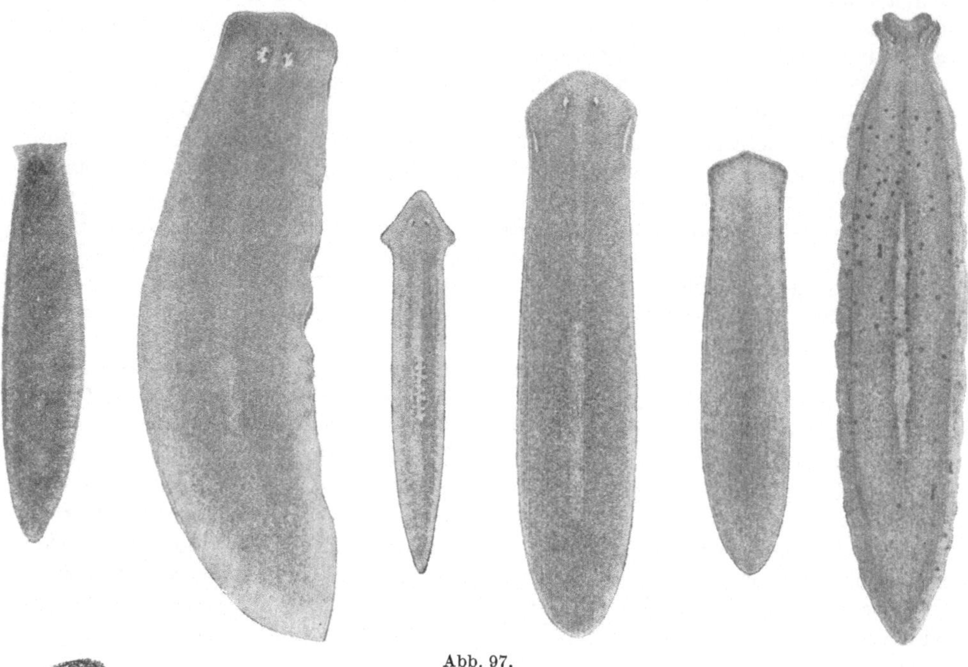

Abb. 97.

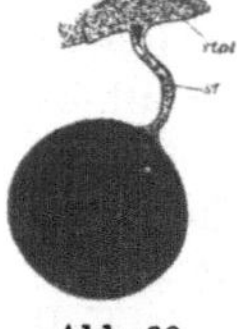

Abb. 97. Habitusbilder einiger unserer häufigsten, dendrocölen Planarien. Von rechts nach links: *Planaria alpina* (DANA), 5×; *Planaria torva* M. SCHULZE, 5×; *Planaria gonocephala* DUGÈS, 3×; *Planaria lugubris* O. SCHM., 5×; *Polycelis nigra* EHRBG., 6×; *Bdellocephala punctata* (PALL.), 3×. (STEINMANN und BRESSLAU 1913.)

Abb. 98. *Planaria lugubris* O. SCHM. Eikapsel. (REISINGER: Biol. der Tiere Deutschlands.)

Abb. 98.

sich die auffällige Eigenschaft, daß mehrere größere Seen oder Seeareale ihre eigene, sehr auffällige Turbellarienfauna besitzen und vor allem ihre besondere Paludicolen-Fauna. Das gilt vor allem für den Baikalsee, in dem nicht weniger als die Hälfte (100) aller bekannten, paludicolen Turbellarien vorkommt; diese paludicolen Arten werden nur hier gefunden; durch ihre beträchtliche Größe (über 4 cm lang und 2 bis 3 cm breit), durch ihre bunten Farben und die bei gewissen Formen stark entwickelten Festheftungsorgane machen sie einen außerordentlich eigenartigen Eindruck. Etwas Ähnliches dürfte für die *Paludicola* im Tanganyikasee und im Ochridasee in Jugoslawien (Abb. 102) gelten, aber diese Fauna ist in den genannten Gebieten noch kaum hinreichend untersucht.

Wie schon erwähnt, sind die Paludicolen in weit höherem Grade an fließendes als an stehendes Wasser gebunden. In Mittel- und Nordeuropa sind die fließenden Wasser, in Sonderheit die kleinen, rasch strömenden Bäche, im Hinblick auf ihre paludicole Fauna Gegenstand umfassender Untersuchungen gewesen, die

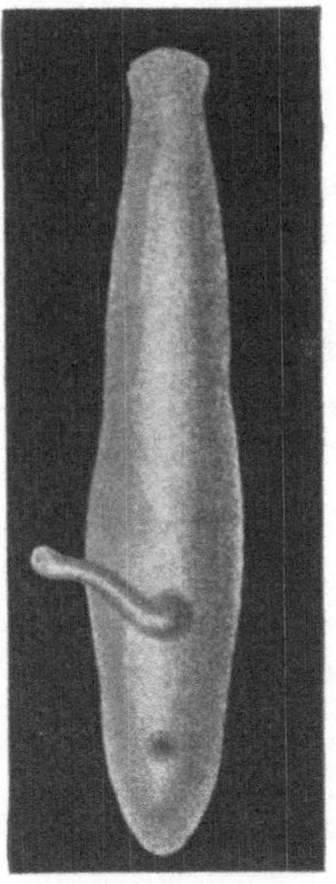

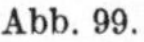

Abb. 99.

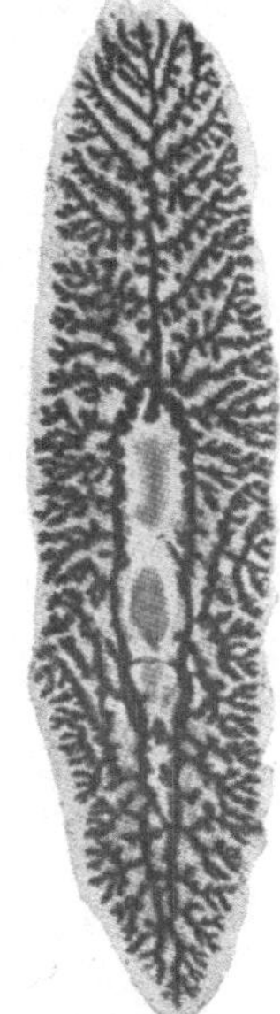

Abb. 100.

Abb. 101.

a

Abb. 102.

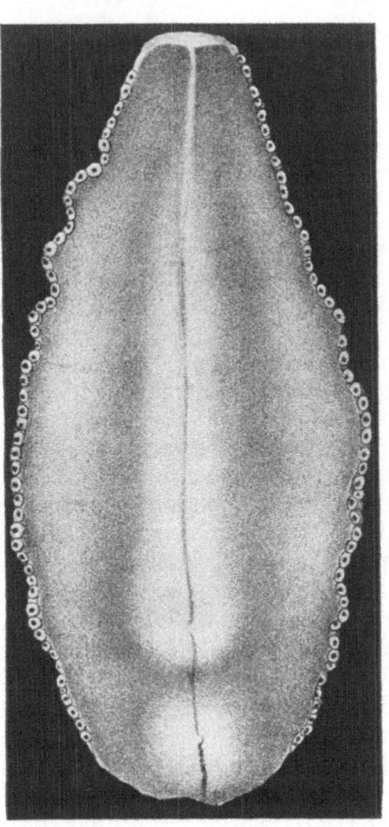

Abb. 103.

Abb. 99. *Planaria alpina* (DANA) mit ausgestülptem Pharynx. $9^{1}/_{2}\times$. (ARNDT 1922.)

Abb. 100. *Dendrocoelum lacteum* (O. F. M.). $5\times$. (BRESSLAU 1933.)

Abb. 101. *Planaria montenegrina* MRAZEK. Polypharyngeale Planarie aus Montenegro. (MRAZEK 1907.)

Abb. 102. *Neodendrocoelum maculatum* STANCOVICZ-KOMAREK. Ochridasée. 1927.

Abb. 103. *Polycotylus validus* KOROTNEFF. Eine Baikalplanarie mit zahlreichen, zirka 200, Saugnäpfen entlang den Körperseiten. $1\times$. (KOROTNEFF 1912.)

übereinstimmende und sehr interessante Ergebnisse geliefert haben (Voigt 1904).

Untersucht man die Fauna kleiner Bäche und kleiner Flüsse in vielen der mitteleuropäischen Gebirge (Abb. 97, 104), so wird man in diesen außer *Bdellocephala punctata* (Pall.) und *Polycelis nigra* Ehrbg. sowie einigen anderen Formen folgende drei antreffen: *Planaria alpina* (Dana), *Polycelis cornuta* (Johnson) und *Planaria gonocephala* Dugès. Diese drei Formen werden normal so verteilt sein, daß *P. alpina* im obersten Lauf der Bäche in nächster Nähe der Quellen, *Polycelis cornuta* weiter unten im mittleren und *P. gonocephala* im untersten Lauf angetroffen wird. *P. alpina* ist eine stenotherme Kaltwasserform, die niemals in Wasser über zirka 15° C gedeiht. Wo sie gefunden wird, ist die Temperatur

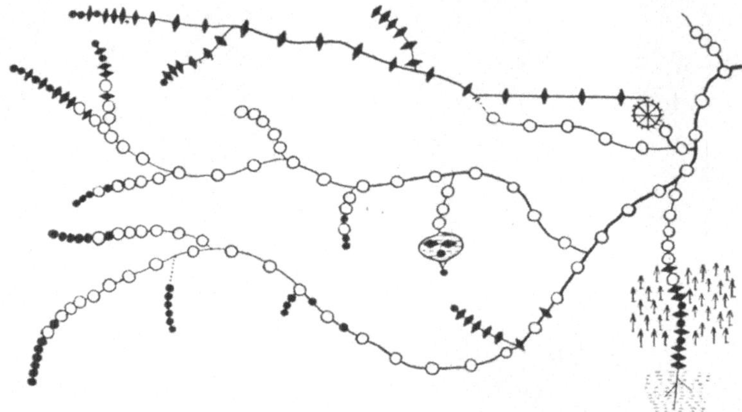

Abb. 104. Die gegenwärtige Verteilung der drei Arten *P. alpina* (Dana), *P. cornuta* (John) und *P. gonocephala* Dugès in einem Flußsystem. *P. alpina* immer in den Quellen, *P. cornuta* im mittleren Lauf, *P. gonocephala* im unteren. (Voigt 1904.) Punkte = *P. alpina*, Rhomben = *P. cornuta*, Kreise = *P. gonocephala*.

sehr oft nicht über 8° C, was wahrscheinlich ihr Optimum sein dürfte. Sie ist weiter eine Form, die sich nur im Winter geschlechtlich vermehrt und nur da ihre Eikapseln ablegt; den ganzen Sommer hindurch vermehrt sie sich nur durch Teilung. *P. cornuta* dagegen findet sich bei etwas höherer Temperatur, während *P. gonocephala* bei Temperaturen bis zu 25° C zu gedeihen vermag. In den Hochalpen und im Norden beherrscht *P. alpina* die Flußläufe auf weiten Strecken. *P. cornuta* kommt tiefer unten vor und *P. gonocephala* fehlt oft überhaupt ganz. *P. alpina* muß als eine ausgesprochen arktisch-alpine Art betrachtet werden. Sie lebt im Norden in Bächen, deren Temperatur im Sommer nur zirka 5° C beträgt. Man ist gegenwärtig nicht imstande, aus den Klimaverhältnissen zur vollen Klarheit über ihre Verbreitung zu kommen. Die allgemeine Auffassung neigt zu der Annahme, daß *P. alpina* ein ausgesprochenes Eiszeitrelikt sei, das in früheren Zeiten die Bachläufe in ihrer ganzen Ausdehnung beherrscht hat. In der Postglazialzeit, als das Klima wärmer wurde, wanderten die beiden anderen Arten, *Polycelis cornuta* und *Planaria gonocephala*, ein. *P. alpina* zog sich in die kältesten Teile der Bäche, nächst ihrem Ursprung, zurück und wurde teilweise von den beiden anderen Arten verdrängt. Die Hauptnahrung scheint überall *Gammarus pulex* zu sein. Soweit die Milbenfauna in diesen Bächen untersucht ist, zeigte sich, daß *P. cornuta* zusammen mit stenothermen, Kaltwasser liebenden Milben lebt (Voigt 1904).

Auf Grund von Untersuchungen Brinkmanns (1907) wurde festgestellt, daß *Pl. alpina* sich in kleinen Bächen auf Möens Klint (Maglevandet) findet, wo ich selbst viele Jahre später das Tier finden konnte, ebenso wie in einem Bach zwischen Graederen und Sommerspiret (Kreidefelsen auf der Insel Möen). Später wurde sie von v. Hofsten (1920) und von Lundblad (1925) auf Bornholm gefunden, ferner von Hammer in kleinen Quellen in Nord-Seeland 1936. Brinkmann stellte 1906 fest, daß im August bei 106 untersuchten Tieren Ei- und Samenzellen in keinem einzigen derselben zu finden waren. Von einzelnen, sehr kleinen Tieren wird angenommen, daß sie im Winter durch geschlechtliche Fortpflanzung entstanden sind. Im August wurden keine Kokons gefunden. Dagegen befanden sich die Tiere in lebhafter ungeschlechtlicher Vermehrung durch Teilung, was daran kenntlich war, daß den regenerierten Abschnitten das schwarzgraue Pigment fehlte. Das Tier kommt nach Lundblad an gewissen Örtlichkeiten zu Tausenden vor. Es besteht kaum ein Zweifel darüber, daß diese Massen durch Vermehrung auf ungeschlechtlichem Wege entstanden sind. Auch in bezug auf Rügen hat Thienemann (1906) festgestellt, daß kaum mehr als 1% geschlechtsreif wird. In bezug auf England hat R. Beauchamp (1933) festgestellt, daß geschlechtsreife Individuen selten bei Temperaturen über 10° C gefunden werden. In Quellen, die das ganze Jahr unterhalb dieser Temperatur bleiben, können geschlechtsreife Tiere das ganze Jahr hindurch gefunden werden. Wenn die Geschlechtszellen reifen, dann wandern die Tiere gegen die Strömung in Richtung des

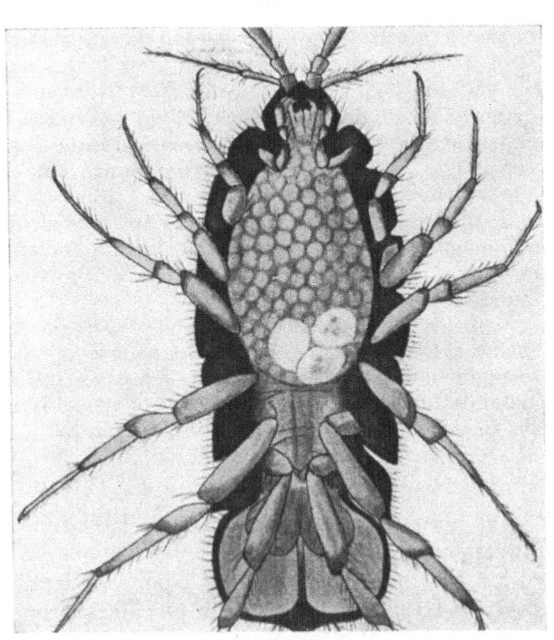

Abb. 105. *Castradella granea* Braun. Drei Exemplare im Brutraum eines *Asellus aquaticus* L. 7×. (Gieysztor und Chmielewska 1929.)

Quellenursprungs, wo sie sich in Massen ansammeln. „Overcrowding" und Mangel an Nahrung ist das Resultat. Viele hungern, nicht alle können ihre Geschlechtszellen ausreifen. Später wandern die Tiere wieder stromabwärts (R. Beauchamp 1933).

Die beiden anderen Formen, *P. cornuta* und *P. gonocephala*, sind weder auf Bornholm noch auf Möen gefunden worden. Sie sind dagegen in verschiedenen jütländischen Bächen in der Umgebung vom Himmelbjerg festgestellt worden.

Wie interessant dies alles auch sein mag, so hat man doch mit Recht darauf aufmerksam gemacht, daß *P. alpina* nicht überall, wo sie vorkommt, als Relikt aufgefaßt werden kann. Es sind viele der Örtlichkeiten in späterer Zeit besiedelt worden, und manches könnte darauf hindeuten, daß sie Örtlichkeiten von der Präglazialzeit her innegehabt haben (Nordeuropa, Alpen, Pyrenäen). Sie findet sich auch über ganz Sibirien und Mittelasien bis Wladiwostok und in den Gebirgsquellen bis hinunter nach Nordafrika. Bei Wladiwostok lebt sie übrigens in Gebirgsbächen, wo nicht sie, sondern eine andere, noch mehr kälteliebende Form, *Fonticola coarctata*, den oberen Lauf der Bäche bewohnt.

Ein anderes Gebiet, wo die Paludicolen unter den Planarien so ziemlich allein herrschen, sind die unterirdischen Wasserläufe. Die Paludicolen sind hier ausgesprochene Höhlenbewohner und leben da unten im Dunkel oder auf jeden Fall an Lokalitäten mit sehr wenig Licht. Sie sind fast immer weiß; die Pigmentierung ist sehr schwach entwickelt, und sie sind blind. Man hat experimentell festgestellt, daß, wenn man *Dendrocoelum lacteum* (O. F. M.) drei Monate in absoluter Finsternis hält, die Augen sich reduzieren. Der weitaus größte Teil der europäischen, paludicolen Höhlenfauna gehört der Familie *Dendrocoelidae* an. Die Höhlenbewohner sollen sich nur auf ungeschlechtlichem Wege vermehren (P. DE BEAUCHAMP 1932).

Die *Triclada paludicola* werden in zwei Familien untergeteilt: *Planariidae* und *Dendrocoelidae*. Bei den erstgenannten finden sich selten Saugscheiben, während bei den anderen das Vorderende oft mit Haftapparaten verschiedener Art ausgestattet ist, zuweilen auch mit Saugscheiben (Abb. 97).

Von den *Planariidae* seien besonders die Gattungen *Planaria* und *Polycelis* hervorgehoben, von denen die letztgenannte eine Reihe randständiger Augen besitzt. *Planaria torva* M. SCHULZE, die im Süßwasser unter den verschiedensten äußeren Bedingungen sehr häufig ist, tritt in zahlreichen Farbvarietäten auf. Die Untersuchungen hier in meinem Laboratorium haben gezeigt, daß *Planaria tenuis* IJIMA ein Charaktertier der Litoralzone des Esromsees ist, sonst ist die Form bei uns nicht gefunden worden.

Von den *Dendrocoelidae* seien besonders die Gattungen *Dendrocoelum* und *Bdellocephala* erwähnt. Die letztere hat saugscheibenähnliche Bildungen am Vorderende. Die erstgenannte mit der Hauptart *Dendrocoelum lacteum* (O. F. M.) ist in gut genährtem Zustande milchweiß mit schön rosarot gefärbten Darmverzweigungen. *Bdellocephala* mit *B. punctata* (PALL.) ist braun, lederfarben, mit schwarzen Punkten.

Ordnung: **Temnocephala.**

Die *Temnocephala* (Abb. 106 u. 107) bilden eine in mancher Hinsicht sehr abweichende Abteilung der Turbellarien. Sie sind fast ganz auf tropische Süßwässer beschränkt. Die Tiere leben als Kommensalen oder vielleicht als Parasiten auf Krebsen und auf Sumpfschildkröten und auch auf Süßwasserschnecken oder in deren Mantelhöhle.

Im Gegensatz zu den übrigen Turbellarien fehlt ihnen die Cilienbekleidung entweder ganz oder sie ist auf kleinere Partien an der Bauchseite eingeschränkt. Die Haut enthält Rhabditen. Das Vorderende läuft in Tentakel aus, deren Zahl bei den verschiedenen Arten verschieden ist, von zwei bis zwölf. Am Hinterende findet sich ein Haftapparat. Die Mundöffnung liegt am Vorderende und führt in einen kurzen Darm, der in der Hauptsache wie jener der Rhabdocölen gebaut ist. Das Exkretionsorgan mündet vorne mit einem Paar von Öffnungen aus; es zeigt mehrere abweichende Eigenschaften. Die Temnocephalen sind Hermaphroditen, die männlichen Geschlechtsorgane entwickeln sich zuerst. Die Geschlechtsöffnung liegt am Vorderrand des Haftapparates. Sie führt in einen gemeinsamen Raum, in den sowohl die männlichen wie die weiblichen Geschlechtsorgane einmünden. Es sind zwei mehr oder weniger lappige Hoden vorhanden. Vom weiblichen Geschlechtsapparat seien die oft netzförmigen, verzweigten Dotterstöcke und der unpaare Eierstock erwähnt. Hier wie auch sonst bei den *Plathelminthes* findet sich oft ein Verbindungsgang zwischen Geschlechtsorgan und Darm. Im weiblichen Ausführungsgang werden die Eier gebildet, die eine harte Schale besitzen und die auf dem Wirt festgeklebt werden (Abb. 106 u. 107). Die Temnocephalen verbringen ihr ganzes Leben auf ihren Wirten. Die einzelnen Arten sind recht genau an bestimmte Wirte gebunden. Die meisten sind auf verschiedenen höheren Krebsen der tropischen Süßwässer anzutreffen (Garnelen,

Flußkrebse, Krabben, Isopoden). Frei vom Wirt leben sie in der Regel nur kurz; sie sind von einer ziemlichen Beweglichkeit, indem sie auf Egelart über die Unterlage kriechen. Eine einzige Art ist ohne Zweifel Parasit, die übrigen kaum etwas anderes als Kommensalen oder Formen, die nur von den Organismen leben, die sich auf dem Tier oder der Pflanze festgeheftet finden, welche sie tragen (Rädertiere, Diatomeen). Die Größe ist gering, von 0,1 bis 14 mm. Sie wurden zuerst zu den Egeln gestellt, später zu den Saugwürmern, doch betrachtet man sie gegenwärtig als Formen, die der Familie *Dalyellidae* nahestehen.

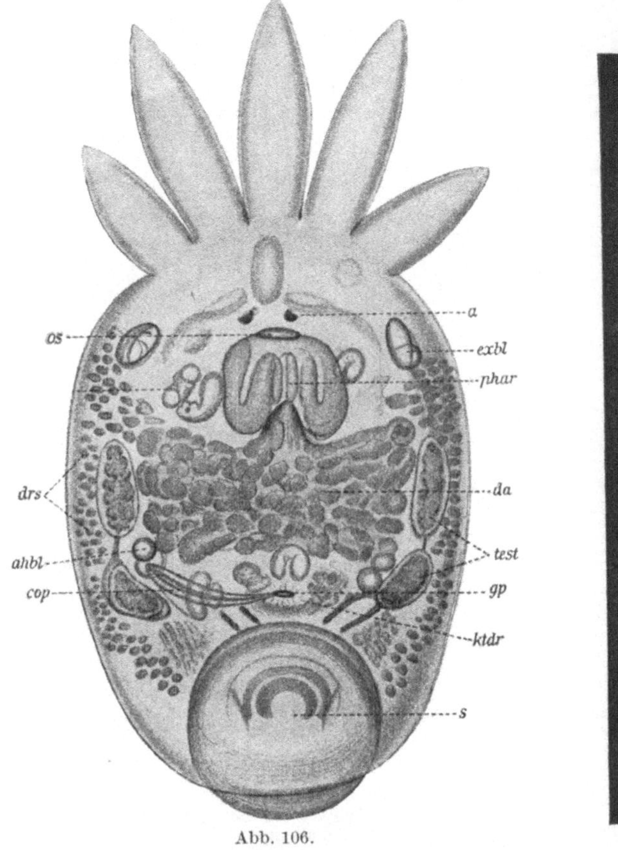

Abb. 106.

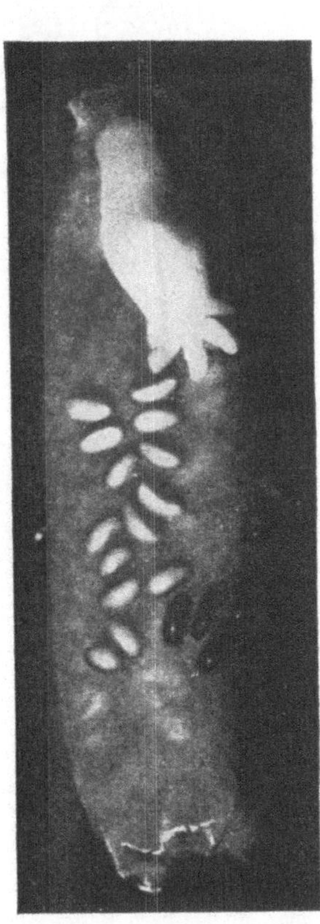

Abb. 107.

Abb. 106. *Temnocephala Rouxii* MERTON. *cop* Kopulationsorgan; *ahbl* zum Kopulationsorgan gehörige Blase; *drs* Drüsen; *os* Mund; *a* Auge; *exbl* Exkretionsblase; *phar* Pharynx; *da* Darm; *test* Hoden; *gp* Geschlechtsöffnung; *S* Saugnapf. 28×. (MERTON 1913.)

Abb. 107. *Temnocephala Semperi* WEBER. Teil eines Gliedes von *Potamon brevimarginatus* DE MAN, mit Eiern besetzt und eine *Temnocephala* tragend. Sunda-Archipel. (REISINGER 1933.)

Klasse

Trematoda (Saugwürmer).

(Tafel 4, 5 u. 6.)

Der Körper der Saugwürmer ist von einer Kutikula bedeckt, Wimpern fehlen, die Kutikula ruht auf einem einschichtigen, versenkten Epithel. Das Nervensystem besteht aus einem Gehirnganglion, von dem drei Paar Längsnerven nach hinten abgehen, die durch Querstränge miteinander verbunden sind. Der Darm, der in der

Regel gabelförmig ist, ist oft mit Verzweigungen ausgestattet. Die Mundöffnung liegt zumeist vorne. Hermaphroditen; der Geschlechtsapparat ist sehr kompliziert gebaut. Sie werden in zwei große Unterabteilungen geteilt: die monogenen und die digenen Saugwürmer. Die monogenen haben eine direkte Entwicklung mit mehr oder weniger

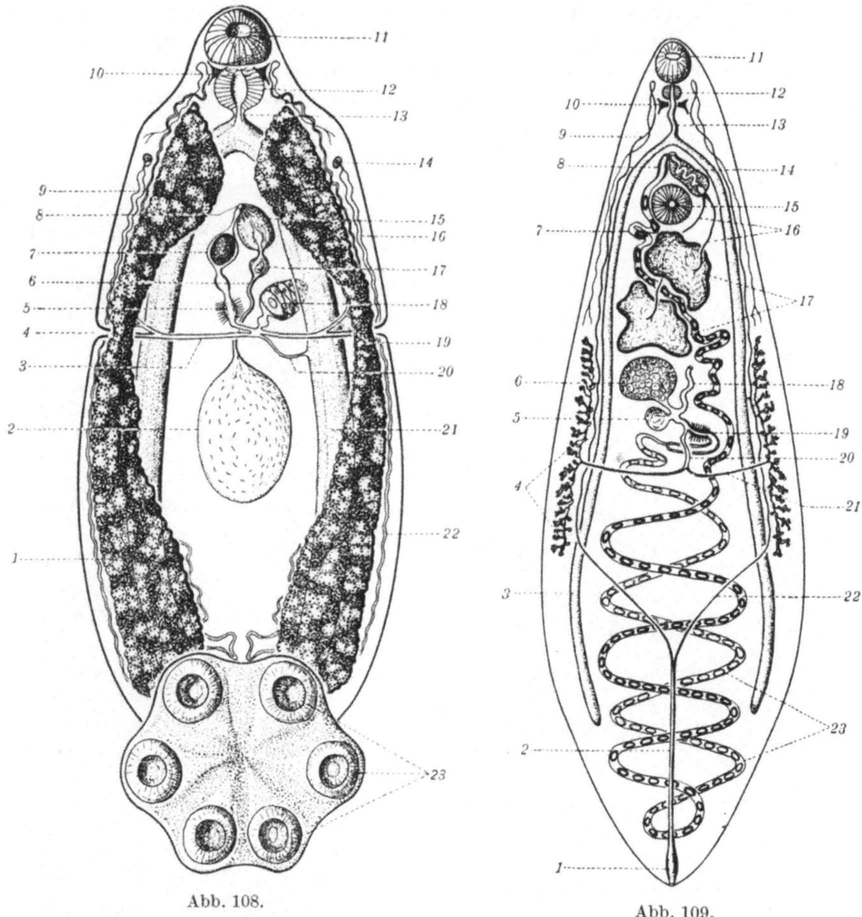

Abb. 108. Abb. 109.

Abb. 108. Organisationsschema eines *monogenen* Saugwurmes. *Polystomum orbiculare* STUNKARD. [Länge 2 bis 4 mm. Mit kräftigen Haftapparaten ausgestatteter Ectoparasit nordamerikanischer Sumpfschildkröten. *1* Dotterstock; *2* Hoden; *3* gemeinsamer Dottergang und Ductus vaginalis; *4* Mündung des letzteren; *5* Ootyp; *6* Vas deferens; *7* Uterus mit Ei; *8* Genitalporus; *9* Dotterstock; *10* Gehirn; *11* Mundsaugnapf; *12* Pharynx; *13* Ösophagus; *14* Exkretionsporus; *15* männliches Kopulationsorgan; *16* Exkretionskanal; *17* Samenblase; *18* Keimstock; *19* Dottergang; *20* Kanal, der von den Geschlechtsorganen in den Darm führt (Ductus genito-intestinalis); *21* Darmschenkel; *22* Exkretionskanal; *23* Saugnäpfe. (REISINGER 1928.) \

Abb. 109. Organisationsschema eines *digenen* Saugwurmes. *Dicrocoelium lanceolatum* STILES u. HASSAL. 8 bis 10 mm. Parasit in den Gallengängen pflanzenfressender und omnivorer Säugetiere (hauptsächlich Schaf). *1* Exkretionsblase; *2, 9, 22* Exkretionskanäle; *3* Darmschenkel; *4* Dotterstock; *5* Receptaculum seminis; *6* Keimstock; *7* Uterus, der imstande ist, die ungeheuren Eimengen aufzunehmen, die der Parasitismus bedingt; *8* Endteil des Uterus (Metraterm); *11* bis *13* siehe Abb. 108; *14* männliches Kopulationsorgan; *15* Bauchsaugnapf; *16* Vasa deferentia; *17* Hoden; *18* LAURERscher Kanal; *19* Ootyp; *20, 21* Dottergang; *23* Uterus. (REISINGER 1928.)

komplizierter Metamorphose und nur einen Wirt; die digenen eine indirekte, sehr komplizierte, die mit Generationswechsel verbunden ist; sie haben mindestens zwei Wirte.

Als entwickelte Tiere sind die Trematoden stets Parasiten; die monogenen vorwiegend Ectoparasiten, die digenen Endoparasiten. Fast alle schmarotzen an Wirbeltieren, eine große Anzahl an Fischen, sehr wenige finden sich bei wirbellosen Tieren.

Die Kutikula (Abb. 108 u. 109) ist mit Haftapparaten ausgestattet, in erster Linie mit Saugnäpfen oder Sauggruben, weiter mit Dornen und Haken von sehr verschiedener Art und Form sowie mit Hautdrüsen, die ein Sekret absondern, das die Parasiten an ihren Wirt festklebt. Die Mundöffnung befindet sich gewöhnlich vorne. Es ist ein Pharynx vorhanden, der oft schwach entwickelt ist, eine Speiseröhre und zwei in der Regel lange Blindsäcke. Eine Afteröffnung fehlt zumeist, aber kann in dem Fall vorkommen, wo die zwei Blindsäcke sich hinten vereinigen. Zuweilen öffnet sich jeder der Blindsäcke für sich und dann sind zwei Afteröffnungen vorhanden. Die Blindsäcke können mit sehr zahlreichen Querblindsäcken ausgestattet sein. Das Nervensystem besteht aus dem Gehirnganglion, das Nerven nach vorne und drei Paare nach hinten verlaufende, durch Querstämme verbundene Längsstämme abgibt. Sinnesorgane sind schwach entwickelt. Es ist ein Hautmuskelschlauch ausgebildet, der aus Ring-, Längs- und Diagonalmuskeln besteht; weiter finden sich Parenchymmuskeln. Besondere Organe, vor allem die Saugnäpfe, haben eine besondere Muskulatur. Das Exkretionsorgan (Abb. 119 bis 121) ist hoch entwickelt; es beginnt mit Wimperflammen (Terminalorganen), die, in verschiedener Zahl im ganzen Körper verteilt, hauptsächlich jedoch längs der Seiten liegen. Sie stehen durch haarfeine Röhrchen, Kapillaren, und größere Sammelkanäle in Verbindung mit einer kontraktilen Blase. Wimperflammen und Kapillaren bilden zusammen eine Zelleinheit. Der Zellkörper ist kegelförmig zugespitzt; im Hohlraum des Kegels ist eine Reihe verklebter, schwingender Cilien vorhanden, die in steter rhythmischer Bewegung sich befinden. Man sieht sie unter dem Mikroskop als schwingendes Wimperband. Durch die Arbeit der Wimperflammen werden die Abfallsprodukte des Stoffwechsels über die Sammelkanäle in die kontraktile Blase befördert, die in regelmäßigen Zwischenräumen sich entleert. Der Verlauf der Sammelröhren kann sehr kompliziert sein. Wo es die Verhältnisse erfordern, finden sich auch oft in diesen schwingende Wimperflammen, die dazu beitragen, die Strömung weiterzuleiten. Die Wimperzellen enthalten eine wasserklare Flüssigkeit, die Sammelkanäle eine mehr oder weniger gefärbte, da sie mit Exkretkörnern verschiedener Farbe beladen ist; diese sind auch in der kontraktilen Blase zu finden.

Weitaus der überwiegende Teil aller Trematoden sind Hermaphroditen. Ausnahmen stellen nur einige in den Blutbahnen lebende Saugwürmer dar; es sind hier wohl die beiden Geschlechter getrennt, aber sie leben zusammen, das Weibchen in einer Furche des männlichen Körpers. Gewisse Formen wie die in Cysten lebenden Didymozoen (in marinen Fischen) scheinen sich in einem Stadium zu befinden, wo die beiden Geschlechter im Begriff stehen, sich zu sondern (größere Individuen, die überwiegend Weibchen sind, und kleinere hauptsächlich männliche). Auch in der Lunge der Frösche leben Formen wie *Pneumonoeces variegatus* (RUD.), die hier in zwei Größen mit verschiedener Anzahl und verschiedener Farbe der Eier auftreten. Endlich muß als etwas für die Trematoden Normales hervorgehoben werden, daß von den beiden Geschlechtszellen die männlichen fast immer zuerst reifen (Proterandrie). Ob all dies so aufgefaßt werden soll, daß die Trematoden ursprünglich getrenntgeschlechtlich waren oder daran sind, zur Getrenntgeschlechtlichkeit überzugehen, kann kaum entschieden werden.

Die Geschlechtsorgane (Abb. 108, 109 u. a.) sind außerordentlich kompliziert gebaut, vor allem bei den digenen Trematoden; sie weichen von Art zu Art stark ab. Die Geschlechtsorgane liegen zumeist in der Mittellinie, gewisse Partien (die Dotterstöcke) sind auf die Seite verschoben und andere (Uterus) schlängeln und winden sich unregelmäßig durch den ganzen Körper. Die männlichen bestehen aus Hoden (ein bis zwei), Ausführungsgängen und Cirrusbeutel mit dem

Paarungsglied (Cirrus), Prostata und Samentasche. In der Regel liegen die beiden Hoden hinter dem Eierstock; sie sind kugelförmig. Die Spermatozoen werden durch die Ausführungsgänge in den Samenbehälter geleitet, wo sie sich oft lange aufhalten. Die ganzen männlichen Geschlechtsorgane sind, sowohl was die Form als auch was die Lagerung betrifft, sehr weitgehenden Variationen unterworfen.

Das gilt in noch höherem Grade für die weiblichen Organe, die noch komplizierter sind als die männlichen. Sie bestehen aus dem Ovar, dem Eileiter, den Dotterstöcken, einer eigentümlichen Drüse (der MEHLISschen Drüse), dem LAURERschen Gang, dem Ootyp und dem Uterus. Es ist ein einziges, kugelförmiges Ovar vorhanden, das in der Regel mitten im Körper liegt, zumeist vor den Hoden. Die Dotterstöcke sind paarige, gelappte Organe, die seitlich liegen. Der sog. MEHLISsche Körper, der immer vorhanden ist und den man früher Schalendrüse genannt hat, ist ein Komplex von Drüsen, deren Bedeutung man nicht kennt. Man glaubte früher, daß hier die Eischale gebildet wird, aber es hat sich dann gezeigt, daß diese aus einer flüssigen Substanz entsteht, die von den Dotterzellen ausgeschieden wird. Die Ausführungsgänge des Ovars und der Dotterstöcke vereinigen sich in verschiedener Weise miteinander und münden in den Befruchtungsraum oder Ootyp ein. Zuvor haben die Ausführungsgänge noch einen merkwürdigen Kanal aufgenommen, der bei den monogenen Saugwürmern in den einen Zweig des Gabeldarmes einmündet und hier Ductus genito-intestinalis genannt wird, während er bei den digenen auf der Rückenseite ausmündet und hier als LAURERscher Gang bezeichnet wird. Es ist eine offene Frage, ob die beiden Kanäle homolog sind (Abb. 108_{20} u. 109_{18}). Der Kanal kann fehlen, rudimentär sein, der Öffnung entbehren und kann in eine Blase enden. Seine Bedeutung scheint darin zu bestehen, überschüssige Geschlechtsstoffe aus dem Organismus zu entfernen, insbesondere den Samen, der entweder in den Darm entleert oder direkt ins Wasser befördert wird. Nach PALOMBI (1931) ist es ein Organ, das im Begriffe steht, reduziert zu werden; es fungiert gewöhnlich als Vagina. Sobald es verschwindet, fällt diese Aufgabe dem terminalen Teil des Uterus zu. Im Befruchtungsraum (Ootyp) sammeln sich die Eizellen, Spermatozoen, Dotterzellen und die Produkte der MEHLISschen Drüse; hier findet die Befruchtung statt. Hier beginnt auch der Uterus, in den die Eier, wenn sie fertiggestellt sind, übertreten. In diesem werden sie aufgestapelt und nehmen eine bräunliche Farbe an. In den meisten Fällen ist der Uterus mit seinen zahlreichen Schlingen, die oft mit Tausenden von Eiern angefüllt sind, der auffallendste Teil der inneren Organe der Trematoden (Abb. 109); übrigens ist der Uterus in bezug auf Form, Lage und Länge der variabelste Teil des weiblichen Geschlechtsapparates. In seltenen Fällen (Blutparasiten) enthält der Uterus nur ein einziges Ei, in einigen eine geringe Anzahl, in den meisten Fällen aber sehr viele.

Bei Tieren mit einem langen Uterus und kleinen Eiern (vor allem bei Endoparasiten) enthält dieser über 1000 Eier. Die tägliche Eiproduktion ist natürlich

---

Tafel 4. **Trematoda.**

Fig. 1. *Distomum tereticolle* RUD. (= *Azygia lucii*) aus dem Magen des Hechtes. Fig. 2. *Distomum globiporum* RUD. (= *Sphaerostoma bramae*) aus dem Darm eines Karpfenfisches. Fig. 3. *Distomum cygnoides* ZEDER (aus der Harnblase von *Rana esculenta*). Fig. 4. *Distomum variegatum* RUD. (= *Pneumonoeces*) aus der Lunge von *Rana esculenta*. Fig. 5. *Holostomum Apharyngostrigea cornii* GZE. (ZEDER). Erwachsenes Exemplar aus dem Darm des Reihers *(Ardea cinerea)*. Fig. 6. *Distomum isoporum* LOOS (= *Allocreadium isoporum*) aus dem Darm eines Karpfenfisches. Fig. 7. *Distomum folium* v. OLF. (= *Phyllodistomum*) aus der Harnblase des Hechtes und anderer Raubfische. Fig. 8. *Notocotyle attenuatus* (RUDOLFI) aus dem Blinddarm von Enten. Fig. 9. *Distomum cylindraceum* ZEDER (= *Haplometra*) aus der Lunge von Fröschen. H_1, H_2 Hoden; *GP* Geschlechtsöffnung; *K* Keimstock; *P* Ductus ejaculatorius; *DSt* Dotterstock; *RS* Receptaculum seminis; *VS* Samenleiter; *Oc* Pigmentkörner. — Fig. 1 zirka 4 bis 5 mm, die übrigen 5 bis 15 mm. — Fig. 1, 2, 3, 4, 6, 7, 9 nach LOOS 1894. Fig. 5 nach SZIDAT 1928. Fig. 8 nach BITTNER und SPREHN.

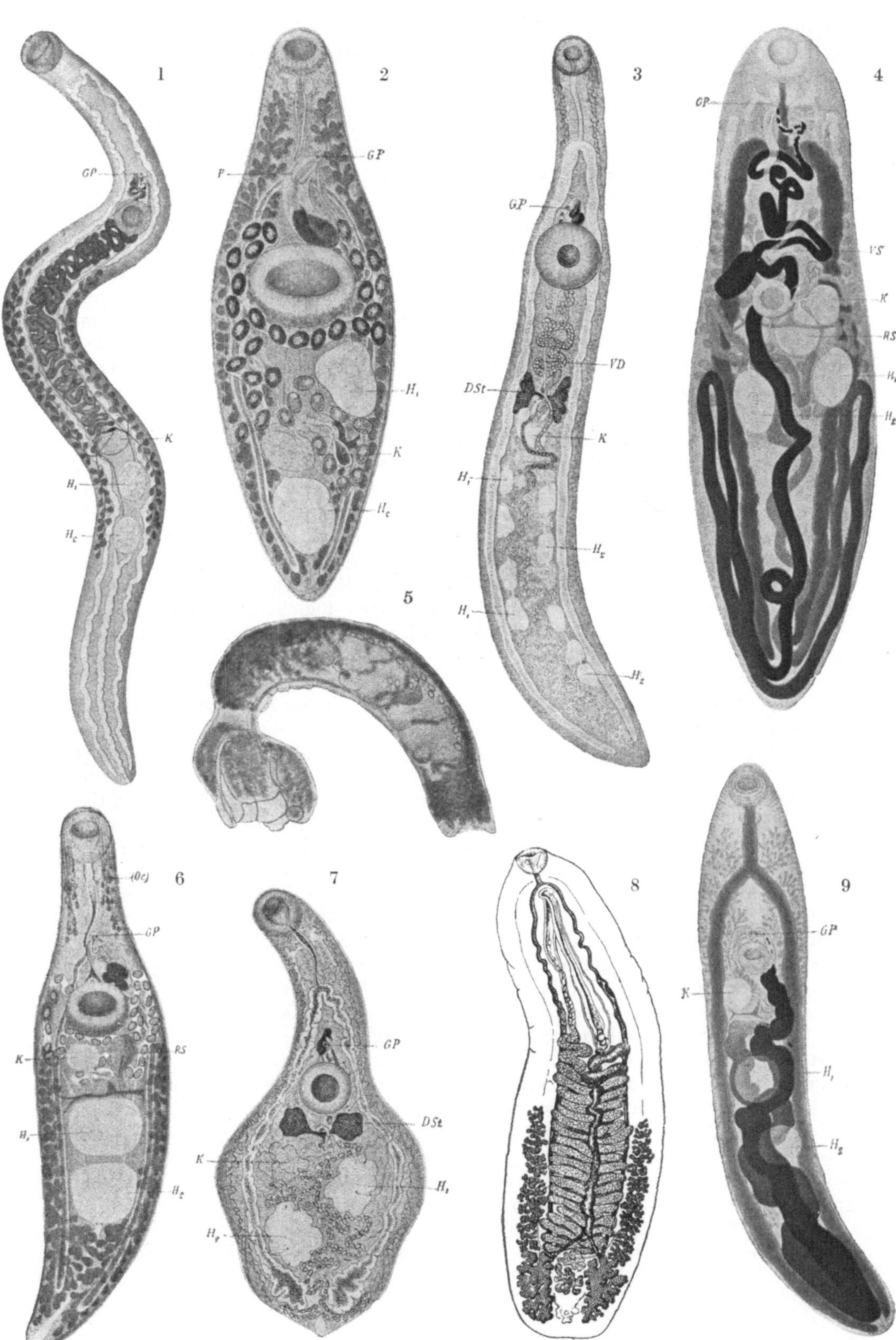
1
GP
K
H,
H₂
2
P
GP
H,
K
H₂
3
GP
VD
DSt
K
H,
H₂
H,
H₂
4
GP
VS
K
RS
H,
H₂
5
6
(Oc)
GP
K
RS
H,
H₂
7
GP
DSt
K
H,
H₂
8
9
GP
K
H,
H₂

nur ausnahmsweise feststellbar, aber von *Clonorchis sinensis* (COBBOLD) weiß man, daß sie im Hunde zirka 1100, in der Katze zirka 2400 und im Meerschweinchen 1600 erreicht. *Echinostoma revolutum* (FROELICH) produziert 4600 Eier pro Tag (BEAVER 1937). Über den Leberegel siehe weiter unten. Die Eiproduktion scheint in den meisten Fällen im Sommerhalbjahr am stärksten oder ganz auf diese Zeit beschränkt zu sein. Wie lange ein Trematode imstande ist, mit der Eiproduktion fortzufahren, weiß man nicht. Man hat aber hier und da Trematoden gefunden, deren Ovarien geschrumpft waren und deren Uterus nur wenige oder keine Eier enthielt, ohne Zweifel also Formen, deren Mission beendet war, die zugrunde gehen oder aus dem Wirt entfernt werden. Der Teil des weiblichen Geschlechtsapparates, durch den die Eier ausgeführt werden, und derjenige, der der Paarung dient, sind bei den Trematoden nicht immer dieselben. In dieser Hinsicht bieten die monogenen und die digenen Saugwürmer große Verschiedenheiten (s. weiter unten). Die häufigste Form der Samenübertragung bei den Trematoden dürfte die gegenseitige Paarung sein; dabei verhalten sich beide Individuen gleichzeitig als Männchen und Weibchen. Wo Paarungsorgane fehlen, werden die Genitalkloaken aneinandergepreßt. Es gibt weiter Formen, die normalerweise auf Selbstbefruchtung angewiesen sind, ebenso wie die mit Paarungsorganen ausgestatteten Formen, imstande sind, mit sich selbst die Paarung durchzuführen.

Die Eier der Trematoden sind unter anderem dadurch charakterisiert, daß sie fast immer eine Schale besitzen, die gesprengt wird, wenn die Larve das Ei verläßt. Die Größe der Eier ist sehr verschieden, doch ziemlich konstant innerhalb der gleichen Gattung oder Familie. Die Dicke der Eischalen ist sehr variabel. Besonders bei ectoparasitischen Formen sind die Eier oft mit Verankerungseinrichtungen ausgestattet, namentlich mit langen Fäden (Abb. 114 A), aber auch die endoparasitischen Formen, z. B. die Blutparasiten, haben eigentümliche Eiformen *(Sanguinicola)* oder mit Dornbildungen versehene Schalen *(Schistosoma)*. Über die Entwicklung siehe unter *Monogena* und *Digena*.

Einige allgemeine Bemerkungen über das Verhalten der Trematoden zu ihren Wirten sollen noch beigefügt werden:

Für den Wirt ist die Gefahr, infiziert zu werden, nicht zu allen Zeiten des Jahres gleich groß; am größten wohl in der Regel im Sommerhalbjahr und in der Regenzeit. Selbstverständlich gelangen die Trematoden oft in Wirte, in die sie nicht gehören. In einem solchen Fall verlassen sie den Wirt gewöhnlich sehr rasch. In gewissen Fällen verbleiben sie, aber sie erreichen dann nur Zwergengröße. Die ältere Auffassung, daß eine Art in verschiedenen Wirten sich zu sehr verschieden aussehenden Formen entwickeln sollte, mußte ganz aufgegeben werden. Die meisten Formen sind sehr eng an bestimmte Gruppen oder Familien gebunden, einzelne auch an bestimmte Arten. Außerdem sind sie auch stets an ganz bestimmte Organe gebunden. Findet man den Schmarotzer nicht, wenn man dieses betreffende Organ untersucht, so ist die Wahrscheinlichkeit, ihn in anderen zu finden, nicht gar zu groß. Die Anzahl der Parasiten in den betreffenden Organen ist gewöhnlich nicht besonders groß. Ihr Leben hängt ja selbstverständlich davon ab, daß der Wirt nicht stirbt. Eine Masseninfektion, die z. B. dadurch zustande kommt, daß der Wirt nicht einzelne eingekapselte Individuen, sondern einen Zwischenwirt (z. B. eine Schnecke) verschluckt, der sie zu Tausenden enthält, führt fast immer den Tod des Wirtes herbei. Wo sie in geringerer Anzahl auftreten, verursachen sie zumeist nur geringe Störungen. Treten sie dagegen in einem Organ in Massen auf, so sind sie fast immer der Anlaß zu tiefgreifenden Störungen und zu einem ernsten Schwächezustand.

Eine große Anzahl greift, wie wir im folgenden sehen werden, sehr fühlbar in das Leben und die Wirtschaft des Menschen ein. Manche haben durch Jahrtausende hindurch zur schwersten Geißel der Menschheit gehört. Je nach ihrer Natur beeinflussen die Schmarotzer den Wirt auf sehr verschiedene Weise: sie rufen Ernährungsstörungen, Blutungen, Irritationen im Bindegewebe in Verbindung mit Cystenbildungen, wobei die Cystenwände zum Teil vom Wirt selbst gebildet werden, dann Entzündungen verschiedenster Art, Blindheit, Gleichgewichtsstörungen usw. hervor. Ihr Einfluß auf den Wirt ist in der Regel in erster Linie kaum mechanischer, sondern weit häufiger chemischer Natur. Besonders in den Jugendstadien unternehmen sie oft lange Wanderungen durch den Organismus bis hin zu demjenigen Organ, in dem sie vorzugsweise zu Hause sind, oder sie gelangen als Eier unter Passage durch den Darm oder durch die Harnwege hinaus ins Freie. Der Aufenthalt im Wirt spielt sich bei den verschiedenen Formen recht verschieden ab. Die Wanderfische des Meeres werden, wenn sie nach einem Aufenhalt im Süßwasser wieder ins Meer zurückwandern, dann gewöhnlich ihre Schmarotzer los. Einer der Lungenparasiten der Frösche verläßt diese im Frühjahr durch die Nasenöffnungen, wobei er, gleich nachdem die Frösche vom Winterschlaf erwacht sind, dort nicht selten als weiße Zotten anzutreffen ist. Fast stets sterben die Parasiten, kurze Zeit nachdem sie den Wirt verlassen haben. In manchen Fällen erstreckt sich der Aufenthalt im Wirt über eine lange Zeit. Manche Arten sind mehrjährig. Der Leberegel wird jedenfalls fünf Jahre alt. Von zoologischen Gärten her weiß man, daß gewisse Formen sehr alt werden. Das gilt besonders für die großen Amphistomen, die ein bedeutendes Alter erreichen; eine Art im Zebra acht Jahre, eine andere im Elefanten zumindest 21 Jahre. Größe und Form sind außerordentlich variabel. Durch Fütterungsversuche (LUTZ 1924) ist nachgewiesen worden, daß die gleiche Art in verschiedenen Wirten in bezug auf Größe von 6 bis 16 mm variieren kann; ebenso in verschiedenen Organen des gleichen Wirtes. Als Regel kann man wohl aufstellen, daß große Schmarotzer sich in großen Wirten finden.

Merkwürdig schnell gelangen die Parasiten in dasjenige Organ, in das sie hingehören; so die Furcocercarien in das Auge der Fische im Verlaufe von wenigen Minuten; Gallenblasenschmarotzer im Verlaufe von ein paar Stunden in die Gallenblase der Katze. Nicht weniger auffällig ist die Schnelligkeit, mit der die Parasiten heranwachsen und geschlechtsreif werden, sehr oft schon im Laufe von 8 bis 14 Tagen. Davon gibt es aber auch Ausnahmen (s. den Leberegel). Die meisten Schmarotzer sind, wenn sie sich einmal festgeheftet haben, recht stationäre Tiere; das gilt besonders für Endoparasiten, vor allem für Darm- und Magenparasiten, die ihr ganzes Leben hindurch an der gleichen Stelle festgeheftet bleiben (s. übrigens unter Leberegel). Viele haben eine bedeutende Fähigkeit zu Formveränderungen, die besonders zum Ausdruck kommt, wenn man sie aus dem Wirt herausnimmt. Den Ectoparasiten kommt ein gewisses Vermögen von freier Beweglichkeit zu, die am ehesten an Spannerraupen erinnert.

Die Ernährung geht auf verschiedene Weise vor sich: Die Ectoparasiten der Fische nehmen vor allem Hautschleim, Oberhaut und Kiemenepithel auf, die Darmparasiten leben vorzugsweise vom Darminhalt, zuweilen auch von Blut, einzelne scheinen hauptsächlich von Darmparasiten zu leben und können also eigentlich kaum als Parasiten bezeichnet werden. Als Nahrung der Blutparasiten kommt wohl vor allem das Blut in Betracht. Die Endprodukte des Stoffwechsels sammeln sich im Parenchym an; die unbrauchbaren Bestandteile werden durch das Exkretionssystem aus dem Körper entfernt.

Ordnung: **Monogena.**

Die monogenen Saugwürmer sind vorwiegend Ectoparasiten, die hauptsächlich auf der Haut von Fischen, mit besonderer Vorliebe auf den Kiemen, sich aufhalten;

einige sind Endoparasiten in der Harnblase von Fischen, Amphibien und Reptilien und in der Speiseröhre von Sumpfschildkröten. Mehr ausgesetzt als die endogenen Saugwürmer, haben sie in der Regel weit kräftigere Festheftungsapparate, teils ein bis zwei Saugnäpfe und vorne Drüsen, teils hinten große Hafteinrichtungen, bald eine einzige große Haftscheibe, bald symmetrisch angeordnete, zahlreiche Saugnäpfe, außerdem Chitinbildungen, sehr kräftige Dorne, Haken usw.; überdies Drüsen verschiedenster Art (Klebdrüsen). Augen sind oft vorhanden, aber schwach entwickelt und gewöhnlich nicht mehr als zwei. Der Mund liegt weit vorne. Der Darm ist häufig gabelförmig gestaltet, mit zahlreichen Verzweigungen. Die zwei Kanäle des Exkretionsorgans öffnen sich jeder vorne mit einem Rückenporus. Die Geschlechtsorgane münden auf der Bauchseite in eine gemeinsame Kloake, die hinter dem Munde gelegen ist. Es ist eine besondere Paarungsöffnung und eine zweite Öffnung vorhanden,

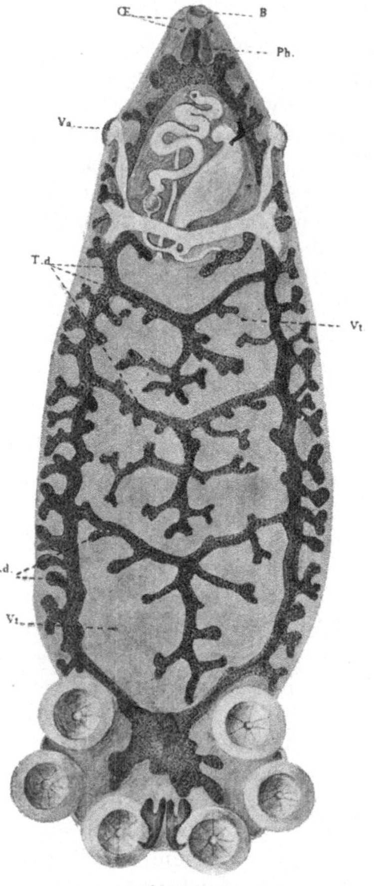

Abb. 110. 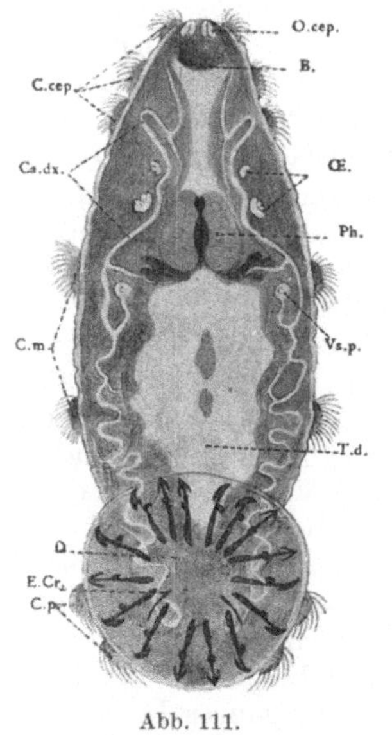   Abb. 111. 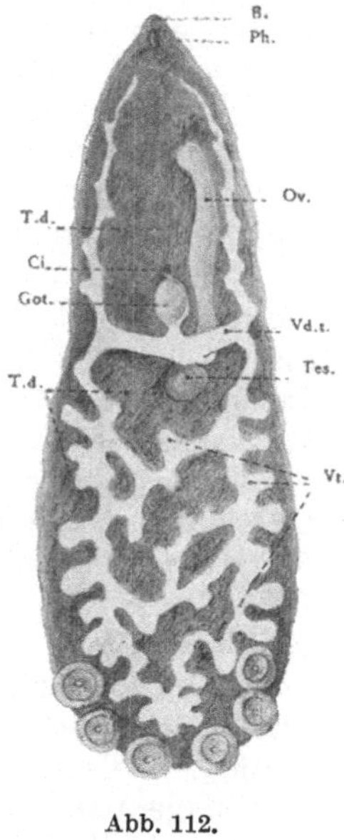   Abb. 112.

Abb. 110. *Polystomum integerrimum* FRÖL., der Harnblase des Frosches entnommen. (GALLIEN 1935.)

Abb. 111. Die eben aus dem Ei ausgekrochene Larve. (GALLIEN 1935.)

Abb. 112. Die neotenische Form, die auf den Kiemen von Kaulquappen geschlechtsreif wird. *Vt.* Dotterstock; *T.d.* Verdauungskanal; *V.a.* Geschlechtsöffnung; *OE.* Auge; *B.* Mund; *Ph.* Pharynx; *C.cep.* bewimperte Zellen auf der Saugscheibe; *E.Cr.* Haken; *D.* Saugscheibe; *C.m.* Wimperzellen des Körpers; *Ca.dx.* Exkretionskanäle; *O.cep.* unbekanntes Frontalorgan; *Vs.p.* Flimmertrichter; *Ci.* Cirrus; *Ph.* Schlundkopf; *Ov.* Ovarium; *Vd.t.* Quergang der Dotterstöcke; *Tes.* Hoden; *Oo.t.* Ootyp. (Nach GALLIEN 1935.)

durch die die Eier abgegeben werden. Der Uterus ist kurz und enthält wenige Eier. Diese sind oft mit Verankerungseinrichtungen versehen. Die aus dem Ei hervorgehenden Larven sind mit Cilien und Augen ausgestattet. Sie haben im großen und ganzen den Bau der erwachsenen Tiere; sie suchen ihre Wirtstiere auf, wo sie dann heranwachsen und geschlechtsreif werden.

Die Süßwasserformen gehören vorzugsweise den zwei Familien *Polystomidae* und *Gyrodactylidae* an.

Polystomum integerrimum FROEL. schmarotzt in der Harnblase der braunen Frösche, vor allem in *Rana temporaria*, aber auch in *Rana agilis* (Abb. 110 bis 112);

bei den grünen Fröschen soll die Form wohl angetroffen werden können, aber
der Aufenthalt hier ist kein bleibender. Es ist ein recht großes Tier, fast 1 cm
lang und 3 bis 4 mm breit. Es hat hinten zweimal drei große Saugnäpfe jederseits und zwischen den hinteren zwei sehr große Haken. Bei jüngeren Tieren
treten noch weitere Haken zwischen den Saugnäpfen auf, im ganzen 16, aber
diese werden besser als larvale Organe betrachtet, da sie früher oder später ver-
lorengehen, nachdem die Geschlechtsreife eingetreten ist. Die Blindsäcke des
Darmes anastomosieren miteinander. Es sind zwei Vaginen vorhanden, die von
den Dotterstockgängen ausgehen und sich an den Seiten des Körpers mit
mehreren Öffnungen öffnen. Der Uterus kann mehrere Eier auf einmal enthalten.
Ihre Entwicklung, die in allem Wesentlichen von ZELLER (1872 u. 1876) untersucht wurde, ist neuerdings wieder sehr eingehend von GALLIEN (1935) studiert
worden. Sie bietet mehrere, sehr merkwürdige Verhältnisse. Zur Eiablage
kommt es ungefähr gleichzeitig mit der der Frösche, in Frankreich namentlich
zu Beginn des März. Die Zahl der Eier beträgt zirka 800 bis 1000. Die Eier
sind beschalt. Wenn sie aus der Kloakenöffnung der Frösche ins Wasser gelangen,
wird die Schale früher oder später durch die Bewegungen der Larve durchbrochen
und die Larve wird frei. Sie besitzt mehrere Wimperbüschel an den Seiten des
Körpers und ist eine ganz ausgezeichnete Schwimmerin (Abb. 111); doch dauert
trotzdem das freilebende Stadium nicht über ungefähr 24 Stunden. Hat die
Larve innerhalb dieser Zeit keine Froschlarve gefunden, so sinkt sie zu Boden
und erreicht dann nur mit großen Schwierigkeiten ihre Bestimmung. Trifft
jedoch die Larve auf eine Froschlarve, die mehr als 13 Tage alt ist und keine
äußeren Kiemen mehr besitzt, so dringt sie durch das Spiraculum der Larve in
die Kiemenkammer ein. Sobald die Verwandlung des Frosches erfolgt, begibt
sie sich von hier in den Darmkanal und von da in die Harnblase. Sie kann sich
ein paar Monate in der Kiemenhöhle aufhalten, nimmt aber hier nur wenig
Nahrung zu sich. Reichliche Nahrungsaufnahme (Blut) beginnt erst in der Harnblase. Das Tier wird erst im dritten Jahre geschlechtsreif und die erste Eiablage
geht erst im vierten Jahre vor sich. Es lebt darauf noch drei Jahre und legt
jedes Jahr einmal Eier ab, darauf stirbt es. Während seines Lebens hat das Tier
ungefähr 2400 Eier abgelegt. Das Merkwürdige dabei ist, daß nicht alle Polystomen die gleiche Entwicklung besitzen. Gelangen die Larven auf ganz junge
Froschlarven, die noch äußere Kiemen besitzen, so geht die Entwicklung viel
schneller vor sich. Die Larven wandern auch hier durch das Spiraculum in die
Kiemenhöhle ein, aber sie verlassen diese nicht und erreichen in diesem Fall
nicht erst im Verlaufe von drei Jahren, sondern schon im Laufe eines Monats
die Geschlechtsreife. Diese Formen werden nicht 1 cm, sondern nur 2 bis 3 mm
lang (Abb. 112). Ihre Haftorgane sind weit schwächer. Sie besitzen keine
Vagina und nur einen Hoden. Der Uterus ist kurz und enthält gleichzeitig nur
ein Ei. Und hier findet keine gegenseitige Befruchtung statt, sondern die Tiere
befruchten sich selbst. Nach der Eiablage verlassen sie die Höhle oder werden
ausgestoßen durch die Löcher durch welche die Vordergliedmaßen durchbrechen.
Es sind Formen, die im Larvenstadium geschlechtsreif geworden sind. Im Gegensatz zu den Larven, die auf ältere Kaulquappen gelangen, werden sie sofort Blutsauger und nehmen reichlich Nahrung zu sich.

Man hat zuerst daran gedacht, daß man es mit zwei Formen zu tun hat;
durch eine lange Reihe von Experimenten hat GALLIEN beweisend dartun
können, daß das nicht der Fall ist. Die Eier und Larven der beiden Formen sind
vollkommen gleich; es ist das Alter der Froschlarven, das bestimmt, ob die Entwicklung in der einen oder anderen Weise erfolgt. Macht sich eine *Polystomum*-
Larve daran, gleich Blut zu saugen, was sie nur an ganz jungen Froschlarven

tut, so kommt es zur Ausbildung der neotänischen Polystomen. Mit Recht vermutet GALLIEN, daß die Hormone im Blut der Froschlarven gerade

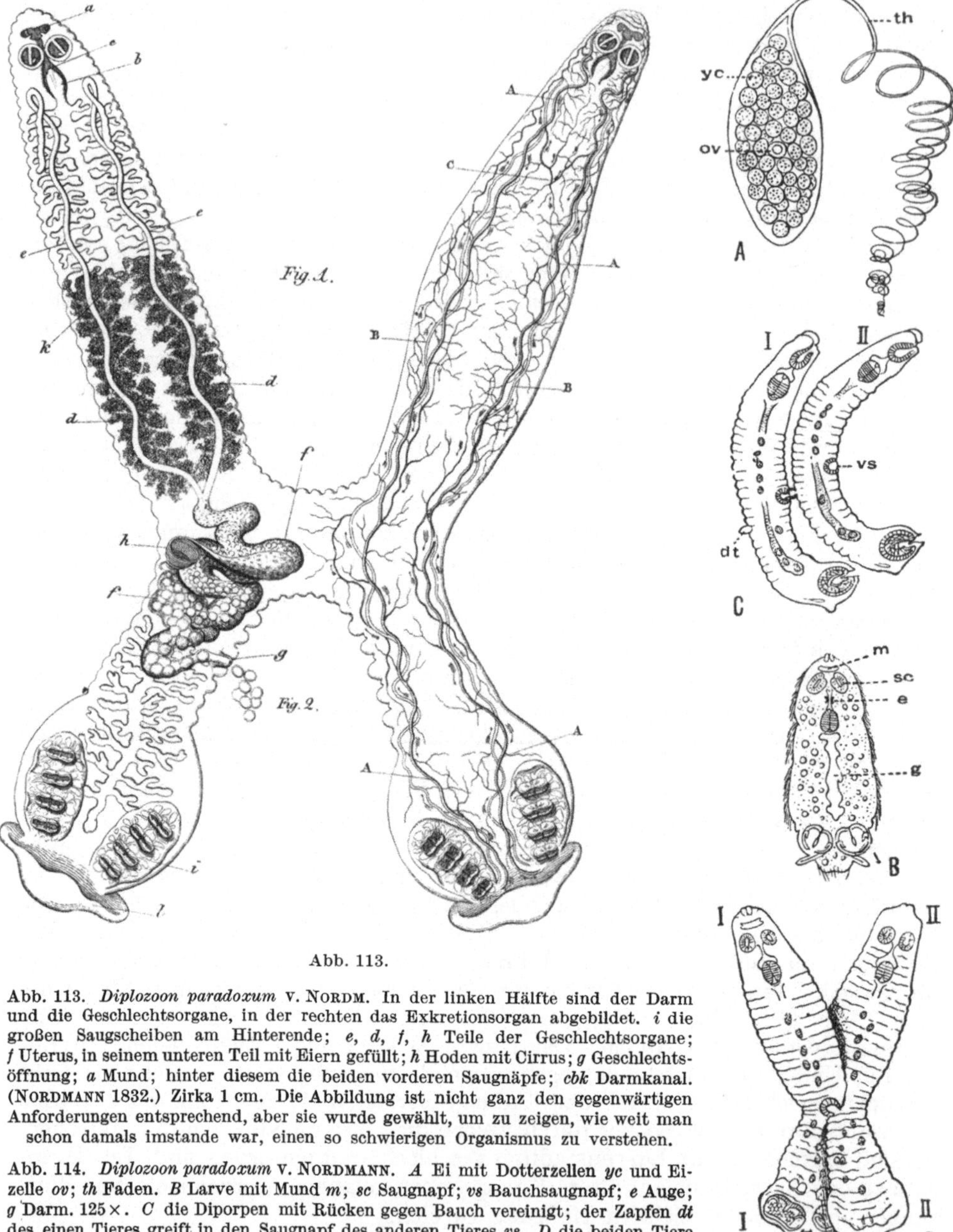

Abb. 113.

Abb. 113. *Diplozoon paradoxum* V. NORDM. In der linken Hälfte sind der Darm und die Geschlechtsorgane, in der rechten das Exkretionsorgan abgebildet. *i* die großen Saugscheiben am Hinterende; *e, d, f, h* Teile der Geschlechtsorgane; *f* Uterus, in seinem unteren Teil mit Eiern gefüllt; *h* Hoden mit Cirrus; *g* Geschlechtsöffnung; *a* Mund; hinter diesem die beiden vorderen Saugnäpfe; *cbk* Darmkanal. (NORDMANN 1832.) Zirka 1 cm. Die Abbildung ist nicht ganz den gegenwärtigen Anforderungen entsprechend, aber sie wurde gewählt, um zu zeigen, wie weit man schon damals imstande war, einen so schwierigen Organismus zu verstehen.

Abb. 114. *Diplozoon paradoxum* V. NORDMANN. *A* Ei mit Dotterzellen *yc* und Eizelle *ov*; *th* Faden. *B* Larve mit Mund *m*; *sc* Saugnapf; *vs* Bauchsaugnapf; *e* Auge; *g* Darm. 125×. *C* die Diporpen mit Rücken gegen Bauch vereinigt; der Zapfen *dt* des einen Tieres greift in den Saugnapf des anderen Tieres *vs*. *D* die beiden Tiere gekreuzt, aber die Vereinigung ist noch nicht vollendet. Auf den Kiemen von Karpfenfischen. (ZELLER 1872.)

Abb. 114.

zu dem Zeitpunkt, wo die Verwandlung sich vollziehen wird, andersartig sind als die der ausgewachsenen Frösche. Es ist von nicht geringem Interesse, zu sehen, in welchem Grad Frosch und Schmarotzer aneinander angepaßt sind.

Der Parasit in der Harnblase legt die Eier zur gleichen Zeit ab wie der Frosch (im zeitlichen Frühjahr); beide werden gleichzeitig geschlechtsreif (im vierten Jahre).

Es frägt sich nun, ob man nicht, angespornt durch die Erkenntnisse, die bei *Polystomum* gewonnen wurden, die parasitischen Männchen, die man da und dort im Tierreich bei den Pediculati, bei schmarotzenden Isopoden (Bopyriden), bei parasitischen Copepoden, bei gewissen Spulwürmern antrifft, einer erneuten Untersuchung unterziehen sollte (GALLIEN).

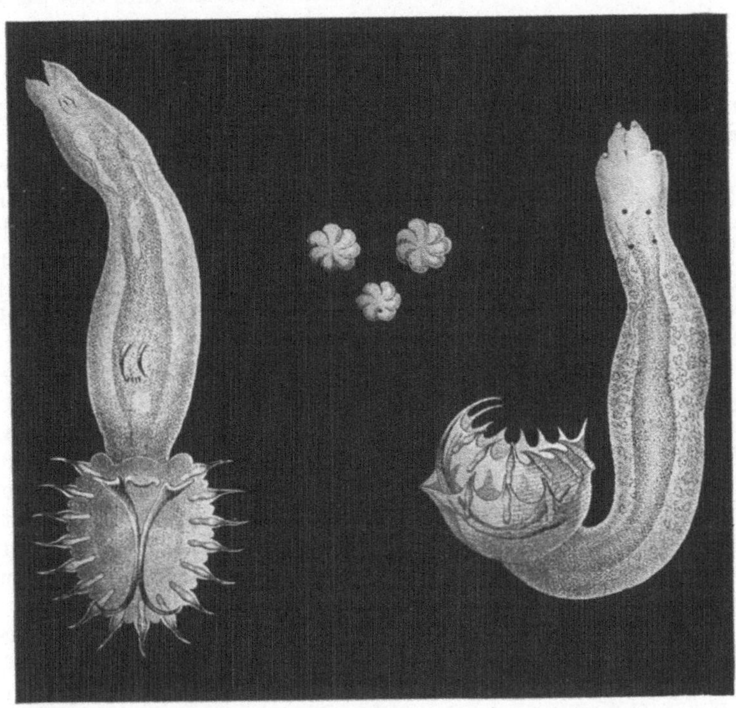

Abb. 115. *Gyrodactylus elegans* v. NORDM. von der Bauchseite und von der Seite gesehen. In der Mitte die Eier. Auf Kiemen von Karpfenfischen. (V. NORDMANN 1832.)

Zu den Polystomen gehören noch andere Formen als *P. integerrimum* FROEL.; so finden sich andere Arten in den Nasenlöchern und im Schlund von Sumpfschildkröten; eine parasitiert unter dem Augenlid des Flußpferdes.

Diplozoon paradoxum v. NORDM., das Doppeltier, ist eines der merkwürdigsten Geschöpfe des Tierreiches; es kann mit einigem Recht als eine aus zwei Individuen bestehende Tierkolonie aufgefaßt werden. Die Form findet sich auf den Kiemen einer Anzahl von Fischen, vor allem des Karpfens. In Dänemark ist sie gar nicht selten.

Das Tier (Abb. 113 u. 114) besteht aus zwei X-förmig gekreuzten Halbteilen; beide haben die gleiche Organisation. Jedes Tier hat sein eigenes Organsystem, es gibt kein Organ, das beiden gemeinsam wäre. Das eigenartige Geschöpf, das zuerst durch die klassischen Untersuchungen v. NORDMANNs (1832) bekannt geworden ist und lange Zeit hindurch für die Zoologen ein Rätsel war, wurde zuerst von ZELLER (1888) verstanden und voll aufgeklärt. Schon früher hatte DUJARDIN an den Kiemen von Süßwasserfischen eigentümliche, nur 1 bis 2 mm lange, gekrümmte Würmchen gefunden, in denen er, und ebenso auch später v. SIEBOLD, Geschöpfe vermutete, die, wenn man sie zwei und zwei zusammenfügte, zu einem *Diplozoon* würden. ZELLER wies nun nach, daß dies richtig ist. Jeder dieser kleinen Würmer, die *Diporpa* genannt worden waren, hatte auf dem Rücken einen Zapfen, auf der Bauchseite einen etwas weiter davor liegenden Saugnapf. Im *Diporpa*-Stadium können die Tiere monatelang leben.

Bei der Kopulation ergreift der Saugnapf jedes Tieres den Zapfen des anderen, wodurch sich die beiden Tiere kreuzweise zusammenlegen. Hierauf kommt es in der Gegend, wo die beiden Körper einander überkreuzen, zu einem vollständigen Zusammenwachsen und Verschmelzen. In den von den Tieren abgegebenen Eiern, die mit einem langen Faden ausgestattet sind, der als Verankerungseinrichtung dient, entwickelt sich eine kleine bewimperte Larve mit zwei braunen Augen. Nach einer kurzen Schwärmzeit, die nicht über einige wenige Stunden andauert, müssen sie auf Fischkiemen gelangen, wo die Verwandlung zur *Diporpa* nach Abwerfen des Wimperkleides vor sich geht. Nicht selten sind die Diporpen, die sich vereinigen, von sehr verschiedener Größe und von ungleichem Alter.

Gyrodactylus. Die Gattung *Gyrodactylus* (Abb. 115) mit den nahestehenden Gattungen *Dactylogyrus* und *Ancyrocephalus* sind alle kleine oder sehr kleine Formen, gewöhnlich unter 1 mm, manchmal nur $1/_2$ mm groß. Charakteristisch für sie alle ist in erster Linie die Ausstattung der großen hinteren Haftscheibe mit zahlreichen, großen Hakendornen, von denen ein Paar größere in der Mitte liegen und eine größere Anzahl im Kreis am Rand der Haftscheibe. Die Gattung *Gyrodactylus* weicht in ihrer Fortpflanzung von den meisten Saugwürmern ab. Sie ist nämlich lebendgebärend. Der Embryo entwickelt sich im Muttertier. Bevor der Embryo voll entwickelt ist, entsteht in diesem ein zweites, neues Individuum und in diesem wieder ein drittes und zum Schlusse in diesem wieder eine vierte Generation. Mehrere Generationen liegen also ineinandergeschachtelt. Es sind keine Dotterstöcke vorhanden, das Ei entwickelt sich im Uterus. Es entstehen also vier Embryonen aus einer Eianlage. Man kann dieses Verhalten als Polyembryonie auffassen, wobei die Embryonen sich sukzessive ineinander entwickeln. Dieser merkwürdige Vorgang, mit dem sich mehrere Forscher: v. SIEBOLD (1848), WAGENER (1860) und METSCHNIKOFF (1870), beschäftigten, wurde endgültig von KATHARINER (1904) geklärt.

Während man von den meisten monogenen Saugwürmern sagen kann, daß sie im großen und ganzen gutartige Schmarotzer sind, liegen in bezug auf die *Gyrodactylus*-Arten die Verhältnisse etwas anders. Man findet sie vorzugsweise auf Karpfen, übrigens sonst auch auf allen anderen Süßwasserfischen. Ihre Gegenwart macht sich am auffälligsten dadurch bemerkbar, daß der Fisch ganz oder an gewissen Stellen sich mit einem bläulichen Schimmer bedeckt (*Gyrodactylus*- und *Dactylogyrus*-Krankheit). Die Haut scheidet nämlich eine große Menge Schleim aus, der reichlich Oberhautzellen enthält, wovon *Gyrodactylus* lebt (siehe NORDQVIST 1925, NYBELIN 1936, WILDE 1937).

Die Tiere werden zumeist auf den Flossen oder in deren Nähe gefunden. Das Zwischengewebe zwischen den Flossenstrahlen geht zugrunde und die Strahlen treten frei hervor. Ist die Infektion stark, so stirbt der Fisch. Oft haben diese Schmarotzer ein Massensterben in Fischteichen hervorgerufen.

Eine nicht geringe Zahl von hier nicht besprochenen Gattungen ist ans Meer gebunden, die jedoch insofern für das Süßwasser Bedeutung besitzen, als sie sich recht häufig auf Wanderfischen finden, ganz besonders auf Lachsen, Stören und dem Maifisch, *Clupea alosa* L.

Ordnung: **Digena.**

Im Gegensatz zu den monogenen Saugwürmern haben die digenen Trematoden zumindest zwei Wirte, sehr oft drei, die in diesem Fall als Hilfs- oder Zwischenwirt, Transportwirt und Schlußwirt bezeichnet werden. Der erste ist fast immer ein Mollusk, der Transportwirt kann zu sehr verschiedenen Tiergruppen gehören; der Schlußwirt ist ein Wirbeltier, hauptsächlich ein warmblütiges. Sie sind vorzugsweise Darmparasiten; gewisse Gruppen schmarotzen im Blutgefäßsystem.

Die digenen Saugwürmer werden in zwei Gruppen eingeteilt: die *Prosostomata* und die *Gasterostomata*, von denen die ersteren eine vorne gelegene Mundöffnung besitzen; bei den *Gasterostomata* liegt die Mundöffnung ventral mehr gegen die Mitte verschoben. Früher stellte man eine besondere Gruppe, die *Monostomata*, auf, die nur einen (den vorderen) Saugnapf besitzt, aber neuere Untersuchungen haben gelehrt, daß diese Gruppe ganz unnatürlich sein dürfte, indem der hintere Saugnapf in ganz verschiedenen Familien reduziert sein oder fehlen kann.

1. Unterordnung: **Prosostomata.**

Zu den *Prosostomata*, worunter hier sowohl die typischen *Distomata* als auch die *Holostomata* zusammengefaßt werden, deren hinterer Bauchsaugnapf einen besonderen, sehr eigentümlichen Festheftungsapparat besitzt, gehört der überwiegende Teil aller Saugwürmer.

Die Festheftungseinrichtungen sind weitaus nicht so stark entwickelt wie bei den Monogenen. Der vom Mundsaugnapf umgebene Mund liegt weit vorne. Pharynx schwach entwickelt und der unpaare Darmteil ist zumeist sehr kurz. Die beiden Blindsäcke anastomosieren in der Regel hinten nicht miteinander. Bei gewissen Fischparasiten öffnet sich jeder davon nach außen und das Tier hat damit zwei Afteröffnungen.

Der Bauchsaugnapf kann reduziert oder nur schwach entwickelt sein; diese Formen, die untereinander keinerlei Verwandtschaft aufweisen, wurden früher in der Gruppe *Monostomata* vereinigt. Beide Saugnäpfe fehlen bei den im Blute der Fische lebenden *Sanguinicolae* vollständig.

Die beiden Kanäle des Exkretionssystems münden in eine kontraktile Blase, die sich durch eine am Hinterende des Körpers befindliche Öffnung entleert. Das Exkretionsorgan bietet bei den verschiedenen Gruppen große Verschiedenheiten dar. Form und Größe der Blase ist verschieden. Von ihren vorderen Ecken gehen die beiden, nach vorne verlaufenden Sammelkanäle ab, die einen sehr verschiedenen Verlauf bei den verschiedenen Formen nehmen, aber zuletzt stets eine verschiedene Zahl sehr feiner, verzweigter Kanäle aufnehmen, die mit Wimperflammen enden. Zahl und Lage dieser Kanäle und der Wimperflammen sind bei den digenen Saugwürmern außerordentlich verschieden und haben darum sehr große systematische Bedeutung. Bei vielen Formen anastomosieren die Hauptkanäle miteinander, und das kann dazu führen, daß sich in einzelnen Fällen ein ganzes Netzwerk von anastomosierenden Kanälen findet.

Was die Geschlechtsorgane betrifft, soll folgendes bemerkt werden: Die in Cysten und in den Blutbahnen lebenden Saugwürmern sind getrenntgeschlechtlich und dann bestehen starke Größenunterschiede zwischen den beiden Geschlechtern. Alle übrigen sind ebenso wie die monogenen Trematoden Hermaphroditen. Die Geschlechtsorgane sind bei den digenen Saugwürmern sehr unterschiedlich gebaut. Es würde jedoch zu weit führen, auf deren Bau einzugehen.

Es soll nur Folgendes mitgeteilt werden (Abb. 109): Es sind zwei, seltener ein Hoden vorhanden, die zumeist hinter dem Ovar liegen; ihre Form ist im allgemeinen rund. Zumeist ist ein wohl entwickeltes Paarungsorgan vorhanden, dessen Bau große systematische Bedeutung besitzt. Die Dotterstöcke liegen entlang den Körperseiten; sie sind gewöhnlich stark verzweigt. Der Uterus ist der am meisten auffällige Teil der weiblichen Geschlechtsorgane; er ist zumeist sehr lang, überaus stark gewunden und schlängelt sich unregelmäßig durch den ganzen Körper. Er ist leicht kenntlich an seinem Inhalt, an ungeheuren Mengen sehr kleiner Eier. Er öffnet sich in der Mittellinie gleich hinter dem Mundsaugnapf und führt in ein Genitalatrium, gewöhnlich hinter dem Penis. Vom Ovidukt geht der LAURERsche Kanal aus (Abb. 109₁₈). Er mündet auf dem Rücken aus, wird selten als Paarungskanal, sondern in erster Linie als Ausführungsgang für überschüssiges Sperma verwendet. In jedem Falle, wo er blind mit einer Blase endet, nimmt diese das überflüssige Sperma auf, das von hier ins Parenchym gelangt, wo es von den Phagocyten zerstört wird. Die Uterusöffnung ist die normale Paarungsöffnung. Sie kann mit einem Receptaculum seminis ausgestattet sein. Die männlichen Geschlechtsorgane reifen vor den weiblichen. Wie früher erwähnt, machen die digenen Saugwürmer einen Generationswechsel mit Wirtswechsel durch. Ihre Entwicklung gehört zum Merkwürdigsten im Tierreich. Der Name des Dänen JAPETUS STEENSTRUP ist unlöslich mit ihrer Aufklärung verbunden. Da dieser Generationswechsel, soweit man gegenwärtig weiß, bei der weitaus überwiegenden Zahl der Arten im Süßwasser und in Süßwasserorganismen stattfindet, soll im folgenden eine eingehendere Schilderung davon gegeben werden, die sich in erster Linie auf neuere Untersuchungen stützt. Dabei soll besonderes Gewicht auf eine etwas eingehendere Darstellung der Cercarienstadien gelegt werden (W.-L. 1934).

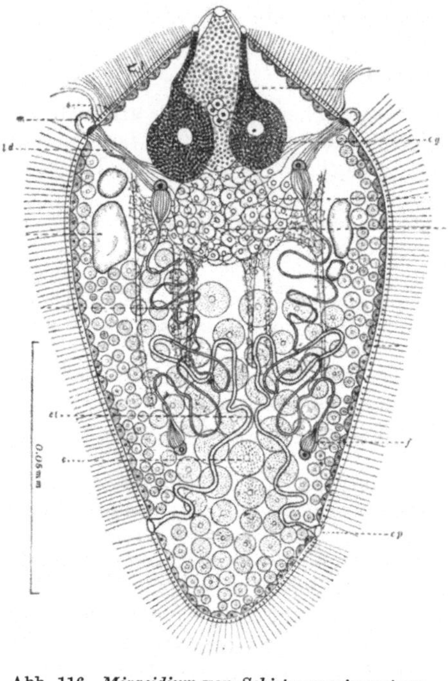

Aus dem Ei geht eine kleine Larve hervor, die als *Miracidium* (Abb. 116 u. 164) bezeichnet wird. Diese Larve ist äußerst klein, nur selten länger als ein geringer Bruchteil eines Millimeters und weit kleiner als manche einzelligen Tiere, z. B. die Wimperinfusorien. Trotz dieser geringen Größe ist sie außerordentlich hochkompliziert gebaut. Sie ist bewimpert, hat einen X-förmigen Augenfleck und zwei Exkretionskanäle mit zwei Wimperflammen. Die Zahl und die Anordnung der bewimperten Epidermalzellen haben systematische Bedeutung (BENNETT 1936). Vorne sind Drüsen ausgebildet und oft ein Stachel, der zum Einbohren in die Haut des Wirtes dient. Der Verdauungskanal ist rudimentär. Es ist ein wohlentwickeltes Muskelsystem vorhanden. Soweit es sich um Saugwürmer handelt, deren Verwandlung in Süßwasser- oder Landorganismen durchlaufen werden soll, muß diese Larve, wenn sie sich weiterentwickeln soll, in eine Schnecke oder Muschel, in den allermeisten Fällen in eine Schnecke eindringen. Untersuchungen, die in vielen verschiedenen Ländern und sozusagen unter allen Breitegraden angestellt worden sind, haben gelehrt, daß diese kleinen Larven einerseits eine unverkennbare Vorliebe für ganz bestimmte Schnecken oder wenigstens Schneckengruppen zeigen, anderseits daß die Larven, wenn diese Schnecken nicht zur Stelle sind, doch ihre Entwicklung in gewissen anderen Formen durchführen können. Diejenigen Formen, die an Kiemenschnecken gebunden sind, werden nur ganz ausnahmsweise in Lungenschnecken angetroffen; solche, die an Tellerschnecken *(Planorbis)* gebunden sind, gewöhnlich nicht in Sumpfschnecken *(Limnaea)*. Jedenfalls finden sich in Dänemark in der Gattung *Valvata* mit der Hauptart *V. piscinalis* mehrere Arten, deren Entwicklungsstadien ich nur in diesen gefunden habe. Der Leberegel, *Fasciola hepatica* L., ist in ganz Europa unter normalen Verhältnissen meist nur in einer einzigen kleinen Schnecke, *Limnaea truncatula*, anzutreffen (s. unter Leberegel). Nahe dem Furesee bei Frederiksdal befindet sich ein kleiner, künstlicher Graben, der nur

Abb. 116. *Miracidium* von *Schistosoma japonicum* KATSURADA. Das Bild zeigt die hohe Organisation der Larve. *e* Keimzellen; *el* Exkretionskanäle; *cg* Speicheldrüsen; *pg* Pharynx; *n* Nervensystem; *f* Wimpertrichter; *ep* Exkretionspori. Größe 100 µ. (FAUST, Journ. of Hygiene.)

zirka 40 m lang, 2 m breit und im Frühjahr nicht über 1 m tief ist. In diesem
kleinen Wasser kommen sieben Schneckenarten vor; von diesen sieben waren
zwei niemals infiziert, vier von ihnen haben jede ihre Trematoden-Schmarotzer;
zwei hatten mehrere, und nicht eine Schnecke hatte einen Schmarotzer gemeinsam
mit einer anderen Schnecke. Es waren stets Entwicklungsstadien von wenigstens
acht verschiedenen Trematoden anzutreffen. Schon hier stoßen wir auf eine der
großen Merkwürdigkeiten in der Entwicklung dieser Tiere. Auf Wegen, die wir
nicht kennen, wahrscheinlich überwiegend durch Vogelexkremente, sind die Eier
der verschiedenen Trematoden in die kleine Wasseransammlung gelangt. Die
ausgeschlüpften Miracidien hatten sich entweder an irgendeine Schnecke heran-
gemacht, aber in diesem Fall ist die Entwicklung nur in einer ganz bestimmten
Form weitergegangen, oder sie sind vom ersten Augenblick an auf chemotakti-
schem Weg zu dieser hingeführt worden. Experimentelle Untersuchungen, die

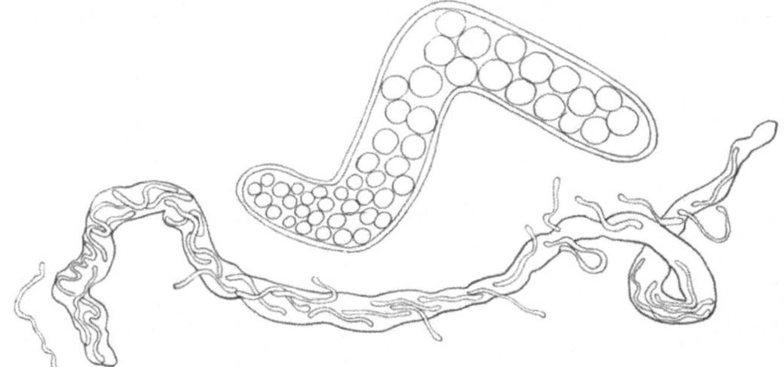

Abb. 117. *Sporocysten*. Oberes Tier auf einem sehr frühen Stadium mit Jungen gefüllt. Untere Abbildung:
Ein sehr alter Muttersporocyst (zirka 1 cm lang), mit fertigen Tochtersporocysten gefüllt, die sich überall durch
die Wand des Muttertieres durchbohren. (W.-L. 1934.)

in anderen Gebieten angestellt worden sind, scheinen am ehesten die zweite Vermutung zu stützen; anderseits haben besonders mit dem Leberegel durchgeführte
Untersuchungen gezeigt, daß dieser Saugwurm, der über große Teile der Erde
verbreitet ist, und bei uns in Europa nur in einer Schnecke, *Limnaea truncatula*,
seine Entwicklung durchzuführen imstande zu sein scheint, in anderen Weltteilen in einigen anderen Schneckenarten leben kann, aber immer nur in Lungenschnecken und weitaus am häufigsten in *Limnaea*-Arten.

Hat die kleine Larve, die Miracidie, die richtige Schnecke gefunden, dann
bohrt sie sich ein und wirft das Wimperkleid ab. Sie bildet sich nun in den
allermeisten bekannten Fällen in ein sackförmiges Gebilde um, die sog. *Sporocyste* (Abb. 117). Diese wird zumeist eng an den Darmkanal angepreßt in seinem
unteren Teil, in anderen oben im schneckenförmigen Eingeweidesack, in der
Leber oder der Geschlechtsdrüse gefunden. In diesem Sack entstehen nun Anlagen zu neuen Individuen, worauf die Entwicklung auf einem der zwei Wege
weiter vor sich gehen kann: entweder bilden diese Individuen sich wieder zu
Keimsäcken, Sporocysten, aus oder aber zu Individuen, die man als *Redien* bezeichnet. Wir kennen Fälle, wo aus Miracidien direkt Redien hervorgehen, aber
das ist selten. Die Entwicklung der Sporocysten zu Redien und die Entwicklung
allein durch eine Reihe von Sporocysten-Generationen und ohne ein Redien-
Stadium ist jede für sich an die verschiedenen Familien geknüpft, aber in beiden
Fällen ist das Schlußresultat immer das gleiche; früher oder später bringen beide
Stadien in ihrem Innern das nächste Stadium hervor, das man als *Cercarie* bezeichnet. Warum diese Cercarien-Entwicklung in einigen Fällen in Sporocysten,
in anderen in Redien stattfindet, das wissen wir nicht; wir können gegenwärtig

nichts anderes als auf die großen Unterschiede in Bau und Lebensweise dieser beiden Stadien hinweisen.

Die Redien (Abb. 118) besitzen allem voran eine größere Beweglichkeit als die Sporocysten; ihre Muskulatur ist besser entwickelt; hinten an den Seiten finden sich ferner zwei flügelartige Auswüchse, die durch Blutdruck vorgestoßen und wieder eingezogen werden können. Mit Hilfe dieser können sich die Redien nach vorne und hinten verschieben. Die Sporocysten sind entweder an dem Platz, wo sie ursprünglich sich befestigt haben, verankert oder können nur passiv

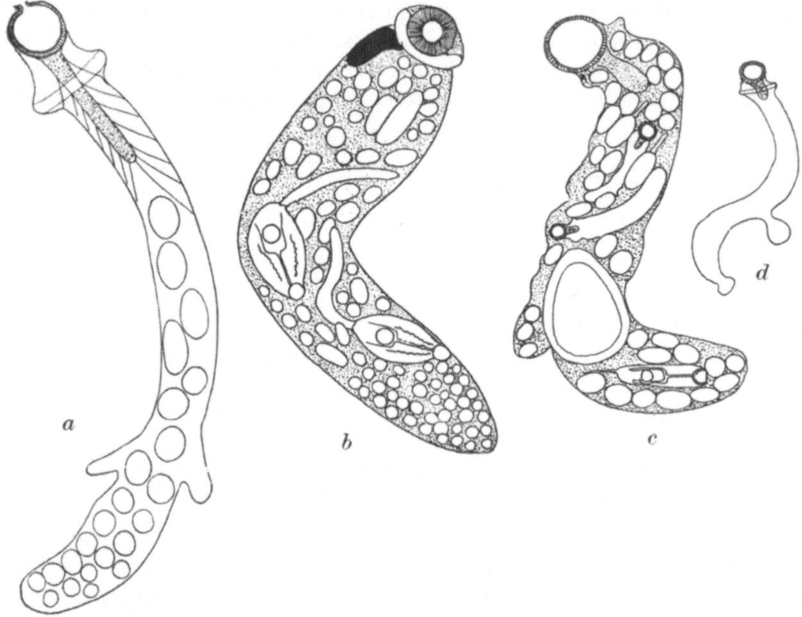

Abb. 118. *Redien.* Man beachte den Saugnapf und hinter ihm die kragenförmige Bildung; kurzer Darm und hinten fußförmige Fortsätze. *a* eine *Redie* mit frühen Jungen gefüllt; *b* gleichfalls, aber zudem zwei fast fertig entwickelte Cercarien; *c* eine *Redie,* die außer frühen Jungen noch *Redien* und eine *Cercarie* (unten) beherbergt sowie einen Tetracotylus (das große, weiße Gebilde); dieser gehört zu einer anderen Art, die sich in die *Redie* eingebohrt hat und nun darin parasitiert; *d* eine sehr schlanke *Redie* mit sehr deutlichen Fußfortsätzen. (W.-L. 1934.)

mit der Blutströmung befördert werden. Die Redien dagegen besitzen aktive Beweglichkeiten.

Die Nahrungsaufnahme der Sporocysten geht einzig und allein durch die Haut vor sich; von der Blutflüssigkeit des Wirtes umgeben, geht ein ständiger Strom von Nahrungsflüssigkeit durch die Haut. Gleichzeitig geben die Sporocysten durch das Nierensystem die Exkretstoffe an den Wirt ab. Die Redien dagegen sind mit einer Mundöffnung ausgestattet, die sich am Grund ihres großen Saugnapfes befindet, welcher teils als Festheftungsapparat, teils als Beißapparat dient. Weiter besitzen sie einen Darm, der sehr verschieden ausgebildet sein kann. Man findet oft Redien in der Leber der Schnecken, die einen großen Klumpen Lebermasse mit ihrem Saugnapf angesaugt haben und deren Darm erfüllt ist mit halbverdauter, schwarzbrauner Lebermasse. Das Exkretionsorgan ist gewöhnlich besser entwickelt als bei den Sporocysten. Die Exkretstoffe der Schmarotzer bewirken, daß sich verschiedene Organe des Wirtes schwarz verfärben.

Manche Sporocysten haben die Fähigkeit, sich zu verzweigen, und überdies ist ein großer Teil imstande, sich durch Teilung auf ungeschlechtlichem Weg zu vermehren. Es werden Stücke abgeschnürt, und diese werden mit der Blutflüssigkeit überallhin durch den Körper verschleppt. Im Verlaufe einer unglaublich kurzen Zeit, nach einigen wenigen Wochen, sind von den Teilstücken, die auf eine einzige Miracidien-Larve zurückgehen, alle Organe der Schnecke oder Muschel überschwemmt und überflutet (Abb. 174). Bald sind die abgeschnürten Stücke lange Fäden, bald so kurz, daß sie ebenso dick wie lang sind. Den Redien kommt dagegen niemals ein Teilungsvermögen zu.

Zwischen Sporocyste und Redie besteht ferner der Unterschied, daß die Jungen bei den ersteren frei werden, indem die Wand des Muttertieres irgendwo zu bersten kommt und bei der Redie dadurch, daß sich eine besondere Pore auftut jedesmal, wenn eine Larve ins Freie soll. Weiters besteht der große Unterschied, daß eine Sporocyste unglaubliche Mengen von Jungen enthalten kann, die dichter zusammengestaut liegen als Heringe in einem Faß. Eine Redie dagegen produziert immer nur eine recht begrenzte Zahl von Jungen. Eine Sporocyste kann, wie früher erwähnt, andere Sporocysten aus sich hervorgehen lassen und diese wieder eine neue Generation von Sporocysten, in einigen Fällen Redien, die wieder Redien produzieren können (Tochter-Sporocysten und Tochter-Redien), aber früher oder später wird, wie schon erwähnt, sowohl aus den Sporocysten als auch aus den Redien eine neue Larvenform hervorgehen, die Cercarie, die von den beiden früheren sehr verschieden ist.

Bevor wir dazu übergehen, eine Schilderung dieser merkwürdigen Geschöpfe zu geben, soweit wir sie durch die jüngsten Untersuchungen kennen gelernt haben, ist die Frage naheliegend: Was hat doch diese komplizierte Entwicklung zu bedeuten, eine Entwicklung, die Menschenalter in Anspruch genommen hat, um bis zu dem Punkt aufgeklärt zu werden, den wir gegenwärtig erreicht haben, und die immer noch mannigfaltige, ungelöste Rätsel birgt? Die Antwort ist einfach und lautet: Die Schnecke oder Muschel, in die sich

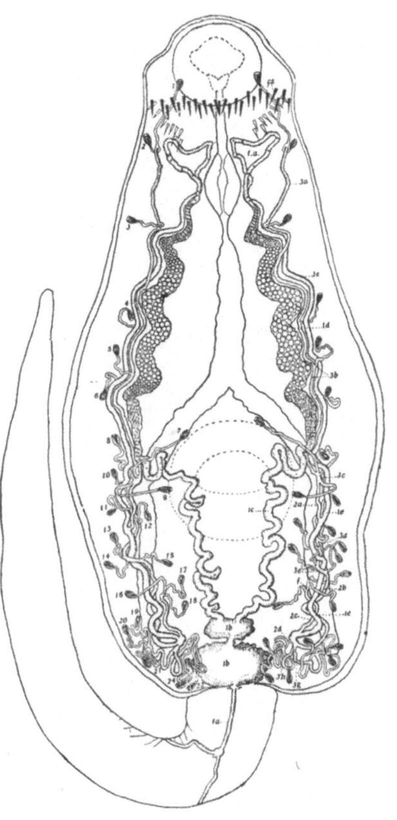

Abb. 119. Echinostome Cercarie, zu *Echinostoma revolutum* FRÖL. gehörig. Beachte vorne den Dornenkranz, die beiden Saugnäpfe und den gegabelten Darm. Die Abbildung soll das außerordentlich kompliziert gebaute Exkretionssystem mit den zwei vorderen Schlingen, den zahlreichen Wimperflammen, den hinteren Sammelkanälen, der geteilten Harnblase und den beiden Ausführungsgängen im vorderen Schwanzabschnitt zeigen. Zirka 200×. (JOHNSON 1920.)

einmal eine kleine Miracidien-Larve eingebohrt hat, würde, wenn diese komplizierte Entwicklung nicht stattgefunden hätte, im besten Fall nicht mehr als einen einzigen, voll entwickelten, geschlechtsreifen Eingeweidewurm geliefert haben. Nun gehen aber aus dieser einen Larve in den meisten Fällen zumindestens viele Hunderte, in manchen viele Hunderttausende Cercarien hervor. Verfolgen wir das weitere Schicksal dieser Cercarien, so werden wir verstehen, daß die Art, damit aus dieser einzelnen kleinen Miracidium-Larve auch bloß ein einziges geschlechtsreifes Individuum hervorgehen könne, mit enormen Verlusten rechnen muß. Selbst wenn ein Miracidium-Individuum auf dem Weg über Sporocysten und Redien, den

Ursprung für Hunderttausende von Cercarien gibt, ist es immer noch eine Frage,
ob auch nur ganz wenige von diesen Hunderttausenden wirklich das geschlechtsreife Stadium erreichen werden. Darüber wissen wir allerdings nichts Genaues,
aber wir müssen als höchst wahrscheinlich annehmen, daß für jedes einzelne Tier,
das seinen Wirt endlich erreicht, Tausende und Abertausende zugrunde gehen

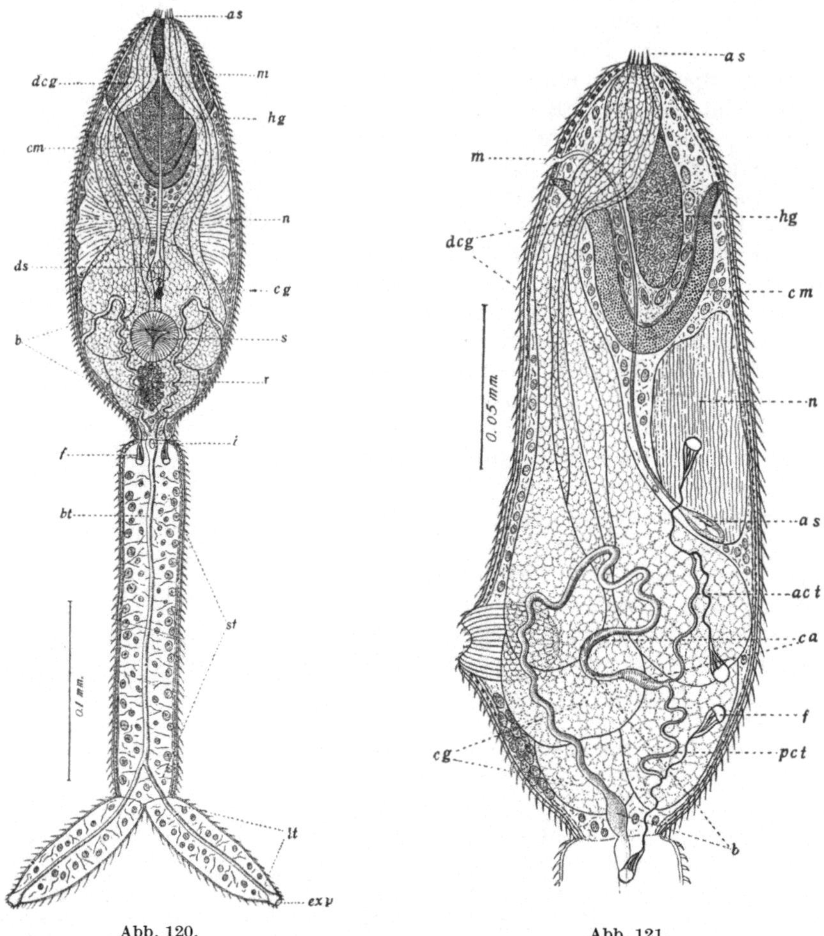

Abb. 120.   Abb. 121.

Abb. 120. Cercarie von *Schistosoma japonicum* KATSURADA. Eine jener Cercarien, die Bilharziose erzeugt.
bt Harnblase im Fuß; *f* Wimperflammen; *b* Haut; *ds* rudimentärer Darm; *cm* Muskulatur; *dcg* Ausführungsgang der Giftdrüsen; *as* Bohrapparat; *m* Mund; *hg* Drüsen; *n* Nervensystem; *cg* Giftdrüsen; *s* Saugnapf; *r* Anlage
der Geschlechtsorgane; *st* Schwanz; *lt* Schwanzblätter; *exp* Exkretionsporus. (CORT 1919.)

Abb. 121. Körper, vergrößert, von der Seite gesehen. Die gleichen Bezeichnungen wie in Abb. 120. Außerdem
as Darm; *act, pct* Teile des Exkretionsapparates; *ca* bewimperte Teile desselben. (CORT 1919.)

müssen. Man pflegt in Fällen wie diesen, von der unendlichen Verschwendung
der Natur zu sprechen. Für eine flüchtige Betrachtung mag diese Auffassung
vielleicht richtig erscheinen, aber da es sich hier um eines der allerwichtigsten
Prinzipien in der Natur, um die Aufrechterhaltung der bestehenden Arten handelt,
und da diese vielleicht auf keine andere Weise erreicht werden kann, so haben
wir hier eigentlich nicht ein Verschwendungsprinzip vor uns, sondern viel eher
ein nüchternes Berechnungsprinzip, dessen Ziel es ist, selbst unter den größten
Wechselfällen des Lebens die Aufrechterhaltung der Art zu sichern.

Während man innerhalb der verschiedenen Trematoden-Gruppen gewöhnlich die Sporocysten und die Redien nicht unterscheiden kann, sind die verschiedenen Typen von Cercarien fast immer ganz bestimmten Trematodenformen zugehörig, ja was mehr ist: in nicht wenigen Fällen sind die Cercarien in ebenso hohem Grad artcharakteristisch wie die geschlechtsreifen Tiere, so daß es möglich ist, bestimmte Cercarien bestimmten Arten zuzuteilen.

Während die Art im Sporocystenstadium nicht selten eine Länge bis zu 1 cm erreicht und die Redien doch immerhin Größen von 2 bis 3 mm, sind die Cercarien fast niemals größer als 1 mm. Um ihren Bau zu studieren, wählen wir eine Form der sog. gymnocephalen Cercarien, zu denen auch die Cercarien des Leberegels gehören (s. Tafel 5).

Wir sehen, daß das Tier (Abb. 119) aus zwei Teilen besteht, einem Körper und einem Schwanz. Der Körper besitzt zwei Saugnäpfe, Mund- und Bauchsaugnapf, der Mundsaugnapf setzt sich in ein Darmrohr fort, das vorne mit einem Schlund ausgestattet ist und sich hinten in zwei Äste gabelt, die den Bauchsaugnapf umfassen. Am Darmrohr entlang liegt oft eine Reihe großer, einzelliger Drüsen, Speicheldrüsen, vielleicht Giftdrüsen, die am stärksten bei allen jenen Cercarien entwickelt sind, die mit einem Stachel ausgestattet sind. Der Darmkanal funktioniert nicht im Cercarien-Stadium, jedenfalls nicht, solange die Larve freischwimmend ist. Hinten in der Nähe des Ursprungs des Schwanzes befindet sich eine kontraktile Blase, die sich in regelmäßigen Zeitabständen füllt und entleert. Von hier nach vorne ziehen zwei weite Kanäle, die mit Tropfen einer klaren Flüssigkeit erfüllt sind und die vorne sich zurückbiegen, gegen die kontraktile Blase hin. Sieht man näher zu, so bemerkt man im Körper des Tieres kleine Bänder, die in steter, wellenförmiger Bewegung sich befinden. Sie stehen durch äußerst feine Röhrchen mit den oben genannten Kanälen in Verbindung. Dies ist das Exkretionsorgan (Abb. 119 bis 121), aber es spielt eine ebenso große Rolle bei der Regulierung des Drucks im Organismus. Durch die Wimperflammen wird die in die Haarkanäle sezernierte Exkretflüssigkeit in Bewegung gesetzt und zur kontraktilen Blase befördert, die sich in regelmäßigen Zwischenräumen entleert.

Der ganze Körper ist mit einzelligen Drüsen erfüllt (Tafel 5, Fig. 3), deren Sekret wahrscheinlich durch die Haut abgegeben wird. Sie sind bei allen jenen Larven stark entwickelt, die sich später encystieren werden. Aus diesem Sekret werden die Cystenwände aufgebaut, von denen später die Rede sein wird. Der Körper endet hinten mit einem kräftigen Schwanz, der sowohl mit Längs- als auch mit Quermuskeln ausgestattet ist.

Neuere Untersuchungen haben nun gezeigt, daß diese Cercarien innerhalb der verschiedenen Trematoden-Gruppen sehr verschieden aussehen können. Ihr Bau ist durch zwei Umstände bedingt. Erstens sind die Cercarien freischwimmende Organismen, die sich mit großer Schnelligkeit durch das Wasser fortbewegen. Das Süßwasser bietet seinen Lebewesen keine einheitlichen Bedingungen; die einen kommen in der Uferregion zwischen Pflanzenwuchs usw. vor, die anderen draußen in den freien Wassermassen der Seen und Teiche. Diese verschiedenartigen Verhältnisse erfordern mannigfache Umbildungen von Organen und mannigfache Funktionen. Zweitens ist es allen Cercarien gemeinsam, daß sie sich früher oder später einen neuen Wirt suchen müssen, der entweder der Schlußwirt ist, in dem das Tier geschlechtsreif wird, oder in dem es sich nach dem Einbohren mit einer dicken Wand umgibt, hinter der es wartet, bis dieser Wirt, den man in diesem Fall Transportwirt nennt, vom schließlichen Endwirt verspeist wird, in dessen Darm dann die Geschlechtsreife erreicht wird.

Alle diese Wirte sind nun sehr verschieden gebaut; es ist ein großer Unterschied zwischen dem Chitin eines Gliedertieres, der weichen Haut einer Schnecke, der schleimigen Haut eines Fisches und seiner dünnhäutigen Kiemen, der Haut eines Vogels und Säugetieres usw. Die Cercarien, die sich durch das Chitin eines Gliedertieres durchbohren müssen, können nicht gebaut sein wie diejenigen, die sich in Schneckenhaut einbohren werden. Zahlreiche Cercarien müssen weiter, um geschlechtsreif zu werden, in den Darmkanal der großen Wiederkäuer eindringen, diejenigen des Leberegels in das Schaf, also in ein Tier, das das Wasser nur zum Trinken aufsucht. Diese Cercarien hätten, wenn sie nur durch die Haut eindringen könnten, wenn das Wirttier trinkt, sehr wenig Chancen, um ihren endgültigen Bestimmungsort zu erreichen. Diese Formen bohren sich nicht ein; sie kapseln sich an den Futterpflanzen der Wiederkäuer ein und kommen auf diese Weise in den Darm. Es ist deshalb unter diesen sehr verschiedenartigen Verhältnissen sehr natürlich, daß die Cercarien mit Hinsicht auf ihren Bau sehr verschiedenartig gestaltet sind.

Weder als Sporocysten noch als Redien und eigentlich auch nicht als geschlechtsreife Formen zeigen diese mehrere Tausende von Arten größere Verschiedenheit. Die Form der letztgenannten ist überall einigermaßen die gleiche, wenn auch die Darmparasiten sehr verschieden sind von denjenigen, die in der Blutflüssigkeit innerhalb der Gefäße leben. Es sind einige Unterschiede vorhanden in der Anzahl der Saugnäpfe, in bezug auf deren Platz und deren gegenseitiges Größenverhältnis, aber im großen und ganzen beziehen sich die Verschiedenheiten vor allem auf den Bau der Geschlechtsorgane.

Dagegen weichen die Formen im Cercarien-Stadium in sehr hohem Grad voneinander ab; in diesem Stadium treten nämlich eine ganze Anzahl larvale Organe auf, typisch für die Gruppe, der die betreffende Art angehört. Wir wollen im folgenden einige der wichtigsten dieser Organe aufzählen. Am meisten in die Augen fallend ist der Schwanz, der den geschlechtsreifen Formen immer fehlt. Er ist bei allen jenen Formen, die innerhalb der Uferregion und zwischen dem Pflanzenwuchs leben, ein mehr oder weniger kräftiges Schwimmorgan, das bewirkt, daß das Tier, ohne bestimmten Bahnen zu folgen, durch das Wasser herumwirbelt. Bei denjenigen Formen, die draußen in den freien Wassermassen ein pelagisches Leben führen, ist er dagegen ein Schwebeapparat; der Schwanz ist hier mit zwei beweglichen Schwanzblättern ausgestattet (Tafel 5, Fig. 1, 7 u. 10; Abb. 120, 133), die als Balancestangen wirken und die Sinkgeschwindigkeit herabsetzen. Bei wieder anderen ist der Schwanz ein Festheftungsorgan, mit dem die Tiere sich festsetzen, in der Regel an demjenigen Wirt, in dem sie

---

Tafel 5. Trematodenlarven.

Nat. Gr.: Alle unter 1 mm.

Fig. 1. *Cercaria Bilharziellae polonicae* SZIDAT. Furcocercarie aus *Planorbis corneus*, Hörsholm Schloßteich, 5. 7. 31. Fig. 2. *Cercaria ocellata* LA VALETTE DE ST. GEORGE. Furcocercarie aus *Limnaea stagnalis*. Hörsholm Schloßteich, 2. 7. 32; nur der Körper, Schwanz fortgelassen, der Körper stark gekrümmt, in der Stellung, in der die Cercarie sich „einsticht", d. h. sich in die Haut einbohrt, wobei sie gleichzeitig Material aus den mächtigen Drüsen abgibt, die bei dieser und der vorhergehenden Form den größten Teil des Körpers füllen. Fig. 3. *Cercaria affinis* W.-L. Eine echinostome Cercarie aus *Limnaea auricularia*. Susaa, 2. 6. 31. Beachte die starke Entwicklung der cystogenen Zellen, die nur links im Körper gezeichnet sind. Fig. 4. *Cercaria Pagenstecheri* SSIN. Eine Macrocercarie aus *Sphaerium corneum*, s. Textabbildung. Die Cercarie selbst sitzt zuoberst in ihrem Gehäuse. Vejenbröd-Teich, Hilleröd, 2. 6. 31. Fig. 5. *Cercaria micrura* FIL. Eine Microcercarie aus *Bithynia tentaculata*. Esromsee, 27. 9. 31. Fig. 6. *Cercaria diplocotylea* FIL. Eine amphistome Cercarie aus *Planorbis umbilicatus*. Regnstrup Sorö, 14. 8. 32. Fig. 7. *Cercaria splendens* SZIDÁT. Eine Cystocercarie aus dem Plancton des Furesees, Juli 1910. Fig. 8. *Cercaria gracilis* W.-L. Eine xiphidoide Cercarie aus *Planorbis corneus*, Donse bei Hilleröd, 6. 11. 32. Fig. 9. *Cercaria monostomi* v. LINST. Eine monostome Cercarie aus *Limnaea stagnalis*, Tjustrupsee, 15. 5. 31. Fig. 10. *Furcocercaria Nr. 4* PETERSEN. Eine Furcocercarie aus *Bithynia tentaculata*, Furesee, 19. 9. 31. Fig. 11. *Cercariaeum Petersen 1.* Ein *Cercariaeum* aus *Limnaea ovata*, Torkeris-Teich, Hilleröd. 15. 5. 31. W.-L. 1934.

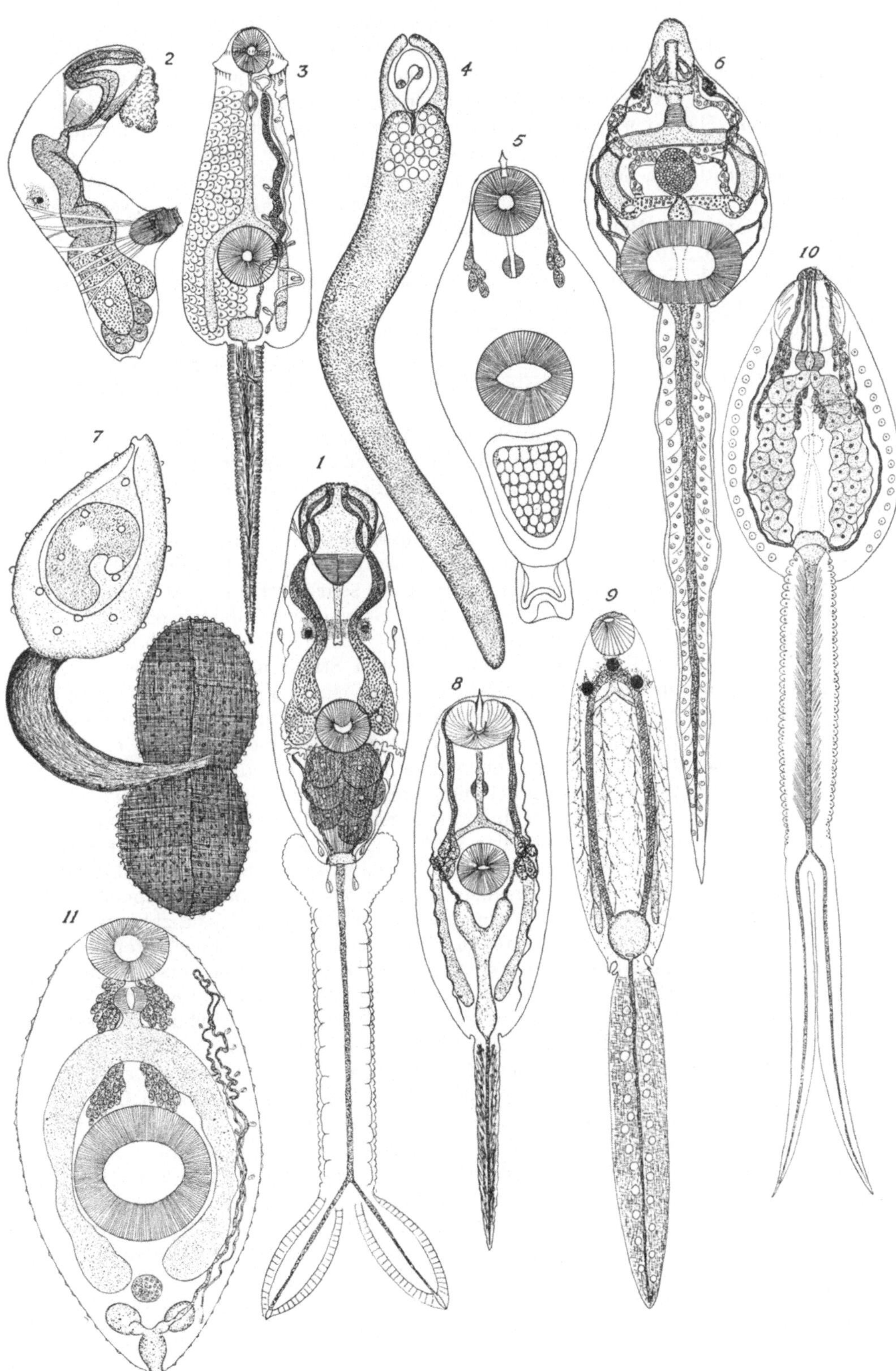

sich entwickelt haben. Besonders diejenigen Cercarien, die in die Haut von Gliedertieren (Mückenlarven usw.) eindringen sollen, haben vorne einen dolchähnlichen Stachel, der ein Loch in das Chitin sägt oder sticht, worauf die Cercarien, indem sie den Schwanz abwerfen, in das Innere des Tieres schlüpfen. Diese Formen, ebenso wie andere, sind mit Drüsen ausgestattet, die allgemein als Giftdrüsen aufgefaßt werden (Tafel 5, Fig. 8). Bei denjenigen Formen, die in die Haut badender Menschen und Tiere eindringen, sind Einbohrapparate anderen Baues sowie mächtig entwickelte Giftdrüsen vorhanden, und zwar zwei Sorten verschiedenen Baues, die auch auf verschiedene Weise wirken (Tafel 5, Fig. 1 u. 2; Abb. 120 u. 121).

Als freilebende Organismen sind die Cercarien auch mit Sinnesorganen ausgestattet; einige haben Augen, aber diese sind von sehr einfacher Bauweise. Dann haben viele Planctonorganismen besondere Flossenfalten, Hautfalten, glockenförmige Gehäuse, alles Bauverhältnisse, die dazu beitragen, die Sinkgeschwindigkeit herabzusetzen (Abb. 132 bis 134 u. 186). Viele sind zugleich wasserklar.

Als larvale Organe müssen auch bezeichnet werden die großen, traubenförmigen Büschel und Massen von einzelligen Drüsen, die oft große Teile des Larvenkörpers erfüllen. Diese Drüsen sondern diejenigen Sekrete ab, aus denen die Wände der Dauerkapseln gebildet werden.

Alle diese Organe und noch andere sind ausschließlich bei den Cercarien ausgebildet. Man findet sie weder bei den Sporocysten noch bei den Redien noch auch bei den geschlechtsreifen Tieren. Es ist doch ein sehr merkwürdiges Verhalten, daß Organismen in bestimmten Stadien ihrer Entwicklung und zu einem ganz bestimmten Zeitpunkt eine ganze Reihe hochentwickelter Organe ausbilden, die sich weder in einem früheren noch auch späteren Stadium wiederfinden. Aber das Merkwürdigste und eigentlich Unfaßbare dabei ist, daß diese Cercarien keine längere Lebensdauer besitzen als höchstens zweimal 24 Stunden, viele eine weit kürzere. Die normale Dauer des *Cercaria*-Stadiums gewisser Gruppen beträgt nicht über wenige Stunden, ja sogar nur einige Minuten. Für diesen außerordentlich kurzen Zeitraum sind die Arten befähigt, sich Organe auszubilden, Werkzeuge, wenn man will, die nur für einen unendlich geringen Bruchteil des gesamten Lebens der Art Bedeutung haben, das sich in manchen Fällen über Jahre erstrecken kann. Wir treffen auf die gleichen Verhältnisse an anderen Stellen des Tierreiches, z. B. bei den scherenförmigen Kiefern der Trichopteren-Puppen, die nur zum Öffnen der Puppenhülle Verwendung finden, bei den Eizähnen, die bei verschiedenen Formen die Eischale zu durchbrechen haben (Vögel, Reptilien, gewisse Insekten). Besonders in den Fällen, wo das Leben sich in so verschiedenen, aufeinanderfolgenden Formen wie denen der Sporocysten, Redien, Cercarien und des entwickelten Tieres abspielt, ist es vom Standpunkt der Vererbung aus sehr schwer zu fassen, wie in den kleinen Miracidien sich Anlagen zu einer langen Reihe von Organen vorfinden können, die das Miracidium selbst zu gebrauchen niemals in die Lage kommt, die aber zur rechten Zeit und am rechten Ort zur Ausbildung gelangen, um gleich wieder zu verschwinden, nachdem sie nur für Minuten im jahrelangen Leben des Organismus Verwendung gefunden haben. Selbstverständlich kann man die gleiche Überlegung überall, bei allen jenen Tieren anstellen, die eine vollständige Verwandlung durchlaufen (wie z. B. bei vielen Insekten), aber infolge der außerordentlichen Kürze des Cercarienlebens verleiten uns, meiner Meinung nach, gerade diese Geschöpfe zu derartigen Betrachtungen.

Wenn hier so nachdrücklich hervorgehoben wird, daß das Leben der Cercarien so außerordentlich kurz währt, muß dazu doch bemerkt werden, daß dies in zahlreichen Fällen nur für die Cercarien als freilebende Organismen gilt. Jedermann, der mit von Trematoden infizierten Schnecken gearbeitet hat, wird wissen, daß infizierte Schnecken Monate hindurch daliegen, ohne Cercarien abzugeben; dies gilt insbesondere für das Winterhalbjahr. Nur selten überwintert ein Saugwurm im Cercarien-Stadium; wenn er in einem Larvenstadium überwintert, so ist das in der Regel das Sporocysten- oder Redien-Stadium. Zumeist sind die überwinternden Schnecken frei von Schmarotzern im Winter. Eine Neuinfektion kann dann im Frühjahr stattfinden. Von dieser Regel gibt es jedoch nicht wenige

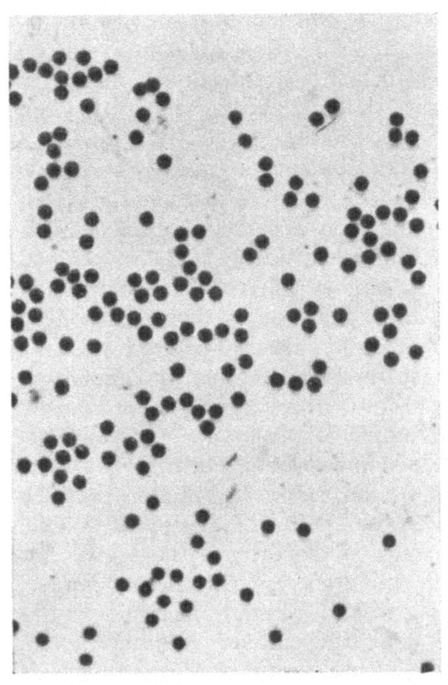 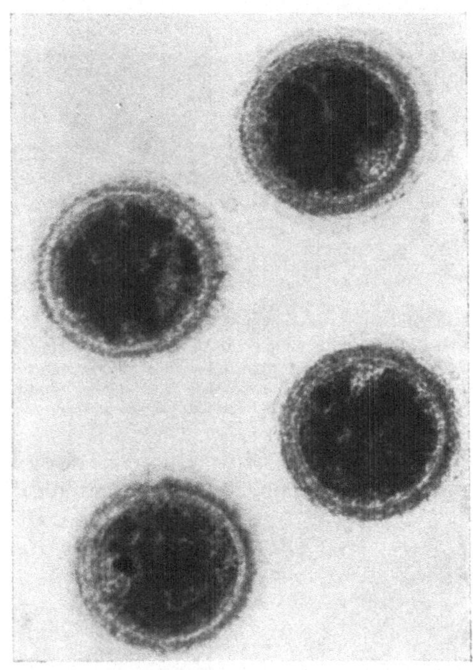

Abb. 122.   Abb. 123.

Abb. 122. Cysten von monostomen Cercarien; wenige Stunden, nachdem sie von der Schnecke ausgeworfen worden sind, setzen sie sich auf einem Objektträger fest, der im Gefäß an der Lichtseite sich befindet. Ein Teil des Objektträgers mit den Cysten ist hier photographiert. (W.-L. 1936; BERG phot.)

Abb. 123. Cysten von Abb. 122 stärker vergrößert. (W.-L. 1936; BERG phot.)

Ausnahmen. Man kann nämlich auch im Winter in den Schnecken Redien finden, welche in sich voll entwickelte Cercarien tragen. Namentlich in Sporocysten können große Mengen von Cercarien aufmagaziniert sein, die plötzlich, besonders bei hohem Barometerstand, hellem Sonnenschein und windstillem Wetter, aus den Schnecken hervorbrechen. Bei gewissen Gruppen verlassen die Cercarien frühzeitig die Redien und gelangen erst zu voller Entwicklung nach einem längeren Aufenthalt im Eingeweidesack der Schnecken, vor allem in der Leber und den Geschlechtsdrüsen. Sie ernähren sich während dieser Zeit wahrscheinlich durch die Haut. Alle die früher genannten Organe spielen für die Larve keine Rolle, solange sie ihr Schmarotzerleben in den Schnecken führt.

Cercarien, die frei im Wasser schwimmen, haben also nur höchstens ein paar Tage Zeit, um in den nächsten Wirt zu gelangen. Hier scheint die allgemeine Regel zu herrschen, daß die Miracidien Vorliebe für bestimmte Arten, Cercarien überwiegend für bestimmte Tiergruppen, wie Schnecken, Insektenlarven, Fische und Frösche, warmblütige Tiere aufweisen; in diesem Fall jedoch so, daß Vögel und Säugetiere selten wahllos befallen werden. Den Cercarien steht also weit mehr zur Wahl als den Miracidien. Was es bewirkt, daß Miracidien und Cercarien hinfinden, wohin sie gehören, darüber wissen wir nur wenig; wir wissen nur, daß eine ganze Anzahl in unrichtige Wirte gelangt, z. B. *Cercaria ocellata* in den Menschen, und hier gehen sie zugrunde, und daß andere, die es gleichfalls schlecht treffen, wohl geschlechtsreif werden, aber dann nur zu Zwergformen sich ausbilden. Man vermutet, daß die Wirte die Miracidien und Cercarien chemotaktisch anziehen und daß Schneckenschleim und ausgeschiedene Exkretstoffe, bei gewissen Formen auch Wärme, einen anziehenden Einfluß ausüben.

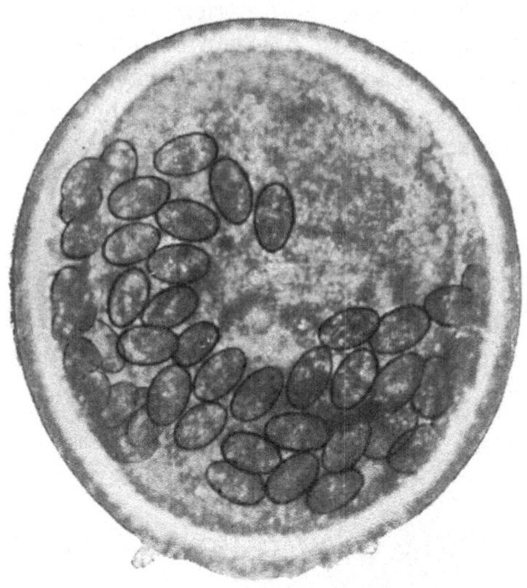

Abb. 124. Cyste, einem Süßwasseramphipoden, *Gammarus pulex*, entnommen. Die Cyste enthält einen geschlechtsreifen Saugwurm, der in der Cyste zwischen sich und deren Wand eine Menge Eier abgelegt hat. (Progenetische Entwicklung.) (W.-L. 1935.)

Es gibt Formen, die als Cercarien sich direkt in den Endwirt einbohren und in diesem geschlechtsreif werden; das ist der Fall bei allen Blutparasiten. Der weitaus überwiegende Teil dagegen und möglicherweise alle übrigen Cercarien, außer den Blutparasiten, haben noch einen weiten Weg vor sich, bevor sie den Wirt erreichen, in dem sie geschlechtsreif werden sollen. Sie bilden nämlich Dauerstadien, die sog. Cysten (Abb. 122 bis 127), wo sie, nachdem sie den Schwanz abgeworfen haben, sich zusammenrollen und sich mit einer chitinartigen Kapsel umgeben, in der sie liegen und warten, bis diese Cyste früher oder später von dem Endwirt aufgenommen wird. Dies geschieht in der Regel nur, wenn der Transportwirt vom Endwirt aufgefressen wird. Das Material für die Cystenwand wird von den bereits früher erwähnten Drüsen geliefert und, wenigstens in gewissen Fällen, durch die Körperwand ausgeschieden. Näheres hierüber weiß man nicht (WUNDER 1923, BOVIEN 1931). Gewisse Gruppen, in erster Linie diejenigen Cercarien, die nur einen Saugnapf besitzen, die sog. *Monostomata* (Tafel 5, Fig. 9), und außerdem diejenigen Gruppen von Cercarien, zu denen der Leberegel gehört *(Gymnocephala)*, kapseln sich an freiliegenden, leblosen Gegenständen, an Schneckenschalen, Blättern, an Früchten von Wasserpflanzen, an Gras, wenn das Wasser überschwemmter Wiesen eintrocknet, ein (Leberegel). Hält man in kleinen Aquarien eine unserer großen Teller- oder Sumpfschnecken *(Planorbis* oder *Limnaea)*, so kann man an ihnen, besonders an sonnenheißen Sommertagen zur Vormittagszeit, oft zahlreiche, kleine, weiße Geschöpfe sehen, nicht größer als 1 mm,

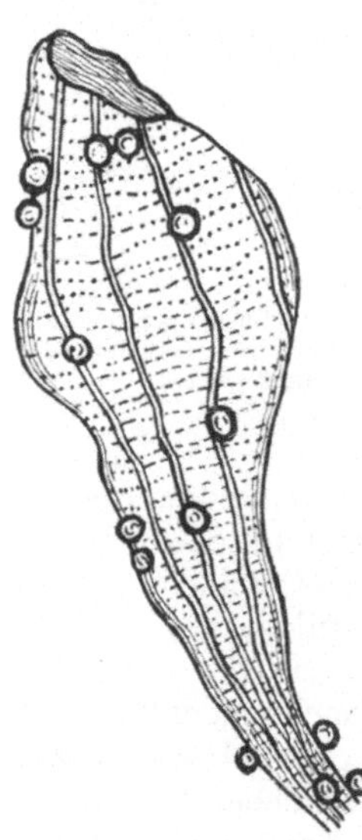

Abb. 125. Cysten am Darm eines *Dytiscus marginalis*. 25×. (HOLLANDE 1920.)

wovon der Schwanz die Hälfte beträgt. Mit der Lupe kann man beobachten, wie sie aus der Schnecke herauskriechen. Steht das Glas am Fenster, so sieht man sie sich sozusagen sofort gegen die am stärksten beleuchtete Stelle stürzen. Wenige Minuten später sieht man sie mit dem Vorderende am Glas befestigt. Aus dem ganzen Körper des Tieres werden nun von den früher genannten Drüsenzellen Gallertmassen ausgeschieden. Indem die Larve sich ständig um ihre eigene

Achse dreht und indem sie sich mehr und mehr zusammenzieht, entsteht eine flache, uhrglasförmige Kapsel aus dünnem Chitin (Abb. 122 u. 123). Innerhalb dieser verharrt die Larve noch längere Zeit in rotierender Bewegung und gibt weiteres Material für die Kapsel ab. Vor der Einkapselung ist der Schwanz abgeschnürt und abgeworfen

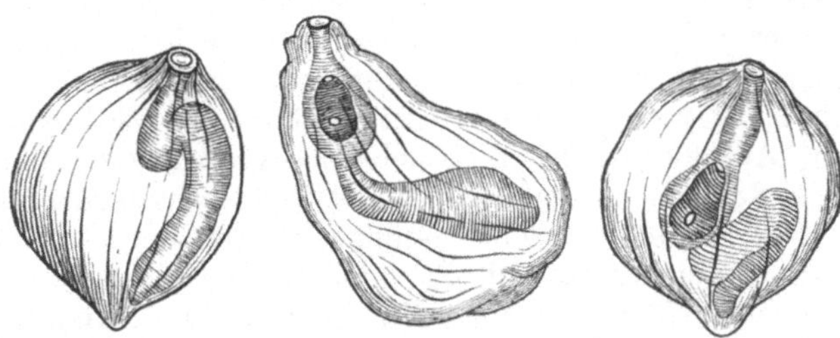

Abb. 126. *Cercaria duplicata*. Die Entwicklung erfolgt in Teichmuscheln. Vom Schwanz aus wird eine eigenartige Cyste gebildet, welche mit dem Atemwasser ausgestoßen wird und welche später auf dem Seeboden liegt oder über ihn hingerollt wird. Die weitere Entwicklung unbekannt. 25×. (WUNDER 1924.)

worden. Das freilebende Stadium zählt in einem solchen Fall nur nach Minuten und die Schläge, die der Schwanz ausführt, sind nicht zahlreicher, als notwendig ist, damit das Tier von der Schnecke zur Glaswand gelangt. Im Verlaufe der Vormittagsstunden hat die Schnecke viele hundert Larven abgegeben. Bis gegen

Mittag findet sich keine im Wasser mehr vor, sie sitzen nun in einem langen Streifen an der Lichtseite des Glases in ihren Kapseln. Noch zwei Monate später findet man die Tiere lebend in den Kapseln. Die Larve des Leberegels benimmt sich ungefähr in gleicher Weise. Mit dem schlecht getrockneten Heu gelangen Millionen von Leberegel-Cysten in die Scheune und von hier in den Darmkanal des Schafes und des Rindes. Manche der großen Trematodenformen, die im Darmkanal der großen wild lebenden Wiederkäuer und Dickhäuter leben, verhalten sich wahr-

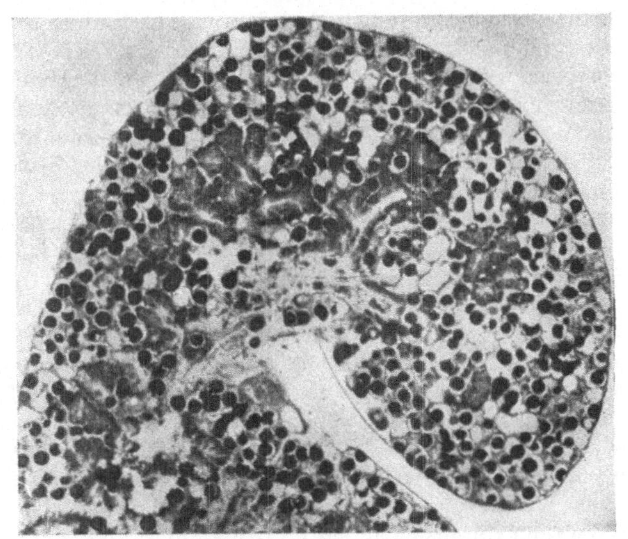

Abb. 127. Schnitt durch den Eingeweidesack einer Schnecke *(Planorbis umbilicatus)*. Das Gewebe ist beinahe zerstört. Der Eingeweidesack enthält fast nur Cysten. (W.-L. 1934.)

scheinlich auf die gleiche Weise. Die meisten von ihnen kennen wir gegenwärtig vorzugsweise aus den Tropen und von den zoologischen Gärten. Sie sind wahrscheinlich jetzt in Europa ausgerottet und mit ihren Wirten (den vorzeitlichen Herden des europäischen Wisent, des Auerochsen, Mammuts, des wollhaarigen Nashorns usw.) zugrunde gegangen. Die meisten derjenigen Formen, die sich im Freien encystieren, haben als Larven Augenflecke, Organe, die offenbar dazu dienen, den Weg der Larven gegen die Lichtquelle zu steuern.

Die Hauptmasse der Cercarien, die sich encystieren, kapselt sich jedoch in lebenden Geschöpfen ein. Hier begegnet uns eine außerordentliche Variation in den Lebensgewohnheiten. Eine große Gruppe, die sog. *Echinostomen* (Tafel 5, Fig. 3; Abb. 119 u. 148), die vor allem in Vögeln vorkommen, suchen merkwürdigerweise, nachdem sie als Cercarien die Schnecken verlassen haben, diese wieder auf. Auch deren Leben als Cercarien ist von äußerst kurzer Dauer. Sie schwimmen vielleicht einige Stunden herum, bohren sich dann aber wieder in die Haut von Schnecken ein; während des Einbohrens werfen sie den Schwanz ab. Alle diese Formen haben einen großen, dornenbesetzten Kragen, der kaum eine Rolle beim Einbohren spielt und deshalb nicht als Larvenorgan betrachtet werden kann. Er bleibt nämlich bei den voll entwickelten Tieren erhalten und dient ihnen als ein Mittel, womit sie sich im Darmkanal der Vögel festhalten können. Während sie sich in die Schnecke einbohren, stoßen die Cercarien oft auf Redien und Sporocysten, entweder auf solche der eigenen oder anderer Arten. Sie bohren sich durch diese durch und oft kommt es in diesen zur Encystierung. Man findet so Redien einer Art, die Cysten anderer Arten enthalten, eine Erscheinung, die einige Zeit brauchte, bis man sie verstand.

Man muß natürlich fragen, was für einen Nutzen das Cercarien-Stadium bei diesen Echinostomen besitzt. Wenn sie sich wieder in eine Schnecke einbohren, sofort nachdem sie eine solche verlassen haben, müßte man annehmen, daß sie das ebensogut hätten sein lassen können. Aber diese Auffassung ist ganz oberflächlich. Eine Schnecke kann im Verlaufe eines Sommers sehr wohl einige Tausend echinostome Cercarien abgeben. Würden sich diese in derjenigen Schnecke encystieren, in der sie aus den Redien ausgekrochen sind, so würden diese alle zugrunde gehen, wenn nicht gerade diese Schnecke von einem Vogel verspeist würde. Aber indem sie sich aus der Schnecke freimachen, die sie großgezogen hat, ist die Möglichkeit zur Infektion ebensovieler Schnecken gegeben, als Cercarien vorhanden sind. In pflanzenbewachsenen Kleinteichen finden sich oft Schnecken zu Tausenden; sie liegen Seite an Seite. Das Material an Cercarien aus einer Schnecke ist so imstande, Tausende von Schnecken zu infizieren, und so sind in diesem Fall die Chancen wesentlich größer dafür, daß die aus ihnen sich bildenden Cysten in einer oder der anderen Schnecke früher oder später in den Endwirt gelangen.

Es gibt eine andere Gruppe von Cercarien, die sog. *xiphidioiden Cercarien* (Tafel 5, Fig. 8), die mit einem Stachel und Giftapparat ausgerüstet sind. Sie encystieren sich vor allem in Larven von Wasserinsekten. Sie werden in Sporocysten ausgebildet, nicht zu Tausenden, sondern zu Zehntausenden. Sie stürzen zu gewissen Zeiten in solchen Mengen aus den Schnecken heraus und füllen das Wasser der Aquarien, daß es ganz trüb wird; sie sind es gewöhnlich, die milchweiße Wolken zwischen den Blättern in unseren pflanzenüberwucherten Kleinteichen bilden. Es gibt gewisse Mückenlarven, die *Corethra*-Larven, die außerordentlich durchsichtig sind. Bringt man eine solche in einen Schwarm solcher Cercarien, so sieht man, wie sich diese um die Larve scharen. Sie kriechen über die Oberfläche der Larve und suchen hier dünnhäutige Stellen auf. Sie richten sich auf und setzen den Stachel auf das Chitin, das durchbohrt und in Stücke gesägt wird. Hierauf gleitet die Larve durch die Haut und wenige Minuten später ist sie eingedrungen, worauf die Encystierung stattfindet. Mückenlarven, die in solche Schwärme geraten, beherbergen bald Hunderte von Cysten. Sie sterben unweigerlich und früher oder später die Cysten mit ihnen. Draußen in der Natur werden die Mückenlarven selten von mehr als einer oder doch nur wenigen Cercarien befallen. Das erträgt die Larve gut, und wenn sie später von einem Fisch erbeutet wird, werden manche Cercarien dieser Gruppe ihren Endwirt erreicht haben. Man findet solche encystierte Cercarien in einer Unzahl von niederen Süßwasserorganismen, ganz besonders von Insekten; bestimmte Formen in Libellenlarven. Sie können sich auch in Schnecken encystieren, aber das geschieht doch nur unter besonderen Umständen.

Es ist einleuchtend, daß die Parasiten einen sehr schädlichen Einfluß auf die Schnecke ausüben. Das Lebergewebe wird zerstört und die Zwitterdrüse wird mehr oder weniger stark zugrunde gerichtet. Die Ausführungsgänge schwellen auf oder schrumpfen ein. Das Resultat ist eine Kastration, jedenfalls solange die Schnecken die Parasiten tragen. Das führt auch verstärktes Wachstum und namentlich Anschwellung der letzten Windung herbei, eine Beobachtung, die ich oft gemacht habe; die Anschwellung ist dem verstärkten Wachstum der Leber zuzuschreiben

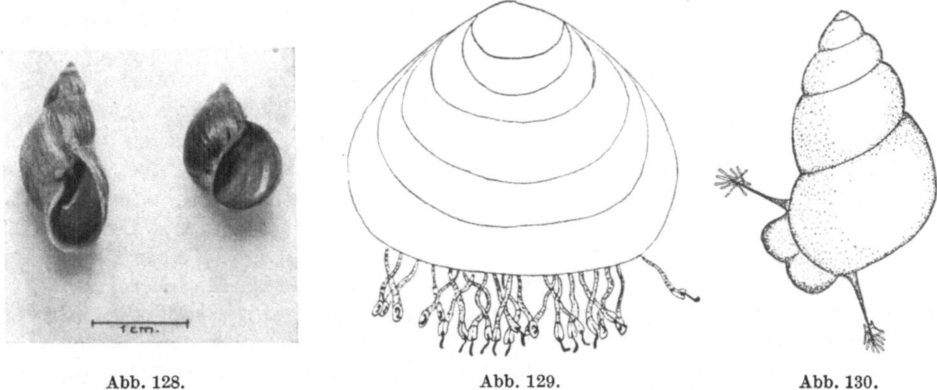

Abb. 128.   Abb. 129.   Abb. 130.

Abb. 128. *Limnaea ovata.* Links eine nicht infizierte Schnecke, rechts eine stark infizierte Schnecke; Anschwellung der letzten Windung. (BERG, Esromsee 1938.)

Abb. 129. Macrocercarien, die aus einer Kugelmuschel hervorgekommen sind und nun, sich schlängelnd, an der Schalenmündung sitzen. Vgl. Tafel 5, Fig. 4. (W.-L. 1934.) Zirka 10×.

Abb. 130. Eine Kiemenschnecke, *Bithynia tentaculata,* in der schwanzlose Cercarien sich entwickelt haben, die nun an den Fühlern der Schnecke herausgekommen sind, um von hier aus auf Wirte überzugehen, wenn solche vorbeikommen. (W.-L. 1934.) Zirka 10×.

(Abb. 128). Die Beobachtung wurde von ROTHSCHILD (1936) für infizierte Individuen von *Peringia ulvae* bestätigt. In manchen Fällen sterben die Schnecken. In vielen unserer Teiche sterben die alten Schnecken durch die Trematoden-Schmarotzer. Stirbt eine Schnecke zu dem Zeitpunkt, wo die Sporocysten voll von reifen Cercarien sind, dann gelangen die Cercarien nicht nach außen, sondern sie encystieren sich in der Schnecke und überstehen unter dem Schutz der Cystenwand den Verfaulungsprozeß der Schnecke. Sie werden von den Wellen aus den Schneckenschalen herausgespült und liegen dann frei im Schlamm an den flachen Seeufern. Viele dieser Formen sind in ihren Endstadien Vogelschmarotzer und erreichen ihren Bestimmungsort, wenn ein Vogel seinen Schnabel in den Schlamm einbohrt auf der Suche nach einem Wurm u. dgl.

Im Spätherbst findet zugleich eine Encystierung statt in frischen Schnecken. Man kann dann ganze Bereiche mit dicht nebeneinander liegenden Cysten finden. Zuzeiten besteht der ganze Eingeweidesack fast nur aus Cysten (Abb. 127). Ausnahmsweise kann man die seltene Erscheinung beobachten, daß die dortige Larve innerhalb einer solchen Cyste ihre Geschlechtsorgane ausbildet und den Raum zwischen sich und der Cystenwand mit ihren Eiern ausfüllt (progenetische Entwicklung; DOLLFUS 1927, 1932; WISNIEWSKI 1933). Namentlich im Krebse *Gammarus pulex* aus dem Esrom-Kanal habe ich solche Cysten gefunden, die übrigens auch von anderen beobachtet worden sind (Abb. 124).

Einrichtungen zum Einbohren finden sich auch bei den sog. *Macrocercarien* (Tafel 5, Fig. 4), einer bemerkenswerten Gruppe, die einige der größten Arten enthält. Gibt man die kleinen, bekannten Kugelmuscheln, *Sphaerium corneum*, in eine Schale, so sieht man nicht ganz selten nach Ablauf eines Tages, daß rund um die Muschelschalenöffnung mehr als 1 cm lange, weiße Fäden sitzen, die sich nach allen Richtungen krümmen (Abb. 129). Bei Betrachtung unter dem Mikroskop bemerkt man einen langen, muskulösen Schwanz, der in ständiger Bewegung sich befindet; am freien Ende des Schwanzes sieht man eine Glocke und in ihr eine schwanzlose Cercarie; diese kann sich in die Glocke zurückziehen und wieder an einem Faden aus ihr heraushängen. Nähert sich ein Wasserinsekt oder eine Schnecke, so macht sich die Cercarie frei. Der Schwanz verharrt noch einige Zeit in Bewegung, aber das Tier hat sich losgemacht und bohrt sich in seinen Transportwirt ein, wo es sich encystiert. Wird das Tier von einem Frosch verspeist, so wird der Parasit in der Harnblase des Frosches geschlechtsreif. Wir haben es hier also mit Formen zu tun, die tatsächlich festsitzende, nicht herumkriechende und herumschwimmende Tiere sind, sondern deren schwingende Bewegungen ihren nächsten Wirt, den Transportwirt, heranlocken. Es gibt weiter gewisse Cercarienformen, die auch einen Stachel haben, die aber von allen anderen dadurch abweichen, daß sie keinen Schwanz besitzen, oder daß der Schwanz bei ihnen zu einem kleinen Stumpf eingeschrumpft ist. Es sind das die sog. *Microcercarien* oder *Cercariaea* (Tafel 5, Fig. 5 u. 11; Abb. 130). Von beiden kennen wir die Entwicklung nur schlecht. Gewisse Microcercarien entwickeln sich im Osten zum orientalischen Lungenwurm, der eine der Geißeln der Menschheit in jenen Gegenden ist. Er lebt in seinem ersten Stadium in Schnecken. Die Cercarien kriechen auf dem Boden herum oder kommen mit der Nahrung in Süßwasserkrabben, die in vielen Gegenden von den Eingeborenen roh gegessen werden. Auf diese Weise wird der Schmarotzer übertragen.

Die *Cercariaeen* entwickeln sich vorzugsweise in Landschnecken und werden mit diesen in den Darm von schneckenfressenden Vögeln und von Insektenfressern aufgenommen. Das merkwürdige *Leucochloridium paradoxum* (s. dort), das als Sporocyste in der Leber der Bernsteinschnecke, *Succinea putris*, lebt und als entwickeltes Tier im Darmkanal gewisser Singvögel, gehört hierher. Einige Cercariaeen finden sich jedoch auch in Wasserschnecken. Fast alle diese Formen haben keinen Transportwirt; sie gelangen einfach dadurch in den Endwirt, daß die Schnecken gefressen werden. Nichdestoweniger encystieren sie sich doch, aber sehr häufig in dem gleichen Organismus, in dem sie ihre früheren Stadien verbracht haben. Schwanzlos wie sie sind, können sie nicht weit wandern, aber einige sind doch auf dem Boden kriechend gefunden worden. Eine besondere Form, *C. paludinae impurae*, findet man oft auf der Haut einer Schnecke, die *Bithynia tentaculata*, kriechend; früher oder später landet sie außen auf den Fühlern, die sich so mit einem Federbusch von weißen Cercarien bekleiden; ein einzelner Tentakel kann oft 20 bis 30 Stück beherbergen (Abb. 130). Sie sind mit ihrem hinteren Saugnapf befestigt und strecken den Vorderkörper weit vor. Kommt eine andere Schnecke vorbei, so gehen sie auf diese über. Zieht die Schnecke ihre Tentakel ein, so werden sie mit eingezogen.

Eine ganz besondere Form von Cysten ist das sog. *Tetracotylus*-Stadium (Abb. 131). Man fand solche in, sozusagen, allen möglichen Tieren: in Schnecken, Insekten, Fischen, Reptilien, Vögeln und Säugetieren, und in allen möglichen Organen, im Gehirn, Gekröse, in Muskeln, auch in Schweinen im Berliner Schlachthaus fand man sie, also in Tieren, von denen man sich oft nicht vorstellen kann, wie sie mit Wasser in Berührung gekommen sein sollen; es sind merkwürdige Geschöpfe ganz bestimmter Form. Man kann wohl erkennen, daß es Dauerstadien sind, man ist aber stets im Zweifel, ob sie nicht vielleicht in diesem Stadium Nahrung zu sich zu nehmen vermögen. Sicher ist es jedenfalls, daß sie einen Exkretionsporus und eine kontraktile Blase besitzen. Sie sind stets mit einer dicken Schale umgeben. Sie werden oft in Redien und Sporocysten anderer Saugwürmer gefunden und wurden in früheren Zeiten in einem solchen Fall natürlich unrichtig ausgelegt (Abb. 118 c). Langsam, nach ungefähr 75 Jahren,

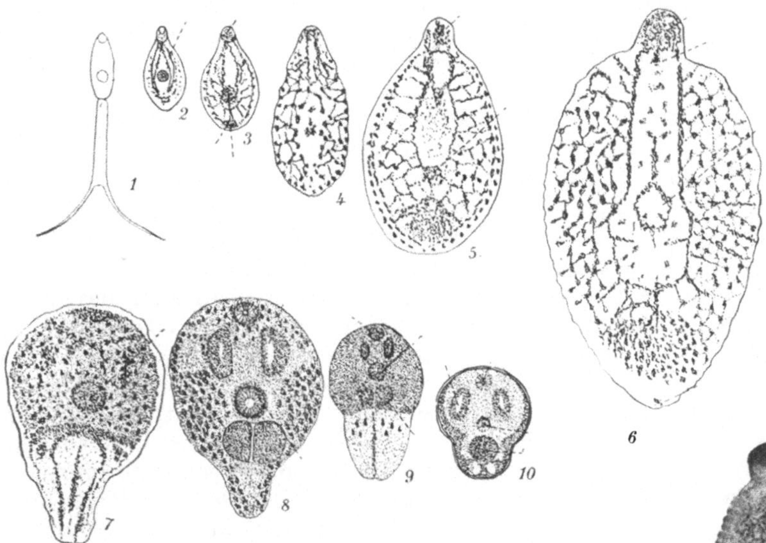

Abb. 131.

Abb. 131. Die Entwicklung eines holostomen Saugwurmes. *1* Die freischwimmende Furcocercarie, die sich in eine Schnecke einbohrt, den Schwanz abwirft und durch die Stadien *2* bis *5* zu dem großen, flachen, in *6* abgebildeten Körper heranwächst. Während des Wachstums werden alle Organe der freischwimmenden Larve rückgebildet; hierauf zieht sich der Körper zusammen; neue Prozesse werden eingeleitet und über die Stadien *7* bis *10* nimmt die Larve die Tetracotylusform mit den Hauptorganen des bleibenden Saugwurmes an. Um sich weiter zu entwickeln, muß der Tetracotylus wahrscheinlich gewöhnlich über einen neuen Hilfswirt in den Darm eines Raubvogels oder anderer Vögel gelangen, wo die Geschlechtsreife eintritt. Alle Bilder bei gleicher Vergrößerung gezeichnet. (W.-L. 1934.)

Abb. 132. Ein Knorpelegel, zahlreiche, von eingebohrten Cercarien herstammende Tetracotylen enthaltend. Esromsee, November 1934. (W.-L. 1935.) Zirka 6×.

gelangte man endlich, durch die Untersuchungen SZIDATS (1923 bis 1926), zu einem Verständnis davon, was diese sonderbaren Gebilde waren. In Abb. 120 und 139 sind *Furcocercarien* dargestellt (Tafel 5, Fig. 1, 2, 7 u. 10). Diese Furcocercarien sind alles Formen mit mehr oder weniger großem Schwebevermögen. Sie besitzen zwei zumeist lange Schwanzblätter, die auf und nieder geklappt werden können. Es ist SZIDATS Verdienst, nachgewiesen zu haben, daß eine

Abb. 132.

Gruppe von Furcocercarien (Abb. 131) nach einem kurzen Leben als Planctonorganismen sich durch die Haut anderer Lebewesen, wie es scheint hauptsächlich von Schnecken, hindurchbohrt. Hier in diesen entwickeln sie sich zuerst zu einigen eigenartigen flachen Gebilden. Sie wachsen, wie die beigegebene Abbildung zeigt, enorm. In diesen sonderbaren Stadien, die darmlos sind und die fast keine ausgebildeten Organe aufweisen, erfolgt die Ernährung ausschließlich durch die Haut. Sie wirken auf die Schnecken hochgradig zerstörend. Etwas später nimmt ihre Größe wieder ab. Im Körper entstehen neue Organe und teils

Saugnäpfe, teils sehr eigentümliche Haftorgane. Die Exkretionsorgane werden wieder sichtbar. Hierauf kommt es zur Einkapselung; es wird eine dicke Cystenwand gebildet und das *Tetracotylus*-Stadium ist fertig. Gelangt ein solcher Tetracotylus in einen Vogeldarm, so entwickelt er sich zu einem holostomen Saugwurm (Fam. *Strigeidae*), der mit einem mächtigen Haftapparat ausgestattet ist, womit er sich an der Darmwand festsaugt (Abb. 151). Erst vor kurzem (1935) hat ABDEL AZIM nachgewiesen, daß *Apharyngostrigea ibis* ABD. AZ. auch einen solchen Lebenslauf besitzt. Die Art entwickelt sich in langen Sporocysten in *Planorbis*. Diese geben Furcocercarien ab, die sich in die Haut von Kaulquappen einbohren. Im Verlaufe von zwei Wochen werden sie hier zu Tetracotylen, die sich zu geschlechtsreifen Trematoden entwickeln, wenn sie mit den Kaulquappen oder Fröschen in den Darm des Ibis gelangen. Die meisten holostomen Saugwürmer sind jedoch in Vögeln zu finden, die nicht das geringste mit Wasser zu tun haben und jedenfalls nicht von Schnecken leben. Sie finden sich z. B. im Darm vieler Raubvögel, u. a. im Darm der Eulen. Nun ist die Frage diese: Wie gelangen diese Tetracotylen-Stadien aus den Schnecken in den Darm dieser Vögel? Da man die Tetracotylen in zahlreichen Fischen findet, ferner in Kleinnagern und in Spitzmäusen, letztere zu einem nicht geringen Teil von Schnecken lebend, so darf man vermuten, daß diese Formen zwei Transportwirte besitzen, zuerst eine Schnecke und dann einen Fisch oder auch ein warmblütiges Wirbeltier. Es besteht nur die Merkwürdigkeit, daß diese Tetracotylen in den Wirbeltieren gewöhnlich nicht im Darm gefunden werden, sondern in allen möglichen anderen Organen, und da die Tetracotylen sich nicht bewegen können, ist ein solches Vorkommen einstweilen unverständlich. Es besteht die Möglichkeit, daß eine Schnecke zu dem Zeitpunkt verschluckt wurde, wo die Tiere sich in dem beweglichen, flachen Stadium befunden haben (Abb. 131$_6$), und daß dieses auf die eine oder andere Weise aus dem Darmkanal heraus und dann in andere Organe gelangt ist. Aber das war lange Zeit nichts anderes als eine Vermutung. Das hat sich nun durch die Untersuchungen von BOSMA (1934) als richtig herausgestellt. Der Trematode *Alaria mustela* BOSMA besitzt folgende Entwicklung. Er kommt im Sporocystenstadium im Darm von *Planorbis armigera* vor. Die Sporocysten geben Furcocercarien ab, die durch die Haut in Frösche und Froschlarven eindringen. Hier entwickeln sie sich zu den sog. Mesocercarien, die den oben geschilderten flachen Stadien entsprechen. Damit sie sich weiter entwickeln können, müssen die Frösche von Mäusen gefressen werden, in deren Muskeln und Lungen sie sich im Verlaufe von neun Wochen in das Metacercarien-Stadium (= Tetracotylus) umwandeln. In diesem Stadium verbleiben sie, bis die Maus von einem Raubtier, z. B. einem Wiesel, gefressen wird, wo die Tiere dann im Darm des Wiesels ihre Geschlechtsreife erlangen. Hier gibt es also tatsächlich vier Wirte, jeder mit einem besonderen Larvenstadium: Schnecke (Sporocysten), Frosch (Mesocercarium), Maus (Metacercarium) und Wiesel (geschlechtsreifes Tier).

Wie man sieht, ist diese ganze Entwicklung äußerst kompliziert; sie ist mit Recht als eine vollkommene Metamorphose bezeichnet worden, entsprechend derjenigen, die bei Insekten mit vollkommener Verwandlung vorkommt. Die larvalen Organe der Furcocercarien werden im freikriechenden, flachen Stadium ganz abgebaut, in welchem die Larven enorm wachsen. Gegen den Schluß hin werden ganz neue Organe ausgebildet, solche, die dem vollentwickelten Tier dienen werden, welches, wenn die Metamorphose beendigt ist, in ein Dauerstadium, den Tetracotylus, übergeht.

Hier und da findet man in einem See die eine oder andere niedere Tierform, wenigstens in einzelnen Jahren oder möglicherweise in jedem Jahre, ganz durchsetzt mit Tetracotylen. So war im Jahre 1934 im Esromsee sozusagen jedes einzelne Individuum des Hundeegels *Nephelis atomaria* sowie Knorpelegel mit Tetracotylen infiziert (Abb. 132). Manche enthielten sie dutzendweise, einzelne waren in solchem Grad befallen, daß sie in Wirklichkeit nur Säcke waren, die von

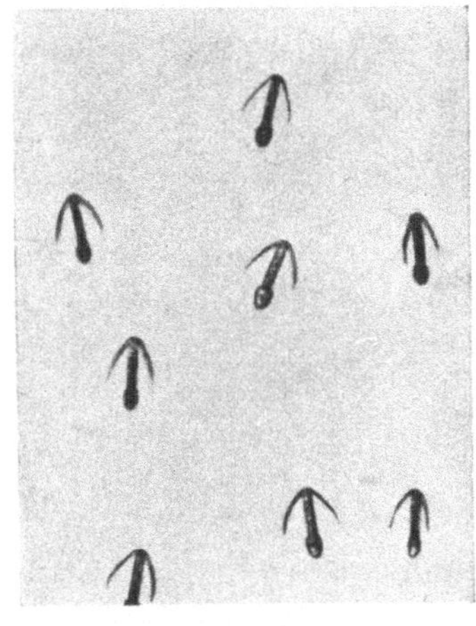

Abb. 133.

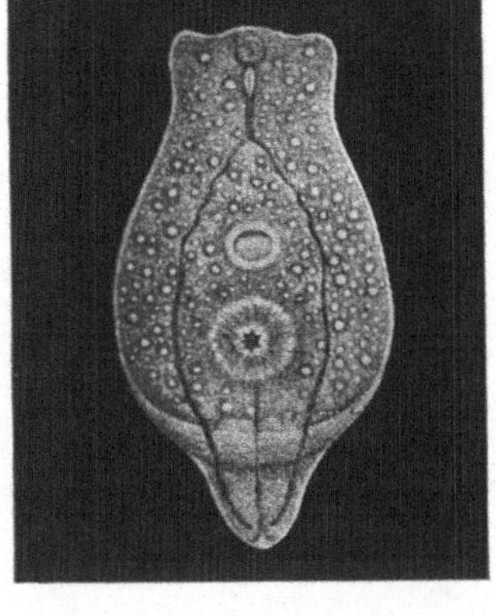

Abb. 134.

Abb. 133. Mikrophotographie von lebenden, im Wasser schwebenden Cercarien. (W.-L. 1934.)

Abb. 134. *Diplostomum volvens* v. NORDMANN, von der Bauchseite gesehen. (v. NORDMANN 1832.)

Tetracotylen strotzten. SZIDAT hat gezeigt, daß eine Furcocercarie, die in *Bithynia tentaculata* aufwächst, zu dem Tetracotylus des Egels wird und die Geschlechtsreife in Entenvögeln erlangt, und da ich im Esromsee Bithynien gefunden hatte, die mit Furcocercarien infiziert waren, und da der Esromsee im Winter

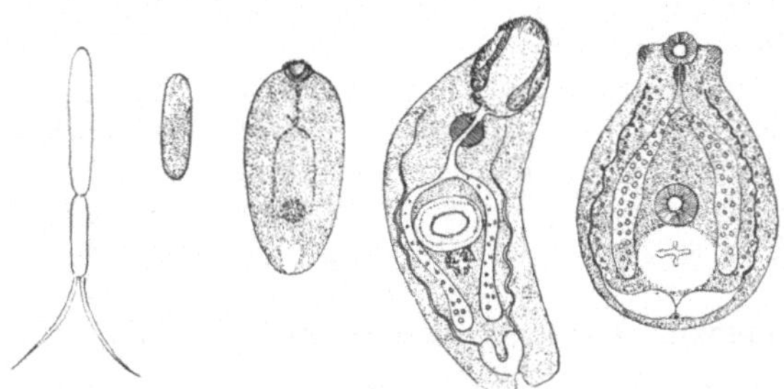

Abb. 135.

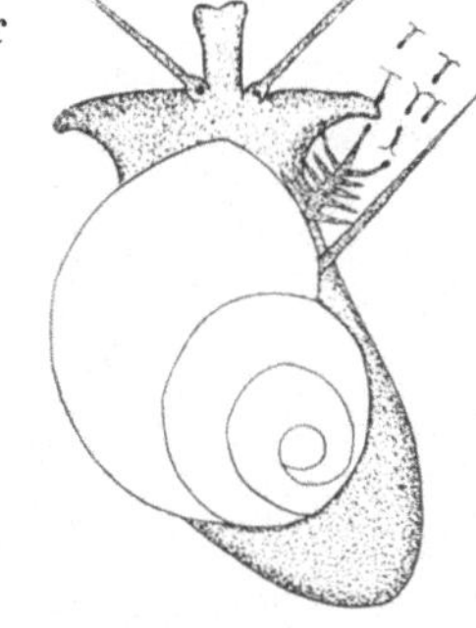

Abb. 136.

Abb. 135. Die Furcocercarie aus *Valvata* (Abb. 136), die, nachdem sie ein kurzes pelagisches Dasein geführt hat, sich in einen Fisch eingebohrt, den Schwanz abgeworfen hat und mit dem Blut in die Linse geführt worden ist, wo sie, sich von dieser ernährend, sich zu einem *Diplostomum* verwandelt (Abb. 134). Die Geschlechtsreife wird im Darm von Wasservögeln erreicht. Alle Bilder bei gleicher Vergrößerung gezeichnet. (W.-L. 1934.)

Abb. 136. *Valvata piscinalis*, aus ihrer Kieme Furcocercarien abgebend, die sich aus dieser herausbohren und nun einige Stunden hindurch ein pelagisches Dasein führen. (Aus dem Furesee.) (W.-L. 1934.) Zirka 10×.

Tausende und Abertausende von Trollenten beherbergt, so besteht große Wahrscheinlichkeit, daß die Entwicklung bei diesen Formen im See von *Bithynia* durch den Hundeegel auf die Trollenten übergeht, wo sie geschlechtsreif werden; die Eier des Saugwurmes werden dann mit den Exkrementen in den See abgeworfen. Aus diesen Eiern entwickeln sich Miracidien, die sich in Schnecken einbohren. Damit ist der Kreis geschlossen. WISNIEWSKI (1934 und 1935) hat andere Tetracotylen-Stadien in *Nephelis atomaria* gefunden und gezeigt, daß es sich auch hier um Furcocercarien handelt, die sich in Egel einbohren und hier zu Tetracotylen verwandeln.

Die hier geschilderte Entwicklung gehört zu den kompliziertesten im Tierreich, aber nicht minder kompliziert ist die-

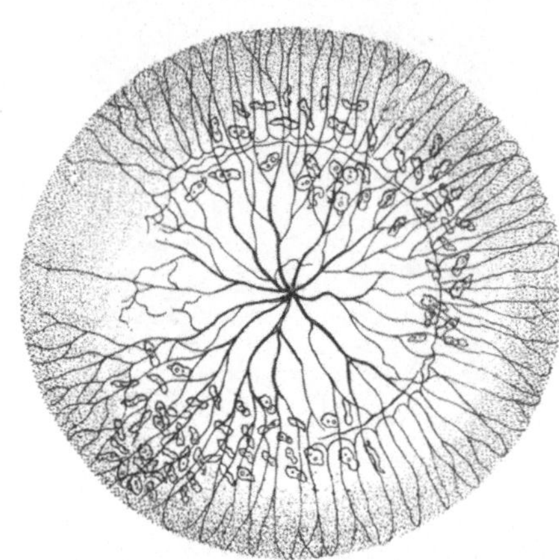

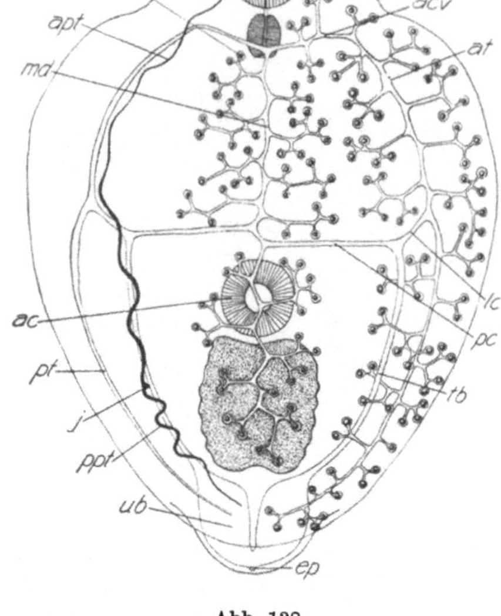

Abb. 137.   Abb. 138.

Abb. 137. Auge des Barsches mit zahlreichen Diplostomen. (v. Nordmann 1832.)

Abb. 138. *Diplostomum gigas* Hughes u. Berkh. Das Bild soll nur ganz im allgemeinen das sehr komplizierte Exkretionsorgan zeigen. *ub* Harnblase; *ep* deren Öffnung; hinter dem vorderen Saugnapf der Pharynx; der übrige Teil des Darmkanales nicht gezeichnet. Hinter dem mittleren Saugnapf *ac* das sog. Festhaftungsorgan, das auch auf Abb. 134 zu sehen ist. Die übrigen Bezeichnungen erläutern die verschiedenen Teile des Exkretionsorganes. (Hughes und Berkhout 1928.)

jenige, die wir bei anderen Formen antreffen, bei denen auch Furcocercarien unter den Entwicklungsstadien sich finden.

Hält man sich Schnecken, die Furcocercarien abgeben, so wird das Wasser zuzeiten trüb. Beobachtet man genauer eine Schnecke, z. B. eine *Valvata*, die Cercarien abgibt (Abb. 136), so kann man bemerken, daß an der vorgestreckten Kieme bald hier, bald da eine kleine Knospe zum Vorschein kommt. Es ist eine Cercarie, die sich herausbohrt. Sie wird innerhalb einiger Sekunden frei, dreht

---

Tafel 6. Leucochloridium paradoxum Carus, Distomum macrostomum (Rud.).

Fig. 1. Sehr junge Sporocyste, in einer Schnecke gefunden, die niemals Säcke in den Fühlern gezeigt hat; reich verzweigt, zahlreiche Junge enthaltend. Fig. 2. Sporocyste mit einem ausgereiften Sack, der lebhaft pulsiert; Sack grün oder braun gestreift, die Spitze braun oder rot. Fig. 3. Eine Schnecke, vom Rücken her geöffnet, acht Säcke zeigend. Fig. 4. Geschlechtsorgane einer *Succinea putris*, normal; *hg* hermaphroditische Geschlechtsdrüse; *vd* Samenleiter; *ab* Eiweißdrüse; *so* gemeinsamer Gang für beide Geschlechtselemente (Spermovidukt); *o* Ovidukt; *vd* Vas deferens; *m* Muskel; *p* Penis; *rc* Spermatheca. Fig. 5. Geschlechtsorgane einer von Parasiten befallenen *Succinea putris*. Fig. 4 u. 5 bei gleicher Vergrößerung gezeichnet. Man sieht, in welchem Maß alle Partien eingeschrumpft sind. Fig. 6. Desgleichen, aber stärker vergrößert. Fig. 7. Ein Sack einer sehr alten jetzt fast eingeschrumpften Sporocyste, ein halbes Dutzend Dauerstadien, Cysten, enthaltend, die hier zumeist als Agamodistomen bezeichnet werden. Fig. 8. Schnecke, die zwei sehr große und zwei kleinere Sporocysten sowie das Wurzelnetz auf der Leber zeigt. Fig. 9. Eine Sporocyste mit sechs Säcken in verschiedener Entwicklung. Fig. 10 u. 11. Eine sehr große Sporocyste, sechs große und fünf kleinere Säcke. Fig. 11 zeigt die Schale, in der die befallene Schnecke lebend gefunden wurde. Man sieht, wie fast unvorstellbar groß der Parasit im Verhältnis zum Wirt ist. Fig. 12 u. 13. Befallene Schnecke, am 12. 3. 1927 und 7. 4. 1927 gezeichnet; man sieht, wie stark zwei der Säcke in dieser Zeit gewachsen sind. Fig. 14. Schnecke, fünf große und mehrere kleinere Säcke zeigend. Fig. 15. Schnecke, drei große Säcke und etwas vom Spermovidukt zeigend. Fig. 16 u. 17. Die gleiche Schnecke. In 16 ist nur die Schale abgenommen; fünf große Säcke haben die Haut der Schnecke gesprengt. In 17 ist ein Teil des Mantels entfernt; man sieht ein paar unreife Säcke und oben die Leber mit dem Wurzelgewebe. — W.-L. 1931.

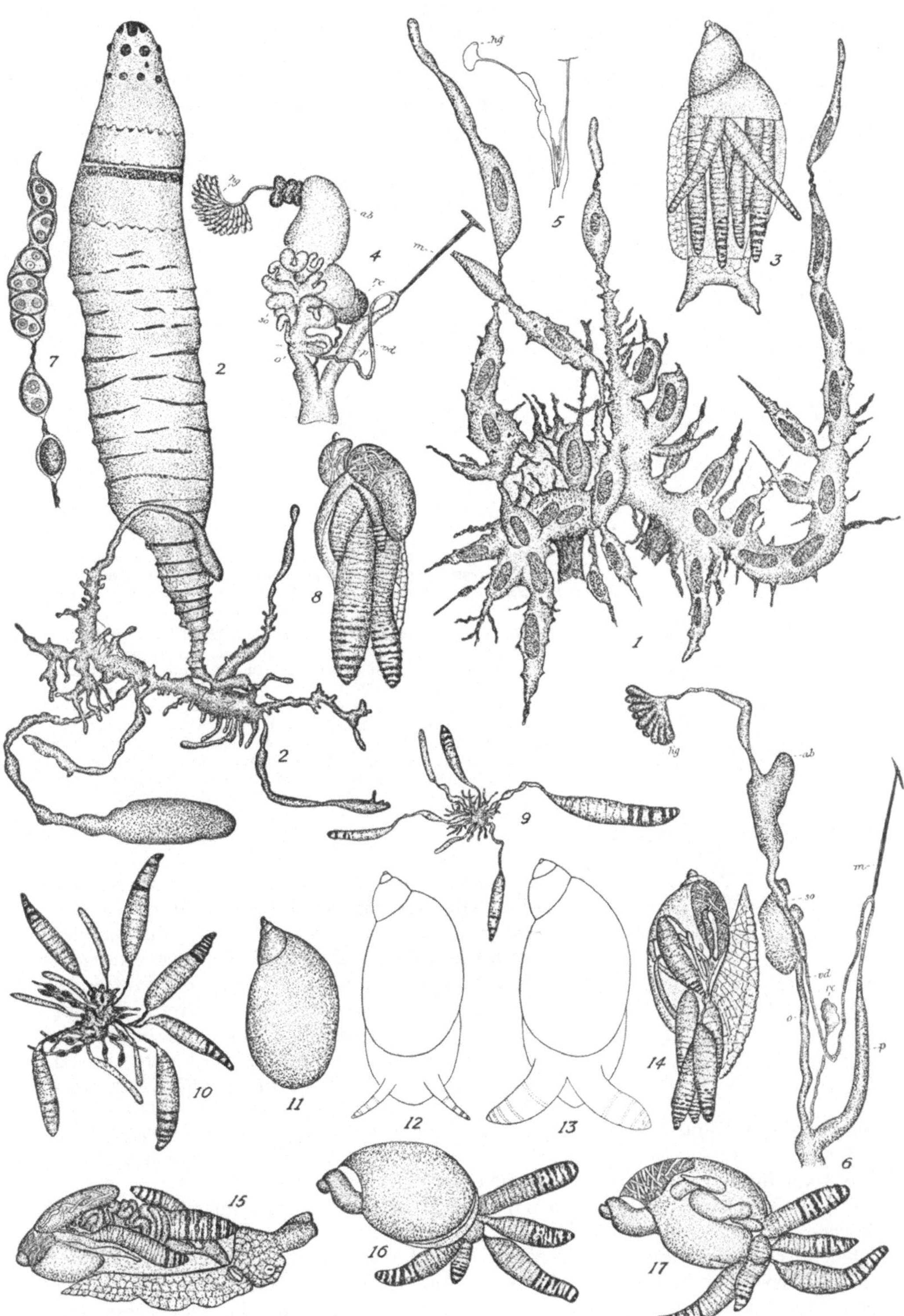

sich herum, spreizt ihre Schwanzblätter aus und steht dann ruhig schwebend im Wasser (Abb. 135). Ihr Aufenthaltsort sind die tieferen Wasserschichten, wo sie in Massen über Bänken von Schneckenschalen stehen. Daß in unseren Süßwässern unter den Planctonorganismen auch Cercarien sind, ist mir in den letzten Jahren erst klar geworden (W.-L. 1933). Bringt man nun irgendeinen Karpfenfisch, z. B. eine Karausche, in ein Glas, das Massen solcher Cercarien

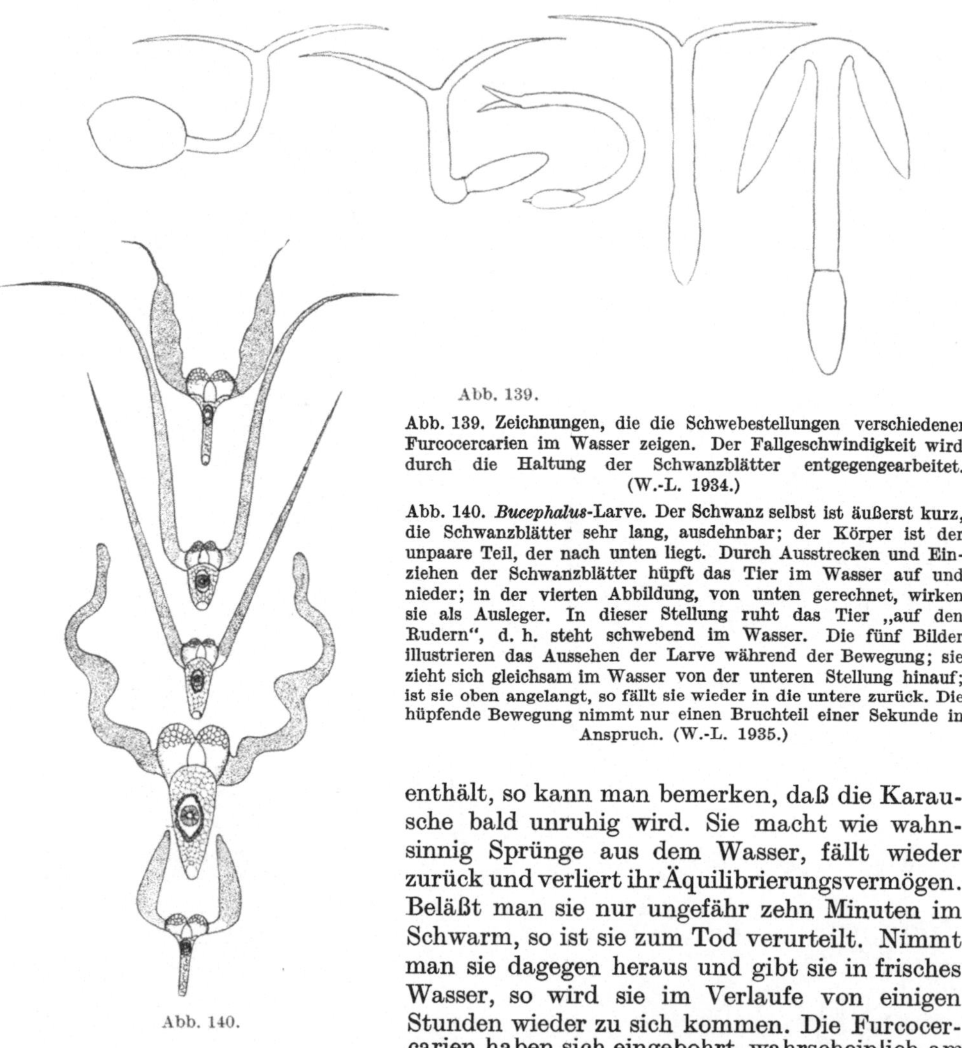

Abb. 139.

Abb. 139. Zeichnungen, die die Schwebestellungen verschiedener Furcocercarien im Wasser zeigen. Der Fallgeschwindigkeit wird durch die Haltung der Schwanzblätter entgegengearbeitet. (W.-L. 1934.)

Abb. 140. *Bucephalus*-Larve. Der Schwanz selbst ist äußerst kurz, die Schwanzblätter sehr lang, ausdehnbar; der Körper ist der unpaare Teil, der nach unten liegt. Durch Ausstrecken und Einziehen der Schwanzblätter hüpft das Tier im Wasser auf und nieder; in der vierten Abbildung, von unten gerechnet, wirken sie als Ausleger. In dieser Stellung ruht das Tier „auf den Rudern", d. h. steht schwebend im Wasser. Die fünf Bilder illustrieren das Aussehen der Larve während der Bewegung; sie zieht sich gleichsam im Wasser von der unteren Stellung hinauf; ist sie oben angelangt, so fällt sie wieder in die untere zurück. Die hüpfende Bewegung nimmt nur einen Bruchteil einer Sekunde in Anspruch. (W.-L. 1935.)

Abb. 140.

enthält, so kann man bemerken, daß die Karausche bald unruhig wird. Sie macht wie wahnsinnig Sprünge aus dem Wasser, fällt wieder zurück und verliert ihr Äquilibrierungsvermögen. Beläßt man sie nur ungefähr zehn Minuten im Schwarm, so ist sie zum Tod verurteilt. Nimmt man sie dagegen heraus und gibt sie in frisches Wasser, so wird sie im Verlaufe von einigen Stunden wieder zu sich kommen. Die Furcocercarien haben sich eingebohrt, wahrscheinlich am ehesten durch Mundhöhle und Kiemen. Die Cercarien sind jetzt in den richtigen Wirt gelangt, sie müssen aber noch in das richtige Organ: ins Auge und vor allem in die Augenlinse. Seziert man das Auge einer Karausche wenige Minuten, nachdem sie dem Angriff der Furcocercarien ausgesetzt war, so wird man den Vorderkörper der Furcocercarien in der Augenflüssigkeit antreffen; der Schwanz ist beim Einbohren abgeworfen worden. Die Larve geht von der Augenflüssigkeit in die Linse über und lebt dann längere Zeit von der Linsensubstanz (Abb. 137). Sie wächst kolossal und wandelt sich in das Stadium um, das man schon fast

100 Jahre kennt, aber von dessen Ursprung und weiterer Entwicklung man nicht die entfernteste Ahnung hatte. Dies Stadium ist seit langer Zeit als *Diplostomum* (Abb. 134 u. 138) bezeichnet worden. Es entspricht dem flachen Stadium, das dem Tetracotylus-Stadium vorausgeht. Dem Diplostomum-Stadium folgt aber kein Tetracotylus-Stadium. Geschützt, wie es in der Linse liegt, hat es das nicht notwendig. Gewisse Beobachtungen deuten darauf hin, daß, wenn die Entwicklung außerhalb des Auges stattfindet, es zu einer Encystierung kommt; aber das ist nur eine Vermutung.

Das Diplostomum-Stadium wird im Darm von Wasservögeln geschlechtsreif (Abb. 153). Die Diplostomen können sich in so großen Mengen in den Linsen von Fischen vorfinden, daß diese weiß und zum Schlusse ganz zerstört werden. In einem Auge können mehrere Hunderte zugegen sein. Die Fische erblinden und können kein Futter mehr finden. Das Resultat kann ein sehr starkes Fischsterben sein. Die Augen treten oft weit aus dem Kopf heraus.

In Dänemark finden sich wahrscheinlich ungefähr 20 verschiedene Furcocercarien. In mehr oder minder hohem Grad sind sie alle Planctonorganismen, die auf verschiedene Weise imstande sind, ihre Sinkgeschwindigkeit herabzusetzen (Abb. 133 u. 139). Sie bilden ein neues Element, das man den Tiergruppen hinzufügen muß, die in der pelagischen Region unserer Süßwässer zu Hause sind. Es soll hier noch bemerkt werden, daß sowohl die Bandwürmer als auch Schmarotzerkrebse weitere Elemente darstellen, von deren Vorkommen in der pelagischen Region wir bisher nur sehr wenig Kenntnis haben.

Abb. 186 zeigt noch andere Formen, die hier nur ganz flüchtig berührt werden können: die sog. *Lophocercarien*, die stets gekrümmt im Wasser schweben, auf ihren breiten Flossenfalten ruhend. Sie gehören zu den Blutparasiten, die in Fische eindringen und namentlich im geschlechtsreifen Zustand u. a. im Herzen der Karpfenfische sich finden. In Tafel 5, Fig. 7, ist eine sehr eigentümliche Larve dargestellt, die zu den sog. *Cystocercarien* gehört und die sich ein Gehäuse (Teil des Schwanzes) bildet, in dem sie wohnt. Es sind lauter ausgesprochene Planctonorganismen; ihre ersten Stadien finden sich in verschiedenen Lungenschnecken. — Ganz eigentümliche Formen sind die sog. *Bucephalus*-Larven, die schon lange bekannt sind, aber über deren Lebensweise wir erst in der letzten Zeit nähere Kenntnisse erhalten haben (ZIEGLER 1883, WUNDER 1924, WOODHEAD 1927 bis 1931; Abb. 140). Sie haben fast keinen Schwanz ausgebildet; dagegen sind die Schwanzblätter in ganz besonderer Weise entwickelt. Sie sind nicht steif wie bei den anderen Furcocercarien, sondern ausdehnbar und zusammenziehbar. Indem diese abwechselnd ausgestreckt und eingezogen werden, machen die Tiere an Ort und Stelle kleine Sprünge im Wasser. Sie sind so groß, daß die Fische sie sehen. Temperatur und Licht bestimmen die Schnelligkeit, mit der die Bewegungen stattfinden (BEVELANDER 1933). Wenn ein Karpfenfisch sie erblickt und sie in den Darm aufnimmt, entwickeln sie sich hier zu Cysten. Wenn späterhin ein solcher Karpfenfisch mit Schmarotzern in seinem Innern von einem Raubfisch (Barsch, Hecht, Stichling) erbeutet wird, finden sich dann in ihrem Darm die zu den Gasterostomen gehörenden Formen (s. dort). Die Furcocercarien entwickeln sich in langen, verzweigten Sporocysten in unseren Teichmuscheln. Eine andere Form ist für die Austernkulturen ein gefährlicher Feind.

In *Anodonta* entwickelt sich noch eine andere merkwürdige Form, *Cercaria duplicata*; der Schwanz wird hier verwendet zur Bildung einer ganz eigenartigen Cyste, die von der Muschel ausgestoßen wird, worauf sie zu Boden sinkt. Der Saugwurm ist umgeben von diesem Schwanz, dessen Kutikula anschwillt. Auf diese Weise kommt es zur Ausbildung einer zwiebelförmigen Kugel, die über den

Seeboden hinrollt. Den Endwirt kennt man meines Wissens nicht. Die Form ist in Dänemark noch nicht gefunden worden (REUSS 1902, WUNDER 1924; Abb. 126).

Kürzlich hat WISNIEWSKI (1937) wertvolle Beobachtungen über das *Ausschwärmen* der Cercarien mitgeteilt. Bei denjenigen Formen, die sich ohne Zwischenwirt im Wasser encystieren, verläuft das Ausschwärmen explosiv und mehr oder weniger kontinuierlich. Der Charakter der Abgabe hängt vom Infektionszustand der Schnecke ab. Da es ziemlich gleichgültig ist, ob der Parasit im Laufe der nächsten Stunden einen Wirt findet oder nicht, ist die Abhängigkeit des Ausschwärmens von äußeren Faktoren sehr gering. Das Ausschwärmen hängt in erster Linie vom Reifezustand der Cercarien ab. Die Cercarien, die sich in dieser Weise encystieren *(Monostomata, Amphistomata* und *Gymnostomata)*, sind nicht reif, wenn sie die Redien verlassen; sie bleiben noch eine Zeitlang in der Leber, sammeln sich dann unter der Oberfläche der Leber und erreichen erst hier ihre volle Reife. Es ist ganz besonders die zystogene Substanz, die noch weiter zubereitet werden muß, und die erste Bedingung für das Ausschwärmen ist eben die volle Ausbildung dieser Substanz; sie wird ja oft wenige Minuten später gebraucht, nachdem die Cercarie die Schnecke verlassen hat; für diese Gruppen von Cercarien spielen Tropismen und äußere Bedingungen keine größere Rolle.

Das Entgegengesetzte ist der Fall mit den Cercarien, die entweder Hilfswirte nötig haben, um dann im Schlußwirt die Geschlechtsreife zu erreichen (Xiphidiocercarien u. a.), oder die sich selbst direkt in den Schlußwirt einbohren (Schistozomatiden). Bei dieser Gruppe muß das Problem des Cercarienausschwärmens in enger Verknüpfung mit dem Problem des Auffindens des eigentlichen Hilfswirtes betrachtet werden. Da die Tropismen bei der Auffindung des Hilfswirtes notwendig die Hauptrolle spielen, ist zu vermuten, daß es auch die Tropismen sind, die hier das Ausschwärmen leiten. In den letzten Jahren hat man mehrfach zeigen können, daß der Tropismus, welcher das Auffinden des Zwischenwirtes erleichtert, auch das Ausschwärmen auslöst. Die Cercarie von *Opistorchis felineus* reagiert auf Licht positiv und ist zugleich positiv geotropisch. Die Cercarien schlüpfen bei Tag zwischen 12 und 16 Uhr aus, sie suchen die tieferen Wasserschichten auf, wo ihre wichtigsten Hilfswirte, *Tinca tinca* und *Idus melanotus*, bei starkem Sonnenlicht sich gewöhnlich befinden. Anderseits verläßt *Bilharziella polonica* bei trübem Himmel und während des Nachts die Schnecken; negativer Geotropismus treibt die Cercarien gegen die Oberfläche, „eine Anpassung an das Leben der Endwirte, der Enten, die ja auch die kleineren Binnengewässer meist erst in der Dämmerung aufzusuchen pflegen" (SZIDAT 1929). Recht oft findet man, daß eine Schnecke von mehreren verschiedenen Cercarien infiziert ist; Miracidien verschiedener Trematoden haben sie also gleichzeitig oder sukzessiv angesteckt. So fanden CORT, McMÜLLER und BRACKETT 1937, daß von 7259 Schnecken *(Stagnicola emarginata angulata)* 529 oder 12,3% von mehr als einem Schmarotzer angegriffen waren. 511 beherbergten zwei, 17 drei und 1 vier verschiedene Trematoden-Schmarotzer. Hier sind nicht mitgerechnet die vielen Fälle, wo nicht Miracidien, sondern Cercarien sich eingebohrt hatten, um sich in den Schnecken zu encystieren (echinostome Cercarien). Ob eine Schnecke von mehr als einem Schmarotzer angegriffen wird, scheint oft nur auf einen Zufall zurückzuführen zu sein. Anderseits kann man sich nicht des Eindrucks erwehren, daß in vielen Fällen eine infizierte Schnecke gegen Angriffe von Miracidien anderer Trematoden immun wird. Dies wäre in der Weise zu verstehen, daß die Parasiten den Stoffwechsel der Schnecke umgestimmt haben und daß besonders die Anhäufung giftiger Stoffe das chemotaktische Stimulans entweder neutralisiert oder zerstört hat (SEWELL 1922, DUBOIS 1929).

Das sind nur einige der Hauptzüge der verwunderlichen, komplizierten Entwicklung der Saugwürmer, die hier durchgesprochen sind. Ein unendliches Arbeitsfeld liegt da noch offen. Von den zirka 2000 Arten kennt man die Entwicklung von kaum mehr als ungefähr 50 bis 100. Manche von ihnen haben große Bedeutung für uns Menschen. Einige gehören zu den schwersten Geißeln der Menschheit, die uns durch Jahrtausende sehr ernste Krankheiten oder die uns durch Angriffe auf die Haustiere große Verluste gebracht haben. Um sie zu bekämpfen, müssen wir ihre Lebensweise kennen, und wenn dies geschehen ist, so ist es oft schwer zu erreichen, daß die große Masse des Volkes bei der Bekämpfung mittut. Das ist nicht so sonderbar; denn es ist nicht leicht, jedermann begreiflich zu machen, daß eine Kuh, die niemals Schnecken frißt, sich mit dem Leberegel infizieren kann, weil dessen Jugendstadien sich in der Schnecke befinden, oder daß eine große Zahl von Hühnern auf einer Hühnerfarm plötzlich Windeier zu legen beginnen, weil Libellenlarven in einem naheliegenden Teich Cysten in sich tragen, oder daß ein Japaner nicht rohe Hornnüsse (*Drapa*) oder Krabben essen soll, weil er sich dann eine schwere Leberkrankheit zuziehen kann, wo doch sein Nachbar, der sie viele Male gegessen hat, niemals davon krank geworden ist.

Es muß wohl noch hinzugefügt werden, daß man seit der weltbekannten Arbeit von STEENSTRUP über den Generationswechsel die Verwandlung der Trematoden als einen solchen aufgefaßt hat. Die neueren Untersuchungen sind von dieser Auffassung mehr und mehr abgekommen. Nicht weniger als fünf verschiedene Deutungen sind versucht worden. Diese Seite der Angelegenheit eignet sich jedoch bei dem gegenwärtigen Stand unseres Wissens noch kaum zu einer eingehenden Behandlung. Es mag nur soviel angedeutet werden, daß die Entwicklung am ehesten als eine Polyembryonie aufgefaßt werden kann, bei der die Geschlechtszellen in ununterbrochener Linie vom Miracidium an durch Sporocyst, Redie und Cercarie bis zum geschlechtsreifen Tier aufbewahrt werden (germinal lineage, BROOKS 1930, PIN-DJI CHEN 1937). Die Keimzellen werden von Generation zu Generation weitergegeben; in der Leibeshöhle entwickeln sie sich zu Keimkugeln, aus denen die verschiedenen Stadien hervorgehen. Keimzellen werden nicht von der Kapselwand gebildet, und es sind keine Ovarien in Sporocysten- und Rediengenerationen beobachtet worden.

Im folgenden sollen nun einige Beispiele von Süßwassertrematoden dargestellt werden, wobei das Hauptgewicht auf diejenigen gelegt wird, die in Fischen und Amphibien geschlechtsreif werden, sowie auf solche, welche eine größere wirtschaftliche Rolle bei uns Menschen und unseren Tieren spielen. Wir wollen zuerst die *Prosostomata* und dann die *Gasterostomata* besprechen. Innerhalb der *Prosostomata* wollen wir zuerst die Schmarotzer der Fische, dann diejenigen der Amphibien, der Vögel und der Säugetiere behandeln. Aus praktischen Gründen werden die im Blut parasitierenden Schmarotzer der Fische und Säugetiere gemeinsam besprochen werden.

Unsere Kenntnis der Verwandtschaftsverhältnisse zwischen den einzelnen Familien und Gattungen der Distomatiden ist viel zu gering, als daß es in diesem Handbuch möglich wäre, darauf näher einzugehen.

Es sei bemerkt, daß der Grund dafür, weshalb die Trematoden der Reptilien so gut wie gar nicht besprochen werden, nicht darin liegt, daß es solche nicht gibt; die Reptilien des Wassers: die Krokodile, Schildkröten, Schlangen, darunter auch unsere einheimischen Nattern, haben jedes seine Trematodenfauna, aber unsere Kenntnisse darüber sind nicht groß. Es scheint, als ob einige Arten im entwickelten Zustand an ganz bestimmte Species oder jedenfalls an bestimmte Gattungen streng gebunden sind; doch gibt es auch Arten, die in Wirten vorkommen, welche zu ganz verschiedenen Tiergruppen gehören. *Echinostoma revolutum* FROEL. ist zum Beispiel in 32 Vogelarten und bei neun Säugetierarten, darunter dem Menschen, gefunden worden (BEAVER 1937).

Fischschmarotzer.

Wir finden in unseren Süßwasserfischen als Darmbewohner eine große Anzahl Distomen, von Deutschland allein werden ungefähr 40 verschiedene Darmschmarotzer angegeben. Einiges ist über die Entwicklung dieser bekannt, aber vieles bleibt hier noch zu tun übrig. Da diese Formen in ihren Entwicklungsstadien ganz allgemein in unseren Schnecken und Muscheln gefunden werden und die gewöhnlichsten von ihnen in unseren Fischen, sollen die Formen, deren Entwicklung bekannt ist, im folgenden kurz geschildert werden.

Azygia lucii (O. F. M.) (*Distomum tereticolle* RUD.; Tafel 4, Fig. 1) ist eine besonders bei Hechten allgemein vorkommende Form. Der sehr langgestreckte Wurm kann fast sofort allein durch seine Größe erkannt werden. Er wird bis zu 3 cm lang. Er ist braun, fleischfarben, oft rosarot, Farben, die Eingeweidewürmer selten besitzen. Seine Larve ist eine *Macrocercaria*, die von Karpfenfischen geschnappt wird, sich in ihnen encystiert und im Darm von Raubfischen geschlechtsreif wird. (SZIDAT 1931.)

Sphaerostoma bramae (O. F. M.) = *Distomum globigerum* RUD. (Tafel 4, Fig. 2) ist eine in einer großen Zahl von Süßwasserfischen, vor allem in Karpfenfischen sehr allgemein anzutreffende Form. Ihr erster Zwischenwirt ist *Bithynia tentaculata*. Sie hat schwanzlose Cercarien, die sog. *Cercariäen*, die, wie geschildert, auf den Tentakeln herauskriechen und hier darauf warten, bis sie mit dem nächsten Zwischenwirt in Berührung kommen, der der Hundeegel, *Herpobdella*, sein soll. In diesem encystieren sie sich, und wenn ein solcher von einem Fisch geschluckt wird, gelangen die Schmarotzer in den Darm und werden hier geschlechtsreif (Abb. 130).

Allocreadium isoporum LOOS (Tafel 4, Fig. 6) wird bei einer Reihe von Karpfenfischen angetroffen. Die Cercarien entwickeln sich zu Redien in unserer Kugelmuschel *Sphaerium corneum* u. a. Sie haben einen auffallend langen Schwanz. Sie sind auch mit einem Stachel ausgestattet, mit welchem sie sich in ihren zweiten Zwischenwirt einbohren, der stets eine Insektenlarve: Eintagsfliegenlarve, Trichopterenlarve oder Wassernymphe, ist. Werden diese von Karpfenfischen geschluckt, so werden die Parasiten in ihrem Darm geschlechtsreif. Über die drei verschiedenen Entwicklungsarten der *Allocreadiida* s. HOPKINS (1931).

Phyllodistomum folium (v. OLF.) (Tafel 4, Fig. 7) findet sich in der Harnblase einer großen Anzahl von Süßwasserraubfischen. Zu ihnen gehört die merkwürdige Larve *Cercaria duplicata*, die sich in *Anodonta* entwickelt und in Abb. 126 dargestellt ist.

Catroptroides macrocotyle LÜHE findet sich im *Harnleiter* einer großen Anzahl von Süßwasserfischen. Die Form besitzt eine merkwürdige Entwicklung. In den ersten Entwicklungsstadien findet sie sich in der Wandermuschel *Dreissensia polymorpha*; wenn die Sporocysten reif sind, werden sie aus den Kiemen der Muschel ausgestoßen. Infolge ihres geringen Gewichtes steigen sie empor und sollen schwebend im Wasser angetroffen werden; in diesen Sporocysten entwickeln sich die jungen Cercarien. Diese werden geschlechtsreif, wenn sie in den Darm von Karpfenfischen gelangen.

Unter den Fischschmarotzern müssen auch die früher beschriebenen *Diplostomum*-Stadien genannt werden, die jedoch nur Entwicklungsstadien sind, welche nicht in den Fischen ihre Geschlechtsreife erlangen.

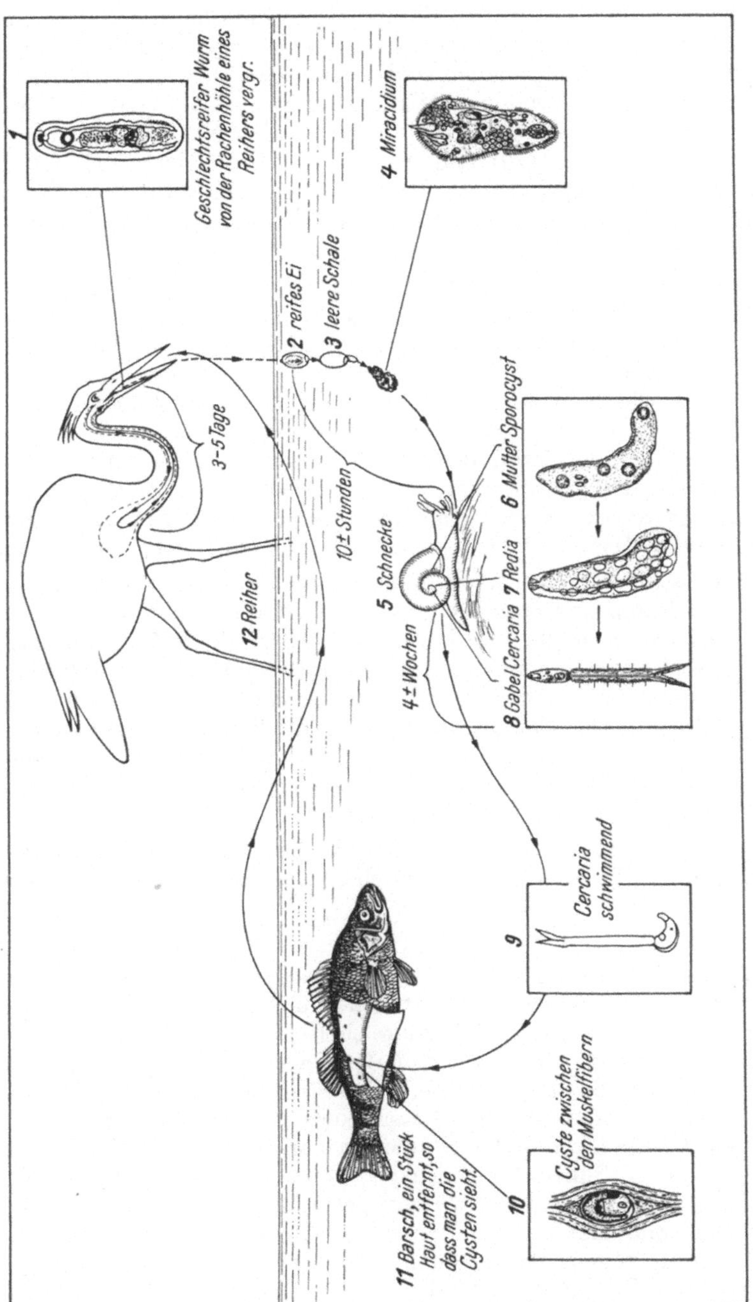

Abb. 141. *Clinostomum marginatum* (RUD.). Fisch- und Vogelparasit, Nordamerika. *1* Geschlechtsreifer Wurm aus der Rachenhöhle der blauen Reiher (vergr.). *2* bis *5* Reife Eier, die ausgestoßen werden, wenn der Vogel sein Futter sucht. Die Miracidien kommen im Lauf von einer halben bis vier Stunden hervor und leben im ganzen sechs bis acht Stunden. Sie bohren sich in die Schnecke *Helisoma campanulatum* (SAY.) oder in *H. antrosum* (CONRAD) ein. *6* bis *9* Aus der Miracidie geht eine Sporocyste hervor, die Redien und Tochterredien erzeugt. Die letzteren bringen Furcocercarien hervor, diese infizieren verschiedene Süßwasserfische, indem sie sich unter den Schuppen der Fische einbohren; sie encystieren sich in der Muskulatur und können hier monatelang leben. Wird der Fisch von einem Reiher gefressen, so kommt der kleine Wurm von seiner Cyste frei und wandert nun von dem Magen in den Rachen der Vögel und erreicht hier seine Geschlechtsreife. (G. W. HUNTER und W. HUNTER 1935.)

Amphibien-Schmarotzer.

Unsere Frösche und Salamander beherbergen eine ganze Reihe von Saugwürmern; diese haben von den meisten ihrer Organe, der Mundhöhle, dem Darmkanal, den LIEBERKÜHNschen Drüsen, dem Enddarm, der Harnblase, Besitz ergriffen.

Gorgoderinae (Tafel 4, Fig. 4). In der *Harnblase* der Frösche findet sich eine ganze Gruppe von Trematoden, die zu den Gattungen *Gorgodera* und *Gorgoderina* gehören. Ihre ersten Entwicklungsstadien sind stets in den Muscheln *Sphaerium* und *Anodonta* anzutreffen. Larven der hierhergehörigen Gattungen sind auf S. 117 abgebildet, sie sitzen mit ihrem sich schlängelnden Schwanz außen an den Muscheln (*Sphaerium*; Abb. 129) und warten darauf, daß sie von vorbeikommenden Insekten geschnappt werden. In diesen encystieren sie sich. Wenn ein solches Insekt von einem Frosch verspeist wird, gelangen sie mit jenem in den Darm und von hier in die Harnblase.

In den *Lungen* der Frösche hält sich eine ganze Reihe verschiedener Trematoden auf. In Europa sind es die Hauptgattungen *Pneumonoeces* (Rud.) mit der Hauptart *P. variegatus* (Rud.) und *Haplometra* mit *H. cylindracea* (Zed.) (Tafel 4, Fig. 4 u. 9); sie leben vom Blut des Wirtes. Die Larven der letztgenannten Form entwickeln sich in der Lungenschnecke *Limnaea ovata*; sie gehören zu den xiphidioiden Cercarien, die in Tafel 5, Fig. 8, abgebildet sind. Sie encystieren sich in Insektenlarven. z. B. in Schwimmkäferlarven und Libellenlarven, und kommen durch diese in Frösche. Für andere Formen ist nachgewiesen (Krull 1933), daß die Cercarien mit dem Atemwasser in den Enddarm der Libellenlarven eingesogen werden, worauf diese sich überall im Körper verbreiten und sich hier encystieren.

Im *Darm* der Frösche finden sich ebenfalls einige Formen: *Opisthioglyphe ranae* (Froel.) (= *Distomum endolobum* Duf.) und *O. rastellus* (Olss.). Soweit man die Entwicklung kennt, zeigt sich, daß die Larven Xiphidiocercarien sind, die sich in Lungenschnecken entwickeln und in Insektenlarven encystieren; *Prosotocus confusus* Loos im Duodenum; *Pleurogenes claviger* (Rud.) und *Pl. medians* (Olss.) im Darm. Die Gattung *Halipegus* mit der Art *H. ovocaudatus* (Vulp.) findet sich unter der *Zunge* bei den grünen Fröschen. Die hierhergehörige sehr merkwürdige Larve *C. cystophora* Wagn., die pelagisch ist, entwickelt sich in Redien verschiedener *Planorbis*-Arten.

Brandesia turgida (Brandes) findet sich in den Lieberkühnschen *Drüsen* gleich hinter dem Pylorus bei den grünen Fröschen. Die Entwicklung ist ganz unbekannt.

Vogelschmarotzer.

Eine sehr große Anzahl Trematoden sind Vogelschmarotzer. Die meisten finden sich im *Darmkanal*, ganz besonders im Mitteldarm und auch im Blinddarm; einzelne wie *Clinostomum*-Arten in der Speiseröhre bei Reihervögeln (Abb. 141); soweit man weiß, keine im Kropf. In der *Bursa Fabricii* nicht weniger als gegen 20 Arten; endlich in *Leber* und *Eileiter*, manche in den *Respirationsorganen*, Nasenhöhle, Stirnhöhle, Luftsäcken, Luftröhre, Lunge sowie in den *Blutgefäßen*.

Einige von diesen sind in ihren Jugendstadien in Landschnecken anzutreffen, aber weitaus die meisten in Süßwasserschnecken; es ist deshalb ganz natürlich, daß in erster Linie die Wat- und Schwimmvögel heimgesucht werden, aber übrigens auch Krähen und Hühnervögel. Auch fischfressende Raubvögel beherbergen manche Arten, indem sie die Schmarotzer von Fischen erhalten, in deren Organen Cercarien sich encystiert haben. Sie stellen oft sehr artenreiche Gattungen dar, gehören häufig verschiedenen Familien an, aber werden immer im gleichen Organ angetroffen.

Für die Verbreitung der Trematoden besitzen die Vögel, ganz besonders die Zugvögel, eine enorme Bedeutung. Ward (1909) hat durch Beobachtungen nachgewiesen, die sich über zwölf Jahre erstreckten, daß die großen Scharen von Zugvögeln Nordamerikas, besonders der Entenvögel, die hoch im Norden sich fortpflanzen, nicht die gleiche Trematoden-Fauna besitzen, wenn sie im Herbst gegen Süden ziehen, als wenn sie im Frühjahr von Süden nach Norden zu ihren Brutplätzen sich begeben. DOGIEL (1935) hat gezeigt, daß die Schwalben einen Teil ihrer Parasiten oben im Norden erhalten; mehrere von ihnen schließen ihre Entwicklung hier ab, andere nicht, und diese verschwinden beim Aufenthalt im Süden. In Afrika holen sie sich andere Parasiten, aber die von diesen produzierten Eier gehen im Norden aus Mangel an einem entsprechenden Wirt zugrunde. *Prosthogonimus* in der Bursa Fabricii macht in den jungen Vögeln die Reise nach Afrika mit, kehrt aber nicht zurück, weil er mit dem Organ zugrunde geht. Bedenkt man, daß Enten- und Watvögel weit höher im Norden brüten, als Süßwasserschnecken hinaufreichen, so wird man verstehen, daß im arktischen Gebiet ungeheure Mengen von Eiern zugrunde gehen müssen. Eine der Schnecken, die am höchsten nach Norden geht, dürfte *Limnaea ovata* sein, u. a. die häufigste Süßwasserschnecke der Färöer. BOVIEN (1931) hat darauf aufmerksam gemacht, daß diese dort eine große Anzahl sehr verschiedener Cercarien beherbergt.

Es ist auch festgestellt worden, daß es gewisse Trematoden-Arten gibt, die ihre Entwicklung in marinen Mollusken durchlaufen, die jedoch als vollentwickelte Tiere im Darm von Vögeln leben, z. B. von Kapuzenmöven, die einen sehr beträchtlichen Teil ihres Lebens am Süßwasser verbringen.

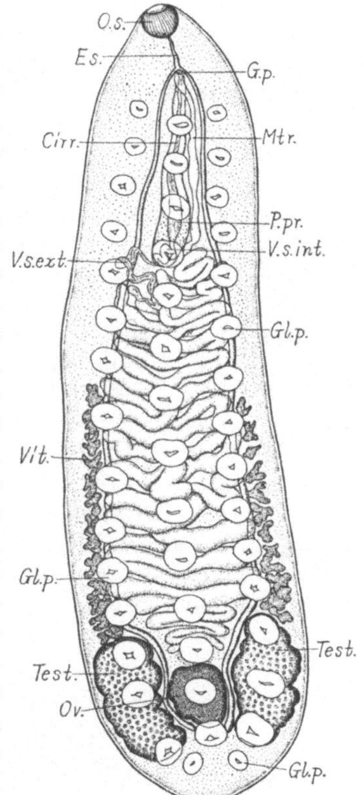

Abb. 142.

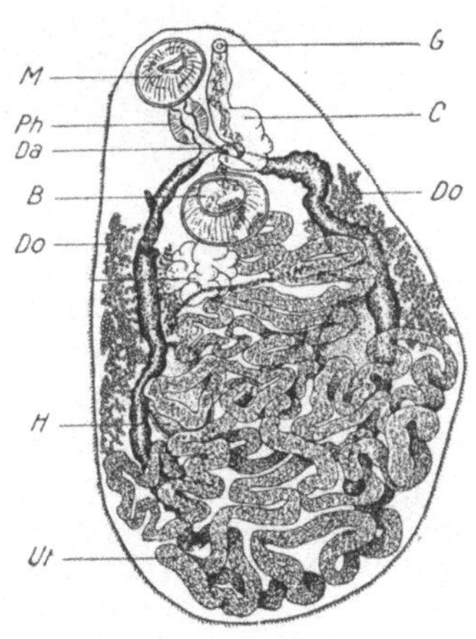

Abb. 143.

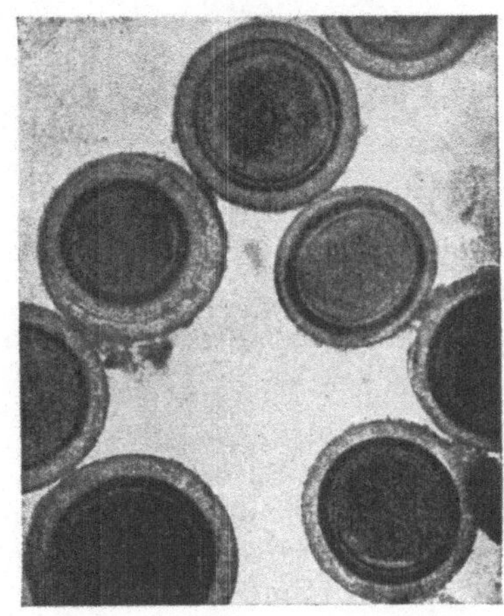

Abb. 144.

Abb. 142. Ein monostyler Trematod, *Notocotylus magniovatus* YAMAGUTI. *O.s.* Mundsaugnapf; *G.p.* Geschlechtsöffnung; *Mtr.* Metraterm: der äußerste, muskulöse Teil des Uterus; *P.pr.* Prostata; *V.s.int.* innerer Samenbehälter; *Gl.p.* Drüsen; *Test.* Hoden; *Ov.* Ovarium; *Vit.* Dotterstock; *V.s.ext.* äußerer Samenbehälter; *Cirr.* Cirrus; *Es.* Ösophagus. (YAMAGUTI 1934.)

Abb. 143. *Prosthogonimus pellucidus* v. LINST. Aus der Bursa Fabricii und dem Eileiter u. a. der Hühner; die Hühner erhalten die Schmarotzer durch Fressen von cysteninfizierten Libellenlarven; der Schmarotzer bewirkt, daß die Hühner Windeier legen. *Ut* Uterus; *H* Hoden; *Do* Dotterstock; *B* Bauchsaugnapf; *Da* Darm; *Ph* Pharynx; *M* Mund; *G* Geschlechtsöffnung; *C* Cirrusbeutel. (BITTNER und SPREHN 1928.)

Abb. 144. Cysten von *Prosthogonimus pellucidus* v. LINST. Aus *Cordulia aenea*. (SZIDAT 1931.)

Im folgenden sollen einige wenige Formen beschrieben werden, teils weil ihre Entwicklung sehr interessante Einzelheiten aufweist, teils weil sie wirtschaftliche Bedeutung besitzen.

Die Familie *Notocotylidae* (Abb. 142) umfaßt Formen, die unsere zahmen Enten infizieren können. Als entwickelte Tiere finden sie sich im Blinddarm und Enddarm von Entenvögeln, übrigens auch in Säugetieren. Sie sind u. a. dadurch charakterisiert, daß sie auf der Bauchseite oft drei bis fünf Reihen von Hautdrüsen besitzen. Sie gehören zu den auf S. 114 genannten monostomen Cercarien.

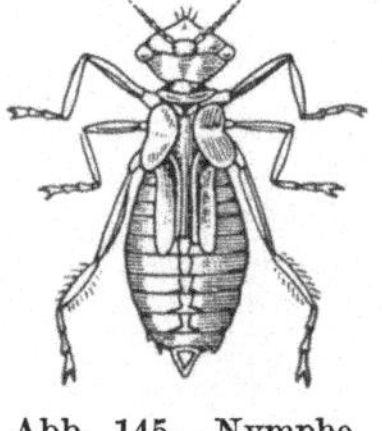

Abb. 145. Nymphe der Libelle *Cordulia aenea*. (GÜMPEL 1931.)

Untersuchungen in Norddeutschland (SZIDAT 1929) zeigten, daß Wildenten immer stark infiziert sind. Von ihnen stammen wohl sicherlich auch die Infektionen der zahmen Enten. Sie werfen ihre Exkremente mit den Eiern in Ententeiche ab, die sehr oft viele Schnecken enthalten; die Eier geben Miracidien ab, die in die Schnecken eindringen. Diese geben wieder Cercarien ab, die sich auf Entenfutter einkapseln, das die Enten einschnäbeln. Kommen die Kapseln in den Darm der Enten, so lösen sie sich auf und die jungen Saugwürmer wandern in die großen Blindsäcke, wo sie geschlechtsreif werden. Die Innenseite der Blindsäcke entzündet sich und wird der Hauptsitz der Krankheit. Die Enten

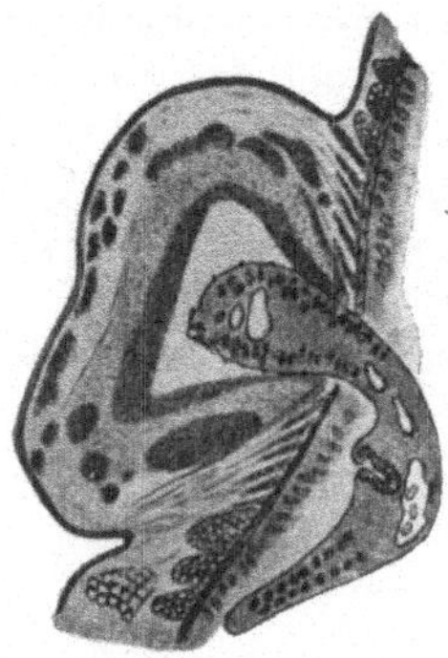

Abb. 146.　　　　　Abb. 147.

Abb. 146. Mittlerer Teil des Dünndarmes eines jungen Storches mit zahlreichen Cysten von *Chaunocephalus ferox* (RUD.). (SZIDAT 1935.)

Abb. 147. Schnitt durch eine Cyste, die zeigt, wie der Saugwurm mit seinem Dornenbesatz in der Cyste sitzt und das Hinterende in den Darm herausragt. Der Schmarotzer bewirkt, daß die Störche ihre Jungen aus dem Nest werfen. (SZIDAT 1935.)

werden wohl krank, aber diese Formen scheinen doch keinen großen Schaden anzurichten. Sie sind bei uns sehr häufig. In vielen unserer Teiche sind die großen Sumpf- und Tellerschnecken sehr stark infiziert. Sie geben Massen von Larven ab, wovon viele in Entenvögel gelangen. Hauptgattungen sind *Notocotyle* und *Catatropis*.

Prosthogonimus pellucidus (v. LINST.) (Abb. 143 bis 145). An verschiedenen Stellen in Norddeutschland sowie auch in England und Nordamerika stieß man auf die eigentümliche Erscheinung, daß plötzlich eine große Menge von Hühnern in gewissen Hühnerfarmen Windeier legten. Es begann damit, daß die Hühner krank wurden. Hähne, alte Hennen und Kücken blieben gesund. Kurz nachdem die Krankheit bemerkt worden war, fingen die Hennen an, die Windeier zu legen. Nach Ablauf einer kurzen Zeit waren sie tot. Bei der Obduktion zeigte sich, daß der Eileiter stark entzündet war. Sie enthielten Massen von Saugwürmern;

wiederholt war der Eileiter durchgebrochen und die Tiere waren an Bauchfellentzündung gestorben. Man weiß nun durch umfassende Fütterungsversuche
(SZIDAT 1928), daß die Hühner sich die Schmarotzer dadurch zuziehen, daß sie
an den Ufern von Kleinteichen, in denen Wasserinsekten und ganz besonders
Libellen aufwachsen, deren Larven in Stücke hacken und verzehren. Libellenlarven enthalten oft Trematoden-Cysten in großen Mengen, bis zu 70 Cysten in

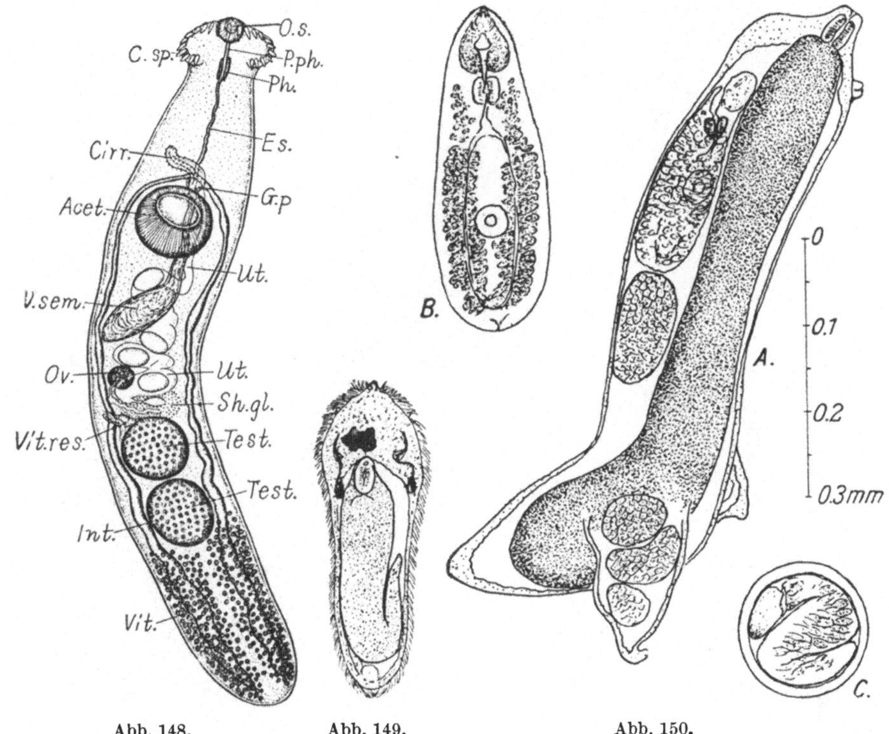

Abb. 148.   Abb. 149.   Abb. 150.

Abb. 148. Ein echinostomer Trematod, *Acanthoparyphium marilae* YAMAGUTI. *O.s.* Mundsaugnapf; *P.ph.*
Pharynx; *Es.* Ösophagus; *G.p* Geschlechtsöffnung; *Ut.* Uterus; *Sh.gl.* Schalendrüse; *Test.* Hoden; *Vit.* Dotterstock; *Int.* Darm; *Vit.res.* Reservoir für die Dottermasse; *Ov.* Ovarium; *V.sem.* Samenblase; *Acet.* Bauchsaugnapf; *Cirr.* Cirrus; *C.sp.* Stacheln des Halskragens. (YAMAGUTI 1934.)

Abb. 149. Fam. *Cyclocoelidae. Tracheophilus sisowi* SKRJ. Ein freischwimmendes Miracidium mit vollent-
wickelter Redie. (SZIDAT 1932.)

Abb. 150. *A* die reife Redie desselben mit Cercarie. *B* die reife Cercarie. *C* das encystierte Individuum.
(SZIDAT 1932.)

einem Individuum. Durch Fütterungsversuche wurde festgestellt, daß hier die
Infektionsquelle zur *Prosthogonimus*-Krankheit vorliegt. Die früheren Entwicklungsstadien kennt man nicht, aber daß diese in Schnecken zu suchen sein
werden, ist in hohem Grad wahrscheinlich. Tritt in Hühnerfarmen eine Tendenz
zur Bildung von Windeiern auf und haben die Hühner Zugang zu den Ufern
größerer Teiche, so ist es selbstverständlich, daß man diesem Umstand seine
Aufmerksamkeit zuwendet. Es hat sich übrigens gezeigt, daß in Ostpreußen
auch Enten und Gänse angegriffen werden und daß durch diese Schmarotzer
den Eigentümern großer Schaden zugefügt wird.

Die Familie *Echinostomatidae* (Abb. 148) deren Cercarien auf Tafel 5, Fig. 3,
abgebildet sind, umfaßt eine große Anzahl von Vogel- und Säugetierparasiten.
Von diesen soll hier aus einem bestimmten Grund nur eine Art, *Chaunocephalus*

ferox Rud., genannt werden (Abb. 146 u. 147). Ihre Entwicklung ist nicht ganz
bekannt, aber es besteht kein Zweifel darüber, daß ihr erster Wirt eine Süßwasserschnecke ist. Es ist eine bekannte Tatsache, daß die Störche im Herbst
diejenigen ihrer Jungen töten, die schwach sind und die vermutlich auf der langen
Reise nicht werden mitkommen können. Szidat (1935), dem wir so manche ausgezeichnete Untersuchungen zu danken haben, untersuchte zwei junge, von den

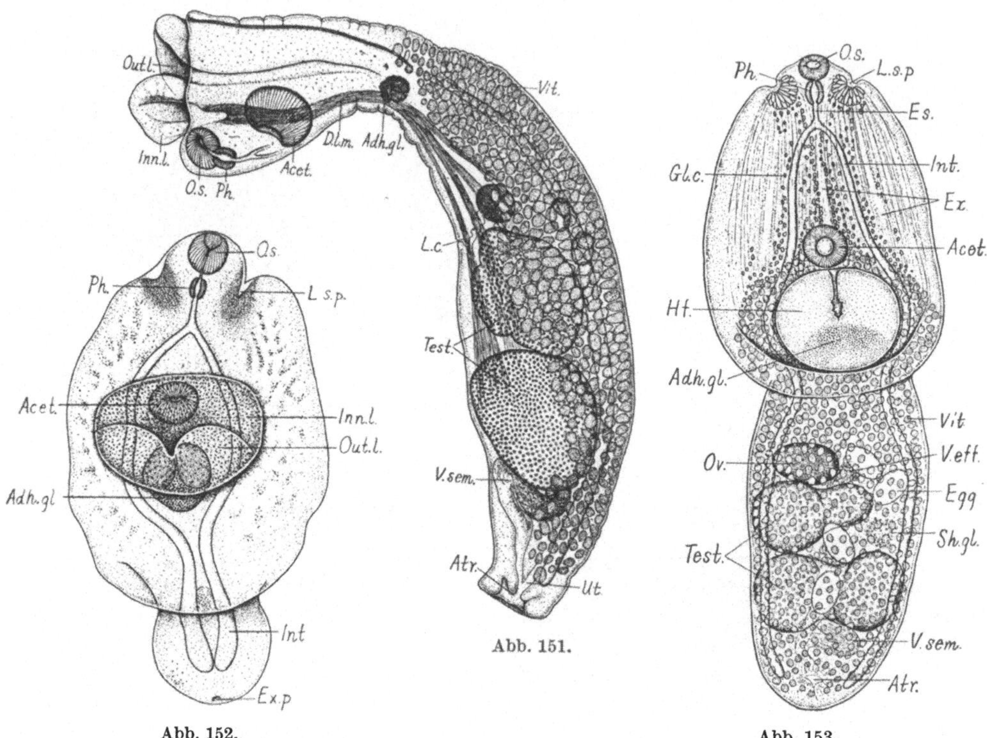

Abb. 151.

Abb. 152.   Abb. 153.

Abb. 151. Fam. *Strigeidae. Apatemon fuligulae* Yamaguti. *Out.l.* äußerer Lappen des Festheftungsorganes;
Vit. Dotterstock; *Ut.* Uterus; *Atr.* Geschlechtskloake; *V.sem.* Samenblase; *Test.* Hoden; *L.c.* Laurerscher Kanal;
Adh.gl. Drüse; *D.l.m.* Muskel; *Acet.* Bauchsaugnapf; *Ph.* Pharynx; *O.s.* Mundsaugnapf; *Inn.l.* innerer Lappen
des Festheftungsorganes. (Yamaguti 1933.)
Abb. 152. Tetrakotylenstadium desselben. *Adh.gl.* Drüse; *Acet.* Bauchsaugnapf; *Ph.* Pharynx; *O.s.* Mundsaug-
napf; *L.s.p.* Sauggrube; *Inn.l.* innerer Lappen des Festheftungsorganes; *Out.l.* dessen äußerer Lappen; *Int.*
Darm; *Ex.p* Exkretionsporus. (Yamaguti 1933.)
Abb. 153. Geschlechtsreifes *Diplostomum* aus dem Kibitz. *O.s.* Mund; *L.s.p* laterale Saugorgane; *Es.* Ösophagus;
Int. Darm; *Ex.* Exkretionskanäle; *Acet.* Bauchsaugnapf; *Vit.* Dotterstock; *V.eff.* dessen Ausführungsgang;
Egg Eier; *Sh.gl.* Schalendrüse; *V.sem.* Samenbehälter; *Atr.* Geschlechtskloake; *Test.* Hoden; *Ov.* Ovarium;
Hf. Festheftungsorgan; *Adh.gl.* dessen Drüse; *Gl.c.* Drüsenzellen; *Ph.* Pharynx. (Yamaguti 1935.)

Eltern getötete Störche. Bei der Sektion enthielt der Dünndarm eine große
Menge, mehr als 200 Cysten, in denen ein echinostomer Saugwurm saß. Die
jungen Störche waren unterernährt. Es besteht kein Zweifel darüber, daß die
starke Infektion daran schuld war. Wie die Jungen von diesen Schmarotzern
infiziert worden waren, weiß man nicht, aber der Darm enthielt noch einen anderen
Trematoden, *Tylodelphys excavata* Rud., und von dem weiß man, daß die Miracidien sich in *Planorbis corneus* einbohren, hier sich zu Furcocercarien entwickeln,
die wieder in Kaulquappen eindringen, und wenn die Störche ihren Jungen ins
Nest hinauf Kaulquappen oder Frösche bringen, werden diese infiziert. Wahrscheinlich sind Frösche auch der Zwischenwirt von *Chaunocephalus*. Eine alte

wohlbekannte Erscheinung hat durch diese Untersuchungen ihre Aufklärung gefunden. Andere Echinostomiden können Gänsesterben verursachen (HEINEMANN 1936).

Die Familie der *Echinostomiden* ist durch einen Kranz von Stacheln charakterisiert, der auf einem sog. Kragen sitzt. Die Zahl der Stacheln ist für die einzelnen Arten recht konstant. Ihre Entwicklung geht in Süßwasserschnecken vor sich, wo auch die Encystierung stattfinden kann (s. S. 116).

Es soll noch die Familie der *Cyclocoelidae* (Abb. 149 u. 150 A bis C) Erwähnung finden, insbesondere wegen ihrer merkwürdigen Entwicklung. Die Schmarotzer werden in den Luftwegen von Vögeln gefunden und können Entenreihern bedeutenden Schaden zufügen. Die Eier gelangen mit den Exkrementen ins Wasser. Sie enthalten, schon während sie sich im Uterus befinden, ein fertig ausgebildetes Miracidium. Das Merkwürdige ist nun das, daß die Miracidien, die einen doppelten Augenfleck besitzen, in sich eine fertig ausgebildete Redie enthalten. Die Miracidien bohren sich wahrscheinlich in *Planorbis*-Arten ein. Hier findet man in der Regel in der Nähe der Eiweißdrüsen die Redie. In jeder Redie sind in der Regel nur wenige

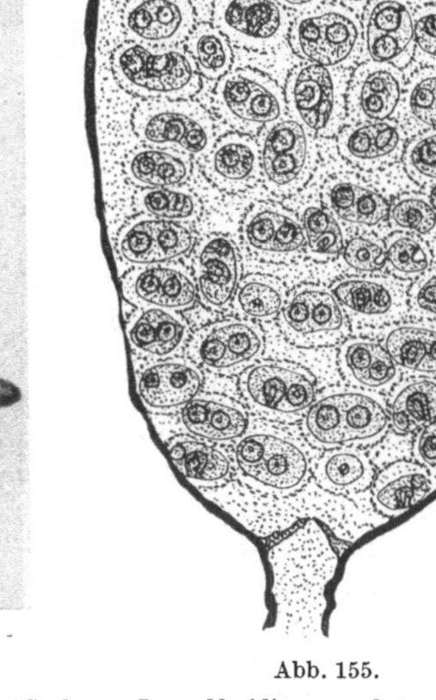

Abb. 154.　　　　　　　　　　　　Abb. 155.

Abb. 154. Eine kriechende *Succinea putris* mit einem pumpenden Sack von *Leucochloridium paradoxum* (CARUS) in jedem Fühler. (BERG phot.; W.-L. 1931.) Zirka 10×.

Abb. 155. Längsschnitt durch einen Sack von *Leucochloridium paradoxum* (CARUS), vollgepackt mit encystierten Jungen, bereit, sich im Darm von Singvögeln zu entwickeln, wenn diese ein Loch in den Schneckenfühler hacken. (W.-L. 1931.)

Cercarien. Diese sind schwanzlos und verlassen die Schnecken nicht, sondern encystieren sich in ihnen. Sie gelangen in einen Vogel dadurch, daß dieser eine Schnecke frißt. Auf eine oder die andere Weise wandern die Schmarotzer vom Darm in die Lungen und von hier in die Bronchien und die Trachea, wo sie geschlechtsreif werden.

Eine andere große Familie, die hauptsächlich im Darm von Vögeln und Säugetieren parasitiert, aber auch bei Reptilien vorkommt, ist die Familie der

Strigeidae (= Holostomidae) (Abb. 151 bis 153). Charakteristisch für sie ist es, daß der Körper durch eine Einschnürung in zwei Partien geteilt ist. Der vordere Abschnitt ist breit, becherförmig und besitzt einen eingesenkten oder vorspringenden Haftapparat, die hintere Partie, die zylindrisch ist, enthält die Geschlechtsorgane. (Über Entwicklung s. S. 118.)

Kürzlich hat Szidat (1936) in der Kurischen Nehrung ein umfangreiches Sterben von Seeschwalben *(Sterna)* beobachtet, das von einer Holostomidenart *(Cotylurus variegatus)* verursacht worden war. Die Vögel bekamen ihren Schmarotzer vom Stint *(Osmerus eperlanus)*, der durch Larven von *Tetracotyle ovata* massenhaft infiziert war. Ferner haben G. W. und W. Hunter (1934 u. 1935) sehr interessante Mitteilungen über die Infektion von Reihern und Eisvögeln, die durch cysteninfizierte Fische verursacht war, publiziert (Abb. 141).

Den *Strigeidae* sehr nahe steht die Familie der *Harmostomidae*, zu der *Leucochloridium (= Urogonimus)* gehört (Tafel 6 und Abb. 154, 155).

Eine Zeitlang war die Auffassung gang und gäbe, daß die Saugwürmer ihre Jugendstadien vor allem in Süßwasserschnecken und -muscheln zubringen. Untersuchungen späterer Zeit haben gezeigt, daß auch die Weichtiere des Meeres ihre weitgehende eigene Fauna besitzen, sowie daß auch die Infektion von Landschnecken eine weit häufigere Erscheinung ist, als man bis dahin geglaubt hat (Dollfus 1935). Jene Saugwürmer, die ihre Entwicklung in Meeres- oder Landschnecken durchmachen, werden selbstverständlich hier nicht erwähnt. Es gibt jedoch eine Form, die, weil sie in einer Schnecke, einer Bernsteinschnecke *(Succinea putris)*, vorkommt, welche ein amphibisches Dasein führt, indem sie auf dem Gras zwischen Land und Wasser lebt, hier nicht ganz unbesprochen bleiben kann.

In verschiedenen unserer Singvögel, wie z. B. im Rotkehlchen, in der Mönchsgrasmücke und Bachstelze, findet sich ein Saugwurm, *Distomum macrostomum* Rud., der, flüchtig besehen, so vielen anderen Saugwürmern gleicht und der in seinem Bau nicht ahnen läßt, daß seine Entwicklung eine der merkwürdigsten im Tierreich ist, und der, trotz all der Mühe und Arbeit, die von verschiedenen Seiten daran gewendet worden ist, um sie aufzuklären, auch heute noch gleich rätselvoll geblieben ist.

Am Tjustrupsee, der an den Suserupwald grenzt, befindet sich ein Ampferfeld, wo *Succinea putris* in großer Zahl gefunden wird. Es zeigte sich, daß die merkwürdigen Entwicklungsstadien des oben genannten Saugwurmes sich in dieser Schnecke vorfinden, und sie wurden daher zum Gegenstand einer Untersuchung gemacht, die sich über ein paar Jahre hin erstreckte (W.-L. 1931). Es sind in erster Linie Zeller (1874) und Heckert (1889) zu nennen, denen die Ehre gebührt, uns jene Kenntnisse verschafft zu haben, die wir gegenwärtig über das Tier besitzen.

Der Saugwurm findet sich im Darm von Vögeln, namentlich in der Kloake. Die Eier werden mit den Exkrementen entleert, welche als die wohlbekannten, weißen Flecken so manchenorts auf den Pflanzen zu finden sind, in unserem Fall auf den Ampferblättern beim Tjustrupsee. Diese Exkremente üben eine merkwürdige Anziehungskraft auf die Schnecken aus, sowohl auf gewöhnliche Helixarten als auch auf Bernsteinschnecken, die die Exkremente einschlürfen. Damit gelangen die Eier des Saugwurmes in sie. Wenn diese in den Darm kommen, löst die Magensäure die Schalen auf. Die Miracidien werden frei, bohren sich durch den Darm durch, erreichen die Leber und entwickeln sich hier zu Sporocysten. Diese Sporocysten weichen von den meisten anderen dadurch ab, daß sie sich verzweigen. Sie bilden ein dichtes Wurzelgewebe oder Wurzelnetz (Tafel 6, Fig. 1), das alle inneren Organe der Schnecke umspinnen kann, in erster

Linie die Leber und die Zwitterdrüse. In diesen sehr großen Sporocysten werden ohne Redienbildung gleich Cercarien entwickelt, aber diese Cercarien haben keine Schwänze, sie gehören zu der Gruppe, die wir *Cercariäen* genannt haben.

Das Wurzelgewebe der Sporocyste wächst zu zentimeterlangen, keulenförmigen Gebilden aus (Tafel 6, Fig. 2); einzelne von ihnen laufen den anderen den Rang ab und werden zu großen, dicken, wurstförmigen Säcken, die einen ganz merkwürdigen Bau besitzen. Sie werden von den langen, dünnen Fäden der übrigen Sporocyste getragen und sind gegen diese durch einen Verschlußapparat abgegrenzt, der es erlaubt, daß Körper in sie eindringen, aber nicht mehr daraus entweichen können. Sie sind, was sonst Sporocysten niemals zu sein pflegen, gefärbt, mit grünen oder braunen Ringen versehen und tragen an der Spitze einen kleinen roten Fleck, der ganz wie ein Augenfleck aussieht.

Öffnet man eine infizierte Schnecke, so findet man die Sporocyste, die bald nur mit einem einzigen großen Sack ausgestattet ist, bald mit zweien, bald mit sieben bis acht solcher, die dann mehr oder weniger gut entwickelt sind. Sie liegen Seite an Seite wie die Torpedos in der Torpedokammer auf einem Torpedoboot (Tafel 6, Fig. 3 u. 8). Der Schmarotzer hat eine so beträchtliche Größe, daß man den Eindruck hat, daß die eigenen Organe der Schnecke nur einen geringen Bruchteil bilden im Vergleich zu ihm. Eine infizierte Schnecke, die ältere Sporocysten enthält, ist auf den ersten Blick von einer nicht infizierten zu unterscheiden (Abb. 154).

Die oben genannten großen Säcke streben nämlich stets in die Tentakel hinaus. Bald liegt je ein Sack in je einem Tentakel, bald nur in einem derselben. Sieht man genauer zu, so kann man oft durch die Haut hindurch bemerken, daß Ersatzsäcke an der Basis der Fühlhörner liegen. Wir kennen nirgends bei den Saugwürmern etwas diesen Säcken Entsprechendes. Aber das Merkwürdigste von allem ist, daß diese Säcke im Gegensatz zu den übrigen Teilen der Sporocyste Bewegungsfähigkeit besitzen. Sie pulsieren ganz regelmäßig in den stark ausgespannten Tentakeln. Die Farbe der braunen und grünen Ringe auf dem hellen Untergrund macht die Pulsation überaus auffällig. Ohne diese würde man darauf kaum aufmerksam werden. Das menschliche Auge nimmt eine solche Schnecke mit pulsierenden Säcken in den Fühlhörnern in einer Entfernung von mehreren Metern wahr. Die Zahl der Pulsationen richtet sich nach der Temperatur und dem Feuchtigkeitsgehalt. Sie kann auf zwei bis fünf in der Minute sinken bei Temperaturen nahe dem Gefrierpunkt, aber bis zu 120 steigen bei Temperaturen um 30° C. In der freien Natur sind im Sommer wohl 40 bis 70 Pulsationen das Normale. Es scheint, als ob infizierte Schnecken geneigter wären, das Licht aufzusuchen, als nichtinfizierte. Die Succineen sind hauptsächlich Schattentiere und in hohem Grad feuchtigkeitsliebend. An lauwarmen trüben Tagen, ehe der Regen noch begonnen hat, findet man die infizierten Schnecken an der genannten Örtlichkeit an den Rändern und der Oberfläche der Ampferblätter sitzen. Unaufhörlich pumpen die Säcke. Nimmt man solche Schnecken ins Laboratorium mit, so kann man beobachten, daß sie Tag und Nacht pumpen. Zieht eine Schnecke ihre Fühlhörner ein, so folgen die Säcke mit und werden wieder vorgeschoben, wenn jene sich wieder ausstrecken. Im Innern der Säcke findet man die Jungen der Schmarotzer; sie liegen hier dicht aneinandergepreßt in einer Zahl von 300 bis 400. Als Cercariäen haben sie sich mit ihrer Fähigkeit, die Form wechseln zu können, durch die dünnen Fäden in die Säcke gedrängt. Beim Durchtritt durch die Fäden sind sie außerordentlich dünn. Wenn sie hineingeschlüpft sind, runden sie sich ab und umgeben sich mit einer dicken, hyalinen Hülle. Sie gehen nun in ein Stadium über, das, biologisch gesehen, den

Cysten der anderen Saugwürmer entspricht und in dem sie vielleicht über ein Jahr, auf jeden Fall Monate hindurch verharren können (Abb. 155).

Was hat es nun mit diesem merkwürdigen Organismus, mit dieser einzigdastehenden Miracidie für eine Bewandtnis? Sie läßt im Gegensatz zu fast allen übrigen nur eine einzige Sporocyste entstehen, und diese ist verzweigt und übertrifft fast alle anderen an Größe. Sie umspinnt in Form eines Mycels das Innere der Schnecke, bildet, recht ähnlich einem Mycel, am Ende der Fäden keulenförmige Körper aus, die man den Fruchtkörpern eines solchen vergleichen könnte, und schiebt diese in das Licht, so daß sich dann die Tentakel mit Jungen füllen. Überdies sind diese keulenförmigen Gebilde mit Farbenringen ausgestattet und zeigen außerdem Pulsationsvermögen, alles Verhältnisse, die wir bei anderen Sporocysten nicht kennen.

Die Deutung ist in einer Hinsicht leicht, aber auf der anderen Seite ist alles so ganz und gar unverständlich, weil wir vollkommen außerstande sind, zu begreifen, wie ein solches Zusammenspiel zustande kommen kann.

Es ist ja nun einmal nicht zu übersehen, daß der geschlechtsreife Saugwurm *Distomum macrostomum* im Darm einer Reihe von Singvögeln lebt, und ferner, daß seine Entwicklungsstadien in einer Schnecke leben. Das Unfaßbare ist, daß diese Singvögel ja nicht von Schnecken leben, sondern von Insektenlarven. Es kann nun nicht bestritten werden, daß diese pulsierenden Säcke mit ihren braunen und grünen Ringen und mit ihrem knallroten Fleck vorne bei ihrer ständigen Bewegung den Tentakeln der Schnecken das Aussehen von Insektenlarven verleihen. Es ist weiter eine Tatsache, daß verläßliche Naturforscher beobachtet haben, wie Vögel, wenn man ihnen in der Gefangenschaft Schnecken mit pulsierenden Säcken vorhält, sich auf diese stürzen, in die Tentakel hineinpicken und den Sack wegnehmen. Beobachtungen draußen in freier Natur fehlen noch; daß dazu ein besonderes Glück gehört, versteht sich. Doch möchte ich sagen, daß ich Rotkehlchenjunge auf Ampferblättern beobachtet habe, die zwischen Schnecken mit pulsierenden Säcken herumhüpften, ohne daß sie die geringste Notiz von ihnen nahmen. Es zeigte sich weiter im Laboratorium, daß, wenn man alte Vögel mit Jungen aus den Säcken fütterte, diese deshalb keine Trematoden-Infektion erlitten. Aber die Jungen wurden dagegen infiziert, die noch nicht aus dem Nest gekommen waren. Die alten Vögel müssen also mit den Säcken ins Nest fliegen und die Jungen damit äsen. Die Erklärung wäre also die, daß der Magensaft der Alten nicht so stark wirkt wie der der Jungen und deshalb nicht geeignet ist, die Hülle der Dauerstadien aufzulösen.

Von all den vorliegenden Tatsachen ausgehend, sind wir gezwungen anzunehmen, daß ein Organismus, das *Distomum macrostomum*, imstande ist, zu einem bestimmten Zeitpunkt seiner Entwicklung gewisse Teile derart umzubilden, daß ein Organ eines anderen Organismus (der Tentakel der Schnecke) einem Lebewesen, und zwar einer Insektenlarve, ähnlich wird, das nicht das Mindeste mit ihm, dem Saugwurm, zu tun hat. Und dieser Vorgang soll darum vor sich gehen, damit ein Geschöpf, in diesem Fall die Schnecke, die nicht zum Speisezettel des Endwirtes gehört, dessen Interesse so sehr auf sich zu lenken imstande wird, daß dieser stillhält und im Vertrauen, eine Insektenlarve vor sich zu haben, zupackt. Stimmt dies alles, so wird dann die nächste Frage sein, wie das alles zustande gekommen sein soll. Wie und von welcher Beschaffenheit ist das Zusammenspiel der Kräfte, das diese Korrelation zuwege gebracht hat? Ich ersehe nicht, daß wir gegenwärtig auch nur irgendeine Möglichkeit haben, diese Frage zu beantworten. Untersuchungen der letzten Zeit haben diese Schwierigkeiten nur noch vermehrt. Es ist nämlich nachgewiesen worden (MᴄIɴᴛosʜ 1932), daß diese Gruppe von Distomen, zu denen *D. macrostomum* gehört und die nach ihrer

Sporocyste jetzt oft *Leucochloridium* genannt wird, sich nicht allein bei Singvögeln findet, sondern auch bei körnerfressenden Vögeln, bei Baumläufern, ja auch bei Spechten, d. s. also Vögel, in deren Diät Schnecken niemals eine Rolle spielen. Mehrere der Saugwürmer, die bei diesen Vögeln gefunden wurden, stehen dem genannten *D. macrostomum* sehr nahe. Wir werden so gezwungen, anzunehmen, daß wir die Entwicklungsstadien dieser Formen entweder in ganz anderen Organismen als Schnecken zu suchen haben, oder daß diese Stadien die Fähigkeit besitzen, sich derart umzubilden, daß sie den Futtergegenständen dieser Vögel ähnlich werden, ganz wie die Sporocysten von *D. macrostomum* den Insektenlarven ähnlich sehen. Da man *D. macrostomum* auch in Wasservögeln, im Bleßhuhn, gefunden hat, die ja tatsächlich sich von Schnecken ernähren, in welchem Fall ja der Saugwurm keineswegs sich hätte bemühen müssen, alle diese komplizierten Umwandlungen auf sich zu nehmen, sondern nur nötig gehabt hätte, sich so wie ein gewöhnlicher Saugwurm zu verhalten, der sich in denjenigen Schnecken encystiert, in denen er als Redie gelebt hat (was bei den echinostomen Saugwürmern der Fall ist), ist die Möglichkeit gegeben, daß der Verlauf, den die Entwicklung in den Bernsteinschnecken genommen hat, ursprünglich rein pathologisch war, daß die Cercarien, wie das so oft der Fall ist, in einen falschen Wirt gelangt waren und daß das Leben in einer Schnecke, die zum größten Teil Landschnecke ist, sie umgeformt hat. Kürzlich hat Hsü (1936) gezeigt, daß die gleichen Sporocysten (grüne) sich ebensogut in Landvögeln *(Passer, Emberiza)* wie auch in Wasservögeln *(Pavoncella pugnax)* entwickeln können.

Ebenso wie wir nicht verstehen, auf welche Weise diese ganze Entwicklung in Gang gekommen ist, ebensowenig verstehen wir die Physiologie dieses Organismus. Daß dieser mächtige Parasit sich von der Schnecke ernährt und ohne Darmkanal irgendwelcher Art seine ganze Ernährung durch die Haut durchführt, darüber besteht kein Zweifel. Ob die Säcke, in denen die encystierten Saugwürmer liegen, Partien sind, die nicht an der Ernährung der ganzen Sporocyste teilnehmen, wissen wir nicht. Ebensowenig wissen wir, wie die Pulsationen zustande kommen. Wir können bei den Miracidien, bei den encystierten und den geschlechtsreifen Individuen ein Nervensystem nachweisen, aber trotz sorgfältigster Untersuchungen hat man nicht die geringste Spur eines Nervensystems bei den Sporocysten gefunden. Wir wissen, daß Licht und Wärme die Schnelligkeitsfrequenz der Pulsationen beeinflussen. Es ist die Möglichkeit gegeben, daß die Pigmentablagerungen, die sich nur in den Säcken vorfinden, imstande sind, die Licht- und Wärmereize in Bewegung umzusetzen, aber etwas Sicheres darüber wissen wir nicht.

Daß dieser mächtige Parasit einen sehr großen Einfluß auf die Schnecke und ihre Organe ausübt, ist selbstverständlich. Es kommt zu tiefgreifenden Zerstörungen der Leber und ebenso der Geschlechtsorgane. Deren Ausführungsgänge werden zu dünnen Strängen und die Geschlechtsprodukte werden in hohem Grad zerstört (Tafel 6, Fig. 4 bis 6). Die Schnecken können aber trotz der Parasiten gut überwintern. Sie wurden in meinem Laboratorium über ein Jahr gehalten. Werden die Schnecken nicht von den Säcken befreit, so geschieht es oft, daß die sehr gespannte Haut der Fühlhörner gesprengt wird, und man findet deshalb nicht selten sowohl in den Kulturschalen als auch in der Natur auf den Ampferblättern ausgeworfene Säcke. Sie erhalten sich hier bei feuchten Verhältnissen zwei bis drei Tage am Leben. Die Säcke bringen es mit sich, daß die Tentakel deformiert werden. Oft ist der eine von ihnen nur ein kleiner Knoten. Eine lebenstüchtige Sporocyste gibt einen Sack nach dem anderen ab. Aber es kommt der Zeitpunkt, wo die Sporocyste ihre Kraft aufgebraucht hat. Sie bildet dann keine Säcke mehr. Diese werden leder-

artig und können sich nicht mehr hinausschieben, haben aber noch lebens-
fähige Cysten in sich.

Solange in den Schnecken eine große Sporocyste vorhanden ist, wird die aufgenommene Nahrung nur dazu verwendet, um diese zu ernähren; deren Gegenwart bringt parasitäre Kastration mit sich; gewisse Beobachtungen deuten aber
darauf hin, daß die Schnecke, wenn der Schmarotzer zugrunde gegangen ist,
wieder mit dem Neuaufbau ihrer Geschlechtsorgane zu beginnen vermag, ein
Verhalten, das wir auch andernorts im Tierreich feststellen können.

Säugetierschmarotzer.

Von den eigentlichen Distomen (mit Ausnahme der *Amphistomata*) finden sich
nicht sehr viele als Schmarotzer in Säugetieren. Sie sind hauptsächlich an Raubtiere gebunden, besonders an solche, die ihr Futter im oder in der Nähe des
Wassers suchen, außerdem an Nagetiere. Eine merkwürdig große Zahl findet
sich bei den Fledermäusen, die sicherlich durch Mücken infiziert werden. Die
meisten Infektionen finden jedoch durch Fische statt, in welche die Cercarien
sich einbohren, um sich hier zu encystieren, bei Nagetieren und Insektenfressern
jedoch zum Teil durch Schnecken. Der bei weitem überwiegende Teil sind Darmschmarotzer, ein Teil Leberparasiten, und unter diesen einige derjenigen Arten,
die am meisten in die Wirtschaft des Menschen eingreifen.

Der Leberegel, *Fasciola hepatica* L., ist wohl der bekannteste aller Saugwürmer,
der in Europa als einer der gefährlichsten Schmarotzer unserer Haustiere angesprochen werden muß. Es kann beispielsweise angeführt werden, daß in
Bayern allein im Jahre 1925 zumindest 60.000 Schafe, 18.000 Rinder und
3000 Ziegen durch ihn getötet wurden, zusammen im Wert von zehn Millionen
Mark. Im Schlachthaus von München waren im Jahre 1925 26,6% aller Rinderlebern und 49,9% aller Schaflebern infiziert. Allein in der Zeit vom September
bis Juni wurden an Versicherungssummen für Rinderleber 83.880 Mark und für
Schafleber 8473 Mark ausbezahlt. Der Leberegel ist eine Geißel für die Schafzucht in England und Frankreich gewesen, und gegenwärtig steht es damit auf den
Färöern möglichst schlecht. Von den Färöern wird angegeben, daß zirka
10.000 Schafe infiziert sind und daß es Herden gibt, wo zirka 40% (LÜTKEN und
BOVIEN 1934) zugrunde gehen. Desgleichen in Norwegen (OEKLAND 1934). In
Stavanger wurden 20% der Rinderlebern kassiert, und es wird angegeben, daß
in Haugesund bis zu 100% infiziert seien. Es scheint, als ob OEKLANDS Untersuchungen (1935) gezeigt hätten, daß man einen Zusammenhang zwischen
edaphischen Faktoren (Lehmablagerungen als Boden für *L. truncatula*), und reichlichem Vorkommen der Schnecke und der Fasciolosis feststellen kann. Wie die
Verhältnisse gegenwärtig in Dänemark liegen, ist nicht genau bekannt, doch
scheinen gewisse diesbezügliche Auskünfte darauf hinzudeuten, daß der Schmarotzer weiter verbreitet ist als man eigentlich weiß. Wenn wir bei uns augenblicklich nicht so sehr mit diesem Schmarotzer rechnen, so hängt das wahrscheinlich damit zusammen, daß die Schafzucht in unserer Landwirtschaft keine so
große Rolle spielt und daß große Schäfereien zur Zeit selten sind. Doch ist es
ein sehr bedenklicher Umstand, daß der Schmarotzer in stets steigendem Ausmaß
das Rind anzugreifen scheint. Er tritt hier, soweit man weiß, etwas mehr maskiert
auf, insofern er in der Regel das Rind nicht tödlich zugrunde richtet; dagegen
kann er, wenn er reichlich vorhanden ist, Abmagerung bewirken und, wie man
sagt, auch die Milchproduktion herabsetzen.

Durch die gleichzeitigen Untersuchungen von THOMAS (1883) und LEUCKART
(1882) wurde die Lebensweise des Leberegels aufgeklärt. Sie dürfte gegenwärtig
wohl allgemein bekannt sein. Die beigefügten Abbildungen zeigen seinen Entwick-

lungsgang (Abb. 156 u. 157). Auf Grund ihrer großen Bedeutung wurden sowohl er als auch die Schnecke, in der seine Jugendstadien vorkommen, zum Gegenstand sehr eingehender Untersuchungen gemacht, ganz besonders durch MEHL (1932). Die Hauptresultate dieser Studien sollen hier wiedergegeben werden.

Von unserem gewöhnlichen Leberegel *Fasciola hepatica* L. wird, wie erwähnt, angegeben, daß er sich nur in *Limnaea truncatula* entwickeln kann. Es ist jedoch durch Versuche festgestellt worden, daß die nahestehenden *Limnaea*-Arten den Leberegel ebenfalls beherbergen können, doch besteht kein Zweifel darüber, daß in Europa dieser *Limnaea truncatula* die Hauptrolle zufällt. Nun hat jedoch die durch den Leberegel hervorgerufene Krankheit ein weitaus größeres Verbreitungsgebiet als *Limnaea truncatula*. Die Krankheit findet sich sowohl über große Teile von Afrika, Indien, die Sandwich-Inseln und Australien als auch über Nord- und Südamerika verbreitet. Es ist festgestellt worden, wie im vorausgehenden berichtet worden ist, daß die Entwicklung in diesen weithin sich erstreckenden Gebieten, in denen *Limnaea truncatula* nicht oder nur ausnahmsweise vorkommt, in ganz anderen Schnecken stattfindet, zum Teil in Arten derselben Gattung, aber auch in anderen Gattungen.

Die Leberegelschnecke kann in einem Gebiet sehr weit verbreitet sein, ohne daß man deshalb das Mindeste davon ahnt (Abb. 158). Das ist in erster Linie ihrer geringen Größe zuzuschreiben. Die meisten Exemplare sind unter 1 cm groß, Maximalgröße ist 15 bis 16 mm. Die vornehmlichste Fundstätte sind immer kleine Wasseransammlungen, in erster Linie kleine Bachläufe mit sehr geringer Wasserführung (Ausläufe von Drainagekanälen) mit lehmigem Boden und geringem Graswuchs. Das heißt also in bezug auf die Landwirt-

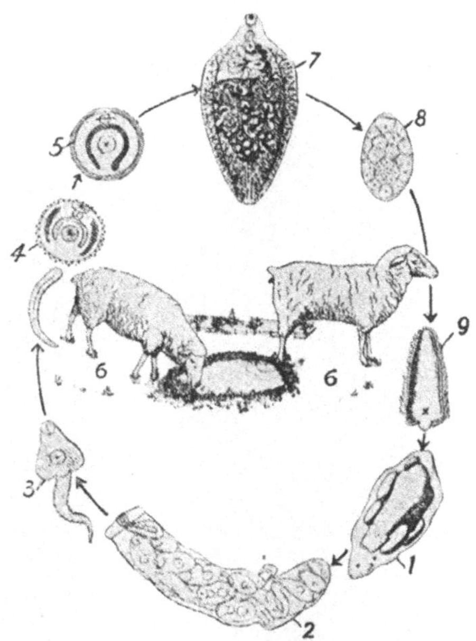

Abb. 156. Leberegel, Kreislauf. *1* Sporocyste; *2* Redie; *3* Cercarie; *4* diese mit eben abgeworfenem Schwanz; *5* die fertige, auf Gras befindliche Cyste, die mit dem Futter in den Darmkanal des Schafes gelangt und sich hier *6* zum Leberegel *7* entwickelt, dessen Eier mit den Exkrementen nach außen gelangen. Die Eier *8* bilden Wimperlarven aus, Miracidien, *9*, die sich in die Leberegelschnecke *Limnaea truncatula* einbohren, wo die Stadien *1*, *2*, *3* sich entwickeln, welche im Stadium *3* die Schnecke verlassen, um sich an Gras zu encystieren. (NÖLLER 1928.)

schaft schlecht gereinigte Entwässerungskanäle. An solchen Stellen kann man auf dem Quadratmeter bis zu 1000 Schnecken finden. In feuchten Sommern, wenn Regengüsse die Bäche zum Steigen bringen, werden sie durch die Strömung in kleine Pfützen vertragen, die für einige Zeit Wasser führen und wo sie in ungeheurer Menge zusammengespült werden. Steigt die Regenmenge, so können sie aus diesen seichten Pfützen über weite Wiesenareale, die Weideplätze unserer Haustiere, verstreut werden. Wenn auch die Schnecken im Süßwasser zu Hause sind, so können sie doch ein weit ausgeprägteres amphibisches Dasein führen als irgendeine andere unserer Süßwasserschnecken. Es ist eine Lungenschnecke, aber sie kann sich allein durch Hautatmung ausgezeichnet durchbringen. Wenn Trockenheit eintritt, wenn alle kleinen Pfützen versiegen und die Wiesen strohdürr werden, geht die Schnecke doch nicht zugrunde. Sie zieht sich in den Schlamm zurück, mit Pflanzenwurzeln bildet sie sich in Regenwurm- und Maulwurfgängen in der Schalenöffnung einen Schleim- und Schlammpfropfen und übersommert auf diese Weise. In Bächen und Pfützen im kleinen Strandwäldchen bei Dragsholm (Seeland) sah ich die Schnecken auf vollkommen vegetationslosen, laubbedeckten Flächen nach dem ersten Regenschauer nach längerer Trockenzeit zu Tausenden hervorkriechen. Weder Frost noch Schnee tut ihnen etwas an. Es wird angegeben, daß sie das Einfrieren vertragen und wieder aufleben, wenn das Frühjahr kommt. Temperaturen unter —7° C vertragen sie nicht. Nach dem

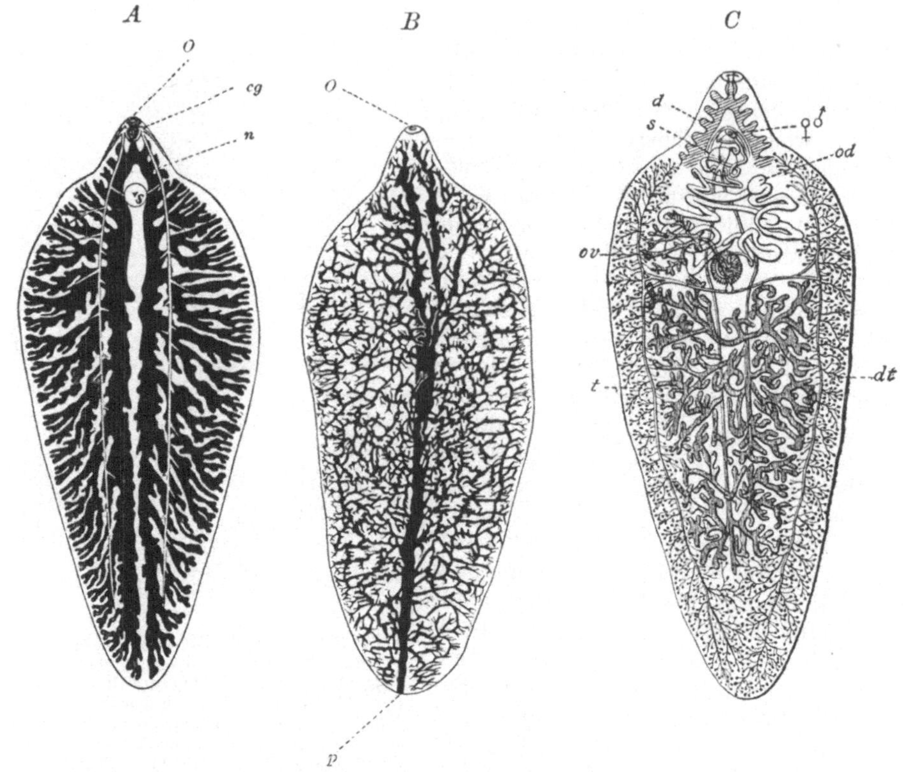

Abb. 157. *Fasciola hepatica* L. *A* Darmkanal und Nervensystem; *B* Exkretionsorgan; *C* Geschlechtsorgane. *A:* *O* Mundöffnung, die in den reich verzweigten Darm führt; *S* Bauchsaugnapf; *Cg* Hirnganglion; *n* die großen Längsnerven: *B:* *p* Öffnung des Exkretionsorganes. *C:* *t* Hoden; *ov* Ovar; *s* Bauchsaugnapf; *d* Darm; ♀♂ gemeinsame ♂ und ♀ Geschlechtsöffnung; *od* Uterus; *dt* Dotterstock. (SOMMER nach HATSCHEK 1888.)

Winterschlaf findet die Eiablage statt. Die kleinen Eiklumpen (Abb. 161) werden immer ins Wasser abgegeben. Zwei bis vier Wochen später kriechen die jungen Schnecken aus. In Bayern sollen sie noch das gleiche Jahr die Geschlechtsreife erlangen und neue Eimassen absetzen. Es wird hervorgehoben, daß man zur Begrenzung der Schneckenmengen keine größere Hilfe von der heimischen Tierwelt erwarten kann. Ich möchte jedoch glauben, daß Watvögel und Spitzmäuse wenigstens etwas müßten ausrichten können. Zur Ausrottung der Schnecken ist in erster Linie erforderlich, daß die Drainagekanäle rein gehalten und von Pflanzenwuchs befreit werden, d. h. also, daß das Wasser einen möglichst schnellen und freien Lauf haben soll. Überdies wird Kupfervitriol in 1- bis 2%iger Lösung, und zwar 1200 bis 2400 Liter davon pro Hektar Wiese anempfohlen; überdies, daß die Schafherden, bevor sie auf die Wiese getrieben werden und nachdem sie heimgekommen sind, 1 ccm Tetrachlorkohlenstoff bekommen, um von den Eiern des Schmarotzers befreit zu werden, durch die die Schnecken infiziert werden.

Auf Grund neuerer Untersuchungen ist über den Leberegel selbst folgendes festgestellt worden: Die Eier erhalten sich nach experimentellen Untersuchungen drei bis sechs Wochen lang lebend. Bei einer Temperatur um 22 bis 27° C entwickeln sich die vollreifen Larven (Miracidien). Die Eier scheinen nur wenig widerstandsfähig gegen Austrocknung zu sein. Doch muß hervorgehoben werden,

Abb. 158. Anhäufungen von *Limnaea truncatula* in einer Pfütze, von der das Wasser abgeleitet worden ist. (MEHL 1931.)

daß die Eier sich *in* den Exkrementmassen (Kuhfladen) selbst durch ein ganzes Jahr am Leben erhalten. Nur dürfen diese im Innern nicht ganz austrocknen. Da die Eier eine Temperatur von —3° C ertragen können, so scheint es, als ob bei uns die Eier in gewissen Jahren nicht nur übersommern, sondern auch überwintern können. Namentlich in etwas südlicheren Breitegraden wird das leicht zutreffen können. Es fehlen noch Untersuchungen darüber, wie sich die Eier in freier Natur verhalten.

Sobald die Larven auskriechen, bohren sie sich in die Schnecken ein und durchlaufen dann hier ihre Sporocysten- und Redien-Stadien. Mehrere Redien-Stadien lösen einander ab und zum Schlusse werden in den Redien Cercarien gebildet, die in Pfützen oder im Morgentau auskriechen. Die Entwicklung in der Schnecke hängt von der Temperatur ab, doch werden als Regel sechs bis sieben Wochen angegeben. Über die Zahl von Cercarien, die das Ergebnis eines einzigen Leberegel-Eies sind, hat man sich sehr verschiedene Vorstellungen gemacht.

Nach der einen wird eine Zahl genannt, die mit drei Nullen geschrieben wird, ja es soll sogar eine Schnecke Cercarien zu Millionen abgeben können. Das ist sicherlich grundfalsch. Leuckarts alte Angabe, daß aus einem Ei 300 bis 400 Cercarien hervorgehen können, ist wohl annäherungsweise richtig, eher zu hoch als zu niedrig. Werden die Schnecken von zu viel Miracidien infiziert, so sterben sie ab. Das Cercarien-Stadium (Abb. 160) dauert nur kurz, höchstens 24 Stunden, normalerweise kaum mehr als einige Minuten. In der Regel kapseln sie sich unmittelbar nach ihrem Austritt ein und bilden auf den Pflanzen von wasserbeschädigten Feldern Cysten (Abb. 162).

Namentlich in bezug auf dieses Cystenstadium haben die neueren Untersuchungen eingesetzt. Es ist ja für die ganze Frage nach der Seuchenquelle von durchaus entscheidender Bedeutung, wie lange sich die Schmarotzer im Cystenstadium am Leben erhalten können. Es besteht nämlich kein Zweifel darüber, daß die Infektion der Haustiere, praktisch gesprochen, nur durch dieses erfolgt. Man hat auch die Meinung vertreten, sowohl, daß die Cercarien sich sollen einbohren können, wenn sie mit dem Trinkwasser in den Magen gelangen, als auch, daß Tiere, wenn sie infizierte Schnecken zusammen mit dem Gras fressen, durch den Leberegel infiziert werden können. Die erste Möglichkeit ist sehr gering, da den Cercarien eine Einrichtung zum Sicheinbohren mangelt, die andere kann möglicherweise nicht ganz zurückgewiesen werden,

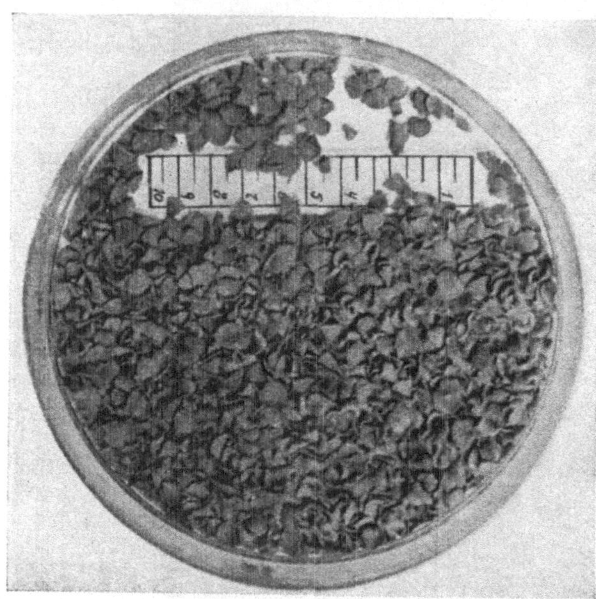

Abb. 159. Hauptsächlich junge, halberwachsene Leberegel (4 bis 20 mm), die im März 1923 in der Gallenblase eines neun Monate alten, toten Rindes gefunden wurden. In der Blase waren 1241 Leberegel vorhanden. (Nöller 1925.)

aber man muß doch wohl davon ausgehen, daß man es dann überwiegend mit Ausnahmefällen zu tun hätte. Alte sowie neuere Untersucher sind darin einig, daß es das cysteninfizierte Gras ist, das die Hauptquelle darstellt. Werden Rinder direkt durch Schnecken infiziert, so ist das am ehesten den Cysten zuzuschreiben, die man oft an den Schneckenschalen findet, was dadurch zustande kommt, daß die Cercarien sich auf den Schneckenschalen und nicht an Grashalmen encystieren, eine Erscheinung, die auch von anderen Trematoden-Formen her wohlbekannt ist. Die Schnecken gelangen in solchen Fällen mit dem Futter in die Schafe und Rinder.

Eine weitere Frage ist: Können unsere Haustiere *nur* draußen im Freien infiziert werden? Nutzt es in einem Leberegeljahr etwas, wenn das Tier auf infizierten Feldern weiden müßte, daß man es im Stall hält und mit frischem, von jenen herstammendem Heu füttert? Besteht bei Fütterung mit Heu den ganzen Winter hindurch ständig die Gefahr, die Tiere zu infizieren?

Um diese Frage beantworten zu können, muß folgendes klargestellt sein:
Wie lange erhält sich der Schmarotzer im Cystenstadium am Leben, wie lange
bleibt er bei vorhandener Feuchtigkeit am Leben, wieweit erträgt er absolute
Austrocknung? In erster Linie haben diesen wichtigen Punkten sowohl Nöller
und seine Schüler als auch Mehl
sowie eine große Zahl anderer Forscher (in Dänemark Brieg 1927)
ihre Aufmerksamkeit zugewendet.

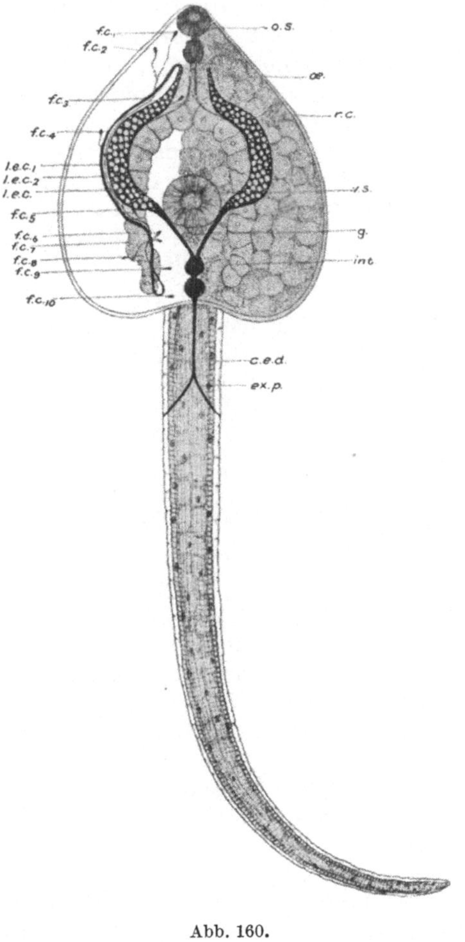

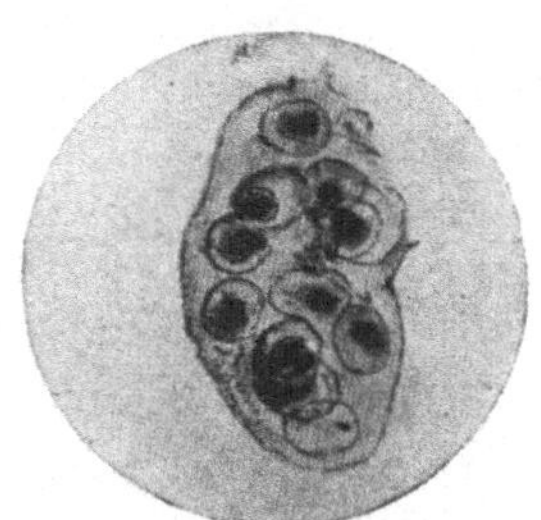

Abb. 161.

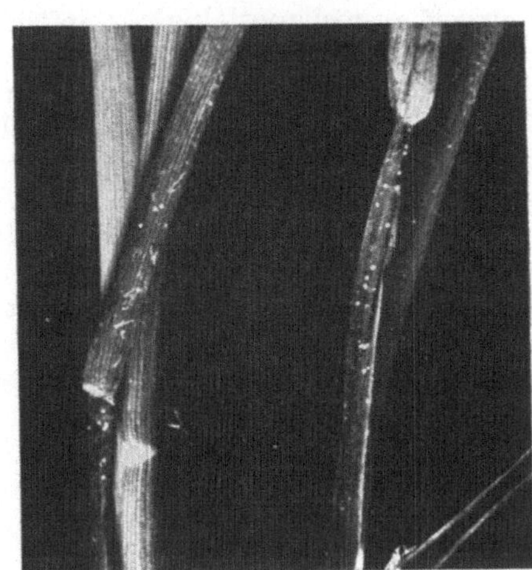

Abb. 160.

Abb. 162.

Abb. 160. Larve des Leberegels. *o.s.* Mundsaugnapf; *oe.* Ösophagus mit Pharynx; er setzt sich in die beiden
Blindsäcke *int.* fort; *r.c.* einzellige Drüsen, die die Cystenwand bilden; *v.s.* Bauchsaugnapf; *g.* Anlage der Geschlechtsorgane; *c.e.d.* Muskulatur; *f.c.*$_1$ bis *f.c.*$_{10}$ Wimperflammen; *e.c.* die verschiedenen, zum Exkretionsorgan
gehörigen Kanäle; nahe dem Schwanz die zweigeteilte, kontraktile Blase; *ex.p.* Ausführungsgang des Exkretionsorganes. Dieses ist schwarz gezeichnet. (Gwendolen Rees 1932.)

Abb. 161. Eierklumpen von *Limnaea truncatula*. (Nöller 1925.)

Abb. 162. Auf der Wiese frisch gepflücktes Gras. An den Halmen finden sich zahlreiche Leberegelcysten. Wird
das Heu unzureichend getrocknet in die Scheune gebracht, behalten die Cysten lange ihre Lebensfähigkeit.
(Nöller 1927.)

Es gibt Forscher (Marek 1927 u. a.), die behaupten, daß Heu in feuchten
Jahren während der ganzen Winterfütterung im Stall seine Infektionsfähigkeit
bewahrt und daß die Cysten sich durch zirka acht Monate oder sogar noch länger
am Leben erhalten sollen; Rajcevic (1929) behauptet sogar, durch 17 Monate
(Abb. 162). Eine lange Reihe von Untersuchern, darunter auch Sprehn (1925),
kommt zu ähnlichen Ergebnissen. Zu allen diesen Angaben ist jedoch zu sagen,

daß ihre Urheber nur mit dem Heu experimentiert haben; die Cysten selbst haben sie nicht gesehen. Nöller war es, der zusammen mit seinen Schülern (Koncek und Schmid) in den Jahren 1925 bis 1929 Cysten eingesammelt und ihr Aussehen während des Eintrocknens studiert hat. Sie kommen zum Resultat, daß das getrocknete Heu seine Infektionsfähigkeit nicht über fünf bis sechs Wochen bewahrt. Mehl meint, daß die Zahl auf höchstens ungefähr drei Monate angesetzt werden kann. Man vermutet weiter, daß Heu, das nicht vollständig getrocknet eingebracht wird, gleichwohl seine Infektionskraft verlieren dürfte, weil die hohe Temperatur (über 30° C) bewirkt, daß die Leberegel in den Cysten absterben. Wie es sich mit Heu im Silo verhält, weiß man nicht, doch kann es für nicht unwahrscheinlich angesehen werden, daß, da bei der Eintrocknung Wasserdampf durch die Cystenwand von innen nach außen abgegeben wird, diese auch von außen nach innen zu nicht impermeabel sein dürfte, d. h. also, daß auch Säuren und vor allem Kohlensäure durch die Wand eindringen könne und die Leberegelkeime töten müsse, wenn solche im Silo vorhanden sein sollten. Die Hauptinfektion geschieht ganz unzweifelhaft draußen auf der Weide oder, wenn das Vieh im Stall gefüttert wird, durch frisch gemähtes, gleich eingebrachtes Gras. Gleichzeitig wird aber auch hervorgehoben, daß Heu, das ein paarmal im Verlaufe des Sommers halbwegs getrocknet, aber immer wieder naß geworden ist, und das sehr spät eingebracht und halbtrocken als Futter verwendet worden ist, kaum weniger ansteckungsfähig als infiziertes Grünfutter ist. In feuchten Jahren scheint deshalb die Angabe Mareks, daß die Infektionsfähigkeit des Heues sich durch acht Monate erhält, richtig zu sein.

Es ist einleuchtend, daß Leberegeljahre mit feuchten Jahren zusammenfallen oder unmittelbar auf diese folgen werden und daß eine Landwirtschaft, die über sehr feuchte Weiden oder trockengelegte Seegebiete verfügt, besonders gefährdet ist. Die Schwierigkeiten der Bekämpfung dürften hauptsächlich darin liegen, daß es ja nicht genügt, das Vieh von den infizierten Wiesen fernzuhalten, sondern daß das Heu auch nicht zur Stallfütterung zu verwenden ist, ohne den Bestand einer Infektion auszusetzen. Eine Landwirtschaft, deren Weiden hauptsächlich aus trockengelegten Seegebieten besteht, kann in feuchten Jahren einer Wiederinfektion kaum entgehen.

Mehl hebt hervor, daß, wenn eine ernstliche Ansteckung in einem Bestand vorhanden ist, die Schafe, bevor sie auf die Weide getrieben werden, ein den Leberegel vertreibendes Mittel einnehmen müssen, da sie sonst durch ihren Kot die Wiesen zu stark infizieren würden.

Man muß in der Regulierung von Bächen und in deren Reinigung, in der Senkung des Grundwasserstandes, in der Entwässerung und in der Anwendung von Chemikalien auf alle nach Überschwemmungen oder starken Regenschauern entstandenen kleinen Pfützen einige der wichtigsten Mittel zur Bekämpfung der Leberegelgefahr erblicken. Vielleicht darf ich aus eigener Erfahrung auf anderen Gebieten darauf aufmerksam machen, daß in dem längs der Bäche ausgeschwemmten Material sehr lange, oft den ganzen Sommer hindurch, die Bachorganismen sich lebensfähig erhalten können und daß dieses Material im Herbst, wenn es nicht zu weit weg von den Bachläufen liegt, sehr leicht wieder in ihnen landen kann, womit eine Wiederinfektion derselben erfolgen wird. Nach dem Material, über das wir gegenwärtig verfügen, sehe ich keinen Grund zur Annahme, daß die Schnecken, bloß weil sie im Schlamm längs der Bachränder aufgebracht werden, auf alle Fälle in feuchten Jahren deshalb zum Tod verurteilt sein sollten.

Wie früher erwähnt, ist Dänemark ja nicht so ganz besonders schweren Leberegelangriffen ausgesetzt gewesen, wie sie südlichere Länder erlitten haben. Etwas davon dürfte den etwas kürzeren Sommern zu danken sein. Es ist noch eine

Frage, ob die Leberegelschnecken bei uns ebenso häufig sind wie weiter im Süden, ob sie auch bei uns imstande sind, im gleichen Jahr, in dem sie erzeugt wurden, geschlechtsreif zu werden, und ob nicht im Winter ein großer Teil des Bestandes abstirbt. Temperaturen von ungefähr —7° C töten sie. Vorläufig scheint es so, daß geringerer Ertrag der Milchproduktion und Abmagerung die schwersten Übel bei uns darstellen.

Die Anwesenheit von Leberegeln erkennt man mit Sicherheit durch den Nachweis von Eiern in den Exkrementen. Untersuchungen in dieser Hinsicht

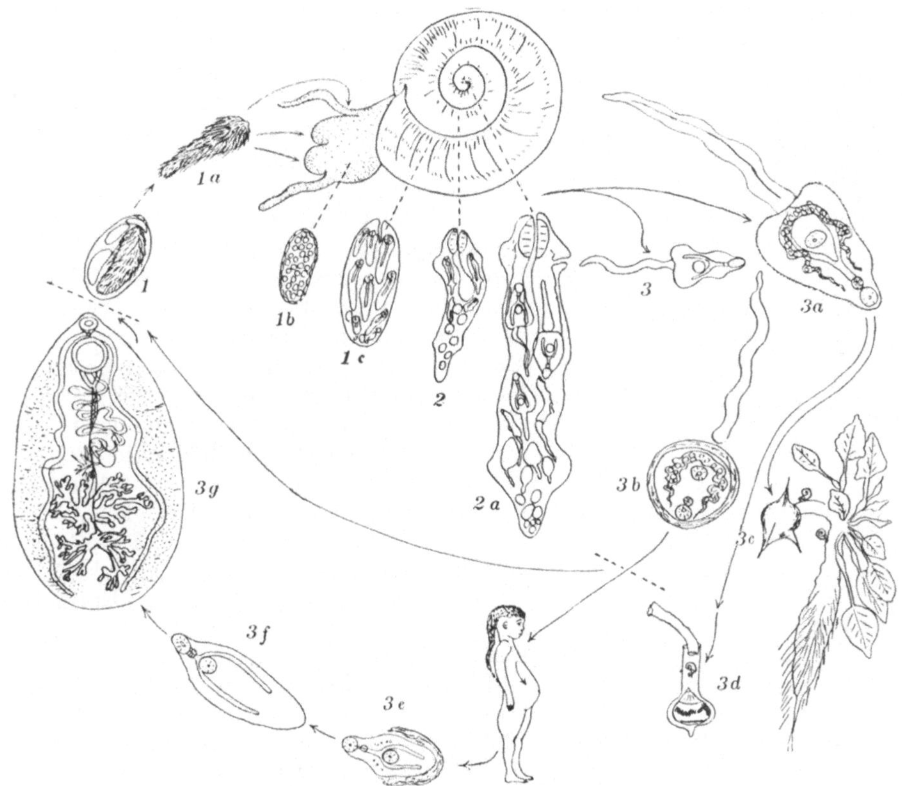

Abb. 163. *Fasciolopsis Buski* (LANKESTER). Der Leberegel des Ostens, der überall in Zentral- und Südchina, Siam, Borneo usw. die sehr schwere *Fasciolopsiasis* hervorruft. Die Eingeborenen erlangen die Krankheit durch Verzehren von roher Hornnuß. *1* Ei mit Miracidium; *1a* Miracidium; *1b, 1c, 2* bis *2a* Sporocysten, Redien mit Cercarien in einer *Planorbis*; *3, 3a* Cercarien; *3b* Cysten; *3c* die Hornnuß, auf der die Encystierung erfolgt. Im Darmkanal des Menschen wird die Cyste gesprengt, *3e*, und hier entwickelt sich daraus der fertige Saugwurm *3f, 3g*; das Ei, *1*, wird mit den Exkrementen ausgeführt. (FAUST 1930.)

spielen eine bedeutende Rolle, aber es bedarf dazu einer großen Übung, da man auch Eier vieler anderer Schmarotzer, anderer Saugwürmer sowohl als auch von Nematoden und Bandwürmern in ihnen vorfindet. Es ist auf diesem Gebiet eine besondere Methodik ausgearbeitet worden. Die sicherste Voruntersuchung ist es, eine kleine Portion von Exkrementen in Wasser zu verrühren und die Probe einige Zeit stehen zu lassen, bis Larven, Miracidien, sich entwickeln.

Über das Leben des Schmarotzers im Endwirt wissen wir jetzt folgendes. Die Cysten werden erst im Zwölffingerdarm aufgelöst; der eben frei gewordene Leberegel ist $^1/_3$ mm lang. Nach den letzten Untersuchungen von MATTES (1937) und seinem Schüler SCHUMACHER (1938) durchbohren die Cercarien der großen Leberegel die Darmwand vollständig und durchwandern die Leibeshöhle, um sich dann in die Leber von außen einzubohren. Die Anzahl von Eiern, die abgegeben werden, ist enorm. LEUCKART meint, daß die Eileiter normalerweise zirka 2 ccm oder zirka 45.000 Eier enthalten. Eine Schafleber, die 103 Leberegel enthielt, enthielt in der Gallenblase 10 ccm Eier, d. s. wahrscheinlich ungefähr 200 Millionen Eier oder zirka zwei Millionen Eier auf jedes Individuum (WEINLAND und BRANDT 1929). Bei einem anderen Schaf, das 200 Leberegel enthielt, wurden in der Gallenblase zirka 7,400.000 Eier gefunden (THOMAS). Die Anzahl der Distomen kann enorm sein (Abb. 159); es wurden bis zu 1660 in einer einzigen Rinderleber und 368 in einer Schafleber gefunden. Die breiten, flachen Saugwürmer liegen zusammengerollt in den Gallengängen und rollen sich aus, wenn sie ins Wasser kommen. Bei Überfüllung hat man beobachtet, daß die Leberegel auswandern. Sie können über zirka fünf Jahre in der Leber sich erhalten. Die Entwicklung in der Leber geht recht langsam vor sich. Nach Verlauf von vier Tagen ist der Cercarienkörper, abgesehen vom abgeworfenen Schwanz, fast noch unverändert, nach Verlauf von zehn Tagen ist er erst zirka 1 mm lang, nach zwei bis drei Monaten ist er geschlechtsreif und erst nach fünf Monaten bricht die Krankheit aus (LUTZ-NÖLLER). Der Darm ist, ehe die Geschlechtsorgane fertig sind, ganz ausgebildet, zirka eineinhalb Monate nach dem Einbohren. Das Tier ist außerordentlich formveränderlich und nicht ohne Fähigkeit, sich zu bewegen. Es wird angegeben, daß das Tier in 20 Sekunden zirka 1 mm zurücklegen kann. Als Nahrung dürften hauptsächlich die Epithelzellen der Gallengänge und zerstörte Zellen, z. T. Blut aus den Gallengängen in Betracht kommen.

Abb. 164. Die Entwicklung des kleinen Leberegels (*Dicrocoelium lanceolatum* RUD.). Ausschlüpfen des Miracidiums aus dem Ei. (HENKEL 1931.)

Eine nahestehende Form, *Fasciolopsis Buski* LANKESTER (Abb. 163), ist ein für die Bevölkerung des Ostens sehr ernster Schmarotzer. Die Lebensweise dieses Parasiten erinnert sehr an die des Leberegels. Die Cysten werden u. a. an den Früchten der Hornnuß abgesetzt, die für Chinesen u. a. in rohem Zustand eine sehr beliebte Speise darstellt. Bei dieser Form finden sich die Jugendstadien in Tellerschnecken, die von Miracidien infiziert werden, welche aus Eiern, die mit den Exkrementen ins Wasser gelangen, hervorgehen. Als entwickeltes Tier lebt die Form im Darm des Menschen und von Tieren.

Dicrocoelium lanceolatum RUD. der Familie *Dicrocoelidae* (Abb. 109), der kleine Leberegel des Rindes und Schafes oder Lanzettegel (Abb. 164 bis 171) ist wohl allgemein viel häufiger, als man bisher vermutet hat. Er soll besonders in Norwegen sehr häufig sein und gleichfalls eine ernste Plage für alle Viehbestände darstellen. Es ist viel Arbeit (VOGEL 1929, NÖLLER 1929) darauf verwendet worden, seine Entwicklung klarzustellen, aber erst 1936 glückte es (HENKEL, MATTES, NEUHAUS), die Verhältnisse aufzuklären. Die Entwicklung findet in verschiedenen Landschnecken statt; sicher in *Zebrina detrita* und verschiedenen xerophilen, auf Kalkboden lebenden *Helicella*-Arten (Abb. 171). Nach NEUHAUS (1938) verläuft die Lanzettegelentwicklung folgendermaßen: Das Ei mit entwickeltem Miracidium gelangt mit dem Kot des Wirtes (gewöhnlich Schaf) ins Freie; es wird mit dem Futter in den Darm des Zwischenwirtes aufgenommen. Hier wird das Miracidium frei. Mit Hilfe seiner Cilien schwimmt es im Nahrungsbrei, erreicht die Gänge der Mitteldarmdrüse, durchbricht das Follikelepithel und wirft die

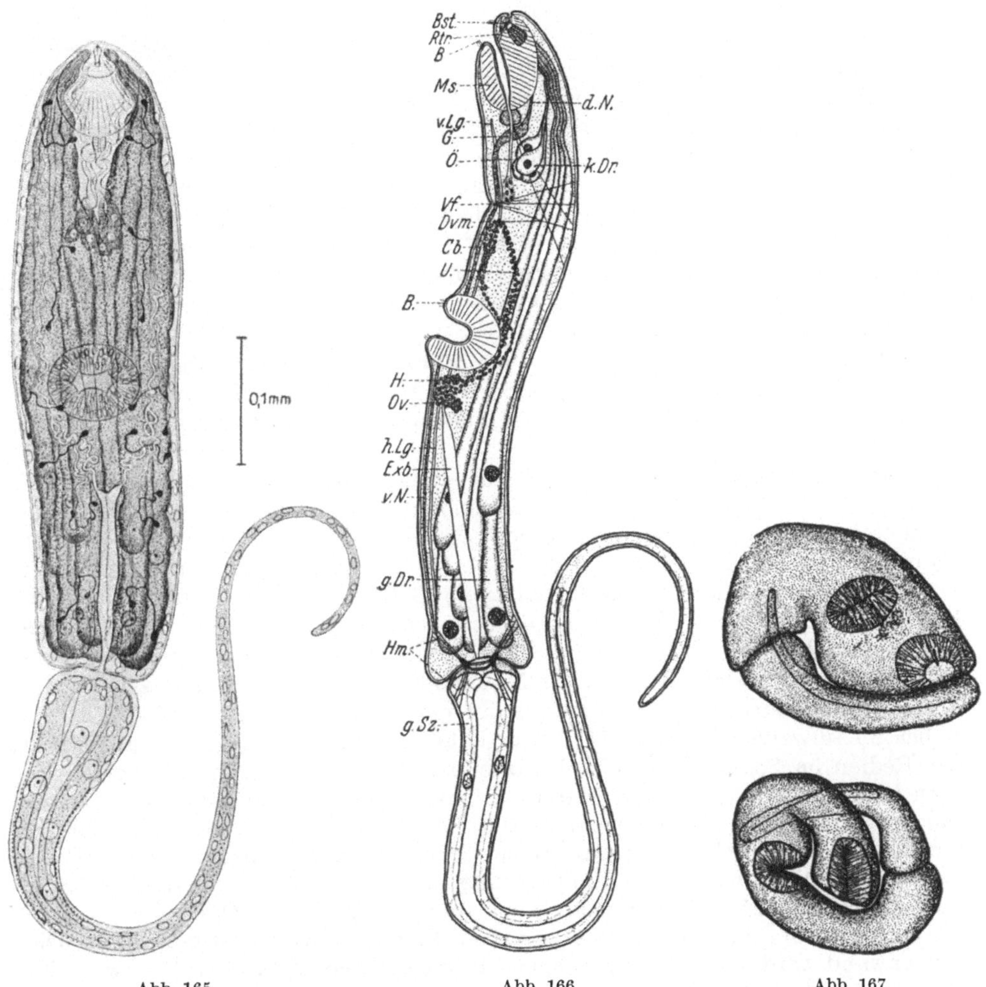

Abb. 165.   Abb. 166.   Abb. 167.

Abb. 165 bis 167. Die Entwicklung des kleinen Leberegels (*Dicrocoelium lanceolatum* RUD.).
Abb. 165. Die Cercarie *C. vitrina*. (VOGEL 1929.)

Abb. 166. Desgleichen, von der Seite gesehen. (NEUHAUS 1936.) *g.Sz.* die großen Schwanzzellen; *Hm.* Muskeln; *g.Dr.* die großen Drüsen; *v.N.* Bauchnerv; *h.Lg.* hinterer Exkretionskanal; *Ov.* Eierstockanlage; *H.* Hoden; *B.* Bauchsaugnapf; *U.* Anlage des Uterus; *Dvm.* Muskulatur; *Vf.* eine Falte, die den Körper in eine vordere und hintere Partie teilt; *Ö.* Ösophagus; *G.* Gehirn; *v.Lg.* vorderer Exkretionskanal; *Ms.* Mundsaugnapf; *B.*, *Bst.* Borsten; *Rtr.* Muskeln; *d.N.* Dorsalnerv; *k.Dr.* Drüsen; Wimperflammen nicht gezeichnet.

Abb. 167. Encystierte Cercarien. (NEUHAUS 1936.)

Bewimperung ab. Die Larve kommt hier zur Ruhe und entwickelt sich zur Sporocyste erster Ordnung aus. In ihr entsteht die zweite Sporocystengeneration. Aus ihr gehen Cercarien hervor, die durch die Vena magna in die Lunge der Wirtschnecke und von hier weiter in die Atemhöhle einwandern. Hier encystieren sie sich gruppenweise; als Sammelcysten mit ungefähr 300 Einzelcysten werden sie dann durch das Atemloch ausgeworfen und bilden Schleimballen an Pflanzen usw. (Abb. 169). Vom Endwirt mit dem Futter aufgenommen, werden die Cercarien im Darm wieder frei und aktiv. Sie dringen in die Darmwand ein, weiter in ein venöses Blutgefäß und werden nun durch den Blutstrom über die Pfortader in die Leber getragen. Hier wachsen sie zum geschlechtsreifen Lanzettegel heran. Ihr Hauptsitz als erwachsene Tiere ist die Gallenblase. Die Eier kommen mit der Galle in den Darm und von da heraus ins Freie. Das Interessante an ihrem Entwicklungsgang ist, daß keine aktive Lebensphase außerhalb eines Wirtes vorkommt. Miracidium und Cercarie sind nur aktiv beweglich im Wirtsorganismus, nicht im Freien. Wir haben hier eine sehr interessante Anpassung an den Lebensraum, worin sowohl Schnecke wie Endwirt leben: trockene Lokalitäten ohne Wasser. In Übereinstimmung mit dieser Landanpassung des Lanzettegels ist die Bewimperung des Miracidiums schwach, Augen fehlen und bei der Cercarie ist der Schwanz im Querschnitt rund und nicht flach und hat keine Flossensäume. Er ist zu einem Haftorgan geworden und ist nicht mehr Ruderorgan. Bei anderen Landcercarien (z. B. *Urogonimus macrostomum*) ist auch der Schwanz ganz verschwunden (s. unter *Leucochloridium*).

Oekland (1935) hat gezeigt, daß der Lanzettegel einen häufigen Parasiten in einem Großteil von Norwegen darstellt. Da *Helicella ericetorum* jedoch in Norwegen überhaupt nicht vorkommt, müssen die Parasiten hier einen anderen Zwischenwirt besitzen.

Vogel ist es weiter in seinen 1934 herausgekommenen Untersuchungen geglückt, einen anderen, bei unseren Haustieren und uns selbst vorkommenden Schmarotzer vollständig kennenzulernen: *Opisthorchis felineus* (Rivolta) aus der Familie *Opisthorchidae* (Abb. 172 bis 178). Der erste Zwischenwirt ist eine bei uns nicht allzu häufige Schnecke *Bithynia Leachii*, die sich hauptsächlich in kleinen Seen findet und oft in den größeren recht weit hinausgeht. Die Miracidie hat kein freilebendes Stadium. Die Eier werden von den Schnecken gefressen, und erst in deren Darm werden die Miracidien frei. Sie entwickeln sich in der Nähe des Enddarmes zu Sporocysten, in denen Redien entstehen, die in die Leber hinaufwandern (Abb. 174). Hier entstehen die Cercarien, die außerhalb der Redien im Schneckengewebe heranreifen. Die Cercarien, die eine mächtige Hautfalte längs des Schwanzes besitzen, sind Planctonorganismen, die sich besonders in der Nähe des Bodens aufhalten. Es ist experimentell bewiesen, daß sie hier auf Fische übergehen, z. B. auf Schleie und andere Karpfenfische, in deren Haut sie sich einbohren, worauf die Encystierung besonders in der Muskulatur erfolgt. Erst sechs Wochen später ist der junge Saugwurm in der Cyste hinreichend herangereift, um in den Endwirt (Katze, Hund, Mensch) überzugehen. Die Cystenwand wird vorerst vom Magensaft angegriffen, aber das Tier wird im Magen nicht frei. Weiter soll das Pankreassekret auf die Wand einwirken, aber erst im Dünndarm wird die Larve frei. Hierauf sucht sie die Gallengänge auf und kann im Verlaufe von fünf Stunden in die Leber gelangen, die das Ziel ihrer Wanderung ist. Diejenigen, die an den Gallengängen vorbeipassieren und weiter

---

Abb. 168. Schema der Lanzettegelentwicklung unter besonderer Berücksichtigung der Wanderungen in den verschiedenen Lebensphasen. *I* Erwachsener Lanzettegel in den Gallengängen und der Gallenblase des Endwirtes. *II* Das Lanzettegelei gelangt mit der Galle in den Darm des Endwirtes und von dort mit dem Kot ins Freie. *III* Das Miracidium, das im Darm des Zwischenwirtes die Eihülle verläßt, wandert in die Gänge der Mitteldarmdrüse. *IV* Im Zwischengewebe der Mitteldarmdrüse setzt sich das Miracidium nach Verlust des Bohrstachels und der Wimpern fest. *V* Es entwickelt sich dort zur unbeweglichen Sporocyste erster Ordnung. *VI* Sporocyste zweiter Ordnung mit Cercarien. *VII* Die Cercarien wandern durch die Vena magna und die Lunge in die Atemhöhle des Zwischenwirtes. *VIII* Dort bilden sie kugelige Sammelcysten. *IX* Diese werden, gruppenweise zu einem Schleimballen vereinigt, von der Schnecke an Pflanzen abgestreift und vom Endwirt aufgenommen. *X* Die im Darm des Endwirtes aus der Cyste befreite Cercarie wandert durch die Darmwand in die Pfortader und von dort in die Leber. *XI* Die heranwachsenden Lanzettegel besiedeln nur die feineren Gallengänge der Leber. (Nach Neuhaus 1938.)

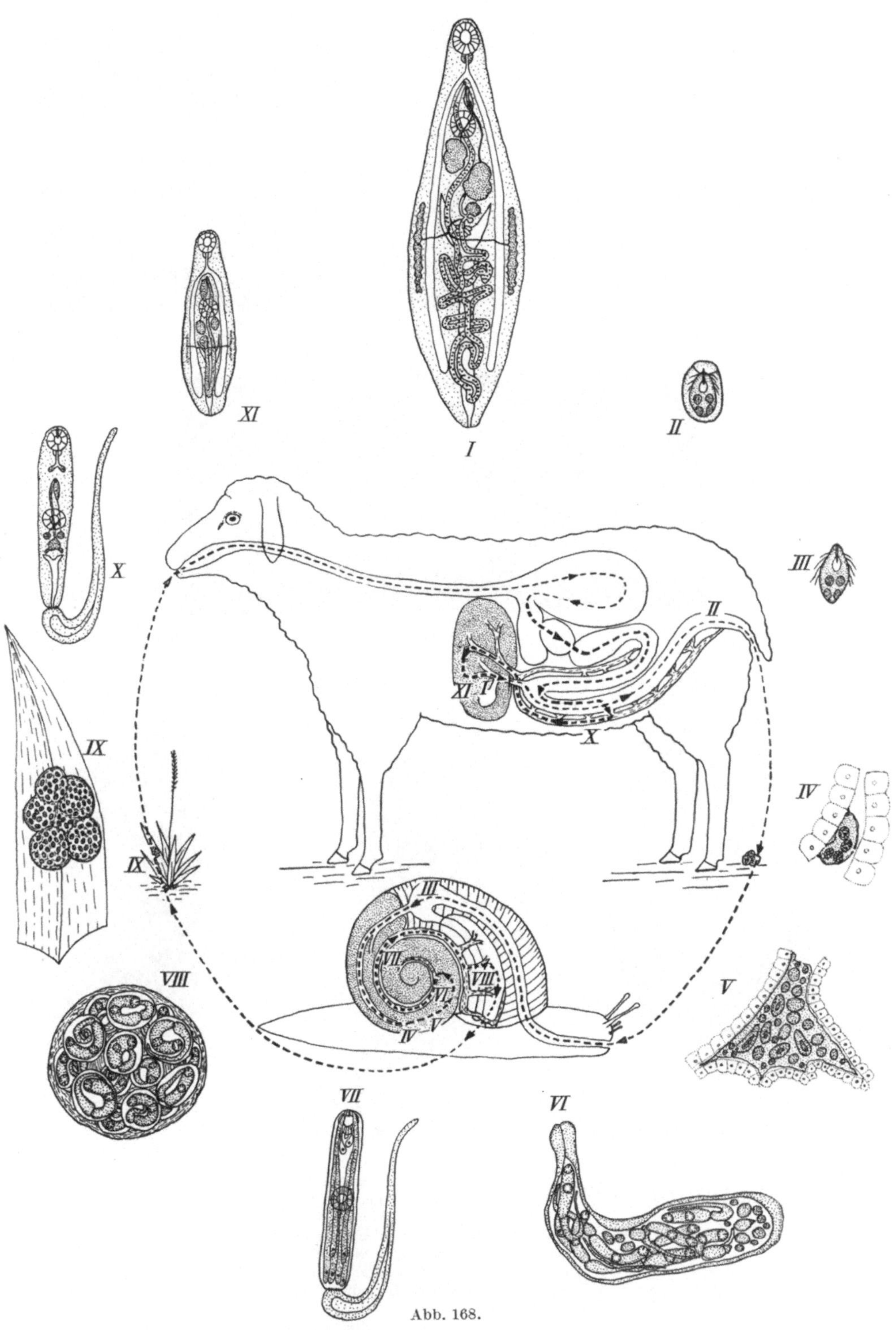

Abb. 168.

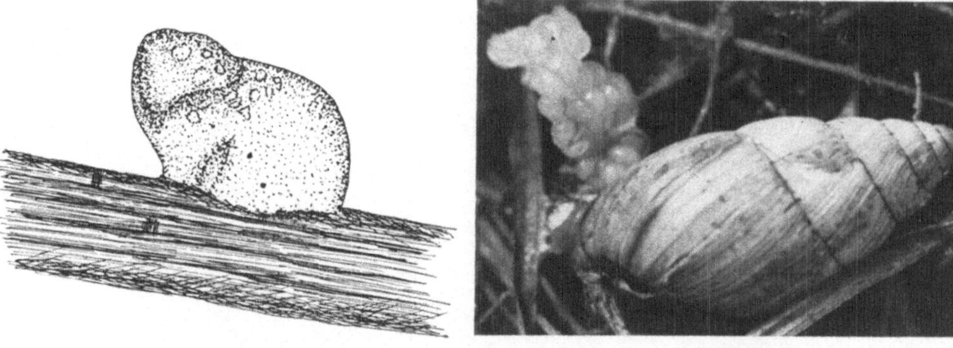

Abb. 169.   Abb. 170.

Abb. 171.

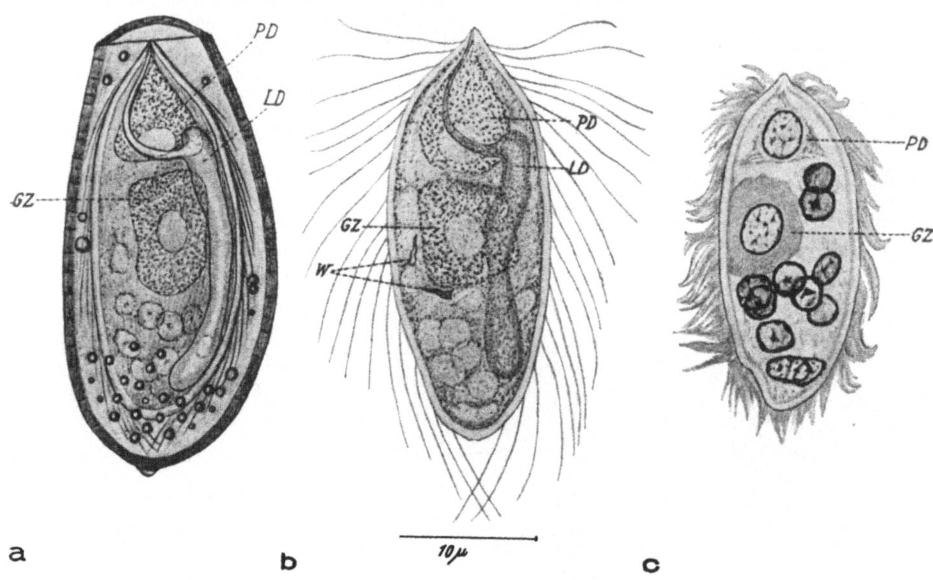

a   b   c

Abb. 172.

Abb. 169. *Dicrocoelium lanceolatum* RUD. Eine an einem Grashalm haftende Sammelcyste. 7×. (Nach MATTES 1937.)

Abb. 170. *Zebrina detrita* während der Ablage eines Schleimballens, der aus einer Anzahl kugeliger Sammelcysten besteht. Vergr. 3,5:1. (Nach NEUHAUS 1938.)

Abb. 171. *Helicella candidula.* Zwischenwirt von *Dicrocoelium lanceolatum* (RUD.). (VOGEL 1929.)

Abb. 172. *Opisthorchis felineus* RIV. (Nach VOGEL 1934.) a: Miracidium in der Eischale. *GZ* große, granulierte Zelle. b: Freilebendes Miracidium. *W* Wimperflamme; *GZ* große, granulierte Zelle; *PD* primitiver Darm; *LD* Drüsenzelle. c: Fixiertes Miracidium.

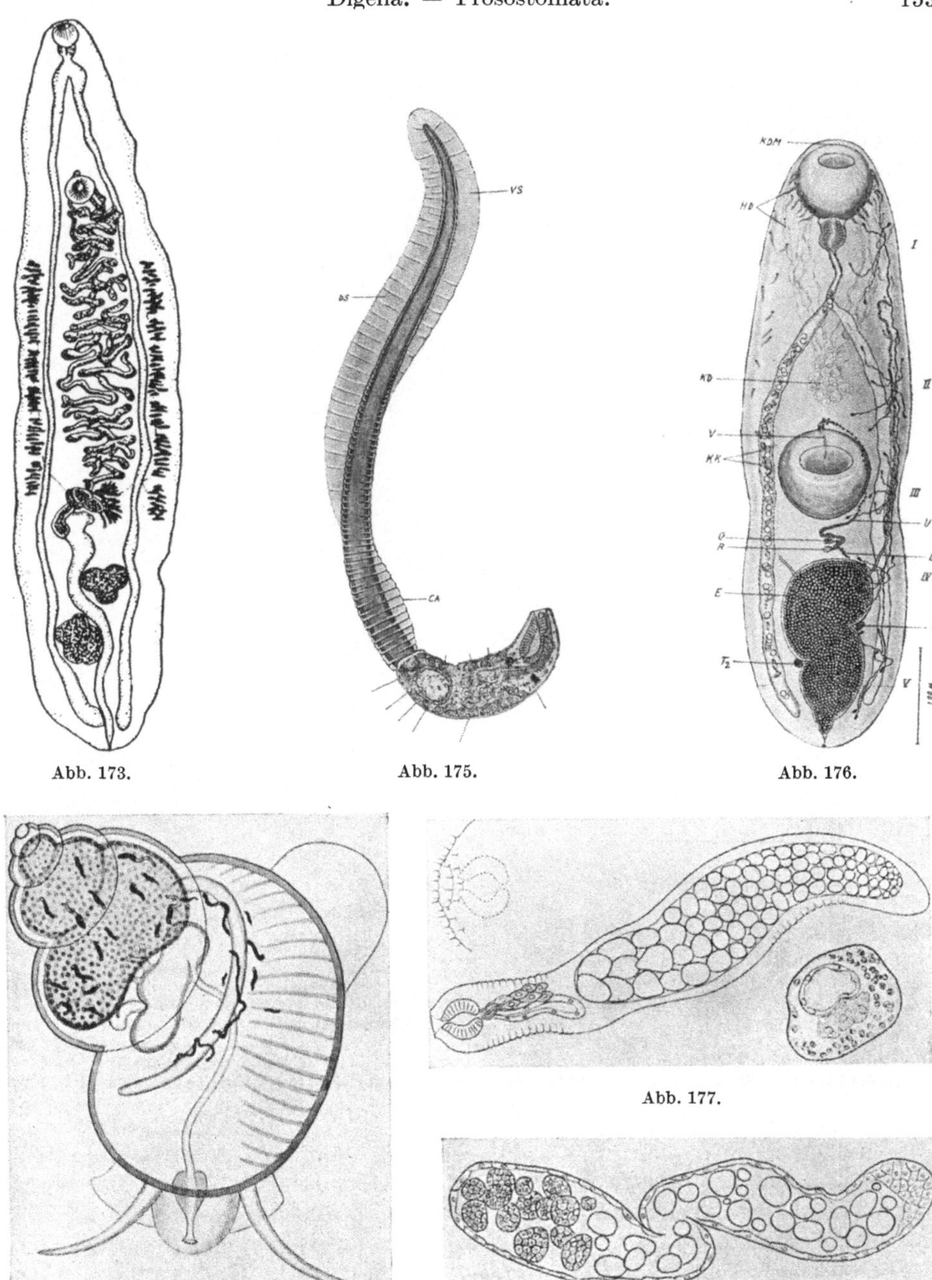

Abb. 173.   Abb. 175.   Abb. 176.

Abb. 174.   Abb. 178.

Abb. 173 bis 178. *Opisthorchis felineus* Riv. Alle (ausg. 173) nach Vogel 1934.
Abb. 173. Der geschlechtsreife Saugwurm. 10×. (Nach Stiles aus Faust 1930.)
Abb. 174. Schnitt durch *Bithynia Leachii*, um das Vorkommen der Sporocysten am Darm und der Redien in der Leber zu zeigen.
Abb. 175. Die lophocerke Cercarie, von der Seite gesehen. *CA, DS, VS* Flossenraum.
Abb. 176. Metacercarie. T_1, T_2 Hoden; *E* Harnblase; *R* Receptaculum seminis; *O* Ovarium; *KK* kristallartige Körperchen im Darm; *V* Vesicula seminalis; *KD* Kopfdrüsen; *HD* Hautdrüsen; *KDM* Kopfdrüsenmündungen; *I* bis *V* die fünf Gruppen von Wimperflammen; *U* Uterus; *L* Laurerscher Kanal.
Abb. 177. Sporocyste.
Abb. 178. Redie.

in den Darm hinuntergelangen, gehen zugrunde. Es besteht ein großer Unterschied zwischen den Wanderungen des großen Leberegels und von *Opisthorchis felineus*, insofern nämlich die erstgenannte Form die Darmwand durchbricht, worauf sie in die Leber wandert, wogegen *Opisthorchis felineus* die Gallengänge als Transportweg benutzt. In der Leber wird der Saugwurm geschlechtsreif. Die ganze Entwicklung von Ei zu Ei nimmt vier bis viereinhalb Monate in Anspruch. Namentlich im Osten, in Deltagebieten und dort, wo die Einheimischen von rohen Fischen leben, ist er keineswegs ein seltener Schmarotzer des Menschen.

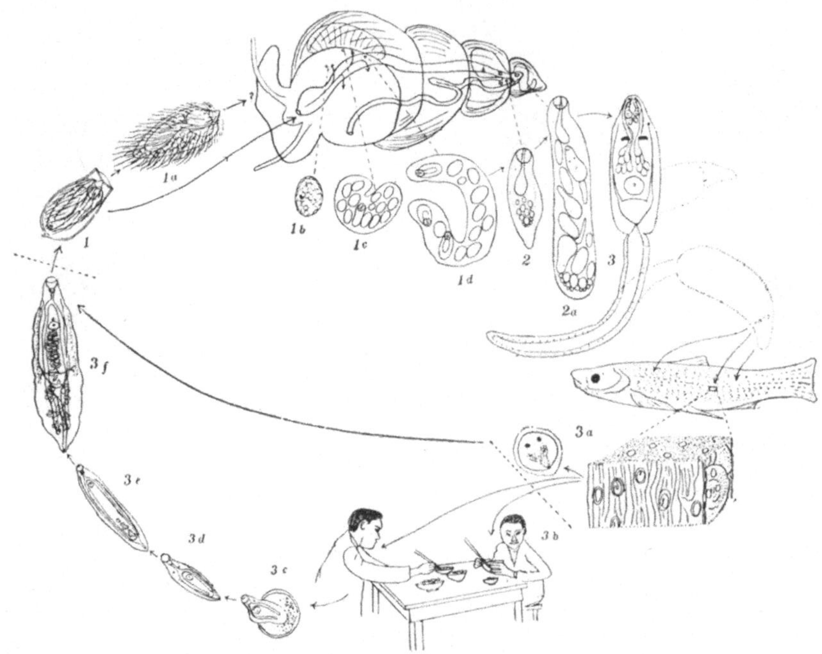

Abb. 179. *Clonorchis sinensis* (COBBOLD). Der zweite Leberegel des Ostens, der Leberkrankheit hervorruft; hauptsächlich in der Galle und den Gallengängen. Der Mensch infiziert sich durch Genuß rohen Fischfleisches. Aus dem Ei, das sich gewöhnlich zuerst in einer Schnecke (*Bithynia* und andere Schnecken) entwickelt, geht eine Miracidie *1a* hervor, die in der Schnecke Sporocysten und Redien *1, 2* erzeugt; in diesen entwickeln sich Cercarien *3*, die sich in Fische einbohren und sich hier encystieren *3a;* wird ein solcher Fisch roh gegessen, so werden die Cysten in den Menschen übergeführt, in dessen Darmkanal die Cystenwand gesprengt wird *3c* bis *f*.
(FAUST 1930.)

Kürzlich erschien eine umfassende Untersuchung von WISNIEWSKI (1937) über *Parafasciolopsis fasciolaemorpha* EJSM. im Dünndarm des Elchs. Der Wurm tritt massenhaft im Dünndarm auf und scheint so allgemein verbreitet zu sein, daß man befürchten muß, daß der Elch aus Mitteleuropa und eventuell auch aus Osteuropa verschwinden wird. Die Entwicklung gleicht der des großen Leberegels. Zwischenwirt ist *Planorbis corneus*; nachdem die Cercarien eine kurze Zeit geschwärmt haben, suchen sie die Oberfläche des Wassers auf, wo sie sich encystieren. Mit dem Trinkwasser müssen sie in den Magen des Elchs eingeführt werden.

Zur gleichen Gruppe gehört ein im Osten sehr gefährlicher Schmarotzer: *Clonorchis sinensis* (COBBOLD) oder der chinesische Leberegel. Sein Lebenszyklus ist in Abb. 179 dargestellt (FAUST und KHAW 1927).

Paragonimus Westermanni (KERBERT) (Abb. 180 bis 184) aus der Familie *Troglotremidae* mag hier erwähnt werden, weil dieser Trematode der berüchtigte

Lungenwurm des Ostens ist, der eine sehr ernste Plage für Säugetier und Mensch darstellt. Er hat sich auch in Amerika gezeigt (AMEEL 1934). Das erste Stadium findet sich in Schnecken der Gattung *Melania*; durch Sporocysten- und Redien-

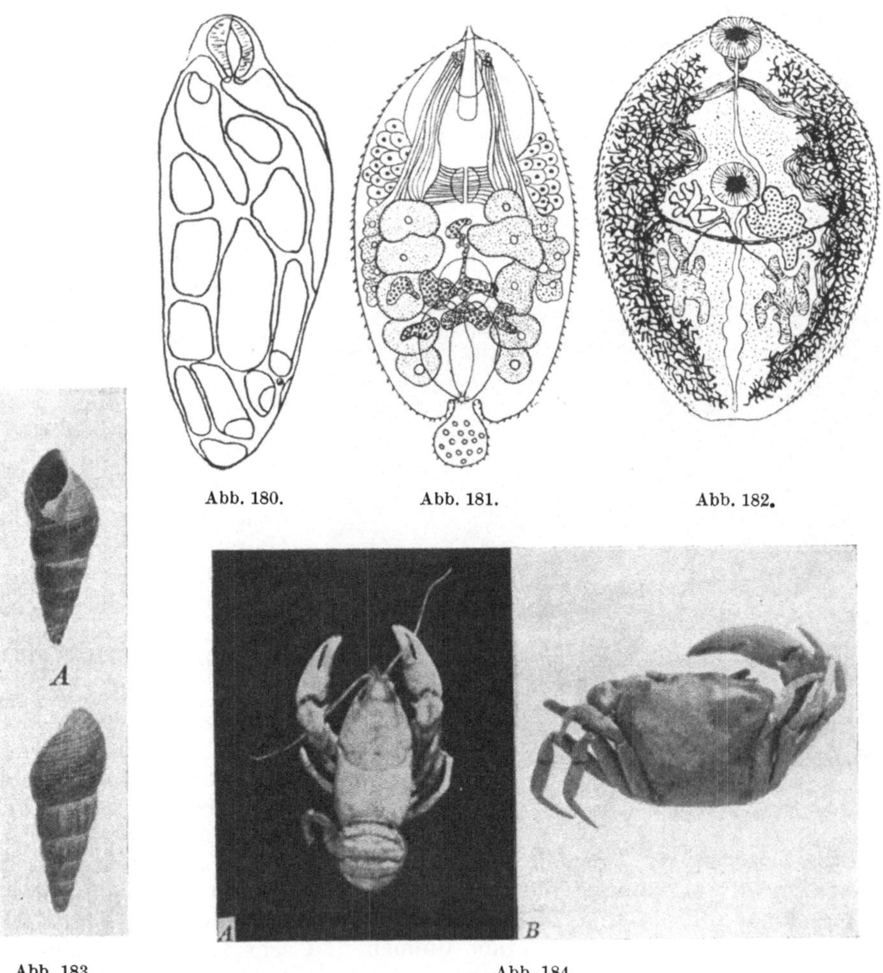

Abb. 180.   Abb. 181.   Abb. 182.

Abb. 183.   Abb. 184.

Abb. 180 bis 184. *Paragonimus Westermanni* (KERBERT). (FAUST 1930.)
Abb. 180. Redie.
Abb. 181. Microcercarie; man beachte den sehr kurzen Schwanz.
Abb. 182. Der Saugwurm.
Abb. 183. Der erste, intermediäre Wirt, *Melania libertina*, in dem die Entwicklung vor sich geht.
Abb. 184. Die Microcercarien schwimmen herum und werden vom zweiten Zwischenwirt, Krebs oder Krabbe, aufgenommen, in dessen Weichteilen die Encystierung erfolgt. Im Darm des Menschen platzt die Cystenwand. Die Tiere wandern in die Lungen hinauf, wo sie geschlechtsreif werden. (FAUST 1930.) Der Lungensaugwurm des Ostens, *Paragonimus Westermanni* (KERBERT), ruft die Paragonomiasis hervor und wird von den Einheimischen durch Verzehren von rohen Krabben aufgenommen.

Stadien gelangt die Entwicklung zum Cercaria-Stadium, das durch einen äußerst kurzen Schwanz ausgezeichnet ist. Die Cercarie kann nicht schwimmen, aber wird durch die Wasserströmungen befördert und scheidet große Mengen Schleim aus, womit sie sich verankern kann. Sie dringt in Krabben und Flußkrebse ein, in deren Muskeln die Encystierung vor sich geht. Mit diesen Tieren gelangen die Cysten in den Darm des Schlußwirtes, wo sie durch den Darm in die Bauchhöhle, dann durch das Diaphragma in die Brusthöhle und von hier in die Lunge eindringen. In Gegenden, wo die Bevölkerung die Gewohnheit hat, Krabben und Krebse roh zu essen, ist sie einer beträchtlichen Infektion ausgesetzt. Es mag in diesem Zusammenhang bemerkt werden, daß auch unser heimischer Flußkrebs Saugwürmer der Gattung *Astacotrema (A. cirrigeum* BAER*)* teils in frei beweglichem, teils in encystiertem Zustand beherbergt.

Kürzlich hat SZIDAT (1936) gezeigt, daß *Paramphistomum cervi,* das in Deutschland allgemein ist, seine Jugendstadien in *Planorbis umbilicatus* durchläuft.

Blutparasitierende Saugwürmer.

Eine ganz besondere Gruppe von Saugwürmern bilden jene Formen, die im Blutgefäßsystem von Wirbeltieren leben. Sie gehören drei Familien an, von denen die eine, *Spirorchidae,* nur in Schildkröten lebt, wo sie zufolge amerikanischen Forschern sehr häufig vorkommen soll. Allen drei Familien ist gemeinsam, daß sie Furcocercarien besitzen. Die *Sanguinicolidae* mit der Hauptgattung *Sanguinicola* (Abb. 185 bis 187) sind an Süßwasserfische gebunden (EJSMONT 1926), besonders an Karpfenfische, wo die großen Schmarotzer hauptsächlich im Herzkegel gefunden werden. Es wird von verschiedenen Stellen angegeben, daß sie ernst

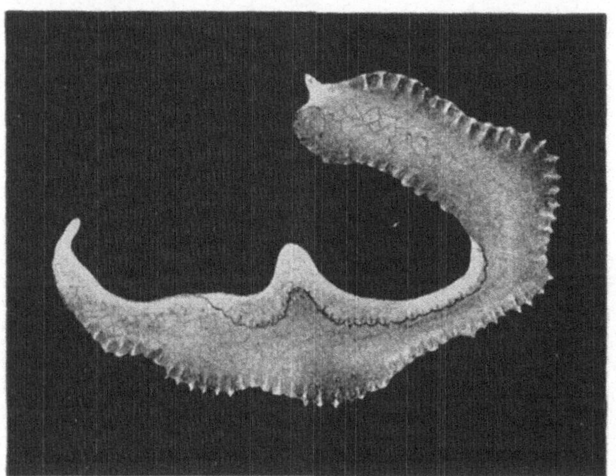

Abb. 185. *Sanguinicola armata* PLEHN, nach dem Leben gezeichnet.
190×. Blutparasit der Karpfenfische. (EJSMONT 1926.)

hafte Erkrankungen bei Karpfen hervorrufen. Diese Schmarotzer können in Dänemark nicht zu den Seltenheiten gehören, denn unsere großen Sumpfschnecken, die Limnäen, sind nicht selten mit ihren Jugendstadien infiziert. Sie sind durchsetzt von ihren überaus dünnen und sehr langen Sporocysten, in denen ihre eigentümlichen Cercarien, die sog. *Lophocercarien* (Abb. 186), in ungeheuren Mengen sich entwickeln. Wasser, das infizierte Schnecken enthält, wird zu der Zeit, wo die Cercarien frei werden, sehr rasch trübe von den Tausenden und Abertausenden von Cercarien. Diese sind ausgesprochene Planctonorganismen, die längs des Körpers eine Flossenmembran besitzen. Sie stehen schwebend im Wasser, stets in gekrümmter Haltung, der Körper ist so gedreht, daß sie auf dem Körper mit der Flossenmembran liegen. Dadurch wird die Flossenmembran ein Schwebeorgan. Kommen sie in Berührung mit einem Karpfenfisch, so suchen sie sofort sich einzubohren und werden dann auf den Blutbahnen ins Herz befördert, wo sie sich weiterentwickeln und geschlechtsreif werden. Es ist hervorzuheben, daß es bei ihnen keinen Zwischenwirt gibt. Die dritte Familie *Schistosomatidae* umfaßt Formen, die unter allen Trematoden die gefährlichsten Feinde des Menschen sind und von denen ohne Übertreibung gesagt werden kann, daß sie durch Jahrtausende eine Geißel für die Menschheit gewesen sind (Abb. 188). Angehörige dieser Gruppe rufen gewisse, sehr ernsthafte Tropenkrankheiten hervor, die sog. *Bilharzia*-Krankheit (Bilharziose oder Schistosomiasis), deren Verlauf sehr schwer klarzulegen war. Sie weichen in manchen wichtigen Punkten von den anderen Saugwürmern ab. Allem voran sind sie ausgesprochene Blutparasiten, was die Saugwürmer in der Regel nicht sind. Weiter sind sie getrenntgeschlechtlich, was die übrigen Saugwürmer ebenfalls nicht sind. Die Saugnäpfe sind sehr schwach entwickelt, wenn überhaupt solche vor-

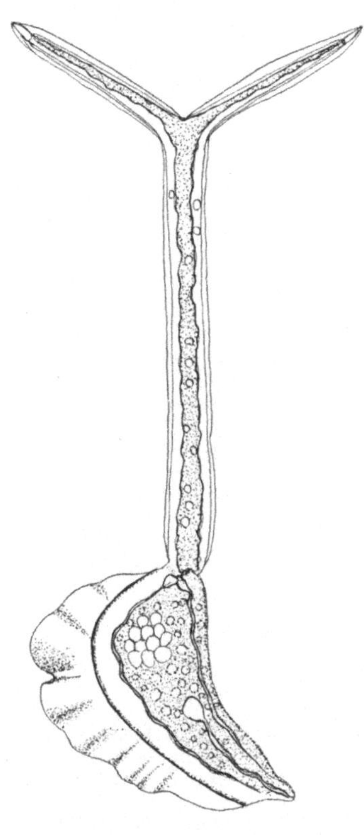

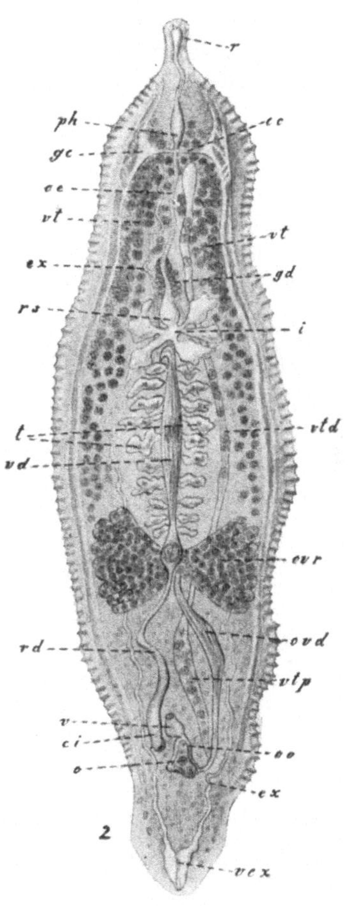

Abb. 186.Abb. 187.

Abb. 186. Lophocercarie von *Sanguinicola armata* PLEHN. Man beachte den starken Flossensaum. Zwischenwirt *Bithynia Leachi*. 450×. (EJSMONT 1926.)

Abb. 187. *Sanguinicola armata* PLEHN. *o* Ei; *ci* Cirrus; *v* Vagina; *vd* Samenleiter; *t* Hoden; *rs* Sekretbehälter; *ex* Exkretionskanäle; *vt* Dotterstock; *oe* Speiseröhre; *gc* Gehirnganglion; *ph* Pharynx; *r* Rüssel; *cc* Gehirnkommissur; *gd* Drüsen des Verdauungskanales; *i* Darm; *vtd* Dotterstockgang; *ovr* Eierstock; *ovd* Eileiter; *vtp* hinterer Teil des Dotterstockganges; *oo* Ootyp; *vex* Harnblase. (EJSMONT 1926.)

kommen. Es sind lange, fadenförmige Geschöpfe. Das Männchen ist bei weitem größer und hat auf der Unterseite des Körpers eine Furche, in der das Weibchen liegt (Abb. 190). Im erwachsenen Zustand finden sie sich im Pfortadersystem, hauptsächlich außerhalb der Leber. Hier findet die Befruchtung statt und hier geben sie ihre Eier ab (Abb. 189). Die Blutflüssigkeit stellt ihre Nahrung dar. Es dauerte sehr lange, bis man ihre Entwicklung verstanden hat. Und als diese bekannt war, fehlte doch jedes Mittel, um gegen die Krankheit aufzutreten.

Sicherlich gibt es viele Ausnahmen vom allgemeinen Schema der Entwicklung der Trematoden; ganz besonders eine Ausnahme war aber lange Zeit unbekannt

gewesen. Man hatte niemals beobachtet, daß Cercarien, wenn sie Schnecken verlassen, sich direkt ohne Zwischenwirt in die Haut des Endwirtes einbohren. Es
war der Japaner Fujinami (1909), der nachwies, daß gerade die blutparasitierenden Trematoden solches tun. Wenn die Japaner oder die Ägypter über die überschwemmten Reisfelder gehen, in denen sich die Schnecken, die ihre Cercarien
abgeworfen haben, befinden, dringen diese ohne Zwischenwirt direkt in die
Haut ein, suchen die Blutbahnen auf und erreichen dann hier ihre Geschlechtsreife. Auf Grund von Untersuchungen an ägyptischen Mumien wissen wir, daß

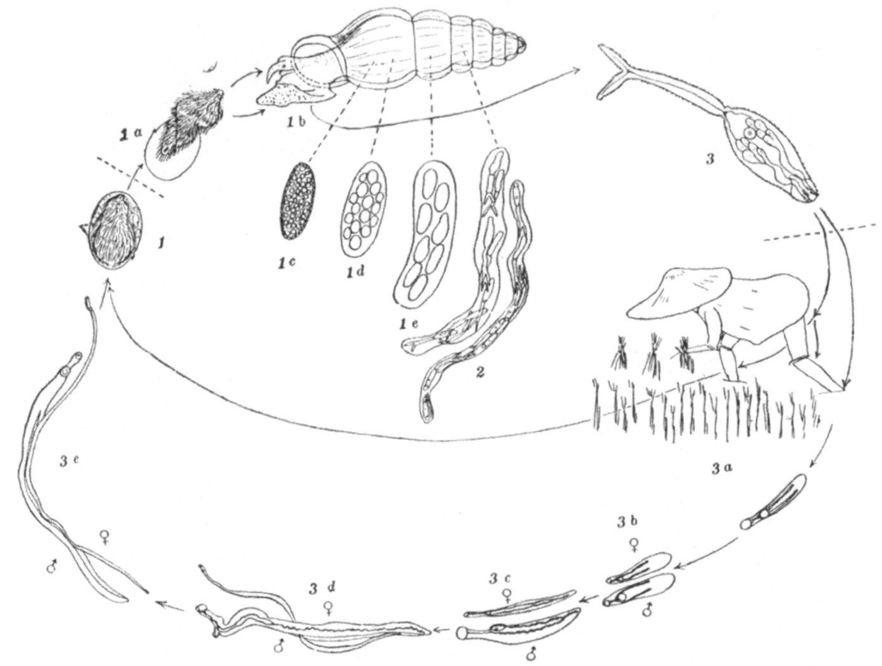

Abb. 188. *Schistosoma japonicum* Katsurada, der die Bilharziose des Ostens (Darmerkrankung) hervorruft.
Die Cercarien bohren sich direkt in die Arme und Beine der Leute ein, u. a. wenn sie ihre Reisfelder bepflanzen.
1 Ei, mit einem Stachel ausgestattet, vom Menschen ausgeworfen; *1a* Miracidium, das sich in eine *Melania*-
Schnecke *1b* einbohrt, in der sich die Sporocysten *1c, d, e, 2* entwickeln. In diesen entstehen die Cercarien (*3*),
die sich in den Menschen einbohren, in dessen Blutbahnen (Pfortadersystem) sie geschlechtsreif werden. Die
Tiere sind getrenntgeschlechtlich (*3a* bis *3e*). (Faust 1930.)

schon vor über 3000 Jahren v. Chr. die Bevölkerung Ägyptens an Bilharziose
gelitten hat. Die Eier der *Schistosomatidae* sind in der Harnblase von Mumien
nachgewiesen worden. Es ist ein sonderbarer Gedanke, daß fünf Jahrtausende
dahingehen sollten, ehe wir so weit waren, daß wir die Ursache der Erkrankung
erkannten. Aber noch sonderbarer ist es, daß die ägyptischen Ärzte heute noch
sagen müssen, daß wir, obgleich wir die Ursache der Krankheit kennen, dem
Übel nicht viel besser beikommen können als damals. Ja, man berichtet sogar,
daß sie sich weiter ausbreitet. Der ägyptische Ackerbau bringt es mit sich, daß
man die überschwemmten Felder betreten muß; Arme und Beine des armen
Bauern zu schützen, ist unmöglich. Dazu kommt noch weiter, daß die Kanali-
sierung von Jahr zu Jahr größer wird, und weiter, daß der Koran häufige Reinigung des Körpers mit Wasser vorschreibt, u. a. jedesmal, wenn der gläubige
Mohammedaner seine Notdurft verrichtet hat. [Über die Biologie des Zwischenwirtes von *Schistosoma Japonicum* (Katsurada) siehe Fu-Ching Li 1934.]

Heute wie Jahrtausende hindurch wird durch die Bilharziose in den Tropen eine ungeheure Zahl an Menschen dahingerafft und ganze Bevölkerungsschichten einem qualvollen Leben mit geschwächter Arbeitskraft zugeführt. Wir vermögen bis zu einem gewissen Grad die Krankheit zu bekämpfen, zu einem Teil sie zu verhindern, aber wir können nur in geringem Maß dazu beitragen, daß die Bevölkerung einer Gegend ihr nicht mehr ausgesetzt ist; das hat man dagegen bei der Malaria erreichen können.

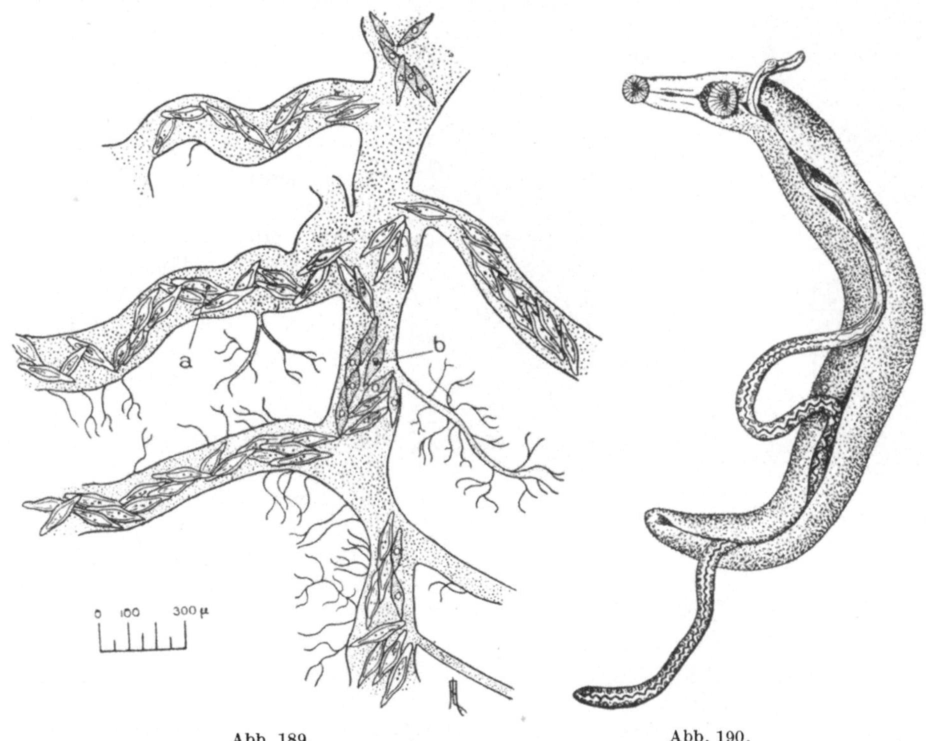

Abb. 189.   Abb. 190.

Abb. 189. *Schistosoma bovis* (SONSINO), welche ernste Erkrankungen beim Rind in Südeuropa hervorruft. Venen in der Wand des Blinddarmes bei einem Kaninchen; trotz der großen Menge von Eiern zirkuliert das Blut lebhaft; in einigen der Eier (*a* und *b*) befinden sich Miracidien. (BRUMPT 1930.)

Abb. 190. *Schistosoma haematobium* (BILHARZ), die hauptsächlich die afrikanische Bilharziose (Harnorgane) hervorruft. Die beiden Geschlechter; das viel schlankere Weibchen liegt in einer Furche des viel größeren Männchens. 12×. (LOOS 1896 bis 1899.)

Die Bilharziose, die in wärmeren Klimaten zu Hause ist, hat ihre Hauptangriffsstellen in großen Teilen Afrikas, besonders in Ägypten, in Japan und China, sowie in Amerika, wohin sie durch den Sklavenhandel verschleppt wurde. Für die Leiden, die die Weißen seinerzeit der schwarzen Bevölkerung Afrikas brachten, muß nun die Menschheit eines Weltteiles von Generation zu Generation leiden. Wie geschrieben steht: Die Mühlen Gottes mahlen langsam, und für die Sünden, die man begeht, muß manchmal sogar ein wenig mehr als nur die dritte oder vierte Generation leiden.

Wir unterscheiden beim Menschen drei verschiedene *Schistosoma*-Arten, die geographisch an verschiedene Gebiete gebunden sind und verschiedene Krankheitsbilder hervorrufen. Es ist hier nicht der Ort, genauer darauf einzugehen (s. FAUST: Human Helminthology 1930). Es mag genügen, hier festzustellen, daß die Bilharzia-Krankheit in Europa beim Menschen nicht auftritt. Dagegen

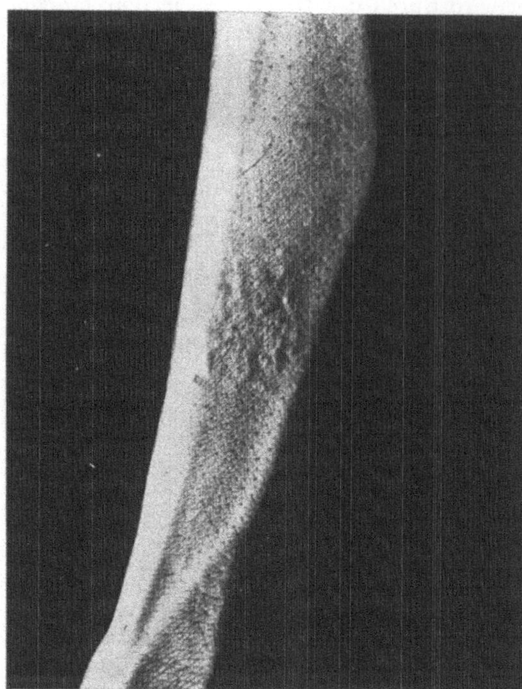

Abb. 191. Teil eines Armes, auf welchen Wasser mit *C. ocellata* gebracht worden war. Die Photographie ist am vierten Tag nach Anbringen der Cercarien hergestellt worden. (TAYLOR und BAYLIS 1930.)

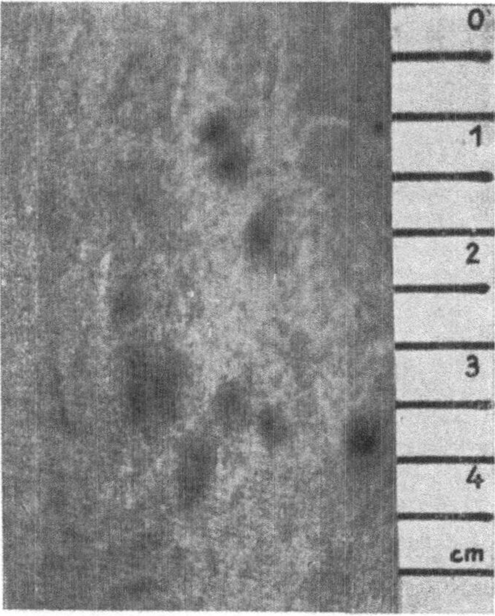

Abb. 192. Flecken auf dem Arm Dr. VOGELs ein-einhalb Stunden nach dem Einbohren. (VOGEL 1933.)

kommt in Südeuropa, auf Korsika und in Südfrankreich, beim Rind eine *Schistosoma* vor, *S. bovis* (SONSINO), die hier ernsthafte Erkrankungen hervorruft (BRUMPT 1929).

Die *Schistosoma*-Cercarien gehören zu den sog. Furcocercarien, für die ein gabelig gespaltener Schwanz charakteristisch ist. Die Furcocercarien, die wir gewöhnlich in unseren Süßwässern antreffen, weichen sehr bedeutend von jenen ab, die die Bilharziose der Tropen hervorrufen. Sie haben nämlich einen deutlichen Schlund sowie Schwanzblätter, die ungefähr ebenso lang sind wie der Schwanz; die letztgenannten haben dagegen keinen Schlund und die Schwanzblätter sind viel kürzer als der Schwanz. Weiter hat der sog. cystogene Apparat, d. s. diejenigen Zellen, die um den Saugnapf in der Mitte des Körpers liegen und mit langen Ausführungsgängen auf dem Zapfen am Vorderende des Tieres ausmünden, einen anderen Bau als bei den pathogenen *Schistosoma*-Arten.

Eines Tages, als ich im Juli 1931 eine große Tellerschnecke, *Planorbis corneus*, sezierte, die aus einem kleinen Moor in der Nähe des kleinen Ortes Steenstrup, zirka 6 km von Sorö, stammte, wälzte sich eine ungeheure Menge von Furcocercarien aus der Schnecke (Tafel 5, Fig. 1). Daß ich einen für mich unbekannten Cercarien-Typus vor mir hatte, war sicher. Bei näherer Besichtigung zeigte sich bald, daß dieser Typus am meisten den Cercarien der blutparasitierenden Saugwürmer ähnelte. Er hatte wie diese keinen Schlund, kurze Schwanzblätter, den gleichen Bau des Vorderendes und mächtige Giftdrüsen. Er wich nur dadurch ab, daß Augen vorhanden waren, die übrigens auch bei den Cercarien gewisser blutparasitierender Saugwürmer der Tropen sich finden können. Dieser Fund versetzte mich selbstverständlich in größtes Erstaunen, hatte ich es doch nicht für möglich gehalten, daß dieser Typus bei uns vorkommen könnte. Meine Verwunderung wurde nicht geringer, als ich ein paar Monate nachher noch eine andere, von der ersterwähnten Art recht verschiedene Form in *Limnaea ovata* (Tafel 5, Fig. 2) im Gartenteich von Hörsholm und ein Jahr später wieder die erstgenannte in einer *Planorbis corneus* im Torkeristeich bei Hilleröd und endlich im Juli 1932 beide Arten bzw. in *Planorbis corneus* und *Limnaea stagnalis* wieder im Gartenteich von Hörsholm fand.

Die blutparasitierenden Schistosomatiden habe ich nur an den obgenannten drei Örtlichkeiten angetroffen und stets nur in einer geringen Anzahl. Es kann wohl kein Zweifel darüber bestehen, daß diese Formen sich in warmblütigen Organismen entwickeln und die Geschlechtsreife erlangen, wahrscheinlich in Vögeln, vielleicht in Säugetieren, aber höchst unwahrscheinlich im Menschen. Ich riet auf Vögel, weil ich von einer größeren Entenfarm ein Jahr vorher eine Anfrage erhalten hatte, was der Grund dafür sein könnte, daß die Enten, wenn

sie in den naheliegenden Teich hinauskamen, unweigerlich krank wurden, die Freßlust verloren und stumpf und träge sich hinlegten. Hielt man sie fern von diesem Teich, so geschah das nicht. Die Angelegenheit wurde an die landwirtschaftliche Hochschule weitergegeben; später hörte ich nichts mehr darüber und die Entenfarm wurde, soweit mir bekannt, stillgelegt.

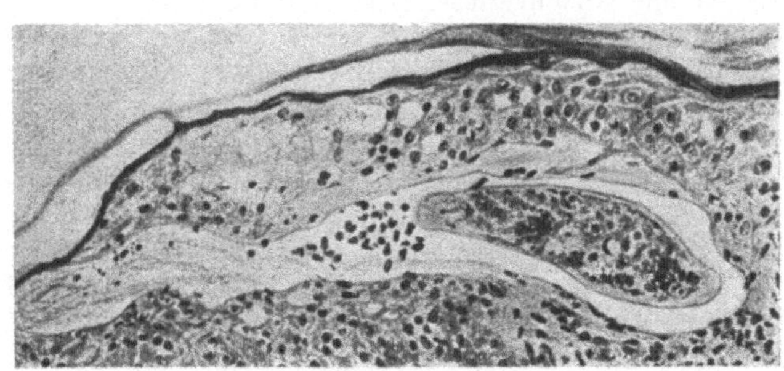

Abb. 193. Ein vom Arm (Abb. 192) abgeschnittenes Stück Haut, das später mit dem Mikrotom geschnitten wurde. Das Bild zeigt den von links nach rechts führenden Bohrkanal und die darin liegende Cercarie, die beim Einbohren den Schwanz abgeworfen hat. Das Gewebe um den Bohrkanal ist in Auflösung. (VOGEL 1933.)

Nähere Untersuchungen zeigten bald, daß die Cercarie der Sumpfschnecken zu einer früher beschriebenen Art *Cercaria ocellata* gehörte und die der *Planorbis* zu einer erst kürzlich beschriebenen Art und noch weiter, daß sie sich in Entenvögeln zu einer von KOWALEVSKI (1895) beschriebenen Art *Bilharziella polonica* verwandelt.

Eine Durchsicht der Literatur belehrte uns darüber, daß man im ganzen Umkreis der gemäßigten Zone, in Nordamerika, in der Schweiz, Deutschland, England, Frankreich und Japan, aber auch in verschiedenen Gebieten der Tropen beobachtet hatte, daß Menschen nach dem Baden oft von einem eigentümlichen, juckenden Ausschlag befallen werden, der nur einige Zeit andauert und hierauf verschwindet, ohne übrigens irgendeinen beträchtlichen Schaden zu hinterlassen; die Erscheinung ist immer an das Sommerhalbjahr gebunden. Der Ausschlag tritt selten am Kopf und auch an den Händen seltener auf; hat man einen Badeanzug getragen, dann nicht an den von diesem beschützten Körperteilen. Die Krankheit, die selten eine ärztliche Behandlung notwendig macht, erhielt viele Namen: ,,gale des nacheurs'' in den Vereinigten Staaten, ,,Kabure'' in Japan, ,,Hundsblattern'' und ,,Aarekrankheit'' in der Schweiz usw.

Da wurde mit einem Schlag im Laufe der letzten beiden Jahre die Erkrankung aufgeklärt und ungefähr gleichzeitig in Nordamerika, in Deutschland, Frankreich und England. Es war CORT (1928) in Nordamerika, der als erster davon ausging, daß die Erscheinung Furcocercarien zuzuschreiben sei, die sich in badenden Menschen einbohren. Diese Cercarien wurden später auf fünf verschiedene Arten aufgeteilt, von welchen jene, welche als *Cercaria elvae* bestimmt worden war, der europäischen *C. ocellata* am nächsten steht. Es geschah dann, daß in England in der Nähe von Cardiff bei Leuten, die in einem größeren künstlichen Badeteich badeten, ein Ausschlag auftrat, der stark juckte und sich in Form von Pusteln zeigte. Mehrere hundert Menschen wurden krank. Da man CORTS oben erwähnte Angabe kannte, führte dies dazu, daß man sich daran machte, die Schnecken-fauna des betreffenden Wasserreservoirs zu untersuchen. Die beiden englischen Wissenschaftler TAYLOR und BAYLIS (1930) stellten nun fest, daß die Schnecke *L. stagnalis* eine Furcocercarie aus der Familie der Schistosomatiden beherbergte. Sie wurde ungefähr gleichzeitig, 1929, von DUBOIS in Frankreich gefunden und als *C. ocellata* La Valette St. George bestimmt, der sie schon 1855 beschrieben hatte. Sie weicht von den Schistosomatiden der Tropen insbesondere durch den Besitz von Augen ab.

Der eine der beiden englischen Forscher setzte nun innerhalb eines Wachs-ringes eine Anzahl dieser Cercarien auf seinen Arm. Fünf Minuten später hatte er eine prickelnde Empfindung, hierauf ein recht heftiges Jucken und es ent-standen kleine erhöhte Pusteln (Abb. 191 u. 192). Der Ausschlag hielt sich durch zirka vier Wochen, er war recht unangenehm, aber ging später zurück. Weitere Folgen hatte das Experiment nicht. Ungefähr gleichzeitig hatte E. BRUMPT, der auch *C. ocellata* gefunden hatte, das gleiche Experiment an sich und seinem Sohn ausgeführt (1931). Endlich hatte im Jahre 1930 VOGEL im Tropeninstitut in Hamburg ganz das gleiche getan. Das Ergebnis war in allen Fällen dasselbe: ein juckender Ausschlag, der sich zwei bis drei Wochen hielt und hierauf ver-schwand, ohne daß man einen weiteren Schaden davontrug. VOGEL ging inzwischen noch einen Schritt weiter. Das Stück Haut, das dem Angriff der Schmarotzer ausgesetzt gewesen war, wurde von seinem Arm abgenommen und dann geschnitten (Abb. 193). Im Präparat wurde, wie aus der Abbildung hervor-geht, sowohl der Wundkanal als auch der Schmarotzer, der den Schwanz ab-geworfen hatte, festgestellt. 1934 wurde von SZIDAT und WIGAND die Behauptung aufgestellt, daß *C. ocellata* aller Wahrscheinlichkeit nach eine kollektive Art dar-stelle.

Es ist damit konstatiert worden, daß auch die europäischen Süßwässer Cer-carien besitzen, die, nachdem sie die Schnecken verlassen haben, sich direkt in die Haut des Menschen einzubohren vermögen und einen Hautausschlag hervor-rufen, der einige Zeit andauert. Der Rat der schweizerischen Fischer an die Bevölkerung, sich in den Sommermonaten nicht an gewissen Stellen zu baden, hat sich als wohlbegründet erwiesen; die Erkrankung mit den vielen Namen hat jetzt ihre natürliche Aufklärung gefunden.

Es ist eine wohlbekannte Tatsache, daß man auch überall in Zentraleuropa recht häufig Rötungen und juckende Reizungen an der Haut bei Menschen fest-stellen kann, die in Süßwasser gebadet haben. Man hat dies gewöhnlich dem Härtegrad des Wassers, namentlich seinem Kalkgehalt, zugeschrieben und an-genommen, daß Menschen mit nervösem Temperament dem besonders ausgesetzt sein sollten. Ob man nun alle solche Fälle auf eingedrungene Cercarien zurück-führen darf, weiß man selbstverständlich nicht, aber es ist nur natürlich, daß, wenn man in Zukunft vor derartigen Erscheinungen steht, und besonders, wenn mehrere Personen gleichzeitig die gleichen Erscheinungen aufweisen, aller Grund zur Vermutung vorhanden ist, daß man es mit eingebohrten Cercarien zu tun hat; eine Untersuchung der Schneckenfauna wäre dann selbstverständlich an-gezeigt.

Man hatte nach CORT (1936) die japanische, oben erwähnte Kaburekrankheit ursprünglich als das erste Stadium der Schistosomiasis aufgefaßt. Es wurde später experimentell nachgewiesen, daß auf die Kaburekrankheit keine Schistoso-

miasis folgt, ferner daß die Kaburekrankheit dort allgemein ist, wo Schistosomiasis nicht auftritt, und ferner daß Schistosomiasis nicht mit einer Kaburekrankheit beginnt. Man meint daher jetzt, daß die Kaburekrankheit ganz wie
andere schistosome Hautkrankheiten von besonderen Furcocercarien hervorgerufen wird. Die Kaburekrankheit verhält sich wie die europäischen von Furcocercarien hervorgerufenen Dermatiden. Die Krankheit flaut ab und führt zu
keinen weiteren Folgen. Das will mit anderen Worten besagen, daß die Cercarien
im menschlichen Körper nicht zur Geschlechtsreife gelangen, daß sie in einen
falschen Wirt geraten sind und daß sie an ganz anderen Stellen zu Hause sind,
eine Erscheinung, die in der Parasitologie wohlbekannt ist.

Die Frage ist nun, welches der eigentliche Wirt ist, aber diese Frage ist noch
nicht gelöst; am wahrscheinlichsten ist noch der Gedanke, daß der natürliche
Wirt unter den Wasservögeln zu suchen sei. Und das
um so mehr, als wir mit Sicherheit wissen, daß die andere
Form, *Bilharziella polonica* KOWAL., bei solchen die
Geschlechtsreife erlangt. SZIDAT (1929) ist es, der den
Lebenslauf dieses, nun auch in Dänemark gefundenen
Trematoden aufgeklärt hat. In seinen Jugendstadien
lebt er in *Planorbis corneus*; wenn die Cercarien auskriechen, suchen sie zu Wasservögeln zu gelangen, bohren
sich in diese durch die Haut ein und erreichen in verschiedenen Entenvögeln die Geschlechtsreife. *Bilharziella
polonica* ist im Gegensatz zu den meisten Furcocercarien
positiv heliotropisch und steigt sofort an die Oberfläche
auf. In einem Glas, in dem sich eine mit *Bilharziella
polonica* infizierte Schnecke befindet, kann man sehr bald
sehen, wie sich die Cercarien an der Oberfläche ansammeln.
Sie sind an ihr mit Hilfe des vorderen und hinteren

Abb. 194. *Planorbis olivaceus*,
dessen Fühler infolge des Einbohrens von Cercarien von
Schistosoma Mansoni angeschwollen sind. Brasilien.
(LUTZ 1921.) Etwas Ähnliches
ist bei *Pl. corneus* nach dem
Einbohren unserer *Bilharziella polonica* nicht nachgewiesen.

Saugnapfes befestigt. Der lange Schwanz hängt senkrecht herab. Kurz nachher
bedeckt sich die Oberfläche mit einer Schleimschicht, die unzweifelhaft von den
Cercarien selbst abgesondert wurde und an der die Cercarien befestigt sind. Wenn
Entenvögel sich auf einer solchen Wasseroberfläche mit Cercarienhäutchen nieder-
lassen und wieder auffliegen, werden sie überall an den Federn Schleimhäutchen
mit daranhängenden Cercarien haben, die durch die Federschichte gegen die
Haut vordringen, wo sie sich einbohren. Es mag hinzugefügt werden, daß die
eine Form der Schistosomatiden, die die Bilharzia-Krankheit hervorruft, *Schistosoma Mansoni* SAMBON, sich gerade in Planorbis-Arten entwickelt; sie bohrt sich
als Miracidie in einen Tentakel der Schnecke ein und entwickelt sich hier zu
Sporocysten; dadurch werden die Tentakel der Planorben verdickt (LUTZ 1921;
Abb. 194). Etwas Ähnliches habe ich bei unseren heimischen Planorben nicht
feststellen können.

SZIDAT gibt an, daß die Schmarotzer wenigstens in der Kurischen Nehrung,
wo er seine Untersuchungen ausgeführt hat, die Vögel nicht in besonderem Grad
beeinträchtigen. Da der Schloßteich von Hörsholm, wo ich die meisten *Bilharziella*-infizierten Planorben gefunden habe, zahlreiche halbzahme Enten und
Schwänepaare beherbergt, vermutete ich, daß man bei ihnen eventuell eine Erkrankung bemerkt haben könnte. Doch wurde behauptet, daß niemals dergleichen beobachtet worden sei, und so scheint es, daß die Ansicht SZIDATS richtig
sein dürfte. Von den anderen Arten ist der normale Wirt nicht ganz sicher bestimmt.
Nach den Untersuchungen von BRUMPT (1931) ist es höchst wahrscheinlich, daß
C. ocellata auch in Entenvögeln geschlechtsreif wird; für eine amerikanische Art
ist es experimentell nachgewiesen, daß sie in Kleinnagern geschlechtsreif wird.

Eine amerikanische Art verhält sich wie *Bilharziella polonica*, indem sie sich an den Oberflächenhäutchen befestigt. Die anderen Arten, darunter *C. ocellata*, suchen entweder den Boden auf oder die beleuchteten Stellen der Gläser. — So interessant auch der Nachweis ist, daß auch bei uns Saugwürmer vorkommen, die im Blut warmblütiger Tiere parasitieren, so sind doch hinreichende Gründe für die Annahme vorhanden, daß dieser Nachweis nach allem, was vorläufig darüber vorliegt, bei uns kaum eine größere praktische Bedeutung besitzen dürfte. Der von *C. ocellata* hervorgerufene Hautausschlag ist doch, soweit wir es einst-

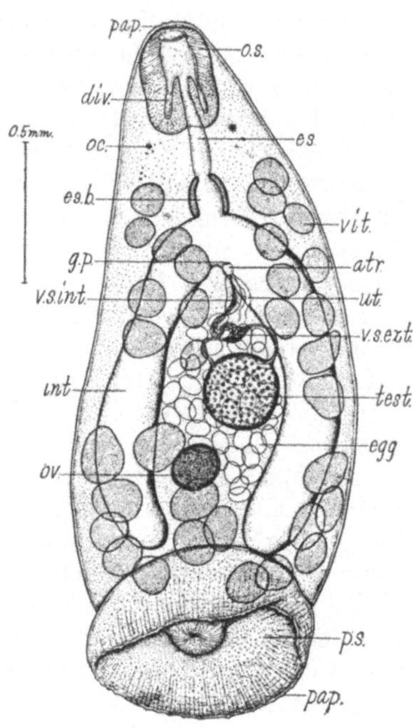

Abb. 195.　　　　　　　　　　Abb. 196.

Abb. 195. *Diplodiscus subclavatus* (Goeze) aus dem Enddarm des Frosches. Zirka 6 mm. Organisationsbild. (Wagener 1857.)

Abb. 196. *Diplodiscus amphichrus japonicus* Yamaguti. *pap.* Papillen; *o.s.* Mundsaugnapf; *vit.* Dotterstock; *atr.* Geschlechtskloake; *ut.* Uterus; *v.s.ext.* äußere Samentasche; *test.* Hoden; *egg* Ei; *p.s.* Bauchsaugnapf; *ov.* Ovarium; *int* Darm; *v.s.int.* innere Samentasche; *g.p.* Geschlechtsöffnung; *es., es.b.* Ösophagus; *div.* Blindsäcke. (Yamaguti 1936.)

weilen überblicken können, mehr auf südlichere Gebiete von Europa beschränkt. Beide Arten, *C. ocellata* und *Bilharziella polonica*, dürften in Dänemark keineswegs irgendwie besonders häufig sein. *Bilharziella polonica* scheint eng an *Planorbis corneus* geknüpft zu sein, *C. ocellata* an ein paar *Limnaea*-Arten. Von diesen geht nur *L. ovata* höher nach Norden; die anderen Arten, insbesondere *Planorbis corneus*, gehen nicht so hoch herauf. Alles deutet darauf hin, daß die Parasiten bei uns ungefähr ihre Nordgrenze erreicht haben.

Vom Baden im Süßwasser bei uns abzuraten, dürfte ganz sinnlos sein; sollte man sich einen Ausschlag zuziehen, so kann man sich damit trösten, daß er sehr bald vergehen wird und ganz ungefährlich zu sein scheint. Man kann im allgemeinen sagen, daß blonde Menschen mit heller Haut besonders stark unter den Folgen des Cercarienbefalles zu leiden haben.

Da wir nun wissen, daß unsere Süßwässer Repräsentanten aus der Familie der Schistosomatiden beherbergen, die in ihren Entwicklungsstadien als Cercarien in warmblütige Tiere eindringen und in diesen geschlechtsreif werden, und weiter, daß sich wenigstens die eine Form in die Haut badender Menschen einbohrt und hier einen Ausschlag hervorruft, und da uns ferner bekannt ist, daß unsere Haustiere den Sommer hindurch Gefahr laufen, mit Schistosomatiden-Cercarien infiziertes Wasser zu trinken, scheint der Gedanke nahezuliegen, daß diese auch bei ihnen Ausschläge verschiedentlicher Art hervorrufen könnten. Die Teiche, in welchen diese Cercarien vorkommen, sind ja Wasseransammlungen, zu denen die Tiere entweder geführt werden und wo das Vieh mit Maul und

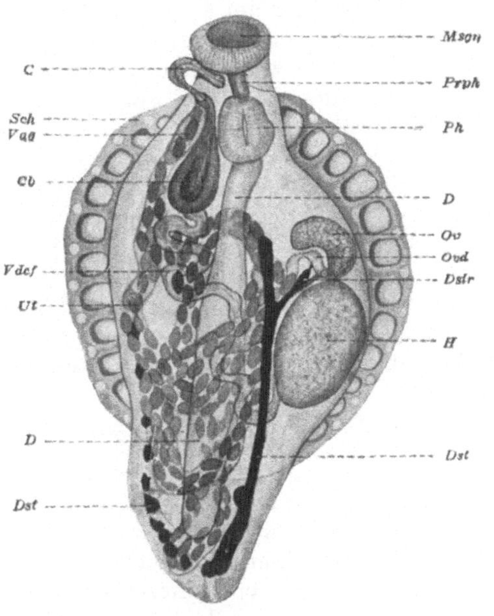

Abb. 197.

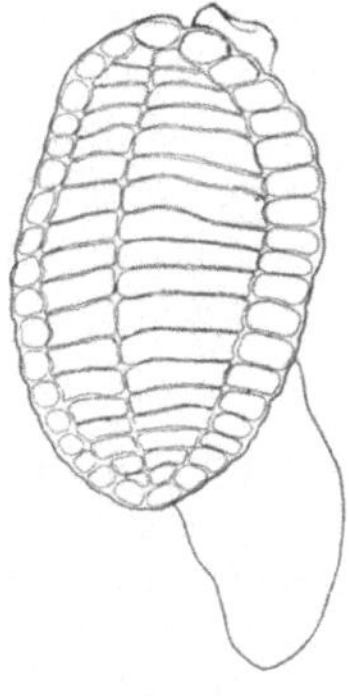

Abb. 198.

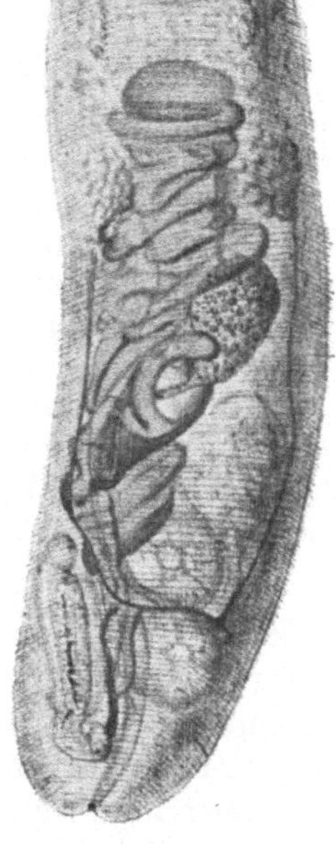

Abb. 199.

Abb. 197. *Aspidogaster limacoides* DIES., eine in Fischen schmarotzende *Aspidogaster*-Art. $^1/_2$ bis $2^1/_2$ mm. *Dst, Dstr* Dotterstock; *D* Darm; *Ut* Uterus; *Vdef* Vas deferens; *Cb* Cirrusbeutel; *Vag* Vagina; *Sch* Saugnapf; *C* Cirrus; *Msg* Mundsaugnapf; *Prph, ph* Pharynx; *D* Darm; *Ov* Ovarium; *Ovd* Ovidukt; *H* Hoden. (BYCHNOWSKY 1934.)

Abb. 198. *Aspidogaster limacoides* DIES., zeigt die Sauggruben. (BYCHNOWSKY 1934.)

Abb. 199 u. 200. *Gasterostomum fimbriatum* v. SIEB. aus dem Darmkanal des Hechtes; die zugehörige *Bucephalus*-Larve Abb. 140 dargestellt.

Abb. 199. Habitusbild. Abb. 200. Vorderende mit ausgestreckten, fühlerartigen Papillen. (WAGENER 1857.)

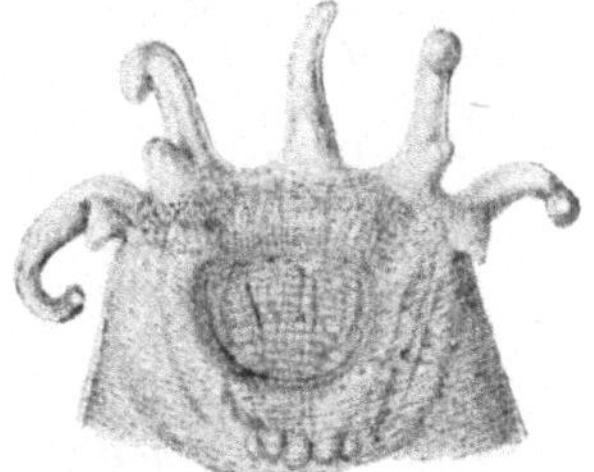

Abb. 200.

Klauen im Cercarien-infizierten Wasser steht, oder von wo das Wasser in Röhren zu den Wassertrögen und Wasserwagen emporgepumpt wird. Wenn wir nun weiter bedenken, daß unsere Schweine im Frühjahr in Pfützen hinausgelassen werden, und uns weiter vorstellen, wie sie sich im Schlamm wälzen, der sehr wohl gewisse Schnecken enthalten kann, die Furcocercarien besitzen und die in sehr geringen Wassermengen zu leben imstande sind, so liegt der Gedanke nicht fern, daß es sich hier um Infektionsquellen handeln könnte. Es ist das eine Frage, die sich unserem Wissen vielfach noch entzieht, die zu studieren aber mit Hinblick auf gewisse Krankheitserscheinungen, welchen wir heute noch verständnislos gegenüberstehen, wohl wert wäre. Ein solcher Gedanke läßt sich nicht von der Hand weisen, u. a. weil man im Berliner Schlachthaus, wie früher erwähnt, im Schweinefleisch Tetracotylen nachgewiesen hat, und man kann sich nicht recht denken, daß diese Tetracotylen von etwas anderem als von Furcocercarien herstammen, die sich durch die Haut eingebohrt haben.

Abweichende Formen innerhalb der *Prosostomata* sind die *Amphistomata* und die *Aspidocotylea.*

Die *Amphistomata* (Abb. 195 u. 196; Tafel 5, Fig. 6) sind gekennzeichnet durch einen mächtigen Bauchsaugnapf, der fast die Breite des Tieres einnimmt und der nicht in der Mitte der Bauchseite, sondern ganz am äußersten Hinterende sitzt. Das bringt Verschiebungen verschiedener innerer Organe, u. a. der kontraktilen Blase mit sich. Der Mundsaugnapf ist mit zwei sackförmigen Ausbuchtungen versehen; es sind sehr häufig große, dicke, plumpe Formen. Ein Großteil von ihnen lebt im Darm der großen Wiederkäuer. Hier soll nur eine Form genannt werden: *Diplodiscus subclavatus* (Szi.), weil sie im Enddarm bei fast allen unseren Fröschen gefunden wird. Die merkwürdige Larve (Tafel 5, Fig. 6) kommt in unseren kleineren *Planorbis*-Arten vor. Sie ist in Dänemark ein paarmal bei Rejnstrup Overdrev, Tjustrupsee, gefunden worden. Die Cercarien encystieren sich an Gras usw., doch wird auch angegeben, daß sie sich oft auf der Haut der Frösche einkapseln, und da diese oft die Gewohnheit haben, ihre abgeworfene Haut zu verschlucken, sollen sie sich auch auf diese Weise infizieren. Das Wesentliche über unsere Kenntnisse der Entwicklung dieses Saugwurmes verdanken wir Loos 1892, Cort 1915, Krull und Price 1932.

Hierher gehört auch *Opisthodiscus diplodiscoides* Cohn im Enddarm von *Rana esculenta.*

Aspidocotylea. Eine von den übrigen digenen Saugwürmern sehr abweichende Gruppe sind die *Aspidocotylea* (Abb. 197 u. 198). Sie besitzen keinen richtigen vorderen Saugnapf, sondern ein großer Teil der Bauchseite ist eingenommen von einer mächtigen Haftscheibe, die mit zahlreichen, in vier Reihen geordneten saugnapfähnlichen Gruben (10 bis 42) besetzt ist. Es ist eine kurze Speiseröhre vorhanden und der Darm ist sackförmig. Es gibt keinen Generationswechsel. Bei den meisten Formen findet sich kein Wirtswechsel. Die Hauptform *Aspidogaster conchicola* Baer, die recht groß, zirka 3 mm, ist, kommt in unseren Teichmuscheln vor, in ihren Nieren und im Perikard. Andere Gattungen und Arten sind bei Fischen und Schildkröten gefunden worden, einige sind Darmschmarotzer (Voelzkow 1888, Eckman 1932, v. Baer 1827, Bychowsky 1934).

2. Unterordnung: Gasterostomata.

Die *Gasterostomata* (Abb. 199 u. 200) haben die Mundöffnung ungefähr in der Mitte der Bauchseite und einen unverzweigten, sackförmigen Darm, der an den der Rhabdocölen erinnert. Hierher gehört nur eine Familie, die *Gasterostomidae* mit der Gattung *Gasterostomum* oder *Bucephalus*. Sie findet sich im Darm von Raubfischen, z. B. von Hechten und Barschen. Sie ist es, die die merkwürdige Cercarie *Bucephalus polymorphus* hat, die in unseren Teichmuscheln zur Entwicklung kommt und deren innere Organe mit langen, verzweigten Sporocysten umspinnt. Wenn eine *Bucephalus*-Larve (Abb. 140) von Karpfenfischen geschnappt wird, encystiert sie sich in diesen, und wenn ein solcher von einem Raubfisch erbeutet wird, so gelangt das Tier mit ihm in den Darm und wird hier geschlechtsreif (Ziegler 1883, Wunder 1924).

Klasse

Cestoidea (Bandwürmer).

Der Bau der Haut gleicht sehr dem der Saugwürmer; keine Bewimperung. Ein Darm fehlt stets. Der Körper hat vorne einen sog. Kopf *(Scolex)*, der mit Hafteinrichtungen ausgestattet ist; hierauf folgt eine Wachstumszone (Halsteil), von wo aus der fast immer gegliederte Körper *(Strobila)* gebildet wird. Jedes Glied enthält einen, selten zwei Sätze männlicher und weiblicher Geschlechtsorgane. Hermaphroditen. Schmarotzer, fast ausschließlich bei Wirbeltieren und im entwickelten Zustande fast immer im Darme, nicht in der Leibeshöhle. Aus dem Ei geht eine Larve hervor, die in der Regel sechs Haken trägt. Wirtswechsel mit einem oder zwei Zwischenwirten.

Man teilt die Bandwürmer in zwei Unterklassen: die *Cestodaria* und *Cestoda* *(= Eucestoda)*; die letzteren wieder in fünf Ordnungen: *Tetraphyllidea, Diphyllidea, Tetrarhynchidea, Pseudophyllidea* und *Cyclophyllidea*. Nicht selten werden die *Pseudophyllidea* als *Dicestoda* in Gegensatz gestellt zu allen übrigen, die als *Tetracestoda* bezeichnet werden, die dann die vier anderen Gruppen umfassen. In bezug auf das Süßwasser haben wir es von den fünf Gruppen der Eucestoden hauptsächlich nur mit zweien zu tun: den *Pseudophyllidea* und den *Cyclophyllidea*; von den drei anderen schmarotzen nämlich zwei nur bei Haien und Rochen.

Das gleiche ist der Fall bei fast allen *Tetraphyllidea*; doch muß hier die Familie *Proteocephalidae (= Ichthyotaenidae)* ausgenommen werden, die hauptsächlich in Süßwasserfischen, Amphibien und Reptilien parasitiert.

1. Unterklasse

Cestodaria.

Ordnung: **Amphilinidea.**

Zu der kleinen, aber in jeder Hinsicht sehr interessanten Abteilung der *Cestodaria* gehören zwei Ordnungen, die *Amphilinidea* und die *Gyrocotylidea*, die beide nur durch je eine Familie repräsentiert sind. Die letzteren leben im Darm von Chimären und kommen für uns hier nicht in Betracht, die Amphiliniden bei einer Reihe hauptsächlich tropischer Süßwasserfische. Eine einzige Art, *Amphilina foliacea* (RUD.), kommt bei den Stören vor. Die *Cestodaria* besitzen sowohl Züge, die an Trematoden erinnern wie an Cestoden. Sie sind ungegliedert und haben einen einzigen Geschlechtsapparat; sie haben keinen Cestoden-Scolex und keine Saugorgane, aber sie haben anderseits ebenso wie diese keinen Darm. Der Embryo trägt am Hinterende einen Kranz von zehn Haken; große Drüsenzellen münden am Vorderende aus; die Larve wird *Lycophora* genannt.

Der Körper der Amphilinen ist blatt- oder bandförmig, es gibt hier keinen Scolex, keine Gliederung (Abb. 202). Vorne findet sich ein Rüssel, auf dem sehr große Drüsen ausmünden. Es sind nur zwei Nervenstämme vorhanden, die den Körperseiten entlang verlaufen. Das Exkretionsorgan weicht stark von dem aller übrigen Cestoden ab. Es ist ein Gefäßnetz und die Terminalzellen enthalten eine große Anzahl Wimperflammen. Es mündet mit einem Porus am Hinterende aus. Die Geschlechtsöffnung liegt in der Nähe von diesem, aber der Uterus, der mit mehreren Schlingen durch den ganzen Körper verläuft, mündet vorne zur Seite des Rüssels aus.

Die Amphilinen leben nicht im Darm, sondern in der Bauchhöhle besonders in der Nähe der Leberlappen bei gewissen Fischen, sie kommen vorwiegend bei Ganoiden (Stören) vor, doch auch bei Knochenfischen (Welsen u. a.). Es sind recht große Formen, die am besten bekannte, *Amphilina foliacea* (RUD.), aus dem Stör, ist zirka 3 bis 5 cm, andere Formen, wie *Gigantolina* aus *Diagramma*, werden immerhin 38 cm lang. Besonders in dem in der Wolga lebenden Hybriden zwischen *Acipenser ruthenus* und *A. Güldenstädti* ist *A. foliacea* sehr häufig; bis zu 95% sind befallen. Man kann bis zu 107 Individuen in einem Exemplar finden. Stark infizierte Fische haben eine dünne Bauchmuskulatur. Wir kennen durch die Untersuchungen JANICKIS (1928) nur die Entwicklung von *A. foliacea*, die im Wolga-Sterlett lebt.

Wenn die Eier das Muttertier verlassen, ist die Larve voll entwickelt. Sie ist bewimpert, aber trotzdem gelangt sie nicht ins Freie. Das Ei soll von Krebsen

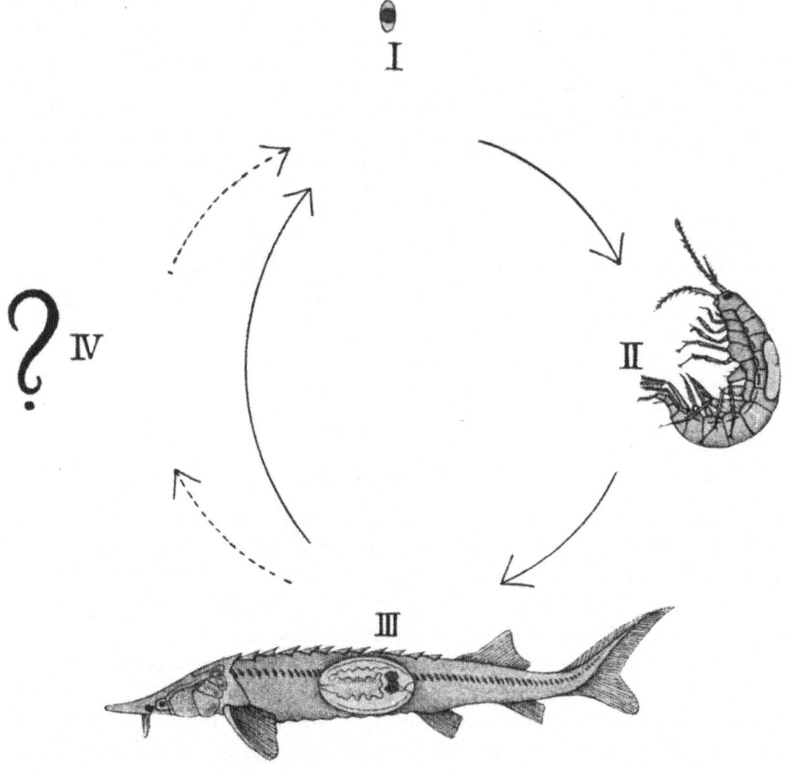

Abb. 201. *Amphilina foliacea* (RUDOLFI). Entwicklung. *I* Ei mit Embryo, durch die Pori abdominales des Sterletts ins Wasser entleert. *II* erster Zwischenwirt, *Gammarus* (auch *Mysis*) (Procercoid). *III* Zweiter Zwischenwirt: Stör, in dem das Plerocercoid geschlechtsreif wird. *I—II—III—I* bezeichnet den Entwicklungszyklus heutigentags. *I—II—III—IV* bezeichnet den Entwicklungszyklus in mesozoischer Zeit. ? bezeichnet eine geschlechtsreife, aber hypothetische Strobila, die sich vermutlich in einem mesozoischen, marinen Reptil entwickelt hat. (JANICKI 1930.)

aufgenommen werden, und zwar von den Gammariden und Mysideen des Kaspischen Meeres. In ihnen wird die Larve frei (Abb. 203), indem die Gammariden die Eischale aufbrechen. Im Gegensatz zu den Larven der echten Bandwürmer hat sie zehn Haken, nicht sechs. Vorne befindet sich ein mächtiger Drüsenkomplex, dessen Sekret dazu dient, das Wirtsgewebe aufzulösen. Es findet sich also hier wie bei den Pseudophylliden ein bewimpertes Larvenstadium, aber es ist nicht pelagisch wie bei diesen. Der Hilfswirt dient als Nahrung dem Sterlett, in dessen Leibeshöhle das Tier geschlechtsreif wird. Da diese Formen niemals im Darm angetroffen werden und den Finnenstadien der Bothriocephalen gleichen, hat man die Ansicht vertreten, daß es eigentlich Formen sind, die im Larvenstadium geschlechtsreif geworden sind. Dafür spricht auch, daß die zehn

Haken der Lycophoren noch erhalten bleiben, selbst wenn das Tier in den Endwirt, den Sterlett, gelangt ist. Man glaubt, daß die Eier den Fisch durch die
Pori abdominales verlassen; bei Knochenfischen in der Weise, daß die Schmarotzer
ein Loch an der Basis der Brustflosse bohren. Das Tier ist auch am Fisch herumkriechend angetroffen worden. Der Sterlett ist wohl ein ausgesprochener Süß-
wasserfisch, aber seine Hauptnahrung, außer Mücken und Köcherfliegen, besteht
stets in Formen, die ursprünglich im Kaspischen Meer gelebt haben: Mysideen,
gewisse Gammariden, *Corophium*. In diesen verbringt *Amphilina* die Jugendstadien; und durch diese wird der
Sterlett infiziert. Der vermutliche
Lebenszyklus ist nach JANICKI
(1930) in Abb. 201 dargestellt.

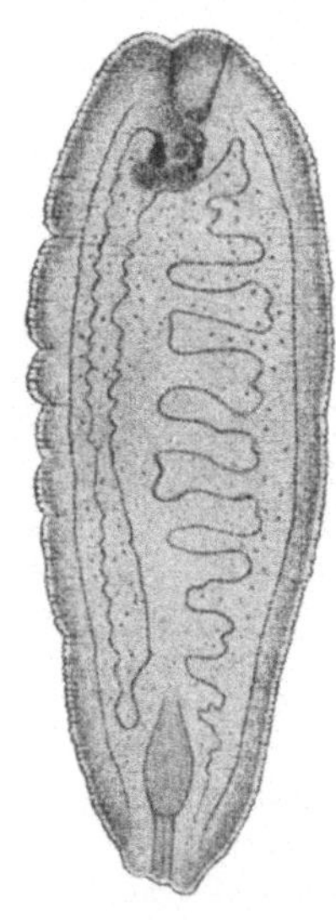

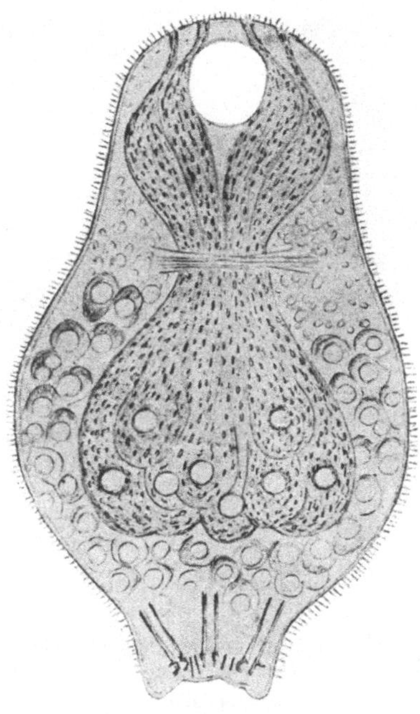

Abb. 202.
Abb. 203.

Abb. 202 u. 203. *Amphilina foliacea* (RUDOLFI). Entwicklung.

Abb. 202. *A. foliacea* (RUDOLFI). 2,8 mm. Aus der Leibeshöhle des Fisches. Der Rüssel eingezogen. 25 ×
(JANICKI 1930.)

Abb. 203. Bewimperte Larve, aus dem Ei ausgedrückt. 600 ×. (JANICKI 1928.)

2. Unterklasse

Eucestoda.

Man hat von den Bandwürmern gesagt, daß sie in gewisser Hinsicht Züge
aufweisen, die mehr an Pflanzen als an Tiere erinnern. Sie haben keine Andeutung
eines Verdauungskanals, sie nehmen die Nahrung mit ihrer ganzen Oberfläche
auf und sie haben ebenso wie die Pflanzen unbegrenztes Wachstum.

Sie haben in ihrem Bau manche Eigenschaften gemeinsam mit den Trematoden: die nackte Kutikula ohne direkt unterliegende Epidermis; bei den primitiven Formen traubenförmige, seitlich liegende Dotterstöcke, einen Uterus, durch
dessen Öffnung die Eier entleert werden. Auf der anderen Seite fehlt ihnen, wie
eben erwähnt, jedwede Spur eines Darmkanals; sie besitzen Wirtswechsel, aber
es ist kein Generationswechsel vorhanden; keine Produktion von Massen von
Individuen aus einer Eianlage. Die Forderung nach einer ungeheuren Produktion
von Nachkommen, die das parasitische Leben stellt, wird auf eine von den Trema-

toden ganz verschiedene Weise gelöst. Man hat in früheren Zeiten einen recht heftigen Streit darüber geführt, ob man die Bandwürmer mit ihren zahlreichen Gliedern als eine Kolonie oder als ein Einzelindividuum betrachten soll. Man hat sich an das letztere gehalten, vor allen Dingen deshalb, weil der Bau des Nervensystems, der Exkretionsorgane und der Muskeln entschieden dafür sprechen.

Die Bandwürmer in Bausch und Bogen sind in keinem ihrer Stadien in annähernd so hohem Grad an das Süßwasser gebunden wie die Trematoden. Erstens gibt es eine sehr große Anzahl, die in gar keinem Stadium irgend etwas mit dem Süßwasser zu tun hat. Kein Bandwurm besitzt wie die Trematoden zwei im Süßwasser vorkommende Larvenstadien (Miracidium und Cercarie). Encystierungserscheinungen, die bei Trematoden so häufig auf

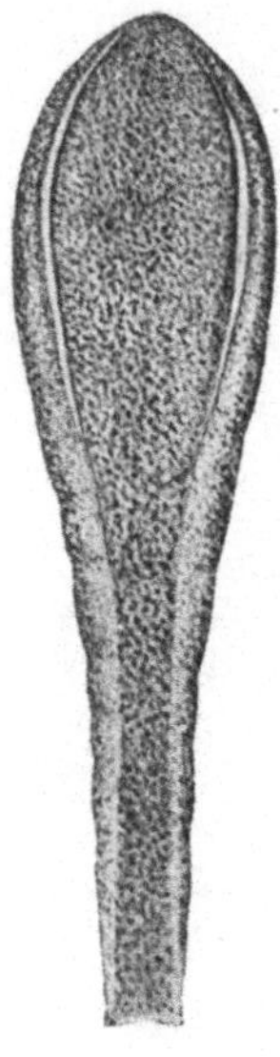
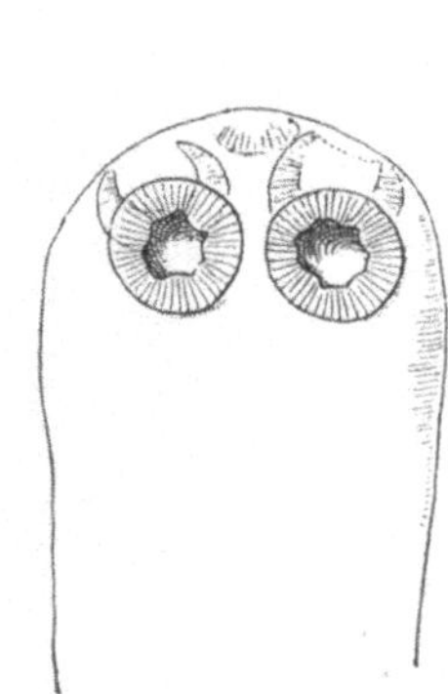
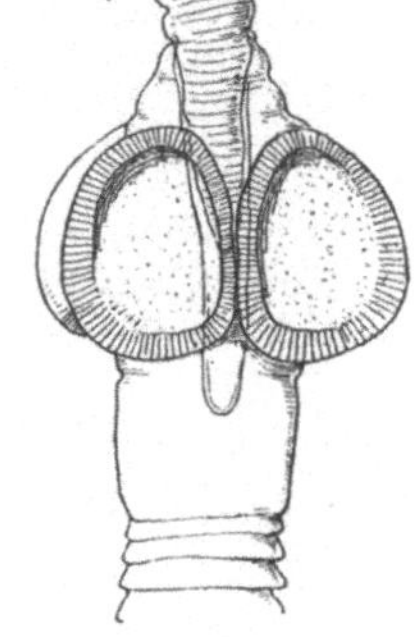

Abb. 204.   Abb. 205.   Abb. 206.

Abb. 204. Scolex eines Pseudophyllidiers. (ZSCHOKKE und STRASBURGER 1926.)
Abb. 205. Scolex eines Tetraphyllidiers. (FUHRMANN 1931.)
Abb. 206. Scolex eines Cyclophyllidiers *(Hymenolepidae)*. (FUHRMANN 1931.)

oder in Süßwasserorganismen stattfinden, kennt man nicht. Freischwimmende, pelagische Larven finden sich nur bei einer Minderzahl von Formen, und gerade über das Vorkommen und Leben dieser Larvenstadien sind wir noch sehr unzureichend unterrichtet.

Es scheint deshalb kein Grund vorzuliegen, in einer Süßwasserbiologie näher auf Bau und Leben der Bandwürmer einzugehen. Und das um so weniger, als von den Bandwürmern, die auf die eine oder andere Weise etwas mit dem Süßwasser zu tun haben, im großen und ganzen gesagt werden kann, daß sie keine so große pathologische Bedeutung für uns Menschen besitzen wie die Trematoden; auch verursachen sie uns nicht durch Angriffe auf unsere Haustiere so großen Schaden wie diese. Hinzu kommt, daß die Zahl an Formen, von denen etwas derartiges gesagt werden kann, zu einem sehr wesentlichen Teil nicht an das Süßwasser gebunden erscheint. Es handelt sich eigentlich nur um den breiten Bandwurm des Menschen, der im großen und ganzen doch als ein mehr gutartiger Schmarotzer angesehen werden kann, den der Mensch jahrelang in sich tragen kann, dessen Erwerbung, wenn man will, sich selbst in stark infizierten Gegenden leicht vermeiden läßt, und für dessen Vertreibung man, wenn man ihn sich erworben hat, gegenwärtig sehr wirksame Mittel besitzt, worauf sich volle Gesundheit wieder einstellt. Nichts von all dem ist der Fall bei den pathogenen Trematoden (*Schistosoma*, Leberegel u. a.).

Der Kopf wird als Scolex bezeichnet (Abb. 204 bis 206), der mit Klammerorganen verschiedener Art ausgestattet ist. Sie sind sehr mannigfaltig entwickelt
bei den verschiedenen Familien: Sauggruben oder Bothrien, Saugnäpfe in verschiedener Anzahl, in der Regel vier, und endlich Haken, deren Anzahl, Form und
Stellung von größter systematischer
Bedeutung sind. Nur selten fehlen alle

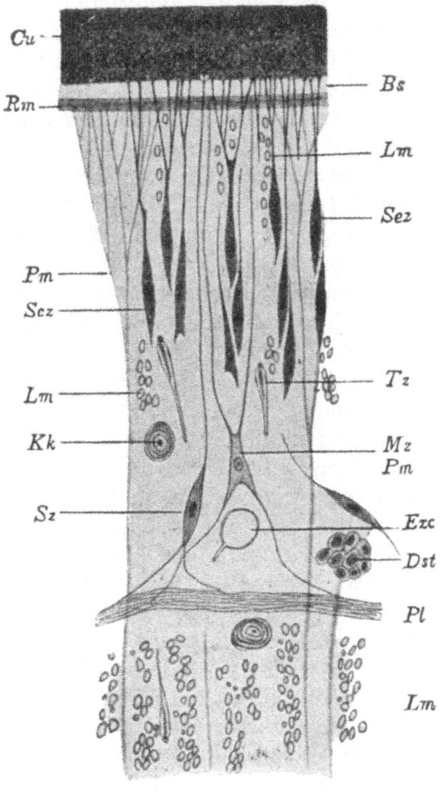

Abb. 207. 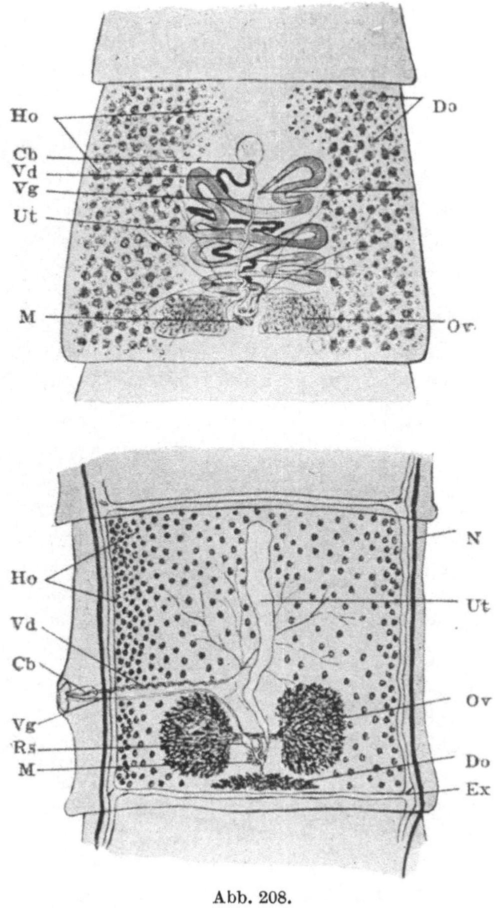   Abb. 208.

Abb. 207. Kutikula und Muskulatur einer *Ligula*-Art. *Bs* Basalmembran; *Cu* Kutikula; an deren Basis End-
platten der Ausläufer der Subkutikularzellen; in der Mitte ein Hautsinnesorgan; *Rm* Ringmuskeln; *Pm* Parenchymmuskeln; *Sez* Subkutikularzellen; *Lm* Längsmuskeln; *Kk* Kalkkörperchen; *Sz* Sinneszellen; *Pl* Nervenfäden; *Dst* Dotterstockfollikel; *Pm* Parenchymmuskelzelle; *Mz* muskelbildende Zelle; *Tz* Terminalzelle;
Exc Exkretionsgefäß. (Nach BLOCHMANN aus BRAUN 1925.)

Abb. 208. Oben: Glied des breiten Bandwurmes *Diphyllobothrium latum* L., unten von *Taenia solium* L.
Cb Cirrusbeutel; *Do* Dotterstock; *Ex* Exkretionskanäle; *Ho* Hoden; *N* Nerv; *M* MEHLISsche Drüse; *Ov* Eier,
stock; *Rs* Receptaculum seminis; *Vd* Vas deferens; *Vg* Vagina; *Ut* Uterus. (SZIDAT und WIGAND 1934.)

Festheftungseinrichtungen. Die Bothrien oder Sauggruben sind, wie z. B. bei
dem breiten Bandwurm, zwei längliche Einsenkungen am Scolex. Bei den Tetra-
phylliden und Tetrarhynchiden treten die sog. Bothridien auf, die über dem Scolex
erhaben und oft durch Scheidewände in mehrere Abteilungen geteilt sind. Sie
können auch gestielt sein. Diese werden nur bei Bandwürmern gefunden, die
in marinen Fischen schmarotzen. Saugnäpfe *(Acetabulae)* sind vor allem für die
Cyclophyllidea charakteristisch. Sie sind stets in der Vierzahl ausgebildet; sie
sind kugelförmig und liegen in der Haut versenkt. Haftapparate sind am stärksten

bei denjenigen Formen ausgebildet, die im Enddarm sitzen, d. h. dort, wo die Gefahr, mit dem Darminhalt fortgerissen zu werden, am größten ist. Die größeren Haken sind zumeist um einen aus- und einstülpbaren, vorspringenden Fortsatz angeordnet, das *Rostellum*.

Auf den Kopf folgt häufig eine halsartige, mannigfaltig geformte, ungegliederte Region, an die sich der Stamm oder, wie er genannt wird, die *Strobila* (Abb. 209) anschließt, die in Glieder, *Proglottiden*, geteilt ist. Deren Anzahl kann äußerst verschieden sein; bei gewissen Arten nur drei bis vier, bei anderen einige tausend; sie nehmen von vorne nach hinten an Größe zu, sind bei manchen länger als breit, bei anderen ist das Verhältnis umgekehrt. Die Teilung der Strobila in Glieder ist sehr verschieden nuanciert. Es gibt Arten, wo sie sich schwer nach- weisen lassen (acraspede Formen im Gegensatz zu craspedoten). Bei solchen, wo kein Scolex vorhanden oder dieser nur sehr klein ist, ist das Vorderende der Strobila zu einem besonderen Klammerorgan *(Pseudoscolex)* ausgebildet. An der Spitze des Scolex findet sich oft ein Organ von bald drüsenartiger, bald muskulärer Beschaffenheit; man hat es als den letzten Rest eines Darmkanals aufgefaßt.

Das Verhalten der einzelnen Glieder (Proglottiden) zur ganzen Gliedreihe (Strobila) ist sehr verschiedenartig bei den verschiedenen Formen. Bei den primitiveren löst sich das einzelne Glied nicht ab, der Wurm geht als Ganzes ab. Man spricht in einem solchen Fall von einer anapolytischen Strobila. Dieses Verhalten findet man z. B. beim Riemenwurm *(Ligula)* der

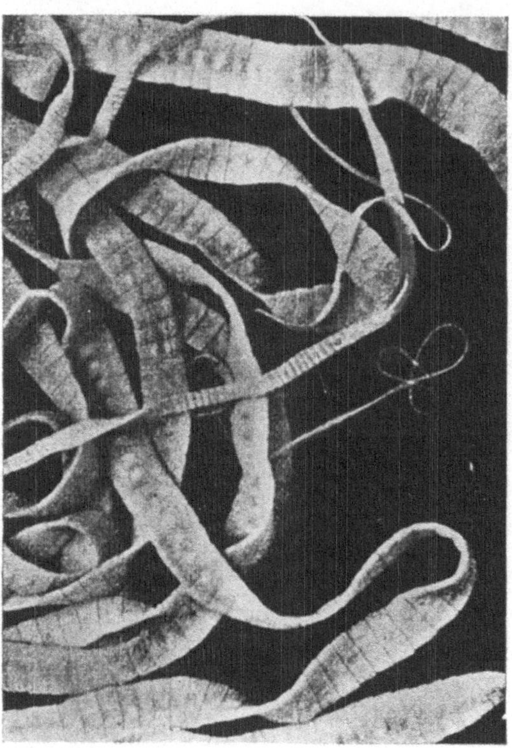

Abb. 209. *Diphyllobothrium latum* (L.). Der breite Bandwurm. 1×. (KITT, aus SZIDAT und WIGAND 1934.)

Karpfenfische und bei den Schmarotzern unserer Süßwasserfische *(Protocephalidae)*. Aber in den meisten Fällen lösen sich die Glieder von der Strobila ab, wenn sie reif sind (apolytische Strobila). Diese Ablösung kann geschehen, ehe die Glieder vollreife Geschlechtselemente enthalten; häufig lösen sie sich jedoch erst ab, wenn die Geschlechtselemente fast oder ganz reif sind, d. h. wenn die Eier schon vollausgebildete Larven enthalten. Endlich begegnet man dem Verhalten, daß die Glieder bis nach der Geschlechtsreife beisammen bleiben; die Eier werden in den Darm entleert und die Glieder gehen erst als absterbende, entleerte Gebilde ab.

Der Körper ist mit einer Kutikula überzogen (Abb. 207), die auf einer Basalmembran aufruht. Sie wird von Epithelzellen abgesondert, aber diese liegen merkwürdigerweise nicht direkt unter der Kutikula, sondern versenkt in die Körperwand. Unter der Kutikula findet sich ein Hautmuskelschlauch, der aus einer Ring- und einer Längsmuskelschichte besteht. Charakteristisch für die Bandwürmer ist übrigens die mächtige Entwicklung von Muskelfasern, die das

Innere des Körpers kreuz und quer durchlaufen: die sog. Parenchymmuskeln. Der Raum zwischen allen Organen ist ausgefüllt von einem Parenchym, einem netzartigen Maschengewebe; es ist ein Auffüllungs- und Stützgewebe, in dem zugleich Reservenahrung aufgestapelt wird. Es enthält oft Glykogen und große Mengen von Kalkkonkretionen, deren Bedeutung uns ganz unbekannt ist. Man

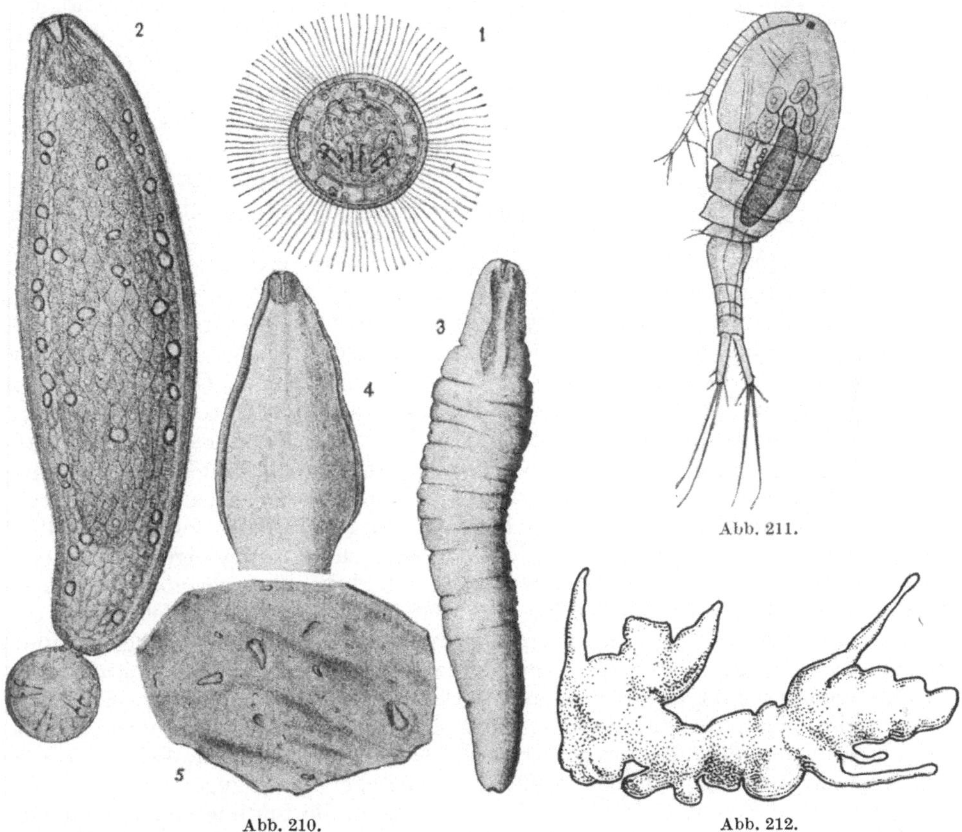

Abb. 211.

Abb. 210.   Abb. 212.

Abb. 210. Entwicklung des breiten Bandwurms. *1* Die freischwimmende Larve (Coracidium) mit Wimpern und sechs Haken. 42 bis 48 μ. 600×. *2* Procercoid, einem Copepoden 40 Tage nach der Infektion entnommen. 340×. Beachte den Schwanzanhang mit den sechs Haken; Kalkkörperchen. *3* Plerocercoid, die Finne, aus Hechtfleisch. 15×. *4* Der vordere Abschnitt derselben. *5* Ein Stück der Wand des Magensackes *(Lota vulgaris)*, mit Plerocercoiden infiziert. (Nach ROSEN 1918.)

Abb. 211. *Cyclops strenuus* mit einem Plerocercoid. 60×. (Nach ROSEN 1918.)

Abb. 212. *Sparganum prolifer* (IJIMA). Im Bindegewebe der menschlichen Haut; bis zu 12 mm; vermehrt sich durch Knospung. (IJIMA, nach FUHRMANN 1931.)

faßt sie gewöhnlich als Exkretstoffe auf. Manche meinen, daß sie eine mechanische, stützende Bedeutung besitzen. Sie sind es, die den Bandwürmern ihre weiße Farbe verleihen. Jedwede sichere Spur eines Darmkanals fehlt.

Die Tiere sitzen im Darmkanal des Wirtes festgeheftet, hängen in das Darmlumen herein und sind vom Darmsaft und dem Nahrungsinhalt umgeben. Die Nahrung wird mittels der Haut durch äußerst feine Kanäle aufgenommen. Die Reservestoffe werden hauptsächlich in Form von Glykogen aufbewahrt. Das Nervensystem besteht aus einem im Scolex gelegenen Komplex von Nervenzellen und -fasern, der Nerven nach vorne und wenigstens zwei mächtige Nervenstämme nach hinten entsendet, die durch die ganze Strobila verlaufen und oft durch Querstränge miteinander verbunden sind. Sinnesorgane höherer Natur finden sich keine, dagegen hinreichend Sinneszellen, die mit ihren Spitzen über die Kutikula hinausragen. Die Exkretionsorgane sind in allem Wesentlichen wie bei den Saugwürmern und Turbellarien gebaut. Die Sammelröhren, die an den Seiten durch die ganze Strobila verlaufen, können verschiedene Schlingen bilden. Von diesen Kanälen gehen feine Kanäle aus, die mit Wimperflammen endigen. Wo das letzte Glied nicht abgestoßen ist, findet sich eine kleine Blase, in die beide Kanäle einmünden. Wo die Ablösung begonnen hat, finden sich zwei Öffnungen. Die Exkretionsstoffe diffundieren in die Haarkanäle und werden durch die Tätigkeit der Wimperzellen in die Hauptkanäle und von hier aus dem Körper befördert.

Die Cestoden sind mit einer einzigen Ausnahme Hermaphroditen (Abb. 208 u. 209). Diese, eine einzige Gattung, *Dioicocestus*, die sich bei Lappentauchern findet, zeigt das merkwürdige Verhalten, daß außer typischen Männchen und Weibchen auch intersexe Formen vorkommen (s. unter Nematoden); überdies finden sich hier Zwergmännchen (CLERC 1930). Bei allen übrigen Formen hat jedes einzelne Glied seine besondere Garnitur von Geschlechtsorganen. Diese zeigen große Ähnlichkeit mit den Geschlechtsorganen der Saugwürmer, sind aber im übrigen recht verschieden gebaut in den verschiedenen Ordnungen. Hier wollen wir uns auf eine etwas eingehendere Besprechung der Geschlechtsorgane des breiten Bandwurmes beschränken (s. dort). Es sei nur hervorgehoben, daß die Geschlechtsorgane bei einigen, wie z. B. der letzterwähnten Form, inmitten des Gliedes ausmünden, bei anderen an den Seiten. Die Fruchtbarkeit ist enorm. Die Glieder unmittelbar hinter dem Kopf sind unreif; auf sie folgen die reifen Glieder mit wohlentwickelten Geschlechtsorganen, hinten diejenigen, deren Geschlechtsorgane schon wieder rückgebildet sind und wo alles, was davon zurückgeblieben ist, der eiererfüllte Uterus ist. Diese letztgenannten Glieder sind es, die alle nach der Reifung eines nach dem anderen oder in Reihen abgehen und mit den Exkrementen des Wirtes entleert werden. Bei *Echinococcus granulosus* BATSCH sind jederzeit im ganzen nur vier Glieder vorhanden, eine jugendliche, eine unreife, eine reife und eine gravide Proglottis. Je mehr der Uterus gefüllt ist, um so mehr schwillt er an und verzweigt sich. Die Art und Weise, wie die Verzweigung vor sich geht, hat große systematische Bedeutung.

Die ständige Erzeugung von Geschlechtsorganen, die Bildung von stets neuen für jedes einzelne Glied, ist eine der merkwürdigsten Eigenschaften des Baues der Bandwürmer. Mit Hilfe dieser enormen Produktion von Geschlechtsorganen wird der Bandwurm instand gesetzt, der Forderung nach ungeheuren Mengen von Nachkommen gerecht zu werden, einer Forderung, die an fast alle Endoparasiten gestellt ist, die auch für die stammesverwandten Trematoden gilt, von ihnen aber, wie wir gesehen haben, auf ganz andere Weise gelöst wird. Wie eigentümlich auch diese Fähigkeit ist, durch Jahre hindurch stets neue Geschlechtsorgane bilden zu können, so muß man sich doch daran erinnern, daß diese Fähigkeit innerhalb der Würmer ja nicht einer gewissen Grundlage ermangelt. Verdoppelung oder Vervielfältigung einzelner Organe, ganz besonders der Geschlechtsorgane, kommt bei vielen Oligochäten und bei anderen Plathelminthen vor, Verdoppelung des Paarungsorgans bei gewissen Polycladen und des Schlundes bei den Tricladen. Das Besondere bei den Bandwürmern ist, daß diese Vervielfältigung gleichzeitig eine Gliederung des Körpers in Proglottiden herbeiführt und daß dies fortgesetzt wird, solange der Wurm lebt.

Hinsichtlich der Paarung ist es die Regel, daß jedes einzelne Glied sich selbst befruchtet, aber sie kann auch auf die Weise vor sich gehen, daß die Glieder zweier Bandwürmer, die dicht nebeneinanderliegen, sich gegenseitig befruchten, sowie auch, daß Glieder der gleichen Strobila sich miteinander paaren. Wo eine weibliche Geschlechtsöffnung vorhanden ist, geschieht die Paarung durch diese. Wo eine solche fehlt, wird das Paarungsorgan am Rand in das Glied eingestochen.

Im Vergleich zu der Entwicklung der Trematoden zeigen die Cestoden große Unterschiede.

Die Larven sollen stets passiv in den Wirt übertragen werden. Die Larven leben niemals im Darm des Wirtes. Sie dringen durch diesen hindurch in andere Organe ein, besonders in die Leibeshöhle oder die Leber. Die geschlechtsreifen Tiere dagegen sind normalerweise fast immer Darmparasiten.

Die Eier der Cestoden sind in den verschiedenen Abteilungen sehr unterschiedlich gebaut. Bei den Pseudophylliden findet sich eine gelbe oder braune

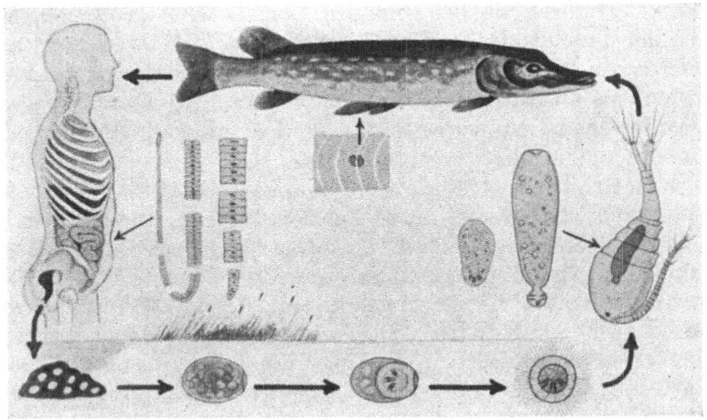

Abb. 213. Entwicklungszyklus des breiten Bandwurmes. S. Text. (SZIDAT und WIGAND 1934.)

Schale, die von Material aus den Dotterzellen und Schalendrüsen gebildet wird. Diese Eier tragen oft einen Deckel. Im Ei befinden sich eine Eizelle und zahlreiche Dotterzellen. In den übrigen Abteilungen ist die Eischale dünn und es befinden sich nur eine oder wenige Dotterzellen darin. Auch diese Eier sind gegen die Umwelt geschützt, aber die Hüllschichten bilden sich erst später. Sie werden hier von einzelnen der Embryonalzellen gebildet, die sich aus der gesammelten Zellmasse derselben herauslösen. Das Ei besteht aus der befruchteten Eizelle, sehr häufig einer größeren Anzahl von Dotterzellen *(Pseudophyllidia)*, zuweilen nur aus wenigen oder einer, das Ganze ist von einer Eischale umgeben, die bei gewissen Formen wieder von mehreren Membranen umgeben ist. Die Schale kann in gewissen Fällen mehrere Eier umschließen und es entstehen so Eikokons.

In der Regel sind die Eier reif, wenn sie das Muttertier verlassen. Die Larve, die sich im Ei bildet, wird *Oncosphaera* genannt; sie hat zumeist drei Paare von Klammerhaken. Jedenfalls in einer einzigen Gruppe, bei den *Pseudophyllidia*, wo die Larve mit einem Wimperkleid ausgestattet ist, soll das Ei im Wasser zum Schlüpfen kommen; für einige Zeit, jedenfalls acht bis zehn Tage lang, ist die Larve ein typischer Planctonorganismus. Diese Form der *Oncosphaera* wird *Coracidium* genannt (Abb. 210, 214 u. 219). In Anbetracht der ungeheuren Menge von Larven, wie sie z. B. der breite Bandwurm produziert, müssen diese bewimperten Larven zu gewissen Zeiten, namentlich in kleineren Wasseransammlungen, einen nicht unbedeutenden Teil des Planctons darstellen. Bei

den *Proteocephalidae* gibt es vermutlich ebenfalls pelagische Eier. Bei den
übrigen Cestoden bestehen, soweit wir gegenwärtig wissen, keine cilienbekleideten
Larvenstadien. Die Larven schlüpfen erst aus, nachdem sie in den Hilfswirt gelangt
sind. Abgesehen von sehr wenigen Formen, z. B. *Hymenolepis nana* (SIEB.),
deren Entwicklung in einem einzigen Wirt (Mensch, Ratte, Maus) stattfinden kann,
und die keines Hilfswirtes *bedarf*, aber doch auch einen solchen (Mehlwurm)
benutzen *kann*, haben alle anderen zwei Wirte. Die *Oncosphaera* bohrt sich in
dem ersten in der Regel durch die Darmwand hindurch und nimmt in der Leibeshöhle Platz, wo sie sich zu einem länglichen Gebilde, einer sog. Finne, dem
Procercoid, umwandelt (Abb. 210 u. 219). Dieses trägt einen Schwanzanhang,
der mit den sechs Haken ausgestattet ist. Sie geht dann, nachdem sie in einen
neuen Wirt geraten ist, in ein neues Finnenstadium über, das bei den verschiedenen
Formen sehr verschiedenartig aussieht. In diesem Stadium hat die Larve einen
Schwanzanhang, wodurch sie bei gewissen Formen eine große Ähnlichkeit mit
den Cercarien der Trematoden gewinnt; wo dies der Fall ist, bezeichnet man die
Larve als *Plerocercoid* (Abb. 209₃). Dieses Stadium findet sich bei einem Großteil der Formen, die an Süßwasserorganismen gebunden sind. Wo der Schwanz
dagegen blasenförmig ist, und der Scolex in den hinteren Teil eingesenkt liegt,
spricht man von einem *Cysticercoid*-Stadium, und auch dieses tritt bei vielen
Süßwasserformen auf. Die noch komplizierteren Larvenstadien: *Cysticercus, Coenurus* und *Echinococcus*, finden sich nicht bei den Formen, die mit dem Süßwasser
zu tun haben. Abgesehen von ganz vereinzelten Formen bedarf die überwiegende
Anzahl zu ihrer Entwicklung jedenfalls eines Zwischenwirtes, der die Eier des
Schmarotzers verschluckt. Einige Formen, z. B. der breite Bandwurm des Menschen, bedürfen zweier Hilfswirte. Hier muß der erste Zwischenwirt, ein Copepode, von dem zweiten Hilfswirt, in der Regel einem Raubfisch, gefressen werden,
welcher wieder dem Menschen, der Katze, dem Fuchs oder einem anderen Säugetier als Nahrung dient.

Man hat oft die Frage erhoben, welcher der beiden Wirte der primäre d. h.
derjenige ist, an den der Bandwurm ursprünglich geknüpft war. Eine große
Anzahl von Verfassern, darunter mehrere, die sich eingehend mit dem Studium
dieser Tiere beschäftigt haben, vertreten die Meinung, daß der Hilfswirt den
eigentlichen Wirt darstelle. Der Endwirt, in dem die Geschlechtsreife erlangt
wird, sei der sekundäre. Man stützt sich namentlich darauf, daß der Schlußwirt,
der ja fast immer ein Wirbeltier ist, in der Entwicklungsgeschichte der Erde eine
sehr viel jüngere Erscheinung darstellt als die wirbellosen Tiere, die den Hilfswirt abgeben; weiter darauf, daß die primitivsten Bandwürmer, *Amphilina*,
Archigetes, den Cestodenlarven am meisten ähneln und häufig als solche, die
im Larvenstadium geschlechtsreif geworden sind, aufgefaßt wurden.

Ordnung: **Pseudophyllidea.**

Der Scolex der *Pseudophyllidea* ist unbewaffnet, trägt aber zwei schwach entwickelte, in den Scolex versenkte Sauggruben. Die Strobila besitzt in der Regel eine
große Anzahl von Gliedern, die Segmentierung ist nicht immer deutlich und kann ganz
fehlen. Es ist oft ein diffuses Wachstum vorhanden, so daß ausgebildete Glieder
sich noch in zahlreiche neue aufteilen können. Sehr oft gehen die reifen Glieder nicht
ab, sondern nur der ganze Wurm auf einmal. In manchen Fällen lösen sich die Glieder
ab, wenn sie reif sind. Die männlichen Geschlechtsorgane liegen dorsal, die weiblichen
ventral. Die weiblichen Geschlechtsorgane bestehen aus einem zweilappigen Eierstock nahe dem Hinterrande jedes Gliedes und aus einem Dotterstock, dessen zahlreiche Einzelbläschen verstreut im Parenchym liegen. Die Ausführungsgänge beider
Gebilde vereinigen sich zu dem sog. Ootyp, wo jedes Ei von Dotterzellen umgeben
wird. Am Ootyp liegt eine Schalendrüse, die Material zur Eibildung abgibt. Vom

Ootyp führt ein Gang zum Uterus, der langsam mit Eiern gefüllt wird. Im Verlaufe der Füllung legt er sich in immer stärkere Windungen. Er mündet mit einer Öffnung in der Mittellinie aus. Die männlichen Geschlechtsorgane bestehen wie der Dotterstock aus zahlreichen, im Parenchym verstreuten Bläschen, deren Ausführungsgänge sich zu einem Hauptkanal sammeln, welcher in der Nähe des Vorderrandes jedes Gliedes nach außen mündet. Die terminale Partie dieses Ganges kann ausgestülpt werden und fungiert dann als Paarungsorgan. Dieses hat eine besondere Umhüllung, die gewöhnlich als Cirrusbeutel bezeichnet wird. In diesen mündet gleichzeitig ein Gang, der vom Ausführungsgang des Eierstockes kommt und wo die Befruchtung der Eier stattfindet. Die Geschlechtsöffnung liegt auf der Bauchseite in der Mittellinie des Gliedes.

In der Regel gibt es drei Wirte und drei Larvenstadien, das (freischwimmende) *Coracidium*, das *Procercoid* im ersten Wirt und das *Plerocercoid* (= Finne) im zweiten und endlich den Endwirt. Der erste Wirt ist ein Krebs (Copepode oder Amphipode), der zweite ein Wirbeltier, der Schmarotzer hält sich hier hauptsächlich in der Leibeshöhle oder den Muskeln auf. Der Endwirt ist gleichfalls ein Wirbeltier, aber hier ist der Parasit ein Darmschmarotzer. Zu den *Pseudophyllidea* wird auch gerechnet die Familie der *Caryophyllidae*, die früher zu den *Cestodaria* gestellt worden ist. Sie weichen in ihrem Bau in vieler Hinsicht von den übrigen Pseudophyllidien ab, und die oben gegebene Darstellung des Baues der Pseudophylliden paßt deshalb nur in geringem Grad auf sie. Er wird später besprochen werden.

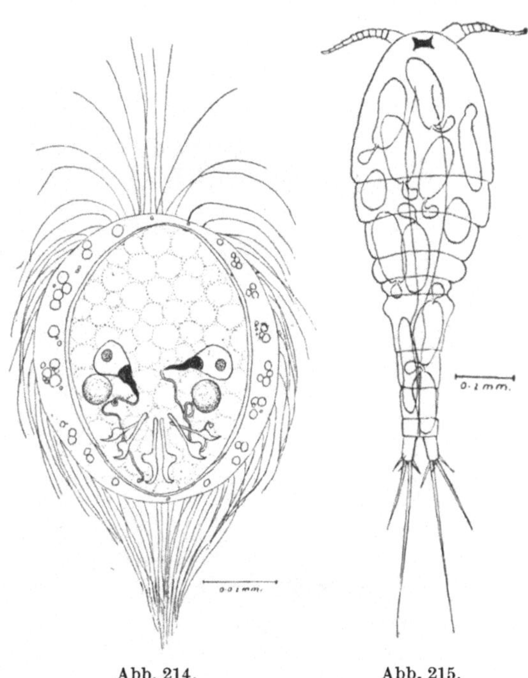

Abb. 214.   Abb. 215.

Abb. 214. *Diphyllobothrium decipiens* und *D. erinaceus*. Bothriocephalus-Larve. Coracidium freischwimmend. Das Bild zeigt die Wimpern, Haken und Exkretionskanäle. (Li 1929.)

Abb. 215. Procercoidstadium in der Leibeshöhle von *Cyclops affinis*. (Li 1929.)

Zu dieser Gruppe gehören einige der am besten bekannten Bandwürmer, der breite Bandwurm des Menschen, der Riemenwurm des Karpfen und der Bandwurm des Stichlings.

Wir wollen im folgenden etwas näher auf die Entwicklung und Lebensweise des breiten Bandwurmes, *Bothriocephalus* = *Diphyllobothrium latum* (L.), eingehen (Abb. 213). Bis zum Jahre 1883 wußte man nichts von seiner Entwicklung. Drei Schüler von Professor BRAUN in Dorpat waren es, die sich dazu hergaben, mit Larvenstadien des breiten Bandwurmes infiziertes Hechtfleisch zu essen. Sie bekamen alle Bandwürmer, und so war der Nachweis erbracht, daß wir durch Verspeisen von mit Bandwurmlarven infiziertem Fischfleisch den Bandwurm bekommen. Das übrige der Entwicklung ist uns erst durch die Untersuchungen von ROSEN und JANICKI (1917) bekannt geworden. Später ist die Kenntnis der Entwicklung von ein paar anderen Arten hinzugekommen, aber sie scheint bei diesen Formen in den Grundzügen wie bei der erstgenannten zu verlaufen (Abb. 209 bis 213).

Die Eier werden ins Wasser abgeworfen und sinken zu Boden. Im Verlaufe von 9 bis 17 Tagen, je nach der Jahreszeit, hat sich in ihnen ein kleines, bewimpertes Wesen entwickelt, das kugelig und mit langen Wimperhaaren besetzt ist: die *Coracidium*-Larve. Sie durchbricht die Eischale und führt nun durch einige Zeit ein pelagisches Leben. Darin liegt eine kompakte, mit sechs Haken versehene Zellmasse, die *Oncosphaera*.

Während meiner Planctonstudien im Furesee in den Jahren 1904 bis 1908 habe ich zweimal in Schalen, die lebendes Plancton enthielten, am Lichtrand

Abb. 216.

Abb. 217.

Abb. 216. *Ligula intestinalis* (L.), Riemenwurm. Im Jugendstadium in der Leibeshöhle von Süßwasserfischen, besonders Karpfenfischen; geschlechtsreif für kurze Zeit in Wasservögeln. (BRUNO HOFER 1904.)

Abb. 217. *Schistocephalus gasterostei* (FABR.). In der Leibeshöhle des Stichlings u. a. (BRUNO HOFER 1904.)

zwischen den Rädertieren mit der Pipette *Bothriocephalus*-Larven herausgefangen, die durch ihre kugelrunde Gestalt, das lange Cilienkleid und die sechs Haken leicht kenntlich waren. Die Proben stammten aus den mittleren Partien des Furesees. Am Boden des Planctonnetzes war ein Glas angebracht. Dadurch war bewirkt worden, daß die zarteren Planctonorganismen unbeschädigt nach Hause gelangten. Sie sind wohl anderen Planctonuntersuchern entgangen, deshalb, weil die meisten einen Metalleimer verwenden mit einem Boden aus Seidengaze, wodurch die zarteren Planctonorganismen, wenn das Wasser abfiltriert wird, zerquetscht und so unkenntlich werden. Die Tiere drehen sich mit großer Schnelligkeit um ihre Achse. In Schalen hat man bei Aufzucht der Eier, die man aus lebenden Exemplaren des breiten Bandwurmes erhalten hat, die Larven zu Tausenden bekommen. Die Lebensweise der Coracidien ist am besten bekannt von ein paar nahestehenden Arten, *Diphyllobothrium decipiens* (DIESING) und

D. erinacei (RUDOLPHI) (LI 1929; Abb. 214 u. 215). Sie bewegen sich in Spiralen, wobei sie sich gleichzeitig um ihre Achse drehen, ganz genau so, wie die Rädertiere es tun. Gewöhnlich ist der Körper sphärisch oder oval, doch ist er imstande, sich ganz bedeutend zu verlängern. Im Beginn ist die Bewegung sehr rasch, doch nimmt sie recht bald an Schnelligkeit ab. Die Larve stirbt nicht, wenn die Cilien zu schlagen aufhören. Sie sinkt zu Boden und man sieht die kleine Larve kräftig innerhalb der Membranen arbeiten, um sie zu sprengen. Das gelingt niemals. Das Ergebnis ist, daß sie dann abstirbt.

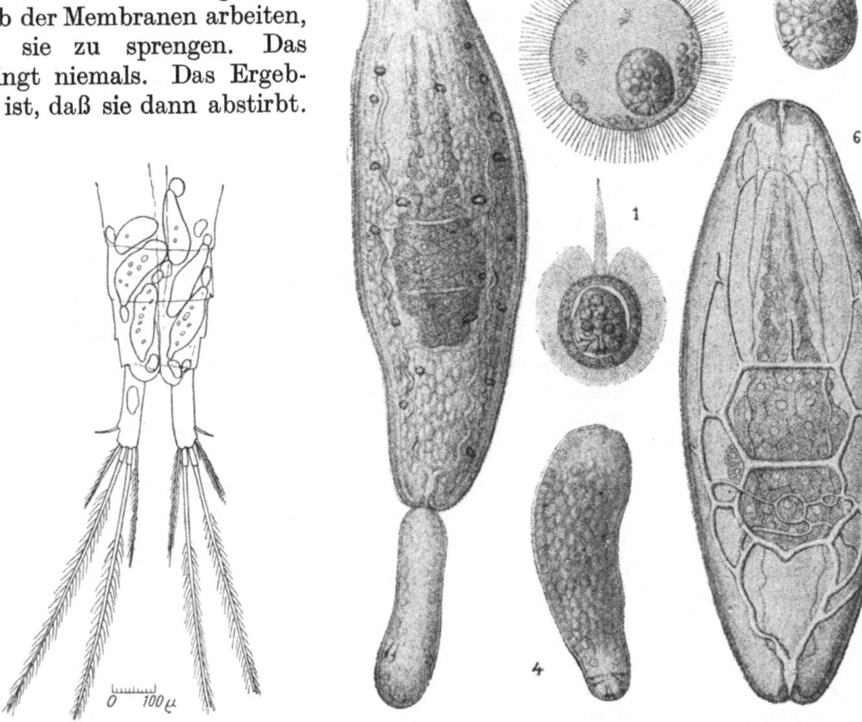

Abb. 218.   Abb. 219.

Abb. 218. *Schistocephalus*-Larven in *Cyclops viridis*. (CALLOT und DESPORTES 1934.)

Abb. 219. *Triaenophorus nodulosus* (PALLAS). *1* Coracidium, zum Schlüpfen bereit. 600×. *2* Zwei Tage nachher; das Wimperkleid noch erhalten. 600×. *3* Oncosphaera in der Leibeshöhle eines *Cyclops fimbriatus*. 340×. Fünf Tage nach der Infektion. *4* Desgleichen, acht Tage nachher. 340×. *5* Nun zum Plerocercoidstadium herangewachsen. 340×. Beachte die Haken am Schwanzanhang. *6* Desgleichen, aber ohne Schwanzanhang; es ist das Exkretionssystem dargestellt. 380×. (ROSEN 1918.)

Damit die kleine Larve von *D. latum* sich weiter entwickle, muß sie in einen Copepoden gelangen, gewöhnlich in *Cyclops strenuus* (Abb. 211), zur Not in *Diaptomus*. In der erstgenannten Form kann man nur bis zu zwei Procercoiden, in *Diaptomus* bis zu fünf[1] finden. Bei anderen Arten hat man bis zu zehn bis zwölf vorgefunden, und diese Cyclops-Arten haben nach der Infektion noch 55 Tage gelebt. Die Larve ist nur infektionsfähig, solange sie das Wimperkleid trägt. Man hat bei einigen nahestehenden direkt beobachtet, wie ein Cyclops, wenn man Coracidien zugesetzt hat, diese verschluckte. Waren viele von ihnen vorhanden, so konnte man einen *Cyclops* bis zu 20 bis 60 im Verlaufe von 15 Minuten verschlingen sehen (LI). Das Resultat war, daß der Darm mit ihnen

---

[1] Über den Nachweis von Bothriocephaluslarven in *Diaptomus* im Esromsee 1936 s. unter *Diaptomus*.

vollgepropft war. Sobald sie in den Darm dieser Hüpferlinge geraten sind, werfen sie die Hülle mit dem Wimperkleid ab. Die Coracidie *muß* in den Darm, weil sich die Hülle im Magensaft auflösen muß. Ist die Larve von der Membran befreit, so bohrt sie sich im Verlaufe von zirka sechs Stunden durch die Darmwand hinein in die Leibeshöhle, wo sie sich zum nächsten Stadium, zum *Procercoid*, umbildet (Abb. 210_2 u. 219_5). Die Larve wird länger, ein hinterer Abschnitt, der die sechs Haken trägt, sondert sich vom übrigen Körper. Die Haut wird dicker, trägt kleine Dorne, und zahlreiche Kalkkörperchen entstehen im Innern der Larve. Die Entwicklung nimmt zwei bis drei Wochen in Anspruch. Der Schwanzanhang wird früher oder später abgeworfen. Der Körper zeigt sich dann mit zarten Silberhärchen bedeckt. Der hintere Schwanzanhang, der oft als Cercomer bezeichnet wird, ist nicht spezifisch für die *Diphyllobothrium*-Entwicklung, sondern findet sich bei fast allen Bandwürmern im Procercoid-Stadium wieder. Er kann sehr lang, fast wurmförmig werden. Er trägt stets am Hinterende die sechs Haken.

Im Procercoid-Stadium verweilt nun die Larve und wartet den Zeitpunkt ab, wo der Copepode von einem Fisch, z. B. einem Hecht oder Barsch, gefressen wird. In seinem Darmkanal angekommen, bohrt sich das Procercoid durch die Wand in die Leibeshöhle ein. Der Körper wächst in die Länge und beginnt nun zwei längliche Sauggruben auszubilden, das Kennzeichen für die ganze Ordnung. Nun wird er als Plerocercoid bezeichnet (Abb. 210_3). Das Procercoid findet sich sechs Stunden, nachdem der Copepode verschluckt worden war, im Magen oder Pylorus des Fisches, fünf bis sechs Tage nachher in der Muskulatur des Wirtes und zwölf Tage später in der Leibeshöhle. Nach Verlauf von weiteren sechs Tagen trifft man es in der Leber an, wo die Verwandlung zum Plerocercoid-Stadium stattfindet. Um die Geschlechtsreife zu erlangen, muß die Larve nun in den letzten Wirt kommen, in den Menschen oder ein fischfressendes Säugetier. Hier angekommen, stülpt sie den Scolex aus. Ungefähr 14 Tage später ist das Tier geschlechtsreif. Es wird angegeben, daß es im Tag um 8 cm wächst. Ein Schema der Entwicklung ist in Abb. 213 wiedergegeben.

Wir wissen gegenwärtig, daß mehrere andere *Pseudophyllidea* eine ganz ähnliche Entwicklung durchmachen (Abb. 219). Neuere Untersuchungen haben weiter ergeben, daß gewisse Plerocercoide die Fähigkeit zur Knospenbildung besitzen und sich durch unregelmäßige Knospen vermehren (Abb. 212). Man hat weiter gerade für die Gattung *Bothriocephalus* nachgewiesen, daß das dritte Larvenstadium imstande ist, den Darm eines Fisches mehr als einmal zu passieren. Das ist wichtig zum Verständnis dafür, wieso es kommt, daß ein Hecht oder ein Barsch mehrere hundert Plerocercoide in der Leibeshöhle mit sich tragen kann. Es wäre schwierig zu verstehen, wieso ein Hecht das Pech gehabt haben sollte, mehrere hundert infizierte Copepoden zu verschlucken, eine Nahrung, die der Hecht ja nur aufnimmt, solange er noch nicht eine Größe von einigen Zentimetern erreicht hat. Die Sache verhält sich vermutlich so, daß der Hecht oder Barsch die vielen Plerocercoide sich zuzieht, wenn er andere Fische, die diese Schmarotzer beherbergen, verschlingt, so daß die Fische, je älter sie werden, eine um so größere Menge von Plerocercoiden in sich aufsammeln.

Der breite Bandwurm (Abb. 209) ist wohl der größte Schmarotzer des Menschen; er kann eine Länge von 10 bis 15 m erreichen und besitzt dann 3000 bis 4500 Glieder. Er soll 14 bis 15 Jahre alt werden können. Der gleiche Wirt kann ohne weiteres eine größere Zahl beherbergen (67 Exemplare, in einem Fall sogar 90, die dann nur eine durchschnittliche Länge von 1 m hatten). Er kommt nicht selten zusammen mit *Taenia solium* vor (ZSCHOKKE 1926). Der Schmarotzer hält sich fast immer im oberen Teil des Dünndarmes auf. Der Wirt wird nicht so sehr geschädigt, als man glauben sollte. Die Wunde, die der Wurm verursacht, ist selten ernstlicher Natur; auch der Nahrungsverlust ist nicht von größerer Bedeutung. Wenn der Organismus unter dem Schmarotzer leidet, so geschieht das in erster Linie auf Grund der Giftstoffe, die ihm von seiten des Schmarotzers zugeführt werden und die die wohlbekannte *Bothriocephalus*-Anämie hervorrufen. Diese kann experimentell durch Extrakte des Bandwurmes herbeigeführt werden. Das Gift macht das Blut lackfarben. Selbst in stark infizierten Gegenden kann man, wenn man sich nur des Genusses rohen Fischfleisches enthält, der Krankheit entgehen. Es ist von japanischer Seite nachgewiesen worden, daß, wenn man das Muskelfleisch der Fische Temperaturen von 0,5 bis 3° C aussetzt, die Finnen abgetötet werden. Man kann also mit Beruhigung gefrorenes Fleisch selbst in rohem Zustand essen, ohne sich der Gefahr einer Bandwurminfektion auszusetzen. Es mag weiter daran erinnert werden, daß, selbst wenn jemandes Hund noch so stark infiziert sein sollte, man hier in Westeuropa von ihm *direkt* nicht mit Bandwürmern angesteckt werden kann.

Der breite Bandwurm des Menschen ist gleichwohl in vielen Ländern und durch sehr lange Zeiträume hindurch ein Übel für große Teile der Bevölkerung, ganz besonders der armen Fischerleute gewesen, die sich durch Verspeisen von rohem oder schlecht gekochtem oder gebratenem Fischfleisch das Finnenstadium zugezogen haben. Es gibt Gegenden, wo er die Bevölkerung ständig beeinträchtigt. Dies gilt z. B. für Norddeutschland, vor allem in der Umgebung der Haffe, weiter für Finnland, Norditalien, Rumänien, Madagaskar, Turkestan, Sibirien, Mandschurei und Japan. Von den Ostseeprovinzen sagt man, daß die Hälfte der Bevölkerung angesteckt sei, von den Kindern zirka 36%. Es wird hervorgehoben, daß das ganz besonders darauf zurückzuführen sei, daß die Leute rohe Quappenleber essen. In Dänemark ist *Diphyllobothrium latum* heutigentags beim Menschen ein seltener Gast. Wir essen ja nur in sehr geringfügigem Ausmaß rohes Fleisch von Süßwasserfischen. Die Finnen kommen hauptsächlich bei Hecht, Barsch und Forelle vor. — Es sind verschiedene *Diphyllobothrium*-Arten beschrieben worden. Es scheint so, als ob der erste Wirt immer ein Copepode sei, am häufigsten *Cyclops*, seltener *Diaptomus*. Der zweite Wirt soll bei einigen Formen ein Fisch sein, bei anderen scheinen es aber höhere Wirbeltiere, z. B. Amphibien und Reptilien, übrigens auch Vögel und Säugetiere zu sein (Faust, Campbell, Kellog 1929). Der Lebenslauf zweier ostasiatischer Arten ist von Li (1929) aufgeklärt worden. Er verhält sich ganz so wie bei *D. latum* (Abb. 210).

Der breite Bandwurm existierte ursprünglich nicht in Nordamerika. Der erste Fall tauchte um 1860 auf, wie man meinte, ein eingeschleppter Fall. Erst in der Zeit von 1900 bis 1910 traten Fälle auf, von denen man annehmen mußte, daß die Infektion in Amerika stattgefunden habe. Gegenwärtig ist er weit verbreitet, besonders im Gebiet um die großen Seen, wo 50 bis 75% der Fischer angegriffen sind. Die Bandwürmer besitzen ein mächtiges Reservoir in Hunden, die mit rohem Fischfleisch gefüttert werden. Man trifft 5 bis 19 Individuen in einem Hund an (Vergeer 1929). Man vermutet, daß die Einwanderung der Ostseebevölkerung, insbesondere der Finnen, mit ihrer Vorliebe für den Genuß roher Fische der Grund ist, daß die Krankheit sich in Amerika so stark verbreitet hat. Wenn man bedenkt, daß beim Stuhlgang eines Patienten in festem Kot 825.000 Eier und in flüssigem über zwei Millionen nachgewiesen wurden und daß ein solcher Patient sechs Jahre mit dem Bandwurm gelebt hat, ohne davon eine Ahnung zu haben, so wird man verstehen, wie enorm ein einziges Individuum die Verbreitung fördern kann. Man hat errechnet, daß zwei solche Wurmträger in einer bestimmten Stadt nicht weniger als drei Billionen Eier in einen bestimmten Fluß abgeführt haben (St. Joseph River; Ward 1930).

Einer der Bothriocephalen des Ostens ruft in Indochina und Niederländisch-Indien eine merkwürdige Augenkrankheit hervor: „*Sparganose oculaire*". Sie wird dadurch verursacht, daß die Eingeborenen die Sitte haben, Frösche, denen sie die Haut abgezogen haben, bei beginnender Augenerkrankung auf die Augen aufzulegen, wie überhaupt auf Wunden. Diese Frösche enthalten oft Plerocercoide, die sich von den Fröschen in die Augen hinüberarbeiten (FAUST, CAMPBELL, KELLOG 1929) oder unter die Haut eindringen.

Im Osten sind Frösche und Nattern in großer Zahl infiziert mit Massen von Plerocercoiden der Diphyllobothrien, die durch Knospung entstanden sind. Da solche oft von Haustieren gefressen werden (Hunden und Katzen), sind auch diese oft angesteckt. In ihrem Darm werden die Plerocercoide geschlechtsreif. Die Untergattung *Spirometra* entwickelt nicht in Fischen, sondern in höheren Tieren, auch im Menschen, Plerocercoide (FAUST, CAMPBELL, KELLOG 1929). In nicht seltenen Fällen trifft man im Osten auf Menschen, die mit Plerocercoiden angesteckt sind, welche sich in allen Organen vorfinden, sich durch Teilung vermehren und die fast unheilbare Krankheit Sparganose hervorrufen; diese wird so bezeichnet, weil *Sparganum* ein anderer Name für das Plerocercoid ist: *Sparganum proliferum* (IJIMA). Der dazugehörige Bandwurm ist unbekannt, auch weiß man nicht, wie die Ansteckung geschieht. Durch ungeschlechtliche Vermehrung erzeugt dieses Entwicklungsstadium ungeheure Mengen von Individuen, die sich über alle Organe verbreiten.

Zu den Pseudophylliden gehören auch einige für unsere Fischfauna recht gefährliche Schmarotzer.

Ligula intestinalis (L.) oder der Riemenwurm (Abb. 216), wie er gewöhnlich bezeichnet wird, hat einen ähnlichen Lebenslauf wie *Diphyllobothrium latum* (L.); auch er bringt nach einem freischwimmenden Coracidium-Stadium seine ersten Stadien in Copepoden *(Diaptomus gracilis)* zu. Das Plerocercoid-Stadium findet sich in Karpfenfischen, besonders in Brassen, Karauschen, Karpfen u. a. Es ist für ihn charakteristisch, daß der Körper fast keine Spur einer Gliederung aufweist. Er erreicht im Plerocercoid-Stadium die sehr bedeutende Länge von zirka $^3/_4$ m und $1^1/_2$ cm Breite; ja man hat sogar im Bodensee ein freischwimmendes Individuum von nicht weniger als 2,3 m aufgefischt. Im Gegensatz dazu, was sonst der Fall ist, entwickeln sich die Geschlechtsorgane zuerst in den mittleren Gliedern. Der Aufenthaltsort des Schmarotzers ist zufolge seiner Finnennatur nicht der Darm, sondern die Leibeshöhle, aus der er sich sofort herauswälzt, sowie man die Bauchhöhle des Fisches öffnet. Diese großen Parasiten sollen den Fischen besonders dadurch schaden, daß sie die Blutgefäße der Leber, der Eierstöcke und der Hoden zusammendrücken. Dadurch wird bewirkt, daß große Teile der Blutzirkulation zum Stillstand kommen. Durch Druck auf die Bauchwand entsteht Muskelschwund, wodurch die Bauchwand leicht aufgerissen wird. Der Fisch wird matt, mager und kann seine Geschlechtsstoffe nicht zur Reife bringen. Der Schmarotzer kann in großen Mengen zugegen sein und kann namentlich in Karpfenteichen eine ernste Kalamität darstellen. Der Riemenwurm in der Leibeshöhle des Karpfens muß in den Darm eines Wasservogels, besonders Tauchern, kommen, um geschlechtsreif zu werden. Tatsächlich enthält der Wurm, noch solange er sich im Fisch aufhält, ungeheure Mengen von Eiern, aber normalerweise werden diese Eier nicht reif, bevor sie in den Vogeldarm gelangt sind. Es wird übrigens behauptet, daß ausnahmsweise die Geschlechtsreife auch im Fisch eintreten kann, also im Finnenstadium. Auch bei *Schistocephalus* und *Triaenophorus* entwickelt das Plerocercoid Eier. Nicht selten sprengen die großen Würmer die Bauchwand der Fische, werden frei und man kann sie dann am Boden liegend antreffen. Sie können hier zirka zehn Tage leben; es wird sogar angegeben, daß sie schwimmen können. Der Aufenthalt im Vogeldarm dauert nur ganz kurz, zirka 24 Stunden, höchstens einige wenige Tage (NYBELIN 1918). Für die Entwicklung von *Ligula* ist also das Charakteristischeste die kolossale Größe des Plerocercoid-Stadiums.

Eine andere hierhergehörige Form ist *Schistocephalus* mit der Hauptart *S. gasterostei* (FABR.).

An einem sonnenheißen Tag ging ich vor vielen Jahren am Ufer des innersten Teiles des Holbaekfjordes spazieren. Es war ein trockener Sommer, das Wasser im Fjord war gesunken und hatte sich etwas zurückgezogen, eine Menge kleiner, sehr seichter und sehr warmer Pfützen hinterlassend. Als ich in diese hineinblickte, sah ich eine große Anzahl des dreistacheligen Stichlings; manche waren tot, doch viele lebten noch. Einige waren sterbend und die toten zeigten oft ein großes Loch im Bauch. Eine große Anzahl hatte einen außerordentlich aufgeschwollenen Bauch. Öffnete man diesen, so wälzten sich ein oder mehrere 7 bis 10 cm lange Bandwürmer, *Schistocephalus gasterostei* (FABR.), heraus (Abb. 217). Besonders auffallend war jedoch die sehr große Zahl von Würmern, die frei in den Pfützen lagen und, schneeweiß wie sie waren, sich scharf gegen den schwarzen Schlamm abzeichneten. Sie konnten in den Pfützen zu Dutzenden aufgesammelt werden. Die meisten waren lebend und schlängelten sich hierhin und dorthin. Möwen und Seeschwalben standen um die Pfützen und schlangen mit offensichtlichem Wohlbehagen die weißen Würmer in sich. STEENSTRUP hat 1857 ganz ähnliche Beobachtungen veröffentlicht, die er an einem kleinen See, dem Graese-See in Nordseeland, angestellt hatte. Die Erscheinung habe ich später nicht wiedergesehen. In einem kleinen Teich, dem Kehus-Teich in der Nähe von Hilleröd, ist auch der neunstachelige Stichling stark infiziert; er beherbergt oft zwei Individuen, aber sie erreichen selten eine Größe von mehr als 4 bis 6 cm.

Der Lebenslauf von *Schistocephalus* ist ganz so wie der der anderen Pseudophyllidier. Aus den Eiern schlüpfen wahrscheinlich Coracidien, doch sind sie noch nicht gesehen worden. Die Procercoide finden sich in *Cyclops*-Arten (*C. bicuspidatus, C. serrulatus* und *C. viridis*; NYBELIN 1919; CALLOT und DEPORTES 1934; Abb. 218). Diese werden von Fischen verspeist, worauf sie in Vögel übergehen (Lappentaucher, Sägetaucher, Möwen), entweder dadurch, daß die Fische von Vögeln gefressen werden, oder dadurch, daß diese die freiliegenden Würmer verschlingen.

Es gibt eine nicht unbedeutende Anzahl von Pseudophyllidiern, die nicht in Vögel zu gelangen brauchen, um geschlechtsreif zu werden, sondern bei denen auch die Geschlechtsreife in Fischen eintritt. Sie können bei ihnen in sehr großen Mengen vorkommen. Das gilt besonders für *Abothrium crassum* (BLOCH), das eine Länge von zirka 30 cm erreicht und das besonders bei Lachsfischen vorkommt, zumeist in den Appendices pyloricae. Das Tier wird auch bei Hechten gefunden. In einem solchen, der 5 bis 6 kg wog, wurden mehr als 300 Exemplare mit einer Länge von ungefähr 30 cm und eine Unzahl kleinerer gefunden.

Von den berüchtigten Fischschmarotzern soll u. a. *Triaenophorus nodulosus* (PALL.) hervorgehoben werden. Er findet sich u. a. bei Hecht, Barsch und Lachs. Der Scolex trägt vier dreispitzige Haken. Der Körper zeigt keine deutliche Gliederung. Die Entwicklung wurde durch JANICKI und ROSEN (Abb. 219) aufgeklärt. Der Parasit hat an manchen Stellen Masseninfektionen hervorgerufen; 95 bis 100% der Fische können infiziert sein. Sie magern ab und werden schwach. Man hat mehrere hundert Parasiten im Darm eines einzigen Individuums gefunden. Durch die Untersuchungen SCHEURINGS (1929) weiß man, daß der Hecht im Mai-Juni mit dem Plerocercoid infiziert wird. Der Wurm wird im Dezember geschlechtsreif und die Strobila wird im März-April (Hungerperiode) abgestoßen, wenn der Hecht laichen soll. Diese Form ist also einjährig. Sie ist kaum an bestimmte Fische gebunden; sie ist schon in 34 Fischarten gefunden worden.

Cyathocephalus truncatus (PALL.) lebt als Procercoid in *Gammarus pulex*, als Plerocercoid in den Appendices pyloricae, besonders bei Lachsfischen. Als solches wird die Form hier geschlechtsreif; eine Strobila kommt nicht zur Entwicklung. Hier gibt es auch kein Coracidium-Stadium; normalerweise gelangen die Oncosphären hier nicht aus den Eiern, diese kommen mit Pflanzenresten in den Darm von Krebsen (WISNIEWSKI 1933). Es sind nur ganz wenige Genitalsegmente vorhanden, nur 15 bis 34. Das Tier ist in gewissen Gegenden ein gefährlicher Fischschmarotzer, der starke Abmagerung verursacht (HUITFELD-KAAS 1927; Abb. 223 u. 224).

Abb. 220.   Abb. 221.

Abb. 220. *Caryophyllaeus mutabilis* RUD. *KS* Ovarium; *rs* Receptaculum seminis; *ut* Uterus; *dg* Dottergang; *dt* Dotterstock; *neph* Exkretionskanäle; *t* Hoden; *vd* Samenleiter; *vs* Vesicula seminalis; ♀♂ Geschlechtsöffnung. (STEIN, nach HATSCHEK 1888.)

Abb. 221. Ein Oligochät, *Tubifex tubifex*, mit einer Larve von *Caryophyllaeus laticeps* PALL. in der Leibeshöhle oberhalb des Darmes. 13×. (SEKUTOWICZ 1934.)

Als sehr abweichende Form, deren Platz im System man kaum mit Sicherheit angeben kann, mag noch die kleine merkwürdige Familie der *Caryophyllidae* erwähnt werden, die in Europa nur durch die beiden Gattungen *Caryophyllaeus* und *Archigetes* vertreten ist.

Caryophyllaeus (Abb. 220 u. 221) lebt als Larve in einem Oligochäten des Süßwassers, in *Tubifex*, der der einzige Hilfswirt ist. Der Körper ist ungegliedert; der Scolex ist schwach entwickelt und durch eine halsähnliche Region vom übrigen Körper gesondert. Als Larve besitzt *Caryophyllaeus* in den Oligochäten noch einen langen schwanzartigen Anhang mit sechs Haken. Die Tiere machen hier fast ihre ganze Entwicklung durch. Man ist geneigt, in den Caryophylläen Formen zu sehen, die auf dem Plerocercoid-Stadium geschlechtsreif geworden sind oder wenigstens im Begriffe stehen, geschlechtsreif zu werden, und sich angepaßt haben, ihre Entwicklung im Darm des Hilfswirtes zu vollenden oder, möglicherweise richtiger, daran sind, sich anzupassen. Man hat geglaubt, daß die Entwicklung auch in Krebsen durchlaufen werden könnte, aber man weiß darüber nichts Sicheres. Es besteht nämlich die Merkwürdigkeit, daß die Caryophylläen zu mehreren Hunderten in einem Fisch gefunden werden können, aber es scheint, daß das Stadium in den Tubificiden sehr selten ist (Abb. 221). Bei Untersuchung von über 5000 Tubificiden wurde nur 1% infiziert gefunden (HUNTER 1927). Da die Fische, in denen die Caryophylläen

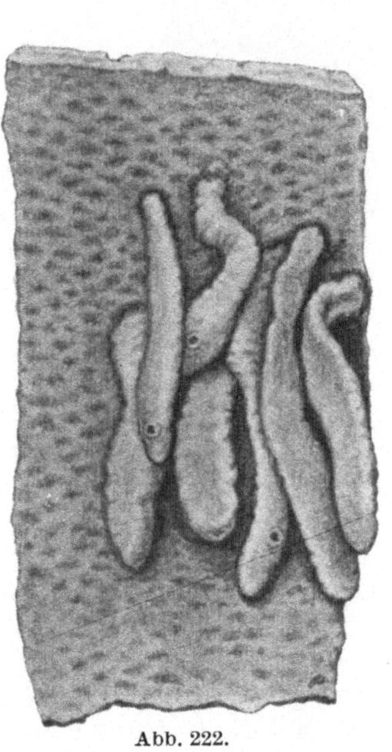

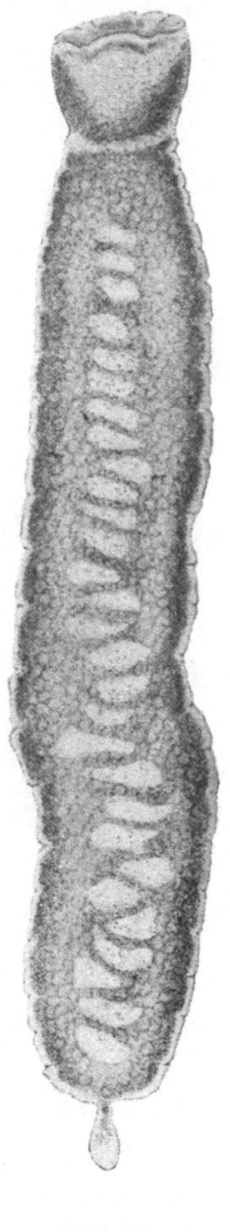

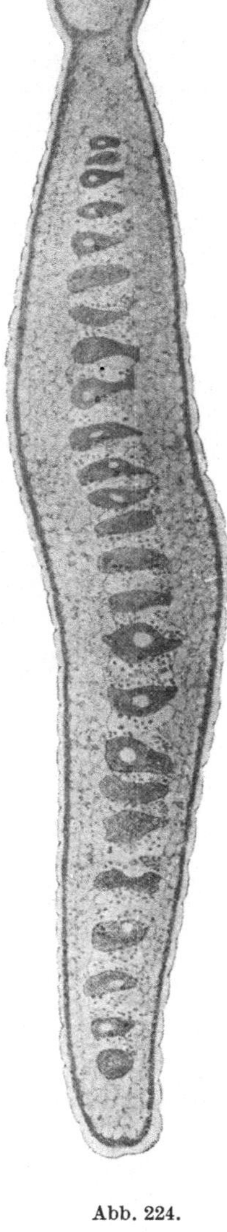

Abb. 222.   Abb. 223.   Abb. 224.

Abb. 222. *Caryophyllaeus javanicus*, an der Darmwand eines Welses befestigt. 4×.
(BOVIEN 1926.)

Abb. 223 u. 224. *Cyatocephalus truncatus* (PALLAS).

Abb. 223. Procercoidstadium mit teilweise entwickelten Geschlechtsorganen. Zahlreiche Kalkkörper. 10 mm.
(WISNIEWSKI 1933.)

Abb. 224. Plerocercoid aus einem Fischdarm mit vollständig entwickelten Geschlechtsorganen und Dotterstöcken; Uterus mit Eiern. 12 bis 14 mm. (WISNIEWSKI 1933.)

vorkommen, in viel größerem Ausmaß von Krebsen als von Würmern leben, verlangt diese Angelegenheit nach weiteren Untersuchungen. Man gibt sich einstweilen mit der Annahme zufrieden, daß man die Tubificiden im Darminhalt fast

niemals nachweisen kann, weil sie sehr rasch aufgelöst werden. Geschlechtsreif finden sich Caryophylläen bei einer Reihe von Karpfenfischen. *C. mutabilis* RUD. soll in Europa allgemein vorkommen. Die Form ist dadurch ausgezeichnet, daß sie im Gegensatz zu anderen Caryophylläen so tief in die Darmwand eindringt, daß an der Außenseite des Darmes eine Cyste entsteht. Die Gruppe ist übrigens hauptsächlich amerikanisch und tropisch (Java, Ägypten, Sudan). Die Eier sollen ins Wasser abgelegt werden, aber Näheres weiß man nicht. In einigen Fällen sind Eier mit Deckeln nachgewiesen, was darauf hindeuten würde, daß
ein Coracidium-Stadium vorhanden sein könnte.
Eine in vieler Hinsicht abweichende Form, *Djombangia penetrans* von MALLE *(Clarias)*, Java, ist von BOVIEN (1926) beschrieben worden.

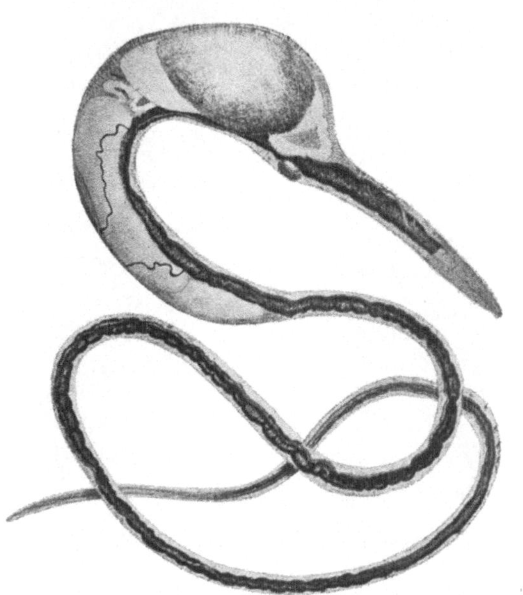

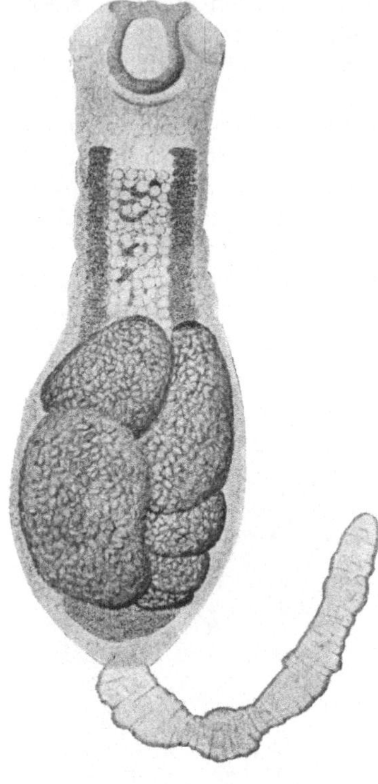

Abb. 225.   Abb. 226.

Abb. 225. Ein Süßwasseroligochät, *Limnodrilus Hoffmeisteri*, mit drei *Archigetes Sieboldii* LEUCK., die sich in der Leibeshöhle über dem Darm befinden. 18×. (WISNIEWSKI 1930.)

Abb. 226. Geschlechtsreifes Exemplar eines *Archigetes cryptobothrius* WISNIEWSKI, mit Eiern. 43×. Kein Wirtswechsel, geschlechtsreif im gleichen Wirt, in dem die Entwicklung erfolgt. (WISNIEWSKI 1930.)

Die andere, nicht minder interessante Gattung ist *Archigetes* (Abb. 225 u. 226) mit der Hauptart *A. Sieboldii* LEUCK. WISNIEWSKI (1930) hat die Gattung monographisch bearbeitet. Es sind 2,5 bis 6 mm lange Caryophylläen, die parasitisch in der Leibeshöhle von Tubificiden leben und am häufigsten in *Limnodrilus Hoffmeisteri* CLAP. gefunden werden. Sie sind mit einem langen Schwanz ausgestattet und werden als Formen betrachtet, die auf dem Larvenstadium geschlechtsreif geworden sind. Die sechs Haken befinden sich am Hinterende des Schwanzanhanges. Es sind zwei Bothrien vorhanden, die nicht immer gut entwickelt sind. Die Geschlechtsöffnung wird von der Kutikula überdeckt. Das Exkretionsorgan ist sehr stark entwickelt; es besteht aus einem unregelmäßigen Netz, das sich am Hinterende mit sechs bis sieben Poren öffnet. Die Eier besitzen einen Deckel, aber sie öffnen sich nicht im Freien.

Archigetes scheint überall selten zu sein; in Polen waren von 15.000 Exemplaren nur 580 infiziert, d. s. also 8,5%; die Form kommt außer bei *Limnodrilus* auch bei *Tubifex* vor, wo sich in der Regel zwei bis vier in einem Wurm vorfinden. Die Entwicklung des Eies nimmt Sommer und Winter ungefähr 40 Tage in Anspruch. Um die Geschlechtsreife zu erlangen, braucht der Parasit im Sommerhalbjahr 60 bis 70 Tage, im Winterhalbjahr 160 bis 170 Tage. Es können zwei Generationen im Jahr erzeugt werden. *Archigetes* findet sich in der Leibeshöhle besonders in denjenigen Segmenten, die die Geschlechtsorgane enthalten. Er befindet sich hier in engem Kontakt mit den Blutgefäßen des Wirtes, von denen er nur mit Gewalt losgelöst werden kann. Er gelangt aus dem Oligochäten dadurch ins Freie, daß dessen Haut durch den starken Druck gesprengt wird. Der Parasit liegt dann für kurze Zeit im Schlamm und stirbt ab, hinterläßt aber die Eier. Diese werden von den Würmern verzehrt. Die Eischale wird im Wurmdarm aufgelöst und die kleine, nun frei gewordene Oncosphäre bohrt sich mit ihren sechs Haken durch die Darmwand in die Leibeshöhle hinein, wo die Umbildung zum geschlechtsreifen Procercoid statthat. *Archigetes* beginnt und vollendet seine Entwicklung im gleichen Wirt. Da man es hier mit einer Form zu tun hat, die im Larvenstadium geschlechtsreif wird und die sich bei Invertebraten findet und hier ihre ganze Entwicklung durchläuft, hat man daran gedacht, daß diese seltsame Entwicklung auf die Weise zustande gekommen ist, daß dasjenige Tier, in dem die weitere Entwicklung vor sich gehen sollte, gegenwärtig ausgestorben sei. Man denkt in erster Linie dabei an einen Fisch. Diese Auffassung stützt sich auch auf die Tatsache, daß der nächste Verwandte, *Caryophyllaeus*, als Plerocercoid in Fischen lebt.[1]

Einstweilen hat MARKOWSKI (1935) auf Grund seiner Studien über eine in *Gobius minutus* parasitierende Larve die Übereinstimmung hervorgehoben zwischen der Entwicklung der Geschlechtsorgane in den geschlechtsreifen Larvenstadien aller dieser Pseudophyllidier und ihrem Platz im Körper des Zwischenwirtes. Das Plerocercoid des breiten Bandwurmes wird in den Muskeln und der Leibeshöhle angetroffen; bei ihm sind weder Geschlechtsorgane noch Anlagen dazu nachgewiesen. Das Plerocercoid *Sparganum* verhält sich so wie das des breiten Bandwurmes, es hat aber eine ungeschlechtliche Vermehrung durch Knospung. *Schistocephalus* und *Ligula* haben wohlentwickelte Geschlechtsorgane und finden sich in der Leibeshöhle der Fische. Die von MARKOWSKI gefundene Larve von *Bothriocephalus scorpii* (O. F. M.) lebt im Darm der Fische, kann aber hier eine Anlage für Geschlechtsorgane ansetzen; endlich wird das Stadium der *Caryophylläen* und *Cyathocephalus* (Abb. 220 u. 221), die ebenfalls Darmschmarotzer sind und die hier zu voller Geschlechtsreife kommen, erreicht; sie können also als neotenische Plerocercoide betrachtet werden.

Ordnung: **Tetraphyllidea.**

Die *Tetraphyllidea* sind Bandwürmer, deren Scolex gewöhnlich mit vier auf Stielen sitzenden Bothridien ausgestattet ist, die aber bei den uns betreffenden Formen gerade die Saugnäpfe schwach entwickelt und in den Scolex versenkt haben. Dazwischen sitzt ein Drüsenorgan. Strobila deutlich gegliedert; die Glieder lösen sich ab, lang bevor sie geschlechtsreif sind, und führen eine Zeitlang ein freies Dasein

---

[1] Mehrere Forscher (MONIEZ, M. BRAUN, H. WARD) sind geneigt gewesen, die *Archigetes*-Arten als Caryophyllaeidenlarven zu betrachten. Nach den Befunden von SZIDAT (1937) scheint es sichergestellt, daß *Archigetes* prognetische Larven sind, d. h. Larven, die imstande sind, reife und entwicklungsfähige Eier auszubilden. Die europäischen *Archigetes*-Arten gehören wahrscheinlich zu der hier in Europa noch nicht gefundenen Caryophyllaeiden-Gattung *Biacetabulum* Hunter.

im Darm des Wirtes; in anderen Fällen lösen sie sich erst ab, wenn die Eier voll-
ausgereift sind. Sowohl die männlichen wie die weiblichen Geschlechtsöffnungen
liegen seitlich. Es sind zahlreiche Hoden vorhanden, die vor dem Eierstock liegen.
Weiter zahlreiche Dotterstockfollikel, die gewöhnlich in zwei Seitenfeldern liegen.
Der Keimstock ist zweiflügelig und liegt nahe dem Hinterende des Gliedes. Der
Uterus besitzt einen medianen Längsstamm; er öffnet sich, wenn die Eier reif sind,
median. Die Eier haben dünne Schalen. Die Oncosphären entwickeln sich im Uterus.
Es sind zwei Zwischenwirte vorhanden, seltener nur einer. Im geschlechtsreifen Zu-
stande leben die Tiere im Darm von Fischen, Amphibien und Reptilien. Die meisten
Tetraphyllidier sind von geringer Größe, selten über 20 bis 30 cm.

Fast alle Tetraphyllidier sind marine Formen, die im geschlechtsreifen Zustand im Darm von Haifischen leben. Nur die Familie *Proteocephalidae (Ich-
thyotaeniidae)* kommt in Süßwasserfischen, Amphibien und Reptilien (Schlangen)
vor. Die Ichthyotänien haben einen kleinen Scolex mit kleinen Saugnäpfen, die
Geschlechtsöffnungen sind seitenständig und liegen bald auf der einen, bald auf
der anderen Seite. Die einzelnen Glieder gehen nicht, wie im allgemeinen bei
den Tetraphyllidiern, jedes für sich ab, sondern es geht die gesamte Strobila
auf einmal ab, indem alle Glieder ungefähr gleichzeitig reifen; sie entleert dann
ihre Eier ins Wasser. Die Fruchtbarkeit ist enorm; es wird angegeben, daß eine
Art von zirka 30 cm Länge ungefähr eine Million Eier enthält. Diese sollen für
einige Zeit „im Wasser suspendiert" schweben (Fuhrmann 1931). Ihr Bau deutet
darauf hin. Die Eier sind von einer Membran umgeben, die eine gallertartige
Masse umschließt, welche sehr groß ist und die bedeutende Größe der Eier bedingt. In dieser Masse liegt die kleine Oncosphaera, von einer zweiten Membran
umgeben. Man sieht oft die Oncosphäre in der Gallerte schwimmen, aber sie
wird erst frei, wenn das Ei in einen Krebs gelangt ist. Sie ist nicht freischwimmend wie bei den Pseudophyllidiern. Von gewissen Formen, *Corallobothrium*
(Essex 1927), wird angegeben, daß die Eier für einige Zeit schweben; hierauf
sinken sie zu Boden. Es ist direkt beobachtet worden, daß sie von Copepoden
(*Cyclops*-Arten, selten *Diaptomus*) aufgenommen werden. Daß die Eier für
einige Zeit pelagisch auftreten können, wird durch die Tatsache bekräftigt, daß
die Zwischenwirte von *Proteocephalus agonis* im Comosee zwei so ausgesprochene
Planctonorganismen wie *Leptodora hyalina* und *Bythotrephes longimanus* sind
(Barbieri 1909).

Im Darmkanal des Copepoden sprengt die Oncosphäre die Eischale und bohrt
sich durch die Darmwand in die Leibeshöhle ein, wo sie sich zum ersten Finnenstadium (Procercoid) entwickelt, das mit einem Schwanz versehen ist; aber dieses
Stadium dauert nur äußerst kurz und ist oft übersehen worden; es kann schon
hier in *Cyclops* das Plerocercoid-Stadium erreicht werden. Der zweite Hilfswirt
ist ein Fisch (Karpfenfisch), welcher jenem Fisch als Nahrung dient, in dem die
Geschlechtsreife erlangt wird. Hier gibt es also auch im ganzen drei Wirte,
Copepode, Karpfenfisch und Raubfisch, aber es scheint, als ob sich die Entwicklung in gewissen Fällen mit zwei Wirten begnügen könnte; man hat nämlich geschlechtsreife Individuen gewisser Formen in Karpfenfischen angetroffen.

Zu dieser Gruppe gehört eine recht große Anzahl von Fischschmarotzern,
aber keiner von ihnen scheint häufig zu sein. Von den bekannteren sei *Ichthyotaenia torulosa* (Batsch) aus Karpfenfischen und *I. percae* (O. F. M.) aus Raubfischen, vor allem Barsch, Stichling und Hecht, erwähnt.

Man vermutet (La Rue 1914) von einer Form, die bei *Amblystoma tigrinum*
vorkommt, daß die Plerocercoide in den Muskeln durch Kannibalismus auf
andere Salamander übertragen werden, in deren Darm sie geschlechtsreif werden.
Der Endwirt kann sowohl als Hilfswirt als auch als Endwirt auftreten. Aus der

Verbreitung könnte man schließen, daß viele Proteocephaliden sowohl im Plerocercoid-Stadium als auch im Eistadium zusammen mit dem vollentwickelten Bandwurm den Darmkanal fischfressender Vögel passieren können. Da man sie hier nie gefunden hat, steht eine von zwei Annahmen offen: entweder gehen sie im Darm der Vögel zugrunde oder sie können diesen passieren, ohne Schaden zu nehmen, und werden so durch die Vögel an neue Örtlichkeiten verschleppt (LA RUE 1914).

Ordnung: Cyclophyllidea.

Der Scolex trägt bei den *Cyclophyllidea* vier gut entwickelte, versenkte Saugnäpfe. Vorne ist ein Rostellum vorhanden, ein Rüssel, der mit Haken ausgestattet ist, deren Zahl, Form und Stellung äußerst variieren. Die Strobila ist deutlich segmentiert; sie ist aus einer oft großen Gliederzahl zusammengesetzt, von 4 bis ungefähr 1000; die Länge kann 10 m erreichen. Die Glieder lösen sich erst ab, wenn die Eier ganz ausgereift sind. Die Glieder besitzen Geschlechtsorgane in der Einzahl, zuweilen in der Zweizahl. Die Geschlechtsöffnungen münden in ein sog. Atrium, das fast immer an der Seite der Glieder liegt. Hoden sind zu hunderten und mehr in einem Gliede vorhanden. Eierstock ist nur einer ausgebildet, er ist selten zweiflügelig, und der Dotterstock liegt hinter dem Keimstock. Der Uterus ist gewöhnlich nur ein einfacher Sack. Er füllt sich allmählich mit Eiern, und zwar in einem solchen Grad, daß alle übrigen Organe dadurch zurückgedrängt werden und atrophieren. Er ist oft geschlossen. Eine Eiablage findet nicht statt, sondern die eiererfüllten, reifen Glieder lösen sich ab und verlassen den Wirt. Diese können sich große Beweglichkeit bewahren. Es ist eine ausgeprägte Proterandrie vorhanden, in dem Sinne, daß die vorderen Glieder männliche Geschlechtselemente enthalten, die mittleren beide und die hinteren nur Eier. Sind sie mit diesen überfüllt, so gehen sie ab; die Wände bersten; die Eier, die dünnschalig sind und nur eine einzige Dotterzelle enthalten, werden hierauf frei. Die Oncosphäre bildet sich im Ei, ehe dieses aus dem Wirte ausgeführt wird. Sie trägt keine Cilien, sondern wird mit dem Ei passiv in den Hilfswirt überführt, der die Eier schluckt. Durch den Magensaft werden die Hüllschichten aufgelöst, worauf die Larve frei wird. Es ist in der Regel nur ein Zwischenwirt vorhanden. Vorzugsweise Darmschmarotzer.

Die dem Süßwasser zugehörigen Formen besitzen Larven entweder vom plerocercoiden oder vom cysticercoiden Typus; die als *Coenurus* und *Echinococcus* gestalteten Larven gehören zu Formen, deren ganze Entwicklung in Landtieren vor sich geht. Plerocercoid-Stadien sind übrigens bei *Cyclophyllidea* selten.

Die *Cyclophyllidea* werden im Darm von Fröschen, Reptilien, besonders aber von Vögeln und Säugetieren geschlechtsreif. Als Zwischenwirte können die verschiedensten Organismen fungieren, aber die einzelnen Arten sind eng an bestimmte Arten oder Artengruppen gebunden.

Die *Cyclophyllidea* können in zwei Gruppen gesondert werden: in die *Hymenolepinae* und die *Taeniinae*. Die letzteren werden hier nicht berücksichtigt. Die ersteren umfassen eine sehr große Anzahl von Formen, die sich überwiegend in Vögeln vorfinden, seltener in Säugetieren, viele bei Gänsen und Enten. Der Hilfswirt ist fast stets ein wirbelloses Tier; ist der Hilfswirt ein Wirbeltier, dann ist die Larve ein Plerocercoid (Nematotänier der Frösche), sonst ein Cysticercoid.

Die *Nematotaeniidae*, die sich in Fröschen finden, durchlaufen ihre ganze Entwicklung in diesen; es gibt keinen Zwischenwirt. Nachdem die Oncosphären im Darm frei geworden sind, entwickeln sich die Larven in der Darmwand, wo sie Cysten bilden, in welchen sie sich zu Plerocercoiden umwandeln. Hierauf werfen sie den Schwanz ab, nachdem sie sich aus der Cyste befreit haben, worauf sie zum vollentwickelten Tier heranwachsen. Die Glieder gehen ab, und indem die Frösche diese verschlucken, gelangen die Oncosphären wieder in den Darm.

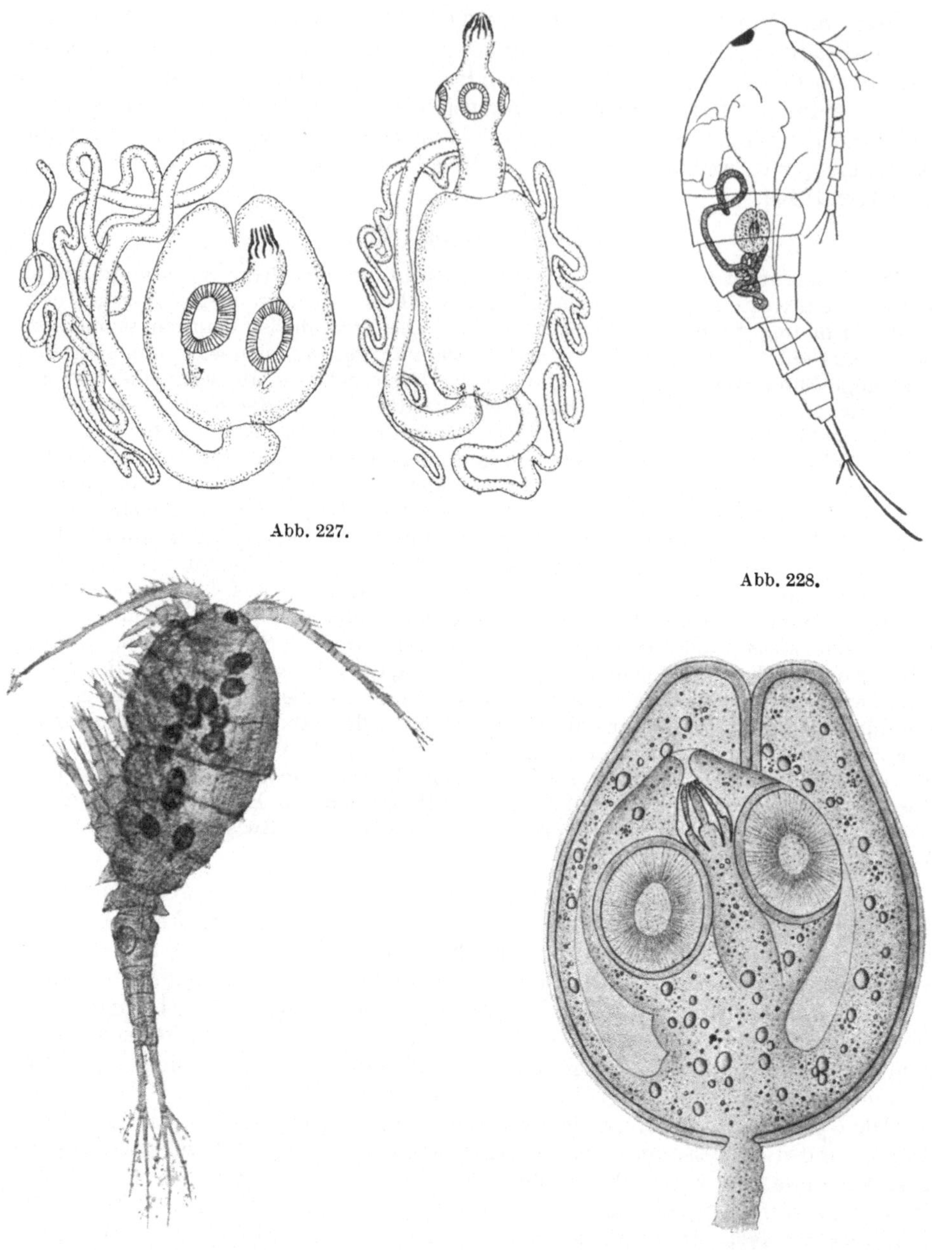

Abb. 227.

Abb. 228.

Abb. 229.   Abb. 230.

Abb. 227. *Cysticercus Drepanidotaeniae lanceolatae* aus *Diaptomus spinosus.* (DADAY, nach LÜHE 1910.)

Abb. 228. Die Larve von *Drepanidotaenia lanceolata* (BLOCH) in der Leibeshöhle von *Cyclops strenuus.* (RUSZKOWSKI 1932.) Der Copepode ist experimentell injiziert mit den Eiern des Bandwurmes.

Abb. 229. Ein *Cyclops strenuus*, der 14 Cystcercoide von *D. lanceolata* aufgenommen hat. (RUSZKOWSKI 1932.)

Abb. 230. *Drepanidotaenia lanceolata* BLOCH, Cyste vergrößert. (RUSZKOWSKI 1932.)

Ist der Endwirt ein Landtier, dann kommt die Larve in Landinvertebraten vor; ist er ein Wat- oder Schwimmvogel, dann findet sie sich in Wasserinvertebraten

(Copepoden, Ostrakoden, Amphipoden, *Artemia*; einige auch in Süßwasser-oligochäten und Egeln).

Bei den *Hymenolepinae* sind, im Gegensatz zu den *Taeniinae*, die Glieder der Strobila kurz, der Uterus liegt transversal und entwickelt sich in die Breite. Die Zahl der Hoden beträgt einen bis vier, die Oncosphären haben drei Hüllschichten. Hier wollen wir uns nur mit den Larven beschäftigen. Die Larve ist gewöhnlich ein Cysticercoid, aber dieses kann in vielen verschiedenen Formen auftreten. Die Entwicklung zur Oncosphäre geht stets im Uterus vor sich. Bei den hier behandelten Formen gelangen die Eier mit den Exkrementen ins Wasser und müssen von hier in einen Krustazeen. Die Oncosphären gelangen niemals ins Freie; sie sprengen erst im Darmkanal des Wirtes die Hülle. Die ursprünglichsten Formen sind diejenigen, bei welchen die Oncosphären, nachdem sie z. B. von einem Copepoden verschluckt worden sind (Abb. 228), in die Länge wachsen, worauf der Körper sich in zwei Teile teilt, einen vorderen, mehr blasenförmigen, und eine hintere, schmälere Partie. Aus dem vorderen Abschnitt entsteht ein Scolex, der sich in den vorderen Teil des hinteren Abschnittes einsenkt. Dieser Abschnitt höhlt sich aus und umhüllt immer mehr den vorderen, mehr bläschenförmigen (Abb. 230). Sehr häufig beginnt die Ausbildung des Scolex erst, nachdem die vordere Partie sich schon eingesenkt hat. Die Einstülpungsöffnung schließt sich oft ganz und in der so gebildeten, geschlossenen Blase tritt Flüssigkeit auf; die Wand der Blase kann dick oder dünn sein und radiär gestreift. Sie kann Kalkinkrustationen enthalten, besonders in der halsförmigen Partie unter dem Scolex. Der Schwanz, der sehr häufig in einer Einsenkung der Wand liegt, ist aus sehr lockerem Gewebe aufgebaut und trägt die sechs Haken der Oncosphäre, welche entweder über den ganzen Schwanz verteilt sind oder in seinem hinteren Teil beisammen sitzen. Die Schwanzregion kann sehr verschieden entwickelt sein, sie kann sehr lang — ein paar Millimeter lang —, dünn (Abb. 227 u. 228), schnurförmig sein und in Windungen aufgeknäuelt liegen; sie kann, wie das bei Formen der Fall ist, die in dem Süßwasseroligochäten *(Lumbriculus)* vorkommen, lappig oder verästelt sein und die Äste können um die eigentliche Cyste herumwachsen, wobei sie vorne eine Öffnung freilassen. Auch diese Öffnung kann sich schließen und die Cyste besitzt dann zwei Wände. Der Schwanzanhang kann sich weiter in eine Anzahl Stücke teilen, die das in der Cyste liegende Cysticercoid umschließen; er kann endlich äußerst kurz sein. — Es ist nicht leicht, zu verstehen, was für eine Bedeutung der lange, fadenförmige Schwanzanhang haben soll; doch in einzelnen Fällen hat man nachzuweisen vermocht, daß er eine Einrichtung darstellt, um den Organismus im Wirt zu befestigen. Es kann nicht geleugnet werden, daß das Cysticercoid mit seinem Schwanzanhang an eine Trematoden-Cercarie zu erinnern vermag. Man hat, darauf gestützt, die sog. Cercomer-Theorie entwickelt, derzufolge die Cestoden in den Trematoden ihre nächsten Verwandten haben sollen. Die Theorie stützt sich vor allem darauf, daß der Schwanzanhang bei primitiven Cestoden stark entwickelt ist, daß er sich beim Plerocercoid-Stadium vorfindet, wo er niemals gebraucht wird und wo er am ehesten den Eindruck erweckt, daß es sich um ein rudimentäres Organ handelt, das während der Entwicklung abgeworfen wird (JANICKI 1921). Diese Auffassung ist später von anderer Seite (FUHRMANN 1933) bestritten worden, u. a. weil der Schwanz des Cysticercoids nicht mit dem der Cercarie verglichen werden kann, weil der des Cysticercoids aus der vorderen Partie der Oncosphäre sich bildet; das geht deutlich daraus hervor, daß er die sechs Haken der Oncosphäre trägt; bei den Trematoden dagegen entsteht er aus der hinteren Partie. Alles was sich darüber sagen läßt, ist wohl, daß die Bandwürmer früher vielleicht ein freischwimmendes Larvenstadium besessen haben, so wie es die Trematoden jetzt noch in der Cercarie besitzen. Das ist um so wahrscheinlicher, als alle diese Larven mit langen Schwänzen in Wirten geschlechtsreif werden, die Wassertiere (Wasservögel) sind. Die Cysticercoide kommen, wie früher erwähnt, in Wassertieren, namentlich in Amphipoden, Ostrakoden und Copepoden vor. Sie können in sehr verschiedener Zahl zugegen sein. Das gleiche Larvenstadium kann sowohl in Amphipoden als auch in Entomostraken vorkommen, und es sieht in den zwei Tieren nicht ganz gleich aus. Die Larven füllen, wie z. B. bei den Copepoden, große Teile der Körperhöhle des Wirtes aus. In einem *Gammarus* aus dem Esrom-Kanal fand ich nicht weniger als 22, die zu einem Kuchen zusammengedrückt über dem Darm zwischen diesem und dem Rücken lagen (Abb. 231). In vielen Fällen scheinen die Wirte nicht besonders geschädigt zu werden, aber in gewissen Fällen hat sich gezeigt, daß eine Kastration des Wirtes bewirkt wird. Die Larven sitzen sehr häufig dem Darm auf, können aber auch frei in der Leibeshöhle liegen. Es ist sehr schwer, sie zu identifizieren, und nur in wenigen Fällen können sie bestimmten Formen zugewiesen werden. Sehr oft sind viele dieser Larven nur ein einziges Mal gefunden worden und selten in mehr als einem Wirt; in einigen Fällen waren die Copepoden in kleinen Pfützen bis zu 8% infiziert.

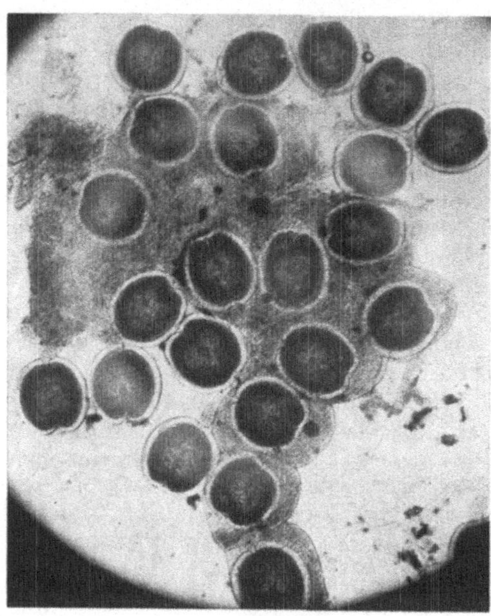

Abb. 231. *Hymenolepis*-Larven in der Leibeshöhle über dem Darm in einem *Gammarus pulex*. Esrom-Kanal 1935. (W.-L. BERG phot.)

Es ist wohl eigenartig, zu sehen, daß, während der Zwischenwirt bei den Trematoden immer ein Mollusk, ganz besonders häufig eine Schnecke ist, der Zwischenwirt der Cestoden, wenigstens im Süßwasser, immer ein Gliedertier und fast immer ein Krebs ist; eine sehr große Zahl scheint Amphipoden vorzuziehen. Nur ein einziges Mal ist ein Cysticercoid in einer Schnecke, in *Limnaea peregra*, und einmal ein seltsames Cysticercoid mit sehr langem Rostellum und eigenartig abgeplattetem Schwanzanhang in Nymphen der Libelle *Agrion puellae* gefunden worden. Es wird angegeben, daß diese Form zur merkwürdigen, in Lappentauchern lebenden Gattung *Tatria* gehört. Das Cysticercoid der nicht minder merkwürdigen *Fimbriaria fasciolaris* (PALL.), die im Darm von Entenvögeln lebt und durch einen sehr kleinen Scolex und einen sehr großen Pseudoscolex, d. i. eine sehr stark entwickelte Halspartie, ausgezeichnet ist, findet sich als Cysticercoid in *Diaptomus*, ist aber nur ein einziges Mal gefunden worden. — Von allen diesen in Süßwasserorganismen lebenden Larvenformen sind die der Hymenolepiden noch am wenigsten bekannt.

Klasse

Nemertini (Schnurwürmer).

Die Nemertinen sind fast ausschließlich Meerestiere, nur einige kommen auf dem Lande vor; im Süßwasser höchstens ein paar Arten, die alle derselben Familie, den *Prostomatidae*, angehören und möglicherweise der gleichen Gattung. Da diese Süßwassernemertinen jedoch verhältnismäßig wenig bekannt sind, liegt kein Grund vor, auf den Bau der Nemertinen besonders ausführlich einzugehen.

Es sei hervorgehoben, daß die Nemertinen langgestreckte, oft flache Würmer von sehr verschiedener Länge sind, von wenigen Millimetern bis zu mehreren Metern. Eine Teilung in Glieder fehlt, die Haut ist bewimpert und sehr reich an Drüsen. Der Darm ist mit Mund und After ausgestattet und besitzt oft Blindsäcke. Das merkwürdigste Organ ist ein über dem Munde gelegener, sehr langer Sack, der vom Darmkanal unabhängig ist und einen ausstülpbaren Rüssel enthält, welcher sehr häufig mit einem Stachel versehen ist, zu welchem eine Giftdrüse gehört. Es sind ein geschlossenes Blutgefäßsystem, Exkretionsorgane und ein wohl entwickeltes Nervensystem vorhanden. Augen kommen oft vor. Gewöhnlich getrenntgeschlechtlich. Paarungsorgane finden sich im allgemeinen nicht vor. Die Tiere sind zumeist eierlegend, in der Regel ist Metamorphose mit einem pelagischen Larvenstadium (Pilidium) vorhanden, aber es kommt auch direkte Entwicklung vor. Es liegt kein Grund vor, hier näher auf das System der Nemertinen einzugehen. Es soll nur erwähnt werden, daß die Süßwassernemertinen zur Ordnung *Hoplonemertini* gehören, deren Rüssel mit einer einzigen Ausnahme mit einem Stachel ausgestattet ist. Innerhalb dieser gehören sie zur Familie *Prostomatidae*.

Man hat schon vor der Mitte des vorigen Jahrhunderts (Dugès 1828, Max Schultze 1851) ein eigentümliches, wurmartiges Geschöpf gekannt, das wenig über 1 cm lang und ungefähr 3 bis 4 mm breit, gewöhnlich rotgelb von Farbe, oft etwas dunkler ist, aber der vordere Teil stets rötlich. Es lebt in einer Schleimhülle, die es immer mit sich führt, und kriecht in dieser langsam von der Stelle. Es gehört zu den Süßwassernemertinen. Diese kommen vorzugsweise in fließendem Wasser, zumindest in gut durchlüftetem, sauerstoffreichem

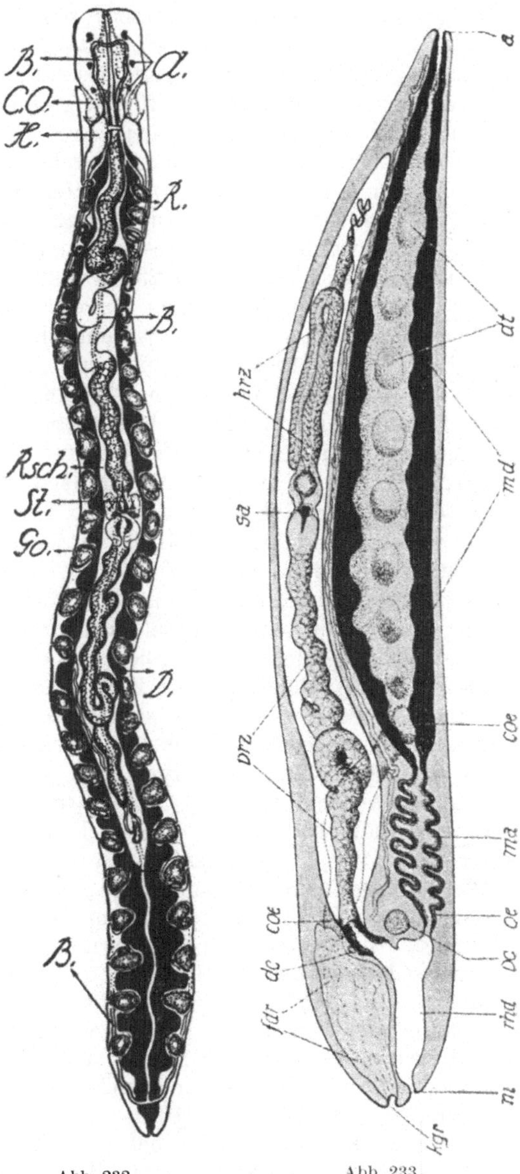

Abb. 232.　　　　　Abb. 233.

Abb. 232. *Prostoma graecense* Böhmig. *B.* Blutgefäß; *Go.* Geschlechtsorgane; *St.* Stilett; *Rsch.* Rüsselscheide; *H.* Gehirn; *C.O.* Cerebralorgane; *B.* Blutgefäß; *A.* Augen; *R.* Rüssel; *D.* Darm. 12×. (Reisinger 1926.)

Abb. 233. *Prostoma graecense* Böhmig. Sagittalschnitt. Schematisch gezeichnet, stark verkürzt. *a* After; *dt* Darmtaschen; *ma, md* Darmkanal; *coe* Blindsack; *oe* Ösophagus; *dc* Gehirn; *rhd* gemeinsamer Raum für die Einmündung des Ösophagus und des Rüssels; *m* seine Öffnung; *kgr* Kopfgrube; *fdr* Drüse; *drz, hrz* Rüssel; *sa* Stilett. (Reisinger 1926.)

Wasser vor, besonders im wasserdurchtränkten Moos, das von Bächen überrieselt ist; übrigens wird die Form auch zwischen Blättern und auf Schlammboden angetroffen, wie man sagt, besonders dort, wo dieser ockerfarben ist. Sie ist übrigens auch in kleinen Pfützen gefunden worden. Die Tiere führen ein in hohem Grad verborgenes Dasein; lange sah man sie für eine große Seltenheit an, aber eine Reihe von in ganz Europa verstreuten Funden und ihr sehr zahlreiches Vorkommen an bestimmten Örtlichkeiten weisen darauf hin, daß sie weit häufiger sind, als man vermutet hat. Im folgenden soll eine kurze Beschreibung von ihrem Bau gegeben werden, der in wesentlichen Punkten von dem der marinen Formen abweicht. Der Körper (Abb. 232 u. 233) ist von einem einschichtigen Epithel bedeckt, in dem große Mengen von Drüsen eingelagert sind; diese sondern die Schleimmassen ab, welche das Schleimrohr bilden, in dem das Tier lebt. Die Haut ist überdies bewimpert. Hierauf folgt eine bindegewebsartige Schicht und darunter ein Hautmuskelschlauch, der aus Ring- und Längsmuskeln zusammengesetzt ist. In das Bindegewebe ist eine große Anzahl kalkartiger Körperchen eingelagert, die als Abfallstoffe gedeutet werden, welche im Körper magaziniert werden; sie werden stets in den Bindegewebszellen, nicht außerhalb von diesen gebildet. Ihre Anzahl steigt, wenn die Tiere hungern, schwindet aber so ziemlich unter guten, gesunden Verhältnissen wieder. Doch werden sie nicht aus dem Körper ausgestoßen. Der Darm besitzt vorne eine Mundöffnung und hinten eine Afteröffnung. Die Mundöffnung führt über eine Speiseröhre in einen geräumigen Magen, der sich in einen Mitteldarm fortsetzt, welcher mit einer Anzahl kurzer Blindsäcke ausgestattet ist. Diese fehlen bei jungen Tieren. Ihre Zahl steigt während des Wachstums. Die Darmzellen zeigen an der gegen das Darmlumen gewendeten Seite zahlreiche, sehr feine Pseudopodien. Ein Enddarm ist nur sehr schwach abgesetzt. Über dem Darmkanal befindet sich das für alle Nemertinen charakteristischeste Organ, ein sehr langer Rüssel, der in einer Rüsselscheide liegt. Der Hohlraum, den die Rüsselscheide umschließt, das sog. Rhynchocölom, enthält eine klare, rötliche Flüssigkeit, in der amöboide Zellen suspendiert sind. Wenn der Rüssel nicht verwendet wird, so liegt der vordere Teil stark gewunden in der Rüsselscheide. Er ist mit zahlreichen schleimabsondernden Drüsen ausgestattet. Hinter diesem Teil folgt ein ballonartiger Abschnitt, der das sog. Stilett, einen pfriemenförmigen Stachel, trägt. Seitlich davon liegen Reservestilette, die in Funktion treten, wenn das Stilett, das in Gebrauch steht, abbricht. Die hintere Partie sondert das Gift ab, das von dem ballonartigen Abschnitt in die Wunde ausgepreßt wird, die das Stilett in das Opfer gebohrt hat. Der Rüssel wird ausgestoßen, indem die Muskulatur der Rüsselscheide sich zusammenzieht und damit einen Druck auf die im Rhynchocölom enthaltene Flüssigkeit ausübt. Er wird mit Hilfe von starken Muskeln eingezogen, die am hinteren Teile der Rüsselscheide befestigt sind.

Über den weiteren Bau sei nur mitgeteilt, daß das Blutgefäßsystem geschlossen ist, und daß das Exkretionsorgan weitgehende Übereinstimmung mit dem der Strudelwürmer aufweist; bei jungen Tieren ist nur ein Paar Protonephridien vorhanden, bei älteren kann die Zahl auf zehn Paare steigen. Sie enden in Form von Wimperflammen mit ausgebildeten Terminalorganen. Nach außen münden sie mit Exkretionsporen. Es ist ein Gehirnganglion ausgebildet, von dem zwei kräftige Seitennerven abgehen. Es finden sich Augen, deren Anzahl stark variiert, ein bis drei Paare, und am Vorderende verschiedene Sinnesorgane, die wohl hauptsächlich als Tastorgane dienen; zum Teil scheinen sie befähigt zu sein, auf chemischem Wege das Vorhandensein bestimmter Stoffe feststellen zu können (chemotaktische Organe). Besonders auffällig ist das sog. Frontalorgan. Die Geschlechtsorgane sind sehr merkwürdig. Im Gegensatz zu den marinen Formen sind die Süßwassernemertinen Hermaphroditen, aber in der Weise, daß die gleiche Geschlechtsdrüse sowohl Eier als auch Samen produziert. Entlang des Körpers des Tieres liegt auf beiden Seiten des Darmes und abwechselnd mit dessen Aussackungen je eine Reihe von Geschlechtsdrüsen; außer reichlich Spermatozoen erzeugt jede Drüse auch zahlreiche Eier, aber nur eines oder wenige von diesen gelangen in jeder zur Ausbildung, indem die übrigen diesen wenigen als Nahrung dienen. Wenn die Eier reif sind, so werden Ausführungsgänge gebildet, die sich mit Poren nach außen öffnen. Es wird angegeben, daß eine Süßwassernemertine alles in allem zirka 300 Eier legt. Die Eier werden in Form von Schleimschnüren abgesetzt. Es gibt hier nicht wie bei den Meeresformen eine Metamorphose, die aus den Eiern schlüpfenden Jungen sind voll entwickelt.

Die Nemertinen sind Raubtiere; ihre Beuteobjekte können sie aus einer merkwürdig großen Entfernung wahrnehmen, aus ungefähr 17 cm Distanz. Befinden sich jene innerhalb der Reichweite, so wird der Rüssel langsam vorgestreckt. Handelt es sich z. B. um einen Tubificiden, so wird der Rüssel spiralig um diesen geschlungen, worauf das Stilett eingestochen und das Tier mit Hilfe des injizierten Giftes gelähmt wird. Hierauf wird es in die Mundöffnung befördert. Oft geht beim Einstechen das Stilett verloren, aber schon nach wenigen Stunden sitzt, übrigens auf eine uns ganz unverständliche Art, ein Reservestilett auf dem Platz des verbrauchten. Die Verdauung vollzieht sich im Magen im wesentlichen extracellulär. Die Tiere sollen eine sehr lange Zeit, ungefähr ein halbes Jahr, hungern können; eine Mahlzeit alle 14 Tage ist hinreichend. Wie fast überall, wo Protonephriden die Exkretionsorgane darstellen, ist es ihre Hauptaufgabe, eine Wasserströmung in Bewegung zu setzen, die den Körper des Tieres passiert. Diese führt gleichzeitig Exkretstoffe mit sich; ein Teil davon wird jedoch in den oben erwähnten Kalkkörperchen abgelagert. Die Fortpflanzungsperiode fällt in den Sommer. Ob eine Paarung stattfindet, ist zweifelhaft, aber man hat oft gesehen, daß bei der Eiablage zwei oder mehrere Nemertinen in der gleichen Schleimröhre beisammenliegen und spiralförmig umeinander gewunden sind. Paarungsorgane sind keine vorhanden. Auf jeden Fall ist sicher, daß junge, isolierte Tiere befruchtete Eier ablegen können, die auch entwicklungsfähig sind. Von Kulturversuchen her (SEKERA 1926) weiß man, daß die Süßwassernemertinen wenigstens zirka zwei Jahre alt werden können; in dieser Zeit waren zehn Eischnüre abgelegt worden. Formen, die überwintert haben, sind bedeutend dunkler als solche, die es noch nicht getan haben. Die Süßwassernemertinen verfügen wie die meisten Nemertinen über ein bedeutendes Regenerationsvermögen (KIPKE 1932). Das gilt besonders für den Rüssel; während seiner Regeneration verweilen die Tiere in einer Schleimcyste; solche werden von den Tieren im allgemeinen oft verwendet, um über schwierige Perioden hinwegzukommen (ganz besonders in Trockenzeiten). Es scheint, als ob alle Süßwassernemertinen auf ganz wenige, möglicherweise auf eine einzige Art, *Prostoma graecense* BÖHMIG, zurückgeführt werden können. Eine blinde Form ist in unterirdischen Wasserläufen, von KRAEPELIN (1886) in der Hamburger Wasserleitung, weiter von P. DE BEAUCHAMP gefunden worden (1932). Für alles Übrige sei auf BÖHMIG (1928), MONTGOMERY (1895) und REISINGER (1926) in der „Biologie der Tiere Deutschlands" verwiesen, woher auch die meisten der vorstehenden Angaben entnommen sind. Süßwassernemertinen und deren Eier sind in Dänemark von Dr. TH. MORTENSEN gefunden worden (Susaa, Mittelseeland); 1937 von Dr. BERG im Esromsee. Sie sind wahrscheinlich weit häufiger, als man glaubte. Es liegen Angaben über 35 Fundstellen vor, die über die ganze Welt verteilt sind. Nur in Australien sind sie bisher nicht festgestellt worden. Es sind 16 Arten beschrieben worden, aber sie sind sehr zweifelhaft (JACOBS 1935). Sie wurden von ZACHARIAS (1893) für das Gebiet von Plön und für verschiedene Stellen in Mitteleuropa, England und Frankreich angegeben. Daß die Kenntnisse über diese Tiergruppe noch nicht erschöpft sind, geht daraus hervor, daß P. DE BEAUCHAMP (1928) aus dem Süßwasser von Java (Buitenzorg) eine Form beschrieben hat, 7½ cm lang, die zu einer ganz anderen Gruppe von Nemertinen gehört, den sog. *Heteronemertinen*, deren Rüssel keinen Stachel aufweist *(Planolinus exsul)*.

2. Abteilung der Amera

Nemathelminthes.

Die *Nemathelminthes* umfassen hauptsächlich langgestreckte Formen, die gewöhnlich keine ausgeprägte Bauchseite besitzen und deren Körperquerschnitt sehr häufig kreisrund ist. Der Körper ist von einer Kutikula bedeckt, es sind nur selten Cilien vorhanden; in solchem Falle ist die Bewimperung stark lokalisiert. Die Kutikula ist oft dick, in solchen Fällen finden Häutungen statt. Ein Zentralorgan (Gehirn) mit davon ausgehenden Nervenstämmen. Gewöhnlich ein wohlentwickelter Darm, der mit Mund und After versehen und in mehrere, recht verschiedene Abschnitte gesondert ist. Er fehlt bei der schmarotzenden Gruppe der *Acanthocephala*. Vielfach ist ein Hautmuskelschlauch vorhanden, der aus Ring- und Längsmuskeln oder nur aus Längsmuskeln besteht. Die Exkretionsorgane zeigen recht verschiedenen Bau. Bei den *Rotatoria, Gastrotricha* und *Kinorhyncha* findet sich ein Typus, bei den *Nematoda* ein zweiter. Bei den *Nematomorpha* fehlen sie ganz. Die Geschlechtsdrüsen sind sack- oder röhrenförmig; bei den *Rotatoria* und *Gastrotricha* sind die weiblichen Geschlechtsdrüsen in Keim- und Dotterstock geschieden. Getrenntgeschlechtlich; nur ausnahmsweise Hermaphroditen. Entwicklung ohne oder mit Metamorphose. Ungeschlechtliche Vermehrung unbekannt. Regenerationsvermögen gering. Bei den Rädertieren kommt Heterogonie vor. Überwiegend frei lebende Tiere. Schmarotzer nur innerhalb der *Nematoda* und der ganzen Gruppe der *Acanthocephala*.

Klasse

Rotifera (Rädertiere).

(Tafel 7 bis 9.)

Die Rädertiere sind überwiegend mikroskopisch kleine Tiere, selten über 1 bis 2 mm groß. Der Körper wird von einer Kutikula bedeckt, die von einem Epithel ohne scharfe Zellgrenzen abgeschieden wird. Vorne ein Lokomotions- und Nahrungserwerbsorgan, das als Räderorgan bezeichnet wird und sich aus Wimpern zusammensetzt. Hinten endet der Körper mit einem Fuß, der in der Regel mit zwei Zehen ausgestattet ist. Die Leibeshöhle ist geräumig, ohne Epithelauskleidung. Darmkanal wohlentwickelt, mit einem Kaumagen (*Mastax*), der sehr eigentümliche Kauwerkzeuge enthält. Der Darmkanal ist mit Drüsen versehen. Das Exkretionsorgan hat ähnlichen Bau wie bei den *Plathelminthes*. Ein Nervensystem mit Gehirn, Subösophagealganglion, Mastax- und Fußganglion, Augen und zwei Paar Sinneskolben. Ein hoch entwickeltes Muskelsystem, aber kein eigentlicher Hautmuskelschlauch. Getrenntgeschlechtlich; das Männchen immer mehr oder weniger verkümmert. Die weibliche Geschlechtsdrüse ist in einen Keim- und einen Dotterstock gesondert. Ein Ovidukt, der zusammen mit dem Darm in eine Kloake einmündet. Die Paarung geschieht zumeist an irgendeiner Stelle des weiblichen Körpers, nicht immer in die Kloake. Heterogonie. Das Auftreten der Männchen ist auf bestimmte Sexualperioden beschränkt. Zwei Weibchenformen: miktische und amiktische, s. das Folgende. Drei Arten von Eiern. Selten vivipar. Keine Verwandlung. Hauptsächlich im Süßwasser, ein Teil Moosbewohner, wenige marin.

Innerhalb des Pflanzenwuchses, zwischen den zarten Algenfäden und in der Nähe des Bodens findet man oft in kleinen Teichen einige sehr kleine, eigentümlich aussehende Tierchen, oft nicht über $^1/_3$ mm lang. Mit freiem Auge kann man sie

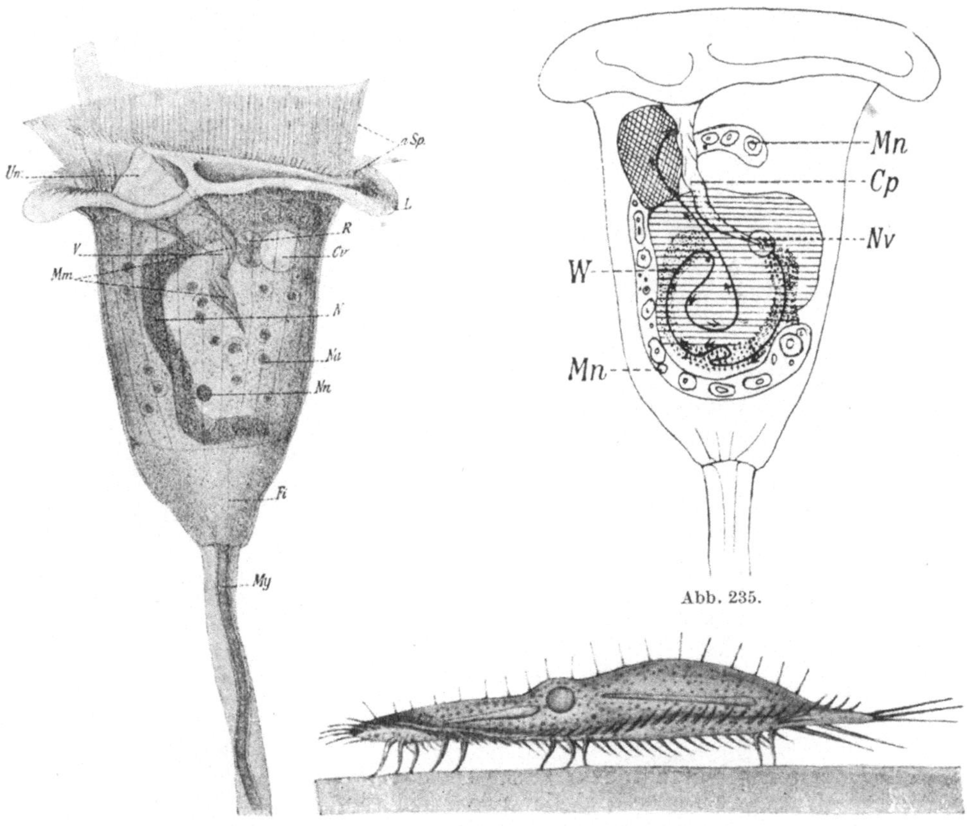

Abb. 234.   Abb. 236.

Abb. 234. Eine Vorticellide sowie (Abb. 236) ein hypotriches Infusor, *Stylonychia mytilus*, um zu zeigen, wie hoch organisiert ein einzelliger Organismus sein kann. Diese sowohl als auch das Rädertier *Rhinops vitrea* GOSSE (Abb. 237) sind unter oder ungefähr 1 mm groß, aber die Rädertiere sind aus zirka 1000 Zellen aufgebaut, die Infusorien nur aus einer. Bei den Rädertieren fügen sich die einzelnen Zellen zu Organen zusammen, jedes hat seine Funktion. Bei den Infusorien übernehmen die einzelnen Teile der Zelle die Funktionen dieser Organe. Das einzellige Infusor und die vielzelligen Rädertiere haben in vielen Fällen den gleichen Rauminhalt und viele Infusorien sind größer als die meisten Rädertiere. *V* das sog. Vestibulum, in das die Nahrungsaufnahme erfolgt; *Un* und *Mm* undulierende Membranen; *Sp* spiralig angeordnete Cilien; *R* Reservoir; *Cv* pulsierende Vacuole (vgl. die kontraktile Blase der Rädertiere); *N* Großkern; *Nn* Kleinkern; *Na* Nahrungsvacuolen; *Fi* Muskelfibrillen, die sich im Stiel zu einem Muskelband *My* sammeln. (DOFLEIN 1916.)

Abb. 235. Längsschnitt durch eine Vorticellide. *Mn* Großkern; *Cp* der sog. Schlund; *Nv* Nahrungsvacuole; die Pfeile geben die Richtung an, in welcher die Nahrung durch den Körper wandert. Die große, mittlere, einfach schraffierte Partie ist diejenige, wo die Verdauung stattfindet. Im unteren Teil reagieren die Nahrungsvacuolen sauer, etwas höher oben neutral, in der obersten Zone (doppelt schräg schraffiert) werden unverdauliche Reste entleert (= Afteröffnung der Rädertiere). (GREENWOOD, nach DOFLEIN 1916.)

Abb. 236. *Stylonychia mytilus.* Das Bild soll nur zeigen, in welchem Grad die Ectoplasmabildungen einer Zelle zu ganz verschiedenem Gebrauch gestaltet sein können; Bauchborsten (Beine), die übrigen stehen im Dienst des Tastsinnes und der Verteidigung. (BÜTSCHLI, nach DOFLEIN 1916.)

in der Natur gewöhnlich nicht beobachten. Man muß Proben mit sich nach Hause nehmen und sie unter dem Mikroskop studieren. Man fängt sie mit einer Pipette ein, bringt sie unter ein Deckglas und läßt das Wasser soweit verdunsten, daß sie still liegen, ohne zerquetscht zu werden. Diese Prozedur ist etwas schwierig

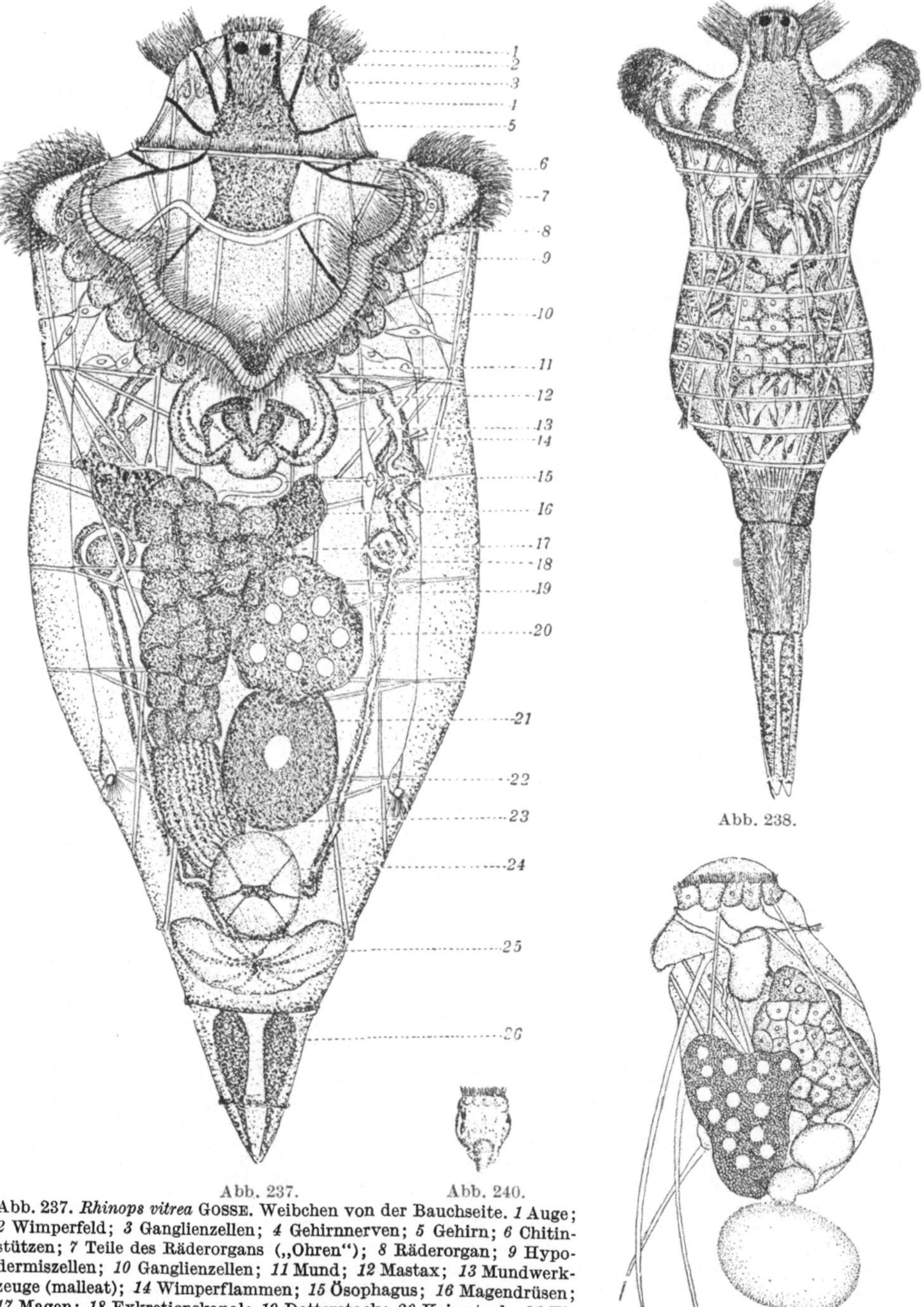

Abb. 237.   Abb. 240.

Abb. 238.

Abb. 239.

Abb. 237. *Rhinops vitrea* GOSSE. Weibchen von der Bauchseite. *1* Auge;
2 Wimperfeld; *3* Ganglienzellen; *4* Gehirnnerven; *5* Gehirn; *6* Chitinstützen; *7* Teile des Räderorgans („Ohren"); *8* Räderorgan; *9* Hypodermiszellen; *10* Ganglienzellen; *11* Mund; *12* Mastax; *13* Mundwerkzeuge (malleat); *14* Wimperflammen; *15* Ösophagus; *16* Magendrüsen;
17 Magen; *18* Exkretionskanal; *19* Dotterstock; *20* Keimstock; *21* Ei;
22 hintere Sinneskolben; *23* Darm; *24* kontraktile Blase mit den zwei
Muskelzellen; *25* Enddarm; *26* Fußdrüsen. (W.-L.)

Abb. 238. *Rhinops vitrea* GOSSE. Männchen von der Bauchseite. (W.-L., Handb. d. Zool.)

Abb. 239. *Triarthra longiseta* EHRBG., forma *mystacina*, amiktisches Weibchen.

Abb. 240. Desgleichen Männchen. Die Abb. 237 bis 240 sind alle bei gleicher Vergrößerung gezeichnet; sie
zeigen in *Rhinops vitrea* eine Art, wo das Männchen gut entwickelt ist, es weicht nur in der Größe und den Geschlechtsorganen vom Weibchen ab; in *Triarthra longiseta* eine Form, wo das Männchen außerordentlich stark
reduziert ist. (Alle W.-L., Handb. d. Zool.) Größenangaben werden bei den Rädertieren nicht gemacht, weil alle
abgebildeten Formen zirka ³/₄ bis zirka 1¹/₂ mm sind.

zu erlernen und braucht oft lange Zeit. Ist es geglückt, so zeigt sich, daß wir es mit einem kleinen, durchsichtigen Tierchen zu tun haben. Der Körper ist länglich mit fast ebener Bauchseite und gewölbter Rückenseite; hinten wird er schmäler und endet mit zwei kleinen Anhängen, die man Zehen nennt. Fast die ganze vordere Hälfte der Bauchseite bildet eine Wimperscheibe, die mit einem ganz ähnlichen Kleid von Flimmerhaaren bedeckt ist wie das, welches wir auf der ganzen Oberfläche der Turbellarien vorgefunden haben. Ungefähr in der Mitte der Wimperscheibe befindet sich die Mundöffnung, und man kann sehen, daß sie in eine Speiseröhre führt, die in ein fast kugeliges Gebilde mündet, welches einige dünklere, zangenähnliche Bildungen enthält, die die Mundwerkzeuge des Tierchens darstellen. Dahinter findet sich eine breiige Masse, das ist der Darm. Über der Speiseröhre gegen die Rückenseite zu liegt eine graue Masse, das Gehirn, das bei einigen Arten einen Augenfleck trägt, bei anderen nicht. Das Tierchen kriecht sehr langsam von der Stelle. Hat es hinreichend Platz, um sich bewegen zu können, so sieht man, wie es sich aufrichtet, die Zehen gegen die Unterlage stemmt und dann sich zur Unterstützungsfläche senkrecht aufstellt. In dieser Stellung dreht es sich rund um seine Achse. In Wirklichkeit hat es sich mit Hilfe von etwas Schleim verankert, der von ein Paar kleinen Drüsen ausgeschieden wird, welche an der Spitze der Zehen ausmünden. Die Form, die wir vor uns haben, ist einer der am niedrigsten stehenden Repräsentanten einer großen, gegen ein paar tausend Arten zählenden Würmergruppe, die wir Rädertiere, *Rotifera* oder *Rotatoria* nennen.

Ihre Stellung im System ist sehr zweifelhaft; daß sie unter die Würmer gehören, ist klar. Einige Forscher, die sich sehr eingehend mit ihnen befaßt haben, sehen in den Turbellarien ihre nächsten Verwandten und in der oben beschriebenen Form, die in die Familie der Notommatiden gehört, eine der primitivsten.

Von diesen äußerst primitiven Formen hat sich eine lange Reihe sehr verschiedenartiger Formen herausdifferenziert. Sie haben sozusagen von allen den äußerst verschiedenartigen Gebieten des Süßwassers mit ihren verschiedenartigen Lebensbedingungen Besitz ergriffen: von der Uferzone, dem Schlammgrund, dem Pflanzengürtel, der pelagischen Region der Seen, den Strömen, Flüssen, Bächen, den kalten und warmen Quellen, den tiefen Seegründen, den Schmelzwasserpfützen des ewigen Schnees, von winzig kleinen Wasseransammlungen, wie sie sich im Moospolster der Dächer und Dachrinnen, in den Kannen der Kannenpflanzen, in hohlen Bambusgliedern, in Baum- und Astlöchern unserer Wälder usw. bilden. Einige sind Schmarotzer geworden, entweder in Wasserpflanzen oder in Wassertieren. Unter gar keiner Form haben diese kleinen Geschöpfe aktiv in das Leben der Menschen eingegriffen, keines ist Schmarotzer bei uns; keines greift Fische an; höchstens sind sie Nahrungsobjekte für verschiedene Tiere, von welchen unsere Fische leben. Und dennoch sind sie dazugekommen, in das Forschen und Denken der Menschen einzugreifen, insofern sie auf Grund gewisser, eigentümlicher Verhältnisse sich als außerordentlich geeignet erwiesen haben, zur Aufklärung einiger jener Faktoren mitzuhelfen, die einen entscheidenden Einfluß auf die Geschlechtsbestimmung ausüben.

Niemand, der auch nur ein wenig vom Bau der *Infusionstierchen* weiß (Abb. 234 bis 236), wird sich des höchsten Erstaunens entschlagen können, wie es möglich ist, daß eine einzige Zelle in ihren verschiedenen Teilen imstande ist, organartige Gebilde aufzubauen, von denen jedes für sich Aufgaben zugeteilt hat, wozu höherstehende Organismen gesonderte Organe benötigen: die Stacheln, Cirren, Wimpern und Membranen der Haut, die pulsierende Vacuole, die Streifen kontraktiler Substanz, eine besondere Stelle für die Nahrungsaufnahme, ein besonderes Gebiet zum Vollzug der Verdauung aufgenommener Nahrungsstoffe, besondere Stellen zur Wahrnehmung äußerer Reize (Licht, Berührung usw.). Ganz unfaßbar aber wird all dies, wenn man bedenkt, daß all diese Vorgänge in ein und derselben Werkstatt vor sich gehen, in einem Raum, der so unendlich klein ist, und daß sie sich derart abspielen, daß das Leben zum Stillstand kommt, wenn bloß einer dieser Vorgänge für längere Zeit zum Aufhören gelangt.

Wir haben es in den *Rädertieren* mit dem diametralen Gegensatz der Wimperinfusorien zu tun. Viele Rädertiere sind nicht größer als die Infusionstierchen, manche von ihnen sind kleiner als die Mehrzahl dieser. Die meisten haben eine Länge von nicht über 1 mm, niemals jedoch über 2 mm; die Männchen bei gewissen Formen ungefähr 40 μ, sie sind also nur achtmal so groß als ein rotes Blutkörperchen. Und so finden wir, selbst wenn man vom männlichen Geschlecht absieht, in einem doch unendlich kleinen Raum alle die gleichen Organe, die wir in unserem Körper besitzen und die wie bei uns von Zellen aufgebaut sind (Abb. 237). Da gibt es ein Gehirn, ein Nervensystem, einen Darmkanal, ein Exkretionssystem, Eierstock, Hoden, Paarungsorgane, einen Darmkanal, der in Mund, Speiseröhre, Kauapparat, Magen und Darm gesondert ist, ein Exkretionssystem mit Nierenkanälchen und einer Harnblase, Sinnesorgane, Augen, Tastorgane; nur eines der Organsysteme, ohne welches ein Leben für höhere Organismen unmöglich ist, die Organe des Blutkreislaufes, fehlen ihnen. Und bei all diesen verschiedenen Organen auf einem so unendlich kleinen Raum gibt es das gleiche Zusammenspiel wie bei unseren Organen. Von den Sinnesorganen werden die Reize von außen durch ein unendlich feines Gewebe von Nervenfäden zum Muskelsystem geleitet. Die Nahrung wird in die Mundhöhle aufgenommen, von kräftigen Kauwerkzeugen bearbeitet, chemischen Einwirkungen im Magen und Darm ausgesetzt, die Stoffwechselprodukte werden in brauchbare und unbrauchbare geschieden; die unbrauchbaren werden durch Darm und Niere abgeführt, die brauchbaren als Fett in den Zellen der Darmwand aufgestapelt. So winzig auch der Raum ist, es spielen sich hier, im Gegensatz zu den Infusionstierchen, die einzelnen physiologischen Vorgänge innerhalb der Gemeinschaftsorganisation, die wir den Körper des Rädertierchens nennen, jeder in seinem Organ, jeder in seiner Spezialwerkstätte ab.

Wie schon erwähnt, ist jedes einzelne Organ aus Zellen aufgebaut, aber während ein solches bei den höheren Organismen aus unzähligen Milliarden von Zellen gebildet ist, deren Zahl einem ewigen Wechsel unterworfen ist, ist die Zahl der Zellen in den Organen eines Rädertierchens konstant; ja das geht so weit, daß in bezug auf das einzelne Rädertier fast mit mathematischer Genauigkeit angegeben werden kann, aus wie vielen Zellen der ganze Organismus sich zusammensetzt. Die Rädertiere gehören zu jenen Organismen, die Zellkonstanz besitzen. Wir wissen zum Beispiel, daß eine der in dieser Hinsicht am besten untersuchten Arten, *Hydatina senta* Ehrbg., aus 959 Zellen aufgebaut ist, worüber derjenige, dem wir vor allem die Feststellung dieser Verhältnisse verdanken (Martini 1912), sagt, daß sie alle „schön beisammenliegen, jede an ihrem gesetzmäßigen Ort, jede typisch in Form, Bau und Funktion". Es sei des Beispieles

---

Tafel 7. **Rotifera.**

Fig. 1. *Rattulus capuzinus* Wierz. Fig. 2. *Triphylus lacustris* (Ehrbg.). Fig. 3. *Gastropus stylifer* Imh. Fig. 4. *Ascomorpha agilis* Zach. Fig. 5. *Gastropus hyptopus* (Ehrbg.). Fig. 6. *Notops brachionus* (Ehrbg.). Fig. 7. *Ploesoma Hudsoni* Imh. Fig. 8. *Triarthra brachiata* Rousselet. Amiktisches Weibchen, Seitenansicht. Fig. 9. Desgleichen, miktisches Weibchen, Seitenansicht. Man beachte das große Dauerei. Fig. 10. *Diurella tenuior* (Gosse). Fig. 11. Ei des Tieres, auf einem Planctonorganismus, *Dinobryum*, abgesetzt. Fig. 12a bis e. *Brachionus angularis* Gosse. a Amiktisches Weibchen mit zwei Eiern. b Miktisches, unbefruchtetes Weibchen mit fünf Männchen-Eiern. c Miktisches, befruchtetes Weibchen mit sehr dunklem Ovar, das von Öltropfen erfüllt ist. d Miktisches, befruchtetes Weibchen mit ausgebildetem Dauerei. e Miktisches, befruchtetes Weibchen mit zwei Dauereiern, das eine etwas älter als das andere. (W.-L. 1930.)

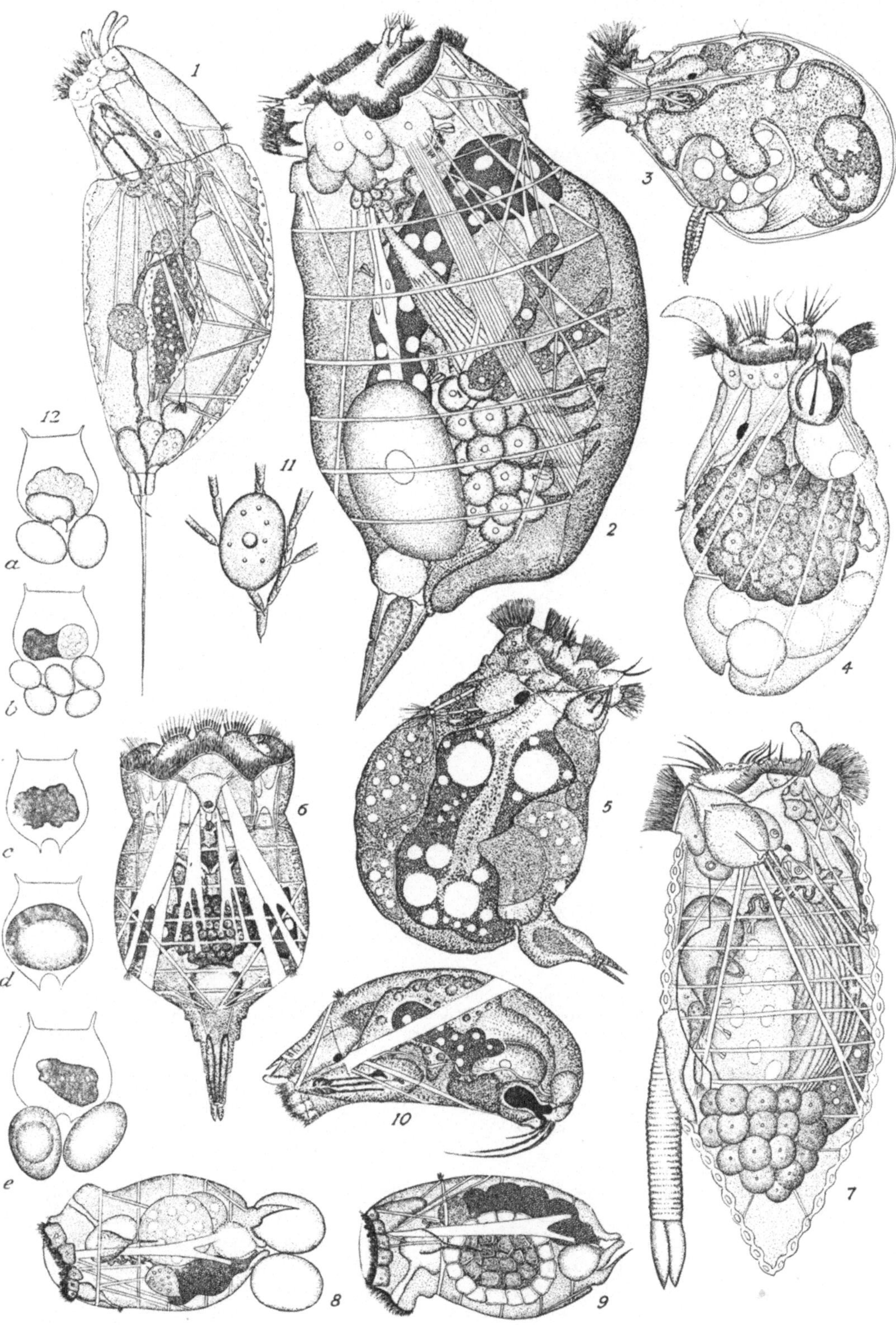

halber erwähnt, daß der Darmkanal aus 80 Zellen, der Dotterstock aus 8, das Nierenorgan aus 14 Zellen besteht. Die verschiedenen Arten besitzen eine verschiedene Zellenzahl. Ein anderes, und zwar eines der größten Rädertiere, das über 1 mm mißt, hat ungefähr 900 Zellen, wovon 50 auf den Dotterstock entfallen.

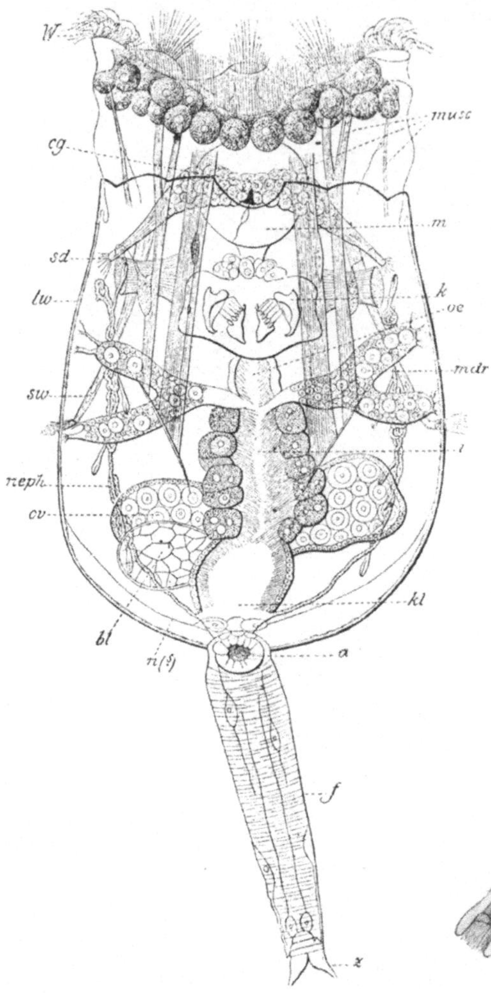

Abb. 241. 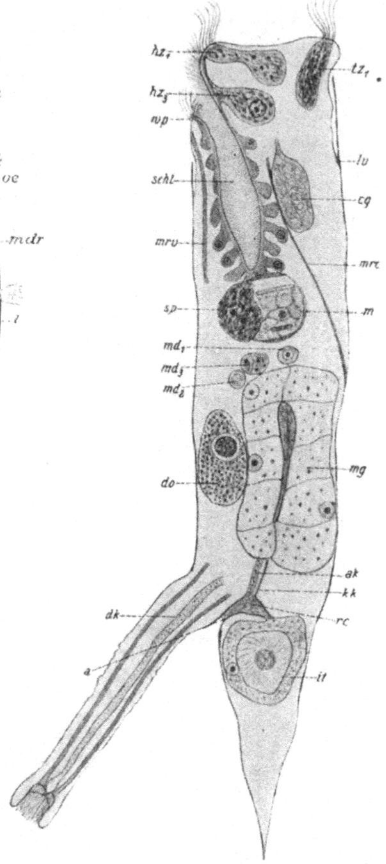   Abb. 242.

Abb. 241. *Brachionus Mülleri* EHRBG., vom Rücken gesehen. *bl* kontraktile Blase; *ov* Ovarium; *neph* Exkretionskanal; *sw* hintere Sinneskolben; *lw* Körperwand; *cg* Gehirn mit Augenfleck; *w* Räderorgan; *musc* Muskeln; *k* Mundteile (malleat); *oe* Ösophagus; *mdr* Magendrüsen; *l* Magen; *kl* Kloake; *a* After; *f* Fuß; *z* Zehen; *sd* obere Sinneskolben. (MÖBIUS, aus HATSCHEK 1888.)

Abb. 242. Längsschnitt durch *Pterodina patina* O. F. M. *a* After; *dk* Ausführungsgang der Fußdrüsen; *do* Dotterstock; *md₁* bis *md₃* Magendrüsen; *sp* Speicheldrüsen; *mrv, mrc* Muskeln; *schl* Schlundrohr; *wp* Wimperkranz; *hz₁* bis *hz₃*, *tz* Hypodermiszellen des Räderorgans; *lv* leistenartige Verdickung am Panzer; *cg* Cerebralganglion; *m*]Mastax; *mg* Magen; *ak* Ausführungsgang des Exkretionsorgans; *kk* Exkretionskanal; *rc* Enddarm; *it* Darm. (SEĖHAUS 1930.)

Ein Großteil der Gewebe der Rädertiere besteht aus einem sog. Syncytium, d. h. die Grenzen zwischen den einzelnen Zellen sind nicht nachweisbar; die Zellwände sind verschwunden, die Zelleiber sind zusammengeflossen, aber die Zellkerne sind erhalten geblieben und liegen bei der gleichen Art alle an der gleichen Stelle. Will man die Zellen zählen, so zählt man deshalb die Kerne.

Zu einem sehr frühen Zeitpunkt haben die Zellteilungen, die während des Wachstums die meisten übrigen Tiere charakterisieren, aufgehört; soll das Wachstum weiter fortschreiten, so geschieht das dann nicht mehr durch Zellteilungen, sondern durch Wachstum der vorhandenen Zellen und weiter dadurch, daß diese auseinanderweichen. Tiere mit einem Wachstum dieser Beschaffenheit besitzen im Gegensatz zu solchen, bei denen das ganze Leben hindurch, wenigstens in gewissen Gewebssystemen, unbegrenzte Zellteilungen vorkommen, kein Regenerationsvermögen, kein Erneuerungsgewebe, keine Fähigkeit, verlorengegangene Teile zu ersetzen. Es ist auch experimentell festgestellt, daß alle diese Eigenschaften bei den Rädertieren in sehr geringem Grad ausgebildet sind. Man kann kein Rädertierchen in zwei Hälften teilen und es bilden sich dann aus diesen zwei neue Tiere, wie wir das bei den Spongillen, Hydren und Turbellarien machen könnten. Doch kann man immerhin einen einzelnen Arm der Krone bei einem *Stephanoceros* abschneiden und sieht dann, daß er sich regeneriert (v. UBISCH 1930). Auch der Mundtrichter von *Apsilus* kann regenerieren (HÜNERHOFF 1931).

Daraus folgt weiter, daß ein Organismus dieser Beschaffenheit schnell abgenutzt sein muß; wenn sich nicht besondere Verhältnisse geltend machen, so liegt die Lebensdauer bei den meisten Rädertieren zwischen 8 und 14 Tagen.

Die Haut besteht aus einer Hypodermis, die als äußere Lage eine Kutikula ausscheidet. Die Hypodermis, die bei jungen Tieren immer am dicksten ist, ist ohne deutliche Zellgrenzen, syncytial. Man gebraucht wohl oft den Ausdruck Zellen, aber es handelt sich dann immer nur um einen verdickten Hypodermispolster, der Kerne enthält. Derartiges findet sich namentlich im Räderorgan. Zumeist ist die Hypodermis äußerst dünn, und es gibt Gattungen, wo man sie nicht nachweisen kann. Die Kerne liegen über die ganze Hypodermis verstreut, aber immer in einer bestimmten Anzahl und an bestimmten Stellen. Die Kutikula hat chitinartige Beschaffenheit; bei manchen ist sie außerordentlich dünn, äußerst hyalin und gewährt einen einzigartigen Einblick in das Innere des winzigen Tierchens, in seinen Bau und seine Funktionen. Sie ist zugleich äußerst geschmeidig und erlaubt eine sehr große Beweglichkeit. Sie kann geringelt sein und auch der Körper kann dann in eine Anzahl Glieder geteilt sein, die ineinandergeschoben werden können, so daß der Körper aus einem ziemlich langgestreckten Gebilde zu einer kleinen Kugel werden kann. Dies ist der Fall bei den besonders in Moosen vorkommenden Philodiniden (Tafel 8, Fig. 10). Bei manchen Formen ist die Kutikula zu einem mehr oder minder festen Panzer gesteift, in den der vordere und hintere Körperabschnitt eingezogen werden kann. Dieser Panzer ist bei den verschiedenen Gruppen äußerst verschieden gebaut. Er ist oft in Platten untergeteilt, die mit Hilfe von Muskeln im Verhältnis zueinander verschoben werden können. Die Tafeln zeigen eine Anzahl der häufigeren Panzertypen. Er ist gleichzeitig zuweilen mit besonderen Kutikularbildungen ausgestattet, in erster Linie mit Stacheln, die sich vor allem am Vorder- und Hinterende des Panzers vorfinden und die bei den Planctonorganismen (Abb. 276) auf verschiedene Weise bei der Bewegung eine Rolle spielen und oft dazu dienen, die Fallgeschwindigkeit herabzusetzen. Sehr oft zeigt der Panzer eine elegante Felderung, regelmäßige, grubenartige Vertiefungen usw. Man sollte glauben, daß solche dicke Panzer, wie sie sich z. B. bei *Dinocharis* und *Anuraea* (Tafel 8, Fig. 7 u. 8) vorfinden, Ursache zu Häutungen sein würden, aber dergleichen ist nicht mit Sicherheit nachgewiesen. Die Kutikula läuft oft, besonders bei den nicht stark gepanzerten Formen, in Anhänge aus, die lange Stacheln oder gefiederte Haare tragen, welche im Dienste der Lokomotion stehen, indem diese Tiere, die keinen Fuß besitzen, damit große Sprünge

ausführen können. Bei manchen moosbewohnenden Philodiniden ist die Haut
mit zahlreichen kräftigen Dornen ausgestattet, die als Retentionseinrichtungen
wirken (Abb. 285). Eine ganze Anzahl lebt in Gallerthüllen; einige davon
sind frei herumkriechende oder schwimmende Tiere, die Gallerthüllen tragen,
welche bei gewissen Planctonorganismen dazu beitragen, das Eigengewicht
der Tiere herabzusetzen; andere kriechende Formen sind von einem dicken,
schützenden Gallertmantel umgeben (Abb. 280). An diesen Hüllen haftet
Detritus aller Art. Gallertgehäuse sind ganz besonders häufig bei festsitzenden
Rädertieren, die sich Gallertröhren bilden, in denen die Tiere sitzen und sich
zurückziehen und aus denen sie wieder herauskriechen können, wenn die Gefahr,

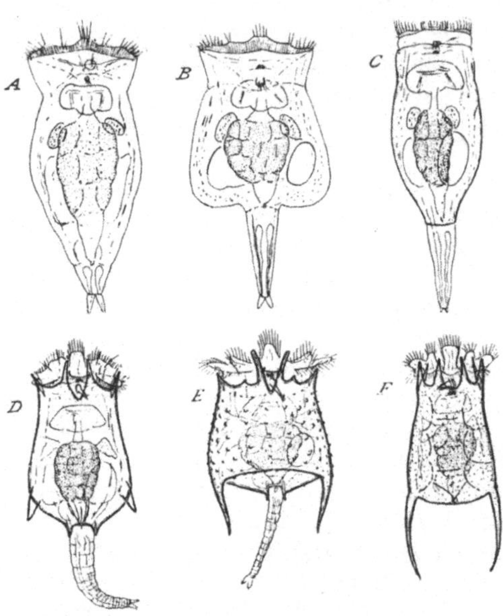

die ihnen gedroht hat, vorüber ist.
Eine besondere Form dieser Gallert-
bildungen sind die sog. Sekretröhren
(Abb. 296 bis 300), wo die Gallert-
substanz sich zu einer festen Röhre
versteift, die oft eine besondere, quer-
gestreifte Struktur besitzt. Wir treffen
diese oft sehr schönen Röhren besonders bei festsitzenden Rädertieren, am
schönsten sind sie bei der Gattung *Limnias* (Abb. 297). Viele dieser Röhrenbauer versteifen die Röhrenaußen-
wand durch Fremdbestandteile; die
Melicertiden verwenden als Steifungs-
mittel ihre Exkremente, die, sobald
sie aus dem Tier austreten, in eine kleine
Wimpergrube aufgenommen werden, wo
sie Kugelform annehmen, worauf sie in
die weiche Gallerte eingedrückt werden
(Abb. 295, 296). Kugel auf Kugel wird
abgelagert und es entstehen Röhren von
außerordentlicher Schönheit und einzig
dastehender Regelmäßigkeit, die alle-
zeit angestaunt worden sind und die in
jene Kategorie gehören, welche man als
Wunder der Natur zu bezeichnen pflegt.

Abb. 243. Entwicklung von Fuß und Panzer in der
Reihe *Hydatina-Brachionus*. *A Hydatina senta* EHRBG.
B Notops brachionus EHRBG. *C Brachionus mollis*
HEMPEL. *D Brachionus pala* EHRBG. *E Brachionus
Bakeri* O. F. M. *F Anuraea aculeata* EHRBG. (P. de
BEAUCHAMP 1909.)

Gallertgehäuse werden auch von einigen spannerraupenartigen Rädertieren
gebildet, aber das sind hier wie bei den Planctonorganismen temporäre Bildungen,
die oft verlassen werden. Bei den spannerartigen Formen werden sie nur bei
ungünstigen äußeren Verhältnissen, besonders zu Trockenzeiten, gebildet. Die
Gallerte erstarrt dann zu einer Cyste, in der das Tier verbleibt (Abb. 286).

Man schrieb früher dem Vorhandensein oder Nichtvorhandensein eines
Panzers große systematische Bedeutung zu und teilte eine große Gruppe der
Rädertiere in *Loricata* und *Illoricata* (gepanzerte und ungepanzerte) ein. Aber
in der neueren Systematik ist man davon abgekommen; die Panzerbildung
entsteht, wie sich ergeben hat, unabhängig in den verschiedenen Rädertierfamilien. Abb. 243 zeigt eine derartige Entwicklungsreihe, die mit ungepanzerten
Formen beginnt und mit gepanzerten endigt. Die Tiere *C* und *D* der Abbildung
werden jetzt als Arten der gleichen Gattung aufgefaßt; sie wurden früher zu
verschiedenen Unterordnungen gestellt.

Die Rotiferen sind in der Regel farblos und sehr durchsichtig, oft in solchem
Grad, daß man am lebenden Tier mit Deutlichkeit die einzelnen Zellen zählen

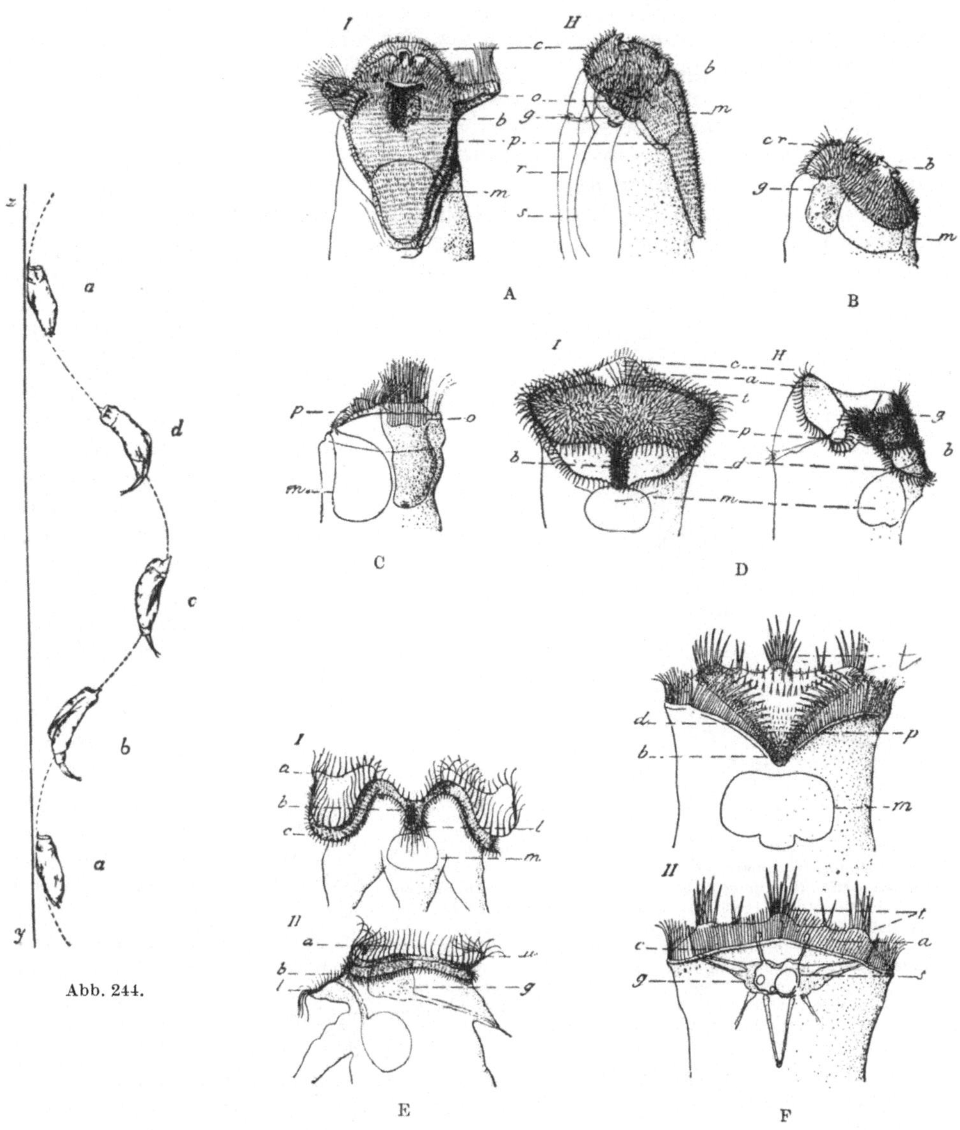

Abb. 244.

Abb. 245.

Abb. 244. *Diurella tigris* (O. F. M.). Das Bild zeigt, wie das Tier sich beim Schwimmen ständig nach rechts dreht. (JENNINGS.)

Abb. 245. Räderorgantypen. A *Copeus cerberus* GOSSE; B *Furcularia forficula* EHRBG.; C *Proales petromyzon* EHRBG.; D *Cyrtonia tuba* (EHRBG.); E *Pedalion mirum* HUDSON; F *Hydatina senta* O. F. M. A *I, II* zeigt die mit Wimperohren ausgestattete Wimperscheibe. Jene sind in B, C reduziert. D, E und F zeigen die Entwicklung der beiden Randkränze, die in E *I, II* am stärksten sind. (P. de BEAUCHAMP 1909.) *a* Apikalplatte; *c* Stirnrand; *cr* Haken; *d* Cingulum; *g* Gehirn; *h* Borsten; *m* Mastax; *p* Wimperscheibe; *s* Retrocerebralorgan; *r* Drüse; *t* Borsten; *u* Trochus.

kann. Der Magen ist oft durch den Darminhalt grün gefärbt; bei einzelnen Formen *(Gastropus)* ist die Körperflüssigkeit lichtrot (Tafel 7, Fig. 3). Einige spannerartige Rädertiere, besonders diejenigen, die unter arktischen Verhältnissen leben, sind tief purpurrot gefärbt.

Die Kutikula umschließt einen Körper, der normalerweise in drei Abschnitte zerfällt: einen Kopf, Rumpf und Schwanz, der auch als Fuß bezeichnet wird. Die vordere und die hintere Region können gewöhnlich in die mittlere eingezogen oder eingeschoben werden; dieser mittleren Region gehört auch vorzugsweise der Panzer mit seinen verschiedenartigen Differenzierungen an. Der Kopf trägt dasjenige Organ, das man als Räderorgan bezeichnet und das den Rädertieren ihren Namen gegeben hat.

Das charakteristischeste Organ der Rädertiere ist das Räderorgan (Abb. 245). In seiner primitivsten Form ist es, wie oben erwähnt, eine Wimperscheibe, die auf der Bauchseite die vordere Partie einnimmt, ein Buccalfeld, in dessen Mitte der Mund liegt. Ein bewimpertes Band geht seitlich von dem Buccalfeld aus und umgibt ringförmig den Kopf (Circumapicalband). Zusammen mit dem vorderen Rand des Buccalfeldes wird dadurch ein vorderer Teil (Apicalfeld) abgegliedert, der ganz von Cilien umgeben ist. Die Wimpern des vorderen Randes des Circumapicalbandes werden, wenn sie stark sind, als Trochus bezeichnet; dieser liegt präoral. Der Trochus kann weiter mit Ohren, die besonders lange Wimpern tragen, ausgestattet werden. Die Wimperscheibe ist noch erhalten, aber die Lappen und die Randhaare lassen eine freiere Bewegung zu. Wir haben es dann mit Tieren zu tun, die sich von der Unterlage emporheben können; indem sie sich ständig um ihre Achse drehen, sind sie imstande, zwischen den Wasserpflanzen langsam von der Stelle zu schwimmen. Die Bewegung ist also eine Schraubenbewegung (Abb. 244); diese kann dem Bau der Rädertiere das Gepräge geben und ruft oft eine deutliche Asymmetrie hervor, die namentlich im Bau der Rattuliden stark zum Ausdruck kommt (JENNINGS 1901). Es handelt sich in ihnen um Bewohner kleiner, seichter Teiche, manche sind halb kriechende, halb schwimmende Formen. Die besten Schwimmer setzen sich häufig mit den Zehen fest und kleben sich damit an ein Blatt oder einen Stengel an; nach einiger Zeit schwimmen sie wieder los.

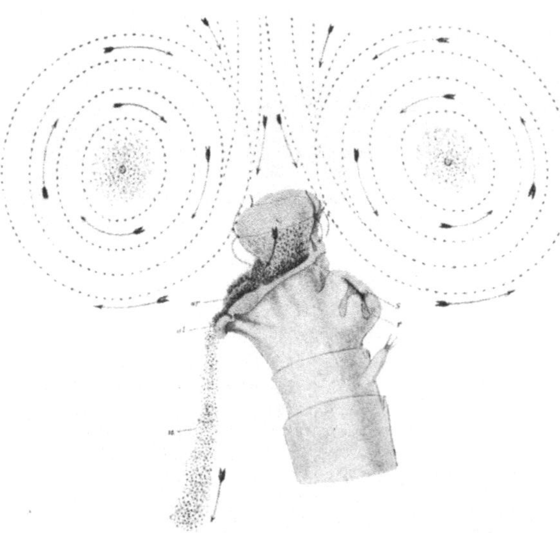

Abb. 246. Eine Philodinide. Das Bild zeigt die vom Räderorgan hervorgerufenen Wasserströmungen und die Bahnen, welchen die Nahrungspartikelchen folgen. Die einzelnen Punkte repräsentieren Karminkörner. Die Kreiswirbel und die Strömungen sind in Ventralansicht dargestellt. Die Pfeile geben die Richtungen an. Von den Cilien im Räderorgan sind nur zwei angegeben. *s* Die Seitenströme, die zum Mund führen und vom unteren Kranz (Cingulum) hervorgerufen werden; *r* Rüssel; *u* der vor dem Mund laufende Strom von Körnern, die entfernt werden sollen; *ul* Unterlippe; *wp* Cingulum. (ZELINKA 1886.)

Die Entwicklung geht nun weiter über Formen, bei welchen das Räderorgan mehr terminal verlagert wird; die ventrale Wimperscheibe wird stark reduziert. Wir haben es dann mit Formen zu tun, die in höherem Grad freischwimmend sind und die zu einem Teil noch in kleinen, seichten Wasseransammlungen, zu einem Teil aber in der pflanzenfreien zentralen Wasserzone zu Hause sind, in welcher solche Formen als Planctonorganismen auftreten.

Das Räderorgan fungiert auch hier nur als ausgesprochenes Bewegungsorgan. Seine höchste Entwicklung erreicht es bei denjenigen Formen, bei denen sich

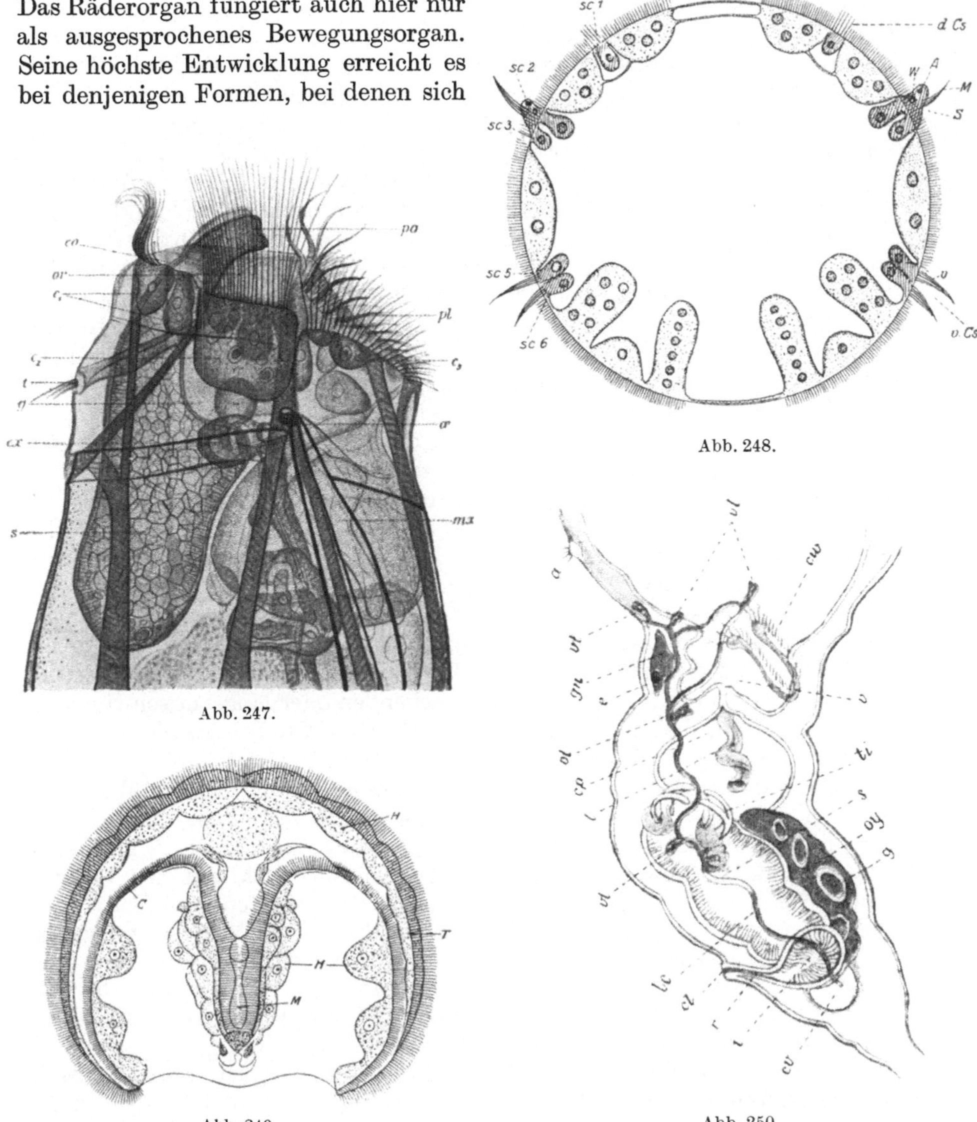

Abb. 247.

Abb. 248.

Abb. 249.

Abb. 250.

Abb. 247. *Euchlanis dilatata* EHRBG. Vorderkörper in Seitenansicht, um das Retrocerebralorgan zu zeigen. *s* Retrocerebralorgan; *ex* Exkretionskanal; *g* Cerebralganglion; *t* Dorsaltentakel; c_1 bis c_3 Hypodermiszellen des Räderorganes; *or, co* Räderorgan; *pa* Palpen, auf denen das Retrocerebralorgan wahrscheinlich ausmündet; *pl* Mund; *oe* Ösophagus; *mx* Mastax. (P. de BEAUCHAMP 1909.)

Abb. 248. Schema des Räderorgans und der Hypodermisschicht einer *Asplanchna*. Sinnesorgane schraffiert. Hypodermis punktiert. *sc 1* bis *sc 6* Sinneszellen; *A* Auge; *dCs, wCs* Sinneshaare. (REMANE 1929.)

Abb. 249. Räderorgan von *Conochiloides natans* (SELIGO). Hypodermis punktiert. *C* Cingulum; *H* Hypodermispolster; *M* Mund; *T* Trochus. (HLAVA 1905, aus REMANE 1929.)

Abb. 250. Längsschnitt durch eine *Floscularia*. *cv* kontraktile Blase; *i* Darm; *r* Enddarm; *cl* Kloake; *vt* Wimperflamme; *t* undulierendes Band, das in den Mastax hineinhängt; *cp* Mastax; *gn* Gehirn; *a* Haar; *lc* Exkretionskanal; *cw* innerer Cilienkranz; *v* Vorraum; *ti* Mundteile; *s* Darm; *oy* Ovarium; *g* Kerne. (MOXON, aus HUDSON-GOSSE 1889.)

außer dem erwähnten präoralen Randkranz (Trochus) noch der zweite hintere, postorale Wimperkranz (Cingulum) entwickelt (Abb. 245 E bis F). Zwischen den beiden Kränzen entsteht eine Rinne, in die bei der Bewegung des Räderorgans die Nahrungspartikelchen, die sich im Wasser in der Umgebung des Tieres befinden, hineingewirbelt werden. Sie werden gegen die Mundöffnung geleitet und gehen von hier in den Darm über. Bei diesen Tieren ist das Räderorgan, soweit sie freischwimmend sind, gleichzeitig ein Lokomotionsorgan und ein Nahrungserwerbsorgan. Der Ernährungsmodus erinnert in Verschiedenem an den der Filtrierer unter den Daphnien und Copepoden (s. später). Auch hier wird die Nahrung durch die Bewegung von Lokomotionsorganen zur Mundöffnung befördert. Eine Filtration findet jedoch nicht statt, aber unbrauchbares Material wird von den Cilien vor der Mundöffnung abgewiesen. Als Nahrungserwerbseinrichtung ist das Räderorgan auch bei vielen festsitzenden Formen entwickelt, wo es bei den erwachsenen Tieren seine Bedeutung als Lokomotionsorgan verloren hat. Gleichzeitig damit, daß die primäre Wimperscheibe mehr und mehr reduziert und die beiden Wimperkränze immer mehr ausgebildet werden, rückt das Räderorgan von der Bauchseite weg und wird endständig. Die beiden Kränze teilen sich oft in mehrere Einzelpartien auf, die mit besonders langen, steifen Haaren ausgestattet sind; innen auf der Scheibe kommen sehr häufig besondere Sinnesorgane vor, vor allem Sinneshaare (Abb. 245 F).

Die einzelnen Rädertierfamilien zeigen in bezug auf die Ausbildung des Räderorgans eine sehr große Variation. Einige der eigentümlichsten Typen sollen hier erwähnt werden.

1. Der *Notommatiden*-Typus zeigt den oben beschriebenen Grundtypus: eine große Wimperscheibe, die sich über einen großen Teil der Bauchseite erstreckt, schwach entwickelten präoralen Randkranz (Trochus), Mund in der Mitte. Hierher gehören hauptsächlich die kriechenden oder langsam schwimmenden Rädertierformen, bei denen hauptsächlich die Mundwerkzeuge für den Nahrungserwerb sorgen (Abb. 245 A).

2. Bei den spannerartigen Rädertieren (*Philodina*-Typus, Abb. 246) ist das Vorderende des Tieres mit mehr oder weniger stark gestielten, einziehbaren Scheiben ausgestattet, die vom präoralen Wimperkranz, dem Trochus, umrandet sind. Cingulum hinten weit entfernt vom Trochus; Buccalfeld auf den Flächen der Trochalscheiben. Diese spannerartigen Rädertiere können zum Teil, wenn das Räderorgan mit seinen Kränzen entfaltet ist, durch das Wasser schwimmen (einige werden planctonisch angetroffen), zum Teil, wenn das Räderorgan eingezogen ist, sich nach Art der Spannerraupen bewegen; sie kriechen über die Unterlage, indem sie abwechselnd das Hinter- und das Vorderende aufsetzen; dieses ist hier in ein sog. Rostrum, das ein Teil des Buccalfeldes trägt, ausgezogen.

3. Der *Asplanchna*-Typus (Tafel 8, Fig. 2; Abb. 248) ist charakterisiert durch nur einen Wimperkranz, der ein sehr großes Apicalfeld umschließt; dieses ist, abgesehen von Gruppen von Sinneshaaren, nackt. Buccalfeld sehr reduziert. Dieses Räderorgan ist in seiner typischen Form bei den Asplanchnen entwickelt. Es handelt sich in ihnen um freilebende Raubtiere, die ihre Beute mit den Mundwerkzeugen einfangen. Die meisten sind Planctonorganismen.

4. Beim *Conochilus*-Typus (Abb. 249) wird das Vorderende von einem breiten Band mit gut entwickeltem Trochus und Cingulum umschlossen, aber das Band ist auf der Bauchseite unterbrochen; der Mund liegt gegen den Rücken verschoben. Dieses Räderorgan finden wir bei den festsitzenden Formen der Gruppe *Conochilinae*. Einzelne Arten der Gattung *Conochilus* sind freischwimmend.

5. Ein auf den ersten Blick sehr ähnlicher Typus ist der von *Pedalion* (Abb. 245 E, 276, 296) mit großem Apicalfeld und gut entwickeltem Trochus, aber gewöhnlich mit einem weniger scharf ausgebildeten Cingulum. Es sind Formen, die von Kleinorganismen und Detritus leben, welche das Räderorgan einfängt.

Es handelt sich entweder um festsitzende Tiere, wie die Melicertiden, oder um typische Planctonorganismen, wie *Pedalion*.

6. Der *Euchlanis-Brachionus*-Typus (Abb. 246 f, 247) ist dadurch ausgezeichnet, daß hauptsächlich nur der vor der Mundöffnung gelegene Teil des Räderorgans entwickelt ist; dieser ist bei freischwimmenden Formen terminal gestellt. Das Wimperfeld ist nur von einem Wimperkranz umgeben, trägt aber Gruppen von starken, borstenähnlichen Haaren, die regelmäßig auf Wülsten um die Mundöffnung verteilt sind (Pseudotrochus). Dieser Typus wird bei vielen Formen angetroffen, die in und zwischen der Vegetation leben oder zu Planctonorganismen geworden sind; sie finden sich gewöhnlich in Kleinteichen mit einer vegetationsfreien, zentralen Partie vor; sie sind Pflanzen- und Detritusfresser.

7. Der *Floscularia*-Typus (Abb. 250, 299). Das sehr eigenartige Räderorgan dieses Typus kommt nur bei den Flosculariden vor. Die Radscheibe läuft in kürzere oder längere Zapfen (Arme) aus, die zusammen die sog. Krone bilden. Das Räderorgan besteht aus langen, zumeist steifen, unbeweglichen, borstenähnlichen Haaren, die auf die oft knopfförmig aufgetriebenen Spitzen der erwähnten Zapfen beschränkt sind. Der Mund liegt zentral am Boden einer großen Schale, weit entfernt von jenen Haarbildungen; er wird von einem kleinen Wimperkranz umgeben. Was innerhalb des Raumes dieser Krone und dieser Haare gerät, wird von dem Cilienkranz am Boden der Schale eingefangen und dem Mund zugeführt.

8. Das Räderorgan fehlt nur bei wenigen Formen vollständig: bei *Atrochus* (Abb. 279), *Acyclus* und *Apsilus* (Abb. 281).

Bei den meisten Rädertieren mündet innerhalb der Radscheibe ein sehr eigenartiges Organ aus, das sog. Retrocerebralorgan (Abb. 247), das aus einem großen, unpaaren Sack, dem Retrocerebralsack, und einem Paar seitlicher Drüsen, den Subcerebraldrüsen, besteht. Es liegt unterhalb und an den Seiten des Gehirnes und mündet innerhalb des Räderorgans oft auf besonderen Zapfen aus. Der Inhalt des Organs ist von verschiedener, häufig blasiger Natur; bei manchen Formen kann man beobachten, wie diese Blasen sich entleeren. Es ist bei den verschiedenen Rädertierformen in sehr verschiedener Weise differenziert und erweckt den Eindruck, als ob es sich um ein im Verschwinden begriffenes Organ handle. Über seine Bedeutung kann man nur Vermutungen äußern; es ist möglicherweise ein Organ, das irgend etwas mit dem Stoffwechsel zu tun hat. Sein Sekret dürfte vielleicht mitbenutzt werden, um das Räderorgan einzuschmieren.

Der *Rumpf* bildet die mittlere Partie des Körpers, in den sowohl der Kopf als auch der Fuß mehr oder minder weit eingezogen werden kann. Wie schon bei der Beschreibung der Kutikula erwähnt wurde, trägt er besonders bei den gepanzerten Formen sehr oft Stacheln und Zapfen von sehr verschiedenem Aussehen und an verschiedenen Stellen. Sie sitzen z. B. bei den Brachionen und Anuräen am Vorder- und Hinterende des Panzers; die ersterwähnten dienen hauptsächlich zum Schutze des Räderorgans. Bei manchen Arten gewinnen sie Bedeutung als Schwebeapparate und sind dann oft einer Temporalvariation unterworfen. Diese Stacheln sind alle unbeweglich. Im Gegensatz dazu finden sich besonders bei den Planctonorganismen weiche, fußartige Auswüchse, die äußerst beweglich sind und an ihrer Spitze lange Borsten tragen. Diese Auswüchse sind bei *Pedalion* sehr groß, bei *Triarthra* dagegen klein, tragen aber hier eine einzige lange Borste; alle diese Formen können sich in großen Sprüngen bewegen (Abb. 262, 276).

Der hintere Abschnitt wird gewöhnlich als Fuß bezeichnet, weniger glücklich als Schwanz; es ist derjenige Teil des Rädertieres, in dem seine Lebensweise am

deutlichsten zum Ausdruck kommt. Gewöhnlich ist der Fuß in zwei Abschnitte
geteilt, den eigentlichen Fuß und die Zehen (Schwanzblätter) (Abb. 251, 252).
Der Fuß enthält Muskulatur, die sehr stark entwickelt sein kann, Klebdrüsen,
das Fußganglion und zuweilen Sinnesorgane, deren Natur im allgemeinen unbekannt ist. Der eigentliche Fuß ist ungegliedert oder falsch gegliedert, und
zwar so, daß die einzelnen Stücke ineinandergeschoben werden können. Er
kann, wenn er nicht gebraucht wird, in der Regel in den Körper eingezogen
werden. Er kann, wie das bei manchen Planctonorganismen der Fall ist, ganz

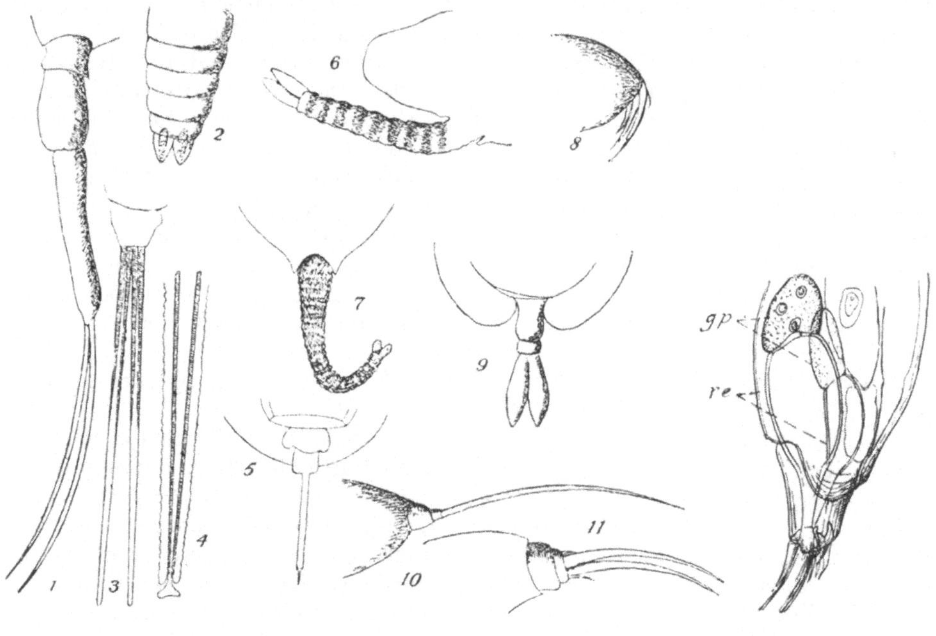

Abb. 251.   Abb. 252.

Abb. 251. Fußformen der Rotatorien. *1 Scaridium longicaudum* (O. F. M.). *2 Synchaeta tremula* Ehrbg.
3 Furcularia longiseta O. F. M. *4 Lacinularia socialis* (Pallas). *5 Monostyla quadridentata* Ehrbg. *6 Ploesoma
Hudsoni* Imhof. *7 Brachionus angularis* Gosse. *8 Coelopus porcellus* (Gosse). *9 Euchlanis dilatata* Ehrbg.
10 Rattulus tigris (O. F. M.). *11 Rattulus bicornis* Western. (W.-L. 1929.)
Abb. 252. *Rattulus bicristatus* Gosse. Fuß mit Fußdrüsen. *gp* Fußdrüsen; *re* Reservoir, das das Sekret aus
den Fußdrüsen aufnimmt. (P. de Beauchamp 1909.)

fehlen. Die Rädertiere zeigen sehr schöne Reduktionsreihen, in denen man sieht,
wie aus einem richtig gegliederten Fuß mit gut entwickelten Zehen ein geringelter mit kleinen Zehen, dann ein geringelter ohne Zehen wird, und zum Schluß
verschwindet er ganz. Die Zehen sind sehr verschieden gebaut. Beim wurmförmigen, geringelten Fuß der Brachionen und von *Pterodina* fehlen sie ganz
oder sind nur schwach entwickelt; bei *Pterodina* findet sich an ihrer Stelle eine
Wimpergrube. Sie werden bei den Fußtypen näher beschrieben. Der hintere
Teil des Fußes oder die Zehen enthalten Klebdrüsen, die ein Sekret absondern,
mit dessen Hilfe die Tiere sich festkleben können.

Die häufigste Form ist der Kriechfuß, wie er sich bei den zahlreichen
Notommatiden sowie bei allen spannerartigen Rädertieren, den Bdelloiden,
vorfindet. Bei den Notommatiden ist er in erster Linie ein Festheftungsapparat,
der, wenn das Tier schwimmt, zum Teil eingezogen wird; wenn das Tier sich
festheftet, wird von den Klebdrüsen Sekret abgegeben, womit das Tier sich
festkittet. Bei den spannerartigen Rädertieren, von denen viele an Örtlichkeiten

leben, wo fast kein Wasser vorhanden ist (Moose und Flechten auf Baumstämmen),
ist er gewöhnlich stark verlängert; indem der vordere Körperteil sich auch verlängert und als besonderes Organ, als Rüssel, ausgebildet ist, werden Fuß und
Rüsselspitze als Festheftungspunkte verwendet, die durch abwechslungsweises
Festheften und Loslassen die Spannerbewegung ermöglichen. Der Fuß zeigt
eine deutliche Gliederung, die einzelnen Glieder können sehr lang und ineinander
verschiebbar sein. Es kommen oft drei bis vier Zehen vor, und der Fuß trägt
gleichzeitig auch häufig Sporen. Es sind oft nicht zwei Klebdrüsen vorhanden,
sondern eine ganze Reihe übereinander sitzender, einzelliger Drüsen bis zu
14 Paaren; gewisse Formen besitzen eine Klebscheibe und keine Zehen.

Der Fuß, der die größte Variation aufweist, ist der Schwimmfuß. Er ist
in erster Linie charakterisiert durch seine großen, platten Zehen, die beim
Schwimmen als Steuer dienen; am besten ist er bei *Euchlanis* und *Salpina* entwickelt; er besitzt gleichzeitig oft Haarbildungen. Er ist oft geringelt wie bei
Ploesoma und den Brachionen, aber je mehr das Räderorgan die Rolle des Steuers
übernimmt, desto stärker wird der Fuß reduziert und es bilden sich Formen
heraus mit stark reduzierten Füßen oder ausgesprochen fußlose Formen (*Gastropus, Ascomorpha, Asplanchna* u. a.). Alle diese Tiere sind Planctonorganismen,
die in einem Milieu leben, wo Unterstützungsflächen fehlen. Sind solche vorhanden, so sind es eben andere Planctonorganismen, z. B. Daphniden, die von
gewissen Brachionen, die sich auf ihnen festsetzen, benutzt werden. Gewissen
Formen, wie den fußlosen Asplanchnen, scheint übrigens eine Steuerfähigkeit
fast ganz zu fehlen.

Der Springfuß kommt nur bei wenigen Formen vor; er ist immer sehr lang,
die einzelnen Glieder sind scharf abgesetzt und die Muskulatur ist stark entwickelt und quergestreift. Die Zehen sind lange, dünne Springstäbe; die Klebdrüsen sind schwach entwickelt. Einen solchen Typus haben wir in *Scaridium*
vor uns. Es sei bemerkt, daß auch viele Planctonorganismen Springfähigkeit
besitzen, aber sie führen die Sprünge mit Hilfe besonderer Körperanhänge aus,
die mit langen Stacheln oder Borsten ausgestattet sind (*Triarthra, Polyarthra,
Pedalion*).

Der sog. Sitzfuß findet sich nur bei den beständig festgehefteten Rotatorien
vor, den Floscellariden und Melicertiden. Das sind Tiere, welche in Gallertröhren leben, in die sie sich ganz zurückziehen und aus denen sie sich wieder
vorstrecken können (Abb. 251₄). Das erfordert einen Fuß, der sich außerordentlich zusammenziehen und wieder zu einer bedeutenden Länge ausstrecken
kann. Als junge Tiere sind sie freischwimmend und besitzen eine Wimpergrube
an der Spitze des Fußes; Zehen fehlen. Wenn sie sich einmal festgesetzt haben,
bleiben sie in der Regel für ihr ganzes Leben festgeheftet. Die Grube füllt sich
mit Material aus den Klebdrüsen; dieses Material wird zu einem Faden ausgezogen, der sich zu einer Klebscheibe erweitert, mit der die Festheftung geschieht.
Durch die ganze Länge des Fußes verlaufen sehr starke Muskeln; diese bewirken
die Zusammenziehung und Streckung. Ein sehr ähnlicher Fuß kommt der
freischwimmenden *Pterodina* zu (Tafel 8, Fig. 5).

Einen in vieler Beziehung sehr abweichenden Fuß besitzt die Familie der
Rattulidae (Abb. 252; Tafel 7, Fig. 1 u. 10). Die Asymmetrie, die diese Gruppe
auszeichnet, tritt namentlich in den Zehen hervor. Ein eigentlicher Fuß fehlt fast
ganz; vom Hinterleibsende gehen zwei borstenähnliche Zehen aus, die selten gleich
lang sind. Die eine ist zumeist viel länger als die andere und besitzt oft Körperlänge.
An ihrem Grund sitzen häufig mehrere kleinere Borsten, die man als Beizehen
bezeichnet. Die Zehen können auch blattförmig sein. Die Klebdrüsen sind
stärker entwickelt als bei manchen anderen Gruppen; es findet sich sogar eine

Blase, die als Reservoir für den Klebstoff dient, sie hat eine starke Muskulatur. Es führt kein Kanal durch die Zehen hindurch, sondern der Klebstoff wird aus dem Reservoir ausgespritzt, läuft die Stacheln entlang und kittet das Tier fest. Man sieht diese Tiere oft mit langen, unregelmäßigen Gallertfäden herumschwimmen, die von der Spitze der Borsten ausgehen.

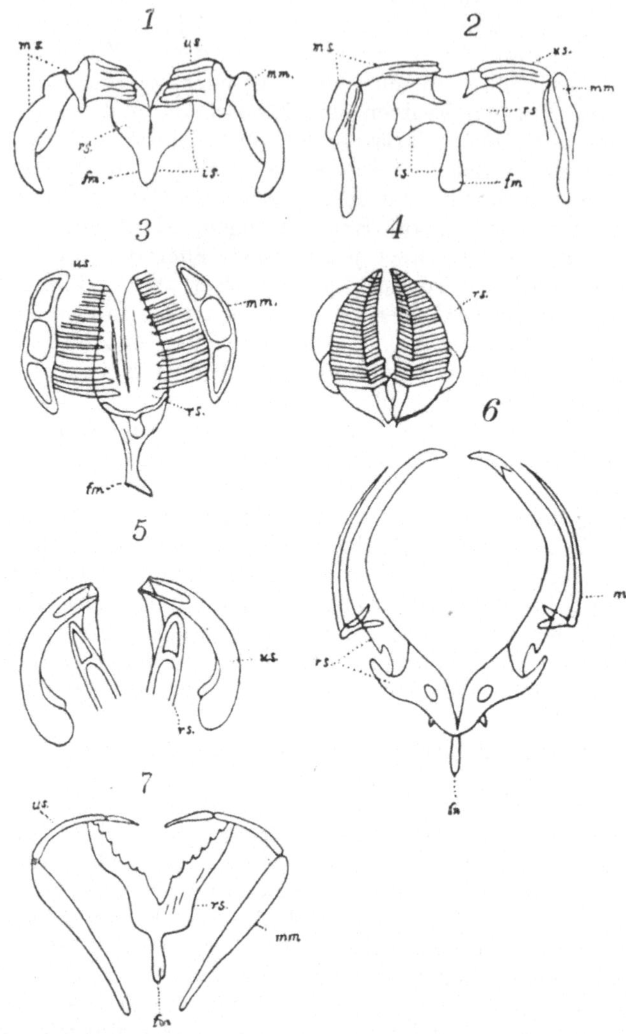

Abb. 253. Die sieben Haupttypen der Mundwerkzeuge der Rädertiere. *1* malleate Mundteile, *Brachionus;* *2* submalleat, *Euchlanis;* *3* malleoramat, *Melicertidae;* *4* ramat, *Bdelloidea;* *5* uncinat, *Floscularidae;* *6* incudat, *Asplanchna;* *7* forcipat, *Diglena.* *ms* Malleus; *is* Incus; *us* Uncus; *mm* Manubrium; *rs* Rami; *fm* Fulcrum.— *6* nach ROUSSELET 1902, die übrigen nach HUDSON-GOSSE 1889.

Der *Darmkanal.* Die Mundöffnung, die von beweglichen Lippen umgeben sein kann, welche bei einzelnen Formen bei der Nahrungsaufnahme eine Rolle spielen, liegt entweder in der Mitte der Wimperscheibe oder etwas nach hinten oder vorne verschoben. Sie führt in ein bewimpertes Schlundrohr, das besonders bei den Floscularien einen sehr komplizierten Bau besitzt. Es ist seine Aufgabe, die Nahrung in den nächsten Abschnitt, den eigentlichen Schlund, zu leiten, der bei den Rädertieren gewöhnlich als Mastax bezeichnet wird, eines der charakteristischesten Organe der Rädertiere. Er ist gewöhnlich kugelig, zwei- bis dreilappig, zuweilen sackförmig wie bei *Asplanchna.* Im Mastax liegen die Mundwerkzeuge der Rädertiere, die aus einer Anzahl harter Teile bestehen, die gegeneinander beweglich sind. Bei jenen Formen, deren Räderorgan nicht oder nur in geringem Grad zum Einfangen der Nahrung verwendet wird, können diese Mundwerkzeuge bis in das Räderorgan vorgebracht oder über dieses hinaus vorgestreckt werden und wirken, je nach ihrem Bau, bald als Raspeln, um die Nahrung abzukratzen, bald als Greifzangen (Abb. 254), die eine vorbeikommende Beute ergreifen und in den Mund einführen. Bei Formen dagegen, bei denen das Räderorgan zum Einfangen der Beute verwendet wird, liegt der Mastax tiefer im Körper verborgen; die Partikelchen, die das Räderorgan ein-

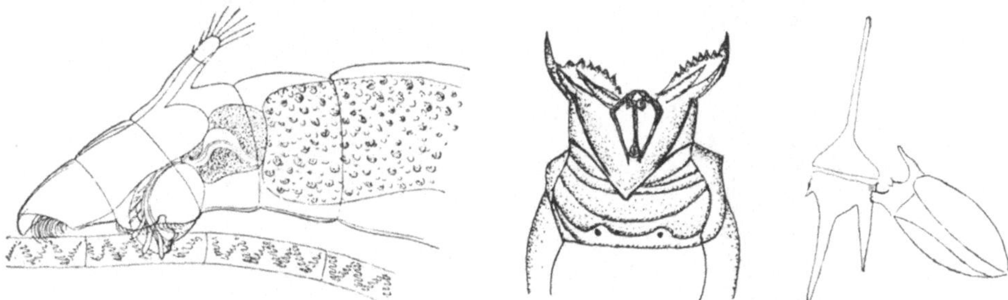

Abb. 254. Verschiedene Rädertiermundwerkzeuge im Gebrauch. Links *Microdina paradoxa* MURRAY, an einem Algenfaden nagend. In der Mitte *Diglena gibba* GOSSE. Die forcipaten Mundteile als ein Paar Zangen vorgestreckt, das Räderorgan zurückgezogen. Werden sie nicht verwendet, so liegen sie weit innen im Körper. Die Zange wird von den Rami und Unci gebildet. (LUCKS 1912.) Rechts ein *Anapus* schwimmend, ein *Ceratium* aussaugend. (W.-L.)

fängt, werden durch das Schlundrohr in den Mastax befördert, wo sie von den Mundwerkzeugen weiterbehandelt werden.

Es würde wohl zu weit führen, auf den Bau dieser sehr komplizierten Mundwerkzeuge näher einzugehen. Es soll nur hervorgehoben werden, daß sie aus zwei Teilen bestehen, dem Incus und dem Malleus. Der Incus wieder ist zusammengesetzt aus dem Fulcrum und zwei Rami, der Malleus aus zwei Unci und zwei Manubria; nur das Fulcrum ist unpaar, alle anderen Stücke sind paarig. Diese Bestandteile fehlen fast niemals, aber sie können mehr oder weniger miteinander verschmelzen. Nicht selten kommen auch akzessorische Stücke hinzu. Eine sehr komplizierte Muskulatur erlaubt eine große Beweglichkeit der einzelnen Teile. Sehr häufig gehören zum Mastax große Speicheldrüsen.

Wir wollen uns kurz halten und nur hervorheben, daß die Mundwerkzeuge im großen und ganzen zu zwei Hauptgruppen zusammengefaßt werden können, zum malleaten oder zum forcipaten Typus. Der erstgenannte, der am besten als zerquetschend bezeichnet werden kann, findet sich bei Formen, die überwiegend von Pflanzenkost und Detritus leben. Jene Tiere, welche Mundwerkzeuge besitzen, die am ehesten der Form von Greifzangen (forcipat) zuzurechnen sind, sind hauptsächlich Raubtiere. Den malleaten Typus finden wir z. B. bei den Brachionen; hierher gehört auch der ramate Typus der spannerartigen Rädertiere *(Bdelloidea).* Der forcipate Typus findet sich z. B. bei *Digleniden*; an diesen schließt sich der incudate an, wie er für die Asplanchnen charakteristisch ist. Will man sich mit den Rotiferen eingehender beschäftigen, so wird man richtig tun, sich an die seit langem übliche Einteilung zu halten; man unterscheidet den malleaten, virgaten, forcipaten, incudaten, ramaten und uncinaten Typus. Jeder solche Typus kann bei den verschiedenen Familien sehr verschieden aussehen, aber wie verschiedenartig sie auch sein mögen, man kann stets die vorhandenen Stücke auf die oben erwähnten Teile, aus denen sich die Mundwerkzeuge zusammensetzen, zurückführen (Abb. 253). (Siehe übrigens P. DE BEAUCHAMP 1909.)

Man sollte glauben, daß diejenigen Tiere, die während der Bewegung ihre Nahrung in den Mund einstrudeln, mit allem vorliebnehmen müssen, was sich ihnen bietet. Das ist jedoch keineswegs richtig. Man sieht immer wieder unter dem Mikroskop, wie gewisse Partikelchen in den Mund aufgenommen und andere zurückgewiesen werden. Die Sinneshaare an der Mundöffnung melden dem Tier, was brauchbare Nahrung ist und was nicht. Zahlreiche Versuche im Laboratorium haben gezeigt, daß man Rädertiere mit gewissen Organismen züchten kann, mit anderen gelingt das jedoch nicht. Die Raubtiere ergreifen alles, was

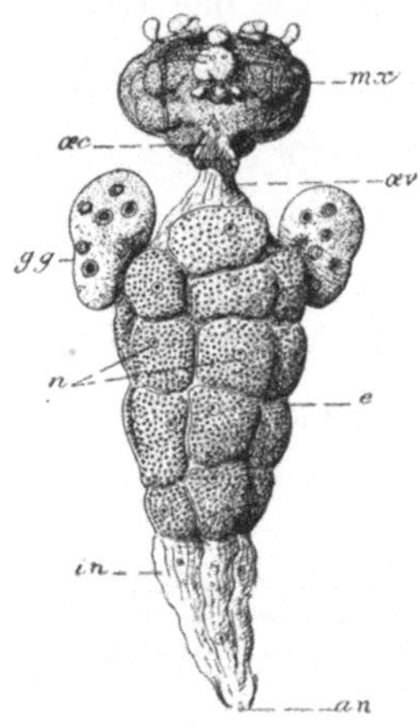
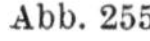
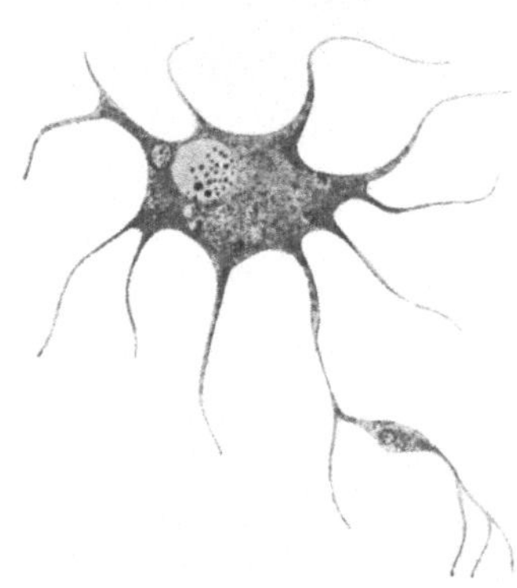

Abb. 255.   Abb. 256.

Abb. 255. *Hydatina senta* EHRBG. Darmkanal in Rückenansicht. *in* Enddarm; *n* Kerne der Magenzellen; *gg* Magendrüsen; *oec* der kutikulare Teil der Speiseröhre; *mx* Mastax; *oev* Speiseröhre; *e* Magen; *an* Anus. (P. DE BEAUCHAMP 1909.)

Abb. 256. *Asplanchna*. Eine der amöboiden Zellen in der Leibeshöhlenflüssigkeit. (NACHTWEY 1925.)

in die Reichweite ihrer Zangen gelangt, und ziehen es in den Mastax hinein, aber sie werfen die Beute ebenso rasch wieder heraus, wenn sie ihnen nicht zusagt. Gerade sehr gierige Räuber haben einen sehr geräumigen Mastax und Magen (Tafel 8, Fig. 2), in die die Beute hineingestopft wird; ein solcher Mastax kann mit kleineren Rädertieren, mit Algen und allem Möglichen gefüllt sein, das in die Nähe des Tieres gelangt ist und was sie für brauchbare Nahrung gehalten haben *(Asplanchna)*.

Es gibt eine kleine Gruppe von Plancton-Rädertieren, die in Hinsicht auf die Ernährung wohl zu den am meisten spezialisierten gehören. Sie umschließen ihre Beute mit den Mundrändern, worauf die Mundteile in Funktion treten. Sie beißen mit diesen Löcher in die Schalen der Beuteobjekte (Abb. 254 rechts; Tafel 9, Fig. 4 u. 7) und mit besonderen Teilen der Mundwerkzeuge wird der ganze Inhalt der Beute ausgesaugt. Sie pumpen buchstäblich die ganzen „Eingeweide" in sich, ganz auf die gleiche Weise, wie eine Dytiscus-Larve den Inhalt einer Kaulquappe aussaugt. Ganz besonders sind es Peridineen, manchmal auch Rädertiere, die solchen Tieren als Nahrung dienen. Man kann beobachten, wie sie in gerader Linie schwimmen, ein ganz bestimmtes Objekt verfolgen, es einfangen und es aussaugen. Hält man solche Tierchen in einer Schale mit vielen Peridineen, so bedeckt sich der Boden nach und nach mit vollkommen wasserklaren Peridineenschalen. Der Inhalt ist in das Rädertier hinübergepumpt worden. Es sind Formen mit virgaten Mundwerkzeugen, um die es sich hier handelt (*Rattulus*, *Ascomorpha*, *Ploesoma* u. a.). Über die Nahrungsaufnahme bei *Anapus testudo* s. KOLISKO (1938).

Im Mastax wird das Material von den Zähnen bearbeitet und hierauf durch die anschließende bewimperte Speiseröhre in den Magen befördert.

Der Magen der Rädertiere (Abb. 255; Tafel 8, Fig. 1 u. 2) ist ein größerer oder kleinerer, verschieden geformter Sack. In der Regel ist er mit zwei, zuweilen mehreren Drüsen verschiedenen Aussehens versehen (Tafel 7, Fig. 2). Diese

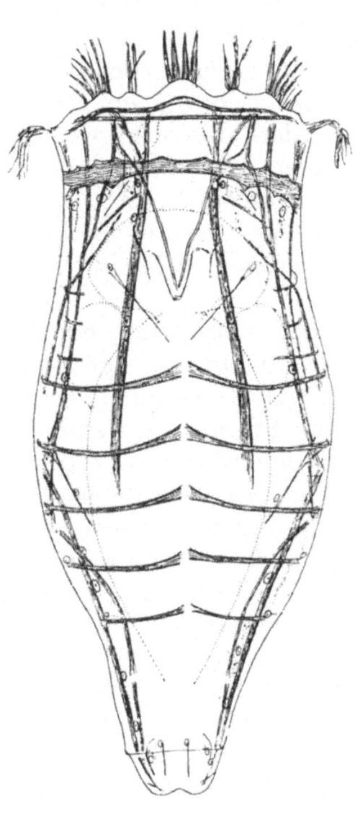

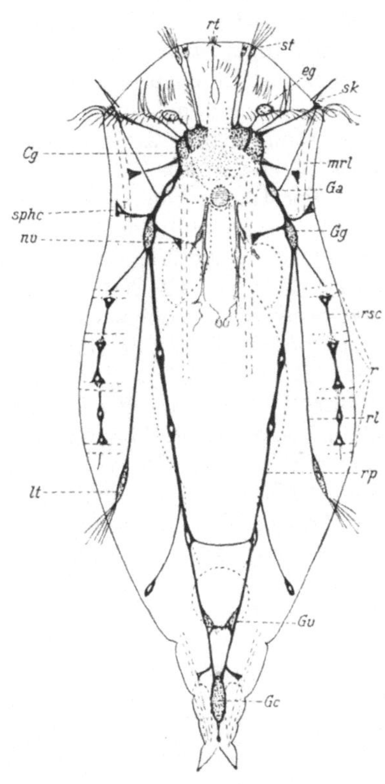

Abb. 257.Abb. 258.

Abb. 257. *Hydatina senta* EHRBG. Das Bild zeigt den Verlauf der Muskulatur, die großen Längsmuskeln, die das Räderorgan zurückziehen, die laterale Schrägmuskulatur, die den Fuß zurückzieht, die Ringmuskeln im vorderen Körperabschnitt und die fünf Quermuskeln. (MARTINI 1912.)

Abb. 258. Schema des Nervensystems eines Rädertieres. *lt* hintere Sinneskolben mit ihren Nervensträngen; *Cg* Gehirnganglion; *rt* Tastorgan; *st* Sinnesorgane innerhalb des Räderorganes, *sk* am Rand desselben; *Ga*, *Gg* Ganglien in den beiden großen Hauptnervensträngen; *rl* Nerven zu den hinteren Sinneskolben; *rp* Hauptnervenstämme; *Gv* das zur kontraktilen Blase gehörige Ganglion; *Gc* Fußganglion; *eg* Ganglion. (REMANE 1932.)

geben ihr Sekret in den Magen ab und bewirken, daß das Opfer in Auflösung übergeht. Über den Verdauungsvorgang sind wir im allgemeinen nur schlecht unterrichtet. Wir wissen, daß der Magen aus einer Lage von Zellen besteht, deren Zahl bei den verschiedenen Arten verschieden ist, aber bei den einzelnen Arten konstant. Diese Zellen sind gewöhnlich in sieben bis neun Längsreihen angeordnet; sie sind nach außen vorgewölbt. Auf der Innenseite sind sie in der Regel mit zahlreichen Cilien ausgestattet, die sich in ständiger Bewegung befinden. Bei einem gut ernährten Rädertier sieht man im Lumen des Magens einen aus Infusionstierchen und Grünalgen bestehenden Nahrungsklumpen liegen, den die Cilien des Magens in ununterbrochene Rotation versetzen. Einige

Zeit später treten teils Öltröpfchen, teils sog. Sekretkörner in den Magenzellen auf. Im Magensack bleibt ein Rest unverdaulicher Teile zurück, der durch die Afteröffnung abgeführt wird. Diese liegt auf der Rückenseite gleich über dem Fuß. Die Verdauung geht also im Magen vor sich, nicht im Darm wie bei den höheren Tieren. Es gibt einige Rädertiere *(Asplanchna, Ascomorpha)*, denen der After fehlt (Tafel 8, Fig. 2). Der sehr große Magen dieser Tiere nimmt eine Menge Nahrung auf, aber die unverdaulichen Bestandteile, der Panzer anderer Rädertiere usw., werden durch die Mundöffnung ausgestoßen. Ist reichliche Nahrung vorhanden, so sieht man, wie ein Opfer nach dem anderen in den Magen verschlungen wird, und es kann dann geschehen, daß ein eingefangenes Opfer wieder loskommt und durch die Mundöffnung entschlüpft.

Über den Darmkanal mag noch Folgendes hinzugefügt werden: Bei den Bdelloiden (den spannerartigen Rädertieren) findet sich oft ein eigenartiges syncytiales Magengewebe. Gewisse Formen, besonders die oben besprochenen Arten, die Peridineen usw. aussaugen, besitzen einen sehr erweiterungsfähigen Magen mit großen, blindsackähnlichen Aussackungen (Tafel 7, Fig. 5). Bei manchen Formen, die keinen Fuß besitzen, kann der Enddarm ausgestülpt werden und dient als Festheftungsapparat *(Rhinoglena)*; es hat sich hier also ein Funktionswechsel vollzogen.

Die *Leibeshöhle* der Rädertiere ist stets sehr groß, namentlich bei manchen pelagischen Rädertieren *(Asplanchna)*. Die einzelnen Organe sind darin aufgehängt; ihr Volumen ist oft mehrmals größer als das der Organe. Die Leibeshöhle ist mit einer Flüssigkeit erfüllt, die selten gefärbt, im allgemeinen wasserklar oder gelblich ist. Sie wird von einem amöboiden Netzwerk durchsetzt, das syncytialer Natur ist, einem außerordentlich lockeren Gewebe, dessen Elemente amöboide Beweglichkeit besitzen. Die Fäden sind in ununterbrochener Bewegung, sie verbinden und lösen sich (Abb. 256). Es finden sich darin zahlreiche amöboide Körperchen, die sehr oft Vacuolen oder Öltröpfchen enthalten; sehr häufig findet sich in der Leibeshöhle auch Sperma, bald in Form von einzelnen Spermatozoen, bald in Form von kleinen Klumpen. Die Leibeshöhle ist weiter von zahlreichen, äußerst zarten Muskelfäden durchzogen. Es ist übrigens unmöglich, die verschiedenen Fäden voneinander zu unterscheiden. Die Ausläufer der amöboiden Zellen, die Plasmaverlängerungen der Organe und die äußerst feinen Muskelfäden durchkreuzen einander, befestigen sich aneinander und lösen sich wieder voneinander.

Es ist einleuchtend, daß so hochorganisierte Tiere, die so viele verschiedenartige Bewegungen auszuführen vermögen, ein sehr kompliziertes *Muskel-* und *Nervensystem* besitzen müssen. Kein Organsystem ist bei diesen so unendlich kleinen Tieren vielleicht mehr imstande, Erstaunen und Bewunderung der Forscher zu erwecken, als gerade diese beiden. Es ist ein recht kompliziertes Muskelsystem vorhanden (Abb. 257), kein Hautmuskelschlauch wie bei so vielen Würmern, sondern Systeme gut differenzierter Muskeln. Wir müssen uns hier damit begnügen, eine Reihe von Ringmuskeln zu erwähnen, die den Körper umschließen und sehr bedeutende Volumenveränderungen ermöglichen, große,

---

Tafel 8. Rotifera.

Fig. 1. *Synchaeta pectinata* EHRBG. *Mx* Mastax; *Oes* Ösophagus; *Kdttst* Keimdotterstock; *Mdr* Magendrüse; *Ma* Magen; *F* Exkretionskanal; *kBl* kontraktile Blase. Fig. 2. *Asplanchna priodonta* GOSSE. Fig. 3. *Stephanops longispinatus* TATEM. Fig. 4. *Copeus pachyurus* GOSSE. Fig. 5. *Pterodina patina* EHRBG. *kn* Exkretionsorgan; *md* Magendrüsen; *v* Magen; *ds* Dotterstock; *d* Enddarm; *m* Muskeln; *ov* Keimstock; *sp* Speicheldrüse. Fig. 6. *Euchlanis macrura* EHRBG. Fig. 7. *Anuraea cochlearis* GOSSE. Fig. 8. *Dinocharis pocillum* (O. F. M.). Fig. 9. *Anapus ovalis* BERGENDAL. Fig. 10. *Philodina roseola* EHRBG. Fig. 11. *Microcodon clavus* EHRBG. Dessen Platz im System ist sehr unsicher. — Fig. 2, 3, 4, 6, 7, 8, 9, 10, 11 nach WEBER 1898. Fig. 1 nach LEHMENSICK 1926. Fig. 5 nach TESSIN BÜTZOW 1890.

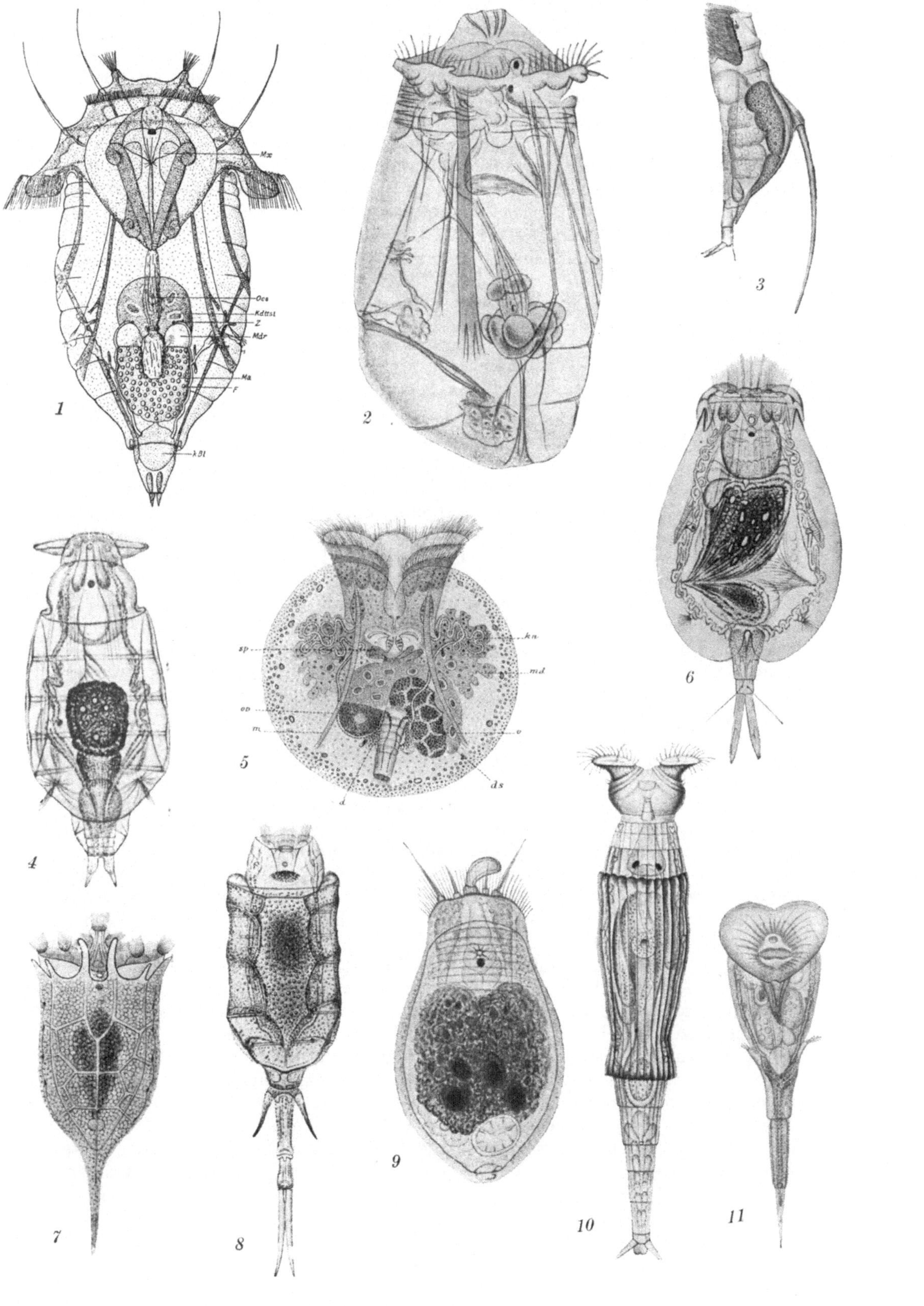
Mx
Oes
Z
Mdr
Ma
F
kBl
1
2
3
4
sp
kn
md
ov
m
v
d
ds
5
6
7
8
9
10
11

starke Muskeln, die das Räderorgan einziehen, andere, die den Fuß einziehen, deren Kontraktion und Streckung man unter dem Mikroskop mit größter Deutlichkeit beobachten kann. Es gibt besondere Muskeln für die Sinnesorgane, andere, die den Magen ausspannen usw. Die Muskeln des Mastax und in gewissen Fällen die Fußmuskeln sind wenigstens bei gewissen Formen quergestreift. Von den übrigen Muskeln wird gewöhnlich angegeben, daß sie glatt sind.

Vom *Nervensystem* (Abb. 258) sei besonders das große, in der Regel birnförmige Gehirn erwähnt, das in der Nähe des Räderorgans liegt und von dem nach allen Richtungen Nerven zu den einzelnen Organen ausgehen. Längs ihres Verlaufes sind die Nerven mit Ganglienzellen ausgestattet, die oft auf ganz bestimmten Strecken kettenweise angeordnet liegen. Es ist weiter ein Mastaxganglion und ein Ganglion im Fuße oder bei fußlosen Rädertieren am Hinterende vorhanden.

Die hohe Organisation der Rädertiere zeigt sich auch in ihrem Reichtum an *Sinnesorganen*. Diese sind nicht aus vielen Zellen zusammengesetzt, sondern werden nur von einigen oder einer einzigen Zelle gebildet. Die vermutlich Licht perzipierenden Organe, die sog. Augen oder Pigmentflecke (Tafel 8), die bald rot, bald schwarz sind, liegen stets vorne, entweder am Gehirn, an den Seiten des Räderorgans (Lateralaugen) oder zentral in der Mitte des Räderorgans, in der Nähe besonderer Fühlhaare (Apicalaugen). Diese Augenflecke finden sich auf die verschiedenen Gruppen verteilt, zumeist kommen nur ein oder zwei Typen vor, selten alle drei beisammen. Die Augen sind gewöhnlich nur Pigmentflecke, doch kann in gewissen Fällen eine Linse hinzutreten. Bei manchen Formen scheinen Augen ganz zu fehlen (z. B. bei *Callidina*). Von Sinnesorganen, von denen man vermutet, daß sie im Dienst des Tastsinnes stehen, haben die Rädertiere nicht weniger als sieben Paare, die auf die verschiedenen Teile des Körpers verteilt sind. Von diesen sind die beiden Paare von Lateralorganen die auffälligsten. Das erste Paar vereinigt sich gewöhnlich zu dem am Rücken liegenden Dorsalorgan. Es besteht aus Sinneszellen, die Sinneshaare tragen; es kommt fast bei allen Rädertieren vor; es kann wie bei den Bdelloiden tentakelförmig sein. Die hinteren Lateralorgane, die u. a. bei allen spannerartigen Rädertieren fehlen, haben einen sehr variablen Platz: bei den röhrenbewohnenden Formen befinden sie sich weit vorne, bei den anderen gewöhnlich am Hinterende in der Nähe des Fußes, bei den Melicertiden sind sie tentakelförmig. Innerhalb des Räderorgans treten sehr allgemein Sinnesorgane auf; sie sind vielleicht bei den Synchäten und *Hydatina* am stärksten entwickelt.

Ganz eigenartige Organe sind die sog. Palparorgane, die besonders bei den Familien der *Gastropodidae* und *Rattulidae* vorkommen, fleischige, palpenartige Organe, die innerhalb des Räderorgans sitzen. Sie sind gewöhnlich mehr oder weniger beweglich, retraktil, aber es fehlen ihnen Sinneshaare; sie wurden oft als Sinnesorgane betrachtet, aber man weiß nichts Näheres über sie (Tafel 7, Fig. 4). (KOLISKO 1939.)

Ein Organ, das sich ebenfalls bei allen Rädertieren vorfindet, ist das Exkretionsorgan (Abb. 259, 260); es besteht normalerweise aus zwei langen, verschlungenen Kanälen, die nach hinten verlaufen, einer auf jeder Seite des Körpers, und die Haarkanälchen aufnehmen, welche mit Wimperflammen beginnen, Zellen mit einer röhrenförmigen Fortsetzung, in die schwingende Membranen, die aus zusammengeklebten Wimperhaaren bestehen, hineinragen; sie werden oft als Membranellen bezeichnet. Auf der Außenseite dieser „Terminalzellen" findet sich zuweilen eine verschieden große Anzahl langer, schwingender Cilien, die in die Leibeshöhle hineinragen. Die beiden Hauptkanäle auf jeder Seite haben zwei Abschnitte, der Anfangsteil nimmt die Kapillaren aller Wimperflammen auf, die Fortsetzung zeigt drüsigen Bau. Der Verlauf der Drüsenkanäle ist in den verschiedenen Gruppen sehr verschieden. Bei den Floscullariden vereinigen sich die Kapillarabschnitte der rechten und linken Seite durch einen Verbindungsgang, die HUXLEYsche Anastomose. Gemeinsam ist nur, daß die Drüsenkanäle oft in Knäuel gewunden sind. Sie vereinigen sich hinten und laufen zusammen in die große, kontraktile Blase, die eines der auffälligsten Organe der Rädertiere darstellt. Wie die pulsierende Vacuole der Wimperinfusorien entleert

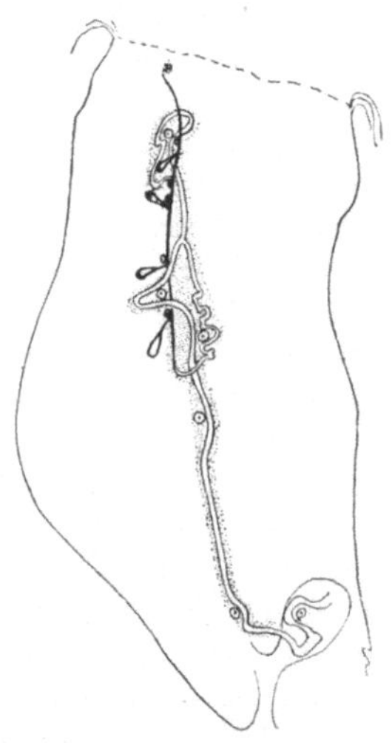

Abb. 259.

Abb. 259. *Hydatina senta* EHRBG. Exkretionskanal mit seinen beiden Ästen; der eine trägt die Wimperflammen, der andere ist der Drüsenkanal; sie vereinigen sich und münden in die kontraktile Blase aus. (MARTINI 1912.)

Abb. 260. *Asplanchna priodonta* GOSSE. Das Exkretionssystem; die dunkel punktierte Partie sind die sezernierenden Zellen mit ihren Wimperflammen. Ferner ist der Exkretionskanal dargestellt; die Pfeile geben die Strömungsrichtungen an; ganz oben ein Muskelfaden, der den Kanal an der Leibeswand befestigt; unten die kontraktile Blase. 800×. (WILLEM 1910.)

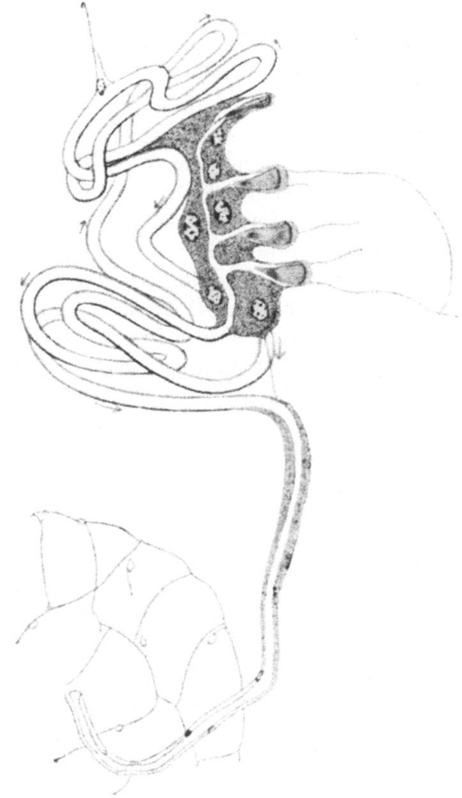

Abb. 260.

sie sich regelmäßig einige Male in der Minute, verschieden oft bei den verschiedenen Arten und auch verschieden oft bei verschiedenen Temperaturen. Die Anzahl der Wimperflammen variiert stark bei den einzelnen Gattungen und Arten, ist aber bei jeder einzelnen Art recht konstant. Innerhalb der gleichen Gattungen kann die eine Art zweimal sieben, eine andere ungefähr zweimal 40 Wimperflammen besitzen *(Asplanchna)*. Die kontraktile Blase tritt in zwei Formen auf, entweder als eine Erweiterung der Kloake oder ganz unabhängig von dieser. Der erstgenannte Typus findet sich bei den Melicertiden und *Bdelloidea* und ist auch innerhalb der Notommatiden verbreitet. Bei den übrigen Rädertieren bildet sie einen Teil des Exkretionsorgans; die Wand ist ein Syncytium mit zwei eingelagerten Kernen.

Man hielt ursprünglich dieses ganze Organ bloß für ein Nieren- oder Exkretionsorgan, dessen Aufgabe es sei, die im Organismus durch den Stoffwechsel entstandenen, schädlichen Produkte aufzusammeln und durch die Kanäle in die kontraktile Blase zu leiten, die sie dann aus dem Körper pulsierte. Als man jedoch einige Berechnungen über die Größe der Blase im Verhältnis zu der des ganzen Körpers anstellte und beobachtete, wie oft Entleerungen stattfinden, da zeigte sich, daß die Flüssigkeitsmenge, die auf diese Weise den Körper passiert, im Verhältnis zu dessen Größe so ungeheuer war, daß dieses Organ nicht allein die Bedeutung eines Exkretionsorgans haben kann. Es muß gleichzeitig noch eine andere Rolle spielen. Da der osmotische Druck innerhalb und außerhalb der Körperwand kaum der gleiche ist und offenbar in der Leibeshöhle höher, so wird sich der Tierkörper gleich verhalten wie eine mit Zuckerlösung gefüllte Schweinsblase in einem Gefäß mit Wasser. Hier geht ein ständiger Wasserstrom durch die Haut in die Blase, bis die beiden Flüssigkeiten in und außerhalb der Blase in bezug auf den osmotischen Druck sich ausgeglichen haben. Ist dieser Vergleich richtig, so besagt das nichts anderes, als daß durch die Haut und wahrscheinlich vor allem durch die Darmwand der Rädertiere ein ständiger Durchtritt von Wasser in die Leibeshöhle erfolgt. Es müssen wohl diese Wassermengen sein, die durch die Blase wieder entfernt werden. Der Kanal, der die Wimperflammen trägt, besitzt oft schlagende Cilien, die dazu beitragen, die Flüssigkeit gegen die Blase zu treiben. Ganz die gleichen Überlegungen gelten für die Strudelwürmer, Saugwürmer und Bandwürmer, d. h. überall, wo wir sog. Protonephridien finden.

Die Rädertiere sind getrenntgeschlechtlich; nirgends ist auch nur eine Andeutung von Hermaphroditismus nachgewiesen worden. Das weibliche Geschlechtsorgan besteht aus einem Keimstock, einem Dotterstock und einem Ausführungsgang, der häufig als Uterus bezeichnet wird. Er mündet in eine mit dem Enddarm gemeinsame Kloake aus, durch die die Eier entleert werden (Abb. 241). Bei den Bdelloiden finden sich zwei Ovarien. Der Keimstock liegt dem Dotterstock unmittelbar an. Diese beiden bilden zusammen ein gewöhnlich ziemlich großes Organ, das bald kugelig, bald bandförmig, bald gelappt ist. Die Zahl der Kerne des Dotterstockes ist bei den einzelnen Arten konstant, sehr oft acht. Die Anzahl Kerne, die beim Neugeborenen vorhanden ist, bleibt durch das ganze Leben hindurch erhalten; sie kann eventuell mit dem Alter abnehmen, aber sie kann nicht größer werden. Der Eierstock ist ein Syncytium ohne Zellgrenzen. Wenn das Ei aus dem Keimstock austritt, legt es sich an den Dotterstock und nimmt von diesem Dottersubstanz auf. Die Eischale wird von Drüsen des Uterus gebildet. Wie schon erwähnt, besitzen die Rädertiere keine Metamorphose. Doch sind die freischwimmenden Jungtiere einiger festsitzender Rotatorien als Larven bezeichnet worden (Floscularien, *Apsilus*; CORI 1925, v. UBISCH 1930, HÜNERHOFF 1931).

Die *Fortpflanzungsgeschichte* der Rädertiere zeigt zahlreiche, höchst eigentümliche Verhältnisse. Sie ist erst in den allerletzten Jahren klargestellt worden und hat weit über den Kreis der Spezialforscher hinaus Beachtung gefunden. Sehr lange, bis zirka um das Jahr 1850, glaubte man, daß die Rädertiere Hermaphroditen seien, und man war geneigt, im Exkretionsorgan das männliche Geschlechtsorgan zu sehen. Da wurde von einer der größten Arten, *Asplanchna priodonta* GOSSE, endlich das Männchen gefunden (Tafel 8, Fig. 2; Tafel 9, Fig. 8). Es gleicht in seinem Bau dem Weibchen, aber es besitzt keinen Darmkanal. Es zeigte sich, daß es einen großen Hoden aufweist, der durch ein breites, flaches Band gehalten wird, einen Ausführungsgang, der mit Prostatadrüsen versehen ist, und eine männliche Geschlechtsöffnung, die am Ende eines ausstülpbaren Paarungsorgans liegt. Gegenwärtig, ungefähr 80 Jahre später, kennen wir vielleicht die Männchen von zirka 100 Arten; in Anbetracht dessen, daß wir zwischen 1000 und 2000 verschiedene Rädertiere kennen, unleugbar eine sehr bescheidene Anzahl. Die Sache liegt nämlich so, daß die Rädertiermännchen mehr oder weniger stark reduziert sind, abgesehen von einem einzigen, sehr abweichenden Typus, den marinen *Seisonidae*, die auf einer eigentümlichen Krebsform, *Nebalia*, als Kommensalen leben. Sie sind oft in solchem Ausmaß reduziert, daß sie im ganzen Tierreich von allen lebenden Geschöpfen die kleinsten mehrzelligen Organismen sind, die wir überhaupt kennen. Hiervon mögen vielleicht gewisse schmarotzende Tiergruppen ausgenommen sein, die möglicherweise den Rädertiermännchen den Rang streitig machen.

Wenn wir also im vorangehenden den Bau der Rädertiere beschrieben haben, so hat es sich dabei stets nur um die Weibchen gehandelt. Man kann Arten finden, wie z. B. die in Abb. 238 wiedergegebene *Rhinops vitrea* GOSSE, deren Männchen, abgesehen von den Geschlechtsorganen, ein getreues Gegenbild der Weibchen in Lilliputformat darstellen. Bei ihnen ist auch der Darm voll entwickelt. Bei den gepanzerten Formen (Tafel 9, Fig. 3 u. 6) ist der Panzer sehr häufig bei den beiden Geschlechtern nach dem gleichen Plan gebaut. In den allermeisten Fällen ist wenigstens der Darmkanal reduziert und das Räderorgan bei weitem nicht so hoch ausgebildet wie bei den Weibchen (W.-L. 1923; Tafel 9). Besonders bei denjenigen Formen, bei welchen das Räderorgan, außer daß es als Lokomotionsorgan fungiert, auch zum Einfangen der Nahrung verwendet wird, fehlen bei den Männchen die Struktureigentümlichkeiten, die das ermöglichen; es ist da nur ein Bewegungsorgan. Sein Bau ist weiter ein derartiger, daß es sehr häufig keine Rotation um die Körperachse des Tieres zuläßt. Die kontraktile Blase fehlt oft und es gibt Formen, bei denen das ganze Exkretionsorgan zu fehlen scheint. Charakteristisch für viele Männchen ist ein sehr großer Öltropfen. Am tiefsten in dieser Stufenreihe stehen Formen, die sozusagen nichts anderes sind als ein von der Kutikula bedeckter, mächtiger Hoden (Tafel 9, Fig. 2, 11 u. 12). Vorne ist das Tier mit einem Wimperbüschel versehen, das es durch das Wasser treibt. Diese Männchen sind unglaublich klein. Während die Weibchen doch immerhin ungefähr 250 bis 300 μ, d. i. also zirka $^{1}/_{4}$ mm lang sind, sind die Männchen nicht länger als 40 μ, d. h. also nicht mehr als achtmal so groß als ein rotes Blutkörperchen. Da wir wissen, daß die Weibchen aus vermutlich zirka 900 Zellen bestehen, erhebt sich die Frage, ob diese unendlich kleinen Geschöpfe tatsächlich nicht eine bedeutend geringere Anzahl von Zellen besitzen und ob man es hier nicht mit Tieren zu tun hat, die zufolge ihrer geringen Zellenzahl an der Grenze zwischen vielzelligen und einzelligen Lebewesen stehen. Man hat versucht, sich darüber Klarheit zu verschaffen, aber man stieß dabei auf so große technische Schwierigkeiten, daß es bisher nicht gelungen ist, die Aufgabe zu lösen. Man hat immerhin bei einem der am höchsten organisierten Männchen, *Asplanchna priodonta* GOSSE (HERMES 1932), diese Untersuchung durchgeführt, und hier zeigte es sich, daß die Anzahl bei beiden Geschlechtern dieselbe ist (Tafel 9, Fig. 8).

Sowie man die im männlichen Geschlecht gegebene Reduktion kennen gelernt hatte, begann man darüber zu spekulieren, was die Ursache davon sein könnte. Wir kennen ja an verschiedenen Stellen des Tierreiches solche Verhältnisse, wir pflegen dann von Zwergmännchen zu sprechen, d. s. Männchen, die vielmals kleiner sind als die Weibchen, die keinen Verdauungskanal besitzen, keine Nahrung zu sich nehmen und im wesentlichen nur aus einem mächtigen Fortpflanzungsorgan bestehen. Wir treffen solche Formen bei gewissen Schmarotzerkrebsen, bei gewissen Rankenfüßern, bei einem sehr eigentümlichen Wurm, *Bonellia*, u. a. O., aber die Sache liegt stets so, daß wir es hier mit Schmarotzerverhältnissen zu tun haben. Das Männchen schmarotzt in oder auf dem Körper des Weibchens, das Weibchen ist entweder selbst ein Schmarotzer oder wie *Bonellia* ein festsitzender Organismus, der in Höhlen von Klippen usw. lebt. Es handelt sich also um Formen, die unter Verhältnissen leben, wo wir vermuten dürfen, daß die beiden

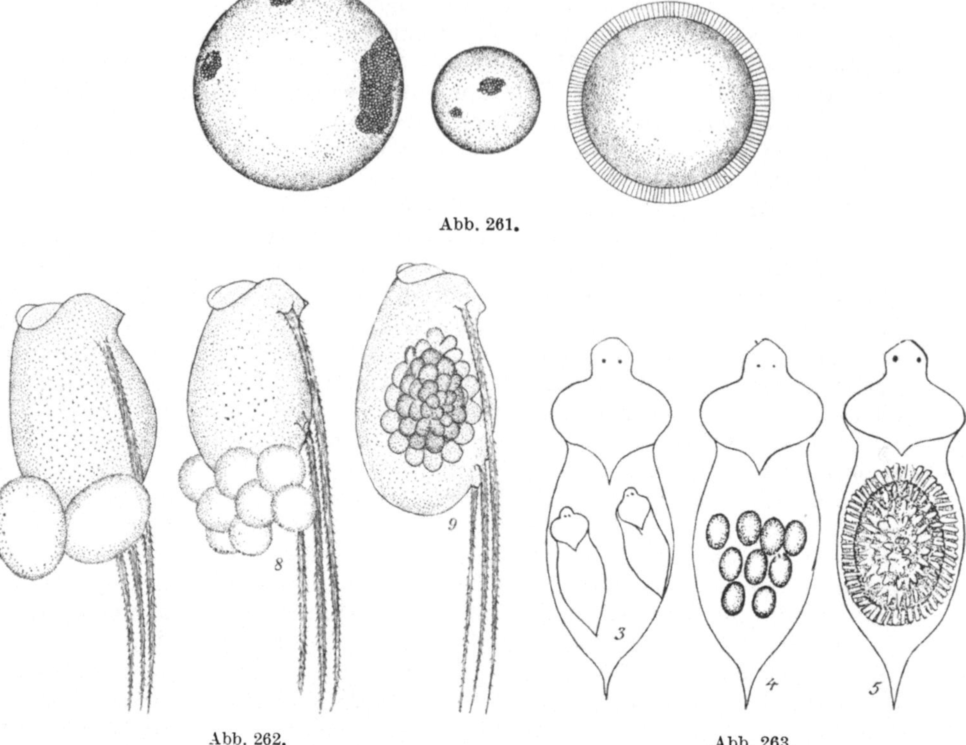

Abb. 261.

Abb. 262.

Abb. 263.

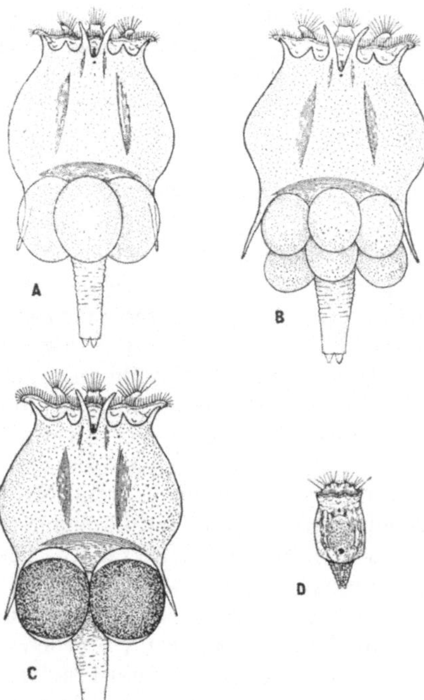

Abb. 264.

Abb. 261. *Synchaeta pectinata* EHRBG. Links amiktisches Weibchen-Ei; in der Mitte miktisches Männchen-Ei; rechts miktisches, befruchtetes Ei. Die beiden ersten sind Sommer- oder Subitaneier, das letzte ein Dauerei mit seiner dicken Schale. (W.-L. 1930.)

Abb. 262. *Triarthra*. Links amiktisches Weibchen mit 2 Weibchen-Eiern. In der Mitte miktisches, unbefruchtetes Weibchen mit 8 Männchen-Eiern. Rechts miktisches Weibchen mit dem befruchteten Dauerei mit seiner eigentümlichen Schalenstruktur. (W.-L. 1930.)

Abb. 263. *Rhinops vitrea* GOSSE. *1* amiktisches Weibchen, zwei Weibchen enthaltend. *2* miktisches, unbefruchtetes Weibchen mit neun Männchen-Eiern. *3* miktisches, befruchtetes Weibchen mit dem sehr großen Dauerei, das nur freikommt, wenn das Weibchen stirbt. (W.-L. 1930.)

Abb. 264. *Brachionus Bakeri* O. F. M. *A* amiktisches Weibchen mit drei Weibchen-Eiern. *B* miktisches, unbefruchtetes Weibchen mit sechs Männchen-Eiern. *C* miktisches, befruchtetes Weibchen mit zwei Dauereiern. *D* Männchen. (WHITNEY 1917.)

(Alle bei gleicher Vergrößerung gezeichnet.)

Geschlechter nur mit Schwierigkeit zusammentreffen können und wo es daher für die Fortpflanzung von großer Bedeutung ist, daß Männchen zur Befruchtung der Eier stets zur Hand sind. Bei den Rankenfüßern, die Hermaphroditen sind, mag es sicherlich scheinen, als ob diese Zwergmännchen, die schmarotzend auf dem Körper der Weibchen sitzen, überflüssig seien. Aber all das trifft bei den Rädertieren nicht zu. Die Weibchen sind ja freikriechende oder freischwimmende Organismen, und man sollte glauben, daß hier die gleiche Gelegenheit für ein Zusammentreffen der beiden Geschlechter gegeben wäre wie bei so vielen anderen niederen Organismen des Süßwassers.

Zum Verständnis der Verhältnisse habe ich folgende Auffassung vertreten (W.-L. 1923): Wenn wir uns zum Studium der Verhältnisse eines jener Rädertiere wählen, deren Weibchen die Eier mit sich tragen und die Planctonorganismen sind, wie z. B. ein *Brachionus*, eine *Triarthra*, eine *Polyarthra* (Abb. 261, 262; s. auch Tafel 7, Fig. 12), so werden wir zu gewissen Zeiten des Jahres beobachten können, wie die Weibchen eigentümlicherweise drei verschiedene Eisorten mit sich tragen, zwei sind dünnschalig und die dritte Sorte hat eine dicke dunkle Schale. Die dünnschaligen sind in zwei Größen vorhanden; von den großen tragen die Weibchen zwei, höchstens drei Stück, von den kleinen eine ganze Menge, etwa 15 bis 20, mit sich. Wir wollen diese drei Sorten von Eiern vorläufig folgendermaßen benennen: Dauereier (die dickschaligen), Weibchen-Eier (die größeren, dünnschaligen) und Männchen-Eier (die kleinen, dünnschaligen). Das ganze große Paket von 15 bis 20 kleinen Eiern ist dem Rauminhalt nach nicht viel größer als eines oder zwei der großen. Isoliert man nun ein Weibchen mit den vielen kleinen Eiern, so sieht man, daß aus diesen die winzig kleinen Männchen hervorgehen. Aus den großen, dünnschaligen entwickeln sich nur Weibchen, die ganz dem Muttertier gleichen und viel größer sind als die kleinen Männchen. Das Weibchen mit dem dickschaligen Ei wird viel früher sterben, als das Junge daraus ausschlüpft. Es wird in der Regel der Winter, und es kann noch das Frühjahr vergehen, bis der Nachkomme daraus hervorgeht.

Dies besagt mit anderen Worten: Das Rädertierweibchen, das seine Eier mit Nährstoffen aus dem Dotterstock versorgt, hat davon nur eine begrenzte Menge zur Verfügung. Diese kann mit der Zeit geringer werden, sie wird aber nicht größer (Tafel 7, Fig. 12 a bis e). In dem Fall, wo ein Weibchen nur zwei Eier produziert, kann jedes reichlich Dottermaterial erhalten; wenn es aber 15 bis 20 erzeugen soll, wird jedes nur sieben- bis zehnmal so klein werden. Das Ergebnis muß in solchem Fall das sein, daß der Energievorrat, mit dem die Jungen in das Leben treten, weit geringer ist bei denjenigen, die aus den kleinern Eiern schlüpfen, als bei denjenigen, die aus den großen Eiern hervorgehen. Aus der erstgenannten Sorte können nur sehr kleine Individuen hervorgehen. Auf diese Weise versteht man, daß die Jungen, die aus Männchen-Eiern ausschlüpfen, stets viel kleiner sind als die Jungen, welche aus Weibchen-Eiern hervorgehen; aber wir verstehen noch immer nicht, warum jene so stark reduziert sein müssen.

Daß die Männchen kleiner sind als die Weibchen und oft richtige Zwergmännchen, das kennen wir ja manchenorts im Tierreich, z. B. von vielen Insekten. Dagegen kennen wir meines Wissens unter freilebenden Formen keine Beispiele dafür, daß die Männchen so wie bei den Rädertieren, außer daß sie in der Größe reduziert sind, auch noch in ihrer Organisation so stark reduziert sind, daß kaum mehr übrigbleibt als ein schwimmender Hoden mit einer Hauthülle und etwas Wimperhaaren an dem einen Ende. Um diese starke Reduktion zu begreifen, müssen wir auf ganz andere Umstände eingehen. Die am stärksten reduzierten Männchen und Weibchen mit den kleinsten Männchen-Eiern und der größten Zahl von Männchen-Eiern treffen wir bei den ausgeprägten Planctonorganismen, bei den gleichen Formen, von denen wir früher gehört haben, daß sie gewöhnlich ihre Eier mit sich tragen, weil das Leben in der pelagischen Region in so hohem Grad der Unterstützungsflächen entbehrt, auf die die Eier abgelegt werden können. Nun ist es eine Regel, daß die Eier der Planctonorganismen, besonders solcher, welche ihre Eier tragen, zumeist sehr klein sind. Die Dottersubstanz, die ihnen mitgegeben werden kann, ist nur gering und die aus ihnen hervorgehenden Individuen müssen sich sehr häufig durch lange Zeit als Larvenstadien die Nahrung selbst beschaffen, die notwendig ist, um zur Größe der Geschlechtsreife heranwachsen zu können. Das ist der Weg, den sehr viele Planctonorganismen gehen, die in Form von Larvenstadien zum letzten Stadium heranreifen. Sie machen eine

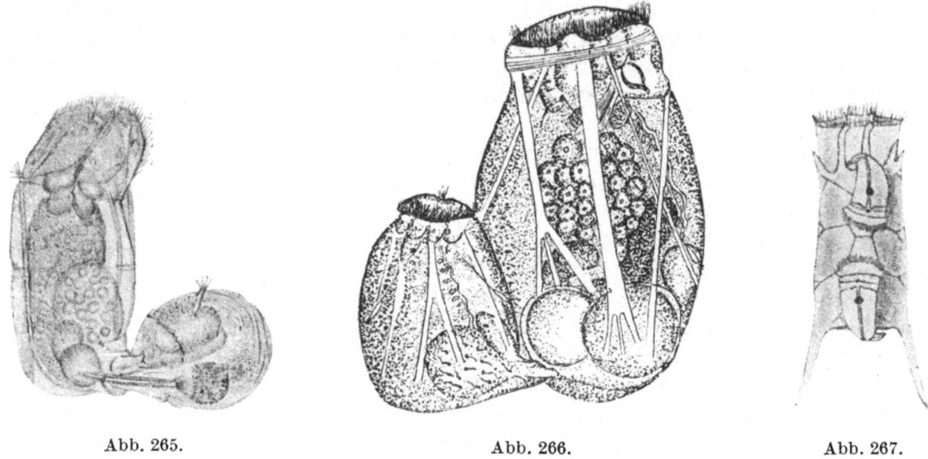

Abb. 265.   Abb. 266.   Abb. 267.

Abb. 265 bis 267. Begattung bei Rädertieren.

Abb. 265. Diglena catellina Ehrbg. Begattung in der Kloake. (Weber 1888.)

Abb. 266. Asplanchna priodonta Gosse. Begattung durch eine beliebige Stelle der Körperwand. (W.-L. 1930.)

Abb. 267. Anuraea aculeata Ehrbg. Gleichzeitige Begattung durch zwei Männchen, das eine am Vorderende, das andere am Hinterende des Panzers. (Krätschmar 1908.)

Verwandlung durch, und diese Verwandlung nimmt Monate, zuweilen Jahre in Anspruch. Aber die Männchen der Rotiferen machen keine Verwandlung durch; sie leben nur wenige Stunden, höchstens einige Tage. Gerade in der Kombination dieser beiden Umstände, der sehr geringen Dottersubstanz und der enormen Schnelligkeit, in der ihr Leben abläuft, müssen wir die Erklärung für die enorme Reduktion des männlichen Geschlechts der Rotatorien suchen.

Für den Bestand der Art hat diese Reduktion seine außerordentlich große, praktische Bedeutung. Männchen treten nämlich nur zu ganz bestimmten Zeiten des Jahres, in den sog. Sexualperioden, auf, nur ein- oder zweimal im Jahre. Kurz vorher hat die Art, wie wir zu sagen pflegen, ihre großen Maxima. In diesen kann die Art in allerdings unglaublichen Mengen vorhanden sein; insbesondere die Planctonorganismen; diese können das Wasser in solchem Grade bevölkern, daß sie über alle anderen Planctonorganismen dominieren, um recht kurze Zeit später fast ganz oder vollständig zu verschwinden. Indem zu dieser Zeit der Befruchtungsstoff für jedes einzelne Weibchen auf zirka 16 bis 20 Individuen verteilt ist, entsteht in den Sexualperioden eine vielmals größere Anzahl Männchen, als wenn jedes Weibchen nur ein bis zwei Männchen erzeugen würde. Die Befruchtungsmöglichkeit wird durch die Reduktion des männlichen Geschlechts vielmals vergrößert.

Die Rädertiermännchen sind immer als viel seltener angesehen worden als die Weibchen. Der Grund dafür liegt darin, daß man nicht genügend darüber aufgeklärt war, daß sie nur zu bestimmten Zeiten des Jahres vorkommen. Bei manchen Formen und namentlich bei den Planctonorganismen treten sie in den Sexualperioden in allerdings unglaublichen Mengen auf. Man kann, wenn man will, diese Perioden vergleichen mit jenen, in denen der Roggen blüht oder die Nadelbäume ihre Pollen auswerfen. Enorme Mengen von Befruchtungsstoff finden sich, verteilt auf die zahlreichen kleinen Männchen, in diesen Perioden im Wasser vor, aber nur zu dieser Zeit. Man kann diese Männchen mit unseren Planctonnetzen nicht einfangen, dazu sind sie zu klein. Aber entnehmen wir Planctonproben zu der Zeit, wo die Sexualperiode eintritt, so werden von den Männchen-Eier tragenden Weibchen Männchen in ungeheuren Mengen produziert, und am Tage nachher kann man sehr häufig die Männchen als einen weißlichen Streifen am Lichtrande der Schale stehen sehen; zu tausenden können sie dann mit der Pipette unter das Mikroskop gebracht werden.

In solchen Fällen hat man auch Gelegenheit, die Paarung zu beobachten (Abb. 265 bis 267). Bei den meisten Rädertieren geht diese auf folgende Weise vor sich: Man kann oft sehen, wie die großen Weibchen von den winzigen Männchen umschwärmt werden. Sie schwirren um sie herum wie die Trabanten um einen Fixstern; mit Blitzesschnelle ziehen sie ihre Zirkel; plötzlich sieht man, wie sich eines von ihnen am Körper des Weibchens festsetzt. Es krümmt sich stark, spitzt sich hinten zu und das ausgestülpte Paarungsglied bohrt sich ein, merkwürdigerweise in vielen Fällen irgendwo in den Körper des Weibchens. Dann werden die Spermatozoen eingespritzt und werden nun freischwimmend in der Leibeshöhle angetroffen. Sehr häufig liegen sie in kleinen Bündeln beisammen. Die Erfolgreichen unter ihnen erreichen den Keimstock und befruchten die Eier; der Rest der Samenzellen wird wahrscheinlich resorbiert. Diesem Verhalten, daß die Paarung an irgendeiner Stelle des weiblichen Körpers stattfindet, begegnen wir bei verschiedenen anderen, niedrigstehenden Tieren, z. B. bei verschiedenen Turbellarien. Das bringt es weiter mit sich, daß ein Weibchen sehr häufig von mehr als einem Männchen gleichzeitig befruchtet werden kann. Bei allen diesen Weibchen ist also die Geschlechtsöffnung nur die Öffnung, durch die die Eier entlassen werden, aber nicht zugleich die Öffnung, durch welche die Paarung erfolgt. Dies scheint jedoch bei einigen Formen der Fall zu sein, die zu den primitivsten Typen gehören.

Einige Arten sind lebendgebärend, aber nur ganz wenige. Wir treffen dieses Verhalten bei den Asplanchnen und bei *Rotifer* aus der Familie der Philodiniden sowie bei ganz vereinzelten Notommatiden. Die Regel ist, daß die Rädertiere Eier legen. Der freilich überwiegende Teil der Rädertiere legt die Eier auf Wasserpflanzen, Steine usw. ab. Untersucht man durch ein Jahr hindurch an der gleichen Örtlichkeit die gleiche Art, so kann man bald feststellen, daß jede Rädertierart, wie früher erwähnt, drei Sorten Eier erzeugt: größere, dünnschalige Eier, aus denen Weibchen entstehen, kleinere, dünnschalige Eier, aus denen Männchen hervorgehen, und endlich dickschalige, dunkle Eier. Die beiden erstgenannten, die Sommer-Eier bezeichnet werden, werden im Laufe von wenigen Stunden oder Tagen ausgebrütet. Bei den letztgenannten wird die Entwicklung vor der Eiablage bis zu einem gewissen Punkte geführt, hernach kommt sie zum Stillstand. Diese Eier werden als Dauereier, bisweilen als Winter-Eier bezeichnet (Abb. 261 bis 264 rechts; Tafel 7, Fig. 9). Unter dem Schutz ihrer dicken Schalen sind sie imstande, das Einfrieren und Austrocknen zu ertragen. In manchen Fällen scheint es so, als ob einer dieser Faktoren einwirken müsse, um sie aus ihrer Erstarrung zu wecken, aber die alte Annahme, daß die Dauereier nicht früher zur

Entwicklung kommen als nach einer Überwinterung, ist nicht richtig. Es ist nur ein Mittel, um der Art über eine schwierige Periode hinwegzuhelfen. In vielen Fällen geht die Entwicklung nach Verlauf von einigen Wochen weiter. Die Schalen der Dauereier können sehr verschieden beschaffen sein; sie sind oft mit Borsten oder Dornen ausgestattet, zuweilen mit Bildungen, die einigermaßen an die Schwimmringe der Statoblasten bei den Bryozoen erinnern (s. dort). Sehr viele Formen, vor allem die Planctonorganismen, tragen die Eier mit sich, aber gerade in Hinsicht auf diese, ihren Bau und ihre Unterbringung zeigen die Tiere große Verschiedenheiten; darüber wird im Abschnitt Ökologie gesprochen werden.

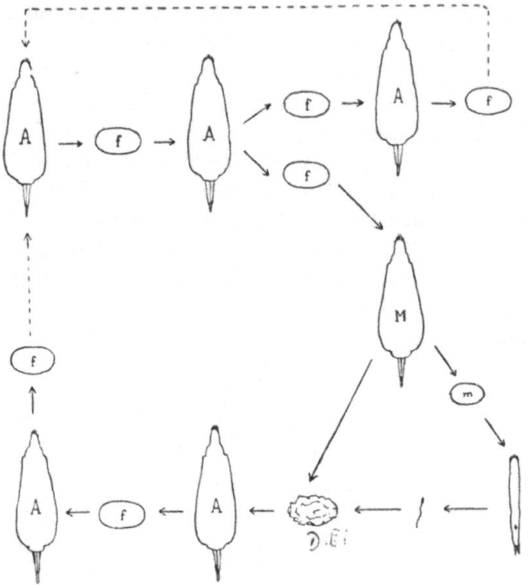

Abb. 268. *Lecane inermis* BRYCE. Diagramm, den Wechsel agamer und gamogenetischer (parthenogenetischer und bisexueller) Generationen darstellend. Die häufigste Form sind die amiktischen Weibchen *A*, die sich nur parthenogenetisch fortpflanzen. Aus deren Eiern (*f*) gehen immer wieder amiktische Weibchen hervor; auf diese Weise können eine ganze Reihe amiktischer Weibchen entstehen (durch die unterbrochene Linie und den Pfeil oben angegeben). Früher oder später werden in dieser Reihe Töchter entstehen, die miktisch werden (*M*). Diese werden, wenn sie unbefruchtet bleiben, Männchen-Eier produzieren (*m*), die Männchen ergeben; wenn sie befruchtet werden, Dauereier; aus ihnen entwickelt sich die Stammmutter, (*A*), in der Mitte der unteren Reihe, aus der die neuen Generationen hervorgehen. (MILLER 1931.)

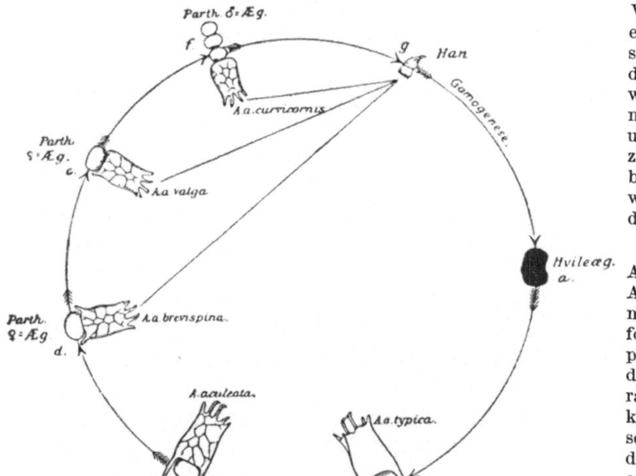

Abb. 269.

Abb. 269. *Anuraea aculeata* EHRBG. Cyclus. Aus dem Dauerei *a.* geht eine Generation mit langen Dornen *b.* hervor. Diese und die folgenden, die etwas kürzere Dorne besitzen, pflanzen sich parthenogenetisch fort und produzieren Weibchen. In den folgenden Generationen treten Formen mit kurzen oder keinen Dornen auf *d.*, *e.*, *f.* Einige von diesen setzen die parthenogenetische Weibchenproduktion fort, aber einige erzeugen Männchen oder, wenn sie befruchtet werden, Dauereier *a.* Doch muß hervorgehoben werden, daß die Formen *a.* bis *f.* sowohl amiktische wie miktische Weibchen erzeugen können. *g* Männchen. (KRÄTSCHMAR 1908.)

Fortpflanzung. Die Fortpflanzung der Rädertiere zeigt viele höchst eigenartige Erscheinungen. Die normale Form scheint diejenige zu sein, welche wir mit einem Fremdworte als *Heterogonie* (Abb. 268 u. 269) bezeichnen; eine Reihe von aufeinanderfolgenden Generationen pflanzt sich parthenogenetisch fort; sie besteht nur aus Weibchen, die ohne Mitwirkung der Männchen entwicklungsfähige Eier erzeugen; aber diese Eier sind nur dünnschalige Sommer-Eier, aus denen sich nur dem Muttertier gleichende Weibchen entwickeln. Nach einiger Zeit wird man dann sehen, daß die Zahl der Individuen sehr stark steigt. Die Art erreicht ihr Maximum. In diesem treten Weibchen auf, die kleine, dünnschalige Eier produzieren, aus denen Männchen entstehen. Es finden dann Paarungen statt und das Ergebnis davon sind Dauereier. Damit ist ein Generationscyclus abgeschlossen. Die Art verschwindet aus dem Wasser oder wird doch selten und erscheint erst wieder, wenn die Dauereier, in der Regel erst nach Ablauf von Monaten, sich entwickeln. Aus diesen Dauereiern gehen immer Weibchen hervor, die auf parthenogenetischem Wege Sommereier erzeugen. Da gewöhnlich zahlreiche Dauereier gleichzeitig zur Entwicklung gelangen, kann die Art recht schnell wieder zahlreich werden.

Man hat nun gezeigt, daß es Arten gibt, die an einer bestimmten Örtlichkeit mehr als einen Generationscyclus im Jahre haben, einige haben drei bis vier, einige ganz regelmäßig zwei, andere nur einen einzigen. Augenscheinlich spielen dabei zum Teil die Temperatur, zum Teil Erblichkeitserscheinungen eine Rolle. Wir nennen die erstgenannten polycyclisch, die mit zwei Sexualperioden dicyclisch und die mit nur einer monocyclisch. Schon in Dänemark sind polycyclische Arten selten; noch weiter gegen Norden und gar in arktischen Gegenden finden sich solche überhaupt nicht; der kurze arktische Sommer läßt kaum mehr als einen Generationscyclus, höchstens zwei, zu. Die dicyclischen Arten haben zwei Sexualperioden, die dann im Frühjahr und Herbst auftreten, ungefähr bei gleicher Temperatur, bei zirka 12 bis 14° C. Die monocyclischen Arten sind häufig Sommertiere, die im Juni erscheinen, bei der höchsten Wassertemperatur ihre Sexualperiode haben, ihre Dauereier bilden und im Laufe des Herbstes absterben. Nur einzelne, die gleichen, die hoch nach Norden gehen, haben die Sexualperiode bei niederen Temperaturen, unmittelbar nach dem Auftauen der Seen und Teiche. Mehrere dieser monocyclischen Formen haben für ihr freilebendes Dasein nur kurze Zeit zur Verfügung, nur zirka zwei Monate; die ganze übrige Zeit befinden sie sich im Dauerstadium. Formen, die zumeist in Pfützen zu Hause sind, welche vielleicht nicht jedes Jahr Wasser führen, können ohne weiteres über ein Jahr im Dauerzustande verharren und kommen dann doch zur Entwicklung. Selbst wenn wir in den verschiedenen Breiten von poly-, di- und monocyclischen Arten sprechen können, muß man sich doch bewußt sein, daß unter verschiedenen Lebensverhältnissen und in verschiedenen Jahren, je nach der Temperatur und anderen Verhältnissen, polycyclische Arten sehr wohl auch dicyclische wie monocyclische werden können. Endlich ist es wahrscheinlich, daß es draußen in der pelagischen Region der großen Seen Arten gibt, die hier acyclisch auftreten, d. h. sie scheinen sich nur parthenogenetisch fortzupflanzen.

Während sich die Hauptgruppe aller Rädertiere auf die oben beschriebene Weise fortpflanzt, gibt es zwei Gruppen, die sich anders verhalten. Die eine ist die marine Gruppe der *Seisonacea*, bei denen sowohl Männchen als auch Weibchen voll entwickelt und beide immer vorhanden sind. Die Vermehrung scheint hier in der allgemein üblichen Weise und ohne wechselnde Generationsreihen vor sich zu gehen. Die anderen sind die Philodiniden oder die spannerartigen Rädertiere. Wie sehr man auch seit jeher bei ihnen nach Männchen gesucht hat, so konnte man doch solche niemals feststellen und man ist zur Annahme gezwungen, daß die Vermehrung bei ihnen ständig auf parthenogenetischem Weg erfolgt. Das scheint der Ordnung der Natur zu widerstreiten, und das um so mehr, als man bei ihnen auch schon dickschalige Eier gefunden hat.

Man hat sehr viel darüber spekuliert, welche Faktoren die Sexualperioden bei Formen mit parthenogenetischer Fortpflanzung hervorrufen. Manche behaupten, das es die großen Veränderungen im umgebenden Milieu sind, die großen Verschiedenheiten in bezug auf Licht, Temperatur, chemische Eigenschaften, Ernährung, die die Sexualperioden bedingen; andere dagegen, daß ausschließlich innere Ursachen sie veranlassen und daß äußere Umstände in dieser Hinsicht fast gar keinen Einfluß haben.

Untersuchungen in der freien Natur belehrten bald, daß man bei den Rotatorien die drei Sorten Eier vorfindet, die wir nun schon als Weibchen-Eier, Männchen-Eier und Dauereier bezeichnen gelernt haben. Da erhob sich nun die Frage: Wie entstehen diese verschiedenen Eisorten ? Werden sie alle vom gleichen Weibchen gebildet oder von verschiedenen Weibchen ? Ist das letztere der Fall, was veranlaßt die Entstehung der Weibchen ? Erst in den letzten Jahren ist es gelungen, in dieses Problem einige Klarheit zu bringen.

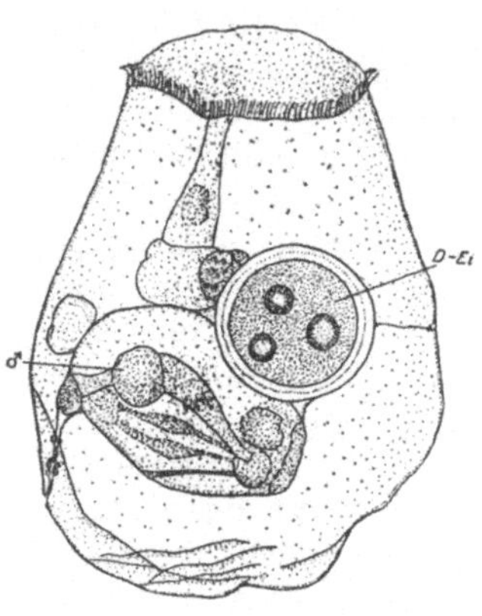

Abb. 270. *Asplanchna priodonta* GOSSE. Miktisches Weibchen, das gleichzeitig ein Männchen (♂) und ein Dauerei (*D-Ei*) im Körper trägt. (LEHMENSICK 1926.)

Schon um die Mitte des vorigen Jahrhunderts vermutete man, daß die Dauereier das Ergebnis einer Befruchtung seien. Aber erst gegen Schluß des vorigen Jahrhunderts wurde durch die grundlegenden Untersuchungen von MAUPAS (1890 bis 1891) Licht in diese Verhältnisse gebracht. Er stellte nämlich folgende zwei höchst merkwürdige Tatsachen fest: Eine Rädertierart besteht nicht nur aus zwei Individuenkategorien, Männchen und Weibchen, der Artbegriff ist hier dreifach gespalten: zwei Sorten von Weibchen und eine Männchensorte; von den beiden Weibchensorten erzeugt die eine stets nur auf parthenogenetischem Wege Weibchen; die andere Weibchensorte erzeugt, wenn sie nicht befruchtet worden ist. Männchen, doch wenn sie befruchtet wird. Dauereier. Man pflegt jene Weibchen als amiktische, diese als miktische zu bezeichnen (STORCH 1923 bis 1924).

Weiter wurde festgestellt, daß nur beim miktischen Weibchen eine Paarung Erfolg hat. Sollte sich ein amiktisches Weibchen mit einem Männchen paaren, so hat die Paarung gar keinen Einfluß, aber paart sich ein miktisches Weibchen, so wird das Männchen-Ei zu einem Dauerei. Ein miktisches Weibchen ist außerstande, Eier zu bilden, aus denen sich auf parthenogenetischem Wege Weibchen entwickeln. Untersuchungen über die Entstehung der Eier bei den beiden Weibchensorten haben gezeigt, daß sie vor der Befruchtung eine ganz verschiedene Entwicklung durchmachen (STORCH 1923 bis 1924, NACHTWEY 1925).

Die durch Laboratoriumsuntersuchungen gewonnenen Resultate werden durch Beobachtungen in der freien Natur vollkommen bestätigt. Man kann bei lebendgebärenden Formen oft Individuen finden, die gleichzeitig sowohl vollentwickelte Männchen als auch Dauereier im Uterus enthalten (Abb. 270), ebenso wie man auch Weibchen sehen kann, die zuerst Männchen-Eier und dann Dauereier produzieren; aber man hat niemals in der Natur Weibchen gefunden, die gleichzeitig Dauereier und die großen Eier tragen, aus denen parthenogenetische Weibchen hervorgehen.

Man sieht weiter oft, wie Männchen sich um Weibchen tummeln, an ihnen gleichsam wittern und dann plötzlich einen anderen Weg einschlagen; hierauf schwirren sie um andere und im Nu paaren sie sich mit ihnen. Stets werden die Männchen von gewissen weiblichen Individuen, den miktischen, angezogen, während die gleichen Tiere von anderen Weibchen, den amiktischen, regelmäßig abgestoßen werden.

Die Frage, die die Forscher in hohem Maße beschäftigt hat, ist diese: Was ist die Ursache, daß die amiktischen Weibchen, man kann fast sagen ganz plötz-

lich, gerade mitten in den großen Maxima, miktische Weibchen zu erzeugen
beginnen, die dann, wenn sie nicht befruchtet werden, Männchen-Eier, und
wenn sie befruchtet werden, Dauereier erzeugen? Man muß sich hier dessen
bewußt sein, daß es sich dabei nicht um die Frage der Geschlechtsbestimmung
handelt, obwohl mancher geneigt war, es so aufzufassen. Die Frage ist ja nicht,
welche Faktoren ein Weibchen, das bisher Weibchen-Eier erzeugt hat, veranlassen, nun Männchen-Eier zu produzieren; sondern die Frage ist, was es
bewirkt, daß ein Weibchen plötzlich mit der Erzeugung von Weibchen gleichen
Schlages wie es selbst aufhört und übergeht zur Produktion von Weibchen
eines anderen Schlages, die wohl gleich gebaut sind wie sie, was das Äußere betrifft, deren Eierstock aber einen anderen Bau besitzt und deren Produkte,
Männchen-Eier oder Dauereier, verschieden sind von den Produkten, die sie selbst
hervorgebracht haben, große, dünnschalige Eier, die Nachkommen liefern,
wie sie selbst.

Die meisten nehmen an, daß es äußere Faktoren sind, die hier eingreifen,
einige glauben, daß es Änderungen in der Temperatur, andere, daß es solche
in der Ernährung sind, und wieder andere, daß es an chemischen Änderungen
verschiedener Art liegt. Wieder andere dagegen behaupten, daß es innere Umstände sind, die den Umschlag bewirken. Möglicherweise sind diejenigen Forscher
der Wahrheit am nächsten, die die Auffassung vertreten, daß, solange die äußeren
Verhältnisse sich nicht ändern, „alles beim alten bleibt", auch die Fortpflanzungsverhältnisse dieselben bleiben; die amiktischen Weibchen fahren fort amiktische
Weibchen zu produzieren. Aber wenn die Umstände sich ändern, dann beginnen
die amiktischen Weibchen mit der Produktion von miktischen und es ist dabei
gleichgültig, ob Veränderungen in der Temperatur, in der Ernährung, im Sauerstoffgehalt usw., die auffälligsten sind (GOLDSCHMIDT 1913).

Die vielen Laboratoriumsversuche haben übrigens einige sehr interessante
Resultate ergeben. Züchtet man Rädertiere durch längere Zeit, so zeigt sich,
daß es gewisse Perioden gibt, in denen man durch Veränderungen der äußeren
Bedingungen tatsächlich das Auftreten von miktischen Weibchen erzwingen
kann. Aber anderseits gibt es wieder Perioden, in denen keine Veränderungen,
von was immer für einer Art sie sein mögen, dazu imstande sind.

Man konnte weiter zeigen, daß, wenn man eine Art unter gleichen Bedingungen züchtet, man imstande ist, durch volle 500 Generationen, das ist ein
Zeitraum von zweieinhalb Jahren, eine amiktische Generation nach der anderen
zu erhalten. Es scheint also gar keiner Befruchtung zu bedürfen; die Kolonie
zeigt keine Anzeichen von Schwäche.

Diese Ergebnisse sind an und für sich interessant und stehen in Übereinstimmung damit, was wir von anderen Tiergruppen wissen, aber sie stoßen
nicht die Tatsache um, daß in der freien Natur die Sexualperioden gesetzmäßig
ein- bis zweimal, bisweilen mehrere Male im Laufe des Jahres auftreten. Es
sind die großen, jährlich wiederkehrenden Veränderungen in bezug auf Licht,
Ernährung, Sauerstoffmenge, Temperatur, die die Kolonien prägen, ihren
Lebenslauf fixieren, solange sie unter den gleichen jährlichen Schwankungen
sich befinden. Auf der anderen Seite ist diese Fixierung keine so stabile, daß
die Tiere, wenn sie unter andere Verhältnisse kommen, z. B. wenn die Dauereier an einen anderen Ort transportiert werden, sich nicht an die hier herrschenden Verhältnisse anpassen und z. B. von der Dicyclie zur Monocyclie übergehen
könnten.

Es liegt eine sehr große Literatur über die Frage vor, ob wir es bei den Rädertieren mit festgelegten, erblichen Cyclen zu tun haben oder ob es Änderungen
im Milieu sind, die diese bedingen. Das Problem ist von zwei Seiten angegangen

worden, teils experimentell im Laboratorium und teils auf Grund von Beobachtungen draußen in freier Natur. Wir können hier nicht auf Details eingehen; die erste Richtung ist überwiegend in Amerika gepflegt worden, die letztere ist wohl hauptsächlich von meinem Laboratorium ausgegangen. Indem hier auf eine vortreffliche Zusammenfassung aller dieser Untersuchungen, die von LUNTZ (1931) stammt, hingewiesen sei, der selbst wichtige Beiträge zu dieser Frage geliefert hat, soll nur folgendes dazu gesagt werden: Die Experimente im Laboratorium und die Studien in der freien Natur, die sich auf regelmäßige, 14tägige Beobachtungen in vielen verschiedenen Teichen gründen und sich über einen Zeitraum von 30 Jahren erstrecken, haben tatsächlich zu dem gleichen Resultat geführt. Wir dürfen nun mit ziemlich großer Sicherheit sagen, daß die Cyclen der Rotiferen nicht erblich, sondern durch Veränderungen der äußeren Verhältnisse bedingt sind. Das, was vererbt wird, ist die Fähigkeit, sich an diese anzupassen, und diese ist bei den verschiedenen Kolonien verschieden, je nachdem eine Örtlichkeit mit extremen Verhältnissen kurz oder lang eingewirkt hat und ob eine Art in Gebieten mit mehr oder weniger extremen Verhältnissen zu Hause ist. — Es waren in der Tat Untersuchungen in freier Natur, in erster Linie WEISMANNS Untersuchungen über die Daphnien (s. dort) und später die von LAUTERBORN (1900) über die Rotatorien der Rheingegend, die die Lehre inauguriert haben, daß der Generationswechsel erblich festgelegt sei. Arbeiten im Laboratorium, besonders die von SHULL (1910 bis 1925), WHITNEY (1907 bis 1929), TAUSON (1924 bis 1927) und LUNTZ (1926 bis 1929), kommen allmählich zu dem immer mehr gesicherten Resultat, daß es die Milieuveränderungen seien, die die Änderungen in der Fortpflanzung hervorrufen. Was das Zutrauen zu diesen Ergebnissen etwas abschwächte, war der Umstand, daß man fast ausschließlich nur mit ganz wenigen Arten, hauptsächlich mit *Hydatina senta* EHRBG., gearbeitet und so nur geringe Kenntnisse davon hatte, wie die mehr als 1000 anderen Arten in der Natur leben, und eigentlich auch nicht, wie diejenigen Arten, mit welchen man experimentierte, ihr Leben in der Natur verbringen. In diesen Punkten haben die Untersuchungen in meinem Laboratorium eingesetzt. Es hat sich gezeigt, daß es in freier Natur fünf verschiedene Typen von Rädertieren in bezug auf die sexuellen Cyclen gibt, und zugleich, daß diese teilweise an Milieus von ganz verschiedener Beschaffenheit gebunden sind.

I. Der *Hydatina-Typus*, der in ganz kleinen, stark verunreinigten, seichten Pfützen zu Hause ist, welche gewöhnlich schon im Mai austrocknen; die miktischen Weibchen zeigen sich schon in der zweiten bis dritten Generation.

II. Der *Rhinops-Typus*, der Kleinteiche bewohnt, die nicht austrocknen, der aber aus Gründen, die wir übrigens nicht kennen, stets nur eine einzige Sexualperiode besitzt, die ungefähr zusammen mit der von *Hydatina* in das zeitige Frühjahr fällt. Außerhalb dieser Zeit findet man nur ganz wenige Tiere und immer amiktische Weibchen.

III. Der *Anuraea-Typus*: Bewohner von Wasseransammlungen sehr verschiedenartiger Typen, der vegetationsfreien, zentralen Partien von Kleinteichen, der pelagischen Region sehr großer Seen. Die sexuellen Cyclen fallen hier außerordentlich unregelmäßig aus, der Typus wird durch zahlreiche Rotiferen repräsentiert, die, an den verschiedenen Örtlichkeiten und von Jahr zu Jahr wechselnd, bald acyclisch, bald mono-, di- und polycyclisch sind.

IV. Der *Pedalion-Typus*: Bewohner der zentralen Partien nicht austrocknender kleiner Teiche, deren Sexualperiode jedoch bei der höchsten Wassertemperatur einzutreten pflegt. Auch hierher gehört eine bedeutende Anzahl von Rädertieren.

V. Die *rein acyclischen Arten*, bei denen Männchen niemals gesehen werden. In erster Linie alle spannerartigen Rädertiere sowie gewisse Notommatiden und Arten der Gattung *Lecane*.

Es ist daraus leicht zu ersehen, daß man bei den Gruppen I und IV gerade noch von cyclischer Fortpflanzung sprechen kann; sie sind monocyclisch; schon in einer der allerersten Generationen treten die miktischen Weibchen auf; die Arten befinden sich durch zirka zehn Monate im Dauereistadium. Auch Gruppe II verhält sich fast auf gleiche Weise. Gruppe V spielt in diesem Zusammenhang keine Rolle; die wirklich cyclischen Rotiferen finden sich eigentlich nur in Gruppe III. Zu ihnen gehört vielleicht der Großteil aller Rädertiere, aber gerade für diese Gruppe haben umfassende Untersuchungen erwiesen, in welchem Grad die Sexualperioden von Jahr zu Jahr und von Ort zu Ort wechseln. Gerade bei dieser Gruppe deutet alles darauf hin, daß es nicht in erster Linie ererbte Eigenschaften, sondern Variationen in den äußeren Bedingungen sind, die den Umschlag im Fortpflanzungsmodus hervorrufen. Dafür spricht ja auch das früher erwähnte Phänomen, daß man unter gleichartigen Bedingungen 500 Generationen von *Hydatina senta* EHRBG. auf rein parthenogenetischem Weg aufziehen konnte, während sie in der freien Natur, wenn die kleinen Pfützen im Begriffe stehen auszutrocknen und das Milieu sich ändert, schon in einer der ersten Generationen mit der Sexualperiode einsetzt. Will man daran denken, daß Vererbungserscheinungen für die Rädertier-Cyclen Bedeutung haben, so muß man besonders den monocyclischen Formen Beachtung schenken, von denen einige nur im Sommer bei höchster Wassertemperatur gefunden werden, andere bei Temperaturen nicht sehr viel über Null, weiter der Erscheinung, daß das gleiche Wasser, wenigstens im Sommer, Rotatorien mit allen möglichen Cyclen beherbergt. Man wird dann auch verstehen, daß die oben gegebene Einteilung der Rädertiere in poly-, di- und monocyclische Arten nicht gerade sehr viel mit den natürlichen Verhältnissen zu tun hat; sie hat im wesentlichen nur historischen Wert, aber kann gegenwärtig als ganz praktisch verwendet werden, nur muß man sich die oben erwähnten Tatsachen klar vor Augen halten. Diese Tatsachen schließen es selbstverständlich nicht aus, daß Vererbungsmomente beim Generationswechsel der Rädertiere mit eine Rolle spielen; auf jeden Fall muß, wie oben erwähnt, die Fähigkeit, auf die Umwelteinflüsse zu reagieren — die Reaktionsnorm —, vererbt werden. Weiter haben besonders die von SHULL und LUNTZ durchgeführten Untersuchungen gezeigt, daß ein Material, das von der gleichen Lokalität stammt und das unter gleichen Bedingungen gezüchtet wird, sich als in Rassen gespalten erweisen kann, die die gleichen Veränderungen der äußeren Bedingungen, z. B. Veränderungen in der Ernährung, auf ganz verschiedene Weise beantworten; bei der einen Rasse erhält man z. B. 100% Männchen, bei der anderen nur 50%. Wie interessant auch diese und ähnliche Erscheinungen sein mögen, sie können nichts dazu beitragen, das plötzliche Aufkommen der Männchen zu erklären.

Laboratoriumsuntersuchungen über die Lebensdauer, die Sexualperioden usw. der Rädertiere haben in so mancher Beziehung Resultate ergeben, die ausgesprochen dem Gebiet der allgemeinen Zoologie zugehören. In einer kürzlich erschienenen Untersuchung, die von LYNCH und SMITH stammt und von JENNINGS inspiriert worden ist (1931), wird gezeigt, daß Linien, die zu fortgesetzter, parthenogenetischer Vermehrung durch eine lange Reihe von Generationen gezwungen worden sind, doch früher oder später Zeichen von Degeneration aufweisen. Die Nachkommenschaft dagegen, die von den degenerierten Individuen erzeugt wird, zeigt weder im Hinblick auf die Lebensdauer, noch auf die Fruchtbarkeit auch nur Spuren von Degenerationserscheinungen, sie sind rasch wieder in

Ordnung. Andere Untersuchungsreihen haben gezeigt, daß einzellige Organismen sich umgekehrt verhalten. Erzeugt man bei ihnen unter Laboratoriumsverhältnissen degenerierte Tiere, so vererben sich die Degenerationserscheinungen auf die Nachkommenschaft. Man glaubt, daß der Unterschied dem Umstand zuzuschreiben ist, daß die Wimperinfusorien sich bei der Fortpflanzung in zwei gleich große Teile teilen, die jeder für sich ein neues Individuum bilden; die Rädertiere dagegen in zwei Teile, von denen der eine, das Muttertier, so unendlich viel größer ist als der andere, das Ei. Die beiden Stücke der Infusorien wachsen sofort wieder zu neuen Individuen heran, bei den Rädertieren geht ein neues Individuum erst auf Grund eines 24 Stunden dauernden Entwicklungsvorganges und nach zahlreichen Zellteilungen hervor. Es ist nicht unmöglich, daß die Erblichkeitsfaktoren und das Milieu unter diesen beiden ganz verschiedenen Verhältnissen nicht auf gleiche Weise wirken.

Das Vorkommen der beiden Weibchensorten bei den Rädertieren, deren eine nur Weibchen-Eier produziert, deren andere nur Männchen-Eier, die, je nachdem sie befruchtet werden oder nicht, Männchen oder Dauereier ergeben, aus denen sich wieder Weibchen entwickeln, ist höchst merkwürdig und in dieser Form, wie die Erscheinung hier auftritt, im Tierreich einzig dastehend. Nicht weniger merkwürdig ist es, daß wir die beiden Weibchensorten nach ihrem Äußeren nicht voneinander unterscheiden können. Vielleicht sind die miktischen Weibchen in der Regel etwas kleiner. Die Verschiedenheiten kommen nur in der Struktur der Eier zum Ausdruck. Die miktischen, befruchteten Weibchen, die Dauereier produzieren, erkennt man gewöhnlich leicht an ihrem dunklen Dotterstock. In biologischer Hinsicht verhalten sich die beiden Weibchensorten sehr verschieden. MILLER (1931) hat für *Lecane (= Distyla) inermis* BRYCE gezeigt, daß die Lebensdauer der amiktischen Weibchen zirka neun Tage, der miktischen zirka elf Tage währt. Die amiktischen Weibchen legen zirka 21 Eier, die miktischen 14. Die Fruchtbarkeitsperiode dauert bei den amiktischen zirka fünf bis sechs Tage, bei den miktischen fünf Tage. In dieser legen die amiktischen Weibchen alle siebeneinhalb Stunden, die miktischen alle achteinhalb Stunden ein Ei. Das amiktische Weibchen stirbt im allgemeinen 24 bis 36 Stunden nach Ablage des letzten Eies; 19% der miktischen leben noch mehr als sechs Tage nachher.

Variation (W.-L. 1930). Auch auf einem anderen Gebiet zeigen die Rädertiere ein sehr verschiedenes Verhalten. Besonders die Planctonrädertiere sind durch eine ganz unglaubliche Variationsfähigkeit ausgezeichnet. Das hat dazu geführt, daß man eine Zeitlang eine große Anzahl von Arten aufgestellt hat. Gegenwärtig sind wir uns klar darüber, daß diese Arten stark variieren, sowohl temporal, d. h. im Verlauf eines Jahres, als auch lokal, d. h. von Ort zu Ort an den verschiedenen Lokalitäten, wo die Art sich findet.

Man hat zeigen können, daß *Anuraea*-Arten, die aus dem Dauerei stets mit langen Stacheln auskriechen, im Verlauf des Sommers diese verlieren, kleiner werden und einigermaßen Degenerationserscheinungen, wie man es fast nennen könnte, kurz bevor sie Dauereier bilden, unterliegen, worauf wieder Tiere mit langen Stacheln entstehen (Abb. 269). Entsprechende und gleiche Verhältnisse

---

Tafel 9. **Rotifera. Männchen.**

Fig. 1. *Anuraeopsis hypelasma* GOSSE. Fig. 2. *Polyarthra platyptera* EHRBG. Fig. 3. *Salpina mucronata* (O. F. M.). Fig. 4. *Ploesoma Hudsoni* IMH. Fig. 5. *Copeus pachyurus* GOSSE. Fig. 6. *Euchlanis dilatata* EHRBG. Fig. 7. *Diglena catellina* EHRBG. Fig. 8. *Asplanchna priodonta* GOSSE. Fig. 9. *Brachionus angularis* GOSSE. Fig. 10. *Pedalion mirum* HUDSON. Fig. 11. *Rattulus stylatus* (GOSSE). Fig. 12. *Triarthra breviseta* GOSSE. — Alle Männchen unter $^{1}/_{2}$ mm. *Polyarthra*- und *Triarthra*-Männchen nur 40 bis 70 μ, d. i. nur acht- bis zehnmal größer als ein rotes Blutkörperchen. (W.-L. 1923.)

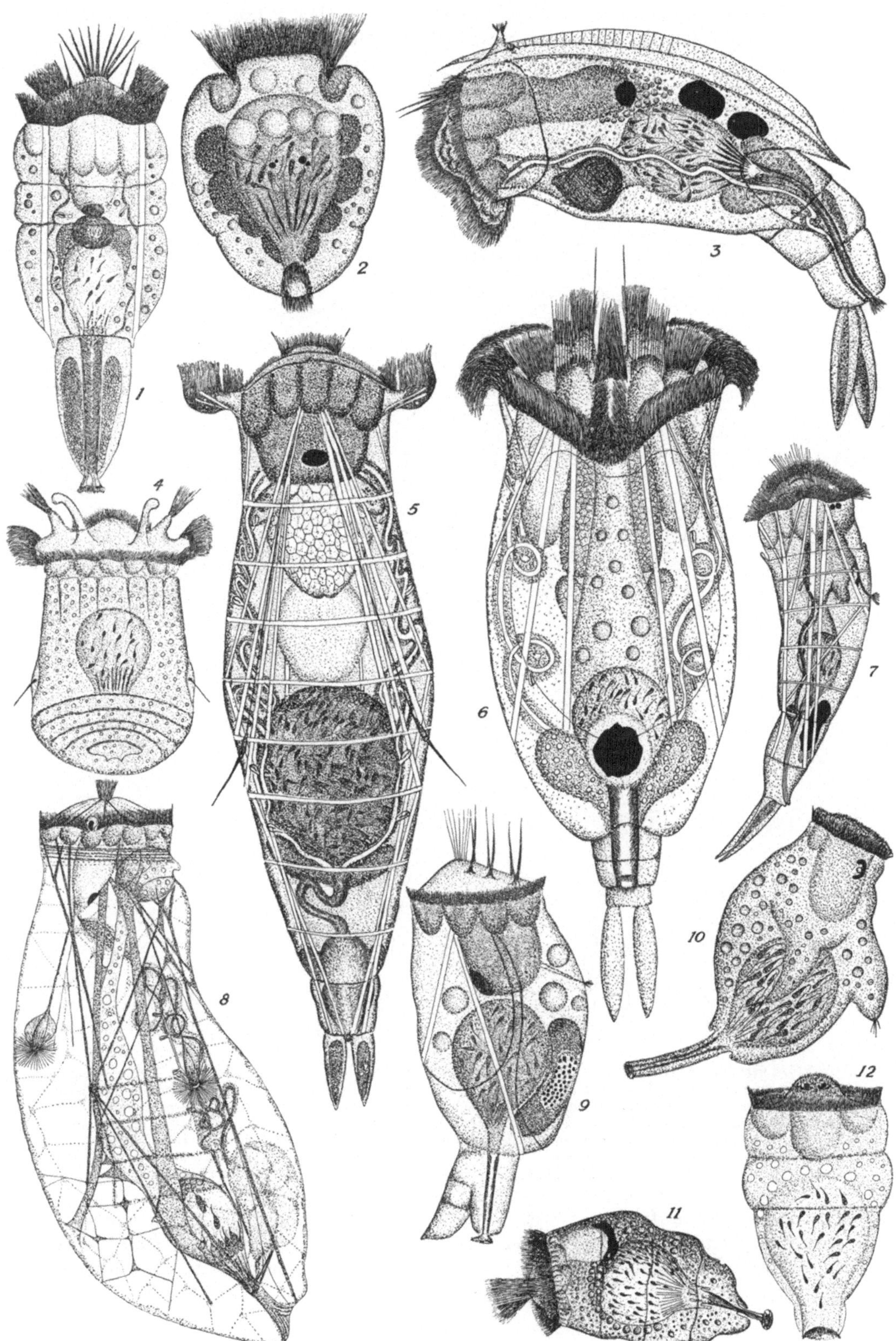

sind bei anderen Planctonorganismen nachgewiesen: bei *Brachionus, Asplanchna* u. a. Die gleiche Art kann an verschiedenen Örtlichkeiten verschiedene Ent-

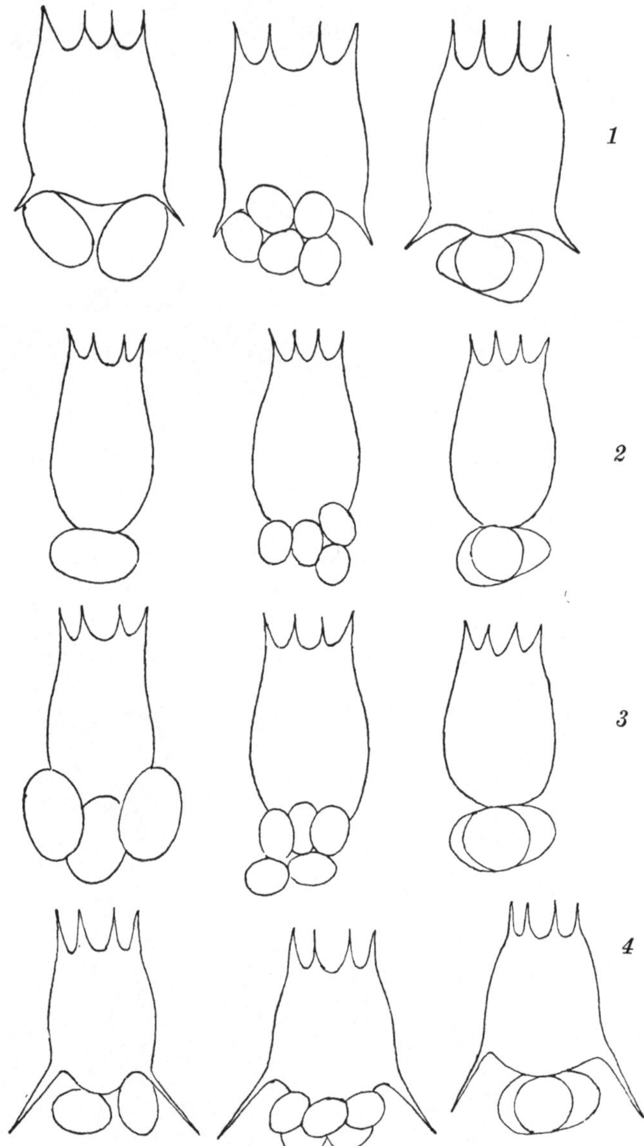

Abb. 271. Verschiedene Phänotypen von *Brachionus pala* Ehrbg. Erste Reihe: Aus einem kleinen Teich: hintere Dorne gut entwickelt. Zweite Reihe: Aus einem kleinen See; die Dorne fehlen ganz. Dritte und vierte Reihe: Frühjahrs- und Hochsommerformen aus dem gleichen See; im Frühjahr ist die Art dornenlos, im Sommer sind Dorne vorhanden. Die Bilder zeigen ferner, daß weder die Lokal- noch die Temporalvariation an besondere Weibchen gebunden ist. Sowohl amiktische als auch miktische Weibchen treten sowohl temporal als auch lokal und teils mit, teils ohne Dorne auf. Linke Vertikalreihe amiktische Weibchen; mittlere miktische, unbefruchtete; rechte miktische, befruchtete mit Dauerei. (W.-L. 1928.)

wicklungsreihen aufweisen. Von *Anuraea cochlearis* Gosse kennt man auf Grund der Untersuchungen von Lauterborn nicht weniger als drei; *Brachionus pala* Ehrbg., die aus dem Dauerei immer mit Dornen auskriecht, kann an ge-

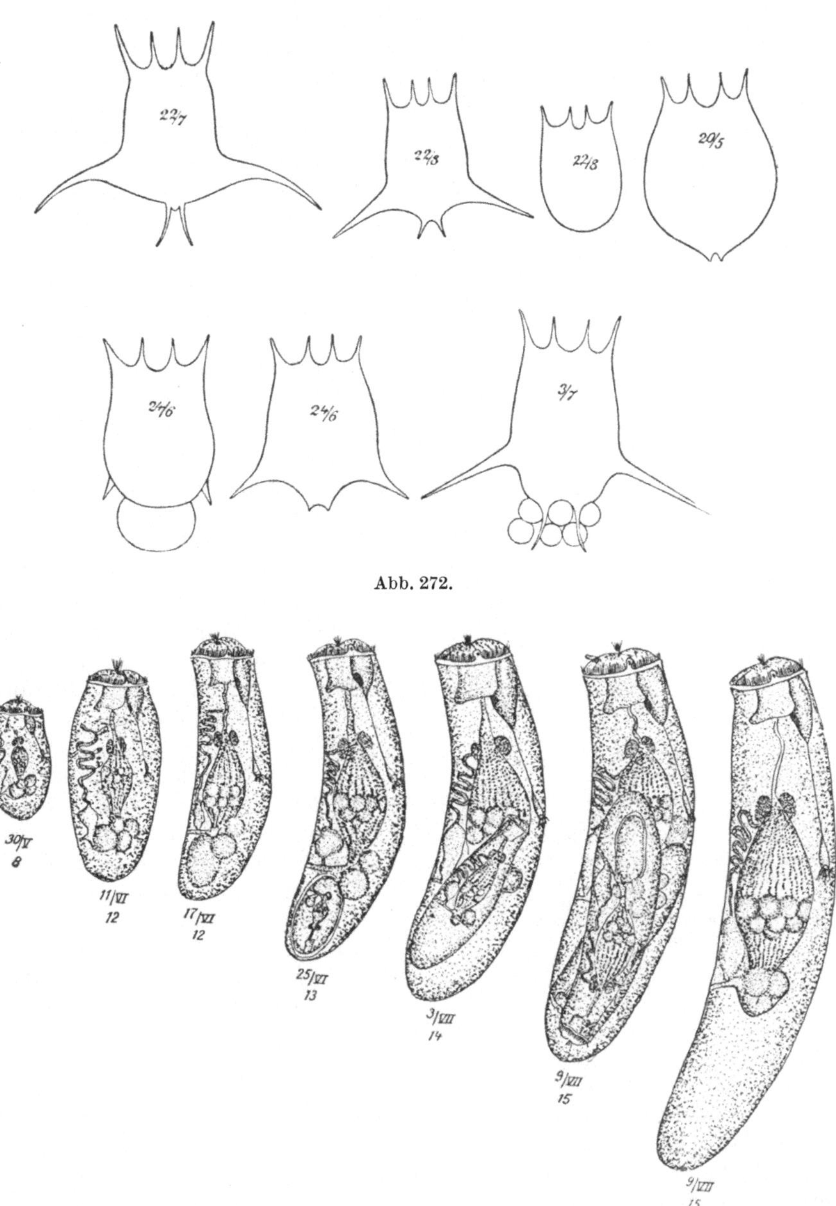

Abb. 272.

Abb. 273.

Abb. 272. *Brachionus pala* EHRBG. aus einem kleinen Dorfteich in Bistrup. Die drei ersten von 1929, die übrigen von 1930. Man sieht, wie die sehr langdornigen Formen vom 22. 7. im August 1929 beginnen Formen ohne Dorne zu erzeugen, die sich den ganzen Winter hindurch halten; die Dornbildung beginnt wieder im Juni (24. 6. 1930); die Dorne sind im Juli 1930 wieder sehr lang. (W.-L. 1930.)

Abb. 273. *Asplanchna priodonta* GOSSE. Temporalvariation eines pelagischen Phänotypus aus dem Farumsee oder Haldsee. Jedes Jahr findet man in den genannten Seen *A. priodonta* als Planctonform vom Mai bis September. In der Zeit vom 30. 5. bis zirka 15. 7. wächst jedes Jahr die Längsachse des Tieres unaufhörlich. Bei Jungen, die sich im Muttertiere (lebendgebärend) befinden, ist das Verhältnis zwischen Längs- und Querachse auffälliger als beim Muttertier. Oft hat (9. 7.) ein Tier zwei große Junge, und diese können wieder Junge tragen (drei Generationen ineinander). Gegen Ende Juli und im August werden die langen, sackförmigen Asplanchnen unfruchtbar, worauf die Tiere verschwinden; zu Beginn des Winters kommen die Tiere wieder und sehen dann wie im Mai aus. Es scheint, als ob die pelagische Region jedes Jahr sich von dem Ufer her mit neuem Material rekrutiert. 50×. (W.-L. 1930.)

wissen Lokalitäten im Verlauf des Sommers allmählich in dornlose Formen übergehen, an anderen dagegen bei den höchsten Temperaturen enorm lange Dorne entwickeln, die senkrecht von den Seiten abstehen (Abb. 271 u. 272). Man hat auf Grund von Laboratoriumsexperimenten zu zeigen versucht, daß der Umschlag von der einen zur anderen Form wahrscheinlich auf Änderungen in der Ernährung zurückzuführen sei (KIKUCHI 1931), aber die Verhältnisse sind noch lange nicht ganz aufgeklärt. *Asplanchna priodonta* GOSSE (Abb. 273) ist an den meisten Örtlichkeiten höchstens zweimal so lang als breit, sehr oft und besonders im Winter und zeitlich im Frühjahr ungefähr isodiametral. In gewissen Seen nimmt die Längsachse bei Bewohnern der pelagischen Region von Wurf zu Wurf und von Generation zu Generation außerordentlich zu; zum Schluß haben sich die Ausmaße so geändert, daß sie lange Säcke werden, deren Längsachse fünfmal so lang ist als die Querachse. Die Variation geht parallel mit dem Ansteigen der Temperatur; kurze Formen finden sich im Frühjahr; bei 14 bis 16° C vergrößert sich die Längsachse und die längsten Formen treten auf, kurz bevor das Wasser seine höchste Temperatur erreicht hat; hierauf verschwindet die Form aus dem Wasser (W.-L. 1908).

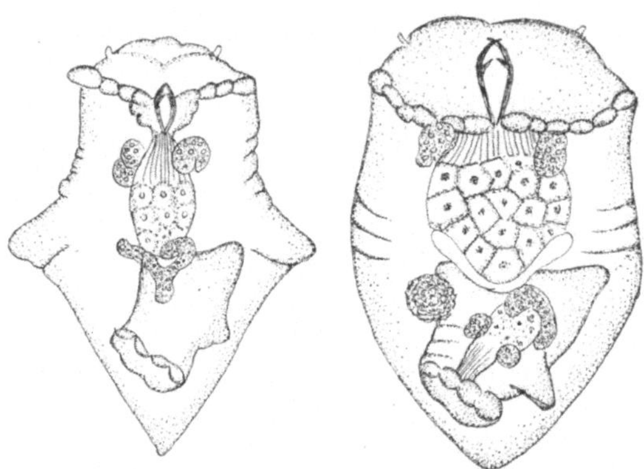

Abb. 274. *Asplanchna amphora* HUDSON. Die zwei Formen der trimorphen Entwicklung von *A. amphora*. Die Form, welche aus dem Dauerei kommt, ist klein, sackförmig, 500 bis 1000μ; sie gleicht *A. Brightwelli* GOSSE und hat 20 bis 40 Wimperflammen. Eine der folgenden Generationen hat kegelförmiges Aussehen (Abb. links) und ist 1000 bis 1800 μ lang; sie hat 40 bis 60 Wimperflammen. Aus ihr geht hauptsächlich auf Grund von Kannibalismus die große kampanulate Form hervor, rechts (1800 bis 2500 μ), die sowohl Tiere wie links als auch sich selbst erzeugt. Die Trimorphie ist sowohl in Nebraska als auch hier im Laboratorium beobachtet worden. (POWERS 1912.)

Der Umschlag aus dem für die Art typischen Aussehen, wie sie aus dem Dauerei hervorgeht, geschieht sehr häufig innerhalb zwei bis drei Wochen und fast immer bei Temperaturen um 14 bis 16° C. Die Temporalvariationen setzen in der Regel gleichzeitig ein mit jenen, welche wir bei den Krustazeen kennenlernen werden; sie haben wahrscheinlich die gleiche Ursache. Wir werden bei Besprechung der Cladoceren auf diese Erscheinung näher eingehen.

Ganz eigenartige Verhältnisse finden sich bei gewissen *Asplanchna*-Arten; es wird hier darüber berichtet, weil sie außer in Nordamerika bisher nur noch in zwei dänischen Teichen angetroffen worden sind: in den Dorfteichen von Noeddebo und Fjenneslev. Ganz aufgeklärt sind die Verhältnisse leider noch nicht. Bei einer *Asplanchna*-Art, *A. amphora* HUDSON, treten die Weibchen in drei verschiedenen Gestalten auf (Abb. 274), die folgendermaßen benannt worden sind: die saccate, die kegelförmige und die kampanulate Form. Die erste ist die normale und gleicht in hohem Grad *A. Brightwelli* GOSSE, eine Form, die sehr häufig in Dorfteichen ist. Die zweite hat große, laterale Fortsätze, die so lang wie das Tier selbst werden können, die dritte ist durch ihre enorme Größe und ihre mächtige Radscheibe ausgezeichnet. Die beiden letztgenannten tauchen nur bei höheren Temperaturen auf, sie scheinen nicht jedes Jahr und keineswegs in allen Kolonien aufzutreten. Merkwürdig ist, daß alle drei Formen sowohl miktische als auch amiktische Weibchen besitzen; alle drei können Dauereier produzieren. Die saccate Form schlägt überraschend schnell, im Verlauf von nur zirka acht Tagen in die kegelförmige um, und wenn dies geschieht, besteht die ganze Kolonie den übrigen Teil der Periode hindurch hauptsächlich aus kegelförmigen Individuen. Die kampanulate Form tritt erst bei den höchsten Wassertemperaturen und nur bei sehr reichlichen Ernährungsverhältnissen auf. Aus dem Dauerei geht stets nur die saccate Form hervor. Dies eigentümliche Verhalten wurde zuerst im Teiche von Noeddebo, später auch von Fjenneslev

gefunden, beide Male jedoch so spät, daß der Beginn der Entwicklung nicht beobachtet werden konnte. In beiden Fällen starben durch heftige Regengüsse, die das Wasser außerordentlich verdünnten, die Kolonien im Verlauf von wenigen Tagen ab.

Wachstum und Lebensdauer. Über die Wachstumsverhältnisse und die Lebensdauer wissen wir durch Laboratoriumsuntersuchungen nur wenig. Bei den verschiedenen Arten ist das Wachstum sehr verschieden. Es gibt Formen, die bei der Geburt $^1/_5$ mm lang sind, die elf bis zwölf Tage leben und dabei eine Länge von $^1/_2$ mm erreichen; in den ersten Tagen wachsen sie täglich $^1/_{10}$ mm, am fünften Tag sind sie geschlechtsreif.

Namentlich die Lebensdauer ist bei den verschiedenen Arten äußerst verschieden und auch verschieden bei den einzelnen Generationen der gleichen Art. Von *Asplanchna priodonta* wissen wir, daß die Lebensdauer des Einzeltieres während der großen Frühlingsmaxima kaum über 14 Tage beträgt; die Individuen jedoch, die im Herbst entstehen, leben aller Wahrscheinlichkeit nach den ganzen Winter über und setzen erst mit einer reichlichen Produktion von Jungen im April-Mai ein.

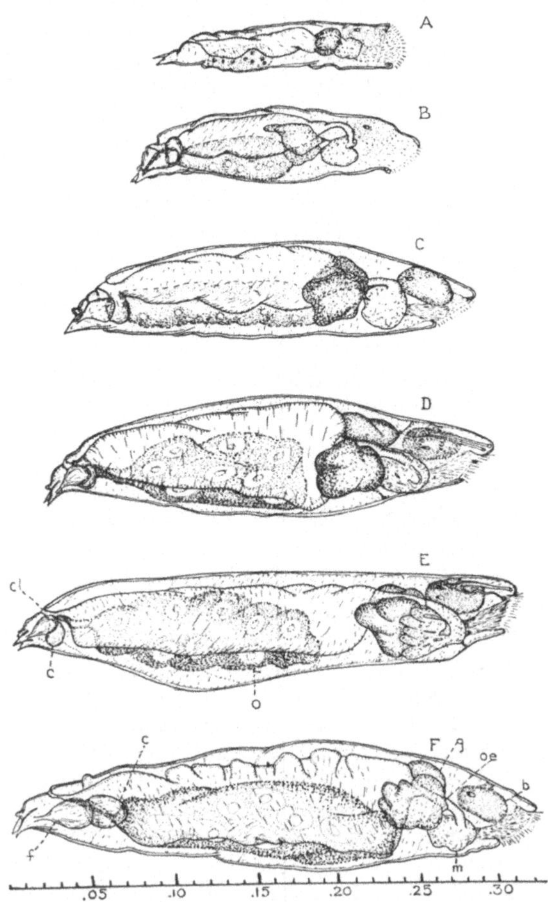

Abb. 275. *Proales sordida* Gosse. Die Abbildung zeigt das Wachstum eines Rädertieres. *A* unmittelbar nach dem Schlüpfen. *B* 24 Stunden später. *C* 48 Stunden später. *D* drei Tage nachher. *E* vier Tage nachher. *F* fünf Tage nachher; das Tier ist nun breiter und dicker geworden. Am achten Tage stirbt es. *c* kontraktile Blase; *oe* Ösophagus; *b* Gehirn; *m* Mastax; *f* Fußdrüsen; *cl* Kloake; *o* Ovarium. (Jennings [und Lynch 1928.)

Das Leben vieler Rädertiere ist so regelmäßig wie ein Uhrwerk; es verläuft vollkommen maschinenmäßig. Von einem kleinen Rädertier, *Proales decipiens* Ehrbg., wissen wir, daß es in Kulturen genau sieben Tage lebt. Am ersten legt es ein Ei, am zweiten drei, am dritten fünf, am vierten sieben, am fünften fünf, am sechsten eines und am siebenten stirbt es (Noyes 1922). Von einer anderen Art, *Proales sordida* Gosse (Abb. 275), weiß man, daß die normale Lebenszeit acht Tage dauert, höchstens 23 Tage, und daß die normale Eizahl 24 bis 28 beträgt. Die Untersuchungen haben gelehrt, daß es nicht genügend ist, um gleichartige Nachkommenschaft zu erhalten, von einem einzigen Individuum auszugehen. Die Nachkommen, die aus den Eiern eines Individuums entstehen,

sind verschieden nach der Nummer, die das Ei hat; die ersten Eier ergeben kleine
Individuen und deren Eier ergeben auch kleinere Nachkommen als die später
abgelegten. Die Nachkommenschaft der zuletzt gelegten Eier zeigt oft pathologische Erscheinungen (JENNINGS und LYNCH 1928).

Einige Rädertierarten leben etwas länger, aber die Lebensdauer der meisten
währt nicht über zwei bis drei Wochen; Studien in der Natur und an Kulturen
im Laboratorium haben ziemlich gleichlautende Resultate ergeben. Wenn die
großen Maxima einzusetzen beginnen, entstehen die miktischen Weibchen;
gegen Schluß derselben werden fast ausschließlich solche gebildet. Fast alle
Weibchen tragen entweder Männchen-Eier oder Dauereier, zuweilen beide
Sorten. Wenn die Dauereier gebildet sind, stirbt die Generation ab.

Es hat sich gezeigt, daß mehrere spannerartige Rädertiere, Philodiniden,
sehr lange, mehrere Monate leben können. Einige hierhergehörige Arten leben
im arktischen Gebiet in der Region des ewigen Schnees und gehören zu denjenigen Formen, die den Schnee rot färben. Diese Tiere haben eine Lebensdauer von ungefähr drei Monaten, aber der arktische Sommer läßt aktives Leben
von so langer Dauer nicht zu. Eingetrocknet, eingekapselt und im Eis eingefroren können die Tiere viel länger leben. Ihr Leben währt unter Umständen
mehrere Jahre, indem sie durch viele Monate, im Eis eingefroren, ein latentes
Leben führen und die drei Monate ihres Lebens sich auf mehrere Jahre verteilen (MURRAY 1910).

Schmarotzer. Die Rädertiere sind oft stark mit Schmarotzern infiziert, eine
Tatsache, die schon EHRENBERG bekannt war. Es handelt sich dabei teils um
Myxosporidien, die gleiche Gruppe, welche bei vielen Fischen Knoten erzeugt
und beim Seidenspinner die Pebrinekrankheit hervorruft. Die Hauptgattungen
sind *Nosema* und *Plistophora.* Es handelt sich um sackartige Formen verschiedener Gestalt. Sie finden sich besonders bei *Asplanchna, Brachionus* und
Synchaeta (BUDDE 1927, DECKSBACH 1928). Weiter kommen Pilze vor, und
zwar Oomyceten (VALKANOW 1931 bis 1932).

Ökologie. Wie schon zu Beginn dieses Kapitels mitgeteilt worden ist, leben
die Rädertiere unter sehr verschiedenen Verhältnissen, im Süßwasser, im Meer
und auf dem Land. Marine Rädertiere gibt es nur äußerst wenige und die meisten
sind mit jenen des Süßwassers sehr nahe verwandt. In Brackwasser und Salzseen mit niedrigem Salzgehalt finden sich einige Arten, aber sie sind in der
Hauptsache die gleichen wie im Süßwasser (HAUER 1925, LEVANDER 1894,
THIENEMANN 1913, 1924). Zu den Landformen rechnet man die eigenartige
Moosfauna, wie wir sie an unseren Bäumen, auf Dächern und in Dachrinnen
finden, aber auch hier, was das aktive Leben anbelangt, sehr enge an das Wasser
gebunden. Der bei weitem überwiegende Teil gehört dem Süßwasser an; aber
da dieses allen seinen Organismen äußerst verschiedenartige Lebensbedingungen
bietet, so ist es nicht verwunderlich, daß wir, auch was die Rädertiere anbelangt,
in den verschiedenen Süßwässern ganz verschiedene Formen finden. Die kleinen
austrocknenden Pfützen haben ihre eigene Fauna, die stinkenden, dunkelbraunen
Jauchenwässer und die stark verunreinigten Dorfteiche die ihrige. Hierher
gehört namentlich *Hydatina senta* EHRBG., die eine so große Rolle bei den Versuchen zur Aufklärung der eigentümlichen Fortpflanzungsverhältnisse gespielt
hat. Der Großteil aber findet sich in kleinen Teichen mit reicher Vegetation,
welche Flächen zur Festheftung der festsitzenden Rädertiere bieten, wo sie
ihre Eier ablegen können, mit kleinen freien Wasserräumen zwischen den Blättern,
wo diejenigen Arten, die teils kriechen, teils schwimmen, sich herumtummeln
können. Bei diesen Teichformen scheint die Wasserstoffionenkonzentration
eine gewisse Rolle zu spielen. Sinkt das p_H unter 7, so fehlt eine Reihe von

Arten. Gewisse Arten, z. B. *Anuraea serrulata* EHRBG., scheinen Charakterformen sehr saurer Moorwässer zu sein. Sind die Teiche etwas größer und entstehen so außerhalb der Vegetationszone freie Wasserflächen, so entfaltet sich hier ein reiches Leben von Rädertieren, zum Teil der gleichen Arten, die als echte Planctonorganismen im freien, offenen Wasser der großen Seen leben. Das Leben hier ist sehr verschieden von dem auf dem Boden und in der Uferregion. Vor allem fehlen hier alle Unterstützungsflächen; es ist nichts vor-

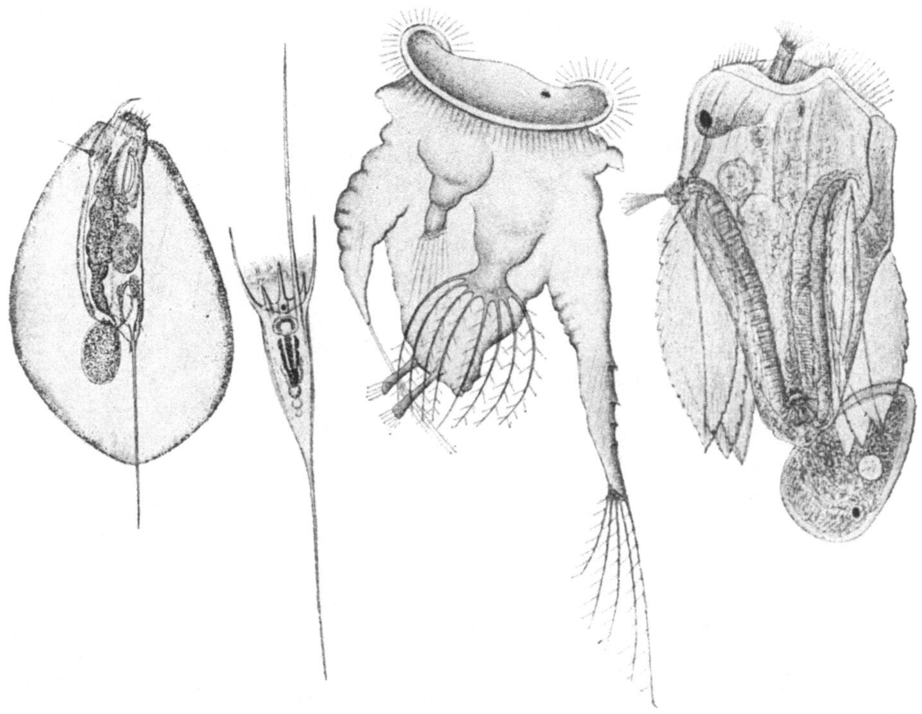

Abb. 276. Planctonrotatorien. Linkes Tier mit einem großen Gallertmantel ausgestattet; die anderen besitzen steife Stacheln oder Körperteile, die von Muskeln bewegt werden können und mit deren Hilfe sie große Sprünge durchführen können. Von links nach rechts: *Rattulus setifera* LAUTERBORN; *Notholca longispina* KELLIC; *Pedalion mirum* HUDSON; *Polyarthra* EHRBG. var. *euryptera*. (LAUTERBORN 1908; WEBER 1898; HUDSON-GOSSE 1889; ROUSSELET 1896.)

handen, um sich festzusetzen. In Übereinstimmung damit sehen wir oft, daß die Festheftungseinrichtung, der Fuß mit den Fußdrüsen, entweder reduziert wird oder ganz verlorengeht. Das Räderorgan ist sowohl ein vorzüglicher Schwimmapparat als auch gleichzeitig Nahrungserwerbsorgan. Nur sehr wenige Planctonorganismen sind unter den Rädertieren Raubtiere. Wie so viele andere Planctonorganismen sind sie oft glasdurchsichtig oder sie können prächtige Farben besitzen. Sie haben oft sehr lange Stacheln (Abb. 276), die bald beweglich sind und, indem sie plötzlich abgespreizt werden, zum Steuern verwendet werden; bald sind sie unbeweglich und dann Stabilisierungsorgane, die den Körper in seinem Bestreben unterstützen, eine bestimmte Lage im Wasser einzuhalten; bald sind sie einer sehr ausgiebigen Temporalvariation unterworfen, wobei im wesentlichen die großen jährlichen Schwankungen der Temperatur und Viskosität Einfluß haben. Einige sind von großen Gallerthüllen umgeben, die ihren Umfang vergrößern, ohne ihr Gewicht zu erhöhen. Der Mangel einer

Unterlage macht sich am meisten bei der Frage fühlbar, wo die Eier abgelegt werden sollen; normalerweise kleben sie die Rädertiere ja an Wasserpflanzen und Steinen fest. Bei den Planctonorganismen wird diese Frage auf verschiedene Weise gelöst. Einzelne, wie die Asplanchnen, sind lebendgebärend, andere, und das ist die Mehrzahl, tragen die Eier mit sich, bis sie ausgebrütet sind; man sieht sie herumschwimmen, bald mit einem ganzen Ballen von Männchen-Eiern, bald mit Dauereiern, bald mit Eiern, aus denen amiktische Weibchen ausschlüpfen werden. Bei den richtigen Seerassen finden sich nur die letztgenannten; hier draußen scheinen nämlich die Sexualperioden zu fehlen oder nur äußerst selten vorzukommen.

Sehr eigenartig ist es, daß einige dieser Planctonorganismen gleichwohl in der pelagischen Region sich Unterstützungsflächen gefunden haben. Sie ver-

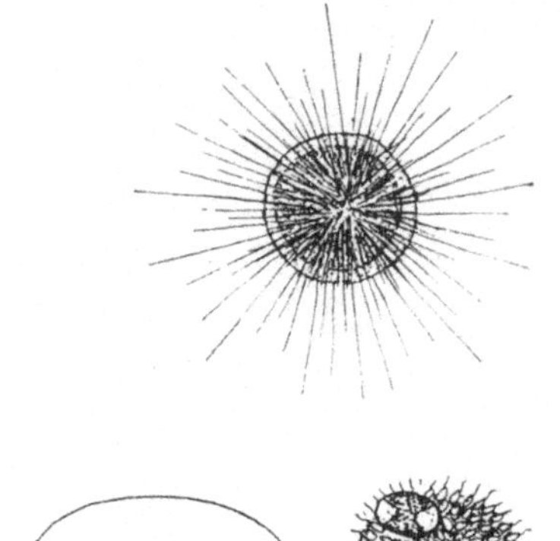

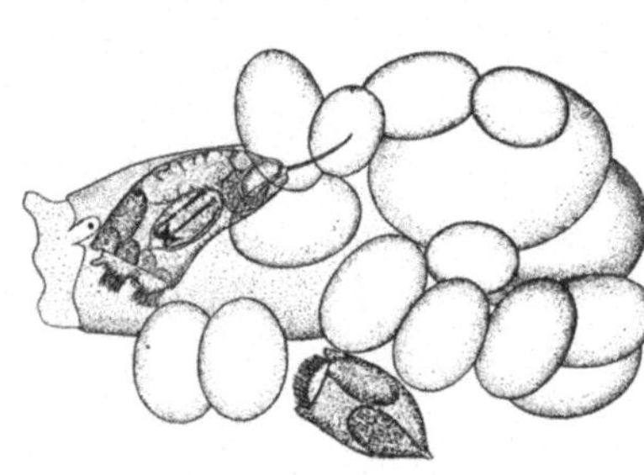

Abb 277.   Abb. 278.

Abb. 277. Eier pelagischer Rädertiere. Die litoralen Rädertiere legen gewöhnlich ihre Eier ab. Die Planctonrädertiere leben in einer Region, wo Unterstützungsflächen fehlen. Die Eier sind hier entweder mit langen Schwebestacheln versehen oder mit Gallerthüllen, oder sie legen sie in oder an anderen Planctonorganismen ab. Obere Figur: Ei von *Synchaeta*. Links unten Ei von *Ploesoma Hudsoni* IMH., rechts hat *Gastropus stylifer* IMH. seine Eier auf *Uroglena volvox* abgelegt. (W.-L. 1930.)

Abb. 278. *Brachionus angularis* GOSSE. Amiktisches Weibchen, das außer seinen zwei eigenen, großen Eiern sowohl noch Weibchen- als auch Männchen-Eier des kleinen *Rattulus pusillus* (LAUTERBORN) mitschleppt, der den breiten Panzer von *Brachionus* als Unterstützungsfläche für seine Eier verwendet; beide sind Planctonorganismen; unten ein *Rattulus*-Männchen, Nöddebo-Teich. (W.-L. 1930.)

wenden nämlich andere Planctonorganismen, um an ihnen ihre Eier abzulegen (Abb. 278; Tafel 7, Fig. 11). Man findet nicht selten, daß Planctondiatomeen und andere Planctonalgen Rädertiereier tragen, ja sie verschonen damit nicht einmal Geschöpfe ihrer eigenen Gruppe; die breiten Brachionen tragen oft auf ihrem Schild zahlreiche Eier, die ganz anderen Rädertieren angehören. Bei gewissen Rädertieren sind die Eier mit langen, feinen Borsten, Öltropfen oder

---

Abb. 279. *Atrochus tentaculatus* WIERZEJSKI. Ein Rädertier ohne Räderorgan. *H* Schlammbildung am Hinterende; *Dkm, Mh, Mv, Wkm, Ws* Muskulatur; *G* Geschlechtsorgan; *Ov* Ovarium; *La* Lateraltaster (Sinnesorgan); *Wt* Wimperflamme; *Rt* Rückentaster (Sinnesorgan); *Ce* Gehirn; *Kr* Schlund; *Km* Mastax; *Nh* das hintere Nervenpaar; *Mr, Md* Magen; *Ex* Exkretionskanal; *Cb* kontraktile Blase; *Cl* Kloake. Ein im Schlamm festsitzendes Rädertier, Böhmen. (WIERZEJSKI 1893.)

Abb. 280. *Paradicranophorus limosus* WISZNIEWSKI, ein im Schlamme lebendes Rädertier aus der Familie der Notommatiden. (WISZNIEWSKI 1929.)

Abb. 281. *Apsilus vorax* (LEIDY). Ein Rädertier ohne Räderorgan, eingezogen. *A* After; *Ut* Uterus; *Kd* Mastax; *H* Haftscheibe, mit der das Tier festsitzt; *F, Eö* Einstülpungsöffnung; *Gfk* Exkretionsorgan; *Hgf* Teile desselben; *Km* Magen; *Bld* Darm; *Md* Magendrüsen. (GAST 1900.)

Abb. 282. *Drilophaga bucephalus* VEJDOVSKY. Ectoparasit auf einem Süßwasseroligochäten, *Lumbriculus variegatus*. (PAWLOWSKI 1934.)

Abb. 283 u. 284. *Drilophaga Delagei* DE BEAUCHAMP. Parasitiert auf dem hinteren Saugnapf von *Herpobdella* (= *Nephelis*). (PAWLOWSKI 1936.)

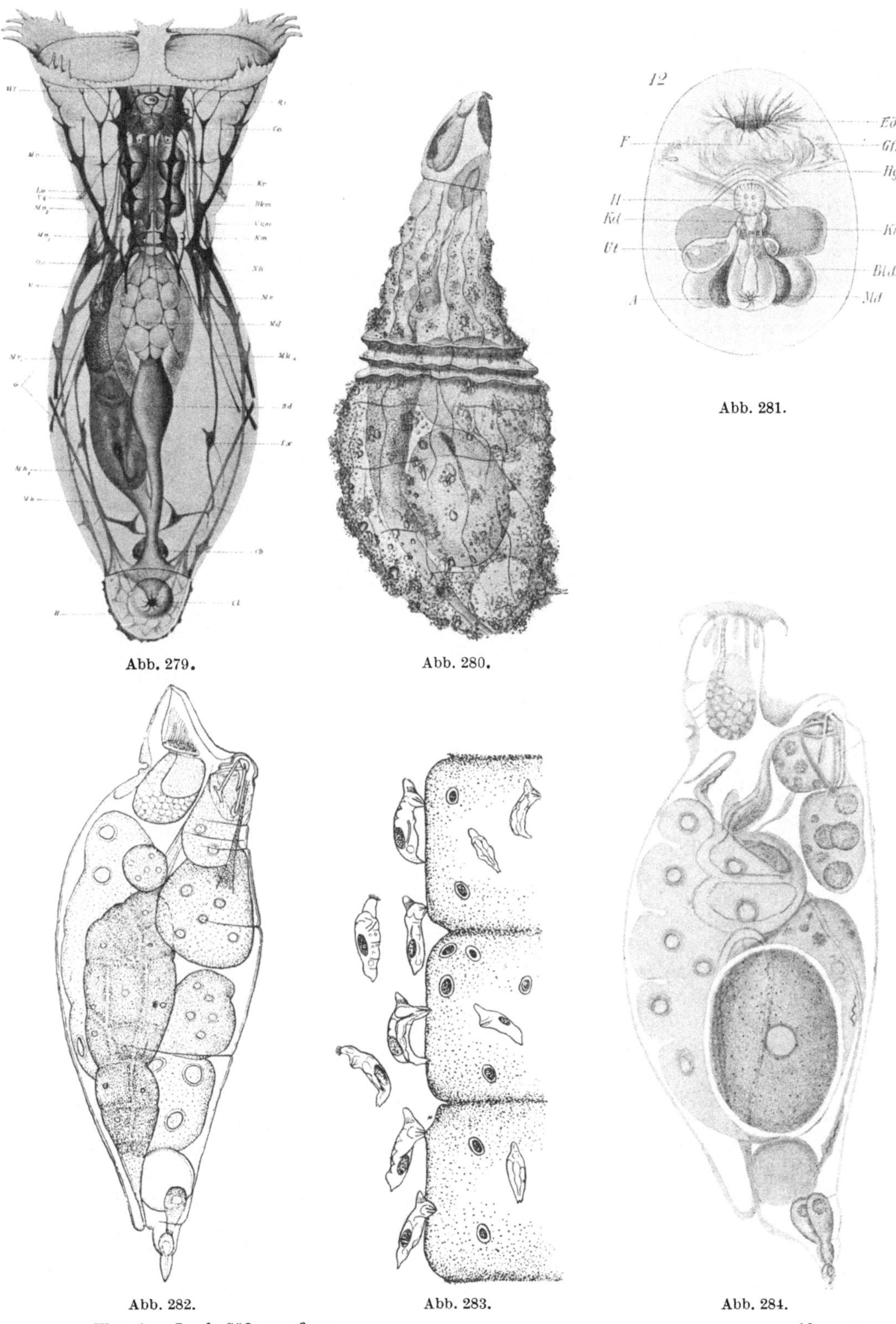

Abb. 279.

Abb. 280.

Abb. 281.

Abb. 282.

Abb. 283.

Abb. 284.

mit Gallerthüllen ausgestattet, alles Mittel, um den Eiern das Schweben zu ermöglichen (Abb. 277).

Es gibt Rädertiere, die unter ganz sonderbaren Lebensverhältnissen gedeihen, einige in übelriechendem, stinkendem Schlamm, wo übrigens einige überaus schöne und sehr umgebildete Formen vorkommen. Ein Teil lebt in warmen Quellen bei Temperaturen nahe 50° C; es sind das übrigens nur Formen, die auch in Wässern mit normalen Temperaturen anzutreffen sind. Eine ganze Reihe hat sich umgekehrt an Wässer mit sehr niedrigen Temperaturen angepaßt; sie kommen in hochgelegenen Seen und in den großen Tiefen der großen Seen vor, *Asplanchna* bis in einer Tiefe von 40 m. In einer Höhe von 2000 m sind noch 63 Arten nachgewiesen; in 2600 m nur fünf; einige spannerartige Rädertiere sind noch in Höhen von 4000 m festgestellt worden. In Grönland sind 38 Arten nachgewiesen und ihre Zahl ist ohne Zweifel noch größer. Formen, die bis zu tiefen Kältegraden vorkommen, besitzen sehr häufig eine recht kräftige, rote Farbe, vermutlich Karotin. und rufen zusammen mit den Schneealgen und anderen niedrigstehenden Formen den roten Schnee hervor, der allen in arktischen Gebieten Reisenden wohlbekannt ist. An solchen Örtlichkeiten finden sich hauptsächlich Repräsentanten der spannerartigen Rädertiere. Wiszniewski (1932 bis 1934) hat gezeigt, daß man im Sand der Seeufer entlang, besonders in jenem Gürtel, der sich nicht immer unter Wasser befindet, eine sehr reichliche Rädertierfauna feststellen kann. Dieser Befund ist um so merkwürdiger, als man bisher geglaubt hat, daß dieses Gebiet von Tieren, namentlich von Rotiferen, so ziemlich entblößt sei. Im Sand entlang den Ufern des Wigrisees sind nicht weniger als 82 Arten gefunden worden; Notommatiden, Rattuliden, Philodiniden und die Gattung *Monostyla* sind besonders reichlich vertreten, aber auch Formen, wie *Gastropus stylifer* Imh., *Ascomorpha saltans* Bartsch, *Synchaeta*-Arten, *Euchlanis* u. a., treten auf. Sie finden sich in den kleinen Wasserschichten, die um die Sandkörner vorhanden sind. Eine gemeinsame Eigenschaft eines großen Teiles dieser merkwürdigen Fauna sind die sehr großen Fußdrüsen. Es wird angegeben, daß diese Tiere zwei Maxima besitzen, eines im Frühjahr und eines im Herbst; im ersten treten vereinzelte Männchen bei vereinzelten Gattungen auf; das Herbstmaximum dagegen fällt bei fast allen Arten zusammen mit einer sehr deutlichen Sexualperiode. Auch der faulende Schlamm enthält gewisse eigentümliche Formen, die oft durch ein stark reduziertes Räderorgan ausgezeichnet sind oder dadurch, daß sie überhaupt keines mehr besitzen. Da gibt es Formen, die bisher nur einige wenige Male gesehen worden sind und die mehr oder weniger in dem Schlamm versenkt angetroffen werden (Abb. 279 bis 280) (*Atrochus tentaculatus* Wierzejski, *Dicranophorus* P. de Beauchamp 1929, *Paradicranophorus* Wiszniewski 1929). Die letztgenannte, eine Notommatide, ist lebendgebärend (Abb. 280).

Die sog. Erdrotatorien leben im Moos auf Baumstämmen, besonders auf solchen, deren unterer Teil bei Hochwasser unter Wasser steht, in Dachrinnen und in den Moospolstern auf Dächern. Alle sind Formen, die eine Austrocknung in hohem Grad ertragen können und die in Trockenperioden zu Kugeln zusammengerollt oder in Gehäusen liegen (Abb. 285, 286), welche sie sich selbst gebaut haben. Sie entfalten sich erst wieder, wenn der Regen kommt und das Moos von Wasser vollgetränkt ist. Diese Formen leben an Lokalitäten, wo es gilt, sich festhalten zu können, sonst werden sie vom strömenden Regen fortgeschwemmt. Sie besitzen damit in Übereinstimmung oft besondere Festheftungseinrichtungen, wie Saugscheiben oder eine Menge von Stacheln, die senkrecht vom Körper abstehen und als Verankerungseinrichtungen wirken, indem sie sich in das Moosgewebe einbohren und damit verhindern, daß die Tiere fortgeschwemmt werden (HEINIS 1910; HAUER 1927 bis 1935; PAWLOWSKI 1938).

Solche Rädertiere findet man an Stellen, die oft durch Monate des Wassers entbehren. Die Moose und Flechten rollen sich zusammen, werden grau und welken. Man sollte nicht glauben, daß es möglich sei, daß Pflanzen wie diese zwischen ihren Blättern Tiere beherbergen können, die sozusagen Wassertiere sind, insofern sie nur solche Nahrung zu sich nehmen können, welche sich im Wasser befindet, und denen, soviel wir wissen, alle Vorbedingungen fehlen, um Nahrung auf dem Lande zu suchen oder zu erwerben. Die Sache ist um so merkwürdiger, als wir in diesen Moosen und Flechten sonst einer Fauna begegnen,

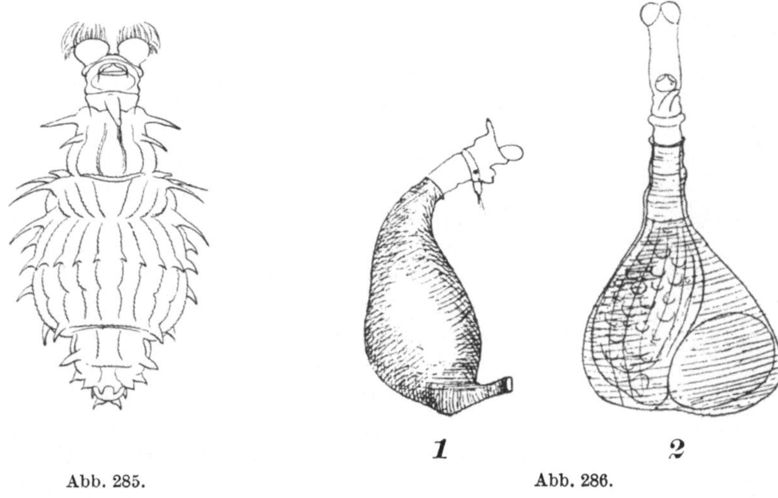

Abb. 285.   Abb. 286.

Abb. 285. *Philodina multispinosa* THOMPSON. Ein Moosbewohner. Man beachte den starken Dornenbesatz, der für Moosbewohner charakteristisch ist und bewirkt, daß sie nicht so leicht durch Regengüsse weggespült werden können.

Abb. 286. *1 Habrotrocha caudata* MURRAY. *2 Habrotrocha ampulla* MURRAY. Moosbewohner, die besondere Gehäuse bewohnen. *1* das Tier in seinem Gehäuse, *2* desgleichen, mit einem Ei darin. (MURRAY 1910.)

die eine ausgesprochene Landfauna darstellt, die nicht in unseren Seen und Teichen leben könnte und die auf recht vielfältige Weise sich an das Leben an solchen Örtlichkeiten angepaßt erweist, wo Moose und Flechten sich finden. Versuche im Laboratorium haben gezeigt, daß diese Rädertiere nicht weniger als 30 Monate in vollkommen ausgetrocknetem Zustand leben können, um dann, wenn sie wieder dem Wasser ausgesetzt werden, im Verlauf von achteinhalb Stunden aufzuleben. KERNER hat spannerartige Rädertiere zum Aufleben gebracht, die durch fünf Jahre vollständig trocken gelegen waren. Man hat sie Temperaturen von — 17° C bis zu +78° C ausgesetzt; sie haben es vermocht, innerhalb dieses ganz enormen Temperaturintervalls am Leben zu bleiben, ja man behauptet, daß sie noch nach Einwirkung einer Temperatur von 110° C wieder zum Leben gekommen seien. Sobald die Trockenheit kommt, ziehen sie sich zu Kugeln zusammen, umgeben sich mit einer sich verhärtenden Gallertmembran, und in diesem Zustand kommen sie über die Trockenperiode hinweg. Die Untersuchungen scheinen zu erweisen, daß eine solche, weit entfernt, den Tieren zu schaden, eher als Stimulans wirkt, das einerseits eine größere Eianzahl zur Folge hat und anderseits auch die Jungen rascher die volle Größe erreichen. Wie schon erwähnt, sind bei diesen, den spannerartigen Rädertieren, niemals Männchen gefunden worden; ihre dickschaligen, oft mit Dornen besetzten Eier sind nicht das Ergebnis einer Befruchtung. Man ist so weit gegangen, zu behaupten, daß die Trockenperiode für die Entwicklung der Eier den gleichen Einfluß wie die Besamung haben solle. Gewisse Formen leben in überaus kleinen Wasseransammlungen, z. B. in dem sehr sauren, dunkelbraunen Wasser, das sich zwischen den Ästen alter Buchen finden kann. Es handelt sich besonders um spannerartige Rädertiere (*Habrotrocha Thienemanni*; HAUER 1923).

Jedermann, der Moose und Flechten an Baumstämmen in brütender Sonne an einem Julitag und an Regentagen im November beobachtet hat, wird den enormen Unterschied in der Beschaffenheit der Moose bemerkt haben, die braune Farbe und den eingerollten, verwelkten Zustand im Juli und die prachtvolle grüne Farbe im November; dann strotzen alle diese Behänge an unseren Waldbäumen von Wasser und Wohlbefinden. Ein sehr häufiges Moos an diesen Örtlichkeiten ist das Lebermoos *Frullania dilatata* (Abb. 287). Die breiten, flächen Blätter, die in zwei Reihen längs eines Mittelstieles angeordnet sind, tragen an der Innenseite gegen den Stiel zu einen kleinen glocken- oder sackförmigen Blattabschnitt. Wenn man ein solches Blatt unter das Mikroskop legt und Wasser dazusetzt, so sieht man, wie aus den meisten dieser kleinen Glocken ein oder zwei wimpernde Räderkronen herausragen. Es ist wieder ein spannerartiges Rädertierchen, *Callidina symbiotica* ZEL., das sich hier eine sichere Zufluchtsstätte gefunden hat. In Trockenperioden liegen die Tiere eingeschrumpft am Grund der Glocken, aber wenn ein Regen kommt und die Moose sich ausrollen, dann wagen sich die Tiere ins Leben, entfalten ihre Räderkronen und wirbeln Nahrung in den Mund. Eine Zeitlang hat man geglaubt, daß diese Glocken oder Taschen durch einen von Seite der Rädertiere erzeugten Reiz entstünden und daß man es mit einem direkten Anpassungsverhältnis von Seite der Pflanze zum Vorteil der Tiere zu tun hätte (ZELINKA 1886). Eingehende Untersuchungen haben erwiesen (GOEBEL), daß diese Glocken ohne Einfluß von Seite der Tiere gebildet werden. Daß die Tiere sie gefunden haben, das ist eine andere Sache, die mit der Bildungsweise der Taschen nichts zu tun hat. Aber deshalb ist der Tatbestand ganz gleich interessant, und das Schauspiel der vielen weißen, wirbelnden Räder gegen die helle, grüne Farbe der Lebermoose gleich schön.

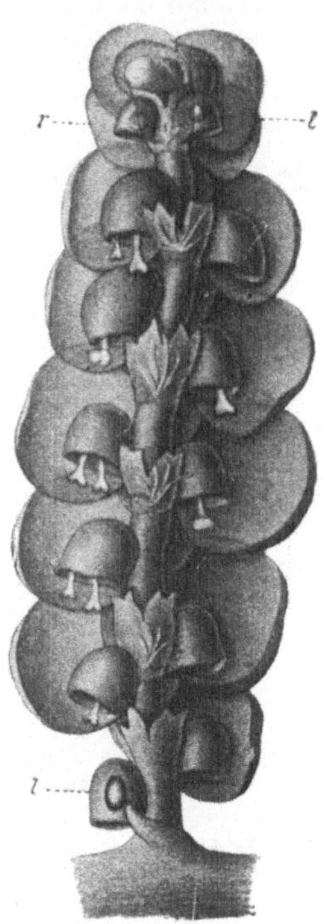

Abb. 287. Ein Moos, *Frullania dilatata*, von Baumstämmen. Das Moos mit Taschen ausgestattet, aus denen die Rädertiere herausragen (Philodiniden). (ZELINKA 1886.)

Es gibt eine ganze Reihe von Rädertieren, die an anderen lebenden Organismen festsitzen. Auf den schönen Kolonien des Glockentierchens *Zoothamnium* findet sich ein Rädertier, *Proales petromyzon* EHRBG., das auf ihnen sitzt und ein Glockentierchen nach dem anderen abbeißt (Abb. 289, 290). Die Eier werden an den Kolonien abgelegt und sie scheinen ihr ganzes Leben hier zuzubringen. Es gibt einige Formen, vor allem wieder spannerartige Rädertiere, die sehr regelmäßig an Insekten, an Daphnien (Abb. 288), an *Gammarus pulex*, in den Kiemenhöhlen der Süßwasserkrabben Südeuropas angetroffen werden. In unseren kleinen Ententeichen, die oft einen rötlichen Schimmer durch die ungeheure Menge der sie bewohnenden Daphnien erhalten können, tragen diese auf ihrem Panzer häufig so große Mengen einer *Brachionus*-Art, daß sie die Tiere wie ein Mantel bedecken (Abb. 278, 288). Nicht selten findet man Rädertierkolonien auf Schnecken.

Es ist recht merkwürdig, daß sich gewisse Arten auf ganz bestimmten Schnecken aufhalten und noch dazu auf bestimmten Teilen dieser, z. B. eine *Oecistes* auf *Planorbis umbilicatus*, immer auf der linken Seite und immer in der Nähe der Schalenmündung. Auf der gleichen Seite befindet sich die Afteröffnung, und man vermutet, daß die von der Schnecke ausgestoßenen Exkremente irgendeine

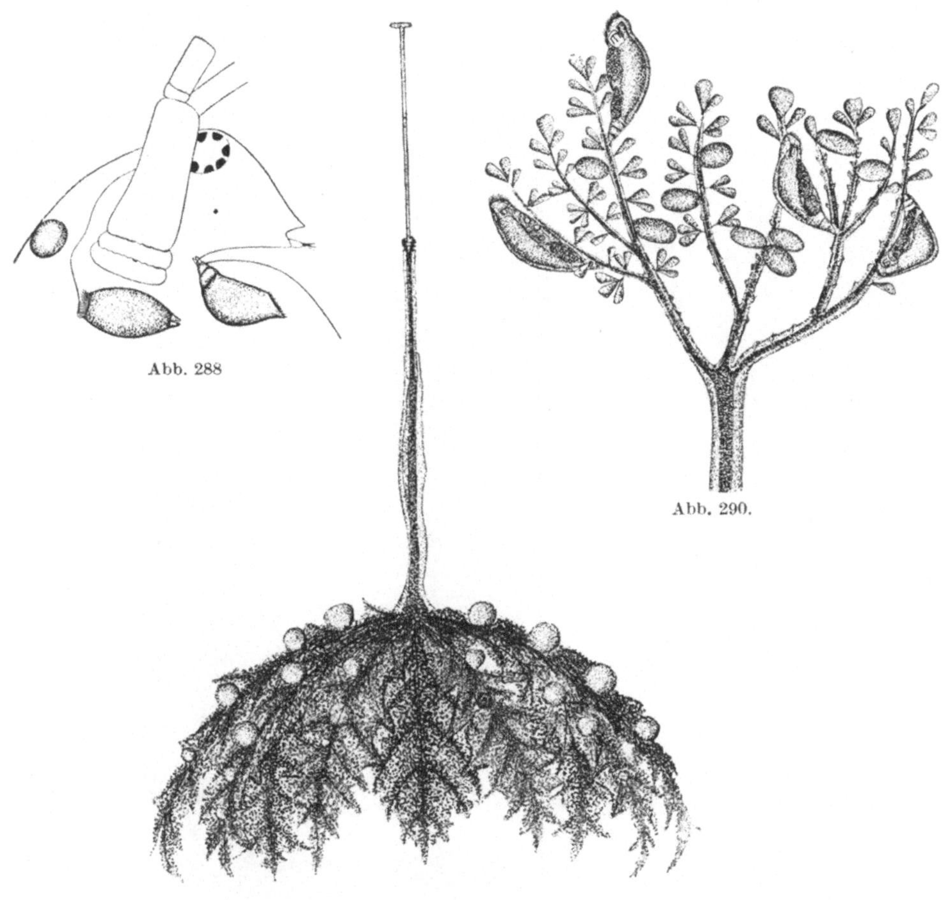

Abb. 288

Abb. 290.

Abb. 289.

Abb. 288 bis 290 Ectoparasiten.

Abb. 288. *Notommata* sp., auf *Daphnia* sitzend. Nahe der Rückenkante ein Ei. (W.-L. 1930.)

Abb. 289. *Zoothamnium geniculatum*, eine Vorticellide, in deren Krone sich das Rädertier *Proales petromyzon* Ehrbg. häufig findet. Die Kolonie zirka 3 bis 4 mm lang. (W.-L. 1925.)

Abb. 290. Ein Zweig von *Zoothamnium* mit dem Rädertier *Proales* sp., das die einzelnen Tierchen abfrißt und auf die Zweige Eier ablegt. (W.-L. 1925.)

Rolle für die Rädertiere spielen. Sie finden sich niemals auf leeren Schalen und sie sterben, wenn die Schnecke stirbt (P. de Beauchamp 1932). In allen diesen Fällen haben wir es nur mit Tieren zu tun, die ihren Standort auf anderen Geschöpfen eingenommen haben und die von Nahrung leben, die sie einstrudeln, von Detritus oder von Mikroorganismen, die sich gleichfalls auf dem Wirt vorfinden.

Wirkliche Parasiten sind selten, die am besten bekannten sind an Pflanzen anzutreffen; solche, die auf anderen Tieren vorkommen, sind nur wenig bekannt.

Wenn *Volvox* sein Maximum in unseren Seen und Teichen hat, wird man sehr häufig gegen Schluß des Maximums Kugeln sehen können, die halb aufgelöst, halb zerfressen aussehen. In der Gallerte liegen einige dunkle Kugeln, oft Eier, oft etwas unregelmäßig geformte Massen. Es sind zwei Rädertiere aus der Familie

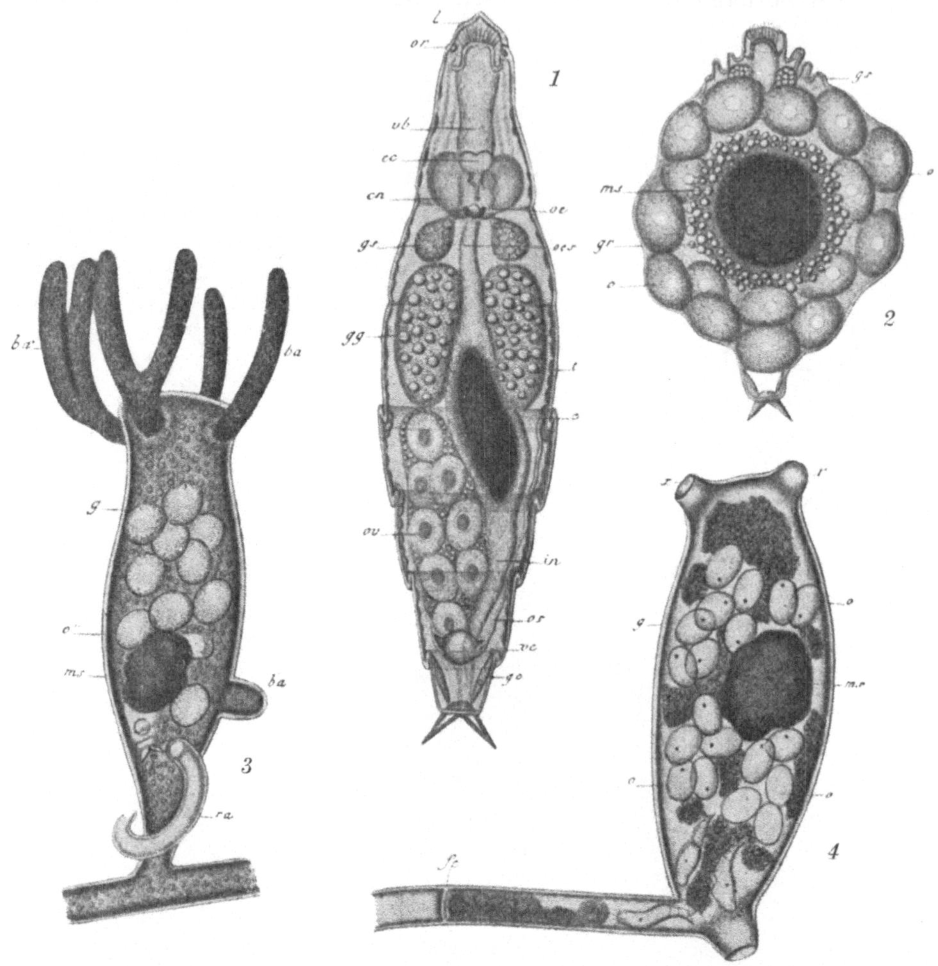

Abb. 291. *Notommata* (= *Proales*) *Werneckii* EHRBG., lebt in Gallen auf *Vaucheria terrestris*, einer Alge, die grüne Samtüberzüge auf feuchter Erde bildet. *1* Weibchen. *ov* Ovarium; *gg* Magendrüsen; *gs* Drüsen des Ösophagus; *cn* Mastax; *vb* Mundhöhle; *cc* Öffnung der Mundhöhle; *or* Öhrchen; *L* Leber; *oe* Augen; *oes, in* Darmkanal; *t* Haut; *os* Exkretionskanäle; *vc* kontraktile Blase; *go* Fußdrüsen. *2* altes Weibchen, dessen Körper mit Eiern überfüllt ist. *ms* Mageninhalt; *gr* Öltropfen; *o* Ei. *3* eine Galle *g*, ein Weibchen enthaltend, das Eier gelegt hat. *ms* der schwarze Mageninhalt; *g* Galle; *ba* neuer Sproß; *ra* Antheridien der Pflanze. *4* alte Galle *g*, mit Eiern *o* angefüllt. *x* Öffnung, durch die das Tier herauskommen kann; *ms* der schwarze Mageninhalt, der Rest des Rädertieres; *fe* Scheidewand. (BALBIANI 1878.)

der Notommatiden: *Proales parasitica* EHRBG. und *Hertwigia volvocicola* PLATE, die in den Kugeln leben, sie verlassen, sich in andere einbohren und ihre Eier in ihnen ablegen. Die dunklen Massen sind die Exkremente. Einen ganz eigentümlichen Schmarotzer, gleichfalls einen Notommatiden, trifft man in dem tiefgrünen, samtartigen Überzug an, den man über faulendem Schlamm, in Rinnsalen von Dorfteichen und an ähnlichen Stellen findet. Er wird von einer Grünalge gebildet, von *Vaucheria*. Darin treten bei uns merkwürdige, aufrecht stehende Gallen auf,

in denen man große, dunkle, kugelförmige oder längliche Rädertiere findet
(*Proales Werneckii* EHRBG.; Abb. 291).

Wirkliche Schmarotzer in Tieren kennt man nur wenige. Hierher gehören
wahrscheinlich die merkwürdigen *Drilophaga*-Arten *(D. bucephalus* VEJDOVSKY*)*,

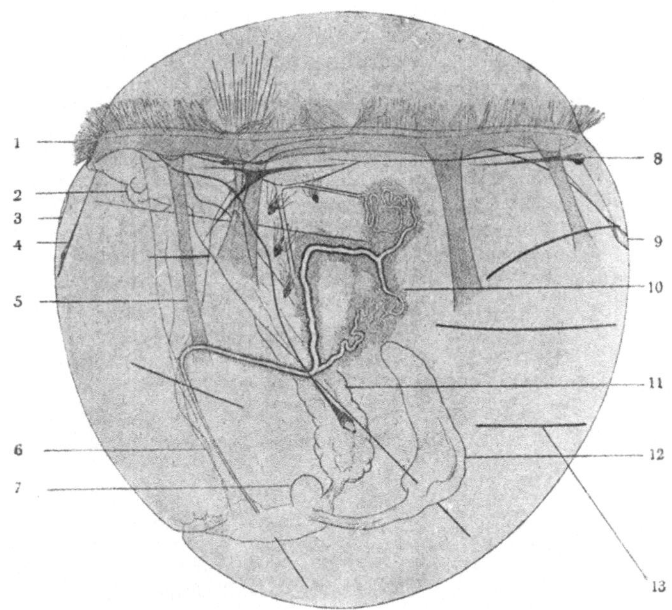

Abb. 292. *Trochosphaera solstitialis* THORPE (aus den Donausümpfen). *1* Mund; *2* unter dem Mastax liegender
Zellhaufen; *3, 4, 5* Längsmuskeln; *6* Nerven; *7* Darm; *8* erster Ringmuskel; *9* dorsales Sinnesorgan; *10* Exkretionsorgan; *11* Magen; *12* Blindsack; *13* vierter Ringmuskel. (VALKANOV 1936.)

die hauptsächlich am hinteren Körperabschnitt eines Süßwasseroligochäten *(Lumbriculus)* und auf der Saugscheibe von *Nephelis*-
Arten vorkommen (Abb. 282, 283). Es wird
behauptet, daß sie hauptsächlich von den
Epithelzellen leben (P. DE BEAUCHAMP 1904,
PAWLOWSKI 1934 bis 1935). Als Endoparasit
ist nur *Albertia* im Darm von Oligochäten
bekannt.

Die bei weitem überwiegende Zahl aller
Rädertiere sind Kosmopoliten. Unsere eigene
Fauna enthält kaum unter tausend Arten.

Des Beispieles halber sei erwähnt, daß
das von SEMPER (1872) auf Reisfeldern der
Philippinen gefundene, sehr eigentümliche
Rädertier *Trochosphaera aequatorialis* SEM-
PER, später von KOFOID in einer sehr nahe-
stehenden Form, *T. solstitialis*, in Nord-

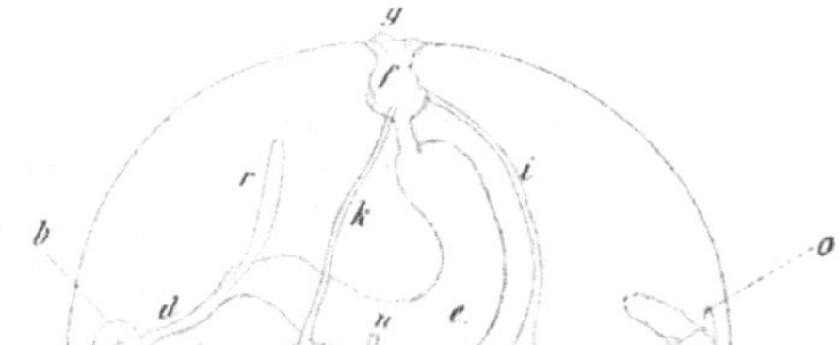

Abb. 293. *Trochosphaera aequatorialis* SEMPER.
a Mund; *b* Mastax; *c* Gehirn; *d* Ösophagus mit
Drüsen; *e* Magen; *f* Kloake; *g* After; *h* Eierstock; *k* Exkretionsorgan, Ausführungsgang;
l Muskel; *m* Auge; *n* Nerv; *q* Räderorgan.
Phillippinen. (SEMPER 1872.)

amerika gefunden wurde und neuerdings in den Ostrovo-Sümpfen im Donaugebiet
(VALKANOW 1936) und weiter in China (Abb. 292, 293). Eine andere eigenartige
Form, *Megalotrocha semibullata* TORPE, wurde in Australien von TORPE gefunden,
später in Südchina und Neuguinea und erst darnach bei Genf und Mannheim.

Soweit ich sehen kann, hat die Deutsche Limnologische Sunda-Expedition die hier gegebene Auffassung nicht geändert. Aus HAUERS Arbeit (1938) geht hervor, daß von den 158 gefundenen Arten 27 für die Wissenschaft neu waren. Neue aberrante Formen kamen nicht vor; von den 73 Litoralformen finden sich nicht weniger als 53 auch in Deutschland.

Systematik.

Es dürfte wohl schwerfallen, eine Tiergruppe zu finden, deren Angehörige so mannigfaltig aussehen wie die Rädertiere. Eine große Anzahl Gattungen erkennt man auf den ersten Blick und die meisten ordnen sich ganz natürlich in die größeren Abteilungen ein. Aber gelangt man dazu, sie bis auf die Art bestimmen zu müssen, so stößt man vielfach auf Schwierigkeiten. Man legte in früherer Zeit großes Gewicht darauf, ob der Körper gepanzert sei oder nicht, und nannte die gepanzerten Formen *Loricata* und die nichtgepanzerten *Illoricata* (HUDSON-GOSSE 1866). Man hat nun diese Einteilung verlassen (W.-L. 1899, 1930, P. DE BEAUCHAMP 1909, REMANE 1929 bis 1933).

Auf den folgenden Seiten gebe ich mit einigen Kürzungen das von REMANE in seiner Bearbeitung der Rotiferen im „BRONN" 1933 aufgestellte System. Es deckt sich nicht ganz mit meiner Auffassung der Verwandtschaftsbeziehungen der Rotiferen; ich anerkenne aber, daß es in den Haupteinteilungen richtiger ist als das von mir aufgestellte und in der dänischen Ausgabe und im Handbuch der Zoologie von mir verwendete.

1. Ordnung: Seisonidea.

Dotterstock fehlt; Ovar paarig; Männchen voll entwickelt; Hoden paarig; kompliziertes Vas deferens; Spermatophorenbildung; kein Penis. Mastax fulcrat. Mastax- und Kaudalganglion fehlen, ebenso Seitentaster; Fuß ohne Zehen, mit zahlreichen Klebdrüsen. Marin.

1. Fam. *Seisonidae: Seison.*

2. Ordnung: Bdelloidea.

(Tafel 8, Fig. 10; Abb. 246, 254, 285, 287.)

Ovar mit Dotterstock, paarig; Männchen unbekannt, wahrscheinlich fehlend. Mastax ramat, weit nach hinten verschoben. Bei den meisten ist ein besonderer Rüssel ausgebildet. Mastax- und Kaudalganglion vorhanden, Seitentaster fehlen. Fuß mit null bis vier Zehen und zahlreichen Klebdrüsen. Die Gliederung des Körpers sehr deutlich, die einzelnen Glieder können sich in der Weise ineinanderschieben, daß der Körper kugelförmig wird. Bei den ursprünglichsten ist das Räderorgan eine ventral gestellte Wimperscheibe, sonst ist es nach dem *Philodina*-Typus gebaut. Eierlegend oder lebendgebärend; echte Dauereier kommen nicht vor. Es sind teils Formen mit Schwimmfähigkeit, teils solche, die wie Egel oder Spannerraupen kriechen, indem sie abwechselnd den Rüssel und den Fuß an der Unterlage befestigen.

Abb. 294 bis 300. Festsitzende Rädertiere aus den Familien Melicertiden und Flosculariden.

Abb. 294. *Melicertidae. Oecistes socialis* WEBER, auf Algenkolonien sitzend. (WEBER 1898.)

Abb. 295. *Melicerta ringens* SCHRANK; häufig auf Seerosen und anderen Pflanzen. 40×. (HUDSON-GOSSE 1889.)

Abb. 296. *Melicerta ringens* SCHRANK. Die aus Exkrementkugeln gebildete Röhre. *N* Kerne; *O* Mundöffnung; *W* Wimpergrube mit Exkrementkugeln; *kl* Kloake. (TESSIN 1890.)

Abb. 297. *Limnias annulatus* BAILEY. Beachte die geringelte Chitinröhre. (WEBER 1898.)

Abb. 298. *Cephalosiphon limnias* EHRBG. Chitinhülle mit Algen bedeckt. (WEBER 1898.)

Abb. 299. *Floscularidae. Floscularia ornata* EHRBG. in ihrer Gallerthülle. (WEBER 1898.)

Abb. 300. *Stephanoceros Eichhornii* EHRBG., vom Rücken gesehen. *Af* After; *Hl* Gallerthülle; *Pr* Wimperflamme; *Lt* laterales Sinnesorgan; *Au* Auge; *Kr* Krone; *S₁, S₂* Muskeln, welche das Räderorgan einziehen; *Ma* Hypodermiszellen des Räderorgans; *Mu* Längsmuskeln; *Oe* Ösophagus; *Vm* Vormagen; *Ka* Mastax; *Vm* Magendrüsen; *Mg* Magen; *Kd* Keim-Dottersack; *Ed* Enddarm; *Cv* kontraktile Blase. (JURCZYK 1927.)

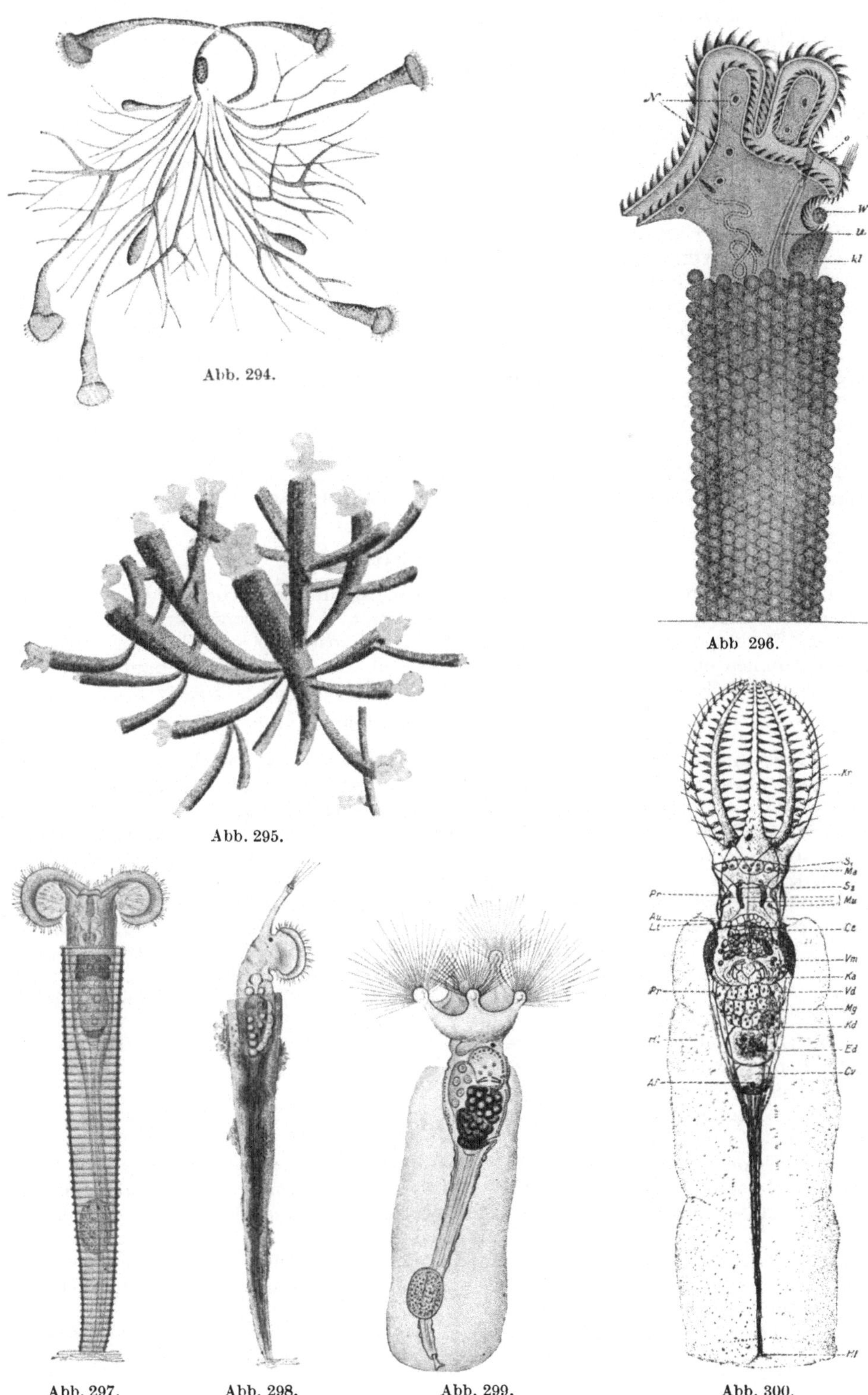

Abb. 294.

Abb. 295.

Abb 296.

Abb. 297.   Abb. 298.   Abb. 299.   Abb. 300.

1. Fam. *Callidinidae*. Magenlumen weit; die Nahrung wird im Magen zumeist zu Pillen gedreht, die im Ösophagus gebildet werden. Schlundrohr lang, Mastax nicht vorstülpbar; Räderorgan mit Trochalscheiben.

Callidina (*Habrotrocha* BRYCE). Gewöhnlich ohne Augen, zahlreiche Arten in selbstgebauten oder fremden Gehäusen.

2. Fam. *Philodinidae*. Magenwand dick. Magenlumen wenigstens im hinteren Teil ein langes, bewimpertes Rohr, zumeist im ganzen Verlauf eng und eine Schlinge bildend. Die Nahrung wird nicht zu Pillen geformt. Wohlentwickelte Trochalscheiben. Mastax nicht vorstülpbar.

Rotifer. Körper oft extrem lang, Fuß mit drei Zehen, vivipar. *Macrotrachela* MILNE (= *Callidina* BRYCE). Ovipar, Fuß mit drei Zehen. *Philodina:* Fuß mit vier Zehen, ovipar. *Mniobia:* Fuß ohne Zehen, ovipar. Viele Moos- oder Wasserbewohner. *Embata:* Epizoisch auf Krebsen und Insektenlarven. *Discopus:* marin, epizoisch auf der Haut von Holothurien. *Anomopus* in den Kiemenhöhlen von Telphusa.

3. Fam. *Microdinidae*. Schlundrohr reduziert. Magenlumen eng. Mastax kann vorgestülpt werden und Greifbewegungen ausführen. Trochalscheiben unvollkommen entwickelt oder reduziert, etwas *Adineta*-ähnlich. Rostrum stets vorgestreckt, nicht zurückklappbar. Die feine Seitenbewimperung unter dem Trochus und Cingulum fehlt. *Microdina*.

4. Fam. *Adinetidae*. Magen mit syncytialer Wandung, Magenlumen eng; Räderorgan eine ventral gestellte Wimperscheibe. Rüssel nicht retraktil. *Adineta*.

3. Ordnung: **Monogononta.**

Ovar mit Dotterstock, unpaar. Männchen meist (immer?) vorhanden, mehr oder weniger reduziert; Hoden unpaar und meist (stets?) mit Penis, keine Spermatophoren. Heterogonie. Mastax nie echt ramat, sonst sehr verschieden. Mastax, Kaudalganglien und Seitentaster vorhanden. Fuß sehr verschieden gebaut, fehlt oft; höchstens zwei Zehen.

1. Unterordnung: **Ploima.**

Fuß, wenn vorhanden, mit zwei Zehen; höchstens zwei Klebdrüsen, zuweilen noch zwei akzessorische; Räderorgan sehr verschieden gebaut, nie nach dem *Conochilus-Pedalion*-Typus oder *Floscularia*-Typus; nie festsitzend.

1. Fam. *Brachionidae*. Buccalfeld vorwiegend supraoral, gewöhnlich schräg, selten terminal gestellt, dorsal mit drei Buckeln mit stärkeren Wimpern (Pseudotrochus), Mastax malleat, Mund trichterartig im Buccalfeld.

Unterfam. *Brachioninae*. Räderorgan ohne seitliche Lamellen. Kopfhaube fehlt; nur Zerebral- oder Apikalaugen oder ohne Augen. *Hydatina* (Abb. 243). *Rhinops* (Abb. 237, 238). *Brachionus* (Abb. 241, 243, 264; Tafel 9, Fig. 9). *Anuraea* (Tafel 8, Fig. 7). *Anuraeopsis* (Tafel 9, Fig. 1). *Notholca, Euchlanis* (Abb. 247; Tafel 8, Fig. 6; Tafel 9, Fig. 6). *Salpina* (Tafel 9, Fig. 3). *Notops* (Tafel 7, Fig. 6) und *Notholca* (Abb. 276).

Unterfam. *Colurinae*. Räderorgan mit breiten, seitlichen Lamellen; Kopfhaube vorhanden; nur Lateralaugen.

Metopidia, Colurella.

Andere Familien sind die *Lecanidae* mit *Proales* (Abb. 275), *Monostyla* u. a. und die *Lindiidae* mit *Lindia*.

Fam. *Notommatidae*. Mastax ein Saugapparat, meist virgat, ventrale Flimmerscheibe mehr oder wenig entwickelt, Trochus oft mit Wimperohren. Apicalfeld klein. Das Räderorgan ist ein Bewegungsorgan. Die Nahrung wird hauptsächlich mit den Mundteilen ergriffen, die ganz bis zur Mundöffnung vorgeschoben werden können. Fuß gewöhnlich nicht vom übrigen Körper abgesetzt; die Männchen gleichen den Weibchen und sind nicht stark reduziert. Eierlegend, Boden- und Uferformen in kleinen, seichten Gewässern mit reichlichem Pflanzenwuchs.

Notommata (Abb. 291), *Taphrocampa, Drilophaga* (Abb. 282 bis 284), *Pleurotrocha, Diaschiza, Furcularia* u. v. a. *Triphylus* (Tafel 7, Fig. 2), *Copeus* (Tafel 8, Fig. 4; Tafel 9, Fig. 5), *Scaridium*.

Nahe verwandt, wahrscheinlich am ehesten als Unterfamilien zu betrachten sind die Familien *Rattulidae* und *Gastropodidae*.

Fam. *Rattulidae*. Mastax virgat; gewöhnlich stark asymmetrisch. *Diurella* (Tafel 7, Fig. 10), *Rattulus* (Tafel 7, Fig. 1; Abb. 276), *Hertwigia*.

Fam. *Gastropodidae* mit virgatem Mastax und mit syncytialer Magenwand, mit meist zahlreichen Blindsäcken. *Gastropus* (Tafel 7, Fig. 3, 5). *Ascomorpha* (Tafel 7, Fig. 4). *Anapus* (Tafel 8, Fig. 9).

Fam. *Diglenidae*. Mastax forcipat, Räderorgan eine große ventrale Flimmerscheibe, gewöhnlich ohne Trochus, Mund beinahe in der Mitte der Flimmerscheibe. *Diglena* (Abb. 265; Tafel 9, Fig. 7). *Albertia*.

Fam. *Asplanchnidae*. Mastax incudat, Bewimperung auf der terminal gestellten Flimmerscheibe fehlt ganz. Buccalfeld ganz reduziert; ein einfacher Wimperkranz um den Kopf. Die Beute wird mit den Mundwerkzeugen eingefangen, die als Greifzangen gestaltet sind. Der Fuß sitzt ventral oder fehlt ganz. Oft vivipar. *Harringia*, *Asplanchna* (Tafel 8, Fig. 2; Tafel 9, Fig. 8). *Asplanchnopus*. *Asplanchna* vivipar; ohne Afteröffnung.

Fam. *Synchaetidae*. Mastax virgat, Räderorgan in gewisser Hinsicht nach dem *Asplanchna*-Typus, mit starren Borsten um den Mund, oft mit Wimperohren und Palparorgane.

Synchaeta (Tafel 8, Fig. 1). *Polyarthra* (Abb. 276; Tafel 9, Fig. 2). *Ploesoma* (?) (Tafel 7, Fig. 7; Tafel 9, Fig. 4).

Fam. *Microcodinidae*. Mastax virgat, aber mit stark reduzierten Unci und Manubria; mit beinahe terminal gestellter Wimperscheibe und einem zentral gelegenen, aus Membranellen gebildeten Pseudotrochus. *Microcodon* (Tafel 8, Fig. 11).

2. Unterordnung: Melicertacae.

Fuß, wenn vorhanden, ohne Zehen und mit zahlreichen Fußdrüsen; Mastax malleoramat, Radscheibe endständig nackt, gewöhnlich mit zwei deutlichen Cilienkränzen; zwischen diesen liegt eine mehr oder weniger gut begrenzte, bewimperte Furche. Das Räderorgan ist bei den freilebenden Formen sowohl Bewegungs- als auch Nahrungserwerbsorgan; bei den festsitzenden nur Nahrungserwerbsorgan.

Fam. *Pterodinidae*. Freischwimmend, Fuß fehlt (bei *Pterodina* Fuß vorhanden, er trägt auch beim erwachsenen Tier eine terminale Wimperkuppe). Trochus wohlentwickelt. Cingulum gewöhnlich schwach. *Pterodina* (Tafel 8, Fig. 5; Abb. 242). *Pompholyx*, *Triarthra* (Tafel 7, Fig. 8 u. 9; Abb. 239 u. 240, 262; Tafel 9, Fig. 12). *Pedalion* (Abb. 276; Tafel 9, Fig. 10). *Trochosphaera* (?) (Abb. 292 u. 293).

Fam. *Melicertidae*. Erwachsene Weibchen festsitzend, selten (sekundär) freischwimmend. Fuß fast stets von Gallerthülle oder Gehäuse umgeben. Kapillarteil der Protonephridien mit zwei Mündungen. HUXLEYsche Anastomose vorhanden; auch Cingulum wohlentwickelt. Die Melicertiden sind es, die oft außerordentlich schöne Gehäuse bauen; bei einigen sind es nur Gallerträhren, die mehr oder minder stark mit Partikelchen verschiedener Art belegt und zuweilen schön geringelt sind; bei Arten der Gattung *Melicerta* werden sie aus Exkrementkugeln gebaut, die überaus regelmäßig aneinandergereiht sind. Die Wimperscheibe läuft oft in Lappen aus. Viele von ihnen leben in Kolonien, die oft in Algenpolster versenkt sind.

Lacinularia, *Limnias* (Abb. 297), *Melicerta* (Abb. 295 bis 296), *Oecistes* u. a. (Abb. 294), *Cephalosiphon* (Abb. 298); Fam. *Conochilidae*. Räderorgan nach dem *Conochilus*-Typus. Der Mund liegt dorsal. Nur eine Mündung des Kapillarteiles des Nephridiums, ohne HUXLEYsche Anastomose.

Conochilus, *Conochiloides*. Oft freischwimmend in Kolonien oder vereinzelt.

3. Unterordnung: Flosculariacea.

Fuß ohne Zehen, nur beim Jugendstadium mit terminaler Wimperkuppe. Fußdrüsen zahlreich (beim erwachsenen Tier oft reduziert). Räderorgan vom *Floscularia*-Typus (S. 209). Männchen freischwimmend. Mastax uncinat. Einigen Gattungen fehlt das Räderorgan ganz.

Floscularia (Abb. 250, 299); *Stephanoceros* (Abb. 300) mit *S. Eichhornii* Ehrbg. ist eines unserer schönsten Rotatorien, dessen Krone in fünf sehr lange Arme ausläuft, die den Seiten entlang mit Bündel von kurzen Cilien besetzt sind. Die steifen Borsten fehlen.

Ferner die sehr abweichenden Formen *Apsilus* mit *A. vorax* Leidy (Abb. 281; Gast 1900, Cori 1925) sowie ein paar sehr wenig bekannte Formen, die im Schlamm versenkt leben (*Atrochus tentaculatus* Wierz. Abb. 279), oder als Räuber in anderen Rädertierkolonien vorkommen *(Acyclus)*. Ihnen allen fehlt ein Räderorgan ganz.

Klasse

Gastrotricha.

Die *Gastrotricha* sind sehr kleine, hauptsächlich *langgestreckte* Organismen. Der Körper ist mit einer Kutikula versehen, die oft Schuppen oder Dornen trägt; nur ein Teil der Oberfläche, der Bauchseite und des Vorderendes ist bewimpert. Die Hypodermis ist syncytial und enthält zahlreiche Klebdrüsen, die auf Haftröhren ausmünden; ein Paar Sinnesorgane am Vorderende. Darmkanal ein gerades Rohr, das sich mit dem Munde am Vorderende und mit dem After am Hinterende öffnet; Leibeshöhle schwach entwickelt; Muskulatur fast nur Längsmuskeln. Die uns interessierende Abteilung, die *Chaetonototidea*, vermehren sich, soweit bekannt, nur parthenogenetisch. Geschlechtsdrüsen paarig oder unpaar. Die weiblichen Ausführungsgänge münden zusammen mit dem Darm aus. Entwicklung direkt.

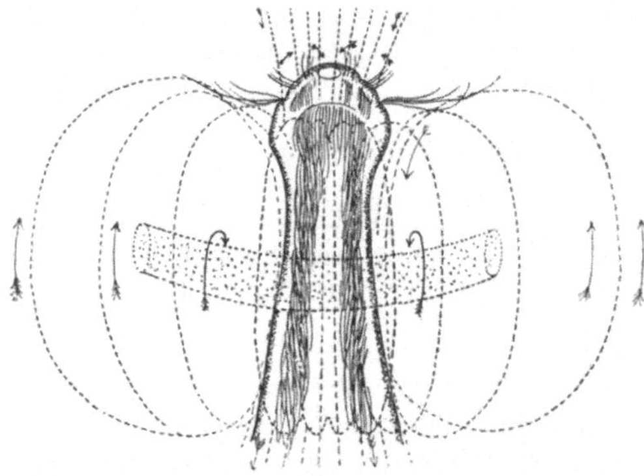

Abb. 301. *Chaetonotus* bei der Nahrungsaufnahme. Die Pfeile geben die Richtung der Wasserströmung an; die kleinen Pfeile vor der Mundöffnung zeigen die Richtung der Nahrungspartikelchen an; durch die Bewegung der großen Cilien werden die Partikelchen vor den Mund hingetrieben. (Zelinka 1889.)

Die Gastrotricha sind eine sehr kleine Wurmgruppe — man kennt knapp 200 Arten. Man glaubte früher, daß sie fast ausschließlich im Süßwasser vorkommen. In den letzten Jahren, besonders durch die Untersuchungen Remanes, ist festgestellt worden, daß sich in Brack- und Salzwasser, in der Litoralregion, eine bedeutende Anzahl Arten vorfindet. Gegenwärtig ist immerhin ein Viertel aller bekannten Formen marin. Diese weichen in einer Reihe von Baueigentümlichkeiten so sehr von den lacustrischen ab, daß man zwei Ordnungen aufstellen konnte, die *Macrodasyoidea* und die *Chaetonotoidea*, von welchen die erstgenannten ausschließlich marin sind; die letztgenannten sind mit ganz vereinzelten Ausnahmen fast nur lacustrisch. Die Gastrotrichen sind stets überaus kleine Tiere, fast immer unter 1 mm, keines erreicht 2 mm. Der Körper ist länglich, flaschenförmig, spindelförmig oder zylindrisch. Vorne befindet sich ein sog. Kopf, der auf verschiedene Weise gegen den übrigen Körper abgesetzt ist. Das Hinterende ist verschiedenartig ausgebildet, aber bei fast allen Süßwasserformen ist es gespalten, indem es in zwei Röhren ausläuft, die hohl sind und jede zwei Drüsen enthalten; diese geben ein klebriges Sekret ab, mit welchem die Tiere sich festheften können. Die Süßwasserformen haben nur zwei oder höchstens vier Haftröhren, die immer am Hinterende sitzen (Abb. 302); ihre Anzahl bei marinen Formen kann sehr verschieden sein (bis zu 200), auch sitzen sie hier an verschiedenen Stellen des Körpers. Sie stellen eine der vielen charakteristischen Baueigentümlichkeiten der Gastrotrichen dar. Der Körper ist mit einer dünnen, in der Regel sehr geschmeidigen

Kutikula bedeckt, die durch einen ungewöhnlichen Reichtum an verschiedenartigen Kutikularbildungen ausgezeichnet ist (Abb. 304, 305, 308), in erster
Linie dreieckigen Schuppen, die oft mit längeren oder kürzeren Dornen ausgestattet sind. Manchmal finden sich Dorne allein ohne Schuppen; die Dorne
können kammförmig gestaltet sein. Zuweilen sind alle diese Bildungen durch

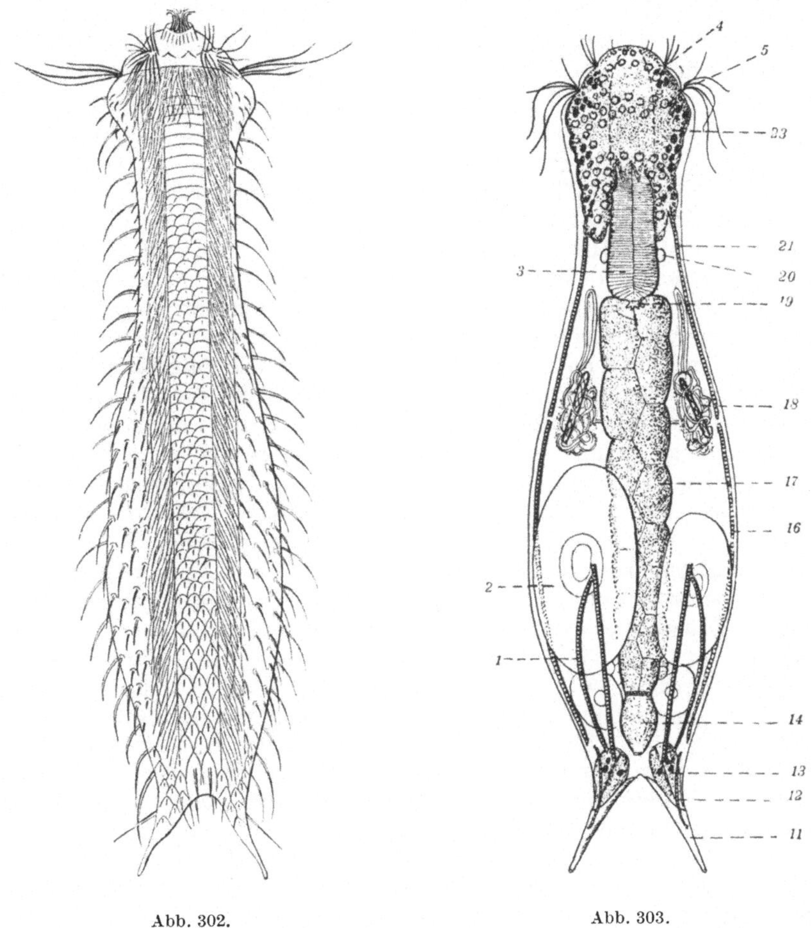

Abb. 302.   Abb. 303.

Abb. 302. *Chaetonotus maximus* EHRBG., von der Bauchseite gesehen, um die Wimperzüge zu zeigen.
(ZELINKA 1889.)

Abb. 303. Organisationsschema von *Chaetonotus*. *1* dorsaler Hautlängsmuskel; *2* Ei; *3* Schlund; *4* vorderes,
5 hinteres Wimperbüschel; *23* Gehirn; *21, 16, 12* Muskeln; *20* Speicheldrüse; *19* Reuse, die in den Mitteldarm *17*
führt; *18* Exkretionsorgan; *14* Enddarm; *13* Klebdrüsen; *11* die hinteren Haftröhren (Zehen).

Platten und Schienen ersetzt. Ihre Mannigfaltigkeit ist namentlich bei den marinen Formen sehr groß. Sie bilden einen Panzer um den ganzen Körper. Die
Schuppen stehen in Längsreihen, weichen jedoch in Form und Aussehen bei den
verschiedenen Gruppen voneinander ab. Diese Kutikularbildungen können
außerordentlich schön sein und tragen, zusammen mit den anmutigen Bewegungen
der Tiere, dazu bei, daß sie sehr schöne Objekte für die mikroskopische Beobachtung darstellen. Man sollte glauben, daß dieser Schuppenpanzer, der den
größten Teil des Körpers dieser Tiere bedeckt, sie wenig schmiegsam machen
würde; aber das ist keineswegs der Fall. Tatsächlich können sich wenigstens die

Süßwasserformen um Algenfäden schlängeln und sich nach allen Richtungen wenden und drehen.

Ein anderer eigenartiger Punkt ihrer Bauverhältnisse sind ihre Bewegungsorgane. Beim größten Teil aller Süßwasserformen *(Chaetonotidae)* verlaufen längs des nicht mit Schuppen besetzten Teiles der Bauchseite zwei Wimperbänder (Abb. 302). Bei einer Gruppe sind diese Bänder in Bündel von Haaren aufgelöst, die den Seiten entlang verlaufen *(Stylochaeta*; Abb. 310). Bei verschiedenen marinen Formen ist die ganze Unterseite bewimpert. Diese cilienbekleidete Bauchseite hat der Gruppe ihren Namen gegeben. Bei den Chaetonoten sind die beiden Längsbänder voneinander durch ein freies, nicht bewimpertes Feld getrennt. Vorne am Kopf und an seinen Seiten nimmt das Flimmerkleid einen anderen Charakter an. Die Süßwasserformen tragen hier Bündel von langen schwingenden Cilien (Abb. 301), die zum Teil an den Seiten des Kopfes, zum Teil unterhalb des Mundes angebracht sind. Die Bewimperung ist das Bewegungsorgan der Tiere. Mit Hilfe der Cilien des Kopfes können einige Formen kurze Strecken schwimmen. Gleichzeitig stehen die Wimpern im Dienste des Nahrungserwerbs. Im großen und ganzen sind die Gastrotrichen überwiegend kriechende und immer langsam kriechende Tiere. Unterhalb der Kutikula findet sich eine Hypodermis ohne deutliche Zellgrenzen. Es ist keine Ringmuskulatur vorhanden, aber es sind zwei starke Längsmuskeln ausgebildet, die sich durch den ganzen Körper erstrecken. Ein Blutgefäßsystem fehlt. Das Nervensystem besteht aus einem Gehirnganglion und zwei Längsstämmen. Als Sinnesorgane werden die sog. Sinnesgruben aufgefaßt, Einsenkungen mit langen Sinneshaaren. Der Verdauungstraktus (Abb. 303) ist ein langes, gleichmäßiges Rohr; die Mundöffnung liegt vorne, die Afteröffnung am Hinterende, zumeist gegen den Rücken verschoben. Der Darmkanal zerfällt in zwei Partien: einen Vorderdarm und einen Magendarm, der selten in einen Magen und einen Darm gesondert ist. Der Darm besitzt keine Drüsen und ist nicht bewimpert. Bei den Süßwasserformen beginnt der Vorderdarm mit einem sog. Mundrohr oder einem Zahnzylinder, der vorgeschoben werden kann und mit Dornen am Rande ausgestattet ist. Er setzt sich in einen muskulösen Schlund fort, der hinten oft bulbusartig abgesetzt ist. Der Querschnitt zeigt, daß sein Lumen dreieckig ist. Die Süßwasserformen besitzen zwei Paar Speicheldrüsen. Beim Eingang vom Magendarm befindet sich ein reusenförmiges Organ. Bei den Süßwasserformen ist der Darm aus vier Zellreihen aufgebaut. Die Gastrotrichen suchen ihre Beute auf oder sie sitzen mit ihren hinteren Haftröhren befestigt und strudeln mit Hilfe der langen, vorderen Cilien Nahrung gegen die Mundöffnung. Der kräftige Schlund wirkt als Saugpumpe, die Wasser mit Nahrung einsaugt. Einrichtungen, um die Nahrung damit zu ergreifen, kommen nicht vor; die Zähne am Mundrohr dienen wahrscheinlich zur Zerkleinerung des Detritus usw.

Als Exkretionsorgane fungieren bei den Süßwasserformen zwei lange, mitten im Körper liegende Kanäle (Abb. 303); sie besitzen nur zwei Wimperflammen, die sich in zwei lange, stark knäuelförmig aufgerollte Kanäle fortsetzen; sie münden

Abb. 304. *Ichthydium forficula* REMANE. (REMANE 1927.)
Abb. 305. *Chaetonotus rotundatus.* GREUTER 1918.
Abb. 306. *Aspidiophorus marinus.* REMANE 1926.
Abb. 307. Ei von *Chaetonotus maximus* EHRBG. (ZELINKA 1889.)
Abb. 308. *Setopus iunctus* GREUTER. (GREUTER 1918.)
Abb. 309. *Chaetonotus persetosus* ZELINKA. Mit Eiern vom Eitypus 2, Männchen-Ei (?). (REMANE 1926.)
Abb. 310. *Stylochaeta fusiformis* (SPENCER), von der Bauchseite gesehen. *11* ventraler Wimperkranz; *9* Mund mit Mundröhre; *10, 12* Pharynx; *13* ventrales Wimperbüschel; *8* Griffel. (HLAVA 1904 aus REMANE, Handb. d. Zool.)

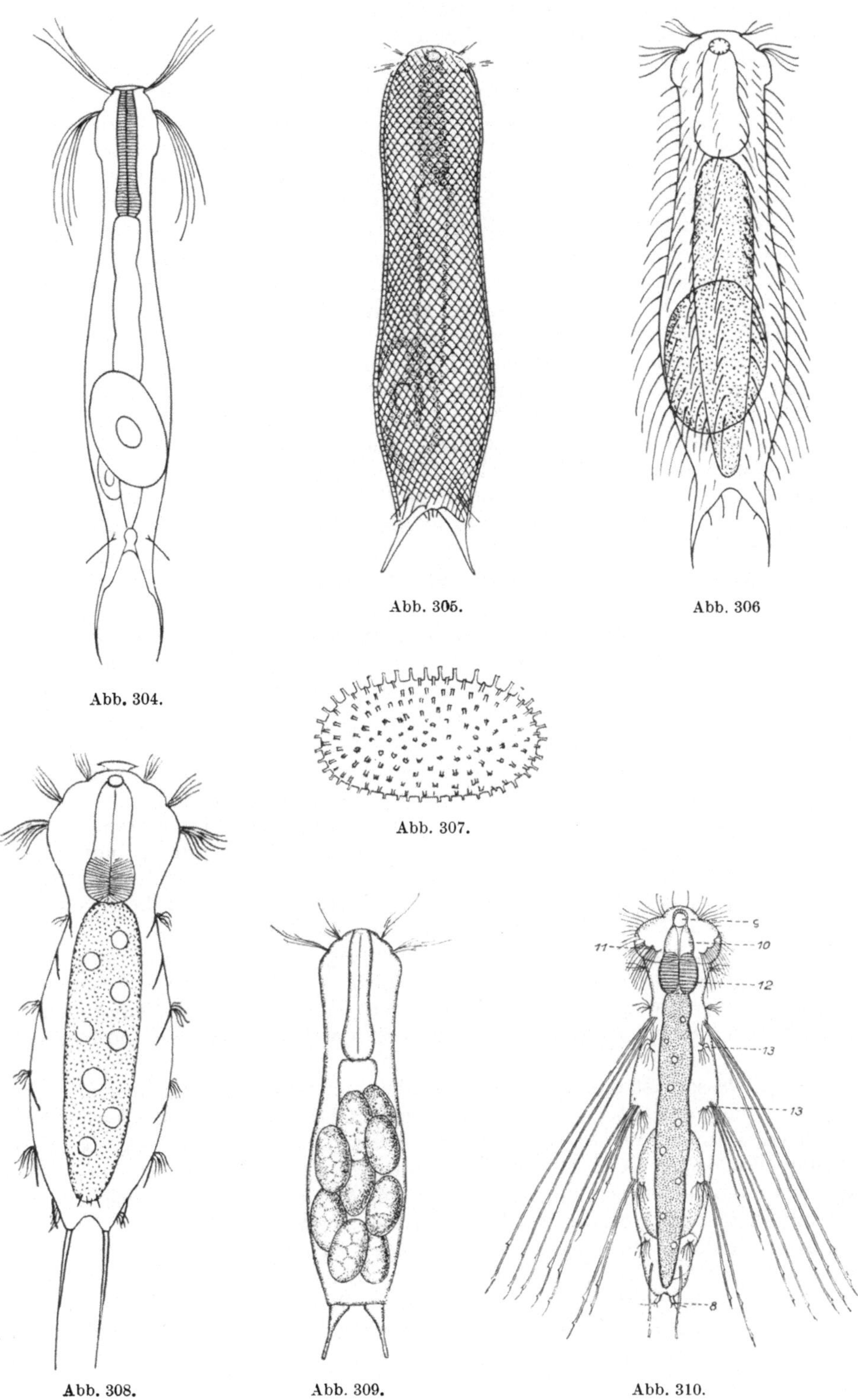

Abb. 304.

Abb. 305.

Abb. 306

Abb. 307.

Abb. 308.

Abb. 309.

Abb. 310.

an der Bauchseite ungefähr in der Mittellinie nach außen. Nur die Süßwasserformen besitzen Exkretionsorgane. Bei den Meeresformen sind sie zumeist nicht
nachgewiesen. Sie dienen wohl in erster Linie zur Regulierung des Wassergehaltes
des Körpers. Bei einer der Meeresformen hat man die eigentümliche Feststellung
machen können, daß der Pharynx ein Paar Öffnungen besitzt, die man als Kiemenspalten bezeichnet hat. Je eine trichterförmige Öffnung führt in die Leibeshöhle;
sie setzt sich in einen Kanal fort, jeder Kanal öffnet sich seitlich auf dem Vorderkörper. Das mit der Nahrung aufgenommene Wasser passiert auf diesem Weg
hindurch und auf diese Weise regulieren die Tiere den Wassergehalt des Körpers.
Die Zellen des Schlundes scheinen hier Exkretstoffe aufzustapeln.

Durch sehr lange Zeit hindurch hatte man bei den Gastrotrichen niemals
etwas anderes als Weibchen gefunden. Es hat sich nun gezeigt, daß die Meeresformen Hermaphroditen sind, aber bei den Süßwasserformen hat man noch nie
etwas anderes gesehen als Weibchen. Die weiblichen Geschlechtsorgane bestehen
bei ihnen aus zwei Ovarien, die seitlich vom Darm liegen; sie setzen sich in einen
unpaaren Uterus fort, in dem die Eier heranreifen. Geschlechtsöffnungen konnten
nicht mit Sicherheit festgestellt werden. Die Eier sind merkwürdig groß, im
Verhältnis zur Größe der Tiere vielleicht die größten im Tierreich. Weibchen,
die nur 92 μ messen, haben Eier von einer Größe von 54,3 μ. Sie sind reichlich
mit Dotter versehen. Die Schale trägt oft Stacheln verschiedener Art (Abb. 306).
Die Süßwasserformen legen die Eier ab. In ganz vereinzelten Formen hat man
bei *Chaetonotus*-Arten Eier von einer viel geringeren Größe gefunden; Weibchen,
die an Stelle des einen großen Eies neun sehr kleine Eier enthielten (Abb. 309).
Man kann darüber nur zweierlei denken: entweder hat man es mit Männchen-
Eiern zu tun oder mit Eiern von Parasiten. Sollten es Männchen-Eier sein, so
könnte man wie bei den Rädertieren an eine Heterogonie mit Zwergmännchen
denken. Vorläufig muß man jedoch annehmen, daß die Süßwassergastrotrichen
sich nur auf parthenogenetischem Weg vermehren.

Ein Grund dafür, weshalb man so wenig über die Fortpflanzung der Gastrotrichen weiß, dürfte der sein, daß sie im Gegensatz zu den Rotiferen immer nur
einzeln gefunden werden. Sie scheinen niemals mit großen Maxima aufzutreten.
Sie sind nie Planctonorganismen. In Proben, die reichlich Algen enthalten, entdeckt man hier und da ein einzelnes Tier, das langsam zwischen diesen von der
Stelle schwimmt, viel häufiger jedoch solche, die sich langsam um die Algenfäden
schlängeln oder mit den Haftröhren an diesen befestigt sind.

Ihre Verwandtschaftsverhältnisse zu den übrigen Würmern sind zweifelhaft;
sie werden gegenwärtig in eine Klasse für sich gestellt. Sie weisen verwandtschaftliche Züge sowohl mit den Turbellarien, Rotatorien und Nematoden als
auch mit einer kleinen Gruppe mariner, mikroskopischer Tiere, den Kinorhynchen,
auf.

Die Süßwassergastrotrichen gehören alle zur Ordnung *Chaetonotoidea*, die
sechs Familien enthält, von denen eine marin ist. Die Familie *Chaetonotidae*
umfaßt bei weitem die meisten Arten, wozu die schon seit O. F. MÜLLER bekannte
Gattung *Chaetonotus* (Abb. 301 bis 302), mit Schuppenbekleidung, gehört; es ist
dies die weitaus artenreichste Gattung; es sind zirka 70 Arten beschrieben, d. i.
über ein Drittel aller bekannten Arten. Weiter *Ichthydium* (Abb. 304), dem die
Schuppen fehlen. Die Familie *Dasyditidae*, zu der einige sehr eigenartig
aussehende Gastrotrichen gehören, besitzt eine ganz sonderbare Borstenausstattung. Die Gattung *Stylochaeta* (Abb. 310) trägt Bündel sehr langer
Springborsten, die an den Seiten serial angeordnet sind. Die übrigen Familien
sind sehr klein und enthalten zum Teil nur eine Gattung mit einer oder
wenigen Arten.

Klasse

Nematoda (Fadenwürmer).

Die Fadenwürmer haben einen gewöhnlich langgestreckten Körper mit kreisrundem Querschnitt. Eine oft sehr dicke Kutikula ohne Bewimperung. Die ectodermale Hautschicht, allgemein als Subkutikula oder Hypodermis bezeichnet, ist in zwei oder vier Längsleisten stark verdickt, die den Hautmuskelschlauch in vier bis acht Felder teilen; nur Längsmuskeln; zwischen dem Hautmuskelschlauch und dem Darm befindet sich eine mehr oder weniger geräumige Körperhöhle, die mehr oder weniger stark von Bindesubstanz, einem Produkt weniger Bindegewebszellen, erfüllt ist. Die Exkretionsorgane haben eine besondere Bauweise (Seitengefäße). Ein gut entwickelter Darm mit Mund- und Afteröffnung und in die drei normalen Abschnitte gesondert. Das Nervensystem mit einem Nervenring um den Vorderdarm und Längsstämmen, die durch den ganzen Körper ziehen. Sinnesorgane schwach entwickelt, hauptsächlich am Vorderende und als Genitalpapillen in der Nähe der männlichen Geschlechtsöffnung. Geschlechtsorgane röhrenförmig. Die weibliche Geschlechtsöffnung liegt auf der Bauchseite, oft weit vor dem After. Bei den Männchen wird der Enddarm zur Geschlechtskloake, die gewöhnlich mit Paarungsorganen (Spicula) ausgestattet ist. Getrenntgeschlechtlich. Hermaphroditismus und Parthenogenese kommen vor. Eine eigentliche Metamorphose fehlt, aber für die unreifen Stadien hat sich die Bezeichnung Larven eingebürgert. Während der Entwicklung eine Anzahl regelmäßiger Häutungen. Freilebend am Lande und im Wasser; Parasiten in Pflanzen und Tieren.

Es gibt viele Mikroorganismen, die sich bei Laien einer gewissen Popularität erfreuen. Ihre schönen Formen, eleganten Skeletstrukturen, Borstenbildungen, ihre Durchsichtigkeit und oft schönen Farben einzelner Organe gewinnen das Auge und machen sie zu anmutigen mikroskopischen Objekten. Obgleich man unter den Nematoden einzelne große Formen antrifft und auch viele von ihnen zu groß sind, um sie als Mikroorganismen zu bezeichnen, gibt es doch unter ihnen eine bedeutende Anzahl, die mit Recht diesen Namen trägt. Diese Mikroorganismen haben sich jedoch niemals einer größeren Popularität erfreuen können. Sie sind so gut wie immer wurmförmig, weiß oder gelblich von Farbe, in den allermeisten Fällen ohne Chitinstrukturen. Es gibt nichts, was auf den ersten Blick das Auge anziehen würde. Auch in ihrem Leben gibt es nichts Besonderes, das das Interesse der Allgemeinheit in Anspruch nehmen könnte; eine populäre Darstellung von ihrem Bau und Leben, wie das bei so vielen anderen niederen Tiergruppen der Fall ist, gibt es meines Wissens von ihnen absolut nicht. Gleichwohl liegt darin etwas Unrichtiges. Im Haushalt der Natur spielen sie eine sehr große und merkwürdig mannigfaltige Rolle. Es gibt kaum eine Tiergruppe, von der man mit größerem Recht sagen kann, daß sie sich den ganzen Erdball und alle seine Bewohner, Pflanzen sowohl als auch Tiere und Menschen, unterworfen hat. Sie finden sich fast überall auf Erden, in den Regionen des ewigen Schnees, in warmen Quellen von 35 bis 40° C (Yellowstone-Park, HOEPPLI 1926), in großen See- und Meerestiefen, im verschiedenartigsten Erdboden, in Wasseransammlungen hohler Bäume, in Nepenthes-Kannen, in Flüssigkeiten besonderer Art (Essigälchen). Es ist eine Tiergruppe, die Hunderttausende von Arten zählt. Allein als Schmarotzer in Wirbeltieren meint man mit zirka 80.000 Arten rechnen zu müssen und die Anzahl der freilebenden Nematoden soll noch weit größer sein. In der obersten Schicht bebauter Erde finden sie sich auf einem Joch Acker zu Millionen. Im Magen eines Känguruhs wurden allein 40.000 Individuen gezählt, die zu verschiedenen Arten gehörten (COBB 1914). Ein einziger Apfel trug 90.000 Nematoden (COBB 1914). Dank ihrer hartschaligen Eier können die freilebenden Arten oder Arten, deren Eier sich im Freien entwickeln, die aber sonst mehr oder weniger weitgehende Parasiten sind, unter äußerst extremen Verhältnissen leben; im Eistadium können sie sehr tiefe Kältegrade ertragen. In abgeworfenen Häuten encystiert, zuweilen in Schleimhüllen, können die Larven jahrelang am Leben bleiben, Moosnematoden halten eine Austrocknung durch 12 bis 13 Jahre aus, die Larven des Weizenälchens zum mindesten zehn Jahre hindurch. In diesem Zustande werden sie weder durch hohe Kältegrade noch durch sehr hohe Temperaturen (+ 75° C) getötet. Nur ein großes Gebiet, die freien Wassermassen der Seen und des Meeres, haben sie sich nicht erobert. Typische Planctonorganismen kennt man nicht. Und nicht einmal das ist ganz richtig. In den nicht seltenen Fällen, wo Larven von parasitischen Fadenwürmern sich in pelagische Krebse einbohren, z. B. die Jungen von *Dracunculus medinensis* (L.), müssen die Larven, wenn auch nur für kurze Zeit, sich in den freien Wassermassen befunden haben. Auch trifft man immerhin dann und wann vereinzelte Nematoden in der pelagischen Region des Süßwassers.

Sie greifen auf die mannigfachste Weise in die Wirtschaft des Menschen ein; sie schädigen seine Ackerfrüchte, Samen, seine Kleefelder, seine Rüben; sie bringen über die Haustiere schwere Krankheiten und greifen, namentlich in den Tropen, den Menschen selber an. Nicht weniger als 50 Arten sind an den Menschen als Schmarotzer gebunden (COBB 1914); ihre Anwesenheit kann bei Ratten Anlaß zu Krebs geben (FIBIGER und DITLEVSEN 1914). Der Allgemeinheit am längsten und besten bekannt dürfte seit uralten Zeiten das Essigälchen sein, ferner der Kinderwurm und die großen Spulwürmer, die beim Menschen, beim Schwein und Pferd mit den Exkrementen abgehen.

Endlich gibt es noch einen Grund, weshalb diese unansehnlichen und wenig schönen Tiere die Aufmerksamkeit für sich in Anspruch nehmen müssen. Einige Grundtatsachen der Vererbungslehre, der Nachweis der Polkörperchen des Eies, der Nachweis, daß der männliche und weibliche Kern bei der Befruchtung miteinander verschmelzen und daß der so gebildete neue Kern imstande ist, zu wachsen, sich zu teilen und Tochterkerne zu bilden, ist gerade beim Ei eines Fadenwurmes festgestellt worden.

Es sollte scheinen, als ob in einer Arbeit wie dieser im wesentlichen nur Anlaß vorhanden wäre, auf diejenigen der freilebenden Fadenwürmer einzugehen, die im Süßwasser vorkommen. Eine Begrenzung des Gebietes in dieser Form würde jedoch ganz unnatürlich sein; denn viele Süßwasserformen finden sich auch in feuchter Erde und umgekehrt; ein recht großer Teil aller Schmarotzer ist weiter in gewissen Stadien freilebend; und gerade bei verschiedenen dieser Formen trifft es zu, daß sie ebensogut in seichten Wasseransammlungen zu gedeihen vermögen wie in feuchter Erde. Eine nicht geringe Zahl der schmarotzenden Nematoden besitzt Zwischenwirte, die dann mit der Nahrung in den Endwirt aufgenommen werden. Gerade diese Zwischenwirte sind sehr häufig Süßwasserorganismen oder haben in ihren Entwicklungsstadien etwas mit dem Wasser zu tun gehabt.

Es soll hier keine eingehendere Schilderung des Baues der Nematoden geboten werden. Neuere Untersuchungen haben in manchen Punkten eine Reihe Tat-

---

Abb. 311. *Ancylostoma duodenale* DUB. Grubenwurm, Hakenwurm. *a* Weibchen; *b* Männchen. *B* Kopulationsschale; *De* Ausführungsgang für den Samen; *H* Hoden; *Oe* Ösophagus; *Dr* Drüsen; *Sp* Spicula; *U* Uterus; *Gö* Geschlechtsöffnung; *Ov* Ovarium; *A* After. 12×. (LOOS 1905.)

Abb. 312. *Monhystera sentiens* COBB. Ein freilebender Nematode. *I* Weibchen; *II* Kopf; *III* Hinterende von der Seite gesehen. *r* Spinnapparat; *t* After; *u* Darmzellen; *v* weibliche Geschlechtsöffnung; *w, x, z* Eier; *fg* Ösophagus; *a* Schlund; *bh* Borsten; *e* Amphiden; *j* Nervenzellen; *k* Nervenring; *o* blindes Ende des Ovars; *d* Spermatozoen; *p* Fußdrüsen; *q* Aftermuskeln. (COBB 1914.)

Abb. 313. Ein Ancylostom *A. caninum* (ERCOLANI). Schnitt durch die Darmschleimhaut eines Hundes. Ein Darmstück in der Mundkapsel des Wurmes. (LOOS, nach RAUTHER 1932.)

Abb. 314. Schematischer Querschnitt zweier Nematoden. Oben von einem Polymyarier, unten von einem Meromyarier. (LAMEERE 1931.)

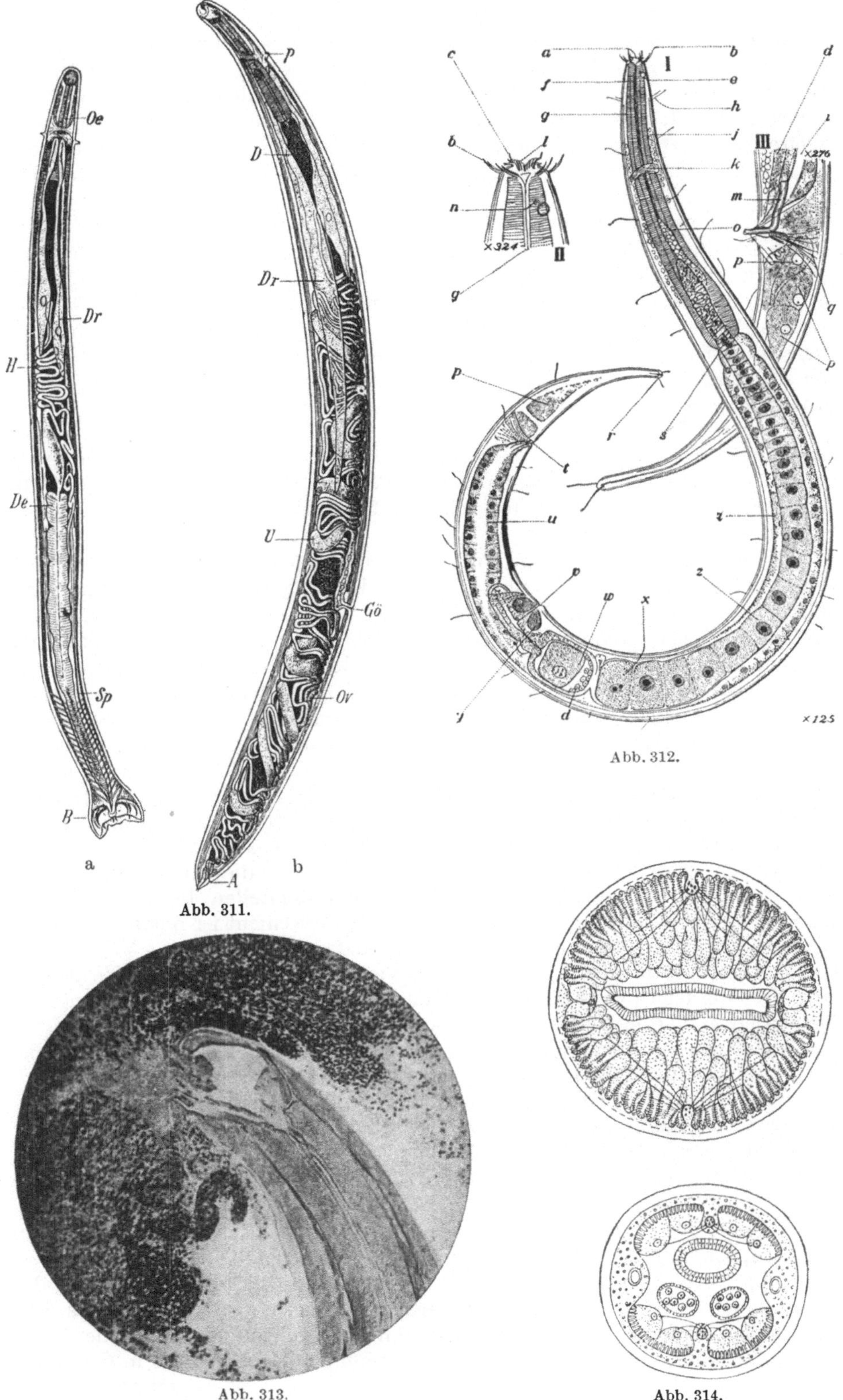

Abb. 311.

Abb. 312.

Abb. 313.

Abb. 314.

17*

sachen zutage gefördert, die ein wesentlich größeres, allgemein zoologisches Interesse besitzen. In Wirklichkeit verstehen wir so wenig von den Strukturverhältnissen dieser scheinbar alles andere denn erfreulichen Tiere, weil wir außerstande sind, ihre verwandtschaftlichen Verhältnisse zu anderen Tieren aufzuklären. Sie verhalten sich im System, wie einer der besten Kenner von ihnen gesagt hat, wie ozeanische Inseln, deren Zugehörigkeit zu den Kontinenten nicht geklärt werden kann.

Gewisse Forscher (STEINER) waren geneigt, in den Nematoden ursprünglich marine, festsitzende Tiere zu sehen, die mit ihren Schwanzdrüsen an Unterlagen verschiedener Beschaffenheit befestigt waren. Man findet nämlich hauptsächlich im Meer, aber auch im Süßwasser, freilebende und wenigstens temporär festsitzende Formen, die mit Hilfe von Sekreten, die aus den hinter der Afteröffnung gelegenen Drüsenzellen stammen, sich an einer Unterlage befestigen. Sie sondern eine schleimige Klebmasse aus; die Zahl der Drüsenzellen ist gewöhnlich drei (*Monhystera*, STEINER 1919).

Von diesen festsitzenden Formen soll die unendliche Menge von Nematoden ausgegangen sein und sich die Erde unterworfen haben. Von Nematoden, die in faulenden Substanzen leben, seien dann diejenigen Formen hervorgegangen, die Darmparasiten geworden sind; unter beiden Lebensverhältnissen herrscht Sauerstoffmangel (STEINER 1924).

Einer der eigenartigsten Züge im Bau der Nematoden ist ihre Haut (Abb. 314). Außen befindet sich eine Kutikula, die merkwürdig elastisch, dick und doch äußerst geschmeidig ist und gewöhnlich eine schwache Ringelung oder Querstreifung aufweist; freilebende Formen *(Diplogaster)* können gleichzeitig eine deutliche Längsstreifung besitzen. Anhänge oder Borsten, die im Dienste der Bewegung stehen, finden sich in der Regel nicht. Nur gewisse freilebende Formen besitzen solche; eine Anzahl Parasiten hat Dorne ausgebildet, in selteneren Fällen in kranzartiger Anordnung. Die freilebenden Formen besitzen oft Hautdrüsen, besonders in der Nähe des Hinterendes, die sog. Schwanzdrüsen. Die Kutikula wird von einer Hypodermis abgesondert, die gewöhnlich dünn ist, aber längs des Rückens und in der Mittellinie der Bauchseite und entlang der beiden Seiten verdickt sie sich zu vier Längswällen oder Leisten, von denen die Lateralleisten am stärksten entwickelt sind. Diese Hypodermisleisten, die eine der charakteristischesten Baueigentümlichkeiten der Nematoden darstellen, teilen die Muskellage in ganz eigentümlicher Weise. Eine Ringmuskelschicht ist nicht vorhanden, dagegen eine kräftige Längsmuskulatur, die, von den oben erwähnten Median- und Seitenleisten unterbrochen, gewöhnlich in vier Felder geteilt wird. Die Anordnung der Muskelelemente in diesen Längsfeldern erlaubt eine Einteilung der Nematoden in Meromyaria mit vier Doppelzügen, Polymyaria und Holomyaria. Das Vorhandensein von nur einer einzigen Muskelschicht ist sehr merkwürdig. Der Antagonist dieser Längsmuskelschicht ist die Kutikula, die außerordentlich elastisch ist; ihre Elastizität und der Körperturgor haben die Rolle der Ringmuskulatur übernommen. Trotz ihrer Dicke ist die Kutikula mehr oder minder permeabel für gelöste Stoffe und für Flüssigkeiten. Sie ist anderseits so steif, daß regelmäßige Häutungen während des Körperwachstums eine Notwendigkeit sind.

Die Nematoden machen normalerweise drei bis vier Häutungen durch, ein Verhalten, das außerhalb der Gruppe der Gliedertiere sehr selten ist. Das Körperwachstum geschieht unmittelbar nach einer solchen Häutung, aber nach der letzten können die Tiere noch etwas wachsen. Wenn ein Fadenwurm aus dem freilebenden Stadium in das Parasitenstadium übergehen soll, so geschieht dies fast immer unmittelbar nach einer ganz bestimmten Häutung, die in der Regel die zweite oder dritte ist. Zuweilen verbleibt die Haut der zweiten Häutung über der dritten liegen und bildet dann eine Cyste, in der die Tiere eine Zeitlang leben.

In engem Zusammenhang mit dem eigenartigen Bau der Haut steht der Bewegungsmodus der Tiere. Während die meisten gliedmaßenlosen Tiere, Schlangen, Würmer, gewisse Lurche, ja auch die Regenwürmer, eine Rücken- und Bauchseite besitzen, kann dies von den Fadenwürmern meistens nicht gesagt werden. Wir können wohl aus der Lage des Exkretionsporus, der weiblichen Geschlechtsöffnung, des Afters und des männlichen Geschlechtsorgans feststellen, welches die Rücken- und Bauchseite ist, aber im Gegensatz zu fast allen anderen, bilateralsymmetrischen Tieren ruhen, kriechen und schwimmen sie nicht mit der Bauchseite nach unten. Die meisten ihrer Bewegungen werden in Seitenstellung unternommen, und wenn sie ruhen, dann tun sie das auch in Seitenlage. Nur bei gewissen Formen mit stark entwickelten Borsten ist eine deutliche Bauchseite vorhanden, die in diesem Falle in der Bewegung und in der Ruhe nach unten gerichtet ist.

Viele Süßwasserformen besitzen ein ausgezeichnetes Schwimmvermögen (STEINER); sie schwimmen auf der Seite unter Einkrümmung und Streckung der beiden Körperenden. Man beobachtet regelmäßige, von vorne nach hinten gehende Wellen von eineinhalb bis zwei Wellenlängen (STAUFFER 1920 bei *Trilobus*). Zwischen Erdteilchen sind sie zumeist Kletterer und schlängeln sich zwischen diesen vorwärts. Eine ganz ähnliche Bewegungsform besitzen auch die Parasiten zwischen dem Nahrungsinhalt im Darm und auch in der Darmwand. Die Wanderungen im Wirt sind zum Teil passiver, zum Teil aktiver Natur. Die aktiven werden oft durch Stachelbildungen unterstützt, welche dem Einbohren dienen.

Es gibt noch eine andere Baueigentümlichkeit, durch die die Nematoden von allen übrigen Würmern abzuweichen scheinen. Es fehlt überall die Bewimperung, in der Haut und in allen Organen, vollständig; sie besitzen keine Cilien. In diesem Punkt stehen sie in Übereinstimmung mit den Gliedertieren, bei welchen auch Bewimperung mangelt. Es wird nur angegeben, daß sich in den Ausführungsgängen der Geschlechtsorgane welche finden. Eine Reihe von Forschern hat jedoch nachgewiesen, daß der Darm der Nematoden mit einer fein gestreiften Membran bekleidet ist, die verschiedene Namen erhalten hat: „bordure en brosse", „Stäbchenbesatz", „Stäbchenlage" (Abb. 317). In gewissen Fällen hat man gesehen, daß diese Streifen sich voneinander trennen und tatsächlich wie Cilien aussehen; niemand hat jedoch eine Cilienbewegung sehen können. HETHERINGTON (1923) bringt sehr instruktive Bilder dieser „Cilien" und zeigte am lebenden Tier, daß sie, wenn ein Wasserstrom durch den Darm hindurchgeht, hin und her schwingen; doch befinden sie sich niemals in ständiger, schwingender Bewegung, wie das Cilien zu tun pflegen. HETHERINGTON meint übrigens, daß dieses Verhalten der Temperatur und den chemischen Verhältnissen in den Flüssigkeiten zuzuschreiben sei, in denen die Tiere häufig in Knäuelform zusammengerollt liegen.

Der Darmkanal (Abb. 311 u. 312) ist normalerweise ein gerades Rohr mit vorne gelegener Mundöffnung, die oft mit Bildungen verschiedener Art ausgestattet ist (zwei bis sechs Lippen), mit Haken, kräftigen Mundzähnen (Strongyliden, die Hakenwürmer, „hookworms", der Amerikaner; Abb. 313, 316) oder mit Stiletten (Abb. 315), mit denen die Pflanzenparasiten Löcher in das Pflanzengewebe bohren; diese Stilette können hohl sein und durch sie hindurch wird in solchem Fall Flüssigkeit in den Darmkanal gepumpt. Am Mundrand finden sich außer Lippen oft Papillen (Abb. 319). Die Mundöffnung führt in eine Speiseröhre, die recht häufig sehr muskulös ist. Sie ist im Querschnitt dreieckig, hinten oft zu einem Bulbus aufgetrieben, der als Saugpumpe wirkt, und mit zahlreichen Drüsen ausgestattet ist. Hierauf folgt der Mitteldarm, gewöhnlich ein langes, gerades Rohr. Blindsäcke finden sich fast niemals. Der Enddarm ist kurz. Der After liegt ventral, nahe dem Hinterende. Oft kommt es zu einer

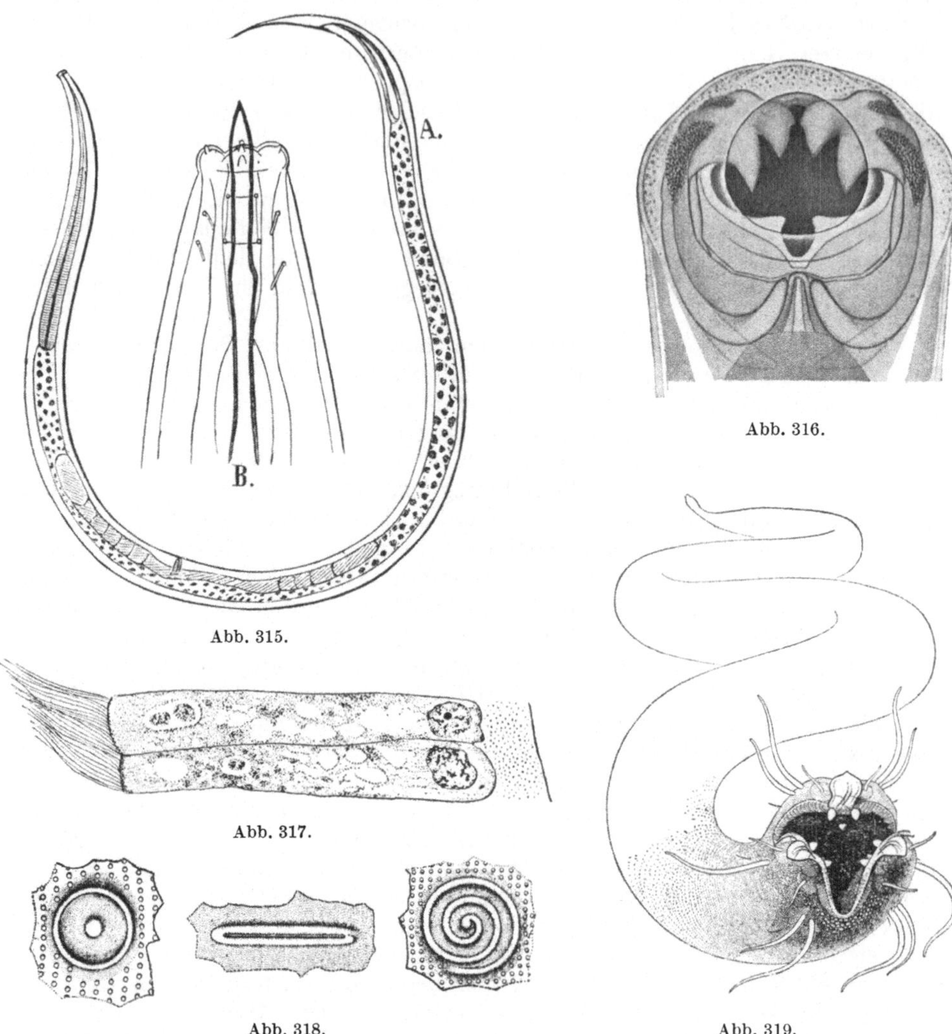

Abb. 315.

Abb. 316.

Abb. 317.

Abb. 318.   Abb. 319.

Abb. 315. *Dorylaimus stagnalis* DUJ. *A.* Habitusbild 20×. *B.* Kopfende, um den Stachel zu zeigen. (VOSSELER, aus LAMPERT 1910.)

Abb. 316. *Ancylostoma duodenale* DUB. Vorderende, um die mächtigen Zähne zu zeigen, mit denen der Wurm sich an der Darmwand festbeißt. (LOOS 1911.)

Abb. 317. Darmzellen eines Nematoden mit Cilienbekleidung. (HETHERINGTON 1923.)

Abb. 318. Sinnesorgane, die sog. Amphiden, die auf dem Kopfe freilebender Nematoden vorkommen. (COBB 1914.)

Abb. 319. Freilebender Nematode, Raubtier, von vorne gesehen. (COBB 1914.)

Reduktion des Verdauungskanals. In den Darmzellen sammeln die Larven oft Reservenahrung (Glykogen) auf. Selbst die Eier sollen, was sonst bei Parasiten nicht der Fall ist, mit Reservenahrung dieser Art ausgestattet sein können. Diese Reservenahrung der Larven bewirkt, daß sie sehr lange Fastenperioden zu überdauern vermögen.

Die Nahrungsaufnahme ist vor allem von MENZEL (1920) studiert worden. Die meisten freilebenden Formen sind in des Wortes weitestem Sinn Allesfresser, Destruktoren von organischer Substanz, und als solche von eminenter Bedeutung im Haushalt der Natur. Für viele scheinen Diatomeen, für andere Bakterien eine sehr wesentliche Rolle zu spielen. Manche sind ausgesprochene Raubtiere, die mit kräftigen Beißwerkzeugen ausgerüstet sind. Ihre Gefräßigkeit ist enorm; mit ihrem starken Zahnbesatz in der Mundhöhle können sie ganze Stücke aus der Beute (Rädertiere, Würmer) herausreißen. Man hat beobachtet, wie ein *Mononchus* an einem Tag 83 Larven von *Heterodera radicicola* verspeiste. Auch viele Parasiten können mit ihren starken Kiefern Löcher in die Darmwand bohren. Bei gewissen Formen (den Grubenwürmern, Anchylostomen) sind ganze Gewebsstücke im Darm nachgewiesen worden. Andere nehmen nur Blut auf; die weniger schädlichen leben vom Nahrungsinhalt des Darmes, andere von der Bakterienflora des Darmes. Wenn auch viele Nematoden ausgesprochene Parasiten sind, ist, wie man erkannt hat, die Nahrungsaufnahme durch die Haut auf dem Weg der Osmose doch nicht so allgemein, als man bisher angenommen hat.

Zwischen Darm und Haut befindet sich eine Körperhöhle, die mit einer ungefärbten Flüssigkeit erfüllt ist, in welcher die Geschlechtsorgane liegen. Tatsächlich ist ein überaus dünnes, mesenchymatöses Gewebe mit großen, flüssigkeiterfüllten Lacunen vorhanden. Diese Flüssigkeit bewirkt im Körper der Nematoden eine hohe Turgeszenz, was zur Folge hat, daß die Haut immer gespannt und der Querschnitt der Tiere immer kreisrund ist. In der Flüssigkeit schwimmen Zellen verschiedener Art, Fettzellen u. a., ferner kann man ganz vereinzelte, sehr große, amöboide Zellen vorfinden; man glaubt, daß diese Phagocyten sind. Vom Bau des Nervensystems sei erwähnt, daß sich vorne ein Schlundring befindet, hinten ein Analganglion. Vom Schlundring gehen nach vorne und hinten Längsnerven aus, die durch Querkommissuren in Verbindung stehen, die hinten am reichlichsten sind. Von Sinnesorganen seien die Augen hervorgehoben, die nur bei den freilebenden Formen, vor allem bei den marinen, vorkommen. Weiter Tastorgane, die hauptsächlich am Vorderende anzutreffen sind. Überdies Seitenorgane, die am Kopf liegen und von denen man glaubt, daß sie im besonderen als Organe von Bedeutung sind, die durch chemische Einwirkungen erregt werden (Amphiden, COBB 1914, STEINER 1924 u. a.; Abb. 318). Exkretionsorgane, die mit jenen vergleichbar sind, welche wir von den *Plathelminthes* her kennen, sind nicht vorhanden. In den oben erwähnten lateralen Hypodermisleisten kommen gewöhnlich zwei Längskanäle vor, die in der Region des Schlundes miteinander durch einen Querkanal in Verbindung treten. Sie öffnen sich mit einem Porus auf der Bauchseite nach außen, zumeist nahe dem Vorderende. In bezug auf ihr Vorkommen herrscht bei den Nematoden große Variabilität; bald sind sie ungleich lang, häufig fehlt der eine; manchmal fehlen sie ganz. Man hat geglaubt, daß man es mit einem Paar umgebildeter Segmentalorgane zu tun hätte; bei *Rhabditis*-Arten hat MAUPAS (1919) Pulsationen beobachtet, zwei bis drei in der Sekunde, die möglicherweise die Entleerung der Flüssigkeit unterstützen. Auch bei einer anderen *Rhabditis*-Art hat man die Seitenkanäle pulsieren gesehen.

Die Nematoden sind normalerweise getrenntgeschlechtlich, etwas, das bei Schmarotzern im allgemeinen nicht der Fall ist. Die weiblichen Geschlechtsorgane (Abb. 311, 312) bestehen aus zwei Ovarien mit eigenen Eileitern, die sich in einen Uterus fortsetzen, der mit der weiblichen Geschlechtsöffnung ausmündet, welche auf der Bauchseite liegt, gewöhnlich ungefähr in der Mitte des Körpers. Im Ovidukt werden die Eier befruchtungsfähig. Sie gelangen dann in den Uterus, wo die Befruchtung in der Regel vor sich geht und wo die Schalenbildung erfolgt. Zumeist liegen die weiblichen Geschlechtsorgane in einer Linie, das eine gegen die Mundöffnung, das andere gegen das Hinterende gerichtet; dieses kann zuweilen ganz rückgebildet sein. Größere oder kleinere Teile der Geschlechtswege können gespalten sein, aber es ist immer nur eine weibliche Geschlechtsöffnung vorhanden. Beim Männchen findet man zumeist nur ein einziges Geschlechtsorgan; es ist nur ein einziger Hoden und ein Ausführungsgang vorhanden, der in den Enddarm mündet. Dadurch entsteht, was man eine Geschlechtskloake nennt. Die Männchen unterscheiden sich sehr häufig von den Weibchen dadurch, daß das Hinterende stark gekrümmt ist. Die Spermatozoen haben keinen Schwanzfaden, sie besitzen aber amöboide Beweglichkeit; mit Hilfe von Pseu-

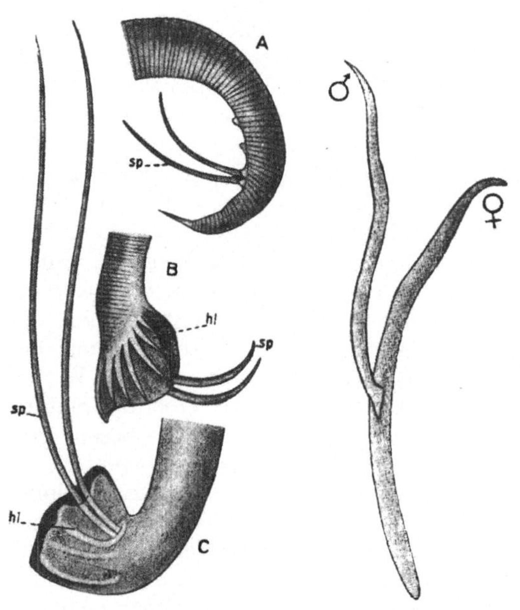

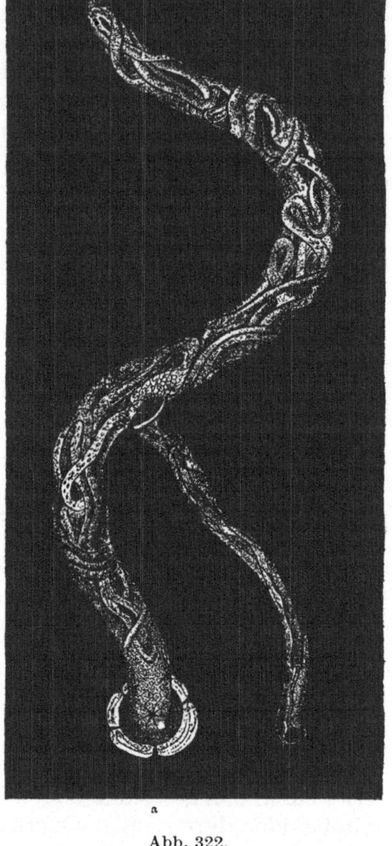

Abb. 320.　　　　　　Abb. 321.　　　　　　Abb. 322.

Abb. 320. Hinterende verschiedener Nematodenmännchen. *hl* Bursa; *sp* Spicula. (MEISENHEIMER 1921.)

Abb. 321. *Ancylostoma duodenale* DIES. in Paarung. (LEUCKART 1867.)

Abb. 322. *Syngamus trachealis* V. SIEB.; Männchen, mit seiner Bursa ständig am Weibchen befestigt. Lebt in der Luftröhre von Vögeln. Zirka 12×. (BREHM 1878.)

dopodien kriechen sie die oft stark gewundenen weiblichen Ausführungsgänge hinauf. Auf der Übergangsstelle von Ovidukt und Uterus ist oft ein Receptaculum seminis ausgebildet, in dem die Befruchtung vor sich geht. Die äußeren Paarungsorgane der Männchen sind von sehr verschiedenartigem Bau (Abb. 320). Da die weibliche Geschlechtsöffnung ungefähr in der Mitte des Körpers gelegen ist, die männliche am Hinterende, wird bewirkt, daß die beiden Geschlechtspartner bei der Paarung merkwürdige Stellungen einnehmen.

Das Männchen ist fast immer kleiner als das Weibchen; bei vielen schlängelt es sich um den Körper des Weibchens. Bei den Strongyliden entwickelt sich eine sehr mannigfaltig geformte sog. *Bursa*, ein trichterförmiges, oft durch Leisten gestütztes Gebilde, das sich um die weibliche Geschlechtsöffnung legt; gleichzeitig wird von besonderen Drüsen ein Sekret abgesondert, das die beiden Tiere zusammenkittet. Der Klebstoff kann sich als Paarungszeichen um die weibliche Geschlechtsöffnung erhalten. In dieser Stellung können die Tiere Wochen, ja Monate zusammenleben; sie bilden zusammen ein Y-förmiges Gebilde. Früher glaubte man, daß man nur ein einziges Tier vor sich hätte (*Syngamus*; Abb. 321 u. 322). Außerdem befinden sich in der männlichen Kloake ein bis zwei Stacheln, gekrümmte Gebilde, die sog. Spicula (Abb. 320), die bei der Paarung in die weibliche Geschlechtsöffnung eingeführt werden und sie offen halten, während die Samenflüssigkeit abgegeben wird. Bei *Ichthyonema* ist nachgewiesen, daß die beiden Spicula rinnenförmig ausgehöhlt sind, sich aneinanderlegen und daß das Sperma durch diese Rinne ausfließt. Hier fungieren also die Spicula als Paarungsorgan.

Wir müssen wohl annehmen, daß die getrenntgeschlechtlichen Formen oft unter Verhältnissen leben, welche es den beiden Geschlechtern schwermachen, zusammenzutreffen. Das oben erwähnte Verhalten von *Syngamus* muß in dieser Weise verstanden werden. Die Männchen können so klein werden, daß sie ausgesprochene Zwergmännchen sind, die in der Ein- oder Mehrzahl beständig im Uterus des Weibchens leben (*Trichosomoides crassicauda* Bellingham, eine Form, die in der Harnblase der Ratte vorkommt). Bei Insektenparasiten erfolgt die Paarung im Freien, aber zu einer Zeit, wo die weiblichen Geschlechtsorgane noch ganz unreif sind (*Choriogamie*, Wülker 1923). Das Männchen stirbt ab und das Weibchen dringt in den Wirt ein. Wo die Paarung im Wirt erfolgt, ist es auch hier sehr häufig der Fall, daß sie zu einem sehr frühen Zeitpunkt vor sich geht, worauf nur das Weibchen Wanderungen unternimmt, während das Männchen abstirbt (Trichinen).

Die Eier der Nematoden sind fast immer länglich; die Schalenstruktur ist sehr verschieden und steht in genauer Übereinstimmung mit den äußeren Verhältnissen, unter welchen die Eier sich entwickeln sollen. Bei den freilebenden Formen ist die Schale in der Regel dick; die schmarotzenden Formen zeigen große Mannigfaltigkeit in bezug auf die Schalenausbildung. Es gibt dünne Schalen bei jenen Formen, die nur eine kurze Zeit im Eizustand zubringen. Bei solchen Formen dagegen, wo die Larvenentwicklung schon im Ei beginnt und fortgesetzt wird, wenn es ins Freie gelangt ist, ist die Schale oft mehrschichtig und wie bei den Ascariden mit einer klebrigen Substanz umgeben. Das Entwicklungsstadium, in dem die Eier den Uterus verlassen, ist sehr verschieden. Bei den Ancylostomen haben sie eben mit der Furchung begonnen, wenn das Ei ins Freie gelangt. Bei anderen Formen ist der Embryo, wenn das Ei das Muttertier verläßt, fast voll entwickelt und zeigt Bewegungen; in diesem Fall können die Larven schon in dem Wirt das Ei verlassen; die Exkremente enthalten dann nicht Eier, sondern Larven. Endlich gibt es Formen, wo die Larven schon im Uterus des Muttertieres auskriechen oder wo die Eischale während der Eiablage gesprengt wird; solche Tiere sind also fast vivipar.

Was die Eizahl und Eigröße anbetrifft, so kann als Regel aufgestellt werden, daß die freilebenden Nematoden wenige und große Eier besitzen, die Schmarotzer viele und kleine. Man hat die Eiproduktion beim Pferdespulwurm mit 64 Millionen im Jahr berechnet; beim menschlichen Spulwurm glaubt man, daß die tägliche Eiproduktion 200.000 bis 245.000 beträgt; im Gegensatz dazu kann angeführt werden, daß die gesamte Eizahl, die von gewissen freilebenden Nematoden abgegeben wird, sehr klein ist, für einige Formen durchschnittlich zirka 140.

Alle rein parasitischen Formen sind getrenntgeschlechtlich, und das ist auch bei vielen freilebenden Formen der Fall. Ausnahmen finden sich bei den Anguillulinen. Bei vielen Arten scheinen die Männchen sehr selten zu sein.

Der Wirt kann gewöhnlich in jedem Alter infiziert werden, doch gilt die Regel, daß Larvenstadien leichter infiziert werden als erwachsene Tiere, Insekten- und Froschlarven leichter als die erwachsenen Formen.

Es gibt eine Anzahl Formen, die in den Wirt gelangen, indem sie sich durch dessen Haut einbohren, aber eine viel größere Anzahl wird durch Trinkwasser in den Darmkanal des Wirtes eingeführt, wo sie entweder verbleiben oder, nachdem sie sich durch die Darmwand durchgebohrt haben, diejenigen Organe aufsuchen, wo sie hingehören.

Bei nicht wenigen Formen findet ein Wirtswechsel statt; z. B. kommt die Larve in einer Insektenlarve oder einem Krebs *(Cyclops)* vor, das erwachsene Tier in einem Wirbeltier, z. B. einem Fisch; die Mermithiden schmarotzen nur im Larvenstadium, nicht auch im geschlechtsreifen Zustand. Viele in Raubfischen oder Seehunden geschlechtsreife *Ascaridiiformes* verbringen ihre ersten Stadien in Kleinfischen, die den Endwirten als Nahrung dienen. Die Filarien werden durch Mücken übertragen.

Die meisten Nematoden verlassen den Wirt mit den Exkrementen entweder im Ei- oder im Larvenstadium, aber einige bohren sich durch die Haut heraus und wählen in solchem Fall gerne dazu dünnhäutige Stellen. Während weder die Insekten- noch auch die Fischparasiten bei ihren Wirten gewöhnlich größere Schädigungen herbeiführen, ist dies dagegen in hohem Ausmaß oft bei jenen der Fall, welche Wirbeltiere und uns selbst angreifen, sowie bei einer großen Zahl von Pflanzenparasiten, die sehr häufig unsere Feldfrüchte zerstören können.

Die einzelnen Arten sind in verschieden hohem Grad an ihre Wirte gebunden. Man war früher geneigt zu glauben, daß die meisten nur selten spezifisch gebunden sind. Aber je weiter die Kenntnisse fortschreiten, um so mehr scheint es, als ob das jedenfalls nicht immer richtig sei. Es hat sich z. B. gezeigt, daß der Spulwurm des Menschen (*Ascaris lumbricoides* [L.]) und der des Schweines nicht voneinander unterschieden werden können, aber nichtsdestoweniger kann der des Schweines seine Entwicklung im Darm des Menschen nicht vollenden.

Gewisse Säugetier-Nematoden der Gattung *Strongyloides* zeigen folgende merkwürdige Verhältnisse: Im Wirt leben die parthenogenetischen Generationen, aus deren Eiern sich, wenn diese ins Freie gelangen, Larven entwickeln, die zu einer Generation mit Männchen und Weibchen heranwachsen. Es ist nun eigenartig, daß man innerhalb ein und derselben Art Stämme finden kann, denen geschlechtsreife Tiere fehlen, und andere, wo sie vorkommen. Im ersten Fall wandern alle aus den Eiern gekrochenen Larven in einen neuen Wirt ein, woraus wieder parthenogenetische Generationen entstehen, im anderen Fall sterben die Männchen ab, während die befruchteten Weibchen sich einen neuen Wirt suchen.

Verschiedene Male hat man biologische Rassen nachgewiesen, die in Hinsicht auf ihren Bau nicht voneinander unterschieden werden können, die aber physiologisch sich sehr verschieden verhalten. Diese physiologischen Verschiedenheiten sind in solchem Grad erblich gefestigt, daß ein Wechsel der Lebensbedingungen zumindest große Sterblichkeit bei den Versuchstieren herbeiführt und in anderen Fällen den Untergang der Rassen nach sich zieht.

Hier mag nur des Beispieles halber angeführt werden, daß wir bei *Ancylostoma caninum* (ERCOLANI) zwei Rassen kennen, die eine lebt in der Katze, die andere im Hund. Morphologisch kann man sie voneinander nicht unterscheiden, aber überträgt man das Katzen-*Ancylostoma* auf den Hund oder umgekehrt, so glückt eine Infektion nur in einer begrenzten Zahl. Auch das Hafer- und Rübenälchen werden als zwei biologische Rassen angesehen.

Auch bei den Nematoden zeigt das Wachstum die gleichen eigenartigen Wachstumsverhältnisse wie z. B. bei den Rotiferen, daß es nämlich nicht durch Zellvermehrung, sondern durch Zellvergrößerung stattfindet (Goldschmidt 1908, 1910; Martini 1916). Das bringt es mit sich, daß die einzelnen Organe aus einer bestimmten, sehr oft geringen Anzahl von Zellen aufgebaut sind, der Darm von *Camallanus* z. B. aus folgenden: der Vorderdarm aus 66, der Mitteldarm aus 16, der Enddarm aus 12; die Muskelzellen in den Muskelfeldern bei *Strongylus* nur aus 22 Zellen. Die Zellgrenzen können gewöhnlich nicht gesehen werden und nur aus der Zahl der Kerne, die an ganz bestimmten Stellen liegen, kann man die Zahl der Zellen angeben. Das Zellwachstum ist oft enorm, bei *Oxyuris* z. B. von 30 μ bis auf 6 mm. Die Organe bestehen derart aus ganz wenigen Zellen, aber oft aus solchen, die man als Riesenzellen bezeichnen muß. Die Organismen haben infolge dieser Bauweise sozusagen keine Regenerationsfähigkeit; dadurch fällt auch jedwede Vermehrung auf ungeschlechtlichem Weg durch Knospung oder Teilung fort.

Man sollte erwarten, daß Organismen, die unter so außerordentlich variierenden Verhältnissen leben, in ihrer Entwicklung eine außerordentlich große Variation darbieten müßten; ferner daß sie unter diesen verschiedenartigen Verhältnissen sehr verschieden aussehen müßten. Ganz besonders wäre zu vermuten, daß ein Tier, das zu einem Teil ein Leben als Parasit führt, zum anderen als freilebender Organismus oder als Parasit zuerst in einem, dann in einem anderen Wirt lebt, in diesen verschiedenen Stadien seines Lebens ein ganz verschiedenes Aussehen haben müßte. Die Tatsachen zeigen, daß die Entwicklung in den verschiedenen Gruppen wohl sehr verschieden verläuft; dennoch darf man behaupten, daß selbst in Fällen, wo die Art in den verschiedenartigen Lebensstadien unter sehr verschiedenen Verhältnissen lebt, die Variation in Bau und Aussehen nicht so groß ist, als man meinen sollte. Das hängt wohl damit zusammen, daß das Stadium im Freien bei vielen Schmarotzern hauptsächlich im Eistadium oder in Cysten abläuft und sich daher in solchen Fällen das Freilandsmilieu in der Struktur der Eischalen und der Cysten abspiegelt.

Wie schon erwähnt, machen die Nematoden normal vier Häutungen durch; viele Parasiten verbringen zwei davon im Ei, andere kommen früh aus dem Ei, bilden sich aber eine Cyste. Insbesondere bei den Strongyliden markieren die vier Häutungen bestimmte Larvenstadien, die in entscheidenden Punkten voneinander abweichen, unter verschiedenen Verhältnissen leben und mit verschiedenen larvalen Organen ausgerüstet sind. Man kann also hier tatsächlich von einer Metamorphose sprechen, in der die Larven in den verschiedenen Stadien verschiedene Namen erhalten haben: 1. das rhabditiforme Larvenstadium, 2. das zweite Stadium, das sich im Freien encystiert und in das 3., das filariforme Stadium, übergeht, das keine Nahrung zu sich nimmt. Um zur vierten Häutung und damit in das geschlechtsreife Stadium zu gelangen, muß die Larve aktiv oder passiv in einen neuen Wirt kommen. Große Verschiedenheiten zwischen diesen Larvenstadien und dem geschlechtsreifen Stadium existieren nicht, nur sind die Geschlechtsorgane nicht ausgebildet und der Vorderdarm kann verschieden gebaut sein (Einrichtungen zum Einbohren). Über die Entwicklung der Formen mit Zwischenwirten s. unter *Filariiformes* (Insekten) und *Ascariformes*.

Wie schon erwähnt, ist es einer der merkwürdigsten Züge in der Entwicklung der schmarotzenden Nematoden, daß diese, soweit wir vorläufig orientiert sind, niemals am gleichen Ort im gleichen Individuum zu Ende geführt werden kann,

in dem sie begonnen wurde. Die meisten Arten durchlaufen einen Teil ihrer
Entwicklung im Freien; es gibt Arten, die ihr ganzes Leben Parasiten verbleiben,
von dem einen Wirt direkt zu einem zweiten übergehen und niemals aus den
tierischen Organismen herauskommen. Es gibt endlich Formen, wie *Oxyuris
vermicularis* (L.), die in ein und demselben Individuum ihre ganze Entwicklung
vollenden, aber selbst in solchen Fällen muß dann eine Wanderung hinzukommen.
Vom Darm, in dem das Muttertier ursprünglich sitzt, sucht der junge Wurm
die Rectalschleimhaut in der Nähe des Anus auf, wo er die Eier ablegt, worauf
diese, wenn der Patient sich kratzt, unter die Fingernägel geraten; von hier
gelangen sie früher oder später durch den Mund wieder in den Darm zurück.

Eine Wanderung, aktiv oder passiv, muß sein, und die Frage, die man sich
wieder und immer wieder gestellt hat, ist diese: Warum sind diese Wanderungen
eine Notwendigkeit? Warum kann ein Tier, wenn es endlich dort angekommen
ist, wo es hingehört, z. B. in einen bestimmten Darmabschnitt, nicht dort verbleiben, sondern muß durchaus unendliche Wanderungen durch fast alle Organe
des Organismus beginnen oder, was noch häufiger der Fall ist, aus dem Organismus und heraus ins Freie, um gleichwohl früher oder später wieder an der gleichen
Stelle zu landen, woher es ursprünglich gekommen ist, um erst nach seinen Wan-
derjahren dort die Geschlechtsreife zu erreichen, wo es das Dasein begonnen
hat? Gelöst ist die Frage nicht. Es ist PINTNER (1922), der die am ehesten
akzeptable Erklärung dieser Erscheinung gegeben hat.

Im Darm leben die Parasiten in einem sauerstofffreien Medium. Es ist in
erster Linie der Sauerstoffmangel, der die Jugendstadien zur Wanderschaft
treibt. Es ist experimentell festgestellt, daß das *Ascaris*-Ei zu seiner Entwicklung des Sauerstoffes bedarf. Sinkt der Partialdruck des Sauerstoffes unter 80,
so geht die Entwicklung des Eies langsamer vonstatten, und sinkt er bis gegen
fünf, so wird die Weiterentwicklung eingestellt. Es ist deshalb verständlich,
daß die Darmnematoden ihre Eier zumeist ungefurcht abgeben.

Infolge der ungeheuren Zahl von Keimen, die bei Schmarotzern stets zugrunde
gehen, müssen die Keime immer in ungeheuren Mengen vorhanden sein; daraus
folgt wieder, daß die Nahrungsmenge, die das Muttertier den Eiern mitgeben kann,
klein bleiben muß. Die Jungen eines Schmarotzers müssen sich selbst durch-
schlagen; sie bekommen nur selten viel „von zu Hause" mit und müssen selbst
dafür sorgen, daß sie sich Speichernahrung verschaffen, wenn der Dotter verbraucht ist. Das kann nicht im Darm geschehen, sondern an einer von zwei Stellen,
entweder im Gewebe, zum Teil dort, wo reichlich Gelegenheit zur Bildung von
Reservenahrung vorhanden ist, zum Teil dort, wo die Sauerstoffzufuhr reichlich
ist (in den Lungen) oder im Freien. Wenn im Freien die Eihüllen gesprengt sind,
wenn die jungen Larven Gelegenheit gefunden haben, sich hinreichend Reservenahrung zu verschaffen, suchen sie wieder auf die verschiedenste Weise den Darm
auf. Die Larven der Ancylostomen bohren sich dann nach einem Aufenthalt im
Freien durch die Haut des Wirtes ein und kommen in den Blutbahnen an ihren
Bestimmungsort. Formen, die wie die Ascariden als Eier mit entwickelten Larven
in diesen aus dem Wirt kommen und wieder als Eier durch den Mund und hierauf
in den Darm gelangen sollen, sprengen ihre Eischalen erst hier. In dem sauerstofffreien Medium können sie nicht ihre ganze Entwicklung durchlaufen.

Familiengruppe: Trichiuridiformes.

Zu dieser Gruppe, zu der die Trichinen und *Trichocephalus* gehören, wird
auch eine Reihe Formen der Gattungen *Hystrichis* und *Trichosoma* gerechnet,
die weitverbreitet sind und u. a. im Darmkanal einer Anzahl Schwimmvögel,
in Nattern, Salamandern und Fischen vorkommen. Von der Entwicklung aller

dieser Formen wissen wir nichts. Die Entwicklung ist möglicherweise analog der von *Trichocephalus dispar* Rud. (Abb. 323), welcher, über die ganze Erde verbreitet, sich im Blinddarm des Menschen findet; es scheint nur einen Wirt zu geben, und dieser eine ist der Mensch. Damit die Eier zur Entwicklung kommen können, müssen sie ins Freie heraus. Die Eier werden ungefurcht abgelegt und sollen eine längere Ruhezeit im Freien durchmachen. Hier entwickelt sich im Ei eine Larve, aber die Eier sollen gleichwohl noch als solche passiv wieder in den Darmkanal des Wirtes eingeführt werden, wo die Schalen gesprengt und die Larven frei werden. Die Eier werden in den Darm mit der Nahrung oder dem Trinkwasser aufgenommen. Hier gibt es also nur einen Wirt und kein freilebendes Larvenstadium. Die neuesten Untersuchungen (Roth 1936) zeigen, daß *Trichocephalus* in Dänemark der häufigste Fadenwurm des Menschen ist; man glaubt, daß zirka die Hälfte der Jugend der Landbevölkerung von ihm infiziert ist. Die steigende Verwendung menschlicher Exkremente zur Gartendüngung wird dafür als möglicher Grund angegeben.

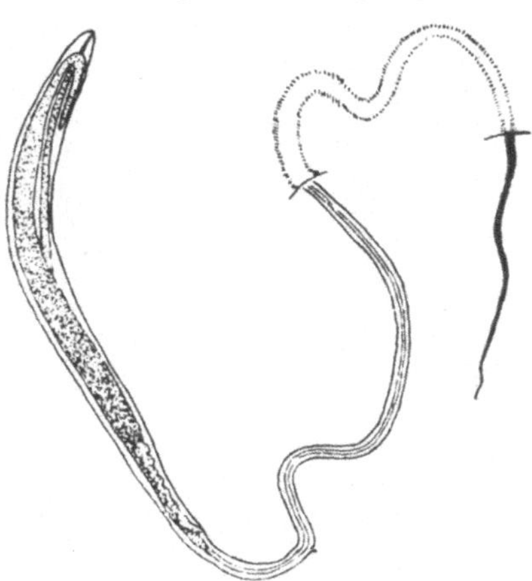

Abb. 323. *Trichocephalus dispar* Rud., schmarotzt im menschlichen Blinddarm. 6×. (Faust 1930.)

Familiengruppe: **Filariiformes.**

Die Tiere sind im geschlechtsreifen Zustand Gewebsparasiten; sie kommen hauptsächlich bei Wirbeltieren vor und zeigen Wirtswechsel. Zu dieser Gruppe gehört der seit alten Zeiten berüchtigte und sehr gefürchtete Guineawurm, *Fuellibornius (= Dracunculus) medinensis* (L.) (Abb. 324). Das Männchen dieses merkwürdigen Geschöpfes ist nur zirka 4 cm lang. Es ist nur wenige Male gesehen worden. Das Weibchen, das über 1 m lang wird, ist vivipar und bohrt sich, wenn die Larven herangereift sind, bis unter die Haut. Es lebt hier im subkutanen Bindegewebe und ruft schmerzende Geschwülste hervor. Wenn das Glied mit der Geschwulst mit Wasser in Berührung kommt, gibt das Weibchen durch eine Öffnung in der Geschwulst die Jungen ab. Im Wasser angekommen, gelangen diese mit der Nahrung und dem Wasser in Hüpferlinge der Gattung *Cyclops*. Hier bohren sie sich durch den Darm in deren Leibeshöhle ein, fünf bis sechs Stück töten in der Regel das Tier. In der Leibeshöhle häuten sie sich und entwickeln sich im Laufe eines Monates fertig. Sie sind nun 1 mm lang. Wenn der Mensch Wasser aus Pfützen und Quellen trinkt und mit dem Wasser infizierte Hüpferlinge verschluckt, gelangen die Larven mit diesen in den Darm. Von hier wandern sie durch die Darmwand aus bis unter die Haut, gelangen im subkutanen Bindegewebe zur Ruhe und brauchen hier noch zirka 10 bis 14 Monate, bevor sie so weit sind, um Larven abzugeben (Abb. 324, 325, 327). In infizierten Gegenden enthalten 40 bis 100% der Hüpferlinge Filarien. Der Wurm ist in weiten Gebieten Afrikas eine Landplage und gegenwärtig auch über das tropische Amerika verbreitet. Die Araber pflegen ein Loch in das Geschwür zu stechen, packen den Wurm, zwängen ihn in ein gespaltenes Holz und wickeln ihn langsam aus dem Geschwür heraus (Abb. 328, 329, 330). Es gilt, ihn in seiner ganzen Länge zu entfernen, ehe die Jungen abgegeben werden. Zur gleichen Gruppe gehören auch Fischschmarotzer, z. B. *Ichthyonema sanguineum* Rud. (Abb. 326), welche in der Leibeshöhle zahlreicher unserer Süßwasserfische gefunden werden. Das Weibchen

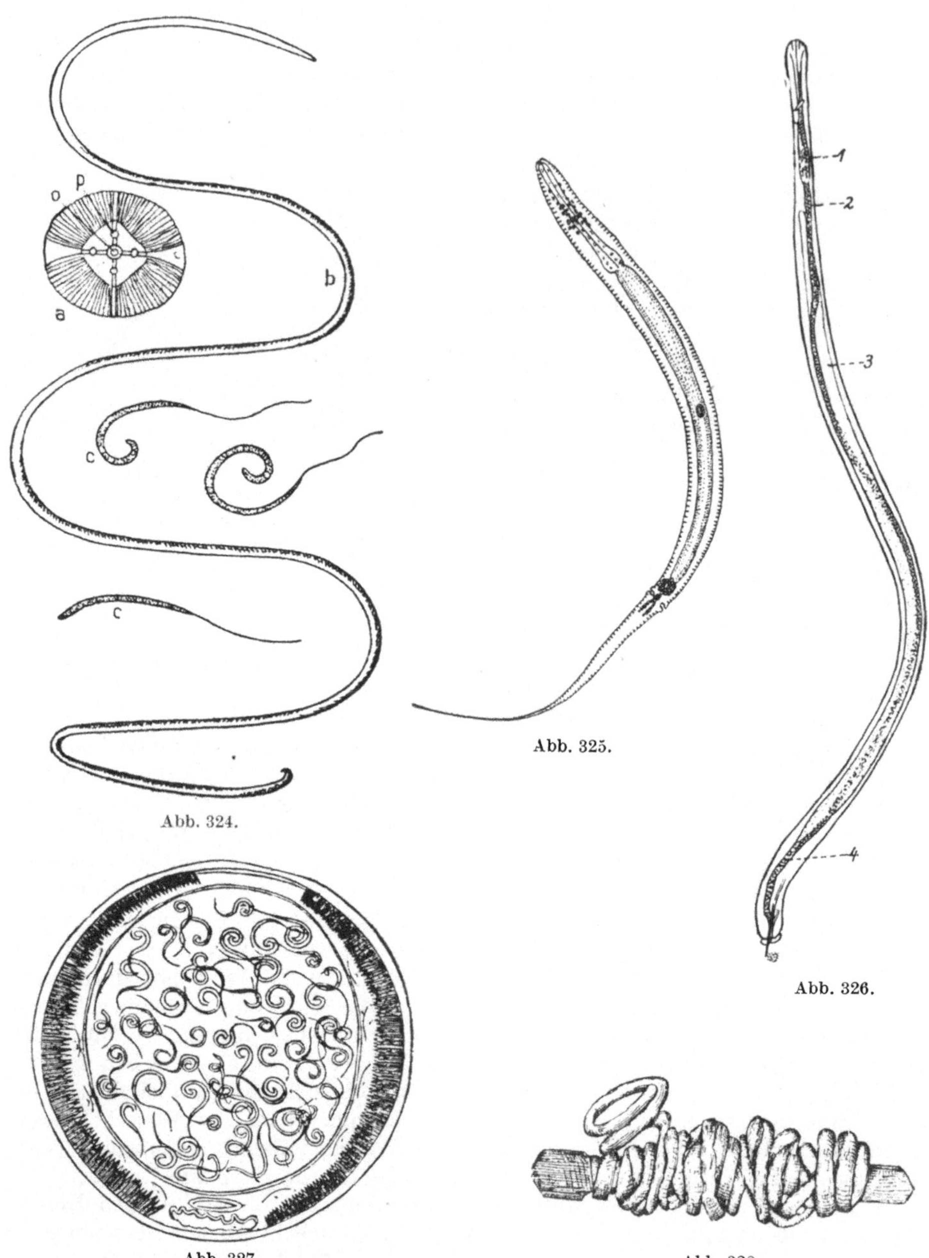

Abb. 324.

Abb. 325.

Abb. 326.

Abb. 327.

Abb. 328.

Abb. 324. *Dracunculus medinensis* (L.). Guineawurm. *a* Vorderkopf, von vorne gesehen; *o* Mund; *p* Papillen; *b* Weibchen ¹/₂×; *c* junge Larve, stark vergrößert. (Nach BASTIAN und LEUCKART, aus BRUMPT und NEVEU-LEMAIRE 1933.)

Abb. 325. Guineawurm, Larve. 64×. (FAUST 1930.)

Abb. 326. *Ichthyonema globiceps* RUDOLPHI. Männchen 6 bis 8 mm. *1* Schlunddrüse; *2* Darm; *3* Hoden; *4* Kloake. Die beiden Spicula bilden am Hinterende ein Rohr, an welchem man einen Klumpen ausgeflossenen Spermas sieht. (ZUR STRASSEN. 1907.)

Abb. 327. Guineawurm. Querschnitt. Weibchen. Fast das ganze Innere des Tieres ist mit Jungen angefüllt. (MANSON 1911.)

Abb. 328. Guineawurm, auf einem Hölzchen aufgewickelt. (BRUMPT 1922.)

ist 4 cm, das Männchen nur 2 mm lang. Diese Form wandert als Larve aktiv durch die Haut in einen Zwischenwirt (Copepoden). Wie andere Formen, die sich durch Chitin einbohren müssen, besitzt sie große Drüsen an der Speiseröhre. Sie gelangt mit den Copepoden in den Darmkanal eines Fisches und von hier in die Leibeshöhle; hier kommt es in einem sehr frühen Zeitpunkt zur Kopulation. Die Vagina verschließt sich und der Uterus füllt sich nach und nach mit Jungen, welche erst von hier herausgelangen, wenn der Uterus birst. Zuletzt ist die ganze Leibeshöhle mit Jungen gefüllt. Das Weibchen bohrt sich durch die Darmwand in den Darm heraus und wird mit den Exkrementen in das Wasser abgegeben, wo es platzt. Das Weibchen besitzt nämlich im Alter weder After- noch Ge-

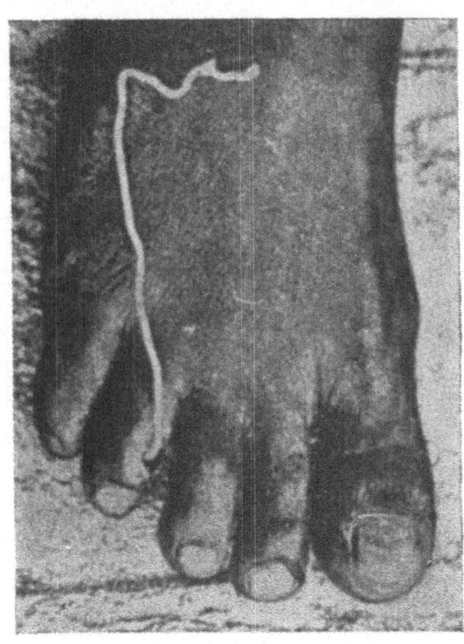

Abb. 329.   Abb. 330.

Abb. 329. Neger im Begriffe, sich einen Guineawurm aus dem Fuße zu ziehen. (LAROUSSE, aus LIEBERKIND 1927.)

Abb. 330. Guineawurm, teilweise durch ein Loch in der vierten Zehe herausgekommen. (CASTELLANI und CHALMERS, aus FAUST 1930.)

schlechtsöffnung. Ob die Larven Bodenformen oder Planctonorganismen sind, weiß man nicht. Eine Anzahl Filarien ist ihr ganzes Leben hindurch Schmarotzer und man sollte meinen, daß eine Schilderung der merkwürdigen Lebensweise dieser Formen nicht hierhergehörte. Nichtsdestoweniger ist es berechtigt, von ihnen hier kurz zu berichten, weil sie in nicht wenigen Fällen, besonders unter der Haut von Fröschen, Reihern und verschiedenen Schwimmvögeln vorkommen.

Die Filarien leben im Lymphgefäßsystem, Männchen und Weibchen beisammen; die Eier zirkulieren in der Blutflüssigkeit. Die Eischale ist äußerst dünn, dehnbar und umschließt das Junge, die Mikrofilarie. Sie enthält einen Zentralkörper, der nichts anderes als ein Rest der vom Muttertier mitbekommenen Dottermasse ist und der es gestattet, daß diese winzigen Geschöpfe ziemlich lange ohne Aufnahme neuer Nahrung leben können (COUTELEN 1929). Züchtet man sie, so verschwindet im Verlauf von zirka 30 Tagen der Zentralkörper und es entsteht das geschlechtsreife Tier. *Filaria Bankrofti* (COBBOLD), welche die Elephantiasis des Menschen verursacht (Abb. 335), ist. im Gebiete vom 41. Grad n. Br. bis zum 28. Grad s. Br. verbreitet. Während des Schlafes gelangen die Mikrofilarien, von ihrer Eihülle umgeben (Abb. 331 u. 332), in die Kapillaren der Haut. Wenn der Mensch im Schlaf von Mücken gestochen wird, so werden sie mit dem Blut eingesaugt

(Abb. 334) und geraten so in deren Darmkanal. Hier werfen sie die Hülle ab, bohren sich in die Leibeshöhle und weiter in die Thoraxmuskulatur ein (Abb. 336), wo die Entwicklung weitergeht. Später gehen sie wieder in die Leibeshöhle über und von hier in die Rüsselscheide, von wo sie, wenn die Mücke wieder sticht, auf die Haut des Menschen geraten. Von hier bohren sie sich schließlich selbst ein (Abb. 337). Die Entwicklung in der Mücke nimmt 10 bis 45 Tage in

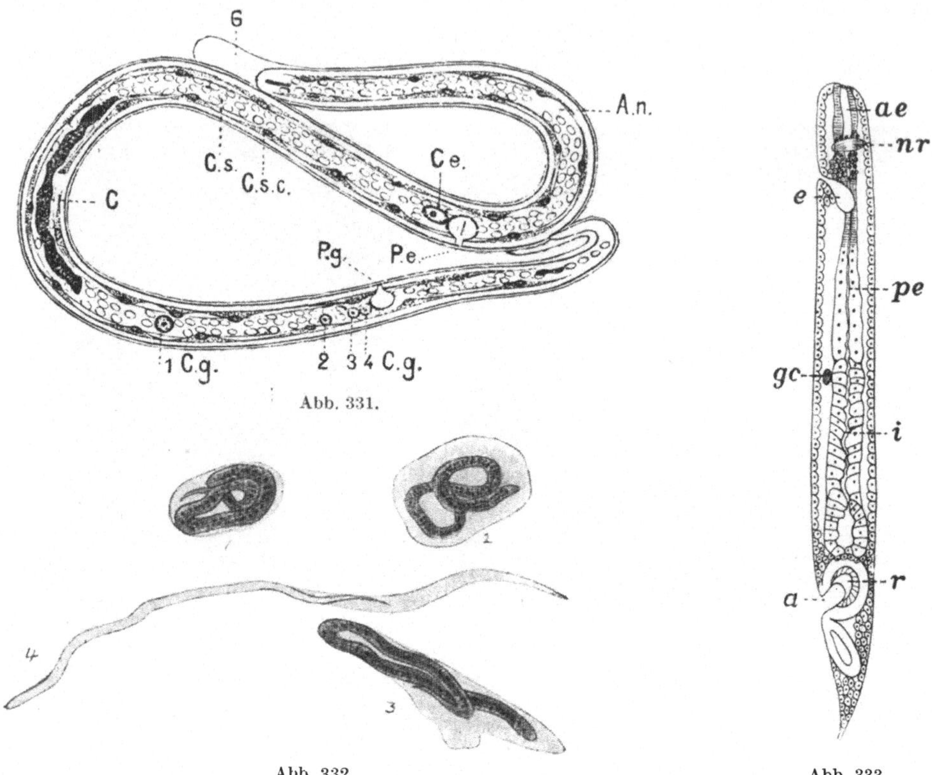

Abb. 331.

Abb. 332.   Abb. 333.

Abb. 331. *Filaria Bankrofti* (COBB). Larve. *G* Scheide; *C.g.*₁ bis ₄ Geschlechtszellen mit wenig entwickelten Kernen; *A.n.* Nervenring; *C.e.* Exkretzelle; *P.e.* Exkretionsporus; *C.s.c.* subkutikulare Zellen; *C.s.* Zellen. 1000×. (FÜLLEBORN, aus BRUMPT und NEVEU-LEMAIRE 1933.)

Abb. 332. Eier mit Embryo, wenn sie den Uterus verlassen; in verschiedenen Aufrollungs- und Streckungsstadien: in *4* Mikrofilarie, von der Scheide umgeben. (BAHR, aus RAUTHER 1933.)

Abb. 333. *Filaria Bankrofti* (COBB). Unreife Larve. *a* After; *gc* Anlage der Geschlechtsorgane; *e* Harnblase; *ae* vorderer Teil des Ösophagus; *nr* Nervenring; *pe* hinterer Teil des Ösophagus; *i* Darm; *r* Enddarm. 300×. (FAUST 1930.)

Anspruch. Nur in der Nacht während des Schlafens trifft man die Mikrofilarien in den peripheren Teilen des Blutgefäßsystems, am Tage sind sie in den Lungengefäßen, in der Herzmuskulatur und in den MALPIGHIschen Körperchen der Nieren.

Hier gibt es also zwei Wirte und kein freilebendes Stadium. Andere Formen haben ihre Zwischenwirte in den Kribbelmücken (Simulien) und in Tabaniden (*Filaria medinensis* GMELIN = *Filaria loa* [GUYOT]; Abb. 338 u. 339). *Filaria loa* ist zirka 5 bis 7 cm lang (♀), das ♂ zirka 3 cm; die Bezeichnung der Neger für den Schmarotzer ist *Loa*; er ist weitverbreitet in Afrika und wurde später in die neue Welt verschleppt. Er lebt im subkutanen Bindegewebe, vor allem des Kopfes. Die Entwicklung in den Tabaniden kann im Verlaufe von einer Woche vollendet

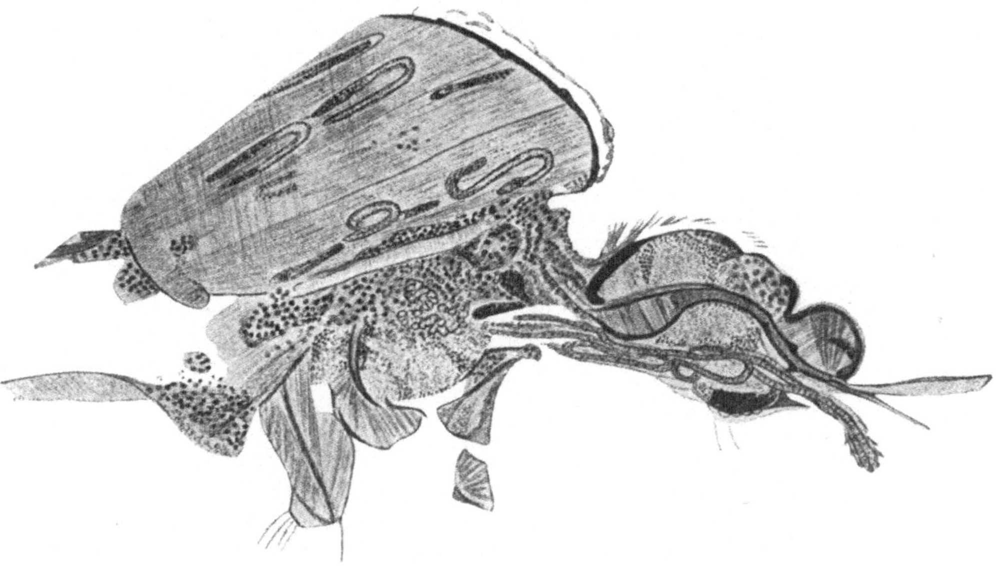

Abb. 334. Eine Mücke, *Stegomyia pseudoscutellaris.* Längsschnitt durch Kopf und Brust. Man sieht die Filaria-Larven in der Brustmuskulatur liegen, im Schlund und an der Basis des Rüssels, der nur teilweise gezeichnet ist; zehn Tage nach der Infektion. (BAHR, aus RAUTHER 1933.)

Abb. 335. Hindumädchen mit Elephantiasis. (SAMBON, aus FAUST 1930.)

Abb. 336. Muskulatur von *Culex pipiens,* in der man links die unreife und rechts die reife Larve von *Filaria Bankrofti* (COBB) sieht. (FAUST 1930.)

Abb. 335.

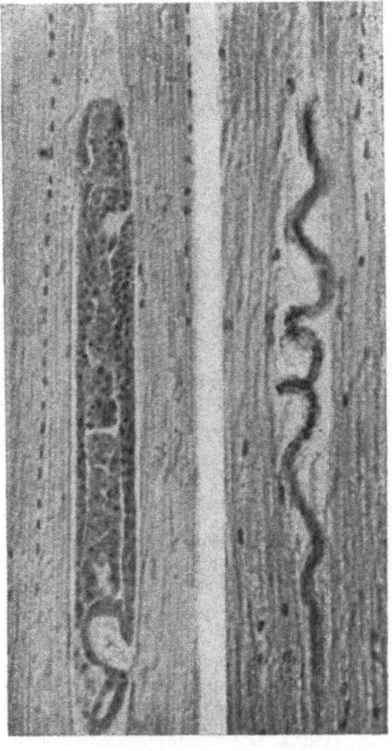

Abb. 336.

Wesenberg-Lund, Süßwasserfauna.

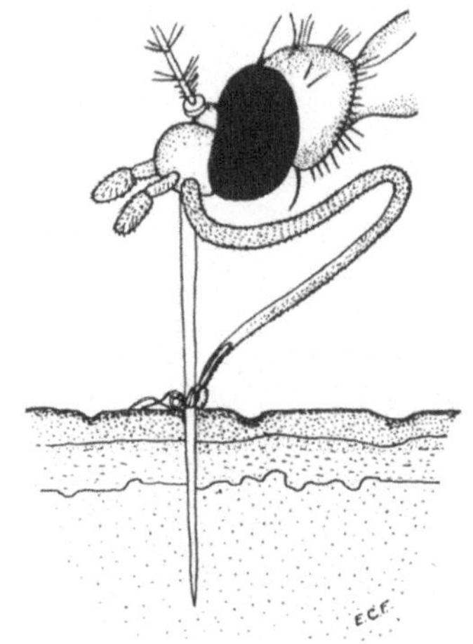

Abb. 337.

sein; die Fliege kann mehrere Hundert Individuen enthalten, die in der Zeit von zirka fünf Tagen abgegeben werden. Man glaubt, daß die geschlechtsreifen Würmer im Menschen 15 Jahre alt werden können (FAUST 1930). Sehr viele Mikrofilarien werden im Blut und in tiefer liegenden Organen angetroffen; ihre Entwicklung kennen wir noch nicht. Sie kommen auch bei Fröschen vor; es ist experimentell festgestellt, daß man

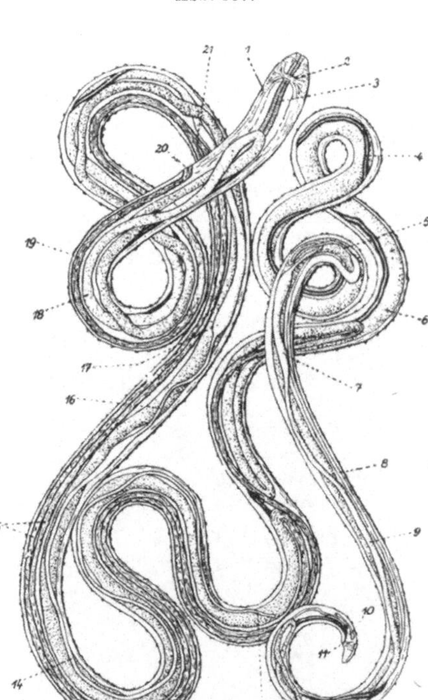

Abb. 338.

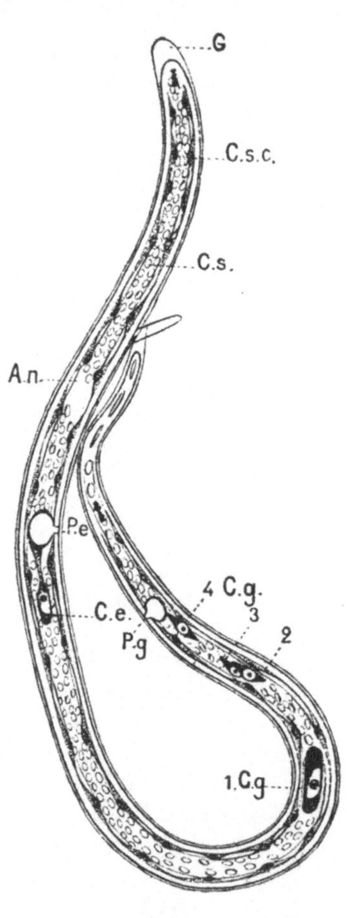

Abb. 339.

Abb. 337. Stechende Mücke, die gleichzeitig mit dem Stich reife *Filaria*-Larven abgibt. Diese kommen von der inneren Membran der Scheide her, worauf sie auf der Hautoberfläche herumkriechen, um dann aktiv in die Wunde zu gelangen. (FAUST 1930.)

Abb. 338. *Filaria loa* (GUYON). *1* Exkretionsporus; *2* Nervenring; *3* Schlund; *4* Mitteldarm; *5* hinterer Ovidukt; *6, 9, 13, 18* Uterus; *7* hintere Bursa seminalis; *8* hinteres Ovarium; *10* dessen blindes Ende; *11* After; *12* blindes Ende des vorderen Ovars; *14* vorderes Ovar; *15* Gabeläste der Vagina; *16* vorderer Ovidukt; *17* vordere Bursa copulatrix; *19* Vagina; *20* Vulva; *21* Stelle, wo die Vagina sich gabelt. Gesamtlänge der beiden Genitalröhren zusammen mit der Länge der unverzweigten Vagina ist dreimal so groß wie das ganze Tier. 15×. (LOOS 1904.)

Abb. 339. Larve. *G* Scheide; *S.s.c.* subkutikulare Zellen; *C.s.* somatische Zellen; *C.e.* Exkretionszelle (sehr langgestreckt); *C.g.*₁ bis ₄ Genitalzellen; *P.e.* Exkretionsporus; *P.g.* Analöffnung; *A.n.* Nervenring. 1000×. (FÜLLEBORN, BRUMPT und NEVEU-LEMAIRE 1933.)

Frösche mit Filarien infizieren kann, indem man ihnen Blut mit Filarien-
embryonen injiziert (Coutelen 1928).

Familiengruppe: Strongyliformes.

In dieser Gruppe gibt es eine Anzahl Formen, die mehr oder weniger an Wirbeltiere geknüpft sind, welche mit dem Wasser Verbindung haben. Das gilt nicht
allein für die Gattung *Strongylus* mit vielen Arten in Wasservögeln und in verschiedenen unserer Amphibien (*Strongylus auricularis* Zed.), sondern auch für
die eigentümliche Gattung *Syngamus*, die in den Luftwegen von Gänsen und
anderen Schwimmvögel lebt. Das Männchen, das kleiner ist als das Weibchen,
befestigt seine große Kopulationsschale um die Geschlechtsöffnung des Weibchens
und bleibt hier ständig festgeheftet; die beiden Geschlechter werden fast immer
beisammen angetroffen, das Männchen am Körper des Weibchens befestigt
(Abb. 322).

Unsere Kenntnisse über die Entwicklung dieser Formen sind sehr begrenzt.
Doch gehören zur gleichen Gruppe die berüchtigten hookworms der Amerikaner:
Dochmius (= Ancylostoma) duodenale Dubini (Abb. 311) und *Necator americanus*
(Stiles); sie werden so genannt, weil die Mundhöhle mit schneidenden und
greifenden Zähnen oder Platten ausgerüstet ist (Abb. 313 und 316). Diese Hakenwürmer sind Formen, die in den Tropen überall zwischen dem 35. Grad n. Br. und
dem 30. Grad s. Br., aber auch in den Mittelmeerländern und ausnahmsweise auch in
Mitteleuropa und England (Grubenkrankheit) die allerorts äußerst gefährlichen
hookworm-deseases hervorrufen, hochgradige Anämien, die sehr oft mit dem Tode
enden (ägyptische Chlorose), die Geisteskraft herabsetzen und die Arbeitsfähigkeit
bis auf 25% herabdrücken. Welche enorme Rolle der Wurm spielt, geht daraus
hervor, daß man vermutet, daß zirka eine Billion Menschen mit ihm infiziert
sei (!) (Stunkard 1929, S. 357). Als *Dochmius duodenale* Dubini wird der Hakenwurm der Alten Welt, als *Necator americanus* (Stiles) der der Neuen Welt bezeichnet. Um die Lebensweise dieser gefährlichen Schmarotzer kennenzulernen, ist
eine bewundernswerte Arbeit aufgewendet worden, allen voran von Loos (1896
bis 1897), später namentlich von amerikanischen Forschern (Cort mit einem
großen Stab von Mitarbeitern). Durch diese Untersuchungen ist ein bedeutendes
Wissen über die Lebensweise dieser Formen erreicht worden; viele Erkenntnisse
von großem, allgemein zoologischem Wert wurden zustande gebracht. Direkt
gehen uns diese Formen hier nichts an. Sie haben sehr wenig mit Wasser zu tun,
und eine Generalisierung von ihnen auf die *Strongyliformes*, die in unseren
Schwimmvögeln usw. leben, ist nicht zulässig. Ein paar kurze Bemerkungen über
ihre Lebensweise dürften hier jedoch am Platze sein. Die Eier werden mit den
Exkrementen des Wirtes abgegeben; sie befinden sich zu diesem Zeitpunkt in
den ersten Furchungsstadien; in den ausgewaschenen, mit feuchter Erde ge-
mischten Exkrementen schreitet die Entwicklung im Verlauf von wenigen Tagen
weiter. Rhabditiforme Larven gehen hervor; diese dringen nicht wie so viele
andere Schmarotzer durch die Mundöffnung ein, sondern durch die Haut, meistens
durch die Fußsohlen und von hier in ein Blutgefäß. Beim Einbohren kommt es
zu der in jenen Gegenden bekannten Erscheinung des „grounditch". Mit dem Blut
werden die Larven durch das Herz in die Lungen geführt, durch die Luftröhre
gelangen sie hinauf in die Mundhöhle und von hier in den Darmkanal, wo die
Geschlechtsreife eintritt und die Paarung erfolgt. *Normalerweise* haben die Tiere
nichts mit dem Wasser zu tun. Sie können sich in kotiger Erde über ein Viertel-
jahr am Leben erhalten; was mehr ist, es ist sichergestellt worden, daß die starken,
tropischen Regenschauer, die stehende Pfützen um die Hütten der Eingeborenen
schaffen, in deren Nähe, namentlich von den Kindern, die Exkremente abgesetzt

werden, weit entfernt davon, die Krankheit auszubreiten, viel eher die Krankheit zu vermindern scheinen, indem Millionen von Larven oder Eiern, deren Entwicklung fast vollendet ist, dabei zugrunde gehen (Faust 1930). Die Lebensdauer des Wurmes als Schmarotzer wird gewöhnlich mit fünf bis sechs Jahren angenommen. Es gibt also hier nur einen Wirt und nur ein freilebendes Stadium.

Es ist inzwischen sichergestellt worden, daß man sich experimentell infizieren kann, indem man Larven durch den Mund aufnimmt; die Möglichkeit der Infektion durch Trinkwasser ist daher nicht ganz ausgeschlossen, ebenso wie man wohl vermuten darf, daß die starke Infektion der Schwimmvögel und Frösche mit *Strongyliformes* jedenfalls auch auf diese Weise erfolgen kann. Die Eiproduktion ist enorm, bei *A. duodenale* Dubini wird sie mit 20.000 bis 25.000 Eiern am Tag angesetzt, mit 9000 bei *Necator americanus* (Stiles) (McCoy 1931). Hunde, die mit Hunde-Ancylostomen infiziert sind, geben einige Millionen Eier am Tage ab. Sie sind dabei sehr anämisch (McCoy 1931).

Familiengruppe: Spiruriformes.

In diese Gruppe gehören sehr viele Fisch- und Amphibien-Schmarotzer. Einzelne treten in unseren Nutzfischen zahlreich auf. Beim Barsch findet sich, besonders in den Pylorusanhängen, fast in jedem Exemplar und oft massenweise *Cucullanus elegans* Zed. ($\female$ 13 mm, $\male$ 8 mm). Infolge ihrer gelben Farbe fallen sie leicht in die Augen. Die Geschlechtswege des Weibchens sind mit Jungen angefüllt, die mit den Exkrementen in das Wasser abgegeben werden, wo sie eine Woche lang leben können. Es wird angegeben, daß sie lebhaft schwimmen sollen und dann in Hüpferlinge eingehen müssen, in deren Leibeshöhle sie eine Anzahl Häutungen durchmachen; die Geschlechtsreife tritt ein, wenn sie mit den Hüpferlingen in den Darmkanal des Barsches gelangen. Die Kenntnis der Entwicklung der hierhergehörigen Formen ist im großen und ganzen sehr dürftig.

Familiengruppe: Ascaridiiformes.

Zu dieser Gruppe gehört eine große Anzahl Arten, die im Darm von Wasservögeln oder Fischen leben. Man weiß sehr wenig über die Entwicklung dieser Formen. Man weiß, daß *Ascaris acus* Bloch in geschlechtsreifem Zustande im Darm von Raubfischen, wie Hecht und Forelle, vorkommt, während das Jugendstadium in anderen Fischen, vor allem in Karpfenfischen, verbracht wird, wo sie in der Bauchhaut oder Leber eingekapselt liegen. Von hier werden sie in den Hecht übertragen, wenn ein solcher den Karpfenfisch verschluckt. Die Gattungen *Oxysoma* und *Nematoxys* treten besonders bei Amphibien auf. Man nimmt für die meisten Formen eine direkte Entwicklung ohne Zwischenwirt an. Bekannt ist die Entwicklung nur derjenigen Formen, die bei uns selbst (*Ascaris lumbricoides* L.) oder bei unseren Haustieren (Pferdespulwurm *Ascaris megalocephala* Cloquet) schmarotzen. Von diesen Formen weiß man, daß die Infektion auf die Weise zustande kommt, daß die Eier, welche reife Larven enthalten, mit der Nahrung (Gemüse, das mit verdünntem Dünger oder ähnlichem bespritzt worden ist) in den Mund aufgenommen werden. Wenn sie in den Darm gelangt sind, kriechen die Larven aus; diese beginnen nun ihre Wanderungen durch Darmwand, Blutgefäße, Herz, Lunge, Luftröhre, Mund und wieder zurück in den Darm. Die Lunge wird nach zirka zehn Tagen, der Darm wieder nach zirka 23 Tagen erreicht. Ein paar Monate nach erfolgter Infektion erlangen die Tiere die Geschlechtsreife, die Eiproduktion beginnt und die Eier werden mit den Exkrementen abgeführt. Charakteristisch für die Gruppe im allgemeinen scheint es zu sein, daß die Eier ungefurcht sind, wenn sie abgegeben werden. Bei *A. lumbricoides* L. ist eine mehrschichtige Eischale vorhanden, die bewirkt, daß die Art in diesem Stadium äußerst extreme Verhältnisse zu ertragen vermag. Die Eier werden weder durch Kälte noch durch Austrocknung abgetötet, nicht einmal durch Chemikalien, wie Formalin von mittlerer Stärke; im Gegenteil, diese extremen Einwirkungen scheinen einen günstigen Einfluß auszuüben. Man sagt, daß sie sechs Jahre lebensfähig bleiben sollen. Die aus dem Ei hervorgehende Larve ist eine typische rhabditide Larve. Die Fruchtbarkeit ist enorm; man glaubt, daß ein einziges *Ascaris lumbricoides*-Individuum im Lauf seines Lebens 27 Millionen Eier zu produzieren vermag; die tägliche Produktion beträgt zirka 200.000 Eier (BROWN und CORT 1927). Es hat sich gezeigt, daß eine ziemlich große Anzahl der *Ascaris*-Eier bei der Ablage unbefruchtet ist (bis zu 50%). Es scheint so, als ob eine einzige Paarung auf die Dauer für die Befruchtung aller Eier eines Tieres nicht ausreichte, sondern daß hier und da neue Samenmassen zugeführt werden müssen (OTTO 1932). Welche Allgemeingültigkeit die oben angeführten Daten besitzen, die fast alle vom Spulwurm des Menschen stammen, weiß man nicht.

Familiengruppe: **Oxyuriformes.**

Die Gruppe der *Oxyuriformes*, zu der der bekannte Kinderwurm *Oxyuris vermicularis* (L.) gehört, sei hier nur genannt, weil die Gattung *Pseudonymus* sich im Darm unseres Kolbenwasserkäfers, *Hydrophilus piceus*, u. a. findet. — Einige kommen bei Fischen, einzelne bei Fröschen vor.

Familiengruppe: **Mermithiformes.**

Sie sind bis zu 3 bis 4 cm lange, fadendünne Würmer. Sie ähneln den Gordiiden sehr, haben aber weder in anatomischer noch auch in biologischer Hinsicht viel mit ihnen gemeinsam. Sie sind nur im zweiten Larvenstadium Parasiten und finden sich als solche vorwiegend in Insekten, sonst übrigens auch in Schnecken. Besonders im Herbst verlassen die Larven als nicht geschlechtsreife Tiere ihre Wirte. Im Schmarotzerstadium haben sie sich mit Reservenahrung versehen (Abb. 340), im freilebenden Stadium nehmen sie keine Nahrung zu sich. Nachdem sie ins Freie gelangt sind, suchen sie kleine Löcher in der Erde auf, oft bis zu einer Tiefe von 10 bis 15 cm. Im Verlauf von wenigen Wochen werden sie geschlechtsreif. Die Männchen suchen die Weibchen auf, nicht selten finden sie sich in Kopulationsknäueln beisammen. Die Arten, die in Mücken *(Chironomus)* leben, suchen den Schlamm der Bäche auf und graben sich hier ein. Einige Arten kleiden die Erdlöcher mit den Eiern aus, andere klettern auf Pflanzen und setzen sie hier ab. Die merkwürdigen Eier sind mit eigentümlichen Quasten ausgestattet, die dazu dienen, die Eier an Pflanzen festzumachen (Abb. 341). Die Tiere können nach einem Regenguß in so großen Mengen hervorkommen, daß das Volk aus diesem Anlaß von einem Wurmregen spricht. Aus den Eiern gehen Larven hervor, die einen Stachel tragen. Mit dessen Hilfe bohren sie sich in Wasserinsekten ein. Hier wachsen sie zu voller Größe heran. Die Männchen scheinen äußerst selten zu sein und man vermutet, daß die Eier sich parthenogenetisch entwickeln oder sich wenigstens so entwickeln können. Heuschrecken und andere Insekten können sie in großer Anzahl beherbergen. COBB, STEINER und CHRISTIE (1927) haben die auffällige Tatsache festgestellt, daß bei schwacher Infektion (einer bis vier Parasiten) nur weibliche, bei starker (20 bis 50 Parasiten) nur männliche Mermitiden gefunden werden. Wenn acht bis zwölf Parasiten vorhanden sind, finden sich sowohl Männchen als auch Weibchen. Es zeigt sich also, daß „Crowding" (unter Cladoceren erwähnt) auch bei Parasiten ein geschlechtsbestimmender Faktor sein kann. (Siehe auch VAN SEL 1932.)

Bei den entwickelten Tieren verschließt sich Mund und After ganz. Der Darm bleibt jedoch erhalten, indem er sich zu einer Vorratskammer oder einem Magazin für die Reservenahrung verwandelt, die das Tier als Larve aufgestapelt hat, eine Art „Fettkörper", von dem es während des Restes seines Lebens zehrt.

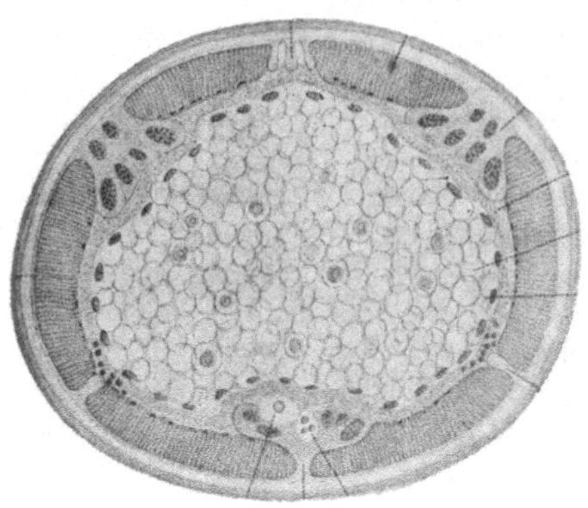

Abb. 340.

Von den Schmarotzern sollen noch die merkwürdigen *Agamonema*-Formen erwähnt werden. Man findet sowohl in Süßwasser- wie in Meeresfischen in den verschiedensten Organen und oft in großen Mengen eigentümliche Kapseln verteilt, die jede einen glänzenden, lichten Wurm enthalten. Sobald die Würmer aus der Kapsel und ins Wasser gelangen, sieht man, daß diese glänzenden Würmchen sehr lebhaft herumschwimmen. Obwohl sie außerordentlich häufig sind, weiß man doch nichts über ihr weiteres Schicksal.

Abb. 340. Querschnitt einer Mermitide, *M. crassa* v. LINSTOW. Das Bild zeigt die dicke Kutikula mit sechs Hypodermiswällen, die die Muskulatur in sechs Abschnitte teilen. Das ganze Innere ist erfüllt mit dem sog. Fettkörper, nach der Anschauung einiger der Anlage der Geschlechtsorgane. Unten der Bauchnervenstrang. (V. LINSTOW 1889.)

Abb. 341. Eier einer Mermitide (*Mermis nigrescens* DUJARDIN), dem Uterus entnommen. Die Eier sind linsenförmig (*a* u. *b*). Von den Eipolen entspringen Fäden, die an den Enden mit Büscheln ausgestattet sind; *c* Eischale gesprengt; *d* befruchtetes Ei, einen Embryo enthaltend; *f* eine künstlich befreite, junge Larve; am Vorderende ein Stachel (*a*); *b* Hinterende. (MEISSNER, aus RAUTHER 1932.)

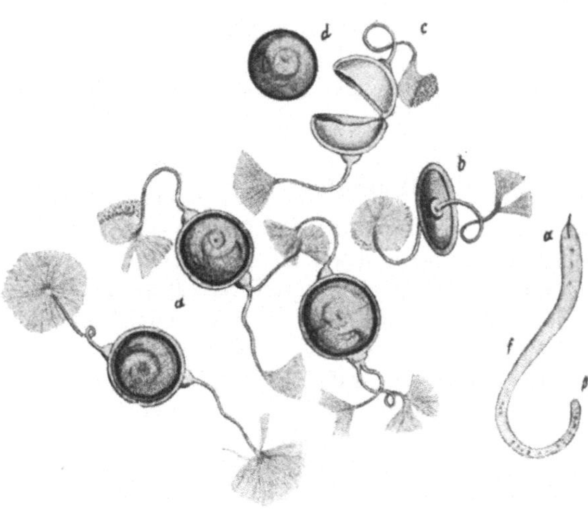

Abb. 341.

Familiengruppe: **Anguilluliformes.**

Die *Anguilluliformes* müssen wohl als eine große Sammelgruppe aufgefaßt werden, die vorwiegend kleine, freilebende Nematoden enthält; einige sind Halbparasiten oder Formen, die sowohl freilebend als auch parasitisch auftreten

Abb. 342 bis 346. Freilebende Nematoden. (Alle nach COBB, aus WARD und WHIPPLE.)

Abb. 342. *Trilobus longus* (LEIDY), ♂. *b* Papille; *d* Schlundkopf; *g* Zahn; *h* Ösophagus; *i* Nervenring; *k* Körpermuskeln; *l* Drüsenorgan; *m* Darm; *n* blindes Ende des vorderen Hodens; *o* Hoden; *p* Stelle, wo die beiden Hoden sich vereinigen; *q* blindes Ende des hinteren Hodens; *r* Samenleiter; *s* u. *t* Sinnesorgane; *u* linkes Spiculum; *w* die drei Kaudaldrüsen; *x* After; *y* Schwanzspitze.

Abb. 343. *Plectus tubifer* COBB. Männchen.

Abb. 344. *Rhabditis cylindrica* COBB. ♂ u. ♀, an jenem befestigt.

Abb. 345. *Chromadora minor* COBB. ♂.

Abb. 346. *Jota octangulare* COBB.

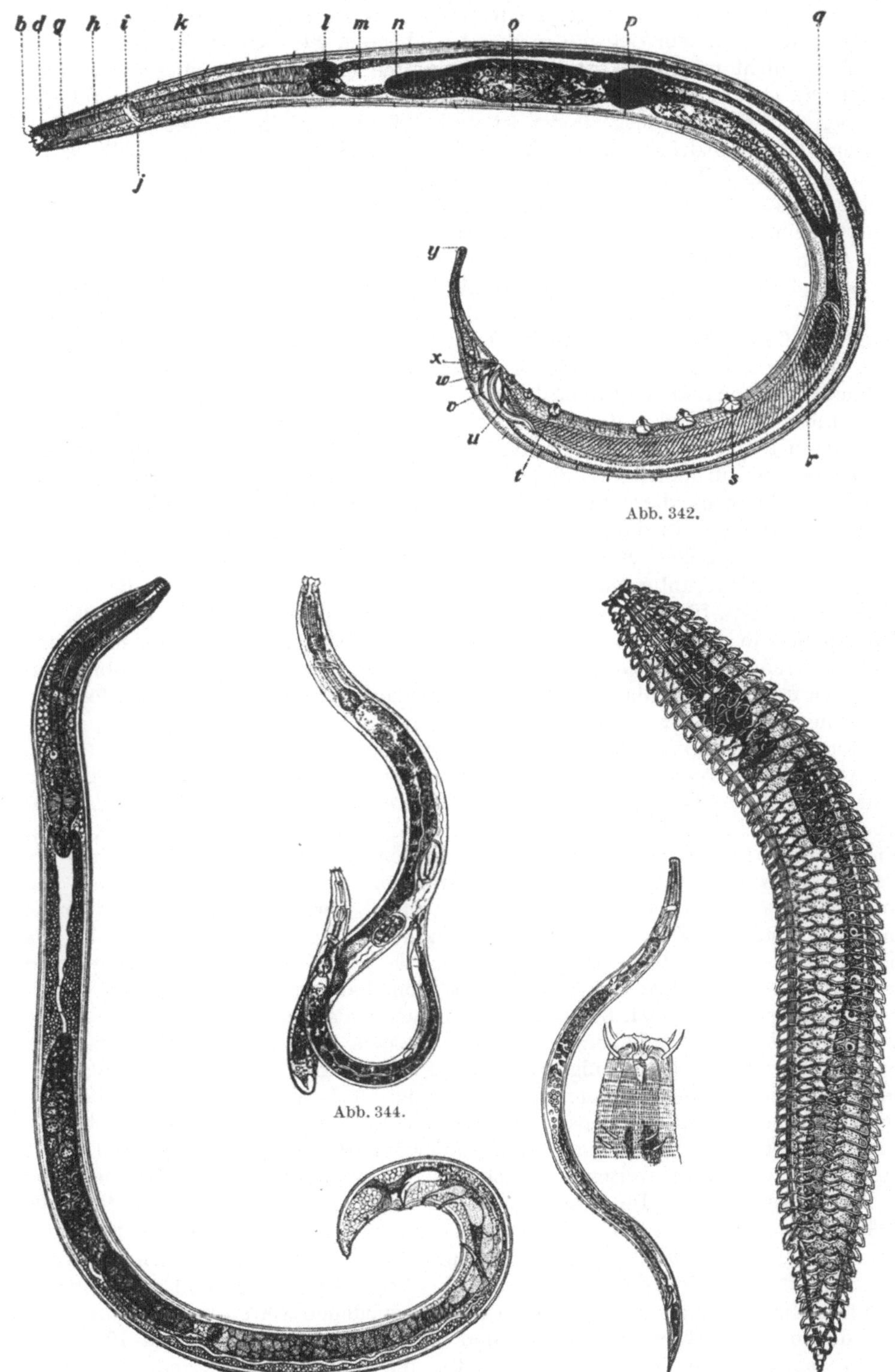

Abb. 342.

Abb. 343.

Abb. 344.

Abb. 345.

Abb. 346.

können; endlich gibt es einige, die wirkliche Parasiten sind, aber zu Gattungen gehören, die ganz vorwiegend zu den freilebenden Formen zählen.

Es ist nicht möglich, eine gute, gemeinsame Charakteristik dieser Familiengruppe zu geben; doch mag hervorgehoben werden, daß eine große Anzahl von Formen mit Borsten ausgestattet ist und daß diese oft hoch spezialisiert sind, weiter, daß Hautdrüsen mit Schleimabsonderung hier eine größere Rolle als in anderen Abteilungen spielen. Der Kopf trägt oft Sinnesorgane, Borsten, Fühler usw., die mit sensorischen Nervenfäden in Verbindung stehen. Die Anguillulinen sind fast überall in der Natur anzutreffen: auf dem Meeresboden, am Grund der Süßwässer, in kalkhaltigem und humussäurereichem Wasser, in faulendem Pflanzenwuchs, in Kalkinkrustationen auf Steinen, in Moosen, die sich auf Bäumen und Dächern vorfinden, in Wasseransammlungen hohler Bäume, in Holzstößen, in Wasser von Misthaufen, in Erde der verschiedensten Beschaffenheit und in der Region des ewigen Schnees; hier leben sie von den Algen, die den Schnee rot färben und auch ihnen die rote Farbe geben (*Aphelenchus nivalis* AURIV.).

Manche finden sich unter fast allen Lebensverhältnissen zurecht; eine Reihe von Arten trifft man an der Grenze von Land und Wasser, sie können sowohl im Wasser und in feuchter Erde leben, als auch eine hochgradige Austrocknung ertragen. Je mehr die Untersuchungen fortschreiten, um so mehr zeigt sich so gut wie immer, daß die einzelnen Arten gleichwohl jede für sich ihr Optimum haben, daß das Leben wohl unter anderen Verhältnissen gelebt werden kann, aber gut doch nur unter ganz bestimmten, und daß die Verhältnisse, die einigen Formen zusagen, für andere todbringend sein können. — Es ist ein bedeutender Unterschied in der Fauna unserer kalkhaltigen Seen und der Moore mit stark humussäurehaltigem Wasser, in der Fauna des Seegrundes, der submersen Pflanzen und der Algenbewüchse und Kalkbeläge auf den Steinen der Uferzone. Nahrung, pH, Lichtverhältnisse und Sauerstoffmenge sind einige derjenigen Faktoren, die hauptsächlich die Zusammensetzung der Fauna bestimmen.

Als Zerstörer organischer Substanzen spielen sie nächst den Oligochäten eine sehr große Rolle, manche glauben, von beiden die größere. Viele sind Pflanzenfresser; ihr wichtigstes Futter bilden für viele von ihnen Diatomeen und Bakterien. Viele saugen Pflanzensäfte ein und aus solchen entwickeln sich Typen, die als Parasiten im Pflanzengewebe leben. Manche sind ausgeprägte Raubtiere, die mit kräftigen Beißwerkzeugen ausgerüstet sind. Ihre Gefräßigkeit ist enorm; mit ihrem starken Zahnbesatz in der Mundhöhle können sie ganze Stücke aus den Beutetieren (Rädertiere u. a.) reißen. Es gibt innerhalb der Gruppe alle erdenklichen Übergänge zwischen freilebenden, halbparasitischen und gelegentlich parasitischen Formen bis zu ausgesprochenen Parasiten, die jedoch in naher Verwandtschaft zu freilebenden Formen stehen. Zahlreiche Arten sind als Schmarotzer mehr oder weniger enge an Insekten gebunden. Viele haben besondere Larvenstadien („Dauerlarven", FUCHS 1915), die von Insekten herumgetragen werden, entweder lose auf ihnen sitzend oder an ihrer Oberfläche befestigt. In einigen Fällen dringen solche Larven in den Enddarm oder die Leibeshöhle ein, ohne sich weiterzuentwickeln. Andere sind wirkliche Schmarotzer in der Leibeshöhle von Insekten, wie z. B. von *Nepa*, *Gerris* oder *Velia* (POISSON 1932). *Myoryctes Weismanni* EBERTH kommt in der Muskulatur von Fröschen vor und *Myenchus bothryophorus* SCHUBERT und SCHRÖDER im Bindegewebe von *Nephelis*. Es dringt deshalb die Auffassung immer mehr und mehr durch, daß sich die schmarotzenden Formen zu verschiedenen Zeiten und an ganz verschiedenen Lokalitäten aus freilebenden entwickelt haben (WÜLKER 1929).

In bezug auf die Fortpflanzung bieten die freilebenden Formen, in erster Linie die Rhabditiden, vom zoologischen Standpunkt aus höchst eigentümliche

Verhältnisse. Sicherlich handelt es sich dabei, soweit wir vorläufig orientiert sind, vorzugsweise um Erdnematoden, und deshalb wäre es vielleicht nicht notwendig, ihrer hier zu erwähnen. Aber einige dieser Formen finden sich auch in der feuchten Erde an den Ufern unserer Seen vor, und gewisse der eigenartigen Fortpflanzungsverhältnisse (s. unten) sind gerade für die Süßwassernematoden charakteristisch. Es sind also hinreichende Gründe vorhanden, auch in diesem Werk einen kurzen Überblick darüber zu geben. Die Hauptquelle dieses großen Untersuchungsgebietes sind in erster Linie die grundlegenden und bisher nicht übertroffenen Untersuchungen von MAUPAS (1899 bis 1900).

Kaum irgendwo im Tierreich hat man so ausgezeichnete Gelegenheit zu sehen, wie eine Tiergruppe, die ausgesprochen getrenntgeschlechtlich ist, es zuwege bringt, von der Getrenntgeschlechtlichkeit zum Hermaphroditismus überzugehen, oder von Männchen-Weibchen-Generationen zu reiner Parthenogenese oder auch zum Wechsel zwischen Männchen-Weibchen-Generation und parthenogenetischen Generationen (Heterogonie). Die Folge dieser geänderten Fortpflanzungsverhältnisse wird ja auf alle Fälle, daß die Erzeugung der Nachkommenschaft nicht weiter von einer Paarung mit einem zweiten Individuum abhängig ist. Jedes einzelne Individuum kann seine Nachkommenschaft in die Welt setzen, ohne Sperma von einem anderen Individuum geliefert erhalten zu müssen, mit dem zusammenzutreffen es keineswegs stets sicher sein kann. Man sieht deshalb auch, daß diese eigentümlichen Fortpflanzungsverhältnisse vorzugsweise dort vorkommen, wo die Gefahr vorhanden ist, daß die beiden Geschlechter einander nicht finden werden. Es kommt dazu, daß die Weibchen sozusagen ihr Schicksal selbst in die Hand nehmen. Das Recht, Nachkommenschaft in die Welt zu setzen, wollen sie sich nicht nehmen lassen. Wenn diese Verhältnisse gerade bei den Nematoden so in die Augen fallend sind, so dürfte das damit zusammenhängen, daß eine ungeschlechtliche Vermehrung durch Teilung oder Knospung, die ja sonst bei anderen Wurmgruppen eine so hervorragende Rolle spielt, hier vollständig fehlt; auf ungeschlechtlichem Weg kann sich ein Nematode nicht fortpflanzen; soll er sich fortpflanzen, so kann dies nur auf geschlechtlichem Weg geschehen. Und ist, wenn die Geschlechtsstoffe auf zwei Individuen verteilt sind, die Gefahr vorhanden, daß diese beiden Individuen einander nicht finden können, so sind es im Tierreich zunächst immer die Weibchen, die die Situation retten müssen. Auch ist es einleuchtend, daß in Fällen, wo jedes der Individuen einer Art sich „selbständig" macht, d. h. jedes Individuum für sich Nachkommenschaft in die Welt zu setzen vermag, solche Arten dann einen mächtigen Vorsprung gegenüber den anderen voraus haben, bei denen nur die Hälfte (die Weibchen) dazu imstande ist.

Im allgemeinen kann gesagt werden, daß das männliche Geschlecht bei weitem schwächer vertreten ist als das weibliche. Bei den Erdnematoden sind Männchen nur bei einem Drittel der Arten bekannt.

MAUPAS zeigte nun für die in der Erde und in faulenden Substanzen lebenden Nematoden (die Gattungen *Rhabditis* und *Diplogaster*), daß bei den verschiedenen Arten die Tendenz zum Hermaphroditismus verschieden stark ausgebildet ist. Es gibt Weibchen, deren Geschlechtsdrüsen in mehr oder weniger hohem Ausmaß außer Eiern auch Samenzellen zu erzeugen vermögen. Sehr häufig entstehen zuerst Samenzellen (die Tiere sind dann „proterandrisch") und diese befruchten dann die Eier, oder es entstehen abwechselnd bald Samenzellen, bald Eier; oder auch es erzeugen die Eierstöcke jederzeit sowohl Samenzellen als auch Eier. Das Merkwürdige ist nun, daß bei verschiedenen Arten mit Neigung zu Hermaphroditismus neben den Weibchen auch Männchen auftreten. Diese kommen bei gewissen Arten in ziemlich großer Anzahl vor, bei anderen

aber sind sie äußerst selten (0,013%). Merkwürdig ist nun weiter, daß diese
Männchen sehr wenig Lust zur Kopulation zeigen. Je vollkommenere Hermaphroditen die Weibchen geworden sind, um so weniger Neigung zeigen die
Männchen, sich mit den Weibchen zu paaren. Es sieht so aus, als ob sie überflüssig geworden wären, und man bezeichnet sie in solchen Fällen mit dem sehr

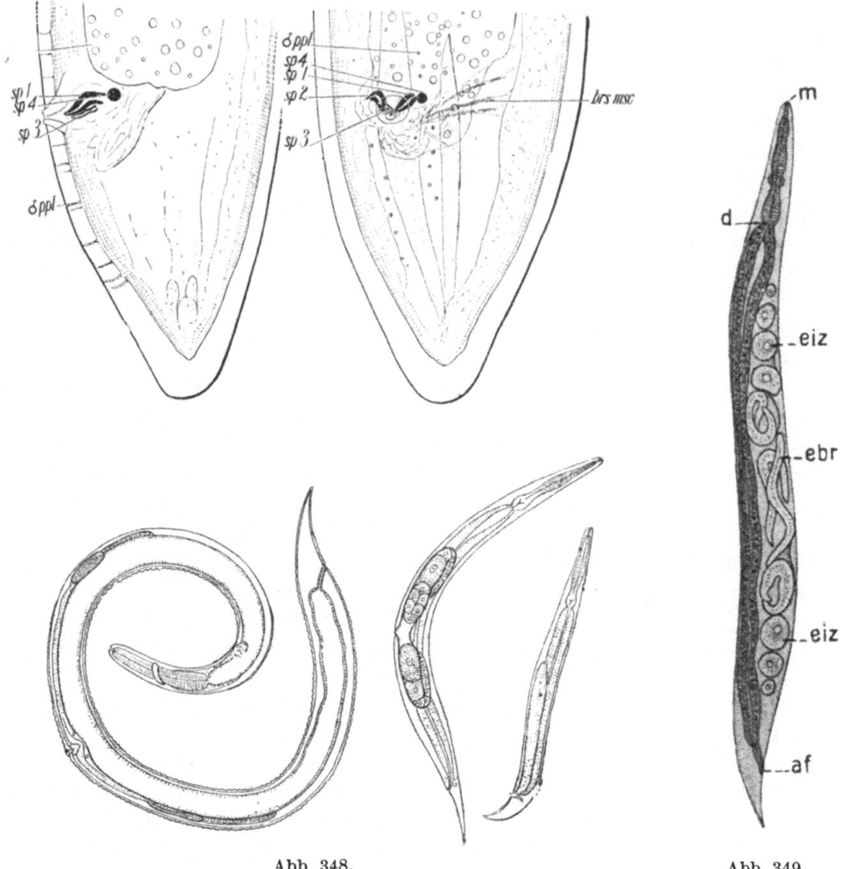

Abb. 348.   Abb. 349.

Abb. 347. Intersexe Formen von *Agamermis decaudata* STEINER. Intersexes Weibchen. Es besitzt einen
doppelten Satz von ♂ Spicula (*sp 1* bis *4*); drei sind von normaler Form, das vierte nur als kugelförmiger Körper
ausgebildet. Links von der Seite gesehen, rechts gedreht. *f* Fettkörper; *ppl* die männlichen Papillen; *brs msc*
Muskeln der Bursa. (STEINER 1923).

Abb. 348. *Angiostomum nigrovenosum* RUD. Links die hermaphroditische Generation, rechts die getrenntgeschlechtliche: ♀ u. ♂. (LAMEERE 1931.)

Abb. 349. Desgleichen Weibchen mit entwickelten Jungen in der Leibeshöhle. *af* After; *eiz* Eizellen; *ebr* Enbryo-
nen; *d* Darm; *m* Mund. (LEUCKART 1876.)

prägnanten Wort: Residualmännchen. Endlich gibt es Formen, bei denen
Männchen niemals vorzukommen scheinen; wir haben dann rein hermaphroditische Formen vor uns (*Rhabditis Gurneyi* POTTS); darunter sind Formen, die
durch 52 Generationen gezüchtet worden sind, ohne daß sich Männchen gezeigt
hätten. Es kommen nicht selten im Tierreich Hermaphroditen mit Paarungsorganen vor und in solchen Fällen paart sich das Individuum mit sich selbst
oder zwei Hermaphroditen paaren sich miteinander; jedes Individuum fungiert
dann bei der Paarung sowohl als Männchen als auch als Weibchen (Turbellarien,

Lungenschnecken u. a.). Nichts dergleichen kommt bei den Nematoden vor; hier fehlen den Hermaphroditen normalerweise äußere Paarungsorgane. Das ist insofern hier um so merkwürdiger, als man gerade bei diesen freilebenden Formen, und zwar in solchem Fall gerade bei Süßwassernematoden (*Trilobus longus* LEYDIG, Abb. 342; *Trilobus gracilis* BASTIAN) ausgesprochene Weibchen kennt, die die weiblichen Geschlechtsorgane in normaler Ausbildung besitzen, überdies aber die männlichen Paarungsorgane, Spicula u. a., mehr oder weniger entwickelt zeigen. Solche sog. *intersexe* Formen (Abb. 347) finden sich als pathologische Erscheinungen überall im Tierreich vor und sind Gegenstand eingehender Untersuchungen gewesen; bei Schmetterlingen (*Lymantria dispar*, GOLDSCHMIDT), bei anderen Fadenwürmern (Mermithiden, STEINER 1923). Sie sind von GOLD-SCHMIDT (1922) bei *Lymantria*, bei der menschlichen Laus von KEILIN und NUTTALL (1919) experimentell erzeugt worden, überdies von SEXTON und HUX-LEY (1921) bei Gammariden und von BRIDGES (1921) bei der Bananenfliege. In allen diesen Fällen entstehen intersexe Formen bei Kreuzung nahestehender Genotypen. Etwas Ähnliches kann man auch bei den Nematoden vermuten. Bei den oben erwähnten *Trilobus*-Arten sind intersexe Formen von verschiedenen Forschern festgestellt worden (DADAY 1905, DITLEVSEN 1911, STEFANSKI 1917, STEINER 1919 und 1923).

Wie schon erwähnt, kommt auch parthenogenetische Fortpflanzung vor; in manchen Fällen nur fakultativ, wenn der Samen verbraucht ist, in anderen Fällen jederzeit (*Cephalobus dubius* MAUPAS u. a.).

Man hat auch das höchst eigenartige Verhalten nachgewiesen, daß gewisse Arten, die tatsächlich Hermaphroditen sind, sich trotzdem parthenogenetisch fortpflanzen, aber Bedingung dafür ist, daß eine Samenzelle in die Eizelle eindringt; nur führt diese Samenzelle keine Befruchtung herbei, sie geht zugrunde; es verhält sich so, daß das parthenogenetische Ei, um sich entwickeln zu können, des Eindringens der Samenzelle bedarf; zu einer Verschmelzung der beiden Kerne kommt es nicht. Man hat in Kulturen durch Mutation Stämme entstehen gesehen, die nur aus Weibchen bestehen, welche parthenogenetisch wieder Weibchen hervorbringen, deren Eier aber der Befruchtung durch Männchen bedürfen, und man hat weiter experimentell durch Verminderung der Sauerstoffzufuhr bewirkt, daß Eier, denen ein Samenkern zugeführt worden ist, trotzdem nicht befruchtet worden sind, indem die Kerne nicht miteinander verschmelzen, und daß aus diesen Eiern auf parthenogenetischem Weg Weibchen entstehen.

Endlich kann die Parthenogenese ein Glied bilden innerhalb einer Heterogonie, so daß ein Wechsel von parthenogenetischen und Männchen-Weibchen-Generationen zustande kommt. Als Beispiel für eine solche Heterogonie sei ein Fadenwurm des Frosches, *Angiostomum nigrovenosum* RUD., angeführt (Abb. 348, 349). Er lebt als Hermaphrodit in der Lunge des Frosches und der Kröte. Hier wird er 2 cm lang und besitzt keinen Bulbus. Er ist proterandrisch und befruchtet selbst seine Eier. Die Eier werden aus der Lunge ausgeworfen, gelangen in den Darm und werden mit den Exkrementen ausgeführt. Die aus den Eiern hervorgehenden Formen sind getrenntgeschlechtlich; sie leben als freilebende Nematoden in der Erde, sind mikroskopisch klein und mit einem Bulbus ausgestattet. Nach der Paarung dringt das Tier wieder in die Frösche ein, indem es sich durch die Haut hindurchbohrt. Es wird vom Blutstrom ergriffen, in die Lungen befördert und bildet hier die hermaphroditische Generation. Es liegen möglicherweise ganz die gleichen Verhältnisse bei den Säugetierschmarotzern der Gattung *Strongyloides* vor, aber es scheint, als ob hier die Heterogonie klimatisch bestimmt wäre. In nördlichen Breiten kommen nämlich wahrscheinlich nur parthenogenetische Generationen vor, doch fehlen noch nähere Untersuchungen. Die

Heterogonie ist weiter (BOVIEN 1937) bei *Heterotylenchus aberrans* nachgewiesen, einem Parasiten der Zwiebelfliege *(Hylemyia antiqua)*. Das befruchtete Weibchen dringt in die Fliegenlarve ein und erlangt in der Leibeshöhle der Fliege die Geschlechtsreife. Hier legt es die Eier ab, die sich zu einer Generation von Weibchen abweichenden Aussehens entwickeln. Die Eier dieser Weibchen entwickeln sich ohne Befruchtung zu männlichen und weiblichen Larven, die durch die Ovarien und Geschlechtswege der Fliege (wobei sie oft Sterilität verursachen) auswandern, um ihre Entwicklung im Freien zu vollenden.

Im Jahre 1925 ist eine größere Arbeit von MICOLETZKY über die freilebenden Nematoden Dänemarks erschienen. Schon früher waren ähnliche Untersuchungen vom gleichen Autor über die Nematodenfauna der Alpenseen herausgekommen (s. auch HOFFMÄNNER und MENTZEL: Schweizer Fauna, 1915; HOFFMÄNNER: Lac Leman, 1913; SCHNEIDER: Die Plöner Seen, 1922). Unter Zugrundelegung dieser Arbeiten soll im folgenden ein Überblick darüber geboten werden, was wir von der Nematodenfauna unserer Süßwässer wissen.

In Dänemark sind in den Süßwässern nicht weniger als 73 Arten beschrieben, und nimmt man die feuchte, von Wasser durchtränkte Erde hinzu, so sind es 87 (DITLEVSEN 1911, MICOLETZKY 1925).

Die Süßwasserformen können in drei Gruppen eingeteilt werden, in die gleichen, die sich auch sonst überall finden: in Detritusfresser, Algenfresser und Raubtiere. Die ersteren sind hauptsächlich Bodentiere, die Algenfresser sind an die Pflanzenzonen gebunden, die Raubtiere finden sich fast überall. Die größte Menge von Nematoden ohne Berücksichtigung der Artenzahl kommt im Pflanzenwuchs und in den Kalkinkrustationen auf Steinen und Wasserpflanzen vor, die geringste auf Sandboden. Umgekehrt ist an der erstgenannten Stelle die Artenzahl am geringsten, am größten aber auf Sandboden, 18 und 25 gegen 40, am Seegrund 16. Die Formen, die die Menge der Nematoden in der Litoralregion so stark ansteigen lassen, gehören der Gattung *Chromadora* an (Abb. 345), die mit drei bis vier Arten mehr als drei Fünftel aller Nematoden-Individuen ausmacht. Die Fauna des sandigen Ufers ist, wie erwähnt, individuenarm, aber sehr artenreich. Die Hauptformen sind *Trilobus*-Arten (Abb. 342), die zusammen mit *Chromadora* vier Fünftel der Nematodenmenge ausmachen, weiter *Monhystera*. Übrigens ist die Fauna durch die große Zahl von Raubtieren unter den Nematoden charakterisiert.

Auf algenbewachsenen Steinen, in den Kalkinkrustationen an Steinen und in den Pflanzengürteln, in der *Scirpus-Phragmites*-Zone und in der *Potamogeton*-Zone, überall haben die Chromadoren die Vorherrschaft, in der *Potamogeton*-Zone mit 98%; überall aber finden sich Formen, die vorwiegend an die eine der oben genannten Örtlichkeiten gebunden zu sein scheinen. Namentlich ist es, als ob die blaugrünen Algen, die die Kalkinkrustationen auf den Steinen bilden, einen besonderen Nährboden für ganz bestimmte Formen abgeben würden. Diese spielen eine große Rolle in dem blaugrünen Algenbelag des Sandes an den Seeufern und am Sandstrand (W.-L. 1901).

Seit vielen Jahren habe ich in bezug auf die Nematodenfauna an allen diesen Lokalitäten eine Beobachtung gemacht, die in mehr als einer Beziehung von Interesse ist. Wenn man mit einer Bürste die Kalkinkrustationen abbürstet, oder wenn man ein Büschel kalkinkrustierter Blätter aus dem *Potamogeton*-Gürtel entnimmt und es in einem Planctonnetz ausschüttelt, so bildet sich dann in den Glasgefäßen ein weißgrauer Bodensatz von Kalk und Algen, hauptsächlich blaugrünen Algen und Diatomeen. In diesem Bodensatz ist ein außerordentlich reiches Tierleben vorhanden. Nirgends spielen meines Wissens Nematoden eine so große Rolle wie hier. Wenige Stunden später bildet der

Bodensatz eine zusammenhängende Masse; es sieht so aus, als ob eine Substanz vorhanden wäre, die alle Partikelchen zusammenkittet. Am nächsten Tag enthält die Schicht fast keine Nematoden mehr, aber am Wasserrand befindet sich auf der Lichtseite ein dicker, gallertiger Strang, der sich teils bis zum Boden erstreckt, teils etwas über die Wasseroberfläche herausragt, am stärksten aber gerade im Wasserspiegel ausgebildet ist. Unter dem Mikroskop betrachtet, erweist er sich als eine Gallertmasse mit ungeheuren Mengen von Nematoden.

Wie schon erwähnt, besitzen die freilebenden Nematoden ein reiches System von Schleim- und Klebdrüsen, durch welches ihr Leben in dieser Region bedingt ist und von denen in den Aquarien die dicken Gallertbeläge an den Glaswänden gebildet werden. Alle hierhergehörigen Formen verlangen stark sauerstoffhaltiges Wasser; sie sind überdies positiv phototaktisch. Im Verlauf der Nacht, wenn die Sauerstoffmenge in den Aquarien abnimmt, steigen die Tiere an die Oberfläche und in den Morgenstunden ist der Boden fast ganz leer von Nematoden.

Hat man dieser Erscheinung im Aquarium sein Augenmerk geschenkt, so wird man eine andere besser verstehen, die sich im freien Wasser zeigt.

An warmen Sommertagen nach einer windstillen Zeit kann man unter den *Potamogeton*-Teppichen ein Netz dicker, gallertiger Fäden beobachten, die durcheinander verlaufen und in starken Bögen sich in die Tiefe senken. Wo die Fäden sich kreuzen, sind zusammenhängende Gewebsmassen vorhanden. Man sieht diese Erscheinung überall in der *Potamogeton*-Zone; sie ist besonders charakteristisch im *Potamogeton lucens*- und *P. perfoliatus*-Gürtel. Die Fäden und Netze sind überdies charakteristisch durch eine Menge weißgelber Körner, die sich als kohlensaurer Kalk erweisen, d. h. es ist von den Blattunterseiten herabgerieseltes Pulver, das sich an den Pflanzen bei der Kohlensäureassimilation gebildet hat. Diese Kalkmassen sammeln sich in den Netzen, die zuletzt zerreißen, worauf der Kalk in Form weißer Wolken gegen den Seeboden absinkt. Auf der Unterseite der Blätter entlang den Gallertsträngen und in den Netzen leben Millionen von Nematoden, hauptsächlich jedoch oben auf den Blättern. Es besteht kein Zweifel, daß die hier geschilderten Erscheinungen in erster Linie den Nematoden zuzuschreiben sind, aber da sowohl Rädertiere aus ihren Fußdrüsen als auch die Diatomeen Schleim absondern und namentlich Diatomeen in ungeheuren Mengen vorkommen, ist es wohl möglich, daß alle drei Gruppen ihren Beitrag dazu liefern. Die Rädertiere sind aber in diesen Gebieten recht gering an Zahl und die Gallertmassen, die sie ausscheiden, können sich nicht mit den großen Gallertmengen messen, die die Hydatinen in Mistpfützen, Kleinteichen u. dgl. absondern; die der Diatomeen sind sicherlich größer. Der weit überwiegende Teil rührt jedoch unzweifelhaft von den Nematoden her, die in dieser Schleimsubstanz ein Mittel besitzen, um sich an den Pflanzen festzuhalten.

Die Erscheinung zeigt sich nur in windstillen Perioden. Liegt man in einem Boot draußen in der *Potamogeton*-Zone, wenn ein Wind kommt, die Wellen sich erheben und die Pflanzenstengel wogend hin und her geschwungen werden, dann reißen alle diese Ankertaue und die Netze zerfallen; man sieht überall Wolken von Kalk zum Seeboden absinken. Wenige Stunden später sind alle Taue und Netze in Stücke zerschlagen und mit den Wellen von ihrer Bildungsstätte fortgeschwemmt.

Wenn die *Potamogeton*-Pflanzen im Vorsommer gegen die Oberfläche emporsteigen, sind sie rein, der Kalkbelag ist gering und der Diatomeenbelag gleichfalls. Dann ist die Zahl der Nematoden nicht groß. Im Verlauf des Sommers vermehren sie sich von Woche zu Woche. Es muß im Vorsommer ein Hinaufwandern vom Seegrund stattfinden, wo sie vermutlich überwintert haben.

Seltsamerweise habe ich in den Gallertmassen keine Nematodeneier finden können; es läßt sich wohl nichts anderes denken, als daß große Mengen auf den Blättern und in den Gallertmassen selbst vorkommen müssen.

Durch die Untersuchungen MICOLETZKYS weiß man nun, daß diese Erscheinung in erster Linie den *Chromadora*-Arten zuzuschreiben ist, von denen in Dänemark vier vorkommen.

So reich an Nematoden die oben genannten Gebiete auch sind, so arm sind unsere Seeböden. Es sind hier nur 16 Arten gefunden worden und nur von ungefähr der Hälfte kann gesagt werden, daß sie wirklich hierhergehören. Die übrigen sind nur Formen, die vom Ufer und aus der Vegetationszone herabgespült worden sind; auch die Individuenzahl ist sehr gering. Unsere Seeböden stehen hier wie fast in jeder Beziehung weit zurück hinter den alpinen. Der Grund dafür dürfte, wie immer, der überaus geringe Sauerstoffgehalt sein, der für unsere Seeböden charakteristisch ist.

Unsere *Moorseen*, z. B. der Gribsee, haben eine sehr geringe Nematodenfauna, die im wesentlichen aus Arten sich zusammensetzt, die im Frühjahr bei der Schneeschmelze in sie eingeschwemmt worden sind.

Nahrungsreiche Kleinteiche sind vor allem durch den Reichtum an Detritusfressern charakterisiert; Formen, die wie die Chromadoren viel Sauerstoff verlangen, fehlen fast ganz.

Die *Sphagnum*- und *Carex*-Moore, besonders die ersteren, haben zu einem wesentlichen Teil ihre eigene, nicht besonders artenreiche Fauna. Diese steht, was die Nematodenfauna anbelangt, sehr weit hinter der Fauna der alpinen *Sphagnum*-Moore zurück.

Untersucht man das Zahlenverhältnis zwischen Männchen und Weibchen bei der gleichen Art, so kommt MICOLETZKY in bezug auf die Nematoden zu dem gleichen Resultat, zu dem andere in bezug auf die Ostrakoden, Hydrachniden und gewisse Phyllopoden gelangt sind, daß nämlich die Zahl der Männchen gegen Norden hin abnimmt. Es ist sehr wahrscheinlich, daß Parthenogenese weitverbreitet ist, aber es mangeln hierüber noch eingehende Untersuchungen.

Es mag hinzugefügt werden, daß man kürzlich (ZELLER 1937) Nematodengallen an Wasserpflanzen *(Myriophyllum spicatum, Potamogeton* und *Helodea)* gefunden hat. Bekanntlich sind nur wenige Gallen an Wasserpflanzen festgestellt worden. Bei uns sind kugelige Gallen an *Myriophyllum* sehr allgemein. Sie sind aber nicht näher untersucht.

Klasse

Nematomorpha.

Die Nematomorpha sind sehr langgestreckte Würmer mit kreisrundem Querschnitt. Die Gruppe ist sehr klein. Die Kutikula ist zweischichtig und wird von einer vielzelligen Hypodermis gebildet. Das Nervensystem ist nicht deutlich vom Hautepithel gesondert. Sinnesorgane schwach entwickelt. Darmkanal fast nicht in besondere Abschnitte gegliedert und oft, manchmal vorne, manchmal hinten, stark reduziert. Es ist ein aus Längsmuskeln bestehender Hautmuskelschlauch ausgebildet. Der Raum zwischen diesem und dem Darm ist von einem Parenchym erfüllt und von Transversalmuskeln durchquert. Im Parenchym große Hohlräume. Blutgefäßsystem und Exkretionsorgane fehlen. Getrenntgeschlechtlich. Geschlechtsdrüsen sackförmig, paarig. Sie münden in eine Geschlechtskloake am Hinterende. Metamorphose. Bis zum Eintreten der Geschlechtsreife Parasiten, namentlich bei Insekten und bei marinen Crustaceen. Die Eier werden hauptsächlich ins Wasser abgelegt; hier findet auch die Paarung statt.

Es ist keineswegs selten, daß man in kleinen Wasseransammlungen, besonders in solchen, die sich in trockenen Sommern in austrocknenden Bachbetten bilden, lange, fadenförmige Würmer, oft von einer Länge von einem Dezimeter und darüber findet (Abb. 350); sie sind gewöhnlich braun oder gelblich. Sie gleichen etwas den Violinsaiten. Eine einzelne Art kann 1,6 m lang werden, aber ihre Dicke beträgt nicht mehr als 1,5 mm. Manche sind fast unbeweglich, die meisten bewegen sich nur ganz wenig. Den Sommer hindurch kann man in stehenden Gewässern ganz die gleichen Würmer finden, aber sie sind gewöhnlich dann mit der einen Hälfte um Wasserpflanzen geschlungen, oft mehrere Male, wobei gleichzeitig die andere Hälfte sich langsam bewegt und hin und her schwingt.

Abb. 350. *Chordodes brasiliensis* JANDA. (JANDA 1894.)

Oft findet man eine ganze Anzahl, bis über ein Dutzend, zu einem Knäuel verwickelt, zu einem gordischen Knoten, in dem die Individuen so sehr ineinander verfilzt sind, daß man sie nur mit großer Schwierigkeit voneinander lösen kann.

Doch begegnet man diesen merkwürdigen Geschöpfen noch unter ganz anderen Verhältnissen wieder. Hie und da trifft es sich, daß man am Ufer entweder einen toten Gelbrandkäfer oder dessen Larve findet (Abb. 351, 352), aus deren Hinterende einer dieser Würmer herausragt, oder auch, daß solche Käfer, die man sich in Aquarien hält, plötzlich solche Würmer abgeben, die sich nicht aus dem After, sondern aus der Gelenkhaut zwischen zwei Ringen herausschieben. — Das gleiche kann man bei anderen Wasserinsekten, z. B. bei Trichopteren, beobachten;

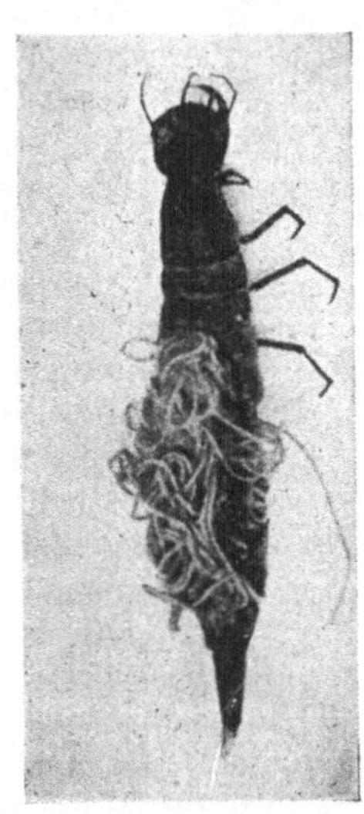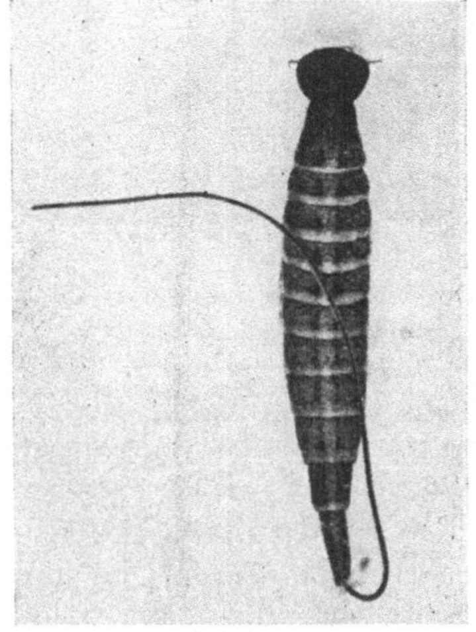

Abb. 351.   Abb. 352.

Abb. 351. *Dytiscus*-Larve, geöffnet, mit zahlreichen *Gordius*, die sich aus der Leibeshöhle wälzen; junge Tiere. (BLUNCK 1922.)

Abb. 352. *Dytiscus*-Larve, an deren Hinterende ein *Gordius* im Begriffe ist, auszuwandern. (BLUNCK 1922.)

aber außerdem zeigen auch viele Landtiere, z. B. Tausendfüßer, Heuschrecken, Kakerlake, Aaskäfer, die gleiche Erscheinung.

Wir haben es in solchen Fällen zumeist mit den sogenannten Gordiiden zu tun, einer kleinen, merkwürdigen Tiergruppe, über deren Lebensweise wir erst in den letzten Jahren etwas eingehendere Kenntnisse erlangt haben. Wir verdanken sie in erster Linie MONTGOMERY (1903, 1904), G. W. MÜLLER (1926) und DORIER (1930), auf welche Autoren die im folgenden gegebene Schilderung sich stützt.

Abgesehen von einer einzigen marinen Gattung, *Nectonema*, mit der Hauptart *N. agile* VERRIL, die als Larve in der Leibeshöhle höherer Krebse, von Paguriden und Garneelen, vorkommt und als geschlechtsreifes Tier in der Litoralregion, sind alle übrigen an das Süßwasser und an Insekten gebunden. Sie wurden früher zusammen mit den Mermithiden zu den Fadenwürmern gestellt, doch werden sie gegenwärtig als eigene Gruppe, *Nematomorpha*, mit verwandtschaftlichen Beziehungen zu den Kratzern und der kleinen marinen Gruppe der *Kinorhyncha* angesehen. Die Farbe ist bei den meisten tiefbraun, nur die vordere Spitze des Körpers ist hell; dieser ist bei der Hauptgattung *Gordius* mit einem dunkleren Ring versehen. Die Kutikula, die aus zwei Schichten besteht, ist gewöhnlich dick, die untere Schicht sehr dick und fibrillär; darunter liegt eine einschichtige Hypodermis. Kutikularbildungen verschiedener Art, Borsten, Haare, kegelförmige Gebilde usw., kommen sehr häufig vor, vor allem in der Nähe der Kloakenmündung.

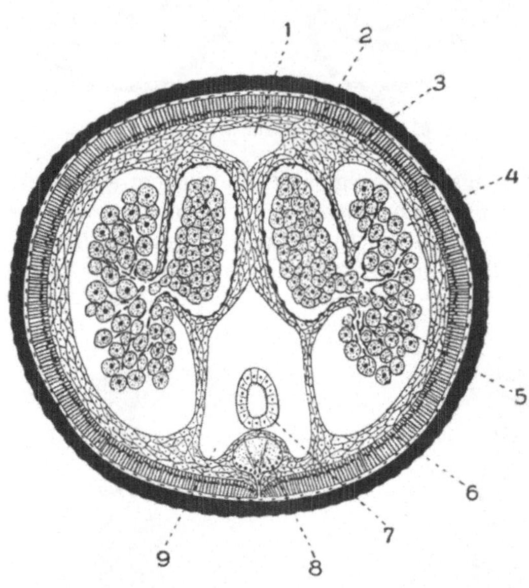

Abb. 353. *Parachordodes tolosanus* DUJARDIN. Querschnitt durch den Hinterkörper eines erwachsenen Weibchens. *1* Rückengefäß; *2* Ovariallängsgang; *3* Parenchym; *4* Ovarialsinus; *5* Ovarialdivertikel; *6* Längsmuskelschicht; *7* Mitteldarm; *8* Nervensystem; *9* Darmsinus. (RAUTHER 1905.)

Die Muskulatur besteht in kurzer Beschreibung aus einem Hautmuskelschlauch und besonderen transversalen oder Hohlorgane umkleidenden Fasersystemen. Das Nervensystem ist durch einen Nervenstrang repräsentiert, der durch den ganzen Körper verläuft. Ein besonderes Gehirnganglion ist nur schwach angedeutet; das ganze Nervensystem liegt intraepithelial. Sinneszellen finden sich über den ganzen Körper verstreut, jedoch sind sie vorne und am gegabelten Hinterende des Männchens gehäuft. Bei einer Form, *Paragordius varius* LEIDY, wird das ganze Vorderende als ein großes, sehr primitiv gebautes Lichtsinnesorgan gedeutet.

Der Darm ist ein durch den ganzen Körper verlaufendes Rohr ohne deutliche Sonderung in Vorder-, Mittel- und Enddarm. Bei den verschiedenen Formen ist er mehr oder weniger stark reduziert. Bei *Gordius* findet sich weder im freilebenden noch im parasitären Stadium ein Mund oder ein After; bei anderen Formen ist wohl ein Mund vorhanden, aber eine Nahrungsaufnahme durch diesen ist höchst unwahrscheinlich. Wie diese großen Würmer die Nahrungsaufnahme durchführen, darüber herrscht noch keine Klarheit. Die Nahrungsaufnahme müßte durch die Haut vor sich gehen, und zwar nur im parasitischen Stadium, aber die Haut ist dick und besitzt keine Lacunen und kein Porensystem. Bei *Chordodes* ist wohl ein Mund vorhanden, aber es ist nicht wahrscheinlich, daß die Form im Freien Nahrung aufnimmt.

Exkretionsorgane sind nicht nachgewiesen. Die Gordiiden sind getrenntgeschlechtlich. Zwischen der Muskelschicht und dem Darm befindet sich die Körperhöhle (Abb. 353), die im parasitischen Stadium mit einem Parenchym erfüllt ist, das aus rundlichen, polyedrischen Zellen besteht, zwischen denen eine sehr oft reichliche, bindegewebsartige Grundsubstanz vorhanden ist. Im Parenchym sind große Hohlräume ausgebildet. In diesen liegen die Geschlechtsorgane; beim Weibchen zwei lange, bandförmige Ovarien mit Ovarialdivertikeln, in die

die Eier herausfallen. Sie vereinigen sich zu einem kurzen Gang, der sich in einen Uterus fortsetzt, in welchem die Befruchtung stattfindet. Der Uterus mündet zusammen mit dem Darm in eine Kloake. Die Zahl der Ovarialdivertikel ist bei einer Form, *Para-*

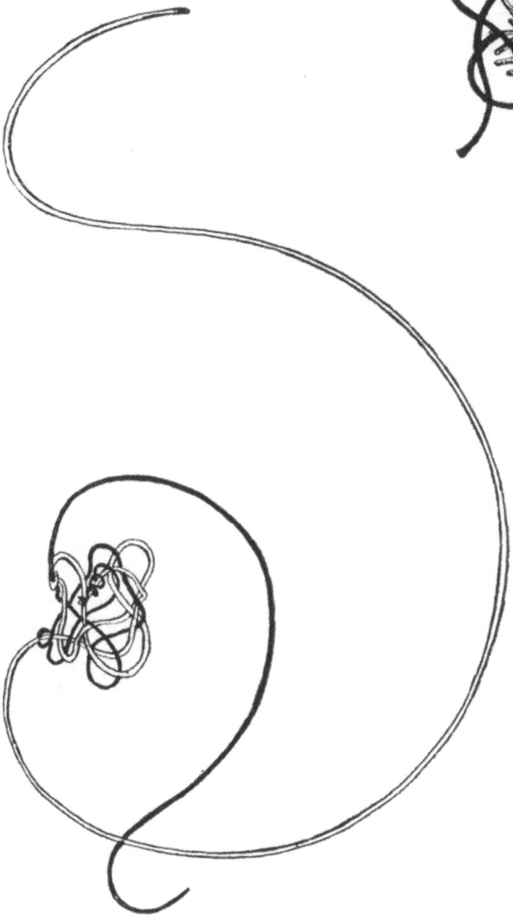

Abb. 355.

Abb. 356.

Abb. 357.

Abb. 354.

Abb. 358.

Abb. 359.

Abb. 354. *Gordius aquaticus* DUJ. Männchen und Weibchen in Paarung; ♂ schwarz, ♀ hell. (DORIER 1930.)

Abb. 355. *G. aquaticus* in Paarung, um einen Blattabschnitt von *Sium latifolium* gewickelt; in der Mitte die weißen Eischnüre. (W.-L. 1910.)

Abb. 356. Äußerstes Hinterende von *G. aquaticus*, mit Spermamasse bedeckt. (DORIER 1930.)

Abb. 357. *G. aquaticus*, um drei Stengel herumgeschlungen und teilweise um seine Eischnüre gewickelt. (W.-L. 1910.)

Abb. 358 u. 359 zeigen, wie das gegabelte Hinterende des Männchens bei der Paarung über den Körper des Weibchens gleitet. (DORIER 1930.)

gordius varius LEIDY, sehr groß (zirka 3000 bis 4000; MONTGOMERY 1903). Die männlichen Geschlechtsorgane sind viel einfacher gebaut; die Hoden sind auch hier zwei lange, gerade Bänder, die in zwei Samenkanäle übergehen, welche in die Kloake ausmünden. Männchen und Weibchen gibt es ungefähr in gleicher Zahl. Die Eier sind rundlich und von einer dünnen

Membran umgeben. Jede Art ungeschlechtlicher Vermehrung fehlt. Nach der Fortpflanzungsperiode sterben beide Geschlechter ab. Ein Regenerationsvermögen scheint nur sehr gering entwickelt zu sein; das ist um so merkwürdiger, als die Tiere außerordentlich zählebig sind; man kann einem *Gordius*-Männchen, das in Paarung begriffen ist, den Kopf abschneiden, aber nichtsdestoweniger setzt es die Paarung fort. Man kann einem *Gordius*-Weibchen ein Sechstel des Körpers abtrennen, es bleibt gleichwohl noch zweieinhalb Monate am Leben.

Die beiden Geschlechter sind dadurch voneinander unterschieden, daß das Hinterende des Männchens gespalten, das des Weibchens in der Regel abgerundet ist. Die Kutikula kann in hexagonale Felder geteilt sein und zahlreiche kleine Dorne und Knoten tragen; das gilt insbesondere für die zur Familie *Chordodidae* gehörenden Arten.

Untersucht man die oben erwähnten Knäuel näher (Abb. 354, 355, 357), so wird man sehen, daß sie gewöhnlich aus einer Anzahl Weibchen und einer bedeutend größeren Anzahl Männchen bestehen; in diesen Knäueln findet die Paarung statt, doch sie kann auch zwischen einem einzelnen Männchen und einem einzelnen Weibchen vor sich gehen.

Während der Paarung gleitet das gespaltene Hinterende des Männchens langsam bis ans Hinterende des Weibchens entlang (Abb. 358, 359), wo das Männchen den Samen in Form einer Spermatophore abgibt, einer rundlichen, weißen Masse, die das Hinterende des Weibchens umhüllt (Abb. 356) und von wo der Samen später in dessen Körper eindringt und sich in einem Samenbehälter sammelt. Man kann oft in solchen Knäueln diese Samenklumpen beobachten, wie sie auf der Hinterleibsspitze der Weibchen sitzen.

Kurz nach der Paarung kommt es in der Regel zur Eiablage. Nicht selten findet man in der freien Natur entweder weiße oder weißlichgelbe, bandförmige, weiche Eimassen, die um Wasserpflanzen geschlungen sind oder als weiße Kleckse auf Steinen des Bachbettes liegen. Gewöhnlich findet man einen oder mehrere Würmer mit diesen Eimassen ineinander verfilzt (Abb. 355, 357); sehr oft sind die Tiere, die in die Eimassen gleichsam eingenäht erscheinen, tot. Von einer eigentlichen Brutpflege kann hier selbstverständlich nicht die Rede sein, aber es besteht doch kein Zweifel darüber, daß diese Wurmkörper einen mechanischen Schutz für die weichen Eimassen bilden und auch vielleicht etwas dazu beitragen, daß sie nicht in so hohem Grad wie sonst eierfressenden Wassertieren zur Beute fallen (W.-L. 1910). Diese Eimassen enthalten eine ungeheure Menge von Eiern; es wird angegeben, daß in einer Eierschnur von 154 mm Länge wenigstens eine halbe Million Eier vorhanden ist. Die Eier selber sind kugelrund. Und aus ihnen kriecht eine merkwürdig aussehende Larve aus (Abb. 360, 365). Hat man in einem Aquarium eine solche Eierschnur, so bedeckt sich, wenn die Larven auskriechen, der Boden mit einer grauen Schicht und es zeigt sich unter der Lupe, daß diese aus einer ungeheuren Menge winzig kleiner Larven besteht, die sich drängen und aneinanderstoßen. Nicht eine kommt übrigens von der Stelle. Die Larve besitzt vorne einen Rüssel, der vorne

---

Abb. 360. *Paragordius varius* (Leidy). Larve. *In.* Darm; *Mus.* Muskulatur; *Gl.* Drüsen; *Di.* Diaphragma; *Fib.* „Faserzellen"; *Gl.d.* Ausführungsgang der Drüsen; *Sp. 1* bis *3* Stacheln in drei Reihen (1 bis 3); *St.d., St.v.* dorsale und ventrale Stilette; *Cut.* Kutikula; *Nv* Nerven; *Glo.* Nahrungsmaterial im Darm; *Bl.* Blastoporus; *H.* Hautdorne; *Mes.* Mesenchymzellen. (Montgomery 1905.)

Abb. 361 bis 364. *Gordius aquaticus* Duj. Stadien der Cystenbildung.

Abb. 365. *Gordius aquaticus* Duj. Ganz ausgestreckte Larve. *hRf* hintere Körperpartie; *vRf* vordere Körperpartie; *Qf* Querfurchen; *Hr* Halspartie; *Rs.* Rüssel; *Est* Dorne. (Shepotieff 1908.)

Abb. 366. Larven in den Kiemen und dem Hinterkörper einer Chironomuslarve. (Dorier 1930.)

Abb. 367. Larven im Fuß einer Ephemeride. (Meissner 1856.)

Abb. 368. Larven im Begriff, durch den Darm einer Chironomidenlarve durchzubrechen. (Dorier 1930.)

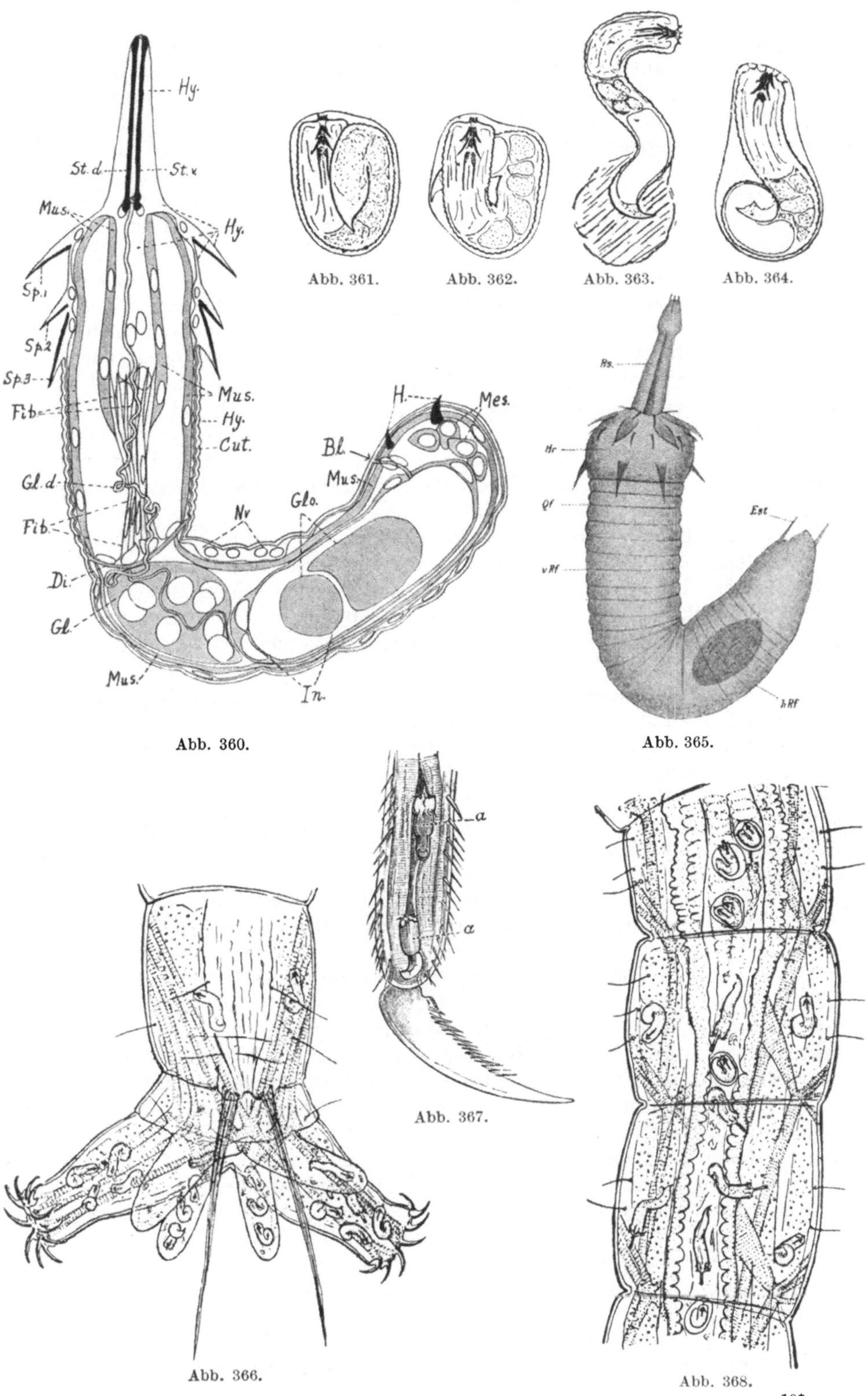

Abb. 361.   Abb. 362.   Abb. 363.   Abb. 364.

Abb. 360.

Abb. 365.

Abb. 366.

Abb. 367.

Abb. 368.

drei Stilette trägt und dahinter Kränze von scharfen Haken; diesen Rüssel stößt das Tier ununterbrochen aus und ein, zirka 10- bis 14mal in der Minute. Der Körper ist geringelt, aber nur oberflächlich; die hintere Partie ist sehr beweglich und krümmt sich ununterbrochen nach rechts und links. Es ist weder ein Mund noch ein After vorhanden. Vorne befindet sich eine Gruppe von Muskeln, die den Rüssel aus- und einschieben; dahinter, von diesen durch eine Scheidewand getrennt, ist ein Drüsenorgan vorhanden, das gewöhnlich als Giftdrüse angesehen wird. Dahinter endlich der Darm. Ein Nervensystem ist nicht mit Sicherheit nachgewiesen.

Diese kleinen Larven müssen nun, um ihre Entwicklung vollenden zu können, in ein Insekt gelangen (Abb. 366 bis 368). Man glaubte früher, daß sie sich durch die Haut einbohren, aber die jüngsten Untersuchungen scheinen zu erweisen, daß sie durch den Mund aufgenommen werden, worauf sie in den Darm gelangen. Dieser wird durchbrochen, indem der Rüssel 600- bis 800mal an der gleichen Stelle gegen die Darmwand gestoßen wird. Das ist bei durchsichtigen Mückenlarven beobachtet worden. Sicher ist, daß man lange vor diesen Beobachtungen bei zahlreichen Wasserinsekten diese Larven in der Leibeshöhle vorgefunden hat, besonders bei Mückenlarven, Eintagsfliegenlarven u. a. Am häufigsten trifft man sie in den Beinen.

Die Larven bohren sich in jedwedes Tier ein, das in ihre Nähe kommt, aber die Zahl derer, in welchen sie ihre Entwicklung fortsetzen können, ist nicht so groß. Es wird behauptet, daß es immer Arthropoden sein müssen.

Für den Fall, daß die kleinen Larven in den richtigen Wirt gelangen — bei einigen sind es Gelbrandkäfer —, können sie in diesem die Verwandlung vollziehen. In der Leibeshöhle werden die Bohreinrichtungen abgeworfen. Es entsteht zuweilen eine Mundöffnung. Der Parasit, der, wie angegeben wird, zirka vier bis fünf Monate zu seiner vollständigen Entwicklung braucht, wächst nun stark, indem er in erster Linie den Fettkörper des Wirtes aufbraucht, später auch die Geschlechtsorgane. Ein großer Wasserkäfer oder eine Heuschrecke kann eine unglaubliche Menge Würmer enthalten. Man hat beobachtet, wie eine normal große Feldheuschrecke, *Decticus verrucivorus*, acht *G. aquaticus* Dug. abgegeben hat, die zusammen 3,3 m lang waren. Sie erfüllten den ganzen Hinterkörper und reichten durch den Thorax bis in den Kopf, nur der Darmkanal und das Tracheensystem waren verschont. Es ist recht verwunderlich, daß weder das Ausbohren noch der Aufenthalt im Wirt diesem sonderlich schaden. Doch darf die Anzahl der Parasiten nicht zu groß sein. Man hat einen *Dytiscus* durch zweieinhalb Jahre am Leben erhalten können, nachdem ein *Gordius* ihn verlassen hatte.

Das Merkwürdige ist nun, daß man auf Grund neuester Untersuchungen konstatieren konnte, daß die Gordiiden in ganz überwiegender Weise bei Landinsekten vorkommen, in weit höherem Grad bei Laufkäfern, Heuschrecken, Kakerlaken und anderen Landinsekten als bei Wasserinsekten. Da wir wissen, daß die Eier der Gordiiden ins Wasser abgelegt werden *müssen* und die Jungen hier auskriechen, stand man lange ohne Antwort vor der Frage, wie erstens die Infektion dieser Landinsekten zustande kommt, und zweitens, wie die entwickelten Tiere wieder ins Wasser gelangen, um hier ihre Eier abzulegen. Heuschrecken und Kakerlaken suchen ja niemals das Wasser auf. Dieser letzte Punkt wurde recht bald aufgeklärt. Es zeigte sich nämlich, daß infizierte Landinsekten, aus Gründen, die wir übrigens nicht kennen, das Bestreben haben, doch das feuchte Element aufzusuchen, vielleicht, weil die infizierten Tiere Durst leiden. Man hat beobachtet, daß fast im gleichen Moment, wo ein infiziertes Landinsekt zum Wasser kommt, *Gordius* sich ausbohrt. Im Fönstrup-Bach, in der Nähe von Hilleröd, kann man jedes Jahr in den kleinen Wasserpfützen des ausgetrockneten

Bachbettes Gordien zu Dutzenden sammeln. Es gibt aber im Bach keinen Organismus, in dem sie parasitiert haben können; ihre Wirte müssen Landinsekten gewesen sein, die hier ihre Schmarotzer abgegeben haben. Ganz die gleichen Beobachtungen habe ich an einer Quelle im Suserup-Wald und in Bächen im Sorö Vester-Wald (Mittelseeland) anstellen können.

Findet man, wie das oft nach starken Regengüssen, in Bachbetten usw. der Fall ist, große Mengen von Gordien, so ist das dem Umstand zuzuschreiben, daß Landinsekten, die an diesen Stellen gelebt haben, ihre Gordien abgegeben haben. Weit schwieriger ist es, zu verstehen, wie diese Landtiere infiziert worden sind. Eine Zeitlang glaubte man, daß die Gordien zu ihrer Entwicklung Zwischenwirte nötig haben. Diese Vermutung wurde dadurch verstärkt, daß man oft die Larven unbeweglich liegend oder eingekapselt in den Beinen verschiedener Wasserinsekten, z. B. von Eintagsfliegen, fand. Das half jedoch nicht viel zum Verständnis ihres Vorkommens bei verschiedenen Landinsekten, besonders nicht in solchen Fällen, wo man es mit ausgesprochenen Grasfressern zu tun hatte (Heuschrecken). Die neuesten Untersuchungen haben jedoch gelehrt, daß die ausgekrochenen, freiliegenden Larven, wenn sie sich nicht im Verlaufe einer kurzen Zeit eingebohrt haben, sich im Freien auf Pflanzen und auf Steinen des Bachbettes encystieren (Abb. 361 bis 364). In diesem encystierten Zustand können sich die Larven mindestens einen Monat am Leben erhalten. Setzt man diese Cysten der Wirkung des Magensaftes einer Reihe von Wirten aus, so werden sie aufgelöst und die jungen Larven kommen heraus. Man hat weiter Landtiere mit diesen Cysten infiziert und gesehen, daß sie sich in ihnen weiterentwickeln, nachdem die Cysten im Darm aufgelöst worden sind.

Nach diesen Beobachtungen besteht also kein Zweifel, wie die Infektion der Landinsekten zustande kommt. In Regenzeiten und nach starken Regengüssen legen die Gordien ihre Eier ab. Die entwickelten Larven, die nicht in einen ihrer Wirte gelangt sind, encystieren sich an Steinen, Gras usw. Bei Trockenheit nimmt die Wassermenge ab, viele Pfützen auf den Wiesen und Steppen trocknen aus, die Bachbette werden trocken, aber die Vegetation trägt die zahlreichen Cysten, die mit dem Futter in den Darm der grasfressenden Insekten gelangen. Aber auf welche Weise gelangen die Larven in die am Lande lebenden Raubinsekten, besonders in Laufkäfer, Gottesanbeterinnen und andere? Hier haben die Untersuchungen weiter gelehrt, daß, wenn die Larven in Wirte geraten sind, in denen sie ihre Entwicklung nicht fortsetzen können, z. B. in Köcherfliegenlarven, sie aus diesem Grunde nicht absterben, sondern sich in diesen encystieren und nun als Cysten in die vollentwickelten Tiere übergehen, die einen wesentlichen Teil der Nahrung dieser Raubinsekten bilden. In diesem Fall durchlaufen die Gordien einen komplizierten Wirtswechsel. Es scheint, als ob die gleiche Art imstande sei, sowohl 1. die Entwicklung in einem einzigen Wirt zu vollziehen, in den sie als Larve geraten ist (z. B. in *Dytiscus*), 2. einen Zwischenwirt zu passieren (Entwicklung in Eintagsfliegen oder Köcherfliegen), als auch 3. sich an Gras zu encystieren und mit diesem in den Darmkanal eines Insektes zu gelangen (Entwicklung in Heuschrecken). Klimatische Verhältnisse, die Beschaffenheit der Örtlichkeit usw., scheinen entscheidend dafür zu sein, welchem Modus der Entwicklung eine Art an einer gegebenen Örtlichkeit und in einem gegebenen Jahre folgt. Möglicherweise machen sich hier auch Artverschiedenheiten geltend, aber darüber wissen wir überaus wenig. Der weit überwiegende Teil der Beobachtungen ist an *Gordius aquaticus* Dug. gemacht worden, der einzigen Art, die mit Sicherheit bei uns gefunden worden ist, und die in unseren Süßwässern keineswegs selten ist. Der Aufenthalt im Wirt scheint sich nicht über längere Zeit zu erstrecken; es wird für eine Art zirka sechs Wochen angegeben.

Jüngst hat Dorier (1935) unsere Kenntnisse der Larvenstadien der Gordiiden noch mehr vertieft. Er zeigte, daß die Eiablage bei *Parachordodes gemmatus* (Villot) fünf Tage nach der Paarung beginnt; sie dauert ungefähr zehn Tage und erfolgt hauptsächlich in der Nacht; es geht zirka alle zehn Minuten eine Eischnur von 1 mm Länge ab. Bei einer Temperatur von 13° C dauert die Embryonalzeit zirka 80 Tage, bei 18 bis 20° C nur ungefähr eine Woche.

Die ersten Larven, die auskriechen, zirka 10 bis 20%, führen durch ungefähr eine Woche ein aktives Leben. Die Mehrzahl hat ein äußerst kurzes aktives Leben, nicht über ungefähr 24 Stunden, worauf sie in ein latentes Leben übergehen. Diese Larven umgeben sich nicht wie *Gordius aquaticus* Dug. mit Cysten, sondern werfen ein bis zwei lange Fäden aus, mit denen sie sich am Substrat befestigen. Dorier zeigt nun, daß diese Fäden von dem sog. Intestinalsack gebildet werden, der also in Wirklichkeit ein sekretorisches Organ darstellt, ebenso wie er auch nachweist, daß das Material, aus dem bei *Gordius aquaticus* Dug. die Cysten gebildet werden, ebenfalls daher stammt. Daraus folgt, daß das, was man bisher für einen Darmkanal gehalten hat, in Wirklichkeit ein sekretorisches Organ ist. Dorier stellt weiter fest, daß die Larven von *P. gemmatus* Villot, die sich an ihren Fäden verankert haben, sich in feuchter Luft durch zwei bis fünf Monate am Leben erhalten können. Das geht auch daraus hervor, daß die Gordiiden in bezug auf ihre Latenzperiode im Larvenzustande bedeutende Unterschiede aufweisen.

Die Gordiiden des Süßwassers gehören zu zwei Familien: den *Chordodidae* und den *Gordiidae*. Die *Chordodidae* haben als erwachsene Tiere den Mund behalten, die Haut ist nicht glatt, sondern in Felder geteilt und oft mit Knoten und Warzen besetzt. Das Hinterende des Weibchens ist entweder ungeteilt oder dreilappig. Die *Gordiidae* besitzen keine Mundöffnung; die Felderung der Haut ist nur angedeutet, Borsten und Warzen fehlen.

Aus der ersten Familie sind vier Arten aus Deutschland bekannt. Zu den *Gordiidae* gehört gegenwärtig nur eine Gattung mit einer Art, *Gordius aquaticus* Dug., ein Begriff, der möglicherweise mehrere Arten enthält, die gegenwärtig noch nicht auseinandergehalten werden können.

Klasse

Acanthocephala (Kratzer).

Die Kratzer sind eine kleine Gruppe von Würmern mit langgestrecktem Körper und gewöhnlich kreisrundem Querschnitt. Der Körper zerfällt in drei Abschnitte, einen mit Haken besetzten Rüssel, einen Hals und einen Hinterleib. Der Körper ist mit einer sehr dünnen Kutikula bedeckt, die von einer mächtig entwickelten, syncytialen Hypodermis abgesondert wird; für diese ist ein eigenartiges Lacunensystem charakteristisch. Darunter eine Ring- und Längsmuskelschicht. Ein Gehirnganglion mit davon ausgehenden Längsnerven. Sinnesorgane äußerst schwach entwickelt. Darm. Mund und After fehlen. Eine große Leibeshöhle, in deren Mitte das sog. Ligament liegt, ein sackförmiges Gebilde, das die Geschlechtsdrüsen enthält. Exkretionsorgane können fehlen; sind welche vorhanden, dann Protonephridien, die in den Genitaltraktus ausmünden. Getrenntgeschlechtlich. In den Eiern entwickeln sich im Muttertier die Larven, dann werden die Eier ins Freie abgegeben; in allen übrigen Stadien sind die Tiere Darmparasiten. Wirtswechsel mit einem oder zwei Wirten. Der erste Zwischenwirt fast immer ein Gliedertier; Geschlechtsreife tritt nur im Darm eines Wirbeltieres ein.

Die Kratzer, Acanthocephalen oder Echinorhynchen gehören eigentlich nur indirekt zu den Süßwasserorganismen. Frei im Süßwasser kommen sie nur in Form von Eiern vor, freilebende Larvenstadien findet man nicht. Als Larven sowie auch als erwachsene Tiere sind sie Schmarotzer. Als Larven leben sie in der Leibeshöhle von Krebsen, Insektenlarven, zuweilen in Fischen, zum Teil in Landinsekten, als entwickelte Tiere im Verdauungskanal von Wirbeltieren, vor allem von Fischen, Amphibien und Wasservögeln, seltener in Säugetieren, u. a. in Seehunden; bei Fischen und Amphibien halten sie sich fast im ganzen Darm auf, bei Säugetieren selten im Dickdarm. Es ist also ein Wirtswechsel hauptsächlich von wirbellosen Tieren zu Wirbeltieren vorhanden.

Die Acanthocephalen werden gewöhnlich den Nematoden am nächsten gestellt, mit denen sie jedoch sehr wenige Berührungspunkte besitzen. In ihrem Bau ähneln sie am meisten den *Gordius*-Larven. Der Körper zerfällt in drei Abschnitte, Rüssel, Hals und einen ziemlich plumpen Hinterleib. Eine Scheidewand trennt den vorderen Teil vom hinteren. Der Rüssel (Abb. 370), der sehr verschieden-

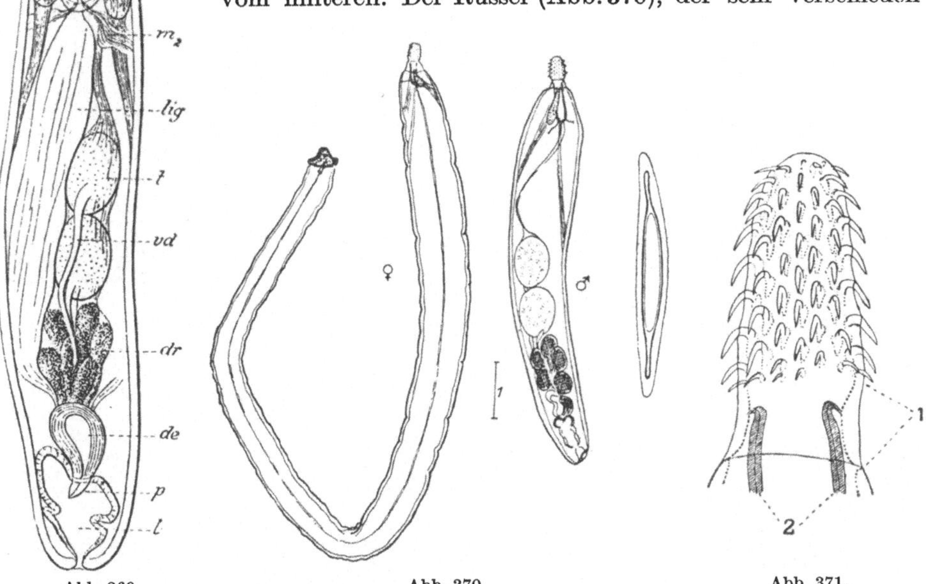

Abb. 369.   Abb. 370.   Abb. 371.

Abb. 369. *Echinorhynchus angustatus* RUD. (= *E. lucii* O. F. M.). Männchen. *g* Ganglion; *rs* Rüsselscheide; *r* Rüssel; *l* Lemniscen; *m₁* Retraktor des Rüssels; *m₂* Retraktor der Rüsselscheide; *lig* Ligament; *t* Hoden; *vd* Vas deferens; *dr* Drüsen; *de* Ductus ejaculatorius; *p* Penis; *b* Bursa copulatrix, die ausgestülpt werden kann. (LEUCKART, aus HATSCHEK 1888.)

Abb. 370. *Acanthocephalus ranae* (SCHRANK). ♀ und ♂ und ein Ei. Weibchen mit Paarungszeichen am Hinterende. (MEYER 1933.)

Abb. 371. *Acanthocephalus lucii* (O. F. M.), Rüssel. *1* Rüssel und Hals; *2* Vorderkörper. (LÜHE 1912.)

artig geformt sein kann (halbkugelförmig, langgestreckt, zylindrisch), kann eingezogen und vorgestreckt werden. Er ist mit zahlreichen, nach hinten gerichteten Haken ausgestattet, die regelmäßig angeordnet sind; diese Haken, ihre Stellung und Form sind von größter systematischer Bedeutung. Jede Spur eines Verdauungskanals fehlt. Umgeben von den Nahrungssubstanzen im Darm des Wirtstieres, nehmen sie die ganze Nahrung durch die Haut auf, die einen ganz eigentümlichen Bau besitzt (Abb. 374), indem sie daran angepaßt ist, die Nahrungsflüssigkeiten hindurchpassieren zu lassen. Außen befindet sich eine sehr dünne Kutikula, unter derselben eine sehr dicke Hypodermis von einem merkwürdig fädigem, fibrillärem Bau, die Fibrillen senkrecht zur Oberfläche stehend,

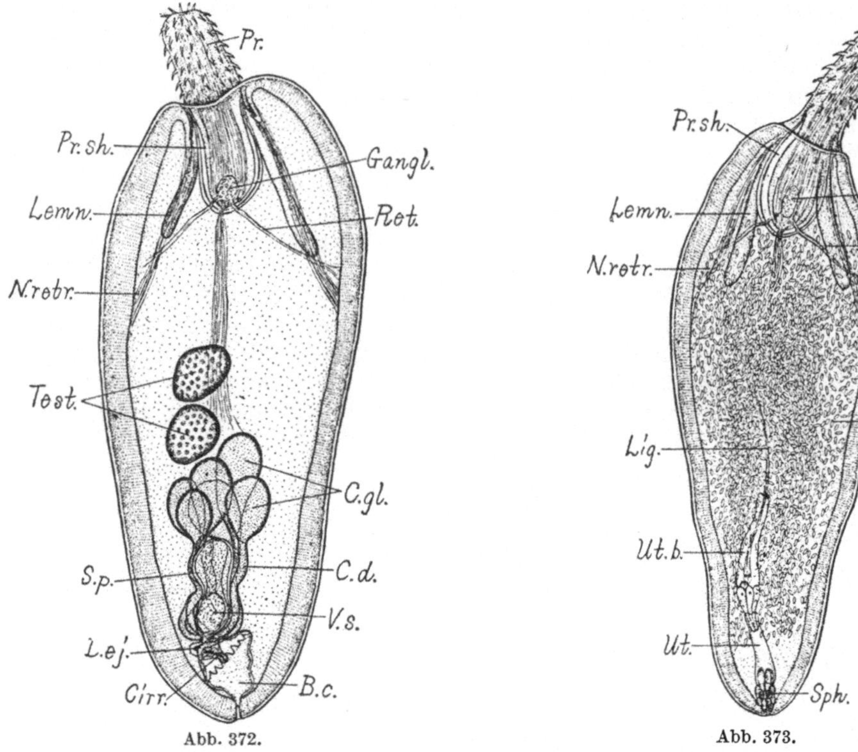

Abb. 372.

Abb. 373.

Abb. 372 u. 373. Männchen und Weibchen eines Acanthocephalen. *Acanthocephalus minor* YAMAGUTI. *Pr.* Proboscis; *Gangl.* Ganglion; *Ret.* Retraktoren der Rüsselscheide; *C.gl.* Zementdrüsen; *C.d.* ihr Ausführungsgang; *V.s.* Samenblase; *B.c.* Bursa copulatrix; *Cirr.* Cirrus; *S.p.* Stachel; *Test.* Hoden; *N.rebr.* Retraktoren der Halspartie; *Lemn.* Lemnisci; *Pr.sh.* Rüsselscheide; *Egg* Eier; *Sph.* Schließmuskel; *Ut.* Uterus; *Ut.b.* Uterusglocke; *Lig.* Ligament. (YAMAGUTI 1935.)

Abb. 374. *Macracanthorhynchus hirudinaceus* (PALLAS). Flachschnitt durch die Haut; links die oberflächliche, rechts die tieferen Schichten. *1* Kutikula; *2* faserige Fibrillenschicht; *3* radiäre Fibrillenschicht; *4* Längslacunen; *5* Querlacunen. 37×. (RAUTHER 1933.)

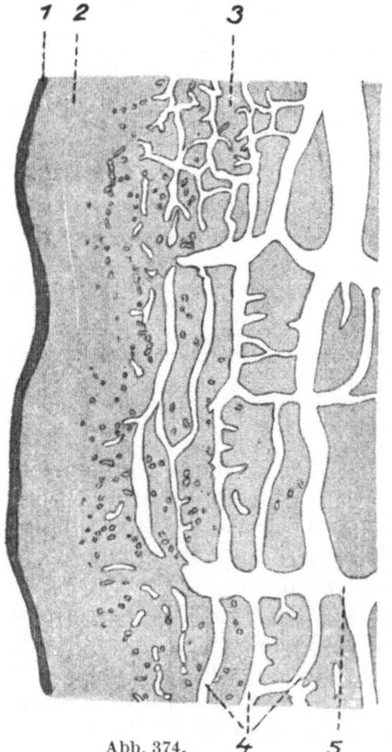

Abb. 374.

und durchzogen von einem Gefäßnetz, einem System von Lacunen und Kanälen, die dem Transport der resorbierten Nahrung dienen; in ihnen finden sich Fetttropfen, die rot sind und den an sich farblosen Kratzern ihre oft rote Farbe geben. Man kann stets ein Paar Längsstämme und oft Ringkanäle nachweisen. Zum gleichen System gehören auch zwei eigentümliche Säcke, die sog. Lemnisci (Abb. 369 und 372 *Lemn.*), die von der hinteren Halsgrenze ausgehen und sich nach hinten heraus in die Leibeshöhle erstrecken. Ihre hauptsächliche Bedeutung soll die sein, die rückströmende Körperflüssigkeit aufzunehmen, wenn der Rüssel eingezogen wird. Wenn die Lemnisci wieder entleert werden, wird der Rüssel passiv ausgeschossen.

Vom inneren Bau seien nur die Geschlechtsorgane erwähnt, die kolossal entwickelt sind und die ganze mittlere Partie des Hinterleibes einnehmen. An

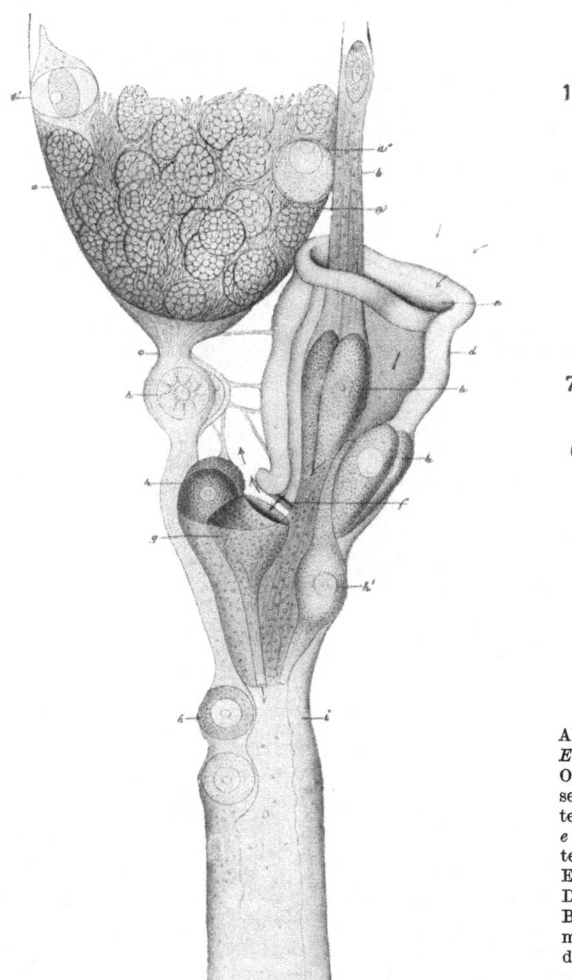

Abb. 375.

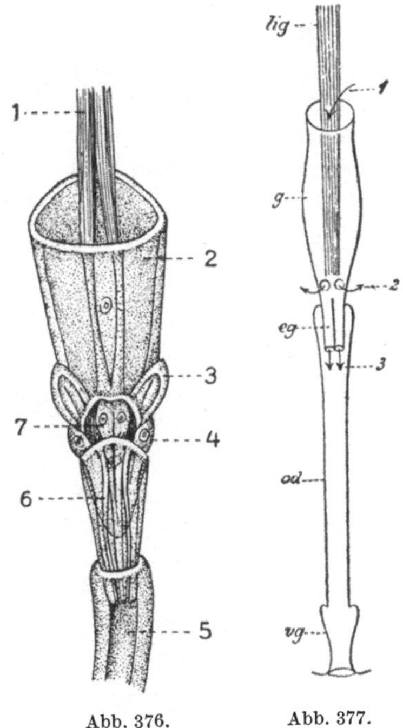

Abb. 376.   Abb. 377.

Abb. 375. Ovarium und Uterusglocke von *Echinorhynchus proteus* PORTA (= *A. anguillae* O. F. M.). *a* Ovarium; *b, c* Ligament; a_1 Drüsen im Ovarium; *oc* Fortsetzung des Ligamentes in und um die Glocke; *d* Uterusglocke; *e* obere, *f* untere Öffnung derselben; *g* Trichter, der die in die Glocke gelangten reifen Eier aufnimmt und sie in den Eileiter führt. Die Pfeile geben die durch die peristaltischen Bewegungen der Glocke hervorgerufene Strömungsrichtung der Eier an; *h* und h_1 Drüsen der Uterusglocke; *i* Eileiter. (GREEF 1864.)

Abb. 376. *Arhythmorhynchus trichocephalus* (KAISER). Weibliche Ausführungswege für die Eier. *1* Ligament; *2* Uterusglocke; *3* Seitentaschen der Glocke; *4* Drüsenzellen an der Uterusglocke; *5* Eileiter; *6* Uterusgang; *7* ventrale Ligamentzellen. (KAISER 1893.)

Abb. 377. Schematische Darstellung der Uterusglocke. *lig* Ligament; *g* Uterusglocke; *eg* Eingang; *od* Eileiter; *vg* Vagina; die Pfeile geben *1* den Eingang in die Glocke, *2* die Wege an, die zurück in die Leibeshöhle führen, *3* die Wege, die weiter in die Eileiter führen. (HATSCHEK 1888.)

dem Platz, wo bei anderen Tieren der Darm liegt, befindet sich hier das sog. Ligament (Abb. 369 lig., 373), ein Sack, in dem die Geschlechtsorgane liegen. Die Acanthocephalen sind stets getrenntgeschlechtlich. Männchen und Weibchen sind ungefähr gleich zahlreich. Die Männchen sind in der Regel viel kleiner als die Weibchen. Beim Männchen (Abb. 372) sind zwei Hoden mit Ausführungsgängen vorhanden, die in einen Ejakulationskanal führen, welcher mit Zementdrüsen und einem Paarungsorgan ausgerüstet ist. Das Sekret der Nebendrüsen dient dazu, die weibliche Geschlechtsöffnung nach der Paarung zu verschließen. Beim Weibchen finden sich zwei Ovarien (Abb. 375a), die jedoch nur für kurze Zeit im Ligament liegen. Sie zerfallen in Klumpen von Eiern (Abb. 373, 378), die in die Leibeshöhle gelangen, wo sowohl solche als auch einzelne Eier gefunden werden. Hier werden sie befruchtet und die Entwicklung geht, wenigstens bei einigen Formen, bis zum Larvenstadium weiter. Während der Entwicklung verändert sich die Form der Eier, indem sie, zuerst kugelrund oder elliptisch, nun lang und dünn werden (Abb. 370). Die Ausführungsgänge sind sehr merkwürdig. Es ist eine sogenannte Uterusglocke vorhanden (Abb. 375 und 376), die die Eier aus der Leibeshöhle in sich einsaugt. In dieser Glocke kommt es zu einer Sortierung; die runden, unreifen Eier werden wieder durch eine besondere Öffnung

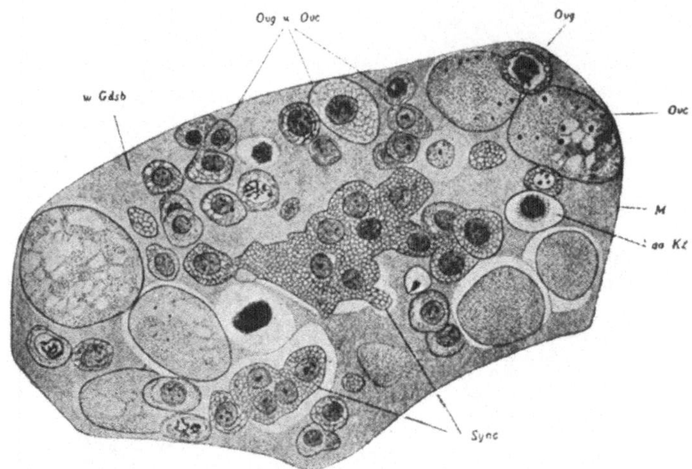

Abb. 378. Eine der Eierkugeln von *Echinorhynchus gigas* GOEZE (= *Macracanthocephalus hirudinaceus* (PALLAS). *Sync* syncytiale Partie mit Oogonienkernen; *Ovg* und *Ovc* Oogonien und Oocyten; *aoKz* abortive Keimzellen; *wGdsb* wabige Grundsubstanz; *m* Membran. (MEYER 1928.)

in die Leibeshöhle zurückbefördert, wo sie bis zu voller Entwicklung verbleiben. Die länglichen, dünnen Eier dagegen werden durch paarige Gänge in den Uterus geleitet. Von hier gelangen sie hinaus in den Darm des Wirtes. Die Eier sind von einer dreischichtigen, sehr kompliziert gebauten Schale umgeben. Mit den Exkrementen des Wirtes gelangen sie ins Freie und müssen nun von einem zweiten Wirt, dem Hilfswirt, verschluckt werden, falls die Entwicklung im Wasser vor sich geht, gewöhnlich von einem Krebs, zumeist einem Amphipoden oder Isopoden, zuweilen von Insekten *(Sialis)*, selten von Ostrakoden und Egeln; geht sie hingegen am Lande vor sich, von einem Insekt. Sobald das Ei in den Darm des Hilfswirtes gelangt ist, wird die Eischale aufgelöst; der Embryo wird frei und nun als Larve bezeichnet (Abb. 384). Diese besitzt am Vorderende einen Kranz von

Abb. 379 bis 382. *Echinorhynchus polymorphus* BREMS. Entwicklungsstadien in *Gammarus pulex*. (GREEF 1864.) Abb. 379. 1 mm lang. Abb. 380. 1,5 mm lang. Abb. 381. 1,8 mm lang. Abb. 382. 1,8 mm lang; weitere Entwicklungsform; die Haken- und Gefäßbildungen des Rüssels haben begonnen.

Abb. 383. 2,2 mm lang. Gleiches Stadium wie Abb. 385 nach freiwilliger Ausstülpung des Rüssels. *a* die zwei Hauptlängsstämme mit ihren Verzweigungen und Anastomosen; *b* Ringgefäß; *c* Lemnisci.

Abb. 384. *Echinorhynchus gigas* GOEZE. Larve aus der Leibeshöhle des Maikäfers. *St* Stacheln; *Sp.M.* Spiralmuskelfäden; *RM* Muskeln, die das Rostellum zurückziehen; *H* Haken; *CM* Quermuskeln. 870×. (MEYER 1928.)

Abb. 385. Vollkommen eingezogener *Echinorhynchus* mit zwei glasklaren Membranen *a* und *b*. 1 mm. (GREEFF 1864.)

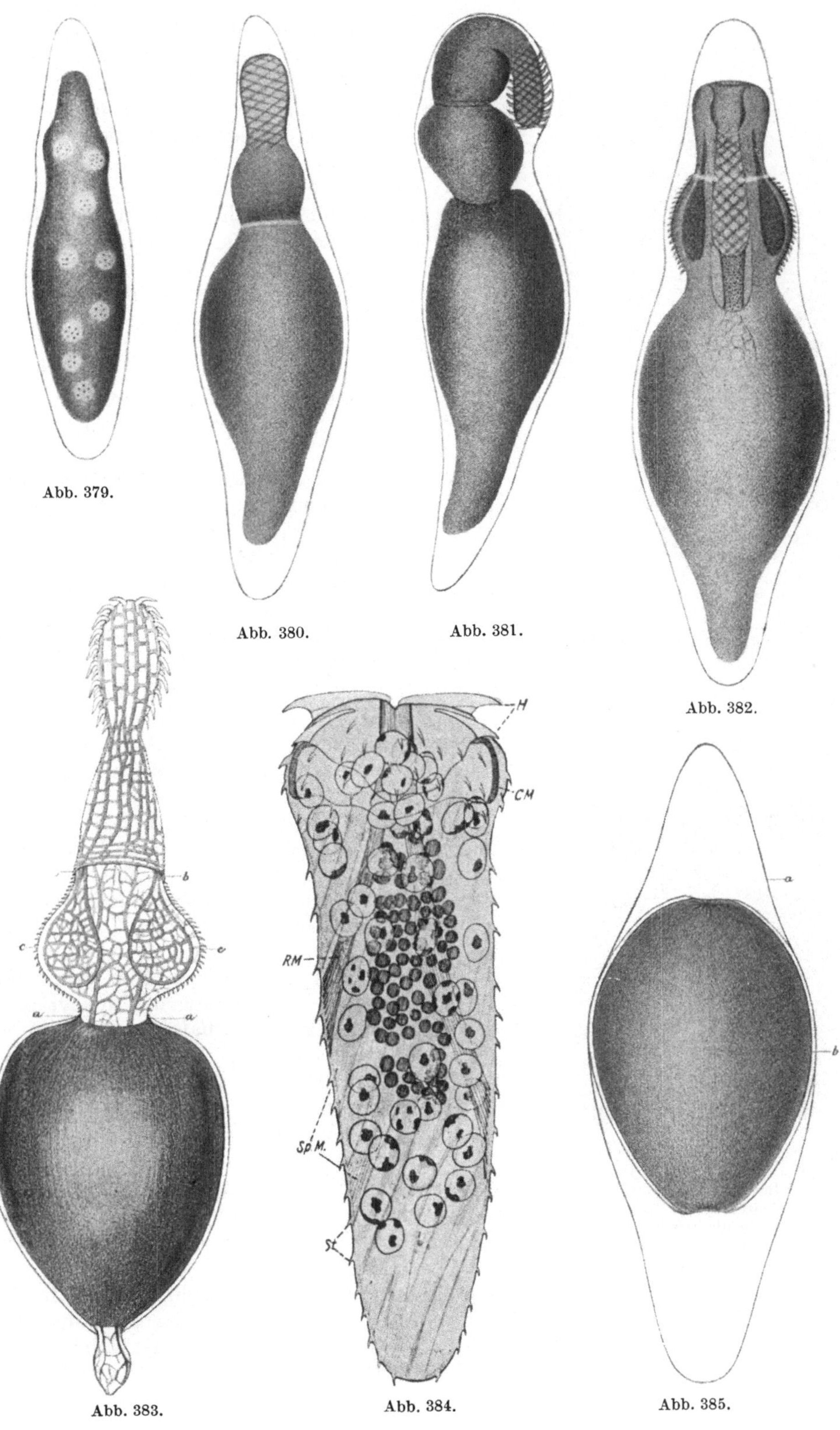

Abb. 379.

Abb. 380.

Abb. 381.

Abb. 382.

Abb. 383.

Abb. 384.

Abb. 385.

Haken, mit deren Hilfe sie sich durch den Darm in die Leibeshöhle einbohrt. Hier encystiert sich die Larve (Abb. 379 bis 383) und verweilt hier mit eingezoge-nem Rüssel (Abb. 385), bis der Hilfswirt von einem anderen Wirt, gewöhnlich dem Endwirt, verschluckt wird, in dessen Darm sie dann ge-schlechtsreif wird.

Bei einigen Formen kommen zwei Hilfswirte vor, ein Krebs, der von einem Fisch verschluckt wird, in dessen Leibeshöhle sie sich einkapseln. Dieser Fisch wird wieder von einem anderen Fisch oder einem Vogel gefressen. Im Hilfswirt wächst das Tier nur unbeträchtlich, dagegen sehr stark und sehr rasch im Endwirt.

Die Tiere, in denen die Larven und encystierten Formen vorkommen, sind, wenn es sich um Invertebraten des Süßwassers handelt, fast immer Bodentiere.

MEYER (1928) macht darauf aufmerksam, daß langgestreckte, spindelförmige Eier häufig bei Formen gefunden werden, die sich in Wasser-tieren entwickeln. Er vermutet, daß dies eine Anpassung an das Leben im Wasser sei, und meint, daß sie pelagisch seien und mit dem übrigen Plancton von den Krebsen als Nahrung auf-genommen würden. Beweise dafür sind keine vor-handen und es ist auf jeden Fall sicher, daß die Krebse, in denen man gewöhnlich die Echino-rhynchenlarven findet, typische Bodentiere sind, von denen man nicht sagen kann, daß sie vom Plancton leben.

Die meisten Acanthocephalen sind 1 bis 2 cm lang, aber es gibt Arten, die eine Länge von wenigstens 8 cm erreichen. Das Männchen ist gewöhnlich viel kleiner als das Weibchen. Wie bei den Fadenwürmern und Rädertieren kommen die Zellteilungen in einem sehr frühen Zeitpunkt zum Stillstand; das Körperwachstum geht dann nur durch Zellwachstum und Bildung von syncytialem Gewebe vor sich. Diese Verhältnisse bringen es mit sich, daß auch bei dieser Tiergruppe eine aus-gesprochene Zellkonstanz besteht und der Körper nur aus sehr wenigen Zellen aufgebaut ist. Es gibt Arten, bei denen nur sechs Kerne in der Hypo-dermis, drei in den Lemnisken, vier in den Retrak-toren des Rüssels und zwei in den Retraktoren der Rüsselscheide vorhanden sind. Nur im Gehirn-ganglion findet sich eine größere Anzahl von Zellen (VAN CLEAVE 1914).

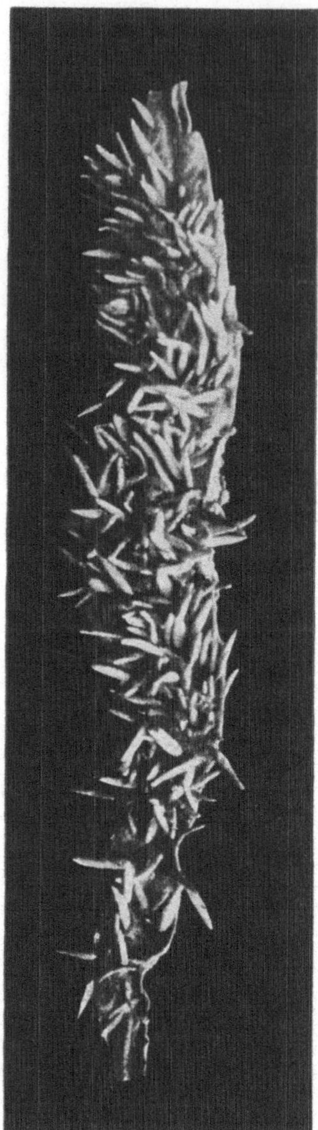

Abb. 386. *Pomphorhynchus laevis* O. F. M. Darm einer Barbe, mit zahl-reichen Individuen besetzt, deren Hinterende frei in den Darm ragt; Vorderende in die Darmschleimhaut eingegraben. $^2/_3 \times$. (RAUTHER 1930.)

Als entwickelte Tiere sind die Echinorhynchen also mit dem Rüssel in die Darmwand des Wirtes eingebohrt (Abb. 386, 387) und von der Nahrungssub-stanz umgeben. Sie brauchen sich nicht damit abzugeben, die Nahrung zu verdauen. Die Verdauung besorgt der Wirt für sie. Sie müssen nur die Verdauungsflüssigkeit durch die Haut einsaugen. Hat sich das Tier an der Darmwand befestigt, so reißt es sich kaum mehr los, sondern verbleibt sein Leben lang am gleichen Platz. Die Fruchtbarkeit ist wie bei den meisten Parasiten enorm. Die Eianzahl wird bei den größeren Formen mit mehreren Millionen angegeben. Es wird mitgeteilt, daß eine einzelne Form im Verlauf von zirka 24 Stunden 8200 Eier abgibt. Die Schmarotzer können in gewissen Fällen, z. B. bei Fischen, in solchen Mengen vorhanden sein, daß die Innenseite des Darms damit ganz bedeckt ist. Selbst in diesem Fall scheint es, als ob sie dem Wirt nicht sonderlich schadeten. In den Fällen, wo der Darm durchbohrt wird, können sie jedoch Anlaß zu einer Bauchfellentzündung werden, die den Tod des Individuums herbeiführt. Den Zwischenwirten scheinen sie fast gar nicht zu schaden. Es ist merkwürdig, einen *Gammarus* zu sehen mit drei großen Echinorhynchen, die in einer Reihe über dem Darm liegen und große Teile der Leibeshöhle einnehmen, und der trotzdem anscheinend in voller Lebenskraft ist (W.-L. 1935).

Wie schon erwähnt, sind es die Parasitologen, nicht der Limnologe, die etwas von diesen Tieren zu sehen bekommen. Trifft dieser auf solche, so sind es vorzugsweise Larven in verschiedenen Gliedertieren des Süßwassers, zum Teil in Insekten (*Sialis*-Larven), ganz besonders aber in Amphipoden. In unseren Mooren ist es eine überaus häufige Erscheinung, daß ein *Gammarus pulex* unter der Rückenhaut einen orangeroten, ziemlich großen, durch die Haut scheinenden, länglichen Fleck aufweist. Es ist dies die Larve von *Echinorhynchus polymorphus* BREMS (s. S. 299); das entwickelte Tier lebt in Wasservögeln. Eine andere, sehr häufige Form ist *E. proteus* WESTR. Auch sie soll in Gammariden vorkommen, kann sich aber überdies auch in Fischen entwickeln.

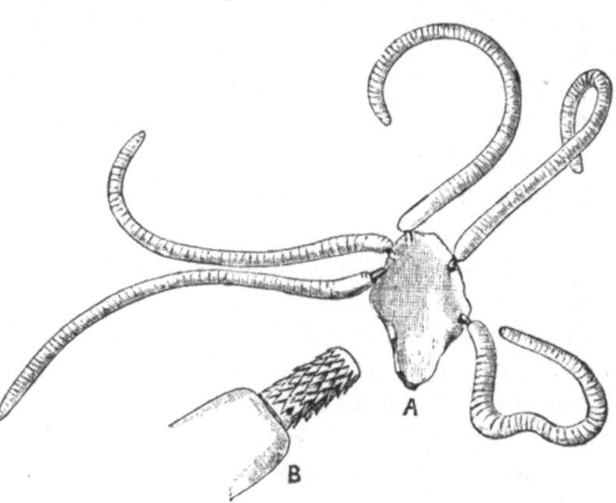

Abb. 387. *Echinorhynchus acus* RUD., an einem Stück Darmwand befestigt. *B* der dornenbesetzte Rüssel. 4 ×. (SHIPLEY 1910.)

Soweit man weiß, sind Acanthocephalen sehr wenig an bestimmte Wirte gebunden; manche von ihnen sind sogar in Wirten gefunden worden, die zu verschiedenen Wirbeltierklassen gehören. *E. proteus* PORTA soll in 50 verschiedenen Wirten gefunden worden sein. Der bei Fröschen häufige *E. ranae* (SCHRANCK) soll als Larve in Wasserasseln vorkommen. Man kennt aber auch Beispiele dafür, daß es Arten gibt, die bis zu einem gewissen Grad das Gegenteil zeigen. Eine große Anzahl von Arten ist sowohl als Larven als auch als geschlechtsreife Formen an Landtiere gebunden.

Unterstamm

Polymera (Annelida, Gliederwürmer).

Die *Polymera* umfassen die drei Klassen *Archiannelida*, *Polychaeta* und *Clitellata* (= *Oligochaeta* = Regenwürmer und *Hirudinea* = Egel). Sie decken sich mit der älteren Bezeichnung *Annelida* = Gliederwürmer.

Die *Archiannelida* und *Polychaeta* sind fast ausschließlich marin. Von Archianneliden ist jüngst eine Form in einer Höhle der Schweiz gefunden worden, von

Polychäten kommen nur wenige im Süßwasser vor. Es besteht kein Grund, hier näher auf diese beiden Tiergruppen einzugehen, doch sollen der Vollständigkeit halber die Süßwasserformen behandelt werden.

Klasse

Polychaeta.

Es gibt nur eine sehr begrenzte Anzahl Polychäten, die sich im Süßwasser vorfinden. Im Jahre 1875 fand der polnische Naturforscher DYBOWSKI im Baikalsee einen Polychäten, der 1901 von NUSBAUM als *Dybowscella baicalensis* (Abb. 388) beschrieben worden ist. In seiner monographischen Bearbeitung der Polychäten des Baikalsees hebt ZENKEVITSCH (1925) hervor, daß man von mehreren Stellen der Erde eine Anzahl polychäter Würmer kennt, die in Brackwasser leben, ferner in einem Wasser, das stark ausgesüßt ist, und endlich in reinem Süßwasser. Es sind alles Tiere, die marinen Formen sehr nahestehen (s. auch OKUDA 1935 und HARTMANN 1938). Schon 1858 fand LEIDY in der Nähe von Philadelphia in einem kleinen Fluß einen merkwürdigen Polychäten, den er zu der sonst rein marinen Wurmgruppe der *Sabellidae* hinführte; er gab ihm den Namen *Manajunkia speciosa*. ZENKEVITSCH zeigt, daß *Dybowscella baicalensis* synonym mit *Manajunkia* ist und daß der Polychät des Baikalsees folglich *Manajunkia speciosa* heißen muß. Zufolge ZENKEVITSCH lebt er in flachen, ruhigen Buchten des Sees mit Schlammboden, er geht bis auf 50 m Tiefen, findet sich jedoch zumeist in einer Tiefe von 6 bis 12 m, wo er in enormen Mengen auftreten soll; wo man mit einer Dredge auf *Manajunkia*-Kolonien stößt, füllt sich das Netz mit dessen Röhren.

Manajunkia ist, wie alle hierhergehörigen Formen, Röhrenbewohner; die Röhren werden aus Schleim gebildet, der von Hautdrüsen abgesondert wird und an dem Schlamm und Sand kleben bleiben. Das Tier ist 6 bis 13 mm lang; indem ich auf die Figur NUSBAUMS (Abb. 388) hinweise, die das aus der Röhre genommene Tier zeigt, soll vom Bau nur hervorgehoben werden, daß der Kopf wie bei anderen Sabelliden einen Kragen trägt, der mit 30 bis 40 in zwei Bündeln stehenden, kiemenartigen, zylindrischen Anhängen versehen ist. Diese vereinigen sich am Grunde zu zwei bis drei Stämmen, die sich jederseits wieder zu einem gemeinsamen, basalen Stamm vereinigen.

Die Polychäten des Meeres haben ja pelagische Larven. Als DYBOWSKI unter dem Eis mit dem Planctonnetz fischte, fand er in den Proben Larven, welche an die von Polychäten erinnerten, und er meinte, *Manajunkia*-Larven vor sich zu haben. Spätere Forscher, KOROTNEF (1902) und ZENKEVITSCH, haben jedoch nachgewiesen, daß diese pelagischen Larven nicht zu ihnen gehören. Es zeigte sich, daß die *Manajunkia*-Art des Baikalsees dem Gesetz unterworfen ist, das für so viele ins Süßwasser eingewanderte Meeresformen Gültigkeit hat: sie geben die Metamorphose auf und verlieren das freie Larvenstadium; die Entwicklung wird eine direkte. Sie sind getrenntgeschlechtlich; das Weibchen legt die Eier in die Röhre ab, die embryonale und postembryonale Entwicklung wird in ihr durchlaufen und das junge Tier verläßt die Röhre nicht, bevor es ganz entwickelt ist. Es lebt dann eine Zeitlang ohne Röhre in den Algenansammlungen auf den Schlammflächen, wo die Kolonien zu Hause sind. Erst später bildet das junge Tier eine Röhre und ist von da an eine vollkommen festsitzende Form und gehört nun zur Schlammfläche. Ob das Tier ein Larvenstadium in der Röhre durchläuft, das weiß man nicht. Im Jahre 1930 haben hierauf ABSOLON und HRABĚ aus Höhlen in der Herzegowina eine Serpulide, *Marifuga cavatica* (Abb. 390, 391), beschrieben, ein 8 bis 12 mm langes Tier, das, wie für die Serpuliden

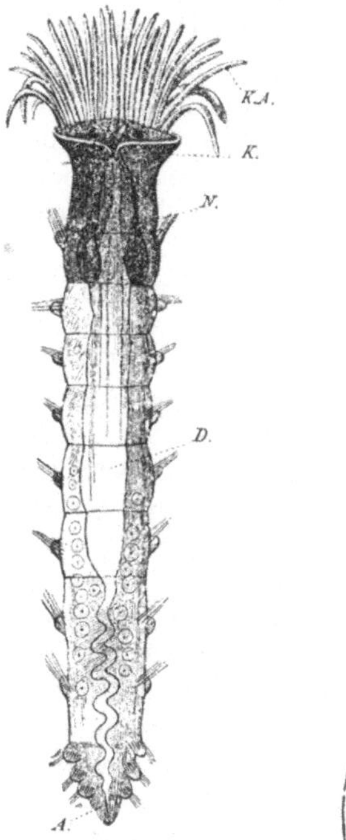

Abb. 388.

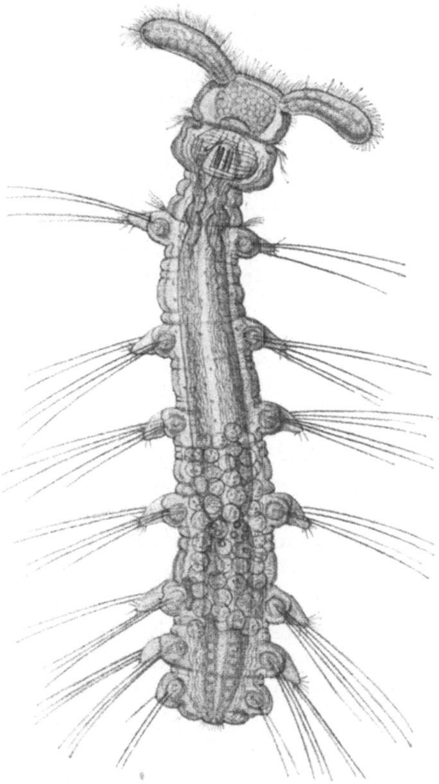

Abb. 389.

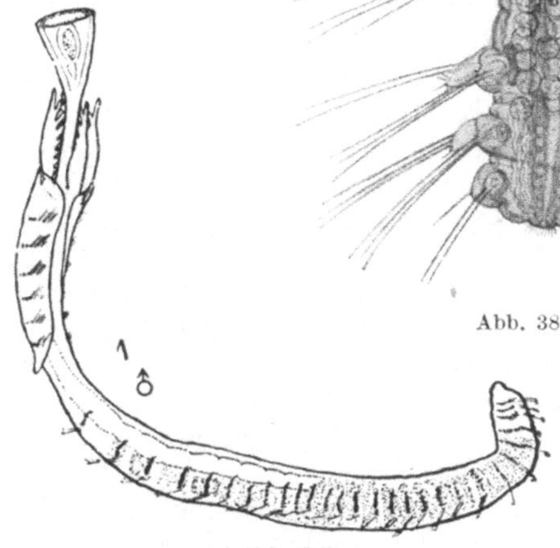

Abb. 390.

Abb. 388 bis 391.
Süßwasserpolychäten.

Abb. 388. *Dybowscella baicalensis*
NUSBAUM. *D*. Darm; *K*. Kragen;
K.A. Tentakelkrone; *A*. After;
N. Borsten. Bajkal. (NUSBAUM
1901.)

Abb. 389. *Troglochaetus Beranecki* DELACHAUX. Aus Schweizer
Höhlen; Neuchâtel. (DELACHAUX
1920.)

Abb. 390. *Marifuga cavatica*
ABSOLON und HRABĚ. Serpulide
aus Höhlen der Herzegowina.
(ABSOLON und HRABĚ 1930.)

Abb. 391. Röhrenmassen von
Marifuga, die 1 m dick werden
können. (ABSOLON und HRABĚ
1930.)

Abb. 391.

charakteristisch, mit Kiemen und Deckel ausgerüstet ist und das in undurchsichtigen, gelblichweißen Kalkröhren lebt. Diese sind mit Längsleisten und Dornen versehen, mit deren Hilfe die Röhren der Nachbarindividuen zusammenwachsen; dadurch entstehen ganze Bewüchse. An solchen Stellen sind die Wände mit Millionen von Röhren bedeckt, die Tiere bauen auf den leeren Röhren toter Tiere weiter, so daß meterdicke Beläge entstehen, von welchen man mit Hacken kleinere oder größere Stücke ablösen kann. Die Wände sind den größten Teil des Jahres über Wasser, aber sie triefen von Feuchtigkeit, so daß die Würmer hauptsächlich eine Art amphibisches Leben führen. Als ABSOLON diese Bildungen fand, hielt er sie für fossil, erst später erkannte man, daß sie noch bewohnt waren.

Klasse

Archiannelida.

Im Süßwasser kommen ferner noch Würmer vor, die zu einer ganz anderen Abteilung gehören als der oben genannten, nämlich zu den früher erwähnten *Archiannelida*, deren systematischer Wert übrigens in letzter Zeit stark bestritten worden ist. Der Schweizer Naturforscher DELACHAUX (1920) hat in einer Grotte (l'Areuse) zusammen mit anderen Höhlentieren einen kleinen, nur $^1/_2$ mm großen Wurm gefunden. Er nannte ihn *Troglochaetus Beranecki* (Abb. 389). Dieses in vieler Hinsicht äußerst interessante Wesen trägt am Kopfe ein Paar bewimperte Palpen, die Unterseite des Kopfes ist bewimpert und auch auf der Bauchseite verläuft eine lange, bewimperte Furche. Es sind sieben Paare Parapodien vorhanden, die lange Borsten tragen. Der Wurm ist Hermaphrodit. Das Tier kann sowohl mit seinen Parapodien kriechen als auch diese zum Schwimmen verwenden. Dieses merkwürdige, kleine Geschöpf wurde, als man es fand, mit vollem Recht für ein Relikt aus der Präglazialfauna gehalten. Es schien zuerst ganz isoliert dazustehen. Im Jahre 1925 und später 1928 beschrieb REMANE, zuerst aus der Nordsee und dann von Neapel, drei eigentümliche Formen, die zu einer neuen Gattung, *Nerillidium*, gehören, welche ganz offenbar das marine Seitenstück zu DELACHAUX' *Troglochaetus* war. Das Vorkommen der Höhlenform ist darum nicht minder merkwürdig, nur wäre es möglich, daß die Einwanderung ins Süßwasser zu einem etwas späteren Zeitpunkt erfolgt sei, als DELACHAUX ursprünglich angenommen hat. Er ist in den letzten Jahren mehrmals in Deutschland gefunden worden (STAMMER 1937).

Von anderen Süßwasserformen soll nur noch *Stratiodrilus tasmanicus* HASWELL erwähnt werden, ein Tier, das in der Kiemenhöhle von Süßwasserkrabben in Tasmanien lebt; es gehört zur Familie der Histriobdelliden; weiter ein Archiannelide *Protodrilus spongioides* PIERANTONI.

Klasse

Clitellata.

Ordnung: **Oligochaeta.**

(Tafel 10.)

Würmer mit mehr oder weniger langgestrecktem Körper, zumeist mit kreisrundem Querschnitt. Vorderende etwas anders gestaltet als das Hinterende, das in der Regel nur zugespitzt ist. Eine dünne Kutikula mit unterliegender Hypodermis. Mund am Vorderende, gewöhnlich ventral gelagert. Afteröffnung am Hinterende. Der Körper mit segmental angeordneten Borsten ausgestattet; keine Parapodien (Fußstummel), im Gegensatz zu den Polychäten. Es sind gewöhnlich keine Körperanhänge vorhanden. Ein nur wenig differenzierter Darm verläuft durch das ganze Tier. Eine kräftige Ring- und Längsmuskulatur (Hautmuskelschlauch). Eine echte Leibeshöhle (Cölom), durch Scheidewände, Septen, in segmentale Cölomabschnitte geteilt. Das Zentralnervensystem besteht aus einem Ober- und einem Unterschlundganglion und einer Bauchganglienkette. Blutgefäßsystem, stets ein großer Blutsinus um den Darm; ein Rücken- und ein Bauchgefäß, die durch Querschlingen miteinander verbunden sind. Exkretionsorgan, segmental angeordnete Segmentalorgane. Hermaphroditen. Geschlechtsorgane gewöhnlich in Form von nur ein Paar männlichen und ein Paar weiblichen ausgebildet, die in bestimmten Segmenten in der Nähe des Vorderendes liegen; die männlichen stets weiter vorn als die weiblichen. Die Geschlechtszellen werden durch umgebildete Segmentalorgane nach außen befördert. Oft Receptacula seminis. Die Eier werden in Kokons abgegeben, die von einer drüsigen Partie der Haut, dem *Clitellum*, das in bestimmten Segmenten liegt, gebildet werden. Keine Metamorphose. Sie leben im Erdboden und im Süßwasser, nur wenige im Meer.

Die *Oligochaeta* sind vor allem Landformen, erst in zweiter Linie Süßwasserformen, selten marin. Während die Borsten bei den Polychäten auf fußförmigen Gebilden, den Parapodien, eingepflanzt sind, liegen sie bei den Oligochäten in der Haut selbst (Abb. 393). Sie bilden entlang des Körpers vier Längsreihen diese Borsten haben ein verschiedenes Aussehen; nach ihrer Form unterscheidet man Haarborsten, Federborsten, Sägeborsten, Stiftchenborsten, Hakenborsten, Gabelborsten und Fächerborsten. Die Borsten der Bauchseite sind immer kurze Haken- oder Gabelborsten, die verschiedenen langen Haarborsten gehören der Rückenseite an. Der Körper setzt sich aus einer Anzahl von Gliedern oder Segmenten zusammen, deren Zahl nicht wie bei den Egeln für die ganze Gruppe festgelegt ist, sondern die von neun bei gewissen Arten bis über sechshundert bei anderen variieren kann. Auch innerhalb der gleichen Art sind große Variationen der Segmentzahl nachgewiesen worden. Das ist in erster Linie dem Umstand zuzuschreiben, daß die untersuchten Tiere nicht ausgewachsen sind, aber auch dem Umstand, daß man es oft mit Regenerationserscheinungen zu tun hat, und endlich, daß das Wachstum nicht mit dem Eintritt der Geschlechtsreife zum Abschluß gelangt. Die Wachstumszone liegt zumeist am Hinterende, kann aber auch weiter vorne liegen. Nur sehr wenige haben so wie die Egel eine bestimmte Segmentanzahl. Jedes Segment weist häufig eine Ringelung auf, so daß auf jedes Segment zwei bis sieben Ringe kommen. Das erste Segment, das als Peristomium bezeichnet wird, kann ein sehr verschiedenes Aussehen besitzen; die Mundöffnung liegt auf dem ersten Ring, dessen Rückenteil sich als Kopflappen über die Mundöffnung vorwölbt. Der After liegt am Hinterende, bisweilen dorsal verschoben. Bei einzelnen Formen trägt das Hinterende einen Kiemenapparat (s. *Dero*). Körperanhänge kommen übrigens selten vor. In der vorderen Körperhälfte findet sich bei geschlechtsreifen Tieren ein besonderer Gürtel, das *Clitellum*, das ein bis mehrere Segmente umfaßt; die Haut ist hier umgebildet und enthält zahlreiche Drüsen, zumeist auf der Rückenseite; sie erscheint verdickt und bei der Paarung werden Schleimhüllen, mit denen die Tiere sich hier umgeben, vom Clitellum gebildet. Weiter sind die Borsten hier schwächer ausgebildet oder treten wenigstens nicht so deutlich hervor. Gewöhnlich besitzt das Clitellum gleichzeitig eine lichtere Farbe. Seine Lage ist bei den verschiedenen Arten verschieden, aber stets derart, daß die Öffnungen der Ausführungsgänge der Geschlechtsdrüsen innerhalb oder unmittelbar davor liegen.

Der Körper ist nach außen mit einer Kutikula bedeckt, darunter liegt die Hypodermis; hierauf folgen zwei Schichten glatter Muskelzellen, eine äußere Ring- und eine innere Längsmuskelschicht. Die Haut ist mit zahlreichen Poren verschiedener Art versehen, in der Hauptsache sind es Öffnungen einzelliger

Drüsen, besonders von Schleimdrüsen. Gewisse Formen können aus diesen
Poren ein Sekret ausspritzen, von dem angegeben wird, daß es giftig sei. Eine
einzige Gruppe, die Aeolosomatiden (Tafel 10, Fig. 5), besitzt ein Cilienkleid.
Die oben genannten Borsten sitzen in Borstenscheiden, sie sind kutikulare

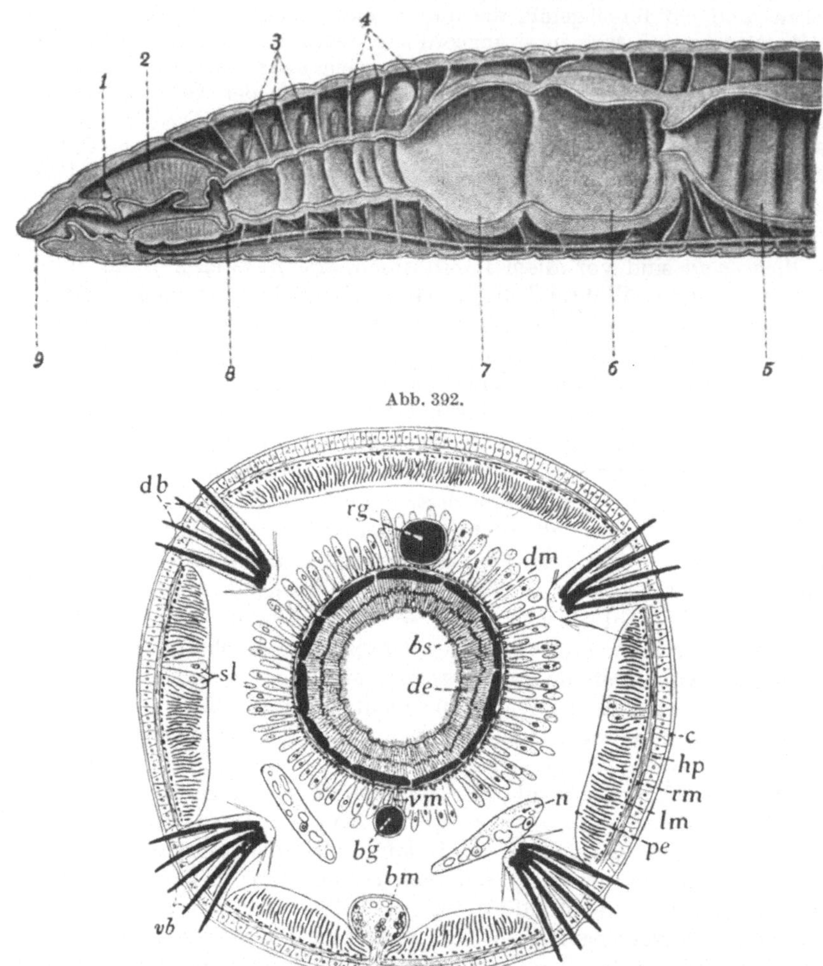

Abb. 392.

Abb. 393.

Abb. 392. Regenwurm, *Lumbricus terrestris* L. Vorderende durch einen Sagittalschnitt geöffnet. Das Bild
zeigt die Dissepimente und verschiedene Abschnitte des Darmkanals. *1* Gehirn; *2* Schlund; *3* Nephridien; *4* Dissepimente; *5* Darm; *6* Muskelmagen; *7* Kropf; *8* Bauchmark; *9* Mund. (REISINGER 1931.)

Abb. 393. Querschnitt durch eine Enchyträide, *E. albidus* HENLE im 14. Segment. *bm* Bauchmark; *vb*, *db* Borsten;
sl Seitenlinie; *c* Kutikula; *hp* Hypodermis; *rm* Ringmuskulatur; *lm* Längsmuskulatur; *pe* Peritoneum der Leibeshöhle; *n* Nephridium; *rg* Rückengefäß; *dm* Darmmuskulatur; *vm* ventrales Mesenterium; *bg* Bauchgefäß; *de* Darmepithel; *bs* Darmblutsinus; *bm* Bauchmarkstrang. (MICHAELSEN 1934.)

Tafel 10 a. Oligochaeta.

Fig. 1. *Vejdovskyella comata* VEJD. 4 bis 6 mm. Fig. 2. *Dero obtusa* UDEK. *a* Mund; *b* Rüssel; *oe* Ösophagus;
i Darm; *vo* Bauchgefäß; c_1 bis c_3 Herzen; *p* Respirationsschale; *r* Kiemen; *s* Borsten der ersten vier Ringe;
s' Bauchborsten; *s''* Rückenborsten; *s'e'*, *s''e''* Borsten in Entwicklung; *eu* Anlage der Segmentalorgane. Das
Tier nicht ganz erwachsen. 10 mm. Fig. 3. *Aeolosoma Hemprichii* EHRBG. Kette von zwei Individuen. 2 bis 3 mm.
Fig. 4. *Rhynchelmis limosella* HOFFM. Vorderende. *o* Mund; *gs* Gehirnganglion; *n* Bauchmark; *cb* Bauchgefäß;
vc Gefäßschlinge. 80 bis 140 mm. — Fig. 1 nach TIMM 1883. Fig. 2 nach PERRIER 1872. Fig. 3 nach
LANKESTER in Cambridge Natural History 1910. Fig. 7 nach VEJDOVSKY 1875.

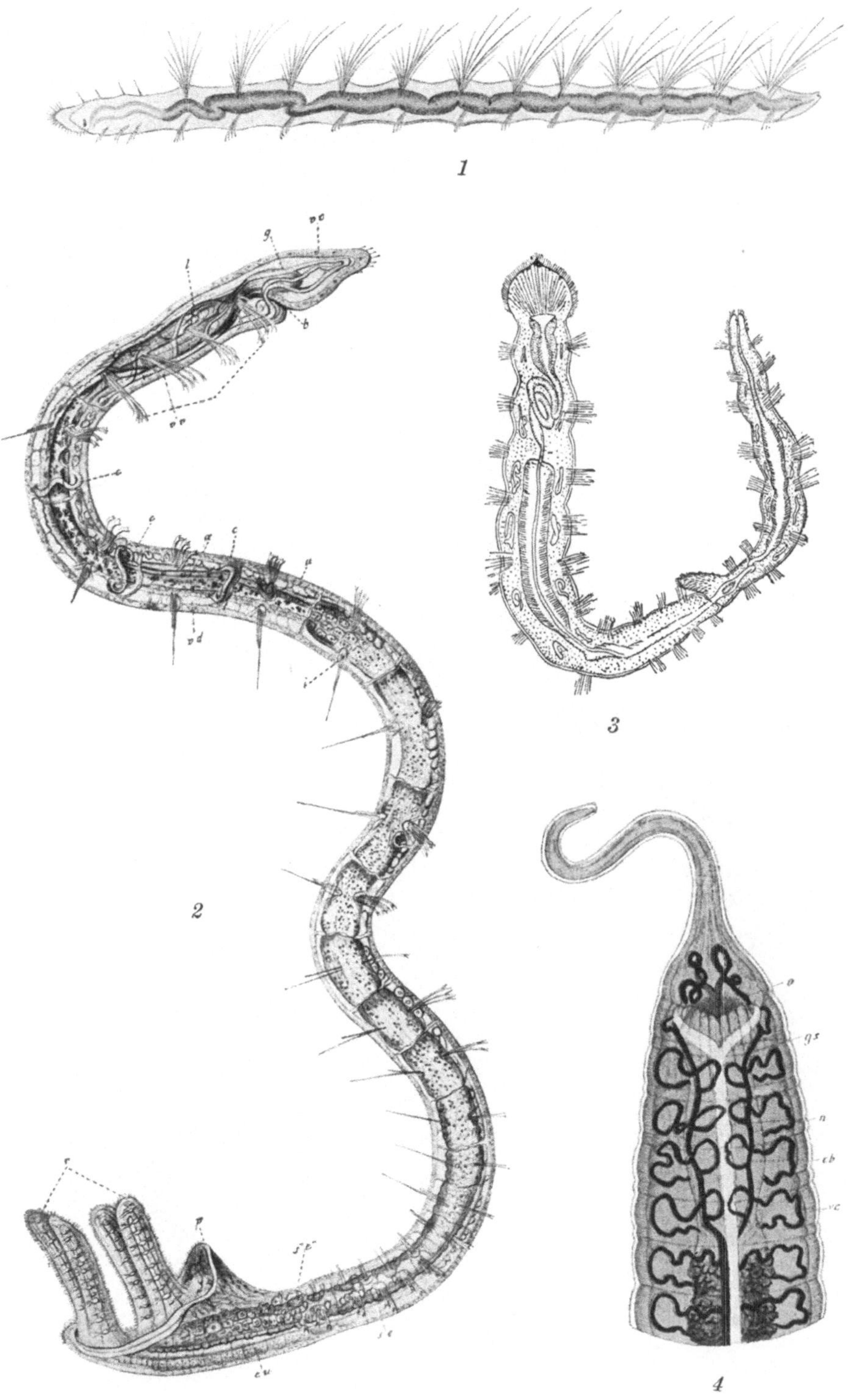

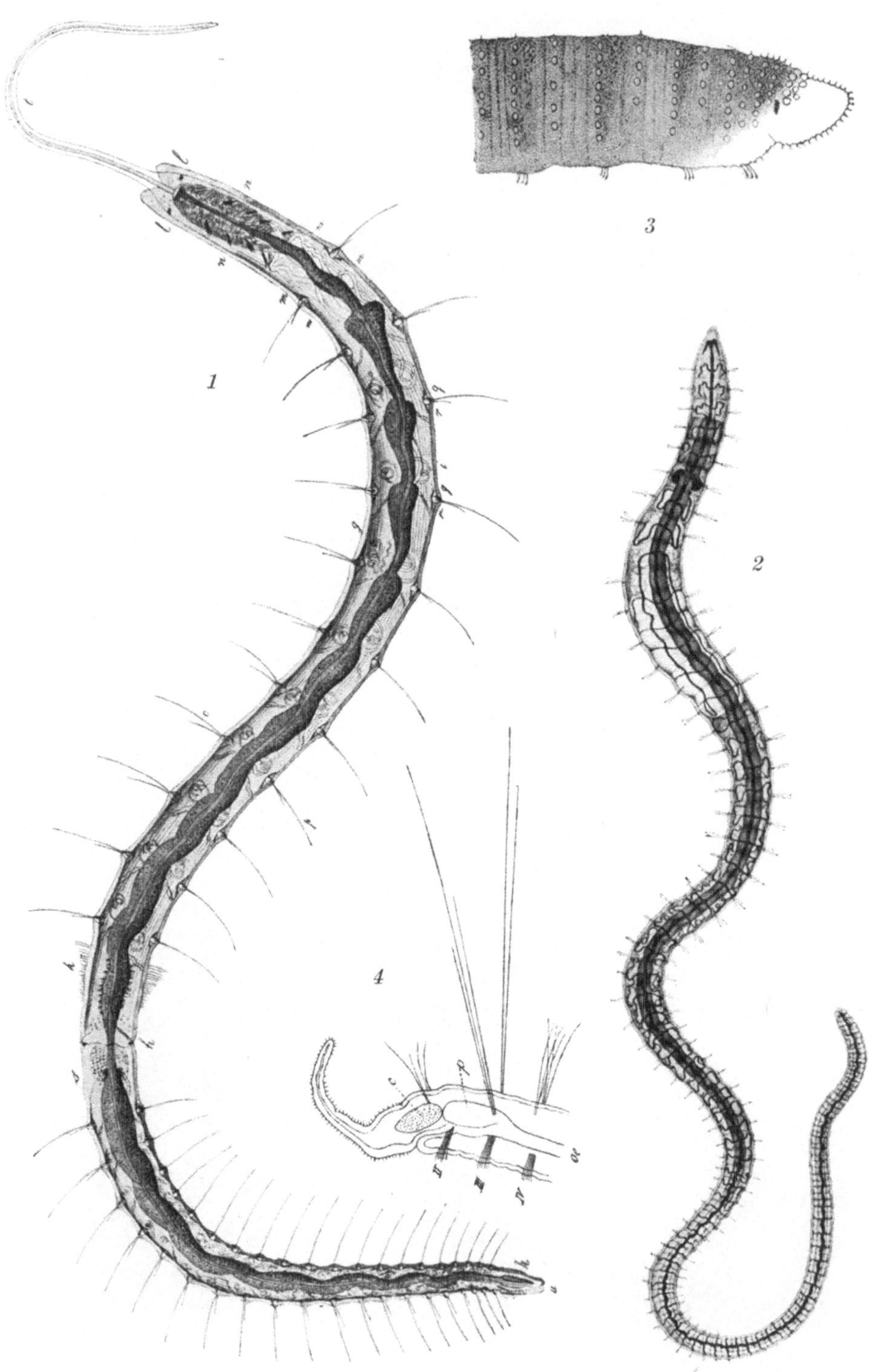

1

3

2

4

Differenzierungen je einer einzigen Zelle, die sich am inneren Ende eines Borsten-
sacks befindet; sie sind beweglich; den Bewegungsapparat stellt ein recht kompliziertes Muskelsystem dar. Sehr häufig liegt den funktionierenden Borsten eine Reihe
Ersatzborsten an, die in Funktion treten, wenn die alte ausfällt oder abgenutzt ist.

Zwischen der Körperwand und dem Darm ist eine geräumige (echte) Leibeshöhle (Cölom) entwickelt, die durch zweischichtige, quere Scheidewände oder
Septen (Dissepimente; Abb. 392) in eine Reihe von Kammern geteilt ist. Diese
fehlen sehr häufig im vorderen Körperabschnitt und fast ganz bei den meisten
primitiven Formen. Ihre Anzahl entspricht der der Segmente. Die Scheidewände sind sehr häufig unterbrochen, wodurch dann die einzelnen Kammern
miteinander in Verbindung stehen. Übrigens ist die Leibeshöhle außerdem noch
durch eine über und unter dem Darm verlaufende Scheidewand geteilt (Mesenterium). Die Leibeshöhle steht bei Landformen durch Poren mit der Außenwelt in
Verbindung, bei Wasserformen fehlen solche. In der Leibeshöhle befindet sich eine
verschiedenfarbige Flüssigkeit; diese enthält Zellelemente, vor allem Amöbocyten.
Diese enthalten zum Teil Glykogen als Speichernahrung, zum Teil haben sie Bedeutung als Phagocyten. Die Exkrete werden zum Teil fn den Körperwänden abgelagert (Pigmente), zum Teil durch die Trichter der Segmentalorgane ausgeführt.

Der Darm ist ein gerade oder geschlängelt verlaufendes Rohr, das sich vorne
mit dem Mund, hinten mit dem After öffnet. Die einzelnen Abschnitte sind
gewöhnlich nicht deutlich abgesetzt. Der Mitteldarm ist außen mit großen,
birn- oder kugelförmigen Zellen bedeckt, den sog. Chloragogenzellen. deren Hauptfunktion es ist, Exkrete in gelöster Form aufzustapeln. In gewissen Fällen
(*Dero limosa* LEIDY u. a.) hat man nachgewiesen, daß der Darm degeneriert,
wenn die Geschlechtsreife erreicht wird. Nach der Sexualperiode sterben die
Tiere ab, der Verdauungskanal wird darum wertlos, er geht in Auflösung über
und das Material wird auf die eine oder andere Weise als Reserve für die Eier
verwendet (STEPHENSON 1915). Gewissen Beobachtern gilt es als wahrscheinlich, daß die Darmzellen bei einigen Formen, u. a. bei *Chaetogaster*, die Fähigkeit
besitzen, feste Nahrungspartikelchen aufzunehmen und zu verdauen (intracelluläre Verdauung; STEPHENSON 1911). Reservestoff ist hauptsächlich Glykogen. das namentlich in großen Zellen, die vorzugsweise an den Exkretions-
organen, Dissepimenten und am Bauchgefäß liegen, aufgestapelt wird, übrigens
jedoch auch in den Chloragogenzellen. Das Blutgefäßsystem ist geschlossen;
das Blut enthält fast keine Blutkörperchen. Es ist durch Hämoglobin rot gefärbt
(doch mit gewissen Ausnahmen, z. B. *Aeolosoma* und *Chaetogaster*). Bei den
sehr oft gut durchsichtigen Süßwasserformen tritt das Blutgefäßsystem überaus
deutlich hervor (Abb. 394). Es ist ein kontraktiles Rückengefäß vorhanden,
das als Herz fungiert und die Blutflüssigkeit von hinten nach vorne treibt; diesem
wird das Blut durch Transversalgefäße, einem Paar in jedem Segment, von
dem unter dem Darm gelegenen Bauchgefäß zugeführt. Von diesem geht nach
links und rechts ein Gefäßnetz aus, das sich in der Haut und um den Darm
verteilt. Die Seitengefäße besitzen oft erweiterte, pulsierende Partien, die ebenfalls als Herzen fungieren. Bei vielen Süßwasseroligochäten findet man einen
als Herzkörper bezeichneten Strang; seine Bedeutung ist unbekannt. Sinnesorgane sind im großen und ganzen schwach entwickelt; über die Flimmergruben

---

Tafel 10b. **Oligochaeta.**

Fig. 1 *Stylaria lacustris* (L.) = *Nais proboscidea. th* Muttertier; *sk* Tochterindividuum; *k* Teilungszone; *t* Rüssel;
l, l Augen; *u* After, *n, n* Schlund; *i* Segmentalorgane; *op* Borsten; *q, r* Borstensäcke; *k* Borstenanlage. 5 bis
18 mm. Fig. 2. *Tubifex rivulorum* LMK. (= *Tubifex tubifex* L.), 30 bis 40 mm. Fig. 3. *Ophidonais serpentina*
(O. F. M.). Vorderer Körperabschnitt. Kette. 30 bis 40 mm. Fig. 4. *Pristina longiseta* EHRBG. Vorderkörper.
c Gehirn; *p* Pharynx; *oe* Ösophagus. 3 bis 6 mm. — Fig. 1 nach GRUITHUISEN 1823. Fig. 2 nach D'UDEKEM 1853.
Fig. 3 und 4 nach PIGUET 1906.

(vermutlich Geruchsorgane) s. unter *Aeolosoma*. Tastorgane haben vor allem am Vorderende ihren Platz. Der Kopflappen verlängert sich besonders bei verschiedenen Süßwasserformen zu einem kürzeren oder längeren, fühlerförmigen Fortsatz (Rüssel) (Tafel 10 a, Fig. 4, Tafel 10 b, Fig. 1), der oft sehr beweglich ist.

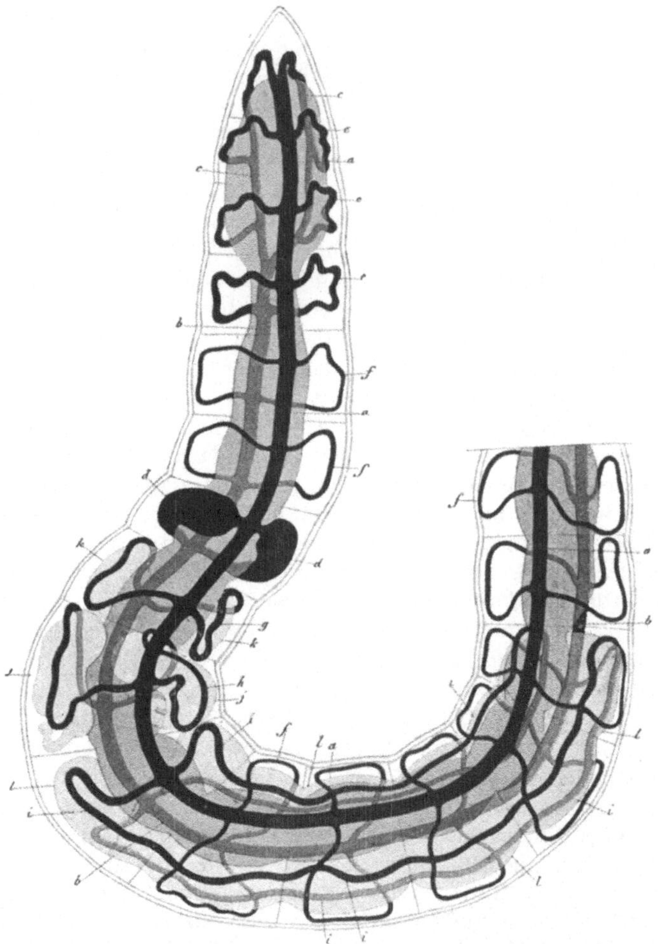

Abb. 394. *Tubifex rivulorum* LMK. Gefäßsystem im Vorderende des Tieres. *a* Rückengefäß; *b* Bauchgefäß; *l* ein Teil der Geschlechtsorgane; *i* Gefäß zu einem Teil der Geschlechtsorgane; *j* die kokonbildende Drüse; *k* Hoden; *d* Herzschlingen; *c* Verbindungsäste zwischen Rücken- und Bauchgefäß; *e, ee* diese im zweiten bis vierten Segment; *f* diese in den folgenden Segmenten; *g* das zum Hoden gehende, kontraktile Gefäß. (D'UDEKEM 1853.)

Sinneshügel, wie wir sie ähnlich bei Egeln kennenlernen werden, kommen vor; sie sind bei *Slavina* und *Ophidonais* (Tafel 10 b, Fig. 3) sehr auffällig. Nicht wenige Süßwasseroligochäten, namentlich der Familie *Naidae*, haben Augenflecke, gewöhnlich ein Paar. Sie sind übrigens in ihrem Vorkommen sehr inkonstant. So hat STEPHENSON (1910) nachgewiesen, daß *Nais communis* PIGUET, wenn das Tier in Spongillen lebt, also im Dunkeln, bald mit Augen auftritt, bald ohne solche.

Das Exkretionssystem besteht aus einer Reihe segmental angeordneter sog. Segmentalorgane; sie öffnen sich auf der Bauchseite in der Nähe der Borstenbündel; in den meisten Segmenten findet sich ein Paar. Sie weisen in den einzelnen

Abteilungen einen sehr verschiedenen Bau auf und zeigen große Variationen in den verschiedenen Gruppen. Der Grundplan des Segmentalorgans ist folgender: ein röhrenförmiger Schlauch (Abb. 395), der das vordere Dissepiment durchbricht und hier mit einem Trichter (*wl*) versehen ist, der sich in die Leibeshöhle des voranliegenden Segmentes öffnet, weiter ein geschlungenes, aufgerolltes Rohr, das sich mit einem Porus auf der Bauchseite des Körpers in der Nähe eines Borstenbündels öffnet (*fe*). Der

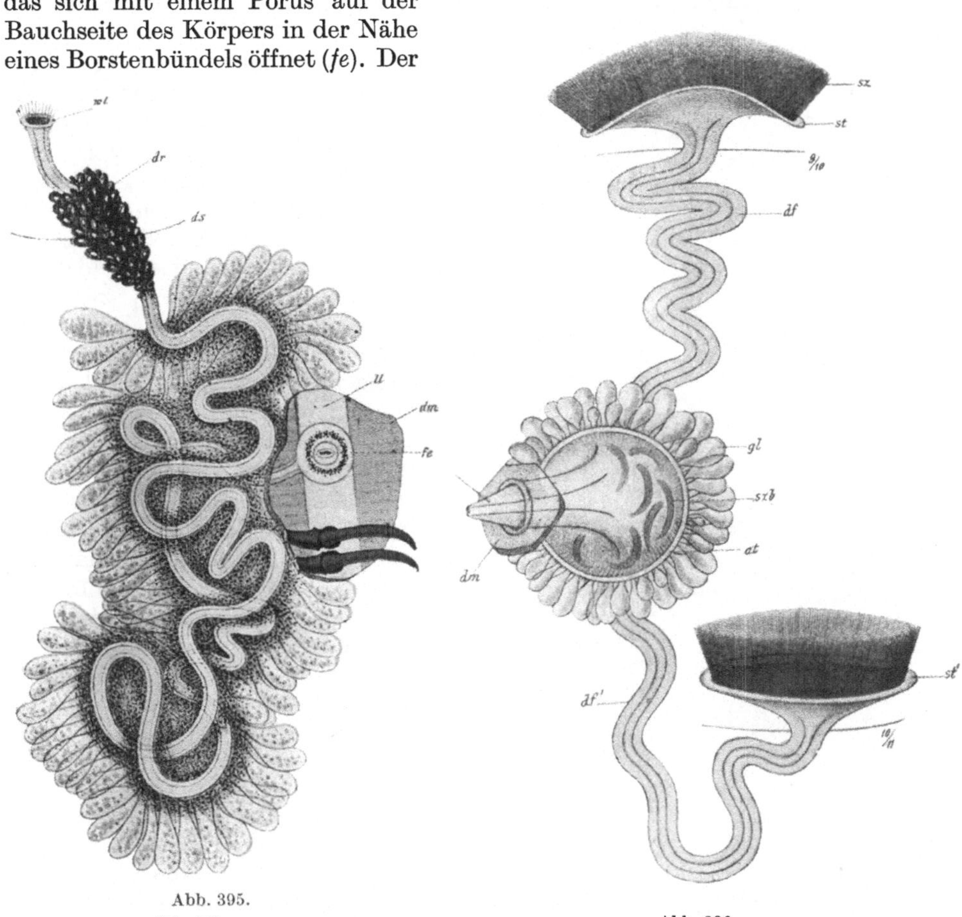

Abb. 395.

Abb. 395.   Abb. 396.

Abb. 395. *Rhynchelmis limosella* HOFFM. Segmentalorgan. *wl* Flimmertrichter; *dr* drüsige Partie; *ds* Septum; *dm* Hautstückchen; *ll* Längsfurche auf der Bauchseite; *fe* äußere Öffnung des Segmentalorganes. (VEJDOVSKY 1876.)

Abb. 396. *Phreatothrix pragensis* VEJD. Die eine Hälfte des männlichen Geschlechtsorganes in natürlicher Stellung. *sz* Spermatozoen; *st, st₁* Trichter, um die Spermatozoen aufzunehmen; 9/10 und 10/11 gibt die Septen zwischen dem neunten und zehnten sowie dem zehnten und elften Segment an; *df, df₁* Samenleiter; *at* Atrium mit Spermatozoenbündel; *gl* Prostatadrüse des Atriums; *szb* Spermatozoenbündel; *p* Penis; *dm* ein Stück Haut. (VEJDOVSKY 1876.)

Trichter steht im Gegensatz zu dem Verhalten bei den Egeln in offener Verbindung mit dem Rohr. Ein Teil desselben hat drüsigen Charakter; alle Teile der Ausführungsgänge flimmern.

Die Oligochäten sind Hermaphroditen; die Geschlechtsorgane sind im Gegensatz zu den Verhältnissen bei den Polychäten auf einige wenige, gewöhnlich zwei Segmente beschränkt (Abb. 397). Von Hoden finden sich ein oder zwei Paare; von Ovarien ein Paar. Die Geschlechtszellen fallen in die Leibeshöhle, sind jedoch zu dieser Zeit noch nicht ausgereift. Die männlichen Geschlechtszellen werden in Samensäcke aufgenommen, die Eier in Eiersäcke. Wenn sie ausgereift sind, werden sie von den Trichtern der Ausführungsgänge aufgenommen, die männlichen Geschlechtszellen gelangen durch die Vasa deferentia, die weiblichen durch die Ovidukte nach außen. Erstere haben oft Nebendrüsen (Prostata), außerdem sind oft Samenbehälter (Spermatheken) vorhanden, um den Samen des Partners bei der Paarung aufzunehmen. Diese Samenbehälter liegen oft in einiger Entfernung vom übrigen Geschlechtsapparat. Die Segmente, die diesen einschließen, sind außerdem durch verschiedenartige Kopulationsorgane und durch einen eigentümlichen Bau der Haut charakterisiert und zeichnen sich namentlich durch eine sehr reiche Entwicklung von Drüsen aus. Es ist dies das Gebiet des Clitellums. Die verschiedenen, zum Geschlechtsapparat gehörenden Teile variieren in der Zahl, in der gegenseitigen Ausbildung und Stellung außerordentlich bei den verschiedenen Familien, Gattungen und Arten. Sie liegen gewöhnlich im elften und zwölften Segment. Die Geschlechtsdrüsen sitzen an den Dissepimenten; die Ausführungsgänge sind, wenigstens nach der älteren, gegenwärtig zum Teil aufgegebenen Auffassung, umgebildete Segmentalorgane (Abb. 396), von welchen sich in der Clitellarregion zwei Paare in jedem Segment vorfinden; das eine fungiert in beiden Segmenten als Exkretionsorgan, das andere als Ausführungsgang für die Geschlechtsprodukte, im 11. Segment für die männlichen, im 12. für die weiblichen. Die Öffnungen befinden sich bzw. im 12. und 13. Segment. Die hier geschilderten Verhältnisse sind, wie erwähnt, einer außerordentlichen Variation unterworfen und haben große systematische Bedeutung.

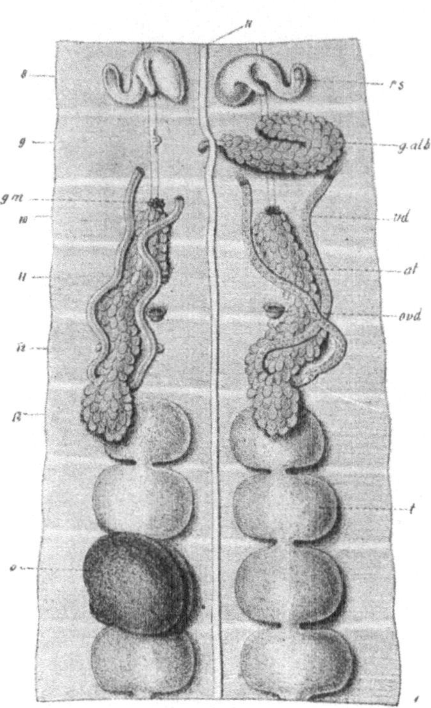

Abb. 397. *Rhynchelmis limosella* HOFFM. Lage der Geschlechtsorgane. Der Körper in der Mitte geöffnet und die Körperwand zur Seite gebreitet; Darm und Gefäße ausgelassen. Die Zahlen geben die Segmente an. *o* Ei; *gm* Schleimdrüsen; *n* Bauchmarkstrang; *rs* Receptaculum seminis; *vd* Samenleiter; *at* Atrium; *ovd* Eileiter; *t* Hoden; *g.alb.* Eiweißdrüse. (VEJDOVSKY 1876.)

Die Tiere sind proterandrisch; bei der Paarung legen sich die Tiere in umgekehrter Richtung aneinander, so daß das 12. Segment des einen auf das 13. Segment des anderen zu liegen kommt. Bei der gegenseitigen Paarung wird der Samen in den Samenbehälter des Partners abgegeben. Die beiden Würmer werden dabei durch Sekretmassen zusammengehalten, die vom Clitellum abgegeben werden, das sich über das 11. bis 13. Segment erstreckt. Der Samen wird in Form von Spermatozoenbündeln abgegeben, die durch die freien Enden der Spermatozoen in Bewegung gesetzt werden (Abb. 396). Diese Bündel hielt man früher für holotriche Infusorien. In den Fällen, wo Samenbehälter fehlen, werden Spermatophoren auf dem Genitalfeld befestigt. Nach der Regel gibt es bei den Oligochäten keine Selbstbefruchtung und es kann auch keine stattfinden. Doch ist für *Tubifex* nachgewiesen, daß isolierte Individuen, die vor Eintritt der Geschlechtsreife isoliert worden sind, Kokons bildeten und die darin abgelegten Eier normale Individuen ergaben. Man vermutete Parthenogenese

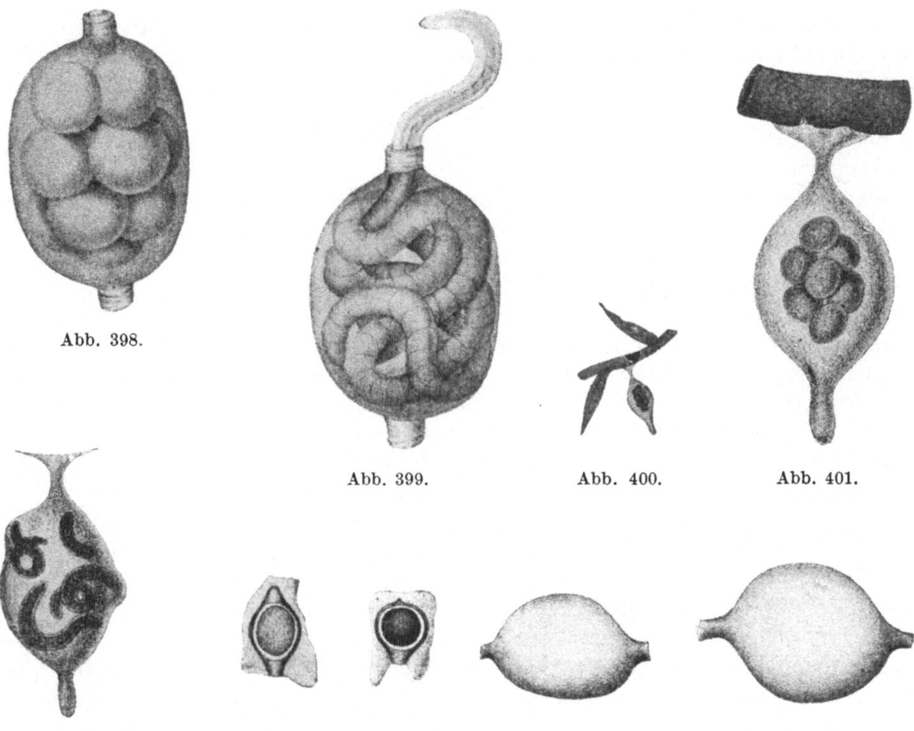

Abb. 398.

Abb. 399.

Abb. 400.

Abb. 401.

Abb. 402.

Abb. 403.

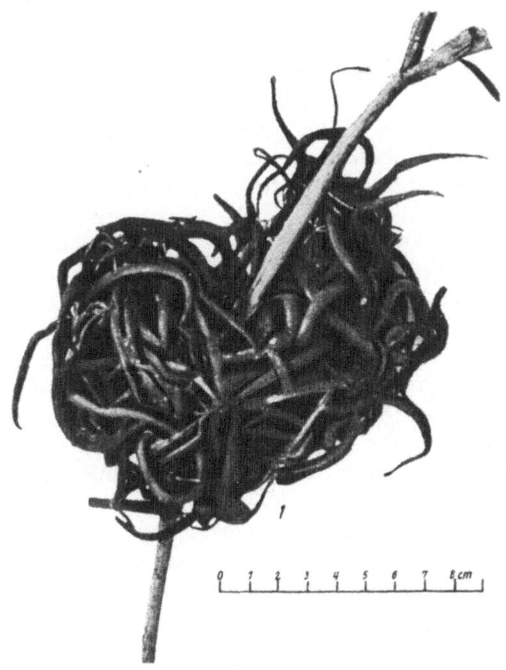

Abb. 404.

Abb. 398 bis 404. Eikokons verschiedener Oligochäten. Natürliche Größe 1 bis 2 mm.

Abb. 398. *Tubifex rivulorum* LMK. Kapsel mit Eiern. (D'UDEKEM 1853.)

Abb. 399. Kapsel, aus der die Jungen im Begriffe sind, auszukriechen. (D'UDEKEM 1853.)

Abb. 400. *Rhynchelmis limosella* HOFFM. Eikapsel, natürliche Größe, auf einer Pflanze. (VEJDOVSKY 1876.)

Abb. 401. Desgl., vergrößert; man sieht die Eier. (VEJDOVSKY 1876.)

Abb. 402. Desgl., vergrößert; man sieht die Jungen. (VEJDOVSKY 1876.)

Abb. 403. Vier Eikapseln, von links nach rechts: *Stylaria lacustris* L., *Chaetogaster diaphanus* GRUIT., *Tubifex rivulorum* LMK., *Psammoryctes fossor* DITL. (A. DITLEVSEN 1904.)

Abb. 404. Eikokons von *Criodrilus lacuum* HOFFM. Wasserpflanzen mit faustgroßen Klumpen von Kokons bedeckt; der einzelne Kokon zirka 10 bis 12 cm. Frankfurter Kläranlagen. $^1/_2\times$. (KUHL 1930.)

(CERNOSVITOV 1927). Später zeigte sich bei *Limnodrilus udekemianus* CLAP., der vor der Geschlechtsreife isoliert worden war, daß die Samenbehälter Spermatophoren enthielten. Es läßt sich nicht gut etwas anderes vermuten, als daß das Tier sich mit sich selbst gepaart hat; es legt seine Kokons ab, die die normale Eianzahl enthalten, und die Eier entwickeln sich normal.

Bei anderen *Limnodrilus*-Arten, *L. Hoffmeisteri* CLAP. und *L. Claparedeianus* RATZEL, wurde dagegen festgestellt, daß ein vor Eintritt der Geschlechtsreife isoliertes Tier niemals Spermatophoren in den Samenbehältern enthielt, aber nichtsdestoweniger wurden Kokons gebildet, und die abgelegten Eier entwickelten sich normal. Man vermutet, daß es sich hier so verhält, daß die Eier im Kokon befruchtet wurden, indem das Tier den Samen gleichzeitig mit den Eiern abgibt (GAVRILOV 1931).

Die Eier werden in Kokons abgelegt, die als ein Gürtel oder eine Manschette gebildet sind, deren Enden sich schließen, wenn der Wurm nach der Paarung herauskriecht; sie haben eine sehr verschiedene Form; einige sind in den Abb. 398 bis 404 dargestellt. Die Wände sind chitinisiert, durchsichtig, zuweilen zweischichtig mit einer äußeren Schleimlage. Sie liegen am Boden oder werden an Wasserpflanzen befestigt, gewöhnlich viele nahe beieinander.

Die Oligochäten sind im Besitz eines in der Regel sehr bedeutenden Regenerationsvermögens; sie sind deshalb in reichlichem Ausmaß zu Untersuchungen über die Regenerationserscheinungen herangezogen worden. Man kann einen Oligochäten in viele Stücke teilen und jedes einzelne Stück kann einen neuen Wurm aus sich hervorgehen lassen. Das Regenerationsvermögen ist bei den verschiedenen Gruppen verschieden entwickelt. Diesbezüglich sei auf die verschiedenen Familien hingewiesen. In engem Zusammenhang mit dem Regenerationsvermögen der Oligochäten steht die bei mehreren Familien häufig vorkommende, ungeschlechtliche Vermehrung durch Teilung. Die Familien *Aeolosomatidae*, *Chaetogastridae* und *Naidae* pflanzen sich hauptsächlich auf diese Weise fort. Ehe die Tiere sich teilen, entsteht zwischen zwei Segmenten eine Teilungszone; an der vorderen Hälfte entsteht der hintere Teil des vorderen Individuums und an der hinteren Hälfte der vordere Teil des hinteren Individuums neu. Bei den Aeolosomiden bildet das hintere Individuum nur ein neues vorderes Segment, bei den Naiden werden dagegen vier gebildet. Bevor die beiden Tiere ganz sich voneinander trennen, entsteht sehr oft sowohl am Muttertier als auch am neuen Individuum eine neue Teilungszone (Abb. 405). Auf diese Weise können Ketten von Tieren entstehen, die bis zu 15 bis 16 Tieren enthalten; zumeist sind es jedoch nur drei bis vier. Die Teilungsintensität ist hoch bei hoher Temperatur, deshalb findet man im Winter gewöhnlich die längsten Ketten (STOLTE 1921); aber auch innere Faktoren können hier eingreifen (HEMPELMANN: *Pristina*, 1923).

Warum die Tiere von der ungeschlechtlichen zur geschlechtlichen Vermehrung übergehen, ist auch hier wie in den meisten anderen Fällen noch nicht ganz aufgeklärt worden. STOLTE (1921) meint, daß reichliche Nahrungsmengen und hoher Sauerstoffgehalt die Hauptbedingungen für die Sexualperioden darstellen. In Analogie zu dem, was wir bei den Rädertieren und Cladoceren finden, ist es sehr interessant zu sehen, daß es auch hier den Anschein hat, als ob die Art kurz vor den Sexualperioden die Individuenanzahl stark zu vermehren versuchte, so daß so viele Individuen als möglich in die Sexualperiode gelangen können. Wir treffen auch hier wie bei den erwähnten zwei Tiergruppen vor der Sexualperiode auf Maxima, die sich hier aber in einer anderen Form zeigen: durch eine hohe Teilungsintensität und kürzere Ketten. In der Regel ist der Wurm in der Sexualperiode ein Einzelindividuum, aber mit doppelter Segmentzahl; wenn

die Sexualperiode vorüber ist, setzt am Hinterende ein neuer Teilungsprozeß
ein, worauf das alte Geschlechtstier abstirbt. In den verschiedenen Breitengraden und an den verschiedenen Örtlichkeiten fallen die Geschlechtsperioden
in verschiedene Zeiten. Durchschnittlich scheinen sie hauptsächlich im Frühjahr
und Herbst aufzutreten; aber in dieser Hinsicht gehen die Mitteilungen stark
auseinander.

Man teilt die Oligochäten in zwei Gruppen: in die *Limicolae* und *Terricolae*,
das sind die Oligochäten des Süßwassers und des Landes. Weder in bezug auf
den Bau noch auch in bezug auf den Aufenthaltsort sind die beiden Gruppen
scharf gegeneinander abgegrenzt. Es gibt verschiedene Terricolae, die man fast
als Wassertiere bezeichnen kann, und es gibt einige Limnicolae, die fast am trockenen Land leben. Es gibt Familien, wie die Enchyträen, die man sowohl im Wasser
als auch auf dem trockenen Land antrifft, und Arten, von denen es scheint,
daß sie in beiden Elementen gedeihen können.

Auch in Hinsicht auf ihren Bau lassen sich die beiden Gruppen nur mit großer
Schwierigkeit abgrenzen. Man kann nur ganz allgemein sagen, daß die Regenwürmer des Landes durchgehends weit größer sind als die Würmer des Süßwassers; viele von diesen haben eine Länge, die sich nur in Millimetern ausdrücken

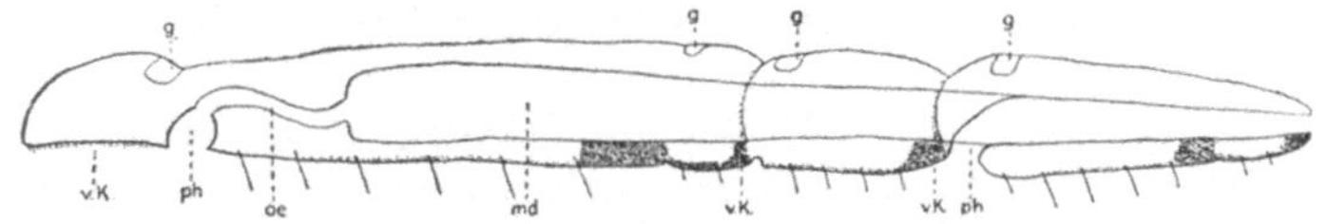

Abb. 405. *Aeolosoma Hemprichii* EHRBG., die Verteilung der Neoblasten bei der Knospenbildung zeigend;
punktiert die Neoblasten; *g* Gehirn; *K* Kopflappen, auf der Unterseite bewimpert; *ph* Pharynx; *oe* Ösophagus;
md Magendarm. (HÄMMERLING 1924.)

läßt, und sie sind selten über 10 cm lang. Die Landwürmer haben oft dieses Ausmaß und es gibt Tropenformen, die 2 m erreichen sollen. Außer daß sie reichlicher
mit Sinnesorganen ausgestattet sind, sind die Oligochäten des Süßwassers ferner
durch eine weit größere Variation im Aussehen und in der Anordnung der Borsten
gegenüber den Landformen charakterisiert. Bei bestimmten Gattungen haben
gewisse Borsten eine sehr bedeutende Länge. Die Borsten stehen in erster Linie
im Dienst der Bewegung, bei den Landformen sind es Organe, die eine rasche
Bewegung auf und ab in senkrechten Gängen ermöglichen. Wirkliche Röhrenbewohner nach Art der Regenwürmer gibt es nur eine begrenzte Zahl unter
den Süßwasserformen, insbesondere die Tubificiden; ein Teil baut sich Röhren,
die an Wasserpflanzen, Steinen usw. angeklebt sind (einige Naiden), ein Teil
sind kriechende Formen, die auf den Wasserpflanzen herumkriechen (Chaeto-
gastriden), einige bewegen sich teils schwimmend, teils kriechend über die
Schlammflächen (gewisse Naiden), endlich können einzelne als schwimmende
Formen bezeichnet werden, doch in der Regel nur in dem Sinn, daß die vorwiegend kriechende Bewegung in die schwimmende übergehen kann (gewisse
Naiden). Die Lebensweise und die Bewegungsform spiegelt sich in hohem Grad
im Bau der Borsten und ihrer Lage am Körper wider. Es sei wegen Details
auf die einzelnen Familien verwiesen. Es ist für gewisse Familien der Süßwasserwürmer charakteristisch *(Aeolosomatidae, Chaetogastridae, Naidae)*, daß sie in
weitgehendem Ausmaß das Regenerationsvermögen der Gruppe in den Dienst
der Vermehrung gestellt haben. Wir begegnen bei ihnen einem ausgeprägten
Vermögen, sich durch Teilung zu vermehren. Zuweilen wird dafür der Ausdruck
Knospung gebraucht, der hier wohl besser vermieden werden soll. Ein Stück
nach dem anderen schnürt sich ab, und zwar nach ganz bestimmten Gesetzen.

Es entsteht dabei eine Teilungszone, deren Lage bei den einzelnen Arten recht konstant ist. Die Anzahl Segmente, die beim hinteren Individuum in die Bildung des Kopfes eingeht, ist konstant, bei den Naiden in der Regel fünf; die Segmentzahl im Schwanzabschnitt der vorderen ist dagegen unbegrenzt. Es entstehen so Ketten von Individuen, welche sich nach und nach abschnüren. Wichtige Beiträge zum Verständnis dieses Vorganges sind schon von O. F. MÜLLER (1771) geliefert worden, der klar zwischen künstlicher und natürlicher Teilung unterschieden hat, und von TAUBER (1874), der namentlich eine sehr gründliche Schilderung der Teilungserscheinungen von *Nais elinguis* O. F. MÜLLER und von *Chaetogaster* (s. dort) gegeben hat.

In manchen Fällen scheint es, als ob die Vermehrung auf ungeschlechtlichem Weg die geschlechtliche ganz verdrängt hätte. Es gibt Arten, und darunter unsere allergewöhnlichsten, bei denen eine geschlechtliche Vermehrung nur ausnahmsweise beobachtet werden kann. Bei den übrigen Familien gehört die ungeschlechtliche Vermehrung nicht als ein natürliches Glied in die Fortpflanzungsgeschichte der Tiere. Besonders in einer Familie, den *Lumbriculidae*, ist jedoch das Regenerationsvermögen in so hohem Grad als natürlicher Vorgang in Verwendung gezogen, daß es gleichwohl auch eine Rolle im Dienst der Fortpflanzung spielen kann, indem es dazu beiträgt, die Individenanzahl an einer gegebenen Lokalität zu vermehren (s. unter *Lumbriculidae*).

Es ist hier nicht der Ort, auf die sehr große Literatur über die Regenerationserscheinungen näher einzugehen. Es sei nur hervorgehoben, daß die Regeneration und die Vermehrung durch Teilung auch bei den Oligochäten überall zum Teil mit dem Vorhandensein embryonaler Gewebselemente zusammenhängt, die aus amöboiden Wanderzellen bestehen, den sog. *Neoblasten* (Abb. 405). Bei Regenerations- und Reparationsvorgängen sammeln sie sich dort, wo Gewebsneubildungen stattfinden sollen. Ich glaube richtig zu urteilen, wenn ich TAUBER (1874) als denjenigen anführe, der am frühesten die richtige Auffassung davon gehabt hat. Bei einer marinen Form, *Ctenodrilus monostylos* ZEPPELIN, ist dieses Regenerationsvermögen zur äußersten Konsequenz getrieben, insofern als jedes einzelne Segment sich abschnüren und rasch zu einem neuen Individuum heranwachsen kann (ZEPPELIN 1883).

Die Regenwürmer des Landes besitzen, wie bekannt, ganz überwiegend Hautatmung: Das ist teilweise auch bei manchen Limicolen der Fall; der Verlauf der Blutgefäße zeigt das deutlich. Gewissen Formen, wie *Chaetogaster* und *Aeolosoma*, fehlen jedoch die Blutgefäße in der Haut ganz. Charakteristisch ist es aber für die Limicolen, daß hier Darmatmung, besonders bei Tubificiden und allen Schlammbewohnern, eine sehr große Rolle spielt. Der Darm zeigt antiperistaltische Bewegungen; die Cilien schwingen von hinten nach vorne, der After öffnet und schließt sich abwechselnd; gibt man Karminpulver ins Wasser, so kann man beobachten, wie es eingesaugt wird; namentlich die Mitglieder der Familie *Naidae* zeigen das alles deutlich. TAUBER (1874) ist einer derjenigen, der diese Verhältnisse am frühesten klargelegt hat. Diese Erscheinungen hinterlassen auch ihre Spur im Verlauf der Blutgefäße (s. unter *Tubificidae*). Einige leben unter Verhältnissen, wo ein fühlbarer Sauerstoffmangel herrscht, mehrere von solchen besitzen eigentümlich gebildete Kiemen (Abb. 407 u. 408; *Branchiura, Hesperodrilus branchiatus* BEDDARD, *Alma nilotica* GRUBE, *Branchiodrilus*, Indien, Java), ebenso wie solche bei gewissen Röhrenbewohnern auftreten *(Dero)*. Die Kiemen sitzen an verschiedenen Stellen des Körpers, die oben genannten Formen gehören ganz verschiedenen Familien an (GRESSON 1927). Einige Formen, die in Mangrovesümpfen und an ähnlichen Stellen leben, besitzen am Hinterende eine grubenförmige Einsenkung, mittels welcher sie, an die Oberfläche auftauchend, eine Luftblase einziehen und dann wieder in den Schlamm hinuntergleiten. Der histologische Bau des Gewebes dieser Grube zeigt, daß wir es hier mit einem Atmungsorgan zu tun haben (*Drilocrilus* in südamerikanischen Sümpfen, STEPHENSON 1930; *Alma Emini* in ostafrikanischen Sümpfen, BEADLE 1933). Oft bieten den Süßwasseroligochäten die Örtlichkeiten, an denen sie leben, zu den verschiedenen Jahreszeiten sehr verschiedene Bedingungen dar. Solche, welche in austrocknenden Pfützen oder in der Ufergrenze größerer Seen vorkommen, wo der Wasserstand stark wechselt, sind in hohem Grad der Austrocknung ausgesetzt; sie ziehen sich in der Trockenzeit in tiefe Gänge zurück und rollen sich hier zu Knäueln zusammen. Manche bilden sich besondere Schleimcysten (*Aeolosomatidae*). S. übrigens im besonderen unter *Lumbriculidae* (*Claparedeilla*, MRAZEK 1913). Gewisse Enchytraeiden können unter Verhältnissen vorkommen, unter denen Leben unmöglich zu sein scheint (s. dort). Neuere Untersuchungen von Höhlen haben gezeigt, daß die Oligochäten mit verschiedenen Formen in unterirdische Wasserläufe eingedrungen sind (*Pelodrilus*, MICHAELSEN 1926). Einige gehen in sehr große Tiefen (150 bis 400 m); einige sind Brackwasserformen: *Nais elinguis* O. F. M. erträgt 4 bis 5 g Salz pro Liter. Ferner wurden sie in einer Höhe von 4600 m gefunden (RIEWENSON).

Was dazu beiträgt, die Süßwasseroligochäten zu beliebten mikroskopischen Objekten zu machen, das ist ihre oft außerordentliche Durchsichtigkeit, die es gestattet, die einzelnen Organe mit einzig dastehender Deutlichkeit zu beobachten: die Segmentalorgane, Blutgefäße usw. Die Landregenwürmer spielen, wie bekannt, eine sehr große Rolle durch die Art und Weise, wie durch sie die oberste Erdschicht bearbeitet wird. Es ist nicht unwahrscheinlich, daß die Süßwasserwürmer in dieser Hinsicht eine ähnliche Bedeutung besitzen, aber sie greifen nicht so direkt in den Wirkungsbereich des Menschen ein und es läßt sich das deshalb nicht so leicht nachweisen, wie dies in bezug auf den Einfluß der Regenwürmer in Wald und Flur der Fall ist.

Viele Forscher haben sich mit dem Bau und Leben der Oligochäten beschäftigt; auch hier sei der große Anteil O. F. MÜLLERS an der Erforschung dieser Tiere hervorgehoben.

Es sei noch hinzugefügt, daß eine eingehendere Untersuchung der Süßwasseroligochäten, die von A. DITLEVSEN (1904) begonnen wurde, lange vorbereitet war. Das Material und die Fundstellenangaben wurden dann meinem damaligen Assistenten, Magister LAKJER, übergeben. Er hatte die Untersuchungen auch schon begonnen, als sein Tod den Arbeiten ein plötzliches Ende setzte.

Fam. Aeolosomatidae.

Die *Aeolosomatidae* (Tafel 10 a, Fig. 3; Abb. 405), von EHRENBERG (1828) „die Schönsten ihres Geschlechtes" genannt, sind eine kleine Familie von Süßwasseroligochäten, die in einer ganzen Reihe von Bauverhältnissen sehr stark von den übrigen Familien abweicht und sowohl im Bau wie in der Lebensweise viele merkwürdige Züge darbietet. Infolge ihrer sehr geringen Größe, die niemals über 1 cm und sehr oft nicht über 5 mm geht, sowie ihres sehr zarten Baues sind sie schwer zu studieren. Dazu kommt, daß sie, wie das bei vielen Süßwasseroligochäten der Fall ist, nur selten in großen Massen, sondern nur einzeln angetroffen werden. Zu den bemerkenswertesten Baueigentümlichkeiten gehört, daß der breite Kopflappen bewimpert ist. Im Gegensatz zu allen anderen Oligochäten bewegt sich *Aeolosoma* mit Hilfe seiner Wimpern und in viel geringerem Grad mit Hilfe seiner nur sehr schwach entwickelten Muskulatur. In der Haut finden sich zahlreiche Drüsen, die Schleim absondern. Jedes Segment trägt vier Borstenbündel, zwei ventral und zwei lateral, Septen oder Dissepimente fehlen in der Regel ganz, höchstens das erste ist vorhanden, das Gehirnganglion ist bleibend in Verbindung mit der Hypodermis. Es sind keine eigentlichen Samenleiter ausgebildet, sondern der Samen scheint durch bestimmte oder möglicherweise alle Segmentalorgane ausgeführt zu werden. Hoden und Ovarien liegen im fünften und sechsten Segment. Gewisse Beobachtungen deuten darauf hin, daß die Samenmassen ins Wasser abgegeben werden. Über ihre Fortpflanzungsverhältnisse weiß man nichts Sicheres. Die Sexualperiode scheint in den Herbst zu fallen. Sie vermehren sich vorzugsweise auf ungeschlechtlichem Weg; darüber s. HÄMMERLING (1924). Sie treten oft in Ketten bis zu sieben bis zehn Individuen auf. HÄMMERLING zeigt, daß die Neoblasten sich an denjenigen Stellen ansammeln, wo Teilungen stattfinden sollen (Abb. 405). Eine ihrer besonderen Baueigentümlichkeiten ist, daß die Haut reichlich Flüssigkeit in Tropfenform enthält. Man hat sie früher für Öltropfen gehalten. Neuere Untersuchungen haben gezeigt, daß das nicht ganz richtig ist; was sie übrigens sind, das weiß man nicht (HÄMMERLING 1924). Diese Tropfen sind bei den am häufigsten vorkommenden Formen rötlichgelb. Die Tiere sind außerordentlich durchsichtig, vertragen jedoch keinen Druck irgendwelcher Art und platzen oder zerfließen in solchem Fall sofort.

Ich bin sehr oft auf Äolosomen gestoßen, wenn *Rivularia*-besetzte Kalksteine aus der Brandungszone des Furesees abgebürstet wurden. Die Art, die sich hier vorfindet, dürfte *A. quaternarium* EHRBG. sein. Sie findet sich auch auf den großen Bryozoen-Klumpen, z. B. im Frederiksborger Schloßteich; ob es sich hier um die gleiche Form handelt, mag dahingestellt sein. Eine besondere Form findet sich in Düngerwasser. Hier und da, aber weit seltener, bin ich auf Äolosomen gestoßen, aber nicht mit rotgelben, sondern entweder mit milchfarbenen oder mit grünen Öltropfen; vielleicht handelt es sich um die Arten *A. variegatum* VEJD. und *A. Headleyi* EHRBG., die in Deutschland, England und Böhmen gefunden werden. Unter ungünstigen Verhältnissen encystieren sie sich.

Eine Art, *Hystricosoma Chappuisi* MICHAELSEN (1926), ohne Öltropfen soll auf Flußkrebsen schmarotzen; Rumänien.

Fam. *Chaetogastridae.*

Die *Chaetogastridae* mit der Gattung *Chaetogaster* (Abb. 406a, b) sind eine kleine, in vieler Hinsicht eigentümliche Abteilung der Süßwasseroligochäten. Sie werden oft zur Familie *Naidae* gestellt. Sie sind außerordentlich hyalin. von ziemlich plumpem Bau, nicht über zirka 15 mm lang. Man erkennt sie sofort daran, daß die Borsten nur auf der Bauchseite sitzen und am dritten bis fünften Segment fehlen. Die Borsten selbst stehen stark hervor, es sind bis zu 20 in einem Bündel (Hakenborsten). Auf diesen Borstenfüßen kriechen die Tiere von der Stelle; zum Teil bewegen sie sich wie Spannerraupen. Sehr oft heben sie den Vorderkörper von der Unterlage hoch und kriechen so weiter. Das Vorderende ist schräg abgeschnitten. Sie besitzen eine sehr erweiterungsfähige Mundöffnung, die in einen großen, kurzen, aber sehr geräumigen Schlund führt; dieser ist durch eine Speiseröhre von einer kropfartigen Erweiterung getrennt, die fast ebenso groß ist; hierauf folgt ein sehr weiter Magen. Das Blutgefäßsystem ist sehr stark reduziert, die Dissepimente sind schwach entwickelt. Die Spermatheken und Ovarien sind nicht immer voll entwickelt. Die Geschlechtszellen werden vermeintlich diffus produziert und in der Leibeshöhle verteilt (STEPHENSON 1910). Spuren von Hoden und Ovarien sind jedoch im fünften und sechsten Segment nachgewiesen worden.

Im Gegensatz zu den meisten Oligochäten sind die Chätogastriden ausgesprochene Raubtiere: ihr ganzer, abweichender Bau ist dem angepaßt. Sie verschlucken nicht allein Rädertiere, sondern selbst Cladoceren, z. B. *Chydorus sphaericus*, findet man häufig im Darmkanal. Simm (1913) hat ihre Verdauung untersucht, was bei ihrer einzigartigen Durchsichtigkeit nicht schwer ist. Auch ich habe oft gesehen, wie sowohl Rädertiere als auch *Chydorus sphaericus* anscheinend unbekümmert in ihrem weiten Darmkanal herumschwimmen. Die Hauptnahrung scheinen überall Cladoceren zu sein, in erster Linie *Chydorus sphaericus*, mit welchem der Magen vollgepfropft sein kann; zuweilen findet man *Chironomus*-Larven sowie andere Oligochäten (Lehmann 1933) darin. Simm zeigte, daß der Darmkanal im vorderen Abschnitt, gleich hinter der Speiseröhre, sauer reagiert, im Gegensatz zum übrigen Teil desselben, der alkalisch

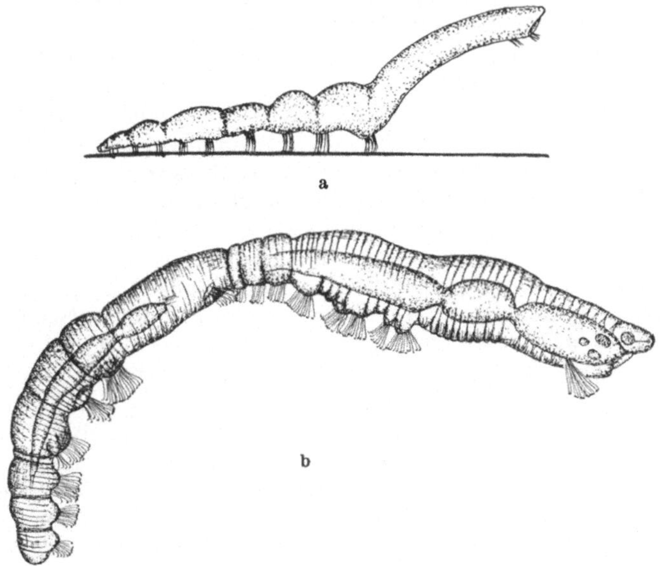

Abb. 406. a *Chaetogaster limnai* K. Baer, kriechend. (Nach Lankester.) b Derselbe. Original.

reagiert. Die Säure wirkt nicht als Verdauungssekret, sondern als ein Gift, das die Beute abtötet (Nirenstein 1922). Die durch Teilung entstehenden Individuen werden ganz vom Muttertier ernährt. Der Darm ist dem Muttertier und den Teilungstieren gemeinsam; erst einige Stunden bevor die Teilungstiere sich ablösen, wird die Verbindung der angelegten Mundöffnung mit der Speiseröhre hergestellt und das Teilungstier so instand gesetzt, sich selbst zu ernähren (Simm 1913). Schuster (1915) fand eines Tages im vorderen Darmabschnitt um 11 Uhr vormittags ein Rädertier, *Diplax*, um 1 Uhr und 2 Uhr lebte es noch; es war um 3 Uhr tot und um 4 Uhr vollständig aufgelöst; um 5 Uhr war der Darm leer. Der ganze Vorgang hat also fünf bis sechs Stunden gedauert.

Die Chätogastriden vermehren sich hauptsächlich auf ungeschlechtlichem Weg durch Kettenbildung. Man sieht fast niemals einzelne Tiere. sondern fast immer nur Ketten von drei bis vier, zuweilen von sieben Individuen. Sobald das Tier eine gewisse Größe erreicht hat, zeigt sich in einigem Abstand vom Hinterende die sog. Teilungszone, eine Neubildung von Gewebe, die zur Bildung des Kopfes am hinteren Tier und des Hinterendes am vorderen Tier bestimmt ist. Aber schon bevor diese sich voll ausgebildet haben und die beiden Teile voneinander sich trennen, entsteht vor dieser Teilungszone eine neue und vor dieser wieder eine; es entsteht auf diese Weise eine Tierkette von Individuen erster, zweiter und dritter Ordnung. Früher oder später teilt sich diese Kette, und zwar dort, wo die älteste Teilungszone gebildet worden war.

Geschlechtsreife *Chaetogaster*-Arten trifft man nicht allzu häufig; die Geschlechtsperiode scheint in den Herbst zu fallen, aber es sind Geschlechtstiere doch auch im Frühjahr gesehen worden. S. besonders TAUBER (1872 bis 1874). Dieser, der eine sehr eingehende Schilderung der Teilungsvorgänge von *Chaetogaster* und *Stylaria* gegeben hat, hat nachgewiesen, daß die Teilungen nicht, wie allgemein angenommen wurde, aufhören, weil die geschlechtliche Fortpflanzung einsetzt. Das vorderste Tier der Kette kann sehr wohl vollentwickelte Geschlechtsorgane haben und die Teilungen bleiben trotzdem weiter im Gang. Erst wenn das erste, durch Teilung entstandene Tier zur Paarung reif geworden ist, kommen die Teilungen zum Stillstand. Die Kokons (Abb. 403) sind nur selten gesehen worden; sie sind von einer Schleimmasse umgeben und enthalten nur ein Ei (A. DITLEVSEN 1904).

Die Chätogastriden werden zwischen den Wasserpflanzen auf algenbewachsenen Steinen herumkriechend angetroffen; sie gehören vorwiegend reinem, klarem, oft humussäurehaltigem Wasser an; nur ausnahmsweise wurden sie in verschmutztem Wasser festgestellt; sie kommen häufig in langsam fließenden Bächen vor. Dann und wann kann man auch das Tier schwimmend antreffen; solche Tiere haben gewöhnlich größere oder kleinere Luftblasen im Darm (TAUBER 1873, BERG 1938). Sie leben oft auf submersen Pflanzen in den größeren Seen. Die am häufigsten vorkommende Art ist wohl *Ch. diastrophus* GRUIT. Diese Form und auch *Ch. diaphanus* GRUIT. werden in nicht geringer Zahl auf Bryozoenkolonien, besonders im Herbst angetroffen. Interessant ist die Angabe von SCHUSTER (1915), daß *Chaetogaster diastrophus* GRUIT. in einem Teich bei Hirschberg in Mengen als Planctonorganismus festgestellt wurde.

Eine einzelne Form, *Ch. limnaei* K. BAER, hat ein sehr merkwürdiges Vorkommen. Sie ist anscheinend eine Art Parasit in und auf Süßwasserschnecken, ganz besonders auf den großen Limnäen, *L. stagnalis*, und in *Planorbis corneus*, namentlich bei der ersteren. Auf einem einzigen Individuum wurden am 5. November 1936 über 1100 Stück gezählt; sie bildeten weißliche Fransen um die Tentakeln. Bei meinen Trematoden-Studien fand ich *Ch. limnaei* K. BAER äußerst häufig, oft in Kleinteichen auf zirka 60% der Limnäen. Namentlich im Herbst sind sie sehr zahlreich und stets am zahlreichsten auf den mit Cercarien infizierten Schnecken. In ihrem Darm fanden sich Cercarien; daß sie von diesen lebten, darüber besteht kein Zweifel. Schon früher hat MRAZEK (1917) gezeigt, daß das Tier von Trematoden-Larven lebt. Er hat beobachtet, in welcher Weise es sie fängt und verzehrt.

Endlich hat vor kurzem WAGIN (1931) desgleichen Trematoden-Larven im Magen von *Chaetogaster limnaei* K. BAER nachgewiesen, die er in der Lungenhöhle von Schnecken und auf den Schnecken selbst gefunden hatte. WAGIN behauptet, daß *Ch. limnaei* K. BAER nur auf mit Trematoden infizierten Schnecken vorkommt. Auf *Acroloxus* (SUSAA, November 1936), welche mit Cercariaeum-Stadien sehr stark infiziert war, fanden sich 20 bis 30 Individuen fast unter jeder Schale.

Chaetogaster limnaei K. BAER kam in der Regel nicht auf Schnecken vor, die ich aus eisbedeckten Teichen heraufgeholt habe. Das stimmt mit einer Angabe von WOLFF (1928) überein, daß sie im Winter in größeren Mengen frei auf Pfählen und Steinen gefunden wird. Kürzlich hat KRASNODEBSKI (1936) gezeigt, daß man *Chaetogaster limnaei* K. BAER in Kulturen ohne Schnecken und Cercarien (nur mit Ciliaten und kleingehackter Schneckenleber) bis zu 63 Tagen am Leben erhalten kann. *Ch. limnaei* lebt sowohl von Pflanzen als auch von Tieren; nur wenn sie auf Schnecken lebt, die mit Trematoden infiziert sind, bilden die Cercarien ihre Hauptnahrung.

Fam. *Naidae.*

Die Familie *Naidae* dürfte zusammen mit der sehr nahestehenden Familie *Chaetogastridae*, deren einzige Gattung *Chaetogaster* von vielen direkt zu den Naiden gestellt wird, von allen Süßwasseroligochäten diejenige sein, die sich am meisten an das Leben im Süßwasser angepaßt hat.

Während die übrigen Süßwasseroligochäten ganz überwiegend Bodentiere sind, die enge an den Seeboden, an die weichen Schlammablagerungen und namentlich an diejenigen der Litoralzone gebunden sind und die zum Teil, so wie die Tubificiden, eingegraben in Röhren in diesen leben, sind die Naiden in erster Linie in der Vegetationszone zu Hause. Sie sind zum größten Teil Pflanzenfresser und leben von einzelligen Algen, hauptsächlich wohl von Diatomeen; immerhin ist eine Anzahl auch Raubtiere, die von Kleinorganismen leben, welche sich zwischen den Blättern und Stengeln der Pflanzen und auf diesen finden. Viele von ihnen führen ein frei herumkriechendes Leben, die meisten sind wohl ziemlich langsame oder sehr langsame Tiere, aber es haben doch nicht wenige, wie *Stylaria lacustris* (L.) und auch gewisse *Nais*-Arten ein recht ausgiebiges Bewegungsvermögen. Einzelne Arten, z. B. *Stylaria lacustris* (L.) und einige *Nais*-Arten sind ganz gute Schwimmer, ja eine Art, *Ripistes parasita* O. Schm., ist als freischwimmender Planctonorganismus angetroffen worden (Schuster 1915). Ein paar Arten sind Röhrenbewohner, die normalerweise Schleimröhren bewohnen, welche sie sich selbst gebildet haben *(Dero, Ripistes)*; Semper berichtet von einer Art von Mindanao (Zool. Inst. Würzburg, IV, S. 107), die in kleinen, abgebrochenen Zweigstücken lebt, diese als Röhren verwendet und damit herumkriecht in der Art, wie wir es von Köcherfliegen und Chironomiden kennen. Von einigen wird angegeben, daß sie sich halb schwimmend, halb kriechend über den Seeboden hinbewegen. Bedenkt man, wie einförmig sich das Leben, soweit wir es vorläufig kennen, bei den Mitgliedern der anderen Familien gestaltet und vergleicht man es mit den Lebensäußerungen innerhalb der Familie der Naiden, so wird man nicht leugnen können, daß diese eine sehr bunte Mannigfaltigkeit darbieten, dergleichen die anderen Familien nicht aufweisen können.

Es ist deshalb nicht verwunderlich, daß die Naiden auch in ihrem Bau eine größere Variation aufweisen als die anderen Familien. Das freiere Leben erfordert stärker entwickelte Sinnesorgane. Tentakelartige Verlängerungen des Kopflappens trifft man bei *Stylaria lacustris* (L.) und bei *Pristina*, Augen bei *Stylaria lacustris* (L.) und bei mehreren *Nais*-Arten an. Der Bau der Haut ist sehr verschieden; bei einigen *(Ophidonais* und *Slavina)* ist sie mit zahlreichen Hautdrüsen ausgestattet, deren Sekret es den Tieren ermöglicht, die Schlammpartikelchen festzuhalten, in die sie ihren Körper einhüllen. Die größte Variation zeigt jedoch die Borstenausstattung. Bei den ausgesprochen kriechenden Formen sind die Bauchborsten besonders dazu eingerichtet, als Kriechorgane verwendet zu werden. Bei den schwimmenden Formen, wie *Stylaria lacustris* (L.) und gewissen *Nais*-Arten finden sich sehr lange Haarborsten und bei einem Röhrenbewohner, *Ripistes*, mächtige Borstenbündel am Vorderkörper; sie stehen auf eine merkwürdige Weise im Dienste des Nahrungserwerbes. Bei anderen Röhrenbewohnern *(Dero)* treten Kiemen auf, was bei den Oligochäten im allgemeinen eine sehr große Seltenheit ist.

In keiner anderen Gruppe spielt die ungeschlechtliche Vermehrung durch Teilung eine so große Rolle wie bei den Naiden. Die Arten treten fast niemals in Form von Einzelindividuen, sondern fast immer in Ketten auf. Die Zahl der Individuen innerhalb derselben ist bei den verschiedenen Arten verschieden und variiert etwas mit der Jahreszeit; im Sommer scheint sie in der Regel am größten zu sein, und wenn die Arten als Einzelindividuen auftreten, ist ihre Zahl als solche wohl, zumeist im Winter, am größten. Tiere, die ihre volle Geschlechtsreife erreicht haben, dürften wohl immer Einzelindividuen sein. Die beiden Arten von Fortpflanzung können für eine kurze Zeit nebeneinander bestehen, aber die ungeschlechtliche Vermehrung hört auf, wenn die Geschlechtsorgane ganz entwickelt sind. Es dürfte weiter Regel sein, daß die Tiere nach der Sexualperiode absterben. Die Teilung geht nach ganz bestimmten Gesetzen vor sich, verläuft aber, wenn auch überall nach dem gleichen Grundschema, doch nicht bei allen Formen einheitlich. Man kann nur als Regel angeben, daß zur Bildung eines neuen Gliedes ein Segment des Mutterorganismus in Anspruch genommen wird. Man hat, und wohl mit Recht, die starke Verwendung der ungeschlechtlichen Fortpflanzung auch als Anpassung an das Leben im Süßwasser mit seinen, im Sommer und Winter auftretenden, unbeständigen Verhältnissen aufgefaßt. Mit Hilfe dieser kann nämlich eine sehr große Anzahl von Individuen erzeugt werden, die am Schluß ihrer Lebenszeit zur geschlechtlichen Fortpflanzung übergehen. Als Resultat derselben entstehen dann Eikapseln, von denen anzunehmen wäre, daß sie imstande sind, Austrocknung und Einfrieren zu ertragen. Leider ist das meiste von all dem Gesagten nur Theorie. Gerade über die geschlechtliche Fortpflanzung der Naiden wissen wir überaus wenig. Es gibt Formen, bei denen die geschlechtliche Vermehrung in keinem einzigen Fall beobachtet worden ist; bei den meisten nur in vereinzelten Fällen. Die Hoden liegen im fünften bis sechsten Segment, die Ovarien im siebenten bis achten. Die männlichen Ausführungsgänge sind stark umgebildete Segmentalorgane, die häufig mit vermutlichen Prostatadrüsen ausgestattet sind. Sie münden zumeist am sechsten Segment nach außen. Die weiblichen Ausführungsorgane sind sehr undeutlich. Die Eier sind sehr groß, fast von Körperdurchmesser. Manches deutet darauf hin, daß die weiblichen Ausführungsgänge oft rudimentär sind und die Eier einfach dadurch nach außen gelangen, daß die Körperwand platzt (STEPHENSON 1930). Das Clitellum hat eine charakteristische, weißliche Farbe. Es wird oft hervorgehoben, daß die geschlechtliche Fortpflanzung die ungeschlechtliche zu jeder Zeit verdrängen kann. Die meisten Forscher scheinen jedoch der Auffassung zu huldigen, daß es eine recht konstante Sexualperiode gibt, die in den Herbst fällt. Untersuchungen in der Schweiz scheinen darauf hinzudeuten, daß es zwei Sexualperioden gibt, eine im Frühjahr und eine im Herbst. Die Untersuchungen in unseren Breiten scheinen als Resultat zu geben, daß nur eine im Herbst vorkommt. Daß diese mit der Bildung von Kokons abschließt, darf man wohl als ziemlich gesichert betrachten, aber gerade von den Kokons der Naiden wissen wir sehr wenig. Daß sie Überwinterungsorgane darstellen, ist keineswegs sichergestellt. Wo eingehendere Untersuchungen durchgeführt worden sind, scheint sich zu zeigen, daß die Naiden im Winter unter dem Eis angetroffen werden können, ja daß es Arten gibt, z. B. *Nais elinguis* O. F. M., die eine ausgesprochene Vorliebe für niedere Temperaturen zeigen und gerade im Winter unter dem Eis am zahlreichsten sind. Das ist eines jener Gebiete, wo weitere Untersuchungen sehr erwünscht wären. Da eine Anzahl von Formen mit vollentwickelten Geschlechtsorganen, wie oben erwähnt, stets nur als Einzelindividuen ohne Spur von Kettenbildung auftreten, ist es möglich, daß ein Generationswechsel zwischen geschlechtlichen Einzelindividuen und ungeschlechtlichen Kettenbildnern existiert.

Nais.

Die Gattung *Nais* enthält eine ziemlich große Anzahl voneinander schwer unterscheidbarer Arten. Es sind alles kleine Formen, selten über 12 mm. die meisten besitzen Augen. und da die Süßwasseroligochäten im allgemeinen keine haben, so wird man überall, wo man auf solche mit Augen und gewöhnlich ohne Rüssel trifft, vermuten können, daß man es mit Arten der Gattung *Nais* zu tun hat. Ferner sind die Haarborsten gewöhnlich doppelt so lang wie der Körperquerschnitt. Die Tiere finden sich fast immer in Form von Ketten. Geschlechtsreife Tiere sind nur hier und da gesehen worden. Die Geschlechtsperiode scheint in den Herbst zu fallen. Das Wohngebiet der Tiere sind vorzugsweise Wasserpflanzen. Eine einzige Art, *N. elinguis* O. F. M., ist ein ausgezeichneter Schwimmer, allerdings aber nur, wenn sie sich in ungeschlechtlicher Vermehrung befindet; als Geschlechtstier zwingen es die Geschlechtszellen hinunter auf den Grund. Sie dürfte eine unserer häufigsten Arten sein, mit ausgesprochener Vorliebe für kaltes Wasser und darum hauptsächlich in klaren, kalten Bächen zu finden; sie ist es auch, die sehr häufig in hochgelegenen Alpenseen angetroffen wird, an Örtlichkeiten, wo die Temperatur wahrscheinlich 6° C nicht übersteigt. Von dieser Art gibt WOLFF (1928) an, daß sie oft mit dem Hinterende in den Schlamm eingebohrt ist und gleichzeitig mit dem Vorderenden hin und her schwingt. Die Stellung ist also gerade umgekehrt wie bei den Tubificiden. Sie soll an gewissen Stellen ganze Kolonien bilden. Ich habe vergebens versucht, diese Beobachtungen bestätigen zu können.

Stylaria lacustris (L.) (Tafel 10 b, Fig. 1) unterscheidet sich von der Gattung *Nais* durch einen langen, äußerst beweglichen Rüssel oder Tentakel. Von allen Süßwasseroligochäten dürfte diese Form am besten bekannt sein. Seit den Untersuchungen O. F. MÜLLERS ist sie ein beliebtes mikroskopisches Objekt gewesen. Alle Untersucher des Tierlebens unserer Süßwässer im 18. Jahrhundert, TREMBLEY, RÖSEL, O. F. MÜLLER u. a., später GRUITHUSEN (1823) und nach ihm eine lange Reihe von Forschern, haben sich mit ihr beschäftigt. Die außerordentlich große Häufigkeit der Art, ihr Vorkommen zu allen Jahreszeiten, ihre elegante Form, die große Durchsichtigkeit, die einzigartige Leichtigkeit, mit der die Teilungsgesetzmäßigkeiten, die Darmperistaltik, der Bau der Segmentalorgane und die Geschlechtsperioden studiert werden können, haben sie zu einem beliebten Studienobjekt gemacht. Ein Großteil unserer Kenntnisse der Vermehrung der limicolen Oligochäten, besonders der ungeschlechtlichen, fußt auf Untersuchungen dieser Art. In Kettenform kann sie bis zu 2 cm lang werden. Sie ist übrigens ausgezeichnet durch den Besitz ungewöhnlich langer Borsten. die vom sechsten Segment ab beginnen; diese sind ungefähr doppelt so lang wie der Querschnitt des Körpers und stehen senkrecht von den Seiten ab. Es sind zwei sehr deutliche Augen vorhanden. Man findet sie fast immer in Kettenform, zu geschlechtlicher Vermehrung kommt es im Herbst. Die Kokons werden auf Wasserpflanzen abgesetzt, sie sind von einer Schleimschicht umgeben. Individuen im Geschlechtszustande erkennt man sofort an dem ungewöhnlich großen, stark aufgetriebenen Clitellum. Diese Form dürfte eine unserer häufigsten Naiden sein, sie kommt im Sommer in ungeheuren Mengen z. B. auf den submersen Pflanzen unserer größeren Seen vor. Sie ist hauptsächlich in reinem, klarem Wasser zu finden, scheut aber auch humussäurehaltiges Wasser nicht ganz, wo oft gelbliche Individuen anzutreffen sind. Sie ist von allen Naiden der beste Schwimmer und ist auch im Plancton angetroffen worden (SCHUSTER 1915). Sie kommt auch in sehr großen Seetiefen vor (Luganersee, 220 m); sie kann zuzeiten in so großen Mengen zugegen sein, daß sie die *Plumatella*-Kolonien mit einer schleimigen Lage überzieht (Frederiksborger Schloßteich, Herbst).

21*

Dero.

Innerhalb der Familie der Naiden nehmen die Gattungen *Dero* (Tafel 10 a,
Fig. 2; Abb. 407 u. 408) und *Ripistes* einen besonderen Platz ein; diese Formen
sind nämlich beide Röhrenbauer und leben in fixierten Röhren, die sie aus ihren
Schleimsekreten aufbauen; fremde Bestandteile gehen nicht oder nur in untergeordnetem Grad in den Aufbau der Röhren ein. Das Leben als Röhrenbewohner
gibt den Tieren stets das Gepräge; gewisse gemeinsame Züge kehren immer wieder.
Ein Röhrenbewohner mit fixierter Röhre kann nur zu der Nahrung gelangen, die
an seine Röhrenmündung kommt; er geht nicht selbst auf Jagd nach Futter; die
Atmungsverhältnisse sind schwieriger. Die Röhre bietet Schutz vor Feinden,
aber sie erfordert wieder, daß das Tier mit großer Schnelligkeit sich zurückziehen
kann. Man trifft die Arten von *Dero* in ihren wasserklaren oder gelblichen Röhren
an Wasserpflanzen und Steinen sitzend; sie sind selten in großer Zahl zugegen.

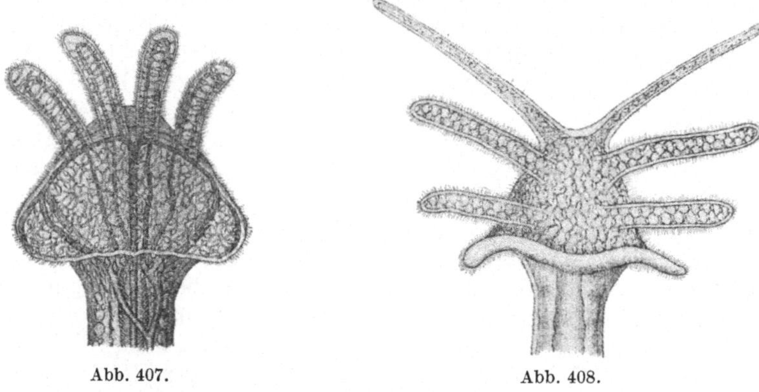

Abb. 407.   Abb. 408.

Abb. 407. *Dero Perrieri* BOUSFIELD. Hinterende mit den vier Kiemen und Blutgefäßen. (BOUSFIELD 1890.)

Abb. 408. *Dero* (= *Aulophorus*) *furcata* (OKEN). Hinterende mit sechs Kiemen und Blutgefäßen.
60×. (BOUSFIELD 1890.)

Sie scheinen bei uns nicht häufig zu sein. TAUBER kommt zu dem gleichen Resultat.
Der Herbst dürfte diejenige Jahreszeit sein, in der sie am leichtesten zu finden
sind. Da das Tier niemals viel mehr als 1 cm mißt, wird es leicht übersehen. Die
Rückenborsten fehlen auf den fünf ersten Segmenten, die Bauchborsten sind
Hakenborsten, mit deren Hilfe es sich in den Röhren hin und her schiebt. Eine
sehr bemerkenswerte und unter unseren Süßwasseroligochäten einzig dastehende
Baueigentümlichkeit ist, daß ihr Hinterende zu einer Art Atmungshöhle ausgeweitet ist, in der vier Kiemen sitzen. Bei einer nahestehenden Gattung, *Aulophorus*, finden sich sechs; die beiden hinteren sehr lang und gleichzeitig zu dünnhäutigen Fühlern umgebildet. Die Kiemen sind blutrot und bewimpert. Sie
sind in hohem Grad retraktil, bei konservierten Tieren stets eingezogen. Die
einzelnen Arten lassen sich u. a. durch die Form und Stellung der Kiemen unterscheiden. Sie sitzen in ihren Röhren, wobei das Hinterende mit den Kiemen aus
den Röhren herausragt. Sehr viel aus dem Leben dieser Tiere ist noch dunkel.
Soweit wir wissen, vermehren sie sich hauptsächlich durch Kettenbildung, aber
die Zahl der Kettenglieder übersteigt wohl nicht zwei (GALLOWAY 1899). Über
die geschlechtliche Fortpflanzung weiß man nur sehr wenig.

An verschiedenen Stellen in der Litoralregion des Esromsees hat BERG (1938)
Dero limosa immerhin recht häufig gefunden. Wie die Tubificiden sammeln sich
die Tiere in den Schalen des Laboratoriums in Klumpen. Die Röhren sind aus

Detritus aufgebaut. Wenn das Wasser ruhig wird, strecken die Tiere den Hinterkörper aus den Röhren und dann die Kiemen heraus. Im Gegensatz zu den
Tubificiden pendeln sie nicht hin und her, sondern verhalten sich ganz ruhig.

STEPHENSON hat *D. limosa* LEIDY in der Sexualperiode angetroffen. Er fand
ferner, daß der Darmkanal bei den Sexualtieren sehr stark atrophiert. Der Mund
war geschlossen und Pharynx, Ösophagus und große Teile des Darmes sehr stark
reduziert.

Ripistes, Slavina, Ophidonais u. a.

Vor einigen Jahren fand ich die Unterseite der Seerosenblätter in einem kleinen
See in der Nähe von Hellebaek, dem Klaresee, Nordseeland, der mir manche

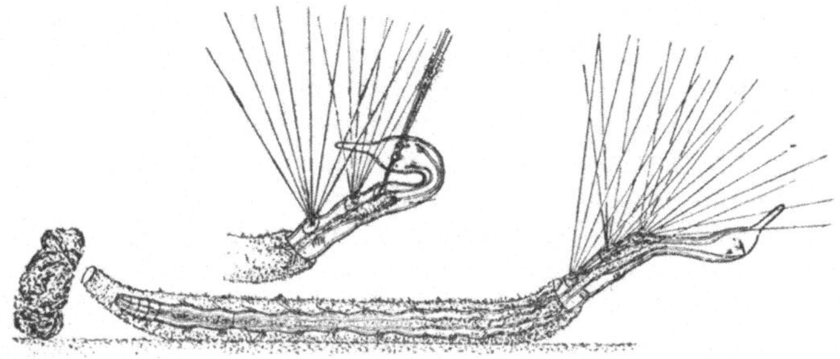

Abb. 409.

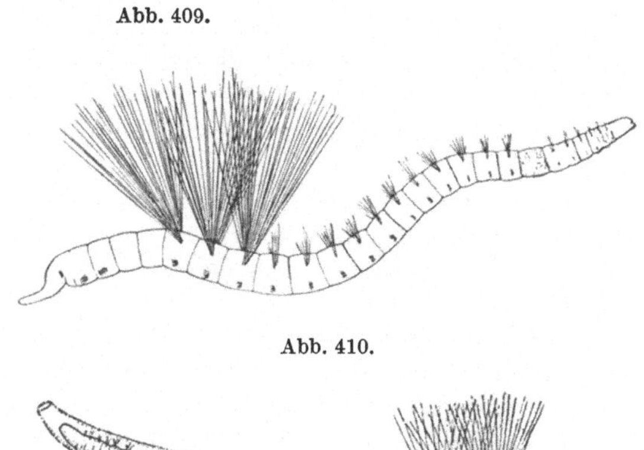

Abb. 410.

Abb. 411.

Abb. 409. *Ripistes parasita* O.
SCHM., natürliche Größe 5 bis
6 mm. Der Vorderkörper ragt in
der beim Nahrungsfang typischen Stellung aus der Röhre
heraus; das Tier schwingt, in der
Röhre sitzend, die drei Paar auf
dem sechsten bis achten Segment befindlichen Borstenbündel nach vorne und hinten; am
Ende der Röhre ein Exkrement-
klumpen. In der oberen Figur
ist das Tier im Begriff, eines der
langen Borstenbüschel durch den
Mund zu ziehen, um die Nahrungspartikelchen aufzunehmen,
welche daran hängen.
(CORI 1923.)

Abb. 410. Desgl., das Tier
außerhalb der Röhre. (LAMEERE
1931.)

Abb. 411. Desgl., das Tier in
der Röhre. (LAMEERE 1931.)

unserer schönsten und merkwürdigsten Süßwasseroligochäten geliefert hat, mit
hyalinen, äußerst dünnen, zirka $1^1/_2$ cm langen Röhren bedeckt; die Röhren
lagen so dicht beisammen, daß fast die ganze Blattfläche bedeckt war; sie lagen
ganz unregelmäßig, nur voneinander getrennt durch etwas dunkelbraunen
Detritus, womit die Vegetation des Teiches bedeckt war. In den Röhren saßen
Würmer (Abb. 409 bis 411), die vorne mit Bündeln von sehr langen Borsten ausgestattet waren, welche bald aus den Röhren herausragten, bald mit Blitzesschnelle
eingezogen wurden. Die Art war bald bestimmt als die bei uns seltene *Ripistes
parasita* O. SCHM. Mit Untersuchungen anderer Art beschäftigt, kam ich nicht
dazu, die seltene Gelegenheit auszunützen, dies sehr interessante und wenig
bekannte Tier näher zu studieren. Es ist von SCHUSTER (1915) und von CORI
(1923) eingehender untersucht worden, die wesentlich dazu beigetragen haben,

gewisse Seiten der Biologie des Tieres aufzuklären. Ich kann nach eigenem Augenschein die Beobachtungen der beiden Forscher bestätigen. Der zirka 3 bis 7 cm lange Wurm ist wasserklar, vorne mit einem fühlerartigen Rüssel versehen, der etwas dem von *Stylaria lacustris* (L.) ähnelt. Das Tier hat auch Augen. Die merkwürdigste Baueigentümlichkeit ist jedoch, daß das sechste, siebente und achte Segment mit je einem Paar fächerförmiger Borstenbündel ausgestattet ist, deren Borsten außerordentlich verlängert sind, Borsten, die bald gegen den Rücken eingeschlagen werden, bald nach vorne und sodann über die Spitze des Rüssels hinausreichen. Die Borsten sind mit Schleim bedeckt, wodurch Detritus und Kleintiere daran kleben bleiben.

Die Tiere leben in Schleimröhren, die von den Hautdrüsen abgesondert werden; sie sind an beiden Enden offen und diese sind etwas nach oben gekrümmt. Die Tiere können sich in den Röhren wenden; sie leben augenscheinlich gesellschaftlich. Die Röhren sind fast hyalin, aber sie können mehr oder weniger mit Detritus bedeckt sein. Wenn die Tiere in den Röhren liegen, sind die Borsten gegen den Rücken eingeschlagen; kurz nachdem sie ihr Vorderende vorgestreckt haben, bemerkt man, wie sich die großen Borstenbündel in Bewegung setzen; es sieht aus wie große Fächer, die rhythmisch hin und her geschwungen werden, und gleichzeitig bewegt sich der ganze Vorderkörper auf die gleiche Weise. Die Borsten setzen das Wasser in wirbelnde Bewegung. Der Detritus bleibt an den Borsten hängen, die offenbar klebrig sind. Hie und da sieht man, wie ein Borstenbündel zusammengefaltet und durch den Mund gezogen wird, der das angeklebte Material von den Borsten ablutscht. Auf diese sehr eigentümliche Weise, die bei Süßwasseroligochäten wahrscheinlich einzig dasteht, kommen die Tiere zu ihrer Nahrung. In den Kulturbehältern sieht man *Ripistes* oft außerhalb der Röhren; sie schwimmen langsam durch das Wasser und es besteht kein Zweifel darüber, daß, wie SCHUSTER (1915) angibt, die Borsten in diesem Fall die Rolle von Schwebeorganen übernehmen. Ob sie als solche in der freien Natur von Bedeutung sind, weiß ich nicht. In dem Klaresee entnommenen Planctonproben, wo alle Seerosen der Ufervegetation mit *Ripistes*-Kolonien bedeckt waren, habe ich sie nicht gesehen.

Der gleiche Teich, der Klaresee bei Hellebaek, der sich durch ein stark braunes, sehr humussäurereiches Wasser auszeichnet und dessen Vegetation längs der Ufer teilweise von *Sphagnum* gebildet wird, beherbergt eine Oligochätenfauna, besonders eine Naidenfauna, wie ich anderenorts nicht ihresgleichen gesehen habe.

Häufig sind vor allem die beiden überaus trägen Formen *Ophidonais serpentina* (O. F. M.) (Tafel 10 b, Fig. 3) und *Slavina appendiculata* D'UDEK. (Abb. 412), beide charakterisiert dadurch, daß sie immer in eine Schicht Detritus eingehüllt sind. Bei beiden finden sich eigentümliche Hautpapillen, die bei *Ophidonais* einen Schleim abscheiden, der die Detritus-Partikelchen festhält, bei *Slavina* sind es wahrscheinlich Sinnesorgane, die über den Detritus-Belag hinausragen; sie sind bei dieser Form retraktil. Beide finden sich immer in Ketten zu zwei, höchstens vier Individuen. *Ophidonais* ist ein außerordentlich träges Tier, das um *Fontinalis*-Stengel geschlungen liegt; *Slavina*, die durch sehr stark verlängerte Rückenborsten am sechsten Segment ausgezeichnet ist, hat wahrscheinlich etwas mehr Beweglichkeit. WOLFF (1915) gibt an, daß diese Borsten stets auf und nieder geschlagen werden, und meint, daß sie als Schwebeeinrichtung von Bedeutung sind. Ich verfüge nicht über hinreichendes Material, bin aber geneigt, anzunehmen, daß auch sie zu den röhrenbewohnenden Formen gehört. Schon TAUBER (1874) hat darauf aufmerksam gemacht, daß die eigentlichen Naiden nur wenig schwimmen und daß sie häufig in zusammengeschwemmten Algenmassen Röhren bilden;

diese kleben sie mit Hilfe eines eigentümlichen schleimigen Sekretes zusammen, das durch die Bewegungen der Tiere in außerordentlich feine Fäden ausgezogen wird. Die Nachwelt hat die sehr genauen Beobachtungen Taubers nicht genug gewürdigt.

Eine an der gleichen, oben erwähnten Örtlichkeit sehr allgemein vorkommende Form ist die kleine *Vejdovskyella comata* Vejd. (Tafel 10 a, Fig. 1), die dadurch charakterisiert ist, daß die Rückenborsten auf der konvexen Seite mit einer

Reihe Widerhaken ausgestattet sind. Die Borsten machen fast einen kammartigen Eindruck. Ich habe niemals Ketten von mehr als zwei bis vier Individuen gesehen. *Vejdovskyella* hat ebenso wie *Ophidonais* die eigentümliche Gewohnheit, wenn sie gestört wird, sich spiralförmig zusammenzurollen; man sieht dann, wie *Vejdovskyella* auf den kammartigen Rückenborsten liegt. Auch *Vejdovskyella* ist ein sehr träges, kleines Tier, das sich mit kleinen Rucken an den Pflanzen bewegt.

Von der Gattung *Pristina* (Tafel 10 b, Fig. 4), die wie *Stylaria* durch den Besitz eines Rüssels ausgezeichnet ist, gibt es eine Art, *Pristina longiseta* Ehrbg., die auf dem Rücken des dritten Segmentes zwei Bündel enorm verlängerter

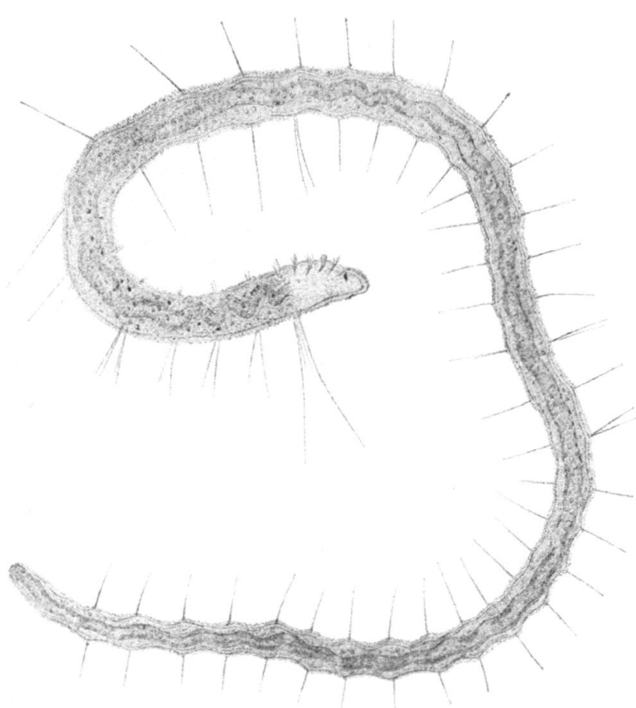

Abb. 412. Familie *Naidae*. *Nais lurida* Timm = *Slavina appendiculata* d'Udekem. Zirka 2 cm. (Timm 1883.)

Haarborsten trägt. Sie ist allgemein im Esromsee (in 0 bis 0,3 m Tiefe) und ist oft schwimmend angetroffen worden (Berg 1938). Zu dieser Familie gehört auch der indische *Branchiodrilus*, der sich durch paarige, segmental angeordnete Kiemen auszeichnet. Die Haarborsten in den dorsalen Bündeln haben die Eigentümlichkeit, daß sie *innerhalb* der Kiemen liegen.

Fam. *Tubificidae.*

Die Familie *Tubificidae* umfaßt kleine und mittelgroße, zirka 2 cm lange, in der Regel sehr schlanke Formen. Die Geschlechtsorgane befinden sich im zehnten bis elften Segment. Die ventralen Borstenbündel bestehen hauptsächlich aus Gabelborsten, die dorsalen hauptsächlich aus Hakenborsten. Ungeschlechtliche Vermehrung durch Teilung kommt nicht vor, dagegen ist Regenerationsvermögen vorhanden.

Seit den Zeiten O. F. Müllers hat man sich für die merkwürdige Lebensweise der Tubificiden interessiert. Es wurde fast stets *Tubifex rivulorum* Lamarck (Tafel 10 b, Fig. 2; Abb. 413 bis 415) untersucht. Bekannt ist die ausgezeichnete Untersuchung von d'Udekem (1853) über „Tubifex des ruisseaux"; dieser folgten manche andere. Hier sei auf die von Wagner (1906), auf die aus-

führlichen und verdienstvollen Untersuchungen von ALSTERBERG (1922) und
auf die von DAWSEND (1931) hingewiesen. In diesen Abhandlungen findet man
die meiste Literatur zitiert. Ich selbst habe in einem sehr verschmutzten Bach bei
Hilleröd oft die Tubificiden beobachtet und sie in Mengen in den Aquarien gehalten.

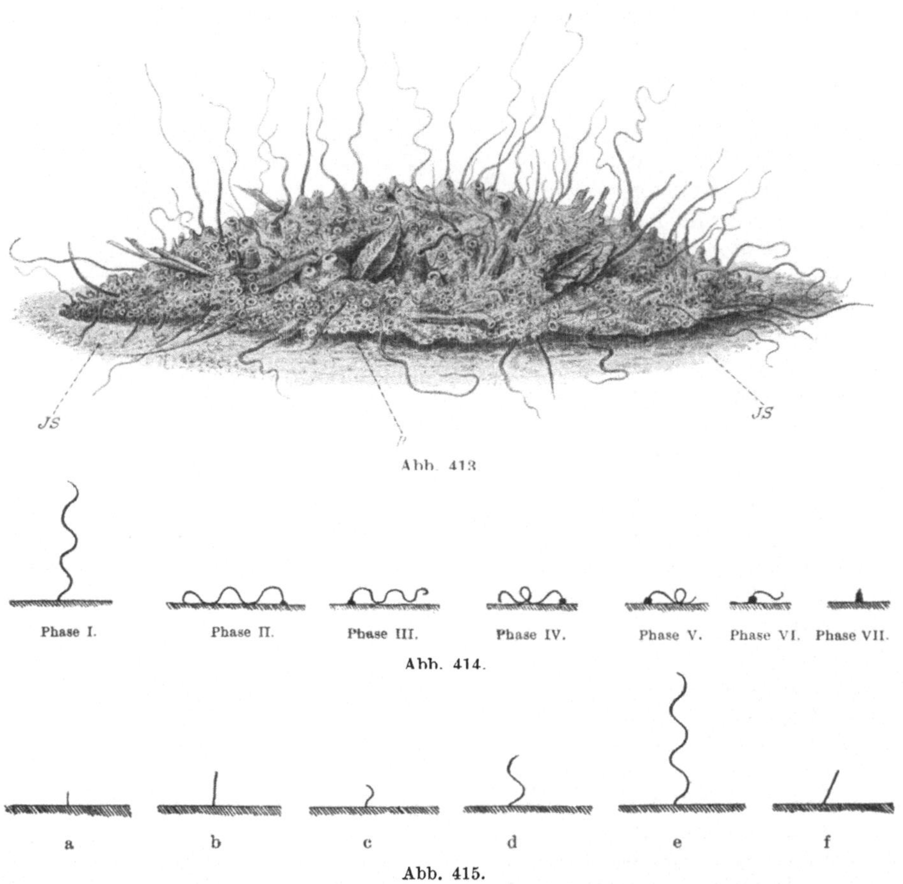

Abb. 413. *Tubifex rivulorum* LAMARCK. Eine von *Tubifex* gebildete Schlammasse; sie enthält auch *Lumbriculus*.
Die Röhren deutlich, namentlich längs der Ränder; die Hinterenden von *Tubifex* gekrümmt, die von *Lumbriculus*
steif. *R* freier Rand der „Insel"; *JS* Schlamm, der nicht verwendet wurde. (WAGNER 1906.)

Abb. 414 zeigt, wie *Tubifex* seine Röhre baut; gewöhnlich ragt das Hinterende über den Schlamm; will er sich
eine Röhre bilden, so schwingt er das Hinterende über den Schlamm, der am Körper festklebt; gleichzeitig zieht
er sich tiefer zurück, wobei der Schlamm abgestreift wird und als Röhre auf der Schlammfläche zurückbleibt.
(ALSTERBERG 1922.)

Abb. 415 zeigt, wie das Tier, wenn der Sauerstoffmangel stärker merkbar wird, immer größere Teile seines
Körpers über den Schlamm vorschiebt und dabei das Hinterende immer stärker schwingt. Bei *a* ist reichlich
Sauerstoff vorhanden, bei *e* ist die Sauerstoffkonzentration gering. (ALSTERBERG 1922.)

Will man das Leben der Tubificiden studieren, so muß man sie oft an den
am wenigsten einladenden Örtlichkeiten suchen, die man sich denken kann; in
stinkenden, unreinen Abläufen, in Kloakenkanälen, in schmutzigen Rinnsalen
von Fabriken usw. Auf den vermoderten, schwarzen Flächen der Abwässer
wird man sehr oft größere oder kleinere, mennigrote Flecken bemerken; oft
liegen solche dicht nebeneinander. Zuzeiten können sie fast zusammenwachsen
und die Halden können über meterlange Strecken ohne Übertreibung blutrot
werden. Sticht man mit einem Stock in sie hinein, so verschwindet im Augen-

blick die rote Farbe, man sieht dann nur den schwarzen Schlamm. Die Hauptform, die sich an solchen Stellen findet, ist der schöne rote, zirka 3 bis 4 cm lange *Tubifex rivulorum* LAMARCK (Tafel 10 b, Fig. 2). Er lebt oft zusammen mit anderen Würmern, in erster Linie mit *Lumbriculus variegatus* (O. F. M.), der leicht von jenem durch seine weit größere Länge, 4 bis 8 cm, durch seine größere Dicke, seine Undurchsichtigkeit und den irisierenden Glanz der Haut zu unterscheiden ist. Letztere Form ist an solchen Stellen wohl immer in der Minderzahl, aber Alleinherrscherin an vielen anderen Lokalitäten, z. B. in kleinen, austrocknenden Waldtümpeln mit faulendem Buchenlaub ohne Vegetation und mit stinkendem Schlamm. Wo die beiden Arten zusammen vorkommen, sind sie auf den ersten Blick voneinander zu unterscheiden. *Tubifex* wohnt in senkrechten Röhren, die gerade nur so lang sind, daß sie ein Drittel des Tieres aufnehmen können. Sein langer, hinterer Körperabschnitt, der äußerst dünn ist, ragt aus einer kraterförmigen Öffnung derselben empor; dieser Teil befindet sich in ununterbrochener schwingender Bewegung (Abb. 413); des öfteren zieht er sich wie ein Pfropfenzieher zusammen und rollt sich wieder aus. Das kurze, dicke Hinterende von *Lumbriculus* hingegen, das nur ein kleines Stück des ganzen Tieres ausmacht, ragt steif und unbeweglich, oft schräg aus dem Schlamm heraus (Abb. 413). Ferner ist *Lumbriculus* auch kein Röhrenbewohner, was, wie bereits gesagt, bei *Tubifex* der Fall ist. *Tubifex* baut seine Röhren (ALSTERBERG 1922), indem das Tier sich in größeren und immer größeren Kreisen schwingt und endlich unter Kreisbewegungen die Oberfläche des Schlammes erreicht; dieser klebt am Tier unter reichlicher Abgabe von Schleim fest. Hierauf zieht sich das Tier in den Boden hinein und die Schlammpartikelchen werden abgestreift und in Form eines Kraters um die Öffnung abgelagert. Die allgemeine Annahme geht dahin, daß das Tier mit dem Vorderende im Schlamm steckt und diesen einschlürft. Es dürfte gleichwohl dahingestellt bleiben, ob nicht das Zusammenkratzen der obersten Schicht des Schlammes gleichfalls zur Ernährung dient.

Die Bildung der Röhren nimmt stets einige Zeit in Anspruch, zirka 12 bis 15 Stunden, zuweilen mehr. Die Krater um die Löcher sind wohl wenigstens zum Teil aus Exkrementen aufgebaut, aber in dieser Beziehung sind sicherlich erneute Untersuchungen vonnöten.

Die Röhren selbst sind sehr eng, ihre Seiten geglättet, sie haben oft eine etwas lichtere Farbe als der Schlamm; sie werden augenscheinlich dadurch gebildet, daß Schlammpartikelchen mit Schleim vermischt und zusammengekittet werden.

Die Tubificiden erfordern zu ihrer Entwicklung vor allem fließendes Wasser, aber an den Stellen, wo sie sich finden, ist die Sauerstoffmenge gewöhnlich nicht groß. Im Schlamm, in dem die Tiere sitzen, ist sie wohl zumeist gleich Null. Sind die Atmungsverhältnisse normal, so sieht man, wie die Tiere aus den zahlreichen Röhrenöffnungen mit mehr oder minder großen, in ständiger Bewegung befindlichen Teilen des Körpers herausragen. Man hat beobachtet, daß das gleiche Tier jedenfalls durch zirka vier Stunden in ununterbrochener schwingender Bewegung sich befinden kann mit Wellen, die unaufhörlich von unten nach oben über den Körper verlaufen. Die Bedeutung dieser Bewegungen ist ohne Zweifel die, den Sauerstoffgehalt des Wassers in weitestmöglichem Grad auszunutzen, d. h. die mehr Sauerstoff enthaltenden Wasserschichten so tief als möglich zum Boden herabzuführen. ALSTERBERG (1922) hat durch sehr eingehende Untersuchungen festgestellt, daß die Länge des Hinterleibsabschnittes des Tieres, das in das Wasser hinausragt, direkt von der Sauerstoffmenge abhängt, die im Wasser vorhanden ist (Abb. 415). Beim Optimum ist ein recht bestimmter Teil des Hinterendes frei; sinkt die Sauerstoffmenge, so vergrößert sich die Länge des freien, schwingenden Teiles des Körpers, und auch die Schwin

gungen werden rascher. Sinkt die Sauerstoffmenge zu stark, so ziehen sich die
Tiere fast ganz in den Schlamm zurück. Es ist konstatiert worden, daß *Tubifex*
durch eine Zeitspanne von 600 Stunden ohne Spur von Sauerstoff leben kann,
aber gleichzeitig, daß er unter diesen Verhältnissen keine Nahrung aufnimmt,
ja sogar den Darm vollständig entleert. Werden die Verhältnisse absolut unmöglich, so kriechen die Tiere aus ihren Röhren und liegen nun, sich krümmend,
auf der Oberfläche des Schlammes. Wie bei so vielen anderen Tieren, Würmern
und Mückenlarven (Chironomiden), enthält das Blut Hämoglobin, eine Substanz,
die den Sauerstoff bindet. Bei Sauerstoffmangel wird das Hämoglobin zersetzt,
aber es ist hier wie überall schwer zu ersehen, was für eine Bedeutung es unter
den anaeroben Verhältnissen für den Organismus haben soll.

Man sollte nun erwarten, daß ein Tier, das so große Teile seiner Hautoberfläche offenbar den sauerstoffführenden Wasserschichten aussetzt und das so
große Teile seines Körpers soweit als möglich in diese bringt, allem voran eine
ausgesprochene Hautatmung besitzen müßte. Das Merkwürdige ist nun, daß
weder *Tubifex* noch auch die allermeisten anderen Süßwasseroligochäten einen
Bau der Haut besitzen, der zu dieser Annahme berechtigen würde. Vor allem
findet man bei *Tubifex* ebensowenig wie bei den allermeisten anderen Tubificiden
Kiemen, aber nach der Auffassung der meisten Untersucher besitzt die Haut
der Süßwasseroligochäten zudem auch keine irgendwie reichere Blutgefäßversorgung. Die Röhren, in denen sie wohnen, sind so enge, daß eine Ausnutzung
des vielleicht in den obersten Schlammschichten vorhandenen Sauerstoffes
unmöglich ist. Gleichzeitig damit hat man inzwischen konstatiert, daß der
Darm von einem Blutgefäßkomplex umgeben ist und daß das ganze Blutgefäßsystem derart angeordnet ist, daß der größte Teil des Blutes jenen passieren
muß. Es wurde zudem gezeigt, daß selbst bei reichlicher Zufuhr von Sauerstoff
eine ausgesprochene Darmatmung stattfindet. Das Wasser geht durch die Afteröffnung aus und ein; der Darm verengt und erweitert sich unaufhörlich rhythmisch
in Richtung von hinten nach vorne: zehn „Pulsschläge" in der Minute können
gezählt werden. Der Darm hat bei diesen Tieren derart eine doppelte Bedeutung.
Außer daß er im Dienst der Ernährung steht, dient er auch der Respiration.
Alles deutet darauf hin, daß unter normalen Atmungsverhältnissen die Tubificiden
in weit höherem Ausmaß Darmatmung als Hautatmung besitzen, und es ist
überdies gezeigt worden, daß die Darmatmung, wenn Sauerstoffmangel eintritt,
weitaus am wichtigsten ist. In diesem Fall sieht man nämlich, daß die Tiere,
wenn der Sauerstoffgehalt bis zu einer bestimmten Grenze gesunken ist, ihren
Darm entleeren, die Nahrungsaufnahme aufhört und der Darm ausschließlich
als Atmungsorgan fungiert. Über die Morphologie und Physiologie des Blutgefäßsystems bei *Lumbriculus variegatus* s. HAFFNER (1927). Wenn die Würmer
zusammenstoßen, können sie Knäuel bilden, oft walnußgroße, aus denen die
Enden allseits wellenförmig herausragen. Werden die Verhältnisse zu unerträglich
und beginnen die Tiere von hinten her zu faulen. so brauchen sie darum noch
nicht die Flinte ins Korn zu werfen. Sie nehmen eine Selbstamputation vor,
werfen die Hinterenden ab und können später wieder zu einer Regeneration
derselben schreiten. Diese Regeneration kommt jedoch nur bei kranken Tieren
vor. Sie kann künstlich herbeigeführt werden, aber sie hat nichts mit ungeschlechtlicher Fortpflanzung zu tun. Das Regenerationsvermögen von *Tubifex*
ist bei weitem nicht so groß wie z. B. das von *Lumbriculus*, und es steht nicht
wie bei diesem im Dienst einer ungeschlechtlichen Fortpflanzung. Über das
Leben der Tubificiden am Boden vom Esromsee s. BERG (1938).

An solchen Stellen in der Natur, wo man *Tubifex rivulorum* LAMARCK und
Lumbriculus variegatus (O. F. M.) findet, trifft man auf verschiedene andere

Oligochäten, von welchen hier besonders die Gattung *Limnodrilus* mit der Hauptart *L. Hoffmeisteri* CLAP. erwähnt werden mag. Das Hauptkennzeichen der Gattung ist, daß die ventralen und dorsalen Borstenbündel gleichartig ausgebildete Gabelborsten besitzen.

Wo sich alle diese Formen finden, trifft man zu gewissen Zeiten auch auf ihre Kokons, und dann oft in bedeutender Anzahl. Einige davon sind auf S. 313 abgebildet.

Die Kokons von *Limnodrilus* sind gewöhnlich durchsichtig, von sehr verschiedener Größe und enthalten eine sehr wechselnde Anzahl von Eiern (eines bis zwölf). Bei einigen der hierhergehörigen Formen (*Limnodrilus Hoffmeisteri* CLAP.) sind die Kokons mit einer sehr dicken, undurchsichtigen Schleimhülle bedeckt (PENNERS 1923).

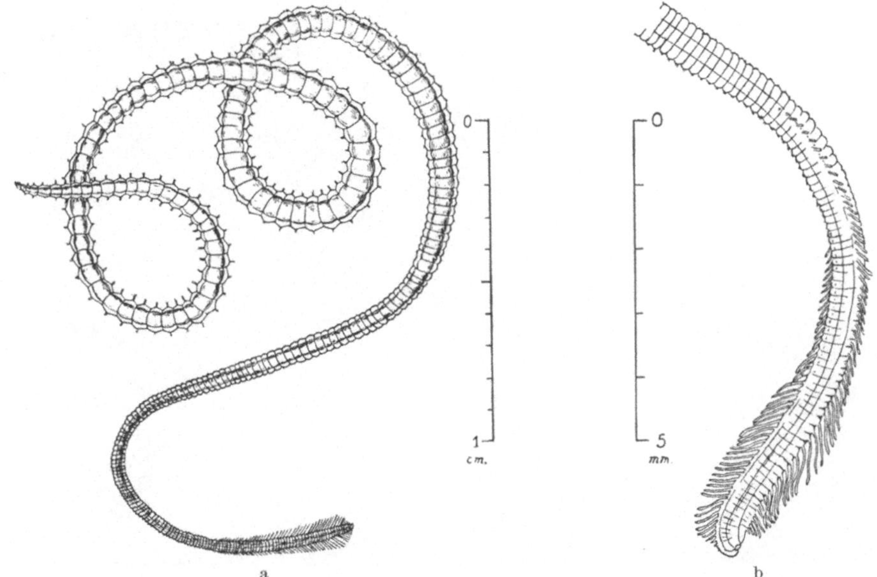

Abb. 416. a *Branchiura Sowerbyi* BEDD. b Hinterende derselben. (DAMAS 1939.)

Eine sehr eigenartige Form ist *Branchiura Sowerbyi* BEDD., die in Frankreich und auch in Deutschland gefunden worden ist (Abb. 416). Sie hat, was eine große Seltenheit bei den Oligochäten ist, große, fadenförmige Kiemen, die sich längs der Seiten der Schwanzspitze fächerförmig ausbreiten. Es ist ein recht großer Wurm, zirka 12 cm, der in senkrechten Röhren lebt, aus deren oberen Teilen die Hinterleibsenden mit ihren Kiemen hier und da herausragen. Sie sind ursprünglich in verschiedenen Warmwasserbassins mit *Victoria regia* in London und Hamburg gefunden worden. Später wurden sie auch in freier Natur in der Rhone, in Kanälen an der Côte d'Or festgestellt; sie sind in Asien weit verbreitet. Sie leben an der Grenze von Wasser und Land und schieben eine Exkrementhaube über die Schlammoberfläche empor; es wird angegeben, daß diese den Exkrementen des Sandwurms en miniature gleicht (HESSE und PARIS 1923; REMY 1927; Abb. 417). An ähnlichen Stellen findet man oft Repräsentanten der terrestrischen Regenwürmer. Es soll noch *Alma* mit *Alma nilotica* GRUBE erwähnt werden, die sich in Trockenzeiten in ungeheuren Mengen in den austrocknenden Pfützen im Schlamm von Flüssen findet und hier die sehr geringen Sauerstoffmengen ausnutzen soll. Sie ist mit Kiemen ausgestattet. Nicht alle Tubificiden kommen an solchen wenig einladenden Stellen vor. *Tubifex barbatus* GRUBE und *T. hammoniensis* MICHAEL. sind beides Formen, die zusammen mit Mückenlarven (Chironomiden) in größten Mengen am Grund unserer Seen, z. B. des Furesees, vorkommen. Bringt man einen solchen Schlamm in Aquarien, so bemerkt man bald, daß neben den hohen, von den Chironomiden gebauten Röhren kleine, kraterförmige Erhöhungen gebildet werden, in deren Mitte eine rote Schwanzspitze zu sehen ist. Der Krater besteht aus kleinen, grünlichen Körperchen, unzweifelhaft den Exkrementen der Würmer. Zusammen mit den Chironomiden spielen sie hier sicherlich eine ganz ähnliche Rolle wie die Landregenwürmer. Jetzt ist *Branchiura* auch in der Meuse gefunden. (DAMAS 1939.)

Lange vor DARWIN hat O. F. MÜLLER ein ganz klares Verständnis für die Bedeutung der Tubificiden im Haushalt der Natur besessen. In seinem Werk

Abb. 417. Ein Stück Ufer eines Kanals der Côte d'Or, Frankreich; die lichten Flecken geben die Wurmkolonien von *Branchiura* an. (HESSE und PARIS 1923.)

„Von Würmern des süßen und des salzigen Wassers" (1771) sagt er über diese Formen: „Sobald der Schlamm zu Boden gesunken und das Wasser klar geworden ist, wird man die Oberfläche des Schlammniederschlages mit einem Wald von durchsichtigen, weißen und rötlichen Röhren besetzt finden, die sich hin und her winden, bei der geringsten äußeren Bewegung verschwinden sie. Tritt wieder Ruhe ein, so erheben sie sich wieder aus der Erde. Der Beobachter wird bei näherer Beobachtung sehen, daß die Erdpartikelchen an den Röhren emporsteigen und im Bogen niederfallen. Diese beweglichen Röhren sind in Wirklichkeit mit dem Regenwurm verwandte Würmer. Sie sieben das Bodenmaterial des Süßwassers unaufhörlich durch ihre Körper und halten es porös."

Es liegt eine dänische Untersuchung (A. DITLEVSEN 1904) über die Periode vor, in der die Tubificiden geschlechtsreif werden. Es scheint, als ob diese Periode bei den meisten Arten sehr lange dauerte; sie soll im November beginnen und bis August-September des nächsten Jahres dauern. Die Untersuchungen sind hauptsächlich im Furesee und an benachbarten Örtlichkeiten angestellt worden. Die Kokons der Tubificiden scheinen einander alle zu gleichen. Sie sind in der Mitte dick und haben an jedem Ende eine kleine, zapfenförmige Anschwellung.

Es sei noch hinzugefügt, daß eine Form, *Schmardella Lutzi* Mich., im Harn-leiter südamerikanischer Laubfrösche schmarotzen soll, einer der äußerst wenigen Fälle von Endoparasitismus bei Oligochäten (Michaelsen 1926; Abb. 421).

Fam. *Enchytraeidae.*

Die Familie umfaßt eine große Anzahl voneinander schwer zu unterscheidender Gattungen und Arten; sie sind überwiegend terrestrisch und sollen deshalb hier nicht näher besprochen werden. Viele kommen jedoch in den Schlamm-ablagerungen von Seen, Flüssen und Bächen vor. Viele finden sich weiter in Brunnen, Tränketrögen und im Moos auf Dächern. Sie sind zum großen Teil kleine oder sehr kleine, gewöhnlich bleiche, weißliche Geschöpfe, die u. a. dadurch charakterisiert sind, daß eine ungeschlechtliche Vermehrung fehlt. Sie sammeln sich oft unter Aas in der Strandregion, und es wird angegeben, daß sie durch eine Flüssigkeit, die, wie man annimmt, aus ihren Speicheldrüsen stammt, Fäulnisprozesse hervorrufen oder doch beschleunigen. Infolge ihrer großen Menge im Erdboden können sie manchenorts große Bedeutung für die Stoff-umsetzungen in diesem gewinnen. Sie wurden in einer Anzahl von 8000 pro Quadratmeter nachgewiesen (Bretcher 1904). Eine Form, *Pachydrilus catanensis* Drago, findet sich in der Kiemenhöhle der Süßwasserkrabbe *Telphusa fluviatilis.*

Die Hauptgattungen sind: *Henlea, Mariona, Lumbricillus, Enchytraeus, Fridericia.*

Es liegen mehrere Untersuchungen über das Regenerationsvermögen auch dieser Formen vor (Nusbaum 1902 bis 1904, Hunt 1915); es wurde u. a. nach-gewiesen, daß der Regenerationsvorgang leichter am hinteren Körperabschnitt als am vorderen erfolgt. Ein Tier, dem acht Segmente am Hinterende abge-schnitten wurden, ist imstande, beinahe gleich viele Segmente zu regenerieren, wie das Tier ursprünglich besaß; bei einer der untersuchten Formen (*Enchytraeus albidus* Henle) war die Segmentzahl 60; weiter vorne, vom 20. Segment an, nimmt das Regenerationsvermögen ab.

Die Arten der Gattung *Mesenchytraeus* leben im Gebirge in den Regionen des ewigen Schnees. Diese Formen sind sehr stark pigmentiert. Man vermutet hier wie in ähnlichen Fällen, daß eine gewisse Beziehung besteht zwischen dieser Pigmentierung und den eigenartigen Licht- und Temperaturverhältnissen, die an diesen Örtlichkeiten herrschen, wo organisches Leben unmöglich zu sein scheint. Über den permanenten Schneefeldern und über dem Gletschereis liegen sie zusammengerollt als kleine, schwarze Punkte auf dem ewigen Schnee; sie können in so großen Mengen vorhanden sein, daß der Schnee schwarz gefärbt ist. Sie sollen sich, wenn die Sonne zu scheinen beginnt, in den Schnee eingraben. Wovon sie leben, weiß man nicht, aber sie werden zusammen mit Schneealgen (*Sphaerella nivalis*) und Collembolen (Gletscherflöhen) gefunden. Abgesehen von den Sommermonaten sind sie immer von Schnee und Eis umgeben. Die Kokons müssen auf dem Schnee und Eis abgelegt werden, möglicherweise in die kurz-währenden Schmelzwasserpfützen, die sich auf dem Eis bilden. Sie sind an Stellen gefunden worden, wo das ganze Jahr hindurch diesen Organismen nichts als Schnee und Eis geboten ist. Der Darmkanal scheint nur mineralischen Detritus zu enthalten (Welch 1916).

Von einer Form, *Fridericia parasita* Cernosoitov, wird angegeben, daß sie bei Regenwürmern schmarotzt (1928).

Fam. *Lumbriculidae.*

Die Familie der Lumbriculiden umfaßt eine Anzahl Formen, die in vieler Hinsicht sehr interessante Verhältnisse darbieten. Es sind in der Regel recht

große Formen, sehr häufig über 5 cm lang und nicht selten zirka 8 cm. Die
Farbe ist gewöhnlich rötlich. Die wichtigsten systematischen Charakteristika
sind Form und Aussehen der Borsten und Bau und Lage der Geschlechtsorgane.
Die Borsten sind überwiegend gewöhnliche Haar- oder Hakenborsten. Ungeschlechtliche Vermehrung durch Kettenbildung kommt nicht vor, aber wohl
durch Zerteilung und Regeneration der beiden Stücke.

Eine der Hauptformen ist *Lumbriculus variegatus* (O. F. M.), ein zirka 5 bis
10 cm langer Wurm, nur ausnahmsweise länger, undurchsichtig, wenn der Darmkanal mit Nahrung gefüllt ist; er irisiert fast stets ins Grünliche und ist allein
schon daran von den meisten unserer anderen Süßwasseroligochäten zu unterscheiden. Er kann an solchen Örtlichkeiten vorkommen, wo wir *Tubifex rivulorum* LAMARCK angetroffen haben; sein eigentliches Zuhause sind andere Stellen, in erster Linie die kleinen Waldtümpel mit Moder-
grund, die mit faulendem Laub

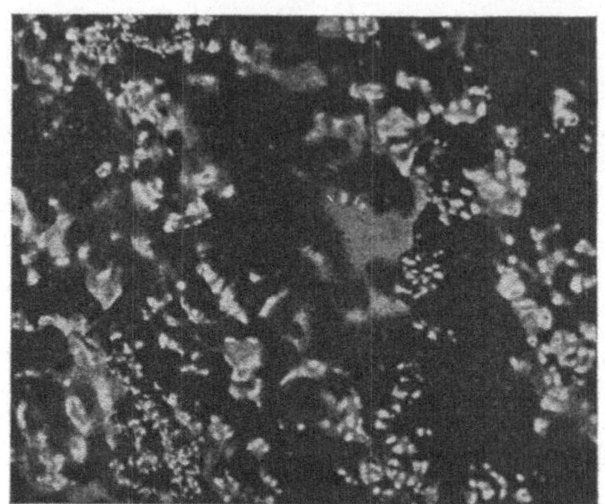

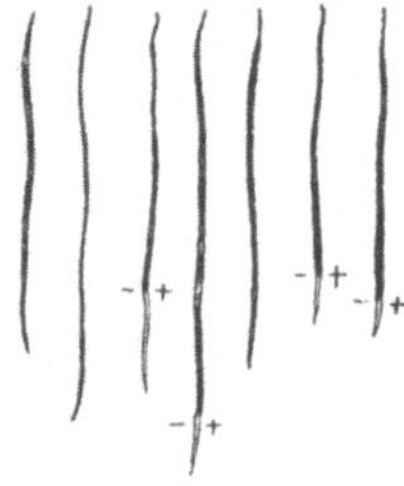

<table>
<tr><td>Abb. 418.</td><td>Abb. 419.</td></tr>
</table>

Abb. 418. *Lumbriculus variegatus* (O. F. M.). Ein Stück Schlammkultur mit Exkrementhauben.
(KLUNZINGER 1906.)

Abb. 419. *Lumbriculus variegatus* (O. F. M.). Sieben Tiere von der gleichen Örtlichkeit. Die regenerierten
Stücke weiß und durch + gekennzeichnet. (MRAZEK 1913.)

bedeckt sind. Er baut keine Röhren wie *Tubifex rivulorum* LAMARCK und
ist nicht lotrecht in den Schlamm eingebohrt; wo er sich auf Schlammgrund befindet, ist er oft mit dem Vorderende halb in den Schlamm eingegraben
und das Hinterende ragt steif heraus, ohne wie bei *Tubifex* zu schwingen (Abb. 413).
An den Stellen, wo sie zu Hause sind, wie in den Waldtümpeln mit faulendem
Buchenlaub, liegen die Tiere horizontal zwischen den hinfaulenden Blättern.
Sie sind nämlich frei herumkriechende Tiere, die sich zwischen den Blättern
herumschlängeln. An solchen Stellen kann der Wurm zu Tausenden auftreten.
Er findet sich oft an Lokalitäten, die den Sommer über vollkommen trocken
liegen. Über die Art und Weise, wie er über die Trockenzeit hinüberkommt,
wissen wir nichts. Hält man die Tiere in Schlammkulturen unter Buchenlaub,
so graben sie sich in den Schlamm ein und es entstehen dann darauf zahlreiche
Exkrementhauben; sehr oft verlassen sie jedoch den Schlamm und kriechen
an den Seiten des Aquariums empor (Abb. 418) (s. auch KLUNZINGER 1906).

Man hat bis in die letzte Zeit behauptet, daß man die Tiere fast niemals
geschlechtsreif findet. Erst MRAZEK (1913) hat nachgewiesen, daß sie ganz
regelmäßige Geschlechtsperioden besitzen.

Frühzeitig, schon 1779 (BONNET), hatte man Kenntnis von dem ungewöhnlichen Regenerationsvermögen dieser Tiere. BONNET konnte einen *Lumbriculus*
in 14 Stücke teilen und aus fast jedem einen neuen Wurm erhalten. DIEFFEN-

BACH (1886) und WAGNER (1906) untersuchten die Sache weiter, aber erst MRAZEK (1913) hat uns durch jahrelange Untersuchungen ein Verständnis der Regenerationsverhältnisse und ihrer Bedeutung für die Fortpflanzungsverhältnisse vermittelt. Das Tier wird mehrere Jahre alt, mindestens drei Jahre, und wird während seines Lebens mehrere Male geschlechtsreif. Neben der geschlechtlichen Vermehrung kommt auch eine ungeschlechtliche durch einfache Querteilung vor. Die Tiere zerbrechen überaus leicht; äußere Gewalt, Insekten, Unebenheiten im Boden usw. bewirken, daß sie mitten entzweigehen, worauf die Stücke regenerieren. Außerdem findet auch eine ganz regelmäßige Querteilung statt, ohne daß äußere Ursachen dabei nachzuweisen sind. Sie führt nicht wie bei den Naiden zu einer Kettenbildung; die beiden Stücke trennen sich einfach voneinander und jedes Stück regeneriert nachträglich den fehlenden Teil. Deshalb findet man so viele Stücke mit weißgelben Hinterenden, die anzeigen, daß man regenerierte Tiere vor sich hat. Im Mai gab es in einem Tümpel im Gribwald nicht ein Tier, das nicht eine regenerierte Hälfte besessen hätte (Abb. 419). Die Teilungsstücke sollen sich encystieren und dann zirka 1 cm lange Cysten bilden können (STEPHENSON 1922). Die Anzahl von Tieren, die sich auf geschlechtlichem Weg vermehrt, ist ganz sicher derjenigen, bei der es auf ungeschlechtliche Weise geschieht, weit unterlegen. Zu den allermeisten Zeiten des Jahres, selbst unter dem Eis, kann man vereinzelte geschlechtsreife Individuen finden. Höchstens ein Drittel oder ein Viertel eines solchen Bestandes ist geschlechtsreif und es dürften kaum alle Tiere je die Geschlechtsreife erlangen. Die Verhältnisse wechseln übrigens von Ort zu Ort. In einem Waldtümpel in Böhmen zeigte sich das erste Anzeichen der Geschlechtsperiode um die Mitte des März; die Kokonbildung begann erst im Mai. Inwiefern man die Verhältnisse von Böhmen auf die in Dänemark übertragen kann, läßt sich nicht sagen. In denjenigen Pfützen, wo die Verhältnisse durch das ganze Jahr regelmäßig untersucht worden sind, hat sich keine Geschlechtsperiode feststellen lassen und es ist eine solche auch überhaupt hierzulande nirgends konstatiert worden.

Während wir, wie früher erwähnt, nichts darüber wissen, wie *Lumbriculus* über die Zeit hinwegkommt, wo die Tümpel vollständig austrocknen, hat MRAZEK (1913) bei einer anderen Lumbriculide, der Gattung *Claparedeilla (= Bythonomus)*, die interessante Entdeckung gemacht, daß die Tiere sich zu Kugeln zusammenrollen, sich mit Schleim umgeben und Schleimcysten bilden, in welchen sie übersommern. Die Cysten liegen oft dicht übereinander; auf diese Weise entstehen Cystenklumpen so groß wie Haselnüsse. Je älter die Cysten sind, desto dicker sind infolge von ständiger Schleimabgabe die Cystenwände. Das Interessanteste ist nun, daß die Tiere innerhalb der Cysten sich auf ungeschlechtlichem Weg fortpflanzen können, und daß auf diese Art an Stelle des einen großen Individuums, das sich ursprünglich in der Cyste befand, nach Verlauf von einigen Monaten eine ganze Menge kleine sich gebildet haben (Abb. 422).

An der gleichen Stelle wie *Tubifex* und *Lumbriculus* trifft man unter anderem noch eine dritte Form, *Rhynchelmis limosella* HOFFM. (Tafel 10a, Fig. 4); sie ist nicht in so großer Zahl vorhanden wie jene und kann im großen und ganzen als eine Seltenheit angesehen werden. Sie ist auf den ersten Blick leicht daran kenntlich, daß der Körper vierkantig und das Vorderende in einen kürzeren oder längeren Rüssel ausgezogen ist. Sie ist rosarot mit violettem Schimmer. Sie wird bis zu 15 bis 18 cm lang. VEJDOVSKY (1875) hat gezeigt, daß sich im Frühjahr kleine Tiere finden, die im August ausgewachsen sind, aber sie sind erst im Winter geschlechtsreif, nachdem sich die Pfützen mit einer dicken Eisschicht bedeckt haben. BERG (1938) hat sie geschlechtsreif im Esromsee im Juni gefunden. Die Kapseln werden auf Wasserpflanzen abgesetzt. Sie sind an beiden Enden zugespitzt und enthalten eine geringe Anzahl Eier.

Abb. 420.

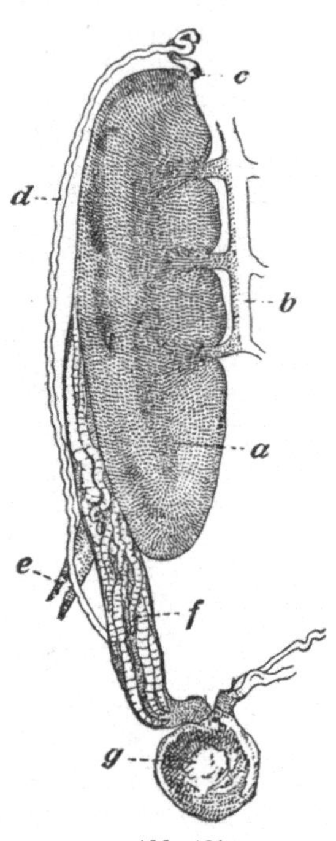

Abb. 421.

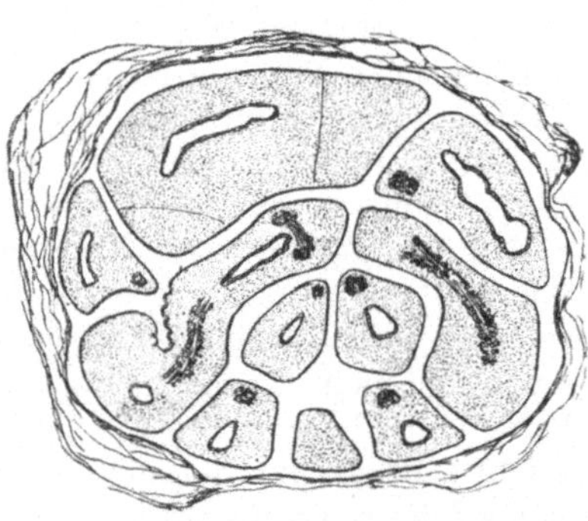

Abb. 422.

Abb. 420. *Criodrilus lacuum* HOFFM. Sagittalschnitt durch das 8. bis
14. regenerierte Segment. In jedem Segment ist ein Ovarium ausgebildet, vermutlich weil die Neoblasten unter gewissen Umständen Geschlechtszellen ausbilden können; in der Ecke links die Segmentalorgane *tb*.
(JANDA 1912.)

Abb. 421. Rechte Hälfte des Urogenitalsystems eines Weibchens von
Hyla rubra. Brasilien. *a* Niere; *b* Vena cava posterior; *c* Ostium abdo-
minale; *d* Ovidukt; *e* Vena iliaca communis; *f* Harnleiter, der acht bis
neun schmarotzende Oligochäten enthält; *g* Kloake. (MICHAELSEN 1912.)

Abb. 422. Schleimcysten des Lumbriculiden *Claparedeilla*. Die Tiere
teilen sich während der Encystierung in der Cyste. (MRAZEK 1913.)

Zur gleichen Gruppe gehört auch der in verunreinigten Brunnen in Prag
von VEJDOVSKY (1876) gefundene *Phreatothrix = Trichodrilus Pragensis* VEJD.
In Abb. 396 sind die Ausführungsgänge der einen Hälfte des männlichen Geschlechtsapparates dargestellt.

Fam. *Branchiobdellidae.*

Die Familie *Branchiobdellidae* umfaßt eine geringe Zahl sehr eigenartiger
Oligochäten, die bei höheren Krebsen schmarotzen; in ihrem Bau bieten sie
viele merkwürdige Züge. Der Körper ist aus einer bestimmten Anzahl von

Segmenten zusammengesetzt (15) und
in drei deutliche Abschnitte gesondert
(Abb. 423 u. 424): eine Art Vorderkörper
oder Kopf, aus vier Segmenten bestehend, einen Rumpf und einen hinteren
Abschnitt, der aus drei Gliedern zusammengesetzt und zu einem großen
Saugnapf umgebildet ist. Dieser ist nicht
bauchständig, sondern liegt in der Körperlängsachse, ist terminal. Ein Kopflappen ist fast nicht differenziert, Borsten fehlen. Die Dissepimente fehlen; es
ist eine große Leibeshöhle vorhanden.
In der Mundhöhle befinden sich zwei
Kiefer, die dorsal und ventral gelegen
sind; die Geschlechtsorgane liegen im
fünften bis siebenten Segment. Nur
zwei Paar Exkretionsorgane, das vordere öffnet sich am dritten, das hintere
am achten Segment. Diese merkwürdigen Geschöpfe, die in ihrem Bau viele
Züge mit den Egeln gemeinsam haben,
sind teils in der Kiemenhöhle, teils auf
der Außenseite der Flußkrebse anzutreffen. Mit ihren Kiefern beißen sie
ein Loch in die Haut des Flußkrebses;
sie leben von Blut, aber in ihrem Darm
sind auch Muskelfasern gefunden worden. In der Jugend sollen sie keine
Schmarotzer sein, sondern von Detritus
leben. Die Tiere an den Kiemen sollen
von denen an der Außenseite verschieden sein. Manche glauben, daß bei
unserem gewöhnlichen Flußkrebs nicht
weniger als vier Arten vorkommen, die
von anderen nur als Varietäten aufgefaßt werden. Die Kokons werden
gerne auf den Schwanzblättern des
Flußkrebses abgesetzt. Sie sind eiförmig
und mehr oder weniger langgestielt (s.
übrigens PIERANTONI 1912). Eine ganz
bizarre Form ist *Cirrodrilus (= Stephanodrilus) cirratus* PIERANTONI mit
Fühleranhängen an den Körpersegmenten (Ventralcirren), Japan (Abb. 424).

Fam. *Haplotaxidae.*

Es sollen noch ein paar Formen
erwähnt werden, die zur Familie der
Haplotaxiden und Criodriliden gehören;
beide sind im größten Teil Mitteleuropas
nur durch eine Gattung mit einer Art

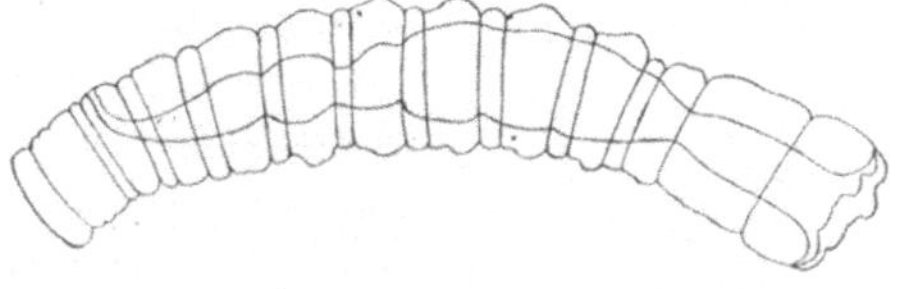

Abb. 423.

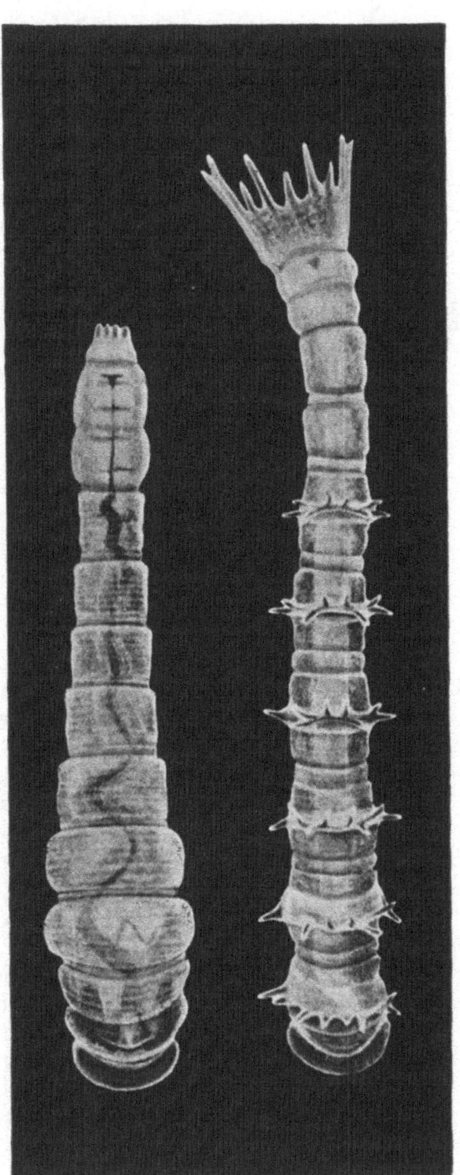

Abb. 424.

Abb. 423. *Branchiobdella* aus *Astacus.* (MOORE 1893.)
Abb. 424. Branchiobdelliden: *Stephanodrilus megaloden-
talus* YAMAGUCHI. 50×. *Stephanodrilus cirratus* (PIE-
RANTONI). 80×. Vom Krebs. Japan. (YAMAGUCHI 1934.)

Abb. 425. *Haplotaxis gordioides* HOFFM. = *Phreoryctes Menkeanus* HOFFM. Zirka 30 cm. (LEYDIG, Arch. f. Naturg., Bd. 1.)

repräsentiert. — *Haplotaxis gordioides* HOFFM. (= *Phreoryctes Menkeanus* HOFFM.; Abb. 425) hat man früher für eine Landform angesehen; ihr Aufenthaltsort sind stets lichtarme Örtlichkeiten. Sie ist in Brunnen, in Wasserleitungen und in Wassertrögen, die aus ihnen gespeist werden, gefunden worden, außerdem kommt sie im Freien vor, z. B. in Schlamm, in Sümpfen und in Flußschlamm (LEYDIG 1865, TIMM 1883). Sie soll von Pflanzenwurzeln leben. Es ist ein fast $1/3$ m langer, äußerst dünner Wurm, der einem *Gordius* sehr ähnlich sieht, aber rot ist und sich nach Art eines Regenwurms schlängelt. Er ist in Quellen bei Frederiksdal gefunden worden. Wenn die Art hier als ausgesprochene Wasserform angeführt wird, so mag doch hinzugefügt werden, daß HARTMANN (1923) angibt, daß er beim Graben von Schützengräben bei Belford und im südlichen Teil des Elsaß den Wurm sehr häufig in ockerhaltiger Lehmerde antraf, ganz unten in einer Tiefe von 2 m, d. h. gleich am Boden der Laufgräben; er vermutet, daß er noch tiefer geht. Wo die Erde weich ist, leben die Tiere jedes für sich und bauen Galerien; wo sie trocken ist, sammeln sie sich zu Bündeln.

Criodrilus lacuum HOFFM. ist verschiedenenorts in Deutschland und Böhmen gefunden worden. Es ist eine Wasserform, die als Lumbricide aufgefaßt wird, die sich sekundär ans Leben im Wasser angepaßt hat. Sie zeigt in ihrem Bau viele eigenartige Züge. Sie besitzt im Gegensatz zu den meisten anderen Oligochäten zirka 9 cm lange, sehr dünne Kokons, die in großen Klumpen abgelegt werden können; jeder Kokon enthält 5 bis 15 Individuen (KUHL 1930; Abb. 404). Das Tier besitzt ein außerordentliches Regenerationsvermögen (JANDA 1925); aus Stücken von nur vier bis sieben Segmenten gehen neue Würmer hervor. Bei künstlicher Teilung bloß eines kleinen Stückes ließen sich 18 vollständige Individuen herstellen (Abb. 420).

Bedingung dafür, daß die vielen kleinen Teilstücke zu ganzen Tieren werden, ist, daß sie einen Stock von nichtdifferenzierten Zellen enthalten, welche an das Vorder- und Hinterende wandern und hier die fehlenden Teile aufbauen; nur in den vorderen Abschnitten werden die Geschlechtsorgane gebildet. Die Regenerate zeigen in bezug auf die Geschlechtsorgane große Unregelmäßigkeiten. Die Hoden, die normal im zehnten und elften Segment liegen, finden sich in den Regeneraten im vierten bis zwölften Segment.

Aber es ist gleichzeitig festgestellt worden, daß, wenn man den Vorderkörper mit allen Geschlechtsorganen abschneidet, das hintere Stück neue bildet, aber die Hauptmasse dieser verstümmelten Tiere bildet auffallenderweise nur weibliche Geschlechtsorgane auf Kosten der männlichen; das Tier, das normal Hermaphrodit ist, ist bei der Regeneration nahe daran, wieder zur Getrenntgeschlechtlichkeit überzugehen. Während ein normales Tier ein Paar männliche und ein Paar weibliche Geschlechtsöffnungen besitzt, hat das Regenerat bis zu neun weibliche Geschlechtsöffnungen.

Es ist nicht möglich, auf die geographische Verbreitung der limicolen Oligochäten einzugehen, dazu sind unsere Kenntnisse allzu begrenzt. Unter ihnen finden sich viele sehr bemerkenswerte Typen, vor allem in der Familie der Lumbriculiden (MICHAELSEN 1905). Es soll nur erwähnt werden, daß dem Baikalsee ungefähr die Hälfte aller bekannten Formen angehört. *Lamprodrilus bythius* MICHAEL. findet sich nur in Tiefen von 600 bis 1500 m; eine andere, *Haplotaxis ascaridioides* MICHAEL., ist dadurch bemerkenswert, daß sie in allen Tiefen von $10^{1}/_{2}$ bis 1300 m angetroffen wird.

Andere Formen sind *Teleuscole baicalensis* GRUBE und *Agriodrilus* mit der Art *A. vermivorus* MICHAEL., eine Form, die von allen möglicherweise den Egeln am nächsten steht. Es ist ein Raubtier mit dreieckigem, stark muskulösem Schlund wie bei den Fischegeln; in dem vor den Geschlechtssegmenten gelegenen Körperabschnitt ist die Leibeshöhle stark reduziert und mit Mesenchym erfüllt; weiter ist eine Reihe von Hoden vorhanden, alles Eigenschaften, die wir bei den Egeln wiederfinden (MICHAELSEN 1926).

Ordnung: **Hirudinea (Egel).**

(Tafel 11.)

Langgestreckter, gewöhnlich sehr weicher Körper, abgeflacht, niemals mit Borsten ausgestattet. Der Körper in Segmente gegliedert, konstant 34; jedes dieser Segmente sekundär in 2 bis 14 Ringe geteilt, deren Zahl ebenfalls für die einzelnen Arten konstant ist. Der erste Ring jedes Segmentes mit Sinnesorganen ausgestattet; das Vorderende, mit bauchständigem Saugnapf, trägt die Mundöffnung. Das Hinterende mit einem aus sieben Segmenten gebildeten Saugnapf. After auf der Rückenseite des Hinterendes. Die Segmente neun bis elf bilden das Clitellum. Ein sehr kräftiger Hautmuskelschlauch. Der Verdauungskanal erstreckt sich durch den ganzen Körper, ist deutlich in drei Abschnitte gesondert. Vorderdarm bei den verschiedenen Familien sehr verschieden gebaut. Der Magen oft mit Blindsäcken versehen. Die Leibeshöhle durch Auffüllung mit dichtem Bindegewebe zu Lacunen reduziert, deren Wände zum Teil Chloragogenzellen tragen. Blutgefäßsystem geschlossen oder fehlt, ist dann durch Lacunen cölomatischer Herkunft ersetzt. Hautatmung, gewöhnlich ohne besonders umgebildete respiratorische Flächen. Metamer angeordnete Segmentalorgane, die mit Poren (höchstens 17) auf der Bauchseite ausmünden. Ein Nervenring um den Vorderdarm, eine Ganglienkette mit 34 Ganglien. Verschiedenartige Sinnesorgane. Hermaphroditen. Ein Paar weiblicher Geschlechtsdrüsen, eine wechselnde Anzahl männlicher hinter den Ovarien; Eier in Kokons. Keine Metamorphose.

Die Egel werden in vier Unterordnungen geteilt: *Acanthobdellae, Rhynchobdellae, Gnathobdellae* und *Pharyngobdellae.* Die erste enthält nur eine Gattung mit einer Art; sie wird zum Schluß besprochen werden. Die *Rhynchobdellae* umfassen zwei Familien, die *Ichthyobdellidae* (= Fischegel) und *Glossinophoniidae* (= *Clepsinidae* = Knorpelegel); die *Gnathobdellae* (= Kieferegel) zerfallen ebenfalls in zwei Familien, die *Hirudinidae* und die *Haemadipsidae* (= Landegel); die *Pharyngobdellae* (Schlundegel) auch in zwei Familien, die *Herpobdellidae* (Hundeegel) und *Trematobdellidae* (tropische Formen).

Die Egel sind Tiere, die sich niemals einer Popularität irgendwelcher Art erfreut haben. Seit altersgrauen Zeiten in der Medizin verwendet und eine Zeitlang als Tiere aufgefaßt, die dem Menschen in zahlreichen Krankheiten Hilfe zu bringen vermögen, blieben sie für den Laien dennoch immer widerwärtige Geschöpfe. Heutigentags sind sie besonders in den Tropen (die Landegel) sehr gefürchtet, auch die Fischerleute der ganzen Welt fürchten sie; verderben doch die Egel die Fischzucht, wenn sie in Mengen auftreten.

Der Zoologe, der die Lebensweise der Egel kennenlernt, betrachtet sie mit etwas anderen Augen. Ihre oft sehr schönen Farben, die Eleganz ihrer Bewegungen, die höchst eigenartigen Paarungs- und Fortpflanzungsverhältnisse müssen unwillkürlich sein Interesse erwecken; dieses wird nicht vermindert in Betrachtung der in unseren Tagen fast unfaßbar großen Rolle, die sie in der Heilkunde durch Jahrhunderte gespielt haben, eine Rolle, von der man nicht sagen kann, daß sie heutigentags schon zu Ende gespielt sei.

Der Bau der Egel bietet merkwürdige Eigenschaften dar; einige davon haben sie mit den Plattwürmern gemeinsam, mehrere mit den Oligochäten, nicht wenige jedoch sind für den Egel allein charakteristisch. Sie besitzen in den meisten Fällen den etwas flachgedrückten Körper und die Saugnäpfe wie die Trematoden, aber sie besitzen auch ein Clitellum wie die Oligochäten, das ist ein Gürtel von Ringen, der in der Fortpflanzungszeit unter reichlicher Schleimentwicklung anschwillt und die Kokons bildet, in die die Eier abgelegt werden. Außerhalb der Fortpflanzungszeit tritt das Clitellum nicht stark hervor und bei den Knorpelegeln ist es selbst dann nicht immer nachweisbar. Anderseits weichen sie von den Oligochäten in entscheidenden Punkten ab. Sie sind fast niemals rund wie die Oligochäten, besitzen stets wenigstens einen großen Saugnapf, es fehlen ihnen die Borsten der Oligochäten; sie zeigen eine äußere Ringelung, aber in ganz anderer Art als die Oligochäten, und in ihrem inneren Bau trifft man auf eine Reihe ganz divergierender Eigenschaften.

Der Körper der Oligochäten wird von einer großen, sozusagen unbegrenzten Anzahl Segmenten aufgebaut; der der Egel von einer konstanten, nämlich von 34. Mit einigem Grund hat man deshalb behauptet, daß die Egel sich zu den Oligochäten verhalten wie die höheren zu den niederen Krebsen, von welchen die ersteren eine bestimmte Anzahl Segmente aufweisen, während dieselbe bei den niederen Krebsen variabel ist. Jedes der 34 Glieder (Segmente oder Metamere) der Egel ist rein äußerlich in eine bei den einzelnen Formen bestimmte Anzahl Ringe geteilt (drei bis fünf). Am Vorder- und Hinterende findet sich ein Saugnapf (Abb. 426). Der hintere dient dazu, das Tier zu befestigen, und wird bei der Bewegung verwendet; der vordere ist vom Mund durchbohrt und steht daher auch im Dienst der Ernährung. Bei vielen Formen ist der vordere schwach entwickelt und durch eine größere Ober- und eine kleinere Unterlippe ersetzt. Der hintere, viel größere Saugnapf wird von sieben Segmenten gebildet. Außer der Mundöffnung und dem After, der über dem hinteren Saugnapf auf dem Rücken liegt, sind überdies nicht weniger als 2 bis 17 paarige Öffnungen für die Exkretorgane vorhanden, die entlang der Bauchseite liegen, sowie Öffnungen der weiblichen und männlichen Geschlechtsorgane, die sich dicht aneinander auf der Bauchseite befinden, etwas vor der mittleren Körperpartie. — Auf dem Rücken befindet sich eine Reihe erhöhter Punkte, die, mehr oder minder auffällig, oft durch besondere Farben markiert sind; es sind dies die sog. Segmentalpapillen, die auf bestimmten Ringen eines jeden Segmentes liegen. Es sind vermeintlich Sinnesorgane besonderer Natur; einige ihrer Zellelemente werden für lichtperzipierend gehalten.

Die Haut der Egel besteht aus zwei Schichten; einer Epidermis, die mit einer Kutikula bedeckt ist, welche von jener zum Zweck des Schutzes ausgeschieden wird, und einem darunterliegenden Stützgewebe, das aus faserigem Bindegewebe besteht. Die Kutikula dient gleichzeitig als Anheftungsfläche für einen Teil der Körpermuskulatur. Sie ist eine elastische, ziemlich feste Membran, bei den verschiedenen Arten und auch in den verschiedenen Körperabschnitten der gleichen Art von sehr verschiedener Dicke. Das darunterliegende Stützgewebe enthält zahlreiche Pigment- und Fettzellen und große Lacunen mit zahlreichen Verzweigungen, die mit der Körperhöhle in Verbindung stehen. Der Inhalt der Pigmentzellen bestimmt die Körperfarbe. Die gleiche Art kann drei verschieden gefärbte Pigmentkörner besitzen, schwarze, braune und grüne oder orangefarbene. Besonders die Knorpelegel sind durch sehr schöne Farben ausgezeichnet.

Für die Haut sind weiter zahlreiche Drüsen charakteristisch: 1. Schleimdrüsen, die, über den ganzen Körper verstreut, am Rücken besonders häufig sind; weiter 2. Drüsen der Saugnäpfe, die besonders im hinteren Saugnapf sich zu einem großen Drüsenkomplex vereinigen, der mit zahllosen Poren auf der ganzen Innenseite desselben ausmündet; endlich 3. die Clitellardrüsen, deren Aufgabe in der Bildung der Kokons besteht, in die die Eier abgelegt werden. Diese kommen nur in der Sexualperiode zur Entwicklung. Die Egel stoßen sehr oft die Haut (die Kutikula) ab, vor allem

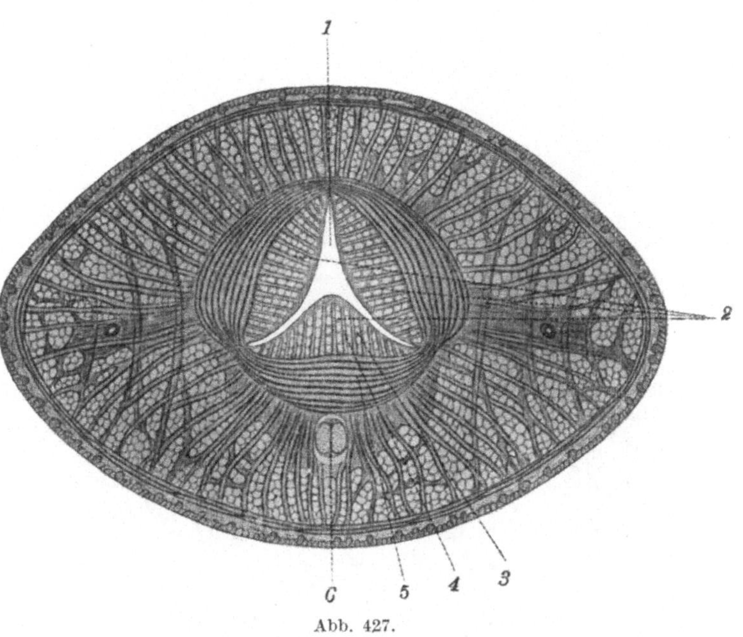

Abb. 427.

Abb. 426. *Glossiphonia complanata* (L.). Sagittalschnitt durch den ganzen Körper. *1.* Vorderende der Seitenlacune; *2.* Auge; *3.* Rüsselscheide; *4.* Rüsselöffnung; *5.* Rüssel; *6.* gefalteter Teil der Rüsselscheide; *7.* Ösophagus; *8.* Magen; *9.* dorsale Hypodermislacune; *10.* Längsmuskulatur; *11.* Dorsallacune; *12.* Rückengefäß; *13.* Sphincter; *14.* Darm; *15.* Rektalblase; *16.* Rektalkanal; *17.* After; *18.* Ganglion der hinteren Haftscheibe; *19.* hintere Haftscheibe; *20.* Ventrallacune; die ebenfalls hier liegenden weiblichen Geschlechtsorgane wurden weggelassen; *21.* ventrale Hypodermallacune; *22.* Bauchgefäß; *23.* Ganglion; ♂, ♀ männliche und weibliche Geschlechtsöffnung; *24.* Hirnganglion; *25.* erste ventrale Hypodermallacune; *26.* Mundhaftscheibe; *27.* Mundöffnung. (SCRIBAN, Handb. d. Zool.)

Abb. 427. *Herpobdella octoculata* (L.). Querschnitt durch die Schlundregion. *1* Lumen des Pharynx; *2* die drei muskulösen Längswülste des Schlundes; *3, 4* und *5* Längs-, Radiär- und Ringmuskulatur des Schlundes; *6* Bauchmark. 35×. (SCRIBAN, Handb. d. Zool.)

Abb. 426.

nach reichlicher Mahlzeit und wenn das Wasser schlecht wird. Der Pferdeegel kann die Haut ungefähr täglich wechseln, zumindest in der Gefangenschaft. Die Haut liegt in den Kulturgefäßen in Form dicker, weißlicher Ringe, die sich leicht auseinanderfalten lassen. Die Rhynchobdelliden sollen sich normalerweise jeden zweiten bis vierten Tag häuten.

Der Darmkanal zerfällt in drei Abschnitte, Vorderdarm, Mitteldarm (Magen) und
Enddarm. Der letzte kann vielleicht am besten in zwei Abschnitte: Hinter- und
Enddarm, geteilt werden. Die Egel sind zum Teil Blutsauger, zum Teil Raub-

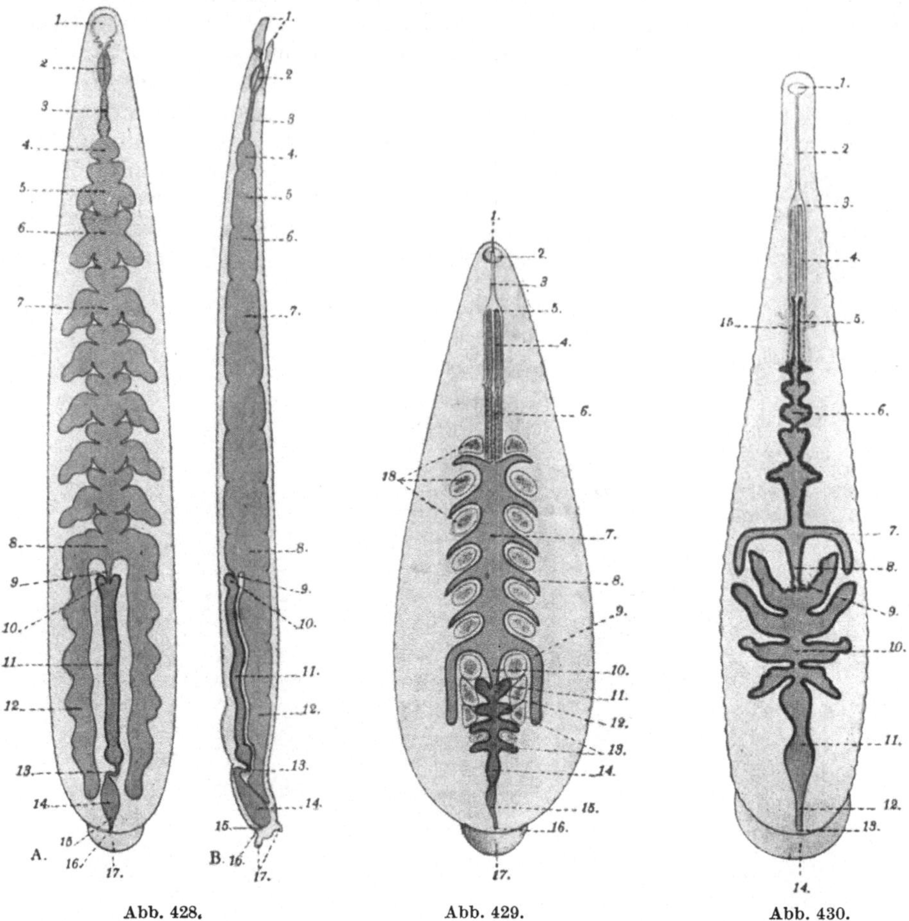

Abb. 428.　　　　　　Abb. 429.　　　　　　Abb. 430.

Abb. 428 bis 430. Darmkanäle eines Kiefer- und zweier Rüsselegel. (Alle nach SRIBAN, Handb. d. Zool.)

Abb. 428 *Hirudo medicinalis* L. *A*. Rücken-, *B*. Seitenansicht. *1*. Mundsaugnapf; *2*. Pharynx; *3*. Ösophagus;
4. bis *8*. erster bis neunter Magenblindsack; *9*. hinterer, trichterförmiger Teil des Magens; *10*. vorderer, herz-
förmiger Teil des Darmes; *11*. Darm; *12*. letzter Magenblindsack; *13*. S-förmig gekrümmter Schlauch; *14*. Rektalblase; *15*. Rectum; *16*. After; *17*. hintere Haftscheibe.

Abb. 429. *Glossiphonia complanata* (L.). *1*. Mund; *2*. Mundsaugnapf; *3*. Rüsselscheide; *4*. Rüssel; *5*. Rüsselöffnung;
6. Ösophagus; *7*. Magen; *8*. Magenblindsäcke; *9*. das große, hintere Paar von Magenblindsäcken; *10*. hinterer,
trichterförmiger Teil des Magens; *11*. Sphincter; *12*. herzförmige Darmkammer; *13*. Darmblindsäcke; *14*. Rektalblase; *15*. Rectum; *16*. After; *17*. hintere Saugscheibe; *18*. Hoden.

Abb. 430. *Helobdella stagnalis* (L.). *1*. Mundsaugnapf; *2*. Rüsselscheide; *3*. Rüsselöffnung; *4*. Rüssel; *5*. Ösophagus;
6. Magen; *7*. Magenblindsack; *8*. trichterförmiger Endabschnitt des Magens; *9*. Sphincter; *10*. Darm; *11*. Rektalblase; *12*. Rectum; *13*. After; *14*. hintere Saugscheibe; *15*. Ausführungsgang der Speicheldrüsen.

tiere. In Übereinstimmung mit diesen verschiedenen Ernährungsweisen ist der
Darm vor allem im vorderen Abschnitt in den verschiedenen Abteilungen sehr verschieden gebaut; hier soll nur bemerkt werden, daß die Speicheldrüsen, die sehr verschieden entwickelt sind, in der Speiseröhre einmünden. Der Mitteldarm ist
vorzugsweise derjenige Abschnitt, in dem die aufgenommene Nahrung aufgestapelt
wird. Ein je typischerer Blutsauger ein Egel ist, um so mehr ist dessen Fassungsraum

durch Ausbildung von Blindsäcken vergrößert (Abb. 428 bis 432). Die Nahrung wird in diesem Darmteil keiner anderen Bearbeitung unterzogen, als daß sie des Wassers beraubt und eingedickt wird und das Blut so zu einer merkwürdig steifen Masse erstarrt; es ist dann weniger wasserhaltig als das umgebende Gewebe. Die Blutmasse hält sich hier monatelang, ohne in Fäulnis überzugehen. Die Verdauung erfolgt im Hinterdarm, der hauptsächlich die Funktion eines Chylusdarmes besitzt. Von der Blutmasse wird das Hämoglobin eliminiert und nur das Globin ausgenutzt.

Die Muskulatur (Abb. 427) ist sehr stark entwickelt; es ist eine äußere Ringmuskelschicht, eine mittlere Diagonal- und eine innere Längsmuskelschicht vorhanden, weiter zahlreiche Schrägmuskeln und Dorsoventralmuskeln, die von der Rücken- zur Bauchseite verlaufen. Diese reiche Muskularisierung bedingt die außerordentlich große und mannigfache Bewegungsweise der Egel. Im hinteren Saugnapf finden sich nicht weniger als drei Muskelsysteme, die einen außerordentlichen Grad von Beweglichkeit ermöglichen. Der Raum zwischen Darmkanal und Haut ist mit einem Bindegewebe erfüllt, dem sog. Mesomesenchym, das von Muskelfasern durchkreuzt und so mächtig ist, daß die Leibeshöhle der Egel sehr stark reduziert ist (Abb. 427). Wir stoßen hier auf eine der größten Verschiedenheiten im Bau der Oligochäten und der Hirudineen. Während die äußere Segmentierung, die bei den Oligochäten sehr deutlich hervortritt, bei diesen auch in der Leibeshöhle zum Ausdruck kommt, indem sie durch Scheidewände, die Dissepimente,

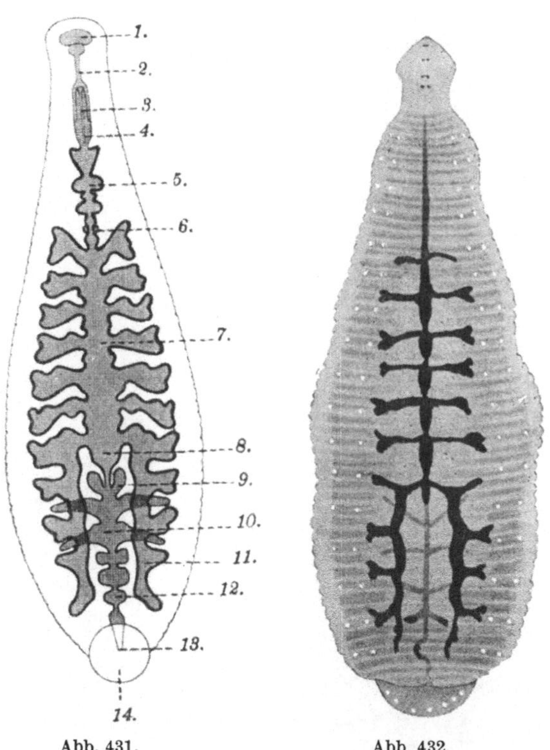

Abb. 431.   Abb. 432.

Abb. 431 u. 432. Darmkanal von zwei Rüsselegeln.

Abb. 431. *Hemiclepsis marginata* (O. F. M.). *1.* Mundsaugnapf; *2.* Rüsselscheide; *3.* Rüssel; *4.* und *5.* Ösophagus; *6.* Sphincter; *7.* Magen mit Blindsäcken; *8.* Trichter; *9.* herzförmige Darmkammer; *10.* Darm; *11.* die großen Magenblindsäcke; *12.* Rektalblase; *13.* After; *14.* hintere Saugscheibe. (SCRIBAN, Handb. d. Zool.)

Abb. 432. *Protoclepsis tesselata* (O. F. M.). Geschlechtsreifes Tier von eigentümlicher, glasartiger, durchscheinender Beschaffenheit, sehr reich an Bindegewebe, weißgrünlich; die jungen Tiere olivengrün, nur 2 bis 3 mm breit. Das Bild zeigt die zweimal vier Augen und den Darmkanal. (AUTRUM, Handb. d. Zool.)

in eine entsprechende Anzahl von Cölomräumen geteilt ist, findet sich nichts Derartiges bei den Egeln. Sie werden durch die oben genannten, dorsoventralen Muskeln ersetzt. Im Hinblick auf die Leibeshöhle und das Blutgefäßsystem weichen die Egel in allem Wesentlichen von so ziemlich allen anderen Tiergruppen ab; das ist insbesondere bei den Kieferegeln und den *Pharyngobdellae* (Abb. 435) der Fall. Die Leibeshöhle ist hier als ein System von Lacunen als sog. Cölomsystem ausgebildet; durch die mächtige Entwicklung des Bindegewebes und der Muskulatur ist sie sehr eingeengt; diese Reste des Cölomsystems haben ganz die Rolle des Blutgefäßsystems übernommen.

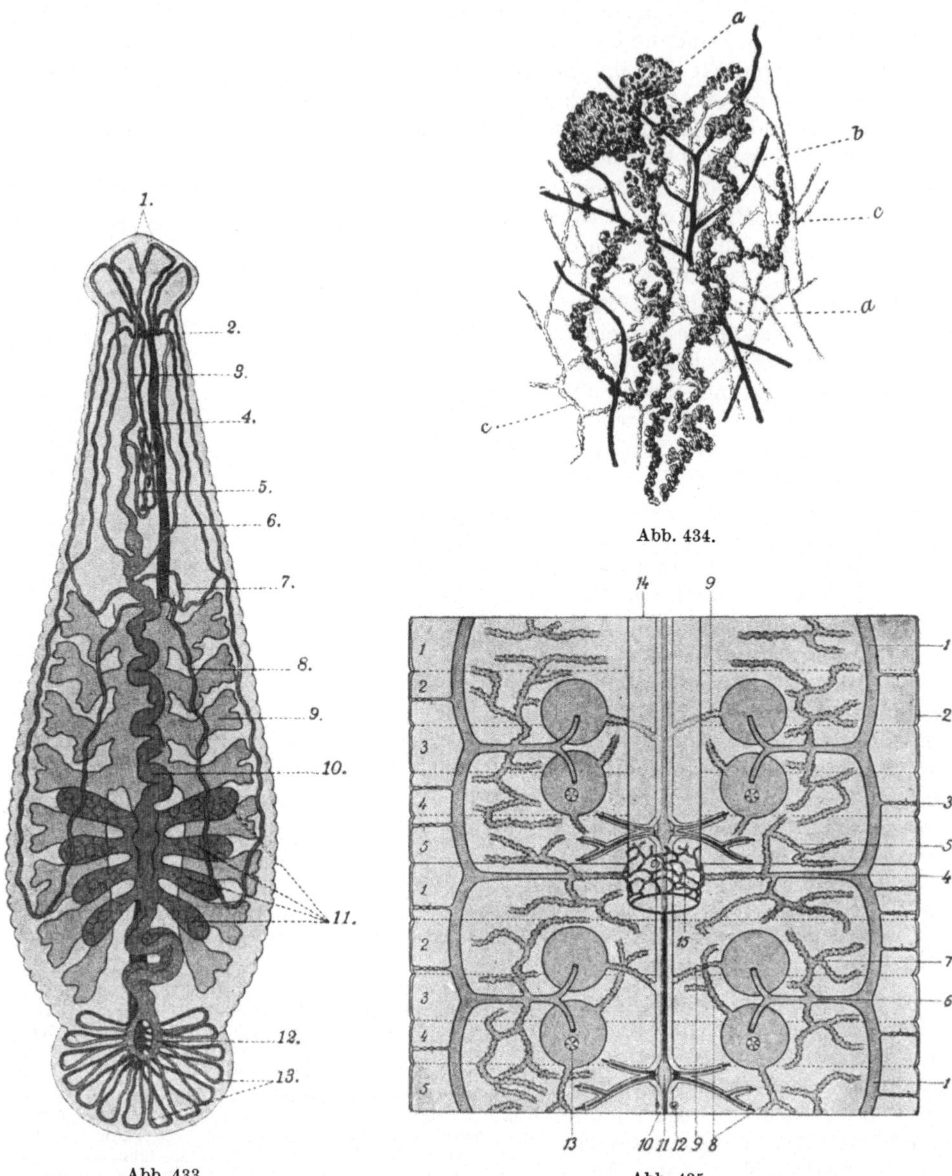

Abb. 434.

Abb. 433.   Abb. 435.

Abb. 433. Eine Rhynchobdellide, *Hemiclepsis marginata* (O. F. M.). Blutgefäßsystem. *1.* verzweigtes Vorderende des Rückengefäßes; *2.* Quergang; *3., 10.* Rückengefäß; *4.* Bauchgefäß; *5.* unpaare Kapillaren des Rüssels; *6.* bis *8.* zweites bis viertes Kapillargefäß; *9.* Magenblindsäcke; *10.* gekammerter Abschnitt des Rückengefäßes; *11.* Gefäßblindsäcke; *12.* Analring; *13.* hintere Kapillarengruppe. (OKA, aus Handb. d. Zool.)

Abb. 434. Medizinischer Egel. Kapillaren mit Botryoidalgewebe, in der Nähe des Darmes. *a* Knäuel des dicken, oft blindsackartig geschlossenen Botryoidalgewebes; *b* Blutkapillaren; *c* Pigment. (VOGT und JUNG 1888.)

Abb. 435. *Nephelis.* Eine Pharyngobdellide. Organisation des Gefäßsystems in zwei Segmenten der mittleren Körperpartie. *1* Lateralgefäß; *2* Hauptkapillarnetz; *3* äußerer, latero-lateraler Ast; *4* innerer, intermediärer, latero-lateraler Ast, der sich in ein botryoidales Darmgefäß fortsetzt, welches in das Darmkapillarnetz ausmündet; *5* botryoidales Gefäß des davorliegenden Astes; *6* ampullärer innerer, lateraler Zweig; *7* botryoidales Gefäß des voranliegenden Astes; *8* botryoidales Gefäß, das von der dahinterliegenden Ampulle abgeht; *9* botryoidales Gefäß des Bauchgefäßes; *10* Bauchgefäß; *11* Ganglienkette; *12* Sphincter; *13* Wimperkrone des Nierentrichters; *14* Darmkanal; *15* Darmkapillarnetz. Die Zahlen zur Linken geben die Segmentringe an. Das Bild soll die Verbreitung des Botryoidalgewebes entlang der Gefäße darstellen. (SCRIBAN und EPURE 1934.)

Die Wände der Lacunen sind wenigstens in gewissen Abschnitten kontraktil und setzen die cölomatische Flüssigkeit in Bewegung. Bei den Hirudiniden sind die Lacunen zu einem großen Teil zu Kanälen eingeengt, vielfach zu äußerst engen. Diese Reduktion ist bei den Herpobdellen noch weiter fortgeschritten, indem die Leibeshöhle hier zu segmental angeordneten Ampullen und einem außerordentlich feinen Kapillarnetz reduziert ist. Während dieses Lacunensystem bei den oben genannten Gruppen die Rolle des Blutgefäßsystems ganz übernommen hat, sind beide Systeme bei den Rhynchobdelliden erhalten geblieben (Abb. 433) und bilden zwei vollständig unabhängige Systeme, ein geschlossenes Blutgefäßsystem und ein Cölom. Das Blutgefäßsystem ist recht schwach entwickelt und besteht aus einem Rückengefäß, einem Bauchgefäß und zwei Gruppen von Kapillarsystemen, die die Enden dieser beiden Gefäße verbinden. Das Cölom besteht aus Lacunen, die dicht hintereinanderliegen und den Eindruck von Gefäßen hervorrufen. Es ist stark entwickelt, durchsetzt alle Organe und Gewebe und bildet zum großen Teil einen Ersatz für das Blutgefäßsystem (SCRIBAN 1934). Das Cölomsystem ist mit einer rötlichen Flüssigkeit, der Cölolymphe, erfüllt, die das Blut ersetzt und eine Hauptrolle im Stoffumsatz der Tiere spielt; sie enthält freie Zellen, die Amöbocyten.

Die Segmentalorgane besitzen einen in vieler Hinsicht sehr charakteristischen Bau. Sie weichen stark von denen der Oligochäten ab; ihr Bau variiert weiter stark innerhalb der einzelnen Gruppen. Sie kommen in einer Anzahl von mindestens 10 und höchstens 17 Paaren vor; ihre Öffnungen befinden sich am ersten Ring jedes Segmentes. Sie fehlen im vorderen und hinteren Körperabschnitt. Das einzelne Segmentalorgan zerfällt in vier scharf getrennte Teile (Abb. 436 bis 438): 1. einen wimpernden Trichter von charakteristischem Bau; dieser steht mit der Leibeshöhle in offener Verbindung; 2. darauf folgt ein blasenförmiges Gebilde, die Nephridialkapsel, welche zahlreiche Amöbocyten enthält, die alle festen Partikelchen, welche in die Kapsel gelangen, phagocytieren. Im Gegensatz zu den Oligochäten steht die Kapsel nicht in offener Verbindung mit den abführenden Kanälen, die, gleichfalls im Gegensatz zu den Oligochäten, nicht bewimpert sind. 3. Dann kommt der eigentliche sekretorische Teil, ein Kanal, der oft sehr stark gewunden und überall vom Kapillarnetz umgeben ist, und endlich 4. eine blasenförmige Erweiterung, die den Harn durch eine Öffnung in der Haut entleert. Außerdem haben die Egel noch andere Elemente, von welchen man glaubt, daß sie im Dienst der Exkretion stehen. Es ist das sog. Bothryoidalgewebe; dieses liegt auf der Außenseite der Cölomlacunen und wird von Zellen gebildet, die oft als Chloragogenzellen bezeichnet werden; man findet sie auch in der Cölomflüssigkeit frei schwimmend (Abb. 434, 435). Dies Gewebe ist besonders stark um den Darm entwickelt, zeigt übrigens bei den einzelnen Arten sehr variierende Verhältnisse. Die unlöslichen Exkretstoffe werden im Bothryoidalgewebe aufgesammelt. Diese Zellen sind mit langen, pseudopodienartigen Fortsätzen versehen, die die Bothryoidkörner enthalten; diese vorspringenden Lappen schnüren sich später ab, lösen sich auf, die Exkretkörner werden dadurch frei und von amöboiden Zellen der Cölomflüssigkeit phagocytiert; diese werden entweder in die Trichter der Exkretionsorgane gewimpert oder verschmelzen mit anderen Amöbocyten und wandern hierauf entweder in den Darm und geben hier ihr Material ab, oder in die Haut, wo sie Pigmente bilden. Andere behaupten, daß die Chloragogenzellen ins Bindegewebe einwandern und hier gelbe Zellen und Pigmentzellen bilden; in Übereinstimmung damit haben diese Zellen die Bezeichnung Exkretophoren erhalten (SCRIBAN 1936). Neuere Untersuchungen haben weiter nachgewiesen, daß das im Blut der Hirudiniden vorhandene Hämoglobin im Bothryoidalgewebe gebildet wird (s. auch VAN EMDEN 1929).

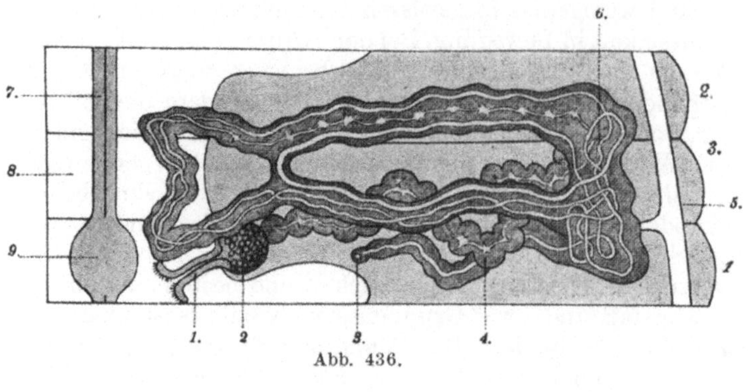

Abb. 436.

Abb. 436. Nephridium eines Knorpelegels.
Schema. *2.* und *3.* die letzten Ringe des vorhergehenden Segmentes. *1.* erster Ring des
folgenden. *1.* Wimpertrichter; *2.* Kapsel;
3. Öffnung des Drüsenkanales (Nephroporus);
4. und *6.* Drüsenkanal; *5.* laterale Lacune;
8. ventrale Lacune; *7.* Bauchmarkstrang;
9. Ganglion. (OKA, aus Handb. d. Zool.)

Abb. 437.   Nephridium eines medizinischen
Egels. *1.* Wimpertrichter; *2.* dessen Hohlraum;
3. bis *5.* Kanäle; *6.* Blase; *7.* Epidermis;
8. Öffnung des Nephridiums. (BOLSIUS, aus
Handb. d. Zool.)

Abb. 438. *A.* Wimpertrichter, Kapsel und erste
Nephridialzelle von *Helobdella stagnalis* (L.).
B. Wimpertrichter vergr. *1.* Exkretkörner;
2. Lappen des Wimpertrichters; *3.* einer der
linken Seitenlappen; *4.* Kerne in den Lappenzellen; *5.* Wimperkanal der Stützzelle;
6. Stützzelle; *7.* ihr Kern; *8.* Kapsel; *9.* Intrakapsularleukocyten; *10.* erste Nephridialzelle;
11. Bindegewebshülle auf der Stützzelle.
(GRAFF aus Handb. d. Zool.)

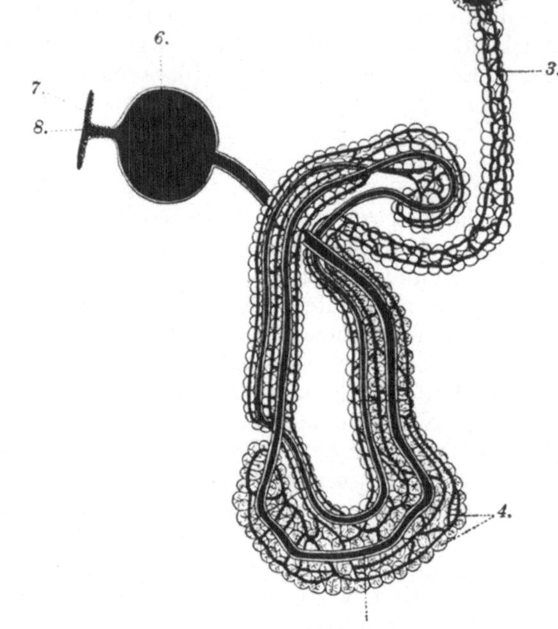

Abb. 437.

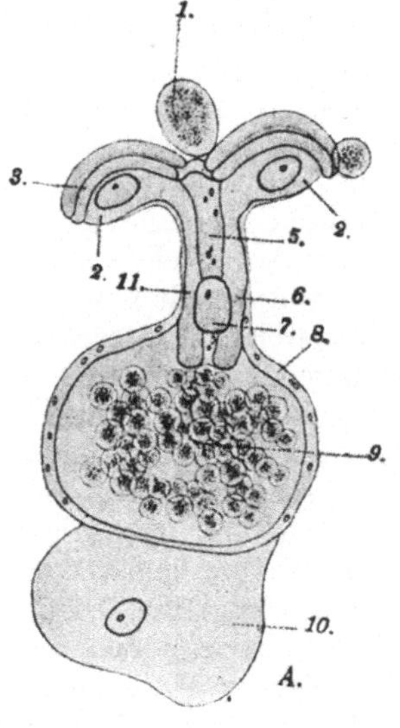

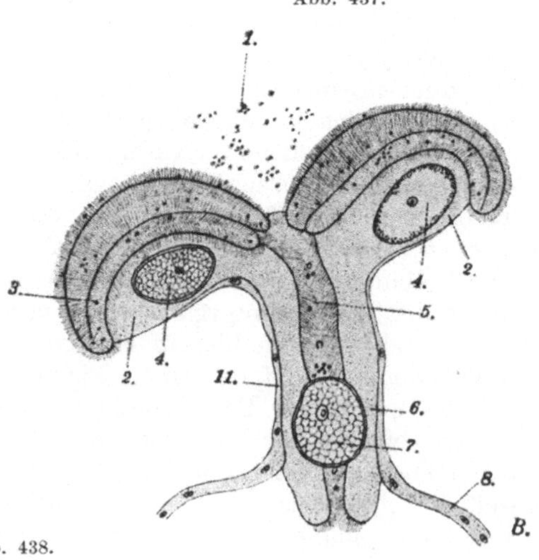

Abb. 438.

Vom Nervensystem mag folgendes hervorgehoben werden: Es setzt sich aus drei Elementen zusammen: dem Zentralnervensystem, dem peripheren und dem sympathischen Nervensystem. Das Zentralnervensystem besteht aus einer Ganglienkette, die auf der Bauchseite über dem Hautmuskelschlauch liegt; das vorderste, dorsal gelegene ist das Gehirnganglion. Als Sinnesorgane sind vor allem Sinneshügel mit Sinneszellen ausgebildet; die letzteren setzen sich nach innen zu in einen Nerv fort. Die Anordnung der Sinneshügel ist für die verschiedenen Arten charakteristisch. Bei den Hirudiniden finden sich Sinneshügel auf jedem dritten Ring eines jeden Segmentes; sie sind in 14 Längsreihen angeordnet. Bei den Knorpelegeln liegen sie ziemlich unregelmäßig über den Rücken verteilt. Augen (Abb. 439) kommen bei allen Egeln vor; ihre Zahl und gegenseitige Stellung hat systematische Bedeutung; ihre Anzahl ist gewöhnlich zwei oder zweimal drei oder zweimal vier. Sie besitzen einen sehr primitiven Bau; sie sind zumeist so gestellt, daß die Achsen der Augenbecher nach verschiedenen Richtungen gehen, so daß der Egel gleichzeitig von verschiedenen Seiten Lichtreize empfangen kann. Dadurch haben die Egel die Möglichkeit, Hell und Dunkel und die Lichtrichtungen zu unterscheiden, aber

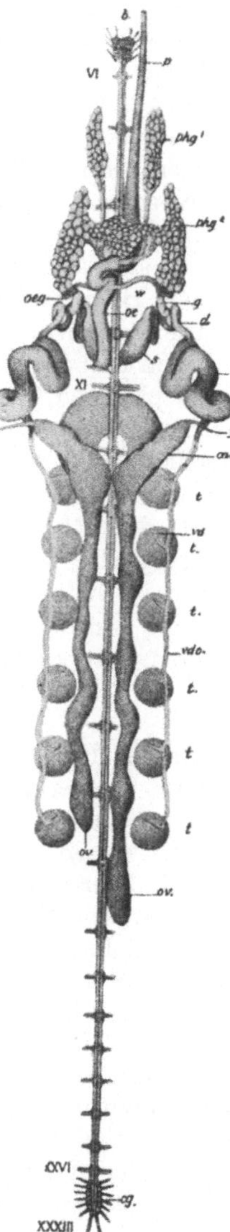

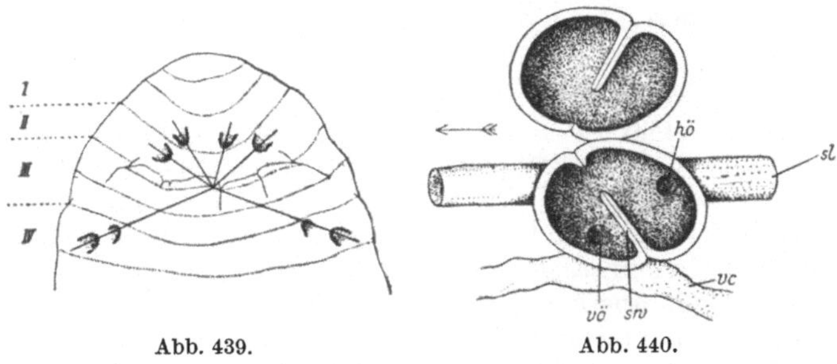

Abb. 439.   Abb. 440.

Abb. 439. *Herpobdella octoculata* (L.). *I* bis *IV* Segmente. Die Achsen der Pigmentbecherozellen zeigen in verschiedener Richtung; die Tiere besitzen also Richtungssehen. (AUTRUM, Handb. d. Zool.)

Abb. 440. *Piscicola geometra* (L.). Seitenblasen geöffnet. *hö* hintere Öffnung; *sl* Seitenlacune; *sw* Scheidewand; *vc* ventrale Kommunikationslacune; *vö* vordere Öffnung. (SELENSKY 1907.)

Abb. 441. *Haementeria parasitica* SAY. Geschlechtsorgane und Nervensystem. *b* Gehirn; *phg*$_1$, *phg*$_2$ erster und zweiter Pharyngealsack; *g* deren Ausführungsgang; *d* Ductus ejaculatorius; *vs* Samenbehälter; *ca* blindsackartiger Anhang der Ovarialsäcke; *f* deren bindegewebiger Fortsatz; *ov* Ovarialsäcke; *t* Hoden; *vd* deren Ausführungsgänge zum *vdc* Hauptgang (Ductus deferens); *oe* Ösophagus; *cg* Analganglion. *VI, XI, XXVI, XXXIII* Ganglien des 6., 11., 26. und 33. Segmentes. (WHITMAN 1891.)

Abb. 441.

eine Bildwahrnehmung kommt ihnen nicht zu. Die Augen können sich auch an anderen Stellen des Körpers befinden, so z. B. haben *Piscicola geometra* (L.) und andere Ichthyobdelliden einen Kranz von Augen auf dem hinteren Saugnapf angebracht. Es hat sich übrigens gezeigt, daß, selbst wenn man einen Egel seiner Augenflecke beraubt, er trotzdem die Fähigkeit besitzt, Hell und Dunkel zu unterscheiden, und daß also auch die oben erwähnten Sinneshügel lichtperzipierendes Vermögen besitzen.

Ungeschlechtliche Vermehrung kommt bei den Egeln nicht vor; das Regenerationsvermögen ist bei ihnen im Gegensatz zu den Oligochäten merkwürdig gering, aber Teilungsstücke bleiben lange am Leben. Schneidet man einen Egel mitten entzwei, so kann das vordere Stück einen After regenerieren, aber das hintere bildet keinen Kopf.

Die Egel sind Hermaphroditen (Abb. 441), die weiblichen Geschlechtsorgane liegen vor den männlichen, aber die männliche Geschlechtsöffnung vor der weiblichen. Ovarien und Hoden liegen in geschlossenen Säcken, die keine Verbindung mit der Leibeshöhle besitzen. Die männlichen Geschlechtsorgane bestehen aus Hoden, deren Zahl zwischen 4 und 17 schwankt; bei den Herpobdelliden sind es 30 bis 90; sie liegen serial angeordnet in der mittleren Partie des Körpers. Sie öffnen sich auf jeder Seite des Körpers in zwei langen, gewundenen Ausführungsgängen, die vorne eine erweiterte Partie besitzen, welche allgemein als Samenbehälter bezeichnet wird. Sie enden mit dem sog. Atrium, das in zwei Hörner ausläuft, die die Gänge der beiden Samenbehälter aufnehmen.

Die weiblichen Geschlechtsorgane variieren stark in den verschiedenen Gruppen und zeigen viele merkwürdige Verhältnisse. Die Ovarien liegen zumeist frei in paarigen Ovarialsäcken, die sich in zwei Uteri fortsetzen, deren Ovidukte sich zu einem gemeinsamen Gang vereinigen; dieser mündet mit der weiblichen Geschlechtsöffnung nach außen. Die Eier entwickeln sich in den Säcken; im übrigen sei auf die einzelnen Abteilungen verwiesen.

Bei den Hirudiniden findet sich ein ausstülpbares, langes Paarungsglied, bei den Rhynchobdelliden und Pharyngobdelliden fehlt ein solches.

Die in vieler Hinsicht bemerkenswerten Fortpflanzungs- und Paarungsverhältnisse wurden besonders durch die Untersuchungen BRUMPTS aufgeklärt. Näheres darüber bei den einzelnen Formen.

Biologische Bemerkungen.

Erst in den letzten Jahren haben wir genauere Kenntnisse von der Lebensweise der Egel erlangt. Doch sind es noch recht wenige Arten, die untersucht worden sind; eine Generalisierung von einer Art auf eine andere ist deshalb kaum ratsam. Was wir wissen, wird deshalb bei den einzelnen Familien oder Arten besprochen werden. Hier soll nur auf das Gemeinsame hingewiesen werden, soweit wir darüber etwas mit einiger Sicherheit aussagen können.

Die Egel sind fast immer sehr lichtscheue Tiere. Man findet sie hauptsächlich auf der Unterseite von Steinen, Blättern und Zweigen. Manche sterben ab, wenn sie dem direkten Sonnenlicht ausgesetzt werden; nur ausnahmsweise trifft man sie auf der Unterseite von Schwimmblättern in Teichen; in diesem Fall hat man es gewöhnlich mit ausgehungerten Individuen zu tun, da das Bestreben, stärkeres Licht aufzusuchen, wenigstens bei einzelnen Formen (*Hemiclepsis marginata* [O. F. M.] und *Protoclepsis tesselata* [O. F. M.]) mit der Dauer der Hungerperiode steigt. Eine der am wenigsten lichtscheuen Formen ist *Piscicola geometra* L., deren Lebensweise weiter unten besprochen werden wird.

Abgesehen von den Landegeln sind alle an das Wasser gebunden, aber viele Süßwasserformen führen während eines Großteils ihres Lebens ein amphibisches Dasein und graben sich Höhlen in feuchte Erde, in denen sie die Kokons ablegen (*Hirudo, Haemopis = Aulostomum*) und wo sie überwintern. In den Tropen graben sich viele Formen in den erstarrenden Schlamm ein; unter ähnlichen Verhältnissen habe ich das gleiche bei *Aulostomum* feststellen können. Nur wenige kommen in fließendem Wasser vor. In der gemäßigten Zone verbringen einige unserer Egel, besonders die Gnathobdellen, den Winter in einer Art Winterschlaf, mehr oder weniger tief in Löchern, vergraben unter Steinen und Brettern; besonders unter letzteren habe ich sie, selbst bei Kältegraden, liegend gefunden. In den Tropen suchen die Egel in Trockenzeiten feuchte Stellen auf. Von *Ozo-*

branchus (Tafel 11, Fig. 10, 11), der bei Schildkröten schmarotzt, berichtet OKA (1922), daß die Tiere, wenn die Wirtstiere an Land gehen, zu runden, fast schwarzen Scheiben eintrocknen, die so hart wie Stein sind. Sie können diesen Zustand acht Tage ertragen, doch quellen sie im Verlaufe von einer Stunde wieder auf, wenn sie wieder ins Wasser kommen.

Die meisten sind in Flachwasser anzutreffen, doch wurden Egel auch in einer Tiefe von 120 m gefangen. In unseren Seen gehen mehrere Arten bis auf 14 bis 15 m tief (BERG 1938). Sie sind in Höhen von 3600 m gefunden worden; einzelne in warmen Quellen von 38° C. Einige Süßwasserformen gehen ins Brackwasser (*Piscicola geometra* [L.], in der Ostsee). Sie scheinen humussäurehaltiges Wasser sehr zu scheuen; in Mooren sind sie weniger vertreten, die *Nephelis*-Arten scheinen an solchen Lokalitäten am ehesten zu gedeihen. Eine einzige Höhlenform ist bekannt (*Dina Absoloni* JOH.); sie soll blind sein.

Wie früher erwähnt, ist die Muskulatur außerordentlich stark entwickelt; sie verleiht den Tieren eine sehr große Beweglichkeit. Ein näheres Studium der Bewegungen der Egel, wie es von GEE (1913), APATHY (1888), aber namentlich von HERTER (1928 bis 1930) in einer Reihe von Untersuchungen in den letzten Jahren angestellt wurde, hat gezeigt, daß man eine Reihe verschiedener Bewegungstypen unterscheiden kann, die jede durch die besondere Art und Weise charakterisiert sind, in der die einzelnen Arten ihre Körper bewegen. Außer 1. der Ruhestellung werden unterschieden 2. Atmungsbewegungen (schwingende Wellen vertikal zur Längsachse der Tiere); 3. Brutpflegebewegungen, besonders bei Knorpelegeln, mit verschiedener Stellung des Körpers, wenn die Tiere Eier, und wenn sie Junge tragen; 4. Suchbewegungen, wobei die Tiere mit dem hinteren Saugnapf befestigt sind und der übrige Körper steif wie ein Stück Holz ins Wasser hinausragt und, sich langsam bewegend, hin und her schwingt (*Piscicola geometra* [L.]); 5. Gangbewegungen, die nach Art der Spannerraupen vor sich gehen, indem zuerst der Mundsaugnapf sich festsaugt, worauf der hintere Saugnapf zu jenem herangezogen wird; dann löst sich der Mundsaugnapf los usw. HERTER hat für *Hemiclepsis marginata* (O. F. M.) gezeigt, daß die Zahl der Schritte mit der Temperatur von 0° bis 20° C kontinuierlich steigt. Bei 0° sind es wenige; bei 36 bis 37° C nehmen sie wieder ab und bei $41^1/_2$° C tritt der Tod ein. 6. Es wird zuweilen angegeben, daß die Egel nicht schwimmen können. Das ist bei den Kieferegeln und den Ichthyobdelliden nicht richtig; ich habe sowohl den Pferdeegel, den medizinischen Egel als auch *Piscicola geometra* (L.) in den mehr zentralen Partien teilweise vegetationsbedeckter Teiche schwimmend angetroffen. Sie schwimmen sehr elegant, indem sie den Körper in großen Bögen auf und nieder bewegen. Auf der Beute nehmen die Egel, besonders beim Blutsaugen, sehr charakteristische Stellungen ein, indem die beiden Saugnäpfe einander dicht genähert sind. Dabei ist die Stellung, wenn das Beutetier schwimmt, fast immer so, daß der hintere Saugnapf nach vorne gewendet ist, die Mundöffnung nach hinten. Wie erwähnt, ist der Saugnapf mit zahlreichen Drüsen ausgestattet; diese geben ein Sekret ab, mit dem das Tier an der Unterlage festgekittet wird; dessen Bedeutung kann am besten erkannt werden, wenn man ein Tier über ein Drahtnetz kriechen läßt. Doch ist unter natürlichen Verhältnissen ebenso wichtig ihre Fähigkeit, die mittlere Partie des Saugnapfes zu heben, um damit einen luftverdünnten Raum zu schaffen. Man merkt sofort, wie stark ein Egel angesaugt ist, wenn man versucht, ihn von einer Glasplatte fortzuziehen.

Von den Egeln sind die Pharyngobdellen und gewisse Kieferegel (*Aulostomum* zum Teil) ausgesprochene Raubtiere, die alle möglichen niederen Tiere angreifen und sie verschlucken oder aus ihnen Stücke herausreißen. Die meisten sind jedoch temporäre, blutsaugende Ectoparasiten an kaltblütigen Tieren. Von den Süßwasseregeln kennen wir mit Sicherheit nur einen temporären, blutsaugenden Endoparasiten, *Protoclepsis tesselata* (O. F. M.), und der saugt an warmblütigen Tieren. Die typischen Raubtiere haben einen wenig komplizierten Darmkanal; bei den Blutsaugern ist der Verdauungstraktus so eingerichtet, daß er sehr große Blutmengen auf einmal aufzunehmen imstande ist. Die zahlreichen, großen Blindsäcke füllen sich beim Blutsaugen in Richtung von hinten nach vorne; sie besitzen saure Reaktion, der Darm alkalische. Die Verdauung des Blutes geht äußerst langsam vor sich und kann sich über ein ganzes Jahr erstrecken (s. unter medizinischer Egel). Die Tiere können sehr lange, wohl über ein Jahr, leben, ohne Nahrung aufzunehmen.

Wie überall, wo man es mit typischen Blutsaugern zu tun hat, trifft man auf eine Symbiose, indem die Blutsauger in bestimmten Organen Mikroorganismen eingelagert haben, die bei der Verdauung des Blutes eine Rolle spielen. Man gibt dieser interessanten Erscheinung zumeist folgende Erklärung. Wohl alle Organismen bedürfen zu ihrer Verdauung der Hilfe von Mikroorganismen; die meisten nehmen diese Mikroorganismen zusammen mit der Nahrung auf. Diejenigen Formen, die ausschließlich von Wirbeltierblut leben, nehmen aber nur sterile Nahrung auf und haben so eine sehr geringe Gelegenheit, die notwendigen Mikroorganismen zu erwerben. Für sie ist es deshalb von Wichtigkeit, daß sie selbst diese Mikroorganismen besitzen, die von Generation zu Generation durch das Eistadium übertragen werden und sich weiterentwickeln, wenn der Organismus seinen Körper aufbaut. Die Mikroorganismen liegen in den Ösophagusdrüsen und sind bei einer Reihe typischer Blutsauger nachgewiesen.

Außer daß die Exkretstoffe durch die Wimpertrichter entfernt werden, geschieht dies auch dadurch, daß sie von amöboiden Wanderzellen ergriffen werden, die durch die Darmwand in das Darmlumen wandern und sie hier ablagern; sie bilden hier die sog. „Kotsteine". Endlich werden die Exkrete auch in der Haut abgelagert und geben hier Anstoß zur Pigmentierung der Haut, indem die Farbe der Körner von der allgemeinen Hautfarbe abweicht.

Wie schon erwähnt, besitzen die Egel fast stets nur diffuse Hautatmung. Sobald das Wasser in den Aquarien schlecht wird, sieht man Kontraktionswellen über ihren Körper verlaufen. Hierauf suchen sie den Wasserspiegel auf, und wird das Wasser richtig schlecht, verlassen sie dieses oft und sitzen oberhalb des Wasserspiegels. Die Pulsfrequenz ist bei einer ruhenden *Nephelis* 10 in der Minute, bei *Helobdella* 12 bis 17; hier wie überall ist sie von der Temperatur sehr abhängig. Über besondere Atmungsorgane s. unter *Ichthyobdellidae*.

Wir verdanken in erster Linie BRUMPT (1901) unsere Kenntnisse über die höchst eigentümlichen Paarungs- und Fortpflanzungsverhältnisse. Während man bei den Kieferegeln ein Paarungsorgan findet, das bei der Paarung in die weibliche Geschlechtsöffnung eingeführt wird, fehlt den anderen Gruppen ein solches. In den männlichen Geschlechtsorganen werden hier dagegen besondere Spermatophoren gebildet, die in seltenen Fällen in der weiblichen Geschlechtsöffnung angebracht werden, normalerweise jedoch irgendwo an der Haut. Indem die Spermatophoren auf die Haut mechanisch einwirken, dringen die Spermatozoen durch diese in die Leibeshöhle ein. Bei jeder Paarung setzt normalerweise jedes Tier auf dem Körper des Partners eine Spermatophore ab. Die Spermatozoen dringen durch die Leibeshöhle zu den Eiern vor, wo die Befruchtung stattfindet. Näheres s. bei den einzelnen Arten.

1. Unterordnung: **Rhynchobdellae (Rüsselegel).**

Die Rüsselegel, *Rhynchobdellae*, sind Blutsauger, vorwiegend an kaltblütigen Wirbeltieren. Sie sind vor allem ausgezeichnet durch den vom Boden der Mund-

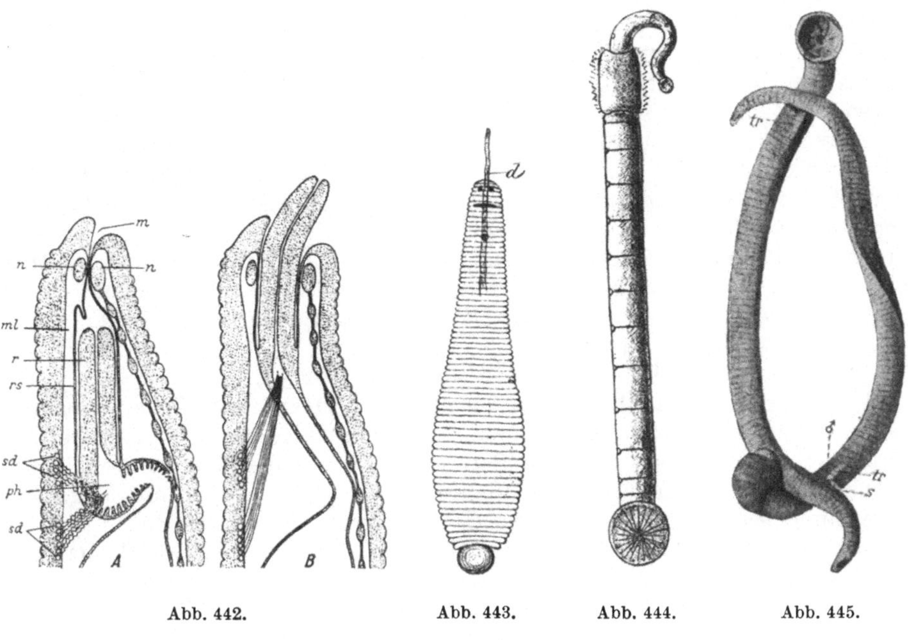

Abb. 442.   Abb. 443.   Abb. 444.   Abb. 445.

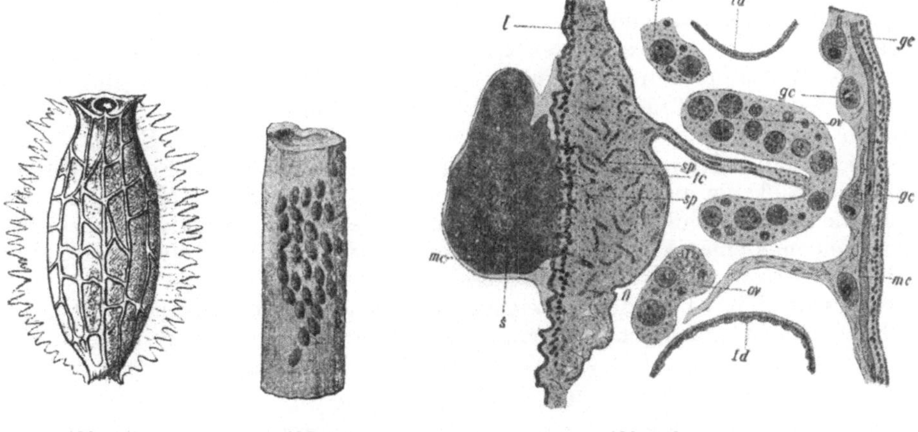

Abb. 446.   Abb. 447.   Abb. 448.

Abb. 442. Schema des Vorderdarmes eines Rüsselegels. *A* Rüssel eingezogen, *B* beim Vorstrecken. *m* Mund; *ml* Medianlacune; *n* Nervensystem; *ph* Pharynx; *r* Rüssel; *rs* Rüsselscheide; *sd* Speicheldrüse. (HERTER, Biol. d. Tiere Deutschlands.)

Abb. 443. *Herpobdella stagnalis* (L.). *d* Rüssel vorgestreckt. (BUDGE 1849.)

Abb. 444. *Piscicola geometra* (L.). Tier in Bauchansicht, den Kokon bildend. (BRUMPT 1901.)

Abb. 445. Zwei Tiere in Paarung. *tr* Sperma, das durch die Haut scheint; *s* Sperma, das ausgetreten ist; ♂ männliche Geschlechtsöffnung. (BRUMPT 1901.)

Abb. 446. Kokon, stark vergrößert. (BRUMPT 1900.)

Abb. 447. Auf einem Pflanzenstiel abgesetzte Kokons. Nat. Größe. (JOHANSSON 1929.)

Abb. 448 zeigt die Art, wie das Sperma in den Körper des Partners eindringt. *gc* Clitellardrüsen; *ov* Ovarium, mehrere Schnitte; *s* Spermatophor; *sp* Spermatozoen, die in das Leitungsgewebe *te* eindringen; *td* Verdauungskanal; *mc* Muskeln; *l* Membran. (BRUMPT 1901.)

höhle ausgehenden Rüssel, der in der Ruhe in einer Rüsselscheide eingezogen liegt, der aber bei Verwendung aus der Mundöffnung vorgestreckt wird; er kann ein Drittel der Körperlänge einnehmen (Abb. 442). Die großen Speicheldrüsen münden am Boden der Rüsselscheide. Das Organ ist weich; es ist nun sehr merkwürdig, daß die Egel damit die Haut des Opfers anbohren können. Der Magen, bei den Knorpelegeln auch der Darm, sind, dank der Ausstattung mit einem System von sehr großen Blindsäcken, imstande, große Quantitäten Blut aufzunehmen. Es ist ein gut entwickeltes Blutgefäßsystem vorhanden (s. oben). Der Samen wird in Form von Spermatophoren abgegeben, die gewöhnlich am Körper der Partner abgesetzt werden. Sie leben im Süßwasser und im Meer, nicht auf dem Lande. Zu den Rhynchobdellen gehören zwei Familien, die *Ichthyobdellidae* oder Fischegel und die *Glossiphoniidae* oder Knorpelegel.

Fam. *Ichthyobdellidae (Fischegel)*.

Diese Familie umfaßt hauptsächlich marine Formen; fast alle marinen Egel gehören hierher; im Süßwasser kommen immerhin einige, in vieler Hinsicht sehr interessante Formen vor, die besonders in bezug auf die Atmungsverhältnisse manches Bemerkenswerte zeigen. Während die übrigen Egel nur allgemeine Hautatmung besitzen, trifft man bei den Ichthyobdelliden des Süßwassers auf besondere Organe, die im Dienste der Respiration stehen. Die seitlichen Teile des bei der Leibeshöhle besprochenen Lacunensystems können an den Seiten der Tiere als Blasen vorspringen. Diese sind bei *Piscicola geometra* (L.) schwach entwickelt, stärker bei *Cystobranchus respirans* TROSCHEL (Abb. 440). Sie liegen außerhalb der Muskulatur und sind abgeschnürte Teile des Lacunensystems, mit welchem sie durch Kanäle in Verbindung stehen. Sie sind innen mit Muskulatur ausgestattet und durch eine unvollständige Scheidewand in zwei Hälften geteilt; sie können pulsieren. Diese Seitenblasen verengern und erweitern sich in regelmäßigem Rhythmus von vorne nach hinten fortschreitend; bei *Cystobranchus respirans* TROSCHEL (Tafel 11, Fig. 5) zirka zehnmal in der Minute. Bei gewissen ausländischen Formen (*Ozobranchus quatrefagesi* POIRIER und BORHELMUNT) finden sich fädige Kiemen. Die Gattung *Ozobranchus* (Tafel 11, Fig. 10, 15) lebt sowohl im Süß- als auch im Salzwasser; im Süßwasser in der Mundhöhle von Krokodilen, Sumpfschildkröten und Pelikanen. Sie war schon HERODOT bekannt, der von einem kleinen Vogel *(Pluvianus aegypticus)* berichtet, welcher ungestraft im Maul des Krokodils die Egel aufsucht.

Wahrscheinlich ist es diesen Respirationsorganen zu verdanken, daß bei den Ichthyobdelliden nicht jene schwingenden Atmungsbewegungen vorkommen,

---

Tafel 11. **Hirudinea**.

Fig. 1. *Hirudo medicinalis* (L.). 10 bis 16 cm. Fig. 2. *Haemopis sanguisuga* (L.) = *Aulostomum gulo*. 10 bis 15 cm. Fig. 3. *Hemiclepsis marginata* (O. F. M.). 2 bis 3 cm. Fig. 4. *Marsupiobdella africana* GODDARD und MALAN. Zwei Junge ragen aus dem Brutraum heraus. 15×. (BYCHOWSKY 1921.) Fig. 5. *Cystobranchus respirans* TROSCH. *O* Mund; *G* männliche, *g* weibliche Geschlechtsöffnung; *B* Seitenblasen. 2 bis 4 cm. Fig. 6. *Piscicola geometra* (L.). 2 bis 5 cm. Fig. 7. *Glossiphonia complanata* (L.). 2 bis 3 cm. Fig. 8. *Trachelobdella sinensis* BLANCHARD. 4×. Fig. 9. *Glossiphonia heteroclita* (L.). $^1/_2$ bis 1 cm. Fig. 10. *Ozobranchus jantseanus* OKA, Egel mit elf Paar fingerförmigen, aufgespaltenen Kiemen. Lebt auf Schildkröten. Zur Trockenzeit und wenn die Schildkröten an Land leben, trocknen sie ein, wie Fig. 11 zeigt. Sobald die Tiere wieder ins Wasser kommen, leben sie wieder auf. 6×. Fig. 12. *Glossiphonia complanata* (L.) im Begriff, den zweiten Kokon abzulegen. Die Eier sammeln sich bei *ov. c* erster Kokon, vor zwei Stunden abgelegt; *1, 2* und Hauptfigur geben die drei Stellungen bei der Eiablage an. 3 cm. Fig. 13. *Haementeria officinalis* FIL. Südamerika, wird wie der medizinische Egel in Europa verwendet. Zirka 10 cm. Fig. 14. *Haementeria costata* (FR. MÜLLER). Fig. 15. *Ozobranchus quatrefagesi* (POIRIER und ROCHEBRUNE). *1.* fingerartige, verzweigte Kiemen; *2.* Magenblindsäcke; *3.* Darm. Findet sich im Munde bei Krokodilen, Schildkröten und Pelikanen. Fig. 16. *Nephelis octoculata* (L.). (= *Herpobdella octoculata*). 2 × 5 cm. Fig. 17. *Acanthobdella peledina* GRUBE. — Fig. 1, 2, 3, 7, 9, 16 nach JOHANNSON 1929. Fig. 4 nach BYCHOWSKI 1921. Fig. 5 nach CLAUS-GROBBEN 1932. Fig. 6 nach DOFLEIN 1914. Fig. 8 und 15 nach SCRIBAN und AUTRUM in Handb. d. Zool. Fig. 10 und 11 nach OKA 1922. Fig. 12 nach BRUMPT 1901. Fig. 13 nach BRUMPT 1901. Fig. 14 nach KOWALEWSKY 1900. Fig. 17 nach LAMEERE 1931.

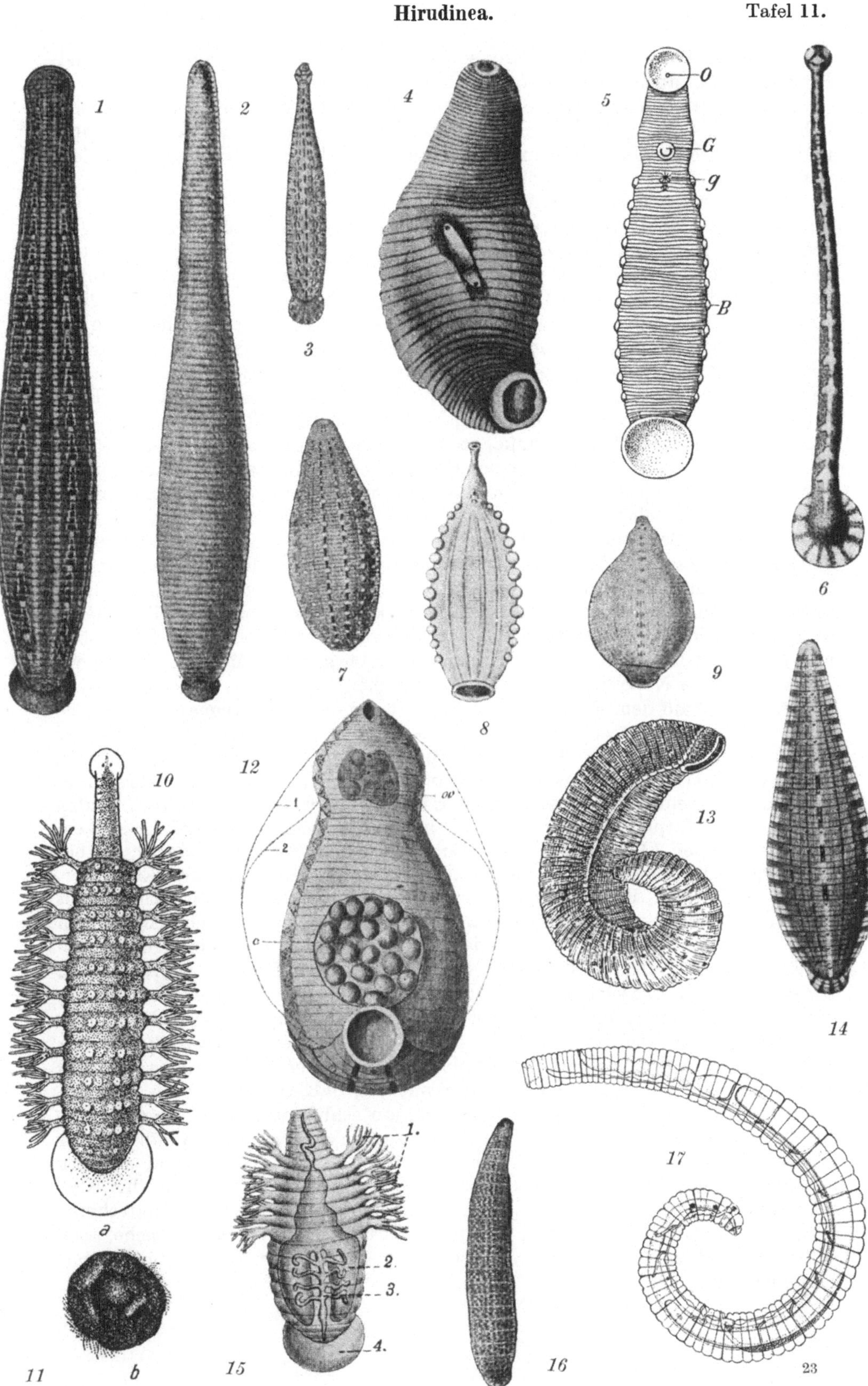

die, wenn das Wasser schlecht wird, sonst für so viele Egel charakteristisch sind. Hierher gehört auch *Trachelobdella* (Tafel 11, Fig. 8).

In den mitteleuropäischen Süßwässern sind die Ichthyobdelliden hauptsächlich durch *Piscicola geometra* (L.) vertreten. *Cystobranchus respirans* TROSCHEL und eine nahestehende Art ist in Deutschland viel seltener. Der erstgenannte lebt hauptsächlich in der Kiemenhöhle von Quappen.

Überall, wo man die Dredge über Chara, Wasserpest, Myriophyllum und Ceratophyllum zieht, wird man einen sehr langgestreckten, schönen, grünen, weiß gefleckten Egel, *Piscicola geometra* (L.) (Tafel 11, Fig. 6) fangen. Der hintere Saugnapf ist ungemein groß und mit 14 dunklen, radiär verlaufenden Streifen versehen und zugleich mit 14 Flecken, deren Bau die Vermutung zuläßt, daß diese Hell und Dunkel unterscheiden können. Der vordere Saugnapf ist nicht so groß. Flecke von gleichem Bau finden sich auch bei *Cystobranchus* (Tafel 11, Fig. 5). Hält man die Tiere durch einige Zeit in einem Aquarium, so wird es einem, selbst bei genauerer Nachforschung, vorkommen, als wären sie verschwunden. Doch sind sie sicher alle zugegen, aber sie haben sich an den Pflanzen befestigt und sitzen auf ihnen, wie lange, dünne, steife Zweige weggestreckt, die sehr häufig einen beinahe rechten Winkel mit der Pflanze bilden. In dieser Stellung können sie stunden- und tagelang sitzen. Sie passen ausgezeichnet in die Umgebung hinein und gleichen viel eher starren Zweigen als lebenden Tieren. Bloß wenn man das Wasser in Bewegung versetzt oder, noch besser, wenn man einen kleinen Fisch in das Wasser bringt, werden alle diese anscheinend leblosen Gebilde augenblicklich beginnen, hin und her zu schwingen. Es sieht so aus, als ob die Tiere etwas suchten. Bringt man einen Glasstab oder einen Bleistift in ihre Nähe, so greifen sie darnach, aber sie werden ihren Sitz auf der Pflanze nicht freigeben und lieber den fremden Körper fahren lassen. Im gleichen Moment jedoch, wo der Fisch in die Nähe des Egels kommt, strecken sie sich aus, befestigen ihren Mundsaugnapf auf dem Fisch und lassen mit ihrem hinteren Saugnapf die Pflanze los; im Verlauf von einer Sekunde sind sie auf dem Fisch befestigt. Es ist eine sehr häufige Erscheinung, daß man Süßwasserfische, besonders Karpfenfische, findet, die 20 bis 30 Egel tragen. In Karpfenteichen können sie eine wahre Plage werden. In einem Teich, dessen Wasser im Januar ausgelassen wurde, fanden sich auf den Karpfen auffallend große, im ausgestreckten Zustand zirka 8 cm lange Individuen (Abb. 449 u. 450). Sobald sie befestigt sind, bohren sie ein Loch und beginnen zu saugen. Die Fische tragen lange die von den Egeln herrührenden Zeichen. Es ist interessant zu sehen, in welch unglaublich kurzer Zeit ein Aquariumfisch alle im Aquarium vorhandenen Egel auf sich aufsammeln kann. Hie und da verläßt der Egel den Fisch, aber er ist doch ein ziemlich stationärer Parasit. Man weiß, daß er einen Monat lang auf ihm verbleiben kann. Sie schwimmen ausgezeichnet; ein Aquarium mit ungefähr 20 dieser haardünnen, grün und weiß gefleckten Würmer ist sehr schön anzusehen, der große, hintere Saugnapf wirkt als Schwimmapparat. Nur selten stirbt der Fisch an der Wirkung des Saugens der Egel, er müßte sie denn in bedeutender Menge tragen, aber sie werden unruhig und magern ab. Schlimmer ist, daß die zahlreichen Wunden Angriffsstellen für Schimmelpilze darstellen, am schlimmsten von allem jedoch, daß durch ihren Stich verschiedene Blutparasiten, Trypanosomen u. a., übertragen werden. *Trypanosoma carassii* entwickelt sich im Darm des Egels und wandert von hier in die Rüsselscheide des Wirtes, worauf es mit dem Stich in das Blut des Goldfisches übertragen wird. Man kennt eine ganze Reihe von Blutschmarotzern, deren Lebenslauf an Egel und deren Wirte, in erster Linie an Fische, aber außerdem auch an Amphibien und besonders deren Larven, sowie Schildkröten gebunden ist.

Im Gegensatz zu den meisten übrigen Egeln ist *P. geometra* (L.) ein ziemlich lichtliebendes Tier, das nicht selten die Lichtseiten des Aquariums aufsucht; starkes Sonnenlicht jedoch tötet es ab. Es ist ein ausgesprochenes Wassertier, das nicht wie so viele andere Egel Austrocknung verträgt.

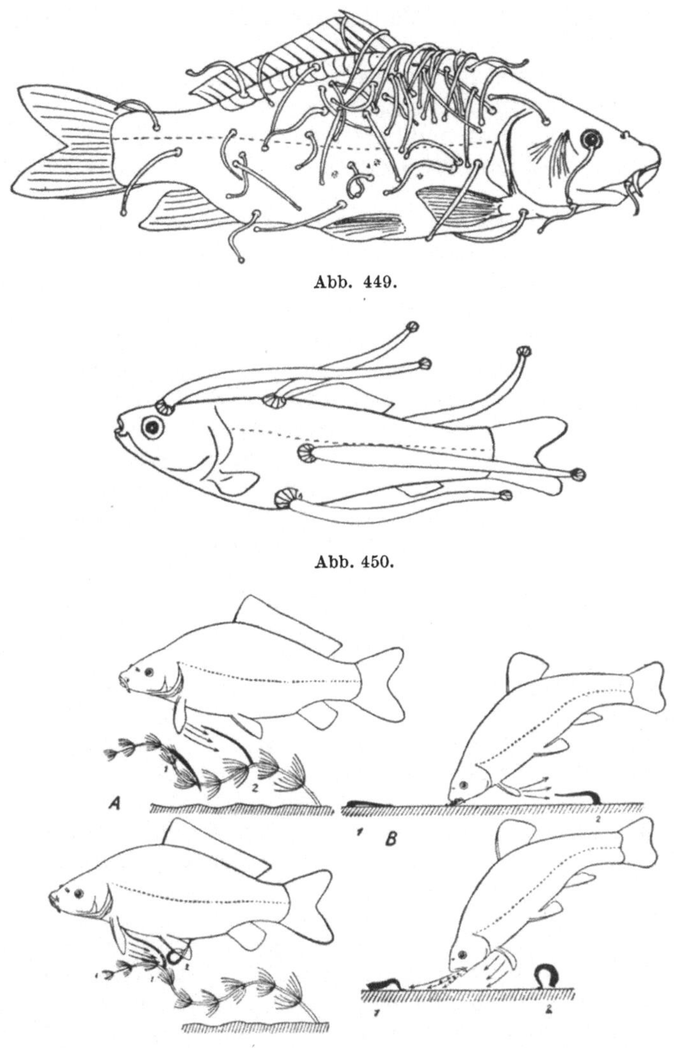

Abb. 449.

Abb. 450.

Abb. 451.

Abb. 449. Ein Karpfen, mit *Piscicola geometra* (L.) bedeckt. (PLEHN 1924.)

Abb. 450. Fünf Exemplare auf einem schwimmenden Fisch. (GELEI 1927.)

Abb. 451 zeigt die Art, wie die Egel durch die von den Flossen oder dem Munde erzeugten Wasserströmungen alamiert werden; die Egel werfen sich dann auf den Fisch. *A P. geometra* (L.). *B Hemiclepsis marginata* (O. F. M.). (HERTER 1929.)

Die Paarung (Abb. 445) geht vor sich, wenn das Tier an Pflanzen oder Fischen befestigt ist. Die Tiere sitzen umschlungen und haben ihre Paarungsfelder einander dicht genähert. Der Samen ist in den großen, sog. Pseudospermatophoren gesammelt, die beide Tiere am Körper des anderen befestigen (Abb. 448). Von diesen Pseudospermatophoren dringt der Samen durch die Haut aktiv ein und gelangt in ein Bindegewebe von ganz besonderer Natur. Dieses ist durch Stränge mit den Eierstöcken verbunden. Durch diese Stränge erreichen die Spermatozoen die Eier, worauf die Befruchtung erfolgt. Die Eier werden in Kokons abgelegt, die vom Clitellum gebildet werden (Abb. 444). Jeder Wurm gibt eine Anzahl Kokons ab. Diese sind braun und tragen an ihrer Oberseite eigentümliche Leisten. An den unterseeischen Pflanzen des Furesees sind diese Reihen oder Flecken von Kokons nicht selten (Abb. 446 u. 447). Wie überall bei den Fischegeln befindet sich im Kokon nur ein Ei mit wenigen Dotterzellen. Der Embryo ernährt sich von der Eiweißsubstanz, in der er schwimmt. Wenn die Jungen auskriechen, sind sie fadendünn und haben einen bemerkenswert großen, hinteren Saugnapf. In diesem Stadium schwimmen sie vorwiegend frei herum.

Fam. *Glossiphoniidae = Clepsinidae (Knorpelegel)*.

Die zweite Gruppe von Rüsselegeln bilden die *Glossiphoniidae*, die unter dem Namen Clepsiniden besser bekannt sind und die gewöhnlich als Knorpelegel bezeichnet werden. Es ist die größte Gruppe der mitteleuropäischen Egel; die Fauna umfaßt wahrscheinlich mehr als ein Dutzend Arten. Die wichtigsten Artmerkmale geben Augenanzahl und Augenstellung ab. Die meisten hierhergehörenden Formen, die alle kriechende, nicht schwimmende Tiere sind, besitzen einen recht breiten und flachen Körper. Der Mundsaugnapf ist schwach abgesetzt, während der hintere Saugnapf sehr gut entwickelt ist. Selbst zur Paarungszeit ist das Clitellum nur wenig ausgebildet. Die Farben sind lebhaft: braun, braungelb, grün, oft mit Längsreihen dunklerer Punkte. Die Mehrzahl dieser Formen findet sich unter Steinen, auf der Unterseite von Zweigen, in den Blattscheiden der großen Wasserpflanzen, stets an Stellen, wo das Licht gering ist; in starkem Sonnenlicht sterben sie im Verlauf von wenigen Minuten ab. Da die Tiere halb durchsichtig sind, scheint der Darmkanal mit seinen Blindsäcken, besonders wenn die Tiere gut genährt sind, sehr deutlich durch. Die Anzahl, Größe und Form der Blindsäcke sind von Art zu Art verschieden und haben deshalb systematische Bedeutung.

Es wird allgemein angegeben, daß die Knorpelegel hauptsächlich von Schnecken leben. Nähere Untersuchungen fehlen; augenscheinlich verhalten sich die verschiedenen Arten sehr verschieden. Die Angabe dürfte wohl für die kleineren Arten richtig sein. Holt man Schnecken vom Grund des Esromsees herauf und seziert die da häufig vorkommende Kiemenschnecke *Bithynia tentaculata*, so wird man auffallend oft die kleine *Glossiphonia heteroclita* (L.) finden. Hat man 100 *Bithynia tentaculata* in einem Gefäß isoliert, so kann man am nächsten Morgen fast immer 10 bis 15 Stück dieses Egels finden, die entweder an den Seitenwänden des Glases oder auch auf den Schnecken sitzen. In den vielen tausenden Schnecken, die ich bei meinen Trematodenuntersuchungen seziert habe, habe ich niemals andere Egel in anderen Schnecken und *G. heteroclita* (L.) niemals in anderen Schnecken als in *Bithynia tentaculata* und *Planorbis carinatus* gefunden. Andere Untersucher haben andere Egel auf ähnliche Weise gefunden (*Glossiphonia complanata* [L.]; Abb. 452). Die größeren Formen geben sich mit Schnecken nur zufrieden, wenn sie andere Nahrung nicht finden. Die kleine *Hemiclepsis marginata* (O. F. M.) (Tafel 11, Fig. 3; Abb. 431, 451 bis 453), die durch einen großen, gut abgesetzten Mundsaugnapf und vier Augen charakterisiert ist und die schon von O. F. MÜLLER beschrieben worden ist, saugt Blut sowohl bei Fischen als auch bei Fröschen, aber ist nicht in dem Grad ein stationärer Parasit wie *P. geometra* (L.). Man findet sie sehr oft auf Wasserpflanzen, häufig in fließendem Wasser (z. B. Susaa) oder an Ufern mit recht starkem Wellenschlag (Esromsee), im Wurzelgeflecht kleinerer Seen (Frederiksborger Schloßteich).

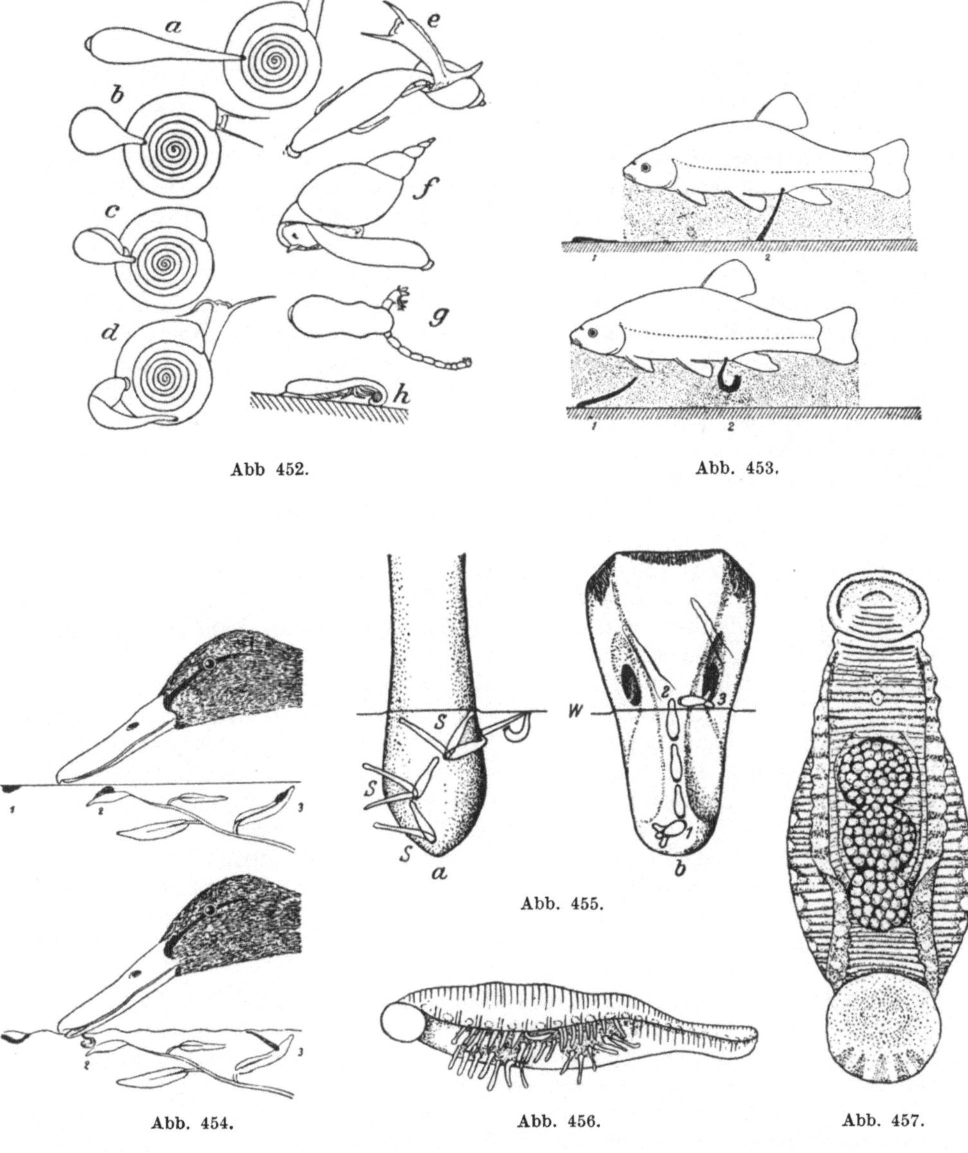

Abb 452.

Abb. 453.

Abb. 454.

Abb. 455.

Abb. 456.

Abb. 457.

Abb. 452. *Glossiphonia complanata* (L.) bei der Nahrungsaufnahme. *a* bis *d* einer Planorbis; *e*, *f* ein Egel mit Jungen, eine *Limnaea* aussaugend; *g* eine *Helobdella*, sich einer Chironomuslarve bemächtigend; *h* Egel mit Jungen am Bauch. (*f* nach HESSE, die übrigen nach HERTER 1929.)

Abb. 453. *Hemiclepsis marginata* (O. F. M.). Der Egel wird durch den Schatten eines Fisches alarmiert und geht in 2 auf ihn über. (HERTER 1929.)

Abb. 454. Entenegel, *Protoclepsis tesselata* (O. F. M.). Oben drei Egel in Ruhe; unten alarmiert durch das Schnäbeln der Ente an den Wasserlinsen. (HERTER 1929.)

Abb. 455 zeigt, wie der Egel, wenn man einen Glasstab zusetzt, darauf übergeht, aber wieder weggeht, wogegen er auf einem Entenschnabel sofort in die Nasenlöcher eindringt. (HERTER 1929.)

Abb. 456. Desgl., Bauch mit Jungen bedeckt. (PAWLOWSKI 1936.)

Abb. 457. Desgl., mit drei Eikapseln. (PAWLOWSKI 1936.)

Sie hat eine schöne, tiefdunkelgrüne Farbe und zahlreiche, in vier Reihen angeordnete Flecken schwarz gefärbter Warzen. Sie kann nicht wie *Piscicola geometra* (L.) schwimmen, dagegen kriecht sie mit großer Schnelligkeit.

Wohl unser größter Knorpelegel, *Protoclepsis (Clepsine) tesselata* (O. F. M.) (Abb. 432), gleichfalls eine von O. F. MÜLLERS Arten, geht in Deutschland unter dem Namen Entenegel. Dieser hat acht Augen in zwei Reihen. Er hat im Alter eine eigentümlich weiche, knorpelartige Konsistenz und eine schmutziggrüne, vollkommen einheitliche Farbe; nur die großen Blindsäcke scheinen, wenn das Tier gut genährt ist, durch die Haut des merkwürdigen weichen, halb durchsichtigen Geschöpfes hindurch. Man findet es zumeist unter halbverfaulten Bäumen, es gleicht zusammengezogen einer algenartigen Gallertmasse. Den Namen Entenegel hat es daher erhalten, weil es an verschiedenen Vögeln Blut saugt, aber nur an den Schleimhäuten des Schlundes. Wenn die Enten in den Ententeichen schnäbeln (Abb. 454 u. 455) und sie kommen in die Nähe des Egels, schwingen sich diese auf den Schnabel, kriechen durch die Nasenlöcher und setzen sich in der Mundhöhle oder den Schleimhäuten des Schlundes fest. Man findet sie auch bei Schwänen und Lappentauchern, ja auch im Schlund des Seeadlers sind sie gefunden worden. Wenn sie in Ententeichen oder in zoologischen Gärten in größeren Mengen auftreten, sind sie ein gefährlicher Gast. Bei Straßburg haben sie eine große Sterblichkeit unter Enten und Gänsen verursacht; schon vier bis fünf Stück reichen aus, um einen Vogel zu töten. Die Luftröhre wird verstopft und der Wirt stirbt den Erstickungstod.

In vieler Beziehung ist *Protoclepsis tesselata* (O. F. M.) ein merkwürdiges Tier.

Man sollte ja glauben, daß ein Tier, das in solchem Grad auf einen ganz bestimmten Modus des Nahrungserwerbes eingestellt ist, nämlich auf das Blutsaugen in der Luftröhre von Vögeln, nur selten Gelegenheit besitzt, sich Nahrung zu verschaffen. Dies dürfte wohl auch der Fall sein. Die Art ist in meinem Untersuchungsbereich nicht gerade selten. Bisher habe ich sie nur in zwei Größen angetroffen, ungefähr $1^1/_2$ cm und 4 bis 5 cm lang. Im ersten Stadium ist das Tier tiefdunkelgrün, im zweiten lichtgrün, halb durchscheinend. HERTER hat auch scharf unterschiedene Größen konstatiert, glaubt aber vier feststellen zu können.

Als Resultat seiner eingehenden Untersuchungen gibt HOTZ (1938) über den Lebenslauf von *Protoclepsis tesselata* (O. F. M.) folgendes an. Ein aus einem Gelege vom 7. VII. 1932 stammender ganz kleiner Egel saugte am 6. IX. 1932 zum erstenmal an einer Hausente Blut; zweite Nahrungsaufnahme erfolgte am 11. X. 1932; die dritte am 8. III. 1933. Kopulation vom 17. VI. bis 3. VII. 1933. Am 13. VII. 1933 legte er drei Kokons ab, die er bis 22. VII. 1933 hütete. Die Jungen wurden getragen bis Ende August, wo sie fertig ausgebildet waren. HOTZ zeigt nun, daß das alte Tier mit den Jungen in den Nasenhöhlen einer Hausente verschwand. Die Jungen saugten Blut, die Alte wurde wieder und immer wieder nach kurzer Zeit hinausgeschneuzt, ohne daß das Tier Nahrung aufgenommen hatte. Es schwächte ab und starb am 25. X. 1933. HOTZ zeigt, daß die Speicheldrüsen des alten Egels obliterieren, weshalb er nicht mehr Blut bekommen kann. Es scheint, als ob das alte Tier mit den Jungen am Bauch eine Ente aufsuche und dann selbst zugrunde gehe. Lebensdauer 16 Monate. Es hat sich gezeigt, daß das Tier Hungerperioden von zirka neun Monaten aushalten kann; so kann das Tier dreieinhalb Jahre alt werden, wovon zweieinhalb Jahre im juvenilen Zustand durchlaufen werden.

Protoclepsis kommt in vier ziemlich stark gesonderten Größenklassen vor. Zwischen jeder liegt eine Blutmahlzeit; die erste Größenklasse ist nur zirka 5 mm lang. Nachdem sie ihre Vorder- und Mitteldarmdivertikel mit Blut angefüllt haben, gehen sie wieder ins Wasser, wo sie die Blutmasse im Lauf von zirka drei Wochen aufgebraucht haben. Sie haben dann Größenklasse 2 (zirka 13 mm) erreicht. Dann saugen sie wieder Blut und erreichen dann Größenklasse 3 (zirka 23 mm). Alle diese Klassen bestehen aus juvenilen Egeln; wenn sie aber noch einmal, und dies zum letztenmal, Blut bekommen und eine Größe von 3 bis 5 bis 7 cm erreicht haben, werden sie geschlechtsreif. Hotz zeigt, daß, wenn die dritte Nahrungsaufnahme erst im Herbst erfolgt, die Egel dann überwintern. Die Blutmasse wird aber nicht aufgebraucht vor dem Frühjahr; während des Winters zeigen nämlich die Darmdivertikel die gleiche Füllung.

Die Copula dauert sehr lange, zwischen zwei und drei Wochen. Zehn Tage später beginnt die Eiablage. Es kommt nur zu einem Gelege, das in zwei bis fünf sehr zarthäutigen Kokons abgelegt wird. Das Tier sitzt über ihnen, bis die Jungen herauskommen (zirka zehnter Tag). Diese werden von der Mutter getragen. Die Jungen sind mit Dotter gefüllt, und wenn er aufgebraucht ist, werden sie zu Blutsaugern.

Herter hat sehr schön gezeigt, daß, wenn man einer ruhenden *Protoclepsis* einen Glasstab nähert (Abb. 455), sie nicht reagiert, streicht man aber Substanz aus der Schwanzdrüse eines Entenvogels auf den Stab, so tritt die Reaktion augenblicklich ein. Der Egel besitzt ja in seinen Chemorezeptoren ein Mittel, um die Nähe einer Beute wahrzunehmen.

Auch in anderer Hinsicht zeigt *Protoclepsis tesselata* (O. F. M.) ein merkwürdiges Verhalten. Als Knorpelegel besitzt er ja keinen Penis, im Gegensatz zu den Gnathobdellen; aber der äußere Teil der männlichen Geschlechtsorgane wird doch als solcher verwendet und bei der Paarung in die weibliche Geschlechtsöffnung eingeführt. Das Sperma wird hier also direkt übertragen und nicht durch Pseudospermatophoren auf den Körper des Partners.

Helobdella stagnalis (L.) = *Clepsine bioculata* (Abb. 430) mit nur zwei Augen ist leicht an dem eigentümlichen, rhomboidalen Fleck auf der Mittellinie des Rückens ein wenig hinter den Augen erkenntlich. Was dieser Fleck ist, weiß man nicht mit Sicherheit. Es wird angegeben, daß es sich um einen Rest des sog. Dorsalorgans handelt, einer embryonalen Drüse, die bei den jungen Individuen eine byssusartige Masse absondert, mit welcher das Junge am Muttertier befestigt ist. Bei *G. heteroclita* (L.) findet sich etwas Ähnliches, aber nur bei jüngeren Tieren. Die beiden genannten Arten sind gerade diejenigen, welche die Eier und Jungen auf ihrer Bauchseite festkleben. *Helobdella stagnalis* (L.) kann in verschiedenen Kleinseen, besonders im Wurzelfilzwerk von Erlen und Weiden, in sehr großen Mengen auftreten.

Gewisse hierhergehörige Formen in Osteuropa, z. B. *Haementeria costata* (Fr. M.) (Tafel 11, Fig. 14), greifen auch badende oder watende Menschen an. Sie sind eine Plage für die Leute, die Rohr und Schilf schneiden, und sie waren auch im Weltkrieg sehr lästig. Als man dann später daranging, sich mit dieser Form näher zu befassen, war es, weil man mit gutem Grund vermutete, daß sie beim Stechen, das ziemlich schmerzfrei ist, das sog. Fünftagefieber oder Sumpffieber übertragen. Aus Mexiko wird von einer anderen *Haementeria*-Art berichtet, *H. officinalis* Fil. (Tafel 11, Fig. 13), die gleichfalls den Menschen anfällt und die medizinisch verwendet wird, ganz so wie der medizinische Blutegel verwendet worden ist. Bei diesem blutsaugenden Knorpelegel sind die Ränder des vorderen Saugnapfes zum Teil zusammengewachsen, so daß nur eine kleine Öffnung vorhanden ist, die in einen Kanal führt, durch welchen das Blut in den Darmkanal befördert wird. Die Wunde, die sie erzeugen, ist sehr klein, abgerundet, nicht dreieckig, wie sie der medizinische Egel hervorruft.

Wie so viele Blutsauger können die Glossiphonien, wenn sie nur eine reichliche Mahlzeit zu sich genommen haben, sehr lange leben, ehe eine neue Nahrungsaufnahme stattfindet. Es wird angegeben, daß mehrere Arten nur eine Mahlzeit im Jahr benötigen, und da die meisten nur drei bis vier Jahre alt werden sollen, sind es nur wenige Mahlzeiten, die sie einnehmen. Ich selbst habe *Protoclepsis tesselata* (O. F. M.) ohne Futter durch neun Monate am Leben erhalten und zahlreiche *Glossiphonia complanata* (L.) (Tafel 11, Fig. 7) sieben Monate hindurch.

Die Samenübertragung geschieht bei den verschiedenen Formen auf etwas verschiedene Weise, aber immer durch Pseudospermatophoren. Es dürfte die Regel sein, daß diese bei der Paarung wechselseitig auf beiden Tieren an irgendwelchen Stellen des Körpers abgesetzt werden (Abb. 458 u. 459). Die Egel können sich öfter paaren und eine ganze Anzahl absetzen und diese verbleiben lange auf der Haut. Diese gibt unter dem Druck der Spermatophoren nach und die Spermatozoen dringen überall ein und erreichen zuletzt die Eier, welche dann befruchtet werden. Die Spermatozoen, die keine Verwendung finden, werden phagocytiert. Hierauf werden sie in die Wimpertrichter befördert und ausgestoßen; die Tiere behandeln sie wie Exkretstoffe.

Seit alten Zeiten wird angegeben, daß die Clepsinen Brutpflege besitzen; soviel steht fest, daß nämlich diese Eigenschaft im eigentlichen Sinn nur einer einzigen Art zugeschrieben werden kann und daß sie sonst in vielen verschiedenen Abstufungen bei den verschiedenen Arten zu finden ist. Nicht leicht wird man sonst im Tierreich deutlicher sehen wie hier, wie Brutpflegeinstinkte und morphologische Umbildungen Hand in Hand gehen.

Die Eier der Glossiphonien werden in Kapseln abgelegt (Tafel 11, Fig. 12; Abb. 461 u. 462), aber die Wand dieser Kapseln ist überaus dünn und durchsichtig; sie enthalten eine größere Anzahl zumeist lichtgrüner Eier. Man findet sie oft an Wasserpflanzen angeklebt. In den meisten Fällen wird man wohl auch einen Knorpelegel über ihnen antreffen. Er sitzt darauf mit emporgewölbter Bauchseite, bis die Jungen auskriechen, worauf sich diese an ihm festheften. Bis die Jungen ausgekrochen sind, nimmt das Weibchen keine Nahrung auf und sitzt unbeweglich an derselben Stelle. Oft kann man beobachten, daß es schwingende Atembewegungen mit dem ganzen Körper ausführt. Entfernt man die Mutter, so sterben die Eier in der Regel ab. Die kleineren Arten befestigen die Eier auf ihrer Bauchseite. Sie wandern mit den Eikapseln oder den Jungen, die sie in einem Klumpen auf der Unterseite tragen, herum. In den meisten Fällen ist diese Befestigung nur rein mechanischer Art, ohne daß man weder beim Muttertier noch bei den Jungen besondere Anpassungen nachweisen kann. Bei gewissen Arten, *Glossiphonia heteroclita* (L.) und *Helobdella stagnalis* (L.) (Abb. 462 u. 463), hat man jedoch eigentümliche Umbildungen derjenigen Hautpartien feststellen können, auf denen die Jungen sitzen. Gleichzeitig hat man gesehen, daß vom Rand des Saugnapfes der Jungen Vorsprünge ausgehen, die zwischen die erhöhten Partien der Haut der Mutter eingreifen. In diesen Fällen sind die Jungen an der Mutter direkt verankert und lassen sich nur mit Gewalt losreißen. Ein Beweis dafür, daß irgendwo eine direkte Nahrungsübertragung aus dem mütterlichen Gewebe auf die Jungen stattfindet, ist nirgends erbracht worden, dagegen wohl, daß die Jungen, die ständig festsitzen, an dem gleichen Opfer saugen, welches das Muttertier eingefangen hat und aussaugt. Die Jungen verweilen auf der Mutter zwei bis drei Wochen, bei einer Art zwei bis drei Monate. Die höchste Entwicklung in dieser Beziehung erreicht die afrikanische *Marsupiobdella africana* GODDARD und MALAN (Tafel 11, Fig. 4), wo man eine richtige Bruthöhle, eine beutelartige Bildung, in der Mitte des Körpers findet, in der die Eier liegen und wo die Entwicklung vor sich geht.

Man hat einige Experimente angestellt, um sich darüber klar zu werden, ob man bei den Glossiphonien von einem wirklichen Brutpflegeinstinkt sprechen

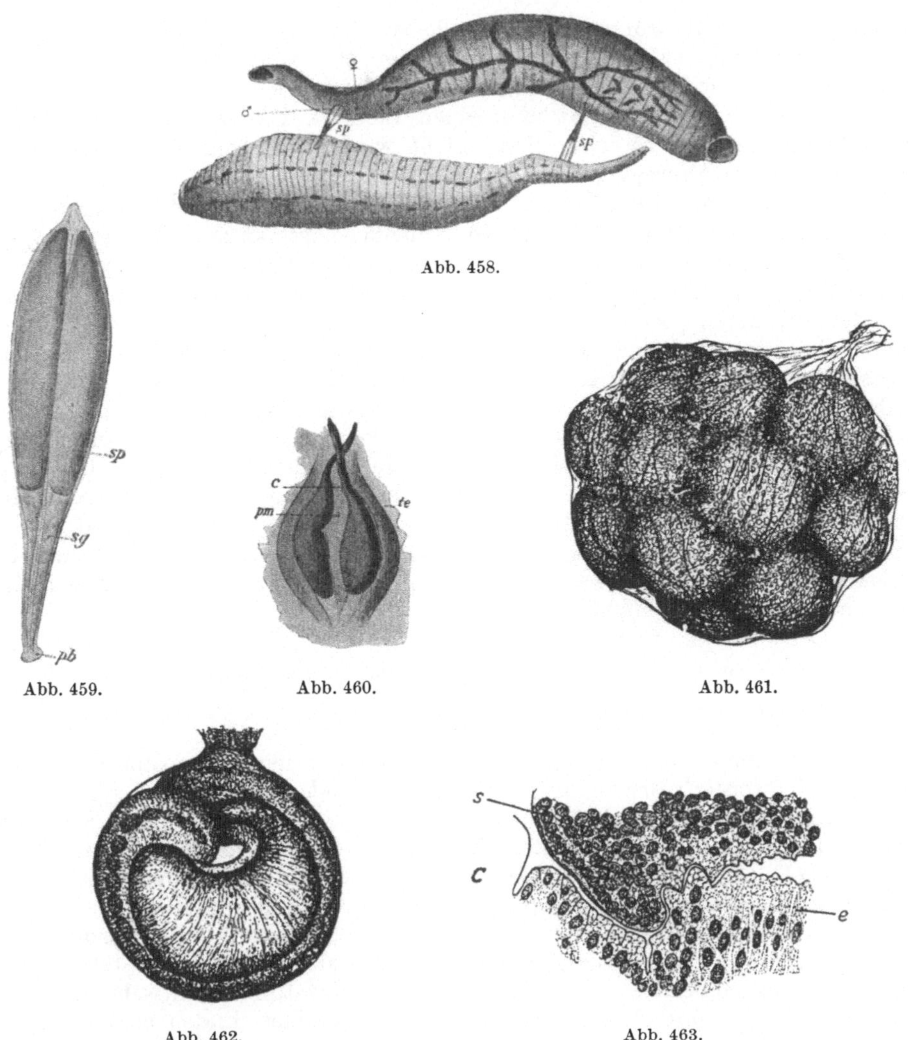

Abb. 458.

Abb. 459.   Abb. 460.   Abb. 461.

Abb. 462.   Abb. 463.

Abb. 458. Paarung von *Glossiphonia complanata* (L.). Die beiden Tiere gehen auseinander, nachdem jedes eine Spermatophore am Körper des anderen abgesetzt hat; man sieht die Spermatophore aus der Geschlechtsöffnung herauskommen. (BRUMPT 1901.)

Abb. 459. Desgl., Spermatophore. *sp* Spermatozoen; *sg* Stiel; *pb* dessen basaler Teil. (BRUMPT 1901.)

Abb. 460. Spermatophore von *Piscicola geometra* (L.), auf dem Körper des Weibchens abgesetzt (*te*). *pm* Spermatozoen; *c* Stiel der Spermatophore. (BRUMPT 1901.)

Abb. 461. *Glossiphonia complanata* (L.). Eben abgelegter Kokon mit Eiern. (BYCHOWSKY 1921.)

Abb. 462. *Glossiphonia heteroclita* (L.). Embryo in Eihülle mit einem Zapfen, mit dem er am mütterlichen Körper befestigt ist. (BYCHOWSKY 1921.)

Abb. 463. *Helobdella stagnalis* (L.). Querschnitt durch einen Teil der Saugscheibe eines jungen Egels und des Epithels des Muttertieres. *e* Epithel der Mutter; *s* Saugscheibe des Jungen. (MOLLSCHANOW 1911.)

kann. Ein solcher ist in Abrede gestellt worden, aber soweit man sehen kann, sind die Experimente nicht derartig durchgeführt worden, daß man eine sichere Aussage darüber machen kann. Man hat die Brut von ihrem Muttertier entfernt und gesehen, daß sie dann auf ein anderes der gleichen Art zu kommen sucht, das keine Jungen oder Eier trägt, sowie daß dieses Tier sie sofort annimmt. Setzt man eine Anzahl von Tieren mit Jungen zu solchen, die keine besitzen, so sieht man, daß die Jungen sich auf alle verteilen. Sowohl im Aquarium als auch in der freien Natur sieht man Individuen mit Jungen sehr verschiedener Größe. Man hat weiter konstatiert, daß die Jungen einer Art sich nicht auf anderen Arten festheften. Hat man einen Eiersack von der Unterseite einer Glossiphonia entfernt, so wird dieser nicht wieder übernommen, selbst wenn der Egel über ihn hinwegkriecht.

Es ist schwer, sich aus diesen und anderen Experimenten ein abschließendes Urteil darüber zu bilden, ob man von Brutpflegeinstinkt sprechen kann oder nicht. Aber hält man sich die Tatsache vor Augen, daß es innerhalb der gleichen Familie Arten gibt, die ihre Eikapseln auf Steinen absetzen und diese mit ihrem Leib decken, Arten, bei denen die Eikapseln lose auf der Bauchhaut sitzen, Arten, bei denen zwischen dem Bau der Bauchhaut und dem Saugnapf der Larven gewisse Anpassungsverhältnisse bestehen, und endlich Arten, die mit einer taschenartigen Bruthöhle ausgestattet sind, in der die Jungen während ihrer Entwicklung bleiben, so ist es wohl richtig, anzuerkennen, daß man hier ein ausgesprochenes Beispiel dafür vor sich hat, wie Mutter und Nachkomme innerhalb einer Familie durch eine Reihe von Entwicklungsschritten sich aneinander anpassen. Es ist wohl unzweifelhaft richtig, wenigstens im letzten Glied dieser Reihe von wirklicher Brutpflege zu sprechen, und es wäre ziemlich absurd, in diesem Fall das Vorhandensein von Brutpflegeinstinkten zu leugnen. Was fehlt, sind nur exakt durchgeführte Experimente.

2. Unterordnung: **Gnathobdellae (Kieferegel).**

Fam. *Hirudinidae.*

Zu dieser Familie gehören allem voran zwei Egel, die den meisten der Leser bekannt sein werden: der medizinische Egel, *Hirudo medicinalis* L. (Tafel 11, Fig. 1), und der Pferdeegel, *Haemopis sanguisuga* (L.) (= *Aulostomum gulo* MOQUIN TANDON; Tafel 11, Fig. 2). Eine weitere Familie der Kieferegel bilden die Landegel *(Haemadipsidae)*. Sie sind vorwiegend in den Tropen zu Hause, in sehr feuchten Wäldern; sie ertragen einen Aufenthalt im Wasser sehr gut. Doch wollen wir im folgenden von dieser Gruppe absehen; eine einzige Art, *Xerobdella Leconti* FRAUENFELD, kommt in Mitteldeutschland und den Alpen vor. Es ist ein nächtliches Tier, das nur bei Regenwetter und in sehr feuchten Nächten hervorkommt. Innerhalb der anderen Familien finden sich übrigens manche Formen, die einen guten Teil ihres Lebens an Land verbringen oder hier überwintern; als ihre hauptsächliche Nahrung werden Regenwürmer angegeben.

Die Kieferegel sind hinsichtlich ihrer Lebensweise in erster Linie Blutsauger, und zwar vorzugsweise bei Wirbeltieren. Dieser Umstand gibt dem Bau der Tiere, vor allem des Darmkanals, das Gepräge. Die Mundöffnung besitzt die Form eines dreistrahligen Sternes. Wenn das Tier auf die Haut gebracht wird, erzeugen die Kiefer den bekannten dreieckigen Egelbiß. Die Kiefer (Abb. 464 u. 465) sind muskulöse Organe, zirka $1200\,\mu$ lang, die mit einer Kutikula bekleidet und mit einer größeren oder kleineren Anzahl von aus Kalzit gebildeten Zähnen besetzt sind (beim medizinischen Egel finden sich zirka 80). Zwischen ihnen münden die Speicheldrüsen aus; diese liegen seitlich vom Schlund; sie sind beim medizinischen Egel sehr groß. Es sind einzellige, keulenförmige Drüsen, jede mit eigenem Ausführungsgang. Ein anderer Vertreter der Kieferegel ist der Pferdeegel, *Haemopis sanguisuga* (L.) = *Aulostomum gulo* MOQUIN TANDON (Tafel 11, Fig. 2); er besitzt die gleichen drei Kiefer wie der medizinische Egel, aber sie sind weniger stark entwickelt und die Zahl der Zähne ist nicht so groß (nur 10 bis 14). Im Speichel der Kieferegel ist ein Stoff, das Hirudin, vorhanden, der das Blut am Koagulieren hindert; 0,8 mg Hirudin des medizinischen Egels verhindern, daß 5 ccm Kaninchenblut koagulieren. Wie bei allen übrigen Blutsaugern, Mücken, blutsaugenden Fledermäusen, ist der Darm eingerichtet, große Nahrungsquantitäten aufzunehmen und aufzustapeln. Der Organismus ist imstande, durch sehr lange Zeit, über viele Monate hindurch, von der bei einer einzigen Mahlzeit aufgenommenen Blutmenge zu zehren. Beim medizinischen Egel finden sich elf Paar Blindsäcke (Abb. 428), von welchen der hinterste sehr lang ist und fast bis zum hinteren Saugnapf reicht. Einen ähnlichen Bau besitzt auch der Mitteldarm beim jungen Pferdeegel, aber es verkleinern sich später die vorderen Blindsäcke und nur die zwei hintersten, sehr langen Blindsäcke bleiben. Diese Blindsäcke stellen die großen Reservoirs dar, die beim

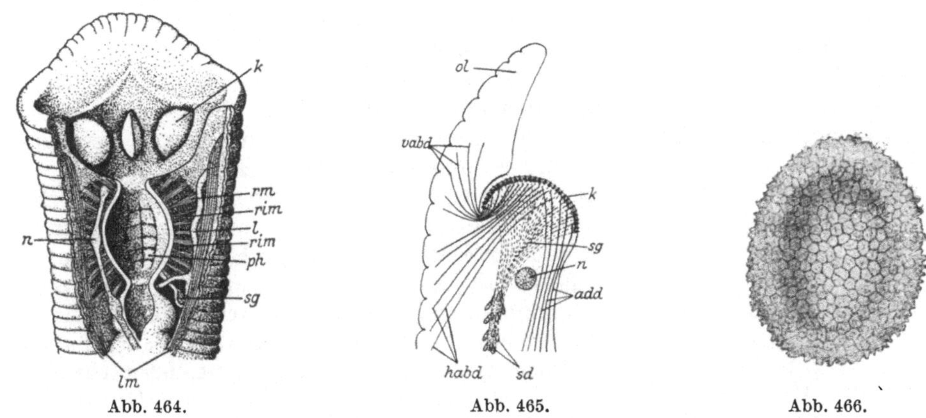

Abb. 464.   Abb. 465.   Abb. 466.

Abb. 464. Bau des Vorderdarms beim medizinischen Egel. Aufgeschnitten, Bauchansicht. *k* Kiefer; *l* Lacune; *lm* Längsmuskeln; *n* Nervensystem; *ph* Pharynx; *rim* Ringmuskeln; *rm* Radiärmuskeln; *sg* Ausführungsgang der Speicheldrüsen. (PFURTSCHELLER, aus Biol. d. Tiere Deutschlands.)

Abb. 465. Schema des Kieferapparates der Gnathobdelliden. Längsschnitt. *add, vabd, habd* Muskeln; *ol* Oberlippe; *k* Kiefer; *sg* Ausführungsgang der Speicheldrüsen; *n* Nervensystem; *sd* Speicheldrüsen. (HERTER, aus Biol d. Tiere Deutschlands.)

Abb. 466. Kapsel des medizinischen Egels. $^3/_2 \times$. (JOHANSSON 1929.)

Blutsaugen gefüllt werden, zuerst der hinterste. Indem in bezug auf den übrigen Bau auf den allgemeinen Teil verwiesen sei, mag hier nur hervorgehoben werden, daß die Hirudiniden mit einem langen, ausstülpbaren Penis ausgestattet sind. Die Ausstülpung geschieht, teils indem Körperflüssigkeit in den Penis getrieben wird, teils durch Muskeldruck. Bei der Paarung führt jedes Tier seinen Penis in die weibliche Geschlechtsöffnung des Partners ein und pumpt Sperma in die weiblichen Geschlechtswege hinüber. Zwischen der Kopulation und der Eiablage können einige Monate vergehen. Die Kokons (Abb. 466) werden in feuchter Erde abgelegt und sind bis zu 2 cm lang. Sie sind von einer gehärteten, schaumähnlichen Masse umgeben und enthalten eine größere Anzahl, bis zu 30 Eier. Die Jungen halten sich eine Zeitlang in den Kokons auf. Im Verlauf von fünf bis zwölf Tagen legt der medizinische Egel sechs bis acht Kokons; er hat sich zuvor in die Erde eingegraben.

Der medizinische Egel ist, wenigstens heutzutage, ein recht seltenes Tier; dieser große, oft bis zu 15 cm lange Egel, der teils durch seine Größe, teils durch seine Farbe auffällt (Rücken grünlichschwarz mit sechs rotgelben Längsbändern, die durch Reihen schwarzer Flecken getrennt sind; Bauch blaßgelbgrün mit unregelmäßig schwarzen Flecken), kann nicht leicht übersehen werden. Er ist früher in großen Teilen von Europa allgemein verbreitet gewesen, wurde jedoch in den Zeiten, da er in der Medizin in Verwendung stand, fast ausgerottet. Gegenwärtig scheint es, als ob er wieder etwas häufiger würde.

Wie überall, wo der Mensch ein Tier in seine Dienste nimmt, ist uns dessen Lebensweise weitaus besser bekannt als die aller anderen, zu dieser Tiergruppe gehörigen Arten. Ein Recht, von dieser einzelnen Art auf die übrigen zu verallgemeinern, haben wir nicht, aber die Kenntnisse, die zuwege gebracht worden sind, haben nichtsdestoweniger großen wissenschaftlichen Wert. In bezug auf die Ernährung wissen wir folgendes: Die Kraft, mit der der medizinische Egel saugt, ist keineswegs unerheblich, sie wird mit $1/10$ Atmosphäre angegeben. Ein hungriger Egel, der 0,8 g wiegt, nimmt bei der Nahrungsaufnahme (Säugetierblut) 3,2 g auf; er vervierfacht also sein Körpergewicht. Er braucht dann nicht weniger als zirka 200 Tage, um diese Blutmahlzeit zu verdauen. Das Blut wird in den großen Blindsäcken des Darmkanals aufgestapelt. Die eigentliche Verdauung geht im Darmkanal vor sich. Das Blut wird in den Blindsäcken keiner großen Veränderung unterzogen. Es wird nur eingedickt, indem täglich bis zu 150 mg Wasser abgegeben werden können; schon beim Blutsaugen wird der Egel feucht. Dadurch kommt es zu einer so starken Eintrocknung des aufgenommenen Blutes, daß das im Magen befindliche einen geringeren Wassergehalt besitzt als die Gewebe des Egels. Noch 18 Monate, nachdem ein Egel seine Blutmahlzeit eingenommen hat, kann man lebende Blutkörperchen im Magen finden. Das deutet darauf hin, was ja auch bekannt ist, daß der Egel über Stoffe verfügt, die eine konservierende, fäulnishindernde Wirkung auf das Blut ausüben. Der Verdauungsprozeß einer aufgenommenen Blutmenge soll ein bis eineinhalb Jahre in Anspruch nehmen. Nach Verlauf von zwei Monaten ist der Egel wieder bereit, anzubeißen, aber die Blutmenge, die er da aufnimmt, ist nicht groß. Nach der Mahlzeit steigt der Sauerstoffverbrauch erheblich. Im Hungerstoffwechsel geht er von 39,7 ccm auf 22,9 ccm pro Kilogramm und Stunde herunter. Über den Ernährungsstoffwechsel weiß man wenig. Zufolge den neuesten Untersuchungen (AUTRUM und GRAETZ 1935) fehlen dem medizinischen Egel im Magensaft fettspaltende Enzyme vollständig. Das Fett der Nahrung wird als Exkret ausgeschieden und gelangt zum Teil in Form der „Kotsteine" in den Darm zurück. Der medizinische Egel spaltet bei der Verdauung im Hungerstoffwechsel, der zirka sechs Monate nach der Nahrungsaufnahme einsetzt, das Hämoglobin in Globin und Hämatin. Nur das erstere wird ausgenützt, das Hämatin wird ausgeschieden. Der Herzschlag ist bei gewöhnlicher Zimmertemperatur bemerkenswert niedrig, 10 bis 15 Schläge in der Minute. Nach dem ersten Jahr wiegt der junge Egel 0,5 bis 0,6 g; im zweiten 1,4 g und im dritten Jahr 2,42 g. Erst dann kann er medizinisch verwendet werden. Es wird angegeben, daß er 18, ja sogar 27 Jahre alt wird. — In ganz Westeuropa ist der medizinische Egel heute eine ziemliche Seltenheit. In Dänemark habe ich ihn immerhin einige Male gefunden. An einer Stelle, einem kleinen, verwachsenen Teich bei Orenäs war er sehr häufig. Vom Boot aus sah man sechs bis acht große, ausgewachsene Tiere in eleganten Bögen sich zwischen den Pflanzen bewegen. Wovon er hier lebt, ist ein Rätsel. Es waren keine Frösche und Salamander im Teich; dagegen zahlreiche, recht große *Limnaea stagnalis*. Es kamen keine Schafe hierher, um zu trinken, aber wahrscheinlich wird der Teich im Winterhalbjahr von Schwimmvögeln besucht. Eine ziemlich große Möwenkolonie lag in der Nähe. Es mag sich damit so verhalten, daß die Tiere während des Wachsens vorwiegend Fleischfresser sind, aber daß sie wie andere Blutsauger Blut von warmblütigen Tieren benötigen, um ihre Geschlechtsstoffe zur Ausreifung zu bringen.

Man ahnt heutigentags kaum, was für eine enorme Rolle der medizinische Blutegel in früheren Zeiten in der Medizin gespielt hat. Er wird schon im ersten Jahrhundert vor Christus erwähnt, aber der Höhepunkt seiner medizinischen Anwendung wird erst in der ersten Hälfte des 19. Jahrhunderts erreicht. Es war damals eine ausgesprochene Mode, sich schröpfen zu lassen, d. h. es wurden unter einem gewölbten Glas eine Anzahl Egel am Arm oder Bein angesetzt. Man ließ sie sich mit Blut ansaugen und dann, vollgesogen, von selber abfallen. Blut war damals eine Flüssigkeit, mit der man verschwenderisch umgehen konnte. Das sog. „dicke" Blut war schuld an Migränen und allerhand verschiedenen Krankheiten. Die Menge der Egel, die damals verbraucht wurden, grenzt an das Unglaubliche. Im Krankenhaus von London wurden um 1830 allein sieben Millionen Egel, in Paris fünf bis sechs Millionen benötigt. England und Frankreich konnten diese Mengen nicht selbst aufbringen. Sie wurden von Ungarn und Deutschland bezogen. Da diese Länder aber selbst ungeheure Mengen verbrauchten, wurden sie an den verschiedensten Stellen in besonderen Egelteichen gezüchtet. Das Einfangen geschah u. a. auf die drastische Weise, daß man durch die Teiche watete und die Tiere abnahm, die sich an den Beinen festgesetzt hatten; ferner wurden dazu eine Zeitlang Pferde verwendet, eine Vorgangsweise, die jedoch wegen Tierquälerei verboten wurde. Der Handel mit Egeln wurde von besonderen Reisenden betrieben, die bis an den Ural kamen, um sie aufzukaufen. Auf der Egelmesse in Horn bei Hamburg wurden sie gesammelt und von da über die ganze Welt, sogar bis nach Nordamerika verschickt. Von einer einzigen großen Zuchtanstalt bei Hildesheim wurden allein im Jahre 1857 über 1,785.000 Stück zum Versand gebracht; um 1860 sogar über dreieinhalb Millionen. Der Preis war hoch, von drei bis fünfeinhalb preußische Thaler für 100 Stück. Sogar noch im Jahre 1915 versuchte man indische Egel einzuführen, da die ungarischen nicht mehr beschafft werden konnten.

Mußte den Patienten rasch eine große Menge Blut entzogen werden, so wurde das Hinterende des Egels abgeschnitten und das Blut floß dann durch den Egel in ununterbrochenem Strom ab.

Wenn man gegenwärtig das Schröpfen durch Egel ganz aufgegeben hat, so liegt der Grund in der vermeintlichen Gefahr, die mit ihrer Anwendung als Blutsauger verbunden ist. Sie haben Anlaß zu ernsten Infektionen gegeben. Im Mundsaugnapf von frischen, im Freien gefangenen Egeln sind nämlich Tetanusbakterien nachgewiesen worden. In Anbetracht der enormen Verwendung, die sie gefunden haben, muß man aber wohl annehmen, daß die durch den Egelbiß hervorgerufenen Infektionskrankheiten nur sehr selten sein können. Daß man immerhin schon zeitlich auf diese Verhältnisse aufmerksam geworden ist, zeigt der Umstand, daß man schon im 4. Jahrhundert in Indien nicht die wilden Egel verwendete, sondern nur eine besondere Rasse, *Chora*, die gezüchtet wurde. Die Kulturen wurden mit Kokons angelegt, wodurch die Ansteckungsgefahr selbstverständlich in hohem Maß herabgesetzt war.

In neuester Zeit (BOTTENBERG 1935, MÜNCHSBERG 1936) scheint die Egelbehandlung wieder eine Renaissance zu erleben. Sie kommen in steigendem Grad bei Venenerkrankungen (Thrombose) und Infektionen verschiedener Art zur Anwendung.

In den Tropen kommen viele blutsaugende, im Wasser lebende Egel vor, die eine fürchterliche Plage für Mensch und Tier darstellen. Eine mediterrane Form, *Limnatis nilotica* (SAVIGNY), ist außerordentlich häufig in Quellen und Pfützen von Palästina. Sie sind in solchem Grad allgemeinverbreitet, daß fast jedes Pferd und jedes Maultier, das im Sommer den Libanon-Distrikt passiert, ein wundes Maul hat, weil die Egel sie angreifen, wenn sie ihren Durst löschen.

Auch die Menschen werden angegriffen, besonders wenn sie im Halbdunkel oder in der Nacht ihrem Durst nachgehen und aus Quellen trinken. Als junge Tiere warten die Egel, ohne Nahrung aufzunehmen, auf den Augenblick, wo ein warmblütiges Tier zum Zweck des Trinkens zum Wasser kommt. Sie gelangen dabei in den Mund und setzen sich auf der Schleimhaut fest. In den sumpfigen Wäldern des Amazonentales kommt der größte aller Egel vor, *Liostomum Ghiliani*, dessen Länge jedenfalls mit zirka 40 cm angegeben werden kann. Vielfache phantastische Berichte existieren über diese Riesenegel und ihre enorme Größe. Sie greifen jedes Geschöpf an, das in ihre Nähe kommt, und es wird als sicher behauptet, daß nur wenige Tiere genügen, um ein ausgewachsenes Pferd oder einen Ochsen zu töten.

Die dem medizinischen Egel nahestehende Form *Haemopis* mit der Hauptart *H. sanguisuga* (L.) (= *Aulostomum gulo* MOQUIN TANDON; Tafel 11, Fig. 2), der Pferdeegel, ist viel häufiger als der medizinische Egel. Man sucht ihn, am besten im Winterhalbjahr, selten vergebens unter den Steinen am Ufer unserer größeren Seen und man findet oft mehrere Exemplare unter dem gleichen Stein. Die Oberseite ist kohlschwarz, die Unterseite grünlichgelb, oft mit dunkleren Flecken. Er ist nicht wie der medizinische Egel ein Blutsauger. Er lebt von allem, was ihm unterkommt, von Würmern, Insektenlarven. Der Darmkanal ist in Übereinstimmung damit gebaut. Der Schlund ist sehr lang. Der Magen hat nur zwei Blindsäcke (die hintersten). Die Beute wird verschluckt, ohne daß sie besonders zerkleinert wird.

3. Unterordnung: **Pharyngobdellae (Schlundegel).**

Fam. *Herpobdellidae.*

Diese Familie hat manche Merkmale mit den Kieferegeln gemeinsam, mit welchen sie oft zusammengefaßt wird. Sie sind keine Blutsauger, sondern Fleischfresser. In Übereinstimmung damit ist der Darm ganz anders gestaltet. Sie besitzen einen sehr langen Schlund, der sich durch den ganzen Vorderkörper erstreckt. Kiefer fehlen (Abb. 427). Der Darm hat nicht die großen Blindsäcke der anderen Egel; sie können deshalb nicht so große Nahrungsmengen auf einmal aufnehmen und auch monatelanges Hungern nicht vertragen. Sie besitzen im Gegensatz zu den Kieferegeln keinen Penis. Der Samen wird in Spermatophoren übertragen (Abb. 448), den sog. Pseudospermatophoren, die irgendwo am Körper abgesetzt werden. Unter Druck wird der Samen durch die Haut gepreßt. Nach der Paarung, die oft eine Stunde dauert, suchen die Tiere Stellen auf, wo die Kokons angebracht werden. Die Kokonbildung wird damit eingeleitet, daß das Tier mit dem Mund eine bestimmte Stelle einer Pflanze oder eines Steins bestreicht. Gleichzeitig gibt der Gürtel eine durchsichtige Substanz ab, aus der der Kokon gebildet werden soll (Abb. 467). Hierauf bewegt der Egel seinen Vorderleib hin und her und dreht sich gleichzeitig um seine Längsachse. Unter diesen Bewegungen hebt sich das Kokonmaterial vom Körper ab, worauf das Tier seine Unterseite an die Unterlage andrückt und den Leib vorsichtig aus dem Kokon herauszieht. Bevor das geschieht, noch während der Kokon den Gürtel umschließt, wird er mit Eiweiß und 20 bis 30 Eiern gefüllt. Der Kokon wird vorne und hinten mit einer Schleimmasse verschlossen, die sich zu einem kleinen Pfropfen verhärtet. Die ganze Kokonbildung dauert zirka eine halbe Stunde. Die Kokons sind flache, braune Gebilde, die sich auf fast allen Pflanzen, auf der Unterseite von Steinen, auf Schnecken und Muschelschalen und auf im Wasser versenkten Zweigen finden. Die Eier schwimmen in einer eiweißhaltigen Flüssigkeit, die die Embryonen ernährt. Diese machen in den Kapseln

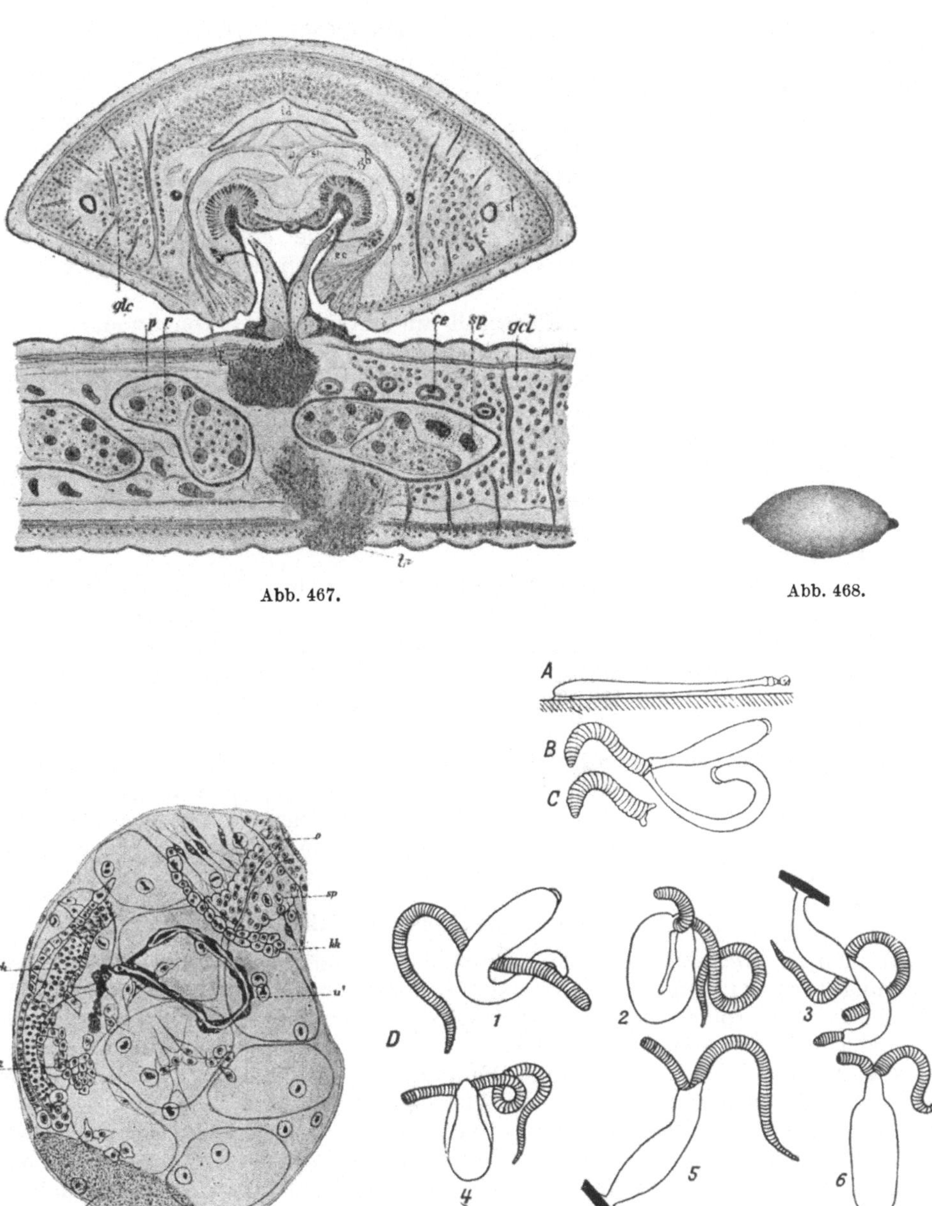

Abb. 467.

Abb. 468.

Abb. 469.

Abb. 470.

Abb. 467. Schnitt durch zwei *Herpobdella* (= *Nephelis*) *atomaria* in Paarung. Man sieht die Spermatozoen-
massen *sp* in den Körper des Partners eindringen und die Wundbildung, die von den Spermatophoren hervorgerufen ist. *ce* Ejakulationskanal; *ec* bewimpertes Epithel; *fsp* Spermatozoenbündel; *gb* die die Spermatophoren absondernden Drüsen; *gcl* Clitellardrüsen; *p* Ovarialwand, mit Spermatozoen infiltriert; *pr* Prostata;
sl Lateralsinus; *cn* Nervenstrang; *sp* Anhäufung von Spermatozoen um die Ovarien; *td* Darmkanal. (BRUMPT 1901.)

Abb. 468. *Herpobdella testacea* (SAVIGNY). Kokon. (JOHANSSON 1929.)

Abb. 469. *Herpobdella*-Larve, 0,40 mm lang, dem Kokon entnommen. *kk* Anlage des Kopfes; *o* Mund; *rk* Anlage
des Körpers; *sp* Schlundplatte; *u* Exkretionsorgane; *z* große Zelle hinter der Anlage des Körpers. (BERGH 1885.)

Abb. 470. *Herpobdella*, *A* eine *Corethra* schluckend; *B* zwei Herpobdellen, einen Regenwurm angreifend;
C Stück nach dem Angriff; *D* (*1* bis *6*) der Kampf eines Pferdeegels mit einem Regenwurm. (HERTER 1932.)

ein richtiges Larvenstadium durch, das vorne einen Ciliengürtel trägt, mit dessen Hilfe der Embryo in der Nährflüssigkeit schwimmen kann (R. S. BERGH 1885; Abb. 469). Dieser besitzt ein besonderes Exkretionssystem und einen Schlund, der es ihm ermöglicht, die Nährflüssigkeit zu verschlucken. Später werden diese larvalen Organe abgebaut. Das Larvenstadium kommt nicht aus dem Kokon heraus. Die Hauptgattung ist *Herpobdella (= Nephelis)*; sie werden oft Hundeegel genannt. Die häufigsten Arten sind *H. octoculata* (L.) (Tafel 11, Fig. 16) und *H. testacea* (SAVIGNY), die einander sehr ähnlich sind, nur schwer voneinander unterschieden werden können und oft verwechselt werden.

Die Hundeegel sind wohl die überall am häufigsten vorkommenden Egel; sie kommen in Mengen an Pflanzen unter fast allen Verhältnissen vor, in Teichen, Seen und langsam fließenden Bächen. Am häufigsten finden sie sich unter Steinen. Hier kann man im Herbst die Jungen in ganzen Kolonien finden. Sie haben mehr als andere Egel die Gepflogenheit, sich zusammenzuklumpen. Noch häufiger als die entwickelten Tiere sind fast ihre Kokons; die flachen, länglichen, braunen Gebilde sind von einem Material aufgebaut, das außerordentlich widerstandsfähig ist; sie finden sich oft fossil in sehr großen Mengen in Torfschichten.

Sie leben sozusagen von allen lebenden Wesen (Abb. 470), die in ihre Nähe kommen und die sie bewältigen können: hauptsächlich Mückenlarven und gehäuselosen Trichopteren, Regenwürmern, aber vermeintlich nicht von Schnecken. In dem Magen liegen die Tiere gewöhnlich U-förmig gepackt; daraus ist zu schließen, daß der Egel seine Beute an der Mitte des Abdomens eingesogen hat (MEUCHE 1937).

Man findet die Hundeegel oft längs des Ufers unter Steinen, die fast trocken liegen; ob sie hier nach Beute jagen, ist unentschieden; die Gattung *Trocheta* jagt oft außerhalb des Wassers und verfolgt hier Regenwürmer; manche sind ausgesprochene Landformen, die in feuchter Erde und wässerigem Holz leben (Südamerika).

4. Unterordnung: Acanthobdellae.

Zu den *Acanthobdellae* gehört nur eine einzige Gattung, *Acanthobdella*. Diese Gattung (Tafel 11, Fig. 17), die an Lachsfischen im Jenissei, Onega und im Baikalsee schmarotzt, zeigt so nahe Anknüpfungspunkte an die Oligochäten, besonders die Lumbriciden, daß man schon gemeint hat, man könnte sie zu diesen stellen. Es sind auf jeden Fall Formen, die die nahe Verwandtschaft zwischen Oligochäten und Egeln deutlich demonstrieren.

Es ist wohl ihr beachtenswertestes Baumerkmal, daß sie wie die Oligochäten, aber im Gegensatz zu allen übrigen Egeln Borsten besitzen, wenn auch nur am zweiten bis sechsten Segment. Der sehr zusammenziehbare Körper hat keinen Mundsaugnapf, wohl aber einen hinteren Saugnapf, der jedoch nicht auf der Bauchseite, sondern senkrecht zur Körperlängsachse liegt. Es ist ein kurzer Rüssel vorhanden, aber der Magen besitzt keine Blindsäcke, doch hat der Darm kleinere Taschen an den Seiten. *Acanthobdella* zeigt weiter die merkwürdige Eigenschaft, daß die Dissepimente gut entwickelt sind und das Blut rot ist wie bei den Lumbriciden. Die Exkretionsorgane weichen von denen der Egel ab, indem ihnen die Kapseln mit den Amöbocyten fehlen, aber sie sind wie diese ohne Cilien (LIVANOW 1906). Der Bau der Geschlechtsorgane kommt dem der Egel am nächsten. Sie sind vor kurzem in Nordschweden gefunden worden (LÖNNBERG 1937).

Unterstamm

Oligomera.

Klasse

Tentaculata (= Molluscoidea).

Ordnung: **Bryozoa (Moostierchen).**

(Tafel 12.)

Zu den oligomeren Würmern wird eine Reihe Wurmgruppen gerechnet, deren Platz im System immer recht zweifelhaft war. Von den acht hierhergehörigen, zumeist recht kleinen Gruppen sind sieben ausschließlich marin; die achte, die Bryozoen, die umfangreichste von ihnen allen, zählt im Meer eine sehr große Zahl von Arten; im Süßwasser beträgt die Artenzahl kaum über 50. Vieles deutet darauf hin, daß der Begriff *Oligomera* kaum eine lange Lebensdauer haben wird. Teils aus diesem Grunde, teils weil nur eine so verschwindende Formenzahl dem Süßwasser angehört, ist es nicht notwendig, hier näher darauf einzugehen, was man unter *Oligomera* versteht.

Der Platz der Bryozoen im System war immer zweifelhaft. Sie sind zusammen mit den Brachiopoden aus den Würmern ausgeschieden und in einer besonderen Klasse, den *Molluscoidea*, untergebracht worden; sie sind dann wieder zu den Würmern gestellt und mit anderen Gruppen vereinigt worden.

Am größten scheint noch ihre Verwandtschaft mit einer kleinen Gruppe, den *Phoronidea*, zu sein, aber selbst wenn dem so ist, muß man wohl zugeben, daß die Verwandtschaftsverhältnisse der dieserart gebildeten Gruppe, der *Tentaculata*, mit anderen Wurmgruppen gegenwärtig kaum aufzuklären ist.

Gegen den Herbst hin findet man häufig auf Seerosenblättern, herunterhängenden Zweigen, auf Steinen in langsam rinnenden Bächen oder auf den Steindämmen künstlicher Teiche bald lange, zierliche Guirlanden, bald große braune Klumpen, bald eine gelbliche Gallertmasse. Bringt man das Material in ein Gefäß, läßt es einige Zeit stehen und betrachtet es dann unter einer Lupe, so sieht man, daß kurze Zeit später die anscheinend leblose Oberfläche Leben gewinnt. Man hat den Eindruck, daß aus tausenden kleiner, erhöhter Becher die schönsten Blumen hervorsprießen. Kein Wunder, daß diese Geschöpfe in alten Zeiten „Blumentiere" oder „Blumenpolypen" genannt worden sind. Es sieht so aus wie ein lebender Teppich der schönsten Blütenkelche. Sieht man etwas näher hinzu, so bemerkt man, daß bald der eine, bald der andere dieser kleinen Kelche sich plötzlich bald nach der einen, bald nach der anderen Seite neigt. Gibt man etwas Karminpulver ins Wasser, so kann man weiter beobachten, daß über den Teppich eine ständige Wasserströmung dahinfließt, und weiter, daß bald hier, bald da längliche, grüne Projektile ausgeschossen werden, die 1 bis 2 cm ins Wasser emporschießen, worauf sie zu Boden sinken und als grünes Pulver unter die Kolonien zu liegen kommen. Es sind die sog. Moostierchen oder Bryozoen, die wir vor uns haben. Besonders durch die Untersuchungen von NITSCHE (1868, 1876), KRAEPELIN (1887) und BRAEM (1890 bis 1908) ist unsere Bekanntschaft mit dieser interessanten Tiergruppe vermehrt worden. In bezug auf die dänische Fauna sei auf W.-L. (1897, 1907) verwiesen.

Die Moostierchen sind eine vorwiegend marine Gruppe. Die Formen, die wir hier geschildert haben, sind nur den Zoologen bekannt, aber von ihren Stammesverwandten im Meer hat jedes Kind, das eine höhere Schule besucht hat, gehört; sie sind es nämlich, die die großen Ablagerungen aus der Kreidezeit mit aufgebaut haben. Die Skeletteile der marinen Bryozoen bestehen bei einer bestimmten Gruppe aus Kalk, und aus diesen Skeletteilen sind jene Erd-

ablagerungen zum Teil gebildet; bestimmte Erdschichten haben deshalb die
Bezeichnung Bryozoenkalk erhalten. — Die Moostierchen des Süßwassers spielen
in dieser Beziehung keine Rolle, sie gehören zu jenen Organismen, von denen
wir Menschen sagen, daß sie keinen Schaden, aber auch keinen Nutzen bringen.
Keines von beiden ist richtig; jedenfalls erwecken sie bei jedermann, der Gelegenheit hat, sie zu beobachten — und diese Gelegenheit kann sich jeder verschaffen —, einen ungewöhnlichen Eindruck von Schönheit und Anmut.

Wie so viele andere Tiergruppen des Süßwassers bilden auch die Moostierchen kein abgeschlossenes, systematisches Ganzes. So gibt es solitär lebende
Formen, wie *Urnatella* in Nordamerika, die keine irgendwie geartete Verwandtschaft mit den übrigen Süßwasserformen aufweist, aber mit einer Abteilung,
den *Entoprocta*, nahe verwandt ist, die sonst nur im Meer vorkommt. Dann

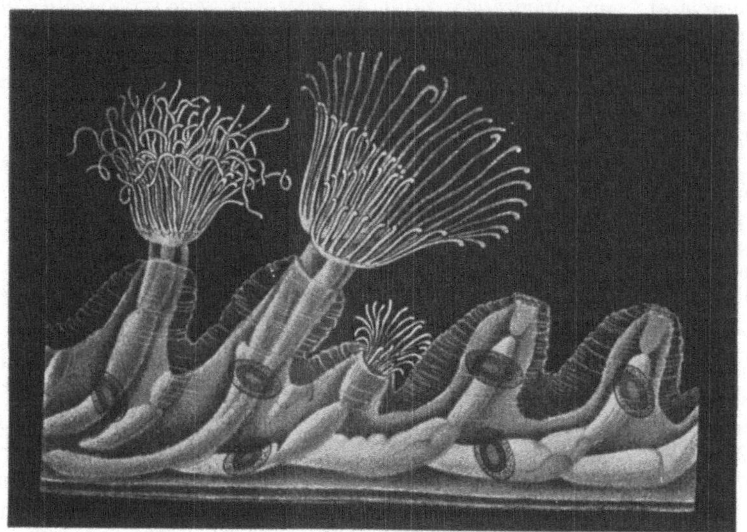

Abb. 471. *Plumatella punctata* HANCOCK. (KRAEPELIN 1887.)

gibt es eine Gruppe von Süßwasserbryozoen, die zur Abteilung der *Gymnolaemata*
gehört; diese ist vorwiegend marin, ist jedoch im Süßwasser durch ungefähr
20 Arten vertreten, welche über die ganze Erde verbreitet sind und einander
nicht gerade übermäßig nahestehen. Weitaus die meisten Süßwasserbryozoen
gehören zur Gruppe der *Phylactolaemata*, die alle miteinander nahe verwandt
sind, eine Gruppe, die im Meer gar nicht vorkommt, sondern nur dem Süßwasser angehört und die, obgleich die Zahl der Gattungen und Arten gering ist,
über die ganze Erde verbreitet und in den eisbedeckten Seen Grönlands und
auf allen Kontinenten zu finden ist. — Die alten Beobachter, die diese Tiere
studierten und sahen, wie diese Blumentiere aus ihren Häusern hervorkommen
und, wenn sie gestört werden, sich wieder in sie zurückziehen, faßten ganz natürlich das Haus als etwas für sich und das Tier, das daraus hervorkommt, als was
anderes auf. Das Haus wurde Zooecium und das Tier Polypid genannt. Etwas
später zeigte sich, daß das Zooecium durch eine Art Knospung das Polypid
bildet. Heute weiß man, daß Zooecium und Polypid zusammen ein Tier bilden,
daß das Polypid nur das Ernährungssystem des Tieres darstellt, welches vorne
die große, prächtige Tentakelkrone trägt, mit der die Beute eingefangen wird
und die der Gruppe den Namen Blütentiere gegeben hat.

Die allermeisten Moostierchen des Meeres wie auch des Süßwassers leben in Kolonien, die oft. aus vielen Tausenden von Einzelindividuen zusammengesetzt und miteinander verbunden sind. Jedes Individuum besteht aus einer Körperwand, auch Zooecium oder Cystid genannt, in deren Körperhöhle die übrigen Organsysteme, hauptsächlich der Darmkanal (Polypid), aufgehängt sind.

Die Kolonieformen sind außerordentlich verschieden. Die des Süßwassers sind bald äußerst fein und dünn, schwer zu sehen, bald zu großen Klumpen vereinigt. Die einzelnen Tiere bewahren bei einigen ihre Selbständigkeit und hängen nur am Grunde miteinander zusammen, bei anderen sind sie in einem einzigen, großen, gemeinsamen Raum vereinigt, in dem sich die Einzelindividuen zurückziehen und aus dem sie sich wieder vorstrecken. Die Kolonien sind oft klein, können aber auch eine bedeutende Größe erlangen und über 1 kg wiegen (*Plumatella fungosa* PALL.). Es wird von japanischen *Pectinatella*-Kolonien berichtet, die 2 m lang sind und im Querschnitt 7 cm messen. Oft vereinigen sich die Kolonien und bilden dann Blumenteppiche über die Ufervegetation hinweg, Teppiche, die oft viele Meter lang und zirka $^1/_2$ m breit sein können. Die einzelnen Kolonien sitzen hier so dicht beieinander, daß zwischen ihnen kein Plätzchen frei ist *(Cristatella)* (Lokalität in Nordseeland). Zuweilen findet man im Herbst Moorränder mit einem Filz von Bryozoen *(Paludicella)* bedeckt, die als eine Schicht auf den unterseeischen, braunen Teilen der Carexhügel liegen.

Abb. 472. *Fredericella sultana* (BLUMENBACH). (KRAEPELIN 1887.)

Die Körperwand ist nicht, wie es in der Regel bei den Meeresbryozoen der Fall ist, verkalkt. Sie besteht aus Chitin, das bald braun und dann dick und von fast hornartiger Konsistenz bald hyalin, flüssig und sehr dünn ist. Das Chitin wird von Ectodermzellen gebildet, den sog. Siegelringzellen (Abb. 477), die zwischen den polygonalen Epithelzellen sitzen. Sie sind mit großen Vakuolen versehen, die bersten und ihren dickflüssigen Inhalt ergießen. Dieser erstarrt in manchen Fällen zu einer dicken, dunklen Kutikula *(Plumatella)*, in anderen zerfließt er und bildet eine glasklare Schicht, eine Art Mantel oder Fußscheibe, in welche die Kolonie eingesenkt ist oder auf der sie ruht *(Cristatella)*. Bei einer Form, *Fredericella*, werden die Röhren auch dadurch versteift, daß Exkrementpartikelchen und besonders Diatomeenschalen in das noch weiche Chitin eingelagert werden, das zusammen mit diesen eingestreuten Fremdkörpern erstarrt. Bei den Formen, bei denen sich das Chitin weich und flüssig erhält, können bis zu 5 bis 6 cm dicke Gallertpolster entstehen, die hauptsächlich aus Wasser bestehen (zirka 99%) und die nur mechanisch zusammengehalten werden. Auf der Oberfläche dieser Gallertpolster breiten sich die Einzelindividuen aus *(Pectinatella)*.

Bei *Cristatella* ist das Chitin so flüssig, daß sie abfließt, wodurch, da diese Form schwach beweglich ist, sich eine Schleimspur bilden kann, ähnlich der, welche die Schnecken bilden (Tafel 12, Fig. 6). Wenn die Kolonien im Herbst absterben, bleiben diese Gallertmassen durch einige Zeit an den Zweigen und Blättern erhalten. Auf die Epithelschicht folgt ein Hautmuskelschlauch, der aus Ring- und Längsmuskeln besteht, welche jedoch beide schwach entwickelt sind. Die Leibeshöhle ist mit einer Mesodermschicht ausgekleidet; zum Mesoderm müssen auch die zahlreichen Lymphzellen gerechnet werden, die in der Flüssigkeit, welche die Leibeshöhle erfüllt, schwimmen.

Der Darmkanal, das Polypid, zerfällt in eine Reihe von Abschnitten: Tentakelkrone, Speiseröhre, Magen und Enddarm. Das eigenartigste und zugleich schönste Organ der Bryozoen ist die mächtige Tentakelkrone, der Lophophor (Abb. 471 bis 475), der bald als ein Kreis (*Gymnolaemata*; Abb. 473), bald in Hufeisenform (*Phylactolaemata*; Abb. 475) die Mundöffnung umgibt. Die Tentakel sind hohl, mit Cilien besetzt, welche in drei Reihen angeordnet sind, die in bestimmter Richtung schlagen. Die Tentakel sind bei den Phylactolämen an der Basis durch eine Membran verbunden. Ihre Zahl ist bei den einzelnen Arten nicht konstant, am meisten ist dies bei den Formen der Fall, die eine geringe Zahl (8 bis 16) besitzen, und weniger bei denjenigen, die viele (zirka 100, die meisten Phylactolämen) haben. Der äußere Kranz ist nach außen, der innere nach innen gebogen. Zwischen den beiden Kränzen befindet sich eine Rinne, in die die Nahrungsobjekte niedergeschlagen und in der sie von den Cilien zur Mundöffnung befördert werden. Die Nahrungsgegenstände sind im wesentlichen Planctonorganismen, besonders Algen, Diatomeen, Desmidiaceen und Flagellaten, aber übrigens auch tierische Organismen sowie totes Material, das von Pflanzen- und Tierleibern stammt (Detritus). Mit Hilfe besonderer Muskeln kann die ganze, prachtvolle Tentakelkrone in verschiedenen Richtungen abgebogen werden und gleichzeitig eine rotierende Bewegung vollziehen. Wenn man mit der Lupe diesen Wald von Lophophoren betrachtet, so findet man fast immer den einen oder anderen, der bald nach der einen, bald nach der anderen Richtung einen kräftigen Schlag ausführt, und endlich kann sich jeder der beiden Arme des Hufeisens ein wenig bewegen. Man kann weiter beobachten, daß bald der eine, bald der andere Lophophor ganz plötzlich mit einem Ruck eingezogen wird und auf der Oberfläche einen kegelförmigen Körper hinterläßt. Stört man die Kolonie, so werden sie alle mit einem Schlag zurückgezogen, doch reizt man vorsichtig nur ein einzelnes Individuum, so zieht sich nur dieses und möglicherweise die nächst benachbarten zurück. Kurze Zeit später kommen die Tentakel aus der Spitze

Abb. 473. *Paludicella Ehrenbergii* VAN BEN. (KRAEPELIN 1887.)

der Kegel in Form von Pinseln hervor und entfalten sich, worauf die Tentakelkronen ihre Tätigkeit wieder aufnehmen. Der ganze Apparat kann nämlich in
eine Tentakelscheide eingezogen werden. Das Zurückziehen geschieht mit Hilfe
zweier sehr starker Muskeln, die mit einem Ende unten an der Tentakelkrone,
mit dem anderen tief unten an der Körperwand befestigt sind. Das Vorstrecken
geschieht wahrscheinlich auf die Weise, daß die Körpermuskulatur sich zusammenzieht, wodurch der Druck in der Leibeshöhle gesteigert wird. Die Süßwasserbryozoen, die weiche, unverkalkte Wände besitzen, können mit diesem Prinzip das
Auslangen finden, um die Lophophoren vorzustrecken. Die marinen Bryozoen mit
ihren oft stark verkalkten, steifen Wänden müssen andere Methoden heranziehen.

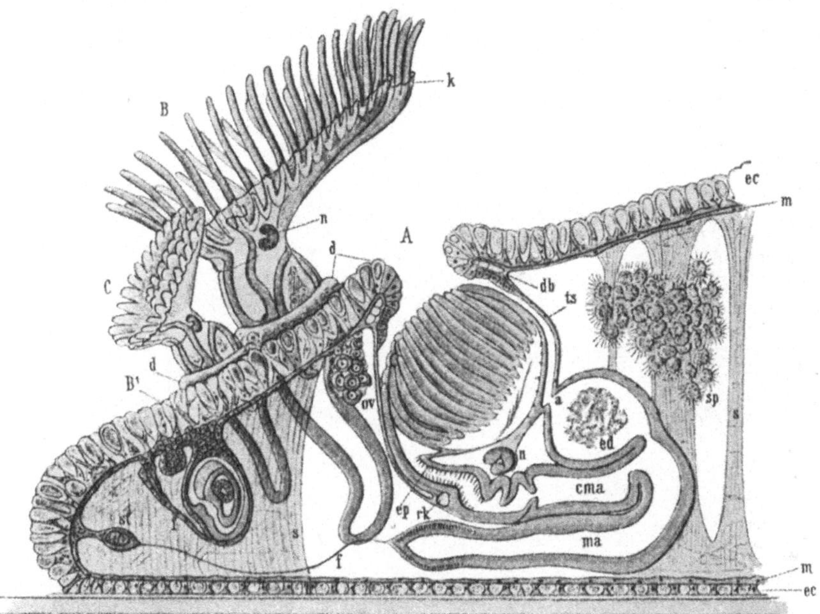

Abb. 474. *Cristatella mucedo* Cuv. Querschnitt durch eine Kolonie, die eine Seitenhälfte, unten die Gleit-
membran. *d* Duplikatur an der Mündung des Polypids; *n* Zentralnervensystem; *ov* Ovar; *db* Duplikaturmuskel-
band; *ts* Tentakelscheide; *ec* Ectoderm; *m* Mesodermepithel; *S* Septum; *a* After; *ed* Enddarm; *cma* Magen;
ma blindsackartiger Teil desselben; *rk* Ringkanal; *ep* Epistom; *f* Funiculus; *st* Statoblast; *sp* Hoden; *A, B,*
C, B′ bezeichnet die Reihenfolge des Alters der Tiere. (Braem 1890.)

Am Grund des Lophophors, dort wo die beiden Arme sich treffen, liegt
gerade im Zentrum die Mundöffnung, die bei den Phylactolämen mit einem
zungenförmigen Zipfel, dem Episton (Abb. 475 rechts), überdeckt ist, das gehoben
und gesenkt werden kann, je nachdem, ob Speisepartikelchen in die Mundöffnung
eintreten sollen oder nicht. Die Mundöffnung führt in eine Speiseröhre, die
zusammen mit dem Magen und dem Enddarm ein U- oder hufeisenförmiges
Rohr bildet. Der After (Abb. 476) liegt weit vorne am Rücken, dicht neben, aber
außerhalb des Lophophors. Das Zellepithel des Magens ist in ein protoplas-
matisches Maschennetz umgebildet, das als Zotten in das Darmlumen reicht;
in diesem maschigen Netz, in das die Nahrungspartikelchen aufgenommen werden,
findet die Verdauung statt. Dieses Netz ragt mit Leisten oder Strängen in das
Darmlumen hinein; vor und zwischen diesen Leisten liegen Drüsenzellen, die auf den
Mageninhalt chemisch einwirken, so daß dieser in das Maschennetz aufgenommen
werden kann. Man pflegt diese Zellen als Leberzellen zu bezeichnen. Bei gut
genährten Individuen zeichnen sich diese Leberzellen als lange, braune Leisten

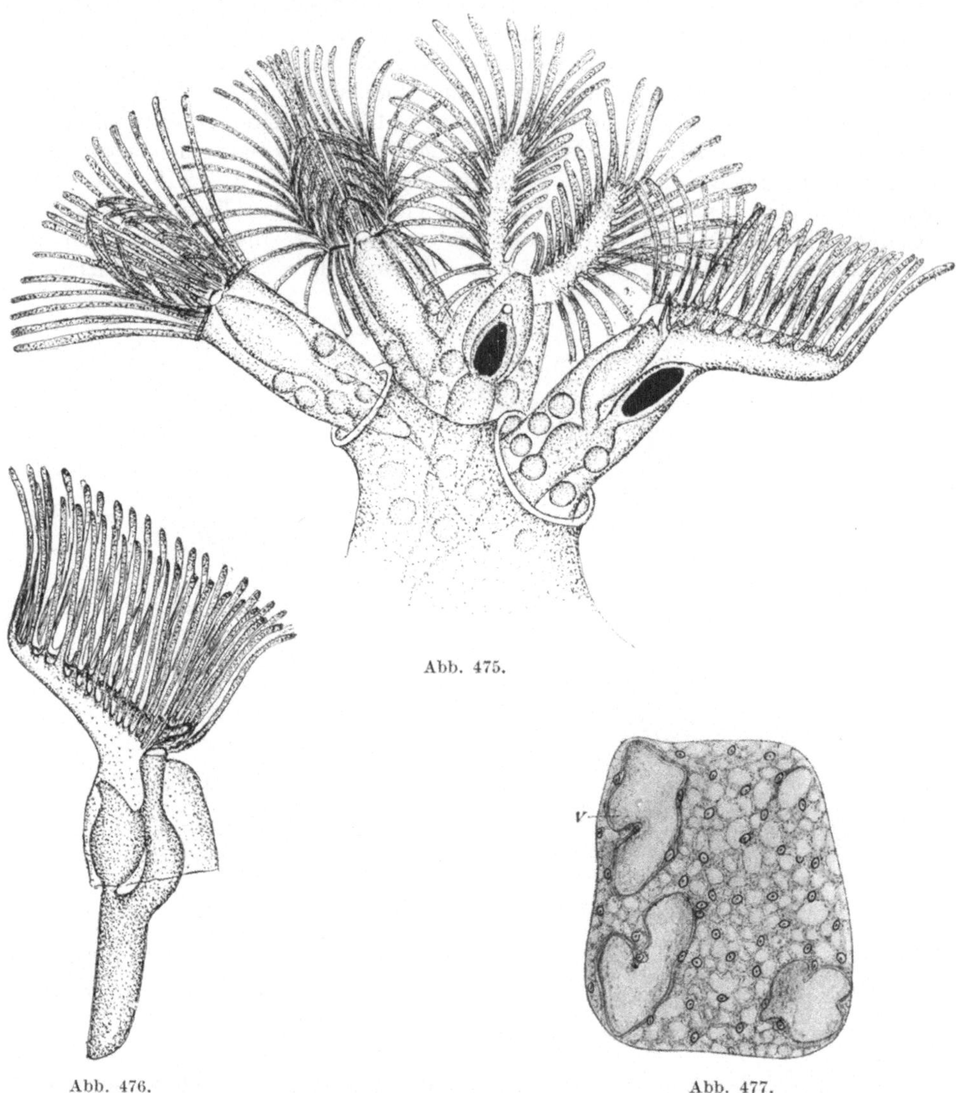

Abb. 475.

Abb. 476.

Abb. 477.

Abb. 475. *Lophopus cristallinus* (PALLAS). Teil einer Kolonie, vor allem um die Eier zu zeigen, die frei aus dem Sack in die Einzelindividuen sich bewegen. Die Eier werden durch die Leibeshöhlenflüssigkeit bewegt. Die Einzelindividuen zeigen von rechts nach links Seiten-, Rücken-, en face- und Vorderansicht. (W.-L. gez. Okt. 1936.)

Abb. 476. Desgl., Einzelindividuum in Seitenansicht. Man sieht Tentakelkrone, Epistom, Darm und Enddarm mit dem After links. (W.-L. gez.)

Abb. 477. Stück der Kutikula von *Lophopus*. Man sieht die großen Vacuolen, *V*, die platzen und ihre Gallerte abgeben. 350×. (KRAEPELIN 1887.)

an der Außenseite der Polypide ab. Sie nehmen eine gelbliche Farbe an oder verschwinden fast ganz, wenn der Ernährungszustand schlecht ist. Sie sind bei *Cristatella* und *Lophopus* besonders deutlich. Besondere Atmungs- und Zirkulationsorgane kommen nicht vor.

Die Abfallsprodukte werden von amöboiden Zellen, den Phagocyten, in der Leibeshöhle aufgenommen. Bei den Phylactolämen werden sie zu zwei bewim-

perten Kanälen befördert, die in eine Sammelblase münden, welche die mit
Abfallstoffen beladenen Phagocyten aufnimmt. Sie werden durch eine besondere
Öffnung oberhalb des Afters ins Freie entleert. Der ganze Verdauungsvorgang
einer bestimmten Nahrungsmenge nimmt zwei bis drei Stunden in Anspruch. Bei
der Gruppe der Gymnolaemata, die im Süßwasser nur durch wenige Arten vertreten ist, kommt ein derartiges Organ nicht vor. Nach und nach verliert der Darm
die Fähigkeit, Nahrungsstoffe zu resorbieren; er wird immer stärker braun. Das
Polypid funktioniert nicht mehr als Darmkanal; es geht ein Funktionswechsel
vor sich, die Wände werden mit Exkretstoffen überladen, der Darmkanal und
der Lophophor degenerieren. Zum Schluß ist nur eine Kammer mit dem degenerierten Polypid vorhanden, dem sog. braunen Körper, der am Boden der Kammer
liegt. Die Lebenszeit eines Polypids ist deshalb begrenzt, doch wird dieser Verlust bald ersetzt, denn gleichzeitig oder
einige Zeit nach dieser Degeneration
sieht man, daß sich an der Wand der
Kammer eine kleine Knospe gebildet hat,
die sich zu einem neuen Polypid, einem
neuen Darmkanal, entwickelt, an dessen
hinterem Teil der braune Körper hängen
bleibt. In anderen Fällen wird er in den
neuen Darmkanal aufgenommen und durch
den After ausgestoßen. Die Zeit, die
während der Ausbildung eines neuen
Polypids vergeht, wird verschieden angegeben, von 35 bis 68 Tagen. Während
dieser Zeit ist die Kammer geschlossen.
Das Polypid ist an der Wand durch einen
Strang mesodermalen Ursprunges, dem
sog. Funiculus (Abb. 474 f.), und gleichzeitig durch zwei starke, glatte Muskel, die
den Lophophor zurückziehen, befestigt.

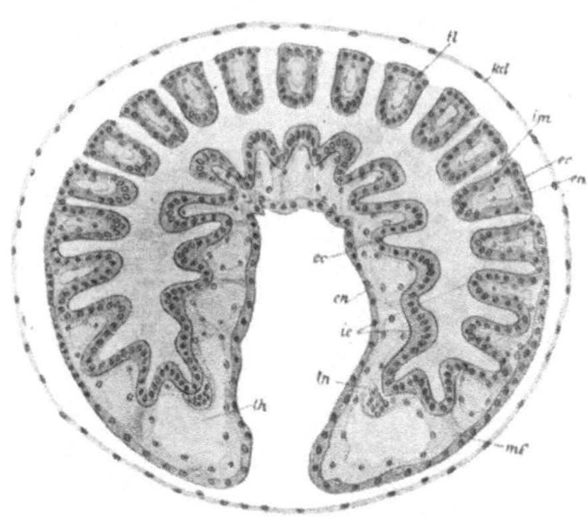

Abb. 478. *Plumatella fungosa* (PALL.). Querschnitt
durch den Vorderkörper eines Polypids; Tentakelkrone. *tl* Tentakellumen; *kd* Tentakelscheide;
im Membran, welche die Tentakel verbindet;
ec Ectoderm; *en* Entoderm; *mf* Muskelfäden;
en Lophophornerv; *ie* inneres Darmepithel;
in Epithel, das die Leibeshöhle bekleidet. 300 ×.
(KRAEPELIN 1887.)

Auch bei den Phylactolämen verfällt
das Polypid (d. h. der Darmkanal); in
einigen Fällen entstehen auch hier braune Körper (*Lophopus*, s. dort), in anderen
wird es einfach ausgestoßen *(Cristatella)*.

Das Nervensystem besteht aus einem Nervenknoten, der dorsal von der
Speiseröhre liegt. Von ihm gehen zahlreiche Nerven aus, besonders zum Lophophor, nach hinten zur Wand des Zooeciums und zum Polypid. Am Lophophor
finden sich zahlreiche Sinneszellen mit Sinneshaaren; sie fungieren sicherlich vor
allem als Tasthaare. Augen sind keine vorhanden, aber die Bryozoen sind gegen
Licht und Schatten sehr empfindlich. Die Larven setzen sich fast nur an dunklen
Stellen fest. Das Polypid reagiert auf intensives Sonnenlicht.

Die Bryozoen sind Hermaphroditen. Die Spermatozoen werden in der Regel
am Funiculus ausgebildet, die Eier an der Zooeciumwand (Abb. 474 *ov* u. *sp*); bei
den Phylactolämen haben diese die Form von traubenartigen Büscheln, die in
die Leibeshöhle hineinragen. Über die Befruchtung weiß man nichts Sicheres.
Da man jedoch bei den Gymnolämmata Eier im Zweizellenstadium im Freien
gefunden hat, darf man vermuten, daß die Befruchtung draußen im Wasser
erfolgt. Nur bei einer einzigen von diesen, bei *Paludicella*, hat man ein einziges
Mal ein Larvenstadium gefunden (BRAEM 1896).

Ich selbst habe in den großen *Paludicella*-Bewüchsen, wovon ich Material
nach Hause genommen habe, vergebens nach einem solchen gesucht. Von den

Phylactolämen weiß man mit Sicherheit, daß das Ei in der Leibeshöhle befruchtet wird.

Das Ei, das sich vom Ovar loslöst und das zu irgendeinem Zeitpunkt befruchtet worden ist, wird dann von einem knospenartigen Gebilde im Muttertier aufgenommen; dieses Gebilde, das man als Uterus oder Eikammer (Ooecium)

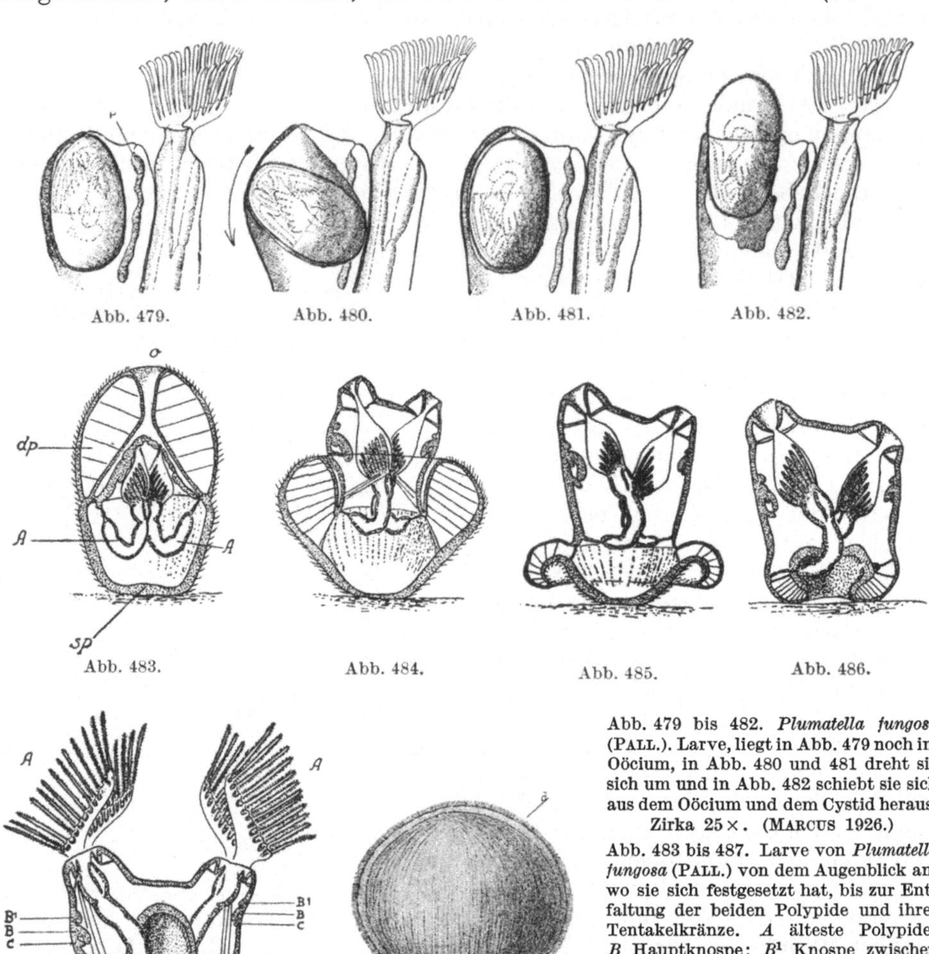

Abb. 479.   Abb. 480.   Abb. 481.   Abb. 482.

Abb. 483.   Abb. 484.   Abb. 485.   Abb. 486.

Abb. 487.   Abb. 488.

Abb. 479 bis 482. *Plumatella fungosa* (PALL.). Larve, liegt in Abb. 479 noch im Ooecium, in Abb. 480 und 481 dreht sie sich um und in Abb. 482 schiebt sie sich aus dem Ooecium und dem Cystid heraus. Zirka 25×. (MARCUS 1926.)

Abb. 483 bis 487. Larve von *Plumatella fungosa* (PALL.) von dem Augenblick an, wo sie sich festgesetzt hat, bis zur Entfaltung der beiden Polypide und ihrer Tentakelkränze. *A* älteste Polypide; *B* Hauptknospe; *B¹* Knospe zwischen diesen; *dp* Mantelfalte; *sp* Festheftungsfläche. Zirka 35×. (BRAEM 1897.)

Abb. 488. Larve von *Cristatella mucedo* CUVIER. *d* Wimperkleid; *b* Polypide. Zirka 40×. (JULLIEN 1890.)

bezeichnet, umschließt das Ei und ernährt es; zirka vier Wochen später ist die aus dem Ei hervorgehende Larve fertig entwickelt. Sie reißt sich los, das Ooecium öffnet sich und die Larve gelangt ins Freie. Die Larven der Phylactolämen sind freischwimmende Organismen. Man sollte glauben, daß sie zu den Planctonorganismen gehören, aber man kann kaum sagen, daß das der Fall ist. Hat man große Bryozoenbewüchse vor sich, so kann man an warmen Sonnentagen weißliche Wolken um die Kolonie sehen; doch ist die Erscheinung selten und sie dauert nicht länger als einige Stunden. Die Larven (Abb. 479 bis 488) werden meistens in der Nacht und in den frühen Morgenstunden entlassen. Sie sind bei den

Phylactolämen recht groß, länglich, zirka 1 bis 2 mm lang. Bei *Cristatella* (Tafel 12, Fig. 1 und Abb. 488) sind sie kugelrund und so groß wie kleine Erbsen. Sie sind unter dem Namen *Leucophra heteroclita* von O. F. MÜLLER (1786, Tafel 22) beschrieben worden. Er hat offenbar das Umstülpen beobachtet. Die Larve ist mit einem wimpernden Mantel versehen; mit Hilfe dieser Wimperhaare rotiert sie um ihre Achse und bewegt sich dabei sehr langsam vorwärts. Hat man zu der Zeit, wo die Larven ausschwärmen, *Cristatella*-Kolonien in einem Gefäß, so ist man Zeuge einer sehr schönen Erscheinung. Um die Kolonie mit ihren prächtigen Lophophoren sieht man die weißen Larven langsam auf und nieder schwimmen (Tafel 12, Fig. 1). Weiter als einige Dezimeter entfernen sich die Larven nicht von ihren Kolonien. Hie und da sieht man, wie eine Larve aus dem Lophophorenteppich herauskommt. Sieht man sich die Larven näher an, so bemerkt man, daß aus dem einen Pol feine Fäden herausragen; es sind dies die Spitzen der Lophophorententakel, die hier und da eingezogen werden. Man hat es nicht, wie man glauben möchte, mit eigentlichen Larven zu tun, sondern vielmehr mit kleinen Kolonien, die nur dank des bewimperten Mantels, den sie besitzen, einen larvalen Charakter aufweisen. Dieser Wimpermantel umschließt nämlich eine Anzahl Polypide, nur eines bei *Fredericella*, gewöhnlich zwei bei den Plumatellen, bei *Cristatella* jedoch eine größere Anzahl. Ist die Larve einige Zeit herumgeschwommen (Abb. 479 bis 487), manchmal nur minutenlang, höchstens durch einige Stunden, so sieht man, wie sie sich plötzlich an irgend einem Gegenstand auf den Kopf, d. h. auf den beim Schwimmen nach vorn gerichteten Pol stellt. Sie dreht sich um ihre eigene Achse. Die Unterlage ist zumeist ein Blatt oder ein Zweig. Die Polypide sind ein Stück herausgekommen; betrachtet man sie unter der Lupe, so sieht man, wie sie Nahrung in den Darm wimpern. Die Larve setzt sich jetzt fest, indem etwas Gallerte aus dem Pol fließt, der gegen die Unterlage gewendet ist. Gleichzeitig tritt die definitive, polypidentragende Partie hervor und es krümmt sich die Mantelwand herunter. Unmittelbar darauf rollen sich die Ränder des Mantels zusammen und gleiten während dieses Einrollungsvorganges an den Seiten der kleinen, bleibenden Kolonie herab. Diese kommt so auf den Rändern zu sitzen, die eine Art Kissen für die Kolonie bilden. Als Resultat dieses sonderbaren Vorganges haben wir einen hyalinen Sack mit zwei Öffnungen vor uns, aus welchen die beiden einander gegenübersitzenden Polypide herausragen; in der Mitte liegt der graue Ringpolster, Reste der Schwimmglocke. Der ganze Vorgang dauert vom Augenblick an, wo die Larve sich festgesetzt hat, höchstens ein paar Minuten, oft nur Sekunden. Man kann wohl diese freischwimmenden Stadien als Larven bezeichnen, aber es sind in Wirklichkeit freischwimmende Kolonien. Man muß davon ausgehen, daß die Süßwasserbryozoen von Meeresbryozoen abstammen. Diese besitzen echte Larven mit einer Anzahl von Larvenorganen; sie sind pelagisch; erst nachdem sie sich festgesetzt haben, beginnt die Bildung des Polypids. Die Larven spielen bei den Meeresbryozoen eine Rolle als Verbreitungsfaktoren, als solche haben sie bei den Süßwasserbryozoen nur eine untergeordnete Bedeutung; sie vermehren die Zahl der statoblastenbildenden Kolonien, aber eine andere Bedeutung haben sie kaum. Die Larvenstadien der Meeresbryozoen sind bei den Süßwasserformen vollständig weggefallen und das Stadium, das wir hier finden, ist mit den Larven der Meeresbryozoen mit dem Zeitpunkt zu vergleichen, wo sie sich festgesetzt und ihre ersten Polypide gebildet haben, aber zu dieser Zeit ist die Bezeichnung Larve nicht mehr am Platz. Es handelt sich tatsächlich um eine kleine, schwimmende Kolonie.

Solche junge *Plumatella*-Kolonien, die aus zwei Polypiden bestanden und sich in den Gefäßen festgesetzt hatten, standen mir in Menge zur Verfügung.

Die Zeit, wo die geschlechtliche Fortpflanzung vor sich geht, dauert wenigstens in unseren Breitegraden sehr kurz, kaum über einen Monat, bei *Cristatella* gewöhnlich bedeutend kürzer. Bei anderen Arten habe ich sie überhaupt nicht beobachtet. *Lophopus* ist von MARKUS (1934) wohl in geschlechtlicher Vermehrung angetroffen worden, aber die Larve selbst ist unbekannt geblieben. Die Larven scheuen das Licht und setzen sich vorwiegend an den dunkelsten Stellen der Gefäße fest. Es wurde festgestellt, daß das Temperaturoptimum für die Festheftung der *Cristatella*-Larven hoch liegt, bei ungefähr 24° C, bei *Plumatella* bei zirka 16 bis 18° C.

Aber die Süßwasserbryozoen, gleich allen anderen Bryozoen, haben noch eine

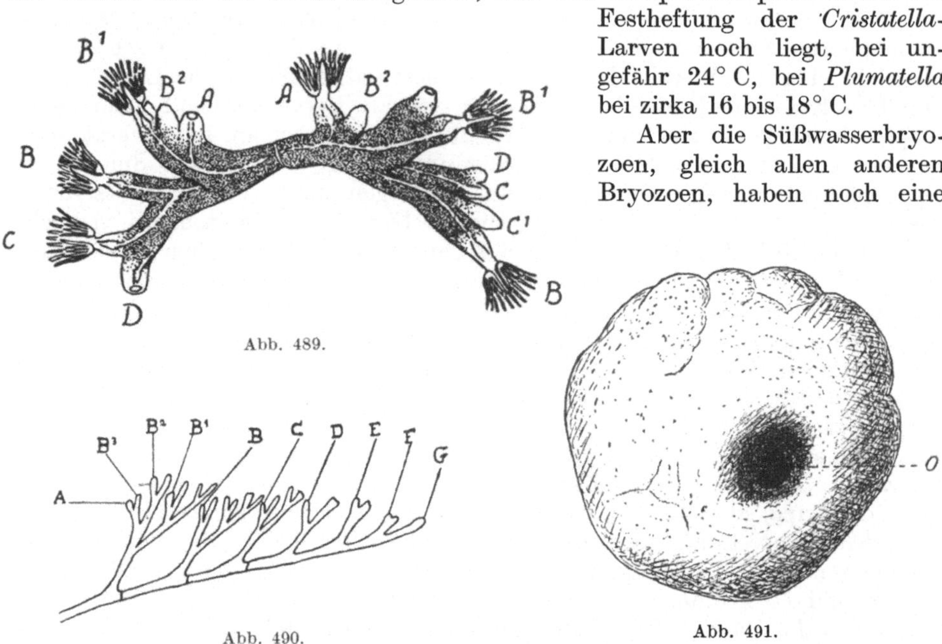

Abb. 489.

Abb. 490.

Abb. 491.

Abb. 489. Kolonie von *Plumatella fungosa* (PALL.).

Abb. 490. Kolonie von *Plumatella fruticosa* ALLM. Das Bild zeigt die Verzweigungsgesetzmäßigkeiten und die der Knospenbildung. (BRAEM 1890.)

Abb. 491. Kolonie von *Plumatella fungosa* (PALL.), bei Breslau am 28. Juni 1896 gefischt. Die Kolonie wächst auf einer *Paludina*, die ganz von Moostierchen bedeckt ist; bei *O* Öffnung der Schnecke. Verkleinert; der tatsächliche Durchmesser ist 9,5 cm. (BRAEM 1911.)

andere Art sich fortzupflanzen, die für das Bestehen der Art weit wichtiger ist, nämlich die ungeschlechtliche durch Knospung (Abb. 489 u. 490). Die Gesetze dieser Knospung sind bei den einzelnen Familien und Gattungen und selbst Arten sehr verschieden; es wird noch vieler Arbeit bedürfen, um die Verhältnisse hier klarzulegen. Diese Gesetze sind es, die bestimmend oder wenigstens mitbestimmend für die Gestaltung der Kolonie sind. Bei den verzweigten Kolonien der Plumatellen sitzen die jüngsten Individuen an den Zweigspitzen, bei den flach ausgebreiteten Kolonien am Rande. Bei den verzweigten Kolonien können die Einzelindividuen bald dicht beieinandersitzen und bilden dann polster- oder knollenförmige Kolonien, oder sie können sich in Abständen befinden und bilden dann rankenförmige Kolonien (Abb. 490; Tafel 12, Fig. 8). Bei den Plumatellen sind die Hauptgesetzmäßigkeiten bei der Knospung folgende: Bei einer Kolonie von zwei Individuen, die als A bezeichnet seien, entsteht an der oralen Cystidseite die erste Hauptknospe B, die später eine neue C bildet und diese wieder eine neue D usw. Durch diese Knospen schiebt sich die Kolonie über die Unterlage, aber bald nachher entstehen an jeder von ihnen neue Knospen (A bildet außer B noch B_1, B_2, B_3; B außer C später C_1, C_2, C_3 usw.). (Abb. 489 u. 490).

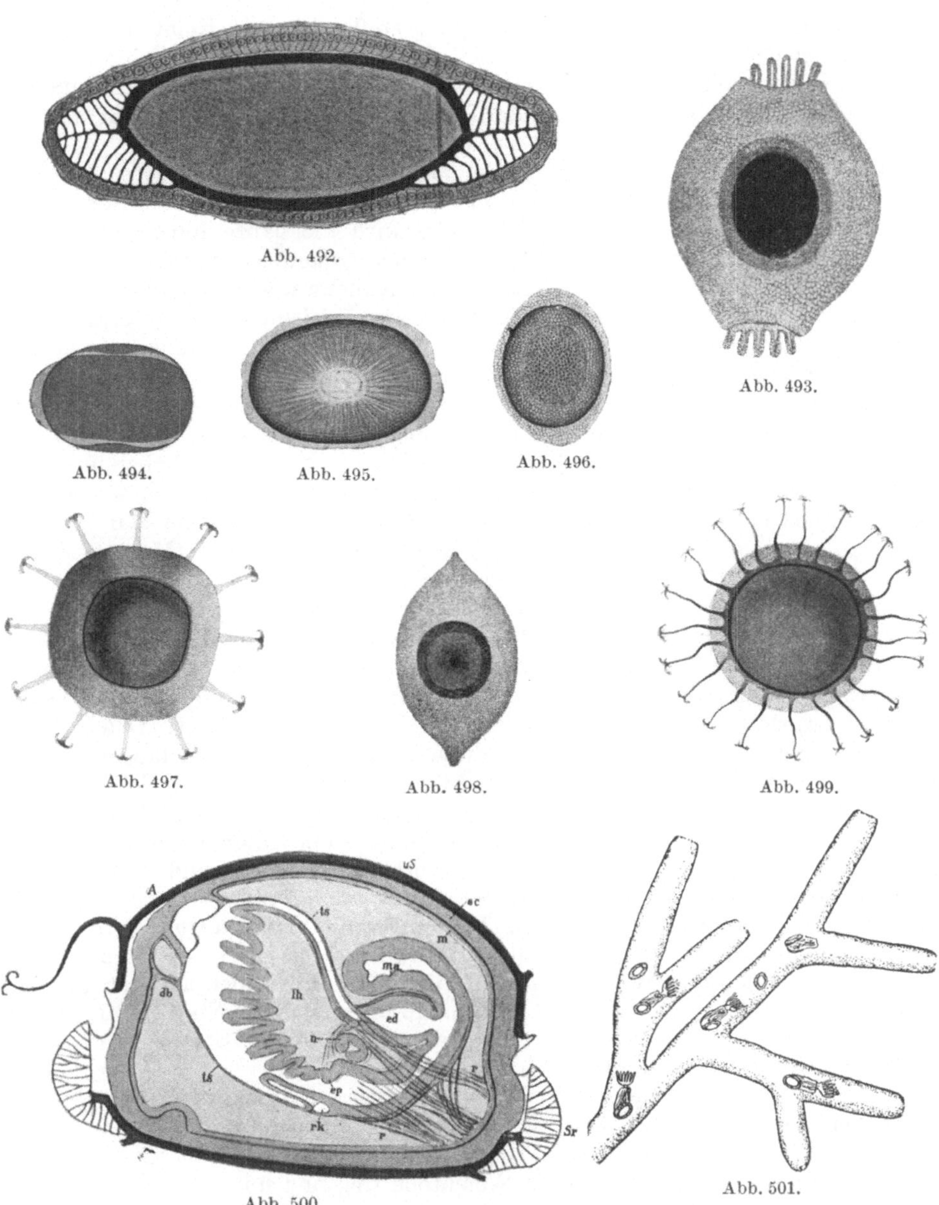

Abb. 492.

Abb. 493.

Abb. 494.

Abb. 495.

Abb. 496.

Abb. 497.

Abb. 498.

Abb. 499.

Abb. 500.

Abb. 501.

Abb. 492 bis 501. Statoblasten und ihre Keimung.
Abb. 492. Querschnitt eines Schwimmringstatoblasten von *Plumatella*. (NITSCHE 1868.)
Abb. 493. *Lophopodella Thorasi*. 50×. (ROUSSELET 1904.)
Abb. 494. *Fredericella sultana* (BLUMENB.). 40×. (KRAEPELIN 1887.)
Abb. 495. *Plumatella fungosa* (PALL.), sitzender Statoblast. 40×. (KRAEPELIN 1887.)
Abb. 496. Desgl., Schwimmringstatoblast. 40×. (KRAEPELIN 1887.)
Abb. 497. *Pectinatella magnifica* LEIDY. 40×. (KRAEPELIN 1887.)
Abb. 498. *Lophopus crystallinus* (PALL.). 30×. (KRAEPELIN 1887.)
Abb. 499. *Cristatella mucedo* CUV. 30×. (KRAEPELIN 1887.)
Abb. 500. Schnitt durch einen älteren Statoblasten von *Cristatella mucedo* CUV. *uS* untere Schalenhälfte; *ec* Ectoderm; *Sr* Schwimmring; *m* Leibeshöhlenepithel; *ts* Tentakelscheide; *ma* Magen; *ed* Enddarm; *r* Retraktor; *rk* Ringkanal; *ep* Epistom; *lh* Lophophorhöhle; *n* Ganglion. 120×. (BRAEM 1890.)
Abb. 501. *Fredericella sultana* (BLUMENB.). Röhre, in der Statoblasten keimen. (MARCUS 1926.)

Eine ganz besondere Form der Knospung stellen die sog. Keimknospen oder Statoblasten dar, die bei einem Großteil der Süßwasserbryozoen eine sehr erhebliche Rolle spielen. Sie kommen bei Meeresbryozoen nicht vor und müssen als eine besondere Anpassung an das Leben im Süßwasser aufgefaßt werden (Abb. 492 bis 501).

Die Statoblasten entstehen nicht in der Knospungszone, sondern stets nur am Funiculus (Abb. 474 *st*), bald in großer Anzahl *(Plumatella)*, bald nur wenige *(Fredericella)*. Aus mesodermalem Gewebe wird die ganze innere Masse der Knospe gebildet, aus der sich später das Polypid vorzugsweise entwickelt, während eingewanderte Ectodermzellen die zukünftige Außenwand bilden werden. Diese Keimknospen sitzen in einer langen Reihe am Funiculus; die untersten sind wohl stets die größten und ältesten. Sie sind in reifem Zustande von braunschwarzer Farbe. Die Wand wird von einer Chitinmembran gebildet. Die Statoblasten bestehen aus zwei harten Schalen, welche die Weichteile umschließen. Es sind Dauerknospen, in welchen die Keime, durch die dicke Chitinmembran geschützt, bei ungünstigen äußeren Verhältnissen zu neuem Leben erhalten bleiben (in eingetrocknetem oder gefrorenem Schlamm). Bei uns werden sie hauptsächlich im Herbst gebildet, aber sie können auch schon im Mai bis Juni auftreten, in den Tropen vor allem zu Beginn der Regenzeit (MARCUS 1926). Diese Statoblasten sehen bei den verschiedenen Arten sehr verschieden aus. Bei den Plumatellen kommen zwei Sorten vor. Die häufigsten sind die sog. Schwimmringstatoblasten (Abb. 492 u. a.). Sie sind von einem Ring lufthaltiger Hohlräume umgeben, dem Schwimmring, der bewirkt, daß die Statoblasten leichter als Wasser werden. Wenn sie von der Kolonie, in der sie entstanden sind, freikommen, steigen sie an die Oberfläche und sammeln sich hier. Den anderen Statoblasten fehlt der Schwimmring; diese Sorte findet man in langen Reihen an Zweigen oder Muschelschalen festgeklebt, auf denen die Kolonien sich befunden haben. Wenn alles übrige weggefault ist, bleiben diese sitzenden Statoblasten erhalten. Sie (Abb. 495) halten den alten Standplatz der Kolonie besetzt (Tafel 12, Fig. 4, 5). Die Schwimmringstatoblasten verbreiten die Art und erobern neue Wohnplätze. Es gibt Arten, wie *Fredericella*, wo, soviel man weiß, nur sitzende Statoblasten vorkommen (Abb. 494). Bei *Lophopus*, *Cristatella* und *Pectinatella* finden sich nur Schwimmringstatoblasten (Abb. 497 bis 499). Sie sind bei *Lophopus* (Abb. 498) an beiden Enden zugespitzt. Bei den beiden anderen Formen haben sie außer dem Schwimmring noch lange Dornen, deren Spitzen mit Haken versehen sind; diese stellen Verankerungsorgane dar, die die Statoblasten an der Stelle verankern, wo sie landen.

Die Statoblasten werden, wie erwähnt, in unseren Breitegraden, namentlich gegen den Herbst hin, gebildet; die Kolonien können dann von ihnen vollgepfropft sein; in den großen *Plumatella*-Kolonien können sie zu Tausenden vorkommen. Zu dieser Zeit faulen alle Weichteile weg und nur die Weichteile, die

---

Tafel 12. Bryozoa.

Fig. 1. *Cristatella mucedo* CUVIER auf *Polygonum amphibium*. Schnitt durch das Wasser. Man sieht zahlreiche Larven um die Kolonien und viele in diesen. Juli 1895. Nat. Größe. Fig. 2. *Lophopus crystallinus* (PALL.) auf Schilf. Mantel bei den kleineren Kolonien ausgelassen; diese, die von den zwei großen abgeschnürt sind, sind auf der Wanderung herunter. September. Nat. Größe. Fig. 3. *Repens*-artige Kolonien von *Plumatella fungosa* (PALL.) auf Schilf. Frühjahrsstadium. Nat. Größe. Fig. 4. *Plumatella fungosa* (PALL.). Zweig mit keimenden Statoblasten. Dezember 1893. Nat. Größe. Fig. 5. *Plumatella fungosa* (PALL.). Zweig mit keimenden Statoblasten. Mai 1893. Nat. Größe. Fig. 6. *Cristatella mucedo* CUVIER. Dicht gedrängte Kolonien auf einem Erlenzweig; Herbststadium; die Kolonien sind nun voll von Statoblasten; unten sieht man etwas von der Kutikularmembran; September 1895. Nat. Größe. Fig. 7. Zweig mit der Kutikularmembran allein. Die Kolonien sind nun verfallen; nur die Membran ist zurückgeblieben; man sieht mehrere Statoblasten darin hängen. November 1895. Nat. Größe. Fig. 8. *Plumatella repens* (L.). Rankenform auf einem Pfahl. August. Nat. Größe. Fig. 9. *Spongilla*- und *Plumatella*-Kolonien zusammengewachsen. Die Spongille zeigt Oscula, aber die zahlreichen kleinen Röhren auf ihrer Oberfläche sind Bryozoen, deren Zweige durch die Spongille gewachsen sind. (W.-L. 1897.)

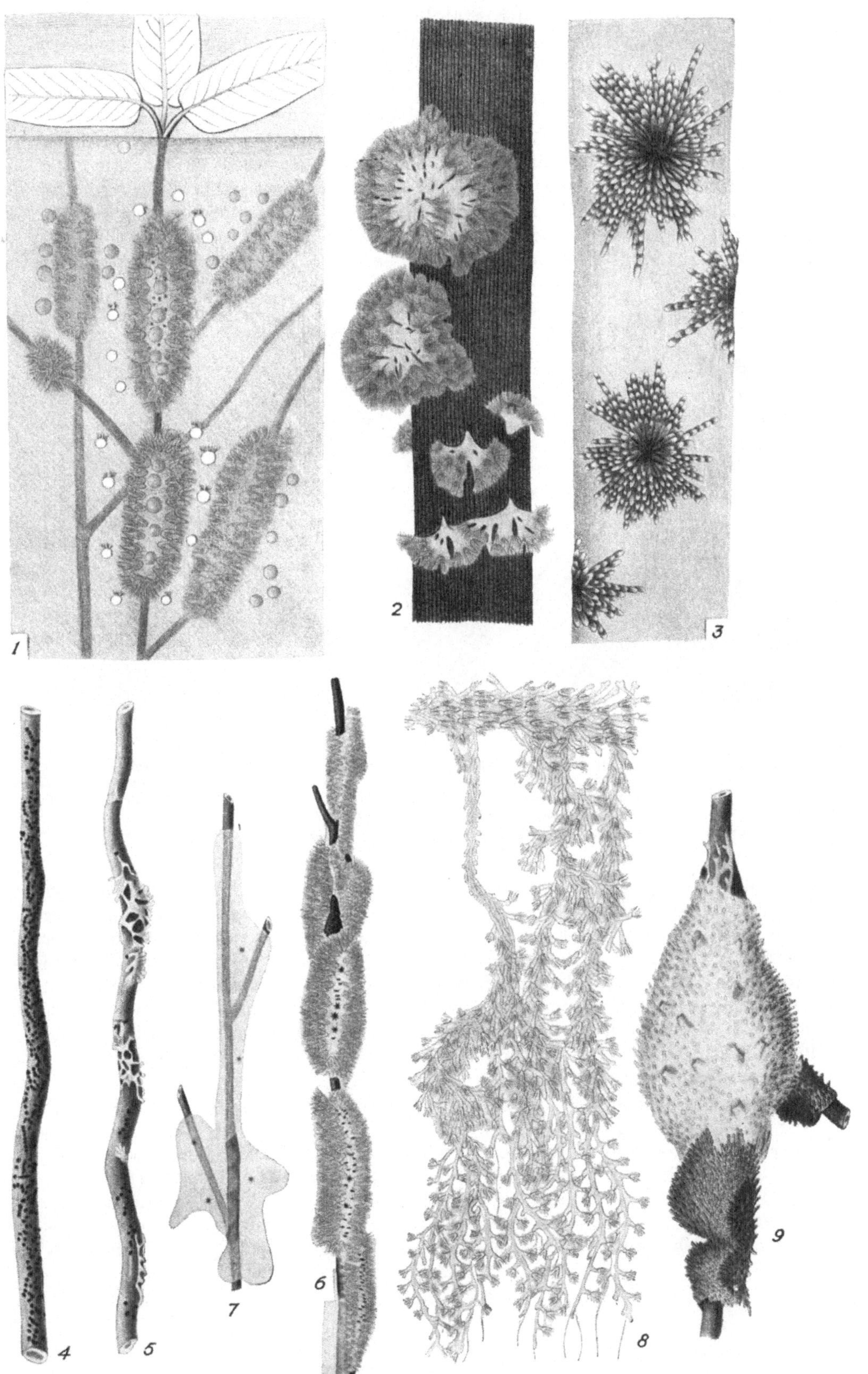

hinter den dicken Schalen der Statoblasten eingeschlossen liegen, bewahren ihre Lebensfähigkeit. Sie liegen in langen Reihen in den Röhren. Wenn Sturm und Wellenschlag die Kolonien zertrümmern, werden die Statoblasten frei; sie steigen an die Oberfläche und sammeln sich dort. Beugt man sich an einem Herbsttag zur Seefläche herunter und hält man eine weiße Porzellanscheibe gleich unterhalb der Oberfläche, so wird man zahlreiche, schwarze Pünktchen bemerken; es sind die Statoblasten der Plumatellen, die vom Wind langsam gegen das Ufer getrieben werden. Früher oder später gelangen sie in die geschützten Buchten hinein, wo sie sich ansammeln. Das Wasser kann hier so beladen sein, daß es ganz braun wird und die Oberfläche in solchem Grad damit belegt, daß die Wellenbewegung selbst bei stark auflandigem Wind nicht zur Geltung kommt.

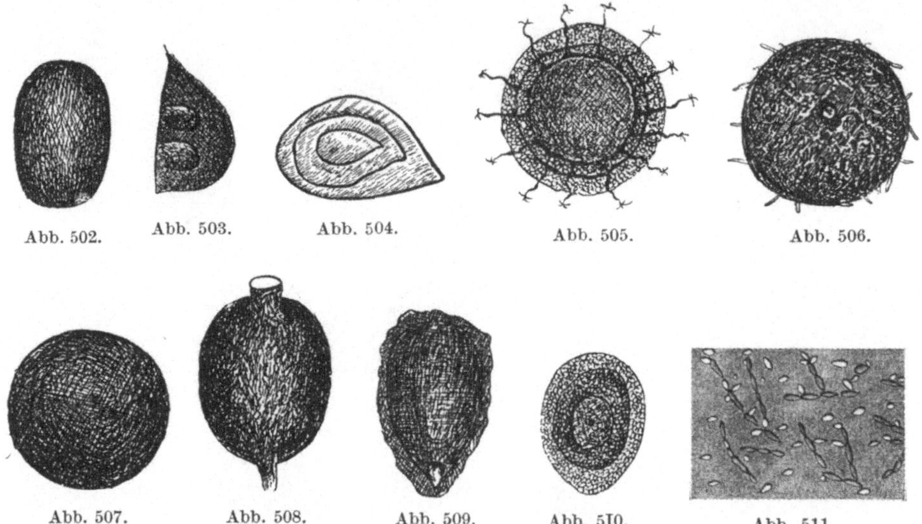

Abb. 502.   Abb. 503.   Abb. 504.   Abb. 505.   Abb. 506.

Abb. 507.   Abb. 508.   Abb. 509.   Abb. 510.   Abb. 511.

Abb. 502 bis 510. Chitinreste, in dänischen Moorablagerungen gefunden. Abb. 502. *Planaria*-Kokon. Abb. 503. *Daphnia*-Ephippium. Abb. 504. *Bithynia*-Deckel. Abb. 505. *Cristatella*-Statoblast. Abb. 506. *Spongilla*-Gemmula. Abb. 507. *Planaria*-Kokon. Abb. 508. Oligochätenkokon. Abb. 509. *Nephelis*-Kokon. Abb. 510. *Plumatella*-Statoblast. Zirka 20×. (W.-L.)
Abb. 511. Dauerknospen (Hibernacula) von *Paludicella Ehrenbergii* VAN BEN. (W.-L. 1896.)

Das weitere Schicksal des abgelagerten Materials ist verschieden. Ein Teil friert im Eis ein, ein Teil wird von den Wellen ans trockene Land geworfen, aber wenn sie auch den Winter im Eis oder an Land verbringen, das Leben hinter den harten Schalen stirbt deshalb nicht ab. Manches deutet darauf hin, daß selbst eine mehrjährige Überwinterung die Keime nicht tötet. Statoblasten wurden im August 1895 in einen sehr kalten Keller gebracht und erst im Dezember 1896 wieder ins Laboratorium heraufgenommen; später wurden sie im Thermostaten einer Temperatur von 22° C ausgesetzt. Nach Verlauf dieser 14 Monate keimten mehr als 80%.

Als man um die Mitte des vorigen Jahrhunderts die Untersuchungen über Torf und Torfbildung begann, fand man solche Statoblasten in Menge, wenn das Torfmaterial geschlämmt wurde. Man hielt sie lange für Pflanzensamen, bis man sich darüber klar wurde, daß man Statoblasten vor sich hatte (Abb. 505, 510; W.-L. 1896). Der Fund zeigt, daß unsere Süßwässer während der ganzen Postglacialzeit von Bryozoen bevölkert waren. Namentlich *Plumatella*-Statoblasten sind sehr häufig; aber auch solche von *Cristatella* fehlen nicht. Normalerweise keimen die Statoblasten erst im folgenden Frühjahre, gewöhnlich nicht bei Temperaturen unter 10° C. Werden sie zeitiger im Frühjahr gebildet, so können sie schon im Sommer zur Keimung gelangen. Bei der Keimung werden die beiden Schalen gesprengt und die junge Kolonie (Abb. 500), in der zumeist zwei oder mehr Polybide entwickelt sind, kriecht aus. Man kann keimende Statoblasten an der Wasseroberfläche finden, doch sinken die ausgekrochenen Kolonien rasch zu Boden.

Untersuchungen an in Grönland gesammeltem Material, Beobachtungen in Dänemark und Vergleiche mit Berichten aus südlicheren Gegenden scheinen zu zeigen, daß die beiden Arten der Fortpflanzung, die geschlechtliche durch Larven und die ungeschlechtliche durch Statoblasten, nicht überall im Verbreitungsgebiet der Arten gleich stark angewendet werden; die ungeschlechtliche Fortpflanzung durch Statoblasten dominiert gegen Norden und ist an den Nordgrenzen der Arten vielleicht die allein vorkommende. Schon in Dänemark ist die geschlechtliche Vermehrung stark zurückgedrängt. *Paludicella*, *Fredericella* und *Plumatella fruticosa* ALLM. trifft man weiter im Süden (Mitteldeutschland, Bulgarien) in geschlechtlicher Vermehrung an, in Dänemark nicht. Nicht jedes Jahr habe ich Larven in *Cristatella*-Kolonien finden können. Es wird behauptet, daß weiter gegen Süden, in Mitteleuropa, von einem Generationswechsel gesprochen werden kann. Im Frühjahr geht aus den Statoblasten eine Generation hervor, die sich auf geschlechtlichem Weg fortpflanzt; die auf diese Weise gebildete Generation soll sich dann nur auf ungeschlechtlichem Weg mit Hilfe der Statoblasten vermehren. Übrigens verhalten sich die verschiedenen Arten äußerst verschieden und erneute Untersuchungen auf diesem Gebiet sind sehr erwünscht. Schon bei uns muß man wohl annehmen, daß ein Generationswechsel sehr wenig wahrscheinlich ist. Es ist sogar zweifelhaft, ob die auf geschlechtlichem Weg entstandenen Kolonien stets zur Statoblastenbildung gelangen. In Dänemark dürfte es das Normale sein, daß die aus den Statoblasten ausgekrochenen Individuen zuerst sich auf geschlechtlichem Weg durch Larven fortpflanzen, hierauf auf ungeschlechtlichem durch Statoblasten (Plumatellen). Es gibt Formen wie *Cristatella*, die sich wie die Plumatellen fortpflanzen können, die aber, wenn das Klima es nicht zuläßt, nur Statoblasten erzeugen und sich dann nur ungeschlechtlich vermehren. Bei *Cristatella*, bei der die Larven sich erst im Juli-August zeigen und bei der im großen und ganzen nicht angenommen werden kann, daß sie sich jedes Jahr entwickeln, gibt es an vielen Örtlichkeiten nur eine einzige Generation. Das gleiche gilt für Lophopus, der sich bei uns fast stets nur auf ungeschlechtlichem Weg fortpflanzt. Nur einmal habe ich Eier bei *Lophopus* gesehen (Abb. 475).

Nicht alle Süßwasserbryozoen haben die oben beschriebenen Statoblasten. Was die wenigen, im Süßwasser vorkommenden *Gymnolaemata* anbelangt, hat man bei einer einzigen Form, bei *Paludicella Ehrenbergii* VAN BEN., eigentümliche, unregelmäßige Knospen nachgewiesen, die sog. Hibernacula (Abb. 511), die innerhalb der langen, keulenförmigen Cystidröhren entstehen. Oberflächlich gleichen diese Hibernacula, die übrigens eine sehr unregelmäßige Gestalt besitzen, den Statoblasten; einige Forscher neigen zu der Annahme, daß sie auch morphologisch mit ihnen verglichen werden können. Andere behaupten, daß es die letzten Sprossen der Kolonie, d. h. leicht modifizierte, äußere Knospen seien. Sicher ist, daß diese Hibernacula Anlagen zu Polypiden in einem Stadium enthalten, in dem Darm, Muskeln und Geschlechtsstoffe entwickelt sind, und weiter, daß der übrige Teil der Kolonie abstirbt und nur die Hibernacula zurückbleiben, welche unregelmäßig über die Zweige verteilt sind, die *Paludicella*-Ranken getragen haben, sowie daß sie im folgenden Frühjahr manchmal bei sehr niedriger Temperatur (zirka

4 bis 5° C) keimen und neue Polypide hervorsprossen lassen. Aber hier sind wir an einem Punkt, wo erneute Untersuchungen sehr erwünscht wären.

Die Süßwasserbryozoen sind von mannigfaltigen Schmarotzern oder Kommensalisten heimgesucht, die auf oder in den Kolonien sich finden. *Cristatella* und *Lophopus* sind oft von dem schönen, eigentümlichen, scheibenförmigen Wimperinfusor *Trichodina pediculus* EHRBG. ganz bedeckt; die Oberfläche der großen *Plumatella*-Kolonien von einer Unzahl verschiedener Vorticellen, von *Stentor* und zahlreichen Rädertieren, insbesondere Philodiniden. Sie können weiter eine Unmenge von Hydren, dann eine Reihe Oligochäten, *Nais proboscidea, Nais elinguis* u. a. tragen; auch das merkwürdige *Aeolosoma* hält sich oft auf ihnen auf; das gleiche ist der Fall mit einer Anzahl von Nematoden, hauptsächlich der Gattungen *Dorylaimus* und *Chromadora*, weiter mit Dendrocölen. Die gleichen Tiere beherbergen auch in ihrer Leibeshöhle den ganz merkwürdigen Schmarotzer *Buddenbrockia plumatellae* SCHROEDER (Abb. 512), der äußerst häufig in den großen Kolonien des Frederiksborger Schloßteiches vorkommt. Dessen Stellung im System ist sehr zweifelhaft. Von einigen wird er zu der kleinen Gruppe der Mesozoen gerechnet, von anderen als Sporocyste der Trematoden angesehen, was keineswegs richtig sein kann; für gewöhnlich wird er als den Nematoden am nächsten verwandt betrachtet (SCHROEDER 1912).

Sehr oft kann man sehen, daß sich Spongillen und Moostierchen zu einer Art Zusammenleben zusammenschließen. Die Spongillen wachsen scheinbar rascher und töten viele Zweige ab, aber die Bryozoen folgen nach, und oft findet man gemeinsame Kolonien, bei denen die Zweige der Plumatellen und Fredericellen aus den grünen Spongillenklumpen herausragen (Tafel 12, Fig. 9).

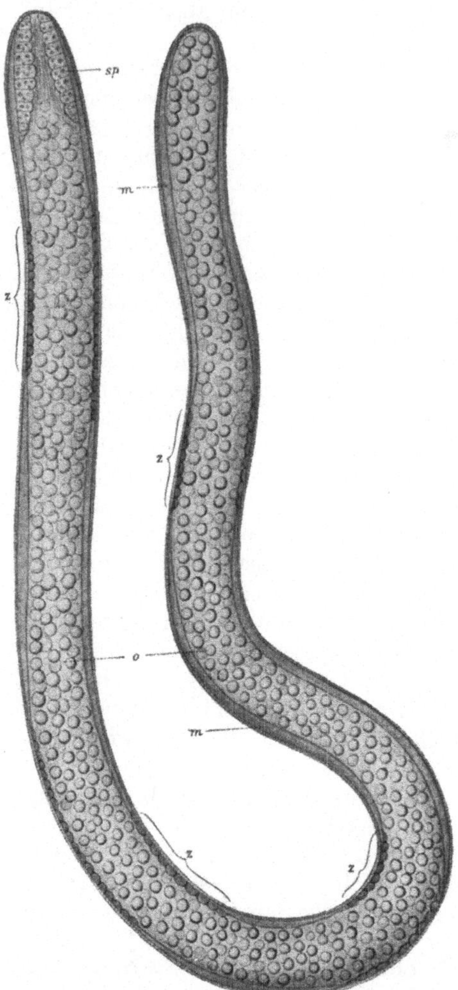

Abb. 512. *Buddenbrockia plumatellae* SCHRÖDER. *sp* spermabildende Zellen; *o* Eier; *m* Muskulatur; *z* Zellstreifen, möglicherweise Exkretionsorgane. Nat. Größe zirka 2 mm. (SCHRÖDER 1912.)

Am auffälligsten und am meisten zerstörend dürften jedoch unzweifelhaft die Mückenlarven sein. Es sind in erster Linie die großen, blutroten Chironomidenlarven, die sich Gänge aus Seidengespinst kreuz und quer durch die Kolonien bohren und gegen den Herbst zu mächtig zu ihrem Verfall beitragen. Die Verpuppung erfolgt in den Kolonien und oft sieht man, wie die großen, federbuschgeschmückten Kopfbruststücke in schwingender Bewegung aus ihren Gängen herausragen. Auch andere Mückenlarven der Gattung *Tanypus* kommen in ihnen vor; sie sind vorzugsweise Raubtiere und leben wohl zum Teil von den

Kleintieren auf den Kolonien. Sowohl Copepoden, und zwar der Familie der Harpacticiden, als auch Ostracoden, vor allem der Gattung *Candona*, können auf ihnen vorkommen. Merkwürdigerweise bieten sie, soweit mir bekannt, den Hydrachniden keinen Schutz, die, wie z. B. *Atax crassipes*, verstanden haben, die Spongillen auszunutzen. Auf *Cristatella* finden sich oft *Sisyra*-Larven; ob es die gleichen sind, die man auf Spongillen antrifft, steht dahin.

In die Wirtschaft und das Leben des Menschen greifen die Moostierchen der Süßwässer nicht ein; doch gibt es davon immerhin eine Ausnahme. Es zeigte sich, daß die Arbeiten an der Hamburger Wasserleitung durch längere Zeit mit einem Material zu kämpfen hatten, das sie „Leitungsmoos" benannten. Ein Wasserrohr von 60 cm Dicke trug auf der Innenseite eine braune Schicht von 15 cm Dicke. Die Untersuchung ergab, daß diese fast zur Gänze aus *Paludicella*, *Plumatella* und *Fredericella* bestand. Im tiefsten Dunkel sitzend hatten sie sich, ernährt von der Unmenge von Kleintieren, die hier lebten, in solchem Ausmaß entwickelt, daß sie eine ernste Kalamität für die Wasserwerke bildeten. Daß sie in Form von Statoblasten hier hereingekommen sind, ist unzweifelhaft. Bald wurde die gleiche Erscheinung an anderen Stellen nachgewiesen, in Rotterdam, in Paris, in Nordamerika, in Colombo und, wie es scheint, ganz besonders in England, wo die Erscheinung in sechs verschiedenen Städten auftrat, und wo ein besonderes Werk über diesen Gegenstand erschienen ist. Sie verstopfen die Wasserleitungen und während ihrer Zersetzung vermehrt sich die Bakterienflora (KRAEPELIN 1885, HARMER 1913).

Die größte Verbreitung dürften die Süßwasserbryozoen in der gemäßigten Zone haben. Die Süßwasserbryozoen der Tropen sind noch sehr wenig bekannt. Zwei Gattungen, *Fredericella* und *Paludicella*, gehen sehr weit nach Norden, in Grönland fast bis zum 70° n. Br.; man kennt sie aus großen Seetiefen, aus 214 m, bei einer konstanten Temperatur von 4 bis 5° C (Vierwaldstädtersee), und sowohl *Plumatella* als auch *Cristatella* sind in über 2200 m hoch gelegenen Alpenseen gefunden worden. Statoblasten von *Cristatella* sind in Torfablagerungen der Eichenperiode gefunden worden. Wenn auch nähere Untersuchungen nicht vorliegen, so deutet doch alles darauf hin, daß die Süßwasserbryozoen für kalkhaltiges Wasser keine besondere Vorliebe besitzen. Plumatellen, Fredericellen und Paludicellen kommen in Brackwasser vor.

Man teilt die Moostiere in zwei Gruppen: *Entoprocta* und *Ectoprocta*. Bei den ersten liegt der After innerhalb des Tentakelkranzes; die Tentakel können einzeln zusammengerollt werden. Bei den *Ectoprocta* liegt er außerhalb und der Tentakelträger (Lophophor) kann nur als Ganzes in das Zooecium zurückgezogen werden. Die ersten bilden eine artenarme, marine Gruppe mit einer einzigen Gattung im Süßwasser, *Urnatella* (Nordamerika).

Die *Ectoprocta* werden in zwei Gruppen geteilt: die *Phylactolaemata* und die *Gymnolaemata*; bei den erstgenannten ist der Lophophor hufeisenförmig, bei den anderen kreisförmig; die ersten besitzen einen zungenförmigen Deckel für die Mundöffnung (das Epistom), die anderen nicht.

Die *Gymnolaemata* sind fast ausschließlich marin; sie haben die vorzeitlichen Meere bevölkert, so wie sie die gegenwärtigen Meere mit vielen Hunderten Arten bevölkern. Die Arten, die in der Wand der Zooecien Kalk eingelagert haben, haben zum Aufbau unserer Kreidelager beigetragen. Sie kommen im Süßwasser nur in wenigen Arten vor. Die *Phylactolaemata* sind nur im Süßwasser vertreten, es ist eine artenarme Gruppe; in den europäischen Süßwässern kennt man nur zirka zehn Arten; die Untersuchungen in den Tropen haben einige, aber nicht sehr abweichende Formen zutage gefördert.

Unterordnung: **Phylactolaemata.**

Fam. *Plumatellidae.*

Die Hauptgattung unter den Phylactolämen ist *Plumatella* (Tafel 12, Fig. 3, 4, 5, 8, 9). Sie sind es, die sich bald als lange Ranken, bald als prächtige Blumenguirlanden, als kriechende Kolonien auf der Unterseite der Seerosenblätter,

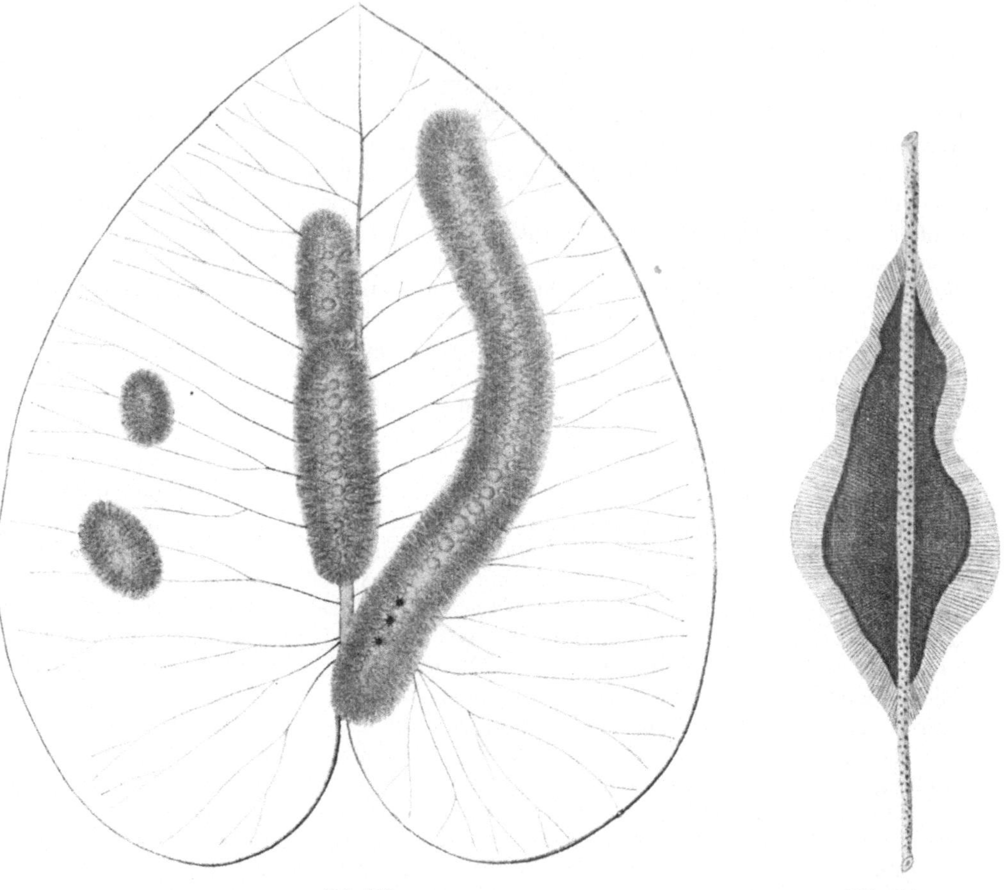

Abb. 513.   Abb. 514.

Abb. 513. *Cristatella mucedo* CUVIER. Kolonien auf einem Seerosenblatt. In der Mitte der Kolonien Larven, in der langen Kolonie unten Statoblasten. Ungefähr nat. Größe. (W.-L. 1896.)

Abb. 514. *Plumatella fungosa* (PALL.). Durchschnittene Kolonie. (W.-L. 1896.)

als große, knollenförmige Gebilde, oft kindskopfgroß, als flottierende Kugeln, die *Paludina* umhüllend (Abb. 491), in Seen, Teichen und langsam fließenden Gewässern finden. Man hat versucht, nach der Form der Statoblasten, vor allem nach dem Verhältnis zwischen ihrer Länge und Breite und nach der größeren oder geringeren Festigkeit des Chitins und dem damit in Zusammenhang stehenden Vermögen, die Röhren mehr oder minder zusammenzukleben, eine Anzahl Arten aufzustellen. Man hat die kriechenden, rankenbildenden Formen *P. repens* VAN BEN., die knollenförmigen *P. fungosa* (PALL.) (Tafel 12, Fig. 3, 8, 9; Abb. 514) und die mehr hyalinen *P. punctata* (HANCOCK) (Abb. 471) genannt. Man war geneigt, die meisten dieser Formen nur als Wuchsformen anzusehen. Eine Entscheidung dürfte sich hier nur durch Zuchtversuche herbeiführen lassen, die nicht leicht anzustellen sein werden.

Im zeitigen Frühjahr findet man auf der Unterseite der Seerosenblätter eine Menge kleiner Kolonien (*P. repens* VAN BEN.). Sie können sich, wenn sie ganz jung sind, ein klein bißchen bewegen, aber bald erstarrt das Chitin und die Kolonien kleben an der Unterlage fest. Sie schieben über diese hinweg ihre Zweige vor. Im Herbst können sie zusammenwachsen und die ganze Unterseite mit einer dicken braunen Schicht bedecken. Ich habe niemals beobachtet, daß diese Kolonien Larven bilden. Im Herbst enthalten die Röhren große Depots von Statoblasten, die frei werden, wenn die Röhren sich beim Verfaulen der Blätter auflösen. Die gleiche Form kann lange, blühende Guirlanden an herunterhängenden Zweigen bilden.

Mit dem Namen *P. fungosa* (PALL.) (Abb. 514) bezeichnet man die großen, dicken Kolonien, die Zweige und Steindämme usw. bedecken. Die Kolonien auf den Zweigen können meterlang werden und Reihen großer, bald walnußgroßer, bald faustgroßer Knoten bilden; an den Spitzen der Zweige können birnenförmige Gebilde entstehen. Die Knoten können ein Lebendgewicht von nahezu 1 kg haben, doch wiegt dieselbe Masse im getrockneten Zustand nur einen kleinen Bruchteil davon. Um diese Kolonien kann man im Vorsommer Wolken weißer Larven sehen und, wenn sie im Herbst in kleine Stücke zerfallen, können sie Tausende und aber Tausende von Statoblasten aussenden. Werden sie entzweigeschnitten, so sieht man häufig eine oder mehrere dunkle Zonen; es dürften kaum Jahresringe sein, wofür ich sie ursprünglich hielt, sondern eher Zonen, deren Wachstum gehemmt war; möglicherweise geben sie die Stellen an, wo Statoblasten, die in den Röhren verblieben sind, gekeimt und neue Kolonien gebildet haben.

Untersucht man die Zweige im Herbst, wenn die Klumpen abfallen, so findet man lange Reihen von sitzenden Statoblasten. Nimmt man solche Zweige ins Laboratorium, so kann man sie keimen sehen, neue Kolonien entwickeln sich (Tafel 12, Fig. 4 u. 5) und wachsen zusammen; es entstehen wieder die großen, klumpenförmigen Gebilde. An einem einzelnen Zweig von 20 cm Länge wurden im Frühjahr 247 Statoblasten gezählt, deren Individuen im Aquarium zu einem gemeinsamen Überzug zusammenwuchsen. Außen an den *Unio*- und *Anodonta*-Schalen des Furesees findet man fast immer solche Reihen sitzender Statoblasten, aber seltsamerweise habe ich draußen in 12 bis 14 m Tiefe niemals Kolonien gefunden.

Auf ganz merkwürdige Wuchsformen stößt man u. a. in größeren Flüssen, wo die Plumatellen Schnecken *(Paludina)* überziehen (Abb. 491) und sie zu Kugeln verwandeln, die im Durchmesser gegen 10 cm erreichen können (BRAEM 1911). Es bleibt nur eine kleine Öffnung für die Schalenmündung frei; seltsamerweise bleiben die Schnecken am Leben. Wahrscheinlich ernähren sie sich von den Abfällen der Kolonie. Die Kugeln liegen und rollen umher, von den Wellen bewegt. In Mengen von Tausenden und Abertausenden, an Kartoffeln erinnernd, rollen sie hin und her. Dieses Vorkommen ist um so merkwürdiger, als die Steine der Uferregion keine Plumatellen aufweisen. Solche Kugeln kennt man nicht nur von Stellen in Deutschland (Breslau) und von Moskau, sondern auch aus den großen afrikanischen Seen, von Manilla, Java und Neu-Guinea. Es scheint, als ob überall die Paludinen diese Wuchsform bedingten. Wenn der Herbst kommt, faulen die Kolonien weg; die Schneckenschalen sind dann mit sitzenden Statoblasten bedeckt, aus denen der Bewuchs im nächsten Jahr hervorgeht.

Wieweit es richtig ist, die beiden Formen *P. repens* und *P. fungosa* als gleiche Art und nur als Wuchsform aufzufassen, mag dahinstehen. In früheren Zeiten erhob man sogar die klumpige Form zu einer eigenen Gattung *(Alcyonella)*. Gegenwärtig scheinen viele der Ansicht zu huldigen, daß man es nur mit Wuchsformen zu tun habe. Das mag vielleicht richtig sein; aber es ist dabei zu berücksichtigen, daß meiner Erfahrung nach die beiden Formen einander auszuschließen scheinen. Ich kenne keine Örtlichkeit, wo sowohl *P. fungosa* als auch *P. repens* vorkommt. Hier kann nur das Experiment entscheiden. Es muß auch darauf aufmerksam gemacht werden, daß man selbst auf flacher Unterlage, wo man *P. repens* erwarten sollte, gleichwohl *P. fungosa*-Kolonien findet.

Eine besondere Wuchsform und möglicherweise eine eigene Art stellt die recht seltene *P. fruticosa* ALLM. dar, die Guirlanden bildet und durch lange, schmale Statoblasten ausgezeichnet ist, die mehr als dreimal so lang als breit sind.

Fredericella sultana BLUMENB. (Abb. 472, 501) ist nicht so häufig wie die Plumatellen. Die Tentakelkrone ist fast kreisförmig, aber sieht man genauer zu, so wird man auch hier eine schwache Einbuchtung finden, die bewirkt, daß auch sie tatsächlich hufeisenförmig ist. Die Zahl der Tentakel ist nicht so groß wie bei den Plumatellen, es sind nur zirka 20 vorhanden. Die Röhren sind lang, schlank und gekrümmt; sie sind oft mit einem lichteren Kiel ausgestattet und stets mit einem Belag von Exkrementenmaterial versehen (Diatomeen, *Pediastrum, Staurastrum* usw.). Die Röhren sind nicht an die Unterlage angepreßt, sondern hängen in der Regel in Guirlandenform herab. Statoblasten mit einem Schwimmring sind nicht nachgewiesen. Es scheinen nur sitzende Statoblasten vorhanden zu sein, die in den Röhren verbleiben. Wenn der Herbst kommt, werden die einzelnen Ranken losgerissen und mit ihren Statoblasten von Wind und Wellen vertragen. Sie bilden stets nur eine kleine Anzahl von Statoblasten. Geschlechtliche Fortpflanzung ist nur weiter südlich nachgewiesen, (Rumänien); CHIRICA (1904) hat hier Larven beobachtet, die nur ein Polypid enthalten sollen. *Fredericella sultana* BLUMENB. ist wohl dasjenige Süßwasserbryozoon, das bei den niedersten Temperaturen gedeihen kann. In langsam fließenden, stark beschatteten Bächen mit recht kaltem Wasser ist sie nicht selten. Sie durchwächst hier oft Spongillen-Kolonien. Sie ist weiter in großen Tiefen festgestellt worden, z. B. in 214 m Tiefe im Vierwaldstädtersee, wo kein anderes Bryozoon vorkommt. Sie und *Paludicella Ehrenbergii* VAN BEN. sind die einzigen Moostierchen, die aus grönländischen Süßwässern heimgebracht wurden. Sie fanden sich hier auf 69° 13′ n. Br. in einem kleinen Bach, der aus kleinen Pfützen kam, die mit Schmelzwasser vom Eis her gefüllt waren und erst im Juni auftauten. Am 28. August 1906 war die Temperatur in den ganz niedrigen Lachen 15° C. Die Fredericellen der beiden letztgenannten Örtlichkeiten hatten eine ganz besondere Wuchsform. Die Kolonien maßen nur wenige Zentimeter und hatten eine kleine Zahl Polypide. Sie sitzen mit dem unteren Ende im Schlamm verankert und von den Zweigen ragen wahrscheinlich nur die Tentakelkronen über diesen heraus. FOREL, der sie auch im Genfersee gefunden und sie in Aquarien gehalten hat, berichtet von ihnen, daß, wenn sie umgewälzt werden, sie die Fähigkeit besitzen, sich wieder aufzurichten. Man muß wohl annehmen, daß die Kolonien hier überwintern. Sie sind auch höher im Gebirge gefunden worden als irgendein anderes Süßwasserbryozoon (W.-L. 1907).

Fam. *Cristatellidae.*

Lophopus mit der Art *L. crystallinus* PALLAS (Tafel 12, Fig. 2) gehört sicherlich zu unseren schönsten Süßwasserbryozoen. Die Kolonien sind sackförmig, lappig und von einem Mantel von durchsichtiger, schwach bläulicher Farbe umgeben. Die einzelnen Polypide besitzen nicht jedes seine Röhre. *Lophopus* ist eine Kolonie mit einer gemeinsamen, flüssigkeiterfüllten „Leibeshöhle"; darin befinden sich zahlreiche Darmkanäle. Die Polypide sind mit ihren Funiculi und Muskeln an der Wand der Körperhöhle befestigt. Schwache Septen bezeichnen die Reste der Zooecien der Einzelindividuen. Die Darmkanäle der Polypide sind braunrot mit gelblichen Längsstreifen, die Lophophoren zitronengelb. Die Kolonien können einen Durchmesser von zirka 4 cm erreichen. Beobachtet man sie mit der Lupe, so sieht man, wie die Polypide sich aus- und einschieben, ihre Kronen entfalten, die einzelnen Tentakel bewegen und, indem sie sich ausstrecken, die langen, statoblastenbesetzten Funiculi mit sich führen. Geschlechtliche Fortpflanzung ist in Dänemark nur einmal beobachtet worden (Abb. 475). In Mitteldeutschland ist sie beobachtet von MARCUS (1934). Larven kennt man nicht. Der Mantel, in dem die Kolonien sitzen, ist in Wirklichkeit, wie früher erwähnt, nichts anderes als die Kutikula von *Lophopus*. Der Inhalt der Siegelringzellen ist außerordentlich flüssig und nimmt weit größere Dimensionen an als bei den Plumatellen. Der Hohlraum der großen, gallerterfüllten Zellen bricht durch, der Inhalt entleert sich, fließt aus und bildet die lose Gallertmasse, in der die Kolonien sitzen. Gegen den Herbst können diese Gallertmassen recht große Dimensionen annehmen. Die Polypide sterben weg, aber in den Gallertmassen bleiben die Statoblasten und die sog. braunen Körper zurück (auf letztere werden wir noch weiter unten zurückkommen). Die Polypide sind in einen gemeinsamen Sack versenkt, der vorne gefurcht ist. Dadurch bekommt die Kolonie ein lappiges Aussehen. Je tiefer sich die Furchen einschneiden, desto mehr lösen sich die einzelnen Lappen, bis sich der eine oder andere Lappen ganz loslöst; diese losgerissenen Lappen besitzen die Fähigkeit, sich in geringem Maß fortzubewegen. Die flüssige Kutikula bewirkt, namentlich wenn die Kolonien jung sind, daß sie nicht an der Unterlage kleben bleiben. Und daher bis zu einem gewissen Grad die Möglichkeit, sich zu bewegen. Die Bewegung soll durch ein pseudopodienartiges Hervortreten der Knospungszonen bewerkstelligt werden, die sich an der Unterlage befestigen, indem gleichzeitig die Längsmuskeln in der Cystidwand die Kolonien gegen die vorgewölbte Partie hinziehen (MARCUS 1934; Abb. 517 u. 518). Das ist schon von TREMBLEY (1744) beobachtet worden. Er gibt an, daß eine junge Kolonie zirka acht Tage braucht, um sich von der Mutterkolonie zu entfernen. Ich habe das selbst oft beobachtet. Auf senkrecht stehenden Stengeln, die oben eine zirka 4 cm große *Lophopus*-Kolonie trugen, wanderte im Lauf von 14 Tagen Lappen auf Lappen von der Mutterkolonie weg und befestigte sich in einiger Entfernung. Wir können nur sagen, daß, solange die Gallerte dünnflüssig ist und abfließt, ohne die Kolonie an der Unterlage zu befestigen, diese sich langsam auf ihr hinbewegt. Nach und nach erstarrt die Gallerte. Zuletzt wird die Kolonie durch die Gallerte festgekittet, die ständig abfließt. Jetzt bildet sie den losen Mantel, dessen Größe stets zunimmt, je älter die Kolonien werden. Die Knospungszonen sitzen vorne an den Lappen; hier entstehen die Knospen, die sich langsam zu Polypiden entwickeln. Hier wie überall ist ihre Lebensdauer kurz, die jüngsten sitzen immer der Unterlage am nächsten, die älteren oben auf dem Rücken der Lappen. Beobachtet man die ältesten Polypide, so sieht man, daß sie die Lophophore abgeworfen haben, nur der Darm mit einem rotbraunen Inhalt ist zurückgeblieben. Im Gegensatz zu den anderen Süßwasserbryozoen besteht hier das merkwürdige Verhalten, daß aus diesen rotbraunen Körpern wieder neue Polypide entstehen können. Hält man *Lophopus*-Kolonien im Herbst in Gefäßen, so sieht man, wie sie die Lophophore abwerfen und der Darmkanal zerstört wird; zurück bleiben schmutzige, unregelmäßige Gallertmassen, in denen die Kolonien versenkt saßen (Abb. 515 u. 516). Untersucht man diese Gallertmassen später im Winter, so wird man scharf begrenzte, kugelrunde, rotgelbe Gebilde finden, die von einem Zellgewebe um-

geben sind; unten haben sie gewöhnlich einen Statoblasten. Späterhin sieht
man das Gewebe sich erheben und einen Zapfen bilden; innerhalb desselben
befindet sich eine scharf begrenzte, kleine Knospe. Verfolgt man die Entwicklung weiter, so kann man feststellen, daß man hier eine Polypidanlage vor sich
hat, die den rotgelben Körper umschließt (Abb. 519 bis 524); dieser besteht aus
toten Diatomeen usw. Es besteht kein Zweifel, daß diese rotgelben Körper
von den Polypiden des Vorjahres stammen und mit den bekannten rotgelben

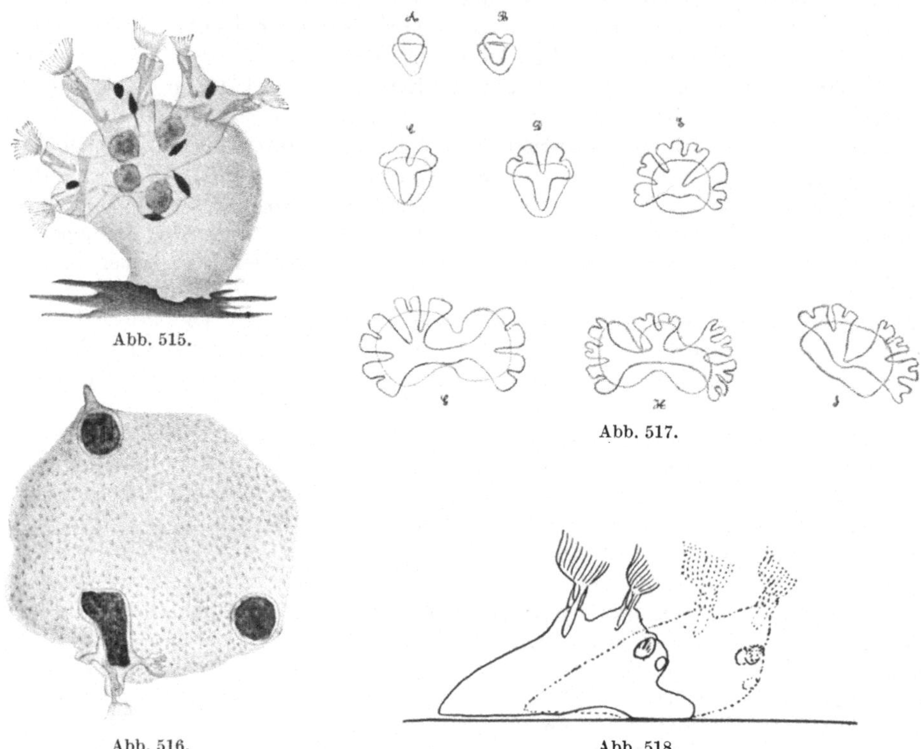

Abb. 515.

Abb. 517.

Abb. 516.   Abb. 518.

Abb. 515. *Lophopus crystallinus* (PALL.). Größere Gallertmasse mit dreifacher Kolonie und mit Statoblasten
und vielen rotgelben Körpern. 7×. (W.-L. 1896.)

Abb. 516. Gallertmasse mit zwei keimenden, rotgelben Körpern und einer entwickelten Kolonie. 7×.
(W.-L. 1896.)

Abb. 517. Bild, das die Lappenbildung bei *Lophopus* illustriert. (W.-L. 1896.)

Abb. 518 zeigt das Bewegungsvermögen einer *Lophopus*-Kolonie. (MARCUS 1934.)

Körpern der Meeresbryozoen verglichen werden können; und auch darüber
besteht kein Zweifel, daß aus der Bekleidung, die diese Gebilde umhüllt, neue
Polypide entstehen. Indem das Zellgewebe sich emporhebt und das Polypid
heranwächst, entsteht eine von einem Einzelindividuum gebildete *Lophopus*-
Kolonie, die durch Knospung bald eine zweite und hierauf mehrere entstehen läßt.

Oft hat man in den Gefäßen größere, zusammenhängende Gallertmassen
mit vier bis fünf braunen Körpern. Aus jedem von diesen gehen neue Kolonien
hervor. Die alte Gallertmasse des Vorjahres fault dann weg und auf dem gleichen
Platz sitzen nun vier bis fünf neue, selbständige Kolonien.

Die Statoblasten (Abb. 498), die sehr charakteristisch sind, sind an beiden
Enden zugespitzt; sie scheinen nicht in größeren Mengen gebildet zu werden.
Die Form scheint in Dänemark ihre Nordgrenze zu haben. In Dänemark gibt

es fünf bis sechs solcher Stellen, die alle auf der Insel Seeland liegen. Es sind
meist stille Buchten, langsam fließende Bäche oder Kanäle, zuweilen mit reichlicher Vegetation, häufig mit Buchenlaub am Boden und herabgefallenen kleinen
Zweigen, auf denen die Kolonien sitzen. Daß die Art bei uns überall selten ist,
zeigt sich auch darin, daß ich nur äußerst selten in den Anschwemmungen Statoblasten gefunden habe und diese auch nur selten an der Oberfläche treiben.
Fossil sind sie nicht gefunden worden. Es wird angegeben, daß sie in Mittel-

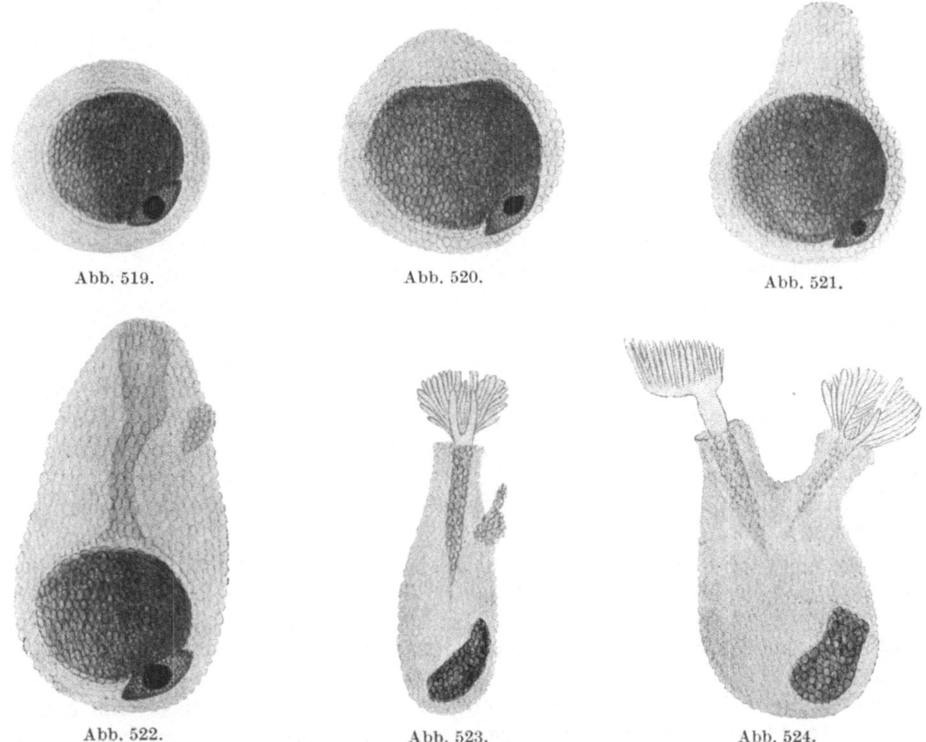

Abb. 519.   Abb. 520.   Abb. 521.

Abb. 522.   Abb. 523.   Abb. 524.

Abb. 519 bis 524. *Lophopus crystallinus* (PALL.). Ein sog. brauner Körper, d. s. Reste eines Polypids, umgeben
von der Cystidwand und mit angeheftetem Statoblasten. Man sieht, wie die Cystidwand sich zapfenförmig
erhebt und vom braunen Körper her sich ein strangförmiges Gebilde erhebt. An dessen Spitze entwickelt sich
ein Lophophor und durch Knospung wird ein neues Polypid gebildet. 40×. (W.-L. 1896.)

deutschland als Kolonien überwintern können (MARCUS 1934); in Dänemark
sind Kolonien noch im Oktober gefunden worden. Eine besondere Gattung,
Lophobodella (Abb. 493), mit einem sehr abweichenden Statoblasten ist von
ROUSSELET (1904) aus Südafrika beschrieben worden.

Cristatella mit der Art *C. mucedo* CUVIER (Tafel 12, Fig. 1, 6, 7; Abb. 513,
514) bildet ungelappte, langgestreckte, wurmförmige Kolonien. Sie sind gewöhnlich 3 bis 6 cm lang, aber nicht selten sieht man Kolonien von 15 bis 20 cm
Länge. Die Polypide sind wie bei *Lophopus* sehr groß; ein Querschnitt durch
die Kolonie zeigt, daß sie einen gewölbten Rücken und eine flache Unterseite
besitzt. Die Polypide sind in Längsreihen angeordnet. Die Knospungszone
liegt am Rand zwischen Rücken- und Bauchseite; die jüngsten Reihen liegen
also der Unterlage am nächsten, die funktionstüchtigen mit ihren prachtvollen,
ausgestreckten Lophophoren darüber und ganz oben die ausgedienten, jene,
die schon die Lophophore abgeworfen haben und die hier zugrunde gehen und

wahrscheinlich abgestoßen werden. Auf der Rückenseite findet sich eine mittlere Partie, die keine Polypide trägt. Hier liegen in der Periode mit geschlechtlicher Vermehrung die Larven in einer langen Reihe; sie kommen wahrscheinlich aus den Löchern heraus, in welchen die alten Polypide gesessen hatten. Die freischwimmenden Larven haben kaum mehr als drei Polypide. Angaben von Larven, die bis zu 20 enthalten haben sollen, dürften auf einem Mißverständnis beruhen. Im Herbst finden sich dann Statoblasten. Gegen den Winter sterben die Kolonien ab (Tafel 12, Fig. 7). Die Knospungszone bildet keine weiteren Polypide mehr; die alten sterben ab. Es bleibt nur ein langes, bandförmiges Gebilde mit zahlreichen kreisrunden Löchern zurück, in denen die Polypide gesessen hatten. Die Bänder sind mit Statoblasten vollgepfropft; in einem einzigen solchen Band habe ich zirka 500 gezählt. Sie sind kreisrund und mit den oben erwähnten Dornen am Rand versehen (Abb. 499). Die Wellen schlagen diese Bänder entzwei, die Statoblasten werden frei und finden sich nicht selten an der Oberfläche treibend oder an Pflanzen hängend. Sie sind auch häufig in Torfablagerungen gefunden worden.

Wie bei *Lophopus* sitzen die Polypide bei *Cristatella* in einem gemeinsamen Koloniehohlraum; von den Zooecien sind nur Scheidewände oder Septen zwischen den einzelnen Polypiden erhalten geblieben.

Die *Cristatella*-Kolonien weisen die Merkwürdigkeit auf, daß sie eine gut abgesetzte Unterseite, eine Art Fußscheibe, besitzen, welche von einigen Verfassern sogar als „Kriechsohle" bezeichnet wird. Es verhält sich so, daß *Cristatella* ebenso wie *Lophopus* Bewegungsfähigkeit besitzt, aber ebenso wie diese nur, solange die Kolonie jung ist. Überall, wo sich *Cristatella* findet, wird man eine wasserklare, dünne Membran (Tafel 12, Fig. 7) beobachten können, auf der die Kolonie sitzt. Im Herbst, wenn die Kolonien abfallen, bleiben diese Membranen für kurze Zeit erhalten, sie haben oft Statoblasten eingesprengt. In Aquarien kann man beobachten, wie von den Kolonien ständig Gallerte abfließt und diese Membranen bildet. Sie entstehen in Wirklichkeit auf die gleiche Weise wie die steife, dunkelbraune Kutikula bei den Plumatellen und die Mäntel bei *Lophopus*; das Chitin ist hier nur noch flüssiger als bei diesen.

Auf der außerordentlich dünnflüssigen Beschaffenheit dieses Chitins beruht zu einem großen Teil die Beweglichkeit der Kolonie. Wenn diese eine gewisse Länge erreicht hat, so sieht man, daß es oft zu Einschnürungen kommt; die Kolonie teilt sich und der Abstand zwischen den Stücken wird größer. Das kleinere Stück gleitet weg, höchstens nur einige wenige Zentimeter, in der Stunde ein paar Millimeter. Es ist sicherlich dieser Vermehrung durch Teilung zu verdanken, daß auf Seerosenblättern, die Kolonien tragen, fast immer mehrere vorhanden sind, gewöhnlich eine sehr lange und einige kleinere. Man ersieht daraus, daß die Beweglichkeit der Bryozoen von der Beschaffenheit des Chitins abhängt; schon die kleinen *Plumatella*-Kolonien besitzen Beweglichkeit, in höherem Grad *Lophopus*, aber in höchstem Ausmaß *Cristatella* mit ihrem äußerst dünnflüssigen Chitin. Die Bewegung soll nach den neuesten Untersuchungen auf Kontraktionen der Körperwand, besonders der Fußscheibe zurückzuführen sein. Nach meinem Dafürhalten wird die Ursache der Bewegungen zum Teil den Retractormuskeln der Polypide zuzuschreiben sein, wenn diese sich vorstrecken und beim Einziehen sich wieder kontrahieren.

Man kann gegen den Herbst hin auf Örtlichkeiten stoßen, wo große Baumstrünke, die ins Wasser gestürzt sind, mit Kolonien vollständig bedeckt sein können (Strödamms Moor). Sie sitzen so dicht nebeneinander, daß nicht eine Messerschneide Platz zwischen ihnen hätte. Stück für Stück hat sich abgeschnürt und in die Zwischenräume hineingeschoben; in derselben Weise können Steine und Zweige in langsam fließenden Bächen unter einer zusammenhängenden Schicht von *Cristatella* verborgen (Ablauf des Kobberteiches, Hellebaek) und Uferstriche in einer Ausdehnung von mehreren Metern auf die gleiche Weise bedeckt sein. Das Phänomen wiederholt sich niemals zwei Jahre hintereinander. Eine solche reiche Entfaltung braucht vermeintlich eine Reihe von schönen Herbsttagen mit recht hohen Temperaturen. Von allen Bryozoen scheint *Cristatella* diejenige zu sein, die sich in den am stärksten braunen Moorwässern findet.

Die Gattung *Pectinatella* mit der Art *P. magnifica* LEIDY (Abb. 497, 526) ist das einzige europäische Süßwasserbryozoon, das nicht in Dänemark vorkommt. Ihre Heimat soll Nordamerika sein, von wo sie vermutlich auf Schiffen durch Statoblasten nach Europa verschleppt worden ist. Sie ist in einem kleinen Nebenfluß der Elbe, Bille, bei Hamburg gefunden worden. Die großen Gallertklumpen sind den Arbeitern beim Eisgewinnen auf dem Fluß im Winter schon lange bekannt gewesen. Später tauchte sie sowohl in der Havel als auch in der Oder bei Breslau, in Böhmen und Japan auf. Die Frage ist wohl jetzt, ob sie

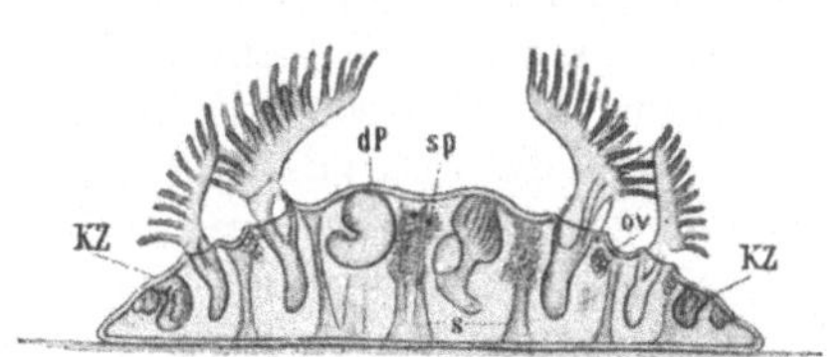

Abb. 525.　　　　　　　　　　　Abb. 526.

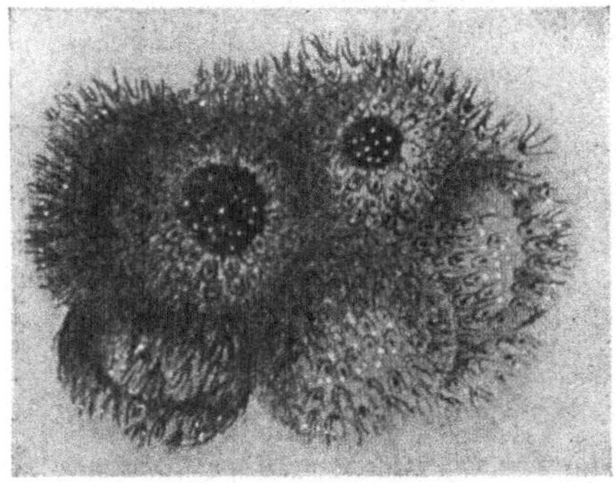

Abb. 525. *Cristatella mucedo* CUVIER. Querschnitt durch die Kolonie. *KZ* Knospen; *dP* Darmkanal toter Polypide; *sp* Septa; *ov* Ovarium; *s* totes Individuum. (MARCUS 1926.)

Abb. 526. *Pectinatella magnifica* LEIDY. 2×. (WELTNER 1926.)

nicht eher ein Kosmopolit sei. In der Oder wurde sie zuerst von einem Fischer gefunden. Sie bildet oft mächtige, kugelförmige Körper (Gewicht zirka 1 kg) von Kindskopfgröße. Sie scheint die größten Kolonien von allen bilden zu können. Aus Japan wird über *Pectinatella*-Kolonien von 2 m Länge berichtet (OKA 1891). Kürzlich hat GEISER (1937) gezeigt, daß *Pectinatella* in Iowa in enormen Mengen auftreten kann. Die Kolonien hatten die Böden der Boote in solchem Grad überwachsen, daß sie deren Bewegung verhinderten, ferner verstopften sie die Filteranlagen der Wasserwerke. Man hat Kolonien mit einem Durchmesser von 24 engl. Zoll beobachtet. Sie bestehen hauptsächlich aus Gallerte, wahrscheinlich gerade so wie bei *Cristatella* und *Lophopus* einem überaus dünnflüssigen Chitin. Auf der Oberfläche dieser weichen Gallertmassen sind die Einzelindividuen rosettenförmig angeordnet; die Röhren liegen horizontal; der Durchmesser einer Rosette beträgt zirka 2 bis 3 cm. Die Statoblasten sind fast kreisrund und haben wie bei *Cristatella* einen breiten Schwimmring und Randdorne, aber nur in geringer Zahl (zirka zehn bis zwölf). Geschlechtliche Fortpflanzung ist nicht beobachtet. Es ist eine Herbstform, die im September mit der Bildung von Statoblasten beginnt.

Unterordnung: Gymnolaemata.

Von den *Gymnolaemata* gibt es hier in Europa nur zwei Arten, von welchen *Paludicella Ehrenbergii* VAN BEN. bei weitem die häufigste ist (Abb. 473). Bei Greifswald und an einzelnen anderen Stellen findet sich noch eine andere Gattung,

Victorella pavida KENT. In den letzten Jahren ist in tropischen und japanischen Süßwässern eine Anzahl Arten gefunden worden, was darauf hindeutet, daß man da noch mehr wird finden können.

Die Kolonien von *Paludicella Ehrenbergii* sind stets klein, stark verzweigt und die Zweige stark abgespreizt. Sie können teils an die Unterlage angepreßt sein, teils ragen sie frei ins Wasser. Die einzelnen Individuen sind wie bei den Meeresbryozoen durch sehr deutliche Scheidewände (Diaphragma) voneinander getrennt. Die einzelnen Individuen haben birnen- oder keulenförmige Gestalt. Mit ihrem dünnen Ende sind sie am vorhergehenden Individuum befestigt, entweder seitlich an diesem oder terminal. Die Einzelindividuen sind nur zirka 2 mm lang. Die Mündung, aus der das Polypid herauskommt, ist viereckig und ragt etwas empor, der Tentakelkranz ist stets kreisförmig und besteht aus einer geringen Anzahl (16) von Tentakeln.

Geschlechtliche Vermehrung ist in Dänemark nicht nachgewiesen, aber wohl in Deutschland. BRAEM (1896) gibt in einer vorläufigen Mitteilung an, daß *Paludicella* Eier ablegt, die sich in unmittelbarer Nähe der Kolonien vorfinden, zuweilen an die Kutikula angeheftet. Aus dem Ei geht eine bewimperte Larve hervor, die reichlich mit Dottermaterial versorgt ist. Ei und Larve haben 0,14 cm im Durchmesser. Es scheint demzufolge, als ob die Entwicklung jener der Meeresbryozoen entspräche. Weitere Mitteilungen sind seither nicht erschienen. Statoblasten gibt es keine, aber dagegen die oben erwähnten Hibernacula (Abb. 511), die entweder in den Röhren oder als terminal gestellte Knospen entstehen. Sie werden in etwas verschiedener, unregelmäßiger Form abgebildet.

Die Art ist überall häufig, entgeht aber leicht auf Grund ihrer geringen Größe und ihrer Zartheit der Aufmerksamkeit. Sie kann jedoch an gewissen Stellen, wie im Ablauf der Kobberteiche und in der Uferregion der Lyngbymoore (Nordseeland), in so großen Mengen auftreten, daß sie einen dichten Bewuchs bildet. Sie geht sehr weit gegen Norden und ist in Grönland an der gleichen Örtlichkeit angetroffen worden, die bei *Fredericella* beschrieben worden ist (W.-L. 1907).

Stamm

Arthropoda (Gliedertiere).

Klasse

Crustacea (Krebse).

Unterklasse

Entomostraca (Niedere Krebse).

Ordnung: **Phyllopoda (Blattfüßer).**

Die Entomostraken haben einen sehr wechselnden Körperbau, in der Regel mit deutlicher Gliederung. Der Körper ist zumeist von einer Hautduplikatur umschlossen (mit Ausnahme der *Anostraca*). Mandibeln ohne Palpen. Zwei Paare Maxillen, aber das hintere Paar gewöhnlich stark reduziert. Zumindest vier Paare Rumpfbeine vorhanden, oft zahlreich, blattförmig, lappig. Turgorgliedmaßen ohne echte Gliederung, die nur auf Grund des Druckes der Körperflüssigkeit steif erhalten werden; selten (gewisse Cladoceren) Greifbeine mit echter Gliederung. Die Rumpfbeine stehen in erster Linie im Dienste des Nahrungserwerbes, aber außerdem, besonders bei den Anostraken und Notostraken, auch im Dienste der Lokomotion (Abb. 527 bis 529).

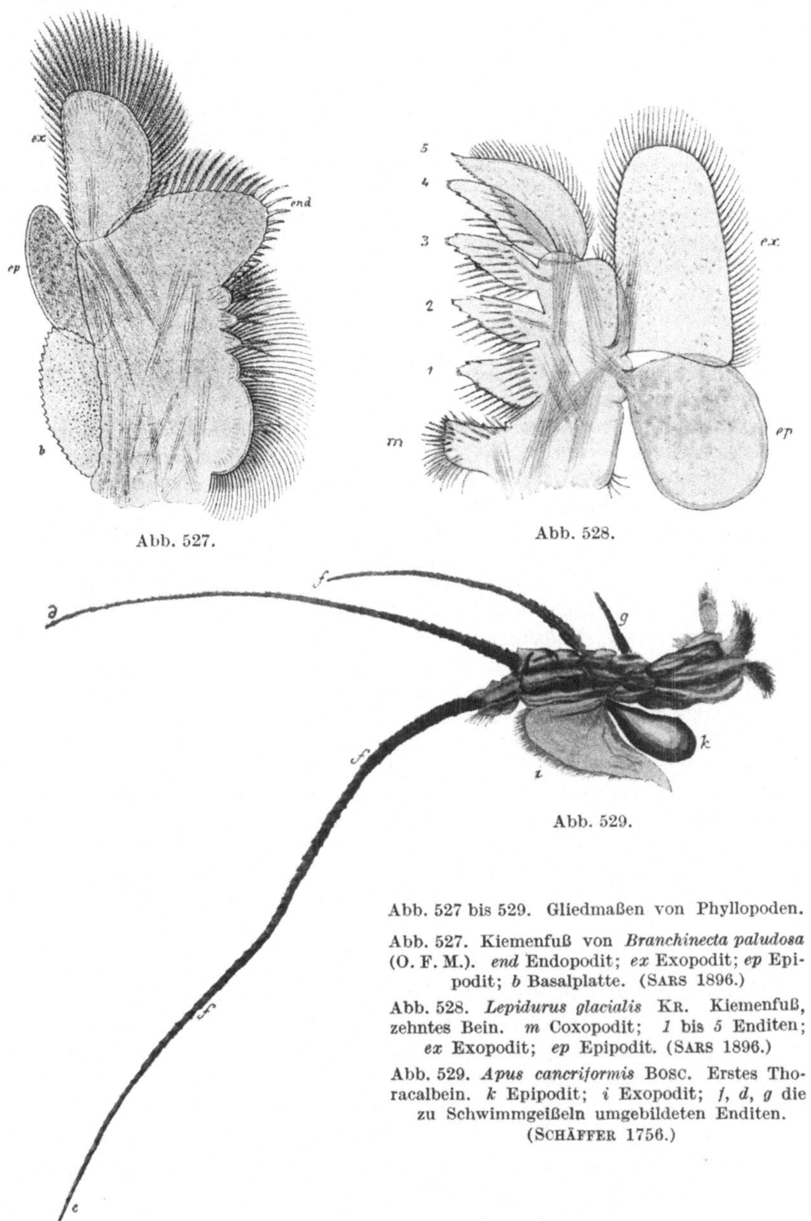

Abb. 527.   Abb. 528.

Abb. 529.

Abb. 527 bis 529. Gliedmaßen von Phyllopoden.

Abb. 527. Kiemenfuß von *Branchinecta paludosa* (O. F. M.). *end* Endopodit; *ex* Exopodit; *ep* Epipodit; *b* Basalplatte. (Sars 1896.)

Abb. 528. *Lepidurus glacialis* Kr. Kiemenfuß, zehntes Bein. *m* Coxopodit; *1* bis *5* Enditen; *ex* Exopodit; *ep* Epipodit. (Sars 1896.)

Abb. 529. *Apus cancriformis* Bosc. Erstes Thoracalbein. *k* Epipodit; *i* Exopodit; *f, d, g* die zu Schwimmgeißeln umgebildeten Enditen. (Schäffer 1756.)

Die Phyllopoden zerfallen in zwei Unterordnungen, die *Euphyllopoda* und die *Cladocera* oder Wasserflöhe.

Es ist nicht leicht, Merkmale anzugeben, die die Euphyllopoden und Cladoceren zu einer gemeinsamen Ordnung verbinden. Die besten Merkmale sind die oben genannten: daß die Gliedmaßen in den meisten Fällen einer echten Gliederung ermangeln und nur durch den Druck der Körperflüssigkeit gesteift werden, und daß sie weit häufiger im Dienste des Nahrungserwerbes stehen als in dem der Lokomotion. Das Phyllopodenbein ist gewöhnlich breit, blattförmig in Lappen aufgeteilt, aber bei den verschiedenen Formen von sehr verschiedenem Aussehen. Der Stamm trägt an seinem

Innenrande eine Anzahl Lappen, die als Endite bezeichnet werden. Von diesen ist der proximalste zumeist mit starken Dornen versehen und vom Stamm stärker abgesetzt als die übrigen; er ist am vordersten Beinpaar am stärksten ausgebildet, am allerkräftigsten bei den Notostraken. Wo er wohlentwickelt ist, wirkt er als Coxopodit. Diese sog. Maxillarfortsätze stellen die Vorbringevorrichtung dar, die die in der Bauchrinne sich sammelnden Nahrungspartikelchen nach vorne zu den Mundwerkzeugen befördern. Der Gliedmaßenstamm setzt sich in einen Endopoditen (Innenast) fort. Am Außenrand finden sich zumindest zwei Lappen, der distale Exopodit (Außenast) und der Epipodit; dieser ist dünnhäutig und dient als Kieme. Die Form und der Borstenbesatz der Lappen ist bei den verschiedenen Abteilungen sehr verschieden. Bahnbrechend für die Kenntnis der Phyllopoden ist immer noch die Arbeit O. F. MÜLLERS 1785.

1. Unterordnung: **Euphyllopoda.**

Ein deutlich gegliederter Körper mit zahlreichen Segmenten. Wenigstens zehn Paare Rumpfgliedmaßen.

Alle jetzt lebenden Euphyllopoden kommen im Süßwasser vor, einzelne in Salzseen oder Salzsümpfen, keiner im Meere. Gemeinsam für alle ist ein länglicher Körper, der aus einer verschiedenen Anzahl Segmenten besteht und außer den Kopfgliedmaßen über zehn Paare Rumpfgliedmaßen besitzt. Der Kopf ist deutlich vom übrigen Körper abgesetzt. Die Euphyllopoden lassen sich ohne Schwierigkeit auf einen der drei folgenden Typen zurückführen: den *Estheria*-Typus mit einer zweiklappigen Schale, den *Apus*-Typus mit einem unpaaren Rückenschild und den *Branchipus*-Typus ohne Schalenduplikatur. Von ihnen stellt jeder den Repräsentanten eines Tribus dar: die *Conchostraca (Esteridae)*, *Notostraca (Apodidae)* und *Anostraca (Branchipodidae)*.

Es sind fast alles Formen, die in frühzeitig austrocknenden stehenden Gewässern vorkommen. Alkalische Gewässer werden vor stark säurehaltigen vorgezogen. Die Eier vertragen das Einfrieren sowohl als auch die Austrocknung. In gewissen, aber nicht allen Fällen scheint das Austrocknen ihres Aufenthaltsgewässers eine Lebensbedingung für ihre weitere Entwicklung zu sein. Die Eier werden eine Zeitlang vom Muttertiere getragen, worauf sie abgeworfen werden. Parthenogenetische Entwicklung kommt häufig vor, aber ein regelmäßiger Wechsel zwischen parthenogenetischer und gamogenetischer Generation findet nicht statt. Die Euphyllopoden werden als eine uralte Tiergruppe angesehen, die, was die Conchostraken betrifft, weit zurück im Devon marine und bei den Notostraken im Perm und der Trias Vertreter besaß.

Tribus Conchostraca.

Der Körper, der seitlich stark komprimiert ist, ist von einer zweiklappigen Schale bedeckt, die bei den meisten Formen den ganzen Körper, auch den Kopf und den Schwanzabschnitt umhüllt. Bei den Häutungen werden die äußeren Blätter der Schale nicht abgeworfen; es kommt dadurch eine Reihe parallel verlaufender, gebogener Linien zustande, die das Schalenwachstum nach jeder Häutung angeben (Abb. 532); diese Linien sind nicht immer vorhanden. Bei gewissen Formen ist die Rückenkante gesägt. Die Farbe der Schale ist braun oder gelblich, zuweilen durchsichtig. Im vorderen Körperabschnitt ist ein Schließmuskel ausgebildet, der bei der Kontraktion die Schalenklappen zusammenzieht. Es ist eine große, verschieden verlaufende Schalendrüse (Nephridium) vorhanden. Der Kopf ist stark ventralwärts abgebogen. Er ist außer mit den beiden sitzenden Komplexaugen, die dicht beieinanderliegen, noch mit einem kleinen Augenfleck (Naupliusauge) ausgestattet. Dorsal auf dem Kopf sitzt ein knopfförmiges Organ, von dem man annimmt, daß es als Sinnes- oder Festheftungsorgan fungiert. Die ersten Antennen sind stabförmige Gebilde (Abb. 532a) ungefähr von Kopflänge. Die zweiten Antennen sind im Gegensatz zu jenen der übrigen Euphyllopoden das wichtigste Bewegungsorgan der Tiere; sie tragen zwei Äste, die mit zahlreichen Borsten versehen sind. Dann folgt ein

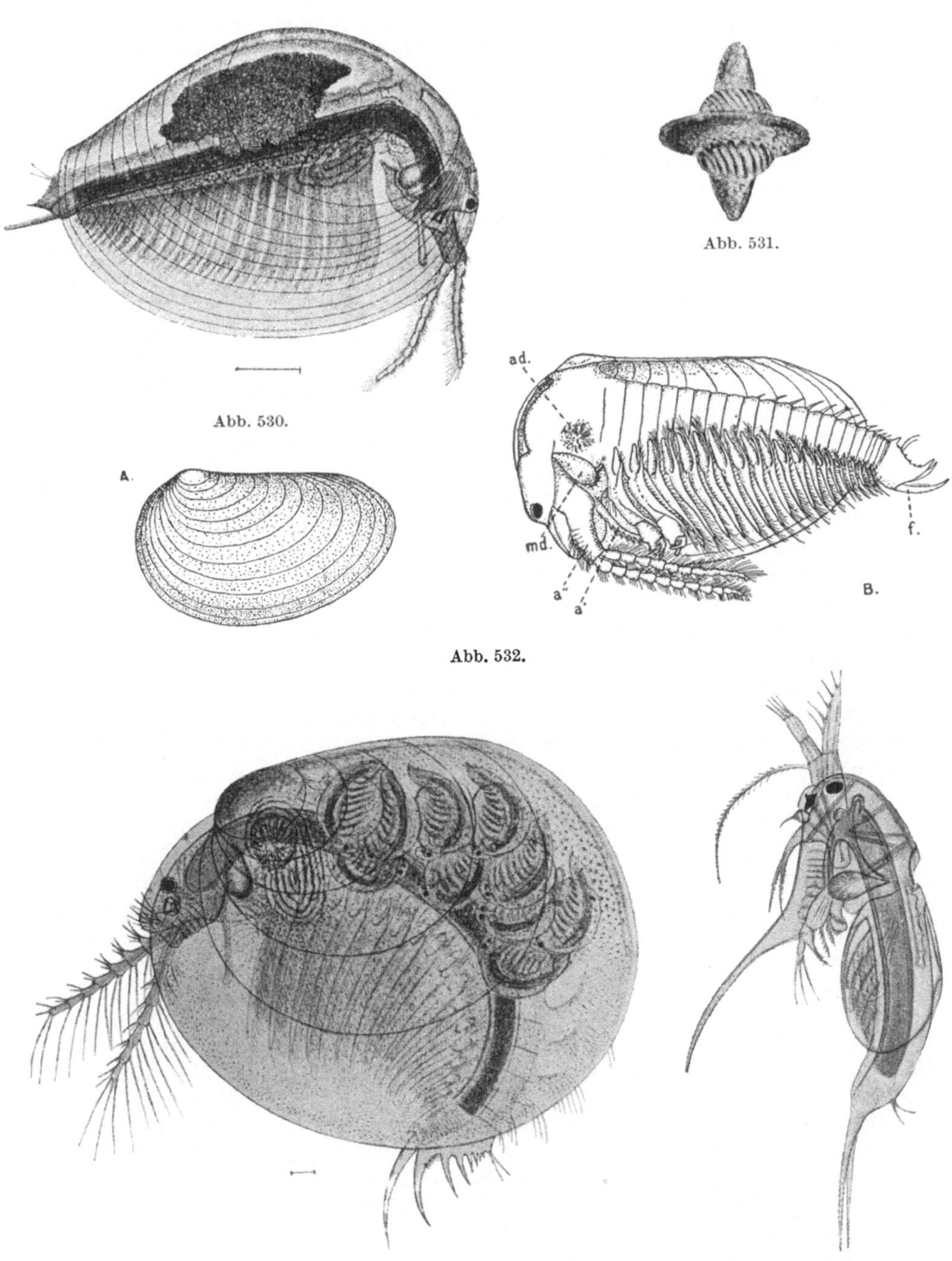

Abb. 530.

Abb. 531.

Abb. 532.

Abb. 533.

Abb. 534.

Abb. 530 bis 534. Estheriden.

Abb. 530. *Limnadia lenticularis* (L.). Nat. Größe zirka 12 mm. Die dunkle Masse oben sind die Eier. (SARS 1896.)

Abb. 531. Ei von *Limnadia lenticularis* (L.). (VAVRA 1904.)

Abb. 532. *Estheria obliqua. A.* Schale; *B. a', a''* erste und zweite Antenne; *md.* Mandibel; *ad.* Schließmuskel; *f.* Postabdomen. Zirka 10 mm. (CALMAN 1909.)

Abb. 533. *Cyclestheria hislopi* (BAIRD). Australien. Nat. Größe zirka 5 mm. (SARS 1887.)

Abb. 534. *Limnadia lenticularis* (L.). Larve. Man beachte die große Oberlippe. (SARS 1896.)

Paar sehr kräftiger, gewöhnlich asymmetrischer Mandibeln mit stark gerieften Kauflächen. Solange das Tier lebt, sind die Mandibeln in ständiger Bewegung. Die ersten und zweiten Maxillen sind sehr schwach entwickelt, hierauf folgen die Rumpfgliedmaßen. Ihre Anzahl ist bei den verschiedenen Arten verschieden (10 bis 32). Bei Formen mit einer großen Gliedmaßenzahl sind die vorderen zehn bis zwölf ungefähr gleich groß, weiter nach hinten nehmen sie jedoch an Größe ab. Die Rumpfgliedmaßen zeigen die normale Bauweise der Euphyllopoden-Beine. Sie scheinen bei der Lokomotion keine nennenswerte Rolle zu spielen. Das hauptsächliche Bewegungsorgan sind die zweiten Antennen. Das äußert sich auch in der Bewegungsweise, die nicht in einem gleichmäßigen Vorwärtsgleiten besteht, wie es bei den Anostraken und Conchostraken der Fall ist, bei welchen — und namentlich bei den ersteren — die Rumpfgliedmaßen die wichtigste Rolle spielen. Die Bewegung geht vielmehr in kleinen Sprüngen oder Sätzen vor sich, die jedesmal durchgeführt werden, wenn die zweiten Antennen nach hinten geschlagen werden. Übrigens sind alle Conchostraken überaus träge Tiere, die nur sehr wenig schwimmen, wobei der Rücken gewöhnlich nach oben liegt. Den größten Teil ihres Lebens verbringen sie, indem sie, wie *Limnadia*, am Boden der Teiche auf der Seite liegen oder indem sie, wie das bei vielen Conchostraken der Fall ist, im weichen Schlamm eingegraben sind, wobei sie senkrecht, mit dem Kopf nach abwärts, stehen. Nur ein Loch im Schlamm gibt die Stelle an, wo sie sich befinden. Durch diese Öffnung geht eine mit Schlamm und Exkrementen beladene Strömung nach oben. Im großen und ganzen erinnert die Lebensweise dieser Tiere an die der Muscheln.

Die meisten Formen sind vorwiegend Schlammfresser, doch leben sie zum Teil auch von den im Wasser schwebenden Partikelchen. Man hat es hier mit Organismen zu tun, die infolge der verborgenen Lage der Mundgliedmaßen diese nicht zum direkten Ergreifen der Nahrung verwenden können. Jegliches Nahrungsmaterial muß ihnen auf andere Weise zugeführt werden, und hier treten die Rumpfgliedmaßen als die Nahrung aufsammelnden Organe in Funktion. Das Tier wirbelt den Schlamm auf, die Gliedmaßen mit ihren zahlreichen Lappen und dem reichen Borstenbesatz, deren Borsten von verschiedener Länge und Bauweise sind, wirken als Filtrierapparat. Die Wasserströmung mit den Nahrungspartikelchen wird im Medianraum zwischen den Beinen nach hinten geführt; dieser Raum ist nach oben zu von den proximalsten der fünf Endite begrenzt, welcher eine besondere Ausbildung zeigt und zumeist als Maxillarfortsatz bezeichnet wird. Aus diesem Raum gelangen Partikelchen nach aufwärts in eine besondere Rinne, die in der Mitte der Bauchseite ausgebildet ist (Bauchrinne). In dieser werden die Partikelchen, insbesondere mit Hilfe der Bewegung der Maxillarfortsätze (Vorbringevorrichtung), nach vorne zu den Mandibeln befördert, welche das Material übernehmen und welche, wie früher erwähnt, in ständiger Bewegung sich befinden. LUNDBLAD (1916) hat gezeigt, daß man in Aquarien mit Schlammboden, in denen man *Limnadia* hält, den Boden mit langgestreckten Würsten bedeckt findet, die man für Exkremente der Tiere halten könnte. Es ist das in Wirklichkeit dasjenige Material, das aus dem tieferen Fangraum kommt und das, indem es nach hinten befördert wird, zusammengebacken und hernach ausgestoßen wird. Müßte das Tier alles Material, das es zusammenfiltriert, in den Darm aufnehmen, so wäre das des Guten zuviel. Nur ein Bruchteil davon gelangt in die obere Rinne (Bauchrinne) und von hier zu den Mundwerkzeugen. Es sind Schleimmassen, die von besonderen Hautdrüsen der Beine abgesondert werden, welche bewirken, daß die oben erwähnten Würste gebildet werden. Wenn betont wird, daß alle Rumpfbeine gleiches Aussehen besitzen, so muß in bezug auf das erste und häufig auch das zweite Beinpaar eine Ausnahme gemacht werden, die bei den Männchen (wo sich solche finden) mit einem kräftigen, an dem Endopoditen sitzenden Haken ausgestattet sind, welcher zum Festhalten der Weibchen bei der Paarung Verwendung findet. Die Weibchen tragen an einigen der letzten Beinpaare gewöhnlich lange, dünne Fäden, an denen die Eier befestigt werden.

Die hintere Körperpartie, die als Hinterleib oder Schwanz bezeichnet wird, ist zumeist messerblattartig zusammengedrückt und mit zwei kräftigen Klauen ausgerüstet. Am Hinterrand des Hinterleibes befinden sich oft kräftige Dorne (Abb. 533). Der Schwanz fungiert vor allem als eine Art Pflugschar; damit wühlt das Tier den Schlamm auf.

Vom inneren Bau sei nur das kurze Herz und der lange, gerade Darm erwähnt. Dorsal an den Ovarialröhren finden sich kleine, blindsackartige Erweiterungen, in denen sich die Eier entwickeln. Es gehören, soweit das gegenwärtig untersucht ist, stets je vier Zellen zusammen (Vierzellengruppe), von denen nur eine, die äußere, zum Ei wird; die anderen drei dienen der Eizelle zur Ernährung. Der Eileiter mündet am Rücken aus. Ist das Ei herangereift, so tritt es in die Ovarialhöhle über und wird hier von einem Sekret umhüllt, das später zu einer Schalenkapsel erstarrt, welche gewöhnlich einen recht eigentümlichen Bau besitzt. Hierauf wird das Ei durch die Öffnung des Eileiters abgegeben und von den erwähnten Fäden aufgefangen, die unter den Schalenklappen emporragen. Die Eier bleiben hier eine Zeitlang festgeklebt, aber sie entwickeln sich hier nicht weiter; sie werden dann abgeworfen und am Boden abgelagert, wo sie, von der Eischale beschützt, bis zum nächsten Frühjahr ruhen müssen. Sie können ihre Lebensfähigkeit wenigstens durch zwei Winter hindurch sich erhalten.

Die Hauptgattung ist *Estheria* (Abb. 532), die mit einer beträchtlichen Artenanzahl ganz vorwiegend Salzseen und Salzsümpfe bewohnt. Die Gattung findet sich nicht in Nordeuropa, nicht in Dänemark. Man begegnet ihr erst in Mitteleuropa zusammen mit den Formen *Cyzicus tetracerus* KRYNICKI und *Leptestheria dahalacensis* RÜPPEL; sie ist aber mit einer großen Anzahl von Arten besonders über die Salzsteppen des Ostens verbreitet und ist auch in weiter Verbreitung in anderen Erdteilen anzutreffen. Die Arten haben selten über 1 cm Schalenlänge. Die Schalen sind dick, oft infolge eingelagerter Kalksalze, und besitzen deutliche Zuwachsstreifen. Die Tiere verbringen ihr Leben hauptsächlich in eingegrabenem Zustand. Sie treten in beiden Geschlechtern auf, aber die Zahl der Männchen wechselt stark von Fundort zu Fundort, scheint jedoch gegen Süden zu steigen. GRAVIER und MATHIAS (1930) haben eine Abbildung von zwei Estheriden in Paarung veröffentlicht (*Cyzicus cycladoides* JOLY). Unmittelbar nach der Paarung treten die Eier in den Schalenraum aus, worauf eine Häutung stattfindet, und die Eier werden in den Schalen auf dem Boden des Gewässers abgelagert. Das gleiche Weibchen paart sich dreimal und vollführt nach jeder Paarung eine Häutung mit erneuter Eiablage. Wenn die Tiere, wie das der Fall ist, in der Paarungszeit schwimmen, so ist der Rücken nach oben gewendet. Für eine amerikanische Art hat BERRY (1910) gezeigt, daß die Entwicklung von Ei zu Ei bei einer Temperatur von 32° C 23 Tage in Anspruch nimmt. 19 Tage nachdem die Tiere aus dem Ei gekrochen waren, legten sie wieder Eier; diese entwickelten sich im Verlauf von vier bis fünf Tagen.

Während wir uns keine Hoffnung machen dürfen, Vertreter der Gattung *Estheria* im Norden zu finden, verhält es sich mit der Gattung *Limnadia* (der Art *L. lenticularis* [L.] = *L. Hermanni* aut.) anders. Sie ist von LILLJEBORG (1871) bei Ronneby in der Provinz Blekinge in Schweden und später u. a. von LUNDBLAD (1916) an verschiedenen Stellen in Schweden gefunden worden; ferner in Finnland (SUOMALAINEN 1937). Sie kommt auch in Norwegen und in

400 Arthropoda. — Crustacea (Krebse).

Norddeutschland, in Mecklenburg (Spangenberg 1878) vor. Es wird als unrichtig angegeben, daß sie auch in Dänemark gefunden worden ist, aber es ist fast unwahrscheinlich, daß sie da nicht vorkommen sollte. Sie ist stets in kleinen, sehr seichten, zum Teil verwachsenen Teichen mit einem Wasserstand von nur wenigen Dezimetern zu Hause; aber es scheint nicht, daß sie im besonderen an das Frühjahr gebunden sei. Sie ist der größte aller Conchostraken. Die größte Länge der Schale kann über 1 cm (15 bis 17 mm) betragen. Sie findet sich oft an Örtlichkeiten, die im Sommer vollständig trocken liegen. Es werden immer nur Weibchen gefunden; die Männchen sind niemals gesehen worden; sie sind jedoch bei einer nahestehenden amerikanischen Gattung, *Eulimnadia*, bekannt; bei exotischen Arten sind sie allgemein und oft häufiger als die Weibchen. Die Art scheint sich rein parthenogenetisch fortzupflanzen. Es ist einer der wenigen

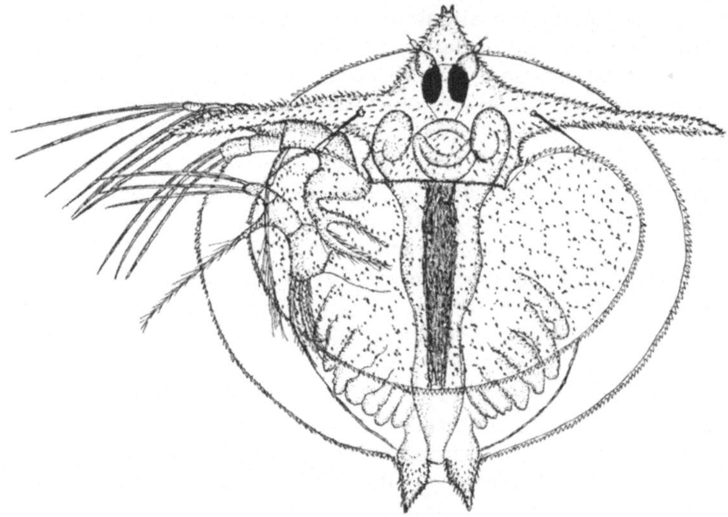

Abb. 535. *Limnetis*-Larve von der Unterseite gesehen. In der Mitte des Tieres der Darmkanal mit den zwei Blindsäcken (vorne). (W.-L. Orig.)

Conchostraken, über deren Entwicklung wir besonders dank der Untersuchungen von G. O. Sars (1896) gut unterrichtet sind. Die Larve verläßt das Ei als Nauplius, der u. a. durch eine mächtige Oberlippe ausgezeichnet ist, welche sich in einem späteren Stadium noch stärker entwickelt.

Vor kurzem hat Gislèn (1936) gezeigt, daß *Limnadia* in Nordeuropa erstens eine Hochsommer- und Herbstform ist, die hier ein bis zwei Monate später auftritt als in Mitteleuropa, ferner, daß alle Lokalitäten in Norwegen und Schweden nahe am Meer liegen und oft dort, wo das Wasser ein wenig brackisch ist. Experimentell hat Gislèn gezeigt, daß das Tier einen recht hohen Salzgehalt ertragen kann. Wenn es in Nordeuropa besonders nahe an der Küste vorkommt, wird als Ursache angegeben, daß eben diese ganz kleinen, austrocknenden, vegetationslosen Felslachen mit schwarzen Steinen und humusgefärbtem Wasser eine besonders hohe Wassertemperatur aufweisen können.

Die Gattung *Limnetis* (= *Lynceus*; Abb. 535 bis 537) mit *L. brachyurus* (O. F. M.) weicht in vieler Hinsicht sowohl morphologisch als auch biologisch von den übrigen Conchostraken ab. Der Körper ist fast kugelig; er kann zirka 4 mm im Durchmesser erreichen, doch ist er sehr häufig bedeutend kleiner. Es ist wie bei den Cladoceren ein gegen die Schalenklappen scharf abgesetzter

Kopfschild vorhanden, der sich besonders beim Weibchen zu einer zugespitzten, schnabelförmigen Partie verlängert und der von den Schalenklappen nicht überdeckt wird. Auf die sehr kurzen ersten Antennen folgt ein Paar kurzer zweiter Antennen mit zahlreichen langen Schwimmborsten. Die Mandibeln sind symmetrisch gebaut und zeigen im Vergleich mit jenen der übrigen Conchostraken eine ganz besondere Struktur der Kaufläche (OCIOZYNSKA-WOLSKA 1936). Die Zahl der Rumpfgliedmaßen ist beim Weibchen zwölf Paare, beim Männchen zehn. Der Hinterleib ist fast rudimentär und kann nicht verwendet werden, um sich damit abzustoßen. Bei der Häutung bleiben keine Teile der Schalen zurück, sondern es wird der ganze Panzer gewechselt. Die Schalen zeigen deshalb auch keine Zuwachsstreifen. Der Bau der Beine weicht beträchtlich von dem der übrigen Conchostraken ab. Die drei distalen Endite sind finger-

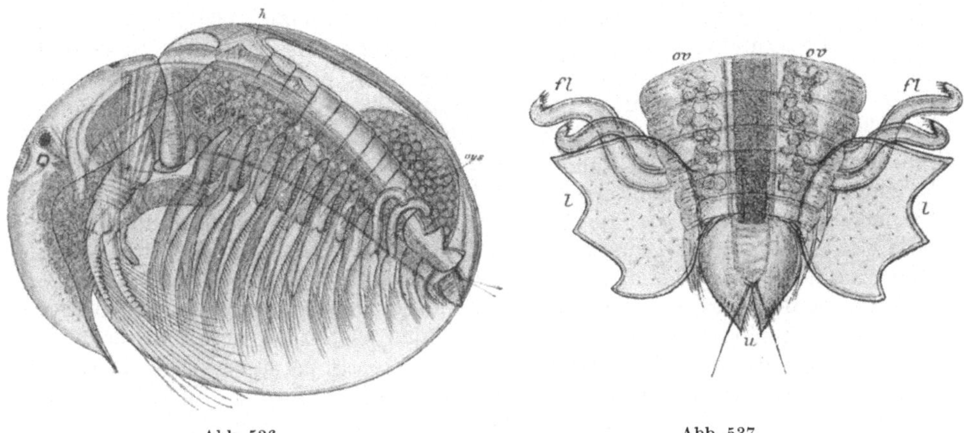

Abb. 536.   Abb. 537.

Abb. 536. *Limnetis (Lynceus) brachyurus* (O. F. M.). *h* Herz; *ovs* Eierklumpen. (G. O. SARS 1896.)

Abb. 537. Der hintere Körperabschnitt von oben gesehen. *fl* umgebildete dorsale Exopoditlappen am neunten und zehnten Beinpaar; *l* blattförmige, dorsale Platten; *u* Schwanzzipfel; *ov* Ovarien. (SARS 1896.)

förmig, mit groben Borsten besetzt, und namentlich der dorsale Teil der Exopoditen ist von enormer Größe.

Im Zusammenhang mit den großen Abweichungen im Bau der Beine steht eine von den übrigen Conchostraken ganz abweichende Lebensweise. Freilich kommt diese Form ebenso wie jene in kleinen, seichten, austrocknenden Gewässern vor, aber sie ist nicht in solchem Grad wie jene eine Bodenform, sondern in weit höherem Grad ein freischwimmender Organismus, der in seltsam plumper, doch gleichförmiger, nicht sprunghafter Weise durch das Wasser schwimmt. Bei dieser Bewegung rollt das Tier oft um sich selbst, aber das Normale ist, daß der Rücken nach abwärts gerichtet ist. Sicher ist jedenfalls, daß die Schalenklappen weit offen gehalten werden und die Beine beim Schwimmen in ständiger Bewegung sich befinden. Es besteht kaum ein Zweifel darüber, daß die Rumpfbeine von *Limnetis*, außer daß sie im Dienst der Ernährung stehen, gleichzeitig auch Lokomotionsorgane darstellen, die die Antennen unterstützen. Der rudimentäre Hinterleib spielt kaum eine Rolle, um den Boden aufzuwühlen oder sich damit abzustoßen.

Vom übrigen Bau des Tieres sei besonders eine bewimperte Grube am Kopf vor dem Auge erwähnt, ein Sinnesorgan, das, soweit man weiß, kein Seitenstück bei anderen Crustaceen besitzt; weiter die kräftigen Haken am ersten Rumpfbeinpaar beim Männchen und die langen, gekrümmten, dicken Fäden,

in Wirklichkeit umgebildete Teile des Exopoditen, am neunten und zehnten
Beinpaar, sowie zwei merkwürdige Platten, die von den beiden letzten Hinterleibssegmenten abgehen. Die braunen Eier (Abb. 536) sammeln sich unter den
Schalenklappen in großen, kuchenförmigen Massen, die an den oben erwähnten
Fäden befestigt sind und sich auf die Platten stützen (Abb. 537). Die Eier besitzen schöne, erhöhte Chitinleisten, die Felder bilden. Sie werden vermutlich
am Boden abgeworfen, doch weiß man darüber nichts Näheres.

Die Larve (Abb. 535) weicht in hohem Grad von allen übrigen Phyllopoden-
larven ab und gehört unter den Larvenstadien des Süßwassers zum Merkwürdigsten, was man hier antrifft. Sie ist von GRUBE (1853) sehr eingehend beschrieben
worden, und obwohl mehrere Forscher sie später gesehen und sich mit ihr beschäftigt haben, erreicht keiner, weder was Zeichnungen noch Beschreibung
betrifft, die Genauigkeit, die man bei GRUBE findet. Die Larve ist im größten
Durchmesser zirka $1/2$ mm lang, sehr flach, breiter als lang. Der Körper ist mit
einem fast kreisrunden Rückenschild bedeckt, der jedoch nach hinten zu schmäler
wird. Der Kopfschild ist in ein Horn ausgezogen, das in zwei Spitzen endet.
An den Seiten trägt er starke, stachelförmige Fortsätze, die über den Seiten-
rand des Schildes hinausragen. Diese Stacheln tragen etwas einwärts ein Paar
Sinnesorgane. Der Schild ist hinten eingeschnürt und durch eine Furche getrennt
von einem großen, flachen Schild, der fast zweimal so breit als lang ist. Er
wird im allgemeinen als die Oberlippe des Tieres gedeutet. Gleich unterhalb der
Stelle, wo dieser am Rückenschild eingefügt ist, liegt die Mundöffnung. Beide
Schilde, namentlich der Rückenschild, sind, abgesehen von einer scharf begrenzten,
mittleren, ovalen Partie, mit einer Menge kleiner, dornenartiger Auswüchse versehen, die in recht regelmäßigen, rhomboidalen Feldern angeordnet sind. Die
beiden Platten liegen nicht ganz parallel, die Oberlippe steht etwas schräg, so
daß der hintere Zwischenraum zwischen den beiden Platten größer ist als der
vordere. Erste Antennen sind außerordentlich klein; sie wurden erstmalig von
HERRICK und TURNER gesehen (1895). Die zweiten Antennen sind das wichtigste Schwimmorgan, zweiästig und mit langen Schwimmborsten ausgerüstet.
Außerdem sitzt unten am Stamm erstens eine lange, nach hinten gerichtete
Schwimmborste und zweitens eine ganz merkwürdige, zweiästige, klauenförmige
Borste, die mit langen Haaren besetzt ist (Abb. 535). Der Mandibeltaster trägt an der
Spitze drei lange Haare, am vorletzten Glied, das einen Auswuchs besitzt, eine
darauf inserierende sehr lange Borste und weiter proximal noch zwei steife Borsten.
Zwischen den beiden Schilden befindet sich eine tiefe Rinne. Wenn das Tier
schwimmt, so werden die zweiten Antennen und die Mandibeltaster unaufhörlich
in dieser Rinne hin und her bewegt. Die oben erwähnte klauenförmige Borste
zusammen mit der langen Borste am vorletzten Glied des Mandibeltasters treffen
sich jedesmal, wenn die Gliedmaßen eingeschlagen werden, in einem Punkt, der
unmittelbar beim Munde liegt. Legt man das Tier auf den Rücken, so ist all dies
ganz deutlich zu sehen. Die Nahrung der Larve besteht aus Planctonalgen, die
von den Schwimmborsten in die Furche hineingestoßen und hier von den zwei
erwähnten Borsten, besonders der klauenförmigen, ergriffen und dem Munde
zugeführt werden. Die Larve schwimmt recht lebhaft und ist in ständiger Bewegung. Sie ist ein Ufertier, das kaum an Stellen angetroffen wird, die tiefer als
einige Dezimeter sind. Sie schwimmt zumeist mit dem Rücken nach oben, aber
man sieht oft, wie sie sich im Kreise bewegt, bald den Rücken, bald die Bauchseite nach oben gerichtet. Im Verlauf von vier bis fünf Tagen wird sie doppelt
so groß, als sie ursprünglich war, und in diesen Tagen häutet sie sich einige
Male. Während dieser Häutungen bildet sich der Rumpf mit seinen Gliedmaßen aus. Es war für mich von Wichtigkeit, zu sehen, wie aus diesem

unpaaren, flachen Schild eine *Limnetis* mit der definitiven, paarigen Schale entstehen konnte.

GRUBE (1853) gibt an, daß die Larvenhaut an einer von der Lippenplatte bedeckten Partie auf der Bauchseite aufreißt. Das wird wohl richtig sein, aber ich hatte nicht das Glück, das beobachten zu können. Dagegen sah ich das Tier zu Seiten der letzten Larvenhaut liegen. Es lag flach ausgebreitet, aber mitten durch den Rückenschild ging nun eine Längslinie. Hierauf sah man die beiden Schalenhälften sich zusammenklappen, das Tier lag eine Zeitlang auf der Seite und schickte sich dann zum Schwimmen an. Nun glich sie der typischen *Limnetis*, war aber nicht über 1 mm und hatte nur sieben Gliedmaßenpaare. Von den übrigen Larvenorganen war das große Naupliusauge zu bemerken, weiter ein eigentümliches Sinnesorgan, das auf der Spitze des unpaaren, vorderen Dornes liegt, sowie der lange, dunkle und gerade Darm, der durch Einschnürungen in drei Abschnitte zerfällt. Der vorderste ist am weitesten und mit zwei Blindsäcken ausgestattet. Wasser wird regelmäßig durch die Afteröffnung ausgestoßen und eingezogen; weiter war das Herz sehr deutlich zu sehen.

Die Larven traten in meinem Untersuchungsbereich schon auf nach einer kurzen Frostperiode in der Mitte Dezember. Als die Teiche wieder auftauten, wurden sie in großen Mengen an den Ufern gefangen. Im Januar froren die Teiche wieder zu, und zwar bis zum Grund. Es ist anzunehmen, daß zu dieser Zeit alle Larven abstarben, und die Anzahl der Eier, die sich später entwickelten, als die Teiche im April wieder auftauten, war nur gering. Das ganze Frühjahr hindurch war die Art selten und Mitte Mai verschwand sie. Wenn die Art so unsicher in ihrem Auftreten ist, so dürfte das dem Umstande zuzuschreiben sein, daß eine große Anzahl Eier nach einer kurzen Frostperiode auskriecht. Bei späterem Zufrieren sterben die ausgekrochenen Tiere ab und der Rest von Eiern, die sich entwickeln, wenn der Frühling kommt, ist nicht so bedeutend, daß die Zahl erwachsener Tiere im Mai sehr groß wird. Ihre Anzahl ist wohl in denjenigen Jahren am größten, in denen es eine zusammenhängende Frostperiode gegeben hat.

Von *Limnetis brachyura* (O. F. M.) wird angegeben, daß sie trotz weiter Verbreitung überall selten sei. Das ist für Dänemark jedenfalls nicht ganz richtig, doch scheint es, daß sie in gewissen Jahren viel häufiger ist als in anderen. In manchen Jahren habe ich sie in Nordseeland im zeitigen Frühjahr in zahlreichen Teichen gefunden, in anderen war es kaum möglich, eine einzige aufzutreiben. Es gibt jedoch einzelne Wässer, wo man sie, wenn auch in wechselnder Menge, alljährlich auftreiben kann. Sie ist von O. F. MÜLLER (1785, Tafel 8) sehr schön abgebildet worden.

Die Eier entwickeln sich bei sehr niedrigen Temperaturen unter dem Eis. In den aufgetauten Wasserrändern an den südexponierten Seiten der Teiche trifft man die Larven schon, wenn das Eis noch die Teiche bedeckt. Das Larvenstadium dauert außerordentlich kurz; die Entwicklung geht an den meisten Stellen mit sehr großer Schnelligkeit vor sich. Schon um den 15. bis 20. Mai findet man fast kein einziges Exemplar mehr. Es treten beide Geschlechter, und zwar ungefähr gleich häufig, auf. Ein einziges Mal habe ich in einer Lache, die nicht ausgetrocknet war, noch am 30. Juni *Limnetis* gefunden, es waren auch die größten Exemplare, die ich je gesehen habe; sie maßen 4 mm im Durchmesser. Noch am 7. Juni wurden sie in großer Zahl in einer Lache festgestellt, wo Larven Ende April gefangen worden waren.

Es mag noch eine sehr merkwürdige Form, *Cyclestheria Hislopi* (BAIRD) (Abb. 533), besprochen werden, die zuerst von BAIRD bei Nagpur, Indien, gefunden und weiter von Colombo, Ceylon, bekannt geworden ist; sie ist von G. O. SARS (1887) eingehend beschrieben worden, der sie aus eingetrocknetem Schlamm gezüchtet hatte, welcher ihm von Australien (Queensland) geschickt worden war. Es ist das eine Übergangsform, die die beiden Gruppen *Euphyllopoda* und *Cladocera* miteinander verbindet.

Das Tier, zirka $^1/_2$ cm im Durchmesser, gleicht auf den ersten Blick einer Estheride; die Schalen besitzen wie bei diesen Zuwachsstreifen. Näher besehen zeigt es große Abweichungen. Die beiden Augen sind zu einem verschmolzen, das ganz dem zusammengesetzten Auge der Cladoceren gleicht. Das erste Antennenpaar sitzt merkwürdig weit hinten, fast hinter den zweiten Antennen; diese sind außer mit Schwimmborsten auch mit einem sehr eigentümlichen Dornenbesatz ausgestattet. Es ist eine große, fleischige Oberlippe vorhanden, die die Reibflächen der Mandibeln überdeckt. Es gibt 16 Paar Rumpfbeine, die den Bau von Phyllopodengliedmaßen besitzen, aber im Detail sehr von den übrigen Conchostraken abweichen. Der Hinterleib ist außerordentlich kräftig und endigt mit zwei sehr großen Klauen. Der Hinterrand ist mit einer Reihe kräftiger Dorne besetzt. Das Allermerkwürdigste ist jedoch, daß dieser Euphyllopode eine Brutpflege besitzt, die ganz der der Wasserflöhe entspricht. Wenn die Eier reif sind, treten sie in einen Brutraum unter der Schale ein. Dieser Brutraum ist hinten durch gekrümmte Fortsätze abgeschlossen, die von den acht hinteren Körpersegmenten in diesen hineinragen und als Verschluß für ihn dienen, eine Baueigentümlichkeit, die sehr daran erinnert, was wir bei den Daphnien finden; bei diesen sind nur drei derartige Fortsätze vorhanden, die dort, wo Rumpf und Schwanz zusammenstoßen, ihren Platz haben. Die Eier bleiben im Brutraum, bis die Jungen voll entwickelt sind. Es gibt, wie bei den Cladoceren, zuerst eine Anzahl parthenogenetischer Generationen, hierauf treten Männchen auf und man vermutet, daß es darauf zu einer Bildung von Dauer-Eiern kommt, aber das ist noch nicht sichergestellt.

Die Tiere sind sehr schlechte Schwimmer, sehr träge, sie sind hauptsächlich grabende Bodentiere, deren Nahrung vor allem aus Kleinalgen bestehen soll. Während sie auf oder im Boden weilen, sind die Beine und Mundteile in ständiger Bewegung. Alle Beobachtungen in bezug auf die Biologie stammen von Aquarientieren her und sind von G. O. SARS (1887) angestellt worden.

Tribus Notostraca.

Die *Notostraca* gehören zu den größten aller Entomostraken; sie erreichen eine Größe von 4 cm und darüber. Sie unterscheiden sich auf den ersten Blick sehr von den Conchostraken. An Stelle eines seitlich kompressen Körpers begegnet uns hier ein flachgedrückter. An Stelle der zwei Schalenhälften, die den Körper nach Art der Muschelschalen umschließen, findet sich hier ein großer, gebogener Rückenschild (Abb. 540), der die Ventralseite mit den Beinen freiläßt. Die Abweichungen sind nicht so groß, wie es auf den ersten Anschein aussieht. Entlang der Mittellinie des Schildes verläuft nämlich ein deutlicher Kiel, der anzeigt, daß bei den Notostraken die beiden Schalenhälften der Conchostraken

---

Abb. 538 bis 542. Apodiden.

Abb. 538. *Apus (= Triops) cancriformis* (BOSC). *a* erste Antennen, unter dem Kopfschild verborgen; *b* Oberlippe; *c* Mandibeln; *d, e, f* Schwimmborsten am ersten Beinpaar; *g* Stelle des elften Beinpaares; *h, h* Stacheln am Hinterkörper; *i* Schwanzborsten. Nat. Größe zirka 1 bis 3 cm. (SCHÄFFER 1756.)

Abb. 539. *Lepidurus glacialis* (KRÖYER), Seitenansicht. Linke Hälfte des Rückenschildes entfernt. p^{11} elftes Beinpaar; p^1 erstes Beinpaar; *M* Mandibeln; *L* Oberlippe; a^2 zweite Antennen; a^1 erste Antennen; *l* Leber; *O* Auge; *x* Knopf hinter dem Auge; *J* Rumpf; *c* Herz; *ov* Ovar. Nat. Größe zirka 1 bis 3 cm. (SARS 1896.)

Abb. 540. *Lepidurus glacialis* (KRÖYER). Linke Seitenansicht bei stark nach vorne gekrümmtem Körper. Im Schilde sieht man die Schalendrüse. Nat. Größe zirka 1 bis 3 cm. (SARS 1896.)

Abb. 541. Elftes Bein, die Eikapsel geöffnet. *i* Exopodit; *h* Epipodit als Deckel; *a* bis *f* Enditen. (SCHÄFFER 1756.)

Abb. 542. *Apus cancriformis* (BOSC). Eierstock (*b*) mit daranhängenden Eiern (*a*). (SCHÄFFER 1756.)

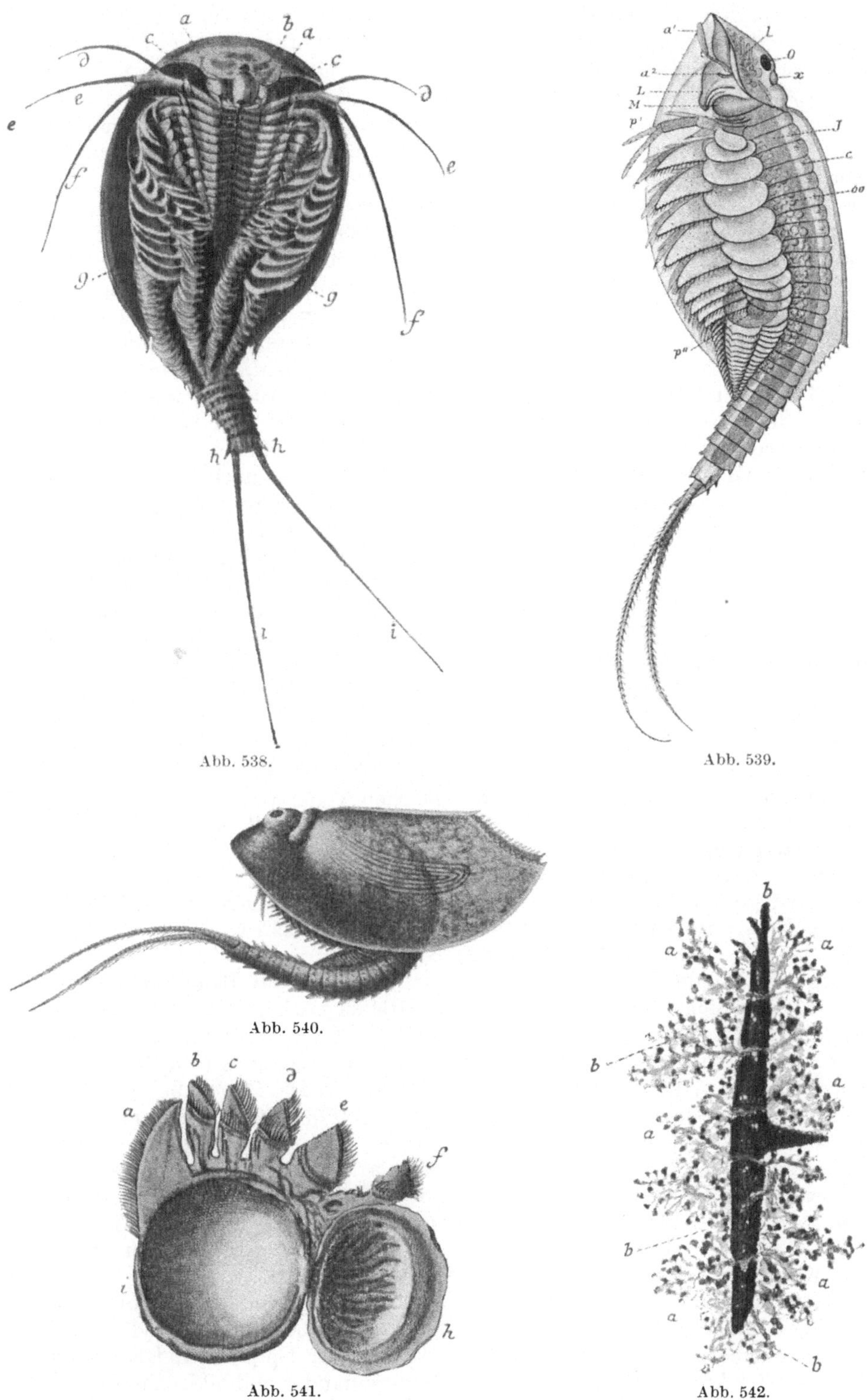

Abb. 538.

Abb. 539.

Abb. 540.

Abb. 541.

Abb. 542.

seitlich ausgebreitet und miteinander unbeweglich verbunden sind. Den Notostraken fehlt der Schließmuskel der Conchostraken. Vorne verlängert sich der
Schild zu einem Kopfteil mit einem schneidenden Vorderrand, der dem Tiere
als wichtigstes Grabwerkzeug im weichen Schlamm der Teiche dient. Dorsal
sieht man übrigens nur die zwei sitzenden Augen, die wohl nicht miteinander
verschmolzen sind, aber sehr dicht beisammensitzen. Gleich dahinter befindet
sich ein kleines Naupliusauge. Der Schild läßt immer hinten eine größere oder
kleinere Anzahl Segmente frei. Die Unterseite, die ganz offen liegt, weist zahlreiche, oft rotbraune Gliedmaßen auf (Abb. 538 u. 539), die sich am lebenden Tier
in unaufhörlich schwingender, rhythmischer Bewegung befinden. Der Körper
besteht aus einer bei den verschiedenen Arten verschieden großen Anzahl von
Segmenten (bis zu 40), von denen elf zur Brustregion gerechnet werden. Zu
Seiten der großen Oberlippe befinden sich die beiden Paare äußerst kleiner Antennen; das zweite Paar ist klein im Vergleich zu jenen, die wir bei den
anderen Tribus finden. Bei den Conchostraken sind sie Ruderorgane, bei den
Anostraken im männlichen Geschlecht wichtige Greiforgane zum Festhalten der
Weibchen. Die freiliegende Unterseite und die grabende, wühlende Lebensweise
dürften möglicherweise mit der starken Reduktion der Antennen bei den Notostraken im Zusammenhang stehen. Die Mandibeln sind überaus kräftig und zeigen
an, daß die Tiere in erster Linie ausgeprägte Raubtiere sind, die alles erfassen,
was in ihre Reichweite kommt, u. a. relativ große Tiere wie Kaulquappen. Die
beiden Maxillenpaare sind dagegen sehr klein. Das darauffolgende erste Paar
Brustbeine ist das wichtigste Ruderorgan der Tiere, das auch als solches ausgebildet ist; es ist mit langen Geißeln versehen, die über den Schildrand
hinausragen. Alle folgenden Beinpaare (Abb. 528), mit Ausnahme des elften beim
Weibchen, besitzen einigermaßen das gleiche Aussehen: es sind breite, flache
Phyllopodenbeine, deren Stamm mit fünf Enditenlappen besetzt ist und zugleich
einen großen Außenast (Exopoditen) und einen als Kieme dienenden Epipoditen
trägt. Basal am Stamm sitzt ein kräftiger Kauladen (Coxopodit). Das
erste Beinpaar (Abb. 529) besitzt ganz die gleichen Teile, aber die Enditen sind
hier zu geißelförmigen Organen geworden, die bewirken, daß diese Gliedmaßen
zum Teil Bewegungsorgane werden; der Kauladen ist an diesem und dem folgenden
Beinpaar weitaus am stärksten entwickelt. Nach dem zwölften Beinpaar nimmt die
Größe der Gliedmaßen ab; dem über den Schild hinausragenden Rumpf fehlen
die Beine. Was ihre Anzahl betrifft, so zeigt sich das merkwürdige Verhalten,
daß diese an den hinteren, beintragenden Segmenten die der Körpersegmente
weit übersteigt. Jeder Körperring kann eine ganze Anzahl Beine tragen, bei
gewissen Formen nicht weniger als sechs. Diese Baueigentümlichkeit, die bei den
Gliedertieren äußerst selten anzutreffen ist, deutet auf das sehr hohe Alter dieser
Tiere hin. Alle diese Beinpaare sind bei den Notostraca und Anostraca Schwimmbeine; sie schlagen nicht gleichzeitig, sondern sukzessiv. Die Bewegung der Beine
pflanzt sich von hinten nach vorne fort. Es sieht aus, als ob Wellen ununterbrochen
von hinten nach vorne liefen. Besonders bei den Anostraca stehen die Beine
auch im Dienste der Ernährung. Die Notostraca vermögen auch mittels des
ersten Beinpaares auf dem Boden zu kriechen. Die Schnelligkeit, womit die
Beine bewegt werden, hängt im wesentlichen nur von der Temperatur des Wassers
ab; bei 7° C und bei mehr als 33° C ist sie sehr gering; in unseren Breiten ist sie
normal, wenn die Temperatur zwischen 10 und 30° C liegt.

Das elfte Beinpaar des Weibchens (Abb. 541) zeigt gleichfalls eine morphologische Eigentümlichkeit, die stark von dem Verhalten aller übrigen Phyllopoden
und, soweit mir bekannt, aller übrigen Krebse abweicht. Epipodit und Exopodit
sind hier nämlich kreisrund. Sie liegen dicht hintereinander und bilden zusammen

eine Schachtel, deren Deckel vom Epipoditen, deren Boden vom Exopoditen gebildet wird. Innerhalb dieser Schachtel liegen die Eier.

Zwischen den beiden Blättern des Schildes liegt die große Schalendrüse (Abb. 540), das Exkretionsorgan, das am Segment der zweiten Maxillen ausmündet. Der gliedmaßenlose Hinterleib endigt mit zwei längeren oder kürzeren Schwanzfäden; dazwischen befindet sich eine Schwanzplatte, deren Größe und Form systematische Bedeutung besitzt.

Das Männchen scheint stets etwas kleiner zu sein als das Weibchen. Es unterscheidet sich im wesentlichen vom Weibchen dadurch, daß das elfte Beinpaar, abgesehen davon, daß es die Geschlechtsöffnungen trägt, ganz so wie die anderen gebaut ist.

Vom Bau des Darmkanals sei nur die sehr große Leber erwähnt. Das Herz ist eine langgestreckte Röhre, die sich durch ungefähr die Hälfte des Körpers erstreckt. Die Ovarien liegen beiderseits des Darmes (Abb. 542) und bestehen aus Follikeln von vier Zellen, wovon die äußerste zur Eizelle wird; die anderen dienen seiner Ernährung. Wenn die Eier reif sind, fallen sie in die Ovarialhöhle und werden von hier durch die Eileiter in die Eikapseln des elften Beinpaares abgegeben. Hier verbleiben sie nur kurze Zeit, sinken dann zu Boden und entwickeln sich im nächsten Frühjahr. Die auskriechenden Nauplien haben eine langgestreckte Form und zeichnen sich u. a. durch eine sehr große Oberlippe aus. Sie wachsen sehr rasch zum vollentwickelten Tiere heran. Von *Lepidurus apus* L. (= *L. productus* Bosc.) wird angegeben, daß er sich 17mal häutet, bevor er eine Größe von 12 mm erreicht. Die Zeitspanne zwischen den ersten Häutungen dauert nur wenige Stunden, zwischen den späteren acht bis zehn Tage. Die Geschlechtsmerkmale zeigen sich bei der 14. Häutung (CAMPAN 1929).

Die Notostraken sind über den ganzen Erdball verbreitet; mit einer einzigen Art, *Lepidurus glacialis* (KRÖYER), reichen sie in die arktische Region. Dieser ist eines der Charaktertiere der grönländischen Kleinwässer. In Europa kommen zwei Arten vor, *Lepidurus productus* (Bosc.) und *Apus (Triops) cancriformis* (Bosc.); sie sind weit, aber sehr sporadisch verbreitet. In anderen Erdteilen, auch in den Tropen kommt eine nicht besonders große Zahl von Arten vor, die alle einander recht ähnlich sind. An weitaus den meisten Stellen treten nur Weibchen auf; die Fortpflanzung ist hier rein parthenogenetisch. Es scheint die Regel zu herrschen, daß in ganz Nord- und Mitteleuropa Männchen so gut wie niemals zur Entwicklung kommen oder, wenn es der Fall ist, sie dann nur in einem sehr kurzen Zeitraum und in einer im Verhältnis zu den Weibchen äußerst bescheidenen Anzahl auftreten. In Dänemark ist niemals ein Männchen der beiden Arten angetroffen worden, von welchen immerhin die eine, *Lepidurus productus* (Bosc.), durch eine Reihe von Jahren von bestimmten Fundstellen bei Amager jährlich in bedeutender Anzahl nach Hause gebracht werden konnte. VANDEL (1924) gibt von *Lepidurus* an, daß innerhalb des Jahres 1924 von ganz Mittel- und Osteuropa nur 34 Männchen bekannt geworden sind. Bei Breslau sind zwei Exemplare gefangen worden, in Deutschland acht unter 1000. Die Paarung ist sehr selten beobachtet worden. Das Männchen sitzt auf dem Rücken des Weibchens und soll seine Geschlechtsöffnungen an das elfte Beinpaar zu den Ootheken des Weibchens bringen. Bei *Lepidurus glacialis* (KRÖYER) sind in Norwegen Männchen jedoch in wenigen Exemplaren nachgewiesen. Weiter südlich, in Südfrankreich und Süddeutschland, sind die Männchen der Notostraca viel häufiger, ja man sagt, daß sie die Weibchen an Zahl übertreffen können (83%; JÉZÉQUET 1921). In den Tropen sind Männchen und Weibchen beinahe gleich häufig.

Der Wohnort ist überall der gleiche: kleine, austrocknende Lachen mit Schlammboden, in deren Schlamm die Tiere ganz eingegraben liegen — nur die Augen sind frei — oder in dem sie wühlen, so daß das Wasser trüb wird. Es wird jedoch auch angegeben, daß sie an Pflanzenteilen mit Hilfe des ersten Beinpaares klettern können (LUNDBLAD 1920). Besonders über *Lepidurus glacialis* (KRÖYER) wird von verschiedenen Orten mitgeteilt, daß er sich nicht selten in tieferen Seen findet, wo ihn G. O. SARS (1896) durch das kristallklare Gebirgswasser in einer Tiefe von zirka 6 m beobachten konnte. Er ist in Seen mit einer Tiefe von 29 m gefangen worden (DECKSBACH). *Apus* ist auch im Baikalsee erbeutet worden (DECKSBACH 1924). Sie gehen in recht beträchtliche Höhen hinauf; das gilt besonders für *Lepidurus glacialis* (KRÖYER), der in Norwegen in einer Höhe von ungefähr 1300 bis 1400 m gefunden wurde (G. O. SARS), in Armenien bis zu 3048 m (DECKSBACH 1924). Wo diese Art außerhalb der Polargrenze gefunden wird, wird sie gewöhnlich als Eiszeitrelikt aufgefaßt, und das um so mehr, als Reste dieses Tieres in Dänemark in glazialen Erdschichten gefunden worden sind (STEENSTRUP 1888). OLOFSSON (1918) gibt von Spitzbergen an, daß sie in ihren ersten Stadien pelagisch, später Bodentier ist. Sie soll — was sehr bemerkenswert ist — nur ein bis zwei Eier in der Eikapsel haben. Es ist behauptet worden, daß die Notostraken — besonders die arktischen Formen — sich auch hermaphroditisch fortpflanzen (BERNHARD 1891, 1896). Die Nauplien zeigen sich zu Beginn des Juli. Die Entwicklung von Ei zu Ei nimmt ungefähr zwei Monate in Anspruch. Die Eier treten im August auf, im September sterben die Tiere ab und nur die Eier überwintern. Wenn die Tiere nicht eingegraben sind, so sind sie ununterbrochen in Bewegung, gleiten langsam durch das Wasser, schwimmen bald auf dem Rücken, bald auf der Bauchseite; sie bieten mit ihren roten oder grünlichen, in unaufhörlicher, rhythmischer Bewegung befindlichen Beinen einen sehr schönen Anblick dar.

Die Notostraken sind nicht wie die anderen Euphyllopoden in erster Linie Plancton- oder Schlammfresser; sie sind Raubtiere, die die Tiere des Schlammes wie Chironomiden, Oligochäten, aufsuchen, die Köcherfliegenlarven, Mückenlarven und selbst Kaulquappen erbeuten. Die zahlreichen Maxillarfortsätze an allen Rumpfbeinen, die mit Dornen und Zacken ausgerüstet sind, bilden zusammen eine Rinne, in die alles Lebende befördert wird; die rhythmischen Bewegungen bringen es zum Mund, wo die mächtigen Mandibeln sofort zupacken und die Nahrung zerteilen. Eine solche soll übrigens auch mit dem ersten Beinpaar erfaßt werden können (GASCHOTT 1928). Es wird angegeben, daß eines der Hauptnahrungsmittel *Branchipus* sei. Man hat beobachtet, daß gleich mehrere über einer Köcherfliege liegen und an ihr nagen. Von einer Filtration der Nahrung wie bei den meisten anderen Phyllopoden kann nicht die Rede sein. Es ist sehr interessant, daß sie in Gebieten, wo der Schlammboden unter Kultur steht (Reisfelder), verheerend wirken können. Durch die Schläge der Beine und durch das Aufwühlen des Schlammes reißen sie die jungen Reispflanzen aus (FONT DE MORA 1923). Sie sollen überdies auch an den Jungfischen Schaden anrichten. MATHIAS (1929) hat eine Reihe interessanter Versuche mit den Eiern verschiedener Phyllopoden angestellt. Er weist nach, daß die Eier von *Apus* ohne weiteres den Darm der Frösche passieren können und gleichwohl entwicklungsfähig bleiben; das besagt mit anderen Worten, daß Frösche die Notostraken von Teich zu Teich verbreiten können. — MATHIAS hat auf experimentellem Weg nachgewiesen, daß die Eier das Eintrocknen ertragen können, selbst wenn sie weit in der Entwicklung fortgeschritten sind, aber es hat sich auch gezeigt, daß sie sehr wohl, ohne einzutrocknen, sich entwickeln können. Die Eier können in ausgetrocknetem Schlamm überraschend hohe Temperaturen vertragen. Schlamm, der bis zu

80° C erwärmt worden ist, liefert immer noch Nauplien und diese wieder erwachsene Tiere. Steigt dagegen die Temperatur auf 85 bis 92° C, so sterben sie ab. Hält man die Eier feucht, dann liegt die Grenze schon bei 42° C.

Die beiden europäischen Arten *Lepidurus productus* (Bosc.) und *Triops cancriformis* (Bosc.) verhalten sich in biologischer Hinsicht sehr verschieden. Es ist schon lange eine bekannte Tatsache gewesen, daß *Lepidurus productus* eine Frühjahrsform, *Triops cancriformis* eine Herbstform ist. Sie können im gleichen Gewässer vorkommen, aber im erwachsenen Zustand begegnet man ihnen nicht gleichzeitig. GASCHOTT (1928) hat des Näheren nachgewiesen, daß das Optimum von *Triops cancriformis* bei 12 bis 15° C liegt, das von *Lepidurus* viel niedriger.

Tribus Anostraca.

Die *Anostraca* umfassen alle unbeschalten Euphyllopoden. Der Körper ist deutlich in drei Abschnitte gesondert, in Kopf, Brust und Schwanz oder Hinterleib. Die Thoracalregion besteht aus zwölf Segmenten, der Hinterleib aus acht. Es sind auf der ganzen Erde ungefähr 100 Arten bekannt, die zu vier Familien gehören: den *Polyartemiidae, Branchipodidae, Chirocephalidae* und *Streptocephalidae*. Von der oben gegebenen Beschreibung weichen die *Polyartemiidae* durch eine größere Anzahl Thoracalsegmente ab, sie besitzen nämlich 18 bis 20. Die acht Hinterleibssegmente sind beim Weibchen zum Teil miteinander verschmolzen.

Der Kopf trägt zwei große, gestielte Komplexaugen (Abb. 548 u. a.). Die ersten Antennen sind dünne, stabförmige Gebilde, die zweiten Antennen sind aus ein bis drei Gliedern zusammengesetzt; sie sind unverzweigt und bilden eine Art Haken bei den Männchen, sind jedoch vor allem in diesem Geschlecht bei den verschiedenen Arten sehr verschieden gebaut. Außerdem findet sich bei den Männchen der Familien *Chirocephalidae* und *Streptocephalidae* ein sog. Stirnfortsatz, der namentlich bei den *Streptocephalidae* sehr groß wird (Abb. 548 bis 550), sich verzweigt und häufig ganz phantastische Formen annimmt; er ist an den Rändern oft gefranst, mit Dornen und Spitzen versehen, weiter häufig am Ende geknickt und scherenförmig; bei gewissen Formen hat er ein fast baumförmiges Aussehen. Die Dorne können an der Spitze Öffnungen besitzen, durch welche Drüsenorgane ausmünden; bei einigen Formen (*Branchinecta*; Abb. 544 u. 545) fehlen diese Dornfortsätze. Über ihre Bedeutung ist nichts Sicheres bekannt, aber es besteht kein Zweifel darüber, daß sie mit dem Geschlechtsleben in Zusammenhang stehen; jedenfalls steht fest, daß sie bei unserer heimischen Art, *Chirocephalus Grubii* DYBOWSKI (Abb. 546, 547, 549), bei der der Stirnanhang aus zwei breiten, blattförmigen, am Rand gefransten Gebilden besteht, bei der Paarung ausgerollt sind. Die Mandibeln sind sehr kräftige Beißwerkzeuge mit feingerieften Kauflächen, die beiden anderen Paare von Mundgliedmaßen nur schwach entwickelt. Die Gliedmaßen (Abb. 527) sind typische Phyllopodenbeine, die auffallend breit und flach sind und sich dadurch auszeichnen, daß sie mehrere Exiten tragen und daß die Enditen schwach hervortreten, sehr zum Unterschied von den frei vorstehenden, selbständigen Gebilden der Notostraken. Kein Bein ist bei den Männchen zum Festhalten des Weibchens bei der Paarung umgestaltet; diese Aufgabe hat der Kopfanhang übernommen. Das letzte Brustsegment, das mit dem ersten Hinterleibsring mehr oder weniger verschmolzen ist, trägt die Geschlechtsöffnungen. Es trägt gleichzeitig die äußeren Geschlechtsorgane. Diese sind beim Männchen doppelt, ausstülpbar und fungieren als Begattungsorgane; beim Weibchen verschmelzen sie miteinander und bilden eine Art länglicher Uteruskammer, in der die Eier eine Zeitlang aufbewahrt werden.

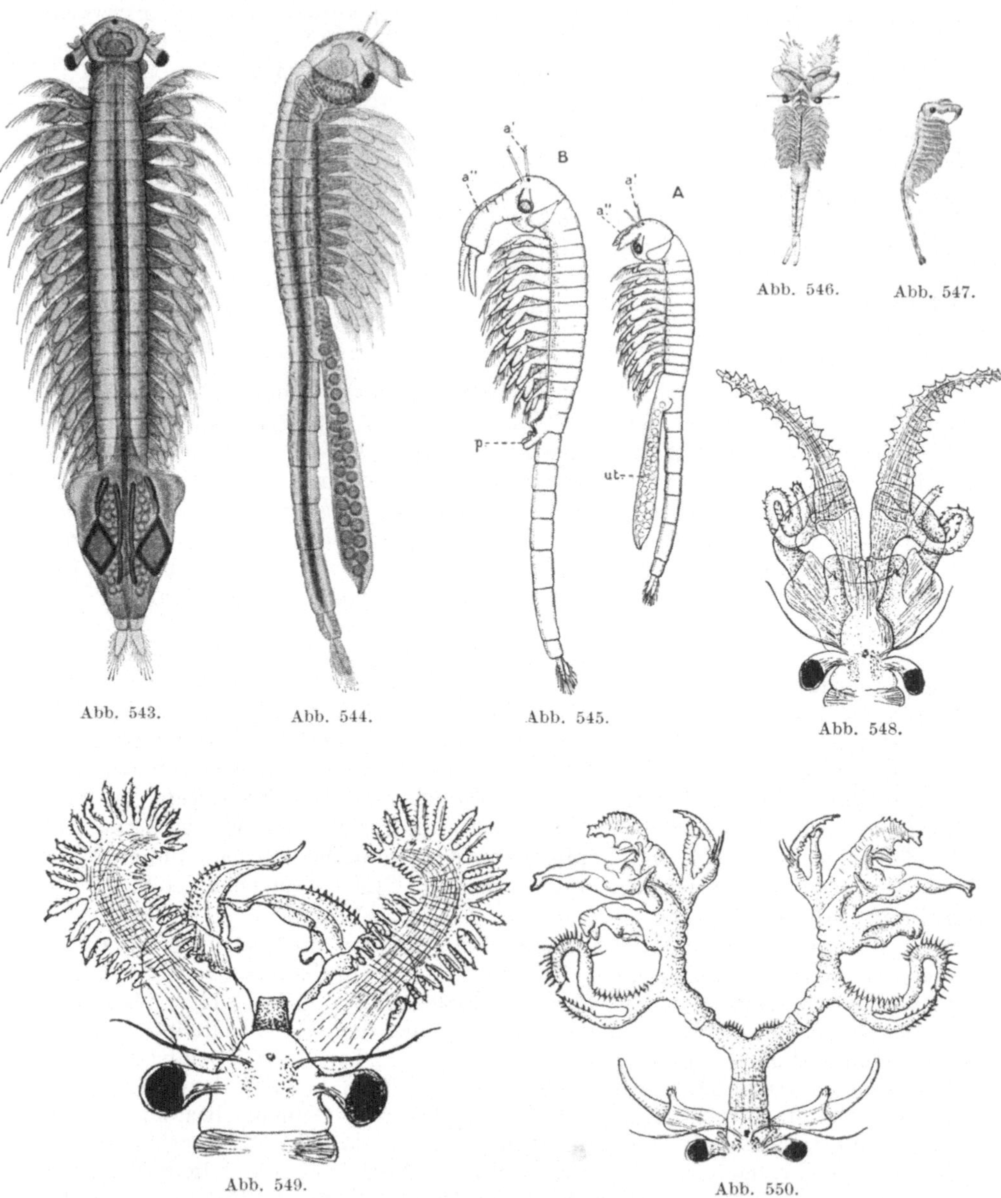

Abb. 543.   Abb. 544.   Abb. 545.   Abb. 546.   Abb. 547.   Abb. 548.   Abb. 549.   Abb. 550.

Abb. 543 bis 550. Branchipodiden.

Abb. 543. *Polyartemia forcipata* (FISCHER). Man beachte die große Anzahl von Körpersegmenten. Nat. Größe zirka 16 mm. (SARS 1896.)

Abb. 544. *Branchinecta paludosa* (O. F. M.). Nat. Größe 16 bis 18 mm. (SARS 1896.)

Abb. 545. *Branchinecta paludosa* (O. F. M.). *B* Männchen, *A* Weibchen. *a'* erste Antennen; *a''* zweite Antennen; *p* Penis; *ut* Eiersack. (CALMAN 1909.)

Abb. 546 u. 547. ♂ und ♀ von *Chirocephalus Grubii*. Nat. Größe. (DYBOWSKI 1860.)

Abb. 548 bis 550. Branchipodiden, Männchen. Die Bilder sollen die mächtige Entwicklung der Frontalanhänge und der zweiten Antennen illustrieren. (DADAY 1923.)

Abb. 548. *Tanymastix lacunae* (GUERIN).

Abb. 549. *Branchipus (= Chirocephalus) Grubii* DYB.

Abb. 550. *Dendrocephalus denticornis* (WELT).

Diese Uteruskammer oder der Eiersack ist bald lang und dünn, bald ein breiter, querer Sack, dessen Wände mit Drüsen ausgestattet sind. Der Hinterleib ist im Verhältnis zur Brustregion dünn und schmal und immer gliedmaßenlos; er geht in zwei blatt- oder stabförmige Gebilde aus, die am Rand gefranst sind. Ein Nackenorgan ist in den ersten Larvenstadien sehr gut entwickelt, aber findet sich bei den Erwachsenen nicht vor. Vom inneren Bau sei nur der gerade, stabförmige Darm erwähnt, das lange Herz mit seitlichen Öffnungen in jedem Segment und die Geschlechtsorgane, die beiderseits entlang des Darmes liegen.

Bei den meisten Arten treten beide Geschlechter ungefähr in gleicher Individuenzahl auf, nur eine einzige Form, *Artemia* mit *A. salina* (L.), kann sich auch rein parthenogenetisch fortpflanzen (s. später). Das Männchen fängt das Weibchen ein, umklammert dessen Körper mit den zweiten Antennen und schlingt den Hinterleib um das Weibchen, so daß die Geschlechtsöffnungen miteinander in Berührung kommen. Die Männchen von *Chirocephalus Grubii* DYB. paaren sich mit einer Anzahl von Weibchen, und zwar im Verlauf von einigen Stunden. Dabei werden sie immer matter und matter; wenige Stunden nachher sterben sie ab (SPANDL in Biologie der Tiere Deutschlands). Bei *Tanymastix lacunae* GUÉRIN hat MÜLLER (1918) gezeigt, daß die Befruchtung im Eiersack erfolgt und daß die Eier sich nur nach einer Befruchtung entwickeln können. Die Eier verbleiben ein paar Tage im Eiersack (Abb. 544), worauf sie abgelegt werden. So ist das Verhalten wohl auch bei *Ch. Grubii*. Ich habe niemals Weibchen mit leeren oder halbleeren Eiersäcken gesehen; übt man jedoch einen schwachen Druck auf den Sack aus, so zeigt sich an seiner Spitze eine Öffnung, aus der kurz nachher die Eier ausströmen. Man hat Gelegenheit, unter dem binokularen Mikroskop zu sehen, wie die Eier ununterbrochen im Sack in regelmäßigem Tempo hin und her bewegt werden. Sie ruhen auf einem Kissen von Drüsengewebe, das mit den Eiern bewegt wird und möglicherweise sekretorische Bedeutung besitzt.

Im Gegensatz zu den übrigen Euphyllopoden sind alle Anostraken typische Freiwasserformen, die nur sterbend oder tot am Boden zu finden sind. Sie sind sozusagen immer in Bewegung, sie gleiten mit ganz langsamen Bewegungen, stets mit der Bauchseite nach oben, durch das Wasser. Nur ausnahmsweise sieht man sie ohne Bewegung schweben und dann nur für kurze Zeit. Manchmal kann man sie in Schwärmen schwimmen sehen, wohl größtenteils geleitet durch das Licht. Stört man sie, so können sie, indem sie den Hinterleib einkrümmen und wieder nach hinten schlagen, weite Sprünge machen. Alle Beinpaare sind Lokomotionsorgane, die in unaufhörlicher Bewegung sich befinden. Die Bewegung der Beine ist außerordentlich schnell. Bei *Tanymastix lacunae* (GUÉRIN) hat MÜLLER (1918) bei einem Tier, welches elf Tage alt war, nicht weniger als 440 Schläge in der Minute gezählt; bei älteren Tieren ist die Bewegung viel langsamer. Während des Schwimmens nehmen sie Nahrungspartikelchen, Detritus und Kleinalgen, aus dem Wasser auf. Die Maxillarfortsätze sind bei den Anostraken nicht besonders entwickelt. Die Enditen sind mit einem dichten Besatz längerer Borsten ausgestattet. Sie sind es ohne Zweifel, die in erster Linie für den Nahrungserwerb sorgen, als Filtrierapparat wirken und Partikelchen in die Bauchrinne befördern, wo diese in einem ständig nach vorne gleitenden Strom zu den Mandibeln geschafft werden, welche in unaufhörlicher Bewegung sich befinden, eine Beobachtung, die schon SCHAEFFER 1762 gemacht hat. Ununterbrochen wird den Mundwerkzeugen Nahrung zugeführt und ununterbrochen werden Exkremente abgegeben. Tiere, die am Sterben sind und deren Mandibeln aufhören sich zu bewegen, haben eine mit Detritus überfüllte Bauchrinne. Solange die Tiere schwimmen, führen sie den Mundwerkzeugen ständig Nahrung zu. Ein Aquarium mit ungefähr 100 *Branchipus Grubii* DYB. wird überraschend schnell durchfiltriert; dann wird der schwarze Darm hell; er enthält keine Exkremente mehr. Tags darauf sind die Bewegungen sehr schwach und kurz nachher liegen die Tiere tot am Boden. Setzt man jedoch Phytoplancton zu, so füllt sich der Darm wieder, die Beine schlagen schneller und die Bewegung wird rascher. Nur wenn das Wasser sehr nahrungsarm ist, können sie den Schlamm aufsuchen und, am Boden liegend, ihn aufwirbeln; man sieht sie dann zuweilen auf dem Kopf stehen, indem sie sich in den Schlamm einbohren.

Der Wohnort der meisten Anostraken sind austrocknende Teiche. Man muß annehmen, daß die Eier, um sich zu entwickeln, trocken gelegt werden müssen, aber es hat sich doch auch gezeigt, daß das bei gewissen Formen nicht notwendig ist. *Chirocephalus diaphanus* PRÉVOST soll nach PRÉVOST dessen nicht bedürfen. Es scheint Arten zu geben, die sich in etwas tieferem Wasser finden (*Branchinecta coloradensis* PACK.; SHANTZ 1905), die geschlechtsreif überwintern und erst im nächsten Frühjahr mit der Entwicklung einsetzen (PACKARD 1878: *Eubranchipus vernalis* VERR.). Austrocknung und Überwinterung im Eistadium dürfte jedoch das Allgemeine sein. Die Eier werden frühzeitig ausgebrütet, noch während die Gewässer eisbedeckt sind (*Chirocephalus Nankinensis* SHEN; FONTZOU HSII 1933). Die auskriechenden Larven sind Nauplien, die überall, wo die Verhältnisse untersucht worden sind, sich überaus schnell gleich bis zum geschlechtsreifen Zustand entwickeln. Für *Tanymastix stagnalis* (L.) gibt LUNDBLAD an, daß die Eier einen ganzen Monat im Wasser liegen müssen, bevor sie sich entwickeln können, worauf sie (nach MÜLLER 1918) eine Trockenperiode von mindestens vier Tagen durchmachen müssen.

Die meisten Anostraken sind außerordentlich empfindlich gegen im Wasser gelöste Salze. MATHIAS (1929) hat gezeigt, daß *Branchipus stagnalis* (L.) sowohl als auch *Triops cancriformis* (BOSC.) in Wasser, das 33 g NaCl pro Liter enthält, absterben. Recht merkwürdig ist, daß *Branchipus stagnalis* (L.) in Wasser leben kann, das 0,5 g Calciumsulfat enthält.

Um so merkwürdiger ist es, daß eine einzige Gattung mit der Hauptart *Artemia salina* (L.) sich an das Leben in einem Wasser mit oft sehr beträchtlichem Salzgehalt angepaßt hat.

Schon zu Beginn der siebziger Jahre war *Artemia salina* (L.) in mehr als einer Hinsicht ein Tier, das in hohem Grad die Aufmerksamkeit der Forscher auf sich zog. Im Jahre 1872 wies SCHMANKEVITSCH nach, daß größerer oder kleinerer Salzgehalt des Wohnortes einen bedeutenden Einfluß auf Form und Größe besitzt; besonders die Furca verändert sich dadurch; je höher der Salzgehalt, desto stärker wurde die Furca reduziert. Er stellte vier Varietäten auf: Forma *typica, arietina, Milhauseni* und *Köppeniana*; die Furca ist bei *typica* gut entwickelt, fehlt aber bei *Köppeniana* ganz. ARTOM (1906, 1907) und ABONYI (1915) gingen den Verhältnissen experimentell nach und zeigten, daß bei einem spezifischen Gewicht von 1005 bis 1015 die Furca gut entwickelt ist; bei einem höheren wird sie reduziert und bei 1080 ist die Furca äußerst kurz und nur mit ein paar einzelnen Haaren ausgestattet. Auch in anderer Hinsicht konnte eine Variation nachgewiesen werden. Bei starkem Salzgehalt ist der Hinterleib länger als bei schwachem (LABBÉ); die Tiere sind in stark salzhaltigem Wasser kleiner und viel röter. Ihre Nahrung bildet die kleine, rote Monade *Monas diinalis.* SCHMANKEVITSCH' Feststellungen sind bestätigt worden, die Variationen waren jedoch nicht, wie er glaubte, erblich; er ging aber noch weiter und meinte (1875), daß *Artemia* sich als Folge von Milieuveränderungen in einen *Branchipus* verwandeln könne. Diese Behauptung hat sich als nicht stichhältig erwiesen. Die beiden Gattungen sind etwas ganz Verschiedenes; *Branchipus* ist ganz außerstande, in Salzsümpfen zu leben.

Viel Mühe hat es gekostet, die Fortpflanzung der Artemien zu verstehen. In einer klassischen Abhandlung wies SIEBOLD (1873) nach, daß *Artemia salina* (L.) an allen von ihm untersuchten Örtlichkeiten sich ausschließlich parthenogenetisch fortpflanze. Bei Cagliari fand LEYDIG aber Kolonien, die beide Geschlechter besaßen.

Ein Zeitlang glaubte man (ARTOM 1905), daß man zwei Rassen, eine bisexuelle und eine parthenogenetische, zu unterscheiden habe. Spätere Untersuchungen haben aber vermuten lassen (ARTOM 1911, 1931), daß mit Rücksicht auf die Vermehrung nicht weniger als fünf verschiedene Rassen zu unterscheiden sind. Die parthenogenetische Fortpflanzung kann in zweierlei Weise vor sich gehen. In dem einen Fall wird nur ein Richtungskörper ausgestoßen, in dem andern ihrer zwei; der eine von diesen kehrt aber wieder in das Ei zurück und spielt dann die Rolle eines Spermatozoons (BRAUER 1893; Parthenogamie HARTMANN 1927).

MATHIAS (1932) hat gezeigt, daß die Eier neun Monate in Seewasser liegen können, ohne sich zu entwickeln; trockengelegt, entwickeln sich die Eier und ihre Menge hängt von der Zeit ab, in der sie trockengelegen waren; die kürzeste Zeitspanne ist drei Stunden bei 28° C. Werden sie vier bis fünf Tage trockengelegt, so entwickeln sie sich, in Seewasser gebracht, binnen 24 Stunden zu 60 bis 100% zu Nauplien. Sie sind leichter als Wasser, schwimmen an der Oberfläche und werden auf diese Weise an das Ufer getrieben. BRECKNER (1909) behauptet, daß die Eier durch eineinhalb Jahre trocken aufbewahrt werden können und gleichwohl in verdünnten Salzwasserlösungen Nauplien ergeben.

In den Salzseen der ganzen Erde spielen die Artemien eine sehr große Rolle, u. a. im Großen Salzsee bei Utah; sie tragen zur Rotfärbung des Wassers bei; es wird berichtet, daß sie als rote Streifen längs der Ufer liegen können. Sie waren früher so zahlreich, daß die Indianer sie trockneten und als Nahrungsmittel gebrauchten. Sie leben mit *Ephydra*-Larven zusammen. Die Artemien des Großen Salzsees werden als eine von der europäischen verschiedene Art *A. gracilis*, angegeben. Sie leben von der Alge Aphanothece, die in großen Mengen in der Uferregion vorkommt. Über ihre Lebensweise gibt RELYEA (1937) folgendes an: Aus den überwinternden Eiern gehen im Frühjahr Nauplien hervor. Schon im April-Mai sind die Tiere vollentwickelt. Diese können sich in den Sommermonaten sowohl parthenogenetisch als auch gamogenetisch fortpflanzen und sowohl befruchtete als unbefruchtete Eier ablegen. Aus den erstgenannten entstehen sowohl Männchen als auch Weibchen. Die Tiere sterben im Oktober-November aus und nur die Wintereier überwintern am Boden des Sees.

Bekanntlich ist der Große Salzsee (heute zirka 2000 engl. Quadratmeilen) nur ein Rest des prähistorischen 20.000 engl. Quadratmeilen großen Lake Bonneville, eines Süßwassersees, der, nachdem sein Abfluß, der Columbia River, versiegt war, langsam versalzte. *Artemia gracilis* war ursprünglich eine Süßwasserform, die sich im Gegensatz zu unseren nordeuropäischen Isopoden und Amphipoden langsam an das Leben im Salzwasser und sogar im Wasser von sehr großen Konzentrationen (Salzgehalt 19,7) akklimatisierte (VERRIL 1869, VORHIES 1917, JENSEN 1918, RELYEA 1937).

Die Anostraken sind mit über 100 Arten über die ganze Erde verbreitet. Sie kommen im hohen Norden, u. a. in Grönland, mit mehreren Formen vor, von denen *Branchipus paludosa* (O. F. M.) und die Gattung *Polyartemia* (Abb. 543) mit der Hauptart *P. forcipata* FISCHER die wichtigsten sind. Die letztere ist mit ihrer großen Zahl von Segmenten, ihren 19 Paar Kiemenfüßen und ihrem beim Weibchen verschmolzenen Schwanzabschnitt eine sehr charakteristische

Form. Das Weibchen hat einen großen, ultramarinblauen Fleck auf den Geschlechtssegmenten. Beide Formen finden sich auch außerhalb des arktischen Gebietes, aber dann am häufigsten hoch oben im Gebirge, und werden als Eiszeitrelikte betrachtet.

Branchinecta paludosa (O. F. M.) (Abb. 544, 545) kommt vorwiegend in kleinen Teichen vor, die ihr Dasein der Schneeschmelze verdanken; ihre Lebenszeit ist auf wenige Monate im Jahre beschränkt; es ist nur eine Generation vorhanden. Die Eier werden bei sehr niedrigen Temperaturen ausgebrütet, sie sind mit einer dicken Schale versehen und das Tier überwintert in diesem Stadium. Die Weibchen bringen mehrere Eiersätze hervor und die Jungen wachsen sehr rasch zu voller Größe heran. Die Form ist überall in arktischen Gegenden ein Charaktertier der Kleinteiche. *Polyartemia* kommt oft zusammen mit ihr vor, wird aber auch in Teichen mit etwas tieferem Wasser angetroffen. Sie ist zuerst aus Kleinteichen in der sibirischen Tundra bekannt geworden.

In Nord- und Mitteleuropa kommt außer den beiden genannten auch *Branchipus (= Chirocephalus) Grubii* (DYBOWSKI) vor; während aber die beiden ersterwähnten vorwiegend im alpinen Gebiet angetroffen werden, ist dieses Tier eine Tieflandform, die hauptsächlich in Waldtümpeln und Pfützen der Ebene zu Hause ist. Es ist zumindest vor einigen Jahren in Nordseeland nicht selten gewesen. So fand ich es in einem Jahr an sieben verschiedenen Stellen. Die Kultivierung hat heute alle alten Fundstellen bis auf ein paar vernichtet, so auch eine alte Fundstätte in der Nähe von Hilleröd im Tirsdags Wald. Hier kam es zum letzten Male 1905 vor. Die Individuen waren damals nur 1 cm lang und hatten äußerst wenige Eier. Die Eier entwickeln sich, wie früher erwähnt, bei sehr niedriger Temperatur. Schon um den 15. Mai sind sie aus den Teichen verschwunden und die Eier am Teichboden abgelagert. Die schönen, orangeroten Tiere gehören zu den schönsten Geschöpfen unserer Kleinteiche.

1936 schien es, als ob alle unsere Fundstätten von *Branchipus Grubii* DYB. durch Trockenlegung und Verunreinigung vernichtet wären; es war nur mehr eine einzige in Seeland zurückgeblieben. Da wurde im April eine Untersuchung von 15 temporären Tümpeln im Gribswald vorgenommen. Es zeigte sich, daß *Branchipus Grubii* DYB. in dreien von ihnen vorkam; in einem von ihnen in sehr wenigen Exemplaren; recht häufig im zweiten, aber in sehr großen Mengen im dritten. Das deutet darauf hin, daß die Art nicht so selten ist, als man glaubt, aber die Entwicklung beginnt sehr zeitig und ist gewöhnlich zur Zeit des Laubausschlages vorüber; um den 15. Mai konnte kein Exemplar mehr an den oben erwähnten Stellen aufgetrieben werden.

Es hat sich übrigens gezeigt, daß zu unserer Fauna noch ein Anostrake gehört, *Branchipus Schäfferi* FISCHER (= *stagnalis* [L.]), der von USSING in den Raabjerg Mile-Seen gefunden worden ist. Er soll im Lauf des Sommers mehrere Generationen bilden. In Europa kommt noch, aber nur an ganz vereinzelten Stellen, *Ch. diaphanus* PRÉVOST und *Ch. Josephinae* GRUBE vor; weiter gegen Osten treten andere Formen auf. In den Tropen finden sich eine Menge Formen aus der merkwürdigen Familie der Streptocephaliden.

2. Unterordnung: Cladocera (Wasserflöhe).

(Tafel 13 bis 15.)

Körper undeutlich gegliedert, von einer zweiklappigen Schale umschlossen. Vier bis sechs Brustbeinpaare. Die beiden Seitenaugen zu einem verschmolzen. Heterogonie. Überwiegend Süßwassertiere.

Der Körper zerfällt in drei Abschnitte: eine von einem Schild, dem Kopfschild, bedeckte Kopfregion, ein sechs- bis neungliedriger Rumpfabschnitt, der in der Regel von der Schale umschlossen ist; nur die vier bis sechs vorderen Segmente tragen Gliedmaßen. Der hintere Abschnitt, der Hinterleib oder Schwanz, ist messerblattförmig zusammengedrückt, stärker chitinisiert und endigt mit zwei Klauen. Der hinterste Abschnitt des Rumpfes (das sog. Postabdomen) ist ventral abgebogen, so daß er ungefähr parallel mit der Bauchseite zu liegen kommt. Dadurch wird erreicht, daß der ganze Rumpf bis ans Hinterende von den Schalenklappen umschlossen ist. Bei Verwendung kann das Postabdomen nach hinten herausgeschnellt werden.

Die Körperform ist äußerst verschieden, kreisförmig wie bei *Chydorus sphaericus* O. F. M., kugelförmig bei *Ch. globosus* BAIRD und gewissen Teichrassen der Gattung *Daphnia*, im übrigen fast immer seitlich zusammengedrückt, langgestreckt, besonders bei pelagischen Formen und ganz außerordentlich bei der in so mancher Hinsicht sehr eigentümlichen *Leptodora hyalina* LILLJ.

Der Kopfschild, der immer gegen den Bauch heruntergebogen ist, endet gewöhnlich mit einer mehr oder minder vorstehenden, scharfen Spitze. Bei Planctonformen kann er bei der gleichen Art außerordentlich stark variieren *(Daphnia)*. Er kann abgerundet sein wie bei *Ceriodaphnia, Moina* u. a., breit schaufelförmig wie bei *Graptoleberis* usw. Er kann nach hinten zu sich seitlich verbreitern und hier mit vorspringenden Chitinleisten, den Fornices, versehen sein.

Überall, wo die Schalenklappen, außer daß sie den Brutraum bilden, gleichzeitig noch Rumpf und Beine umschließen, zeigen sie eine Reihe Baueigentümlichkeiten, die wichtige Gattungsmerkmale abgeben. Sie laufen bei der Gattung *Daphnia* hinten in einen einzelnen Dorn aus, der von sehr verschiedener Länge sein kann und der bei der gleichen Art sowohl von Ort zu Ort als auch zu den verschiedenen Jahreszeiten variiert. Bei anderen Gattungen der Familie *Daphnidae*, bei *Ceriodaphnia* und *Simocephalus*, fehlt der Stachel, während jede Klappe am ventralen, hinteren Eck bei der Gattung *Scapholeberis* einen langen, geraden Stachel besitzt. Bei den verschiedenen Arten und Biotypen der Familie *Bosminidae* ist ein gerader, hinterer Stachel in sehr verschiedenem Grad entwickelt; er fehlt oft ganz. Bei den allermeisten übrigen Formen ist kein hinterer Stachel ausgebildet. Im übrigen sei auf die Tafeln 13 bis 15 hingewiesen.

Die Schalenklappen zeigen weiter sehr charakteristische Strukturverhältnisse, u. a. sind sie bei den Gattungen *Daphnia* und *Ceriodaphnia* in deutliche, rhomboidale Felder geteilt; jedem Feld entspricht eine darunterliegende Zelle. Innerhalb der Familie *Chydoridae* tritt oft eine sehr elegante Längsstreifung auf, namentlich bei den Arten der Gattung *Acroperus* und *Peracantha* ist sie auffällig. Die Schale umschließt, wie erwähnt, Rumpf und Postabdomen (Abb. 551), das nach vorne umgeschlagen ist und gewöhnlich unter der Schale verborgen liegt. Das Postabdomen oder der Schwanz ist sehr verschieden entwickelt, am stärksten bei Formen, die zwischen Pflanzen leben. Der Hinterrand und die Klauen (Abb. 552, 598) sind in der Regel mit einer Reihe von Dornen und Borsten ausgestattet. Darunter mündet auf der Rückenseite der After aus; das Postabdomen ist bei den *Polyphemidae* (Abb. 563, 565) lang, stab- oder stachelförmig ausgebildet. Wo der Rumpf in das Postabdomen übergeht, finden sich zwei lange, gefiederte, zweigegliederte Borsten, die zumeist unter der Schale verborgen liegen; bei den *Polyphemidae* sitzen sie an der Spitze des Postabdomens; sie fehlen bei *Leptodora* (Abb. 562). Bei den allermeisten Cladoceren ist das Postabdomen mit seinen Klauen ein Apparat, womit sie sich an Wasserpflanzen festhalten oder womit sie sich abstoßen, wenn sie gestört werden. Bei einer einzigen Gattung, *Camptocercus*, ist es besonders lang und schmal und kann als Springstab verwendet werden, mit dem die Tiere sich von Wasserpflanzen abstoßen.

Am Rücken der Tiere, am hintersten Teil des Kopfschildes findet sich bei manchen Formen ein eigenartiges Organ, das sog. Haftorgan, eine verdickte, sekretorische Partie des Ectoderms. Das Sekret tritt durch Poren aus und wird

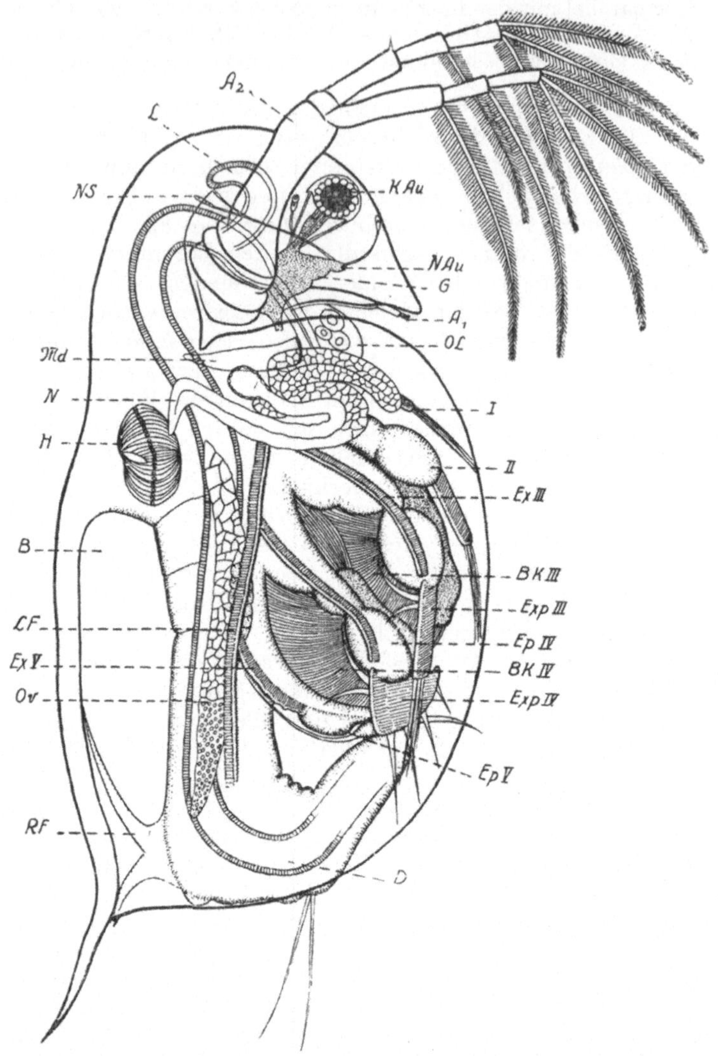

Abb. 551. *Daphnia pulex* (DE GEER), ♀. *A₂* zweite Antennen; *KAu* zusammengesetztes Auge; *NAu* Augenfleck; *G* Gehirn; *A₁* erste Antennen; *OL* Oberlippe; *I* bis *V* erstes bis fünftes Thorakalbein; *Ep* Epipodit; *Ex* Exit; *Exp* Exopodit; *Bk* Borstenkamm; *D* Darm; *RF* Rückenfortsätze zum Abschließen des Brutraumes; *Ov* Ovar; *LF* Lateralfalte; *B* Brutraum; *H* Herz; *N* Nephridium; *Md* Mandibel; *NS* dorsales Sinnesorgan; *L* Leberhörnchen. (STORCH, Biol. d. Tiere Deutschlands.)

verwendet, wenn die Tiere sich für kürzere oder längere Zeit an Wasserpflanzen usw. befestigen. Es ist bei *Sida* besonders gut entwickelt (Abb. 564).

Was die Gliedmaßen anbelangt, so ist das erste Paar Antennen nur schwach entwickelt. Es sind mit Sinneshaaren ausgestattete Sinnesorgane, die bei den Männchen stärker ausgebildet sind (Abb. 564, 585). Nur bei den Bosminen (Tafel 14, Fig. 6) sind sie sehr lang, nicht vom Kopfschild abgesetzt, unbeweglich und dienen wahrscheinlich in erster Linie als Balancestangen; ihre Länge ist starken Lokal- und Temporalvariationen unterworfen. Die zweiten Antennen sind das wichtigste Lokomotionsorgan der Cladoceren, die normalerweise aus einem Stamm bestehen, der zwei Äste trägt. Ausnahmsweise können sie so aus-

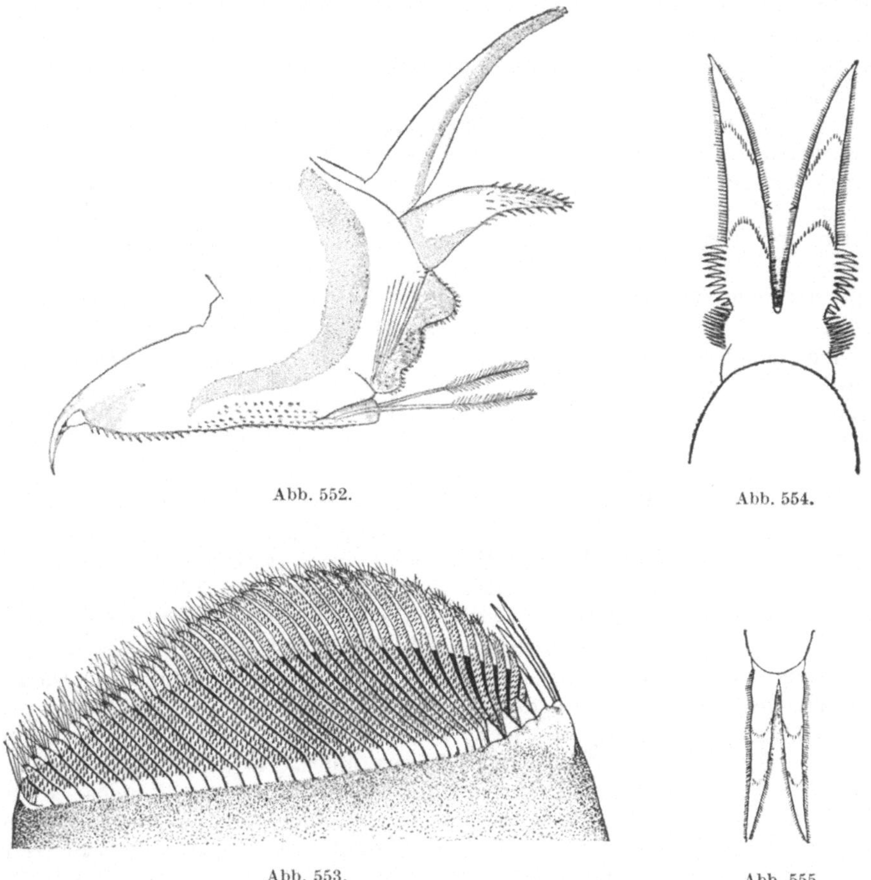

Abb. 552.

Abb. 554.

Abb. 553.

Abb. 555.

Abb. 552. *Daphnia psittacea* BAIRD. Postabdomen, um die großen Fortsätze zu zeigen, die den Brutraum ver- schließen. (WOLSKI 1932.)

Abb. 553. *Daphnia magna* STRAUSS. Der feinere Bau der Mandibel. (BANKIEROWA 1933.)

Abb. 554 u. 555. Hinterleibskrallen, Bauchansicht. Abb. 554 von *D. pulex* DE GEER, Abb. 555 von *D. cucullata* SARS. Man sieht, daß der Dornenbesatz bei den Teichformen viel stärker ist als bei den Planctonformen. (BANKIEROWA 1933.)

sehen, wie wenn sie drei Äste hätten *(Latona)*. Das Weibchen von *Holopedium gibberum* ZADDACH hat einästige Ruderantennen (Abb. 567).

Von den beiden Ästen ist der eine drei- bis viergliederig, der andere zwei- bis dreigliederig. Die Gesamtlänge der Äste ist sehr verschieden, bei Bosminen und den meisten Chydoriden außerordentlich kurz, bei den Sididen sehr lang, oft länger als der halbe Körper. Sie sind mit einer Anzahl Schwimmborsten aus- gerüstet, deren Zahl, Stellung und Form bei den verschiedenen Gattungen und Arten verschieden ist, aber konstant für jede Art; sie sind deshalb gut dazu geeignet, wertvolle Gattungs- und Artcharaktere abzugeben. Sie sind zumindest im distalen Teile gefiedert. Kurze Antennen sind vor allem Ruderorgane, mit denen die Tiere ihre ständige, hüpfende Bewegung im Wasser durchführen. Bei Formen mit langen Antennen, wie vor allem bei den Sididen (Abb. 613) und *Leptodora* (Abb. 562), sind sie gleichzeitig Ausleger, an denen sie im Wasser hängen können. Diese Formen sind also mehr Schwebe- als Schwimmorganismen. Bei gewissen Bodenformen der kleinen Familie *Macrothricidae* (Tafel 14, Fig. 5) trägt der eine Ast zwei lange Borsten, die senkrecht von den Antennen abstehen. Sie dienen bei diesen Tieren als eine Art Stelzen, mit deren Hilfe sie in höchst putziger Weise über den weichen Bodenschlamm dahinstolpern.

Von den Mundgliedmaßen sind die Mandibeln kräftige Kauwerkzeuge mit feingestreiften Kauflächen (Abb. 553), bei den Raubtiertypen *Polyphemidae* und *Leptodoridae* tragen sie den Stempel ihrer Verwendung. Die Kiefer sind immer schwach entwickelt. Es sind vier bis sechs Brustbeinpaare vorhanden. Bei allen von Detritus und Planctonorganismus lebenden Formen haben sie den normalen, blattförmigen Bau der Phyllopodengliedmaßen (s. Euphyllopoden), bei den Raubtiertypen sind sie in ganz anderer Weise gestaltet. Wenn man bei den erstgenannten die Brustbeine in ihrer steten Bewegung unter den Schalenklappen betrachtet, hat man leicht den Eindruck, daß man es mit für den Organismus sehr wichtigen Bewegungsorganen zu tun hat. Die neueren Untersuchungen (Storch 1924 bis 1925, Eriksson 1934 u. a.) haben gezeigt, daß diese Beine ausschließlich im Dienste des Nahrungserwerbes stehen. Die Nahrung der Wasserflöhe besteht, abgesehen von den Raubtieren und vielleicht einer Reihe ausgeprägter Bodenformen *(Ilyocryptus, Monospilus, Macrothricidae)*, in erster Linie aus Detritus, lebenden Planctonalgen der allerwinzigsten Größe, Flagellaten sowie Bakterien, einem Nahrungsmittel, das sich nur von Organismen mit Filtrationseinrichtungen aufsammeln läßt. Die Thorakalbeine bilden einen vollkommen automatisch arbeitenden Fangapparat. Dieser ist nicht bei allen Cladoceren einheitlich gebaut; namentlich die Sididen weichen von den übrigen ab. Am besten ist er bei der Gattung *Daphnia* selbst untersucht. Wir müssen uns hier damit begnügen, zu erwähnen, daß die Fangbeine mit Kämmen von Borsten ausgestattet sind, die Fiederhärchen von ganz besonderem Bau tragen. Sie bilden die Wände eines Filterraumes. In der Abduktionsphase wird durch einen Spaltraum am Boden dieser Kammer (an der Bauchseite der Tiere) Wasser eingepumpt. Die Beine sind in ständiger, sehr rascher Bewegung (bis zu 200 bis 300 Schlägen in der Minute). Hierauf wird der Spalt geschlossen; die Beine nähern sich nämlich einander während der Abduktionsphase (Abb. 557); das Wasser gerät unter Druck, und es findet nun durch die Borstenkämme des dritten Beinpaares eine Filtration des eingepumpten Wassers statt. Das Filtrat, das zurückbleibt, wird von einem Anhang des zweiten Beinpaares, dem Maxillarfortsatz (Abb. 557), der in die Filterkammer hineinragt, ergriffen und gegen die Mundöffnung nach vorne befördert.

Indem die Beine, solange die Tiere leben, in fortgesetzter Bewegung sich befinden, passiert ein ununterbrochener Nahrungsstrom den Darm. Man hat berechnet, daß das Nahrungsquantum, das den Darm aufzufüllen imstande ist, von einer Daphnie im Verlauf von 20 bis 30 Minuten eingesammelt wird. Man muß dazu aber wohl bemerken, daß die Beobachtungen nur von Versuchen im Laboratorium stammen und daß es fraglich ist, ob das in der Natur gleich rasch geht. Die Schnelligkeit, mit der die Beine schlagen, ist in hohem Grad von der Temperatur abhängig. Bei niedriger Temperatur wird den Wasserflöhen weit weniger Nahrung zugeführt als bei höherer. Dies hat entscheidende Bedeutung für die Zeitintervalle zwischen zwei Häutungen, für die Reifung der Eier und auch für die Geschlechtsbestimmung.

Nicht nur bei den Planctonorganismen allein stehen die Thorakalbeine ganz und gar im Dienst des Nahrungserwerbes. Das gleiche ist auch bei den Litoralformen der Fall. Man sieht sie oft an Pflanzen sitzen, die Beine sind in ständiger Bewegung, ununterbrochen fangen sie Nahrungsmaterial ein und fortlaufend wird dieses dem Mund zugeführt. Bei diesen Formen ist es selbstverständlich, daß auch Material vom Detritusüberzug auf den Pflanzen, auf denen sie sitzen, in die Filterkammer gelangt (Abb. 560).

Nur bei den im Schlamm wühlenden Formen trifft man auf eine andere

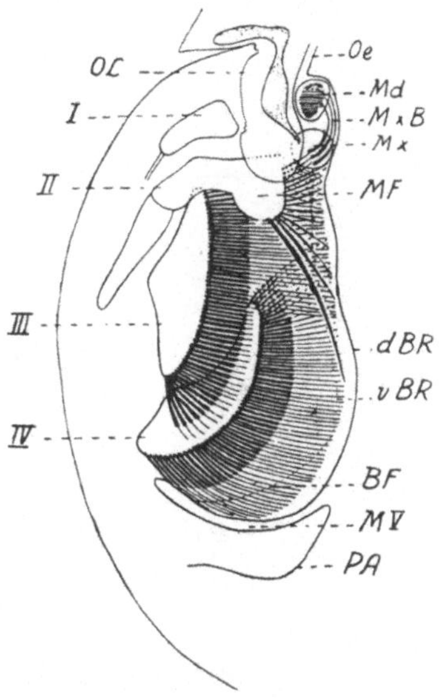

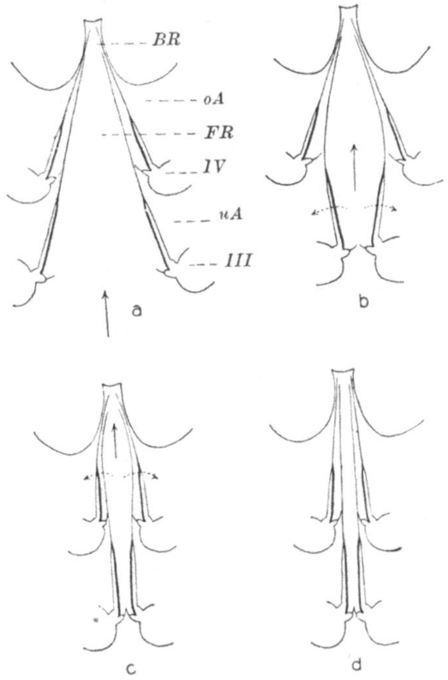

Abb. 556.

Abb. 557.

Abb. 556. Sagittaler Medianschnitt durch *D. longispina* O. F. M. *I* bis *IV* erstes bis viertes Thorakalbein; *BF* Basalfalte des fünften Beines; *dBR* Dorsalkontur der Bauchrinne; *Md* Mandibel; *MF* Maxillarfortsatz des zweiten Beines mit dem Borstenapparat; *Mx* Maxille; *MxB* Maxillenborsten; *MV* medialer Teil des fünften Beines; *Oe* Ösophagus; *OL* Oberlippe mit Drüse; *PA* Ventralkontur des Hinterleibes; *vBR* Ventralkontur der Bauchrinne. (STORCH 1924.)

Abb. 557. Schematischer Querschnitt durch die Filterkammer, die aufeinanderfolgenden Stadien der Filtration in der Adduktionsphase zeigend. Die Pfeile geben die Strömungsrichtung an. *BR* Bauchrinne; *FR* Filterraum; *oA*, *uA* oberer und unterer Abzugskanal; *III* und *IV* Umschlagsrand des dritten und vierten Beines. (STORCH 1924.)

Ernährungsweise. Man hat es hier mit Formen zu tun, von denen wohl einige sich auf die gleiche Weise wie die bisher beschriebenen ernähren können, aber sie sind außerdem infolge des Baues ihrer vorderen Thorakalbeine imstande, Schlammpartikelchen zu ergreifen und sie zum Munde zu befördern. Das ist im besonderen für eine hauptsächlich in sauren Moorwässern lebende Form, *Ophryoxus gracilis* G. O. SARS, nachgewiesen, die bisher in Dänemark noch nicht festgestellt worden ist (ERIKSSON 1934; Abb. 561). Viele dieser Schlammformen haben eine sehr reichliche Borstenausstattung (*Latona*, Abb. 558).

Ein von allen übrigen Cladoceren ganz abweichender Beinbau und eine ebensolche Lebensweise zeigt sich bei den Polyphemiden und Leptodoriden. Sie sind ausgesprochene Raubtiere, deren Nahrung nicht automatisch mit Hilfe des rhythmischen Schlages der Beine den Mundwerkzeugen zugeführt wird, sondern die jedes einzelne Nahrungsobjekt einfangen müssen, zumeist andere Cladoceren oder Copepoden. Ihre Brustbeine (vier Paare) bilden einen richtigen

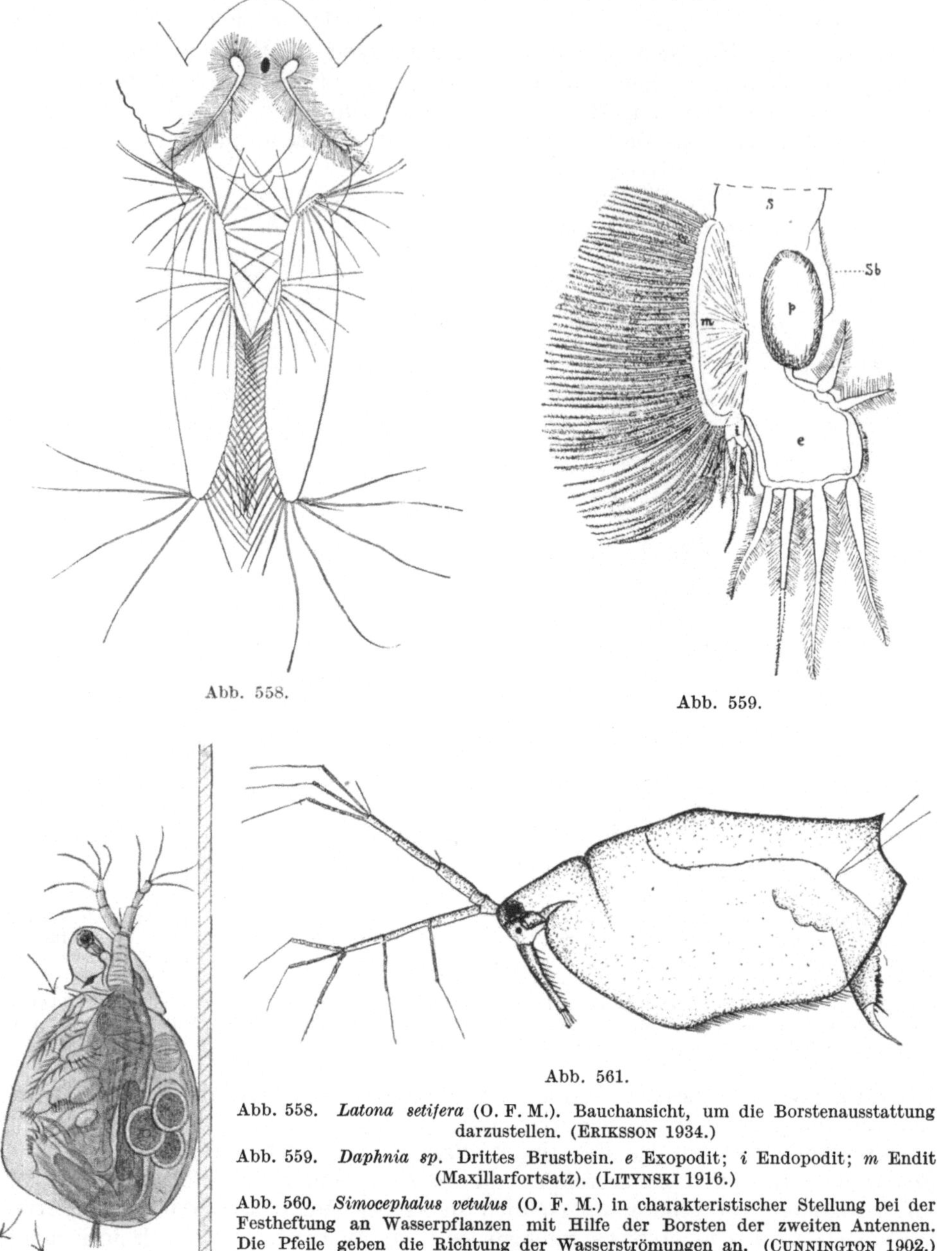

Abb. 558.   Abb. 559.

Abb. 561.

Abb. 560.

Abb. 558. *Latona setifera* (O. F. M.). Bauchansicht, um die Borstenausstattung darzustellen. (ERIKSSON 1934.)

Abb. 559. *Daphnia sp.* Drittes Brustbein. *e* Exopodit; *i* Endopodit; *m* Endit (Maxillarfortsatz). (LITYNSKI 1916.)

Abb. 560. *Simocephalus vetulus* (O. F. M.) in charakteristischer Stellung bei der Festheftung an Wasserpflanzen mit Hilfe der Borsten der zweiten Antennen. Die Pfeile geben die Richtung der Wasserströmungen an. (CUNNINGTON 1902.)

Abb. 561. *Ophryoxus gracilis* SARS. Linke zweite Antenne ausgelassen. Zirka 2 mm. (W.-L.)

Abb. 562. *Leptodora hyalina* LILLJB. *ov* Ovar; *oe* Ösophagus; *Th* Thorax; *I* bis *VI* die sechs Brustbeine; *At*[1] erste Antennen; *go, os* Gehirn; *At*[2] zweite Antenne; *H* Herz; *N* Nephridium; *Abd. I* bis *IV* die ersten vier Hinterleibssegmente; *Md* Magen; *R* Enddarm; *Sch* Schale. Nat. Größe zirka 14 mm. (WEISMANN 1874.)

Abb. 563. *Polyphemus pediculus* (L.). Man sieht deutlich die Schalendrüse, den Eierstock, den Brutraum mit der Matrix, die die Flüssigkeit absondert, mit der die Eier ernährt werden; ihrer sind vier vorhanden. Nat. Größe zirka 1 mm. (LEYDIG 1860.)

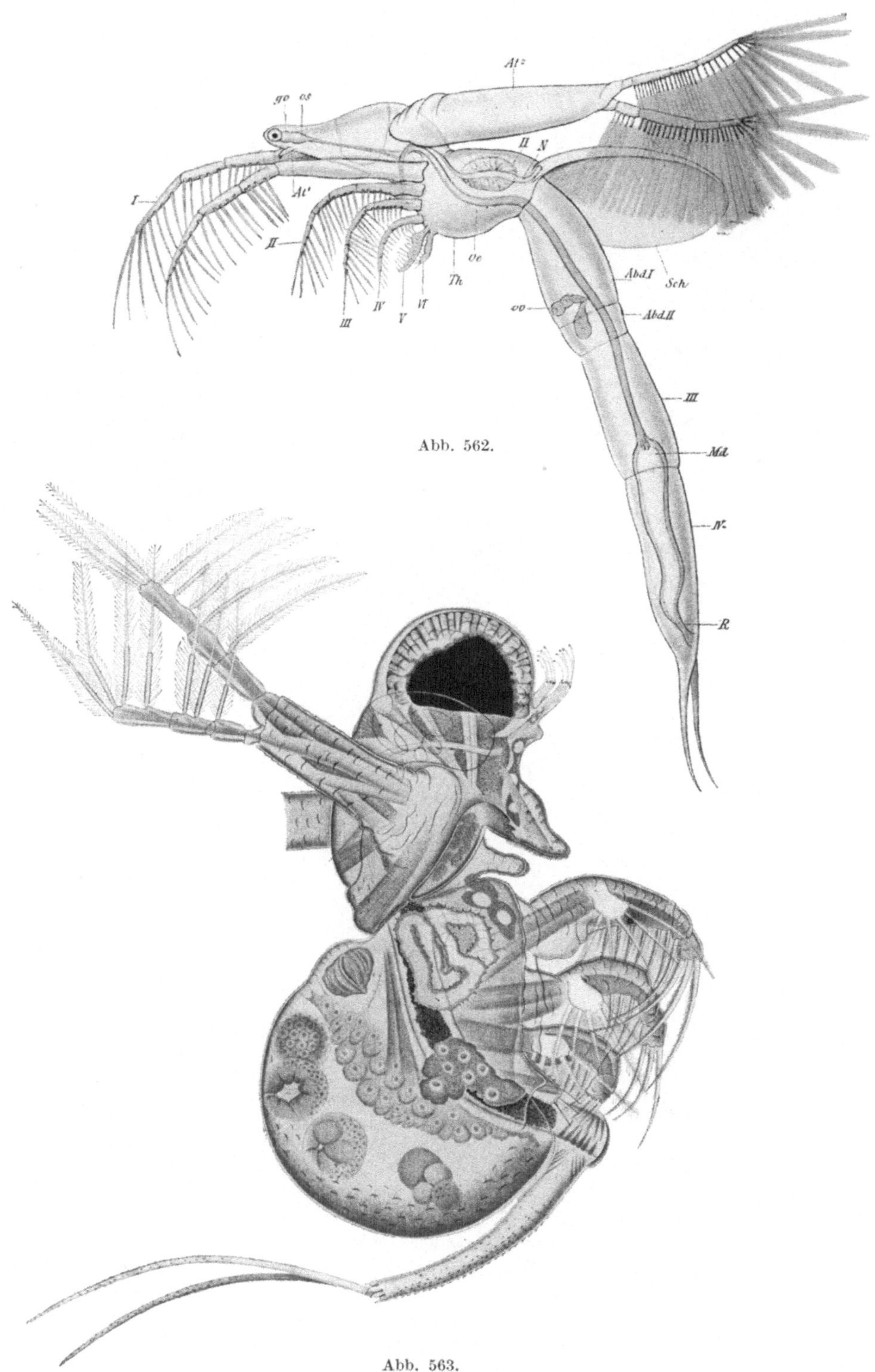

Abb. 562.

Abb. 563.

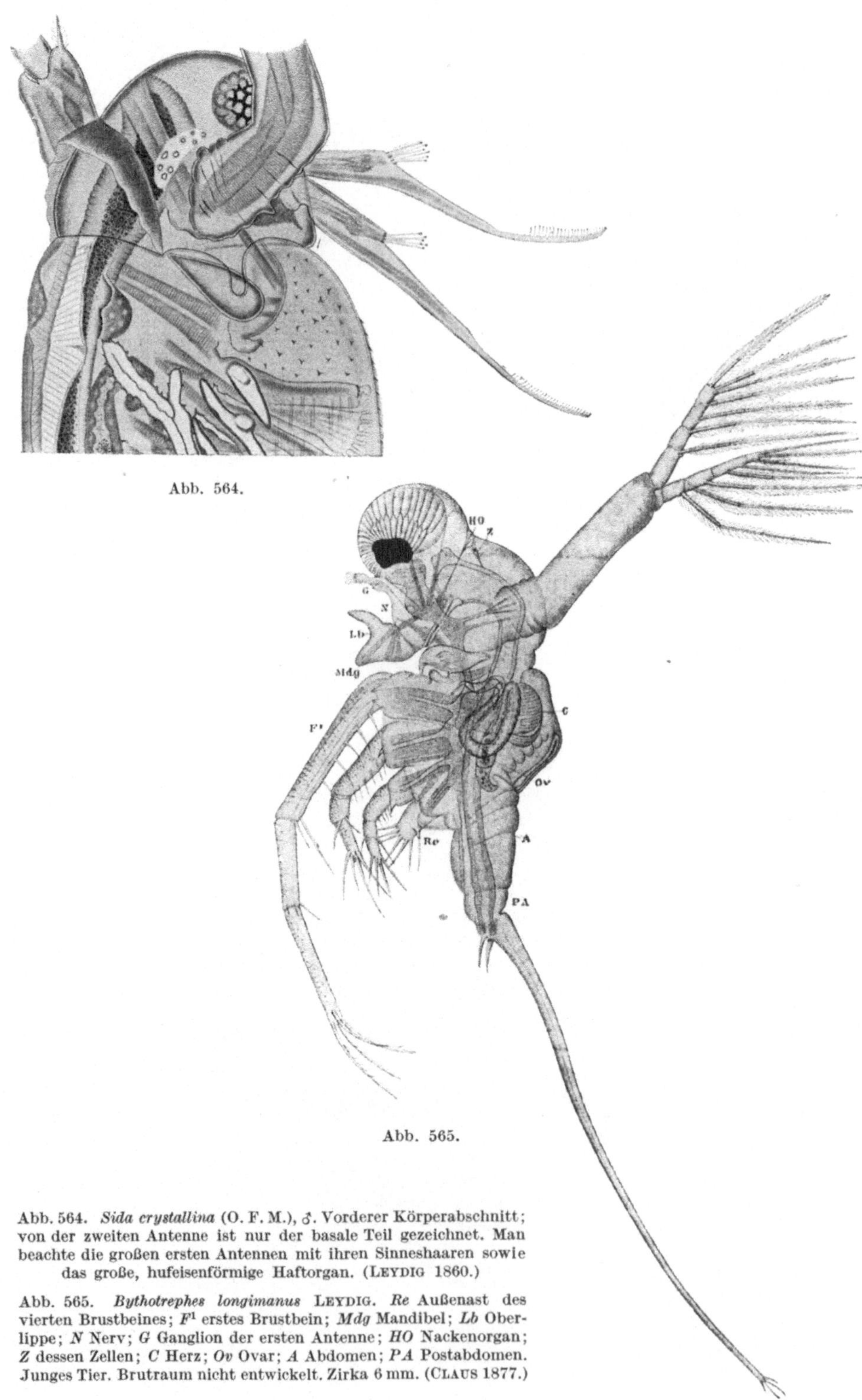

Abb. 564.

Abb. 565.

Abb. 564. *Sida crystallina* (O. F. M.), ♂. Vorderer Körperabschnitt;
von der zweiten Antenne ist nur der basale Teil gezeichnet. Man
beachte die großen ersten Antennen mit ihren Sinneshaaren sowie
das große, hufeisenförmige Haftorgan. (LEYDIG 1860.)

Abb. 565. *Bythotrephes longimanus* LEYDIG. *Re* Außenast des
vierten Brustbeines; F^1 erstes Brustbein; *Mdg* Mandibel; *Lb* Oberlippe; *N* Nerv; *G* Ganglion der ersten Antenne; *HO* Nackenorgan;
Z dessen Zellen; *C* Herz; *Ov* Ovar; *A* Abdomen; *PA* Postabdomen.
Junges Tier. Brutraum nicht entwickelt. Zirka 6 mm. (CLAUS 1877.)

Fangkorb (Abb. 562, 563, 565); den Beinen selbst fehlen alle blattförmigen Anhänge; sie sind zu einstrahligen Skeletextremitäten umgebildet, die mit langen, scharfen Stacheln besetzt sind. Die Beine selbst sind weit nach vorne verlagert, so daß der zentrale Teil des Fangkorbes der Mundöffnung sehr nahekommt. Die ganze Einrichtung gleicht sehr derjenigen der Libellen. Wie diese ihre Beute im Flug mit Hilfe ihres Fangkorbes erbeuten, der auch hier von den weit nach vorne verschobenen Beinen gebildet wird, so fangen die Polyphemiden und Leptodoriden ihre Beute im Wasser. Die Polyphemiden behandeln die Beute wie die Libellen; sie zerlegen sie mit den Mandibeln; die Leptodoriden saugen sie möglicherweise aus, aber darüber wissen wir nichts Näheres.

Der Darmkanal (Abb. 568) ist bei den meisten Cladoceren ein mehr oder minder gewundenes Rohr; die einzelnen Abschnitte, Speiseröhre, Mitteldarm und Enddarm, sind nicht besonders scharf voneinander abgesetzt. Neuere Untersuchungen scheinen immerhin zu zeigen, daß der Darmkanal komplizierter gebaut ist, als man auf den ersten Blick annehmen möchte (TOLLINGER 1909). Bei einzelnen Chydoriden und Macrothriciden bildet der Darmkanal eine Schlinge. Bei einigen Formen kommen Blindsäcke vor, die als zwei gekrümmte Hörner (Leberhörnchen) dorsal an der Grenze des Kopfschildes und der Schalenklappen liegen. *Leptodora* ist durch eine auffallend lange Speiseröhre und einen ganz kurzen Magen ausgezeichnet (Abb. 562). Das

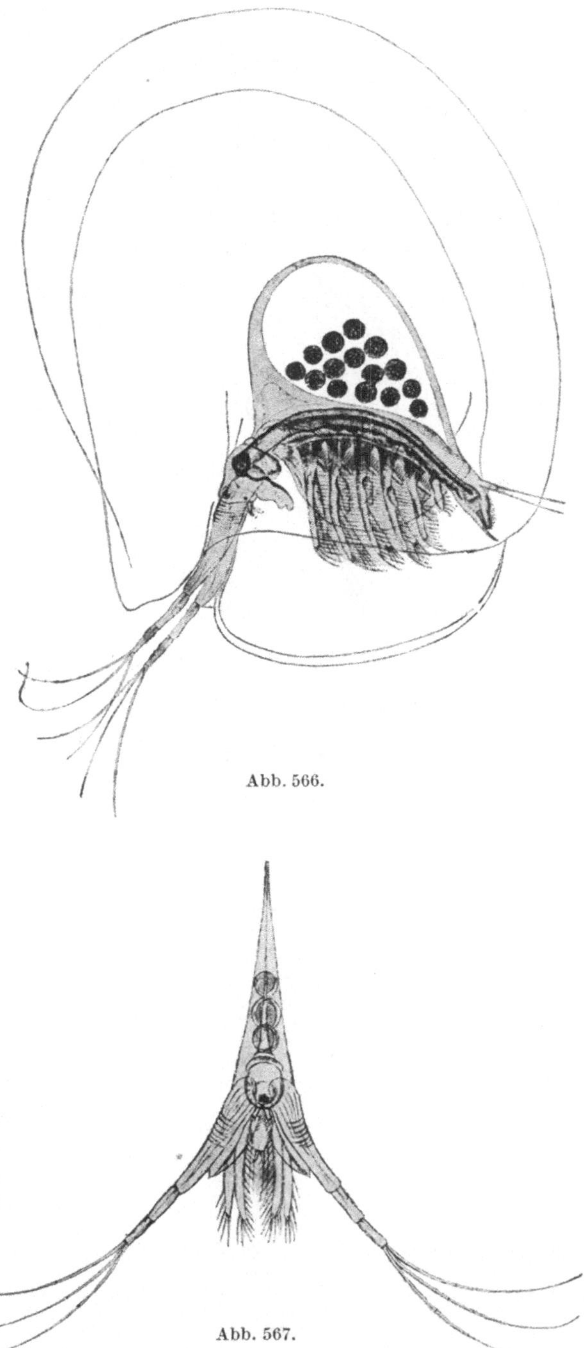

Abb. 566.

Abb. 567.

Abb. 566. *Holopedium gibberum* ZADDACH. Man beachte die große Gallertglocke.

Abb. 567. Das gleiche Tier in Seitenansicht ohne Gallertglocke. Man beachte die außerordentlich kompresse Form und die einästigen zweiten Antennen. Zirka 2 mm. (SARS 1865.)

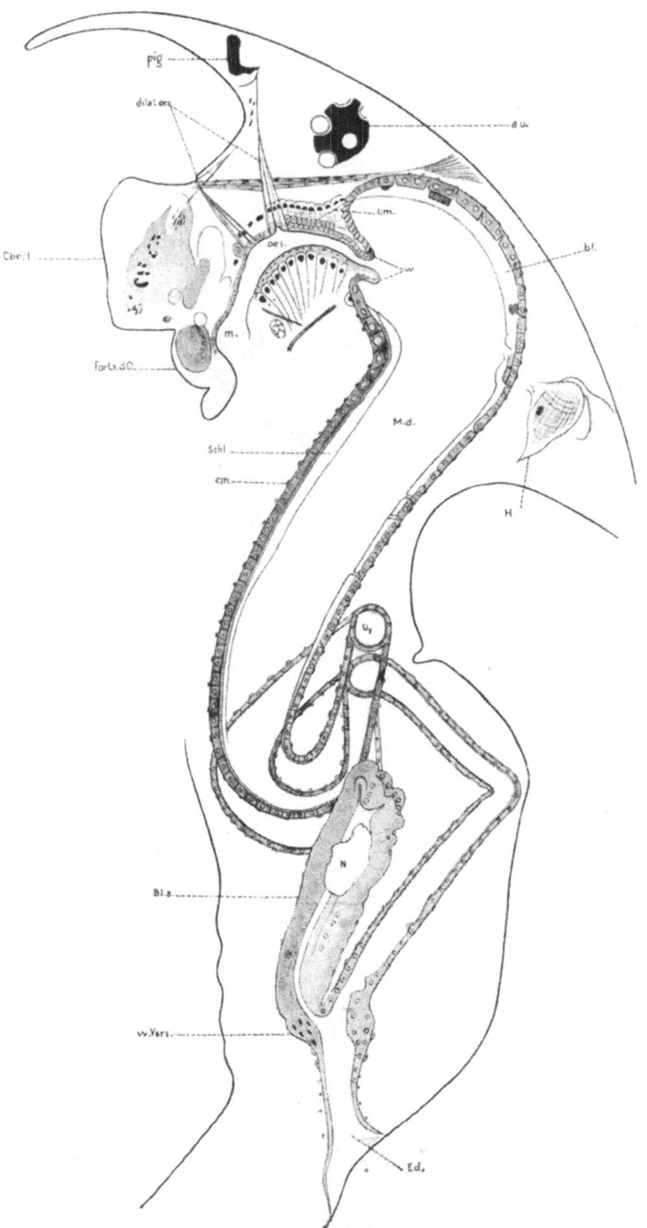

Abb. 568. *Alona intermedia* Sars. Verdauungskanal. *Oberl, Forts. d O.*
Oberlippe; *m.* Mund; *oes.* Ösophagus; *w* Öffnung in den Mitteldarm
M.d.; *Bl.s.* Blindsack; *N* Nahrungspartikelchen; *w.Vers.* Verschluß
des Mitteldarmes; *Ed.* Enddarm; *U₂* Mitteldarmschllnge; *rm* Ringmuskeln; *lm.* Längsmuskeln; *dilat.oes.* Muskeln, die den Ösophagus
erweitern; *bl* blasenartige Stellen der Kutikula; *Schl* Schleimstreifen
längs des Darmepithels; *Pg* Augenfleck; *au* Auge; *N* Nephridium;
H Herz; *w* Eingang in den Darm; *cm* Darmepithel; *n* Nahrungspartikelchen. (Tollinger 1909.)

Exkretionssystem besteht aus einem in mehreren Schleifen verlaufenden Nierenkanal (Abb. 551 *N*), der zwischen den beiden Häuten liegt, aus denen die Schale besteht; es mündet jederseits an der Basis der zweiten Maxillen aus. Vom zweiten Paar des Exkretionsorgans, das bei recht vielen Krebsen vorkommt, den sog. Antennendrüsen, ist nur eine schwache Spur vorhanden.

Das Herz (Abb. 551 *H*) liegt dorsal gleich über den Maxillen. Das Blut wird durch den ganzen Körper getrieben, ein Blutgefäßsystem findet sich nicht, aber die Blutflüssigkeit folgt doch ganz bestimmten Bahnen, die durch schwingende Membranen bestimmt werden. Das Herz ist fast stets ungefähr kugelig, nur die Sididen besitzen ein mehr längliches. Von allen Tieren besitzen die Cladoceren die höchste Zahl von Herzschlägen in der Minute (188 bis 289, bei gewöhnlicher Zimmertemperatur). Das Blut ist farblos, aber bei vielen gut genährten Tieren, besonders unter der Gattung *Daphnia*, rosarot, wodurch auch den Tieren die gleiche Farbe verliehen wird. Geht der Ernährungszustand zurück, so verschwindet auch die rote Farbe einigermaßen. Im Blut schwimmen zahlreiche kleine, amöboide Zellen, die man namentlich in der Herzregion beobachten kann, wie sie in das Herz eingepumpt und herausgetrieben werden und ganz bestimmte

Bahnen verfolgen. Der osmotische Druck, unter dem die Körperflüssigkeit bei gut genährten Individuen steht, zeigt normalerweise gegenüber dem umgebenden Wasser einen Überdruck bis zu zwei Atmosphären; er variiert mit dem Ernährungszustande und der Temperatur. Er ist bei besonders hohen und besonders niedrigen Temperaturen am geringsten. Bei starker Eiproduktion ist er sehr niedrig, steigt aber bei der Ephippienbildung. Der hohe Blutdruck ist von großer Bedeutung für die Tiere, vor allem nach den Häutungen, und soll auf die Bildung des Helmes und der Spina (Schalenstachel) bei den Plancton-Daphnien Einfluß nehmen. Er besitzt weiter eine außerordentliche Bedeutung für die Bewegung der Blattfüße. Man hat es ja hier mit Gliedmaßen zu tun, die kein starres Skelet haben. Man stellt sich gewöhnlich die Blattfüße als platte Gliedmaßen vor, die dünnen Blättern gleichen. Das ist nicht richtig; bluterfüllt, wie sie sind, normal unter einem Druck von zwei Atmosphären stehend, sind sie steif und sackförmig (Abb. 551); ihre Festigkeit, ihr Bewegungsvermögen, ihr gegenseitiges Zusammenspiel ist gerade vom Blutdruck abhängig; mit Recht hat man sie deshalb als Turgorextremitäten bezeichnet, im Gegensatz zu den Skeletextremitäten der anderen Tiere. Dorsal vom Darm liegt ein Fettkörper, der je nach dem Grad der Ernährung sehr verschieden entwickelt ist; bei gut genährten Individuen enthält er zahlreiche, zumeist rote Öltropfen. Die Atmung erfolgt im allgemeinen mit der ganzen Körperoberfläche; die schwingenden Brustbeine dienen auch dem Wechsel des Atemwassers. Ihre Schwingungszahl ist zum Teil von der Sauerstoffmenge des umgebenden Mediums abhängig. Besondere Atmungsorgane sind nur schwach entwickelt; die Epipoditen (Kiemensäckchen) der Brustbeine, dünnhäutige Anhänge, sehr häufig von fingerförmiger Gestalt, stellen solche dar. Da man beobachtet hat, daß Wasser regelmäßig in den Enddarm aus- und eintritt — besonders bei *Leptodora* —, darf man gleichzeitig eine Darmatmung vermuten. Bei *Daphnia* geht

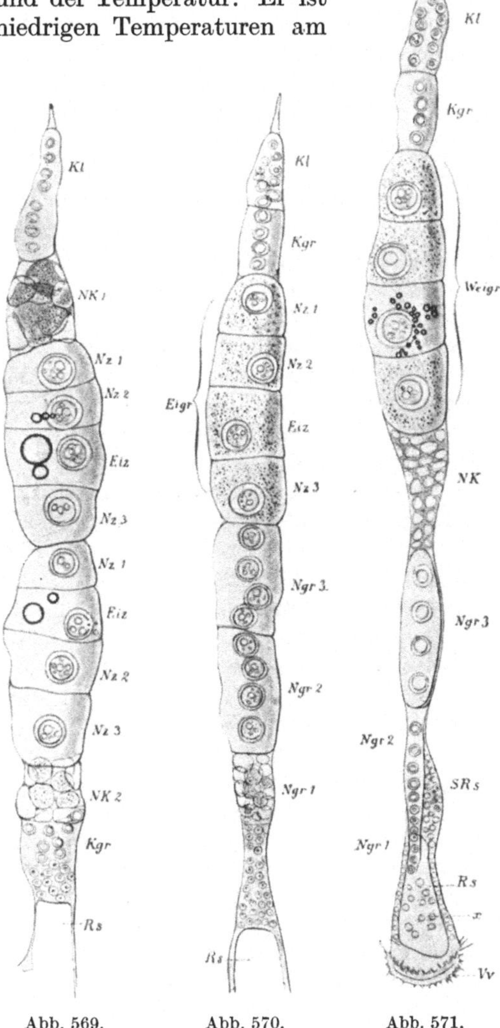

Abb. 569.   Abb. 570.   Abb. 571.

Abb. 569 bis 571. Eibildung.

Abb. 569. *Daphnella (= Diaphanosoma) brachyura* (LIÉVIN). Rechter Eierstock. Zwei große Keimgruppen im Beginn der Sommer-Eibildung (*Eiz*), diese Eier durch große Öltropfen *Oel* gekennzeichnet.

Abb. 570. Eierstock im Beginn der Winter-Eibildung. Die Eigruppe *Eigr* zeigt in allen vier Zellen Ausscheidung feiner Körner. Nährzellengruppe *Ngr 1* schon in Resorption begriffen; die beiden anderen *Ngr 2* und *3* noch intakt. (WEISMANN 1876 bis 1897.)

Abb. 571. Rechter Eierstock in Winter-Eibildung; in der Eizelle (dritte) der Gruppe *Weigr* sind die ersten Dotterkügelchen ausgeschieden, in den drei Nährzellen feine, dunkle Körner. Nährkammer *NK* in Resorption begriffen, die drei anderen Nährkammern *Ngr 1* bis *Ngr 3* ebenfalls. *Kl* Keimlager; *NK* Nährkammer; *Nz* Nährzellen; *Eiz* Eizelle; *Kgr* Keimgruppe; *Rs* Receptaculum seminis; *x* kleine blasse Körperchen in diesem. S. übrigens Text. (WEISMANN 1876 bis 1879.)

das Wasser regelmäßig 40mal in der Minute aus und ein (BUDDENBROCK 1928). Vom Muskelsystem (Abb. 572) seien nur die sehr kräftigen Muskeln der zweiten Antennen hervorgehoben. Sie sind vor der Stelle, wo Kopfschild und Schale sich treffen, am Panzer befestigt und fallen sofort in die Augen.

Das Nervensystem besteht aus einem Gehirnganglion, das bei *Leptodora* besonders deutlich ist, und einem Bauchmark mit einer geringen Zahl von Bauchmarkganglien.

Von Sinnesorganen seien besonders die ersten Antennen erwähnt, die sowohl mit vermutlichen Riechkolben als auch mit Sinneshaaren ausgestattet sind. Sie sind bei den Männchen stärker entwickelt als bei den Weibchen. Es finden sich überdies Reste eines vermeintlich sehr alten, gegenwärtig wohl stark reduzierten Sinnesorgans, des sog. Frontalorgans (Nackenorgans), das bei gewissen Formen, jedenfalls bei *Sida*, zum Teil ein Haftorgan darstellt, bei den meisten anderen Phyllopoden jedoch wohl eine ganz andere Funktion besitzt oder besser besessen hat. Es ist jetzt zumeist rudimentär. Am stärksten ist es im Embryonalstadium ausgebildet, geht jedoch bei den meisten Formen während der Entwicklung zugrunde. DEJDAR (1930) hält es nicht, wie die früheren Verfasser, für ein sekretorisches Organ, sondern für eine vikariierende Kieme; wenn die Kiemensäckchen der Extremitäten sich entwickeln, wird das Organ reduziert. Bei Cladoceren, die keine Kiemensäckchen an den Beinen besitzen, bildet das Nackenorgan auch beim erwachsenen Tier das bleibende Respirationsorgan. Die Angelegenheit ist jedoch noch recht zweifelhaft. Man hat auch die Vermutung ausgesprochen, daß es ursprünglich ein Sehorgan gewesen sei.

Die wichtigsten Sinnesorgane der Cladoceren sind die Sehorgane (Abb. 573). Es sind das erstens der Pigmentfleck oder das Naupliusauge, das nur aus drei bis vier Pigmentbecherzellen besteht und ventral dem Gehirn direkt aufsitzt, und zweitens das große, zusammengesetzte Auge. Das erste ist immer schwach ausgebildet, wenn das andere stark entwickelt ist, und umgekehrt; es kann, wie z. B. bei allen Gymnomeren, ganz fehlen; es findet sich hier nur in der aus dem Dauerei hervorgehenden Generation von *Leptodora* (Abb. 576). Bei manchen Chydoriden ist es fast so groß wie das Komplexauge und bei einer einzigen Form, *Monospilus* (Tafel 15, Fig. 2), ist es das einzige vorhandene Sehorgan.

Das große Auge, eines der auffälligsten Organe der Cladoceren, ist aus der Verschmelzung von zweien hervorgegangen; es ist mit Hilfe von drei Muskelpaaren außerordentlich beweglich. Am stärksten ist es bei den Plancton-Cladoceren entwickelt, wo es mit der größten Anzahl von Linsen, bei *Bythotrephes* und *Leptodora* mit 200 bis 300, bei *Polyphemus* mit ungefähr 150, ausgestattet ist. Gewöhnlich ist ihre Zahl viel geringer. Bei den planctonisch lebenden *Daphnia*-Arten sind es ihrer nur 22. Die Linsen sind hier in ganz bestimmter Weise angeordnet. Das Auge ist kein bilderzeugendes Organ, sondern nur imstande, Helligkeit und die Richtung wahrzunehmen, aus der das Licht kommt. Bringt man die Hand zwischen den Mikroskopspiegel und eine Daphnie, so kann man jedesmal, wenn man das Licht abschattet und dann die Hand wieder entfernt, sehen, wie das Auge sich stets automatisch dreht.

Es sind zwei strang- oder wurstförmige Eierstöcke vorhanden (Abb. 569 bis 571), die in je einen sehr kurzen Eileiter übergehen, welcher am Rücken in den

---

Tafel 13. Cladocera.

Fig. 1. *Diaphanosoma (= Daphnella) brachyura* (LIÉVIN). Fig. 2. *Moina dubia* RICHARD. Fig. 3. *Latona setifera* (O. F. M.). Fig. 4. *Limnosida frontosa* SARS. Fig. 5. *Simocephalus vetulus* (O. F. M.). *a* Pigmentfleck (Nebenauge); *b* Haftorgan. Fig. 6. *Sida crystallina* (O. F. M.). Fig. 7. *Ceriodaphnia quadrangula* (O. F. M.). Fig. 8. *Chydorus ovalis* KURZ. — Fig. 1, 3, 4, 6 nach SARS 1865. Fig. 5 und 7 nach LEYDIG 1860. Fig. 8 nach STINGELIN 1895. Fig. 2 nach SARS, Ann. South Afr. Mus., Vol. 15. — Fig. 5 zirka 2 mm; Fig. 3 und 6 zirka 3 mm; die übrigen zirka 1 mm.

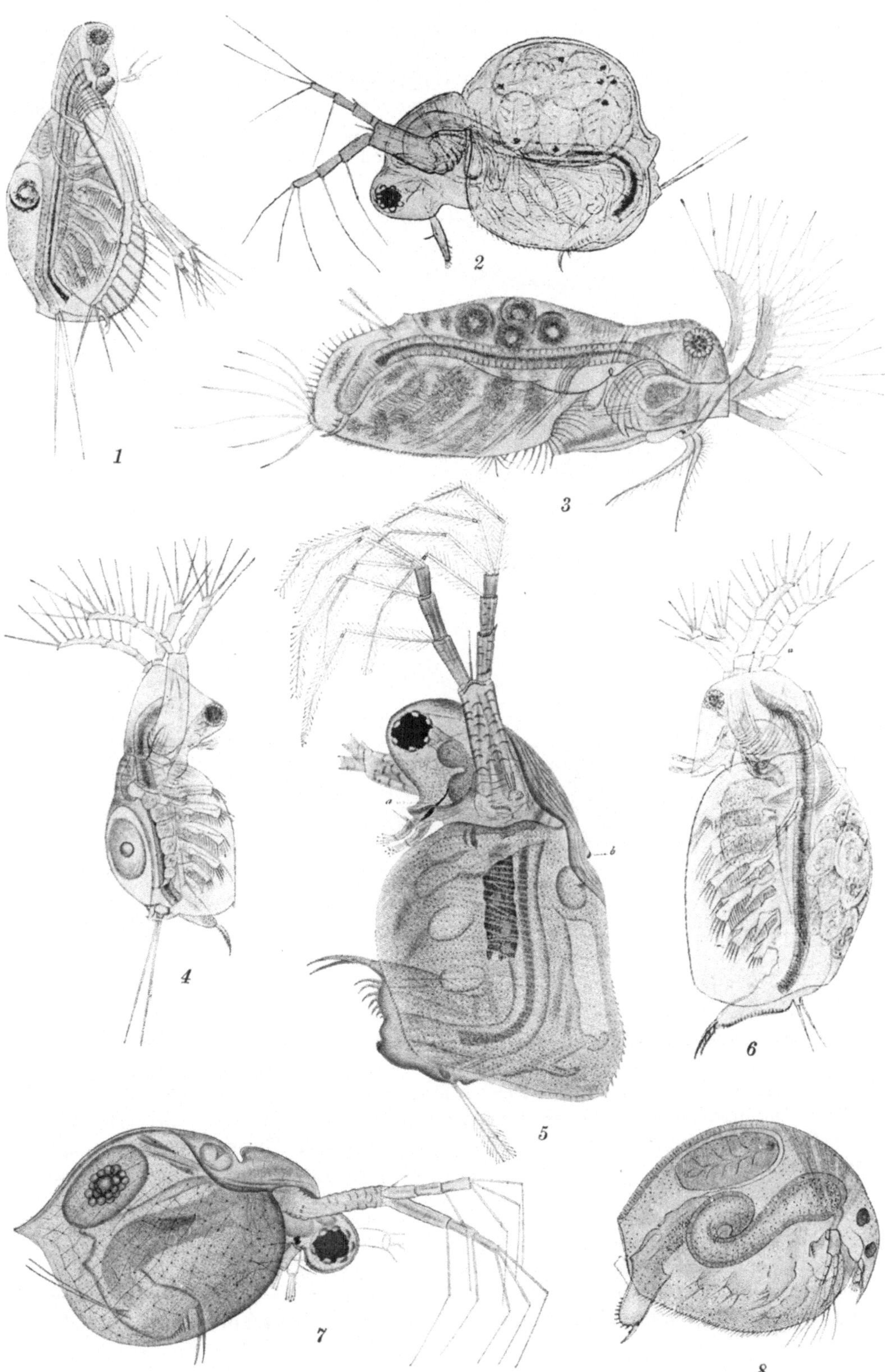

Brutraum ausmündet; sie liegen an den Seiten des Darmes. An den Eierstöcken
kann man immer zwei Abschnitte unterscheiden: das Keimlager und die Wachstumszone, in der die Eier die spätere Entwicklung durchmachen (Abb. 569 bis
571). Bei den Sididen bildet das Keimlager den vorderen Teil des Eierstockes,
bei den übrigen den hinteren. In diesem Falle müssen die Eier, wenn sie aus dem
Keimstock austreten, durch das Keimlager wieder hindurchwandern. Im Keim-

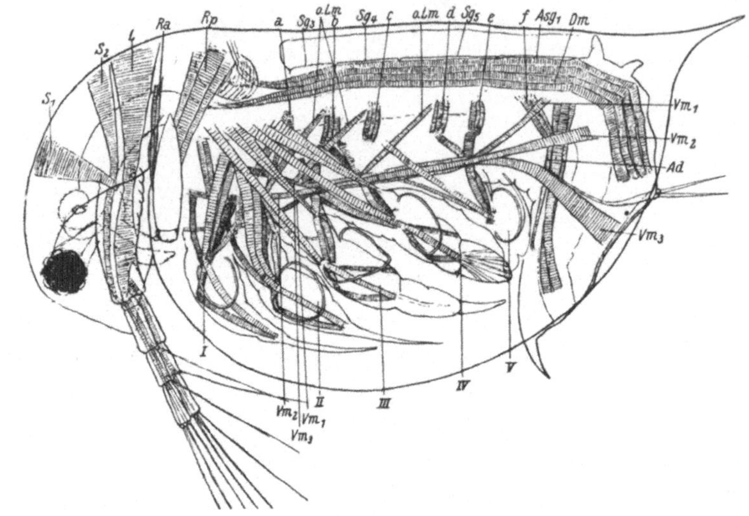

Abb. 572.

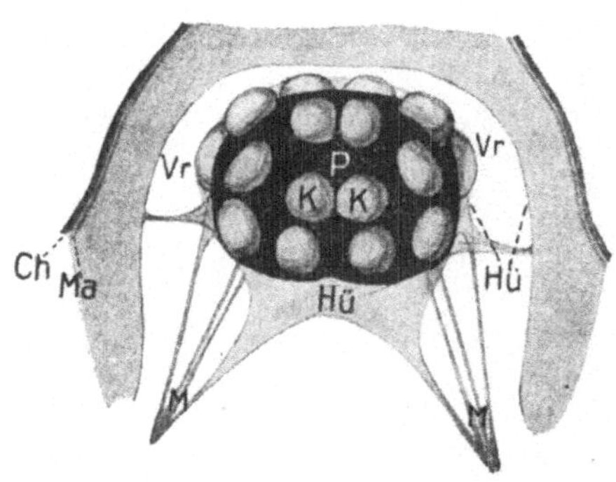

Abb. 573.

Abb. 572. *Daphnia magna* STRAUS. Muskulatur. *I*
bis *V* erstes bis fünftes Brustbein; *Sg*₃ bis *Sg*₅ drittes
bis fünftes Brustsegment; *Asg*₁ Hinterleibssegment;
Dm Dorsalmuskeln; *LS*₁*S*₂ Muskeln zur zweiten Antenne; *o.Lm* Lateralmuskeln; *a* bis *f* Dorsoventralmuskeln; *Vm*₁ bis *Vm*₃ erster bis dritter Ventralmus-
kel; *Ad* Hinterleibsmuskeln. (BINDER 1932.)

Abb. 573. *Daphnia magna* STRAUS. Zusammengesetztes Auge in Ansicht von oben. *Ch* Kutikula;
Vr Vorraum des Auges; *P* Pigment; *K, K* Kristall-
linsen; *Hü* Umhüllungsmembran. (KLOTZSCHE, aus
Handb. d. Zool.)

lager liegen die Eier (die Oogonien) dicht aneinandergepreßt. Es gibt bei den
Cladoceren zwei Sorten von Eiern: parthenogenetische Eier (= Subitaneier) und
Dauereier (die gamogenetischen Eier), die letzteren sind gewöhnlich befruchtete
Eier. Die parthenogenetischen Eier müssen wieder in zwei Sorten geschieden
werden, wenn man auch den ihnen zugrunde liegenden Unterschied heute noch
nicht kennt: in solche, aus denen Weibchen hervorgehen und die in Überzahl
produziert werden, und in solche, die zu Männchen werden. Letztere werden nur
in den Sexualperioden gebildet. Die weiblichen Geschlechtsöffnungen liegen dorsal und führen in den Brutraum hinaus; die männlichen liegen entweder ventral
hinter den letzten Beinpaaren oder zwischen den Hinterleibsklauen.

Wenn die parthenogenetischen Stadien heranreifen (ins Oocytenstadium
getreten sind), wandern sie, und zwar stets zu vieren beisammen, in die Wachs-

tumszone über und sind dann hier in Form von Vierzellengruppen vorhanden. Von diesen vier Zellen setzt in jeder Gruppe nur eine einzige die Entwicklung fort (P. E. MÜLLER 1868, WEISMANN 1876 bis 1879); die anderen dienen dieser Eizelle als Nährzellen. Gewöhnlich die dritte Zelle, vom Keimlager gerechnet, wird zur eigentlichen Eizelle. Wenn die Eizellen ausgereift sind, gleiten sie durch den Eileiter und nehmen, indem sie sich durch die Geschlechtsöffnung hindurchzwängen, Sanduhrform an. Von hier gelangen sie in den von den Schalenklappen umschlossenen Brutraum, der bei den verschiedenen Formen sehr verschieden gestaltet und in wechselndem Grad von der Umwelt abgesperrt ist.

Der Brutraum (Abb. 551 *B*) wird dorsal und seitlich vom Rücken und den Seiten der Schale, ventral vom Rücken des Tieres begrenzt. Man glaubte früher, daß die Subitan-Eier, wenn sie in den Brutraum ausgetreten sind, von einer Flüssigkeit ernährt werden, die durch die Rückenhaut des Tieres in diesen ausgeschwitzt wird. Das ist auch bei zwei Gattungen tatsächlich der Fall: bei *Polyphemus* (Abb. 575) und *Bythotrephes*. Man glaubte weiter, daß die drei weichen, fingerförmigen, vorwärts gerichteten Rückenlappen bei *Daphnia* (Abb. 552) einen besonderen Verschluß für den Brutraum darstellen sollten. Doch wissen wir nichts Sicheres darüber, ob bei den übrigen Cladoceren — *Leptodora* nicht ausgenommen — Flüssigkeit durch die Rückenhaut ausgeschwitzt wird; nichts in ihrem Bau weist mit Eindeutigkeit darauf hin. Ferner ist konstatiert worden, daß die parthenogenetischen Eier ganz gut aus dem Brutraum herausgenommen werden und in gewöhnlichem Wasser ihre volle Entwicklung durchführen können (RAMNER 1933). In neueren Untersuchungen wird die Ansicht vertreten, daß der Brutraum mit Wasser gefüllt sei und daß die fingerförmigen Gebilde nur eine Rolle bei der Wassererneuerung spielen. Nur bei *Polyphemus*, *Bythotrephes* und *Leptodora* ist der Brutraum in Form eines Rückensackes ausgebildet, der teilweise oder vollständig von der Umwelt abgesperrt ist. Bloß bei den beiden erstgenannten schwimmen die Eier in einer Nährflüssigkeit, die oft als Fruchtwasser bezeichnet wird. Die Hypodermiszellen in der Rückenhaut des Körpers (Abb. 575 *Nb*) sind hier zu großen, aufgetriebenen Zellen umgewandelt; es entsteht dadurch ein mächtiges, buckelförmiges Organ, das in den Brutraum hineinragt und ganz das Aussehen eines Drüsenorgans besitzt. Dieses Organ nimmt aus der vorbeiströmenden Blutflüssigkeit Nahrungsbestandteile auf, die in flüssiger Form in den Brutraum ausgeschieden werden. Seltsamerweise wissen wir nichts darüber, wie die Jungen bei diesen Tieren aus dem Brutraum herauskommen.

Im Gegensatz zu den parthenogenetischen Eiern stehen die Dauereier, die auch Latenzeier genannt werden, weniger glücklich Winter-Eier. Diese Eier sind zumeist größer und verfügen über bedeutend mehr Dottermasse als die parthenogenetischen Eier. Wenn jene in den Brutraum übergetreten sind, müssen sie im Gegensatz zu den parthenogenetischen befruchtet werden, sonst lösen sie sich auf. Vor ihrem Eintritt in den Brutraum kommt es in der Regel zu gewissen Umbildungen in der Wand der Brutkammer. Die Eier beginnen nach der Befruchtung mit der Entwicklung, machen jedoch bald damit halt, und zwar zu einem sehr frühen Zeitpunkt. Die Entwicklung hält dann oft durch mehrere Monate still, zumindest durch Wochen. Es ist experimentell festgestellt, daß die Dauereier zwei Winter überstehen können und dann doch zur Entwicklung kommen.

Wie das parthenogenetische Ei entwickelt sich auch das Dauerei aus der dritten Zelle einer Vierzellengruppe, von der Keimzone her gerechnet (Abb. 570, 571, 574). Aber zum weiteren Aufbau des Dauereies ist im Gegensatz zum parthenogenetischen Ei oft eine Reihe von Vierzellengruppen notwendig, die in Auflösung übergehen und der Dauerei-Gruppe ihr Material zur Verfügung stellen.

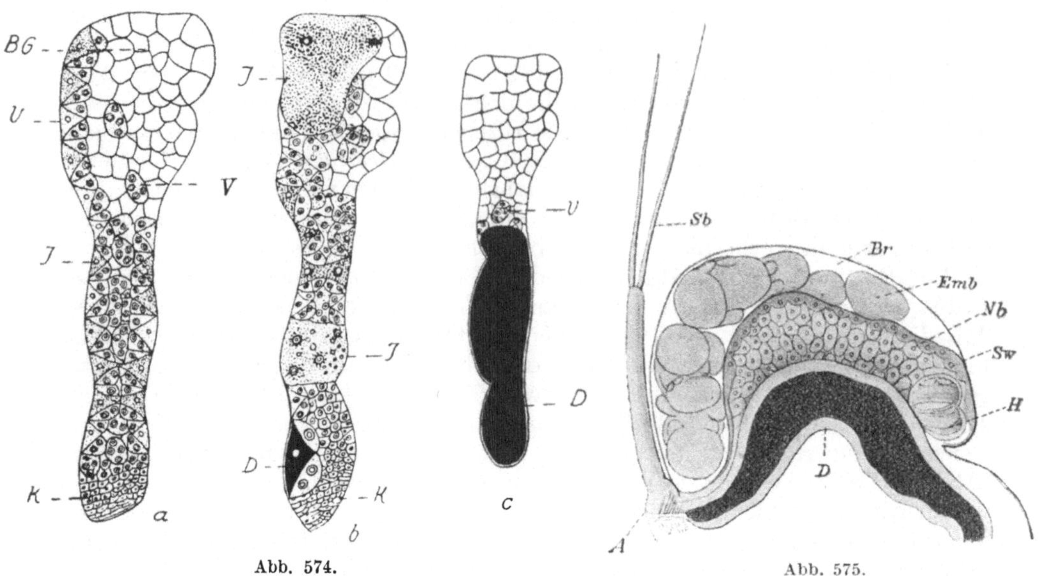

Abb. 574.

Abb. 575.

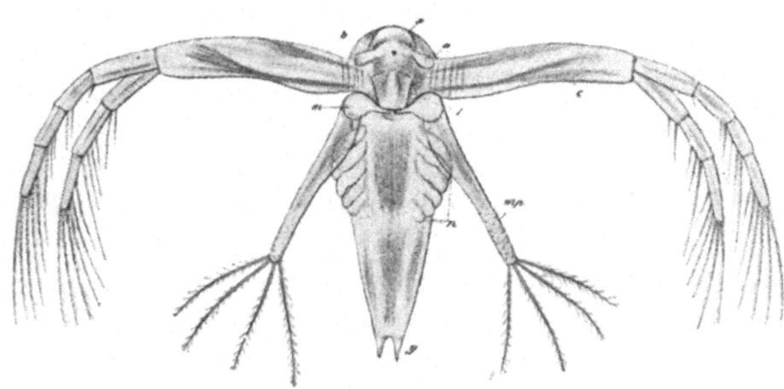

Abb. 576.

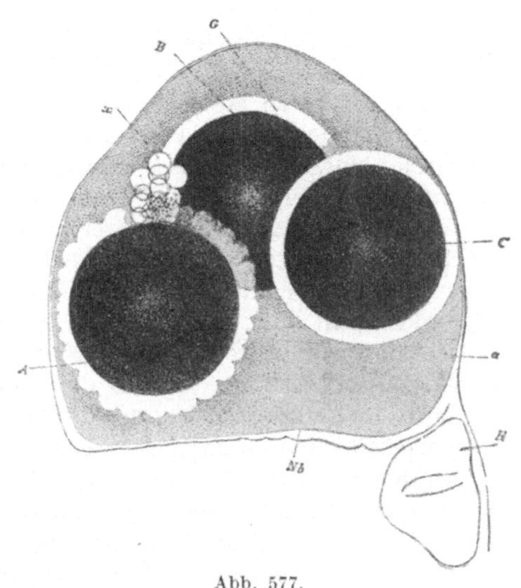

Abb. 577.

Abb. 574. a bis c Ovar von *Daphnia magna* STRAUS. a beginnende Bildung zahlreicher parthenogenetischer Eier (viele Vierzellengruppen). b gleichzeitige Bildung von parthenogenetischen Eiern und einem Dauerei. c Ovar in voller Dauereibildung. *BG* Bindegewebe; *D* Dauerei; *J* parthenogenetisches Ei; *K* Keimlager; *V* Vierzellengruppe. (v. SCHARFFENBERG 1910.)

Abb. 575. *Polyphemus pediculus* (L.), Brutraum mit Sommer-Ei. *A* After; *Sb* Schwanzborsten; *Br* Brutraum; *Emb* Embryonen; *Nb* Nährboden; *Sw* Vorderende des Brutraumes; *H* Herz; *D* Darm. (WEISMANN 1876 bis 1879.)

Abb. 576. Metanauplius, aus dem Dauerei von *Leptodora* ausgekrochen, das einzige freilebende Naupliusstadium, das wir bei Cladoceren kennen. *a* erste Antennen; *c* zweite Antennen; *l* Oberlippe; *m* Mandibeln; *mp* Mandibelpalpen; *y* After; *n* Brustbeinanlagen. (SARS 1873.)

Abb. 577. *Polyphemus pediculus* (L.). Brutraum mit Dauereiern in dem Stadium, wo die Eier von Gallertmasse umhüllt werden. Bei *A* Gallertbildung in Entwicklung, in *B* und *C* abgeschlossen. *NB* Nährboden; *H* Herz; *x* Haufen kugelförmiger Zellen (Spermatozoen?); *G* Gallertmasse; *a* körnige Substanz des Brutraumes. (WEISMANN 1876 bis 1879.)

Sie werden deshalb als Nährzellgruppen bezeichnet. Man kann, wenigstens bei den *Daphnia*-Arten, sehen, wie das Ovarium sich in der einen Hälfte dunkelblau färbt, was der Anhäufung der Dottermassen all der aufgelösten Nährzellgruppen zuzuschreiben ist. Selbst bei schwacher Vergrößerung, oft nur mit der Lupe, kann man die Weibchen erkennen, welche zur Dauerei-Produktion übergehen, allein an der dunkelgefärbten, zusammengeklumpten Masse, die unter dem Darm liegt. Übrigens weichen die einzelnen Familien in dieser Hinsicht sehr beträchtlich voneinander ab.

Wie schon erwähnt, gehen bei den meisten Cladoceren unmittelbar vor der Dauerei-Bildung gewisse Veränderungen in der Struktur der Schale vor sich. Bei der Mehrzahl der Cladoceren besitzt das Dauerei, im Gegensatz zum Verhalten anderwärts, eine Hüllmembran, die nicht dicker ist als jene, welche man beim Subitanei findet. Der Schutz, den das Dauerei erfordert, wird von den Schalenklappen geliefert, die sich mehr oder weniger stark verdicken und zwischen denen das Dauerei abgelagert und aufbewahrt wird. Man bezeichnet diese Schalenpartien, die später abgeworfen werden, wegen ihrer sattelförmigen Form als Ephippien. Nur ausnahmsweise trifft man auf den Vorgang, daß die Schalen, nachdem die Eier aufgenommen worden sind, ganz und ohne stärkere Veränderungen abgeworfen werden und in sich die Eier aufbewahren. Wir begegnen diesem sehr primitiven Verhalten bei gewissen Chydoriden. Einen Schritt weiter in der Entwicklung bedeuten jene Formen, bei denen sich eine Linie auf der Schale bildet, die die Begrenzung desjenigen Schalenstückes angibt, das abgeworfen und als Ephippium verwendet werden soll; dies Stück wird zugleich dickwandig, was ohne weiteres daran erkannt werden kann, daß es undurchsichtiger wird und eine braune, zuweilen schwarze Farbe annimmt. Diese mehr primitiven Ephippien finden sich normalerweise bei den Chydoriden. Sie können bei *Eurycercus lamellatus* (O. F. M.) mehrere Eier enthalten (acht bis zwölf; Abb. 583), aber in der Regel enthalten die Ephippien der Chydoriden nur eines (Abb. 582), das in einem maschigen Gewebe liegt. Bisweilen lösen sich die Ventralränder der Schale als zwei lange Stränge ab, die dann als Mittel für die Verankerung der Ephippien dienen (*Leydigia acanthocercoides* [FISCHER], Abb. 579; *Daphnia magna* [STRAUS], Abb. 578 *b*). Sehr komplizierte Verhältnisse findet man besonders in der Familie der *Daphnidae*. Hier wird nur der dorsale, kleinere Teil der Schale zum Ephippium umgewandelt; die äußere Lage bildet sich zu hohen, prismatischen Zellen um, die sich später auf eine Weise, die wir nicht kennen, mit Luft füllen. Diese Zellen fehlen im Bereich der sog. Logen, d. s. emporgewölbte Partien der Schale (Abb. 578), wodurch den Eiern oder dem Ei ein entsprechender, angepaßter Platz ausgespart wird. Bei einigen Gattungen findet sich nur ein Ei *(Ceriodaphnia, Simocephalus)*, bei der Gattung *Daphnia* dagegen immer zwei Eier im Ephippium. Die Ephippien werden stets bei einer Häutung abgestoßen; bei allen jenen Formen, deren ausgebildete Ephippien luftgefüllte Kammern enthalten, steigen sie an die Oberfläche, liegen auf ihr als zahlreiche Pünktchen, werden zusammen mit den Statoblasten der Bryozoen von den Herbststürmen in die Buchten gefegt und frieren hier ein, um, wenn der Frühling kommt, wieder über den See verbreitet zu werden und sich zu entwickeln, wenn die Frühlingswärme kommt, oder um ans Land geworfen zu werden, wo sie zwischen den Uferpflanzen und im Schlamm begraben werden. Dank ihrer harten, stark chitinisierten Beschaffenheit erhalten sich die Ephippien durch Jahrhunderte und sogar Jahrtausende an ihrer Ablagerungsstätte. Man findet sie in den nordischen und norddeutschen Torfmooren, sie können aus dem Torf ausgeschlämmt werden und bringen uns Botschaft aus jenen fernen Zeiten, da die Eiche der vorherrschende Baum in unseren Wäldern war. Was die übrigen

Formen anbelangt, so sinken die meisten Ephippien zu Boden. Hat eine Daphnie ihr Ephippium abgeworfen, so stirbt sie deshalb nicht; sie kann eine ganze Reihe von Ephippien nacheinander bilden. Die Eier in den Ephippien entwickeln sich nicht sofort. Für die meisten Ephippien dürfte allgemein die Regel gelten, daß sie

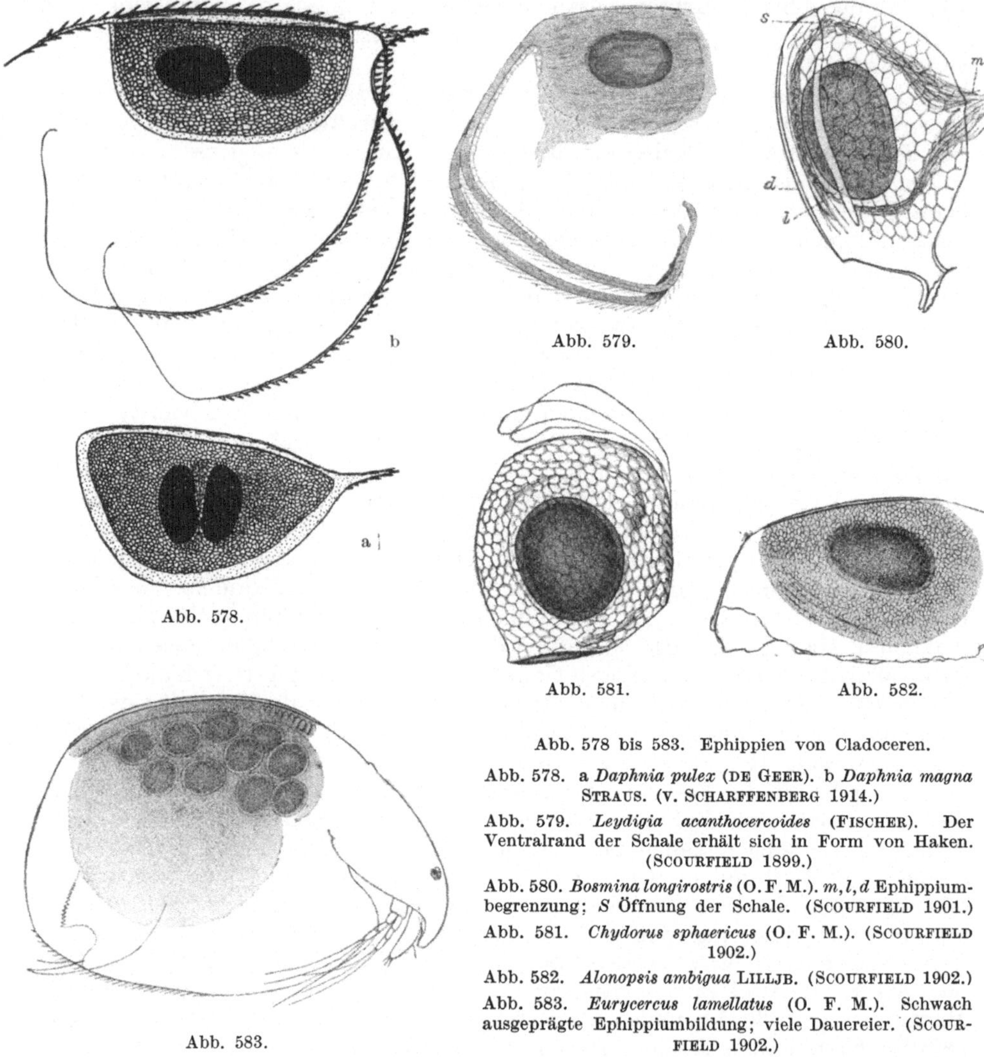

Abb. 579.

Abb. 580.

Abb. 578.

Abb. 581.

Abb. 582.

Abb. 583.

Abb. 578 bis 583. Ephippien von Cladoceren.

Abb. 578. a *Daphnia pulex* (DE GEER). b *Daphnia magna* STRAUS. (V. SCHARFFENBERG 1914.)

Abb. 579. *Leydigia acanthocercoides* (FISCHER). Der Ventralrand der Schale erhält sich in Form von Haken. (SCOURFIELD 1899.)

Abb. 580. *Bosmina longirostris* (O. F. M.). *m, l, d* Ephippiumbegrenzung; *S* Öffnung der Schale. (SCOURFIELD 1901.)

Abb. 581. *Chydorus sphaericus* (O. F. M.). (SCOURFIELD 1902.)

Abb. 582. *Alonopsis ambigua* LILLJB. (SCOURFIELD 1902.)

Abb. 583. *Eurycercus lamellatus* (O. F. M.). Schwach ausgeprägte Ephippiumbildung; viele Dauereier. (SCOURFIELD 1902.)

entweder austrocknen oder im Eis einfrieren müssen. Sie bewahren jedenfalls durch einige Monate ihre Keimfähigkeit und wir wissen auch, daß manche eine zweijährige Überwinterung vertragen (BERG 1932 u. a.). Während der Entwicklung bilden sich im Ephippium um das Ei zwei Larvenhäute. Wenn der Embryo fertig entwickelt ist, dringt Wasser zwischen diese Häute ein, die zweite Larvenhaut bläst sich ballonförmig auf und das Ei übt dadurch einen Druck auf das Ephippium aus. Von dieser Haut umgeben, kann die Daphnie einige Zeit umhertreiben, bis sie frei wird (W.-L. 1909). Außer daß die Ephippien dem Schutz gegen ungünstige, äußere Verhältnisse (Einfrieren und Austrocknen) dienen, haben sie auch Bedeutung für die Ausbreitung der Art. In diesem Zusammenhang muß auf eine Erscheinung aufmerksam gemacht werden, die man immer und immer wieder beobachten kann: Gräbt man einen Teich aus, so wird er gewöhnlich schon im nächsten Jahre Daphnien beherbergen. Sie tauchen an den merkwürdigsten Stellen auf; in Taufbecken, in kleinen Höhlungen von Klippen usw., an Stellen, von denen man nur denken kann, daß sie mit Hilfe äußerer Faktoren hingekommen sein können, in vielen Fällen durch den Wind, aber vielleich in kleinen Teichen ebenso häufig durch Schwimmvögel, an deren breiten Schwimmfüßen sie häufig haften. Bei vielen Ephippien finden sich oft direkte Anpassungen, mit deren Hilfe sie sich an der Schwimmhaut befestigen: Stacheln, die mit Widerhaken besetzt sind, dornenbesetzte Schalenränder u. a.

Es wird oft angegeben, daß Einfrieren oder Eintrocknen eine Bedingung dafür ist, daß die Ephippialeier sich entwickeln können. Das ist jedoch nicht richtig. In Dänemark kommen nicht selten Winter vor, in denen die Seen und Teiche überhaupt nicht zufrieren. Die Ephippien treiben dann in breiter Lage massenhaft den Ufern entlang. Sie können weder einfrieren, noch zur Austrocknung gelangen. Dennoch entwickeln sich aus ihnen die enormen Planctonschwärme.

Es besteht kein Zweifel darüber, daß der Anstoß zur Ephippienbildung in erster Linie von Veränderungen in den Ovarien ausgeht, welche bewirken, daß diese von der Erzeugung parthenogenetischer Eier zur Bildung von Dauereiern übergehen. Man findet sehr oft in den Schwärmen, wenn die Sexualperiode gekommen ist, Weibchen mit rauchfarbigen Schalen, d. s. solche, die mit der Ephippienbildung begonnen haben; gewöhnlich haben sie auch gleichzeitig dunkle, blauschwarze Ovarien, welche andeuten, daß die Dauerei-Bildung im Gange ist. Nicht selten findet man Weibchen mit Ephippien ohne Eier, d. s. solche, die nicht befruchtet worden sind, deren Eier wohl in die Ephippien abgegeben worden, hier aber zugrunde gegangen sind. Auch in diesem Fall werden die Ephippien abgestoßen und die Eiproduktion setzt von neuem ein.

Wie schon früher berührt, ist die Ephippienbildung bei den Cladoceren weitaus das Normale. Bei den *Sididae* und *Polyphemidae* (Abb. 577) kommt es jedoch zu keiner Ephippienbildung. Die Eier haben hier vor allem eine dicke, braune oder ockergelbe Chitinschale und darüber noch eine breitere, klebende Gallertschichte. Von solchen Eiern finden sich im Brutraum immer mehrere. Sie werden kaum vor dem Tod des Tieres frei. Über die Eier von *Holopedium* berichtet v. BALDASS (1937), daß die ganz undurchsichtigen Sommereier in einer Anzahl von acht bis zehn in den Brutraum abgelegt werden. Das Ei enthält einen exzentrisch gelegenen großen Öltropfen. Das Ei ist von einer dünnen Haut umgeben. Die Winter-Eier, die frei abgelegt werden, besitzen eine ziemlich dicke, im Schnitt matt glänzende, anscheinend gallertige Hülle als Schutz. Nur bei *Leptodora* kommen große, weiche, gelatinöse Eier mit einer Gallertschicht vor. Es wird angegeben, daß diese Eier pelagisch sind. Es ist möglich, daß sie sich eine Zeitlang schwebend erhalten. Untersuchungen hierüber fehlen, aber es ist doch sicher, daß sie im sehr zeitigen Frühjahr als kleine, rollende Kugeln am Seeboden sich abgelagert finden, teilweise mit Schlammpartikelchen bedeckt, die an der Gallerte kleben (Frederiksborger Schloßteich).

Im Herbst 1937 fand ich in Detritushaufen an den Ufern des sehr großen, aber auch sehr seichten Arresees ungeheure Mengen von *Leptodora*-Eiern angeschwemmt; dieses deutet wohl auf ein semipelagisches Vorkommen. Ob wir es aber mit einer normalen Überwinterungslokalität zu tun haben, ist sehr zweifelhaft.

Die männlichen Geschlechtsorgane sind wie die Ovarien zwei Stränge, die an den beiden Seiten des Darmes nach hinten verlaufen; bei *Leptodora* sind sie mit einer Querbrücke verbunden. Paarungsorgane finden sich im allgemeinen nicht, aber einzelne Formen der Sididen *(Latona, Diaphanosoma)* haben solche lange, fingerförmige Anhänge (Abb. 584), die hinter dem hintersten Beinpaar abgehen und parallel mit dem Hinterleib liegen. Die Samenzellen haben merkwürdigerweise keinen Schwanzanhang; es sind gewöhnlich runde Gebilde. Sie sind unbeweglich und gehen zugrunde, wenn sie mit dem Wasser in Berührung kommen.

Es ist stets leicht, bei den Cladoceren die beiden Geschlechter voneinander zu unterscheiden. Das Männchen ist fast immer kleiner als das Weibchen, vor allem, weil ja unter der Schale kein Platz für die Jungen geschaffen werden muß. Schon das allein führt zu einer ganz anderen Schalenform. Besonders im letzten Wurf von *Daphnia magna* STRAUS gegen den Herbst hin, wo die Weibchen eine Größe von über 5 mm erlangen können, während die Männchen nur ungefähr 2 mm lang sind, ist der Unterschied so groß, daß man diese fast als Zwergmännchen bezeichnen kann. Die ersten Antennen zeigen fast immer die Sinneshaare stärker entwickelt und sind auch selbst kräftiger gebaut bei den Männchen als bei den Weibchen (Abb. 585). Das ist z. B. in hohem Grad beim Männchen von *Leptodora hyalina* LILLJB. der Fall. In vielen Fällen sind sie mit Haken ausgerüstet, womit das Männchen das Weibchen bei der Paarung erfaßt und festhält. Das Auge bei den kleinen *Polyphemus*-Männchen ist verhältnismäßig weit größer als das der *Polyphemus*-Weibchen. Ein ganz besonderes Geschlechtsmerkmal trägt aber bei den Männchen das erste Brustbeinpaar. Es ist mit oft sehr kräftigen Haken ausgestattet, die bei der Paarung um die Schalenränder geschlagen werden. Endlich erkennt man besonders unter den Chydoriden die Männchen daran, daß ihr Hinterleib gewöhnlich länger und schlanker ist als bei den Weibchen; der Dornenbesatz ist schwächer. Bei einigen Formen dient wohl der ganze Hinterleib als Paarungsorgan.

Bei den meisten und vor allem den primitiven Cladoceren geht die Paarung Bauch an Bauch vor sich (alle *Chydoridae* und *Bosminidae*). Bei den *Daphnidae* ist das Verhalten ein anderes. In den Sexualperioden sieht man in den Planctonschwärmen der *Daphnia*-Arten sehr oft Tiere in Paarung. Die beiden Tiere liegen nicht Bauch an Bauch, sondern das kleine Männchen ist hinten an der Seite der rechten oder linken Schalenklappe des sehr großen Weibchens befestigt. Man sieht nicht selten zwei Männchen, je eines hinten an jeder Schalenhälfte befestigt. Das Normale ist wohl, daß das Sperma in den Brutraum eingeführt wird, wo die Befruchtung der Eier dann stattfindet, aber bei den Sididen sind besondere Paarungsorgane vorhanden, die direkt in die Geschlechtsöffnung eingeführt werden, und die Befruchtung der Eier erfolgt hier im hinteren Abschnitt der Ovarialröhren, die etwas erweitert sind und der Aufbewahrung der Eier dienen.

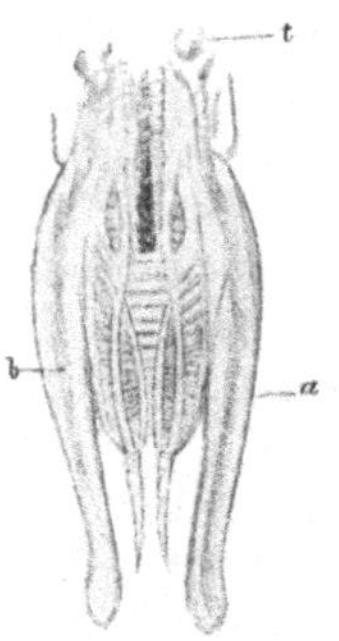

Abb. 584.

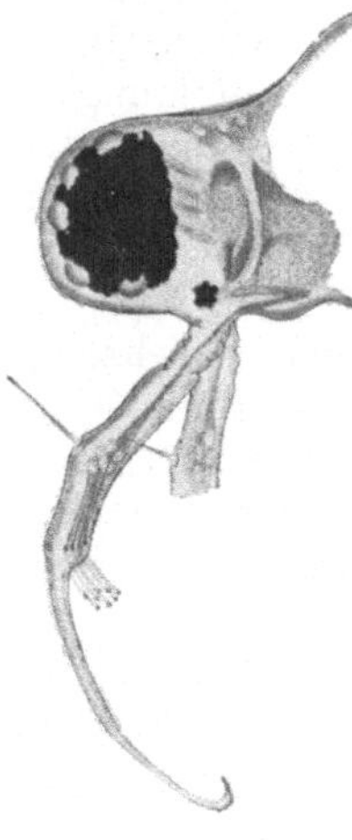

Abb. 585.

Abb. 584 u. 585. Primäre und sekundäre Geschlechtscharaktere.

Abb. 584. *Latona setifera* (O. F. M.). Hinterleib des Männchens. *a* Begattungsorgane; *b* Samenleiter; *t* Hoden. (SARS 1865.)

Abb. 585. Kopf von *Ceriodaphnia quadrangula* (O. F. M.). Man beachte die mächtig entwickelten ersten Antennen. (LEYDIG 1860.)

Der Bewegungsmodus der Cladoceren ist in Übereinstimmung mit den ganz verschiedenen Verhältnissen, unter denen die einzelnen Formen leben, sehr verschieden. Die größten Verschiedenheiten finden sich innerhalb der Litoralformen. Die meisten von ihnen sind langsam schwimmende Tiere, die einen Großteil

ihres Lebens sitzend auf Pflanzen verbringen und nur hier und da eine Schwimm-
tour zu einem nahen Stengel oder einem Blatt unternehmen. Manche haben sich
zu bestimmten Spezialisten ausgebildet. Einige können als Kletterer bezeichnet
werden, die sich entlang der Pflanzenstengel bewegen. Das ist bei *Chydorus*

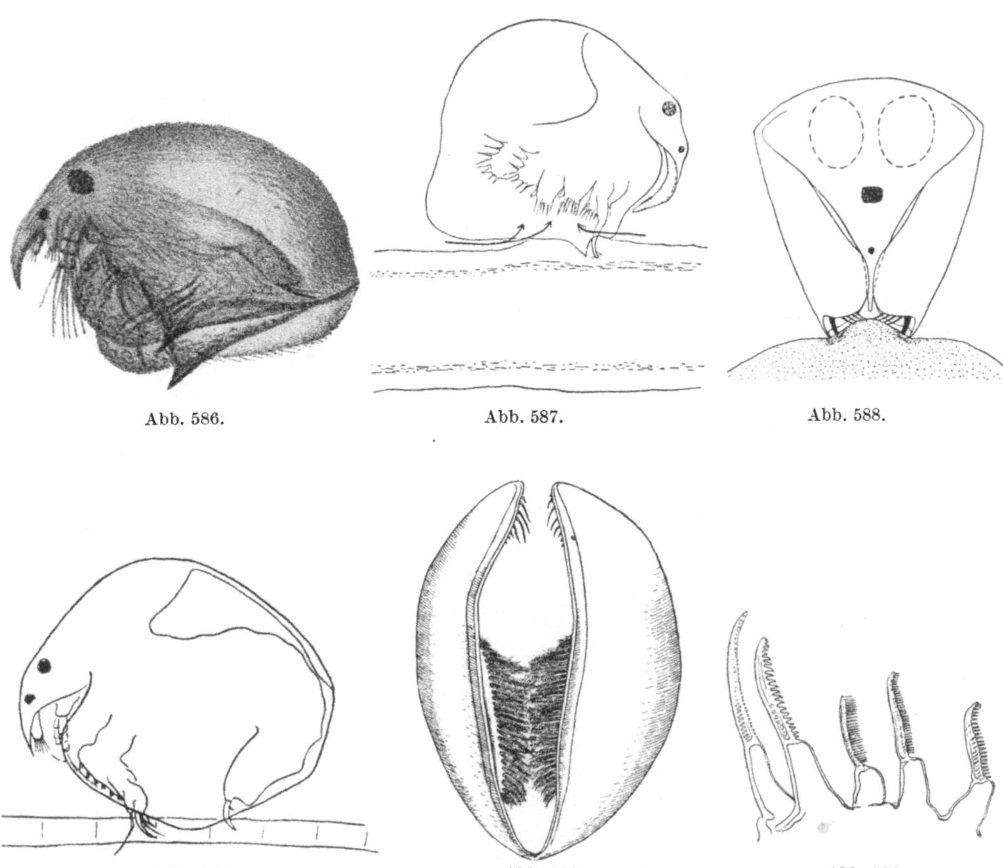

Abb. 586.   Abb. 587.   Abb. 588.

Abb. 589.   Abb. 590.   Abb. 591.

Abb. 586 bis 588. *Anchistropus emarginatus* SARS. (Alle außer Abb. 586 nach BORG 1935.)

Abb. 586. Das Tier in Seitenansicht; man beachte den Stachel am Ventralrand der Schale. (NORMAN und BRADY 1867.)

Abb. 587. Tier auf einer Hydra sitzend; die Pfeile geben die Stromrichtung des Wassers an.

Abb. 588. Tier auf Hydra sitzend, von vorne gesehen; die Schalenstachel sind auf die Hydra gedrückt.

Abb. 589 u. 590. *Chydorus sphaericus* O. F. M. (Alle nach FRANKE 1925.)

Abb. 589. Tier auf einem Algenfaden sitzend.

Abb. 590. Eine abgeworfene Schale, die den Borstenbesatz längs des Schalenrandes zeigt.

Abb. 591. Endopoditborsten des zweiten Brustbeines.

sphaericus O. F. M. (Abb. 589 bis 591) und gewissen anderen Lynceiden der Fall,
jedenfalls in hohem Maße bei dem eigenartigen *Ophryoxus gracilis* G. O. SARS
(Abb. 561). Von einer Form, *Anchistrophus emarginatus* G. O. SARS (Abb. 586 bis
588) wird angegeben, daß sie vorwiegend als Parasit auf *Hydra* lebt (BORG 1935).
Eine kräftige Kralle am ersten Beinpaar und ein starker merkwürdiger Stachel
am Ventralrand der Schalenklappen werden als Festheftungsmittel verwendet.
Sehr wenige können als eigentlich kriechende Bodentiere bezeichnet werden, am

ehesten noch die eigentümliche *Graptoleberis testudinaria* (FISCHER; Tafel 15, Fig. 5) sowie *Ilyocryptus sordidus* (LIÉVIN; Tafel 15, Fig. 3).

Eine Form, *Streblocerus serricaudatus* (FISCHER), kann am besten als Stelzengänger bezeichnet werden, indem sie eine sehr lange Borste der zweiten Antennen verwendet, um sich über den Schlamm vorwärts zu stakeln. Einige sind springende Formen (*Camptocercus*-Arten, Tafel 15, Fig. 7), die ihr langes, stabförmiges Postabdomen gebrauchen, um sich von Pflanzen abzustoßen. Eine Form, *Scapholeberis mucronata* (O. F. M.; Abb. 292, 293), hat sich wie der Ostrakode *Notodromas monacha* (O. F. M.) von den Pflanzen emanzipiert und verwendet das Oberflächenhäutchen des Wassers als Substrat, unter welchem sie dahingleitet. Das Tier hängt von der Oberfläche herab, mit dem Rücken nach unten gewendet. An den Ventralrändern der Schale findet sich eine Reihe von Haaren, die vom Wasser nicht benetzt werden. Sie durchstoßen den Wasserspiegel und legen sich auf dessen Oberfläche. Indem das Tier seine zweiten Antennen bewegt, fährt es, an der Wasseroberfläche aufgehängt, unter dieser dahin. Die Nahrung besteht aus winzigen Partikelchen, die im Oberflächenhäutchen sich vorfinden und die mit den Gliedmaßen zusammengefegt werden. Viele Litoralformen

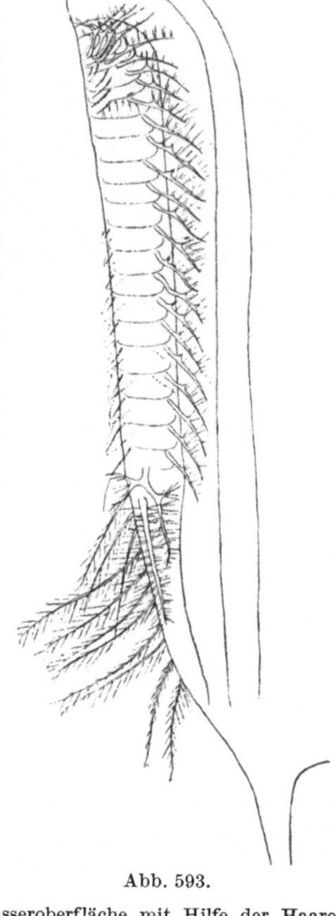

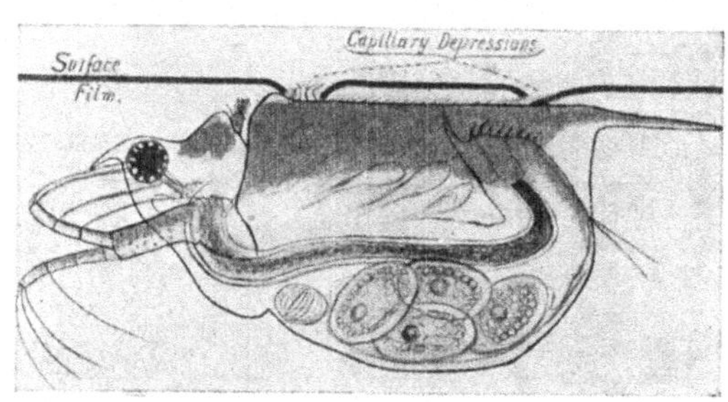

Abb. 592.   Abb. 593.

Abb. 592. *Scapholeberis mucronata* (O. F. M.), an der Unterseite der Wasseroberfläche mit Hilfe der Haare hängend. (SCOURFIELD 1900.)

Abb. 593. *Scapholeberis microcephala* LILLJB. Ventralrand der linken Schalenhälfte. (BANKIEROWA 1934.)

sind weit mehr sitzende als schwimmende Tiere; allen voran gilt das für Formen mit gut entwickeltem, klebendem Haftapparat im Nacken, besonders für *Sida crystallina* (O. F. M.), die zu Hunderten z. B. auf der Unterseite von Seerosenblättern sitzt; man fängt sie mit dem Netz nur, wenn man damit gegen diese schlägt. Werden sie in ein Glas gebracht, so setzen sie sich augenblicklich an den Seiten des Gefäßes fest. Sie machen nicht mehr Schwimmstöße, als nötig ist, um diese zu erreichen. Sie halten die zweiten Antennen von sich gestreckt und wirbeln mit den Brustbeinen, die in ständiger Bewegung sich befinden, die Nahrung zu den Mundgliedmaßen hin. Ganz das Gleiche ist bei den *Simocephalus*-Arten der Fall (Abb. 560). Manche Chydoriden, z. B. *Ch. sphaericus* (O. F. M.), können in ungeheuren Mengen an zarten Blatteilen von Wasserpflanzen sitzen, indem sie diese mit ihren Schalenklappen einklemmen. In Seen mit Wasserblüte können sie sekundär zu Planctonorganismen werden, indem sie sich im blaugrünen Algenteppich der Oberfläche aufhalten und sich massenweise an den *Clathrocystis*-Klumpen befestigen (W.-L. 1904). — *Simocephalus vetulus* O. F. M. hält sich hauptsächlich mit einem langen Dorn an dem einen Ast der zweiten Antennen fest.

Fortpflanzung und Variation.

Die weitaus überwiegende Zahl aller Cladoceren sind in erster Linie Uferformen: die Litoralzone ist ihr Heim; zwischen den Pflanzen sind sie zu Hause. Von den zirka 70 bis 80 Arten Mitteleuropas begegnen wir ungefähr 60 hier. Aber aus dieser kompakten Masse heraus sind Entwicklungslinien entstanden, die von der Litoralregion wegtrachten, sich von der Unterlage zu emanzipieren suchen und mit ihren Schlußstadien draußen in der pelagischen Region enden. Eine dieser Linien geht von *Sida crystallina* (O. F. M.) aus, die mit ihrem Haftapparat an Seerosenblättern usw. befestigt sitzt, über Formen, wie *Diaphanosoma* und *Limnosida*, zu der wasserklaren *Leptodora* (Tafel 13, Fig. 6, 1, 4; Abb. 562). Eine andere führt von *Polyphemus* zu *Bythotrephes* (Abb. 563, 565). Unsicherer ist der Ausgangspunkt der Bosminen, aber man wird ihn wohl unter den Lynceiden suchen müssen. Es ist merkwürdig zu sehen, wie innerhalb einzelner Gattungen und Arten gewisse Arten und Varietäten entstehen, die Leitformen werden in der vegetationsfreien Wasserzone kleiner, seichter Seen und Teiche, oft mit einem Pflanzengürtel an den Ufern entlang. Das sieht man am deutlichsten innerhalb der beiden Gattungen *Ceriodaphnia* und *Daphnia*. Beide haben in ihren Endstadien Formen hervorgebracht, die typische Bewohner der pelagischen Region selbst unserer größten Seen sind (*Ceriodaphnia quadrangula* [O. F. M.] var. *hamata* [Gribsee und an anderen Stellen], *D. cucullata* G. O. Sars, richtiger *D. longispina* var. *cucullata*, u. a.). Es ist einleuchtend, daß in Ufernähe zwischen dem Pflanzenwuchs in einer Region, die reich an Unterstützungsflächen ist, und draußen in der pelagischen Region, wo solche vollständig fehlen und wo in größeren Seen tiefere Wasserschichten sind, in welchen ein Fortkommen nicht möglich ist, sich das Leben äußerst verschieden abspielen muß. Dazu kommt, daß diejenige Eigenschaft, welche in bezug auf diesen Punkt in der pelagischen Region für alle Planctonorganismen die allergrößte Rolle spielt, nämlich die Tragfähigkeit des Wassers, im Süßwasser regelmäßigen Veränderungen im Jahreslauf unterworfen ist (s. später). Es ist deshalb ganz selbstverständlich, daß diese verschiedenen Uferformen, um sich an ein Leben in den zentralen Partien der Teiche und in der pelagischen Region unserer Seen anzupassen, eine durchgreifende Umbildung sowohl in morphologischer als auch in biologischer Hinsicht durchmachen müssen. Festheftungsorgane, kräftige Klammerkrallen und die dem Boden und der Vegetation angepaßte braune, grüne und rötliche Farbe brachten hier keinen Nutzen. Dagegen sind in hohem Maß alle jene Mittel angezeigt, die auf die eine oder andere Weise die Fallgeschwindigkeit herabzusetzen vermögen, bei Raubtiertypen möglichst hoch entwickelte Sinnesorgane und Fangeinrichtungen, bei allen weitestgehende Hyalinität; weiter bei allen jenen Formen, die darauf angewiesen sind, ihr ganzes Leben in freiem Wasser zu verbringen, die Fähigkeit, sich gemäß den jährlichen, regelmäßigen Veränderungen in der Tragfähigkeit, die das Süßwasser seinen Organismen bietet, umzubilden. War die Notwendigkeit der Umbildung in morphologischer Hinsicht groß, so war sie nicht minder groß in biologischer Hinsicht. In Kleinteichen und Tümpeln sind die Wasserflöhe der Austrocknung und dem Einfrieren ausgesetzt; dagegen sind Dauereier und Ephippien Anpassungseinrichtungen. In der pelagischen Region droht den Lebewesen in dieser Hinsicht keine Gefahr und hier spielen Überwinterungsorgane keine so große Rolle. In Übereinstimmung damit sieht man denn auch, daß diese entweder verschwinden oder nur eine untergeordnete Bedeutung erhalten. Das bringt wieder eine ganz andere Form der Fortpflanzung mit sich, welcher wir nur bei pelagischen Formen begegnen. Bei den Umbildungen zum pelagischen Leben sinkt die Größe und Fruchtbarkeit (Gattung *Daphnia*). Es ist weiter klar, daß den Planctoncladoceren, weil sie an ein Leben unter gleichen, vom Normalen abweichenden Verhältnissen angepaßt sind, ein gewisses gemeinsames Gepräge zukommt, das die große Hyalinität, Dornenbildungen und Ausbildung von Fangapparaten selbstverständlich verleihen muß. Man ist leicht versucht anzunehmen, daß unter diesen Formen ein gewisses Verwandtschaftsverhältnis gegeben sei. Gerade das hat es bewirkt, daß eines dieser Endstadien in einer der Entwicklungsreihen, *Leptodora hyalina*, stets, wenigstens nach meinem Dafürhalten, unrichtig im System untergebracht worden ist.

Nirgends sieht man wohl die Umbildung des Typus von der Litoralform zur pelagischen so schön wie bei den Arten der Gattung *Daphnia* (Abb. 594 bis 598). Außer einer selten schön ausgeprägten, eutrophen Tümpelform, *D. Atkinsoni* Baird, haben wir bei uns vier Arten der Gattung *Daphnia*: *D. magna* Straus, *D. pulex* (de Geer), *D. longispina* O. F. M. und *D. cucullata* G. O. Sars. Von ihnen ist *D. magna* die ausgesprochene warmwasserliebende Tümpelform, die in kleinen, seichten, an organischer Nahrung reichen Dorfteichen zu Hause ist. Sie ist fast oder kann fast kugelrund sein und ist die größte unserer *Daphnia*-Arten; sie besitzt ein sehr kräftiges Postabdomen mit starkem Dornenbesatz am Hinterrand und einen kräftigen Besatz mit zweierlei Borsten an den Abdominalkrallen: dornenähnliche proximal und haarförmige distal. *D. pulex* ist bei uns in Kleinteichen zu Hause, sie hält sich zwischen Pflanzenwuchs auf und ist im offenen Wasser nicht anzutreffen. Sie erreicht *D. magna* auch nicht bei Maximalgröße und ihr Dornenbesatz am Postabdomen und den Krallen ist nicht so kräftig wie bei *D. magna*. Beide haben eine rötliche Farbe, die bei *D. magna* zumeist stärker ist. In den großen Seen Europas wird *D. pulex* jedenfalls nur äußerst selten Planctonorganismus. *D. longispina* findet sich selbst in Kleinteichen, z. B. von Nöddebo (Berg 1932), oft mit ihr zusammen. Sie ist kleiner, viel hyaliner, der Dornenbesatz am Hinterrand sehr schwach entwickelt und die Krallen tragen keine Dorne, sondern nur einen Haarsaum. Außer daß sie in Kleinteichen vorkommt, in denen sich auch *Daphnia pulex* findet, hat sie an vielen Stellen die zentralen Partien kleinerer Seen erobert, aber sie ist außerdem in zahlreichen Seen eine ausgesprochen pelagische Form, die draußen in den mittleren Bereichen unserer größten Seen zahlreiche Seerassen ausgebildet hat, welche voneinander stark abweichen. Bei den meisten von ihnen kommt es zu einer Verlängerung des Kopfschildes, oft ist dieser vorne mit einem auffälligen Stachel versehen (forma *galeata*). Die Elementararten zeigen alle Temporalvariation. Im Winter verschwinden alle Helmdifferenzierungen. Abgesehen von ihrer Hyalinität und dem Fehlen des Dornenbesatzes am Hinterrand des Postabdomens und an den Krallen gleichen sie hochgradig *Daphnia pulex*. Die Eizahl ist bei den Seerassen gewöhnlich bedeutend niedriger. *D. longispina* ist in ihrem Bau, ihrer Biologie und ihrem Vorkommen eine der typischesten Übergangsformen zwischen der ausgesprochenen Teichform und der ausgesprochenen Seeform und imstande, unter äußerst verschiedenen Verhältnissen zu leben und sich in Übereinstimmung damit umzubilden. Der Schlußstein in dieser Reihe wird von *D. cucullata* gebildet, die oft als eigene Gattung aufgestellt wird: *Hyalodaphnia*. Sie ist eine ausgesprochene Seeform, die im Sommer mit den Diaptomiden das Hauptkontingent des tierischen Planctons unserer großen Seen bildet. Sie ist die kleinste der hier genannten Arten und ist immer außerordent-

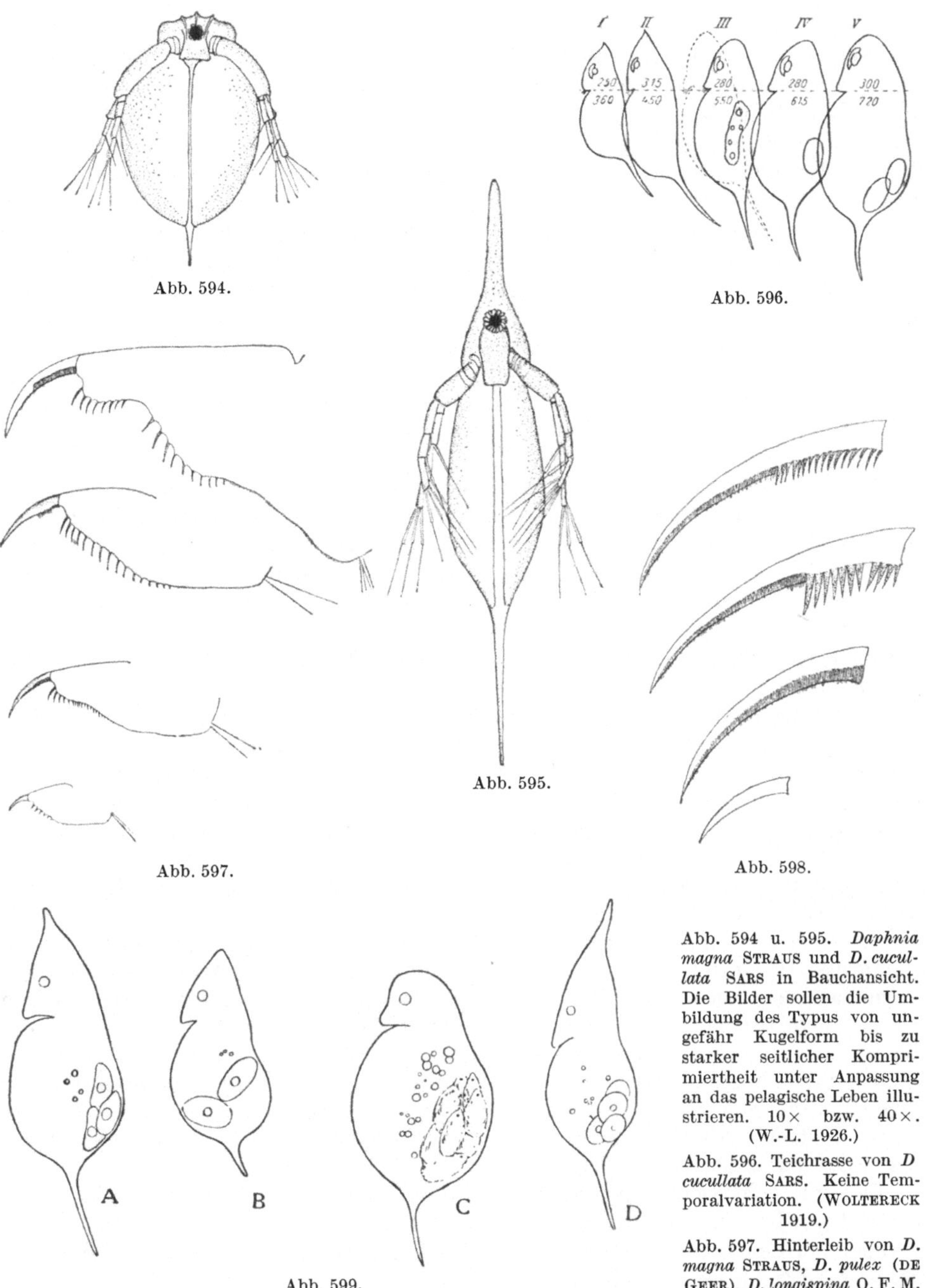

Abb. 594.

Abb. 596.

Abb. 595.

Abb. 597.

Abb. 598.

Abb. 599.

Abb. 594 u. 595. *Daphnia magna* Straus und *D. cucullata* Sars in Bauchansicht. Die Bilder sollen die Umbildung des Typus von ungefähr Kugelform bis zu starker seitlicher Komprimiertheit unter Anpassung an das pelagische Leben illustrieren. 10× bzw. 40×. (W.-L. 1926.)

Abb. 596. Teichrasse von *D cucullata* Sars. Keine Temporalvariation. (Woltereck 1919.)

Abb. 597. Hinterleib von *D. magna* Straus, *D. pulex* (De Geer), *D. longispina* O. F. M. und *D. cucullata* Sars.

Abb. 598. Hinterleibskrallen der gleichen Tiere. Die Bilder sollen zeigen, wie der Typus bei der Umbildung von der Uferform zum Planctonorganismus die Stacheln am Hinterleibsrand reduziert; gleichzeitig werden die Dorne an den Krallen reduziert, bei *D. cucullata* gehen sie ganz verloren. (W.-L. 1926.)

Abb. 599. *A* und *B* zwei parthenogenetische Weibchen von *D. cucullata* Sars, in der herbstlichen Sexualperiode gefangen. Sie enthalten nur wenige Öltropfen. *C* und *D*. Zwei parthenogenetische Weibchen von *D. cucullata* Sars, im Frühjahr und Sommer gefangen, während die Art in reichlicher parthenogenetischer Vermehrung begriffen war. Diese Weibchen enthalten zahlreiche Öltropfen. (Berg 1934.)

Alle Bilder der Abb. 597 u. 598 bei gleicher Vergrößerung gezeichnet.

lich hyalin. Die Dorne am Hinterrand des Postabdomens sind fast rudimentär, die Schwanzklauen ganz unbewaffnet; sie besitzt nicht einmal Haarfransen. Der Dornenbesatz der Schwanzkrallen wird vor allem zur Reinigung der Filterkämme der Brustbeine verwendet; als solche sind sie von Bedeutung bei Teichformen, die in oft detrituserfüllten Gewässern leben, aber überflüssig bei denjenigen Formen, die in der klaren, pelagischen Region der großen Seen vorkommen. Die Hyalinität ist außerordentlich groß; im Gegensatz zu allen übrigen Arten fehlt ihnen das Naupliusauge. Das Komplexauge ist sehr klein, doch stehen die Linsen frei hervor. Es besteht eine außerordentlich starke Temporal- und Lokalvariation, eine Anpassung an die großen lokalen und jahreszeitlichen Verschiedenheiten in der Tragfähigkeit des Süßwassers. Die Eizahl der parthenogenetischen Generationen ist sehr klein; im Frühjahr am größten, im Sommer nicht mehr als eines bis zwei. In vielen Seen sind die Sexualperioden ganz weggefallen oder Männchen und Ephippienbildung zum mindesten sehr selten. Die Fortpflanzung ist oft ausschließlich acyclisch (s. auch Abb. 610 samt Erklärung).

Ausnahmsweise und wohl sekundär kann *D. cucullata* in kleinen, sehr seichten und sehr nahrungsreichen Teichen auftreten. Sie kommt hier als Zwergform vor (Abb. 596), sehr häufig mit schwach ausgebildeter Temporalvariation und deutlicher cyclischer Fortpflanzung, doch hat sie nicht mehr als höchstens zwei Sexualperioden im Jahr. Diese Entwicklungsreihe der *Daphnia*-Arten zeigt deutlich und eindrucksvoll, wie ein Typus vom Leben in seichten, warmen Tümpeln sich an ein Leben in der pelagischen Region der größten Seen anzupassen vermag.

Sehr eingehende Studien über die Daphnien haben in den letzten Dezennien gezeigt, daß die Verhältnisse, die eben geschildert worden sind, für ganz Nord- und Mitteleuropa sowie für große Teile der ganzen gemäßigten Zone der alten Welt Gültigkeit besitzen. In Nordamerika und in den Tropen sind die Verhältnisse nach den Untersuchungen WOLTERECKS (1932) andere.

Aus den Untersuchungen in Nordamerika geht hervor, daß *D. cucullata* hier ganz zu fehlen scheint. Die pelagischen Rassen von Nordamerika gehören zum größten Teil zu *D. pulex*, die, wenn sie pelagisch auftritt, die gleichen Merkmale wie *D. cucullata* aufweist, nämlich Helmbildung in sehr verschiedenen Formen und große Hyalinität, aber die Rassen erhalten sich ihren Augenfleck und die Dorne an den Schwanzkrallen. Außerdem enthalten die nordamerikanischen wie die europäischen Seen Rassen von *D. longispina*. Von den Formen der Tropen, die noch sehr wenig untersucht sind, wird angegeben, daß unter den Tümpelformen ihren Ausgangspunkt *D. magna* bildet, es sind die sog. *M-Daphnien*, im Gegensatz zu den *P-(pulex-)Daphnien*. Sie sind bei uns durch *D. Atkinsoni* BAIRD vertreten, die in einigen kleinen, sehr eutrophen Teichen gefunden wird, besonders nahe bei Sorö (BERG 1931).

Es gibt wohl wenige Tiere, deren Fortpflanzungsverhältnisse so eingehend studiert worden sind, wie die der Cladoceren; und man darf wohl auch hinzufügen, wenige, bei denen auf diesen Gebieten umfassendere und in gewisser Hinsicht sicherere Ergebnisse erreicht worden sind.

Tafel 14. Cladocera.

Fig. 1. *Daphnia longispina* O. F. M. *F* Fornix; *DC* Blinddarm; *D* Darm; *h* Herz; *E* Brutraum mit Eiern; *avf* Rückenfortsätze; *u.v.S.R* hinterer, ventraler Schalenrand; *Rb* Schwimmborsten; *r* erstes Paar Antennen. Fig. 2. *Drepanothrix hamata* SARS. Fig. 3. *Macrothrix hirsuticornis* NORMAN und BRADY. Fig. 4. *Lathonura rectirostris* (O. F. M.). Fig. 5. *Bunops scutifrons* BIRGE. Fig. 6. *Bosmina longirostris* (O. F. M.). — Fig. 1 und 6 nach STINGELIN 1895. Fig. 2 nach NORMAN und BRADY 1867. Fig. 3 nach BERG 1933. Fig. 4 nach LEYDIG 1860. Fig. 5 nach MERRIL, Transact. Wisconsin Acad., Vol. 9. Fig. 1 zirka 1,5 bis 2 mm; die übrigen zirka 1 oder unter 1 mm.

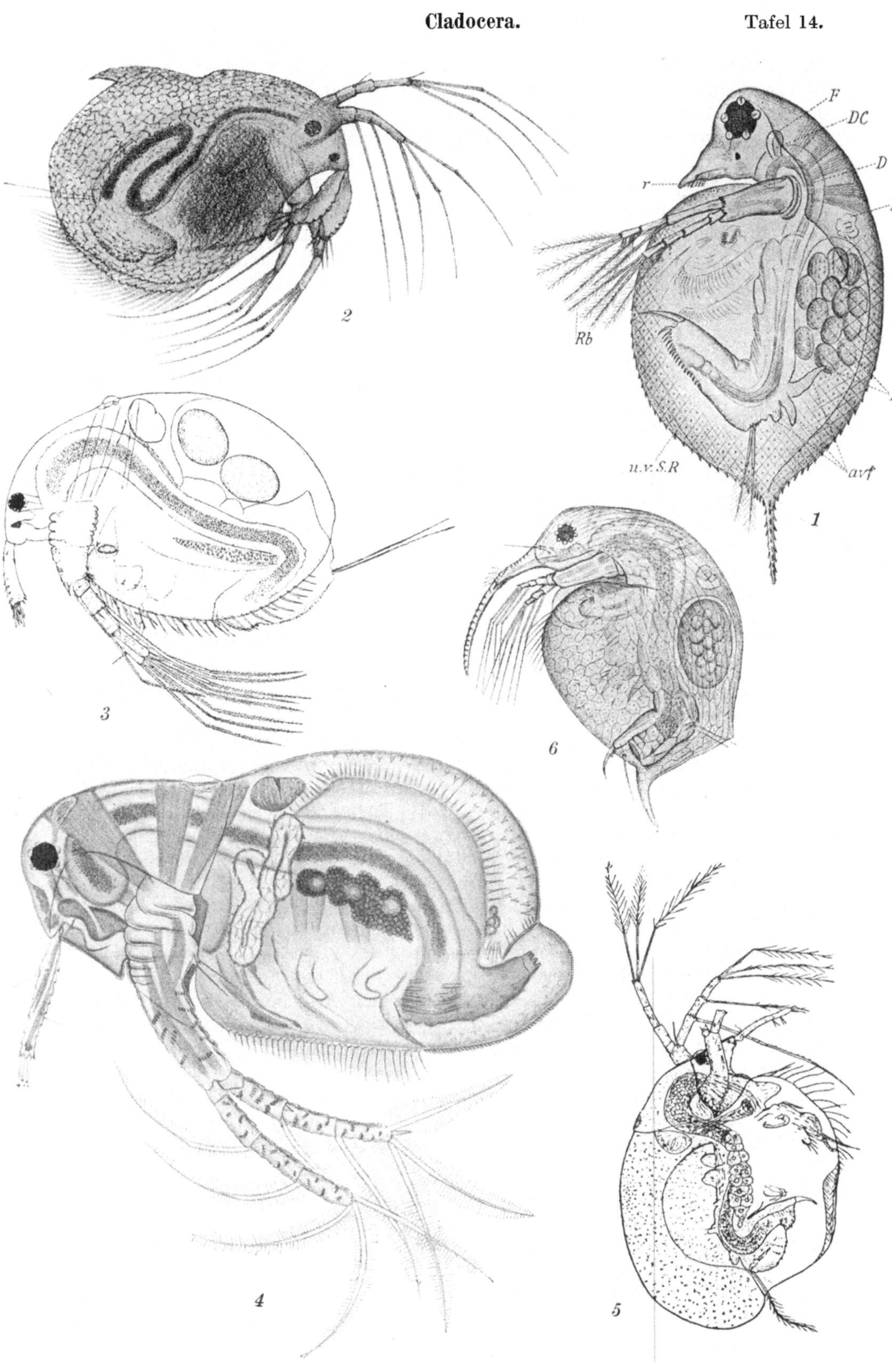
F
DC
D
h
r
E
Rb
u.v.S.R
avf
1
2
3
4
5
6

Die Untersuchungen wurden durch die grundlegenden Studien WEISMANNS (1876 bis 1879) eingeleitet und von einer Reihe anderer Forscher fortgesetzt. Umfassende Untersuchungen sind auch aus meinem Laboratorium hervorgegangen.

Die Cladoceren besitzen ebenso wie die Rädertiere eine cyclische Fortpflanzung von der Art, welche man als Heterogonie bezeichnet. Nach einer Anzahl von Generationen, die sich nur parthenogenetisch fortpflanzen, folgt eine Generation, die aus Männchen und Weibchen besteht, welche sich paaren, worauf größere oder kleinere Teile der Population absterben. Die Zahl der parthenogenetischen Generationen wechselt bei den verschiedenen Arten, aber innerhalb der gleichen Art auch von Stelle zu Stelle und von Jahr zu Jahr. Die parthenogenetische Generationsreihe schließt mit dem letzten Wurf ab, der entweder auf parthenogenetischem Weg Männchen hervorgehen läßt oder Dauereier, die zu ihrer weiteren Entwicklung der Befruchtung durch Männchen bedürfen. Auch bei den Rädertieren trafen wir auf eine heterogone Vermehrung, aber zwischen der Fortpflanzung der Rädertiere und der der Wasserflöhe besteht der große Unterschied, daß die parthenogenetische und die gamogenetische Vermehrung bei den Rädertieren auf zwei Weibchensorten verteilt ist, auf die amiktische und miktische. Die amiktische kann sich nur auf parthenogenetischem Weg vermehren; eine Befruchtung hat keinen Einfluß auf das Ei. Die miktische kann nur Männchen-Eier erzeugen, worauf diese, wenn die Befruchtung ausbleibt, Männchen produzieren, wenn aber eine Befruchtung stattfindet, Dauereier. Das Dauerei ist das befruchtete Männchen-Ei. Aus ihnen entwickelt sich später die erste parthenogenetische Weibchengeneration der neuen Population. Die Befruchtung bewirkt also hier eine Umbestimmung des Geschlechtes des Eies.

Bei den Wasserflöhen findet sich nichts dergleichen.[1] Hier ist in der Regel das gleiche Weibchen imstande, zuerst parthenogenetische Weibchen hervorzubringen, hernach Dauereier, hierauf nochmals parthenogenetische Weibchen, um dann wieder zur Dauerei-Bildung überzugehen (BERG 1931 u. a.). Die Bezeichnung Sexualweibchen, auf die man oft in der Literatur stößt, ist aus diesem Grund wohl nicht glücklich gewählt. Wenn sie gleichwohl Anwendung gefunden hat, so darum, weil es scheint, als ob es gewisse Arten gibt (*Polyphemidae* und möglicherweise auch gewisse *Chydoridae*, z. B. *Eurycercus*), bei denen man auf eine scharfe Grenze zwischen parthenogenetischen und Sexualweibchen trifft. Die letzteren sollen nur Dauereier produzieren können. Bleiben diese unbefruchtet, so gelangen sie in den Brutraum und gehen hier in Auflösung über. Bei diesen Formen soll ein deutlicher Unterschied zwischen den beiden Weibchenformen, teils im Bau des Eierstocks, teils des Brutraums gegeben sein, indem dieser bei Formen, deren Schale nur zur Bildung des Brutraums dient und nicht auch dem Schutz des Hinterleibs *(Polyphemidae)*, bei den Sexualweibchen und nur bei diesen einen besonderen Spalt besitzt, eine Art Vagina, durch welche die Paarung vor sich geht (KUTTNER 1911). Diese Angaben müssen jedoch mit großem Vorbehalt hingenommen werden, da die Verhältnisse kaum hinreichend untersucht worden sind.

Ebenso wie bei den Rädertieren können wir von poly-, di-, mono- und acyclischen Arten sprechen und es zeigt sich ebenso wie dort, daß das Milieu bei der cyclischen Fortpflanzung eine sehr große Rolle spielt.

---

[1] Es muß jedoch betont werden, daß BANTA (1937) behauptet hat, daß *Moina*-Weibchen, die mit Gamogenese beginnen, später sowohl zu gamogenetischer als auch zu parthenogenetischer Vermehrung übergehen können. Individuen dagegen, die mit parthenogenetischer Vermehrung begonnen haben, können nicht zu gamogenetischer Vermehrung übergehen. Man sollte also hier ähnlich wie bei den Rotiferen zwei Sorten von Weibchen haben.

Die *polycyclischen* Arten, von denen es übrigens kaum viele gibt, sind solche, die ganz vorwiegend in kleinen, austrocknenden Tümpeln zu Hause sind, welche in manchen Jahren staubtrockene Örtlichkeiten ohne einen Tropfen Wasser, in anderen vielleicht durch drei Wochen mit Wasser gefüllt sind, um nachher wieder staubtrocken zu liegen. An solchen Stellen kommen diejenigen Arten am besten zurecht, die in möglichst kurzer Zeit imstande sind, so viele Dauereier als möglich zu bilden, Stadien also, die das Austrocknen vertragen und die zum Ausschlüpfen bereit sind, wenn das Wasser wieder kommt, und die anderseits in feuchten, regenreichen Sommern mehrere parthenogenetische Generationen liefern können, welche stets wieder Dauereier produzieren. Das beste Beispiel von Vermehrung dieser Art ist die kleine, in vielen Richtungen eigentümliche Gattung *Moina* (Tafel 13, Fig. 2). Sie hält sich besonders in kleinen, seichten Dorftümpeln auf, die den Sommer über mehr oder weniger lang trocken sind. In Dänemark scheint sie nicht häufig zu sein. Wo sie auftritt, kommt und geht sie, bald ist sie in großen Mengen zur Stelle, bald nur in einzelnen Exemplaren. Ihre Lebensweise ist bisher in Dänemark niemals genauer verfolgt worden. Von Deutschland wird angegeben, daß dort Population auf Population folgt. Die aus dem Dauerei hervorgehende Generation ist immer rein parthenogenetisch, aber schon in der zweiten Generation finden sich zum Teil Männchen und ephippientragende Weibchen, die dritte Generation besteht vorwiegend aus solchen; wenn diese Weibchen ihre Ephippien abgelegt haben, stirbt die Population aus, die also nur aus drei Generationen besteht. Von derartigen Populationen können im Verlauf eines Sommers eine ganze Reihe entstehen. Wie oft auch die Trockenheit einsetzt, im ausgetrockneten Schlamm werden immer Dauereier vorhanden sein, die zur Entwicklung bereit sind, wenn ein Regen kommt. Leider gibt es in meinem engsten Untersuchungsbereich keine mit *Moina* bevölkerten Teiche, und soweit ich sehe, fußen die Berichte weiter vom Süden im wesentlichen auf Laboratoriumsstudien und Analogieschlüssen auf die Verhältnisse der natürlichen Lokalitäten und nicht so sehr auf regelmäßigen Beobachtungen in der Natur selbst (s. übrigens BERG 1929).

Es scheint übrigens, als ob man es weiter gegen Süden oft mit Arten zu tun hätte, die ausgesprochen *polycyclisch* sind, d. h. mit Formen, die eine Reihe parthenogenetischer Generationen besitzen, welche von einer gamogenetischen Generation unterbrochen werden, hierauf folgt wieder eine neue Reihe parthenogenetischer Generationen und wieder eine gamogenetische; das soll sich mehrmals im Laufe des Sommers wiederholen. Diese Entwicklungsweise finden wir bei denjenigen Arten, welche in Kleinteichen und kleinen seichten Seen sich aufhalten. Aber diese Art der Vermehrung ist, soweit meine Erfahrung reicht, schon bei uns selten. Sie ist augenscheinlich unter Verhältnissen zu Hause, wo der Sommer länger dauert und die Gefahr der Austrocknung größer ist.

Die *dicyclische* Vermehrung mit einer Sexualperiode im Frühjahr und einer im Herbst dürfte die Norm für die Fortpflanzung bei einem Großteil der Formen sein, wie sie an den vorhin erwähnten Lokalitäten bei uns vorkommen, z. B. im Fortunteich. Von den beiden Sexualperioden ist die des Frühlings die am wenigsten hervortretende. Die ephippientragenden Weibchen sind in dieser den parthenogenetischen Weibchen weit an Zahl unterlegen. Im Herbst dagegen kommt ein Zeitpunkt, wo sozusagen jedes Weibchen Ephippien trägt. Im Verlauf von ungefähr acht Tagen können die Myriaden von Individuen, die den Teich erfüllt haben, aussterben und die Ephippien in ungeheuren Mengen an den Ufern plätschern und einen Saum bilden in den Anschwemmungen verschiedenster Art und an den im Herbst dahinwelkenden Pflanzen. Es sind ganz besonders Arten der Gattungen *Daphnia*, *Simocephalus* und *Ceriodaphnia*, um die es sich

dabei handelt. In welchem Grad die äußeren Verhältnisse Einfluß auf die Fortpflanzung besitzen, ersieht man daraus, daß diese gleichen Arten, wenn sie unter
arktischen Verhältnissen auftreten, dort oben im Norden nur Zeit haben, um
eine einzige Generation zu bilden (W.-L. 1894, OLOFSSON 1918, EKMAN 1904,
HABERBOSCH 1920). Schon das aus dem Dauerei auskriechende Weibchen
ist dort sofort imstande, Ephippien zu tragen; diese erste Generation vermag
sofort Männchen zu erzeugen, sich mit diesen zu paaren und hierauf gleich
Ephippien zu bilden. Der kurze arktische Sommer mit seinen Tümpeln, die
zuweilen nur wenige Wochen offenstehen, höchstens ein paar Monate, läßt
manchmal nicht mehr als eine einzige parthenogenetische Generation zur Entwicklung kommen. Durch zehn bis elf Monate des Jahres ruhen die Arten am
gefrorenen Grund, aber selbst an ein Leben unter so extremen Verhältnissen
wissen sie sich anzupassen. Ganz entsprechende Verhältnisse finden sich in
den Tropen, wo die Arten, die übrigens zu den gleichen Gattungen gehören,
den größten Teil des Jahres als Dauereier in dem staubtrockenen, von der
Tropensonne erhitzten Schlamm liegen. Von einem Großteil der Chydoriden
wird ebenfalls angegeben, daß sie dicyclisch sind. Schon in Dänemark dürften
sie jedoch vorwiegend monocyclisch sein mit einer Sexualperiode im Herbst,
zum mindesten ist die Frühjahrs-Sexualperiode gewöhnlich sehr wenig auffällig.

Die *monocyclischen* Formen sind hauptsächlich solche, die sich in kleinen
Seen und nicht austrocknenden Teichen aufhalten mit einer zentralen vegetationsfreien Partie. Hierher gehören erstens fast alle Sididen, die Bosminen der kleinen
Seen und *Daphnia*-Rassen, zweitens, wenigstens bei uns, wie früher erwähnt,
die allermeisten Chydoriden. Die monocyclischen *Daphnia*- und *Bosmina*-Arten
kriechen im Frühjahr aus den überwinternden Eiern aus. Sie haben den Sommer
über eine Reihe parthenogenetischer Generationen, die zum Schluß die Teiche
mit Myriaden erfüllen, welche, wie das bei der Gattung *Daphnia* der Fall ist,
sie rot färben können. Gegen den Herbst hin beginnen die Ephippialweibchen
sich zu zeigen. Im Oktober-November bedecken sich die Wässer mit Myriaden
von Ephippien und das Wasser entvölkert sich. Bei manchen Arten der Gattungen
Daphnia und *Bosmina* bleibt in einigen Fällen eine größere oder geringere Anzahl
von parthogenetischen Weibchen zurück, die mit abnehmender Fruchtbarkeit
die Vermehrung den ganzen Winter hindurch fortsetzen. Alle Sididen scheinen
dagegen, nachdem sie die Dauereier gebildet haben, vollständig auszusterben.
Das Gleiche gilt für *Leptodora*, *Bythotrephes* und lokal wahrscheinlich auch für
Polyphemus. Alle diese werden auch, weil sie ihre stärkste Entwicklung bei
den höchsten Wassertemperaturen erreichen, als Sommerformen bezeichnet.
Viele Chydoriden und möglicherweise auch die ausgesprochenen Bodenformen,
die Macrothriciden, haben wohl eine ausgeprägte Sexualperiode im Herbst,
aber sie verschwinden nicht ganz aus dem Wasser, und manche trifft man den
ganzen Winter hindurch am Boden und auf den Pflanzen herumkriechend an.
Das gilt z. B. für *Chydorus sphaericus* (O. F. M.), *Eurycercus lamellatus* (O. F. M.),
Alona-Arten usw.

Als *acyclische* Arten werden solche bezeichnet, bei welchen Sexualperioden
überhaupt nicht nachgewiesen worden sind. Während bei anderen Tiergruppen,
z. B. den Gallwespen, Arten vorkommen, bei denen niemals Männchen nachgewiesen worden sind und bei denen wir annehmen müssen, daß die Fortpflanzung
ausschließlich parthenogenetisch erfolgt, ist das bei den Wasserflöhen nicht
der Fall. Wir kennen hier keine Arten, die sich bloß parthenogenetisch vermehren;
dagegen kennen wir von verschiedenen Arten Populationen, die unter extremen
Verhältnissen leben, wie Planctonorganismen in der pelagischen Region der
größeren Seen, wo jede Möglichkeit der Austrocknung des Wohngebietes aus-

geschlossen ist. Solche Populationen finden sich nur bei den Genera *Daphnia* und *Bosmina*, ganz besonders bei den Arten *Daphnia cucullata* G. O. SARS und *Bosmina coregoni* BAIRD. Eingehendere Untersuchungen dürften aber immerhin zeigen, daß in den Schwärmen gegen den Herbst hin stets ganz vereinzelte Männchen und ephippientragende Weibchen vorkommen. Deren Zahl dürfte übrigens größer sein, als weniger genaue Untersuchungen es vermuten lassen, da die ephippientragenden Weibchen, durch die Ephippien beschwert, in tieferen Wasserschichten stehen als die parthenogenetischen Weibchen (W.-L. 1908). Es ist übrigens nachgewiesen worden, daß Populationen wie die des Vierwaldstädtersees, in dem niemals Männchen oder ephippientragende Weibchen festgestellt worden sind, wenn man sie ins Laboratorium bringt und ihnen in der Kultur reichliche Ernährung gewährt, zur Erzeugung von Männchen gebracht werden können (BERG 1931), ein schlagender Beweis, daß die Fähigkeit zu gamogenetischer Fortpflanzung nur anscheinand verlorengegangen ist. Auch Untersuchungen in freier Natur bekräftigen dies. Ich selbst habe, trotzdem ich Tausende von Daphnien mit Lupe und Mikroskop durchgesehen habe, im Furesee niemals auch nur ein einziges Weibchen mit Ephippien feststellen können (W.-L. 1904 bis 1908). Aber es kam doch ein Jahr (1929), wo BERG einzelne Weibchen mit Ephippien gefunden hat, aber auch er traf späterhin niemals mehr auf solche; dagegen rief sie BERG experimentell im Laboratorium hervor (1931). Von diesen Populationen, die sich also nur parthenogenetisch vermehren, bleiben den Winter hindurch eine Anzahl Weibchen zurück. Ihre Zahl ist nur gering und im zeitlichen Frühjahr nach dem Auftauen sind die Individuen äußerst spärlich vorhanden. Den ganzen Winter hindurch tragen sie nur eine sehr kleine Zahl von Eiern im Brutraum; diese Eier entwickeln sich außerordentlich langsam; sie sind in biologischer Hinsicht von den Dauereiern nicht sehr verschieden. Gegen das Frühjahr hin gewinnt die Eiproduktion an Schnelligkeit und die Weibchen haben dann größere Eiersätze (12 bis 15 Eier und mehr). Von diesen überwinternden Weibchen mit ihren großen Eiersätzen im Frühling stammen die ungeheuren Planctonschwärme des Sommers.

Man hat selbstverständlich sich bemüht aufzuklären, was den Eintritt einer Sexualperiode verursacht. Auch hier hat man geglaubt, daß man durch ein solches Studium eine klarere Auffassung des Begriffes Geschlechtsbestimmung werde erreichen können. Welches sind die Faktoren, die bedingen, daß die Weibchen plötzlich anfangen, Eier zu produzieren, aus denen sich Männchen entwickeln? Für die Versuche zur Lösung dieser Frage hat man besonders *Daphnia*-Arten verwendet *(D. pulex, D. magna, D. cucullata)*. Das Folgende bezieht sich nur auf diese Arten.

Die Untersuchungen in freier Natur, auf Grund deren die Lehre von der Cyclomorphose, der Nachweis poly-, di-, mono- und acyclischer Arten entstanden ist, scheinen völlig klar darzutun, daß das Eintreten der Geschlechtsperioden durch äußere Verhältnisse bedingt, also milieubestimmt ist. Es scheint die vollständigste Übereinstimmung zwischen dem Aufenthaltsort und dem cyclischen Verhalten zu bestehen. Die polycyclischen Formen kommen dort vor, wo die Kolonien jederzeit erwarten können, ausgerottet zu werden, die acyclischen dort, wo die Möglichkeit für dergleichen nicht scheint eintreten zu können. Das Ergebnis der Befruchtung sind ja Dauereier, mit deren Hilfe die Art über die gefährlichen Perioden, Austrocknung und Einfrieren, hinwegkommt. Sie werden jedesmal im Verlauf des Sommers gerade dann gebildet, wenn diese beiden Faktoren die Kolonien am meisten bedrohen (Tümpelformen), und sie fallen ganz weg bei denjenigen Formen, die dort leben, wo diese Faktoren niemals zur Geltung kommen (pelagische Region der großen Seen). Dicyclie und Monocyclie finden sich größtenteils bei Formen, die an Örtlichkeiten leben, wo die Naturverhältnisse zwischen diesen beiden Extremen liegen. Das Auftreten der Männchen, das ja Voraussetzung für die Dauerei-Bildung ist, wäre darnach durch Variationen in den äußeren Verhältnissen bedingt.

Trotzdem hat eine Reihe von Forschern mit großer Entschiedenheit behauptet, daß es nur innere, im Organismus selbst gelegene Faktoren seien, die das Auftreten der Männchen bedingen. Es wurde behauptet (WEISMANN 1876 bis 1879), daß die Geschlechtsperiode jeder einzelnen Art an eine zahlenmäßig bestimmte Generation gebunden sei, die von jener an gerechnet werden muß, welche aus dem Dauerei stammt. Nach dieser Lehre sollen streng genommen weder Austrocknung noch Kälte, weder Variation in der Ernährung noch in der Chemie des Wassers entscheidenden Einfluß auf den Eintritt der Geschlechtsperioden besitzen. Ihr Zeitpunkt ist für jede Art erblich fixiert, und wenn diese Perioden mit den Verhältnissen, unter denen die Arten leben, in Übereinstimmung sich befinden, so ist das etwas ganz Sekundäres, was durch Selektion zustande gekommen ist. Eine Reihe von Schülern WEISMANNs hat versucht, diese seine Auffassung weiter auszubauen. Das Ergebnis ist wohl nach der Ansicht der meisten ein mitten zwischen den beiden Anschauungen gelegener Standpunkt. Indem man im Laboratorium die Verhältnisse variierte, konnte gezeigt werden, daß es im Leben mancher Populationen gewisse Perioden gibt, wo Veränderungen der äußeren Verhältnisse nicht so leicht Einfluß auf die Geschlechtsbestimmung ausüben wie in anderen. Diese letzteren nannte man die labilen Perioden. — Die unmittelbar aus dem Dauerei hervorgegangenen Generationen lassen sich unter normalen Verhältnissen kaum zur Hervorbringung gamogenetischer Formen zwingen, ebenso wie man gegen das Ende der Lebenszeit der Populationen nur mit größter Schwierigkeit die gamogenetischen Generationen zu reichlicher Produktion von parthenogenetischen Weibchen zu bringen vermag. Es hat sich hingegen gezeigt, daß zwischen diesen beiden äußersten Punkten, Weibchen, die aus dem Dauerei gekrochen sind, und den gamogenetischen Generationen, eine lange Reihe von Generationen liegt, bei denen man durch Veränderung der äußeren Bedingungen leichter Sexualität erzwingen kann. Reichliche Ernährung, hohe Temperaturen, reichliche Zufuhr von Sauerstoff, reines Wasser führen eine Verlängerung der Reihe der parthenogenetischen Generationen herbei, während die umgekehrten Milieubedingungen das Auftreten von Männchen und gamogenetische Vermehrung bewirken. Bei Fortsetzung der erstgenannten Milieubedingungen kann man die Tiere zu fortgesetzter parthenogenetischer Vermehrung durch eine Reihe von Jahren bringen (vier Jahre, WOLTERECK). Bei Anwendung der entgegengesetzten Mittel kann man die parthenogenetischen Generationen experimentell ganz unterdrücken und Männchen und Dauereier schon in der ersten, aus dem Dauerei hervorgehenden Generation hervorrufen (BANTA 1925, BERG 1931). Man hat damit experimentell herbeigeführt, wozu die Natur bei ausgeprägten arktischen Verhältnissen die Cladoceren zwingt. Oben im Norden bei den äußerst kurzen arktischen Sommern kann es vorkommen, daß die Tiere alle parthenogenetischen Generationen unterdrücken (OLOFSSON 1918). Die Lehre von den labilen Perioden ist besonders durch die Arbeiten BERGS (1931) und BANTAS (1925) sehr zweifelhaft geworden.

Man ist immer davon ausgegangen, daß die Dauer-Eier zu ihrer Entwicklung einer Befruchtung bedürfen, d. h. der Gegenwart der Männchen. Untersuchungen in arktischen Gegenden haben gezeigt, daß *Daphnia pulex* dort oben ungeheure Mengen Ephippien ausbildet, so viele, daß sie einen integrierenden Bestandteil des Schlammes der arktischen und subarktischen Seen bilden können (W.-L. 1905). Eingehende Untersuchungen der Fauna Spitzbergens haben das unerwartete Resultat gezeitigt, daß in den Schwärmen ephippientragender Weibchen nicht ein einziges Männchen gefunden worden ist (OLOFSSON 1918). Man war zur Annahme gezwungen, daß unter extremen Verhältnissen selbst Dauer-Eier auf parthenogenetischem Weg entstehen können und daß also dort rein parthenogenetische Vermehrung erfolgt. In jüngster Zeit hat man (BANTA 1926) festgestellt, daß die Entwicklung wirklich in dieser Weise vor sich gehen kann, indem man experimentell Weibchen hervorgebracht hat, die Ephippien und Dauer-Eier ohne Beistand von Männchen erzeugen.

Neuere Untersuchungen, zum Teil in Nordamerika (BANTA und seine Schüler), zum Teil im hiesigen Laboratorium (BERG) durchgeführt, durch Jahre fortgesetzt und noch nicht zum Abschluß gebracht, aber teilweise in einer langen Reihe von Abhandlungen veröffentlicht, haben in bezug auf jene Faktoren, welche bei den Cladoceren den Umschlag von der parthenogenetischen zur gamogenetischen Vermehrung bewirken, in hohem Grad beigetragen, eine Reihe von Tatsachen bekanntzumachen, die nicht allein für das Verständnis der Biologie der Cladoceren von Wert sind, sondern auch für die Biologie im allgemeinen. Die Ergebnisse dieser Untersuchungen stehen in guter Übereinstimmung mit solchen bei anderen Tiergruppen, auch bei den höchststehenden. Es zeigte sich im Verlauf sehr ausführlicher Laboratoriumsversuche, daß sowohl Veränderungen in der Temperatur als auch in der Ernährung den Umschlag herbeiführen können. Temperaturen von 15 bis 20° C sind am vorteilhaftesten für die parthenogenetische Entwicklung, unter 15° C für die gamogenetische. Die Resultate in bezug auf die Ernährung sind nicht so deutlich, doch scheint immerhin aus gewissen Versuchsreihen hervorzugehen, daß, wenn Daphnien bei hoher Temperatur gehalten werden, dies die parthenogenetische Vermehrung begünstigt, sie aber zur gamogenetischen Vermehrung übergehen, wenn sie gleichzeitig hungern. Es scheint, daß der alte Satz: ,,Füttere die Bestie gut'', manchenorts im Tierreich nicht zur Anwendung zu kommen hat, wenn man Männchen erzeugen will. Ganz zu dem gleichen Ergebnis kommt man, wenn man dem Wasser gewisse Giftstoffe zusetzt oder mit Hilfe der sogenannten ,,Crowding-Methode'', also wenn man eine größere Anzahl parthenogenetischer Muttertiere in einem sehr kleinen Aquarium hält. Indem man die Zahl der Tiere vermehrt oder vermindert, kann man eine größere oder kleinere Anzahl Männchen an Stelle von Weibchen erzeugen. Die genauere Ursache davon ist nicht klar, aber man vermutet, daß die vielen Weibchen eine Anhäufung von Exkretionsstoffen bewirken und daß diese fördernd auf die Männchenproduktion einwirken (BERG 1934). Man kann mit einigem Recht sagen, daß auch in freier Natur selbst die Crowding-Methode zur Anwendung kommt. Wie bei den Rädertieren entstehen auch bei den Cladoceren die großen Maxima unmittelbar vor dem Auftreten der Sexualperioden. Merkwürdigerweise ist das Resultat das gleiche, auch wenn man zur Hervorrufung des ,,Crowding'' ganz andere Tiere, Planarien, Schnecken, Isopoden verwendet (BANTA und BROWN 1929).

Es ist sehr merkwürdig zu sehen, daß so viele verschiedene Faktoren: Temperatur, Ernährung, Gifte, Crowding, alle dasselbe Resultat ergeben: Produktion von Männchen und Umschlag von parthenogenetischer zu gamogenetischer Vermehrung. Es hat sich nun gezeigt (BERG 1931 und 1934), daß in allen diesen Fällen die Weibchen während dieses Umschlages in einen Depressionszustand geraten, der sich in geringerer Größe, geringerer Helmhöhe, geringerer Eianzahl, vor allem aber in der Anzahl der Öltropfen (Abb. 599) dokumentiert. Diese ist nämlich immer geringer bei Weibchen, die im Begriff stehen, von Parthenogenese zu Gamogenese überzugehen, als bei Weibchen, die sich in starker parthenogenetischer Vermehrung befinden. Entsprechende Beobachtungen sowohl in Kulturen als auch in freier Natur, nicht allein bei Wasserflöhen, sondern auch bei Rädertieren (KRÄTSCHMAR 1908, W.-L. 1908, unpublizierte Beobachtungen bei *Diaptomus gracilis*, W.-L. 1909) bestätigen dies. Wenn auch die Depressionstheorie immerhin das Verständnis dafür erleichtert, daß so sehr verschiedene Faktoren das gleiche Resultat ergeben können, nämlich die Produktion des männlichen Geschlechtes, so trägt das doch nichts bei zu einem tieferen Verständnis dessen, in welcher Weise die Depression geschlechtsbestimmend wirkt.[1] Das wesentliche Ergebnis ist, daß kein Zweifel darüber bestehen kann, daß die Anschauung WEISMANNS, die Erzeugung von Männchen sei an bestimmte Würfe gebunden und durch innere Ursachen herbeigeführt, nicht richtig sein kann. In einer Arbeit von BANTA und BROWN (1929) ist gezeigt worden, daß der kritische Zeitpunkt für die Geschlechtsbestimmung bei einer Art *(Moina macropoda)* vier Stunden vor der Abgabe der parthenogenetischen Eier in den Brutraum liegt. Vor dieser Zeit kann man die Geschlechtsbestimmung beeinflussen, später aber nicht. Die Reifungsteilungen der Eier finden wahrscheinlich eineinhalb Stunden vor der Abgabe statt und man kann deshalb annehmen, daß, wenn die Depression auf das Geschlecht der Eier einen Einfluß haben sollte, dies vor dieser Zeit geschehen müsse.

Abb. 600. *Daphnia magna* STRAUS. Das gleiche Individuum in seinen ersten 13 Häutungsstadien gezeichnet. *1* bis *5* die fünf Stadien vor Erreichung der Geschlechtsreife; *I* bis *VIII* die ersten acht Häutungsstadien nach Eintritt der Geschlechtsreife. Man sieht, daß bei dieser Art während der Häutungen sich keine Spur von Temporalvariation zeigt. (ANDERSON 1932.)

Wenn man sich streng an die Laboratoriumsversuche hält, so muß man zugeben, daß die WEISMANNsche Lehre, nach welcher das Auftreten der Männchen an einen zahlenmäßig bestimmten Wurf gebunden sei, nicht richtig sein kann. Auf der anderen Seite scheinen die Untersuchungen in freier Natur zu zeigen, daß, *solange* die Kolonien unter jenen Verhältnissen leben, welche die betreffenden Gewässer ihnen normal bieten, das Auftreten der Männchen einigermaßen an den gleichen, zahlenmäßig bestimmten Wurf gebunden zu sein scheint. Nur muß man sich vor Augen halten, daß das nicht so verstanden werden darf, daß der gleiche Wurf vom aus dem Dauerei gekrochenen Tier an gerechnet, immer und unter allen Umständen zur gamogenetischen Vermehrung übergehen wird. Ändern sich die Verhältnisse, so ändert sich auch der Vermehrungsmodus entweder zu fortgesetzter Parthenogenese oder zu einem früheren Auftreten der Männchen.

Variation. Ehe wir zur Besprechung des großen Variationsvermögens der Cladoceren übergehen, seien die Häutungserscheinungen kurz besprochen.

Die Cladoceren müssen von dem Moment an, wo sie den Brutraum verlassen, eine oft große Zahl von Häutungen durchmachen. Soweit darüber Untersuchungen

---

[1] Ob wirklich zwischen Depression und Bisexualität eine Kausalverbindung besteht, muß als sehr zweifelhaft angesehen werden. Siehe besonders MORTIMER (1937).

vorliegen (WOLTERECK 1911 u. a.), zeigt es sich, daß sie *(Daphnia cucullata)* erst nach der fünften Häutung geschlechtsreif werden. Von da ab erfolgt eine Häutung jedesmal, kurz bevor ein neuer Eiersatz in den Brutraum übertritt (Abb. 600). Die Zeitspanne zwischen zwei Häutungen ist in hohem Grad abhängig von den Ernährungsverhältnissen und der Temperatur. Sie folgen sehr rasch aufeinander bei den hohen Sommertemperaturen, im Winter bei ungefähr 0° können wahrscheinlich Monate zwischen zwei Häutungen vergehen. In der Regel wird die Haut ganz abgeworfen; nur in den seltensten Fällen bleiben Teile davon zurück. Die Dornen, die sich am langen Hinterleibsstachel von *Bythotrephes* finden (Abb. 615), sind eigentlich die Hinterleibskrallen, die von jedem Hautwechsel zurückgeblieben sind. Bei gewissen Formen, *Ilyocryptus* (Tafel 15, Fig. 3) und *Monospilus* (Tafel 15, Fig. 2), bleibt die alte Schale auf der neuen liegen und es entsteht dadurch eine Reihe von übereinander liegenden Schalen; die Tiere sehen dann so aus, wie wenn sie eine Anzahl von Mänteln trügen, wie die Wächter oder Postillons in alten Tagen. Es wird behauptet, daß *Monospilus* nicht weniger als acht übereinanderliegende Schalen tragen kann. Die ganz eigenartige Gallertglocke bei *Holopedium* (Abb. 566) ist auch nur aus den alten, abgehobenen Häuten gebildet, die jedoch hier aufquellen, sich zu Gallerte umbilden und so dem Tiere als Schwebeapparat dienen. Je älter die Tiere sind, desto mehr Zeit verstreicht zwischen zwei Häutungen. Im Sommer können die Jungtiere von *Daphnia* sich jeden zweiten Tag häuten. Die Häutung spielt sich gewöhnlich im Verlauf von wenigen Sekunden oder höchstens Minuten ab. Durch die Häutung verändert sich die Form oft erkenntlich, die Größe nimmt zu und gewisse Formen können nach den letzten Häutungen recht bedeutende Größen erlangen (*D. magna* zirka 5 mm). Die älteren Tiere sind oft mit einer Anzahl von Organismen besetzt, die auf ihrer Haut Fuß gefaßt haben und die mit dieser abgestreift werden. Aber die Zeit, die sie von ihnen frei bleiben, dauert nur kurz. Sehr rasch setzen sich neue Individuen auf der jungen Haut fest und wieder müssen die Tiere oft eine große Zahl von Organismen mit sich schleppen. Ganz besonders diejenigen Formen, die in den zentralen Partien von kleinen, seichten Teichen leben, müssen zahlreiche, verschiedenartige Organismen mit sich schleppen. Ephippialweibchen, die ihre Ephippien abgeworfen haben, können fast immer an gewissen Eigentümlichkeiten in der Schalenstruktur erkannt werden.

Vor der Eiablage kommt es, wie erwähnt, immer zu einem Schalenwechsel; kurz nach einem solchen sieht man die Eier durch den Ovidukt in den Brutraum hinübergleiten; während des Austrittes nehmen sie die Form einer Sanduhr an. Ei folgt auf Ei, bis der Eisatz, der zum Übertritt in den Brutraum bereitliegt, vollzählig ist. Diese Eizahl ist sehr verschieden bei den verschiedenen Arten, beim gleichen Individuum in seinen verschiedenen Lebensaltern und bei Individuen der gleichen Art unter verschiedenen Verhältnissen und zu verschiedenen Jahreszeiten. Sie ist gewöhnlich immer bei Planctonorganismen am geringsten und bei den Frühjahrsweibchen immer am größten. Die großen *D. magna*-Formen der Tümpel können bis zu 70 Eier im Brutraum haben; die Planctonart *D. cucullata* SARS den ganzen Sommer hindurch nicht über zwei. Im Sommer kann Wurf auf Wurf folgen und die Eier entwickeln sich zu fertigen Jungen im Verlauf von wenigen Tagen. Die Temperatur und der Ernährungszustand des Muttertieres spielen dabei eine sehr große und ausschlaggebende Rolle. Gegen den Herbst hin tragen die Weibchen, wenigstens bei den meisten *Daphnia*-Arten, wenn sie nicht Ephippien bilden und überwintern, sehr kleine Eisätze im Brutraum (eins bis drei). Wenn diese sich überhaupt im Laufe des Winters weiter entwickeln, so geschieht dies sehr langsam und manches deutet darauf hin, daß diese späten Herbstweibchen mit ihren Eiern im Brutraum überwintern und daß sie erst die Entwicklung gegen das Frühjahr fortsetzen. Das geht daraus hervor, daß die Lebensdauer zu den verschiedenen Zeiten des Jahres sehr verschieden ist. Die Lebensspanne eines Individuums im Sommer erstreckt sich höchstens über einige Wochen; aber bei spät geborenen Jungen hat man guten Grund zur Annahme, daß sie überwintern können und daß sie erst im Mai sterben.

Temporalvariation. Seit bald einem Menschenalter haben die Cladoceren neben ihren Fortpflanzungsverhältnissen noch auf Grund ihrer großen Variation das Interesse der Naturforscher wachgerufen. Diese ist ganz besonders auffallend bei den beiden Familien *Daphnidae* und *Bosminidae* und da insbesondere nur bei denjenigen Formen, die der pelagischen Region der Seen angehören. Diese

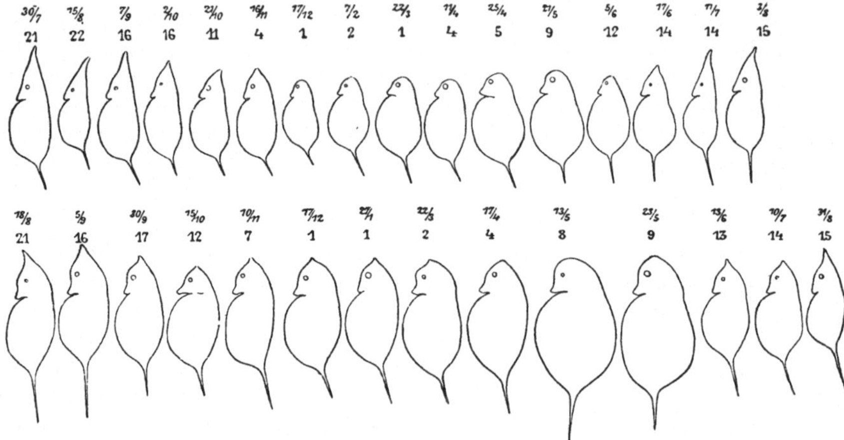

Abb. 601. Temporalvariation bei *Daphnia cucullata* SARS und *D. longispina* O. F. M. Im Sommer ist der Helm höher als im Winter. Die Form ist schlanker, die Temporalvariation verläuft jedoch bei den zwei Arten verschieden. — Obere Reihe Datum, darunter Temperatur. *D. cucullata* aus dem Furesee, *D. longispina* aus dem Esromsee. (W.-L. 1910.)

Tatsache hat man in verschiedener Hinsicht nicht immer hinreichend berücksichtigt (W.-L. 1900, 1904 bis 1908, 1926).

Die hierhergehörigen Formen sind vor allem einer außerordentlich starken Lokalvariation unterworfen (Abb. 602, obere Reihe). Es ist nicht zu viel gesagt, daß fast jeder See seine eigene Rasse besitzt. Diese Rassen zweier Hauptarten der Gattung *Daphnia, D. longispina* O. F. M. und *D. cucullata* SARS, sind in Dänemark in neun der größten unserer Seen und überdies in zahlreichen kleinen studiert worden. Es zeigte sich, daß diese neun Rassen das Sommerhalbjahr hindurch jede ihr eigenes Gepräge tragen, auf Grund dessen sie gewöhnlich mit Leichtigkeit von den Rassen der anderen Seen unterschieden werden können (W.-L. 1904 bis 1908).

Aber außerdem waren diese Rassen, wie die Abb. 601 und 603 zeigen, einer sehr bedeutenden Temporalvariation unterworfen und diese Variation verlief einigermaßen ähnlich in allen Seen. Untersucht man auf Grund regelmäßiger Einsammlungen alle 14 Tage ein Jahr hindurch die pelagischen Daphnien-Rassen eines Sees, so wird man sehen, daß die Tiere im Sommer einen viel höheren Helm ausbilden als im Winter. Zu dieser Jahreszeit beträgt die Länge des Kopfschildes zumeist nur ein Viertel oder ein Fünftel der Schalenlänge, im Sommer kann sie ebenso lang und sogar länger sein. In gleicher Weise sieht man bei *Bosmina coregoni* den Buckel, d. i. die Wölbung der Rückenkante der Schale, viel stärker als im Winter hervortreten und gleichzeitig zeigen sich auch andere Verschiedenheiten, z. B. in der Länge des Stachels bei *Daphnia,* in der Größe der Augen,

der Zahl der Eier, der Länge der ersten Antennen bei *Bosmina* u. a. Das Merkwürdige ist nun, daß alle diese Variationen ungefähr gleichzeitig einsetzen und
sich im Verlauf einer verhältnismäßig kurzen Zeit, binnen zirka drei Wochen, im
Frühjahr bei einer Wassertemperatur von ungefähr 12 bis 16° C entfalten. Sie

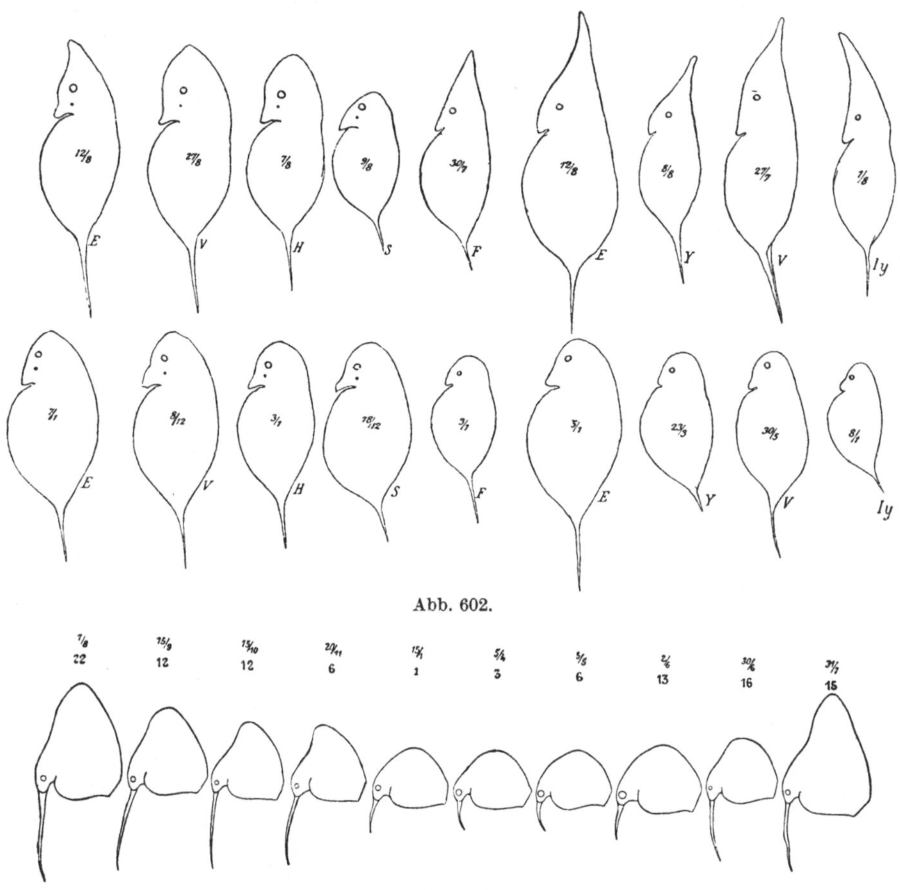

Abb. 602.

Abb. 603.

Abb. 602. Sommerrassen und Winterrassen von *D. longispina* O. F. M. und *D. cucullata* SARS aus verschiedenen dänischen Seen. Obere Reihe Sommerrassen, untere Winterrassen; die Sommerrassen sind sehr verschieden. *E, V, H, S D. longispina* aus dem Esrom-, Viborg-, Hald- und Sorösee; *F, E, Y, V* und *Iy D. cucullata* aus dem Fure-, Esrom-, Hald-, Viborg- und Juelsee. Im Winter kann man nicht einmal die beiden Arten voneinander unterscheiden. (W.-L. 1926.) Obere Reihe *S* und untere Reihe *F*.

Abb. 603. *Bosmina coregoni* BAIRD, Temporalvariation. Juelsee. Im Sommerhalbjahr sind die Tiere höher als lang, im Winterhalbjahr länger als hoch; die Antennen sind im Sommer mehr als doppelt so lang wie im Winter. Das Auge ist im Winter am größten. (W.-L. 1910.)

erreichen ihre höchste Entwicklung ungefähr gleichzeitig in allen Seen bei der
Höchsttemperatur des Wassers, um gegen den Herbst hin gleichsam wieder auf
den Ausgangspunkt der Variation zurückzufallen. Es ist fast immer eine ganz
bestimmte Generation, an die diese Temporalvariation gebunden ist. Im Brutraum der rundköpfigen Mütter des Frühjahres finden sich spitzköpfige Junge
(Abb. 605), deren Kopfschild bei den Häutungen sich ständig verlängert; wenn
das geschlechtsreife Stadium bei der fünften Häutung erreicht ist, dann ändert
sich das Verhalten nicht mehr sonderlich. Der große Sprung im Aussehen tritt
also hauptsächlich zwischen der letzten Winter- und der ersten Sommergeneration

und zwischen der letzten Sommer- und der ersten Wintergeneration auf. Es ist nun seltsam, daß die Temporalvariation bei den verschiedenen Rassen in den verschiedenen Seen nicht ganz einheitlich verläuft (Abb. 604). Bei einigen biegen sich die Helme der Daphnien nach vorne, bei anderen nach hinten, bei einigen wölben sich die Buckel von *Bosmina* nach vorne, bei anderen nach hinten. In gewissen Seen entstehen so Rassen, die ein ganz abenteuerliches Aussehen besitzen und von denen man in keiner Weise glauben möchte, daß man es mit den Formen zu tun habe, von denen man ausgegangen ist (Abb. 607, 608).

Ehe man für all dies Verständnis gefunden hatte, war es ganz natürlich, daß man jede Form, die man sah, als eine neue Art aufzufassen geneigt war. Man hatte von der Gattung *Daphnia* gegen 100 Arten aufgestellt, von der Gattung *Bosmina* gleichfalls eine sehr große Zahl. Als das Verständnis für diese Verhältnisse erwacht war, wurden alle diese Arten zusammengezogen zu ganz wenigen. Die gegenwärtige Auffassung ist, daß zu diesen beiden Gattungen tatsächlich nur ganz wenige Arten gehören, die in eine Unzahl von Elementararten oder Biotypen, wie sie auch genannt werden, aufgespalten sind. Nicht am wenigsten verwunderlich ist, daß alle diese mannigfachen Biotypen gegen den Winter ihr Sondergepräge verlieren; da werden sie wieder alle einander gleich; sie gehen sozusagen alle auf in dem gleichen, großen, gemeinsamen Nenner, einer rund-

Abb. 604.

Abb. 605.

Abb. 604. *Daphnia longispina* O. F. M. und *D. cucullata* SARS. Obere Reihe: Sommerrassen von verschiedenen dänischen Seen. Untere Reihe: Winterrassen aus den gleichen Seen. Man sieht, daß die Sommerrassen in hohem Grade voneinander abweichen. Im Winter können sie nicht voneinander unterschieden werden. (W.-L. 1910.)

Abb. 605. *Daphnia cucullata* SARS. Die Abbildung zeigt, daß die Art im Frühjahr rundköpfig ist, aber spitzköpfige Junge erzeugt; im Herbst ist sie spitzköpfig, bringt jedoch rundköpfige Junge hervor. (W.-L. 1910.)

köpfigen, großäugigen *Daphnia*, zumeist mit einer recht kurzen Spina. Diese gemeinsame Winterform ist wieder nicht zu unterscheiden von der Form, die im hohen Norden ihr ganzes Leben hindurch Jahr aus Jahr ein bei Temperaturen lebt, die unter den Sommertemperaturen liegen, bei welchen die Temporalvariationen bei uns einsetzen. Auch hier finden sich allein oder ganz überwiegend rundköpfige Formen (Abb. 606 u. 611). Wären die Untersuchungen hinreichend umfassend durchgeführt worden, bestünde kaum ein Zweifel darüber, daß alle diese Elementararten, jede mit ihrer Lokal- und Temporalvariation, sich als ein Rassenkreis auffassen ließen, der so geordnet war, daß am weitesten gegen Norden die rundköpfigen Formen fast ohne Temporalvariation vorkommen und

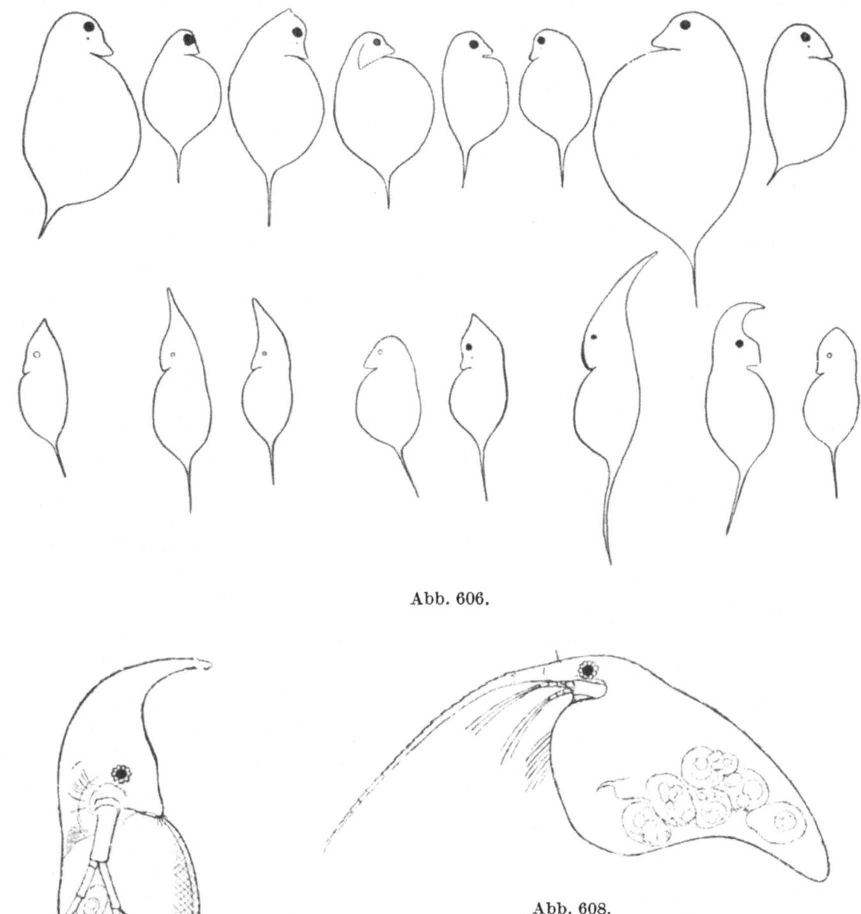

Abb. 606.

Abb. 608.

Abb. 607.

Abb. 606. *Daphnia longispina* O. F. M. Die obere Reihe zeigt Sommerformen von Örtlichkeiten, die selten oder niemals eine Temperatur über 12 bis 16° C aufweisen (Achensee, Sarek, Tingvallavatn, Myvatn, Kola). Untere Reihe Sommerformen aus Seen, die im Sommer konstant über 12 bis 16° C, sehr häufig zirka 20° C aufweisen. Viborgsee, Esromsee, Juelsee, Tjustrupsee, Vestergötland, Pommern, Haldsee. Die Lokalvariation ist also äußerst schwach in „kalten" Seen, viel stärker in „warmen". (W.-L. 1910.)

Abb. 607. *D. cucullata* SARS mit nach vorne gebogenem Helm. (ZACHARIAS 1887.)

Abb. 608. *Bosmina coregoni* BAIRD mit stark nach hinten gezogenem Buckel. Die Formen werden in Norddeutschland gefunden. (ZACHARIAS 1887.)

weiter im Süden, in Breitegraden, etwa auf welchen die großen schwedischen Seen liegen, eine steigende Entfaltung von Elementararten anzutreffen ist, welche, jede für sich, die für sie typische Temporalvariation darbieten. Diese Elementararten lassen sich auf zwei Hauptgruppen oder vielleicht Hauptarten zurückführen, von welchen *Daphnia pulex* (DE GEER), die sog. *P-Daphnien*, die herrschende ist, während *D. magna* STRAUS, die sog. *M-Daphnien*, mehr den Tropen angehört und bei uns nur in sehr warmen Teichen vorkommt.

Es ist klar, daß Arten, die einer so außerordentlichen Variation unterworfen sind, nur sehr schwer zu charakterisieren sind. Da alle Elementararten im Winter gleich aussehen, sind es nur die Sommerformen, die man dazu verwenden kann, aber da auch diese nach den einzelnen Häutungen sehr verschieden aussehen, ist es am exaktesten, alle Häutungen abzubilden, die ein Individuum durchmacht. Dabei ist man gezwungen, ein frischgeborenes Junge in

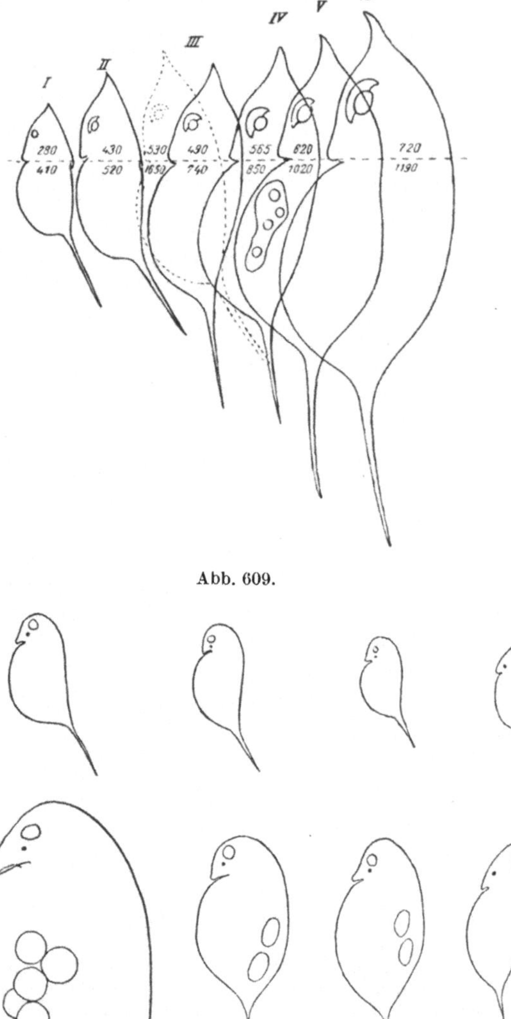

Abb. 609.

Abb. 610.

Abb. 609. Eine große Rasse von *D. longispina* O. F. M. Die Haut des gleichen Tieres in der Reihenfolge gezeichnet; geschlechtsreif im vierten Häutungsstadium. (WOLTERECK 1919.)

Abb. 610. Obere Reihe Neonatae von *D. magna* (STRAUS), *D. pulex* (DE GEER), *D. longispina* O. F. M. und *D. cucullata* SARS. Untere Reihe Primiparae der gleichen Arten. Parthenogenetische Weibchen von vier verschiedenen Örtlichkeiten wurden in Gläser gleicher Größe gesetzt bei gleicher Temperatur und Ernährung. In der Zeit vom 2. 5. bis 4. 5. produzierten sie alle Neonatae (obere Reihe), die ebenfalls in Gläser gleicher Größe gesetzt und unter ganz den gleichen Verhältnissen gehalten wurden. In der Zeit vom 13. 5. bis 15. 5. zeigten sich die ersten Eier; sie sind nun Primiparae, untere Reihe. Die Neonatae von *D. magna* sind 760 μ, von *D. cucullata* nur 200 μ, d. i. dreieinhalbmal kleiner. Primiparae von *D. magna* sind 2270 μ, von *D. cucullata* 500 μ lang, d. h. *D. magna* hat ihre Länge mehr als dreimal vergrößert. *D. cucullata* nur zweieinhalbmal. Ferner, während die Höhe bei *D. magna* von 400 auf 1400 μ sich vergrößerte, d. i. dreieinhalbmal, ist sie bei *D. cucullata* von 200 auf 400 gestiegen, d. i. zirka zweimal. Die Abbildung zeigt, daß der Typus bei seiner Umbildung zum pelagischen Leben schon bei der Geburt in der Größe reduziert ist; er wächst langsam bei den Häutungen und erreicht die Geschlechtsreife bei einer Größe, die weit geringer ist als bei der Teichform *D. magna*. Gleichzeitig geht die Eianzahl enorm zurück, von zehn bis zwölf auf eines bis zwei. (W.-L. 1926.)

eine Schale zu setzen, es zu züchten und alle Häute zu sammeln (WOLTERECK 1919; Abb. 609), ein Verfahren, das außerordentlich zeitraubend ist. Man hat sich begnügt, besonders drei Stadien herauszuheben, die sog. *Neonatae*, die *Primiparae* und die *Terminales*, d. h. die frischgeborenen Jungen, die das erstemal

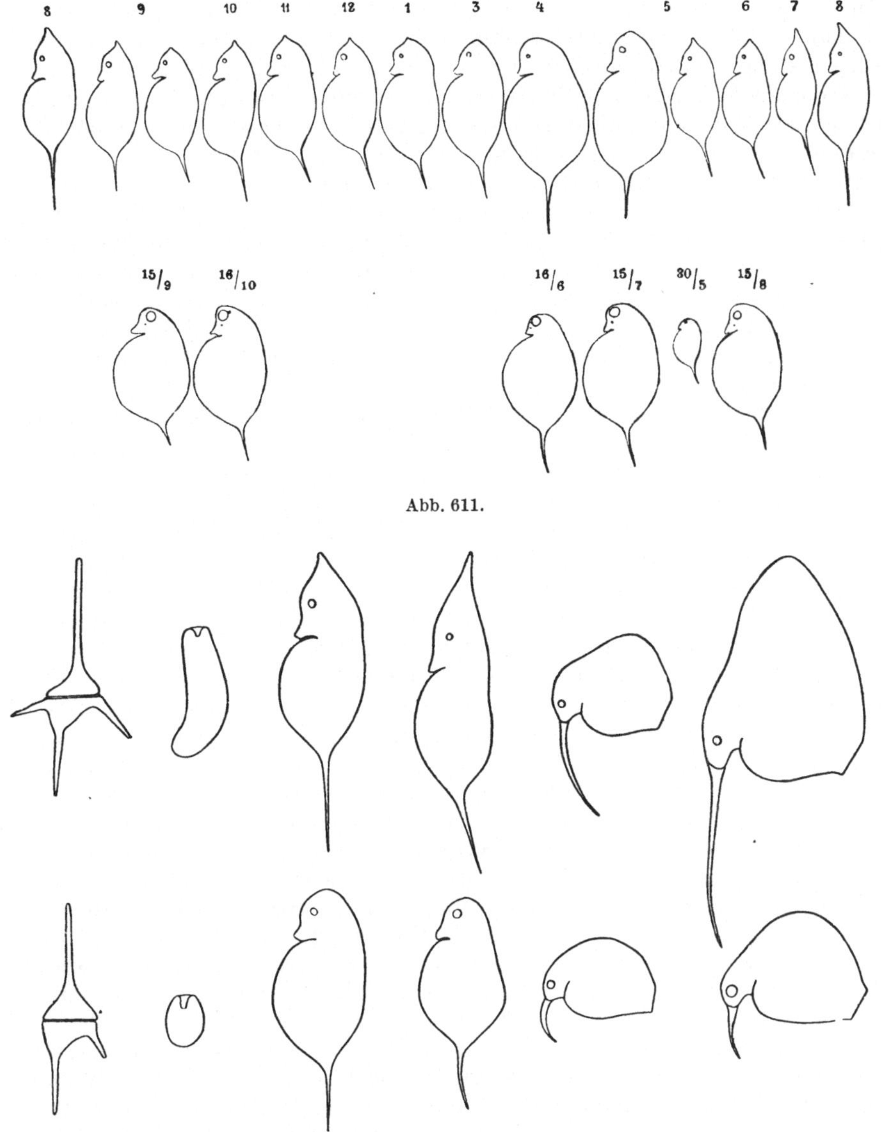

Abb. 611.

Abb. 612.

Abb. 611. *Daphnia longispina* O. F. M. Obere Reihe aus dem Esromsee, untere aus dem Myvatn. Im Esromsee ist eine deutliche Temporalvariation vorhanden; im Myvatn keine; Winter- und Frühjahrsformen im Esromsee gleichen denen des Myvatn. Im Esromsee überwintern die Tiere freischwimmend, im Myvatn nur als Ephippien. (W.-L. 1906 und 1910.)

Abb. 612. *Ceratium hirundinella* O. F. M., *Asplanchna priodonta* GOSSE, *Daphnia longispina* O. F. M., *Daphnia cucullata* SARS, *Bosmina coregoni* BAIRD. Obere Reihe zeigt Sommerformen mit größerem Formwiderstand und deshalb größerem Schwebevermögen, während die Winterformen geringeren Formwiderstand und darum geringeres Schwebevermögen besitzen. (W.-L. 1910.)

trächtigen Tiere und die letzten Stadien, welche die endgültige Form erreicht haben. Um das Aussehen einer Elementarart vollständig zu kennen, ist es also notwendig, sie wenigstens in diesen drei Häutungsstadien zu kennen und gleichzeitig zu den verschiedenen Jahreszeiten (Abb. 609).

Die Frage betreffend, wodurch die enorm starke Variation hervorgerufen wird, kann nach vielen übereinstimmenden Untersuchungen kaum ein Zweifel darüber bestehen, daß die auslösenden Kräfte den äußeren Faktoren zuzuschreiben sind. Schon der Umstand, daß die Temporalvariationen sprungweise, d. h. im Laufe von zirka drei Wochen, im Frühsommer auftreten, deutet überzeugend darauf hin, noch mehr aber der Umstand, daß sie nicht auf Daphnien allein beschränkt sind, sondern auch bei Rädertieren und Protisten *(Ceratium hirundinella)* vorkommen und immer nur bei Formen, die pelagisch leben (Abb. 612). Es handelt sich dabei um höchst verschiedene Mitglieder der ganzen pelagischen Gemeinschaft und hauptsächlich nur um solche, die das ganze Jahr hindurch in der pelagischen Region vorkommen, die variieren, mit der Variation gleichzeitig einsetzen und die extremsten Formen zu gleicher Zeit ausbilden. Da sie sich immer bei Temperaturen von 12 bis 16° C zeigen und bei einer ungefähr ähnlichen verschwinden, und da sie im hohen Norden fehlen, d. h. in Seen, die keine so hohen Temperaturen, wenigstens nicht für längere Zeit, erreichen, war es das einzig Natürliche, anzunehmen, daß der auslösende Faktor in den mit den jährlichen Temporalvariationen einhergehenden Veränderungen des spezifischen Gewichts und der Viskosität zu suchen sei. Ihn in den Variationen der Ernährungsverhältnisse zu suchen, wäre nicht natürlich. Wohl können die Ernährungsverhältnisse bewirken, daß alle Formen größer werden, aber sie dafür verantwortlich machen, daß die bessere Ernährung sich in den allermeisten Fällen in der eigentümlichen Weise auswirkte, daß die Tiere nur der Länge nach wachsen, oder mit anderen Worten, daß nur die Längsachse der Tiere sich vergrößert, nicht aber die Querachse, geht wohl doch nicht an. Den Faktor in inneren Ursachen zu suchen, wäre wohl auch nicht natürlich, zum Teil, weil es in diesem Fall äußerst seltsam wäre, daß so weit verschiedene Formen, wie Daphnien, Rädertiere und Flagellaten, ohne Impulse von außen, gleichzeitig mit gleichgerichteten Variationen einsetzen, zum Teil, weil die Ernährungsverhältnisse in unseren Seen und Teichen von Tag zu Tag in solchem Grad wechseln, daß man sich unmöglich vorstellen kann, daß sie gleichgerichtete Veränderungen hervorrufen können. Welche äußere Faktoren es auch immer sein mögen, die die Variationen auslösen, eine Tatsache scheint anderseits sicherzustehen, und zwar die, daß die Reaktion jedenfalls bis zu einem gewissen Grad erblich fixiert ist. Die Temporalvariationen verlaufen ja nämlich bei den verschiedenen Biotypen nicht einheitlich. Bei dem einen Biotypus krümmt sich der Helm nach vorne, bei dem anderen nach hinten, der eine hat eine scharf abgesetzte Spitze am Helm *(galeata)*, der andere nur einen hochgewölbten Kopf ohne Spitze, wieder ein anderer, besonders ein solcher, der in kleinen, seichten Teichen vorkommt, zeigt schlechtweg keine Temporalvariation. Da diese Biotypen an der gleichen Örtlichkeit, nach allem, was wir wissen, jahraus jahrein wiederkehren, scheint sich bei jedem einzelnen eine gewisse Reaktionsnorm ausgebildet zu haben, welche die Summe aller Äußerungen sowohl der äußeren als auch der inneren Einwirkungen umfaßt. In letzter Instanz sind die Temporalvariationen als eine Erbanalage anzusprechen, die bei jeder einzelnen Species im besonderen den Ausdruck der Art und Weise darstellt, wie die Species bei gegebener Lokalität die Einwirkungen der äußeren Faktoren beantwortet hat. Das Merkwürdige ist, daß das Ergebnis dieser Einwirkungen bei den zahlreichen

---

Tafel 15. **Cladocera.**

Fig. 1. *Eurycercus lamellatus* (O. F. M.). Fig. 2. *Monospilus dispar* SARS. Fig. 3. *Ilyocryptus sordidus* (LIÉVIN). Fig. 4. *Pleuroxus Morotei* AREVALO. Fig. 5. *Graptoleberis testudinaria* (FISCHER). Fig. 6. *Alona rectangula* SARS. Fig. 7. *Camptocercus similis* SARS. Fig. 8. *Rhynchotalona falcata* (SARS). — Fig. 1 nach LEYDIG 1860. Fig. 2, 5 und 8 nach NORMAN und BRADY 1867. Fig. 3 nach SARS 1896. Fig. 4 und 6 nach AREVALO 1916. Fig. 7 nach SARS 1901. — Fig. 1 zirka 3 mm; die übrigen zirka $^1/_2$ bis 1 mm.

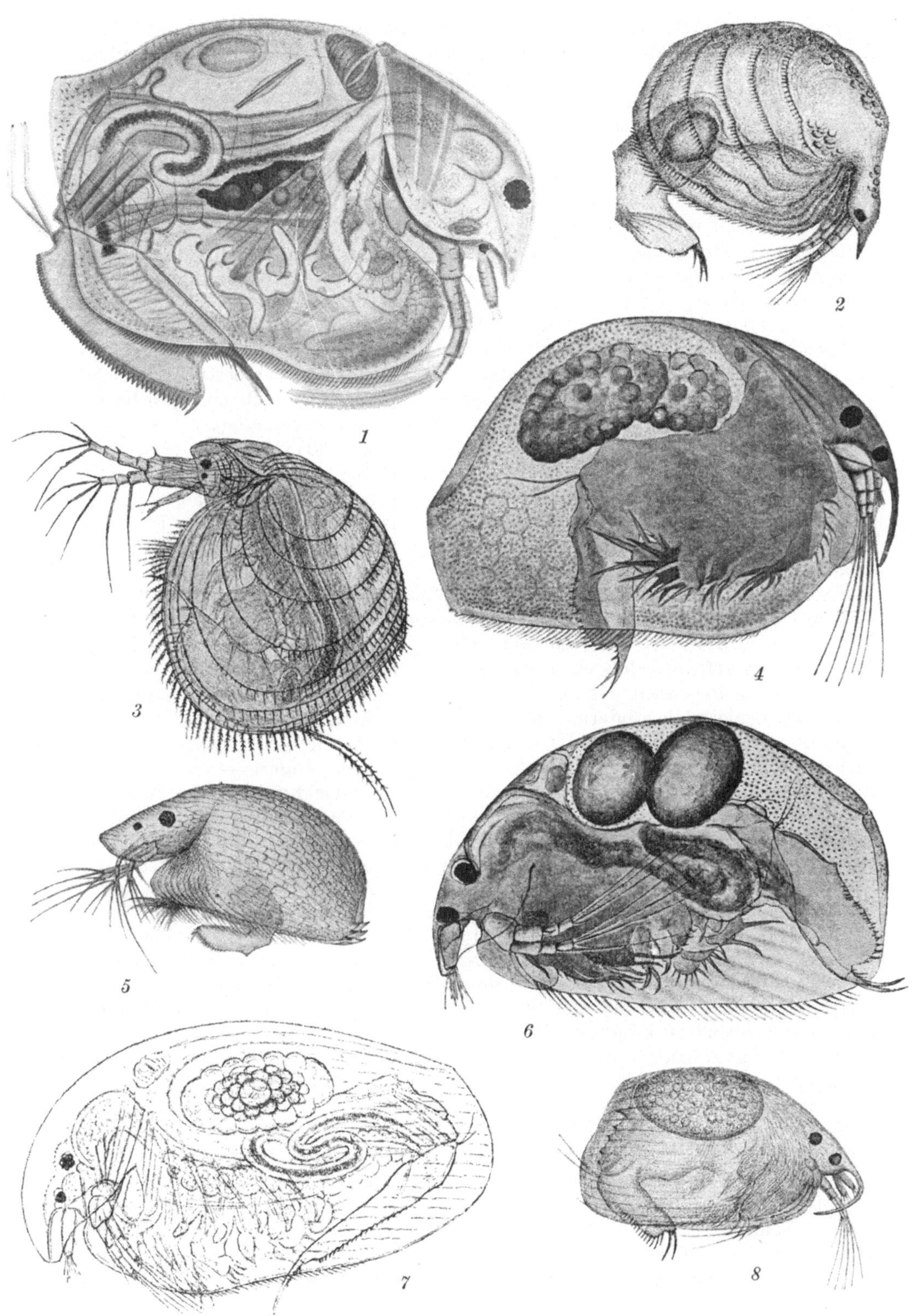

Elementararten nicht allein für die gleiche Gattung, sondern für verschiedene Familien, ja sogar für verschiedene Klassen (Rädertiere), also in so mannigfaltigen Fällen dem gleichen Ziel zuzustreben scheint, nämlich durch Hervorbringung einer Reihe von Baueigenschaften anzustreben, daß die Schwebefähigkeit der Organismen größer wird.

Es sieht so aus, als ob es einen äußeren, für die Planctonorganismen gleichgerichteten und gleichartigen Faktor gäbe, der seit undenklichen Zeiten ständig in der gleichen Weise auf die Gene der verschiedenen Planctonorganismen eingewirkt hat und noch weiter einwirkt und sie ändert mit dem Erfolg, daß die Organismen, jeder nach seinen besonderen Strukturverhältnissen, die jährlich regelmäßig wiederkehrenden Veränderungen der äußeren Bedingungen, jeder nach seiner Weise, derart beantwortet, daß die Elementararten, die Biotypen, entstehen, aber gleichwohl immer so, als ob sie alle in ihren Modifikationen in die gleiche Richtung gezwungen worden wären. Es kann (W.-L. 1900 ebenso wie gegenwärtig, 1939) nach meiner Meinung kein Zweifel darüber bestehen, welche Veränderungen das sind. Das Süßwasser ist ganz regelmäßigen, jährlichen Temperaturschwingungen unterworfen; besonders in der gemäßigten Zone sind diese Schwingungen sehr groß, von unter $0°$ bis gegen $30° C$. In den arktischen Gegenden reichen sie selten über 12 bis $14° C$ hinauf. In den Tropen dürften sie stets über diesen Temperaturen liegen, aber die Temperaturschwingungen an sich sind nicht so groß wie in der gemäßigten Zone; sie gehen nur von zirka $15° C$ bis zirka $34° C$. Unzweifelhaft machen sich auch die Temporalvariationen in der gemäßigten Zone am stärksten geltend.

Die Temperaturveränderungen rufen gleichzeitige und deshalb auch regelmäßige, jährliche Änderungen des spezifischen Gewichts hervor. In diesen Änderungen sah ich die Hauptursache der Temporalvariationen (W.-L. 1900). 1902 zeigte OSTWALD, daß es in erster Linie nicht die mit den Temperaturveränderungen folgenden, regelmäßigen, jährlichen Änderungen des spezifischen Gewichts, sondern die Änderungen in der Viskosität des Wassers seien, die die Temporalvariationen hervorrufen. Während sich nämlich das spezifische Gewicht bei Temperaturen von 4 bis $20° C$ nur sehr wenig ändert — von 1,000 bis 0,998235 —, verringert sich die Viskosität bei einer Erwärmung um $25° C$ auf die Hälfte. Das heißt: ein Körper sinkt also in Wasser von $25° C$ doppelt so schnell als in Wasser von $0° C$. Es muß aber betont werden, daß sowohl Temperatur wie auch Viskosität sich gleichzeitig und im gleichen Sinne ändern und ferner, daß in wärmerem Wasser, durch das Zusammenwirken beider Faktoren, der Körper rascher sinkt, als wenn die Fallgeschwindigkeit allein von der Viskosität abhängig wäre. Daraus folgt, daß die Fallgeschwindigkeit der Planctonorganismen im Sommer notwendigerweise wenigstens doppelt so groß sein muß wie im Winter. Ein Planctonorganismus muß also im Sommer die doppelte Energie gegenüber dem Winter verwenden, um sich in der gleichen Wasserschicht schwebend zu erhalten. Wenn man nun sieht, daß ein sehr großer Teil aller Temporalvariationen unweigerlich darauf hinzielt, daß die Sommertiere ihre relative Oberfläche vergrößern, indem sie kleiner werden, oder dadurch, daß sie ihre Längsachse vergrößern oder Stacheln ausbilden usw., die ihren Querschnittswiderstand erhöhen, alles Bauverhältnisse, die dazu beitragen, die Fallgeschwindigkeit herabzusetzen, so ist es in hohem Grad wahrscheinlich, daß die Temporalvariationen als Anpassungen an die geänderten äußeren Bedingungen, die eine erhöhte Fallgeschwindigkeit mit sich bringen, aufzufassen sind. Wir sehen, wie sich die Temporal- und Lokalvariationen bei 14 bis $16° C$ entfalten, bei höchster Wassertemperatur ihre höchste Entwicklung erreichen, gerade wenn die Tragfähigkeit am geringsten ist, und wieder rückgebildet werden, wenn die Temperatur im Herbst sinkt. Es kann keinen Zweifel darüber geben, daß ein sehr großer Teil der Planctonorganismen des Süßwassers kraft ihrer geänderten Form im Sommer eine größere Schwebefähigkeit besitzt als im Winter.

Die hier dargestellten Verhältnisse sind für die sog. Schwebetheorie grundlegend (W.-L. 1900, OSTWALD 1902), und jeder, der sich später mit Süßwasserplancton beschäftigt hat, hat dazu Stellung nehmen müssen. Die Planctologie

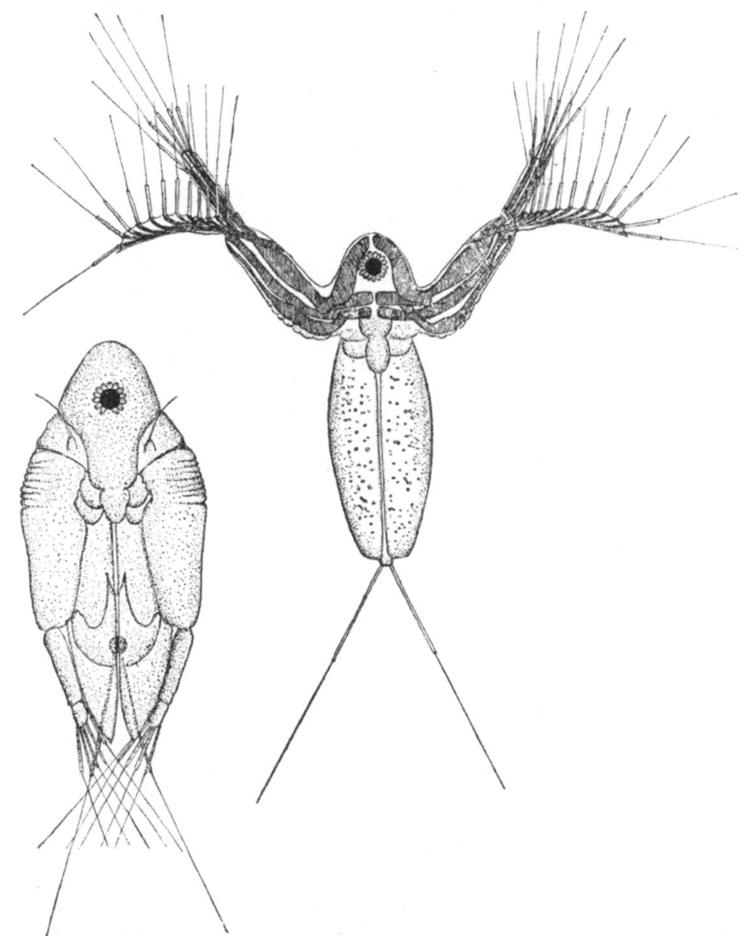

Abb. 613. *Diaphanosoma brachyura* (LIÉVIN). Ausschließlich Sommerform, die keine Temporalvariation nötig hat; die enormen zweiten Antennen sind mit mächtigen Muskeln ausgestattet. Jede Temporalvariation fehlt. (W.-L. 1926.)

steht in großer Dankesschuld bei W. OSTWALD, der in seinen berühmten Arbeiten die Schwebebedingungen auseinandersetzte und seine bekannte Formel: Sink-

$$\text{geschwindigkeit} = \frac{\text{Übergewicht}}{\text{Formwiderstand} \times \text{innere Reibung}}$$ aufstellte. Wir wollen

hier auf diese wohlbekannten Arbeiten nicht näher eingehen und nur bemerken, daß das Schweben also eintritt, entweder wenn der Zähler sehr klein ist: Übergewicht minimal oder = 0, oder wenn der Nenner groß wird, d. h. wenn Formwiderstand und innere Reibung wachsen. Die Schwebetheorie wird stark gestützt durch die unbestrittene Tatsache, daß die Temporal- und Lokalvariationen in den arktischen Seen (Abb. 606, 611), wo die Temperatur nicht über 14° C steigt, fast ganz fehlen; ferner dadurch, daß die Temporalvariationen in den klaren, kalten Alpenseen bei weitem nicht so beträchtlich sind und in der baltischen Seenplatte von den schwedischen Seen über die norddeutsche Ebene hinaus am stärksten zur Geltung kommen. In den Alpenseen ist das Milieu weit mehr in Übereinstimmung mit den Verhältnissen nördlich der schwedischen Seen und

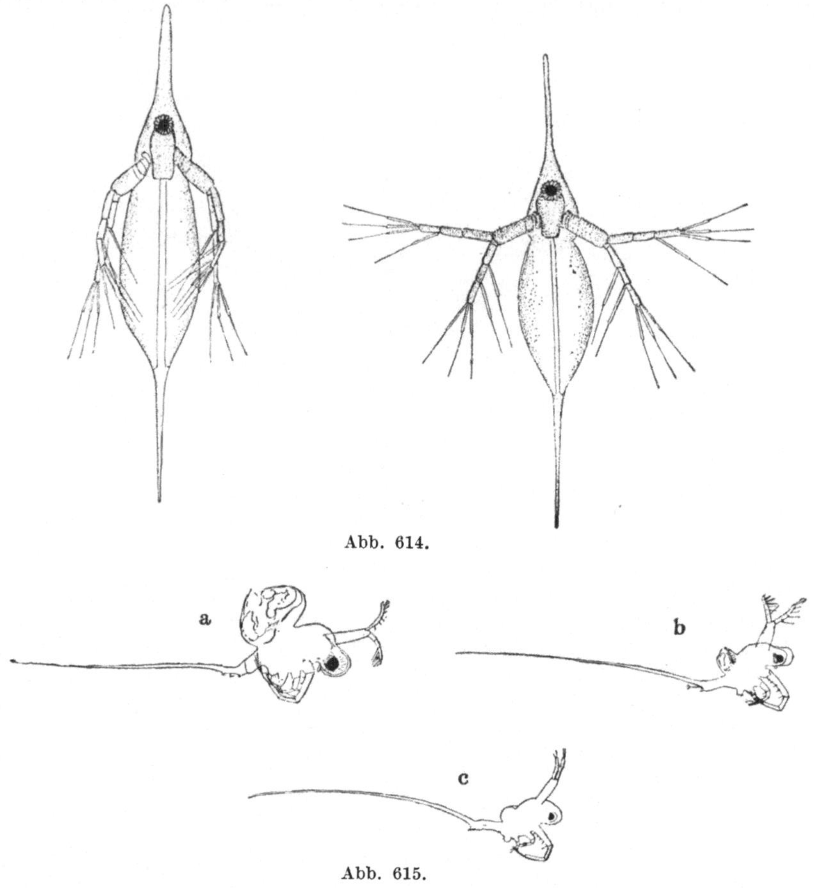

Abb. 614.

Abb. 615.

Abb. 614. *Daphnia cucullata* SARS. Perennierende Form, die sich bei allen Temperaturen von 0° bis 20° C findet und deshalb eine starke Temporalvariation nötig hat; sie besitzt geringes Schwebevermögen und große Fallgeschwindigkeit, der im Sommer durch Vergrößerung des Querschnittswiderstandes entgegengearbeitet wird. (W.-L. 1926.)

Abb. 615. *Bythotrephes longimanus* LEYDIG. Sommerform, keine Temporalvariation. Der Stachel, eine Schwebeeinrichtung, durch alle Häutungen unverändert. Die Abbildung zeigt drei Häutungsstadien, die durch die Hinterleibsklauen an der Basis des Stachels markiert sind. Drei Paar Hinterleibsklauen in a, zwei in b und eine in c. (ISCHREIT 1930.)

ihre Temperaturamplitude lange nicht so hoch wie in den baltischen Seen. Ferner wird die Theorie dadurch gestützt, daß die Variationen bei allen Boden- und Uferformen sehr schwach ausgebildet sind, daß aber anderseits jene Rassen innerhalb der Boden- und Uferformen, die pelagisch werden, Variationen bilden, die unter ihnen selbst nicht zu finden sind, aber mit den Temporalvariationen der echten Planctonorganismen übereinstimmen (*Ceriodaphnia*-Arten u. a.). Die Schwebetheorie wird überdies gestützt durch die Tatsache, daß die Variationen sozusagen nicht bei Formen zur Entwicklung kommen, welche ausschließlich dem Sommerhalbjahr angehören und die nur ein pelagisches Leben innerhalb der Temperaturskala von 15 bis 30° C führen, während sie die übrige Zeit bloß als Dauereier auf dem Grund der Seen oder an den Ufern leben. Die Sommertiere sind durch ihre Körperform charakterisiert; beträchtliche Verlängerung der Körperlängsachse *(Leptodora)*, sehr starke Entwicklung von Auslegern, um das Absinken zu verhindern *(Diaphanosoma)*, Stachelbildung *(Bythotrephes)*, enorme Entwicklung eines Gallertmantels *(Holopedium)*, Bauverhältnisse, die sich in schöner Übereinstimmung mit den Bauverhältnissen der Sommerrassen jener Arten befinden, welche perennieren und welche man in den Gewässern antreffen kann, sowohl wenn die Fallgeschwindigkeit groß ist, als auch wenn sie niedrig ist (im Winter). (Abb. 604, 612.)

Wenn aber alle die Schwebeeinrichtungen wirklich als der Sinkgeschwindigkeit entgegenwirkende Faktoren Bedeutung bekommen können, muß noch eine Forderung befriedigt werden. Es ist eine allen Planctologen wohlbekannte Erscheinung, daß Plancton ohne oder mit sehr schwacher Eigenbewegung in unseren Aquarien und Schalen immer und sehr rasch zu Boden sinkt. Hier fehlen nämlich die Mikroströmungen, die in der Natur wohl immer vorhanden sind. UTTERMÖHL (1925) hat wahrscheinlich nicht Unrecht, wenn er vermutet, daß die verschiedenen Schwebeeinrichtungen „nicht nur ein Herabsetzen der Sinkgeschwindigkeit bewirken, sondern im See eher Segel- oder Fangvorrichtungen vorstellen, welche die Strömungen im Wasser abfangen".

Selbst wenn die verschiedenen Temporalvariationen als Anpassungen aufgefaßt werden dürfen, welche den Veränderungen der Fallgeschwindigkeit zu den verschiedenen Jahreszeiten entgegenarbeiten, so ist es noch nötig, sich klar zu werden 1. über den tieferen Grund, warum die Planctonorganismen gezwungen sind, auf diese Änderungen Rücksicht zu nehmen und 2. wieso es den Organismen möglich gewesen ist, den großen Anforderungen zu entsprechen, die das Milieu an sie stellte.

1. Die Untersuchungen in freier Natur zeigen alles dieses deutlich genug. Entnimmt man mit dem Schließnetz Proben aus größeren Tiefen in unseren größeren Seen, so wird man im Sommerhalbjahr große Mengen von Daphnienhäuten, vermischt mit toten Planctonorganismen erbeuten, die zu einem früheren Zeitpunkt in den oberen Wasserschichten dominiert haben, die aber von Organismen abgelöst worden sind, welche nun dort ihr Maximum besitzen. Es besteht kein Zweifel darüber, daß das Heim der Planctonorganismen die oberen und mittleren Wasserschichten sind und daß drunten im sog. Hypolimnium mit seiner geringen Lichtstärke, seinem kleineren Gehalt an Nahrung (Planctonalgen), seiner niedrigeren Temperatur und dem geringeren Sauerstoffgehalt Verhältnisse herrschen, unter welchen sie nicht leben können. Verhält es sich nun so, daß im Sommer, wenn die Tragfähigkeit des Wassers am geringsten ist, die Gefahr besteht, daß die Planctonorganismen infolge ihrer größeren Fallgeschwindigkeit in diese Wasserschichten absinken müßten, so bleibt tatsächlich nur eines übrig: Durch Ausbildung von Schwebeeinrichtungen verschiedener Art der Fallgeschwindigkeit entgegenzuarbeiten. Das ist gerade dasjenige, was alle Schwebeeinrichtungen bezwecken. Durch Verminderung der Körpergröße, durch Verlängerung der Körperlängsachse, durch Ausbildung von Stacheln, Gallerthüllen usw. vergrößern sie ihren Querschnittswiderstand, setzen sie ihre Fallgeschwindigkeit herab und kommen so den Anforderungen nach, welche die mit der steigenden Temperatur verbundenen Änderungen in der Viskosität und dem spezifischen Gewicht an sie stellen.

Die eigenartige Erscheinung, daß die Temperaturveränderungen im hohen Norden fast ganz fehlen und daß die zahlreichen Elementararten in der gemäßigten Zone ihr Sondergepräge im Winter ganz verlieren und auf die Formen zurückfallen, die unter arktischen Verhältnissen vorkommen und die im Winter von diesen nicht zu unterscheiden sind, habe ich als einen Beweis dafür aufgefaßt, daß alle diese Variationen als eine von der Abschmelzungsperiode des Eises abhängige Erscheinung betrachtet werden müssen (W.-L. 1908). In meinen Augen gehört das Plancton zu einer der ältesten Pflanzen- und Tiergemeinschaften der Erde. Ihre außerordentlich zarten Hautskelete lassen selten eine Konservierung zu, aber unter Berücksichtigung des Umstandes, daß das Plancton von Tieren der Litoralzone seinen Ausgang genommen hat, haben wir für die obengenannte Annahme den Beweis, daß diese Tiere mit ihren weit härteren Chitinskeleten in Mengen in sehr alten Erdschichten uns erhalten sind (Phyllopoden, Muschelkrebse u. a.).

Als das Eis seinen Mantel über ganz Nord- und Mitteleuropa breitete und alle Seen bedeckte, hat es, was an Pflanzen und Tieren sich vorfand, verdrängt oder ausgerottet. Als das Eis sich wieder zurückzog, das Land zum Vorschein kam und Schmelzwassertümpel, Flüsse und Seen entstanden, wanderten Pflanzen und Tiere wieder ein. Die Seen bevölkerten sich und die pelagische Region erhielt wieder ihr Kontingent zugeteilt. Man findet Daphnien-Ephippien in Mengen in den Torfschichten aus der Eichenzeit (W.-L. 1906). So lange beim Abschmelzen die Wassertemperatur nicht über 14 bis 16° C stieg, konnten die Organismen sich dauernd über den tieferen Wasserschichten erhalten, aber je höher die Temperatur wurde — und in der Eichenperiode war sie höher als heutigentags —, wurde das eine Unmöglichkeit. Da begann die Entfaltung der verschiedenen Schwebeeinrichtungen. Der winterliche Rückfall der zahlreichen Biotypen der Art südlich von den schwedischen Seen zu einer großen, gemeinsamen Form, die von der arktischen nicht unterschieden werden kann, ist als ein Reminiszenz an jene fernen Zeiten aufzufassen, als in den gegenwärtigen Gebieten der Biotypen Abschmelzungsverhältnisse herrschten.

2. Wir sind gewöhnt, davon auszugehen, daß ein Organismus, wenn er erwachsen ist, dann durch sein Leben hindurch einigermaßen gleich aussieht. Wir wissen wohl, daß eine Anzahl von Formen, besonders in der gemäßigten Zone, Sommer und Winter die Farbe wechselt, eine Erscheinung, die auch mit der Eiszeit und der Abschmelzungsperiode des Eises zusammenhängt; aber daß eine Art vollkommen ihre Gestalt verändert, im Sommer gegenüber dem Winter doppelt so lang oder doppelt so hoch wird, das sind wohl Phänomene, zu denen wir kaum ein Seitenstück in einer anderen Gemeinschaft finden als in der pelagischen des Süßwassers. Wenn diese großen Formvariationen eben nur bei Mitgliedern der pelagischen Gesellschaft möglich sind, so kommt das daher, daß diese aus Formen zusammengesetzt ist, die zu einem sehr wesentlichen Teil das besitzen, was wir eine monogene Fortpflanzung nennen, entweder eine vorwiegend ungeschlechtliche Vermehrung, wie es bei den Planctonalgen vorzugsweise der Fall ist, oder eine parthenogenetische Fortpflanzung wie bei den Rädertieren und Cladoceren.

Wie früher erwähnt, sind ja gerade bei den Planctoncladoceren und -rädertieren die Sexualperioden unterdrückt; die Vermehrung ist ganz überwiegend parthenogenetisch, Männchen kommen nicht vor oder treten nur in geringer Zahl auf; Dauereier und Ephippien werden nicht gebildet oder nur in geringem Ausmaß. Man betrachtet die Befruchtung der Eier als ein Mittel, welches die Art besitzt, um das Sondergepräge zum Verwischen zu bringen, das die Individuen während ihres Lebens sich erworben haben. Wo die Befruchtung ausbleibt, werden die Variationsrichtungen, die sich einmal gebildet haben und die durch die äußeren Verhältnisse aufgezwungen worden sind, ungestört von Generation zu Generation sich fortsetzen können, werden summiert und außer-

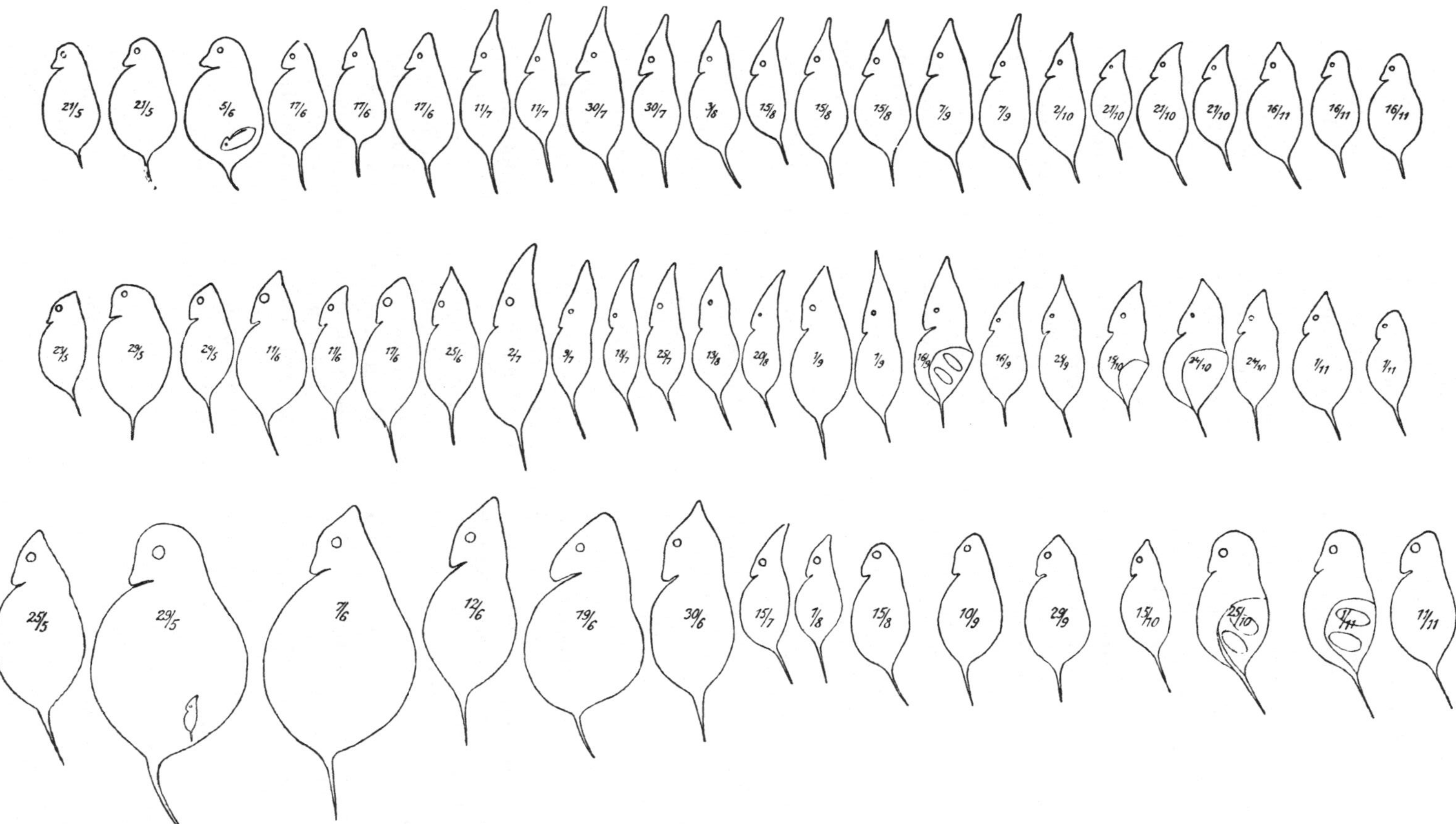

Abb. 616. *Daphnia cucullata* SARS. Die Temporalvariation in unserem tiefsten See, dem Furesee (38 m), in einem sehr seichten See, dem Frederiksborger Schloßsee (3 bis 4 m) und in einem kleinen, sehr seichten Teiche, dem Hesteskoteich im Frederiksborger Schloßgarten (zirka $^3/_4$ m). Im Furesee ist die Art überwiegend amiktisch. Sie besitzt keine Sexualperiode oder diese ist nur schwach ausgebildet; es erhalten sich hauptsächlich nur überwinternde Weibchen. Im Frederiksborger Schloßsee und im Hesteskoteich ist die Form monocyclisch mit ausgesprochener Sexualperiode im Herbst. Sie verschwindet fast ganz aus dem Plancton im Winter im Schloßsee und vollständig im Hesteskoteiche. — Im Furesee und Frederiksborger Schloßsee bildet sie im Sommer ungeheure Planctonmengen, im Hesteskoteiche ist sie selbst im Sommer nur in geringer Zahl vorhanden. Im Furesee und Schloßsee zeigt die Art — also selbst in Seen mit Tiefen von nur 3 bis 4 m — eine ausgesprochene Temporalvariation, während eine solche im Hesteskoteiche fast fehlt. (W.-L. 1908 und 1926.)

dem weitergebildet, wenn Generation auf Generation den gleichen Einwirkungen von außen ausgesetzt wird. Da Dauereier und alle Dauerstadien, die also nicht oder nur in geringfügigem Ausmaß zur Entwicklung kommen, gleichzeitig Verbreitungsmittel der Arten darstellen, werden die aus den Variationsrichtungen hervorgegangenen Elementararten gegenseitig jede in ihrem See isoliert bleiben.

Ein weiterer Grund dafür, daß die pelagischen, perennierenden Arten der Cladoceren und Rädertiere so oft acyclisch werden, dürfte der sein, daß die Ephippien und Dauereier die Weibchen in die tieferen Wasserschichten hinunterdrücken. Zum mindesten ist sicher, daß man, wenn man ephippientragende Weibchen erbeuten will, sie vor allem in den tieferen Wasserschichten suchen muß; das gilt insbesondere für die Bosminen.

Man hat von anderer Seite (hauptsächlich WOLTERECK und seine Schüler) viel Arbeit darauf verwendet, um zu zeigen, daß es die Ernährungsverhältnisse sind und nicht die Änderungen in der Viskosität und dem spezifischen Gewichte, die einen entscheidenden Einfluß auf die Ausbildung aller jener Organe ausüben, die nach der oben angeführten Schwebetheorie der Fallgeschwindigkeit entgegenwirken. Die Planctoncladoceren leben ja von den kleinsten Planctonorganismen, dem sog. Nannoplancton; es wird auch als Zentrifugenplancton bezeichnet, weil es nicht mit unseren Netzen eingefangen, sondern nur durch Zentrifugieren des Wassers erhalten werden kann. Man ist nun sehr bemüht gewesen, nachzuweisen, daß dieses Nannoplancton in einer ganz bestimmten Tiefe stehen soll, welche die Nahrungsschicht darstellt und in welcher die Cladoceren gezwungen sind, sich aufzuhalten, und in welcher zu bleiben für sie eine Lebensbedingung sein sollte. Mit bestem Willen habe ich trotz der vielen Untersuchungen, die darüber angestellt worden sind, ebenso wie andere, die durch eine Reihe von Jahren das Süßwasserplancton studiert haben, nicht erkennen können, daß die Untersuchungen zur Behauptung einer derartigen markierten Nahrungsschicht berechtigen. Im Frederiksborger Schloßsee haben sehr umfassende Untersuchungen von BERG und NYGAARD (1929) diese überhaupt nicht nachweisen können. Über die früher geltend gemachte Anschauung hinaus, daß es in den größeren Seen im Sommer eine wohl markierte Grenze gibt, unterhalb welcher der Sauerstoffgehalt, die Licht- und Ernährungsverhältnisse gewöhnlich eine reichliche Entfaltung pelagischen Tierlebens unmöglich machen und ein solches sich deshalb hauptsächlich in den mittleren und oberen Wasserschichten findet, und in welchen die Planctonorganismen die regelmäßigen Tag- und Nachtwanderungen vornehmen, berechtigen die Untersuchungen nicht hinauszugehen. Der Glaube an das Vorhandensein dieser markierten Nahrungsschicht hat einen verhängnisvollen Einfluß auf vieles gehabt, was durch eine Reihe von Jahren hinsichtlich eines Verständnisses der oben geschilderten Erscheinungen aufgebaut worden war; aber die Untersuchungen haben auf der anderen Seite unsere Kenntnisse darüber vertieft und bewirkt, daß vieles, was in bezug auf die Strukturverhältnisse der Planctoncladoceren noch unklar war, nun in weit schärferes Licht gesetzt worden ist.

Es ist einleuchtend, daß, wenn sich das Nannoplancton in einer mehr begrenzten Wasserschicht befände, die Planctonorganismen, die davon leben sollen, darauf angewiesen wären, gleichfalls hauptsächlich in dieser Wasserschicht zu leben. Es müßte für diese Organismen von der größten Bedeutung sein, sich in dieser begrenzten Nahrungsschicht zu halten. Es wäre nicht genügend, der Fallgeschwindigkeit entgegenzuarbeiten, sie müßten auch ihre Bahnen horizontalisieren können. An diesem Punkte setzte WOLTERECK (1913) mit seinen Untersuchungen ein und zeigte, daß eine Anzahl Baueigentümlichkeiten sich gerade mit diesem Verhalten in Übereinstimmung bringen lassen; das gilt ganz besonders für einige Züge im Bau der Plancton-Bosminen. WOLTERECK und seine Schule gingen dann jedoch einen Schritt weiter und behaupteten, daß alle die merkwürdigen Helmbildungen, Buckel, Stacheln, langen Antennen u. a. ausschließlich Anpassungen zur Horizontalisierung der Bahnen wären und daß die ältere Auffassung, es wären diese Bildungen Mittel, um der Fallgeschwindigkeit entgegenzuwirken, damit erledigt wäre.

Man scheint übersehen zu haben, daß die beiden Auffassungen in Wirklichkeit sich decken; denn alle die Körperteile, die zur Horizontalisierung der Bahnen beitragen, müssen selbstverständlich auch der Fallgeschwindigkeit entgegenarbeiten. Halten sie die Tiere in Horizontalbahnen, so sinken diese ja nicht. Darin besteht kein Widerspruch zwischen den beiden Anschauungen. Es ist meine Überzeugung, daß man, wenn man der Sache auf den Grund geht, zu diesem Resultat kommen wird, z. B. zeigten HUBER-PESTALOZZIS Untersuchungen über *Ceratium hirundinella* — wie auch von ihm selbst hervorgehoben — dieses ganz deutlich. Durch die Arbeiten WOLTERECKS und seiner Schule haben wir ein tieferes Verständnis des Baues dieser Planctoncladoceren erhalten, aber sie liefern keinen Beitrag zum Verständnis, daß das Sommerplancton als Ganzes, um der Fallgeschwindigkeit entgegenzuarbeiten, mit einer größeren Fähigkeit als das Winterplancton ausgestattet ist.

Wie sehr das auch für die Richtigkeit der Schwebetheorie sprechen mag, so soll selbstverständlich nicht bestritten werden, daß man oft vor Erscheinungen steht, die *auf den ersten Blick* damit nicht in Übereinstimmung sich befinden. Das ist ja wohl eine natürliche Sache, und die Einwendungen, die erhoben worden sind, und die Versuche, sie durch andere zu ersetzen, sind in den Augen vieler weder von entscheidender Bedeutung noch bieten sie Vorteile.

Die Tatsachen, die der Schwebetheorie zugrunde liegen, werden von niemandem bestritten; neuere Untersuchungen haben überdies die oben angeführten Erklärungen weiter ausgebildet, aber sie haben diese nicht überflüssig gemacht.

1. Man hat gegen sie eingewendet, daß die Temporalvariationen nicht immer mit den Temperaturänderungen Schritt halten; namentlich machen sie sich am stärksten bemerkbar, wenn die Temperatur ihren höchsten Stand überschritten hat. Das ist ganz richtig und kann nicht anders sein. Die Jungen werden mit höheren Helmen geboren als die Muttertiere und gehen in das Leben hinaus mit einem Plus in dieser Beziehung, welches das Muttertier nicht besitzt, selbstverständlich verlieren sie dieses Plus nicht sofort, weil die Wassertemperatur um einige Grade fällt.

2. Weiter hat man behauptet, daß die Temperaturvariationen in kleinen Teichen nicht so stark hervortreten wie in den Seen. Da Teiche in der Regel eine höhere Temperatur besitzen als Seen, so sollte man doch für das erste gerade erwarten, daß die beiden gemeinsamen Arten in den Kleinteichen die am stärksten entwickelten Helme haben sollten. Näher besehen, wäre dies aber, wenn es wirklich der Fall sein sollte, für die Schwebetheorie verhängnisvoll. Vor allem haben Teichrassen fast immer sehr scharf markierte Sexualperioden; sie sind gewöhnlich monocyclisch. Das besagt mit anderen Worten, daß durch die Befruchtung das Sondergepräge verwischt wird, das äußere Faktoren den Eltern aufgeprägt haben mußten. Seeformen entwickeln sich im Frühjahr ganz überwiegend aus überwinternden Weibchen, Teichformen aus Ephippien, die das ganze Jahr hindurch Junge ergeben können. Da die aus den Ephippien hervorgehenden Weibchen bei unseren Klimaverhältnissen jedenfalls immer rundköpfig sind, ist es natürlich, daß es bei den Teichrassen im Sommerhalbjahr nicht zu dem gemeinsamen Gepräge kommt, das die Seerassen auszeichnet, deren Maxima

sich nach einer langen Reihe von Würfen entwickeln und bei denen die Jungen den Sommer hindurch spitzköpfig geboren werden. In Wirklichkeit ist bei diesen Planctonorganismen das Leben in den Teichen gerade hinsichtlich der Temperatur weit mehr stabil als in den Seen. In diesen müssen sie als freilebende Organismen innerhalb einer Temperaturskala von 0 bis zirka 24° C leben. In den Teichen liegen sie bei 0 bis 12° C in den Dauerstadien eingeschlossen; freilebend werden sie erst bei Temperaturen von zirka 12 bis 24° C. Endlich scheinen die Kritiker ganz vergessen zu haben, daß in Teichen mit Tiefen von nur ein paar Metern sich ja keine tieferen Wasserschichten finden, in denen das Leben nicht gelebt werden kann. Wozu sollten Schwebeeinrichtungen entwickelt werden unter Verhältnissen, bei denen Organismen mit Eigenbewegung imstande sind, sich in weniger als einer Stunde vom Boden zur Oberfläche zu erheben? Das, was die Schwebetheorie gerade verlangt, ist, daß die Schwebeeinrichtungen in weniger tiefen Wässern rückgebildet werden und daß sie in tiefen am stärksten ausgebildet sind. Und das ist auch dasjenige, was in den Gebieten, wo die Untersuchungen am eingehendsten durchgeführt worden sind, gerade der Fall ist. Nicht die Schwebetheorie, sondern die Ernährungstheorie ist es, welche für hohe Helme in kleinen, warmen, in hohem Grad eutrophen Teichen Bedarf hat. Die Verhältnisse stehen gerade mit der ersten in Übereinstimmung, nicht aber mit der zweiten. Daß die Helme hier fehlen, geht aus den Abb. 596 und 616 hervor.

3. Ganz das gleiche kann gegen den Einwand bemerkt werden, daß *D. cucullata* keine subarktische Kaltwasserform, sondern gerade in warmem Wasser zu Hause sei und erst richtig südlich von den großen schwedischen Seen vorkomme. Der Einwand ist sehr wenig begründet. Wenn *D. cucullata* eine subarktische Form wäre, dann könnte die Schwebetheorie nicht richtig sein. Die *Daphnia*-Arten ordnen sich in Formenserien von Norden nach Süden; die niedrigköpfigen Arten, besonders der Formen *D. longispina*, sind in den Seen des hohen Nordens und den mehr zentralen Partien seiner Teiche dominierend; weiter nach Süden hin entwickeln sie Elementararten mit deutlichen Temporalvariationen. In diesen Formenserien taucht *D. cucullata* SARS auf als eine Form, die dank ihrer ausgesprochenen Temporalvariationen mehr an das Leben in Seen mit höheren Sommertemperaturen angepaßt ist. Die anderen Formen verschwinden nicht, aber als Seeformen herrschen sie weniger vor, sie haben oft sehr eigentümliche Kopfformen und scheinen nach verschiedenen Beobachtungen in größeren Seen in tieferen und kälteren Wasserschichten zu stehen als *D. cucullata* SARS.

4. Man hat weiter behauptet, daß diese Planctoncladoceren überhaupt keine Schweber sind, sondern selbst schwimmen; sie bewegen sich aktiv. Schweber sind nur äußerst wenige; *Diaphanosoma* und vielleicht *Leptodora*. Das ist vollkommen richtig; und gleichfalls, daß diesen Schwebeformen alle jene Stachelbildungen, Helme usw. fehlen, die die „Hüpfer“ auszeichnen. Sie haben keine Temporalvariation. Wenn man dies als Beweis gegen die Schwebetheorie anführt und weiter noch sagt, daß gerade diese Schweber Temporalvariationen haben sollten, so ist das nur ein Beweis dafür, wohin oberflächlicher Gedankengang und Voreingenommenheit für den eigenen Standpunkt führen kann. Es ist doch ganz klar, daß diese Formen, deren spezifisches Gewicht in solchem Grad mit dem des Wassers übereinstimmt, daß sie, in welcher Stellung immer, schweben können, und die zugleich in den mit mächtigen Muskeln ausgestatteten zweiten Antennen Ausleger besitzen (Abb. 562, 613), auf welchen sie ruhen können, ohne zu sinken, und die mit ihrer Muskulatur in langen, ruhigen Ruderschlägen sich wie z. B. *Leptodora* rudernd vorwärts bewegen, wobei ihr Körper immer horizontal liegt, daß diese Organismen nicht die entfernteste Verwendung

für temporale Entwicklung von Schwebeeinrichtungen haben. Sie sind ausgesprochene Warmwasserformen, die erst bei einer Temperatur von 12 bis 14° C aus den Ephippien oder Dauereiern auskriechen und wieder bei einer ähnlichen Temperatur aus dem Wasser verschwinden. Besonders bei *Leptodora* wäre in dieser Hinsicht eine genauere biologische Untersuchung notwendig. Man scheint nicht verstanden zu haben, daß, wenn diese Schweber Temporalvariationen besäßen, die Schwebetheorie unrichtig sein müßte. Sie dürfen sich nach all dem nur bei den hüpfenden Formen mit Eigenbewegung finden, und gerade dort kommen sie eben vor.

5. Man hat als ein letztes Argument angeführt, daß verschiedene dieser vermutlichen Schwebeeinrichtungen keinen Wert besitzen, weil sie beim Schwimmen nicht horizontal, sondern vertikal getragen werden. Eine *Daphnia* hüpft nicht in horizontaler Stellung, sondern in vertikaler oder in Schrägstellung. In dieser Stellung können die Helme natürlich nicht wirken, um der Fallgeschwindigkeit entgegenzuwirken. Beobachtet man jedoch eine hüpfende *D. cucullata*, so wird man sehen, daß das Tier zwischen zwei Sprüngen aus einer fast senkrechten Stellung übergeht zu einer schrägen, d. h. der Helm trägt beim Springen dazu bei, um — nach meiner Ausdrucksweise — den Schwerpunkt vorwärts zu verlegen (W.-L. 1908), oder um — nach WOLTERECK — die Stellung zu horizontalisieren. In dieser halb waagrechten Stellung verbleibt das Tier eine kurze Zeit. Es ist ganz klar, daß in dieser Schwebelage gerade Helm und Stachel zur Vergrößerung des Querschnittswiderstandes mitwirken, die Fallgeschwindigkeit zwischen zwei Sprüngen herabsetzen und gerade das hervorrufen, was die Theorie verlangt, eine Horizontalisierung des Körpers. Man hat, worauf schon OLOFSSON (1918) aufmerksam gemacht hat, die Pause zwischen zwei Sprüngen unterschätzt, die Pause, in welcher eine hüpfende Daphnie dank des Helms und der Stacheln gerade die Schwebestellung einnimmt und in dieser die Fallgeschwindigkeit herabmindert. In seiner übrigens sehr wertvollen Arbeit „Das Schweben der Wasserorganismen" 1935 hat JACOBS diesen Hauptpunkt nicht verstanden und auch nicht, daß alle Variationen, die dem Horizontalisieren der Bahnen dienen, notwendigerweise auch dazu dienen, dem Fallen entgegenzuarbeiten. Man darf wohl sagen, daß gerade die schärfsten Kritiker der Schwebetheorie Forscher sind, die entweder niemals das Plancton studiert haben, wenigstens nicht als Ganzes und nicht durch eine Reihe von Jahren, oder die nach ihrer ganzen Einstellung Resultate anstreben, die sich vom Standpunkt der Vererbungslehre verwenden lassen. — Man muß es mit JACOBS beklagen, daß immer noch exakte, experimentelle Untersuchungen über die Fallgeschwindigkeit bei cyclomorphen Formen fehlen. Solche sind bei *Ceratium* von KRAUSE (1911) und namentlich von LUNTZ (1928) bei Rädertieren durchgeführt worden. Die Ergebnisse sprechen am ehesten für die Schwebetheorie, aber Untersuchungen über Cladoceren fehlen noch immer, sowie darüber, wie gewisse Formen ihre Schwebeeinrichtungen tragen (die Bosminen ihre Buckel).

Es ist nicht möglich, einer lebenden *D. cucullata* den Helm oder den Dorn abzuschneiden, aber es ist nicht schwer, einem *Bythotrephes* den langen Stachel zu nehmen. Dieser bewirkt eine Horizontalisierung der Bahn des Tieres. Schneidet man ihn ab, so sieht man es wie früher hüpfen, aber nicht in horizontaler Richtung, sondern es beschreibt einen großen Bogen, wobei der Rücken nach innen gegen das Zentrum gekehrt ist. Die Bedeutung des Stachels für die Horizontalisierung der Bahnen kann nicht bezweifelt werden. Durch die Studien WOLTERECKs hat man eine schöne Erklärung für viele merkwürdige Züge der Temporal- und Lokalvariationen der Bosminen erhalten, aber was noch immer fehlt, das sind direkte Beobachtungen der Stellung dieser Tiere im Wasser, eine Aufgabe, die

der Zukunft vorbehalten bleibt und die schwer zu lösen ist, weil die Aquariumtiere immer die Lichtquelle aufsuchen, sich dort ansammeln und gegen das Glas
stoßen.

Im Hinblick auf die *geographische Verbreitung* der Cladoceren sei auf die
Bemerkungen über die Gattung *Daphnia* verwiesen; im übrigen kann hervorgehoben werden, daß viele Arten am ehesten als Kosmopoliten betrachtet werden
können. Besondere Formen mit geringer, diskontinuierlicher Ausbreitung sind
selten (*Bosminopsis* in den großen Flußsystemen Chinas, Japans, Rußlands
und Südamerikas). Merkwürdige Formen sind die im aralo-kaspischen Seegebiet
vorkommenden Arten, die sich von der marinen Gattung *Evadne* ableiten lassen
und die unter Umbildung von Meeres- zu Brack- und Süßwassertieren sich an
dieses Leben angepaßt haben, in benachbarte Seen eingedrungen sind und sich
überdies umgebildet haben. Die zur Familie der Polyphemiden gehörigen, sehr
merkwürdigen Formen *Cercopagis* und *Apagis* (G. O. SARS 1897, 1902) verhalten
sich auf ähnliche Weise.

Es scheint vorläufig, als ob die Arten *Daphnia* und *Bosmina* in der pelagischen
Region der tropischen Seen nicht die große Rolle wie in der arktischen und
temperierten Zone spielen (s. übrigens BREHM 1933). Es ist merkwürdig zu
sehen, daß ausgesprochene Uferformen, wie *Simocephalus serrulatus* (KOCH),
pelagisch auftreten können (Java). Am charakteristischesten scheint für die
Cladocerenfauna der Tropen die Rolle zu sein, welche die Gattungen *Moina*
und *Dunhevedia* spielen; beide sind in der gemäßigten Zone selten und *Moina*
hier eine ausgesprochene Tümpelform, in den Tropen hält sie sich jedoch gleichzeitig in großen Gewässern auf (BREHM, Java, 1933).

In bezug auf das System und die einzelnen Arten sei folgendes erwähnt:
G. O. SARS hat die Cladoceren in zwei Gruppen geteilt, die *Calyptomera* und
die *Gymnomera*, je nachdem ob die Schale Rumpf und Beine umschließt oder
diese freiläßt und nur den Brutraum bildet, in dem sich die Eier entwickeln.
Zur ersten Gruppe gehört der Großteil der Wasserflöhe, zur zweiten nur die
Familien *Polyphemidae (Onychopoda)* und *Leptodoridae (Haplopoda)*. Ich habe
mich dieser Einteilung nicht anschließen können. Die beiden letztgenannten
Gruppen haben nichts miteinander zu tun. Sie sind pelagische Raubtiere; ihre
Ähnlichkeit beruht nur auf Konvergenz (W.-L. 1904).

Leptodora ist eine karnivore Side mit sechs Beinpaaren wie diese, mit
Hinterleibskrallen, die wie bei den Sididen gebaut sind, auch die ersten und
zweiten Antennen und das Auge zeigen Übereinstimmung im Bau mit den
Sididen u. a. Sie besitzen nicht die geringste Gemeinschaft mit den Polyphemiden,
die vier Brustbeinpaare, einen vollkommen abweichend gebauten Hinterleib und
Antennen besitzen, welche wesentlich wie bei den Lynceiden gebaut sind. Der
Brutraum zeigt einen ganz anderen Bau als bei *Leptodora*; unter anderem besitzt
der Hinterleib der Polyphemiden dorsal einen Nährboden, der eine Nährflüssigkeit für die weitere Entwicklung der Eier in den Brutraum abgibt. Etwas ähnliches findet sich nicht bei *Leptodora*. Aus dem Dauerei geht bei *Leptodora* ein
Nauplius hervor, ein Verhalten, das bei keinem anderen Cladoceren ein Seitenstück hat. Es mag noch hinzugefügt sein, daß man vermutet, daß das Dauerei von
Leptodora semipelagisch ist, aber meines Wissens besteht darüber keine Gewißheit.

In meinen Augen besteht keine Schwierigkeit, *Leptodora* einen Platz im
System zuzuweisen; die Schwierigkeit liegt darin, die Polyphemiden einzureihen.

So lange ausführlichere Untersuchungen fehlen, müssen durchgreifende Umänderungen des Systems unterlassen werden, aber nach meinem Dafürhalten
sind die *Leptodoridae* aus den *Gymnomera* zu entfernen und als Familie nach den
Ctenopoda einzureihen.

Die *Calyptomera* enthalten die typischen Cladoceren und werden in zwei Gruppen geteilt: die *Ctenopoda* und die *Anomopoda*.

Die *Ctenopoda* umfassen drei Familien: die *Sididae, Holopedidae* und *Leptodoridae*. Sie besitzen sechs Paare von Brustbeinen, die Dauereier werden ohne Ephippien frei ins Wasser abgelegt. Sie sind monocyclisch.

Die *Sididae* enthalten vier Hauptgattungen: *Sida* (Taf. 13, Fig. 6), *Diaphanosoma* (Taf. 13, Fig. 1; Abb. 613), *Limnosida* (Taf. 13, Fig. 4) und *Latona* (Taf. 13, Fig. 3). *Sida crystallina* O. F. M. ist eine Litoralform, die sich mit ihrem großen Haftorgan an Pflanzen festsetzt; die beiden anderen Formen sind Planctonorganismen, *Limnosida* kommt in den großen schwedischen Seen und in Norwegen, aber nicht in Zentraleuropa vor. *Diaphanosoma* ist in solchem Grade an das pelagische Leben angepaßt, daß das spezifische Gewicht fast genau dem des Wassers entspricht; das Tier kann sich fast in jeder Stellung schwebend erhalten. *Latona* ist eine ausgesprochen in Schlamm und Moder wühlende Bodenform, leicht daran kenntlich, daß die zweiten Antennen anscheinend dreiästig sind; das Basalglied des dorsalen Astes besitzt einen großen Seitenauswuchs. Der Borstenbesatz ist sehr reichlich und sehr charakteristisch.

Die *Holopedidae* enthalten eine Gattung mit der einzigen Art *Holopedium gibberum* ZADDACH (Abb. 566, 567); sie ist mit einem mächtigen Gallertmantel ausgestattet, der aus den abgeworfenen, später gequollenen Häuten gebildet wird. Es fehlt der Kopfschild. Die zweiten Antennen der Weibchen sind nur einästig. In Dänemark ist sie ursprünglich im Gribsee gefunden worden, wo sie nicht mehr vorkommt, im Klaresee bei Hellebaek und im Madumsee.

Holopedium gibberum ZADDACH ist eine in vieler Hinsicht sehr eigentümliche Form, die insbesondere durch ihre Gallerthülle von allen übrigen Cladoceren abweicht. In Europa hat sie eine ausgesprochen nördliche Verbreitung. In Mitteleuropa wird sie als Glazialrelikt oder Pseudorelikt aufgefaßt, die in recht sauren Moorwässern zu Hause ist und nur hier gedeihen kann in Wasser mit einem p_H zwischen 4 und 7,30, Optimum zwischen 4 und 6 (THIENEMANN 1926, TAUSON 1932).

Die *Leptodoridae* mit nur einer Gattung und einer Art, *L. hyalina* LILLJEB. (Abb. 562). *Leptodora* ist eine zur karnivoren Lebensweise umgebildete, pelagische Sidide (s. S. 468), die im Bau der Brustbeine wesentlich von den Sididen abweicht (einästige Raubbeine mit sehr schwachen Rudimenten der Außenäste), die Schale umschließt Rumpf und Brustbeine nicht. Das Dauerei vermutlich semipelagisch, daraus geht ein Metanauplius hervor (Abb. 576).

Zu den *Anomopoda* gehören vier Familien:

Die *Daphnidae* mit fünf Gattungen, der Dorsalast der zweiten Antennen viergliederig; zumeist Teich- und Litoralformen; oft dicyclisch, zuweilen polycyclisch; Ephippien mit luftgefüllten Zellen; überwiegend perennierend.

Daphnia (Tafel 14, Fig. 1) mit den Hauptarten *magna* STRAUS, *pulex* (DE GEER), *longispina* O. F. M., *cucullata* SARS, *cristata* SARS. Die Arten (s. S. 458) sind großen Lokal- und Temporalvariationen unterworfen.

Scapholeberis S. mucronata O. F. M., s. S. 436 (Abb. 394). Litoral- und Oberflächenform.

Simocephalus (Tafel 13, Fig. 5), leicht kenntlich an dem kleinen Kopfschilde, die Schale hinten sehr breit, ohne Spina. Ephippium mit nur einem Ei.

Ceriodaphnia (Tafel 13, Fig. 7), Kopf vorne abgerundet, kein Schnabel; erste Antennen kurz, Mittwasserformen in Teichen und kleinen Seen; vereinzelt pelagisch in größeren Seen.

Moina (Tafel 13, Fig. 2), Kopf vorne abgerundet; lange erste Antennen. Vorwiegend Warmwasserformen; bei uns recht selten. Vorkommen: Dorfteiche mit geringer Wassertiefe. Hauptsächlich in südlicheren Breitegraden, namentlich den Tropen.

Bosminidae. Dorsalast der zweiten Antennen viergliedrig. Erste Antennen beim Weibchen lang und unbeweglich. Unvollkommene Ephippien; vorwiegend di- oder monocyclisch. Seeformen oft acyclisch.

Bosmina (Tafel 14, Fig. 6). Mittwasserform in Teichen und kleinen Seen, ausgesprochen pelagisch in größeren Seen. Einer außerordentlich starken Lokal- und Temporalvariation unterworfen. Hauptsächlich perennierend (Abb. 604).

Macrothricidae. Erste Antennen beim Weibchen beweglich, der Dorsalast der zweiten Antennen viergliedrig. Die Familie hat vorwiegend südliche Verbreitung, die meisten ihrer Vertreter sind in Dänemark selten. Hauptsächlich in braunen Moorwässern zu Hause. Wohl vor allem periodische Sommerformen, monocyclisch, unvollkommene Ephippien.

Ilyocryptus (Tafel 15, Fig. 3). Die alte Haut wird teilweise nach der Häutung zurückbehalten. Ausgesprochene Schlammbewohner, im Schlamme kleiner Seen lebend; ferner *Lathonura* (Tafel 14, Fig. 4), *Macrothrix* (Tafel 14, Fig. 3), *Streblocerus*, *Drepanothrix* (Tafel 14, Fig. 2), *Acantholeberis*, *Bunops* (Tafel 14, Fig. 5).

Chydoridae. Beide Äste der zweiten Antennen dreigliedrig; kurze, schwach entwickelte Schwimmborsten. Die meisten Arten monocyclisch; unvollkommene Ephippien, zum Teil nur abgestoßene Häute, in denen die Eier aufbewahrt werden. Hauptsächlich Litoralformen, die zwischen und auf den Pflanzen vorkommen; Hauptgattungen:

Eurycercus (Tafel 15, Fig. 1). Große Formen mit sehr breitem Postabdomen, längs des Hinterrandes zirka 100 kleine Zähnchen.

Camptocercus (Tafel 15, Fig. 7). Springende Formen mit sehr langem, schmalem, stabförmigem Postabdomen.

Acroperus. Schale mit eleganten, im Bogen verlaufenden Längsstreifen.

Rhynchotalona (Tafel 15, Fig. 8). Kopfschild läuft in ein langes, rüsselförmiges Rostrum aus.

Graptoleberis (Tafel 15, Fig. 5). Sehr breiter und flacher Kopfschild; ausgesprochene Boden- und Schlammbewohner.

Peracantha. Hinterrand der Schale mit einer Reihe Dornen ausgestattet.

Chydorus (Tafel 13, Fig. 8). Körper kugelförmig, fast isodiametrisch.

Monospilus (Tafel 15, Fig. 2). Die alte Haut bleibt nach den Häutungen sitzen, nur Punktauge.

Anchistropus (Abb. 586). Bauchrand mit einem merkwürdigen Dorne.

Andere Gattungen: *Alona* (Tafel 15, Fig. 6), *Pleuroxus* (Tafel 15, Fig. 4).

Die *Gymnomera* enthalten Formen mit nur vier Paaren Thorakalbeinen, die fast ausschließlich von den Innenästen gebildet werden. Die Außenäste sind äußerst klein und stehen im Dienste der Ernährung. Die Schalenklappen bedecken weder Rumpf noch Beine; es ist nur ein Brutsack vorhanden, in dem die Jungen von einer Flüssigkeit ernährt werden, die von einem besonderen Organe der Rückenseite ausgeschwitzt wird. Keine Ephippienbildung; Dauereier mit dicker, innerer Schale und einer äußeren, dünnen Gallerthülle. — Es sind ausgesprochene Raubtiere. Die Beine werden zum Einfangen der Beute verwendet.

Familie *Polyphemidae* mit den Gattungen *Polyphemus* und *Bythotrephes*.

Polyphemus (Abb. 562): Erstes Brustbeinpaar nicht viel länger als die folgenden. Mittellanges, stabförmiges Postabdomen, keine Schwanzkrallen, sondern lange Schwanzborsten. Ausgesprochene Litoralformen, zuweilen in kleinen Teichen Mittwasserformen. Vorwiegend monocyclisch, zuweilen dicyclisch.

Bythotrephes (Abb. 565): Erstes Brustbeinpaar viel länger als die übrigen. Hinterleib stachelähnlich, viel länger als der Körper; Schwanzkrallen, die nach den Häutungen zurückbleiben, sehr kleine Schwanzborsten. Pelagisch in größeren Seen. Monocyclisch. Zur gleichen Gruppe gehören auch die marinen, pelagischen Formen *Podon* und *Evadne*, von denen sich die merkwürdigen Formen des Schwarzen Meeres, Kaspischen Meeres und des Aralsees herleiten; sie haben sich weiter verbreitet und sich an das Leben im Süßwasser angepaßt.

Ordnung: **Ostracoda (Muschelkrebse).**

Der ganze Körper von zwei Hautfalten umschlossen, die vom vorderen Körperabschnitte ausgehen und das Tier vollständig umschließen. Sie sind durch Kalkeinlagerungen mehr oder weniger verstärkt. Der Körper zerfällt in zwei Abschnitte, Kopf und Rumpf; eine Gliederung fehlt. Es sind nur sieben Paare Gliedmaßen vorhanden: zwei Paare Antennen, zwei Paare Mundgliedmaßen und drei Paare Brustbeine. Der Körper endigt gewöhnlich mit einer Furca. Getrenntgeschlechtlich; Parthenogenese häufig.

Die *Ostracoda* oder Muschelkrebse sind eine in vieler Hinsicht sehr eigentümliche Gruppe der Entomostraken. Sie zählen gegen 1000 sichere Arten, aber die

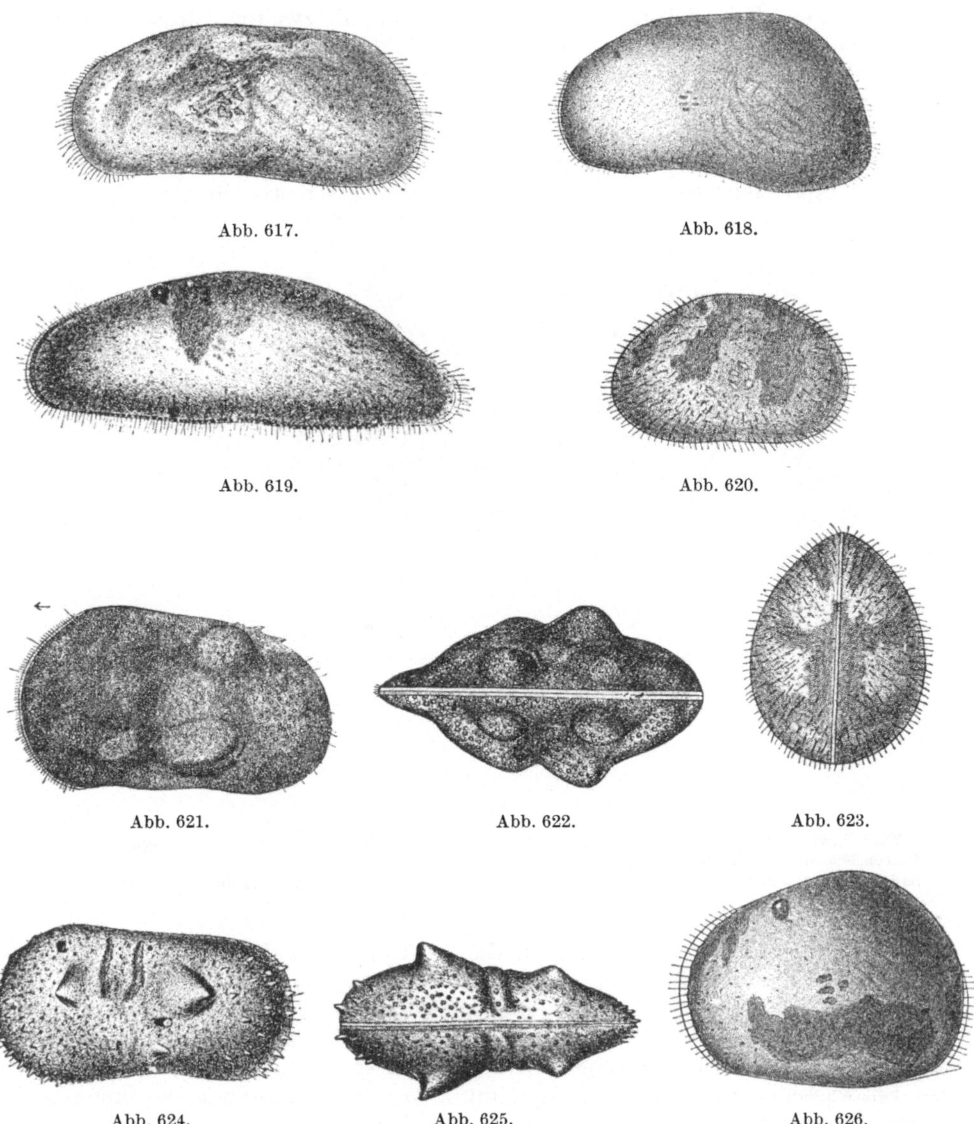

Abb. 617.   Abb. 618.

Abb. 619.   Abb. 620.

Abb. 621.   Abb. 622.   Abb. 623.

Abb. 624.   Abb. 625.   Abb. 626.

Abb. 617 bis 626. Ostracoden.

Abb. 617. *Cypris reptans* (BAIRD). Abb. 618. *Candona candida* (O. F. M.). Abb. 619. *Herpetocypris fasciata* (O. F. M.). Abb. 620. *Cypridopsis vidua* (O. F. M.) in Seitenansicht. Abb. 621. *Limnicythere stationis* VAVRA, Seitenansicht. Abb. 622. *Limnicythere stationis* VAVRA, von oben gesehen. Abb. 623. *Cypridopsis vidua* (O. F. M.), Dorsalansicht. Abb. 624. *Iliocypris gibba* (RAMDOHR), Rückenansicht. Abb. 625. *Iliocypris gibba* (RAMDOHR), Seitenansicht. Abb. 626. *Notodromas monacha* (O. F. M.). Abb. 617 nat. Größe zirka 2,5 mm; die übrigen zirka 1 mm. (Alle nach VAVRA.)

weitaus meisten sind marin; aus ganz Nord- und Mitteleuropa sind im Süßwasser
nicht viel über 100 bekannt. Abgesehen von Europa und Nordamerika ist die
Fauna der anderen Erdteile wenig untersucht.

Die Süßwasserformen gehören alle zur Gruppe der *Podocopa* im Gegensatz zu den *Myodocopa*, die alle marin sind. — Die Myodocopen zeigen gewisse Merkmale, die als primitiv angesprochen werden müssen: sie besitzen ein Herz und paarige Augen. Das wichtigste Lokomotionsorgan, die zweiten Antennen, werden frontal nach vorne und hinten bewegt. Die Podocopen besitzen kein Herz; es ist nur das Naupliusauge vorhanden, die ersten und zweiten Antennen bewegen sich aufwärts und abwärts und schlagen beim Schwimmen gegeneinander, eine in jeder Hinsicht sehr seltsame Form der Bewegung; außerdem zeigen die Gliedmaßen bei den Podocopen ein weit abgeleiteteres Verhalten als die der Myodocopen. Anderseits weisen die allermeisten Süßwasserostracoden im Gegensatz

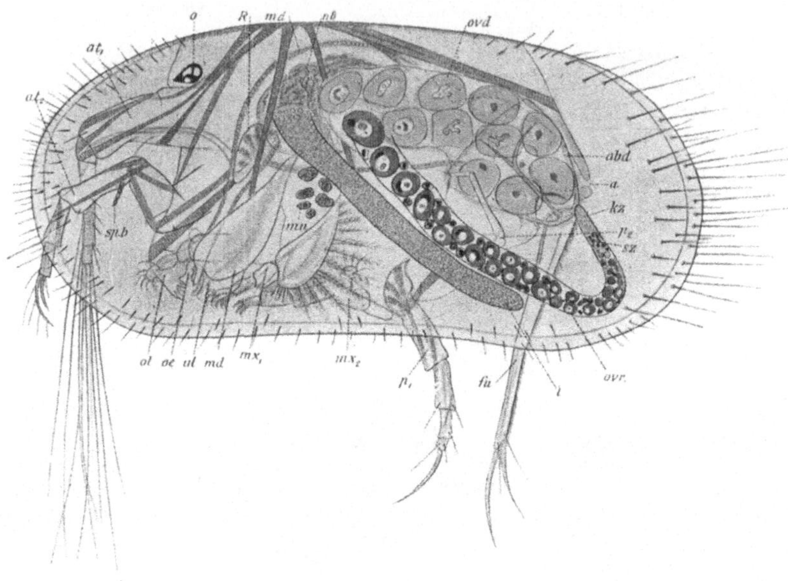

Abb. 627. *Cypris reptans* (BAIRD). at_2 zweite Antenne; at_1 erste Antenne; *o* Auge; *R* Ösophagus; *md* Magen; *nb* Nahrungsballen; *ovd* Ovidukt; *abd* Hinterleib; *a* After; p_2 Putzfuß; *sz, kz, ovr* Eierstock; *l* Leber; *fu* Furca; p_1 erstes Beinpaar; mx_2 zweite Maxillen; mx_1 erste Maxillen; *ul* Unterlippe; *oe* Ösophagus; *ol* Oberlippe; *spb* Tastborste; *mu* Muskel. (WOLTERECK 1898.)

zu denen des Meeres (ausgenommen die *Darwinulidae*) das sehr merkwürdige Verhalten auf, daß gerade sie eine Metamorphose vom Nauplius durch neun Häutungen bis zum erwachsenen Tier durchlaufen. Die Eier werden in der Regel abgelegt. Bei den Myodocopen ist die Entwicklung direkt, und die Eier werden unter der Schale getragen. Dies ist um so merkwürdiger, als die Tiere des Süßwassers, wie man annehmen muß, von Meerestieren abstammen und gewöhnlich gerade sie die Metamorphose aufgeben und eine direkte Entwicklung besitzen. In bezug auf die Lebensweise besteht der große Unterschied, daß die Meeresostracoden eine Anzahl Arten der pelagischen Region geliefert haben und ausgesprochene Planctonorganismen sind, gewöhnlich jedoch nur in der Art, daß gewisse Bodenformen, deren Schalen zu schwer sind, wenn die Geschlechtsreife herannaht, deren Kalkablagerungen ausscheiden, so daß sie leichter werden und dadurch besser imstande sind, ein pelagisches Leben zu führen. Die Süßwasserostracoden sind mit ganz vereinzelten Ausnahmen, die übrigens nicht als Planctonorganismen betrachtet werden können, ziemlich ausgesprochene Bodentiere; einige von ihnen sind wohl am ehesten als wühlende und grabende Tiere anzusprechen.

Die Podocopen sind eine viel kleinere Gruppe als die Myodocopen; alle Süßwasserformen gehören zu ihr, aber sie enthält auch viele marine Formen; vor allem die rein marine, sehr kleine Familie der *Nesideidae*, dann die sehr große Familie der *Cytheridae*, die weit überwiegend marin ist und im Süßwasser nur mit etwas über 20 Arten vorkommt. Der

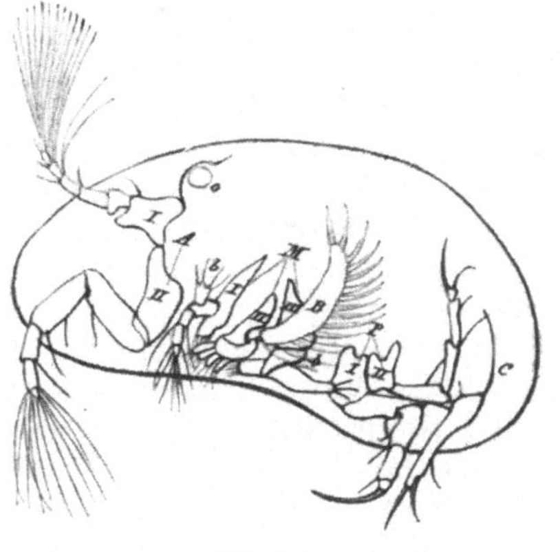

Abb. 628.

Abb. 629.

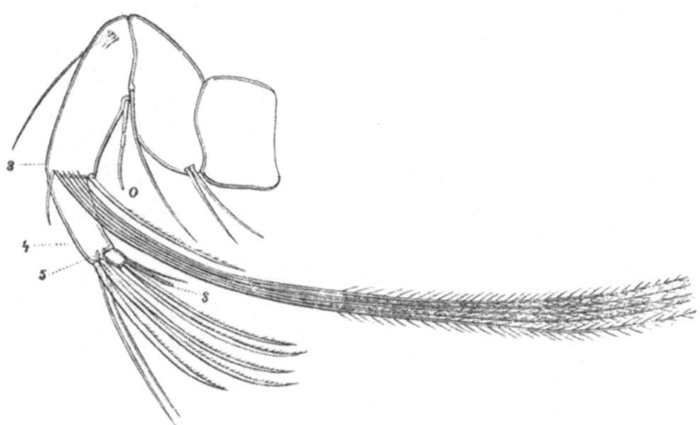

Abb. 630.

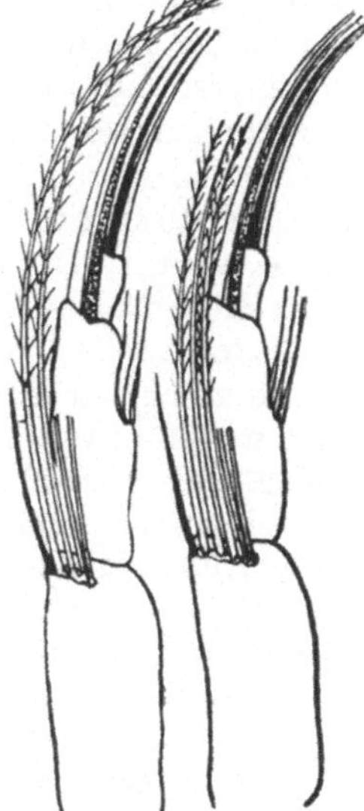

Abb. 631.

Abb. 628. *Cypris candida* O. F. M. *A I*, *A II* erste und zweite Antenne; *b* Mandibelpalpe; *I* Mandibel; *M* Mandibel und Maxillen; *B* Kiemenblatt; P_1 erstes Brustbein; P_2 Putzfuß; *C* Furca; *o* Auge. (ZENKER 1854.)

Abb. 629. *Cythere viridis* O. F. M. (marin). *a* erste Antenne; *b* zweite Antenne; *c* Mandibel; *d* erste Maxille; *e, e, e* zweite Maxille und erstes und zweites Brustbein; *f* Furca; *o* Auge. (ZENKER 1854.)

Abb. 630. *Cyclocypris globosa* SARS, zweite Antenne. *o* Riechborste; *S* Sinnesborste; *3, 4, 5* drittes bis fünftes Glied. (VAVRA 1891.)

Abb. 631. Zweite Antenne von *Cypris virens* JUR. Die Abbildung zeigt links die typische Form, rechts die *forma acuminata*, die in Bächen zu Hause ist; wird diese kultiviert, so geht die typische *virens* hervor. (WOLF 1921.)

bei weitem größte Teil aller Süßwasserformen gehört zur Familie *Cypridae*, die in eine große Anzahl von Gattungen und Untergattungen aufgespalten ist.

Gemeinsam für alle Podocopen ist also das Fehlen der zusammengesetzten Augen, nur das Naupliusauge ist ausgebildet, und das Fehlen eines Herzens, weiter bewegen sich die Antennen gegeneinander; die Gliedmaßen zeigen abweichende Verhältnisse; die allermeisten legen die Eier ab, und fast alle durchlaufen eine sehr langsam vorwärts schreitende Metamorphose; sie beginnen mit einem Nauplius-Stadium und erst nach acht Häutungen erreicht die Larve das geschlechtsreife Stadium. Alle sind Bodentiere; pelagische Formen kommen nicht vor.

Wenn im folgenden eine Schilderung der wichtigsten Merkmale im Bau der Ostracoden gegeben wird (Abb. 627 bis 631), so ist dabei in erster Linie an die Familie der *Cypridae*, weniger der *Cytheridae* gedacht. Die auffallendste Baueigentümlichkeit der Ostracoden ist die zweiklappige Schale, die den Körper der Tiere vollkommen umschließt und in vieler Hinsicht auffällig an die der Muscheln erinnert. Die Schale ist als eine paarige Hautfalte aufzufassen, die sich vom Rücken über die Seiten des Körpers herunterbiegt; sie hat also zwei Schalenblätter, ein inneres und ein äußeres. Das innere ist schwach, das äußere weit stärker chitinisiert. Zwischen ihnen finden ein Teil der Eingeweide, die Schalendrüsen, die Hoden und Ovarien Platz. Das äußere Schalenblatt besteht aus zwei Chitinlagen, die voneinander durch Kalkablagerungen getrennt sind. Bei einigen Formen (*Candona* u. a.) ist die Schale weiß, porzellanartig, bei anderen, z. B. den *Cypris*-Arten, sind zwischen den beiden Schichten Pigmentzellen eingelagert, welche die schönen Farben hervorrufen, die einige Schalen besitzen. In der Schale sieht man eine Anzahl sogenannter Sternzellen, die in der einen oder anderen Weise bei der Kalkausscheidung fungieren. In der Schale befinden sich zahlreiche Porenkanäle, die sehr häufig zu Borsten führen, welche auf kleinen erhöhten Partien sitzen. Besonders bei den Cytheriden kann die Schale oft Knoten besitzen, wodurch sie häufig eine recht eigentümliche Gestalt gewinnt. Die Borsten können sehr lang sein und kommen namentlich an den Rändern vor. Sie sind bei den jungen Tieren am stärksten entwickelt und gehen späterhin sehr oft verloren. In der Rückenlinie sind die beiden Schalenhälften, die linke und die rechte, durch ein elastisches Band verbunden, durch dessen Zug die Schale zur Öffnung gebracht wird. Als Antagonist wirkt ein Schließmuskel, der ungefähr in der Mitte des Körpers liegt und der bei der Kontraktion das Schließen der Schale bewirkt. Das Verhalten ist tatsächlich ganz gleich wie bei den Muscheln. Wenn die Schale sich öffnet, treten die Gliedmaßen heraus. Sehr häufig sieht man jedoch die ersten Antennen, die auch als Sinnesorgane dienen, aus der im übrigen geschlossenen Schale herausragen. Die Schalen sind, wenigstens bei den meisten Süßwasserformen, mehr oder minder asymmetrisch. Während bei den nicht geschlechtsreifen Tieren die Kalkablagerungen zwischen den Chitinblättern schwach sind, sind sie bei den erwachsenen Tieren sehr kräftig. Sie sind gewöhnlich gleichmäßig über die ganze Oberfläche verteilt, aber besonders bei gewissen Cytheriden entstehen knotenförmige Auswüchse. Die Farbe der Schalen variiert sehr; doch ist sie bei den meisten Arten außerordentlich konstant. Wir treffen auf schwarze, grüne, gelbe, braune, porzellanfarbige Arten; diese Farben sind in den meisten Fällen für die betreffende Art so konstant, daß ein Teil mit recht großer Sicherheit auf den ersten Blick daran erkannt werden kann. Farbenzeichnungen auf den Schalen selbst sind selten (*Notodromas monacha* [O. F. M.], weißes Band auf schwarzem Grund; Abb. 626). In jenen Fällen, wo die rötlichen Eier und die Farbe des Darmes durch die grünen Schalen hindurchschimmern, entstehen sehr schön gefärbte Tiere.

Zu den vielen merkwürdigen Baueigentümlichkeiten der Ostracoden gehört auch die sehr geringe Anzahl von Gliedmaßen, im ganzen nur sieben Paare, wohl die geringste, die man bei Krebsen antrifft; zwei Paar Antennen, zwei Paar Mundgliedmaßen (Mandibeln und Maxillen) und drei Paar Brustbeine. Nach der Auffassung einiger Forscher muß das erste Beinpaar zu den Mundteilen gerechnet werden; es wären demnach drei Paar Mundteile und nur zwei Paar Brustbeine vorhanden. Aber diese zusammen sieben Paar Beine haben bei den verschiedenen Gruppen, in Übereinstimmung mit ihrer Lebensweise, einen außerordentlich verschiedenartigen Bau. Der allgemeine Aufbau ist immer derselbe; fast stets sind es nur einästige Gliedmaßen, einige von ihnen tragen einen zweiten Ast, andere nicht.

Der Körper ist ungegliedert, man kann nur zur Not von einem Kopf- und einem Rumpfabschnitt sprechen; der letztere endigt bei den meisten Süßwasserostracoden, fast bei allen Cypriden, mit einer sog. Furca (Abb. 632), die aus zwei Ästen besteht, welche wieder in zwei Dorne oder Klauen ausgehen. Sie ist ein wichtiges Bewegungsorgan, das verwendet wird, um sich vorwärts zu schieben und auch zum Springen gebraucht werden kann. Innerhalb der Süßwasserostracoden ist sie bei den Cytheriden mehr oder weniger reduziert und fehlt bei den *Darwinulidae* ganz.

Die oben erwähnten sieben Beinpaare (Abb. 632) haben die verschiedenartigsten Funktionen zu verrichten. Sie sind Bewegungsorgane und je nach dem Aufenthaltsort bald als Schwimmbeine, bald als Kriechbeine eingerichtet, die auch im Dienst des Nahrungserwerbes und der Atmung stehen; sie können auch Spinnvermögen besitzen und die Aufgabe haben, die Kiemen und Mundteile rein zu halten. Das gleiche Beinpaar kann mehrere Funktionen verrichten, entweder im Dienst des Nahrungserwerbes und der Bewegung oder im Dienst des Nahrungserwerbes und der Atmung oder der Lokomotion und der Sinneswahrnehmung stehen. Das gleiche Beinpaar kann bei den verschiedenen Gruppen ganz verschieden fungieren, in der einen Familie Putzbein und in einer anderen Gangbein sein, und in Übereinstimmung damit zeigt es einen vollständig anderen Bau. Auf sehr wenigen Gebieten ist man besser imstande, die Übereinstimmung zwischen dem Bau eines Organs und seiner Verwendung zu studieren sowie die Modifikationen aufzuzeigen, welchen sich die verschiedenen Gliedmaßen bei der Anpassung des Typus an verschiedene Lebensweisen unterziehen (Abb. 632).

Bei den schwimmenden Formen sind die ersten Antennen mit langen Schwimmborsten ausgestattet. Sie tragen gleichzeitig Sinnesorgane. Liegen die Tiere in Ruhe auf dem Boden, so ragen die Borsten wie Federbüsche heraus und werden eingezogen, wenn sich etwas bewegt. Die zweiten Antennen sind vor allem dadurch charakterisiert, daß sie winkelig abgebogen und mit kräftigen Borsten versehen sind. Am Ende des dritten Gliedes sitzen fünf, oft gefiederte Borsten. Die Länge dieser Borsten bedingt das Schwimmvermögen der Tiere. Sie können über die Endborsten hinausragen und dann gehört das Tier zu den guten Schwimmern; sie können sehr kurz sein, und bei den typischen, kriechenden Bodenformen fehlen sie. Für eine Form, *Cypris virens* JUR., ist es nachgewiesen, daß sie in zwei Ausbildungen vorkommen, bei der kriechenden Bachform, der *acuminata*-Form, reichen sie nur bis zur Hälfte der Endborsten, bei der anderen, der typischen Teichform, reichen sie über die Spitze hinaus. Es ist weiter nachgewiesen worden, daß, wenn man die Bachform mit den kurzen Borsten züchtet, aus den Eiern sofort die Form mit den langen Borsten hervorgeht (Abb. 631). Bei einer anderen Gattung, *Ilyocypris*, mit drei Arten, ist gezeigt worden, daß eine volle Übereinstimmung zwischen der Reduktion der Schwimmborsten der drei Arten und dem Aufenthaltsort derselben besteht. *I. gibba* (RAMD.) hat lange Schwimmborsten und lebt in kleinen Teichen, *I. inermis* KAUFMANN hat die Schwimmborsten ganz verloren und lebt in fließendem Wasser, in Schlamm und in Quellen (WOLFF 1921).

Das Merkwürdigste von allem ist die Art und Weise, wie die Süßwasserostracoden schwimmen; die ersten Antennen bewegen sich im Halbkreis dorsalwärts, schlagen gegen hinten nach dem Rücken, die zweiten Antennen schlagen ebenfalls im Halbkreis, aber entgegengesetzt den ersten Antennen, nach hinten gegen die Bauchseite. Arbeitet nur ein Paar, dann bewegen sich die Tiere im Kreis; wenn man die ersten Antennen amputiert, in einem Kreisbogen, wobei der Rücken des Tiers gegen das Zentrum gewendet ist, wenn man das andere Paar amputiert, ist die Bauchseite gegen das Zentrum gekehrt. Indem die beiden

Antennen ständig gegeneinander schlagen, werden die Tiere infolge der Resultierenden der beiden Kräfte nach vorwärts getrieben. Je nachdem ob die ersten oder zweiten Antennen stärker betätigt werden, kann das Tier bald steigen, bald sinken. Ich glaube wohl, daß diese Form der Bewegung, bei der die Tiere von zwei Gliedmaßenpaaren getrieben werden und wobei sie keinem der beiden Wege, welchen die treibenden Kräfte je für sich anweisen, sondern der Resultierenden folgen, im Tierreich einzig dasteht. Das Ergebnis ist jedenfalls das, daß die Schwimmbewegung in gerader Richtung und auffallend gleichmäßig ohne Hüpfen erfolgt, ganz anders wie bei den Cladoceren. Alle schwimmenden Süßwasserostracoden sind weit schwerer als Wasser; alle bewegen die beiden Antennenpaare beim Schwimmen so überaus schnell, daß man sie schwer beobachten kann; ganz anders als die Cladoceren, deren bedächtige, ruhige Bewegung der zweiten Antennen sehr deutlich zu sehen ist. Die Süßwasserostracoden schwimmen in geraden Linien, aber niemals weit, im Freien nur von Blatt zu Blatt. Da auch die schwimmenden Tiere vorwiegend Bodentiere sind, ist die Bewegung hauptsächlich eine Kombination von Schwimm- und Kriechbewegung. Bei den Cytheriden findet sich ein eigentümliches Verhalten insofern, als die zweiten Antennen mit einer Spinnklaue ausgestattet sind (Abb. 632), an der eine Drüse ausmündet. Man glaubte früher, es sei eine Giftdrüse, aber man hat nun feststellen können, daß es sich im Sekret um eine klebrige Substanz handelt, die den Tieren hilft, über glatte Flächen zu kriechen. Auf die Antennen folgen die Mandibeln, die bei allen Süßwasserostracoden auffallend einheitlich gebaut sind. Es sind kräftige, beißende Werkzeuge, Zwickzangen, mit denen das Blattfleisch von faulenden Blättern abgenagt wird. In vielen Teichen mit braunem, herabgefallenem Buchenlaub findet man dieses im Frühjahr äußerst elegant skeletiert; hebt man die Blätter auf, so findet man darunter verschiedene Ostracoden, oft *Candona*-Arten, in ungeheuren Mengen. Mit der Lupe kann man sie im Laboratorium bei ihrer Tätigkeit studieren. Die temporären Kleinteiche bieten zahlreiche Beispiele von durch Ostracoden skeletiertem Buchenlaub. Die Mandibeln sind mit einem Taster ausgestattet, dessen Haarbesatz bei einigen Arten, besonders bei den besten Schwimmern, im Dienst des Nahrungserwerbes steht. Bei den ausgesprochenen Bodentieren, den Cytheriden, sind diese Haare zu kräftigen Borsten umgewandelt. Die Kiefer tragen auch gleichzeitig einen kleinen Kiemenanhang.

Der Stammteil der ersten Maxille ist in Zipfel aufgespalten, an deren Enden sich Haare befinden; diese Teile stehen ganz im Dienst des Nahrungserwerbes, außerdem sind aber die ersten Maxillen mit einem der auffälligsten Organe der Ostracoden ausgestattet, einem zu einem großen Kiemenblatt ausgebildeten

Abb. 632. Obere Reihe: Die sieben Gliedmaßen von *Cypris pubera* O. F. M. sowie der Hinterleib von *Cypris incongruens* RAMDOHR. Untere Reihe: Die gleichen Gliedmaßen von *Limnicythere inopinata* BAIRD; der Hinterleib ist hier außerordentlich rudimentär. Die obere Reihe zeigt die Gliedmaßen bei einer ausgesprochen *schwimmenden* Form, bei der die feinverteilte Nahrung zum Teile während des Schwimmens eingefangen wird. Man beachte die kräftigen Schwimmborsten an den ersten Antennen, aber namentlich das Borstenbündel am dritten Glied der zweiten Antennen; die frei vorstehende Palpe an den Mandibeln, das sehr breite Kiemenblatt an den ersten Maxillen und den lappigen Charakter der zweiten Maxillen. Das erste Brustbein ist ein typisches Gangbein, aber das zweite ist zu einem Putzbein geworden, dessen Aufgabe es ist, alle Borsten der fünf ersten Gliedmaßen rein zu halten. Der Hinterleib ist zu einem Gangbein umgewandelt. Die untere Reihe zeigt die gleichen Beinpaare bei einer ausgesprochen *kriechenden* Form. Den ersten Antennen fehlen die Schwimmborsten ganz, den zweiten Antennen ebenfalls alle Schwimmborsten, aber sie sind mit einer großen Spinnborste versehen, durch die ein Sekret abgegeben wird, das u. a. das Tier an der Unterlage befestigen kann. Der Kauteil der Mandibeln ist sehr kräftig entwickelt. Die Lappen an den ersten Maxillen sind ausgesprochene Scharreinrichtungen. Die drei folgenden Beine sind alle einheitlich gebaut, ausgeprägte Gang- und Kriechbeine; das erste Paar ist sehr verschieden von den lappigen zweiten Maxillen der Schwimmformen und das letzte nicht weniger gegenüber dem Putzfuß derselben; der Hinterleib ist fast ganz reduziert. Die beiden Reihen sollen veranschaulichen, in welchem Grade die Gliedmaßen der Krebse mit ihrem Stamm und den beiden Ästen je nach der Verwendung, in der sie stehen, durch verschiedene Umbildung der Borstenausstattung, der Gliederung und der gegenseitigen Stellung der Glieder umgewandelt werden können. (Obere Reihe nach SÖREN JENSEN 1904; untere Reihe W.-L.)

Abb. 632.

Außenast. Diese großen Atemplatten, die sich halbmondförmig an die Seiten der Tiere anlegen, sind mit langen, gefiederten Borsten versehen. Sei es, daß das Tier still liegt oder sich bewegt, so schwingen diese Platten unaufhörlich hin und her und treiben frisches Wasser durch die Schale. Das erste Beinpaar, daß von manchen für die zweite Maxille gehalten wird, hat selbst bei nahestehenden Gattungen eine sehr verschiedene Form und Funktion. Bei den Cypriden steht sie hauptsächlich im Dienst des Nahrungserwerbes, sie trägt eine Kiemenplatte, die jedoch niemals so groß ist wie die der ersten Maxille; bei den Cytheriden ist sie in ein typisches Bein umgewandelt, das von den beiden folgenden nicht nennenswert verschieden ist. Sie ist hier zusammen mit diesen zu einem Kriechbein geworden. Aber noch eine andere Funktion hat dieses Beinpaar bei den Cypriden übernommen. Bei deren Männchen ist es nämlich zu kräftigen Greifzangen umgewandelt, mit einer sehr verschieden gestalteten Klaue versehen, die aufgeklappt werden kann und womit das Männchen das Weibchen bei der Paarung festhält.

Das zweite Thoracalbein ist fast bei allen Süßwasserostracoden einheitlich gebaut, ein typisches Kriechbein, mit einer großen Klaue und wenigen Borsten ausgestattet. Da viele Ostracoden eher kletternde als kriechende Tiere sind, die auf Wasserpflanzen leben, findet dieses Bein in erster Linie beim Klettern Verwendung; die Tiere halten sich damit an den Wasserpflanzen fest und hängen oft gleichsam an diesen. Sehr häufig sieht man auch, daß sie auf der Seite liegen und die zweiten Antennen und die ersten Brustbeine gegeneinander schlagen; in solchem Fall dienen die beiden zusammen bei mehreren Formen wohl auch zum Einfangen der Beute.

Das siebente und letzte Beinpaar besitzt wieder bei den verschiedenen Formen einen äußerst verschiedenen Bau und eine sehr verschiedene Funktion. Bei den Cypriden ist es winkelig abgeknickt und nicht wie die anderen ventralwärts gerichtet, sondern gegen den Rücken emporgeschlagen; es ist schwach chitinisiert, sehr lang und am Ende entweder mit einem langen, gekrümmten, krallenförmigen Glied oder nur mit langen, zurückgebogenen Borsten versehen. Es ist bei diesen Formen ein Putzorgan, das die Kiemenblätter der ersten Maxillen und die Innenseite der Schale rein halten soll. Es ist unglaublich beweglich und kann sowohl vorwärts als auch rückwärts bewegt werden. Bei den Cytheriden ist das ganz anders. Der Putzfuß ist hier in Form eines ganz gewöhnlichen Beines ausgebildet, gleich den davorliegenden ein Kriechbein, das zusammen mit diesen gebraucht wird. Die Cytheriden haben also drei Paare ganz gleichartig gebaute Beinpaare, die Cypriden nur zwei, aber zum Ersatz dafür ist die Furca beinartig entwickelt; diese ist bei den Cytheriden rudimentär und fehlt bei den *Darwinulidae* ganz.

Wer dieser etwas detaillierten Darstellung der Ostracodengliedmaßen und der Verwendung, zu der sie herangezogen werden, gefolgt ist und die beigegebenen Abbildungen (Abb. 632 sowie 628 u. 629) betrachtet hat, der wird zugeben müssen, daß man an diesem Material eine seltene Gelegenheit hat, die große Plastizität eines Organismus zu studieren sowie seine Fähigkeit, sich den Erfordernissen, unter denen er lebt, anzupassen. Wolffs Feststellung (1921), daß die Schwimmborsten der zweiten Antennen von *Cypris virens* Jur. bei Teichformen länger sind als bei Bachformen und daß man bei Aufzucht von Bachformen in Aquarien schon in der ersten Generation Teichformen mit den längeren Borsten bekommen kann, sowie seine Feststellung der drei *Ilyocypris*-Arten mit Schwimmborsten verschiedener Länge und in Einklang mit den ökologischen Verhältnissen stehend, diese Feststellungen teils von Arten also, die nur phänotypisch festgelegt sind, teils von solchen, die aller Voraussetzung nach genotypisch festgelegt sind, haben auch über den engeren Kreis von Naturforschern hinaus, die sich mit dem Bau der Ostracoden befassen, Bedeutung.

In Übereinstimmung mit der sehr verschiedenen Ausbildung der Gliedmaßen ist auch die Bewegungsart der Ostracoden sehr verschieden.

Die primitivste ist diejenige, die wir bei kriechenden Bodenformen vorfinden, deren zweite Antennen der Schwimmborsten ermangeln (Hauptform: *Candona*-Arten, Abb. 618). Von hier aus entwickeln sich erstens die vorwiegend sedentären,

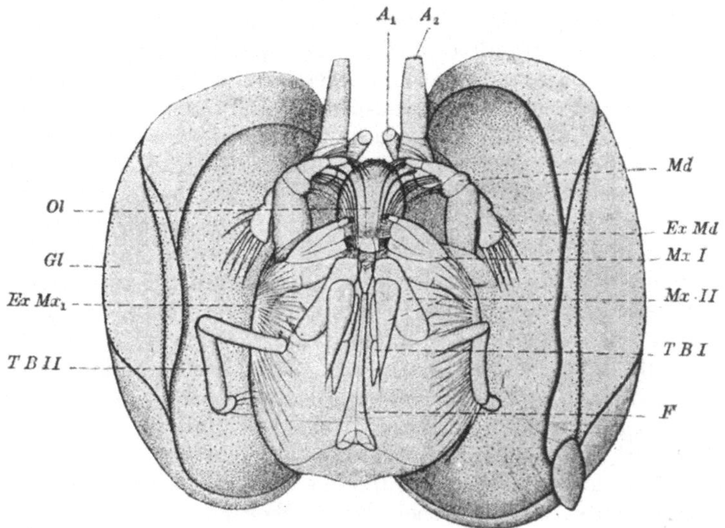

Abb. 633. *Notodromas monacha* (O. F. M.). Die Schale geöffnet. Tier in Bauchansicht. A_1, A_2 erste und zweite Antenne, abgeschnitten; *Ex Md* Atemplatte der Mandibel; *Mx I*, *Mx II* erste und zweite Maxille; *T B I* erstes Thoracalbein; *F* Furca; *T B II* zweites Thoracalbein; *Ex Mx₁* der große Kiemenlappen an der ersten Maxille; *Gl* Schale; *Ol* Oberlippe; *Md* Mandibelpalpe. (STORCH 1933.)

Abb. 634. *Cypris ornata* FISCHER = *C. virens* (JURINE). Darmkanal und Geschlechtsorgane. *a* Ösophagus; *b* Magen; *p* Pylorus; *c, d, e* Darm; *s* Hinterleib; *v* Vagina; *k* Ausführungsgang des Samenbehälters; *m* Sehne des Schließmuskels; *o* Eierstock; *h* Leber. (ZENKER 1854.)

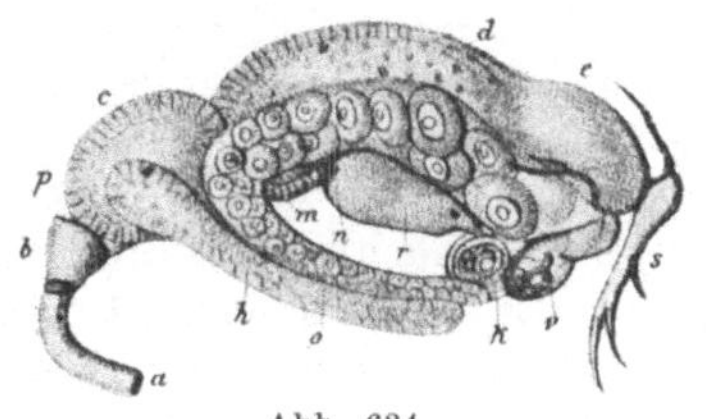

Abb. 634.

zweitens die freischwimmenden Formen. Sedentär sind die Cytheriden, die mit Hilfe ihrer Spinndrüsen und der Beine sich verankern und ein sehr geringes Bewegungsvermögen zeigen. Einen Übergang zu den schwimmenden Formen bilden die kletternden, die in Mengen auf Wasserpflanzen vorkommen, übrigens aber auch auf dem Grund; Hauptform: *Herpetocypris* (Abb. 619). Die schwimmenden Formen kann man vielleicht in zwei Gruppen unterteilen; in solche, die sich zumeist auf Wasserpflanzen aufhalten und nur bei hoher Temperatur zwischen ihnen herumschwimmen *(Cypridopsis*, Abb. 620; *Dolerocypris)*, und bei welchen die Schwimmborsten der zweiten Paar Antennen höchstens bis ans Ende der Klauen reichen. Im Gegensatz zu ihnen stehen solche, die sich vorzugsweise schwimmend fortbewegen und nur in geringfügigerem Ausmaß kriechend auf Wasserpflanzen gefunden werden. Hierher gehören die *Cyclocyprinae*, unsere *Cypris*-Arten mit nahestehenden Untergattungen; bei ihnen können die Schwimmborsten über die Enden der Klauen hinausreichen. Eine ganz besondere Bewegungsform findet man bei *Notodromas monacha*, s. darüber später.

Vom inneren Bau ist es nur notwendig, folgendes hervorzuheben; im übrigen sei auf Abb. 627 u. 634 verwiesen: Was den Darmkanal betrifft, so soll nur erwähnt werden, daß die Mundöffnung von einer Ober- und Unterlippe begrenzt ist; an der Vorderwand der letzteren ist bei den Cypriden das sog. „rechenförmige" Organ ausgebildet, dessen oberer Teil eine Kauplatte darstellt, dessen rechenförmiger Teil nach der bisherigen Meinung als Filtrierapparat dienen soll. STORCH (1933) hat für *Notodromas monacha* O. F. M. nachgewiesen, daß es sich in diesem rechenförmigen Organ um eine Einrichtung handelt, die die Lücken zwischen den kräftigen Mandibelzähnen von Speiseüberresten freihält. Es ist dieses Organ als eine eigenartige, sehr interessante, automatisch wirkende Zahnbürste anzusprechen. Auf die Mundöffnung folgt die Speiseröhre, in deren hinterem Abschnitt eine Filtrierung und Sonderung der Nahrung stattfindet. Es ist ein Kaumagen differenziert, dessen Innenseite mit Reihen scharfer Zähne besetzt ist; von hier gelangt die Nahrung in den Darm, der in zwei gut gesonderte Abschnitte zerfällt; einen vorderen, kleineren, in den die beiden großen Drüsen ausmünden, die allgemein als Leber bezeichnet werden, und einen hinteren, größeren, der mit der Afteröffnung endigt, die über der Furca liegt. Wie man sieht, besitzt der Darmkanal einen sehr komplizierten Bau, einen viel komplizierteren als bei den übrigen niederen Krebsen, bei welchen der Verdauungskanal fast nur ein mehr oder weniger gebogenes, oft nahezu gerades Rohr darstellt. Die Leber legt sich zwischen die beiden Blätter hinein, aus denen die Schale besteht, und trägt bei einigen zu deren Farbenzeichnung bei. Die Schalendrüse (Nephridium) liegt im vorderen Abschnitt zwischen den Schalenlamellen und mündet an der Basis der zweiten Antennen aus. Sie wird gewöhnlich als Exkretionsorgan gedeutet, ist aber bei den Cytheriden in eine Spinndrüse umgewandelt. Ein Herz ist bei den Süßwasserostracoden nicht ausgebildet. Die Atmung erfolgt mit der ganzen Oberfläche des Körpers, und die beiden großen Atemplatten an den Mandibeln und besonders den Maxillen wirbeln ständig Wasser in den Schalenraum hinein.

Von der Muskulatur sei nur der sehr kräftige Schließmuskel erwähnt, der quer durch den Körper verläuft und dessen Kontraktion bewirkt, daß die Schalenklappen genähert werden. Das Nervensystem besteht aus dem Gehirnganglion und dem Bauchmarkstrang mit fünf Ganglien, die dicht aneinandergedrängt liegen. Es ist anscheinend nur ein Auge vorhanden, aber dieses ist aus zwei paarigen und einem unpaaren Auge zusammengesetzt; die zwei paarigen sind mit einer Linse ausgestattet. Dieses Sehorgan ist übrigens bei den einzelnen Arten recht verschieden gebaut. An wechselnden Stellen der Gliedmaßen findet man verschiedene Sinnesorgane, zum Teil kolbenförmige Gebilde, die vermutlich im Dienst des Geruchsinns stehen, zum Teil Haare, die dem Tastsinn dienen.

Die Geschlechtsorgane, ganz besonders die männlichen, weisen viele merkwürdige Baueigentümlichkeiten auf. Die Eierstöcke sind zwei lange Röhren, deren blindes Ende zwischen die beiden Schalenblätter hineinragt. Sie setzen sich in Eileiter fort, die längs des Darms verlaufen und mit einem drüsigen Epithel bekleidet sind, welches die Eischalen liefert. Sie münden vor der Furca aus. Hier befinden sich auch die äußeren Geschlechtsorgane: Chitinleisten oder ähnliche Bildungen, an denen sich das Männchen festhält und von denen zwei große Samenbehälter ausgehen, die bei der Paarung mit Samen gefüllt werden.

Die männlichen Geschlechtsorgane und besonders das Produkt der Geschlechtsdrüsen, die Spermatozoen, gehören zum Merkwürdigsten im Tierreich; sie sind leider noch recht wenig verstanden. Die Geschlechtsorgane bestehen aus drei Teilen, aus der Geschlechtsdrüse selbst, dem ZENCKERschen Organ und dem Paarungsorgan, alle sind paarig ausgebildet (Abb. 635). Die Hoden haben die Form von vier parallel nebeneinanderliegenden Röhren, die, wie die Eierstöcke, zwischen den beiden Schalenblättern liegen (Abb. 638) und hier als vier große Bögen leicht kenntlich sind. Dicht beim Schließmuskel biegen sie ins Innere des Tiers ab und wickeln sich bei den Cypriden um den Ductus ejaculatorius herum, der hier die Form des sog. ZENCKERschen Organs besitzt (Abb. 635 u. 636). Die Spermatozoen (Abb. 637), die von den Hoden produziert werden, sind die größten im Tierreich. Sie erreichen bei gewissen Arten eine Länge von nicht weniger als 6 mm, d. h. sie sind dreimal so lang wie die Tiere selbst; bei einzelnen Arten

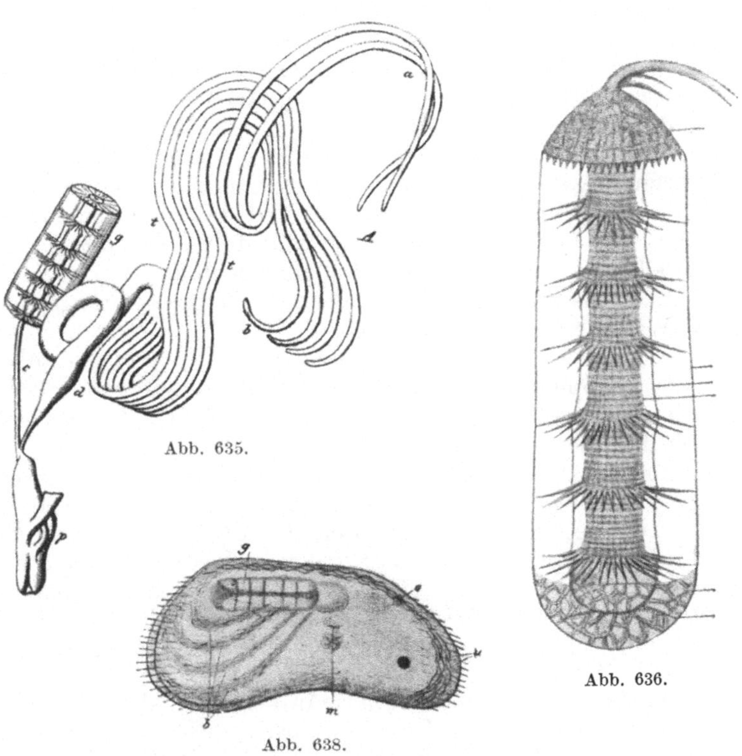

Abb. 635.

Abb. 636.

Abb. 638.

Abb. 637.

Abb. 635. Der männliche Geschlechtsapparat *(Cypris acuminata)*. *a, b, t* Hoden; *d* Samenleiter; *g* ZENKERsches Organ; *c* Ausführungsgang; *p* Begattungsorgan. (ZENKER 1854.)

Abb. 636. ZENKERsches Organ, stark vergrößert. (REHBERG 1884.)

Abb. 637. Spermatozoen in verschiedenen Entwicklungsstadien. (ZENKER 1854.)

Abb. 638. Schale von *Cypris acuminata*, um den Platz der Hoden (*a* und *b*) und zugleich den des ZENKERschen Organes *g* in der Schalenduplikatur zu zeigen; *m* Schließmuskel; *o* Auge. (ZENKER 1854.)

sogar achtmal so lang. Sie zeigen viele, merkwürdige Eigenschaften, unter anderem, daß sie sich häuten und daß sie von einer Spiralfalte umgeben sind, die, je nachdem, ob jene vom rechten oder linken Testikel stammen, rechts oder links gewunden ist. Die Zahl dieser mächtigen Spermatozoen ist nicht groß. Quetscht man ein Tier, so wälzen sie sich als große Haarlocken heraus, die sich langsam lösen, so daß die einzelnen Stücke frei werden. Bedenkt man, daß die Spermatozoen des Menschen nur 52 bis 62 μ messen und daß in einem Kubikmillimeter Sperma zirka 60.000 vorhanden sind, so wird man verstehen, wie merkwürdig diese Spermatozoen sind.

In Zusammenhang mit dem Bau dieser Spermatozoen steht das ganz absonderliche Organ, das man bei gewissen Süßwasserostracoden findet, das oben erwähnte sog. ZENCKERsche Organ (Abb. 636), das in den Samenleiter ausmündet, kurz bevor dieser in das Paarungsorgan übergeht. Das Organ ist ebenso wie der Samenleiter und das Paarungsorgan paarig, es hat die Form eines Zylinders; es besteht aus einer aus Ringen zusammengesetzten Chitinröhre. Die Ringe sind mit Chitinstacheln besetzt, die kranzförmig angeordnet sind. Die Zahl der Chitinringe wechselt von 7 bis 30. An ihnen sind Muskeln inseriert, die bei der Kontraktion die Röhre verkürzen, worauf diese sich wieder durch eigene Elastizität ausdehnt. Man meint, daß das Ganze als eine Pumpeneinrichtung fungiert, welche die Spermatozoen in das Kopulationsorgan hineintreibt. Das Organ findet sich nur bei der Familie *Cypridae*; seine Verbreitung innerhalb dieser Familie, sein anatomischer Bau und seine Bedeutung sind sehr wenig bekannt. Ejaculationspumpen dieser Beschaffenheit kennt man meines Wissens bei keiner anderen Tiergruppe. Die Ausführungsgänge gehen in mächtige, außerordentlich komplizierte Paarungsorgane aus; sie sind stark chitinisiert. Zusammen mit dem ZENCKERschen Organ erfüllen sie den größten Teil der gesamten Leibeshöhle des Tiers. Sekundäre Geschlechtsmerkmale sind oft im Bau der Schale, an der Furca und zuweilen an den Antennen, vor allem jedoch im Bau der ersten Brustbeine vorhanden, welche in verschiedenem Grad zu Greifhaken umgebildet sind, mit denen das Weibchen festgehalten wird.

Der Paarungsvorgang ist sehr schwer zu beobachten, u. a. weil er nur außerordentlich kurz dauert, knapp eine Minute. Die großen Paarungsorgane werden in die weiblichen Geschlechtsöffnungen eingeführt, worauf das ZENCKERsche Organ wahrscheinlich die Spermatozoen einspritzt.

Alle Süßwasserostracoden legen die Eier ab; die einzige Ausnahme machen die *Darwinulidae* mit *Darwinula Stevensoni* BRADY u. ROBERTSON, die lebendgebärend sind. Verschiedene Cytheriden behalten die Eier jedoch unter der Schale bis zum ersten Larvenstadium. Die Eier sind von einer doppelten Schale umgeben. Es gibt nicht, wie bei den Cladoceren, zwei Sorten von Eiern, Sommer-Eier und Dauereier; alle müssen als Dauereier betrachtet werden. Die meisten legen sie wohl einzeln ab, Bodenformen auf den Boden. In Gefäßen mit grobkörniger Torfmasse steckt *Herpetocypris fasciata* (O. F. M.) (Abb. 620) die weißlichen Eier in kleine Aushöhlungen. Einige legen sie in Form von kleinen Kuchen an Wasserlinsen und ähnlichem ab. Jedes Weibchen gibt wohl mehrere Male Eier ab. In den meisten Fällen werden die Eier an der Unterlage festgeklebt. Die Eianzahl kann groß sein. Von *Cypris pubera* O. F. M. wird angegeben (G. W. MÜLLER 1900), daß sie im Verlaufe von einem Monat 200 bis 300 Eier ablegte, jedesmal 20. Die Larve, die aus dem Ei auskriecht, hat wie das erwachsene Tier eine zweiklappige Schale, aber sie besitzt nur drei Gliedmaßenpaare, die beiden Paare Antennen und die Mandibeln. Die Larven machen nicht weniger als neun Häutungen durch, bis sie geschlechtsreif werden, manche glauben, daß sie mit den Häutungen fortfahren, wenn das geschlechtsreife Stadium erreicht ist. Bei den Häutungen wird die Zahl der Gliedmaßen, der einzelnen Glieder derselben und der Schwimmborsten, wenn solche vorkommen, vermehrt.

Bei einigen Formen können die Eier auffallend lange ohne Schaden liegen bleiben.

Unsere Kenntnisse über die Fortpflanzungsgeschichte der Süßwasserostracoden sind noch sehr gering, weit geringer als bei der verwandten Gruppe der Cladoceren. Man glaubte zuerst, sie seien Hermaphroditen, und erst durch Weismanns (1880) und G. W. Müllers (1900) Untersuchungen wurde nachgewiesen, daß bei manchen Formen eine parthenogenetische Vermehrung statthat. So viel wissen wir gegenwärtig, daß ein regelmäßiger Wechsel zwischen parthenogenetischen und gamogenetischen Generationen nicht vorkommt; jedenfalls ist das nicht das Normale. Dagegen sind parthenogenetische Phänomene weit verbreitet, aber das Merkwürdige daran ist, daß sie so außerordentlich launenhaft auftreten. Bei einigen Formen hat man niemals Männchen beobachtet, sie scheinen sich überall und ausnahmslos parthenogenetisch zu vermehren. Bei ganz nahestehenden Formen finden sich sozusagen immer Männchen. In diesen Fällen scheinen keine besonderen, ausgesprochenen Sexualperioden vorhanden zu sein, und finden sich solche, so treten sie in direktem Gegensatz zu den Verhältnissen, die wir bei den Cladoceren angetroffen haben, sofort auf, nachdem die überwinternden Eier auskriechen. Dann scheint es, als ob bei diesen Arten die Männchen seltener würden; die Weibchen werden auch weiterhin noch gebildet, und von den letzten Generationen muß man vermuten, daß sie sich parthenogenetisch fortpflanzen. Am Merkwürdigsten ist die Erscheinung, die wir auch bei anderen Süßwasserorganismen, z. B. bei den Hydrachniden, antreffen, daß die Art der Fortpflanzung geographisch bestimmt ist. Es zeigte sich, daß verschiedene Formen in den Breitegraden des Gebietes der großen, schwedischen Seen (höher nach Norden sind die Verhältnisse nicht näher untersucht) und in Mitteldeutschland immer in parthenogenetischer Vermehrung angetroffen werden und sich niemals Männchen zeigen, während schon in Böhmen, namentlich aber in Südeuropa und in Nordafrika regelmäßig gamogenetische Fortpflanzung stattfindet; dort kommen also die Männchen allgemein vor.

Es gibt Gattungen *(Ilyocypris)*, von denen in Deutschland nur eine der Arten mit Sicherheit Männchen aufweist, die anderen wahrscheinlich keine; weiter gegen Süden besitzen dagegen auch diese anderen Arten Männchen. Die sehr häufigen Arten *Notodromas monacha* (O. F. M.) und *Cyprois marginata* Straus sind hier wie überall gamogenetisch. Umgekehrt ist *Cypris pubera* O. F. M. überall nur in parthenogenetischer Vermehrung angetroffen worden. In unseren Breiten haben die Arten der Gattung *Eucypris* überall nur parthenogenetische Fortpflanzung, aber in den Salinen von Algier treten sie gamogenetisch auf. *Cyprinotus incongruens* (Ramd.) ist in unseren Breiten nur parthenogenetisch angetroffen worden, aber schon von Formen aus Böhmen, Sachsen und Nordafrika sind Männchen bekannt. Die *Candona*-Arten vermehren sich bei uns ganz überwiegend parthenogenetisch, weiter südlich treten Männchen auf. Bei den meisten Cytheriden des Süßwassers sind Männchen nachgewiesen, aber bei zweien sind nur Weibchen gefunden worden.

Wie wechselnd die Fortpflanzungsverhältnisse sein können, das zeigen die an *Cyprinotus incongruens* (Ramd.) von Wohlgemuth (1914) durchgeführten Untersuchungen. Diese Form besitzt in Nordafrika gamogenetische Fortpflanzung; in ganz Mitteleuropa findet ein Wechsel zwischen rein parthenogenetischer Fortpflanzung und gamogenetischer statt. Es scheint, daß diese Art an gewissen Örtlichkeiten und möglicherweise in gewissen Jahren einen, den Cladoceren ähnlichen Generationswechsel aufweisen kann, aber ein Wechsel zwischen den beiden Vermehrungsarten tritt nicht jedes Jahr ein. In Dänemark und höher im Norden hat die Art nur parthenogenetische Vermehrung.

Die Ostracoden kommen in Süßwasser von außerordentlich verschiedener Beschaffenheit vor. Ihre Hauptfundstätte dürften Kleinteiche mit reichlicher

Vegetation sein; sie sind auch hier überwiegend Bodenformen und in erster Linie Litoralformen, nur wenige werden draußen auf dem weichen Grund der Seen und Teiche angetroffen (*Darwinulidae, Cytheridae* und *Candona*-Arten). Man findet sie hauptsächlich auf Pflanzen in Mengen, sie kriechen auf ihnen herum oder sitzen fest oder schwimmen überraschend schnell zwischen den Pflanzen hin und her. Auf Sand kommen nur sehr wenige Arten vor (*Limnicythere inopinata* BAIRD). In ausgesprochenem Moorwasser mit geringem Kalkgehalt fehlt eine Reihe von Arten. Die vegetationslosen, schlammigen Dorfteiche besitzen ihre eigene Fauna mit den Hauptformen *Cyprinotus incongruens* (RAMD.) und *Cypria ophthalmica* (JUR.), ein Großteil ist in periodischen Kleinteichen zu Hause. Da die Ostracoden sowohl als Eier als auch als Larven und erwachsene Tiere in sehr hohem Grad und viel besser als die Cladoceren die Austrocknung ertragen, findet man sie in solchen Teichen in Mengen und sie treten hier mit Arten auf, die sich gerade hauptsächlich hier vorfinden [*Eucypris pubera* (O. F. M.), andere *Eucypris*-Arten, *Cyclocypris globosa* (G. O. SARS), *Candona*-Arten]. In den größeren Seen sind sie ganz überwiegend Bodenformen und bilden mit einer Reihe charakteristischer Arten einen nicht unwesentlichen Teil unserer übrigens recht artenarmen Fauna des Seegrundes. Hauptformen sind *Candona neglecta* G. O. SARS, *Cytheridea lacustris* G. O. SARS, *Darwinula Stevensoni* BR. u. ROB. u. a. Merkwürdigerweise findet sich in fließendem Wasser, selbst in ziemlich rasch fließenden Strömen, eine nicht geringe Anzahl Ostracoden, zum Teil Arten oder Varietäten, die nur hier vorkommen. Eine der Hauptformen ist *Limnicythere inopinata* BAIRD. Die kalten Quellen haben auch ihre eigene Fauna, besonders sind es Arten der Gattungen *Ilyocypris, Ilyodromus, Potamocypris* und *Scottia*. Durch Untersuchungen von unterirdischen Wasserläufen und Höhlenseen und ferner von tiefen Brunnen wurde eine Anzahl Arten festgestellt, die nur hier gefunden worden sind. In Salzseen kommen nicht viele Arten vor; steigender Gehalt an Kochsalz schließt sofort viele Arten aus; doch kommen solchen Örtlichkeiten ein paar Arten zu: *Cyprinotus salinus* BRADY und *Cyprideis litoralis* BRADY, die nur hier gefunden werden. In wie geringen Wassermengen Ostracoden leben können, das ersieht man am besten daraus, daß sie keineswegs selten in den kleinen Wasseransammlungen sind, die zwischen den Zweigen alter Bäume oder auf Baumstrünken angetroffen werden; sie sind auch mit einer Art, *Elpidium bromeliarum*, in Wasseransammlungen der Bromeliaceen im brasilianischen Urwald gefunden worden. Sie haben in europäischen Süßwässern niemals Planctonorganismen entwickelt, aber man kann in Kleinteichen außerhalb der Vegetationszone hie und da in deren Plancton auf Ostracoden-Nauplien stoßen. Ganz merkwürdig ist es, daß sie dagegen in den Tropen als typische Planctonorganismen auftreten. Sie wurden als solche zuerst von SARS (1910) vom Tanganyikasee beschrieben. Später stellte die deutsche, limnologische Sunda-Expedition ausgesprochene Planctonformen (*Cypria javana* G. W. MÜLLER) fest. Eine einzige Form, *Notodromas monacha* (O. F. M.), kann gleichwohl auf der freien Wasserfläche angetroffen werden, aber nicht als Planctonorganismus. Sie findet sich auf der Unterseite der Wasseroberfläche von Kleinteichen, wo sie, ebenso wie *Scapholeberis mucronata* O. F. M., mit Hilfe von Haaren aufgehängt ist, die auf den Ventralrändern der Schale angebracht sind. Wie *Scapholeberis mucronata* bewegt sie sich, solange sie längs dem Oberflächenhäutchen dahingleitet, mit der Bauchseite nach oben. Im übrigen schwimmt sie wie andere Ostracoden mit der Bauchseite nach unten, aber sobald sie an die Oberfläche kommt, dreht sie sich um und wendet die Bauchseite nach oben. Sie besitzt im Gegensatz zu allen anderen Ostracoden eine sehr auffällige Zeichnung: schwarz mit zwei weißen Längsstreifen.

Möglicherweise steht dies in Zusammenhang mit ihrer eigentümlichen Lebensweise. Storch (1933) hat bei dieser Art nachgewiesen, daß sie im Gegensatz zu fast allen übrigen Süßwasserostracoden ihre Nahrung in ähnlicher Weise wie die Cladoceren mit Hilfe eines automatisch wirkenden Fangapparats erwirbt, der jedoch nicht von den Thoracalbeinen, sondern hauptsächlich den Mandibeln gebildet wird (Abb. 633). Die langen Mandibelgeißeln sind mit langen, gefiederten Borsten ausgestattet und schlagen 200- bis 300mal in der Minute, sie bilden zusammen mit der Oberlippe einen Filtrierapparat, mit dem kleine Partikelchen eingefangen werden; durch Wirkung des Borstenbesatzes der ersten Maxillen werden sie zu den Mandibelkauern befördert. Das Verhalten ist bei den anderen Ostracoden nicht untersucht, aber da diese sich zum größten Teil scharenweise an verschiedenen, faulenden Gegenständen, Blättern, toten Insekten, Kartoffelscheiben usw. ansammeln, diese zerstören und verzehren, ist es nicht wahrscheinlich, daß diese Arten auch Filtrierapparate besitzen.

Die neuesten Untersuchungen haben gezeigt, daß ein Paar Species zu einer Art Schmarotzer geworden sind. *Sphaeromicola Topsenti* Paris lebt auf gewissen Höhlenkrebsen (Isopoden) und nimmt mit den Resten von deren Mahlzeiten vorlieb. Aus Nordamerika wird von einer anderen Art berichtet, *Entocythere cambaria* Marshall, die in der Kiemenhöhle gewisser Flußkrebse der Gattung *Cambarus* lebt.

Man hat schon lange davon gewußt, daß die verschiedenen Ostracoden-Arten zu verschiedenen Zeiten des Jahres auftreten. Einige konnte man zu allen Zeiten antreffen, andere nur zu gewissen. Namentlich geschlechtsreife Tiere konnten über große Teile des Jahres fehlen. Teils durch den allzu früh verstorbenen S. Jensen (1904), teils später durch Alm (1915) wurde über dieses Verhalten Licht verbreitet.

Wir kennen eine Reihe ausgesprochener Frühjahrsformen, die sich hauptsächlich in kleinen, austrocknenden Tümpeln aufhalten; sie können diese im Frühjahr kurze Zeit nach der Eisschmelze zu Myriaden füllen. Zu ihnen gehört unter anderem die braune *Eucypris fuscata* (Jur.), die grüne *Cypris virens* (Jur.) und *Cypris pubera* (O. F. M.), die alle sehr zeitlich im Frühjahr aus dem Ei kriechen, in unglaublich großer Geschwindigkeit die neun Häutungen abmachen und wohl in weniger als einem Monat geschlechtsreif werden. An den gleichen Stellen findet man auch ein paar *Candona*-Arten. Auch sie schlüpfen zeitlich im Frühjahr aus dem Ei, aber sie wachsen überaus langsam, brauchen ungefähr ein Jahr zur Entwicklung und werden erst im nächsten Frühjahr geschlechtsreif. Die Entwicklung wird durch Trocken- und Kälteperioden unterbrochen; die Tiere gehören zu jenen Formen, die es in allen Stadien vertragen, entweder im sonnenerhitzten Schlamm einzutrocknen oder im gefrorenen einzufrieren.

Im Gegensatz dazu gibt es andere Formen, die man fast nur im Sommer findet und die deshalb auch hauptsächlich in nicht austrocknenden Teichen vorkommen. Hierher gehören die schwarze *Notodromas monacha* (O. F. M.) mit ihrer charakteristischen, weißen Zeichnung, die sehr schönen *Dolerocypris*-Arten, die meisten *Cypridopsis*- und *Potamocypris*-Arten usw.

Endlich gibt es eine Reihe von Formen, die man das ganze Jahr hindurch antrifft und die an sehr verschiedenen Örtlichkeiten vorkommen, einzelne haben ihre Maxima bei sehr niedrigen Temperaturen (verschiedene *Candona*-Arten), die meisten jedoch bei den höchsten Sommertemperaturen.

Über die geographische Verbreitung der Ostracoden kann gegenwärtig nicht sehr viel gesagt werden; man kann nur hervorheben, daß es gewisse ausgesprochene, arktische Formen gibt und daß das aralo-kaspische Gebiet einige, zum Teil große Formen beherbergt. Ausgesprochene, stark abweichende Tropentypen sind, soweit man weiß, nicht bekannt. Besonders die subarktische Hochgebirgszone im nördlichen Skandinavien enthält in ihren nassen Mooren, die mit Moos überwachsen sind, eine sehr reiche Ostracodenfauna. Während wir bei den Cladoceren zur Kenntnis nehmen mußten, daß wir über ihr Vorkommen in älteren Perioden sozusagen nichts wissen, wissen wir dagegen, daß die Ostracoden in den ältesten Schichten der Erde, selbst in den ältesten kambrischen Ablagerungen und dann in allen späteren geologischen Perioden vorhanden waren. Es sind freilich vor allem nur die Schalen, die sich erhalten haben, aber in einem Fall kennt man von einem Exemplar aus dem Obercarbon auch den Bau der Beine; man glaubt immerhin schließen zu können, daß schon im Cambrium die jetzt lebenden Familien im großen und ganzen voneinander getrennt waren.

Von den Cladoceren kann man, und sicher mit Recht, sagen, daß sie als Nahrung der Fische eine große Rolle spielen, teils in den geschlechtsreifen Stadien bei allen Formen, die Kiemenreusen besitzen, teils bei den Jugendstadien einer Menge von Fischen, deren Darm mit Cladoceren überfüllt ist. Dergleichen kann man von den Ostracoden nicht behaupten; in größerem Ausmaß werden sie kaum direkt den Süßwasserfischen zur Nahrung dienen, doch werden sie indirekt eine Rolle bei der Ernährung jener Vögel und Fische zu spielen kommen, bei welchen Insektenlarven ein wichtiges Nahrungselement darstellen. Sie bilden eine Haupternährung bei allen unseren Kolbenwasserkäferlarven in ihren Jugendstadien und bei den kleineren während ihrer ganzen Larvenperiode. Die größeren Larven gehen später zu Schnecken als Hauptquelle ihrer Nahrung über. Auch die Larven der *Zygopteridae* und *Libellulidae* (nicht die *Aeschnidae*) sowie wahrscheinlich auch sowohl die *Perlidae* als auch einige *Ephemeridae* leben zum großen Teil von Ostracoden.

Die größte Bedeutung haben sie wohl ohne Zweifel als Destruktoren organischer Substanzen. Wenn das abfaulende Buchenlaub in den kleinen Tümpeln des Frühjahrs die richtige Konsistenz erreicht hat, kann man es in Mengen von weißen Ostracoden bedeckt finden, in erster Linie mit *Candona*-Arten, die es überaus elegant skelettieren; das allerfeinste Rippennetz bleibt übrig und nur das Blattfleisch wird genommen. Massenweise findet man sie auf allen Arten abfaulender Stoffe, auf Fischen, faulenden Insekten und Amphipoden; unter faulenden Algenteppichen, namentlich in Kleinwässern, gehören sie zu deren vornehmlichster Gesundheitspolizei.

System.

Cypridae: Zwei beinartige Gliedmaßen; zweite Antennen ohne Spinnborsten; gut entwickelte Furca. Hauptgattungen: *Candona* (Abb. 618), *Ilyocypris* (Abb. 624 u. 625), *Cypria, Cyclocypris, Notodromas* (Abb. 626), *Cypris* (Abb. 617) (mit den Untergattungen: *Eucypris, Cypris, Dolerocypris, Herpetocypris* [Abb. 619]), *Cypridopsis* (Abb. 620 u. 623).

Cytheridae: Drei beinartige Gliedmaßen; zweite Antennen mit Spinnborsten; Furca rudimentär. Hauptgattungen: *Cytheridea, Limnicythere* (Abb. 621 u. 622), *Metacypris.*

Darwinulidae: Zwei beinartige Gliedmaßen; zweite Antennen ohne Spinnborste; Furca fehlt ganz. Brutpflege. Eine Gattung mit einer Art: *Darwinula Stevensoni* Br. & Rob.

Ordnung: **Copepoda (Hüpferlinge).**

(Tafel 16 und 17.)

Eine allgemeine Charakteristik der Copepoden kann nur auf Grund der Entwicklungsgeschichte gegeben werden. Die parasitische Lebensweise hat sie oft in solchem Grad umgebildet, daß man in ihnen zur Not Crustazeen wiedererkennen kann. Man kann im allgemeinen sagen, daß sie ein Nauplius-Stadium besitzen, das übrigens unterdrückt sein kann. Nach den Metanauplien-Stadien folgen die sog. Copepodid-Stadien, deren Körper in das Kopfbruststück (Cephalothorax) und den Hinterleib (Abdomen) geteilt ist; beide sind gegliedert. Das Kopfbruststück ist zum Teil mit Spaltfüßen ausgestattet, der Hinterleib endigt in eine Furca. Die Befruchtung erfolgt durch Spermatophoren. Das Weibchen trägt fast immer zwei Eiersäcke.

In vieler Hinsicht, morphologisch sowohl als auch biologisch, bilden Copepoden und Cladoceren diametrale Gegensätze. Der Körper der Copepoden ist bei allen freilebenden Formen segmentiert; eine Segmentierung findet sich nicht bei den Cladoceren oder ist nur schwach angedeutet. Bei diesen ist der Körper von einer Schale bedeckt, wozu sich bei den Copepoden kein Seitenstück findet. Bei den Cladoceren sind die zweiten Antennen der wichtigste Locomotionsapparat, sie sind stark entwickelt und zweiästig; bei den Copepoden sind die ersten Antennen das wichtigste Locomotionsorgan und als solches gut entwickelt, aber einästig. Sie stehen hier weiter im Dienst der Fortpflanzung, indem entweder nur eine oder beide zu Klammerwerkzeugen umgebildet sind, womit das Männchen das Weibchen bei der Paarung festhält. Die Copepoden zeigen oft im Hinblick auf die primären und sekundären Geschlechtsmerkmale asymmetrische Bauverhältnisse, was bei den Cladoceren nicht vorkommt. Endlich wird der Samen mit Hilfe von Spermatophoren auf den Körper des Weibchens übertragen, was bei den Cladoceren nicht vorkommt. Die Thoracalbeine sind in den beiden Gruppen von äußerst verschiedenem Bau; ein sehr auffälliger Unterschied liegt unter anderem darin, daß die Brustbeine bei den Cladoceren hauptsächlich im Dienst des Nahrungserwerbes und der Atmung stehen, wogegen sie bei den Copepoden vorwiegend nur Locomotionsorgane darstellen. Besondere Atmungsorgane fehlen ganz. Da Schalen fehlen, fehlt auch bei den Copepoden, jedenfalls bei allen Süßwasserformen, eine entsprechende Brutpflege; die Eier werden einzeln abgelegt oder getragen, bis die Larven, die Nauplien, daraus hervorgehen. Diese wachsen, indem sie eine Reihe Häutungen und Larvenstadien durchmachen, zum geschlechtsreifen Stadium heran.

Wie sehr verschieden auch diese beiden Krebsgruppen sind, überall auf der Welt, wo man die eine antrifft, begegnet uns sehr oft auch die andere. Das gilt, allem voran, für das Süßwasser. In dessen pelagischer Region leben Copepoden und Cladoceren überall und zu allen Zeiten Seite an Seite, doch dominieren im Winter die Copepoden; auch in der Litoralregion ist das Verhalten das gleiche. Einzelne Formen beider Gruppen leben am Grund der Seen. Beide Gruppen geben Kontingente an die Fauna der Tümpel, an die pflanzenreichen Kleinteiche ab, aber in den ganz winzigen Wasseransammlungen von Baumstrünken und Bromeliaceen usw. sind die Copepoden mit ein paar Arten allein vorhanden; man trifft sie hier zusammen mit Ostracoden, wie es auch jene sind, die allein in Höhlen gefunden werden. Auch in der pelagischen Region des Meeres begegnet man Copepoden und Cladoceren, aber die letzteren spielen im Vergleich zu den ersteren hier eine sehr untergeordnete Rolle; es ist im großen und ganzen so, daß wenigstens in der gegenwärtigen Erdperiode der Schwerpunkt der Entwicklung der Copepoden im Meer sich befindet und fast ausschließlich in der pelagischen Region, der der Cladoceren dagegen im Süßwasser.

Zwischen den Copepoden und Cladoceren besteht weiter der sehr große Unterschied, daß der Parasitismus bei den erstgenannten eine überaus häufig vorkommende Erscheinung darstellt; bei den Cladoceren gibt es keinen Parasitismus. Die Anzahl parasitischer Copepoden, die im Süßwasser vorkommen, ist im allgemeinen recht gering; sie sind alle an Fische gebunden und finden sich vorwiegend auf Wanderfischen; im Meer gibt es dagegen eine ganze Reihe in der Leibeshöhle, im Blutgefäßsystem usw. von wirbellosen Tieren.

Infolge des oft überaus abweichenden und häufig ganz deformierten Körpers der schmarotzenden Formen ist es fast unmöglich, eine gemeinsame Charakteristik zu geben; man ist gezwungen, die freilebenden und die parasitischen Formen getrennt für sich zu behandeln.

Die freilebenden Copepoden.

In einem Werk, das nur die Süßwassercopepoden behandelt, ist wohl kein Grund vorhanden, die älteren und neueren, die systematische Gruppierung der Copepoden betreffenden Anschauungen zu besprechen. Es soll nur erwähnt werden, daß einer der letzten Bearbeiter, G. O. SARS, die freilebenden Copepoden auf sieben Familien aufteilt; von diesen sind nur drei im Süßwasser vertreten, nämlich die *Centropagidae, Cyclopidae* und *Harpacticidae*. Von diesen ist weitaus der größte Teil der *Centropagidae* ans Meer gebunden. In den europäischen Süßwässern finden sich nur wenige Gattungen, eine davon ist noch dazu hauptsächlich Brackwasserbewohner, aber die eine Gattung, *Diaptomus*, ist in einer außerordentlich großen Artenanzahl vorhanden, über den ganzen Erdball verbreitet und an die verschiedensten Verhältnisse angepaßt, die das Süßwasser seinen Organismen zu bieten vermag. Die *Cyclopidae* sind ganz überwiegend Süßwasserorganismen und die *Harpacticidae* sowohl Meeres- wie Süßwasserformen. Im großen und ganzen kann man sagen, daß die drei oben genannten Familien innerhalb der Verhältnisse, die das Süßwasser seinen Organismen zu bieten vermag, jede einigermaßen ihr eigenes Gebiet besitzt. Die *Centropagidae* sind Mittwasserbewohner, welche die Pflanzen auf dem Grund und an den Ufern nicht aufsuchen; sie sind zum großen Teil Planctonorganismen in großen Seen, aber eine große Zahl ist auch in kleinen, seichten Teichen und Tümpeln zu Hause, wenn sie nur vegetationsfreies Wasser besitzen. Die *Cyclopidae* enthalten einige Mittwasserformen und ausgesprochene Planctonorganismen, aber sie gehören ganz vorwiegend der Vegetationszone der Kleinteiche an. Die *Harpacticidae* finden sich zum Teil am gleichen Ort, aber sie sind in weit höherem Grad Bodentiere. Beide und namentlich die letztgenannten haben sich übrigens an ein Wasserleben unter sehr extremen Verhältnissen anpassen können (warme Quellen, Höhlen, tiefe Kältegrade, Wasseransammlungen in Baumstrünken, Bromeliaceen, *Nepenthes*-Kannen usw.). Der Körper der Copepoden ist im großen und ganzen in Übereinstimmung mit den an den drei genannten Hauptörtlichkeiten herrschenden Verhältnissen gebaut.

Der Körper läßt sich in drei Abschnitte teilen, einen Cephalothorax aus einem „Kopf" und zwei Thoraxsegmenten gebildet, ein Thorax normal aus vier Segmenten und endlich ein Hinterleib aus fünf Segmenten bestehend. Bei den Centropagiden, mit *Diaptomus* (Tafel 16, Fig. 5) als Hauptgattung des Süß-

---

Tafel 16. Copepoda.

Fig. 1. *Canthocamptus tricuspidatus* BRADY. ♂ und ♀ in Kopulation. Fig. 2. *Cyclops strenuus* FISCHER. Fig. 3. *Cyclops oithonoides* SARS. Fig. 4. *Cyclops fimbriatus* FISCHER. Fig. 5. *Diaptomus Wierzejskii* RICHARD. Fig. 6. *Heterocope Weismanni* IMHOF. Fig. 1 bis 6 nach SCHMEIL 1892 bis 1898. Fig. 7. *Cyclops fuscus* JURINE in Kopulation; das Männchen ergreift den Hinterleib des Weibchens mit seinen beiden Antennen. WOLFF 1905. Fig. 8. *Diaptomus gracilis* SARS; zeigt die Art, wie das Männchen das Weibchen ergreift; rechte Antenne um den Hinterleib geschlungen; das fünfte Beinpaar hält die Spermatophore. WOLFF 1905. Fig. 9. *Canthocamptus crassus* SARS. Kopulation. Das Männchen hält die Furcalborsten des Weibchens umklammert. WOLFF 1905. Fig. 10. Spermatophorentasche von *Cyclops serrulatus* FISCHER. *Wd* Wand der Tasche; *H* Hülle der Spermatophore; *Ak* kugelige Austreibekörper; *Sk* Sekret zum Ankitten der Spermatophore. GRUBER, Z. f. wiss. Zool., Bd. 32. Fig. 11. Receptaculum seminis von *Cyclops bicuspidatus* CLAUS. Fig. 12. Receptaculum seminis von *Cyclops serrulatus* FISCHER. Beide erfüllt mit dem zu hellen Kugeln umgebildeten Spermatophoreninhalt. *Kst* Kittstoff der Spermatophore; *Gg* Ausführungsgang des Receptaculums zur Geschlechtsöffnung. GRUBER, Z. f. wiss. Zool., Bd. 32. —
Fig. 6 zirka 3 mm; Fig. 1, 2, 3, 4, 5, 7, 8, 9 zirka 1 bis 2 mm.

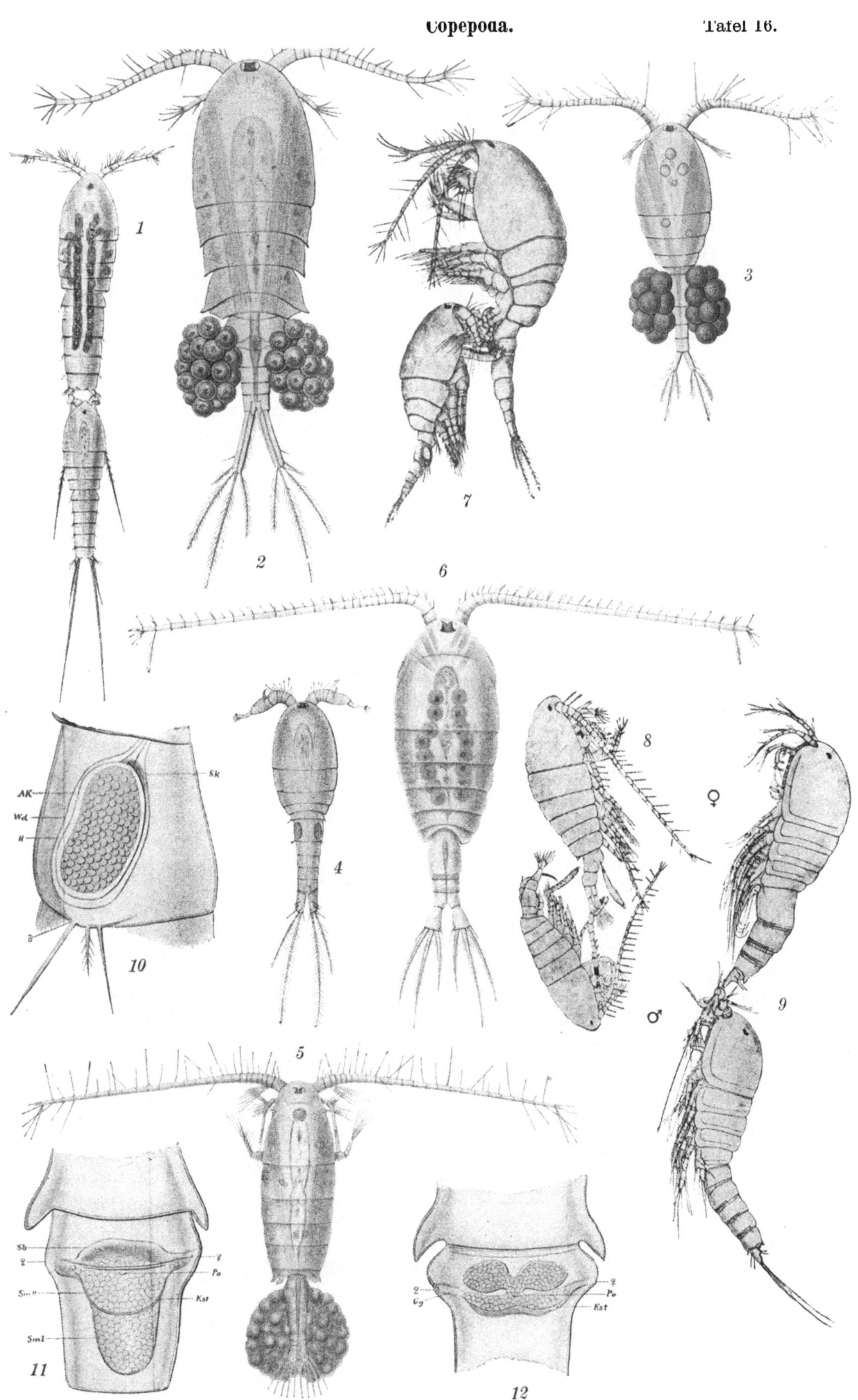

wassers, sind eigentlich nur zwei Körperabschnitte vorhanden, ein vorderer (Cephalothorax) und ein hinterer (Hinterleib); nur wo die beiden Abschnitte zusammenstoßen, herrscht größere Beweglichkeit. Namentlich die Segmente in der vordersten Partie sind ganz verschmolzen. Diese Tiere repräsentieren die Schwebeformen unter den Copepoden. Bei den *Cyclopidae* (Tafel 16, Fig 2 u. 3) besteht auch zwischen den hinteren Brustsegmenten größere Beweglichkeit und es ist daher bei ihnen eine Scheidung in eine vordere, mittlere und eine Hinterleibsregion vorhanden. Sie bewegen sich hauptsächlich in kleinen Sprüngen, woher die Bezeichnung der Gruppe als „Hüpferlinge" kommt. Bei der dritten Gruppe, den *Harpacticidae* (Tafel 16, Fig. 1 u. 9), ruft der Körper den Eindruck hervor, als bestünde er nur aus einem Stück. Abgesehen von der vordersten Partie, der Kopfregion mit zwei angegliederten Brustsegmenten, ist die Beweglichkeit zwischen allen Segmenten so groß, daß der Körper schlangenförmige Bewegungen auszuführen vermag. Es sind ausgesprochen kriechende Tiere, niemals Schwimmer, Tiere, die ihren Körper nach allen Richtungen krümmen können, hauptsächlich nach aufwärts und abwärts, aber auch nach den Seiten.

Das letzte Abdominalglied trägt eine Furca, die aus zwei ungegliederten, mit Borsten versehenen Anhängen besteht. Bei den Schwebern und Schwimmern sind diese Borsten gefiedert und können, namentlich bei den Centropagiden, einen insgesamt zehnstrahligen Schwimmfächer bilden (Tafel 16, Fig. 6), der bei diesen Formen den wichtigsten Steuerapparat der Tiere darstellt; er wird verwendet, wenn die Tiere bei ihren blitzschnellen Sprüngen die Bewegungsrichtung ändern wollen. Diese Borsten sind bei den Cyclopiden sehr verschieden entwickelt. Bei den Harpacticiden sind sie durch eine einzige, sehr lange, steife Borste, über deren Bedeutung, wie man sagen muß, nicht volle Klarheit herrscht, und durch ein paar kleinere, die bei den verschiedenen Formen sehr verschieden entwickelt sind, vertreten.

Bei allen freilebenden Formen trägt die Kopfregion fünf Paar Gliedmaßen, die ersten und zweiten Antennen, die Mandibeln und die ersten und zweiten Maxillen. Bei den Centropagiden (*Diaptomus, Eurytemora, Heterocope*; Tafel 16, Fig. 5 u. 6) sind die ersten Antennen Schwebeeinrichtungen, oft länger als der Körper, Ausleger, mit deren Hilfe die Tiere für einige Zeit im Wasser schweben können. Sie bilden zusammen eine Art mächtiger Balancestange, in deren Mitte der Körper aufgehängt ist. Sie sind anscheinend steif und werden mit Hilfe des Blutdrucks steif gehalten. So unentbehrlich sie als Schwebeeinrichtungen sind, ebenso unmöglich sind sie, wenn das Tier seine großen Sprünge im Wasser unternimmt. Man hat (STORCH 1929) durch Mikrozeitlupenaufnahmen nachweisen können, daß ein Sprung stets damit eingeleitet wird, daß die Antennen weich gemacht, „gelockert" werden und sich beim Springen an die Seiten des Körpers legen, der Blutdruck in den Antennen wird dabei offensichtlich herabgesetzt. Wenn das Tier den Sprung gemacht hat, wird der Blutdruck wieder höher und die Antennen werden langsam von der Basis her gesteift, strecken sich wieder in die Normallage aus und werden wieder zu steifen Balance- und Schwebeapparaten. Es ist merkwürdig zu sehen, daß gewisse *Diaptomus*-Arten, z. B. *D. castor* JURINE, besonders die Weibchen, wenn sie die großen Eiersäcke tragen, in weit geringerem Grad in den oberen Wasserschichten aufzufinden sind. In Aquarien mit Wasser aus Tümpeln, aus denen sie gewonnen worden sind, liegen sie größtenteils auf dem Rücken am Boden. Hie und da machen sie einen Sprung nach aufwärts, selten mehr als einen, und hüpfen ein paar Zentimeter herum; hernach sinken sie in einem Bogen mit dem Kopf nach abwärts nieder und liegen dann wieder auf dem Rücken. Bei den hüpfenden Cyclopiden (Tafel 16, Fig. 2 u. 3) sind die ersten Antennen bei den verschiedenen

Arten von sehr verschiedener Länge. Sie erreichen niemals die ganze Körperlänge, und es gibt Formen, bei denen ihre Länge nicht mehr als ein Viertel des Körpers beträgt (*C. phaleratus* KOCH, *C. fimbriatus* FISCHER; Tafel 16, Fig. 4). Bei Planctonformen (*C. oithonoides* G. O. SARS, *C. strenuus* FISCHER zum Teil) spielen sie wohl eine ähnliche Rolle wie bei den Centropagiden, aber sie sind hier nicht die steifen, kräftigen Balancestangen und es ist nicht unwahrscheinlich,

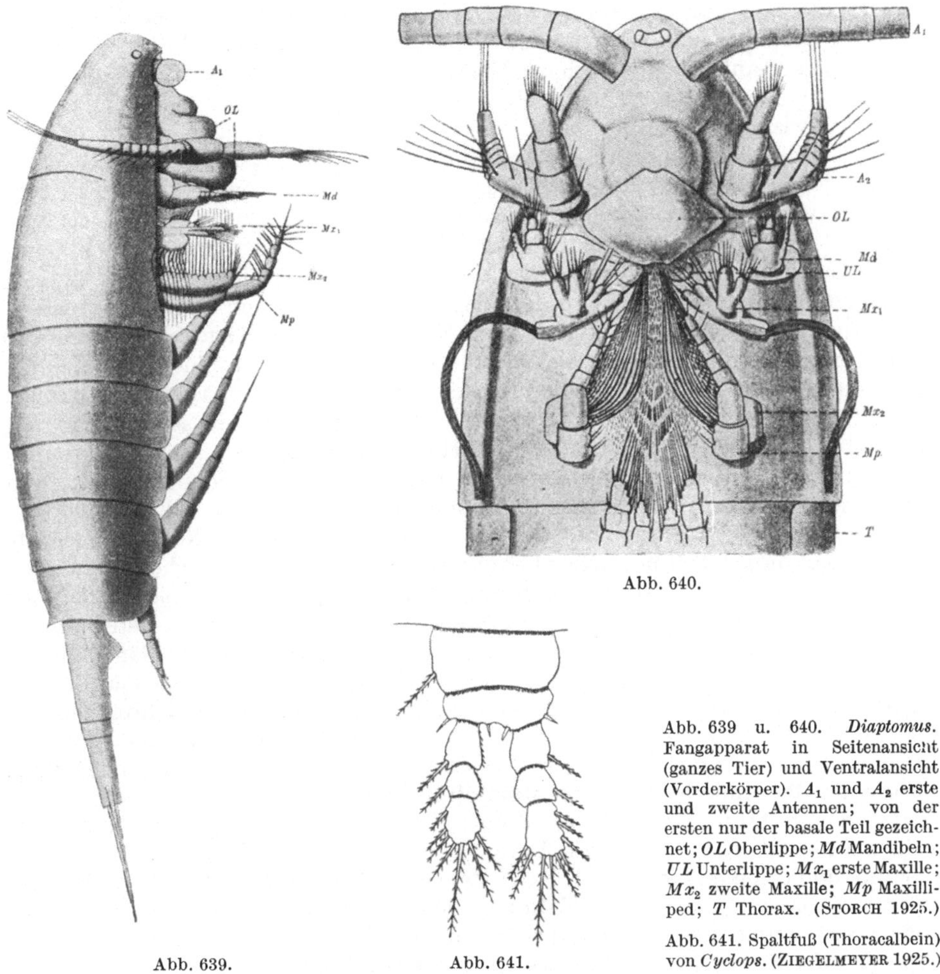

Abb. 640.

Abb. 639.   Abb. 641.

Abb. 639 u. 640. *Diaptomus.* Fangapparat in Seitenansicht (ganzes Tier) und Ventralansicht (Vorderkörper). A_1 und A_2 erste und zweite Antennen; von der ersten nur der basale Teil gezeichnet; *OL* Oberlippe; *Md* Mandibeln; *UL* Unterlippe; Mx_1 erste Maxille; Mx_2 zweite Maxille; *Mp* Maxilliped; *T* Thorax. (STORCH 1925.)

Abb. 641. Spaltfuß (Thoracalbein) von *Cyclops*. (ZIEGELMEYER 1925.)

daß sie der Fortbewegung in anderer Weise dienen. Endlich bei den Harpacticiden sind sie ganz kurz und haben kaum in irgendeiner Form Bedeutung in dieser Hinsicht. Überall sind die ersten Antennen gleichzeitig Sinnesorgane und bei den Harpacticiden hauptsächlich. Sie sind als solche überall mit Sinneshaaren und Sinneskolben ausgestattet, deren Anzahl und Anordnung bei den verschiedenen Arten verschieden ist. Sie stehen vermutlich im Dienst des Tast- und Geruchssinns. Aber außerdem spielen die ersten Antennen eine Rolle bei der Fortpflanzung; sie sind Einrichtungen, mit denen das Männchen den Körper des Weibchens umgreift. Bei den Centropagiden (Abb. 644) begegnen wir einem der auffälligsten Beispiele der oben erwähnten Asymmetrie, indem bei den Männchen eine Antenne, gewöhnlich die rechte, einen anderen Bau zeigt als die linke; ungefähr in der Mitte sind bestimmte Glieder weit dicker als die anderen, und mit zahlreicheren Sinnesorganen ausgestattet. Bei den beiden anderen Familien sind dagegen beide Antennen der Männchen umgebildet und zumeist knieförmig abgebogen (Abb. 645).

Das zweite Paar Antennen ist viel kürzer; bei den Centropagiden und Harpacticiden haben sie den Außenast behalten, der bei den erstgenannten mit Schwimmborsten ausgestattet ist; sie stehen wohl im Dienst der Bewegung. Bei den Cyclopiden fehlt der Außenast fast immer. Die Mandibeln haben überall eine kräftige Kaulade; die übrigen Teile verhalten sich verschieden. Es folgen hierauf zwei Paare zumeist schwach gebauter Maxillen und ein Paar Maxillarfüße. Wir wissen gewöhnlich nicht, wie diese Mundteile fungieren, nur bei den Centropagiden (*Diaptomus*-Arten) weiß man durch die Untersuchungen STORCHS (1925) näheren Bescheid. Wir haben es ja hier mit Planctonorganismen zu tun, die ganz wie die Phyllopoden während des Schwimmens automatisch ihre Nahrung, d. i. Detritus und Kleinalgen, einfangen. Während die Filtriereinrichtungen bei den Cladoceren von den Brustbeinen gebildet werden, sind sie hier aus den Mundgliedmaßen zusammengesetzt, nämlich den zweiten Antennen, dem Mandibelast, den ersten und zweiten Maxillen und den Kieferfüßen (Abb. 639 u. 640). Sie dienen gleichzeitig als Locomotionsorgane. Wenn ein *Diaptomus* gesprungen ist, sieht man ihn sehr häufig mit dem Rücken nach abwärts in großen Bögen langsam durch das Wasser gleiten. Betrachtet man ein solches Tier mit dem Aquariummikroskop näher, so beobachtet man hinter den zweiten Antennen eine seltsame, vibrierende Bewegung, die sich niemals klar erkennen läßt, weil die Bewegung so schnell vor sich geht, daß man von diesem Teil des Körpers den Eindruck erhält, es spielte sich die Bewegung in einem Nebelschleier ab. Könnte man diesen Teil photographieren, so würde man ein ähnliches Bild davon bekommen wie von vibrierenden Kolibriflügeln. Durch Mikrozeitlupenaufnahmen hat STORCH nachgewiesen, daß die zweiten Antennen, die Mandibeläste und die ersten Maxillen mit der fabelhaften Geschwindigkeit von 3000 Schlägen in der Minute arbeiten. Außer daß sie eine Locomotionseinrichtung darstellen und das langsam gleitende Schwimmen verursachen, kommt es durch die dichten Borsten der zweiten Maxillen, die in bestimmter Weise angeordnet sind, zu einer Filtration des Wassers, worauf das Filtrat von den Enditen der ersten Maxillen zu der unter der großen Oberlippe befindlichen Mundöffnung befördert wird (s. übrigens unter Cladoceren, S. 419). Wie das Verhalten bei den übrigen Copepoden ist, darüber weiß man nicht viel; aber diese Formen, vielleicht abgesehen von *C. strenuus* FISCHER und *C. oithonoides* G. O. SARS, die beide als typische Planctonorganismen auftreten können, nehmen ihre Nahrung nicht auf diese Weise auf. Verschiedene von ihnen sammeln sich scharenweise an faulenden Stoffen des Grundes, die ohne Zweifel ihr wichtigstes Nahrungsmittel darstellen.

Abb. 642. Fünftes Thoracalbeinpaar von *Heterocope Weismanni* IMH. (SCHMEIL 1892.)

Abb. 643. Fünftes Beinpaar von *Diaptomus Zachariasi* POPPE. Siehe Text. (SCHMEIL 1892.)

Abb. 644. Greifantenne von *Diaptomus salinus* v. DADAY. (SCHMEIL 1892.)

Abb. 645. Teil der Greifantenne von *Cyclops albidus* JURINE. (SCHMEIL 1892.)

Abb. 646. *Diaptomus gracilis* SARS. Anbringung der Spermatophore durch das Männchen auf dem Körper des Weibchens. Des Männchen linker Fuß *5.fm* hält in seiner Klaue die Spermatophore sp_2, bereit, sie am ersten Hinterleibssegment des Weibchens abzusetzen, das schon eine Spermatophore trägt; der Hinterleib des Männchens *abm* ist um den des Weibchens geschlagen (*abw*), und das gleiche trifft für das rechte fünfte Bein des Männchens (*5.frm*) zu; *5.fw* fünftes Bein des Weibchens. (WOLFF 1905.)

Abb. 647. Hinterleib von *Diaptomus gracilis* SARS. Weibchen. Der Hinterleib trägt den Eiersack und ein Bündel Spermatophoren. (W.-L. gez.)

Abb. 648. Ein Herpacticide. Das Bild zeigt den Eiersack und den eigentümlichen Spermatophor. (W.-L. del.)

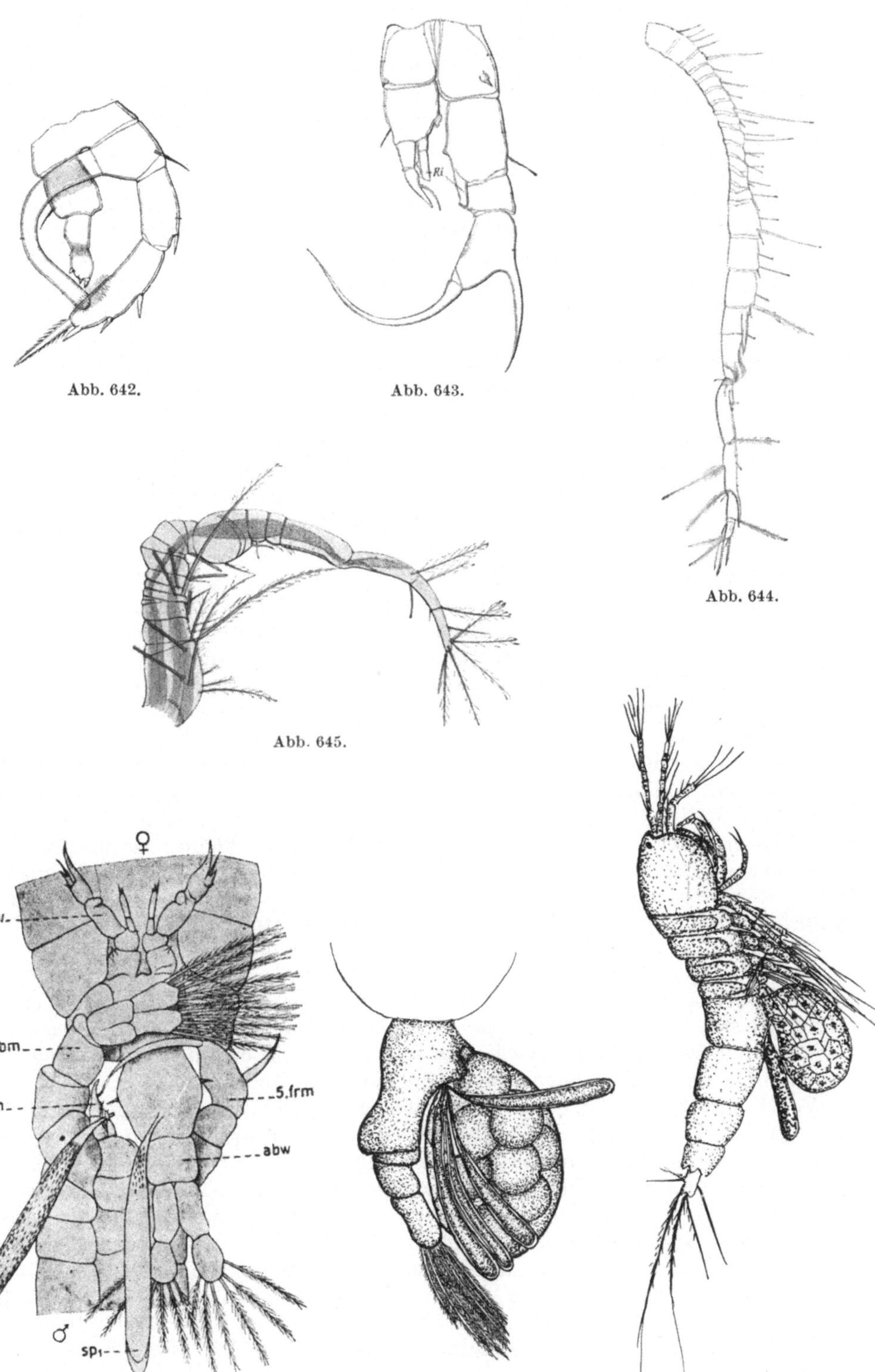

Abb. 642.

Abb. 643.

Abb. 644.

Abb. 645.

Abb. 646.

Abb. 647.

Abb. 648.

Auf die Kieferfüße folgen die fünf Paar Brustbeine (Abb. 641), von denen das letzte Paar sehr schwach entwickelt ist oder im Dienst der Fortpflanzung steht. Die vier vorderen Paare sind im großen und ganzen einheitlich gebaut und bei allen drei Familien recht gleichartig. Sie bestehen aus einem basalen Glied und zwei dreigliedrigen Ästen, die mit langen Haaren oder Borsten ausgestattet sind. Jedes Paar ist durch eine besondere Bildung gekoppelt, so daß die zwei Beine je der linken und rechten Seite stets gleichzeitig den Schlag durchführen müssen, niemals jedes Bein für sich; bei den Planctonformen sind die Haare lange Borsten, bei den übrigen oft kürzere, steife und können die Form von Dornen annehmen. Die vier vorderen Beinpaare sind in der Ruhe stets schräg nach vorn gerichtet. Wenn die Tiere einen Sprung ausführen, werden diese vier Beinpaare seitlich abgespreizt und eines nach dem anderen sehr rasch nach hinten geschlagen; das vierte beginnt und zum Schluß kommt das erste daran. Diesem wirksamen Schlag, der den Sprung bedingt, folgt das Rückführen der Beine in die Ruhelage, das dergestalt erfolgt, daß dabei möglichst wenig Wasserwiderstand zu über- winden ist, im Gegensatz zum wirksamen Schlag, bei dem durch die Durchführung das Gegenteil erzielt wird. Es werden die vier Beinpaare gleichzeitig, sozusagen in Form eines Pakets und in der Weise, daß sie median aneinandergelegt sind, nach vorn geführt. Eine ganze solche Schlagperiode, die also aus dem getrennten, aufeinanderfolgenden Rückführen der Beine und ihrem gemeinsamen Vorholen besteht, nimmt die unglaublich kurze Zeit von einer Sechzigstelsekunde in An- spruch. Diese für die Hüpferlinge charakteristische Sprungbewegung wird von den *Diaptomus*- und *Cyclops*-Species in gleicher Art durchgeführt (STORCH 1925, 1929, auf Grund von Mikrozeitlupenaufnahmen). Bei diesen Sprungbewegungen wirkt der Schwimmfächer des Hinterleibes als Steuerorgan (STORCH).

Das letzte Beinpaar ist anders gebaut als die vier vorhergehenden. Bei den Männchen der Centropagiden ist allgemein eine auffallende Asymmetrie vor- handen. Bei ihnen ist das rechte Bein (Abb. 642 u. 643) zu einer gewöhnlich kräftigen Klaue umgebildet, die zum Festhalten des Weibchens verwendet wird; das linke stellt eine richtige Greifzange dar, mit der die Spermatophore gehalten wird (Abb. 643), oft zwischen zwei Polstern an dem einen Ast der Zange. Bei den Weibchen der Centropagiden sind diese Beine viel kleiner als die voraus- gehenden, aber symmetrisch gebaut. Bei den Cyclopiden ist das letzte Beinpaar rudimentär, bei den Harpacticiden gewöhnlich plattenförmig und wird vom Weibchen zum Festhalten der Eier verwendet. Das fünfte Beinpaar spielt bei der Bestimmung der Süßwassercopepoden eine sehr große Rolle.

Das Abdomen ist fünfgliedrig, aber beim Weibchen sind die drei vorderen Segmente oft miteinander zu einem verschmolzen, in dessen Mitte die Geschlechts- öffnungen sich befinden. Die beiden Zweige der Furca mit ihren Borsten sind bei den drei Familien sehr verschieden entwickelt; sie bilden bei den pelagisch lebenden Centropagiden einen prächtigen Schwimmfächer.

Von Sinnesorganen ist nur das Naupliusauge auffällig, das einzige Sehorgan, das vorn in der Mitte sitzt. Von den anderen Bauverhältnissen sei nur hervor- gehoben, daß der Darm im wesentlichen ein gerades Rohr darstellt und die Afteröffnung am letzten Glied des Abdomens sich befindet. Als Nieren fungieren bei den erwachsenen Tieren Drüsen, die am Grund der zweiten Maxillen aus- münden. Ein besonderes Herz kommt nur bei den Centropagiden vor; bei den anderen Copepoden ist es vor allem nur die Darmperistaltik, die die Leibes- höhlenflüssigkeit in Bewegung setzt; das die Leibeshöhle durchsetzende Bindegewebe enthält oft Öltropfen, die gewöhnlich rötliche Farbe besitzen. Der Bauchmarkstrang ist, besonders bei den Cyclopiden, stark zusammen- gedrängt.

Die Copepoden sind stets getrenntgeschlechtlich; bei gewissen Harpacticiden scheinen Männchen äußerst selten zu sein; es hat sich gezeigt, daß diese Formen sich regelmäßig parthenogenetisch vermehren (ROY 1931). Es sind ein unpaares Ovarium und gewöhnlich paarige Ausführungsgänge vorhanden, die am ersten Hinterleibssegment ausmünden. In manchen Gruppen ist auch hier eine ausgesprochene Asymmetrie ausgebildet, indem nur der Ausführungsgang der einen Seite entwickelt ist. Die Ausführungsgänge sind recht kompliziert gebaut

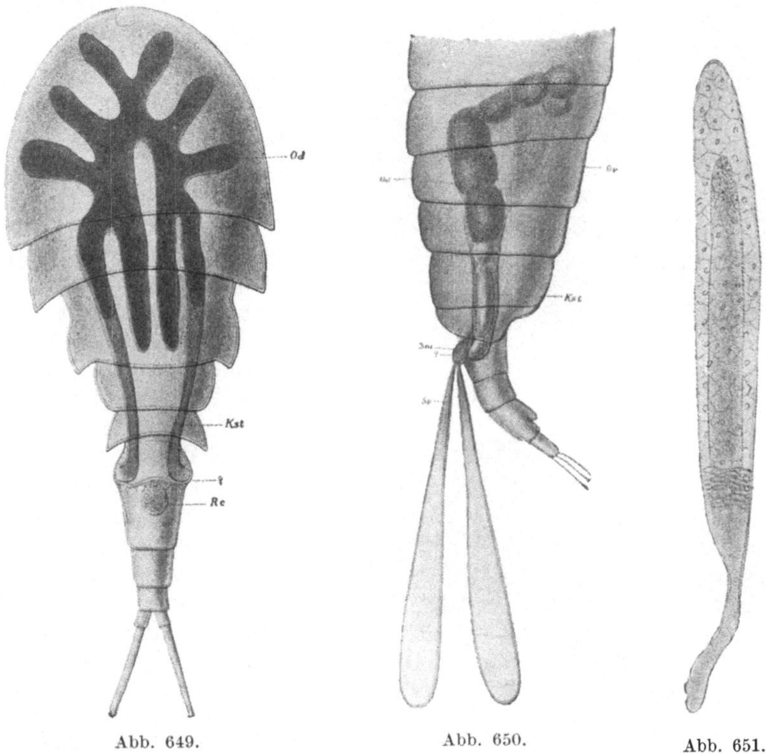

Abb. 649.   Abb. 650.   Abb. 651.

Abb. 649. *Cyclops bicuspidatus* CLAUS. Die Ovidukte *Od* sind mit Dottermassen angefüllt. An der Stelle, wo diese aufhören, beginnt die Kittsubstanz *Kst*; *Rc* Receptaculum seminis. (GRUBER 1879.)

Abb. 650. *Diaptomus gracilis* SARS, Seitenansicht. *Ov* Ovarium; *Od* der Ovidukt ist mit reifen Eiern erfüllt; *Kst* der untere Teil der Kittsubstanz, bestimmt, die Eiersäcke zu bilden; *Sp* Spermatophoren; *Sm* Samen, der aus den Spermatophoren herausquillt. (GRUBER 1879.)

Abb. 651. Spermatophore der gleichen Form. Die Kittsubstanz ist im Begriffe, aus der Halsmündung auszufließen. (GRUBER 1879.)

(Abb. 649). Die Copepoden zeigen ja die Besonderheit, daß der Samen in Spermatophoren abgegeben wird, die in den Samenleitern der Männchen entstehen. Sie sind bei den verschiedenen Abteilungen sehr verschieden gebaut. Bei den Centropagiden sind sie sehr lang, flaschenförmig, von sehr kompliziertem Bau und mit einer Substanz gefüllt, welche die Eigenschaft zu quellen besitzt (Abb. 646, 648, 650, 651; Tafel 16, Fig. 8). Diese dient als Austreibungsmittel, das, wenn die Spermatophoren an Ort und Stelle gebracht sind, bewirkt, daß die an sich unbeweglichen Spermatozoen ausgespritzt werden. Die Spermatophoren liegen fertig ausgebildet im Ausführungsgang der Männchen und sind hier sehr deutlich zu sehen. Wenn ein Männchen reif ist, sucht es ein Weibchen auf und umschlingt es mit seiner rechten Antenne. Hierauf nimmt es die austretende Spermatophore mit der Greifzange des hintersten Beinpaares (Abb. 643 u. 646) und zieht sie ganz aus dem Körper. Die Spermatophore wird nun am halsförmigen Teil mit der Greifzange festgehalten; indem das Männchen nun das Weibchen umklammert, einerseits mit dem großen Haken des fünften Beines und, indem es anderseits den Hinterleib um das Weibchen schlingt, wird die Spermatophore in der Nähe der weiblichen Geschlechtsöffnung befestigt (Tafel 16, Fig. 8; Abb. 646). Ein Männchen bildet mehrere Spermatophoren; da man zur Zeit der Geschlechtsreife bei den Centropagiden oft Weibchen antrifft, die ganze Bündel, 15 bis 20 Spermatophoren, am Genitalfeld tragen (Abb. 647), muß man annehmen, daß sich jedenfalls hier ein Weibchen mit mehreren Männchen paart. Sie sind von O. F. MÜLLER (1792, Tafel 16) schön abgebildet worden.

Bei den Centropagiden, wenigstens bei den Formen, mit denen wir es hier zu tun haben, bei *Diaptomus, Heterocope* und *Eurytemora*, gibt es keine Samentaschen. Bei *Diaptomus* wird der Samen aus den langen Spermatophoren direkt in die Geschlechtsöffnung eingespritzt bei *Heterocope* trifft man auf ein ganz merkwürdiges Verhalten, indem die Samenmasse außen am Körper von einer Kittmasse umgeben, unter einem deckelartigen Gebilde getragen wird. Die Kittmasse stammt aus den Spermatophoren. Die Befruchtung der Eier erfolgt erst in der Geschlechtsöffnung oder knapp außerhalb von dieser, dort, wo sie mit der Samenmasse zusammenstoßen.

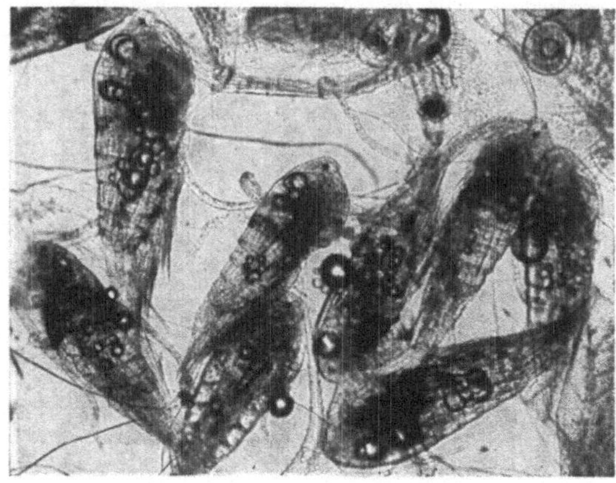

Abb. 652.

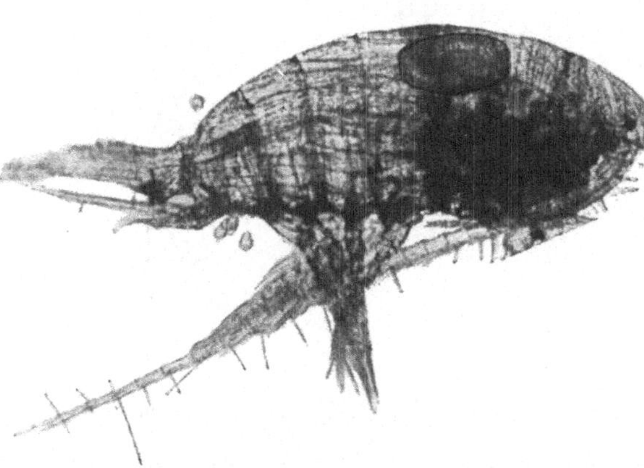

Abb. 653.

Abb. 652. *Diaptomus graciloides* LILLJB. Esromsee beim großen Diatomeen-Herbstmaximum. Man beachte den großen Ölreichtum der jungen, nicht geschlechtsreifen Tiere.

Abb. 653. *Diaptomus graciloides* LILLJB. Esromsee. Weibchen mit abgeworfenem Eiersack, gleichzeitig mit den Tieren in Abb. 652 gefangen. Keine Öltropfen. Die Abbildung zeigt gleichzeitig eine Bothriocephalus-Larve oberhalb des Darmes. (W.-L.; BERG phot.) S. Seite 179.

Bei den Cyclopiden sind die Spermatophoren flache, bohnenförmige (Tafel 16, Fig. 10), bei den Harpacticiden flaschen-, zuweilen säbelförmige (Abb. 648) Gebilde.

Diese beiden Familien sind mit einem Receptaculum seminis ausgestattet (Tafel 16, Fig. 11 u. 12). Die Spermatophoren werden daran angebracht. Das soll mit Hilfe des dritten und vierten Beinpaares geschehen, die keine besondere Ausbildung dazu aufweisen (COKER 1935; Tafel 16, Fig. 7). Einige Zeit später beginnt die früher erwähnte Substanz aufzuquellen, worauf der Samen aus der Spermatophore in die Samentasche des Weibchens hineingetrieben wird; hierauf fällt die Spermatophore ab. Wenn die Eier an der Samentasche vorbeigleiten, wird etwas Samen an diese abgegeben, wodurch sie befruchtet werden. Die Form des Receptaculum seminis hat Bedeutung für die Bestimmung der *Cyclops*-Arten. O. F. Müller (1792, Tafel 18) hat eine vorzügliche Abbildung der Paarung bei einem *Cyclops* gegeben.

Während es im Meer viele Formen gibt, bei denen die Eier einzeln abgehen, bloß ins Wasser ausgestoßen und keine Eiersäcke gebildet werden, findet sich dergleichen vielleicht gar nicht im Süßwasser. Doch gibt es Formen, besonders solche, die unter ganz besonderen Verhältnissen leben, die sehr wenig Eier bilden (Höhlenbewohner, Moorbewohner), wo die Eianzahl sehr gering ist (nur zwei) und die Eier leicht abfallen; bei allen übrigen werden, soviel man weiß, Eiersäcke gebildet (Tafel 16, Fig. 2, 3, 5; Abb. 647 u. 648). Möglicherweise besitzt *Heterocope* semipelagische Eier.

Beim Austritt werden die Eier von einem Sekret umgeben, das sich härtet und die Eiersäcke bildet; deren Bildung ist in Wirklichkeit sehr kompliziert. Bei den Centropagiden ist nur ein Eiersack vorhanden, bei den Cyclopiden zwei, die an den Seiten hervorstehen; bei den Harpacticiden gewöhnlich nur einer. Bei den Teichformen sind die Eiersäcke recht häufig sehr groß und enthalten bis gegen 50 Eier und darüber, bei den Planctonformen weit weniger. Wo eine Art sowohl in Teichen als auch pelagisch in größeren Seen lebt, ist die Eianzahl in den ersteren stets größer. *Cyclops oithonoides* G. O. Sars ist die ausgesprochenste Planctonform von allen *Cyclops*-Arten. Die Eizahl ist hier sehr gering, selten sind mehr als sechs bis acht in jedem Eiersack, aber in größeren Seen nur vier bis sechs. Oft habe ich im Furesee und Esromsee nur zwei bis vier in jedem Eisack angetroffen. Eine andere Form, *Cyclops strenuus* Fischer, die auch in der pelagischen Region unserer größeren Seen zu Hause ist, zeigt im Frühling eine bedeutend größere Eizahl, zirka 20 in jedem Eiersack, in der Sexualperiode des Herbstes nur zehn bis zwölf. Auch die pelagischen *Diaptomus*-Arten der größeren Seen, *D. gracilis* G. O. Sars und *D. graciloides* Lilljeborg, weisen geringere Eizahlen auf als die Tümpelformen; die letzteren immerhin bis zu 20, die ersteren viel weniger, oft nur vier bis sechs Eier. Bei beiden Arten ist die Eianzahl im Frühjahr am größten. Man darf wohl vermuten, daß die geringere Zahl eine Anpassung an das pelagische Leben darstellt; denn größere Eimassen würden die Tiere hinunterdrücken; unzureichende Ernährung spielt wohl auch mit eine Rolle.

Wenn die Eier austreten, ein Vorgang, der nur wenige Minuten in Anspruch nimmt, sind sie gewöhnlich rot, während der Entwicklung werden sie oft bläulich oder fast schwarz. In den meisten Fällen werden sie von den Weibchen bis zum Ausschlüpfen getragen; man findet oft Weibchen mit Eiersäcken, die halb geplatzt sind, und in den zurückgebliebenen Eiern sind fast vollständig entwickelte Embryonen enthalten. Die Larven, die aus den Eiern ausschlüpfen, sind typische Nauplien mit drei Gliedmaßenpaaren. Die Nauplien und Metanauplien der Centropagiden sind leicht von denen der Cyclopiden zu unterscheiden; die ersteren sind mehr langgestreckt, birnförmig; sie schwimmen und ernähren sich auf ganz verschiedene Weise. Man hat im Laboratorium nachgewiesen, daß *Cyclops*-Arten eine große Anzahl Eiersäcke produzieren; *Cyclops prasinus* Fischer 13 Paar Eiersäcke im Verlauf von zweieinhalb Monaten (Manfredi 1923), *Cyclops viridis* Jurine sieben Paare im Verlauf von eineinhalb Monaten (Walter 1922). *Cyclops vernalis* Fischer soll durch drei bis vier Wochen jeden Tag ein neues Paar Eiersäcke erzeugen (Evers 1936). Die Embryonalzeit dauert

nur zwei Tage. Ob die Angaben in Übereinstimmung stehen mit den Verhältnissen im Freien, dürfte sehr fraglich sein. Die drei Nauplientypen sind von
O. F. MÜLLER (1792, Tafel 1 u. 2) sehr schön wiedergegeben worden. Die Larven
der Harpacticiden sind fast kriechende Formen und kreisrund. Bei den Diaptomiden und Cyclopiden sind die ersten Antennen dasjenige Gliedmaßenpaar, das
den Tieren die großen Sprünge erlaubt, aber nur bei den Diaptomiden können
die zweiten Antennen und die Mandibeln sich auch vibrierend bewegen, was ein
gleichmäßiges Vorwärtsgleiten bewirkt; gleichzeitig bilden diese einen filtrieren-
den Fangapparat. Bei den Cyclopiden arbeiten diese Gliedmaßen stoßweise wie
die ersten Antennen, was eine andere Bewegungsform und Ernährungsweise
herbeiführt (STORCH 1928; Abb. 654, 655, 658). Während der Entwicklung
machen sie eine Anzahl Häutungen durch, deren Zahl man nicht mit Sicherheit
kennt. Einige Verfasser geben zwölf an. Bei diesen Häutungen wächst die
Larve und es kommen mehrere Beinpaare dazu und gleichzeitig werden die
vorhandenen mehr ausgebildet, insbesondere in bezug auf die Gliederung und
Borstenausstattung. Man pflegt die Entwicklung in drei Perioden zu teilen:
die Nauplius-, Metanauplius- und Copepodid-Periode; in der letzteren sollen sie
nicht weniger als sechs Häutungen durchmachen (Abb. 656 u. 657). Die Schnelligkeit, mit der die Häutungen aufeinanderfolgen, ist hochgradig von der Temperatur
abhängig. Sie ist für verschiedene Formen experimentell festgestellt (CHAPPUIS
1916, ZIEGELMAYER 1925). Regelmäßige Untersuchungen im Freien zeigen dasselbe. Sowohl BURCKHARDT (1899 und 1900) als auch ich (W.-L. 1904) haben
für die Plancton-Diaptomiden und -Cyclopiden nachweisen können, daß die im
Herbst gebildeten Würfe überwintern und erst gegen das Frühjahr hin geschlechtsreif werden; diese Tiere haben eine Lebensdauer von mindestens neun Monaten.
Im Sommer geht die Entwicklung weit rascher vor sich. Das hat WALTER (1922)
näher ausgeführt, der zeigte, daß ein Weibchen im Verlauf des Sommers eine
ganze Reihe Würfe erzeugt. Die Lebensdauer dieser Würfe ist sehr verschieden;
die der Novemberwürfe zirka neun Monate. Im März-April werden Würfe gebildet, die sich weit rascher entwickeln. Die Herbstwürfe von *D. graciloides*
LILLJB. und *Cyclops strenuus* FISCHER werden in unseren Seen gegen den Winter
hin geschlechtsreif; man sieht die Weibchen von *Diaptomus* mit großen Bündeln
von Spermatophoren und mit Eiersäcken. Die Sexualperiode erreicht ihren
Höhepunkt gegen das Frühjahr hin, wo sich dann große Mengen von Jungen
zeigen. Das ist die erste Sommergeneration, die nun Wurf auf Wurf erzeugt,
aber in bezug auf diese Sommerwürfe und ihr Schicksal weichen die Arten voneinander ab. *C. strenuus* FISCHER verschwindet fast ganz aus dem Wasser,
wenigstens aus der oberen Schicht. *D. graciloides* LILLJBG. setzt das Produzieren
von Würfen den ganzen Sommer hindurch fort, aber es ist, als ob sich alle diese
Würfe bis zum Herbst erhielten, so daß sie zu dieser Zeit einen Großteil des
Zooplanctons bilden; wenigstens steht es für die dänischen Seen fest, daß
D. graciloides LILLJBG. den ganzen Sommer hindurch selten mit Eiersäcken angetroffen wird und daß vollentwickelte Männchen selten sind. Mehrere der
dänischen Seen zeigen eine merkwürdige Verschiedenheit in bezug auf die Farbe
des Zooplanctons im Sommer und Winter. Das Zooplancton des Sommers hat
zumeist einen einheitlich grünen Ton; das des Winters erscheint durch eine unendliche Menge kleiner, schwarzer Punkte charakterisiert; das sind alles die
Eiersäcke der Weibchen, teils von *Diaptomus*, teils von *Cyclops strenuus* FISCHER.
Das Copepodenplancton zeigt endlich die Eigentümlichkeit, daß es den Sommer
hindurch aus großen Mengen aufwachsender Jungtiere besteht, die hauptsächlich im April-Mai geboren worden sind. Im Winter sieht man fast keine Jungen.
Man kann bei unseren Seen, wenn das Copepodenplancton reich ist, eine kon-

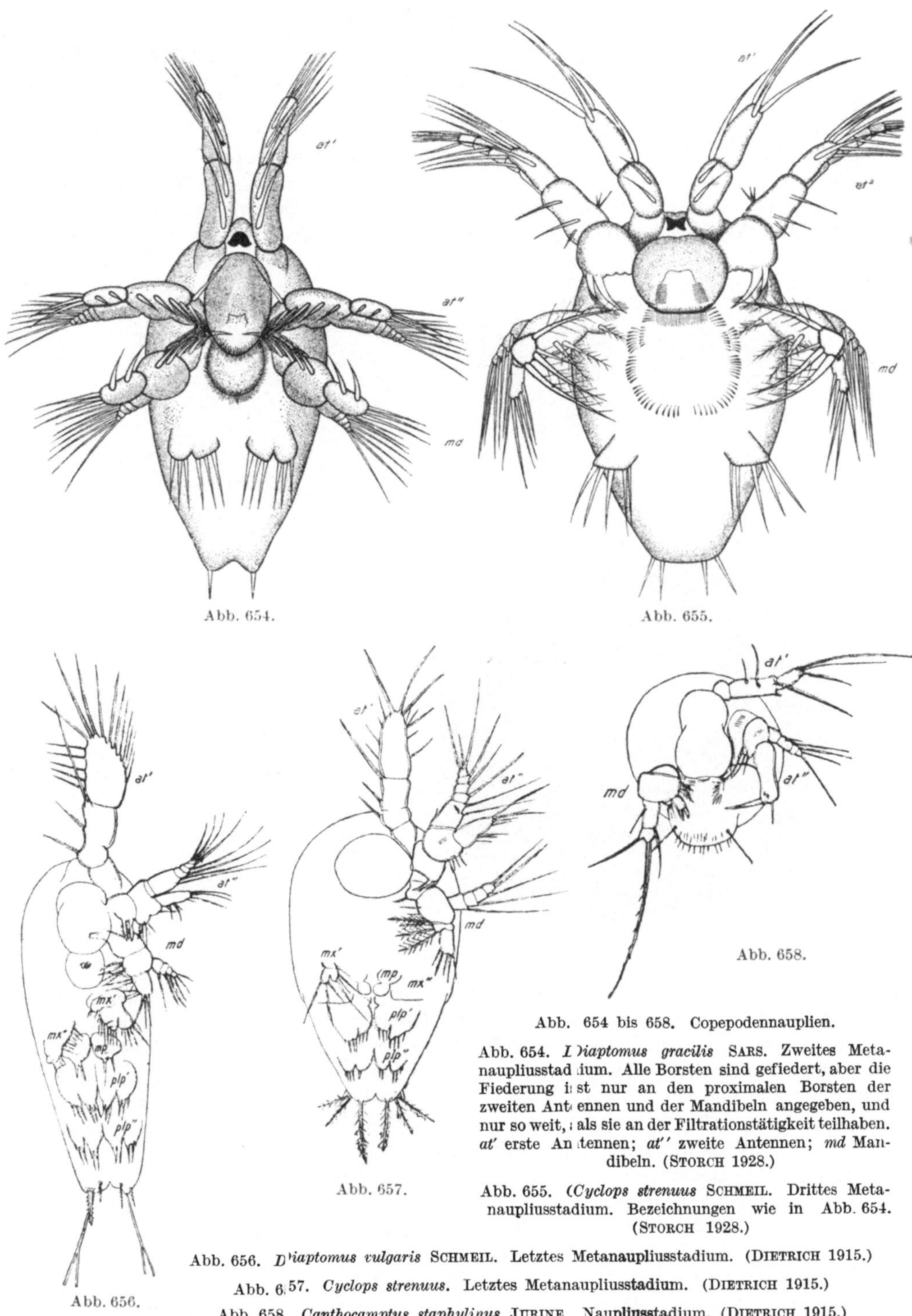

Abb. 654.

Abb. 655.

Abb. 658.

Abb. 657.

Abb. 656.

Abb. 654 bis 658. Copepodennauplien.

Abb. 654. *Diaptomus gracilis* SARS. Zweites Metanaupliusstadium. Alle Borsten sind gefiedert, aber die Fiederung ist nur an den proximalen Borsten der zweiten Antennen und der Mandibeln angegeben, und nur so weit, als sie an der Filtrationstätigkeit teilhaben. *at'* erste Antennen; *at''* zweite Antennen; *md* Mandibeln. (STORCH 1928.)

Abb. 655. *Cyclops strenuus* SCHMEIL. Drittes Metanaupliusstadium. Bezeichnungen wie in Abb. 654. (STORCH 1928.)

Abb. 656. *Diaptomus vulgaris* SCHMEIL. Letztes Metanaupliusstadium. (DIETRICH 1915.)

Abb. 657. *Cyclops strenuus.* Letztes Metanaupliusstadium. (DIETRICH 1915.)

Abb. 658. *Canthocamptus staphylinus* JURINE. Naupliusstadium. (DIETRICH 1915.)

In Abb. 656, 657, 658 bezeichnen *at'* erste Antenne; *at''* zweite Antenne; *md* Mandibel; *mx'* erste Maxille; *mx''* zweite Maxille; *mp* Maxilliped; *plp'* erstes Schwimmbein; *plp''* zweites Schwimmbein.

servierte Sommerprobe von einer konservierten Winterprobe fast augenblicklich unterscheiden. In dem Moment, wo die Tiere abgetötet werden, werfen sie die Eiersäcke ab, die im Glas sofort absinken und hier in den Winterproben einen Bodensatz bilden.

Lange stand man ohne Verständnis zwei Erscheinungen gegenüber, die Fortpflanzung der Copeoden betreffend. Man kannte Planctonformen aus der Familie der Centropagiden, die man nie mit Eiern sah; es handelte sich um Arten der bei uns selten vorkommenden Gattung *Heterocope*. Man war weiter schon lange darauf aufmerksam geworden, daß Copepoden, die kleine, seichte Pfützen be-

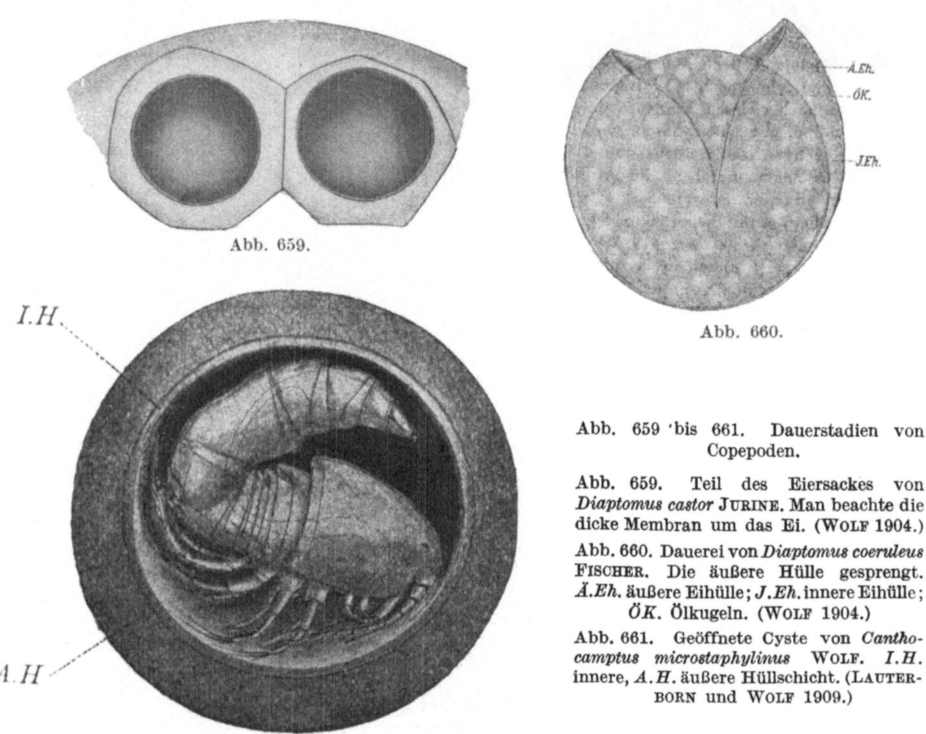

Abb. 659.

Abb. 660.

Abb. 661.

Abb. 659 bis 661. Dauerstadien von Copepoden.

Abb. 659. Teil des Eiersackes von *Diaptomus castor* JURINE. Man beachte die dicke Membran um das Ei. (WOLF 1904.)

Abb. 660. Dauerei von *Diaptomus coeruleus* FISCHER. Die äußere Hülle gesprengt. *Ä.Eh.* äußere Eihülle; *J.Eh.* innere Eihülle; *ÖK.* Ölkugeln. (WOLF 1904.)

Abb. 661. Geöffnete Cyste von *Canthocamptus microstaphylinus* WOLF. *I.H.* innere, *A.H.* äußere Hüllschicht. (LAUTERBORN und WOLF 1909.)

wohnen, welche schon im Mai-Juni austrocknen, an den gleichen Stellen von Jahr zu Jahr wiederkehren, ja daß sie als Charaktertiere dieser Örtlichkeiten betrachtet und eigentlich nur hier gefunden werden können. Es handelt sich dabei unter anderem um *Diaptomus castor* JURINE. Überwinterungsorgane, wie man solche bei den Cladoceren findet, waren unbekannt und man machte sich die Vorstellung, daß sie es vertragen können, im sonnenwarmen, austrocknenden Schlamm zu übersommern. Sehr wahrscheinlich war das jedoch nicht, da es sich zeigte, daß *Diaptomus*, wenn er aus dem Schlamm, den man mit Wasser übergossen hatte, hervorkam, immer in Form von Nauplien erschien. In den Jahren 1901 bis 1905 zeigte nun HÄCKER (1901 bis 1903) und einer seiner Schüler, WOLF (1904 und 1905), daß es bei einer Reihe Tümpelformen, von welchen in Dänemark jedenfalls zwei, *Diaptomus coeruleus* FISCHER und *D. castor* JURINE, vorkommen, tatsächlich Dauereier gibt (Abb. 659 u. 660. Es zeigte sich z. B. in bezug auf *D. castor*, daß man in kleinen Tümpeln, die den ganzen Winter über staubtrocken liegen, im Schlamm unter anderem auch solche von *D. castor* findet.

Der große Eiersack, den das Weibchen getragen hat, ist in Trümmer gegangen; die Eier liegen verstreut; in manchen findet man halb entwickelte Nauplien. Die Eier entwickeln sich unter dem Eis und das Wasser unter diesem enthält Massen von jungen Tieren, die im April-Mai geschlechtsreif werden. Die Eiersäcke zeigen das eigentümliche Verhalten, daß die Haut der Säcke außerordentlich fest ist, so daß sie von Reagenzien schwer angegriffen wird (Abb. 659). Behält der Tümpel lange genug Wasser, so werden diese Weibchen die Eier bis zum Ausschlüpfen tragen, aber trocknet das Wasser zu früh aus, so sterben die Weibchen ab, aber die Eier bleiben dann am Leben, bis wieder Wasser kommt. Im Jahre 1935, wo viele Tümpel im Dezember und zu Beginn des Januar noch offenes Wasser hatten, wurden viele Weibchen von *D. castor* mit großen Eiersäcken gefunden. Als die Tümpel nach einer Frostperiode wieder auftauten, enthielten sie ungeheure Mengen von Weibchen mit Eiersäcken. Die meisten dieser Pfützen liegen den Sommer über ganz trocken. Behält eine solche Örtlichkeit das Wasser, so wird sich bei hohen Sommertemperaturen eine neue Generation bilden, die im Verlauf von fünf bis sechs Wochen geschlechtsreif wird; auch diese wirft die Eiersäcke ab. Selten kommt es zu einem erneuten Schlüpfen; aber am Boden der Pfütze liegen ganze oder zerteilte Säcke mit Eiern, aus denen sich, wenn nicht früher, so im Frühjahr neue Massen von Nauplien entwickeln. Ein ganz ähnliches Verhalten findet man bei *D. laciniatus* LILLJEB. Es hat sich gezeigt, daß jedenfalls eine dieser Formen, die sich nicht in Dänemark findet, *D. denticornis* WIERZ., ganz wie die Cladoceren einen regelmäßigen Wechsel der Erzeugung von Subitan- und Dauereiern besitzt. Zu Anfang der Fortpflanzungsperiode werden die ersteren gebildet, die sich rasch entwickeln. Hierauf kommen die Dauereier, und diese besitzen im Gegensatz zu den anderen dicke, doppelte Chitinschalen, die eine Embryonalanlage einschließen, deren Entwicklung auf einem ganz bestimmten Stadium stillhält. Im nordschwedischen Hochgebirge wies EKMAN ungefähr gleichzeitig (1904) nach, daß eine Reihe von *Diaptomus*-Arten hier unter arktischen Verhältnissen stets im Stadium des Dauereies überwintern, und das gleiche tun sie in den arktischen Seen; nur *Diaptomus graciloides* LILLJB. überwintert wahrscheinlich als erwachsenes Tier. EKMAN zufolge sind bei südlicheren Kolonien die Dauereier eine Reminiszenz an das Leben unter arktischen Verhältnissen und die Subitan-Eier eine spätere Neuerwerbung.[1]

Der Beweis dafür war also geliefert, daß es bei gewissen Copepoden Dauereier gibt, und ebenso verstand man nun, wieso diese Formen so plötzlich in Tümpeln auftauchen konnten, die lange vorher kein Wasser geführt hatten.

In bezug auf *Heterocope* scheint alles darauf hinzudeuten, daß diese Form gleichwie zahlreiche Meerescopepoden die Eier einzeln abwirft.

Aber diese gleichen Tümpel enthalten auch außer Diaptomiden sowohl Cyclopiden als auch Harpacticiden und solche noch in viel größerer Artenzahl, als es bei den Diaptomiden der Fall ist. Wie bringen sich diese über die Trockenzeit hinüber oder wie, wenn der Schlamm ganz gefroren ist? Nimmt man einen solchen eingetrockneten Schlamm und schüttet Wasser darüber, so wird man sehen, daß in zahlreichen Fällen Cyclopse und Harpacticiden aus dem Schlamm hervorkommen. Aber diese erscheinen nicht wie *Diaptomus* im Nauplius-Stadium, sondern im Gegenteil überwiegend als erwachsene Tiere oder im Copepodid-Stadium. Gleich wenn sie erscheinen, haben sie ein merkwürdiges, lehmiges

---

[1] EKMAN (1907) gibt übrigens an, daß die Eiersäcke von *D. graciloides* G. O. SARS im Mälarsee sich in der Zeit von Februar bis Mai in den tieferen Wasserschichten schwebend halten.

Aussehen. Der Bau ihrer Haut zeigt jetzt, daß sie zahlreiche Hautdrüsen haben. Es besteht kein Zweifel darüber, daß diese Hautdrüsen ein Sekret abgegeben haben, mit dem Erdpartikelchen festgehalten werden, und so entsteht ein Hohlraum, der von festem, getrocknetem Schlamm umgeben ist und in dem die Tiere imstande sind, ungünstige Lebensverhältnisse zu überstehen. Bei einzelnen Formen hat man direkt kugelrunde Cysten beobachten können, in denen sich die Tiere unter ungünstigen Lebensumständen am Leben erhalten. So haben LAUTERBORN und WOLF (1909) bei einer kleinen Harpacticide, *Canthocamptus microstaphylinus* WOLF, in der warmen Jahreszeit im Schlamm kugelrunde Kapseln mit diesen Tieren gefunden. Die Tiere waren mit einem Sekret aus den Hautdrüsen bedeckt; zuinnerst befindet sich eine Schicht gehärtetes Sekret, darüber eine Schicht Schlamm. Das Tier ist kälteliebend und lebt ein aktives Leben nur bei Temperaturen von ungefähr 12° C. Die Cystenbildung setzt ein, wenn hohe Sommertemperaturen eintreten (Abb. 661).

Ganz ähnliche Cysten wurden auch bei *C. bicuspidatus* CLAUS gefunden, in diesem Fall in recht tiefem Wasser im Lake Mendota in Nordamerika (BIRGE und JUDAY 1908). Man glaubt, daß es hier der Sauerstoffmangel am Seeboden ist, der die Tiere zu einem hypnotischen Schlafzustand zwingt. Endlich haben ROY (1932) und COKER (1933) experimentell nachgewiesen, daß gewisse *Cyclops*-Arten imstande sind, teils erwachsene Tiere, teils solche im vierten Copepodid-Stadium, mit Hilfe des Sekrets aus den Hautdrüsen sich mit einer Substanz zu umgeben, unter der sie die Austrocknung ertragen können. COKER (1933) weist nach, daß *Cyclops*-Arten sehr lange im vierten Copepodid-Stadium verharren können (140 statt normal 35 Tage). Es ist das kein Dauerstadium; die Dauer dieses Stadiums hängt von der Temperatur ab. *Cyclops vernalis* FISCHER kann die ganze Entwicklung von Ei zu Ei bei Zimmertemperatur im Verlauf von sieben bis zehn Tagen durchlaufen, bei 7° C braucht er zirka 50 Tage (COKER 1934).

Während wir bei den Cladoceren schon lange mit ihrem Überwinterungsmodus, den Dauereiern und den Ephippialbildungen, bekannt sind, dauerte es geraume Zeit, bis wir nur einigermaßen darüber ins Klare gekommen sind, wie die Copepoden überwintern. Man sah die Cladoceren ihre Dauereier bilden. Sie verschwanden an vielen Örtlichkeiten ungefähr gleichzeitig mit den Copepoden, aber von Dauereiern bemerkte man bei diesen nichts. Erst spät wurde man sich klar darüber, daß auch bei den Diaptomiden tatsächlich richtige Dauereier vorkommen, daß die Cyclopiden als erwachsene Tiere im Schlamm überwintern und daß einige noch dazu echte Überwinterungscysten bilden.

Man hat in Übereinstimmung mit den Feststellungen bei den Cladoceren versucht, die Süßwassercopepoden in monocyclische und polycyclische Formen, in perennierende und in Sommer- und Winterformen einzuteilen und diese in Verbindung zu bringen mit den Verhältnissen an jenen Örtlichkeiten, wo die Tiere hauptsächlich sich aufhalten. Die Ergebnisse waren keine sehr großen, wahrscheinlich weil auf allen Gebieten zahlreiche Übergänge bestehen. Die Tiere

---

Tafel 17. **Schmarotzende Copepoden.**

Fig. 1. *Ergasilus Sieboldi* (NORDMANN) aus Karpfenfischen. 2 bis 3 mm. Fig. 2. *Caligus lacustris* STP. und LÜTK. aus dem Hecht. 4 bis 7 mm. Fig. 3. *Achtheres percarum* NORDMANN aus dem Barsch. Zirka 3 bis 4 mm. Fig. 4. *Tracheliastes polycolpus* NORDM. von Karpfenfischflossen. Zirka 3 bis 10 mm. Fig. 5. *Lernaeocera cyprinacea* L. aus Karpfenfischen. Zirka 10 mm. Fig. 6. *Diocus gobinus* FABR. aus dem Gründling. 5 bis 8 mm. Fig. 7. *Basanistes coregoni* NERESHEIMER = *Achtheres pseudobasanistes*, auf den Kiemen des Blaufelchens des Bodensees, *Coregonus Wartmanni*, sitzend. Fig. 8. Männchen von *Achtheres ambloptilis* KELL. Fig. 9. Männchen von *Lernaeopoda elongata* GRANT. — Fig. 4. *r* Saugnapf; *pm* erstes Paar Kieferfüße; *d* Ausführungsöffnung von Drüsen; *pm²* zweites Kieferpaar; *t* Sinnesorgane; *b¹* bis *b₅* vielleicht rudimentäre Gliedmaßen; *i* Darm; *ovd* Ovar; *C* Recept. seminis; *r* Enddarm; *cd* Muskeln. Fig. 5. *a* After; *b* Ovarien; *c* und *d* Darm. — Fig. 1, 3, 4 und 5 nach NORDMANN 1832. Fig. 2 und 6 nach STEENSTRUP und LÜTKEN 1861. Fig. 7 nach ZANDL 1935. Fig. 8 und 9 nach WILSON.

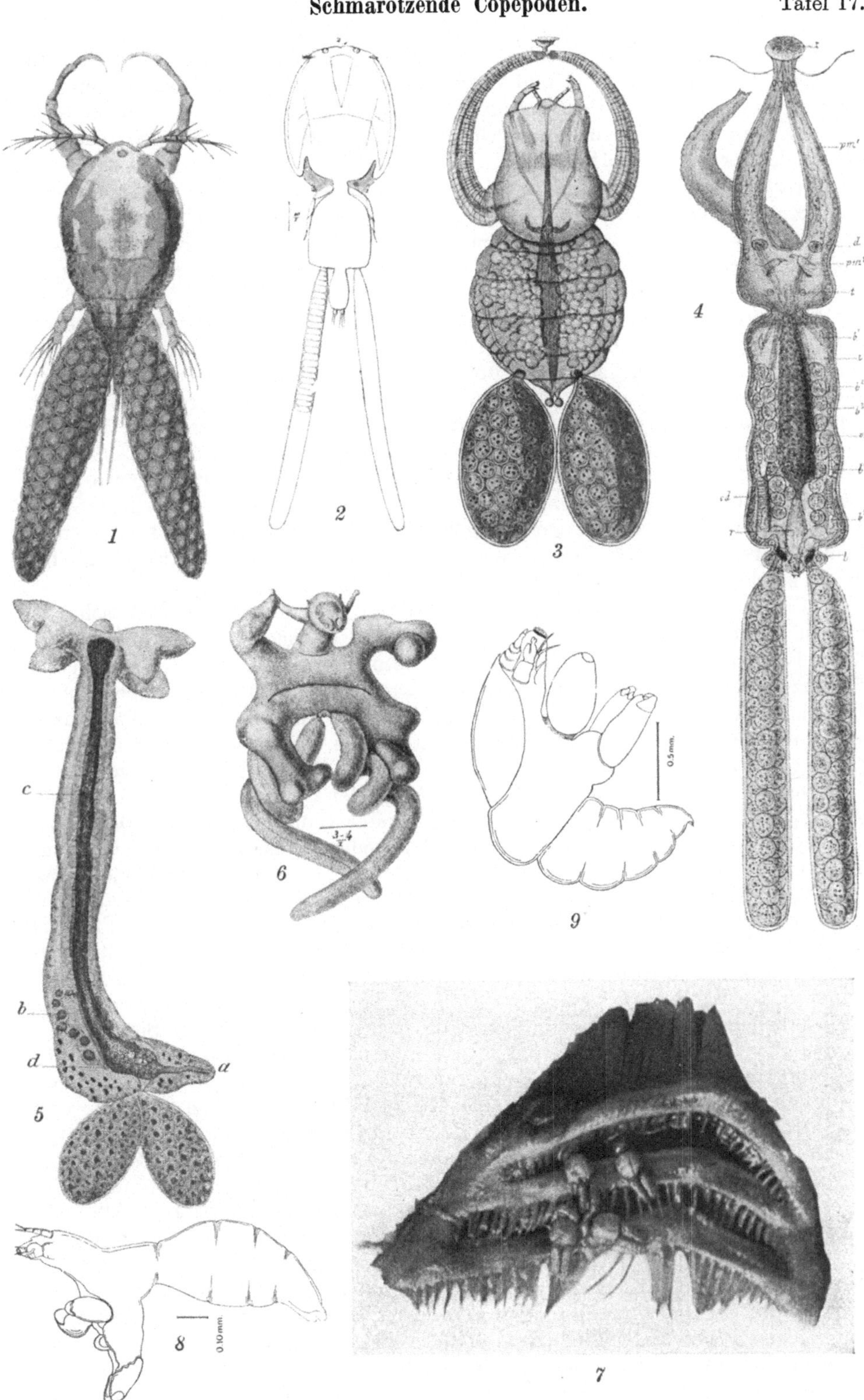

weisen große, biologische Verschiedenheiten an den verschiedenen Örtlichkeiten auf, *Diaptomus gracilis* SARS und *D. graciloides* LILLJB. findet man in unseren größten Seen und den erstgenannten auch in Kleinteichen; in Seen sind sie dicyclisch, in Kleinteichen monocyclisch, in den ersteren sind sie perennierend, in den letzteren Sommerformen.

Cyclops strenuus FISCHER zeigt eine entschiedene Vorliebe für niedrigere Temperaturen und seine Sexualperiode fällt in den Winter. *Diaptomus castor* JURINE ist bei uns eine ausgesprochen monocyclische, zeitliche Frühjahrsform in kleinen Tümpeln, aber von anderen Stellen wird angegeben, daß er eine Sommerform ist.

Während wir bei vielen Planctoncladoceren eine ausgeprägte Temporalvariation antreffen, macht sich eine solche bei den Copepoden äußerst wenig bemerkbar; es handelt sich nur um eine etwas stärkere Entwicklung einer Membran am Endglied der ersten Antennen bei gewissen Formen sowie um einzelne andere Bauverhältnisse. Dagegen können gewisse Arten eine überaus starke Lokalvariation aufweisen; dies gilt in erster Linie für *Cyclops strenuus* FISCHER und *C. vernalis* FISCHER. COKER (1934) hat gezeigt, daß die Temperatur großen Einfluß auf gewisse morphologische Merkmale besitzt. Die Länge der Furca und die Körpergröße sind umgekehrt proportional der Temperatur und ebenso treten die beiden Zweige der Furca bei höheren Temperaturen (28 bis 30° C) stärker auseinander als bei niedrigen (7 bis 10° C).

Wie bekannt, sind viele Copepoden durch ihre außerordentlich schönen Farben ausgezeichnet; besonders Bläulich und Rot sind stark vorherrschend. Diese Farben sind in der Regel nicht an besondere Pigmente oder Farbzellen (Chromatophoren) gebunden, sondern hauptsächlich der Farbe der Leibeshöhlenflüssigkeit zu danken. Ganz besonders sind es Fett- und Öltropfen, die gefärbt sind; in diesem Fall überwiegen zumeist rote, gelbe und braune, selten bläuliche Farben. Es besteht kaum ein Zweifel, daß der Ölreichtum der Tiere von ihren Nahrungsobjekten herstammt. Die Nahrung der Planctoncopepoden bilden während der großen Diatomeen-Maxima in erster Linie Diatomeen. Diese enthalten Öle, und man darf ohne Zweifel die Copepoden als das wichtigste Zwischenglied für die Diatomeen-Öle betrachten, indem diese später als Fett oder Tran in höheren Tieren abgelagert werden (Fische, Seevögel und Wale). Man sieht in unseren Seen, wie die *Diaptomus*-Arten ebenso wie *Cyclops strenuus* FISCHER gegen den Herbst hin gleichzeitig damit, daß die Zahl und Größe der Öltropfen steigt, eine stärkere rote Farbe annehmen; im Winter ist z. B. das Crustazeen-Plancton des Esromsees, wenn es in größeren Mengen gefangen wird, von einer ausgesprochenen karmoisinroten Farbe, die weit auffälliger als im Sommer ist, wo das Plancton einen mehr grünlichen Ton zeigt. Diese Rotfärbung der Süßwasserorganismen bei niedrigen Temperaturen ist ein wohlbekanntes Phänomen besonders in Hochgebirgsseen. BREHM (1902, 1938) u. a. haben gemeint, daß diese Rotfärbung die Aufgabe habe, Licht in Wärme umzusetzen. Es mag jedoch hinzugefügt werden, daß aber auch andere Faktoren die Rotfärbung hervorrufen können. Die von Bothriocephalenlarven infizierten Diaptomiden im Esromsee zeichnen sich alle durch eine stark karmoisinrote Farbe aus. Abb. 652 stellt den *Diaptomus* des Esromsees während der großen Herbstmaxima der Diatomeen dar. Man sieht, welche Mengen von Öltropfen die Tiere enthalten. Man muß beachten, daß es sich dabei ausschließlich um junge Tiere handelt, die nicht in die Geschlechtsreife eingetreten sind. Darunter ist ein Weibchen aus der gleichen Probe abgebildet (Abb. 653), das seinen Eiersack abgeworfen hat; es besitzt keine Öltropfen. Das Tier ist gleichzeitig deshalb gewählt, weil es eine *Bothriocephalus*-Larve beherbergt, die über dem Darm liegt. Zu dieser Zeit,

Oktober-November 1936, enthielt eine beträchtliche Anzahl *Diaptomus Bothrio-cephalus*-Larven. Man hat beobachtet, daß die Arten besonders bei recht niedriger Temperatur, z. B. in Gebirgswässern sowie auch im arktischen Gebiet, eine viel stärker ausgeprägte Farbe besitzen als weiter im Süden oder in Flachlandseen, wo die Temperatur höher ist. Zieht man den Farbstoff aus, so läßt sich feststellen, daß es sich im allgemeinen um Carotin handelt.

Systematik.

Centropagidae: Cephalothorax gegen das Abdomen deutlich abgesetzt, erste Antennen sehr lang, zumindesten 24gliedrig; beim Männchen die rechte zu einem Klammerorgan umgebildet. Fünftes Brustbeinpaar beim Männchen asymmetrisch, Hilfsorgan bei der Begattung. Spermatophoren flaschenförmig, Herz, ein Eiersack.

Diaptomus (Tafel 16, Fig. 5 und 8). In meinen Plancton-Investigations (W.-L. 1904 bis 1908) habe ich in neun verschiedenen Seen die beiden Seeformen, *D. gracilis* und *D. graciloides*, ihr Vorkommen und ihre Lebensweise näher untersucht. 1921 bis 1923 wurden die *Diaptomus*-Arten der dänischen Teiche genauer studiert, mit ganz besonderem Augenmerk für ihr Überwinterungsverhalten (s. auch S. Jensen 1905). Die Arbeit ist nicht abgeschlossen worden, aber es wurden noch ein paar für die dänische Fauna neue Arten festgestellt; die eine, *Heterocope saliens* Lilljb., wurde gütigst von Prof. G. O. Sars bestimmt, die andere, *Diaptomus amblyodon* Marenzeller, von Dr. F. Früchtl, Innsbruck. In den dänischen Süßwässern finden sich also folgende Diaptomiden:

Diaptomus gracilis G. O. Sars und *D. graciloides* Lilljb., überall verbreitet in den baltischen Seen, bilden die Hauptmasse des Zooplanctons.

D. castor Jurine, ausgesprochene Tümpelform, Charakterform für austrocknende Kleinteiche.

D. superbus Schmeil, ursprünglich nur vereinzelt in kleinen Pfützen bei Kopenhagen gefunden; am 20. Mai 1905 fand ich die Art in einem kleinen, austrocknenden Tümpel im Susaa-Tal bei Naesbybro; die Örtlichkeit wurde bebaut und ich habe die Form später nicht mehr gefunden. Sie ist leicht kenntlich auf Grund ihrer Größe, der prächtigen Farbe und der flügelartigen Verbreiterung des ersten Abdominalsegmentes, mit zwei kräftigen Dornen beim Männchen.

D. amblyodon Marenzeller; diese charakteristische Art, die sich in der Größe *D. superbus* nähert (3,5 mm), aber nicht die flügelförmigen Auswüchse am ersten Abdominalsegmente besitzt und kleinere Dorne, wurde in wenigen Exemplaren am 15. April 1913 auf der Eremitage-Ebene in einem kleinen, austrocknenden Tümpel gefunden.

D. coeruleus Fischer. Untersuchungen verschiedener Kleinteiche, die gewöhnlich im Sommer nicht vollständig austrocknen, haben gezeigt, daß man hier eine *Diaptomus*-Art antrifft, die an ihrer schönen, bläulichen oder rötlichen Farbe leicht kenntlich ist; biologisch verhält sie sich ganz verschieden von *D. graciloides* Lilljb. Sie ist auch in kleinen Seen häufig. Sie ist überall in Norddeutschland verbreitet und kommt auch in Dänemark allgemein vor. Sie bildet ungeheure Planctonschwärme im Gribsee. Die Art wurde gütigst von Dr. Kosminski verifiziert.

Eine sehr große Zahl von *Diaptomus*-Arten ist über die ganze Erde verbreitet. Gebirgswasser hat andere Arten als die Flachlandseen.

Heterocope: Keine Eiersäcke, die Eier werden einzeln abgeworfen. Von den drei Arten: *Heterocope saliens* Lilljb., *H. Weismanni* Imhof (Tafel 16, Fig. 6) und *H. appendiculata* G. O. Sars ist *H. saliens* in einem kleinen Teich im Skjernaa-Tal gefunden worden. Ich selbst habe im tieferen Wasser in den Silkeborg-Seen *H. saliens* gefangen, aber nur in wenigen Exemplaren.

Eurytemora: Hauptsächlich Brackwasserform; eine Art, *E. lacustris* Poppe, doch auch ausgesprochene Seeform; in Dänemark nur im Gudenaa, Silkeborg gefunden; in einigen Seen eingeschlossenes Eiszeitrelikt. Über *Limnocalanus macrurus* Sars s. Allgemeine Bemerkungen.

Cyclopidae: Cephalothorax deutlich vom Hinterleib abgesetzt; erste Antennen ragen nicht über den Cephalothorax hinaus, höchstens 17gliedrig; beide beim Männchen zu Klammerorganen umgebildet; fünftes Beinpaar rudimentär und in beiden Geschlechtern gleich gebaut. Kein Herz, Spermatophoren bohnenförmig. Zwei Eiersäcke.

Cyclops: Die Gattung enthält eine sehr große Anzahl Arten; in Dänemark kommen mindestens 15 vor. Typische Planctonformen in größeren Seen *C. strenuus* FISCHER (Tafel 16, Fig. 2) und *C. oithonoides* G. O. SARS (Tafel 16, Fig. 3). Der erstere variiert außerordentlich; auch in kleineren Gewässern. *C. Leuckarti* CLAUS Mittwasserform in kleineren Gewässern. Überall vorkommende Tümpelformen: *C. viridis* JURINE, *C. serrulatus* FISCHER (Tafel 16, Fig. 10 und 12), *C. macrurus* G. O. SARS, *C. fuscus* JURINE (Tafel 16, Fig. 7), *C. bicuspidatus* CLAUS (Tafel 16, Fig. 11), *C. fimbriatus* FISCHER (Tafel 16, Fig. 4) ausgesprochene, schneeweiße Bodenform; diejenige unserer *Cyclops*-Arten, die in die größten Seetiefen geht (35 m). Sie und *C. phaleratus* KOCH erinnern etwas an Harpacticiden, besonders in der Bewegungsart.

Harpacticidae: Keine deutliche Trennung in Cephalothorax und Hinterleib. Erste Antennen kurz, höchstens achtgliederig; beim Männchen beide zu Klammerorganen umgebildet. Fünftes Beinpaar rudimentär, plattenförmig; bei den beiden Geschlechtern verschieden entwickelt. Herz fehlt. Spermatophoren flaschenförmig, dunkelbraun, oft stark gekrümmt. Ein oder zwei Eiersäcke.

Umfassen eine sehr große Zahl schwer voneinander zu unterscheidender Gattungen und Arten.

Hauptgattung: *Canthocamptus* (Tafel 16, Fig. 1 und 9). *C. staphylinus* JURINE, stahlblau; eine an Ufern und in Kleinteichen zuweilen massenhaft vorkommende Art.

C. tricuspidatus BRADY (Tafel 16, Fig. 1), *C. crassus* SARS. (Tafel 16, Fig. 9).

Die parasitischen Copepoden.

Der Parasitismus innerhalb der Copepoden zeigt viele interessante Züge. Man findet alle erdenklichen Übergänge von freilebenden Formen zu solchen, die sich im geschlechtsreifen Zustand an der Stelle befinden, wo sie sich einmal als Larven festgesetzt haben; von solchen, die deutliche Segmentierung und Gliedmaßen aufweisen, zu solchen, wo jedwede Spur einer Segmentierung verschwunden ist und wo die Gliedmaßen total fehlen oder in solchem Grad umgebildet sind, daß sie in jeder Hinsicht von dem für die Gruppe normalen Baue abweichen. Solche Entwicklungsreihen sind jedoch keineswegs gleichzeitig Ausdruck für ein Verwandtschaftsverhältnis zwischen den parasitären Formen. Ganz offenbar ist die Tendenz zum Parasitismus an vielen Stellen innerhalb der Copepoden aufgetreten; verschiedene Familien haben jede ihr Kontingent abgegeben; die parasitischen Copepoden stehen deshalb nicht als eine besondere Gruppe den freilebenden gegenüber.

Eine sehr große Zahl lebt in der Leibeshöhle oder dem Blutgefäßsystem anderer, niederer Tierformen. Sie werden hier nicht erwähnt, da sie alle marin sind; es sei nur das merkwürdige Verhalten hervorgehoben, daß, während man nicht weniger als über 50 Parasiten oder Halbparasiten in marinen Weichtieren kennt (MONOD und DOLLFUS 1932 bis 1934), keine einzige im Süßwasser bekannt ist; sie dürften vielleicht nicht in Lungenschnecken erwartet werden, aber weder von Kiemenschnecken des Süßwassers noch von Süßwassermuscheln kennt man einen einzigen parasitischen Copepoden.

Die überwiegende Zahl ist an Fische gebunden; im Süßwasser findet man ausschließlich Fischschmarotzer. Abgesehen von den vielen eigentümlichen morphologischen Verhältnissen, welche die parasitäre Lebensweise mit sich bringt, zeigt der Parasitismus bei den Copepoden deutlicher als bei einer anderen Tiergruppe, in welchem Grad er ein verstärktes Körperwachstum herbeiführen kann. Während die freilebenden Copepoden nur ausnahmsweise in der Größe über ein paar Millimeter hinausgehen, findet man unter den parasitischen Formen verschiedene, deren Länge in Zentimetern gemessen wird, und einzelne, die immerhin 30 cm erreichen (gewisse Walschmarotzer: *Penella*).

An Schmarotzerkrebsen des Süßwassers gibt es im Vergleich zu jenen des Meers im großen und ganzen überaus wenige; man kennt aus dem größten Teil von Europa nur zirka 25 Arten; davon kommen nicht weniger als zehn in Wanderfischen, Lachs, Forelle, Aal, Stör vor. Ein Teil davon sind wohl eigentlich Meeresformen. ZSCHOKKE (1889 bis 1902) hat gezeigt, daß der Lachs, wenn er in den Rhein zu seinen Laichplätzen wandert, sich bei dieser Wanderung von einem Großteil seiner Schmarotzer befreit (s. auch WARD 1908).

Die Familien, um die es sich im Süßwasser hauptsächlich handelt, sind die *Ergasilidae, Caligidae, Lernaeidae* und *Lernaeopodidae*.

Die Familie *Ergasilidae* (Tafel 17, Fig. 1; WILSON 1911) ist unter allen schmarotzenden Süßwassercopepoden sowohl in morphologischer als auch biologischer Hinsicht am wenigsten umgebildet. Es sind kleine Formen von nur wenigen Millimeter. In allen Entwicklungsstadien und als erwachsene Tiere bis knapp nach der Paarung sind sie in beiden Geschlechtern freilebende Formen, die pelagisch leben, ganz wie die freilebenden Copepoden. Erst nach der Paarung sucht das Weibchen einen Fisch auf und befestigt sich hauptsächlich auf den Kiemenfäden. Es ist imstande, den Platz auf diesen zu wechseln, aber einmal angeheftet, verläßt es den Fisch nicht mehr. Das Männchen dagegen ist zeitlebens ein freier Schwimmer; wahrscheinlich stirbt es kurz nach der Paarung. Fischt man mit größeren Planctonnetzen in unseren größeren Seen, z. B. im Tjustrupsee, in den Monaten Juni-Juli und nimmt das Plancton lebend mit, dann wird man am Lichtrand des Glases zahlreiche kleine, violettblaue Geschöpfe wahrnehmen, die sehr lebhaft sind. Es sind Ergasiliden, die wir vor uns haben. Niemals findet man Weibchen mit Eierschnüren, die Männchen überwiegen weitaus an Zahl. Die Weibchen mit Eierschnüren findet man dagegen zahlreich an den Kiemen vieler in dem See vorkommender Fische. In Nordamerika gibt es eine Form, die in beiden Geschlechtern zeitlebens freilebend zu sein scheint, wenigstens werden Weibchen mit Eierschnüren pelagisch angetroffen (WILSON 1911). Die festgehefteten Weibchen sind nur in geringem Grad zur parasitären Lebensweise umgeprägt. Sie sind vor allem mit Hilfe ihrer zweiten Antennen befestigt, den am meisten umgebildeten Gliedmaßen. Diese besitzen starke Haken, womit die Befestigung geschieht. Will man sie mit der Pinzette vom Kiemenfaden entfernen, so sieht man, wie sie mit Hilfe der zweiten Antennen Kletterbewegungen auf dem Kiemenfaden durchführen. Die Weibchen tragen zwei lange Eierschnüre, die in Form und Länge bei den verschiedenen Arten verschieden sind; man findet fast niemals Spermatophoren an den Samentaschen, ein Beweis dafür, daß die Paarung kaum auf dem Fisch stattgefunden hat. Die Eier reifen in Sätzen und werden satzweise in die Eiersäcke abgegeben. Sie nehmen bei den meisten eine tief dunkelblaue Farbe an. Nach Ablauf von zwei bis drei Tagen gehen die Nauplien hervor. Die gewöhnlichsten Arten sind die *E. gasterostei* KRÖYER an den Kiemen des Stichlings und *E. Sieboldi* NORDM. beim Hecht und einigen Karpfenfischen; andere Arten auf Aal und Wels. Sie sind Blutsauger; die Mundgliedmaßen sind stark reduziert; sie sind zum Beißen untauglich, aber wohl geeignet zum Einstechen in das weiche Kiemengewebe.

Die große Familie der *Caligidae* (Tafel 17, Fig. 2; WILSON 1905) ist, abgesehen von einzelnen, bei Lachsfischen und dem Stör vorkommenden Formen, im Süßwasser nur durch eine einzige Form repräsentiert, *Caligus lacustris* STP. LTK., die interessanterweise zuerst aus dem Furesee und Tjustrupsee im großen Werk von STEENTRUP und LÜTKEN über Schmarotzerkrebse und Lernaeen (1861) beschrieben wurde. Im Juni-Juli habe ich oft Männchen mit dem Planctonnetz gefangen. Sie ist im Sommerhalbjahr nicht selten auf Barschen, Hechten und Rotauge. In ihrer Lebensweise weicht sie kaum von den Meeresformen ab, aber nähere Untersuchungen darüber fehlen leider noch immer. Die Caligiden, die oft als Fischläuse bezeichnet werden, eine Benennung, die auch bei anderen Formen, z. B. *Argulus*, verwendet wird, erreichen oft eine Größe von über 1 cm; es sind breite, flache Tiere, gewöhnlich von bräunlicher Farbe und ziemlich stark chitinisiert. Die Caligiden sind in den ersten Stadien freilebend; das geschlechtsreife Stadium wird hinwiederum im Gegensatz zu den Ergasiliden in beiden Geschlechtern auf Fischen durchlaufen; sie sind in diesem Stadium ausgesprochene Schmarotzer. Als Larven sind sie ausgezeichnete Schwimmer, ausgeprägte Planctonorganismen, die die Oberfläche aufsuchen; nachdem sie drei Larvenstadien durchgemacht haben, gehen sie tiefer und, wenn sie sich dann einen Fisch gesucht haben, befestigen sie sich auf diesem. Die Larve ist jetzt vorn mit einem langen Faden ausgestattet (das *Chalimus*-Stadium), der von einer Drüse gebildet wird, welche vor den Augen sitzt. Einmal auf einem Fisch festgeheftet, verlassen sie diesen kaum mehr, machen jedoch eine Reihe Häutungen durch und erlangen hier die Geschlechtsreife. Reißt man die Tiere los, dann schwimmen die großen Weibchen mit ihren Eiersäcken nur schlecht. Die Reduktion der Schwimmbeine hat begonnen; nur zwei von ihnen sind zweiästig, das erste und vierte nur einästig. Beide Geschlechter sind hier Parasiten und finden sich Seite an Seite. Sie schmarotzen hauptsächlich auf der Haut der Fische, meist auf den Flossen oder unter den Bauchflossen. Die Caligiden bewegen sich auf der Haut der Fische, indem sie sich mit Hilfe von ein Paar eigentümlichen, saugnapfähnlichen Bildungen weiterschieben, die sich am Vorderrand am Grund der ersten Antennen befinden. Man findet sie nicht bei allen Caligiden, und diejenigen, welche sie nicht besitzen, sind viel stärker stationär; die hauptsächlichsten Klammerorgane sind die zweiten Antennen, die mit mächtigen Haken ausgestattet sind, und die zweiten Kieferfüße. Der ganze, große, breite, flache Cephalothorax wirkt selbst als eine Art Saugscheibe; die Tiere sind sehr schwer von den Fischen loszulösen. Man hat geglaubt, daß die Caligiden vorwiegend vom Schuppenschleim leben sollen, unter anderem, weil man oft kein Blut, sondern eine weißliche Masse im Darmkanal findet. Vieles deutet jedoch darauf hin, daß Blut die Hauptnahrung sei. Man vermutet, daß sie die Kiemenkammer oder die Flossen aufsuchen, um hier Blut zu saugen, worauf sie wieder auf die Oberfläche der Fische zurückkehren. Die Mundgliedmaßen sind zum Blutsaugen stark umgebildet. Es ist eine kurze Röhre vorhanden, auf deren Spitze sich die von Borsten umgebene Mundöffnung befindet; sie birgt in ihrem Innern die zu Sägeblättern umgebildeten Mandibeln; die zweiten Maxillen befinden sich außerhalb der Mundröhre. Die Eier werden in einer langen Kette abgegeben; in den langen, dünnen Eischnüren hat jedes Ei seine Kammer, die sich seitlich entleert, wenn der Nauplius fertig ist. In den Samenbehältern der Männchen wird der Samen in Form von Spermatophoren aufgestapelt, die eine nach der anderen bei der Paarung in die weibliche Geschlechtsöffnung abgegeben werden.

Auch die Familie der *Dichelestidae* ist im Süßwasser vertreten, aber nur mit sehr wenigen Formen; eine auf dem Stör (*Dichelestium sturionis* HERM.) und eine auf *Idus melanotus* (*Lamproglena pulchella* NORDM.). Es sind Formen, die einige Ähnlichkeit mit den Caligiden aufweisen, aber das Schmarotzerwesen hat sie viel bedeutender umgestaltet; nicht allein die Kieferfüße, sondern auch die Maxillen haben starke Haken und die Schwimmfüße sind weit mehr reduziert. Sie haben sehr lange Eischnüre, die Eier sind in einer Reihe angeordnet.

Die Familie *Lernaeopodidae* (WILSON 1915) umfaßt von den Schmarotzerkrebsen die zur parasitischen Lebensweise am meisten umgebildeten Formen.
Sie sind sehr stark rückgebildet; es besteht ein sehr großer Unterschied zwischen
der Entwicklung und Größe der Geschlechter. Im erwachsenen Zustand fehlt

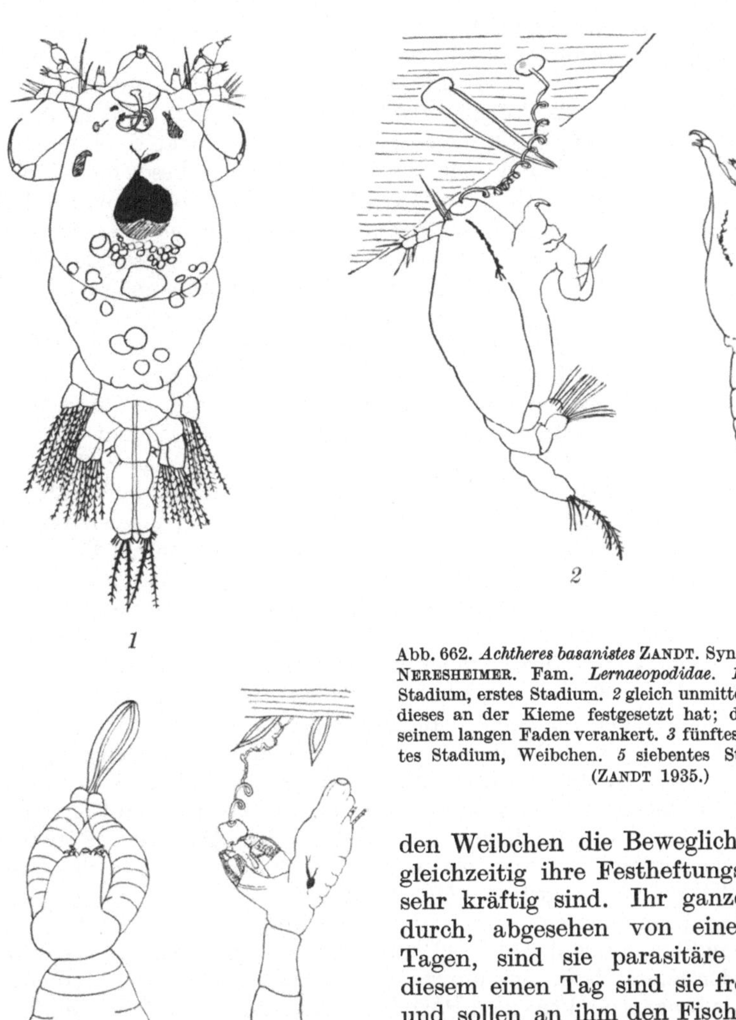

Abb. 662. *Achtheres basanistes* ZANDT. Syn. *Basanistes coregoni*
NERESHEIMER. Fam. *Lernaeopodidae*. *1* freischwimmendes
Stadium, erstes Stadium. *2* gleich unmittelbar, nachdem sich
dieses an der Kieme festgesetzt hat; das Tier ist nun mit
seinem langen Faden verankert. *3* fünftes Stadium. *4* siebentes Stadium, Weibchen. *5* siebentes Stadium, Männchen.
(ZANDT 1935.)

den Weibchen die Beweglichkeit, während
gleichzeitig ihre Festheftungseinrichtungen
sehr kräftig sind. Ihr ganzes Leben hindurch, abgesehen von einem oder zwei
Tagen, sind sie parasitäre Formen. An
diesem einen Tag sind sie freischwimmend
und sollen an ihm den Fisch erreichen, auf
welchem sie schmarotzen sollen. Glückt das
nicht, so gehen sie zugrunde. Sie sind in
Hinsicht auf die Auswahl der Fischarten
sehr gebunden. Es zeigt sich ganz deutlich, daß, je mehr die parasitischen Copepoden umgebildet sind und je kürzer das
freischwimmende Stadium ist, sie um so mehr an bestimmte Wirte gebunden sind
(ZANDT 1935). Hat sich eine weibliche Larve (Abb. 662₁), die nur zwei Paar Schwimmbeine besitzt, ihren Wirt gefunden und sich auf dessen Kiemen festgesetzt, so ist sie
unbedingt für den Rest ihres Lebens an diesen Platz gebunden. Sie können ihre
Arme noch etwas auf und nieder beugen und, sind diese lang, sich ein wenig zur
Seite schwingen, aber anderes und mehr können sie nicht. Die beiden Schwimm-

beinpaare gehen verloren; das Tier wird ein großer, verschieden geformter Sack, hinten mit Eiersäcken versehen, die sehr lang werden können. Vorne trägt der Sack sehr häufig einen kopfähnlichen Abschnitt, der mit einem mächtigen Saugrüssel und den kräftigen zweiten Maxillen ausgestattet ist, die seltsamerweise an der Spitze durch einen Faden verbunden sind. Dieser trägt in seiner Mitte einen Napf oder eine Scheibe, die in die Kieme eingesenkt ist; jedenfalls eine merkwürdige Befestigungseinrichtung (Tafel 17, Fig. 3 u. 4). Auf dem großen Körper des Weibchens, der mit seinen Eierschnüren eine Länge von 2 bis 3 cm erreichen kann, findet man, selten auf den Armen, weit häufiger jedoch in der Nähe der Geschlechtsöffnungen, winzig kleine, dicke Gebilde, die nur einige wenige Millimeter groß sind. Dies sind die Männchen dieser merkwürdigen Geschöpfe (Abb. 662$_5$). Sie haben auch ein kurzes, freischwimmendes Dasein geführt, haben sich, wenn sie Glück hatten, an der Seite einer Larve, die zu einem Weibchen wird, festgesetzt und zusammen mit dieser gesaugt und sind, wenn sie groß genug geworden war, auf ihren Körper hinübergekrochen; jetzt sitzen sie für den Rest ihres Lebens fest und geben Spermatophoren ab, worauf sie früher oder später abfallen und sterben. Sie befestigen sich am Weibchen mit Hilfe ihrer zweiten Maxillen und der Kieferfüße. Die Beine gehen nicht verloren, und sie sind, wenn auch unendlich langsam, imstande, auf dem Körper des Weibchens herumzukriechen; doch sitzen sie hauptsächlich auf ihnen fest. Sie sind in jeder Hinsicht bei weitem nicht so reduziert wie die Weibchen; sie können sich ihre Schwimmbeine erhalten, wenn auch nur als Rudiment (Tafel 17, Fig. 7 u. 8). Im freilebenden Stadium nehmen weder Männchen noch Weibchen Nahrung zu sich; aber wenn das Weibchen sich festgesetzt und ein Loch in den Kiemenfaden gestochen hat, beginnt es, Blut zu saugen. Innerhalb des Saugrüssels liegen die sägezähnigen Mandibeln, die ein Schneideinstrument darstellen. Die Tiere nehmen ständig durch ihr ganzes Leben Blut auf und wachsen beträchtlich. Das Männchen saugt wahrscheinlich nur äußerst kurz und geht darauf, nur millimetergroß, auf den Körper des Weibchens über. Man muß annehmen, daß es von diesem Augenblick an keine Nahrung mehr zu sich nimmt. Der naheliegende Gedanke, daß es am Weibchen parasitieren sollte, hat niemals Bestätigung gefunden. Wenn sie ihre Spermatophoren abgegeben haben, ist ihr Lebensziel erreicht, aber manches deutet darauf hin, daß sie noch einige Zeit darüber hinaus auf dem Körper des Weibchens weiterleben. Die Art, wie die Tiere sich auf dem Wirt befestigen, ist sehr merkwürdig. Der Kiemenfaden des Fisches wird mit den Kieferfüßen ergriffen. Mit den zweiten Maxillen bohren sie sich ein Loch in den Kiemenfaden, worauf die Larve mit ihren Kieferfüßen einen langen, klebrigen Strang aus ihrem Kopf herauszieht (Abb. 662$_{2,3}$); dieser Strang wird im Loch der Kieme befestigt, unter anderem dadurch, daß eingetrocknetes Blut und Entzündungsprodukte einen Pfropfen außen um das Loch herum bilden. Ist der Strang ganz aus dem Körper des Schmarotzerkrebses herausgeholt, so lassen die Kieferfüße das Vorderende los und die zweiten Maxillen ergreifen dessen Hinterende. Den Rest ihres Daseins sind nun die Maxillen mit diesem Faden zusammengeschweißt, während dessen Vorderende mit Hilfe einer kleinen Scheibe in die Fischhaut eingesenkt liegt (Abb. 662; Tafel 17, Fig. 3 u. 4). Zusammen bilden sie einen großen Bogen. Je nachdem nun während des Saugens die Rückbildungen weitergehen, verlieren die Maxillen jede Gliederung und werden zu zwei wurstförmigen Armen umgebildet. Die Muskulatur verändert sich und wird zu den zwei langen Muskelbändern, die durch die ganzen Maxillen von einem zum anderen Ende verlaufen. Mit deren Hilfe kann sich das Tier von einer Seite auf die andere schwingen und sich ein wenig „mit gebeugten Armen" heben. Dadurch ist es imstande, mit den Mandibeln an verschiedenen Stellen des Kiemenfadens Löcher zu beißen, und vielleicht befähigt, andere zu erreichen. Beim Männchen findet sich nichts dergleichen. Hat sich ein Männchen ein Weibchen gefunden, dann lassen die zweiten Maxillen den Kiemenfaden los, an dem sie festgesaugt waren. Die Maxillen werden nicht wurstförmig und wachsen nicht zusammen, sondern bewahren ihr ganzes Leben hindurch den Charakter von Greifzangen. Bei einigen Formen kommen Kiemenblätter vor. Die Entwicklung verhält sich außerordentlich merkwürdig. Sowohl das Nauplius- als auch das Metanauplius-Stadium wird im Ei durchlaufen; die Larve schlüpft erst im ersten Copepodid-Stadium aus. Gleich wenn sie ausgekrochen ist, ist sie ein ausgezeichneter Schwimmer und ist mit Schwimmantennen und zwei Paar kräftigen Schwimmbeinen versehen. Sie suchen sofort die Oberfläche auf und, wenn die Fische Wasser durch den Mund aufnehmen, werden sie mit eingesaugt, gehen durch die Kiemen hindurch oder setzen sich hier oder in der Mundhöhle fest.

Wenn hier näher auf die Entwicklung der Lernaeopodiden eingegangen worden ist und nicht auf die der Lernaeen, so geschah es deshalb, weil das meiste des oben geschilderten Entwicklungsganges bei einer Süßwasserform, *Achtheres ambloptilis* KELL. (WILSON 1911) aufgeklärt worden ist, welche Form der nordamerikanische Stellvertreter des europäischen *Achtheres percarum* NORDM. ist (Tafel 17, Fig. 3). Wieweit die oben gegebene Darstellung als Beispiel für alle Lernaeopodiden gelten kann, weiß man nicht.

Die Anzahl der auf Süßwasserfischen vorkommenden Lernaeopodiden ist nicht groß. Die Gattung *Tracheliastes* (Tafel 17, Fig. 4) hat drei Arten auf verschiedenen Karpfenfischen und auf dem Wels; *Lernaeopoda* zwei Arten auf Lachs und Forelle; *Basanistes* zwei Arten auf Stör und *Coregonus*, und *Anchorella* eine auf *Alosa*-Arten. Mehrere dieser Formen sind nur ein einziges Mal an einer Stelle gefunden worden, und es gibt nur wenige unter ihnen, von denen man sagen kann, daß sie eine wirtschaftliche Bedeutung als gefährliche Fischschmarotzer besitzen.

Aus der Familie *Chondracanthidae* findet sich im Süßwasser nur eine Form, *Diocus gobinus* FABR. (Tafel 17, Fig. 6) auf *Cottus gobio*. Es sind Formen, die oft ein ganz abenteuerliches Aussehen besitzen; was das Weibchen anbelangt, so sind es eigentlich nur die beiden langen Eischnüre, die zeigen, daß man es mit einem Copepoden zu tun hat. Der Körper des Weibchens geht in Auswüchse der verschiedensten Formen aus, in diesen Auswüchsen findet ein Teil der Ovarien Platz. Die Männchen sind winzig klein, sie haben ihre Gliedmaßen bewahrt und sitzen in der Nähe der Geschlechtsöffnung des Weibchens fest. Die Chondracanthinen weichen von den Lernaeopodiden besonders dadurch ab, daß sie keine Saugröhren besitzen.

Die Familie *Lernaeidae* (WILSON 1917) ist in ihren Lebensverhältnissen nicht weniger merkwürdig als die der Lernaeopodiden. Sie weichen in ihren Schmarotzer- und Baueigentümlichkeiten so stark von diesen ab, daß man sich nicht recht gut denken kann, daß sie gleichen Ursprungs sind.

In ihrer Lebensweise zeigen Männchen und Weibchen der Lernaeen fast noch größere Verschiedenheiten als die der Lernaeopodiden.

Aus den Eiern gehen Nauplien hervor, die pelagisch sind; sie sind ausgezeichnete Schwimmer, die sich mit Hilfe ihrer Antennen in senkrechter Stellung am Oberflächenhäutchen festhalten können (WILSON 1915). Nachdem sie kurze Zeit herumgeschwommen sind, werden sie zu Metanauplien und später zum ersten Copepodid-Stadium. In diesem Larvenstadium suchen sie dann einen Fisch auf, auf dessen Kiemenfäden sie sich festsetzen und auf welchen sie herumkriechen. Die zweiten Antennen und die Kieferfüße sind Befestigungseinrichtungen. Sie saugen an den Kiemen Blut und machen hier vier Copepodid-Stadien durch, während welcher der Hinterleib des Weibchens stärker heranwächst als der des Männchens. Hierauf werden sie geschlechtsreif und es kommt zur Paarung. Die Spermatophoren werden an den Geschlechtsöffnungen abgesetzt und das Sperma dringt in die Vulva ein. Es gibt keine Samentaschen. Soweit verläuft die Entwicklung der beiden Geschlechter gleichartig. Von da an verbleibt das Männchen, ohne sich äußerlich zu verändern, gewöhnlich auf dem Fisch, aber es kann sich auch sehr wohl losmachen und freischwimmend im Plancton angetroffen werden. Das Weibchen dagegen verläßt nach der Paarung stets den ersten Wirt und wird für einige Zeit wieder Planctonorganismus; in dieser Zeit wächst der Hinterleib beträchtlich in die Breite. Das Tier befestigt sich dann auf einer anderen Fischart, die nicht identisch ist mit dem ersten Wirt. Die verschiedenen Formen verhalten sich da verschieden, aber in diesem Punkt fehlen noch eingehendere Untersuchungen. Indem wir die Entwicklung der marinen Formen beiseite lassen, soll sie hier nur soweit besprochen werden, als sie bei den *Lernaeocera*-Formen des Süßwassers bekannt ist (Tafel 17, Fig. 5). Das Weibchen setzt sich hier zuweilen wieder an den Kiemen fest, in der Regel jedoch auf der Haut. Es beginnt nun seinen Cephalothorax in den Fisch einzubohren und verbleibt so, bis es eine Ader erreicht, worauf das Blutsaugen beginnt. Es kommt nun zu einer mächtigen Verlängerung des Körpers; gleichzeitig werden an den Seiten des vordersten Körperabschnitts hörnerartige Fortsätze ausgebildet, mit denen das Tier sich verankert. Der Körper wird immer länger und länger und die Ovarien werden in dessen hinteren Teil verschoben. Das Tier ist nun ein permanenter Blutsauger, welcher an einer Stelle befestigt ist, die er nicht mehr verlassen kann. Es ist klar, daß wir hier das Männchen nicht in der Nähe des Weibchens finden und noch weniger auf seinem Körper.

Im Gegensatz zu den *Lernaeopodidae* gibt es hier also zwei freischwimmende Stadien, eines als Nauplius und eines als geschlechtsreifes Tier; die Weibchen haben das zweite stets notwendig, die Männchen nicht immer, in dieser Hinsicht verhalten sich die verschiedenen Formen verschieden. Eigentlich kann man ja hier von einem Sexualdimorphismus nicht sprechen, weil ja die beiden Geschlechter bis zur Paarung gleich aussehen. Es ist nur das Weibchen, das, nachdem es stationärer Wirt geworden ist, so kolossal heranwächst und während des Wachstums seine Gliederung verliert. Die Gliedmaßen haben keine Bedeutung mehr als Schwimmorgane, aber sie werden nicht kleiner. Die beiden ersten sitzen dicht vorn am Kopf, die beiden anderen in großem Abstand davon weiter hinten. Ihr Platz gibt an, wie stark der Cephalothorax sich verlängert hat. Das Tier bohrt sich mit seinem Vorderkörper tiefer und tiefer in das Fleisch des Wirts, so tief, daß ein Großteil des Cephalothorax im Fisch versenkt liegt. Zugleich werden die oben erwähnten, hörnerartigen Fortsätze ausgebildet und befestigen das Tier vollkommen, so daß es nur vom Fisch losgelöst werden kann, indem man es ausschneidet. Die Verankerung wird noch verstärkt durch eine Cyste, die das Wirtsgewebe um die Hörner herum bildet und die bei den auf den Schwertfischen schmarotzenden Penellen die Größe einer Zitrone erreichen kann. Der Parasit sucht die Blutgefäße auf und pflegt zu bohren und „den Hals zu strecken", bis er solche erreicht. Es scheint, als ob das Bohren mit den Antennen stattfände. Es ist bei den Lernaeen weiter merkwürdig, daß sie oft sehr auffällig gedreht sind, ein Verhalten, das übrigens gerade bei *Lernaeocera* wenig hervortritt.

Die Gattung *Lernaeocera* ist mit wenigen Arten an Süßwasserfische gebunden: an Karausche, Hecht und Ellritze. *L. esocina* Burm., die sich auf einer Menge von Süßwasserfischen findet, ist ein recht bösartiger Schmarotzer, der ernstliches Fischsterben hervorgerufen hat. Er kann auf den Kiemen sitzen, in der

Regel jedoch auf der Haut, besonders auf den Flossen oder am Grund derselben. Es ist vor kurzem eine Form auf *Polypterus bichir* gefunden worden. Hier wie in anderen Fällen hat sich gezeigt, daß dieser Schmarotzerkrebs oft mit anderen Tieren, besonders Vorticellen, besetzt ist; bei Meeresformen werden Hydropolypen gefunden. Das deutet darauf hin, daß die Schmarotzerkrebse, wenn die Weibchen sich einmal festgesetzt haben, sich später nicht mehr häuten.

Ordnung: **Branchiura.**

Fischt man in unseren Seen mit einem weitmaschigen Planctonnetz, so wird man wenigstens im Sommerhalbjahr gewöhnlich einen oder mehrere, zirka 5 bis 7 mm große, flache, kreisrunde Krebse fangen, *Argulus foliaceus* L., der sich mit großer Schnelligkeit durch das Wasser bewegt. Untersucht man den Fischbestand des Sees, so wird man auf einem Großteil, besonders auf den Hechten, und wohl zu allen Jahreszeiten, die gleiche Form auf deren Haut vorfinden. Sie können hier in unglaublichen Mengen zugegen sein. Einmal fand ich im Tjustrupsee einen offenbar eben ans Land getriebenen Hecht, Gewicht kaum über 1 kg; ich konnte von ihm nicht weniger als 420 *Argulus* abnehmen.

Die Arguliden (WILSON 1903; Abb. 663 bis 669) sind in Wirklichkeit sehr eigenartige Krebse. Sie bilden eine sehr kleine Gruppe und kommen hauptsächlich im Süßwasser vor. Sie können im Gegensatz zu allen übrigen, blutsaugenden Krebsen als blutsaugende Planctonorganismen bezeichnet werden, die sich niemals sehr lange auf einem Fisch befestigen und namentlich in den jüngeren Stadien ein freies, vagabundierendes Dasein führen. Im Gegensatz zu den Copepoden tragen sie die Eier nicht mit sich. Ihre Unabhängigkeit von den Fischen, die sie nur der Blutnahrung wegen aufsuchen, kommt auch darin zum Ausdruck, daß ihre Eier nicht auf den Fischen abgesetzt, sondern in zusammenhängenden Reihen auf Steinen und Pflanzen angeklebt werden, eine bei Krebsen jedenfalls sehr seltene Erscheinung. Man hat die Arguliden als eine Gruppe von Copepoden anzusehen versucht, die die meisten, ausgesprochenen Phyllopodeneigenschaften bewahrt hätten; man muß auf jeden Fall sagen, daß sie in den meisten Beziehungen den Copepoden am nächsten stehen. Darüber hinaus weisen sie verschiedene Baueigentümlichkeiten auf, durch die sie von allen anderen niederen Krebsen abweichen. Sie zeigen im großen und ganzen in ihrem Bau eine merkwürdige Mischung von sehr primitiven und hoch spezialisierten Eigenschaften auf.

Augenscheinlich gleicht ja ein *Argulus* in seiner Form zum Teil den Caligiden, aber näher besehen, ist die Ähnlichkeit nicht gar zu groß. Wir finden im allgemeinen wie bei den Copepoden einen Kopfschild. Er ist hier zusammengesetzt aus der Kopfregion und einem Brustsegment, außerdem sind drei freie Brustsegmente und ein ungegliederter Hinterleib vorhanden. Durch tiefere Furchen ist der Cephalothorax in eine vordere Partie und zwei große, flügelförmige Abschnitte geteilt. An diesem Schild ist das Merkwürdige, daß diese beiden flügelförmigen Teile gegen die erwähnte vordere, unpaare Partie beweglich sind. Sie spielen eine große Rolle beim Festsaugen an den Fischen, indem diese Flügel gegen die Fischhaut gepreßt werden, und es ist nicht unwahrscheinlich, daß sie bei den blitzschnellen Wendungen während des Schwimmens eine Rolle spielen. Wir finden wie bei den Notostraken und im Gegensatz zu den Copepoden zwei gut entwickelte, sitzende Komplexaugen, aus 30 bis 60 Facetten zusammengesetzt; sie sitzen in von der Leibeshöhlenflüssigkeit ständig durchströmten Hohlräumen und haben in diesen freie Beweglichkeit. Auch das Naupliusauge ist vorhanden. Auf die drei freien Brustringe folgt ein ungegliederter, mehr oder weniger tief gespaltener Hinterleib, der keine Gliedmaßen trägt.

Sehr merkwürdig sind die Gliedmaßen; die ersten und zweiten Antennen sind nur klein; beide stehen im Larvenstadium im Dienst des Tastsinns; bei dem erwachsenen *Argulus* helfen sie auch etwas bei der Festheftung mit. Von den Mandibeln und Maxillen bemerkt man nichts; aber lateral sieht man auf der Unterseite zwei große, scheibenförmige Gebilde, die von einem Haarsaum eingerahmt sind. Wir stoßen hier auf eine Baueigentümlichkeit, die man bei anderen Entomostraken nicht antrifft. Es sind die vornehmlichsten Festheftungsgeräte der Tiere, Saugscheiben, die vom vorderen Paar der Kieferfüße getragen werden (Abb. 663). Die mittlere Partie der Scheibe ist von vier großen Muskeln erfüllt; durch ihre Kontraktion wird ein Vakuum geschaffen, durch welches sich das Tier auf der Fischhaut befestigt. Das Tier ist auf der Fischhaut nichts weniger als ein festsitzender Parasit. Durch abwechselnde Erzeugung eines Vakuums und Abheben der Saugscheibe, durch Verwendung des Saugnapfs einmal der einen, dann der anderen Seite, schiebt sich das Tier über die Fischhaut hin. Wir finden derartige merkwürdige Klammerorgane vielenorts im Tierreich. In den Grundzügen begegnen wir dem gleichen Prinzip bei den Saugnäpfen vorn am Rand des Cephalothorax der Caligiden, in den großen Saugnäpfen der *Dytiscus*-Männchen zum Festhalten der Weibchen bei der Begattung und in den Saugscheiben einiger Fledermäuse; auch hier wird auf die eine oder andere Weise ein Vakuum erzeugt; breiten, hohlen Platten ohne Vakuum, aber auch hier zum Festhalten des Weibchens bei der Paarung, begegnen wir bei den Männchen gewisser Grabwespen *(Thyreopus)*; sie sind in allen Fällen auf sehr verschiedene Weise gebildete Organe, aber stets mit dem gleichen Zweck, das Tier auf einem Substrat mit glatten Flächen zu befestigen.

Sind die ersten Kieferfüße Saug- und Bewegungsorgane, so sind die zweiten Kieferfüße Retentionseinrichtungen; sie sind mit Dornen, Zähnen und rauhen Flächen ausgestattet; sie können, je nachdem es sich um Bewegung über den Fisch hin oder um Festsaugen handelt, auf die Kante gestellt und angedrückt, oder in die Haut eingebohrt werden. Sie hindern das Tier vor allem daran, nach rückwärts zu gleiten.

Auf diese folgen die vier Paare Schwimmbeine; in ihren Grundzügen bestehen sie aus einem Basalglied und einem Außen- und Innenast, die wie bei den Copepoden gebaut sind, aber damit hört auch ihre Ähnlichkeit auf; sie sind fast gar nicht gegliedert, der Außenast überhaupt nicht, aber regelmäßige Runzeln in der Haut erwecken den Eindruck, als ob sie wie die Gliedmaßen der Rankenfüßer gebaut wären; sie sind mit langen Reihen gleichgerichteter Haare versehen. Tatsächlich verläuft ein einziger Muskel durch jeden einzelnen der Äste. Einige der Beine stehen überdies bei den Männchen im Dienst der Fortpflanzung und oft findet man ein sog. Flagellum, das wohl am ehesten dem Tastsinn dient.

Wie früher erwähnt, sieht man zuerst nichts von den Mandibeln und Maxillen. Auf der Bauchseite zwischen den Saugscheiben befindet sich ein langes, röhrenförmiges Gebilde, und hier sind die Mundteile zu suchen. Es besteht aus zwei Teilen, einem Stachel und einem Rüssel. Im Stachel der Arguliden begegnet uns wieder ein Organ, von dem man sagen muß, daß es in den Organen, die wir sonst bei den niederen Krebsen finden, nicht seinesgleichen besitzt. Es ist eine lange, ahlspitze, sehr feine Nadel, die man, wenn man das Tier von der Bauchseite betrachtet, in ihrer Röhre aus- und einfahren sieht; sie ist hohl und nimmt an ihrer Basis den Ausführungsgang von am Grund der Röhre befindlichen Giftdrüsen auf. Gibt man *Argulus* und kleine Rotaugen in das gleiche Gefäß, so sieht man wenige Sekunden später, daß sich *Argulus* auf einem Fisch befestigt hat und dieser wie rasend herumfährt und oft aus dem Aquarium auf den Boden springt; kurze Zeit später liegt er auf der Seite im Wasser mit dem Bauch nach oben.

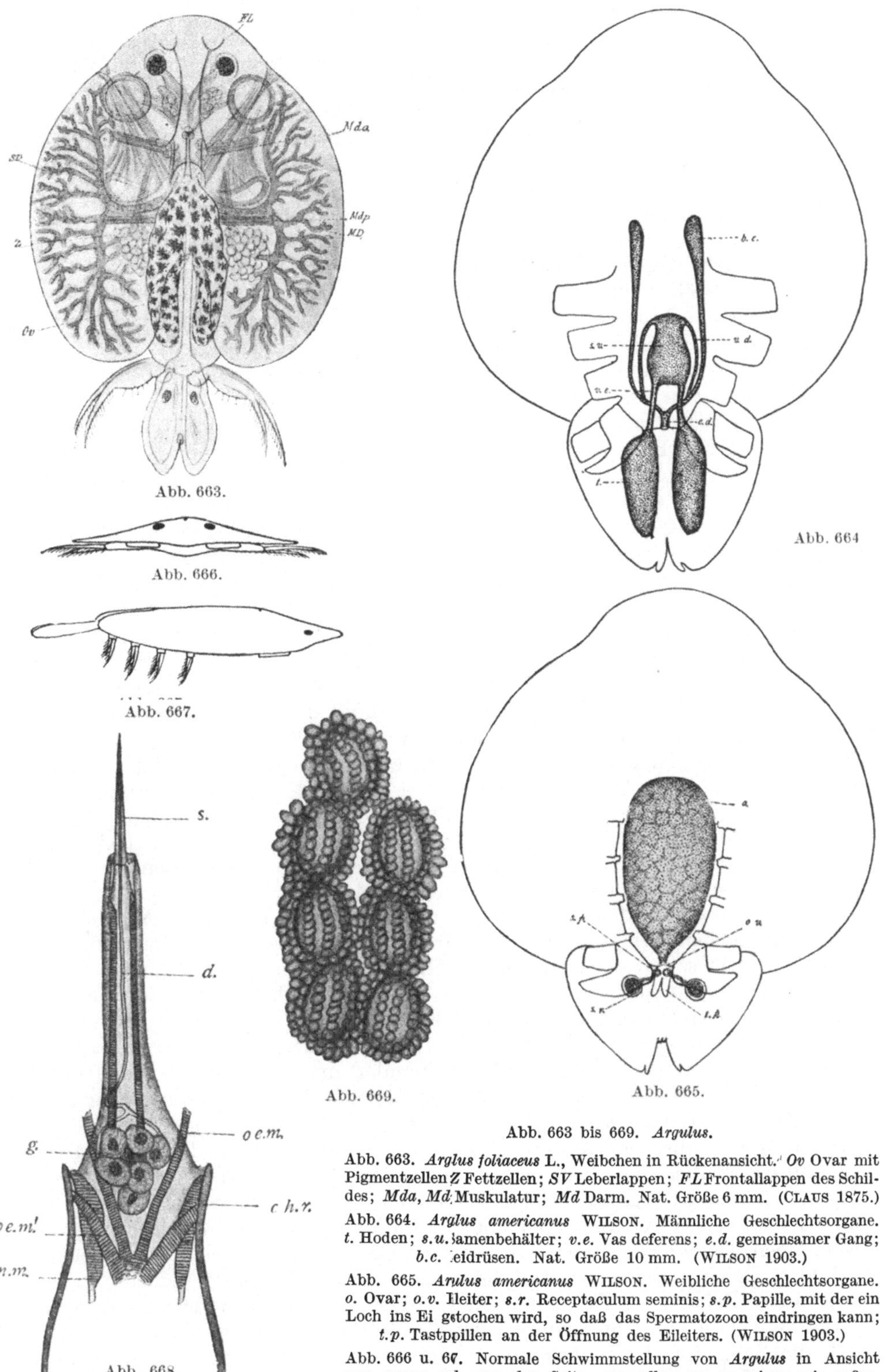

Abb. 663.

Abb. 666.

Abb. 667.

Abb. 669.

Abb. 664

Abb. 665.

Abb. 668.

Abb. 663 bis 669. *Argulus.*

Abb. 663. *Arglus foliaceus* L., Weibchen in Rückenansicht. *Ov* Ovar mit Pigmentzellen *Z* Fettzellen; *SV* Leberlappen; *FL* Frontallappen des Schildes; *Mda, Md* Muskulatur; *Md* Darm. Nat. Größe 6 mm. (CLAUS 1875.)

Abb. 664. *Arglus americanus* WILSON. Männliche Geschlechtsorgane. *t.* Hoden; *s.u.* Samenbehälter; *v.e.* Vas deferens; *e.d.* gemeinsamer Gang; *b.c.* Leidrüsen. Nat. Größe 10 mm. (WILSON 1903.)

Abb. 665. *Arulus americanus* WILSON. Weibliche Geschlechtsorgane. *o.* Ovar; *o.v.* Eileiter; *s.r.* Receptaculum seminis; *s.p.* Papille, mit der ein Loch ins Ei gestochen wird, so daß das Spermatozoon eindringen kann; *t.p.* Tastppillen an der Öffnung des Eileiters. (WILSON 1903.)

Abb. 666 u. 667. Normale Schwimmstellung von *Argulus* in Ansicht von vorne und von der Seite, vor allem um zu zeigen, wie außerordentlich flach das Tier ist. (HERTER 1927.)

Abb. 668. Stachel von *Argulus versicolor* WILSON. *ch.r.* Chitinstützen des Rüssels; *g.* Giftdrüse; *d.* deren Ausführungsgang; *s.* Stachel; *m.m., oe.m., oe.m.*[1] Muskeln. (WILSON 1903.)

Abb. 669. Eireihen von *Argulus catostomi* DANA und HERRICK. Jedes Ei etwa 0,4 mm WILSON 1903.)

Es ist ganz die gleiche Erscheinung, der man begegnet, wenn Fische den Angriffen von Furcocercarien ausgesetzt werden. Wenig später kommen sie wieder zu sich und schwimmen langsam herum. Die Hauptaufgabe des Stachels besteht darin, ein Loch zu stechen und reichlichen Blutzufluß zu veranlassen. Hinter dem Stachel liegt der Rüssel, der von Ober- und Unterlippe gebildet ist, gleichfalls eine Röhre, an deren Basis die Mandibeln und Maxillen liegen; diese sind wie sägezähnige oder ahlförmige Dolche gestaltet. Sie haben sicherlich auch die Bedeutung, das Zuströmen des Bluts zu veranlassen, aber es ist, wenigstens mir, unverständlich, wie sie zum Funktionieren kommen können.

Die Speiseröhre führt in den Magen, der mit mächtig großen Blindsäcken ausgestattet ist, die, je älter die Tiere werden, sich immer mehr verzweigen; sie liegen seitlich zwischen Magen und Schild. Mit ihrer Hilfe kann *Argulus* große Blutmengen auf einmal aufnehmen. Der After liegt an der Spitze des Hinterendes. Wir finden hier den gleichen Bau des Darmkanals wie bei den Blutegeln: große Reservoire, um auf einmal große Blutmengen aufnehmen zu können.

Vom inneren Bau sollen nur das große, unpaare Ovarium und die beiden Receptacula seminis hervorgehoben werden, die hinten im Abdomen liegen. Von ihnen geht je ein Gang aus, der in ein kugelförmiges Gebilde mit einer harten, chitinisierten Spitze endigt. Die Eier haben sehr dicke Schalen, eine Micropyle hat nicht nachgewiesen werden können. Das Ei streicht hier an diesen beiden Spitzen vorbei, und man vermutet, daß sie es sind, die in das Ei ein Loch bohren, während zu gleicher Zeit Sperma abgegeben wird. Auch hier hat man wieder ein seltsames Verhalten vor sich, das den Arguliden eine einzigartige Stellung innerhalb der Entomostraken einräumt. Beim Männchen sind die Hoden paarig und liegen als zwei längliche, sehr deutliche, schwarze Gebilde im Hinterleib. Darüber liegt ein großer Samenbehälter. Am Rand des Schildes liegt eine lange Reihe einzelliger Hautdrüsen; sie sind am Hinterleibsrand besonders deutlich. Sie sind sehr groß, der Kern liegt in der Mitte; von ihm geht eine radiäre Streifung zur Oberfläche aus. Sie sind mit einem sehr deutlichen, röhrenförmigen Ausführungsgang versehen. Setzt man alkalische Lösungen hinzu, so geben sie kleine, kugelförmige Gebilde ab. Man vermutet, daß man in ihnen Exkretionsorgane vor sich hat; auch hier tritt einem wieder eines jener Organe entgegen, das unter den Entomostraken ohne Seitenstück ist.

Im Gegensatz zu allen Phyllopoden und Copepoden setzen die Arguliden die Eier auf fremden Gegenständen ab. Man findet sie das ganze Sommerhalbjahr hindurch nicht selten auf Steinen, auf Muschel- und Schneckenschalen, zumeist jedoch sowohl auf horizontal liegenden Teilen von Pflanzen wie den Seerosenblättern, als auch auf vertikal stehenden Flächen wie bei *Sparganium ramosum* u. a. Bei unserer Art, *Argulus foliaceus* L., werden die Eier in zwei, selten mehreren Reihen abgelegt; sie liegen dicht beieinander und sind durch schaumartige Reihen charakterisiert, die über die Eier hinlaufen und ihre Ränder umgeben (Abb. 669); diese sind aus gut abgegrenzten, weißen, perlartigen Gebilden zusammengesetzt, die perlschnurartig angeordnet sind. In jedem Eigelege befinden sich 30 bis 50 Eier. Das Tier braucht zirka eine Minute, um je ein Ei zu legen, das sehr dem der Caligiden gleicht. Die ersten Stadien werden im Ei durchlaufen und die Larve schlüpft im Copepodid-Stadium aus. Sie weicht deutlich vom erwachsenen Tier ab, dadurch, daß die Mandibeln eine als Schwimmfächer ausgebildete Palpe besitzen und daß die vorderen Kieferfüße noch keinen Saugnapf aufweisen. Bei anderen Formen spielt sich fast die ganze Entwicklung im Ei ab. Zirka 16 Tage nach dem Schlüpfen ist die Entwicklung so weit fortgeschritten, daß die Saugnäpfe zu funktionieren beginnen können. Man kann sagen, daß dann das Larvenstadium vorüber ist.

CLARK (1902) hat die Entwicklung von *Argulus foliaceus* L. vom Ei bis zum erwachsenen Tier verfolgt. Die Eier scheinen sehr lange zu liegen, bevor sie schlüpfen, je nach den verschiedenen Temperaturen bis zu fünf bis sieben Monaten; im Sommer können sie schon im Verlaufe von 25 Tagen auskriechen. Die frischgeborenen *Arguli* suchen sofort einen Fisch auf.

Es ist einleuchtend, daß so merkwürdige Formen wie die Arguliden schwer im System unterzubringen waren. Sie wurden ursprünglich zu den Phyllopoden gerechnet, bis CLAUS sie als Untergruppe *Branchiura* zu den Copepoden stellte, hauptsächlich aus dem Grund, weil man glaubte, daß die Maxillen ebenso wie bei den Caligiden im Rüssel gelegen seien und weil das erste Thoracalsegment mit der Kopfregion zu einem Cephalothorax verschmolzen sein sollte. MARTIN (1932) hat gezeigt, daß diese Angaben nicht richtig sind und daß die Maxillen außerhalb des Rüssels liegen. Infolge der vielen, besonderen Baueigentümlichkeiten vertreten einige die Auffassung, daß man sie als eigene Gruppe aufstellen müsse, weshalb sie auch hier als eine Ordnung der Entomostraken angeführt werden. In Europa kommt im allgemeinen nur *A. foliaceus* L. und *A. coregoni* THOR. vor, beide Blutsauger bei einer Menge von Fischen. Das Hauptverbreitungsgebiet der Ordnung scheint Nordamerika zu sein, von wo eine große Anzahl Arten beschrieben worden ist. Eine abweichende Gattung ist *Dolops*.

Unterklasse

Malacostraca (Höhere Krebse).

Wenn wir auch durch die Untersuchungen der letzten Jahre, namentlich in bezug auf die höheren Krebse der tropischen Süßwässer und diejenigen der unterirdischen Gewässer, der Höhlenkrebse, darüber unterrichtet worden sind, daß das Süßwasser weit mehr höhere Krebse beherbergt, als wir früher geahnt hatten, so sind die Malakostraken dennoch, abgesehen von der kleinen Abteilung *Syncarida*, weitaus überwiegend an das Meer gebunden. Das Kontingent, das die einzelnen Gruppen an die Süßwasserfauna abgegeben haben, ist tatsächlich recht gering und gruppiert sich zu einem großen Teil um einzelne, seit alten Zeiten wohlbekannte Typen, wie *Asellus*, *Gammarus*, *Astacus*, *Telphusa* usw. Es wäre in einem Werke wie diesem nicht am Platz, auf Bau, Systematik und Biologie der einzelnen Malakostrakenabteilungen näher einzugehen. Darüber sowie in bezug auf den besonderen Bau der im folgenden besprochenen Formen sei auf die größeren zoologischen Handbücher sowie auf die Abbildungen verwiesen. Hauptsächlich die biologischen Verhältnisse werden hier dargestellt werden und von den Baueigentümlichkeiten nur diejenigen, welche in direkter Verbindung mit der Lebensweise und der Einwanderungsgeschichte stehen.

Das System, das befolgt wird, ist dasjenige, welches von BOAS und HANSEN ausgearbeitet worden ist und das später CALMAN näher ausgestaltet hat. Ihnen zufolge werden die *Malacostraca* vor allem in zwei große Gruppen geteilt: die *Leptostraca* und die *Eumalacostraca*, von denen die erste Gruppe, die *Leptostraca*, die nur eine artenarme Familie enthält, die *Nebaliidae*, nur marin ist und deshalb hier nicht erwähnt wird; sie stellt einen Mischtypus dar sowohl mit Entomostraken- als auch Malakostrakenzügen.

Die *Eumalacostraca* zerfallen in vier Reihen: 1. die *Syncarida*, die nur im Süßwasser vorkommen, 2. die *Peracarida* mit den Ordnungen *Mysidacea*, *Cumacea*, *Tanaidacea*, *Isopoda* und *Amphipoda* besitzen alle Vertreter im Süßwasser; gewisse Cumaceen (*Volgocuma telmatophora* DERZHAVIN) gehen vom Kaspischen und Asowschen Meere auffällig weit, bis 200 km in die Wolga hinauf. 3. Die *Eucarida* mit den *Euphausiacea* und *Decapoda*, von denen die Dekapoden namentlich in den tropischen Süßwässern nicht wenige Repräsentanten besitzen, und 4. die *Hoplocarida* mit der Ordnung *Stomatopoda* oder Maulfüßer, die ausschließlich marin sind.

Syncarida.

Ordnung: Anaspidacea.

Auf Tasmanien und in Australien in der Nähe von Melbourne leben Vertreter einer sehr merkwürdigen Krebsgruppe, die zu einer besonderen Abteilung der höheren Krebse gehört, den *Syncarida*. Sie enthält nur eine einzige Ordnung, die *Anaspidacea*, mit ein paar Familien, und jede besitzt nur eine oder recht wenige Arten. Sie gehören zu sehr alten Süßwasserformen der Erde. Man hat gemeint, daß ihre nächsten Verwandten sehr weit zurück gesucht werden müssen, in den in der Steinkohlenzeit lebenden *Gampsonyx* und *Palaeocaris*.

Die Hauptform ist die zirka 5 cm lange *Anaspides tasmaniae* THOMSON (Abb. 670). Sie lebt in kalten, klaren Flüssen und in Kleinseen in einer Höhe von 2000 bis 4000 Fuß (Mount Wellington, Tasmanien). Es sind Formen, die bei flüchtiger Betrachtung Amphipoden ähneln. Es ist kein Schild vorhanden, alle acht Brustringe sind frei, im übrigen zeigen sie eine Mischung von Eigenschaften der beiden großen Gruppen der alten Systematik: der Ringelkrebse und der Schildkrebse. Die Brustbeine sind zweiästig, die Außenäste befinden sich in ständiger, schwingender Bewegung und führen frisches Wasser den Kiemen zu, die am Hüftglied der Brustbeine sitzen. Es ist eine gut entwickelte Schwanzflosse vorhanden und sehr lange erste und zweite Antennen; die Augen sind gestielt. Sie schwimmen nur wenig; sie kriechen zumeist auf dem Boden, auf Steinen und Wasserpflanzen herum. Stört man sie auf, so gehen sie rasch nach vorne, nicht nach rückwärts wie die Amphipoden; sie scheinen hauptsächlich von Algen zu leben. Sie zeigen die große Merkwürdigkeit, daß sie ihre Eier nicht mit sich tragen, sondern sie auf Steinen und Wasserpflanzen absetzen, ein Verhalten, das sich sonst nur bei *Argulus* findet; eine Metamorphose fehlt; das Junge, das aus dem Ei hervorgeht, hat die Form des erwachsenen Tieres.

Eine viel kleinere Form, *Paranaspides lacustris* SMITH (Abb. 671), die sich an den gleichen Stellen findet, ist ein schwimmendes Tier; sie zeigt eine ähnliche Knickung zwischen Brust und Hinterleib wie die Mysideen, denen sie zum Teil ähnelt. Endlich ist bei Melbourne ein seltsames, nur 2 mm langes Geschöpf, *Koonunga cursor* SAYCE (Abb. 672), gefunden worden, das von den vorhergehenden unter anderem dadurch abweicht, daß es sitzende Augen und einästige Abdominalfüße besitzt; doch sind die beiden ersten Paare beim Männchen zweiästig und werden hier als Paarungsorgane verwendet.

Wenn diese merkwürdigen australischen Formen hier kurz beschrieben werden, so geschieht dies auch deshalb, weil VEJDOVSKY, welchem wir die Entdeckung so mancher interessanter Süßwasserformen verdanken, im Jahre 1882 in einem Brunnen in Prag ein nur wenig über 1 mm langes, zylindrisches, wurmförmiges Geschöpf fand, dem er den Namen *Bathynella natans* gab. Es dauerte zirka 30 Jahre, bis dieser merkwürdige Typus, der unter allen Krebsen der Gegenwart zu den seltsamsten gehört, wiedergefunden worden ist, diesmal in einer Grotte bei Basel von CHAPPUIS 1913, weiter in einer Wasserleitung bei Bern, sowie noch eine nahestehende Form an verschiedenen Stellen in Rumänien.

Tafel 18. Amphipoden.

Fig. 1. *Gammarus pulex* DE GEER. 15 bis 20 mm. Fig. 2. *Palasea quadrispinosa* SARS. 15 bis 20 mm. Fig. 3. *Pontoporeia affinis* LINDSTRÖM. 10 bis 11 mm. Fig. 4. *Gammaracanthus loricatus* (SABINE). Zirka 30 mm. Fig. 5. *Hyalella solida* NEVEU-LEMAIRE. Zirka 5 mm. Titicacasee. Fig. 6. *Constantia Branickii* DYBW., wasserhell, pelagisch. 5 bis 6 mm. Baikalsee. Fig. 7. *Gammarus Kesslerii* DYBW. Zirka 5 cm, schmarotzt auf dem Baikalschwamm. Baikalsee. Fig. 8. *Gammarus Kietlinskii* DYBW. Zirka 6 bis 7 mm, Baikalsee. Fig. 9. *Gammarus parasiticus* DYBW. Zirka 2 bis 3 cm. Baikalsee. — Fig. 1 bis 4 nach G. O. SARS 1867. Fig. 5 nach NEVEU-LEMAIRE 1906. Fig. 6 bis 9 nach DYBOWSKY 1874.

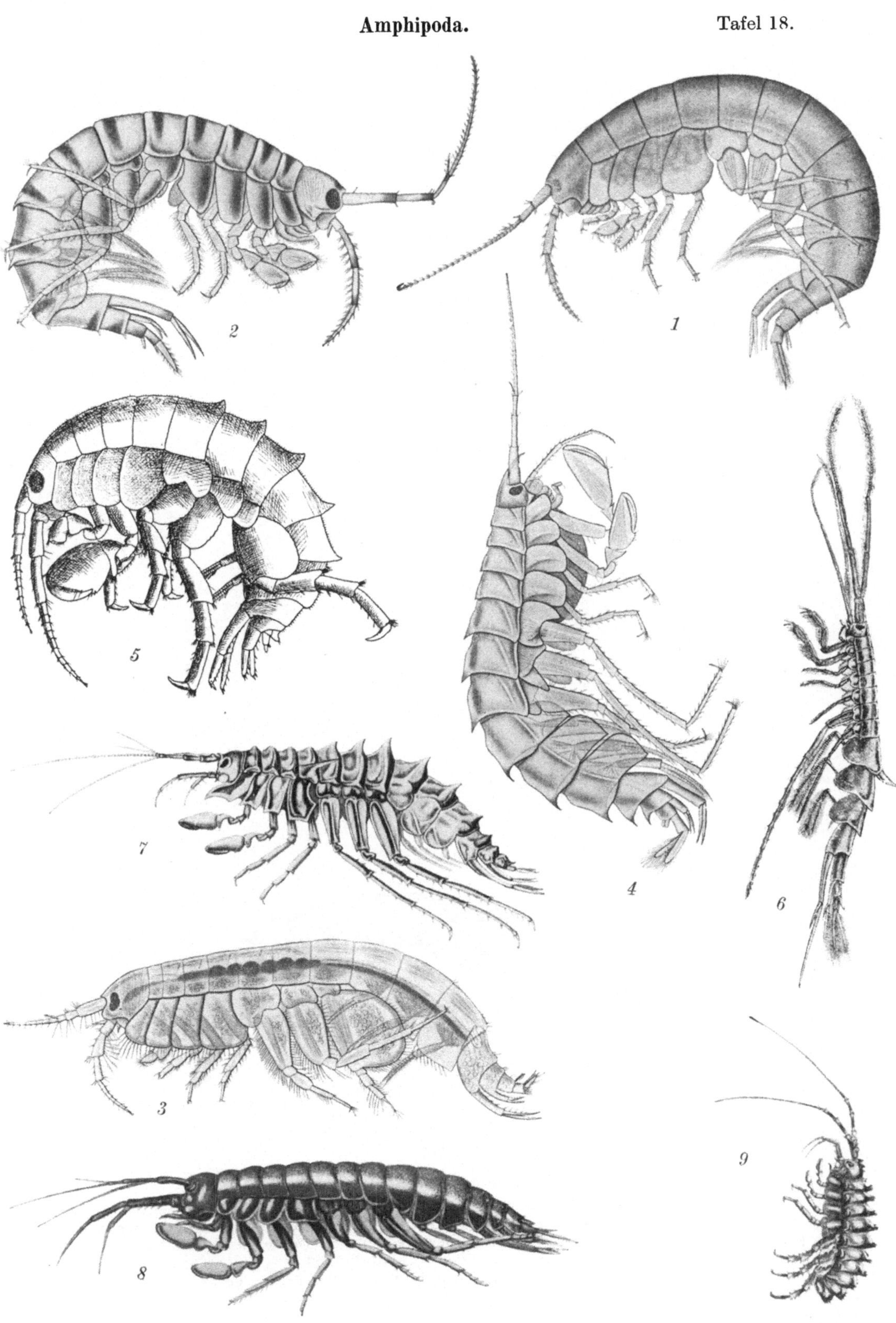

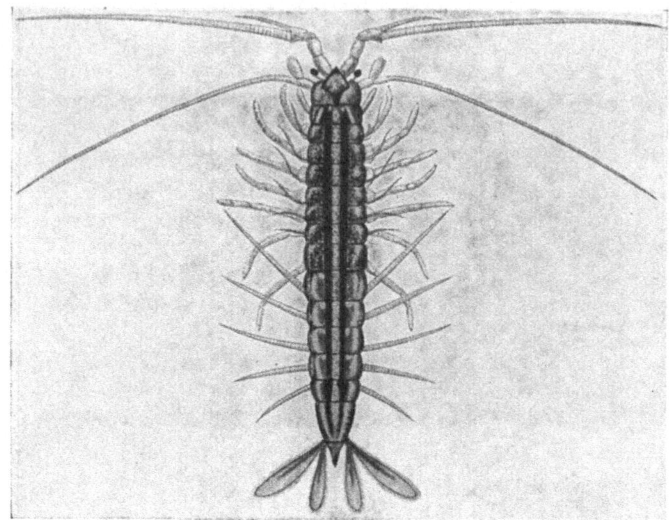

Abb. 670.

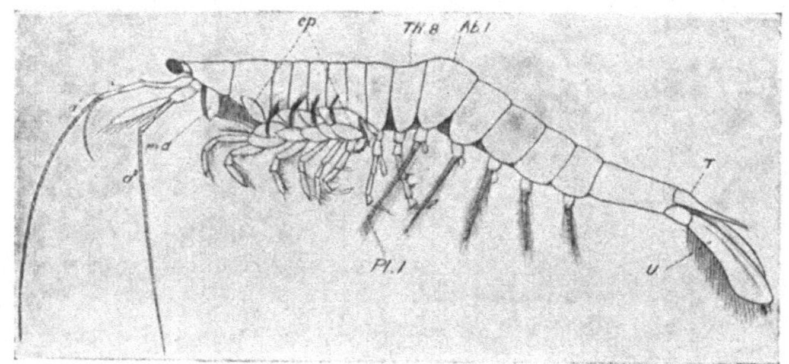

Abb. 671.

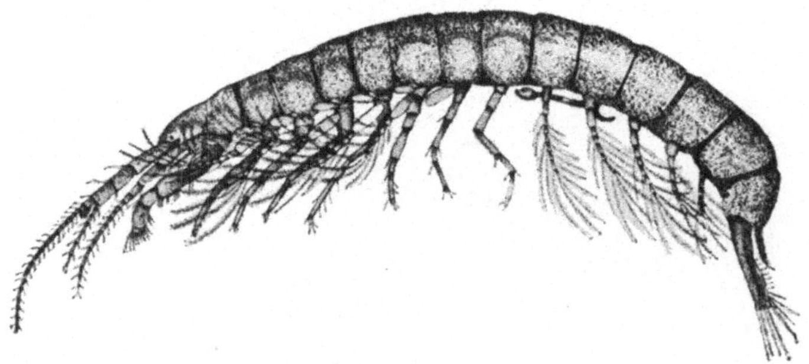

Abb. 672.

Abb. 670 bis 672. *Syncaridae.*
Abb. 670. *Anaspides tasmaniae* Thomson in natürlicher Gangstellung. $^3/_4\times$. (Smith 1908.)
Abb. 671. *Paranaspides lacustris* Smith. Tasmanien. a^1 erste Antennen; a^2 zweite Antennen; *md* Mandibeln;
ep. Epipoditen; *Pl. 1* erstes Abdominalbein; *U.* Schwanzblätter; *T* Telson; *Th. 8* letzter Brustring; *Ab. 1* erster
Hinterleibsring. Zirka $3\times$. (Smith 1908.)
Abb. 672. *Koonunga cursor* Sayce. In Quellen, Australien, Melbourne. Nat. Größe 2 bis 4 mm. (Spandl 1926.)

Die Bathynelliden sind blind, äußerst zart, farblos und durchsichtig. Es sind acht Paare Thoracalbeine vorhanden, in den Grundzügen vom Bau der Syncaridenbeine. Für das übrige sei auf die Abbildungen verwiesen. Von der Höhlenform *B. Chappuisi* DELACHAUX (Abb. 673), die ein ausgezeichneter Schwimmer und stets in Bewegung ist, wird angegeben, daß sie von Rhizopoden der Gattung *Trinema* lebt. Die Entwicklung ist sehr wenig bekannt. Die Abbildung zeigt, daß das Weibchen ein sehr großes Ei enthält; es sind Junge gefunden worden, die dem Muttertier gleichen, aber nur vier Paare Beine besitzen. Weil die Männchen sich erst im November zeigen und weil die Tiere im Juni in der Höhle in großer Anzahl und recht plötzlich hervorkommen, hat man angenommen, daß sie Dauereier besitzen. Die Bathynelliden sind vor kurzem in Jugoslavien festgestellt worden (KARAMAN 1934). In den Jahren 1928 bis 1937 ist *Bathynella* mehrmals in Deutschland gefunden (KIEFER, STADLER, HERTZOG). Offenbar gehören die Synacariden zu den ältesten, gegenwärtig lebenden Krebsen der Erde, die von Tasmanien bis Zentraleuropa über die Erde verbreitet sind. Eine verwandte Form, *Parabathynella malaga*, ist von G. O. SARS 1929 aus den Batuhöhlen bei Selangor beschrieben worden (KARAMAN 1934).

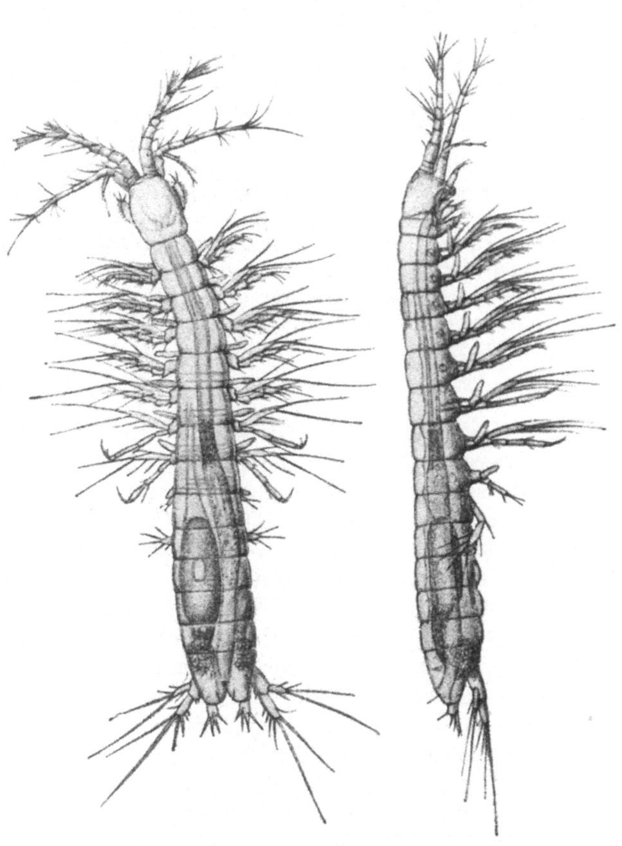

Abb. 673. *Bathynella Chappuisi* DELACHAUX. Nat. Größe zirka 1 mm. Aus einer Grotte in der Nähe von Basel. (DELACHAUX 1919.)

Eine sehr eigenartige Form ist die 2 bis 3 mm lange *Thermosbaena mirabilis* MONOD. aus warmen Quellen von Tunis (Tafel 19, Fig. 5). Das Tier zeigt gemeinsame Züge mit den Syncariden, aber auch mit den Decapoden (s. BRUUN 1939).

Peracarida.

Ordnung: **Mysidacea.**

Garneelenähnliche Formen, deren Brustregion im wesentlichen von einem Panzer bedeckt ist. Zweite Antennen mit einer Schuppe; die acht Paare Brustbeine haben einen gut entwickelten Außenast, der im Dienste der Bewegung steht. Das vorderste oder die beiden vordersten Brustbeine sind als Kieferfüße ausgebildet. Die Abdominalbeine sind mit Ausnahme des letzten Paares (des Schwanzfächers) besonders bei den Weibchen gewöhnlich schwach entwickelt, bei den Männchen kräftiger. Vom Grundgliede einiger Brustbeine gehen Platten aus, die den Brutraum bilden, in welchem die Eier aufbewahrt werden. Die Jungen kommen im Naupliusstadium aus dem Ei, gleichen aber eher Maden; sie verbleiben in der Bruthöhle, bis sie fast das Aussehen des Muttertieres erlangt haben. Die Augen sind gestielt. Im inneren Blatte der letzten Abdominalbeine befindet sich ein statisches Bläschen, ein mit Sinneshaaren bekleideter Hohlraum, der einen Statolithen enthält (Abb. 676), ein auffälliges Baumerkmal; die Mysideen sind die einzigen Krebse, die ihre statischen Organe hier ausgebildet haben. Die Innenseite des Schildes fungiert als Kieme.

Es sind hauptsächlich marine Tiere, teils Uferformen, teils Planctonorganismen; sie spielen eine nicht geringe Rolle als Nahrungsobjekte höherer Tiere; zirka 50 Arten, zirka ein Siebentel aller bekannten, kommen in Brack- und Süßwasser vor, von der Gruppe *Mysini* fast die Hälfte; zirka 20 Arten sind ausgesprochene Süßwasserformen; einige sind Tiefseeformen. Eine auffällig große Anzahl von Formen (zirka 10%) ist blind oder besitzt sehr reduzierte Augen und eigenartige Umbildungen des Augenstieles; das gilt besonders für Tiefsee- und Höhlenformen. Ein besonderes Bildungszentrum für Brackwasserformen scheint das ponto-kaspische Gebiet gewesen zu sein; mehr als die Hälfte lebt allein im Kaspischen Meere. Die meisten sind nach der Isolierung des ponto-kaspischen Meeres in der Pliozänzeit entstanden. Mehrere Arten stammen von der arktischen *Mysis oculata* FABR. her und haben durch abgedämmte Seen und die großen Flüsse den Weg ins Kaspische Meer gefunden (STAMMER 1936).

Mysis oculata FABR. var. *relicta*.

Die Ordnung *Mysidacea* besteht, wie schon erwähnt, fast ausschließlich aus Meerestieren; aber über die ganze Erde hin sind verschiedene Mitglieder der Ordnung in den Flußmündungen oder Binnenseen mit sehr geringem Salzgehalt zu Hause; sie gehören fast alle zur Gruppe der *Mysini*. Eine große Anzahl ist, wie erwähnt, an das ponto-kaspische Gebiet gebunden. Merkwürdigerweise scheinen sie im Baikalsee ganz zu fehlen. Nur eine einzige Art, *M. oculata* FABR. var. *relicta*, oder wie sie auch oft genannt wird, *M. relicta* LOVÉN, ist eine ausgesprochene Süßwasserform, hat aber eine sehr kleine und sehr eigenartige Verbreitung; sie ist ein marines Glazialrelikt, in eine Anzahl Seen eingeschlossen, die einmal Teile des Yoldia-Meeres gewesen sind, oder sich unter dem Einfluß der Eiszeit befunden haben. Die Stammform *M. oculata* lebt im Polarmeer; sie ist circumpolar und reicht bis Labrador und zum finnischen Meerbusen herab. Die Varietät *relicta* findet sich in der bottnischen und finnischen Bucht; weiter in 42 schwedischen und 15 finnischen Seen, im Mjösen, in verschiedenen nordostrussischen Seen, in Norddeutschland nur in sechs Seen; weiter in einigen Seen in Irland und in einer Reihe der großen, nordamerikanischen Seen; in Dänemark ist sie nur aus dem Furesee bekannt (W.-L. 1917).

Mysis oculata FABR. ist eine typische Mysidee; von ihren Baueigentümlichkeiten, die auch den übrigen *Mysis*-Arten zukommen, sei folgendes angeführt. Wie bei ihren Verwandten, sind die kurzen Brustsegmente teilweise von einem dünnhäutigen Kopfbrustschild bedeckt; das Abdomen ist stark entwickelt und hat einen Knick in den vorderen Segmenten. Die ersten Antennen tragen zwei lange Geißeln; die zweiten Antennen haben eine lange Geißel und eine große, flache Schuppe. Die Augen sind groß, gestielt; die Mandibeln sind sehr schwach. Es sind acht Paare Brustbeine vorhanden, von denen zwei als Kieferfüße im Dienst der Ernährung stehen; die übrigen sind ausgesprochene Spaltfüße, deren Außenäste die eigentlichen Lokomotionsorgane darstellen. Kiemenanhänge finden sich nur am ersten Paar. Die Abdominalbeine sind bei der Gattung *Mysis*, besonders bei der im Süßwasser vorkommenden Art, sehr stark reduziert, vor allem beim Weibchen, nur das hinterste Beinpaar ist gut entwickelt; dessen beide Äste sind blattartig und bilden zusammen mit dem letzten Hinterleibssegment einen sehr kräftigen Schwimmfächer; im medialen Blatt befindet sich die Statocyste mit dem Statolithen. Das Männchen hat unter anderem längere Abdominalbeine als

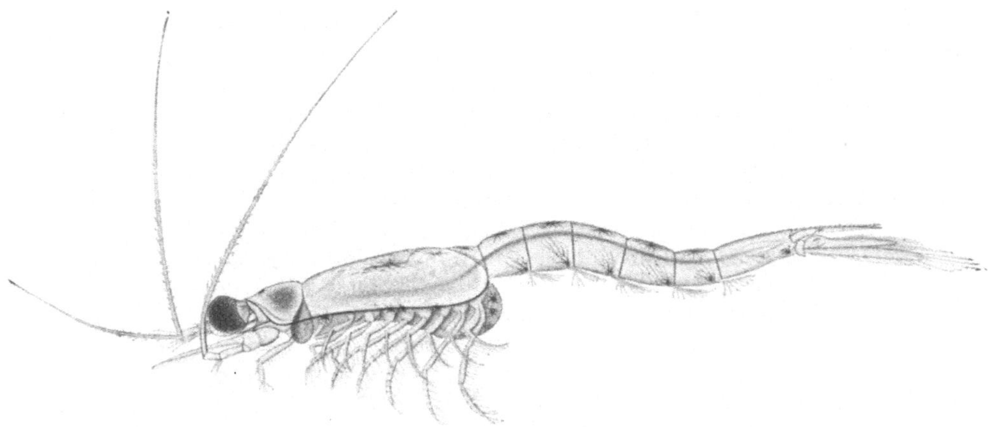

Abb. 674.

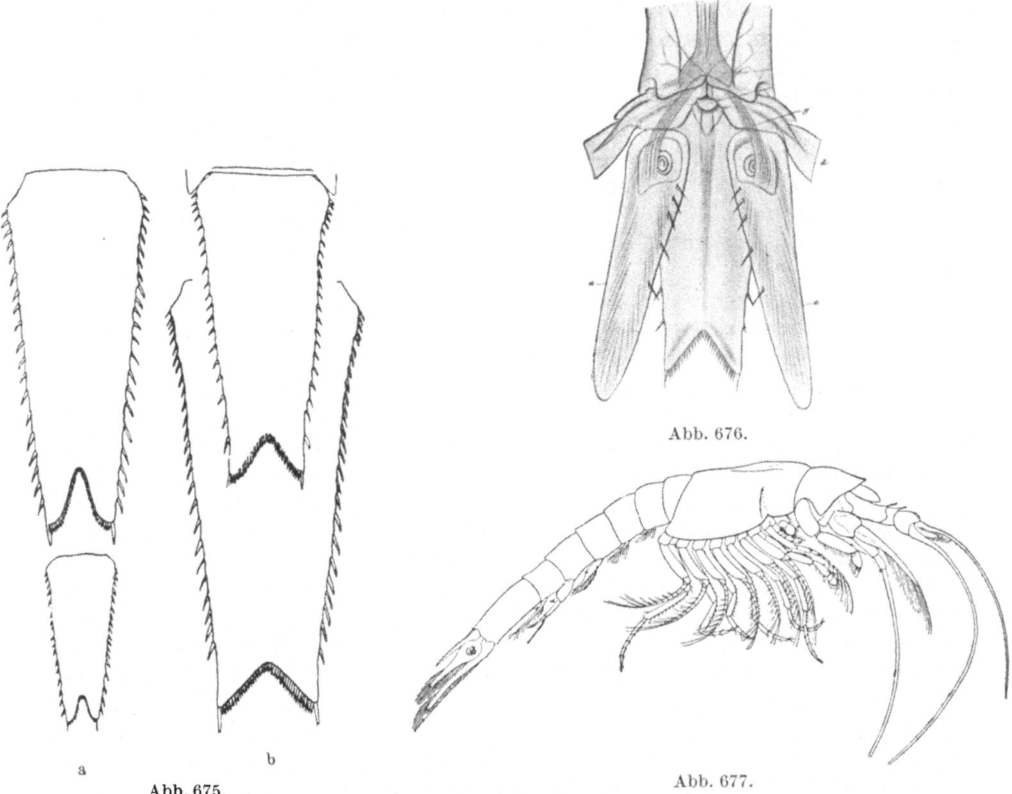

Abb. 675.   Abb. 676.   Abb. 677.

Abb. 674. *Mysis oculata* FABR. var. *relicta*. Tier in Seitenansicht. Nat. Größe 15 bis 18 mm. (SARS 1867.)

Abb. 675. Schwanzblätter verschiedener Weibchen von *M. oculata* FABR. und *M. oculata* FABR. var. *relicta*. *a* oben: *M. oculata* aus dem ostgrönländischen Eismeer; der Körper 18 mm; unten von der gleichen Stelle, 8 mm. *b* oben: var. *relicta* aus dem Vättern, 17,3 mm; unten aus dem finnischen Meerbusen, 23 mm. (EKMAN 1917.)

Abb. 676. Hinterer Körperabschnitt mit den Schwanzanhängen. *f* letztes Hinterleibsganglion; *e* After-öffnung; *g* statischer Nerv; *d* Außenast, abgeschnitten; *c* Innenast mit Statolithen; dazwischen das Telson. (SARS 1867.)

Abb. 677. *Troglomysis vjetrenicensis* STAMMER. Eine blinde Mysidee aus einer Höhle der Herzegovina. (STAMMER 1936.)

das Weibchen; das letzte Paar Brustbeine ist mit je einem Penis ausgestattet, auf ihnen münden die Samenleiter aus. Beim *Mysis*-Weibchen finden sich zwei Paar Brutblätter, die einen Brutsack bilden, in den die Eier abgegeben werden und wo die Jungen zur Entwicklung kommen. Vom inneren Bau sei nur das langgestreckte Herz hervorgehoben. Die Innenseite des Schildes, die zu einer Art Kieme umgebildet ist, steht im Dienst der Respiration. Weiter seien die sehr großen, prachtvollen Chromatophoren, Farbstoffträger, erwähnt, die in regelmäßiger Anordnung längs des Rückens und der Bauchseite sich vorfinden; sie stehen unter dem Einfluß des Nervensystems. Veränderungen in der Boden-farbe, der Belichtung usw. bewirken, daß das Pigment sich bald zu einer Kugel zusammenballt, bald zu langen, dünnen Strängen ausstrahlt.

Die im Süßwasser vorkommende *Mysis oculata* var. *relicta* (Abb. 674) gleicht außerordentlich stark ihrer Stammform; der Hauptunterschied liegt im Spalt des Telsons und seinem Dornenbesatz (s. Abb. 675). Die Mysiden der Ostsee und des bottnischen Meerbusens sind typische *relicta*, nur was die Größe be-trifft, sind sie eine Zwischenform zwischen *M. oculata* und *M. relicta* (EKMAN 1927). In den verschiedenen Seen haben sich Rassen entwickelt, die vielleicht auch kleine, morphologische Verschiedenheiten aufweisen, aber doch hauptsäch-lich in biologischer Hinsicht voneinander abweichen. Diese Rassen sind kaum erblich befestigt. In bezug auf Spitzbergen hat OLOFSSON (1918) gezeigt, daß diejenige Form, welche sich in einer Brackwasserlagune vorfindet, *relicta* ist, während die Form, welche im Fjord in der gleichen Gegend vorkommt, eine Zwischenform zwischen *M. oculata* und *M. relicta* ist. Eine Herabsetzung des Salzgehalts von $30^0/_{00}$ (Eismeer) auf $27^0/_{00}$ (Fjordwasser) soll alles sein, was, wie behauptet wird, eine Zwischenform zwischen *oculata* und *relicta* schafft.

Mysis relicta lebt in den meisten Seen den Sommer hindurch im Wasser unter der Sprungschicht und hält sich hauptsächlich in den größeren Tiefen auf; sie geht gewöhnlich bis ganz in die Nähe des Seegrundes herab und lebt hier von der noch nicht umgebildeten, obersten Schicht organischen Materials; es sind jedoch auch verschiedene Planctonorganismen im Darm festgestellt worden. So wird angegeben, daß sie *Daphnia longispina* aufnimmt (STÅLBERG 1933). Doch scheinen die Tiere vorzugsweise pflanzliche Objekte im Darm zu haben, aber es ist nicht möglich, eine besondere Nahrungsauswahl nachzuweisen. Im Winter steigen sie von der Tiefe empor und können dann in ein paar Meter tiefen Wasserschichten angetroffen werden, z. B. über den Characeen und den Elodea-Teppichen der Bucht Store Kalv in 2 bis 4 m Tiefe (Furesee). Am Tag jeden-falls werden sie nur ausnahmsweise in der pelagischen Region gefangen, aber es ist wohl noch fraglich, ob sie nicht bei Nacht Wanderungen unternehmen. Die Fortpflanzungsperiode fällt im Vättern in den Winter (EKMAN 1918 bis 1920) und diese spielt sich in der Litoralregion ab. Die Tiere sind zu dieser Zeit ein Jahr alt; die Entwicklung nimmt zwei bis drei Monate in Anspruch. Das Ver-halten ist jedoch nicht überall gleich; in gewissen Seen, sowohl in Schweden als auch in Deutschland, ist auch eine Geschlechtsperiode im Sommer nachgewiesen. Im Furesee ist nur eine solche im Winter beobachtet worden. Die Zahl der Eier richtet sich nach der Größe des Muttertiers, durchschnittlich 20 bis 40 Eier. Wenn die Jungen den Brutraum verlassen, sind sie zirka 3 bis 4 mm lang; sie verbleiben zwei bis drei Monate im Brutraum. Sie werden bei einer Größe von zirka 12 bis 15 mm geschlechtsreif. Nach der Paarung sterben die Männchen ab; nur die Weibchen gehen im Winter in das seichte Wasser. In biologischer Hin-sicht ist der Unterschied zwischen *M. oculata* und *M. relicta* der, daß die erstere im zweiten Jahr geschlechtsreif wird, *relicta* schon im ersten.

Während man schon seit langem darüber im Klaren war, wie man das Vorkommen von *M. relicta* in den schwedischen Seen auffassen soll (LOVÉN 1861; EKMAN 1914 bis 1920), ist man lange ihrem Vorkommen in den norddeutschen Seen ohne Verständnis gegenübergestanden und namentlich dem Umstand, daß sie wohl in einigen von diesen vorkommt, aber nicht in einer großen Anzahl anderer. THIENEMANN (1925) ist es, der dafür die Erklärung zu geben versucht hat. Als das vorrückende Inlandeis nach der zweiten Eiszeit zum drittenmal über Deutschland heranrückte, entstanden am Eisrand eine Reihe aufgestauter Seen, die sich zum Schluß nach Süden entwässerten.

Mysis oculata bildete sich in den Buchten längs der Südküste des baltischen Eismeers zur Süßwasserform um, wurde hierauf gegen Süden verschoben und mit den Flüssen über die Seen der norddeutschen Ebene verbreitet. Wenn *M. relicta* nur in wenigen Seen gefunden wird, so ist der Grund dafür das Bedürfnis des Tieres nach einem bestimmten Sauerstoffgehalt. Es lebt den Sommer über unter der Sprungschicht, es kann aber nur gedeihen, wo die Sauerstoffmenge während der Sommerstagnation nicht unter 5 ccm pro Liter herabgeht. Geschieht dies, so kann *Mysis* nicht existieren. Sie ist in den sog. *Tanytarsus*-Seen zu Hause, deren Tiefenwasser hinreichend sauerstoffhaltig ist, nicht in den *Chironomus*-Seen, zu denen im behandelten Gebiet, Dänemark eingeschlossen, die meisten gehören. Andere Untersucher sind in diesem Punkt nicht zum gleichen Ergebnis gelangt. So zeigen JUDAY und BIRGE (1927), daß *Mysis relicta* auch in Seen mit nur einem Kubikzentimeter pro Liter vorkommt; VALLE (1927 bis 1930), daß sie in Finnland in Wasser mit 1,87 ccm pro Liter vorhanden ist.

Mysis relicta hält sich gut in Aquarien; sie ist in meinem Laboratorium oft lange Zeit gehalten worden. Die Schwierigkeit besteht nur darin, sie unbeschädigt mit dem Bodenmaterial heraufzubekommen und sie nach Hause zu transportieren.

Seltsamerweise hat man in Höhlen oder unter Verhältnissen, wo das Grundwasser zutage tritt, in schwach salzhaltigem Wasser, auf Sansibar und in der Zinzulusa-Grotte, Otranto, Italien, Mysiden nachgewiesen, die zu einer besonderen Familie, den *Lepidophthalmidae* (Tafel 19, Fig. 8) gehören (CHAPPUIS 1927). Vor kurzem ist in der Vjetrenica-Höhle in der Herzegowina noch eine Myside gefunden worden, die blind ist (*Troglomysis vjetrenicensis* STAMMER, 1936; Abb. 677).

Ordnung: **Isopoda.**

Erstes Brustsegment, selten auch das zweite mit der Kopfregion verwachsen; ein Schild fehlt. Die Augen sitzend, die ersten Antennen gewöhnlich einästig. Brustbeine ohne Außenast; erstes Paar als Kieferfüße umgebildet; die übrigen Gangbeine. Abdominalbeine blattartig, zweiästig, mehr oder weniger zu Kiemen umgebildet. Herz im Abdomen. Ein Brutraum, von Brutplatten gebildet, die von einer größeren oder geringeren Anzahl von Brustbeinen entspringen. Wenn die Jungen das Ei verlassen, sind sie madenartig, haben jedoch die drei Paare Naupliengliedmaßen; sie verbleiben im Brutraume, bis sie in allem wesentlichen dem Muttertiere gleichen.

Die Isopoden sind weitaus überwiegend eine marine Krebsgruppe. Die meisten Süßwasserformen gehören zu den beiden Familien *Asellidae* und *Idoteidae*.

Die Familie *Asellidae* ist hauptsächlich circumpolar verbreitet und besitzt ihr Entwicklungszentrum in Nordamerika; die Hauptart ist *Asellus aquaticus* (L.).

Vom Bau sei nur der flache, breite Körper hervorgehoben. Der Kopf ist recht klein und von den Hinterleibssegmenten sind nur die beiden vordersten frei. Der Rest ist mit dem Telson zu einer großen Schwanzplatte verwachsen. Die ersten Antennen sind kurz, die zweiten sehr lang. Das erste Paar Brustbeine besitzt eine Greifklaue, die beim Männchen stärker entwickelt ist; die fünf folgenden sind Gangbeine, das letzte, etwas verlängerte, ist zugleich Schwimmbein. Die beiden vorderen Paare der Abdominalbeine sind schwach entwickelt oder stehen im Dienst der Fortpflanzung. Das zweite Beinpaar trägt beim Männchen einen Penis (der umgewandelte Innenast). Das dritte Paar bildet die großen, deckelförmigen Platten (Abb. 679), unter denen das vierte und fünfte Paar, welche als Kiemen fungieren, liegt; das sechste Paar ist lang, zylindrisch und reicht weit über die Schwanzplatte hinaus. Es sind zwei Punktaugen vorhanden. Es sind von dieser und der sehr nahestehenden blinden Gattung *Coecidotea* gegen ein halbes Hundert Arten beschrieben, aber für ganz Europa kommt hauptsächlich nur eine einzige Art, *Asellus aquaticus* (L.), in Betracht; an sie schließt sich die blinde, höhlenbewohnende Art *A. cavaticus* SCHIÖDTE an.

Asellus aquaticus (L.) (Abb. 678) oder die Wasserassel findet sich sozusagen überall im Wasser, wo faulendes Material zerstört werden soll, z. B. in Pfützen mit faulendem Laub; davon leben die Tiere an solchen Stellen. Die Blätter werden von der Unterseite her verzehrt; auch die Nerven werden nicht verschmäht. In reinen, klaren Seen findet man die Form nicht, so soll sie z. B. im Genfer See nicht vorkommen. Sehr häufig, wie das Tier überall ist, ist es oft untersucht worden; u. a. ist es oft zum Studium der Regeneration verwendet worden (WEGE 1911 u. a.). Die meisten Beobachtungen über seine Biologie sind in älteren Zeiten von RATHKE und G. O. SARS angestellt worden, neuerdings von KAULBERSZ (1913) und V. EINEM (1922). Ein Großteil unseres Interesses für die Biologie der Asellen steht in Zusammenhang mit den Fortpflanzungsverhältnissen; es sind ja Formen mit Brutpflege. Die mittleren Brustbeine der Weibchen tragen große, breite, übereinandergreifende Blätter, die im vorderen Körperabschnitt auf der Bauchseite nach unten zu einen Brutraum begrenzen, in den die Eier abgegeben und wo die Jungen geboren werden und verbleiben, bis sie ganz entwickelt sind. Dem aufmerksamen Beobachter wird es nicht entgehen, daß die großen Individuen von zirka 20 mm (die Männchen) und zirka 15 mm (die Weibchen) sich fast immer im Frühjahr finden. Die des Sommers sind viel kleiner. Die Art ist in beiden Größen geschlechtsreif, aber es verhält sich wohl so, daß die kleineren Formen des Sommers die im Frühjahr geborenen, jungen Tiere sind, die schon im Verlaufe des Sommers mit der Fortpflanzung beginnen, den Winter hindurch weiter wachsen und im Frühjahr eine neue, ausgeprägte Sexualperiode aufweisen, worauf sie absterben. Deutliche Sexualperioden gibt es nicht; die Fortpflanzung kann den ganzen Winter hindurch vor sich gehen. Bei der Paarung hält sich das bedeutend größere Männchen über eine Woche auf dem Rücken des Weibchens auf. Während der eigentlichen Paarung liegen die Tiere Bauch an Bauch. Möglicherweise werden die Eier erst im Brutraum selbst befruchtet (G. O. SARS 1867), aber der eigentliche Begattungsvorgang ist vermeintlich noch nicht beobachtet worden. Der Brutsack wird von den oben erwähnten, breiten, gebogenen Blättern gebildet, die von den vier ersten Beinpaaren ausgehen. Man war zuweilen der Meinung, daß diese Blätter gleichzeitig als sekretabsondernde Organe für die Jungen im Brutraum von Bedeutung sein sollten, aber irgendein Beweis dafür ist nicht beigebracht worden. Unmittelbar nach der Paarung häutet sich das Weibchen, eine weitere Häutung findet nicht statt, bevor die Jungen den Brutraum verlassen haben. Die Anzahl der Eier ist recht groß; sie kann sich auf über 100 belaufen, aber die definitive Anzahl von Jungen im Brutraum beträgt nicht sonderlich über 50. Es ist gezeigt worden, daß im Verlaufe des Heranwachsens der Jungen ein Teil der Eier zwischen den Blättern des Brutraums ausgestoßen wird; es ist nicht hinreichend Platz vorhanden, daß sie alle zur Entwicklung kommen könnten (JANCKE 1923). Man hat oft behauptet, daß das Muttertier eine Nährflüssigkeit absondern soll,

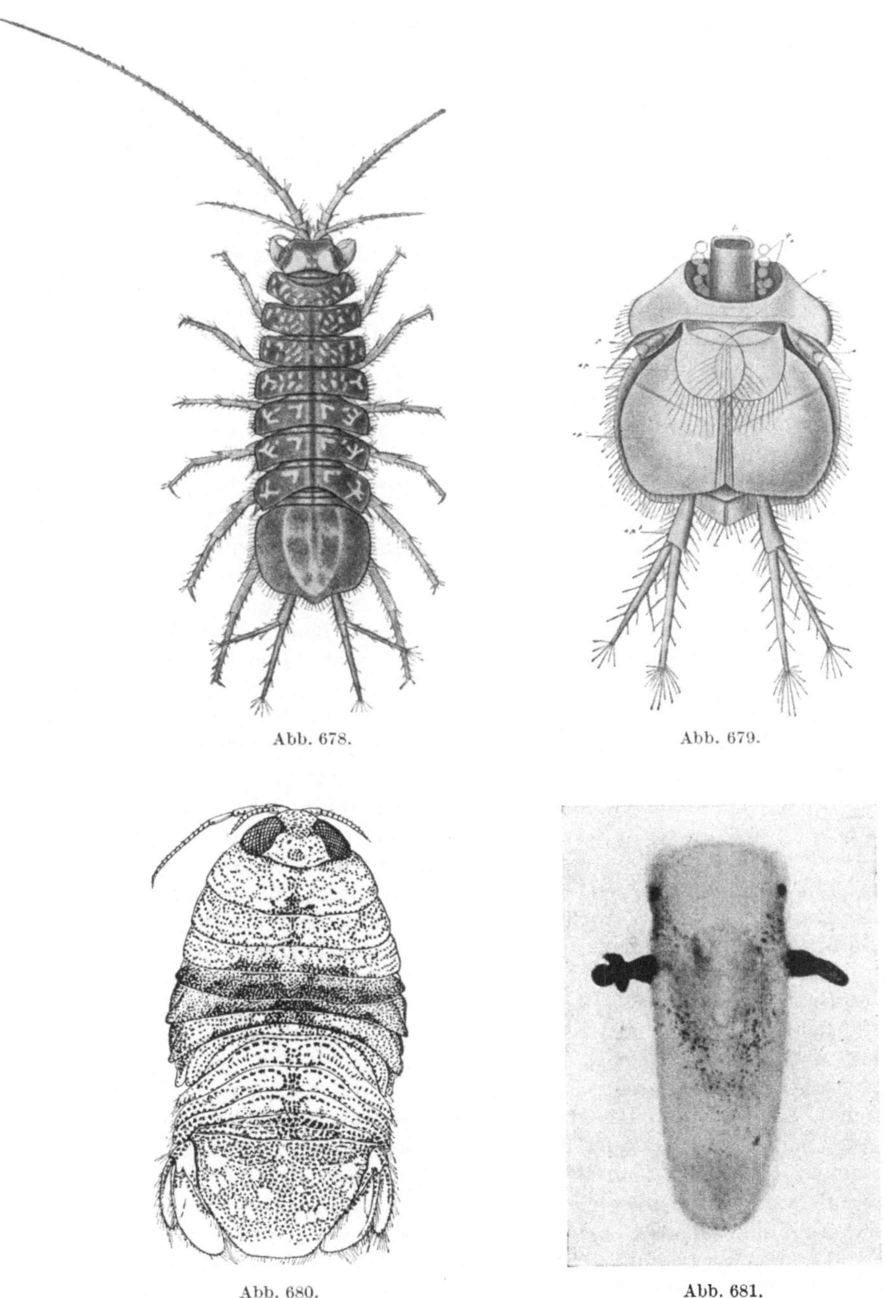

Abb. 678.

Abb. 679.

Abb. 680.

Abb. 681.

Abb. 678. *Asellus aquaticus* (L.), in Dorsalansicht, rechte Antenne abgeschnitten. Nat. Größe 10 bis 12 mm. (SARS 1867.)

Abb. 679. Hinterleib und letztes Thoracalsegment. p proximaler Teil des letzten Beinpaares; ap^1 erstes Abdominalbein; ap^2 Außenäste der dritten Hinterleibsbeine, die zwei darunterliegende Beinpaare bedecken; ap_5 sechstes Paar; r Exkretionsorgan; i Darm. (SARS 1867.)

Abb. 680. *Rocinela typica* (H. MILNE EDWARDS). Fam. *Cymothoidae* aus Seen von Sumatra. (NIERSTRASZ und v. SWINDEREN 1931.)

Abb. 681. Blattförmige Anhänge an den Embryonen von *Asellus aquaticus* (L.). (DEJDAR 1930.)

von der die Jungen ernährt werden, aber neuere Untersuchungen haben in dieser Hinsicht nichts Sicheres nachweisen können. Die basalen Teile der Kieferfüße tragen zwei vorspringende Partien, die mit Fiederborsten ausgestattet sind. Diese Teile befinden sich mit dazwischenliegenden Ruhepausen in schwingender Bewegung, sie schwingen drei- bis viermal in der Sekunde. Die allgemeine Auffassung ist die, daß dadurch eine Wasserströmung von hinten nach vorn durch den Brutraum geleitet wird. Von anderer Seite (JANCKE 1923) wird behauptet, daß es die Aufgabe der Kieferfüße sei, den Brutraum reinzuhalten; sie seien eine Reinigungseinrichtung, die gleichzeitig die Aufgabe haben, die Eier ständig zu wenden. Die Wasserzufuhr zum Brutraum geschehe auf andere Weise. Man kann oft sehen, wie die großen Blätter am Boden des Brutraums auseinanderweichen, was bewirkt, daß der Brutraum sich erweitert und daß zirka jede Minute dadurch neues Wasser in den Brutraum eintritt. Wie immer die Wasserzufuhr geschehen mag, es wird damit recht unwahrscheinlich, daß sich im Brutraum eine Nährflüssigkeit ansammeln könnte, da sie ja ununterbrochen wieder ausgespült werden müßte. Auf der anderen Seite muß hervorgehoben werden, daß es sehr zuverlässige Beobachter gibt, die mit Bestimmtheit das Vorhandensein einer bläulichweißen Flüssigkeit im Brutraum behaupten. Auch ist es merkwürdig, daß man gleichfalls mit Sicherheit gesehen haben will, wie die großen Jungen Exkremente in den Brutraum abgeben. Alle Versuche, die Eier außerhalb des Brutraums zur Entwicklung zu bringen, sind bisher gescheitert.

Während der Embryonalentwicklung zeigen die Embryonen eine seltsame Baueigentümlichkeit; es handelt sich um die Ausbildung merkwürdiger, blattartiger Anhänge (Abb. 681). Diese sind ursprünglich kugelförmig und werden später länglich; sie finden sich, wenn die Larve aus dem Ei schlüpft, auf beiden Seiten des Kopfes, „wie die Kiemen einer Amphibienlarve" (DEJDAR 1930). Sie werden bei der ersten Häutung abgeworfen. Man hat sich verschiedene Vorstellungen von der Bedeutung dieser Anhänge gemacht; die allgemeine ist die, daß es sich um Respirationsorgane handeln soll; andere sehen in ihnen Sperreinrichtungen (JANCKE 1923), die die einzelnen Embryonen voneinander weghalten sollen. DEJDAR (1930) sieht in diesen eigentümlichen Anhängen Embryonalkiemen.

Die Jungen verbleiben im Brutraum drei bis sechs Wochen, im Sommer kürzer als im Winter; sie verbleiben da, bis sie voll entwickelt sind. Man sieht sie darin oft herumkriechen. Sie sind, wenn sie ihn verlassen, von weißer Farbe. Wenn der Brutraum leer ist, falten sich die Lamellen zusammen, es kommt zu einer neuerlichen Häutung und erst nach einer weiteren Paarung sollen sie sich wieder entfalten (JANCKE 1923).

Betrachtet man eine größere Anzahl Asellen, die man einem Tümpel entnommen hat, so wird man finden, daß bei einem Großteil von ihnen das eine oder andere Bein kürzer ist oder eine hellere Farbe besitzt. Die Tiere verlieren offenbar leicht ein Bein, doch besitzen sie ein großes Regenerationsvermögen. Ganz besonders oft findet man eine der zweiten Antennen regeneriert und merkwürdigerweise immer an einer bestimmten Stelle zwischen dem vierten und fünften Glied, wo sich eine vorgebildete Bruchstelle befindet, die dazu prädestiniert ist, daß die Gliedmaße hier abgestoßen wird. Es scheint, als ob die Tiere bei geringfügigem Anlaß freiwillig eine ihrer Gliedmaßen (Antennen, Beine) an einer bestimmten Stelle abstoßen, ein Verhalten, das bei den Gliedertieren wohlbekannt ist (WEGE 1911).

Es mag noch hinzugefügt sein, daß in Brunnen und Höhlen in Mitteleuropa, in der Schweiz, Italien, Japan und Nordamerika blinde Asellen von weißer Farbe und weit geringerer Größe gefunden worden sind. In Europa sind die Hauptformen *Asellus cavaticus* SCHIÖDTE und *A. Foreli* BLANC, von denen gegenwärtig angegeben wird, daß sie ein und dieselbe Art seien; die letztere lebt im Vierwaldstätter See und im Genfer See in den größten Tiefen.

Neuere Untersuchungen, besonders von Racovitza (1919), haben gezeigt, daß *A. aquaticus* (L.) in Wirklichkeit eine Sammelart ist, hinter der sich eine Reihe verschiedener Arten verbirgt. Besonders aus Südeuropa, u. a. aus Jugoslavien und aus Algier, sind eine Anzahl Arten beschrieben worden, die zu verschiedenen Gattungen gestellt werden; einige sind Brunnen- und Höhlenformen. Eine Art, *Asellus meridianus* Racovitza, scheint weit verbreitet zu sein; sie ist in Frankreich, England und am Niederrhein nachgewiesen worden. Es ist nicht ausgeschlossen, daß sie auch in Dänemark vorkommt. Eine unter anderem in Nordamerika sehr allgemeine Höhlenform der Familie *Asellidae* ist die Gattung *Coecidotea* (Tafel 19, Fig. 4), die allein aufgestellt wurde, weil ihr die Augen fehlen. Wahrscheinlich hat man es nur mit blinden Asellen zu tun. Es liegen von Banta (1910) interessante, experimentelle Untersuchungen über diese Form im Vergleich zu einem *Asellus* vor, der in Wasserlöchern auf der Erdoberfläche lebt. Es wird nachgewiesen, was zu erwarten war, daß *Asellus* viel schneller als *Coecidotea* auf Lichtreize antwortet. Hält man *Asellus* im Dunkeln, so wird er rasch, sowie ihm dazu Gelegenheit geboten wird, das Licht wieder aufsuchen, wogegen *Coecidotea* das nicht tun soll. Banta schließt daraus, daß, wenn eine *Coecidotea* durch die Wasserströmung dem Höhlenausgang zu nahe kommt, sie wieder in die Höhle zurückstreben wird; umgekehrt wird ein *Asellus*, der sich dem Höhleneingang nähert, so schnell als möglich kehrt machen. Dazu kommt, daß *Coecidotea* eher imstande ist, gegen die Strömung aufzukommen als *Asellus*. Endlich sucht *Coecidotea* in weit höhrem Ausmaß totes Pflanzenmaterial und füllt ihren Darm nicht mit Mengen von Detritus und unorganischen Bestandteilen, wogegen *Asellus* auch lebendes Pflanzengewebe und bedeutende Mengen Detritus, anorganische Substanzen usw. aufnimmt. In Höhlen, wo die Menge organischen Materials gering ist, ist es von Wichtigkeit, daß ein Tier in dieser Hinsicht sehr wählerisch ist und solches sorgfältig aufsucht (Banta 1910). Endlich reagiert *Coecidotea* weit stärker auf Sinnesreize (mechanische, sensitive).

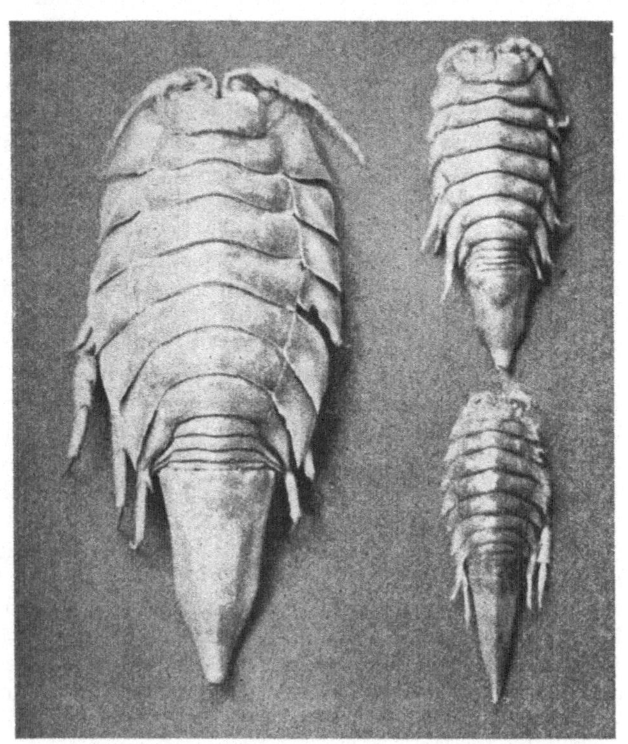

Abb. 682. *Chiridothea sibirica* (Birula) und *Ch. entomon* (L.) *vetterensis*. Links *C. sibirica* ♂ aus dem Karameer; maximale Größe; rechts oben ♀ aus dem Karameer; unten *C. entomon vetterensis* aus dem Vättern, ♂ in maximaler Größe. Nat. Größe. (Ekman 1915.)

Von der Familie *Idoteidae* soll nur *Chiridotea entomon* (L.) (Abb. 682) besprochen werden, die wenigstens in Europa der größte, im Süßwasser vorkommende Isopode ist; sie ist ein marines Eiszeitrelikt, das sich nur in wenigen Seen (fünf) findet, u. a. im Vättern, Ladoga, Mälaren sowie in einem einzigen See in Westgotland (Stora Färgen). Außerdem kommt sie im Polarmeer und in dem inneren Teil der Ostsee (Bottnische und Finnische Bucht) vor, weniger zahlreich im südlichen Teil der Ostsee (in der Prästö-Bucht und bei Falster u. a. a. O.) sowie im Kaspischen Meer.

Ihre Stammform ist *C. sibirica* (BIRULA). Während des Aufenthalts im Brackwasser, als dieses immer mehr und mehr ausgesüßt wurde, und unter fortgesetzter Umbildung in der gleichen Richtung beim Aufenthalt in Seen, entstanden aus dieser Form eine Reihe neuer Formen; die bestbekannte ist *Chiridotea entomon* (L.) aus dem Vättern. Während *C. sibirica* (BIRULA) zu den größten Isopoden gehört, die zirka 10 cm erreicht, ist die Form im Vättern im Vergleich dazu nur ein Zwerg, nicht über 5 cm; die Geschlechtsreife wird schon bei einer Größe von ungefähr 2 cm erreicht. Merkwürdigerweise findet die Fortpflanzung sowohl im Meer als auch im Vättern das ganze Jahr hindurch statt, wenn auch im Sommer am stärksten. Sie ist überall eine ausgesprochene Bodenform, die im Sommer in den größten Tiefen des Vättern vorkommt und im Winter näher dem Ufer angetroffen wird (EKMAN 1915). In den Tropen und besonders auf Neuseeland gibt es viele Arten von *Idoteidae* im Brack- und Süßwasser.

Neuere Untersuchungen haben gezeigt, daß man in den unterirdischen Seen und Flüssen Formen begegnet, deren nächste Verwandte durchwegs Meerestiere sind und die keine Verwandtschaft mit den Süßwasserisopoden der Gegenwart aufweisen. Einzelne von ihnen sollen hier erwähnt werden. Von der eigenartigen, übrigens ausschließlich marinen Familie der *Anthuriden* fand CHILTON (1894) in einer Quelle auf Neuseeland eine hierhergehörige Form, *Cruregens fontanus* (Tafel 19, Fig. 7). Andere, nicht minder merkwürdige Formen sind die *Phreatoicea* mit der Gattung *Phreatoicus* (Tafel 19, Fig. 6), mit einer Reihe von Arten, die in Australien und auf Neuseeland zu Hause sind. Die Tiere zeigen so viele Merkmale, die an Amphipoden erinnern, daß es zweifelhaft ist, ob sie zu den Isopoden gerechnet werden dürfen. Weiter haben besonders die von RACOVITZA geleiteten Untersuchungen der Höhlenfauna von Frankreich und den Balkanländern (1905 bis 1924) u. a. eine Reihe Formen aus den Familien *Cirolanidae* und *Sphaeromidae* nachgewiesen, die sonst fast ausschließlich marine Formen enthalten. Es ist nicht möglich, Näheres über den Ursprung dieser merkwürdigen Fauna auszusagen. Abgesehen von einer einzigen Art, *Cirolana fluviatilis* STEBBING, sind die Cirolaniden ausgesprochene Meerestiere, von welchen seinerzeit eine Anzahl höhlenbewohnender Gattungen ihren Ausgang genommen haben. Diesen Höhlenformen gemeinsam ist, daß sie mit einer einzigen Ausnahme *(Anina)* alle blind sind, daß sie sehr lange Antennen besitzen und mit Tastorganen reich versehen sind; sie sind in Südeuropa, auf den Balearen, in Nordafrika, Amerika und Britisch-Ostafrika gefunden worden.

Die Familie *Sphaeromidae* hat gleichfalls und zum Teil in der gleichen Gegend einen bedeutenden Beitrag an die Höhlenfauna abgegeben. Auch da gibt es blinde Formen; charakteristisch für sie ist ihr bei Süßwassertieren fast einzig dastehendes Vermögen, sich zu Kugeln zusammenrollen zu können, was große Veränderungen im Körperbau mit sich bringt, ein mächtig entwickeltes Telson und bei den Höhlenbewohnern Atrophie der Abdominalbeine (Tafel 19, Fig. 1 u. 2). RACOVITZA (1910) vermutet, daß die enorme Menge großer und gefräßiger *Niphargus*, die mit diesen Sphaeromiden zusammen leben, ihre hochentwickelte Fähigkeit des Zusammenrollens bewirkt hat. Mehrere dieser Höhlenformen begeben sich freiwillig aus dem Wasser und können eine Zeitlang außerhalb desselben leben; sie bauen sich dann Höhlen und Hügel im weichen Schlamm.

Die verschiedenen holländischen und deutschen Ostasien-Expeditionen haben endlich gezeigt, daß man im Süßwasser auf Vertreter von Isopoden-Familien stoßen kann, von denen man es nicht hätte für möglich halten können, daß sie im Süßwasser vorkommen, und von denen man annehmen muß, daß die Anpassung erst in allerletzter Zeit vor sich gegangen ist und weiter anhält. Es handelt sich um verschiedene Schmarotzerformen aus der Familie der *Cymothoiden*, die sich durch die Haut von Fischen Löcher bohren und in deren Leibeshöhle leben. Sie kommen in Süßwasserfischen der Seen und Flüsse Ostindiens vor (Abb. 680). Ein einziges Vorkommen von *Bopyren* auf Garneelen ist aus Sumatra bekannt geworden (NIERSTRASZ und VAN SWINDEREN 1931).

Auch von der rein marinen Familie *Tanaida* sind in der letzten Zeit Arten im Süßwasser gefunden worden *(Tanais fluviatilis* Giambiagi in Argentinien und *Tanais Stanfordi* Richardson Kurilen) (STEPHENSEN 1936, MYIADI 1938).

Ordnung: **Amphipoda (Flohkrebse).**

Kopf mit dem ersten oder den zwei ersten Brustsegmenten verschmolzen; die übrigen sechs bis sieben Brustsegmente frei. Ein Schild fehlt. Sitzende Augen. Thoracalbeine ohne Außenast; Gangbeine, aber die vordersten Greifbeine, indem das äußerste Glied gegen das vorletzte eingeschlagen werden kann. Die vorderen drei Abdominalsegmente mit vielgliedrigen Schwimmbeinen; das drittletzte trägt oft Gliedmaßen, die zu einem Springapparat umgebildet sind. Die Brustbeine tragen Kiemenanhänge. Herz im Thorax; Antennendrüsen vorhanden. Ein Brutraum; wenn die Jungen schlüpfen, sind sie fast vollständig entwickelt.

Die Amphipoden gehören zu jenen Malakostraken, welche die größte Anzahl Vertreter an das Süßwasser abgegeben haben. Ohne übrigens näher auf die Repräsentanten der einzelnen Familien einzugehen, mögen hauptsächlich die nordeuropäischen Formen und vor allem *Gammarus pulex* beschrieben werden sowie ein paar Formen, die einstweilen in Dänemark oder höher nach Norden noch nicht gefunden worden sind; hierauf die Höhlentiere und jene merkwürdigen Amphipodenformen, die in gewissen Seen festgestellt worden sind.

Eine der Hauptfamilien, namentlich in Europa, ist die Familie *Gammaridae* mit der Hauptart *Gammarus pulex* DE GEER (Tafel 18, Fig. 1).

Nach allem, was wir gegenwärtig wissen, gibt es in Dänemark von der Gattung *Gammarus* nur eine Süßwasserart, *G. pulex* DE GEER, eine wohl von Osten eingewanderte Art, deren Ausbreitungszentrum in Zentralasien liegt; von da hat sie sich über Europa und Nordafrika verbreitet. Sie hat Island nicht erreicht und findet sich nicht in anderen Erdteilen; sie ist von verschiedenen Stellen unter vielen Namen beschrieben worden.

Weiter im Süden, in Mitteleuropa, trifft man auf eine zweite Art, *Carinogammarus Roeselii* (GERVAIS). Sie ist von der vorhergehenden daran zu unterscheiden, daß die drei vorderen Hinterleibssegmente bei ihr in einen scharfen Rückendorn auslaufen. Es ist eigentlich merkwürdig, daß diese Art in Dänemark nicht gefunden worden ist, und es ist wohl zu erwarten, daß sie noch gefunden werden wird.

Man weiß recht viel von der Biologie von *G. pulex* DE GEER; besonders die Fortpflanzungsverhältnisse sind eingehend untersucht worden. Die Tiere häuten sich sehr oft, zehnmal, bevor die Geschlechtsreife eintritt. Die Eiplatten, die den Brutraum bilden, treten zuerst in der siebenten Häutung auf. Sie gehen vom zweiten bis fünften Brustsegment aus. Ein eigentlicher Brutraum ist nicht vorhanden; die Eiplatten der beiden Seiten stoßen nicht ganz zusammen, nur ihre Randborsten greifen ineinander; vorn und hinten ist die Bruthöhle offen; es ist demnach eigentlich nur ein offenes Rohr. Durch die Bruthöhle streicht ein ständiger Wasserstrom. Vor jeder Eiablage kommt es stets zu einer Häutung. Das Männchen ist bedeutend größer als das Weibchen und sitzt durch acht Tage auf dessen Rücken, bevor die eigentliche Paarung stattfindet. Die Samenübertragung erfolgt in der Weise, daß die zusammengelegten, pinselförmigen Abdominalbeine 8- bis 14mal in den Brutraum gestoßen werden; der Samen bleibt an der Bauchwand und den Eiplatten kleben (HEINTZE 1933). Die Eier treten nach der Paarung in den Brutraum aus und werden hier befruchtet. Sie sind sehr groß, wenn sie austreten, und von fast schwarzer Farbe. Ihre Zahl ist gewöhnlich nur gering. Exemplare aus dem Esromkanal hatten am 25. Januar 1935 bzw. 17, 19 und 26 Eier, aber in großen Exemplaren aus den Teichen des Strödam waren am 27. März bis zu 124 Eier gefunden worden. Die trächtigen Weibchen lassen sich stets an dem aufgeschwollenen Vorderkörper erkennen, der unten von den schwarzen Eiern dunkel ist. Die Eier fallen sehr leicht heraus, wenn man mit einer Nadel etwas in den Brutraum stochert. Ein Exemplar, das am 6. Dezember ein ungefurchtes Ei verloren hatte, gab im Aquarium bei Zimmertemperatur am 25. Februar Junge ab. Im Sommer soll die Entwicklung in 16 bis 17 Tagen durchlaufen sein. Ein Weibchen soll sich sechs- bis neunmal fortpflanzen. Im Sommer sollen sich die Tiere ungefähr jeden fünften bis siebenten Tag häuten, im Winter sehr viel langsamer (zehn Häutungen in 166 Tagen). Die im Winter und Frühjahr geborenen Jungen werden bei uns kaum vor dem Spätherbst geschlechtsreif, zu welcher Zeit die Hauptfortpflanzungsperiode eintritt. Die Lebensdauer dürfte sich bei uns kaum über ein Jahr erstrecken. Die Temperatur hat sicherlich einen großen Einfluß auf die Schnelligkeit, mit der die Würfe sich entwickeln. In Süddeutschland sollen sich die Tiere das ganze Jahr hindurch vermehren und nach drei Monaten geschlechtsreif werden; man meint, daß sie in Norwegen zwei Jahre bis zur Erreichung der Geschlechtsreife brauchen und im Jahr nur einen Wurf abgeben; man glaubt, daß sie hier zwei Jahre alt werden (DAHL 1915). Wie diese Verhältnisse in Dänemark liegen, weiß man nicht mit Sicherheit; die Fortpflanzungsperiode ist jedenfalls nicht jedes Jahr an allen Stellen nur auf den Herbst und Winter beschränkt.

Nicht selten sieht man, wie im Hochsommer an warmen Tagen die Gammariden in Mooren mit pflanzenfreier Oberfläche einander gleich unter dem Oberflächenhäutchen jagen. Ich habe den Eindruck gehabt, daß es die großen Männchen waren, die die kleineren Weibchen verfolgten. Die Tiere waren bei solchen Gelegenheiten in großer Anzahl auf einem ziemlich kleinen Raum beisammen.

Gammarus pulex DE GEER lebt in erster Linie von pflanzlichem Detritus, aber er ist wohl auch in hohem Grad Aasfresser; in ungeheuren Mengen sammeln sich die Tiere an faulenden Fischen, die ins seichte Wasser gespült worden sind. Sie finden sich namentlich im Winterhalbjahr scharenweise unter einzelnen Steinen, sie scheinen sowohl in braunen Moorlöchern als auch in unseren klarsten Seen gedeihen zu können. Sie gehen nicht sehr tief hinunter, kaum über mehr als 2 m; die Hauptmasse hält sich innerhalb des ersten Meters auf. Wenn man die Steine umwendet, so stürzen sie in Seitenlage davon oder graben sich in den Sand ein. Während sie in unseren klaren Seen zumeist von steingrauer Farbe sind, können sie häufig, wenigstens im Sommer, in unseren Moorwässern einen schönen, bläulichen Ton zeigen. Sie können lokal in so ungeheuren Mengen zugegen sein, daß sie die Fischnetze beschädigen, ja daß man sogar die Boote ans Land ziehen muß, damit diese nicht zu stark angenagt werden (DAHL 1915).

Außer in Seen und Mooren findet man *G. pulex* DE GEER auch in fließendem Wasser und in kalten Quellen; dagegen nicht, im Gegensatz zu *Asellus aquaticus* (L.), in stark fauligem Wasser, nicht in Buchenlaubtümpeln usw., wo *Asellus* gerade häufig vorkommt.

Untersuchungen, die unter andern von WUNDSCH (1922) durchgeführt worden sind, haben gezeigt, daß *Gammarus pulex* DE GEER sich an Stellen mit stark verunreinigtem Wasser finden kann, bloß muß der absolute Sauerstoffgehalt hinreichend hoch sein; weiter, daß er nicht so hochgradig, als man geglaubt hat, an kalkhaltiges Wasser gebunden ist. Nur wenn der Härtegrad über 2 liegt, kann *G. pulex* gedeihen. Geht der Kalkgehalt unter 9 bis 10 mg pro Liter herab, so verschwindet die Art.

In fischereibiologischer Hinsicht spielen die Gammariden, im Süßwasser *Gammarus pulex*, eine sehr hervorragende Rolle. Man hat deshalb sowohl in Deutschland als auch in Norwegen versucht, das Tier in Süßwässer einzusetzen, in denen es nicht vorkam, aber meines Wissens vorläufig ohne besonders gutes Ergebnis.

Eine andere Form ist *Pallasea quadrispinosa* G. O. SARS (Tafel 18, Fig. 2), die leicht daran kenntlich ist, daß die drei vorderen Hinterleibssegmente auf jeder Seite einen deutlichen, nach hinten gerichteten Dorn tragen. Sie ist übrigens auf den ersten Blick leicht an der Farbe zu erkennen. Sie ist gelbgrau, doch zeigt jedes Segment einen deutlichen, bräunlichgrünen Streifen. Sie ist der lebhafteste unserer Süßwasseramphipoden, ein ausgezeichneter Schwimmer, der sich nicht am Seegrund, sondern im Gürtel der submersen Vegetation unserer größeren Seen aufhält.

Sie kommt nur in größeren Seen vor; bei uns ist sie z. B. im Furesee und Esromsee eines der Charaktertiere der submersen Pflanzen in einer Tiefe von 4 bis 7 m; eine eingehendere Untersuchung wird sie wohl in allen größeren norddeutschen Seen nachweisen lassen. Innerhalb des ersten Meters kommt sie nicht oder nur ausnahmsweise vor; auch nicht draußen auf den tieferen, weichen Schlammablagerungen unserer Seen. Sie schwimmt zwischen den Wasserpflanzen herum und in den Aquarien findet man sie oft mit einem Beinpaar auf diese gestützt. Sie schwimmt stets mit dem Rücken nach oben und bewegt sich nicht in Seitenlage wie *G. pulex*; beim Schwimmen werden die drei letzten Abdominalsegmente im Verhältnis zu den übrigen Körpersegmenten, welche fast eine gerade Linie bilden, senkrecht abgebogen getragen.

Die Fortpflanzungsperiode fällt bei uns weit überwiegend in den Winter, zu welcher Zeit man auch die größten Individuen antreffen kann; Männchen messen bis zu 20 mm. Die Sommerindividuen sind fast immer bedeutend kleiner. Die Eizahl ist beträchtlich größer als bei *G. pulex*, zumeist 30 bis 40; aus deutschen Seen wird von einer noch größeren Eianzahl berichtet (100). Man kann im Winter Tiere sowohl von 8 bis 9 und 14 mm (Weibchen) antreffen und Männchen von 14 sowie 20 mm (EKMAN 1917). Das deutet darauf hin, daß die Art bei uns zweijährig wird.

Pallasea quadrispinosa SARS gehört zu jenen Formen, die in der Regel für ein marines Eiszeitrelikt gehalten werden; aber es muß doch darauf hingewiesen werden, daß *Pallasea* nicht eine einzige rein marine Art enthält. Die Gattung ist überwiegend lacustrisch; außer in allen Seen des ganzen Gebiets um die Ostsee, das vom spätglazialen Meer bedeckt war, findet man sie auch im Bottnischen und Finnischen Meerbusen sowie im nördlichen Teil der Ostsee. Sie ist vor allem eine östliche Art mit nahestehenden Arten im Baikalsee. Sie hat sich von hier über die großen Brackwassergebiete des spätglazialen Eismeers verbreitet und ist späterhin ein Relikt in den abgesperrten Seen geworden (EKMAN 1922).

Pontoporeia affinis LINDSTRÖM (Tafel 18, Fig. 3) ist eine arktische marine Form, die ohne nennenswerte morphologische Veränderungen während der Abschmelzungsperiode des Eises sich an das Leben in einer großen Menge von Seen, die sich gegenwärtig zur Ostsee entwässern, angepaßt hat. Sie ist hier als Eiszeitrelikt aufzufassen. Sie wird weiter auch im Kaspischen Meer und in Nordamerika gefunden. Sie ist in unserer heimischen Fauna unter den Süßwasseramphipoden leicht daran zu erkennen, daß die ersten Antennen kürzer sind als die zweiten. Sie ist ein recht kleiner Amphipode, nicht über zirka 8 bis 10 mm, ohne besonderen Größenunterschied zwischen Männchen und Weibchen. Als Farbe wird zumeist gelblich mit orangefarbenen Flecken und blaugrünen Kanten angegeben; die Art, die in Dänemark nur im Furesee nachgewiesen ist, ist hier schneeweiß ohne Farbenzeichnung. *P. affinis* ist ein ausgesprochenes Schlamm- und Modertier, das sich in den weichen Bodenablagerungen der tieferen Seen aufhält. Sie reicht namentlich im Winter hinauf bis zur Schalenzone, aber ihr eigentliches Zuhause ist außerhalb desselben. Im Vättern und aus Norddeutschland wird angegeben, daß die Fortpflanzungsperiode ausschließlich in den Winter fällt, hauptsächlich in den Februar bis April. Wenn die Tiere mit der Fortpflanzung beginnen, sollen sie zwei Jahre alt sein; Lebensdauer mindestens zweieinhalb Jahre.

SEGERSTRÅLE (1937 und 1938) hat gezeigt, daß die Tiere in der Fortpflanzungszeit pelagisch auftreten. Kurz nachdem sie ihre Fortpflanzungsaufgabe erfüllt haben, sterben sie ab. Wenn die Männchen ihr Reifestadium erreicht haben, nehmen sie keine Nahrung zu sich; die Mundteile werden dann auch teilweise verkümmert. In dem pelagischen Stadium dienen die Tiere dem Stint als Saisonnahrung (SEGERSTRÅLE 1938).

Gammaracanthus loricatus (SABINE) (Tafel 18, Fig. 4) ist ein ausgesprochen arktisches, marines Tier, das in einer besonderen Varietät, *lacustris*, in den großen, schwedischen Seen, im Ladoga und Mjösen gefunden wird; es gehört, wie die beiden vorhergehenden Arten, zu den in diesen Seen eingeschlossenen, marinen, glazialen Relikten. Das Weibchen wird im Süßwasser bis etwas über 3 cm lang, im Eismeer erreicht es fast 6 cm; das Männchen ist etwas kleiner. Diese große Form ist leicht daran kenntlich, daß die Ringe vom fünften Segment an in einen nach hinten gerichteten, scharfen Dorn auslaufen. Es ist eine Tiefwasserform, die im Vättern in einer Tiefe von zirka 50 m zahlreich vorkommt und bis 120 m hinabgeht. Die Fortpflanzungsperiode fällt merkwürdigerweise sowohl im Süßwasser als im Meer in den Sommer (August, September). Die Art ist jedenfalls zweijährig.

Niphargus. Sehr nahe verwandt mit *Gammarus* ist die Gattung *Niphargus*, sie weicht im wesentlichen von *Gammarus* nur dadurch ab, daß die Augen fehlen oder rudimentär sind, sowie daß die Nebenäste der ersten Antennen ein- bis zweigliedrig und nicht viergliedrig sind wie bei *Gammarus*; als Ersatz für die Augen ist die Ausstattung der Antennen mit Sinneshaaren sehr reichlich. Die

---

Tafel 19. Höhlenkrebse.

Fig. 1. *Coecosphaeroma Virei* DOLLFUS. Höhle im Jura. Fig. 2. Das gleiche Tier zusammengerollt. Fig. 3. *Stygodytes balcanicus* ABSOLON. 5 cm. Fig. 4. *Caecidotea stygia* PACK. Höhlenform. Virginien, Kentucky, Indiana. Fig. 5. *Thermosbaea mirabilis* MONOD. Aus warmen Quellen in Tunis. Ihr Platz im System sehr zweifelhaft. a_1 und a_2 erste und zweite Antennen; *c* Schild; *td* Darm; *pr VIII* achtes Brustsegment; *pl 1* bis *pl 5* erstes bis fünftes Hinterleibssegment; *a* After; *u* Schwanzbeine; *pl* Hinterleibsbeine; *p 5* fünftes Brustbein; *pm* Mandibelpalpe. Länge 2 bis 3 mm. Ernährung: Blaualgen. Fig. 6. *Phreatoicus assimilis* CHILTON; in Brunnen, Neu-Seeland. 10 bis 12 mm. Fig. 7. *Cruregens fontanus* CHILTON. Eine Anthuride aus Brunnen, Neu-Seeland. Zirka 12 mm. Fig. 8. *Lepidophthalmus servatus* FAGE. Sansibar. Höhlensee. 5 bis 6 mm. Fig. 9. *Troglocharis Schmidtii* BABIĆ. Höhlen in Krain. 4 bis 5 cm. Fig. 10. *Typhlocharis galilaea* CALMAN. Quelle beim Genezarethsee. 4 bis 5 cm. Fig. 11. *Palaemon cavernicola* KEMP. Assam. 5 bis 6 cm. — Fig. 1 und 2 nach RACOVITZA 1910. Fig. 3 nach CHAPPUIS 1927. Fig. 4 nach RICHARDSON 1905. Fig. 5 nach MONOD 1924. Fig. 6 und 7 nach CHILTON 1894. Fig. 8 nach FAGE 1924. Fig. 9 nach CALMAN 1909. Fig. 10 nach SPANDL 1926. Fig. 11 nach KEMP 1924.

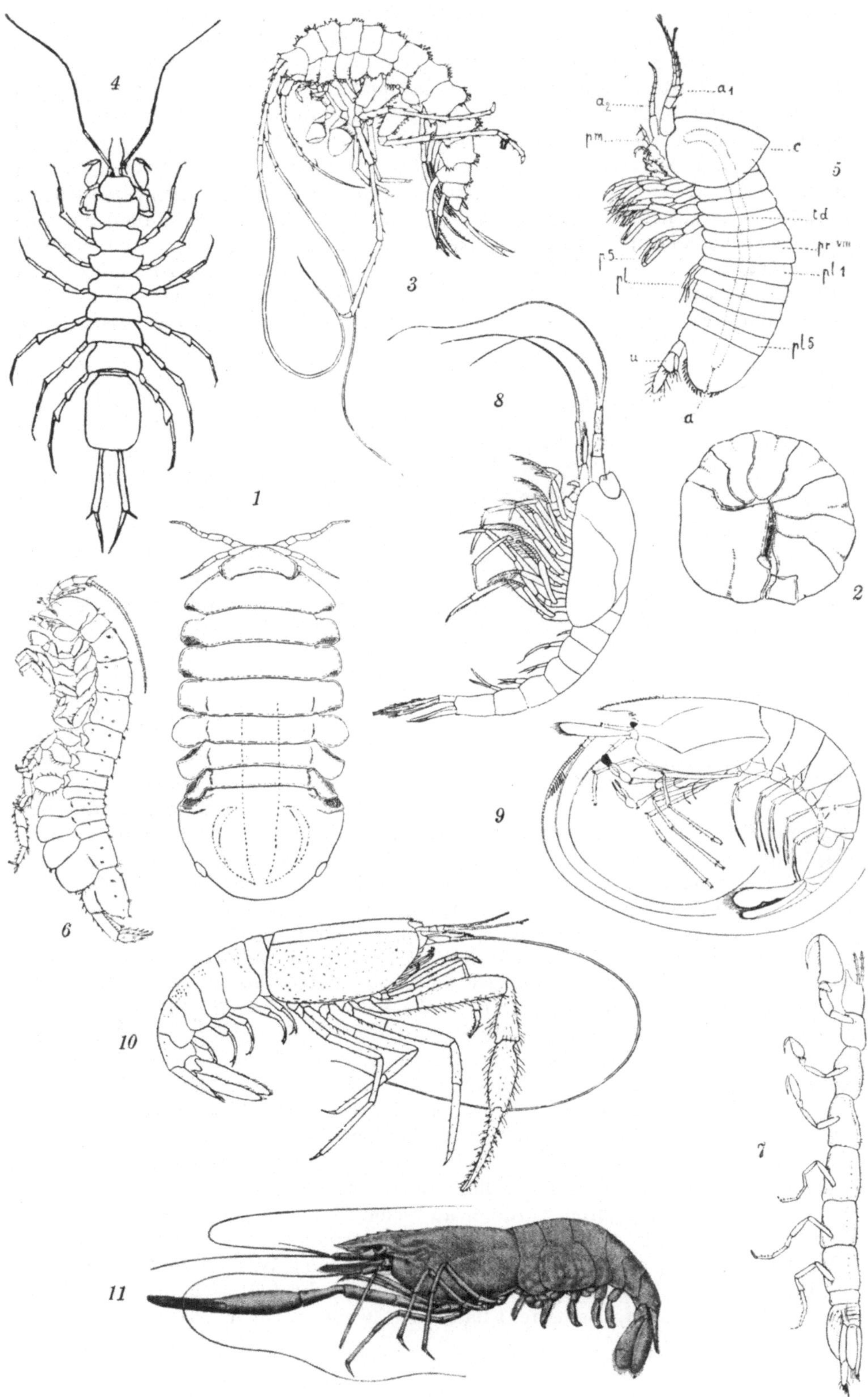
4
3
a2
a1
pm
c
5
td
pr vm
p 5
pl
pl 1
pl
pl 5
u
pl 5
a
8
1
2
6
9
10
7
11

Gattung *Niphargus*, von der gegenwärtig über ein halbes Hundert Arten aufgestellt worden sind (VOLTERRA D'ANCONA 1934), enthält überaus lichtscheue Tiere von weißer Farbe, entweder ganz ohne Augen oder mit Rudimenten von solchen. Sie wurde ursprünglich in den Hauptformen *N. puteanus* (KOCH 1835), *N. aquilex* (SCHIÖDTE 1851) und *N. stygius* (SCHIÖDTE 1847) in Brunnen und Höhlen gefunden; später in den größten Tiefen der großen Schweizer Seen, im Genfer See und Vierwaldstädter See, wo sie zu den häufigsten Bodentieren gehört. In Deutschland kennt man sie aus einer Anzahl Brunnen. Etwas später wurde sie auch oberirdisch, teils in Quellen, aber auch in Tümpeln gefunden, die mit Laub bedeckt sind und die in der einen oder anderen Weise mit unterirdischen Wasserläufen in Verbindung stehen; hier kann sie zu Hunderten auf 1 bis 2 qm vorkommen (MRAZEK 1927). Statt sie für ein Höhlentier zu halten, ist man gegenwärtig mehr geneigt, sie als Dunkeltier aufzufassen. Man geht wohl am richtigsten, sie mit SCHÄFFERNA (1927) für ein Relikt aus den Meeren der Tertiärzeit zu betrachten, das ihren Aufenthalt in die unterirdischen Wasserläufe verlegt hat, von wo sie sekundär dort und da und in einzelnen Formen an dunklen, kalten Örtlichkeiten auftritt. Eine sehr große Zahl von Höhlenformen kennt man von der Balkanhalbinsel (SCHÄFFERNA 1922; KARAMAN 1932).

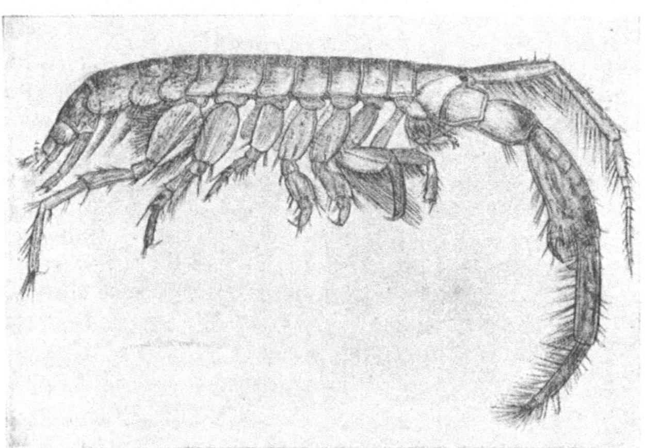

Abb. 683. *Corophium curvispinum* G. O. SARS in Seitenansicht. Nat. Größe 5,9 mm. (SARS 1895.)

Der Nachweis einer Art auf Helgoland und besonders auf Sylt, sowie der Nachweis, daß allein in Großbritannien drei *Niphargus*-Arten vorkommen, scheint die Möglichkeit zu eröffnen, daß man einmal vielleicht auch in Dänemark die Art finden könnte. Ich gestehe, daß ich zu diesem Zweck sowohl die Blaa-Quelle Jütlands als auch die Quellen des Gudenaa und Skernaa besucht habe, aber ich habe nicht das geringste von ihr entdecken können. Es ist möglich, daß sie besser in Quellen gesucht werden sollte, die an Stellen entspringen, wo die Kreide näher der Erdoberfläche liegt.

Corophium. C. curvispinum SARS. Wir werden in einem späteren Kapitel Gelegenheit haben, etwas näher die eigentümliche Wandermuschel *Dreissensia polymorpha* zu besprechen, die vom Kaspischen Meer durch die großen Flußläufe sich bis hinauf zu den Ostseeländern verbreitet hat. Ganz das gleiche scheint bei einem Amphipoden des Kaspischen Meeres der Fall zu sein, bei *Corophium curvispinum* (Abb. 683), der im Jahre 1895 von SARS beschrieben worden ist. Man betrachtete ihn für eine reine Meeres- und Brackwasserform, bis er 1901 bei Saratow in der Wolga in vollkommen reinem Süßwasser gefunden worden ist; in den folgenden Jahren wurde er an vielen Stellen in Rußland und auch in einzelnen Seen festgestellt; 1915 wird er aus einer Menge Flüsse angegeben (WUNDSCH), die in die Ostsee fließen, und 1930 von WOLSKI in den Wasserleitungen und den Filtrieranlagen von Warschau. Er hält sich überall hauptsächlich in Flüssen auf. Es besteht kaum ein Zweifel darüber, daß er sich ebenso wie *Dreissensia* auf der Wanderung nordwestwärts vom Kaspischen Meer her befindet. Merkwürdig ist das Vorkommen von *Corophium* im Plattensee, von wo er erst 1933 bekannt geworden ist. Das Tier tritt hier in ungeheuren Mengen auf, indem es seine Schlammröhren auf Pflanzen und Pfählen bildet (SEBESTYÉN 1934; Abb. 684).

Die Form gehört an gewissen Stellen zur sog. „Auffauna" („Paafauna" C. G. JOH. PETERSEN) der Pfähle. Am Grund gewisser Flüsse (WARTA) kommt sie in ungeheuren Mengen vor; eine aufgenommene Bodenprobe von 250 cm² ergab 172 Individuen, das sind 7680 pro Quadratmeter (WOLSKI 1930).

Höhlenfauna. Die Amphipoden sind diejenigen aller Krebsgruppen, welche das größte Kontingent von Höhlentieren gestellt haben. Die meisten Formen sind in den Balkanländern, in Süddeutschland und Frankreich zu Hause, aber überdies wird von zahlreichen Funden aus Japan und Nordamerika berichtet; einzelne Formen scheinen sich auf der Wanderung vom Kaspischen

Abb. 684. *Ceratophyllum*, Plattensee, mit Schlammaterial bedeckt, in dem die Corophien sich ihre Gehäuse gebildet haben. Die Art ist zuerst 1932 im Plattensee nachgewiesen, ist aber schon jetzt eine der Charakterformen des Sees. (SEBESTYÉN 1934.)

Meer und durch die großen russischen Flüsse zu befinden, wobei sie sich zu wahren Süßwasserformen umbilden; ein sehr großer Teil sind Dunkeltiere, weit überwiegend Höhlenformen, die jedoch mit Quellen und dem Grundwasser an die Oberfläche

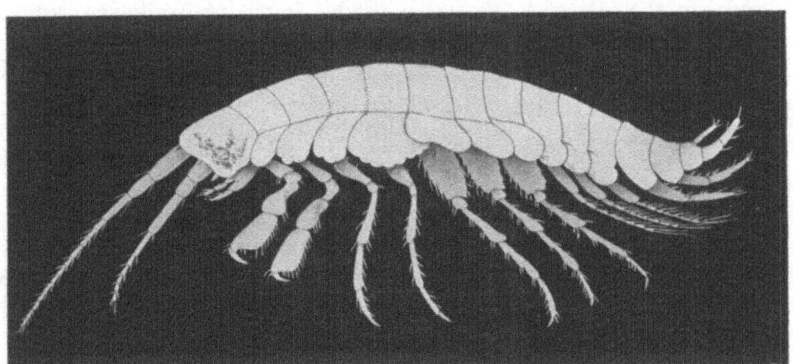

Abb. 685. *Crangonyx subterraneus* SP. BATE, aus Brunnen in der Nähe von Prag. Nat. Größe zirka 6,8 mm. (VEJDOVSKY 1896.)

gelangen. Wo an solchen Orten dürftige Lichtverhältnisse herrschen, gedeihen sie auch außerhalb der Höhlen. Diese ganze Fauna ist, soweit bekannt, in ganz Nordeuropa und auch in Dänemark unbekannt; sie ist in Norddeutschland in tiefen Brunnen nur schwach vertreten und begegnet uns eigentlich erst südlich der Alpen. Entweder hat das Eis sie fortgenommen oder sie hat sich, weil günstige Bedingungen fehlten, möglicherweise niemals weiter nach Norden verbreitet. Außer *Niphargus*, der oben besprochen worden ist, handelt es sich unter anderem um die Gattungen *Typhlogammarus, Synurella, Crangonyx* (Abb. 685), *Stygodytes* (Tafel 19, Fig. 3) u. a. (VEJDOVSKY 1896). Allen gemeinsam ist, daß sie entweder ganz blind sind oder nur ein sehr schwaches, gelbliches Pigment zeigen; weiter sind namentlich alle Gliedmaßen stärker behaart als bei den oberirdischen Formen; die Antennen und einige Brustbeine können enorm verlängert sein; mehrere erreichen eine bedeutende Größe (zirka 5 cm). Über ihre Fortpflanzungsverhältnisse wissen wir so gut wie gar nichts.

Lokale Seefaunen. Außer den bisher besprochenen Formen findet man in mehreren, sehr alten Seen eine Amphipodenfauna, die mit der besprochenen absolut nichts zu tun hat. Es handelt sich in erster Linie um den Baikalsee, der in seinen ungeheuren Tiefen allein die enorme Zahl von gegen 300 Arten von Amphipoden beherbergt; einige überaus große, wie *Branchyurops Grewenki* DYB., der 9 cm mißt; andere weißgelbe, wie den Planctonamphipoden *Constantia Branickii* DYB. (Tafel 18, Fig. 6). Ein paar andere dieser Formen sind auf Tafel 18, Fig. 7, 8, 9 abgebildet. Alle neueren Untersuchungen scheinen zu bekräftigen, erstens daß wir es hier mit den Resten einer uralten Süßwasserfauna der Erde zu tun haben, und zweitens, daß in diesen überaus alten Seen Zeit genug zu einer Abspaltung neuer Arten vorhanden war, mit anderen Worten, daß der Baikalsee in bezug auf diese Tiergruppe ein Bildungszentrum für neue Arten gewesen ist. Etwas Ähnliches gilt vom Ochridasee in bezug auf die Amphipoden, von welchen einige Arten mit denen des Baikalsees verwandt sind, und weiter in bezug auf die südamerikanische Gattung *Hyalella* (Tafel 18, Fig. 5), die namentlich im Titicacasee eine Reihe von Arten ausgebildet hat, die, soweit wir vorläufig wissen, streng auf diesen See oder wenigstens auf das umgebende Gebiet beschränkt sind. *Hyalella* gehört zur Familie *Talitridae*, ursprünglich Meerestiere, die an manchen Stellen, auch an unseren Küsten, sich zu einem großen Teil auf dem Land längs der Meeresküsten aufhalten, oft weit weg von diesen gelangen und wohl am ehesten von Landformen aus zur Ausbildung von Süßwasserformen übergegangen sind. Dagegen scheint es, wenn die Untersuchungen als abgeschlossen betrachtet werden dürfen, als ob die Amphipoden in einem anderen der ältesten Seen der Erde, im Tanganyikasee, keine Rolle spielen.

Die Amphipoden des Baikalsees zeichnen sich oft durch prächtige Farben aus: rot, gelb und blau. Es wird angegeben, daß sie ausgezeichnete Schwimmer seien, die sich jedoch zumeist in der Nähe des Bodens aufhalten. Merkwürdig ist, daß sie die Augen in den großen Tiefen nicht verloren haben. Einzelne von ihnen gehen zu gewissen Zeiten ins seichtere Wasser und auch in die Flüsse. DYBOWSKI hebt hervor, daß er sich nur vorstellen kann, daß die großen Jungen, die sich im Brutraum befinden, auf die eine oder andere Weise vom Muttertier ernährt werden müssen, unter anderem weil es ihm niemals geglückt ist, die aus dem Brutraum entnommenen Tiere am Leben zu erhalten, selbst wenn ihnen reichlich Nahrung geboten wird. Die Fruchtbarkeit bei einigen Arten ist sehr groß; bei einer Art, *G. Godlewskii* DYB., wurden 650 Eier gefunden.

Es mag hinzugefügt werden, daß BLANC (1905) eine *Caprella* aus dem Genfer See beschrieben hat, doch wurden sonst niemals Caprellen im Süßwasser gefunden, so daß die Angabe mit großem Vorbehalt hingenommen werden muß.

Eucarida.

Ordnung: **Decapoda.**

Ein Schild, das mit allen Brustsegmenten verwachsen ist, mit frei herunterragenden Seitenteilen; zwischen diesen und dem Körper eine Kiemenhöhle; gestielte Augen. Die drei vorderen Brustgliedmaßen Maxillarfüße, sie stehen im Dienste der Ernährung; von den fünf übrigen Brustbeinpaaren trägt das erste gewöhnlich eine große Schere; es ist zumeist stärker entwickelt als die übrigen Brustbeine; ihnen fehlt beim erwachsenen Tier fast immer der Außenast, aber er ist im Mysis-Stadium vorhanden. Dagegen findet man sehr oft einen Nebenast, der die Kiemen trägt, blattförmige Gebilde, deren Ränder zahlreiche Fäden tragen. Die Kiemen gehen auch von den Seiten des Körpers ab. Der Hinterleib steht bei den primitiven Formen, den Garneelen, im Dienste der Locomotion, bei den höher stehenden wird er in der Regel unter die Brust eingeschlagen getragen und dient vorzugsweise nur dem Schutze der Eier. Das letzte Paar Abdominalbeine bildet zusammen mit dem Telson einen breiten Schwanzfächer; bei den Krabben fehlt ein solcher; die übrigen Abdominalbeine sind stark reduziert; die beiden ersten sind bei den Männchen zumeist zu Paarungsorganen ausgebildet, bei gewissen Gruppen tragen die Abdominalbeine bei den Weibchen die Eier. Ein statisches Organ im Basalgliede der ersten Antennen. Entwicklung in der Regel mit Metamorphose und freilebenden Larvenstadien. Die Ordnung wird in schwimmende Decapoden („Garneelen") und kriechende Formen (Krebse und Krabben) eingeteilt.

Es ist in Europa schwer, sich vorzustellen, daß die Decapoden, die zehnfüßigen Krebse, im Süßwasser eine bedeutende Rolle spielen; hier in Europa sind sie ja fast ausschließlich durch die Flußkrebse vertreten, etwas ganz Ähnliches gilt für die gemäßigte Zone ganz Asiens und für den größten Teil von Nordamerika. Sobald man jedoch in die Tropen kommt, ändert sich das Bild. Hier bevölkern zahlreiche Garneelenformen die süßen Wässer; besondere Familien sind ganz an das Süßwasser gebunden und sind bei den Eingeborenen Gegenstand der Fischerei, ganz wie bei uns die Salzwasserformen. Während wir in Europa kaum mehr als sieben Süßwasserdecapoden zählen, sind allein im indischen Archipel zur Jahrhundertwende wenigstens 80 Arten nachgewiesen gewesen. Es sieht so aus, als ob sich die Flußkrebse und die Garneelen gegenseitig ausschließen würden; die Flußkrebse gehören im großen und ganzen der gemäßigten Zone an, die Garneelen den Tropen; als wichtiger Bestandteil kommt noch eine Reihe Krabben hinzu, einige, die ausgesprochene Süßwasserorganismen sind, andere, die als Landkrabben sich nur in der Fortpflanzungszeit in den Süßwässern aufhalten, um hier ihre Eier abzulegen.

Unterordnung: **Natantia.**

In den Tropen sowohl der neuen als auch der alten Welt kommen Garneelen mit der Hauptgattung *Palaemon* in einer großen Anzahl von Seen, Flüssen und Salzsümpfen vor; als einziger Repräsentant unserer Breiten muß die sog. Süßwassergarneele, *Palaemonetes varians* (LEACH), genannt werden, die in Brackwasser, in fast reinem Süßwasser, im Odensefjord, im Ringköbingfjord und an vielen anderen Stellen vorkommt. Wie bekannt, geben viele Meerestiere, wenn sie ins Süßwasser gelangen, die Verwandlung auf; BOAS (1890) hat in bezug auf *Palaemonetes varians* gezeigt, daß die Süßwasserform in dieser Hinsicht Tendenzen aufweist, insofern die Eier bei ihr größer sind als bei der Brackwasserform. Auch die Entwicklung ist verkürzt, indem das *Mysis*-Stadium fast unterdrückt ist.

Gewisse alte, tropische Seen, besonders der Tanganyikasee, scheinen ausgesprochene Entwicklungszentren für neue Arten von Süßwassergarneelen gewesen zu sein. Im Tanganyikasee gibt es z. B. nicht weniger als volle zwölf

Arten, die nur in diesem einen See sich finden. Von diesen ausgesprochenen Süßwassergarneelen verdienen besonders die zur Familie *Atyidae* gehörigen eine etwas eingehendere Besprechung. Die zwei vordersten Brustbeine, die bei den zehnfüßigen Krebsen normalerweise Scheren tragen, haben bei diesen Formen eigentümliche Pinzetten, die in sehr loser Gelenksverbindung mit dem vorhergehenden Glied stehen; sie sind weiters mit Säumen von langen Haaren ausgestattet. Diese Tiere sind nach den Angaben von FRITZ MÜLLER (1881) Schlammfresser. Die Haare dieser Pinzetten breiten sich, sowie sich die Pinzettenäste voneinander entfernen, fächerförmig aus. Wenn sich die Tiere auf dem Boden aufhalten, wirbeln die Haare unaufhörlich den weichen Schlamm zusammen oder sie fegen ihn von den Pflanzen ab; er sammelt sich zwischen den Pinzettenästen und wenn sich hier hinreichend viel angesammelt hat, wird die Pinzette zum Mund geführt und das Material abgenommen. Nach der Darstellung MÜLLERS scheint es, als ob sie auch Planctons einfangen könnten, indem angegeben wird, daß sie sich auf die Lauer legen, um die im freien Wasser schwebenden Nahrungspartikelchen zu ergreifen, die ihnen mit Hilfe der Außenäste der mittleren und hinteren Kieferfüße zugewirbelt werden (Abb. 686, 687).

Die Atyiden oder Süßwassergarneelen, wie sie zuweilen, aber nicht mit vollem Recht, genannt werden, weil nicht alle Süßwassergarneelen Atyiden sind, sind durch BOUVIER (1925) zum Gegenstand sehr eingehender Untersuchungen gemacht worden, der Ergebnisse von großer, allgemein zoologischer Bedeutung veröffentlicht hat. Es sind über 100 Arten beschrieben worden, die in ihren verschiedenen Abteilungen über die Antillen, die tropischen Teile Asiens, Neuseeland, Australien, das tropische Afrika, Mexiko und Südamerika verbreitet sind, im großen und ganzen also über den Tropengürtel rund um die Erde.

Ihr Vorkommen und ihre merkwürdige Lebensweise, nicht zum mindesten ihre Art des Nahrungserwerbs hat oft das Interesse der Forscher wachgerufen. Von ihrer Entwicklung weiß man, daß die meisten ihre freilebenden Entwicklungsstadien bewahrt haben, von anderen dagegen, daß sie, wie das bei so vielen Süßwasserorganismen der Fall ist, diese aufgegeben haben und die Entwicklung sich im Ei abspielt. Einige werden recht groß und erreichen eine Länge von 20 cm. Sie werden an mehreren Orten gegessen. Auf Guadeloupe und den Antillen werden sie Cacados genannt, aber da sie von allem möglichen Unrat leben, so wird betont, daß man sie nur genießen soll, wenn sie entfernt von den Städten gefangen worden sind. Man hält sie für die Ursache gewisser Epidemien, die den Flüssen entlang sich verbreiten, u. a. der Cholera von 1867.

Wenn die Untersuchungen über die Atyiden mehr als ein allgemein zoologisches Interesse erlangt haben, so geschah dies deshalb, weil durch sehr eingehende, auf einem großen Material fußende Untersuchungen in hohem Grad die Wahrscheinlichkeit gegeben zu sein scheint, daß gewisse dieser Formen gegenwärtig durch Mutationen von einer Form in eine andere umschlagen, so daß die Abkömmlinge eines Weibchens verschiedenen Gattungen zugehören können; dies Verhalten ist auch experimentell festgestellt. Die beiden Formen, *Caridina Richtersi* THALLWITZ und *Ortmannia Edwardsi* BOUVIER (Abb. 688 bis 693), entwickeln sich ohne Verwandlung. Bei der Gattung *Caridina* sind die beiden Äste der eigentümlichen Zwickzangen des ersten Brustbeinpaares ungefähr gleich lang und ebenso lang wie das Grundglied; bei der Gattung *Ortmannia* sind die beiden Äste äußerst kurz und viel kürzer als das Grundglied; es sind überdies noch mehrere andere Unterschiede vorhanden. Das Merkwüdige ist nun, daß das gleiche Weibchen beide diese Typen erzeugen kann, der eine gehört zur Gattung *Caridina*, der andere zu *Ortmannia*; aber nicht minder merkwürdig ist dies, daß Arten der Gattung *Ortmannia, O. Alluaudi* BOUVIER, gleichzeitig Individuen hervorbringen

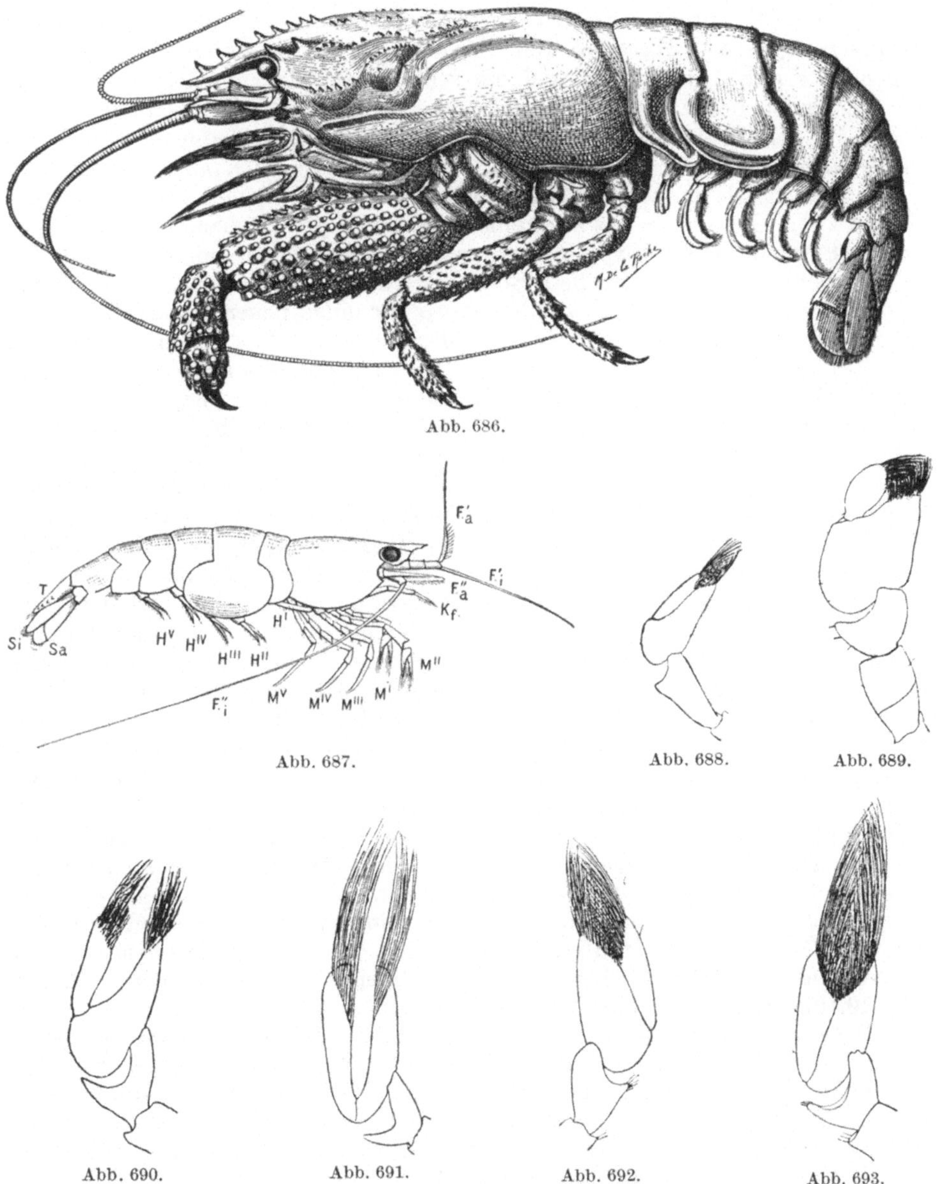

Abb. 686.

Abb. 687.

Abb. 688. Abb. 689.

Abb. 690. Abb. 691. Abb. 692. Abb. 693.

Abb. 686 bis 693. *Atyidae.* Eine eigenartige, überall in den Tropen vorkommende Garnelenfamilie. Abb. 686 und 688 bis 693 nach BOUVIER.

Abb. 686. *Atya crassa* SMITH. Tropisches Amerika. Man beachte die eigentümlichen Pinzetten am ersten und zweiten Beinpaar. Nat. Größe zirka 20 cm.

Abb. 687. *Atyoida potimerim* MÜLLER. Südamerika. $F'a$, $F'i$ Außen- und Innenast der ersten Antennen; Kf hinterer Kieferfuß; MI bis MV Brustbeine; HI bis HV Hinterleibsbeine; Sa, Si äußeres und inneres Blatt der Schwanzfüße; T Telson. $3\times$. (MÜLLER 1881.)

Abb. 688 bis 693. Die Pinzette des ersten und zweiten Brustbeines von Atyiden; die Bilder zeigen die eigentümlichen Mutationsvorgänge, die gegenwärtig innerhalb gewisser Arten erfolgen.

Abb. 688 u. 689. Die Pinzette von *Caridina Richtersi* THALLWITZ. Typisches ♂, desgl. Abb. 689 in der Mutation *Ortmannia Edwardsi* BOUVIER.

Abb. 690 u. 691. Die Pinzette Abb. 690 von *Ortmannia Alluaudi* BOUVIER; desgl. Abb. 691 in der Mutation *Atya serrata* SPENCE BATE.

Abb. 692 u. 693. Die Pinzette von *Ortmannia Alluaudi* BOUVIER und der atyiden Mutation *Atya serrata* SPENCE BATE. Die Pinzetten stammen von zwei Brüdern, die von dem gleichen Weibchen von *O. Alluaudi* abstammen.

können, die zu *O. Alluaudi* und zu Arten einer anderen Gattung, *Atya*, mit der Art *A. serrata* SPENCE BATE gehören; *Atya* weicht unter anderem durch die sehr dünnen Äste der Zwickzangen und die sehr langen Haarbüschel ab, die weit über die Enden der Äste hinausragen; das gleiche Weibchen produziert beide Typen. Ist eine *Caridina* zu einer *Ortmannia* geworden, so kann die *Ortmannia* nicht wieder zu einer *Caridina* werden, ebenso wie eine *Ortmannia*, die zu einer *Atya* geworden ist, in der nächsten Generation nicht in eine *Ortmannia* umschlagen kann. Man kann das auf keine andere Weise verstehen, als daß man es hier mit Formen zu tun hat, die sich gerade gegenwärtig in einem mutierenden Zustand befinden, in plötzlichen Sprüngen, durch Mutationen, neue Typen hervorbringen. Ein Verhalten wie dieses, wo wir einen neuen Typus durch eine plötzliche Sprungvariation aus einem anderen hervorgehen sehen, ist äußerst selten beobachtet worden, aber ganz ohne Parallele steht es doch nicht da. Ein mariner, zu den Euphausiden gehöriger Krebs, *Thysanoessa neglecta* KR., aus dem nördlichen Atlantik, tritt in zwei Formen auf, die man bisher geneigt war, zwei Gattungen zuzuweisen, einige zählten sie sogar zu zwei Familien; sie werden als *Rhoda inermis* KR. und *Thysanoessa neglecta* KR. bezeichnet; die Art ist nach den Untersuchungen von H. J. HANSEN (1911) in Wirklichkeit dimorph. Direkt läßt sich dieses Verhalten nicht mit dem der Atyiden vergleichen. Eher scheint mir das Verhalten mit dem Dimorphismus bei *Dytiscus* vergleichbar zu sein, wo gewisse Arten mit zwei Weibchenformen auftreten, glatten und gerieften, und andere Arten nur mit den gerieften und wo der Prozentsatz der beiden Formen mit der geographischen Lage der Fundstellen variiert, so daß die eine Form immer mehr hervortritt, je weiter man von Osten nach Westen geht. Man wird zur Annahme verleitet, daß auch hier das gleiche Weibchen bei gewissen Arten und in gewissen Gegenden zwei Weibchentypen zu erzeugen vermag, die Merkmale besitzen, welche an und für sich hinreichend wären, daß man sie für zwei Arten, wenn nicht für zwei Gattungen ansehen könnte.

Höhlenfauna. Nicht allein in die oberirdischen Wasserläufe sind die garneelenähnlichen Krebse eingedrungen. Eine nicht geringe Anzahl sind Höhlentiere geworden und unter diesen befinden sich einige, die stark von allen anderen bekannten Formen abweichen. Ihnen allen gemeinsam ist entweder vollständige Blindheit oder zum mindesten starke Reduktion der Sehorgane; solches ist der Fall bei dem in Höhlen in Assam vorkommenden *Palaemon cavernicola* KEMP (Tafel 19, Fig. 11); hierzu kommt eine starke Entwicklung der Sinneshaare und in der Regel eine bleiche Farbe. Oft liegen die Höhlenfundstellen nahe dem Meer und zuweilen gibt es Formen, die dem Brack- und Süßwasser angehören, wie *Palaemonetes varians* LEACH in Bächen in der Nähe von Höhlenmündungen.

Merkwürdig ist, daß eine so ausgesprochen marine Familie, wie die *Hippolytidae*, in Höhlen auf Kuba einen Vertreter, *Barbouria Poeyi* RATHBUN, besitzt; die *Palaemonidae*, die ja auch eine jener Familien darstellen, welche ein sehr großes Kontingent der Süßwasserfauna beigestellt haben, besitzen Repräsentanten in verschiedenen Höhlen, besonders auf Kuba und in Nordamerika. Eigenartig ist die vollständig blinde Gattung *Typhlocaris* (Tafel 19, Fig. 10), welche in Höhlen in Meeresnähe vorkommt und bisher immer nur in Mittelmeergegenden gefunden worden ist; eine Form davon, welche in einer Quelle in der Nachbarschaft des Tiberiassees lebt, ist den Beduinen so gut bekannt, daß sie von ihr als von den weißen Skorpionen sprechen. Es wird angegeben, daß die Stoffe, von denen diese Typhlocariden sowie auch andere Höhlentiere hauptsächlich leben, die Exkremente der Fledermäuse sind, die, wie bekannt, sich in vielen Höhlen in großen Mengen vorfinden. Auch die Familie *Atyidae* hat blinde Vertreter unter der Höhlenfauna (*Troglocaris Schmidti* BABIĆ; Tafel 19, Fig. 8).

Unterordnung: **Reptantia.**

Flußkrebs.

Die kriechenden Großkrebse des Süßwassers gehören den drei Familien an, den *Potamobiidae, Parastacidae* und *Potamonidae,* das sind die Flußkrebse und Krabben.

Die Flußkrebse gehören zu zwei Familien, zu den *Potamobiidae* und den *Parastacidae.* Die erstgenannte Familie, zu der unser Flußkrebs gehört, ist hauptsächlich über die nördliche Halbkugel verbreitet. Die Hauptgattungen sind *Potamobius (= Astacus)* in Europa, Westasien und Nordamerika, dann *Cambarus,* nur in der neuen Welt, vorzugsweise in Nordamerika, aber auch Kuba, endlich *Cambaroides* in Ostasien.

Die *Parastacidae* finden sich auf der südlichen Halbkugel, fehlen jedoch in Afrika; doch kommen sie auf Madagaskar vor; sie sind weit über Australien und Südamerika verbreitet. Durch die Zahl der Kiemen und deren Stellung unterscheiden sich die beiden Familien.

Potamobius (= Astacus) fluviatilis FABR. Der gewöhnliche Flußkrebs ist ein so wohlbekanntes Tier, daß eine nähere Beschreibung kaum nötig ist. Sein Aufenthaltsort sind wohl vorzugsweise Kleinwässer mit Baumwurzeln und steinigen Ufern, in deren Höhlen er sich den Tag über verborgen hält. In der Nacht geht er auf Raub aus und verzehrt alles, was in Reichweite seiner Scheren gelangt. Die Hauptnahrung bilden jedoch Fische und Frösche, aber er geht keinesfalls einem Tier aus dem Weg, das schon halb in Fäulnis übergegangen ist. Während der Häutungen, solange der Panzer weich ist, was zirka acht Tage dauert, verbirgt er sich in seiner Höhle. Im Sommer findet man jederseits des kompliziert gebauten Magens eine kreisrunde Kalkplatte; man nennt diese Platten Krebsaugen; sie bestehen aus kohlensaurem Kalk. Sie können ungefähr $^1/_2$ cm dick werden. Sie stellen ein Reservematerial dar, das verwendet wird, wenn ein neuer Panzer gebildet wird. Der Panzer bricht bei der Häutung an ganz bestimmten Stellen zwischen Brust und Abdomen und entlang den Beinen auf. Der Flußkrebs macht viele, aber mit dem Alter an Zahl abnehmende Häutungen durch; im ersten Lebensjahr acht, im zweiten fünf und im dritten drei. Hierauf tritt die Geschlechtsreife ein und, wenn diese gekommen ist, dann häutet er sich nur mehr einmal im Jahr (gewöhnlich im Juli). Die alte Haut wird gefressen. Der Samen wird bei der Paarung zum Teil am Schwanzfächer, zum Teil in der Nähe der Geschlechtsöffnung des Weibchens abgesetzt. Es werden reichlich Eier abgelegt, ungefähr 200, die sich an den Abdominalbeinen ankleben, aber es gelangt nur eine auffällig geringe Anzahl zur Entwicklung (zirka 20). Die Jungen halten sich mit Hilfe ihrer Scheren (Mai-Juni) durch zirka zehn Tage an den Abdominalbeinen fest. Sie gleichen dem Muttertier; wie viele Süßwassertiere, die von Meeresformen abstammen, zeigen sie keine Verwandlung. Nach Ablauf von drei Monaten sind sie 20 mm lang; die einjährigen Krebse sind ungefähr doppelt so groß, die zweijährigen zirka 9 cm. Die Lebensdauer kennt man nicht mit Sicherheit; es wird angegeben, daß sie immerhin 20 Jahre alt werden sollen. Die alten Krebse sind sehr groß; sie sollen eine Größe von zirka 16 cm erreichen. Bekannte Schmarotzer sind die Branchiobdellen (s. dort).

Ursprünglich war der Flußkrebs in Dänemark nicht heimisch; er ist hier Mitte des 16. Jahrhunderts von PEDER OXE eingeführt worden; auch nach Schweden wurde er eingeführt.

In vielen Ländern Europas hat der Krebsfang große wirtschaftliche Bedeutung. So liegen die Verhältnisse in Schweden, Deutschland, Frankreich und in anderen Ländern. In Frankreich hat Paris allein im Jahr 1868 sechs Millionen

Krebse im Wert von 400.000 Francs konsumiert. Auch Schweden und Deutschland können sehr hohe Zahlen verzeichnen, Schweden zirka um eine halbe Million Kronen jährlich (ALM 1929). Von der Mitte der Siebzigerjahre des vergangenen Jahrhunderts ab begann die verheerende Krebspest, welche in vielen Seen und Wasserläufen aller Länder, wo der Krebs häufig war, diesen in ungeheurer Zahl vernichtete. Als Ursache wird der *Bacillus pestis astaci* angegeben.

In Dänemark kommt nur der gewöhnliche Flußkrebs *Potamobius (= Astacus) fluviatilis* FABR. vor; er ist über ganz Europa verbreitet; weiter gegen Süden treten ein paar andere Arten auf. *P. torrentium* SCHRANK, der namentlich in Bergbächen zu Hause ist; er hat graue, nicht rotbraune Eier und die Jungen erscheinen schon im Mai. Die dritte Art, *P. pallipes* LEREB., ist im wesentlichen auf den südwestlichen Teil Europas beschränkt. Die drei Arten unterscheiden sich durch die Dimensionen des Brustpanzers und des Stirnstachels. Im südöstlichen Teil Europas treffen wir auf eine stärker abweichende Art, *P. leptodactylus* ESCHHOLTZ, die mit den langen, schlanken Scheren leicht kenntlich ist. Sie ist eine Balkanform, kommt jedoch auch in Galizien und Rußland vor. Obwohl sie eher größer ist als unser gewöhnlicher Flußkrebs, wird sie infolge der geringeren Menge Fleisches in den Scheren nicht so sehr geschätzt.

Nachdem die Krebspest stark unter den europäischen Flußkrebsen aufgeräumt hatte, versuchte man in Deutschland amerikanische *Cambarus*-Arten einzuführen (*C. affinis* SAY). Man ist jedoch davon wieder abgekommen. Sie werden nicht als so große Delikatessen angesehen wie der gewöhnliche Flußkrebs („Edelkrebs") und von einer weiteren Einfuhr wird abgeraten, weil sie, wo sie sich finden, den Edelkrebs zu verdrängen scheinen (LEHMANN und QUIEL 1927).

Die Flußkrebse sind nicht allein auf Europa beschränkt; abgesehen von den Polargegenden und dem nördlichen Teil der gemäßigten Zone finden sie sich in großen Teilen der Erde; den eigentlichen Tropengürtel scheinen sie zu scheuen; hier werden sie durch die Garneelen ersetzt. Aber man trifft sie auf der südlichen Halbkugel wieder. Doch muß bemerkt werden, daß, abgesehen von Madagaskar, die Flußkrebse in Afrika fehlen. Ein besonderes Verbreitungsgebiet stellt Nordamerika dar mit den Hauptgattungen *Astacus* und *Cambarus*. Die beiden Gattungen kommen nicht zusammen vor. *Astacus* findet sich westlich von den Rocky Mountains, *Cambarus* tritt im Osten auf. Dieser findet sich hier in über 50 Arten. Von einem Untersucher wird angegeben, daß man bei einer gewöhnlichen Exkursion bis auf sechs verschiedene Arten stoßen kann. Die verschiedenen Arten leben unter äußerst verschiedenen Verhältnissen, in Seen, Bächen und Flüssen. Viele leben lange Zeit des Jahrs in selbstgegrabenen Löchern in feuchter Erde. Die Gänge können mehr als metertief sein, sind am Grund ausgeweitet und enthalten hier Wasser; darüber befindet sich ein Absatz, auf dem der Krebs sich aufhält (E. B. WILLIAMSON 1907). Einige von ihnen bauen Schornsteine über ihren Höhlen auf.

Über die Lebensweise von *Cambarus affinis* SAY liegt eine sehr eingehende Untersuchung von ANDREWS (1904 bis 1907) vor (Abb. 694 bis 699). Die Paarung erfolgt im späten Winter oder zeitig im Frühjahr, vielleicht auch im Herbst. Das Sperma wird in einen äußeren Samenbehälter übertragen, im Gegensatz zu unserem Flußkrebs; die Paarung dauert zwei bis zehn Stunden. Das Weibchen liegt auf dem Rücken, das Männchen hält mit seinen Brustbeinen alle Beine des Weibchens fest. Man kann die Tiere in dieser Stellung sogar in kochendes Wasser werfen, ohne daß das Paar sich trennt. Die männliche Geschlechtsöffnung ragt als ein kurzes Rohr von der Basis des fünften Beinpaares empor; der ausfließende Samen wird von den ersten und zweiten Abdominalbeinen aufgefangen und in den äußeren Samenbehälter übergeleitet, den sog. Annulus, eine verkalkte Partie

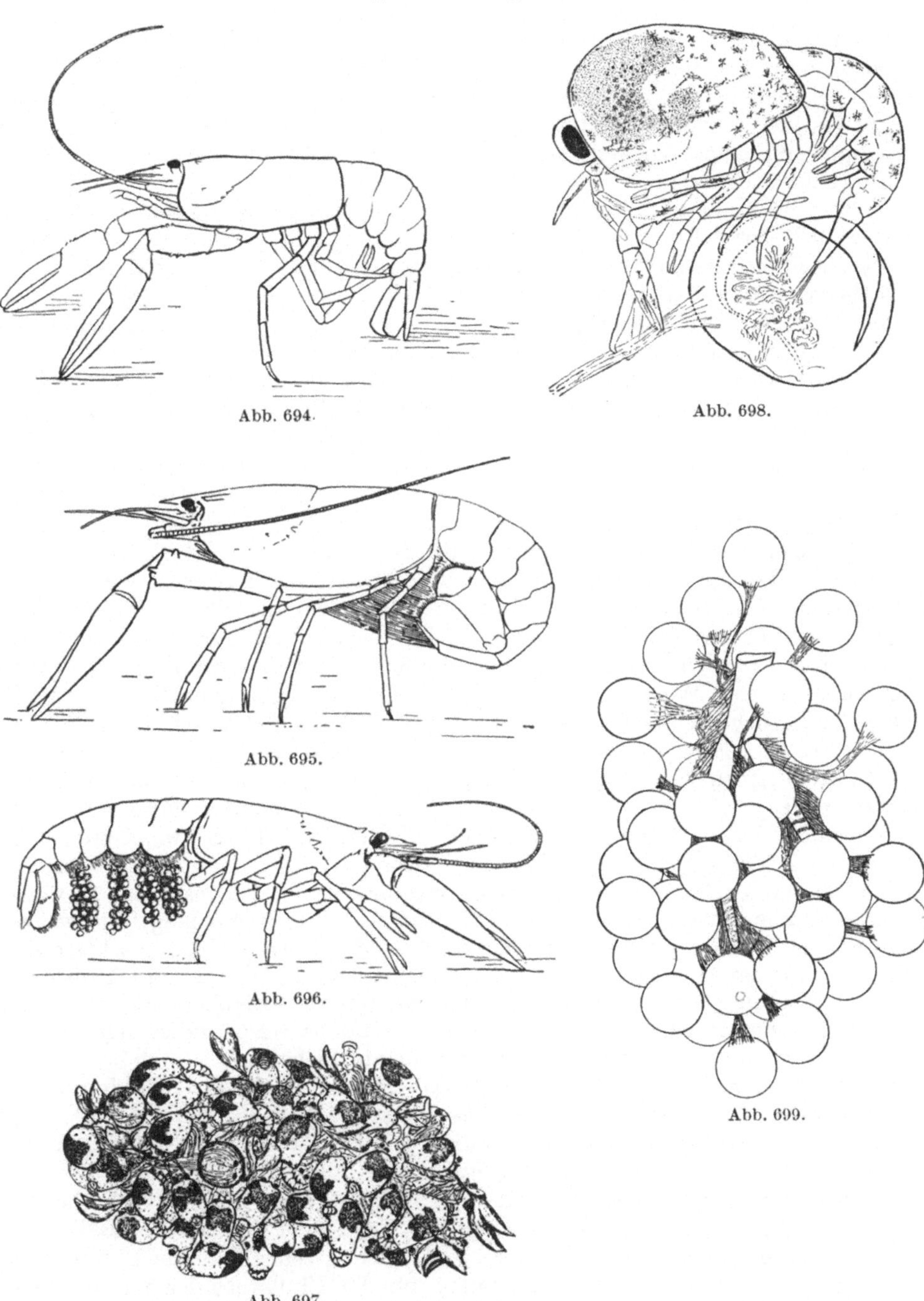

Abb. 694.

Abb. 698.

Abb. 695.

Abb. 696.

Abb. 699.

Abb. 697.

Abb. 694 bis 699. *Cambarus affinis* SAY. Nat. Größe 115 bis 130 mm. Alle nach ANDREWS 1904 und 1907.

Abb. 694. Vor der Eiablage reinigt das Weibchen den Hinterleib mit seinen Klauen.

Abb. 695. Weibchen nach der Eiablage, auf den Spitzen seiner Klauen stehend, der Hinterleib ist stark nach vorne gekrümmt.

Abb. 696. Das Weibchen die Eier „lüftend", die Abdominalbeine vor und rückwärts schwingend.

Abb. 697. Die Abdominalbeine mit Jungen bedeckt; erstes Stadium, 48 Stunden alt.

Abb. 698. Die Larve noch in der Eischale festsitzend.

Abb. 699. Die Abdominalbeine mit Eiern bedeckt, zirka 20 Stunden nach der Ablage.

an der Unterseite der Brust zwischen dem vierten und fünften Brustbeinpaar. Der Annulus hat die Gestalt einer länglichen Ellipse mit einer Vertiefung; darüber liegt bei den befruchteten Weibchen ein Klumpen überflüssigen Spermas, der drei bis vier Wochen daran hängen bleibt, später jedoch abfällt. Die Eiablage beginnt erst einige Wochen nach der Paarung; nicht selten sterben die Männchen sehr bald nachher ab.

Ehe die Eiablage beginnt, reinigt das Weibchen die Hinterleibsbeine außerordentlich sorgfältig mit den hinteren Brustbeinen (Abb. 694), die äußeren Glieder sind dazu als Kämme und Reinigungsapparate besonders angepaßt. Die Eiablage erfolgt hauptsächlich in der Nacht. Dabei liegen die Weibchen auf dem Rücken, das Abdomen wird nach vorn geschlagen. Von den Cementdrüsen fließt eine Sekretmasse auf die Bauchseite des Weibchens ab und in diese werden die Eier abgegeben. Diese treten in kurzer Zeit gesammelt aus und werden in den Raum aufgenommen, der von dem nach vorn gerichteten, breiten, entfalteten Schwanzfächer gebildet wird. Das Weibchen liegt einige Stunden, nachdem die Eier ausgetreten sind, ständig auf dem Rücken; hierauf wendet es sich um. Es stellt sich dann auf die Beinspitzen und wiegt sich hernach eine Zeitlang in regelmäßigen Zwischenräumen seitlich hin und her (Abb. 695). Durch diese Bewegungen werden die Eier mit Hilfe des Sekrets an den Hinterleibsfüßen befestigt. Das Sekret wird in Fäden, die Eistiele, ausgezogen, welche die Eier festhalten. Die Anzahl der Eier wird mit 400 bis 600 angegeben. Sie bleiben bis zum Auskriechen befestigt. Das Weibchen sucht dunkle Stellen auf und oft sieht man es sich erheben, die Abdominalbeine mit den Eiern schwingen und ihnen so frisches Wasser zuführen (Abb. 696). Die eigentliche Befruchtung der Eier kann nicht beobachtet werden, aber sie werden wahrscheinlich befruchtet, sowie sie an dem oben erwähnten Annulus vorbeikommen. Das Schlüpfen der Eier ist in hohem Grad von der Temperatur abhängig, im April-Mai braucht es dazu in der Regel zirka sechs Wochen. Die jungen Larven (Abb. 697 u. 698) sind mit ihren Scheren an den Eistielen befestigt, mit der Schwanzspitze sitzen sie noch in der Eischale fest. Während der ersten zwei Häutungen verbleiben sie noch auf dem Muttertier; erst später beginnen sie ihr eigenes Leben zu führen. Wenn sie die Mutter verlassen, sind sie zumeist zirka 8 mm lang. Sie wachsen im ersten Sommer bis auf 5 cm heran. Die Männchen werden geschlechtsreif, lange bevor das Wachstum abgeschlossen ist, schon im Herbst, im Oktober; von den Weibchen glaubt man jedoch, daß sie mit der Eiablage nicht vor dem dritten Sommer beginnen. Wie viele Fortpflanzungsperioden das einzelne Individuum aufweist, darüber weiß man nichts Sicheres.

Vor kurzem hat DEVENTER (1937) eine eingehende Schilderung der Lebensweise von *Cambarus propinquus* GIRARD gegeben. Die Art soll hauptsächlich einjährig sein; nur wenige Individuen werden zweijährig und ganz ausnahmsweise erreichen einige drei Jahre.

Zur Gattung *Cambarus* gehören auch Höhlenkrebse, die mit Sicherheit nur aus Nord- und Mittelamerika bekannt sind. Es handelt sich um eine Reihe mehr oder weniger blinder, pigmentloser, weißlicher Arten. Von einer von ihnen, *C. pellucidus* TELLKAMPF, dem bekannten, blinden Flußkrebs der Mammuthöhle, weiß man, daß sie sich im Herbst paart; die jungen Tiere findet man nur im Frühjahr.

Während die *Potamobiidae* die nördliche Halbkugel bevölkern, gehören die Flußkrebse der südlichen Halbkugel zur Familie *Parastacidae*, mit Arten, die über Südamerika und Madagaskar, im besonderen jedoch wohl über Australien und Tasmanien verbreitet sind. Auch zu dieser Familie gehören ausgesprochen grabende, vollkommen terrestrische Formen *(Engaeus)* mit reduzierten Kiemen

(Smith 1911); zu ihnen gehört der größte aller Krebse, *Astacopsis Franklinii* Gray aus Tasmanien, der in ganz kleinen Wasserläufen vorkommt und ein Gewicht von zirka 4 kg erreicht. Er ist nicht viel kleiner als der europäische Hummer.

Krabben.

Auch die Krabben haben ihr Kontingent an das Süßwasser abgegeben. Sie zeigen sich zuerst in den Mittelmeergegenden und gehören sonst den Tropen an. Es handelt sich vor allem um die Familie *Potamonidae (= Telphusidae)* und *Sesarmidae.* Die Hauptart *Telphusa fluviatilis* Latr. ist vom Albaner See bekannt und schon bei Aristoteles wird von ihr berichtet. Ihre Heimat sind die Mittelmeerländer. Sie hält sich zumeist in fließendem Wasser auf, wo sie sich zwischen Steinen und Pflanzen verbirgt. Eine beträchtliche Anzahl Arten ist überall in den Tropen verbreitet, sie kommen in Wasserfällen, an Seeufern, wo sie ihre Höhlen graben, in Moospolstern usw. vor. Eine einzige Art lebt sogar in den kleinen Wasseransammlungen der Bromeliaceen (Jamaika). Der Tanganiikasee beherbergt mehrere Arten, die nur hier anzutreffen sind.

Mehrere Arten gehen hoch ins Gebirge hinauf, besonders die *Sesarmidae* auf den Sundainseln, die mindestens bis 1700 m hinaufreichen; beide Familien besitzen auch Vertreter auf dem Land.

Die *Wollhandkrabbe Eriocheir sinensis* Milne-Edw. In den letzten Jahren sind große Teile Mitteleuropas mit einer merkwürdigen Plötzlichkeit von einem Neueinwanderer überschwemmt worden, dessen ursprüngliche Heimat weit weg im fernen Osten liegt. Es ist die chinesische Wollhandkrabbe, *Eriocheir sinensis* Milne-Edw. (Abb. 700 bis 702). Sie ist eine recht große Krabbe; der Rückenschild des erwachsenen Tiers mißt 6 bis 7 cm in der Länge und fast 9 cm in der Breite. Da die Taschenkrebse sehr gern gegessen werden, hätte man glauben können, daß man über die neuen Einwanderer hätte erfreut sein sollen. Aber niemand mag ihr Fleisch und, da es sich um ein schädliches Tier ersten Ranges handelt, hat man überall, aber bisher ohne besonderes Glück, sich gegen sie zu wehren versucht. Sie gehört zur Abteilung der catometopen Krabben. Wie alle Mitglieder der Gattung ist sie ursprünglich in Ostasien zu Hause, sie bewohnt ganz Nordchina und geht wenigstens bis Schanghai nach Süden; die übrigen Arten sind japanisch und chinesisch.

Ganz plötzlich zeigte sie sich 1912, indem sie das ganze dazwischenliegende Landgebiet übersprungen hat, in der Aller, einem kleinen Nebenfluß der Weser. Sie zog sofort infolge ihres merkwürdigen Aussehens die Aufmerksamkeit auf sich. Die großen Scheren sind nämlich sowohl beim Männchen als auch beim Weibchen mit einer sehr dichten, filzigen Schicht langer Haare überzogen, eine Eigenschaft, die sich bei keiner anderen Krabbe unserer Gewässer wiederfindet. Im übrigen gleicht sie zum Teil der gewöhnlichen Strandkrabbe, aber der Schild ist nicht oval wie bei dieser, sondern vier- bis sechseckig. Man faßte den Fund zuerst als ein Kuriosum auf, aber im Verlauf der nächsten zehn Jahre bekam man eine andere Meinung. Im Jahr 1927 begann eine Masseneinwanderung die Elbe stromaufwärts. In den nächsten 10 Jahren verbreitete sie sich über Belgien und ganz Norddeutschland; sie ging 500 km den Rhein und 700 km die Elbe stromaufwärts. Sie befindet sich jetzt auf der Einwanderung nach Dänemark; sie ist in Dänemark (Jensen 1936), Finnland und Schweden nachgewiesen. Seit 1928 begannen die Fischer in der Elbe über sie zu klagen. In einer einzigen Reuse fing man 500 kg; man schätzt, daß im Jahr 1931 unterhalb Hamburg 125.000 kg gefangen worden sind; sie breitet sich ständig aus und ihre Zahl nimmt ständig zu. Auf mancherlei Weise ist sie ein schädliches Tier ersten Ranges; sie bildet allem voran einen Nahrungskonkurrenten, ganz besonders

Abb. 700.

Abb. 701.

Abb. 702.

Abb. 700. Die Wollhandkrabbe *Eriocheir sinensis* H. MILNE EDWARDS. Männchen in Rückenansicht. (PETERS und PANNING 1933.)

Abb. 701. Männchen in Bauchansicht. (PETERS und PANNING 1933.)

Abb. 702. Weibchen in Bauchansicht. Nat. Größe. Länge des Rückenschildes zirka 75 mm. (PETERS und PANNING 1933.)

in bezug auf die Muscheln, deren zertrümmerte Schalen überall gefunden werden, wo sie auftritt. Es ist auch konstatiert worden, daß die kleinen Kugelmuscheln die eine so große Rolle als Fischnahrung spielen, dort, wo sie in Mengen auftritt, abnehmen. Außerdem greift sie die Fische in den Reusen und Netzen an, zerreißt sie mit ihren Scheren und richtet auch damit großen Schaden an. Aber noch auf eine ganz besondere Weise ist sie zu einem Schädling geworden. Wie andere Krabben gräbt sie sich ein, aber dies in stärkerem Ausmaß als unsere eigenen, heimischen Krabben. Sie gräbt sich tiefe Gänge in die Flußufer (Abb. 703 u. 704), an

Abb. 703.

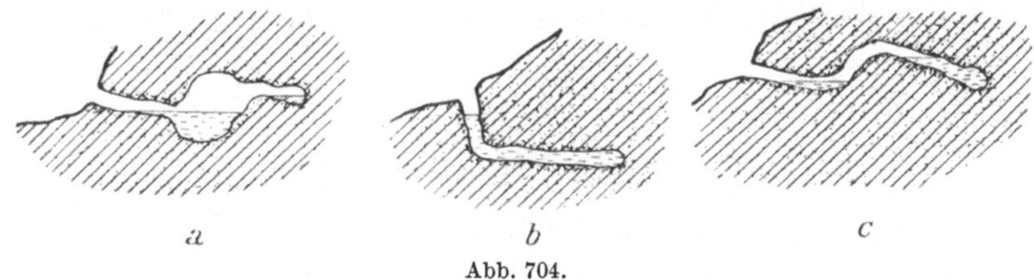

Abb. 704.

Abb. 703. Ufer eines Elbearmes, durch die Wollhandkrabbe verwüstet. (PETERS und PANNING 1933.)
Abb. 704. Gänge der Wollhandkrabbe in den Uferböschungen. (PETERS und PANNING 1933.)

manchen Stellen werden bis zu 30 Löcher auf den Quadratmeter gezählt. Das bringt es mit sich, daß die Ufer ihren Halt verlieren, daß sie einstürzen, das Flußbett breiter wird, Erde verlorengeht und die Gefahr von Überschwemmungen bei Hochwasser ständig zunimmt.

Man hat die verschiedensten Vorschläge gemacht, um die Krabbe möglichst auszunutzen; als Nahrungsmittel für den Menschen ist sie nicht geeignet; ihr Wert als Düngemittel ist nicht hoch genug; als Schweinefutter taugt sie nicht, da die Schweine sie wohl fressen, aber dabei an Gewicht abnehmen; pulverisiert können die Krabben als Fischfutter in Forellenteichen Verwendung finden, aber auch das stößt auf gewisse Schwierigkeiten. Das Tier bleibt bei uns ein reiner und ausgesprochener Schädling, bei dem man überall in Europa alles daransetzen muß, um es zu bekämpfen. Vögel und Bisamratten, wo solche vorkommen, tun das ihrige, aber es bleibt vor allem Sache des Menschen, den Kampf selbst aufzunehmen. Dazu ist als erstes eine genaue Kenntnis der Biologie des Tiers notwendig; Untersuchungen darüber sind in den letzten Jahren begonnen worden (PETERS und PANNING 1933). Die jungen Krabben von 1 bis 4 cm sammeln sich im Winter im tiefen Wasser der Flußmündungen; hierauf beginnen sie die Wanderung stromaufwärts. Im Mai-Juni lösen sich die Herden auf, gehen an die Ufer, in das seichte Wasser, in die Kanäle und Gräben. Sie befinden sich unaufhörlich auf Wanderschaft; man glaubt, daß die Reise von der Elbe-mündung bis Dresden mit großen Unterbrechungen in der Nacht und in den Wintermonaten drei bis vier Jahre in Anspruch nimmt. Sind sie erwachsen, so beginnt die Wanderung zurück zum Meer. Diese Wanderung der großen Krabben setzt im Sommer ein und ist gegen den Dezember abgeschlossen. Die Strömung hilft dabei mit, die Rückreise geht deshalb weit rascher vonstatten als die Einreise. In vielem erinnert die Biologie des Tiers an die Wanderungen des Aales in das Süßwasser. In den Flußmündungen sind dann Männchen und Weibchen in ungeheuren Mengen vorhanden. Hier erfolgt die Paarung, und die Weibchen erzeugen eine enorme Zahl von Eiern, je zwischen 270.000 und 920.000. Aus den Eiern gehen die normalen Krabbenlarven hervor, die Zoëa-Stadien, die die Flußmündungen aufzusuchen scheinen. Die Weibchen gehen nach der Paarung ins Meer hinaus, die Männchen folgen ihnen später nach. Ob sie hier absterben oder ob sie wieder einwandern, weiß man nicht.

Von diesen Kenntnissen ausgehend, hat man besonders die Mengen junger, aufsteigender Krabben zu vernichten versucht. Man baut Wege, Schleusen und zwingt damit die Krabben in Fanggruben hinein. Auf diese Weise werden große Mengen vernichtet, an einem Ort bis zu 5 Tons in einem Tage; dennoch ist der Kampf gegen sie noch immer sehr schwierig.

Wie die Krabbe nach Europa gekommen ist, kann nicht mit Sicherheit gesagt werden. Daß dies durch Vermittlung von Schiffen geschehen ist, steht außer Zweifel. Man glaubt, daß es am ehesten möglich ist, daß sie die lange Reise in den Ballasttanks eines Schiffes überstanden hat. Näheres darüber weiß man nicht.

Klasse

Arachnida (Spinnentiere).

Ordnung: Acarina (Milben).

Unterordnung: Trombidiformes.

Parasitengona.

Fam. Hydrachnidae (Wassermilben).

(Tafel 20, 21, 22.)

Die *Arachnida* oder Spinnentiere sind ganz vorzugsweise Landtiere; äußerst wenige sind Meerestiere, darunter die Milbenfamilie *Halacaridae*. Süßwasserorganis-men sind nur die Süßwassermilben, die gewöhnlich als Hydrachniden bezeichnet werden, von den echten Spinnen die Wasserspinne *Argyroneta aquatica* CL. sowie einzelne Arten von *Halacaridae*; nur einzelne Hydrachniden sind marin. Die Süß-wassermilben werden zur neunten Ordnung der *Arachnida*, den *Acarina* = Milben gerechnet. Diese werden (VITZTHUM 1931) in eine Reihe Unterordnungen geteilt, auf die wir nicht eingehen wollen, da sie nicht dem Süßwasser angehören. Die uns betreffende Unterordnung ist die vierte, die *Trombidiformes*, von denen die eine Abteilung Prostigmata u. a. dadurch gekennzeichnet ist, daß die Atemöffnungen auf dem Rüssel liegen; außer anderen Unterabteilungen enthält sie die *Parasitengona*, die hauptsächlich parasitierende Larven besitzen, und die *Pleuromerengona*. Zu den ersteren gehören die Erdmilben (die Familie *Trombidiidae*) und nicht weniger als 31 andere Familien; diese 31 Familien wurden in früherer Zeit unter dem Namen *Hydrachnidae* zusammengefaßt. Die *Pleuromerengona* enthalten nur die *Halacaridae*.

Wir wollen im folgenden die 31 Familien unter der gemeinsamen Bezeichnung Wassermilben oder *Hydrachnidae* zusammenfassen und nach deren Besprechung uns kurz mit den Süßwasserrepräsentanten der Familie *Halacaridae* beschäftigen.

Man geht wohl richtig, wenn man sagt, daß es O. F. MÜLLER war, der in seiner sehr bekannten Arbeit: „Hydrachnae", 1781, die Grundlage zu unserer Kenntnis der Wassermilben gelegt hat. In dieser Arbeit sind zirka 50 Arten beschrieben; eine recht große Zahl konnte dank der ausgezeichneten Tafeln wiedererkannt werden. Wichtige Beiträge hat C. E. v. BAER (1827) geliefert, der zeigte, daß die roten, birnförmigen Gebilde auf Wasserwanzen und Wasserkäfern nicht Eier, sondern Larven sind; weiter CLAPARÈDE (1868), der die Entwicklung der eigentümlichen Muschelschmarotzer, der Ataciden, aufklärte; sie sind später von WALCOTT (1899) untersucht worden. Eine große Anzahl von Forschern hat in den letzten Dezennien ihre Anatomie studiert (THOR 1903, THON 1906), ihre postembryonale Entwicklung (W.-L. 1918, LUNDBLAD 1927); die Milbenfauna des fließenden Wassers und besonders der alpinen Gewässer (THOR, WALTER 1922, MOTAS 1928); die Paarungsverhältnisse (VIETS 1914 und LUNDBLAD 1929). Das System ist ständig umgebildet worden (KRAMER 1893, PIERSIG 1897, THOR 1900, KOENIKE 1910, VIETS 1926 und 1936), ist aber immer noch wenig zufriedenstellend. Wichtige größere systematische Werke sind: PIERSIG, Deutschlands Hydrachniden in: Zoologica 1897; SOAR und WILLIAMSON, British Hydracarina in: Ray Society 1925; KOENIKE in der Süßwasserfauna Deutschlands 1909. Die dänische Fauna ist von LUNDBLAD (1920, 1926, 1930) sorgfältig studiert worden.

Niemandem, der sich einigermaßen mit den Tieren des Süßwassers beschäftigt hat, können die Hydrachniden oder Wassermilben entgangen sein. Was immer man untersucht, Teiche, Quellen, Flüsse oder Seen, man wird immer wieder auf Vertreter dieser Gruppe stoßen. Diese kleinen, vorzugsweise kugelrunden Tiere, die oft scharlachrot gefärbt oder durch elegante Zeichnung auffallend sind, haben schon lange die Aufmerksamkeit auf sich gelenkt. Diese wuchs, als man einiges von ihrer eigenartigen Entwicklung kennenlernte, ein Gebiet, auf dem noch gegenwärtig mit großem Eifer gearbeitet wird. Ihre Organisation, die mancherlei Eigentümlichkeiten aufweist, gestaltete das Interesse nicht geringer.

Eine Reihe Familien mit der Familie *Limnocharidae* an der Spitze zeigen so nahe Verwandtschaft mit den Erdmilben, den *Trombidiidae*, daß man wohl jedenfalls mit einigem Recht diese als den Ausgangspunkt betrachten darf; für die übrigen glaubt man, in einer anderen Milbengruppe des festen Landes, den *Rhyncholophidae*, diesen suchen zu dürfen. Es sind in der jüngsten Zeit mehrere Systeme aufgestellt worden, von welchen VIETS (1926 und 1936) das am meisten durchgearbeitete geboten haben dürfte; er stellt 15 Familien auf. Es würde sicherlich viel zu weit führen, wenn wir versuchen wollten, die Aufstellung dieser Familien oder ihr gegenseitiges Verwandtschaftsverhältnis klarzulegen. Vertreter der meisten von ihnen werden im anatomischen Abschnitt oder unter der Entwicklung besprochen werden.

Die Wassermilben oder Hydrachniden bilden in vieler Hinsicht eine recht eigenartige Gruppe. Sie sind wie die Lungenschnecken oder die Wasserinsekten Tiere, welche vom Lande ins Wasser eingewandert sind; einige von ihnen tragen noch deutliche Spuren ihres Ursprunges an sich. Während die beiden anderen Tiergruppen in ihren Respirations- und Bewegungsorganen zahlreiche Anpassungen an das Leben im Süßwasser aufweisen, ist bei den Wassermilben in bezug auf ihre Respirationsorgane, soweit bisher bekannt, diesbezüglich wenig zu finden. Eine sehr große Anzahl sind kriechende Bodentiere; die meisten sind schlechte Schwimmer, und nur von einer einzigen, *Atax crassipes* (O. F. M.) kann man sagen, daß sie ein Planctonorganismus sei, da sie es unter Anwendung des Prinzips des Querschnittswiderstandes zustande gebracht hat, ihre Fallgeschwindigkeit herabzusetzen.

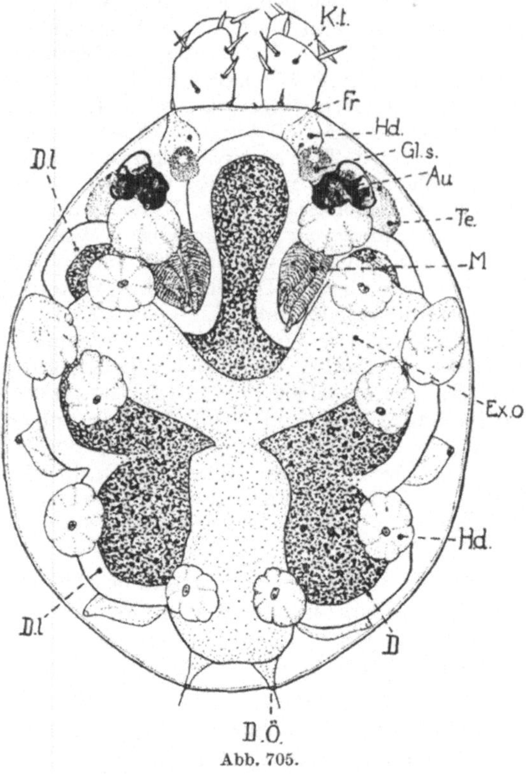

Abb. 705.

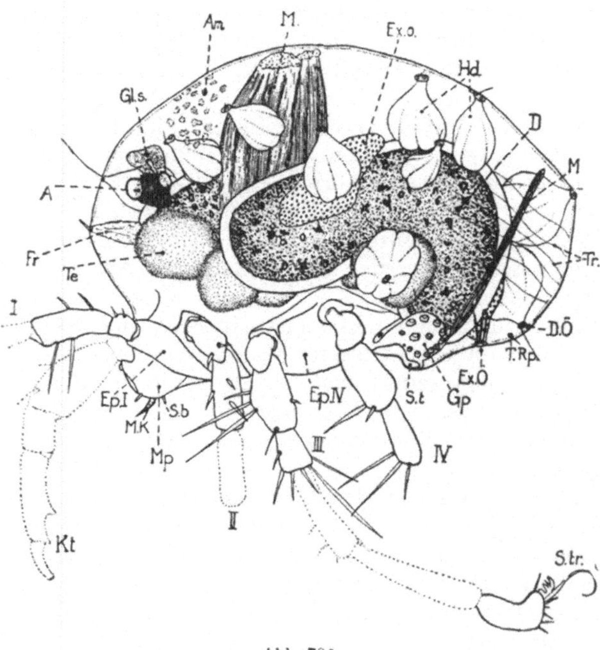

Abb. 706.

Der Körper ist ungegliedert, zumeist etwas flachgedrückt, bei einzelnen Formen seitlich kompreß.

Bei den meisten Formen ist die Haut dünn, bei gewissen (*Diplodontus*, Tafel 20, Fig. 4) mit Papillen bedeckt; oft finden sich Chitinbildungen der verschiedensten Größe und Art ausgebildet (siehe Tafel 20 u. 21); es entstehen damit Schilder oder Chitinplatten, die in regelmäßiger Anordnung dem Rücken entlang liegen. Ferner kommen Formen vor, deren ganzer Körper mit einem einheitlichen großen Panzer bedeckt ist (Tafel 21, Fig. 1 u. 2), so wie das bei den Gattungen *Arrhenurus* (Tafel 21, Fig. 6 bis 7), *Mideopsis* und *Brachypoda* der Fall ist. Die *Arrhenurus*-Arten können allein schon an diesem Panzer erkannt werden, indem diese Tiere, wenn man sie zwischen die Finger nimmt, sich wie kleiner, fester Grieß anfühlen. Doch kann man bei allen zwischen einem Rücken- und einem Bauchpanzer unterscheiden, die in der Regel gegeneinander beweglich sind; bei *Arrhenurus* haben sie jedoch alle gegenseitige Beweglichkeit verloren. Der Bauchpanzer ist immer größer, bildet die Seitenteile des Tieres und ist vom Rückenpanzer durch einen deutlichen Saum getrennt. Charakteristisch für den *Arrhenurus*-Panzer ist weiter eine große Zahl Poren.

Abb. 705. *Piona longicornis* (O. F. M.) in Dorsalansicht.

Abb. 706. Das gleiche Tier, Seitenansicht. *Fr* Frontalorgan; *Hd* Hautdrüsen; *Gl. s.* Speicheldrüsen; *Au* Doppelauge; *Te* Teile des Hodens; *M* Muskeln; *Ex.O* Exkretionsorgan; *D* Darm; *D.Ö* Ausmündung von Hautdrüsen; *Dl* Teile des Darmes; *Kt* Kieferpalpen; *Am* Amöbocyten; *Tr.* Tracheen; *T.Rp.* Sinnesorgane; *Gp* Genitalplatten; *S.t* Samenbehälter; *I* bis *IV* erstes bis viertes Beinpaar; *Mp* Maxillarplatte; *S.b* Sinnesborste; *Ep. I* bis *IV* erste bis vierte Epimerenplatte. (HALIK 1929.)

Den Hydrachniden eigentümlich sind die großen Drüsenkomplexe (Abb. 705 u. 706), die bei den Erdmilben nicht vorkommen. Sie liegen immer dorsal, und zwar gewöhnlich in vier Reihen angeordnet; sie lassen sich als punktförmige Einsenkungen der Haut erkennen. Die Mündungen sind oft von Chitinschildchen umgeben. Über ihre Bedeutung ist man sich nicht klar.

Die vier Beinpaare sind sechsgliedrig; in kaum einem anderen Organ der Wassermilben spiegelt sich ihre Lebensweise so deutlich wider wie in diesen. Bei Formen, die in reißenden Bergbächen und in kalten Quellen zu Hause sind, sind sie zumeist Klammerorgane; bei Bodenformen, wie *Limnochares*, sind sie Kriechbeine (Tafel 20, Fig. 1), in beiden Fällen sind reichliche Stachelbildungen und sehr oft stark entwickelte Krallen vorhanden. Bei den schwimmenden Formen finden sich gewöhnlich größere oder kleinere Teile mit Schwimmhaaren

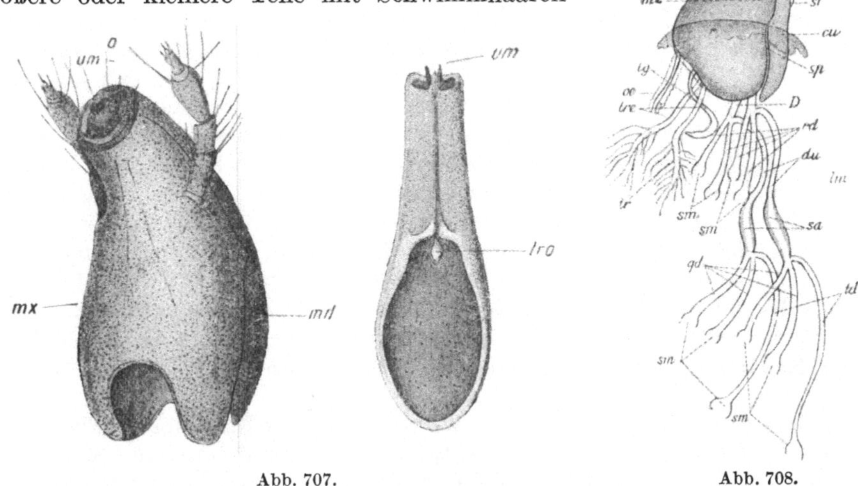

Abb. 707.   Abb. 708.

Abb. 707 u. 708. Mundteile einer Hydrachnide.

Abb. 707. Maxillarorgan von *Limnochares aquatica* (L.), von der Bauchseite und von oben gesehen. *mx* Maxillarplatte mit Palpen und Mandibel *md*; *um* deren Haken; *o* Mundöffnung; *tro* Stigma. (THON 1906.)

Abb. 708. Maxillarorgan von *Limnochares aquatica* (L.) in Seitenansicht. *mx* Maxillarplatte; *P* Palpe; *mth* Mundöffnung; *ci* daran sitzende Haare; *sf* Mandibelhaken; *dmx* Begrenzung der Maxillen gegen die Mandibeln *md*; *st* Stigma; *cu* Verbindung der Kutikula mit dem Körper; *sp* Raum zwischen Mandibel und Maxille; *D* Hauptausführungsgang der Speicheldrüse; *qd, rd, du, td* Ausführungsgänge von Drüsen; *sa, sm* Ausweitungen an diesen; *tre* Tracheen; *oe* Ösophagus. (VAN VLEET 1897.)

besetzt (Tafel 20, Fig. 4, 7, 11 u. a.); diese sind sehr häufig am kräftigsten auf dem letzten Beinpaar entwickelt, und zwar besonders am dritt- und vorletzten Glied, aber es gibt Gattungen, die wie *Eylais* gerade am vierten Beinpaar gar keine Schwimmhaare besitzen. Das vierte Beinpaar steht oft im Dienst der Fortpflanzung und zeigt beim Männchen verschiedene Bauverhältnisse, die beim Festhalten des Weibchens bei der Paarung Verwendung finden (Tafel 21, Fig. 3). Das dritte Beinpaar steht gleichfalls im Dienst der Paarung, indem es, wenigstens bei gewissen Gattungen, die Spermatophoren oder die Spermamassen aus der Geschlechtsöffnung des Männchens herauszieht und sie auf oder in die weibliche Geschlechtsöffnung bringt. Gewöhnlich endigen die Beine mit zwei hakenförmigen Krallen, die bei gewissen Formen auf dem letzten Beinpaar fehlen können (*Limnesia*, Tafel 20, Fig. 7). Bei dem ausgesprochenen Planctonorganismus *Atax crassipes* (O. F. M.) sind eigentliche Schwimmhaare nur sehr schwach entwickelt, die Beine sind mit langen, steifen Stacheln besetzt, die zurückgelegt und senkrecht zur Längsachse des Beins ausgespreizt werden können (Abb. 741); sie tragen dazu bei, daß das Tier, im Wasser schwebend, der Fallgeschwindigkeit entgegenarbeiten kann. Die Beine sind an den sog. Hüftplatten, Epimeren, eingelenkt (s. Tafel 20 u. 21), flachen Chitinplatten von sehr verschiedener Form und Größe. Sehr häufig wachsen je zwei mehr oder weniger zusammen, so daß zwischen dem zweiten und dritten Epimer ein Zwischenraum entsteht, und sie können noch weiter verschmelzen zu einer einzigen, großen Platte, und diese wieder mit dem Bauchpanzer. Zur Bestimmung der Hydrachniden werden vielfach mancherlei wichtige Eigenschaften der Epimeren, ihre Form, Größe und die Art, wie sie verwachsen sind, herangezogen.

Die Mundteile bestehen aus dem sog. Maxillarorgan, das von den verwachsenen Maxillen gebildet wird. Darin liegen die Mandibeln, die gewöhnlich gegenseitig beweglich sind; zuweilen sind sie verwachsen. Die Mandibeln sind zweigliedrig, sie bestehen aus einem Basalglied und einer beweglichen Kralle. Das Maxillarorgan trägt fünfgliedrige Palpen, deren Bau systematische Bedeutung besitzt. Es kann nach vorn in einen Rüssel (Rostrum) ausgezogen sein. An der Spitze befindet sich die Mundöffnung. Die Mandibeln sind an den sog. Luftsäcken befestigt, die in Verbindung mit dem Tracheensystem stehen. Die Mundteile sind in erster Linie saugend und stechend, aber sie sind auch imstande, die Beute zu zerteilen. Innerhalb der einzelnen Abteilungen besitzen sie übrigens ein sehr verschiedenes Aussehen, was darauf hindeutet, daß die Nahrungsaufnahme nicht überall auf die gleiche Weise erfolgt. In Abb. 707 u. 708 ist eine der Typen abgebildet. Die Palpen werden zum Ergreifen der Beute verwendet, und mit ihnen haken sich die Tiere oft an den Pflanzen fest. Von den Männchen werden sie häufig zum Ergreifen und Festhalten der Weibchen gebraucht. Ohne auf die verschiedenen Typen der Mundteile näher einzugehen, sollen hier nur ein paar Erwähnung finden, die jeder für sich als besondere Typen betrachtet werden können.

Bei *Limnochares*, derjenigen Form, die von allen den Erdmilben am nächsten steht, findet sich ein langer, konischer Rüssel. Die Mandibeln sind verwachsen und bilden so den Dorsalteil des Saugrüssels, während der Ventralteil von den Maxillen gebildet wird. Das Vorderende des Rüssels ist eine runde Scheibe, die reichlich mit Sinneshaaren ausgestattet ist; die Palpen sind sehr klein und ragen nur um weniges über die Spitze des Mundkegels hinaus. Der Rüssel weist übrigens die Eigentümlichkeit im Bau auf, daß er infolge der großen Weichheit des Tiers so weit zurückgezogen werden kann, daß er dann gleichsam im Körper versenkt erscheint, ein Verhalten, das sich kaum bei den andern Milben wiederfindet.

Ein Typus, der dem beschriebenen sehr ähnlich ist, kommt bei den *Hydryphantinae* vor. Hier ist auch ein konischer Rüssel vorhanden, aber die Palpen sind hier lang, kräftig und sehr auffallend. Außerdem ist das letzte Glied der Mandibeln, wie es bei den Wassermilben die Regel ist, zu einer sichelförmigen Kralle umgebildet.

Ein anscheinend ganz anderer Typus begegnet uns bei der großen Mehrzahl der Wassermilben (mit einem älteren Begriff als *Hygrobatinae* bezeichnet). Hier ist nämlich das Maxillarorgan nicht in die Länge gezogen. Der Rüssel ist ganz kurz; die Größe und Form der Palpen variiert außerordentlich von Gattung zu Gattung, sie sind aber jedenfalls immer sehr gut entwickelt.

Bei den *Eylainae* findet man ganz eigenartige Mundteile, die sich nur mit Schwierigkeit auf die oben erwähnten Typen zurückführen lassen.

Was endlich die Mundteile der Gattung *Hydrachna* anbelangt, so haben wir es hier mit einem ganz andern Typus zu tun (Abb. 710). Er weicht so stark von dem der andern Wassermilben ab, daß man gemeint hat, die Hydrachnen hätten einen von den andern Milben abweichenden Ursprung. Man hat ihre nächsten Verwandten in der Familie *Rhyncholophidae* und nicht in der Familie der *Trombidiidae* zu erkennen geglaubt. Die Mandibeln sind nämlich hier nicht zweigliedrig und das äußerste Glied nicht krallenförmig, sondern eingliedrig und stilettförmig. Die sehr kräftigen Palpen sind besonders durch ein großes Grundglied charakterisiert. Man weiß gegenwärtig nichts darüber, wie diese merkwürdigen Mundteile arbeiten. Meines Wissens sieht man niemals eine *Hydrachna* ihre Beute aussaugen. Man hat behauptet, sie seien Pflanzenfresser, aber direkte Beobachtungen fehlen.

Die Respirationsorgane (Abb. 708 u. 709) sind von sehr eigentümlichem Bau; die Wassermilben gehören zu den sog. prostigmaten Milben, das sind solche, deren einzige zwei Atemöffnungen (Spirakel) auf dem Maxillarorgan sich befinden. Sie führen durch zwei Haupttracheenröhren in große, chitinisierte Luftkammern, die im Maxillarorgan liegen. Vom hinteren Teil dieser Kammern entspringen zwei Tracheenhauptstämme, die sich weiterhin im Körper zu einem feinen Netz verzweigen. Dieser Typus kommt bei allen näher untersuchten Wassermilben vor; nur bei den in Muscheln schmarotzenden *Atax*-Arten fehlen die Tracheen. Obwohl man einigermaßen Kenntnis vom Bau des Tracheensystems besitzt, fehlt doch jedes Verstehen, wie es funktioniert. Man sieht niemals die Milben wie andere, mit Tracheen und Stigmen ausgestattete Tiere an die Wasseroberfläche kommen, um Luft zu holen. Niemals sieht man eine Wassermilbe mit ihrem Rüssel den Wasserspiegel durchstechen; nichtsdestoweniger ist das Tracheensystem immer mit Luft gefüllt; wir haben aber keine Ahnung davon, woher die Luft genommen wird, noch auch, wie sie erneuert wird oder was sie für den Organismus bedeutet. Vielleicht hat die Luft in erster Linie eine hydrostatische Bedeutung, doch kann ein Respirationsorgan von solchem Bau sehr wohl auch respiratorische Bedeutung besitzen. Das Verhalten ist das gleiche wie bei der Wasserspinne, *Argyroneta*. Die Tracheen sind Kapillaren, in die das Wasser infolge der Oberflächenspannung nicht eindringen kann. Kommt es zu einem Sauerstoffschwund in den Tracheen, so entsteht eine Differenz im Sauerstoffdruck innen und außen, die bewirkt, daß Sauerstoff aus dem Wasser in die Tracheen diffundiert. Daß die Stigmen bei den Hydrachniden geschlossen sind, bietet keine Schwierigkeit, da der Sauerstoff mit Leichtigkeit durch die dünne Oberflächenhaut eindringen kann. Schwierig zu beantworten ist nur die Frage, woher die Luft im Tracheensystem ursprünglich stammt. In dieser Hinsicht bietet die Atmung bei Argyroneta keine Schwierigkeiten, da die jungen Spinnen in der Luftglocke die nötige Respirationsluft vorfinden; etwas Derartiges ist aber bei den Hydrachniden nicht der Fall.

Im Jahre 1919 wies ich nach, daß *Limnochares*-Nymphen ihren Rüssel in weiches, luftgefülltes Pflanzengewebe einbohren; andere (DUGÉS 1934, UCHIDA 1932 bis 1934) haben das gleiche für andere Formen *(Hydrachna, Piona)* nachgewiesen. Es schien mir der Gedanke naheliegend zu sein, daß, da die Spirakeln auf dem Rüssel sitzen und dieser in luftgefülltes Pflanzengewebe eingebohrt wird, das für verschiedene Insektenlarven (*Donacia*, Mücken, Fliegen, Rüsselkäferlarven) den Lieferanten von Luft darstellt, dieses luftgefüllte Gewebe möglicherweise auch den Hydrachniden als Quelle für die Luftversorgung dienen könnte. Ich vermute dies noch immer, und das um so mehr, als diese festsitzenden Nymphen in kurzer Zeit so merkwürdig ballon- oder birnförmig anschwellen und eine vom entwickelten Tier ganz verschiedene Gestalt bekommen. Man sieht das namentlich an *Limnochares* deutlich. Wir können diesbezüglich noch folgendes hinzufügen: Am 23. Mai 1935 wurde in einem kleinen Teich bei

Hilleröd eine große Nymphe von *Hydrachna geographica* O. F. M. gefangen; sie wurde in ein Aquarium mit Wasserpflanzen gebracht. Am 25. Mai wurde sie mit ins Pflanzengewebe eingebohrtem Rüssel angetroffen. Ich ließ sie bis 3. Juni sitzen; dann machte ich sie los und sah dann, daß sie augenblicklich emporstieg. Sie war ausgesprochen überkompensiert; sobald man sie hinunterdrückte, stieg sie sofort wieder wie eine Luftblase in die Höhe. Daß sie vor der Befestigung entschieden unterkompensiert war, darüber ist kein Zweifel vorhanden. Weiter ist es nicht unangebracht, festzustellen, daß den Ataxiden, die in Muscheln leben und deren Nymphen sich niemals an Pflanzen festsaugen, das Tracheensystem fehlt und daß sie sich wahrscheinlich mit Hautatmung begnügen. Es war mir überdies das zweite Nymphenstadium der Milben, das Teleiophan-Stadium, stets ein Rätsel. Es erscheint mir nicht unwahrscheinlich, daß es u. a. die Bedeutung haben kann, die Milben mit frischer Luft zu versorgen, ehe der geschlechtsreife Zustand erreicht wird. Will man nicht die Pflanzenluft als Quelle der Tracheenluft bei den Milben gelten lassen, so hat man keine andere Möglichkeit, als sich zu denken, daß sie selbst diese in die Tracheen sezernieren. Meines Wissens kennt man kein Beispiel, daß Wassertiere mit Tracheenröhren — nicht Tracheenblasen — dazu imstande sind. Ich muß die Berechtigung meiner Auffassung noch immer behaupten, selbst wo LUNDBLAD (1927, S. 395) sie sehr kategorisch zurückweist; nicht zum mindesten, weil sie in erster Linie mit der oberflächlichen Begründung zurückgewiesen wird, daß die Stigmen nicht offen seien. Es ist doch eine bekannte Tatsache, daß die Luftdiffusion sehr wohl durch dünne Häute (Tracheenkiemen) vor sich gehen kann und vielfach auch vor sich geht. Die nicht minder kategorische Behauptung, daß die Anheftung der Nymphen auf den Pflanzen nur eine äußere sei, zeigt nur, daß LUNDBLAD sich niemals die Befestigungsweise näher angesehen hat, welche auch andere beobachtet haben, und daß er nicht verstanden hat, daß die Nymphen nicht ständig mit dem Rüssel auf der Pflanze befestigt zu sein brauchen. Er hat offenbar niemals *Limnochares* allein mit dem Rüssel, und so tief mit diesem in der Pflanze befestigt gesehen, daß man sie herausziehen muß, um sie freizubekommen, und wohl auch nicht, daß alle vier Beinpaare frei ins Wasser ragen.

Es ist kaum zweifelhaft, daß auch die Hautatmung eine wesentliche Rolle bei der Respiration spielt; von keiner Hautpartie kann jedoch gesagt werden, daß sie in dieser Hinsicht besonders umgebildet sei; sehr vieles in der Haut scheint namentlich bei manchen stark gepanzerten Formen obendrein dagegen zu sprechen. Was für die Bedeutung der Haut als Respirationsorgan spricht, ist der Umstand, daß man sehr oft beobachten kann, wie die Wassermilben, wenn das Wasser in den Gefäßen schlecht wird, unaufhörlich das hinterste Beinpaar nach vorne und hinten schwingen; es sieht so aus, als wollten sie der Haut durch diese schwingenden Bewegungen ständig frisches Wasser zuführen. Jedermann, der mit Wassermilben gearbeitet hat, wird diese Bewegungen gesehen haben.

Der Verdauungstraktus (Abb. 705 u. 706, 709) besteht aus einer von der Mundhöhle ausgehenden Speiseröhre, deren muskulöser Teil zumeist als Pharynx bezeichnet wird; er liegt im Rüssel und wirkt als Saugpumpe, welche die Flüssigkeit des Opfers durch die Speiseröhre in den Magen pumpt. Dieser ist ein großer, flacher Sack, der seitlich mit Blindsäcken versehen ist; deren Zahl ist verschieden, oft zwölf, sie kann aber bei gewissen Formen bis auf 30 steigen *(Eylais)*. Es war eine umstrittene Frage, ob der Darm hinten eine Öffnung besitzt. Bei den primitiveren Formen findet sich jedenfalls ein ringförmiger, hinten geschlossener Darm, so daß hier also ein After ohne Zweifel fehlt (*Thyas, Eylais* u. a.). Man meint nun, daß dies auch der Fall bei allen andern Hydrachniden sei. Da die

Milben nur flüssige Nahrung aufnehmen, scheint ein solcher auch nicht unbedingt
notwendig zu sein. Über dem Magen liegt ein merkwürdiges Organ, das stets
als Exkretionsorgan bezeichnet wird (Abb. 709 *EO* u. 705 *ExO*). Es ist ein
gewöhnlich Y-förmiger Sack mit zwei nach vorne gerichteten Ästen, aber diese
können sich bei manchen Formen wieder außerordentlich verzweigen, z. B. bei
Hygrobates. Er mündet hinten mit dem sog. Exkretionsporus aus, der oft von einem
Chitinring umgeben ist. Die Äste des Exkretionsorgans sind mit einer Menge
lichtbrechender, länglicher Körner gefüllt; sie sind gewöhnlich von gelblicher
Farbe. Da das Exkretionsorgan durch die Haut hindurchschimmert, trägt es
oft dazu bei, den Milben ihre schöne Farbe zu verleihen. Bald erzeugt es einen
großen, gegabelten Fleck, bald eine Menge äußerst feiner, gelber Verästelungen,
die sich scharf gegen die übrigen dunkelbraunen, schwarzen oder grauen Farben

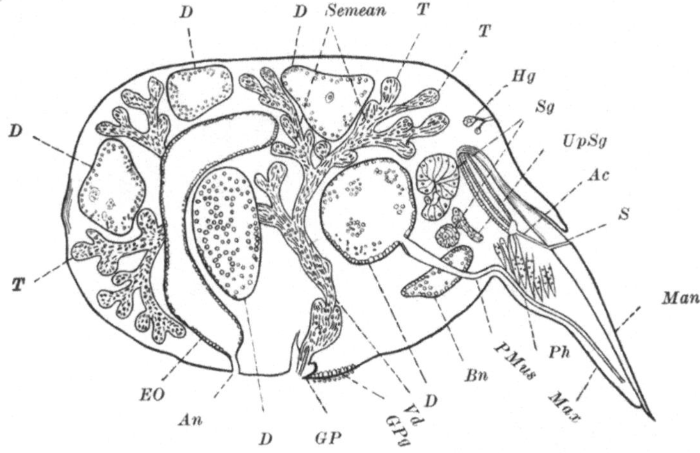

Abb. 709. *Hydrachna inermis* PIERSIG. Männchen, Längsschnitt. *T* Hoden; *D* Blindsäcke des Magens; *Semean*
Ausführungsgang der Hoden; *Hg* Hautdrüsen; *Sg* Speicheldrüsen; *UpSg* unpaare Speicheldrüse; *Ac* Luftkammer;
S Stigma; *Man* Mandibel; *Max* Maxille; *Ph* Pharynx; *PMus* Schlundmuskulatur; *ES* Speiseröhre; *Br* Gehirn;
Vd Samengang; *Pe* Penis; *GPg* Drüsen an den Genitalplatten; *GP* Genitalplatten; *EO* Exkretionsorgan; *An*
Exkretionsporus. (POLLOCK 1898.)

des Tiers abzeichnen (Tafel 20, Fig. 5). Bei den stark gepanzerten Formen kann
es nicht gesehen werden. Beobachtet man lebende Tiere, so sieht man häufig,
besonders wenn sie Nahrung aufnehmen, einen Strom weißer Körner aus dem
Exkretionsporus herausschießen. Man hielt diesen früher für den After, aber
selbst die genauesten Untersuchungen haben keine Verbindung zwischen Exkretionsorgan und Darmkanal nachweisen können.

Zum Darmkanal gehören drei Paare Drüsen, die in die Mundhöhle münden;
sie nehmen sehr viel Platz in der Leibeshöhle ein; ihre Bedeutung kennt man
nicht. Bei den Erdmilben werden ganz entsprechende Drüsen als Giftdrüsen
bezeichnet. Man hat, und nach meinem Dafürhalten mit gutem Recht, behauptet,
daß ihre Bedeutung ganz oder teilweise darin bestehen dürfte, eine Flüssigkeit
mit lösender Wirkung in das Opfer zu ergießen, wenn ein solches eingefangen ist,
mit anderen Worten, daß hier, wie bei den Wasserkäferlarven u. a., eine sog.
extraorale Verdauung vorliege. Die eingepumpte Flüssigkeit wirkt auf Muskeln
und andere Organe verflüssigend, so daß auch diese in das Tier eingesaugt werden
und als Nahrung dienen können. So viel ist sicher, daß eine Mückenlarve, die
ausgepumpt und weggeworfen ist, aus nicht viel anderem als Haut und einer
schwarzen, undefinierbaren Masse besteht.

Das Nervensystem zeigt nicht viel Interessantes. Gehirn- und Bauchmark-ganglien sind zu einer Masse verschmolzen, die von der Speiseröhre durchbohrt wird. Davon gehen Nerven zu den verschiedenen Teilen des Körpers aus. Die auffälligsten Sinnesorgane sind die Augen; sie fehlen niemals. Sie bestehen aus einer Linse und einer dahinterliegenden Netzhaut, in der sich die Sinnesnerven ausbreiten. Es sind zwei Paare Augen vorhanden, die seitlich nahe dem Vorder-rand liegen. Die zwei Augen auf jeder Seite sind oft von einer Chitinkapsel ein-gefaßt oder zu einem sog. Doppelauge vereinigt. Bei gewissen Formen rücken

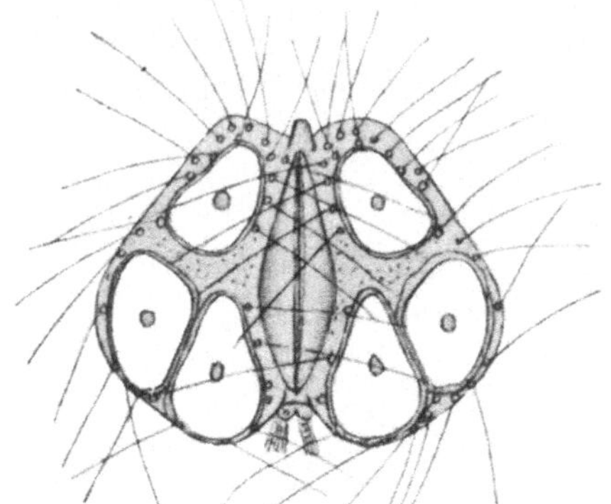

Abb. 710. *Hygrobates longipalpis* (HERMANN).

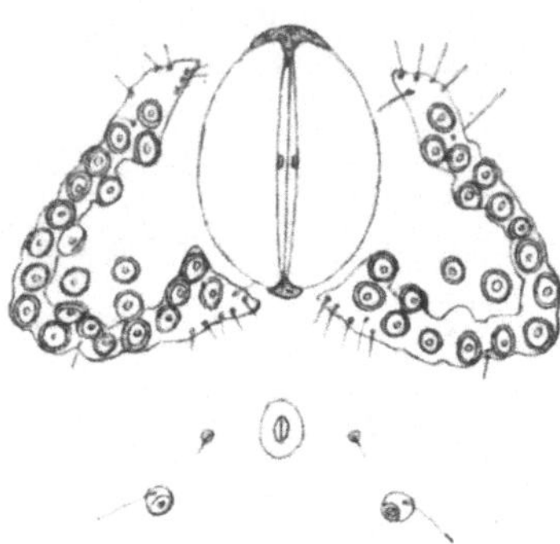

Abb. 711. *Piona rotunda* (KRAMER).

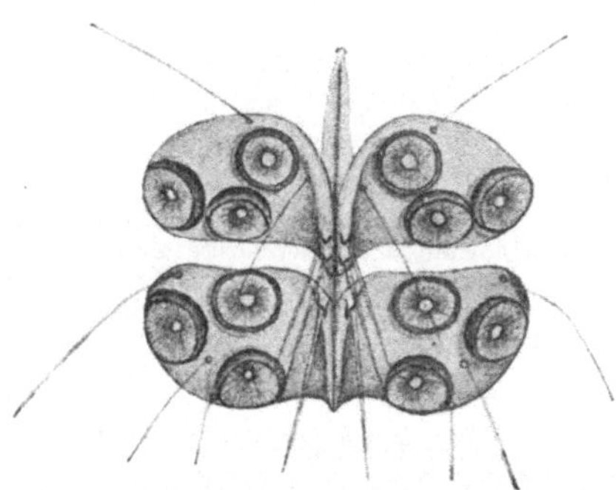

Abb. 712. *Atax crassipes* (O. F. M.).

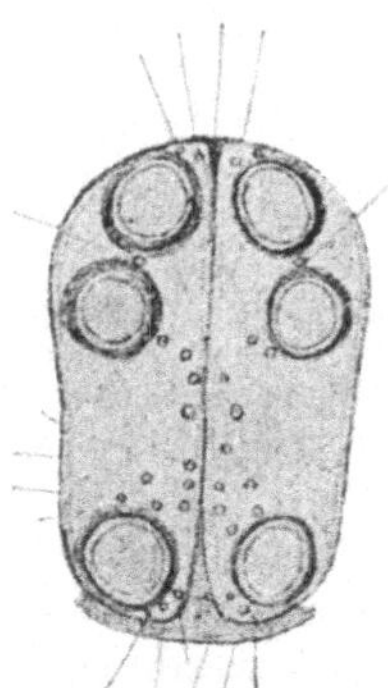

Abb. 713. *Limnesia undula* (O. F. M.).

Abb. 710 bis 713. Genitalfelder. (PIERSIG 1897 bis 1900.)

sie gegen die Mitte herein und sind dann durch eine Chitinbrücke verbunden (Augenbrillen bei *Eylais*) oder liegen seitlich von einer Chitinleiste *(Limnochares)*. Außerdem finden sich Sinneshaare sehr verschiedener Bauweise.

Die Wassermilben sind immer getrenntgeschlechtlich. Die inneren Geschlechts-organe, die Hoden und Ovarien mit ihren Ausführungsgängen, zeigen keine be-sonderen Merkwürdigkeiten (Abb. 709). Bei den Männchen ist ein Paarungs-organ ausgebildet. Die spaltförmige Geschlechtsöffnung liegt auf der Bauchseite; sie ist von eigenartigen, saugnapfähnlichen Gebilden umgeben, den Genital-papillen, die gewöhnlich auf den sog. Genitalplatten angeordnet sind; ihre Zahl ist gewöhnlich konstant, häufig drei auf jeder Platte, bei anderen sind sie in sehr großer Zahl vorhanden (Abb. 710 bis 713). In dieser Hinsicht zeigen die Arten große Verschiedenheiten; diese Organe sind deshalb von großem, systematischem Wert. Ihre Bedeutung ist uns ganz unbekannt. Man hat sie als Organe betrachtet, die dazu beitragen sollen, die Tiere während der Paarung aneinanderzuheften; sie sollen als Festheftungseinrichtungen dienen. Die Platten sind auch als Chitinverdickungen aufgefaßt worden, an denen die Körpermuskeln inserieren. Dies ist wohl nicht zu bestreiten, hat aber kaum größere Bedeutung für das Verständnis der tatsächlichen Funktionen dieser Organe. Man ist gegenwärtig geneigt, in ihnen Sinnesorgane zu erblicken, vor allem Chemoreceptoren, das sind Sinnesorgane, die die Veränderungen des chemischen Verhaltens des Milieus percipieren (HALIK 1930). In bezug auf diese Organe ist es notwendig, hervorzuheben, daß man kein irgendwie vergleichbares Seitenstück bei den verwandten Landmilben vorfindet; sie zeigen sich erst bei den Wassermilben. Sie treten hier in äußerst verschiedener Form und Ausgestaltung auf, sind aber immer sowohl beim Männchen als auch beim Weibchen um die Geschlechtsöffnung angeordnet. Es ist zu vermuten, daß diesen Organen einerseits irgendeine Aufgabe im Zusammenhang mit dem speziellen Milieu, in welchem die Wassermilben im Gegensatz zu den Landmilben leben, zukommt, und anderseits, daß sie in irgendeiner Weise etwas mit dem Sexualleben zu tun haben, aber darüber hinaus, entzieht sich das Phänomen unserem Wissen.

Der Geschlechtsdimorphismus ist bei den verschiedenen Formen sehr verschieden ausgebildet. Bei den den Erdmilben am nächsten stehenden Formen ist überhaupt keiner vorhanden oder er ist wenigstens sehr wenig auffällig. Dagegen ist er innerhalb der großen Gruppe der *Hygrobatinae*, wenn auch in sehr verschiedenem Grad, ausgebildet. Es sei bemerkt, daß das Weibchen stets die normale Milbenform besitzt; beim Männchen können Abweichungen auftreten. Solche finden sich hauptsächlich im Bau des Genitalfeldes und sind am auffälligsten im Bau des dritten und vierten Beinpaars, die bei den verschiedenen Gattungen von denen des Weibchens sehr abweichende Verhältnisse aufweisen; sie stehen oft im Dienst der Paarung.

Am weitesten geht die Umbildung bei der Gattung *Arrhenurus*, wo nicht allein einzelne Organe verändert sind, sondern die ganze Körperform eine andere wird. Der hintere Körperabschnitt ist mit einem Anhang ganz besonderer Form versehen, der Hinterrand läuft in Dorne aus usw. Bei einzelnen *Arrhenurus*-Männchen (Tafel 21, Fig. 8) ist ein ganz eigenartiges Organ, der sog. Petiolus, zur Ausbildung gekommen. Es wird von den Männchen als Stütze während der Begattung gebraucht. Bei den verschiedenen Arten ist es bald ein zugespitztes, bald ein meißelförmiges, bald ein spatenförmiges Organ von sehr verschiedener Bauweise. Der Geschlechtsdimorphismus ist bei diesen Tieren, bei denen der Umriß des Weibchens ungefähr kreisförmig, der des Männchens zylindrisch und hinten zugespitzt ist, sehr groß (Tafel 21, Fig. 7 u. 8). Er tritt um so stärker hervor, als das Männchen viel kleiner als das Weibchen ist. Ein Petiolus findet sich auch in einer anderen Abteilung bei der Gattung *Hydrochoreutes*, aber er besitzt hier einen ganz anderen Bau. Daß der Petiolus bei der Paarung eine Rolle spielt, ist sicher, aber Näheres weiß man nicht (Tafel 20, Fig. 9).

Die Hydrachniden sind in erster Linie Raubtiere (Abb. 714 bis 717); ihre wichtigste Nahrung bilden niedere Krebse: Ostracoden, Copepoden, Cladoceren wohl vor allem, aber übrigens auch dünnhäutige Insektenlarven, Chironomiden, junge Eintagsfliegen usw. Diese letzteren werden oft von mehr als einem Individuum überfallen. Manche greifen gern andere Milben an; namentlich *Limnesia* ist in dieser Hinsicht ein gefährlicher Gast, wenn man sie zusammen mit anderen Arten in Aquarien hält; sie wirft sich auf weichhäutige Formen wie *Diplodontus*. Die Beute wird mit den Palpen ergriffen, welche bei den meisten während des Schwimmens weit vorgestreckt getragen werden; einzelne tragen

sie eingeschlagen und schnellen sie aus, wenn eine Beute ergriffen wird. Hierauf
bohren die Mandibeln ein Loch, worauf die Beute ausgesaugt wird. Das geschieht
oft und besonders, wenn es sich um Cladoceren oder Copepoden handelt, während
das Tier herumschwimmt. Nur das Flüssige der Beute geht in den Darm der

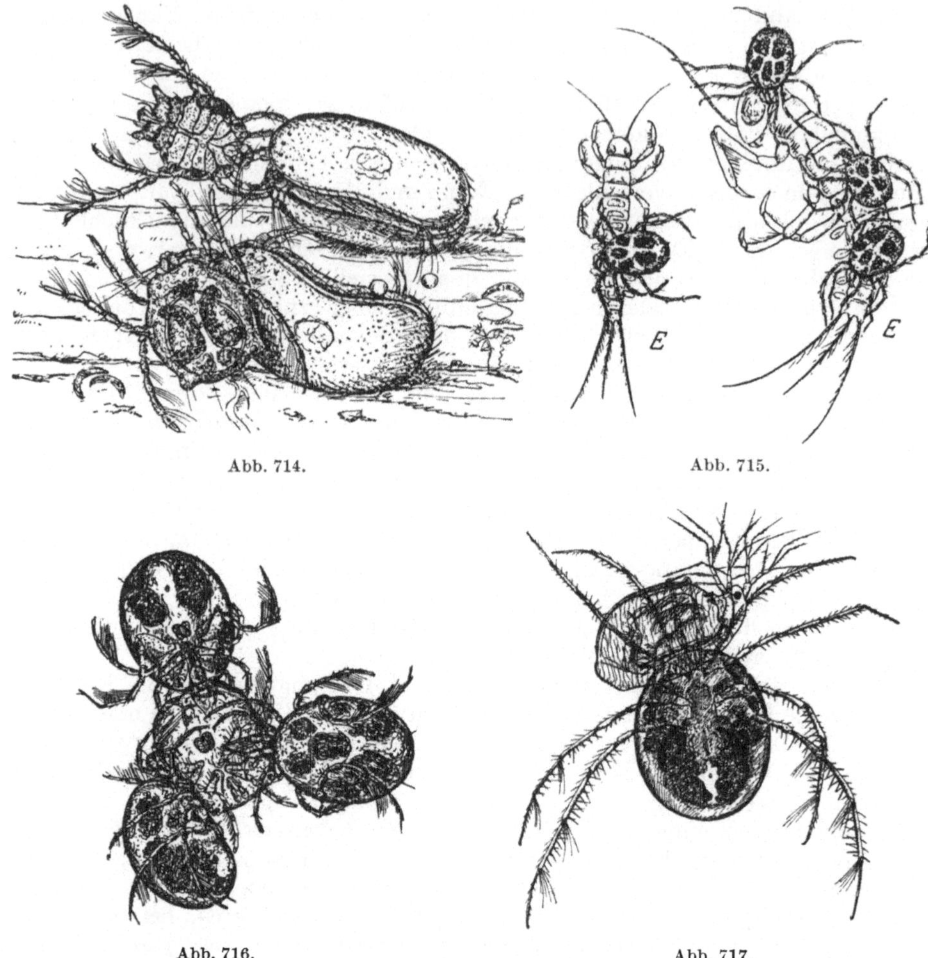

Abb. 714.

Abb. 715.

Abb. 716.

Abb. 717.

Abb. 714 bis 717. Zu den Ernährungsverhältnissen der Hydrachniden. (MOTAS 1928.)

Abb. 714. *Arrhenurus Bruzelii* KOEN. Männchen und Weibchen je eine Cypris an den Antennen ergreifend.

Abb. 715. *Hygrobates longipalpis* (HERM.), Ephemeridenlarven angreifend.

Abb. 716. *Limnesia fulgida* KOCH, einen *Diplodontus despiciens* (O. F. M.) verzehrend.

Abb. 717. *Hydrocoreutes Krameri* PIERS. Ein Weibchen, eine Daphnie, *Simocephalus vetulus*, mit den Palpen
festhaltend, die Mandibeln in die Schale eingebohrt.

Milbe über. Dieser ist ja hinten geschlossen; die ausgesaugte Haut wird abgeworfen. Sehr oft sieht man, daß, wie oben erwähnt, während das Tier mit seiner
Beute herumschwimmt, aus dem Exkretionsporus eine weißliche Masse abgegeben
wird, die als Wolke im Wasser stehen bleibt.

Bei gewissen Formen, wohl insbesondere bei *Arrhenurus*-Arten, spielen die
Ostracoden als Nahrung eine große Rolle. Bei den kleineren Formen wird die
Schale mit Hilfe der Palpen geöffnet, bei den größeren, wie *Cypris virens*, bohren

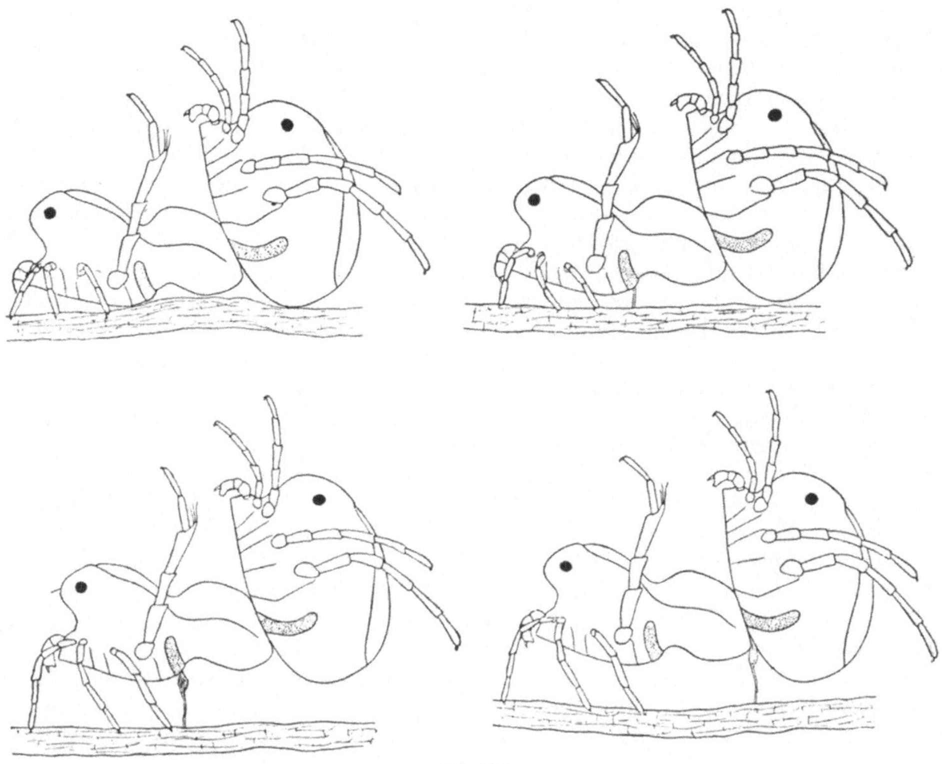

Abb. 718.

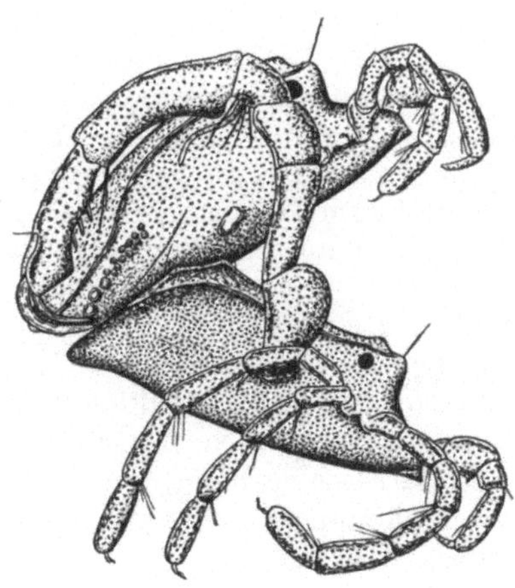

Abb. 719.

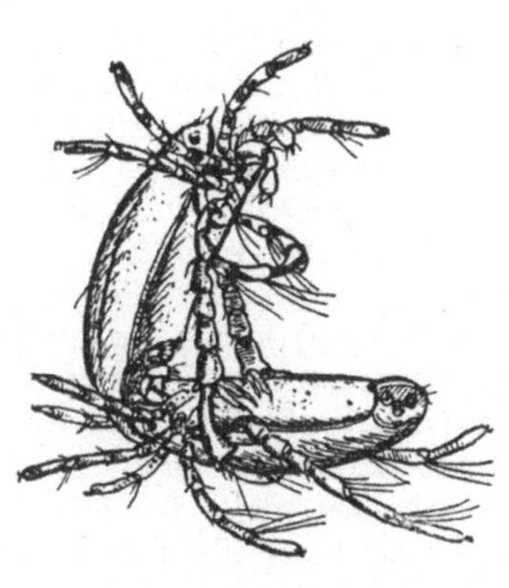

Abb. 720.

Abb. 718 bis 720. Paarungsverhältnisse bei Hydrachniden.

Abb. 718. Die verschiedenen Etappen der Samenüberführung bei *Arrhenurus globator* (O. F. M.). Oben links: Anheftung des Spermaüberträgers an der Unterlage; oben rechts: Entleerung desselben; unten links: Spermaüberträger und Spermaklumpen an der Unterlage fixiert; unten rechts: die Paarung selbst, indem das Männchen so weit vorgeht, daß das Sperma im Spalt zwischen den beiden Tieren liegt. (LUNDBLAD 1929.)

Abb. 719. *Aturus scaber* KRAMER in Paarung. Männchen unten; die drei hinteren Beinpaare des Weibchens ausgelassen. Das Männchen hat seine großen, hinteren Beine um das Weibchen geschlagen. (LUNDBLAD 1929.)

Abb. 720. *Brachypoda versicolor* (O. F. M.). Paarung von der Seite gesehen. (MOTAS 1928.)

die Palpen ein Loch in die Antennen, was eine Schwächung und den Tod des Opfers herbeiführt. Ob die Hydrachniden über Gift verfügen, mit dem sie die Opfer lähmen, steht dahin; wir wissen darüber nichts, aber man kann kaum sagen, daß es unwahrscheinlich ist. Bei einigen Formen scheinen auffallenderweise Schnecken-Eier eine bevorzugte Nahrung zu bilden. Nicht selten habe ich Eischnüre von *Limnaea stagnalis* gefunden, die 10 bis 20 rote Wassermilben enthielten; die Art ist leider nicht bestimmt worden; in der Gallertmasse befand sich nicht ein einziges Ei. Man kann sogar solche Gallertmassen, die rote Milben enthalten, in den mittleren Partien der Oberfläche unserer Kleinteiche treibend finden. Ich kann mir schwer denken, daß die Milben in den Gallertschnüren nur Schutz suchen, nachdem die kleinen Schnecken sie verlassen haben, eher noch, daß die Milben die Eier verzehrt haben. Wovon die Gattung *Hydrachna* lebt, weiß man nicht; sie besitzt die merkwürdigen, stilettförmigen Mandibeln, was auf eine besondere Kost hinweist; meines Wissens hat, wie erwähnt, sie noch niemand nach einer Beute jagen oder eine solche verzehren gesehen.

Hält man mehrere Wassermilben in einem Gefäß, so kann man sie im Sommer und besonders in den Morgenstunden oft in Paarung begriffen sehen. Man könnte deshalb glauben, daß es eine einfache Sache sei, über die Paarungsverhältnisse dieser Tiere ins klare zu kommen. Es verhält sich aber in Wirklichkeit ganz entgegengesetzt. Ursprünglich war es O. F. MÜLLER (1781), der die ersten ausführlichen Beobachtungen über die Paarung bei einer Art, *Arrhenurus globator*, anstellte. Darauf vergingen über hundert Jahre, bevor man genaueren Aufschluß erhielt. Eigentlich sind es erst die Untersuchungen von VIETS (1914) und LUNDBLAD (1929), durch welche die Verhältnisse bei ein paar Arten näher aufgeklärt worden sind. In einer Tiergruppe, wo die sekundären Geschlechtsmerkmale, besonders die äußerst verschiedenen Einrichtungen der Männchen zum Festhalten der Weibchen in so hohem Grad variieren, kann die Paarung bei den verschiedenen Gattungen und Arten natürlich auf sehr verschiedene Weise vor sich gehen.

VIETS (1914) hat das Verhalten bei *Acercus ornatus* KOCH (Abb. 721) untersucht. Er beobachtete, wie die Männchen, sobald Weibchen zugesetzt wurden, innerhalb von drei bis vier Minuten das dritte Beinpaar einwärts schlugen und das letzte Glied auf die Geschlechtsöffnung setzten. Wird nun dieses dritte Beinpaar von der Geschlechtsöffnung abgehoben, so bleiben an der Spitze desselben zum Teil einige lange, spitzige Dorne und zum Teil Samenträger, Spermatophoren, hängen (Abb. 723), die nun das Männchen auf das Weibchen übertragen soll. Nachdem das Weibchen ergriffen worden ist, nimmt das Männchen die in Abb. 721 angegebene Stellung auf dem Weibchen ein; gleichzeitig wird das erste Beinpaar bewegt, und zwar in kleinen Rucken. Indem das zweite und vierte Beinpaar sich auf den Körper des Weibchens stützen und ihn umklammern, überträgt das mit den Spermatophoren besetzte dritte Beinpaar vermittels der Spitzen der Endglieder die Samenmassen auf oder in die Geschlechtsöffnung. Spermatophoren scheinen nicht bei allen Milben vorzukommen. Bei *Piona longicornis* (O. F. M.) wird nur ein Bündel Spermatozoen übertragen.

Tafel 20. **Hydrachnidae.**

Fig. 1. *Limnochares aquatica* (L.) in Rückenansicht. Fig. 2. *Thyas venusta* (KOCH), Rückenseite, Weibchen. Fig. 3. *Eylais meridionalis* THON. Fig. 4. *Diplodontus despiciens* (O. F. M.) in Bauchansicht. Fig. 5. *Hygrobates longipalpis* (HERM.), Rückenseite. Fig. 6. *Thyas venusta* KOCH in Bauchansicht. Fig. 7. *Limnesia histrionica* (HERM.), Weibchen in Bauchansicht. Fig. 8. *Piona longipalpis* (KRENDOWSKI) in Bauchansicht. Fig. 9. *Hydrochoreutes Krameri* PIERS in Bauchansicht. Fig. 10. *Lebertia tau insignita* LEBERT, von unten gesehen. Fig. 11. *Midea orbiculata* (O. F. M.) in Bauchansicht. — Fig. 1, 3 nach THON 1906. Fig. 2, 5, 6, 8, 10, 11 nach PIERSIG 1897. Fig. 9 nach SOAR und WILLIAMSON 1925 bis 1927. Fig. 4 und 7 nach NEUMANN 1880. — Fig. 1, 3 bis 8 3 bis 4 mm; die übrigen zirka 0,75 bis 1,5 mm.

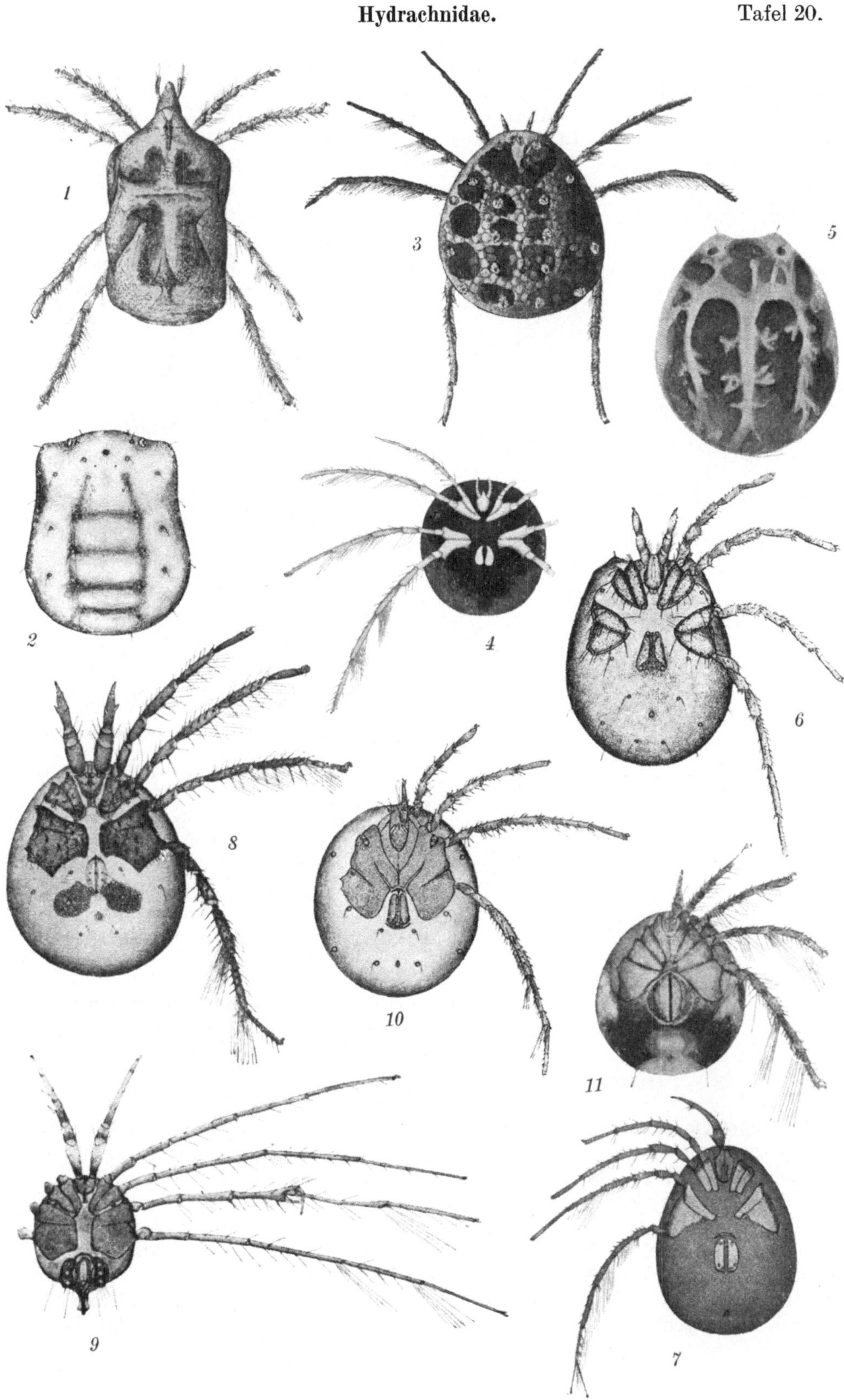

Die Paarung von *Arrhenurus* ist durch Lundblad (1929) näher untersucht worden; sie verläuft auf eine ganz andere Weise.

Die paarungslustigen Männchen schlagen das vierte Beinpaar über den Rücken, wie das Fig. 7, Tafel 21, zeigt. In dieser Haltung sucht das Männchen auf die Bauchseite des Weibchens zu gelangen. Mit außerordentlicher Treffsicherheit bringt es hierauf das Hinterende des Schwanzanhangs auf die Geschlechtsöffnung des Weibchens. Die Verbindung ist so innig, daß die beiden Tiere in dieser Stellung herumschwimmen; sie ist so fest, daß man sie sogar mit der Pipette aufnehmen kann,

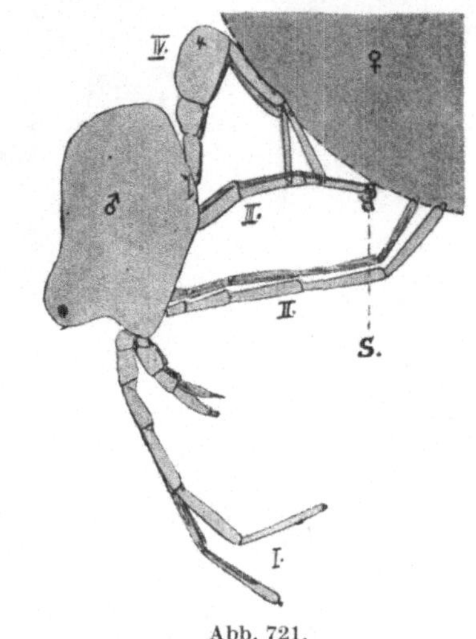

Abb. 721.

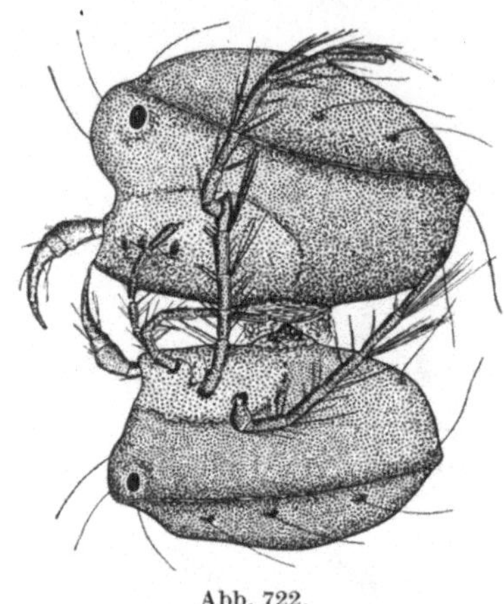

Abb. 722.

Abb. 721 bis 723. Paarungsverhältnisse bei Hydrachniden.

Abb. 721. *Acercus ornatus* Koch in Paarungsstellung. Der Körper des Weibchens ist oben nur angedeutet. *I* bis *IV* erstes bis viertes Beinpaar des Männchens; *III* drittes Beinpaar mit einem Klumpen Sperma (*S*). (Viets 1914.)

Abb. 722. *Midea orbiculata* (O. F. M.) in Paarung. Unten das kleinere Männchen; die drei vorderen Beine des Weibchens ausgelassen. Mit einer Kittmasse zusammengeheftet. (Lundblad 1929.)

Abb. 723. *Acercus ornatus* Koch. Spermatophoren und Stacheln. (Viets 1914.)

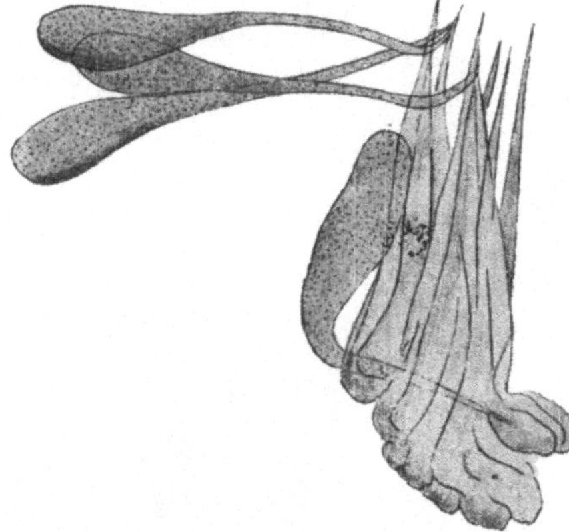

Abb. 723.

ohne daß sie voneinander loslassen. Das können sie überhaupt nicht; sie sind durch ein Sekret verbunden, das von der Hinterleibsspitze des Männchens ausgeschieden worden ist; es hat eine außerordentliche Klebekraft und erstarrt sofort im Wasser. Als direkte Verankerungseinrichtung spielen die Hinterbeine während der Paarung selbst keine Rolle, sondern sie ragen frei ins Wasser hinaus; möglicherweise werden gewisse Borsten und das Ende des vierten Gliedes verwendet, um das Sekret über den weiblichen Geschlechtsorganen zu verschmieren. Während der Paarung stützt das Männchen die drei Beinpaare auf die Unterlage; das Weibchen reitet, ungefähr in senkrechter Stellung festgekittet, auf seinem Hinterende (Abb. 718). In dieser eigentümlichen Stellung bewegt sich nun das Männchen mit großer Kraft, indem es sich nach rechts und links schwingt; das festgekittete Weibchen folgt dabei mit. Hierauf biegt das Männchen die Beine ab, so daß seine Bauchseite die Unterlage berührt; es bewegt sich nun vor- und rückwärts und hebt sich wieder empor, worauf ein dünner Faden aus der Geschlechtsöffnung ausgeschieden wird, mit dem es sich auf der Unterlage befestigt; auf der Spitze des Fadens befindet sich ein Bündel Spermatozoen. Hierauf macht das Männchen ein paar Schritte nach vorn, genau so weit, daß das Sperma über die Stelle zu liegen kommt, wo die Körper des Männchens und Weibchens vereinigt sind. Hierauf folgt eine starke Bewegung nach rechts und links, wobei das Sperma in die Furche zwischen die beiden Körper gerät, von wo es in die weibliche Geschlechtsöffnung gelangt. Viermal nacheinander kann das Männchen Spermamassen absetzen. Dann ist die Paarung, die im ganzen eineinhalb bis zwei Stunden gedauert hat, vorüber, worauf das Männchen mit Hilfe der Hinterbeine, welche den Vorderteil des Weibchens bearbeiten, sich frei macht. Die Paarung erinnert in vieler Hinsicht an das, was man bei den Salamandern kennt.

Die Paarungsverhältnisse scheinen übrigens erstaunlich mannigfaltige Variationen aufzuweisen (Abb. 720 bis 723). Sie sind in der Regel schwer zu studieren, weil die Tiere so klein sind. Die vielen, komplizierten, sehr variierenden sekundären Geschlechtscharaktere stehen wohl in Zusammenhang mit der sicher sehr schwierigen Aufgabe, zwei ungefähr kugelförmige Körper in feste Verbindung miteinander zu bringen, eine Verbindung, die so solid sein soll, daß das Sperma in die Geschlechtsöffnung des Weibchens überführt werden kann. Nicht allein das Männchen weist verschiedene, oft hoch organisierte Bauverhältnisse auf, um das Weibchen damit zu erfassen und festzuhalten (besonders die Palpen und das vierte Beinpaar), sondern auch der Körper des Weibchens kann dazu besondere Differenzierungen besitzen (Einbuchtungen, Furchen), in die die Kieferpalpen bei der Paarung eingreifen können (*Feltria Georgii* PIERS.). Bei *Brachypoda versicolor* (O. F. M.) (Abb. 720) befindet sich an der Bauchseite des Männchens im hintersten Abschnitt eine große, höhlenförmige Einsenkung, die hier stärker entwickelt ist als beim Weibchen. In diese steckt das Weibchen seinen Kopf hinein, während das senkrecht stehende Männchen mit dem dritten Beinpaar die Spermatophoren an der Geschlechtsöffnung des Weibchens anzubringen versucht (MOTAS 1928).

Die Hydrachniden legen alle Eier. Sie werden an verschiedenartigen Unterlagen angeklebt, vor allem an Blättern, Stengeln, Steinen; das letztere ist besonders bei solchen Formen der Fall, welche in fließendem Wasser leben. Es werden im folgenden bei Besprechung der Entwicklung ein paar Beispiele von Eiformen und Eiablage erwähnt werden; hier seien nur ein paar allgemeine Bemerkungen vorausgeschickt. Besonders SOKOLOW (1924 und 1925) und später MÜNCHBERG (1935, über *Arrhenurus*) haben in mehreren Abhandlungen viele wertvolle Beschreibungen von Eiern gebracht. Die Eimassen können so ziemlich alle Formen besitzen, sind jedoch hauptsächlich platten- oder scheibenförmig. Zuweilen werden sie in Schnüren oder Klumpen abgelegt. Die Zahl der Eier ist bei den verschiedenen Arten sehr verschieden, von *Eylais*, die bis gegen tausend produziert, bis zu Bachformen, die nur ein einziges Ei ablegen. Die meisten legen wohl Eier in einer Anzahl von 30 bis 70, wenige unter zehn ab. Sie sind fast immer kugelrund, selten mehr abgeflacht; inwieweit die Arten mehr als eine Ablageperiode besitzen, wissen wir nicht. Ihre Farbe ist sehr oft rot, bei einigen Formen gelb oder braun. Bei der Ablage wird den Eiern ein Stoff mitgegeben, der eine Hülle um sie bildet und der im Wasser aufquillt, oft im Verlauf von wenigen Minuten, oft langsam innerhalb ein paar Stunden (*Eylais*; Abb. 724). Man kann bei den Hydrachniden im großen und ganzen zwei Typen hinsichtlich der Eihüllen unterscheiden. In dem einen Fall, bei allen

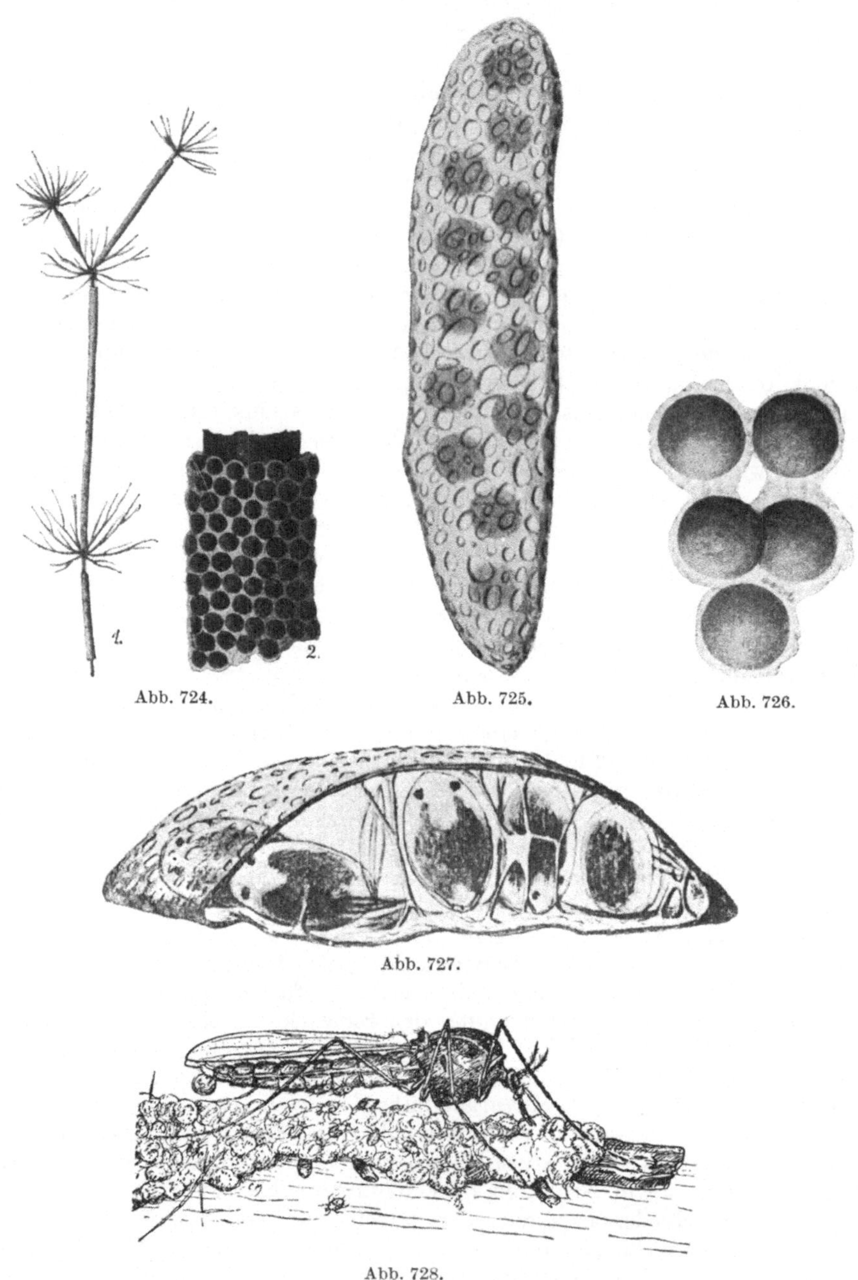

Abb. 724.   Abb. 725.   Abb. 726.

Abb. 727.

Abb. 728.

Abb. 724 bis 728. Vom Eistadium der Hydrachniden.

Abb. 724. Eimasse von *Eylais* auf *Ceratophyllum 1*; vergrößert *2*. (THON 1906.)

Abb. 725. Eimasse von *Neumania vernalis* (O. F. M.). (SOKOLOW 1925.)

Abb. 726. Eimasse von *Protzia eximia* (PROTZ). (SOKOLOW 1925.)

Abb. 727. Querschnitt durch die Eimasse von *Piona carnea* KOCH. (SOKOLOW 1925.)

Abb. 728. Die Mücke *Cricotopus biformis* im Begriffe, ihre Eier auf die gemeinsam von mehreren Weibchen gebildete Eimasse abzulegen. Man sieht Larven von *Piona disparilis* (KOEN.) an der Unterseite der Mücke befestigt; andere laufen auf der Eimasse herum. (MOTAS 1928.)

mehr primitiven Formen *(Limnocharidae)* besitzt jedes Ei seine eigene Hülle; jedes Ei ist für sich selbst fixiert; die Hüllmembranen können besondere Strukturen aufweisen. Bei den höher stehenden Formen, den *Hygrobatidae*, sind die Eier in eine gemeinsame Gallertmasse eingelagert, die Schaumstruktur oder zahl-

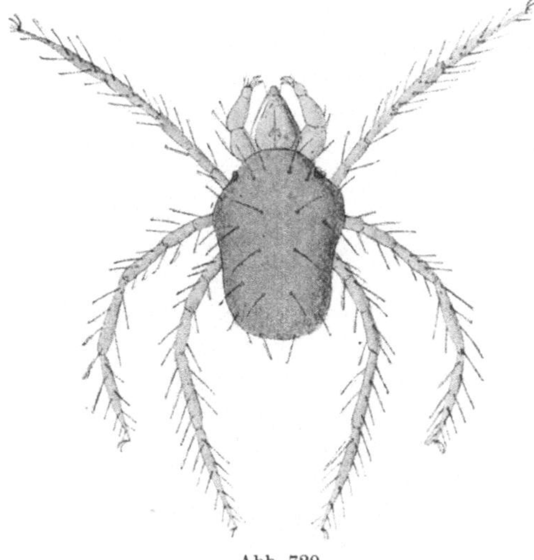

Abb. 729.

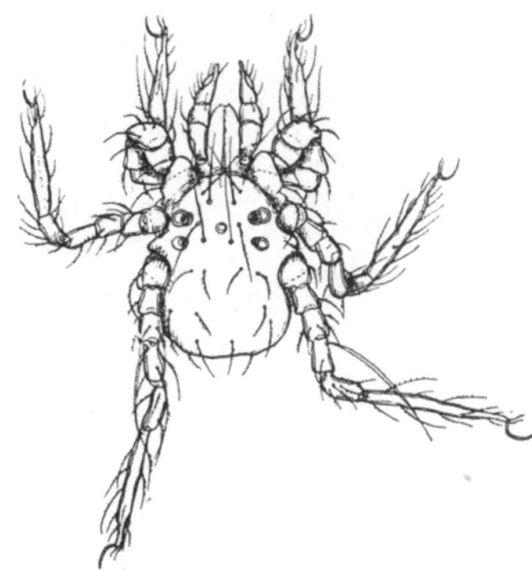

Abb. 730.

Abb. 729 bis 731. Das sechsbeinige Larvenstadium von Hydrachniden.
Abb. 729. *Limnochares aquatica* (L.). (THON 1906.)
Abb. 730. *Calonyx brevipalpis* (MAGLIO). (MOTAS 1929.)
Abb. 731. *Piona nodata* (O. F. M.). (THON 1901.)

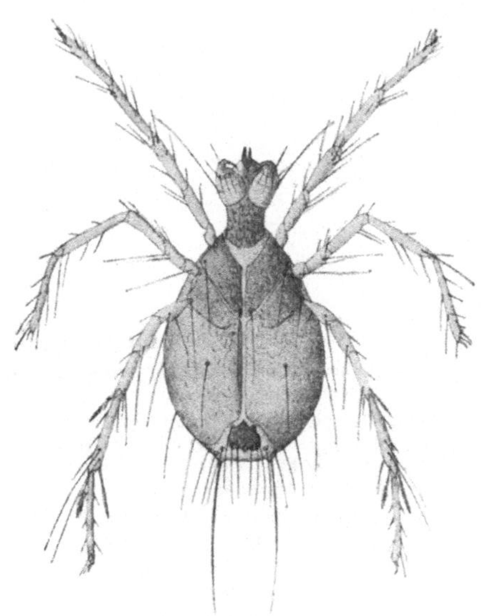

Abb. 731.

reiche Öffnungen aufweisen kann. Es gibt Formen, bei denen die Eier ganz frei liegen und von einer großen, gemeinsamen Gallertmembran umschlossen sind (*Limnesia* u. a.). Es dürften überwiegend Formen sein, bei denen der größte Teil der Entwicklung, auf die nun eingegangen werden soll, innerhalb dieser Gallerte und nicht in freilebenden Stadien erfolgt.

Wenn die Milben, wie schon erwähnt, die Aufmerksamkeit der Forscher in so hohem Grad auf sich gelenkt haben, so liegt der Grund nicht allein darin, daß sie als Krankheitsüberträger oder anderseits direkt, wie die Krätzmilben, oder als Zerstörer menschlicher Produkte in das Leben des Menschen eingreifen. Das Intersse wendet sich auch der merkwürdigen Entwicklung zu, welche die meisten von ihnen durchmachen. Das ist nicht zum geringsten gerade bei den Wassermilben der Fall. Eine übersichtliche Darstellung der Entwicklung dieser zu geben, stößt auf sehr große Schwierigkeiten, was zum Teil darin liegt, daß es kaum zwei Gattungen gibt, welche ganz den gleichen Weg dabei einschlagen, zum Teil, daß unsere Kenntnisse mangelhaft sind, und dies gerade bei ein paar Hauptgattungen der Fall ist. Das Schema, von welchem wir ausgehen wollen, ist im großen und ganzen folgendes. Es wird

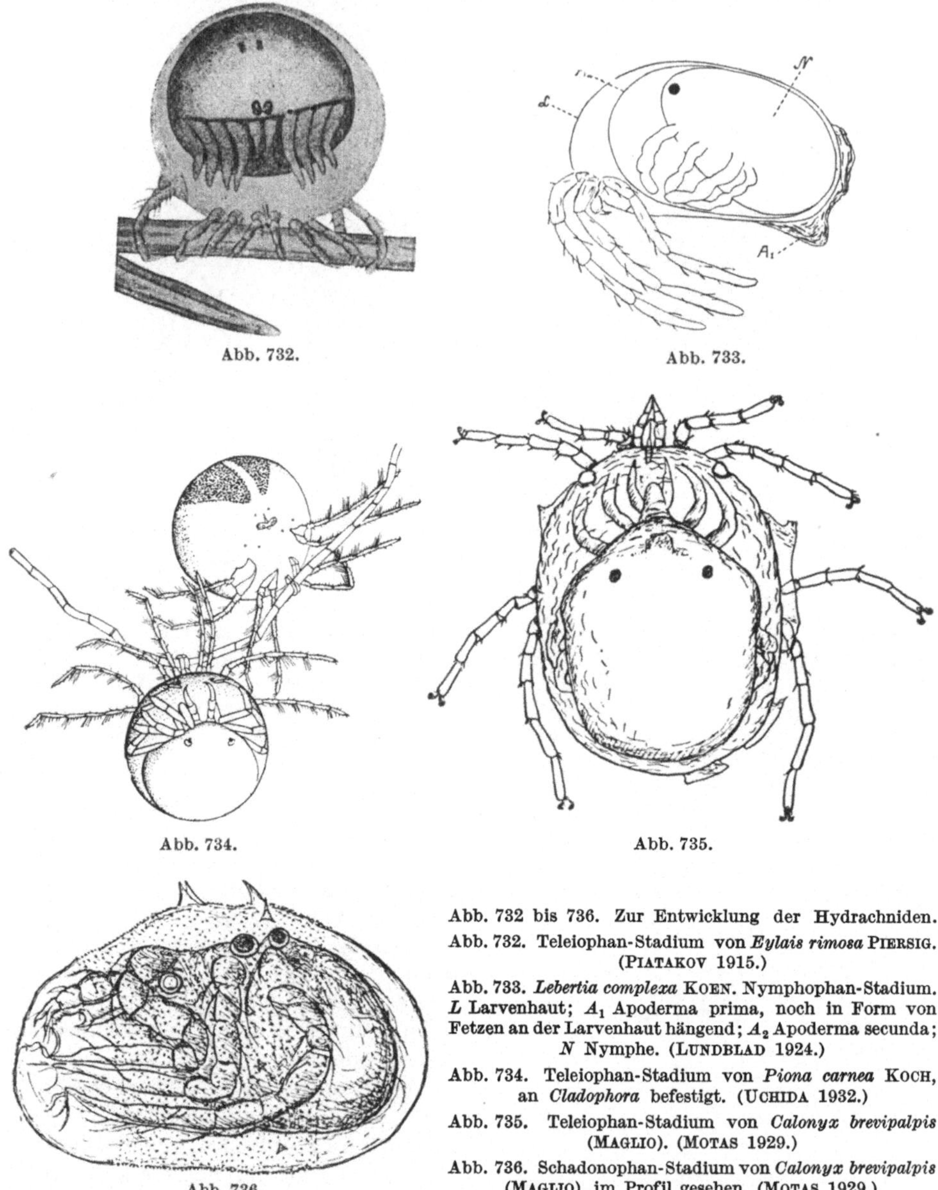

Abb. 732.

Abb. 733.

Abb. 734.

Abb. 735.

Abb. 736.

Abb. 732 bis 736. Zur Entwicklung der Hydrachniden.

Abb. 732. Teleiophan-Stadium von *Eylais rimosa* PIERSIG. (PIATAKOV 1915.)

Abb. 733. *Lebertia complexa* KOEN. Nymphophan-Stadium. *L* Larvenhaut; *A₁* Apoderma prima, noch in Form von Fetzen an der Larvenhaut hängend; *A₂* Apoderma secunda; *N* Nymphe. (LUNDBLAD 1924.)

Abb. 734. Teleiophan-Stadium von *Piona carnea* KOCH, an *Cladophora* befestigt. (UCHIDA 1932.)

Abb. 735. Teleiophan-Stadium von *Calonyx brevipalpis* (MAGLIO). (MOTAS 1929.)

Abb. 736. Schadonophan-Stadium von *Calonyx brevipalpis* (MAGLIO), im Profil gesehen. (MOTAS 1929.)

sich zeigen, daß eine kleine Wassermilbe außer dem Eistadium nicht weniger als fünf Stadien durchlaufen muß, bevor sie endlich ins geschlechtsreife, sechste Stadium gelangt; eine Milbe durchläuft im Verlauf ihres Lebens alles in allem dann sieben Stadien.

Die Entwicklung der Milben beginnt mit dem Eistadium; meines Wissens kennt man keine lebendig gebärenden Hydrachniden.

1. Es ist ganz eigenartig, aber überall innerhalb der Milben anzutreffen, daß in diesem Eistadium eine neue, dünne Eihaut (Apoderma) gebildet wird. Es scheint, als ob der Embryo im Ei eine Häutung durchmachen muß, ein Verhalten, das wohl nicht als normal bezeichnet werden kann, für das sich aber bei den Krebsen Analogien finden; man pflegt dieses Stadium *Deutovum-Stadium* oder *Schadonophan-Stadium* zu benennen (Abb. 736). Bei gewissen Landmilben (*Myobia*) werden sogar zwei Häute innerhalb der Eischale gebildet; man pflegt zu sagen, daß solche Tiere außer dem Deutovum-Stadium noch ein Tritovum-Stadium besitzen.

2. Das kleine Geschöpf, das aus der letzten Haut auskriecht, ist das *erste Larvenstadium* (Abb. 729 bis 731), welches immer daran zu erkennen ist, daß es nicht wie das zweite Larvenstadium und die erwachsene Wassermilbe vier Paare Beine besitzt, sondern nur drei Paare. In der Regel ist das Tier in diesem Stadium ein außerordentlich lebhaftes, kleines Wesen, das im Wasser oder, was auch häufig der Fall ist, auf der Wasseroberfläche sich ein Geschöpf aufsuchen muß, auf welches es gelangen soll, um dort als Schmarotzer vom Blut des Wirts zu leben und groß zu werden. Während des Schmarotzerlebens geht die Larve in ein neues Stadium über, das als

3. erstes Puppenstadium oder *Nymphophan-Stadium* bezeichnet wird. In diesem verliert die Larve die Bewegungsorgane, die Beine; der Körper rundet sich, er wird sack- oder birnförmig und wächst sehr stark (Abb. 738, s. auch Tafel 22).

4. Innerhalb dieses ersten Puppenstadiums entwickelt sich dann das zweite Larvenstadium oder, wie es auch genannt wird, das *Nymphen-Stadium*, das vom ersten dadurch unterschieden ist, daß es alle vier Beinpaare besitzt und im großen und ganzen dem erwachsenen Tier gleicht; nur die Geschlechtsorgane sind noch nicht ganz ausgebildet. Es kriecht aus der Haut des ersten Puppenstadiums aus und wird für eine übrigens recht kurze Zeit ein freilebender Organismus. Es verwandelt sich früher oder später (Abb. 734, oben) in

5. das fünfte Stadium oder zweite Puppenstadium (Abb. 734, unten, 732 u. 735), das auch als *Teleiophan-Stadium* bezeichnet wird. In diesem setzt sich wenigstens in einigen Fällen die Milbe mit Hilfe des Rüssels an Wasserpflanzen fest. Sie verliert wieder ihr Bewegungsvermögen, aber früher oder später sprengt sie die Haut des zweiten Puppenstadiums und kriecht nun in fertigem Zustand als das geschlechtsreife Tier aus.

Zur leichteren Übersicht dieses komplizierten Entwicklungsgangs mag folgendes Schema dienen:

1. Ei.

Dauerstadien	Freilebende Stadien
2. Schadonophan-Stadium, wird im Ei durchlaufen (= Deutovum-Stadium).	3. Parasitische Larve, drei Beinpaare.
4. Nymphophan-Stadium (= erstes Puppenstadium).	5. Freischwimmende Nymphe, vier Beinpaare.
6. Teleiophan-Stadium (= zweites Puppenstadium).	7. Imago, geschlechtsreifes Individuum.

Der Weg, der dergestalt durchlaufen werden muß, ist lang und nimmt oft viel Zeit in Anspruch. Die meisten überwintern wahrscheinlich in einem dieser Entwicklungsstadien, aber darüber weiß man nur wenig Sicheres. Der Entwicklungsgang ist bei manchen anderen Milbengruppen nicht weniger langwierig; bei einigen von ihnen treffen wir auf Stadien, welche denen der Wassermilben entsprechen. Diese Stadien haben verschiedene Namen erhalten, aber darauf soll hier nicht eingegangen werden.

Doch auch bei den Wassermilben durchlaufen nicht alle Arten alle diese Stadien; ja es gibt sogar einige, bei denen diese ganze Entwicklung fortfällt; doch gerade in dieser Hinsicht steht unser Wissen noch in den ersten Anfängen.

Die oben genannten, verschiedenen Stadien sind natürlich nicht gleich bei den verschiedenen Milben. Selbst in bezug auf das im Ei eingeschlossene Schadonophan-Stadium bestehen Verschiedenheiten; auch die Nymphophan- und Teleiophan-Stadien bieten Verschiedenheiten dar; am größten sind sie jedoch im freilebenden, sechsbeinigen Larvenstadium. Das ist auch ganz natürlich. Einige von diesen Larven verlassen das Wasser, steigen an die Oberfläche empor und sollen von hier auf ganz verschiedene Insekten gelangen, einige auf Wasserläufer, andere auf Mücken. Einige erreichen die Wasseroberfläche schwimmend, andere müssen mühselig an Wasserpflanzen emporkriechen. Andere verbleiben im Wasser, sollen aber gleichwohl auf Luftinsekten gelangen, Mücken oder Libellen namentlich, die sie schwimmend oder kriechend aufsuchen müssen und gerade wenn diese im Begriff stehen, die Puppen- oder Nymphenhaut zu sprengen. Wie der Kobold im Sack gehen sie mit, wenn die Mücke oder die Libelle aus ihrer bis dahin „guten“ Haut fährt, um das feuchte Element mit der Luft zu vertauschen. Wieder andere gehen auf erwachsene Wasserinsekten über, die, abgesehen von einigen nächtlichen Ausflügen, Zeit ihres Lebens Wassertiere verbleiben (Schwimmkäfer, Wasserwanzen); die Larvenstadien dieser Milben sind durch ihr ganzes Leben hindurch Wassertiere. Einige dieser Larven müssen sich, um dasjenige Gewebe zu erreichen, welches sie ernähren soll, nur durch eine ganz dünne Chitinschicht durchbohren, andere müssen sich Löcher durch die dicken Deckflügel der Wasserkäfer schaben und ätzen. Bei einigen dauert das Larvenstadium (bei vielen Mücken- und Libellenschmarotzern) kaum länger als ein bis zwei Wochen und zuweilen noch kürzer; bei anderen dauert es ungefähr dreiviertel Jahre, weil die Überwinterung in diesem Stadium erfolgt oder erfolgen kann (Schwimmkäferschmarotzer). Diese ganz verschiedenen Verhältnisse, in denen die Larven ihr Leben verbringen, bewirken selbstverständlich, daß das sechsbeinige Larvenstadium bei den verschiedenen Formen sehr verschieden aussieht. Es würde viel zu weit führen, auf die verschiedenen Larventypen einzugehen. Die Grundlage zu ihrer Kenntnis wurde von KRAMER (1893) gelegt. In den Abb. 729 bis 731 sind ein paar Typen dargestellt, sowohl solche, die das Wasser verlassen und laufend oder springend von der Wasseroberfläche auf Luftinsekten gelangen, als auch Typen, die ihre Wirte (Mücken und Libellen) im Wasser aufsuchen und es mit diesen nach ihrer Verwandlung verlassen, und endlich Typen, die auf erwachsenen Wasserinsekten schmarotzen. Wir werden uns im folgenden etwas näher mit diesen Typen beschäftigen. Es mag in diesem Zusammenhang darauf aufmerksam gemacht werden, daß diejenigen Formen, deren Larven die Oberfläche aufsuchen und auf Luftinsekten (Wasserläufer) schmarotzen, zugleich diejenigen sind, welche der einen Gruppe von Landmilben, den Trombidiiden, am nächsten stehen, die wir mit größter Gewißheit als den Ausgangspunkt für einen Teil der Wassermilben ansehen können. Die übrigen Entwicklungsstadien zeigen in ihrem Aussehen nicht übermäßig viel Interessantes. Es sei bemerkt, daß im Nymphophan- und Teleiophan-Stadium in der Mitte der Bauchseite eigentümliche Organe ausgebildet sind, die an die äußeren Geschlechtsorgane der geschlechtsreifen Tiere erinnern. Man bezeichnet sie gewöhnlich als Nymphophanbzw. Teleiophanorgane. Ihre Bedeutung ist unbekannt. Sie haben Anlaß zu vielen Spekulationen gegeben.

Es mag noch hinzugefügt werden, daß man hie und da Wassermilben in Schnecken *(Planorbis, Paludina)* gefunden hat; ich selbst bin in den vielen Tausenden von Schnecken, die ich bei meinen Trematoden-Untersuchungen geöffnet habe, nur zweimal auf Entwicklungsstadien von Wassermilben gestoßen; es war ohne Zweifel eine mit *Thyas* verwandte Form. Von diesen Schneckenschmarotzern weiß man nichts. Es ist nicht ausgemacht, daß man es hier mit einem rein zufälligen Vorkommen zu tun hat.

Als man mit dem oben geschilderten Schema der Milbenentwicklung zurechtgekommen war, meinte man im großen und ganzen den Entwicklungsgang sämtlicher Wassermilben festgelegt zu haben; ferner, daß das Schmarotzerstadium von derselben Art auf verschiedenen Wirten durchlaufen werden könne. Neuere, zum Teil hier (W.-L. 1918) durchgeführte Untersuchungen zeigten, daß das nicht richtig ist. Jede Generalisierung bringt die große Gefahr von Irrtümern mit sich. Will man sicheren Aufschluß über die Entwicklung erhalten, so muß man auf jeden Fall die einzelnen Familien jede für sich behandeln, aber selbst innerhalb dieser, ja sogar innerhalb der einzelnen Gattungen können im Hinblick auf die Entwicklung sehr große Verschiedenheiten vorhanden sein. Es sollen im folgenden einige Beispiele der Entwicklung einiger Familien gebracht werden, die aus meiner Arbeit von 1918 stammen. Gleichzeitig werden, soweit das möglich ist, die Kennzeichen angeführt, auf Grund deren die betreffende Familie rasch zu erkennen ist. Im übrigen sei auf die Tafeln verwiesen, wo die besprochenen Formen abgebildet sind.

Limnocharidea: Limnochares aquatica (L.) (Tafel 20, Fig. 1). Man pflegt, wie erwähnt, allgemein die roten, wohlbekannten Erdmilben, die man oft in und auf der Erde oder in Holzstößen findet, als die nächsten Verwandten der Wassermilben anzusehen. Sie gleichen kleinen Stückchen von scharlachrotem Samt; ihre Entwicklungsstadien sitzen oft als birnförmige Gebilde auf den Beinen von Weberknechten. Das Süßwasser beherbergt einen Repräsentanten, *Limnochares aquatica* L., der im höchsten Grad an diese Erdmilben erinnert. Er ist scharlachrot wie diese, ungefähr von gleicher Größe wie sie und kriecht äußerst langsam; es sind Formen, die den ganzen Sommer hindurch auf Wurzeln von Wasserpflanzen anzutreffen sind, am häufigsten wohl auf den Wurzeln gewisser Doldengewächse und auf Sparganium. Die ziemlich großen Formen, zirka 3 bis 4 mm, können in so großer Zahl auftreten, daß eine einzelne Pflanze sie zu Hunderten tragen kann; 20 bis 30 sind ganz gewöhnlich. Ein Großteil der Entwicklung ist schon von früher her bekannt. Im Mai-Juni findet man große Teile der genannten Pflanzenwurzeln mit roten Belägen, großen Kuchen bedeckt, die sich unter dem Mikroskop als aus Eiern zusammengesetzt erweisen. Es sind die Eier von *Limnochares*, die in so großen Mengen zugegen sein können, daß die Blätter, Zweige und Wurzeln an den Ufern mit einem sehr ausgedehnten Belag bedeckt erscheinen, dem gemeinsamen Werk vieler Weibchen; sie liegen wie Mennigekleckse dem Seeufer entlang. Aus ihnen gehen unendliche Mengen winzig kleiner, sechsbeiniger Larven hervor, die einigermaßen zu schwimmen vermögen, jedoch bald emporsteigen und auf der Wasseroberfläche herumlaufen (Abb. 729). Hier treffen sie ihre Wirte, die Wasserläufer oder Hydrometriden, die Schlittschuhläufer, wie sie auch genannt werden, die allgemein bekannt sind. Sie setzen sich auf diesen fest und machen hier ihr erstes Puppenstadium durch. In den Monaten Juni-Juli ist es überall in unseren Mooren und Kleinteichen eine überaus häufige Erscheinung, daß die Wasserläufer (Tafel 22, Fig. 11) 10 bis 20 kleine, rote, birnförmige Gebilde tragen. Hält man sie in Aquarien, so wird sich bald zeigen, daß die Wasserläufer an Stelle der roten Birnen dann kleine, durchsichtige Becher tragen, die alten Puppenhäute. Die kleinen Milben sind dann als kriechende oder festsitzende Nymphen unten am Boden der Aquarien anzutreffen. Im August-September sind die Wasserläufer gewöhnlich wieder frei von den Schmarotzern; diese sind dann abgefallen. Die weitere

Entwicklung geht dagegen sehr langsam vor sich, das Wachstum der entwickelten Tiere und des zweiten Puppenstadiums ist ein sehr langsamer Vorgang. Die Art ist wahrscheinlich mehrjährig, aber nähere Untersuchungen fehlen noch. Besonders im Funketeich habe ich in den Jahren 1910 bis 1918 alljährlich diese Entwicklung beobachten können.

Eylaidae (Tafel 20, Fig. 3). Man trifft oft in kleinen, mehr oder weniger pflanzenbedeckten Kleinteichen große, gewöhnlich recht flache Milben, die lebhaft herumschwimmen, aber in merkwürdiger Weise das hinterste Beinpaar nachschleppen. Dieses wird beim Schwimmen nicht verwendet und besitzt auch keine Schwimmhaare. Es macht eigentlich den Eindruck, als ob die Beine ein paar steife, für die Bewegung der Tiere ganz überflüssige Gebilde seien. Ihre Bedeutung besteht im wesentlichen wohl darin, daß sie als Steuer dienen. Schon an diesem einzigen Merkmal allein kann man jederzeit die zur Familie *Eylaidae* gehörigen Arten erkennen, von denen es eine sehr große Anzahl gibt, die nur mit Schwierigkeit voneinander unterschieden werden können.

Zur Zeit der Eiablage kann man, wenn man sich auf den Boden legt und im Sonnenschein über den Moorrand ausschaut, oft große Mengen dieser Wassermilben beobachten. Mit dem Käscher kann man sie hier und dort zu Hunderten heraufbringen. Die Milben legen Eier in ungeheuren Mengen ab, und zwar werden sie am gleichen Platz gleichzeitig von vielen Weibchen abgelegt. Man sieht oft 20 bis 30 Weibchen auf einem Pflanzenstengel sitzen. Dieser wird mit einer ganzen Lage von Eiern bedeckt, die rot sind und sehr denen gleichen, welche *Limnochares* bildet. Aber kurze Zeit später sehen die Eimassen schon ganz anders aus; sie haben dann nicht wie bei *Limnochares* eine unebene Oberfläche, wo jedes Ei deutlich hervortritt. Ihre Eigelege sind glatt, fast als ob sie poliert wären. Durchschneidet man sie, so sieht man, daß eine dicke, geronnene Substanz über die Eier ausgegossen worden ist. Diese Schicht ist so hart, daß es schwerfällt, einen Nagel hindurchzudrücken (Abb. 724). Von dem böhmischen Zoologen Thon (1906) stammt die Beobachtung, daß die Weibchen, wenn der Stengel mit Eiern besetzt ist, auf ihnen auf und ab laufen und den Rüssel dicht an die Eier drücken, während eine klebrige Masse, die im Wasser sofort erhärtet, aus der Mundöffnung ausströmt. Es handelt sich wahrscheinlich um ein Sekret aus den Speicheldrüsen, die zu den verschiedenen Jahreszeiten von sehr verschiedener Größe sind. Man hat diese Angaben später bestritten und behauptet, daß das sich erhärtende Sekret dasselbe sei, das man auch bei anderen Milben findet und den Eiern mitgegeben wird, wenn sie abgelegt werden. Es kann jedoch kaum ein Zweifel darüber bestehen, daß diese sehr großen Eimengen von *Eylais*, die mit denen der *Limnochariden* nicht zu verwechseln sind, das Werk mehrerer Weibchen darstellen. An gewissen Plätzen können unglaubliche Mengen von Pflanzen mit diesen Eigelegen bedeckt sein, die, je älter sie sind, ihre rötliche Farbe mehr und mehr in Weißgrau verändern. In einem Winkel des Esromsees (Nöddeboholt) waren die Blatt- und Blütenstiele von *Hydrocharis* mit einem Mantel dieser Eier umhüllt. Einige wurden sehr spät im Jahr abgelegt und manches deutet darauf hin, daß gewisse Arten im Eistadium überwintern können. Schon Neumann (1880) hat gezeigt, daß einige Arten sowohl im Eistadium als auch in andern Stadien überwintern können. Die Larven müssen in ungeheuren Mengen schlüpfen. Die verschiedenen Arten gehen wahrscheinlich auf verschiedene Wasserinsekten über. *Eylais*-Arten habe ich u. a. von kleinen Rückenschwimmern erhalten (Tafel 22, Fig. 10), aber in noch größerer Zahl aus großen, flachen, vorne eingebuchteten, sackförmigen, roten Gebilden, die sich unter den Deckflügeln auf einem übrigens nicht sehr häufigen Wasserkäfer, *Graphoderes bilineatus*, sowie auf anderen, mittelgroßen und kleinen Wasserkäfern befanden. In den Donse-Teichen in

Nordseeland waren zirka 70% mit solchen Stadien infiziert (Tafel 22, Fig. 7; Abb. 738$_6$). Das Merkwürdige war, daß sie nicht immer am Hinterleib sich vorfanden, sondern oft auch zu zwei bis drei auf der Unterseite der Deckflügel festgesaugt waren. Die kleinen *Corixa*-Arten mit den enorm großen, birnförmigen Gebilden an den hinteren Beinen machen, wenn sie die Hinterbeine mit den großen Birnen beim Schwimmen bewegen, einen höchst sonderbaren Eindruck.

Was wir gegenwärtig von der Entwicklung der *Eylais*-Arten wissen, ist hauptsächlich bis 1920 aufgeklärt worden. Zweifelsohne werden nähere Untersuchungen andere Entwicklungslinien zeigen. Man wird dabei berücksichtigen, daß die Larven nach der ursprünglichen Darstellung das Wasser nicht verlassen und nicht an die Oberfläche kommen. Inzwischen ist man sich jedoch klargeworden, daß die Larven auch auf der Wasseroberfläche angetroffen werden können, und vieles deutet darauf hin, daß die Entwicklung auch auf Odonaten und Mücken vor sich gehen kann; darüber so wie über manches andere, was nur den Wert von Arbeitshypothesen besitzt, muß die Zukunft nähere Aufklärung bringen.

Von den zur Familie *Hydryphantidae* gehörigen beiden Unterfamilien *Hydryphantinae* und *Thyasinae* (Tafel 20, Fig. 2 u. 6) haben wir, was die Entwicklung anbelangt, nur sehr unvollkommene Kenntnisse. Wir wissen nur, daß es unter den hierhergehörigen Formen einige gibt, die im sechsbeinigen Larvenstadium nicht schwimmen können. Sie kommen kriechend an die Oberfläche, welche ihren vorläufigen Aufenthaltsort darstellt. Hier zeigen sie ein einzig dastehendes Springvermögen. Die äußerst kleinen Tiere, die nur 1 mm groß sind, sind fähig, ungefähr 8 bis 10 cm weit zu springen. Sie schnellen sich mit den Beinen von der Wasseroberfläche ab, aber Näheres weiß man nicht. Hält man sie in Aquarien, so sieht man, wie immer wieder ein Individuum losspringt, aber mehr sieht man nicht. Die Sprungrichtung ist ganz unberechenbar. Später findet man das eine oder andere auf unserer Hand herumkriechend. Man weiß mit Gewißheit nur, daß einzelne Formen auf Mücken übergehen müssen, um sich weiterzuentwickeln; und man will daraus schließen, daß dies bei allen die Regel sein dürfte, und weiter, daß sie zum Behuf ihrer weiteren Entwicklung nach ihrem parasitären Stadium auf Luftinsekten ins Wasser zurück müssen. Man nimmt an, daß dies geschieht, wenn die Luftinsekten zum Zweck der Eiablage wieder das Wasser aufsuchen. LUNDBLAD hat in einer kalten Quelle im smaaländischen Hochland die interessante Beobachtung gemacht, daß man schon in einer Entfernung von einigen Metern eine Rotzeichnung der Spitzen des Mooses *Amblystegium* erkennen kann. Alle Spitzen über und unter Wasser waren mit Nymphenstadien der hierhergehörigen Gattung *Panisus* besetzt. Nach einem vermutlichen Schmarotzerstadium auf Luftinsekten sind sie wieder zur Quelle zurückgekehrt und haben sich nun auf den Spitzen niedergelassen. Ob die Milbenlarven, welche ich auf dem Hinterleib verschiedener Fliegen gefunden habe (Tafel 22, Fig. 13 u. 14), hierherzurechnen sind, ist nicht zu sagen. Auch sie zeichneten sich durch eine im Verhältnis zum Wirt enorme Größe aus.

Diplodontus despiciens (O. F. M.) (Tafel 20, Fig. 4) ist eine sehr häufige Milbe von roter oder rotbrauner Farbe und mit papillenbesetzter Oberfläche. Es ist ein kleines Tier, das sich sozusagen überall findet und lebhaft umherschwimmt. Während die meisten Milben, wenn sie in stehenden Gewässern vorkommen, hauptsächlich in Kleinteichen mit reichlicher Vegetation anzutreffen sind, kann *Diplodontus* auch in großen Seen auftreten. Er wurde z. B. in ungeheuren Mengen zu Beginn des August in der Uferregion eines unserer größten Seen, des Esromsees, gefunden; er ist eine ausgesprochene Uferform, welche niemals draußen über tieferem Wasser vorkommt. Er ist in der submersen Vegetation in einer Tiefe von 2 bis 4 m zu Hause. Es war, als ob sich über ein Gebiet von jedenfalls mehreren hundert Metern ein mehrere Zentimeter breites Band schwimmender *Diplodontus* erstreckte, deren rote Eimassen auf Rohr und Schilf und der übrigen Vegetation des Seeufers festgeklebt gefunden waren.

Die Wasseroberfläche war mit zahllosen Puppenhäuten von *Corethra* bedeckt, und über diese Puppenhäute breitete sich ein breites, scharlachrotes Band verschiedener Breite aus, von wenigen Zentimetern bis gegen einen Dezimeter. Dieses Band bestand aus nichts anderem als aus zahllosen, winzig kleinen, sechsbeinigen *Diplodontus*-Larven. Brachte man davon etwas nach Hause in die Aquarien, so konnte man beobachten, wie diese Larven mit ganz unglaublicher Schnelligkeit in großen Kreisen über den Wasserspiegel dahinschossen. Sie wirbelten so rasch herum, daß das Auge ihnen nur mit Mühe zu folgen vermochte und ohne feststellen zu können, wie die Bewegung eigentlich vor sich ging. Doch kehren wir zu unseren Beobachtungen im Freien zurück. Es war nicht schwer, die Geschöpfe herauszufinden, auf welche diese Larven übergehen sollten; die *Corethra*-Puppen waren nämlich zur selben Zeit am Ausschlüpfen. Soeben steigen aus der pelagischen Region des Sees Millionen von Mückenpuppen an die Oberfläche, sprengen die Puppenhäute, worauf die geflügelten Mücken ans Ufer fliegen. Die zahllosen Puppenhäute werden ebenfalls vom Wind ans Ufer getragen, wo sie teils als ein glasartiges Band auf dem Wasser treiben, teils als breiige Masse ans Ufer gespült werden. Die geflügelten Mücken bedeckten in ungeheuren Mengen die Waldbäume, die an manchen Stellen von ihnen ganz überzogen waren. Betrachtete man nun diese Mücken näher, so konnte man in vielen Fällen feststellen, daß auf ihnen kleine, birnförmige Gebilde, eben die gleichen sechsbeinigen Larven, die sich auf der Wasseroberfläche befunden hatten, befestigt waren. Über die weitere Entwicklung dieser Larven weiß man nichts Sicheres (Tafel 22, Fig. 20). Hier wie so oft bei den Wassermilben sind es nur Bruchstücke der Entwicklung, die wir einigermaßen kennen. Ähnliche Beobachtungen habe ich von meinem Boot aus im Funkenteiche in den Jahren 1910 bis 1918 auf *Ceratophyllum* gemacht, dessen Blätter mit ungeheuren Eimengen ganz bedeckt waren. Auch hier waren die Milben in unglaublichen Mengen zugegen.

Die *Hydrachnidae* sind eine Familie, deren Entwicklung am ehesten bekannt wurde. Alle hierhergehörigen Formen unterscheiden sich gewöhnlich von allen anderen Milben durch den vollkommen kugelrunden Körper und eine tief dunkelrote Farbe und zeigen oft schwarze, unregelmäßige Zeichnungen auf rotem Grund. Beine und Rüssel sind blauschwarz. Im übrigen weichen sie von allen anderen Milben durch den Bau ihrer Mundteile ab. Die Beine sind verhältnismäßig kurz; ihre Ausstattung mit Schwimmhaaren ist nicht besonders reichlich; sie sind nicht imstande, dem großen, plumpen, runden Körper eine besondere Schnelligkeit zu verleihen. Zu dieser Familie gehört eine unserer größten Wassermilben, *Hydrachna geographica* O. F. M., die fast einen Durchmesser von 5 mm besitzt. Die Gattung *Hydrachna* (Tafel 21, Fig. 4 u. 5) umfaßt eine sehr große Anzahl von Arten; die Entwicklung ist nur von ein paar Arten bekannt; sie zeigen viele, merkwürdige Verhältnisse.

Die *Hydrachna*-Arten treten niemals in großen Mengen auf wie so viele andere Milben; es erfordert deshalb Glück und große Ausdauer, um ihre Entwicklung aufzuklären. An einer Örtlichkeit bei Hilleröd (Hjortesee) hatte ich gerade das Glück, um die äußerst weichen Blattstiele des Froschlöffels *(Alisma plantago)* eine recht große Zahl von Wassermilben herumschwimmen zu sehen. Das Merkwürdigste war, daß sehr viele an den Blattstielen gleichsam festgekittet saßen. Die Stellung war um so eigenartiger, als die Beine ins Wasser ausgestreckt waren. Nahm man die Pflanze aus dem Wasser, so blieben die Milben sitzen. Entfernte man sie mit den Fingern, so hatte man den Eindruck, daß sie am Stiel angeklebt waren. Dies ist sicher auch richtig. Sie sind mit einer kittartigen Substanz angeheftet, die aus den Poren auf den Genitalplatten ausgeschwitzt wird. Wenn man nun die Blattstiele des Froschlöffels näher untersuchte, die, weil sie hellgrün sind, sich zu solchen Studien besonders eignen, so zeigte sich, daß sich gleich unter der Oberhaut zahlreiche Reihen kleiner, kugelrunder Eier vorfanden (Tafel 22, Fig. 3 u. 4). Die längsten Reihen waren zirka 1 bis 2 cm lang; in jedem kleinen Bohrgang befanden sich 10 bis 30 Eier. Sie lagen wie Perlen auf einer Schnur aufgereiht. In der Mitte jeder Reihe war ein Loch gebohrt. Setzte man nun die Beobachtungen in den Aquarien an den *Alisma*-Pflanzen und der genannten *Hydrachna*-Art fort, so zeigte sich bald, daß das Weibchen mit seinem Rüssel ein Loch in die Pflanze bohrt, und zwar in einen der Interzellularräume. Ist das Loch gebohrt, so wird die Geschlechtsöffnung an das Loch angepreßt und hierauf in einen Zapfen ausgezogen, der sehr an einen Legestachel erinnert. Ist ein Ei gelegt, so wird es mit dem Rüssel in den Gang hineingestoßen. Wenn der Gang voll ist, wendet sich das Tier und beginnt ihn in entgegengesetzter Richtung mit Eiern zu füllen. Auf diese Weise kommt das Bohrloch oft in die Mitte des Ganges zu liegen, in dem die Eier in ein oder zwei Reihen geordnet liegen, sowohl hinauf als auch hinunter zu. Die Eiablage ging so lebhaft vor sich, daß ein einziger *Alisma*-Stiel viele Hunderte Eilogen trug, die so dicht Seite an Seite beieinander lagen, daß nur wenig Platz zwischen ihnen frei blieb. Hat man nun solche *Alisma*-Stiele mit *Hydrachna*-Eiern in den Aquarien, so dauert es nicht lange und das Wasser wimmelt von winzig kleinen knallroten Larven, die mit ungeheurer Schnelligkeit durch das Wasser schwimmen. Es können leicht so viele werden, daß das Wasser davon rot gefärbt wird. Wie andere Milben müssen sie auf Insekten gelangen, um ihre Entwicklung zu vollenden. Soweit man weiß, handelt es sich wohl ausschließlich um Rückenschwimmer und Wasserkäfer. Aber ganz offensichtlich benutzen die einzelnen Arten nicht wahllos Wirte dieser zwei Gruppen. Setzt man zu den Larven der oben erwähnten Art, vermutlich *H. processifera* KOEN, verschiedene Wasserwanzen oder Wasserkäfer hinzu, so verhalten sich die kleinen Larven ganz indifferent. Anders verhält es sich, wenn einer der großen Schwimmkäfer der Gattung *Dytiscus* zugesetzt worden ist. Im Verlauf von zwölf Stunden wird ein solcher auf der ganzen Unterseite, auf Kopf und Vorderbrust, Mittelbrust, Hüften und teilweise auf dem Hinterleib vollständig mit Larven bedeckt. Gelangen die Schwimmkäfer in die roten Schwärme, so ist ihre ganze Unterseite vollkommen mit einem Filz von Larven bedeckt, der so dicht ist, daß das Chitin der Schwimmkäfer überhaupt nicht zu sehen ist (Tafel 22, Fig. 2 u. 5). Dergleichen kommt im Freien ohne Zweifel nicht vor. Prof. LUNDBLAD, dem ich zu seiner Dissertation (1921) einen Großteil des Materials überlassen habe, das den Figuren auf Tafel 22 zugrunde liegt, hat nicht berücksichtigt, daß es sich hier um ein Phänomen im Aquarium handelt. Seine und meine Figuren sind nach dem gleichen Individuum photographiert bzw. gezeichnet. Die Erscheinung ist von mir ausführlich beschrieben worden (1918, S. 31). Mehr als höchstens ein Dutzend Larven kann ein einzelner Schwimmkäfer kaum zur Entwicklung bringen. In dem Augenblick, wo die kleinen Larven ihren Wirt erreichen, strecken sie den Vorderabschnitt ihres Körpers, das sog. Capitulum (Abb. 738₄ u. 739), das die Mundteile trägt, vor; während des Schwimmens ist es unter den hinteren Körperabschnitt umgelegt. Es ist nun die Aufgabe dieser kleinen Larven, sich durch das Chitin in die Körperflüssigkeit des Wirtes einzubohren. Dazu benötigen sie ihre Mundwerkzeuge und wahrscheinlich ein Sekret, das wir nicht kennen. Das glückt kaum allen Tieren, die sich auf den harten Chitinteilen niedergelassen, dagegen wohl jenen, welche sich an den Gelenkhäuten befestigt haben und wo das Chitin im großen und ganzen weich ist. Im Verlauf der folgenden Monate sieht man, wie der hintere Körperabschnitt wächst und wächst; das vordere, stark chitinisierte Capitulum bleibt unverändert.

Es ist schwer, Schwimmkäfer, besonders wenn sie stark von Parasiten befallen sind, den Winter über am Leben zu erhalten. Meine Versuchstiere starben ab

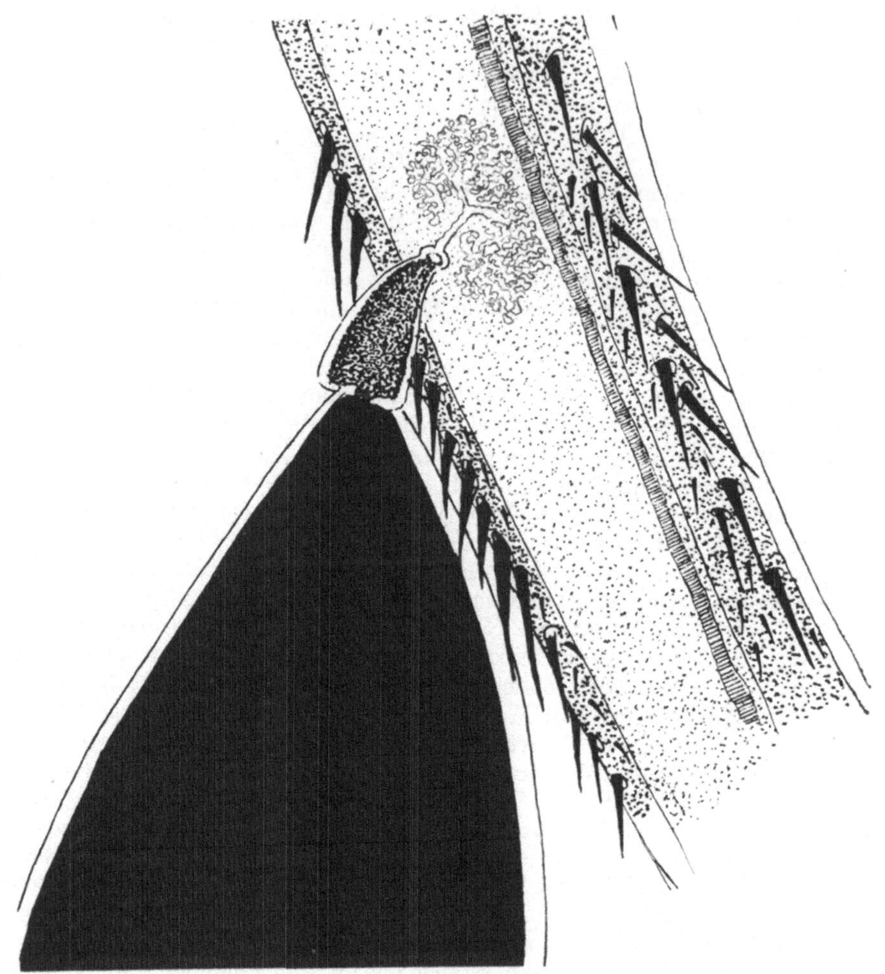

Abb. 737. *Hydrachna*-Larve, in das Bein einer *Notonecta* eingebohrt. Man sieht das von der Larve ausgehende Wurzelgewebe, das sich in dem von Blutflüssigkeit erfüllten Hohlraum verzweigt. S. Text S. 578 und Tafel 22, Fig. 9 u. 10. (W.-L. del.)

und das nächste Stadium, das Nymphenstadium, kam in dieser Versuchsserie nicht zur Entwicklung.

Eine sehr nahestehende Art, die große, früher erwähnte *H. geographica* (O. F. M.), die bei uns nicht häufig und deren Eiablage noch nicht beobachtet worden ist, kommt als Larve nicht selten auf den großen Gelbrandkäfern vor und wurde in der Umgebung von Hilleröd in Stadien gefunden, die nur sehr wenig weiterentwickelt waren als die eben besprochenen. Diese Stadien sitzen immer auf dem Rücken des Wasserkäfers, gewöhnlich seitlich in der Nähe der

Spirakeln (Tafel 22, Fig. 6). Sie wachsen hier von langen, stabförmigen Säcken zu großen, unregelmäßigen heran, die zuweilen in der Zahl von fünf bis sechs einen nicht geringen Teil des Hinterleibes unter den Flügeln bedecken. Solche Säcke sind in allen Monaten des Jahres von Juni bis Dezember gefunden worden.

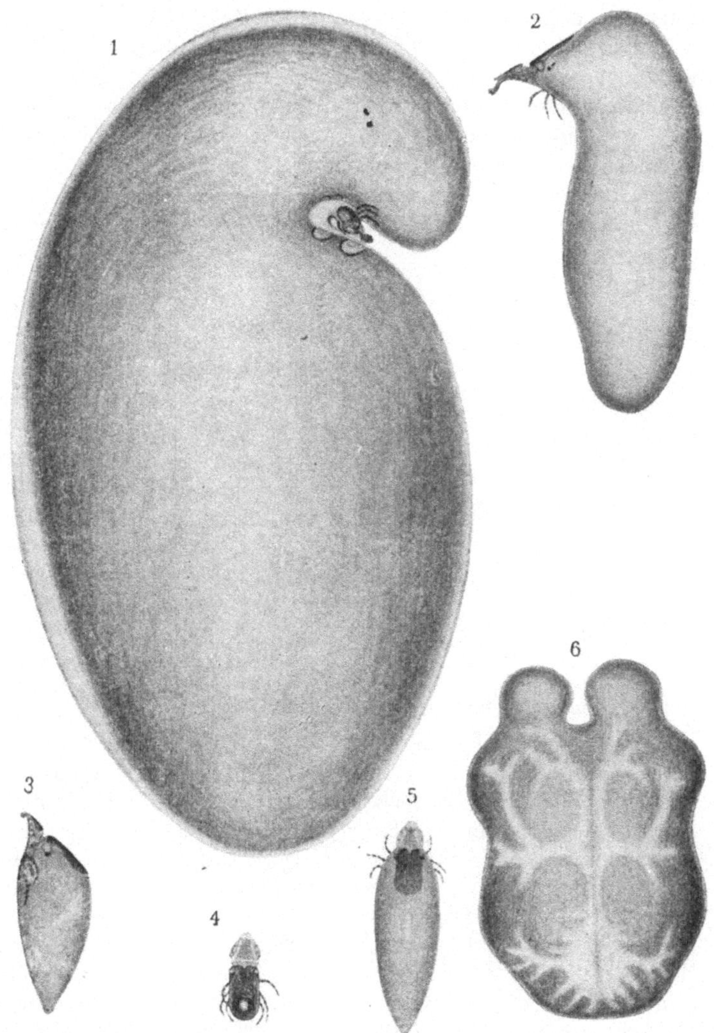

Abb. 738. *Hydrachna geographica* O. F. M., durch alle ihre Schmarotzerstadien von der freischwimmenden oder eben festgehefteten, sechsbeinigen Larve (*4*) durch *3*, *5* und *2* heranwachsend zu *1*, in allen Stadien festgesaugt an der Dorsalseite des Hinterleibes von *Dytiscus*. Alle Stadien bei gleicher Vergrößerung gezeichnet. In *1* beachte man, daß Reste des sechsbeinigen Larvenstadiums noch immer vorhanden sind. *6 Elyais hamata* KOEN, am Rücken von *Dytiscus marginalis* festsitzend. (PIATAKOV 1915.)

Sie überwintern zweifelsohne auf den Gelbrandkäfern. In den Aquarien erschienen große *H. geographica*-Nymphen (Abb. 738 bis 739) von Dytisken, die im September gefangen worden sind; aber noch im Februar kamen in den Aquarien Dytisken mit großen Säcken unter den Deckflügeln vor. In dieser Zeit starben die Dytisken ab; in den Säcken lagen vollentwickelte Nymphen mit vier Beinpaaren. Diese Säcke waren schon sehr lange bekannt, aber noch besser bekannt sind doch die birnförmigen, viel kleineren, roten Säcke, die man oft in den Gelenkhäuten zwischen Kopf und Vorderbrust und zwischen Brust und Hinterleib findet, teils auf den großen Gelbrandkäfern, teils auf Rückenschwimmern, auf Wasserskorpionen und Stabwanzen (Tafel 22, Fig. 1, 8, 9, 12). Sie sind schon 1834 von Dugès untersucht worden, der zeigte, daß es sich um *H. globosa* DE GEER handelt. Es besteht kein Zweifel darüber, daß die Art in diesem Stadium überwintert; im Oktober sind die kleinen, roten Birnen äußerst winzig; am 22. Dezember wurden zahlreiche Notonecten gefunden, an denen mittelgroße Schmarotzer parasitierten; im Mai und Juni waren die Schmarotzer ausgewachsen und ergaben in den Aquarien Nymphen. Wahrscheinlich überwintern sie auch als Imagines.

Wie sich die Larven eigentlich vom Wirte ernähren, war lange nicht bekannt; BLUNCK (1916) hat gezeigt, daß sich von der Larve aus ein ganzes Wurzelgeflecht in den Körper des Wirtes einsenkt. Dieser Filz stellt ein Kanalsystem dar, das als Folge des gegenseitigen Kampfes zwischen der Milbe, die sich einen Weg in die Körperflüssigkeiten zu bahnen sucht, und dem Versuch des Wirtes, die Milbe abzukapseln, entsteht. Die Wand der Kanäle ist chitinös und wird von eingestülpten Hypodermiszellen gebildet. Ich kann BLUNCKs Angaben nur bestätigen. (Abb. 737 zeigt dieses Wurzelnetz einer *Hydrachna*-Larve, die auf dem Hinterbein einer *Notonecta* schmarotzt.) Kürzlich

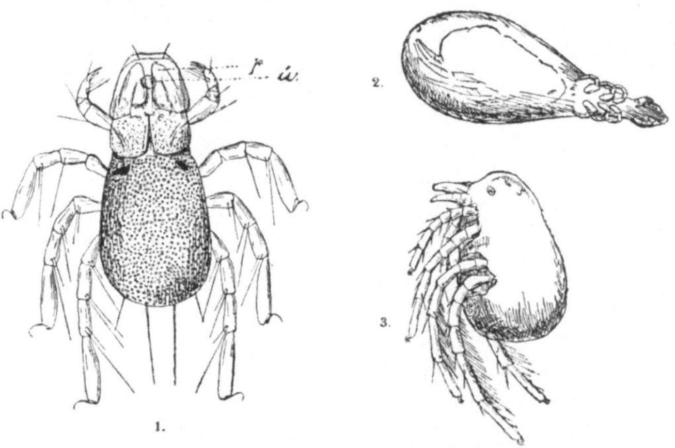

Abb. 739. *Hydrachna globosa* (DE GEER). *1* sechsbeiniges Larvenstadium. *2* erstes Puppenstadium vom Fuß einer *Notonecta*. *3* vierbeiniges Nymphenstadium. (THON 1897.)

hat auch MIYAZAKI (1936) die Beobachtung BLUNCKs bestätigt. Er zeigt, daß von Milbenlarven aus bei *Anopheles* sich ein langer, schmaler Blindsack mit chitinöser Wand zwischen die Organe der Mücke einsenkt; wenn die Milbe entfernt wird, so bleibt das Organ in der Mücke zurück. Der oberste Teil des Organs ist runzelig, die Wand farblos; es enthält oft eine schwarzbraune Masse. MIYAZAKI behauptet, daß das Organ von der Milbe, nicht vom Wirte gebildet wird. Er findet ganz entsprechende Verhältnisse bei einer Milbenlarve, die auf Libellen schmarotzt (Abb. 740). Das Verhalten erinnert sehr an jenes, welches man bei den Rhizocephalen antrifft. Auch Hydrophilidenlarven können Milbenlarven tragen.

Sperchonidae (Tafel 21, Fig. 10). Wir wissen nur wenig von der Entwicklung dieser Formen. Die Eier sind jedenfalls bei einer Art von einer gemeinsamen Hüllschicht umgeben. Aus verstreuten Beobachtungen (THIENEMANN 1912, TAYLOR 1903, LUNDBLAD 1927) wissen wir, daß wenigstens gewisse Formen Larven besitzen, welche nicht schwimmen können und sicher nicht zur Oberfläche emporsteigen. Einige dieser Larven befestigen sich auf den Puppen von Chironomiden, wenn sie auf dem Grund von Bächen sich befinden und ihre großen, silberweißen Bündel von Tracheen auf dem Cephalothorax hin und her schwingen. Die Puppen zeigen da rote Käppchen von Milbenlarven, die, wenn die Puppenhaut gesprengt wird, blitzschnell sich auf die Mücken stürzen und von diesen in die Luft mitgeführt werden. .Ihre weitere Entwicklung ist unbekannt.

Ich selbst habe in den letzten Jahren in verschiedenen kleinen Bächen in Nordseeland diese Beobachtungen THIENEMANNS bestätigen können. Die Milben sind namentlich dann gut zu sehen, wenn das Sonnenlicht in die Bäche fällt

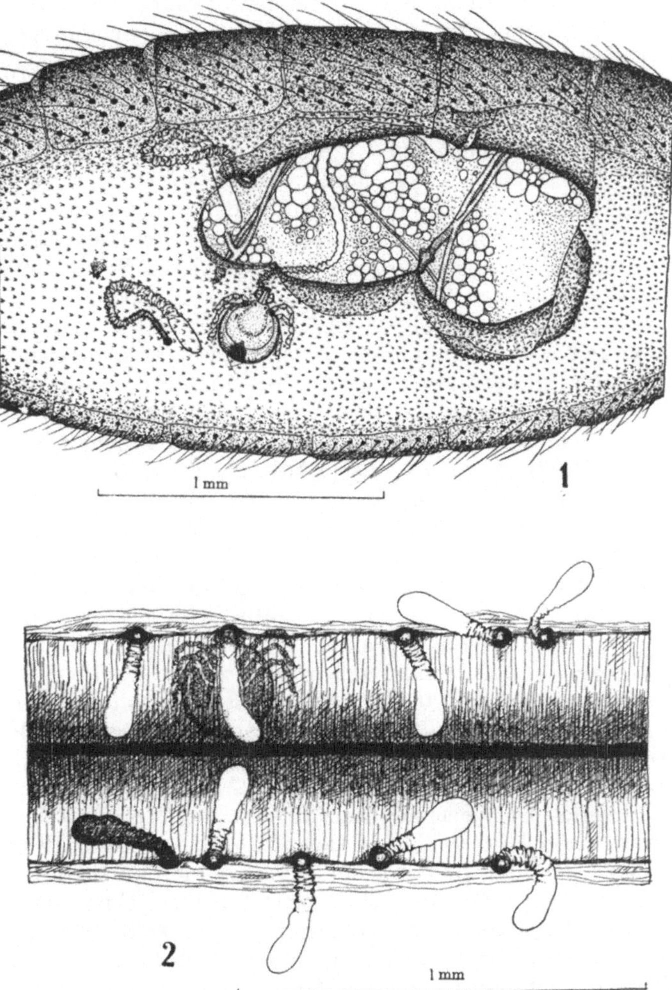

Abb. 740 zeigt, daß sich von Milbenlarven auf Anophelinen (1) und Libellen (2) ein langer Blindsack in den Wirt einsenkt; der obere Teil ist runzelig; der Blindsack enthält eine schwarzbraune Masse. Das Organ soll von der Milbe selbst, nicht vom Wirte gebildet werden. (MIYAZAKI 1936.)

und man zufällig gerade zu dem Zeitpunkt kommt, wo die Chironomidenpuppen in Mengen vorhanden sind (Brödewald, Hilleröd). In fließendem Wasser scheinen die großen *Perla*-Larven für das sechsbeinige Larvenstadium eine bedeutende Rolle zu spielen; aber man weiß nichts Näheres über die Entwicklung. Leider sind unsere Kenntnisse der Entwicklung der Familien *Lebertiidae, Atracticidae, Limnesiidae, Hygrobatidae* und *Brachypodidae*, zu denen ein Großteil aller Wassermilben gehört, überaus gering.

Ein Teil parasitiert auf Mücken, vornehmlich auf Chironomiden; in bezug auf einige Formen hat man beobachtet, daß in ihren Entwicklungsstadien ein sehr beträchtlicher Größenunterschied besteht. Daraus und aus direkten Beobachtungen (MOTAS 1928) hat man, und sicher mit Recht, geschlossen, daß das Schmarotzerstadium sehr kurz dauert.

In der älteren Literatur (CLAPARÈDE 1868, NEUMANN 1880, KRAMER 1891 und PIERSIG 1900) sind verschiedene Beobachtungen erwähnt, die darauf hindeuten, daß es eine Anzahl Milben gibt, welche keineswegs die ganze, oben geschilderte, komplizierte Entwicklung zu durchlaufen brauchen. Es zeigte sich nämlich, daß es nicht sechsbeinige Larven sind, die aus den Eiern hervorgehen, sondern achtbeinige Nymphen; das schmarotzende Larvenstadium wird übersprungen. Ich selbst habe bei meinen eigenen Untersuchungen versucht, über dieses Verhalten Klarheit zu schaffen. Ich fand nämlich in austrocknenden Teichen Milben, besonders aus der Familie der Hygrobatiden, die Jahr für Jahr im Mai erscheinen und sich hier durch zirka vier bis fünf Wochen vorfinden. Hierauf trocknen die Tümpel aus und füllen sich erst im Frühjahr nach der Schneeschmelze wieder mit Wasser. In diesen kleinen Pfützen konnte ich keine Tiere finden, von welchen sich denken ließe, daß auf ihnen parasitiert werden könnte. Es gibt in diesen Gewässern nur kleine Schwimmkäfer, einige Frühjahrsplanarien und Leptoceriden, die niemals Milbenlarven trugen. In einer interessanten Abhandlung von LUNDBLAD (1924), die ich bei meinen Studien übersehen habe, weil sie als Anhang in einer systematischen Abhandlung aufgenommen ist, zeigt er, daß *Lebertia complexa* (*Lebertia tau insignis* [LEBERT], Tafel 20, Fig. 10) genau eine solche Entwicklung besitzt, wie sie von den oben erwähnten, älteren Verfassern angegeben worden ist. Die Larven verlassen niemals das Wasser. Sie können die die Eier umgebende Kittmasse verlassen und freischwimmende Tiere werden, aber in der Regel verbleiben die Larven im Eigelege und verwandeln sich hier zu Nymphen. Er wies Tiere nach, die innerhalb des Eigeleges von drei Häuten umgeben sind und selbst als achtbeinige Nymphen innerhalb der dritten sich befinden. Später zeigte LUNDBLAD, daß *Piona carnea* Koch und *Piona conglobata* Koch (*Piona*, s. Tafel 20, Fig. 8) aus dem freischwimmenden Larvenstadium ohne zu parasitieren in das Nymphenstadium übergehen können. Wahrscheinlich ist dieses Verhalten viel weiter verbreitet, als man glaubt (Abb. 727). Vieles scheint darauf hinzudeuten, daß verschiedene Arten parasitieren, wenn dazu Gelegenheit vorhanden ist, aber sich durchhelfen, wenn eine solche Gelegenheit fehlt; der beträchtliche Unterschied in der Größe bei gewissen Formen könnte darauf hindeuten, daß hier und da ein fakultativer Parasitismus vorkommt, eine Auffassung, die schon MOTAS (1928) vertreten hat. Eine andere Frage ist, ob diese nicht parasitierenden Individuen geschlechtsreif werden und Nachkommenschaft erzeugen können. Auf diesem Gebiet bleibt noch viel zu tun übrig. Das Schmarotzerstadium bei diesen Formen wird wohl jedenfalls sehr kurz dauern.

Die *Unionicolidae* oder *Atacidae* (Abb. 741 bis 743) weichen in ihrer Entwicklung sehr stark von allen übrigen Wassermilben ab. Sie sind in ihren Ent-

---

Tafel 21. **Hydrachnidae.**

Fig. 1. *Frontipoda musculus* (O. F. M.). Fig. 2. *Brachypoda versicolor* (O. F. M.) in Bauchansicht. Fig. 3. *Pionacercus Leuckartii* PIERS. in Bauchansicht. Fig. 4. *Hydrachna globosa* (DE GEER) in Rückenansicht. Fig. 5. *Hydrachna geographica* O. F. M. in Dorsalansicht. Fig. 6. *Arrhenurus caudatus* (DE GEER) in Rückenansicht. Fig. 7. *Arrhenurus globator* (O. F. M.), die Hinterbeine bereitgestellt, um das Weibchen aufzusuchen. Fig. 8. *Arrhenurus caudatus* (DE GEER) C. L. KOCH in Bauchansicht. Fig. 9. *Atractides amplexus* KOEN. in Rückenansicht. Fig. 10. *Sperchon squamosus* KRAM. in Bauchansicht. — Fig. 1 nach THON 1901. Fig. 2 und 3 nach PIERSIG 1897. Fig. 4, 9 und 10 nach SOAR und WILLIAMSON 1925 bis 1927. Fig. 5, 6 und 8 nach NEUMANN 1880. Fig. 7 nach LUNDBLAD 1929.

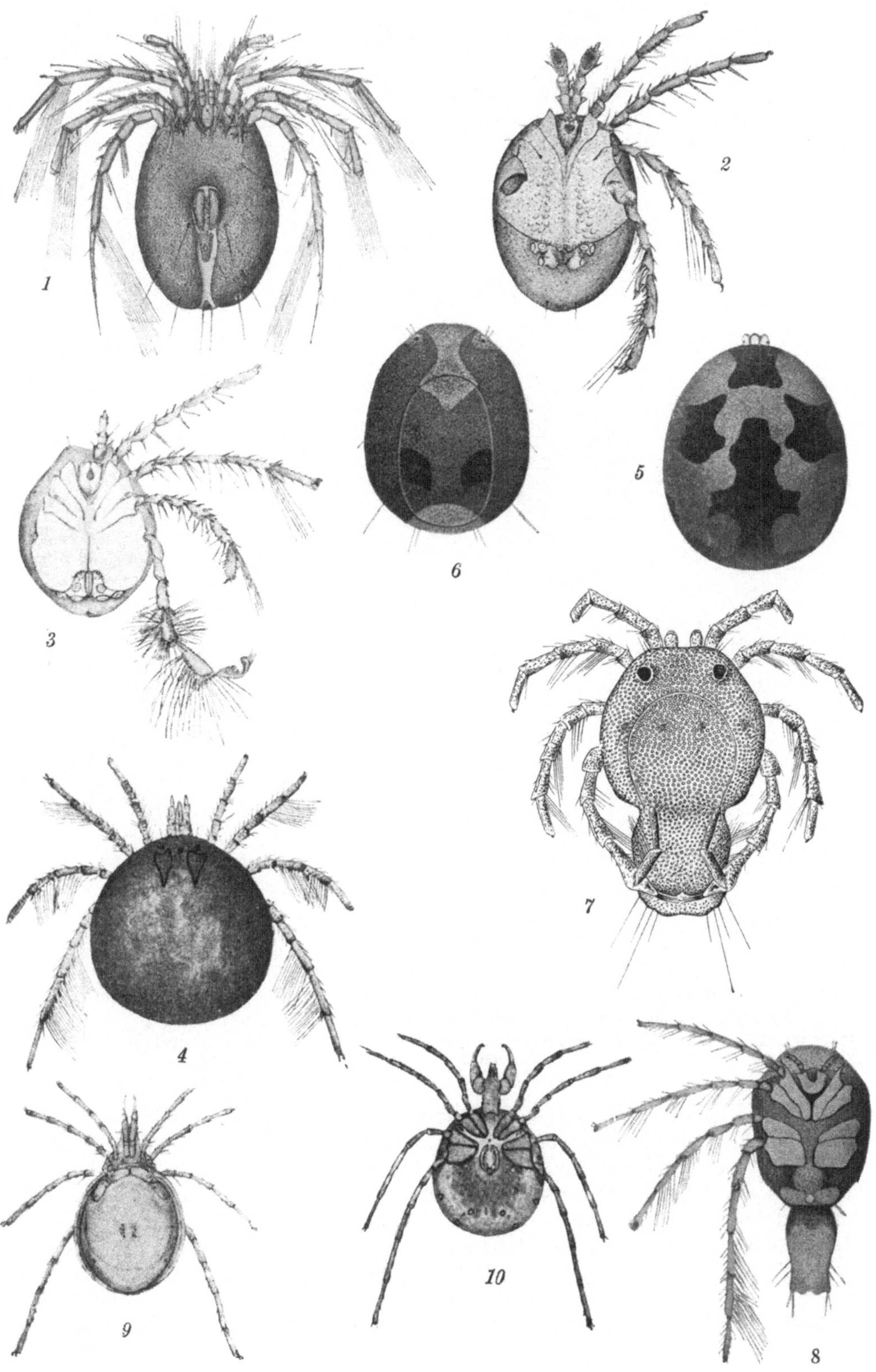

wicklungsstadien ebenfalls Schmarotzer, aber im Gegensatz zu ihren Verwandten nicht auf Insekten, sondern in Muscheln und Süßwasserschwämmen, einige auch in Schnecken (*Ampullaria*) anzutreffen.

Nur selten öffnet man eine unserer Anodonten oder Unionen, ohne in ihnen eine kleinere oder größere Zahl schwarzer Milben anzutreffen mit einer Y-förmigen, gelblichen Zeichnung auf dem Rücken, dem Exkretionsorgan, das hindurch-

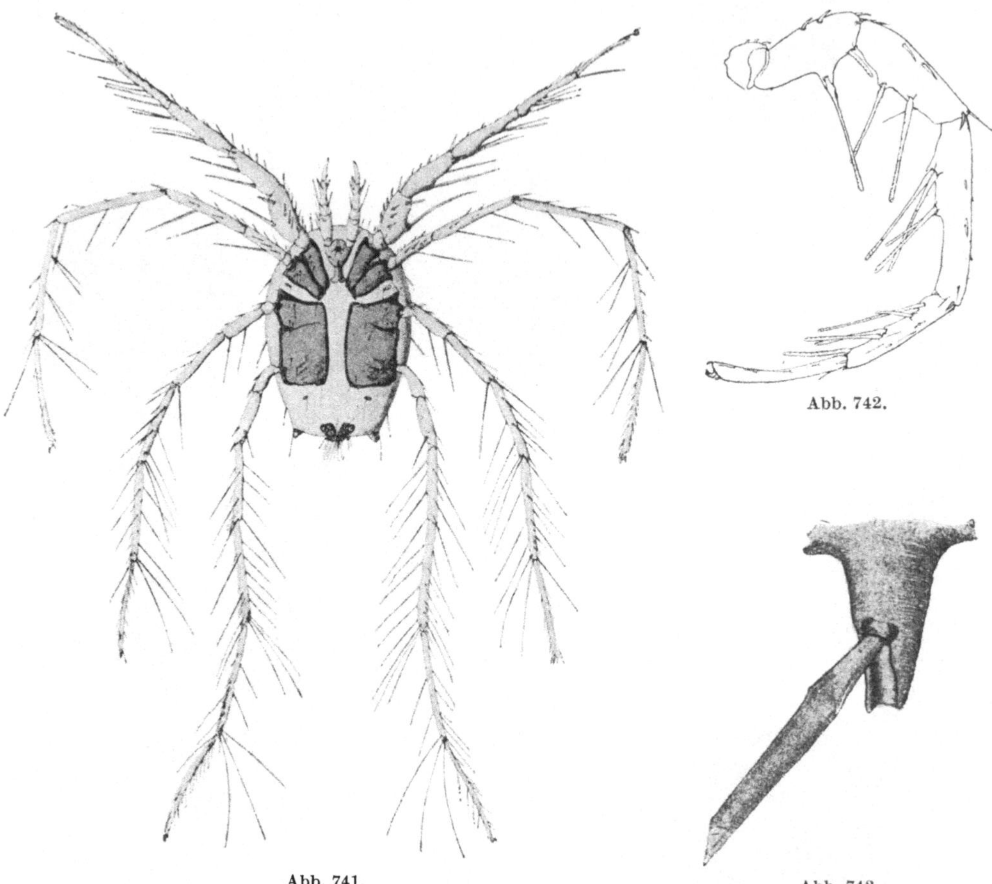

Abb. 742.

Abb. 741.   Abb. 743.

Abb. 741. *Atax* (= *Unionicola*) *crassipes* (O. F. M.), von der Unterseite gesehen. (THON 1901.)

Abb. 742. Bein, die merkwürdigen, spiralig gedrehten Haare zeigend. (HALIK 1924.)

Abb. 743. Die Rinne, in die es zurückgelegt wird, wenn das Bein beim Sinken als Fallschirm wirken soll. (HALIK 1924.)

schimmert. Es sind gewöhnlich äußerst träge Tiere. Manche sind sehr klein, nur Nymphen, manche sind recht groß, zirka 2 bis 3 mm, mit kurzen Beinen. Man findet sie zumeist auf dem Mantel oder auf den Kiemen. Die Milben legen ihre Eier gewöhnlich vereinzelt ab; bei einer Art werden sie jedoch in Klumpen im Mantel oder an den Kiemen abgelegt. Bei *Unio* zumeist auf den Kiemen, bei *Anodonta* vorwiegend auf dem Mantel. Das kurze, sechsbeinige Larvenstadium wird auf den Kiemen verbracht, das Nymphenstadium wird hauptsächlich im Schleim auf der Oberseite der Kiemen ausgebildet und durchlaufen. Die Tiere sammeln sich oft um die Ausfuhröffnung für das Atemwasser und die Exkremente.

Im Nymphenstadium sind die Tiere am lebhaftesten; sie kriechen nicht allein in der Muschel umher, sondern verlassen sie auch oft, schwimmen oder kriechen über den Seeboden hin und suchen da wahrscheinlich andere Muscheln auf. Man kann annehmen, daß die Muscheln durch dieses Stadium infiziert werden. Als erwachsene Tiere sind sie im Gegensatz zu ihren übrigen Verwandten ganz überwiegend Schmarotzer. Man kennt nun zirka 10 bis 15 Arten, welche in Muscheln schmarotzen; die meisten kommen in Nordamerika vor, wo die eingehendsten Untersuchungen über sie (WOLCOTT 1899) angestellt worden sind. Hier und da stößt man auf einzelne Individuen außerhalb der Muscheln; doch sind sie hauptsächlich Schmarotzer und in vieler Hinsicht an das Schmarotzerleben angepaßt. Schwimmhaare fehlen, die Beine sind sehr kurz. Sie kriechen wenig und das Tracheensystem ist minder entwickelt als bei anderen Milben. Sie können in der Zahl von über 400 auf einer einzigen Muschel vorhanden sein, aber man findet doch selten mehr als zirka 10 bis 20 in jeder. Sie können lange außerhalb der Muscheln leben, sie sind aber in ihnen zu jeder Jahreszeit und in allen möglichen Stadien zu finden.

Eine ganz besondere Entwicklungsgeschichte besitzt *Atax crassipes* (O. F. M.); diese ist erst in der letzten Zeit aufgeklärt worden.

Schon um 1900 fand ich in einem kleinen See in Nordseeland eine Menge Milben in großen Klumpen von Spongillen; sie lagen verstreut in der weichen Parenchymmasse, welche von Milben so durchsetzt war, daß es aussah, als ob sie mit kleinen, schwarzen Pfefferkörnern erfüllt wäre. Sie kamen in allen Stadien vor, als sechsbeinige Larven, im ersten Puppenstadium, als freikriechende Nymphen und im zweiten Puppenstadium. Die Art wurde als *Atax crassipes* (O. F. M.) bestimmt. In den folgenden Jahren wurde *Atax crassipes* (O. F. M.) von mehreren Forschern in Spongillenkolonien gefunden und beschrieben. Im Gegensatz zu den anderen Arten ist *Atax crassipes* (O. F. M.) als erwachsenes Tier ein ausgesprochen freischwimmender Organismus und zugleich, wie früher erwähnt wurde, unsere einzige Milbe, die als pelagisch bezeichnet werden kann. Als solche ist sie schon lange von den Planctologen aufgefaßt worden, wogegen die Hydrachnologen das nicht verstanden und ihren Bau ganz mißdeutet haben. Die einzige Ausnahme macht HALIK (1924), der richtig gesehen hat, daß ihre Bewegungsform doppelartig ist; zuerst ein aktives Schwimmen, worauf die Bewegung durch eine Ruhepause unterbrochen wird, während welcher das Tier auf allen, fallschirmartig ausgebreiteten Beinen ruht. Während dieser Ruhepause, die kürzer dauert als die Bewegungszeit des Tiers, spielen die Stacheln, besonders auf dem ersten Beinpaar, eine wichtige Rolle, um der Fallgeschwindigkeit entgegenzuarbeiten. Bringt man *Atax crassipes* (O. F. M.) in ein Aquarium mit Spongillen, so kann man sehen (Mai), daß die Spongillenkolonien bald mit kleinen Häufchen von weißen Eiern bedeckt werden. Aus diesen Eiern gehen sechsbeinige Larven hervor, aber in den Aquarien konnte die Entwicklung nicht weiter verfolgt werden, weil die Spongillen abstarben.

Arrhenuridae. Auch in bezug auf die Arten dieser Familie wußte man, was die Entwicklung anbelangt, bis vor kurzer Zeit nur sehr wenig. So viel scheint immerhin festzustehen, daß die Milben im sechsbeinigen Larvenstadium auf Insekten übergehen, auf ihnen schmarotzen und bei der Verwandlung das Wasser verlassen. Die Insekten, auf denen sie parasitieren, sind wahrscheinlich hauptsächlich Libellen, aber es scheint, als ob die einzelnen Arten keineswegs auf allen möglichen Libellen schmarotzen, sondern ganz im Gegenteil recht spezifisch gebunden sind.

Es war seit langem eine wohlbekannte Tatsache, daß man oft Milbenlarven, rote und blaue, auf verschiedenen Libellenlarven antraf (Libellenläuse, GOEZE

1776); sie werden oft in der entomologischen Literatur erwähnt und gingen im alten Schrifttum unter dem Namen „Gries", „Korn", „Eier". Sie sitzen teils auf den Flügeln, teils auf der Brust, teils auf der Unterseite in den Furchen des Hinterleibs. Sie treten bei gewissen Arten, z. B. *Sympetrum meridionale*, so konstant auf, daß man allein aus ihrem Vorkommen glaubte, die Art bestimmen zu können, welche man vor sich hatte. Sie konnten in so großer Anzahl zugegen sein, daß die Flügel von ihnen rot gefärbt waren.

Um 1900 begann man sich darüber klar zu werden, daß man es mit *Arrhenurus*-Larven zu tun hatte. Steht man an einem Frühjahrstag am Ufer eines unserer Waldseen zur Zeit, wo die Schwärme von *Cordulia aenea* und *Libellula quadrimaculata* ausschlüpfen, so hat man reichlich Gelegenheit, folgende Beobachtungen anzustellen. Untersucht man die großen Nymphen, die noch unten im Wasser sich befinden, so erblickt man nicht selten an der Grenze zwischen Vorder- und Mittelbrust einen kleinen, bläulichen Streifen, der sich unter der Lupe in Punkte auflöst und sich bald als aus kleinen, blauen Larven bestehend erweist (Tafel 22, Fig. 16). Es sind *Arrhenurus*-Larven, die man vor sich hat. Nicht selten kann man sehen, wie eine solche Libellennymphe eine kurze Zeit mit ihren Prothoracalstigmen und also auch mit den *Arrhenurus*-Larven sich über Wasser befindet. Die Nymphe kriecht höher auf dem Blattstiel hinauf, ganz in die Luft, und wenn sie hinreichend viel Luft aufgenommen hat, reißt die Haut, und zwar gerade dort, wo die Larven sitzen. Mit der Lupe vor dem Auge habe ich gesehen, wie die Larven in dem Augenblick, wo die weiche Brustpartie der werdenden Libelle die Nymphenhaut sprengt, sich auf diese hinüber stürzen (Tafel 22, Fig. 17). Sie laufen hin und her den ganzen Körper entlang und befestigen sich sofort, in der Regel an den weichen Hautfalten der Unterseite des Hinterleibs, dort, wo die Atemlöcher sich befinden. Den ganzen Juni und einen Teil des Juli hindurch findet man dann sehr oft unsere Libellen, besonders *Cordulia* und *Libellula*, mit *Arrhenurus*-Larven reichlich besetzt (Tafel 22, Fig. 18). Ich habe sie immer nur auf dem Hinterleib, seltsamerweise nicht auf den Flügeln gefunden. Sie sind zeitlich im Vorsommer flach, werden aber später kugelrund. Von Ende Juli und bis in den September sieht man nur selten Larven auf unseren Libellen. Wenn diese die Wasseroberfläche zum Zweck der Eiablage aufsuchen, fallen die Larven wahrscheinlich ab; sie verlassen die Libellen als Nymphen, die sich für eine kurze Zeit festheften und, nachdem sie das zweite Puppenstadium, das Teleiophan-Stadium, durchlaufen haben, zu geschlechtsreifen Tieren werden. Es sind ganz besonders die Libellen des Vorsommers, die infiziert werden, in viel geringerem Grad die des Nachsommers. Ich habe z. B. vergeblich auf unseren *Aeschna*-Arten Milbenlarven gesucht, aber gerade die Frühjahrsform, *Brachytron pratense*, machte eine Ausnahme. Wenn eine Generalisierung zulässig ist, scheint es sich so zu verhalten, daß die Milben das geschlechtsreife Stadium ungefähr im Hochsommer erreichen. Sie beginnen da mit der Eiablage, die Eier werden in Form kleiner Kleckse auf Pflanzen, welkenden Blättern usw. abgesetzt. Wenn die Larven erscheinen, suchen sie früher oder später Libellenlarven auf; die Überwinterung erfolgt im Eistadium oder auf diesen und im Frühjahr, wenn die Libellen sich verwandeln, gehen sie auf diese über und leben nun als Lufttiere, bis die Libellen mit der Eiablage beginnen. Während dieser gelangen sie wieder ins Wasser zurück, verlassen ihre Wirte als Nymphen und werden im Juli voll entwickelte Tiere. Die meisten *Arrhenurus*-Arten dürften hauptsächlich Hoch- und Nachsommerformen sein; aber einige Arten treten schon im Vorsommer auf. LUNDBLAD (1927) hat bei Untersuchungen hier im Laboratorium nachweisen können, daß *A. pustulator* (O. F. M.) als voll entwickeltes Tier in den Aquarien überwintert und im April die Eier auf Buchenblätter ablegt; die Larven schlüpfen im Mai, setzen sich dann in Mengen auf *Cordulia*-Nymphen fest und kriechen dann von diesen während der Metamorphose auf das geflügelte Insekt hinüber (Tafel 22, Fig. 18 zeigt den Hinterleib einer *Cordulia* mit zahlreichen Larven). Es sind nicht allein die großen Libellen, welche *Arrhenurus*-Arten tragen; in wohl ebenso hohem Ausmaß dürfte das bei den kleinen, viel zarteren Wasserjungfern der Fall sein (Tafel 22, Fig. 19). Die Unterseite von Brust und Hinterleib, besonders seitlich und am Ende, trägt oft eine große Anzahl kleiner, kugelrunder und birnförmiger Wassermilbenlarven. Sie können in Mengen von etwa anderthalb Hundert und darüber vorhanden sein. Sie sind zumeist bläulich. Sie erhalten sich merkwürdig lange ihre Beine und ihre Schwimmfähigkeit.

Im Jahre 1935 ist eine Arbeit MÜNCHBERGs über auf Libellen schmarotzende Milbenlarven erschienen, die in hohem Grad unser Wissen über dieses bemerkenswerte Parasitentum bereicherte. Er zeigt, daß es nur eine bestimmte Abteilung der Arrhenuren, die Untergattung *Arrhenurus* selbst, sowie die Gattung *Georgella* ist, die an Libellen gebunden sind, andere Untergattungen kommen auf Mücken vor und wieder andere besitzen kein parasitisches Stadium (Abb. 444 u. 445). Auf Libellen finden sich nicht weniger als 24 Arten; eine große Anzahl von *Arrhenurus*-Arten, die auf Libellen vorkommen, scheinen auf vielen verschiedenen

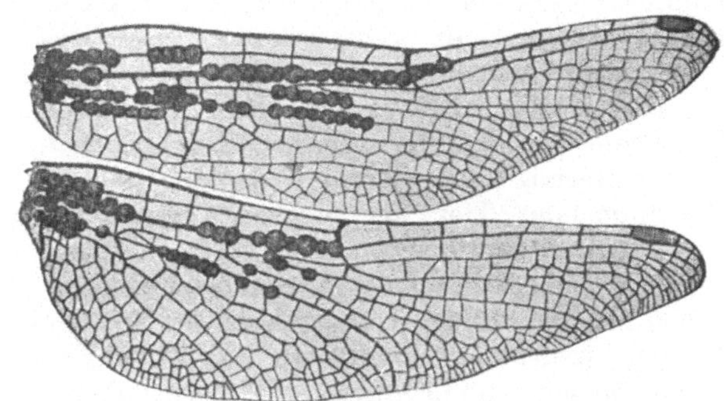

Abb. 744.

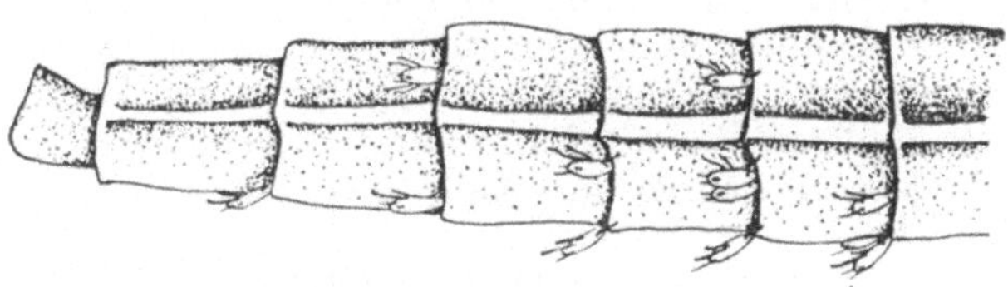

Abb. 745.

Abb. 744. Unterseite des linken Flügelpaares von *Sympetrum meridionale, Arrhenurus papillator* (O. F. M.) längs den Flügeladern tragend. (MÜNCHBERG 1935.)

Abb. 745. Hinterleib einer Mücke, *Chironomus thummi*, parasitierende Larven von *Acercus ornatus* KOCH tragend. (UCHIDA 1932.)

Formen schmarotzen zu können, sowohl auf den großen Libellen als auch auf Wasserjungfern, eine Art, *A. pustulator* (O. F. M.), ist auf acht verschiedenen Arten gefunden worden, ja es gibt Libellen, die gleichzeitig mehrere Arten tragen. Es sind bis zu 285 Larven auf einer Libelle gefunden worden; sie kommen hauptsächlich auf der Brust, an den Flügelwurzeln und als Reihen roter Perlen die Bauchseite entlang vor. Eine Art, *Arrhenurus papillator* (O. F. M.), ist im Schmarotzerstadium ein Hochsommertier und findet sich ausschließlich auf den Flügeln von *Sympetrum* und auf der Brust anderer Libellen des Hochsommers (*Lestes*-Arten); sie scheint auf *Lestes* und *Sympetrum* begrenzt zu sein. Die Dauer des Schmarotzerstadiums ist wohl sehr verschieden bei den verschiedenen Arten und hängt u. a. von den Ernährungsverhältnissen, der Temperatur usw. ab, kann aber wahrscheinlich in der Regel auf zirka drei bis sechs Wochen geschätzt werden, und dürfte für die Flügelschmarotzer wohl am längsten dauern.

Die Infektion findet, wenn auch nicht immer, so doch vorwiegend statt, solange die Libellen sich im Larvenstadium befinden, und wohl hauptsächlich knapp bevor die Nymphen das Wasser verlassen. Während des Schmarotzerlebens wachsen die Larven ganz enorm; für eine Art weist MÜNCHBERG nach, daß das Wachstum das 80fache beträgt. Wie weit die Libellen unter den Parasiten leiden, das steht dahin; seltsamerweise fand ich oft, daß die Larven, welche auf den Randfalten des Hinterleibs sitzen, gleichsam in einer dicken, gelben Flüssigkeit schwimmen, die wohl nur Blut des Wirts sein kann; weiter, daß diese Flüssigkeit oft zu einer Kruste eingetrocknet ist, in der sich tote Milbenlarven befinden. MÜNCHBERG hat diese Beobachtung bestätigt. Es ist durch Versuche festgestellt, daß *Arrhenurus*-Larven acht bis neun Tage leben können, ohne Nahrung aufzunehmen und ohne auf einen Wirt zu gelangen. Das erste ruhende Puppenstadium dauert, wie angegeben wird, recht kurz, fünf bis zehn Tage, am häufigsten fünf bis sieben, aber von *A. pustulator* wird berichtet, daß es ein halbes bis ein Jahr währen kann. Das zweite ruhende Puppenstadium, das Teleiophan-Stadium, wird ebenfalls als sehr kurz angegeben, von einer Dauer von sieben bis zehn Tagen; man hat oft die Beobachtung gemacht, daß die Milben in diesem Stadium die Tendenz zeigen, sich in Gesellschaft festzuheften. Die Überwinterung dürfte wohl hauptsächlich als erwachsenes Tier oder als freischwimmendes Tier im ersten Nymphenstadium, möglicherweise auch im Teleiophan-Stadium erfolgen.

Es ist überaus schwer anzugeben, welcher von allen diesen Entwicklungstypen als der primitive angesehen werden kann. Einige, und vermeintlich diejenigen, welche am häufigsten Recht behalten, sehen im ersten Typus, den *Limnocharidae*, die primitivsten Formen; aber auch die entgegengesetzte Ansicht ist geltend gemacht worden.

In engem Zusammenhang mit den verschiedenen Formen der Entwicklung steht auch der Modus, in welchem die Hydrachniden überwintern, und der Zeitpunkt ihrer größten Aktivität. Das hängt wieder mit ihrer Abhängigkeit von den äußeren Verhältnissen, der Beschaffenheit der Örtlichkeit, dem Gehalt des Wassers an Säuren und Kalk sowie von den Vegetationsverhältnissen, in erster

---

Tafel 22. Entwicklung der Hydrachniden.

Fig. 1. Gelbrandkäfer, *Dytiscus marginalis*, in Bauchansicht; Brust mit birnförmigen Gebilden bedeckt, in denen sich das Nymphenstadium der Gattung *Hydrachna* entwickelt. Fig. 2. Gelbrandkäfer, *Dytiscus marginalis*, von der Unterseite gesehen. Diese ist vollständig vom ersten Larvenstadium einer *Hydrachna* bedeckt. Der Käfer ist im Aquarium in Schwärmen von *Hydrachna*-Larven gehalten worden, die sich im Lauf weniger Tage am Käfer festgesetzt haben. Fig. 3. Abgeschnittenes Stück eines Blattstieles von *Alisma plantago*, zahlreiche Eilogen enthaltend, die vom Weibchen von *Hydrachna processifera* KOEN. gebildet worden sind. Das Weibchen bohrt seinen Rüssel in den Stiel und füllt den Hohlraum mit den Eiern. Fig. 4. Eine Eiloge vergrößert; unten das Loch, durch das der Rüssel eingeführt wurde. Fig. 5. Ein Stück eines der Bauchringe von dem in Fig. 2 abgebildeten *Dytiscus*. Das Bild zeigt die *Hydrachna*-Larven mit vorgestrecktem Capitulum und den Augen. Schon zu dieser Zeit sind die Beine reduziert. Fig. 6. Hinterleib von *Dytiscus marginalis*, Dorsalansicht, nur halb erwachsene Larven von *Hydrachna geographica* O. F. M. tragend. Vgl. Abb. 739. Fig. 7. *Graphoderes bilineatus* in Dorsalansicht. Der eine Deckflügel und beide Unterflügel sind entfernt; der rechte ist herumgelegt. Auf dem Hinterleib und der Innenseite des Deckflügels sind zwei große, ausgewachsene Säcke befestigt, die das Nymphenstadium· einer *Eylais*-Art enthalten. Fig. 8. *Corixa* sp. von unten gesehen, zwischen den mittleren Beinen elf Säcke tragend, in denen Nymphen von *Hydrachna* oder *Eylais* zur Entwicklung kommen. Fig. 9. *Notonecta glauca*. Rechtes Hinterbein mit sieben Säcken von *Hydrachna*-Larven. Fig. 10. *Cymatia coleoptrata*. Rechtes hinteres Bein, das einen einzigen, mächtigen Sack trägt, der die Nymphe einer *Hydrachna* enthält. Fig. 11. *Hydrometra* sp. in Dorsalansicht, birnförmige Larven tragend, die später Nymphen von *Limnochares aquatica* (L.) abgeben. Fig. 12. *Nepa cinerea* von unten gesehen, mit Larven bedeckt, aus denen später Nymphen von *Hydrachna* oder *Eylais* auskriechen. Fig. 13. Eine Fliege mit einer großen Milbenlarve auf dem Rücken. Fig. 14. Eine Fliege mit einer großen Milbenlarve auf der Ventralseite. Die weitere Entwicklung dieses großen Fliegenschmarotzers ist sehr wenig bekannt. Fig. 15. Eine Fliege, auf deren Rücken fünf Milbenlarven befestigt sind. Fig. 16. *Libellula quadrimaculata*, Nymphe, kurz vor dem Schlüpfen. An Kopf, Vorderbrust und Flügelscheiden finden sich eine Menge blaugrüner, kleiner, kugelförmiger Gebilde; es sind Larven von *Arrhenurus*, welche im Augenblick, wo die Libellennymphe die Nymphenhaut verläßt, auf die werdende Libelle hinüberkriechen. Fig. 17. Zeigt das Auskriechen einer Libelle und die *Arrhenurus*-Larven, die auf diese hinüberkriechen. Fig. 18. *Cordulia aenea*. Hinterleib von unten gesehen, trägt zahlreiche, birnförmige Gebilde, festgeheftete *Arrhenurus*-Larven, die sich hier zu Nymphen verwandeln und bei der Eiablage der Libelle auf Wasserpflanzen usw. diese verlassen. Fig. 19. *Agrion* sp. Eine Wassernymphe mit zahlreichen kleinen und einzelnen größeren Milbenlarven; aus beiden kriechen *Arrhenurus*-Arten aus. Fig. 20. *Corethra flavicans*. Mücke, die *Diplodontus*-Larven auf dem Rücken trägt. — Das Material zu dieser Tafel ist im Laufe von Jahren in der Umgebung von Hilleröd eingesammelt worden. Auf Grund desselben wurde zu einem großen Teil die Abhandlung (W.-L. 1918) verfaßt, aber diese war von keinen Abbildungen begleitet. W.-L. del.

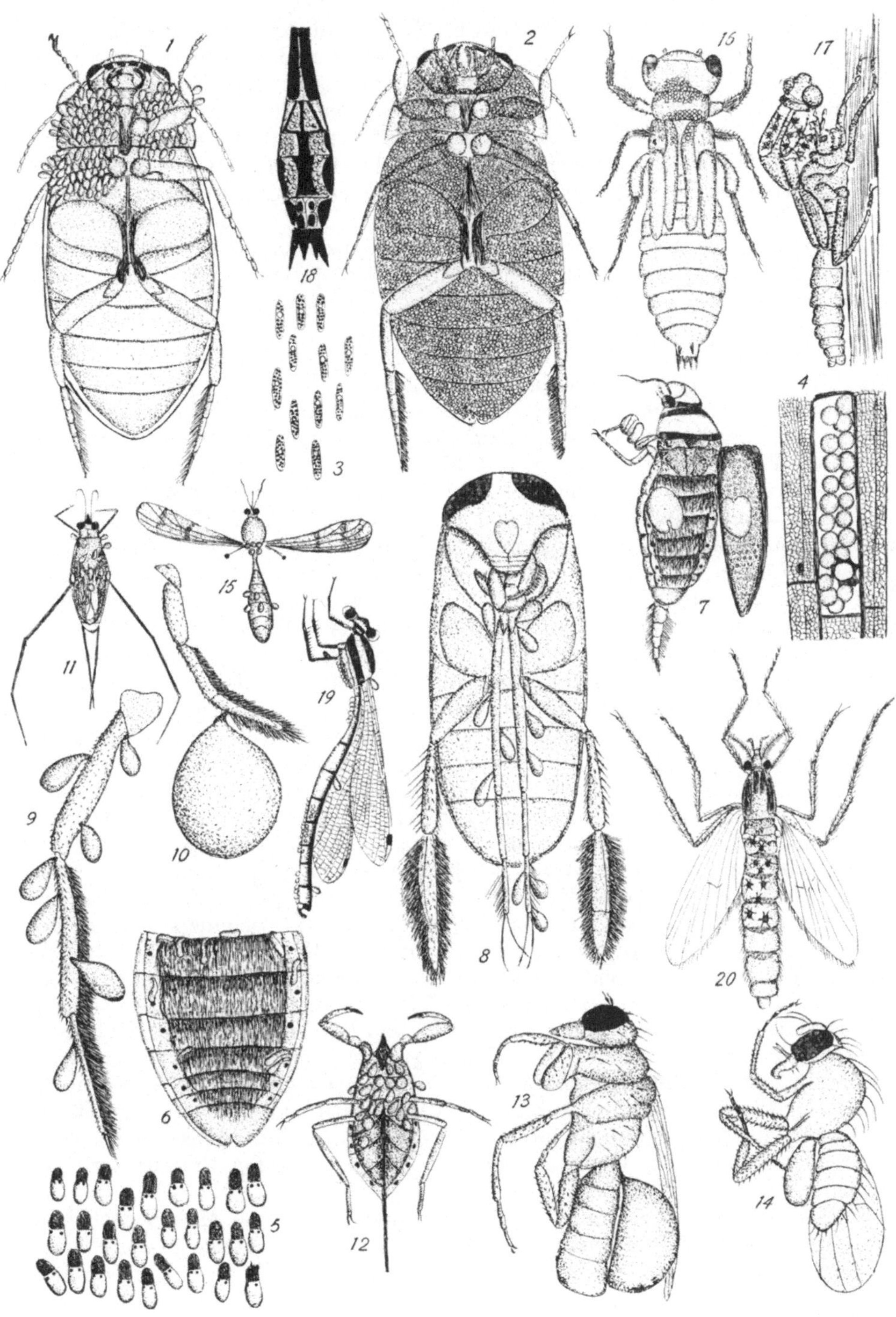

W.-L. del.

Linie jedoch wohl von der Temperatur ab. Formen, die an sehr niedere Temperaturen gebunden sind, solche der alpinen Gewässer und besonders der alpinen Quellen, scheinen fast keine Periodizität aufzuweisen. Die Hauptmengé der Hydrachniden gehört jedoch in die Kategorie der Warmwasserformen, d. s. Arten, die ihre höchste Vitalität bei 18 bis 25° C zeigen. Es mag hinzugefügt werden, daß man auch in warmen Quellen mit Temperaturen von zirka 45° C einzelne Arten hat nachweisen können: *Eylais thermalis* Uchida (Japan), *Thermacarus thermobius* (Sokolow 1927, Baikal). Wieweit man eigentlich bei den zahlreichen Formen unserer Seen und Teiche von einer ausgeprägten Periodizität sprechen kann, muß dahingestellt bleiben. Es gibt ja hier im Gegensatz zu so vielen Süßwasserorganismen keine besonderen Überwinterungsorgane, und was das Eistadium anbelangt, das ja gerade häufig verwendet wird, um zu überwintern, so kann man fast mit Gewißheit sagen, daß es bei den Hydrachniden ganz überwiegend dem Sommerhalbjahr angehört.

Untersucht man gleich nach der Eisschmelze die *Fontinalis*-Teppiche in unseren Kleinteichen oder fischt man mit der Dredge im Furesee die unterseeischen Wiesen in einer Tiefe von 4 bis 7 m ab, so erhält man eine, sowohl was die Arten- als auch Individuenzahl betrifft, recht bedeutende Zahl von Milben; im großen und ganzen scheint es, als ob es die ganze Milbenfauna des betreffenden Gewässers wäre, der man da begegnet. *Limnochares* sitzt auf den gleichen Wurzeln im Sommer und im Winter und nicht selten habe ich unter dem Eis große, rote Wassermilben beobachtet, wohl von der Gattung *Eylais*. Es besteht kein Zweifel darüber, daß eine große Anzahl Arten als erwachsene Tiere unter dem Eis überwintern; ob sie vorzugsweise im Nymphenstadium oder in Geschlechtsreife die Überwinterung durchmachen, mag dahinstehen. In den sich erwärmenden Zonen, die im sehr zeitigen Frühjahr auf den südexponierten Seiten unserer Teiche sich bilden, wo die Temperatur, selbst wenn die Eisdecke noch vorhanden ist, in den Stunden des Sonnenscheins 10 bis 12° C erreichen kann, sind sie nicht oder nur in geringer Anzahl vorhanden; eine große Zahl anderer Formen unserer Teichfauna ist dann schon da. Es besteht kaum ein Zweifel, daß im Herbst eine Auswanderung in das tiefere Wasser erfolgt, von wo die Tiere erst recht spät wieder an das Ufer oder auf die Pflanzen der Oberfläche zurückkehren. Diese Wanderungen kann man wohl als periodische Erscheinungen auffassen. Aber von einer Periodizität, wie wir eine solche bei den Cladoceren, Spongillen, Bryozoen kennen, wo die Individuen absterben und die Art den Winter über in besonderen Überwinterungsstadien schlummert, kann bei den Hydrachniden nicht die Rede sein. Bei den meisten beginnt die Eiablage erst bei einer Temperatur von 10 bis 12° C und wird erst bei einer bedeutend höheren Temperatur lebhaft. Nur von *Hydrachna* und einigen *Eylais*-Arten wissen wir mit Gewißheit, daß sie auch im Schmarotzerstadium überwintern. Bei den meisten ist dieses nur kurz; da fast alle Luftinsekten, deren Entwicklung im Wasser vor sich geht, nicht im geschlechtsreifen Stadium überwintern, ist es ausgeschlossen, daß die Überwinterung im geschlechtsreifen Stadium erfolgen kann.

In Teichen, die im Sommer austrocknen und die im Mai Milben enthalten, ist es wahrscheinlich, daß wenigstens gewisse Arten als geschlechtsreife Tiere, möglicherweise als Nymphen sich zwischen dem Laub und im eingetrockneten Schlamm befinden und hier auf den Zeitpunkt warten, wo die Teiche sich wieder mit Wasser füllen.

Wenn man der vorangehenden Darstellung gefolgt ist, wird man verwundert sein über die außerordentliche Variation der Entwicklung der Wassermilben. Es scheint, als ob man es mit vier Entwicklungsgängen zu tun hätte:

1. Typen, welche, sobald sie im sechsbeinigen Larvenstadium aus dem Ei gekrochen sind, die Oberfläche aufsuchen und von da wahrscheinlich springend auf Luftinsekten gelangen, in erster Linie auf Wasserwanzen und Dipteren. Die Schwimmfähigkeit dieser Larvenstadien ist gering oder mangelt. Wenn ihr Schmarotzerstadium vorüber ist, müssen sie ins Wasser zurück. Die Schmarotzer der Hydrometriden fallen einfach ab, wenn sie reif sind; die der Dipteren kommen zurück, wenn der Wirt nach der Schwarmbildung und Paarung wieder das Wasser zum Zweck der Eiablage aufsucht. Ihr Schmarotzerstadium dauert sehr kurz. Die Überwinterung erfolgt möglicherweise im Deutovum-Stadium, übrigens auch als Nymphe oder voll entwickeltes Tier, oft im Moos unter den Blättern. Einige der hierher gehörigen Formen sind in temporären Gewässern (austrocknenden Teichen) zu Hause.

2. Typen, deren Larven bedeutende Schwimmfähigkeit besitzen und Wasserinsekten aufsuchen, während diese noch als Larven, Nymphen oder Puppen Wassertiere sind; während der Verwandlung kriechen sie von der Nymphenhaut auf das geflügelte Insekt hinüber, parasitieren hier und, wenn es zur Eiablage kommt, gelangen sie wieder ins Wasser zurück. Viele Formen der Familie *Arrhenuridae* gehören diesem Typus an.

3. Typen, deren sechsbeiniges Larvenstadium bedeutendes Schwimmvermögen aufweist, die Wasserinsekten befallen, welche das Wasser nicht verlassen (Schwimmkäfer und Wasserwanzen). Es handelt sich hier in erster Linie um die Larven der Familie *Hydrachnidae*, weiter um *Diplodontus*-Arten. Sie überwintern im Schmarotzerstadium, im Nymphophan-Stadium, auf oder unter den Deckflügeln oder auf den Gliedmaßen, dem Prothorax oder auf der Unterseite des Kopfes.

4. Typen, bei denen das Schmarotzerstadium unterdrückt ist, deren Entwicklung bis zum ersten Nymphenstadium im Ei erfolgt oder in der die ganzen Eimassen umschließenden Eihülle, oder außerhalb von dieser im Schlamm, oder auf Moosen. Hierhergehörige Formen sind hauptsächlich in austrocknenden Teichen zu Hause, zum Teil auch in Quellen. Es handelt sich vorzugsweise um Formen der Familien *Hygrobatidae* und *Limnesiidae*.

Die meisten aller Hydrachniden überwintern wohl auch als vollentwickelte Tiere.

Die Wassermilben sind mit fast allen Arten an das Süßwasser gebunden; nur einzelne gehören dem Meer an; in Salzseen oder Seen mit etwas Salzgehalt finden sich nur wenige Arten und dabei keine, die nicht auch im Süßwasser vorkommen (VIETS 1925). Die Wassermilben sind im großen und ganzen sehr empfindlich gegen Meereswasser (LUNDBLAD 1930).

Typische Übergangsformen zwischen Land- und Wasserformen gibt es eigentlich nicht, aber es kann nicht in Abrede gestellt werden, daß einige Formen, besonders jene, welche sich in austrocknenden Teichen aufhalten, ein halb terrestrisches Leben führen können, indem sie langsam herumkriechen oder sich in einer Art Schlafzustand in feuchtem Schlamm, unter Moosen usw. finden. Das dürfte wahrscheinlich im besonderen für die *Hydryphantes*-Arten gelten, die in temporären Teichen zu Hause sind und die den Sommer über im erstarrenden Schlammboden unter Laub und Steinen zu finden sind; sie sind faktisch einen Großteil des Jahrs hindurch mehr Land- als Teichformen.

Die Wassermilben kommen in fast allen Typen von Süßwasser vor; nur scheint es, als ob sie fast alle stark verunreinigten und — man darf wohl auch sagen — vegetationslosen, ausgesprochen eutrophen Gewässer meiden. Sie fehlen fast ganz, wenigstens soweit meine Erfahrungen reichen, in Dorfteichen, in seichten Kleinwässern mit großen Maxima von *Clathrocystis*, die mit *Daphnia magna* überfüllt sind.

Es ist versucht worden, besondere Milbenfaunen an bestimmte Typen von Süßwässern zu binden. Zweifelsohne kann man zwischen einer Milbenfauna der fließenden und einer der stagnierenden Gewässer unterscheiden; namentlich gibt es im fließenden Wasser eine lange Reihe von Formen, sowohl von Arten als auch von Gattungen, aber auch von Familien, die ausschließlich dem fließenden Wasser zugehören. Fast bis zur Jahrhundertwende war unsere Kenntnis der Milbenfauna der Süßwässer fast ausschließlich auf diejenige der stagnierenden Gewässer beschränkt. Die des fließenden Wassers war fast unbekannt, aber eine lange Reihe von Untersuchern, in erster Linie THOR, VIETS, WALTER, LUNDBLAD und MOTAS, haben in verschiedenen Gebieten Europas und namentlich in kalten, alpinen Quellen eine große Zahl sehr eigentümlicher Milben nachgewiesen, von denen wir früher keine Kenntnis besessen haben. Es dürfte kaum zuviel gesagt sein, daß die Milben mehr als irgendeine andere Tiergruppe des Süßwassers mit einer erstaunlichen Zahl von Arten gerade an das fließende Wasser gebunden sind. Weder die Cladoceren noch die Copepoden oder Rädertiere können etwas Ähnliches aufweisen. Was sich von diesen Gruppen an solchen Lokalitäten vorfindet, sind ganz überwiegend Formen, die überall vorkommen, und sie sind alle nur sehr schwach vertreten. Das hängt wahrscheinlich damit zusammen, daß keine dieser Gruppen Einrichtungen besitzt, die sich zu Klammerorganen umwandeln lassen wie die Beine der Hydrachniden.

Eine nähere Einteilung der stehenden Gewässer als Wohnorte für besondere Milbenfaunen stößt auf große Schwierigkeiten. Nicht wenige Arten begegnen uns an Stellen, wo man meinen würde, daß sie nicht hingehören. So wird es schwer sein, eine besondere Litoralfauna der großen Seen aufzustellen. Es dürften sich kaum mehr als drei Gruppen nachweisen lassen: 1. die Milbenfauna der temporären, austrocknenden Teiche, 2. die Fauna der perennierenden Vegetationsteiche und 3. diejenige der großen Seen. Es würde hier viel zu weit führen, ein Verzeichnis der Arten zu bringen, welche diese Gruppen bilden.

1. Die Fauna der temporären Teiche ist wohl besonders durch *Thyas*, *Hydryphantes* und einige *Acercus*-Arten charakterisiert; auch ein paar *Piona*- und *Limnesia*-Arten kommen vor. Es sind hauptsächlich Formen, die das Austrocknen sehr gut vertragen. Einige besitzen Larven, welche an die Oberfläche steigen, sich an Luftinsekten befestigen und die daher ein großes Verbreitungsvermögen aufweisen; sie haben oft stark rote Farben und werden freilebend vorwiegend im Frühjahr angetroffen.

2. Die Fauna der mit Pflanzen besetzten Teiche ist viele Male reicher. Sie wechselt hochgradig von Teich zu Teich; die chemische Zusammensetzung des Wassers, in erster Linie sein Humussäuregehalt, spielt dabei eine große Rolle. Es ist eine bekannte Tatsache, daß stark humussäurehaltige Gewässer, Moore, *Sphagnum*-Löcher selten eine reiche Milbenfauna enthalten; was davon hier gefunden wird, kommt auch anderswo vor. *Limnochares aquatica* (L.) trifft man auch hier. In einem Versuchsteich des Laboratoriums, einem typischen Moorloch, dessen Ufer mit Wasserblättern von *Sium latifolium* bedeckt ist, wimmelt dieses im Vorsommer von *Piona carnea* KOCH. Sehr reich entfaltet sich das Leben der Milben in eutrophen, mit reicher Vegetation versehenen Teichen und Kleinseen, am reichsten wohl dort, wo der Kalkgehalt sehr hoch ist und die Sommertemperatur 20 bis 25° C erreicht. Es ist der natürliche Wohnort der meisten *Arrhenurus*-Arten und fast aller *Hydrachna-*, *Piona-*, *Limnesia-*, *Eylais-*, *Neumania-*, *Acercus-*, *Oxus-*, *Limnochares-* und *Diplodontus*-Arten.

Nirgends eher als hier sieht man zu gewissen Zeiten die großen Milbenmaxima sich bilden. Das reiche Tierleben teils perennierender Formen (Nahrung: Copepoden, Cladoceren usw.), teils temporärer (Vehikel für die parasitierenden Stadien und ihre Verbreitung: Libellen, Mücken, Fliegen usw.) und die Vegetation, auf denen die Eier abgesetzt werden können oder in die sie eingebohrt werden *(Hydrachnidae)*, bedingen die reiche Entwicklung der Milben.

Selbstverständlich greift die Meereshöhe einer Lokalität als ein sehr wichtiger Faktor in diese Milbenfaunen ein. Die Region der alpinen und subalpinen Kleinteiche hat ihre eigene Fauna.

3. Wie schon erwähnt, ist es im gegenwärtigen Zeitpunkt sehr schwer, von einer besonderen Seefauna zu sprechen. Für unsere eigenen, heimischen Seen gilt die Regel, daß die Brandungsküsten fast vollständig einer Milbenfauna ermangeln; auf jeden Fall beherbergen sie kaum spezifische Arten; *Mideopsis orbicularis* (O. F. M.) ist eine der Arten, welche man häufig antrifft. Dagegen findet sich draußen auf den unterseeischen Wiesen von *Myriophyllum, Elodea, Ceratophyllum* u. a. eine überaus reiche Milbenfauna, reich sowohl hinsichtlich der Arten als auch der Zahl an Individuen; aber von keiner der hierhergehörigen Arten kann behauptet werden, daß sie gerade an Örtlichkeiten solcher Beschaffenheit angepaßt wäre. Was dagegen unsere und wohl alle stark eutrophen Seen charakterisiert, das ist die sehr geringe Zahl von Hydrachniden, die man draußen auf unseren tiefsten, schlammigen Seeböden findet. Auf den vegetationslosen Schlammflächen des Esromsees mit Tiefen von zirka 20 m hat BERG keine einzige Art feststellen können. Das hängt ohne Zweifel mit dem enormen Sauerstoffschwund zusammen, der für diese Seen im Sommerhalbjahr charakteristisch ist. In den großen, holsteinischen Seen hat VIETS (1924, 1930) fünf Arten bis zu ungefähr 20 m nachgewiesen, die nur zwischen 7 und 20 m vorkommen, sowie zwei Arten, *Huitfeldtia rectipes* THOR und *Piona paucipora* (THOR), die in die größten Tiefen hinuntergehen, aber nur die erstgenannte kann als euprofund mit einer Hauptverbreitung in der Tiefe bezeichnet werden. Die Verhältnisse sind andersartig in Seen, wo es keinen solchen Sauerstoffschwund gibt, z. B. im Vättern, sowie auch in vielen sowohl arktischen als auch südlicheren, alpinen Seen. Zu einem ganz anderen Ergebnis ist man hinsichtlich der größeren Schweizer Seen gelangt: dem Genfer See, den Thuner-Brienzer Seen, dem Neuchâteler See, Vierwaldstätter See und Luganer See, wo noch in einer Tiefe von 60 bis 100 m eine reiche Milbenfauna vorkommt mit Arten der Gattungen *Hygrobates, Lebertia, Limnesia* und *Piona*, die einige der Hauptformen darstellen. Zwei Arten von *Hygrobates* und *Lebertia rufipes* KOEN. gehen sogar in so große Tiefen wie 200 bis 300 m. Im Vättern findet sich die erstgenannte in viel seichterem Wasser und sie ist eine häufige Form in den fließenden Wässern Nordskandinaviens. Innerhalb der ganzen Milbenfauna nimmt nach meiner Ansicht *Atax crassipes* (O. F. M.) eine absolute Sonderstellung ein. Es ist die einzige Milbe, die den Versuch unternommen hat, die zentralen Partien unserer Seen und Teiche oder, wie man auch sagen kann, die pelagische Region sich zu erobern. Es ist die einzige bekannte Milbe, welche durch Vergrößerung ihres Querschnittswiderstands ihre Fallgeschwindigkeit so weit herabgesetzt hat, daß sie ohne Spur einer Bewegung fast imstande ist, sich schwebend im Wasser halten zu können. Vom sehr kleinen Körper als Zentrum werden die acht sehr langen Beine in großen, nach oben gerichteten Bögen seitwärts gestreckt getragen; der Körper scheint gleichsam an diesen Bögen aufgehängt zu sein, die wie ein Fallschirm wirken (Abb. 741). Dazu tragen die sehr langen Stacheln bei, die auf den Beinen beweglich eingelenkt sind und die an diese angelegt werden, wenn sie sich bewegen. aber herausgeschlagen werden, wenn die Beine sich in Ruhe befinden und ausgestreckt werden: alles in allem ein ausgezeichneter Schweber, aber recht schlechter Schwimmer. Es ist nicht die Länge der Beine — denn es gibt Milben wie *Hydrochoreutes*, welche längere Beine besitzen —, die diese Milben zu einem

pelagischen Organismus werden lassen, sondern die Art und Weise, wie sie getragen werden, ihr Dornenbesatz und dessen Anwendung. Es ist ein ausgesprochen pelagischer Organismus, der in zahlreichen der größten baltischen Seen vorkommt. Er ist schon von SELIGO 1900 beschrieben und später in zahlreichen anderen Seen gefunden worden. Daß er auch in der Litoralregion angetroffen wird, ist selbstverständlich. Er verbringt ja seine Schmarotzerzeit in Spongillen, und es ist deshalb auch nicht merkwürdig, daß er sich auch in Kleinseen vorfindet. Merkwürdig ist nur, daß diese Form allein von allen Milben und als einzige ihrer Gattung, die ja sonst auch in Muscheln parasitiert, es zustande gebracht hat, sich die pelagische Region zu erobern.

Ihre Nahrung sind Planctonorganismen, auf die sie sich mit Blitzesschnelle wirft; die Beute wird hauptsächlich mit den Palpen eingefangen und schwimmend verzehrt. Unsere Süßwässer verfügen kaum über einen Organismus, an dem die Bedeutung der Anwendung des Querschnittswiderstandes als eines Prinzips, der Fallgeschwindigkeit entgegenzuarbeiten, deutlicher erkannt werden kann.

Nicht selten findet man draußen in den zentralen, vegetationsfreien Partien von Kleinseen und Kleinteichen eine Reihe von Milbenarten, die doch in erster Linie in der Vegetationszone zu Hause sind. Eines der eigenartigsten Beispiele, das ich in dieser Hinsicht kenne, ist das Vorkommen von *P. carnea* KOCH und *P. conglobata* KOCH in unglaublichen Mengen in den zentralen Partien des Gribsees. Der See ist 13 m tief; die Vegetationszone sehr geringfügig; der Boden ist zum großen Teil mit *Fontinalis* bedeckt. Er ist von allen unsern Seen derjenige, welcher vielleicht das am stärkster braune Moorwasser aufweist; $p_H = 4{,}7$; es ist ein seltsam kalter See, die Bodentemperatur war gegen Ende des Sommers nur 6,7°, an der Oberfläche 19° C.

Das Merkwürdige ist, daß, wann auch immer ich in der Zeit von April bis November in dem See Plancton gefischt habe, ich jedesmal in den zentralen Partien die beiden oben genannten Arten fing. Beide wurden stets am zahlreichsten in 8 bis 10 m Tiefe gefangen, immer viel seltener an der Oberfläche. Was das besagen soll, weiß ich nicht. In der Zeit vom 5. bis 20. Juni erfolgte die Eiablage. Ungeheure Eimengen wurden überall auf die Uferpflanzen, auf Nuphar u. a. abgelegt. Zu Hause in den Aquarien schlüpften die Larven in Mengen aus und längs dem Seeufer waren sie fast planctonbildend. Vergebens habe ich mich bemüht, ihre Wirte kennenzulernen. Die Ephemeriden des Sees *(Leptophlebia)* waren schon längst ausgekrochen, die allermeisten Libellen ebenfalls und die wenigen Nymphen, die ich sammeln konnte, trugen — was auch zu erwarten war — keine Hydrachnidenlarven, ebensowenig wie die Chironomiden.

In den Aquarien wurden den Larven Mückenlarven zugesetzt, aber sie setzten sich nicht fest. Dagegen fanden sich auf dem Boden des Glases kleine Nymphen vor, kugelrunde Körper mit gespreizten Beinen. Es schien, als ob diese Tiere also auf alle Fälle ein Schmarotzerstadium überspringen könnten; es ist ja möglich, daß die Larven das tiefe Wasser des Gribsees aufsuchen und daß die großen Mengen von Tieren, die nahe am Boden gefangen wurden, erst kürzlich ausgekrochene Imagines gewesen sind; ich hoffe, später einmal darauf zurückkommen zu können.

Ich habe (wie erwähnt S. 580) bei genauerer Durchsicht der Arbeit LUNDBLADS gesehen, daß er bei Tieren, die auch aus Hilleröd stammten, die Larven ohne vorausgehendes Schmarotzerstadium bis zum Nymphophanstadium aufgezogen hat.

Die *fließenden Wässer* haben im Gegensatz zu den stehenden eine sehr abweichende Milbenfauna. Das Leben im strömenden Wasser hat den Bau der Tiere in hohem Maß geprägt. Die Bachmilben sind in der Regel von sehr geringer

Größe; der Körper ist flachgedrückt, stark gepanzert (Abb. 746), den Beinen fehlen die Schwimmhaare; die Krallen sind kräftig; letztere sind im allgemeinen eine Einrichtung, die hauptsächlich ein Anklammern an Moosen und Steinen erlaubt, die Gliedmaßen ermöglichen ein langsames Herumkriechen, dagegen sind sie für Schwimmbewegung untauglich. Stacheln, die als Retentionseinrichtung dienen, sind ebenfalls häufig. Die Eiproduktion ist gering und kann bis auf ein Ei herabsinken, aber die Eier selbst sind groß, gewöhnlich bedeutend größer als bei den meisten Formen in stehendem Wasser. Die Larven werden oft in einem älteren Stadium frei, die parasitierenden Stadien werden eingeschränkt.

Zum Ersatz dafür scheint es, als ob die Fortpflanzung fast das ganze Jahr hindurch erfolgen kann; das gilt besonders für die Fauna der Quellen. Ein großer Teil der Fauna des fließenden Wassers sind ausgesprochene Kaltwassertiere, die zu ihrem Gedeihen sehr niedrige und nicht sehr wechselnde Temperatur benötigen. Viele sind ausgesprochen alpin. Man kann ja die fließenden Wässer in Quellen, Bäche und Flüsse einteilen. In den Quellen und ganz besonders in den alpinen hat man in den letzten Jahren große Funde zahlreicher Milben gemacht, von denen man früher keine Kenntnis hatte. Viele von ihnen kommen wohl auch in Bächen vor; für die Flüsse dürfte die Regel gelten, daß sie eine große Anzahl Arten gemeinsam mit den stehenden Gewässern haben. Ausführlicher auf die Fauna der Quellen einzugehen, würde sicherlich zu weit führen. In vielen Fällen hat man es mit Gattungen mit nur einer oder sehr wenigen Arten zu tun. Von Hauptgattungen mit zahlreichen oder einer größeren Zahl von Arten mögen besonders die Arten der Gattungen *Hydrovolzia*, *Protzia*, *Thyas*, *Panisus*, *Sperchon*, *Teutonia*, *Megapus*, *Hygrobates*, *Lebertia*, *Feltria*, *Atractides*, *Aturus* und *Ljania* genannt werden. In bezug auf Dänemark s. LUNDBLAD (1926 und 1930).

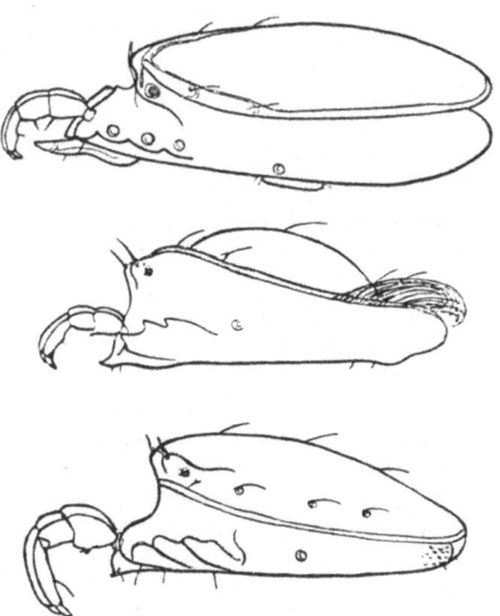

Abb. 746. Körperform bei verschiedenen Milben, die in stark strömendem Wasser zu Hause sind. Oben: *Atractides ellipticus* MAGLIO; in der Mitte: *Aturus crinitus* THOR; unten: *Kongsbergia materna* THOR. In allen Fällen findet man einen sehr abgeflachten Körper. (MOTAS 1928.)

Namentlich viele Formen der kalten Quellen der mitteleuropäischen Alpenländer sind für Glazialrelikte angesehen worden.

Es mag noch erwähnt werden, daß sich für die unterirdischen Gewässer, vor allem durch die Untersuchungen der allerletzten Jahre von KARAMAN und VIETS (1931 bis 1935) gezeigt hat, daß sie eine ungeahnt reiche Milbenfauna enthalten. Das Material stammt hauptsächlich vom Balkan. Es handelt sich teils um neue Gattungen von Hydrachniden, teils auch um Halacariden. Die Untersuchungen sind gerade eben begonnen worden. Man kann es für eigenartig halten, daß die Hydrachniden, die doch weit überwiegend in ihrer Entwicklung ein Schmarotzerstadium aufweisen, niemals, abgesehen von den Unionicoliden, Beispiele von Formen zeigen, die ihr ganzes Leben als Schmarotzer verbringen. Es mag in diesem Zusammenhang bemerkt werden, daß auf den Kiemen eines in fließendem Wasser lebenden Flußkrebses, *Astacopsis serratus*, Ostaustralien, von HASWELL 1922 tatsächlich eine schmarotzende Hydrachnide, *Astacocroton molle*, gefunden worden ist. Sie wurde von VIETS 1931 näher untersucht, welcher auf dem gleichen Flußkrebs auch parasitierende Halacariden fand. *Astacocroton molle* ist eine vom parasitären Leben stark beeinflußte Hydrachnide. Die Hautdrüsen fehlen, ebenso auch alle Tracheen und Stigmen; die Weibchen sind blind, es sind sehr kräftige Mandibeln vorhanden und das männliche Genitalorgan hat einen sehr eigentümlichen Bau. Schwimmborsten fehlen und die Beine und Palpen sind kurz. Die Stellung der Milbe im System ist höchst unsicher.

Im folgenden soll eine kurze Übersicht eines Teiles der Hauptfamilien gegeben werden:

Limnocharidae (Tafel 20, Fig. 1). Kriechende Formen ohne Schwimmhaare auf den Beinen. Blutrot, sehr weichhäutig. Sind häufig an Pflanzenwurzeln festgeheftet. Das sechsbeinige Larvenstadium schmarotzt auf Hydrometriden. Nymphen mit dem Rüssel in Pflanzengewebe befestigt. *Limnochares.*

Eylaidae (Tafel 20, Fig. 3). Mittelgroße oder große, etwas flachgedrückte, rote Formen ohne Schwimmhaare auf den Hinterbeinen. Schmarotzen u. a. auf kleineren Wasserschwimmkäfern und Wasserwanzen *(Notonectiden, Corixiden)*.

Protziidae. Protzia. Rot, weiche Haut, Kriech- und Klammerbeine ohne Schwimmhaare. Die beiden hinteren Epimerengruppen ungewöhnlich weit von den vorderen weggerückt. Ausgesprochene Bachtiere; sie gehören ebenso wie nahestehende Formen kaltem, fließendem Wasser an.

Hydrachnidae (Tafel 21, Fig. 4 bis 5). Kugelrunde, oft recht große Formen, blutrot, häufig mit schwarzer Zeichnung. Die Mandibel aus einem Stück gebildet, stilettförmig. Bohren im Gegensatz zu allen anderen bekannten Milben die Eier in Pflanzengewebe ein. Das sechsbeinige Larvenstadium schmarotzt auf Wasserkäfern und Wasserwanzen. *Hydrachna.*

Hydrophantidae. Weicher, papillöser Körper, Epimeren in vier Gruppen; vierte Platte ungefähr dreieckig.

Thyas (Tafel 20, Fig. 2 und 6). Rote Formen mit teilweise gepanzerter Haut; Beine ohne Schwimmhaare; kriechende Formen. Den Wohnort dieser und einiger nahestehender Formen bilden temporäre, kleine Wasseransammlungen und Pfützen. So weit man weiß, erfolgt die Entwicklung auf Luftinsekten; die Larven verlassen das Wasser.

Hydryphantes. Mit Schwimmhaaren.

Diplodontus (Tafel 20, Fig. 4). Farbe rot; etwas flachgedrückt; weiche Haut, mit spitzen Zapfen besetzt. Beine mit Schwimmhaaren. Entwicklung auf Mücken.

Sperchonidae (Tafel 21, Fig. 10). Seitenaugen in Kapseln; Epimeren zu zwei und zwei in vier Gruppen vereinigt. Beine ohne Schwimmhaare, das Genitalorgan liegt zwischen den letzten Epimerengruppen; mit zwei beweglichen Klappen und drei darunterliegenden Saugnäpfen. *Sperchon.*

Lebertiidae (Tafel 20, Fig. 10; Tafel 21, Fig. 1). Alle Epimeren zu einer Gruppe verschmolzen. *Lebertia, Oxus, Frontipoda.*

Atractidae (Tafel 21, Fig. 9). Sowohl Rücken- als auch Bauchseite gepanzert. Die Epimeren untereinander und mit dem Bauchpanzer verschmolzen. *Atractides.*

Limnesiidae (Tafel 20, Fig. 7). Die Hinterbeine zugespitzt, ohne Krallen. *Limnesia.*

Hygrobatidae (Tafel 20, Fig. 5). Körper weich; Genitalorgan hinter die Haftplatten gerückt; in der Regel mit sechs Saugnäpfen. Beine ohne Schwimmhaare. *Hygrobates, Megapus.*

Unionicolidae (Abb. 741). Schmarotzer in Muscheln und Spongillen. *Unionicola (Atax) crassipes* (O. F. M.), *Neumania.*

Pionidae (Tafel 20, Fig. 8 bis 9; Tafel 21, Fig. 3). Körper weich, Maxillarorgan ohne Rüssel. Genitalorgan mit sechs oder vielen Saugnäpfen; gewöhnlich große Geschlechtsunterschiede; Beine mit Schwimmhaaren. *Acercus, Pionacercus, Hydrochoreutes, Piona, Forelia.*

Brachypodidae (Tafel 20, Fig. 11; Tafel 21, Fig. 2). Körper von einem porentragenden Panzer umschlossen, Epimeren in einer Gruppe vereinigt. Gewöhnlich sehr deutliche Geschlechtsunterschiede. *Midea, Mideopsis, Brachypoda, Aturus.*

Arrhenuridae (Tafel 21, Fig. 6, 7, 8). Ein vollständiger, mit zahlreichen Poren versehener Panzer; *Arrhenurus* ist eine sehr artenreiche Gattung, besonders häufig in Kleinteichen.

Pleuromerengona.

Unter der obigen Bezeichnung sollen noch die *Halacaridae* besprochen werden, welche keine parasitierenden Stadien besitzen und welche im Gegensatz zu den Hydrachniden sich ganz überwiegend im Meer vorfinden. Erst in der letzten Zeit haben wir eine Anzahl Halacariden im Süßwasser kennengelernt. Es handelt sich immer um äußerst kleine Formen, die zumeist unter 1 mm bleiben; es sind kriechende, und zwar äußerst langsam kriechende Tiere, häufig von etwas rötlicher Farbe. Der Körper ist oft recht langgestreckt, etwas kantig, mit Chitinplatten bedeckt. Es sind zumeist zwei Seitenaugen vorhanden; das Maxillarorgan hat gewöhnlich ein langes Rostrum und die Mandibeln ein Grundglied und eine Kralle. Die Palpen sind lang, deutlich viergliedrig. Die Beine tragen niemals Schwimmhaare, die beiden vordersten sind nach vorn, die beiden hintersten nach hinten gerichtet. Bei den Halacariden des Süßwassers finden sich Genitalnäpfe und Tracheen, jedoch nicht bei denen des Meeres. Das ganze Genitalorgan zeigt einen sehr einfachen Bau. Freilebende

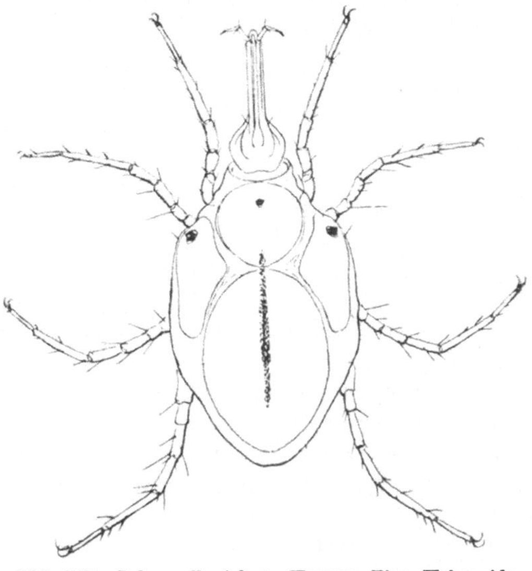

Abb. 747. *Lohmanella falcata* Hodge. Eine Halacaride. Nat. Größe zirka $^3/_4$ mm. (Soar 1924.)

Larven- und Nymphenstadien, die dem erwachsenen Tier ähnlich sind. Sie kommen in Moosen von Torfmooren vor; einige sind Höhlenformen; einige trifft man in der Kiemenhöhle von Flußkrebsen (Australien). In Deutschland ist nicht ganz ein Dutzend Formen festgestellt worden. Hauptgattungen: *Soldanellonyx, Lohmanella*, beide sind in Dänemark gefunden worden (Gribsee, Lundblad 1927) (Abb. 747).

Ordnung: **Araneina (Spinnen).**

Argyroneta aquatica Cl. *(Wasserspinne).*

Die Wasserspinne *Argyroneta aquatica* (Abb. 748 u. 763) ist die einzige aller Spinnen, welche sich in vollem Ausmaß dem Leben im Süßwasser angepaßt hat; doch nicht mehr, als daß sie sehr wohl lange Zeit außerhalb des Wassers leben kann. Wir werden im folgenden sehen, daß dies wenigstens in den nördlichen Breiten ihres Wohngebietes im Winter, wenn schon nicht das Normale, so doch in gewissen Jahren und an gewissen Örtlichkeiten eine allgemeine Erscheinung ist. Sie kommt in Nordamerika nicht vor; die Gattung findet sich mit zwei anderen Arten auf Neuseeland. Man möchte erwarten, daß ein Tier, das im Gegensatz zu allen seinen übrigen Verwandten in einem ganz andern Element lebt, sehr große Abweichungen in seiner ganzen Organisation aufweisen sollte. Scheinbar ist das nicht der Fall; die allgemeine Auffassung ist, daß sie in erstaunlich geringem Grad von ihren Stammverwandten abweicht. Näher besehen, sind doch die Abweichungen in zwei Punkten, im Tracheensystem und in der Haarbekleidung,

38*

nicht gar so gering. Wenn das Tier im großen und ganzen immerhin so wenig umgebildet ist, so ist das sicherlich dem Umstand zuzuschreiben, daß alle seine wichtigsten Funktionen, wie Ernährung, Atmung, Häutung, Eiablage, Paarung, in der Luft vor sich gehen, obgleich das Tier oft mehrere Dezimeter unterhalb des Wasserspiegels lebt. Es ist nicht so sehr seine Organisation als eine gewisse Eigenart seines Spinninstinktes, der die wunderbare Taucherglocke schafft, durch welche es von allen andern Arten abweicht.

Das Tier bringt zum Leben in dem für seine Stammverwandten fremden Element drei Eigentümlichkeiten mit: 1. ein modifiziertes Tracheensystem, 2. den vollkommensten Spinnapparat mit der größten Röhrenanzahl (MENGE 1843), 3. eine Haarbekleidung von ganz eigener Art, ein Verhalten, das zuerst von BRAUN (1931) aufgeklärt worden ist. Der Körper ist in Wirklichkeit mit zwei Haarschichten bedeckt, einer unteren, sehr dichten, deren Haare gefiedert sind, und einer oberen mit Haaren, die doppelt so lang sind. Über diese Haarschichten und die Rolle, welche sie bei der Luftaufnahme spielen, gibt es eine umfangreiche Literatur.

Das Tracheensystem zeigt viele Merkwürdigkeiten und verdient sicherlich im ganzen eine etwas eingehendere Untersuchung. Vorn auf der Bauchseite des Hinterleibes sind bei den Spinnen zwei quere Spalten vorhanden, welche zu den Lungen oder Fächertracheen, wie sie auch genannt werden, führen; in der Lungenhöhle findet sich eine Anzahl Blätter, deren Zahl bei der Wasserspinne merkwürdig gering ist. Zum Ersatz dafür besitzt die Wasserspinne unter allen Spinnen das am reichsten entwickelte Tracheensystem (MENGE 1843, LAMY 1902). Eine wenig beachtete Eigentümlichkeit ist, daß die Öffnung für das Tracheensystem nicht wie bei den meisten Spinnen nahe dem Hinterende vor den Spinnwarzen, sondern sehr weit vorn gleich hinter den Lungenstigmen liegt (Abb. 751). Bei den meisten durch Tracheen atmenden Wassertieren (Dytisciden, Mückenlarven, Fliegenlarven u. a.) liegen die Öffnungen des Tracheensystems gerade am Hinterende. Unter anderen Eigentümlichkeiten wäre noch die hervorzuheben, daß die Tracheen in den Beinen nicht mit feinen Verzweigungen endigen, sondern mit Schleifen, indem sie umbiegen und wieder in den Körper zurücklaufen (BRAUN 1931).

Wie merkwürdig auch das Leben der Wasserspinne im Vergleich zu anderen Spinnen sein mag, so darf doch die Tatsache nicht übersehen werden, daß auch bei allen übrigen Spinnen, wenn sie in das Wasser untertauchen, ein Haarkleid zum Vorschein kommt, welches die Luft zurückhält und sich dann silberglänzend zeigt. Infolgedessen können sie ein sehr langes Untertauchen ertragen. Eine Form, *Dolomedes fimbritus* (L.), Dänemarks größte Spinne, die man oft auf den Schwimmblättern unserer Nympheaceen ruhend sehen kann, sitzt auf der Lauer nach Tieren, die ins Wasser hinuntergehen; oft beobachtet man, wie sie mit Blitzesschnelle sich auf sie stürzt. Man sieht sie auch oft im Freien Fische fangen, und in den Aquarien geht sie, wenn sie erschreckt wird, kriechend unter den Wasserspiegel. E. NIELSEN (1917) hat ganz die gleichen Beobachtungen gemacht. Er bringt auch Beispiele von anderen fischefangenden Landspinnen.

Man hat viel Mühe darauf verwendet, um zu verstehen, wie die Luft im Haar der Spinne hängen bleiben kann. Ursprünglich meinte man (DE LIGNAC 1749 und GRUBE 1842), daß sie eine Fett- oder Firnisschicht ausschwitzt, welche die Luft festhalten sollte. Es wurde später von PLATEAU (1867) nachgewiesen, daß dies nicht der Fall sein kann. Andere behaupteten, daß die Haarschicht mit einem Gespinst überzogen sei, das die Luft festhält (MENGE 1843, BAIL und und DAHL 1906 und WAGNER 1894). PLATEAU (1867) und in neuester Zeit BRAUN (1931) machen darauf aufmerksam, daß nie die Spur eines Gespinstes nachgewiesen werden kann und daß es allein die Beschaffenheit des Haarkleides ist, die es ermöglicht, daß der Körper die Luft festhalten kann. PLATEAU hat die vollkommen richtige Beobachtung gemacht, daß die Luft am Körper nicht ganz glatt liegt, sondern in einer Menge kleiner Hügel emporgehoben ist; jeder

Abb. 748. Lebensweise der Wasserspinne. *a* die Wasserspinne holt sich Luft zur Glocke; *b* geht mit Luft hinunter; *c* fängt einen Asellus; *d* alte Glocke; *e* bewohnte Glocke; *f* Kopfbruststück und Hinterleib mit einem Luftpanzer. (BAIL, aus ULMER 1913.)

dieser Hügel ist eine Haarspitze (Abb. 750). Sie stellen eine Dachkonstruktion dar, die das Luftdach trägt. BRAUN meint, daß dieses Verhalten zusammen mit einer Einspeichelung durch das Sekret der Speicheldrüsen allein das Vorhandensein der Luftschicht soll erklären können. Die Schwierigkeit ist jedoch die, daß die Dicke der Luftschicht oft sehr viel größer ist (drei- bis viermal) als die Länge der Haare. Die oben erwähnten Hügel sieht man nur, wenn die Luftschicht dünn ist und niemals, wenn die Spinne große Luftmengen mit sich schleppt. Ich werde später darauf zurückkommen und will nur bemerken, daß ich nichts anderes sehen kann, als daß WAGNER recht hat, wenn er behauptet, daß da außer dem eigentlichen Haarkleid „existe encore quelque chose", etwas, von dem wir nicht wissen, was es ist.

Es ist eine bekannte Tatsache, daß die Wasserspinne außerordentlich viel Zeit auf ihre Toilette verwendet. Es ist für sie von äußerster Wichtigkeit, daß sich das Haarkleid in Ordnung befindet, daß namentlich Pilzfäden entfernt werden, die sich an den langen Haarspitzen festsetzen. BRAUN hat sehr schön gezeigt, wie die Wasserspinne, indem sie in ihrer Glocke auf dem Rücken liegt, mit dem vierten Beinpaar den Hinterleib be-

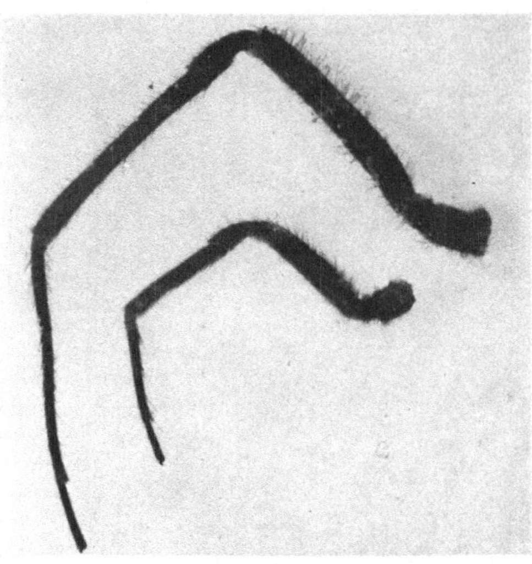

Abb. 749.

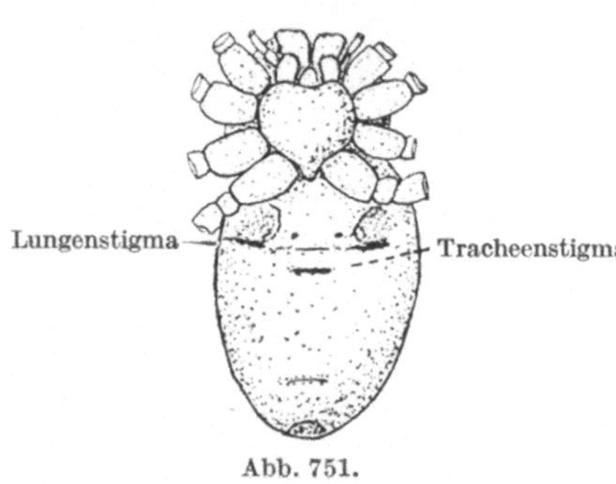

Abb. 751.

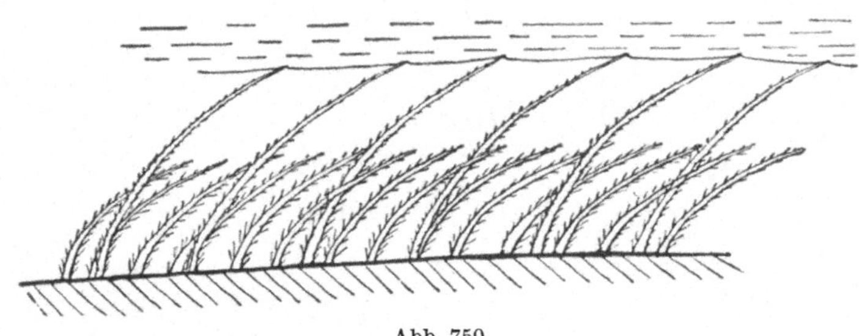

Abb. 750.

Abb. 749. Vorderbein einer Wasserspinne; oben ♂, unten ♀. Das Bild zeigt den großen Unterschied in der Länge. (W.-L.; BERG phot.)

Abb. 750. Die beiden Haarschichten; die obere in Berührung mit der Wasseroberfläche. (BRAUN 1931.)

Abb. 751. Wasserspinne von unten gesehen. (BRAUN 1931.)

streicht. Hierauf sieht man, wie zuerst das eine, dann das andere Bein zu den Mandibeln geführt wird, die gleichzeitig in Bewegung gesetzt werden. Es tritt nun eine klare Flüssigkeit hervor, und diese bedeckt hierauf die Beine. Gleichzeitig füllt sich der Raum zwischen den Mundteilen mit Flüssigkeit. Ist das Bein eingefeuchtet, so hört die Bewegung der Mundteile auf; das Bein beginnt dann die Haarschicht zu bestreichen. BRAUN nimmt, wahrscheinlich mit Recht, an, daß es sich dabei nicht um einen Fettstoff handelt, sondern um eine antiseptische Substanz, die die Pilzporen usw. abtötet und die Haare verhindert, zu verkleben. All das ist richtig, aber dieser Prozeß allein reicht nicht für alle Lebensverhältnisse aus; wir werden später darauf zurückkommen.

Es ist experimentell festgestellt (BRAUN), daß die respiratorische Rolle des Tracheensystems vermutlich darin bestehen dürfte, die Kohlensäure wegzuschaffen und nicht so sehr die, als Organ zur Sauerstoffaufnahme zu dienen. Im allgemeinen darf man wohl auch vermuten, daß die starke Entwicklung des Tracheensystems auch dazu dienen dürfte, das Tier leichter zu machen; dadurch wird das Aufsteigen zur Oberfläche erleichtert, wenn die Luft um den Körper verlorengeht (BRAUN). Doch muß hierzu bemerkt werden, daß Spinnen, die die ganze Umhüllungsluft verloren haben, immer unterkompensiert sind und in der Regel nicht fähig sind, schwimmend die Oberfläche zu erreichen.

Die Vollkommenheit des Spinnapparates darf wohl als ein Beweis für die besonderen Ansprüche betrachtet werden, die an ihn gestellt werden. Es gibt ja eine mannigfaltige Weise, wie die Landspinnen ihr Verlangen nach trockenen Wohnungen für sich, für die Eier und die Jungen zufriedenstellen können. Die Wasserspinne hat nur einen einzigen Modus zur Verfügung, wenn sie sich in ihrem Element erhalten will, durch Schaffung einer vollständig wasserdichten Glocke. Diese Glocke muß sie, die allseits von Wasser umgeben ist, sich selbst fabrizieren, eine sehr anspruchsvolle Aufgabe, die sicherlich einen sehr fein ausgearbeiteten Spinnapparat erfordert.

Die Wohnung selbst weicht in der Form eigentlich nicht so sehr von den Wohnungen ab, die man bei den Landspinnen antrifft, welche man als ihre nächsten Verwandten ansieht *(Agalenidae)*. Der Punkt, in welchem die Wasserspinne hinsichtlich ihrer Spinntätigkeit von allen anderen Spinnen abweicht, ist, daß das Gespinst im Wasser hergestellt wird und als Folge davon wasser- und luftdicht sein muß. Das erfordert wieder, daß die Organisation des Tieres so beschaffen sein muß, daß es mit seinem Körper die atmosphärische Luft festzuhalten und von der Wasseroberfläche dorthin zu transportieren vermag, wo es seine Glocke errichten will; es muß diese Luft freigeben und sie mit Hilfe von Fäden derartig verankern können, daß sie nicht wieder in die Höhe steigt. Das sind die Erfordernisse, die bei keiner anderen Spinne auftreten und die vor allem eine ganz besondere Form des Haarkleides verlangen, wozu noch eine sehr umständliche Pflege desselben hinzukommt.

Wenn man die großen, silberglänzenden Taucherglocken unten im Wasser sieht, machen sie unleugbar einen sehr fremdartigen Eindruck. Kein anderes Wassertier erzeugt etwas dergleichen. Spinnvermögen besitzen manche Wassertiere, z. B. die Phryganiden; einige von ihnen bauen sich Wohnungen, die ohne weiteres mit einem Spinnennetz verglichen werden können; aber sie besitzen ein geschlossenes Tracheensystem, Hautatmung oder Tracheenkiemen und befördern keine Luft hinein. Die Eikapseln der Hydrophiliden sind vielleicht diejenigen Gebilde, welche am ehesten mit den Netzen der Wasserspinnen, im besonderen mit ihren Eiglocken, verglichen werden können; auch hier spinnt das Weibchen mit einem Sekret, das von den Spinnstäben abfließt, eine Eikapsel, die es mit Luft füllt. Aber diese Eikapseln sind doch gewöhnlich gleich an der Oberfläche angebracht und mit einem Mast versehen, der in die Luft emporragt und mit dessen Hilfe eine Lufterneuerung erfolgt.

Die Netze der Wasserspinne finden sich oft mehrere Dezimeter unterhalb des Wasserspiegels. Scheint es auch auf den ersten Blick, als ob diese Glocken den Gespinsten sehr wenig gleichen, welche ihre nächsten Verwandten in der Luft herstellen, so darf man nicht vergessen, daß die Wasserspinne sich keineswegs immer Glocken spinnt. Sie verwendet sehr häufig natürliche Höhlungen in Torfabhängen und in Baumstrünken als Höhlen und Zufluchtsorte, bekleidet sie mit Gespinst und füllt sie mit Luft. Selten findet man einen Torfrand, der zum Torfstechen trockengelegt worden ist, ohne auf sie zu treffen. Außerordentlich häufig werden, was schon LINNÉ bekannt war, Schneckenschalen verwendet, teils von den großen Limnäen, teils von *Planorbis corneus.* Die Netzkonstruktion, die in solchen Fällen verwendet wird, unterscheidet sich tatsächlich nicht von der ihrer Verwandten auf dem Land. Der einzige Unterschied ist, daß die Wasserspinne sich mühselig die Luft holen muß; die Landspinnen haben sie sozusagen gratis.

Nicht alle Luftreisen der Wasserspinne zur Oberfläche haben zum Ziel, Luft für die Glocke zu holen. Gleich wie viele andere Landtiere, die zu Wassertieren geworden sind und deren Atmungsorgan auf atmosphärische Luft eingestellt geblieben ist, muß auch sie zum Luftholen an die Oberfläche; die Männchen besonders bei ihrer Jagd nach Weibchen; beide Geschlechter müssen auf ihren Jagden nach Beute oft empor, um sich einen neuen Luftvorrat zu verschaffen. Hat die Luftreise allein den Zweck, den Luftvorrat des Körpers zu erneuern, und nicht, die Luft zur Glocke zu befördern, so sieht man, wie die *Argyroneta* emporgeht und in diesem Fall fast ihren ganzen Hinterleib aus dem Wasser herausstreckt. In dieser Stellung verweilt sie oft sehr lange; in Wasser, dessen Sauerstoffgehalt gering ist, kann sie so oft stundenlang verweilen; in einem solchen Fall ventiliert sie wahrscheinlich während dieser Zeit ihr Tracheensystem. Wenn sie niedergeht, ist sie von einer den Körper einhüllenden Luftschicht umgeben, die oft so groß ist, daß das Tier derartig überkompensiert ist, daß es fast nicht schwimmen kann. Man sieht dann nicht selten, daß sie etwas Luft abgibt, welche in Form von Blasen emporsteigt. Die Form der Luftblasen ist bei Männchen und Weibchen etwas verschieden. Das spezifische Gewicht des Männchens soll mit dem des Wassers besser übereinstimmen als das des Weibchens. Das ist wohl richtig und von Bedeutung bei der Jagd der Männchen nach den Weibchen. Die Luftmenge, die das Tier mitbringt, ist groß genug, um sein Atmungsbedürfnis im Sommer immerhin für drei bis fünf Tage zu befriedigen, dies jedoch nur in hinreichend sauerstoffhaltigem Wasser. Der Luftbehälter wirkt nämlich physikalisch wie eine Kieme; sobald der Sauerstoffgehalt in der Blase durch die Respiration abnimmt, wird Sauerstoff aus dem Wasser aufgenommen. Gleichzeitig gibt dabei das Tier Kohlensäure ab, diese diffundiert sofort ins Wasser. Es entsteht dadurch ein Stickstoff-Partialdruck, der bedeutend höher wird als der des Wassers. Als Folge davon wird auch dieser allmählich wegdiffundieren, und das Ergebnis davon ist, daß die Luftblase an Größe abnimmt. Nach Verlauf von drei bis fünf Tagen ist sie ganz verschwunden. Normalerweise kommt das Tier jedoch nicht in diesen Notstand. Es sucht, solange es sich noch keine Glocke gebaut hat, häufig die Oberfläche auf, am häufigsten bei hohen Temperaturen und in sauerstoffarmem Wasser. Auf seinen Jagden nach Beute, solange es noch keine Glocke besitzt, schleppt es, soweit ich das habe beobachten können, nicht immer einen Sicherheitsfaden nach sich. Es geschieht dies nur beim Herumkriechen auf Wasserpflanzen und bei seinen Luftreisen. Die Spinne ist normalerweise immer überkompensiert; wo sie es kann, folgt sie stets gern einer Pflanze bis an die Oberfläche, aber wenn diese nicht bis hinauf reicht, sieht man, daß sie bloß ihren Stützpunkt mit den Beinen losläßt, worauf sie senkrecht emporsteigt. Sehr oft hebt sie sich vom Boden ohne Benutzung von Wasserpflanzen zur Oberfläche empor.

Haben die Luftreisen dagegen nicht den Zweck, für die eigene Atmung Luft zu verschaffen, sondern die Luft zur Glocke hinabzubefördern, dann ist das Benehmen des Tieres und besonders seine Stellung an der Oberfläche anders.

Bevor wir dazu übergehen, diese Luftreisen und den Bau der Glocke zu schildern, muß darauf aufmerksam gemacht werden, daß man scharf zwischen nicht weniger als fünf verschiedenen Arten von Glocken unterscheiden muß:

1. die gewöhnliche Ernährungs- und Sommerglocke, 2. die Häutungsglocke,
3. die Jungen- oder Eiglocke, 4. die Winterglocke und 5. die Spermaglocke.
Die Sommerglocke ist der ständige Wohnort der Spinne, in dem sie sich aufhält,
hier lauert sie auf ihre Beute, hier frißt sie und darin paart sie sich mit dem
Männchen. Es ist fraglich, ob die Eiglocke oft nichts anderes ist als eine gewöhnliche
Sommerglocke, die zur Eiglocke umgebildet worden ist. Das hängt wohl von
der Stelle ab, wo die Sommerglocke gebaut worden ist. Man findet, soweit meine
Erfahrung reicht, die Eiglocken in der Regel gleich unter dem Wasserspiegel in
Wasserpflanzen, die dort schwimmen, während die Glocken, in denen die Eiablage
nicht vor sich geht, wohl zumeist tiefer
im Wasser liegen.

    1. Ernährungs- und Sommerglocken.
Will sich die Spinne eine Sommerglocke
errichten, so sucht sie sich zwischen

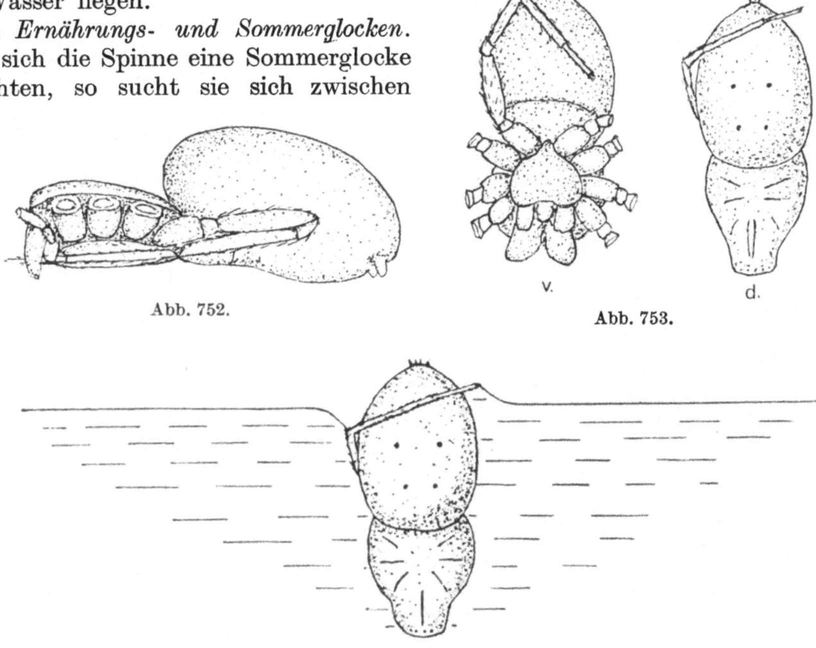

Abb. 752.   Abb. 753.

Abb. 754.

Abb. 752. Einreiben des vierten Beinpaares mit Speichel. (Braun 1931.)
Abb. 753. Beinstellung bei der Lufterneuerung an der Oberfläche. v Ventralansicht; d Dorsalansicht.
(Braun 1931.)
Abb. 754. Abschneiden einer Luftblase. (Braun 1931.)

den Wasserpflanzen einen bestimmten Platz, der gewöhnlich nicht zu stark
beleuchtet ist, und beginnt eine Spinnfläche zu bilden, die aus zahlreichen,
durcheinander sich kreuzenden Fäden besteht, eine waagrechte Fläche aus
recht losem Gewebe. Auf diese Weise wird das Dach der Glocke gebildet.
Es wird mit Hilfe von langen Stützfäden befestigt, die nach verschiedenen
Seiten verlaufen und an festen Gegenständen in größerem oder geringerem
Abstand vom Dach angeheftet werden. Ist das alles in Ordnung, so wird
mit dem Eintragen der Luft begonnen. Man sieht dann ganz deutlich und
anders als wenn das Tier nur nach oben muß, um die Luft um seinen Körper
zu erneuern, daß es Fäden von der Glockenanlage zur Oberfläche mit sich führt.
Diese Fäden werden während des Lufteinbringens der feste Weg der Spinne
und ihr unentbehrlich, weil die Luftmengen, die sie zur Glocke hinuntertragen
muß, ein großes Gewicht besitzen, das sie nicht schwimmend transportieren

kann. Sie spürt die Oberfläche mit Hilfe der Enden der Vorderbeine; dann dreht sie den Körper um 180° und nimmt nun eine ganz andere Stellung zur Wasseroberfläche ein, als wenn sie sich nur Luft zur Umhüllung ihres Körpers holte. Sie durchbricht den Wasserspiegel nur mit den Spinnwarzen, das hinterste Beinpaar wird gekreuzt gehalten, das eine liegt schräg über den Rücken, das andere schräg über die Bauchseite. Die Schwierigkeit für das Tier besteht darin, dem Widerstand des Oberflächenhäutchens entgegenzuarbeiten und mit einer möglichst großen Luftmenge hinabzugehen. Das über die Bauchseite geknickt gehaltene Bein wird nun nach oben gestreckt, wodurch das Oberflächenhäutchen gehoben wird. Gleichzeitig wird das über den Rücken gelegte Bein nach oben geschlagen. Indem dessen Fußglied über das andere streicht, bricht das Oberflächenhäutchen und im gleichen Moment stößt das Tier mit dem dritten Beinpaar von der Ober-fläche ab und reißt eine Luftblase mit sich (Abb. 753 u. 754). Diese kommt zwischen das hinterste Beinpaar zu liegen, die beiden Beine werden gleich-

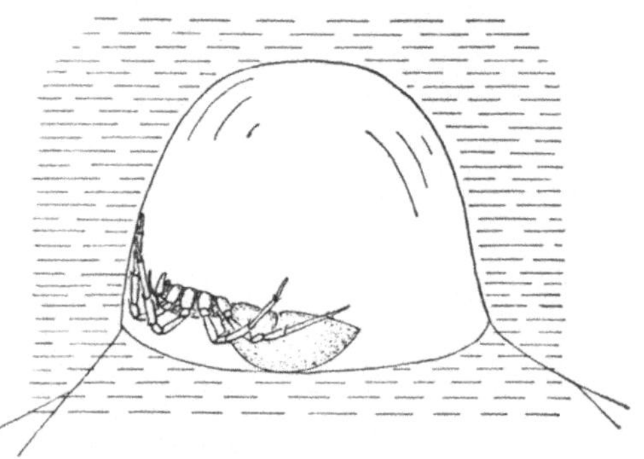

Abb. 755.   Abb. 756.

Abb. 755. Glocke mit aufgehängtem *Asellus*; rechts die Spinne an ihrem Faden abwärts wandernd, Luft mitbringend. (WAGNER 1900.)

Abb. 756. Freßstellung in der Glocke. (BRAUN 1931.)

sam als Stützpfeiler jederseits der Luftblase gehalten. Sobald das Tier die Glocken-anlage erreicht hat, wird die Luft losgelassen und indem die Hinterbeine von den Seiten des Hinterkörpers entfernt werden, wird sie zum Dach oder zu der früher eingebrachten Luft hinzugesponnen. Man sieht jedesmal ganz deutlich die Spinnwarzen in Tätigkeit. Hierauf schneidet die Spinne mit dem Hinterbein einen Teil der Luftmenge ab; die obere Partie gelangt als Teil der Luftblase in das Gespinst, die untere Partie umgibt den Körper. Unmittelbar darauf steigt sie wieder empor und holt sich eine neue Portion Luft. Aus meinen Journalen entnehme ich folgende Serie von Beobachtungen.

Ein großes altes Männchen ergreift um 9 Uhr 30 Minuten einen Asellus; ob es bei diesen Jagden Sicherheitsfäden spinnt, kann nicht mit Sicherheit bestimmt werden. Bei einem spezifischen Gewicht, das dem des Wassers beinahe gleich ist, ist nicht leicht einzusehen, welchen Nutzen das Tier von ihnen haben sollte. Es wandert herum mit dem Asellus, nimmt Luft an der Oberfläche, wandert dann wieder hinunter, immer mit dem Asellus, und hängt schließlich um 10 Uhr seine Beute an einem Blattabschnitt von *Myriophyllum* auf. In einem Abstand von etwa 5 cm beginnt die Spinne mit der Anlage der Glocke. Von 10 Uhr 5 Minuten bis 10 Uhr 30 Minuten ist das Tier in ständiger Wirksamkeit um die Dachkonstruktion der Glocke auszubilden. Um 10 Uhr 30 Minuten wird die erste Luftblase eingetragen. Von 10 Uhr 30 Minuten bis 11 Uhr 27 Minuten wird insgesamt 47mal Luft eingeholt. Unter der Arbeit gibt es Zeiten, wo die Luft nicht eingetragen wird: von 11 Uhr 1 Minute bis 11 Uhr 10 Minuten, von 11 Uhr 15 Minuten bis 11 Uhr 20 Minuten, von 11 Uhr 30 Minuten bis 12 Uhr. Dann wurden in der Zeit von 12 Uhr 10 Minuten bis 12 Uhr 15 Minuten in rasendem Tempo 18mal Luftblasen eingetragen. In dem letzten Intervall werden die Luftblasen nicht zusammengesponnen, sondern nur abgestreift. Die Konstruktion der Glocke ist jetzt so weit gediehen, daß die Luft nicht mehr entweichen kann. Die Glocke ist jetzt isodiametrisch und 24 mm hoch. Sie kann das Tier jetzt vollkommen umschließen. Jetzt holt es sich den Asellus, der an einem Faden nur 1 cm entfernt von der Glocke aufgehängt ist und fängt gleich mit dem Saugen an. Die Stellung der Spinne ist senkrecht, wobei die Beute mit den Cheliceren festgehalten wird.

Wenn die Luft nicht eingetragen wird, ruht das Tier, oder es spinnt anfangs außen, dann innen an den Seiten der Luftmasse, die ganz von einem Netz von Spinnfäden umgeben wird. Nach den vorhin erwähnten 18 Einholungen von Luft findet eine sehr gründliche Bespinnung der Innenseite der Glocke statt. Die die Glocke umgebenden Fäden sind vermutlich zuerst Spiralfäden; man sieht nämlich die Spinne teils auswendig, teils inwendig die Luftmasse umkreisen. Während der Arbeit wird die Beute immer mehr zur Glocke hingezogen; wenn sie halbfertig ist, holt die Spinne den Asellus und hängt ihn auf etwa 1 cm vom Boden derselben. Oft sieht man auch, daß die Spinne, ehe die Glocke noch groß genug ist, um sowohl sie als auch den Asellus aufzunehmen, ihn in die Glocke hineinsteckt und weiter spinnt und erst selbst zu der Mahlzeit sich hineinbegibt, wenn die Glocke ganz vollendet ist.

Auf seinem Weg von der Oberfläche bis zur Glocke geht die Spinne immer denselben Weg rechts um die Pflanze herum. Es war ganz eigentümlich zu sehen, daß sie von den zirka 50 Malen, die sie Luft holte, zweimal links zu gehen anfing, aber sie blieb sofort stehen und ging dann rechts herum.

Hier und da verlor sie die Luft auf dem Transport hinunter, dann ging sie nicht zur Glocke hinab, sondern war sich sofort klar darüber, daß da etwas nicht stimmte. Sie stieg gleich empor und holte sich einen neuen Luftvorrat.

Nicht immer brauchen die Tiere so viel Zeit, um sich ihre Ernährungsglocke zu spinnen. Am 18. März zog ich eine Wasserspinne aus ihrer Schneckenschale, in der sie im Winterschlaf seit den ersten Tagen des Januar gelegen war. Sie wurde in ein Aquarium von 18° C gebracht. Am nächsten Morgen um 8 Uhr werden eine Anzahl Asellen zugesetzt. Einer wird augenblicklich gepackt; die Spinne schießt mit ihm bis 9 Uhr 15 Minuten herum. Dann beginnt sie das Dach zu spinnen und um 9 Uhr 20 Minuten wird das erstemal Luft geholt. Um 9 Uhr 15 Minuten wird der *Asellus* auf einem *Ceratophyllum* aufgehängt. In der Zeit von 9 Uhr 20 Minuten bis 9 Uhr 30 Minuten wird viermal Luft geholt, während sie gleichzeitig die Luftblase ein wenig umspinnt. Um 9 Uhr 35 Minuten wird in rasendem Tempo sechsmal im Verlauf von zirka einer Minute Luft geholt. Sie spinnt dann bis 9 Uhr 37 Minuten an der Innenseite der Glocke. Um 9 Uhr 37 Minuten wird wieder innerhalb einer Minute viermal Luft geholt, worauf der Asellus in die Glocke gezogen und verzehrt wird. Sie hat also 22 Minuten gebraucht, um die Glocke zu bilden.

Am nächsten Tag wird gleichfalls um 8 Uhr morgens ein überwintertes Weibchen genommen und in ein Glas gesetzt, aber ohne Pflanzen. Am nächsten Morgen werden Wasserasseln dazugegeben. Das Tier ergreift sofort eine und jagt mit ihr bis 9 Uhr 38 Minuten herum. Dann werden Wasserpflanzen zugesetzt und augenblicklich beginnt es mit dem Spinnen. Aber dieses Individuum schleppt während des Spinnens ständig den Asellus mit sich. Um 9 Uhr 50 Minuten wird die erste Luftblase geholt und in der Zeit von 9 Uhr 51 Minuten bis 10 Uhr, im Verlauf von zehn Minuten, war bei zwölfmaligem Einholen von Luft die Glocke fertig. Während dieser ganzen Arbeit hat die Spinne die Wasserassel mit sich geschleppt. Jetzt steckt sie diese in die Glocke, die recht klein ist, nur die Mundteile befinden sich in ihr. Der Rest des Tieres mit den Beinen hängt heraus.

Offenbar können ausgehungerte Tiere, wenn sie aus dem Winterschlaf geweckt worden sind, in rasendem Tempo sich Luft holen und eine kleine Glocke gleichsam zum Hausgebrauch fertigbauen.

Die meisten dieser Ernährungsglocken (Abb. 748, 755) halten nur kurze Zeit. Sie sind bloß dazu bestimmt, um gerade die eben gefangene Beute zu verzehren; sie verlieren die Luft rasch, und es bleibt nur ein unbedeutendes Gespinst zurück.

Hat man in einem Aquarium einen Schwarm junger Spinnen, die eben zum ersten Male aus der Glocke gekommen sind, und setzt man Daphnien hinzu, so sieht man kurze Zeit später Luftblasen auf den Wasserpflanzen; in jeder befindet sich eine Daphnie und eine Spinne; es sind die ersten, winzigen Ernährungsglocken, welche die kleinen Tiere hergestellt haben.

Die wichtigste Bedeutung der Ernährungsglocken ist die, daß die Spinne ihre Beute unterhalb des Wasserspiegels verzehren kann. Die Wasserspinne besitzt ja extraorale Verdauung, d. h. sie ergießt auf ihre Beute eine die Muskeln auflösende Flüssigkeit, worauf die Beute ausgesaugt wird. Es ist der gleiche Vorgangsmodus, den die Dytisciden- und Hydrophilidenlarven anwenden, aber die Larven der Kolbenwasserkäfer verzehren ihre Beute über dem Wasser; die Dytiscidenlarven besitzen in ihren von einem Saugkanal durchbohrten Mandibeln Werkzeuge, die es unten im Wasser erlauben, die auflösende Flüssigkeit in das Opfer zu ergießen und später den aufgelösten Inhalt einzusaugen, ohne daß weder die Verdauungsflüssigkeit noch der aufgelöste Inhalt der Beute sich mit dem Wasser vermischt. Bei der Wasserspinne findet man ein drittes Prinzip in Anwendung gebracht.

Soweit meine Erfahrung reicht, ist es nicht ganz richtig, daß die Beuteaufnahme und das Aussaugen überhaupt nie im Wasser stattfinden kann. Man sieht oft, besonders nach dem Winterschlaf, die Spinnen mit einer Mückenlarve im Mund durch das Wasser herumjagen. Etwas später liegt diese ausgesaugt und schwarz am Boden des Glases. Es ist das Prinzip der Schwimmkäferlarven, das hier angewendet wird. Das Normale ist jedoch die Nahrungsaufnahme in den Luftglocken. Hält man die Tiere in Aquarien und setzt man in das eine Wasserasseln und in das andere große Daphnien, so werden in dem Glas mit den Asseln die großen Glocken gebildet, aber in dem Glas mit den Daphnien werden die Wasserpflanzen, selbst wenn das Aquarium mit erwachsenen Spinnen bevölkert ist, zahlreiche, ganz kleine, nur 2 bis 3 mm große Glocken zeigen, in denen die Daphnien stecken und in welche die Spinne nur eben ihre Mundteile eingeführt hat; sie selbst aber ist draußen geblieben. Ich habe auch, aber nur ausnahmsweise, die Spinne ihre Beute *an* der Wasseroberfläche verzehren gesehen, wo man beobachten konnte, wie in solchem Fall die Assel zu einem feuchten, bräunlichen Klumpen geknetet wird.

Sehr oft gehen die Ernährungsglocken, besonders wenn das Aquarium viele Beutetiere enthält, in stabile Sommerglocken über, welche den Spinnen für lange Zeit als Wohnung dienen. Sie sind dann gleichzeitig ein Obdach, in dem die Spinne auf Beute lauert. Die zahlreichen, oft dezimeterlangen Fäden, die unregelmäßig nach allen Richtungen von der Glocke ausstrahlen, sind nicht allein Stützfäden für die Glocke. Sie wirken auch als Fangfäden; stößt ein Beutetier auf sie, so sieht man, wie die in der Glocke sitzende Spinne sich mit Blitzesschnelle auf die Beute stürzt. Fängt sie diese, so eilt sie rasch mit ihr in die Glocke hinauf; wenige Minuten, nachdem die Beute ergriffen ist, ist sie bewegungslos und ist sicherlich durch das Gift der Cheliceren abgetötet worden. Die Beute wird nicht mit Hilfe des Gesichtssinns, sondern des mechanischen Sinns wahrgenommen. Die Möglichkeiten, Beute einzufangen, sind in der Nacht wohl größer als bei Tag, aber die Ernährungstätigkeit ist deshalb in keiner Weise auf die Nacht allein beschränkt. In den großen Glocken liegen die Spinnen während der Mahlzeit gewöhnlich auf dem Rücken, bearbeiten die Beute mit den Cheliceren und übergießen sie mit ihrem Speichel, worauf sie den Inhalt des Tiers einsaugen. Die ausgesaugten Chitinreste werden aus der Glocke herausgeworfen. Ist die Beute reichlich gewesen, so sieht man, wie die Spinne ihre Glocke ausbessert und vergrößert; sie wird dann sehr stabil und kann drei bis vier Wochen halten. Sie wird mit zahlreichen Stützfäden versehen, die oft nach unten zu ein großes, trichterförmiges Gespinst bilden können, das nur an der Spitze die Luftmasse trägt.

2. *Häutung und Häutungsglocke.* Wie alle anderen Spinnen häutet sich auch die Wasserspinne, aber das ist für sie ein bedeutend schwierigerer Vorgang als für andere Spinnen. Die frische Haut ist nämlich nicht unbenetzbar und muß erst präpariert werden, um das zu werden. Wie oft die Wasserspinnen sich häuten, weiß man nicht; während des Winters findet nach meinen Beobachtungen keine Häutung statt. Die Häutungen können in der Luft außerhalb des Wassers erfolgen, aber es ist sehr wahrscheinlich, daß draußen im Freien die Häutungen in den Glocken unten im Wasser stattfinden, vielleicht gleich im Algenüberzug des Wasserspiegels. Die alte Ernährungsglocke kann benutzt werden, muß aber für diesen Fall umgebaut werden. Oft bilden sich die Tiere jedoch besondere Häutungsglocken. Diese sind immer klein; sie können gerade nur das Tier aufnehmen. Sie sind kugelrund, ganz geschlossen oder nur mit einer sehr kleinen Öffnung versehen. Die alten Glocken werden dadurch geschlossen, daß die Tiere die Öffnung unten zuspinnen. Hernach werden die Wände verstärkt, nach der Meinung einiger dadurch, daß ein besonderes Sekret aufgetragen wird. Sicher ist es jedenfalls, daß diese Glocken für Wasser ganz undurchlässig sind, ja daß sie selbst durch Jahre in Alkohol aufbewahrt werden können, ohne daß sie deshalb die Luft verlieren. Ist die Glocke fertig, so erfolgt die Häutung, welche infolge der Dicke der Wand nicht beobachtet werden kann. Die Lungenblätter und Tracheen häuten sich ebenfalls. Der ganze Vorgang dauert zwei bis drei Tage. Die frisch gehäutete Spinne ist gelb gefärbt, nicht bleigrau. Bevor das Tier seine Glocke öffnet, muß das Haarkleid wahrscheinlich einer Präparation unterzogen werden, einer Einreibung, worüber wir jedoch nichts wissen. Eine Glocke, in der ein Tier sich gehäutet hat, wird nicht mehr benutzt. Zumeist zerstört sie die Spinne selbst.

3. *Kopulation, Spermaglocke.* In der Regel sind die Spinnen äußerst kampflustige Tiere; die Weibchen sind immer größer, die Männchen zuweilen ausgesprochene Zwergmännchen. Es ist eine bekannte Tatsache, daß die Männchen nach der Paarung von den Weibchen oft aufgefressen werden. Die Wasserspinne macht in allen diesen Beziehungen eine Ausnahme; sie ist ein stets friedliches Tier. Ist reichlich Futter vorhanden und sind die Größenunterschiede nicht zu bedeutend, so kann man ohne weiteres viele in einem Aquarium halten. Begegnen sie einander, so kann es wohl recht gefahrdrohend aussehen, aber fast immer gehen sie auseinander, worauf jedes seiner Wege geht. Das Männchen ist bedeutend größer als das Weibchen, der Hinterleib länglicher, hinten spindelförmig zugespitzt, der des Weibchens mehr eiförmig. Namentlich ist das erste Beinpaar beim Männchen viel länger, was, soweit ich sehe, nicht hinreichend beachtet

worden ist. Die paarungslustigen Männchen schwimmen eifrig herum; sie bauen zur Paarungszeit eigentümliche, langgestreckte, kleine, wurstförmige Glocken, die zuerst von BRAUN (1931) beobachtet worden sind, dem folgende Feststellungen über die Paarungsverhältnisse zu danken sind. Außerhalb dieser Zeit unterscheiden sich die Glocken der Männchen und Weibchen nicht voneinander. Diese Glocken werden als Spermaglocken bezeichnet (Abb. 757 u. 758). Ist eine solche Glocke fertig, so begibt sich das Männchen hinein, legt sich auf den Rücken und spinnt nun quer zur Längsachse des Körpers von einer Seite der Glocke zur anderen. Hierauf wird der Hinterleib um 90° eingekrümmt, so daß die Geschlechtsöffnung mit dem Band in Berührung kommt. Die austretende Spermamasse wird von dem Band aufgesaugt und festgehalten. Hierauf werden die Palpen über das Band hinbewegt und füllen sich mit Sperma. Der Vorgang in der Glocke dauert fünf bis sechs Minuten. Hierauf ruht das Männchen eine halbe Stunde, worauf es sich mit den gefüllten Palpen auf die Jagd nach Weibchen begibt, d. h. auf die Suche nach Glocken mit Weibchen. Man hat allerdings des öfteren eine Paarung frei im Wasser beobachtet, aber es ist die allgemeine Anschauung, daß dies eine Aquariumerscheinung ist und daß die Paarung normal in der Glocke erfolgt (Abb. 764). Ist das Weibchen nicht willig, so weist es das Männchen mit stark ausgespreizten Cheliceren ab, und gleichzeitig wird das Gewebe um die Glocke sehr kräftig erschüttert. Ist das Weibchen willig, so beginnt oft eine stürmische Jagd um die Glocke herum. Früher oder später kommen sie beide in diese hinein, das Männchen bleibt jedoch teilweise außerhalb, worauf die Paarung erfolgt, indem das Männchen seine Palpen, zuerst die eine, dann die andere, zu den Geschlechtsöffnungen bringt, worauf der Samen in diese überführt wird. Oft folgen mehrere Paarungen aufeinander. In der Zwischenzeit können Männchen und Weibchen friedlich in der gleichen Glocke wohnen. Das Männchen stirbt nicht, wie dies sonst sehr häufig bei den Spinnen der Fall ist, unmittelbar nach der Paarung ab. Soweit man weiß, leben beide gleich lange. Wenigstens habe ich im Winter unter dem Eis sowohl große Männchen als auch Weibchen gefangen; doch sind die Weibchen immerhin häufiger.

4. *Eiglocken* (Abb. 759 bis 763). Man findet sehr oft zur wärmsten Sommerzeit in den Algenteppichen gleich unter dem Wasserspiegel weiße Eigespinste, welche zuweilen zwischen all dem Grün weiß schimmern, aber sehr häufig von Grünalgen bedeckt sind und sich nur durch die Form gewölbter Kuppeln auf der übrigen Fläche verraten. Es sind dies die Eiglocken der Wasserspinne. Viele von ihnen sind, besonders später im Jahre, leer; viele beherbergen nur ein Weibchen, aber in nicht wenigen findet man entweder Eier und das Muttertier oder junge Spinnen.

Die Wasserspinne kann ohne weiteres ihre gewöhnliche Sommerglocke als Eiglocke verwenden, sie muß dann nur zur Aufnahme der Nachkommenschaft instand gesetzt werden. Es scheint nur, als ob die Eiglocken in der Regel ganz nahe dem Wasserspiegel sich befinden, nicht mehrere Dezimeter unterhalb desselben, so wie dies oft bei den gewöhnlichen Sommerglocken der Fall ist. Es sind wohl die hohen Temperaturen in den sonnenwarmen Algenteppichen, die ausgenutzt werden. Die Eiglocke unterscheidet sich von der gewöhnlichen Sommerglocke dadurch, daß sie zwei Räume besitzt. In dem oberen, kleineren Raum liegen die Eier, im größeren, unteren sitzt die Wasserspinne. Sie sind voneinander durch eine Scheidewand getrennt. Die Eiglocke ist regelmäßiger als die gewöhnliche Fangglocke; ihre Wand besitzt weiter ein dichteres Gespinst und ist stärker verankert. Überdies tut das Muttertier alles, was sie vermag, um sie durch Algen usw. zu verbergen. Zwischen den beiden Räumen ist eine Scheidewand angebracht, nach der Meinung einiger zwei oder drei (HAMBURGER 1910, SCHOLLMEYER 1914). Wie E. NIELSEN (1928) hervorhebt, müssen diese

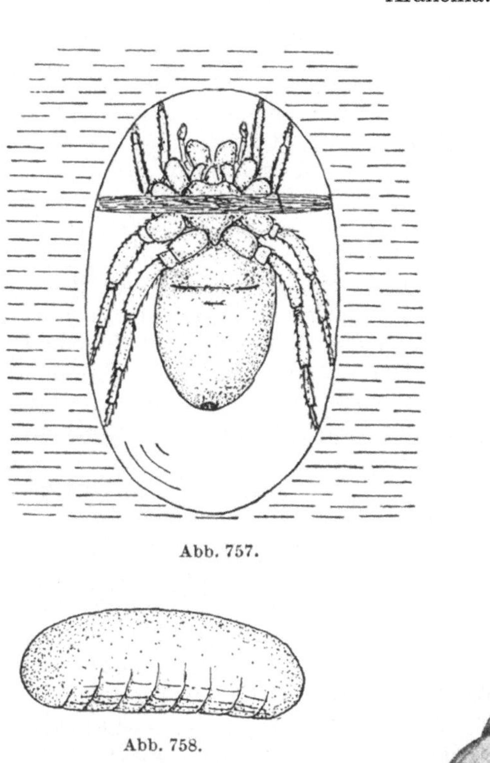

Abb. 757.

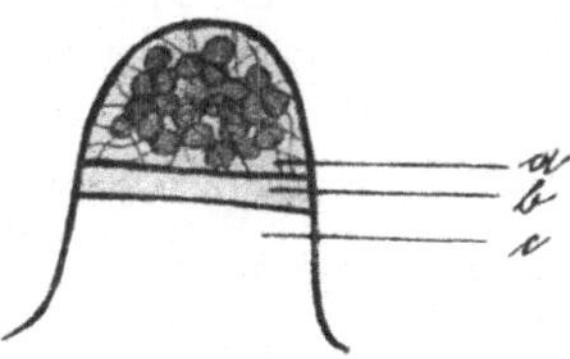

Abb. 758.

Abb. 761.

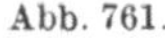

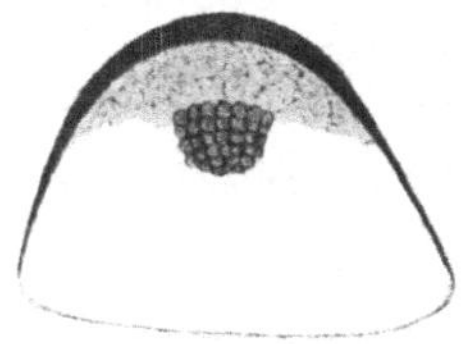

Abb. 762.

Abb. 759.

Abb. 760.

Abb. 763.

Abb. 757. Männchen in der Spermaglocke nach Anfertigung des Bandes; von oben gesehen. (BRAUN 1931.)

Abb. 758. Spermaglocke. (BRAUN 1931.)

Abb. 759. Eiglocke. *a* Eikammer; *b* Luftkammer; *c* Wohnung der Spinne. (SCHOLLMEYER 1914.)

Abb. 760. Spinne in Limnaea-Schale. (WAGNER 1900.)

Abb. 761, 762 u. 763. Die Spinne bei der Ei-ablage und Ausbildung der Eiglocke. (WAGNER 1900.)

Abb. 764. Die Wasserspinne in Kopulation. (GER-HARDT, Biol. d. Tiere Deutschlands.)

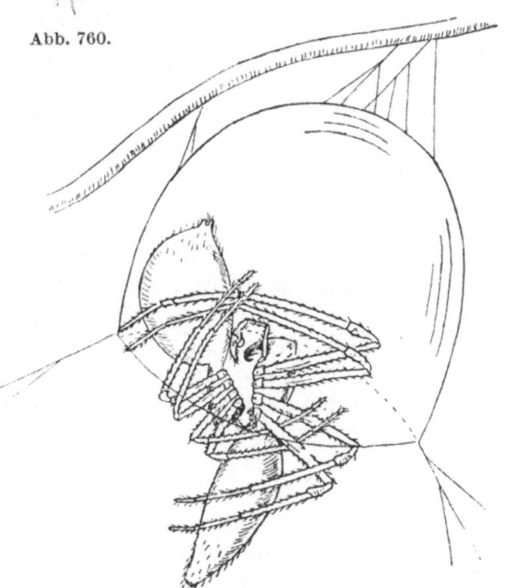

Abb. 764.

Scheidewände auf jeden Fall sehr dicht beieinander liegen. E. Nielsen hat die schöne Beobachtung gemacht, daß diese Scheidewände, wenn die Glocken zerstört werden, zurückbleiben und als weiße Scheiben auf dem Moorwasser liegen. Ich hatte schon lange, besonders von Mooren beim Strödam und bei Hilleröd, diese Scheiben gekannt, aber nicht gewußt, woher sie stammen.

Die ganze Zeit, solange die Glocke Junge enthält, sitzt das Muttertier darin; es nimmt kaum Nahrung zu sich; höchstens begibt es sich aus der Glocke, um sie zu dichten und überdies zu befestigen. Nur aus einem Grund noch verläßt das Muttertier die Glocke. Während der Entwicklung der Eier werden große Mengen von Sauerstoff verbraucht. Im Verlaufe kurzer Zeit wird die Luft unbrauchbar. Das Muttertier erneuert deshalb die Luft und holt frische Luftvorräte herab, ja mehr als das: Braun hat beobachtet, daß das Weibchen, wie er annimmt, wenn die Luft in der Glocke schlecht wird, diese teilweise entfernt und frische Luft einbringt. Das geschieht nicht auf die Weise, daß das Weibchen ein Loch in das Dach beißt, was für die Eier gefährlich wäre, sondern so, daß es unterhalb der Glocke sitzt mit nach abwärts gerichtetem Kopf und in die Glockenluft hineinragendem Hinterleibsende. Der Körper wirkt auf diese Weise als Ablaufsrinne. Die Glockenluft vereinigt sich mit der Luft des Tierkörpers und verläßt ihn in der Brustgegend in Form von Perlen (Braun). Die ganze Zeit hindurch, während die Eier und die Jungen sich entwickeln, befindet sich das Weibchen in einem sehr aufgeregten Zustand, stets zur Verteidigung bereit, wenn sich irgend etwas der Glocke nähert. Feinde hat die Wasserspinne zu dieser Zeit kaum viele. Meist sind es zudringliche Männchen, welche sehr unsanft abgewiesen werden. Für die Entwicklung der Eier ist es von Wichtigkeit, daß sie in einem Luftraum erfolgt und sie nicht mit Wasser in Berührung kommen. Zwei bis drei Wochen, nachdem die Eier abgelegt sind, wird die Eikammer zu einer Kinderstube. Die Jungen kriechen aus und auch für sie ist es wichtig, daß sie nicht in Berührung mit dem Wasser kommen. Die Haut ist nämlich in den ersten Stadien benetzbar; die kleinen Tiere haben noch kein Mittel, um ihren Körper mit einer Luftschicht zu umgeben; geraten sie ins Wasser hinaus, so ersticken sie einfach. Die Zahl der Eier schwankt außerordentlich; sie variiert von zirka 20 bis über 100. Zuweilen findet man in der Glocke nicht ein, sondern zwei, ja sogar vier Eigelege. Die Jungen bleiben, im Gegensatz zu anderen Spinnen, sehr lange im Gespinst, in der Regel einen ganzen Monat. Es fehlen uns hier noch Beobachtungen darüber, wieviel Häutungen die Jungen durchmachen, bevor das unbenetzbare Haarkleid entsteht, ebenso wie wir auch keine Kenntnis von den Ernährungsverhältnissen besitzen. Leben sie allein von dem dem Ei mitgegebenen Material? Füttert das Muttertier die Jungen? Was da in der undurchsichtigen Eiglocke vor sich geht, weiß niemand. Im Verlauf von drei Monaten sollen die Tiere, nachdem sie die Glocke verlassen haben, ihre volle Größe erreicht haben. Ein Weibchen gibt im Verlaufe einer Saison wohl normalerweise mehr als ein Eigelege ab. Weibchen, die von Geburt an von Männchen ferngehalten werden und bei denen eine Befruchtung nicht stattgefunden hat, bauen ebenfalls Eiglocken, aber die abgelegten Eier entwickeln sich nicht. Es wird behauptet, daß es zwei Eilegeperioden gibt, eine im Frühjahr und eine im Herbst. Von den letzteren Eiern wird gesagt, daß sie überwintern. Meine eigenen Beobachtungen bestätigen das nicht; ich habe keine Eiglocken und keine Eier im Winter unter dem Eis gefunden, auch nicht, nachdem dieses eben aufgetaut war.

Die Spinne kann im Sommer die gleiche Luftmenge durch ungefähr zwei bis drei Wochen verwenden, im Winter durch Monate. Der Grund dafür liegt darin, daß die Luft in der Glocke, respiratorisch gesehen, als Kieme wirkt, d. h. es findet ein Austausch statt zwischen der Kohlensäure, die sich durch die Atmung der Spinne in der Glocke anhäuft, und dem Sauerstoff draußen im Wasser. Ist das Wasser sauerstoffreich, so werden durch Diffusion aus dem Wasser der Spinne in der Glocke hinreichend große Sauerstoffmengen zugeführt, so daß sie ihr Atmungsbedürfnis befriedigen kann.

Man hat früher geglaubt, daß die Glockenluft die Zusammensetzung der atmosphärischen Luft hätte und daß sie durch Einbringung frischer Luft ständig unverändert bliebe. Eingehende Versuche haben gezeigt, daß das nicht richtig ist (BRAUN). Wenn hier auch eine Reihe Faktoren, Temperatur, Pflanzenwuchs, Licht usw., eingreifen, darf man doch wohl annehmen, daß die Glockenluft tatsächlich im Sommer gewöhnlich nur 6 bis 10% Sauerstoff, d. h. weniger als die Hälfte der atmosphärischen Luft enthält, ein Verhalten, in dem die Wasserspinne von allen übrigen Spinnen abweicht. In Glocken, die nicht bewohnt sind und wo der Sauerstoff nicht verbraucht wird, steigt infolge der Diffusion der Sauerstoffgehalt. Im Winter bei Temperaturen um $0°$, wo die Aktivität der Tiere gleich Null ist, zeigt die Glockenluft weit höhere Sauerstoffprozente, ungefähr 17%, ja selbst einen Sauerstoffgehalt, der höher ist als der der atmosphärischen Luft, z. B. 22,9%, wohl deshalb, weil das Wasser um die Glocken mit Sauerstoff übersättigt ist (wenn das Aquarium mit *Elodea* überfüllt ist und in der Sonne steht; BRAUN). Aus den Untersuchungen von BRAUN geht hervor, daß in sauerstoffreichem Wasser die Wasserspinne im Winter, vorausgesetzt, daß die Luft nicht verlorengeht, ihr Atmungsbedürfnis vollauf befriedigen kann, selbst wenn sie durch eine Eisdecke monatelang von der Oberfläche abgesperrt ist.

Es sei noch hinzugefügt, daß der respiratorische Quotient der Wasserspinne stark vom Sauerstoffgehalt der Luft abhängig ist. Da der Sauerstoffgehalt — wenn man die Verhältnisse im Winter unberücksichtigt läßt — in der Glocke durchschnittlich nur 6 bis 10% beträgt, kann der respiratorische Quotient der Wasserspinne nur zirka 0,5 sein (BRAUN).

Hindert man in einem Aquarium mit bewohnten Glocken die Spinnen, an die Oberfläche zu kommen, dann kann man früher oder später bemerken, daß die Glocken kleiner und kleiner werden. Der Grund liegt darin (JORDAN, BRAUN), daß in dem Maße, als die Sauerstoffmenge durch den Sauerstoffverbrauch der Spinne sich mindert, die Stickstoffmenge relativ vergrößert wird. Es entsteht dadurch ein Überdruck des Stickstoffs in der Glocke, was bewirkt, daß dieser wegdiffundiert. Das bewirkt eine Volumenverminderung der Luftmenge; ein Verhalten, das im Freien bei langen Frostperioden an Stellen, wo die Vegetation spärlich ist, starken Einfluß auf die Überwinterungsverhältnisse hat.

Die oben geschilderten physiologischen Untersuchungen der Glockenluft und die Aquarienexperimente (BRAUN u. a.) haben in hohem Grade zur Kenntnis des Atmungsbedürfnisses der Spinnen beigetragen und wie dieses befriedigt werden kann. Ich selbst habe durch eine Reihe von Jahren, besonders im Winter, gelegentlich das Leben der Spinnen in freier Natur studiert. Ein Teil der Ergebnisse dieser Studien ist brauchbar, um die Laboratoriumsexperimente zu ergänzen. Im folgenden soll einiges davon mitgeteilt werden.

I. Überwinterung in Schneckenschalen. Man hat sich bisher über das Leben der Wasserspinnen im Winter gewisse Vorstellungen gebildet, die wenigstens für unsere Breitegrade nicht richtig sind. Man hat teils behauptet, daß sie in besonderen Winterglocken auf dem Seeboden überwintern, teils daß sie es nicht vertragen können, daß ihre Wohnungen im Eis einfrieren. Es ist eine bekannte Tatsache, daß sie oft in Schneckenhäusern, besonders von *Limnaea stagnalis*, wohnen, aber darüber ist mancherlei zu sagen und auch einiges, das noch der Bestätigung bedarf.

Im Jahre 1895, als ich eines Tages über das Eis einiger Moore bei Hilleröd ging, fand ich im Eis eingefroren eine große Menge leerer, weißer Schalen von *Limnaea stagnalis*. Sie ragten etwas über die Oberfläche des Eises hinaus und viele von ihnen waren entzweigeschlagen. Es war bald festgestellt, daß Krähen dabei im Spiele waren. Es war mir rätselhaft, was sie an den leeren Schalen für ein Gefallen haben sollten. Das Rätsel löste sich jedoch, als ich selbst daran ging, einige zu zerschlagen. Fast in jeder einzelnen befand sich eine größere oder kleinere Wasserspinne. Nahm man sie in die Hand, so begannen sie sofort die Beine anzuziehen. Die Beobachtung wurde im Jahre 1895 kurz veröffentlicht.

1921 beschäftigte mich die Erscheinung etwas mehr, aber andere Untersuchungen veranlaßten, daß die Publikation nicht fertiggestellt wurde. Im Jahre 1894 war WAG-NERS große Arbeit erschienen, die meine Beobachtungen in vielen Punkten bestätigte.

Im gleichen Moor, wo ich 1895 ursprünglich meine Untersuchungen durchführte, wurden am 31. Dezember 1920 130 *Limnaea stagnalis*- und 20 *Planorbis corneus*-Schalen, die auf der Oberfläche schwammen, eingesammelt. Von den 130 *L. stagnalis*-Schalen waren 128 von Spinnen bewohnt, von den *Planorbis*-Schalen nur 2. Am 4. Januar 1931 wurden im Fönstrup-Teich eine Menge leere *Planorbis*-Schalen eingesammelt, von denen nur wenige Spinnen enthielten, aber überdies 35 *L. stagnalis*, die jede einzelne eine *Argyroneta* enthielten. Am 6. Januar wurden im Fortunteich 100 große *Limnaea*-Schalen gesammelt; alle waren bewohnt. Am 11. Januar trat Frost ein, und die Spinnen froren im Freien in den Schalen ins Eis ein.

Daraus darf ich schließen, daß es wenigstens für unsere Gegend und wohl auch für unsere Breiten eine normale Erscheinung ist, daß die Wasserspinnen zur Überwinterung in leere, herumtreibende Schneckenhäuser gehen und daß sie in diesen in das Eis der Moore einfrieren. Es ist eine schon seit LINNÉS Zeiten bekannte Tatsache, daß die Wasserspinnen ihre Netze in Schneckenhäusern bauen. WAGNER (1894) fand sie, wie ich, an der Oberfläche, aber er behauptete, daß die Spinnen das Einfrieren nicht vertragen. Seine Beobachtungen stammten aus der Umgebung von Moskau. Er fand weiter, daß die Wasserspinnen in besonderen, geschlossenen Winterglocken überwintern, die aus einem sehr dicken Gespinst bestehen und ganz undurchdringlich für Wasser sind. Diese Winterglocken habe ich auch in abgesunkenen Algenteppichen Ende Dezember gefunden, aber ich habe mich immer darüber gewundert, wie wenige man davon fand. Meine Untersuchungen über Wasserinsekten im Winter 1911 haben mir gezeigt, daß *Corixa*, *Notonecta* und *Dytisciden* in pflanzenreichen Kleinteichen überwintern, wobei sie von einer sehr großen, silberglänzenden Luftschicht umgeben sind; nähere Untersuchungen zeigten, daß diese Luftschicht öfters von den Hinterbeinen bestrichen wurde. Die Luftschicht wirkt als eine physiologische Kieme. Ich sah keinen Grund, daß nicht ganz das gleiche Verhalten bei der Wasserspinne bestehen sollte, die nach meinem Dafürhalten weit bessere Lebensbedingungen in ihrer großen Luftblase haben müßte, welche als Kieme wirkt, als bei solchen Tieren, denen die Luft in einem hermetisch verschlossenen Gespinst mit besonders präparierter Wand geboten wird, das kaum in besonderem Ausmaß eine Lufterneuerung zuläßt.

Im Laufe der Jahre 1921 bis 1934 habe ich im Winterhalbjahr sehr oft Wasserspinnen mit Wasserpflanzen vom Grund tieferer Moore heraufgeholt. Sie befanden sich fast niemals in Glocken, sondern waren immer freiliegend; namentlich im sehr zeitigen Frühjahr sah ich niemals etwas von Glocken.

Bei diesen niederen Temperaturen (0 bis 4° C) waren die Tiere indolent; in Zimmertemperatur hingestellt, wurden sie aber bald lebendig und fingen an, ihre Glocken zu spinnen.

Das hier gefundene Verhalten stimmte mit den Angaben in der Literatur nicht überein und bewirkte, daß ich im Winterhalbjahr 1921 bis 1922 bis Mitte Mai die Überwinterung der Wasserspinnen etwas eingehender untersuchte.

In einem der gemauerten Zementbecken, über die das Laboratorium verfügt, wurden am 10. Januar 70 *Limnaea*-Schalen mit *Argyroneta* ausgelegt. Die Wassertemperatur war damals 5° C. Am 11. Januar setzt Frost ein. Alle Becken froren zu und die oben erwähnten Schneckenschalen mit *Argyroneta* froren im Eis ein. Am 16. Januar sind sie vollständig in das Eis eingeschlossen; nur ein Teil der Schale ragt in die Luft empor, deren Temperatur — 7° C ist. Am 29. Januar, bei einer Lufttemperatur von — 5°, sind die Verhältnisse ganz unverändert, nur ist die beklagenswerte Tatsache zu verzeichnen, daß bei meiner Ankunft ein paar Krähen auffliegen. Die Krähen hatten sich zu den ausgelegten 70 Schalen durchgehackt oder die Schneckenschalen zerschlagen und aus den meisten die Spinnen entfernt. Sie waren an der Arbeit, als ich kam. Die geöffneten Schalen saßen fest im Eis; die Schalenstücke lagen zerstreut darauf. In ein paar der restlichen Schalen fanden sich unbewegliche Spinnen vor; nahm man sie in die Hand, so bewegten sich die Beine. Wurden sie in das Zimmeraquarium gebracht, so lebten sie sofort auf. Die Tiere hatten jedenfalls das Einfrieren im Eis durch 18 Tage ertragen.

Da die Überwinterung der Wasserspinnen in Schneckenschalen merkwürdigerweise normal zu sein scheint, zum mindesten bei jungen Tieren, erhebt sich die Frage, wo die Tiere die Schalen finden, in denen sie überwintern. Gerade im Herbst pflegen leere, luftgefüllte Schneckenschalen nicht in größerer Menge an der Oberfläche zu treiben; sie liegen zu dieser Jahreszeit weit häufiger an Land. Im Frühjahr finden sich leere Schalen in größerer Zahl auf der Oberfläche unserer Moore und in der Anschwemmungszone; dagegen liegen das ganze Jahr über viele leere Schneckenschalen auf dem Moorboden. Um in diese Verhältnisse näheren Eindruck zu gewinnen, legte ich eine *Limnaea*-Schale, die ich mit Wasser füllte, auf den Boden eines Aquariums und setzte ein großes Weibchen dazu. Im Aquarium war keine Spur von Pflanzen. Das Weibchen schwamm herum, fand das Schneckenhaus und zu meiner großen Verwunderung sah ich es an die Oberfläche gehen und eine Luftblase holen, die sie in die Schalenmündung abgab (1 Uhr 30 Minuten). Es werden weitere Luftblasen geholt und man kann nun durch die Schale beobachten, wie die Spinne zum Teil in der Luftblase sitzt und sich putzt. In der Zeit von 1 Uhr 30 Minuten bis 1 Uhr 52 Minuten wird ununterbrochen Luft geholt. Ganz offenbar folgt das Tier einem Faden, der vom Schneckenhaus zur Oberfläche führt. Um 1 Uhr 52 Minuten beginnt die Schale ihre Stellung zu verändern. Sie lag zuerst schräg mit der Mündung nach oben; nun liegt sie ungefähr horizontal. In der Zeit von 2 Uhr 6 Minuten bis 3 Uhr erfolgt wieder neue Luftzufuhr, aber das Tier spinnt nun in der Schale; während dieser Beschäftigung wird die Schale sehr unruhig, sie bewegt sich schwach rollend auf dem Boden hin und her. Um 3 Uhr holt das Tier wieder Luft; dann sehe ich, wie die Schale sich hebt und hierauf liegt sie treibend in horizontaler Lage auf der Oberfläche mit einer Luftblase in der äußersten großen Windung; ihre Öffnung ist durch ein Gespinst geschlossen.

Die Versuche wurden die folgenden Tage wieder aufgenommen; in der Zeit von 5. bis 10. Januar liegen fünf gehobene Schalen an der Oberfläche des Aquariums, jede mit einer Spinne. Anscheinend steht man hier Handlungen gegenüber, die eine erstaunliche Intelligenz verraten und die man nur schwer als rein instinktiv bezeichnen kann. Das Verhalten dürfte wahrscheinlich so zu deuten sein, daß die Spinne, die im Aquarium keine Pflanze und keine Moorwände mit Höhlungen findet, in der *Limnaea*-Schale einen wassergefüllten Hohlraum entdeckt, der ihrer Größe paßt. In diesem Raum legt sie ihre Taucherglocke an. Daß das Lufteintragen die Folge hat, daß die Schale sich hebt, davon hat sie sicherlich keine Ahnung und hat mit dem Einbringen der Luft kaum etwas dergleichen beabsichtigt. Man kann sich nicht recht vorstellen, daß die Spinne, um zu einer Überwinterung in atmosphärischer Luft zu gelangen, auf dem Grund des Gewässers Schneckenschalen aufsuchen und diese durch Eintragung von Luft zum Aufsteigen an die Oberfläche veranlassen sollte. Das Eigentümlichste an der Erscheinung ist, daß die Überwinterung in Schneckenhäusern an der Oberfläche und im Eis keine Ausnahme darstellt, sondern in vielen Mooren nach den übereinstimmenden Beobachtungen vieler eine ganz allgemeine Erscheinung ist. Wieviele von diesen Schneckenschalen tatsächlich von den Spinnen gehoben worden sind und wieviele sie an der Oberfläche gefunden und in Besitz genommen haben, ist nicht festzustellen, aber es besteht kein Zweifel, daß die Spinnen tatsächlich durch Einbringung von Luft Schneckenschalen an die Oberfläche heben können.

Daß die Spinnen es also ertragen können, im Eis eingefroren in Schneckenschalen zu liegen, ist gesichert. Merkwürdiger ist, daß sie dies auch ohne Schneckenhaus tun können.

Draußen im Gartenhaus, wo ich meine Kulturen hielt, sank die Temperatur in der Zeit vom 5. bis 14. Februar im Zimmer bis auf — 7° C. Das Wasser in allen Kulturen friert, aber so, daß in der Mitte ein kugeliger Raum bleibt, der nicht friert. Die Pflanzen liegen im Eis eingefroren und haben im Sonnenschein etwas Sauerstoff produziert. Bei dem milden Wetter am Ende des Januar haben mehrere Spinnen sich Sommerglocken gesponnen. Sie sitzen in diesen, welche vollkommen in das Eis eingefroren sind. Wenn ich das Glas schüttle, so sehe ich, daß die Tiere die Beine unendlich langsam bewegen. In ein paar Gläsern sind keine Glocken vorhanden. In dem im Glase zentral befindlichen, nicht gefrorenen Wasser liegt eine luftbekleidete *Argyroneta*, sie ruht mit dem Rücken auf dem Eis. Sie ist vollständig unbeweglich, aber kehre ich das Glas um, so zeigen schwache Bewegungen der Beine an, daß sie lebt. Am 16. Februar sind bei einem Tauwetter von 5 bis 7° C alle Spinnen im Gartenhaus lebendig, aber äußerst träge. Die Glocken haben die Luft verloren; die Spinnen sitzen außerhalb des Gespinstes der Glocken.

Es ist also damit festgestellt, daß die Wasserspinne, zum mindesten eingeschlossen in ein Schneckenhaus oder in der Glocke, sehr wohl das Einfrieren im Eis ertragen kann.

Es ist noch folgendes hinzuzufügen: Zu Beginn des Mai 1935 wurde ein großes Männchen mit einer mächtigen Luftblase in den Frigidaire gesetzt; die Temperatur steigt nicht über 4° C . Das Wasser friert nicht zu. Das Männchen setzte sich bald auf der Unterseite der Pflanzen fest; es erhält keine Nahrung; es wird regelmäßig beobachtet. Niemals trifft man es an der Oberfläche. Nach und nach geht beinahe alle Luft verloren, aber immer noch bleibt eine sehr dünne Silberhaut zurück. Erst am 15. Dezember stirbt das Tier; die starke Einschrumpfung hatte erst sehr spät gegen Ende November begonnen; vorher schien es nichts an Größe eingebüßt zu haben. Es ist fast niemals in Bewegung, kriecht immer nur äußerst langsam hin und her, und bloß, wenn ich das Glas schüttle.

WAGNER, der gleichfalls Spinnen in Schneckenschalen beobachtet hat, berichtet dagegen von einem Verhalten, das nicht mit dem Geschilderten übereinstimmt. Nach ihm geht die Sache nämlich folgendermaßen vor sich: Er hat die Mündung der Schneckenhäuser stets mit Pflanzen angefüllt gefunden, die die Spinnen vor dem Gespinst hineingetan hatten. Wenn der Winter kommt, sinken die Pflanzen zu Boden und mit ihnen die Schneckenschalen mit den Spinnen und der Pflanzenfüllung. Die Überwinterung erfolgt dann am Boden der Moore. Wenn das Frühjahr kommt, soll sich die Vegetation und mit ihnen auch die Schneckenschalen mit dem Pflanzenpfropf aufwärtsbewegen; auf diese Art sollen die Spinnen im Frühjahr wieder an die Oberfläche kommen. WAGNER glaubt, daß die Spinnen sterben, wenn sie in den im Eis eingefrorenen Schneckenschalen überwintern. Nichts von all dem stimmt mit meinen Beobachtungen überein. Ich habe wohl etwas Schlamm, aber niemals Pflanzenpfropfen in den von Spinnen bewohnten Schneckenschalen feststellen können. Auch habe ich in Schneckenhäusern auf dem Boden der Moore keine Spinnen vorgefunden. Doch will ich nicht bestreiten, daß derartiges vorkommen kann. Dagegen erscheint es mir sehr unwahrscheinlich, einerseits, daß die mit Luft gefüllten Schneckenschalen im Herbst mit den Pflanzenteilen in die Tiefe gerissen werden sollten, und anderseits wieder, daß sie normalerweise mit der Vegetation wieder an die Oberfläche emporgehoben werden sollten. Der Großteil der Vegetation unserer Moore stirbt ja im Winter ganz ab; von den meisten Pflanzen bleiben nur Dauerknospen zurück, die sich erst oben an der Oberfläche zu entwickeln beginnen. Die Überwinterung an der Oberfläche in lufterfüllten Schneckenschalen, die im Eis eingefroren sind, dürfte bei unseren Klimaverhältnissen eine häufig vorkommende Erscheinung sein. Diese Überwinterungsart scheint hauptsächlich von jungen Tieren verwendet zu werden, in einigen Fällen von ganz kleinen Wasserspinnen. Es mag noch bemerkt werden, daß man in diesen Schneckenschalen auch noch andere Spinnen und außerdem einige kleine Hydrophiliden antreffen kann.

II. Bauen sich die Wasserspinnen normalerweise und immer Winterglocken? Um die Überwinterungsverhältnisse etwas eingehender zu studieren, wurden 40 Kulturen in Gläsern angelegt, die drei Viertelliter faßten. In jedes Glas wurde *Myriophyllum* oder *Elodea* und eine *Argyroneta* gegeben. Die Kulturen standen vom 1. Dezember bis 1. Mai unter ständiger Beobachtung. 25 Gläser (Serie A) wurden bei Temperaturen gehalten, die in bezug auf das Wasser zwischen 5 bis 10° C schwankten; 15 (Serie B) standen im Gartenhaus, wo nicht geheizt wurde und wo lange Zeit Frosttemperaturen herrschten. Die Wassertemperatur stieg hier vom 1. Dezember bis 15. April nicht über 7 bis 8°, war lange Zeit ungefähr 5° und durch einen Zeitraum, der näher besprochen werden wird, unter Null. Vom 1. bis 10. Dezember wurden die Tiere mit Asellen gefüttert; zu dieser Zeit bauten sie fast alle Glocken, in denen die Beute verzehrt wurde. Die ganze Zeit von ungefähr 10. Dezember bis 1. Mai wurde den Tieren in der Kaltwasserserie Nahrung unter keinerlei Form zugeführt. Das Wasser wurde nicht gewechselt. Von den 40 Individuen waren am 1. Mai noch 30 wohlbehalten, sie wurden in größere Aquarien übertragen, wo sie sofort an die Bildung von Glocken gingen. Zu dieser Zeit wurden die Beobachtungen abgebrochen.

Das Merkwürdige war nun, daß weder in den Kulturen, die im Laboratorium bei 5 bis 10° C gehalten wurden, noch auch in denen, die im Gartenhaus standen, abgesehen von ganz vereinzelten Ausnahmen, Winterglocken gebaut waren. Die Tiere bildeten dagegen große, lose Gespinste, in denen bald hier, bald da Luftblasen abgelagert wurden. Nur in den seltensten Fällen wurden überhaupt Glocken gesponnen und dann immer von jungen Tieren oder Weibchen; die großen, erwachsenen Männchen bildeten niemals Glocken irgendwelcher Art. Die gesponnenen Glocken waren fast immer gewöhnliche Sommerglocken, aus sehr dünnem Gespinst gebildet, durch die man die Spinnen sehr deutlich sah. Die Glocken entstanden in der Regel nur, wenn ich ausnahmsweise in einem einzelnen Glas der Warmwasserserie Futter *(Asellus)* zusetzte. Es waren zumeist nur kleine Ernährungsglocken, in die die Beute hineingetan wurde und in denen die Mundteile arbeiteten, während das ganze übrige Tier sich außerhalb befand. Das war besonders bei den großen Männchen der Fall. War die Temperatur nur über zirka 6° C und wurden Wasserasseln zugesetzt, so begann sofort die Jagd. Nicht selten sah ich Männchen, nachdem sie *Asellen* eingefangen hatten, mit ihnen im Mund herumschwimmen. Nach und nach verwandelte sich die Beute in einen grauen Klumpen, der zuletzt ausgespuckt wurde. Es ist kein Zweifel vorhanden, daß diese großen Männchen, zum mindesten in den Aquarien, bei diesen niederen Temperaturen die Beute im Wasser ohne Glocken verzehrten. Ein einziges Mal habe ich ein Männchen bemerkt, das auf dem Wasserspiegel saß und die Beute in der Luft verzehrte. Man konnte dann sehen, wie eine Flüssigkeit ununterbrochen ausgewürgt und über das Opfer ergossen wurde, das zum Schluß nichts anderes als ein unförmlicher Klumpen war. Sobald die Temperatur unter 6° C fiel, nahmen die Tiere keine Beute mehr, selbst wenn solche den Aquarien zugesetzt wurde. Man findet dann die Spinnen an der Unterseite loser Spinngewebe der Aquarien oder an Wasserpflanzen aufgehängt, gewöhnlich mit der Bauchseite nach oben. Das gilt besonders für alle Männchen. Sinkt die Temperatur auf ungefähr 0°, so kann man von einem richtigen Winterschlaf sprechen; die Tiere werden dann auch nicht durch Klopfen an die Gläser geweckt. Liegt die Temperatur bei 4 bis 6°, so kann man sie nachts, wenn das elektrische Licht angezündet wird, langsam auf dem Boden herumwandern sehen. Gemeinsam für alle freihängenden Tiere ist, daß sie in eine sehr große Luftschicht eingehüllt sind, eine Silberblase, die fast den ganzen Körper umgibt und weit über die Haarspitzen hinausragt. Hie und da kann man beobachten, wie die aufgehängten Tiere mit den Hinterbeinen die Seiten der Luftblase bestreichen. Soweit lose Luftblasen in den Gespinsten vorhanden sind, haben die Spinnen sehr oft ihr Hinterleibsende in die Luftblasen getaucht.

In den wenigen Fällen, wo ich große, schöne Glocken (immer Weibchen) gesehen habe, halten sich dieselben manchmal sehr lange; so Nr. 24 vom 24. Februar bis 16. März. Aber die Regel ist doch, daß sie, wenn die Temperatur ungefähr 5° C oder darunter beträgt, im Verlauf von zirka vier bis acht Tagen langsam an Größe abnehmen. Das Tier sitzt in der Glocke; es kann oft durch Klopfen nicht geweckt werden; die Luft in der Glocke wird kaum erneuert und der letzte Rest bleibt als Teil der Körperluft zurück. Das Tier sitzt dann unter dem Glockengespinst, in Luft eingehüllt. Das dürfte die normale Form der Überwinterung gegen Ende des Winters sein.

Zuzeiten trifft man auf junge Männchen, die aus mir unbekannten Gründen sich ganz anders benehmen wie die übrigen. Ich habe einige Male Männchen beobachtet, die gegen Winterende alle Luft verloren und nicht silberbekleidet oder schwarz, sondern vollkommen grau oder graubraun ohne Spur von Luft waren. Nichtsdestoweniger lebten sie unter der Wasseroberfläche, das eine vom 16. Januar bis 16. März, das andere vom 28. Februar bis 7. April; sie standen unter täglicher Beobachtung. Sie waren äußerst träge, schwimmen konnten sie nicht, sondern krochen hier und da sehr langsam auf dem Boden herum. Als letzte Eintragung ist verzeichnet, daß sie tot auf dem Boden des Glases gefunden wurden. Es erscheint mir sehr merkwürdig, daß die Tiere, selbst wenn das Wasser gut mit Sauerstoff und reichlich mit Wasserpflanzen versehen war, wenn die Temperatur nicht über zirka 5° C beträgt, gleichwohl ohne Spur einer Luftschicht leben konnten, das eine immerhin durch zwei Monate. Ob dann eine Auswechslung der Luft in dem Tracheensystem und der Luft in dem Wasser erfolgt, steht dahin.

Ich habe in der Zeit von Januar-März niemals gesehen, daß die winterschlafenden Tiere die Oberfläche zum Zweck der Lufterneuerung aufsuchen; ob sie dies bei Nacht tun, wage ich nicht zu entscheiden. Die Regel ist, daß mit dem fortschreitenden Winter die Dicke der Luftschicht auf den unter Wasserpflanzen und Gespinsten aufgehängten Tieren abnimmt. Im März ist sie zumeist so dünn, daß man überall die Haarenden heraussteehen sieht. Anfang April findet man die Tiere oft plötzlich von einer Luftlage umgeben. Sie sind im Laufe der Nacht aufgewacht und haben die Oberfläche aufgesucht, um frischen Vorrat zu holen.

Gewisse Männchen benehmen sich in ganz anderer Weise. Eines von ihnen (Nr. 8), das am 28. Dezember in Beobachtung genommen wurde und bis zum 7. April in Beobachtung blieb, bildete am 28. Dezember ein sehr schwaches Gespinst fast ohne Luft; das Tier selbst war von einer sehr dünnen Luftschicht eingehüllt. Am 1. Januar war alle Luft verloren. Das Merkwürdige war, daß das Tier, soweit ich sehen konnte, in den folgenden Wochen ständig in ungefähr senkrechter Stellung auf dem Boden herumtanzte, dessen Sand von den Abdrücken der Beine ganz getüpfelt war. Es konnte sich nur wenig vom Boden erheben und erreichte niemals die Oberfläche. Es wurden Asellen und Amphipoden zugesetzt, aber es wurde niemals bei einer Mahlzeit beobachtet. Es wurden Stäbchen hineingestellt, aber man sah es diese niemals benutzen. Nach dem 24. Januar befindet es sich oft in Ruhe, aber zumeist tanzt es doch, vor allem wenn es dunkel ist. Aber weder bei Tag noch bei Nacht sieht man es irgendwann an der Oberfläche. Im Sonnenschein erzeugen die Pflanzen Luftblasen, die an den Beinen hängen bleiben, aber das Tier selbst ist graubraun, ohne eine Spur einer Lufthülle. Am 7. April wird es in ein anderes Glas übertragen. Es ist nun matt, liegt zumeist still auf dem Boden, stirbt aber erst am 27. Mai. Wie dieses Verhalten erklärt werden soll, weiß ich nicht. Ob solche tanzende Männchen bei ständiger Bewegung den Körper mit mehr sauerstoffreichem Wasser, dessen Sauerstoff in die Tracheen eindringt, umgeben können, weiß ich nicht.

Wie schon hervorgehoben, war eine kleinere Zahl (4) in den Glocken verblieben und ihre Glocken hielten sich. Sie wurden von zirka 1. Januar bis 20. März, durch ungefähr zweieinhalb Monate beobachtet. Man sah sie niemals außerhalb und konnte sie durch Klopfen nicht wecken. Diese Glocken waren sehr dicht. Die Tiere waren an der Decke mit der Bauchseite nach oben aufgehängt. Nahm man vorsichtig die Stützfäden und löste alle ab, so stieg die Glocke mit dem Tier empor und schwamm dann an der Oberfläche. Die Glocke machte, da sie an der Luft lag, beinahe einen gefirnisten Eindruck. Sie war, so weit ich sehen konnte, vollkommen geschlossen, weit dickwandiger und viel mehr impermeabel für Wasser und Luft als die Sommerglocken. Betrachtete man sie unter dem Mikroskop, so sah man einen Wirrwarr von außerordentlich dichten und ineinandergesponnenen Fäden, aber sehr wenig von einer eigentlichen Kittmasse. Doch kann nicht bestritten werden, daß vielleicht eine Firnisschicht auf der Innenseite aufgetragen war. Um den 15. März, wo die Frühjahrssonne die Aquarien traf und die Temperatur in den Mittagsstunden auf 16 bis 18° C stieg, kamen die Tiere von selbst heraus, sie waren silberbekleidet und suchten nach Asellen. Wenn auch der Winterschlaf tief war und die Temperatur ungefähr 0° betrug, war es doch erstaunlich, daß die Tiere in diesen dichten Glocken mit der gleichen Luftmenge durch eine so lange Zeitspanne auskamen. Das Verhalten erinnert an die *Donacia*-Kokons. Wir haben hier vermutlich Winterglocken vor uns. Beim Studium dieser Aquarientiere im Winter hatte ich Gelegenheit, einigermaßen in die Verhältnisse Einblick zu gewinnen, die die Frage beleuchten, ob das Haarkleid mit einer Fett- oder Spinnmasse eingerieben wird oder nicht.

III. *Das Haarkleid und seine Verwendung.* Wie schon oben erwähnt, hat man behauptet, daß die Wasserspinne nach der Meinung einiger eine Flüssigkeit auf dem Hinterkörper verreibt, nach der Meinung anderer ihn mit einem Gespinst überzieht, wodurch es ermöglicht werden soll, daß die Tiere eine Luftschicht festhalten können. Von anderer Seite wird behauptet, daß nichts dergleichen stattfinde; es sei einzig die Beschaffenheit des Haarkleides, das dies möglich mache (s. S. 596). Daß sie sich putzen und Speicheldrüsensekret verwenden, ist sicher, aber neuere Untersuchungen vertreten die Ansicht, daß dies einzig der Notwendigkeit dient, das Haarkleid frei von Pilzfäden u. dgl. zu halten.

Einige kleine, zufällige Beobachtungen veranlaßten mich, einen Versuch anzustellen, der, soweit ich sehe, beiden Gruppen von Beobachtern recht gibt.

Ich entnahm am 17. Januar einem reich mit Utricularien besetzten Aquarium vier stark mit Luft umhüllte Argyroneten und brachte sie in Zimmertemperatur. Sie gingen häufig an die Oberfläche, um Luft zu holen. Sie wurden durch geschliffenes Glas mit dem binocularen Mikroskop beobachtet. Ich erwartete, die von DE LIGNAC geschilderten Phänomene zu sehen, Kneten von Material zwischen den Spinnwarzen und Einreiben der Luftschicht mit diesem Material. Nichts von all dem war jedoch zu sehen. Wenn die Tiere ihre Luft erneuert hatten, saßen sie stundenlang still, ohne auch nur ein Bein oder die Spinnwarzen zu bewegen. Die Beobachtungen stützten ausgesprochen die Beobachtungen BRAUNS. Hierauf wurden aus auf der Oberfläche des Aquariums treibenden Schneckenschalen vier andere Spinnen genommen; sie waren wahrscheinlich seit November in diesen gelegen und waren am 31. Dezember von der Oberfläche eines Moors nach Hause gebracht worden; sie waren niemals außerhalb derselben gesehen worden. Die Mündung der Schneckenschalen war durch ein dichtes Spinngewebe verschlossen. Es waren ungefähr erwachsene Weibchen. Sie befanden sich in Luft und waren braungelb, nicht schwarz gefärbt. Fast im selben Moment, wo diese Tiere in die Aquarien gebracht worden waren, nachdem sie die Wasseroberfläche durchstoßen und sich an Wasserpflanzen festgesetzt hatten, trug sich alles nach den Beobachtungen von DE LIGNAC zu. Die Luftschicht um die Tiere war nur dünn. Augenblicklich begannen die Spinnwarzen zu spielen. Je zwei und zwei bewegten sich gegeneinander. Es erfolgte ganz offenbar eine knetende Bewegung an etwas, das entweder zwischen den Spinnwarzen vorhanden war oder herausgepreßt wurde. Plötzlich sah man hierauf einen weißlichen Klumpen zwischen den Spinnwarzen heraustreten. Sobald dies geschehen war, sah man bald das eine, bald das andere Bein des letzten Paars das Spinnfeld entlang streichen. Etwas von der Substanz blieb als flockiger Faden hängen, der um die Beine gewickelt wurde. Unmittelbar darauf begannen die Beine die Luftblase auf dem Hinterleib zu bearbeiten. Unzweifelhaft wurde eine unsichtbare Substanz über dieser verrieben. Es blieb nur eine dunkle Linie auf dem Rücken zurück, die die Beine nicht erreichte und die nichts bekam. Einige Zeit später stieg das Tier empor. Nun ist die Luftschicht, als das Tier wieder herunter kam, viel größer. Der gleiche Vorgang wiederholte sich; wieder wird Luft geholt und jetzt ist das ganze Tier in die große, sehr dicke Luftblase eingehüllt. Von nun ab findet keine oder wenigstens nicht mehr so oft eine Einreibung mit der Substanz statt.

Am 21. Januar beobachtete ich ein zweites Individuum (Nr. 29), das in der vorhergehenden Woche schwach luftumhüllt zwischen den Wasserpflanzen saß und schon fast alle Luft verloren hatte. Als es in Zimmertemperatur gebracht wurde, suchte es die Oberfläche auf. Es befand sich da mit einem Drittel des Hinterleibes über dem Wasser. Mit der Lupe vor dem Auge konnte ich sehen, wie sich die Spinnwarzen unaufhörlich näherten und voneinander entfernten. Es war wieder so, wie wenn ein Knetprozeß vor sich ginge. Es wurde ein Stoff ausgepreßt, der zwischen den Warzen geknetet wurde. Hierauf ging es wieder ins Wasser zurück, zog zuerst die Hinterbeine und dann die mittleren Beine durch den Spinnapparat und führte sie die Seiten des Hinterleibes entlang. Als es dann das nächste Mal hinaufging, hing eine große Luftschicht daran. Es folgt weiteres Kneten und Einreiben. Der ganze Vorgang hat bisher eineinhalb Stunden gedauert und wird fortgesetzt, als ich weggehe. Am nächsten Tag sitzt das Tier am Boden, ganz in Luft gehüllt; es hat sich eine recht große Glocke gebildet.

Weitere Beobachtungen gleicher Art konnte ich bei Nr. 10 anstellen. Es war ein Männchen, das am 7. Februar ein Weibchen gefangen, sich eine Glocke gebaut und das Weibchen verzehrt hatte. Schon am 8. Februar hat die Glocke den größten Teil ihrer Luft verloren. Die Temperatur beträgt $+6°$ C. Das Männchen, das sehr langsam herumkriecht und nur schwach luftbekleidet ist, streckt dann den Hinterleib in den Rest der Glocke. Es zieht ihn dann wieder heraus, worauf es eine Stunde lang ununterbrochen die Luftschicht am Hinterleib mit den Beinen bearbeitet. Mit Hilfe des binocularen Mikroskops konnte ich jetzt deutlich das Bearbeiten der Luftschicht am Hinterleib beobachten. Weiter sieht man deutlich, daß die Warzen an der Innenseite der Luft sich in unaufhörlicher Bewegung befinden. Sie heben und senken sich, gleichzeitig wird die Luftschicht empor- und niedergezogen und gleichzeitig wird etwas darauf eingerieben. Man sieht zur selben Zeit die Hinterbeine sich über den hinteren Teil der Luftblase hinunterbewegen, worauf sie wieder über die Außenseite der Blase hinstreichen. Im selben Augenblick, wo die Beine die Spitzen der Warzen erreichten, hatte ich den Eindruck, daß von diesen etwas über die Blase lief. Es ist, als ob die Spinne ständig versuchte, die Luftblase über den ganzen Rücken zu schmieren, als ob es aber eine Stelle gäbe, die nicht annehmen will. Man hat den Eindruck, daß die Luftschicht durch die Behandlung immer klebriger wird und immer länger ausgezogen werden kann. Der Vorgang hat zirka zwei Stunden gedauert. Um 7 Uhr 30 Minuten hält das Tier inne und bringt sich in Verbindung mit der Luft in der Glocke, so daß eine Kontinuität zwischen der Luft der Glocke und der des Tiers zustande kommt.

Setzt man ferner luftbekleidete Wasserspinnen in ausgekochtes Wasser, so sieht man, daß sie im Verlauf von zirka 20 Minuten fast die ganze Luft verloren haben. Sie werden dadurch unterkompensiert und können nicht mehr schwimmend die Oberfläche erreichen. Nimmt man sie dann sofort aus dem Wasser, werden sie, wenn wieder untergetaucht, ganz luftbedeckt. Läßt man sie aber zirka drei Stunden ohne Luft auf dem Boden des Wassers liegen, werden sie nicht mehr in Luft eingehüllt, nachdem sie ein paar Minuten außerhalb des Wassers liegen. Haben sie Gelegenheit, kriechend an die Oberfläche zu gelangen, und können sie sich da längere Zeit mit dem Hinterleib über Wasser aufhalten, so können sie die Lufthülle wieder bekommen, aber erst nachdem sie ihr Haarkleid und die frische Luftschicht dem oben beschriebenen Prozeß unterworfen haben. Es dürfte sich so verhalten, daß, wenn die Luft verlorengegangen ist und das Tier nicht sehr bald emporkommt, irgend etwas mit dem Haarkleid sich zuträgt, das bewirkt, daß es nicht mehr die Luft zurückhalten kann. Es kann sein, daß das Haarkleid in Unordnung gerät oder möglicherweise auch, daß es einfach naß wird. Man sieht auf jeden Fall zuweilen an solchen Spinnen, die einige Zeit ohne Luft im Wasser gelegen haben, dunklere Flecken. Sie müssen dann auf trockenes Land hinauf und mit dem Reiben der Beine beginnen, worauf das Spinnfeld einen Stoff abgibt, der mit den Beinen über den Körper verstrichen wird. Das erste Luftquantum, das sich am Hinterleib nach dem ersten Niedertauchen ansammelt, ist immer sehr dünn. Die Haarspitzen stechen überall durch. Es wird sowohl auf der Innen- als auch auf der Außenseite einer Behandlung unterzogen und erst nach und nach erreicht es seine volle Größe. Von·da ab erfolgt durch einige Zeit keine neue Einreibung irgendwelcher Art, aber ganz offenbar benötigt das Haarkleid eine außerordentlich umständliche Behandlung.

Die Behauptung DE LIGNACS und anderer älterer Naturforscher, daß die Wasserspinnen zur Behandlung ihres Haarkleides über besondere Stoffe verfügen, ist darum wohl richtig. Das geht noch aus folgenden Beobachtungen hervor.

Wurden (18. Januar) zwei Spinnen aus Schneckenhäusern, also nach Überwinterung in Luft, genommen und zwei aus Wasser und steckte man sie auf Nadeln und brachte alle vier unter Wasser, so wurden sie alle augenblicklich mit Luft umhüllt, aber am 19. Januar hatten die beiden aus den Schneckenhäusern (sie waren braun) die ganze Luft verloren, die beiden (sie waren schwarz) aus dem Wasser hatten sie behalten. Am 21. Januar waren alle vier tot, aber die beiden aus dem Wasser hatten die Luftschicht noch bewahrt. Der Übergang vom Leben in der Luft zum Leben im Wasser erfordert eine besondere Behandlung, eine Einreibung mit Stoffen, die vermutlich Fettstoffe sind, von deren Beschaffenheit wir sonst keine Kenntnis haben.

Es geht aus den Beobachtungen auf S. 613 hervor, daß die Wasserspinnen wenigstens in den Aquarien keineswegs in Luftglocken zu überwintern brauchen und daß es im Gegenteil scheint, als ob es Regel wäre, daß sie an Wasserpflanzen hängen und von einer Luftschicht umgeben sind, die den Hinterleib bedeckt. Auch scheint es nicht, daß sie sich gewöhnlich geschlossene Winterglocken bilden. Wenn die Überwinterung in Glocken erfolgt, so geschieht es hauptsächlich in solchen, die sich nicht wesentlich von Sommerglocken unterscheiden. Wir haben weiter gesehen, daß viele Individuen in im Eis eingefrorenen Schneckenschalen überwintern. Es war von Wichtigkeit, aus diesen Beobachtungen ersehen zu können, wie die Wasserspinnen bei uns überwintern, wenn die Überwinterung im Wasser vor sich geht. Bilden sie sich bei uns, wie WAGNER es für Rußland angibt, geschlossene, dichte Winterglocken, oder sitzen sie, wie die Beobachtungen es in den Aquarien zu zeigen scheinen, frei, von Körperluft umgeben, an Wasserpflanzen hängend, aber ohne Glocken?

Wenn die Algenteppiche im Herbst absinken, enthalten sie zahlreiche, sehr dichte, schneeweiße, ganz geschlossene Glocken, in einigen von ihnen sind Eier vorhanden, andere sind sicher Häutungsglocken, in manchen befinden sich Spinnen, aber viele sind leer. Die Tiere, welche sich in den Glocken vorfinden, sind ganz überwiegend nicht geschlechtsreif; hauptsächlich Weibchen, in einigen Fällen kleine Junge; seltener halberwachsene Männchen, aber niemals große Männchen. Ich huldigte früher der irrtümlichen Vorstellung, daß die geschlechtsreifen Tiere nach der Paarung und Eiablage absterben.

Als ich im zeitlichen Frühjahr, wenige Tage nach der Eisschmelze, im Jahr 1934 diese Studien wieder aufnahm, suchte ich genau die gleichen Örtlichkeiten auf wie 1895 und 1921. Ich kam dabei auf den Gedanken, nicht nur Schneckenhäuser einzusammeln, sondern auch die grünen, niedergesunkenen Massen von *Elodea*, *Lemna trisulca* und anderen Wasserpflanzen nachzusehen. Sie lagen in großen Polstern auf dem Moorboden, ungefähr $^3/_4$ m unter Wasser. Die größte Eisdicke im Laufe des Winters war 12 cm gewesen. Das Zufrieren hatte zirka einen Monat gedauert. Das Frühjahr war sehr kalt gewesen, noch am 1. April betrug die Temperatur nur 5° C. Am 15. April, als ich die Algenteppiche untersuchte, war die Temperatur infolge des starken Sonnenscheins auf 8° C gestiegen, aber da die Lufttemperatur die folgenden Tage bis auf 4° C niederging, sank auch die Wassertemperatur wieder.

Als ich die grünen Pflanzen nahm und auf den Erdboden warf, kroch eine große, erwachsene Spinne nach der anderen aus den Algenmassen. Im Laufe einer ganz kurzen Zeit hatte ich nicht weniger als zwölf erbeutet, darunter die drei größten Männchen, die ich je gesehen habe, dazu fünf erwachsene Weibchen, sowie vier Männchen und Weibchen, die nicht die volle Größe erreicht hatten. Es war unmöglich, sie unten im Wasser zu sehen, sie zeigten sich vollständig trocken, als sie heraufkamen, braungelb von Farbe, nicht samtschwarz. In den Algenmassen fand sich keine einzige Glocke. Es besteht kein Zweifel darüber, daß diese Tiere, von einer reichlichen Luftschicht umgeben, aber frei, ohne in Luftblasen eingesponnen gewesen zu sein, überwintert haben. Eines davon wurde sofort nach der Heimkunft in den Frigidaire bei 6° C gesetzt. Es wurde kurze Zeit nachher hängend aufgefunden, ganz so wie es sicherlich wenige Stunden vorher im Freien, umgeben von einer Luftblase, auf der Unterseite von Algen gehangen hatte. Die anderen wurden in kleine Aquarien bei einer Temperatur von zirka 10° C gegeben, die Pflanzen enthielten. Sie suchten sofort einige Male die Oberfläche auf, bildeten sich eine große Blase um den Körper und setzten sich, von Luft umgeben, an der Unterseite der Algen zur Ruhe. Keines fing an, Glocken zu spinnen. In vier Gläsern wurde *Asellus* zugefügt. Nur zwei von ihnen nahmen diese und bildeten kleine Glocken, in die sie die Asellen anbrachten, sie selbst saßen außerhalb, nur die Mundteile ragten in die Glocke hinein.

Überblicke ich meine vielen, über viele Jahre verteilten Beobachtungen über das Leben der Wasserspinne im Winter, so fühle ich mich von der Richtigkeit folgender Sätze vollkommen überzeugt, wohlgemerkt für das Gebiet, das ich untersucht habe. Die Wasserspinne überwintert zumindest dort, wo reichliche Vegetation vorhanden ist, nicht in besonderen Winterglocken. Sie umgibt sich vor dem Zufrieren mit einer großen Luftblase, die als eine physiologische Kieme wirkt (JORDAN). Ihre Atmungsverhältnisse weichen in dieser Hinsicht nicht von denen der Notonecten, Corixen und Dytisciden ab. Wie diesen droht ihnen die Gefahr, daß die Luftblase am Körper sich verkleinert. Das alte, geschlechtsreife Tier, das zumindest eine Sexualperiode hinter sich hat, überwintert freihängend auf der Unterseite der Algenteppiche; die halberwachsenen Jungen haben das Bestreben, natürliche Hohlräume in Torfrändern, in von Insekten angebohrten Stämmen und in Schneckenhäusern aufzusuchen; ein Großteil, namentlich junge Tiere, überwintern in Schneckenschalen.

Da ich nur in wenigen Fällen die großen, erwachsenen Männchen, die zumindest zwei Überwinterungen durchgemacht haben, bei der Bildung großer Glocken angetroffen habe, welche sie ganz umschließen, und sonst nur bei der Bildung von kleinen Glocken zum Verzehren der Beute, bin ich geneigt, anzunehmen — und auch auf Grund der Beobachtungen draußen in freier Natur —, daß die Männchen und ganz besonders die großen sich nicht so häufig wie die Weibchen Wohnglocken bauen. Sie sind weit mehr frei umherschweifende Tiere, die mit ihren mächtig langen Beinen blitzschnell sich auf eine Beute werfen und sonst die Glocken paarungslustiger Weibchen aufsuchen. Da tatsächlich die Paarung immer nur in den Glocken der Weibchen erfolgt, ist es auch klar, daß das Männchen kaum viel Zeit und ebenso auch keine besondere Ursache hat, sich wie das Weibchen eine Glocke zu bauen. Das morphologische Kennzeichen des Männchens als eines frei herumstreifenden Tiers drückt sich in den im Verhältnis zu denen des Weibchens kolossal langen Beinen aus, die sehr reichlich mit Haaren besetzt sind. Sie machen einen viel wolligeren Eindruck als die der Weibchen. Seltsamerweise finde ich den großen Unterschied in der Beinlänge und Haarbekleidung in der Literatur nur sehr wenig hervorgehoben.

Stamm
Mollusca (Weichtiere).

Es würde außerhalb des Planes dieses Werkes liegen, auf die moderne Einteilung der Mollusken einzugehen, und das um so mehr, als diejenigen Gruppen, welche mit großer Schwierigkeit einzureihen sind, alle marin sind. Es sei diesbezüglich auf THIELE: Handbuch der systematischen Weichtierkunde, 1935, hingewiesen. Alle Süßwassermollusken gehören zu den zwei Klassen: *Lamellibranchiata* (Muscheln) und *Gasteropoda* (Schnecken).

Klasse
Lamellibranchiata (Muscheln).
(Tafel 23.)
Ordnung: Eulamellibranchiata.

Alle Süßwassermuscheln gehören zu ein und derselben Ordnung, den *Eulamellibranchiata*, die unter anderem dadurch charakterisiert sind, daß die Kiemenfäden zu durchbrochenen, gefalteten Blättern verschmolzen sind; die allermeisten Süßwassermuscheln lassen sich in der Unterordnung *Schizodonta* vereinigen; nur die Wandermuscheln und die Abteilung *Sphaeriacea* gehören zur Unterordnung *Heterodonta*. Die beiden Unterordnungen unterscheiden sich durch den verschiedenen Bau der Schloßzähne.

Unterordnung: Schizodonta.

Die *Schizodonta* werden in zwei Gruppen geteilt: die *Trigoniacea* (marin) und die *Unionacea*. Zu den *Unionacea* gehören vier Familien: die *Margaritanidae, Unionidae, Mutelidae* und *Aetheriidae*.

Indem wir mit den *Unionacea* beginnen, wollen wir aus praktischen Gründen zuerst die Familie der *Unionidae* besprechen.

Die *Unionidae* werden in drei Unterfamilien geteilt: die *Unioninae, Anodontinae* und *Lampsilinae*. Die beiden ersten gehören der alten Welt und No rd- und Mittelamerika an, die *Lampsilinae* nur Nord- und Mittelamerika.

Unionacea.

Fam. *Unionidae (Teichmuscheln)*.

Unioninae und *Anodontinae*. Die beiden Unterfamilien *Unioninae* und *Anodontinae* stehen in so vielen entscheidenden Baumerkmalen einander so nahe, daß wir sie in der folgenden Darstellung unter einem behandeln und erst am Schluß auf ihre Unterschiede näher eingehen wollen. Hier machen wir nur darauf aufmerksam, daß die zwei Unterfamilien daran unterschieden werden können, daß die Unioninen Schloßzähne besitzen, die Anodonten nicht. Die Unioninen haben gewöhnlich längliche Schalen mit dicker Außenlage *(Periostracum)*, die Anodontinen sind breiter und haben eine dünnere, oft mehr grünliche Außenschicht. Außerdem ist der anatomische Bau der Kiemen bei beiden Unterfamilien verschieden. Die Glochidien der *Anodontinae* haben Haken an der Bauchkante, bei den Unioninen fehlen sie. Bei den Anodontinen verbleiben die Jungen im Winter in den Kiemen, bei den *Unioninae* werden sie, soweit das bisher untersucht ist, im Sommer ausgestoßen. Die Unioninen sind hauptsächlich in fließendem Wasser und in größeren Seen zu Hause, die Anodontinen in kleinen Seen, Teichen und Torfgräben.

Bau und Lebensweise der Süßwassermuscheln versteht man am leichtesten, wenn man die Tiere draußen im Freien in Tätigkeit beobachtet (Abb. 765, 766).

Man sieht sie am besten an ruhigen Sommertagen auf Sandflächen im seichten Wasser in Ufernähe eines unserer Seen. Die Form, auf die man hier trifft, ist die gewöhnliche Teichmuschel, *Anodonta cygnea* L. Man sieht oft auf den Sand-

flächen breite, dicke Furchen, an deren einem Ende eine Muschel sitzt. An ruhigen Tagen können die Furchen mehr als meterlang werden. Beobachtet man die Muschel, so sieht man sie plötzlich, sich rüttelnd und schüttelnd, sich ein Stück vorwärtsschieben. Hierauf liegt sie still und rückt dann wieder ein Stück vorwärts. Die Furchen sind ganz unregelmäßig, bald Kreise, bald gerade Linien, bald Spiralen. Das Tier steht immer schief im Sand. Das Vorderende ist nach unten, das Hinterende schräg nach oben gerichtet. Eine lebende *Anodonta* liegt fast niemals auf der Seite. Kommt sie

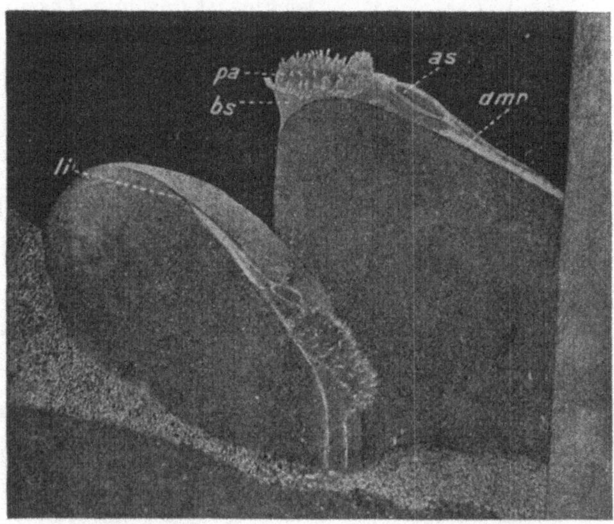

Abb. 765. Photographie lebender Teichmuscheln in ihrer natürlichen Stellung. Nat. Größe. *bs* Einströmungsöffnung; *as* Ausströmungsöffnung; *pa* Fransen um die Einströmungsöffnung; *dmr* Mantelrand. (SIEBERT 1913.)

durch einen unglücklichen Zufall in diese Lage, so richtet sie sich sobald als möglich wieder auf. Die Beschaffenheit des Bodens und die Jahreszeit ist dafür entscheidend, wie tief sie sich hinunterarbeitet.

Im Winter liegen die Muscheln an vielen Lokalitäten ganz bis zu den Atemröhren, zuweilen mit vollkommen geschlossenen Schalen, mehrere Zentimeter und oft noch tiefer unter die Oberfläche eingegraben. Viele sterben in dieser Stellung ab. Man findet sie heutigentags noch in den Lehmablagerungen der postglazialen Zeit mit lehmgefüllten, aber geschlossenen Schalen schräg im Lehm stecken, sie liegen da tot seit Jahrtausenden. Der Spaten der Ziegelwerksarbeiter, der glatt durch sie hindurchschneidet, legt zwei gebogene, weiße Linien frei, die den Eiszeitlehm umschließen. Nimmt man eine arbeitende Muschel rasch aus ihrer Furche heraus, so sieht man zwischen den Schalen-

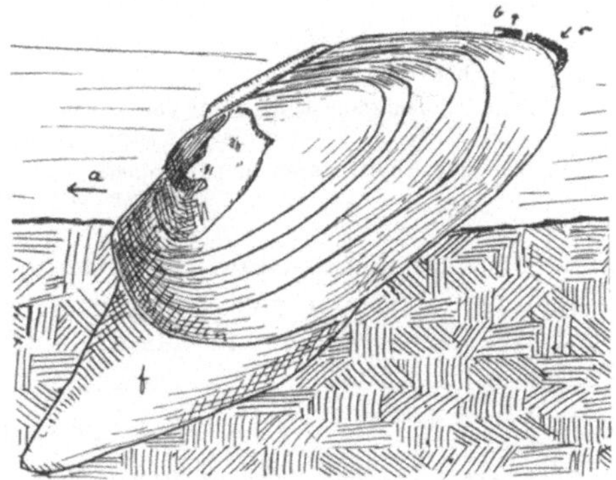

Abb. 766. Eine Teichmuschel kriechend. *a* Bewegungsrichtung; *b* Öffnung für das ausströmende Wasser; *c* für das einströmende; *f* Fuß. Etwas unter nat. Größe. (HONIGMANN 1909.)

klappen ein großes, fleischiges, messerblattförmiges Gebilde, das sich langsam in diese zurückzieht. Es ist dies das Bewegungswerkzeug der Muschel, ihr Fuß, ihre Pflugschar, mit der sie ihre Furche durch den Boden zieht. Der Fuß kann enorm anschwellen und wieder rasch einschrumpfen. Er schwillt dadurch an, daß das Blut aus den andern Körperteilen in ihn eingepreßt wird (BARROIS 1883,

FLEISCHMANN 1885, SCHIEMENZ 1887), während er im wesentlichen durch Muskel-
kontraktion wieder eingezogen wird. Früher glaubte man, daß der Fuß durch
Wasseraufnahme durch besondere Poren (Wasserporen) zum
Schwellen gebracht werde (LEYDIG, SIEBOLD).

Der Fuß ist dasjenige Organ, in dem sich die Lebensweise
der Muscheln am deutlichsten abspiegelt. Er kann fehlen,
er kann das wichtigste Bewegungsorgan darstellen, mit dessen
Hilfe sie springen, pflügen und dank der Byssusdrüse sich
festsetzen können. Bei den Teichmuscheln ist er, besonders
bei Bach- und Flußformen, dasjenige Organ, mit dessen Hilfe
sie sich eingraben, sich in ihrer Höhle festklammern, bei
den Teich- und Seeformen gleichzeitig dasjenige, mit dessen
Hilfe sie ihre Wanderungen vornehmen, um sich Nahrung
zu verschaffen.

In dem schräg emporgerichteten, ins Wasser hinauf-
ragenden Teil der Muschel bemerkt man zwei Öffnungen,
eine obere, die fast einer Höhlung gleicht, und eine

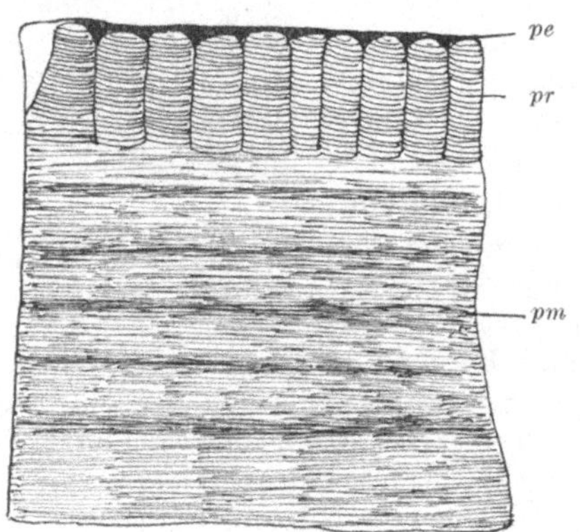

Abb. 767.   Abb. 768.

Abb. 767. *Anodonta*-Schalenband *al* von außen gesehen, deutliche Querstreifung *j* (Jahresringe) aufweisend;
pn die sog. postnympheale Grube. $^4/_5 \times$. (RASSBACH 1912.)

Abb. 768. Querschnitt durch eine *Anodonta*-Schale, Schliff. *pe* Periostracum; *pr* Prismenschicht; *pm* Perlmutterschicht. 144×. (RASSBACH 1912.)

untere, von deren Rand eine Reihe Fransen ausgehen; zwischen den beiden
Öffnungen befindet sich eine schmale Hautbrücke. Durch die untere Öffnung
tritt das Atemwasser ein, das die Partikelchen mit sich führt, die dem Tier als

---

Tafel 23. **Lamellibranchiata.**

Fig. 1. *Anodonta cygnea* L. *cellensis* GMELIN. $^1/_1$. Fig. 2. *Margaritana margaritifera* (L.), Flußperlmuschel. $^1/_1$.
Fig. 3. *Unio pictorum* L. $^1/_1$. Fig. 4. *Unio tumidus* RETZ. $^1/_1$. Fig. 5. *Unio crassus* RETZ. $^1/_1$. Fig. 6. *Pisidium
amnicum* O. F. M. Die eine Schalenklappe und Mantelhälfte entfernt. 7×. Fig. 7. Das Bild soll die Organe
demonstrieren, die im Dienste der Ernährung stehen; rechte Schalenklappe entfernt. Mantel, Kiemen und
Mundsegel der rechten Seite sind zurückgelegt. Fig. 8. Dasselbe; doch ist nur der Mantel umgelegt. Die Pfeile
geben die von den Cilien hervorgerufenen Stromrichtungen auf Kiemen, Mantel und Fuß an. In Fig. 7 u. 8
bedeutet *f* Fuß; *gi* innere Kiemen; *go* äußere Kiemen; *lp* Mundsegel; *md* rechte Mantelhälfte; *ms* linke Mantelhälfte; *r* Schleimmassen, die ausgestoßen werden; *s* Einströmungsöffnung (Sipho); *x* die Stelle, wo die Cilien-
ströme in der Nähe des Mundsegels konvergieren. Fig. 9. *Sphaerium corneum* L. 3×. Fig. 10 u. 11. *Pisidium
amnicum* O. F. M. Zirka 3×. Fig. 12. *Pisidium cinereum* ALDER (= *casertanum* POLI), die eine Schalen- und
Mantelhälfte entfernt, man sieht die Jungen in den Kiemen. 20×. Fig. 13. *Pisidium pusillum* (GMELIN) JEN.
15×. — Die ganze Tafel auf zirka $^1/_3$ verkleinert. — Fig. 1 nach BROTT 1867. Fig. 3, 4 und 13 nach STEEN-
BERG 1917. Fig. 5, 9, 10 und 11 nach GEYER 1927. Fig. 6 und 12 nach OHDNER 1909. Fig. 7 und 8 nach
WALLENGREN 1905 (aus ALLEN 1914).

1
2
3
6
5
4
gi
md
X
7
r
lp
s
f
ms
r
gi
md
8
r
X
lp
s
go
gi
r
ms
f
l
9
10
11
12
13

Nahrung dienen. Die obere ist die Auswurfsöffnung für das Atemwasser und gleichzeitig diejenige, durch welche die Exkremente ausgestoßen werden. Unterhalb der Einströmungsöffnung befindet sich die große Öffnung, durch die der Fuß vorgestreckt wird. Auf ganz bestimmten, bewimperten Bahnen werden, von den Flimmerhaaren befördert, das Nahrungsmaterial, das Plancton und die grauen Moderpartikelchen, hin zum Vorderende geleitet, zu demjenigen Ende, welches bei der arbeitenden Muschel im Schlamm steckt. Dort sitzt der Mund, der von zwei Mundlappen umgeben ist; er ist oft von Schlammpartikelchen zugedeckt.

Wir wollen uns nun den Bau der Muscheln näher besehen; um ihn zu verstehen, müssen wir die Muschel zuerst öffnen. Wir führen ein scharfes Messer vorne und hinten zwischen die Schalenklappen nahe der Rückenlinie ein und schneiden die zwei großen Schließmuskeln durch, worauf die Schale klafft. Dann sieht man, daß die Schalenklappen auf ihrer Innenseite von einer Haut bedeckt sind, dem Mantel, dessen Ränder ein wenig innerhalb des Schalenrandes festgewachsen sind. In der Mitte liegt der große, jetzt stark kontrahierte Fuß; zwischen ihm und dem Mantel hängen die Kiemen herab. Vorne sieht man die beiden Mundlappen (Mundsegel). Bei den Teichmuscheln sind die beiden Mantelränder nicht miteinander verwachsen. Bei dem lebenden, am Seeboden arbeitenden Tier klaffen die beiden Schalenklappen etwas; der Fuß ist zwischen ihnen vorgestreckt. Wenn das Tier beunruhigt wird, so wird die Schale dicht geschlossen. Bei toten Tieren sind die Schalen gewöhnlich aufgeklappt. Ihre beiden Hälften sind durch ein elastisches Band (Ligament) verbunden, das dorsal an der Außenseite liegt (Abb. 767). Wenn das Band sich dehnt, klafft die Schale auf. Die Schalenhälften werden mit Hilfe der beiden oben erwähnten, großen Schließmuskeln zusammengehalten, des vorderen und hinteren, die als Antagonisten des Schalenbands wirken; ihre Insertionsstellen erzeugen tiefe Eindrücke auf der Schale. Bei *Anodonta* findet man entlang der Rückenkante außer dem Band kein besonderes Schloß, bei *Unio* dagegen an der Innenseite des oberen Randes der Schale zahnartige Erhöhungen und Vertiefungen, die ineinandergreifen und eine Verschiebung der Schalenhälften verhindern.

Die Muschelschale sieht ja an sich nicht besonders bemerkenswert aus, ist aber nichtsdestoweniger in vieler Hinsicht ein bewundernswertes Objekt, wenigstens für den Naturforscher.

Man findet außen eine braune Lage, die, wie angegeben wird, aus Conchyolin besteht; sie wird zumeist als *Periostracum* bezeichnet (Abb. 768). Auf der Innenseite liegt die Perlmutterschicht. Man lernt den Schalenbau besser kennen, wenn man den Querschnitt untersucht. Da sieht man, daß zwischen dem Periostracum und der Perlmutterschicht sich eine dritte Schicht befindet, die sog. Prismenschicht, die sich aus unendlich vielen Prismen zusammensetzt, welche ungefähr senkrecht auf den beiden andern Schichten stehen. Jedes dieser kleinen Prismen liegt in einer Hülle von organischer Substanz, von Conchyolin; sie sind also alle voneinander getrennt. Nach außenhin ist demnach die Prismenschicht vom Periostracum bekleidet und innen grenzt sie an die Perlmutterschicht. Die chemische Beschaffenheit der beiden Schichten ist nicht die gleiche. Die Prismenschicht besteht aus Calcit, die Perlmutterschicht aus Aragonit. Die Perlmutterschicht besteht aus einer Menge zur Oberfläche parallel liegender Lamellen, die gleichfalls voneinander durch dünne, auf verschiedene Weise untereinander verbundene Conchyolinlamellen getrennt sind. Diese drei verschiedenen Schichten werden nicht auf gleiche Weise gebildet. Die Außenlage und die Prismenschicht werden vom Mantelrand, die Perlmutterschicht von der ganzen Oberfläche des Mantels gebildet. Die Schalen wachsen an Größe durch Neubildung vom Mantelrand her, an Dicke dagegen dadurch, daß von der ganzen Manteloberfläche

Conchyolinlamellen abgesondert werden, zwischen denen es zu Kalkablagerungen kommt. Um die Frage nach der Bildungsstätte des Conchyolins und Kalks geht ein uralter Streit.

Tatsächlich besitzt die Muschelschale also einen außerordentlich komplizierten Bau. Das Entscheidende ist, daß der Kalk von organischem Material umgeben ist, daß er eingeschlossen und in Hüllen und zwischen Lamellen abgelagert ist. Nur auf diesem Weg ist es möglich, daß er als ein das Tier beschützendes Außenskelet verwendet werden kann. Indem das organische Material einerseits gegen das Lösungsvermögen des Wassers schützt und anderseits die Elastizität der ganzen Masse erhöht, widerstehen die Kalkschalen der Muscheln in weit höherem Grad als der von den Pflanzen ausgeschiedene Kalk sowohl den Auflösungsprozessen, die von Säuren (Humussäure, von den Pflanzenwurzeln sezernierte Säuren) hervorgerufen werden, als auch den mechanischen Einflüssen, die auf Wellenschlag, Tiere usw. zurückgehen. Die Molluskenschalen im allgemeinen und nicht minder die der Teichmuscheln bieten vielenorts offensichtliche Beweise für den verzweifelten Kampf dar, der von Seite der Tiere geführt wird, um den einmal gewonnenen Kalk sich zu erhalten. Wir werden in einem besonderen, kleinen Abschnitt darauf zurückkommen.

Auf der Außenseite der Schale sieht man parallel zum Schalenrand eine Anzahl braune Linien, die als Jahresringe bezeichnet werden. Die dunklen Partien entstehen zu Zeiten, wo das Wachstum (im Winterhalbjahr) langsam vor sich gegangen ist, die helleren Partien zu Zeiten, wo das Wachstum ein rascheres gewesen ist. Die Linien zeigen an, daß das Wachstum in den ersten Jahren sehr schnell erfolgt, später jedoch sich verlangsamt. Die normale Lebenszeit unserer Teichmuscheln *Anodonta* und *Unio* dürfte 7 bis 10 Jahre sein, für die Flußperlmuschel wird jedoch ein viel höheres Alter, 60 bis 80 Jahre, angegeben (MENTZEN 1926). Diesem hohen Alter schreibt man es zu, daß diese Art, obwohl sie in kalkarmem Wasser lebt, oft sehr dicke Schalen besitzt. Besieht man sich nun etwas genauer die Innenseite der Schale, die schöne, weiße Perlmutterschicht, so wird man gewisse Eindrücke gewahren; vorn und hinten einen tiefen Eindruck, der vom großen vorderen und hinteren Schließmuskel herrührt, weiter eine Linie in einigem Abstand vom Schalenrand, die Mantellinie.

An den Schalen spiegelt sich die Beschaffenheit des Aufenthaltsortes und der Einfluß der Lebensverhältnisse auf die Art im Kampf des Tiers ums Dasein ab. Es liegt eine unendliche Literatur über die Schalenform der Anodonten vor, mit dem Versuch, die einzelnen Formen mit den Lebensverhältnissen in Zusammenhang zu bringen. Diese üben sicherlich ihren Einfluß aus auf die Form des Vorder- und Hinterrandes, auf die größere oder kleinere Konkavität der Bauchkante, auf die Dicke der Schalen (am dicksten in fließendem Wasser); ein näheres Eingehen darauf würde zu weit führen; auch sind keine besonderen, positiven Resultate erzielt worden.

Die Muschelkiemen und nicht zum wenigsten die der Teichmuscheln (Tafel 23, Fig. 7 u. 8; Abb. 769 bis 771), sind eines der eigenartigsten Organe, das die Natur hervorgebracht hat. Sie haben nicht weniger als drei der wichtigsten Funktionen der Tiers zu vollführen. Die Kiemen sind selbstverständlich in erster Linie Respirationsorgane, aber sie stehen in fast eben so hohem Grad im Dienst der Ernährung und überdies besitzen sie bei den Teichmuscheln noch eine dritte Funktion, sie werden auch zur Brutpflege verwendet; sie müssen die Eier in Empfang nehmen und sie während der Entwicklung ernähren. Wohl nirgends im Tierreich trifft man auf ein Organ, welchem alle diese drei Funktionen zugeteilt sind und welches somit imstande sein muß, gleichzeitig, wenn auch nicht mit gleicher Intensität und auch nicht in seiner ganzen Ausdehnung in gleichem Grad.

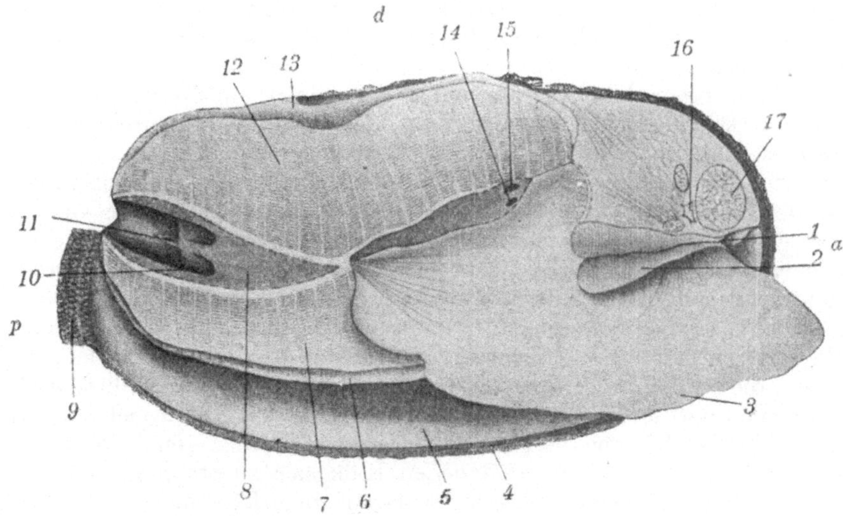

Abb. 769. *Anodonta cygnea* L. Rechte Schale und Mantelhälfte entfernt; Kiemen der rechten Seite nach oben gelegt; außerdem ist die Verwachsungsstelle der aufsteigenden Lamellen der inneren Kiemenblätter durchschnitten (punktierte Linie), um den Kloakenraum zu zeigen; weiter ist die Verwachsungsstelle der aufsteigenden Lamelle des rechten inneren Kiemenblattes durchschnitten (punktierte Linie), um die Nieren- und Geschlechtsöffnung zu zeigen. *a* Vorderende; *b* Hinterende; *1* Mund; *2* Mundsegel; *3* Fuß; *4* linke Schalenklappe; *5* linke Mantelhälfte; *6* äußeres Blatt der linken Kieme; *7* inneres Blatt der linken Kieme; *8* innerer Kiemengang; *9* Papillen um die Einströmungsöffnung; *10* Ausmündung des äußeren Kiemengangs; *11* After; *12* inneres Blatt der rechten Kieme; *13* äußeres Blatt der rechten Kieme; *14* Geschlechtsöffnung; *15* Nierenöffnung; *16* Gehirn; *17* vorderer Schließmuskel. (HATSCHEK und CORI, Elementarkursus der Zootomie, 1896.)

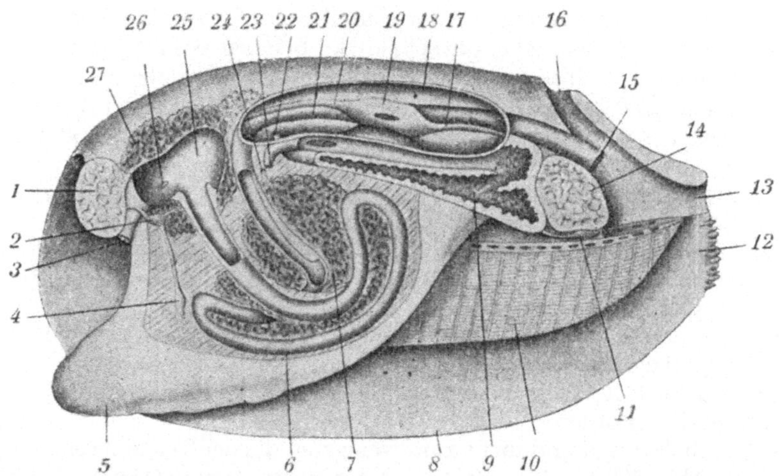

Abb. 770. *Anodonta cygnea* L. Längsschnitt, um zu zeigen: *1* vorderer Schließmuskel; *2* Gehirn; *3* Mund; *4* Fußganglion; *5* Fuß; *6* Darm; *7* Geschlechtsdrüse; *8* Mantel; *9* Niere; *10* Kieme; *11* Eingeweideganglion; *12* Einströmungs- und *13* Ausströmungsöffnung; *14* hinterer Schließmuskel; *15* After; *16* die dorsale Mantelöffnung; *17* hintere Aorta; *18* Herzbeutel; *19* Herz; *20* vordere Aorta; *21* Enddarm; *22* und *23* innere und äußere Nierenöffnung; *24* Geschlechtsöffnung; *25* Magen; *26* Mündung der Verdauungsdrüse („Leber"); *27* „Leber". (PARKER und HASWELL 1910.)

alle drei Funktionen ausführen zu können. Es gibt da ziemlich große Unterschiede im Bau bei den verschiedenen Familien und Gattungen, aber für sie alle ist gemeinsam ihre im Verhältnis zum Tier enorme Größe; sie sind ja oft fast so lang wie das ganze Tier und hängen als lange, breite Kiemenblätter zu vieren zwischen Fuß und Mantel herab. Wir wollen uns nun den Bau dieses Organs ein wenig näher besehen, das im Leben eines Organismus die Rolle dreier Organe, des Atmungsorgans, des Nahrungserwerbsorgans und die der Gebärmutter versorgt. Es sei vorausgeschickt, daß dieser Kiemenapparat nicht auf einmal zu dem allem geworden ist. Man kann zeigen, wie das Organ Schritt für Schritt von einem ausschließlich im Dienst der Respiration stehenden Organ durch Umbildung auch die Aufgabe übernommen hat, die Nahrung einfangen zu können; die letzte Aufgabe, sich auch der Jungen anzunehmen, scheint nur denjenigen Formen zugeteilt worden zu sein, welche in das Süßwasser eingewandert sind und vielleicht hier nicht einmal allen. Alle jene Typen, die den Übergang bilden von Formen mit freien Kiemenfäden zu solchen mit dem höchst entwickelten Kiementypus, wie man ihn bei den Süßwasserformen antrifft, gehören der marinen Fauna an und kommen für uns hier nicht in Betracht. Hier wollen wir uns nur mit denjenigen Kiemen beschäftigen, wie wir sie bei den Unioniden vorfinden, und vom Entwicklungsweg absehen, auf welchem sie zu solchen geworden sind (Abb. 769 bis 771).

Zu beiden Seiten des Fußes hängen also vom Dach der großen Mantelhöhle zwei doppelblättrige Kiemen herab, zwei innere und zwei äußere. Die Kiemenblätter sind, wovon man sich leicht vergewissern kann, gestreift. Jeder Streifen entspricht einem Kiemenfaden, der mit dem davor- und dahinterliegenden verklebt ist, jeder ist weiter ungefähr doppelt so lang, als er aussieht; denn die Entwicklung zeigt, daß der Kiemenfaden an seinem untern Ende nach oben zurückgebogen ist. Die innere und die äußere Hälfte jedes Kiemenfadens sind durch zahlreiche Gewebsbrücken miteinander verwachsen. Mit einer Lupe kann man sowohl in senkrechter als auch in waagrechter Richtung eine außerordentlich feine Streifung erkennen, die durch die zahlreichen, unendlich zarten Gewebsbrücken zustandekommt. Es entsteht so ein außerordentlich feines Gitterwerk mit zahllosen Spalten, Wasserspalten, zwischen den Gewebsbrücken. Die Wand der Spalten ist überall mit Flimmerhaaren bekleidet. Jedes Kiemenblatt besteht also aus zwei Lamellen mit einem dazwischen liegenden Hohlraum. Bei den Teichmuscheln wächst nun das innere Blatt der linken und rechten Seite im hinteren Körperabschnitt der Muschel zusammen und bildet so eine horizontale Wand, die den Mantelraum in eine obere, kleinere (Suprabranchialraum) und eine untere, größere Partie teilt. Die obere, der Suprabranchialraum, setzt sich in die obere, äußere Öffnung fort, durch die das Wasser, das der Atmung gedient hat und das mit Exkrementen beladen ist, ausgestoßen wird; der untere stellt die große Atemhöhle dar. Zum vollen Verständnis dafür, wie die Kiemen imstande sind, alle drei ihnen zugeteilten Aufgaben zu erfüllen, wäre es notwendig, eine sehr detaillierte Schilderung ihres histologischen Baues zu geben. Das würde jedoch sicher zu weit führen; auch kann man nicht sagen, daß die Verhältnisse vollständig verstanden sind. Es sei im übrigen auf die Arbeiten von WALLENGREN (1905), hingewiesen. Hier wollen wir die Kiemen als Atmungs- und Nahrungserwerbsorgane besprechen und sie bei der Fortpflanzung als Organ betrachten, das gleichzeitig noch im Dienst der Brutpflege steht. Über die Wasserströmungen in der ruhenden Muschel sei folgendes bemerkt: Das Wasser strömt durch die Einströmungsöffnung in die große Kammer, in der die Kiemenblätter herabhängen und verläßt durch die Ausströmungsöffnung die Muschel. Die beiden Wasserströmungen, die ein- und ausgehende, vermischen sich nicht miteinander. Das einströmende Wasser, das Atemwasser, geht aus der großen Mantelhöhle durch die zahllosen Spalten der Kiemenblätter und gelangt in die oben erwähnte suprabranchiale Kammer und von hier weiterhin durch die Ausströmungsöffnung nach außen. Im Suprabranchialraum treten die Exkremente aus dem Darm hinzu und eventuell das Sperma und bei den marinen Formen auch die weiblichen Geschlechtsprodukte, die Eier, und werden von hier durch die Ausströmungsöffnung, die Kloakenöffnung, ausgeführt. Die treibende Kraft dafür sind in erster Linie die Cilien an den Spalten der Kiemenblätter. An beiden Außenkanten aller Kiemenfäden befinden sich die sog. Membranellen aus langen, miteinander verbundenen Cilien gebildet; diese Membranellen legen sich von beiden Seiten her über die Kiemenspalten und bilden einen Filterapparat, der verhindert, daß die im Wasser vorhandenen Partikelchen durch die Spalten eindringen können. Das Wasser, das derart in den Innenraum jedes Kiemenblattes gelangt, ist rein filtriert. Bei einer ruhenden Muschel fließt die Strömung von außen durch die Kiemen mit ständig gleichbleibender Stärke. Wird die Muschel gereizt, so kann sie ihre Ein- und Ausströmungsöffnung schließen oder auch die Schale selbst zuklappen. Dadurch wird das Wasser mit großer Kraft ausgespritzt. In mehr oder weniger trockengelegten Teichen, in deren weichem, schwarzem Schlamm tausende von Teichmuscheln liegen, sieht man bald hier, bald da die Muscheln in dickem, oft dezimeterhohem Strahl das Wasser, das sie respiratorisch nicht länger verwenden können, abgeben. Hat eine Muschel ihre Schale geschlossen, so erfolgt eine Wasserzirkulation im ganzen Mantelraum. Es sind sehr bedeutende Mengen von Wasser, die den Körper einer „arbeitenden" Teichmuschel passieren. Für eine amerikanische Art (*Lampsilis luteolus* Lam.) hat man sie mit 24 ccm in der Minute oder mit anderen Worten mit einem Liter in 42 Minuten berechnet (Allen 1914). Derjenige, welcher die ungeheuren Massen von Muscheln gesehen hat, welche den Boden zahlreicher unserer Kleinseen und Teiche bedecken, wird verstehen, daß die Teichmuscheln unter allen Organismen der Teiche die ausgiebigsten Filtrierer des Wassers darstellen.

Meines Wissens fehlt uns jede Beurteilung für die Rolle, welche unsern Teichmuscheln in der Ökonomie der Teiche und Seen, in denen sie sich in so ungeheuren Mengen vorfinden, zukommt. Eine ungefähre Vorstellung davon kann man sich jedoch bei gewissen Austern bilden (*Gryphea angulata*). Ranson (1926) zeigt, daß, wenn man zwei Gefäße nimmt und sie mit Wasser füllt, das durch Lehm getrübt ist und in das eine Austern setzt, in das andere nicht, das Wasser im Gefäß mit den Austern viel rascher sich klärt als in dem ohne Austern. Es besteht weiter der Unterschied, daß der Bodensatz im Gefäß mit Austern viel schwerer aufgewirbelt werden kann als in dem ohne sie. Der Grund dafür ist der, daß der Bodensatz im ersten durch Schleimsubstanz der Austern gebunden ist, während der im andern vollkommen lose, ohne Zusammenhang ist. Daraus schließt Ranson, daß die Lamellibranchiaten, wo sie sich in Mengen vorfinden, eine den Boden erhöhende Wirkung ausüben, weil der Wellenschlag wohl das sedimentierte Material aufwirbeln kann, dort wo keine Lamellibranchiaten vorkommen, ein Wellenschlag gleicher Stärke jedoch keine so starke Wirkung ausüben wird, wo die Austern das sedimentierte, eigentlich von ihnen exkrementierte Material gebunden haben. Er weist Örtlichkeiten nach, wo man unter Bedachtnahme auf diese Vorgänge die bodenerhöhende Wirkung der Austern direkt nachweisen kann. Ich ersehe nicht, warum man bei unsern Teichmuscheln nicht das gleiche Verhalten vermuten sollte.

Wenn man gesehen hat, in welchen unglaublichen Mengen die Anodonten in trockengelegten Teichen und Kleinseen vorkommen, gewinnt man den Eindruck, daß sie für die Ökonomie der Teiche und Seen eine überaus große Rolle spielen. Vom Land aus kann man auf 1 qm zehn bis zwölf zählen, und wie viele liegen nicht im Schlamm begraben? Bedenkt man, daß die Anodonten zu den größten Tieren des Süßwassers gehören, so wird man vermuten dürfen, daß sie sowohl als Filtratoren als auch als schlammbindende Faktoren von größter

Bedeutung sein müssen. Geht ferner der See in ein Fäulnisstadium über, wird alles O_2 aufgebraucht und sterben die Anodonten mit der übrigen Bodenfauna aus, so wird dem Boden eine ungeheure. verwesende Fleischmasse zugeführt. So viel ich weiß, handelt es sich hier um Probleme, die bis jetzt noch nicht angeschnitten worden sind.

Wir haben bisher die Kiemen als Organe betrachtet, die im Dienst der Respiration stehen, und das durchströmende Wasser als eines, das für die Befriedigung des Atmungsbedürfnisses der Muscheln von Bedeutung ist. Wir wollen sie nun als Organe betrachten, die gleichzeitig den Muscheln ihre Nahrung zuführen. Eines der seltsamsten Merkmale dieser Geschöpfe ist es, daß sie keine Spur eines Kopfes besitzen. Man hat sie deshalb auch „Die ohne Kopf" *(Acephalae)* genannt. Es ist vorn nichts anderes als eine von den Mundlappen umgebene Eingangspforte für die Nahrungsaufnahme vorhanden. Den Süßwassermuscheln fehlen Fühler, Augen und Schlund. Es ist tatsächlich eine im Tierreich höchst merkwürdige Weise, in der sich eine Muschel ihre Nahrung verschafft. Wie so viele andere Bodentiere lebt sie von Bodenmaterial, das mit niedersinkendem Detritus und Plancton vermischt ist. Aber während die andern, z. B. Würmer (Sandwurm u. a.), die oberste Bodenschichte, in Schleim eingehüllt, direkt in den Mund schlürfen, wird bei der Muschel das ganze Nahrungsmaterial auf bewimperten Bahnen von hinten nach vorn gegen die Mundöffnung hingeleitet.

Man darf das nun nicht so verstehen, daß die Kiemen allein von allen bewimperten Flächen der Muschel im Dienst der Ernährung stehen. Man kann ohne Übertreibung sagen, daß alle freien Oberflächen der Muschel. Fuß. Mundsegel. Mantel. flimmern. Die Flimmerhaare schlagen alle in ganz bestimmten Richtungen und befördern normalerweise das Wasser auf ganz bestimmten Bahnen. Die Pfeile auf Fig. 7 u. 8, Tafel 23, zeigen diese Richtungen an, aber es würde zu weit führen, auf die einzelnen Strömungsbahnen näher einzugehen. Wie kräftig die Flimmerhaare schlagen, wird vielleicht am besten aus folgendem verstanden werden.

Legt man ein kleines, 1 qcm großes, ausgeschnittenes Stück einer Kieme oder des Mantels in eine Schale mit Wasser und markiert sich auf einem Stück weißen Papiers unterhalb der Schale den Platz des Stückes, so wird man nach einiger Zeit sehen, daß sich das Stück verschoben hat (McAlpine 1888, Allen 1914). Es verhält sich nun so, daß die mit dem Atemwasser in den Mantelraum eingeführten Fremdkörper — Plancton und Detritus — auf ganz bestimmten Bahnen nach vorn gegen die Mundöffnung und die diese umgebenden Mundsegel geführt werden. Es sind nicht, wie man früher geglaubt hat, die Wasserströmungen selbst, die die Nahrung dem Mund zuführen.

Es ist die Flimmerbekleidung, die außerhalb ihrer andern Funktionen auch im Dienst der Ernährung steht. Es sind besonders die am Eingang der zahllosen Poren der Kiemenfilamente sich befindlichen, zu Membranellen zusammengewachsenen Cilien, ferner besonders kräftige Cilien, die sog. Cirren, welche die zu Mund und Lippen führenden Hauptströmungen dirigieren und gleichzeitig den Transport der Nahrungspartikeln (Plancton, Detritus) übernehmen.

Diese gelangen zum Teil nach oben an den Anwachsungsrand der Kiemenblätter, zum Teil nach unten an deren freien Rand und werden hier in besonders ausgebildeten Flimmerrinnen zu den Mundsegeln und von hier in die Mundöffnung befördert. Dies alles berechtigt zu der Auffassung, daß die Kiemen außer ihren anderen Funktionen noch die eines Nahrungserwerbsorgans besitzen. Öffnet man eine Muschel und gibt etwas Karmin ins Wasser, so sieht man, wie sich die Karminkörnchen langsam auf der Oberfläche der Kiemenblätter in der beschriebenen Weise von hinten nach vorn bewegen. Gleichzeitig werden sie in Schleim eingehüllt und werden so im Bereich der Mundsegel auf nicht weniger als sechs Hauptbahnen weitergeleitet. Die überschüssiges Material ausführenden Strömungen erfolgen durch Wirkung der Cilienbekleidung der Mantelflächen. Man kann im großen und ganzen sagen daß, die Cilien, abgesehen von den Kiemenflächen, auf allen andern Körperflächen ausführende Strömungen erzeugen. Die Aufgabe der Mundsegel ist es, das nach vorn beförderte Material in Empfang zu nehmen. Ihre Cilienbekleidung ist so eingerichtet, daß die Nahrung auf verschiedene Weise weitergeleitet werden kann, teils bis zum Mund hin, teils weg von ihm. Diese Mundsegel können bei Formen, die hier nicht in Betracht kommen, so groß und so beweglich sein, daß sie vermutlich dazu dienen, die Oberfläche der Kiemen rein zu fegen. Sie spielen noch eine materialsortierende Rolle, von sehr feinen vertikal verlaufenden Rillen unterstützt. Das überflüssige, von den Mundsegeln abgewiesene Material sammelt sich, in Schleim eingehüllt, an zwei Stellen entlang des unteren Mantelrandes. Der Schleim rührt von den zahllosen Schleimdrüsen des Kappenepithels her. Hat sich das Material in größerer Menge angesammelt, so wird es mit einer größeren Wassermenge ausgestoßen, indem die Schließmuskel sich kontrahieren und die Schale zuklappen wird (ALLEN 1914). WALLENGREN (1905) gibt an, daß der Mund gewöhnlich geschlossen ist. Die Nahrung strömt nicht ständig durch die Mundöffnung ein. Das Öffnen des Mundes ist ein aktiver Willensakt. Mit dem Atemwasser werden ununterbrochen Nahrungsgegenstände in den Mantelraum eingeführt; will sie jedoch die Muschel nicht aufnehmen, so werden die Partikelchen mit Hilfe der Mundsegel vom Mund weg gegen die Mantelöffnung hinuntergeleitet und von hier in das Wasser hinaus, ein Verhalten, das man überall im Tierreich wiederfindet, wo die Nahrung mit Hilfe von Cilien, Härchen usw. dem Mund zugeführt wird (Rädertiere, Cladoceren, Diaptomiden usw.).

Neuere Untersuchungen (BABAK 1913, KELLOG 1915 und REDFIELD 1917) scheinen zu zeigen, daß die Muschel außer über die Cilien noch über andere Mittel verfügt, um Wasserströmungen in ihrem Körper zu erzeugen. BABAK (1913) erinnert an das regelmäßige Öffnen und Schließen der Schalen, eine Bewegung, die zuweilen ganz rhythmisch erfolgt. Dies soll nach BABAK mit der Atmung nichts zu tun haben; es soll ein Reinigungsvorgang sein, mit dem die Muscheln ihren Körper durchspülen. REDFIELD (1917) hebt hervor, daß der Mantel sowohl bei marinen wie auch bei lacustrischen Formen vollkommen rhythmische Bewegungen durchführt. Es scheint experimentell festgestellt zu sein, daß diese Bewegungen ein respiratorische Bedeutung haben und gleichzeitig, indem sie eine kräftigere Wasserströmung hervorrufen, zur Entfernung von Fremdkörpern dienen, die in die Mantelhöhle geraten sind.

Es liegt nahe, den Nahrungserwerb bei zwei der ausgesprochensten Süßwasserfiltrierern, den Spongillen und den Muscheln, miteinander zu vergleichen. In beiden Fällen sind es Cilien, bei den Spongillen die Geißeln der Choanocyten, bei den Muscheln die allgemeine, epitheliale Flimmerbekleidung, welche diejenigen Organe darstellen, die die Wasserströmungen durch den Körper dieser beiden voneinander so weit verschiedenen Tiere treiben. In beiden Fällen dient die Flimmerbewegung dem Einfangen der Nahrung, aber zwischen den Vorgängen bei den beiden Tiergruppen, den Spongien und den Muscheln, herrscht der große Unterschied, daß bei den Spongien die Nahrungspartikelchen *mit* dem Atemwasser *in* die Geißelkammern hineingeraten, wobei diese von den Kragengeißelzellen aufgenommen und an deren Basis von Amöbocyten übernommen werden. Bei den Muscheln halten die Cilien am Rand der Spaltenwände alle Nahrungspartikelchen auf. Bei den Spongillen sind es gerade die begeißelten Zellen, welche diese Partikelchen erfassen und sie den futteraufnehmenden

Elementen der Kolonie, den Amöbocyten, zuführen. Bei den Muscheln geht die Filtrierung so vor sich, daß die Partikelchen auf bestimmten Bahnen über die Oberfläche des Organs weitergeleitet werden; und das Wasser, das durch die Kiemenspalten eintritt und jetzt der Respiration dienen soll, ist filtriert und von Partikelchen jedweder Art befreit. Bei den Schwämmen geht das Wasser unfiltriert in die Geißelkammern und erst hier kommt es bei der Nahrungsaufnahme zu einer Filtration.

Gegenwärtig huldigt man der Anschauung, daß die Muscheln in erster Linie von dem Material leben, das mit dem Wasser eingeführt wird, d. i. Plancton und schwebendem Detritus. Das ist wohl bei den meisten sicher richtig, aber bei unseren Teichmuscheln ist dies nur zum Teil der Fall. Sieht man die Listen über den Mageninhalt durch (ALLEN 1914), so zeigt sich, daß die meisten Organismen solche des Bodens sind und nicht pelagische. Das gilt ganz überwiegend von *Oscillatoria, Lyngbya, Ulothrix, Vaucheria,* den meisten Diatomeen usw. Diese Organismen gelangen wohl in die Wassermassen hinauf, aber es ist die Muschel, die an vielen Örtlichkeiten sie zum Teil selbst beim Graben aufwirbelt. Beobachtet man an stillen Sommertagen auf den seichten Sandflächen eines unserer Seen, die nur von wenigen Dezimetern Wasser bedeckt sind, die arbeitenden Muscheln und die Furchen, die sie im Sandgrund pflügen, etwas genauer, so wird man sehen, daß der Boden der Gänge grau, die Sandoberfläche dagegen gelb ist. Vor der Muschel liegt ein aufgeworfener, an der Oberfläche grauer Wall. Hält man den Blick durch einige Zeit auf die Muschel gerichtet, so sieht man sie sich plötzlich vorwärts wälzen. Der Fuß hat ein Stück weitergepflügt. Sand und Moder werden zur Seite gewälzt und das leichteste Material wird vom Wasser nach hinten getragen, wo es durch die Einströmungsöffnung eingesaugt wird. Dieses aufgewühlte Bodenmaterial, und nicht das Plancton allein, bildet einen nicht unwesentlichen Teil des wichtigsten Nahrungsmaterials unserer Teichmuscheln. Die Wanderungen, die die Muscheln hier unternehmen, sind keineswegs Vergnügungsfahrten. Es dürften kaum recht viele von außen kommende Impulse sein, welche die Muscheln dazu bringen, sich fortzubewegen, und der einzige von innen kommende Impuls, von dem man sich denken kann, daß er sie zu meterlangen Exkursionen veranlaßt, ist der Hunger. Diese Wanderungen, deren Resultat die Furchen auf den Sandflächen sind, sind demnach in erster Linie Ernährungswanderungen. Wenn der Herbst kommt, arbeiten sich die Tiere in das tiefere Wasser hinunter. Das Material, das in die Mundöffnung gelangen soll, muß stets überaus fein verteilt sein. Zerkleinerungswerkzeuge irgendwelcher Art besitzen die Tiere nicht.

Wenn man den Mageninhalt einer *Anodonta* untersucht, wird man finden, daß er im Sommer hauptsächlich aus Schlamm besteht; man hat den Eindruck, daß das Tier eine sehr große Menge Material verschlucken muß, um genügend zum Aufbau seines Körpers zu erhalten. Nähere Untersuchungen fehlen.

Ist nun auch die Art und Weise, wie die Nahrung erworben wird, merkwürdig, so ist das in gewisser Hinsicht beim Darmkanal, der Stätte, wo die Nahrung verarbeitet wird, nicht minder der Fall. Der Mund liegt gleich hinter dem vorderen Schließmuskel an der Basis des Fußes; er führt in eine kurze Speiseröhre, die sich in einen Magen fortsetzt, welcher bei der arbeitenden Muschel mit Schlamm gefüllt ist. Will man ihn sehen, so öffnet man das Tier vom Rücken her, d. h. man zertrümmert die Schale mit einem Hammer und löst vorsichtig die Stücke ab. Der Darm beginnt auf der Unterseite des Magen und bildet eine Reihe von Schlingen hinunter in den Fuß, worauf er wieder nach oben zurückkehrt und mit seinem Endabschnitt das Herz durchbohrt; hierauf mündet er gleich hinter dem hinteren Schließmuskel aus. Der Magen ist von einer großen, bräunlichgrünen

Masse umgeben, die als Leber bezeichnet wird und die in ihn mündet. Die Leber ist groß und umhüllt den Magen (Abb. 770). Es ist für einige Muscheln nachgewiesen,

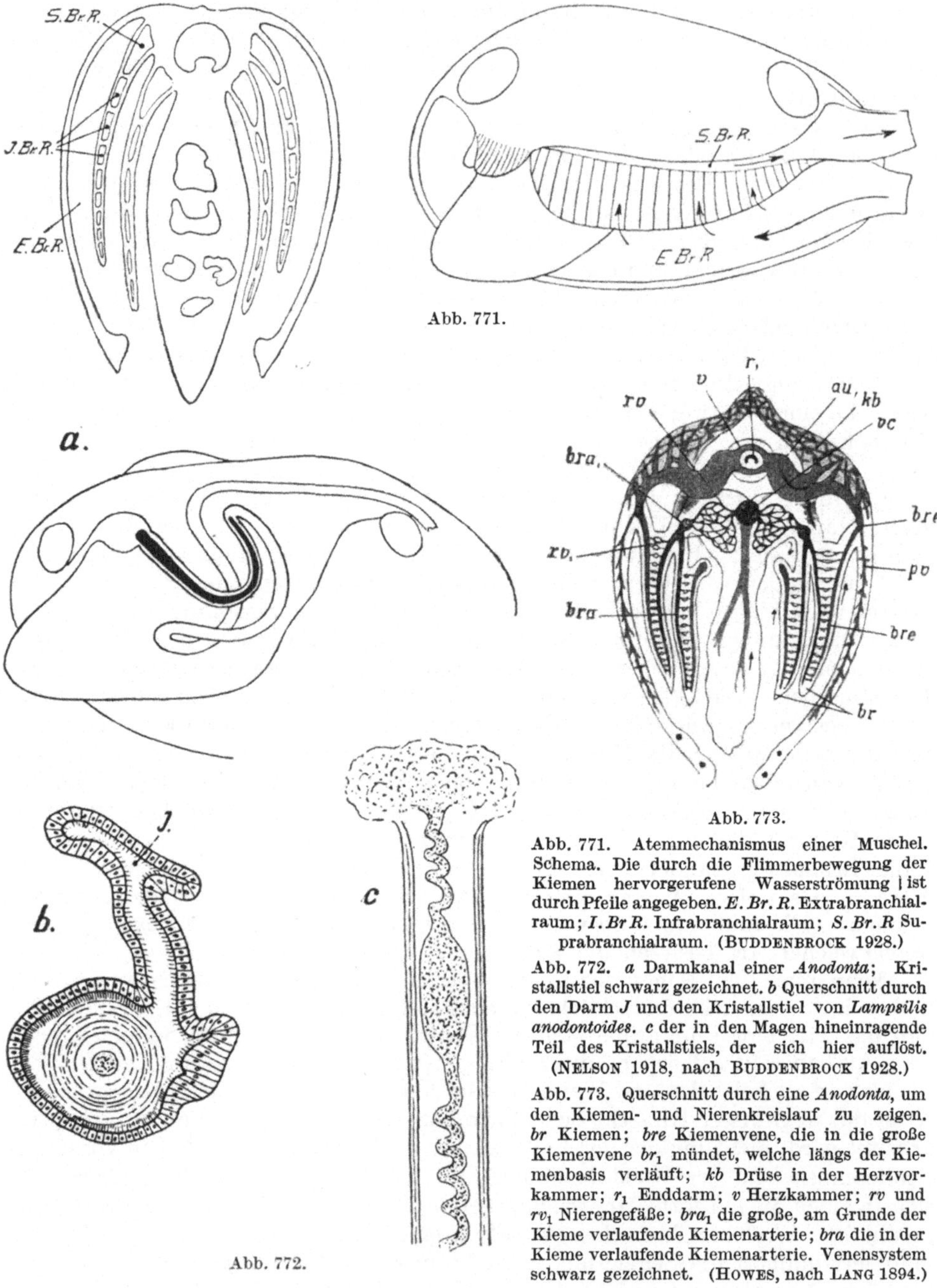

Abb. 771.

Abb. 773.

Abb. 771. Atemmechanismus einer Muschel. Schema. Die durch die Flimmerbewegung der Kiemen hervorgerufene Wasserströmung | ist durch Pfeile angegeben. *E. Br. R.* Extrabranchialraum; *I. Br R.* Infrabranchialraum; *S. Br. R* Suprabranchialraum. (Buddenbrock 1928.)

Abb. 772. *a* Darmkanal einer *Anodonta*; Kristallstiel schwarz gezeichnet. *b* Querschnitt durch den Darm *J* und den Kristallstiel von *Lampsilis anodontoides*. *c* der in den Magen hineinragende Teil des Kristallstiels, der sich hier auflöst. (Nelson 1918, nach Buddenbrock 1928.)

Abb. 773. Querschnitt durch eine *Anodonta*, um den Kiemen- und Nierenkreislauf zu zeigen. *br* Kiemen; *bre* Kiemenvene, die in die große Kiemenvene *br₁* mündet, welche längs der Kiemenbasis verläuft; *kb* Drüse in der Herzvorkammer; *r₁* Enddarm; *v* Herzkammer; *rv* und *rv₁* Nierengefäße; *bra₁* die große, am Grunde der Kieme verlaufende Kiemenarterie; *bra* die in der Kieme verlaufende Kiemenarterie. Venensystem schwarz gezeichnet. (Howes, nach Lang 1894.)

Abb. 772.

daß die Leber feste Teile aufzunehmen und ihre Zellen sie zu verdauen vermögen. Es ist nun eine Eigenart der Muscheln, daß die ganze Verdauung *im* Magen und nicht im Darm stattfindet und daß dem Darm gleichzeitig eine peristaltische

Bewegung vollständig fehlt. Die Darmfermente, die auf die Nahrung wirken sollen, müssen also auf die eine oder andere Weise in den Magen gebracht werden, d. i. in einer Richtung, die entgegengesetzt derjenigen ist, in welcher die unbrauchbaren Teile der aufgenommenen Nahrung wandern. Das würde also zwei von Cilien hervorgebrachte Strömungsrichtungen bedingen, eine für die Exkremente hin zum After und eine für die Fermente nach vorn zum Magen. Etwas Derartiges würde, wenn nicht ein besonderes Verhalten gegeben wäre, eine Unmöglichkeit sein. Die Schwierigkeit wird auf eine höchst eigentümliche Weise gelöst (Abb. 772). In dem dem Magen zunächst liegenden Teil des Darms befindet sich in einer Rinne oder in einem Blindsack (b) ein seit alten Zeiten bekanntes Organ, der sog. Kristallstiel, der für die Muscheln charakteristisch, aber auch bei den niedrig stehenden Schnecken vorhanden ist. Er ragt mit seinem einen Ende in den Magen (a). Er ist ein Darmsekret, das hier bei den Muscheln zu einer gallertigen Masse erstarrt. Er enthält ein Ferment, das Stärke in Zucker umwandelt (MITRA 1901). Er ragt in den Magen hinein und der in ihn hineinragende Teil löst sich auf (c); auf diesem Weg werden dem Magen die vom Darm ausgeschiedenen Fermente zugeführt. Bei marinen Muscheln ist festgestellt worden, daß die Darmcilien den Kristallstiel in rotierende Bewegung versetzen (bei Austern zehn Drehungen in der Minute). Das in den Magen ragende, freie Ende drückt bei der Rotation auf die Magenwand, die hier einen kleinen, sog. Schild besitzt, und geht unter der Rotation und dem Druck in Lösung über. Im Verhältnis, wie der Kristallstiel vorn verbraucht wird, wächst er hinten nach. Seine Länge und Entwicklung ist ein Ausdruck des Ernährungszustands des Tiers. Bei Austern, die der Ebbe und Flut ausgesetzt sind, ist nachgewiesen, daß der Kristallstiel im Laufe von 24 Stunden zweimal ganz verschwindet und darauf wieder gebildet wird. Es ist weiter gezeigt worden, daß im hinteren Abschnitt des Kristallstiels in seiner Achse sich oft reichliches Nahrungsmaterial vorfindet, das mit der Gallertmasse des Kristallstiels zusammengebacken ist und das, wenn dieser Teil des Stiels in den Magen gelangt, ihm wieder zugeführt wird. Es scheint also, als ob der Kristallstiel auch als eine Art Reservenahrung dienen kann. Es ist nämlich festgestellt worden, daß ein Tier, welches lange gehungert hat und dann reichlich Nahrung zugeführt erhält, zahlreiche Nahrungspartikelchen im Kristallstiel aufweist, wogegen diese darin fehlen, wenn das Tier durch lange Zeit ausgiebig gefüttert worden ist. Außer den beiden hier geschilderten zwei Funktionen des Kristallstiels, die Darmfermente dem Magen zuzuführen und ein Depotorgan für Nahrungsstoffe zu bilden, glaubt man, daß er noch eine rein mechanische Bedeutung besitzt, indem er durch seine Rotation den Darminhalt in Bewegung versetzt. HAZAY (1881) behauptet, daß der Kristallstiel sich nur ausnahmsweise im Frühjahr vorfindet, im Sommer rudimentär ist, aber im Herbst und Winter bei allen Muscheln ausgebildet erscheint. Im Frühjahr und Sommer sammelt sich im Magen eine gallertige Masse, aus der im Oktober der Kristallstiel hervorgeht. Im November-Dezember graben sich die Teichmuscheln vielenorts in den Schlamm ein. Der Magen ist leer und der Kristallstiel soll zu dieser Zeit die Reservenahrung darstellen, von der das Tier zehrt. Er kann eine recht bedeutende Länge zeigen, bis zu 8 cm bei 2 mm Dicke. Wir sind hier länger beim Kristallstiel und seiner Bedeutung verweilt, teils weil man erst in allerletzter Zeit begonnen hat, seine Bedeutung klar zu überblicken (NELSON 1918, BUDDENBROCK 1928), teils weil er ja tatsächlich ein sehr merkwürdiges Erzeugnis darstellt.

Besieht man sich den Teil des Tiers näher, den man beim Entfernen der Schale längs der Rückenlinie bloßgelegt hat, so findet man nach dem großen, kugeligen Magen den langen, breiten Darm, der, nachdem er seine Windungen im Fuß gebildet hat, wie oben erwähnt, wieder zum Rücken gelangt und hier das Herz durchbohrt. Dieses zeigt seitlich zwei flügelförmige Vorkammern; nach

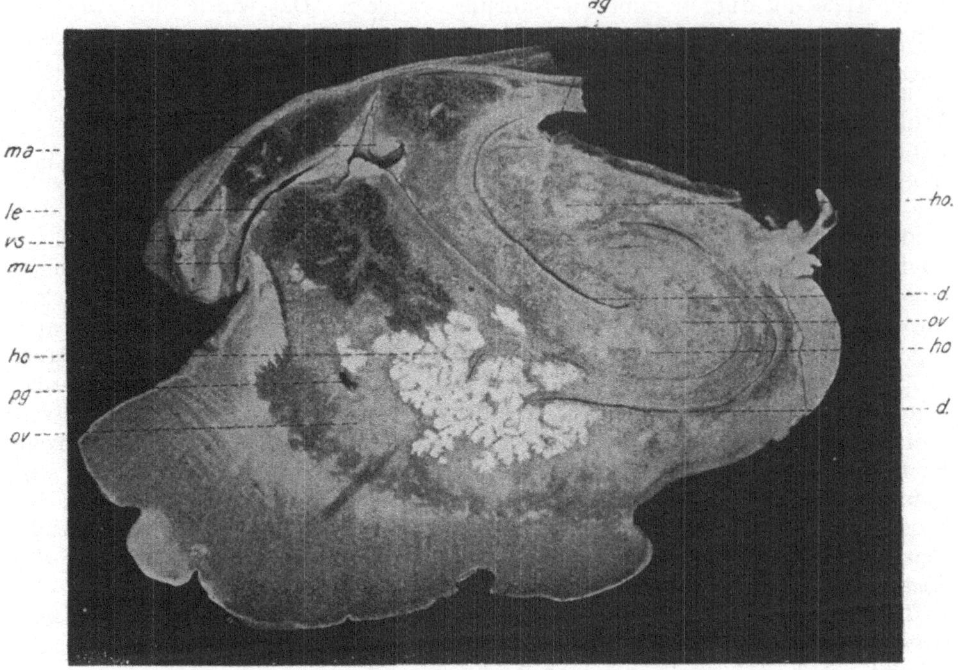

Abb. 774. Schnitt durch den Fuß einer erwachsenen, hermaphroditischen *Anodonta. ag* Partie um die Ausfuhrsöffnung; *ho* Hoden; *d* Darm; *ov* Ovar; *pg* Fußganglion; *mu* Mundöffnung; *vs* vorderer Schließmuskel; *le* Leber; *ma* Magen. (WEISSENSEE 1916.)

hinten zu läuft es in zwei Lappen aus. Das sauerstoffbeladene Blut strömt aus den Kiemen in die Vorkammern und von hier in die Herzkammer, durch welche es in den Körper gepumpt wird. Die Muschel dürfte unter allen Tieren dasjenige mit dem langsamsten Blutumlauf sein. Selbst im Sommer macht das Herz nicht mehr als vier Schläge in der Minute, bei 0° nur einen Schlag ungefähr jede dritte Minute (KOCH 1916; Abb. 773).

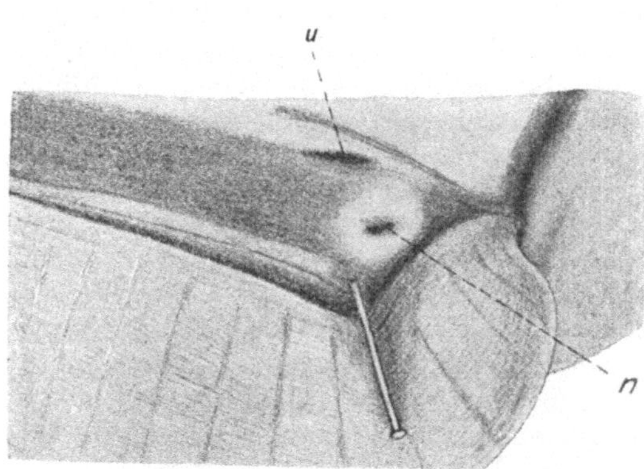

Abb. 775. Partie um die Geschlechtsöffnung einer erwachsenen *Anodonta. u* Mündung des Nierenausführungsganges; *n* Geschlechtsöffnung. (WEISSENSEE 1916.)

Unter dem Herzen sieht man hinten zwei dunkle Gebilde, die Nieren. Führt man einen Flachschnitt durch den Fuß, so durchschneidet man die sehr großen Geschlechtsdrüsen, die hier die Darmschlingen umgeben. Sie münden wie die Nieren in den inneren Kiemengang, die Geschlechtsdrüsen unten, die Nieren oberhalb (Abb. 775). Es sind drei Paar großer Ganglienknoten vorhanden; die verwachsenen Hirnganglien, die dicht vor und oberhalb des Mundes liegen, gleich unterhalb des vorderen Schließmuskels; durch Nervenstränge stehen sie in Verbindung mit dem Fußganglion, das vorn im Fuß liegt, und mit dem Eingeweideganglion, das sich gleich unterhalb des hinteren Schließmuskels befindet. Fuß, Mantel und Atemröhren tragen Sinnesorgane, deren Hauptfunktion die Orientierung der Bewegungen im Verhältnis zum Substrat und zu Feinden ist. Sie sind besonders stark am Rand der Atemröhren entwickelt, die ventralen sind hauptsächlich sensorisch, die dorsalen regulieren mehr die Wasserzufuhr. Geringere chemische Veränderungen im Wasser werden vom Geruchsorgan (Osphradium) wahrgenommen, das über dem Visceralganglion dicht beim hinteren Schließmuskel liegt, stärkere von Sinnesorganen im Mantel und den Atemröhren (ALLEN 1923).

Die *Fortpflanzungsverhältnisse* der Teichmuscheln sind sehr schwer aufzuklären. Lange glaubte man, daß sie nur getrenntgeschlechtlich seien, und das um so mehr, als man im Äußeren, an der mehr gewölbten Schale der Weibchen, die beiden Geschlechter voneinander unterscheiden zu können meinte. Neuere Untersuchungen (WEISSENSEE 1916) scheinen nachzuweisen, daß sie unter gewissen Verhältnissen Hermaphroditen sind. Die Regel dürfte sein, daß sie in fließendem Wasser und auch in größeren Seen getrenntgeschlechtlich sind, aber Hermaphroditen *werden*, wenn sie in kleinen, scharf begrenzten, stehenden Gewässern eingeschlossen sind. Hier nimmt nach und nach die Zahl der Männchen ab, worauf etwas später die Zahl der reinen Weibchen ebenfalls abnimmt. Gleichzeitig pflegen die Tiere beträchtlich an Größe zuzunehmen, worauf der größte Teil faktisch hermaphroditisch wird. Umfassende Untersuchungen in Deutschland haben gezeigt, daß man in fließendem Wasser ungefähr gleich viel Männchen und Weibchen antrifft, daß man aber in Buchten, die seit einem halben Jahrhundert vom Hauptlauf abgesperrt sind, fast nur Weibchen findet, und daß man in Ausständen, die seit ein paar hundert Jahren abgesperrt sind, nur Hermaphroditen begegnet (Abb. 774). Es scheint, als ob die Tiere ungefähr ein paar hundert Jahre brauchen. um sich aus getrenntgeschlechtlichen in Hermaphroditen umzuwandeln, aber experimentelle Untersuchungen, die selbstverständlich auf sehr lange Sicht durchgeführt werden müßten, fehlen. Die Tatsachen sind jedoch deutlich genug. Die Erklärung, die man der Erscheinung zu geben pflegt, ist folgende: Normalerweise entleeren die Muscheln ihre Eier und den Samen in das Meerwasser, das ist zum mindesten beim Samen die Regel, und die Befruchtung geht im Meerwasser vor sich. Bei den Teichmuscheln wird nur der Samen ausgestoßen, die Eier dagegen nicht, weshalb die Befruchtung innerhalb des Tiers erfolgt. Der Samen muß deshalb mit dem Atemwasser in die Mantelhöhle wieder eingesaugt werden und wird von hier zu der Stelle geführt, wo die Befruchtung stattfindet. In den stehenden Gewässern, wo Wasserströmungen fehlen, ist die Möglichkeit, daß Eier und Samen sich treffen, sehr gering; in solchem Fall wird das männliche Geschlecht für die Art gewissermaßen nachteilig. Ein Ausgleich in den Verhältnissen tritt erst dann wieder ein, wenn alle Individuen der Örtlichkeit an der Fortpflanzungsarbeit wieder teilnehmen können, und das geschieht erst, wenn jedes Individuum für sich sowohl Eier zu produzieren als auch selbst für die Befruchtung zu sorgen vermag, d. h. wenn sie Hermaphroditen werden. Die Erklärung ist keineswegs vollständig zufriedenstellend.

Wir haben oben von den zwei Funktionen gesprochen, welche die Kiemen auszuführen haben. Noch haben wir die dritte nicht behandelt, Aufenthalts- und Pflegeort für die Jungen zu sein.

Man glaubt, daß unsere Anodonten erst im vierten Jahr geschlechtsreif werden. Nur die männlichen Geschlechtsprodukte werden ins Wasser entleert.

Die Eier werden in den inneren Kiemengang ausgestoßen; wenn sie hierher gelangen, eines je in 50 Sekunden durch zehn bis elf Tage hindurch, so werden sie
bei unseren Teichmuscheln in die äußeren Kiemenblätter eingesaugt. Hier erfolgt die Befruchtung, indem die Spermatozoen, die die Männchen ins Wasser

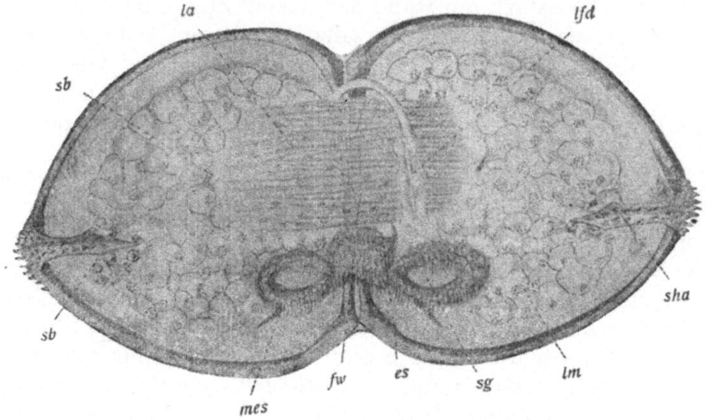

Abb. 776.

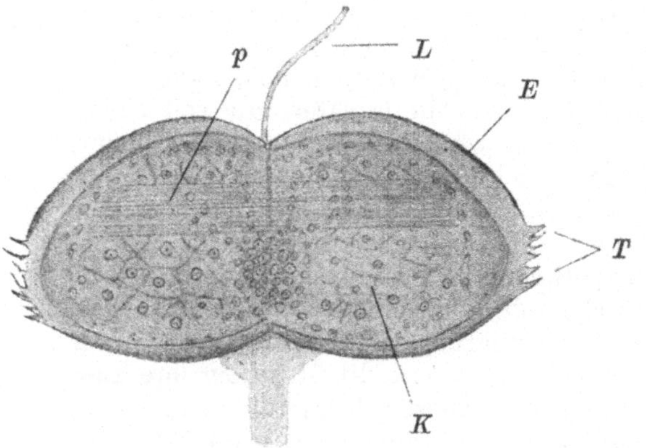

Abb. 777.

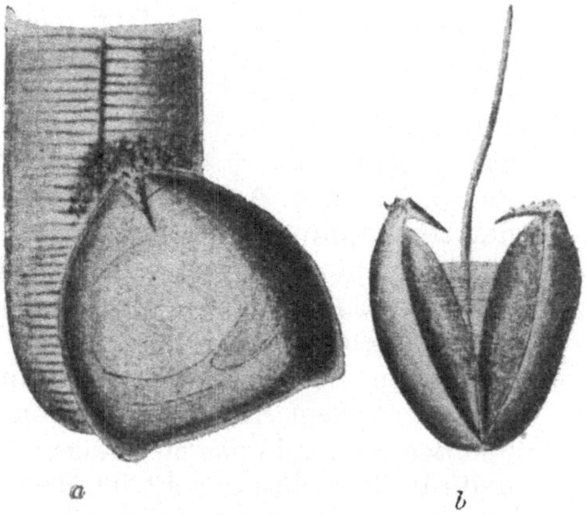

Abb. 778.

Abb. 779.

Abb. 776 bis 779. Zur Entwicklung der Muscheln.

Abb. 776. Glochidium von *Anodonta cygnea* L. *es* Entodermsack; *fw* Anlage des Fußes;
la Schließmuskel der Larve; *lfd* Drüse, die den Larvenfaden absondert; *lm* Mantel-
zellen; *mes* Mesodermstreifen; *sb* Sinnesborsten; *sg* grubenartige Vertiefungen;
sha Schalenstacheln. (HERBERS 1913.)

Abb. 777. Glochidium der Perlenmuschel. *P* Schließmuskel der Larve; *L* Larvenfaden; *E* Embryonalschale; *T* Schalenzähne; *K* Mantel. (ISRAEL 1913.)

Abb. 778. *a* Glochidium an einem Kiemenfaden befestigt. *b* Glochidium, halb offen,
mit seinem Faden. (FRIC und VAVRA 1901.)

Abb. 779. Embryonen von *Unio*, eben an den Kiemen eines Barsches befestigt.
(PELSENEER 1894.)

ausgestoßen haben, wieder mit dem Atemwasser in die Weibchen eingesaugt und
in die Kiemen geführt werden. Diese sondern eine schleimige Masse ab, in die
die Eier zu liegen kommen. Die Zahl der Eier ist enorm, es werden bis zu 300.000
bis 400.000 angegeben. Wenn die Embryonalentwicklung vorüber ist, sprengen
die Larven die Eischalen und liegen nun mit ihren Geschwistern im Raum
zwischen den Lamellen der zwei äußeren Kiemen.

Während die Meeresmuscheln freilebende, pelagische Larvenstadien besitzen, die ein bedeutendes Kontingent dem Meeresplancton beisteuern, ist es den Süßwassermuscheln wie so vielen anderen Organismen ergangen, die sich im Süßwasser eingebürgert haben; sie haben ihr freies Larvenstadium verloren. Zugleich entwickeln sich hier wie bei anderen, ursprünglich marinen Süßwassergruppen (Spongillen, Bryozoen) sekundäre Larvenstadien, die bei den Unioniden ein parasitisches Leben führen. Die Larven, die sich in den äußeren Kiemen der Teichmuscheln vorfinden, sind schon lange bekannt gewesen. Die älteren Naturforscher (RATKE 1797, JACOBSEN 1828), die sie fanden, hielten sie für Schmarotzer, was sie ja an und für sich auch sind, und gaben ihnen den Namen *Glochidium parasiticum* (Abb. 776 bis 779). Erst viel später wurde man sich darüber klar, daß man es mit

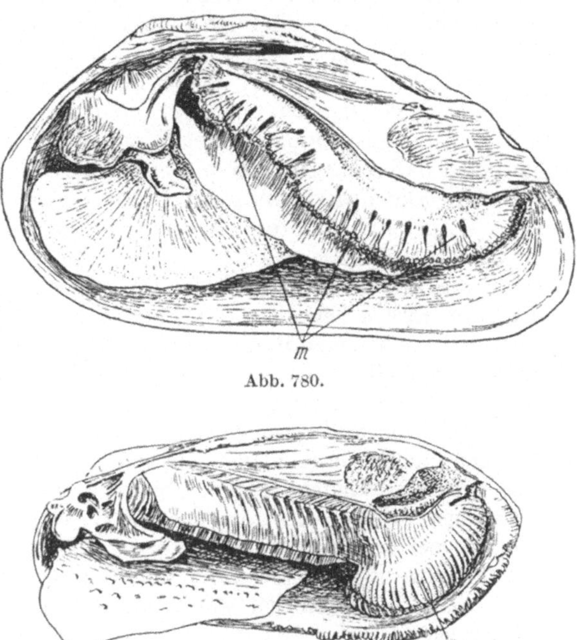

Abb. 780.

Abb. 781.

Abb. 780. *Ptychobranchus phaceolus* (HILDR.). Eine nordamerikanische Teichmuschel mit in der Brutperiode zusammengefalteten äußeren Kiemen (*m*). $^3/_4 \times$. (LEFEVRE und CURTIS 1912.)

Abb. 781. *Eurynia recta* (LAM.). Eine nordamerikanische Teichmuschel, die in der Brutperiode nur den hinteren Teil der Kiemen (*m*) als Brutkammer verwendet. $^1/_2 \times$. (LEFEVRE und CURTIS 1912.)

Abb. 782. Querschnitt durch eine Wasserröhre einer trächtigen Kieme von *Anodonta cataracta* SAY. *f* Filamente; *s* Septen; *g* Glochidien; *sw* sekundäre Wasserröhren. (LEFEVRE und CURTIS 1912.)

Abb. 783. *Lasidium*-Larve von *Anodontites Wymanii* (LEA) (Südamerika). Die mittlere Partie teilweise von einer dünnen Schale bedeckt; der vordere Teil bewimpert. *d* Entodermzellen; *bd* Byssusdrüse (?); *b* Byssuslamellen. Fam. *Mutelidae*. (IHERING, aus THIELE, Handb. d. Zool.)

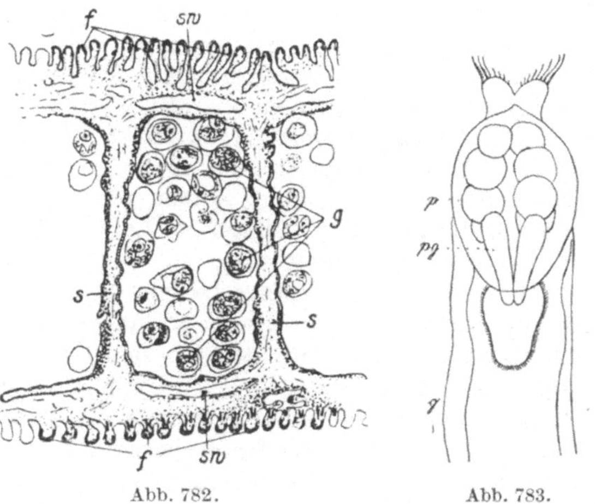

Abb. 782.

Abb. 783.

den Jungen der Muscheln zu tun hatte (CARUS 1832), und erst LEYDIG (1886) zeigte, daß sie später auf Fischen parasitieren (s. auch BRAUN 1878).

Wenn der Zeitpunkt naht, wo die Kiemen die Eier entgegennehmen sollen, kommt es zu gewissen Umbildungen, die bei den drei Unterfamilien verschieden sind, am geringsten bei den Unioninen, stärker bei den Anodontinen und Lampsilinen. Das absteigende und aufsteigende Blatt der Kieme ist, wie erwähnt, durch zahlreiche Brücken, die sog. Septa, verbunden: der Raum zwischen ihnen

wird als Interlamellarraum, auch als Wasserröhren. bezeichnet (Abb. 782). In
sie gelangen die Eier und hier geht die Entwicklung vor sich. Sobald die Eier
hineinkommen, werden durch oben und unten sich bildende Auswüchse von den
Seiten der Wasserröhren besondere Räume begrenzt, in die die Jungen nicht
gelangen und die ausschließlich der Wasserführung dienen. Man bezeichnet sie
zumeist als sekundäre Wasserröhren. Das Problem der Ernährung der Embryonen ist nicht mit Sicherheit gelöst. Einige (GROENEWEGEN 1926) behaupten,
daß die Embryonen sich mit Blutzellen der von der Wand losgelösten Zellen
und Degenerationsprodukten der Wandzellen ernähren; andere (LITWER 1932)
behaupten, daß eine Sekretion von Nährstoffen durch die Bruttaschenwände
stattfindet. Die Entwicklung der Embryonen ist von der Außentemperatur abhängig; sie geht im Winter sehr langsam vor sich (THIEL 1928). Man kann mit
THIEL die Verhältnisse so auffassen, daß die Entwicklung der Embryonen in den
Kiemen der Elterntiere mit einer Brutpflege verbunden ist, bei der die Jungen
sich zu den Eltern verhalten wie Parasit zum Wirtstier. Die Glochidien werden
bei den meisten Formen in den Analraum entleert, aber bei gewissen Lampsilinen
(Nordamerika) bildet sich an der unteren Kante der die Glochidien enthaltenden
Kiemen in jedem Intersegmentalraum eine Öffnung, durch die sie die Kiemen
verlassen. Die vollentwickelten Glochidien sehen bei den verschiedenen
Gattungen und Arten recht verschieden aus. Am besten bekannt sind diejenigen,
welche wir bei *Anodonta* treffen. Sie sind $^1/_3$ mm lang, haben eine herzförmige,
zweiklappige Schale, die mit Hilfe eines sehr kräftigen Schließmuskels, nicht
zweier wie bei den erwachsenen Tieren, geöffnet und geschlossen werden kann.
Die Außenseite der Schale kann mit zahlreichen, feinen Haaren oder Borsten
besetzt sein. Die Schale ist weiter bei den Teichmuscheln mit einem kräftigen
Dorn ausgestattet, der mit Widerhaken versehen ist. Ist sie offen, so sieht man
an der Innenseite den Mantel. Von der Mitte des kleinen Geschöpfes geht ein
langer, äußerst feiner Faden von klebriger Substanz aus, die von einer Drüse
abgesondert wird, welche einige Male um den Schließmuskel gewunden ist. Der
Faden kann wenigstens $1^1/_2$ cm lang werden. Man hat diese Drüse mit der
Byssusdrüse bei den Miesmuscheln usw. verglichen, ein Vergleich, der kaum
berechtigt ist. Wir haben es hier am ehesten mit einem speziellen, larvalen Organ
zu tun, zu dem wir, soweit man weiß, bei den anderen Mollusken kein Seitenstück
haben. Auf der Innenseite des Mantels findet man weiter vier eigentümliche
Organe, nämlich vier hohe Zellen, die jede ein Bündel Sinneshaare tragen.
  Wie früher erwähnt, gleiten im Laufe von 14 Tagen die Eier langsam in die
Kiemen. Deshalb findet man zu Beginn der Trächtigkeitsperiode Eier und
Larven in allen Entwicklungsstadien. Späterhin, wenn die zum Schluß gelegten
Eier die zuerst gelegten eingeholt haben, enthalten die Kiemen nur vollentwickelte Larven. Der Aufenthalt in den Kiemen dauert je nach den Temperaturverhältnissen verschieden lange, aber in unseren Breitengraden erstreckt er sich
jedenfalls über ungefähr zwei Monate. Bei unserer gewöhnlichen Teichmuschel
verhält es sich so, daß die Brunstperiode gegen den Herbst hin eintritt; die Eier
beginnen im Oktober oder Anfang November in die Kiemen abgegeben zu werden.
Im Dezember-März sind die Kiemen voll von Jungen; die Entleerung erfolgt
im Frühjahr. Noch am 15. April waren die Kiemen in einem unserer Teiche voll
von Jungen.
  Schon ein flüchtiger Blick auf die Kiemen zeigt, in welchem Stadium die Eier
sich befinden. Sind sie eben übergetreten, so haben die Kiemen eine weißliche
Farbe, die, wenn die Entwicklung so weit fortgeschritten ist, daß die Larven
das Ei zu verlassen beginnen, in Gelbbraun übergeht. Sie ändert sich wieder,
wenn die Larven herangereift sind, in eine tiefbräunliche Farbe mit violettem

Schimmer. Gleichzeitig sind die Kiemen nun sehr stark angeschwollen. Daß die
äußeren Kiemen zu dieser Zeit sowohl als Respirations- als vielleicht auch als nah-
rungssammelndes Organ außer Funktion gesetzt sind, ist höchst wahrscheinlich. Man
hat beobachtet, daß gerade zu dieser Zeit bisweilen ein sehr kräftiges Ausstoßen
von Atemwasser erfolgt, möglicherweise um den Jungen frisches Wasser zuzuführen. Außerhalb der Trächtigkeitsperiode geht die Wasserströmung gleichmäßig bei der Atmungsöffnung hinein und bei der Kloakenöffnung heraus. Die
Eischalen werden gesprengt, während sich die Larven in den Kiemen befinden.
Nicht Eier, sondern Larven wälzen sich aus einer übervollen Kieme, wenn man
in sie hineinschneidet. Sie liegen in den Kiemen in Klumpen, die durch die
langen Fäden zusammengehalten werden. Wenn die Zeit kommt, wo das Muttertier sich von ihnen trennt, gehen sie in kleinen Klumpen durch die Kloakenöffnung
ab. Die Larven sinken sofort zu Boden. Man hat beobachtet, daß das Muttertier imstande ist, die ganze schleimige Masse von Glochidien wieder in sich ein-
zuziehen, selbst wenn sie in einem Abstand von ein paar Zoll ausgeschleudert
worden sind (LATTER 1891). Es wird angegeben, daß sie, wenn sie entleert
werden, solange sie sich noch im Eistadium befinden, zugrunde gehen. Als freie
Larven können sie das Liegen auf dem Boden recht lange ertragen. Die Glochidien amerikanischer Muscheln erhalten sich durch zwei bis drei Wochen am Leben.
Man war früher geneigt zu glauben, daß die Larven zu Schwimmbewegungen
befähigt sind und schwimmen können. Das ist nicht richtig. Es wird nur für
gewisse japanische Glochidien angegeben. Daß der Gedanke aufgekommen ist,
ist nur natürlich. Die vom Muttertier ausgeworfenen Glochidien liegen als lose
Schleim- und Gallertklumpen auf dem Aquariumboden und sicherlich auch auf
dem Seegrund. Wenn der Seeboden nur im geringsten durch kleine Fische, durch
Kräuseln des Wassers (Wellenschlag im Freien) usw. bewegt wird, werden diese
Massen jedoch emporgehoben. Enthält der Schleim Luft, so halten die Schleimmassen mit den Glochidien sich lange schwebend. In den Aquarien sieht man,
daß sie in Gallertstränge von unendlich dünnen, oft korkzieherartigen Fäden
ausgezogen werden. Viele von ihnen verlieren die Verbindung mit dem Boden,
werden zu losen Strängen, und bei nicht wenigen hängen Glochidien daran. Einige
verlieren die Verbindung mit den Strängen; sie sinken unweigerlich zu Boden, aber
überaus langsam, und während des Niedersinkens klappen sie die Schalen auf
und zu. Das hemmt das Niedersinken etwas, ist aber nicht imstande, mit Erfolg
dagegenzuarbeiten. Aber diese im Wasser freiliegenden, langsam sinkenden, auf-
und zuklappenden Glochidien können wohl bei flüchtiger Beobachtung den Eindruck eines schwimmenden Tiers erwecken.

Die Larvenklumpen lösen sich, wenn sie aus dem Muttertier nach außen gelangt sind, sehr rasch auf; der Boden im Gefäß bedeckt sich mit einer Schicht
von Glochidien, die sich alle in der gleichen Stellung befinden, die Schalen ganz
offen, der Faden ragt gerade empor. Der Grund, weshalb die Klumpen auseinanderfallen, ist der, daß der Faden längstens 24 Stunden, nachdem sie vom
Muttertier frei geworden sind, zugrunde geht. Es gibt amerikanische Formen,
bei welchen der Faden sofort nach der Geburt zugrunde geht. Die Bedeutung
der Fäden ist recht rätselhaft. Sie spielen vielleicht eine Rolle, um die Larven
in den Kiemen und, gleich wenn sie frei geworden sind, beisammenzuhalten,
aber eine weitere Bedeutung besitzen sie kaum (AREY 1931). In dieser Stellung
sterben sie massenweise; davon geben Zeugnis die zahlreichen, aufgeklappten
Schalen, die man so oft in Seebodenablagerungen findet. Tagelang können sie
da unten, ohne sich zu rühren, liegen. Man glaubt schon, die Tiere seien tot,
doch wenn man etwas Alkohol zum Wasser hinzusetzt, sieht man, wie eines nach
dem anderen die Schale schließt.

Aber die Ruhe, die die *Anodonta*-Larven am Boden des Aquariums charakterisiert, hört fast augenblicklich auf, sowie man einen Fisch zusetzt. Man sieht dann, daß auffallend plötzlich Leben in die ganze Gesellschaft kommt. Die Schalen werden unaufhörlich auf- und zugeklappt, aber nirgends bemerkt man, daß sich eine Larve vom Boden erhebt. Draußen in freier Natur können vielleicht Wellen und Strömungen im seichtem Wasser die Larvenklumpen emporheben, aber aktiv tun sie das kaum. Untersucht man besonders im Frühjahr die Flossen unserer kleinen Fische, dann versteht man, warum die Glochidien mit den Schalen zu klappen anfangen, wenn ein Fisch ins Aquarium gesetzt wird. Man findet nämlich auf ihnen kleine, cystenförmige Gebilde, die Glochidien, die zum Teil von einem vom Fisch stammenden Material umwachsen sind; die Larven sind zu Parasiten geworden. Der Fisch ist den Haken zu nahe gekommen, die sich sofort in die Haut des Fisches eingehakt haben. Von da ab ernähren sie sich auf ihm durch zwei bis vier Wochen. Die Cyste bildet sich schon im Verlauf von ungefähr zwölf Stunden. Die Haut wächst infolge der Reizung durch die Larve um das Glochidium. An der Cystenbildung selbst beteiligt sich dieses nicht. Es ist nämlich gezeigt worden, daß, wenn man z. B. Metallstücke auf den Kiemen befestigt, auch diese Anlaß zur Cystenbildung werden (AREY 1921). Anfänglich erfolgt die Ernährung dadurch, daß sich an der Innenseite des Mantels amöboide Auswüchse bilden. Etwas später öffnet sich der Mund und die Nahrungsaufnahme geschieht dann durch diesen.

In der Cyste entwickelt sich nun die Muschel weiter; die neue, bleibende Schale wird gegen das Ende des Larvenlebens sichtbar; die alte Glochidiumschale bleibt darüber erhalten. Deren Haken sind über jene eingeschlagen und hinterlassen auf der definitiven Schale eine bleibende Spur. Das parasitische Stadium dauert außerordentlich verschieden lange, den entscheidenden Faktor bildet die Temperatur; bei 16 bis 18° C nur zirka drei Wochen, bei 8 bis 10° C zirka 80 Tage. Besonders gegen Schluß des parasitischen Lebens bemühen sich die Fische sehr, die Cysten loszuwerden; sie fegen die Flossen am Boden ab und helfen dadurch selbst mit, daß die Larven frei werden. Die kleinen Muscheln sind im Freien sehr schwer zu sehen. In unseren zahlreichen Bodenproben war die kleinste Größe, in der wir sie beobachtet haben, 8 mm, aber es sind auch 5 mm große gefunden worden (SCHIERHOLTZ 1878, 1889). HARMS (1907) hat sie in Aquarien gehalten, gleich nachdem sie aus den Cysten gefallen waren, und die wichtige Beobachtung gemacht, daß die sog. Byssusdrüse ihre Rolle noch nicht ausgespielt hat. Die paarige Drüse ist jetzt 130 bis 150 μ lang. In den ersten Tagen, nachdem die Muschel frei geworden ist, sondert sie Schleim ab, aber später bildet sie deutliche Fäden und man findet die Muschel auf diesem Stadium an Pflanzen befestigt.

Es ist durch Versuche festgestellt, daß die Wahl des Fisches nicht gleichgültig ist. Auf einigen Fischen kommen die Larven nicht zur Entwicklung; es bildet sich in diesem Fall ein Abstoßungsgewebe, wodurch die Larven abgeworfen werden, und sie gehen dann zugrunde (HARMS 1907).

In Fischteichen sollen die Glochidien, wenn sie massenhaft vorkommen, tödlich für Fischbrut verschiedener Art sein; in der Natur wahrscheinlich aber nicht (MOON 1936).

Es ist klar, daß eine unendliche Menge von Glochidien zugrunde geht, ohne auf Fische zu gelangen. Man hat an die Möglichkeit gedacht, daß die Entwicklung auf anderen Organismen, z. B. auf Krebskiemen, vor sich gehen, sowie, daß sie überhaupt ohne parasitierendes Stadium erfolgen kann, und das um so mehr, als man sehr oft in Wasser, wo kein einziger Fisch vorkommt, auf Muscheln trifft. Das letztere besagt nicht so viel. Denn bei der Umbildung eines Gewässers

werden wohl oft die Fische einige Jahre vor den Muscheln aussterben und, da
man glaubt, daß diese jedenfalls zehn bis zwölf Jahre alt werden können, liegt
in diesem Verhalten kein entscheidendes Kriterium.

Wahrscheinlich ist das parasitische Stadium unentbehrlich. Man hat in der
allerletzten Zeit Glochidien in stickstoffhaltigen Nährlösungen aufziehen können
und sie in diesen zu voller Entwicklung gebracht. Man hat, und sicher mit Recht,
darin einen Beweis gesehen dafür, daß das parasitische Stadium nicht entbehrt
werden kann und das, was die Larven im Fisch aufsuchen, die stickstoffhaltigen
Nährstoffe sind.

Schmarotzer. In der großen Mantelhöhle und auf den Kiemen, zumeist in
der Nähe der Einströmungsöffnung, findet man, wie im Kapitel „Hydrachniden"

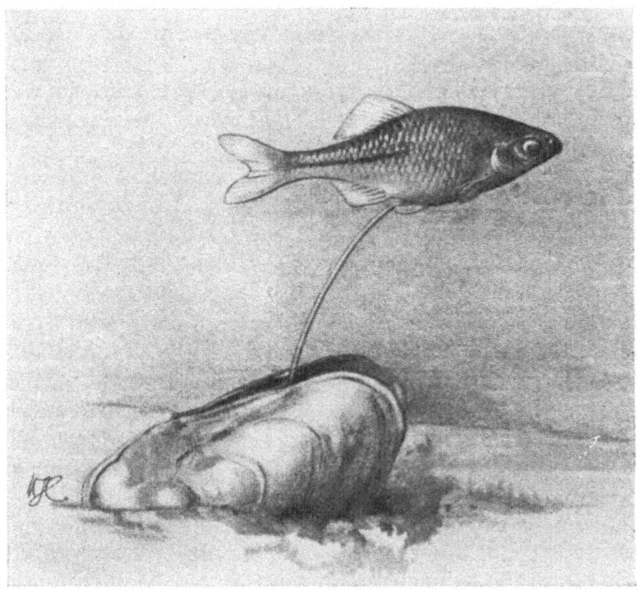

Abb. 784. Bitterling *(Rhodeus amarus)*, ein kleiner, mitteleuropäischer Karpfenfisch, der seine lange Legeröhre in eine lebende *Anodonta* einführt, in deren Innerem sich seine Eier entwickeln. (HESSE-DOFLEIN 1914.)

besprochen worden ist, die *Atax*-Arten, die hier ein parasitisches Leben führen.
Außerdem bringen gewisse Trematoden ihre Entwicklungsstadien oder auch das
ganze Leben in unseren Teichmuscheln zu (s. darüber S. 124, 166).

Weiter gibt es noch ein Geschöpf, das die Entwicklung seiner Jungen den
Teichmuscheln anvertraut. Es ist merkwürdigerweise ein Fisch, ein kleiner
Karpfenfisch, *Rhodeus amarus*, der Bitterling, der wohl bei uns nicht vorkommt,
aber in Deutschland, wenn auch nur an gewissen Stellen, keineswegs selten ist.

Zur Laichzeit wächst beim Weibchen langsam eine lange Legeröhre aus.
Diese kann 5 bis 7 cm lang werden und damit fast Körperlänge erreichen. Gleichzeitig legt das Männchen ein Hochzeitskleid an, das in prächtigen, namentlich
roten Farben erstrahlt. Bei der Eiablage bringt das Weibchen mit Hilfe seiner
langen Legeröhre seine Eier in die Kiemen der Teichmuschel (Abb. 784). Das
Männchen schüttet durch die Kloakenöffnung sein Sperma dazu und die Befruchtung und Entwicklung erfolgt in der Muschel. WUNDER (1933) hat gezeigt,
daß, wenn das Hochzeitskleid sich ausbilden und die Legeröhre in voller Länge
auswachsen soll, Anodonten vorhanden sein müssen. Es ist eines der merk-

würdigsten Beispiele von dreieckigen Ehen, die die Natur aufweist. Das Männchen legt sein Hochzeitskleid nicht an, wenn nur das Weibchen allein zugegen ist, und was noch viel merkwürdiger ist: was das eigene Weibchen nicht vermag, das bringt eine *Anodonta* zustande. Das Männchen wird von der *Anodonta* angezogen, schießt um diese herum, schimmert im Laufe von kurzer Zeit in prachtvollen Farben und kann es selbst so weit treiben, daß es ohne Gegenwart irgendeines Weibchens sein Sperma in die Muschel ergießt. Ganz auf die gleiche Weise kann ein Weibchen, wenn keine Männchen zugegen sind, sich anschicken, die Eier in die Muschel abzulegen; diese Eier bleiben natürlich unbefruchtet.

WUNDER hat die Sache so weit gebracht, daß das Männchen sogar begonnen hat, beim Anblick leerer Muschelschalen das Hochzeitskleid auszubilden. Es läßt sich in einem solchen Fall nur für kurze Zeit zum Narren halten, worauf die Farben wieder zurückgehen. Führt aber WUNDER mit Hilfe eines Gummischlauchs einen Wasserstrom durch die Muschel, so ruft dies das volle Hochzeitskleid hervor.

Wir haben im vorhergehenden hauptsächlich die Unterfamilie *Anodontinae* vor Augen gehabt und wollen nun etwas näher auf die Verhältnisse der zweiten Unterfamilie *Unioninae* eingehen.

Die zwei Unterfamilien unterscheiden sich eigentlich mehr in der Lebensweise als im anatomischen Bau. Die *Unioninae* sind mehr in unruhigem Wasser zu Hause, die Anodontinen in ruhigerem. Die *Unioninae* sind vorwiegend Bach- und Flußformen oder in größeren Seen zu Hause, die Anodontinen vielmehr in kleinen Seen, Teichen, Torfmooren usw. Im Zusammenhang damit sind die Unioninen fast immer viel dickschaliger als die Anodontinen und ihr Periostracum ist weit dicker. Sie sind mehr geeignet, die Einwirkung eines gröberen Bodenmaterials (Sand, Kies) zu ertragen als die Anodonten, die sich fast immer in weichem Bodenmaterial finden. Damit steht möglicherweise auch in Zusammenhang, daß der Schließapparat der Unioninen viel kräftiger als bei den Anodontinen ist, indem bei jenen sehr kräftige Schloßzähne, bei diesen nur das Band und keine Zähne ausgebildet sind.

Die Fortpflanzungsperiode der Unioninen fällt in das Frühjahr; der Aufenthalt in den Kiemen währt nur kurz, zirka zwei Monate. Die Anodonten hingegen laichen im Herbst und die Jungen findet man in den Kiemen den ganzen Winter hindurch, also normalerweise sechs bis sieben Monate. Das bringt einen andern Bau der Kiemen mit sich. Sie schwellen vor allem bei den Anodonten viel stärker an und die lange Zeit, die sich die Glochidien in den Kiemen aufhalten, ist der Anlaß, daß sich besondere Bahnen für das Atemwasser ausbilden, wodurch eine reichere Sauerstoffversorgung ermöglicht wird. Die Glochidien der Unioninen besitzen einen kurzen Faden, der nicht sonderlich länger als die Schale ist; der der Anodontinen kann bis zu 2 cm lang werden. Im Aussehen der Schalen sind keine großen Unterschiede vorhanden; ferner gehen die Glochidien der Unioninen nicht in großen Schleimmassen ab, sondern in kleinen Klumpen, die mit beträchtlicher Kraft ausgestoßen werden. Man sagt, daß die Fische sie häufig schnappen und daß sie auf diese Weise durch die Mundhöhle zu den Kiemen gelangen, wo die *Unio*-Larven hauptsächlich hinstreben. LEA (1858) hat Glochidien von 38 nordamerikanischen Unioninen abgebildet.

Systematik. Wir haben in Dänemark drei Arten: *Unio tumidus* RETZIUS, *Unio pictorum* L. und *Unio crassus* RETZIUS (Tafel 23, Fig. 3 bis 5). Die drei Arten werden an den Schloßzähnen voneinander unterschieden; weiter gegen Süden kommen andere Arten vor.

Unsere *Anodonta*-Arten lassen sich nach der neueren Auffassung alle auf zwei Arten zurückführen: *A. cygnea* L. (Tafel 23, Fig. 1) und *A. complanata*

ZIEGLER; die letztere wird vielfach einer eigenen Gattung zugerechnet *(Pseud-anodonta)*. Die beiden Arten unterscheiden sich im Bau der Schalen und der Kiemen. Es wird weiter angegeben, daß beim Glochidium von *A. complanata* der lange Faden fehlen soll, der für dasjenige von *A. cygnea* so charakteristisch ist. *A. complanata* ZIEGLER findet sich hauptsächlich in fließendem Wasser und größeren Seen; *A. cygnea* kann überall vorkommen, vorzugsweise jedoch in stehenden Wässern. Alle diese Arten, sowohl die der Unioninen als auch die der Anodontinen, sind hinsichtlich ihrer Schalenform außerordentlich variabel, besonders die Anodonten. Die Naturverhältnisse des Aufenthaltsorts, die chemische Beschaffenheit des Wassers, die Art und Korngröße des Bodenmaterials, alles wirkt sich in jeder Hinsicht an den Schalen, ihrer Größe, ihrer Dicke, ihrem Aussehen aus. Es entsteht so eine Unzahl von Biotypen, die in früherer Zeit für Arten gehalten wurden. Man hat von Deutschland nicht weniger als 87 Arten von Anodonten beschrieben, von kurzen Flußstrecken im ganzen 26. Sie sind nun alle auf die beiden, oben erwähnten Arten zurückgeführt worden.

Die Heimat der Unioninen scheint Nordamerika zu sein, in dessen großen Flüssen und Seen eine sehr große Zahl von Gattungen und Arten festgestellt worden sind. Sie unterscheiden sich voneinander nicht allein in den Schalenmerkmalen, sondern auch im innern Bau und in Form und Aussehen der Glochidien. Es besteht namentlich zwischen den verschiedenen Arten ein sehr großer Unterschied in der Art und Weise, wie die Kiemen als Aufbewahrungsort für die Jungen verwendet werden. In der Regel kommen dafür nur die äußern Kiemen in Betracht, doch gibt es Formen, bei denen beide Kiemenpaare verwendet werden. Bei den Arten, welche nur die äußern Kiemen dafür benützen, sind es oft nur Teile davon, die verwendet werden (Abb. 780); bei einigen Formen werden bestimmte, sehr lange, gewundene Eikammern ausgebildet, in denen die Jungen aufbewahrt werden.

Lampsilinae. Die dritte Unterfamilie, die *Lampsilinae* (Abb. 781), die auf Nord- und Mittelamerika beschränkt sind, haben in den großen, amerikanischen Flüssen eine sehr große Zahl von Arten entwickelt. Auch diese beherbergen den ganzen Winter hindurch die Glochidien in ihren Kiemen, aber diese erfahren bedeutendere Umbildungen als bei den zwei vorhergehenden Familien. Das Marsupium, das die Glochidien enthält, wölbt sich über den ursprünglichen Kiemenrand vor und ist mit einer überaus dünnen Haut bekleidet, die eine sehr reichliche Sauerstoffzufuhr ermöglicht, wenn das einströmende Wasser an den Kiemen vorbeizieht. Bei den am stärksten spezialisierten Formen ist der die Jungen aufnehmende Teil der Kiemen auf ihren hintern Abschnitt beschränkt, also auf denjenigen, welcher der Öffnung für den Eintritt des Atemwassers am nächsten liegt; etwas, das natürlich weiter dazu beiträgt, daß die Sauerstoffzufuhr zu den Jungen erleichtert wird. Gleichzeitig wird durch besondere Bauverhältnisse die Wasserströmung verstärkt, die an den Kiemen vorbeistreicht. Man hat aus Nord- und Mittelamerika eine ungeheure Menge Süßwassermuscheln beschrieben (bis 600 Arten), viele mit recht abweichender Biologie; einige aus sehr großen Tiefen (50 bis 200 m), andere von Örtlichkeiten, die regelmäßig austrocknen, und wo die Tiere sich tief in den trockenen Schlamm begraben, um die Trockenzeit zu überleben. Die größte Anzahl ist in den Flüssen, die sich in den Atlantischen Ozean ergießen, zu finden, und nur sehr wenige in jenen, die in den Stillen Ozean gehen. Einige dieser Arten, besonders *Lampsilis siliquoidazo*, spielen eine große Rolle für die Einwohner Nord- und Mittelamerikas. Viele Tausende von Menschen haben sich hier als „Clamdiggers" ernährt. Die Muscheln werden nicht so sehr wegen ihrer Perlen aufgesucht, sondern vielmehr wegen der Perlmutterschicht, die zur Fabrikation von Knöpfen usw. gebraucht wird.

1930 gab „the pearl button industry" allein in Michigan eine halbe Million Dollars. Das Resultat ist hier wie überall ein enormes und an vielen Örtlichkeiten eine totale Ausrottung des Bestandes; man versucht jetzt mittels Schonungsbestrebungen wieder den Bestand zu heben (KUNZ 1897). Wie artenreich die Flüsse sind, geht daraus hervor, daß die Clamdiggers von Upper Missisippi nicht weniger als 40 verschiedene Flußmuscheln kennen und ihnen besondere Namen, unter welchen sie verkauft werden, gegeben haben (GRIER 1922, JOHNSEN 1934).

Fam. *Margaritanidae (Flußperlmuscheln)*.

Die *Margaritanidae* (Tafel 23, Fig. 2) zeigen eine Anzahl Merkmale im Bau, die im Vergleich mit denen der *Unionidae* als primitiv betrachtet werden müssen. Es ist nur eine Andeutung einer Bildung von Atemrohr vorhanden, aber mit Hilfe einer Leiste und Furche ist doch eine deutliche Sonderung eines Kloakensiphons und der Einströmungsöffnung gegeben. Der Bau der Kiemen ist eher primitiv; sie besitzen keine Septa, sondern nur Balken oder Stränge. Alle vier Kiemenblätter, nicht nur die beiden äußern, werden für die Aufbewahrung und Entwicklung der Jungen verwendet. Den Glochidien fehlen die Haken. Der Vorderrand der innern Kiemen ist mit dem Mantel verwachsen.

Die Familie zeigt zirkumpolare Verbreitung mit Arten sowohl in der alten als auch in der neuen Welt. In Europa kommen zwei Arten vor, *Margaritana auricularius* (SPENGLER) und *M. margaritifera* (L.). Die erste hat noch in historischer Zeit eine recht weite Verbreitung im südlichen Mitteleuropa besessen, ist aber jetzt gegen Süden verdrängt worden, u. a. gegen die pyrenäische Halbinsel.

Die Flußperlmuschel *Margaritana margaritifera* (L.), (s. ALTNÖDER 1926), die ihrer Perlen halber am besten bekannte Süßwassermuschel, gehört zu den größten von ihnen. Sie erreicht eine Größe von etwas über 15 cm. Sie ist fast sofort an ihrem überaus dunklen, fast schwarzen Periostracum kenntlich, gegen das der Perlmutterglanz der Innenseite um so stärker hervortritt. Die Schalen sind zumeist dick. An älteren Exemplaren ist der Ventralrand mehr oder weniger eingebuchtet. Sie variieren übrigens nicht so sehr wie bei den anderen Teichmuscheln.

Der Aufenthaltsort der Flußperlmuschel sind nicht Seen, sondern Flüsse, Bäche und zuweilen Wasserläufe, die gerade noch diesen Namen verdienen. Während die meisten übrigen Muscheln gerade am besten in Wasser gedeihen, das bis zu einem gewissen Grad kalkhältig ist, kommt die Flußperlmuschel gerade in kalkarmem Wasser vor, in Wasser, das aus Urgebirge kommt oder dessen Niederschlagsgebiet hauptsächlich Heideflächen sind. Das sehr dicke Periostracum beschützt den Kalk in den Schalen hinreichend, aber diese legen reichlich Zeugnis davon ab, in welchem Grad der Säuregehalt des Wassers sie angreift. Die Partien um den Umbo (den Wirbel, den ältesten Teil der Schale), sind fast immer des Periostracums entblößt und weisen zahlreiche Gruben und Furchen auf. Auf Grund ihrer wirtschaftlichen Bedeutung ist die Biologie der Flußperlmuschel sehr genau studiert worden.

Die Muschel gedeiht am besten in Wasser mit einem Kalkgehalt von kaum viel über $^1/_2\%$; allzu starke Strömung verträgt das Tier nicht. Klare, recht rasche Bergbäche mit kiesigem oder steinigem Boden scheinen ihr vornehmlichster Wohnort zu sein. Die Temperatur darf den größten Teil des Jahrs über nicht zu hoch sein, womöglich nicht viel über 13 bis 14° C. Die Fortpflanzungsperiode fällt in den Sommer. Die Tiere wachsen überaus langsam, wie man experimentell nachgewiesen hat, $1^1/_2$ mm im Jahr. Daß sie außerordentlich alt werden, steht fest, doch hat man ein nach den Jahressringen geschätztes Alter von 200 Jahren aufgegeben. Es ist unzweifelhaft, daß das übertrieben ist, aber zuverlässige Forscher geben doch 60 Jahre an. Den Kalk erhalten die Tiere ja nur mit der Nahrung und, da diese Bäche sehr nahrungsarm und sehr wenig kalkhältig sind, ist es verständlich, daß ein Tier viele, viele Jahre benötigt, um seine oft dicke Schale aufzubauen.

Die Perlmuscheln haben in Mittleuropa in früheren Zeiten eine viel größere Verbreitung besessen als gegenwärtig. Sie sind gegen Verunreinigungen sehr empfindlich und, da diese ja überall außerordentlich zunehmen, werden die Muscheln an sehr vielen Orten verdrängt. Noch finden sie sich in zahlreichen, kalten, klaren Bergbächen und hier oft in ungeheuren Mengen. ISRAEL (1913) beschreibt, wie der Boden in solchen oft über weite Strecken sozusagen mit Perlmuscheln gepflastert ist; sie liegen so dicht, daß jedes Tier kaum 1 cm Bewegungsfreiheit besitzt. Sie können sogar in Schichten übereinander liegen und dann so, daß die ältesten sich oben befinden. Sie sind alle gleichgerichtet, und zwar so, daß das Hinterende gegen die Strömung gewendet ist. Der papillöse Mantelrand enthält Sinnesorgane. Die Tiere sind außerordentlich stationär. Markierte Tiere findet man nach Monaten noch auf demselben Platz. Es ist kaum zweifelhaft, daß bei dieser Form alle Nahrung durch die Strömung zugeführt werden muß, die tagaus, tagein ununterbrochen durch den Körper des Tiers hindurchgeht.

Die Flußperlmuschel stößt ihre Jungen schon im Juli-August aus. Diese benötigen nur etwa vier Wochen zu ihrer Entwicklung. Noch während sich die Larve im Ei befindet, wird sie von dem langen Larvenfaden umschlungen, der zuletzt die Eischale durchbohrt. Die vielen Fäden verkleben miteinander und die Larven sitzen in den Eischalen, mit den Fäden zu traubenförmigen Büscheln verbunden. Wenn die Larven das Ei verlassen, bleiben die Fäden daran haften; die reifen Glochidien besitzen keinen Larvenfaden (HARMS 1907).

Die Fruchtbarkeit ist enorm. Die Anzahl der Larven in den vier Kiemen wird mit zirka einer Million angegeben. Sie sind sehr klein, kleiner als bei den *Unionidae*, und es fehlen die zwei großen Dorne. Es haftet im allgemeinen an den Muscheln ein eigentümlicher Duft, besonders in der Fortpflanzungsperiode und vorzüglich an den Larven, die in Bündeln ausgestoßen werden, welche graubraunem Schlamm gleichen sollen. Soferne die Muscheln aus dem Wasser gehoben oder beunruhigt werden, stoßen sie alle Jungen aus. Diese befestigen sich, ebenso wie die von *Unio*, hauptsächlich an Fischkiemen. Die Perlmuscheln leben vorzugsweise in strömendem Wasser, zum Teil in stark strömendem, das ja auch der Aufenthaltsort der Elritze ist. Diese ist angeblich einer derjenigen Fische, der am besten geeignet ist, die Glochidien zu tragen.

Namentlich in älterer Zeit sind die Perlmuscheln wegen ihrer Perlen Gegenstand einer bedeutenden Fischerei gewesen. So lange diese rationell betrieben wurde, ging der Bestand an Muscheln nicht zurück. Die Perlenfischer verstanden es, die Muscheln zu öffnen, ohne sie zu schädigen; sie sahen nur nach den Perlen, worauf die Muscheln wieder zurückgelegt wurden. Jedes Jahr wurde ein bestimmter Bach untersucht; nur jedes zehnte Jahr kam man zum gleichen Bach zurück. Es wird angegeben, daß auf 103 Muscheln nur eine Perle entfiel und daß man 2708 Muscheln untersuchen mußte, um auf eine Perle guter Qualität zu stoßen. Die Fischerei war in Sachsen Kronregal; es heißt, daß die Königinnen von Sachsen nur solche Perlen tragen durften, welche im Land selbst geerntet worden waren. Groß ist die Ausbeute niemals gewesen. Von 1719 bis 1804 wurden in Sachsen alles in allem 11.286 Perlen oder durchschnittlich zirka 130 Perlen im Jahr gewonnen, aber von diesen waren nur 52 besonders wertvoll. Das Einkommen für ein einzelnes Jahr belief sich nur auf 3000 Thaler. Von

1901 bis 1909 wurden nur 418 gewonnen, d. h. 50 im Jahr, aber nur 12 gehörten zu den wertvollen. Gegenwärtig ist die Ausbeute sehr zurückgegangen. 1876 bis 1877 war die Bruttoeinnahme zehn Mark, 1880 bis 1881 nur zwei Mark. Jetzt wird überall Raubbau getrieben (V. Hesseling 1859, Lampert 1910). Man versucht nun, die Muscheln in Bäche einzusetzen, in welchen sie nicht mehr vorkommen, aber ausgedehntere Resultate liegen noch nicht vor. Heutigentags ist es vor allem Rußland, das wenigstens vor dem Weltkrieg eine recht bedeutende Fischerei besaß, besonders in den nördlichen Gebieten.

Die Ursache der Perlenbildung ist Gegenstand mannigfaltiger Untersuchungen gewesen, wenn es auch hauptsächlich Spekulationen waren. Nach Untersuchungen von Alverdes (1913) ist es jetzt möglich, durch eine bestimmte Operation Perlen hervorzubringen, eine Vorgangsweise, die auch in Japan angewendet wird. Man hat zuerst Fremdkörper, später nur Zellen aus dem Mantel einer andern Muschel in den Mantel des betreffenden Tiers eingeführt. Im Laufe von fünf bis sieben Jahren entstehen dann Perlen, die ihrem Aussehen und Ursprung nach nicht von „wilden" zu unterscheiden sind. Arndt (1931) teilt mit, daß schon damals der Wert dieser künstlich erzeugten Perlen in Japan sich jährlich auf nicht weniger als $10^1/_2$ Millionen Reichsmark belief. Es wurden auf diese Weise Perlen bis zu einem Gewicht von 600 mg (Maximalgröße) erzielt. Die Ursache der Perlenbildung soll die sein, daß das Mantelepithel auf die eine oder andere Weise in die Bindegewebsschicht des Mantels verlagert wird. Man hat gehofft, auch in Europa auf diesem Weg eine künstliche Perlenfabrikation hervorrufen zu können, aber Bedingung dafür ist ein rasches Wachstum der Muscheln, d. h. reichliche Zufuhr von Nahrung und große Mengen von Muscheln. Über das letztere verfügen die wenigsten Örtlichkeiten und, wie wir gesehen haben, wächst die Perlmuschel außerordentlich langsam.

Mit Recht macht Thiel (1930) darauf aufmerksam, daß, obwohl wir nun wissen, daß die Perlen durch Verschiebung von Mantelepithel ins Bindegewebe entstehen, wir nicht wissen, wodurch dies verursacht wird. Die alte Theorie, daß dies Fremdkörpern, in erster Linie Schmarotzern, zuzuschreiben ist, die ins Bindegewebe gelangt sind, braucht nicht unrichtig zu sein. Beim Einbohren nehmen sie Epithelzellen mit. Es herrscht jetzt die allgemeine Auffassung, daß ebenso wie die Perlmuscheln selbst abnehmen, auch die Zahl der Perlen in den Perlmuscheln zurückgeht. Beides schreibt Thiel der steigenden Zivilisation zu. Alle Flüsse und Bäche sind von ihr beeinflußt. Das Wasser ist nicht mehr so rein, vielenorts sind die Läufe reguliert, die Wasserströmung ist nicht so stark. Die Flüsse führen steigende Mengen von Detritus, der bewirkt, daß ihr Flußbett nicht reingehalten werden kann. Kies- und Steingrund bedeckt sich mit Moder. Aus den verschiedensten Gründen besitzen die alten Stellen höhere Temperatur als früher. All dies macht es verständlich, daß die Flußperlmuscheln überall abnehmen; es ist nicht der Raubbau allein, der daran schuld ist.

Aber daß die Perlen abnehmen, dafür führt Thiel noch einen andern Grund an: in erster Linie das abnehmende Tierleben, besonders Säugetiere und Vögel. Ist die Perlenbildung Schmarotzern zuzuschreiben, so muß man vor allem an Trematoden und Bandwürmer denken, die weit überwiegend bei Vögeln und Säugetieren, zum Teil bei Fischen vorkommen. Der enorme Rückgang des höheren Tierlebens muß einen entsprechenden Rückgang ihrer Schmarotzer mit sich bringen und haben sie ihre Entwicklungsstadien in den Muscheln und sollen diese die Perlenbildung verursachen, so muß der Rückgang der höheren Tiere auch einen Rückgang der Perlenbildung herbeiführen.

Aus all diesen Gründen glaubt man nicht, wenngleich man auf künstlichem Weg die Zahl der Flußperlmuscheln in die Höhe zu bringen versucht, teils durch Massenbefruchtung, teils durch reichliches Einsetzen von Fischen zur Ernährung der Glochidien, daß der Versuch glücken wird.

Zum letzten Punkt muß doch gesagt werden, daß die Schmarotzer, um die es sich handeln kann, soweit man weiß, hauptsächlich Fischschmarotzer *(Bucephalus)* und nicht solche von Vögeln und Säugetieren sein dürften, weiter Formen, die keinen Wirtswechsel besitzen, sondern ihr ganzes Leben in der Muschel verbringen *(Aspidogaster)*, endlich, daß nicht der Mantel selbst der Ort ist, wo die Schmarotzer leben. Es dürfte wohl das weitaus natürlichste sein, daran zu denken, daß die Miracidien, die ersten Larvenstadien der Saugwürmer, mit dem Atemwasser hereingelangen, von den Flimmerhaaren zurückgehalten und in die Organe hinaufbefördert werden, wo sie sich entwickeln (Perikardialsinus und Nieren). Im großen und ganzen muß man ja sagen, daß wir nur eine merkwürdig kleine Anzahl von Eingeweidewürmern aus den europäischen Süßwassermuscheln kennen, und wir wissen nicht, ob diejenige Gruppe von Eingeweidewürmern, die mit der Verminderung der größeren Tiere aus den Muscheln verschwinden müßten, in erster Linie die amphistomen Saugwürmer, sich anderswo in Muscheln entwickeln.

1916 wies Steenberg das Vorkommen der Flußperlmuscheln im Varde-Bach (Westjütland) nach; sie waren übrigens den Fischern bekannt und es zeigte sich später, daß sie schon 1900 von Teilmann Fries gefunden worden waren. Bei einer Bachregulierung im Jahr 1929 zeigte sich, daß die Flußperlmuschel viel häufiger war, als man bisher geglaubt hatte. Spärck (1929) nimmt an, daß man auf den laufenden Meter des Baches mit fünf Stück rechnen kann. Die ausgebaggerten Muscheln, die gegenwärtig untersucht werden, ergaben 1929 immerhin Perlen im Wert von zirka 15.000 Kronen.

Das Vorkommen der Flußperlmuschel im Varde-Bach ist ein recht eigenartiges Phänomen. Die Muschel geht sonst auffallend hoch nach Norden, über den Polarkreis hinaus und kommt überdies in ganz Rußland vor, von Kola bis herunter zum 55. Breitengrad; weiter in fast allen Flüssen Mitteleuropas, in Frankreich und den Pyrenäen, in England und Irland, aber sie fehlt vollständig im gesamten mitteleuropäischen Moränengebiet, d. i. in Dänemark, Norddeutschland und Holland, doch mit Ausnahme der genannten Örtlichkeit in Dänemark und im südlichen Teil der Lüneburger Heide. Spärck (1929) hebt mit gutem Grund hervor, daß die Muschel früher auch über jenes Gebiet verbreitet war, wo sie jetzt nicht mehr vorkommt. Das Eis hat sie verdrängt, zum Aussterben gebracht und das Vorkommen im Varde-Bach und in der Lüneburger Heide dürfte ein Reliktvorkommen sein. Unter dem gleichen Gesichtspunkt muß vermutlich ihr Vorkommen in Westnorwegen betrachtet werden.

Solange das Hinterland des Varde-Bachs in vergangenen Zeiten groß war, aus unbebauten Sandflächen bestand, konnte die Art sich halten; je mehr das Hinterland bebaut wird, je mehr die Bäche reguliert werden und die Strömung sich verringert, in um so bedrängtere Verhältnisse gerät die Perlmuschel innerhalb der Grenzen Dänemarks und es ist deshalb nur eine geringe Wahrscheinlichkeit vorhanden, daß diese interessante Form in der dänischen Fauna erhalten bleibt.

Fam. *Mutelidae* und *Aetheriidae*.

Von den beiden Familien *Mutelidae* und *Aetheriidae* soll nur erwähnt werden, daß die *Mutelidae* hauptsächlich in Südamerika zu Hause sind; alle südamerikanischen Süßwassermuscheln gehören zu dieser Familie. Nur die inneren Kiemen beherbergen Glochidien. Sie zerfällt in zwei Unterfamilien: *Hyriinae* und *Mutelinae*, von welchen die erste auch in Australien vertreten ist, die zweite auch im Kongobecken. Die *Hyriinae* besitzen Glochidien. Bei einer zu den *Mutelinae* gehörigen Gattung *(Anodontides)* ist eine von diesen abweichende Larvenform gefunden worden, die von V. Ihering (1891) Lasidium genannt worden ist (Abb. 783). Die Larve ist in der Mitte des Körpers von einer dünnen Schale bedeckt. Der vordere Abschnitt trägt Wimpern; der hintere ist gespalten und trägt eine Reihe steifer Borsten. Sie ist weiter mit einem langen Sekretband versehen (Thiele 1935). Die *Aetheriidae* sind im Amazonas, in Afrika und Indien zu Hause, sie weichen von allen andern Süßwassermuscheln dadurch ab, daß sie hochgradig asymmetrisch sind. Es fehlt ihnen der Fuß, sie liegen auf

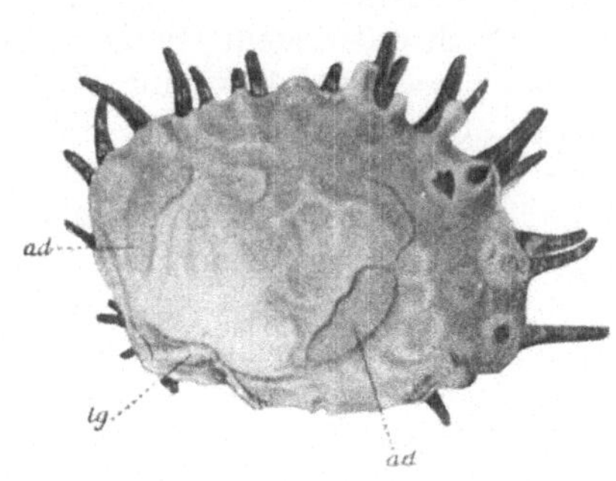

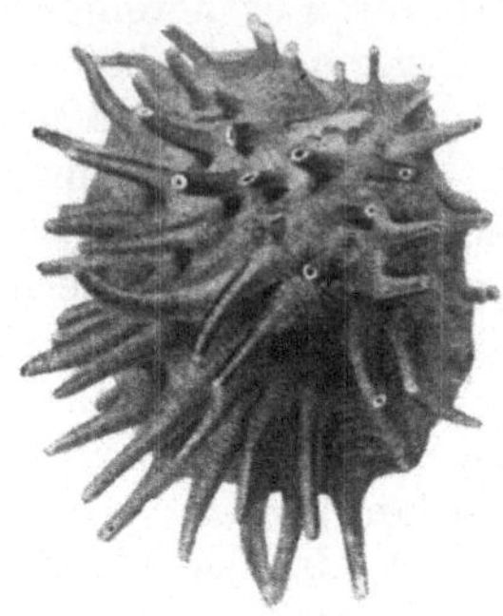

Abb. 785. Abb. 786.

Abb. 785 u. 786. *Aetheria heteromorpha* Simroth. Abb. 785. Obere Schale von innen gesehen; *ad* Abdruck des Schließmuskels; *lg* Ligament. Abb. 786. Gleiche Schale, von außen gesehen. Fußlose, austernähnliche Süßwassermuscheln. Afrika. (Simroth 1894.)

einer Schalenhälfte und sehen den Austern recht ähnlich. Unsere Kenntnisse von ihnen sind gering und ihre Entwicklung unbekannt (Simroth 1894, Abb. 785 u. 786).

Die Muscheln haben es in erster Linie ihren Perlen zu danken, daß sie für uns Menschen eine Rolle spielen. Aber außerdem werden sie dort und da als Futter für Schweine und Hühner verwendet, die sie gern annehmen. Einige Naturvölker, Neger und Chinesen, essen gewisse Arten, die Neger *Spatha*-Arten und die Chinesen *Nodularia*. Die alten Römer waren keine Verächter der Flußmuscheln, und man sagt sogar, daß sie noch in Italien sowie in gewissen Teilen Deutschlands gegessen werden.

Ihre wichtigste Bedeutung liegt darin, daß sie ein sehr großes Kontingent zu den Mergellagern liefern, die an so vielen Stellen abgegraben und auf kalkarme Böden geführt werden.

Unterordnung: **Heterodonta.**

Sphaeriacea.

Zu den *Sphaeriacea* gehören drei Familien: die *Corbiculidae*, *Cyrenoididae* und *Sphaeriidae*, von welchen nur die letzten in Europa vertreten sind. Es sind Süß- und Brackwasserformen. Einige besitzen Brutpflege, andere nicht. Die *Corbiculidae* sind in Amerika, Asien und Ozeanien zu Hause. Die *Cyrenoididae* sind Flußformen in Australien, Afrika und Mittelamerika.

Fam. *Sphaeriidae.*

Die *Sphaeriidae* oder Kugelmuscheln sind alles kleine Formen, nur die wenigsten erreichen eine Länge von 2 cm, und es gibt viele, die nicht über 2 mm groß werden. Die Hauptgattungen sind *Sphaerium* mit Untergattungen *Mus-*

culium (= Calyculina) und *Pisidium*, beide in Dänemark vertreten (Tafel 23, Fig. 6, 9 bis 13).

Die Gattung *Pisidium* ist außerordentlich artenreich und einzelne Arten sind sehr schwer voneinander zu unterscheiden; in Dänemark allein finden sich zwölf Arten, von Mitteleuropa sind 17 beschrieben.

Gemeinsam den Familien ist, daß die Mantelränder verwachsen sind, die beiden hinteren Mantelöffnungen sind in kürzere oder längere Atemröhren ausgezogen; der Fuß ist lang, zungen- oder wurmförmig; voll ausgestreckt ist er oft länger als die Schale. Während die beiden Schalen bei *Sphaerium* und *Musculium* vorn und hinten gleich sind, ist das Vorderende bei *Pisidium* bedeutend größer als das Hinterende. Der Umbo liegt bei *Sphaerium* in der Mitte, bei *Pisidium* näher dem Hinterende; er tritt bei dieser Gattung sehr wenig hervor. Die Untergattung *Musculium* unterscheidet sich von *Sphaerium* durch einen zapfenförmig verlängerten Umbo. Die Schloßzähne geben weiter wichtige Merkmale ab, das gleiche ist bei den Nieren der Fall. Allen Sphaerien gemeinsam ist auch eine eigentümliche Porosität der Schale, fadenförmige Verlängerungen des Mantelepithels setzen sich in die Poren fort. Die Familie ist auch dadurch bemerkenswert, daß sie Brutpflege besitzt. Die Jungen werden in einigen besonderen und wenigen Brutsäcken der äußeren Lamellen der inneren Kiemenblätter ausgebrütet und ernährt. Obwohl das schon lange bekannt ist, ist es erst in der letzten Zeit geglückt, die Verhältnisse einigermaßen aufzuklären, aber in dieser Hinsicht bleibt noch viel zu tun übrig. Sie sind übrigens zuerst von dem Dänen JACOBSEN 1828 beschrieben worden.

Die Verhältnisse liegen kaum überall gleich. Die sehr geringe Größe der Tiere erschwert eine nähere Untersuchung in hohem Grad. Die bestuntersuchten Arten sind *S. corneum* L. und die größte von allen, *S. rivicola* (LEACH), die über 2 cm lang und ungefähr 1¹/₂ cm hoch ist. Sie kommt in Flüssen und größeren Seen vor; sie ist in Dänemark nicht mit Sicherheit festgestellt.

Die Sphaerien sind Hermaphroditen. Die zwei Geschlechtsdrüsen sind beinahe voneinander getrennt; der Ausführungsgang der Geschlechtsstoffe ist aber gemeinsam (PELSENER 1895). Die Eier gelangen in die Kiemen, und man glaubt, daß sie befruchtet worden sind, bevor sie dorthin kommen. Während die Eier bei den *Unionidae* lose zwischen den beiden Lamellen der Kiemenblätter liegen, sind sie hier in besondere Brutsäcke eingeschlossen. Die Zahl dieser Brutsäcke variiert von Art zu Art und ist bei Individuen der gleichen Art verschieden. Jede Kieme hat immer mehrere Säcke [von drei bis zehn bei *S. rivicola* (LEACH)]. In ihnen liegen die Eier und Embryonen; ihre Zahl in den Säcken ist verschieden, gewöhnlich zwei bis drei, selten über vier. Außerdem finden sich außerhalb der Säcke auch große, freiliegende, junge Tiere, die geschlechtsreif sind und bereitliegen, um ausgestoßen zu werden. *S. corneum* L. wird bei einer Größe von 8 bis 9 mm geschlechtsreif, *S. rivicola* (LEACH) bei 13 bis 14 mm (THIEL 1928). Die Geschlechtsreife wird lange vor der Maximalgröße erreicht und man kann deshalb sehr wohl davon sprechen, daß hier ein neotänisches Verhalten vorliegt (N. H. ODHNER 1929). Die Zahl der Jungen, die man in allen Säcken zusammen vorfindet, ist nicht groß, gewöhnlich unter zehn und nicht über 15 bis 16 (Tafel 23, Fig. 12). Bei *Sphaerium corneum* L. kann man zeigen, daß die Zahl der Jungen in reinem Wasser stark ansteigt (bis zu 23), wogegen sie in verunreinigtem geringer ist (in den Hamburger Hafenbecken, THIEL 1924, 1928, 1930). Die Zahl hängt weiter vom Alter des Muttertiers ab; hat dieses die Maximalgröße erreicht, so nimmt die Zahl der Jungen ab. Die Fruchtbarkeit scheint von der Jahreszeit fast ganz unabhängig zu sein; man findet jederzeit Junge. Bedenkt man, daß man in den *Anodonta*-Kiemen 300.000 bis 400.000 Glochidien finden kann, bei den Sphaerien nur 10 bis 16 Junge, so ist der Unterschied, was die Größe der Nachkommenproduktion betrifft, enorm. Der Grund dieses großen Unterschieds liegt ohne Zweifel darin, daß, ehe die Jungen von *Anodonta* geschlechtsreif werden, inzwischen eine ungeheure Anzahl verlorengeht, denen es nicht geglückt ist, auf Fische zu gelangen, während die Sphaerien ihre Jungen bei sich behalten, bis sie volle Geschlechtsreife erlangt haben. Man vermutet, daß die Jungen ein ganzes Jahr in den Kiemen verbleiben; sie werden wahrscheinlich durch die Kloakenöffnung ausgestoßen. Wie die Brutsäcke entstehen, ist nicht ganz sicher. Sobald ein Ei in die Kiemen übergetreten ist und zwischen den Kiemenfäden liegt, entstehen an diesen ringförmige Verdickungen, die miteinander verwachsen, so daß das Ei in eine von allen Seiten geschlossene Tasche eingeschlossen wird; diese wird von Atemwasser bespült, das durch die Kiemen strömt. Die Innenseite dieser Taschen wird von einigen für ein Drüsenepithel gehalten, das eine Flüssigkeit absondert, von welcher die Jungen ernährt werden. Auf jeden Fall liegen sie in einer Flüssigkeit, die Blutzellen enthält sowie Zellen, welche von der Innenseite des Sacks abgestoßen werden und durch Degeneration der Wandzellen entstehen. Man hat, und kaum mit Unrecht, diese Säcke als Gallenbildungen der Kiemenfäden aufgefaßt, die durch Irritation von Seite des Eies als eines Fremdkörpers hervorgerufen werden. Die Jungen gelangen einfach dadurch aus den Säcken, daß diese gesprengt werden.

Die jungen Tiere wachsen rasch, später erfolgt der Zuwachs langsamer. Es gibt Forscher, die glauben, daß das große *S. rivicola* (LEACH) drei bis vier Jahre alt wird. Unser heimisches *Sphaerium corneum* L. soll nach den neuesten Untersuchungen nur einjährig sein, aber das ist nicht sicher, es werden auch drei bis vier Jahre angegeben (ODHNER 1929). Über die kleinen Pisidien sei nur bemerkt, daß bei ihnen gewöhnlich nur die inneren Kiemen gut entwickelt sind, die äußeren sind oft mehr oder weniger rückgebildet und fehlen bei der Untergattung *Neopisidium* ganz (ODHNER 1929). Sie sind ausgesprochene Detritusfresser. Im Winter ist Magen und Darm leer; die Atemröhren sind eingezogen, aber die Schalen sind nicht ganz geschlossen und die Atmung wird auf diese Weise ermöglicht. Das Wasser soll auch durch die Fußöffnung eintreten können (ODHNER 1929).

Die Sphaerien kommen in Süßwasser sehr verschiedenartiger Natur vor. Es wurde schon erwähnt, daß *S. rivicola* (LEACH) hauptsächlich in Flüssen und größeren Seen anzutreffen ist. *Sphaerium corneum* L. ist meist in Teichen und Kleinseen zu Hause; es kann in gewissen von ihnen in unglaublichen Mengen zugegen sein und in der Uferregion ganze Beläge bilden. Man findet oft auf den Schalen ein oder mehrere kreisrunde, kleine, feine Löcher; sie finden sich meines Wissens immer auf leeren Schalen. Oft leben die Sphaerien zusammen entweder mit *Bithynia tentaculata* (L.) oder mit *Paludina*. Von den Pisidien ist nur eine Art, *P. amnicum* O. F. M., die auch etwas über 1 cm wird, durch eine schöne Streifung erhöhter Linien ausgezeichnet, die parallel dem Bauchrand verlaufen. Sie kommt hauptsächlich in kleinen Bächen mit kiesigem Grund vor. Alle übrigen *Pisidium*-Arten sind vornehmlich unter recht ruhigen Verhältnissen und fast ausschließlich auf weichem Schlammboden anzutreffen. Es ist gegenwärtig kaum möglich, zu entscheiden, ob die einzelnen Arten an Örtlichkeiten spezieller Natur gebunden sind.

Im zeitlichen Frühjahr findet man oft in Pfützen, die den größten Teil des Jahrs keine Spur von Wasser enthalten, auf den faulenden Buchenblättern und zusammen mit Ostrakoden und gewissen Planarien Pisidien in ungeheuren Mengen. Sie müssen an solchen Stellen sicherlich durch viele Monate des Jahrs das Austrocknen vertragen können, aber darüber wissen wir kaum etwas mit Sicherheit.

Sie verwenden ihren langen, bläulichen Fuß nach Schneckenart und kriechen mit seiner Hilfe langsam von der Stelle; man sieht sie auch sich wie die Schnecken an der Unterseite des Wasserspiegels hinbewegen. Beunruhigt man das Laub im geringsten, so ziehen sie alle auf einmal Atemröhren und Fuß ein, schließen die Schalen und die allermeisten rollen von den Blättern herunter.

In Kleinseen mit niedrigem Wasser, reicher Vegetation und Schlammgrund sieht man bei höchster Sommertemperatur oft die Pflanzen sozusagen mit *Sphaerium corneum* L. bedeckt; sie haben den Seeboden verlassen und sind auf die Wasserpflanzen gestiegen, der Oberfläche so nahe als möglich. Es besteht kein Zweifel, daß es die unmöglichen Atmungsverhältnisse am Seegrund sind, die sie hinaufgetrieben haben. Ganz die gleiche Beobachtung kann man alljährlich hier und da an Pisidien im Sommer in Kleinseen in Nordseeland machen. Daß sie unter diesen Verhältnissen nur von den im Wasser lebenden Organismen, sowie dem schwebenden Detritus leben können, ist selbstverständlich.

Die Pisidien sind übrigens überall in unseren Seen ebenso wie in den tiefen Schweizer Seen diejenigen unter allen Mollusken, welche am weitesten hinausgehen. Selbst draußen in 20 bis 25 m Tiefe im Furesee trifft man noch drei Arten, weit jenseits der Grenze, wo sich das übrige Molluskenleben entfaltet (zirka 15 m), und an den tiefsten Stellen (38 m) noch zwei Arten, aber es sind keine Arten, welche für den tiefen Seegrund eine besondere Vorliebe besitzen; sie kommen auch in der Litoralregion vor (*P. casertanum* POLI und *P. henslowanum* SHEPP.; s. übrigens STEENBERG 1917). Die Artenzahl in unseren Seen scheint sehr beträchtlich zu sein (zirka zehn im Furesee und Esromsee) und einige einzelne Arten treten in großer Individuenzahl auf. Draußen in den großen Seetiefen gehören sie zu den Charaktertieren. Nach der Tiefe hinunter nimmt die Artenzahl ab, aber die Individuenzahl steigt sehr stark. BERG hat mitgeteilt, daß die Zahl der Pisidien auf dem Schlammboden des Esromsees (20 m) auf den Quadratmeter 110 beträgt, in 2 m Tiefe aber zirka 440 (BERG 1938).

Die Untersuchungen in den großen Schweizer Seen, besonders im Genfer und Vierwaldstädter See, haben weiter gezeigt, daß auch hier, selbst draußen in den großen Seetiefen, Pisidien leben, aber hier in besonderen Formen und möglicherweise besonderen Arten, die als *P. Foreli* CLESS. und *P. demissum* CLESS. bezeichnet werden und die in über 20 verschiedene Varietäten geschieden sind (ZSCHOKKE 1911). Diese Tiefwasserformen zeichnen sich durch ihre sehr geringe Größe aus, durch sehr dünne Schalen, keine Jahresringe, schwachen Schließmechanismus und eine sehr dünne Epidermis. Der Schalenwirbel ist breit und stark abgerundet. Man hat daraus den Schluß gezogen, daß diese Tiefwasserformen eine verlängerte Brutpflege genießen und daß die Jungen erst spät das Muttertier verlassen. Man hat es hier sicherlich mit Zwergformen, Hungerformen, zu tun. In bezug auf die vielen Formen, in die die Pisidien im allgemeinen sich aufspalten, hat ODHNER (1929) auf folgendes interessante Verhalten aufmerksam gemacht. Bei ein paar *Pisidium*-Arten, *P. nitidum* JEN. und *P. milium* HELD., findet man nach dem Eintritt der Geschlechtsreife noch eine ganze Reihe juveniler Merkmale beisammen: Der Mantelrand ist nicht ganz verwachsen, die Atmungsöffnung entbehrt ganz oder fast des Siphos, die inneren Kiemen fehlen und die Nephridien zeigen einen primitiven Bau. ODHNER (1929) hebt hervor, daß, weil diese Tiere Hermaphroditen sind und sich durch Selbstbefruchtung vermehren, reine Linien entstehen können. Unter gleichmäßigen Verhältnissen werden die spezifischen Eigenschaften des Muttertiers von der Nachkommenschaft rekapituliert, „wodurch die Hungerform-Reduktion eine gewisse genotypische Festigkeit erlangen kann". Wenn solche Typen isoliert werden, können sie Anlaß zu neuen Arten geben. Es ist nicht unmöglich, daß auf diese Weise wenigstens gewisse Seiten der außerordentlichen Variabilität der Pisidien zu verstehen sind. Ganz die gleichen Betrachtungen sind bei den Cladoceren angestellt worden.

Ebenso wie die Pisidien in die großen Seetiefen hinuntergehen, gehen sie auch in den Alpenseen hoch hinauf, jedenfalls bis 2640 m (ZSCHOKKE 1900). Einige finden sich auch in kalten Quellen.

Einzelne Arten, wie *P. casertanum* POLI, gehen bis zu 70° n. Br. (Lappland) und auch in die hocharktische Region Schwedens hinauf. Die einzigen Örtlichkeiten, die sie zu meiden scheinen, sind Seen mit stark humussäurehaltigem Wasser. Aber sie sind doch auch in dieser Hinsicht diejenigen unter allen Mollusken, die das zu allerletzt aufgeben. Es ist für mein Untersuchungsgebiet sehr charakteristisch, daß dem Gribsee im Gribswald bei Hilleröd, der unter allen unseren Seen einer mit am stärksten humussäurehaltigem Wasser ist, gerade alle Pisidien auf seinem Seegrund (13 m) fehlen.

Dreissenacea.

Dreissensia polymorpha (PALL). Unter allen Süßwassermuscheln bildet *Dreissensia polymorpha* PALL., die Wandermuschel (Abb. 787 bis 789), ein auffallend fremdes Element. Sie gleicht in ihrer Gestalt der Miesmuschel, mit der sie früher zusammengebracht wurde. Sie unterscheidet sich von den anderen Süßwassermuscheln dadurch, daß sie eine Byssusdrüse besitzt, die eine Menge, 100 bis 200 steife Byssusfäden absondert, mit welchen sie sich an Steinen, Pfählen, anderen Muschelschalen usw. befestigt. Schon durch ihre stark kantige Gestalt unterscheidet sie sich sofort von den Teichmuscheln. Charakteristisch ist weiter, daß der Mantel in seiner ganzen Erstreckung verwachsen ist und nur drei Öffnungen frei läßt, für den Ein- und Ausstrom des Wassers und für den Fuß. Die Einfuhröffnung befindet sich auf einer frei vorstehenden Atemröhre; diese ist kreisrund und mit zahlreichen Papillen besetzt, die bewirken, daß die Atemröhre sich bei der geringsten Störung zurückzieht.

Die Wandermuschel hat ihren Namen den merkwürdigen Wanderungen zu verdanken, die sie unternommen hat.

Abb. 787. *Dreissensia polymorpha* (PAL.). Auf *Unio* und auf einem Pflanzenstiel festsitzend. (STEENBERG 1917.)

Am Ende der Tertiärzeit war *Dreissensia* (= *Mytilus acutirostris* GOLDFUSS) über große Teile Europas verbreitet und hinterließ bedeutende Ablagerungen in Zentraleuropa. Mit der Eiszeit verschwindet sie ganz von hier; dann lebt sie eine Zeitlang im Schwarzen Meer und Kaspischen Meer. Sie taucht wieder um ungefähr 1824 im Frischen und Kurischen Haff auf und seltsamerweise gleichzeitig in den Docks von London. Im folgenden halben Jahrhundert breitet sie sich über fast alle Flußsysteme Europas aus, in allen mitteleuropäischen Flüssen, die in die Ostsee münden, weiter in Elbe, Rhein und Donau, in Frankreich und in allen Flußsystemen Rußlands (KÖPPEN 1883). Sie gelangt 1843 nach Dänemark und zeigt sich hier zuerst im Ladegaardbach, später in den alten Wallgräben um Kopenhagen 1861. Hierauf hört man nichts von ihr, bis sie im Furesee auftaucht, wo sie 1915 von OTTERSTRÖM nachgewiesen wird; hierauf im Esromsee, wo sie sich 1922 und 1923 zeigt. Meines Wissens ist sie in anderen Seen noch nicht aufgetreten.

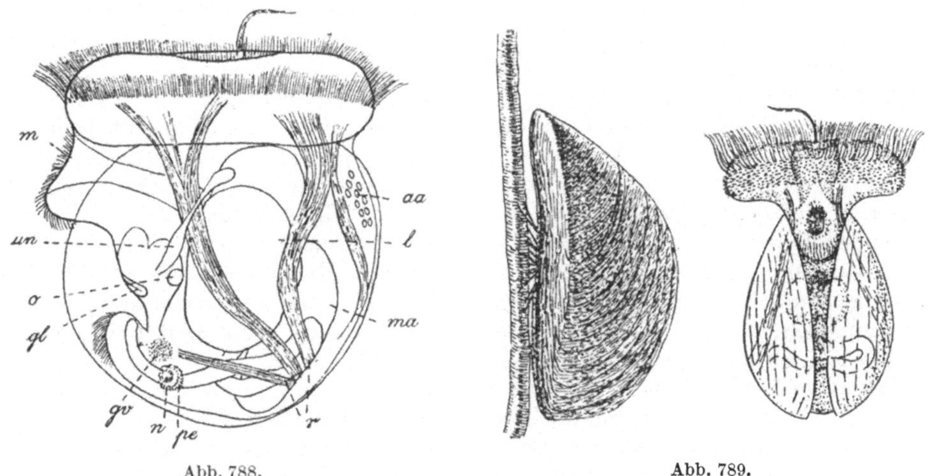

Abb. 788.   Abb. 789.

Abb. 788 u. 789. *Dreissensia polymorpha* (PAL.).

Abb. 788. *Dreissensia*-Larve. *gl* Fußdrüse; *aa* vorderer Schließmuskel; *gv* Eingeweideganglion; *l* Leber; *m* Mund; *ma* Magen; *n* Niere; *o* Statocyste; *pe* Perikard; *r* Muskel; *un* Protonephridium. (MEISENHEIMER.)

Abb. 789. *Dreissensia polymorpha* (PALL.), festsitzend und Larve. (MEISENHEIMER.)

Wenn sie so ungeheure Wanderungen zu unternehmen vermochte und im Verlauf von ein bis zwei Menschenaltern einen ganzen Erdteil sich erobern konnte, so liegt der Grund sicherlich in erster Linie darin, daß sie im Gegensatz zu allen anderen Süßwasserorganismen freischwimmende Larven besitzt, die ein pelagisches Leben führen. Man darf sich jedoch nicht vorstellen, daß diese äußerst schwachen Geschöpfe sich direkt gegen die Strömung in den großen Flüssen bewegen könnten. Wenn das freischwimmende Larvenstadium, das von sehr kurzer Dauer ist, gleichwohl vermutlich von Bedeutung ist, so liegt das daran, daß die Larven, die zu Boden sinken, sich für eine Zeitlang an Treibholz, Schiffen und treibenden Pflanzen festheften. Sie können mehrere Wochen auf trockenem Land leben (KESSLER nach DECKSBACH 1935). Es dürfte wohl kaum zu bezweifeln sein, daß die Art in erster Linie durch Schiffe von Stelle zu Stelle verschleppt worden ist. Jedenfalls kann man sich auf andere Weise schwer erklären, daß die Muschel ungefähr gleichzeitig im Jahre 1824 in den Londoner Docks, in den deutschen Binnenmeeren und in der Rheinmündung auftritt.

Das, was überall ihr Auftreten charakterisiert, ist die außerordentliche Plötzlichkeit, mit der sie sich ein Terrain erobert, sowie die enorme Zahl, in der sie im Laufe von ein paar Jahren an der betreffenden Örtlichkeit auftritt. Der Furesee kann wahrscheinlich am frühesten 1911 oder 1912 infiziert worden sein, aber schon 1916 trat sie in ungeheurer Zahl auf; in den Jahren unmittelbar nachher wurde sozusagen fast jedes Plätzchen ausgenutzt, Pfähle und Steine trugen dicke Beläge; wo solche fehlen, sind es Muschelschalen, die zur Befestigung verwendet werden. Die Unioniden leiden offensichtlich durch diesen Bewuchs; fast jede Muschel ist an ihrem Hinterende mit *Dreissensia* jeden Alters bedeckt. Die *Dreissensia*-Schalen sind solche, welche am weitesten hinausgespült werden, 14 bis 15 m und weiter. Draußen im weichen Boden, ganz draußen in 30 m Tiefe, findet man längliche Würste von *Dreissensia*. Eine Schale hat den Ausgangspunkt gebildet, an der sich eine abgesunkene Larve festgeheftet hat, und auf ihr haben sich wieder andere niedergelassen. Man kann draußen auf dem weichen Boden die Dredge voll mit diesen Würsten bekommen, ein sonderbarer Anblick für den, der etwas vom Aussehen und Leben des Seegrunds wußte, das sich hier in den Jahren 1912 und 1913 abspielte. Die Beobachtungen der späteren Jahre scheinen anzudeuten, daß die Wandermuschel nun im Zurückgehen begriffen ist.

Aus dem Ausland wird von einem gleichen Verhalten berichtet. Im Jahre 1933 stellte die Biologische Station am Plattensee zehn Stück fest; jetzt, 1937, sind Pfähle, Muscheln, Steine, Krebse in ungeheuren Mengen damit bedeckt. Sie erschwert das Baden. Man kann 1000 Stück auf einer Teichmuschel finden. Sie ist nun ein sedentäres Tier geworden. Man rechnet mit 20.000 bis 30.000 Muscheln auf den Quadratmeter (WAGNER 1936, SEBESTYÉN 1935).

In den Esromsee ist *Dreissensia* aller Wahrscheinlichkeit nach 1922 oder 1923 eingedrungen; sie wurde damals nur in einzelnen Exemplaren festgestellt. Sie ist ohne Zweifel mit Fischernetzen oder durch Übertragung von Fureseewasser mit Jungfischen und *Dreissensia*-Larven hereingekommen. Sie breitet sich gegenwärtig aus, aber doch nicht so enorm wie im Furesee.

Wenn sie in den Seen im Verlauf von ganz wenigen Jahren in so ungeheuren Mengen auftritt, ist das unzweifelhaft dem freilebenden Larvenstadium der Muschel zu verdanken; sie ist die einzige Süßwassermuschel, die ein echtes, pelagisches Larvenstadium aufweist. Im Sommerhalbjahr bilden die Larven nun einen sehr bedeutenden Teil des Planctons dieser Seen. Über die Lebensweise des Tiers sind wir, besonders durch eine Reihe in Deutschland angestellter Untersuchungen, ganz gut unterrichtet. Die Eier werden ebenso wie das Sperma ausgestoßen und die Befruchtung erfolgt außerhalb der Muschel; in dieser Hinsicht steht sie also in Gegensatz zu den anderen Süßwassermuscheln. Die Fortpflanzungsperiode tritt auf bei einer Bodentemperatur von 5,5° C und bei einer solchen der Oberfläche von 16 bis 18° C. Die Larven zeigen sich in der Regel nicht im Plancton vor Ende Mai oder Anfang Juni. Das freie Larvenstadium dauert zirka acht Tage; hierauf sinken die Larven ab und sind von nun an Bodentiere, anfänglich frei herumkriechende, später hauptsächlich sedentäre. Die Larve kann man den ganzen Sommer bis in den September in abnehmender Menge im Plancton antreffen. Dann kommt ein Zeitpunkt, wo in unseren beiden oben erwähnten Seen sozusagen alle unterseeischen Pflanzen mit einer Schicht von winzig kleinen Dreissensien überzogen sind, die meisten sind nicht über ein paar Millimeter. Das sind einjährige Junge, die man vor sich hat. In diesem Stadium und auch später sieht man sie oft an den Wänden des Aquariums hinaufklettern. Sie werfen die Byssusfäden ab, kriechen ein Stück und befestigen sich wieder. Schon WELTNER (1891) hat dies gesehen. Über das Wachstum liegen sehr verschiedene Angaben vor; viele erreichen wohl im Sommer, in dem sie geboren sind, eine Länge von zirka 5 bis 10 mm. Im Winter wird das Wachstum eingestellt; hierauf setzt es im April-Mai wieder ein. Je älter die Tiere werden, desto langsamer erfolgt das Wachstum. Ob die Geschlechtsreife im zweiten Jahr erreicht wird, weiß man nicht.

Klasse

Gastropoda (Schnecken).

(Tafel 24.)

Die hervortretendste Eigentümlichkeit im Bau der Schnecken ist ihre Asymmetrie, die übrigens nicht immer äußerlich stark hervortritt. Der Körper zerfällt in folgende Hauptabschnitte: Kopf, ein ventral liegender Fuß, Eingeweidesack und ein dorsaler Mantel, der die stets unpaare, fast immer gewundene Schale absondert. Vorn befindet sich eine unpaare Mantelhöhle, die auf verschiedene Weise im Dienst der Atmung steht. Indem für das übrige auf die Handbücher hingewiesen sei, mögen vom Bau der Tiere nur folgende Hauptmerkmale hervorgehoben werden: Im Gegensatz zu den Muscheln besitzen die Schnecken in der Regel einen deutlichen Kopf mit Tentakeln und Augen; diese sitzen bald am Grund der Tentakel, bald an deren Seiten, zuweilen auf besonderen Stielen. Der Fuß ist äußerst verschieden gestaltet; kaum in einem anderen Organ spiegelt sich die Lebensweise der Tiere deutlicher wider als in ihm. Der Fuß nimmt die ganze Unterseite des Körpers ein; er ist zumeist flach und sehr kontraktil. Er trägt häufig eine aus Conchiolin oder Conchiolin und Kalk bestehende Platte, einen Deckel, mit dem das Tier, wenn der Fuß in die Schale zurückgezogen wird, die Schalenmündung schließt. Der weiche, dünnhäutige Eingeweidesack, der von der Schale umschlossen wird, liegt lose in dieser, ist mit ihr nur durch einen großen Muskel, den Schalenmuskel, in Verbindung, welcher von der Schale entspringt und in den Fuß und Kopf verläuft. Diese werden eingezogen, wenn sich das Tier in die Schale zurückzieht.

Die Form der Schalen ist bekanntlich äußerst verschieden; hierauf wollen wir nicht eingehen. Es mag nur darauf aufmerksam gemacht werden, daß weitaus die meisten Schnecken rechts gewunden sind. Eine rechts gewundene Schale ist eine solche, deren Mündung rechts liegt, wenn die Schalenspitze nach oben steht und die Schalenmündung dem Betrachter zugewendet ist, links gewunden, wenn sie links liegt. Die Schale ist gewöhnlich eine feste Kalkschale mit organischer Grundlage (Conchiolin); sie ist aufgebaut 1. aus drei Schichten schräg gestellter Prismen, 2. aus einer äußeren, unverkalkten Schicht (Periostracum) und 3. aus einer auf der Innenseite befindlichen Perlmutterschicht, die oft fehlt.

Die Schale wächst dadurch, daß der verdickte Mantelrand einen neuen Abschnitt an der alten Mündung hinzubildet, ein Vorgang, der oft davon bedingt ist, daß zuerst unter Säureausscheidung ein Wegätzen älterer Teile stattfindet; das Wachstum erfolgt in der Regel in Sätzen. Charakteristisch für die Haut sind die zahlreichen, einzelligen Drüsen, die große Mengen des bekannten Schneckenschleims ausscheiden. Ein größerer oder kleinerer Teil der Schneckenhaut ist bewimpert, bei den Lungenschnecken des Süßwassers stärker als bei denen des Landes, namentlich ist die Bewimperung der Tentakel bei den ersteren sehr deutlich. Schneidet man einen ausgestreckten Tentakel von *Planorbis corneus* (L.) ab, so sieht man, wie er durch eine Viertelstunde mit erstaunlicher Schnelligkeit mit Hilfe der Cilien sich über die Unterlage hinbewegt.

Der große, in der Regel stark gewundene Eingeweidesack enthält in erster Linie den Verdauungskanal mit der mächtigen Leber und die großen Geschlechtsorgane, ferner die Nierenorgane, die Kreislauforgane und große Teile des Nervensystems. Der Darmkanal beginnt mit dem auf der Unterseite des Kopfs gelegenen Mund, der mit ein Paar braunen Chitinkiefern oder einer einzigen, dorsalen Kieferplatte ausgestattet ist, sowie mit einem der merkwürdigsten Organe der Schnecken, der Radula oder Zungenraspel, einem Conchiolinband mit Reihen zarter Conchiolinzähnchen, deren Stellung und Form große systematische Bedeutung besitzen. Die Radula bildet den Boden in einem Blindsack; sie wird von einem zungenförmigen, knorpeligen Vorsprung getragen, der durch ein kompliziertes Muskelsystem in Bewegung versetzt wird. Das Band wächst hinten ständig nach im Verhältnis zur Abnutzung am Vorderende. Bei weitaus den meisten Vorderkiemern besteht jede Querreihe aus sieben Platten *(Taenioglossa)*.

Der feinere Bau der Zungenraspel ist bei den verschiedenen Formen sehr verschieden. Bei *Ancylus fluviatilis* (O. F. M.) gleicht sie einem Schabeisen, mit dem

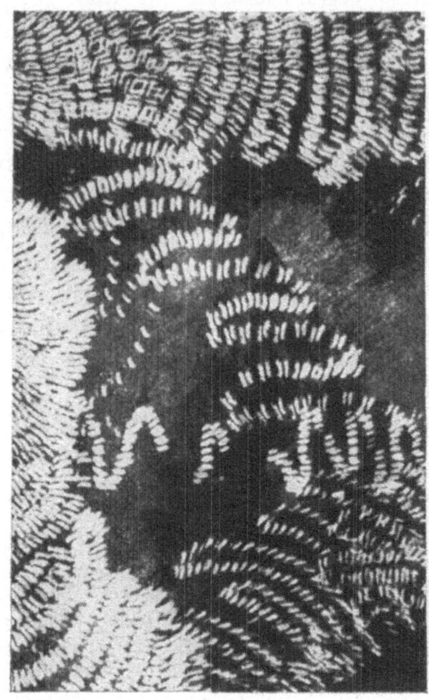 

Abb. 790.   Abb. 791.

Abb. 790. *Paludina viviparus* (L.). Freßspuren verschiedener Ausprägung an einer bealgten Aquarienwand. (ANKEL 1938.)

Abb. 791. *Heliosoma (Taphius) nigricans* (SPIX). Südamerikanische Planorbide. Freßspur an einer bealgten Aquarienwand. (ANKEL 1938.)

der Algenbewuchs von Steinen abgekratzt wird; bei *Physa fontinalis* (L.) ist sie mehr eine Bürste, die das Material von weichen Pflanzenteilen zusammenfegt; bei *Planorbis corneus* (L.) und *Limnaea stagnalis* (L.) findet sich eine hohe Spezialisierung, die gestattet, daß gewisse Partien der Zahnreihen zum Zusammenbürsten der Nahrung verwendet werden, andere unter anderem zum direkten Abbeißen von Pflanzenteilen (HEIDERMANNS 1924). Merkwürdigerweise hat man bis in die allerletzte Zeit kein tieferes Verständnis davon gehabt, wie die Radula während der Nahrungsaufnahme eigentlich arbeitet. Man hat sich damit begnügt, zu erklären, daß die Radula hauptsächlich überall bei den Gastropoden als eine Raspel fungiere. Prof. ANKEL gebührt das Verdienst, in einer sehr wertvollen Arbeit 1938 gezeigt zu haben, wie außerordentlich verschieden Erwerb und Aufnahme der Nahrung bei den Gastropoden ist, und wie die verschiedenen Typen der Radula in wundervoller Weise in Übereinstimmung mit Erwerb und Aufnahme der Nahrung gebracht sind. Von ANKELs sechs Gruppen, in die er die Gastropoden nach ihrer Nahrungsaufnahme einteilt: Fleischfresser, Planctonsammler, Parasiten, Weidegänger, Schlammfresser und Pflanzenfresser, sind im Süßwasser eigentlich nur die Weidegänger vertreten. Diese Gruppe ist nicht scharf von Pflanzenfressern und Schlammfressern abgesondert. Tatsächlich gehen die Limnäen, besonders im Herbst, wenn die Vegetation vermodert, zu Pflanzenfressern über und, besonders im Winter, wenn unsere Planorben, besonders *P. corneus*, sich auf den Boden des Wassers zurückziehen, zu Schlammfressern (stark vermodernde, teilweise pulverisierte Vegetation) über. Ich folge jetzt, teilweise wörtlich, der Darstellung ANKELS.

Die Radula ist das Instrument, mit dem die Nahrung vom Weidegrund abgelöst und aufgenommen wird. Die Wirkung der Radula zeigt sich als Freßspur auf Weidegrund (Abb. 790 bis 792), sie ist deutlich auf mit Algen bedeckten Aquarienwänden und worüber die Limnäen langsam hinweggleiten. ANKEL hat viele schöne Bilder dieser Freßspuren von verschiedenen

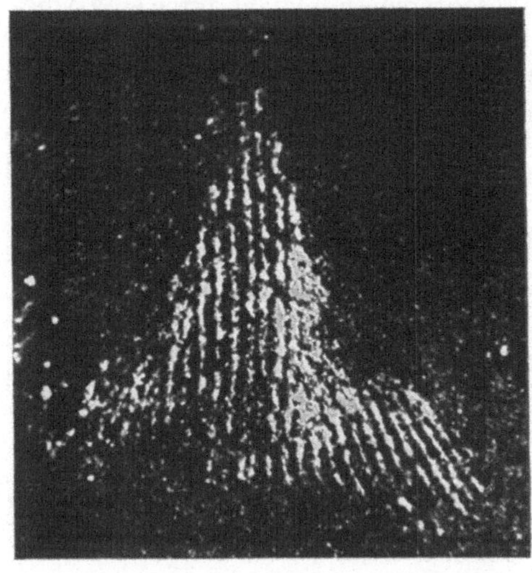

Abb. 792. *Limnaea stagnalis* (L.). Einzelne Bißspuren an einer bealgten Aquarienwand. (ANKEL 1938.)

Weidegängern gegeben; die Bißspuren sind fast stets in Zickzacklinien angeordnet, die durch pendelnde Kopfbewegungen der fressenden Schnecken hervorgebracht werden. Innerhalb der Weidegänger finden sich verschiedene Typen von Nahrungsaufnahme und in Übereinstimmung damit verschiedene Radulatypen. Ein besonderer Typus findet sich eben bei den Pulmonaten (Abb. 793). Er ist durch seine Kürze und Breite charakterisiert; die Zahl der Zähne in einer Reihe ist sehr hoch; alle Zähne sind klein und ungefähr gleichartig gestaltet; doch findet sich besonders ein Unterschied zwischen Mittel- und Seitenzähnen. Ganz allgemein kann man sagen, daß die Radula der Pulmonaten ein biegsames Blatt mit schabender Wirkung ist (Schabeblatt-Radula ANKEL). Wie wird nun dieses Schabeblatt bewegt? Es ist nur möglich, hier die allgemeinen anatomischen und mechanischen Grundlagen der Nahrungsaufnahmen zu geben; über die mehr speziellen muß ich auf ANKEL hinweisen. Die Radulazähne

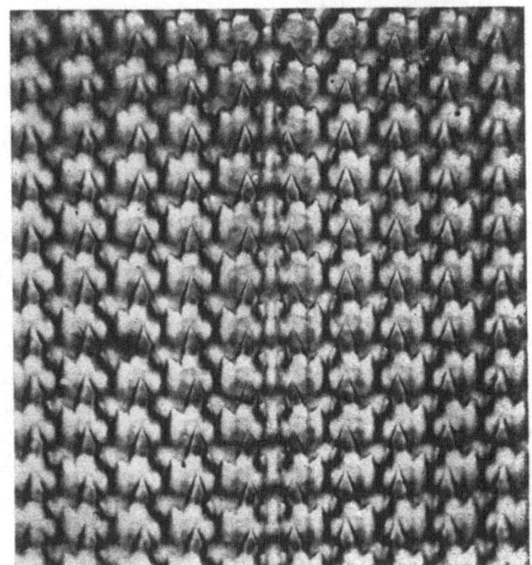

Abb. 793. *Limnaea stagnalis* (L.). Ausschnitt aus einer Flächenaufnahme der Radula, um die Gleichmäßigkeit der Bezahnung zu zeigen. 180×. (ANKEL 1938.)

sind in allen Fällen auf einer elastischen und biegsamen Unterlage, der Basalmembran, angeordnet. Diese Basalmembran liegt mit ihrem vorderen

Abschnitt einem elastischen Polster, dem Radulaknorpel, auf; die Bewegungen
von Basalmembran und Radulastütze sind in ihrem Ineinandergreifen die Grundlage der Radulafunktion. Bei der Radulatätigkeit der Pulmonaten und der
Prosobranchier entsteht durch eine Knickung der Basalmembran eine Knickkante.
Diese Knickung bewirkt bei der Schabeblatt-Radula lediglich eine Freistellung
der Zähne; bei der Spreizzahnradula der Prosobranchier aber eine Spreizbewegung
der Randzähne und eine darauffolgende Rückwärtsbewegung in die Ruhelage.
Die Formen der mechanischen Zusammenarbeit der beiden Anteile des Apparats
sind verschieden. Früher meinte man, daß der Freßapparat über die Unterlage

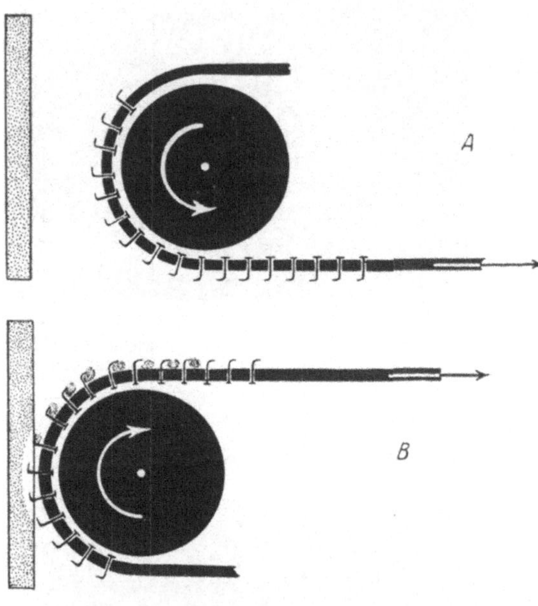

des Radulaknorpels hingleite wie
ein Band über eine Rolle; später,
daß sie mit ihrer stützenden
Unterlage fest verbunden sei und
allein durch die Bewegung des
Knorpels bewegt werde (Abb.794).
In Wirklichkeit sind die mechanischen Grundlagen des Radulaknorpels viel komplizierter und
lassen sich nicht auf eine so einfache Formel zurückführen. Der
ganze Radulaapparat liegt im
etwa röhrenförmigen Hohlraum
des Pharynx, eines Hautmuskel-
schlauches. Dieser steht mit Radulaknorpel und Radula durch
Muskelbündel in Verbindung, die
sowohl eine kolbenstoßartige Bewegung nach vorn zur Mundöffnung hin und zurück und eine
Drehbewegung erlauben. Der ganze Apparat soll sowohl Material
dem Weidegrund entnehmen als
auch das Material weiter an den
Eingang des Ösophagus transpor-

Abb. 794. Gedachtes Modell der Radulabewegung. *A* „Senkung"; *B* „Hebung" der Radula. (ANKEL 1938.)

tieren; diese letzte Aufgabe ist jedoch wenig studiert. Die Figuren und ihre Erklä-
rungen sollen die Radulabewegung illustrieren. Weil die Knickkante der arbeitenden
Radula und die nach hinten anschließende Fläche der Radula zusammen die
Form eines Löffels haben, hat ANKEL für die weidenden Pulmonaten das Wort
„Löffelschaber" vorgeschlagen. Es mag noch betont werden, daß bei den Weide-
gängern die Aufnahme der Nahrung während des Weidens allein mittels der
Radula stattfindet. Der Kieferapparat spielt beim Weiden eine nur geringfügige
Rolle. Wenn aber, was besonders bei den Limnäen — aber so viel ich sehen kann,
gewöhnlich nicht bei unseren einheimischen Planorben — der Fall ist, die
Schnecken zum Pflanzenfressen übergehen, wird, um Stücke abzubeißen, der
Kieferapparat gebraucht.

Die Mundhöhle (Abb. 795 *bb*) setzt sich in eine mit Speicheldrüsen ausgestattete Speiseröhre fort, die in einen großen, geräumigen Magen übergeht,
welcher zumeist in verschiedene Abschnitte gegliedert ist. Er besitzt häufig
verschiedene Differenzierungen, die eine äußere, mechanische Bearbeitung der
Nahrung ermöglichen. Der lange, stark gebogene Darm mündet unsymmetrisch
weit vorn in der Mantelhöhle aus. Der Darm ist von der „Leber" umgeben,
dem oft auffälligsten Organ der Schnecken; sie ist eine mächtige Drüse, deren

Funktion sehr abweicht von der jenes Organs, das bei höheren Tieren die gleiche
Bezeichnung führt. Sie steht in offener Verbindung mit dem Darm, was bewirkt,
daß Nahrungspartikelchen ungehindert eintreten und durch besondere Stopfmechanismen sogar gezwungen werden können, in die zahlreichen Drüsensäcke
der Leber einzutreten. Es ist nachgewiesen, daß der Magensaft der Lungenschnecken Eiweiß nicht zu lösen vermag, führt man aber Eiweißstoffe in eine
frische Schneckenleber ein, so werden sie hier verdaut. Es handelt sich hier aller
Wahrscheinlichkeit nach um eine Phagocytose. Außerdem werden feste Nahrungsteilchen, z. B. Stärkekörner, in der Leber verarbeitet. Überdies dient sie als Depot für Reservenahrung, in erster Linie
für Fette, Glykogen und Kalksalze. Man wird daraus verstehen, daß die Leber bei den Schnecken vom physiologischen
Standpunkt aus nicht mit jener der höheren Tiere verglichen
werden kann. Sie besitzt ganz andere Funktionen und läßt
sich eigentlich am besten als ein Teil des Mitteldarms bezeichnen. Die Verdauung, soweit sie im Darm selbst erfolgt,
ist zum größten Teil eine Verarbeitung der Zellulosestoffe.

Das Nervensystem besteht aus dem paarigen Hirnganglion, Fuß- und Seitenganglion sowie dem Eingeweideganglion. In bezug auf den Verlauf der Nervenstränge sei auf
die Handbücher verwiesen. Von Sinnesorganen sei außer
den Augen eine in der Mantelhöhle liegende, gefaltete, als
Osphradium bezeichnete Hautpartie hervorgehoben, die vermutlich im Dienst des Geruchssinns steht. Auch statische
Organe, Statocysten und Statolithen, sind vorhanden.

In der Mantelhöhle gibt es bei den Kiemenschnecken eine,
nur bei den primitiven Formen zwei Kiemen; sie sind bewimpert. Die Wimpern der Kiemen leiten durch die Kiemenhöhle eine Wasserströmung, die rechterseits austritt, wo
auch der After liegt und wo die Exkremente ausgestoßen
werden. Die Lungenschnecken besitzen keine Kiemen, die
den obigen entsprechen, aber zuweilen Hautfalten, die von
der Mantelinnenseite entspringen und als Kiemen fungieren.
Die Wand der Mantelhöhle ist mit einem feinen Kapillarnetz
versehen, die Mantelhöhle fungiert hier als Lunge und öffnet
sich mit dem Atemloch auf der rechten Körperseite. Dieses
ist bei den Landlungenschnecken gewöhnlich offen, bei den

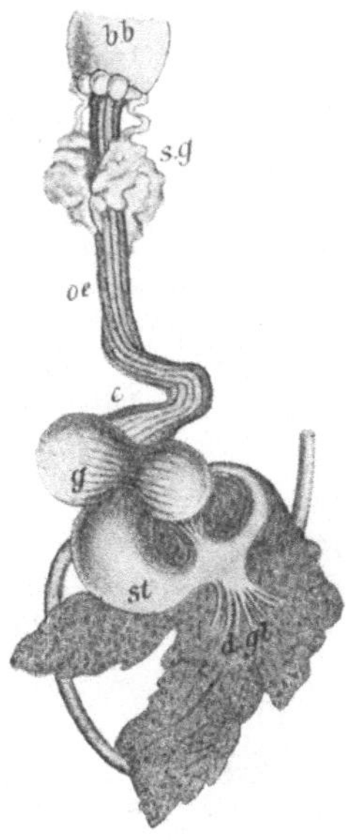

Abb. 795. *Limnaea stagnalis* (L.). Darmkanal.
bb Schlund; *dgl* Leber;
st Magen; *g* Kaumagen;
c Vormagen; *oe* Ösophagus; *sg* Speicheldrüse;
das Rohr rechts unten
Enddarm mit After.
(Taylor, aus Bronn.)

Wasserlungenschnecken, wenn die Lunge mit Luft gefüllt ist, nur beim Atmen.
Ist diese mit Wasser gefüllt, dann ist nur ein ganz schwacher Spalt offen (Pauly
1877). Die regelmäßige Lufterneuerung erfolgt nur durch Diffusion, nicht durch
Pumpen. Ein kräftiges Zusammenziehen wird mit Hilfe der Mantelmuskulatur
bewerkstelligt. Das von einem Perikard umgebene Herz besteht bei den meisten
aus einer Herzkammer und aus einer, selten zwei Vorkammern, die das Blut
vom Respirationsorgan aufnehmen. Ein Kapillargefäßsystem fehlt, die Arterien
und Venen stehen nur durch, zwischen den Eingeweiden befindliche, bluterfüllte
Lakunen miteinander in Verbindung. Schnecken mit zwei Vorkammern besitzen
auch zwei Nieren, zumeist ist jedoch nur eine, die linke, vorhanden. Es ist ein
sackförmiges Organ mit einer zuweilen stark verzweigten oder gefalteten Innenfläche. Sie öffnet sich in der Nähe des Afters in die Mantelhöhle.

Die Vorderkiemenschnecken sind getrenntgeschlechtlich, die Hinterkiemenschnecken und Lungenschnecken sowie einzelne Vorderkiemer Hermaphroditen,
aber bei beiden ist nur eine Geschlechtsdrüse und eine Geschlechtsöffnung vor-

handen; diese liegt gewöhnlich auf der rechten Seite. Ist ein Begattungsglied ausgebildet, so liegt dieses auf der rechten Seite und eine Furche oder geschlossene Rinne führt den Samen von der Geschlechtsöffnung zum Glied. Die allermeisten legen Eier. Bei den verschiedenen Familien kommen einzelne lebendgebärende Formen vor. Die Vorderkiemer legen die Eier in Kapseln ab. Die Meeresformen besitzen eine Verwandlung mit freischwimmenden Larven; die Süßwasserformen haben direkte Entwicklung (s. jedoch *Neritina*).

Die Klasse der Schnecken wird in drei große Unterklassen geteilt: Die Vorderkiemer, *Prosobranchiata*, die Kiemen liegen vor dem Herzen; die Hinterkiemer, *Opisthobranchiata*, Kiemen hinter dem Herzen, und die Lungenschnecken, *Pulmonata*, ohne Kiemen, aber mit einer Lungenhöhle. Die Hinterkiemer sind nur marin; sehr wenige finden sich in Wasser mit geringem Salzgehalt. Vor kurzem (KÜTHE 1935) ist eine Hinterkiemenschnecke, *Acochlidium paradoxum* STRUB., in einem Bach auf Amboina gefunden worden. Die zwei anderen Gruppen sind beide im Süßwasser vertreten. Von den Vorderkiemern muß man annehmen, daß sie aus dem Meere eingewandert sind. Der Ursprung der Lungenschnecken ist einigermaßen zweifelhaft.

Wir wollen im folgenden uns mit der Biologie unserer heimischen Süßwasserschnecken beschäftigen.

Obwohl diese Tiere sehr allgemein sind, verfügen wir, was sie anbelangt, über merkwürdig wenig sichere Tatsachen. Viel mühselige Arbeit ist durch lange Zeit darauf verwendet worden, die außerordentliche Variation der Schalenformen festzustellen und sie in Übereinstimmung mit den Verhältnissen zu bringen, unter denen

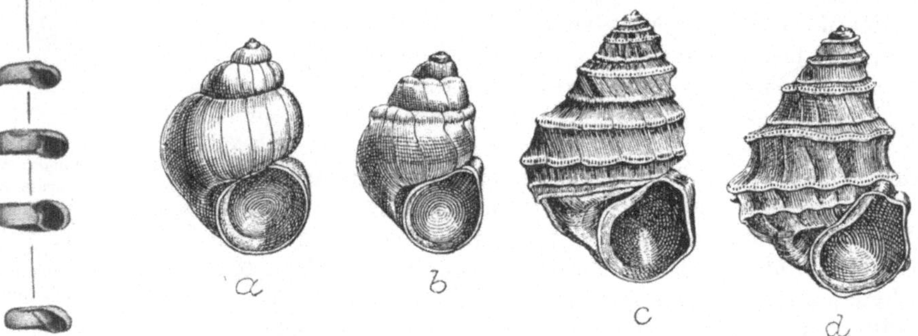

Abb. 796.   Abb. 797.

Abb. 796. *Planorbis multiformis* BRONN. Eine ausgestorbene Schneckenart, die zeigt, wie die Art von der ältesten, tiefsten Schicht (die flache Schale unten) zur jüngsten (die hohe Schale oben) variiert. (Nach HYATT aus LECHE, Der Mensch.)

Abb. 797. *Paludina Neumayeri* BRUS. aus pliocenen *Paludina*-Schichten von Westslavonien. (SIMROTH 1896.)

die Tiere leben. Dies führte in früherer Zeit zur Aufstellung einer großen Menge von Arten; sie sind nun zusammengezogen worden, oft zu ganz wenigen. Wir wollen hier auf all das nicht näher eingehen; es gehört vieles davon in die Kategorie recht müßiger Spekulationen. Anderseits haben solche Studien, wo sie mit eingehenden Untersuchungen über geographische Verbreitung und regelmäßige Variation bei Wirkung entscheidender, wachstumsändernder, äußerer Faktoren (PLATE u. a.), wie über die vertikale Verbreitung im Laufe der Zeiten kombiniert waren, zur Aufklärung einiger jener Formenserien geführt, die die Umbildung der Organismen durch erblich festgelegte, kleine Variationen sehr deutlich zeigen, Entwicklungsserien also, deren einzelne Glieder sich nur schwer

voneinander unterscheiden lassen, wo aber große Unterschiede in den Anfangs-
und Endstadien dieser Reihen bestehen. Da es sich hier gerade um ein paar
unserer am meisten typischen Süßwasserschnecken, um *Planorbis* und *Paludina*
handelt, sollen die Untersuchungen hierüber bei ein paar Arten mitgeteilt
werden.

In Steinheim in Württemberg finden sich Sandgruben, die durch Versanden
von Seen im oberen Miocän entstanden sind. In diesen Gruben findet man ungeheure Mengen von Kleinschnecken, die einer kleinen, als *Planorbis multiformis*
BRONN bezeichneten Tellerschnecke angehören. Verfolgt man nun von oben
nach unten die Entwicklung dieser Schnecken durch die einzelnen Schichten,
so zeigt sich, daß sie in den untersten Schichten eine kleine, scheibenförmige,
typische *Planorbis* darstellen, die, je höher man in den Schichten hinauf geht,
sich langsam in eine Schnecke mit hoher Schale umwandelt; sie ähnelt in unserer
heimischen Fauna vielleicht am meisten einer unserer Kiemenschnecken, einer
Bithynia. Die Umbildung geht ganz gleichmäßig vor sich, aber während dieser
Umbildung haben sich im Laufe der Zeit, und zwar in bestimmten Schichten,
Seitenzweige abgespalten, die in Formen endigen, welche besondere Namen
erhalten haben. Eine der Reihen ist in Abb. 796 dargestellt. Man vermutet,
daß die Ursache der Variation im Zulauf warmer Quellen zu suchen sei, welche
nach und nach die Temperatur zum Steigen gebracht haben. Ähnliche Entwicklungsreihen von Paludinen sind von NEUMAYER (1875) aus unteren Pliocän-
schichten in Westslavonien nachgewiesen worden. Zuunterst in diesen Schichten
liegen kleine Paludinen mit glatten Schalen und stark gewölbten Windungen
(*Paludina Neumayeri* BRUS.). Von diesen haben sich drei Hauptstämme entwickelt; in jedem von ihnen nimmt die Größe zu; gleichzeitig bilden sich eigentümliche Skulpturen aus. Eine dieser Reihen ist in Abb. 797 dargestellt. An
jener Stelle in der Entwicklungsreihe, wo die neue Art einsetzt, verschwindet
die alte. Als Ursache dieser Um- und Artbildungen wird angegeben, daß das
Wasser, in dem die Tiere gelebt haben, ursprünglich brackisch gewesen und
nach und nach ausgesüßt worden sei.

Ob die Ausdeutung der Umbildungen, steigende Temperatur bei *Planorbis*
und Aussüßung bei den Paludinen, richtig ist, ist allerdings fraglich, aber es
kann als unumstößlich gesichert betrachtet werden, daß die Umbildungen von
flachen zu hohen Planorben und von glatten zu kantigen Paludinen ganz geregelt
durch eine lange Reihe von Übergangsformen und über lange Zeiträume hin
geschehen ist. Was uns jedoch mangelt, das sind Beweise dafür, daß steigende
Temperatur hohe Schalen und Aussüßung kantige hervorruft. Ein solcher
Beweis kann kaum geführt werden; denn dazu bedarf es nicht bloß eines Menschen-
alters, sondern wahrscheinlich einer ungeahnten Reihe von Generationen. Auf
Formveränderungen bei rezenten Mollusken wird u. a. in einer Arbeit von HAZAY
(1881) und in der neueren Literatur u. a. in MIEGELS Arbeit über die Formver-
änderung bei Mollusken in den ostholsteinischen Seen (1931), in denen von
GOODRICH (1928 bis 1934) über die bei Pleuroceriden hingewiesen, wo gezeigt wird,
daß die Schnecken in verschiedenen Baumerkmalen regelmäßig vom Ober- bis
zum Unterlauf der Flüsse variieren u. a. m.

Viel Arbeit ist verwendet worden auf die Aufklärung der geographischen
Verbreitung. Die allgemeinsten Lebensfunktionen dagegen, die Atmung der
Schnecken, ihre Fortpflanzungsgeschichte, ihre Ernährung, sind Gebiete, wo
Untersuchungen wohl keineswegs fehlen, wo aber sichere Tatsachen merkwürdig
spärlich sind. Ich selbst habe mich niemals eingehender mit diesen Tieren beschäftigt, aber auf meinen zahlreichen Exkursionen zu allen Jahreszeiten und
an den verschiedensten Örtlichkeiten habe ich nicht umhin können, fast mehr

von Mollusken als von allen andern Süßwasserorganismen zu sehen. Sie sind nämlich stets diejenigen Tiere, welche von Netz und Dredge am häufigsten heraufgebracht werden, und zugleich waren sie diejenigen, welche infolge ihrer Größe am meisten in die Augen fielen. Aus zahlreichen kleinen Notizen durch die vielen Jahre hindurch habe ich versucht, die folgenden Seiten zusammenzustellen. Sie mögen nur betrachtet werden als eine biologische Grundlage für ausführlichere, namentlich in physiologischer Richtung gehende Untersuchungen.

Ein paar Bemerkungen, die in gleicher Weise den Lungen- und Kiemenschnecken gelten, dürften am besten hier ihren Platz finden.

Vorkommen. Man kann die Süßwasserschnecken unter sehr verschiedenen Lebensverhältnissen antreffen. Man pflegt zu sagen, daß zum Aufbau der Schalen kalkhaltiges Wasser benötigt wird. Das ist auch im großen und ganzen richtig, aber es muß doch dazu bemerkt werden, daß es auch in dieser Beziehung eine Grenze gibt und daß sie in allzu stark kalkhaltigem Wasser nicht gedeihen können. Sie scheuen stark humussäurehaltiges, kalkarmes Wasser. In Dänemark ist es recht auffallend, daß der recht große Gribsee (p_H 4, 7, Tiefe 13 m, Wasser tiefbraun) keinen einzigen Mollusken enthält. Die Molluskenfauna der echten Torfmoore ist in der Regel nicht reich; eine derjenigen Formen, die bei niedrigsten Werten des p_H vorkommt, dürfte *Aplexa hypnorum* (L.) sein. Wo der Säuregehalt groß und der Kalkgehalt gering ist, dort zeugen die Schalen von dem ewigen Kampf der Tiere beim Aufbauen und Bewahren der Schalen, die sie sich erworben haben. An solchen Örtlichkeiten zeigen sich die Schneckenschalen auffällig angenagt. Es sind in diesem Falle die Schnecken selbst, welche einander den Kalk stehlen, ein Verhalten, das man in Aquarien direkt beobachten kann und das übrigens auch von an kalkarmen Stellen lebenden Landschnecken bekannt ist (Bulbjerg, Jütland, STAMM 1916). Einige Formen können sich den variabelsten Verhältnissen anpassen. *Limnaea palustris* (O. F. M.) findet sich z. B. nach SIMROTH (1913) in den Ländern rings um den Nordpol, aber übrigens auch in Afrika; *L. ovata* DRAP. kommt ebenfalls hoch im Norden vor (weiter in kalten Quellen und Bächen im Hochgebirge; ZSCHOKKE 1900), aber sie ist auch nach ISSEL (1906) in warmen Quellen Italiens gefunden worden; es sind, wie wir sehen werden, die gleichen zwei Formen, von denen die Tiefwasser-Limnaeen des Genfersees ihren Ausgang genommen haben, aber sie sind es auch, zümindest *L. ovata* DRAP., die am häufigsten in den baltischen Seen mit ihren in der Litoralregion hohen Sommertemperaturen anzutreffen sind. Auf Grund des hohen Anpassungsvermögens der Schnecken ist es sehr schwer, Übereinstimmungen anzugeben zwischen besonderen Örtlichkeiten und einer besonderen Schneckenfauna. Stark fließendes Wasser ist wohl hauptsächlich von Prosobranchiern *(Bithynia, Neritina)* bewohnt, aber auch Lungenschnecken mit verkümmerter Lunge, die im übrigen auf Hautatmung angewiesen sind *(Ancylus)*, fehlen nicht. Wohl finden sich die Prosobranchier überwiegend in größeren Seen und gehen in der Regel weiter hinaus als die Lungenschnecken, aber diese können ihnen doch auch an solchen Örtlichkeiten den Rang streitig machen und in diesem Fall ihre Lungen als Kiemen verwenden oder sich mit allgemeiner Hautatmung begnügen. Nur in pflanzenreichen Kleinteichen dürften die Lungenschnecken wohl in der Regel dominieren. Einige können hochgradiges Austrocknen ertragen und in trockenem Schlamm übersommern, erwachen aber beim ersten Regenschauer zum Leben [*Limnaea truncatula* (O. F. M.), *Planorbis*-Arten u. a. *P. nitidus* (O. F. M.)]. Wenn die Trockenheit kommt, suchen sie den Grund der Grasbüschel auf; sie können sich hier mehrere Zentimeter in den Schlamm eingraben und unter diesen Verhältnissen Monate hindurch leben, ohne Schaden zu erleiden. Ich selbst habe *L. truncatula* (O. F. M.) besessen, die an der Wand eines vollkommen trockenen

Glases durch drei Wochen sitzen geblieben sind; wenn die Tiere Wasser bekamen, lebten sie alle wieder auf.

In einem kleinen Wald an der nordwestlichen Küste von Seeland, dem Strandwald in der Nähe der Nexelöbucht, kam ich im trockenen Sommer 1932 viel herum. Die tiefen Gräben waren mit staubtrockenem Laub bedeckt. Sowie der Regen gegen den Spätsommer kam, krochen *L. truncatula* (O. F. M.) aus dem Schlamm in ungeheuren Mengen aus. Die gleichen Beobachtungen wurden an den Dränierungsgräben beim Esromkanal im sehr trockenen Sommer 1934 gemacht. Von anderer Seite (MOZLEY 1932) wird berichtet, daß *L. palustris* (O. F. M.) in Kleinteichen gefunden wurde, die nur durch zwei Monate des Jahres Wasser hatten. Während der Trockenheit graben sich die Formen recht tief ein; sie suchen unter die harte, sonnengetrocknete Kruste, hinunter in die darunter liegende, feuchte Erde zu gelangen und können sich hier durch Monate lebend erhalten. Sie schließen in solchem Fall oft die Schalenmündungen mit einer Schleimschicht. Aus Amerika wird mitgeteilt, daß selbst *Limnaea stagnalis* (L.), wenn nur eine Schicht Wasserpflanzen darüber liegt, Monate hindurch in feuchtem Moder das Austrocknen überstehen kann. Sie kann sich in solchem Fall in eine Tiefe von zirka 35 cm eingraben. Tiere, die nicht hinuntergelangen, ertragen den Sonnenbrand nicht (CHEATUM 1934).

Auch *L. ovata* DRAP. kann an Teichufern, auf der Unterseite von Steinen sitzend, jedoch unter feuchten Verhältnissen, Trockenperioden recht lange überstehen. Das gleiche habe ich bei *L. palustris* (O. F. M.) an den Ufern des Brommesees beobachtet. Gewöhnlich ist wohl *L. stagnalis* (L.) diejenige, welche am schwersten imstande ist, das Austrocknen zu überleben. Wenn die Teiche trockengelegt werden, sieht man die großen Limnäen auf dem feuchten Schlamm herumkriechen; man findet sie durch einige Zeit, die Schalenmündung direkt an den Moder angedrückt. Aber im starken Sonnenbrand sterben sie ab; ihre weißen Schalen liegen, bevor der Winter kommt, über den Boden verstreut.

Wir werden später auf einige Beobachtungen über das Leben der Schnecken im Winter unter dem Eis und bei trockenen Verhältnissen zurückkommen. Hier soll nur bemerkt werden, daß NORDENSKIÖLD (1897) für die Umgebung von Stockholm nachgewiesen hat, daß eine Reihe Schnecken, namentlich Lungenschnecken, im Eis eingefroren überwintern. Es handelt sich um fast alle *Limnaea*- und *Planorbis*-Arten der Lokalität sowie um *Physa*, endlich um *Bithynia* und *Valvata* sowie *Pisidium*; an einer Stelle war *P. umbilicatus* (L.) in so großen Mengen zugegen, daß „das Eis dunkel war von Schnecken". Alle waren am Leben; im Schlamm wurden nur drei bis vier Exemplare gefunden; die Tiere schützten sich durch einen Schleimdeckel; NORDENSKIÖLD meint, daß diese Formen vielleicht für gewöhnlich im Eis überwintern. Die Beobachtungen wurden von CHEATUM (1934) bestätigt, der in kleinen Bächen Blöcke von Eis mit Schnecken ausgegraben hat, welche nach langsamem Auftauen weiterlebten. Er gibt an, daß Schnecken nach Experimenten das Einfrieren in Eis wenigstens durch 84 Stunden aushalten können, natürlich nur, wenn sie im voraus an niedere Temperatur akklimatisiert worden waren. Diese Angaben stimmen absolut nicht mit meinen Beobachtungen. Obwohl ich über eine Anzahl von Winteruntersuchungen verfüge, habe ich niemals im Eis eingefrorene, lebende Schnecken gefunden. Der Unterschied in der Überwinterung im Norden und Süden dürfte darauf beruhen, daß unsere Teiche so viel reicher an Pflanzenwuchs sind, welcher große Teile des Winters hindurch reichlich Nahrung bietet und gleichzeitig das Wasser frisch erhalten kann. Bei uns werden sich die Schnecken bei niederen Temperaturen von der Oberfläche zurückziehen; die Erscheinung, daß das Eis dunkel von lebenden, eingefrorenen Schnecken ist, dürfte in unseren Breitegraden nicht vorkommen.

Alter. Man hat für verschiedene unserer Süßwasserschnecken ein recht hohes Lebensalter angegeben. Die Paludinen sollen acht bis zehn Jahre alt werden können, was aus den „Jahresringen" auf dem Deckel berechnet worden ist, die großen Limnäen und *Planorbis corneus* drei bis vier Jahre, die kleinen Planorben kaum über zwei Jahre.

Mehrere meiner Beobachtungen durch Jahre hindurch am gleichen Ort haben in mir den Eindruck erweckt, daß sowohl *L. stagnalis* (L.) als auch *L. ovata* DRAP. an vielen Stellen und in vielen Jahren nicht zwei Überwinterungen überlebt. Durch starke Trematodeninfektion geschwächt, überstehen sie kein zweites Mal die mit der Überwinterung unter dem Eis einhergehenden ungünstigen Verhältnisse, die vor allem infolge der Bildung irrespirabler Luft unter dem Eis gegeben sind. Ich habe oft regelmäßig Kleinteiche besucht, wo sich das Eis über sehr großen Limnäen geschlossen hat, aber von ihnen war nicht eine am Leben, als das Eis wieder aufbrach. Die Teiche enthielten im zeitigen Frühjahr eine recht geringe Anzahl junger, geschlechtsreifer Schnecken, die sicher aus dem vorigen Jahr stammten. Den Sommer über wachsen sie zur Maximalgröße heran, worauf sie das nächste Frühjahr verschwunden sind. An vielen Stellen werden sie im zeitigen Frühjahr geboren und sterben schon unter dem Wintereis des nächsten Jahres. Meine Beobachtungen rühren von Kleinteichen bei Lynge, Sorö, Hilleröd, vom Hulsee und Bagsvaerdsee her. Beträchtliche Größe ist nicht immer Zeichen eines hohen Alters, sondern oft nur von starker Trematodeninfektion, die das Tier zu starkem Wachstum zwingt. Für englische Limnäen gibt BOYCOTT, OLDHAM und WATERSTON (1930) an, daß sie alle einjährig sind (9 bis 15 Monate), *L. ovata* DRAP. mit mehreren Generationen (2 bis 3) im Jahre. Für die merkwürdige, außerordentlich schlanke, beinahe drahtförmige Limnäide, *Acella Haldermanni* BINNEY, die schlankste aller Limnäiden, gibt MORRISON (1932) an, daß auch sie nur einjährig ist.

Schmarotzer und Kommensalisten. Es ist an und für sich natürlich, daß die Mollusken mit ihren leicht angreifbaren Weichteilen und dem großen Hohlraum zwischen der Schale und diesen sowie mit ihren Hohlräumen im Körper selbst wie geschaffen sind, in und auf sich eine Unzahl von Organismen zu beherbergen, die an sie geknüpft und in größerem oder geringerem Ausmaß von ihnen abhängig sind.

Es handelt sich in erster Linie um Trematoden, von denen der weitaus größte Teil seine Jugendstadien hauptsächlich in Schnecken, aber auch in Muscheln verbringt. Das Tierreich bietet kaum ein zweites Beispiel dar, daß zwei so große Tiergruppen, wie Mollusken und Trematoden, in solchem Grad miteinander in Verbindung getreten sind, daß die eine, die Mollusken, auf der ganzen Erde als Wirt von tausenden von Arten auftritt, deren Entwicklungsstadien in ihm durchlaufen werden *müssen*, ohne jedoch hier zumeist ihre Geschlechtsreife zu erlangen. Die Trematoden sind tatsächlich ein Faktor im Leben der Mollusken geworden. Ich glaube nicht, daß sich die Malakologen das richtig vor Augen gestellt haben. Die Trematoden zwingen die Mollusken, für sie zu frohnen, für sie ungeheure Nahrungsmengen zu verschaffen, bestimmen die Größe ihrer Vermehrung und verursachen Kastration (ROSZKOWSKI 1925, W.-L. 1932); an vielen Örtlichkeiten bestimmen sie auch hochgradig ihre Lebensdauer. Selbst wenn man sich nicht der sehr gewagten Auffassung anschließt, daß das Sichwinden des Eingeweidesacks und der Schale infolge des enormen Leberwachstums durch die Schmarotzerinfektion ebenfalls den Trematoden zugeschrieben werden muß, besteht doch kein Zweifel darüber, daß sie in sehr hohem Ausmaß die Form der Schalen beeinflussen. Die enorme Menge von Schmarotzern führt vermehrtes Wachstum der Leber herbei, welche wieder, wenn die Infektion den Gipfelpunkt erreicht, eine abnorme Entwicklung der letzten Windungen verursacht. Keineswegs, wie man glauben sollte, veranlassen die Trematoden verkümmerte Wachstumsformen; ganz im Gegenteil bewirken sie durch ihre Infektion eine Größenzunahme. Sie zwingen die Schnecken zu enormer Nahrungsaufnahme, was wieder eine Vergrößerung des Leberumfangs zur Folge hat (W.-L. 1932). Später hat Miß Rothschild (1936) bei *Peringia ulvae* Pennant die gleichen Beobachtungen gemacht. Die allgemein herrschende Auffassung, daß die Umwelt einen großen Einfluß auf den Schalenbau ausübt und daß eine große Schalenmündung besonders von strömendem Wasser bewirkt werden soll (Colton 1908; Wiebe 1926 u. a.), ist nicht immer richtig. Abb. 798 zeigt zwei Exemplare von derselben Lokalität im Esromsee. Das linke hat den normalen Bau von *L. palustris*, das rechte zeigt eine sehr stark aufgetriebene Schale mit breiter Öffnung für den Fuß. Dieses Exemplar war mit Xiphidiocercarien sehr stark infiziert, das linke nicht (Berg 1938). Die Exkretstoffe der Schmarotzer veranlassen weiter eine Melaninverfärbung des Gewebes und der Schalen. Die Schmarotzer stimmen in gewissen Fällen die Schnecken physiologisch um, so daß sie lichtstrebiger werden (*Succinea* durch *Leucochloridium*). Sie bewirken endlich, daß auf ihren Weichteilen sich Tiere einnisten, die von den Cercarien leben und diese verschlucken, sobald sie aus den Schnecken gelangen. Das gilt in erster Linie für *Chaetogaster limnaei*, der sich zu hunderten auf dem ganzen Vorderkörper verschiedener Schnecken, besonders der großen Limnäen, aber auch von *Physa, Planorbis* und *Acroloxus* aufhalten kann. Man stößt oft auf Tiere, deren Kopfvorderrand, Tentakel und Mantelrand besetzt sind mit weißen Fransen dicht beieinander sitzender Würmer.

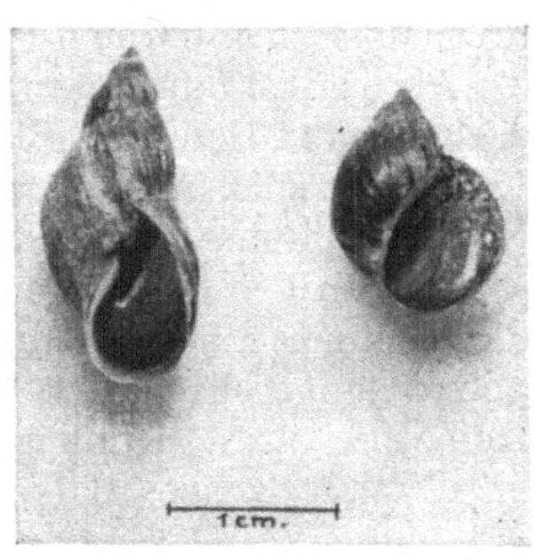

Abb. 798. *Limnea ovata*. Links eine nicht infizierte Schnecke, rechts eine stark infizierte Schnecke; Anschwellung der letzten Windung. (Berg, Esromsee 1938.)

Die Hirudineen spielen eine besondere Rolle; sie sind keine Parasiten, aber ausgesprochene Raubtiere, welche die Schnecken aussaugen. Das gilt vor allem für die Clepsinen, aber auch für *Aulostomum*. Von den Clepsinen ist besonders die kleine *C. heteroclita* als konstanter Bewohner u. a. von *Bithynia tentaculata* (L.) namhaft zu machen.

Von Insekten müssen besonders bestimmte Chironomidenlarven hervorgehoben werden, die ich in einigen Fällen als anscheinend konstante Bewohner von Limnäen angetroffen habe. Ihre Rolle hier ist mir unbekannt.

Daß die Schneckenschalen eine Menge verschiedener Organismen tragen, Algen, Infusorien, Rotatorien u. a., ist bekannt. Gewisse acinete Infusorien scheinen merkwürdigerweise an bestimmte Schnecken gebunden zu sein. Einige Algen sind sehr eng an den Schneckenkalk gebunden und bewirken durch Säureausscheidung, daß die Schalen korrodiert werden.

Im großen Haushalt der Natur sind die Schnecken in erster Linie von Bedeutung als Zerstörer faulender Substanzen, von Pflanzenteilen und Detritus. Ein sehr großer Teil des Pflanzenwuchses unserer Seen passiert den Darmkanal der Schnecken oder wird in Molluskenfleisch umgesetzt. Dieses dient wieder einer Reihe von Tieren als Nahrung, besonders Fischen, weiter einer Menge namentlich von Wat- und Schwimmvögeln, aber auch Singvögeln, u. a. Drosseln und Krähen. Viele werden auch von kleinen Nagern, Insektenfressern und Raubvögeln gefressen. Durch diese ihre Kost geraten dann die Entwicklungsstadien der Trematoden in ihre Wirte, wo sie die Geschlechtsreife erlangen werden.

Über eine unserer Limnaea-Arten, *L. peregra* O. F. M., oft als Varietät von *L. stagnalis* aufgefaßt, liegt eine interessante Angabe von WUNSCH (1935) vor, und zwar, daß die Schnecke einen Stoff im Wasser ausscheidet, der in genügender Konzentration auf Fische als eine Art schweren Nervengiftes wirkt und imstande ist, Forellen in ganz kurzer Zeit unter schweren Krampferscheinungen zum Absterben zu bringen. Das Phänomen wurde zuerst in Fischteichen beobachtet und später experimentell (WUNSCH) untersucht. In Behältern mit 20 Liter Wasser wurden $2^1/_2$ kg reingespülte, lebende *Limnaea peregra* und zwei gesunde Regenbogenforellen von zirka 12 cm Länge eingesetzt. Die chemische Untersuchung des Wassers ergab keine direkt nachweisbare Veränderung und der Sauerstoffgehalt des Wassers war nicht beeinflußt. Ohne Schnecken blieben die Forellen andauernd gesund im Kontrollgefäß, in Gesellschaft der Schnecken aber starben die Fische im Laufe von vier bis acht Minuten. Andere Schneckenarten hatten auf die Fische keine derartige Wirkung.

Als Kalkproduzenten gehören sie zusammen mit den Muscheln zu den wichtigsten Faktoren der Bildung von Ablagerungen des Süßwasserkalks auf der Erde und spielen in dieser Hinsicht eine ungeheure Rolle. Siehe darüber das Schlußkapitel.

Wir wollen im folgenden zuerst die Lungenschnecken behandeln, hernach die Kiemenschnecken und endlich wollen wir zum Schluß die merkwürdigen Schneckengesellschaften besprechen, die durch neuere Untersuchungen in einer Reihe der ältesten und merkwürdigsten Seen der Erde festgestellt worden sind: im Tanganyikasee, Baikal-, Ochrida- und Titicacasee.

Unterklasse

Pulmonata (Lungenschnecken).

Ordnung: **Basommatophora.**

Die Lungenschnecken werden, je nachdem die Augen ungestielt oder gestielt sind, in die zwei Gruppen, *Basommatophora* und *Stylommatophora*, geteilt, von welchen die letzteren Landtiere sind; einige von ihnen leben an sehr feuchten Orten und einzelne, die *Succineae* oder Bernsteinschnecken, sind in ihrer Lebensweise fast amphibisch. Die *Basommatophora* sind ganz überwiegend Süßwasserschnecken; ein Teil findet sich jedoch im Meere, doch gehören sie vorzugsweise als Uferformen den Mangrovesümpfen und Flußmündungen mit brackischem oder fast süßem Wasser an. Die letzteren sind fast ausschließlich Tropenformen. Wir nennen hier nur die Familie *Amphibolidae*, weil sie als einzige unter allen Lungenschnecken einen Deckel besitzt. Sie sind Brackwasserformen, welche zum Teil im Sand eingegraben leben. Sie zeigen weiter die Merkwürdigkeit, daß ihre Lungenhöhle normalerweise Wasser und nicht Luft enthält. Eine Kieme ist nicht vorhanden. Eine einzige Gruppe, die *Carychiinae* (die Familie *Ellobiidae*) mit *C. minimum* O. F. M., ist Landform.

Alle Lungenschnecken des Süßwassers sind in der Gruppe *Hygrophila* vereinigt. Zu ihnen gehören sechs Familien, von denen vier: die *Physidae, Limnaeidae, Planorbidae* und *Ancylidae* der alten Welt angehören. Alle vier gehören zu der europäischen Süßwasserfauna. Sie besitzen übrigens eine sehr weite, geographische Verbreitung. Die zwei übrigen Familien, die *Chilinidae* und *Latiidae*, sind beziehungsweise auf Südamerika und Neuseeland beschränkt. Beide sind sehr kleine Familien; die *Latiidae* enthalten nur zwei Arten.

Hygrophila.

Fam. *Physidae.*

Die Gattung *Physa* mit der nahestehenden Gattung *Aplexa* unterscheidet sich von den übrigen unserer Süßwasserschnecken durch ihre Linksdrehung. Die

Hauptart, *P. fontinalis* (L.) (Tafel 24, Fig. 26; Abb. 799 u. 800), ist daran zu erkennen, daß die letzte Windung sehr groß ist und der ganzen Schale gleichsam ein aufgeblasenes Aussehen gibt. Sie ist ebenso wie *Amphipeplea glutinosa* (O. F. M.) befähigt, den Mantelrand über die Schale zu schlagen, so daß diese fast verdeckt ist. Die Ränder gehen hier in lange, dünne Lappen aus, was bei *Amphipeplea* nicht der Fall ist. Merkwürdig ist, daß der Mantel keineswegs immer in gleich hohem Ausmaß über die Schale gelegt ist; oft sieht man sozusagen nichts von den Lappen. Das Verhalten steht wahrscheinlich in Zusammenhang mit dem größeren oder geringeren Sauerstoffgehalt des Wassers. Die Lungenhöhle ist sehr groß; infolge ihres großen Luftinhalts und der großen Durchsichtigkeit der Schale ist sie sehr auffällig. Der Fuß ist sehr lang und dünn. Das Tier wirft und windet sich oft in eigentümlicher Weise, so daß die Schale zur Seite und nach hinten geworfen wird, eine Bewegung, die ich bei keiner

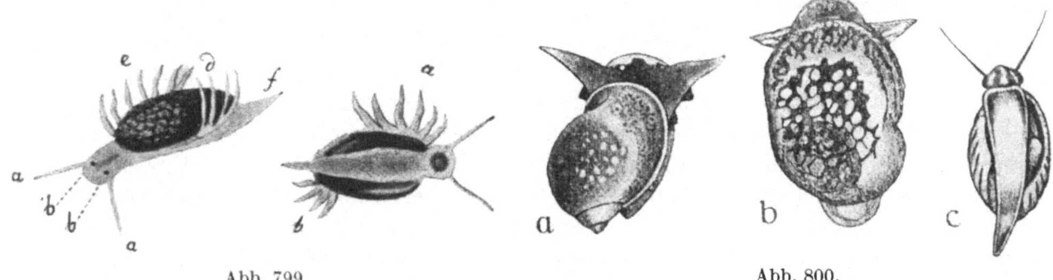

Abb. 799.   Abb. 800.

Abb. 799. OTTO FREDERIK MÜLLERS Zeichnung von *Physa fontinalis* (L.), zeigt die Mantellappen vorgestreckt. Das Tier links von oben gesehen. *a* Fühler; *b* Augen; *e* sieben Lappen der rechten Seite, *d* vier der linken; *f* Fuß. Das Tier rechts von unten gesehen mit den gleichen Lappen *a* und *b*. (Nach O. F. MÜLLER, Geschichte der Perlenblasen 1781.)

Abb. 800. *a Limnaea ovata* DRAP. Man beachte die großen, flachen Fühler, die bei der Hautatmung eine Rolle spielen. *b Amphipeplea glutinosa* (O. F. M.), die Schale vom Mantel ganz bedeckt. *c Physa fontinalis* (L.), von unten gesehen, zeigt den lappigen, über die Schale geschlagenen Mantel. (TAYLOR und SIMROTH 1928.)

anderen Süßwasserschnecke gesehen habe. Verhindert man bei Temperatur + 20° C den Zutritt atmosphärischer Luft, so sterben die Schnecken auffallend rasch, gewöhnlich im Verlauf von 24 Stunden ab. Bringt man die Schnecken ohne Luft in den Lungen in den Frigidaire bei einer Temperatur von 2 bis 4° C, so bleiben sie auf dem gleichen Fleck im Glas sitzen und leben auch hier merkwürdig kurz, nur wenige Tage. Sie kommen in vielen Kleinwässern vor, aber benötigen immer reines, klares Wasser. Weiter finden sie sich draußen in der submersen Vegetation unserer Seen und können hier in unglaublichen Mengen vorkommen. Sie wurden im November 1936 in großer Zahl auf faulenden Charapflanzen im Esromsee in 2 bis 4 m Tiefe erbeutet. Diese Individuen hatten keine Spur von Luft in den Lungen, während andere, in flachen Mooren bei Hilleröd gefangene, große Luftblasen in der Lunge zeigten. Die Eigelege sind klein, recht hoch, ungefähr kreisförmig; sie enthalten 10 bis 30 Eier. Die Familie ist über die ganze Erde verbreitet.

Die nahestehende Gattung *Aplexa* mit der Art *A. hypnorum* (L.) besitzt eine ausgesprochen amphibische Lebensweise. Sie ist hauptsächlich an Moore gebunden und findet sich oft an den Moosrändern der Moore oder in sehr kleinen Wasseransammlungen mit faulendem Buchenlaub. Sie ist leicht an ihrer hohen, sehr stark glänzenden Schale und der ausgesprochenen, tief dunkelblauen Farbe ihrer Weichteile kenntlich. Die Eigelege sind merkwürdig hoch, fast halb so hoch als lang.

Fam. *Limnaeidae (Sumpfschnecken)*.

Schale mehr oder minder hoch, fast immer rechts gewunden; breite, flache Tentakel; keine Kiemen; dreiteiliger Kiefer. Radula mit einer schmalen Mittelplatte; die Seitenplatten ziemlich groß, mit einem äußeren und oft auch einem inneren Nebenzahn. Randplatten mit vielzackigen Schneidezähnen. Zwei Hauptgattungen: *Limnaea* und *Amphipeplea* (= *Myxas*). Die Familie ist fast kosmopolitisch.

Der größte Teil der Sumpfschnecken der europäischen Süßwässer gehört fünf Arten an: *L. stagnalis* (L.) (Tafel 24, Fig. 13 bis 14), *L. (Radix, Gulnaria) auricularia* (L.) (Tafel 24, Fig. 20 bis 21), *L. ovata* Drap. (Tafel 24, Fig. 15 bis 19, 36), *L. (Stagnicola) palustris* (O. F. M.) (Tafel 24, Fig. 22 bis 24) und *L. (Galba) truncatula* (O. F. M.) (Abb. 158).

Die einzelnen Arten sind, was ihre Schalenform betrifft, einer außerordentlichen Variation unterworfen; von einer Unterart von *L. ovata* Drap., *L. peregra* (O. F. M.), sind nicht weniger als 44 Varietäten aufgestellt worden. Die Variation ist nicht geographischer, sondern ökologischer Natur. Die Naturverhältnisse an dem Ort, wo die Limnäen leben, sind es, welche ihr Aussehen in so wesentlichem Ausmaß bestimmen; mehr oder weniger ruhige Verhältnisse, bessere oder schlechtere Ernährung, Kalk- und Säuregehalt des Wassers sowie Trematodeninfektion sind die Hauptfaktoren, welche die Schalenform und teilweise auch die Schalenstruktur beeinflussen. Die sehr kleine *L. truncatula* (O. F. M.), jene, welche die Entwicklungsstadien des Leberegels beherbergt, findet sich vor allem in Gräben oder in abgesperrten, sehr seichten Partien größerer Seen. Das Wesentliche über deren Lebensweise findet man beim Leberegel, S. 141, beschrieben. Die anderen Arten können wohl nebeneinander vorkommen, jedenfalls im gleichen Gewässer. Doch ist *L. palustris* (O. F. M.) in den größeren Gewässern der baltischen Region eher eine Uferform; das gleiche gilt auch für *L. stagnalis* (L.); *L. auricularia* (L.) und *L. ovata* Drap. sind dagegen diejenigen Formen ihrer Gattung, welche in größeren Seen am weitesten hinausgehen, bei uns bis zirka 6 bis 8 m. *L. ovata* Drap. dürfte vielleicht von allen unseren *Limnaea*-Arten diejenige sein, welche unter den verschiedenartigsten Verhältnissen zu leben vermag; in den oben erwähnten Tiefen unserer Seen, in winzig kleinen Wasseransammlungen, in Dorfteichen, in Bächen und Flüssen, unter der Form *peregra* (O. F. M.) in warmen Quellen Islands und Italiens; sie ist von allen unseren Limnäen und wohl von allen unseren Süßwasserschnecken diejenige, welche am weitesten nach Norden geht. Sie ist die dominierende Schnecke auf den Färöern. Sie ist wahrscheinlich auch diejenige, welche die stärkste Variation aufweist von großen, schönen Formen in größeren Seen bis zu sehr kleinen, nicht mehr als zirka $^3/_4$ cm großen Hungerformen in kalten, pflanzenarmen Bächen. Von allen unseren Schnecken dürfte sie eine derjenigen sein, welche sich dem Quellursprung der Flüsse am meisten nähert.

Die einzelnen Arten treten unter äußerst wechselnden Gestalten auf; gleichartige Bedingungen können die Arten so stark prägen, daß es oft schwer ist, selbst wohlabgegrenzte Arten [*L. auricularia* (L.), *L. ovata* Drap.] auseinanderzuhalten. Man muß in solchem Fall die Anatomie zu Hilfe nehmen, aber selbst dann mißlingt das oft. Die beiden genannten Formen sollen unter anderem in der Form des Receptaculum seminis [kugelrund bei *L. auricularia* (L.), birnförmig bei *L. ovata* Drap.] voneinander unterscheidbar sein (Roszkowski 1914). Beweis dafür ist keiner geführt, aber es ist nicht unwahrscheinlich, daß die ausgesprochenen Brandungsformen mit ihrer sehr großen Schalenmündung nicht einfach bloße Lokalformen, sondern genotypisch fixiert sind (Miegel 1931). Man hat in den einzelnen Formen ein Produkt der Umgebung sehen wollen, aber in den meisten Fällen bewegt man sich doch in gewagten Spekulationen ohne größeren, wissenschaftlichen Wert. So weit scheint die Sache immerhin gesichert zu sein, daß die Formen mit sehr großen Schalenmündungen und den entsprechend großen Fußscheiben, besonders in jenen Fällen, wo der Schalenmündungsrand eine über die übrige Schale hinausragende, freie, flache Kante bildet, Brandungsformen sind, die im Wellenschlag zu Hause sind, entweder auf Schlamm und Sandflächen, auf Steinen oder auf dem spärlichen Bewuchs von *Scirpus* (Binsen). Versucht man mit der Hand eine dieser großen Schnecken von den Steinen loszulösen, so begegnet man einem stark wachsenden Widerstand; ohne Zweifel verwendet das Tier seine große Fußfläche als Saugscheibe. Abb. 801 bis 803 zeigen, um wieviel größere Fußscheiben bei diesen Formen vorhanden sind als z. B. bei *L. stagnalis* (L.). Es sind Tiere, die infolge derselben ausgezeichnet geeignet sind, sich an der Unterlage festzuhalten und Wellenschlag und Brandungswucht zu ertragen, ohne losgerissen zu werden. Aber eines können sie nicht vertragen: das Scheuern des Eises, wenn dieses von Stürmen gegen das Ufer gepreßt wird. Das Eis löst sie los, schließt sie zwischen die Schollen ein und führt sie an Land. Wenn das Eis im Frühjahr schmilzt, werden sie von den Wellen, je nach dem Neigungswinkel des Ufers und der Bodenbeschaffenheit, ganz ans Land getragen, wo sie absterben und wo die leeren Schalen den Sommer hindurch in den Strandwällen

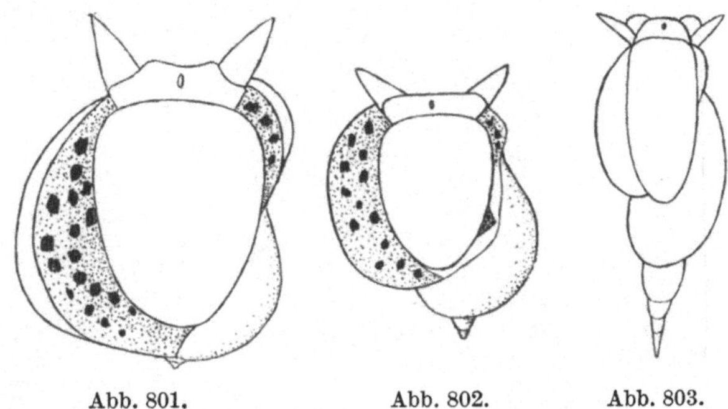

Abb. 801.   Abb. 802.   Abb. 803.

Abb. 801. *Limnaea auricularia* (L.).   Abb. 802. *Limnaea ovata* DRAP. Abb. 803. *Limnaea stagnalis* (L.). Bei den beiden ersten ist der Fuß sehr breit, bei der letzten länglich; die beiden ersten sind nach Individuen aus der Brandungszone unserer Seen gezeichnet. (W.-L.)

liegen, die, von losgerissenem Schilf und Binsen, Sand und Kies gebildet, sich so oft an unseren Ufern vorfinden. Daß diese Formen tatsächlich als Anpassungen an die unruhigen Verhältnisse ihres Wohnorts aufgefaßt werden können, sieht man auch daraus, daß andere Arten, die ursprünglich keine so mächtige Schalenmündung besitzen wie *L. auricularia* (L.), wenn sie zufällig unter den Bedingungen der Brandungsküste leben, ebenfalls eine solche ausbilden (s. Abb. 804).

Man hat sogar in einem Fall einen sehr guten Wahrscheinlichkeitsbeweis dafür beigebracht, daß junge, in stillen Buchten geborene *L. stagnalis* (L.) mit dem normalen Aussehen von Sumpfschnecken, wenn Wellen und Wind sie an Brandungsufer führen, die großen Schalenmündungen ausbilden, die möglicherweise eine Lebensbedingung an solchen Orten sind und jedenfalls für uns Menschen ein gerade für eine solche Örtlichkeit wie geschaffenes Kennzeichen zu sein scheinen. Umgekehrt, sobald *L. ovata* DRAP. in überaus ruhige Lebensverhältnisse gerät (Tiefwasser-Limnäen des Genfer Sees), sind sie hochgewunden und haben eine kleinere Schalenöffnung (ROSZKOWSKI 1914).

Eine besondere Form, *L. stagnalis angulata* (CLES.), ist an vielen verschiedenen Stellen anzutreffen; sie ist bald dominierend, bald nur vereinzelt vorhanden; sie ist dadurch charakterisiert, daß die beiden letzten Windungen fast rechtwinkelig sind. Bei meinen Untersuchungen über die Trematoden konnte ich fast sicher sein, daß die Limnäen, sobald sie unter dieser Form auftraten, einer ernsten Trematodeninfektion ausgesetzt waren. Das traf nicht an allen Stellen zu, aber die Möglichkeit ist nicht ausgeschlossen, daß sie in früheren Jahren einer Infektion ausgesetzt waren.

Abb. 804. Obere Reihe: *Limnaea stagnalis* (L.); mittlere Reihe: *Limnaea ovata* DRAP.; untere Reihe: *Limnaea auricularia* (L.). Alle ungefähr natürliche Größe, die Bilder sollen die außerordentliche Variation der Schalenformen zeigen. Linke Vertikalreihe die typischen Formen; rechte Vertikalreihe die mehr abweichenden, überwiegend Brandungsformen von Steinen oder weichem Schlamm. Diese bilden alle sehr große Mündungen und einen sehr großen Fuß aus und werden dadurch einander ähnlich. Die kleine Schnecke in der mittleren Reihe rechts ist eine *Limnaea ovata* DRAP. aus der Tiefseeregion des Genfersees. Obere Reihe: *1* nach STEENBERG 1917; *2* und *3* nach GEYER 1927; *4* nach MIEGEL 1931; *5* nach GEYER 1927. Mittlere Reihe: *6* bis *9* nach MIEGEL 1931; *10* nach ROSZKOWSKY 1914. Untere Reihe: *11* nach STEENBERG 1917; *12* nach GEYER; *13* nach STEENBERG 1917; *14* nach GEYER 1927.

Tafel 24. Gastropoda.

Fig. 1. *Planorbis corneus* (L.). $^1/_1$. Fig. 2. *Planorbis albus* O. F. M. 5×. Fig. 3. *Planorbis complanatus* (L.). 8×. Fig. 4. *Planorbis albus* O. F. M. 6×. Fig. 5. *Planorbis nautileus* (L.). 9×. Fig. 5a u. 5b. *Planorbis nautileus* (L.) var. *cristatus* DRAP. 9×. Fig. 6. *Planorbis umbilicatus* O. F. M. $^1/_1$. Fig. 7. *Planorbis carinatus* O. F. M. $^1/_1$. Fig. 8. *Planorbis contortus* (L.). 2,5×. Fig. 9. *Valvata cristata* O. F. M. 6,5×. Fig. 10, 11 u. 12. *Planorbis vortex* (L.) $^1/_1$. Fig. 13 u. 14. *Limnaea stagnalis* (L.). $^1/_1$. Fig. 15. *Limnaea ovata* DRAP. var. *profunda* CLES. $^1/_1$. Fig. 16. *Limnaea ovata* DRAP., var. *inflata*. $^1/_1$. Fig. 17. *Limnaea ovata* DRAP., var. *ampla* HARTM. $^1/_1$. Fig. 18 u. 19. *Limnaea ovata* DRAP., var. *patula* DA COSTA. $^1/_1$. Fig. 20 u. 21. *Limnaea auricularia* (L.). $^1/_1$. Fig. 22. *Limnaea palustris* (O. F. M.). Zirka $^1/_1$. Fig. 23. *Limnaea palustris* (O. F. M.), var. *abyssicola* BROTT. $^1/_1$. Fig. 24. *Limnaea palustris* O. F. M. $^1/_1$. Fig. 25. *Amphipeplea glutinosa* O. F. M. 2,5×. Fig. 26. *Physa fontinalis* (L.). 1,5×. Fig. 27. *Acroloxus lacustris* (L.). Zirka 2×. Fig. 28. *Ancylus fluviatilis* (O. F. M.). $^1/_1$. Fig. 29. *Bithynia tentaculata* (L.). $^1/_1$. Fig. 30. *Bithynia Leachii* SHEPP. $1^1/_3$×. Fig. 31. *Valvata piscinalis* (O. F. M.), var. *antiqua* SOWBR. 2×. Fig. 32. *Valvata piscinalis* (O. F. M.). 2×. Fig. 33 u. 34. *Valvata macrostoma* STEENBUCH. $1^1/_2$×. Fig. 35. *Neritina fluviatilis* (L.). $^1/_1$. Fig. 36. *Limnaea ovata* DRAP., Esromsee 2 bis 4 m. Normale Größe in 2 bis 4 cm. 2×. — Alle Figuren nach STEENBERG 1917, Furesee, ausgenommen 15, 23 und 24 nach ROSZKOWSKY, Tiefseelimnäen des Genfersees sowie 14 von der Litoralzone des Genfersees, 1914; 28 nach GRANGER, Mollusques — Histoire naturelle de la France; 36 nach BERG 1938.

Die kleinen Hungerformen von *L. ovata* DRAP. trifft man außer in Quellen auch auf den braunen Sandflächen der Brandungsufer und in den kleinen, wandernden Heideseen, wo sie zusammen mit den flachen Röhren der Köcherfliege *Molanna* dicht an den Boden gepreßt liegen. Sie sind alle von gleicher Größe, wohl weil sie an Orten leben, wo die Verhältnisse die meisten zur Einjährigkeit zwingen. An Stellen wie diesen ist die Farbe der Schale ebenso wie die des Tiers selbst fast immer sehr dunkel, fast schon schwarz, stark abweichend von den sehr lichten Schalen großer Seen, wogegen die Pigmentflecke des Mantels sehr scharf hervortreten, am stärksten wohl bei *L. auricularia* (L.). Die Acidität an solchen Stellen ist hoch, der Kalkgehalt des Wassers sehr gering, und es ist deshalb nicht verwunderlich, daß die Schalendicke sehr gering und die Schale selbst sehr zerbrechlich ist. *L. ovata* DRAP. dürfte von allen unseren Limnäen-Arten diejenige sein, welche das am stärksten säurehaltige Wasser verträgt; aber selbst bei uns gibt es Seen, wo sogar sie sich nicht halten kann. Sie kommt nicht im Gribsee vor. Gewisse Formen von Limnäen (*Galba = Fossaria modicella* SAY), die auf senkrechten Sandsteinfelsen in Indiana leben, sind ausgesprochen amphibisch und verbringen einen Großteil ihres Lebens als Landformen (VAN CLEAVE 1935).

SEMPER (1899) hat in einem oft beschriebenen Versuch Laich von ein und derselben *Limnaea* genommen, ihn in vier Teile geteilt und diese in verschieden große Wassermengen gebracht. Die Jungen, die sich entwickelten, wurden unter ganz gleichartigen Bedingungen gehalten. Es zeigte sich, daß die in der geringsten Wassermenge die kleinsten Tiere ergaben, die in der größten die weitaus größten Formen. Wahrscheinlich als Folge dieses an und für sich sehr interessanten Versuchs kann man in der Literatur Angaben finden, daß große Limnäen am ehesten in großen Wassermassen anzutreffen seien, kleine in kleineren. Soweit meine Erfahrung reicht, trifft das absolut nicht zu. Einige der größten *Limnaea stagnalis* (L.) findet man gerade in ganz kleinen Wasserlöchern von einigen wenigen hundert Quadratmetern. Es sind jedenfalls in gewissen Fällen reichliche Ernährung und gute Überwinterungsverhältnisse, welche in erster Linie die Größe verursachen, in anderen auch Trematodeninfektion, welche die Schnecken zu intensiverem Wachstum, namentlich zu exzessiver Entwicklung der Leber zwingt, die gewöhnlich den Hauptsitz der Schmarotzer bildet. Fast immer, wo ich in Kleinteichen Riesenexemplare von *L. stagnalis* (L.) gefunden habe, war die Leber fast ein Brei von echinostomen Redien. Sie starben im Laufe des Jahrs, hatten keine Eier gelegt, und das nächste Jahr fand sich keine einzige *L. stagnalis* (L.) im Teich. Die Ernährungsverhältnisse dürften übrigens ebensò gut und oft vielleicht eher besser in kleinen, pflanzenüberfüllten Teichen als in Großseen sein, und in milden Wintern mit geringer oder keiner Eisdecke liegt der Überwinterung in Kleinteichen kein Hindernis im Weg. SEMPERS Versuch ist auch von anderen wiederholt worden, welche im wesentlichen die Ergebnisse seiner Untersuchungen bestätigten. Nur glaubt man, daß es nicht direkt das Wasservolumen sei, das die Größe bedingt; man behauptet, daß teils die Exkremente der Tiere, teils die schlechte Ernährung und die schlechteren Respirationsverhältnisse die eigentlichen, wachstumshemmenden Faktoren darstellen (CRABB 1929 u. a.).

Während man aus der Größe der Wassermasse keineswegs auf die der Schnekken schließen kann, kann man besonders in bezug auf *Limnaea stagnalis* (L.), was die Gestalt betrifft, vielleicht wohl behaupten, daß die sehr hohen, schlanken Formen, die Form *subulata*, hauptsächlich Großseen angehören (sehr charakteristisch für den Tjustrupsee), die mehr plump gebauten den Kleinwässern.

Nicht selten findet man, besonders bei den großen Limnäen, daß die Schalen in Reihen rhomboidaler Felder geteilt sind; man nennt das „Hammerschlägigkeit". Es sieht so aus, als ob man mit einem kleinen Hammer regelmäßige Eindrücke in die Schalenmasse gehämmert hätte, während sie in Bildung begriffen war, und dann die Schale mit diesen Eindrücken erstarrt wäre. Man hat verschiedene Erklärungen dafür gegeben. Die natürlichste dürfte wohl die sein, daß die Erscheinung von sehr reichlicher Ernährung herrührt, die starkes Wachstum ohne hinreichende Kalkablagerung bewirkt, wodurch die Schale in hohem Grad für äußere Faktoren empfänglich wird.

Bewegung. Jede Bewegung bei Schnecken ist davon abhängig, daß zwischen der Schnecke und der Unterlage ein Schleimband ausgeschieden wird (SIMROTH 1882 u. a.). Diese Schleimlage klebt an der Unterlage, nicht an der Schnecke fest. Die Bewegungsart der Limnäen studiert man am besten, wenn sie unter der Wasseroberfläche hingleiten. Das Schleimband wird von den Fußdrüsen erzeugt; weil es leichter als Wasser ist, klebt es an der Unterseite der Wasseroberfläche fest. Bei starkem Sonnenschein kann man oft zwischen den Pflanzen in kleinen Teichen mit zahlreichen, gleitenden Limnäen an der Oberfläche diese Schleimbänder sehen. Gleichwie die Landschnecken bewegen sich die Limnäen mit Hilfe von Locomotionswellen, die von hinten nach vorn unter dem Band verlaufen. Diese Wellen kann man direkt beobachten, aber nicht so deutlich wie bei den Landschnecken. Die Entstehung der Wellen wird auf verschiedene Weise erklärt: durch Blutdruck, durch Blutdruck plus Muskelarbeit und durch Muskelarbeit allein. Das letztere dürfte das Richtige sein; sie entstehen durch Zusammenziehen und Erschlaffen der Längs- und Dorsoventralmuskeln, die in der Fußscheibe liegen. Bei den Limnäen sieht man die Wellen nur, wenn die Tiere unter dem Wasserspiegel kriechen. In pflanzenreichen Kleinteichen, deren Oberfläche mit Schwimmblättern von *Potamogeton natans* bedeckt ist, sieht man vom Boot aus an stillen, warmen Sommertagen, wie die Limnäen von den kleinen, offenen Wasserflächen zwischen den Blättern herabhängen und zwischen diesen langsam von der Stelle gleiten. Es ist mir keine andere Süßwasserschnecke bekannt, die so häufig frei von aller Vegetation auf diese Weise herumkriechend angetroffen wird. Draußen im Freien habe ich die großen Planorben sich niemals derartig benehmen gesehen, dagegen wohl in Aquarien. Die durchschnittliche Schnelligkeit der Limnäen ist zirka 4 bis 5 cm in der Minute. Die kleinen Individuen sind schneller.

Sehr oft findet man junge Limnäen sowohl als auch andere Schnecken an einem Faden von der Oberfläche herabhängen. Sie sind ebenso wie gewisse Planarien *(M. Ehrenbergii)*, *Hydra* u. a. am Oberflächenhäutchen mit einem zarten Faden befestigt. Diesen selber sieht man in der Regel nicht, aber führt man eine Nadel zwischen dem Tier und der Oberfläche hindurch, so kann man die Schnecke nach verschiedenen Seiten ziehen, indem der klebrige Faden an der Nadel hängen bleibt.

Die schleimbildende Fähigkeit ist übrigens bei den verschiedenen Arten sehr verschieden entwickelt, wohl am stärksten bei den kleinen *Limnaea ovata*-Formen, die sehr schnell die Schalen mit einem sehr dicken, oft eigentümlich gelben und sehr klebrigen Schleim überziehen; er ist viel geringer bei den großen Planorben. Gewisse Formen, wie *Physa*, können fast als Spinner bezeichnet werden; deren Fäden erreichen eine Länge von über 10 cm. Die Fäden werden beim Aufsteigen zur Oberfläche ausgezogen und sollen angeblich beim Hinuntersteigen zusammengerollt werden. Das letztere habe ich niemals beobachtet. Werden die gleichen Bahnen benutzt, so entstehen Schleimwege, auf welchen das Aufsteigen vorgenommen wird.

Im übrigen lassen sich unsere *Limnaea*-Arten in bezug auf das Bewegungsvermögen in zwei Gruppen teilen: Formen mit breitem Fuß und sehr weiter

Schalenmündung [*L. auricularia* (L.) und *L. ovata* DRAP.] und solche mit kleinem Fuß und engerer Schalenmündung [*L. stagnalis* (L.) und *L. palustris* (O. F. M.)].

L. stagnalis (L.) ist wohl im großen und ganzen die beweglichste unserer Sumpfschnecken. Das hängt damit zusammen, daß sie unter unseren *Limnaea*-Arten diejenige ist, welche den Sommer hindurch ihre Lunge am wenigsten als Wasserlunge verwendet und von atmosphärischer Luft am meisten abhängig ist. Das bringt es mit sich, daß sie, wenn sie nicht an der Oberfläche sich befindet und die Wassertemperatur hoch ist (20° C oder darüber), häufig zu ihr hinauf muß, um zu atmen. Auf schlammigen Flächen, in halb ausgetrockneten Teichen mit ein paar Zentimeter Wasser über dem dunklen Boden, sieht man die großen *L. stagnalis* (L.) und *L. palustris* O. F. M. anscheinend in absoluter Ruhe mit permanent offenem Atemloch, aber genauer betrachtet, befinden sie sich ständig unendlich langsam auf der Wanderung, wobei sie ununterbrochen das Nahrungsmaterial der Oberfläche ablecken. Formen mit breitem Fuß und namentlich mit gut entwickelter Schalenkante sind viel sedentärer [die große *L. auricularia* (L.) und die Großseeform von *L. ovata* DRAP. *(L. ampla)*]. Sie sitzen mit von der Unterlage leicht gelüfteten Schalen und die großen, breiten Tentakel ragen etwas über den Schalenrand. Stört man sie, so werden die Tentakel augenblicklich eingezogen und die Schalen an die Unterlage gedrückt. Auf den Steininseln im Furesee, wo der Wasserstand im Sommer nur etwa $^1/_2$ m beträgt, hat man oft Gelegenheit, das zu sehen.

Wanderungen. Verfolgt man das Schneckenleben in einem See oder größeren Teich regelmäßig durch ein Jahr hindurch, so wird man erkennen, daß die Tiere, sowenig beweglich sie auch sind, doch jährliche Wanderungen unternehmen, wenn diese auch nicht lang sind.

Im Furesee steigt zu gewissen Jahreszeiten *L. auricularia* (L.) gegen den Frühsommer vom Seeboden auf den *Scirpus*-Stengeln hinauf. Schon im Herbst verschwinden sie und suchen wieder den Boden auf. Dieses Emporkriechen erinnert an das von *Arianta arbustorum* (L.) und der *Helix*-Arten an den Stämmen im Sommerhalbjahr, das zumeist bei feuchtem Wetter in feuchten Wäldern erfolgt. Fühlt man, namentlich gegen den Herbst hin, *Scirpus*-Stengel an, so wird man finden, daß sie sehr schleimig sind. Der Schleim rührt zu einem großen Teil von dem starken Diatomeenbelag und von Nematoden der Gattung *Chromadora* u. a. her, die in Mengen auf ihnen leben, aber sicherlich auch von Schnecken, die, indem sie unendlich langsam sich über die Unterlage hinfressen, überall ein Schleimband nach sich ziehen. Gegen den Herbst verlassen sie die *Scirpus*-Bewüchse und wandern zum Boden hinunter, wo sie auf den abgesunkenen Pflanzen von *Potamogeton lucens* u. a. in so großen Mengen gefangen werden können, daß sie mit einem einzigen Dredgezug von einem kleinen Gebiet in einer Anzahl von 80 Stück heraufgebracht werden können. Nächstes Frühjahr kommt es wieder zum Emporsteigen; dieses findet hier zusammen mit der Köcherfliege *Anabolia* statt, deren große Röhren im Wellenschlag hin und her schwanken (s. auch STEENBERG in Furesee-Studien 1917).

Nach Beobachtungen von vielen Orten her besteht kaum ein Zweifel darüber, daß an manchen Stellen im Herbst im großen und ganzen eine Auswanderung vom Ufer hinaus in größere Tiefen erfolgt. Es können sich da in 2 bis 5 m Tiefe unglaubliche Mengen von Pulmonaten, in erster Linie von *L. auricularia* (L.), *L. ovata* DRAP. sowie *Physa* und kleine *Planorbis*-Arten anhäufen.

Die Erscheinung ist ganz lokal; man weiß niemals, wann und wo die Dredge auf diese Schneckenmengen trifft. BERG kennt die Erscheinung vom Esromsee, ich vom Furesee, wo ich an einem Herbsttag *Physa* zu Zehntausenden gedredget habe. Im November 1936 fand BERG im Tjustrupsee in 2 bis 5 m Tiefe *L. auricularia* (L.)

in beträchtlicher Anzahl, sie saßen hier immer in leeren Muschelschalen. Man darf wohl vermuten, daß sie hier ihr Winterquartier aufgeschlagen hatten. Selbst noch im Laboratorium hatten sie keine Spur von Luft in der Lunge. Für die Beurteilung der Schneckenwanderungen kommt wohl bei unseren seichten Seen noch ein Verhalten in Betracht, das leicht zu einem unrichtigen Resultat führen könnte. Das Sinken des Wasserspiegels in trockeneren Sommern kann es oft mit sich bringen, daß das Seeufer in einer Breite von mehreren Metern trockengelegt wird. Mit dem Sinken des Wasserspiegels haben sich die Schnecken im Laufe des Sommers langsam wasserwärts gezogen. Steigt das Wasser im Herbst durch starke Regengüsse, worauf die Ufer im Laufe des Winters sich wieder mit Wasser bedecken, so wird man beim Untersuchen der Uferfauna leicht den Eindruck erhalten, daß alle Schnecken im Winter hinausgewandert seien. Tatsächlich jedoch befinden sich die meisten Schnecken, ganz besonders die Prosobranchier, dort, wo sie den größten Teil des Sommers zugebracht haben. Nicht die Schnecken sind infolge der Kälte hinausgewandert; nur der Wasserstand, der sich gehoben hat, kann diesen Eindruck hervorrufen. Man beobachtet das am besten, wenn man auf dem kristallklaren Eis des Frühwinters längs der Ufer wandert. Es ist da ziemlich leicht, an der Vegetation der Steine, besonders den Rivulariaceen und dem Diatomeenbewuchs die Grenze des sommerlichen Wasserstands zu sehen. Gleich außerhalb dieser Grenze, d. h. gleich in der sommerlichen Wasserstandslinie, findet man jedenfalls beständig *Neritina* sowie *Bithynia.* Aus dem gleichen Grund findet man im zeitlichen Frühjahr nach der Eisschmelze ganz lokal längs des Seeufers die Anschwemmungslinie der Schalen gerade dieser zwei Schnecken, die kleinere Stürme und die Drift dünnen Eises abgelagert haben. Die Limnäen befinden sich in der Regel etwas weiter draußen; sie sind tatsächlich hinausgewandert und kommen nur zusammen mit Unioniden in größerer Zahl nach schweren Stürmen und der Drift großer Eisschollen herein, welche in 2 bis 3 m Tiefe zu erodieren vermögen. Das kommt bei uns nicht jedes Jahr vor.

Ernährung. Die Limnäen sind ausgesprochene Pflanzenfresser; sie leben zumeist vom Algenbelag der Blätter usw., den sie mit ihrer Zunge abraspeln. Ihre Raspelspur ist auf allen Pflanzen zu sehen (s. auch ANKEL 1936). Sie nehmen auf diese Weise gleichzeitig auch viel tierische Nahrung zu sich; aber sie lassen keineswegs die höhere Pflanzenwelt ganz unbeachtet; doch scheinen sie solche Pflanzenteile vorzuziehen, welche in Fäulnis überzugehen im Begriff sind. Man sieht das am besten im Spätherbst, wenn die Bäume ihr Laub in die Teiche abgeworfen haben und die gelben Blätter einige Zeit im Wasser gelegen und weich geworden sind. Dann kommen bei Wassertemperaturen von 4 bis 8° C die Schneckenscharen der Teiche hervor und liegen zu Tausenden als dunkle Flecken auf den gelben Blättern, in einem Teich *L. stagnalis* (L.), in einem anderen *L. palustris* (O. F. M.), in einem dritten *Planorbis umbilicatus* (L.), in einem vierten *P. vortex* (L.) und in einem fünften *P. albus* O. F. M. Bei Temperaturen um den Gefrierpunkt und schon etwas früher verschwinden sie von den Blattteppichen. Es sind wohl hauptsächlich die großen, alten Limnäen, welche die Phanerogamenflora angreifen. Bringt man solche in alte Aquarien, deren Wände algenbewachsen sind, so sieht man die Kiefer in ununterbrochener Bewegung. Beim Vorwärtsgleiten grasen sie die Aquariumwände ab und halten sie auf diese Weise rein. Von ihrer Gefräßigkeit in bezug auf Wasserpflanzen kann jeder Aquariumbesitzer, der Limnäen in einem reichbepflanzten Aquarium beobachtet hat, etwas erzählen. Die Kiefer stemmen sich gegen das Blatt, das verspeist werden soll. Die Zungenraspel wird darunter gebracht, so daß das Blatt zwischen Kiefer und Radula eingeklemmt wird, worauf die Radula Teile des Blattes abraspelt (AMAUDRUT 1898).

Überdies wird die Nahrung bei den Limnäen ebenso wie bei den meisten anderen Süßwasserschnecken einer mechanischen Behandlung im Magen unterzogen, indem bei ihnen in der Magenwand muskulöse Verdickungen vorhanden sind, die übrigens bei *Planorbis corneus* (L.) am stärksten ausgeprägt sind; hier sind drei Magenabschnitte, Vormagen, Muskelmagen und Nachmagen, scharf gesondert. Die Bearbeitung wird dadurch unterstützt, daß die Süßwasserschnecken, besonders die größeren Arten, gleich wie viele körnerfressende Vögel, kleine Steinchen mit der Nahrung aufnehmen. Es ist experimentell festgestellt, daß, wenn solche im Magen der großen Limnäen und Planorben fehlen, die Nahrungssubstanzen unzureichend verarbeitet werden (HEIDERMANNS 1924).

Die Arbeit der Limnäen sieht man am besten an Teichen, deren Oberfläche mit Schwimmblättern von *Potamogeton natans* bedeckt ist. Wenn auch die Larven der Wasserschmetterlinge *(Hydrocampa nymphaeata)* und die Galeruceen (Blattkäfer) ihren großen Anteil an diesem durchlochten Aussehen der frischen Blätter haben, sind doch die Limnäen, besonders wenn die Blätter weich zu werden beginnen, zum Großteil schuld an ihrem Verfall. Namentlich gegen den Herbst sind sie es vor allem, die die ganze Teichvegetation in Exkremente umsetzen. Man sieht das am besten in Buchten größerer Seen mit klarem Wasser, z. B. im Esromsee (Kobaeck-Bucht) und Furesee (Store Kalv). Durch das klare Wasser bemerkt man im Herbst, daß der nackte Seeboden oder die unterseeischen Pflanzen unterhalb des Laichkrauts mit gekrümmten, hier zumeist weißgrauen Schneckenexkrementen bedeckt sind; sie liegen wie Misthäufchen unter den Pflanzen. Die Gefräßigkeit der Tiere ist enorm. Ein amerikanischer Verfasser (KRULL 1911), der seine Schnecken mit faulendem Salat fütterte, sah bei einen Tag alten *L. stagnalis* (L.) die Nahrung im Laufe von 15 Minuten durch den Darm passieren. Es sind enorme Quantitäten, welche sie aufzunehmen vermögen. Noch ein paar Tage nachher, nachdem alle Nahrung weggenommen worden ist, kann der Darm Exkremente abgeben. Anderseits können die Tiere, besonders im Herbst, sechs Wochen in einem Glas aushalten, ohne die geringste Nahrung zu sich zu nehmen, und das bei Temperaturen von 15 bis 20° C. Sehr oft sieht man die großen Limnäen unter der Oberfläche hingleiten; die Lippen öffnen und schließen sich ununterbrochen; die Unterseite des Oberflächenhäutchens wird abgeleckt. DICHTL (1925) behauptet, daß der Schleim, den sie absondern, das Plancton auffangen soll, worauf der Schleim mit dem eingefangenen Plancton eingeschlürft werden soll. Ebensowenig wie ALSTERBERG (1930) habe ich irgend etwas davon sehen können.

Was *L. auricularia* (L.) und die großen Individuen von *L. ovata* DRAP. anbelangt, so dürften sie an den meisten Stellen noch weit ausgesprochenere Algenfresser sein, die ihren Weg auf den Steinen und den Kalkbelägen des Schilfes abgrasen. Sie sind viel schwerer in Aquarien zu halten und ertragen es, soweit meine Erfahrung reicht, nicht, über etwa 14 Tage zu hungern. Von 70 großen *L. auricularia* (L.), die im Furesee am 17. November 1934 gefangen und jede in ein Glas von 300 ccm Wasser ohne Nahrung (Temperatur 15 bis 18° C) gesetzt worden sind, waren alle am 30. November tot. Die meisten starben um den 23. November. Die ersten, welche starben, waren mit Furcocercarien und echinostomen Cercarien infiziert.

ALSTERBERG (1930) gibt an, daß die Süßwasserschnecken im allgemeinen das sind, was man „Ävja"-Fresser nennt, das sind Konsumenten allen möglichen, erst vor kurzem sedimentierten Materials. Er meint, daß *Planorbis corneus* (L.) und *L. stagnalis* (L.) auf ganz die gleiche Weise leben. Er sagt, daß kein Unterschied im Darminhalt der beiden Arten vorhanden sei. Das stimmt nicht ganz mit meinen Beobachtungen überein. Der Darminhalt von *Limnaea stagnalis* (L.)

und der großen *L. auricularia* (L.) zeigt viel häufiger einen gelblichweißen oder grünen Ton, der der Planorben einen schwarzen, und er enthält viel mehr Detritus. Das hängt mit den ganz verschiedenen Stellen im gleichen Wasser zusammen, an denen die beiden Arten vorzugsweise zu treffen sind (s. Näheres unter *Planorbis*). Die großen Planorben sind viel mehr Bodentiere als die großen Limnäen, nur *L. palustris* (O. F. M.) lebt ebenso, indem sie in der seichten, im Sommer stark erwärmten, schlammigen Uferregion unserer Seen und Kleinteiche herumkriecht. Kleine Formen von *L. ovata* DRAP. trifft man oft an ähnlichen Stellen.

Atmung. Limnaea. Man war von alter Zeit her gewohnt, was auch natürlich schien, anzunehmen, daß den Wasserlungenschnecken wie ihren Verwandten am Lande zur Befriedigung ihres Atmungsbedürfnisses nur atmosphärische Luft genügte. Der Umstand, daß sie wie die Landlungenschnecken eine Lungenhöhle besitzen, daß die großen Limnäen so oft an der Wasseroberfläche mit offenem Atemloch angetroffen werden, und daß die Atemhöhle nur offen war, wenn sich das Tier an der Oberfläche zum Atmen aufhielt, aber unter Wasser geschlossen gehalten wurde, das alles waren Tatsachen, die man schon lange gekannt hatte. Sie waren so unumstößlich, daß man eigentlich annehmen konnte, daß die Grundzüge der Respirationsverhältnisse der Wasserlungenschnecken vollständig geklärt vorlägen. Eingehendere Untersuchungen sollten, wie das so oft geschieht, bald klarmachen, daß ihnen mehrere Möglichkeiten zur Verfügung stehen, daß ihr Anpassungsvermögen größer ist, als man allgemein vermutet, und daß eine Generalisierung von Art zu Art, ja selbst vom Verhalten einer Art an einer Stelle auf ihre Lebensweise an einer anderen mit anderen Lebenserfordernissen nicht zulässig ist.

Schon 1837 hatte DUMORTIER darauf aufmerksam gemacht, daß die jungen Limnäen in ihren ersten Stadien die Lungenhöhle immer mit Wasser gefüllt haben und dieses regelmäßig gewechselt wird. Die Beobachtung ist später von WALTER (1906) bestätigt worden; er gibt weiter an, daß die Luftatmung erst am zehnten Tag beginnt; das wurde auch von ROSZKOWSKI (1914) bestätigt. Ganz ähnliche Verhältnisse werden auch von Planorben berichtet. Trotz der Beobachtung von DUMORTIER rief es seinerzeit großes Aufsehen hervor, als F. A. FOREL (1874) nachwies, daß sich in den größten Tiefen des Genfersees (300 m und darüber) Limnäen vorfinden (Tafel 24, Fig. 23 u. 24), die offenbar niemals zur Oberfläche emporkommen und deren Lungen nicht mit Luft, sondern mit Wasser gefüllt sind. Es schien so, als ob man vor einem höchst merkwürdigen, physiologischen Phänomen stünde. Der Gedanke, daß ein Organ, das für das Atmen atmosphärischer Luft gebaut ist, auch im Dienste der Respiration stehen sollte, wenn es mit Wasser gefüllt ist, schien den allgemeinsten physiologischen Begriffen entgegenzustehen. Meines Wissens besitzen wir, abgesehen von einigen Onchidien, kein einziges anderes Beispiel dafür. Es ist nicht ohne Interesse, zu sehen, daß einer der ersten, der die Möglichkeit einer Wasseratmung erwogen hat, O. F. MÜLLER war, welcher 1774, S. 17, angibt, daß LISTER bei der Lunge von *L. auricularia* (L.) Wasser ein- und austreten sah; indem er allerdings hinzufügt, daß er diese Beobachtung nicht bestätigen kann.

Die Respiration der Limnäen wurde in den folgenden Jahren von verschiedenen Forschern untersucht, am eingehendsten von PAULY (1877), die Tiefseelimnäen des Genfersees besonders von ROSZKOWSKI (1914). Man gelangte durch diese Studien zu einer richtigeren Auffassung der Erscheinung, und da diese Auffassung uns gleichzeitig zu einem Verständnis des Lebens unserer eigenen Schnecken durch große Teile des Jahres und an Stellen verhilft, wo man nicht erwarten sollte, daß luftatmende Lungenschnecken leben könnten, soll darauf hier näher eingegangen werden.

PAULY hat gezeigt, daß die Lungenschnecken des Süßwassers selbst unter normalen Verhältnissen sich mehrere Stunden in der Tiefe aufhalten können, ohne sich Luft zu holen. Die Zeit, die sie unten verbleiben können, variiert von einigen Minuten bis zu mehreren Stunden. Zumeist kriechen sie zur Oberfläche empor, seltener steigen sie infolge Überkompensierung auf. Wo sie auf Luftblasen stoßen, an Wasserpflanzen usw., nähern sie diesen ihr Atemloch und saugen sie ein. PAULY hat das direkt beobachtet. Ich habe vergebens versucht, das zu bestätigen. Auch WALTER (1906) und CHEATUM (1934) haben das nicht können. In seichten Seen jedoch, wo der Zugang zur atmosphärischen Luft schwierig ist, sollen es diese Luftblasen sein, durch welche sie hauptsächlich ihr Atmungsbedürfnis befriedigen. Gleichzeitig verharren sie bei der Wasseratmung, wie sie ja für junge Limnäen normal ist. In Aquarien mit leichtem Zugang zur Luft wird die Wasseratmung stets durch Luftatmung ersetzt. Selbst wenn die Limnäen ihre Lungen als Wasserlungen verwenden können, werden sie, wenn ihnen der Zutritt zu atmosphärischer Luft verwehrt wird, dies in der Regel nicht tun. Ihr Atmungsbedürfnis wird in einem solchen Fall durch Hautatmung befriedigt; sie ist es auch, welche im Winter unter dem Eis bei weitem die vorherrschende ist. In den großen Seetiefen (Genfersee, Bodensee und Starnbergersee), wo sie niemals an die Oberfläche kommen, dürfte die Lunge als Kieme verwendet werden, aber die Tiere sind doch ganz überwiegend auf Hautatmung angewiesen. Wichtig ist hier, daß PAULY (S. 17 u. 18) direkt beobachtet hat, daß *Limnaea* [*L. auricularia* (L.)] unter Wasser ihr Atemloch öffnet und schließt; man wird wohl daraus schließen dürfen, daß Wasser aus- und eintritt. Die Wasserströmung ist jedoch äußerst schwach, kaum mit Kreidepartikelchen nachweisbar, und weit schwächer als jene, welche man bei der kiemenatmenden *Paludina* nachweisen kann. Es erweitert sich die Lungenhöhle weder, wie das bei der Lungenatmung der Fall ist, noch geschieht die Wasserpassage durch ein großes Atemloch, sondern durch einen kleinen Spalt. Man kann keine rhythmische Zusammenziehuug beobachten.

Aus diesen Beobachtungen, aber auch und nicht zum mindesten aus dem Nachweis, daß PAULY *Limnaea* durch nicht weniger als 91 Tage (Wassertemperatur nimmer unter 10° C) von der Luft abgesperrt halten konnte, schließt er, daß die Lunge als Wasserlunge im Vergleich zur allgemeinen Hautatmung eine ganz untergeordnete Rolle innehat. In diesen 91 Tagen, in denen Luftatmung unmöglich gemacht war, war das Atemloch fest geschlossen und die Lungenhöhle vollkommen leer, wessen man sich infolge des zusammengezogenen Zustandes vergewissert halten konnte. In diesen 91 Tagen nahmen die Schnecken Nahrung zu sich und krochen, wenn auch langsam, umher.

PAULYS Untersuchungen verbreiten Licht darüber, wie die Limnäen im Genfersee und anderen Seen mit reichlich Sauerstoff am Grunde atmen. Die Lebensweise dieser Tiefseelimnäen wurde dann von ROSZKOWSKI (1914) näher untersucht. Er zeigte, daß die des Genfersees nicht, wie man früher glaubte, besondere Arten seien, sondern nur Varietäten von zweien jener Schnecken, die sich in der Litoralregion des Sees vorfinden, nämlich von *Limnaea ovata* DRAP. und *L. palustris* (O. F. M.). Sie sind früher als *L. abyssicola* BROTT. und *L. profunda* CLES. bezeichnet worden.

Diese Tiefwasserlimnäen, die für den Genfersee charakteristisch, aber später auch im Bodensee gefunden worden sind, sind Hungerformen, deren Größe nicht über zirka 1½ cm hinausgeht. Sie sind auffallend durchsichtig, besitzen sehr dünne Schalen und legen lose Eimassen ab; sie weichen namentlich in der Schalenform nicht wenig von den Uferformen ab. Man glaubt, daß sie direkt von diesen abstammen, und vermutet, daß von der Litoralzone her eine stetige Rekrutierung von Individuen erfolgt, die hinausgespült oder mit den Wellen am Seeboden hinausgeführt werden und sich hier unter diesen für Schnecken sehr abnormen Verhältnissen umbilden, bei absoluter Dunkelheit, sehr niedrigen Temperaturen, keiner Vegetation, Fehlen von Material zum Absetzen der Eier, aber sonst in Wasserschichten mit reichlichem Sauerstoffgehalt.

Man hat (PIAGET 1914) solche Tiefseelimnäen heraufgebracht, sie in Aquarien gesetzt und durch ein paar Generationen ihre Lebensweise studiert. Es zeigte sich da, daß sie in den meisten Eigenschaften auffallend rasch zur normalen Lebensweise der Limnäen zurückkehren. Schon am nächsten Tag waren diese Tiere, die niemals Luft in den Lungen gekannt haben, oben an der Oberfläche, öffneten den Eingang zur Atemhöhle und atmeten nun atmosphärische Luft ein. Sonst halten sie sich zumeist auf dem Boden auf und scheuen starkes Licht und hohe Wärme; werden sie diesen ausgesetzt, so graben sie sich halb in den Schlamm ein. Sie lernen rasch, nachdem sie überkompensiert sind, sich unter der Wasseroberfläche hin zu bewegen, die Luft abzugeben und plötzlich senkrecht zu Boden zu sinken. Sie fressen nicht die Wasserpflanzen, sondern leben vom Seeboden. Sie wachsen unter den günstigeren Bedingungen rasch; die neue Windung ragt stärker hervor als die früheren. Sie scheinen sich zu jeder Jahreszeit zu paaren und legen reichlich Eier, aber diese sind klein. Nur in bezug auf die Eiablage sind sie konservativer. Die Eier werden in der Regel lose auf den Boden des Aquariums abgelegt, nicht an Wasserpflanzen oder auf den Aquariumwänden. Die Eigelege enthalten nicht über drei bis neun Eier, eine im Verhältnis zu ihren Stammverwandten sehr geringe Zahl. Die Eier kommen im Verlauf von drei bis vier Wochen zum Schlüpfen. In der nächsten Generation wird die Ähnlichkeit mit den litoralen Limnäen größer; sie gehen häufig aus dem Wasser und verstehen es besser, sich an der Oberfläche aufzuhängen.

Wir wollen uns nun näher mit der Atmung unserer *eigenen* Limnäen im Freien befassen. Es steht eine Anzahl verstreuter Beobachtungen zur Verfügung, die im Laufe von Jahren gesammelt worden sind; sie sind unvollständig; ich habe vergebens versucht, eine jüngere Kraft aufzutreiben, um auf diesem Gebiete zu arbeiten; ich hoffe, daß einiges davon verwendet werden kann als Grundlage für weitere Untersuchungen.

Es ist leicht, im Freien selbst zu beobachten, wie die großen Limnäen ihre Lungenhöhle mit Luft füllen; dieser Vorgang ist mehrfach gesehen worden. Befindet man sich an einem ruhigen, sonnenwarmen Sommertag in einem Boote auf einem Teich, dessen Oberfläche mit Wasserpflanzen, vor allem mit *Potamogeton natans*, bedeckt ist, so kann man häufig um das Boot herum einen schwachen Knall hören, der von der Wasseroberfläche herkommt. Bei genauerem Nachsehen findet man dann oft große Exemplare von *L. stagnalis* (L.), unserer Sumpfschnecke, die an der Unterseite der Blätterdecke hinkriecht. Viele von ihnen haben das große Atemloch, das zur Lunge führt, offen, es sieht wie ein großer, schwarzer Fleck auf der hellgrauen Haut gleich am Schalenrand aus; es sitzt oft auf der Spitze eines kleinen Schnabels, indem die Ränder des Atemlochs zapfenförmig nach oben gezogen sind. Dieses Loch ist, wie erwähnt, im Gegensatz zu den Landlungenschnecken nur beim Atmen offen, sonst geschlossen. Einige Zeit (gewöhnlich ein paar Minuten) später sieht man, wie dieses Loch sich schließt und das Tier langsam weiterkriecht. An einer anderen Stelle sieht man eine *Limnaea* heraufkommen, sich mit der rechten Seite an den Wasserspiegel anlegen und nun kommt es zur Explosion. Das Wasserhäutchen hebt sich empor, platzt, und während dieses Platzens hört man den Knall (die „Schneckenstimme" der Malakologen). Das Tier hat die Luft seiner Lunge, die nicht weiter respirabel ist, entleert und atmet frische Luft ein. Es findet keine Ventilation statt, die Luft erneuert sich durch Diffusion. Die Lungenluft enthält dann ungefähr dieselbe Menge an Sauerstoff wie die atmosphärische Luft. Haben sich die Tiere einige Zeit unter Wasser aufgehalten, so kann der Sauerstoff beinahe aufgebraucht sein.

Wie häufig die Tiere die Luft aufsuchen, das hängt von der Temperatur und dem Sauerstoffgehalt ab, in wärmerem Wasser tun sie das im Verlauf von zwei Stunden 14- bis 18-, in kälterem 8- bis 9mal; in heißen Quellen zirka 20mal in einer Stunde, in ausgekochtem Wasser 44mal. Untersuchungen im Freien und daheim zeigen, daß die Limnäen bei einer Temperatur von 15° C oft überhaupt nicht an die Oberfläche kommen, bei 25 bis 30° sind sie alle oben, bei 40° liegen sie halbtot (WALTER 1906). Jemand, der zu allen Zeiten des Jahres unsere heimischen Wasserlungenschnecken an verschiedenen Stellen studiert hat, wird jedoch bald erkennen, daß sie während großer Teile des Jahres und an gewissen Orten keinen Zutritt zur atmosphärischen Luft haben können.

Pflanzenreiche Kleinteiche. In solchen Teichen mit reinem, klarem Eis habe ich vielmals *L. stagnalis* (L.) und *L. ovata* DRAP. gesehen, wie sie entweder vollkommen ruhig sitzen oder, wenn auch äußerst langsam, sich über die verfaulenden Pflanzen hinbewegen. Es ist möglich, daß diese Schnecken Luft in den Kiemen gehabt haben, aber ich war niemals imstande, das tatsächlich zu konstatieren. Noch zu Anfang November bei einer Temperatur von 6 bis 8° C kann man die Limnäen nahe der Oberfläche beim Fraß welkender, weicher Pflanzen antreffen; dagegen sah ich sie niemals zu dieser Zeit des Jahres unter dem Oberflächenhäutchen hingleiten. Sie sitzen in der Regel 5 bis 10 m unterhalb des Wasserspiegels. Sie sind nicht wie im Sommer ausgesprochen überkompensiert. Auf Grund von Experimenten ist ALSTERBERG (1930) zu ganz dem gleichen Ergebnis gekommen. Ich habe aus meinen Beobachtungen geschlossen, daß die Lunge keine Luft enthält. Wenn sich die Eisdecke bildet, werden sie ganz von der atmosphärischen Luft abgesperrt. Falls sie Luft enthalten haben, so kann diese nur von den Pflanzen herrühren, gesetzt, daß sie nicht imstande sein sollten, Luft in die Lungenhöhle zu sezernieren. Die Möglichkeit hierzu kann wohl kaum absolut zurückgewiesen werden, aber jede nähere Untersuchung fehlt. Bringt man diese Winterlimnäen ins Laboratorium, so legen sie sich, sobald ihnen bei gewöhnlicher Zimmertemperatur Gelegenheit geboten wird, atmosphärische Luft einzuatmen, an die Oberfläche und öffnen das Atemloch. Setzt man sie dagegen in den Frigidaire und hält sie bei einer Temperatur von 0 bis 2° C, so begeben sie sich auf den Boden des Glases und befestigen sich hier mit der Fußscheibe. Ich habe sie hier über zwei Monate sitzen gesehen, immer auf ungefähr der gleichen Stelle. Niemals bemerkte ich, daß sie die Oberfläche zum Luftholen aufsuchten, selbst wenn sie Gelegenheit dazu besaßen. Bei der Sektion nach Verlauf von zwei Monaten zeigte sich keine Spur von Luft in den Lungen. In dieser Zeit ist die Luft kaum erneuert worden und die Tiere nahmen keine Spur von Nahrung auf. Auch bemerkte ich nicht, daß jemals das Atemloch geöffnet worden ist. Aus all dem vermute ich, daß unsere Limnäen in pflanzenreichen Kleinteichen nur im Sommer Luftatmer sind. Im Winter, glaube ich, begnügen sie sich ganz überwiegend mit diffuser Hautatmung. Wie groß oder klein die Rolle ist, welche die Lunge als Wasserlunge spielt, müssen zukünftige Untersuchungen entscheiden. Ich vermute, daß das Leben der Limnäen im Winter an solchen Stellen vom respiratorischen Standpunkt sehr dem von *Rana esculenta* oder den Männchen unserer braunen Frösche ähnelt. Sie liegen ja tatsächlich dicht nebeneinander. Beide sind luftatmende Tiere, beide begnügen sich bei niederer Temperatur mit der Hautatmung und bewegen sich nicht. Im Gegensatz zu den Fröschen können die Limnäen vielleicht ihre Lungen als

Wasserlungen verwenden, aber ob das in sonderlichem Ausmaß geschieht, dürfte fraglich sein.

Daß die respiratorischen Verhältnisse jedoch in Kleinteichen in strengen Frostwintern, in denen das Eis drei Monate anhält, für die Schnecken gefahrbringend sein können, ist daraus zu ersehen, daß es im Frühjahr zu einem sehr starken Wegsterben besonders der größten Individuen kommt. Das Zusammenschwemmen von Schneckenschalen mit faulenden Weichteilen an den Ufern in der Anschwemmungslinie unserer Teiche und Kleinseen nach Frostwintern zeigt das deutlich. Unter solchen Verhältnissen erfolgt ein enormer Sauerstoffschwund und, was wahrscheinlich schlimmer ist: Kohlenoxyd und Kohlenwasserstoff vergiften das Wasser. Hackt man ein Loch in das Eis eines solchen Kleinteiches, so kann das Wasser in eine Höhe von ungefähr einem halben Meter geschleudert werden und den fürchterlichsten Gestank verbreiten (W.-L. 1911). Unter solchen Verhältnissen stirbt der größte Teil der Bewohnerschaft des Teiches ab, darunter auch die großen Schnecken; es scheint, als ob die jüngeren größere Widerstandskraft besäßen. Eine starke Saugwurminfektion, besonders die durch echinostome und holostome Trematoden, die in encystiertem Zustand in den Schnecken überwintern, trägt dazu bei, daß die großen Schnecken im Winter absterben.

Die Limnäen in unseren größeren Seen. Während die Limnäen der Kleinteiche immerhin im Sommer Luftatmer sind, ist das dagegen keineswegs bei der Limnäenfauna unserer größeren Seen der Fall. Diese ist wohl das ganze Jahr hindurch hauptsächlich auf Hautatmung angewiesen.

Wie gering auch die Tiefen unserer Seen sein mögen, und selbst wenn die Limnäen in ihnen nicht über zirka 7 m Tiefe hinausgehen, so verfügen doch auch unsere Seen über einen Bestand von Lungenschnecken, in erster Linie Limnäen, welche kaum irgendwann atmosphärische Luft atmen.

Das trifft ganz besonders für die großen Formen von *L. auricularia* (L.) und *L. ovata* DRAP. zu, die in erster Linie in unseren größeren Seen vorkommen. Sie halten sich überwiegend auf Steinen in Tiefen von ungefähr 1 bis 5 m auf; sie sind vom Boot aus gut sichtbar. Es fehlt ihnen jedwedes Mittel, um zum Zweck des Atmens emporzusteigen. Lassen sie ihren Sitz los und gehen sie doch hinauf, so wird der Wellenschlag sie augenblicklich ans Ufer tragen, was in manchen Fällen ihren Tod zur Folge haben kann. Die Individuen, welche auf *Scirpus* und *Phragmites* sitzen, befinden sich, soweit ich gesehen habe, stets zirka drei Viertelmeter tief an den Stengeln. Ich habe nicht eine einzige an der Oberfläche atmend angetroffen. Sie sind alle und immer, wenn sie eben aus dem Wasser genommen worden sind, unterkompensiert und sinken wie ein Stein zu Boden. Niemals habe ich Luft in den Lungen festgestellt. Gibt man sie in Aquarien, so suchen sie sehr rasch die Oberfläche zu erreichen und beginnen sofort mit dem Atmen atmosphärischer Luft. Auch für diese Schnecken ist das zeitige Frühjahr nach strengen Frostwintern eine kritische Zeit. Doch ist es hier kaum das Respirationsbedürfnis, das nicht befriedigt werden kann.

Nach Frostwintern hat man hierzulande reichlich Gelegenheit zu sehen, wie übel *L. auricularia* (L.) und *L. ovata* DRAP. daran sind, wenn äußere Faktoren sie von den Stellen losreißen, an denen sie in Tiefen von einigen Metern den größten Teil des Jahres normalerweise zubringen, um dann an Orte fortgespült zu werden, wo ihnen Zutritt zu atmosphärischer Luft geboten wird. Wir hatten im Jahre 1900 einen sehr strengen Winter. Das Eis des Furesees brach erst im April auf, türmte sich unter Poltern und Krachen in mächtigen Eisschollen übereinander und wurde, vermischt mit Characeen und Bodenmaterial, langsam als Strandwall gegen die Küste gepreßt. Der bekannte Weihnachtssturm 1902, der so schweren

Schaden in unseren Wäldern hinterließ, übte auch auf unsere Seen seinen Einfluß aus. Diese waren zu jener Zeit eisfrei, noch mehrere Tage nach dem Sturm gab eine weißgraue Linie, welche der 7 bis 9 m Kurve folgte, an, wie weit die Wogen sich auf dem Seeboden ausgewirkt hatten. In diesem Jahre fand man an der Küste, zum Teil im Strandwall des Eises, zum Teil in den großen Haufen von Characeen und *Elodea*, welche der Sturm an Land getrieben hatte, ungeheure Mengen großer *L. auricularia* (L.) und *L. ovata* DRAP. Sie waren noch lebend, fanden aber alle in dem innersten Teil der Uferzone den Tod. Im April-Mai boten die Seeufer einen merkwürdigen Anblick. Am Wasserrand, an etlichen Stellen in einer Breite von zirka $^1/_2$ m, lag eine sehr große Menge runder Kugeln gallertartiger Beschaffenheit. Das alles waren die Weichteile der Limnäen, die aus den Schalen ausgetreten und in der Brandung zu Kugeln zusammen-gerollt waren. In der Mitte sah man bei manchen noch Reste der Verdauungs- und Geschlechtsorgane. Es hauste auf ihnen eine reiche Flora von Schimmel-pilzen sowie Infusorien und Rädertiere, die leider nicht näher untersucht worden sind. Die Erscheinung hielt sich zwei bis drei Wochen; die Kugeln wurden kleiner und kleiner. Sie hat sich später nicht mehr wiederholt, da wir keinen so strengen Frostwinter in den späteren Jahren hatten und auch keine anhaltenden Stürme von so großer Gewalt wie den Weihnachtssturm 1902. Die Erscheinung zeigt, daß alle diese Lungenschnecken an Stellen hingehören, wo ihnen der Zugang zur atmosphärischen Luft versagt ist.

Für mich liegt es außer jedem Zweifel, daß diejenigen Individuen von großen Limnäen, welche man in den größeren Seen bis zu ein paar Metern Wassertiefe antrifft, nur durch Unglücksfälle an die Oberfläche kommen, um Atem zu holen. Es ist möglich, daß die Luftblasen an den Wasserpflanzen in Tiefen von 5 bis 7 m eine Rolle spielen können, aber ob der Lunge als luftatmendem, respiratorischem Organ in diesen Tiefen irgendeine größere Bedeutung zukommt, muß dahin-gestellt bleiben. Auf jeden Fall muß wohl die Hautatmung als die hauptsäch-lichste betrachtet werden.

Hat man erst einmal das eingesehen, dann scheint es mir auch, daß eine Reihe von Baueigentümlichkeiten dieser Schnecken an Verständnis gewinnt. Schon SIMROTH (1891) hat darauf aufmerksam gemacht, in welch hohem Grade die großen, breiten, flachen Antennen der Limnäen im Dienste der Oberflächen-vergrößerung und damit auch der Respiration stehen mögen. Sie werden als große, dreieckige Platten etwas aus der hochgelüfteten Schale vorgestreckt getragen. Man muß wohl in diesem Zusammenhang darauf auch ganz besonders hin-weisen, daß gerade diese Platten sehr stark bewimpert sind. Es erscheint mir als natürlich, daß diese Bewimperung zur ständigen Aufrechterhaltung eines frischen Wasserstroms von Bedeutung ist. Ich kann mir nicht denken, daß diese Bewim-perung eine andere Bedeutung haben sollte. Die Fühler sind am größten gerade bei den großen Formen *L. auricularia* (L.) und *L. ovata* DRAP. var. *ampla*. Jeder, der Schnecken in Aquarien gehalten hat, besonders wenn es die großen *L. auricu-laria* (L.) waren, wird gesehen haben, daß diese, wenn das Wasser schlecht zu werden angefangen hat, zuerst den Mantel über den Schalenrand aufstülpen; dann streckt sich das Tier ganz aus, so daß die ganze, die Schale bekleidende Innenseite des Mantels vom Wasser bespült wird. Man hat weiter Gelegenheit zu sehen, daß in gut durchlüftetem Wasser bei niederer Temperatur nichts vom Mantel bei *Physa fontinalis* (L.) (Abb. 799) über die Schale geschoben ist, wogegen der Mantel bei einer Temperatur um 20° und, wenn die Respirationsverhältnisse schlecht sind, sich über die Schale schiebt, worauf die zungenförmigen Lappen des Mantels so lang werden, daß sie fast zusammenstoßen. In noch höherem Grade trifft dies alles bei *Amphipeplea* zu (Tafel 24, Fig. 25; Abb. 800 b), bei der ein Teil der Schale konstant mit dem Mantel bedeckt ist und diese in Aquarien sehr oft vollständig umhüllt wird. Wenn Roszkowski (1925) sagt, daß der einzige Unterschied zwischen *Amphipeplea* und den übrigen Limnäen die enorme Entwicklung des Mantels ist, dürfte es wohl notwendig sein, noch im besonderen die außerordentlich dünne Schale hervorzuheben. Die Kieme bei *Planorbis corneus* (L), mit welcher Form wir uns recht bald näher beschäftigen werden, muß vom gleichen Standpunkt aus betrachtet werden. Alle diese Verhältnisse scheinen mir in hohem Grade die Auffassung zu stützen, daß die Hautatmung überall bei unseren Süßwasserschnecken eine sehr bedeutsame Rolle spielt und durch große Teile des Jahres und an vielen Stellen die weit überwiegende und vielleicht einzige Form der Atmung darstellt; wenn sie mit ihr auskommen, so hängt dies natürlich mit der geringen Bewegung, d. h. geringem Energieverbrauch der Tiere zusammen. Die großen *L. auricularia* (L.)-Formen sind so wenig beweglich, daß sie sehr nahe daran sind, sedentär zu sein.

Ich bedaure es, daß ich, was die Limnäen anbelangt, nicht mit Sicherheit habe nachweisen können, daß bei Individuen, die keine Luft in den Lungen haben, diese mit Wasser gefüllt sind. Im selben Augenblick, wo man eine *Limnaea* aus dem Wasser nimmt, zieht sie sich bekanntlich in die Schale zurück. Jedweder Versuch, die Lunge zu untersuchen, hat eine kräftige Zusammenziehung zur Folge. Untersucht man die Lunge an solchen kontrahierten Schnecken, so ist sie immer leer. Die Tiere sind fast stets undurchsichtig, bei jungen *Limnaea ovata* Drap. sowohl als auch bei *Physa* kann man leicht die Luft in den Lungen feststellen, aber Wasser nachzuweisen ist mir nicht möglich gewesen. Alle diese Bemerkungen treffen auch für *Planorbis corneus* (L.) zu; wir werden auf diese Verhältnisse bei Besprechung der Atmung der kleinen Planorben zurückkommen.

Es ist noch notwendig, die Bedeutung der Luft in hydrostatischer Hinsicht hervorzuheben. Eine *L. stagnalis* (L.), bei der die Lunge mit Luft gefüllt ist, ist normalerweise überkompensiert; infolgedessen kann sie, wenn sie will, ohne irgendein Substrat zu benutzen, wie ein Pfeil emporsteigen; gibt sie die Luft ab, so sinkt sie wie ein Stein zu Boden.

Kneift man in einem Aquarium eine *Limnaea*, die am Wasserspiegel liegt, so gibt das Tier eine Anzahl Luftblasen ab; sie sinkt zu Boden, und man sieht dann, daß sie sich nur äußerst langsam aufwärts zu bewegen vermag. Nicht selten sieht man Limnäen, die am Aquariumboden liegen, plötzlich die Unterlage loslassen, ohne Luftabgabe emporgehen, das Atemloch an das Oberflächenhäutchen anlegen und mit der Atmung beginnen; das Tier war mit Schleim an der Unterlage angekittet, die Luft in der Lungenhöhle hatte unter Druck gestanden, der in dem Augenblick aufgehoben wurde, wo sie den Boden verließ; die Druckänderungen werden vermutlich durch Kontraktion und Dilatation der Mantelmuskulatur bewerkstelligt. Man kann mittelgroße Limnäen im Wasser scheinbar schweben sehen, in Wirklichkeit sind sie mit einem Schleimfaden an der Oberfläche befestigt; plötzlich sieht man in einem Fall das Tier eine Anzahl Luftblasen abgeben und zu Boden sinken, in einem anderen emporsteigen.

Im Sommer sieht man die Limnäen oft ganz nahe an der Wasseroberfläche liegen; sie sind an nichts befestigt und liegen mit dem Fuß abwärts gewendet, sie bewegen sich überhaupt nicht; tatsächlich schweben sie. Oft schlägt man mit dem Ruder Limnäen von den Pflanzen los; sie sinken aber deshalb nicht zu Boden.

Sie sind offenbar sehr stark überkompensiert. Wie oben erwähnt, trifft man sie oft auf der Unterseite des Wasserspiegels hinkriechen. Bedingung dafür dieses ist, daß sie überkompensiert sind. Eine *Limnaea* ohne Luft in der Lunge kann vom Oberflächenhäutchen nicht getragen werden. Die Lungenluft ist weiter ein Mittel, mit dessen Hilfe sie ihren Feinden entgeht. Ist das Tier in Gefahr, so gibt es die Luft in einem Strom von Blasen ab, worauf es augenblicklich zu Boden stürzt. Nur im Sommer trifft man die Limnäen an der Oberfläche treibend, im Herbst bei Temperaturen von 8 bis 10° C und darunter nicht.

Als Zusammenfassung dieses Abschnitts kann wohl folgendes hervorgehoben werden:

Bei den größeren Limnäen unserer Teiche, *L. stagnalis* (L.) und *L. ovata* DRAP., ist die Lungenluft derjenige Faktor, welcher die ausgesprochen unterkompensierten Tiere zu überkompensierten macht, ihnen das Leben an und in der Nähe der Oberfläche ermöglicht, wo die Ernährungsverhältnisse besser sind, die Paarung erfolgt und wo

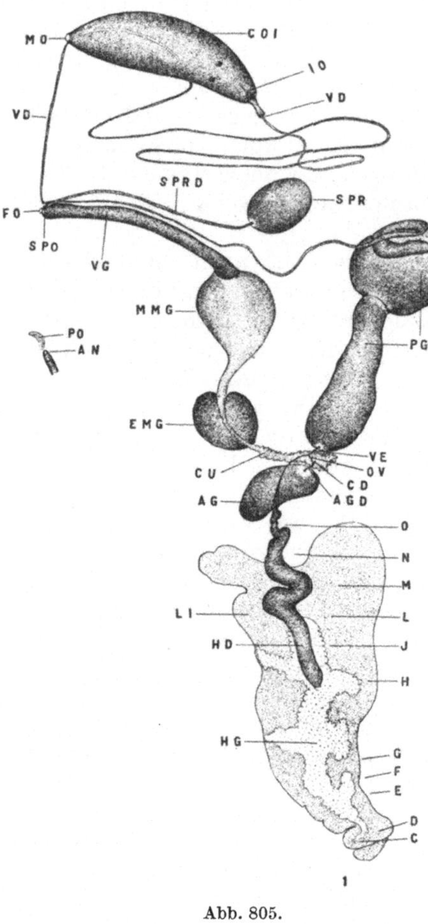

Abb. 805.

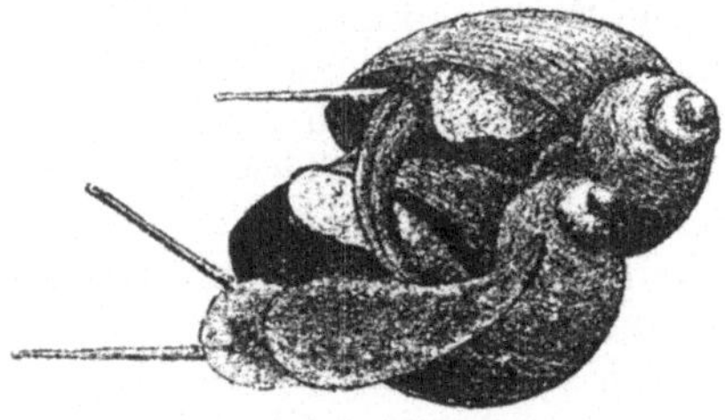

Abb. 806.

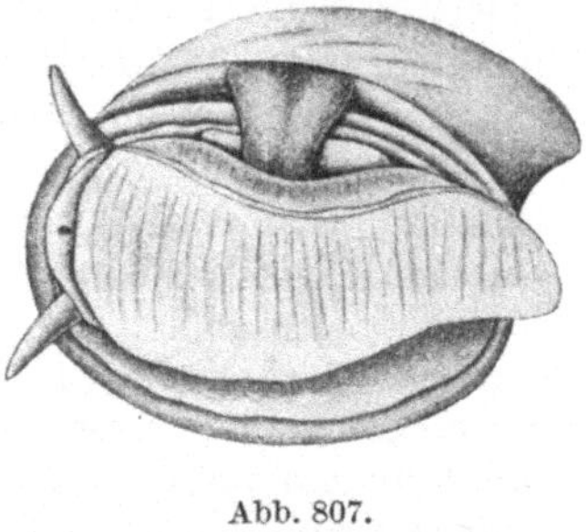

Abb. 807.

Abb. 805. Geschlechtsorgane von *Limnaea stagnalis* (L.) *appressa* SAY. Die einzelnen Teile ausgebreitet, teilweise schematisiert. *PO* Lungenöffnung; *AN* Stelle der Afteröffnung; *FO* weibliche Geschlechtsöffnung; *VD* Vas deferens; *MO* männliche Geschlechtsöffnung; *COI, IO* Begattungsglied, eingezogen; *SPRD* Ausführungsgang der Spermathek; *SPR* Spermathek; *PG* Prostatadrüse; *OV* Oviduct; *CD* gemeinsamer Gang des Oviducts und der Eiweißdrüse; *AG* Eiweißdrüse; *EMG* Nidamentaldrüse; *MMG* erweiterter Teil der Vagina; *OV* Ausführungsgang von *AG*; *HG* hermaphroditische Geschlechtsdrüse; *HD* deren Ausführungsgang; *LI* Leber; *C* bis *O* der Teil der Geschlechtsdrüse, wo reife Eier gefunden wurden; *CU* Uterus; *VG* Vagina; *SPO* Mündung des Ausführungsganges der Spermathek. (CRABB 1927.)

Abb. 806. *Ancylus fluviatilis* O. F. M. in Paarung. (LACAZE DUTHIER.)

Abb. 807. *Bullinus contortus* (L.) in Paarung. Man sieht den Penis des oberen Tieres die weibliche Geschlechtsöffnung des unteren Tieres aufsuchen. (BRUMPT 1928.)

die Eier hauptsächlich untergebracht werden. Die großen Limnäen unserer größeren Seen, *L. auricularia* (L.) und die großen *L. ovata* DRAP., die niemals an die Oberfläche kommen, führen in respiratorischer Hinsicht ein den Limnäen des Genfer Sees sehr ähnliches Leben; sie dürften normalerweise immer unterkompensiert sein; *L. stagnalis* (L.) und die Teichformen von *L. ovata* nur im Winter.

Fortpflanzungsverhältnisse. Die Lungenschnecken sind Hermaphroditen; nichtsdestoweniger findet eine Paarung statt. Dabei fungiert in gewissen Fällen das eine Individuum als Männchen, das andere als Weibchen, in anderen beide Individuen sowohl als Männchen als auch als Weibchen. Die Folge des streng durchgeführten Hermaphroditismus sollte eigentlich sein, daß das Einzeltier seine Eier mit eigenem Samen befruchtet und allein für die Fortpflanzung der Art sorgt, eine im Tierreich aber sehr selten vorkommende Erscheinung. Es dürfte fraglich sein, ob solches, in seiner rigorosesten Form durchgeführt, überhaupt irgendwo statthat. In der weitaus größten Anzahl der Fälle dürfte die gleiche Regel wie im Pflanzenreich gelten, daß, selbst wenn beide Geschlechtselemente sich im gleichen Individuum bilden, zahlreiche Vorsichtsmaßregeln getroffen sind, durch welche Kreuzbefruchtung auf alle Fälle möglich ist und Selbstbefruchtung in vielen Fällen erst in zweiter Linie kommt. Hier bei den Limnäen, wo gut entwickelte Paarungsorgane vorkommen, hat wohl der Gedanke, daß die Tiere mit Organen ausgestattet sein sollten, welchen keine Bedeutung zukommen sollte, wenig Wahrscheinlichkeit für sich. Wie die Verhältnisse bei unseren europäischen Limnäen liegen, ist, wiewohl es an Untersuchungen nicht gefehlt hat, noch nicht ganz aufgeklärt, aber sicher ist das, daß man es nach den Untersuchungen amerikanischer Forscher und insbesondere nach CRABB als gegeben ansehen muß, daß die Fortpflanzung der amerikanischen Form von *L. stagnalis* (L.), var. *appressa*, auf andere Weise erfolgt, als man hätte annehmen sollen. Zum Verständnis der Verhältnisse wird eine etwas genauere Schilderung der Geschlechtsorgane einer *Limnaea stagnalis* (L.) notwendig sein (Abb. 805).

In dem oberen Teil des Lebergewebes eingelagert befindet sich die Zwitterdrüse, die also beide Geschlechtsprodukte, Eier und Samenzellen, produziert. Ihr feinerer Bau sei übergangen. Ob das Tier zuerst mit der Bildung der Samen oder mit der der Eier beginnt, weiß man kaum mit voller Sicherheit, aber es ist festgestellt, daß den Großteil des Lebens hindurch beide Geschlechtsprodukte gleichzeitig erzeugt werden. Es gibt Arten wie *L. luteola* LAM., von denen angegeben wird, daß sie ausgesprochen proterandrisch sind. Die Zwitterdrüse, die bei *L. stagnalis* (L.) eine etwas längliche, lappige Gestalt besitzt, setzt sich in einen Ausführungsgang fort, der sich in zwei Äste teilt, einen weiblichen und einen männlichen. Der weibliche zeigt anfänglich eine gefaltete, lappige Partie, welche als Uterus bezeichnet wird, in den die Eier gelangen und wo sie mit einer Eiweißhülle, die von der Eiweißdrüse stammt, umgeben werden. Sie nimmt weiter die Drüse auf, welche die Eischalen erzeugt, die Nidamentaldrüse. Hierauf erweitert sich der Gang und bildet jenen Teil, in welchem vermutlich der Schleim erzeugt wird, in dem die Eier liegen. Die letzte Partie des weiblichen Ausführungsganges wird als Vagina bezeichnet, welche mit einer Öffnung ausmündet, die ungefähr in der Mitte zwischen dem Atemloch und der männlichen Geschlechtsöffnung liegt. Der männliche Ausführungsgang beginnt mit einer großen Prostatadrüse, die sich in einen langen, sehr dünnen Ausführungskanal fortsetzt, den Samengang, der mit dem großen Begattungsglied endigt, dessen Öffnung weit vorne, vor der weiblichen Geschlechtsöffnung liegt. Ein Teil des Samenganges liegt frei in der Leibeshöhle, ist sehr muskulös; man sieht ihn oft in lebhafter Bewegung. Das Begattungsglied selbst ist ausstülpbar, breit, flach und in erigiertem Zustand von bläulichweißer Farbe. Kurz vor der Ausmündung nimmt die Vagina den Ausführungsgang der Samentasche auf, die kugelig und durch einen langen Kanal mit der Vagina verbunden ist. Die Samentasche nimmt bei der Paarung den Samen des Partners auf.

Oberflächlich gesehen, scheinen zahlreiche Beobachtungen klar zu zeigen, daß die Fortpflanzung der Limnäen keine besonderen Eigentümlichkeiten aufweist; tatsächlich ist dieses aber nicht der Fall.

Wenn man in den Sommermonaten sich im Boot draußen auf Teichen und Kleinseen aufhält, deren Oberfläche mit Pflanzen, vor allem mit *Potamogeton natans*, bedeckt ist und wenn sich in der Nähe große Limnäen befinden, wird man leicht bemerken können, daß an manchen warmen Tagen, wohl zumeist in den Vormittagsstunden, zahlreiche große Limnäen in gegenseitiger Begattung begriffen sind (Abb. 806). Sehr oft findet man Paarungsketten oder Klumpen von sogar drei Individuen. Gewöhnlich verhält es sich in diesem Fall so, daß bei der Paarung das eine Individuum als Männchen, das andere als Weibchen, das mittlere sowohl als Männchen als auch als Weibchen sich betätigt. Man hat beobachtet, daß dasjenige Individuum, welches zuletzt als Weibchen fungiert hat, sofort nachher einem anderen Individuum gegenüber als Männchen auftritt. Sehr oft sind diese Paarungsketten von zwei bis drei Tieren umgeben, welche auf den kopulierenden Tieren herumkriechen. Es entstehen so faustgroße Klumpen, die stets freitreibend zwischen den Blättern liegen; sie haben keine Verbindung mit dem Oberflächenhäutchen und werden auch von ihm nicht getragen. Die Tiere sind alle überkompensiert; schlägt man auf die Klumpen, so steigen sie sofort empor. Die breiten, bläulichweißen Begattungsglieder stechen auffällig gegen die sonstige grünbraune Farbe der Tiere ab. Es scheint, als ob die Zeit für diese gegenseitigen Paarungen recht beschränkt ist, zumindest auf die Sommermonate; ich habe solche weder im zeitigen Frühjahr noch spät im Herbst beobachtet. *Limnaea ovata* Drap. verhält sich in dieser Hinsicht *L. stagnalis* (L.) gegenüber ganz verschieden. Ich habe sowohl im Freien wie auch im Aquarium wohl sicherlich einige tausend *L. ovata* Drap. beobachtet und mich immer darüber gewundert, daß ich niemals, wenn sie auch noch so dicht beieinander saßen, eine Paarung bemerken konnte. Der Zufall wollte es, daß ich für meine Trematodenstudien *L. ovata* Drap. im zeitigen Frühling benötigte. Es wurden von der Uferregion des Frederiksborger Schloßteiches zu einer Zeit, wo das Eis eben aufgetaut war und die Wassertemperatur nur 2 bis 4° C betrug, aber innerhalb des Pflanzenwuchses an südexponierten Stellen zur Mittagszeit auf 8 bis 10° C stieg, große, erwachsene *L. ovata* Drap. in reichlicher Menge genommen. Wenn die Sonne verschwunden war, sank die Temperatur wieder auf 2 bis 4° C. Öfters war das Ufer am Morgen mit spiegelblankem, in der Nacht gebildetem Eis bedeckt, das tagsüber wieder auftaute. Sozusagen alle diese Tiere befanden sich in Paarung und setzten damit in den Aquarien fort. Es ist möglich, daß die Spermatheken bei dieser Art, die zu jenen gehört, welche von allen am weitesten nach Norden gehen, gerade bei niederen Temperaturen mit Sperma gefüllt werden und in diesen reifen. Nähere Untersuchungen wären höchst erwünscht.

Verschiedene Forscher (Brumpt 1928: *Bullinus contortus*; Pelseneer 1919: drei Arten von *Limnaea*; Crabb 1927: *L. stagnalis* var. *appressa* Say) haben die Schnecken in Aquarien gehalten und, sobald die Jungen auftraten, diese jedes in einem Glas isoliert gehalten; sie wurden mit Salat gefüttert. Nach Ablauf einer gewissen Zeit, bei den Limnäen nach drei Monaten, legten sie Eier. Eine Paarung scheint nach diesen Versuchen nicht notwendig zu sein. Es wird angegeben, daß die Versuche stets das gleiche Resultat ergaben. Jedes Tier kann sich für sich selbst vermehren. Einige Verfasser neigen zu der Anschauung, daß das die normale Vermehrung wenigstens bei den Limnäen sei.

Es stehen also zwei Möglichkeiten für die Art und Weise offen, wie die Vermehrung erfolgt. Es kann sich um eine Parthenogenese handeln, aber es ist auch die Möglichkeit vorhanden, daß das Tier seine Eier mit dem eigenen Samen befruchtet. Ist das letztere richtig, so erhebt sich die Frage, ob die Paarung, welche man oft im Freien beobachtet, überhaupt irgend einen praktischen Wert besitzt und ob sich die Tiere nicht immer selbst befruchten. Am natürlichsten scheint offenbar die Auffassung zu sein, daß, wenn eine Paarung stattfindet, vor allem der fremde Samen von Bedeutung ist und daß Selbstbefruchtung nur unter abnormalen Verhältnissen erfolgt, wenn die Individuen keine Gelegenheit zum Zusammenkommen finden. Die Selbstbefruchtung kann weiter auf zweierlei Weise vor sich gehen, entweder im obersten Teil des Geschlechtsapparats, möglicherweise in jenem Teil der Geschlechtsdrüse, wo beide Geschlechtselemente erzeugt werden, oder auch, indem sich das Tier mit sich selbst paart, d. h. seinen Penis in die eigene weibliche Geschlechtsöffnung einführt und sodann den Samen in das Receptaculum seminis einspritzt.

Gewisse Forscher, in erster Linie PELSENEER, haben behauptet, daß sie an Eiern von isolierten Schnecken nur ein Richtungskörperchen gefunden hätten. Sie glauben deshalb, daß diese Schnecken sich parthenogenetisch fortgepflanzt haben, und sehen diese Art als die isolierten Schnecken zukommende an. Spätere Forscher (CRABB 1928, COLTON 1918 und 1922 bei Arten von *Physa, Ancylus, Limnaea*) haben dagegen bei isolierten Schnecken zwei Richtungskörperchen nachgewiesen und das im Ei liegende Spermatozoon dargestellt [*Limnaea palustris* (O. F. M.)]. Der Gedanke an eine Parthenogenese dürfte daher zurückgewiesen werden; die oben erwähnten Forscher u. a. (HOLTZFUSS 1914, NOURREY 1898) behaupten alle, daß sich die Süßwasserschnecken normalerweise selbst befruchten.

Von *Limnaea stagnalis* (L.) var. *appressa* behauptet CRABB (1927 und 1928), daß die Paarung sowohl zwischen zwei Individuen als auch die eines Einzeltiers mit sich selbst weder zu einem Resultat führt, noch führen kann. 15 bis 30 Minuten nach der Paarung ist die Samentasche gewiß mit Sperma gefüllt und enorm aufgetrieben, aber schon vier Stunden später stoßen die Tiere den Inhalt aus. CRABB behauptet weiter, daß die Eier notwendigerweise befruchtet werden *müssen*, bevor sie vom Eiweiß und dem Sekret der Nidamentaldrüse umhüllt werden, d. h. also im obersten Teil des Ausführungsganges der Geschlechtsdrüse. Das besagt mit andern Worten, daß der fremde Samen sich vom Receptaculum seminis einen Weg bis hinauf zu dem schleimabsondernden Teil des Geschlechtsweges und der Nidamentaldrüse bahnen muß, vorbei an der Eiweißdrüse und bis hinauf in den ungeteilten Abschnitt des Ausführungsganges der Geschlechtsdrüse, um mit den Eiern zusammenzutreffen und sie zu befruchten. Da die Verhältnisse nun so liegen, daß die gleiche Geschlechtsdrüse gleichzeitig Eier und Samen produziert und sich beide Geschlechtselemente gleichzeitig im ungeteilten Gang befinden, betrachtet es CRABB für das wahrscheinlichste, daß die Befruchtung sich tatsächlich hier vollzieht und daß der Samen, der verwendet wird, der eigene ist.

Zu ganz dem gleichen Ergebnis gelangt BRUMPT (1928). Er behauptet, daß Selbstbefruchtung eine allgemeine Erscheinung sei; Paarung mit sich selbst, ebenso wie die mit einem Partner (kreuzweise Begattung) scheint für die Erhaltung der Art vollständig nutzlos zu sein.

Der oben gegebene Bericht sei Anlaß zur Bemerkung, daß es doch eigenartig ist, daß die Fortpflanzungsverhältnisse bei einem unserer allerhäufigsten Tiere noch nicht aufgeklärt sind. Überdies ist es für denjenigen, welcher die zahlreichen Paarungen im Freien gesehen hat und weiter zu beobachten Gelegenheit hatte, daß diese bei den einzelnen Arten an bestimmte Jahreszeiten gebunden sind, schwer zu glauben, daß diese Paarungen in keiner Weise und an keinem Ort auch nur eine Spur von praktischem Wert besitzen sollten. Es ist doch wohl, bevor man die Ergebnisse der amerikanischen Untersuchungen auf die europäischen

Arten überträgt, eine genaue Untersuchung des Receptaculum seminis in der Zeit nach der Paarung erforderlich. Die Behauptung, daß der fremde Samen auf keinen Fall sich sollte in den ungeteilten Abschnitt des Ausführungsganges emporarbeiten können, kann wohl nicht als hinreichend bewiesen hingestellt werden.

Mancherlei Bemerkungen in der Literatur deuten übrigens an, daß die verschiedenen Arten unter verschiedenen Bedingungen sich äußerst verschieden verhalten können. Unter den eigenartigen, in Balutschistan herrschenden Verhältnissen sollen die Limnäen ihre Eier im Winter ablegen. Paarung wurde keine beobachtet und der ganze männliche Teil des Geschlechtsapparats ist verkümmert. ANNANDALE (1919) vermutet, daß die Limnäen hier proterandrisch seien, die Paarung im Sommer erfolge und die Spermatozoen bis in den Winter in der Spermathek aufbewahrt würden.

Eiablage. Wie wohl allgemein bekannt sein dürfte, legen unsere Süßwasserschnecken ihre Eier in Schleimhüllen ab; diese zeigen bei den verschiedenen Gattungen fast immer eine verschiedene Form. Innerhalb der einzelnen Gattungen bieten die einzelnen Arten, was die Eizahl, Eigröße, Farbe und Anordnung der Eier in der Gallerte betrifft, recht große Verschiedenheiten dar.

Die großen Limnäen sind außerordentlich fruchtbar; im Lauf von 15 Monaten legten zwei *L. stagnalis* (L.) in einem Aquarium 68 Gelege ab, in einem andern in 13 Monaten 168. Die amerikanische Varietät legte vom 11. November bis 1. Juni 70 Laichmassen mit durchschnittlich 80 bis 100 Eiern ab. Bei isolierten Individuen beginnt die Eiablage am 58. Tage, aber erst nach zirka drei Monaten erreicht sie ihr Maximum.

SCHODDUYN (1925) erwähnt, daß von zwei *L. stagnalis* (L.), die sich am 10. Juli in Paarung befanden, die eine in den Tagen vom 11. Juli bis 20. Juli im ganzen 175 Eier, die andere 47 Eier ablegte. Später wurden keine Eier mehr abgegeben und die Tiere starben im August.

Die Limnäen legen ihre Eier in den bekannten, mehr oder minder langen Schleimbändern ab; diese sind konvex und mit der flachen Seite an der Unterlage, gewöhnlich an Blättern, Steinen, treibendem Holz usw., angeklebt. Nur bei der kleinen *L. truncatula* (O. F. M.) (Abb. 161) kann der Laich fast kugelrund sein. Sie allein setzt die Eier an Stellen ab, wo Austrocknungsgefahr bestehen kann; bei den anderen dürfte solches nur ausnahmsweise der Fall sein.

Zuäußerst findet sich eine Kapsel vor, die mehrschichtig ist; sie umschließt eine Schleimmasse, in der sich die Eier befinden. Die Eier liegen nicht lose darin, sondern sind mit Fäden an der innersten Wand der Kapsel aufgehängt.

Es ist nicht leicht, den Laich der einzelnen Arten voneinander zu unterscheiden. Man kann nur sagen, daß der Laich bei *L. stagnalis* (L.) die größte Länge (5 bis 6 cm) erreichen kann, er bildet gewöhnlich eine gerade Linie und die Zahl der Eier ist oft ungefähr 200 bis 300. In vielen Fällen ist die Eianzahl jedoch viel geringer, zu Zeiten sogar nur sehr spärlich. Die Eier sind groß und liegen selten in mehr als zwei bis drei Reihen. Bei *L. auricularia* (L.) (Abb. 808) ist der Laich eher krumm, breiter, selten gradlinig; die Eier sind viel kleiner und ihre Zahl kann viel größer sein (300 bis 400). Die Eimassen von *L. ovata* DRAP. sind gewöhnlich kürzer als die von *L. auricularia* (L.), aber es ist kaum immer möglich, sie auseinander zu kennen; das gleiche dürfte für *L. palustris* (O. F. M.) gelten.

Abb. 808 bis 817. Eigelege einiger unserer Süßwasserschnecken. (Abb. 804 bis 808, 810, 811 und 813 NEKRASSOW 1928.)

Abb. 808. *Limnaea auricularia* (L.). Abb. 809. *Planorbis corneus* (L.). Abb. 810. *Physa fontinalis* (L.). Abb. 811. *Amphipeplea glutinosa* (O. F. M.). Abb. 812. Laich von *Bithynia tentaculata* (L.). Abb. 813. Ei mit mehreren Jungen: *L. palustris* (O. F. M.), sechs Junge (polyvitellines Ei). (CRABB 1931.) Abb. 814. *Valvata piscinalis* (O. F. M.). Abb. 815. *Valvata cristata* (O. F. M.). Abb. 816. Eier von *Bithynia tentaculata* (L.), abgelegt auf eine *Paludina*. (W.-L., BERG phot.) Abb. 817. *Acroloxus lacustris* (L.).

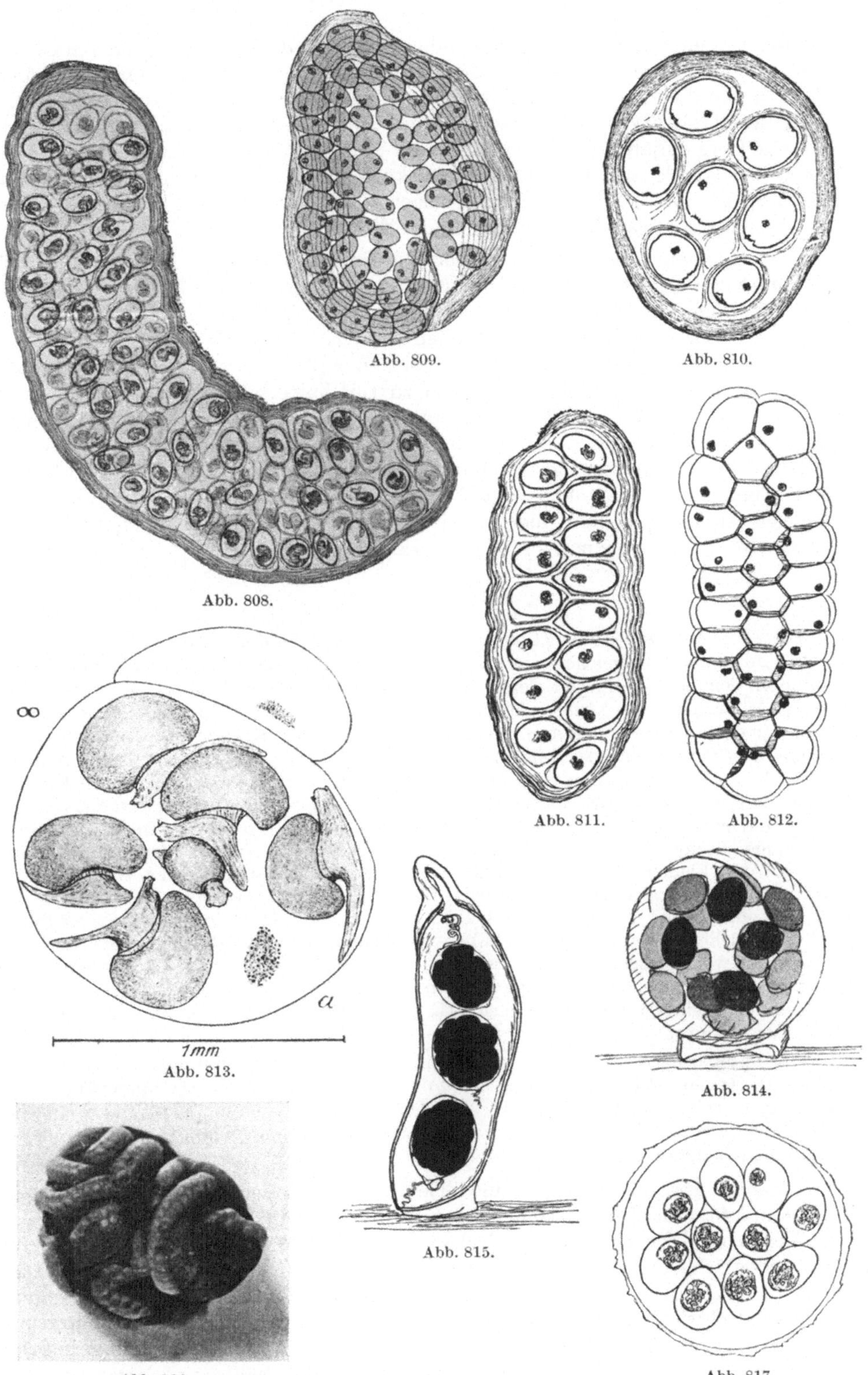

Abb. 809.

Abb. 810.

Abb. 808.

Abb. 811.

Abb. 812.

Abb. 813.

Abb. 814.

Abb. 815.

Abb. 816.

Abb. 817.

Wesenberg-Lund, Süßwasserfauna.

44

Die der Gattung *Limnaea* nahestehende *Amphipeplea* (Abb. 810b) hat ein Gelege (Abb. 811), das von dem der Limnäen etwas abweicht. In dem konvexen Laich dieser liegen die Eier übereinander; bei *Amphipeplea* liegen sie in einer Schicht, flach ausgebreitet, zumeist in zwei Reihen, wobei die Eier alternieren. Man sagt, daß die Tiere einjährig sind; am Ende des Sommers jenes Jahres, in dem sie geboren werden, legen sie kleine, nur zirka $1^1/_2$ mm lange Eimassen mit zirka 25 Eiern ab. Im nächsten Sommer nach der Überwinterung kann der Laich eine Länge von etwa 35 mm erreichen, die Eizahl ist 50 bis 60 (NEKRASSOW 1928).

Die allgemeine Regel ist selbstverständlich, daß aus jedem Ei nur ein Individuum hervorgeht, aber es ist merkwürdig, daß man gerade bei den Schnecken und vor allem bei den Limnäen auf Eier stößt, in denen zwei Dottermassen und später zwei Embryonen vorhanden sind, ja man trifft sogar auf Eier mit bis zu sechs Embryonen. Man hat in solchen Fällen zuerst vermutet, daß man es mit zwei- bis sechseiigen Zwillingen zu tun hätte, aber es dürfte sich wohl so verhalten, daß bei der Eibildung im Uterus mehr als ein Ei in die gleiche Schale eingehüllt wurde. Man schließt dies u. a. daraus, daß die Eier vom Eiweiß und der Eimembran umschlossen sind, bevor noch irgendeines das erste Richtungskörperchen ausgestoßen hat, weiter daraus, daß die Zahl der Individuen oft ungleich ist und weil man niemals eine Verbindung zwischen ihnen findet; sie liegen allzeit frei voneinander (CRABB 1927; Abb. 813).

Fam. *Planorbidae*.

Die *Planorbidae*, Tellerschnecken, besitzen gewöhnlich eine scheibenförmige Schale mit einer linksgelegenen Mündung und auch Atemloch und Geschlechtsöffnung befinden sich auf der linken Seite. Hohe, linksgewundene Schalen findet man bei der in Australien und Afrika vorkommenden, artenreichen Gattung *Isidora*, welche u. a. mit einer Reihe von Arten ein nicht unwesentliches Element der merkwürdigen Fauna des Tanganyikasees bildet. Die Gattung *Choanomphalus* ist hauptsächlich asiatisch und tritt mit einer sehr großen Artenzahl im Baikalsee auf, wo die Familie sonst nicht vertreten ist. An der Atemöffnung findet sich jedenfalls bei *Planorbis corneus* (L.) eine Kiemenlamelle. Die Tentakel sind lang, rund mit kreisförmigem Querschnitt; dreiteiliger Kiefer; das Tier selbst ist lang und schlank. Der Fuß ist sehr klein, namentlich bei den kleinen Formen schmal. Die Radulazähne sind kleiner, mit kürzeren und oft zahlreicheren Spitzen als bei *Limnaea* (ANNANDALE 1922). Die Schale ist oft mit einem Kiel versehen, der häufig auf die Unterseite des Tieres (tatsächlich auf den Rücken) herabreicht. Sie haben rotes Blut, aber diese Farbe ist bei manchen Arten sehr wenig intensiv, ebenso wie man bei der gleichen Art, z. B. *P. vortex* (L.), Formen mit karmoisinroter Farbe und andere, die fast farblos sind, antreffen kann. Einzelne Individuen von *P. corneus* (L.), gesuchte Tiere für Aquariumliebhaber, sind karmoisinrot.

Die europäischen Vertreter der Familie zerfallen in Gattungen, die einander sehr nahestehen. Wir wollen uns im folgenden zuerst mit derjenigen Form beschäftigen, welche in der Größe die anderen Arten bei weitem übertrifft: *Planorbis (Coretus) corneus* (L.) und unter der Bezeichnung kleine Planorben die anderen zusammen behandeln.

Planorbis corneus (L.) ist eine Tieflandform, wärmeliebend, in kleinen, seichten, pflanzenreichen Teichen oder in den flachen Buchten größerer Seen, die Teichcharakter besitzen, zu Hause. Sie hat ihre Nordgrenze in Jämtland (Schweden). Wenn man auch keineswegs sagen kann, daß sie selten ist, so ist doch die Zahl der Teiche und Kleinseen, welche sie beherbergen, bei weitem nicht so groß wie die, wo *L. stagnalis* (L.) vorkommt. Man findet in der Literatur Angaben, daß die beiden Arten sich auf gleiche Weise ernähren und einigermaßen unter den gleichen Verhältnissen leben (ALSTERBERG 1930 u. a.). Das ist nach

meinen Beobachtungen nicht richtig. Obwohl sie in den gleichen Teichen vorkommen, findet man sie in der Regel weder im Sommer noch im Winter Seite
an Seite. Sicherlich wird eine neue Untersuchung sehr häufig feststellen können,
daß, während *L. stagnalis* (L.) das Sommerhalbjahr zum großen Teil auf den
Schwimmblättern oder mehr oder weniger an der Oberfläche selbst zubringt,
man in vielen Teichen *P. corneus* (L.) weit öfter auf dem Boden kriechend und,
soweit mir bekannt, niemals über 2 bis 4 m tiefem Wasser draußen in den
Teichen auf den *Potamogeton*-Teppichen antrifft.

Ihr Wohnort im Sommer ist nicht die Oberfläche; die Form sucht ihr Futter
nicht hier, sie paart sich nicht hier, zum mindesten nicht wie *L. stagnalis* (L.)
in überkompensierten Klumpen treibend, und sucht beiweitem nicht so häufig
die Oberfläche auf.

Was das Winterhalbjahr betrifft, so kriechen, wie oben erwähnt, die Limnäen
da langsam auf dem Boden herum. Die großen Planorben liegen dagegen, soweit
meine Erfahrung reicht, wenigstens an vielen Stellen, im Schlamm vergraben,
eine Art Winterschlaf haltend.

In bezug auf die Art, wie *P. corneus* (L.) den Winter zubringt, stehen meine
Beobachtungen im großen und ganzen nicht in Übereinstimmung mit denen
ALSTERBERGS. Ich habe sie niemals wie die Limnäen im Winter unter dem Eis
herumkriechen gesehen; dagegen habe ich sie oft aus dem Schlamm von Gräben
ausgegraben, wo sie zirka 3 bis 5 cm tief lagen. Ich habe das schon 1895 mitgeteilt. Gemeinsam allen diesen Individuen war, daß sie überaus stark in die
Schalen zurückgezogen waren, $1/4$ bis $1/2$ der Windung war nicht bewohnt. Diese
ist stets mit einem großen Schlammpfropf gefüllt. Im Dezember 1936 hielt ich
viele Planorben in einem Aquarium bei zirka 12° C. Sie krochen alle auf dem
Boden oder den Wasserpflanzen herum. Es wurde hierauf ein Aquarium her-
gerichtet, das mit zirka 5 cm weichem Schlamm gefüllt wurde. Es wurde bei einer
Temperatur von 2 bis 5° C. gehalten. Hierauf wurden sechs der oben erwähnten
Planorben genommen und auf den Schlamm in das kalte Aquarium gesetzt.
Sie richteten sich senkrecht auf und waren alle innerhalb drei Stunden ver-
schwunden, in den Schlamm eingegraben. Wiederholte man den Versuch mit
Limnäen, so zeigte sich, daß diese auf dem Schlamm liegen blieben und sich
nicht eingruben.

Nimmt man eingegrabene Tiere aus dem Freien nach Hause und läßt sie
in einem Gefäß mit Wasser stehen, das in Schnee gesetzt ist, so kommen die
Tiere nicht heraus. Sie zeigen sich erst, wenn man sie in das warme Zimmer
bringt. Untersucht man den Herzschlag, so zeigt sich, daß dieses nur drei- bis
viermal in der Minute schlägt, wogegen der Herzschlag bei Planorben und
Limnäen, die sich in gewöhnlicher Zimmertemperatur befinden, 25 bis 30 in der
Minute beträgt (W.-L. 1895). Es ist kaum zu bezweifeln, daß man es hier mit
einem richtigen Winterschlaf zu tun hat, wieder ein Verhalten, das den großen
Unterschied zwischen der Lebensweise von *P. corneus* (L.) und *L. stagnalis* (L.)
zeigt. Ich bin geneigt, die Lebensweise der Planorben im Winter mit einem
Verhalten in Zusammenhang zu bringen, das schon den älteren Forschern bekannt war (O. F. MÜLLER u. a.) und das in neuerer Zeit von ALSTERBERG beschrieben worden ist.

Bei meinen Trematodenstudien hatte ich in meinen Versuchsgläsern oft
mehrere Hundert Planorben; sie waren in den Gläsern sehr häufig zu dritt in
jedem, später ein Tier in jedem, oft durch Wochen oder Monate; früher oder
später konnte man fast immer sehen, daß die Tiere kurz vor ihrem Tod nach einer
kräftigen Kontraktion das Wasser blutrot färbten. Hierauf zog sich das Tier
in die Schale zurück, und zwar so stark, daß man glauben konnte, die Schale sei

leer. In vielen Fällen zeigte sich, daß diese Tiere enorm mit monostomen und echinostomen Saugwürmern infiziert waren, und das Rätsel dürfte so zu deuten sein, daß die Redien einige der großen Gefäße verletzt hatten; in vielen Fällen enthielten die stark infizierten Schnecken sozusagen keine Spur von Lebergewebe. In andern dagegen zeigten die Schnecken keine Infektion und dann konnte konstatiert werden, daß sie, wenn sie in frisches Wasser versetzt wurden, nicht tot waren, sondern in die Schalen zurückgezogen lagen und hier noch mehrere Wochen weiter lebten; sie kamen aus ihren Schalen nicht heraus. Ich

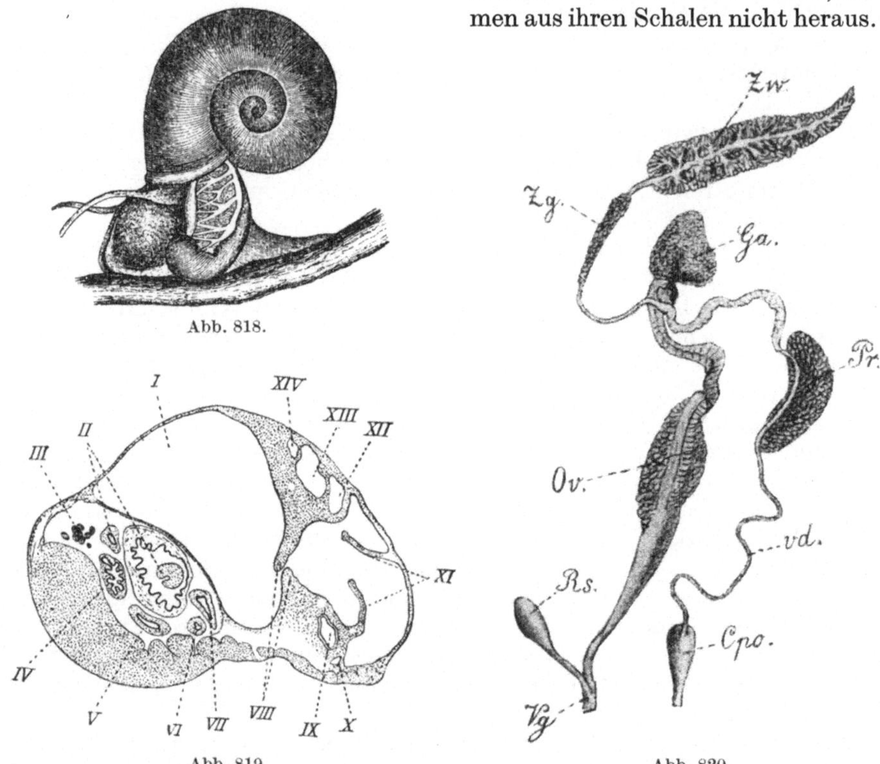

Abb. 818.

Abb. 819.

Abb. 820.

Abb. 818. *Planorbis corneus* (L.) mit ausgestrecktem Hautlappen (Kieme). (SIMROTH 1928.)

Abb. 819. *Planorbis corneus* (L.). Querschnitt durch den vorderen Teil der Lungenhöhle. *I* Lungenhöhle; *II* und *V* Penis; *III* Speicheldrüse; *IV* Speiseröhre; *VI* gemeinsamer Ausführungsgang von Hoden und Ovarium; *VII* Eileiter; *VIII* und *XI* die beiden Falten, die die Lungenhöhle teilen; *IX* Enddarm; *X, XII* und *XIV* Teile des Gefäßsystems; *XIII* Niere. (Nach PELSENEER, aus BRONN.)

Abb. 820. *Planorbis corneus* (L.). Geschlechtsorgane. *Vg* Vagina; *Rs.* Receptaculum seminis; *Ov.* Oviduct; *Zg* gemeinsamer Gang für Sperma und Eier; *Zw* Zwitterdrüse; *Ga.* Eiweißdrüse; *Pr.* Prostata; *vd.* Vas deferens; *Cpo.* Kopulationsorgan. (BUCHNER 1890.)

kenne die Erscheinung nur von *P. corneus* (L.). Das Ausstoßen des Blutes ist, wie ALSTERBERG richtig bemerkt, kein Vorgang, der nach dem Tod erfolgt; es findet statt, lange ehe dieser einzutreten braucht. Ich glaube annehmen zu können, daß es eine normale Erscheinung ist, die statthat, wenn das Tier, durch abnorme Verhältnisse gezwungen, diese zu überwinden versucht, indem es in den Ruhezustand übergeht. Die Vermutung läßt sich leicht experimentell überprüfen.

Eines scheint mir jedenfalls ganz klar, daß, wenn auch Limnäen und *P. corneus* (L.) im gleichen Teich vorkommen, sie doch ein ganz verschiedenes Leben führen.

Zu der andern Lebensweise kommt noch ein von den Limnäen sehr verschiedener Bau hinzu. Außer durch die ganz andersartige Form weicht die Schale auch dadurch ab, daß sie bei *P. corneus* (L.) bedeutend schwerer ist als bei *L. stagnalis* (L.). So wog die Schale einer *L. stagnalis* (L.) 34,1%, die frischen Weichteile 65,9%. Im Thermostaten getrocknet, machten die Schale 79,6%, die Weichteile 20,4% aus; bei *P. corneus* (L.) dagegen machten die Schale 53,7%, die Weichteile (frisch) 46,2%, getrocknet die Schale 90,6%, die Weichteile 9,4% aus.

Am lebenden Tier fallen dann sofort die langen, dünnen, in der Länge sehr variierenden, sehr beweglichen und sehr wachsamen Tentakel auf, die sich ganz verschieden von den breiten, flächenhaften bei *Limnaea* verhalten. Der Fuß ist im Verhältnis zur großen Schale klein, schmal, hinten dicklich, sehr verschieden von dem oft breiten Fuß der Limnäen. Die Schleimabsonderung ist viel geringer; die großen Planorben wandern nicht an Schleimfäden zur Oberfläche. Die Lunge ist bei den Planorben viel größer als bei den Limnäen und erreicht besonders bei den kleinen Planorben ungefähr die Hälfte der ganzen Länge des Tiers. Sie hat bei *P. corneus* (L.) einen sehr komplizierten Bau, der in gewisser Hinsicht an den der Ampullarien erinnert; sie ist unvollständig zweigeteilt (Abb. 819). Man hat auch behauptet, daß die Tiere ebenso wie jene den einen Teil als Wasserlunge, den andern zur Luftatmung verwenden (SIMROTH). Nähere Untersuchungen fehlen. Die Magenmuskulatur ist viel kräftiger als die der großen Limnäen. An der linken Seite des Tiers sieht man zumeist eine rote, dünne Hautfalte, eine „Kieme", hervorragen, deren Umfang außerordentlich variiert (Abb. 818). Ich habe eine solche nur bei *P. corneus* (L.) gesehen, niemals bei unsern kleinen Planorben. Wie ALSTERBERG (1930) kann auch ich hervorheben, daß *P. corneus* (L.) diesen Hautlappen immer vorstreckt, auch wenn das Tier an der Oberfläche atmet. Auch besitzen die Planorben — was man immer als eine große Merkwürdigkeit betrachtet hat — allein unter allen unsern Schnecken rotes, Hämoglobin enthaltendes Blut, ganz in Übereinstimmumg damit, was man bei verschiedenen anderen Bodentieren (Chironomiden, Oligochäten usw.) findet.

Alle diese von den Limnäen abweichenden Bauverhältnisse zeigen, daß die beiden Typen, *L. stagnalis* (L.) und *P. corneus* (L.), selbst wenn sie Seite an Seite vorkommen, an sehr verschiedene Milieubedingungen angepaßt sind. *P. corneus* (L.) ist, was oft und deutlich von ALSTERBERG (1930) hervorgehoben worden ist, in respiratorischer Hinsicht in weit höherem Grad an das Leben im Wasser angepaßt als *Limnaea stagnalis* (L.). Die große zweigeteilte Lungenhöhle, die Hautkieme, deren Entfaltung von der Temperatur und der Beschaffenheit der Luft im Wasser abhängig ist, sowie das Vorhandensein von Hämoglobin sind der anatomische Ausdruck dafür. Weil die Schale zu schwer und der Fuß zu klein ist, kann *P. corneus* (L.) die Tragfähigkeit des Oberflächenhäutchens nicht in gleichem Maß ausnutzen wie die großen Limnäen. In den Aquarien kann man beobachten, wie sie sich an den Wänden über die Oberfläche hinaus bewegt, aber diese Bewegung ist nicht das gleichmäßige Vorwärtsgleiten der Limnäen; bei jedem Ruck nach vorwärts wird die Schale nachgezogen, gleichzeitig wird versucht, die Schale vertikal zu stellen; während der Verschiebung ist ihre Stellung mehr horizontal.

ALSTERBERG hat gezeigt, daß *L. stagnalis* (L.) bei einer Temperatur von 20° C jede zwanzigste Minute die Oberfläche aufsucht. *P. corneus* (L.) kann ohne weiteres zwei bis drei Stunden unten bleiben, in gut durchlüftetem Wasser braucht sie überhaupt nicht an die Oberfläche zu kommen. Die Kieme wird fast immer vorgestreckt getragen, aber wenn die Temperatur stark steigt und die Luft im Wasser schlecht wird, so sieht man, daß die Kieme sich sehr stark entfaltet; sie steht dann, von roten Blutgefäßen durchzogen, wie ein großes Segel seitlich ab. Diese Kieme soll nach ALSTERBERG zumeist als eine Einrichtung zur Abgabe von CO_2 in Verwendung stehen, weit mehr als zur Aufnahme von O_2. Es ist festgestellt, daß die Luft in der Lungenhöhle bei *Planorbis* im Verlauf von 150 Minuten ganz regelmäßig abnimmt. Bei *Limnaea* ist der Verbrauch in den ersten 60 Minuten sehr stark, aber nach 90 Minuten fast Null. Der Unterschied beruht auf dem Vorhandensein von Hämoglobin bei den Planorben und auf dessen Fehlen bei den Limnäen. Das Hämoglobin erlaubt jenen, den Luftvorrat der Lunge langsam und regelmäßig zu verbrauchen sowie ihn fast ganz aufzubrauchen. Das können die Limnäen nicht. Bei einer Temperatur von 15 bis 16° C kommt eine *Limnaea* an die Oberfläche, wenn die Lunge noch 13% O_2 enthält, *Planorbis* erst, wenn nur mehr 4% vorhanden sind. Deshalb muß *Limnaea* viel öfters an die Oberfläche als *Planorbis* (JORDAN 1929).

In kaltgehaltenen Aquarien sowie im Freien sieht man oft, daß *P. corneus* (L.), aber noch viel häufiger die kleinen Planorben, mit einer großen Luftblase an der Schalenmündung am Boden liegen, wahrscheinlich Lungenluft, die herausgedrückt und in sauerstoffreichem Wasser wieder respirabel wird. Ich habe direkt beobachtet, daß die Tiere, wenn sie irritiert werden, diese Luftblase wieder einziehen. Die Limnäen tun nichts dergleichen, u. a. wohl, weil ihre große Schalenmündung kaum die Lungenluft festhalten kann. Wir wollen uns nun dem Verhalten bei den *kleinen Planorben* zuwenden.

Die kleinen Planorben. Bei uns gibt es von ihnen mindestens zwölf Arten. Unter ihnen bin ich in meinem Untersuchungsbereich oft auf folgende sieben Arten gestoßen: *Planorbis umbilicatus* O. F. M., *P. carinatus* O. F. M., *P. vortex* (L.), *P. albus* O. F. M., *P. nautileus* (L.) var. *cristatus* DRAP., *P. contortus* (L.), *P. nitidus* O. F. M. Von anderen Arten kommen im gleichen Gebiet noch vor: *P. leucostoma* MILLET, *P. spirorbis* (L.), *P. complanatus* (L.) und *P. riparius* W. Die beiden letztgenannten sind im Furesee gefunden worden (STEENBERG 1917).

Während *P. corneus* (L.) im großen und ganzen eine Art ist, die sich in Kleinseen mit recht niedrigem Wasserstand aufhält, deren Sommertemperaturen hoch, deren Kalkgehalt groß ist und wo keine Gefahr besteht, daß das Wasser bis zum Boden gefriert oder im Sommer vollkommen austrocknet, ferner in den lauen Buchten größerer Seen, als eine Art, die braunes Moorwasser meidet, stellt sich das Verhalten der kleinen Planorben zum Teil andersartig. Sowohl ihr Bau als auch ihre Lebenserfordernisse sind noch sehr wenig aufgeklärt. Hinsichtlich ihres Baues sei besonders auf BUCHNER (1890) hingewiesen.

Planorbis umbilicatus O. F. M. ist die zweitgrößte unserer Planorben; sie findet sich nicht oder nur in äußerst geringer Zahl in größeren Seen; sie ist eine ausgesprochene Teichform und tritt in gewissen Kleinteichen in ungeheuren Mengen auf. Nach Beobachtungen in einem Teich in der Nähe vom Dorf Grönnegade bei Hörsholm darf ich schließen, daß sie da wahrscheinlich einjährig ist; sie wurde nämlich im Juli in ganz unglaublichen Mengen gefunden, alle Individuen gleich groß und vermutlich alle vom gleichen Jahrgang. Im November kam sie wieder massenweise vor, aber diesmal nur in Jugendformen; alle Individuen gleich groß, Schalendurchmesser 3 bis 4 mm. Sie wachsen wahrscheinlich im folgenden Winter und Frühling zur geschlechtsreifen Größe heran.

Planorbis carinatus O. F. M. ist, so weit meine Erfahrung reicht, nicht gar zu häufig in ganz kleinen, mehr oder weniger zugewachsenen Teichen. Dagegen ist die Form eines der Charaktertiere der unterseeischen *Chara*-Wiesen und anderer submerser Pflanzen in unseren größeren Seen, im Furesee, vor allem aber im Esromsee, von wo sie in sehr großer Zahl aus 2 bis 5 m heraufgeholt werden kann; am zahlreichsten ist sie wohl im Herbsthalbjahr in treibenden, faulenden *Chara*-Massen.

Ganz gleich wie *P. carinatus* O. F. M. verhält sich *P. albus* O. F. M. Auch
diese Form scheint jedenfalls im Esromsee, aber auch im Furesee zu den Charaktertieren der unterseeischen Wiesen in 2 bis 4 m Tiefe zu gehören. Weiter kommt
hier auch in nicht geringer Menge *P. nautileus* (L.) vor. *P. contortus* (L.) ist vorhanden, aber minder häufig; diese Form ist zumeist in kleinen, verwachsenen
Teichen zuhause. *P. vortex* (L.), welche Art in mancherlei Hinsicht merkwürdige
Bauverhältnisse aufweist, hat ihr Heim in kleinen, verlandeten Teichen, wo sie
in Spätherbst in ungeheuren Mengen auftreten kann; außerdem kommt sie
aber auch in unseren größeren Seen draußen in 2 bis 4 m auf den *Chara-* und
Elodea-Teppichen vor, oft in großer Zahl.

Der kleine *Planorbis nitidus* O. F. M., leicht kenntlich daran, daß die Schale
einen gewölbten Rücken und eine vollkommen flache Bauchseite besitzt, eine
Bauweise, die die Form übrigens mit *P. complanatus* (L.)
teilt, und daran, daß das Schalenlumen durch vorspringende Septen eingeengt ist, verhält sich in der
Lebensweise sehr verschieden von den anderen. Das
Tier findet sich oder kann sich wenigstens in Teichen
finden, die vollständig austrocknen, und muß durch
Monate das Liegen in getrocknetem Schlamm vertragen können. Die vorspringenden Septen können
nur ein Erzeugnis des Mantels sein; es sind ihrer
zumeist vier vorhanden; sie bilden keinen geschlossenen Ring, denn sie stoßen oben nicht zusammen. Sie
korrespondieren nicht mit den Streifen der Schalenstruktur und sind im großen und ganzen sehr unregelmäßig. Sie werden wohl vom Mantelrand gebildet, aber ihre Bedeutung ist jedenfalls nicht klar.
Natürlich kann man vermuten, daß sie auf die eine
oder andere Art mit dem Austrocknen in Zusammen-

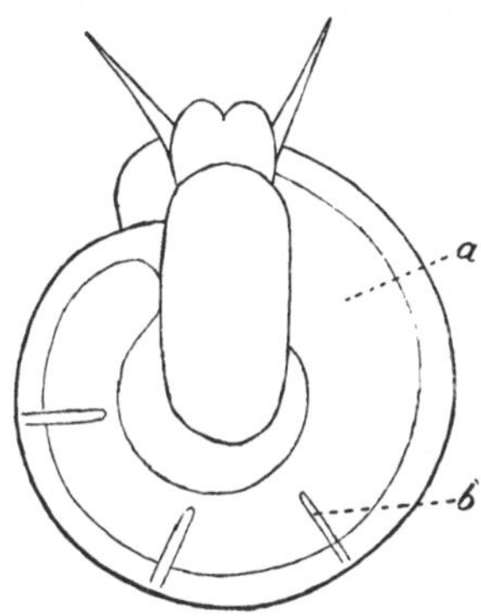

Abb. 821.
Planorbis nitidus O. F. M. in Ven-
tralansicht. *a* die sehr große
Lungenhöhle; *b* Septa. (W.-L.)

hang stehen, aber sie kommen auch bei Individuen vor, die an Stellen leben,
wo man mit einem gänzlichen Austrocknen nicht rechnen kann. Sie würden
eine experimentelle Untersuchung verdienen. Stark entwickelt finden sie sich nur
bei dieser einen Art (Abb. 821).

Allen diesen Kleinformen, wenigstens denjenigen, welche in Kleinteichen vorkommen, scheint gemeinsam zu sein, daß sie wahrscheinlich einjährig, höchstens
zweijährig sind. Sie sind im Spätherbst fast alle in einer Größe vorhanden. Über
ihre Art zu überwintern, weiß man kaum etwas Sicheres. Sie zeigen sich noch
recht spät im Frühjahr. Zukünftige Untersuchungen müssen ihren Jahrescyclus,
die Laichperioden und die sonstige Lebensweise aufklären. In der Literatur
liegen nur verstreute Beobachtungen vor, die auch bei anderen Süßwasserlungenschnecken gemacht worden sind. CHEATUM (1934) hat experimentell festgestellt, daß neun verschiedene Arten von den Genera, *Limnaea* und *Planorbis*,
vollkommenes Austrocknen durch 62 Tage vertragen haben. NORDENSKIÖLD hat,
wie erwähnt, gezeigt, daß eine ganze Anzahl das Einfrieren in Eis vertragen
kann.

In Seen, die im Begriff stehen, ganz zu verwachsen (der innere Teil von Store
Kalv, Furesee) und wo die unterseeischen Pflanzen, namentlich die Charen,
schon bis zu 10 cm unter die Oberfläche reichen, sieht man nicht selten namentlich die kleineren Tellerschnecken, mit Hilfe ihres Luftinhalts schwebend, auf
dem Wasserspiegel liegen; das trifft vor allem für *P. vortex* (L.) zu. Bei größeren
Seen, z. B. dem Tåkern, der sich in diesem Stadium befindet, hat N. TH. ODHNER
(1929) gezeigt, daß an der Oberfläche über den Pflanzen treibende Schnecken

eine häufige Erscheinung sind. Auf einer Strecke von nur 600 m konnte man mit dem Planctonnetz im Mittel mit einem Zug 75 *Planorbis carinatus* O. F. M., 5 *P. contortus* (L.), 1 *P. vortex* (L.), 35 *Physa fontinalis* (L.), 1 *Limnaea ovata* DRAP. und 1 *L. stagnalis* (L.) abschöpfen. Daß die Schnecken auf diese Weise mit Wind und Wellen über den See verbreitet werden, versteht sich von selbst.

Allen diesen kleinen Planorben ist gemeinsam, und sie stehen damit im Gegensatz zu *P. corneus* (L.), daß ihr Aufenthaltsort in pflanzenreichen Kleinteichen hauptsächlich das Oberflächenhäutchen ist, dessen Unterseite sie von anklebenden Bestandteilen ablecken. Zumindest trifft das wohl für *P. nitidus* O. F. M. zu, am meisten für *P. vortex* (L.), welches Tier von allen die ausgesprochenste Oberflächenform sein dürfte, und dasjenige, welches im Sommerhalbjahr an vielen Stellen in der Lebensweise am meisten an *L. stagnalis* (L.) erinnert. Das Oberflächenhäutchen wird von der Schale durchbrochen, welche über diesem zu liegen kommt. In anatomischer Hinsicht dürfte diese Form zu den interessantesten gehören. Die Schale ist auffallend dünn und dürfte unter allen unseren Planorben die größte Zahl von Windungen besitzen, sieben bis neun. Man sieht deutlich die enorm lange Lungenhöhle, ebenso den Herzschlag. Abb. 822 gibt eine mit dem Zeichenapparat entworfene Darstellung der Schale mit dem Tier wieder; sie zeigt die Lungenhöhle und zugleich die Lage des Herzens. Hier ist sehr gut ersichtlich, wie groß die Lungenhöhle ist; wenn man die Windungen mit einem Kurvenmesser mißt, zeigt sich, daß die Windungen, gestreckt,

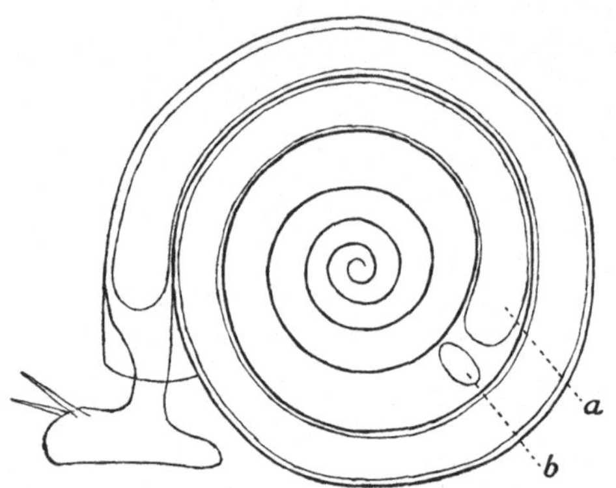

Abb. 822. *Planorbis vortex* (L.). *a* die sehr große Lungenhöhle, die fast bis zum Herzen *b* reicht. (W.-L.)

75 mm und die Lunge nicht weniger als 42 mm lang sind. Die Fußlänge ist ungefähr 20mal in der Länge des ganzen Tiers enthalten. Wenn man *P. vortex* (L.) am Oberflächenhäutchen schweben und im Gegensatz zu *P. corneus* (L.), aber ganz wie die großen Limnäen darunter hingleiten sieht, versteht man, daß es nicht die kleine Fußscheibe ist, die hier die Hauptrolle spielt, sondern daß vielmehr der sehr große Luftbehälter das Leben an der Oberfläche ermöglicht und bewirkt, daß die Energie, die zum Vorwärtstreiben des Organismus nötig ist, nur sehr gering zu sein braucht. Befinden sie sich auf dem Boden des Aquariums in Ruhe, so erkennt man, daß sie sich hie und da freiwillig vom Boden lösen und ganz langsam senkrecht emporsteigen. Sie treffen immer in senkrechter Stellung auf die Oberfläche auf, aber durch Wenden und Drehen legen sie sich langsam auf die Seite; unmittelbar hierauf beginnt die Inspiration.

Respiration. Wie schon erwähnt, sind die meisten dieser kleinen Planorben in seichten, pflanzenreichen Kleinteichen sowie in unseren größten Seen draußen in einer Tiefe von 2 bis 4 m, hier unter Verhältnissen zu finden, daß man sich sagen muß, daß ein Zutritt zur atmosphärischen Luft unbedingt ausgeschlossen ist. Viele verschiedene Faktoren bewirken es, daß ich gern ein weniges beitragen möchte, um die Atmungsverhältnisse dieser Formen aufzuklären. Mangelhafte physiologische Kenntnisse sind der Grund, warum es nicht mehr wurde.

Die große Hyalinität mehrerer dieser Formen ist die Ursache, daß man ohne Eingriffe irgendwelcher Art stets die Größe der Lungenhöhle sehen, den Herzschlag zählen usw. kann. Das Vorkommen an Stellen, wo der Zugang zur atmosphärischen Luft das ganze Jahr hindurch unmöglich ist, war um so merkwürdiger, als ich bei diesen Kleinformen niemals irgend etwas feststellen konnte, was der Kieme von *P. corneus* (L.) entspricht; weiter ist das Blut gerade bei vielen von ihnen fast farblos, und zumeist bei solchen Individuen, welche auf den unterseeischen Wiesen unserer größeren Seen vorkommen. Man mußte von vornherein vermuten, daß die Atmung im Sommerhalbjahr in Kleinteichen, wo man sogar ohne Lupe feststellen kann, daß die silberglänzende Lungenhöhle luftgefüllt ist, von der Atmung derjenigen Tiere verschieden sein muß, welche in einer Tiefe von 2 bis 4 m leben, niemals an die Oberfläche kommen und deshalb keine Möglichkeit besitzen, sich atmosphärische Luft zu verschaffen. Sucht man nach Aufschluß in der Literatur, so zeigt sich bald, daß hochgradige Widersprüche vorhanden sind.

Schon 1875 konnte Siebold zeigen, daß die Arten *P. carinatus* O. F. M. und *P. glaber* Jeffr. (= *laevis* Alder) im Königsee in Tiefen leben, aus denen sie niemals an die Oberfläche zum Atmen kommen können; er glaubte, daß bei den Tieren die Lungenhöhle mit Wasser gefüllt wäre. Was *P. crista* (L.) anbelangt, so teilt Willem (1894) mit, daß sich in der Atemhöhle stets Wasser vorfindet. Pauly (1877) bestätigte die Beobachtungen Siebolds, was das Vorkommen der Planorben im Königsee betrifft, aber er hebt gegen Siebold hervor, daß die Lunge Luft enthält; zugleich behauptet er, daß diese Luft aus dem Luftbelag auf Steinen stamme.

Wie früher erwähnt, habe ich keine Luft in den Lungen von Limnäen aus 2 bis 5 m Tiefe nachweisen können; ob sie Wasser in den Lungen haben, wagte ich nicht zu entscheiden, aber in Übereinstimmung mit Pauly vermutete ich, daß sie größtenteils ihr respiratorisches Bedürfnis durch Hautatmung befriedigten, und machte überdies darauf aufmerksam, ob nicht die stärkere Bewimperung bei den Süßwasserschnecken den Landschnecken gegenüber durch Unterhaltung einer Wasserströmung um den Körper respiratorische Bedeutung besitze. Später, als ich die Arbeit von Cheatum (1934) kennenlernte, stiegen mir in bezug auf die Richtigkeit meiner Annahme Bedenken auf.

In den gleichen Tiefen (2 bis 5 m) leben einige unserer kleinen Planorben-arten, in erster Linie *P. carinatus* O. F. M., *P. vortex* (L.), *P. albus* O. F. M., *P. nautileus* (L.) var. *cristatus* Drap. und *P. contortus* (L.). In bezug auf ihr Vorkommen im Furesee sei auf Steenberg (1917) hingewiesen. Ich selbst kenne sie vom Esromsee aus diesen Tiefen. Sie finden sich hier das ganze Jahr hindurch; einzelne von ihnen, besonders *P. albus* O. F. M., *P. vortex* (L.) und *P. carinatus* O. F. M., kommen namentlich im Herbst in großen Mengen auf losgerissenen, treibenden Charamassen und anderen Wasserpflanzen vor, welche in Fäulnis überzugehen beginnen oder jedenfalls nahe daran sind.

Infolge ihrer großen Hyalinität und der Menge, in der sie mir zur Verfügung standen, wählte ich zu meinen Versuchen besonders *P. carinatus* O. F. M. und *P. vortex* (L.). Namentlich *P. carinatus* O. F. M. ist in unseren großen Seen sehr oft vollkommen hyalin. Man sieht bloß mit einer gewöhnlichen Lupe Lunge und Herz mit großer Deutlichkeit, ebenso die merkwürdige, federförmige Leber. Der Herzschlag kann mit absoluter Sicherheit gezählt werden. Um einige der Punkte aufzuklären, die ich bei den Limnäen nicht mit Sicherheit erkunden konnte, habe ich die zwei Arten *P. vortex* (L.) und *P. carinatus* O. F. M. durch ein halbes Jahr im Laboratorium unter regelmäßiger Beobachtung gehalten. Die meisten Versuche und Beobachtungen wurden an *P. carinatus* O. F. M. gemacht.

Es glückte, aus dem See 25 *P. carinatus* O. F. M. (November) heraufzuholen, so daß sie nicht mit der Luft in Berührung kamen; sie wurden unter Wasser in wassergefüllte Gläser überführt, dann wurden sie, ebenfalls ohne daß Luft Zutritt hatte, in Reagensgläser gebracht, die 30 ccm faßten, je eine Schnecke in ein Glas. Fünf wurden unter Wasser seziert und es zeigte sich, daß die Lunge ausgespreizt war, aber kein einziges Luftbläschen enthielt. Legte man einen *P. carinatus* O. F. M. auf ein Stück Filtrierpapier und ließ das Tier hier zirka eine halbe Stunde liegen, so daß die Schale vollkommen trocken war, und wurde hierauf ein Loch durch die Schale in die Lunge gestochen, so sah man deutlich Wasser austreten und das Filtrierpapier befeuchten. Nahm man dann ein anderes Individuum, legte es in schwach mit Karmin gefärbtes Wasser und tat das gleiche, so sah man unter dem Mikroskop nicht minder deutlich eine wasserklare Flüssigkeit in das rote Umgebungswasser austreten.

Es besteht darnach kein Zweifel, daß bei den kleinen Planorben in Tiefen von 2 bis 5 m, wo der Zugang zur atmosphärischen Luft unmöglich ist und wo wenigstens im Winterhalbjahr respiratorische Luftblasen von Pflanzen kaum eine größere Rolle spielen können, die Lunge mit Wasser gefüllt ist. Fischt man auf diesen Polstern verwelkender Pflanzen, so bringt die Dredge *P. carinatus* O. F. M., *P. vortex* (L.) und *P. albus* O. F. M. in großen Mengen herauf. Werden sie in Aquarien mit freiem Zutritt zur atmosphärischen Luft gesetzt, so sucht der weit überwiegende Teil der Schnecken, selbst wenn die Aquarien reichlich durchlüftet werden, die Oberfläche auf; sie steigen an den Aquariumwänden empor und man sieht nun das gleiche Phänomen, das PAULY (1877) bei den Limnäen des Genfer Sees beobachtet hat: Sobald die Möglichkeit vorhanden ist, suchen die Schnecken die atmosphärische Luft auf. Wenige Stunden später, nachdem sie in die Aquarien gekommen sind, haben die allermeisten Individuen, deren Lungen früher wassergefüllt waren, jetzt Luft in den Lungen. Man hat hier die Möglichkeit zu sehen, wie der Übergang von der Wasser- zur Luftatmung stattfindet, die treibenden Kräfte und die Bedingungen dieses Wechsels. Nichts davon ist bei *Limnaea* und *P. corneus* (L.) einer direkten Beobachtung zugänglich.

Schnecken mit luftgefüllten Lungen unterscheidet man sofort von denen mit wassergefüllten daran, daß die Lungen stärker ausgespreizt, silberglänzend und wurstförmig sind. Namentlich hinten, wo sie durch einen kleinen Zwischenraum vom Herzen getrennt sind, bilden sie eine gebogene Kontur (Abb. 823), was bei den wassergefüllten Lungen nicht der Fall ist. Die Lunge zeigt sich weiter fast immer schwach zweigeteilt, indem quer durch die Lunge ein Strang verläuft, der sowohl bei wasser- als auch luftgefüllten Lungen gut sichtbar ist; er trennt zirka ein Drittel der Lunge von den vorderen zwei Dritteln und teilt so gewöhnlich den Luftinhalt in einen vorderen größeren und einen hinteren kleineren Abschnitt (Abb. 823 a).

Die Frage, die ich beantworten wollte und die, soweit mir bekannt, noch niemand aufgeworfen hat, war die: Wie kommt das Wasser aus der Lunge heraus und wie gelangt die Luft hinein? Über welche treibenden Kräfte verfügen die Schnecken in dieser Hinsicht? Das Folgende ist auf Beobachtungen basiert, die mit einem horizontal gestellten Aquariummikroskop gemacht worden sind, das auf den Rand des Wasserspiegels an der Glaswand eingestellt war, wo Schnecken mit wassergefüllter Lunge sich befanden, die eben an die Oberfläche gekommen waren, und ferner auf Beobachtungen in kleinen Glasdosen mit Luftblasen, in denen je eine Schnecke mit wassergefüllter Lunge angebracht war; in letzterem Fall wurde ein gewöhnliches Zeiß-Mikroskop verwendet.

Sobald eine Schnecke mit einer wassergefüllten Lunge die Oberfläche erreicht hat, sieht man sie sozusagen „den Hals strecken", der Fuß dreht sich und die Atemhöhle wird an die Oberfläche angelegt. Etwas vorher oder unmittelbar nachher sieht man, daß die Lunge zusammenklappt. Der gegen den freien Schalenrand liegende Lungenteil, der früher aufgetrieben war, buchtet sich ein und knüllt sich zusammen. Was hier vorgeht, ist klar: es wird das Wasser wahrscheinlich mit Hilfe der Mantelmuskulatur aus der Lunge ausgepreßt. Nur die Partie, welche vor dem erwähnten Strang liegt, wird entleert; die Partie dahinter fällt nicht zusammen. Das Zusammenklappen ist nicht immer gleich deutlich und reicht nicht immer bis zu dem erwähnten Strang. Etwas später sieht man in dem

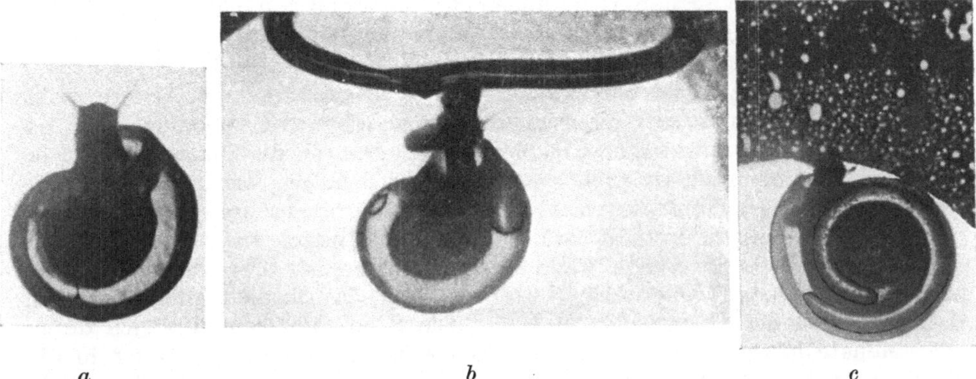

a   b   c

Abb. 823. *Planorbis carinatus* O. F. M. In *a* Lunge wassergefüllt; unten der kleine Strang, der die Lunge in einen vorderen, größeren und einen hinteren, kleineren Teil teilt. In *b* hängt die Schnecke am Wasserspiegel, im Begriffe, die Lunge mit Luft zu füllen. Die Luftblase beginnt in die Lunge hineinzugleiten. In *c* ist die Lunge ganz mit Luft gefüllt; die Schnecke hängt am Glasdeckel. (W.-L., BERG phot.)

vorderen Teil der Lunge eine große, wurstförmige Luftblase durch die Lunge einwärtsgleiten, diese wird entsprechend dem Weiterwandern jener sehr stark gespreizt (Abb. 823 b). Wenn die Luft den Querstrang erreicht hat, bleibt sie stehen; die Schnecke dreht hierauf ganz regelmäßig die Schale nach links. Diese Bewegung ist sicherlich keine aktive, sondern erfolgt passiv, weil die Luft in der Lunge das Gleichgewicht des Tiers verändert hat; dessen Schwerpunkt ist verschoben worden. Dadurch kommt der früher unten liegende Schalenrand schräg zu liegen. Fast im gleichen Moment sieht man gewöhnlich die Luft plötzlich in den hinteren Abschnitt hineinstürzen. Die Füllung dieses Abschnitts erfolgt sozusagen mit einem Schlag. Ich vermute, daß dies daran liegt, daß die Schnecke jetzt das Atemloch geschlossen, die Lungenluft unter Druck gesetzt und mit Hilfe der Luft das Wasser im hinteren Abschnitt herausgedrückt hat. Fest steht auf jeden Fall, daß nun die Luftblase das Herz erreicht. Nach der Luftfüllung bleibt die Schnecke an der Wasseroberfläche liegen, der Wasserspiegel ist zum Atemloch trichterförmig eingezogen, das Tier respiriert ohne Zweifel fortlaufend. Der ganze Vorgang dauert — wohlgemerkt normalerweise — zirka zwei Minuten.

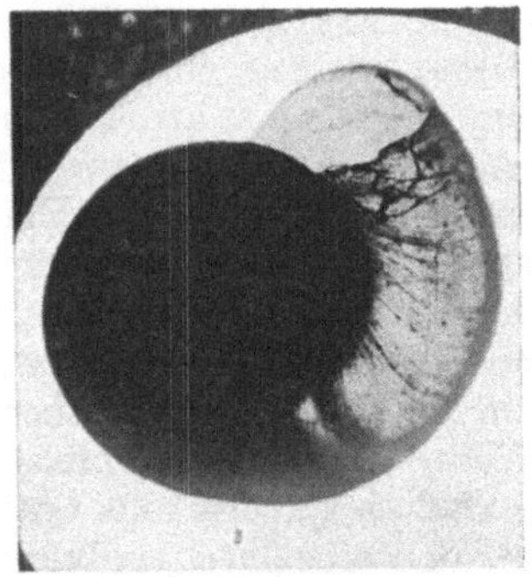

Abb. 824. *Planorbis carinatus* O. F. M., photographiert, nachdem das Tier durch drei Wochen an der Glaswand oberhalb des Wasserspiegels gesessen war. Es ist am Leben. Das Tier hat sich von der Schalenmündung weit zurückgezogen. (W.-L., BERG phot.)

Zuweilen bleibt die Luft beim Querstrang stehen und die hintere Partie bleibt wassergefüllt. Das Verhalten erinnert in diesem Fall an die *Ampullaria*-Lunge. Die Lunge von *P. corneus* (L.) verlangt unbedingt nach einer anatomisch-physiologischen Untersuchung.

Im November-Dezember 1936 hatte ich im Laboratorium außer zwölf *P. carinatus* O. F. M. mit wassergefüllten Lungen gleichzeitig mehrere hundert

Individuen mit luftgefüllten Lungen; aber außerdem besaß ich noch eine große Anzahl Individuen, die hinsichtlich der Atmung ein drittes Verhalten aufwiesen (Abb. 824). Es ist eine bekannte Tatsache, daß manche Planorben [nicht *P. corneus* (L.)], *Limnaea* (besonders *L. ovata* DRAP.), *Acroloxus* (nicht *Physa* und niemals die Kiemenschnecken des Süßwassers) über den Wasserspiegel hinauskriechen und an den Glaswänden der Aquarien festgeklebt sitzen. Die Schnecken ziehen sich sehr stark ins Gehäuse zurück, oft ist die ganze letzte Windung leer. Sie sind anscheinend tot; all dies ist namentlich bei *P. vortex* (L.) der Fall. Das Herz selbst und die Partie, welche dahinter liegt, ändern nicht ihren Platz. Es sieht so aus, als wenn die Lunge wie eine Harmonika auf einen sehr kleinen Raum zusammengeschoben wäre. Daß es die Lunge ist, welche zusammengeschoben ist, ist auch ganz natürlich; denn das Tier füllt hinten die Schale aus und der hinter dem Herzen liegende Körperabschnitt, der die Leber und Geschlechtsorgane enthält, erlaubt selbstverständlich kein so starkes Zusammenpressen wie die Lunge, wenn die Luft entleert ist. Der Herzschlag kann an der eingezogenen Schnecke bei *P. vortex* (L.) mit Deutlichkeit gesehen werden, dagegen selten bei *P. carinatus* O. F. M. Die Schnecken befanden sich durch zwei Monate in dieser Stellung. Sie zogen sich langsam immer weiter in die Schale zurück, d. h. die Lunge wurde immer mehr zusammengepreßt; gleichzeitig geht der Herzschlag sehr tief herunter, von 18 bis 20 Schlägen bis auf vier in der Minute; er ist so schwach und unregelmäßig, daß er sich schwer zählen läßt. Seziert man die Tiere, so zeigt sich, was zu erwarten war, daß die Menge der Luft in der Lunge eine sehr verschiedene war; bei einigen, wo das Tier bis ungefähr zur Schalenmündung reichte, war diese teilweise luftgefüllt, bei denjenigen, die am weitesten zurückgezogen waren, war in der Lunge fast keine Luft. Im Laufe von ein paar Monaten sterben alle diese Tiere ab; sie ziehen sich immer mehr ein, sie kommen niemals heraus, sondern sterben tief in die Schale zurückgezogen. Es wäre nun wertvoll zu wissen, wie diese drei Gruppen: 1. Schnecken mit wassergefüllten Lungen, 2. mit luftgefüllten Lungen und 3. „trockene" Schnecken mit zusammengeschobener Lunge sich verhalten, wenn man ihnen den Zugang zur atmosphärischen Luft versagt. Da es weiter selbstverständlich ist, daß die Temperatur eine große Rolle spielt, wurden drei Versuchsreihen aufgestellt. In allen drei Reihen wurden sechs oder zwölf Schnecken genommen. Denen in der Trockenserie wurde mit Hilfe eines wassergefüllten Haarröhrchens die Luft, die sich in den Windungen vor dem Tier befand, ausgetrieben. Sie waren darauf sofort unterkompensiert; einige kamen nicht heraus und starben am Boden der Gläser, aber die meisten kamen heraus. Die Lunge füllte sich mit Wasser, aber bei den meisten enthielt die Lunge noch von früher her etwas Luft, so daß sie zumeist teils Luft, teils Wasser mit sehr wechselnden Mengen der beiden bei den einzelnen Individuen enthielt. Zu Beginn wurde *P. vortex* (L.), später *P. carinatus* (O. F. M.) verwendet. Jede Schnecke wurde in eine Glasröhre, die zirka 30 ccm faßte, gebracht. Es wurde den Tieren keine Nahrung irgendwelcher Art geboten und das Wasser nicht gewechselt. Die Luft wurde mit ausgekochten Korkpfropfen abgesperrt und sie wurden in wassergefüllte Aquarien mit die Pfropfen bedeckendem Wasser gestellt. Am ersten Tag zeigten sich kleine Luftbläschen unter den Pfropfen; sie wurden entfernt und später enthielt das Wasser keine Luftbläschen. In jedem Aquarium waren sechs bis zwölf Gläser, in jedem eine Schnecke. Jede dieser Serien wurde in zwei Gruppen geteilt; die eine wurde in einen Frigidaire mit einer konstanten Temperatur von 2° C gebracht, die andere befand sich in gewöhnlicher Zimmertemperatur, 18° C. Ich unterließ es, sie in einen biologischen Thermostaten mit einer konstanten Temperatur von 22° C zu stellen, weil das eine weit kompliziertere Manipulation mit sich gebracht hätte, was sich nicht immer als glücklich erwiesen hatte. In den bei Zimmertemperatur befindlichen Serien ging bei der Luft- (I) und Wasserserie (II) der Herzschlag von 28 bis 32 Schlägen in der Minute im Verlaufe von zirka acht Tagen ganz langsam auf vier bis acht herunter und war oft so schwach, daß er kaum gesehen werden konnte.

Serie I zeigte zwischen den Tieren, die in Zimmertemperatur standen, und jenen, welche bei einer Temperatur von 2° C gehalten wurden, den Unterschied, daß die ersten sofort an den Glaswänden hinaufkrochen und sich dort festsetzten; im Frigidaire verblieben sie auf dem Boden der Gläser, schwach herausgekommen,

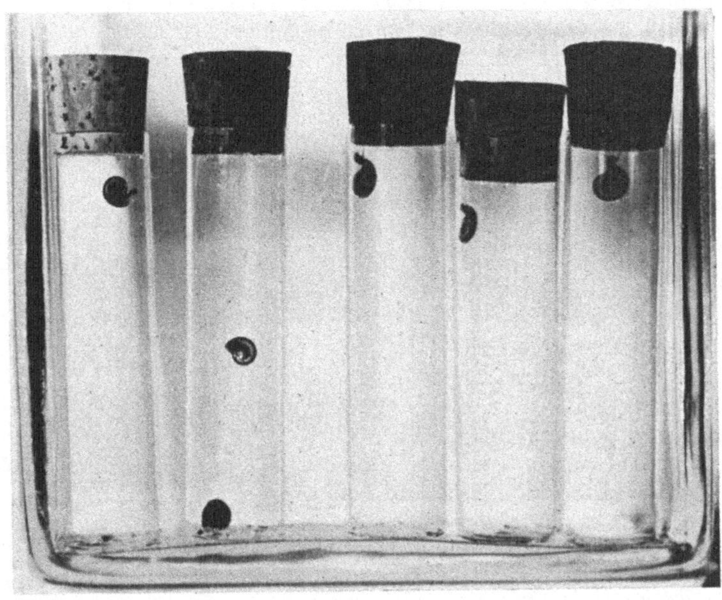

Abb. 825. Eine Versuchsserie *Planorbis carinatus* O. F. M. Die Schnecken sind zwölf Tage von der Luft abgesperrt, aber mit luftgefüllten Lungen im Frigidaire bei 2° C gestanden. (W.-L., BERG phot.)

aber anscheinend in einer Art Winterschlaf. Nach Ablauf von vier Tagen begannen auch sie, trotz der sehr niederen Temperatur, sich an den Glaswänden hinaufzubewegen und blieben von nun an und für die folgende Zeit an der gleichen Stelle sitzen. Im Frigidaire war der Herzschlag schon im Verlaufe von ein paar Tagen in allen Serien auf sechs bis acht in der Minute heruntergegangen und noch später bis auf zwei bis vier.

Zwischen den Schnecken in Zimmertemperatur in Serie I (Luft) und Serie II (Wasser) ergab sich nach ein paar Tagen der Unterschied, daß die ersteren alle mit weit vorgestreckten Antennen saßen; oft hingen sie vom Pfropfen mit weit vorgestrecktem Körper herunter, scheinbar versuchend, soweit als möglich von der Hautatmung Gebrauch zu machen. Serie II (Wasser) saß auch an den Glaswänden festgeklebt, aber die Schnecken waren in die Schalenmündung zurückgezogen, und von den stark eingezogenen Tentakeln waren nur die äußersten Spitzen sichtbar. Da der Herzschlag auf vier bis acht in der Minute zurückgegangen war, war der Unterschied weniger deutlich. Am 14. Dezember, nach 17 Tagen, ist die ganze Zimmertemperaturserie, mit Ausnahme einer einzigen Schnecke von Serie II (Wasser), eingegangen. Im großen und ganzen schien es, als ob Serie II (Wasser) sich besser hielte; die ganze Serie I war einige Tage vor

Serie II eingegangen. Das Verhalten verlangt noch eingehendere Untersuchung. CHEATUM (1934) kommt zu entgegengesetzten Resultaten.

Im Frigidaire bei zirka 2° C bleiben dagegen die Schnecken in allen drei Serien am Leben; bei allen geht der Herzschlag auf zirka sechs bis acht herunter; bei einigen sind die Kontraktionen sehr schwach und unregelmäßig. Der Herzschlag ist dann oft schwer abzulesen. Es gibt Schnecken, bei denen es nicht möglich war, mehr zu sehen als ein bis zwei schwache Kontraktionen in einer Minute. Diese winterschlafenden Schnecken verändern nicht ihren Platz, wenn man die Stöpsel von den Gläsern entfernt und ihnen ungehinderten Zugang zur Wasseroberfläche gibt; auch ist keine Schnecke mit Wasser in den Lungen, wenn man den Wasserstand im Glas bis zur Schnecke senkt, sobald sie im Frigidaire verbleibt, imstande, die Lunge zu füllen. Nimmt man dagegen eines der Gläser mit einer solchen Schnecke mit Wasser in der Lunge aus dem Frigidaire, bringt sie in Zimmerluft und läßt sie drei Stunden stehen, so sieht man zuerst den Herzschlag auf zirka zehn bis zwölf steigen. Senkt man hierauf den Wasserspiegel bis zur Schnecke, so sieht man eine halbe bis dreiviertel Stunden nachher, daß der Herzschlag auf 24 bis 28 in der Minute gestiegen ist.

Einige Stunden nachher beginnen die Schnecken Luft aufzunehmen, aber diese Winterschläfer, die plötzlich atmosphärische Luft zur Verfügung haben, sind nicht in solchem Grad auf Ausnutzung der Luft eingestellt wie diejenigen, die direkt im November aus 2 bis 4 m heraufgeholt worden sind. Die Lunge fällt nicht richtig zusammen; sie ist teils luft-, teils wassergefüllt und zeigt ein ganz ähnliches Aussehen wie in Serie III, wo sich die Luft nur in Form von Blasen in dem mehr oder weniger zusammengesunkenen Lungensack vorfindet. Erst zirka 24 Stunden später hat die Lunge ein normales Aussehen erhalten, ist in ihrer ganzen Erstreckung luftgefüllt.

Serie I und III (Luft- und Trockenserie) zeigen im Frigidaire noch ein sehr interessantes Verhalten. Im Verlaufe von zirka acht Tagen und auf jeden Fall innerhalb von 14 Tagen sind bei allen diesen Tieren, *deren Lungen ganz luftgefüllt waren* oder die etwas Luft in den Lungen hatten, *alle Lungen mit Wasser gefüllt.* CHEATUM (1934) kommt zu ganz dem gleichen Ergebnis. In keinem der 24 Gläser befand sich Luft unter den Stöpseln. Es dürfte sich wohl so verhalten, daß, abgesehen von der Lungenluft, die die Schnecken selbst verbraucht hatten, der übrige Teil, der also wahrscheinlich Stickstoff war, bei der Abkühlung des Wassers von 20 auf 2° C vom Wasser absorbiert worden ist; man sieht die Lungenluft immer weniger werden, bis sie ganz verschwunden ist. Es tritt Wasser an Stelle der Luft.

Aber diese kleinen Planorben, in erster Linie *P. vortex* (L.), minder häufig *P. carinatus* O. F. M., eher *P. umbilicatus* O. F. M., bewohnen ja auch kleine, seichte, verwachsene Teiche, wo sie, wie erwähnt, in ungeheuren Mengen vorkommen können. Sie führen hier ein Leben ganz verschieden von dem ihrer Verwandten in der Tiefe von 2 bis 4 m in unseren größeren Seen. Das ganze Sommerhalbjahr hindurch leben sie hauptsächlich auf den Pflanzen gleich unter dem Wasserspiegel, und was *P. vortex* (L.) anbelangt, so ist ihr Wohnort die Oberfläche. Sie ist durch ihre außerordentlich dünne Schale, durch die zahlreichen Windungen und ihre sehr lange Lunge ausgezeichnet; sie treibt in horizontaler Stellung in großen Mengen an der Oberfläche unserer Teiche. Die Lunge ist hier immer luftgefüllt und die Tiere sind hochgradig überkompensiert. Die große Luftmenge bewirkt, daß sie mit Leichtigkeit vom Oberflächenhäutchen getragen werden, unter dem sie hingleiten, wobei sie an dessen Unterseite den Detritus abschlürfen. Wenn der Herbst kommt, bei zirka 8° C, gehen sie hinunter, man findet sie dann auf den Pflanzen unter der Oberfläche. Man kann bei höchsten

Sommertemperaturen *P. nitidus* O. F. M. in Kleinteichen mit gras- und *Sphagnum*-bedeckter Oberfläche, ebenso auch *Aplexa hypnorum* (L.) am Oberflächenhäutchen hängend antreffen, dagegen meines Wissens nicht *Physa fontinalis* (L.).

Aus den eben erwähnten Beobachtungen im Freien und in den Aquarien darf man wohl schließen, daß unsere kleinen *Planorbis*-Arten sowohl als luft- als auch als wasseratmende Tiere aufzutreten imstande sind. Es hängt von der Beschaffenheit der Örtlichkeit, von der Wassertemperatur und der Jahreszeit ab, in welcher Weise die Schnecken ihre Lungen respiratorisch verwenden, d. h. ob sie luft- oder wassergefüllt sind. Wo sie draußen in mehreren Metern Tiefe ohne Zugang zur atmosphärischen Luft leben, dürfte die Lunge immer wassergefüllt sein; im Winter ist dies wahrscheinlich an allen Stellen immer oder jedenfalls gewöhnlich der Fall. Die Luft von Wasserpflanzen dürfte besonders im Winter eine sehr untergeordnete Rolle spielen. Im Sommer ist die Luftatmung in Kleinteichen das Normale. Es scheint, als ob die Schnecken, sobald ihnen Gelegenheit dazu geboten wird, ihre Lunge mit Luft füllen. Das Wasser wird mit Hilfe der Mantelmuskulatur aus der Lunge ausgepreßt, worauf die Luft, nachdem das Atemloch an die Oberfläche angesetzt worden ist, langsam eintritt. Der Wechsel von Wasser- auf Luftlunge dauert zirka zwei Minuten. Eine Schnecke mit Wasser in der Lunge wechselt dieses nicht sofort, wenn sie aus dem Wasser genommen wird, und der Wechsel kann, soweit ich sehe, nur in Wasser erfolgen. Der Aufenthalt in Luft führt zur Eintrocknung. Sobald die Wassertemperatur auf 5 bis 8° C sinkt, geht die Luft verloren, sie wird vom Wasser absorbiert und die Tiere gehen zur Wasseratmung über. Ich bin dessen nicht ganz sicher, glaube jedoch, daß Schnecken mit Luft in der Lunge einen schnelleren Herzschlag besitzen als solche mit Wasser. Schnecken mit Luft in der Lunge sind beträchtlich beweglicher als solche mit Wasser; letztere sind selbstverständlich immer unterkompensiert und tragen beim Kriechen die Schale gewöhnlich in horizontaler Lage. Die Bewegung erfolgt nach Spannerart in Rucken; sie müssen die Schale immer nachschleppen. Schnecken mit Luft in der Lunge sind in der Regel überkompensiert; sie tragen die Schale beim Kriechen zumeist vertikal und schwingen sie etwas von Seite zu Seite. Sie können ganz gleichmäßig vorwärts gleiten und die große Luftmenge schiebt die Tiere gleichsam vorwärts, so daß sie bei der Bewegung in gewissen Stellungen den Schnecken einen Vortrieb erteilt. Man sieht diese Schnecken sehr oft senkrecht emporsteigen. Sie sind übrigens bewundernswert äquilibriert. Befindet sich ein *P. carinatus* O. F. M. luftgefüllt mit senkrechter Schale unter dem Pfropfen, so kann man, bloß indem man auf diesen einen Druck mit dem Daumen ausübt und damit wieder aufhört, die Schnecke im Wasser auf- und niederdrücken, ganz so wie man das mit einem „kartesianischen Teufel" tun kann.

Allgemeine Hautatmung spielt wohl bei diesen Formen im großen und ganzen eine sehr untergeordnete Rolle, am ehesten natürlich bei hohen Sommertemperaturen und im Winter, wenn sie eingezogen sind und nur die Spitzen der Fühler in kaum nennenswertem Grad vorgestreckt haben. Eine Einrichtung, um andere Teile als die Mantelhöhle zur Atmung zu verwenden, habe ich nur bei den kleinen *P. contortus* (L.) gefunden. Diese tragen fast immer — und besonders wenn das Wasser schlecht wird — den Mantelrand etwas über den Schalenrand zurückgeschlagen.

Falls stärkere oder schwächere rote Farbe des Hämoglobins eine gewisse Bedeutung besitzt, muß man vermuten, daß dieses in respiratorischer Hinsicht bei mehreren dieser kleinen Planorben, vor allem bei *P. albus* O. F. M. und *P. nautileus* (L.) var. *cristatus* DRAP., eine ganz untergeordnete Rolle spielt. Die Planorben zeigen übrigens in dieser Beziehung an den verschiedenen Örtlichkeiten eine große Variation. Das am stärksten rote Blut habe ich bei *P. contortus* (L.) und *P. nitidus* O. F. M. gefunden, von denen ersterer in ziemlichen Mengen in Tiefen von 4 bis 5 m auf den unterseeischen Wiesen unserer größeren Seen vorkommt; beide halten sich auch in austrocknenden Kleinteichen auf, besonders, wie erwähnt, *P. nitidus* O. F. M. Dieser scheint von allen von mir untersuchten Schnecken das größte Anpassungsvermögen an die verschiedensten Lebensbedingungen zu besitzen. Sowohl bei Zimmertemperatur als auch im Frigidaire, von der Luft abgesperrt, befindet er sich nun schon den dritten Monat in meinen Gläsern, immer noch am Leben, aber ohne sich zu rühren und ohne Nahrung aufzunehmen.

Fortpflanzung und Eiablage bei den Planorben.

Wissen wir schon wenig Sicheres von den Fortpflanzungsverhältnissen der Limnäen, so ist unser Wissen von den Planorben noch spärlicher. So viel ist aber gewiß, daß die Paarung wechselseitig stattfindet; jedes Tier ist gleichzeitig Männchen und Weibchen. Die Paarungseigentümlichkeiten sind nicht sehr genau untersucht.

Die Eiablage erfolgt vorzugsweise bei recht hohen Temperaturen, d. h. zumeist im Mai-September. Gemeinsam für alle *Planorbis*-Gelege ist, daß sie nicht wie bei den Limnäen lange, gewölbte Schleimbänder, sondern flache Kuchen sind, bei *P. corneus* (L.) (Abb. 809) zumeist mit einem rötlichen Schimmer. Auch hier werden die Eier in Wirklichkeit in Form von Bändern abgelegt, aber diese sind gebogen und das eine Ende wird rückläufig. Die Eischnur ist von einer dicken Kapsel bedeckt, die gestreift ist, am deutlichsten außen am Rand. Jedes Gelege enthält 60 bis 70 Eier, es hat die Form einer Palette; der größte Durchmesser beträgt zirka 15 bis 30 mm. Man findet diese flachen Eikuchen gewöhnlich im Vorsommer auf Pflanzen in recht seichtem Wasser, eher etwas tiefer unten auf Steinen, Holz- und Seerosenstengeln als oben auf den Pflanzen der Oberfläche. Wie sie gebildet werden, ist kaum beobachtet worden; die Eiablage ist schwer zu sehen; man sagt, sie finde hauptsächlich in der Nacht statt. Cole (1925) gibt an, daß ein *P. corneus* (L.) in der Zeit vom 30. Dezember bis 5. Februar 20 Gelege absetzte, jedes mit 13 bis 27 Eiern. Bei den *Planorbis*-Arten kennen wir kein Beispiel von Selbstbefruchtung. Einzelindividuen scheinen niemals Eier abzulegen (Crabb 1927).

Der Laich der kleinen Planorben ist in ähnlicher Weise gebaut; es sind kleine, flache Eimassen, selten mit mehr als fünf bis zehn Eiern, nur bei *P. umbilicatus* O. F. M. steigt die Eianzahl auf zirka 25 bis 30. Sie lassen sich kaum oder nur mit großer Schwierigkeit voneinander unterscheiden.

Fam. *Ancylidae.*

Ancylus fluviatilis (O. F. M.) und *Acroloxus lacustris* (L.).

Wir besitzen in unsern Süßwässern noch zwei Kleinschnecken, die in ihrer Schalenform von allen unsern andern Süßwasserschnecken abweichen. Diese ist nämlich mützenförmig, bei *Ancylus fluviatilis* (O. F. M.), (Tafel 24, Fig. 28) mit einer ziemlich hohen, nach hinten gerichteten Spitze, bei *Acrolocus lacustris* (L.), (Tafel 24, Fig. 27) ganz flach, fast ohne Spitze. Die beiden Formen haben jede ihren besonderen Wohnort. *A. fluviatilis* (O. F. M.) kommt nur in Bächen oder Flüssen, immer in strömendem Wasser vor. Mit ihrer breiten Fußscheibe kann diese Form oft in großer Zahl auf Steinen festgeheftet sitzen und bietet der Strömung sehr geringen Widerstand. Sie ist wohl die einzige unserer Schnekken, die ausschließlich in fließendem Wasser angetroffen wird, einem Aufenthaltsort, den sie übrigens oft mit *Neritina* und *Limnaea ovata* Drap. teilt. Für die geologischen Untersuchungen des ganzen, großen, baltischen Gebiets und seine Entstehungsgeschichte ist diese Schnecke von der größten Bedeutung gewesen. Sie war es, die dem größten Süßwassersee der Erde, dem Ancylussee, der vom Meer abgeschlossenen Ostsee, den Namen gegeben hat. In unsern Seen kommt sie meines Wissens nicht vor, aber sie findet sich in nicht wenigen, kleinen Bächen und geht weit in die Ostsee hinaus.

Vom anatomischen Standpunkt sind die beiden Formen dadurch merkwürdig, daß die Mantelhöhle mehr oder weniger reduziert ist; eine Lungenhöhle gibt es nicht. Dagegen besitzen sie wie die Planorben einen Mantelzipfel, der als Kieme fungieren kann. Die beiden Geschlechter unterscheiden sich voneinander u. a. dadurch, daß der Apex bei *Ancylus* ungefähr in der Mittellinie, Geschlechtsöffnung und After auf der linken Seite liegen; bei *Acroloxus* liegt der Scheitel links, Geschlechtsöffnung und After jedoch auf der rechten Seite. *Ancylus fluviatilis* (O. F. M.) lebt in stark brausendem, sehr sauerstoffreichem Wasser und kann hier so dicht beisammen sitzen, daß die Tiere einander fast berühren. Sie sind außerordentlich sedentär und verlassen gewöhnlich sicherlich kaum den Stein, auf dem sie sich einmal festgesetzt haben. Das Tier kommt niemals an die Oberfläche. Weder in respiratorischer noch in hydrostatischer Beziehung spielt die atmosphärische Luft bei ihm eine Rolle. Mit seiner großen Fußsaugscheibe sitzt es so stark am Stein fest, daß es oft schwer fällt, das Tier loszulösen, ohne daß die Schale in Trümmer geht. Da ein hydrostatischer Apparat, die Lunge, fehlt, ist es immer unterkompensiert; wäre es nur etwas leichter als Wasser, so würde es augenblicklich von der Strömung erfaßt und fortgerissen werden.

Die eigentümliche Form der Schale ist eines der vielen Beispiele dafür, wie Organismen, die in reißender Strömung leben, sich abflachen, um dieser möglichst wenig Widerstand zu bieten. Eine kleine Köcherfliege, die sich an gleichen Orten findet, aber in Dänemark nicht nachgewiesen ist, *Tremma gallicum*, baut aus Sand eine Röhre, die völlig der Ancylusschale gleicht. In dem einen Fall ist es die Organisation des Tiers, im andern ein Bauinstinkt, der die Tiere an die am Wohnort herrschenden Verhältnisse anpaßt.

Ancylus fluviatilis (O. F. M.) kommt im Freien oft an Stellen vor, welchen acht bis neun Monate des Jahres kein Zutritt zur atmosphärischen Luft gestattet ist. Bietet man der Schnecke im Laboratorium sehr schlechte Atmungsverhältnisse, so kommt sie an die Oberfläche.

Die Respirationsverhältnisse bei dem kleinen *Acroloxus* sind kaum bekannt. Er verträgt wenig durchlüftetes Wasser weit besser als *A. fluviatilis* (O. F. M.); er ist durch zwei Monate in Wasser ohne Zugang zu atmosphärischer Luft gehalten worden (ANDRÉ 1893). Die Fußscheibe ist im Verhältnis zur Schale sehr klein. Der Vorderkörper hat, von der Unterseite gesehen, eine eigentümliche, abgerundete Form und zeigt schwach rötliche Färbung. Das Tier ist viel kleiner als seine Schale. Ist es ungestört, so hebt es die Schale von der Unterlage. Beim Abgrasen wird der Kopf nach rechts und links bewegt. Die Fühler reichen gerade noch über den Schalenrand hinaus. Sobald das Tier eine Gefahr verspürt, senkt sich die Schale auf die Unterlage herunter. Es kann mit zahlreiche Cercariäen enthaltenden Redien infiziert und von 20 bis 30 *Chaetogaster limnaei* besetzt sein, welche überall auf der Haut sitzen und sich in allen Richtungen schlängeln. Diese leben von den Cercariäen, wenn solche die Schnecke verlassen (SUSAA, November 1936). Ihr Wohnort sind vorzugsweise die Schilf- und Rohrbestände unserer Seeufer; hier finden sie sich in Mengen, langsam auf ihnen emporkriechend und den Belag von Diatomeen und blaugrünen Algen abfressend. Auch sie kommen kaum jemals an die Oberfläche, um atmosphärische Luft zu holen.

Ihre Gelege sieht man oft, aber sie werden kaum für Schneckenlaich gehalten; es handelt sich um kleine, sehr flache, äußerst wasserklare Kapseln, die fast kreisrund sind, von einem Durchmesser von nur 2 bis 4 mm. Sie enthalten wenige Eier, nur zwei bis zehn (Abb. 817). *Ancylus fluviatilis* (O. F. M.) legt seine Eimassen auf die oft schwarzen Steine reißender Bäche ab. Es sind kleine, uhrglasförmige Scheiben, zirka 2 bis 4 mm im Durchmesser, die zirka zehn Eier von gelblichweißer Farbe enthalten. Sie sind ungewöhnlich durchsichtig und sitzen auf den Steinen so fest, daß sie fast nicht losgelöst werden können. Man findet sie z. B. in Mengen im Lellingeaa. Die Kapseln bleiben zurück, wenn die Tiere ausgekrochen sind, und man findet sie oft in größerer Zahl als *Ancylus* selbst.

Unterklasse

Prosobranchia (Vorderkiemer).

Die prosobranchiaten Schnecken oder Vorderkiemer sind ganz vorzugsweise marine Formen. Im Süßwasser kommen nur wenige Familien vor, von welchen jene, die uns hauptsächlich interessieren, zu den vier Familien: *Viviparidae* mit den Hauptgattungen *Paludina = Vivipara* und *Bithynia*, *Valvatidae* mit *Valvata*, *Hydrobiidae* mit *Hydrobia* und *Neritidae* mit *Neritina* gehören. Weiter mögen die tropischen Familien *Ampullariidae* und *Micromelaniidae* erwähnt werden. Mit Ausnahme der Neritinen gehören sie alle zu jener Gruppe der prosobranchiaten Schnecken, die nur eine Herzkammer *(Monotocardia)* und eine kammförmige Kieme besitzen; die Neritinen dagegen zu jenen, die zwei Herzkammern *(Diotocardia)* und in der Regel ursprünglich zwei Kiemen mit zwei Reihen von Blättern besitzen; die Familie *Neritidae* hat nur eine. Die Prosobranchier sind vorwiegend getrenntgeschlechtliche Formen, aber gerade bei denen des Süßwassers gibt es Formen, die zwitterig sind *(Valvatidae)*. Das Verhalten der *Hydrobiidae* ist nicht vollständig aufgeklärt. Praktisch gesprochen kann man die Kiemenschnecken des Süßwassers auf den ersten Blick von den Lungenschnecken dadurch unterscheiden, daß jene auf ihrem Fuß einen Conchiolindeckel tragen, der bei den verschiedenen Gattungen verschieden geformt ist; mit diesem Deckel können sie die Schalenmündung verschließen. Dem Deckel kommt vom geologischen Standpunkt ein gewisses Interesse zu, weil er sich, da er aus Conchiolin besteht, nicht wie die Schale in säurehaltigem Wasser auflöst, sondern unvergänglich in den Moorschichten liegen bleibt.

Es ist klar, daß die Kiemenschnecken, die nicht wie die Lungenschnecken von der atmosphärischen Luft abhängig sind, viel weiter in die Seen hinausgehen können. Mit einem gewissen Recht kann man deshalb bei unseren Seen von einem Gürtel der prosobranchiaten Schnecken im Gegensatz zu einem solchen der Lungenschnecken sprechen. Gleichwohl stoßen wir hier auf eine der großen Merkwürdigkeiten in der Verbreitung der Schnecken in den Süßwässern. Es zeigt sich nämlich, daß, soweit die Schnecken in der Gegenwart die tiefen Seegründe (Genfer See u. a.) in Besitz genommen haben, es immer Lungenschnecken sind, um die es sich handelt; sind sie dagegen in früheren Erdperioden von den Schnecken erobert worden, so handelt es sich um Kiemenschnecken (Baikalsee, Tanganyikasee, Ochridaseen). In Seen jüngeren Datums gehen die Vorderkiemer normalerweise kaum besonders über höchstens zirka 20 bis 25 m Tiefe hinaus, in den baltischen Seen nicht über zirka 12 bis 15 m.

Von den drei Ordnungen, in die in der neueren Systematik die prosobranchiaten Schnecken eingeteilt werden, die *Archaeogastropoda*, *Mesogastropoda* und *Stenoglossa*, ist die letzte im Süßwasser nicht vertreten. Die allermeisten Süßwasserschnecken gehören zu den *Mesogastropoda*; von den *Archaeogastropoda* hat nur die Abteilung *Neritacea* mit der Hauptfamilie *Neritidae* im Süßwasser Vertreter.

Ordnung: **Archaeogastropoda.**
Neritacea.

Die Abteilung umfaßt Meeres-, Land- und Süßwasserformen. Sie hat eine kompliziert gebaute Radula, indem sich in jeder Querreihe eine große Zahl fächerförmig geordneter Seitenplatten vorfindet, deren oberer Rand umgebogene Haken bildet. Die Zungenform ist rhipidogloss; eine doppelt gefiederte Kieme; nur eine Niere (die linke).

Fam. *Neritidae.*

Die Hauptfamilie im Süßwasser ist die der *Neritidae*. Sie ist in biologischer Hinsicht dadurch ausgezeichnet, daß sie sowohl ausgesprochen marine als auch Brackwasser- und Süßwasserformen enthält. Nahestehende Familien sind Landtiere; diese kommen nur in den Tropen vor.

Die Gattung *Neritina* mit der Hauptart *N. fluviatilis* (L.), (Tafel 24, Fig. 35) hat wie die Hauptmenge der Mitglieder der Familie eine halbkugelige, kahnförmige Schale mit wenigen Windungen. Der Deckel ist verkalkt, spiral gewunden und besitzt einen auf der Innenseite sitzenden Vorsprung in der Form einer dreiseitigen Pyramide. Die Schale zeigt fast immer eine schöne Marmorierung, variiert aber in der Farbe sehr. Die Seeformen sind gewöhnlich etwas lichter, die Bachformen oft fast schwarz. Die Fühler sind lang; auf ihrer Außenseite befindet sich ein kurzer Stiel, auf dem die Augen sitzen. Es ist eine kammförmige Kieme vorhanden, die von außen nicht sichtbar ist. Ein besonderer Schnauzenteil ist nur schwach entwickelt. Das Begattungsglied liegt in der Nähe des rechten Tentakels. Die Arten sind angeblich getrenntgeschlechtlich, aber die beiden Geschlechter können von außen nicht voneinander unterschieden werden.

Abb. 826. *Neritina fluviatilis* (L.). Kapseln auf einem Stein. Esromsee, Dez. 1936. (W.-L., BERG phot.)

Die Entwicklung zeigt sehr interessante Verhältnisse; sie ist schon seit langem von CLAPARÈDE (1857) klargestellt worden. Man findet auf Steinen, auf denen die Neritinen sitzen (Abb. 826), und auf Muschelschalen weiße, stecknadelkopfgroße, lederartige, schwach gewölbte Gebilde; sie können zu Dutzenden auf demselben Stein vorkommen und oft auf den Schalen lebender Neritinen sich finden. An den Ufern unserer größeren Seen tragen die allermeisten Steine diese kleinen Gebilde. Sie werden oft als Eier bezeichnet, es sind jedoch in Wirklichkeit die Eikapseln der Neritinen. Jede Eikapsel enthält ursprünglich 70 bis 90 Eier, aber nur ein einziges kommt zur Entwicklung. Die Larve dieses einen lebt von den andern Eiern. Es dürfte wohl allgemein bekannt sein, daß die Meeresschnecken ein gut entwickeltes, freilebendes Larvenstadium besitzen, das mit einem großen Schwimmsegel ausgestattet ist, wonach es Veliger-Stadium genannt wird. Bei den übrigen prosobranchiaten Schnecken, die zu Süßwasserformen geworden sind, ebenso wie bei allen Lungenschnecken ist dieses Veliger-Stadium sehr stark zurückgedrängt. Hier bei den Neritinen ist es gut entwickelt, aber es gelangt nicht aus der Kapsel heraus. Es setzt in der Kapsel die Entwicklung fort und wenn die junge Larve die Kapsel verläßt, hat sie die fertige Gestalt des entwickelten Tieres erreicht (Abb. 829).

Wir wissen gegenwärtig, daß *Neritina* (= *Theodoxus*) *fluviatilis* (L.), die zu einer Familie gehört, welche hauptsächlich im Meer vertreten ist, mehr als die andern Süßwasserschnecken eine Brackwasserform ist, die sich noch in Finnland, möglicherweise wegen des geringen Kalkgehaltes der finnischen Süßwässer, nur an den Küsten findet und weder im Süßwasser noch auch in den Flüssen vorkommt (Luther 1901). Sie ist sicherlich eine Form, die sehr spät eingewandert ist und die, wie ihre Entwicklung zeigt, noch das Larvenstadium bewahrt hat, das aber nicht mehr aus der Kapsel herausgelangt.

Neritina fluviatilis (L.) ist wohl hauptsächlich eine Form, die in Bächen und Flüssen zuhause ist, aber auch in der Litoralregion verschiedener Seen vorkommt. Sie ist eine ausgesprochene Brandungsform, die infolge ihrer Schalengestalt und des sehr breiten Fußes selbst im stärksten Wellenschlag festsitzt. Sie ist ein Tier, das kalkhaltiges Wasser verlangt. Sie geht in unsern Seen nicht außerhalb der Vegetations-

Abb. 827.

Abb. 828.

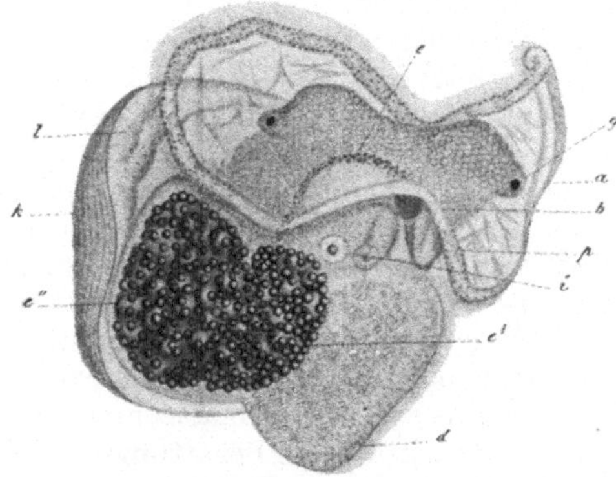

Abb. 829.

Abb. 827. *Paludina vivipara* L. Männchen. Man beachte den aufgeschwollenen rechten Fühler. (Brehm 1878.)

Abb. 828. *Paludina vivipara* L. Weibchen. (Brehm 1878.)

Abb. 829. *Neritina fluviatilis* (L.). Larve, der Eikapsel entnommen, aus welcher das Larvenstadium niemals herauskommt. *a* das große, bewimperte Schwimmsegel; *b* Mund; *i* statisches Bläschen; *e'* Magen; *d* Fuß; *e''* Leber; *k* Schale; *l* Mantelrand; *c* Speiseröhre. (Claparède 1857.)

zone und kaum in 7 bis 8 m Tiefe; da ist sie selten und kommt hauptsächlich auf Muschelschalen vor. Sie ist eine ausgesprochene Küstenform und die einzige Schnecke, die als typisch für die Brandungsküste bezeichnet werden kann. Man findet sie häufig mehr oder weniger tief in die Spongillen eingegraben, die übrigens von andern Schnecken gemieden werden. Gewisse Formen, die sich in reißenden Bergbächen auf Mauritius finden, haben Stacheln, die in Spiralen auf den Schalen sitzen. Man hat es hier wahrscheinlich mit sog. Retentionseinrichtungen zu tun, die sich an Pflanzen festhaken und verhindern, daß die Tiere fortgespült werden.

Ordnung: **Mesogastropoda.**

Zu den *Mesogastropoda* gehört der weitaus größte Teil aller prosobranchiaten Schnecken; nur vier Abteilungen, die *Architaenioglossa*, *Valvatacea*, *Rissoacea* und *Cerithiacea* enthalten ausgesprochene Süßwasserformen, doch gehen von den übrigen einige, besonders gewisse *Littorinacea*, in Brackwasser oder fast Süßwasser. Abgesehen von den Neritinen gehören alle übrigen Süßwasserformen zu den sog. *Taenioglossa*; die langgestreckte Radula trägt in jeder Querreihe normal sieben Platten.

Architaenioglossa.

Die Gruppe umfaßt Land- und Süßwasserformen, die als Reste einer früher marinen, nun ausgestorbenen Gruppe angesehen werden müssen und die gegenwärtig keine nähere Verwandtschaft zu marinen Formen aufweisen.

Hierher gehören vier Familien, von denen die *Cyclophoridae* zahlreiche, besonders überall in den Tropen vorkommende Landformen aufweisen. Die Familie *Lavigeriidae* sei hier erwähnt, weil gewisse Arten Charaktertiere der felsenreichen Brandungsküsten des Tanganyikasees sind. Die beiden anderen Familien *Paludinidae* und *Ampullariidae* werden im folgenden behandelt.

Fam. *Paludinidae (= Viviparidae)*.

Die Familie *Paludinidae* enthält eine recht große Anzahl Arten, die fast über die ganze Erde (mit Ausnahme von Südamerika) verbreitet sind.

Die Hauptgattung in Europa ist *Paludina* mit der Hauptart *P. vivipara* (L.), (Abb. 827, 828). Sie ist die größte der europäischen Süßwasserschnecken; schon durch ihre Größe und plumpe Form ist sie leicht allen andern gegenüber kenntlich. Die Augen sitzen auf kleinen Stielen am Grunde der Fühler. Die Tiere sind getrenntgeschlechtlich, die beiden Geschlechter können, was sonst gewöhnlich bei getrenntgeschlechtlichen Süßwasserschnecken nicht der Fall ist, leicht voneinander unterschieden werden. Das Männchen ist stets kleiner als das Weibchen; sein rechter Fühler ist stark verdickt und birgt das Begattungsglied. Die beiden Fühler des Weibchens sind gleichgebaut. Überdies sind die Windungen der weiblichen Schalen bedeutend stärker vorgebuchtet und aufgeblasen. Die Paludinen zeigen weiter die große Merkwürdigkeit, daß sie allein unter unsern Süßwasserschnecken lebendgebärend sind. Die Jungen verbleiben im ausgeweiteten unteren Teil des Uterus (Abb. 830); dieser enthält eine blasse, milchartige Flüssigkeit. Die einzelnen Eier sind von einer mächtigen Eiweißmasse umgeben, die wieder von einer Membran umhüllt ist, welche zu einem Stiel zusammengedreht ist. Man hat also faktisch eine Art Kokon vor sich. Die Jungen werden in diesen Kokons geboren, die bei der Eiablage oder unmittelbar nachher platzen (FRÖMMIG 1928). Von amerikanischen *Paludina*-Arten gibt CRABB (1929) an, daß die Eier im Herbst im Uterus gefunden werden und daß die Entwicklung im Winter eingestellt oder verzögert wird, worauf die Jungen im Frühjahr das Muttertier verlassen. Den ganzen Sommer hindurch enthält der Uterus gewöhnlich zehn bis zwölf Junge mit rotgelben Schalen; wenn sie geboren werden, sind sie zirka 10 mm groß. Die Schale hat vier Windungen, diese tragen Kiele und auf ihnen sitzen lange Haarborsten, die später abfallen. Die Jungen werden eines nach dem andern geboren, nicht alle auf einmal. Die Spermatozoen zeigen die Merkwürdigkeit, daß sie hier wie bei verschiedenen anderen Prosobranchiaten, *Melania, Cerithium* (ANKEL 1926), in zwei Gestalten auftreten (Abb. 831): 1. die großen, doppelt so lang wie die normalen, sind wurmförmig, wasserklar, überall gleich dick und das eine Ende ist in eine Anzahl Fäden aufgespalten, die selbständiges Bewegungsvermögen besitzen; 2. kleinere, haarförmige, außerordentlich dünne, doch ist das Basalende beträchtlich dicker als der übrige Teil und schraubig gedreht. Trotz vieler eingehender Untersuchungen ist man sich über die verschiedene Rolle nicht klar geworden, welche die beiden Arten von Spermatozoen spielen. Ich habe mich vergebens bemüht, die Paarung zu beobachten. Die Tiere sind außerordentlich scheu. LEYDIG (1850) hebt hervor, daß es auch ihm nicht gelungen ist. Die Paarung erfolgt wahrscheinlich in der Nacht und ist vielleicht an bestimmte Jahreszeiten gebunden. Nach BRUNN (1884) und ANKEL sollen die wurmförmigen Spermatozoen bei der Befruchtung keine Rolle spielen; nur die haarförmigen sind in dieser Beziehung von Bedeutung.

Nach übereinstimmenden Untersuchungen an verschiedenen Arten scheint es, als ob die Männchen in der Regel nur einjährig sind; die Weibchen leben zirka drei Jahre (van Cleave 1932).

Paludina vivipara (L.) ist nicht allgemein verbreitet; sie scheint im Wasser von sehr verschiedener Beschaffenheit vorzukommen und im allgemeinen eine gewisse Vorliebe für fließendes Wasser zu besitzen (in Dänemark: Susbach, Nörebach, Ladegaardsbach, Falsterbach bei Nyköbing), doch tritt sie anderseits auch in Kleinteichen auf, wie den Hellebäckteichen mit stark humussäurehältigem Wasser (p_H 4,8). In Aquarien ist sie acht bis zehn Jahre gehalten worden, aber ob sie im Freien normal so alt wird, dürfte sehr fraglich sein. Aus Beobachtungen über

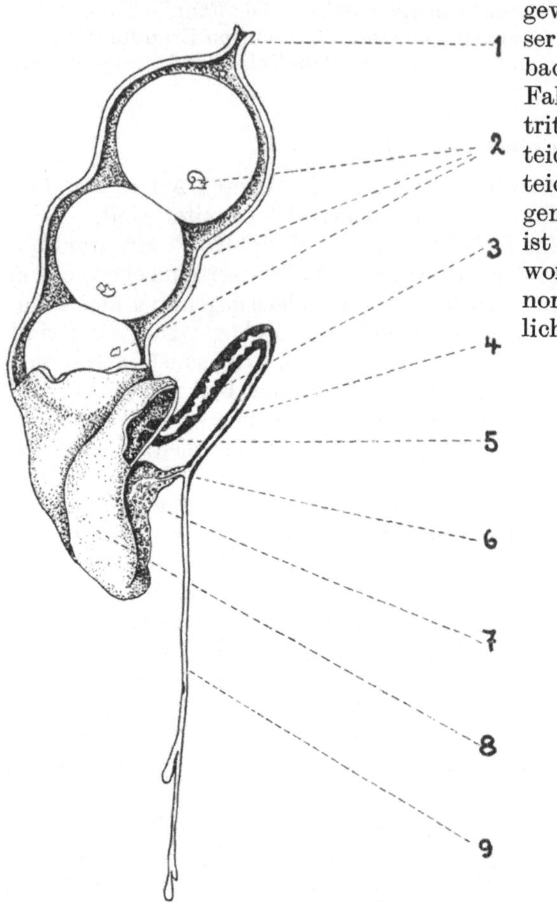

Abb. 830.   Abb. 831.

Abb. 830. *Paludina vivipara* L. Weiblicher Geschlechtsapparat. *1* Vagina; *2* Embryonen in ihrer Eiweißhülle im Uterus; *3, 4* Oviduct; *5* dessen Mündungspapille; *6* Ausmündungsstelle der Eiweißdrüse und des Ovars in den Oviduct; *7* Eiweißdrüse; *8* die hintere Partie des Uterus; *9* Ovar. (Ankel 1925.)

Abb. 831. *Paludina vivipara* L. Die zwei Arten von Spermatozoen. (v. Brunn 1884.)

Größenklassen in den Hellebäckteichen zu schließen, bin ich am ehesten geneigt zu glauben, daß sie hier kaum über ein paar Jahre wird.

Der Magen ist gewöhnlich auffällig leer; hinten im Darm findet man eine Anzahl gut abgegrenzter Exkrementballen, die anzudeuten scheinen, daß das Tier in erster Linie Schlammfresser ist, wobei es vermutlich von den tierischen Organismen in diesem lebt. Außer *P. vivipara* (L.) kommt bei uns auch *P. fasciata* (O. F. M.) vor, beide Arten im Gudenbach.

Die Paludinen gehen nicht hoch gegen Norden, sie fehlen in Norwegen und haben in Schweden ihre Nordgrenze in Jämtland. Ihre weiteste Verbreitung besitzen sie wohl in Europa-Afrika. Sie kommen mit der Gattung *Neothauma* im Tanganyikasee vor. Sie gehen bis auf die Juraperiode zurück. Durch das Studium der *Paludina*-Formen der Kongerienschichten (Slavonien) hat NEUMAYER sehr schön zeigen können, wie sich der Typus von stark gekielten zu den jetzt lebenden, glatten Formen umgebildet hat (s. S. 661).

Fam. *Ampullariidae.*

Während die meisten andern niederen Süßwassertiere ein auffallend einheitliches Gepräge von den Polen bis in die Tropen zeigen, ist das bei den Mollusken nicht in solchem Grad der Fall. In den tropischen Süßwässern tritt eine Anzahl Schneckentypen auf, die nur wenige Ausläufer im südlichen Teil der temperierten Zone aufweisen, sich jedoch in den Tropen mit einer sehr großen Anzahl von Gattungen und Arten entfalten.

Es ist wohl am Platz, unter ihnen besonders die große Familie der Ampullarien kurz zu besprechen (Abb. 832—835). Sie umfaßt große und mittelgroße Formen, die über die ganze Tropenwelt verbreitet sind:

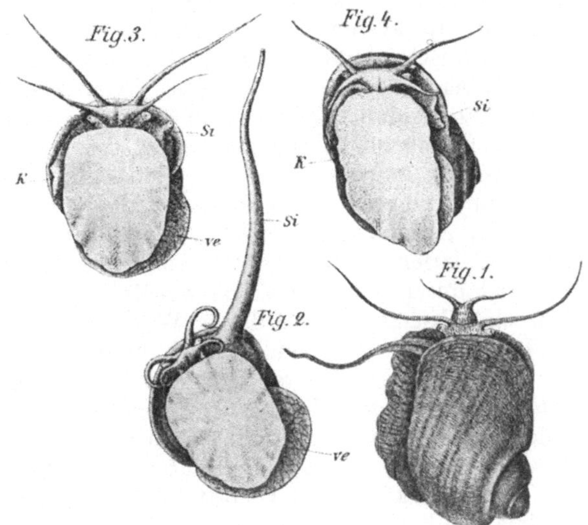

Abb. 832.

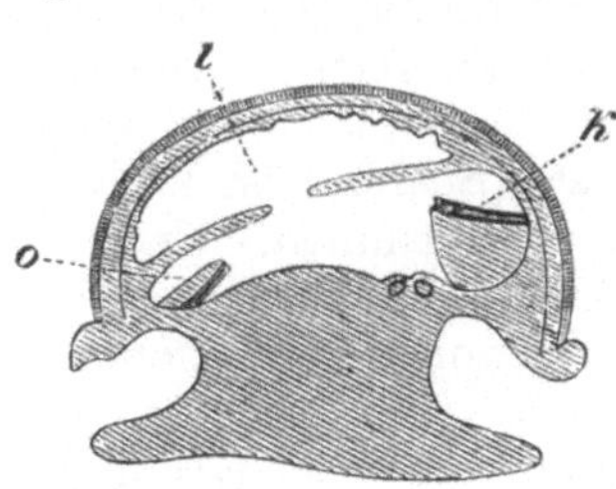

Abb. 833.

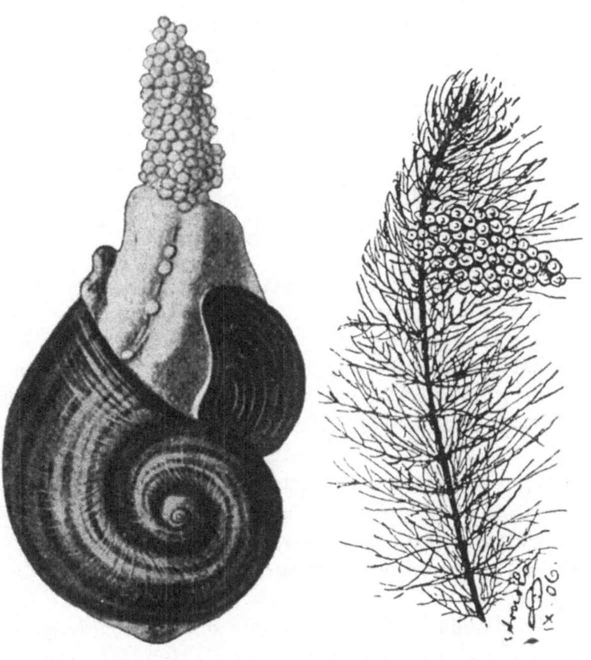

Abb. 834.

Abb. 835.

Abb. 832 bis 835. Ampullarien.

Abb. 832. *1* bis *3 Ampullaria insularum* D'ORB. *K* Öffnung der Kiemenspalte; *Si* Atemröhre. *2* sitzt an der Aquariumwand und atmet Luft durch *Si* ein. *3 Si* zurückgezogen, das Atemwasser zirkuliert in der Kiemenhöhle. *4 Lanistes bolteniana* CHEMNITZ. *K* Erweiterung des Mantels auf der rechten Seite während der Exspiration. (*1* BRONN. *2* bis *4* FICHER und BOUVIER. BRONN 1896 bis 1907.)

Abb. 833. Querschnitt durch *Ampullaria. K* Kieme; *l* Lunge; *O* Riechorgan. Das Bild zeigt die teilweise geteilte Lunge. (SEMPER, aus BRONN 1896 bis 1907.)

Abb. 834. *Ampullaria gigas* SPIX, eierlegend.

Abb. 835. Eine Ampullarie: *Marisa rotula* MSS. Traubenförmiges Eigelege, unter Wasser abgelegt. (ARNOLD 1906.)

über Amerika, Afrika, Madagaskar, die südlichen Teile Asiens, die ozeanische Inselwelt. In systematischer und anatomischer Hinsicht haben sie mit den Lungenschnecken nichts zu tun, wohl aber in biologischer Hinsicht; in ihrer Lebensweise haben sie mit ihnen manches gemeinsam. Vom biologischen Gesichtspunkt aus können sie als zwischen den Lungen- und Kiemenschnecken stehend bezeichnet werden. Sie sind vorzugsweise Süßwasserformen, sind aber in feuchten Gebieten gleichzeitig sehr gut imstande, am Land zu leben, und führen in Trockenzeiten das Leben vieler Lungenschnecken. Das hat ihren Atmungsorganen den Stempel aufgedrückt. Es wird angegeben, daß die Ampullarien auf nicht weniger als drei Arten zu atmen vermögen. Die Mantelhöhle ist durch eine Wand in zwei Teile geteilt; der rechte enthält eine langgestreckte Kieme und wird zur Wasseratmung verwendet; der linke fungiert als Lunge. Von gewissen Formen wird mitgeteilt, daß sie zwei Atemröhren besitzen; die der rechten Seite ist ganz kurz, die der linken sehr lang, fast zweimal so lang wie der ganze Körper. 1. Wenn das Tier sich unten im Wasser befindet, schiebt es seine lange Atemröhre zwischen den Wasserpflanzen bis an die Wasseroberfläche empor. Indem es nun abwechselnd den Kopf hebt und senkt, bewirkt es eine Kontraktion und Dilatation der Lungenkammer. Es erfolgen 10 bis 15 regelmäßige Ein- und Ausatmungen in Zwischenräumen von 10 bis 15 Sekunden. Hierauf schließt es die Lungenhöhle und saugt dann Wasser ein, das die Kiemenhöhle füllt. Die Scheidewand zwischen den beiden Abteilungen ist in der Mitte durchbrochen und es dürfte noch eine ungelöste Frage sein, ob das Wasser nicht auch in die Lungenhöhle eindringt. Das Atemwasser tritt durch den kurzen Sipho aus. 2. Das Tier kann weiter durch mehrere Stunden unter Wasser verbleiben, ohne an die Oberfläche zum Atmen zu kommen und benutzt dann, wie man annimmt, Wasseratmung. 3. Weiter können die Ampullarien durch sehr lange Zeit, wenn das Flußbett trockenliegt und die Seen austrocknen, im erstarrenden Schlamm die Austrocknung in hohem Grad vertragen; sie sind in diesen eingegraben, der Deckel ist dicht an die Schalenmündung angedrückt.

Trotz einer Reihe neuerer Untersuchungen über die Atmungsorgane und ihre Arbeitsweise sieht es so aus, als ob da noch viel zu tun bliebe, bevor sie ganz verstanden werden; namentlich scheint es, daß sie nicht überall in gleicher Weise funktionieren und daß es Arten gibt, welche die linke Atemröhre nur zur Luftatmung verwenden; das Wasser tritt durch die Mantelöffnung ein. Andere (die linksgewundene Gattung *Lanistes*) nimmt sowohl Luft als auch Wasser durch den linken Sipho auf; das verbrauchte Atemwasser wird durch den rechten abgegeben. Einzelne Formen sind lebendgebärend. Der Schlund ist kropfartig erweitert und geeignet, große Nahrungsquantitäten aufzunehmen. Unter den Ampullarien gibt es Arten, die sehr groß sind, 12 cm hoch und 11 cm breit; diese großen Formen werden in einigen Gegenden der Erde von den Eingeborenen gegessen.

Beobachtungen in Aquarien scheinen zu lehren, daß gewisse Arten (*Ampullaria gigas* Spix) in der Nacht und in den zeitlichen Morgenstunden bei sehr hoher Luftfeuchtigkeit aus dem Wasser kriechen und ihre Eier oberhalb desselben ablegen, wobei die Eier in regelmäßigen Zwischenräumen abgehen (zirka jede 20. bis 25. Sekunde). Die Eimassen enthalten 200 bis 300 Eier. Die Jungen kriechen drei Wochen später aus und erlangen schon im Verlauf von vier Monaten die Größe erwachsener Paludinen. Bei denjenigen Formen, welche die Eier am Land ablegen, besitzen diese Kalkschalen. Andere Formen (die Sektion *Marissa*) legen die Eier in Klumpen an Wasserpflanzen ab (Abb. 835).

Valvatacea.

Diese sehr kleine Gruppe umfaßt Formen mit manchen merkwürdigen Bauverhältnissen. Der Fuß ist vorne sehr breit, mit zurückgebogenen Vorderecken. Die Fühler sind sehr lang, die Augen sitzen hinter diesen. Der Mantel besitzt an der rechten Seite einen eigentümlichen Anhang und an der linken Seite eine zweifiedrige Kieme, die, wenn das Tier kriecht, zumeist ins Wasser herausragt.

Fam. *Valvatidae.*

Die Familie gehört der nördlichen Halbkugel an.

Die Gattung *Valvata* umfaßt überwiegend kleine, höchstens 7 mm hohe Formen; der vordere Teil ist ausgesprochen schnauzenförmig, vorspringend, der Fuß vorne breit, zweilappig und die Fühler sehr lang, dünn.

Im Gegensatz zu *Paludina* und *Bithynia* kann die große, schöne, federartige Kieme aus der Mantelhöhle vorgestreckt und beim Kriechen so getragen werden (Abb. 836). Überdies ist an der rechten Seite nahe der Kieme ein vom Mantelrand ausgehender, fast wie ein Fühler gestalteter Anhang vorhanden, der zumeist bei der Bewegung wie die Kieme, schräg nach vorne gerichtet, getragen wird. Seine Bedeutung kennt man nicht. Der Deckel ist kreisrund. Die Schalenform ist sehr verschieden, hoch bei *V. piscinalis* (O. F. M.) var. *antiqua* Sowbr., fast scheibenförmig bei *V. cristata* O. F. M. Von den Valvaten wird angegeben, daß sie Hermaphroditen seien, was für Vorderkiemenschnecken merkwürdig wäre, da sie fast immer getrenntgeschlechtlich sind (Bernard, Garnaul 1890).

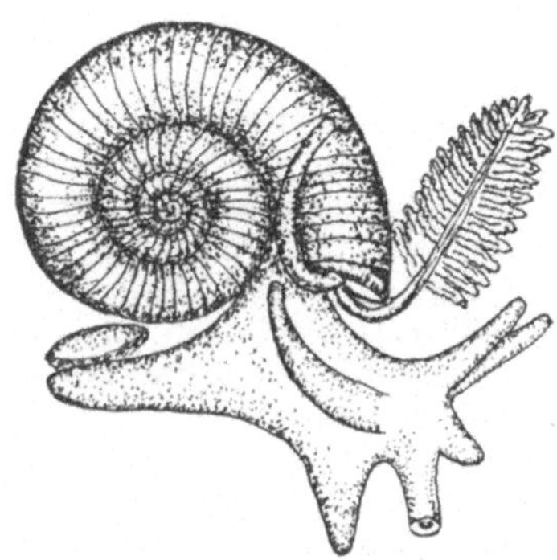

Abb. 836. *Valvata cristata* O. F. M., das Tier weit hervorgestreckt. Man sieht die Kieme, den fühlerförmigen Anhang, den merkwürdig geformten Kopf und den Fuß mit dem Deckel. (Nach Gruithusen.)

Hauptform ist *V. piscinalis* (O. F. M.) (Tafel 24, Fig. 31 u. 32), die infolge ihrer großen Kieme und der für eine Schnecke recht großen Lebhaftigkeit eine unserer schönsten und interessantesten Süßwasserschnecken ist. Sie ist eine jener Formen, welche besonders in der Varietät *antiqua* Sowbr. am tiefsten in die Seen hinausgeht, die Pflanzengürtel verläßt und sich auf dem weichen, pflanzenfreien Seegrund findet. In den Schalen des Laboratoriums pflügt sie auf dem weichen Schlammboden mit ihrer schnauzenförmigen, vorderen Partie Furchen in die Oberfläche. In den Aquarien hängt sie oft auf der Unterseite des Oberflächenhäutchens, indem sie den großen, breiten, vorderen Fußlappen an dieses dicht anlegt. Der braune Rüssel, der außerordentlich beweglich ist, wird von einer Seite zur anderen gedreht. Gleichzeitig wird darin die braune Zunge vor- und rückwärts bewegt. Es ist sehr merkwürdig, daß diese Kiemenschnecke, die ja immer unterkompensiert ist, sich gleichwohl vom Oberflächenhäutchen tragen lassen und dieses rein schlürfen kann. Es wird angegeben, daß sie hie und da Fleischfresser sei. Zum Teil ist sie wohl wie viele andere Prosobranchier Aasfresser. Die Eier werden womöglich auf Pflanzen abgesetzt, aber wo sich solche nicht finden, auf Muschelschalen. Die Kapseln sind kugelrund, oft gelbgrün gefärbt und sitzen mit Schleim an der Unterlage fest. Sie enthalten 16 bis 20 zumeist lichtgrüne Eier (Abb. 814).

V. cristata O. F. M. und *V. macrostoma* Steenbuch (Tafel 24, Fig. 33 u. 34) sind sehr kleine Schnecken, breiter als hoch; Breite zirka 2 bis 4 mm, Höhe nur 1 bis 2 mm. Sie kommen auch in größeren Seen vor, gehen aber in der Regel kaum in so große Tiefen wie *V. piscinalis* (O. F. M.), sie finden sich weiter häufig, namentlich *V. macrostoma* Steenbuch, in vielen Kleinwässern.

Der Laich von *V. cristata* O. F. M. (Abb. 815), den ich mehrmals im Furesee (Store Kalv) gefunden habe, ist länglich wurstförmig, mit dem einen Ende an einer Unterlage, z. B. einer Pflanze, befestigt; er steht davon senkrecht ab. Innerhalb der recht dicken Kapsel liegen in Schleim nicht mehr als zwei bis vier Eier, für die charakteristisch ist, daß der Embryo fast die ganze Schale ausfüllt, und dann ihre dunkle Farbe.

Rissoacea.

Sie umfassen eine große Anzahl Familien; es sind überwiegend Kleinformen, viele sind noch sehr wenig bekannt. Die meisten sind Strandformen; sie treten mit zahlreichen Arten an allen Meeresküsten auf, besonders in den Tropen. Namentlich zwei Familien, die *Hydrobiidae* und *Micromelaniidae*, besitzen Vertreter im Süßwasser; ein Teil ist zu Landformen geworden.

Fam. *Hydrobiidae*.

Die Hydrobiiden sind überwiegend kleine, zum Teil sehr kleine, wenige Millimeter große Formen mit hohen Schalen. Man findet sie mit zahlreichen Formen in Brackwasser, hier oft in ungeheurer Individuenanzahl. Sie gehören zu den charakteristischen Tieren der Wattenmeere und treten hier in so ungeheuren Mengen auf, daß sie die Watten und die Salicornien schwarz färben können. Über ihre Fortpflanzungsverhältnisse weiß man sehr wenig. Es gibt Arten, bei denen Männchen niemals gefunden worden sind und von denen man annehmen muß, daß sie sich rein parthenogenetisch vermehren.

Im Süßwasser kommt in Europa besonders *Hydrobia Steinii* MARTENS vor; sie wird höchstens zirka 3 mm hoch; sie findet sich in vielen unserer Seen und Bäche, wird jedoch wegen ihrer sehr geringen Größe leicht übersehen. Die ursprüngliche Heimat der Hydrobien läßt sich daraus ersehen, daß sie einige der Hauptformen in Salzseen sind (Rußland). Mehrere Formen kommen in warmen Quellen noch bei einer Temperatur von 42° C vor.

Hier mag auch die merkwürdige, überaus artenreiche Gattung *Lartetia (= Vitrella)* erwähnt werden, die sich in Form von toten Schalen in großen Mengen in zahlreichen Quellen und Kleinbächen findet, welche ihren Ursprung in Höhlen Mittel- und Südeuropas haben; es wird angegeben, daß sie mit den Quellen aus diesen herausgesprudelt werden; sie sind sehr klein, gewöhnlich nur wenige Millimeter lang. Sie werden auch als Höhlenschnecken bezeichnet, da ihr Wohnort die Höhlen sind. Die Augen sind sehr stark reduziert. Ihr eigentliches Zuhause sind Höhlenbäche, wo sie sich auf Steinen und im Schlamm, in Spalten zwischen Steinen usw. finden. Man betrachtet diese Formen als Reste der reichen *Hydrobia*-Fauna der Tertiärzeit. Sie sind in eine Unzahl Arten aufgespalten, die sehr schwer voneinander zu unterscheiden sind. Lange kannte man sie fast ausschließlich nur in Form von toten Schalen und jetzt noch sind die meisten nur auf Grund von Schalen beschrieben. Ihre Verbreitung erstreckt sich von den Jurabergen bis nach Bosnien.

Bithynia. Die Gattung *Bithynia*, in Europa mit den zwei Hauptarten *B. tentaculata* (L.) und *B. Leachii* (SHEPP.) (Tafel 24, Fig. 29 u. 30), die erste zirka 1 cm hoch, die andere nur zirka 5 bis 6 mm, kann für das ungeübte Auge leicht mit Mitgliedern der *Limnaea palustris-peregra-truncatula*-Gruppe verwechselt werden, aber sie ist sofort von diesen durch den Besitz eines Deckels zu unterscheiden; dieser ist zugespitzt, nicht kreisrund. Die Augen sitzen am Grund der langen, haarfeinen Fühler. Die Schnecke ist getrenntgeschlechtlich (Abb. 837 u. 838), aber außer daß die Männchen gewöhnlich etwas kleiner sind als die Weibchen, ist es kaum möglich, einen Unterschied zwischen den beiden Geschlechtern zu erkennen; sie wurde als eine eigene Unterfamilie innerhalb der *Hydrobiidae* aufgestellt. Der Laich ist sehr charakteristisch. Bevor das Weibchen die Eier ablegt, reinigt es den Stein mit seiner Zunge und bildet mit seinem Fuß eine Rinne, in die die Eier abgesetzt werden. Hernach klebt es Ei an Ei zumeist in zwei, zuweilen in drei Reihen an. Der ganze Laich ist ein Band von zirka 1 bis $1^1/_2$ cm Länge und enthält 50 bis 70 Eier. Wie andere Schnecken setzt es oft seine Eier auf andere Mollusken ab und nicht selten findet man eine *Paludina*, die einen ganzen Mantel von *Bithynia*-Eiern trägt, von denen einige Junge abgegeben haben, andere eben abgelegt worden sind (Abb. 812, 816). Sie liegen wechselweise und so eng aneinander gedrückt, daß sie fünfkantig werden, mit den Spitzen gegeneinander und mit der ausgebuchteten Seite auswärts gerichtet. Jede Form von Umhüllung (Kapsel) fehlt. *Bithynia tentaculata* (L.) ist eine in Wasser recht verschiedener Beschaffenheit überall sehr häufige Schnecke; sie kommt in merkwürdig kleinen Wassermengen, in fließendem Wasser und in unseren größeren Seen vor und wenigstens bis zu einer Tiefe von zirka 9 bis 10 m, d. h. so weit, als die Characeen hinausgehen. Sie ist, wie alle Kiemenschnecken des Süßwassers, ein Bodentier, dessen wesentlichste Nahrung Detritus sein dürfte, nicht frische Pflanzenteile. Sie ist sehr häufig auf den Steinen überall in der Uferregion größerer Seen, am häufigsten jedoch draußen in ein paar Metern Tiefe. Es sind sehr träge Tiere, die in den Aquarien sehr lange an ein und derselben Stelle sitzen können oder wochenlang mit eingezogenem Fuß und geschlossener Schalenmündung am Boden liegen. Es ist nur eine ganz kleine Öffnung zwischen Deckel und Schale vorhanden, durch die das Atemwasser hindurchpassiert.

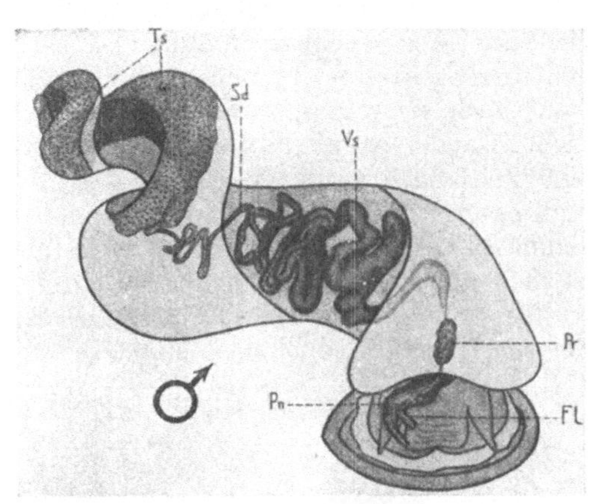

Abb. 837.

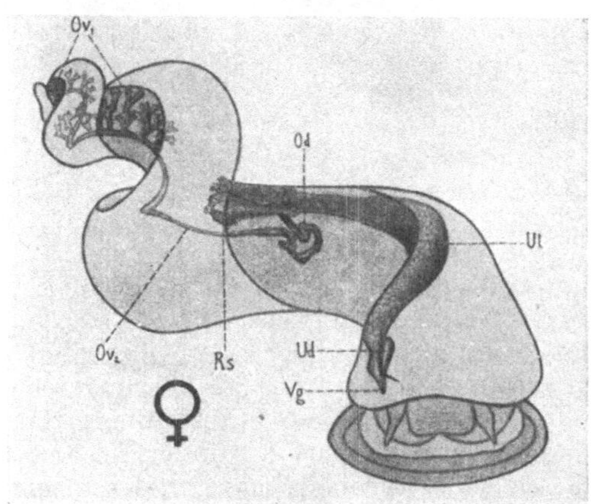

Abb. 838.

Abb. 837 u. 838. Geschlechtsorgane des Männchens und Weibchens von *Bithynia tentaculata* (L.). (ANKEL 1924.)

Abb. 837. *Ts* Hoden; *Sd* Samenleiter; *Vs* Samenbehälter; *Pr* Prostata; *Fl* fadenförmige Bildung, die während der Kopula ausgestoßen wird; *Pn* Penis.

Abb. 838. *Ov*₁, *Ov*₂ Eierstock; *Rs* Receptaculum seminis; *Od* Eileiter; *Ut* Uterus; *Ud* drüsenartige Partie des Uterus; *Vg* Vagina.

Die viel kleinere *Bithynia Leachii* (SHEPP.), die unter anderem an den etwas mehr gewölbten Windungen kenntlich ist, ist nicht ganz selten in der Uferregion der größeren Seen. In Dänemark kommt sie in ungewöhnlich großen Mengen auf den Charateppichen des Esromsees in 2 bis 3 m Tiefe vor.

Fam. *Micromelaniidae*.

Wir haben im vorhergehenden des öfteren den Baikalsee und den in den letzten Jahren untersuchten Ochridasee in Jugoslawien erwähnt. Die Fauna dieser Seen weicht im allgemeinen außerordentlich stark von der ganzen übrigen, jetzt lebenden Süßwasserfauna ab. Wir haben es in ihnen mit den ältesten Seen der Erde, im Baikalsee zugleich mit dem tiefsten der Erde, 1373 m, zu tun. In diesen uralten Seen hat sich die Tierwelt der Vergangenheit, wahrscheinlich der Tertiärzeit, vor allem Weichtiere, Gammariden und Planarien, am Leben erhalten können. Einige von ihnen haben sich während des ungeheuren Zeitraums in neue Formen aufspalten können. Diese uralten Seen, isoliert wie sie waren, wurden sozusagen Schöpfungszentren für neue Arten, die niemals anderswo als in den betreffenden Seen gefunden worden sind. Man hat eine Zeitlang, gestützt u. a. auf das Aussehen der Schnecken, vermutet, daß man es mit einer abgesperrten, marinen Reliktfauna zu tun hätte und daß der Baikalsee früher mit dem Meer Verbindung gehabt hätte. Von dieser Auffassung ist man nun im großen und ganzen abgekommen. Man gelangt immer mehr zur Auffassung, daß es Faunenelemente der Tertiärzeit seien, die hier erhalten geblieben sind. Diese Auffassung ist

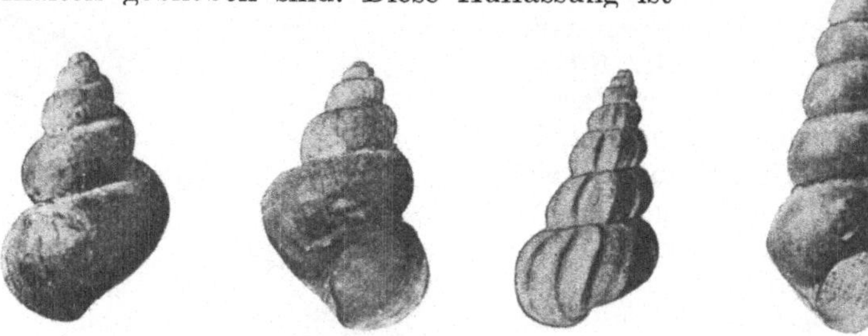

Abb. 839. Baikal-Schnecken. *1* und *2 Baikalia bythiniopsis* DYB. *3 Baikalia costata* DYB. *4 Baikalia Korotnevi* DYB. Zirka 2×. (LINDHOLM 1909.)

hauptsächlich auf dem Studium der Molluskenfauna begründet, die viele, höchst sonderbare Züge aufweist. Vom Baikalsee sind 90 Artén beschrieben und von ihnen sind nicht weniger als 80 nirgends sonstwo auf der Erde gefunden worden. In dieser eigentümlichen Molluskengesellschaft spielen die Micromelanien eine sehr große Rolle. Der Hauptteil sind im allgemeinen Prosobranchier.

Die Fauna, die sich vorfindet, ist am nächsten mit jener verwandt, die man in den südosteuropäischen Tertiärschichten antrifft. Die allermeisten gehören in die Familie *Micromelaniidae* mit der Hauptgattung *Baikalia* (Untergattungen *Liobaicalia*, *Dybowskiola* und *Maackia*; Abb. 839). Die Lungenschnecken sind schwach vertreten; die Gattungen *Limnaea*, *Physa* und *Planorbis* fehlen ganz. Die Familie *Planorbidae* ist durch den endemischen *Choanomphalus* vertreten. Man glaubte früher, daß auch Vertreter der Hinterkiemenschnecken, Opisthobranchier, vorhanden wären, aber das hat sich später als nicht richtig herausgestellt. Sehr merkwürdig ist es, daß Muscheln gänzlich fehlen.

Lange Zeit wurde der Baikalsee für den einzigen in der gemäßigten Zone gelegenen See mit noch lebender Tertiärfauna gehalten. Es war deshalb eine Überraschung, daß der Ochridasee in Jugoslawien eine Fauna aufweisen konnte, die in ihren Grundzügen sehr an die des Baikalsees erinnerte. Außer anderen endemischen Faunenelementen sind von den 28 Schnecken des Ochridasees nicht weniger als 24 nur in ihm gefunden worden. Einzelne haben Ähnlichkeiten mit jetzt lebenden Verwandten; die meisten zeigen Verbindungslinien mit ausgestorbenen, tertiären Schnecken und einige können als ausgesprochene Relikte aus längst entschwundenen Zeiten angesehen werden. Auch hier spielen Prosobranchier und besonders Micromelanien die Hauptrolle. Die meisten sind sicher

immer Süßwasserformen gewesen, aber von einigen muß man annehmen, daß
sie ursprünglich Brackwasserformen gewesen sind, die bei den großen Erdumwälzungen während des Übergangs der Tertiär- in die Jetztzeit abgesperrt
worden sind und sich an das Leben im Süßwasser angepaßt haben (s. übrigens
Lindholm 1909, Stanković 1931).

Der Raum gestattet es nicht, auf die Schneckenfauna der tropischen Süßwässer einzugehen; insbesondere in biologischer Beziehung über dieselben ist
nicht viel bekannt. Ein paar Einzelheiten von allgemeinerem Interesse mögen
doch erwähnt werden. In großen Teilen der Tropen ist die Süßwasserfauna viel
mehr als in der gemäßigten Zone der Gefahr ausgesetzt, daß ihre Wohnorte austrocknen, worauf die staubtrockene Erde der brennenden Tropensonne ausgesetzt

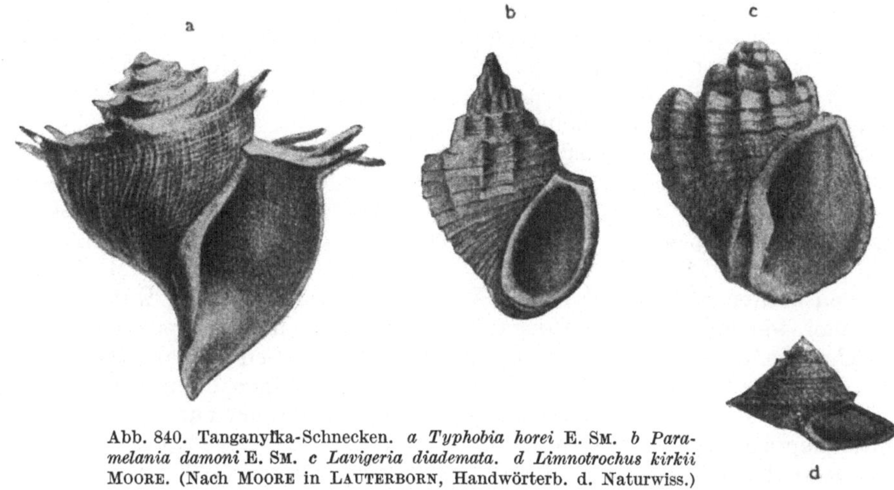

Abb. 840. Tanganyĭka-Schnecken. *a Typhobia horei* E. Sm. *b Para-
melania damoni* E. Sm. *c Lavigeria diademata. d Limnotrochus kirkii*
Moore. (Nach Moore in Lauterborn, Handwörterb. d. Naturwiss.)

ist. Das gilt besonders für große Teile der äthiopischen Region, für Australien,
Südamerika und Indien. Während die Lungenschnecken im Süßwasser der
temperierten Zone gegenüber den Kiemenschnecken weitaus vorherrschen, ist
im größten Teil der tropischen Seen das Umgekehrte der Fall. Die Süßwässer
Ostafrikas beherbergen von Kiemenschnecken 112 Arten, von Lungenschnecken
nur 46. Der Grund dafür dürfte u. a. darin gelegen sein, daß die Kiemenschnecken,
die einen Deckel am Fuß tragen und damit die Schalenmündung schließen
können, weit besser gegen Austrocknung als die Lungenschnecken geschützt
sind. Tief im staubtrockenen, sonnenerhitzten Schlamm eingegraben, ertragen
sie das Austrocknen durch lange Zeiten und kommen hervor, sobald die Regenschauer einsetzen. Daß die Verhältnisse doch zu hart sein können, ersieht man
daraus, daß die algerische Sahara an manchen Stellen eine subfossile Molluskenfauna aufweisen kann, überwiegend Süßwasserformen mit den Hauptgattungen
Melania und *Corbicula*, die verwandtschaftliche Beziehungen zu der gegenwärtigen ägyptischen Fauna aufweisen.

Eine andere Merkwürdigkeit ist es, daß mehrere Familien von Vorderkiemern,
die in der gemäßigten Zone mit wenigen Arten auftreten, z. B. *Neritina*, in den
Tropen eine ganze Reihe Landformen entwickeln, die hoch in den Bäumen oder
auf den Felsen kriechen und fast jede Beziehung zum Wasser verloren haben.
Sie suchen es nur auf, wenn die Eier abgelegt werden sollen. Es sind teils wie die
Littorinen Meeresformen, teils wie die Neritinen Formen, die möglicherweise
über Durchgangsstadien im Süßwasser Landformen geworden sind. Bei diesen

Formen sind die Kiemen nur klein, aber die Wand der Kiemenhöhle ist mit einem reichen Gefäßnetz ausgestattet, das erlaubt, daß die Kiemenhöhle, wenn die Tiere auf dem Land leben, als Lungenhöhle fungieren kann (SEMPER 1899, S. 192).

Noch eine dritte Eigentümlichkeit mag hervorgehoben werden. In Brackwasser, abgesperrten Buchten, in Salzsümpfen, die noch hie und da mit dem Meer in Verbindung stehen, findet man eine marine Fauna, die sich mehr und mehr zu reinen Süßwassertieren umformt. Aus ihrer ursprünglichen Heimat wandern sie die Flüsse hinauf und verlieren jede Verbindung mit dem Meer. Diese Erscheinung, die in den Tropen weit ausgesprochener ist als in der temperierten Zone, beeinflußt auch die Zusammensetzung der Molluskenwelt der Tropenseen. So findet man in den großen Flüssen Vorder- und Hinterindiens, im Ganges, Iravadi und den Sümpfen des Tenasserim eine Reihe Formen, die untereinander keinerlei Verwandtschaft aufweisen, die aber jede für sich auf marine Formen oder solche zurückgeführt werden können, die in Salzsümpfen der gleichen Region vorkommen. In den Mangrovesümpfen spielen mehrere Gattungen der Familie *Potamididae* eine große Rolle; einzelne Formen sind Süßwasserorganismen, zum Teil Landtiere geworden.

Von solchen Formen mit südlicher Verbreitung, die nur mit wenigen Arten in Europa auftreten, soll nur die sehr große Familie *Melaniidae* hervorgehoben werden, die besonders in Afrika und Ostasien verbreitet ist. Sie ist überwiegend vivipar und wird zur großen Gruppe *Cerithiacea* gestellt, die sonst ausgesprochen marin ist.

In den uralten Seen der Tropenländer, die zu den ältesten der Erde gehören, findet man, wie das in den Seen der temperierten Zone dieses Typus der Fall ist, eine Schneckenfauna, die für jeden einzelnen dieser Seen charakteristisch ist. Ein Großteil der Schnecken dieser Wassergebiete hat keinen Zusammenhang mit den jetzt lebenden Schnecken; manche haben ein anscheinend ausgesprochen marines Gepräge. Schon seit einiger Zeit ist man sich klar gewesen, teils durch die Untersuchungen MOORES (1903) und CUNNINGTONS (1907 bis 1920) im Tanganyikasee, teils durch die Untersuchungen der Brüder SARASIN in den uralten Seen Possosee, Matanna und Townisee (1898) auf Celebes, daß hier eine Schneckenwelt von einem ganz seltsamen Charakter vorkommt. Vor allem gilt das für den Tanganyikasee. Er besitzt, wie andere afrikanische Seen, einen Bestand, der auch in der gemäßigten Zone vertreten ist *(Planorbis, Limnaea, Bithynia)*, sowie andere, die den Tropen angehören *(Ampullaria)*. Aber diese Fauna ist hauptsächlich im seichten Wasser zu Hause. Unten in den großen Seetiefen, zirka in 900 m, trifft man auf ganz andere Formen. Sie zeigen ein ausgesprochen marines Gepräge; man braucht nur einen Blick auf Abb. 840 zu werfen. Es sind Formen, die an die marinen Gattungen *Strombus, Cerithium, Aporrhais, Trochus, Littorina, Natica* erinnern. Sie besitzen keine Anknüpfungspunkte irgendwelcher Art an jetzt lebende Formen; ihr anatomisches Verhalten zeigt, daß man es mit sehr alten Formen zu tun hat. Ihr Vorkommen steht in Zusammenhang damit, daß unter einer oberflächlichen Schicht von Süßwasser eine mächtige Schicht schwach salzhaltigen Wassers vorhanden ist. Diese merkwürdige, eigentlich viel merkwürdigere Fauna als die des Baikalsees hat von allen Teilen des Sees Besitz ergriffen, vom tiefen, schlammigen Seegrund und den Felswänden, wo die Schnecken in der Brandungszone ganz wie entsprechende Formen an den Meeresfelsen leben. Die meisten werden nun zur Unterfamilie *Paramelanieae* der Familie *Melaniidae* hingeführt; alle Vertreter davon kommen nur im Tanganyikasee vor. Eine Form, *Tanganyica rufofilosa* (E. SMITH), besitzt am Hals einen Brutsack zu Seiten des linken Tentakels; er steht durch eine Furche mit der Geschlechtsöffnung in Verbindung.

Das Merkwürdige daran ist, daß, während man ihre Verwandten unter den jetzt lebenden Formen nicht kennt, viele von ihnen offenbar große Ähnlichkeit mit Schnecken besitzen, die sich in den Ablagerungen der Jura- und Kreidezeit vorfinden. Kein Wunder deshalb, daß man glaubte, daß in diesem uralten, sehr tiefen See sich noch ein Teil der Meeresschneckenwelt der Jura- und Kreideperiode erhalten hat, die hier einen Zufluchtsort gefunden und sich an das Süßwasser angepaßt hat. Man meinte, daß diese merkwürdige Fauna, die keineswegs allein aus Schnecken, sondern auch aus Krebsen und der früher geschilderten Meduse besteht, durch das große Seeareal Kiwu, Albert Edward und Albert Nyanza, das einmal ein Meeresarm gewesen war, in den Tanganyikasee gelangt sein sollen. Man mußte in diesem Fall erwarten, daß diese ganze Fauna auch in diesen Seen vorkommt. Um das festzustellen, wurden Expeditionen zu diesen Seen ausgerüstet, aber das Resultat war ganz negativ. Die marinen Faunenelemente des Tanganyikasees fanden sich hier nicht. Neue Untersuchungen des letztgenannten Sees konstatierten z. B., daß Cladoceren vollständig fehlen und daß gewisse Copepodengattungen zum Ersatz dafür sich in eine Reihe Formen aufgespalten haben, die nur hier vorkommen. Diese letzten Expeditionen haben gleichzeitig damit, daß sie unsere Kenntnisse der Fauna des Sees vermehrt haben, das vom wissenschaftlichen Standpunkt ganz und gar nicht zufriedenstellende Ergebnis gehabt, daß wir, aufrichtig gestanden, keine Ahnung vom Ursprung dieser merkwürdigen Fauna haben. Man hat in späterer Zeit von anderer Seite hervorgehoben, daß man, um Formen zu finden, die mit diesen eigenartigen Schnecken verwandt sind, keineswegs so weit wie die Kreide- und Juraperiode zurückzugehen braucht; aber selbst wenn das richtig ist, steht die Schneckenwelt des Tanganyikasees doch immer noch als eines der großen, tiergeographischen Rätsel da, dessen Lösung der Zukunft vorbehalten bleibt.

Wir können dieser seltsamen Tanganyika-Fauna gegenüber keinen anderen Standpunkt einnehmen als jenen, welchen wir für den Baikal- und Ochridasee vertreten haben. Man hat es hier mit Resten einer uralten Süßwasserfauna zu tun, die sonst überall ausgestorben, aber in diesen ältesten Seen der Erde noch erhalten ist. Daß sie in noch weiter zurückliegenden Zeiten von Meeresformen ausgegangen ist, darüber besteht kaum ein Zweifel, aber wir wissen nicht wann, und ihr Vorhandensein berechtigt uns nicht, den See, in dem sich eine solche vorfindet, als Rest eines uralten Meeres zu betrachten. Ganz entsprechende Gesichtspunkte müssen an die Molluskenfauna der Celebesseen angelegt werden. Von 21 Arten sind nicht weniger als 16 niemals außerhalb dieser Seen gefunden worden. Eine der Hauptfamilien sind auch hier die *Melaniidae*.

Allgemeine Bemerkungen.

Es besteht nicht die Absicht, auf den nachfolgenden Seiten eine auch nur annähernd umfassende Darstellung der Limnologie in ihrer Gesamtheit zu bringen. Ich habe nur den Wunsch, mit einigen allgemeinen Bemerkungen zu schließen, von denen die meisten in meinen früheren Arbeiten dargelegt worden sind, die jedoch im vorhergehenden keinen Platz gefunden haben. Es ist meine Grundauffassung der Süßwasserfauna, ihres Ursprungs und ihrer Bedingungen, wie sie sich in mir durch die vielen Spezialstudien gebildet hat.

Charakteristik und Ursprung der Süßwasserfauna. Das, was die Süßwasserfauna, wie wir sie heute kennen, charakterisiert, ist in erster Linie, daß ihre Heimat nicht in dem Milieu zu suchen ist, in welchem sie jetzt lebt; es ist eine Fauna, die aus Elementen zusammengesetzt ist, welche teils aus dem Meer eingewandert, teils vom Land her in die Süßwässer herabgewandert sind. Es gibt nur wenige Tiergruppen, von denen man annehmen darf, daß das Süßwasser das ursprüngliche Zentrum ihrer Entstehung war. Am ehesten dürfte das für die Cladoceren und Rotatorien zutreffen. In einer Gesellschaft, die einen doppelten Ursprung hat, indem sie teils aus marinen, teils aus terrestrischen Elementen zusammengesetzt ist, wird durch dieses Fehlen eines gegenseitigen Verwandtschaftsverhältnisses ein Mangel an Homogenität entstehen, einer der charakteristischesten Züge der Süßwasserfauna. Das in Verbindung mit der Tatsache, daß die einzelnen Komponenten der Süßwasserfauna sich an die ganz speziellen Verhältnisse anpassen müssen, die das neue Milieu den Organismen bietet, und daß sie infolge ihrer weit auseinandergehenden Organisation den Anforderungen in ganz verschiedener Weise entsprechen, bewirkt, daß die Süßwasserfauna sich in seltenem Grad zum Studium sowohl der in allen Organismen vorhandenen konservativen Elemente als auch zum Studium ihres Anpassungsvermögens an neue Verhältnisse eignet. Das Studium wird um so interessanter, aber darum auch um so schwieriger, als die Einwanderungszeit der einzelnen Elemente und damit auch der Zeitraum, in dessen Verlaufe die Anpassung erfolgt ist, in einigen Fällen vielleicht mit den ältesten Zeiten der Erde zusammenfällt, in anderen in einer Zeit liegt, die nur in Menschenaltern zurückgerechnet werden braucht.

Die hier vertretene Auffassung beruht auf der allgemeinen Anschauung, daß der Ursprung aller Organismen im Meer gesucht werden muß. Diese Auffassung steht nicht unwidersprochen da. Von anderer Seite wird behauptet, daß in der Entwicklungsgeschichte der Erde das Süßwasser älter sei als das Meer. Nach der Hypothese MacCallums hat das Meer erst nach und nach im Laufe der geologischen Entwicklung der Erde jenen Charakter angenommen, unter welchem wir es gegenwärtig kennen. In der präcambrischen und selbst noch in der paläozoischen Zeit war das Meer viel weniger salzhaltig als jetzt. Nur ganz allmählich, nach Maßgabe der von den Flüssen dem Meer zugeführten Salze, sei der Salzgehalt gestiegen. Die präcambrischen Ozeane seien am ehesten als mächtige Süßwasserseen aufzufassen. Die Fauna, die wir aus den ältesten, Versteinerungen führenden Ablagerungen kennen, sei eher eine Brackwasser- als eine Süßwasserfauna gewesen. In jenen fernen Zeiten bot der Übergang vom Meer zum Süßwasser den meisten Organismen keine größeren Schwierigkeiten. In der Entwicklungsgeschichte der Erde wurden auch die Schwierigkeiten größer und größer, je mehr der Salzgehalt stieg, und bald kam die Zeit, wo die Schranken zwischen Salz- und Süßwasser für große Tiergruppen aus vielen, leicht ersichtlichen Gründen unübersteigbar wurden.

Vielleicht kommt man der Wirklichkeit am nächsten mit der Vorstellung, daß die marine und lacustrische Fauna ursprünglich den gleichen Ursprung gehabt habe: weit ausgebreitete, schwach salzhaltige Wassermassen. Im selben Maß als die Unterschiede zwischen Salz- und Süßwasser immer fühlbarer wurden, stabilisierten sich die beiden Faunen. Gleichzeitig damit, daß zahlreiche Faunenelemente während dieser ungeheuren Zeiträume ausstarben, wanderten in der gleichen Zeit neue Faunenelemente vom Meer und vom Land ins Süßwasser ein. Es ist merkwürdig, zu sehen, daß überall, wo in einer ausgesprochen marinen Tiergruppe einzelne Mitglieder ins Süßwasser eindrangen, es am häufigsten Vertreter der primitivsten Typen sind, die lacustrisch wurden, und am allermerkwürdigsten, daß in nicht wenigen Fällen die Stammverwandten im Meer schon längst ausgestorben sind und die heute noch bewahrten Formen als die einzigen, gegenwärtig lebenden Vertreter mächtiger Tiergruppen dastehen, die einmal in jenen fernen Vorzeitmeeren vorgeherrscht haben, jetzt aber mit ganz vereinzelten Formen über die Erde verteilt und namentlich in tropischen Flußsystemen zu finden sind. Das gilt z. B. für *Polypterus* in den afrikanischen Flüssen, für *Ceratodus* in Australien, für *Lepidosiren* im Amazonas, für die Ganoiden *Amia* und *Lepidosteus* in Amerika, für *Polyodon* in Nordamerika, *Psephurus* in China, für die Euphyllopoden mit Vertretern im Buntsandstein, für die Syncariden in Australien u. a. Es ist, als ob das Süßwasser auf alle diese uralten Formen, die in Zeit und Raum auseinandergesprengt sind, einen seltsam konservierenden Einfluß ausgeübt hätte und noch ausübte. Es ist ein verwunderlicher Gedanke, daß die Faunenelemente der Vorzeitmeere, die sich sonst nur als Versteinerungen in Ablagerungen jener fernen Zeiten finden, noch lebende Repräsentanten besitzen, aber freilich nicht im Meer, sondern im Süßwasser. Es ist, als hätten die alten Vorzeitmeere eines nach dem anderen während der Entwicklungsgeschichte der Erde einzelne Vertreter ihrer Faunen in die Süßwässer entsendet. In den Meeren selbst starben diese Faunen aus oder blieben mit einzelnen Typen in den großen Meerestiefen erhalten; aber jene Formen, die im Süßwasser zu leben vermochten, wurden durch ungeheure Zeiträume bewahrt. Wir sind gewohnt, die Bezeichnung Relikte für die abgesperrten Formen der Eiszeitmeere zu gebrauchen. Es wird richtiger sein, diese als Eiszeitrelikte zu bezeichnen und sich zu erinnern, daß die alten Vorzeitmeere auch ihre Relikte haben und daß man mit vollem Recht z. B. von mesozoischen Relikten und Relikten der Tertiärzeit (Ochrida, Baikal usw.) sprechen kann.

Die niedere Süßwasserfauna besitzt ja fast niemals Skeletteile, geeignet, Spuren in den Erdschichten zu hinterlassen; die wenigen Formen, die das imstande waren, findet man in den ältesten Ablagerungen der Erde: die Schalen der Estheriden (*Estheria minuta* ALB.) kommen in marinen Ablagerungen des Devon, Carbon und Trias weit verbreitet in Deutschland, Frankreich und England vor; Ostracoden sind im Cambrium nachgewiesen. Wir sind auf Grund dieser Funde zur Annahme berechtigt, daß die niedere Süßwasserfauna ein ungeheures Alter besitzt; Estheriden und Ostracoden jener fernen Zeiten gleichen den jetzt lebenden zum Verwechseln. Verschiedene Vertreter der gegenwärtigen Süßwasserfauna nehmen ihren Verwandten gegenüber eine so absolute Sonderstellung ein, daß sie in besondere Ordnungen oder Familien eingereiht werden mußten, die sehr stark von ihren Stammesverwandten im Meer abweichen. Das gilt vor allem für *Hydra*, weiter für die Spongillen, die phyllactolämen Bryozoen, Typen, die ohne Zweifel eine unendlich lange und vollständig unbekannte Entwicklungsgeschichte hinter sich haben.

Unter den Tiergruppen des Meeres gibt es gewisse, die überhaupt im Süßwasser nicht vertreten sind. Das trifft für die Stachelhäuter, Tunikaten und opisthobranchiaten Schnecken zu; Spongien, Coelenteraten, Nemertinen sind nur mit ganz vereinzelten Arten vertreten; die Bryozoen hauptsächlich nur mit den Phyllactolämen, sonst auch nur mit wenigen Formen; etwas ähnliches gilt für die prosobranchiaten Schnecken und Lamellibranchiaten.

Anpassung der Meeresformen an das Süßwasser; osmoregulatorische Organe. Ganz offenbar bietet das Süßwassermilieu seinen Organismen Lebensbedingungen, an die sich eine große Zahl von Meeresformen ihre Organisation nicht anpassen kann.

Man hat in dieser Beziehung vor allem in neuerer Zeit in steigendem Maß auf eine besondere Eigentümlichkeit aufmerksam gemacht. Wir wollen von der allgemeinen Anschauung ausgehen, daß alle sog. primären Süßwasserorganismen (HESSE) von Meeresformen abstammen. Ihre Körperflüssigkeit ist bei den Invertebraten gewöhnlich mit dem Meerwasser isotonisch. Es zeigt sich nun, daß die Körperflüssigkeit der Süßwasserorganismen im Verhältnis zum Süßwasser immer unter einem höheren Druck steht, daß sie, wie man sagt, hypertonisch ist. Dies bringt es mit sich, daß durch alle Körpermembranen, die für Wasser mehr oder weniger durchlässig sind, ein ständiger Wasserstrom passiert, der die Körperflüssigkeit verdünnt und der, besäßen die Tiere nicht die Fähigkeit, diese Wassermengen wieder auszuscheiden, ein Aufquellen der Gewebe und eine Zerstörung des Protoplasmas bewirken müßte. Wie bekannt, verfügen die Süßwasserorganismen über solche Mittel. Wir haben des öfteren im Vorausgehenden bei den Turbellarien, Rotatorien, Trematoden usw. das Protonephridialsystem mit seinen Flimmerzellen, Exkretionskanälen und der kontraktilen Blase besprochen, die sich regelmäßig füllt und entleert. Es ist schon gesagt worden, daß dieses Organsystem nicht, wie man ursprünglich annahm, bloß als Exkretionsorgan eine Rolle spielt. WESTBLAD hat gezeigt, daß bei einem Rädertierchen die kontraktile Blase im Lauf von 70 Minuten so viel Flüssigkeit entleert, daß diese dem ganzen Körpervolumen entspricht; bei *Rattulus* sogar in 25 Minuten, bei *Asplanchna Ebbesbornii* HUDSON nimmt die kontraktile Blase, im gefüllten Zustand, zirka zwei Drittel des ganzen Körpers ein. Zum Vergleich mag angeführt werden, daß bei Regenwürmern nur jeden dritten Tag Harn abgegeben wird. Bei Amöben und Infusorien findet man bekanntlich eine pulsierende Vakuole mit zu- und abführenden Kanälen, die ganz die gleiche Funktion wie die kontraktile Blase des Protonephridiums besitzt. Bei *Paramaecium* wird im Verlauf von einer Stunde bei 20° C sogar eine Wassermenge entfernt, die fünfmal so groß wie der ganze

Körper ist. Es ist nun sehr interessant zu sehen, einerseits, daß die pulsierende Vakuole bei marinen Infusorien fehlt, und anderseits, daß die pulsierende Vakuole bei einer Amöbe, die allmählich in Meerwasser übergeführt wird, zu arbeiten aufhört, d. h., daß die Flüssigkeit in der Amöbe und das Meerwasser außerhalb isotonisch geworden sind. Hesse (1924) bringt die sehr interessante Angabe, daß, solange man Cercarien in Schneckenblut hält, ihre kontraktile Blase fast unsichtbar ist, daß sie aber, wenn die Tiere ins Wasser gelangen, rasch sichtbar wird, d. h. daß die Protonephridien das Wasser auspumpen. Es ist auch eine bekannte Tatsache, daß die Nieren bei verschiedenen Süßwasserkrebsen, Amphipoden, Flußkrebs, bedeutend größer sind als bei ihren nächsten, marinen Verwandten (Hummer usw.). Manche Organismen, die erst in der neuesten Zeit auf Einwanderung ins Süßwasser begriffen sind, haben die osmoregulatorischen Einrichtungen noch nicht in Ordnung. So kann die Wollhandkrabbe sich immerhin im Süßwasser außerhalb der Fortpflanzungsperiode durchbringen, aber aus einem oder dem andern Grund muß sie ins Meer zurück. Vielleicht sind die eiertragenden Weibchen im Süßwasser nicht imstande, die Konzentration ihrer Körperflüssigkeit auf dem Normalen zu erhalten oder die Eier können das Süßwasser nicht vertragen.

Es scheint aus all dem hervorzugehen, daß einer der Hauptgründe, warum so viele Meerestiere niemals ins Süßwasser gelangen, die höheren Ansprüche sind, die hier an ihre osmoregulatorischen Organe gestellt werden. Weiter verhält es sich so, daß, während das Meerwasser infolge der freien Vermischbarkeit der Wassermassen hinsichtlich des Gehalts an gelösten Stoffen auf außerordentlich weiten Gebieten nur sehr geringe Abweichungen aufweist, jede einzelne Süßwasseransammlung, sei sie groß oder klein, sozusagen ihren besonderen Chemismus hat, der in erster Linie vom Untergrund, der geographischen Lage, der Höhe über dem Meer usw. bedingt ist. Während weiter sein Gehalt an Chlornatrium äußerst gering ist (abgesehen von Salzseen), bestehen besonders in bezug auf die Menge an kohlensaurem Kalk sehr große Verschiedenheiten; sie kann auch sehr oft viel größer sein als im Meerwasser.

Es ist eine oft hervorgehobene Tatsache, daß die Einwanderung von Meeresformen ins Süßwasser, welche auch noch in unsern Tagen stattfindet, in weit höherm Ausmaß in den Tropen erfolgt als außerhalb derselben. Ed. v. Martens (1873) hat das mit folgendem Satz ausgedrückt: Die Ähnlichkeit der gesamten Süßwasserfauna mit der gesamten benachbarten Meeresfauna nimmt von den Polen zum Äquator zu. Das ist ohne Zweifel richtig. Überall in den Tropen trifft man auf eine große Zahl von Schnecken, Muscheln, Krabben, Garneelen, Amphipoden, Fischen, Bryozoen, Coelenteraten, die den Süßwässern, besonders den Flüssen und den angrenzenden Weltmeeren gemeinsam sind und die weit größere Verwandtschaft mit den außerhalb liegenden marinen Formen aufweisen als mit solchen, welche sich weiter gegen Norden vorfinden; manche Arten sind sogar identisch. Bei uns im Norden kann man nur auf *Palaemonetes*, *Dreissensia*, *Cordylophora*, Mysiden und wenige andere hinweisen. Der Grund dafür dürfte vielleicht die mehr stabile Temperatur der tropischen Süßwässer und ihre größere Übereinstimmung mit der der Tropenmeere sein. Hesse (1924) macht überdies und sicher mit Recht darauf aufmerksam, daß die tropischen Regengüsse manchmal den Salzgehalt der oberflächlichen Schichten des Meers so stark herabsetzen, daß ein Übergang zum Süßwasser damit erleichtert wird.

In den verschiedenen Ansprüchen, die an die osmoregulatorischen Organe im Süß- und Salzwasser gestellt werden, bin ich für meine Person geneigt, eine der Hauptursachen für die merkwürdige Tatsache zu erblicken, daß die Formen, welche die pelagische Region des Meers und der Süßwässer bevölkern, so weit voneinander verschieden sind. Man sollte glauben, daß gerade die freien Wassermassen im Meer und Süßwasser, die sich an den Küsten miteinander vermischen, ganz selbstverständlich einen Austausch ihrer Faunenelemente mit sich bringen müssen. Tatsächlich ist das besonders in der ganzen temperierten Zone nicht in annähernd so hohem Maß der Fall, als man annehmen sollte. Die vornehmlichsten Komponenten des Süßwasserplanctons, Cladoceren, Cyclopiden und Rotatorien, spielen ja im Meer eine außerordentlich untergeordnete Rolle und nur innerhalb der Centropagiden (besonders *Eurytemora* und *Limnocalanus*) ist es der Fall, daß wir auf gemeinsame Formen treffen. Das bestätigt überdies die im folgenden vertretene und vielfach angenommene Auffassung, daß die pelagische Region des Süßwassers nicht direkt vom Meer, sondern von der Litoralregion aus bevölkert worden ist. Es ist nicht die marine, pelagische Fauna im allgemeinen, sondern in erster Instanz gerade die marine Boden- und Litoralfauna, die das Hauptkontingent an die Süßwasserfauna abgegeben und sich an das Leben hier angepaßt hat. Die Bevölkerung der pelagischen Region auf Grund der bei den Cladoceren, Rotatorien, *Corethra* nachgewiesenen Entwicklungslinien ist sekundär erfolgt (W.-L. 1908). Es ist nun sehr bezeichnend, daß die marinen Tiergruppen, welche im Süßwasser nicht vorkommen, in erster Linie Formen mit ausgesprochenen Kalkskeleten sind und ferner alle ausgesprochen festsitzenden Tiergruppen, Echinodermen, Anthozoen, Tunikaten, Kalkschwämme, Kalkbryozoen usw.; nur die nicht große Anzahl eingewanderter prosobranchiater Schnecken sowie die Muscheln bilden hiervon eine Ausnahme. Allen diesen marinen Tiergruppen gemeinsam sind ihre, im übrigen äußerst verschiedenartig entwickelten Larvenstadien, die ein sehr beträchtliches Kontingent des marinen Planctons darstellen. Abgesehen von der *Dreissensia*-Larve ist kaum eine einzige aus dem Meer eingedrungen und ein typischer Planctonorganismus des Süßwassers geworden. Es läßt sich wohl die Anschauung vertreten, daß der Grund dafür in erster Linie darin liegt, daß diese Larvenstadien ihren osmoregulatorischen Apparat nicht in Übereinstimmung mit den Erfordernissen des Süßwassers bringen konnten, und daß das weit geringere Tragvermögen des Süßwassers sie hindert, ein pelagisches Leben zu führen. Das wieder bringt einen der größten Unterschiede zwischen dem marinen und lacustrischen Plancton mit sich, nämlich die Tatsache, daß die zahlreichen, äußerst verschiedenen Larvenstadien in der pelagischen Region des Meers eine enorme Rolle spielen, während Larvenstadien im Süßwasserplancton fast nicht vorkommen.

Wegfall der Larvenstadien. Es ist eine bekannte und oft betonte Erscheinung, daß bei der Anpassung an das Leben im Süßwasser die Larvenstadien aufgegeben werden. Pelagische Larvenstadien fehlen bei den Turbellarien, Nemertinen, Polychäten, allen Lamellibranchiaten, ausgenommen *Dreissensia*, allen Prosobranchiern des Süßwassers, Gruppen, die alle im Meer pelagische Larvenstadien besitzen. Innerhalb der Cölenteraten sind solche bei *Cordylophora* vorhanden, die bekanntlich ein Neueinwanderer ist. Es gibt gewiß Larvenstadien bei Spongillen und Bryozoen, aber in der pelagischen Region kommen sie nicht vor und diejenigen der Bryozoen sind sekundäre Stadien, die sich nicht mit den marinen vergleichen lassen; es sind am ehesten schwimmende Kolonien mit einem oder mehreren Polypiden. Als sekundäre Larvenstadien können auch die schmarotzenden Glochidien der Unioniden aufgefaßt werden. Eine Ausnahme bildet möglicherweise die sehr wenig bekannte Larve von *Paludicella*. Bei Formen, die spät eingewandert sind, ist das Larvenstadium noch erhalten, aber gelangt in diesem Fall nicht aus der Eikapsel heraus (*Neritina*). Die Süßwasserdekapoden bieten ebenfalls Beispiele vollständigen Wegfalls der Metamorphose *(Astacus)* oder einer ausgesprochenen Reduktion derselben *(Palaemonetes)*. Die aus der Litoralregion herstammenden, pelagischen Tiergruppen, Cladoceren und Rotatorien, besitzen keine Larvenstadien. Die einzigen Larvenstadien, die wir bisher als zur pelagischen Region zugehörig erwähnt haben, sind die der Copepoden, die *Dreissensia*-Larve, die ein Neueinwanderer ist, und der aus dem Dauerei auskriechende Nauplius von *Leptodora hyalina*. Nach allem, was ich kenne, ist dieser doch ganz überwiegend eine Bodenform, die ich immer in der obersten Schicht des Seebodens wühlend gefunden habe.

Es darf ferner nicht unerwähnt bleiben, daß die pelagische Region des Süßwassers noch andere Larvenstadien birgt, die wir bisher noch nicht erwähnt haben. Dies gilt vor allem für die zahlreichen Cercarienstadien der Trematoden, die wie Wolken über den Schalenbänken stehen (W.-L. 1934) und von welchen ganze Gruppen (Furcocercarien, Cystocercarien, Macrocercarien) ihrem Bau nach ausgesprochene Planctonorganismen darstellen; sie kommen wohl nur selten in den oberen Wasserschichten vor, müssen aber im tieferen Wasser in ungeheuren Mengen zugegen sein, weiter Larvenstadien von Cestoden, in erster Linie von den *Pseudophyllidia*, die mit Sicherheit in der pelagischen Region festgestellt sind (Furesee).

Die allgemeine, auch von mir geteilte Anschauung ist die, daß das geringe und wechselnde Tragvermögen des Süßwassers gewöhnlich unmögliche Ansprüche an pelagische Larvenstadien stellt. Wie die Nauplienstadien der Copepoden zu verstehen sind, muß bis auf weiteres dahingestellt bleiben; möglicherweise sind es die kräftigen Gliedmassen mit ihrer starken, quergestreiften Muskulatur, die bewirkten, daß diese Stadien sich in der pelagischen Region einbürgerten; anderseits kann man vielleicht behaupten, daß Formen, deren Locomotiónsorgane mit glatten Muskelfasern ausgestattet sind, überhaupt nicht in der pelagischen Region des Süßwassers zu finden sind. Den meisten der andern Larvenstadien stehen ja nur Cilien zur Verfügung.

Es müßte in diesem Zusammenhang noch in Betracht gezogen werden, daß es nicht allein Larvenstadien sind, die in der pelagischen Region fehlen. Ähnlich ist es ja auch mit den *Eiern*; im Süßwasser sind pelagische Eier äußerst selten (W.-L. 1909), und es kommen hier eigentlich nur Rotatarieneier in Betracht (vgl. S. 240); nur ein einziger Fisch *(Lota vulgaris)* hat pelagische Eier, oder wohl nur semipelagische (W.-L. 1909). Aber wir können wahrscheinlich noch einen Schritt weiter gehen, indem wir feststellen, daß zwischen der pelagischen Region des Meers und des Süßwassers noch der sehr große Unterschied besteht, daß in der letzteren auch die männlichen Geschlechtselemente fehlen. Während der überwiegende Teil der marinen Tiere die Geschlechtsprodukte, sowohl Eier als auch Samen, frei ins Meerwasser ergießt, wo die Befruchtung der Eier erfolgt, kennen wir in bezug auf das Süßwasser kaum ein einziges, sicheres Beispiel dafür. Aber daraus folgt wieder, daß Paarungserscheinungen, im weitesten Sinn verstanden (so daß das Verhalten bei Lachs, Hecht, Knochenfischen mit darunter fällt), in der marinen Fauna eine weit geringere Rolle spielen als im Süßwasser, woraus weiter folgt, daß für zahllose der einzelnen Elemente der marinen Fauna die Regel gilt, daß von der gesamten Eiproduktion eines Weibchens jedes einzelne Ei von einem andern Männchen befruchtet werden kann, während im Süßwasser die gesamte Eiproduktion eines Weibchens nur von einem einzigen oder doch nur sehr wenigen Männchen befruchtet wird. Ich wage zu behaupten, daß die Bedingungen für eine orthogenetische Entwicklung durch numerische Unterlegenheit oder Reduktion des männlichen Geschlechts, ferner durch eine temporale oder lokale Trennung der beiden Geschlechter und schließlich durch eine minder wirksame Vermischung

der Geschlechtsprodukte im Süßwasser eine größere sein dürfte als im Meer;
und weiter, daß dies auch in Wirklichkeit der Fall ist.

Weiter muß noch auf den sehr wesentlichen Unterschied zwischen der Invertebratenfauna des Meers und des Süßwassers hingewiesen werden, daß nämlich
die erstgenannte ihr ganzes Leben hindurch aufs engste ans Meer geknüpft ist,
wogegen ein ziemlich beträchtlicher Teil der Süßwasserfauna, alle ametabolen
Insekten mit Wasserlarven, die Neuropteren und Dipteren, auch viele Parasiten,
während größerer oder kleinerer Teile der Sommerstagnationsperiode das Süßwasser
verlassen. Wer einmal im zeitigen Frühjahr auf unsern tiefern Seegründen gedredget und buchstäblich Händevoll von Chironomiden *(C. Libeli-bathophilus)*
heraufgebracht hat und später nur einzelne Nachzügler, wird einsehen, welche
enorme Rolle das Verschwinden der Insektenlarven allerorts für den Seeboden,
den Stoffumsatz, in diesem usw. haben muß. Ganz ähnliche Verhältnisse machen
sich in Kleinseen geltend, wenn die Litoralzone ihr ungeheures Material an Ephemeriden (*Leptophlebia*, *Ecdyurus*, *Heptagenia*, Neuropteren, namentlich Leptoceriden)
abgibt. Meines Wissens kann die Invertebratenfauna des Meers kaum etwas
Entsprechendes aufweisen; Analoges vielleicht am ehesten bei den Wanderungen
der Jungtiere der tropischen Küsten- und Litoralfauna.

Aber es ist nicht allein das weitaus verschiedene chemische Verhalten, worauf
hier übrigens nur zum geringen Teil eingegangen worden ist, welches die hohen
Schranken zwischen Meeres- und Süßwasserfauna aufrichtet. Andere, nicht minder
mächtige Schranken sind jene, welche durch die über großen Gebieten herrschenden
Temperaturverhältnisse für alles Leben in aktiver Form gesetzt werden. Während
die Temperatur des Meers über Tausenden von Quadratkilometern nur um wenige
Grade zu variieren braucht, zeigen die Süßwässer der Erde in dieser Hinsicht
eine sehr weitgehende Variation. Für den größten Teil der Erde ist es die Regel,
daß die verschiedenartigsten Wassermassen entweder im Winter von Eis eingeschlossen werden und, soweit sie seicht sind, bis zum Grund ausfrieren, oder durch
die Sonne ausgetrocknet werden und ganz verschwinden. Der Boden wird zu
erstarrtem Schlamm, der sich nur in einer begrenzten Anzahl von Monaten des
Jahres mit Wasser bedeckt. Damit werden hier Ansprüche an die Süßwasserorganismen gestellt, welche die Meeresorganismen nicht kennen oder welchen
sie auf jeden Fall nur in sehr geringem Maß ausgesetzt sind; diesen Anforderungen,
die ein Leben in aktiver Form ausschließen, wird durch Ausbildung von Dauerstadien entsprochen: Gemmulae bei Spongillen, Statoblasten bei Bryozoen,
Ephippienbildungen bei Cladoceren, Dauereier bei Copepoden und Rotatorien,
Kokons bei Paludicolen, dicke Eischalen bei Hydra, Kokons bei Oligochäten
und Hirudineen, die Fähigkeit, die Austrocknung in erstarrtem Schlamm durch
viele Monate ertragen zu können (Ostracoden, Schnecken), zuweilen in besondern
Cysten (gewisse Copepoden) usw. Viele dieser Dauerstadien entstehen entweder
auf ungeschlechtlichem Weg oder aus Eiern, die eine Befruchtung notwendig
haben im Gegensatz zu solchen, die sich parthenogenetisch entwickeln. Die
Süßwasserorganismen verfügen deshalb in weit höherem Grad als die des Meers
über verschiedene Fortpflanzungsarten, die nicht immer an allen Stellen und nicht
immer in gleichem Ausmaß zur Verwendung kommen (W.-L. 1907). Bei vielen
Formen dominiert die geschlechtliche Vermehrung umso mehr, je weiter man
nach Süden geht; die ungeschlechtliche, die Dauerstadien erzeugt (Statoblasten
bei den Bryozoen), ist in den nördlichen Breiten die vorherrschende. Bei den
Cladoceren überwiegt die gamogenetische Vermehrung unter arktischen Verhältnissen; die Zahl der parthenogenetischen Generationen ist gering. Weiter
gegen Süden sind es diese, welche weitaus am bedeutungsvollsten werden; unter
Verhältnissen, wo weder die Gefahr des Einfrierens noch des Austrocknens

besteht (die pelagische Region der größeren Seen), sind sie allein vorhanden. Bei nicht wenigen Formen (Ostracoden, Hydrachniden, gewisse Euphyllopoden), die sonst keine Dauerstadien ausbilden, begegnet man in nördlichen Breiten Männchen entweder äußerst selten oder überhaupt nicht, wogegen diese weiter gegen Süden allgemein werden. Für diese Formen gilt, daß die Fortpflanzung im hohen Norden hauptsächlich parthenogenetisch ist; alle Individuen der Art können Nachkommenschaft produzieren. Mit diesen verschiedenen Fortpflanzungsarten und damit, daß die Organismen diese unter den verschiedenen Verhältnissen in verschiedenem Grad verwenden, hat die Süßwasserfauna Faktoren zur Verfügung, die ihr die Möglichkeit zu weiter Verbreitung an die Hand geben. Es ist in erster Linie dieser Umstand, welcher die weite Verbreitung der Süßwasserinvertebraten von den eisbedeckten Seen Grönlands bis hinunter zu den austrocknenden Gewässern Afrikas ermöglicht *(Daphnia pulex)*. Das trifft ganz besonders für jene Organismen zu, welche Dauerstadien besitzen und wo diese gleichzeitig die Verbreitungsmittel der Art bilden. Die Schalen sind mit verschiedenen Besonderheiten ausgestattet, die die Verbreitungsmöglichkeit unterstützen (luftgefüllte Schalenstrukturen, Dornbildungen bei den Statoblasten der Bryozoen, den Dauereiern der Rädertiere und den Ephippien der Cladoceren).

Aufteilung und Isolation des Süßwassers. Ein anderer, nicht minder eigentümlicher Umstand, worin das Süßwasser sich vom Meer unterscheidet, ist darin gegeben, daß es nicht eine zusammenhängende Wassermasse bildet, sondern über die Erde aufgeteilt ist in zahllose große und kleine Becken, entweder jedes mit seinem eigenen Niederschlagsgebiet oder Teil eines größeren Flußsystems, aber immer sind es selbständige Wassermassen, alle mit ihren besonderen Naturverhältnissen. Dadurch wird die Süßwasserfauna in zahllose, größere oder kleinere

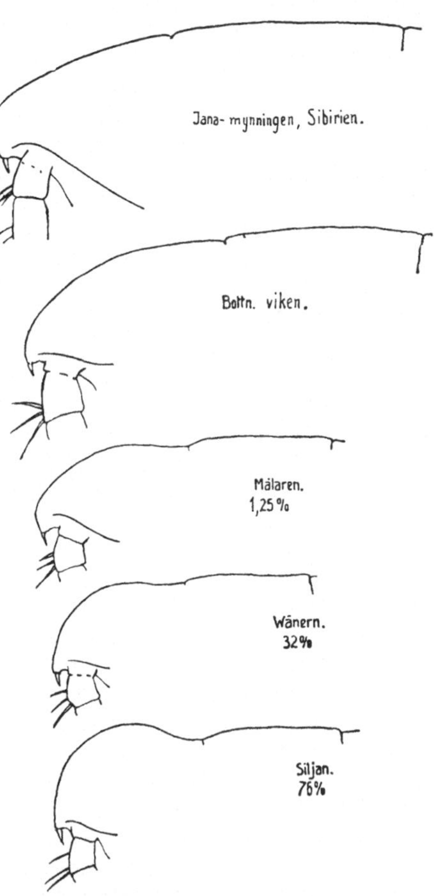

Abb. 841. Einige Typen der Formenserie *Limnocalanus Grimaldii-macrurus.* Oben der typische *L. Grimaldii* aus Brackwasser (sibirische Küste); darunter eine schwach umgebildete *Grimaldii*-Form aus dem Bottnischen Meerbusen. Die drei folgenden, bzw. aus Mälaren, Vänern und Siljan zeigen die fortschreitende Umbildung zur Form *L. macrurus.* Die Ziffern geben die Seehöhe über dem Meere an, ausgedrückt in Prozenten der lokalen Landhebung des Terrains nach der Eiszeit. Je höher der Prozentsatz ist, desto höher ist das Alter als Binnensee und desto stärker ist die Art *L. Grimaldii* umgewandelt worden. (EKMAN 1922.)

Gesellschaften aufgeteilt, die niemals vollkommen gleich sind, niemals unter ganz denselben Verhältnissen leben. Gemeinsam für sie alle ist nur, daß sie überall im Verhältnis zur umgebenden Natur als scharf abgegrenzte, überall isolierte Tiergesellschaften auftreten. Die Seen sind ozeanischen Inseln, abgesperrten Gebirgstälern zu vergleichen und haben wie diese ihre von der übrigen Fauna scharf abgegrenzten Faunenelemente. Viele Möglichkeiten für einen Austausch der Fauna gibt es nicht, aber auch in den Seen selbst nicht viele Entwicklungsmöglichkeiten. Das Ergebnis ist dann eine Stabilisierung der Formen; die Seen werden so nicht nur Bildungszentren für neue Formen, sondern auch Lokalitäten, wo Relikte sich erhalten können. Es mag in diesem Zusammenhang daran erinnert werden, daß die ältesten Insektengruppen ebenso wie die Amphibien ihre Entwicklungsstadien im Süßwasser haben. Es sind nur die höherstehenden Lepidopteren und Hymenopteren, welche sich beinahe ganz von ihm emanzipiert haben.

Variation. Die Isolierung bewirkt des weiteren, daß die einzelnen Arten durch gleichgerichtete, über ungeheure Zeiträume wirkende Einflüsse geprägt werden, die in den einzelnen Seen verschieden sind. Das Resultat ist eine Aufteilung der Arten in eine Unzahl von Lokalvarietäten in den einzelnen Seen *(Coregonus)*, bei einigen Formen mit verschieden verlaufender Temporalvariation, ein Verhalten, das jedem Limnologen, auf welchem Gebiet er auch gearbeitet haben mag, an Cladoceren, Copepoden, Unioniden, Limnäen, Rotatorien usw., wohl bekannt ist. Innerhalb mancher dieser Gruppen hat man bald die Gattungen in zirka 100, ja sogar bis zu 200 Arten aufgespalten, bald alle diese Arten zu ganz wenigen zusammengezogen. Eines der schönsten Beispiele dafür, wie eine Art unter Anpassung vom salzigen zum süßen Wasser sich umformt, hat uns EKMAN (1913, 1914, 1928) gegeben. Es handelt sich um einen Diaptomiden der Formenreihe *Limnocalanus Grimaldii-macrurus* (Abb. 841). Die Stammform *L. Grimaldii* DE GEER lebt in Brackwasser, *L. macrurus* SARS im Süßwasser. Sie sind voneinander dadurch unterschieden, daß der Cephalothorax beim ersten flach, beim zweiten jedoch hoch gewölbt ist. Verfügt man über Material von hinreichend vielen Seen, so wird man zwischen den beiden Arten alle erdenklichen Übergänge feststellen können. EKMANN zeigt nun, daß die Umbildung von *L. Grimaldii* am weitesten in jenen Reliktseen fortgeschritten ist, die am längsten vom Meer abgeschnitten sind. Je kürzer dies der Fall ist, desto geringfügiger ist die Umbildung. Die morphologischen Veränderungen steigen mit dem Alter des Beckens; je länger eine Kolonie Süßwasserform gewesen ist, umso mehr ist sie umgestaltet. In Seen, die erst ganz neuerdings abgesperrt worden sind, findet sich noch die typische marine Form *L. Grimaldii* vor. Diese Untersuchungen besitzen umso mehr Interesse, weil man durch die Untersuchungen DE GEERs über die Dauer der spät- und postglazialen Zeit imstande ist, vor allem anzugeben, wie lange es her ist, seit die betreffenden Seen sich von Brack- zu Süßwasserseen umzubilden begannen. Man weiß z. B., daß der Siljansee zirka 5800 Jahre gebraucht hat, der Vänern nur zirka 3000, Mälaren beträchtlich kürzer; der *Limnocalanus*-Typus des Siljan ist der typische *L. macrurus*, der des Mälaren der typische *L. Grimaldii*; der des Vänern steht mitten zwischen diesen beiden. Da wir nun wissen, daß jedes Jahr nur eine Generation erzeugt wird, so geben die oben genannten Zahlen auch an, wieviele Generationen notwendig sind, um eine Art wie *L. Grimaldii* in eine andere, *L. macrurus*, umzubilden. In meinen „Plancton-Investigations", 1908, habe ich für die Plancton-Cladoceren ganz den gleichen Gesichtspunkt zur Geltung gebracht.

Will man die niedere Süßwasserfauna verstehen, so muß man allem voran sich ihres ungeheuren Alters bewußt sein. Ein sehr großer Teil geht wohl auf sehr alte Zeiten zurück oder entstammt jenen uralten Süßwasserfaunen, durch die ungeheuren Zeiträume hin ständig durchsetzt mit Neueinwanderern, die sich allmählich das Bürgerrecht erwerben. Dieser Fauna hat die Eiszeit, soweit sie reichte, überall ihr Gepräge aufgedrückt. Sie ist hier, so weit ich sehen kann, in weit höherem Grade Lebensvernichter als Lebensschöpfer gewesen. Die gesamte Süßwasserfauna geht zurück auf die der Tertiärzeit, die nach dem Aufhören der Eiszeit, soweit sie konnte, von den alten Domänen wieder Besitz ergriffen hat. Sie hat, ganz so wie das bei der Landfauna der Fall ist, Varietäten und Kleinarten geschaffen, dagegen sind wir kaum imstande nachzuweisen, daß sie irgendwo Neuschöpfer in großem Stil gewesen wäre.

Es dürfte hier wohl am Platze sein, einige Gesichtspunkte auseinanderzusetzen, die mir oft bei meinen Arbeiten als Wegweiser gedient haben und die mir gerade beim Studium der Lokal- und Temporalvariationen der Planctonorganismen klar geworden sind; sie stehen in enger Übereinstimmung mit jenen, welche EKMAN dargelegt hat und die ebenfalls an Studien über den gleichen Gegenstand anknüpfen.

Von der Eiszeit her bis in unsere Tage hat die Natur an der Tierwelt der paläarktischen Region ein Erblichkeitsexperiment vollführt, das für das menschliche Denken zunächst unfaßbar groß erscheint: von der gemäßigten Zone bis hinauf in die arktische Region durch Jahrtausende hindurch, den Einfluß der Temperatur auf die paläarktische Fauna in morphologischer und biologischer Hinsicht zu bestimmen. Wie ein Magnet zog das schmelzende Eis das Tier- und Pflanzenleben von Süden her hinauf in die arktische Region. Bei der Wanderung gegen Norden war die Änderung der Sonnenhöhe der über alle andern Änderungen in den äußern Verhältnissen weitaus dominierende Faktor. Unter diesem Einfluß, der durch eine endlose Reihe von Generationen und durch Tausende von Jahren eingewirkt hat, änderten sich die Organismen biologisch und morphologisch. Hier wie so oft, wo in neuerer Zeit durchgeführte Untersuchungen über die Variation der Organismen mit Studien über die geographische Verbreitung und das Milieu kombiniert werden, bekommt man unweigerlich den Eindruck, daß die Organismen in Form von „Kleinarten“, Modifikationen usw. sich in Reihen, Formenserien ordnen, in denen die einzelnen Elemente sich mehr oder weniger deutlich aneinanderreihen wie Perlen an einer Schnur. Die Gesetzmäßigkeit der Natur, ihre tiefe Harmonie tritt vielleicht nirgends sonst deutlicher hervor, als in diesen Formenreihen.

Die einzelnen Arten sind Ketten von geographischen Rassen oder Varietäten, die alle voneinander verschieden sind; alle sind untereinander fruchtbar; die Schlußglieder der Ketten können von den Anfangsgliedern ebenso verschieden sein wie gute Arten. Schon in meinen „Plancton-Investigations“, 1908, und auch später (s. Insektliveti Ferske Vande 1915, S. 513) und 1926 habe ich mich dieser Auffassung angeschlossen. Die einzelnen Glieder der Ketten weichen nicht immer morphologisch voneinander ab; die Abweichungen sind oft nur von physiologischer oder biologischer Art, welche jenen morphologischen vorausgehen. Leben diese Schlußglieder verschiedener Ketten, die also alle jede für sich ihre besondere Abstammung haben, in demselben Milieu, so drückt dieses, besonders wenn es von abeviantem Charakter ist (Arktis, pelagische Region, Wüste), den Schlußgliedern ein gemeinschaftliches Gepräge auf, was oft den Forscher getäuscht hat. Systematisch-geographische Studien über Säugetiere, Vögel, Reptilien, Coleopteren, Lepidopteren, Mollusken, und ferner zahlreiche Studien über Pflanzen geben alle dasselbe Resultat. Ich verweise hier natürlich in erster Linie auf RENSCH (1929), auf KINGSEYS in vielen Beziehungen vorzügliche Cynipidenstudien und ganz besonders auf GOLDSCHMIDTS, so weit ich sehen kann, nie übertroffenene *Lymantria*-Studien, wo die Probleme von allen Seiten, besonders den experimentellen und genetischen, angegriffen worden sind.

Gerade beim Studium der oben erwähnten Diaptomiden und Cladoceren lernen wir die Natur als den großen Experimentator kennen, der, wenn es sich um die Möglichkeit handelt, die Organismen umzumodeln und sie genotypisch umzuprägen, einzig und allein über die alles beherrschende, erste Bedingung verfügt: die unermeßliche Zeit, menschlich gesehen: die Ewigkeit.

Und fragt man sich, welches Resultat hat dieses Experiment, das sich über Tausende von Jahren erstreckt hat, gebracht. Wahrhaftig nur ein äußerst bescheidenes! Nur Varietäten und Varietäten und wieder Varietäten, sehr wenige „gute" Arten, von der Mutterart nur wenig unterschieden. Nicht allein der Ausgangspunkt für unsere Betrachtungen, die Cladoceren und Diaptomiden, zeigt uns das, sondern die gesamte Fauna, der die Eiszeit ihr Gepräge aufgedrückt hat, die Füchse, Hasen, Schneehühner, Enten, Mollusken, Lepidopteren und Caraben usw., alle zeigen uns das gleiche; je tiefer die Untersuchungen schürfen, desto mehr wird der Nachweis von Formenreihen bestärkt, in denen die einzelnen Glieder miteinander durch unzählige, winzig unterschiedene Übergangsglieder verbunden sind. Totalmutationen sind immer selten, und wo solche sich finden, sind sie gerichtet und in die Formenserien einreihbar.

Wer ein Auge dafür bekommen hat, einen wie geringen Einfluß die Abschmelzungsperiode in gewissem Sinn auf die nordische Fauna und damit auf die immanenten, tiefen, konservativen Tendenzen der Organismen ausgeübt hat, steht ziemlich verständnislos den Experimentatoren gegenüber, die sich dem Glauben hingegeben haben, daß sie imstande wären, im Laboratorium durch Milieuänderungen im Laufe von einigen Jahren die Organismen umzubilden, neue Arten schaffen zu können, die Jahre ihres Lebens solchen Aufgaben gewidmet haben und, wenn ihnen diese nicht geglückt sind, den negativen Ergebnissen zufolge ein Recht zur Behauptung zu haben glaubten, daß erworbene Eigenschaften nicht vererbt werden können. Paläontologie, Morphologie und Biologie im engeren Sinn als Studium der Lebensäußerungen sind nicht imstande und werden wahrscheinlich nie dazu kommen, exakte Beweise für Erblichkeit erworbener Eigenschaften zu liefern. Was sie aber geben können, ist eine Aneinanderreihung von Wahrscheinlichkeitsbeweisen, die zusammen einen Wahrheitskeim einschließen, an dem vorurteilsfreie Forscher nicht vorbeigehen können.

Die Genetiker vergessen, daß die Organismen draußen in ihrem natürlichen Milieu auf Einwirkungen von außen in ganz anderer Weise reagieren als unter Laboratoriumsbedingungen, d. h. unter ganz abnormen Lebensverhältnissen. Es ist weiters eine große Frage, ob ein Milieufaktor, der im Laufe von nur einigen Jahren auf zirka tausend Generationen einwirkt, mit derselben Intensität und in gleicher Weise wirkt, wenn tausende von Jahren zu seiner Verfügung stehen (Cladoceren, Copepoden, Infusorien). Experimentelle Laboratoriumsstudien müssen wahrscheinlich so gut wie immer zu dem Ergebnis führen, daß erworbene Eigenschaften nicht vererbt werden. Um so bemerkenswerter ist es, daß in der neuesten Zeit, ausgehend von dem Studium von Parallelen zwischen ontogenetischem und phylogenetischem Anpassen, sich die Auffassung geltend macht, daß die Gene in das Protoplasma hinein aktive Stoffe ihrer eigenen Art produzieren können. Beide reagieren auf Milieueinflüsse in derselben Weise; die in dem Protoplasma aber leichter als die in den Chromosomen geschützt liegenden. Die Erblichkeitsbedingungen sind nicht allein an die Chromosomen gebunden (Jollos, Goldschmidt).

Die Studien über Rädertiere, Cladoceren, Insektenlarven scheinen mir überall, je tiefer ich in ihre Organisation, ihre Lebensweise, die Fortpflanzungsverhältnisse und die Ansprüche, die sie an das Leben stellen, einzudringen vermochte, ein Verhalten aufzuzeigen, das mit der Lehre von den Formenreihen in Übereinstimmung steht. Es handelt sich ja hier nicht um Variationen, Modifikationen und Fluktuationen, sondern um höhere Kategorien, die sich in Formenreihen ordnen, welche ihren Ausgang vom ursprünglichen Wohnort des Typus, der Litoralregion, nehmen und mit Formen enden, die sich das Bürgerrecht in der pelagischen Region erworben haben. Die Fauna der Brandungszone zeigt analoge Verhältnisse, gewisse Trematodenlarven zweifellos ebenfalls. Nicht selten lassen sich bestimmte Varietäten in diese Reihen einordnen, zwischen verbindende Arten, von denen die eine litoral, die andere pelagisch ist. Es ist die strenge Gesetzmäßigkeit der Natur, die sich auch hier geltend macht. Die Anschauung, daß diese Gattungen und Arten in diesen Reihen auseinander hervorgegangen, durch Variationen in den äußeren Verhältnissen und in Übereinstimmung mit ihnen hervorgerufen worden sind, ist unbeweisbar, stimmt aber genau überein mit den paläontologischen, morphologischen und physiologischen Zeugnissen, die alle zahlenmäßig ganz ebenso unbeweisbar sind wie die oben dargelegten.

Ich kann nicht sehen, daß die Genetiker der Lösung der Frage, wie höhere Kategorien in den Formserien entstanden, nähergekommen sind. Daß der Ausgangspunkt Monströsitäten gewesen sein sollten, die sich unter ganz bestimmten äußeren Einflüssen zu ganz neuen Typen entwickelt haben, wie es sich GOLDSCHMIDT vorstellt, ist mir ein ganz unmöglicher Gedanke.

Die höchsten Kategorien erscheinen schon in der Urzeit der Erde. Man ist weder verpflichtet zu meinen, daß Protoplasma und Chromatin damals ebenso scharf voneinander getrennt waren wie heute, und daß die Erbfaktoren der Art damals ebensogutbeschützt waren wie jetzt, noch daß Milieueinflüsse sowohl qualitativ wie quantitativ damals nicht verschieden von jenen der Jetztzeit waren.

Wer seine Studien draußen in der Natur selbst durchführt, wird dabei unabweisbar dazu kommen, seine Objekte von anderen Gesichtspunkten aus zu betrachten als der Laboratoriumsforscher. Er wird sich nicht mit der scharfen Scheidung der Begriffe Geno- und Phänotypus und mit der Behauptung einverstanden erklären können, daß Einwirkungen auf das Soma nicht auf das Keimplasma übertragen werden können. Er steht der Vernachlässigung des Phänotypus durch die Genetiker fremd gegenüber. Er kommt viel leichter zu der Anschauung, daß die Mutationen gerichtet auftreten und absolut nicht diskontinuierlich, und es fällt ihm schwer zu verstehen, daß die Gesetzmäßigkeit und Harmonie der Natur allein auf die selektive Auswahl diskontinuierlich auftretenden Mutationen zurückzuführen sei. Hierzu kommt, daß die Mutationen beinahe immer Minusmutationen sind; sie also sollten sich, selektiv unter Wanderungen oder unter Einfluß lokalisierter Milieuveränderungen im Verlaufe von unmeßbaren Zeiträumen Bürgerrechte in den Formenketten erwerben können. Man wird viel eher in dem Glauben bestärkt werden, daß die Summierung gleichgerichteter Milieueinwirkungen über für das menschliche Denken unfaßbar große Zeiträume hindurch akkumulativ auf die Organismen ihren Einfluß ausübt, eine Akkumulation, die früher oder später eine Umwandlung des Keimplasmas mit sich bringt. Für ihn ist der Organismus zu jedwedem Zeitpunkt seines Lebens ein historisches Produkt. Die gleiche Variation, die heute einer Einwirkung von innen her zuzuschreiben ist, war zu einem früheren Zeitpunkt ein Produkt äußerer Einwirkungen oder, wie GOODRICH (1924) es sagt: „Die Gesamtsumme der Eigenschaften eines Organismus ist nichts anderes als die Gesamtheit der summierten Antworten auf frühere Einwirkungen." Früher oder später kommt es zu einer Umbildung des Keimplasmas. Schlummernde Kräfte werden von den Milieueinflüssen erweckt. Die Arten treten in eine Mutationsperiode ein und es entstehen neue Arten. Die diskontinuierlichen Mutationen sind nur scheinbare Produkte der Unvollkommenheit menschlichen Wissens. Die Diskontinuität in den Entwicklungsreihen ist nicht ein Beweis für das Fehlen einer Kontinuität in der Entwicklungsgeschichte der Gruppen, sondern nur der Mangelhaftigkeit des paläontologischen Wissens zuzuschreiben.

Aber auch auf einem anderen Gebiet gelangt derjenige, welcher seine Studien draußen in der Natur durchführt, zu einer anderen Einstellung als der Laboratoriumsforscher. Für ihn wird der lebende Organismus niemals zu einer bloßen und alleinigen Maschine. Jedem einzelnen Geschöpf, von den niedrigsten Amöben bis zu den höchst entwickelten Primaten, wohnt eine immanente, psychische Kraft inne, unmeßbar, unverständlich, aber meiner Meinung nach auch wissenschaftlich unbestreitbar, gerade diejenige Kraft, welche die organische von der anorganischen Welt trennt. Es ist die gleiche, allem organischen Leben gemeinsame Kraft, die das Verhalten der Organismen gegenüber der Umwelt lenkt, sich in ihren Lust- und Unlustgefühlen manifestiert, dadurch den Gebrauch oder Nichtgebrauch bestimmter Organe herbeiführt und auf diesem Weg der Primus motor für die morphologische Variation wird. Der wissenschaftliche Beweis für diese Kraft ist, daß die Organismen Entwicklungsmöglichkeiten besitzen; eine Maschine hat keine solchen, nur die, welche die Menschen in sie hineinlegen. Man darf doch ja nicht vergessen, daß man eine ARCHIMEDEssche Schraube in ein Wassergefäß stellen kann, und daß es von uns abhängt, ob das Gefäß geleert wird oder nicht, und daß wir ein Pferd zu dem gleichen Gefäß führen können, aber zwingen, daß es trinkt, können wir es nicht.

Der Einfluß der Eiszeit auf die nordische Fauna lehrt uns, daß, wenn sie auch nicht mehr als Varietäten und Kleinarten zu schaffen vermocht hat, es doch feststeht, daß sie ihren ummodellierenden Einfluß in bezug auf Gewohnheiten und Gestalt auf viele der Arten ausgeübt hat. Ein Blick auf die Erdgeschichte und ihre wechselnden Faunen, das Zeugnis der Paläontologie zeigt uns, daß die großen Erdumwälzungen ganze Faunen in Mutationsperioden geführt haben, deren Ergebnis einerseits ein Aussterben der alten, anderseits ein Emporkommen von neuen war. Alle diese neuen Formen, die zufolge der ihnen innewohnenden Stärke selektiv als Vernichter des Alten wirken, die Missing Links und geschwächte Typen an den äußersten Grenzen der Variationsbreiten der alten Arten ausrotten, nehmen durch Wanderungen neue Erde in Besitz, ordnen sich selektiv in neuen Formenreihen, passen sich an die neuen Verhältnisse an und bilden sich unter dieser Anpassung um, bis auch ihre Sterbestunde schlägt und sie dem Neuen Platz machen müssen. Nur scheint es, als ob die Bedingung dafür, daß Mutanten sich behaupten und neuen Arten den Ursprung geben können, Wanderungen, neues Land und Isolierung sind. Können Arten aussterben, so müssen solche auch entstehen können; das erstere zu sehen, hat die Menschheit Gelegenheit genug. In der letzten Erdepoche hat niemand und in immer steigendem Ausmaß niemand mehr als der Mensch selbst als Ausrotter gewirkt. Zeuge zu sein bei der Geburtsstunde von Arten wird immer zu den großen Seltenheiten gehören, unter anderem, weil, wie schon HUGO DE VRIES zeigen konnte, die Mutationsperioden einer Art im Vergleich zu jenen, in welchen sie sich in Ruhe befindet, unendlich kurz sind. Das letztere muß aber so verstanden werden, daß ein Menschenleben im Vergleich damit möglicherweise nur den Bruchteil einer Sekunde der Ewigkeit darstellt.

Für denjenigen, welcher sein Leben dem Studium der Organismen draußen in der freien Natur gewidmet hat, ist die Frage nach der Entstehung der Arten in erster Linie auf der Untersuchung der Lebewesen in der Natur selbst begründet, kombiniert mit den Resultaten der wundervoll stringenten Arbeitsmethoden der Genetiker, anatomisch-morphologischen Untersuchungen und mit der gebührlichen Rücksichtnahme auf paläontologische und psycho-physiologische

Daten. Für ihn sind Experimente allein, Messungen und Zahlen allein auf diesen Gebieten stets nur von untergeordnetem Wert. Jenen, die hier als Motto für ihre Untersuchungen das Wort GALILEIS voransetzen: „Miß alles, was du messen kannst, und mache meßbar, was nicht meßbar ist“, fühlt man sich veranlaßt, zu sagen, daß nur dasjenige Lebenswerk einen Wert hat, in welchem ein Schimmer vom Unmeßbaren enthalten ist.

Landformen. Was die sog. sekundären Süßwasserorganismen anbelangt, jene, welche vom Festland in das Süßwasser eingewandert sind, so handelt es sich um recht wenige Tiergruppen, um die Hydrachniden, *Argyroneta*, Wasserinsekten und möglicherweise um die Lungenschnecken. Für sie alle gilt die Regel, daß sie, abgesehen von zwei Formen, der *Corethra*-Larve und *Atax crassipes*, überwiegend der Litoralregion angehören; nur die Chironomiden sind in die tieferen Seegründe vorgedrungen. Planctonorganismen sind nur die zwei oben erwähnten Formen geworden. Das große Problem, das in diesem Fall diesen Landtieren gestellt ist, welche das Element vertauschen, ist die Notwendigkeit einer mehr oder weniger vollständigen Umstellung ihrer Atmung. Ein Großteil emanzipiert sich niemals von der atmosphärischen Luft, die sie während ihrer Reisen im Wasser mit sich führen und die sie sich von der Wasseroberfläche holen (*Argyroneta*, viele Wasserinsekten, die Lungenschnecken zum Teil); bei manchen spielt die Hautatmung, zuweilen mit Hilfe besonders ausgebildeter Hautpartien (Tracheenkiemen, Blutkiemen), eine große Rolle; bei den Lungenschnecken begegnet man beiden Respirationsarten. Die Atmung der Hydrachniden ist noch sehr wenig klargestellt (s. dort). In vielen und wohl den meisten Fällen kommt der Luft auch hydrostatische Bedeutung zu. Abgesehen von den Modifikationen, besonders in bezug auf die Haarbekleidung und die Atmungsorgane, welche das Leben im Süßwasser den vom Land eingewanderten Formen aufzwingt, ist es eigentlich seltsam zu sehen, wie wenig das neue Milieu die Organismen umprägt. Einige Formen sind in ihrem Bau in hohem Grad ihren nächsten Verwandten unter den Landformen ähnlich (*Limnochares* und *Trombidiidae* u. a.). Je mehr die Typen zu schwimmender Lebensweise übergehen, um so mehr werden besonders die Beine umgebildet, zu um so stärkerer Ausbildung von Schwimmhaaren kommt es (Hydrachniden), aber eingehendere Ausführungen darüber sind wohl überflüssig.

Die Süßwässer der Erde lassen sich in bezug auf ihre Fauna wohl in folgender Weise einteilen:

Stehende Gewässer:

Seen,	Salzseen,
Perennierende Kleinteiche,	Höhlenseen und Höhlenflüsse,
Sümpfe,	Grundwasser,
Pfützen,	Bromeliaceen-Wasseransammlungen
Temporäre Kleinwässer,	usw.,
	Alkaliseen.

Fließende Wässer:

Flüsse,	Thermalwässer,
Bäche,	Überrieselte Felswände.
Quellen,	

Jeder dieser Typen hat seine eigene Fauna; wir werden im folgenden ganz besonders auf die Seen eingehen.

Die Seen.

Man hat oft, auch schon in älterer Zeit, versucht, die Seen in verschiedene Typen zu unterscheiden. Man ist heutigentags bei der besonders von Thienemann und später von Naumann vorgeschlagenen Einteilung verblieben. Nach ihr werden die Seen nach ihrem Nahrungsgehalt in drei Typen geteilt: in die eutrophen, oligotrophen und dystrophen Seen.

Einteilung: Schon zu einem sehr frühen Zeitpunkt teilte Apstein (1896) die Seen in *Chroococcaceen*-Seen und *Dinobryon*-Seen ein. Von diesen decken sich die *Chroococcaceen*-Seen einigermaßen mit dem Begriff eutrophe Seen; was den Begriff *Dinobryon*-Seen anbelangt, so kann er wohl für Seen aller drei Typen angewendet werden, zumeist jedoch für die beiden letztgenannten. Später hat Thienemann (1922) nach dem Vorkommen bestimmter Chironomiden die Seen in *Chironomus*-Seen und *Tanytarsus*-Seen eingeteilt. Von diesen entsprechen die *Chironomus*-Seen den eutrophen Seen, die *Tanytarsus*-Seen den oligotrophen; die dystrophen fallen außerhalb der von Thienemann aufgestellten Typen. Die *eutrophen* Seen sind überwiegend Tieflandseen. Die Meereshöhe ist gewöhnlich gering. Die umgebende Landschaft ist niemals mit ewigem Schnee bedeckt, selten gibt es nackten Fels oder Heideland, häufiger Waldland, am häufigsten bebautes Land. Der Boden ist gewöhnlich Humus, Lehm, oft sehr kalkreich. Es sind zumeist mittelgroße oder kleine Seen. Das Seebecken hat oft sehr gleichmäßig sich abdachende Seiten, selten steil abfallende Ufer. Die Brandungsufer haben breite Stein- oder Sandgürtel, die Leeseite zeigt Torfbildung. Änderungen im Wasserstand sind nicht groß, aber infolge der breiten Litoralzone sehr auffallend. Die jährliche Temperaturkurve ist sehr groß, oft von 0 bis 24° C. Die Tiefe ist selten über 70 m, zumeist nicht über 30 bis 40 m; zahlreiche Seen sind viel seichter. Die Bodentemperatur ist im Sommer über 4° C. Die Wassermasse des Hypolimnium im Vergleich zu der des Epilimnium ist klein. Bei echt eutrophen Seen sinkt der Sauerstoffgehalt oft von 4 ccm bis auf 0 ccm.

In allen Seen mit Tiefen über 20 bis 30 m findet man eine ausgesprochene Sprungschicht (Thermokline; Metalimnium), die spät im Sommer bis in 20 bis 25 m Tiefe sinkt. Über der Sprungschicht ist die Temperatur gewöhnlich 15 bis 20° C, im Hypolimnium aber nur 5 bis 11° C. Die Sprungschicht wird im Frühjahr gebildet. Ist das Wetter stürmisch, so kann dem kalten Bodenwasser etwas warmes Oberflächenwasser zugeführt werden, wodurch dasselbe bis auf 8 bis 10° C erwärmt wird. Ist aber das Wetter im Frühjahr ruhig, so schließt die Sprungschicht das kalte Bodenwasser ab, das daher im Laufe des Sommers nur wenige Grade erwärmt wird.

Die eutrophen Seen sind ferner charakterisiert durch ihre außerordentlich reiche Planctonproduktion; die blaugrünen Algen, Schizophyceen, spielen die Hauptrolle. Im Frühjahr und Herbst können sehr große Maxima an Diatomeen, zur Sommerzeit auch an *Ceratium hirundinella* auftreten. Die Hauptmasse des Planctons befindet sich im Epilimnion; Tag- und Nachtwanderungen treten nicht stark hervor. Das absinkende Plancton beginnt schon beim Absinken sich zu zersetzen, was einen Sauerstoffschwund im Hypolimnium mit sich bringt. Der Boden wird von einem an organischen Bestandteilen reichen Schlamm gebildet, der allgemein als Gytje bezeichnet wird. Durch die Zersetzungsprozesse kommt es auf dem Seeboden zumeist zu einem sehr beträchtlichen Sauerstoffschwund, manchmal in solchem Grad, daß der Sauerstoff ganz verschwindet. Das Wasser ist zumeist kalkhaltig. Der den Seeboden bevölkernde Chironomiden-Typus gehört zur Gattung *Chironomus*. Draußen auf dem schlammigen, vegetationslosen Seegrund leben nur solche Typen, welche an einen sehr niederen Sauerstoff-

gehalt angepaßt sind. Namentlich die Anzahl der Arten ist gering. Zu diesem
Seetypus gehört eine sehr große Zahl aller um die Ostsee befindlichen Seen.
Dieser Typus ist deshalb auch als baltischer bezeichnet worden, aber man findet
ihn überall verbreitet, hauptsächlich jedoch in der gemäßigten Zone. Der Untergrund ist gewöhnlich kalkhaltig; die Eutrophie tritt besonders stark in Land-
schaften hervor, die intensiv bebaut sind und wo der Boden einer starken Düngung
unterliegt. Die Durchsichtigkeit ist nur gering und wird zum größten Teil durch
die Planctonmenge bestimmt; sie ist am größten im Winter, erreicht aber selbst da
selten über 7 bis 8 m, im Sommer selten über 3 bis 4 m. Die Farbe ist niemals
blau, selten blaugrün, manchmal grün, aber fast immer braun infolge der großen
Menge an Humusstoffen, die dem Wasser beigemengt sind. Übrigens ist es das
Plancton, richtiger ausgedrückt die Chromatophorenfarbe des dominierenden
Planctonts („Vegetationsfärbung"), die in hohem Maß beiträgt, die Farbe des
Seewassers zu bestimmen; sie kann deshalb zu den verschiedenen Jahreszeiten
stark variieren, ist oft blaugrün im Sommer (blaugrüne Algen), grünlich im
Frühjahr und Herbst während der großen Diatomeenmaxima, bräunlich im
Winter, wenn die Planctonmengen abnehmen und die Humusstoffe sich geltend
machen. Als Beispiel eines eutrophen Sees sollen jetzt verschiedene Verhältnisse
des Furesees etwas eingehender besprochen werden. Noch als ich meine Planctonstudien 1904 und 1905 niederschrieb, konnte er kaum als ausgesprochen eutroph
bezeichnet werden. Damals gab es noch keine größeren Maxima von Cyanophyceen, es war ein sehr starker Belag von Kalkkrusten an den Steinen und eine
reiche Vegetation von kalkproduzierenden *Potamogeton*-Arten in Inseln und
Gürteln außerhalb der *Scirpus-Phragmites*-Zone vorhanden. All das hat sich nun
geändert; die enorme Verbauung durch Villen und Septic Tancs mit ihrem Abfluß in
den See haben ihn in ein ausgesprochen eutrophes Stadium übergeführt mit reichlichem Auftreten von Wasserblüte im Sommer, keinen Kalkbelägen an den
Steinen, mit sehr starker Einschränkung der *Potamogeton*-Gürtel und Reduktion
der großen, unterseeischen Wiesen in der großen Bucht, die gewöhnlich als
Store Kalv bezeichnet wird.

Es ist das Schicksal, dem alle unsere seichten Seen entgegengehen. Der
Furesee, der tiefste unseres Landes, mit 38 m, entging ihm nicht. Man darf für
wahrscheinlich annehmen, daß alle unsere Seen ursprünglich, d. h. während der
Abschmelzungsperiode des Eises oligotroph gewesen sind und daß sie durch die
folgenden Jahrtausende, während das Land bewaldet oder in Ackerland verwandelt wurde, langsam in das eutrophe Stadium übergingen.

Während in einem See, wie dem Furesee, die Jahresamplitude im Oberflächenwasser von 0 bis 22° C erreichen kann, ist sie im tiefen Wasser am Grund
nur 2 bis 13,5° C. Es ist sehr charakteristisch, zu sehen, daß beim Furesee die
höchste Bodentemperatur 13,4° C erst am 26. September verzeichnet wird, zu
einer Zeit, wo die Abkühlung an der Oberfläche schon begonnen hat (9. August).
Das besagt mit anderen Worten, daß der „Sommer" auf dem Grund der eutrophen Seen erst zirka zwei Monate später eintritt als an der Oberfläche. Gerade
dieses Verhalten ist von ziemlicher Bedeutung beim Studium des Zeitpunkts
der Reifung der Geschlechtsprodukte bei den Bodenformen.

Es dürfte wohl bei tiefen eutrophen Seen, solange sie nicht eisbedeckt sind,
nicht allgemein vorkommen, daß eine Winterstagnationsperiode eintritt. Im
Furesee wurde am 10. Dezember 1906 eine Temperatur von 5,2° C im ganzen
See gemessen. Kurze Zeit später muß sich die kritische Temperatur von 4° C
eingestellt haben. Es war nun die Winterstagnation zu erwarten, aber am
14. Januar 1907 wurden im ganzen Wasser zirka 2° C und am 26. März 2,1° C
gemessen. 1909 betrug die Temperatur im Januar und Februar im ganzen

Wasser zirka 1° C. Als einziger Faktor, der diese Erscheinung hervorrufen kann, kommt der Wind in Betracht; die Winterstagnation bewirkt in solchen Seen Eisbildung. Untersuchungen haben weiter gezeigt, daß eutrophe Seen, während sie eisbedeckt sind, sich langsam erwärmen. Der Furesee war im Winter 1908/09 durch 77 Tage mit Eis bedeckt; das Bodenwasser wurde während der Eisperiode von 0,9 auf 2,8° C erwärmt, und das war der Zeitpunkt, wo die Bodentemperatur höher war als die der oberen Wasserschichten. Man muß das so verstehen, daß der Seeboden, wenn das Bodenwasser nach der Zirkulation infolge des Windes abgekühlt wird, eine etwas höhere Temperatur behält, welche dann an die darüberliegende Schicht abgegeben wird.

Die Temperaturverhältnisse der eutrophen Seen zeigen noch ein anderes eigenartiges Verhalten: die merkwürdige Schnelligkeit, mit welcher die Erwärmung unmittelbar nach der Eisschmelze erfolgt. Die Ursache davon muß in der breiten Litoralzone gesucht werden, welche als wärmesammelnder Faktor wirkt und im allgemeinen von großer Bedeutung für die Thermik der eutrophen Seen ist. Am 3. März 1907 war der Furesee noch überall mit zirka 12 cm dicken Eis bedeckt; es bricht erst am 9. März auf. Zwischen Ufer und Eisrand befand sich am 3. März 2 bis 3 m offenes Wasser. $^3/_4$ m vom Eisrand entfernt war die Temperatur bei Sonnenschein von 12 bis 4 Uhr $+7°$ C. Die Lufttemperatur betrug im Schatten nur 0,5° C. Um 5 Uhr war die Temperatur $^3/_4$ m vom Eisrand nur noch 1,5° C, die Lufttemperatur 0,5° C. Eine Reihe von Untersuchungen wurde durch viele Jahre in vielen Seen und Kleinseen angestellt. Aus ihnen geht hervor, daß die monatlichen Temperaturmittel der südexponierten Teile der Litoralregion höher sind als die der umgebenden Luft. Die Beobachtungen sind besonders für Kleinseen von Bedeutung, aber doch auch für größere. Durch Wind und Strömung werden von der Litoralregion dem Gesamtwasser Wärmeeinheiten zugeführt, die von der Zahl der Sonnenscheintage abhängig sind. Je breiter die Erwärmungszone ist, desto größeren Einfluß hat sie auf die Thermik der gesamten Wassermasse. Wir werden bei Besprechung der Kleinseen auf die Bedeutung dieser Temperaturen für Flora und Fauna sowohl in vergangener als auch in der Jetztzeit eingehend zu sprechen kommen.

Noch mag einiges in bezug auf die Art des Zufrierens der Seen hinzugefügt werden. Es werden dabei besonders die baltischen Seen und vor allem die dänischen berücksichtigt, deren Verhältnisse des Zufrierens ich in einer Reihe von Jahren und besonders in den Jahren 1900 bis 1910 studiert habe.

Seen, die so seicht sind wie die baltischen, passen sich ja recht genau den Änderungen der Lufttemperatur an; sie haben keinen großen Grundstock von Eigenwärme; sehr rasch nach dem Einsetzen des Frostes frieren sie zu. In Ländern mit insulärem Klima, wo es bald strenge, bald sehr milde Winter gibt, sind die Seen manchmal bis zu 120 Tagen zugefroren, in anderen sind sie das ganze Jahr offen. In Jahren mit zwei oder mehreren Frostperioden kann die Zahl der Tage der Eisbedeckung in den verschiedenen Seen sehr verschieden sein. 1901 und 1902 waren z. B. von unseren größten Seen vier durch 63 bis 69 Tage zugefroren, vier andere nur 35 bis 40 Tage. In erster Linie sind es die Tiefenverhältnisse und die Form der Seen, nicht die meteorologisch-geographischen Faktoren (Meereshöhe), in denen die Ursachen dieser Verschiedenheiten zu suchen sind (W.-L. 1908).

Was das chemische Verhalten der eutrophen Seen betrifft, so soll hier, von den Untersuchungen im Furesee ausgehend, hauptsächlich der Kalkgehalt besprochen werden. Dieser variiert in den verschiedenen Seen außerordentlich; kalkhaltige und kalkarme Seen können dicht beieinander liegen; der größere oder geringere Kalkgehalt des Niederschlagsgebiets bestimmt denjenigen des Wassers.

Es dürfte anzunehmen sein, daß das Wasser in einem See gewöhnlich einer Entkalkung unterliegt. In bezug auf die dänischen Seen mag erwähnt werden, daß im Hauptzufluß des Furesees 89,6 mg CaO, im Abfluß nur 51,6 mg pro Liter enthalten sind; im Einfluß des Gudenbaches in die Silkeborgseen 61,5 mg, im Ausfluß 53,3 mg pro Liter; beim Einfluß des Susaas in den Tjustrupsee 1031 mg, im Abfluß 927 mg in 10 Liter Wasser. Folgende Mitteilungen sind Untersuchungen der dänischen Seen (BRÖNSTED und W.-L. 1912) entnommen. Das Seewasser ist gewöhnlich neutral oder schwach alkalisch. Der Kalkgehalt im Seewasser ist großen jährlichen Schwankungen unterworfen, im Furesee von 65 bis 54,5 mg pro Liter im Laufe des Jahrs. In den Zirkulationsperioden ist die Menge des Kalks gleichmäßig über den ganzen See verteilt. In den Stagnationsperioden steigt die Menge sehr beträchtlich gegen den Boden an und nimmt gegen die Oberfläche ab. Der Kalkgehalt steigt im ganzen See gleichmäßig während der ganzen Zirkulationsperiode Oktober—April. Im allgemeinen ist das Wasser übersättigt mit Kalk; folglich muß es zu Kalkablagerungen am Boden kommen; in Übereinstimmung damit steht auch der hohe Prozentsatz von Kalk im Seeboden (35,5 in einer Tiefe von 32 m, in der Potamogeton-Region 72,41). Die Entkalkungsprozesse müssen in Seen, die eine ausgesprochen eutrophe Beschaffenheit besitzen, vermutlich in erster Linie dem reichen organischen Leben zugeschrieben werden.

Die Seen verfügen nämlich über eine Reihe von Faktoren, die auf das Wasser hochgradig entkalkend wirken. 1901 bin ich näher auf diese Faktoren zu sprechen gekommen und habe angeführt: 1. die starken Kalkbeläge an den Wasserpflanzen unserer Seen, vor allem der Potamogetonen; es wurde in bezug auf den Furesee gezeigt, daß der Kalkgehalt in diesem Gürtel doppelt so hoch ist wie in einer Tiefe von 32 m; ferner 2. die von den Characeen gebildeten Kalkablagerungen und ihre Bedeutung für die Bildung der Seemergel, 3. die Kalkbeläge an den Steinen, die von den Cyanophyceen gebildet werden, 4. die Mollusken, 5. das Phytoplancton.

Während die Ausscheidung an den Pflanzen rein chemischer Natur ist, weil sie infolge des durch die Verminderung der Kohlensäuremenge hervorgerufenen, verminderten Lösungsvermögens erfolgt, ist das Vermögen der Mollusken, Kalk zu binden, bekanntlich biologischer Art; das Ergebnis dieser Tätigkeit ist der Schalengürtel.

6. Als ein sechster Faktor muß der Einfluß des ausgeschiedenen Calciumcarbonats erwähnt werden. 1901 wurde festgestellt, daß der von den Wasserpflanzen an den Blättern, besonders der Potamogetonen ausgeschiedene Kalk ungefähr das zehnfache des Eigengewichts des Blattes im getrockneten Zustand beträgt. Die Bildung so großer Kalkmengen kann wohl kaum allein der Kohlensäureassimilation zugeschrieben werden, sondern erklärt sich leicht in Hinsicht auf die bekannte Wirkung kristallinischer Stoffe. In Berührung mit übersättigten Lösungen wird das kristallinische Calciumcarbonat an Gewicht zunehmen, weil die Kristalle in ihrer unmittelbaren Nähe die Übersättigung des Wassers durch Ausfällung aufheben.

In den Zirkulationsperioden ist die Ausscheidung vorwiegend chemischer Natur, in den Stagnationsperioden wird die chemische Ausfällung in den obern Schichten durch Lösung des Kalks in den tieferen kompensiert; in dieser Periode verursachen hauptsächlich die Organismen die Entkalkung.

Vergleicht man die Kalkmenge des Seebodens mit dem Kalkgehalt des Wassers, so findet man wenigstens in den dänischen, eutrophen Seen (1901 bis 1912) keine Spur einer Übereinstimmung. Im Esromsee und im Furesee ist der Kalkgehalt des Wassers ungefähr gleich groß (54,5 und 56,2 mg pro Liter) aber die Kalkmenge im

Seeboden ist im Furesee mehr als doppelt so groß (35,3%) als im Esromsee (14%). Der Kalkgehalt des Wassers in den hochgradig eutrophen Silkeborgseen ist höher als im Furesee und Esromsee, aber der Boden ist fast kalkfrei (1%). Die Erklärung dieser eigenartigen Erscheinung muß man vor allem im geologischen Aufbau des Niederschlagsgebietes suchen (ausgewaschener Heidesand, Eiszeitlehm). Weiter ist die Kohlensäurespannung in den verschiedenen Seen nicht gleich; hierbei spielt die Größe der Zuflüsse und die Zeit, die das Wasser im See verbleibt, sicherlich eine große Rolle. Dann sind die Organismen in den verschiedenen Seen als dekalzinierende Faktoren von sehr verschiedener Bedeutung. Es ist mit Sicherheit festgestellt, daß die reichen Kalkbeläge, die für die Pflanzen in unsern Seen so charakteristisch sind, in den alpinen, oligotrophen Seen unbekannt sind, weiter, daß die Inkrustationen an den Steinen nur in Seen mit hohem Prozentsatz an Kalk im Boden vorkommen (Furesee, mittelseeländische Seen), aber in Seen mit niedrigen Prozenten an Kalk ganz fehlen (Esromsee, Haldsee). Daß diese Kalkinkrustationen an den Steinen im Furesee und Tjustrupsee, die bis zirka 1920 so charakteristisch waren, jetzt mehr und mehr verschwinden, kann nur der ständig zunehmenden Eutrophie zugeschrieben werden. Die Kalkproduktion, soweit sie auf die höheren Pflanzen und die Mollusken zurückgeht, erfolgt hauptsächlich innerhalb des 10 m-Gürtels und zumeist im Sommer. Der Kalk wird primär hauptsächlich in der Litoralzone und vor allem im Spätherbst und Winter abgelagert. Späterhin führen die Stürme und das Eis die mehr oder minder pulverisierten Kalkmassen in das tiefere Wasser hinaus, worauf sie sekundär auf dem ganzen Boden sedimentiert werden. Das Ergebnis ist eine Sonderung auf dem Boden von kalkarmen (braune Winterschichten) und kalkreichen Schichten (graue Sommerschichten), die, wenn die Organismen diese nicht sekundär vernichten, sich in den Seebodenablagerungen erhalten.

RAYMOND (1938) zeigt ferner, daß große Ablagerungen von Calciumcarbonaten einen Bodentypus bilden, der schädlich für die Vegetation ist. Die sog. Marllakes, die besonders charakteristisch für Nordamerika sind und hier eingehend studiert wurden, sind an höheren Wasserpflanzen arm; die Planctonqualitäten sind gering. Große Mengen an Calcium beeinflussen die Produktion der Seen, teils weil Calciumcarbonat Verbindungen mit freiem Carbondioxyd eingeht und Calciumbicarbonat bildet und dadurch das Wasser freie Kohlensäure verliert, teils weil freies Kohlendioxyd, dessen Menge von der Menge an Monocarbonaten abhängig ist, die Größe des p_H bestimmt, wodurch wieder die Menge des Planctons beeinflußt wird.

Ebenso wie eine *Entkalkung* des Wassers während seines Aufenthalts in den Seen stattfindet, ebenso erfolgt auch in unsern eutrophen Seen eine *Entkieselung*; 1908 habe ich nachgewiesen, daß nach den ungeheuren Diatomeenmaxima in unsern Seen im Frühjahr Diatomeenschalen als „totes Plancton" noch im Juni in 20 bis 30 m Tiefe zu finden waren; es scheint, als ob sie im Furesee zirka zwei bis vier Wochen brauchen, um den tiefsten Punkt (38 m) zu erreichen. Es zeigte sich ferner, daß diese schwebenden Schalen oft korrodierte Ränder aufwiesen. Man muß sich denken, daß diese, wenn sie in das CO_2-haltige Wasser hinuntergelangen, hier wieder teilweise gelöst werden. Von diesem Gedanken ausgehend, untersuchte BRÖNSTED (1912) die Kieselsäuremengen an der Oberfläche und am Boden einer Reihe von Seen und es erwies sich da, daß er beim Furesee gerade in der Schicht, wo ich das reiche Material an leeren Diatomeenschalen mit korrodierten Rändern fand, feststellen konnte, daß der Gehalt an gelöster Kieselsäure zweieinhalbmal so groß war als in den Schichten oberhalb. Untersuchungen in einer Anzahl von Seen (1909 bis 1910) zeigten weiter, daß in der Stagnationsperiode SiO_2 mit der Tiefe zunimmt. Man kann also feststellen, daß in unseren eutrophen Seen sowohl ein Entkalkungs- als auch ein Entkieselungsprozeß erfolgt.

Was die Sauerstoff- und Kohlensäureverhältnisse im Furesee betrifft, soll nur folgendes berichtet werden. August bis Oktober sinkt im Furesee in der Bodenschicht, die nicht an der Zirkulation teilnimmt, die Sauerstoffmenge auf ein Fünftel oder ein Sechstel unter den Normalwert des Sauerstoffs an der Oberfläche, während in der Zirkulationsperiode von November bis gegen Mai die Sauerstoffmenge im Wasser sozusagen die gleiche in allen Wasserschichten ist. In der Stagnationsperiode findet gleichzeitig mit dem Sauerstoffschwund im Hypolimnium ein außerordentlich starkes Steigen der Kohlensäuremenge statt; diese Zunahme zeigt deutlich, daß die Ursache des Sauerstoffschwundes die Oxydation der suspendierten oder gelösten organischen Stoffe ist. Die Vermehrung der Kohlensäuremenge und die Verminderung der Sauerstoffmenge verläuft ganz parallel; dagegen geht diese Änderung nicht insofern proportional vor sich, als die Kohlensäure ziemlich rasch ihren maximalen Wert erreicht, während die Sauerstoffmenge ständig abnimmt. Der Grund dazu liegt in dem chemischen Einfluß des gelösten, kohlensauren Kalks.

In dem eutrophen See ist das Hypolimnium nur schwach entwickelt. Hieraus folgt, daß die O_2-Menge in den Wasserschichten unter 10 m während des Sommers geringer als in der Schicht von 0 bis 10 m ist, d. h., daß das Verhältnis zwischen den beiden Mengen kleiner als eins ist (THIENEMANN 1928). Was den Furesee anbelangt, hat man hier die Grenze bei 0,39 bis 0,51, für den Esromsee bei 0,25 bis 0,29 gefunden; in dieser Beziehung zeigen die beiden Seen also einen deutlich eutrophischen Charakter (BERG 1938).

Oligotrophe Seen. Wie oben erwähnt, gehören die meisten Alpenseen zu diesem Typus. Es sind vorwiegend große Seen mit steilen Ufern, die keine Entfaltung eines breiten Pflanzengürtels von *Scirpus-Phragmites* zulassen. Das Wasser ist oft durch große Klarheit ausgezeichnet, die im Sommer am größten ist. Die Wasserfarbe ist blaugrün oder blau. Die Planctonmenge ist gewöhnlich gering. Zur Ausbildung einer Wasserblüte kommt es äußerst selten und tritt eine solche auf, so wird sie oft von *Oscillatoria rubescens* gebildet. Es herrscht ein fühlbarer Mangel an gelösten Nährstoffen. Infolge der großen Durchsichtigkeit des Wassers reichen die Pflanzengürtel in weit größere Tiefen hinab als in den eutrophen Seen, oft bis 30 m; häufig findet sich eine ausgesprochene *Nitella*-Zone in 13 bis 30 m. Auch das Plancton reicht in größere Tiefen hinab und die täglichen Vertikalwanderungen sind beträchtlich. Das Hypolimnium ist weit umfangreicher als in den eutrophen Seen. Die chemische Zusammensetzung ist hochgradig abhängig von der petrographischen Beschaffenheit des Niederschlagsgebiets. Das organische Leben greift nicht in dem Ausmaß in seine physikalisch-chemischen Verhältnisse ein; die Bodensedimente sind vorwiegend mineralisch, oft recht grobkörnig und die Menge organischen Materials ist gering. Fäulnisprozesse machen sich nicht so stark bemerkbar. Die toten Planctonreste und das Material faulender Pflanzen hinterlassen eine dünne Schicht, die in gewissen Seen den übrigens oft bestrittenen „Feutre organique" FORELS bilden und zum Teil aus Algen bestehen. Der Sauerstoffschwund ist gering, was wieder zur Folge hat, daß das Tierleben auf dem Boden dieser Seen reicher als in den eutrophen sein kann. Eine mitwirkende Ursache dabei dürfte die sein, daß das absinkende Nahrungsmaterial, obgleich viel geringer als in den eutrophen Seen, dafür nicht so zersetzt ist. Besonders die Artenzahl ist auf den tiefen Seegründen größer als in den eutrophen Seen; weiter zeigt die Fauna nicht so viele Baueigentümlichkeiten, die ein Leben in einem Milieu mit geringem Sauerstoffgehalt möglich machen sollen. Wie erwähnt, ist es innerhalb der Chironomiden die *Tanytarsus*-Gruppe, welche hier dominiert. Es ist schwer, über die Temperatur etwas genaueres zu sagen; sie hängt ja hochgradig von der Meereshöhe des Sees ab. Viele hierher gehörige Seetypen gehören zu den hochalpinen Seen, von denen einige nur ein paar Monate im Jahr offen sind, andere überhaupt niemals zufrieren (HOLMSEN 1902, ZSCHOKKE 1900). Man kann jedoch sagen, daß in der Regel die Temperaturamplitude in den oligotrophen Seen selten so groß ist wie in den eutrophen, von denen doch viele das Jahr hindurch von 0 bis 24° sich ändern. Was in hohem Maße beiträgt, die Temperatur der oligotrophen Seen zu stabilisieren, das sind ihre steilen Ränder und die fehlende Erwärmungszone, welche in dieser Hinsicht bei den eutrophen Seen eine so große Rolle spielen.

Die arktisch-alpinen Seen gehören zu dem gleichen Typus und besitzen viele gemeinsame Züge mit den hochalpinen. Es mag hinzugefügt werden, daß die oligotrophen Seen der Wohnort der Lachsfische, besonders der Coregonen sind, die eutrophen hauptsächlich der Karpfenfische.

Von diesem Typus besitzen wir in Dänemark sehr wenige; vielleicht müssen der Hampensee und ein paar Heideseen zu diesem Typus gerechnet werden.

Dystrophe Seen. Das Wasser in diesen Seen ist arm an allen anorganischen Salzen. Planctogener, nahrungsstoffreicher Detritus ist sehr schwach entwickelt. Dagegen sind sie in erster Linie durch ihren außerordentlichen Reichtum an Humusstoffen ausgezeichnet, welche bewirken, daß das Wasser gelb oder kaffeebraun ist; diese Humusstoffe sind es, die dem Zooplancton zur Nahrung dienen. Die Bodenablagerungen sind Humusstoffe in Flockenform; sie verbinden sich oft beim Absinken mit Eisen und verlieren damit ihren Nährwert. Man bezeichnet sie zumeist mit Dy. Die Zersetzung verursacht starken Sauerstoffschwund. Die Bodenfauna ist deshalb außerordentlich zurückgedrängt. *Sphagnum* und *Fontinalis* herrschen vor. Im Plancton dominieren Chrysomonaden, Peridineen und von den Chlorophyceen hauptsächlich Desmidiaceen; sonst ist das Phytoplancton im allgemeinen gering, das Zooplancton oft reich; Auftreten von Wasserblüte kommt sozusagen nicht vor. Die dystrophen Seen gehören u. a. dem großen Areale an, das als Fennoskandien bezeichnet wird. Es handelt sich ganz besonders um flache Seen, die von Wald und Torfbildungen umgeben sind, nahrungsarme, aber äußerst humusstoffreiche und äußerst kalkarme Wässer. In diesem Gebiet sind diese Seen zuerst studiert worden (NAUMANN). Die dystrophen Seen sind jedoch nicht immer Tieflandseen. Ein sehr großer Teil der tiefen, schottischen Seen gehört auch hierher. Es handelt sich um Seen mit Tiefen oft über zirka 200 m und sogar über 300 m. Es sind Seen mit außerordentlich steilen Ufern, deren 100 m-Linie nur wenige Meter vom Land entfernt liegt; Seen also, die keine Spur eines Strandufers, sondern ein äußerst steil abfallendes Felsenufer besitzen. Wir treffen in diesen Seen auf das gleiche, sehr dunkle, kognakfarbige oder dunkelbraune, an Humusstoffen überaus reiche Wasser. Die Ursache davon ist folgende: Die Nebel des Atlantik verdichten sich über diesem zirka 1200 bis 1500 m hohen Hochland, der Niederschlag muß, wenn er in die Seen in Form brausender Bergbäche gelangt, sich vorher durch die zirka $^{1}/_{2}$ bis 1 m dicke Torfschichte einen Weg schaffen, welche als Mantel die schottischen Granitfelsen bedeckt und den Niederschlag wie ein Schwamm aufsaugt; diese Torfschichten sind Überreste der gegenwärtig fast verschwundenen kaledonischen Urwälder. In dem sauren, äußerst kalkarmen Wasser, das eine auffallend große Durchsichtigkeit, 7 bis 8 m, eine geringe jährliche Temperaturamplitude von 5,7° bis 18° C und Temperaturschwankungen von nur 1° am Boden hat, lebt ein eigenartiges, vorwiegend tierisches Plancton und ein Phytoplancton, das hauptäschlich aus Chlorophyceen, besonders Desmidiaceen in zahlreichen und schönen Formen besteht. Es sind nicht weniger als zirka 50 Arten von der pelagischen Region der schottischen Seen beschrieben worden (WEST 1905). Die Nahrung des Zooplanctons besteht vorzugsweise aus Detritus und Humusstoffen. Noch in Tiefen von über 100 m ist der Boden grober Kies, der von den reißenden Bergbächen hereingeschwemmt wurde. Die großen Seetiefen sind mit einem merkwürdig festen, groben Detritus unzweifelhaft humöser Beschaffenheit bedeckt. Die Fauna ist überaus arm. Es sind nur einige Chironomidenlarven, Ostracoden, ein paar Planarien und auffälligerweise auch Pisidien nachgewiesen. Hier gibt es keine Vertreter von Eiszeitrelikten. Ein Vergleich mit dem außerordentlich reichen Tierleben in den tiefen, schottischen Fjorden läßt das Tierleben in diesen schmalen, schottischen Seen, von denen so viele die Form von Fjorden aufweisen und die dem Meer ganz benachbart liegen, äußerst armselig erscheinen (MURRAY 1910. W.-L. 1910).

Charakteristisch für viele dystrophe Seen, besonders die fennoskandischen, sind die mächtigen Ablagerungen von See-Erz, die so groß sind, daß sie sogar Gegenstand einer sehr bedeutenden Ausbeute sind. Sie fehlen auch in unseren dänischen Seen nicht ganz und sind u. a. im Furesee und Tjustrupsee nachgewiesen (W.-L. 1901, Abb. 844), aber sie sind hier hauptsächlich an Mollusken gebunden, vor allem an *Bithynia*, *Valvata* und *Anodonta*. See-Erzbildung wird durch Ausfällung von Eisen aus dem Grundwasser verursacht; es stammt also in erster Linie aus dem Niederschlagsgebiet des Sees und wird in gelöstem Zustand mit dem Grundwasser in die Seen transportiert, wo es früher oder später als See-Erz oder Mooreisen ausgefällt wird. Dies kann also auf rein chemischem Weg vor sich gehen, doch ohne Zweifel spielt das organische Leben, u. a. Rivulariaceen, eine bedeutende Rolle.

Zu den dystrophen Wässern müssen auch jene gerechnet werden, die aus den ungeheuren Waldgebieten der Tropen in den an Detritus und Humusstoffen sehr reichen Flußsystemen (Schwarzwasserflüsse, Rio Negro) wegbefördert werden. In Dänemark gibt es nur äußerst wenige dystrophe Seen; ein Teil der kleinen Heideseen, der St. Öxsee, aber vor allem wohl der Gribsee, lassen sich zu diesem Typus rechnen. In vieler Hinsicht ist der Gribsee mit seinen waldumkränzten Ufern, seiner im Verhältnis zu seiner Größe merkwürdigen Tiefe (13 m), seinem dunkelbraunen Wasser und seiner am Boden selbst im Sommer auffallend niedrigen Temperatur (7° C) ein Unikum unter den dänischen Seen. Die Ufer sind größtenteils mit *Sphagnum* bedeckt; davor bildet *Fontinalis* in den bei uns äußerst seltenen Arten *F. dalecarlia* und *F. gothica* einen breiten Gürtel, der bis zirka 3 bis 4 m hinausgeht; sie tragen überall große Mengen von Spongillen. Ein Gürtel mit Schwimmblättern von *Nuphar* und etwas *Potamogeton natans* ist nur schwach entwickelt, ebenso wie ein *Phragmites-Heleocharis*-Gürtel. Der Boden ist mit grobkörnigen Dy-Ablagerungen bedeckt und von Tierleben fast entblößt. Nur *Corethra* ist allgemein. Im See findet man keinen einzigen Mollusken. Das Phytoplancton wird überwiegend von einer Peridinee, *P. Willei* HUITF.-KAAS gebildet, zu Zeiten von Mallomonaden, das Zooplancton von *Bosmina longirostris* (O. F. M.) und *Diaptomus coeruleus* FISCHER; beide sind auffallend dunkel. Dem Planctonnetz entnommen, hat das Plancton eine Farbe, die ich fast niemals anderswo gesehen habe; es ist fast schwarz. Die zwei *Piona*-Arten *P. carnea* KOCH und *P. conglobata* KOCH führen, soweit man bisher weiß, draußen in der pelagischen Region über 6 bis 8 m Tiefe ein vollkommen pelagisches Leben und finden sich hier in großer Menge. In früheren Zeiten (P. E. MÜLLER 1868) ist *Holopedium gibberum* ZADDACH allgemein gewesen. Es ist jetzt verschwunden. In ungeheuren Mengen kommen im Frühjahr die *Leptophlebia*-Larven vor; dagegen nicht *Chloeon*.

Es versteht sich von selbst, daß die obgenannten Haupttypen nicht scharf voneinander getrennt sind. Der Züricher See wird oft als ein See erwähnt, der eine Zwischenstufe zwischen Oligotrophie und Eutrophie einnimmt. Steigende

Bebauung der Ufergelände und Düngung der Äcker bewirken, daß die Eutrophie langsam steigt. Es ist das gleiche Schicksal, das allen dänischen Seen droht; einige nähern sich bedenklich dem Sumpfstadium.

Es muß ferner hervorgehoben werden, daß nicht alle Seen sich den oben genannten drei Kategorien einordnen lassen. Seen, deren Bodenablagerungen durch sehr große Mengen von See-Erz charakterisiert sind, werden von NAUMANN als siderotrophe Seen bezeichnet; sie können am besten als ein Untertypus der oligotrophen Seen betrachtet werden. Viele småländische und finnische Seen gehören hierher. Einen andern Typus stellen die sog. argillotrophen Seen dar, die durch ihren großen Reichtum an anorganischem und organischem Detritus, ganz besonders an suspendierten Lehmpartikeln ausgezeichnet sind. Es handelt sich besonders um sehr seichte Seen, deren Boden sehr leicht von Wind und Wogen aufgewühlt wird. Während des Sommers ist die Durchsichtigkeit des Wassers sehr gering, oft weniger als ein Dezimeter. Während des Winters, wenn der See eisbedeckt ist, ist das Wasser kristallklar; die suspendierten Lehmpartikeln haben sich dann sedimentiert. Der größte See Dänemarks, der Arresee (40 qkm), der nicht mehr als 4 bis 5 m tief ist, gehört diesem Typus an. Auch andere Typen, besonders solche, die den trockenen Regionen der Erde angehören und durch Wasser mit wechselndem Salzgehalt charakterisiert sind, kommen in Betracht.

Außer dieser Einteilung der Seen nach ihren Nährstoffen sind die Seen neuerdings (FINDENEGG 1937) nach ihren Durchmischungsverhältnissen eingeteilt worden. Seen mit Vollumschichtung werden holomiktisch, Seen ohne eine solche meromiktisch genannt. Die Untersuchungen wurden hauptsächlich im Seengebiet Kärntens durchgeführt. Die holomiktischen Seen erfahren oft einmal im Jahr eine vollständige Durchmischung. In großen, sehr flachen Seen tritt die Vollzirkulation mehrmals im Jahr ein; sie besitzen kein eigentliches Hypolimnium. Die typisch holomiktischen Seen haben zweimalige Vollumschichtung, wie es bei temperierten Seen beim Übergang von der Sommerschichtung zur Winterschichtung und umgekehrt die Regel ist. Der holomiktische See ist wohl jene Form, die in den Flachlandsgebieten der gemäßigten Zone am weitesten verbreitet ist. Es gibt ferner kleine Seen (Nordamerika, BIRGE und JUDAY 1911 u. a.), die nur eine Vollumschichtung im Jahr — und dann gewöhnlich im Herbst — besitzen. Der meromiktische See ist dagegen ein See, der niemals Vollzirkulation hat. Die Herbst- und Frühjahrsumschichtung reicht nur bis in eine gewisse Tiefe, der Rest des Sees bleibt aber von ihr unberührt. In den letzten Jahren sind auch Seen bekannt geworden, die ein Ansteigen der Tiefentemperatur von mehr als 4° C zeigen. Als Grund für das Ausbleiben der Vollzirkulation werden teils statische, teils dynamische Ursachen angegeben.

Im ersten Fall „setzt sich der See aus zwei verschiedenen Wasserkörpern zusammen, die sich primär durch ihr spezifisches Gewicht infolge verschiedenen Salzgehaltes unterscheiden. Der Grund dieser Verschiedenheit liegt in geologischen Eigenheiten des Seegebietes".

Im zweiten Fall „ist das Seewasser primär homogen, doch ist die von der bewegten Luft auf die Seefläche übertragene Energie zu klein, um im gesamten Wasserkörper Strömungen hervorzubringen, die zu einer vollständigen Durchmischung führen könnten. Der Grund hierfür kann sowohl klimatischer wie auch morphologischer Art sein".

Die Tierwelt des Seebodens in meromikitischen Seen lebt unter ähnlichen Verhältnissen wie in holomikitischen Seen; der O_2-Gehalt ist sehr gering oder gleich Null. Die Bodenfauna meromikitischer Seen ist durch große Armut an Arten gekennzeichnet; es handelt sich durchwegs um Formen mit geringem O_2-Befürfnis.

Wir haben bisher nur die Seen der temperierten Zone erwähnt. Erst in den letzten Jahren haben wir durch die Deutsche Limnologische Sunda-Expedition 1928 bis 1929 die chemisch-physikalischen Verhältnisse der Tropenseen teilweise kennengelernt. Kürzlich hat auch DAMAS sehr wertvolle Mitteilungen über einige der großen Seen Afrikas gemacht. Ganz kurz werden im folgenden die Hauptergebnisse dieser Forschungsreisen auf den uns hier interessierenden Gebieten wiedergegeben (THIENEMANN 1931; RUTTNER 1937; DAMAS 1938).

1. Während die Tiefentemperaturen in unseren Seen auch im Sommer um zirka 4° C liegen, ist die Temperatur in den Tropenseen zirka 24° C, d. h. zirka 20° C. höher.

2. Die O_2-Kurve der tiefen tropischen Seen gleicht jener der eutrophen Seen in der gemäßigten Zone: 1. O_2-Gefälle im Metalimnium plötzlich stark zunehmend. 2. Hypolimnium O_2-arm oder O_2-frei. 3. O_2-Gehalt des Tiefenwassers von 4 ccm O_2/1 bis auf Null abfallend. Das große O_2-Defizit des Hypolimniums tropischer Seen ist durch die hohen Tiefentemperaturen, die alle Lebensprozesse in hohem Grad beschleunigen, verursacht. Infolgedessen geht ein viel schnellerer Abbau aller organischen Substanz vor sich, was schnellen Verbrauch des Sauerstoffs nach sich zieht. Daraus folgt wieder, daß das absinkende Material (totes Plancton und Detritus) bereits während des Absinkens abgebaut wird und daß das sedimentierte Material in viel höherm Grad mineralisiert ist als in den Seen der temperierten Zone. Weil ferner die klimatischen Verhältnisse viel mehr stabilisiert sind, und nicht die großen regelmäßigen, jahreszeitlichen Unterschiede in Winter- und Sommerperioden aufweisen, ist das Sediment von einer einheitlicheren Beschaffenheit und zeigt nicht den Wechsel zwischen einer helleren mineralischen Winterschicht und einer dunkleren, mehr organisches Material enthaltenden Sommerschicht (Faulschlamm).

Die hohen Temperaturen im Hypolimnium bewirken ferner, daß die Viskosität des Wassers im Hypolimnium der tiefen tropischen Seen nicht so groß ist wie im Hypolimnium der Seen der temperierten Zonen; d. h., daß die Sedimentation in tropischen Seen rascher vor sich geht als in unseren Seen. Wenn dennoch das absinkende Material in den tropischen Seen schon während des Niedersinkens schneller abgebaut wird, ist dies eine Folge der hohen Temperaturen.

Ferner muß hervorgehoben werden, daß in den Tropen Temperaturerniedrigungen von 1 bis 2° C genügen, um in den Seen die gleichen Umwälzungen hervorzurufen, wie sie bei uns durch die über 20° C betragende winterliche Abkühlung hervorgerufen wird. Das bedeutet mit andern Worten auch, daß eine Temperaturdifferenz von nur $1^1/_2$° C genügt, um die gesamte Wassermasse umzuschichten und damit die Tiefe des Sees zu durchlüften. Dieses Durchlüften des Sees, das bei uns nur zweimal im Jahr stattfindet und streng an Herbst und Frühjahr gebunden ist, kann wegen der großen Homogenität des Jahresklimas in den Tropen zu jeder Jahreszeit und mehrmals im Jahr stattfinden.

Während wir ferner in unsern Breiten die Vegetationsperiode nur mit etwa vier Monaten anschlagen können, müssen wir für die tropischen Seen mit einer doppelt so langen Vegetationsperiode rechnen, d. h. — unter Berücksichtigung der höheren Wassertemperaturen — mit einer achtmal so großen Jahresproduktion. In welcher Weise diese Verhältnisse auf die Organismen wirken, wie schnell die Generationen aufeinander folgen und wieviel zahlreicher sie in einem tropischen See im Vergleich mit einem temperierten sind, darüber können wir uns vorläufig keine sicheren Vorstellungen machen.

Von seiner Untersuchungsreise 1935 nach dem Nationalpark des Belgischen Kongo hat H. DAMAS 1937 bis 1938 sehr wertvolle Untersuchungen über die Hydrobiologie vom Kivu-, Edward- und Ndalgasee mitgebracht. Der Kivusee hat eine Maximaltiefe von 478 m. Der Boden des Sees ist eine Ebene, die regelmäßig in der Richtung von Süden nach Norden, d. h. in der entgegengesetzten Richtung der Wasserbewegung des Sees, abfällt. Denkt man sich den Seeboden unter den Vulkanen des Albertparks verlängert, erreicht man den Seeboden des Edwardsees. Hierdurch wird die Theorie bestätigt, daß der Kivusee seine Entstehung einer Absperrung eines alten in den Edwardsee und den Nil fließenden Flusses durch die Virungavulkane verdankt.

Die hydrographischen Verhältnisse des Kivusees sind gewiß sehr werkwürdig. Im April 1935 war die Temperatur 24,1° C. Die Temperatur nimmt bis zur Tiefe von 50 m ab. Bei 50 m war sie nur 22,32° C. In einer Tiefe von 100 m steigt sie aber wieder um $^1/_{10}$° C. Bei 250 m erreichte die Temperatur 23,40 und bei 375 m 25,25° C, d. h. sie war hier höher als an der Oberfläche. Das will also sagen, daß das leichtere Wasser, falls die Wasserschichten von derselben Zusammensetzung sind, von dem schwereren Wasser überlagert ist. Die Grenze zwischen den zwei Wasserschichten liegt bei 65 m. Darunter beherbergt das Wasser keine lebenden Organismen, kein Plancton. Gleichzeitig mit der Temperatursteigerung geht aber eine starke Konzentration der aufgelöster Salze einher: 1 g bis zirka 3 g pro Liter. Das Wasser riecht stark nach Schwefelwasserstoff. Der Gehalt an freier Kohlensäure über dem Boden ist enorm: 1500 mg pro Liter. Das Wasser ist schwach alkalisch, es ist ferner sehr reich an ammoniakalischen Salzen (56 mg N pro Liter) und an Phosphaten (3 mg). Diese Zusammensetzung des Wassers ist das Resultat der vulkanischen Kräfte, die zu der Bildung des Kivusees geführt haben. Das Wasser war in Kontakt mit der warmen Lava; überladen mit Salzen, ist es als schweres Wasser in die Tiefe gesunken und hat seine hohe Temperatur behalten.

In einem See dieser Art ist nur die Oberflächenschicht bewohnbar; in der Mitte des Sees ist eine tropholytische Wasserschicht von mehr als 400 m absolut unbewohnbar. Das Resultat hiervon ist, daß eine allgemeine Mineralisation nicht stattfindet. Alle Leichen, die in die „tote Zone" hinabsinken, sind Verluste in der Ökonomie des Sees. Die mineralischen Bestandteile werden auf dem Boden akkumuliert; die tote Zone wirkt als eine Falle, wo die phosphor-, stickstoff- und schwefelhaltigen sowohl als auch kohlenstoffhaltigen Stoffe sich anhäufen. In dieser Weise wird das Wasser sterilisiert. In Übereinstimmung hiermit ist die Fauna im Gegensatz zu den anderen untersuchten Seen außerordentlich arm.

Indem wir ein paar Bemerkungen über die Zonen vorausschicken, in die man den Seeboden einzuteilen pflegt, wollen wir dann etwas näher bei den Regionen eines Sees und seinem Tierleben verweilen.

Die Seeregionen. Der Seeboden läßt sich in verschiedene Zonen einteilen, wenn auch diese Einteilung nicht überall gleichartig ist; hier wollen wir der von EKMAN (1915) vorgeschlagenen und von mir in meinen Furesee-Studien verwendeten Einteilung folgen, die im großen und ganzen jedenfalls für das ganze große Seengebiet einigermaßen Geltung hat, das man als das baltische bezeichnet. Nach dieser werden vier Zonen aufgestellt:

die Litoralregion,
die sublitorale Region,
die profunde Region,
die abyssale Region.

Die Litoralregion reicht von der obersten, normalen Wasserstandslinie bis zu den äußersten Grenzen der Vegetation. In den meisten baltischen Seen kann sie außerdem in 1. einen *Scirpus-Phragmites*-Gürtel, 2. einen *Potamogeton*-Gürtel, d. h. eine Zone mit Pflanzen, deren Blätter und Blütensprosse bis zur Oberfläche reichen, 3. den Gürtel submerser Pflanzen (hauptsächlich Characeen und *Elodea*)

und überdies 4. einen im allgemeinen schwach entwickelten Cladophoraceen-
Gürtel eingeteilt werden. Je nach der Durchsichtigkeit und anderen Faktoren
des Wassers reicht sie in verschiedene Tiefen in den verschiedenen Seen, im
Vättern, Bodensee, Genfer See und Luganer See bis zirka 30 m, in den baltischen
Seen gewöhnlich selten über 15 m, zumeist beträchtlich weniger tief, im Furesee
bis zirka $7^1/_2$ bis 8 m. Die Litoralregion läßt sich außerdem je nach dem mehr
oder weniger unruhigen Verhalten in eine Brandungszone und in das ruhige
Wasser (Buchten u. ä.) usw. einteilen.

Die sublitorale Region reicht vom Ende der Vegetationszone bis in zirka
20 bis 50 m. Sie ist in vielen und wohl namentlich in den baltischen Seen vor

Abb. 842. Furesee. Nördliches Ufer mit Gürtel von *Phragmites* und *Scirpus*; diese (die schwarzen Flecken)
stehen zuäußerst. (W.-L. phot.)

allem durch die großen Schalenablagerungen charakterisiert, so wie sie zuerst
von PASSARGE (1902) sowie von W.-L. (1901 und 1917) beschrieben wurden; sie
sind nun in zahlreichen Seen gefunden worden.

Die Grenze der *profunden Region* uferwärts zu muß in den größeren Seen mit
zirka 50 bis 60 m angesetzt werden, aber bei den baltischen Seen ist man wohl
gezwungen, sie bei zirka 20 m beginnen zu lassen. Diese Seen sind nämlich dadurch
ausgezeichnet, daß ungefähr von dieser Grenze, d. h. außerhalb des unteren Randes
der Schalenablagerungen, große, schwach geneigte, gytjebedeckte Flächen liegen,
denen jede Vegetation fehlt und die ohne Grenze irgendwelcher Art sich in die
tiefsten Partien des Sees fortsetzen. Sie bilden zudem den größten Teil des Seebodens in unseren größeren und tieferen europäischen Seen, z. B. im Vättern,
Genfer See, Bodensee; ihre untere Grenze muß mit 400 bis 600 m angesetzt werden.

Die abyssale Region ist kaum in einem einzigen europäischen See richtig vertreten; ihre obere Grenze wird gewöhnlich mit 400 bis 600 m angesetzt. Sie ist
nur im Baikal- und Tanganyikasee etwas eingehender studiert worden (S. 716).

Wir wollen nun die einzelnen Regionen des Seebodens und ihr Tierleben in
den baltischen Seen etwas genauer behandeln und daran einige Bemerkungen
über das der pelagischen Region anknüpfen; es sind nämlich diejenigen, welche
wir am besten kennen.

Die Litoralregion. Von den verschiedenen Faunen (Zoocoenosen), die der Litoralregion der baltischen Seen angehören, ist zuerst die Brandungsfauna zu besprechen. Sie ist verschieden auf Steinen und auf Sandboden. Man dürfte zuerst durch meine Arbeit (W.-L. 1908) mit ihr bekannt geworden sein; später ist sie in vielen anderen baltischen Seen, vor allem in den Plöner Seen gefunden worden. Sie lebt unter höchst unruhigen Verhältnissen, ist einem starken Wellenschlag und dem erodierenden Einfluß des Eises ausgesetzt; sehr wechselnde Temperatur, starkes Licht und reichlicher Sauerstoff charakterisieren die Örtlichkeit. Man findet fast ganz die gleiche Fauna in den Bächen, welche in vieler Hinsicht den Tieren sehr ähnliche Verhältnisse darbieten. Charakteristisch für die Arten ist eine starke Tendenz, ihren Körper abzuflachen oder auf Grund ihrer Bauinstinkte ihre Häuser abzuflachen (Phryganiden). Dadurch können sie dem Wellenschlag Trotz bieten; andere haben andere Prinzipien verwendet, Saugscheiben, Befestigungseinrichtungen (Haken, Haarkränze), luftverdünnten Raum, Retentionsapparate u. a. Hinsichtlich der Details sei auf meine oben erwähnte Arbeit verwiesen. Seit diese Arbeit geschrieben worden ist, habe ich die Brandungsfauna in vielen Seen studiert. Soweit meine Erfahrung reicht, ist sie ganz besonders gut in Seen mit hohem Kalkgehalt und reichen Inkrustationen von Blaualgen auf den Steinen entwickelt. Diese Kalkinkrustationen waren durch eine Reihe von Jahren für Furesee, Tjustrupsee u. a. charakteristisch. Das Tierleben, das sich auf und in ihnen vorfand, war unglaublich reich. Namentlich spielten große, blutrote Chironomidenlarven eine hervorragende Rolle. Die Inkrustationen, die bis zu $1^1/_2$ cm dick werden können, enthalten zahlreiche Hohlräume, die zum Teil von den Tieren selbst gebildet werden. Leider sind diese Inkrustationen von den Steinen in den oben erwähnten Seen fast ganz verschwunden und durch Schichten von Grünalgen ersetzt worden, ohne Zweifel weil unsere Seen in stets zunehmendem Ausmaß infolge der Verunreinigungen immer mehr eutroph werden. Das Eis schabt jedes Jahr die Inkrustationen ab, pulverisiert sie und bildet einen blaugrünen Algensand, in denen die Bledien ihre Gänge bilden und in denen *Omophron limbatum* und *Dyschiurus*-Arten leben; läßt man sie stehen, so entwickelt sich darin ein überaus reiches Leben von Mallomonaden, Infusorien und Rädertieren. Dieses mikroskopische Tierleben hat in WISZNIEWSKI (Wigrysee, 1932 bis 1934) seinen Bearbeiter gefunden. Wo Blaualgen fehlen, z. B. im Esromsee, ist die Brandungsfauna bei weitem nicht so reich. Es hat sich ferner gezeigt, daß sie in großen Seen fast nicht zur Entwicklung kommt, besonders in solchen mit Felsenküste und steil abfallenden Ufern, ein Verhalten, auf das EKMAN beim Vättern aufmerksam gemacht hat und das ich sowohl für die schottischen als auch zahlreiche Schweizer Seen bestätigen kann. Die Steinfauna ist äußerst arm, die der Felsen gleichfalls; am meisten trifft dies für Seen solcher Länder zu, deren Untergrund von Urgestein gebildet wird, wo das Wasser äußerst kalkarm und von brauner Farbe ist (Schottland; W.-L. 1905).

Es ist hier nicht die Absicht, das Tierleben in den Pflanzengürteln unserer Seen zu schildern. Es soll nur darauf aufmerksam gemacht werden, daß das reichste niedere Tierleben sich wohl in den submersen Pflanzengürteln in 3 bis 4 m vorfindet. Wo diese große, unterseeische Wiesen bilden, im wesentlichen aus Characeen *(Tolypellopsis)*, *Elodea*, *Stratiotes* mit *Potamogeton lucens*, *P. perfoliatus* u. a. als Oberpflanzen bestehend, spielt sich ein überaus reiches Tierleben ab, das zu einem sehr wesentlichen Teil aus Schnecken und Insekten, namentlich ametabolen Insekten, besteht. Von hier aus entstehen zum Teil die Eintags- und Köcherfliegenschwärme, hier kriechen die Zygopteren und eine große Zahl Chironomiden aus und hier findet sich der überwiegende Teil aller Wurmgruppen, Entomostracen und Hydrachniden. (Näheres s. Furesee-Studien 1917; BERG: Esromsee 1938.)

Die sublitorale Region. Sobald der Pflanzenwuchs aufhört, nimmt das Tierleben qualitativ und quantitativ auffallend rasch ab. Was man hier an Litoralfauna begegnet, ist nur wenig. Die Fauna ist im allgemeinen arm und die Formen,
die vorkommen, gehören teilweise der profunden Region an. Als eines der
Charaktertiere möge die *Sialis*-Larve erwähnt werden, die auffällig weit hinausgeht. Über die Ausbreitung und Mengenverhältnisse anderer sublitoraler Arten
s. BERG (1938). Was diese Region in erster Linie charakterisiert, sind die oft
enormen Schalenablagerungen; diese verdienen eine etwas eingehendere Besprechung.

Abb. 843. Das Bild zeigt den Einfluß der Eisschiebungen auf einer Landzunge des Furesees; die zirka $^3/_4$ m
hohen Eiswälle, von den Stürmen zusammengepreßt, haben die Bäume geknickt und umgewälzt. (W.-L. phot.)

Der Schalengürtel. Als ich, schon gegen Ende des vorigen Jahrhunderts,
Dredgezüge im Furesee machte, war dasjenige, was mich am meisten verwunderte,
die ungeheure Menge von Schalen, die ich dort und da vom Seeboden heraufholte.
Indem ich die Dredgezüge etwas systematischer fortsetzte, wurde mir klar, daß
diese Schalenmassen merkwürdigerweise sich in ungefähr gleicher Entfernung
vom Land befanden. Gegen das Land zu war die Menge nicht überwältigend
und draußen in den tiefen Seegründen war nichts vorhanden. Weitere Untersuchungen führten mich zur Annahme, daß rund um den ganzen See herum sich
ein Gürtel von Schalenablagerungen erstreckt; dieser Gürtel liegt nach meiner
Meinung in 8 bis 11 m tiefem Wasser. Ich hatte keine Peilung zur Verfügung
und verwendete nur eine kleine Dredge von einem sehr kleinen Ruderboot aus,
das nur den Ruderer und mich aufnehmen konnte. Es stellte sich sofort die
Frage ein, die ich schon 1901 zu beantworten versuchte: Woher diese enormen
Schalenablagerungen? Eine nähere Untersuchung zeigte, daß sie zu einem
wesentlichen Teil von Muschelschalen aufgebaut sind, von *Unio* und *Anodonta*;
die *Unio*-Schalen waren vielleicht vorherrschend, sie gehörten alle zu *U. tumidus*

Retz. und *U. pictorum* L.; *U. crassus* kommt im See nicht vor. Am charakteristischesten aber war die ganz überwiegende Menge von *Valvata piscinalis* (O. F. M.) var. *antiqua*. An vielen Stellen konnte die Dredge fast allein von ihr voll werden. Sehr häufig waren auch Schalen von *Bithynia tentaculata*, noch häufiger waren Deckel, die gleichfalls in unglaublichen Mengen vorhanden waren; sie traten jedoch mehr lokal auf. Von *Neritina*-Schalen waren nicht viele vorhanden und Lungenschnecken spielten eine ganz untergeordnete Rolle; es waren vor allem *L. ovata* Drap.-Schalen, am wenigsten Schalen von *Planorbis*, niemals *P. corneus* (L.). Eine Untersuchung der lebenden Schnecken, soweit sich das 1900 bewerkstelligen ließ, zeigte nun, daß oben im innersten Teil des Schalengürtels sich alle diese Mollusken lebend vorfanden, aus deren Schalen der Schalengürtel aufgebaut war. Sowohl *Unio, Anodonta, Valvata piscinalis* (O. F. M.) als auch *Bithynia* kamen in 8 bis 9 m tiefem Wasser vor. Spätere Untersuchungen, deren Kosten vom Carlsbergfonds (1917) getragen wurden, wobei uns zur Ausarbeitung von Tiefenkarten Mitarbeiter des Generalstabs zur Verfügung standen und wo die Stellen jeder Station genau bestimmt worden sind, erwiesen, daß dies alles in den Hauptzügen richtig war, aber ferner, daß die Mollusken doch weiter hinausgingen, als ich geglaubt hatte. Steenberg stellte *Valvata* bis zu 13 m, *Bithynia* bis zu 9 oder 10 m, *Unio* bis zu 9 oder 10 m und *Anodonta* bis zu 10 oder 11 m Tiefe fest. Dazwischenliegende, von A. C. Johansen (1902) angestellte Untersuchungen ergaben keine sehr abweichenden Zahlen, etwas niedrigere für die Schnecken und etwas höhere für die Muscheln. Das, was jedoch stets alle Untersucher verwunderte, war das enorme Mißverhältnis zwischen der Zahl der lebenden Schnecken und der toten Schalen. In bezug auf die Valvaten glaube ich wohl, daß Tausende von Schalen auf eine lebende *Valvata* kamen. Alle diese Mollusken, die draußen im Schalengürtel vorkamen, fand ich auch weiter uferwärts. Aber die Menge der Schalen einwärts vom Schalengürtel war keineswegs groß und konnte sich keinesfalls mit der Menge im Schalengürtel messen. Hier im Gebiet der Lungenschnecken gab es selbstverständlich viele Schalen von diesen, aber in weit überwiegendem Ausmaß waren diese jedoch nach den Frühlingsstürmen und Eisschiebungen an das Ufer geworfen worden und waren mit *Neritina* und *Bithynia* und nach starken Eisstauungen mit *Unio*-Schalen vermischt. *Valvata* fand sich nur ausnahmsweise. Die Theorie, die ich mir damals bildete, war diese: Landeinwärts des Schalengürtels und namentlich von 5 m ab einwärts sind die Verhältnisse, damit die Schalen sich ablagern können, allzu unruhig; die Wellen tragen sie hin und her; sie werden zerbrochen und pulverisiert und die Säuren der Pflanzenwurzeln tragen zu ihrer Auflösung bei. Die Verhältnisse hier erzeugen nach den Frühlingsstürmen an Land Schalenmassen im Anschwemmungsschlamm und Strandwällen mit beigemischten Schalen. Draußen in den Tiefen hingegen, wo die Schalen liegen, sind die Verhältnisse ganz anders. Hier herrscht Ruhe; der Wellenschlag reicht nicht so weit hinunter, daß er starke Verschiebungen verursachen könnte. Hier wirken keine Säuren der Pflanzenwurzeln erodierend; korrodierende Organismen (Kalkalgen) gibt es auch nicht. Wenn die Tiere absterben, sinken die Schalen zu Boden, bleiben an Ort und Stelle liegen und erhalten sich durch lange Zeit. Das Mißverhältnis zwischen der geringen Zahl der lebenden Tiere und der ungeheuren Menge der leeren Schalen ließ sich auf diese Weise ohne weiteres erklären. Dazu kam noch ein anderer Umstand. Untersucht man die Schalen im Schalengürtel, so erweist sich ein großer Teil von ihnen als von auffällig weicher Beschaffenheit; sie zerbröckeln in der Hand; man kann mit ihnen schreiben; die Kleider, die man anhat, wenn man mit solchen Schalen arbeitet, werden kreidig, lauter Erscheinungen, die bei Schalen, welche nur durch den Wellenschlag an Land gespült werden, nicht vorkommen. Die Schalen der Tiefe haben ganz die gleiche Beschaffenheit, welche Muschelschalen zeigen können, die man frischem Gytjeschlamm aus Eiszeitlehm in unseren Mooren entnimmt. Die Art der Erde, die man im Schalengürtel antrifft, ist ein blaugrüner Seemergel, der unendlich reich an Schalen ist. Man kann ihn zweifelsohne als Muschelkalk bezeichnen.

Endlich gibt es noch einen Umstand, der mich in der Auffassung bestärkte, daß der Schalengürtel von Individuen gebildet wird, welche hier gelebt haben. Bei Betrachtung einer Karte, welche die Sportfischer verwenden, sah ich, daß sich ihre Fischbänke im Schalengürtel befanden. Diese Bänke sind im Sommer mit *Potamogeton perfoliatus* und einige wenige mit *Scirpus lacustris* bekleidet. Sie liegen in 8 bis 12 m tiefem Wasser, aber die Tiefe auf den Bänken beträgt nur 4 bis 5 m. Es war eine den Sportfischern bekannte Sache, daß die Angeln sehr oft Muschelschalen heraufbringen. Durch Dredgezüge auf den Bänken wurde festgestellt, daß sie zum großen Teil von *Unio*- und *Anodonta*-Schalen aufgebaut sind; die Bodenart ist weißgrauer Kalkschlamm. Ähnliche Schalenbänke wurden später in einer Reihe von dänischen Seen nachgewiesen. Ich kann das nicht anders verstehen, als daß die Muscheln bodenerhöhend wirken; sie sind tatsächlich Wall- oder Riffbauer.

Eingehendere Untersuchungen 1917 (STEENBERG) zeigten nun, daß die leeren Muschelschalen ein paar Meter weiter draußen lagen als die lebenden Tiere; dagegen fanden sich die lebenden Valvaten am äußersten Rand des Schalengürtels. Das erste bewirkte, daß ich 1917 einen Umstand stärker hervorhob, auf den ich übrigens schon 1901 aufmerksam gemacht hatte, daß der Schalengürtel sich selbstverständlich nicht durch Jahrhunderte an der gleichen Stelle befunden haben kann. Während der Auffüllungsperiode des Sees muß er sozusagen über den Seeboden hinrollen. Hat ein See eine Maximaltiefe von 10 bis 15 m erreicht, dann wird der Schalengürtel zu existieren aufhören, da man vom theoretischen Standpunkt aus annehmen muß, daß dann die Mollusken am ganzen Seeboden verteilt leben können. Es ist merkwürdig, daß das meines Wissens nicht der Fall ist, wenigstens nicht in unseren Seen. In Seen mit solchen Tiefen hört alles Molluskenleben gewöhnlich bei 5 bis 7 m und häufig früher auf; die Ursache dafür muß in ganz anderen Faktoren gesucht werden.

Findet man jedoch am Fuß des äußersten Gürtels lebender Mollusken große Ablagerungen toter Schalen, so ist es meiner Ansicht nach natürlich, anzunehmen, daß der Wasserstand in der Geschichte des Sees früher ein anderer gewesen und daß eine Veränderung im chemischen und physischen Verhalten des Sees eingetreten sei, so zwar, daß sie den Mollusken damals eine größere Ausbreitung gestatteten als in unseren Zeiten. Vom Furesee wissen wir, daß der Wasserstand der letzten Jahrhunderte hindurch teils niedriger, teils höher gewesen ist. Es ist nicht daran zu zweifeln, daß die Kultivierung des Niederschlagsgebiets, die eine sehr bedeutende Zufuhr von organischen Stoffen bewirkt, es auch bedingt, daß die Planctonmenge vermehrt wird. Damit wird die Durchsichtigkeit des Wassers vermindert, was weiter eine Temperaturerhöhung mit sich bringt. Daß die beträchtliche Verbauung der Ufer einen starken Einfluß in gleicher Richtung hat, steht außer Zweifel. Der Furesee ist nahe daran, durch zunehmende Entwicklung von Blaualgen in das Cyanophyceen-Stadium überzugehen. Die Eutrophie nimmt zu. Niedrigerer Wasserstand, größere Durchsichtigkeit sind Faktoren, die es erlaubt haben müssen, daß die Mollusken früher eine stärkere Ausbreitung nach der Tiefe besessen haben als gegenwärtig; und darin muß man meiner Meinung nach die Ursachen dafür suchen, daß sich Schalen von *Unio* und *Anodonta* außerhalb des Gürtels lebender Mollusken vorfinden.

Zu der Zeit, als der Bericht über den Schalengürtel in dänischen Seen herauskam, war ein solcher kaum noch beschrieben und nirgends näher untersucht. Er wurde von PASSARGE (1902) beschrieben, welcher die Bildungen in den norddeutschen Seen Muschelbreccien nannte und zur Annahme hinneigte, daß sie auf Quellenbildungen zurückzuführen seien. Dieser Anschauung hat sich kaum jemand angeschlossen. Die Lage des Schalengürtels ist gar zu regelmäßig, als daß diese Anschauung hätte Anklang finden können. Quellen liegen ja niemals in einem bestimmten Abstand (in einer Tiefe von 10 bis 15 m) vom Ufer entfernt.

Im Jahre 1926 erschienen zwei größere Abhandlungen von WASMUND und LUNDBECK über Bodenablagerungen in einer Reihe nord- und mitteldeutscher Seen. Es ging aus diesen Untersuchungen hervor, daß das Vorkommen eines Schalengürtels für zahlreiche dieser Seen eine konstante Erscheinung ist. Überall in den baltischen Seen sind die Mollusken der Anlaß zu der merkwürdigen Erscheinung, daß es in einer gewissen Tiefe zu einer größeren oder kleineren zum Teil enormen Anhäufung von Schalen kommt. Etwas Entsprechendes kennt man gewöhnlich nicht von den tiefen, steil abfallenden Schweizer Seen; nur der Vierwaldstädter See soll etwas Ähnliches aufweisen.

Selbstverständlich ist der Schalengürtel nicht überall von den gleichen Arten aufgebaut. Die norddeutschen Untersuchungen zeigten, daß er hier überwiegend von *Dreissensia*-Schalen gebildet wird; *Unio*- und *Anodonta*-Schalen finden sich nicht oder spielen eine ganz untergeordnete Rolle. Im Furesee wurde *Dreissensia*, als ich meine Untersuchungen 1900 begann, und späterhin, als die Fureseestudien durchgeführt wurden, überhaupt nicht gefunden. Hier war der Schalengürtel vorzugsweise gerade von *Unio* und *Anodonta* aufgebaut; *Dreissensia* wanderte erst zirka 1915 ein. Ferner spielten die Valvaten eine weit größere Rolle als weiter gegen Süden. Es scheint fernerhin, als ob die Schalen der Pulmonaten dort häufiger vorkommen als bei uns, wo sie eine ganz untergeordnete Rolle spielen.

Alle stimmen darin überein, daß im Schalengürtel ein sehr auffallendes Mißverhältnis zwischen den ungeheuren Schalenanhäufungen im Schalengürtel und den sehr wenigen dort lebenden Mollusken besteht. Die verschiedenen Untersuchungen zeigen natürlich, daß die Mollusken nicht gleich weit in allen Seen hinausgehen, aber es scheint doch, daß die Hauptpunkte, wie sie hier bei uns angetroffen werden, überall die gleichen sind: die Lungenschnecken in einem dem Land am nächsten liegenden Gürtel, die Kiemenschnecken, *Bithynia* und *Valvata*, in einem Gürtel weiter draußen und *Valvata piscinalis* (O. F. M.) am weitesten draußen; die Muscheln in der ganzen Litoralregion und ein Stück über die vordersten Posten der Valvaten vordringend (15 bis 20 m). Außerhalb dieses Gürtels findet man von Mollusken nur mehr Pisidien.

Während die sehr umfassenden Untersuchungen in Mitteleuropa nicht sonderlich die im Furesee beschriebenen *Tatsachen* geändert haben, hat man im Ausland gemeint, die im besonderen von mir vertretene *Anschauung* nicht annehmen zu können, daß der Schalengürtel von den an Ort und Stelle lebenden Mollusken gebildet wird. Man ist sich darin einig, daß die unruhigen Verhältnisse landeinwärts vom Schalengürtel, die mechanischen Faktoren und die Säuren der Pflanzenwurzeln die Schalen zerbrechen und erodieren, weshalb mächtigere Ablagerungen auf dem Seeboden nicht vorkommen; ein großer Teil des Materials wird an Land transportiert. Dagegen behauptet man, daß der Schalengürtel im wesentlichen durch den Transport toter Schalen seewärts gebildet werden solle, und daß diese hier liegen bleiben, wo der Wellenschlag und die Vertikalströmungen aufhören. Für den Furesee hatte schon früher A. C. JOHANSEN (1902) dies behauptet. Man geht so weit, zu behaupten, daß das Vorkommen des Schalengürtels überall den gleichen Faktoren zuzuschreiben ist und daß die Schalen in diesem Gürtel im Verlauf von höchstens ein paar Dezennien vollständig aufgelöst sein werden. Man stößt hier wie so oft in der Literatur auf ein merkwürdiges, nach meiner Ansicht sehr unwissenschaftliches Bestreben zur Generalisierung, auf den Mangel an Fähigkeit, die Verschiedenheiten an den einzelnen Lokalitäten genügend zu erkennen, und auf einen merkwürdigen Mangel an Kenntnissen über gewisse Verhältnisse.

Ich für meine Person kann mich in keiner Weise über die Strömungsverhältnisse in Seen aussprechen, die ich niemals gesehen habe und von denen mir der Neigungswinkel der Ufer ganz unbekannt ist; daß Eis und Wellenschlag, die sicherlich bis in eine Tiefe von zirka 10 m hinunterreichen, zum Schalentransport beitragen, davon habe ich mehrfach Beispiele kennengelernt. Daß die „Seiches" im Genfer See einen mächtigen Einfluß auf den Transport des Bodenmaterials ausüben, das habe ich bei Morges gesehen. Aber ich habe den unumstößlichen Eindruck, daß dieser Transport vornehmlich landeinwärts erfolgt. Übrigens zweifle ich nicht, daß er auch hinaus zu große Bedeutung haben kann, dort, wo es steile Abfälle und einen deutlichen „Scharberg" gibt. Im Furesee liegen die Verhältnisse anders. Hier haben wir überaus sanft geneigte Ufer, namentlich dort, wo der Schalengürtel am besten ausgebildet ist. Niemals sind da Strömungen zu beobachten, welche die Schalen bis in zirka 15 m oder sogar noch weiter hinaustragen könnten. Der Schalengürtel war bis 1917 nicht von *Dreissensia*, sondern ausschließlich von Unioniden aufgebaut. Die ungeheuren Schalenmengen von *Dreissensia*, die alle anderen Schalenablagerungen überdecken, entstanden erst später. Die großen, schweren Schalen der Unioniden, die im Schalengürtel gewöhnlich geschlossen, nicht flach ausgebreitet liegen und die sich zumeist nicht als halbe Schalen vorfinden, können meiner Ansicht nach nicht durch irgendeinen, bisher bekannten Faktor auf äußerst sanft sich neigenden Flächen in ungeheuren Mengen bis in eine Tiefe von zirka 15 m hinausgeführt worden sein. Man kann in Seen wie dem Furesee — wenn man will — einen solchen Transport hinaus annehmen, aber man hat nicht den Schatten eines Beweises dafür in der Hand. In den mitteldeutschen Seen spielen *Unio* und *Anodonta* keine nennenswerte Rolle; hier wird der Schalengürtel vorwiegend von *Dreissensia* aufgebaut, deren Schalen ohne Zweifel infolge ihrer Form und Größe weit besser transportables Material bilden. Wenn ferner der Schalengürtel im Furesee dadurch gebildet worden sein soll, daß die Schalen hinausgetragen wurden, weshalb findet man dann, daß die Neritinen, die nicht im Schalengürtel leben, nur ganz ausnahmsweise mit ihren Schalen in diesem vertreten sind, dagegen jedoch massenweise am Ufer durch die Eisstauungen abgelagert werden? Weshalb ist es so selten, daß man Schalen von *Valvata piscinalis* drinnen am Ufer, dagegen in ungeheuren Mengen draußen in den Tiefen antrifft, wo sie leben? Weshalb findet man ferner draußen im Schalengürtel nahezu überall und an gewissen Stellen in enormen Mengen *Bithynia*-Deckeln? Diese fallen ja ab, wenn die Tiere verwesen. Man sieht sehr wenige von ihnen am Ufer. Soll man sich nun denken, daß diese ungeheuren Mengen von *Bithynia*-Deckel hinaustransportiert worden sind, oder daß sie abgefallen sind, nachdem die im Schalengürtel lebenden Tiere gestorben sind?

Für die Abschätzung, wie lange die Schalen im Schalengürtel liegen müssen, bis sie ins Seemergelstadium übergehen, ist es notwendig, einem Umstand Rechnung zu tragen, der vermeintlich ganz unbekannt geblieben ist. Im Glaziallehm findet man zusammen mit Blättern von *Dryas* und *Salix polaris* oft sehr große Mengen von Anodonten. Sie stehen im Lehm oft senkrecht, die Schalen sind geschlossen und lehmgefüllt; das Periostracum ist erhalten, und wenn der

Spaten eine solche Muschel durchschneidet, wird der weiße Kalk in Form von zwei schönen, gebogenen Linien um den grauen Kalk sichtbar. Gegen diese Tatsache, die den Glazialgeologen wohlbekannt ist, scheint mir die Annahme der Limnologen, daß die Muschelschalen unserer Seen im Laufe von ein paar Dezennien zerfallen sollen, wohl hinfällig. Es ist in bezug auf den Furesee festgestellt, daß man im Schalengürtel alle die Muscheln lebend findet, deren Schalen ihn aufbauen. *Unio* und *Anodonta* gehen lebend nicht bis an den äußersten Rand des Schalengürtels. Das ist ein Faktum, welches ich damit zu erklären versucht habe, daß der Wasserstand des Furesees kaum immer der gleiche gewesen ist und daß ohne Zweifel das Wasser früher klarer gewesen war, wodurch es wieder möglich gemacht wurde, daß die Weichtiere früher weiter draußen gelebt haben. Man hat im Ausland unnötig großes Gewicht auf diese Erklärung gelegt, die nur eine Hilfshypothese zur Hauptaussage ist.

Es ist sehr gut möglich, daß in Schalengürteln, welche von *Dreissensia* aufgebaut werden, Strömungen eine größere Bedeutung für deren Bildung besitzen. Es ist ja sicher, daß *Dreissensia* im Schalengürtel lebt. Ich glaube anführen zu können, daß LUNDBECK selber den Beweis dafür liefert, daß dieser sehr wohl von den lebenden Dreissensien aufgebaut werden kann. Er hat ja gerade auf den sehr interessanten Umstand aufmerksam gemacht, daß *Dreissensia* gegen den Winter in das tiefere Wasser auswandert, und ferner gezeigt, daß es ganz besonders die Schalen alter, erwachsener Tiere sind, welche man draußen findet, welche dort nach der Überwinterung abgestorben sind, während die jüngeren Stadien wieder hereingewandert sind.

Indem ich auf keine Weise für andere Seen die Möglichkeit bestreiten will, daß die Schalenbänke ganz oder teilweise infolge Transports seewärts entstanden sind, muß ich doch daran festhalten, daß nichts darauf hindeutet, daß sie im Furesee ganz oder hauptsächlich auf diese Weise entstanden sind. Nichts weist darauf hin, daß sie nicht im wesentlichen von den an Ort und Stelle lebenden Tieren gebildet worden sind. Hinsichtlich der Strömungen will ich nur als meine Meinung anführen, daß ich es als vollkommen undenkbar halte, daß die Vertikalströmungen, die Konvektionsströmungen des Frühlings und Herbstes, imstande sein sollten, die schweren, mehr oder minder schlammgefüllten Schalen vom Seeboden aufzuheben und sie hinauszutragen.

Nachdem nun *Dreissensia* in den Furesee gelangt ist, ist auch der Schalengürtel einer sehr großen Veränderung unterworfen; auch er ist nun zu einem sehr wesentlichen Teil von *Dreissensia*-Schalen aufgebaut. Die lebenden Unioniden sind zurückgedrängt und wohl zum großen Teil von den Dreissensien zum Absterben gebracht worden, die in dicken Klumpen auf ihrem ganzen, aus dem Schlamm herausragenden Hinterende sitzen. Die *Dreissensia*-Schalen liegen in Schichten auf den Schalen der Unioniden, von denen man bei weitem nicht mehr so viele wie früher heben kann. Das gleiche dürfte für die *Valvata*-Schalen gelten, aber eine nähere Untersuchung darüber fehlt noch.

Schalenkorrosion. In Anbetracht der großen Rolle, welche die Molluskenschalen bei den Kalkablagerungen spielen, ist es am Platz, auf die Faktoren näher einzugehen, welche zu ihrer Zerbröckelung und Auflösung beitragen.

Es sind ja tatsächlich sehr große Kalkmengen, welche von den Mollusken gebunden werden. Von zehn verschiedenen Austern wogen die Schalen 278- bis 757mal so viel als die Tiere selbst. Man hat berechnet, daß die Tiere bei ihrer Bildung 345 bis 587 Pfund Meerwasser verbraucht haben, d. i. eine Menge, die von 27.760- bis 75.714mal so viel ist wie das Gewicht der Austern. Einer solchen Wassermenge entziehen sie den Kalk und bauen daraus ihre Schalen auf. Die Muscheln gewinnen den Kalk, indem sie das Wasser durch ihren Körper hindurchpassieren lassen, die Schnecken vor allem dadurch, daß sie kalkinkrustierte und kalkhaltige Wasserpflanzen verzehren.

Zwischen dem von den meisten Wasserpflanzen und dem von den Mollusken ausgeschiedenen Kalk besteht der grundlegende Unterschied, daß der Kalk bei den erstgenannten nicht von organischer Substanz umgeben ist und gewöhnlich keine skeletbildende Bedeutung besitzt. Indem die organische Substanz den Kalk teils gegen Säureangriffe schützt, teils der ganzen Masse Festigkeit verleiht, widerstehen die Kalkschalen der Tiere in weit höherem Grad allen Angriffen von außen her als bei den Pflanzen.

Die allermeisten Schalen legen übrigens hinreichend deutlich Zeugnis ab von dem oft verzweifelten Kampf, den die Tiere führen müssen, um sich den Kalk zu erhalten, den sie sich einmal erworben haben.

Solange das Periostracum unbeschädigt bleibt, findet überhaupt keine Korrosion statt. Aber sobald eine Teichmuschel im Schlamm zu arbeiten beginnt, steigt damit gleichzeitig die Gefahr, daß das

Abb. 844.

Abb. 845.

Abb. 846.

Abb. 847.

Abb. 844. Sehr stark korrodierte Schale von *Anodonta*, später ganz zu Brauneisenstein umgebildet. Tjustrupsee. $^1/_1\times$. (W.-L. 1901.)

Abb. 845 bis 847. *Planorbis corneus* L. Aus einem Teich in der Nähe des Furesees. Die Schalen zeigen grubenförmige Vertiefungen, die teilweise durch die Schale ganz hindurchgehen und Löcher gebildet haben. Die Schalenkorrosion ist Algen zuzuschreiben. $^1/_1\times$. (W.-L. 1901.)

Periostracum beschädigt wird. Die Schalenkorrosion ist teils mechanischer, teils chemischer Art, teils geht sie auf lebende Organismen zurück, die übrigens bei ihrer Bohrtätigkeit Säuren zur Auflösung des Kalks verwenden. Über diesen Gegenstand gibt es eine umfangreiche Literatur.

Der mechanische Einfluß äußert sich am Periostracum in der Weise, daß es abgestoßen wird, wenn die Mollusken auf Sand- oder Kiesboden gerollt werden oder wenn sie durch den Boden pflügen. Je nach der Beschaffenheit des Bodens und dem Säuregehalt des Wassers ist bald das im Boden wühlende Vorderende, bald das frei ins Wasser hinausragende Ende stärker gefährdet. Bei den Muscheln beginnt die Korrosion fast immer am Wirbel; namentlich die Perlmuscheln, aber auch *Unio* und *Anodonta* werden stark angegriffen. Eine erwachsene Muschel, bei der das Periostracum und die Prismenschicht am Wirbel ganz erhalten ist, dürfte zu den großen Seltenheiten gehören. Bei Schneckenschalen ist die Spitze bei älteren Tieren sehr oft wegkorrodiert. Gewisse Blaualgen, die die Schalen mit einer dicken Schicht überziehen, wirken als Schutz; nimmt man sie ab, so findet man darunter ein vollkommen unbeschädigtes Periostracum. In gleicher Weise kann ein Überzug von Bryozoen wirken. In vielen Fällen bewirken die Algen jedoch und wohl vor allem große Büschel von Grünalgen, vielleicht allein durch ihren Druck, daß im Periostracum Risse entstehen, die sich erweitern, so daß die Prismenschicht bloßgelegt wird.

Sobald das Periostracum da oder dort abgeschabt ist, beginnen der Säuregehalt des Wassers und die Organismen ihren Einfluß zur Geltung zu bringen. Die Schicht, die zuerst angegriffen wird, ist die Prismenschicht. Sie bröckelt ab und wird, was man direkt beobachten kann, zu Pulver. Da Periostracum und Prismenschicht vom Mantelrand gebildet werden, können diese beiden Schichten nicht mehr ersetzt werden und das Tier begegnet dann Angriffen mit Hilfe von Conchyolinlamellen, die von der Manteloberfläche abgesondert werden. In saurem Wasser zeigen die Schalen gewöhnlich eine sehr starke Korrosion, aber eine solche kann sich auch in Seen mit stark kalkhaltigem Wasser zeigen. In diesem Fall spielen die Organismen eine sehr große Rolle. Unter ihnen müssen wohl die Schnecken in erster Reihe genannt werden. Namentlich im Frühjahr stehlen sich die Tiere gegenseitig den Kalk; sie sitzen in Klumpen aufeinander und nagen vor allem die Spitze ab. In Aquarien ist die Erscheinung sehr häufig; sie zeigt sich vielleicht am auffälligsten bei *Limnaea ovata* DRAP., aber auch bei *L. stagnalis* (L.). Die abgebissenen Spitzen sind fast immer dem Schneckenfraß zuzuschreiben. Übrigens kommen im Süßwasser meines Wissens keine kalkbohrenden Tiere vor, so wie sie sich im Meer finden (Schwämme: *Vioa*; Würmer: Polychäten). Die einzige Ausnahme bilden gewisse Chironomiden.

Von weit größerer Bedeutung sind jedoch die Algen (Abb. 845 bis 847). Es ist besonders CHODAT (1898), der diese untersucht hat. Oft findet man auf den Muschelschalen grünliche Flecken; das Periostracum kann noch intakt sein, es bauscht sich aber buckelig auf. Ich habe sie auf lebenden Muschelschalen gefunden, aber doch vorzugsweise auf toten; am zahlreichsten findet man sie auf Muscheln im Schalengürtel. Legt man Stücke solcher Schalen in PERENYIsche Flüssigkeit, so wird der Kalk gelöst und die langen Algenfäden bleiben zurück; sie bilden ein Flechtwerk in der Perlmutterschicht, die, wenn auch langsam, vernichtet wird. Die Muscheln beantworten die Angriffe, indem sie Conchyolinlamelle auf Conchyolinlamelle ausscheiden. Eine der hierhergehörigen Formen ist von CHODAT als *Foreliella perforans* bezeichnet worden. Auch unsere Schnecken werden auf die gleiche Weise angegriffen. Man findet oft *Planorbis corneus* (L.) mit einer dunkelgrünen Algenschicht bedeckt. Die Kutikula ist an vielen Stellen abgesprengt und unter der Schicht findet man grubenförmige Vertiefungen, die sich oft tief hineinsenken, so daß die ganze Schalensubstanz an diesen Stellen verschwunden ist. Auf diese Weise kann die Schale ganz durchlocht werden. Die Gruben haben oft einen Durchmesser von zirka 5 mm; dazwischen finden sich viele kleine, nicht größer als eine Stecknadelspitze.

Von der grünen Algenschicht gehen offenbar Ausläufer in die Tiefe, welche den Kalk wegerodieren und ihn auflösen. BOYSEN JENSEN (1909) hat gezeigt, daß die Alge, um die es sich handelt, eine Nostocacee ist.

Die Folgen all dieser Korrosionserscheinungen an den lebenden Organismen sind, daß die Schalen, wenn die Tiere tot sind, teils den auflösenden Kräften des Wassers leichter zum Opfer fallen, wodurch der gebundene Kalk wieder leichter an das Seewasser abgegeben wird, teils leichter auseinanderfallen und pulverisiert werden, wodurch der Kalkgehalt des Seebodens vergrößert wird. In den Schalenablagerungen des tieferen Wassers werden die Schalen wahrscheinlich äußerst langsam zerstört. Die organischen Substanzen verschwinden. In vielen Fällen werden die Kalkschalen im Bodenschlamm abgelagert und können hier durch Jahrhunderte sich erhalten, in anderen Fällen werden sie zu einer plastischen Masse umgewandelt, aus der der Molluskenkalk entsteht. In seichterem Wasser werden die Schalen viel schneller zerstört; hier ist die mechanische Zerstörung viel wirksamer.

Die profunde Region. Von den Regionen eines Sees ist die profunde diejenige, die über das weiteste Areal hinweg die am meisten gleichartige Fauna aufweist. Die allermeisten Elemente sind in zahlreichen Seen über große Gebiete verbreitet und ihnen allen gemeinsam, aber zwischen sie eingesprengt kommen gleichwohl andere vor, deren Vorhandensein teils durch die Verbindung der Seen mit dem Meer in weit zurückliegenden Zeiten, teils durch den Sauerstoffgehalt in den Stagnationsperioden der Seen bedingt sind.

Die profunde Fauna der baltischen Seen ist im allgemeinen, was die Artenzahl betrifft, sehr arm. Sie besteht aus nur einzelnen Turbullarien, wenigen Nematoden und Oligochäten, nicht ganz einem Dutzend Entomostraken, hauptsächlich Ostracoden, einigen Hydrachniden sowie Pisidien mit einer auffallend großen Artenanzahl. In vielen Seen spielen die Chironomiden eine alles andere überragende Rolle. Im Esromsee finden sich nicht weniger als beinahe 2000 Chironomiden pro Quadratmeter (BERG 1938).

Insofern die Seen in der Eiszeit oder während der Abschmelzungsperiode entweder Arme oder Zonen eines Meeres waren oder ein solches auf andere Weise seinen Einfluß auf ihre Topographie und Naturverhältnisse ausgeübt hat, wird man in solchen Seen Vertreter der Fauna der Eiszeitmeere antreffen können, in erster Linie deren Krebse. Beim Übergang von Salzwasser über Brack- zu Süßwasser haben sich die Tiere langsam akklimatisiert; ihre Umwandlung braucht nicht gerade in den Seen erfolgt sein, in welchen die Eiszeitrelikte gegenwärtig vorkommen, sie kann sich ebensogut in einem benachbarten Binnenmeer, z. B. der Ancylussee, vollzogen haben, von wo die Tiere durch vorrückendes Eis in die Seen verdrängt wurden. In diesen fanden sie in der profunden Region ihre neue Heimat; die niederen Sommertemperaturen, die weiten Schlammflächen, der Nährboden dieser Organismen, befanden sich meistens in Übereinstimmung mit den Eiszeit- und Wohnverhältnissen, aus denen sie herkamen. Beim Studium des Vorkommens dieser Eiszeitrelikte wurde es jedoch immer klarer, wie merkwürdig sporadisch dieses Vorkommen ist. Besonders in den norddeutschen Seen war es auffallend. Hier zeigte THIENEMANN (1925), daß jedenfalls *Mysis relicta* LOV. noch andere Anforderungen an die Seen stellt als nur die, daß sie große Gebiete mit kaltem Wasser und weiten Schlammflächen zur Verfügung haben. Es kommt noch hinzu, daß die Sauerstoffmenge über dem Seeboden nicht unter 4 ccm pro Liter herabgehen darf, und das tut sie im Sommer in zahlreichen norddeutschen Seen. Die Angaben scheinen jedoch, wie früher mitgeteilt, nur für Norddeutschland zu gelten, nicht für die nordamerikanischen Seen. Es scheint, als ob das Tier im Süßwasser größere Sauerstoffmengen benötigte als im Brackwasser, denn in der Ostsee lebt es in Wasser, dessen Sauerstoffgehalt sich nur auf 1,66 ccm pro Liter beläuft (s. übrigens S. 525).

Die pelagische Region. Die diese bewohnende Tier- und Pflanzengesellschaft bezeichnet man bekanntlich als Plancton, um HENSENS Definition zu verwenden: „alles, was im Wasser treibt". Seine ursprüngliche Heimat ist weitaus überwiegend die Litoralregion, wo es auch im allgemeinen in seinen Ruhestadien wie Dauereiern, Ephippien, Dauersporen den größten Teil seines Lebens zubringt. Der hauptsächlichste Teil alles Süßwasserplanctons rekrutiert sich alljährlich von der Litoralregion oder den tiefen Seegründen her; die einzelnen Arten des Planctons — Pflanzen als auch Tiere — bevölkern nur eine kürzere oder längere Periode hindurch die pelagische Region, vermehren sich, erfüllen das Wasser mit ihren Myriaden, worauf sie in ihre Dauerstadien übergehen, um in diesen wieder in diejenige

Region zurückzukehren, welche ihre ursprüngliche Heimat war. Beim Studium des Süßwasserplanctons hat man meiner Ansicht nach in allzu geringem Grad auf dieses Verhalten Gewicht gelegt. Jene Arten, welche das ganze Jahr hindurch in der pelagischen Region vorkommen und welche jede Beziehung zu Boden und Ufer verloren haben, sind in Wirklichkeit außerordentlich selten. Das Phytoplancton besitzt vielleicht kaum einen einzigen Repräsentanten und für das Zooplancton dürfte die Regel gelten, daß perennierende Arten nur an gewissen Örtlichkeiten perennierend sind, aber keineswegs überall und sie sind das nicht einmal am gleichen Ort jedes Jahr. Nur gewisse Copepoden können vielleicht als perennierend bezeichnet werden.

Die verschiedenen Seen bieten selbstverständlich den Planctonorganismen äußerst verschiedene Bedingungen. Gemeinsam für einen sehr großen Teil der Vertreter des Planctons ist eine sehr große Variationsbreite in bezug auf ihr Anpassungsvermögen den außerordentlich wechselnden Bedingungen gegenüber. Eine große Anzahl von Formen ist Seen gemeinsam, die vom Polarkreis bis in die Tropen verteilt sind; das gilt sowohl Seen mit stark kalkhaltigem Wasser als auch braunen Humus-Seen. Daß neuere Untersuchungen gewisse Formen zutage gefördert haben, die von bestimmten Verhältnissen abhängiger sind, entkräftigt diese Regel nicht. Ein so eigentümlicher Typus wie *Trochosphaera*, die zuerst auf den Philippinen auftaucht, wird in den folgenden Dezennien in Australien, in China, in Nordamerika gefunden und ist jetzt in den Donausümpfen festgestellt worden. Es sind nur ganz vereinzelte Formen, wie *Holopedium gibberum, Anuraea aculeata* var. *serrulata*, die Wasser mit sehr niedrigem p_H zu verlangen scheinen. Nur die Familie *Diaptomidae* und vielleicht gewisse Cyclopiden, diese mit einer Reihe nach den Angaben von Spezialforschern gut abgegrenzter Arten, sind in zahllosen Seen fast über die ganze Erde verbreitet. Wer die Zeiten erlebt hat, wo die Gattungen *Daphnia, Bosmina* und *Anuraea* jede in 50 und bis zu 100 Arten aufgespalten waren, und gesehen hat, wie sie zu ganz wenigen zusammengezogen worden sind; wer weiter die Charaktere kennt, durch die die Diaptomiden unterschieden werden, und etwas vom Formenkreis von *Cyclops strenuus* weiß, der darf sich wohl vorstellen, daß auch eine Zeit kommen wird, wo diese vielen Arten als ortsbestimmte Rassen relativ weniger Arten einmal zusammengezogen werden; sollte es sich zeigen, daß sie gegenwärtig genotypisch festgelegt sind, so darf man wohl vermuten, daß dies nicht lange der Fall gewesen ist. Sich erinnernd, daß der Weg zur pelagischen Region unserer Seen nicht direkt vom Meer zu ihr geht, sondern vielmehr über die Litoralregion, muß es klar sein, daß von all den großen Milieuveränderungen, an die sich anzupassen es für die Arten notwendig ist, um aus Litoralformen zu Planctonorganismen zu werden, keine Veränderung größer ist als die, daß die pelagische Region *aller Unterstützungsflächen entbehrt*. Rechnet man noch hinzu, daß in allen Seen mit gut entwickeltem Hypolimnium eine untere Grenze vorhanden ist, unterhalb welcher Planctonorganismen nicht, jedenfalls nicht beständig leben können, so ist es für sie alle eine Conditio sine qua non, sich über dem Hypolimnium halten zu können. Als Litoralformen sind sie ursprünglich alle ausgesprochen unterkompensiert. Der neuen Anforderung, die an sie gestellt wird, kann auf dreierlei Art entsprochen werden: 1. Entweder sie erhöhen ihre Muskelenergie, um sich oben halten zu können, oder 2. sie vermehren ihren Öl- oder Luftvorrat, um ihr spezifisches Gewicht herabzusetzen, oder 3. sie vergrößern ihren Querschnittswiderstand, um der Fallgeschwindigkeit entgegenzuwirken. Während das spezifische Gewicht des Meeres über sehr weite Gebiete im großen und ganzen das ganze Jahr hindurch das gleiche ist, ist das Süßwasser bedeutenden, regelmäßigen, jährlichen Schwankungen in bezug auf die Viskosität und das spezifische Gewicht unterworfen. Das bringt es mit sich, daß seine Tragfähigkeit und damit die Fallgeschwindigkeit der Organismen den gleichen Schwankungen unterworfen sind, was wieder bei der höchsten Temperatur die Forderung nach erhöhter Schwebefähigkeit oder verstärkter Muskelenergie mit sich führt. Deshalb die Temporalvariationen bei vielen Planctonorganismen.

Das tierische Plancton ist ferner zu einer ganz anderen Art des *Nahrungserwerbes* gezwungen als die Litoralformen. Je ausgesprochenere Planctonorganismen sie werden, desto mehr sind sie genötigt, die Art ihres Nahrungserwerbes umzustellen. Daraus folgt wieder eine durchgreifende Umbildung derjenigen Organe, welche die Nahrung zu erbeuten und sie dem Mund zuzuführen haben. Es gab eine Zeit, wo man ohne weiteres annahm, daß die Nahrungsquelle des Zooplanctons das Phytoplancton sei. Merkwürdig war nur, daß man im Darmkanal der Tiere nur ausnahmsweise andere Planctonorganismen nachweisen konnte. Tatsächlich gibt es Planctonformen, die vom Phytoplancton, d. h. von Diatomeen, größeren Flagellaten und von Zooplanctonten leben. Hierher gehören z. B. *Ploesoma Hudsoni*, welches *Ceratium* und andere Peridineen verfolgt und aussaugt, *Asplanchna*, deren Darmkanal mit *Triarthra* vollgefüllt sein kann, ferner *Leptodora, Bythotrephes, Corethra* und *Atax*, deren Hauptnahrung Copepoden und Cladoceren bilden dürften. Der weitaus überwiegende Teil des Zooplanctons lebt jedoch nicht von dem, was man unter dem alten Begriff Phytoplancton verstanden hat. Erst LOHMANNS Nachweis der enormen Rolle, welche die allerkleinsten Phytoplanctonten, jene, welche von unseren Netzen nicht oder nur sehr unvollkommen eingefangen werden können, für die Meeresorganismen spielen, brachte uns dem Verständnis der Ernährungsverhältnisse des Süßwasserplanctons entscheidend näher. Durch RUTTNERS und WOLTERECKS Untersuchungen in den Lunzer Seen wurde das sog. Nannoplancton oder Zentrifugenplancton nachgewiesen, so genannt, weil es nur mit Hilfe des Zentrifugierens, nicht mit unseren Planctonnetzen, eingesammelt und dann untersucht werden kann. Es setzt sich hauptsächlich aus gewissen, unendlich kleinen Diatomeen *(Cyclotella)*, gewissen Flagellaten, Monaden, Algensporen usw. zusammen. LOHMANN zeigte, daß die Appendicularien dieses Nannoplancton mit ihren bewundernswerten, feinmaschigen Fangapparaten einfangen. Für das Süßwasserplancton war es STORCH, der durch seine Untersuchungen über den Nahrungserwerb der Cladoceren und Diaptomiden uns zeigte, wie diese Tiere mit Hilfe ihrer Gliedmaßen automatisch durch deren Bewegung das Nannoplancton einfangen und es in einem fortwährenden Nahrungsstrom zur Mundöffnung hinführen. Hier bleibt noch viel zu tun übrig. Wie die pelagischen *Bosmina*-Arten und *Cyclops*-Arten ihre Beute einfangen, weiß man gegenwärtig kaum. Was die Rädertiere anbelangt, so unterliegt es keinem Zweifel, daß die Formen mit zwei Wimperkränzen, *Pedalion*, pelagische Melicertiden, mit Hilfe ihres Räderorgans während der Bewegung sich die Beute einfangen, ganz analog den oben erwähnten Crustaceen; ebenso ist es wohl auch bei den Brachioniden. Das, was in diesem Fall die Zooplanctonorganismen im Gegensatz zu dem weitaus überwiegenden Teil ihrer Stammverwandten in der Litoralregion charakterisiert, ist, daß das Nahrungsmaterial automatisch bei der Bewegung der Locomotionsorgane eingefangen und zur Mundöffnung befördert wird. Bewegung und Zufuhr von Nahrungsmaterial kann nicht voneinander getrennt werden. Je rascher die Tiere sich bewegen, desto größere Nahrungsquantitäten werden vor die Mundöffnung gebracht, je langsamer, desto weniger. Da ferner die Schnelligkeit, mit welcher die Gliedmaßen und Wimpern schlagen, von der Temperatur abhängig ist, wird das Nahrungseinfangen eine Funktion der Bewegung, die wieder von der

Temperatur bestimmt wird; es sei hinzugefügt, daß das Einfangen nicht mit der Nahrungsaufnahme identisch ist; wohl bei allen hierhergehörigen Formen gibt es Bauverhältnisse, die es den Tieren gestatten, dem überflüssigen Nahrungsmaterial den Zutritt zur Mundöffnung zu versperren. Innerhalb der Litoralformen begegnen wir dieser Form des Nahrungserwerbes nur bei den Branchipodiden und Estheriden sowie bei Vertretern der Familie *Daphnidae* und bei festsitzenden Rädertieren, weiter, aber freilich in veränderter Form, bei Spongillen, Bryozoen und Lamellibranchiaten. Man hat gemeint (WOLTERECK), daß das Nannoplancton in einer ganz bestimmten Schicht sich aufhalten und daß den Temporalvariationen die Bedeutung zukommen soll, die Bahnen der Zooplanctonten zu horizontalisieren und die Tiere in der Nahrungsschicht zu halten. Mit bestem Willen kann ich nicht ersehen und auch andere mit mir nicht, daß WOLTERECK und seine Schüler einen Beweis für diese Behauptung erbracht haben. Was ich schon früher hervorgehoben habe (S. 465): Es steht fest, jedwede Struktureigentümlichkeit, welche die Tiere zwingt, ihre Bahnen zu horizontalisieren, muß notwendigerweise auch ein Entgegenarbeiten gegen die Fallgeschwindigkeit mit sich bringen.

Das Fehlen von Unterstützungsflächen in der pelagischen Region macht sich auch auf einem anderen Gebiet geltend, nämlich im Hinblick darauf, wo die *Eier* befestigt werden sollen. Das trifft ganz besonders für die Tiergruppen zu, welche als Litoralformen ihre Eier an verschiedenen Substraten der Litoralzone ankleben, in erster Linie an grünen Pflanzen. Ich verweise diesbezüglich besonders auf die Bemerkungen über die Eiablage bei den Rädertieren.

Wo der Typus, wie das bei den Copepoden der Fall ist, ursprünglich die Eier trägt, ist das natürlich auch bei den pelagischen Formen der Fall, aber es ist doch interessant zu sehen, daß wir gerade hier auf Formen stoßen, welche die Eier einzeln abwerfen *(Heterocope)*, ein Verhalten, das man möglicherweise auch bei *Cyclops oithonoides* und Diaptomiden finden wird, welche ganze Eiersäcke abwerfen. Wo bei dem Typus ursprünglich Brutpflege und Schutzhüllen für die befruchteten, miktischen Eier (Ephippien bei Cladoceren) vorhanden sind, begegnen wir dem gleichen Verhalten bei den pelagischen Formen, soweit die Arten nicht acyclisch sind. Aber gerade bei den ausgesprochensten Planctonorganismen *(Bythotrephes, Leptodora)* finden sich keine Ephippienbildungen, sondern Dauereier, die entweder, von klebrigen Gallertmassen umgeben, auf den Seeboden abgeworfen werden oder eventuell erst beim Tode des Muttertiers freikommen.

Wie schon erwähnt, zwingt das hochgradig unbeständige Verhalten des Süßwassers, besonders was die Temperaturen anbelangt, zahlreiche Organismen zur Ausbildung von Dauerstadien. Nur in der pelagischen Region, vor allem der größeren Seen, bieten sich den Organismen stabilere Verhältnisse, als das sonst gewöhnlich im Süßwasser der Fall ist. Es ist deshalb nicht unverständlich, daß gerade hier Überwinterungs- und Übersommerungsstadien (Dauereier) auf weiten Gebieten zum Wegfall kommen. Das ist bei den acyclischen Rassen von *Bosmina* und *Daphnia* und wohl auch bei vielen Lokalrassen der Brachionen und Anuräen der Fall. Das führt wieder einen ganz anderen Fortpflanzungscyclus herbei (Fortfall der Männchen), was wieder, da eine Amphimixis nicht stattfindet, die Ausbildung der zahlreichen Lokalrassen mit sich bringt. Endlich muß hervorgehoben werden, daß in der pelagischen Region mit ihren äußerst gleichmäßigen Lichtverhältnissen zusammen mit der Notwendigkeit herabgesetzten Gewichts, was eine Abschwächung der Panzerung zur Folge hat, ausgesprochene Hyalinität bei zahlreichen Planctonorganismen eine allgemeine Erscheinung ist. Bunte Färbung ist selten *(Gastropus)* und Schattierungen finden sich niemals. Es ist merkwürdig zu sehen, daß die Mückenlarve *Corethra plumicornis*, die durch *Mochlonyx culiciformis* mit den gewöhnlichen *Culex*-Larven in nahem Zusammenhang steht, eine jener Formen ist, welche die höchste Hyalinität erreicht.

Wir haben im vorhergehenden hauptsächlich die baltischen, eutrophen Seen im Auge gehabt; wir müssen uns in bezug auf die Fauna und Flora der oligotrophen und dystrophen Seen auf die Bemerkung beschränken, daß diese viel ärmer sind als die eutrophen Seen; das gilt ganz besonders für die dystrophen. Die profunde Fauna der oligotrophen Seen ist infolge genügenden Sauerstoffes am Grund, was die Artenzahl betrifft, vielleicht größer als in den eutrophen,

Abb. 848. Südexponierte Seite des Funketeiches; im Hintergrund des Bildes die Bucht mit wärmeliebenden südlichen Typen. (W.-L. phot.)

und sie ist aus anderen Elementen zusammengesetzt, aber soweit man sehen kann, ist die Individuenzahl doch wohl geringer als in den eutrophen. Namentlich spielt in ihnen *Niphargus* eine große Rolle; in einigen Seen Schnecken.

Die *oligotrophen* Seen mit arktischem oder alpinem Charakter, wie man ihnen im arktischen Gebiet, in der Schweiz und andernorts, besonders im Gebirge, und zwar in sehr wechselnder Höhe begegnet, haben in der Regel eine sehr arme Fauna und Flora.

Perennierende Kleinwässer.

Von allen Süßwässern sind keine schwerer zu charakterisieren als diese. Unter diesen Begriff fallen: 1. Kleinwässer in den Polargegenden und den Hochalpen, die manchmal mehr als 300 Tage im Jahr zugefroren sind und Felsen als Untergrund und eine äußerst spärliche oder gewöhnlich überhaupt keine Vegetation haben; 2. unsere eigenen, äußerst eutrophen Kleinwässer, die mit Seerosen, Laichkraut, Froschbiß u. a. m. bedeckt und von einer namentlich gegen den Spätsommer hin prachtvollen, hohen Vegetation zahlreicher schöner Blumen flankiert sind; 3. unsere Moorwässer, mit *Sphagnum* am Rande und eingesprengt Knöterich, *Oxycoccus* und viele andere Pflanzen; 4. unsere Dorfteiche, die von den enormen Planctonmengen grün sind; 5. unsere Dünen- und Heideseen mit ihrem sandigen Boden, die von *Erica* und Heidekraut eingerahmt sind; 6. die Kleinwässer der Tropen mit ihrer reichen, von unserer eigenen sehr verschiedenen Flora. Man kann die Kleinwässer wohl in erster Linie nach ihrem höheren oder niedrigeren p_H-Werten einteilen. Aber das würde hier zu weit führen. Hier sollen nur ein paar Einzelheiten näher beschrieben werden, die ihnen allen gemeinsam sind, sowie gewisse Eigenschaften, die ihr Plancton betreffen.

Interessant sind vor allem die merkwürdig hohen Temperaturen an den südexponierten, windgeschützten Seiten unserer Kleinwässer. Sie sind in den allerersten Frühlingstagen am auffälligsten (W.-L. 1911). Zu einer Zeit, wo die Teiche noch mit dickem Eis bedeckt sind, kann man bei Sonnenschein in unmittelbarer Nähe des Eises 7° C ablesen. Am 8. April 1909 war der kleine Funketeich bei Hilleröd noch vollständig eisbedeckt; nur längs der südexponierten Seite war ein eisfreier Rand vorhanden. Bei einer Lufttemperatur von 5° C wurden $^1/_2$ m vom Eisrand entfernt 16° C, in einem Loch im Eis 1° C gemessen. In der erwähnten Arbeit ist eine Reihe ähnlicher, auffallend hoher Temperaturen angegeben. Die Beobachtungen sind später oft bestätigt worden, zuletzt von Porsild (1935) für Kleinteiche in Grönland. Diese Randstreifen sehr warmen Wassers zur Frühjahrszeit bewirken vor allem, daß die Vegetation an solchen südexponierten Stellen viel früher herauskommt als an den nordexponierten, aber gleichzeitig, daß das ganze Tierleben dann, wenn noch Eis liegt, von der Wärme angezogen wird und sich hier in ungeheuren Mengen im warmen Wasser sammelt. Hier vollziehen zahlreiche ametabole Wasserinsekten ihre letzten Häutungen; hier reifen die Wassersalamander ihre Geschlechtsprodukte und hier werden die Hochzeitskleider schon angelegt. Hier finden sich die Hechte zum Laichen ein, während die Nordstätten noch eisbedeckt sind; hier in einem Wasser, das 20° C hat, laicht *Leuciscus rutilus* seine Eier ab zu einer Zeit, wo auf den Nordstätten nicht mehr als 5° C herrscht; hier beginnt *Limnaea ovata* schon im April mit der Eiablage. Aber diese hohen Temperaturen haben auch später im Jahr für die ganze Teichfauna ihre große Bedeutung. Die lauen, südexponierten Buchten, deren Boden mit schwarzem Schlamm bedeckt ist und die umrahmt und vollkommen windgeschützt sind durch breite Streifen von *Scirpus*, *Phragmites*, *Sparganium* u. v. a. Pflanzen zeigen wohl die höchsten Temperaturen, die wir bei uns aufweisen können. Im Juli-August an warmen Tagen kann die Temperatur in der Zeit von 2 bis 4 Uhr auf 28 bis 30° C steigen. Diese lauen Buchten sind Sammelplätze für eine Reihe wärmeliebender Tiere: *Ranatra*, *Epitheca maculata*, *Mansonia*-Larven, *Rana esculenta*, *Bombinator igneus* und *Dytiscus latissimus*. Sie sind ferner diejenigen Stellen, wo allein *Hydrocharis morsus ranae* seine Früchte ausreifen kann und wo bei uns männliche Pflanzen von *Stratiotes* gefunden werden. Der Nachweis dieser hohen Temperaturen an den Ufern unserer Kleinwässer erhielt ganz unerwartet auch eine gewisse Bedeutung für die Quartärgeologie.

Es ist eine oft hervorgehobene Erscheinung, daß Wasserpflanzen gerade in den alleruntersten und artenärmsten Partien spätglazialer Süßwasserschichten angetroffen werden. Sie scheinen in den Seen auf Breitengraden zu Hause gewesen zu sein, die damals beinahe in unmittelbarer Nähe des Eises lagen. Heutzutage vermissen wir diese Flora ganz in den hocharktischen Gebieten. Die Pflanzenreste in den glazialen Süßwasserablagerungen sprechen darum eine doppelte Sprache. Die Landflora mit *Dryas, Betula nana* u. a. deutet auf ein arktisches Klima, die Wasserflora auf ein bedeutend milderes. Sich nach den Wasserpflanzen richtend, hat man geschätzt, daß die *Dryas*-Schichten bei einer mittleren Julitemperatur von 6 bis 9° C gebildet worden waren. Noch schwieriger war es, die Anodonten in das Bild zu bringen; A. C. Johansen (1904), der geltend macht, daß die Mollusken den Juliisothermen der Luft folgen, meinte, daß er unter Hinblick auf die gegenwärtige Nordgrenze der Anodonten die Juliisotherme auf 13 bis 14° C ansetzen müßte.

Infolge der oben angegebenen Temperaturen in der Litoralregion besteht kein Hindernis irgendwelcher Art für die Annahme, daß man weit nördlicher von der Juliisotherme, bei der vermeintlich ein Wassertier mit seinem Vordringen stillhält, noch Örtlichkeiten finden kann, wo die Temperatur keinesfalls ein Hindernis für das Vorkommen desselben zu sein braucht. Da damals unser Land mit einer Dryasflora bedeckt war und also eine Julitemperatur von 6 bis 9° C geherrscht haben muß, können unsere Seen, wenn auch nur eine kurze Zeit hindurch, sehr wohl eine Temperatur von zirka 12° C an der Oberfläche in der pelagischen Region und eine beträchtlich höhere in der Litoralregion besessen haben. Sie können mehrere Monate des Jahres eisfrei gewesen sein. Wasserpflanzen und Anodonten können hier ohne weiteres Seite an Seite mit *Dryas* und *Betula nana* gelebt haben. Das kann uns wohl darin bestärken, daß die Juliisotherme 6 bis 9° C war, aber sie braucht nicht höher gewesen zu sein. Diese Vermutung wird noch bestärkt durch die Aussage Porsils (1935), daß, während die tiefen, arktischen Seen im großen und ganzen des Pflanzenlebens und auch fast allen Tierlebens entbehren, die Kleinteiche ein reiches Tier- und Pflanzenleben besitzen; die Flora dieser Teiche zeigt ein *fremdes, nichtarktisches Gepräge*. In bezug auf die Anodonten mag ferner daran erinnert werden, daß diese heutigentags bis in Tiefen von 8 bis 10 m hinausgehen. Im Furesee (1906) schwankt die Temperatur im August in 10 m Tiefe nur von 18,2 bis 16,2° C, während die der Oberfläche von 22,3 bis 15,5° C schwankt. Tiere, die in einer solchen Tiefe leben, dürften sich kaum stark darum kümmern, ob die mittlere Julitemperatur über einem See 8 bis 9° C ist oder 14° C.

Wenn die Wasserpflanzen und *Anodonta* heutzutage nicht so weit nach Norden vorgerückt sind und hier nicht zusammen mit der *Dryas*-Flora vorkommen, dürfte das wohl darin seinen Grund haben, daß die Litoralregion dort infolge der geringen Sonnenhöhe wohl kaum so hohe Temperaturen aufzuweisen hat wie in unseren Breitegraden und daß auch die Beschaffenheit der Seen eine andere ist. Die hier wiedergegebenen Anschauungen wurden 1909 dargelegt und Nathorst (1910) und auch andere Quartärgeologen haben ihnen zugestimmt.

Hat man es mit stark eutrophen Teichen zu tun, vor allem mit solchen, wo die Wasserblüte in großer Mächtigkeit auftritt, so kann die Temperatur in ihnen bei starkem Sonnenschein enorm steigen. Ich habe z. B. einmal im Frederiksborger Schloßsee 32° C gemessen; die Temperatur betrug am gleichen Tag an der Oberfläche des Furesees nur 20° C. Derartig hohe Temperaturen können ein plötzliches Fischsterben herbeiführen.

Im Winter kann die mit der Zerstörung der organischen Substanzen verbundene Wärmeentwicklung bewirken, daß die Temperatur am Boden in 5 m Tiefe unter dem Eis bis auf 5° C steigen kann; unmittelbar unter der Eisoberfläche ist die Temperatur nur zirka 2° C. Diese Temperaturen bewirken, daß selbst in Frostperioden ein Wegschmelzen des Eises an der Unterseite erfolgt. Am 27. Februar 1909 war das Eis in einem meiner Versuchsteiche 65 cm dick. Trotz einer zwei Wochen währenden Frostperiode, in der die Temperatur in der Nacht auf —10° C sinken konnte und kaum jemals über 0° stieg, nahm das Eis doch nicht an Dicke zu, sondern noch um 3 cm ab. Hackte man ein Loch in das Eis, so sprang das Wasser zirka $^3/_4$ m aus dem Loch heraus und stank fürchterlich; es war im Sommer ganz geruchlos. Es werden bei der Zersetzung große Mengen Methan frei, das sich in Form von Blasen unter dem Eis sammelt, bei

Sonnenschein sich hier durchfrißt und, indem sie Löcher in dem Eis bohren, das Abschmelzen befördert.

Ein Versuch, das Tierleben in diesen Kleinwässern zu schildern, würde ungefähr das gleiche bedeuten, als die ganze niedere Süßwasserfauna zu schildern.

Aus ihnen holte sich O. F. MÜLLER die große Zahl der für seine Zeit neuen Arten.

Die reiche Vegetation, die so viele unserer Kleinseen charakterisiert, und die reiche submerse Vegetation, die die breiten Zonen unserer Seen bildet, üben unzweifelhaft eine großen Einfluß auf den allgemeinen eutrophischen Charakter vieler der baltischen Gewässer aus. Die Vegetation absorbiert vom Boden Salze, welche bei ihrem Verwelken an das Wasser abgegeben werden und auf diese Art Bedeutung für die tierischen Organismen bekommen. Auch organische Bestandteile werden bei dem Auflösungsprozeß abgegeben und ausgenutzt; ferner stellen sie teils während der Destruktion, teils auch als frische Pflanzen einen großen Nahrungswert für allerlei Tiere dar und bilden Unterstützungsflächen und Plätze zur Eiablage für verschiedene Tiere. Daß hier ein enger Zusammenhang besteht zwischen der reichen Vegetation einerseits und dem unglaublich reichen Tierleben anderseits, ist unzweifelhaft. Wenn man in unseren eutrophen baltischen Kleinseen gesehen hat, welche enorme Bedeutung die höheren Pflanzen in der Litoral- und besonders in der Sublitoralregion für das Tierleben der Seen haben, ist es beinahe unbegreiflich, wie SHELFORD (1918) zu der Auffassung kommt, die er in dem folgenden Satz ausgedrückt hat: „One could probably remove all the larger plants and substitute glasstructures of the same form and surface texture without greatly affecting the immediate food relation." Man braucht nur im Herbst einen Blick auf unsere Potamogeton- und Nymphaeaceen-Teppiche zu werfen, die Dredge über die Elodea- und Characeen-Rasen zu ziehen oder die Stratiotes-Teppiche von 4 bis 5 m zu studieren, um zu verstehen, wie unrichtig diese Auffassung ist. Zu ganz ähnlichen Resultaten, wie ich selbst gekommen bin, sind auch andere (KLUGH 1926, RAYMOND 1938) gekommen.

Es wäre ein großes Mißverständnis, wollte man glauben, daß die Fauna der Kleingewässer in diesen Wässern gleich gut gedeiht, von welcher Beschaffenheit immer sie sein mögen. Viele sind offenbar an recht hohe p_H-Werte gebunden, viele und wohl die meisten an einen hohen Kalkgehalt, einige gerade an Teiche mit äußerst wenig Kalk und geringen Sauerstoffmengen *(Holopedium)*. Selbst wenn Raum dazu vorhanden wäre, könnte eine ausführlichere Darstellung nicht gegeben werden. Wir wissen noch allzu wenig über all dies. Es mag nur darauf aufmerksam gemacht werden, daß in Kleinseen und Teichen mit reicher Ufervegetation und einer gut entwickelten, pflanzenfreien Zentralpartie, einer pelagischen Region en miniature, ein reiches Plancton vorkommt, das von dem der Seen verschieden ist. Ist das Wasser etwas humussäurehaltig, so fehlen zumeist die Cyanophyceen, aber eine Reihe Flagellaten, *Synura uvella, Uroglena volvox, Dinobryon, Mallomonas, Ceratium hirundinella* können einander in regelmäßiger Reihenfolge ablösen und den Teichen eine sehr kräftige, gelbbraune Vegetationsfarbe verleihen; rote Farben, von *Euglena sanguinea* und *Bothriococcus Braunii* hervorgerufen, sind in Dänemark selten. In nicht wenigen Teichen können gewisse Chlorophyceen, *Pandorina morum, Eudorina elegans*, aber ganz besonders die *Volvox*-Arten für eine kurze Zeit große Maxima bilden und den Teichen eine grüne Farbe verleihen. In solchen Kleinwässern spielen die Diatomeen eine recht untergeordnete Rolle; *Melosira* und *Stephanodiscus* kommen nicht vor, *Fragillaria* ist selten. Die am häufigsten auftretende Form ist *Asterionella gracillima*. Ich habe durch 20 Jahre die Entwicklung des Funketeichs verfolgt und gesehen, wie seine ursprünglich pelagische Region immer mehr von Pflanzen mit Schwimmblättern eingenommen wurde. Gleichzeitig damit verschwanden die Diatomeen. Es hat sich noch ein schwaches *Asterionella*-Maximum erhalten.

Das Zooplancton wird vorzugsweise von Rädertieren und nur wenigen Crustaceen gebildet. Die Rädertiere gehören hauptsächlich zu den Gattungen *Brachionus* und *Anuraea, Triarthra, Polyarthra* und *Asplanchna*, außer einer Anzahl namentlich in den Sommermonaten auftretenden, weniger häufigen Formen. In Moorwässern zeigt u. a. *Pedalion* oft große Maxima. Im Gegensatz zu den Seen spielt in den Teichen besonders die Gattung *Ceriodaphnia* mit

Abb. 849. Klitsee auf Fanö; bei hohen Sommertemperaturen fast ausgetrocknet. Der Wasserspiegel von *Potamogeton natans* bedeckt; im Vordergrund *Menyanthes trifoliata*. Im Hintergrund graue Düne mit Schafen. (W.-L. phot.)

mehreren Arten eine bedeutende Rolle, dann *Bosmina longirostris* und longispine Daphnien. Die Copepoden sind vorwiegend vertreten durch *Diaptomus coeruleus* und gewisse *Cyclops*-Arten, zumeist wohl durch *C. strenuus*. Die Teiche sind der bevorzugte Wohnort der Turbellarien, Gastrotrichen, Oligochäten, Hirudineen, Cladoceren, Ostracoden, Copepoden, Hydrachniden und Gastropoden. In Teichen mit kleinen p_H vermißt man viele Turbellarien, Ostracoden, Hydrachniden und Gastropoden, wogegen eine Anzahl Gastrotrichen, Oligochäten und Cladoceren (Macrothriciden, *Holopedium*) gerade hier zu Hause sind. In Tümpeln und Mistpfützen erreichen *Daphnia magna* STRAUSS, *Rhinops, Hydatina, Asplanchna*-Arten zusammen mit Cyanophyceen, hauptsächlich *Clathrocystis*, große Maxima.

Temporäre Kleinwässer.

Unter temporären oder periodisch auftretenden Gewässern versteht man solche, welche nur kürzere oder längere Zeit bestehen und dann vollständig austrocknen, wobei sie eine dickere oder dünnere Schicht erstarrenden Schlamms zurücklassen. Sie besitzen übrigens eine äußerst verschiedene Beschaffenheit: 1. Schmelzwasseransammlungen auf ewigem Schnee, 2. kleine Tümpel auf Felsen, 3. Lehmpfützen in Steppen, 4. humushaltige Lachen in Wäldern mit Laubboden, 5. Dünenseen, 6. kleine Baumlöcher, 7. kleine Wasseransammlungen der Bromeliaceen, in Bambusgliedern, in Nepenthes-Kannen usw. Am besten bekannt und am meisten untersucht sind wohl die Schmelzwasserpfützen in Wäldern mit Buchenlaub oder Gras am Boden. Ihre Lebensdauer ist nur kurz, oft nur ein paar Frühjahrsmonate lang. Sie folgen genau der Lufttemperatur, frieren zu, wenn die Temperatur unter 0° sinkt und tauen rasch wieder auf, wenn die Temperatur steigt. Im Sonnenschein können sie selbst an Frosttagen auf den südexponierten Seiten 5 bis 7° C haben. In einem Klima wie dem unsrigen können sie oft im Laufe des Winters mehrere Male zufrieren und auftauen.

Es ist eigentlich ein verwunderlicher Gedanke, daß die oben erwähnten Örtlichkeiten, die gewöhnlich in den meisten, oft zehn Monaten des Jahrs keinen Tropfen Wasser enthalten, der natürliche Aufenthaltsort für eine ganze Fauna niederer Organismen sind, von denen man sagen kann, daß sie sich an das Leben hier angepaßt haben, und von denen viele gerade solche Verhältnisse verlangen, welche ihnen die periodischen Wässer bieten. Das besagt mit anderen Worten, daß ihre Organisation es verlangt, daß sie über einen Großteil des Jahrs in staubtrockenem Schlamm oder im Eis oder Erde eingefroren leben *müssen*. Viele der hierhergehörigen Formen sind sicherlich auch in kleineren, perennierenden Wässern anzutreffen, aber es gibt andere, die hier niemals gefunden werden, sondern nur in periodischen Kleinwässern vorkommen. Abgesehen von Insekten, Protozoen und Fischen, die hier natürlich nur selten vertreten sind (bei uns Stichlinge, Karauschen und *Leucaspius delineatus*), sind sie weiter oben behandelt worden. Es handelt sich in erster Linie um Euphyllopoden, welche mit *Limnadia*, *Lynceus*, *Apodidae* und *Branchipodidae* die Hauptformen dieser Fauna darstellen, ferner um gewisse Copepoden, in erster Linie *Diaptomus castor* JURINE und *C. amblyodon*, *Canthocamptus*-Arten, um eine Anzahl Turbellarien, vor allem *Mesostoma*-Arten, um eine Reihe *Cypris*-Arten, insbesondere *C. virens* JURINE, *C. pubera* O. F. M. und *Candona*-Arten, weiter um eine Anzahl Hydrachniden, u. a. die Gattungen *Hydryphantes* und *Thyas*, aber auch die Gattung *Curvipes*, um Oligochäten (*Tubifex*, *Lumbriculus* u. a.), um verschiedene Rädertiere, besonders Philodiniden, und einige Schnecken; soweit meine Erfahrung reicht, sind *Planorbis nitidus* O. F. M. und *Limnaea truncatula* (O. F. M.), durch einen Schleimdeckel beschützt, die an solchen Stellen am häufigsten vorkommenden Arten.

Arktische und hochalpine, periodische Kleinwässer besitzen insofern ihr eigenes Gepräge, als die Fauna hier ärmer und zugleich von etwas anderem Charakter ist, weil die Euphyllopoden hier mit anderen Arten auftreten; das gleiche gilt für die Diaptomiden. In Kleinwässern mit Lehmboden, den periodischen kleinen Gewässern der Steppen, kommt ein neues Element hinzu: die Estheriden. Im allgemeinen nimmt die Euphyllopodenfauna von Westen nach Osten zu; namentlich taucht eine Reihe neuer Branchipodiden auf. Die Tropen sind nicht sehr gut untersucht, aber immerhin weiß man, daß sich da eine viel reichere Molluskenfauna vorfindet als bei uns, insbesondere deckeltragende Schnecken, wie *Bithynia*, *Melania*, *Ampullaria*, die, durch den Deckel geschützt, im erstarrten Schlamm eingegraben liegen. Die Schmelzwasserpfützen des Schnees und der Hochgebirge beherbergen von mehrzelligen Organismen nur Nematoden und Philodiniden.

Eine ganz eigenartige Fauna trifft man in den kleinen Wasseransammlungen, welche in hohlen Baumstrünken, zwischen Ästen alter Bäume usw. vorkommen. In den letzten Jahren sind diese Baumhöhlen, ihre Lebensbedingungen und ihre

Bewohner mehrmals untersucht worden (Beattie und Howland 1929, Schmidt 1926, Rylow 1927). Auch ich habe sie während meiner Mückenstudien oftmals untersucht. Die Menge des Wassers ist natürlich immer klein, höchstens ein Liter, gewöhnlich ist sie viel geringer; die Temperatur des Wassers liegt fast immer unter jener der Luft, Eisbildung tritt früher ein als sonst im Wald. Alkalische Reaktion ist nach Thienemann das gewöhnliche. Der Boden der Höhlungen ist zumeist mit faulenden Blättern bedeckt; der O_2-Gehalt des Wassers wird durch die Verwesung stark verringert (Rylow 1927, Thienemann 1937). Die Höhlungen liegen gewöhnlich in Stammgabelungen, oft nahe am Boden in Baumstümpfen. Das Wasser ist gewöhnlich gelbbraun oder dunkelbraun und riecht oft furchtbar nach H_2S. In Trockenperioden wird die Wassermenge bedeutend verringert, und nur feuchte Erde und Blätter bleiben zurück. Merkwürdigerweise rührt sich hier ein reiches Tierleben. Wir wollen auf die Insekten (Culiciden- und Chironomiden-Larven, Syrphiden, Psychodiden, Cyphoniden u. a.) nicht eingehen und hier nur hervorheben (Thienemann 1937), daß Rotatorien, namentlich Philodiniden, Ostracoden *(Candona)*, Cladoceren *(Chydorus, Alona)*, Copepopen (Harpacticiden) und *Asellus aquaticus* das wichtigste Kontingent liefern. Auch Oligochäten und Nematoden kommen vor.

Was die Pflanzen anbelangt, die in ihren Blattachseln Wasser speichern, so gibt es hier in Europa sehr wenige. Die wichtigsten sind *Angelica silvestris* und *Dipsacus silvester*. Ich habe selbst oft die Wasseransammlungen von *Angelica* untersucht und hier große Mengen von Protozoen und Rotiferen gefunden. Die Wasseransammlungen von *Dipsacus* sind viel größer und beständiger. Varga (1928) gibt an, daß eine einzige Pflanze in ihren fünf bis sieben Becken bis einen Liter Wasser sammeln kann, gewöhnlich jedoch viel weniger. In diesen Becken hat Varga eine reiche Ausbeute an sehr verschiedenen Süßwassertieren gefunden (zahlreiche Ciliaten, Rotiferen, *Tubifex rivulorum*, einige Nematoden, dagegen aber keine Crustaceen).

In den Tropen sind die Verhältnisse ganz andere. Thienemann (1937) hat eine schöne Zusammenstellung über die Tierwelt der tropischen Pflanzengewässer gegeben. Es ist unmöglich, hier auf diese verdienstvollen Untersuchungen näher einzugehen; ich muß mich darauf beschränken, auf seine Arbeit hinzuweisen. Diese Wasseransammlungen, die sog. Phytotelmen — bei teilweise verdauenden Arten (*Nepenthes* Thienemann 1932) und teilweise nicht verdauenden Arten (Zingiberaceen), in Blattachseln (Bromeliaceen) und in Inflorescenzen, so wie auch bei verholzten Pflanzen (*Bambus*, Cocos, Baumlöcher usw.) vorkommend —, beherbergen eine sehr reiche und sehr interessante Fauna. Die meisten Abteilungen der Vermes, selbst Hirudineen und Polychäten kommen vor; von Crustaceen: Ostracoden, Harpacticiden und Cyclopiden; selbst Brachyuren fehlen nicht. Ferner eine große Menge von Insekten, besonders Dipteren. Als Kuriosum mag bemerkt werden, daß auch Amphibien, aber keine Fische, da sind.

Gemeinsam für alle Phytotelmen ist die räumliche Beschränktheit derselben; sie sind immer Mikroaquarien und immer voneinander isoliert; am Boden findet man stets bedeutende Mengen an organischem Detritus, welcher in so großen Mengen vorhanden sein kann, daß die Phytotelmen beinahe in Terrarien umgewandelt sind. Verschieden ist in erster Linie die chemische Zusammensetzung des Wassers, das teils verdauende Pflanzensekrete *(Nepenthes)*, teils nicht verdauende, schleimige Sekrete (Zingiberaceen, *Commelina*), teils Regenwasser, das mehr oder minder verunreinigt ist, enthält.

Eine ganz besondere Fauna von periodischen Kleinwässern sind die sog. „Almtümpel", die auch als „Blutseen" bezeichnet werden, weil sie sehr oft durch *Euglena sanguinea* rot gefärbt sind. Sie spielen in den Alpengegenden oberhalb der Baumgrenze, jedoch unterhalb der Region des ewigen Schnees, eine große Rolle. Als Beispiel dafür, in welchem Grad die Temperatur sich an einem Tag in einem solchen Tümpel ändern kann, sei angegeben, daß man in Niederösterreich (Lunz) am Mittag 28° C gemessen hat, nachdem er morgens mit Eis bedeckt war.

Unter welchen äußeren Verhältnissen diese Fauna der periodischen Wässer auch leben mag, so gibt es doch gewisse Verhältnisse, die allen ihren Mitgliedern gemeinsam zukommen. Sie müssen darauf eingestellt sein, nur durch wenige Monate des Jahrs ein aktives Leben zu führen; in diesen vermögen sie Temperaturen von 0 bis 28 oder 30° C zu ertragen. Sie müssen ferner imstande sein, den Rest des Jahrs in einer oder der anderen Form, und nicht allein acht bis zehn Monate des Jahrs, sondern sogar, weil die Örtlichkeiten nicht jedes Jahr Wasser führen, Jahr auf Jahr in trockenem Schlamm eingegraben zu liegen. Wir besitzen sichere Angaben darüber, daß trockener Schlamm, der über zehn Jahre gelegen war, gleichwohl noch Organismen geliefert hat (Larven von Euphyllopoden).

Von diesen Organismen wird also in erster Linie eine enorm rasche Entwicklung verlangt. Die Entwicklung der Euphyllopoden dauert vom Augenblick, wo sie aus dem Ei schlüpfen, bis zur Erlangung der Geschlechtsreife weniger als 14 Tage; *Daphnia magna* STRAUS soll das in sieben Tagen können. Wer dies Tierleben der austrocknenden Tümpel studiert hat, wird immer wieder die betrübliche Erfahrung machen, daß man Jahr für Jahr zu spät kommt. Noch während gewisse Waldtümpel, die niemals Sonne erhalten, eisbedeckt sind, können sonnenbeschienene Pfützen ihre volle Fauna mit Ostracoden, *Diaptomus castor* usw. aufweisen.

Was weiter noch diese Fauna charakterisiert, das ist ihre enorme Produktion. Acht bis zehn Tage, nachdem· das Ei verschwunden ist, kann das Wasser einen Brei von *Cypris virens* JURINE und *C. pubera* O. F. M. u. a. darstellen. Der Boden kann mit diesen Tieren bedeckt sein und mit dem Netz kann man Händevoll heraufbringen. In den wenigen Wochen und höchstens paar Monaten, welche diese Tümpel offen sind, folgt Generation auf Generation. Die Art ihrer Vermehrung ist auf diese rasche Produktion eingestellt. Auf weiten Gebieten findet man bei gewissen Formen, z. B. gerade bei den Ostracoden, welche in periodischen Kleinwässern zu Hause sind, Männchen überhaupt nicht. Sie sind überflüssig, die Zeit erlaubt nicht, daß die Arten sie produzieren; es ist nicht angezeigt, daß die Hälfte aller Individuen keine Eier legen soll; alle Individuen der Art müssen sich an der Eiablage beteiligen. Die Parthenogenese ist, wie das bei den Ostracoden der Fall ist, eines der Mittel dazu; bei anderen, wie den Daphnien, findet man eine solche als Glied in einer Heterogonie; zur Bildung der einzelnen Würfe bedarf es nur zwei bis vier Tage. Erst wenn das Wasser rot von Daphnien geworden ist und zu verdunsten beginnt, treten die Männchen auf. Die Rädertiere verhalten sich wie die Daphnien; die Natur selbst benutzt die „Crowding"-Methode. Die Turbellarien sind Hermaphroditen und können sich selbst befruchten; Würmer vergrößern die Individuenzahl auf dem Weg der Querteilung.

Überwinterung und Übersommerung erfolgen auf ganz verschiedene Weise; bei Cladoceren in Ephippien, bei Rädertieren, Turbellarien, Euphyllopoden in Dauereiern. Die Diaptomiden haben dicke Gallerthüllen um den ganzen Eiersack. Eine große Anzahl ist imstande, die Austrocknung als entwickelte Tiere zu ertragen, so die Ostracoden, Schnecken u. a.; gewisse Copepoden bilden kleine Kugeln, in deren Innerem sie überwintern und übersommern. Die Philodiniden ziehen sich zu Kugeln zusammen oder fertigen sich Cysten an; das gleiche ist bei vielen Oligochäten der Fall.

Man sagt ja wohl, daß diese Fauna nur durch wenige Monate ein aktives Leben aufweisen kann; aber wenn die Örtlichkeiten im November Wasser führen und der Winter nicht so streng ist, daß die Tümpel bis zum Boden einfrieren findet man *D. castor* JURINE den ganzen Winter hindurch unter dem Eis; die *Limnetis*-Larven schlüpfen und die Ostracoden fehlen nicht; in diesem Fall gleicht das Leben unter dem Eis sehr dem Leben in den perennierenden Teichen.

Salzseen.

Der Salzgehalt der Salzseen ist äußerst verschieden, von außerordentlich geringem Salzgehalt bis zu sehr großen Mengen von Salz; der große Salzsee in Utah hat z. B. bis zu $222{,}4^0/_{00}$. Der Salzgehalt wechselt sehr stark im Laufe des Jahrs, im Winter kann er außerordentlich gering sein, im Sommer dagegen, wenn das Wasser verdunstet und die Größe stark abnimmt, kommt es zu einer Übersättigung mit Salz.

Diese Salzseen besitzen ihre eigene Fauna; in Seen mit schwachem oder einigermaßen konstantem Salzgehalt kann noch ein Großteil der Süßwasserfauna vorkommen, aber je höher der Salzgehalt steigt und je mehr er im Laufe des Jahrs schwankt, desto ärmer wird die Fauna. Außer einer Anzahl Insekten, Käfern, Fliegenlarven *(Ephydra)* sind es insbesondere Branchipodiden mit *Artemia* (s. S. 411) und *Diaptomus* mit *D. salinus*, welche sich an hohen Salzgehalt angepaßt haben. Man findet sie hier oft in so ungeheuren Mengen, daß die Seen rot gefärbt sind. Tiere, die unter solchen Verhältnissen leben müssen, müssen Mittel besitzen, um dem besonders hohen Salzgehalt im Sommer widerstehen zu können; sie haben zumeist alle dickschalige Eier, in denen sie diese Perioden überstehen. Daß der Salzgehalt auf die Gestalt einen Einfluß besitzt, das wurde bei *Artemia* besprochen. Der Salzgehalt im Toten Meer ist so groß, daß dieser See ohne Leben sein soll.

Die unterirdische Fauna.

Höhlenseen und Höhlenflüsse. In einem größeren Handbuch der Limnologie darf die unterirdische Süßwasserfauna nicht ganz übergangen werden. Seit der Zeit, als VALVASOR 1689 in seinem Werk: „Die Ehre des Herzogthums Crain" den Höhlensalamander beschrieben hat, eine Ehre, deren Krain infolge des allzu eifrigen Fangens verlustig zu gehen droht, hat die Höhlenfauna in stets steigendem Grad die Aufmerksamkeit auf sich gezogen. Unser Landsmann I. C. SCHIÖDTE hat dazu einen sehr interessanten Beitrag geliefert. Um die Mitte des vorigen Jahrhunderts wurde das Interesse gesteigert durch die Untersuchungen nordamerikanischer Forscher (EIGENMANN u. a.) über die Höhlen Nordamerikas mit ihren merkwürdigen Höhlenkrebsen, zahlreichen Höhlenfischen und Höhlensalamandern. Ungefähr um 1900 wurden die prächtigen Untersuchungen von ABSOLON in Albanien, von CHAPPUIS in Rumänien, von RACOVITZA und VIRÉ in den Mittelmeerländern begonnen. Durch diese Forschungen ist ein ungeahnter Reichtum an Formen bekannt geworden. Das meiste über die Höhlenfauna in dieser Arbeit ist den Werken von SPANDL, CHAPPUIS und RACOVITZA entnommen.

Namentlich in zwei Hinsichten hat die Höhlenfauna die Forscher interessiert. Die eine betrifft die Anpassungen der Fauna an die außergewöhnlichen Verhältnisse, die andere die Art und Weise, wie, und den Zeitpunkt, wann die Höhlen bevölkert worden sind.

Die Verhältnisse in den Höhlen sind in jeder Hinsicht merkwürdig; in erster Linie herrscht absolute Finsternis; dann sind die Lebensbedingungen das ganze Jahr hindurch vollständig gleichartig. Man kann im großen und ganzen sagen, daß die Höhlenfauna keine Jahreszeiten kennt; die Luftfeuchtigkeit ist hoch und ungefähr das ganze Jahr dieselbe; die Erscheinung Wind existiert sozusagen nicht oder doch nur beim Höhleneingang. Sehr fühlbar macht sich weiter die vollkommene Absperrung, eine nennenswerte Beziehung mit der Umwelt existiert

nicht. Grüne Pflanzen fehlen sozusagen gänzlich. Die Ernährungsbedingungen
der Tiere hier sind deshalb ganz andersartig als jene, welche an der Oberfläche
herrschen. Das Nahrungsmaterial bilden Pilze und Detritus, der mit den Flüssen
und durch Felsritzen hereinkommt, ferner Fledermausdünger, der eine große
Rolle spielt. Eine nicht geringe Anzahl sind ausgesprochene Raubtiere.

Die wirbellose Süßwasserfauna der Höhlen zeigt in ihrer Zusammensetzung
viele eigenartige Züge. Rhabdocöle Planarien fehlen wohl gänzlich, dagegen sind
die paludicolen Tricladen reichlich, Oligochäten schwach vertreten; von Egeln
kommt nur einer vor, von Polychäten, welche im Süßwasser fast nicht vorkommen,
gibt es mehrere Höhlenformen (s. S. 304). Eigentümlicherweise fehlen alle
Phyllopoden, Ostracoden gibt es nur wenige, *Diaptomus* fehlt ganz; Cyclops hat
nur wenige, die Harpacticiden dagegen viele Vertreter. Sehr eigenartig sind die
mit den Syncariden verwandten Formen *Bathynella* und *Parabathynella* (s. S. 518).
Die Krebsgruppen, welche weitaus die meisten Formen an die Höhlen abgegeben
haben, sind die Isopoden und Amphipoden, die in einer sehr großen Anzahl vorkommen und durch oft höchst bizarre Formen vertreten sein können. Auch die
Mysiden und Atyiden haben Vertreter geliefert. Im allgemeinen haben die Decapoden vor allem außerhalb Europas, die Cambariden in Amerika, ein bedeutendes
Kontingent abgegeben. Auch Schnecken können reichlich vorhanden sein
(Lartetia). Viele von allen diesen Formen sind im vorausgehenden besprochen
worden. Eine der auffälligsten Eigenschaften der Höhlenfauna ist die geringfügige Ausbildung von Pigment; eine große Anzahl ist weiß, einige hochgradig
durchsichtig; Skelete sind sehr schwach ausgebildet; Sehorgane sind gewöhnlich,
aber nicht immer, sehr stark reduziert; viele Tiere sind vollständig blind. Zum
Ersatz dafür sind die Tastorgane oft sehr stark entwickelt, sehr verlängerte
Tentakel kommen oft vor; die Ausstattung mit Sinneshaaren ist sehr reichlich.
Da die Temperatur das ganze Jahr hindurch gleich ist, sind zumeist keine deutlichen Sexualperioden vorhanden; die Jungen der verschiedenen Arten trifft
man in den Höhlen jederzeit an.

Die zweite Frage, welche die Forscher interessiert hat, ist, wie die Höhlen
bevölkert worden sind. Man pflegt die Höhlenfauna in drei Gruppen einzuteilen:
1. die sog. Troglobien, das sind Höhlentiere, welche sich niemals außerhalb der
Höhlen vorfinden und welche man als echte Höhlentiere betrachten kann; von
ihnen gibt es nicht viele. *Proteus* gehört hierher; 2. die troglophilen Tiere, die nicht
selten an die Oberfläche kommen, aber besonders zu bestimmten Zeiten in den
Höhlen zu finden sind. Zu dieser Gruppe gehört ein Großteil der Fauna; 3. die
trogloxenen Formen, das sind solche, wie *Planaria gonocephala* Dugès, die zufällig
hineingeraten oder mit Hochwasser eingeschwemmt worden sind. Die häufigste
und richtigste Ansicht ist die, daß die Höhlenfauna nicht zuerst in den Höhlen sich
ausgebildet hat. Die verschiedenartigsten Örtlichkeiten auf der Erdoberfläche besitzen überaus geringe Lichtmengen; unter Steinen in schattigen
Bächen, in Pfützen in dichten Wäldern, in Felsritzen findet man überall
lichtscheue, das Dunkle liebende Tiere, für die die Höhlen mit ihrer
Finsternis natürliche Zufluchtsstätten wurden. Aus ihnen rekrutieren sich
und von ihnen stammen die troglophilen Höhlentiere. Man hat experimentell nachgewiesen (Viré), daß, als man *Gammarus fluviatilis* Rösel
(= *Carinogammarus Roeselii* Gervais) in den Katakomben von Paris hielt,
die Tiere im Verlauf von sechs Monaten sich ganz entfärbten; es fehlte ihnen
jegliches Pigment. Bringt man dagegen *Niphargus* ans Licht, so bilden sich im
Laufe von zwei Monaten Pigmentflecken; die Fähigkeit zur Pigmentbildung
ist nicht verlorengegangen. Hingegen kann man nicht dadurch, daß man
G. fluviatilis ins Dunkle bringt, eine Reduktion der Augen herbeiführen.

Neben dieser troglophilen Fauna, die vom geologischen Standpunkt aus sich zu einem recht späten Zeitpunkt an das Leben in den Höhlen angepaßt hat und sich noch weiter anpaßt, beherbergen die Höhlen eine Reihe präglazialer Formen, für welche sie unter geänderten Klimaverhältnissen Zufluchtsstätten geworden sind und die man als Relikte ansehen muß, gleichwie auch die Höhlen nach der Eiszeit bei der Abschmelzung Stellen geworden sind, wo eine Anzahl von Tierformen, als die Temperatur allmählich stieg, jene niedrigen Temperaturen vorfanden, an welche sie angepaßt waren. Ohne daß wir über die Einwanderungszeit etwas Genaueres wissen, können wir wohl einen großen Teil der Schnecken, die zahlreichen *Lartetia*-Arten, die Bathynellen mit ihren jetzt lebenden, nächsten Verwandten in Australien und viele andere als Relikte betrachten, welche unter den geänderten Verhältnissen der Erde die Höhlen aufsuchten und, soweit es ihre Organisation zuließ, sich in Übereinstimmung mit den Verhältnissen umbildeten, welche ihnen das neue Milieu geboten hat.

Als eine besondere Form der unterirdischen Wässer können *tiefe Brunnen* genannt werden, von denen sich gezeigt hat, daß sie eine merkwürdige Fauna enthalten, die am besten durch die Untersuchungen VEJDOVSKYS in Prag (1882) bekannt geworden ist. Der typischste Repräsentant dieser Fauna ist *Niphargus puteanus* (KOCH), der sog. „Brunnenkrebs". Aber die Fauna umfaßt auch Protozoen, verschiedene Plattwürmer, Nematoden, Rädertiere und Oligochäten, verschiedene Copepoden, Ostracoden und die merkwürdige *Bathynella natans* VEJD.

Die fließenden Wässer.

Flüsse. Außer dem stehenden Brackwasser, den Ästuarien usw., in denen die Süßwasserfauna sich langsam umgebildet und an das Leben im neuen Element angepaßt hat, sind die fließenden Wässer allzeit die großen Wanderstraßen gewesen, auf welchen die Meeresfauna eingewandert ist; in den Flußmündungen mit ihrem abwechselnd süßen und salzigen Wasser, das stets mit Nahrungsmaterial überladen ist, haben sich überall auf Erden zu allen Zeiten und auch heute noch marine Elemente an das Leben im Süßwasser angepaßt. Heutigentags erfolgt diese Anpassung vorwiegend in den Tropen und nimmt immer mehr ab, je mehr wir uns den Polen nähern.

Nur wenige Formen — abgesehen von Fischen, Insekten und einigen Mollusken — fanden in den Flüssen ihr bleibendes Heim. Weder die pelagische Region der Flüsse noch auch in weitem Ausmaß das Bodenbett eigneten sich zum Wohnort für eine Süßwasserfauna. Die Flüsse besitzen kein Plancton; Planctonorganismen fehlen wohl nicht, aber es sind die der Seen und die durch Hochwässer aus den Bachläufen und Altwässern ausgeführten Organismen, welche von der Strömung gegen das Meer geführt werden und dabei wohl überwiegend zugrunde gehen. Zum großen Teil besteht das Flußbett wenigstens bei Hochwasser aus rollendem Sand, Kies und kleinen Steinen. Eine der eindrucksvollsten Erinnerungen, die ich als Limnologe aus der Schweiz mitgebracht habe, war ein Anblick, den ich an einem zeitlichen Frühlingstag von einer der Rheinbrücken hatte. Durch das reine, klare Wasser sah ich das ganze, mehrere Meter tiefe Flußbett, das mit Kies und kleinen Steinen bedeckt war, in ständig rollender Bewegung. Nicht eine Spur von Detritus war zu sehen; der ganze Boden rollte und rollte unaufhörlich vorwärts, gegen das Meer hinaus. Daß an einer solchen Örtlichkeit kein Organismus gedeihen kann, versteht sich von selbst.

Abgesehen von den Quellursprüngen, die ihre eigene Fauna besitzen, ist die Fauna, der man in Flüssen begegnet, hauptsächlich an die Ufer und die Nebenwässer gebunden; erst wenn der Fluß einen ruhigen Lauf zeigt und der Detritus sich ablagern kann, entsteht eine Bodenfauna. Unter den Insekten trifft man auf eine ganze Reihe von Formen, die man mit Recht als potamophil bezeichnen kann, aber abgesehen von ihnen haben wir in den europäischen Flüssen — und wir kennen eigentlich nur deren Fauna etwas genauer — jedenfalls nur äußerst wenige, die nicht in weit höherem Grad den stehenden Gewässern angehören. In den Tropen verhält es sich anders. Soweit die in den Flüssen vorkommenden Organismen nicht Raubtiere sind, stellen sie in erster Linie Detritusfresser dar. Die enormen Quantitäten von Detritus, welche die Flüsse mit sich führen, bewirken an solchen Stellen, wo eine Bodenfauna auftreten kann, daß einzelne Arten in unfaßbar großen Mengen viele Meilen des Flußbodens besetzt halten können; das gilt für die Kugelmuscheln, Bryozoen, Spongillen, Oligochäten, ebenso wie sie auch hier Größen erreichen können, welche sie im allgemeinen in fließendem Wasser nicht erreichen. Nur an den Uferabhängen und auf Felswänden kann sich eine reiche, zumeist aus Insekten und Mollusken bestehende Fauna entwickeln. Die Mollusken der Flüsse sind in der gemäßigten Zone kaum sehr verschieden von jenen der stehenden Wässer und gehören mehr den Flachufern und ihrer Vegetation an. Die Kiemenschnecken dürften hier über die Lungenschnecken vorherrschen. Die großen Flüsse der Tropen verhalten sich in dieser Hinsicht anders.

Abb. 850. Fönstrup-Bach bei Hilleröd. Frühjahrstag. (W.-L. phot.)

In den *Quellursprüngen*, ob sie von Gletschern herkommen oder aus der Erde empordringen, findet sich eine Fauna, die sich eng an das Leben hier angepaßt hat und die in stehenden Wässern nicht gedeihen kann. Diese Fauna, die sehr verschieden ist je nach dem Charakter der Quellen und die abhängig ist von und angepaßt an die Temperatur der einzelnen Quellen, an die Meereshöhe, die geographische Lage, die Strömungsstärke, die chemische Zusammensetzung, je nachdem das Wasser aus Urgestein oder einem Kalkgebiet kommt, hat in letzter Zeit die Aufmerksamkeit der Forscher in hohem Grad auf sich gezogen. Es ist eine Fauna, die in ihrer ausgeprägten Zusammensetzung in reißender Strömung, brausenden Bergbächen zu Hause ist und die sich lichtet und etwas von ihrem Sondergepräge verliert, sobald die Strömung weniger kräftig ist. In den Bergbächen der Tropen kommt auf der ganzen Erde eine merkwürdige Fauna von Fischen und Amphibienlarven vor. Hier sowohl als auch in der gemäßigten Zone findet sich ferner eine reiche Insektenfauna, innerhalb welcher Larven von Köcherfliegen, Eintagsfliegen, Perliden, Simuliiden einen sehr wesentlichen Teil ausmachen. Aber außerdem zählen sie zahlreiche Mitglieder von Turbellarien, von denen einige S. 86 genannt sind, gewisse Ostracoden, Schnecken, aber hauptsächlich doch eine große Zahl Hydrachniden, die namentlich in den letzten Jahren eingehend studiert worden sind. Die Vertreter dieser Fauna haben alle, damit ihnen niemals die Gefahr droht, vom reißenden Wasser weggerissen zu werden, Retentionseinrichtungen der verschiedenartigsten Bauweise. Saugnapfbildungen bei Fischen, Amphibienlarven, Larven von Ephemeriden, Blepharoceriden, Simuliiden, Planarien und Egeln; ferner eine allgemeine Tendenz, den Körper flach und schwer zu machen, um die Angriffspunkte für das vorbeiströmende Wasser zu vermindern (Köcherfliegen- und Eintagsfliegenlarven u. a.), große Fußscheiben *(Ancylus)*, sehr kräftige Klammerapparate (eine große Zahl Hydrachniden), sehr häufig ein starkes Hautskelet, in gewissen Fällen ein Spinnvermögen, wie wir es bei den Simuliiden-Larven, den Köcherfliegenlarven und gewissen Schmetterlingslarven u. a. kennen. In den Bergströmen Südamerikas (Parana) lebt eine Kugelmuschel, *Byssanodonta paranensis*, die sich mit Byssusfäden an der Unterlage befestigt ganz so wie zahlreiche Meeresmuscheln. Eigenartige Anpassungsverhältnisse findet man auch in bezug auf die Eiablage. Überall ist Gefahr vorhanden, daß die Eier weggespült werden. Die meisten Formen haben Spinn- oder Klebdrüsen, mit deren Sekreten die Eier in Kuchenform an Steinen angeklebt werden, andere bergen sie in Gruben und bedecken sie mit Sand. Hat man es mit Typen zu tun, welche normalerweise eine Verwandlung besitzen, dann fällt diese weg, die Tiere bilden große Eier und ein Teil der Entwicklung wird in diesen durchlaufen.

Festsitzend, wie ein Großteil dieser Bachfauna ist, besteht ihre Nahrung aus jenen Organismen, welche ihnen von der Strömung zugeführt werden. Viele besitzen in Übereinstimmung damit Strudelorgane, welche die Nahrung zu ihnen hinwirbeln (Simuliiden-Larven u. a.); andere bilden sich ein Fangnetz, welches das Material einfängt; dieses wird später von den Mundteilen und Gliedmaßen abgebürstet (Köcherfliegen).

Wenn diese Fauna in neuerer Zeit besondere Beachtung gefunden hat, so ist das in erster Linie gerade den zahlreichen Anpassungen zuzuschreiben, welche sich in ihrer Organisation zeigen. Gewisse Bauverhältnisse kehren in den verschiedensten Tiergruppen immer und immer wieder und streben demselben Ziel zu, sind aber je nach der Organisation des Typus auf ganz verschiedene Weise gebaut. Ein Saugnapf zur Befestigung der Tiere auf Steinen in der reißenden Strömung ist prinzipiell überall der gleiche, aber das Material, das ein Fisch, ein Amphibium, eine Blepharoceride, eine Eintagsfliege, eine Simuliiden-Larve verwendet, ist weit verschieden. Aber auch aus einem anderen Grunde hat diese Fauna das Interesse der Forscher in Anspruch genommen. Es besteht kein Zweifel darüber, daß auf diese Fauna das kalte, stets überaus sauerstoffreiche Wasser der Quellen eine Anziehungskraft ausgeübt hat. Die Quellen wurden bevölkert von Formen, welche man als stenotherme Kaltwassertiere zu bezeichnen pflegt. Ein Großteil dieser Fauna ist ohne Zweifel präquartären Ursprungs, aber vieles deutet darauf hin, daß ein anderer Teil als Eiszeitrelikt betrachtet werden muß, Formen, die, als die Temperatur nach der Eiszeit stieg, die Quellen aufsuchten und hier ein zweites Heim fanden. In den obersten Lauf der Flußsysteme eingeschlossen, lebt diese Fauna, die früher weite Gebiete beherrscht hat, nun abgesperrt, an zahllosen, scharf begrenzten Örtlichkeiten isoliert und bildet abgesprengte Kolonien ohne gegenseitige Verbindungen. Ihre Ausbreitung in den Hochalpen, in den arktischen Gegenden, in den kalten Moorgebieten in Mitteleuropa, gewisse Eigenschaften ihrer Biologie, unter anderm die, daß die Fortpflanzung in der Regel im Winter oder wenigstens nicht bei höchster Sommertemperatur erfolgt, deuten darauf hin, daß man es in ihr mit einer arktisch-alpinen Fauna zu tun hat, welche mit dem Aufhören der Eiszeit sich an diese Stellen zurückgezogen hat, welche als letzte von allen in den Gebieten, über die sie früher verbreitet waren, noch imstande sind, ihnen die erforderlichen Lebensbedingungen zu bieten.

Es mag hinzugefügt werden, daß auch die Quellen ihre kalksammelnden, gesteinbildenden Organismen haben. Als eine solche hat THIENEMANN eine Chironomide, *Lithotanytarsus emarginatus* (GOETGEBUHR), beschrieben.

Thermalwässer. Eine ganz besondere Fauna der fließenden Wässer sind die *warmen Quellen* mit ihrer sehr armen, aber eigentümlichen Thermalfauna. Diese ist insbesondere von Italien und der Pyrenäischen Halbinsel bekannt. Außer gewissen Protozoen und auffallend vielen Käfern haben sich ein paar Ostracoden, ein paar Malakostraken, *Palaemonetes varians* und *Sphaeroma Dugesi*, sowie eine kleine *Paludina, Paludestrina aponensis,* und wenige Limnäen *(L. ovata* var. *pereger)* an Temperaturen angepaßt, die zwischen 35 und 40° C liegen. Auch eine *Aeolosoma*-Art, *Ae. quaternarium,* findet man bei solchen Temperaturen. Als Hauptform werden jedoch Philodiniden angegeben. Wenn zuweilen behauptet wird, daß Formen bei höheren Temperaturen vorkommen können, so ist das dem Umstand zuzuschreiben, daß die Temperatur an der Oberfläche gemessen wurde, nicht am Boden, wo alle diese Tiere leben und wo die Temperatur viel niedriger ist. Sehr interessant ist es, daß gewisse Schnecken der Gattung *Melanopsis,* die der tropischen und subtropischen Zone angehören, sich in ungarischen und italienischen Thermen finden. Man vermutet, daß es Relikte aus der Tertiärzeit sind, die sich hier Örtlichkeiten gefunden haben, wo sie sich bis auf unsere Tage haben erhalten können.

Literaturverzeichnis.

Bei Abfassung des vorliegenden Literaturverzeichnisses ist das Hauptgewicht auf die biologische Literatur gelegt worden. Der ganzen Anlage des Werkes nach sind alle wesentlichen Arbeiten des dänischen süßwasserbiologischen Laboratoriums mit aufgenommen worden. Bezüglich der Systematik wird auf BRAUERS Deutschlands Süßwasserfauna verwiesen. Innerhalb der einzelnen Tiergruppen wird aber so weit wie möglich das systematisch-anatomische Hauptwerk angeführt. Mit einem Stern sind jene Werke bezeichnet, welche das ausführlichste Literaturverzeichnis enthalten, oder solche, die die eingehendsten Mitteilungen über das betreffende Thema bringen. Fette Zahlen bedeuten die Nummer des Bandes.

Handbücher und Sammelwerke.

BRAUER: Die Süßwasserfauna Deutschlands. Jena, 1909.

BREHM, V.: Einführung in die Limnologie. Biologische Studienbücher, Bd. 10. Berlin, 1930.

BRUMPT, E.: Précis de Parasitologie. Paris, 1936.

v. BUDDENBROCK, W.: Grundriß der vergleichenden Physiologie. Berlin, 1928.

CLAUS, C.: Grundzüge der Zoologie. Marburg, 1880.

—, K. GROBBEN u. A. KÜHN: Lehrbuch der Zoologie. Berlin u. Wien, 1932.

CUENOT, L.: La Genèse des Espèces animales. Paris, 1921.

EKMAN, S.: Djurvärldens Utbrednings historia paa skandinaviska Halvön. Stockholm, 1922.

FOREL, F. A.: Lè Léman I—III. Lausanne, 1892—1901.

HARTMANN, M.: Allgemeine Biologie. Jena, 1927.

HERTWIG, R.: Lehrbuch der Zoologie. Jena, 1931.

HESSE, R.: Tiergeographie auf ökologischer Grundlage. Jena, 1924.

— u. F. DOFLEIN: Tierbau und Tierleben. HESSE: Tierbau, 2. Aufl. 1935. DOFLEIN: Tierleben. 1914.

v. HOFSTEN, N.: Ärflighetslära. Stockholm, 1919.

JORDAN, H.: Allgemeine vergleichende Physiologie der Tiere. Berlin u. Leipzig, 1929.

KÜCHENTHAL, W.: Handbuch der Zoologie. Berlin u. Leipzig, 1923—1939.

LAMEERE, A.: Précis de Zoologie. Vol. 1—5. Bruxelles, 1929—1938.

LAMPERT, K.: Das Leben der Binnengewässer. Leipzig, 1925.

LAUTERBORN, R.: Der Rhein. Naturgeschichte eines deutschen Stromes. Freiburg, 1930, 1934; Ludwigshafen, 1938.

LENZ, F.: Einführung in die Biologie der Süßwasserseen. Biologische Studienbücher, Bd. 9. Berlin, 1928.

MEISSENHEIMER, J.: Geschlecht und Geschlechter, Bd. 1—2. Jena, 1921—1930.

MURRAY, J. and PULLAR, L.: Bathymetrical Survey of the Freshwater Lochs of Scotland. 1910.

NAUMANN, E.: Sötvattnets Plankton. Vetenskab og Bildning, Bd. 32. Stockholm, 1924.

OSBORN, H. F.: Origin and Evolution of Life. 1917.

SCHULZE, P.: Biologie der Tiere Deutschlands. Leipzig, 1917.

STEUER, A.: Planktonkunde. Leipzig u. Berlin, 1910.

THIENEMANN, A.: Die Binnengewässer Mitteleuropas. Die Binnengewässer. Stuttgart, 1925.

Thienemann, A.: Die Binnengewässer. Einzeldarstellungen aus der Limnologie. Stuttgart, 1925 bis 1937.

Ward, H. B. and Whipple, G. C.: Freshwater Biology. New York, 1918.

Welch, P. S.: Limnology. New York and London, 1935.

Spongillidae.

Arndt, W.: Die Süßwasserschwammfauna Schwedens, Finnlands und Dänemarks. Ark. Zool., Stockholm **24** (1932).

Brien, P.: La réorganisation de l'Esponge après dissociation par filtration et phénomènes d'involution chez *Ephydatia fluviatilis*. Arch. Biol. (Fr.) **48** (1937).

Bröndsted, H. V.: Entwicklungs-physiologische Studien über *Spongilla lacustris* (L.). Diss. København, 1937.

Ewans, R.: The Structure and Metamorphosis of the Larva of *Spongilla lacustris*. Quart. J. microsc. Sci. **42** (1899).

Galtsoff, P. S.: Regeneration after Dissociation (an experimental study on sponges) I & II. J. exper. Zool. **42** (1925).

Lauterborn, R.: Ein für Deutschland neuer Süßwasserschwamm (*Carterius Stepanowi* Dyb.). Biol. Zbl. **22** (1902).

Maas, O.: Über die Entwicklung des Süßwasserschwammes. Z. wiss. Zool. **50** (1890).

Müller, K.: 1. Reduktionserscheinungen bei Süßwasserschwämmen. 2. Die Regenerationsvermögen der Süßwasserschwämme. Arch. Entw.mechan. **32** (1911).

Nöldeke, B.: Die Metamorphose des Süßwasserschwammes. Zool. Jb. Abt. Anat. **8** (1894).

Schulze, P.: Beiträge zur Kenntnis der Kieselnadelbildung besonders bei den Spongilliden. Arch. Zellforsch. **17** (1923).

— Zum morphologischen Feinbau der Kieselschwammnadeln. Z. Morph. u. Ökol. Tiere **4** (1925).

Vejdowsky, F.: Die Süßwasser-Schwämme Böhmens. Abh. kgl. Böhm. Ges. Wiss., VI. Folge **12** (1883).

Weltner, W.: Spongillenstudien V. Zur Biologie von *Ephydatia fluviatilis*. Arch. Naturges. **73** (1907).

Coelenterata.

Dejdar, E.: Die Süßwassermeduse *Craspedacusta Sowerbii* Lankester. Z. Morph. u. Ökol. Tiere **28** (1934).

Kleinenberg, N.: *Hydra*. Leipzig, 1872.

Luther, A.: Über das Vorkommen von *Protohydra Leuckarti* Greeff. bei Tvärminne. Acta soc. pro fauna et flora Fennica **52** (1923).

Moore, J. E. C.: The Tanganyika Problem. London, 1903.

Pauly, R.: Untersuchungen über den Bau und die Lebensweise der *Cordylophora lacustris* Allman. Diss. Jena, 1901.

Reisinger, E.: Die Entladung der Nesselkapseln. Verh. dtsch. Zool. Ges. (1937).

Roesel von Rosenhof, A. J.: Insektenbelustigungen. III. Nürnberg, 1755.

Schlottke, E.: Zellstudien an *Hydra*, I—III. Z. mikrosk.-anat. Forsch. **22, 24, 28** (1930—1932).

Schulze, P.: Neue Beiträge zu einer Monographie der Gattung *Hydra*. Arch. Biontologie **4** (1917).

— Die Bedeutung der interstitiellen Zellen für die Lebensvorgänge bei *Hydra*. S.ber. Ges. naturf. Freunde Berl. (1918).

— Der Bau und die Entladung der Penetranten von *Hydra attenuata* Pallas. Arch. Zellforsch. **16** (1922).

Schulze, F. E.: Über den Bau und die Entwicklung von *Cordylophora lacustris* (Allman). Leipzig, 1871.

Schäffer, I. C.: Die Armpolypen in den süßen Wassern um Regensburg. Regensburg, 1754.

*Steche, O.: *Hydra* und die Hydroiden. Monographien einheimischer Tiere, Leipzig **3** (1911).

TREMBLEY, A.: Mémoires pour servir à l'histoire d'un genre de Polypes d'eau douce, à bras en forme de cornes. Leiden, 1744.

USSOW, L.: *Polypodium hydriforme,* eine neue Form von Süßwasser-Coelenteraten. Morph. Jb. **12** (1887).

WESENBERG-LUND, C.: Om Forekomsten af *Cordylophora lacustris.* Vid. Medd. Nat. Foren. 1895.

Turbellaria.

DE BEAUCHAMP, P.: Sur la formation des deux sortes d'œufs chez *Mesostoma Ehrenbergi* (FOCKE). C. r. Soc. Biol. Strasbourg. **91** (1924).
— Sur l'extinction des Lignées à l'œuf immediats. C. r. Soc. Biol. Strasbourg. **96** (1927).
— Biospeologia: Turbellariés, Hirudinées, Branchiobdellidés. Arch. Zool. expér. **73** (1932).

BRAUN, M.: Die rhabdocoeliden Turbellarien Livlands. Arch. Naturk. Liv-, Ehst- u. Kurlands, Ser. II **10** (1885).

*BRESSLAU, E.: Turbellaria. Handbuch der Zoologie, Bd. II. 1933.

BRINKMANN, A.: Studier over Danmarks rhabdocoele og acoele Turbellarier. Vid. Medd. Naturh. Foren. København **58** (1906).

BÖHMIG, L.: Untersuchungen über rhabdocöle Turbellarien. II. Plagiostomina und Cylindrostomina v. GRAFF. Z. wiss. Zool. **51** (1890).

*v. GRAFF, L.: Monographie der Turbellarien I. Rhabdocoelida. Leipzig, 1882.

v. HAFFNER, K.: Untersuchungen über die Symbiose von *Dalyellia viridis* und *Chlorohydra viridissima* mit Chlorellen. Z. wiss. Zool. **126** (1925).

HEIN, C.: Zur Kenntnis der Regenerationsvorgänge bei den Rhabdocoelen. Z. wiss. Zool. **130** (1928).

v. HOFSTEN, NILS: Studien über Turbellarien aus dem Berner Oberland. Z. wiss. Zool. **85** (1907).
— Zur Kenntnis des *Plagiostomum lemani.* Zoolog. Studier tillägnade professor T. TULLBERG. Uppsala, 1907.

KOROTNEFF, A. A.: Die Planarien des Baikal-Sees. Wiss. Erg. Baikal-See-Forsch. (1912).

*LUTHER, ALEX: Die Eumesostominen. Z. wiss. Zool. **77** (1904).

MEIXNER, J.: Beitrag zur Morphologie und zum System der Turbellaria-Rhabdocoela: I. Die Kalyptorhynchia. Z. Morph. u. Ökol. Tiere **3** (1925).

MRÁZEK, A.: Eine zweite polypharyngeale Planarienform aus Montenegro. S.ber. kgl. Böhm. Ges. Wiss. (1906).

REISINGER, E.: Die Gattung *Rhynchoscolex.* Z. Morph. u. Ökol. Tiere I (1924).
— Turbellaria in Biologie der Tiere Deutschlands.

SONNEBORN, T. M.: Genetic Studies on *Stenostomum incaudatum.* I & II. J. exper. Zool. **57** (1930).

STEINBÖCK, O.: Zur Ökologie der alpinen Turbellarien. Z. Morph. u. Ökol. Tiere **5** (1926).
*— Monographie der *Prorhynchidae* (Turbellaria). Z. Morph. u. Ökol. Tiere 8 (1927).
— Freshwater Turbellaria. Zoology of the Faroes, Copenhagen (1931).

*STEINMANN, P. u. E. BRESSLAU: Die Strudelwürmer *(Turbellaria).* Monographien einheimischer Tiere. Leipzig, 1913.

THIENEMANN, A.: *Planaria alpina* auf Rügen und die Eiszeit. Geograph. Ges. zu Greifswald. 1906.

VANDEL, A.: Recherches expérimentales sur les modes de reproduction des Planaires Triclades Paludicoles. Bull. Biologique **55** (1922).

VOIGT, W.: Über die Wanderungen der Strudelwürmer in unseren Gebirgsbächen. Verh. naturhist. Ver. preuß. Rheinlande Westfalens **61** (1904).

Trematoda.

BEAVER, P.: Experimental Studies on *Echinostoma revolutum* (FROEL.). University of Illinois Bull. **34** (1937).

BOVIEN, P.: Notes on the Cercaria of the Liver fluke. Vid. Medd. Naturhist. Foren. **92** (1931).

*BRAUN, M.: Trematoda in BRONN: Klassen und Ordnungen des Tierreichs. 1892.

BROOKS, F. G.: Studies on the Germ. Cell Cycle of Trematodes. Amer. J. Hyg. **12** (1930).

BRUMPT, E.: La ponte des Schistosomes. Ann. Parasitol. hum. et comp. **8** (1930).

— Zahlreiche Arbeiten in Ann. Parasitol. hum. et comp.

— *Cercaria ocellata* déterminant la dermatite des nageurs. C. r. Acad. Sci. **193** (1931).

CORT, W. W.: Some North-American Larval Trematodes. Illinois Biol. Monographs **1** (1915).

— Studies on Schistosome Dermatitis. I—IV. Amer. J. Hyg. **23** (1936).

— The Cercaria of the Japanese Blood fluke *Schistosoma japonicum*. Univ. Calif. Publ. Zool. **18** (1919).

*—, D. B. McMULLEN and STERLING BRACKETT: Ecological Studies on the Cercaria in *Stagnicola emarginata*. J. Parasitol. (Am.) **23** (1937).

DOLLFUS, R.: Métacercaire progénétique chez un Planorbe. Ann. Parasitol. hum. et comp. **10** (1932).

*DUBOIS, G.: Monographie des *Strigeida (Trematoda)*. Mém. Soc. Neuchâteloise **6** (1938).

EJSMONT, L.: Morphologische, systematische und entwicklungsgeschichtliche Untersuchungen an Arten des Genus *Sanguinicola* PLEHN. Bull. l'Acad. Polonaise, Crakow, Cl. Sc. math. et nat. (1926).

FAUST, E. C. and MELENEY: Studies on Schistosomiasis Japonica II. Amer. J. Hyg. Monogr. Ser. **3** (1924).

*— Human Helminthology. Philadelphia, 1930.

DE FILIPPI, F.: Mémoire pour servir à l'histoire génétique des Trématodes. Mém. Roy. Acad. Sci. Torino **15, 16, 18** (1854—1859).

*FUHRMANN, O.: Trematoda. Handbuch der Zoologie. 1928.

*GALLIEN, L.: Recherches expérimentales sur le dimorphisme évolutif et la biologie de *Polystomum integerrimum* FRÖHL. Trav. de la station zool. de Wimereux **2** (1935).

HECKERT, G. A.: *Leucochloridium paradoxum*. Bibliotheca zoologica **1** (1889).

HURST, C.: Structural and Functional Changes Produced in the Gastropod Mollusc *Physa occidentalis* in the Case of Parasitism by the Larvæ of *Echinostoma revolutum*. Calif. Publ. Zoology **29** (1927).

JOHNSON, J.: The Life-cycle of *Echinostoma revolutum*. Univ. Calif. Publ. Zoology **19** (1920).

LEUCKART, R.: Zur Entwicklungsgeschichte des Leberegels. Arch. Naturgesch. **48** (1882).

*LOOS, A.: Die Distomen unserer Fische und Frösche. Stuttgart, 1894.

— Recherches sur la faune parasitaire de l'Égypte I. Mém. prés. à l'Institut Égyptien **3** (1900).

LÜHE, M.: Parasitische Plattwürmer in: Die Süßwasserfauna Deutschlands. 1909.

MATTES, O.: Der Entwicklungsgang des Lanzettegels *Dicrocoelium lanceatum*. Z. Parasitenk. **8** (1936).

*— Untersuchungen zur Aufdeckung des Entwicklungsganges des Lanzettegels. S.ber. Ges. Beförderung ges. Naturwiss. **72** (1937).

MEHL, S.: Die Lebensbedingungen der Leberegelschnecke. Arb. bayer. Landesanst. (1931).

— Der Leberegel in Franken. Landwirtschl. Jb. Bayern (1931).

MILLER, H. M.: Comparative Studies on Furcocercous Cercariæ. Illinois Biol. Monographs **10** (1926).

MILLER, E. L.: Studies on North American Cercariae. Illinois Biol. Monographs **14** (1936).

*NEUHAUS, W.: Untersuchungen über Bau und Entwicklung der Lanzettegel-Cercarie *(Cercaria vitrina)*. Z. Parasitenk. **8** (1936).

— Der Invationsweg der Lanzettegelcercarie. Z. Parasitenk. **10** (1938).

v. NORDMANN, A.: Micrographische Beiträge zur Naturges. der wirbellosen Thiere **1** (1832).

NÖLLER, W.: Die Leberfäule unserer Haustiere. Jena, 1925.

NYBELIN, O.: *Dactylogyrus*-Studier vid Aneboda Fiskeriförsöksstation. Södra Sveriges Fiskerifören (1925).

ODHNER, T.: Zum natürlichen System der digenen Trematoden. Zool. Anz. **37, 38, 41, 32** (1911—1913).

REUSS, H.: *Cercaria duplicata*. Abh. zool. Inst. München **2** (1902—1904).

LA RUE, G. R.: Studies on the Trematode Family *Strigeidæ (Holostomidæ)*. Trans. amer. micr. Soc. **45, 46** (1926—1927).

STEENSTRUP, J.: Om Forplantning og Udvikling gennem vexlende Generationsrækker. København, 1842.

SZIDAT, L.: Beiträge zur Kenntnis der Gattung *Strigea*. Z. Parasitenk. **1** (1929).
— Die Parasiten des Hausgeflügels. Arch. Geflügelk. **4** (1930).
— *Cordulia ænea*. Ein neuer Hilfswirt für *Prostogonimus pellucidus*, den Erreger der Trematodenkrankheit der Leghühner. Zbl. Bakter. usw. **119** (1931).
— Über cysticerke Riesencercarien. Z. Parasitenk. **4** (1932).
— Zur Entwicklung der Cyclocoeliden. Zool. Anz. **100** (1932).
— Parasiten aus Seeschwalben. I. Z. Parasitenk. **8** (1936).
— IV. Die Cercarie der Entenparasiten *Apatemon (Strigea) gracilis*. Z. Parasitenk. **3** (1931).
— Warum wirft der Storch seine Jungen aus dem Nest? J. Or 'hoʿogie **83** (1935).
SZIDAT, L. u. R. WIEGAND: Leitfaden der einheimischen Wurmkrankheiten des Menschen. Leipzig, 1934.

TAYLOR, E. S. and H. A. BAYLIS: Observations and Experiments on a Dermatitis-producing Cercaria. Trans. Soc. trop. Med. **24** (1930).

THOMAS, A. P.: Life History of the Liver fluke. Quart. J. microsc. Sci. **23** (1883).

VOGEL, H.: Hautveränderungen durch *Cercaria ocellata*. Derm. Wschr. **90** (1930).
*— Der Entwicklungszyklus von *Opisthorchis felineus* (RIV.) nebst Bemerkungen über die Systematik und Epidemiologie. Zoologica **33** (1934).

WAGENER, G. R.: Beiträge zur Entwicklungsgeschichte der Eingeweidewürmer. Naturkundige Verh. **13** (1857).

*WESENBERG-LUND, C.: Contributions to the development of the *Trematoda digenea*, I—II (I *Leucochloridium*). Kgl. Danske Vidensk. Selsk. Skrifter, naturv. og math. Afd. 9 R. **4, 5** (1931—1934).

WISNIEWSKI, L.: *Cercaria dubia* sp. n. und seine weitere Entwicklung in *Herpobdella atomaria*. Bull. internat. Acad. pol. Sci. Cracovie (1937).
— Über die Ausschwärmung der Cercarien aus den Schnecken. Zoologica Polinæa **2** (1937).

WOODHEAD, A. E.: Life history Studies on the Trematode Family *Bucephalidæ*. Trans. amer. microsc. Soc. **48, 49, 50** (1929—1931).

WUNDER, W.: Bau, Entwicklung und Funktion des Cercarienschwanzes. Zool. Jb., Abt. Anat. **46** (1924).

YAMAGUTI, S.: Studies on the Helminth Fauna of Japan. Jap. J. Zool. (1932—1938).

ZIEGLER, H. E.: *Bucephalus* und *Gasterostomum*. Z. wiss. Zool. **39** (1883).

Cestoidea.

FAUST, E. C.: Morphological and biological Studies on the Species of *Diphyllobothrium* in China. Amer. J. Hyg. **9** (1929).

*FUHRMANN, O.: *Cestoidea*. Handbuch der Zoologie. 1931.

JANICKI, C. et F. ROSEN: Le cycle évolutif du *Dibothriocephalus latus* L. Bull. Soc. Neuchâteloise Sci. nat. **42** (1917).
— Die Lebensgeschichte von *Amphilina foliacea*. Arb. d. Biolog. Wolga-Stat. **10** (1928).

KUCZKOWSKI, S.: Die Entwicklung im Genus *Ichthyotænia*. Bull. internat. Acad. pol. Sci., Cracovie, Cl. Sci. math. et natur., Sér. B (1925).

LI, H. C.: The Life Histories of *Diphyllobothrium decipiens* and *D. erinacei*. Amer. J. Hyg. **10** (1929).

MARKOWSKI: Über den Entwicklungszyklus von *Bothriocephalus scorpii*. Bull. internat. Acad. pol. Sci., Cracovie (1935).

*Nybelin, O.: Anatomisch-systematische Studien über Pseudophyllideen. Diss. Göteborg, 1922.

Rosen, F.: Recherches sur le Développement des Cestodes. 1. Le cycle évolutif des Bothriocéphales. Bull. Soc. Neuchâteloise Sci. nat. 43 (1918).

Ruszkowski, J. S.: Le cycle évolutif du Cestode *Drepanidotaenia lanceolata*. Bull. internat. Acad. pol. Sci., Cracovie, Cl. Sci. math. et natur., Sér. B 2 (1932).

Sekutowicz, S.: Untersuchungen zur Entwicklung und Biologie von *Caryophyllaeus laticeps*. Mém. Acad. pol. Sci., Cracovie, Sér. B 3 (1934).

Steenstrup, J.: Iagttagelser og Bemærkninger om Hundestejlens Bændelorm (*Fasciola intestinalis* Lin., *Schistocephalus solidus* O. F. Müll.). Kgl. D. Videnskab. Oversigt, København (1857).

Szidat, L.: *Archigetes* R. Leuckart 1878, die progenetische Larve einer für Europa neuen *Caryophyllaeiden*-Gattung *Biacetabulum* Hunter 1927. (1937.)

Wisniewski, L. W.: Das Genus Archigetes. Mém. Acad. pol. Sci., Cracovie, Sér. B 2 (1930).

— *Cyathocephalus truncatus*. I. Bull. internat. Acad. pol. Sci., Cracovie, Cl. Sci. math. et natur., Sér. B 2 (1933).

Nemertini.

Montgomery, P. H.: *Schistostemma Eilhardi*. Z. wiss. Zool. 59 (1895).

*Reisinger, E.: *Nemertini*. Biologie der Tiere Deutschlands, 1926.

Sekera, E.: Beiträge zur Lebensweise der Süßwassernemertinen. S.ber. kgl. böhm. Ges. Prag (1912).

Rotatoria.

*de Beauchamp, P. M.: Recherches sur les Rotifères: les formations tégumentaires et l'appareil digestif. Arch. Zool. expér. Par., sér. 4 10 (1909).

— Sur les caractères des deux sortes de femelles chez *Asplanchna Girodi* de Guerne. C. r. Soc. Biol. 120 (1935).

Dieffenbach, H. u. R. Sachse: Biologische Untersuchungen an Rädertieren in Teichgewässern. Internat. Rev. Biol. Suppl., Ser. 3 (1912).

Dobers, E.: Über die Biologie der *Bdelloidea*. Internat. Rev. Biol. Suppl. 7 (1915).

Gast, A.: Beiträge zur Kenntnis von *Apsilus vorax* (Leidy). Z. wiss. Zool. 67 (1900).

Gosse, P. H.: The dioecious Character of the Rotifera. Philos. Trans. (1857).

— On the structure, functions and homologies of the manducatory organs in the Classe Rotifera. Philos. Trans. (1856).

*Harring, H. R. and F. J. Myers: The Rotifers of Wisconsin. Trans. Wisconsin Acad. 20—23 (1922—1928).

Hauer, J.: Die Rotatorien von Sumatra, Java und Bali. Arch. Hydrobiologie, Suppl. 15 (1938) (Tropische Binnengewässer 7).

Hermes, G.: Studien über die Konstanz histologischer Elemente IV. Die Männchen von *Hydatina senta* Ehrenberg, *Rhinops vitrea* Hudson und *Asplanchna priodonta* Gosse. Z. wiss. Zool. 141 (1932).

Hlava, S.: Böhmens Rädertiere. Monographie der Familie *Melicertidae*. Arch. Naturwiss. Landesdurchf. v. Böhmen 13 (1908).

*Hudson, C. T. and P. H. Gosse: The Rotifera or Wheel-Animalcules. London, 1886—1889.

Jennings, H. S.: On the significance of the spiral swimming of organisms. Amer. Naturalist 35 (1901).

— and R. S. Lynch: Age, Mortality, Fertility, and Individual Diversities in the Rotifer *Proales sordida* Gosse I—II. J. exper. Zoöl. 50, 51 (1928).

Kolisko, A.: Beiträge zur Erforschung der Lebensgeschichte der Rädertiere auf Grund von Individualzuchten. Arch. Hydrobiologie 33 (1938).

*Lauterborn, R.: Der Formenkreis von *Anuræa cochlearis*. Verh. naturhist.-med. Ver. Heidelberg, n. ser. 6 (1900).

Luntz, A.: Über die Sinkgeschwindigkeit einiger Rädertiere. Zool. Jb., Abt. allg. Zool. 44—46 (1928—1929).

LUNTZ, A.: Untersuchungen über den Generationswechsel der Rädertiere I. Biol. Zbl. **46** (1926).

— II. Der zyklische Generationswechsel von *Brachionus bakeri*. Biol. Zbl. **49** (1929).

*MARTINI, E.: Studien über die Konstanz histologischer Elemente. III. *Hydatina senta*. Z. wiss. Zool. **102** (1912).

MAUPAS, E.: Sur la multiplication et la fécondation de l'*Hydatina senta* EHRB. C. r. Acad. Sci. **111, 113** (1890—1891).

MONTGOMERY, T. H.: On the Morphology of the Rotatorian Family *Flosculariidae*. (1903.)

MÜLLER, O. F.: Animalcula Infusoria fluviatilia et marina, Hauniæ, 1786.

MURRAY, J.: Zahlreiche Arbeiten über *Bdelloiden* besonders in J. Royal microsc. Soc. (1907—1913).

NACHTWEY, R.: Untersuchungen über die Keimbahn, Organogenese und Anatomie von *Asplanchna priodonta*. Z. wiss. Zool. **126** (1925).

*REMANE, A.: Rotatorien. BRONN: Klassen und Ordnung des Tierreichs, Bd. 4. Vermes, 1929—1932.

ROUSSELET, C.: Zahlreiche Arbeiten in J. Queckett Club und in J. Royal microsc. Soc. (1900—1913).

SEEHAUS, W.: Zur Morphologie der Rädertiergattung *Testidunella (= Pterodina)*. Z. wiss. Zool. **137** (1930).

SHULL, A. F.: Studies in the life cycle of *Hydatina senta*. I—III. J. exper. Zool. **8, 10, 12** (1910—1912).

*STORCH, O.: Die Eizellen der heterogonen Rädertiere nebst allgemeine Erörterungen über die Cytologie des Sexualorgans und der Parthenogenese. Zool. Jb., Abt. Anat. **45** (1924).

TAUSON, A.: Wirkung des Mediums auf das Geschlecht des Rotators *Asplanchna intermedia* HUDS. Internat Rev. **13**; Roux' Arch. **107, 109** (1925—1927).

*WEBER, E. F.: Faune rotatorienne du bassin de Léman. Rev. suisse Zool. Genève **5** (1898).

*WESENBERG-LUND, C.: Contributions to the Biology of the Rotifera. Part I. Males, Part II. Kgl. Danske Vidensk. Selsk. Skr., naturv.-mathem. Afd. 8. R. **4** (1923); 9. R. **2** (1930).

— Contributions to the Biology of *Zoothamnium geniculatum*. Kgl. Danske Vidensk. Selsk. Skr., naturv.-mathem. Afd. 8. R. **10** (1925).

*— Rotatoria. Handbuch der Zoologie, Bd. 2. 1929.

WHITNEY, D.: Determination of sex in *Hydatina senta*. J. exper. Zoöl. **5, 6, 12, 17, 20** (1907—1916).

WIERZEJSKI, A.: *Atrochus tentaculatus*, nov. gen. et sp., ein Räderthier ohne Räderorgan. Z. wiss. Zool. **55** (1893).

WISZNIEWSKI, J.: Les Rotifères psammiques. Ann. Musei Zoologici Polonici **10** (1934).

*ZELINKA, C.: Studien über Räderthiere. Z. wiss. Zool. **44, 47, 53** (1886, 1888, 1891).

Gastrotricha.

*REMANE, A.: *Gastrotricha* in BRONN: Klassen und Ordnungen des Tierreichs, Bd. 4, Abt. 2, 1. Buch, 2. T. Leipzig, 1936.

*— *Gastrotricha* in Handbuch der Zoologie, Bd. 2. 1929.

*ZELINKA, C.: Die Gastrotrichen: Eine monographische Darstellung ihrer Anatomie, Biologie und Systematik. Z. wiss. Zool. **49** (1889).

Nematoda.

BROWN, H. W.: A study of the regularity of egg-production of *Ascaris lumbricoides*, *Necator americanus* and *Trichuris triciura*. J. Parasitol. (Am.) **14** (1927).

*BRUMPT, E.: Précis de Parasitologie I—II. Paris, 1936.

COBB, N. A.: Nematodes and their Relationships. Yearbook of Departm. of Agriculture, Washington, 1914.

— Estimating the Nema Population of Soil. Departm. of Agric., Agricultural Technology (1918).

780   Literaturverzeichnis.

COBB, N. A.: Free-living Nematodes. H. B. WARD and G. C. WHIPPLE: Fresh-water Biology. New York, 1918.
— G. STEINER, and J. R. CHRISTIE: When and how does sex arise? Univ. St. Department Agriculture (1927).
CORT, W., N. R. STOLL, W. C. SWEET, W. A. RILEY, and L. SCHAPIRO: Studies on Hook-worm, *Ascaris* and *Trichiurus* in Panama. Amer. J. Hyg. (1929).
— und die zahlreichen Arbeiten seiner Mitarbeiter über „the hookworm" in Amer. J. Hyg. (1927—1937).
DE MAN, J. G.: Die frei in der reinen Erde und im süßen Wasser lebenden Nematoden der Niederländischen Fauna. Leiden, (1884) 1919.
DITLEVSEN, H.: Danish freeliving Nematodes. Vid. Medd. fra Naturh. Foren. **63** (1911).
HOFMÄNNER, B.: Contribution à l'étude des Nématodes libres du Lac Léman. Rev. Suisse de Zool. **21** (1913).
— u. R. MENZEL: Die freilebenden Nematoden der Schweiz. Rev. Suisse de Zool. **23** (1915).
*LOOS, A.: The anatomy and life-history of *Agchylostoma duodenale* I. Records Egyptian Govern School of Medicine. Cairo **3** (1905). II. The development of the free state. Ibid. **4** (1911).
*MAUPAS, E.: La mue et l'enkystement chez les Nématodes. Arch. Zool. exper. **7** (1899).
*— Modes et formes de reproduction des Nématodes. Arch. Zool. exper. **8** (1900).
*MARTINI, E.: Die Anatomie der *Oxyurus curvula*. Z. wiss. Zool. **116** (1916).
MENZEL, R.: Über die Nahrung der freilebenden Nematoden und die Art ihrer Aufnahme. Verh. naturforsch. Ges. Basel **31** (1920).
MICOLETZKY, H.: Freilebende Süßwasser-Nematoden der Ost-Alpen. Zool. Jb., Abt. Syst. **36—38** (1914).
*— Die freilebenden Süßwasser- und Moornematoden Dänemarks. D. kgl. Danske Vidensk. Selsk. Skr., nat.-matem. Afd. 8. R. **10** (1925).
PINTNER: Die vermutliche Bedeutung der Helminthenwanderungen. S.ber. Akad. Wiss. Wien, Math.-naturw. Kl., 1. Abt. (1922).
*RAUTHER, M.: Nematoda in Handbuch der Zoologie II, Bd. 1. 1928—1933.
STEINER, G.: Intersexes in Nematodes. J. Hered. (Am.) **14** (1923).
SCHUURMANS STEKHOVEN, J. H. jr.: Studies on nemas and their larvæ I—III. Proc. Dutch, roy. Acad. Sci. **35—36** (1926—1928).
— Untersuchungen über Nematoden und ihre Larven. V. *Strongyloides Westeri* und ihre Larven. Z. Parasitenk. **2** (1930).
VANDEL, A.: La sexe des parasites dépend-il du nombre d'individus renfermés dans le même hôte? Société entomologique de France. Livre du Centenaire. (1932.)
WÜLKER, G.: Über Fortpflanzung und Entwicklung von *Allantonema* und verwandten Nematoden. Erg. u. Fortschr. d. Zool. **5** (1923).
— Nematoden in Biologie der Tiere Deutschlands, **11** (1924).
— Die Entstehung des Parasitismus bei den Nematoden. Arch. Schiffs- u. Tropenhyg. **33** (1929).

Gordius.

BLUNCK, H.: Die Lebensgeschichte der im Gelbrand schmarotzenden Saitenwürmer. Zool. Anz. **54** (1922).
*DORIER, A.: Recherches Biologiques et Systématiques sur les Gordiacés. Trav. du Laborat. d'Hydrob. et de Piscic. Grenoble **22** (1930).
— Étude biologique et morphologique de la larve de *Paragordius gemmatus* (VILLOT). Trav. du Laborat. d'Hydrob. et de Piscic. Grenoble **25—26** (1935).
MAY, H. G.: Contributions to the Life Histories of *Gordius robustus* LEIDY and *Paragordius varius* (LEIDY). Illinois Biol. Monographs **5** (1919).
MONTGOMERY, T. H.: The adult organisation of *Paragordius varius* (LEIDY). Zool. Jb., Abt. Anat. **18** (1903).

MONTGOMERY, T. H.: The development and structure of the larva of *Paragordius*. Proc. Nat. Sci. Philadelphia **56** (1904).
*MÜLLER, G. W.: Über Gordiaceen. Z. Morph. u. Ökol. Tiere **7** (1926).
SCHEPOTIEFF, A.: Über den feineren Bau der Gordiuslarven. Z. wiss. Zool. **89** (1908).
WESENBERG-LUND, C.: Über eine eventuelle Brutpflege bei *Gordius aqvaticus* L. Internat. Rev. **3** (1910).

Acanthocephala.

VAN CLEAVE, H. J.: Studies on cellconstancy in the genus *Eorhynchus*. J. Morph. (Am.) **25** (1914).
GREEFF, R.: Untersuchungen über den Bau und die Naturgeschichte von *Echinorhynchus miliaris* ZENKER. Arch. Naturges. **30** (1864).
*RAUTHER, M.: Acanthocephala. Handbuch der Zoologie, Bd. 2. 1928—1933.

Polychaeta.

ABSOLON, K. u. S. HRABÉ: Über einen neuen Süßwasserpolychäten aus den Höhlengewässern der Herzegowina. Zool. Anz. **88** (1930).
GRAVIER, C.: Sur les Néréidiens d'eau douce et sur une nouvelle espèce de ce groupe. Bull. Soc. Philom. Par. **7** (1905).
NUSBAUM, J.: *Dybowscella baicalensis* n. g. n. sp. Ein im Süßwasser lebendes Polychät. Biol. Zbl. **21** (1901).
ZENKEWITSCH, L. A.: Biologie, Anatomie und Systematik der Süßwasserpolychäten des Baikalsees. Zool. Jb., Abt. Syst. **50** (1925).

Archiannelida.

DELACHAUX, T.: Un Polychéte d'eau douce cavernicole, *Troglochaetus Beranecki* n. g. n. sp. Bull. Soc. Sci. Natur. Neuchâtel (1919—1920).
PIERANTONI, O.: Sopra un nuovo *Protodrilius* d'acque dolce. Monit. Zool. Ital. **14** (1903).
REMANE, A.: Diagnosen neuer Archianneliden. Zool. Anz. **65** (1925).

Oligochaeta.

ALSTERBERG, G.: Die respiratorischen Mechanismen der Tubificiden. Lunds Univ. Årsskr. N. F. Avd. 2, **18** (1922).
— Die Sinnesphysiologie der Tubificiden. Lunds Univ. Årsskr. N. F. Avd. 2, **20** (1924).
CORI, C.: Über die Art der Nahrungsaufnahme bei *Nais*, *Stylaria* und *Ripistes*. Zool. Inst. Prag (1923).
DAMAS, H.: Sur la présence dans la Meuse belge de *Branchiura Sowerbyi*, *Craspedacusta Sowerbyi* et *Urnatella gracilis*. Ann. Soc. roy. zool. Belge (1938).
DEHORNE, L.: Les Naidimorphes et leur réproduction asexuée. Diss. Paris, 1916.
DITLEVSEN, A.: Studien an Oligochäten. Z. wiss. Zool. **77** (1904).
GALLOWAY, T. W.: Observations on non-sexual reproduction in *Dero vaga*. Bull. Mus. Comp. Zoology, Cambridge, U. S. A. **35** (1899).
HÄMMERLING, J.: Die ungeschlechtliche Fortpflanzung und Regeneration bei *Aeolosoma hemprichis*. Zool. Jb., Abt. allg. Zool. **41** (1924).
HESSE, R.: Die Geschlechtsorgane von *Lumbriculus variegatus* GRUBE. Z. wiss. Zool. **58** (1895).
JANDA, V.: Die Regeneration der Geschlechtsorgane bei *Criodrilus lacuum* 1—2. Arch. Entw.mechan. **33** (1912).
KRASNODEBSKY, F.: Untersuchungen über die Nahrung des Oligochäten: *Chætogaster limnœi*. Zool. Polon. **1** (1936).
LEYDIG, F.: Über *Phreoryctes menkeanus* HOFFM. Arch. mikrosk. Anat. **1** (1865).
MRÁZEK, A.: Enzystierung bei einem Süßwasseroligochaeten. Biol. Zbl. **33** (1913).
— Beiträge zur Naturgeschichte von *Lumbriculus*. S.ber. kgl. Böhm. Ges. Wiss. Prag (1913).

MÜLLER, O. F.: Von Würmern des süßen und salzigen Wassers. København, 1771.

PERRIER, E.: Histoire naturelle du *Dero obtusa*. Arch. Zool. exper. et gen. 1 (1872).

PIGUET, E.: Observations sur les Naïdidées et revision systématique de quelques espèces de cette famille. Rev. suisse Zool. 14 (1906).

*STEPHENSON, J.: The Oligochæta. Oxford, 1930.

SCHUSTER, R. W.: Morphologische und biologische Studien an Naiden in Sachsen und Böhmen. Internat. Rev. 7, Biol. Suppl. (1915).

TAUBER, P.: Om Naidernes Bygning og Kjønsforhold. Naturhist. Tidsskr. 3. R., 8 (1873).

— Undersøgelser over Naidernes kjønsløse Formering. Naturhist. Tidsskr. 3. R., 9 (1874).

TIMM, R.: Beobachtungen an *Phreoryctes menkeanus* HOFFMR. & NAIS. Arb. zool.-zoot. Inst. Würzburg 6 (1883).

D'UDEKEM, J.: Histoire naturelle du *Tubifex* des Ruisseaux. Acad. roy. Belgique 26 (1853).

VEJDOVSKY, F.: Über *Phreatothrix*, eine neue Gattung der Limnicolen. Z. wiss. Zool. 27 (1875—1876).

— Anatomische Studien an *Rhynchelmis limosella*. Z. wiss. Zool. 27 (1875—1876).

*— System und Morphologie der Oligochaeten. Prag, 1884.

v. WAGNER, P.: Zur Kenntnis der ungeschlechtlichen Fortpflanzung von *Microstoma*. Zool. Jb., Abt. Anat. 4 (1905).

— Beiträge zur Kenntnis der Reparationsprozesse bei *Lumbriculus variegatus* I—II. Zool. Jb., Abt. Anat. 22 (1905).

— Zur Ökologie des *Tubifex* und *Lumbriculus*. Zool. Jb., Abt. Syst. 23 (1916).

Hirudinea.

BOURNE, A.: Contributions to the Anatomy of the *Hirudinea*. Quart. J. microsc. J., N. S. 24 (1884).

*BRUMPT, E.: Reproduction des Hirudinées. Diss. Lille, 1901.

HERTER, K.: Bewegungsphysiologische Studien an dem Egel *Hemiclepsis marginata* O. F. M. Z. vergl. Physiol. 7 (1928).

— Reizphysiologisches Verhalten und Parasitismus des Entenegels *Protoclepsis tesselata* O. F. M. Z. vergl. Physiol. 10 (1929).

· — Hirudinea. Die Tierwelt der Nord- und Ostsee. Berlin, 1935.

*— Hirudineen, Teil 2. BRONNs Klassen und Ordnungen des Tierreichs, Bd. 4. 1936.

*HOTZ, H.: *Protoclepsis tesselata* (O. F. M.). Ein Beitrag zur Kenntnis von Bau und Lebensweise der Hirudineen. 1938.

JOHANSSON, L.: Hirudinea in Die Tierwelt Deutschlands. Jena, 1929.

OKA, A.: Zahlreiche Arbeiten in Annotationes Zoologica Japonense und in Proc. Imp. Acad. Tokyo.

PAWLOWSKI, L. K.: Hirudinea. Fauna slodkowodna Polski 26 (1936).

ROUSSEAU, E.: Les Hirudinées d'eau douce d'Europe. Ann. Biol. lacustre 5 (1912).

*SCRIBAN, I. A. u. H. AUTRUM: Hirudinea in Handbuch der Zoologie II, Bd. 2. 1928—1934.

— u. E. EPURE: Beobachtungen über das Gefäßsystem der Herpobdelliden. Bull. Soc. Sci. Cluj, Roumanie 8 (1934).

— Recherches sur la structure des Cellules Chloragogènes chez les Hirudinées. Bull. Soc. Stiinte Din Cluj 8 (1936).

YAMAGUCHI, H.: Studies on Japanese *Branchiobdellidae* with some revisions on the classification. J. Fac. Sci. Hokkaido Imp. Univ. 3 (1934).

Bryozoa.

BECKER: Untersuchungen über den Darm und die Verdauung von *Kamptozoen*, *Bryozoen* und *Phoroniden*. Z. Morph. u. Ökol. Tiere 33 (1937).

*BRAEM, F.: Untersuchungen über die Bryozoen des süßen Wassers. Zoologica (1890).

— Die geschlechtliche Entwicklung von *Fredericella sultana*. Zoologica (1908).

— Die Keimung der Statoblasten von *Pectinatella* und *Cristatella*. Zoologica (1912).

CORI, C.: *Camptozoa* in Handbuch der Zoologie. 1928—1933.

HARMER, S.: The *Polyzoa* of Waterworks. Proc. Zool. Soc. Lond. (1913).

— Recent Work on *Polyzoa* L. Proc. Linn. Soc. Lond. (1931).

*KRAEPELIN, K.: Die deutschen Süßwasser-Bryozoen. I, II. Abh. naturw. Ver. Hamburg 10, 12 (1887, 1892).

MARCUS, E.: Bryozoa in Biologie der Tiere Deutschlands. Berlin, 1925.

— Beobachtungen und Versuche an lebenden Süßwasserbryozoen. Zool. Jb., Abt. Syst. 52 (1926).

— Über *Lophopus crystallinus* (PALL.). Zool. Jb., Abt. Anat. 58 (1934).

NITSCHE, H.: Beiträge zur Anatomie und Entwicklungsgeschichte der phylacto-laemen Süßwasserbryozoen. Diss. Berlin, 1868.

— Beiträge zur Kenntnis der Bryozoen. Z. wiss. Zool., Suppl. 21, 25 (1871).

OKA, A.: On the so-called Excretory Organ of Freshwater *Polyzoa*. J. Imp. Univ. Tokyo (1895).

WESENBERG-LUND, C.: Biologiske Studier over Ferskvandsbryozoer. Vid. Medd. Nat. For. (1896).

— On the occurrence of *Fredericella sultana* and *Paludicella Ehrenbergii* in Greenland. Medd. f. Grønland 34 (1907).

Phyllopoda.

ABONYI, A.: Experimentelle Daten zum Erkennen der *Artemia*-Gattung. Z. wiss. Zool. 114 (1915).

CLAUS, C.: Zur Kenntnis des Baues und der Entwicklung von *Branchipus stagnalis* und *Apus cancriformis*. Abh. kgl. Ges. Wiss. Göttingen 18 (1873).

*DADAY DE DEÉS, E.: Monographie systématique des Phyllopodes anostracés. Ann. Sci. nat. Zool., Sér. 9, 11 (1910).

EKMAN, S.: Beiträge zur Kenntnis der Phyllopodenfamilie *Polyartemiidæ*. Bih. til K. Svenska. Vet. Akad. Handl., Afd. IV, 28 (1902).

GISLÉN, T.: Contributions to the Ecology of *Limnadia*. Lunds Universitets Aarsskrift 47 (1937).

GRUBE, E.: Bemerkungen über Phyllopoden. Arch. Naturgesch. 19 (1853).

LILLJEBORG, W.: Synopsis crustaceorum Svecicorum. Nova Acta Reg. Soc. Sci. Uppsala, Ser. III (1877).

LUNDBLAD, O.: Om et Fynd av *Limnadia lenticularis* (L.) i Sverige. Zool. Bidr. Uppsala 4 (1916).

— Vergleichende Studien über die Nahrungsaufnahme einiger schwedischer Phyl-lopoden. Arch. Zool. Stockholm 13 (1920).

*MATHIAS, P.: Biologie des *Crustacés Phyllopodes*. Bibliothèque Soc. Philomatique de Paris (1937).

MÜLLER, P. E.: De i Danmark hidtil fundne Phyllopoder. Naturhist. Tidsskr., 3 R., 8 (1873).

MÜLLER, R. T.: *Tanymastix lacunae* (GUERIN) aus dem Eichener See (südl. Schwarzwald). Z. Biol. 69 (1918).

NOWIKOFF, MICHAEL: Untersuchungen über den Bau der *Limnadia lenticularis* L. Z. wiss. Zool. 78 (1905).

SARS, G. O.: On the *Cyclestheria hislopi* (BAIRD), a new Generic Type of bivalve Phyllopoda raised from Dried Australian Mud. Videnskab.-Selsk. Forh. Christiania (1887).

*— Fauna norvegiæ I. *Phyllocarida* og *Phyllopoda*. Christiania, 1896.

SCHAEFFER, I. C.: Der fischförmige Kiefenfuß in stehenden Wassern um Regensburg. Regensburg, 1756.

SCHMANKEVITSCH, W. J.: Über das Verhältnis der *Artemia salina* zur *Artemia Mühlhausenii*. Z. wiss. Zool., Suppl. 25 (1875).

v. SIEBOLD, C.: Parthenogenesis bei *Artemia salina*. S.ber. kgl. Akad. Wiss. München (1873).

UÉNO: The Freshwater *Branchiopoda* of Japan I—III. Mem. Coll. Sci. Kyoto, Ser. B 2—8 (1927—1933).

Wesenberg-Lund, C.: Grønlands Ferskvandsentomostraca. Vidensk. Medd. fra Naturhist. Foren. **56** (1894).

Zaddach, E. G.: De Apodis cancriformis Schaeff. Bonn, 1841.

Cladocera.

Banta, A. M. and L. A. Brown: Control of Sex in Cladocera I, II, IV, V, VI. Physiol. Zoology **2—3** (1929—1930).

Berg, K.: A Faunistic and Biological Study of Danish Cladocera. Vidensk. Medd. fra Dansk Naturhist. Forening **88** (1929).

*— Studies on the Genus *Daphnia* with especial Reference to the Mode of Reproduction. Vidensk. Medd. fra Dansk Naturhist. Forening **92** (1831).

— Cyclic reproduction, sex determination and depression in the Cladocera. Biological Reviews **9** (1934).

— and G. Nygaard: Studies on the Plankton in the Lake of Frederiksborg Castle. Kgl. Dsk. Vid. Selsk. math.-naturv. Ser. 1 (1929).

Borg, F.: Zur Kenntnis der Cladoceren-Gattung *Anchistropus*. Zool. Bidr. Uppsala **15** (1935).

Buchner, H.: Experimentelle Untersuchungen über den Generationswechsel der Rädertiere. Z. Abstamm.lehre **72** (1936).

Burckhardt, G.: Faunistische und systematische Studien über das Zooplankton der größeren Seen der Schweiz und ihrer Grenzgebiete. Rev. Suisse Zool. **7** (1900).

Claus, C.: Zur Kenntnis des Baues und der Organisation der Polyphemiden. Denkschriften der math.-naturw. Kl. d. kais. Akad. Wiss. Wien **37** (1877).

Dehn, M. von: Experimentelle Untersuchungen über den Generationswechsel der Cladoceren. Zool. Jb., Abt. allg. Zool. **58** (1937).

*Eriksson, S.: Studien über die Fangapparate der Branchiopoden. Zool. Bidr. Uppsala **15** (1934).

Haberbosch, P.: Die Süßwasser-Entomostracen Grönlands. Z. Hydrobiol. **1** (1920).

Krogh, A. u. K. Berg: Über die chemische Zusammensetzung des Phytoplanktons aus dem Frederiksborg-Schlossteich und ihre Bedeutung für die Maxima der Cladoceren. Internat. Rev. ges. Hydrobiol. **25** (1931).

,*Leydig, F.: Naturgeschichte der Daphniden. Tübingen, 1860.

*Lilljeborg, W.: Cladocera sueciæ. Uppsala, 1900.

Mortimer, C.: Experimentelle und cytologische Untersuchungen über den Generationswechsel der Cladoceren. Zool. Jb., Abt. allg. Zool. **56** (1936).

Müller, O. F.: Entomostraca seu insecta testacea. København, 1785.

Müller, P. E.: Danmarks Cladocera. I—II. Naturhist. Tidsskr. 3. Række **5** (1868).

*Olofsson, O.: Studien über die Süßwasserfauna Spitzbergens. Zool. Bidr. Uppsala **6** (1918).

Ostenfeld, C. H. and C. Wesenberg-Lund: A regular fortnightly exploration of the plankton of the two icelandic lakes, Thingvallavatn and Myvatn. Proc. roy. Soc., Edinburgh **25** (1905).

*Ostwald, W.: Zur Theorie des Planktons. Biol. Zbl. **22** (1902).

*Sars, G. O.: Norges Ferskvandskrebsdyr. Første Afsnit. Branchiopoda. Cladocera ctenopoda. Christiania, 1865.

— Om en dimorph Udvikling samt Generationsvexel hos *Leptodora*. Vidensk. Selsk. Forhandl. Kristiania (1873).

— Pelagic Entomostraca of the Caspian Sea. L'Ann. du Mus. zool. de l'Acad. impér. des Sci. de St. Pétersbourg **7** (1897).

v. Scharfenberg, U.: Studien und Experimente über die Eibildung und den Generationszyklus von *Daphnia magna*. Internat. Rev. Leipzig, Biol. Suppl. **3** (1910).

— Weitere Untersuchungen. Internat. Rev. Leipzig, Biol. Suppl. **6** (1914).

Shull, A. F.: Determinations of Types of Individuals in Aphids, Rotifers and Cladocera. Biol. Rev. **4** (1929).

*Storch, O.: Morphologie und Physiologie des Fangapparates der Daphniden. Erg. u. Fortschr. Zool. **6** (1924).

STORCH, O.: Analyse der Fangapparate niederer Krebse auf Grund von Micro-Zeitlupenaufnahmen. Biol. gen. **5** (1929).

TAUSON, A.: Die Wirkungen der äußeren Bedingungen auf die Veränderung des Geschlechts und auf die Entwicklung von *Daphnia pulex*. Arch. Entwickel. **123** (1930).

*WAGLER, E.: Crustacea in Die Tierwelt Mitteleuropas. Leizig **2** (1937).

*WEIGOLD, H.: Biologische Studien an Lyncodaphniden und Chydoriden. Internat. Rev. Leipzig, Biol. Suppl. **3** (1910).

*WEISMANN, A.: Beiträge zur Naturgeschichte der Daphniden. Z. wiss. Zool. **27—33** (1876—1879).

WESENBERG-LUND, C.: Grønlands Ferskvandsentomostraca. Vidensk. Medd. fra Naturhist. Foren. **56** (1894).

*— Von dem Abhängigkeitsverhältnis zwischen dem Bau der Planktonorganismen und dem spezifischen Gewicht des Süßwassers. Biol. Zbl. **20** (1900).

*— Plankton Investigations of the Danish Lakes. I & II. København, 1904—1908.

*— Grundzüge der Biologie und Geographie des Süßwasserplanktons. Internat. Rev. ges. Hydrobiol. **3**, Biol. Suppl. **1** (1910).

*— Contributions to the Biology and Morphology of the Genus *Daphnia*. Kgl. Danske Vidensk. Selsk. Skr. 8. Ser., **11** (1926).

*WOLTERECK, R.: Über Funktion, Herkunft und Entstehungsursachen der sogenannten „Schwebe-Fortsätze" pelagischer Cladoceren. Zoologica **67** (1913).

*— Variation und Artbildung. Internat. Rev. Leipzig **9** (1921).

— Races, Associations and Stratification of pelagic Daphnids in some Lakes of Wisconsin and other Regions of the United States and Canada. Trans. Wisconsin Acad. Sci. **27** (1932).

Ostracoda.

*ALM, G.: Monographie der Schwedischen Süßwasserostracoden. Zool. Bid. Uppsala **4** (1915).

JENSEN, S.: Biologiske og systematiske Undersøgelser over Ferskvands-Ostracoder. Vidensk. Medd. fra Naturhist. Foren. **56** (1904).

*MÜLLER, G. W.: Deutschlands Süßwasser-Ostracoden. Zoologica **30** (1900).

*STORCH, O.: Analyse der Fangapparate niederer Krebse auf Grund von Mikro-Zeitlupenaufnahmen. Morphologie und Physiologie des Fangapparates eines Ostrakoden *(Notodromas monacha)* I—III. Biol. gen. **9** (1933.)

VÁVRA, W.: Monographie der Ostracoden Böhmens. Arch. Naturw. Landesdurchf. Böhmens (1891).

*WOHLGEMUTH, R.: Beobachtungen und Untersuchungen über die Biologie der Süßwasserostracoden. Internat. Rev. Leipzig **9** (1914).

ZENKER, W.: Anatomisch-systematische Studien über die Krebsthiere (Crustacea). Arch. Naturges. **20** (1854).

Copepoda.

CLAUS, C.: Über die Entwicklung, Organisation und systematische Stellung der *Arguliden*. Z. wiss. Zool. **25** (1875).

COKER, R.: Arrêt du développement chez les Copépodes. Bull. biol. France et Belg. (Fr.) **67** (1933).

— Influence of Temperature on Size of Freshwater Copepodes *(Cyclops)*. Internat. Rev. **29** (1933).

DIETRICH, W.: Die Metamorphose der freilebenden Süßwasser-Copepoden I. Z. wiss. Zool. **63** (1915).

ELSTER, H.: Monographische Studien an *Heterocope weismanni*. Internat. Rev. **27**, **33** (1932—1936).

*EKMAN, S.: Artbildung bei der Copepodengattung *Limnocalanus* durch akkumulative Fernwirkung einer Milieuänderung. Z. Abstamm.lehre **11** (1913).

GADD, P.: Parasit-Copepoder i Finland. Acta Soc. p. Fauna et Flora Fennica **26** (1904).

GROBBEN, K.: Beiträge zur Kenntnis des Baues und der systematischen Stellung der *Arguliden*. S.ber. kais. Akad. Wiss. Wien 117 (1908).

GRUBER, A.: Beiträge zur Kenntnis der Generationsorgane der freilebenden Copepoden. Z. wiss. Zool. 30 (1879).

GURNEY, R.: British freshwater Copepoda. Ray Soc., Lond. (1930—1933).

HÄCKER, A.: Über die Fortpflanzung der limnetischen Copepoden des Titisees. Ber. naturf. Ges. Freiburg 12 (1901).

HERTER: Reizphysiologische Untersuchungen an der Karpfenlaus (*Argulus foliaceus* L.). Z. vergl. Physiol. 5 (1927).

LAUTERBORN, R. u. E. WOLF: Cystenbildung bei *Canthocamptus microstaphylinus*. Zool. Anz. 34 (1909).

LEYDIG, F.: Über *Argulus foliaceus*. Arch. mikrosk. Anat. 33 (1888).

NORDMANN, A. VON: Mikrographische Beiträge zur Naturgeschichte der wirbellosen Thiere, II. (1832.)

*SCHMEIL, O.: Deutschlands freilebende Süßwasser-Copepoden I—III. Zoologica (1892—1898).

SPANDL: *Copepoda*. Biologie der Tiere Deutschlands. 1926.

STEENSTRUP, J. og C. LÜTKEN: Bidrag til Kundskab om det aabne Havs Snyltekrebs og Lernæer. Kgl. Danske Vidensk. Selsk. Skr. 5. R. 5, nat. math. Afd. (1861).

STORCH, O. u. O. PFISTERER: Der Fangapparat von *Diaptomus*. Z. vergl. Physiol. 3 (1925).

*— Der Nahrungserwerb zweier Copepodennauplien (*Diaptomus gracilis* und *Cyclops strenuus*). Zool. Jb. 45 (1928).

VEJDOVSKÝ, F.: Untersuchungen über die Anatomie und Metamorphose von *Tracheliastes polycolpus* NORDM. Z. wiss. Zool. 29 (1877).

*WILSON, C. B.: North American parasitic Copepods. Proc. U. S. Nat. Mus. 25, 28, 39, 47, 53 (1903, 1905, 1911, 1915, 1917).

*WOLF, E.: Die Fortpflanzungsverhältnisse unserer einheimischen Copepoden. Zool. Jb., Abt. Syst. 22 (1905).

ZANDT, F.: *Achtheres pseudobasanistes*. Zool. Jb., Abt. Anat. 60 (1935).

ZIEGELMEYER, E.: Metamorphose und Wachstum der *Cyclopiden*. Z. wiss. Zool. 126 (1925).

Malacostraca.

ANDREWS, E. A.: Breeding Habits of Crayfish. Amer. Naturalist 38 (1904).

BOAS, J. E. V.: Om den forskjellige Udvikling hos Salt- og Ferskvandsformen af *Palæmonetes varians*. Vidensk. Medd. Dansk Naturhist. Forening 41 (1890).

*BOUVIER, E. L.: Recherches sur la morphologie, les variations, la distribution géographique des crevettes de la famille des *Atyidés*. Encyclopédie entomologique 4 (1925).

BRUUN, A.: Observations on *Thermosbaena mirabilis* from the hot Springs of El-Hamma, Tunesia. Vidensk. Medd. Nat. Foren. København 103 (1939).

DELACHAUX, T.: *Bathynella Chappuisi* nov. spec. une nouvelle espèce de crustacé cavernicole. Bull. Soc. Neuchâtel sci. nat. 44 (1919).

v. DEVENTER, W.: Studies on the Biology of the Crayfish *Cambarus propinquus*. Illinois Monographs 34 (1937).

*DYBOWSKI, B. V.: Beiträge zur näheren Kenntnis der in dem Baikalsee vorkommenden Gammariden. St. Petersburg, 1874.

*EKMAN, S.: Studien über die marinen Relikte der nordeuropäischen Binnengewässer. I—VII. Internat. Rev. Leipzig (1913—1917).

v. EMDEN, F.: Zur Kenntnis der Brutpflege von *Asellus aquaticus*. Arch. Naturges. 88 (1922).

JANCKE, O.: Die Brutpflege einiger Malacostracen. Zool. Anz. 58 (1924).

JENSEN, AD.: Den kinesiske Uldhaandskrabbe *(Eriocheir sinensis)*. Kgl. Danske Vidensk. Selsk. Biol. Medd. 13 (1936).

v. KAULBERSZ, G.: Biologische Beobachtungen an *Asellus aquaticus*. Zool. Jb., Abt. allg. Zool. 33 (1913).

Lovén, S.: Om några i Vettern og Venern funna Crustaceer. Öfvers. af k. Vet.-Akad. Förh. (1861).

Monod, Th.: Sur un type nouveaux de Malacostracé *Thermosbaena mirabilis*. **49** (1924).

Peters, N. u. A. Panning: Die chinesische Wollhandkrabbe (*Eriocheir sinensis* H. Milne-Edwards) in Deutschland. Zool. Anz. Suppl. **104** (1933).

Racovitza, E. G.: Sphéromiens. Arch. Zool. exper. gen. **4** (1910).

Le Roux, M.: Recherches sur la sexualité des *Gammariens*. Bull. biol. France et Belg. (Fr.), Suppl. **16** (1933).

*Sars, G. O.: Histoire naturelle des Crustacés d'eau douce de Norvège. I. Les Malacostracés. Christiania, 1867.

Schiödte, I. C.: Specimen Faunæ Subterraneæ. Kgl. Danske Vidensk. Selsk. Skr. 5. R., **2** (1849).

— Tre kortere zoologiske Meddelelser *(Niphargus)*. Kgl. Danske Vidensk. Selsk. Skr. 5. R., Oversigter **2** (1855).

Sebestyin, O.: Appearance and rapid increase of *Dreyssensia polymorpha* and *Corophium curvispinum* in Lake Balaton. Arb. Ungar. biol. Forschungsinst. (1934.)

*Segerstråle, S.: Zur Morphologie und Biologie des Amphipoden *Pontoporeia affinis*. Soc. Sci. Fennica **7** (1937).

— Das reife *Pontopereia affinis*. Männchen als Saisonnahrung für den Stint. Soc. Sci. Fennica **7** (1937).

Smith, G.: Preliminary account of the habits and structure of the Anaspidæ. Proc. roy. Soc., Lond., Ser. B: Biol. Sci. **80** (1908).

— The Freshwater Crayfishes of Australia. Proc. Zool. Soc. (1912).

Stephensen, K.: A Tanaid *(Tanais Stanfordi)* found in the Fresh Water in the Kuril Islands Annot. Zoologicæ Japon. (1936).

Thienemann, A.: *Mysis relicta*. Z. Morph. u. Ökol. Tiere **3** (1925).

*— Die Reliktenkrebse *Mysis relicta, Pontoporeia affinis, Pallasea quadrispinosa* und die von ihnen bewohnten norddeutschen Seen. Arch. Hydrobiol. **19** (1926).

Vejdovsky, F.: Über einige Süßwasser-Amphipoden I. S.ber. kgl. Böhm. Ges. Wiss., math.-naturw. Kl. (1896).

Wege, W.: Morphologische und experimentelle Studien an *Asellus aquaticus*. Zool. Jb., Abt. allg. Zool. **30** (1911).

Wesenberg-Lund, C.: Sur l'existence d'une faune relicte dans le lac de Furesø. Overs. kgl. Danske Vidensk. Selsk. (1902).

Williamson, E.: Notes on the Crayfish of Wells County Indiana. 1907.

Wundsch, H. H.: Beiträge zur Biologie von *Gammarus pulex*. Arch. Hydrobiol. **13** (1922).

— Weitere Beiträge zur Frage der Süßwasserform von *Corophium curvispinum*. S.ber. naturf. Freunde Berlin (1915).

Zuelzer, M.: Über den Einfluß der Regeneration auf die Wachstumsgeschwindigkeit von *Asellus aquaticus*, L. Arch. Entw.mechan. **25** (1907).

Hydrachnida.

van Beneden, P.: Recherches sur l'histoire naturelle et le développement de l'*Atax ypsilophora*. Mém. Acad. roy. Sci. Belg. **24** (1848).

Halík, L.: Zur Morphologie, Homologie und Funktion der Genitalnäpfe bei Hydracarinen. Z. wiss. Zool. **136** (1930).

*Lundblad, O.: Süßwasseracarinen aus Dänemark. Kgl. Danske Vidensk. Skr. 8. R., **6** (1920).

— Zur Kenntnis der Quellenhydracarinen auf Möens Klint. Kgl. Danske Vidensk. Selsk. Biol. Medd. **6** (1926).

— Die Hydracarinen der Insel Bornholm. Kgl. Danske Vidensk. Selsk. Biol. Medd. **8** (1930).

*— Die Hydracarinen Schwedens. Zool. Bid. Uppsala **11** (1927).

— Einiges über die Kopulation bei *Aturus scaber* und *Midea orbicularis*. Z. Morph. u. Ökol. Tiere **15** (1929).

LUNDBLAD, O.: Über den Begattungsvorgang bei einigen *Arrhenurus*-Arten. Z. Morph. u. Ökol. Tiere **15** (1929).

MOTAS, C.: Contributions à la Connaissance des Hydracariens français. Trav. Labor. d'Hydrob. Grenoble **20** (1928).

— Sur le développement postembryonnaire de *Calonyx brevipalpis*. Ann. Sci. Jassy **16** (1929).

MÜLLER, O. F.: Hydrachnæ quas in aquis Daniæ palustribus detexit. København, 1781.

MÜNCHBERG, P.: Zur Kenntnis der Odonatenparasiten (Wassermilbenlarven). Arch. Hydrobiol. **29** (1935).

*— Untersuchungen über den Laich und dessen Entwicklungsdauer bei den Hydracarinenunterfamilien der *Arrhenurinae*. S. ber. Ges. naturf. Freunde (1935).

*NEUMAN, C. J.: Om Sveriges Hydracnider. Kgl. Svensk Vetensk.-Akad. Handl. **17** (1880).

*PIERSIG, R.: Deutschlands Hydrachniden. Zoologica **22** (1897—1900).

POLLOCK, H. M.: The anatomy of *Hydracna inermis*. Diss. Leipzig, 1898.

*SOAR, C. D. and W. WILLIAMSON: The British Hydracarina I—III. The Ray Society. (1925—1929.)

SOKOLOW, I.: Untersuchungen über die Eiablage und den Laich der Hydracarinen. I. Arch. Hydrobiol. **15**; II. Z. Morph. u. Ökol. Tiere **4** (1924).

THON, K.: Monographie der Hydrachniden Böhmens. I. Teil, *Limnocharidae*. Arch. Naturw. Landesdurchf. Böhmen **12** (1906).

THOR, S.: Recherches sur l'anatomie comparée des Acariens prostigmatiques. Ann. Sci. Nat. Zool. **19** (1903).

UCHIDA, P.: Some ecological Observations on Water Mites. J. Fac. Sci. Hokkaido Imp. Univ., Ser. VI, Zool. **1** (1932).

*VIETS, K.: Wassermilben oder Hydracarina. Die Tierwelt Deutschlands. Jena, 1936.

VAN VLEET, A. H.: On the mouth-parts and respiratory organs of *Limnochares holosericea* LATREILLE. Diss. Leipzig, 1897.

*WALTER, C.: Die Hydracarinen der Alpengewässer. Denkschr. Schweiz. Naturf. Ges. **58** (1922).

*WESENBERG-LUND, C.: Contribution to the knowledge of the postembryonal development of the Hydracarina. Vid. Medd. Dansk. Naturhist. Foren. **70** (1918).

WOLCOTT, R. H.: On the north american species of the genus *Atax* (FABR.) BRUZ. Zool. Labor., Univ. Nebraska (1899).

Argyroneta aquatica.

BRAUN, F.: Beiträge zur Biologie und Atmungsphysiologie der *Argyroneta aquatica*. Zool. Jb., Abt. Syst. Ökol. **62** (1931—1932).

NIELSEN, E.: De danske Edderkoppers Biologi, København, 1928.

SCHOLLMEYER, A.: *Argyroneta aquatica*. Ann. Biol. lac. **6** (1914).

WAGNER, W.: L'industrie des Araneina. Mém. Acad. Imp. St. Pétersbourg, 7. Ser. **42** (1894).

Lamellibranchiata.

ALLEN, W. R.: The food and feeding habits of Freshwater Mussels. Biological Bull. **27** (1914).

— Recent contributions to the knowledge of the crystalline Style of Lamellibranchs. Biological Bull. **49** (1925).

BABAK, E.: Zur Regulation des Atemstromes bei den Lamellibranchiaten. Z. allg. Physiol. **15** (1913).

BARROIS, T.: Le style cristallin des Lammellibranches. Rev. biol. Nord France **2** (1890).

BERRY, J. and H. P. MOON: The possible lethal action of *Glochidia* on the Alvelins of *Salmo salar*. Avon Biol. Res. (1935—1936).

DECKSBACH, N. K.: *Dreissena polymorpha*. Verbreitung im europäischen Teile der USSR. Verh. internat. Ver. theor. u. angew. Limnologie **7** (1935).

FLEISCHMANN, A.: Die Bewegung des Fußes der Lammellibranchiaten. Z. wiss. Zool. **42** (1885).

FLEMMING, W.: Studien in der Entwicklungsgeschichte der Najaden. S.ber. kais. Akad. Wiss. Wien, math.-nat. Kl. **71** (1875).

FRENZEL, J.: Biologisches über *Dreissensia polymorpha*. Biol. Zbl. **17** (1897).

GROENEWEGEN, J. A. W.: Über den Bau und die Entwicklung der Bruttaschen von *Sphærium corneum*. (1926.)

HARMS, W.: Postembryonale Entwicklungsgeschichte der Unioniden. Zool. Jb. **28** (1909).

HASELHOFF, B.: Über den Crystallstiel der Muscheln. Diss. Kiel, 1888.

*HAZAY, J.: Die Molluskenfauna von Budapest. Malacozool. Bl., N. F. **3—4** (1881).

ISRAËL, W.: Biologie der europäischen Süßwassermuscheln. Stuttgart, 1913.

KELLOG, J.: Ciliary Mechanisms of Lammelibranchs. J. Morph. (Am.) **26** (1915).

KOCH, W.: Der Herzschlag der Anodonten. Pflügers Arch. **166** (1916).

LATTER, O. H.: Notes on *Anodon* and *Unio*. Proc. zool. Soc., Lond. (1891).

LEE, J.: Descriptions of the Embrionic Forms of Thirtyeight Species of *Unionidae*. J. Acad. Nat. Sci., Ser. 2, Vol. **4** (1858).

MENZEN, R.: Bemerkungen zur Biologie und Ökologie der mitteleuropäischen Unioniden. Arch. f. Hydrobiol. **17** (1926).

*MIYADI, D.: Studies on the Bottan Fauna of Japanese Lakes. Japanese Journ. of Zool. **3—5** (1931—1933).

RASSBACH, R.: Beiträge zur Kenntnis der Schale und Schalenregeneration von *Anodonta cellensis*. Z. wiss. Zool. **103** (1912).

REDFIELD, E.: The rhytmic contractions in the mantle of Lamellibranchs. J. exper. Zool. **22** (1917).

SCHALE, H. V. D.: The Naiad Fauna of the Huron River in south-eastern Michigan. Mus. Zool. Univ. Michigan **40** (1938).

SCHIERHOLZ, C.: Über Entwicklung der Unioniden. Denkschr. kais. Akad. Wiss. Wien, math.-nat. Kl. **55** (1888).

SCHIEMENZ, P.: Über die Wasseraufnahme bei Lamellibranchiaten und Gastropoden. Mit. zool. Stat. Neapel **7** (1887).

SCHNITTER, H.: Die Najaden der Schweiz. Internat. Rev. Leipzig, Suppl. **2** (1922).

SCHUSTER, R. W.: Morphologische und biologische Studien an Najaden in Sachsen und Böhmen. Internat. Rev. Leipzig, Suppl. **7** (1915).

SIEBERT, W.: Das Körperepithel von *Anodonta cellensis*. Z. wiss. Zool. **106** (1913).

SIMROTH, H.: Über einige *Aetherien* aus den Kongofällen. Abh. Senckenberg. naturf. Ges., Frankf. M. (1894).

SPÄRCH, R.: Om Margaritana margaritifera (L) som Relikt i Vestgylland. Vid. Medd. Nat. Foren **90** (1930—1931).

STEENBERG, C.: Furesøens Molluskfauna in WESENBERG-LUND: Furesóstudier.

THIEL, M. E.: Formwachstumsversuche an *Sphaerium corneum*. Arch. Entw.mechan. **108** (1926).

— Weitere Mitteilungen zur Lebensweise von *Sphaerium corneum*. Mitt. zool. Mus. Hamburg **12** (1926).

— Zur Biologie unserer Süßwassermuscheln. Z. Morph. u. Ökol. Tiere **13** (1928).

WAGNER, H.: Die Wanderschnecke (Dreissensia) erobert den Platten-See. Natur u. Volk. **66** (1936).

WUNDER, W.: Experimentelle Untersuchungen am Bitterling (*Rhodeus amarus*) während der Laichzeit. Verh. dtsch. zool. Ges. (1933).

*WALLENGREN, H.: Zur Biologie der Muscheln I—II. Lunds Univ. Årskr., N. F. (1905).

*WEISENSEE, H.: Die Geschlechtsverhältnisse und der Geschlechtsapparat bei *Anodonta*. Z. wiss. Zool. **115** (1916).

Gastropoda.

ALSTERBERG, G.: Wichtige Züge in der Biologie der Süßwassergastropoden. Lund (1930).

ANDRÉ, E.: Contribution à l'anatomie et à la physiologie des *Ancylus lacustris* et *fluviatilis*. Rev. Suisse Zool. 1 (1893).

ANKEL, E.: Spermatozoen-Dimorphismus und Befruchtung bei *Bythinia tentaculata* L. und *Viviparus viviparus*. Senckenbergiana, Frankf. M. 6 (1924).

— Zur Befruchtungsfrage bei *Viviparus viviparus* L. Senckenbergiana Frankf. M. 7 (1925).

*— Erwerb und Aufnahme der Nahrung bei den Gastropoden. Verh. dtsch. zool. Ges. (1938).

ANNANDALE, N., B. PRASHAD, and S. KEMP: The Mollusca of the Inland Waters of Baluchistan. Records Ind. Mus., Calcutta 18 (1919).

BERNARD, F.: Recherches sur *Valvata piscinalis*. Bull. Sci., Par. 22 (1890).

BOLLINGER, G.: Zur Gastropodenfauna von Basel und Umgebung. Diss. Basel, 1909.

BOUVIER, E. L.: Étude sur l'organisation des *Ampullaires*. Mém. publ. Soc. philomatique, Paris (1888).

BRUMPT, M. E.: Étude de l'autofécondation du mollusque aquatique pulmoné. C. r. Soc. Biol. 186 (1928).

v. BRUNN, M.: Untersuchungen über die doppelte Form der Samenkörper von *Paludina vivipara*. Diss. Bonn, 1884.

*BUCHNER, O.: Beiträge zur Kenntnis des Baues der einheimischen *Planorbiden*. Diss. Stuttgart, 1890.

CHEATUM, E. P.: Limnological investigations on respiration, annual migratory cycle, and other related phenomena in freshwater pulmonate snails. Trans. micr. Soc. 53 (1934).

CLAPARÈDE, E.: Anatomie und Entwicklungsgeschichte der *Neritina fluviatilis*. Müllers Arch. Naturges. (1857).

v. CLEAVE, H.: The seasonal lifehistory of an amphibious snail *Fossaria modicella* living on sandstone cliffs. (1935.)

CRABB, E. and R.: Polyvitelliny in pond-snails. Biol. Bull. 53 (1927).

CRABB, E.: Growth of a pondsnail *Limnœa stagnalis appressa*. Biological Bull. 56 (1929).

— The Fertilisation Process in the snail *Limnœa stagnalis appressa*. 58 (1927).

— Anatomy and Funktion of the Reproductive System in the Snail, *Lymnœa stagnalis appressa* SAY. Biol. Bull. 53 (1929); 56 (1927).

— Self-Fertilization in the Pond-Snail, *Lymnœa palustris*. Trans. Amer. micr. Soc. 47 (1928).

— The origin of indepent and of conjoined twins in freshwater snails. Arch. Entw.mechan. 124 (1931).

*GEYER, D.: Unsere Land- und Süßwasser-Mollusken. Stuttgart, 1927.

GOODRICH, C.: Studies of the Gastropod Family *Pleuroceridae*. 2—3. Occasional Papers of the Mus. Zool., Michigan 295, 300 (1934).

HEIDERMANNS, C.: Über den Muskelmagen des Süßwasserlungenschnecken. Zool. Jb. Physiol. 41 (1924).

KRULL, W.: Importance of Laboratory-raised Snails im Helminthology with Life-history Notes on *Gyralus parvus*. Occasional Papers Univ. Michigan 226 (1931).

LEYDIG, F.: Über *Paludina vivipara*. Z. wiss. Zool. 2 (1850).

LUTHER, A.: Bidrag till Kännedomen om Land- och Sötvattengastropodernes Utbredning i Finland. Acta Soc. pro Fauna et Flora fennica 20 (1901).

MIEGEL, H.: Über Formveränderungen bei Mollusken aus einigen ostholsteinischen Seen. Arch. Hydrobiol. 23 (1931).

MORRISON, J.: Studies of the Life-history of *Acella Haldemani*. Trans. Wisconsin Acad. Sci. 27 (1932).

*NEKRASSOW, A. D.: Vergleichende Morphologie der Laiche von Süßwassergastropoden. Z. Morph. u. Ökol. Tiere 13 (1928).

NORDENSKIÖLD, E.: Några iakttagelser rörande våra vanliga sötvattensmolluskens lif under Vinteren. Øfv. Kungl. Vetensk. Akad. Nr. 2 (1897).

*ODHNER, N. H.: Die Molluskfauna des Tåkern. Sjön Tåkerns Fauna och Flora. Stockholm, 1929.

PAULY, A.: Über die Wasserathmung der *Limnaeiden*. Diss. München, 1877.

*Roszkowski, W.: Contribution à l'étude des *Limnées* du Lac Léman. Rev. Suisse Zool. **22** (1914).

Rothschild, M.: Gigantism and Variation in *Peringia ulvæ*, Pennant 1777, caused by Infection with Larval Trematodes. J. Marine Biol. Assoc. **20** (1931).

Semper, C.: Über die Wachsttums-Bedingungen des *Lymnæus stagnalis*. Verh. physik.-med. Ges. Würzbg, N. F. 4.

*Steenberg, C. M.: Om *Margaritana margaritifera* L. fra Varde Aa samt et lille Mollusksamfund fra Ribe Marsk. Vidensk. Medd. fra Dansk Naturhist. Foren. **68** (1917).

Surbeck, G.: Die Molluskenfauna des Vierwaldstättersees. Diss. Basel, 1899.

Wiebe, A. H.: Variations in the Freshwater Snail *Goniobasis livescens*. Ohio J. Sci. **26** (1926).

Wundsch, H.: Ausscheidung der Wasserschnecke *Limnæa peregra* (Müll.) als raschwirkendes Fischgift. Z. Fischerei **28** (1930).

Allgemeine Bemerkungen.

*Behning, A.: Das Leben der Wolga. Die Binnengewässer 5 (1928).

*Berg, K.: Studies on the bottom animals of Esrom lake. Kgl. Danske Vidensk. Selsk. Skr., naturw.-math. Afd. 9. R. 8 (1938).

Brønsted, J. N. u. C. Wesenberg-Lund: Chemisch-physikalische Untersuchungen der dänischen Gewässer. Internat. Rev. Leipzig 4 (1912).

Chappuis, F. A.: Die Tierwelt der unterirdischen Gewässer, Bd. 3. 1927.

Damas, H.: Exploration du Parc National Albert. Institut des Parcs Nationaux du Congo Belge. Fasc. 1. Bruxelles. 1937.

— Quelques caractères écologiques de trois lacs équatoriaux: Kivu, Edouard, Nodalaga. Ann. Soc. roy. zool. Belge.

*Ekman, S.: Die Bodenfauna des Vätterns. Internat. Rev. Leipzig 7 (1911).

— Artbildung bei der Copepodengattung *Limnocalanus* durch akkumulative Fernwirkung einer Milieuveränderung. Z. Abstamm.lehre II (1913).

— Die Selektionstheorie und die Selektionsversuche W. Johannsens in sog. reinen Linien. Z. Abstamm.lehre 48 (1928).

Findenegg, J.: Holomiktische und meromiktische Seen. Internat. Rev. Leipzig **35** (1937).

Holmsen, A.: Isforholdene ved de nordiske indsjöer. Vidensk. Skr., 1. mathem.-naturv. Klasse, Christiania, 1902.

*Jacobs, W.: Das Schweben der Wasserorganismen. Erg. Biol. 11 (1935).

Johansen, A. C.: Om Aflejring af Moluskernes Skaller i Indsøer og i Havet. Vidensk. Medd. fra Naturh. Foren. **53** (1901).

*Lundbeck, J.: Die Bodentierwelt norddeutscher Seen. Arch. Hydrobiol., Suppl. 7 (1926).

— Die „Schalenzone" der norddeutschen Seen. Jb. preuß. geol. Landesanst. **49** (1928).

— Untersuchungen über die Bodenbesiedelung der Alpenrandseen. Arch. f. Hydrobiol. Supp. **10** (1939).

Lundquist, G.: Bodenablagerungen und Entwicklungstypen der Seen. Die Binnengewässer 2 (1927).

Obermayer, H.: Beiträge zur Kenntnis der Litoralfauna des Vierwaldstättersees. Z. Hydrologie 2 (1922).

Passarge, S.: Die Kalkschlammablagerungen in den Seen von Lychen, Uckermark. Jb. kgl. preuß. geol. Landesanst. **22** (1902).

*Ruttner, F.: Hydrographische und hydrochemische Beobachtungen auf Java, Sumatra und Bali. Arch. Hydrobiol., Suppl. 8 (1931).

*Schieper, C.: Neuere Ergebnisse und Probleme aus dem Gebiet der Osmoregulation wasserlebender Tiere. Biol. Rev. **10** (1935).

Spandl, H.: Die Tierwelt der unterirdischen Gewässer. Speläologische Monogr. **11** (1926).

*THIENEMANN, A.: Der Bergbach des Sauerlandes. Internat. Rev. Biol., Suppl. 4 (1912).
— Untersuchungen über Beziehungen zwischen dem Sauerstoffgehalt des Wassers und der Zusammensetzung der Fauna in norddeutschen Seen. Arch. Hydrobiol. 12 (1918).
*— Hydrobiologische Untersuchungen an den kalten Quellen und Bächen der Halbinsel Jasmund auf Rügen. Arch. Hydrobiol. 17 (1926).
— Tropische Seen und Seentypenlehre. Arch. Hydrobiol., Suppl. 19 (1931).
— Die Tierwelt der tropischen Pflanzengewässer. Arch. Hydrobiol., Suppl. 13 (1934).
VEJDOVSKY, F.: Thierische Organismen der Brunnenwässer von Prag. 1882.
— Die deutsche limnologische Sunda-Expedition. Deutsche Forschung.
WASMUND, E.: Biocoenose und Thanotocoenose. Arch. Hydrobiol. 17 (1926).
WESENBERG-LUND, C.: Studier over Søkalk, Bønnemalm og Søgytje. Geol. Foren. 7 (1901).
— A comparative Study of the Lakes of Scotland and Denmark. Proc. roy. Soc., Edinburgh 25 (1905).
— Om Limnologiens Betydning for Kvartærgeologien. Geol. Foren., Forh. Stockholm 31 (1909).
*— Furesøstudier. Kgl. Danske Vidensk. Selsk. Skr. 8. R. 3 (1917).
WISZNIEWSKI, J.: Recherches sur le psammon. Arch. d'Hydrobiologie et d'Ichthyologie 8 (1934).
*ZSCHOKKE, F.: Die Tierwelt der Hochgebirgsseen. Denkschr. Schweiz. naturf. Ges. 37 (1900).
*— Die Tiefseefauna der Seen Mitteleuropas. Leipzig, 1911.

Namenverzeichnis.

Holopedium gibberum 417, **423**, 449, 461, 469, 741, 756, 763.
Holostomidae 136.
Holostomum Apharyngostrigea cornii **94**.
Hookworms **258**, 261.
Hühner und Trematoda **131**, **132**.
Huitfeldtia rectipes 591.
Hundsblattern 161.
Hyalella **538**.
— solida **518**.
Hyalodaphnia 438.
Hydatina senta 200, **204**, **205**, **214**, **217**, **219**, 230, 231, 238, 250.
Hydra 28 ff., 722.
— attenuata 44.
— Braueri 46.
— fusca 46.
— grisea 46.
— oligactis **30**, **31**, 39—42, 44, 46.
— viridissima 36, 37, 39, 42, 44, 46.
— vulgaris 39, 46.
Hydrachna 554, 555, 562, 575, **586**, 588, 594.
— geographica 556, 574, **576**, **577**, **580**.
— globosa **578**, **580**.
— inermis **557**.
— processifera 575.
Hydramoeba hydroxena 45.
Hydrobia Steinii 714.
Hydrocharis morsus ranae 760.
Hydrochoreutes 559, 591.
— Krameri **560**, **562**, 594.
Hydrovolzia 593.
Hydryphantes 589, 590, 594.
Hygrobates 557, 593, 594.
— longipalpis **558**, **560**, **562**.
Hymenolepis 191, **192**.
— nana 176.
Hyriinae 647.
Hystricis 268.
Hystricosoma 318.
— Chappuisi 318.

Ichthydium forficula **254**.
Ichthyobdellidae 352.
Ichthyonema 265.
— globiceps **270**.
— sanguineum 269.
Ichthyotaenia percae 188.
— torulosa 188.
Idoteidae 530.
Ilyocryptus 418, 449.
— sordidus **456**.
Ilyocypris 483, 484, 486.
— gibba **471**, 475.
— inermis 475.
Ilyodromus 484.
Infusionstiere 197.

Intersexe: Nematoda 282.
Interstitielle Zellen bei
    Hydra 32.
    Turbellaria 72.
Isidora 690.
Isolation: Allgemeine Bemerkungen 727.

Jota angulare **278**.

Kaburekrankheit 161.
Kalk:
    Anguilluliformes 278.
    Marifuga. Polychaeta 302.
    Allgemeine Bemerkungen 736, 746.
    Schalengürtel 747.
    Schalenkorrosion 752.
Kerona pediculus 45.
Kieferegel 362.
Kieselsäure 738.
Kinderwurm 277.
Kleinwässerfauna:
    Turbellaria 60.
    Rotifera 230, 243.
    Lumbriculidae 333.
    Euphyllopoda 396 ff.
    Cladocera 443 ff.
    Ostracoda 484.
    Copepoda 501.
    Hydrachnidae 590.
    Pisidium 650.
    Allgemeine Bemerkungen 759, 767.
Knorpelegel 356.
Knospenbildung bei
    Spongillen 16.
    Hydra 39.
    Protohydra 45.
    Craspedacusta 54.
    Polypodium 56.
    Oligochaeta 314, 323.
    Bryozoa **378**.
Kohlensäure **738**.
Kokons von
    Turbellaria 84.
    Oligochaeta 313, 314.
    Hirudinea 356, 360, 363.
    Neritina **707**.
Kommensalismus bei
    Spongillen: Zoochlorellen 10.
    Hydra: Zoochlorellen 36.
    Turbellaria 63.
    Temnocephala 91.
    Rotifera 245.
    Oligochaeta 320.
Kongsbergia materna **593**.
Koonunga cursor 518, **520**.
Kratzer 294.
Kristallstiel **632**.
Kugelmuschel 648.

Manzsche Buchdruckerei, Wien IX.